HANDBUCH DER PFLANZENERNÄHRUNG UND DÜNGERLEHRE

HERAUSGEGEBEN VON

DR. F. HONCAMP
O. PROFESSOR AN DER LANDESUNIVERSITÄT UND DIREKTOR DER LANDWIRTSCHAFTLICHEN VERSUCHSSTATION ROSTOCK i. M.

ZWEITER BAND

DÜNGEMITTEL UND DÜNGUNG

Springer-Verlag Berlin Heidelberg GmbH
1931

DÜNGEMITTEL UND DÜNGUNG

BEARBEITET VON

E. BIEREI - ROSTOCK i. M. · H. BRENEK - BERLIN · R. DEMOLL - MÜNCHEN
E. G. DOERELL - PRAG · H. FISCHER - BERLIN/STEGLITZ · W. GLEISBERG-DRESDEN/PILLNITZ a. E. · C. GRIMME - HAMBURG · C. HERMANN - BERLIN
F. HONCAMP-ROSTOCK i. M. · W. JACOB-BERLIN · A. KILBINGER-BOCHUM
P. KOENIG-FORCHHEIM · P. KRISCHE-BERLIN/LANKWITZ · G. LEIMBACH-CHORILLOS (CHILE) · N. NICOLAISEN - CALBE a. S. · O. NOLTE - BERLIN
S. PRAGER-BERLIN · E. H. REINAU-BERLIN/LICHTERFELDE · E. REINMUTH-ROSTOCK i. M. · H. RÖTGER-LUDWIGSHAFEN a. RH. · G. RUSCHMANN-BERLIN
CHR. SCHÄTZLEIN-NEUSTADT a. H. · J. SEBELIEN-OSLO · B. TACKE-BREMEN
S. TAUSS - PIESTERITZ a. E. · H. URBACH - BERLIN · W. WACHTEL- BERLIN
G. WICHERN-HÖNNINGEN a. RH. · E. WIEDEMANN-EBERSWALDE
A. WILHELMJ-BERLIN · W. WÖHLBIER-ROSTOCK i. M.

MIT 285 ABBILDUNGEN

Springer-Verlag Berlin Heidelberg GmbH
1931

ISBN 978-3-642-89046-8 ISBN 978-3-642-90902-3 (eBook)
DOI: 10.1007/978-3-642-90902-3

Softcover reprint of the hardcover 1st edition 1931

Inhaltsverzeichnis.

Inhalt des ersten Bandes.

I. Düngung und Düngemittel.

Von

Dr. F. Honcamp

ord. Professor an der Landesuniversität und Direktor der Landwirtschaftlichen Versuchsstation zu Rostock i. Meckl.

Aufgabe und Zweck des Acker- und Pflanzenbaues ist die Erzeugung von organischer Substanz. Die Grundgesetze der pflanzlichen Ernährungslehre vermitteln die Kenntnisse jener Bedingungen und Voraussetzungen, unter denen die Bildung von organischer Substanz in den Vegetabilien vor sich geht. Im allgemeinen sind Luft, Wasser und gewisse Bestandteile des Bodens die Stoffe, aus denen die Pflanze mit Hilfe der Sonnenenergie durch Reduktion von Kohlensäure und Wasser Eiweiß, Fette und Kohlenhydrate, wie überhaupt ihre ganze organische Masse bildet. Das Vorhandensein gewisser Mineralstoffe ist hierbei unerläßlich. Die Möglichkeit, das Pflanzenwachstum durch Regulierung der Wasserzufuhr oder durch Anreicherung der Luft mit Kohlensäure wesentlich zu fördern, ist bislang nur in verhältnismäßig geringem Maße gegeben (künstliche Beregnung, Berieselung usw., Kohlensäuredüngung). Dagegen ist eine Vermehrung der im Boden vorhandenen, unentbehrlichen, mineralischen Pflanzennährstoffe durchaus möglich. Eine solche Zufuhr bezeichnet man als Düngung. Die Stoffe, die hierzu Verwendung finden, sind Düngemittel.

I. Historische Entwicklung.

So alt die Kultur des Menschengeschlechtes ist, so alt ist auch die Geschichte der Landwirtschaft. Schon in den ältesten Zeiten waren die bedeutenderen und kulturell am höchsten entwickelten Staaten Agrarstaaten. Hinsichtlich der Erträge ihrer Äcker waren sie, genau wie auch heute noch, von Boden und Klima des Landes abhängig. Die klimatischen Verhältnisse zugunsten besserer Bodenerträge zu beeinflussen, hat bislang noch niemals in dem Können und Machtbereich der ackerbautreibenden Menschen gelegen. Dagegen ist der Mensch schon seit der frühesten Zeit bestrebt gewesen, wenn auch nur empirisch und unbewußt, die Fruchtbarkeit des Bodens durch bestimmte Maßnahmen zu heben und zu verbessern. Die ersten Anfänge einer Bodenkultur finden sich im Hackbau, wobei der Gedanke des Feldes gegenüber dem gartenmäßigen Beet noch vollkommen zurücktritt und die Bearbeitung des Bodens vermittels der Hacke erfolgt. Mit der Einführung des Feldbaues bildet sich die Hacke als bodenbearbeitendes Instrument in den Pflug um (Ed. Hahn). Der altägyptische, griechische und orientalische Pflug war jedoch eigentlich ein Haken, der wegen des fehlenden Streichbrettes den Boden nicht wendete, sondern nur wühlte. Auf die Wichtigkeit des Bodenvertiefens als Befruchtungsmittel finden sich schon in den ältesten landwirtschaftlichen Schriften Hinweise. Daß die Ertragsfähigkeit eines Bodens von dessen Art und Beschaffenheit abhängig ist, war schon frühzeitig erkannt worden. Nach Theophrast mischten schon die Griechen einzelne

Bodenarten von verschiedenen Eigenschaften miteinander, also z. B. Ton mit Sand usw., und erhöhten so die Fruchtbarkeit der Äcker. Diese Vermischung wurde in ihrer Wirkung vielfach einer Düngung gleicherachtet. COLUMELLA bezeichnet bereits die landwirtschaftliche Bodenkunde als eine schwierige Wissenschaft. Schon bei PLINIUS findet man eine Klassifizierung der landwirtschaftlich genutzten Böden in Kalk-, Sand- und Tonböden sowie in deren Übergangs- und Zwischenformen. Der Einfluß der verschiedenen Bodenarten auf die Entwicklung und das Gedeihen der einzelnen Kulturpflanzen ist frühzeitig bekannt. Hiernach ist die Bedeutung des Bodens und die Bearbeitung desselben für die Ernteerträge schon in den ältesten Zeiten richtig bewertet und gewürdigt worden.

Gleichzeitig mit der Notwendigkeit und Zweckmäßigkeit der Bodenbearbeitung wird erkannt, daß die im Boden sich zersetzenden organischen Stoffe, wie die Exkremente der Menschen und Tiere, und die auf und in dem Acker verbleibenden vegetabilischen Rückstände die Pflanzen nähren und ihr Wachstum fördern. Es beginnt der ackerbautreibende Mensch frühzeitig auf Mittel und Wege zu sinnen, nicht nur einer Erschöpfung des Bodens vorzubeugen, sondern auch dessen Fruchtbarkeit zu steigern. Nach CATO besteht der gute Ackerbau zum ersten im guten Pflegen, zum zweiten im guten Pflügen und zum dritten im guten Düngen. Bei den Griechen war das Brachjahr bestimmt, den Acker durch Ausruhen und Umpflügen für eine neue Saat vorzubereiten und zu kräftigen.

Schon in den ältesten Zeiten fanden die Natur- und Wirtschaftsdünger als Düngemittel Verwendung. Freilich ist die Anwendung der Dungstoffe zunächst an allen Orten und zu allen Zeiten eine rein empirische gewesen, die auf Beobachtungen und Erfahrungen beruhte. Die düngende und das Pflanzenwachstum fördernde Wirkung der tierischen Exkremente war auf den natürlichen Weideflächen so deutlich erkennbar, daß der Gedanke ohne weiteres nahe lag, diese Auswurfstoffe auch zur Düngung der Äcker zu verwenden. Die Düngung mit Stallmist ist daher so alt wie der geregelte Feldbau. Die Araber sollen schon lange vor unserer Zeitrechnung auch die menschlichen Exkremente als Dünger benutzt und dieselben auch durch Trocknung zu Poudrette verarbeitet haben. In Ägypten wurde die Fruchtbarkeit der Äcker durch die künstlichen und natürlichen Überschwemmungen und die Düngerwirkung des sich hierbei absetzenden Schlammes gefördert. Infolgedessen hat man die Verwendung der Exkremente der Haustiere als Dünger in Ägypten nicht gekannt. Sie war hier unnötig und daher auch ungebräuchlich. Dagegen kannten die Juden das Düngen und dessen Einfluß auf den Boden und den Ernteertrag. Die Juden gebrauchten hierzu nicht nur den von den Haustieren anfallenden Dung, sondern sie vermehrten dessen Menge auch noch durch eingestreutes Stroh, das sie in Fäulnis übergehen ließen (F. REYNIER-DAMANCE). Auch war bei den Juden das Pferchen als Düngung üblich.

Bei den Griechen nennt HESIOD das Brachsystem als eine Quelle der Fruchtbarkeit des Ackers, die aber nicht genügt, um der Bodenerschöpfung vorzubeugen. Seit HOMERS Zeiten wird immer darauf hingewiesen, wie notwendig es sei, die Fruchtbarkeit des Bodens durch Düngung zu erhalten und zu vermehren. XENOPHON und andere raten, die Menge des anfallenden Dunges durch Vermischen mit Gras und Stroh sowie auch mit Erde zu vermehren. Wie hoch bei einzelnen Völkern der Dünger eingeschätzt wurde, geht daraus hervor, daß z. B. bei den Hellenen besondere Gesetze für dessen Erhaltung erlassen und Düngerdiebstahl hiernach schwer bestraft wurde. Bei den Römern war die Düngung und Düngerwirtschaft besonders hoch entwickelt. Bewertung und Konservierung des Stalldungs waren bereits damals fast die gleichen wie heute. Die Dungstätten sollten undurchlässig sein und der aufgestapelte Mist vor dem Einfluß der Sonne geschützt werden, um das Austrocknen zu verhindern. Es wurde Wert auf eine reichliche Einstreu von Stroh gelegt. Der von den einzelnen Tierarten anfallende Dung wurde verschieden bewertet. Niemals sollte mehr Dünger auf dem Felde ausgebreitet werden, als sofort untergepflügt werden konnte. Es wurde als falsch angesehen, den Dung auf dem Felde in Haufen liegenzulassen. Auch wird empfohlen, nicht zu stark auf einmal, sondern dafür lieber öfter abzudüngen. Der in den großen Vogelhäusern sich ansammelnde Mist wurde sorgfältig gesammelt, vielfach auch getrocknet und als Poudrette verwandt. CATO, der erste römische landwirtschaftliche Schriftsteller, gibt dem Vogeldung vor allen anderen Düngemitteln den Vorzug (E. HEIDEN).

Bei Mangel an Exkrementen und für besondere Bodenarten wird im Altertum auch schon die sog. grüne Düngung empfohlen, wobei namentlich Bohnen, Lupinen und Wicken untergepflügt wurden. Die Gründüngung scheint jedoch bei den Griechen nicht überall verbreitet gewesen zu sein. In Mazedonien und Thessalien dagegen, noch mehr aber in Italien, war die Gründüngung vielfach üblich. COLUMELLA sagt von ihr, daß gewisse Pflanzen im Herbst abgehauen und untergepflügt die beste Düngung ersetzen. Ferner erwähnt PALLADIUS die Düngung mit Meerespflanzen, die nach genügendem Auswaschen mit süßem Wasser zusammen mit anderen Dungsurrogaten die Stelle des Dungs ersetzen sollen (E. HEIDEN).

Vielfach verbrannte man die tierischen Auswurfstoffe sowie Stroh und Stoppeln und verwandte die so gewonnene Asche zur Düngung der Felder (F. STANDACKER). Auch sonst scheint Asche vielfach zur Düngung der Äcker verwandt worden zu sein. Man führt Asche mit Vorteil auf den Acker, und jenseits des Po, so sagt PLINIUS, gefällt der Gebrauch der Asche so sehr, daß man sie dem Mist der Zugtiere vorzieht. Indem die Römer ihre Weinberge mit Holzasche düngten, erkannten sie instinktiv oder intuitiv die Bedeutung der Düngung für die Pflanzenernährung Tausende von Jahren vorher, ehe J. VON LIEBIG den Zusammenhang zwischen den Mineralien des Bodens und des pflanzlichen Organismus nachgewiesen hat. Auch die Düngung mit Kalk und Mergel war in alten Zeiten bekannt und schon den Bewohnern von Britannien, Gallien und Italien geläufig. Im Innern Galliens und am Rhein soll es ferner Gegenden gegeben haben, wo die Äcker mit Gips (candida fossica creta) gedüngt wurden. Die Verwendung von Kalk und Mergel scheint namentlich bei den Römern eine ausgedehnte gewesen zu sein[1]. Jedenfalls berichtet PLINIUS ausführlich über die verschiedenen Mergelsorten und ihre zweckmäßige Anwendung zu den einzelnen Feldfrüchten. Hiernach haben die Römer zu Getreide sowie zu Wiesen und Weiden in erster Linie Mergel angewandt, dagegen die Wein- und Ölpflanzen gekalkt (E. HEIDEN).

In der Landwirtschaft der altamerikanischen Kulturvölker sind Düngungsmaßnahmen gleichfalls bekannt gewesen und gewisse Stoffe vielfach als Düngemittel gebraucht worden (M. STEFFEN). Schon die frühesten Bewohner wandten große Sorgfalt auf den Ackerbau. Die Azteken z. B. säten an hohen Orten und auf den Abhängen der Berge nicht Jahr für Jahr, sondern ließen das Land brach liegen, bis es sich mit einer Pflanzendecke und mit Gestrüpp bedeckt hatte. Dann wurde das ganze Stück Boden abgebrannt, um mit der Asche die Erde zu düngen. Vielfach geschah auch die Düngung durch verfaulendes Holz. Auch wurden Pflanzen als Dung in die Erde eingegraben (Gründüngung). Menschenkot dürfte hier gleichfalls sehr frühzeitig als Düngemittel Verwendung gefunden haben. Wenigstens war solcher in ganzen Kahnladungen in den Buchten des Sees von Mejiko unfern des Marktplatzes zum Verkauf aufgestellt. Es waren auch an allen Orten Anstalten zum Sammeln desselben angelegt. Bei den

---

[1] H. URBACH teilt diese Ansicht nicht, s. **3**, 2 (Kalk).

Mayas wurde der Acker zuerst abgebrannt, darauf gelockert, gedüngt und dann bestellt.

Um den Ertrag der Felder zu steigern, gebrauchten die Inkas verschiedene Arten von animalischen Düngern, besonders beim Anbau des Maises und der Kartoffel. Die Düngung geschah stets mit Rücksicht auf die Bodenbeschaffenheit. Die Exkremente der Menschen wurden als besonders geeignete Dünger angesehen. Sie wurden sorgfältig gesammelt, getrocknet und gepulvert. Ebenso fand der Kot der zahlreichen Herden von Huanacos und Lamas Verwendung. Diese Tiere lassen ihre Exkremente immer an bestimmten Plätzen fallen und verlassen diese Miststätte zwecks Aufsuchung einer neuen erst dann, wenn die bisherige eine größere Ausdehnung gewonnen hat. Das Sammeln der Exkremente wurde hierdurch sehr erleichtert.

In der Küstenregion von Arequipa bis Tarapacá wurde Vogelmist als Dünger angewandt, den man auf Flößen von den kleinen, der Küste vorgelagerten Inseln holte. Auch hierbei herrschte die größte Ordnung und Gesetzmäßigkeit. Jede Provinz in der Küstenregion des Inkareiches erhielt eine Guanoinsel zugewiesen. In eine große mußten sich mehrere Provinzen teilen. Bei Todesstrafe durften die Bewohner eines Dorfes nicht den einem anderen zustehenden Dünger wegnehmen. Dieser Vogelkot war sehr geschätzt. Man trieb z. Z. der Eroberung durch die Spanier einen nicht unbedeutenden Handel hiermit. Den kostbaren Düngestoff möglichst zu erhalten, hatten die Inkas vorsorglich Anordnungen getroffen. Sie ließen die Vögel auf den Inseln sorgfältig bewachen, damit sie nicht getötet wurden. Zur Brütezeit durfte bei Todesstrafe überhaupt niemand die Inseln betreten, um die Vögel nicht auf den Nestern und im Brutgeschäft zu stören. Man suchte hierdurch einer Erschöpfung der Guanolager vorzubeugen. An anderen Teilen der Küste des Inkareiches düngte man mit einem dort wohlfeilen sowie leicht und in Mengen zu bekommenden Mittel, nämlich mit Fischköpfen. Man scharrte die Fischköpfe mit je zwei oder drei Maiskörnern in den Sand ein. Regelmäßig gedüngt wurden nur die Mais- und Kartoffelfelder. Als Fischguano wurde ferner eine Sardellenart zur Düngung verwandt, die, an die Küste getrieben, in der starken Brandung zugrunde ging und von den Wellen auf den Sand geworfen wurde, um hier mühelos gesammelt zu werden.

Infolge des Fehlens der Viehhaltung war die Bereitung des Düngers und die Düngung der Felder bei den altamerikanischen Kulturvölkern eine den asiatischen Kulturvölkern ähnliche und eigentümliche. Die menschlichen und die wenigen tierischen Exkremente wurden meist sehr sorgfältig gesammelt, getrocknet und gepulvert. Dazu kam in Peru die Verwendung des Vogelmistes von den, der Küste vorgelagerten Inseln, und endlich die Nutzbarmachung gewisser Fischarten und Fischabfälle. Aus allem ist ersichtlich, welche hohe Bedeutung die südamerikanischen Kulturvölker der Düngung der Äcker und der Verwendung geeigneter Dungstoffe zur Erhaltung und Steigerung der Bodenfruchtbarkeit zuerkannten.

Auch die Bewohner Ostasiens düngten schon in den ältesten Zeiten ihre Äcker. Der Anbau von Futtergewächsen und die Wiesenkultur waren in China und Japan unbedeutend und infolgedessen auch die Viehhaltung nur eine schwache, zumal in ganz Ostasien die menschliche Nahrung fast ausschließlich aus Vegetabilien bestand. Die menschlichen Ausleerungen waren daher hier das hauptsächlichste und wichtigste Düngemittel. Die Fäkalien wurden sehr sorgfältig gesammelt. Wie hoch diese bewertet wurden, geht daraus hervor, daß in China nach dem Handel mit Getreide und Nahrungsmitteln kein anderer so ausgedehnt war wie der mit menschlichen Exkrementen. In der Nähe großer Städte wurden die Exkremente auf Poudrette verarbeitet und in viereckiger, backsteinartiger Kuchenform auf weite Entfernung in dünn bevölkerte Gegenden versandt. Vor der Verwendung wurden diese Kuchen in Wasser eingeweicht und in flüssiger Form zur Düngung benutzt. Horn- und Knochenabfälle wurden gleichfalls frühzeitig von den Chinesen als Düngemittel genutzt. Auch die Gründüngung ist in Ostasien seit langer Zeit bekannt. In Japan fanden vielfach Tange zur Düngung der Äcker Verwendung. Auch mit der Wirkung des Gipses und Kalkes als bodenverbessernder wie nährender Düngemittel ist der Chinese schon seit langer Zeit vertraut gewesen (J. VON LIEBIG [1]). Die Düngung mit Knochenasche war in Ostasien vielfach üblich. Ebenso verbrannte man die Rückstände des Hanfs und düngte gleichfalls hiermit (J. H. PLATZ). Auf diese Weise hat man es in dem dicht bevölkerten Ostasien bei einer fast ausschließlich von den Bodenerzeugnissen lebenden Bevölkerung verstanden, Jahrtausende hindurch die Fruchtbarkeit der Äcker zu erhalten und zu mehren.

Die Geschichte lehrt uns also, daß zu allen Zeiten überall dort, wo ein regelrechter und intensiver Ackerbau betrieben wurde, neben der Bodenbearbeitung die Düngung, wenn auch auf rein empirischer Grundlage, eine der wichtigsten Maßnahmen war, um den Kulturzustand der Äcker zu heben und einer Verarmung derselben an Nährstoffen vorzubeugen. Die menschlichen Fäkalien und die tierischen Exkremente (Stallmist, Guano) sind die ersten Stoffe gewesen, die zu Düngungszwecken Verwendung gefunden haben. Das gleiche gilt für Fische und Fischabfälle. Wahrscheinlich ist aber auch das Einbringen von grünen Pflanzen in den Boden (Gründüngung) schon frühzeitig eine vielerorts angewandte Düngungsmaßnahme gewesen. Nachdem man die düngende Wirkung dieser Stoffe erkannt hatte, war es naheliegend, auch andere Stoffe auf ihre Düngebefähigung zu untersuchen. So scheint man sehr bald den Wert von mineralischen Stoffen zu Düngungszwecken erkannt zu haben. Schon sehr frühzeitig fanden Asche und Knochen als Düngemittel Verwendung. Ferner soll auch Gips sowie Branntkalk und ungebrannter Kalk (hauptsächlich als Mergel) bereits von den Römern zu Düngungszwecken angewandt worden sein, wenigstens spricht schon PLINIUS eingehend von beiden Kalkarten (BEHEIM-SCHWARZBACH). Freilich sind es nur empirische Beobachtungen und praktische Erfahrungen gewesen, auf Grund derer die Düngebefähigung aller dieser Stoffe angenommen wurde.

Die Technik des Landbaues und in Sonderheit die Düngung haben dann bis zu Beginn des 19. Jahrhunderts keine wesentlichen Änderungen erfahren oder größere Fortschritte gemacht. Nach wie vor beschränkte sich die Düngung der Äcker in der Hauptsache auf eine solche mit Stallmist und anderen natürlichen Düngemitteln. Die Gründüngung kam erst zu Anfang des 18. Jahrhunderts wieder in Aufnahme. Nur vereinzelt sind Ansätze zu verzeichnen, auch andere Stoffe zu Düngungszwecken heranzuziehen. Namentlich Gips, Kalk und Mergel haben zeitweise eine große Rolle gespielt. Man empfahl vielfach den Gips als einen Universaldünger, der jeden anderen Dünger überflüssig machen sollte. Am frühesten ist wahrscheinlich das Mergeln in Aufnahme gekommen. Die oft unrichtige Anwendung der kalkhaltigen Düngemittel und viele hierdurch bedingte Mißerfolge haben diese Düngemaßnahme damals jedoch nicht zu einer allgemeinen Verbreitung und größeren Anwendung kommen lassen. In der Hauptsache waren und blieben bis etwa um die Wende des 18. zum 19. Jahrhundert Brachhaltung und Düngung mit Naturdüngern die allgemein üblichen Maßnahmen, um die Fruchtbarkeit der Äcker zu erhalten. Der Humus, der aus der organischen Substanz der natürlichen Düngemittel entsteht, galt nach wie vor als Hauptnahrungsmittel der Pflanze. Die anorganischen Bestandteile wurden nur als Reizmittel für das Pflanzenwachstum angesehen. Das Vorkommen derselben in der Pflanze wurde auf eine Bildung durch den Lebensprozeß zurückgeführt. Der mineralische Dünger, wenn er keine organische Materie enthält, sollte nach A. THAER allein oder doch größtenteils durch die Zersetzungen wirken, denen er im Boden unterworfen ist.

Erst das Aufblühen der Naturwissenschaften in der ersten Hälfte des 19. Jahrhunderts und die Erkenntnis der Gesetze der Pflanzenernährung schufen die Grundlagen für eine sachgemäße und wirtschaftliche Düngung der landwirtschaftlichen Kulturpflanzen. Das Problem von der Bedeutung der Pflanzennährstoffe und deren Ersatz vom wissenschaftlichen Standpunkt aus zu lösen und diesem Ersatz als unerläßliche Düngungsmaßnahmen Eingang in die landwirtschaftliche Praxis zu verschaffen, blieb jedoch erst in der Mitte des vorigen Jahrhunderts J. VON LIEBIG (2) vorbehalten. J. LIEBIG zeigte, daß gewisse mineralische Stoffe, die beim Veraschen der Pflanze zurückblieben, eine notwendige Bedingung für das Wachstum der Pflanze sind. Diese Mineralstoffe entnimmt die Pflanze dem Boden. Letzterer muß trotz Fruchtfolge und Wechselwirtschaft an diesen anorganischen Bestandteilen verarmen, wenn diese, durch die Pflanze dem Boden regelmäßig entzogenen und mit den Blättern, Samen und Wurzeln der geernteten Feldfrüchte ständig weggeführten Stoffe nicht wieder ersetzt werden. Es geschieht dies durch den Dünger. J. LIEBIG legte dar, daß die natürlichen Düngemittel hierzu nicht ausreichen und auch durch andere Stoffe, die deren Bestandteile enthalten, ersetzt werden können. Als solche führte J. LIEBIG die Knochen, Holzasche u. a. an. Er empfahl erstere nicht nur in möglichst fein gepulverter Form anzuwenden und sie innig mit der Ackererde zu mischen, sondern auch durch Behandeln mit Schwefelsäure die in den Knochen enthaltene Phosphorsäure in eine für die Pflanze leichter aufnehmbare Form überzuführen. Indem später an die Stelle der Knochen die Rohphosphate traten, wurde J. LIEBIG somit zum Begründer der heutigen Superphosphatindustrie.

Auf Grund der damals bekannten Aschenanalysen ließ J. LIEBIG Düngermischungen herstellen, welche die mineralischen Salze in den bei bestimmten Pflanzen gefundenen Mengenverhältnissen enthielten. Im Gegensatz zu unseren heutigen Anschauungen war J. LIEBIG hierbei bestrebt, die einzelnen Nährstoffe, und zwar namentlich das Kali, in eine möglichst unlösliche Form zu bringen, weil er ein Auswaschen desselben im Boden befürchtete. Es ist bekannt, daß dieser LIEBIGsche Patentdünger infolge der Schwerlöslichkeit seiner Nährstoffe für Düngezwecke unbrauchbar war. Seine Anwendung in der landwirtschaftlichen Praxis war ein gänzlicher Mißerfolg. Heute wissen wir, daß nur leicht lösliche Stoffe schnell und sicher von der Pflanze assimiliert und verwertet werden können. Indem aber J. LIEBIG immer wieder betonte, daß ein Boden nur dann dauernd fruchtbar zu erhalten sei, wenn ihm die durch die Ernte entzogenen Stoffe immer von neuem zugeführt werden, wurde er der Begründer einer rationellen Düngung der landwirtschaftlichen Kulturpflanzen. Die Mittel und Wege, die er hierbei wies, um den notwendigen Ersatz an Mineralstoffen zu bewirken, gaben Veranlassung zur Darstellung und Gewinnung der künstlichen Düngemittel. Auf den Grundlagen einer wissenschaftlich erforschten Pflanzenernährungslehre baute sich also in der zweiten Hälfte des vorigen Jahrhunderts eine wohlbegründete Düngerlehre auf, die, unbeschadet der Bedeutung und Wichtigkeit der Wirtschaftsdünger, in sachgemäßer und wirtschaftlicher Weise nur mit Hilfe von chemischen und künstlichen Düngemitteln möglich war. Daher ist heute für die Landwirtschaft die Anwendung der künstlichen Düngemittel eine unabweisliche Notwendigkeit.

Als wichtigste Pflanzennährstoffe, deren Zufuhr in ausreichender Menge der Kulturboden immer und immer wieder bedarf, wenn er nicht hieran verarmen soll, wurden Kali, Kalk, Phosphorsäure und Stickstoff erkannt. Instinktiv oder intuitiv hatte man diese Nährstoffe schon früher dem Ackerboden in mineralischer Form zugeführt, so das Kali in der Holzasche, die Phosphorsäure mit den Knochen und den Kalk in Form von Mergel. Die Verwendung des Stickstoffes in Form von Salpeter zu Düngungszwecken soll zuerst bei den Bauern um Mantua gebräuchlich gewesen sein. Später hat dann *Karl I.* etwa um 1680 Stickstoffdüngungsversuche mit Salpeterlösungen anstellen lassen. Solche wurden mit sehr gutem Erfolge in schwacher Lösung zu Gerste angewandt. Unter *Karl II.* wurde dann von EVELYN Salpeter zur Kopfdüngung empfohlen, wobei dieser, in Wasser gelöst und mit Erde vermischt, ausgestreut wurde. Doch wurde erst in den zwanziger Jahren des vorigen Jahrhunderts die Salpeterdüngung ernstlich wieder aufgenommen. Trotz der hierbei erzielten, guten Erfolge fand sie jedoch wegen des hohen Salpeterpreises in der landwirtschaftlichen Praxis keine Anwendung. Ferner hatte A. VON HUMBOLDT bereits im Jahre 1804 auf den Wert des Guanos als Düngemittel hingewiesen, nachdem schon im 18. Jahrhundert verschiedene europäische Reisende in Südamerika den Guano als vorzügliches Düngemittel schätzen gelernt hatten. Aber erst mit der regelmäßigen Einfuhr von Chilesalpeter und Peruguano, mit der Entdeckung der Kalilager und der Erkenntnis von der Bedeutung der Abraumsalze für die Pflanzenernährung, mit der Gewinnung und Verwertung des Ammoniaks und der Thomasschlacke als technische Abfallprodukte, mit der Einführung der Rohphosphate und Verarbeitung derselben auf Superphosphate wird die Bedeutung und Wichtigkeit der Düngung zur Erhaltung der Bodenfruchtbarkeit und Steigerung der Ernteerträge in vollem Umfange mehr und mehr Allgemeingut der praktischen Landwirtschaft.

Eine regelmäßige Einfuhr von Guano aus Südamerika, der namentlich zur Düngung von Raps, Weizen und Zuckerrüben verwandt wurde, fand seit den vierziger Jahren des vorigen Jahrhunderts statt. Sie betrug im Jahre 1856 bereits 342000 t und stieg im Jahre 1871 auf 522000 t, um zunächst auch weiterhin in einer Zunahme begriffen zu bleiben. Die erste Salpeterladung kam jetzt vor 100 Jahren (1830) nach Europa. Eine Salpetereinfuhr in größeren Mengen erfolgte jedoch erst seit den fünfziger Jahren des vorigen Jahrhunderts. Im Jahre 1830 betrug die Gesamtverschiffung an Salpeter von der Westküste Südamerikas 850 t, im Jahre 1929 dagegen 3241555 t. Der Salpeter fand zunächst nur zu chemischen und technischen Zwecken Verwendung. Als Düngemittel kam der Salpeter erst in volle Aufnahme, nachdem der Streit zwischen Mineralstoff- und Stickstofftheorie erledigt und die große Bedeutung des Stickstoffes für die Pflanzenernährung allgemein anerkannt worden war. Eine weitere und sehr wertvolle Bereicherung erfuhren die Stickstoffdünger durch das schwefelsaure Ammoniak, das als ein in den Gasfabriken und Kokereien anfallendes Produkt von etwa 1890 an eine von Jahr zu Jahr steigende Verwendung als spezifisches Stickstoffdüngemittel fand. Es betrug die Produktion an schwefelsaurem Ammoniak in Deutschland im Jahre 1890 100000 t, sie stieg auf 553000 t im Jahre 1913 und stellte sich auf 5250000 t während des Jahres 1929.

War so zunächst die Frage einer ausgiebigen Versorgung der landwirtschaftlichen Kulturpflanzen mit dem wichtigen Nährfaktor Stickstoff gelöst, so bereitete ein genügender Kaliersatz anfänglich noch Schwierigkeiten. Von einer Verwendung von Kalisalzen als Düngemittel in größerem Umfange konnte bis in die sechziger Jahre des vorigen Jahrhunderts nicht die Rede sein. Bis dahin kam als eigentliches Kalidüngemittel nur die verhältnismäßig schwer zugängliche und auch nur in beschränktem Umfange zur Verfügung stehende Holzasche zur Verwendung. Erst die Erschließung der ausgedehnten Kalisalzablagerungen in den sechziger Jahren des vorigen Jahrhunderts und die hier entstehende chemische Großindustrie gewährleisteten eine Versorgung der Landwirtschaft mit Kalidüngern in jedem Ausmaße. Welchen ungeahnten Aufschwung seit dieser

Zeit die Verwendung von Kalisalzen genommen hat, geht daraus hervor, daß die Gesamtförderung an Kalirohsalzen seit Bestehen der Kaliindustrie betrug:

im Jahre 1861	22950 dz	im Jahre 1900	30370358 dz
„ „ 1870	2885971 „	„ „ 1910	81607785 „
„ „ 1880	6685957 „	„ „ 1920	113864000 „
„ „ 1890	12792645 „	„ „ 1929	133291000 „

In gleich günstiger Weise konnte die Frage der Phosphorsäureversorgung nach Auffindung der gewaltigen Lagerstätten von Apatiten, Koprolithen und Phosphoriten und durch deren Verarbeitung auf Superphosphat gelöst werden. Einen weiteren wertvollen Phosphorsäuredünger lieferte in großen Mengen ein bei der Verhüttung phosphorhaltiger Erze mit basischen Zuschlägen nach dem Verfahren von Thomas-Gilchrist anfallendes Produkt, nämlich die Thomasschlacke. So konnte der wachsende Bedarf der Landwirtschaft an vorwiegend phosphorsäurehaltigen Düngemitteln, dem das bis dahin meist verwandte Knochenmehl längst nicht mehr gerecht werden konnte, restlos gedeckt werden. Es betrug, angegeben in 1000 t, im Jahre 1928 die Welterzeugung an Thomasmehl 5235,1 und an Superphosphat 13683,5. Endlich sichern überall auf der Erde vorhandene Kalk- und Mergelläger eine ausreichende Versorgung von Boden und Pflanze mit diesem wichtigen Meliorationsmittel und unentbehrlichen Pflanzennährstoff. „So ist seit länger als einem halben Jahrhundert das Kali aus den Staßfurter Gruben, die Phosphorsäure aus dem Thomasmehl und aus den Phosphatlagern des Stillen Ozeans, des nördlichen Afrikas und der südlichen Vereinigten Staaten, der Stickstoff aus den Wüsten Chiles und aus den Kokereien als ein Strom des Reichtums und des Segens auf die Äcker und Felder geflossen (F. Haber).“

Mit fortschreitender Erkenntnis der Bedeutung der künstlichen Düngemittel für die Erhaltung der Bodenfruchtbarkeit und für eine sachgemäße Ernährung und Düngung der landwirtschaftlichen Kulturpflanzen stieg die Erzeugung an Kunstdüngemitteln jeder Art außerordentlich (s. Kap. III: Kunstdünger). Waren Kali-, Kalk- und Phosphatlager auch schier unerschöpflich und mehr als ausreichend, um noch auf lange Zeit hin den Bedarf zu decken, so schien bereits Ende des vorigen Jahrhunderts die Versorgung der Landwirtschaft mit Stickstoffdüngern bei der angeblich drohenden Erschöpfung der Salpeterlager in Südamerika und der immerhin begrenzten Produktion von schwefelsaurem Ammoniak in absehbarer Zeit ernstlich gefährdet zu sein. Das alte Problem der Fixierung des Luftstickstoffes mußte deshalb unter allen Umständen einer Lösung entgegengeführt werden, wenn man der immer stärker werdenden Nachfrage der Landwirtschaft nach Stickstoffdüngern gerecht werden wollte. Die Bestrebungen, den Stickstoff der Atmosphäre technisch nutzbar zu machen, sind schon sehr alt. Sie haben sich jedoch erst in den letzten Jahrzehnten für die Landwirtschaft durch Herstellung von Stickstoffdüngern praktisch ausgewirkt. Durch Bindung des atmosphärischen Stickstoffs an die Carbide der Erdalkalien, durch Oxydation desselben zu Salpetersäure und durch Vereinigung von Stickstoff und Wasserstoff zu Ammoniak haben heute Chemie und Technik die Stickstofffrage im Sinne der Landwirtschaft restlos gelöst.

So ist die Landwirtschaft heute in der Lage, die wichtigsten Pflanzennährstoffe in jeder Menge und in geeigneter Form als Düngemittel dem Boden und der Pflanze zuzuführen und den Feldern hierdurch einen völligen Ersatz für die ihnen durch die Ernte entzogenen Mineralstoffe zu geben. Die künstlichen Düngemittel haben von allen Maßnahmen in der Technik des Acker- und Pflanzenbaues die größten Veränderungen hervorgerufen. Sie haben auch erst die Möglichkeit zum Anbau der heutigen, hochgezüchteten und ertragreichen Sorten gegeben. Neben den chemischen Kunstdüngern als den Produkten der neueren Zeit haben aber auch die Naturdünger, wie solche schon in den ältesten Zeiten angewandt wurden, ihre Bedeutung und Berechtigung für die Erhaltung der Bodenfruchtbarkeit behalten. Für die moderne Düngerlehre sind die organischen Dungstoffe wie Gründung, Stallmist usw. die Grundlage einer jeden Düngung überhaupt, die durch die konzentrierten Kunstdüngemittel eine unbedingt notwendige und daher unentbehrliche Ergänzung hinsichtlich der wichtigsten Pflanzennährstoffe erfährt.

II. Begriff und Zweck der Düngung und Düngemittel.

1. Düngung.

„Die Produktionskraft eines Bodens ist von der Beschaffenheit desselben, den klimatischen Verhältnissen und einer Reihe anderer äußerer Faktoren abhängig. Sie wird jedoch mit in erster Linie durch die in einem Boden vorhandenen und für die Ernährung der Pflanzen verfügbaren Nährstoffmengen bedingt (E. HASELHOFF 1).“ Durch den Anbau der Pflanzen und durch die Ernten wird dem Boden eine meist sehr beträchtliche Menge dieser Nährstoffe entzogen. Der Boden wird also zunächst um die mineralischen Bestandteile der entnommenen Erntemasse ärmer. Diese Verarmung des Bodens an aufnehmbaren Pflanzennährstoffen wird um so schneller vor sich gehen, je größer die Ansprüche sind, welche die angebauten Früchte an das Nährstoffkapital des Bodens stellen. So werden nach den Angaben von A. VON NOSTITZ und J. WEIGERT (1) durch die Ernte verschiedener Früchte dem Boden an Pflanzennährstoffen je Hektar entzogen:

Pflanze und Erntemasse		CaO kg	K_2O kg	P_2O_5 kg	N kg
	Getreidepflanzen:				
Buchweizen	18 dz Körner	30	50	30	60
	30 dz Stroh				
Gerste	24 dz Körner	15	55	25	50
	32 dz Stroh und Spreu				
Hafer	24 dz Körner	15	70	25	60
	36 dz Stroh und Spreu				
Roggen	20 dz Körner	15	60	30	55
	40 dz Stroh und Spreu				
Weizen	24 dz Körner	12	50	30	70
	45 dz Stroh und Spreu				
	Leguminosen:				
Ackerbohnen	24 dz Körner	50	110	40	150
	36 dz Stroh und Schoten				
Erbsen	20 dz Körner	60	70	30	120
	20 dz Stroh und Schoten				
Lupinen	18 dz Körner	30	70	30	130
	25 dz Stroh und Hülsen				
	Gespinst- und Ölpflanzen:				
Flachs (Lein)	6 dz Samen	50	60	30	45
	50 dz Strohflachs				
	6 dz Spreu				
Raps	20 dz Körner	120	130	60	110
	50 dz Stroh und Koppen				
	Hackfrüchte:				
Futterrüben	500 dz Rüben	80	250	50	110
	150 dz Kraut				
Kartoffeln	200 dz Knollen	50	160	40	90
	80 dz Kraut				

Pflanze und Erntemasse		CaO kg	K_2O kg	P_2O_5 kg	N kg
Kohlrüben	600 dz Rüben 200 dz Blätter	160	250	75	200
Kopfkohl	750 dz grüne Masse	180	200	60	185
Samenrüben	30 dz Samen mit Stengeln usw.	75	150	40	110
Mohrrüben	400 dz Rüben 200 dz Kraut	120	175	60	150
Futterpflanzen:					
Grünmais	500 dz	75	200	50	100
Luzerneheu	80 dz	230	145	55	250
Rotkleeheu	60 dz	120	110	30	130
Wiesenheu	60 dz	80	120	30	90
Verschiedene Pflanzen:					
Hopfen	100 dz Dolden 30 dz Blätter u. Ranken, Äste usw.	130	90	30	90
Tabak	20 dz Blätter 40 dz Gipfel u. Stengel	120	160	30	100
Weinreben	100 dz Trauben 30 dz Holz 30 dz Rebgipfel u. Blätter	70	100	30	80
Tragende Obstbäume.	1 ha beschattete Fläche	200	150	50	100

Das Verhältnis, in welchem die verschiedenen landwirtschaftlichen Kulturpflanzen dem Boden die einzelnen Nährstoffe entziehen, ist hiernach zwar ein sehr verschiedenes, die entnommenen Nährstoffmengen sind aber z. T. ganz erhebliche.

Sämtliche Böden erleiden außerdem Verluste an allen Pflanzennährstoffen durch Auswaschen und Versickern. In dieser Beziehung verhalten sich die verschiedenen Bodenarten nicht gleich. Diese Verluste sind bei den an tonigen Teilen armen, absorptionsschwachen Sandböden größer als bei Lehmböden und gleichfalls höher bei flachgründigen, mit Kies- oder Sandunterlage versehenen Böden als bei tiefgründigen. Auch trifft die Auswaschung nicht alle Bodenschichten gleichmäßig, sondern sie schreitet allmählich von der Oberfläche nach der Tiefe fort. Nach Untersuchungen von W. GERLACH wurden bei verschiedenen Böden folgende Verluste je Hektar und Jahr festgestellt:

beim Kali	29 kg	beim Stickstoff	56 kg
beim Kalk	366 „	bei der Phosphorsäure . . .	0 „

Am größten pflegen die Verluste an Kalk zu sein. Nach Lysimeterversuchen können pro Jahr und Hektar bis zu 600 kg Kalk ausgelaugt werden. Dagegen ist die Gefahr einer Auswaschung der Phosphorsäure sehr gering, weil dieser Nährstoff in allen Böden einer starken Absorption unterliegt. Der Anbau von Pflanzen und die Entnahme von Ernten bedingen also zusammen mit den durch Auswaschen usw. bedingten natürlichen Verlusten eine allmähliche Erschöpfung des Bodens an den wichtigsten, mineralischen Pflanzennährstoffen.

Die Bodenkraft, die nach E. RAMANN die Summe aller chemischen und physikalischen Eigenschaften eines Bodens ist, erleidet eine weitere Verminderung dadurch, daß dem Boden durch die Entnahme der Ernten keine oder mit den Wurzelrückständen nur verhältnismäßig geringe Mengen von organischer Substanz wieder zufließen. Durch den Mangel an humusbildender Substanz erfährt der Boden als Standort der Pflanze eine Verschlechterung in biologischer, chemischer und physikalischer Beziehung. Die chemische Wirkung des Humus ist in erster Linie eine aufschließende, während die physikalischen vorwiegend in einer Änderung der Bodenstruktur bestehen. Beide zusammen kommen den im Boden sich abspielenden biologischen Vorgängen zugute, wobei die organische Substanz gleichzeitig ein wertvolles Nährsubstrat für alle Bodenmikroorganismen abgibt.

Eine Verarmung der Kulturböden an unentbehrlichen Pflanzennährstoffen und an bodenverbessernden Bestandteilen durch Wiederzufuhr zu verhindern, und die Nährstoffe stets in ausreichender Menge und geeigneter Form den Pflanzen zur Verfügung zu stellen, sowie die biologischen und physikalischen Bodenverhältnisse zu fördern, ist Aufgabe der Düngung. Unterbleibt eine solche, so wird Raubbau getrieben. Durch Raubbau wird die Bodenkraft geschädigt. Die Ernteerträge müssen infolgedessen zurückgehen. Unter den zahlreichen, nach dieser Richtung hin unternommenen Untersuchungen ist einer der ältesten, aber auch mit am längsten durchgeführten Versuche der von J. H. GILBERT und J. B. LAWES. Hier erfuhren die Ernteerträge ohne Düngung gegenüber einer Volldüngung im Laufe der Jahre einen wesentlichen Rückgang, um aber dann auf einem gewissen Ertrage stehen zu bleiben. Es wurden an Weizen (Körner) und zwar je Hektar geerntet:

	Volldüngung kg	Ohne Düngung kg		Volldüngung kg	Ohne Düngung kg
1845—1848	1905	1320	1873—1876	2266	690
1849—1852	2040	1170	1877—1880	3109	655
1853—1856	2632	1031	1881—1884	2735	875
1857—1860	2680	1167	1885—1888	2576	881
1861—1864	3254	1100	1890	2358	820
1865—1868	2738	895	1898	1978	833
1869—1872	2535	875	1900	2673	889

Diese Zahlen beweisen deutlich, wie infolge des unterlassenen Ersatzes der durch die Ernte dem Boden entzogenen Pflanzennährstoffe die Erträge einen wesentlichen Rückgang erfahren haben. Ebenso konnte u. a. auch W. SCHNEIDEWIND zeigen, daß selbst auf einen sehr guten humosen Lößlehmboden schon nach einer achtjährigen Unterlassung der Düngung gegenüber der Volldüngung vom Hektar 95,4 dz Zuckerrüben, 80,1 dz Kartoffeln und 8,9 dz Weizen und 16,0 dz Gerste weniger geerntet wurden. Der Vorrat der Böden an Pflanzennährstoffen ist also immer nur ein beschränkter, der sich durch den Anbau und die Ernte der Kulturpflanzen in kürzerer oder längerer Zeit erschöpft, wenn nicht durch Düngung für einen Ersatz Sorge getragen wird. Die Düngung, d. h. die Zufuhr von Pflanzennährstoffen zum Boden, ist also ein wichtiger Faktor zur Erhaltung der Fruchtbarkeit der Ackererde.

Als Düngung wird man nach dem Vorschlage von A. MAYER (1) eine jede Zufuhr von Stoffen auf landwirtschaftlich genutzte Flächen bezeichnen, um hierdurch die Fruchtbarkeit derselben zu erhöhen und die Ernteerträge zu steigern. Die Düngung im allgemeinen verfolgt hierbei einen doppelten Zweck, nämlich einmal den Boden mit den wichtigsten chemischen Pflanzennährstoffen anzureichern und zum anderen durch Verbesserung der biologischen und physikalischen Bodenverhältnisse die günstigsten Bedingungen für das Pflanzenwachstum zu schaffen. Die Stoffe, die hierzu befähigt und geeignet sind, bezeichnet man als Düngemittel, auch wenn sie nicht beiden Aufgaben der Düngung gleichzeitig gerecht werden.

Die Düngung selbst ist und kann nicht in allen Fällen eine gleiche sein. Sie ist abhängig zu machen vom gegebenen Boden und von der anzubauenden Pflanze.

Der erstere kann hinsichtlich seiner chemischen Zusammensetzung und in bezug auf das Verhältnis der in ihm enthaltenen mineralischen Pflanzennährstoffe sehr große Unterschiede aufweisen. Die vier für das Pflanzenwachstum unentbehrlichen Kernnährstoffe sind Kali, Kalk, Phosphorsäure und Stickstoff. Sie kommen in den verschiedenen Bodenarten je nach der Entstehung und dem Kulturzustand derselben in sehr wechselnden Mengen vor. Die Gesamtmenge der Pflanzennährstoffe im Boden und der Grad ihrer Löslichkeit sowie das Verhältnis, in dem sie innerhalb eines bestimmten Zeitraumes von der Pflanze assimiliert und verwertet werden können, bestimmt demnach zunächst Art und Stärke der Düngung.

Die Fruchtbarkeit eines Bodens, worunter nach E. RAMANN die Beziehungen zwischen Bodenkraft und Entwicklung der Pflanze zu verstehen sind, wird aber nicht nur durch seinen Gehalt an chemischen Pflanzennährstoffen, sondern auch an Humus bedingt. Hierunter wird die Gesamtmenge der im Boden vorhandenen organischen Substanz zusammengefaßt. Abgesehen von Pflanzen- und Stoppelresten gelangt die organische Substanz in die Kulturböden aus den zugeführten Naturdüngern, wie Gründung, Stallmist usw. Der Humus ist keine unerläßliche Voraussetzung für das Pflanzenwachstum, wohl aber eine Bedingung für die Fruchtbarkeit eines Bodens. Die Zufuhr von organischer Substanz in Form von Naturdüngern und die Stärke dieser Düngung hat gleichfalls unter Berücksichtigung der Bodenart und der anzubauenden Pflanze zu erfolgen. Die Düngung mit organischen Düngern wie Gründung, Stallmist usw. bezweckt zunächst auch eine Anreicherung des Bodens mit Pflanzennährstoffen. Sie bedingt aber ferner wichtige physikalische Einwirkungen auf den Boden, die insbesondere in der Krümelung und Gründigkeit des Bodens, in seinem Feuchtigkeitsgehalt usw. zum Ausdruck kommen. Mineralböden benötigen eine Düngung mit organischen Düngern mehr als humose Böden. Von ersteren verwerten alle besseren und schweren Böden die Naturdünger wirtschaftlicher als alle leichten und insonderheit alle Sandböden. Durch die Düngung der Sandböden mit organischem Dung wird die wasserhaltende Kraft derselben erhöht, während die schweren tonreichen Böden durch den Humus gelockert werden. Die bei der Zersetzung der organischen Substanz entstehende Kohlensäure wirkt lösend auf die mineralischen Bodenbestandteile ein, wodurch der Vorrat des Bodens an aufnehmbaren Pflanzennährstoffen eine Vermehrung erfährt. Die organische Substanz fördert Leben und Tätigkeit aller für den Boden wichtigen, pflanzlichen und tierischen Organismen. Der Humus verbessert jeden Boden. Er ist der fruchtbringende Bestandteil des Bodens, der sich durch keinen anderen Bodenbestandteil ersetzen läßt (E. A. MITSCHERLICH 1).

Wenn sich die Art und Stärke der Düngung nicht allein nach dem Boden, sondern auch nach der anzubauenden Pflanze zu richten hat, so gilt dies hauptsächlich in Hinsicht auf deren Bedarf an Nährstoffen. Die einzelnen Pflanzen benötigen sehr verschiedene Nährstoffmengen (s. Tabelle S. 9). Auch ist die Fähigkeit, sich die im Boden vorhandenen Nährstoffe anzueignen, durchaus nicht bei allen Pflanzen die gleiche. Ebenso ist die Nährstoffaufnahme in den verschiedenen Wachstumsperioden bei den einzelnen Kulturpflanzen eine verschiedene. Mithin stellen die landwirtschaftlichen Nutzpflanzen sowohl hinsichtlich Löslichkeit und Menge der im Boden vorhandenen Nährstoffe, als auch während der einzelnen Wachstumsperioden sehr verschiedene Anforderungen, die bei einer individuellen und wirtschaftlichen Düngung der Kulturpflanzen zu berücksichtigen sind. Besonders aber hat sich die Düngung mit Wirtschaftsdüngern den anzubauenden Pflanzen anzupassen. Für eine solche Düngung sind durchaus nicht alle Pflanzen gleich dankbar. Wenn hierbei bestimmte Pflanzen die Wirtschaftsdünger besonders gut verwerten, so dürfte dies weniger durch eine bessere Ausnutzung der in diesen enthaltenen Nährstoffe bedingt sein. Es handelt sich hier mehr um indirekte Wirkungen dieser Dungstoffe, infolge derer durch Lockerung des Bodens usw. günstige, der betreffenden Pflanzenart besonders zusagende Bodenverhältnisse geschaffen werden.

Die Aufgabe der Düngung ist also die Erhaltung der Bodenkraft mit dem gleichzeitigen Zweck, die Fruchtbarkeit der landwirtschaftlich genutzten Flächen zu erhöhen. Hierbei kommt es nicht allein darauf an, dem Boden nur die wichtigsten mineralischen Pflanzennährstoffe zuzuführen, sondern auch solche Stoffe in den Boden zu bringen, die als humusbildende geeignet sind, den ganzen Kulturzustand desselben zu heben und zu verbessern.

2. Die Düngemittel.

War unter dem Begriff der Düngung eine jede Zufuhr von Stoffen auf landwirtschaftlich genutzte Flächen zu verstehen, um die Ertragsfähigkeit zu steigern, so ist nach A. MAYER (1) als Dünger jeder Stoff anzusprechen, der in dieser Absicht Verwendung findet. Dünger oder Düngemittel ist also jeder Stoff, der durch Ernährung der Nutzpflanzen oder durch Einwirkung auf den Boden zur Erhöhung der Erträge der landwirtschaftlich, forstwirtschaftlich oder gärtnerisch benutzten Böden geeignet ist (KELSCH).

Man unterscheidet zwischen *natürlichen* und *künstlichen Düngemitteln.* Erstere bezeichnet man auch als Natur- oder Wirtschaftsdünger. Aus der Bezeichnung geht schon hervor, daß es sich hier um Düngerstoffe handelt, die, wie die Gründungstoffe, von der Natur selbst erzeugt werden, oder die, wie Kompost, Stallmist usw., die Wirtschaft direkt liefert. Sie sind die naturgemäßesten Düngemittel, die schon in den frühesten Zeiten als solche Verwendung gefunden haben. Die Naturdünger werden fast immer in der Form, wie sie anfallen, und ohne weitere Herrichtung zur Düngung verwandt. Die Kunst- oder Handelsdünger dagegen sind solche Stoffe, die entweder durch Verarbeitung gewisser Abfallstoffe des Tierreiches auf Düngemittel gewonnen werden, oder ihre Darstellung erfolgt künstlich auf chemischem Wege, wobei die Atmosphäre oder das Mineralreich die erforderlichen Rohstoffe liefern. Man spricht diese daher auch vielfach als chemische Kunstdünger an. „Als künstliche Düngemittel gelten überhaupt alle angebotenen oder in Verkehr gebrachten Düngemittel, zu deren Gewinnung oder Herstellung im Gegensatz zu den natürlichen Wirtschaftsdüngern (Fäkalien, Gründünger, Jauche, Kompost, Stallmist) irgendwelche menschlichen Eingriffe, sei es in biologischer, chemischer, mechanischer oder physikalischer Hinsicht, notwendig sind. Noch schärfer ist die Begriffsbestimmung des amerikanischen Düngergesetzes. Handelsdüngemittel im Sinne dieses Gesetzes sind alle Substanzen, die geeignet sind, das Wachstum der Pflanzen zu fördern, sowie alle diejenigen reinen Stoffe und Mischungen, die den Anspruch haben, eine verbessernde Wirkung auf den Boden und das Pflanzenwachstum auszuüben. Stoffe, die sich in natürlichem Zustande finden, fallen sofort unter das Gesetz, sobald in irgendeiner Weise eine Bearbeitung (durch Mahlen, Trocknen usw.) erfolgt (KELSCH)." Natur- und Kunstdünger unterscheiden sich zum Teil wesentlich voneinander. Erstere stellen meist eine voluminöse Masse dar, die in der Hauptsache aus organischer Substanz besteht. Ihr Gehalt an Pflanzennährstoffen ist dagegen nur ein verhältnismäßig geringer. Auch sind diese vielfach in einer schwerer löslichen und von der Pflanze nicht immer direkt verwertbaren Form vorhanden. Demgegenüber sind die Kunstdünger mehr als konzentrierte Dungstoffe anzusprechen, die nur vereinzelt organische Substanz aufweisen, dagegen sich durch ihren hohen Gehalt an fast immer leicht assimilierbaren Pflanzennährstoffen auszeichnen. Da sie meist nur einen oder höchstens zwei Pflanzennährstoffe enthalten, sind sie als mehr einseitige Düngemittel anzusprechen.

Die beiden Hauptgruppen von Düngemitteln kann man nach dem Vorgehen von A. MAYER (1) auch als *absolute* und *relative Dünger* ansprechen. A. MAYER versteht unter ersteren alle diejenigen zur Bodenverbesserung geeigneten Stoffe, die ihrer Entstehungsweise nach eine ähnliche Zusammensetzung haben wie die Stoffe, die durch die Ernten dem Boden entzogen werden, und die bei ihrer Einverleibung in den Boden gleiche oder ähnliche Zersetzungsprodukte wie diese liefern. Für die relativen Dungstoffe trifft dies nicht zu.

Ferner unterscheidet man zwischen *direkten* und *indirekt wirkenden Düngemitteln,* obwohl ein scharfer Unterschied zwischen beiden eigentlich nicht zu ziehen ist. Man wird daher in dieser Hinsicht besser von solchen Düngestoffen sprechen, die, wie die meisten chemischen Kunstdüngemittel, vorwiegend eine reine Nährwirkung ausüben, während bei den indirekten Düngemitteln, wie Gründung, Stallmist, Kalk, Mergel usw., die Nährwirkung gegenüber ihrer bodenverbessernden Eigenschaften meist stark zurücktritt. Solche indirekten Wirkungen kommen nicht nur in der Anreicherung des Bodens mit Humus und in den von diesem weiterhin ausgelösten Zersetzungen und biologischen Vorgängen in Frage, sondern auch in der Beeinflussung von vielen im Boden vor sich gehenden chemisch-physikalischen Umsetzungen. Die Acidität der Mineralböden, die Basenverarmung der zeolithischen Silikate und Humate, das Neutralisations- und Pufferungsvermögen der Böden werden alle mehr oder weniger durch die Anwendung von indirekten Düngemitteln beeinflußt. Es bestehen die indirekten Wirkungen der Kalkdüngung in der Bindung der freien Säuren des Bodens, in der Verwandlung des im Boden vorkommenden und für das Pflanzenwachstum schädlichen Eisenoxyduls in Eisenoxyd, in der Vermittlung der Basenabsorption durch den Boden, in der Zersetzung der wasserhaltigen Silikate u. dgl. mehr. Die Natur- oder Wirtschaftsdünger vermögen durch die humusbildende organische Substanz das Pufferungsvermögen eines Bodens zu erhöhen, die Durchlüftbarkeit des Bodens zu fördern und die Wärme- und Wasserverhältnisse zu regeln. Sie machen Sandböden bindiger und schwere tonreiche Böden lockerer. Durch Zersetzung der organischen Substanz wirken sie lösend auf die mineralischen Bestandteile des Bodens ein und üben auf diese Weise auch eine indirekte Nährwirkung aus. Daß solche Düngemittel wie Kalk, Stallmist usw. auch eine direkte Wirkung durch Zuführung von Nährstoffen zum Boden ausüben, ist selbstverständlich. Der Nutzen der sog. indirekten Düngemittel ist daher ein zweifacher. Es überwiegen jedoch bei ihnen im allgemeinen die indirekten Wirkungen, wie Verbesserung der biologischen, chemischen und physikalischen Bodenverhältnisse, die direkten, die in einer einfachen Nährstoffzufuhr bestehen. Infolgedessen können auch die indirekten Düngemittel nicht die direkten völlig ersetzen und umgekehrt. Beide sind für eine planmäßige und richtige Düngung unbedingt notwendig.

Eine weitere Einteilung der Mineraldünger hat A. MAYER (2) vorgenommen, bei der er von dem Einfluß ausgeht, den diese auf die Reaktion des Nährstoffgemisches im Boden ausüben. Hiernach wird zwischen *physiologisch-basischen, physiologisch-neutralen* und *physiologisch-sauren Düngemitteln* unterschieden. Zu den physiologisch-alkalischen Düngemitteln zählen nach A. MAYER alle diejenigen, aus denen die Pflanze den sauren Anteil in stärkerem Maße aufnimmt als den basischen. Infolgedessen muß eine Base im Boden zurückbleiben. Als physiologisch-basische Düngemittel werden angesprochen: Ätzkalk, Chilesalpeter, Holzasche, kohlensaures Kali, kohlensaurer Kalk, Knochenmehl und roher Peruguano. Physiologisch-neutrale Düngemittel sind solche, bei denen Base und Säure gleich schnell von der Pflanze absorbiert werden, so daß weder eine Base noch eine Säure im Boden zurückbleiben kann. Als Düngemittel dieser Art werden von A. MAYER bezeichnet: Ammoniaksuperphosphat, aufgeschlossener Peruguano, Chlornatrium, Kalisalpeter (der sich schon sehr den physiologisch-alkalischen Düngemitteln nähert), schwefelsaurer Kalk und schwefelsaure Magnesia, sowie das aus Gips und saurem phosphorsauren Kalk bestehende Superphosphat. Physiologisch-sauer sind nach A. MAYER alle diejenigen Düngemittel, bei denen die Aufnahme des basischen Bestandteiles schneller erfolgt als die der Säure, so daß im Boden eine freie Säure zurückbleibt. In diesem Sinne werden als physiologisch-saure Düngemittel genannt: Chlorammonium, Chlorkalium, Chlormagnesium, Kalisuperphosphat, schwefelsaures Ammoniak und schwefelsaures Kali, sowie überhaupt die Staßfurter Kalisalze.

H. KAPPEN (1) hat jedoch auf Grund eingehender Versuche dargetan, daß diese Einteilung heute nicht mehr in allen Punkten zutreffend ist. Er betont mit Recht, daß Düngemittel, wie Branntkalk, kohlensaurer Kalk usw., bereits von Haus aus alkalisch reagieren und infolgedessen einer physiologischen Beeinflussung durch die Pflanze überhaupt nicht mehr bedürfen. Das gleiche gilt hinsichtlich der anderen hierher gehörigen Düngemittel. Im übrigen würden auch Rhenaniaphosphat und Thomasmehl in diese Gruppe einzureihen sein. In der Auslegung von A. MAYER (2) würde nach H. KAPPEN (1) eigentlich nur der Chilesalpeter als physiologisch-basisches Düngemittel angesprochen werden können, da die Pflanze für den sauren Bestandteil dieses Salzes ein sehr großes, für den basischen Anteil aber nur ein sehr geringes Bedürfnis hat. Hinsichtlich der physiologisch-sauren Düngemittel wird man nach den Untersuchungen von H. KAPPEN (1) die von A. MAYER (2) getroffene Eingruppierung heute auch nicht mehr ohne weiteres aufrecht erhalten können. Inbezug auf die dritte Gruppe vertritt H. KAPPEN (1) die Ansicht, daß man von einer physiologischen Neutralität gewisser Düngemittel im Sinne der MAYERschen Definition bei den meisten der hierher gerechneten Düngemittel überhaupt nicht sprechen kann. Die umfangreichen Untersuchungen von H. KAPPEN (1) haben vielmehr zu einer anderen Einteilung geführt. Hiernach haben als physiologisch alkalische Düngemittel zu gelten: „Die Nitrate von Kalium, Calcium, Natrium, ferner das Monophosphat des Calciums. Das Ammonnitrat läßt sich dieser Gruppe nicht einreihen, weil es niemals eine Verschiebung in das alkalische Gebiet bewirkt hat. Es gehört daher nicht in die Gruppe der physiologisch-alkalischen Düngesalze. Zur Gruppe der physiologisch-sauer reagierenden Düngemittel würden zu rechnen sein: Ammonsulfat, Ammonchlorid, Ammonsulfatsalpeter, schwefelsaure Kalimagnesia, Kaliumsulfat, Kainit, Monoammoniumphosphat, Monokaliumphosphat, Diammoniumphosphat, Dikaliumphosphat, Leunaphosphat, Kaliammonsalpeter, 40proz. Kalisalz, Kaliumchlorid, Magnesiumchlorid, Calciumsulfat, Calciumchlorid und Ammoniumnitrat".

Aufgabe und Zweck der Düngemittel ist es, dem Boden die mineralischen Nährstoffe zuzuführen, welche die Pflanzen zu einer gedeihlichen Entwicklung benötigen. Es muß dies in einer solchen Form geschehen, daß die Pflanze diese Nährstoffe direkt oder doch innerhalb sehr kurzer Zeit aufnehmen und verwerten kann. Auf diese Weise sollen die mit den Ernten dem Boden entzogenen oder auf andere Weise (Auswaschen, Versickern usw.) verlorengegangenen Nährstoffe wieder ersetzt werden. Gleichfalls einen Ersatz soll die organische Substanz der Wirtschaftsdünger dafür gewähren, daß die auf dem Boden gewachsene organische Pflanzenmasse nicht wieder demselben einverleibt, sondern mit den Ernten hinweggeführt wird. Dieser Ersatz an organischer Substanz ist um so wichtiger, als durch die Zersetzung derselben im Boden erst die Grundlagen und Voraussetzungen für eine volle Ausnutzung und Verwertung der mineralischen Nährstoffe geschaffen werden.

III. Der Einfluß der Düngung und Düngemittel auf Boden und Pflanze.

Für die Beurteilung von Düngungsmaßnahmen und für die Auswahl der Düngemittel ist es wichtig, den Einfluß zu kennen, den die einzelnen Düngemittel sowohl auf den Boden als auch auf die Pflanze auszuüben vermögen. Dieser Einfluß kann in günstigem wie ungünstigem Sinne zum Ausdruck kommen. Es können sowohl durch die Art und Stärke der Düngung wie auch durch die einzelnen Düngemittel selbst die Bodenverhältnisse eine Verbesserung oder Verschlechterung erfahren, ebenso wie durch diese Maßnahmen das Pflanzenwachstum gefördert oder beeinträchtigt und die Ernteprodukte verbessert oder verschlechtert werden können.

1. Einfluß auf den Boden.

Düngung und Düngemittel können den Boden in biologischer, chemischer und physikalischer Beziehung beeinflussen. Zahllose Mikroorganismen sind ununterbrochen im Boden tätig. Chemische Vorgänge und physikalische Zustandsänderungen spielen sich dauernd in demselben ab. Hierdurch können biologisch und chemisch günstige bzw. unerwünschte Wirkungen hervorgerufen oder physikalische Änderungen der Strukturverhältnisse des Bodens bedingt werden.

a) Die Wirtschaftsdünger.

Ein *biologischer Einfluß* der Düngung auf den Boden tritt in allererster Linie bei den Wirtschaftsdüngern hervor. Durch diese werden dem Boden erhebliche Mengen von organischer Substanz einverleibt, die zunächst zur Deckung des Energie- und Nährstoffverbrauches der Bodenorganismen dienen. Letztere werden nach Art und Menge vornehmlich durch den Bakteriengehalt der Wirtschaftsdünger beeinflußt. Von den Wirtschaftsdüngern sind in erster Linie Kompost und dann namentlich Stallmist die eigentlichen Bakterienträger. Jedenfalls ist die Erhöhung des Keimgehaltes eines Bodens durch Gründüngung im allgemeinen nicht so groß wie bei einer Stallmistdüngung. Immerhin wird von D. ENGBERDING die Erhöhung des Keimgehaltes des Bodens durch eine Gründüngung als nicht unbeträchtlich bezeichnet. Auf die Erhöhung der Keimzahl des Bodens durch Wirtschaftsdünger weisen eine große Anzahl von Arbeiten und Untersuchungen hin. Durch Stallmist, Gründüngungen und andere humusbildende Stoffe werden die Nitrifikationsvorgänge wesentlich gefördert (Literatur u. a. bei A. KOSSOWICZ und F. LÖHNIS (1) sowie in den betr. Abschnitten des 2. Kapitels über die Naturdünger.

Was die *chemischen Einwirkungen* der Wirtschaftsdünger auf den Boden anbetrifft, so bedeuten zunächst die durch den Abbau der Humusstoffe frei und löslich gewordenen Nährstoffe derselben eine Bereicherung des gesamten Bodennährstoffkapitals. Diese Anreicherung ist aber nicht nur auf die in den organischen Düngern enthaltenen, bisher meist nicht direkt assimilierten Nährstoffe zurückzuführen, sondern auch darauf, daß durch die bei der Humuszersetzung gebildete Kohlensäure mineralische Bodenbestandteile in eine für die Pflanzen direkt verwertbare Form übergeführt werden. Außerdem erfährt der Kohlensäuregehalt des Bodens durch die bei dem Abbau der organischen Substanz und Humusstoffe gebildeten Kohlensäure eine Vermehrung, die wiederum dem Pflanzenwachstum zugute kommt. Ebenso werden nach den Angaben von F. LÖHNIS durch Stallmistdüngung, Gründünger und andere humusbildende Stoffe Ammonassimilation, Nitrifikation, Peptonzersetzung und Stickstoffbindung mehr oder weniger stark erhöht.

Die *physikalische Wirkung* der Wirtschaftsdünger auf den Boden kann nicht hoch genug bewertet und eingeschätzt werden. Gründung und Stallmist bewirken zunächst eine Auflockerung der Ackerkrume, infolgedessen das Wasser, namentlich bei schweren Böden, leicht abfließen kann. Sie fördern die Neubildung von Humuskolloiden, wodurch wiederum die wasserhaltende Kraft des Bodens eine Erhöhung erfährt, was in Sonderheit für die Sandböden von Wichtigkeit ist. Die Humuskolloide unterstützen bei leichtem Boden die Krümelbildung und verbessern auf diese Weise die physikalischen Eigenschaften des Sandbodens. Die schweren, namentlich tonreichen Böden verlieren dagegen durch den Humus ihre allzu große Bindigkeit. Bei diesen Böden vermindert also der Humus die Haftfähigkeit der Tonteilchen aneinander, während er dagegen bei Sandböden das Aneinanderhaften der Teilchen begünstigt (G. HAGER). Hohlräume werden ferner durch die organische Substanz und ihre Zersetzungsprodukte gebildet, die den Zutritt der Atmosphärilien ermöglichen. So wirken eine Reihe von Faktoren zusammen, um auch den schweren, bindigen Boden mürbe und krümelig zu machen. Die günstige Wirkung des Kompostes, des ausgesprochenen Düngers für Grünland, ist auf seinen Gehalt an Humusstoffen zurückzuführen, die bei der Übererdung der Grünlandflächen mit Kompost alle dem Humus günstigen Eigenschaften zur Auswirkung gelangen lassen und die Bodengare nach jeder Richtung hin fördern. Die gleichen Wirkungen wie Stallmist und Kompost vermag naturgemäß, wie überhaupt alle leicht zersetzliche organische Substanz, auch die Gründüngung auf die Krümelbildung und somit auf die Verbesserung der physikalischen Bodenverhältnisse auszuüben.

Selbstverständlich können bei unsachgemäßer Anwendung der Wirtschaftsdünger diese auch den Boden in ungünstigem Sinne beeinflussen, d. h. die biologischen und chemischen Vorgänge in unerwünschte Bahnen leiten und eine Verschlechterung der physikalischen Bodenverhältnisse bewirken. So können nicht hinreichend gerotteter Stalldung oder unsachgemäße Gründüngung eine nitrifikationshemmende Wirkung zur Folge haben oder Denitrifikationsvorgänge fördern und hierdurch Stickstoffverluste bedingen. Auch die Bildung größerer Mengen organischer Säuren bei dem Abbau und der Zersetzung der organischen Substanz kann durch Verschlechterung der Bodenstruktur ungünstige Wachstumsverhältnisse für die angebauten Nutzpflanzen schaffen (F. LÖHNIS 1). Starke Fäkaldüngungen führen zu einer Verschlämmung und Verkrustung des Bodens, indem die bei der Zersetzung der organischen Substanz entstehende Kohlensäure unter Mitwirkung des im Boden vorhandenen Kalkes und des Kochsalzes der Fäkalien eine Sodabildung herbeiführt (M. HOFFMANN). Ungünstige Wirkungen auf die Bodenstruktur sind ferner nach P. EHRENBERG (1) bei starker Anwendung von Jauche auf nicht besonders kalkreichen, schweren Böden dadurch zu erwarten, daß das stark reaktionsfähige Ammoniumcarbonat durch eine hydrolytische Spaltung verteilend und aufschlämmend wirkt. Auch kann die Jauche durch ihre alkalische Reaktion das Bodengefüge ungünstig beeinflussen. E. J. RUSSEL warnt direkt vor der Anwendung von Jauche auf Tonböden, die nach starker und wiederholter Jauchedüngung leicht verkrusten und verschlämmen. Diese krümelzerstörenden Wirkungen der Jauche sind auch von anderen, z. B. FICK, experimentell bestätigt worden. Trotzdem glaubt G. HAGER, und wohl auch mit Recht, daß es sich hierbei nur um eine vorübergehende Erscheinung handeln kann, die auch nur bei Anwendung sehr großer Jauchemengen zur Auswirkung gelangt. Nach G. HAGER wird das die Bodengare zerstörende Ammoniumcarbonat sehr schnell in salpetersauren Kalk umgewandelt, der seinerseits das

Bodengefüge günstig beeinflußt. Eine, wie oben gekennzeichnet, schädigende Wirkung durch starke Jauchegaben kann im allgemeinen auch nur auf sehr schweren Böden eintreten. Dagegen ist die Gefahr des Zusammenschlämmens auf sandigen Lehm- und lehmigen Sandböden nicht zu befürchten und zwar um so weniger, wenn die Jauche nicht als Kopfdünger gegeben wird, sondern durch Eineggen, Grubbern usw. eine Vermischung mit dem Boden erfährt.

Es erübrigt sich auf die mannigfaltigen Einwirkungen der Naturdünger auf den Boden hier noch näher einzugehen, da diese Verhältnisse in den Kapiteln über die Wirtschaftsdünger selbst noch Berücksichtigung finden werden. Hier soll nur noch die *Wirkung der Wirtschaftsdünger auf die Bodenreaktion* erörtert werden. Ein Boden kann eine alkalische, neutrale oder saure Reaktion aufweisen. Die erstere wird durch einen entsprechend hohen Gehalt an basischen Stoffen bedingt. Bei neutraler Reaktion dürfte sich ein Boden schon nicht mehr im Zustande der vollen Sättigung mit Basen befinden. Die saure Reaktion des Bodens aber wird neben der Kohlensäure der Bodenluft durch die an Basen verarmten und damit sauer gewordenen festen Bodenbestandteile bedingt (H. KAPPEN 1). Die landwirtschaftlichen Kulturpflanzen gedeihen am besten auf einem Boden von neutraler bzw. höchstens schwachsaurer oder schwachalkalischer Reaktion. Schon vor ungefähr 50 Jahren hat A. MAYER (2) darauf hingewiesen, daß die Düngemittel die Bodenreaktion in verschiedener Weise beeinflussen können. Für die Beurteilung der Düngemittel ist es daher zu wissen notwendig, welchen Einfluß sie auf die Bodenreaktion ausüben.

Mit der Einwirkung der Naturdünger auf die Bodenreaktion hat sich wohl zuerst TH. AYMANNS befaßt. Seine Untersuchungen hinsichtlich des Einflusses von Stallmist und Jauche auf die Austauschacidität ließen bereits deutlich eine die Bodenversäuerung mildernde Wirkung erkennen. Ebenso haben die Untersuchungen von K. BORESCH und R. KREYZI die Alkalisierung des Bodens durch Stalldung nachweisen können. Hiernach genügen schon verhältnismäßig schwache Stallmistgaben (70 dz je Hektar), um die Bodenreaktion nach der alkalischen Seite hin zu verschieben. In Übereinstimmung mit H. KAPPEN führen auch K. BORESCH und R. KREYZI die alkalisierende Wirkung des Stalldüngers auf das durch den Boden stark absorbierbare Ammoniak zurück. Ebenso bestätigen diese Versuche die KAPPENsche Ansicht, daß die Wirkung des Stallmistes hinsichtlich der Beeinflussung des Reaktionszustandes des Bodens nur von verhältnismäßig kurzer Dauer ist. Zu gleichen Ergebnissen haben die Untersuchungen von R. C. STEPHENSON hinsichtlich der Einwirkung der Gründüngung auf die Bodenreaktion geführt. Zunächst hat auch hier die Zersetzung der Gründüngungspflanzen eine alkalisierende Wirkung ausgeübt, die jedoch nach der völligen Zerstörung der dem Boden einverleibten Masse wieder verschwinden.

H. KAPPEN (1), der diese Verhältnisse nach allen Seiten hin kritisch geprüft und erforscht hat, kommt auf Grund der bisher mit Wirtschaftsdüngern vorliegenden Untersuchungen zu dem allgemeinen Ergebnis, daß „die Bodenreaktion zwar durch den Naturdünger nach der alkalischen Seite hin verschoben werden kann, daß sie den Boden aber doch nach Zersetzung ihrer organischen Substanz auf die Dauer nicht in einem günstigeren, sondern höchstwahrscheinlich in einem ungünstigeren Reaktionszustand zurücklassen werden".

b) Kunstdünger.

Auch die verschiedenen künstlichen Düngemittel vermögen, abgesehen von der rein chemischen Zufuhr von Pflanzennährstoffen, gewisse Nebenwirkungen im Boden auszuüben, welche die mikrobiologischen Prozesse beeinflussen und die physikalischen Bodenverhältnisse ändern können. Im Vordergrund und vielfach auch im engsten Zusammenhange mit allen diesen Vorgängen steht die physiologische Reaktion des Bodens, wie sie häufig durch die chemischen Kunstdünger geschaffen oder verändert werden kann. Auf diese Frage soll hier jedoch nur insoweit eingegangen werden, als sie für die praktische Beurteilung und Anwendung der Düngemittel von Wichtigkeit ist. Die Bedeutung der Bodenreaktion für das Pflanzenwachstum, die Entstehung und das Wesen der Bodenacidität usw. wird an anderer Stelle (im 1. Band) eingehend erörtert werden. Soweit sich die nachstehenden Ausführungen mit dem Einfluß der künstlichen Düngemittel auf die Bodenreaktion befassen, stützen sie sich hauptsächlich auf die ausführlichen und ausgezeichneten Darlegungen von H. KAPPEN in seinem bekannten Werk über die Bodenacidität. Im übrigen sollen hier die künstlichen Düngemittel hinsichtlich ihres Einflusses auf den Boden in biologischer, chemischer und physikalischer Beziehung entsprechend der üblichen Einteilung in der Reihenfolge Kali-, Kalk-, Phosphorsäure- und Stickstoffdünger abgehandelt werden.

a) Die Wirkung der Kalidünger. Die Düngung mit Kalisalzen kann den Boden in *biologischer Hinsicht* verschiedenartig beeinflussen. Die Mikroorganismen bedürfen zunächst zu ihrem Aufbau und zu ihrer Vermehrung des Nährstoffes Kali. Hierauf weist schon der verhältnismäßig hohe Kaligehalt der Bakterienasche hin. Dieses ist für die Bakterien also ein gleich unentbehrlicher Nährstoff wie für die höheren Pflanzen. Letzten Endes bezweckt demgemäß z. B. auch die Düngung der Leguminosen mit Kali die stickstoffbindende Tätigkeit der Knöllchenbakterien nach Möglichkeit anzuregen und zu fördern (F. LÖHNIS 2). Eine günstige Wirkung üben die Kalisalze auf die Nitrifikation aus, wie zahlreiche Untersuchungen, so von J. DUMONT und J. CROCKETELLE, J. FITTBOGEN, J. NESSLER (1), P. REDER und TROSCHKE u. a. gezeigt haben. Eine Zugabe von Kaliumcarbonat fördert z. B. ganz erheblich die Salpeterbildung in Torfböden. Hierbei ist die Humuszersetzung für die Ammoniakbildung als Vorstufe zur Nitrifikation wahrscheinlich von besonderer Wichtigkeit. Der Abbau und die Zersetzung des Humus wird aber stark durch Kalisalze unterstützt, namentlich wenn diese als Carbonate zugegen sind. Nach F. LÖHNIS (1) können die anderen Kalisalze nur dann eine gleich kräftig-lösende Wirkung ausüben, wenn die Möglichkeit zu einer ausreichenden Carbonatbildung gegeben ist. Die Kalisalze fördern also das Wachstum und die Vermehrung der Bodenmikroben und infolgedessen auch die durch ihre Tätigkeit hervorgerufenen Umsetzungen im Boden. Sie begünstigen den Abbau der organischen Substanz und beeinflussen vor allen Dingen die Ammoniakbildung aus dieser und deren Nitrifikation zu Salpetersäure. Umgekehrt können selbstverständlich zu große Kalimengen, und zwar namentlich in der Form von Kalirohsalzen, ungünstig wirken, indem sie gewissermaßen konservierend auf die organische Substanz wirken und so deren Zersetzung durch die Bodenmikroorganismen hemmen oder gänzlich hindern.

Was die *chemische Wirkung* der Kalidüngemittel auf den Boden anbetrifft, so hat schon A. MAYER (2) die Staßfurter Kalisalze als physiologisch-saure Düngemittel angesprochen. Er hat die anfänglich bei ihrer Verwendung als Düngemittel erzielten wenig günstigen Ergebnisse darauf zurückgeführt, daß Kalidüngesalze unter dem Einfluß wachsender Pflanzen eine reaktionsändernde Wirkung auf den Boden auszuüben vermögen. Indem die Pflanzen aus den Kalisalzen vornehmlich den basischen Bestandteil, d. h. also das Kali, aufnehmen, bleibt die Säure im Boden zurück. Sind nun nicht genügende oder überhaupt keine basischen Substanzen wie kohlensaurer Kalk als Neutralisationsmittel vorhanden, so wird unter diesen Umständen der Boden infolge der Düngung mit Kalisalzen mehr oder weniger deutlich sauer reagieren. Demnach sind die Kalisalze nach A. MAYER fähig, infolge ihrer physiologisch-sauren Reaktion den Boden zu versäuern (H. KAPPEN 2). Eingehende Untersuchungen von H. KAPPEN haben jedoch gezeigt, daß die Kalisalze bei Anwendung von in der landwirtschaftlichen Praxis üblichen Mengen nicht ohne weiteres eine Versauerung des Bodens herbeiführen. Diese Ergebnisse sind von anderer Seite durchaus bestätigt worden (H. NIKLAS und Mitarbeiter, F. AGHNIDES, E. M. CROWTHER). Die Kalidüngesalze sind also auf Grund unserer heutigen Anschauungen nicht mehr im Sinne von A. MAYER zu den physiologisch-sauren Düngemitteln zu rechnen, da sie unter normalen Bedingungen ihrer Verwendung noch zu keiner nachweisbaren Versauerung des Bodens führen. Eine solche ist nach H. KAPPEN vielmehr nur dann zu befürchten, wenn eine absolute Verarmung des Bodens an austauschbaren Basen stattfindet. Hierbei ist zu berücksichtigen, daß die Kalisalze stark entkalkend auf den Boden wirken. Infolgedessen setzt eine dauernde, erfolgreiche Anwendung von Kalidüngesalzen einen entsprechenden Kalkzustand des Bodens voraus, zumal zwischen Kali- und Kalkdüngung des Ackers auch sonst noch wichtige Wechselbeziehungen bestehen.

Wenn hiernach von einer direkt versäuernden Wirkung der Kalidüngesalze auch nicht gesprochen werden kann, so besteht doch die Möglichkeit, daß die Anwendung dieser Düngemittel auf bereits stark sauren Böden durch Aktivierung der Austauschacidität zu weiteren Schädigungen führen kann. Sofern die Bodenacidität nicht sogleich durch eine Kalkdüngung zu beseitigen ist, hat daher die Anwendung der Kalidüngesalze auf stark sauren Böden unter Berücksichtigung gewisser Vorsichtsmaßregeln zu erfolgen. So empfiehlt H. KAPPEN (1), die Kalisalze so frühzeitig in den Acker zu bringen, d. h. also im Herbst oder im sehr zeitigen Frühjahr mit Kalisalzen zu düngen, damit die sauer gewordene Bodenlösung noch durch Verdünnung oder durch Auswaschung ihre Acidität vermindern kann. Ferner dürfte es auf sauren Böden im allgemeinen zweckmäßig sein, keine Rohsalze, wie Kainit usw., sondern nur die hochkonzentrierten Düngesalze zu verwenden, um von vornherein nicht durch größere Salzgaben eine Aktivierung der Austauschacidität zu fördern, und im Zusammenhange hiermit Schädigungen der landwirtschaftlichen Kulturpflanzen hervorzurufen. Diese Befürchtung besteht nach neueren Untersuchungen von H. ROESSLER (1) und von A. GEHRING vielleicht nicht zu Recht, da auch auf austauschsauren Böden mit magnesiahaltigen Rohsalzen wie auch sonst mit magnesiahaltigen Kalidüngemitteln recht gute Erfolge erzielt wurden. Die günstige Wirkung der magnesiahaltigen Düngemittel führt A. GEHRING auf den Magnesiamangel der kalkarmen Böden zurück.

Die Kalisalze und insonderheit die Kalirohsalze, die sich durch einen hohen Gehalt an Kochsalz auszeichnen, verschlechtern sehr häufig die *physikalische Bodenbeschaffenheit*. P. EHRENBERG (1) hat wohl als erster die Schädigungen der Bodenstruktur, die unter gewissen Bedingungen durch die Kalisalze hervorgerufen werden können, vom kolloidchemischen Standpunkt aus betrachtet. Wie dieser annimmt, bilden sich unter dem Einfluß der Bodenkohlensäure aus dem kohlensauren Kalk des Bodens bei Gegenwart größerer Mengen von Kalirohsalzen Alkalicarbonate, die zu einer Zerstörung der Flockenbildung und Verschlämmung des Bodens führen sollen. Nach P. EHRENBERG, mit dem auch O. NOLTE (1) im allgemeinen konform geht, soll es also zur Bildung von Soda und hierdurch zu einer alkalischen Reaktion kommen, die dann zu einer Vernichtung der Krümelstruktur besonders auf den schweren tonreichen Böden führt. Die Verschlechterung der Bodenstruktur bei starker Anwendung von Kalirohsalzen wird also durch die Bildung von Soda und Pottasche bedingt. Untersuchungen von G. HAGER, ob und inwieweit Sodabildung oder Basenaustausch an der Bodenverschlechterung durch Kalirohsalzdüngung beteiligt sind, führten zu dem Ergebnis, daß in erster Linie der Ionenaustausch mit seinen Folgen der Grund für die Aufteilung der Bodenkrümel sein muß. P. EHRENBERG hat zwar auch auf diese Möglichkeit hingewiesen, er glaubt jedoch dieser Erklärung, und zwar in Übereinstimmung mit A. D. HALL, eine geringere Bedeutung beimessen zu sollen. A. v. NOSTITZ (2) wiederum führt die verkrustende Wirkung der Kalidünger auf ihren Gehalt an Magnesiumsalzen und zwar in der Hauptsache auf deren Sulfate zurück. Hierbei soll es sich um eine rein mechanische Verkittung handeln.

Als sicher feststehend kann man jedenfalls annehmen, daß durch starke Düngung mit Kalirohsalzen in gewissen Böden Umsetzungen hervorgerufen werden, die durch Veränderungen der kolloiden Bodenbeschaffenheit zur Aufteilung der Krümel führen können. Infolgedessen verkrustet der Boden. Er bildet große Klumpen und harte Erdschollen, die seine Bearbeitung sehr erschweren. Ein solcher Boden in Einzelkornstruktur trocknet schlecht ab und bleibt daher sehr lange kalt. Um daher in der landwirtschaftlichen Praxis eine Verkrustung des Bodens usw. infolge der Kalidüngung zu verhindern, ist die Anwendung von Kalirohsalzen und namentlich in größeren Mengen auf den schweren tonreichen Böden zu vermeiden. An deren Stelle sind die hochprozentigen Kalidüngesalze zu verwenden. Dagegen wird man die Kalirohsalze wie Kainit usw. auf allen leichten Böden besonders deshalb mit gutem Erfolg verwenden können, weil diese infolge ihrer Hygroskopizität günstig auf die Wasserverhältnisse dieser Böden einzuwirken vermögen.

b) Die Wirkung der Kalkdünger. Branntkalk, Gips, Mergel und andere Kalkverbindungen pflegen in der Regel eine außerordentlich günstige Wirkung auf die *biologischen Eigenschaften* des Bodens auszuüben. Zunächst findet hierdurch fast regelmäßig eine Erhöhung der Keimzahl statt und zwar besonders in sauren Moorböden. Zu große Mengen von Branntkalk führen nach H. FISCHER zunächst fast immer zu einer Herabsetzung des Keimgehaltes, um jedoch später eine um so lebhaftere Vermehrung der Mikroflora zu bewirken. Eine besonders günstige Reizwirkung des Branntkalkes ist insonderheit von O. LEMMERMANN, H. FISCHER und B. HUSEK (1) betont worden. Die nachteiligen Folgen einer übermäßigen Kalkdüngung auf Moorböden werden von F. LÖHNIS (2) auf Stickstoffverluste und auf einen zu intensiven Abbau des Humus zurückgeführt, wobei schädlichwirkende, organische Zersetzungsprodukte entstehen sollen. Dagegen begünstigen normale Kalkgaben den Abbau der organischen Substanz und die Zersetzung der Humusstoffe. Vielfach hat man Gips, Kalk usw. auch einen günstigen Einfluß auf die Knöllchenbildung der meisten Leguminosen zugesprochen, wodurch wiederum eine erhöhte Stickstoffbindung stattfinden soll. So konnte FLAMAND eine Förderung der Knöllchenbildung bei Bohnen und Wicken durch Kalksalze nachweisen. Wahrscheinlich handelt es sich aber in allen diesen Fällen mehr um eine indirekte Wirkung der Kalkung, als hierdurch eine üppige Entwicklung der Leguminosenpflanzen gefördert wird, die dann wiederum eine kräftige Ausbildung der Knöllchen zur Folge hat. Bei der Verschiedenartigkeit sowohl der Kalkdünger wie auch der Böden sind widersprechende Ansichten und Ergebnisse nicht ausgeblieben. So sollen nach A. SALFELD starke Branntkalkdüngungen die Knöllchenbakterien vernichten, so daß infolgedessen eine Knöllchenbildung nicht stattfinden kann, bzw. es soll durch Überkalkung eine derart starke Nitrifikation begünstigt werden, daß es zu einer normalen Entwicklung der Leguminosen überhaupt nicht kommt. Ähnliche Beobachtungen hat M. FLEISCHER auf Moorböden gemacht. Derartige nachteiligen Einflüsse der Kalkdüngung auf das Bakterienleben des Bodens dürften jedoch nur Ausnahmen darstellen, die durch ganz besondere Umstände und Verhältnisse bedingt werden.

Weiterhin wird durch die Gegenwart von Kalk auch die Ammon- und Nitratassimilation günstig beeinflußt, ebenso wie die Überführung des Ammoniaks in Salpetersäure wesentlich gefördert wird. Bei allen Förderungen, welche die biologischen Bodenverhältnisse durch den Kalk als Düngemittel in seinen verschiedenartigsten Formen erfahren, darf aber nicht vergessen werden, daß es sich hier vielleicht mehr um eine indirekte Beeinflussung handelt. Durch eine sachgemäße Kalkung werden die chemischen (Bodenreaktion) und physikalischen (Lockerung, Krümelstruktur usw.) Bodenverhältnisse derart günstig beeinflußt, daß erst hierdurch die besten Lebensbedingungen und Entwicklungsmöglichkeiten für die im Boden vorhandenen Lebewesen geschaffen werden.

Eine sehr große Bedeutung kommt den Kalkdüngern hinsichtlich ihres *chemischen Einflusses* auf den Boden zu. Es steht fest, daß die Anwendung physiologisch-saurer Düngemittel auf sauren Böden schädlich auf das Pflanzenwachstum wirkt und daß die Verwendung alkalischer Düngemittel, wie Kalkstickstoff, Thomasmehl u. a., in den in der landwirtschaftlichen Praxis üblichen Mengen nicht zur Neutralisation der Bodenacidität ausreicht. Eine gründliche Beseitigung der Bodenversäuerung ist nur durch eine entsprechende Kalkdüngung zu ermöglichen. Hierbei ist zu beachten, daß im allgemeinen die Neutralisationswirkung des Kalkes um so geringer ausfällt, je größer die Körnung des anzuwendenden Kalkes ist. Durch Versuche von TH. AYMANNS, von A. GEHRING, von H. HAASTERT u. a. ist dies in einwandfreier Weise nachgewiesen worden. Auch die Tiefe der Unterbringung bzw. ein gründliches Vermischen des Kalkes mit der ganzen Ackerkrume spielt eine Rolle bei der Neutralisationswirkung des Kalkes. Es haben dies außer den bereits erwähnten Untersuchungen auch die von P. R. NELSON gezeigt. Möglichst feine Mahlung des Kalkes und ein inniges Vermengen desselben mit dem Boden sind daher die unerläßlichen Voraussetzungen für eine gründliche Beseitigung der Bodenacidität durch Kalkdüngung. Aber auch unter diesen Voraussetzungen und bei Anwendung der erforderlichen Kalkmengen vollzieht sich die Neutralisation eines sauren Bodens erst im Laufe eines gewissen Zeitraumes, zumal der Ablauf dieses Vorganges durch andere Faktoren, wie z. B. den Feuchtigkeitsgehalt des Bodens usw., stark beeinflußt werden kann.

Eine regelmäßige, der Fruchtfolge angepaßte Kalkdüngung und eine intensive Bodenbearbeitung unter gleichzeitiger Anwendung von Wirtschaftsdüngern, sind jene Maßnahmen, die der Versäuerung eines Bodens vorbeugen. Am zweckmäßigsten wird der Kalk im Herbst auf die Stoppel gestreut oder zur Brache gegeben, um im trocknen Zustande sofort eingeeggt, eingekrümmert oder mit dem Schälpflug flach untergepflügt zu werden. Er macht dann gewissermaßen die ganze Bestellung mit. Wird der Kalk aber erst im Frühjahr kurz vor der Saat gegeben, so kann er leicht die Keimfähigkeit der Saat nachteilig beeinflussen. Vor allen Dingen findet dann aber weder eine genügend tiefe Unterbringung noch ein gründliches Mischen mit der Ackerkrume statt. Beide sind aber neben der Mahlfeinheit des Kalkes die Voraussetzung für einen schnellen Ablauf der Neutralisationsreaktion im Boden.

Weitere chemische Auswirkungen im Boden zeigt der Kalk durch Ausfällung und Festlegung von Eisenverbindungen. Bei Kalkmangel werden diese im Boden beweglich und werden dann zusammen mit Phosphorsäure, feinsten Bodenteilchen und Tonerde in den Untergrund geschwemmt. Hier kann es dann unter gewissen Umständen zur Bildung von Ortstein kommen. Eine Kalkung kann ferner die Ausnutzung der im Boden vorhandenen Phosphorsäure fördern und weiterhin durch Basenaustausch im Boden adsorptiv gebundenes Ammoniak frei machen (P. EHRENBERG 2). Der Kalk reguliert ferner den Kohlensäuregehalt des Bodens, indem er in der Hauptsache nur die überschüssige Kohlensäure aufnimmt. Für das Pflanzenwachstum nachteilige und im Boden vorhandene Eisen- und Schwefelverbindungen werden durch Kalk unschädlich gemacht. Andere chemische Umsetzungen des Kalkes im Boden, die auf einen Basenaustausch mit Silicatverbindungen hinauslaufen, führen zur Aufschließung von Pflanzennährstoffen und vergrößern auf diese Weise die Menge der im Boden vorhandenen, aufnehmbaren Pflanzennährstoffe (E. HASELHOFF 1). Es sind also eine ganze Reihe von chemischen Auswirkungen, die durch den Kalk im Boden hervorgerufen werden und letzten Endes der angebauten Pflanze zugute kommen.

So wichtig eine regelmäßige und sachgerechte Kalkung für den ganzen Kulturzustand des Bodens ist, so sind andererseits die Gefahren und Schädigungen einer *Überkalkung* nicht zu unterschätzen. Eine hierdurch bedingte starke alkalische Reaktion des Bodens verursacht gewisse Krankheiten und Schädigungen bei den landwirtschaftlichen Kulturpflanzen, wie die Dörrfleckenkrankheit des Hafers, die Schorfigkeit der Kartoffeln usw. (s. Kapitel IX: Düngung, Düngemittel und Pflanzenschutz), ohne daß der ursächliche Zusammenhang zwischen beiden Erscheinungen schon eine völlige Klärung gefunden hätte. Mit den Folgen und Ursachen einer Überkalkung von humosen Sandböden haben sich namentlich J. H. ABERSON und J. HUDIG (1) sowie J. HUDIG und C. MEIJER (2) befaßt. Hiernach wird bei den humosen Sandböden die Schädigung nicht durch die alkalische Bodenreaktion als solche bedingt, sondern durch den weitgehenden Abbau der organischen Stoffe und eine hierdurch verursachte starke Ansammlung von leichtlöslichen Stickstoffverbindungen. Als solche kommen nach TH. ARND Nitrite in Frage, während nach E. W. BOBKE, A. W. GOLUBEW und A. F. TÜLIN Ammoniumsalze die Ursache der Schädigung sein sollen. Es muß vorläufig noch weiteren Untersuchungen vorbehalten bleiben, diese Verhältnisse klarzustellen und die tatsächlichen Ursachen zu ergründen. Jedenfalls ist zur Beseitigung der Bodenacidität unter allen Umständen eine Überkalkung der Böden zu vermeiden, da sich eine solche auch nach anderen Richtungen hin ungünstig bemerkbar machen kann.

Außer den erwähnten durch eine Überkalkung bedingten Nachteilen können die bodenchemischen Verhältnisse aber auch noch in anderer Weise durch den Kalk weniger günstig beeinflußt werden. So kann der Kalk die Phosphorsäure in schwer lösliche Verbindungen überführen und auf diese Weise eine Assimilation derselben durch die Pflanze unterbinden. Der Kalk kann ferner Ammoniak aus seinen Verbindungen austreiben und hierdurch Stickstoffverluste herbeiführen. Diese weniger erwünschten Auswirkungen des Kalkes auf den Boden sind aber gegenüber den großen Vorteilen, die eine sachgemäße Kalkzufuhr auf die chemischen Bodenverhältnisse ausübt, von durchaus untergeordneter Bedeutung.

Von besonderer Wichtigkeit sind die Kalkdünger hinsichtlich ihres Einflusses auf die *physikalischen Bodenverhältnisse*. Diese bodenphysikalischen Einwirkungen stehen im engsten Zusammenhange mit den Bodenkolloiden. Auf dem Wege des Basenaustausches werden z. B. durch Anwendung des z. Z. von den Stickstoffdüngern wohl am meisten angewandten schwefelsauren Ammoniaks sowie der Kalirohsalze dem Boden erhebliche Mengen Kalk entzogen, die z. B. für 100 kg des erstgenannten Düngemittels nach den Untersuchungen von D. J. HALL 40 kg und für die Kalirohsalze nach M. GERLACH 50—60 kg betragen. In dem Maße, wie auf diese Weise die für die Bodenkultur so wichtigen Ionen des Calciums entfernt werden, tritt eine Verschlechterung der physikalischen Bodenverhältnisse ein. Mit fortschreitender Entkalkung verliert ein Boden seine lockere, krümelige Lagerung. Es findet ein Dichtschlämmen des Bodens statt. Dieser wird abgebunden. Demgegenüber beeinflußt eine Kalkdüngung die

Bodenstruktur günstig. Durch den Kalk in seinen verschiedenen Formen werden die humusartigen und tonigen Bestandteile des Bodens zum Zusammenballen gebracht. Es kommt zu einer Flockung, die den Anfang der Krümelbildung darstellt (P. EHRENBERG 2). Indem sich die sonst dicht nebeneinanderlagernden Einzelkörner zu schwammartigen, elastischen Krümeln vereinigen und die einzelnen Krümel in lockerer Bindung nebeneinanderlagern, werden im Boden feinere und gröbere Hohlräume geschaffen (O. NOLTE 2). In letztere können Luft und Wärme ungehindert eindringen und in ihnen zirkulieren, während die feinen Bodencapillaren viel Wasser aufzunehmen und festzuhalten vermögen. Diese durch den Kalk bedingten, bodenphysikalischen Einflüsse sind namentlich für die schweren Böden von Wichtigkeit. Sie bestehen in einer Lockerung des strengen Bodens, indem der Kalk diesem seine Zähigkeit und Untätigkeit nimmt. Der leichte Boden dagegen wird durch Anwendung von hochprozentigem Kalkmergel bindiger und absorptionsfähiger gemacht. Er erfährt eine Erhöhung seiner wasserhaltenden Kraft. Selbstverständlich ist eine gute Struktur des Bodens nicht durch Kalkung allein zu erreichen. Mit dieser muß vielmehr auch eine entsprechende Bodenbearbeitung und Humusanreicherung Hand in Hand gehen.

Von den verschiedenen Kalkformen wirkt der gebrannte Kalk am stärksten auf die Bodenkolloide und somit auf die physikalischen Bodenverhältnisse ein. Um sich zu löschen, zieht der Kalk Wasser an, was mit einer erheblichen Vergrößerung seines Volumens und mit einer entsprechenden Wärmeentwicklung verknüpft ist. Er geht dann allmählich in sehr fein verteiltes krystallinisches Calciumcarbonat über. Außerdem tritt, und zwar wahrscheinlich auf chemischem Wege, ein Teil des Kalkes in das Innere der Tonteilchen über. Alle diese Vorgänge wirken sich durch Krümelbildung usw. in einer günstigen Veränderung der Bodenstruktur aus. Infolge der starken Wirkung des Branntkalkes kommt dieser in der Hauptsache nur bei schweren Böden zur Anwendung. Sind diese Böden jedoch sehr humusarm, so wirkt hier eine Kalkdüngung fast immer ungünstig, weil infolge der fehlenden organischen Substanz nur eine sehr geringe Kohlensäurebildung vor sich geht und infolgedessen auch keine Umwandlung des Calciumhydroxydes in kohlensauren Kalk stattfindet. Die günstige Wirkung des Branntkalkes beruht aber vorwiegend auf seiner Umwandlung in leichtlöslichen kohlensauren Kalk. Durch die ausflockende Wirkung treten die Einzelteilchen zu Krümeln zusammen und verlieren gleichzeitig ihre schwammige Beschaffenheit. Auf schweren und humusarmen Böden ist daher die Anwendung von kohlensaurem Kalk vorzuziehen. Im allgemeinen ist aber der Löschkalk oder der gemahlene Branntkalk infolge seiner außerordentlichen Feinheit erheblich wirksamer als der kohlensaure Kalk. Deshalb gehört der Branntkalk auf alle schweren und bindigen Böden, während auf leichteren Böden der kohlensaure Kalk den Vorzug verdient. Alle basischen Kalkdüngemittel, einschließlich des kieselsauren Kalkes, wirken also bei ungenügendem Kalkgehalt des Bodens günstig auf das Bodengefüge ein. Gegenüber dem Branntkalk und dem kohlensauren Kalk tritt die Wirkung des Gipses auf die Bildung und Größe der Bodenkrümel ganz wesentlich zurück. Der Gips übt daher auf die bodenphysikalischen Verhältnisse einen in Betracht kommenden Einfluß nicht aus. Das gleiche gilt auch von Chlorcalcium und vom salpetersauren Kalk, weil diese von den Bodenteilchen nicht festgebunden werden und auch etwa vorhandene Bodensäure nicht zu neutralisieren vermögen (G. HAGER).

c) Die Wirkung der Phosphorsäuredünger. Der Einfluß einer Phosphorsäuredüngung auf den Boden ist in *biologischer Hinsicht* eine ganz ähnliche, wie der einer Düngung mit Kalisalzen. Zunächst ist auch die Phosphorsäure ein unentbehrlicher Nährstoff für die Bodenmikroben. Zwar konnte D. ENGBERDING durch Vermischen von Erde mit Superphosphat eine Vermehrung der Keime nicht feststellen, dagegen liegen zahlreiche Mitteilungen über die fördernde Wirkung der Phosphate auf die Stickstoffbindung durch Knöllchenbakterien und durch freilebende stickstoffbindende Bakterien vor (Literatur bei A. Kossowicz). Wahrscheinlich handelt es sich aber auch hier um eine indirekte Wirkung. Die Phosphorsäurezufuhr fördert zunächst die Entwicklung und das Gedeihen der Leguminosen und befähigt sie hierdurch zu einem kräftigen Knöllchenansatz. Im allgemeinen muß jedenfalls aber angenommen werden, daß ein genügender Gehalt des Bodens an leicht aufnehmbarer Phosphorsäure der Bodenflora nur nützlich sein kann. Daß gewisse Phosphorsäuredünger, wie z. B. das Thomasmehl, auch noch durch ihren Kalkgehalt die Entwicklung und Tätigkeit der Bodenmikroorganismen günstig beeinflussen können, ist nach den über den Kalk gemachten Ausführungen selbstverständlich.

Inbezug auf die *chemische Wirkung* der Phosphorsäuredünger auf den Boden ist zwischen den einzelnen hier in Betracht kommenden Düngemitteln, wie Rhenaniaphosphat, Thomasmehl, ferner Rohphosphat und Superphosphat, zu unterscheiden. Die beiden ersteren reagieren von Haus aus infolge ihres freien oder nur locker gebundenen Kalkes alkalisch. Infolgedessen können diese Düngemittel eine neutralisierende Wirkung ausüben und demgemäß eine Verringerung der Bodenacidität bewirken. Praktisch wirken sich diese Verhältnisse jedoch in diesem Maße nicht aus, da die in der Landwirtschaft angewandten Mengen von Rhenaniaphosphat und Thomasmehl zu gering sind, um hierdurch die Bodenreaktion weitgehend beeinflussen zu können. Immerhin ist eine dauernde und regelmäßige Anwendung von physiologisch-alkalischen Düngemitteln geeignet, einer Versauerung des Bodens entgegenzuwirken. Jedenfalls wird man solche Phosphorsäuredünger, die wie Thomasmehl usw. einen nicht ganz unbeträchtlichen Gehalt an basischen Stoffen aufweisen, in erster Linie auf allen stärker versauerten Böden zur Anwendung bringen, schon um den Aciditätszustand des Bodens nicht weiter zu verschlechtern.

Hinsichtlich der *Rohphosphate* liegen die Verhältnisse so, daß von diesen nach den Angaben von H. Kappen die Bodenreaktion durch die weicherdigen Algierphosphate nur wenig und durch die harterdigen Rohphosphate überhaupt nicht beeinflußt wird. Infolgedessen kommt ihre Anwendung mit dem ausgesprochenen Zweck einer Beseitigung oder Milderung der Bodenacidität für Mineralböden nicht in Frage. Anders dürften die Verhältnisse für die sauren Hochmoorböden liegen, von denen die Rohphosphate durch die stärkeren Humussäuren weitgehend zerlegt werden. Hierdurch wird auch eine Neutralisation dieser Säuren bedingt. Im Einklang hiermit steht auch die Tatsache, daß auf den sauren Humusböden die Phosphorsäure der Rohphosphate sehr gut von den Pflanzen verwertet wird, was auf den Mineralböden bekanntlich nicht der Fall ist. Der Aufschluß der Rohphosphate kann daher auf sauren Mineralböden nur ein ungenügender sein. Schon aus diesem Grunde scheiden die Rohphosphate zwecks Verwendung als phosphorsäurehaltiges Düngemittel für saure Mineralböden aus. Aber auch auf sauren Humusböden wird die Dauer ihrer Anwendung als Phosphorsäuredünger nur eine begrenzte sein, weil mit dem Aufschluß der Phosphate auch gleichzeitig eine Neutralisation der Humussäuren stattfindet.

Etwas anders liegen die Verhältnisse für das Superphosphat, das infolge seines Gehaltes an saurem Monocalciumphosphat und an, wenn auch nur wenig freier Phosphorsäure sauer reagiert. H. Kappen hat jedoch auf Grund seiner eingehenden und umfassenden Versuche darauf hingewiesen, daß die einem Stoff eigene Reaktion nicht auch die gleiche in seiner Wirkung auf den Boden zu sein braucht. Diese wird vielmehr erst durch die Umsetzungen bestimmt, die das betreffende Düngemittel im Boden erfährt. Indem sich nun die Phosphorsäure des Superphosphates im Boden mit Eisenoxyd, Tonerde und insonderheit mit kohlensaurem Kalk umsetzt, entstehen schwerlösliche und nicht mehr sauer reagierende Verbindungen. Infolgedessen kommt die von Haus aus saure Reaktion des Superphosphates, soweit es sich wenigstens um Mineralböden handelt, überhaupt nicht zur Wirkung. Wenn diese Verhältnisse für humose Böden anders liegen, so ist dies darauf zurückzuführen, daß eine Bindung der sauren Bestandteile des Superphosphates infolge des Mangels dieser Böden an Kalk, Magnesia, Eisenoxyd usw. nicht erfolgen kann. Das Superphosphat wird infolgedessen ganz allgemein nur dort einen versäuernden Einfluß auf die Bodenreaktion ausüben, wo die Möglichkeit einer Umsetzung in die schwerlöslichen und nicht mehr sauer reagierenden Tricalcium-, Eisen- und Tonerdephosphate überhaupt nicht gegeben ist (Begründung und Literatur bei H. KAPPEN 1).

Aus den gemachten Darlegungen ergibt sich ohne weiteres, daß die Anwendung des Superphosphates auf mineralischen Böden im allgemeinen keinerlei Einschränkungen unterliegt. Humusböden pflegt man in der Regel an und für sich schon nicht mit Superphosphat zu düngen. Immerhin sollte man auf allen stark sauren Böden alkalisch reagierende Düngestoffe, wie das Rhenaniaphosphat und das Thomasmehl, dem Superphosphat vorziehen. Doch wird man in dieser Beziehung nicht allzu ängstlich zu sein brauchen und Superphosphat auch auf sauren schweren Böden sowie Lehmböden anwenden können, und zwar namentlich, wenn es sich um den Anbau weniger gegen Bodenacidität empfindlicher Pflanzen handelt. Anhaltspunkte, ob und inwieweit die einzelnen landwirtschaftlichen Kulturpflanzen gegen Bodensäure empfindlich sind, gibt die nachstehende Zusammenstellung von J. HASENBÄUMER:

Pflanzenart	Kalkbedarf der Pflanzen	Pflanze gedeiht noch auf Boden, der reagiert	Pflanzenart	Kalkbedarf der Pflanzen	Pflanze gedeiht noch auf Boden, der reagiert
Spörgel . . .	gering	stark sauer	Weizen . . .	mittel	neutral bis schwach sauer
Lupine . . .	,,	desgl.			
Serradella . .	,,	desgl.	Senf	stark	nur schwach alkalisch bis neutral
Buchweizen .	,,	mäßig sauer			
Kartoffel . .	mittel	schwach sauer			
Hafer	,,	neutral bis schwach sauer	Bohnen . . .	,,	desgl.
			Erbsen . . .	,,	desgl.
Roggen . . .	,,	desgl.	Rüben . . .	,,	desgl.
Grasarten . .	,,	desgl.	Klee	,,	desgl.
Gerste . . .	,,	desgl.	Luzerne . . .	,,	desgl.

Aus allen hier vorliegenden Untersuchungen geht mit Sicherheit hervor, daß das Superphosphat keine ungünstige Wirkung auf die Bodenreaktion ausübt und daher seine Anwendung nicht unbedingt von einer etwa vorhandenen Bodenacidität abhängig gemacht zu werden braucht. Wenn man hiernach auch auf den Boden keine Rücksicht zu nehmen braucht, so wird sich eine solche doch in Hinsicht auf die Pflanze empfehlen. Man wird in diesem Falle bei sauren Böden, die gegen Bodenacidität empfindliche Pflanzen tragen sollen, von einer Anwendung des Superphosphates am zweckmäßigsten absehen und an dessen Stelle lieber Rhenaniaphosphat oder Thomasmehl anwenden. Diese Vorsicht ist beim Anbau weniger säureempfindlicher Pflanzen nicht notwendig.

Bei dem Einfluß, den die phosphorsäurehaltigen Düngemittel auf die *physikalischen Bodenverhältnisse* auszuüben vermögen, hat man zwischen dem Superphosphat einerseits und den an basischem Kalk reichen Düngemitteln wie Thomasmehl und Rhenaniaphosphat andererseits zu unterscheiden. Das erstere übt keinen besonderen Einfluß auf die Bodenstruktur aus. Dagegen vermögen theoretisch Thomasmehl und Rhenaniaphosphat entsprechend ihrem Kalkgehalt die gleiche Wirkung auf das Bodengefüge auszuüben wie der Kalk. Praktisch kommt jedoch eine derartige Auswirkung kaum in Betracht, da die in der landwirtschaftlichen Praxis von diesen Düngemitteln angewandten Mengen zu gering sind, als daß durch die hiermit in den Boden gebrachten Kalkmengen eine Lockerung desselben usw. bewirkt werden könnte. Die Anwendung der üblichen phosphorsäurehaltigen Düngemittel in den gebräuchlichen Mengen vermag daher praktisch die Bodenstruktur weder im günstigen noch im ungünstigen Sinne zu beeinflussen.

d) Die Wirkung der Stickstoffdünger. Inbezug auf die *biologischen Einflüsse*, welche die verschiedenen Stickstoffdünger im Boden bedingen können, ist nach den Untersuchungen von D. ENGBERDING auf die Höhe der Keimzahl ein wesentlicher Einfluß von Ammonsulfat und Salpeter nicht festzustellen. Dagegen kann sowohl nach den Untersuchungen von R. PEROTTI als auch denen von TH. REMY (1) Kalkstickstoff namentlich in größeren Gaben auf absorptionsschwachen Böden eine wesentliche Verminderung der Anzahl der Bodenmikroben verursachen. Das Gleiche wird hinsichtlich der Nitrifikation insofern gesagt, als z. B. bei Anwesenheit von Kalkstickstoff dieselbe behindert sein soll. Demgegenüber konnte R. W. BELING eine Giftwirkung des Kalkstickstoffes und seiner Bestandteile auf das Bakterienleben des Bodens nicht feststellen, wenn Mengen angewandt wurden, wie sie unter praktischen Verhältnissen üblich sind. Nur wenn zu große Mengen zur Anwendung kamen, trat eine schädliche Wirkung auf die Bodenbakterien ein. Dasselbe dürfte der Fall gewesen sein, wenn schädigende Wirkungen der Stickstoffdünger auf die stickstoffbindenden Organismen des Bodens beobachtet werden konnten. Neuere Untersuchungen von J. KUHN und O. DRECHSEL wollen sogar eine das Bakterienwachstum fördernde Eigenschaft des Kalkstickstoffs erkennen lassen, was auf seine Wirkung als chemisches Gemisch zurückgeführt wird. Hierbei sollen die beiden Hauptbestandteile des Kalkstickstoffes, nämlich Calciumcyanamid und Kalk, in Wechselwirkung treten. Zahlreiche Untersuchungen liegen ferner über den Einfluß der verschiedenen Stickstoffdünger auf die Entwicklung und Tätigkeit der Knöllchenbakterien bei den Leguminosen vor. Die Ergebnisse widersprechen sich. Wenn hierbei mit Ammonsulfat vielfach ungünstige, mit Salpeter dagegen günstige Resultate erzielt wurden, so deutet dies wohl darauf hin, daß vielleicht die Reaktion der Düngemittel im Zusammenhang mit der des Bodens die Resultate beeinflußt haben kann. Es muß deshalb nochmals betont werden, daß wahrscheinlich die Beeinflussung des Bodens in biologischer Hinsicht durch chemische Kunstdüngemittel vielfach im wesentlichen eine indirekte ist, und zwar je nachdem die betreffenden Düngemittel die chemischen und physikalischen Bodenverhältnisse günstig oder ungünstig zu beeinflussen vermögen.

Was die *chemische Wirkung* der Stickstoffdünger anbetrifft, so kommt eine ausgesprochen physiologische Reaktion gewisser Düngersalze auf den Boden vorwiegend bei einer Anzahl von Stickstoffdüngern zur Auswirkung. In erster Linie sind es die Ammoniumsalze, die durch ihre physiologisch-saure Reaktion einmal die Ursache der Bodenacidität überhaupt sein können oder aber eine bereits vorhandene zu verstärken vermögen. Alle Ammonsalze, wie das Ammonchlorid, -phosphat und -sulfat sind ebenso wie das Ammoniaksuperphosphat ausgesprochen physiologisch-saure Düngesalze. Durch die Einwirkung der Pflanzen wird eine Trennung der Salzbestandteile herbeigeführt und in erster Linie das Ammonium von der Pflanze aufgenommen und verwertet, während für die verbleibenden Säuren, wie namentlich Salz- und besonders Schwefelsäure, nur ein außerordentlich geringer Bedarf vorhanden ist. Es steht also fest, daß die Ammonsalze und namentlich das praktisch als Düngemittel in erster Linie in Frage kommende schwefelsaure Ammoniak die Bodenreaktion nach der sauren Seite hin zu verschieben vermögen (H. KIRSTE, H. KAPPEN und W. BERGEDER 3). Auf den Versuchen von J. KÖNIG u. Mitarb. fußend, konnte dann H. KAPPEN weiterhin zeigen, daß eine starke Versäuerung der Böden bei Anwendung der verschiedenen Ammoniumdünger auch in unbepflanzten Böden eintreten kann, in denen also die Möglichkeit einer Spaltung der Düngesalze in ihre Komponenten durch die angebauten Pflanzen nicht gegeben ist. Die Ursache dieser Erscheinung erblickt H. KAPPEN in den Mikroorganismen des Bodens. Diese können zunächst genau wie die höheren Pflanzen aus den Ammonsalzen den Stickstoff assimilieren und die Schwefelsäure im Boden zurücklassen. Eine weitere Erklärung der Tätigkeit der Bodenbakterien im Sinne der Versäuerung des Bodens wird in der Nitrifikation der Ammoniaksalze, d. h. in der Überführung des Ammoniakstickstoffes in Salpetersäure, erblickt, die genau wie die Schwefelsäure auf den Boden stark versauernd wirken kann. Diese Tatsache ist u. a. von R. E. STEPHENSEN, von S. D. CONNER sowie von C. BRIOUX festgestellt worden. Es muß hiernach als erwiesen angesehen werden, daß die im Boden sich abspielenden Nitrifikationsvorgänge mit zur Bodenversäuerung beitragen können.

In Versuchen mit *Harnstoff* konnten sowohl C. BRIOUX wie auch H. KAPPEN gleichfalls die Tatsache einer Bodenversäuerung durch Nitrifikationsvorgänge feststellen, was auch durch Untersuchungen von W. WICHMANN bestätigt wurde. Harnstoff wird im Boden zunächst in Ammoniumcarbonat übergeführt und unterliegt dann der Nitrifikation und zwar nach den Versuchen von W. ELBERT auch in sauren Böden. Eine Bodenversäuerung braucht hierdurch aber bei bebauten Böden nicht oder nur in einem geringeren Grade einzutreten, weil in diesem Falle der Ammoniakstickstoff als solcher von der Pflanze assimiliert werden kann und es infolgedessen zu einer Nitrifikation überhaupt nicht oder doch nur teilweise kommt. Im allgemeinen spricht jedoch H. KAPPEN „die Nitrifikation als einen auf physiologischem Wege zu einer bemerkenswerten Säurebildung führenden Vorgang an". Infolgedessen will H. KAPPEN zu den physiologisch-sauren Düngemitteln auch alle jene gezählt wissen, die den Stickstoff entweder von vornherein als Ammoniakstickstoff enthalten oder bei ihrer Umsetzung in diese Stickstoffform (Harnstoff, organische Stickstoffdünger) übergeführt werden, um später auf dem Wege der Nitrifikation in Salpetersäure überzugehen. Demgemäß würden auch Leunasalpeter und Nitrophoska zu den physiologisch-sauren Düngemitteln zu rechnen sein.

Etwas anders liegen jedoch die Verhältnisse beim *Kalkstickstoff*, der auch im Boden zunächst in Ammoniumcarbonat übergeführt wird, um dann gleichfalls der Nitrifikation zu unterliegen. Daß auch in sauren Böden eine Umwandlung des Kalkstickstoffes und Nitrifikation desselben vor sich geht, konnte M. BLÖMER in einwandfreier Weise durch Laboratoriumsversuche beweisen. Der Kalkstickstoff enthält 20—30% freien Kalk, der für die Neutralisation der bei der Nitrifikation entstehenden Salpetersäure durch Bildung von Calciumnitrat nicht nur völlig ausreicht, sondern hierüber hinaus noch weitere Kalkmengen in basischer Form im Boden zurückläßt. Der Kalkstickstoff kann also, auf normalen Böden angewandt, nicht versäuernd wirken, sondern im Gegenteil nur alkalisierend. Auf sauren Böden dagegen kann die Anwendung von Kalkstickstoff die Bodenacidität nicht verstärken, sondern er wirkt hier vielmehr neutralisierend. Versuche von H. NIKLAS und A. HOCK haben dies in durchaus eindeutiger Weise dargetan. In etwa gleichem Sinne sind die Versuchsergebnisse von M. BLÖMER ausgefallen. Die erfolgreiche Anwendung des Kalkstickstoffes auf austauschsauren Mineralböden ist bereits auch von H. ROESSLER (2) durch Feld- und

Vegetationsversuche bestätigt worden. Selbstverständlich muß man sich darüber klar sein, daß eine Düngung mit Kalkstickstoff in den Mengen, wie sie den Bedürfnissen und Zwecken der landwirtschaftlichen Praxis entsprechen, nicht zu einer Neutralisation stark saurer Böden führt, wenn schon eine dauernde Anwendung von Kalkstickstoff zusammen mit anderen ausgesprochen alkalischen Düngemitteln, wie Rhenaniaphosphat und Thomasmehl, eine Milderung der Bodenacidität zu bewirken vermag.

Die als Düngemittel Verwendung findenden Salpeterarten, wie in erster Linie das Natriumnitrat, lassen eine alkalisierende Wirkung erkennen, obgleich der Natronsalpeter an und für sich neutral ist. Die Pflanze nimmt den Salpeter oder Säurerest auf und läßt das alkalische Natron im Boden zurück. Infolgedessen bewirkt der Salpeter eine alkalische Reaktion des Bodens. Jedoch darf nach H. KAPPEN die Bedeutung dieser physiologisch-alkalischen Reaktion des Salpeters nicht überschätzt werden, da selbst durch sehr starke Salpeterdüngung eine wirkliche Bodenneutralisation nicht erzielt werden kann. Wenn trotzdem auf saurem Boden vielfach eine günstige Wirkung der Salpeterdüngung auf das Pflanzenwachstum festgestellt werden konnte, so führt dies H. KAPPEN darauf zurück, daß sich um die Pflanzenwurzeln herum eine Bodenschicht mit geringerer Acidität bildet. Gegenüber den reinen Salpeterdüngern beeinflussen dagegen die ammoniakhaltigen Salpeterarten (Leunasalpeter usw.) entsprechend dem Überwiegen der physiologisch-sauren Ammoniaksalze die Bodenreaktion nach der sauren Seite hin, wenn auch nicht in dem Maße, wie die reinen Ammoniakdüngesalze.

Was nun die Verwendung der verschiedenen Stickstoffdünger unter Berücksichtigung ihrer Reaktion in der landwirtschaftlichen Praxis anbetrifft, so ist auf sauren Böden die Anwendung von Ammoniak oder vorwiegend Ammoniaksalze enthaltenden Düngemitteln zu vermeiden, da hier die Wirkung des Ammoniakstickstoffes eine ungenügende ist. Hierauf hat schon früher D. MEYER (1) hingewiesen und auch bereits die eigentlichen Ursachen richtig erkannt. Später haben dann J. HUDIG und C. MEIJER (3) sowie auch H. KAPPEN diese Verhältnisse eingehend studiert und von der Verwendung physiologisch-saurer Düngemittel auf sauren Böden dringend abgeraten. Auf solchen Böden sind in erster Linie physiologisch-alkalische Düngerzusammenstellungen, wie z. B. Salpeter-Rhenaniaphosphat, Kalkstickstoff-Thomasmehl usw. anzuwenden. Weniger schädlich als die reinen Ammoniakdünger dürften auf sauren Böden Leunaphosphat und noch geringer dürfte eine etwaige nachteilige Beeinflussung durch Nitrophoska sein. Hinsichtlich des Kalkammons liegen bisher noch keine Untersuchungen vor, die erkennen lassen, ob der Kalkgehalt dieses Düngemittels ausreicht, die schädliche Wirkung des Ammonchlorids auszugleichen.

Die zahlreichen Stickstoffdüngesalze, wie die verschiedenen Ammoniaksalze, die Ammoniaksalpeter- und reinen Salpeterarten, der Kalkstickstoff usw., können entsprechend ihrer verschiedenartigen Zusammensetzung auch mancherlei Änderungen in der *physikalischen Beschaffenheit* des Bodengefüges hervorrufen. Die einzelnen Ammoniaksalze und die verschiedenen Ammoniaksalpeterarten setzen sich nach ihrer Spaltung durch die Pflanze und, solange ein Boden einen genügenden Kalkvorrat besitzt, in schwefelsauren bzw. salpetersauren Kalk um und bringen ferner erhebliche Kalkmengen in Lösung. Erstere wirken zunächst günstig auf die Bodenstruktur ein. Eine fortgesetzte Düngung mit gewissen Ammoniaksalzen führt aber auch zu einer Vermehrung der löslichen Kalk- und Magnesiaverbindungen im Boden, die dann allmählich ausgewaschen werden und hierdurch eine Verarmung des Bodens an Kalk hervorrufen. In der Folgezeit versauert der Boden. Die Krümelbildung hört auf. Der Boden verklumpt und neigt zur Schollenbildung. Die Verschlechterung der physikalischen Bodenverhältnisse muß also eigentlich mehr als eine indirekte Wirkung der fortgesetzten Düngung mit Ammoniaksalzen angesehen werden. Die primäre Ursache ist die Entkalkung des Bodens, die durch diese Düngemittel bewirkt wird. Eine regelmäßige und erfolgreiche Verwendung von Ammoniakdüngern setzt daher eine dauernde Kontrolle und Regulierung der Kalkverhältnisse des Bodens voraus.

Vom Natronsalpeter, als einem physiologisch-alkalischen Salz, ist indessen keine erhebliche Wirkung auf die Bodenkolloide zu erwarten. Die Pflanze verwertet vom Natronsalpeter in der Hauptsache die Salpetersäure, während der Bedarf der meisten Pflanzen für das zurückbleibende Natron nur ein sehr geringer ist. Dieses setzt sich im Boden mit kohlensaurem Kalk zu Soda um, welche die Bodenstruktur sehr ungünstig zu beeinflussen vermag. Es tritt infolgedessen ein Zerfall der Krümel und eine Dichtlagerung des Bodens ein. Der Boden wird bindiger und naß, was auf eine verminderte Durchlässigkeit des Bodens zurückzuführen ist. Daß diese Erklärung richtig ist, dafür sprechen die Beobachtungen von W. KRÜGER. Dieser konnte den nachteiligen Einfluß des Natronsalpeters nur bei mit Pflanzen bestellten Böden nachweisen, aber nicht bei unbebauten Böden. Es ist dies nur mit der Aufteilung des Natronsalpeters in seine beiden Komponenten unter dem Einfluß der Pflanze zu erklären. Auf allen schweren und zur Verkrustung neigenden Böden ist daher der Natronsalpeter mit einer gewissen Vorsicht zu verwenden oder durch Kalksalpeter bzw. Kalkammonsalpeter zu ersetzen. Wird trotzdem auf allen bindigen Böden Natronsalpeter bevorzugt, so ist durch regelmäßige Kalkung dieser Böden der schädlichen Wirkung des Salpeters entgegenzuarbeiten.

Genau wie beim Natronsalpeter verlaufen die Umsetzungen bei Kalksalpeter, nur daß hier Kalk statt Natron im Boden zurückbleibt, der sich zu kohlensaurem Kalk umsetzt. Daß letzterer eine Verbesserung des ganzen Bodengefüges ausübt, braucht nach den bisherigen Ausführungen nicht weiter erläutert zu werden. Ähnlich liegen die Verhältnisse beim Kalkstickstoff, der die Bodenstruktur gleichfalls eher im günstigen als im ungünstigen Sinne zu beeinflussen vermag. Im übrigen sind jedoch die mit Kalksalpeter und Kalkstickstoff bei den üblichen Düngergaben in den Boden gebrachten Kalkmengen so gering, daß hiervon ein nachweisbarer Einfluß auf die physikalischen Bodenverhältnisse nicht zu erwarten ist.

2. Bedeutung und Einfluß auf die Pflanze.

Bei der Bedeutung, die ganz allgemein die Kernnährstoffe für die Pflanzenentwicklung haben, ist von vornherein zu erwarten, daß Kali, Kalk, Phosphorsäure und Stickstoff bei ihrer Teilnahme am stofflichen Aufbau des Pflanzenkörpers auch noch besondere Wirkungen auszuüben vermögen. Solche Sonderwirkungen können zunächst den morphologischen und anatomischen Aufbau der ganzen Pflanze als auch einzelner Pflanzenteile beeinflussen. Sie vermögen ferner einen Einfluß auf die physiologischen Verhältnisse sowie die Zusammensetzung des ganzen Pflanzenkörpers oder einzelner Bestandteile hinsichtlich Güte und Menge auszuüben. Hierbei dürfte es sich entweder um eine direkte Wirkung des betreffenden Pflanzennährstoffes handeln oder um einen besonderen Einfluß des ganzen Düngemittels als solchen, wobei einzelne Nebenbestandteile desselben (z. B. Chlornatrium bei den Kalirohsalzen usw.) eine ausschlaggebende Rolle zu spielen vermögen. Die Kenntnis der funktionellen Bedeutung der wichtigsten Nährstoffe für das Pflanzenwachstum sowie des Einflusses, den die verschiedenen Düngemittel auf die Pflanzen auszuüben vermögen, ist daher eine unerläßliche Voraussetzung für eine zweckentsprechende Düngung sowie für eine richtige Bewertung und Anwendung der Düngemittel.

a) Einfluß des Kalis und der Kalidünger. Daß alle Pflanzen von den Kationen Ca, K sowie von den Anionen PO_4 und andere unbedingt zu einer normalen Entwicklung und zur Vollendung ihres Lebensprozesses bedürfen, ist bekannt und wird an anderer Stelle (s. 1. Band) ausführlich zu erörtern sein. Die durch zahlreiche Versuche festgestellte Tatsache, daß Kalium sich in der Pflanze hauptsächlich dort in größeren Mengen vorfindet, wo Kohlenhydrate von der Art der Stärke und des Zuckers sich bilden und umbilden, läßt zwangsläufig auf eine Unentbehrlichkeit des Kalis für den Aufbau und Stoffwechsel der Kohlenhydrate im Organismus der landwirtschaftlichen Kulturpflanzen schließen. Trotzdem enthalten die pflanzlichen Kohlenhydrate kein Kali. Eine ungenügende Kohlenhydratbildung infolge Kalimangels ist auch nicht auf einen pathologischen Zustand der Chloroplastiden zurückzuführen, wie Untersuchungen von REED (zit. nach E. L. RUSSEL und H. BREHM) bei an Kali hungernden Algen nachweisen konnten. Ob aber hier die von J. STOKLASA (1) gegebene Erklärung zutreffend ist, daß nämlich die radioaktiven Eigenschaften des Kaliums für die Förderung des Kohlenhydrataufbaues in Frage kommen, muß vorläufig noch dahingestellt bleiben. Offenbar spielt auch nach O. ECKSTEIN das Kalium nicht nur bei der Bildung der Kohlenhydrate (Photosynthese) im Pflanzenorganismus eine Rolle, sondern auch bei ihrem notwendigen Transport (Translokation) im Laufe des ganzen Entwicklungsprozesses. Ferner scheint nach VON BREHMER das Kalium an der Eiweißbildung in der Pflanze beteiligt zu sein, ohne jedoch, genau wie bei den Kohlenhydraten, Bestandteil des Eiweißmoleküls zu werden. Nach den Untersuchungen von BREHMER über den Einfluß des Kalis auf den inneren Bau der Kartoffelpflanze dürfte in dem Zusammenwirken des Kalis mit dem Eiweiß geradezu der Hauptpunkt der Stoffwechselfrage bei der Kartoffelpflanze liegen, indem eine ganz bestimmte Menge Kali in der Pflanze das Protoplasma, d. h. das Eiweiß, in der Konsistenz hält, bei der sich das Wachstumsoptimum für die Kartoffelpflanze befindet. Auch andere Untersuchungen sprechen dafür, daß das Kali bei der Eiweißbildung beteiligt ist, jedenfalls eine solche zum mindesten fördern kann.

Das gleiche dürfte auch hinsichtlich der Bildung von Fetten bei den Ölfrüchten zutreffen, wie aus Untersuchungen von W. KLEBERGER u. a. hervorgeht. Welche Rolle bei allen diesen Vorgängen das Kali spielt, ist freilich noch nicht erkannt (W. MAYER), ebensowenig wie nach O. NOLTE (3) direkte Beziehungen zwischen der aufgenommenen Kalimenge und der Menge der gebildeten organischen Masse bestehen. Immerhin vermögen aber die landwirtschaftlichen Kulturpflanzen sowohl auf einen Mangel wie auch auf einen Überschuß an Kali in der verschiedenartigsten Weise zu reagieren, ohne daß jedoch z. Z. schon hieraus ein bestimmtes Urteil über die Funktionen des Kaliumions oder der Kaliverbindungen für den Pflanzenorganismus hergeleitet werden könnte.

Ausführliche Untersuchungen über den Einfluß des Kaliums auf die Entwicklung der Pflanze und ihren anatomischen und morphologischen Bau unter besonderer Berücksichtigung der landwirtschaftlichen Kulturpflanzen liegen von H. WIESSMANN vor (hier auch Literaturzusammenstellung). Er konnte in Übereinstimmung mit den Ergebnissen der älteren Untersuchungen von E. VON WOLFF, TH. REMY (2), H. HELLRIEGEL und Mitarbeitern (1), E. A. MITSCHERLICH (2), J. STOKLASA und MATOUSEK (3) u. a. erneut zeigen, daß die Pflanzen infolge Kalimangels zunächst ganz allgemein die Fähigkeit verlieren, ihren Organismus proportional aufzubauen. Es macht sich dies z. B. in einer mangelhaften Körnerausbildung beim Getreide oder in einer Gleichgewichtsverschiebung zwischen Kraut und Wurzeln bei der Zuckerrübe usw. geltend. Außerdem sterben die Pflanzen bei Kalimangel schon sehr frühzeitig ab, früher jedenfalls als bei einem Mangel an Phosphorsäure oder an Stickstoff.

Eine reichliche Kalidüngung fördert dagegen unter normalen Verhältnissen in erster Linie die Ausbildung derjenigen Organe, die wie Früchte, Knollen und Samen zur Aufnahme und Speicherung von Reservestoffen dienen. Dagegen übt das Kali weder einen Einfluß auf Gewicht und Größe der Reserveorgane noch auf das gegenseitige Verhältnis der einzelnen Pflanzenorgane zueinander aus, sobald es selbst nicht mehr ertragssteigernd wirkt (H. WIESSMANN). Auf die Entwicklung der nicht Reservestoffe speichernden Wurzeln scheint das Kali nach den bisher hierüber vorliegenden Untersuchungen von H. HELLRIEGEL (2), J. STOKLASA (2), J. VANHA nur so lange einen günstigen und vermehrenden Einfluß auszuüben, als es selbst den Ertrag noch zu steigern vermag. Es würde dies freilich der Ansicht von C. VON SEELHORST und TUCHER (2) sowie von R. HEINRICH (1) widersprechen, wonach sich ein Wurzelsystem im allgemeinen um so reichlicher entwickeln soll, je geringer die der Pflanze zur Verfügung stehende Nährstoffmenge ist.

Auf die Anzahl der Blätter und Stengel scheint das Kalium im allgemeinen keinen besonderen Einfluß auszuüben, jedoch kann die Färbung dieser ebenso wie die des Korns durch Mangel oder Überschuß an Kali beeinflußt werden. So konnten FREYSOLD, E. GODLEWSKI, C. VON SEELHORST, SUBOW, H. QUANJES u.a. durch zahlreiche Untersuchungen zeigen, daß sich bei Getreide, Kartoffeln und Zuckerrüben der Kalimangel durch eine dunklere und die Kalizufuhr durch eine hellere Färbung sowohl der Blätter wie auch von Korn und Stroh geltend macht. (Literatur bei H. WIESSMANN.)

Vom landwirtschaftlichen Standpunkt aus interessiert aber insonderheit die Frage, ob das Kalium einen Einfluß auf die mechanische Beschaffenheit des Halmes und hierdurch auf die Lagerfestigkeit des Getreides auszuüben vermag oder nicht. Nach den meisten der hierüber vorliegenden Untersuchungen, so von E. GODLEWSKI, B. TACKE, H. WILFARTH und G. WIMMER (1) u. a. ist ein günstiger Einfluß des Kalis nach dieser Richtung hin vorhanden. Auch D. C. KRAUS (2) äußert sich dahin, daß eine Kalidüngung die Lagerung des Getreides zu verhindern oder doch wenigstens abzuschwächen vermag. Im gleichen Sinne dürften die Ergebnisse der Untersuchungen von H. WIESSMANN mit Haferpflanzen zu deuten sein, der unter dem Einfluß der Kalidüngung eine deutliche Zunahme der Halmwanddicke nachweisen konnte. Es kann daher wohl angenommen werden, daß das Kali die mechanische Qualität der Getreidehalme inbezug auf die Standfestigkeit und hinsichtlich der Fähigkeit des Wiederaufrichtens günstig zu beeinflussen vermag. Hierzu macht jedoch D. C. KRAUS mit Recht den Vorbehalt, daß die formativen Wirkungen des Kalis zunächst stärkere Kaligaben überhaupt voraussetzen und am meisten oder überhaupt erst in einer Erhöhung der Eigenschaften der Standfestigkeit bemerkbar werden, wenn die Stickstoffernährung eine mäßige ist. Auch aus den Untersuchungen von A. VOLK und E. TIEMANN geht hervor, daß Kaligaben die Entwicklung verholzter Elemente fördern und das Verhältnis vom Grund- zum Festigkeitsgewebe zu gunsten der mechanischen Elemente verschieben. Ebenso bestätigen die Untersuchungen von C. KLITSCH über den Einfluß einseitiger Düngung auf die Gestaltung der anatomischen, insbesondere der mechanischen Verhältnisse im Roggenhalm eine halmfestigende Wirkung des Kalis. Eine Verstärkung der mechanischen Elemente im Halm durch Kalidüngung konnte weiterhin P. STUCH nachweisen. Alle diese Ergebnisse finden in der Hauptsache eine weitere Bestätigung durch die neusten Versuche von F. TOBLER, nach denen Kali neben Mengenvermehrung der Faserzellen auch in deren Gefüge eine geschlossene, durch Abdeckung gekennzeichnete Festigkeit herbeiführt. Das Kali als solches stärkt hiernach also die Halmfestigkeit. Weniger günstig waren die Ergebnisse dort, wo es sich, wie z. B. beim Kainit, neben einer Wirkung von Kali auch gleichzeitig um eine solche von Chlor handelte. Hierbei nahm nach F. TOBLER zwar häufig der Gesamtumfang der Fasergruppen, ebenso der der einzelnen Faserzellen zu, jedoch blieb die Wanddicke geringer und das Gefüge lockerte sich. Man wird nach alledem hinsichtlich des Einflusses einer Kalidüngung auf die Lagerfestigkeit des Getreides zu berücksichtigen haben, daß das Kali rein als solches zwar die Halmfestigkeit verstärkt, daß aber das Ausmaß dieser Wirkung durch eine Reihe von Nebenumständen bedingt werden kann, die auch das mechanische Gewebesystem in weniger günstigem Sinne zu beeinflussen vermögen.

Aus den anfangs gemachten Darlegungen geht hervor, daß die Wirkung des Kalis bzw. der Kalisalze beim Getreide sich hauptsächlich auf das Korn erstreckt, indem das Kalium, solange es noch ertragssteigernd wirkt, die Zunahme der Körner an Größe und Gewicht fördert. Soweit hierdurch aber auch eine Beeinflussung der Eigenschaften der Getreidekörner stattfinden kann, ist eine solche besonders bei der Braugerste beobachtet worden. Eine intensive Kalidüngung erhöht den Wert der Gerste als Brauware, die in diesem Falle eine bessere Malzausbeute gibt und demgemäß eine höhere Bewertung erfährt, wie die von W. SCHNEIDEWIND (1) und von der Versuchsstation *Rothamsted* durchgeführten Untersuchungen lehren. Praktisch belegt werden diese Ergebnisse durch eine Rundfrage von GARCKE hinsichtlich der Düngung der preisgekrönten Gersten auf der Gersten- und Hopfenausstellung im Jahre 1925. Hiernach waren diejenigen Gersten mit am höchsten bewertet worden, die neben einer ausreichenden Phosphorsäuredüngung insonderheit auch eine Kalidüngung erhalten hatten. Eine andere Frage ist die, ob und inwieweit die Düngung einen Einfluß auf die Zusammensetzung und den Verarbeitungswert des Brotgetreides (Roggen und Weizen) ausübt. Sie ist bislang nur wenig geprüft worden. Nach DE GRAČIA und CALDIERI wird der Stärkegehalt besonders durch KCl, weniger dagegen durch K_2SO_4 erhöht. Versuche von M. P. NEUMANN und J. BUSCHWALD sind zwar nicht in jeder Beziehung eindeutig ausgefallen, sie lassen jedoch einen ungünstigen Einfluß der Volldüngung gegenüber ungedüngt nicht erkennen. Vereinzelt hatte die Volldüngung im Vergleich zu einer solchen nur mit N und P_2O_5 eine Steigerung der Backfähigkeit herbeigeführt. Es ist also im allgemeinen anzunehmen, daß die Backfähigkeit der Mahlprodukte von Roggen und Weizen durch eine Kalidüngung jedenfalls nicht herabgesetzt wird.

Bei den Hackfrüchten als besonders kalibedürftigen Pflanzen üben die Kalisalze namentlich auf die Qualität der Ernteprodukte einen gewissen Einfluß aus. An der Tatsache, daß die Kalirohsalze den Stärkewert der Kartoffeln herabsetzen, ist nicht zu zweifeln. Jedoch ist hier nicht das Kali, sondern das Chlor als die eigentliche Ursache der Stärkedepression anzusehen, wie Versuche mit chlorfreien Kalisalzen in durchaus eindeutiger Weise ergeben haben. Die Anwendung von Kalirohsalzen ist daher beim Anbau von Brennerei- und Futterkartoffeln zu vermeiden. An deren Stelle sind möglichst frühzeitig die hochprozentigen Kalidüngesalze oder noch besser das schwefelsaure Kali bzw. die Kalimagnesia zu verwenden. Dagegen konnte nach Untersuchungen von W. KLEBERGER, J. RUSSEL u. a. eher ein günstiger als ein nachteiliger Einfluß der Kalidüngung auf Geschmack, Kochfähigkeit usw. der Speisekartoffel festgestellt werden. Im übrigen muß aber nach den Untersuchungen von C. VON SEELHORST (1) angenommen werden, daß die Kaliwirkung je nach Herkunft und Sorte der Kartoffel in ganz verschiedenem Grade zum Ausdruck kommen kann. Bei der Rübe verhalten sich ihre beiden Abarten, nämlich die Futter- und Zuckerrüben, gegenüber den verschiedenen Kalidüngesalzen durchaus ungleich. Bei der Zuckerrübe konnte ein nachteiliger Einfluß der kalihaltigen

Düngemittel auf ihren Zuckergehalt im allgemeinen nicht nachgewiesen werden. Es ist daher gleichgültig, ob der Zuckerrübe das Kali in Form von Kainit oder der hochprozentigen Düngesalze gereicht wird. Dagegen bedingt die Verwendung von Kalirohsalzen zu Futterrüben sehr häufig ein Absinken des Gehaltes an Trockensubstanz und an Zucker (O. NOLTE 3).

Von anderen Feldfrüchten, auf deren Güte und Menge die Kalidüngung einen Einfluß auszuüben vermag, sind noch Hopfen und Tabak zu nennen. Hinsichtlich des ersteren zeigen die Versuche von TH. REMY (3), daß die Qualität des Hopfens für bierbrauereitechnische Zwecke durch eine Kalidüngung oft geeigneter wird als ohne eine solche, wobei scheinbar die hochprozentigen Kalidüngesalze den Vorzug verdienen. Hierbei wird zu berücksichtigen sein, daß das Kali als solches allein nicht ausschlaggebend sein wird, sondern daß auch hier, wie O. NOLTE (3) sich ausdrückt und was z. B. auch für die Braugerste Gültigkeit hat, das Kali in der „richtigen Mischung", d. h. in einem richtigen Verhältnis zu den anderen Nährstoffen, wie namentlich Phosphorsäure und Stickstoff, gegeben wird.

Ganz ähnliche Verhältnisse dürften hinsichtlich des Tabaks vorliegen. Dieser ist vielleicht diejenige Kulturpflanze, die das stärkste Kalibedürfnis hat. Zweifelsohne wird die Qualität des Tabaks in erster Linie mit durch eine Kalidüngung beeinflußt. Nach den Untersuchungen von J. NESSLER (2) und P. WAGNER soll die Brennbarkeit des Tabaks dem Kaligehalt direkt proportional sein. Ähnliche Beobachtungen liegen von N. H. COHEN vor. A. JACOB berichtet über Ergebnisse der Versuchsstation Medan auf Sumatra, nach denen durch eine Kalidüngung in Form von schwefelsaurem Kali die Tabakblätter feiner, länger und von hellerer Farbe wurden, so daß sie sich besonders zur Verarbeitung auf hochwertige Deckblätter eigneten. Für den Wert des Tabaks, insbesondere für seine Glimmbarkeit, soll nun nach den oben angeführten Untersuchungen in erster Linie das Kali-Chlor-Verhältnis in den Blättern maßgebend sein. Demgegenüber hat jedoch neuerdings O. NOLTE unter Hinweis auf ältere Ausführungen von A. MAYER (3), A. CSERHATI, VEDRÖDI und J. BEHRENS betont, daß wahrscheinlich auch das Verhältnis der Kaliverbindungen zu den Stickstoffverbindungen im Blatte für die Brennbarkeit des Tabaks mit bestimmend ist. Immerhin sind die chlorhaltigen Kalidüngesalze bei der Düngung des Tabaks zu vermeiden. „Die ungünstige Wirkung des Chlorids dürfte nach O. NOLTE darauf zurückzuführen sein, daß dieses mit den Kalk- und Magnesiaverbindungen des Bodens Umsetzungen eingeht, die zur Bildung und Aufnahme der Chloride dieser Erdalkalien führen. Erst diese sollen dann infolge der bei verhältnismäßig niederen Glimmtemperaturen erfolgenden Abspaltung von Salzsäure, wobei sich wahrscheinlich leicht sinternde Oxychloride bilden, das Kohlen und schlechte Glimmen des Tabaks verursachen."

Auch bei Gemüse, Obst und Wein glaubt man vielfach günstige Wirkungen der Kalidüngung auf Haltbarkeit, Geschmack usw. beobachtet zu haben. Ebenso will man häufig gefunden haben, daß einzelne dieser Kulturen mehr die Rohsalze, andere die chlorärmeren oder überhaupt die chlorfreien Kalisalze bevorzugen. Allgemein gültige Schlußfolgerungen lassen sich jedoch bei der Verschiedenartigkeit der Versuchsanstellung und der Mannigfaltigkeit der Versuchsbedingungen, den unterschiedlichen Boden- und Klimaverhältnissen, den ungleichen Ansprüchen der einzelnen Sorten hinsichtlich der Nährstoffe u. dgl. m. aus den zahlreichen, hierüber vorliegenden Untersuchungen nicht ziehen. Aber auch dort, wo heute ein Einfluß der Kalidüngung und der Kalisalze auf Entwicklung oder Zusammensetzung der Pflanze mit Sicherheit nachgewiesen ist, bleibt vielfach noch die Frage offen, ob es sich hierbei um eine ausgesprochene

Wirkung des Kaliums oder um eine Nebenwirkung der Kalidüngesalze handelt, oder ob eine Auswirkung des Kalis infolge seines Verhältnisses zu den anderen wichtigen Pflanzennährstoffen in Betracht kommt. Soll die Kalidüngung nicht nur die Ernteerträge steigern, sondern auch die Qualität der Ernteprodukte verbessern, so müssen bei der Kalidüngung und bei der Anwendung der verschiedenen Kalidüngemittel alle die Umstände weitgehend berücksichtigt werden, die einen Einfluß des Kalis und der Kalisalze auf die Entwicklung und Zusammensetzung der landwirtschaftlichen Kulturpflanzen auszuüben vermögen.

b) Einfluß des Kalkes und der Kalkdünger. Von den alkalischen Erden sind für die landwirtschaftlichen Kulturpflanzen Calcium und Magnesium unentbehrliche Nährstoffe. Die Notwendigkeit des Calciums für eine normale Entwicklung der Pflanze war schon DE SAUSSURE bekannt. Seine Funktionen für den pflanzlichen Organismus hat jedoch erst später VON RAUMER festzustellen versucht. Hiernach soll das Calcium wesentlich am Aufbau der Blätter beteiligt sein, also wahrscheinlich mit der Bildung und Tätigkeit des Chlorophylls in einem ursächlichen Zusammenhange stehen. Sicher ist bisher jedoch nur, daß dem Kalk ein hervorragender Anteil an der Zusammensetzung der Asche bei vollentwickelten Blättern zukommt, und daß während des Wachstums der Blätter der Kalk die stärkste Vermehrung erfährt (F. CZAPEK). Auf Grund dieser Tatsache ist vielfach angenommen worden, so von F. NOBBE, LIEBENBERG, D. PRIANISCHNIKOW u. a., daß den Kalkverbindungen besondere Aufgaben bei der Translokation und dem Umsatz der Kohlenhydrate in den grünen Blättern zufallen. Diese Ansicht ist bislang jedoch nicht hinreichend geklärt und bedarf erst noch eingehender experimenteller Bestätigung. Auch die Theorie von O. LOEW (1), nach der die Zellkerne und Chloroplasten grüner Pflanzen aus Kalkproteinverbindungen bestehen, die durch Wechselwirkungen mit Oxalaten und Magnesiumsalzen zerstört werden, sofern keine genügende Versorgung der Zelle mit Kalk stattfindet, weist F. CZAPEK als unbegründet zurück.

Viel einleuchtender ist zunächst die von W. SCHIMPER vertretene Anschauung, daß der Kalk notwendig sei, um gewisse Stoffwechselprodukte, die sich, wie z. B. die Oxalsäure, häufig in größeren Mengen ansammeln und dann schädlich wirken, zu neutralisieren bzw. in Form von Calciumoxalat zu binden und festzulegen. Das häufige Vorkommen großer Mengen von Calciumoxalat in Blättern würde für die Richtigkeit dieser Annahme sprechen. Aber auch diese Erklarung begründet durchaus nicht die unbedingte Notwendigkeit des Kalkes, weil sich vielfach in Pflanzen, die reichlich Oxalsäure produzieren, Calciumoxalat nicht nachweisen läßt. Zudem ist es nach W. PFEFFER ziemlich wahrscheinlich, daß die Oxalsäure nicht in fest vorgeschriebener Menge, sondern nur in solchem Umfange in regulatorischer Weise entsteht, als es die Umsetzung von Calcium und anderen Basen erfordert. Nach D. WARTHIADI ist das Absterben der Knospen auf einen Kalkmangel zurückzuführen. Ebenso sollen Wurzelbehaarung und Kalkgehalt voneinander abhängig sein. Nach E. W. HILGARD wachsen auf kalkreichem Boden zwar niedrige, aber kompakte und tragfähige Halme, bei Kalkmangel dagegen entstehen nur dünne Halme von geringer Tragfähigkeit. Kalk soll hiernach das mechanische Gewebe der Getreidehalme festigen und einer Lagerung vorbeugen. Die gleiche Ansicht vertritt R. HEINRICH (2).

Ist nach alledem die funktionelle Bedeutung des Kalkes für die höhere Pflanze bis heute durchaus noch nicht klargestellt, so können andererseits an der Unentbehrlichkeit desselben für ein normales Pflanzenwachstum keinerlei Zweifel bestehen. Es ist vielmehr als ganz sicher anzunehmen, daß die Kalkverbindungen im Stoffwechsel der Pflanzen und namentlich der Blätter wichtige Funktionen der verschiedensten Art zu erfüllen haben. Für die Richtigkeit dieser Anschauung, namentlich hinsichtlich der Blätter, spricht auch die Tatsache, daß von den landwirtschaftlichen Kulturpflanzen fast alle jene mit verhältnismäßig großen und meist sehr zahlreichen Blattorganen, wie die Hackfrüchte, die meisten Leguminosen, der Raps usw., ein ausgesprochenes großes Kalkbedürfnis besitzen. Demgegenüber ist der Bedarf der Getreidearten an Kalk nur ein verhältnismäßig geringer. Lein und Serradella werden als kalkscheue Pflanzen bezeichnet. Die Lupine wird als direkt kalkfeindlich angesprochen, da sie auf frisch gekalkten oder kalkreichen Böden in der Regel nicht gedeiht.

Was die Kalkfeindlichkeit der Lupine anbetrifft, so haben TH. PFEIFFER und E. BLANCK eine zusammenfassende Besprechung mit ausführlicher Literaturangabe der älteren Anschauungen und Beobachtungen über diese Erscheinung gegeben. Hiernach kann entweder eine überreichliche Kalkaufnahme den Stoffwechsel der Lupine ungünstig beeinflussen (allgemeine Kalkwirkung), oder aber der im Überschuß im Boden vorhandene kohlensaure Kalk neutralisiert rasch die Wurzelausscheidungen und verhindert so die aufschließende Wirkung derselben auf die unlöslichen Bodennährstoffe (Carbonatwirkung). Letztere Ansicht vertreten besonders JOST und KUNZE. Dieser Anschauung schlossen sich zunächst auch TH. PFEIFFER und E. BLANCK auf Grund ihrer Versuche jedoch mit der Einschränkung an, daß es sich bei der Kalkfeindlichkeit der Lupine wahrscheinlich nicht nur um eine indirekte Wirkung infolge einer Verminderung des Wurzelaufschließungsvermögens handelt, sondern daß die Lupine auch direkt von einem selbst sehr schwach alkalisch reagierenden Nährmedium geschädigt wird. Diese Anschauung haben TH. PFEIFFER und W. SIMMERMACHER auf Grund ihrer weiteren Untersuchungen aber wieder fallen lassen. Hiermit dürfte auch die Annahme von B. CREYDT und von C. VON SEELHORST (2) hinfällig geworden sein, daß nämlich die Kalkfeindlichkeit der Lupine in der Hauptsache auf eine in hohem Maße schädliche Beeinflussung ihrer Knöllchenbakterien durch den Kalk zurückzuführen sei. L. HILTNER sieht die Ursache einer ungünstigen Entwicklung der Lupine auf kalkreichen bzw. frischgekalkten Böden in einem Mangel an Eisen. Andere Forscher nehmen wiederum eine Störung der Phosphorsäureaufnahme an (E. BLANCK-E. HASELHOFF, M. VON WRANGELL). Wahrscheinlich liegen die Verhältnisse hinsichtlich der Kalkfeindlichkeit der Lupine aber so, daß hierfür nicht ein einziger Faktor allein verantwortlich zu machen ist. Diesen Standpunkt vertritt neuerdings R. REINCKE. Nach ihm sind es zwei Ursachen, durch welche die Kalkfeindlichkeit der Lupine bedingt wird, nämlich die Chlorose und die Infektionsschädigung an dem Knöllchenbesatz der Wurzeln durch Kalk. Letztere ist keine Folge der alkalischen Reaktion des Kalkes, sondern der Anhäufung von Calciumionen in der Bodenlösung. Die Chlorose dagegen wird von R. REINCKE als eine Jugenderkrankung der gelben Lupine angesprochen, die an eine bestimmte Entwicklung der Pflanze gebunden ist und stets dasselbe eindeutige Krankheitsbild gibt. Solange jedoch diese Verhältnisse nicht restlos geklärt sind, ist an der Tatsache festzuhalten, daß die Lupine im allgemeinen gegen eine Kalkdüngung recht empfindlich ist und hierdurch in ihrer Entwicklung sehr oft stark geschädigt wird.

Ferner sind noch jene wechselseitigen Beeinflussungen zu erwähnen, die durch den Kalk in bezug auf die Aufnahme und Verwertung anderer Pflanzennährstoffe bedingt werden. Es handelt sich hierbei in erster Linie um das Verhältnis von Kalk zu Magnesium bzw. Kali. O. LOEW (2) will in Gemeinschaft mit seinen Mitarbeitern T. FURUTA, K. ASO und G. DAIKUHARA festgestellt haben, daß das bestwirkende Verhältnis von CaO:MgO, der sog. Kalkfaktor, für Getreide 1:1, für Gerste und Kohl 2:1, für Buchweizen, Leguminosen usw. 3:1 ist. Bei einem Überwiegen der Magnesia über den Kalk soll dagegen die Möglichkeit zur Erzielung von

Höchsternten nicht gegeben sein. Nach O. LOEW bedarf nämlich ein Organ eines um so größeren Kalkfaktors, je größer seine Zellmasse ist, weil dann in solchen Organen Kalkproteinverbindungen in Zellkern und Chloroplasten in viel größerer Menge vorhanden sein müssen. Bei magnesiumreicher und kalkarmer Nahrung tritt nach LOEWS Hypothese Magnesium an die Stelle des Calciums, infolgedessen dann Desorganisationserscheinungen an Kern und Chlorophyllkörnern eintreten sollen. Zahlreiche andere Versuche, so von P. BRUCH, E. HASELHOFF (2), O. LEMMERMANN und Mitarbeitern (2), D. MEYER, TH. PFEIFFER und A. RIPPEL, WARTHIADI, haben für die Richtigkeit des Kalkfaktors eine Bestätigung nicht erbringen können. Praktisch kann dem Kalkfaktor im Sinne von O. LOEW jedenfalls keine Bedeutung zugesprochen werden, da es bei der großen Verschiedenheit des Verhältnisses von Calcium zu Magnesium im Boden nicht möglich ist, den aus rein physiologischen Gründen aufgestellten Kalkfaktor in jedem Jahre entsprechend dem Bedürfnis der anzubauenden Pflanze den jeweiligen Anforderungen gemäß zu gestalten und durch Düngungsmaßnahmen zu regeln.

Was weiterhin das von P. EHRENBERG (3) aufgestellte Kalk-Kali-Gesetz anbetrifft, so besagt dasselbe, daß durch starke Steigerung der Kalkzufuhr die Kaliversorgung der Pflanze zurückgedrängt und infolgedessen eine erhebliche Schädigung derselben eintreten kann. P. EHRENBERG (4) stützt sich hierbei auf Beobachtungen anderer Forscher, glaubt aber auch durch eigene Versuche hierfür den Beweis erbracht zu haben. In den Ergebnissen von W. FISCHER erblickt er eine Bestätigung seiner Anschauungen. TH. PFEIFFER und A. RIPPEL ebenso wie J. KÖNIG lehnen dagegen das Kalk-Kali-Gesetz auf Grund ihrer Untersuchungen ab. Auch B. TACKE kommt auf Grund der auf Hochmoorböden durchgeführten Versuche zu dem Ergebnis, daß ein Einfluß stärkerer oder schwächerer Kalkzufuhren auf den Gehalt der Erträge an Kali etwa im Sinne des Kalk-Kali-Gesetzes nicht vorliegt (zit. nach E. HASELHOFF 1). Demnach kann das Kalk-Kali-Gesetz keineswegs als sichergestellt angesehen werden. Es erübrigen sich demgemäß auch vorläufig alle Düngungsmaßnahmen, um durch eine entsprechende Kalk- bzw. Kalidüngung die Aufnahme von Kali durch die Pflanze zu beeinflussen. Immerhin ist der Vorschlag von P. EHRENBERG (2) beachtenswert, nämlich unnötig große Kalkdüngungen zu vermeiden und im Anschluß an eine Kalkung oder Mergelung des Bodens gleichzeitig für eine ausreichende Kalidüngung Sorge zu tragen.

Es ist wahrscheinlich, daß der Kalk die Aufnahme und Verwertung auch anderer Nährstoffe durch die Pflanze, wie z. B. Phosphorsäure und Stickstoff, beeinflußt. Doch sind hier die Verhältnisse über die gegenseitige Beeinflussung der verschiedenen Düngemittel bei der Assimilation durch die Pflanze vielleicht noch weniger geklärt, so daß auch nach dieser Richtung hin Düngungsmaßnahmen hinsichtlich des Kalkes zur Zeit wenigstens nicht in Betracht kommen.

c) Einfluß der Phosphorsäure und der Phosphorsäuredünger. Die Unentbehrlichkeit und Wichtigkeit der Phosphorsäure für den pflanzlichen Organismus ist schon frühzeitig durch entsprechende Untersuchungen auf dem Gebiet der Mineralstoffphysiologie belegt worden. Die Notwendigkeit des Phosphors für die Pflanze wird begründet durch eine Verkettung desselben mit den Proteinstoffen. Der Phosphor ist an der Synthese gewisser Eiweißmoleküle direkt beteiligt und zwar speziell an jener der Nucleoproteide des Zellkernes. Diese können sich daher ohne Phosphor überhaupt nicht aufbauen. Manche von den Proteinstoffen verlieren auch ohne weiteres ihre spezifischen Eigenschaften, wenn sie ihres Gehaltes an Phosphaten beraubt werden. Ferner enthalten die Lecithine sowie die in den Samen als Reservestoffe gespeicherten Globoide Phosphor in organischer Bindung. Das Vorkommen des Phosphors in solchen lebenswichtigen Bestandteilen der Pflanze berechtigt daher ohne weiteres zu der Annahme, daß dem Phosphor bei dem gesamten stofflichen Aufbau der Pflanze wichtige Funktionen zukommen (Literaturzusammenstellung bei H. THAA und H. MÜLLER).

Der Einfluß der Phosphorsäure auf den Gerüstaufbau der Pflanze ist schon häufiger geprüft worden. Nach Untersuchungen von CH. GUFFROY machte sich ein solcher bei Weizenpflanzen in einer auffallenden Verstärkung sämtlicher Zellwandungen des zweiten Stengelgliedes geltend. Auch P. VAGELER konnte beobachten, daß eine Phosphorsäurezufuhr (Thomasmehl) das Stützgewebe der Pflanzen günstig beeinflußte. Man muß sich jedoch darüber klar sein, daß ebenso wie Kali, Kalk und Stickstoff auch die Phosphorsäure allein nicht in der Lage sein dürfte, bestimmte günstige morphologische und anatomische Veränderungen hervorzurufen, sondern daß eben nur durch das gleichzeitige Zusammenwirken aller notwendigen Nährstoffe ein kräftiger Aufbau der Pflanze mit einer normalen Ausbildung ihrer sämtlichen Organe gewährleistet wird. Daß unter dieser Voraussetzung die Phosphorsäure die Erzielung einer hohen Halmfestigkeit begünstigt, beweist eine ganze Anzahl von wissenschaftlichen Untersuchungen und praktischen Beobachtungen (Literatur bei C. KLITSCH). Auch nach den Untersuchungen von P. STUCK fördert eine starke Phosphorsäuredüngung die Halmfestigkeit der Getreidepflanzen dadurch, daß die Wände der Zellen verdickt und die Halme verbreitert werden. Neuerdings haben dann E. SCHAFFNIT und A. VOLK gezeigt, daß die Phosphorsäure wesentlich zu einem mechanisch leistungsfähigen Gerüstaufbau beiträgt. Bei Tomatenpflanzen zeigten Blattquerschnitte, daß die Pallisadenzellen bei Phosphorsäuremangel relativ kürzer waren als die von normal ernährten Pflanzen. Die Wurzelbildung wurde bei Phosphorsäuremangel stark beeinträchtigt, während eine gute, geschlossene Bewurzelung bei reichlicher Phosphorsäureernährung beobachtet werden konnte. Was den Einfluß der Ernährung auf die Physiologie der Pflanze anbetrifft, so konnten E. SCHAFFNIT und A. VOLK zeigen, daß Phosphorsäuremangel die Vegetation im Herbst ganz bedeutend hinauszögert, aber die Vegetationsruhe sehr verkürzt. Wahrscheinlich beeinträchtigt aber eine Vorenthaltung von Phosphorsäure noch eine ganze Reihe anderer chemisch-physiologischer Vorgänge in der Pflanze, wie z. B. die enzymatische Tätigkeit, die Löslichkeit des Chlorophylls u. dgl. m. Morphologisch wie physiologisch vermag also die Phosphorsäure das Pflanzenwachstum in der mannigfaltigsten Weise zu beeinflussen.

Diese Tatsachen, in Verbindung mit der weiteren, daß durch die Ernten dem Boden jährlich erhebliche Phosphorsäuremengen entzogen werden, bedingt somit den Wiederersatz der Phosphorsäure als eine der wichtigsten Aufgaben der Düngerlehre. Indem eine reichliche Phosphorsäurezufuhr vielfach eine Luxuskonsumtion dieses Nährstoffes durch die Pflanze veranlaßt, findet auch eine Anreicherung der für menschliche und tierische Ernährungszwecke bestimmten Vegetabilien an Phosphor statt. Es ist dies bei der Bedeutung dieses Elementes für den tierischen Organismus ernährungsphysiologisch von besonderer Wichtigkeit. Außerdem will man vielfach auch einen Einfluß der Phosphorsäure auf die Qualität der Ernteprodukte beobachtet haben. Ob und inwieweit dies allgemein zutreffend ist, bedarf erst noch der Bestätigung. Nach A. E. HUMPHRIES soll auf schwerem Boden die Anwendung von Phosphorsäure, ähnlich wie die von Kali und Stickstoff, die Backfähigkeit des Weizens stark herabdrücken, auf leichten Böden dagegen ohne Einfluß sein. W. SCHNEIDEWIND konnte nur in ganz extremen

Fällen einen Einfluß der Düngung auf die Backfähigkeit des Weizens feststellen. Auch die Ansicht von O. LEMMERMANN, wonach bei stärkerer Phosphorsäuredüngung der Proteingehalt z. B. bei Grünfutter eine Zunahme erfahren soll, wird von E. HASELHOFF als keineswegs allgemein zutreffend bezeichnet. Eine ausgesprochen günstige oder ungünstige Beeinflussung hinsichtlich Güte der Ernteprodukte scheint nach allem durch eine Phosphorsäuredüngung im allgemeinen wenig in Frage zu kommen. Auch die verschiedenen phosphorsäurehaltigen Düngemittel lassen nach dieser Richtung hin eine Sonderwirkung kaum erkennen. Hierdurch wird selbstverständlich der große Wert, welcher der Phosphorsäure für die Pflanzenernährung zukommt, in keiner Weise gemindert. Allein die Tatsachen, daß die Phosphorsäure wesentlich an dem Gesamtstoffwechsel der Pflanze beteiligt ist, daß sie die Ausbildung der Körner begünstigt, daß sie bei allen landwirtschaftlichen Kulturpflanzen den rechtzeitigen Ausreifungsprozeß fördert und hierdurch bei den Körnerfrüchten Gewicht und Größe des Samens und bei den Hackfrüchten den Stärke- bzw. Zuckergehalt günstig beeinflußt, kennzeichnen die Bedeutung und den Einfluß der Phosphorsäure für die Pflanze.

d) Einfluß des Stickstoffes und der Stickstoffdünger. Zu den Rohmaterialien, welche die Pflanze zur Synthese ihrer Bestandteile unbedingt benötigt, gehört in erster Linie mit der Stickstoff. In jeder Pflanze und in jedem Pflanzenteil finden sich organische Substanzen vor, für welche der Stickstoff ein charakteristischer und daher auch ein unentbehrlicher Bestandteil ist. Die Hauptmenge der stickstoffhaltigen organischen Substanz in den Vegetabilien bilden die Proteinstoffe. Alles, was sich sonst noch an stickstoffhaltiger, organischer Substanz in der Pflanze vorfindet, ist wohl mit wenigen Ausnahmen als Zwischen- bzw. Auf- oder Abbauprodukt des pflanzlichen Proteinstoffwechsels anzusehen. Welche große Bedeutung insonderheit den Eiweißstoffen für das ganze Pflanzenwachstum zukommt, geht daraus hervor, daß nach A. MAYER (1) die Proteinstoffe einen unentbehrlichen Bestandteil des Protoplasmas der Zellen aller jugendlichen, zur weiteren Zellvermehrung fähigen Neubildungen ausmachen. Daher ist auch die Stickstoffaufnahme und der Stickstoffbedarf am höchsten und größten im Jugendstadium der Pflanzen. Infolge ihrer kolloidalen Natur sind die Eiweißstoffe für den Ablauf der mannigfaltigsten Lebenserscheinungen für die Pflanze von der allergrößten Bedeutung (A. NATHANSOHN). Wie die Assimilation der Stickstoffverbindungen und die Synthese der Proteinstoffe im Pflanzenkörper vor sich geht, ist noch wenig bekannt. Nach F. CZAPEK werden die aufgenommenen Stoffe wahrscheinlich partiell schon in den Wurzeln zu stickstoffhaltiger organischer Substanz verarbeitet, jedoch dürfte die größere Menge der aufgenommenen Stickstoffverbindungen erst in den Assimilationsorganen zu Proteinstoffen synthetisiert werden. Abgesehen von der verhältnismäßig kleinen Gruppe der Schmetterlingsblütler, die den Luftstickstoff direkt zu assimilieren und zu verwerten vermögen, sind alle übrigen Pflanzen zur Deckung ihres Stickstoffbedarfes auf die Zufuhr von Ammoniaksalzen oder von salpetersauren Salzen angewiesen. Infolgedessen spielen die Stickstoffdünger für eine zweckmäßige Ernährung der landwirtschaftlichen Kulturpflanzen eine ausschlaggebende Rolle.

Da der Stickstoff ein charakteristischer und unentbehrlicher Bestandteil der Proteinstoffe ist, so liegt zunächst die Annahme nahe, daß eine Stickstoffzufuhr demgemäß nicht nur den Ernteertrag überhaupt, sondern auch den Gehalt der Pflanzen an stickstoffhaltiger organischer Substanz, d. h. insonderheit an Proteinstoffen erhöht. Beides ist nur innerhalb jener Grenzen möglich, die durch die äußeren und inneren Wachstumsfaktoren gezogen sind. Selbstverständlich können aber Mangel wie Überschuß an Stickstoff in dem Aufbau wie in der Zusammensetzung der Pflanze zur Auswirkung kommen. Ein Stickstoffmangel tritt zunächst durch eine kümmerliche Entwicklung der Pflanze überhaupt in Erscheinung, was allgemein in einem geringen Ernteertrag, bei den Hackfrüchten in kleinen Knollen und Wurzeln und in verkümmerten, notreifen Samen bei den Körnerfrüchten usw. zum Ausdruck kommt. Ein Mangel an Stickstoff beeinflußt aber auch den morphologischen und anatomischen Aufbau der Pflanzen. So zeigen die Untersuchungen von E. SCHAFFNIT und A. VOLK über die Morphologie und Physiologie verschieden ernährter Pflanzen bei Stickstoffmangel zwar derbe, aber nur kleine und verkürzte Blätter.

Umgekehrt kann aber auch eine abundante Stickstoffernährung sich ungünstig auswirken. Zweifelsohne bestehen zunächst zwischen Halmaufbau und Lagerfestigkeit des Getreides enge Beziehungen (E. CRAMER V. CLAUSBRUCH), aber die mechanische Verfestigung der Halmteile wird sehr stark durch die Ernährungsverhältnisse beeinflußt. So haben die grundlegenden Untersuchungen von D. C. KRAUS (2) gezeigt, daß sowohl stickstoffarme wie stickstoffreiche Ernährung Getreidelagerung verursachen kann. Im ersteren Falle, d. h. bei Stickstoffmangel, entstehen dünne und im Verhältnis zur Länge zu schwache, d. h. wenig steife und tragfähige Halme. Durch ein Übermaß an Stickstoff aber werden lange, mastige und schwere Halme erzeugt, deren Basis zu wenig versteift und tragfähig ist. Ihre Festigkeit ist im Verhältnis zu der tragenden Last zu gering. Zur kräftigen Ausbildung der Halme gehört vielmehr unter allen Umständen eine normale Düngung der Pflanzen, d. h. außer mit Stickstoff auch eine solche mit Kali, Kalk und insonderheit Phosphorsäure. Hierbei ist hinsichtlich der Anwendung der stickstoffhaltigen Düngemittel zu berücksichtigen, daß diese zeitig genug erfolgt. Eine zu späte Stickstoffdüngung verstärkt leicht die obersten, aber nicht mehr die untersten Halmglieder. Zu ähnlichen Ergebnissen führten die Untersuchungen von C. KLITSCH. Er konnte in Versuchen mit Roggen zeigen, daß nur eine unsachgemäße, vor allem einseitige Stickstoffdüngung das Stützgewebe ungünstig beeinflußte. Die ganze Frage, ob und inwieweit die Düngung im allgemeinen und die mit Stickstoff im besonderen die Lagerfestigkeit des Getreides beeinträchtigt, beantwortet C. KLITSCH zusammenfassend dahin, daß nur eine vollkommene und gleichmäßige Versorgung der Pflanze mit sämtlichen Nährstoffen das mechanische Ebenmaß der ganzen Pflanze in den oberirdischen wie unterirdischen Teilen so auszubilden vermag, daß auf diese Weise die Gewähr für Lagerfestigkeit unter normalen Wachstumverhältnissen gesichert erscheint. Hiermit stimmen auch die neueren Untersuchungen von P. STUCH überein. Eine angemessene Stickstoffgabe wirkt hiernach günstig auf die Halmfestigkeit der Getreidearten ein. Starke Stickstoffgaben bedingen dagegen Feinheit der Zellwände und Lockerung des Gewebes, so daß die Festigkeit der Halme verringert wird.

Die Frage, ob und inwieweit die Düngung im allgemeinen und die mit Stickstoff im besonderen die Lagerfestigkeit des Getreides beeinträchtigt, dürfte heute in dem Sinne völlig geklärt sein, daß unter normalen Düngungs- und Wachstumsverhältnissen ein schädigender Einfluß der einzelnen Pflanzennährstoffe und der verschiedenen Düngemittel nicht eintritt. Letztere vermögen vielmehr bei sachgemäßer Anwendung die Halmfestigkeit zu steigern und infolgedessen Lager zu verhindern.

Von Wichtigkeit ist der Einfluß, den der Stickstoff bzw. die Stickstoffdüngung auf den Gehalt der Pflanze an Protein und auf die übrige chemische Zusammensetzung derselben ausübt. Daß eine reichliche Stickstoffzufuhr in der Regel eine Vermehrung der stickstoffhaltigen Verbindungen in der Pflanze herbeiführt, ist sicher und wiederholt experimentell nachgewiesen. Es gilt dies insonderheit für die Gräser auf Wiesen und Weiden, wie die Untersuchungen von F. FALKE, J. VOLHARD, K. FRIEDLÄNDER und vor allen Dingen in neuerer Zeit von H. WARMBOLD, ferner P. LIECHTI und E. RITTER, sowie H. NEUBAUER u. a. ergeben haben. Für die Wiesen und Weiden ist diese Tatsache von besonderer Bedeutung, weil auf diese Weise ein proteinreicheres und wertvolleres Futter erzeugt werden kann. Nicht ganz so eindeutig dürften diese Verhältnisse bei manchen anderen Pflanzen liegen. Zwar konnten z. B. TH. PFEIFFER und Mitarbeiter in Versuchen mit Hafer und E. R. NEIDIG und R. S. SNYDER in solchen mit Weizen sowie andere Versuchsansteller (Literatur bei M. P. NEUMANN) bei verschiedenen Kulturgewächsen nachweisen, daß die Prozentzahlen für den N-Gehalt der Trockensubstanz allgemein mit der Höhe der N-Zufuhr stiegen. Hiermit muß jedoch nicht ohne weiteres auch eine Vermehrung der Stickstoffmenge verbunden sein. Jedenfalls zeigen Untersuchungen von C. v. SEELHORST, TH. PFEIFFER u. a., daß die Stickstoffaufnahme durch die Pflanze und die Anreicherung derselben mit Stickstoff auch von einer Anzahl äußerer Faktoren, so von den Niederschlagsmengen, den Witterungsverhältnissen, dem Zeitpunkt der Ernte usw. abhängig ist. Auch das Vermögen der einzelnen Sorten, größere Stickstoffmengen aufzunehmen und zu speichern, dürfte ein verschiedenes sein. Im allgemeinen kann aber wohl an der Anschauung festgehalten werden, daß eine reiche Stickstoffzufuhr innerhalb gewisser Grenzen auch eine Anreicherung an Stickstoff zu bewirken vermag.

Von noch größerer Bedeutung für die praktischen Verhältnisse ist die Frage, ob und inwieweit durch die Stickstoffdüngung die Qualität der Ernteprodukte bzw. ihr Gehalt an wertbestimmenden Bestandteilen beeinflußt wird. So konnte z. B. K. OPITZ in Übereinstimmung mit den Versuchsergebnissen sowohl von L. HILTNER wie auch von TH. REMY feststellen, daß unter den vielen, den Pflanzgutwert und den Abbau der Kartoffeln bedingenden Ursachen es namentlich eine starke Stickstoffdüngung ist, die ein geringwertigeres Pflanzgut liefert und den Abbau der Kartoffel stark begünstigt. LINTNER (zit. nach E. HASELHOFF 1) aber nimmt an, daß eine starke Stickstoffdüngung das Verhältnis von Amidstickstoff zu Eiweißstickstoff in der Pflanze stark beeinflußt. Hierdurch soll nicht nur der Stärkegehalt der Kartoffel, sondern auch deren Pflanzwert beeinflußt werden, und zwar soll dieser um so größer sein, je mehr Amide vorhanden sind. Die oft gemachte Erfahrung, daß nicht ganz ausgereifte Kartoffeln, also solche, die meist einen hohen Gehalt an stickstoffartigen Verbindungen nichteiweißartiger Natur aufweisen, vielfach das beste Saatgut liefern, würde die LINTNERsche Anschauung als zutreffend bezeichnen. Nach H. WILLFARTH (2) setzte reichliche Stickstoffdüngung, und zwar insonderheit bei mangelhafter Versorgung mit den übrigen Nährstoffen, den Gehalt der Kartoffeln an Stärke und den der Rübe an Zucker wesentlich herab. Bei Versuchen mit Gerste konnte A. DENSCH beobachten, daß geringe N-Gaben den Stärkegehalt erhöhten, starke ihn herabsetzten. Der Gehalt an Protein verhielt sich hierbei gerade umgekehrt. Dem entspricht auch die praktische Erfahrung, Braugerste nur mäßig mit Stickstoff zu düngen. Stickstoffmangel ebenso wie Stickstoffüberschuß vermögen auch einen Einfluß auf die Backfähigkeit des Getreides auszuüben (Lit. bei M. P. NEUMANN). So soll u. a. Mangel an Stickstoff Kleberarmut erzeugen, starke Stickstoffgaben die Backfähigkeit herabsetzen usw. Jedoch widersprechen sich diese Ergebnisse teilweise. Immerhin haben die Untersuchungen von J. BUCHWALD und M. P. NEUMANN mit Roggen und die von M. P. NEUMANN mit Weizen ergeben, daß durch eine richtige und sachgemäße Düngung, d. h. bei einer ausreichenden Zufuhr an allen Nährstoffen, die Backfähigkeit des Brotgetreides keine Einbuße erleidet. Wo eine solche infolge der Stickstoffdüngung beobachtet werden konnte, da dürften wahrscheinlich auch hier abnorme Verhältnisse wie einseitige oder besonders starke Zufuhr an Stickstoff vorgelegen haben. Endlich ist noch hervorzuheben, daß späte Stickstoffdüngungen leicht reifeverzögernd wirken können.

Die gleichen Ursachen werden vielfach auch den Einfluß der Stickstoffdüngung auf die Verarbeitungsfähigkeit der Zuckerrüben und deren Gehalt an Zucker bedingen. In der Tat konnte F. STROHMER und O. FALLADA bei einseitiger Verwendung von Stickstoffdüngern zwar eine Erhöhung des Frisch- und Trockensubstanzgewichtes der Blätter feststellen, aber auf Kosten der Wurzeln und bei gleichzeitiger Senkung des Zuckergehaltes. Ebenso erhöhte eine solche Stickstoffzufuhr den Gehalt der Rüben an stickstoffhaltiger Substanz, in gleichem Maße aber auch den an Nichtzuckerstoffen, so daß infolgedessen der wirkliche Reinheitsquotient eine Herabsetzung erfuhr. Ferner beobachtete A. HERKE, daß unter normalen Verhältnissen durch steigende Stickstoffgaben wohl eine Erhöhung des Zuckergehaltes stattfindet, daß aber in weit höherem Grade gleichzeitig auch der Stickstoffgehalt der Rüben steigt und hierdurch die Qualität und Verarbeitungsmöglichkeit der Rübe herabgesetzt wird. Andere Untersuchungen haben zu gleichen oder ähnlichen Ergebnissen geführt. Also auch hinsichtlich der Zuckerrübe dürften die Verhältnisse so liegen, daß normale Stickstoffdüngungen bei entsprechender Berücksichtigung aller übrigen Nährstoffe günstig wirken. Ungenügende Stickstoffgaben dagegen setzen den Ertrag herab, einseitige oder übermäßig starke Stickstoffmengen fördern keineswegs immer die Erntemenge, verschlechtern aber in der Regel die Qualität der Zuckerrüben und ihre Verarbeitungsmöglichkeit.

Schließlich ist hier noch der Einfluß zu erwähnen, der als spezifische Wirkung gewissen stickstoffhaltigen Düngemitteln zukommt. Die Tatsache, daß der Kalkstickstoff einen schädlichen Einfluß auf die Keimungsenergie und Keimfähigkeit der Samen auszuüben vermag, wenn Aussaat und Düngung zeitlich dicht zusammenfallen, ist durch zahlreiche Untersuchungen einwandfrei festgestellt worden (E. BARTSCH, KIONKA, B. SCHULZE, R. TRNKA u. a.). E. HASELHOFF (3) hat dann nachgewiesen, daß die Gründe hierfür einmal in den aus dem Calciumcyanamid entstehenden giftigen Verbindungen und zum anderen in den aus dem Kalkstickstoff sich entwickelnden schädlichen Gasen zu suchen sind. Dieser nachteilige Einfluß des Kalkstickstoffes macht sich bei leichten Sandböden deutlicher bemerkbar als bei besseren Böden. Er wird dadurch vermieden, daß man Kalkstickstoffdüngung und Aussaat zeitlich um so weiter auseinanderlegt (4 bis 10 Tage), je leichter der Boden ist.

Zusammenfassend läßt sich über den Einfluß der verschiedenen Düngemittel bzw. der in ihnen enthaltenen einzelnen Pflanzennährstoffe sagen, daß ein solcher vielfach nur dann in Erscheinung tritt, wenn es sich um eine einseitige oder unsachgemäße Anwendung des betreffenden Düngemittels handelt. Ebenso darf nicht verkannt werden, daß ein den einzelnen Nährstoffen oder Düngemitteln nachgerühmter günstiger Einfluß auf die Pflanze häufig nur durch eine zweckentsprechende Versorgung mit allen Nährstoffen und durch ein Zusammenwirken aller bedingt wird, so daß es sich dann nicht mehr um eine einzelne Sonderwirkung des betreffenden Nährstoffes bzw. Düngemittels handelt. Daß solche Sonderwirkungen vielfach vorhanden sind, kann nicht bestritten werden. Die günstigen Auswirkungen auszunutzen, die nachteiligen Einflüsse aber zu vermeiden oder doch wenigstens zu verringern, ist Aufgabe einer sachgemäßen Anwendung der Düngemittel.

Literatur.

ABERSON, J. H.: Mod. Rijks Hoogers Land-, Tuise en Boschbouwschool, deel XI. Wageningen 1916. — AGHNIDES, E.: Mitt. internat. bodenkundl. Ges. **2**, 134. — ARND, TH.: Landw. Jb. **51**, 297 (1918). — AYMANNS, TH.: Inaug.-Dissert., Bonn-Poppelsdorf 1929.

BARTSCH, E.: Verh. dtsch. Naturforsch. Ges. **76 II**, 1, 166 (1904). — BEHEIM-SCHWARZBACH: Beitrag zur Kenntnis des Ackerbaues der Römer. — BEHRENS, J.: Landw. Versuchsstat. **43**, 271 (1894). — BELING, R. W.: Ebenda **102**, 1 (1924). — BLÖMER, W.: Inaug.-Dissert., Bonn-Poppelsdorf 1929. — BOBKE, W. A., W. GOLUBEW u. a.: Z. Pflanzenernährg A **6**, 128 (1926). — BORESCH, K., u. R. KREYZI: Fortschr. Landw. **3**, 963 (1928). — BREHMER, W. v.: Die Ernährung der Pflanze **18**, 82 (1922). — BRIOUX, C.: C. r. **179**, 913. — BRUCH, P.: Landw. Jb. **32**, 517 (1903).

CLAUSBRUCH, CRAMER E. v.: Fühlings Landw. Ztg **60**, 421 (1911). — COHEN, N. H.: Mitt. Versuchsstat. f. Vorstenlandentabak, Nr 3. — CONNER, S. D.: Purdue Univ. Agricult Exp. Stat. Bull. **176** (1913). — CREYDT, B.: J. Landw. **63**, 125 (1915). — CROWTHER, E. M.: J. agricult. Sci. II **15**, 222 (1925). — CSERHATI, A.: J. Landw. **43**, 389 (1895). — CZAPEK, F.: Biochemie der Pflanzen. Jena: G. Fischer.

DENSCH, A.: J. Landw. **55**, 173 (1907). — DUMONT, J., u. J. CROCKETELLE: C. r. **117**, 670 (1893); **118**, 604 (1894); **119**, 93 (1894).

ECKSTEIN, O.: Z. angew. Chem. **40**, 42 (1927). — EHRENBERG, P.: (1) Bodenkolloide. Dresden: Th. Steinkopff; (2) Die Kalkdüngung vom wissenschaftlichen Standpunkt aus. Berlin: Kalkverlag; (3) Das Kalkkaligesetz. Berlin: P. Parey; (4) Zuckerrübenbau **7**, 55 (1925). — ELBERT, W.: Inaug.-Dissert., Bonn-Poppelsdorf 1924. — ENGBERDING, D.: Zbl. Bakter. II **23**, 569 (1909).

FALKE, F.: Handbuch der Weidewirtschaft. Hannover: M. & H. Schaper. — FISCHER, H.: Landw. Jb. **38**, 358 (1909); Landw. Versuchsstat. **70**, 335 (1909). — FISCHER, W.: Landw. Jb. **58**, 48 (1923). — FITTBOGEN, J.: Ebenda **3**, 109 (1874). — FLAMAND: L'ingén. agricult. Gembloux **14**, 755 (1904). — FLEISCHER, M.: Landw. Jb. **20**, 607 (1891). — FREYSOLD: Ernährg d. Pflanze **13**, 37 (1917). — FRIEDLÄNDER, K.: Landw. Versuchsstat. **69**, 245 (1908).

GARCKE: Landw. Wschr. Prov. Sachsen **1926**, 210. — GEHRING, A.: Prakt. Bl. Pflanzenbau **6**, 287 (1929). — GERLACH, M.: Mitt. Kaiser-Wilh.-Inst. Landw. Bromberg **4**, 382. — GODLEWSKI, E.: Z. landw. Versuchswes. Österr. **4**, 481 (1901). — GRACIA, DE, u. CALDIERI: Staz. sperim. agricult. **1906**, 541. — GUFFROY, CH.: J. d'agricult. Prat. **10**, 1 (1901).

HAASTERT, H.: Z. Pflanzenernährg A **9**, 265 (1927). — HABER, F.: Das Zeitalter der Chemie, seine Aufgaben und seine Leistungen. — HAGER, G.: Mitt. dtsch. Landw.-Ges. **44**, 143 (1929). — HAHN, ED.: Die Entstehung der Pflugkultur. Heidelberg: C. Winter. — HALL, D. J.: J. roy. agricult. Soc. **70**, 9. — HALL, A. D.: J. chem. Soc. Trans. **85**, 964 (1904). — HASELHOFF, E.: (1) Lehrbuch Agrikulturchemie 2. Berlin: Gebr. Bornträger; (2) Landw. Jb. **45**, 609 (1913); (3) Landw. Versuchsstat. **68**, 189 (1908). — HEIDEN, E.: Düngerlehre 2. Stuttgart: Cohen & Risch. — HEINRICH, R.: (1) Grundlagen zur Beurteilung der Ackerkrume. Wismar 1892; (2) Mergel und Mergeln. Berlin: P. Parey. — HELLRIEGEL, H.: (1) Arb. dtsch. Landw.-Ges. **68**, 82 (1902); (2) Ebenda **34** (1898). — HERKE, O.: Österr.-ungar. Z. Zuckerind. u. Landw. **40**, 669 (1911). — HOFFMANN, M.: Mitt. dtsch. Landw.-Ges. **31**, 226 (1916). — HUDIG, J.: (1) De veenkoloniale Haverzickte. 'sGravenhage: Gebr. J. & H. van Langenhuysen 1912; (2) Zbl. Agrikulturchem. **53**, 404 (1924). — HUDIG, J., u. C. MEIJER: Versl. van landbouwkund. Onderzoekingen de Rykslandbouwproefstat. **1919**, Nr 23.

JACOB, A.: Fortschr. Landw. **3**, 1057 (1928). — JOST: Vorlesungen über Pflanzenphysiologie. Jena: G. Fischer.

KAPPEN, H.: (1) Die Bodenacidität. Berlin: Julius Springer; (2) Kali u. Landw. **7**, Kalitag **1928**. — KAPPEN, H., u. W. BERGEDER: Z. Pflanzenernährg usw. A **7**, 291 (1926). — KELSCH: Der Verkehr mit künstlichen Düngemitteln. Hrsg. vom Verein deutscher Großhändler Getreide-, Dünge- und Futtermittel, Berlin. — KIONKA: Fühlings Landw. Ztg **58**, 397 (1909). — KIRSTE, H.: Z. Pflanzenernährg usw. A **5**, 129 (1925). — KLEBERGER, W.: Mitt. dtsch. Landw.-Ges. **35**, 706 (1920); Jb. dtsch. Landw.-Ges. **33**, 322 (1918). — KLITSCH, C.: Z. Pflanzenernährg usw. A **2**, 249 (1923). — KÖNIG, J.: Landw. Jb. **58**, 119 (1923). — KOSSOWICZ, A.: Einführung in die Agrikulturmykologie, T. 1. Berlin: Gebr. Bornträger. — KRAUS, C. D.: (1) Landw. Jb. Bayern **5**, 259 (1915); (2) Die Lagerung der Getreide. Stuttgart: E. Ulmer. — KRÜGER, M.: Landw. Jb. **34**, 788 (1905). — KUHN, J., u. O. DRECHSEL: Z. Pflanzenernährg usw. B **7**, 105 (1928). — KUNZE: Jb. Bot. **42**, 378 (1906).

LEMMERMANN, O.: (1) Landw. Versuchsstat. **70**, 317 (1909); (2) Landw. Jb. **40**, 173 (1911). — LIEBENBERG: Sitzgsber. Akad. Wiss. Wien **94**, 447 (1881). — LIEBIG, J.:

(1) Naturwissenschaftliche Berichte über moderne Landwirtschaft. Heidelberg: C. Winter; (2) Die organische Chemie und deren Anwendung auf Agrikultur und Physiologie. Braunschweig: F. Vieweg & Sohn. — Liechti, P., u. E. Ritter: Landw. Jb. Schweiz **35**, 1 (1921). — Löhnis, F.: (1) Handbuch der landwirtschaftlichen Bakteriologie. Berlin: Gebr. Bornträger; (2) Vorlesungen über landwirtschaftliche Bakteriologie, 2. Aufl. Berlin: Gebr. Bornträger. — Loew, O.: (1) Landw. Jb. **31**, 561 (1902); **32**, 509 (1903); (2) Die Lehre vom Kalkfaktor. Berlin: P. Parey.

Mayer, A.: (1) Agrikulturchemie **2**. Heidelberg: C. Winter; (2) Landw. Versuchsstat. **26** (1881); (3) Ebenda **38**, 127 (1891). — Mayer, W.: Z. angew. Chem. **34**, 589 (1921). — Meyer, D.: (1) Die Kalk- und Magnesiadüngung. Berlin: P. Parey; (2) Landw. Jb. **30**, 619 (1901); **33**, 371 (1904); **40**, 339 (1911). — Mitscherlich, E. A.: (1) Bodenkunde für Land- und Forstwirte. Berlin: P. Parey; (2) Landw. Jb. **53**, 501 (1919).

Nathansohn, A.: Stoffwechsel der Pflanze. Leipzig: Quelle & Meyer. — Neidig, E. R., u. R. S. Snyder: Exp. Stat. Rec. **47**, 636 (1922). — Nelson, P. R.: Soil Sci. **27**, 142. — Nessler, J.: (1) Landw. Versuchsstat. **33**, 1 (1887); (2) Handbuch der Tabakkunde und des Tabakbaues, zit. nach R. Kissling. — Neubauer, H.: Mitt. dtsch. Landw.-Ges. **36**, 695 (1921). — Neuman, P. M., u. J. Buchwald: Z. ges. Getreidewes. **1**, 165 (1909). — Neumann, M. P.: Z. Pflanzenernährg usw. B **3**, 11 (1924). — Niklas, H., u. Mitarb.: Landw. Versuchsstat. **105**, 105 (1927). — Niklas, H., u. H. Hock: Fortschr. Landw. **1**, 557 (1926). — Nobbe, F.: Landw. Versuchsstat. **13**, 323 (1871). — Nolte, O.: (1) J. Landw. **65**, 18, 25 (1917); (2) Die Bedeutung des Kalkes für Pflanze und Boden. Kalkverlag 1926; (3) Landw. Versuchsstat. **106**, 1 (1927). — Nostitz, A. v.: Landw. Versuchsstat. **99**, 27 (1923). — Nostitz, A. v., u. J. Weigert: Die künstlichen Düngemittel. Stuttgart: F. Encke.

Opitz, K.: Mitt. dtsch. Landw.-Ges. **38**, 75 (1927).

Perotti, R.: Arch. Farmacol. sper. **5**, 385 (1906). — Pfeffer, W.: Pflanzenphysiologie **2**. Leipzig: W. Engelmann. — Pfeiffer, Th.: J. Landw. **67**, 1 (1919). — Pfeiffer, Th., u. E. Blanck: Mitt. landw. Inst. Univ. Breslau **6**, 273 (1911). — Pfeiffer, Th., u. A. Rippel: J. Landw. **68**, 5 (1920). — Pfeiffer, Th., u. W. Simmermacher: Landw. Versuchsstat. **93**, 1 (1919). — Platz, J. H.: Die Beschäftigung der alten Chinesen, Ackerbau, Viehzucht usw. Abh. bayer. Akad. Wiss., Philos.-philolog. Kl. **12**, 134 (1871). — Prianischnikow, D.: Landw. Versuchsstat. **45**, 274 (1895).

Ramann, E.: Bodenkunde. Berlin: Julius Springer. — Raumer, v.: Landw. Versuchsstat. **25**, 25 (1880). — Reder, P., u. Troschke: Wschr. pomm. ökon. Ges. **1884**, 114. — Reinke, R.: Z. Pflanzenernährg usw. A **17**, 79 (1930). — Remy, Th.: (1) Landw. Jb. **35**, 4. Erg. 123 (1906); (2) Untersuchungen über das Kalibedürfnis der Gerste. Berlin 1928; (3) Bl. Gersten-, Hopfen- u. Kartoffelbau **1889**, 351; **1901**, 139, 206; Arb. dtsch. Landw.-Ges. **13**, 57; **14**, 26, 193. — Reynier-Damance, E.: Die Landwirtschaft der alten Völker. Heidelberg: A. Osswald. — Roessler, H.: (1) Landw. Versuchsstat. **107**, 307 (1928); (2) Ebenda **104**, 182 (1926); Dtsch. landw. Presse **54**, 73 (1927). — Russel, E. J.: Boden und Pflanze. Dresden: Th. Steinkopff.

Salfeld, A.: Dtsch. landw. Presse **21**, 785 (1894). — Schaffnit, E., u. A. Volk: Landw. Jb. **67**, 305 (1928). — Schimper, W.: Flora **73**, 246 (1890). — Schneidewind, W.: Die Ernährung der landwirtschaftlichen Kulturpflanzen. Berlin: P. Parey. — Schulze, B.: Fühlings Landw. Ztg **54**, 817 (1905). — Seelhorst, C. v.: (1) Arb. dtsch. Landw.-Ges. **81**, 60; (2) Dtsch. landw. Presse **42**, 3 (1915). — Seelhorst, C. v., u. M. Tucher: J. Landw. **46**, 52 (1898). — Standacker, F.: Antike und moderne Landwirtschaft. Wien: F. Fick. — Steffen, M.: Die Landwirtschaft bei den altamerikanischen Kulturvölkern. Leipzig: Duncker & Humblot. — Stephenson, R. C.: Soil Sci. **12**, 133, 145. — Stoklasa, J.: (1) Biochem. Z. **108**, 109 (1920); (2) Wien. landw. Ztg **50**, 3 (1900). — Stoklasa, J., u. Matousek: Beiträge zur Kenntnis der Ernährung der Zuckerrübe. Jena: G. Fischer. — Strohmer, F., u. O. Fallada: Österr.-ungar. Z. Zuckerind. u. Landw. **38**, 708 (1909). — Stuch, P.: Z. Pflanzenernährg usw. A **7**, 257 (1926). — Subow: Inaug.-Dissert., Halle a. S. 1910.

Tacke, B.: Arb. dtsch. Landw.-Ges. **20**, 51 (1896). — Thaa, H., u. H. Müller: Die Phosphorsäure. Arb. agrikulturchem. Inst. Univ. Gießen. — Tobler, F.: Jb. Bot. **71**, 26 (1929). — Trnka, R.: Z. landw. Versuchswes. Österr. **18**, 58 (1915).

Vageler, P.: J. Landw. **54**, 1 (1906). — Vanha, J.: Z. landw. Versuchswes. Österr. **4**, 49 (1904). — Vedrödi: Landw. Versuchsstat. **45**, 301 (1895). — Volhard, J.: Ebenda **68**, 11 (1908). — Volk, A., u. E. Tiemann: Forschgn Geb. Pflanzenkrankh. **3**, 34 (1927).

Wagner, P.: Mitt. dtsch. Landw.-Ges. **17**, 81 (1902). — Warthiadi, D.: Inaug.-Dissert., Techn. Hochsch. München 1911. — Wichmann, H.: Inaug.-Dissert., Bonn-Poppelsdorf 1927. — Wiessmann, H.: Z. Pflanzenernährg usw. A **2**, 1 (1923). — Willfahrt, H.: Bl. Zuckerrübenbau **1901**, 13. — Wilfarth, H., u. G. Wimmer: Arb. dtsch. Landw.-Ges. **143**, 7 (1908). — Wolff, E. v.: Landw. Versuchsstat. **10**, 367 (1868).

IV. Der Verbrauch künstlicher Düngemittel einzelner Länder.

Von
Dr. P. Krische
Schriftleiter der Halbmonatsschrift „Die Ernährung der Pflanze“,
Berlin-Lankwitz.

Mit 13 Abbildungen.

1. Einleitung.

Wie die landwirtschaftliche Statistik überhaupt, so ist namentlich die Statistik über den Verbrauch einzelner Länder an künstlichen Düngemitteln gegenwärtig noch äußerst unzulänglich und nur bei kritischer Benutzung der verschiedenen Angaben verwendbar. Sowohl die Tages- wie die Fachpresse enthalten eine fast unübersehbare Fülle statistischer Angaben, mit denen der Landwirt aber meistens nichts anfangen kann. Sie sind in erster Linie für die Industrie und den Handel bestimmt, befassen sich mit Produktion, Ein-, Ausfuhr und Lagerbeständen. Über den landwirtschaftlichen Verbrauch, der den Agrikulturchemiker und Landwirt in erster Linie interessiert, sind die Angaben dagegen meistens noch fehler- und lückenhaft.

Internationale Zusammenstellungen über den Verbrauch an künstlichen Düngemitteln in den verschiedenen Ländern gibt vor allem das Internationale Landwirtschaftsinstitut in Rom in seinem jährlich erscheinenden Annuaire heraus. Man sollte annehmen, daß dieses Institut, welches amtlich die entsprechenden Angaben der verschiedenen Länder erhält, in seiner Statistik ein einigermaßen zutreffendes Bild zu bieten vermag. Das ist aber keineswegs der Fall, wie die späteren Ausführungen zeigen werden. Obwohl von mir bei Verarbeitung dieser Angaben seit Jahren auf die beträchtlichen Lücken und Fehler hingewiesen wird, sind diese auch im letzten Jahrbuch noch vorhanden.

In den Kreisen des Düngemittelhandels wird als weitere Unterlage vielfach die Statistik des sog. Annuaire Lambert herangezogen. Im Jahre 1912 gaben E. und M. Lambert zum erstenmal ein „Annuaire statistique des engrais et produits chimiques“ heraus, dem sie später Ergänzungshefte, im ganzen bisher 10, folgen ließen.

Auch hier beobachten wir wieder in erster Linie für Industrie und Handel bestimmte statistische Angaben, während die den Landwirt angehenden Mitteilungen über den Verbrauch einzelner Länder vielfach fehlen.

Um die Ergänzung dieser Lücken hat sich namentlich Aeby-Paris mit seinen Veröffentlichungen in der Zeitschrift „Les mercuriales agricoles“ verdient gemacht. Durch eine kritische Verarbeitung dieser verschiedenen Unterlagen ist es nunmehr möglich, ein ungefähr zutreffendes Bild über den Verbrauch an künstlichen Düngemitteln einzelner Länder in den letzten Jahren und im Vergleich mit dem letzten Vorkriegsjahr zu liefern.

2. Die geschichtliche Entwicklung des landwirtschaftlichen Kunstdüngerverbrauchs.

Ehe ich auf den Verbrauch der Kunstdünger in den einzelnen Ländern während der letzten Jahre eingehe, sei zunächst eine kurze Übersicht über die geschichtliche Entwicklung des Verbrauchs an künstlichen Düngemitteln in Europa gegeben.

Der erste, in Europa zur Anwendung gelangende künstliche Dünger war der Chilesalpeter. Im weiteren Verlauf der Entwicklung lassen sich sechs Epochen im Verbrauch der künstlichen Düngemittel unterscheiden:

1. Periode 1830—1840, in der nur Chilesalpeter und gemahlene Knochen verwandt wurden,

2. Periode 1840—1860, in welcher der Guano im Vordergrund des Interesses stand,
3. Periode 1860—1880 mit der allmählichen Einführung von Superphosphat und Kalisalzen,
4. Periode 1880—1900 mit dem Auftreten des Thomasmehles,
5. Periode 1900—1913 mit dem Auftreten der künstlichen Stickstoffdünger und dem Höhepunkt der künstlichen Düngung kurz vor dem Weltkrieg,
6. Periode der Nachkriegszeit, gekennzeichnet durch einen besonderen Aufstieg der synthetischen Stickstoffdünger und der Kalisalze.

In der ersten Epoche, in der neben Chilesalpeter nur gemahlene Knochen verwandt wurden, stieg die Ablieferung von Chilesalpeter in Europa auf 10000 t im Jahre 1840. Die zweite Epoche ist gekennzeichnet durch das Vorherrschen des Peruguanos, dessen erste Proben bereits 1705 durch Reisende nach Deutschland gelangten. Als Düngemittel wurde es zuerst auf St. Helena und in den Vereinigten Staaten angewandt, 1835 wurden die ersten Versuche in Europa angestellt. Im Jahre 1845 wurden in England bereits 277000 t Peruguano verbraucht. Der Höchstverbrauch in England wurde nach Angaben des englischen Parlaments 1870 verzeichnet. Neben England und Deutschland verwandten Frankreich, Belgien und Schweden Guano als Kunstdünger. Von dem gesamten Weltabsatz entfiel ein Drittel auf England. Damals enthielt der Guano 14% Stickstoff und 12% Phosphorsäure sowie $1^1/_2$% Kali. Der Absatz an Chilesalpeter betrug 1840: 10000 t und stieg auf 23000 t im Jahre 1850. In den fünfziger Jahren tritt neben dem Guano das Superphosphat auf, dessen erste Fabrikationsstelle 1843 in England gegründet wurde. Bis 1859 stieg die Anwendung von Chilesalpeter auf 56000 t. Die dritte Epoche 1860—1880 ist gekennzeichnet durch das Auftreten von Superphosphat und Kalisalz. Zugleich nahm der Chilesalpeterverbrauch einen großen Aufschwung. In den siebziger Jahren stieg er bis auf 228000 t im Jahre 1880. Größer als der Absatz an Superphosphat war immer noch der an Guano, der jetzt in aufgeschlossener Form mit einem Gehalt von 7% Stickstoff, 10% Phosphorsäure und $1^1/_2$% Kali vertrieben und namentlich in Deutschland, England, Frankreich, Belgien und Schweden verwandt wurde. In der vierten Epoche von 1880—1900 erfolgte dann eine Intensivierung der Anwendung von Superphosphat, Chilesalpeter und Kalisalzen. Im Vordergrund steht jetzt weitaus der Absatz des Superphosphates mit insgesamt etwa $2^1/_2$ Mill. t. Weiter ist diese Epoche gekennzeichnet durch das Auftreten von Thomasmehl in den achtziger Jahren. Die Erzeugung dieses neuen Produktes begann 1883 und stieg bis 1899 auf 895000 t. Als zweites neues Produkt trat im Verlauf der achtziger Jahre neben dem Chilesalpeter das schwefelsaure Ammoniak als Stickstoffdünger auf, dessen Erzeugung 1890 bereits auf 100000 t gestiegen war. Die fünfte Epoche von 1900 bis zum letzten Vorkriegsjahr 1913 ist besonders bemerkenswert durch das Aufkommen von schwefelsaurem Ammoniak und den verschiedenen synthetischen Stickstoffdüngern sowie durch ein weiteres gewaltiges Ansteigen des Absatzes von Phosphorsäuredüngern und Kalisalzen.

Die sechste Epoche, die Zeit nach dem Weltkriege, verzeichnet dann namentlich einen starken Aufstieg des Stickstoffabsatzes sowie eine weitere Verstärkung des Phosphorsäure- und Kaliabsatzes.

Interessant ist, wie sich das Verhältnis der Nährstoffe Stickstoff, Phosphorsäure und Kali innerhalb der verschiedenen Epochen gestaltet. Während zuerst Stickstoff und Phosphorsäure ziemlich gleichstehen und das Kali ihnen gegenüber nur ein Zehntel des Verbrauches aufzuweisen hat, rückt seit 1860 die Phosphorsäure in den Vordergrund, so daß für die siebziger Jahre bereits das Verhältnis $N : P : K = 1 : 2 : 1$ gilt. Später tritt wieder die Phosphorsäure noch mehr in den Vordergrund (1900: $N : P : K = 1 : 3{,}5 : 1$), und gegenwärtig haben wir das Verhältnis $N : P : K = 1 : 2{,}5 : 1{,}5$, indem sowohl Stickstoff wie Kali gegenüber der Phosphorsäure etwas nachgeholt haben.

In den letzten Jahren läßt sich auch feststellen, wie das Nährstoffverhältnis N : P : K in den *einzelnen Ländern* war (s. Abb. 10, S. 59).

3. Der Verbrauch einzelner Länder an den wichtigsten Stickstoffdüngern (Chilesalpeter, Norgesalpeter, schwefelsaures Ammoniak, Kalkstickstoff und andere synthetische Stickstoffdünger) 1913, 1925—1928.

Über die Entwicklung von Welterzeugung und Weltverbrauch an den wichtigsten Stickstoffdüngemitteln und an dem in ihnen enthaltenen Stickstoff, unterrichten die Tabellen 1—4, und die Abb. 1—4. Über den Verbrauch

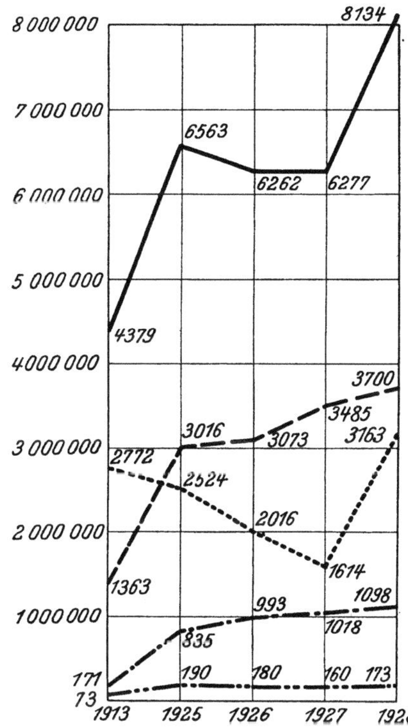

Abb. 1. Welterzeugung an den wichtigsten Stickstoffdüngern (Chilesalpeter, schw. Ammoniak, synthetische Stickstoffdünger, Kalkstickstoff, Norgesalpeter) in Tonnen (1000 kg) 1913, 1925—1928.

——— zus. Stickst.-Düng. u. synth. Stickst.-D. — — — — schw. Ammon. ·········· Chilesalpeter. —·—·— Kalkstickstoff. —··—··— Norgesalpeter.

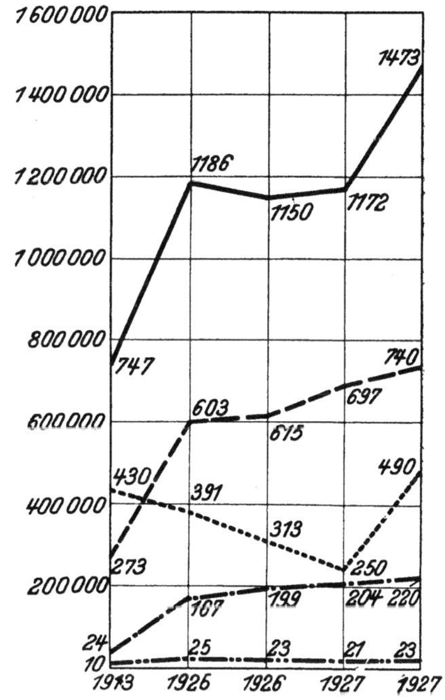

Abb. 2. Welterzeugung an Stickstoff in den wichtigsten Stickstoffdüngern (Chilesalpeter, schw. Ammoniak, synth. Stickstoffdüng., Kalkstickstoff, Norgesalpeter) in Tonnen (1000 kg) 1913, 1925—1928.

——— zus. Stickstoff. u. synth. Stickst.-D. — — — — schw. Ammon. ·········· Chilesalpeter. —·—·— Kalkstickstoff. —··—··— Norgesalpeter.

Tabelle 1. Welterzeugung der wichtigsten Stickstoffdünger (Chilesalpeter, Norgesalpeter, schwefelsaures Ammoniak und andere synthetische Stickstoffdünger) in 1000 t (je 1000 kg) 1913, 1925—1928.

	1913	1925	1926	1927	1928
a) Chilesalpeter[1]	2772	2524	2016	1614	3163
b) Norgesalpeter[1]	73	190	180	160	173
c) Kalkstickstoff[1]	171	835	993	1018	1098[2]
d) Schwefelsaures Ammoniak und synthetische Stickstoffdünger außer Kalkstickstoff[1]	1363	3014	3073	3485	3700
Summe:	4379	6563	6262	6277	8134

[1] Angaben des Internat. landw. Inst. Rom, Annuaire **1929**, 513.
[2] Angaben LAMBERT, Paris, Annuaire 9. Fasc. **1929**, 32.

Tabelle 2. Welterzeugung an Stickstoff (N) (Chilesalpeter, Norgesalpeter, schwefelsaures Ammoniak und andere synthetische Stickstoffdünger) in 1000 t (je 1000 kg) 1913, 1925—1928.

	1913	1925	1926	1927	1928
a) Chilesalpeter (je 15,5 % N) . .	430	391	313	250	490
b) Norgesalpeter (je 13 % N) . . .	10	25	23	21	23
c) Kalkstickstoff (je 20 % N) . . .	34	167	199	204	220
d) Schwefelsaures Ammoniak und synthetische Stickstoffdünger (je 20 % N durchschnittlich) . .	273	603	615	697	740
Summe:	747	1186	1150	1172	1473

einzelner Länder an diesen Stickstoffdüngemitteln gibt die Tabelle 3 Auskunft. Die Hauptabnehmer für Chilesalpeter sind demnach die Vereinigten Staaten, Frankreich, Holland, Belgien, Großbritannien und Ägypten. Es ist besonders beachtenswert, daß der Chilesalpeterverbrauch, der 1925 2 Mill. t betrug und

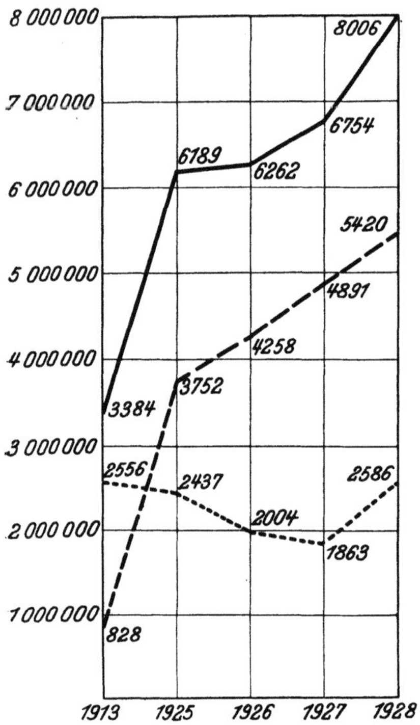

Abb. 3. Weltverbrauch an den wichtigsten Stickstoffdüngern (Chilesalpeter, schw. Ammoniak, synthetische Stickstoffdünger) in Tonnen (1000 kg) 1913, 1925–1928.

——— zus. Stickst.-Düng. – – – – schw. Ammoniak u. synth. Stickst.-D. mit Kalkst. u. Norgesalp. ··········· Chilesalpeter.

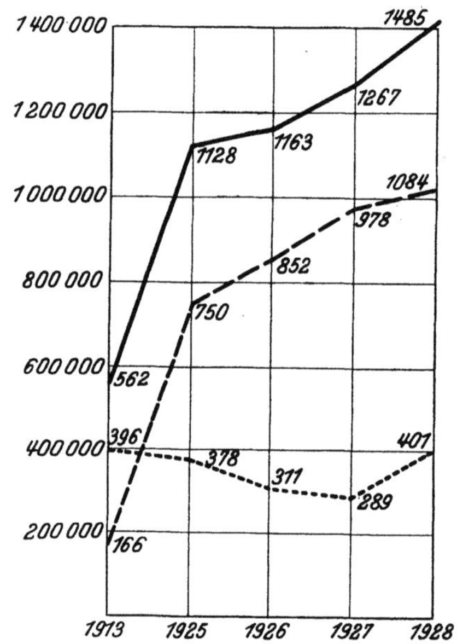

Abb. 4. Weltverbrauch an Stickstoff in den wichtigsten Stickstoffdüngern (Chilesalpeter, schw. Ammoniak, synth. Stickstoffdünger) in Tonnen (1000 kg) 1923, 1925—1928.

——— zus. Stickstoff. – – – – schw. Ammoniak u. synth. Stickst.-D. mit Kalkst. u. Norgesalp. ··········· Chilesalpeter.

in den beiden nächsten Jahren beträchtlich herabging, 1928 wieder erheblich gestiegen ist. Die Angaben der Tabelle 3 entstammen z. T. dem Annuaire des Internationalen Landwirtschaftsinstituts Rom, die, wie die Tabelle zeigt, bedeutend ergänzt werden mußten. Zum Teil sind bei Amerika, Großbritannien und Polen die römischen Angaben gegenüber besonders zuverlässigen Ziffern von AEBY, dem Vertreter des Chilesalpeters für Europa, zu hoch, so daß einige Abzüge gemacht werden mußten.

Das so berichtigte Ergebnis zeigt, daß 1928 der Chilesalpeterverbrauch ungefähr den Vorkriegsverbrauch von 1913 mit etwa 2,6 Mill. t erreicht hat.

Tabelle 3. Weltverbrauch an den wichtigsten Stickstoffdüngern (Chilesalpeter, Norgesalpeter, schwefelsaures Ammoniak, Kalkstickstoff und anderen synthetischen Stickstoffdüngern) in 1000 t (je 1000 kg) 1913, 1925—1928.

Länder	1913	1925	1926	1927	1928
			a) Chilesalpeter.		
Deutschland	—	23	17	21	52
Österreich	—	5	4	2	4
Dänemark	35	55	37	20	33
Spanien	35	94	72	127	69
Finnland	1	1	1	1	1
Frankreich	314	280	201	216	353
Großbritannien und Irland	132	79	38	77	73
Italien	50	49	49	38	58
Litauen	—	—	—	—	—
Luxemburg	1	1	1	—	1
Polen	—	60	22	35	—
Jugoslawien	—	10	11	—	—
Schweiz	3	2	2	2	2
Tschechoslowakei	—	55	46	52	54
Kanada	—	8	14	11	11
Vereinigte Staaten von Amerika	636	1130	929	761	1050
Argentinien	1	1	2	2	—
Chile	—	12	14	11	16
Ceylon	—	3	5	6	3
Japan	—	35	27	50	—
Algier	—	1	—	1	—
Ägypten	57	174	173	142	188
Neuseeland	—	1	1	2	1
Summe:	1265	2079	1666	1577	1969

Vorstehende Zahlen sind Angaben des Internat. landw. Inst. Rom.

Ergänzungen nach Aeby:

Belgien	170	170	106	68	130
Spanien	—	26	28	19	61
Frankreich	8	—	4	—	—
Großbritannien			11	00	110
Holland	83	138	127	81	143
Italien	15	7	5	3	10
Japan	27	—	33	5	56
Polen	149	—	—	—	65
Portugal	5	4	6	6	7
Schweden	31	36	30	27	39
Tschechoslowakei	54	—	—	—	13
Jugoslawien	1	1	1	2	2
Summe:	1808	2461	2020	1878	2614

Abzüge:

Ägypten	—	18	12	14	28
Großbritannien	8	—	—	1	—
Polen	—	6	4	—	—
Summe:	8	24	16	15	28
Gesammtsumme:	1800[1]	2437	2004	1863	2586

[1] Außerdem Verbrauch Deutschlands 560, insgesamt mit Anrechnung anderer Länder (Österreich usw.) nach Lambert 2556.

Länder	1913	1925	1926	1927	1928
b) Schwefelsaures Ammoniak.					
Deutschland	—	831	823	844	738
Österreich	—	4	4	4	3
Dänemark	—	39	26	50	44
Spanien	15	159	184	187	128
Finnland	—	—	—	1	—
Frankreich	96	261	320	355	326
Großbritannien	41	130	142	141	147
Italien	35	49	65	82	108
Luxemburg	1	2	2	—	—
Norwegen	—	—	—	—	—
Polen	—	12	4	15	18
Schweden	1	1	4	6	—
Schweiz	1	1	1	1	—
Tschechoslowakei	—	35	29	41	49
Kanada	—	5	9	10	12
Vereinigte Staaten von Amerika	236	501	474	519	—
Chile	—	—	—	—	—
Ceylon	3	7	9	13	14
Japan	—	304	400	385	—
Algier	—	4	3	6	—
Ägypten	—	10	4	3	5
Summe:	429	2355	2493	2663	1592
c) Synthetische Stickstoffdünger.					
Deutschland	—	303	471	603	698
	—	284	334	443	463
Österreich	—	1	—	1	1
	—	5	5	9	16
Dänemark	—	78	95	91	106
	—	1	1	1	1
Finnland	—	6	13	14	16
Frankreich	22	76	79	87	95
Großbritannien	—	5	6	6	—
Italien	1	4	4	15	29
	15	77	84	62	78
Luxemburg	—	1	2	—	—
Norwegen	5	23	21	21	24
Polen	—	74	111	150	176
Schweden	1	1	1	1	—
	1	23	22	15	—
Schweiz	—	3	3	3	—
Tschechoslowakei	—	—	—	9	17
	—	17	21	24	33
Kanada	—	1	1	1	1
Vereinigte Staaten von Amerika	—	8	12	119	24
	—	100	91	111	138
Japan	—	12	26	38	—
Ägypten	—	16	27	34	42
Summe:	45	1119	1430	1759	1958
Gesamtsumme von b und c:	474	3474	3923	4422	3550

Vorstehende Zahlen sind Angaben des Internat. landw. Inst. Rom.

Länder	1913	1925	1926	1927	1928
Ergänzungen nach AEBY:					
Belgien	49	104	136	185	209
Vereinigte Staaten von Amerika	—	—	—	—	500
Dänemark	5	16	21	34	40
Ägypten	56	—	13	36	51
Schweden	—	—	—	19	150
Frankreich	15	—	17	—	40
Großbritannien	—	41	28	26	51
Holland	20	85	126	140	209
Japan	123	47	20	32	656
Polen	58	—	—	—	—
Portugal	2	6	8	11	13
Tschechoslowakei	25	—	—	—	—
Jugoslawien	1	1	1	1	2
Summe:	828	3774	4293	4906	5471
Abzüge:					
Spanien	—	10	20	—	—
Polen	—	12	15	15	51
Berichtigte Gesamtverbrauchsziffer von b und c:	828	3752	4258	4891	5420
Berichtigte Gesamtverbrauchsziffer von a, b, c:	3384	6189	6262	6754	8006

Tabelle 4. Weltverbrauch an Stickstoff in 1000 t (je 1000 kg) in Form von Chilesalpeter, schwefelsaurem Ammoniak und synthetischen Stickstoffdüngern 1913, 1925—1928.

	1913	1925	1926	1927	1928
a) Chilesalpeter	396	378	311	289	401
b) Schwefelsaures Ammoniak, Norgesalpeter, synthetischer Stickstoffdünger	166	750	852	978	1084
Summe:	562	1128	1163	1267	1485

Über den Verbrauch einzelner Länder an schwefelsaurem Ammoniak unterrichtet gleichfalls die Tabelle 3. Auch hier sind die zunächst als Unterlagen dienenden römischen Zahlen beträchtlich ergänzt. Der Hauptverbraucher an schwefelsaurem Ammoniak und synthetischem Stickstoffdünger ist Deutschland, das mit einem Verbrauch von ca. 1,9 Mill. t von keinem anderen Lande erreicht wird. Ihm folgen die Vereinigten Staaten mit einem Gesamtverbrauch von über 600000 t 1928, Japan (656000 t), Frankreich (400000 t), Holland und Belgien (je 209000 t). Als Stickstoffdünger spielen ferner der Guano und das Knochenmehl eine bescheidene Rolle. Die Gunaoerzeugung beträgt gegenwärtig nur 181000 t, von dem allein in Peru selbst 100000 t zum Verbrauch gelangen.

4. Der Verbrauch einzelner Länder an den wichtigsten Phosphorsäuredüngern (Superphosphat und Thomasmehl) 1913, 1925—1928.

Über Welterzeugung und Weltverbrauch der wichtigsten Phosphorsäuredünger, Superphosphat und Thomasmehl, unterrichten die Tabellen 5—9 und die Abb. 5—8.

Neben den alteingeführten Superphosphat und Thomasmehl spielen als Phosphorsäuredünger neuerdings das Rhenaniaphosphat eine gewisse Rolle, ferner Knochenmehl und Guano. Knochenmehl wird namentlich in Britisch-Indien, China und Argentinien sowie in anderen tropischen Ländern verwandt in einer Menge von 260000 t. Über den Verbrauch verschiedener Länder an Superphosphat berichtet die Tabelle 7. Auch hier mußten die Angaben des

Tabelle 5. Welterzeugung der wichtigsten Phosphorsäuredünger (Superphosphat und Thomasmehl) in 1000 t (je 1000 kg) 1913, 1925—1928.

	1913	1925	1926	1927	1928
a) Superphosphat[1]:					
Deutschland	1819	692	696	751	750
Österreich	385	13	27	44	46
Belgien	450	409	382	350	350
Dänemark	85	225	275	265	240
Spanien	225	723	829	950	1160
Frankreich	1920	2381	2430	2215	2350
Großbritannien	820	547	517	519	507
Italien	973	1465	1585	1370	1047
Holland	302	572	593	631	645
Lettland	—	—	—	33	46
Griechenland	23	29	33	30	40
Polen	—	192	161	329	365
Portugal	—	100	120	145	182
Jugoslawien	—	47	56	67	76
Schweden	184	240	231	219	243
Schweiz	34	36	32	28	26
Tschechoslowakei	—	202	168	216	229
Nordafrika	—	120	154	160	172
Südafrika	1	74	82	76	87
Vereinigte Staaten von Amerika	3248	3498	3446	3356	4072
Japan	580	674	786	918	772
Australien	275	832	737	748	731
Neuseeland	—	140	200	240	190
Rumänien	2	—	10	18	23
Rußland	225	66	93	109	147
Finnland	—	24	22	24	46
Ungarn	—	70	79	134	126
Norwegen	—	10	13	13	16
Andere Länder	—	150	150	150	150
Summe:	11551	13531	13907	14108	14834
b) Thomasmehl[2]:					
Deutschland	2702	1315	1413	1714	1416
Belgien	655	546	723	887	956
Frankreich	730	1136	1224	1225	1475
Großbritannien und Irland	404	269	188	210	222
Luxemburg	250	463	528	540	607
Polen	164	21	72	23	33
Saargebiet	393	250	299	310	330
Schweden	8	7	12	10	—
Tschechoslowakei	130	138	126	145	155
Kanada	—	2	4	2	—
Vereinigte Staaten von Amerika	3	2	4	2	18
Summe:	5054[3]	4147	4589	5066	5206

[1] Angaben von A. N. GRAY von der Internat. Ver. d. Superphosphatfabrikanten, London (Superphosphate **1929**, 159, 214; **1930**, 94).
[2] Angaben des Annuaire des Internat. landw. Inst. Rom **1929**, 511.
[3] Summenzahlen des internat. landw. Institutes in Rom.

römischen Instituts in beträchtlichem Umfange ergänzt werden. Der Nachkriegsverbrauch an Superphosphat ist wesentlich höher als im letzten Friedensjahr 1913. In den letzten Jahren ist ein langsames Steigen des Superphosphatverbrauches zu beobachten. Das Hauptverbrauchsland für Superphosphat sind

Tabelle 6. Welterzeugung an Phosphorsäure (Superphosphat und Thomasmehl) in 1000 t (je 1000 kg) 1913, 1925–1928.

	1913	1925	1926	1927	1928
Superphosphat (18 % P_2O_5)	2079	2434	2503	2539	2670
Thomasmehl (16 % P_2O_5)	809	664	734	811	833
Summe:	2888	3098	3237	3350	3503

Tabelle 7. Weltverbrauch an den wichtigsten Phosphorsäuredüngern (Superphosphat und Thomasmehl) in 1000 t (je 1000 kg) 1913, 1925–28.

a) Superphosphat.

Länder	1913	1925	1926	1927	1928
Deutschland	1637	686	679	759	750
Österreich	—	43	56	52	49
Dänemark	199	141	154	73	99
Spanien	375	869	1030	1058	663
Finnland	—	50	78	64	78
Frankreich	1935	2174	2165	1954	2013
Großbritannien und Irland	696	478	484	491	453
Italien	1075	1460	1540	1228	1312
Litauen	—	52	61	68	69
Luxemburg	—	—	—	—	—
Norwegen	8	32	39	41	39
Polen	—	184	157	261	208
Schweden	152	168	189	189	—
Tschechoslowakei	—	210	206	229	249
Kanada	—	57	70	80	91
Vereinigte Staaten von Amerika .	—	3221	3208	3127	—
Ceylon	3	4	5	6	6
Japan	—	636	751	894	—
Ägypten	—	56	37	44	39
Tunis	—	46	48	48	54
Neuseeland	—	—	—	120	173
Summe:	6080	10567	10957	10786	6345

Vorstehende Angaben sind Zahlen des Internat. landw. Inst. Rom.

Ergänzungen nach AEBY:

Vereinigte Staaten von Amerika .	—	—	—	—	4072
Belgien	207	206	131	145	117
Holland	264	283	289	246	261
Japan	—	—	—	—	871
Polen	388	—	—	—	—
Jugoslawien	19	29	42	48	74
Tschechoslowakei	190	—	30	—	11
Schweden	—	—	—	1	190
Großbritannien	60	123	202	179	220
Dänemark	11	235	285	306	263
Schweiz	32	29	38	31	33
Berichtigte Gesamtverbrauchsziffer:	7251	11472	11974	11742	12457

Tabelle 8. Weltverbrauch an den wichtigsten Phosphorsäuredüngern (Superphosphat und Thomasmehl) in 1000 t (je 1000 kg) 1913, 1925—28[1].

b) Thomasmehl.

Länder	1913	1925	1926	1927	1928
Deutschland	2419	2055	2055	2324	2467
Österreich	—	32	35	44	63
Dänemark	9	14	9	14	—
Spanien	—	18	19	15	10
Finnland	—	14	20	49	47
Frankreich	417	653	701	620	737
Großbritannien und Irland	313	279	216	204	309
Italien	125	30	68	94	105
Litauen	—	—	9	13	16
Luxemburg	23	19	23	—	—
Norwegen	34	20	15	12	21
Polen	—	124	139	164	277
Schweden	38	8	16	14	—
Schweiz	56	87	107	126	—
Tschechoslowakei	—	124	128	131	178
Kanada	—	8	10	8	8
Ceylon	6	3	3	3	3
Algier	—	4	5	6	6
Neuseeland	—	—	—	39	41
Summe:	3440	3492	3578	3880	4288
Ergänzungen nach AEBY:					
Belgien	223	293	272	293	275
Dänemark	—	—	—	—	13
Spanien	12	—	—	—	3
Frankreich	—	10	—	—	—
Großbritannien	—	—	—	36	43
Holland	240	278	353	411	442
Polen	462	—	—	1	13
Tschechoslowakei	100	1	—	—	—
Jugoslawien	1	1	1	2	2
Summe:	4478	4075	4204	4623	5079
Abstriche:					
Spanien	—	6	11	2	—
Frankreich	—	53	—	—	2
Großbritannien	24	13	—	—	—
Italien	5	15	—	—	5
Polen	—	21	82	34	—
Tschechoslowakei	—	—	16	—	—
Summe der Abstriche:	29	108	109	36	7
Berichtigte Gesamtverbrauchsziffer:	4449	3967	4095	4587	5072
Superphosphat- und Thomasmehl-Verbrauch zusammen	11700	15439	16069	16329	17529

Tabelle 9. Weltverbrauch an Phosphorsäure (Superphosphat und Thomasmehl in 1000 t (je 1000 kg) 1913, 1925—28.

Phosphorsäure (Quellen wie bei Tabelle 8 und 9).

	1913	1925	1926	1927	1928
a) Superphosphatverbrauch an P_2O_5	1305	2065	2155	2134	2242
b) Thomasmehlverbrauch an P_2O_5	712	635	655	734	812
Verbrauch an Superphosphat und Thomasmehl zusammen	2017	2700	2810	2868	3054

[1] Nach Angaben des Internat. landw. Inst. Rom.

die Vereinigten Staaten von Amerika, die 1928 4 Mill. t verbrauchten. Es folgen Frankreich, Italien, Japan, Großbritannien, Dänemark, Holland, Belgien und

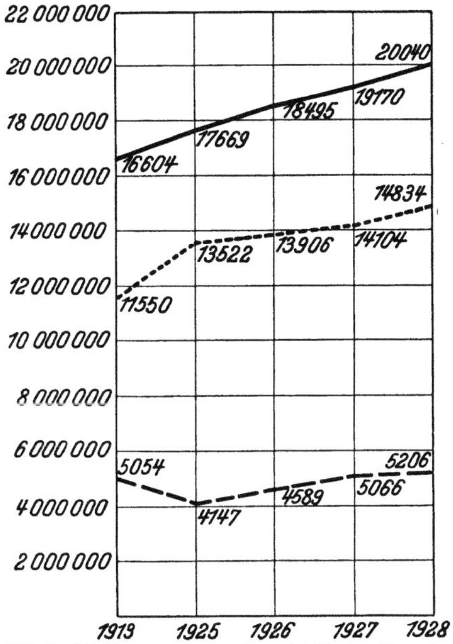

Abb. 5. Welterzeugung an den wichtigsten Phosphorsäuredüngern (Superphosphat und Thomasmehl) in Tonnen (1000 kg) 1913, 1925—1928.

——— Super u. Thom. ··········· Superphosphat. — — — — Thomasmehl.

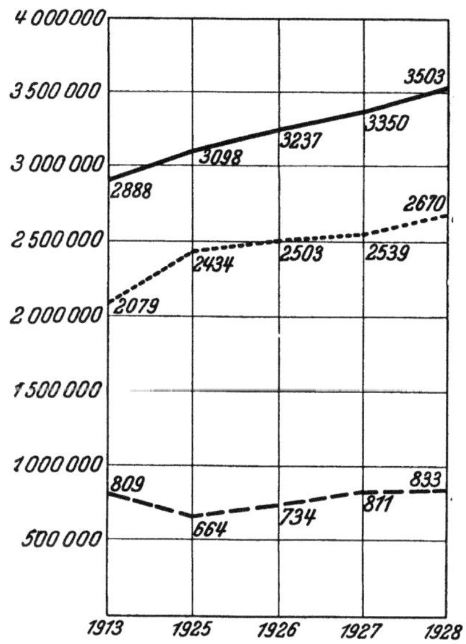

Abb. 6. Welterzeugung an Phosphorsäure in den wichtigsten Phosphorsäuredüngemitteln (Superphosphat u. Thomasmehl) in Tonnen (1000 kg) 1913, 1925—1928.

——— Super u. Thom. ··········· Superphosphat. — — — — Thomasmehl.

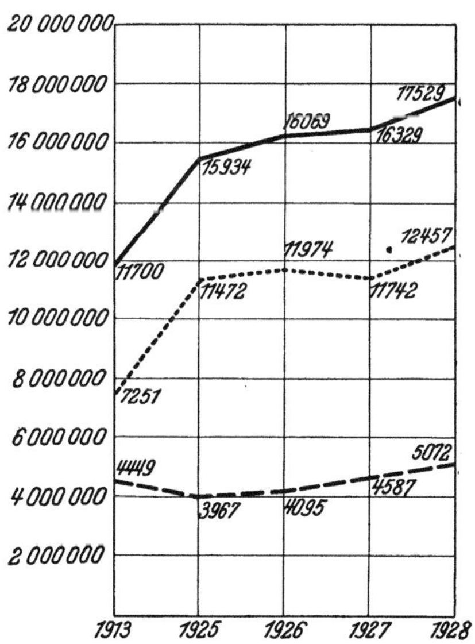

Abb. 7. Weltverbrauch an den wichtigsten Phosphorsäuredüngern (Superphosphat und Thomasmehl) in Tonnen (1000 kg) 1913, 1925—1928.

——— Super u. Thom. ··········· Superphosphat. — — — — Thomasmehl.

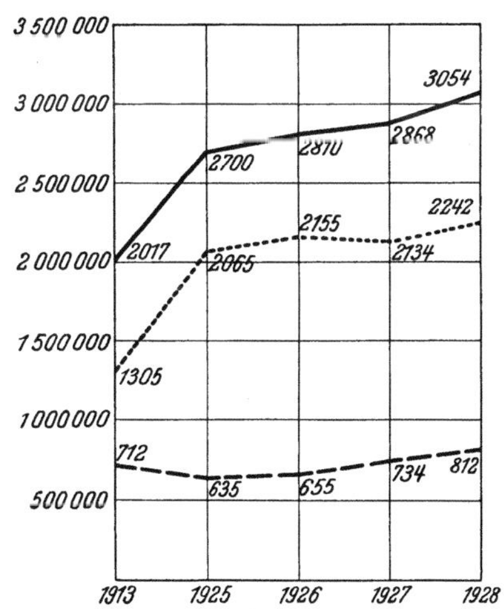

Abb. 8. Weltverbrauch an Phosphorsäure in den wichtigsten Phosphorsäuredüngemitteln (Superphosphat u. Thomasmehl) in Tonnen (1000 kg) 1913, 1925—1928.

——— Super u. Thom. ··········· Superphosphat. — — — — Thomasmehl.

Schweden. Im Verbrauch von Thomasmehl steht wieder, wie die Tabelle 8 zeigt, Deutschland an der Spitze, dem Frankreich, Holland, Großbritannien

Polen und Belgien folgen. Auch bei den Zahlen dieser Tabelle mußten die Angaben des römischen Institutes erheblich ergänzt, z. T. gekürzt werden.

5. Der Verbrauch einzelner Länder an Kalisalzen (Abb. 9).

Wie beim synthetischen Stickstoff, so steht auch hinsichtlich des Verbrauches der Kalisalze, wie die Tabelle 10 zeigt, Deutschland an der Spitze. Es folgen

Tabelle 10. Weltverbrauch an Kalisalzen in 1000 t (je 1000 kg) K_2O*.

Länder	1913	1925	1926	1927	1928
Deutschland	536	699	619	684	744
Österreich	—	19	17	18	23
Dänemark	26	47	55	41	47
Finnland	10	25	35	37	38
Frankreich	33	112	151	147	190
Großbritannien	—	160	169	176	159
Italien	10	21	20	13	25
Litauen	—	5	8	9	9
Luxemburg	—	—	—	—	—
Norwegen	4	8	8	7	8
Polen	—	243	220	340	—
Schweiz	15	21	20	23	23
Tschechoslowakei	—	25	23	26	33
Kanada	—	13	14	18	22
Vereinigte Staaten von Amerika	232	240	246	232	312
Ceylon	—	14	16	16	15
Japan	—	18	21	24	—
Algier	—	9	10	13	13
Summe:	866	1679	1652	1804	1661
Ergänzungen nach AEBY:					
Belgien	13	48	36	40	43
Spanien	7	10	10	14	16
Frankreich	9	—	—	14	2
Großbritannien	24	—	—	—	—
Holland	61	85	83	89	94
Italien	2	5	—	1	—
Japan	—	—	—	—	34
Polen	93	—	—	—	102
Portugal	1	—	1	1	1
Schweden	19	35	29	28	32
Tschechoslowakei	16	10	6	2	—
Jugoslawien	—	—	—	1	1
Summe:	1111	1872	1817	1994	1986
Abstriche infolge uneinheitlicher Angaben von Rom:					
Dänemark	19	30	35	27	40
Finnland	7	16	25	22	26
Großbritannien	—	113	124	132	106
Österreich	—	12	9	11	16
Italien	—	—	—	—	4
Japan	6	4	2	—	—
Polen	—	199	176	177	—
Algerien	—	5	6	6	6
Schweiz	10	14	13	16	15
Summe:	1069	1489	1427	1603	1773

* Nach Angaben des Internat. landw. Inst. Rom und von Dr. AEBY: Z. Mercuriales agricoles Paris **1930**, Nr 2.

Tabelle 11. Welterzeugung an Kalisalzen in 1000 t (je 1000 kg) K_2O*.

	1913	1925	1926	1927	1928
Deutschland	1328	1573	1260	1518	1691
Frankreich	58**	311	367	372	411
Polen	—	36	39	47	58
Vereinigte Staaten von Amerika .	—	23	21	39	54
Britisch-Indien	15	7	5	6	5
Summe:	1343	1959	1692	1982	2219
Angaben nach LAMBERT	1127	1564	1539	1718	1977

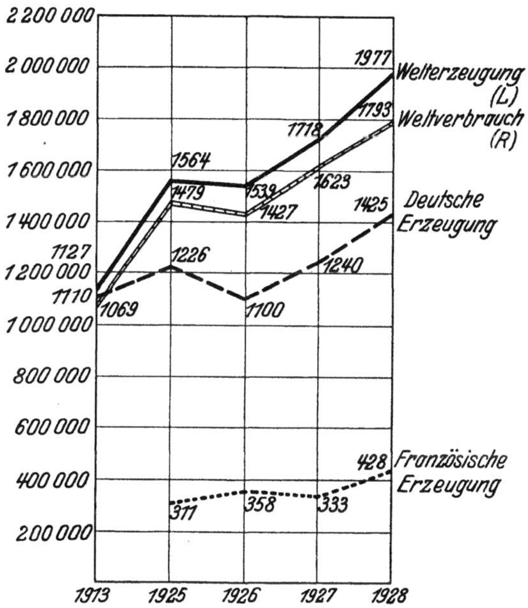

Abb. 9. Welterzeugung und landwirtsch. Weltverbrauch an Kalisalzen in Tonnen (1000 kg) K_2O 1913, 1925—1928.

die Vereinigten Staaten von Amerika, Frankreich, Polen, Holland, Belgien, Japan, Dänemark, Tschechoslowakei, Italien, Finnland. Auch bei dieser Tabelle waren die römischen Angaben durch Zahlen von AEBY zu ergänzen, z. T., wenn die Angaben sich auf Salze bezogen, für den Bezug auf K_2O um entsprechende Beträge zu kürzen. Insgesamt gibt eine Zusammenstellung über den Verbrauch an künstlichen Düngemitteln in einzelnen Ländern das Ergebnis, daß hinsichtlich der Anwendung künstlicher Düngemittel neben einzelnen fortgeschrittenen Ländern, wie Holland, Belgien, Dänemark und Deutschland, die meisten Länder noch außerordentlich rückständig sind. Das ergibt sich besonders deutlich aus den Abb. 10 und 11, aus denen zu ersehen ist, welche Mengen an Stickstoff, Phosphorsäure und Kali die einzelnen Länder einzeln oder insgesamt verbrauchen.

6. Verbrauch an Stickstoff, Phosphorsäure und Kali je Hektar landwirtschaftlicher Nutzfläche.

Über den Verbrauch an Stickstoff, Phosphorsäure und Kali je Hektar landwirtschaftlicher Nutzfläche unterrichten die Tabelle 12 und die Abb. 12 und 13.

Die landwirtschaftlichen Nutzflächen beziehen sich im allgemeinen auf Ackerland, Wiesen und Weiden, nur bei den Vereinigten Staaten von Amerika, bei Kanada, Schweden, Norwegen, Italien und Spanien nur auf das Ackerland, da hier nur ein geringer Anteil des angewandten Kunstdüngers auf Wiesen und Weiden entfällt. Infolge dieser Auslassung von Wiesen und Weiden bei den Vereinigten Staaten, Kanada, Norwegen, Schweden, Italien und Spanien rücken diese Länder natürlich in der Reihenfolge etwas hinauf, sind in dieser Darstellung

* Angaben des Internat. landw. Inst. Rom, Annuaire **1929**, 513.
** In die deutsche Produktion einbezogen.

Tabelle 12. Verbrauch von Stickstoff, Phosphorsäure und Kali je Hektar landwirtschaftliche Nutzfläche.

Länder (Landwirtschaftliche Nutzfläche in Mill. ha)	N					P_2O_5					K_2O				
	1913	1925	1926	1927	1928	1913	1925	1926	1927	1928	1913	1925	1926	1927	1928
Deutschland (29,7)	7,2	10,0	11,5	13,6	13,9	23,0	14,0	14,0	15,9	16,7	18,0	23,5	20,8	23,7	26,2
Österreich (4,3)	—	0,5	0,5	0,6	1,0	—	3,0	3,6	3,7	4,3	1,1	4,4	4,0	4,0	5,4
Holland (2,3)	7,1	16,5	20,5	21,6	26,3	37,8	42,0	44,0	48,5	52,2	19,1	35,8	38,4	39,6	41,4
Belgien (2,4)	16,0	19,7	18,7	19,8	19,3	19,2	33,7	31,2	33,7	34,5	5,4	14,3	15,9	17,5	20,5
Frankreich (35,0)	2,0	3,1	3,0	3,4	4,0	12,1	14,1	14,3	13,0	14,1	0,9	3,5	4,0	3,8	5,0
[1]Spanien (16,0)	1,2	2,9	3,0	2,3	2,3	4,0	9,9	11,7	12,3	8,0	0,4	1,6	1,6	2,3	2,0
[1]Italien (13,1)	1,3	2,4	2,7	2,8	3,8	16,3	22,6	22,0	18,0	19,3	0,5	1,6	1,5	0,9	1,9
Schweiz (2,3)	3,0	3,1	3,8	3,3	3,6	6,6	6,0	7,3	9,0	9,0	1,0	1,9	1,4	2,0	2,1
Finnland (3,4)	0,2	0,4	0,5	0,6	0,7	2,7	5,1	5,1	6,0	6,4	0,6	2,4	3,4	3,6	3,7
[1]Schweden	0,9	1,7	1,8	2,1	2,1	5,1	4,8	5,6	6,4	6,4	3,0	4,4	4,3	4,2	4,7
[1]Norwegen	0,4	1,7	1,6	1,5	1,8	4,0	5,1	5,3	5,2	6,0	2,0	5,5	5,3	5,1	5,5
Großbritannien und Irland	2,3	2,0	1,8	2,1	2,2	7,2	7,1	7,0	7,0	7,2	1,5	2,0	2,1	2,2	2,0
Dänemark	1,8	8,0	7,2	7,8	8,7	11,1	21,0	24,0	21,2	20,2	2,2	5,3	6,5	4,8	5,5
Polen	—	1,1	0,8	1,2	1,4	—	2,1	2,0	3,1	3,3	—	2,0	2,3	2,9	2,9
Tschechoslowakei	—	2,2	2,0	2,5	4,3	—	6,7	6,4	7,2	8,5	—	2,8	3,2	3,3	3,8
[1]U. S. Amerika	1,0	2,1	1,8	1,6	2,1	3,8	4,1	4,0	4,0	5,6	1,6	1,7	1,6	1,6	2.2
[1]Kanada	—	0,08	0,1	0,1	0,2	—	0,4	0,6	0,6	0,7	—	0,5	0,6	0,6	0,9
Japan	3,8	9,0	11,6	12,0	19,2	—	14,6	17,2	20,5	18,8	—	1,3	2,1	3,0	4,3
Ägypten	0,3	1,3	1,3	1,2	1,6	0,8	0,4	0,3	0,3	0,3	—	—	—	—	—
Algier	0,1	0,1	0,1	0,2	0,2	0,1	0,1	0,1	0,1	0 1	—	0,3	0,5	0,6	0,6
Ceylon	0,4	1,4	1,9	2,7	2,4	1,0	0,7	1,2	1,1	1,0	—	2,8	3,4	3,4	3,2

[1] Landwirtschaftliche Nutzfläche ohne Wiesen und Weiden.

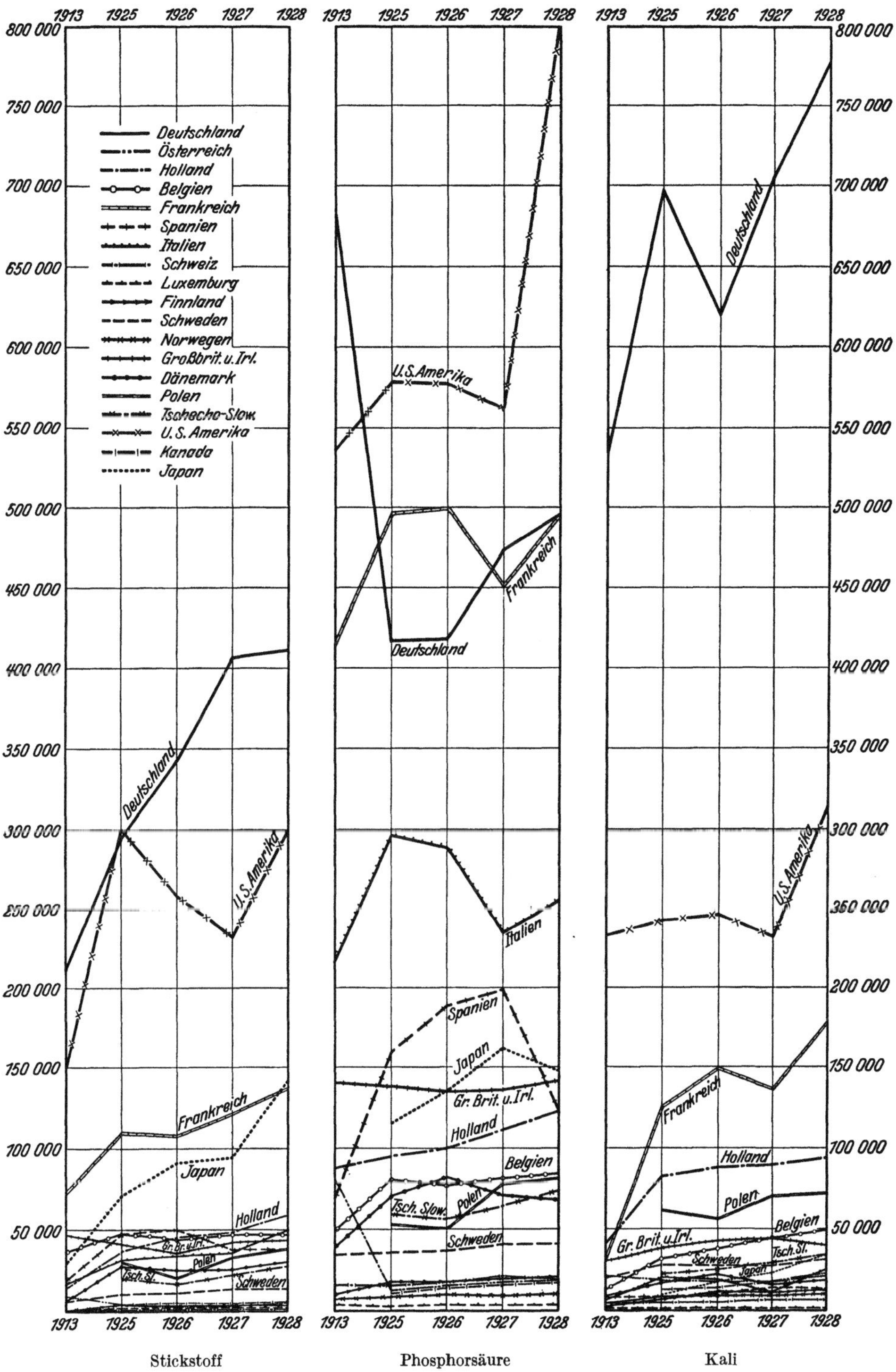

Abb. 10. Gesamtverbrauch an künstlichen Düngemitteln der einzelnen Länder in Tonnen.

gegenüber den anderen Ländern, bei denen Wiesen und Weiden miteinbezogen wurden, bevorzugt.

An der Spitze aller Länder steht demnach auch 1928 im Kunstdüngerverbrauch das landwirtschaftliche Rekordland: die Niederlande. Es folgen in weitem Abstande Belgien, Deutschland, Japan. Diese haben sämtlich 1928 eine ganz erhebliche Zunahme am Gesamtverbrauch NPK je Hektar landwirtschaftlicher Nutzfläche gegenüber 1927 aufzuweisen. Dasselbe gilt für Frankreich, Ägypten, Österreich und die Vereinigten Staaten von Amerika. Die übrigen Länder haben eine schwache Zunahme zu verzeichnen oder ziemlich den gleichen Verbrauchsstand von 1927.

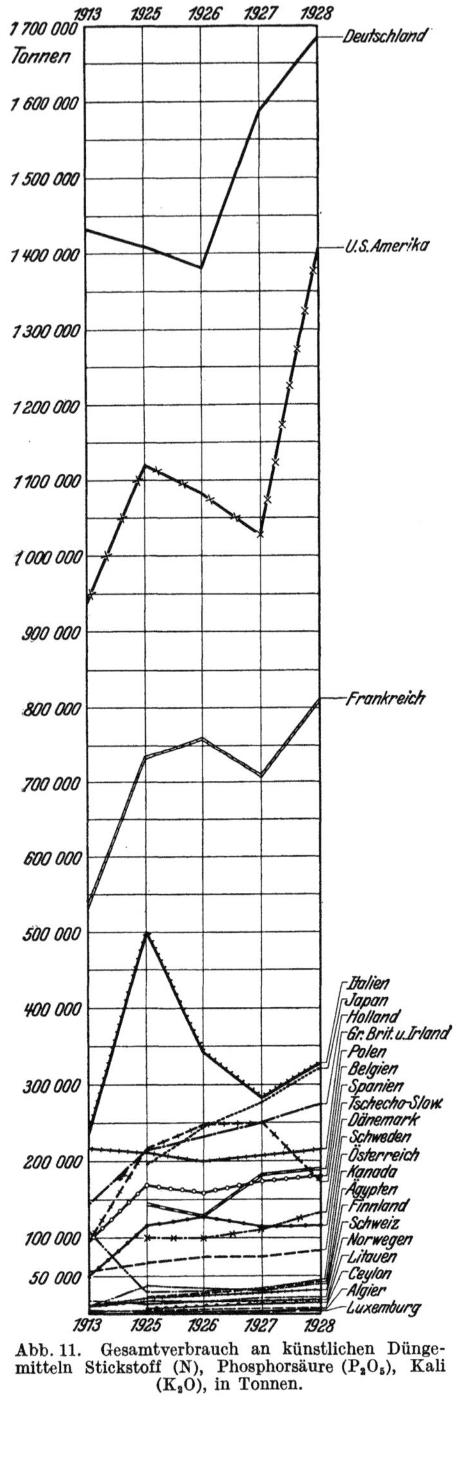

Abb. 11. Gesamtverbrauch an künstlichen Düngemitteln Stickstoff (N), Phosphorsäure (P_2O_5), Kali (K_2O), in Tonnen.

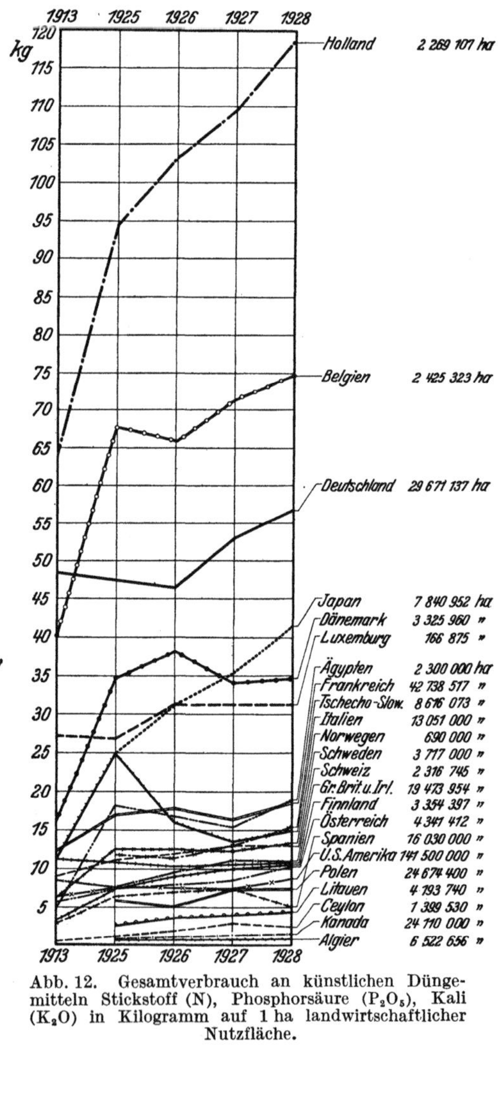

Abb. 12. Gesamtverbrauch an künstlichen Düngemitteln Stickstoff (N), Phosphorsäure (P_2O_5), Kali (K_2O) in Kilogramm auf 1 ha landwirtschaftlicher Nutzfläche.

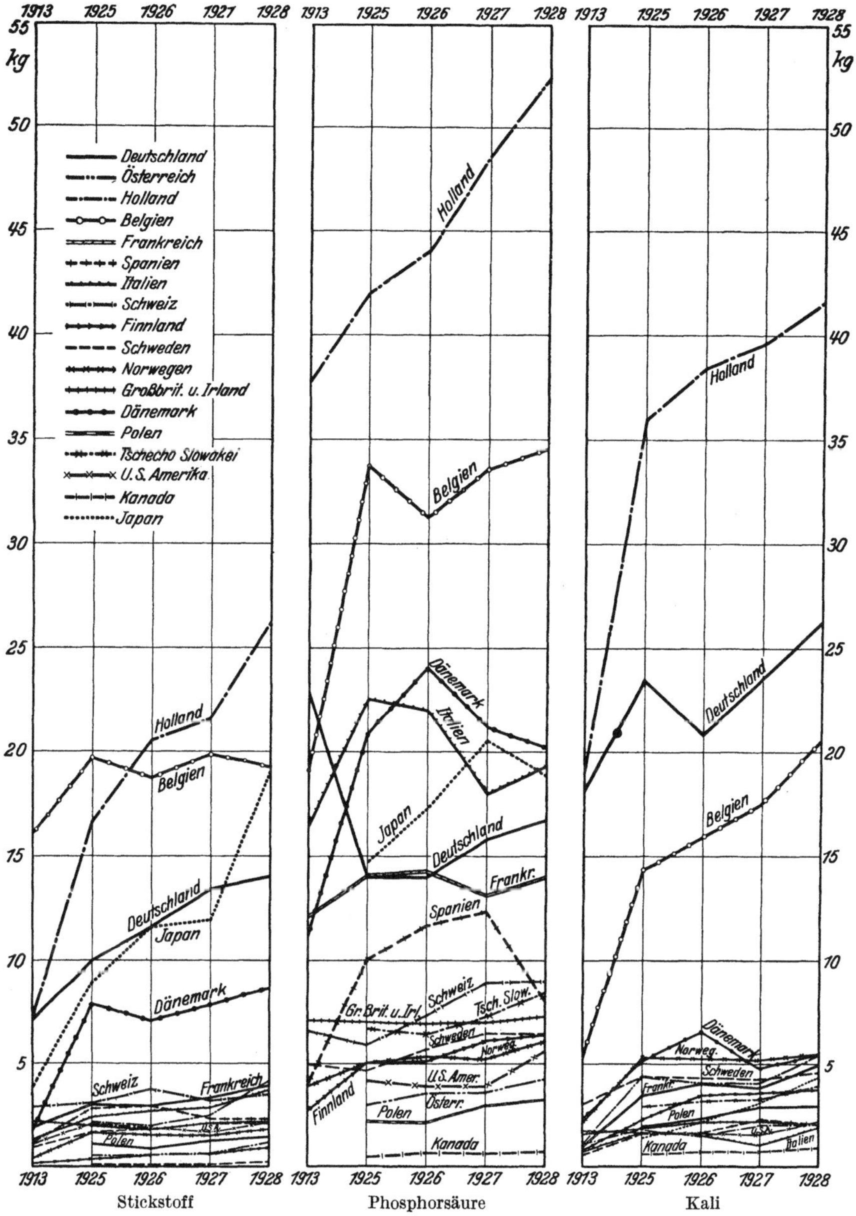

Abb. 13. Gesamtverbrauch an künstlichen Düngemitteln in Kilogramm auf 1 ha landwirtschaftlicher Nutzfläche.

Literatur.

AEBY: La marche ascendante de l'Azote. Les mercuriales agricoles Paris **1930**, Nr 2. Internat. landw. Inst. Rom, Ann. internat. statist. agricole **1928/29**.

KRISCHE, P.: Der Verbrauch an künstlichen Düngemitteln einzelner Länder. 1913, 1927/28. Ernährg d. Pflanze **1930**, Nr **9**, **13**, **19**.

LAMBERT: Annuaire statistique des engrais et produits chimiques, 8. u. 9. Ausg. Paris.

PASSON: Kleines Handwörterbuch der Agrikulturchemie. Leipzig: Engelmann 1910.

— PAWLOWSKI: Geschichte des Handelsdüngers. Jena 1896.

VOSS, H.: Peruvian Guano. London 1889.

II. Die Naturdünger.

Die natürlichen Düngemittel werden fast ausschließlich in der Landwirtschaft selbst erzeugt und gewonnen. Es gehören hierher der Gründung, die Fäkalien, der Kompost und vor allen Dingen Jauche und Stallmist. Die Wirtschaftsdünger enthalten die eigentlichen Pflanzennährstoffe wie Kali, Kalk, Phosphorsäure und Stickstoff in schwankenden und meist auch nur in geringen Mengen. Dagegen sind die Naturdünger, mit Ausnahme der Jauche, durch einen hohen Gehalt an organischen Stoffen gekennzeichnet. Diese bedingen die große Bedeutung und den hohen Wert der Naturdünger für den Acker- und Pflanzenbau. Die durch die Wirtschaftsdünger dem Boden zugeführte organische Substanz unterliegt hier rasch einer Anzahl von z. T. weitgehenden Veränderungen. Es tritt hierdurch eine ganze Kette von Reaktionen und Umsetzungen ein, die durch ihre Beeinflussung der biologischen, chemischen und physikalischen Bodenverhältnisse die Fruchtbarkeit des Bodens und seine Ertragsfähigkeit wesentlich mit bedingen.

1. Die Bedeutung der organischen Substanz und Umsetzung derselben im Boden.

Von

Dr. Hugo Fischer

Berlin-Steglitz.

Die organischen Stoffe im Boden wirken, und zwar den Pflanzenwuchs und seine Erträge fördernd, in mehrerlei Weise, erstens durch ihr *Vorhandensein* im Boden und zweitens durch die Art ihrer *Zersetzung* und ihres Verschwindens aus dem Boden. Beide Gesichtspunkte werden in den folgenden Ausführungen des näheren zu erörtern sein. Es sei aber schon hier auf das Endergebnis hingewiesen:

Wenn die organische Substanz im Boden fördernd wirkt durch ihr Vorhandensein, anderseits aber auch ihre langsame Zerstörung die Ernteerträge vermehrt, dann ist um so stärker die praktische Mahnung zu betonen, daß man den Kulturboden *niemals* an organischen Stoffen *verarmen* lassen soll. Es wird dies aber in Äckern, Wiesen und Gärten notwendig geschehen, weil das Schwinden der organischen Substanz erstens ganz natürlich ist und zweitens der Pflanzenanbau gar kein Interesse daran haben kann, diese Zersetzungsvorgänge verhindern zu wollen.

I. Die organische Substanz im Boden, als ruhend betrachtet.

Was der Natur- wie auch der Kulturboden an organischer Substanz enthält, bezeichnet man kurzweg als „*Humus*“ (lat. humus = der Boden überhaupt). Es ist nicht dasselbe, wie die „Humusstoffe“ oder „Humussäuren“ des Chemikers. Vielmehr versteht man in der Feld-, Garten- und Waldkultur unter „Humus“ — „Humusstoffen“ — „Humuskörpern“ *alle* jene meist aus Pflanzenteilen, z. T. auch aus tierischen Resten herstammenden Stoffe organischer Natur, die im Zustand biologisch-chemischer Umwandlung befindlich, den *Übergang* darstellen zwischen dem ursprünglichen, am Aufbau eines lebenden Körpers beteiligt gewesenen Stoff und der endgültigen Zersetzung, deren Endergebnis *Kohlensäure*, *Ammoniak* und andere einfachste Verbindungen sind. Hierzu aber müssen alle jene Stoffe abgebaut werden, wenn sie den Kulturpflanzen wieder zur

Nahrung dienen sollen. Für die praktische Ernährung grüner Pflanzen kommen höher zusammengesetzte Verbindungen überhaupt nicht in Frage.

Bevor der Humus in solcher Weise aus dem Boden verschwindet, hat er aber daselbst noch wichtige Aufgaben zu erfüllen. Deren wichtigste beruht auf seiner „*Kolloidität*", zu deutsch etwa „Quellbarkeit". Dieses letztere Wort ist darum nicht so ganz bezeichnend, weil „Quellung", die in Wasseraufnahme besteht, ja immer erst eintreten kann, wenn zuvor Wasserverlust stattgefunden hat. Die kolloidale Eigenschaft ist aber jenen Naturkörpern von vornherein innewohnend und bei ihrer Entstehung sind sie stets mit Wasser durchtränkt. Schrumpfen und Wiederaufquellen tritt nur bedingungsweise ein, d. h. als Wirkung äußerer Ursache.

Trotz des soeben dicsen Bedenkens haben wir für die Körperklasse der „Kolloide" (vom lat. collum = der Leim) keine bessere Verdeutschung als eben „Quellstoffe". Von ihrer Bedeutung und ihrem Wesen wird hier einiges gesagt werden müssen. Zuvor jedoch das eine: für die Bodenlehre haben sie insofern Interesse, als zwei der wichtigsten Bodenbestandteile kolloider Natur sind, nämlich: die *Ton-* und die *Humus*teilchen. Jene sind die anorganischen oder mineralischen, diese die organischen Bodenkolloide. Zusammen mit dem wesentlich aus Quarzkörnern bestehenden Sand bilden sie, in wechselndem Gemisch, die Hauptmasse der sehr vielerlei Arten von Kulturböden.

Das Wesentlichste an diesen Kolloiden ist ihr eigenartiges Verhalten gegen Wasser, worin auch der hauptsächlichste Grund für unser Interesse an den Bodenkolloiden als solchen liegt. Bringt man eine Probe irgendeiner körnigen Substanz in Wasser, oder aber befeuchtet man eine solche mit Wasser, so können drei verschiedene Arten des Verhaltens sich zeigen: entweder ist der Stoff, wie etwa Kochsalz, in Wasser löslich, oder er ist, wie Quarzsand, unlöslich und wird vom Wasser *nur äußerlich benetzt* oder aber, es dringt in die Körner etwa von Kartoffelstärke etwas von dem Wasser hinein.

Dieser dritte Fall, die Aufnahme von Wasser in die Substanz selbst (sofern sie vorher trocken war), macht nun das *Wesen der Kolloide* aus. Weil dieses Einsaugen von Wasser stets mit einer Vergrößerung des Rauminhaltes verbunden ist, mit einem sichtbaren Aufschwellen, deswegen dürfen wir die Kolloide auch als „Quellstoffe" bezeichnen. Dabei machen wir aber noch eine zweite wichtige Beobachtung: die trockene Kolloidmasse ist hart und spröde, nach dem Aufquellen finden wir sie weich, biegsam, plastisch, ja sie kann, z. B. beim Einwässern von Gummi arabicum, langsam in den gelösten Zustand übergehen (dieser Vorgang wird durch Erwärmen beschleunigt).

In den letzten 20—30 Jahren ist viel über Kolloide gearbeitet worden, namentlich über die *künstlich* erzeugten „kolloiden Lösungen". In solche hat man verschiedene Metalle, aber auch Metallsalze u. a. umwandeln können, und daraus geschlossen, es gebe überhaupt keine eigene Körperklasse der Kolloide, sondern nur einen „kolloiden Zustand", in den (theoretisch) jede Substanz übergeführt werden könne. Das trifft aber für diejenigen Kolloide, welche nahezu ausschließlich die Tier- und die Pflanzenkörper aufbauen, durchaus nicht zu. Alle diese Stoffe, die verschiedenen Zellwandstoffe, die Eiweißkörper u. a. sind *ihrem Wesen nach* von kolloider Beschaffenheit. Sie *existieren gar nicht* in einem *zweiten*, nichtkolloiden Zustand.

Wesentlich für unsere Zwecke ist nun die Art, *wie* in den kolloiden Körpern das Wasser gebunden wird bzw. wie es in jene eindringt, wenn sie zuvor ihr Wasser verloren hatten. Die Bindung des Wassers ist nämlich in dem Kolloid eine wesentlich *andere*, als etwa in einer durchnäßten Sandmasse, in der das Wasser nur die Hohlräumchen zwischen den Sandkörnern ausfüllt, diese aber *nur äußerlich* benetzt.

Denn das ist ja das ebenso Theoretisch-Wichtige wie Praktisch-Bedeutsame an ihnen, daß sie das eingesogene Wasser in anderer Form in sich bergen und darum *fester halten* als etwa durchfeuchteter Sand. Zwar wollte eine vor jetzt rund 80 Jahren von C. NÄGELI ausgearbeitete Hypothese auch das Quellungs- oder „Imbibitions"-Wasser in ganz ähnlicher, nur dem Grade nach verschiedener Weise gebunden erklären, sowohl im gequollenen Kolloid wie im durchfeuchteten Sand. Hiernach sollte die quellbare Substanz aus äußerst winzigen, jenseits aller, auch der mikroskopischen Sichtbarkeit liegenden Körperchen von krystallinischer Gestalt und Natur bestehen, den sog. „Micellen". Diese sollten im trockenen, also geschrumpften Zustande sich innigst und lückenlos berühren. Trete Wasser an sie heran, so würde ihre Kohäsion teilweise aufgehoben durch die Kraft der Adhäsion, einer Art „Anziehungskraft" der Micelloberflächen für das Wasser. Dadurch würden diese winzigsten Teilchen auseinandergedrängt, was sowohl das Aufschwellen wie auch das Weichwerden in Wasser gebrachter Quellstoffe erklären sollte.

Für diese Hypothese ist zwar niemals ein Beweis erbracht worden. Nur daß sie geistreich ausgedacht war, konnte man von ihr rühmen. Doch galt sie bis in die neueste Zeit für unantastbar, und Kritik an ihr zu üben für verwerflich. Sie steht jedoch mit leicht zu beobachtenden Tatsachen in so vollendetem Widerspruch, daß sie nicht länger mehr aufrechterhalten werden kann. Es kann hier nicht auf alle die deutlichen Gegenbeweise eingegangen werden, welche die Micellenlehre zwingend widerlegen. Nur auf einen Punkt sei hier hingewiesen:

Es gibt „semipermeable", zu deutsch „halbdurchlässige" Häute oder Membranen, so das „Plasmahäutchen", durch das sich die lebende Substanz jeder Zelle nach außen hin abgrenzt, ferner die Schalen von Pflanzensamen, dann auch Schweinsblase, Pergamentpapier u. a. Durch solche Membranen dringt Wasser ziemlich leicht hindurch, auch in Wasser gelöste Substanz, etwa Salze oder Zucker, aber viel langsamer als das Wasser selbst. Diese Verzögerung kann so groß werden, daß die Membran praktisch undurchlässig wird, weil der Durchtritt der gelösten Substanz „unendlich langsam" sich abspielt.

Nun sind alle diese Membranen von kolloider Natur und nur im gequollenen Zustand überhaupt durchlässig. Wir wissen aber von allen bekannten Kolloiden, daß ihre letzten Einheiten, die „Molekeln", viele Male größer sind als die von Salzen oder einfachen Zuckerarten. Im gequollenen Zustand enthalten aber jene Häute rund ebensoviel, wenn nicht mehr an Wasser als an Trockensubstanz. Es müßten also zwischen den Micellen dieser Kolloidstoffe etwa ebenso breite Wasserkanälchen bestehen, und es wäre gar nicht vorzustellen, warum nun die viel kleineren Molekeln (oder Ionen) von Salz oder Zucker nicht diese breiten Kanälchen ganz bequem und ohne Hemmung sollten durchschwimmen können.

Es ließe sich noch weit mehr gegen jene Hypothese sagen, nach welcher die Quellstoffe, im gequollenen Zustand natürlich, aus zwei „Phasen" bestehen sollten, den Teilchen der festen Substanz und dem Quellungswasser, die sich nur äußerlich berühren und sich anziehen, sonst aber nichts miteinander zu tun haben sollten. Das Verhältnis Kolloid : Wasser muß notwendig ein *anderes* sein, jeder Quellstoff muß aufs Allerinnigste, bis in seine kleinsten Teilchen hinein, vom Wasser durchdrungen werden. Das von Wasser durchtränkte Kolloid (im ‚*Gel*-Zustand") ist ein neuer Körper geworden, dessen Eigenschaften sowohl von der Art seiner Trockensubstanz wie auch vom Wasser beeinflußt werden, und der deshalb auch manche wesentliche *Eigenschaft einer Flüssigkeit* hat, selbst wenn er dem Auge sich als geformter Körper darstellt.

Weil nun das Wasser nicht nur, wie zwischen Sandkörnern, an Oberflächen festgehalten wird, sondern in den kleinsten Teilchen der Substanz innen drinsteckt, deswegen wird das Wasser in ihnen viel besser festgehalten als da, wo es nur Oberflächen benetzt. Hierauf beruht es, daß ein Boden, der Kolloide, also Ton oder Humus, enthält, sich günstiger in seiner „Wasserwirtschaft" stellt als allzu reiner Quarzsand. Dieser gibt eben sein Wasser viel leichter ab als jene Quellstoffe das ihre.

Zwar sollen uns die anorganischen Bodenkolloide, also Tonerde, kieselsaure Tonerde, kolloide Kieselsäure hier nicht näher beschäftigen. Nur auf einen Punkt sei noch in Kürze hingewiesen, der eng mit der Kolloidtheorie zusammenhängt. Alle Wasserläufe und Wasserbecken ruhen nur zum kleinsten Teil auf massivfelsigem Untergrund, die große Mehrzahl ist nach unten durch Tonschlamm abgedichtet. Solcher ist von einer gewissen Dicke an für Wasser praktisch undurchlässig. Das könnte aber nicht der Fall sein, wenn jedes Tonteilchen so, wie es jene Hypothese wollte, von „Micellar-Interstitien" durchzogen sein sollte, in welchen frei bewegliches Wasser sich befände. Näheres über Kolloide vgl. bei H. FISCHER (4).

Aus dem Gesagten geht nun aber deutlich hervor, daß und warum in jeder Art von Kulturboden die Kolloide unentbehrlich sind. Sie verbessern die in ganz reinem Sand allzu geringe, selbst im schwach-lehmigen Sand noch recht unbedeutende „Wasserhaltende Kraft" des Bodens. Schon rein mineralische, also wesentlich nur aus Quarzsand und Tonteilchen bestehende Böden zeigen die Tatsache, daß die Fähigkeit des Wasseraufsaugens und -festhaltens um so größer wird, je stärker die Tonbeimischung ist. Sie ist aber noch viel größer, wenn der Boden außerdem beträchtliche Mengen an *Humus* enthält, weil dessen Vermögen der Wasserspeicherung ein noch weit höheres ist als das des Tones. Humus in seiner reinsten Form, als „Hochmoortorf", kann das 10—20fache seines Gewichtes an Wasser aufsaugen, während für Ton diese Zahl zwischen 53 und 58% liegt. Hieraus ergibt sich ohne weiteres die selbstverständliche Forderung für die Landwirtschaft, nämlich den Boden durch regelmäßige neue Zufuhr *so humusreich als nur möglich* zu erhalten. Daß dies noch aus einem zweiten und noch *bedeutenderen* Grunde erforderlich ist, davon wird später noch die Rede sein. Aber auch die Wasserfrage ist schon von sehr weittragender Wichtigkeit. Denn wir müssen bedenken, daß viele Gegenden im Durchschnitt der Jahre bei weitem nicht so viele Niederschläge bekommen, als für Höchsternten notwendig wäre, und das bei vielfach *sehr leichten Böden*. Mindestens einmal im Sommer pflegt eine Trockenperiode einzutreten, in welcher der Mangel an Feuchtigkeit die Erträge mehr oder weniger herabsetzt. Hier *kann* die „Feldberegnung" helfen, aber sie ist lange nicht überall durchzuführen, und sie erhöht überall die Unkosten. Daß man auch durch planmäßige, der Art und der Zeit nach geeignete *Bodenbearbeitung* den Wasserhaushalt des Bodens verbessern kann, ist bekannt, steht aber hier nicht zur Erörterung. Es ist somit dringend auf die Wichtigkeit der *Bodenkolloide* für die Wasserwirtschaft des Bodens hinzuweisen. Wie man allzu leichte Böden durch Auffahren und Unterpflügen schweren Bodens verbessern kann, darauf hat wohl als erster M. GERLACH hingewiesen. Hält aber der Landwirt seinen Boden beständig auf der Höhe auch bezüglich des *Humus*gehaltes, so erreicht er damit zweierlei Ziele: er verbessert die wasserhaltende Kraft des Bodens, und er versorgt zugleich seine Pflanzen mittelbar mit ihrem wichtigsten Nährstoff, der Kohlensäure, die aus der Zersetzung der organischen Substanz frei werdend aufsteigt.

Wir müssen von der wasserhaltenden Kraft noch etwas erörtern, das fast von gleicher Wichtigkeit ist wie das Wasser selbst. Wie die Bodenkolloide Wasser ansaugen und festhalten, so geschieht es auch mit den löslichen Nährsalzen. Nur in löslicher Form sind die Stickstoff-, Kali-, Phosphor-, Kalk-,

Magnesia- und Eisenverbindungen den Pflanzenwurzeln zugänglich. Aus reinem Quarzsand würden also alle diese Nährstoffe, soweit sie eben in Lösung vorhanden sind, durch einen stärkeren Regenguß *herausgewaschen* werden und zwar restlos. Diesem Verlust wirken nun die Quellstoffe, der Ton und der Humus, entgegen und zwar in zweierlei Weise. Sie saugen nicht nur Wasser, sondern auch die gelösten Nährsalze an und schützen sie so vor der Auslaugung. Sie arbeiten dieser aber auch dadurch entgegen, daß sie das Durchsickern des Wassers verlangsamen oder, wenn dessen Menge nicht gar zu groß ist, ihm überhaupt Einhalt gebieten, so daß die Gefahr des Absinkens der Nährstoffe in größere Tiefen, bzw. deren Abganges mit dem Drain- oder dem Grundwasser, wesentlich verringert wird. Während somit diese „Absorption" durch die Bodenkolloide die Nährsalze dem Boden erhält, werden sie doch anderseits nicht so festgehalten, daß sie den bedürftigen Pflanzenwurzeln nicht doch leicht zugänglich wären. Daß und wie die Humuskörper auch in anderer Weise dahin wirken, dem Boden diese Pflanzennährstoffe zu erhalten, wird noch zu erörtern sein.

Da also diese beiden Klassen der Bodenkolloide, die Ton- und die Humusteilchen, die wasserhaltende Kraft des Bodens verbessern, sind sie auch wenigstens in dieser Hinsicht imstande, sich gegenseitig zu ergänzen und eines das andere teilweise (!) zu ersetzen. Daß in einem tonarmen, also unerwünscht leichten Boden die Humuskörper rascher, als angenehm ist, abgebaut werden und verschwinden, davon kann erst später ausführlich gesprochen werden. Hier ist zunächst zu bemerken, daß sie beide, der Ton und der Humus, in gewissem anderen Sinne entgegengesetzte Wirkung haben. Der Ton macht, je mehr davon vorhanden, in um so höherem Grade den Boden schwer, bindig, schwer- bis undurchlässig für Wasser und für Luft. Daß solcher Boden das Wasser nicht leicht durchfließen läßt, ist ja gewiß von Vorteil, daß er aber, namentlich im durchfeuchteten Zustand, den Luftzutritt zu den Wurzeln stark einschränkt, wenn nicht gar aufhebt, das ist ein Übelstand, da die lebenden Zellen der Wurzel, um ihre Aufgabe zu erfüllen, *atmen* müssen. Solch bindigen Boden kann man, rein mineralisch, mit Kalk (Ätzkalk) auflockern, besser aber durch richtig untergebrachte humusgebende, also organische Substanz. Denn diese verhält sich in ihren kolloidalen Eigenschaften, in Schrumpfung und Quellung, wesentlich verschieden vom Ton bzw. Lehm. Wie allbekannt, wird ein schwerer, zäher Boden beim Austrocknen rissig. Er bildet durch Spalten getrennte harte Klumpen. In diese können Pflanzenwurzeln nicht eindringen, in den Rissen wiederum finden sie keinen Halt. Ein solcher Boden wird aber durch vorhandene Humusteilchen wesentlich verbessert, weil nämlich diese im einzelnen, *jedes für sich*, bei Wasserverlust schrumpfen, wodurch kleine, aber die ganze Bodenmasse durchsetzende Hohlräumchen entstehen. Da anderseits die Humusteilchen beständigem Abbau unterliegen, tragen sie naturgemäß auch hierdurch dazu bei, das Bodengefüge lockerer zu gestalten. Denn wo zuvor ein Humusteilchen war, ist später eine Lücke im Boden. Diese auflockernde Eigenschaft der organischen Stoffe im Boden ist naturgemäß von hohem Wert, zumal ihr auch noch die Wirkung der Kohlensäure als Pflanzennährstoff auf dem Fuße folgt.

Sehr unwahrscheinlich aber ist es, daß (wie behauptet wurde) die aus den Humusteilchen durch Bakterientätigkeit entwickelte Kohlensäure den Boden „auftreiben" und somit porös machen sollte. Der Vergleich mit einem gärenden Hefeteig paßt ganz und gar nicht auf die Bodenverhältnisse. Denn erstens findet selbst im besten Falle die Kohlensäureentbindung sehr viel *langsamer* statt, zweitens ist der Boden keine so in sich zusammenhängende Masse wie ein Mehlteig. Die Kohlensäure würde niemals den zum Aufblähen des Bodens nötigen Druck erreichen können, weil sie immer noch schnell genug durch die Bodenporen entweichen kann. Wären diese Poren aber durch Wasser vollkommen verstopft, dann würde die biologische Kohlensäureentbindung, die Atmung der Mikroben, stark herabgesetzt werden, anderseits auch die entstehende Kohlensäure zu großem Teile *im Bodenwasser gelöst* bleiben. Auf diese biologischen Zustände und Vorgänge wird noch zurückzukommen nötig sein.

Eine vielfach beobachtete und längst klar erkannte Tatsache ist die, daß dauernd gegebene, *einseitige* Nährsalzdüngung die Böden, namentlich die von Natur bindigen, in höchst unangenehmer Weise verändert und ihre Strukturverhältnisse verschlechtert. Es tritt dichtere Lagerung der Bodenteilchen, es tritt „Verschlämmung" ein, die so nützliche „Krümelstruktur" wird verhindert. Alledem kann nur durch ausreichende Zufuhr organischer Düngung entgegengearbeitet werden. Ist solche schon vorher im Boden genügend vorhanden, so werden derartige Schäden überhaupt nicht auftreten. Vgl. dazu besonders E. WOLLNY (2).

In einem Boden, der nun in entgegengesetztem Sinne zu locker, d. h. zu arm an Tonteilchen ist, dessen wasserhaltende Kraft also viel zu gering ist, um dem Bedarf der Pflanzen bei trockenem Wetter genügen zu können, kann nun, wie schon aus dem oben Gesagten zu entnehmen ist, durch Zufuhr organischer Stoffe, d. h. durch Vermehrung des Humusgehaltes, jenem Übelstande weitgehend *abgeholfen* werden. Da jedoch in solchem Boden auch, infolge reichlichen Luftzutrittes, die organische Substanz besonders rasch, weit rascher als in den schweren Böden, abgebaut wird, der Boden aber anderseits die Humuskörper enthalten soll oder muß, wenn das Gedeihen unserer Pflanzen gewährleistet sein soll, so bleibt eben nichts anderes übrig, als recht häufig Ersatz zu schaffen, und zwar durch erneutes Unterbringen organischen Düngers in irgendeiner Form. Es gibt zu denken, daß Fälle beobachtet sind, in denen *zwei Jahre* genügten, um eine in Sandboden gebrachte reichliche Humusdüngung so gut wie vollständig verschwinden zu lassen.

In Kürze zusammengefaßt: Die organischen Stoffe im Boden nützen in verschiedener Art und Weise, und zwar in den bindigen Böden durch deren Auflockerung, in leichten Böden durch Verbesserung des Wasserhaushaltes.

II. Die Zersetzungserscheinungen und ihre Bedeutung.

Insoweit nun die Humuskörper gerade *durch ihren Abbau*, durch ihr Verschwinden (aus dem Boden) jeglicher Art von Pflanzenanbau nützlich werden, da fallen die Unterschiede zwischen schweren und leichten Böden z. T. fort, nur daß bezüglich der *Geschwindigkeit* der Umsetzungen Verschiedenheiten bestehen (vgl. oben).

Bevor wir auf diese so wichtigen Abbauvorgänge näher eingehen, muß noch ein Punkt erörtert werden, der auch wieder in seiner Weise mit eben diesen Vorgängen zusammenhängt. Vor Jahren schon ist der Satz aufgestellt worden: Der Landwirt müsse in seinem Boden ein *reges Bakterienleben* zu erhalten und zu fördern suchen. Das hört man oft wiederholen, jedoch ohne daß schon an allen Stellen die wünschenswerte Klarheit darüber bestünde, warum denn eigentlich eine lebhafte Bakterientätigkeit so erwünscht ist. Wir kommen darauf noch ausführlicher zurück, wollen aber zunächst einmal betonen, wie die Humuskörper durch ihre bloße Anwesenheit, auch ohne den Bodenmikroben als Nahrung zu dienen, doch deren Leben und Lebensäußerungen in merklichem Grade verstärken. Hierüber liegen schon seit längerer Zeit recht interessante Beobachtungen vor. Die Tätigkeit der Nitrobakterien wird durch anwesende Humusstoffe beschleunigt. Ebenso verläuft die Ammoniakbildung aus organischer Substanz (Eiweißstoffen o. ä.) energischer. Daher wirkt sowohl Humus in Gestalt von Torfmull oder Torfmehl, wie auch eine Abkochung von humosem Boden, vorteilhaft. Ganz besonders zeigt sich aber diese Förderung bakterieller Entwicklung und Tätigkeit an den *stickstoffsammelnden* Arten, sowohl den freilebenden, wie Azotobacter chroococcum, wie an den „symbiotischen" Bakterien der Leguminosenknöllchen. Auch an Alkoholhefen im Gärbottich ist solche Beschleunigung ihrer „Arbeit" durch Humuskörper beobachtet worden. Diese übereinstimmenden Feststellungen deuten auf eine gemeinsam ihnen allen zugrunde liegende Ursache hin. Wahrscheinlich besteht diese darin, daß die Humusstoffe als *Überträger von Sauerstoff* tätig sind, und zwar wohl unter Mitwirkung ihres Eisengehaltes. Das Eisen hat, wie auch einige andere Grundstoffe, die Eigenschaft, bald zwei-, bald dreiwertig sein zu können. Dadurch wird es befähigt, hier Sauerstoff aufzunehmen, dort ihn wieder abzugeben (man denke an die Bedeutung des Eisens in unserem Blut). Nun scheinen aber die Humuskörper im Boden das Vermögen zu haben, bei Luftzutritt Sauerstoff „anzusaugen" und aufzuspeichern, um ihn bei Luftabschluß an Pflanzenwurzeln oder an Bodenmikroben wieder abzugeben. Da, wie wir noch näher sehen werden, Sauerstoff im Boden von Wichtigkeit ist, so dürfen wir auch die hier besprochene Bedeutung der Humusstoffe nicht unterschätzen.

Ihren allergrößten Wert für jegliche Art von Pflanzenanbau in Feld und Garten, Wiese und Wald gewinnen die Humuskörper doch erst durch ihren *Abbau*, d. h. durch die Art, wie sie aus dem Boden *verschwinden*.

Dieser Abbau wird bewirkt durch die Bodenmikroben, die man wohl auch oft „Bodenbakterien" nennt. Es ist jedoch nur ein Teil, allerdings der weitaus größte, wirklich zu den Bakterien gehörig, neben ihnen sind „niedere", d. h. schimmelartige Pilze, an jenen Umsetzungen beteiligt, in geringerem Maße, zumal bei Zersetzungen, die an der Luft vor sich gehen, auch hefeartige oder „Sproßpilze". Auch die schimmelartigen Pilze sind in ihrer Entwicklung an Luftzutritt gebunden. Sie können also nur in den obersten Bodenschichten ihre Lebensbedingungen finden. Bei den Bakterien („Spaltpilzen" oder „Schizomycetes") haben wir drei physiologische Klassen zu unterscheiden: die „aerobischen", luftliebenden, die ebenfalls, wie die Pilzfäden, nur bei Luft-, d. h. Sauerstoffgegenwart gedeihen können. Ihnen stehen gegenüber die „anaerobischen" oder luftscheuen, welche nicht nur bei Luftabschluß leben und wachsen können, sondern diesen sogar verlangen und durch Sauerstoff geradezu geschädigt werden. Freilich zeigen sie solche Eigenschaft nur in Reinzucht im Laboratorium. Im Boden vertragen sie einen gewissen Luftzutritt, wenn nur andere, aerobische, Sauerstoff verbrauchende Arten in unmittelbarer Nähe sind. Zwischen den beiden steht die dritte Gruppe der „fakultativ-anaerobischen" Bakterien, welche zwar bei Luftzutritt rascher wachsen und dementsprechend tätiger sind, bei Luftabschluß aber sich der Lebensweise der „luftscheuen" anzupassen vermögen und so ihr Leben fristen.

Wir müssen nun einer höchst wichtigen Tatsache gedenken, die durch alles Bakterienleben hindurch in zahlreichen Fällen festgestellt, ja sogar als *Regel* anzusehen ist. Alle jene biologisch-chemischen Umsetzungen, die uns noch beschäftigen sollen, verlaufen bedeutend rascher, energischer und ausgiebiger, wenn sie sich bei *Gegenwart* von *Sauerstoff* als unter Abschluß desselben abwickeln. Man kann wohl noch hier und da lesen, die anaerobischen „Spaltungen" führten eine „tiefergreifende" Zersetzung herbei als die bei Luftzutritt sich abspielenden. Das trifft ganz und gar nicht den wirklichen Tatbestand. Vielmehr liegt die Sache anders.

Bei Luftzutritt (Luft immer = Sauerstoff) finden die Um- und Zersetzungen der organischen Stoffe weit schneller statt als bei Luftabschluß. Es findet rascherer

Abbau zu einfachsten Verbindungen statt, wie Kohlendioxyd (= Kohlensäure), Ammoniak, das meistens gleich weiter oxydiert wird zu Salpetersäure (die natürlich nicht in freiem Zustande, sondern in ihren Salzen, „Nitraten", auftritt) usw. Die aerobische Zersetzung läuft also immer auf eine *Oxydation* hinaus, die Mikrobentätigkeit besteht hierbei wesentlich in „*Atmung*". Nicht so bei den anaerobischen Umsetzungen. Hier sind wegen Mangels an Sauerstoff Atmungsvorgänge ausgeschlossen. Sie werden ersetzt und vertreten durch Vorgänge der „*Gärung*". Das Wesen jeder richtigen Gärung besteht aber darin, daß sie zwar auch am Sauerstoffatom anknüpft, aber in der Weise verläuft, daß *nicht das ganze* Ausgangsmaterial oxydiert wird, sondern von diesem ein oxydierter (an Sauerstoff reicherer) und ein reduzierter (an Sauerstoff ärmerer) Teil übrigbleibt.

Wir kommen also auf folgendes hinaus: beide, Atmung und Gärung, sind unersetzlich wichtig als Quelle der Lebensenergie in jeglicher lebenden Zelle. Die Atmung liefert ganz naturgemäß viel größere Mengen von Energie, weil sie den gesamten vorhandenen Kohlenstoff „verbrennt". Die Energiequelle der Gärung fließt, weil diese sich ja aus Oxydation und Reduktion zusammensetzt, weit weniger ergiebig. Um also die gleiche Energiesumme zu liefern, müßte weit mehr organische Substanz abgebaut werden. Trotzdem gehört es *nicht* zum Wesen der Gärung, daß sie große Massen von Substanz verbraucht. Es können sich auch an kleinen Mengen echte Gärungsvorgänge abspielen. Der Luftabschluß bewirkt aber folgendes: für die Gärung (wie für die Atmung auch) dienen vorwiegend, ja wohl ausschließlich, Kohlenhydrate. Da nun die organische Substanz in ihren Eiweiß- oder ähnlichen Körpern auch Stickstoff, Phosphor, Schwefel usw. enthält, so müssen Verbindungen, die an diesen besonders reich sind, übrigbleiben. Solche Verbindungen sind es aber, die für die Gerüche der „Fäulnis" bezeichnend sind: Schwefelwasserstoff, Phosphorwasserstoff, Indol, Skatol u. a. Sie können sich nur bei Luftabschluß anhäufen. Im Beisein von Sauerstoff werden sie rasch oxydiert und abgebaut. Diese übelriechenden Stoffe sind also bezeichnend für die anaerobische Zersetzung organischer Substanzen. Sie bedeuten aber *nicht* einen „energischen" Zerfall derselben, sondern sie zeigen ja vielmehr, daß dieser Zerfall eben des Sauerstoffmangels wegen nicht zu Ende geführt werden konnte, d. h. nicht bis zu Kohlensäure, Ammoniak usw.

Der unter Luftabschluß stattfindende Abbau organischer Stoffe hinterläßt aber auch noch andere, an Kohlenstoff reiche Rückstände. Eine bekannte Vergärung von Kohlenhydraten z. B. ergibt als Hauptprodukte Kohlensäure als den oxydierten, und Buttersäure (neben Wasserstoff oder Methan) als reduzierten Anteil. Dem vergleichbar ist der Verkohlungsvorgang, der sich ebenfalls stets anaerobisch abspielt und dessen Endprodukte wir im Torf, in der Braun- und Steinkohle sehen. Eine Art Vertorfung kann bekanntlich auch bei Stalldünger oder Grünmasse Platz greifen, wenn solche in bindigen Boden zu tief untergebracht wurden. Die so entstehenden torfähnlichen Massen liegen nutzlos unten im Acker und können erst nach Heraufbringen an die Luft weiterem Abbau unterliegen.

Aus diesen Betrachtungen ergibt sich aber für die Praxis des Landbaues ein ungemein wichtiger Gesichtspunkt: Die wichtige, erwünschte Zersetzung der organischen Substanzen im Boden kann sich nur bei einigem Luftzutritt vollziehen, wie ihn eine vernünftige *Bodenbearbeitung* bewirkt. An der Anhäufung jener Fäulnisprodukte (vgl. o.) besteht keinerlei Interesse. Doch auch die nichteiweißartigen Stoffe sollen sich im Boden nicht zu rasch, aber auch nicht zu langsam zersetzen. In leichtem Sand wird letzteres schon an sich nicht vorkommen.

Die überhaupt zur Zersetzung gelangenden Stoffe können wir einteilen in solche, die Stickstoff enthalten, und solche, die frei hiervon sind. Die ersteren sind im wesentlichen eiweißartige Stoffe und Abkömmlinge von solchen. Sie alle enthalten Kohlenstoff, und zwar ein Mehrfaches hiervon gegenüber dem Stickstoff. Letzterer ist aber das für sie Kennzeichnende.

Abgesehen von der Substanz der als Gründüngung verwandten Schmetterlingsblütler, die bekanntlich dank ihrer Knöllchenbakterien um das Mehrfache stickstoffreicher sind als andere Pflanzen, kommen Eiweißverbindungen mehr aus dem Tier- als aus dem Pflanzenreich in den Boden. Blut- und Kadavermehl bestehen ja zu einem großen Teil aus Eiweiß. Zu den schwerer zersetzbaren Abkömmlingen gehören die *Horn-* (Keratin-) stoffe, aus denen die Hörner der Wiederkäuer, aber auch die Hufe vieler Tiere bestehen, ebenso alle Haare und Federn von Säugetieren und Vögeln. Ein bekanntes Düngemittel sind Hornspäne bzw. Hornmehl. Verwandt sind auch die tierische *Häute* bildenden Substanzen, die als „Leder" durch die Gerbung recht schwer zersetzlich geworden sind. In allen Fällen gilt für den Grad, d. h. die Geschwindigkeit der Zersetzung die Regel, daß je feiner die Vermahlung desto leichter auch die Angreifbarkeit durch die Mikroben ist, was wohl ohne weiteres einleuchtet. Wer also mit einer geringeren Menge eine rasche Wirkung erzielen will, der wird feinsten Vermahlungsgrad wählen. Gibt man gröberes Korn in größerer Menge, so wird die Wirkung nachhaltiger, aber auch langsamer sein.

Nun wird es, wie schon angedeutet, auf den größeren oder geringeren Luftzutritt ankommen, in welcher Art und mit welcher Geschwindigkeit solche Stoffe bis auf die Endprodukte (vgl. oben) abgebaut werden. Erst nach vollendetem Abbau können sie von den Pflanzen als Nährstoffe aufgenommen und verwertet werden. Hierin beruht eben die ungeheure Wichtigkeit der Bodenbakterien. Freilich wird diese für uns dadurch eingeschränkt, daß wir seit J. LIEBIG gelernt haben, mit Stickstoff, Kali, Phosphor in Gestalt von „Nährsalzen" zu düngen. Den Bakterien danken wir es aber, daß wir auch die Abfälle der obengenannten Arten als Pflanzennährstoffe verwerten können.

Von besonderer chemischer Art sind unter den tierischen Abfällen die *Knochen.* Sie bestehen aus phosphorsaurem und kohlensaurem Kalk mit eiweißartigen („leimgebenden") Substanzen. Nur mit diesen letzteren schließen sie sich an die zuvor genannten Stoffe an. Von der biologischen Aufschließung der schwerlöslichen Phosphate kann erst später gesprochen werden, da sie sozusagen auf einem Umwege erfolgt.

Der Abbau aller jener Stickstoff enthaltenden Substanzen geschieht also durch die Lebenstätigkeit von Mikroben. Sie verbrauchen für ihren Lebensbedarf zunächst den Kohlenstoffanteil der Eiweiß- und anderen Körper und zwar zu einem Teil für Zwecke der Atmung oder Gärung, zum andern für den Aufbau ihrer Leibessubstanz. Letztere freilich erfordert auch Stickstoff, Schwefel, Phosphor, Kali usw., doch wird von diesen, wo eben Eiweißkörper verwesen oder faulen („verwesen" bedeutet das Abgebautwerden bei Luftzutritt!), immer ein Teil in Gestalt *einfachster Verbindungen* übrigbleiben.

Diese einfachste Form für den Stickstoff, der ja als freies Element den Pflanzen unzugänglich ist, ist aber das Ammoniak. Dieses ist als solches für die Stickstoffernährung durchaus brauchbar. Freilich gelten, und nicht mit Unrecht, die *Nitrate*, die Salze der Salpetersäure, als *geeignetere* Stickstoffquelle. Es mag das daher stammen, daß die grünen Pflanzen in langen Zeitläufen sich dem angepaßt haben, weil in allen normalen Böden, auch in der freien Natur, vorhandenes Ammoniak bald durch die „Nitrobakterien" in Salpetersäure umgewandelt wird. Es ist dies ein Oxydationsvorgang, mithin nur bei Luftzutritt möglich. Es ist aber *eins* zu bedenken: wenn man im Laboratoriumsversuch ein Salpetersalz und ein Ammoniaksalz vergleicht, so wählt man für letzteres das Chlorid oder das Sulfat.

Es muß dann, nach Verbrauch des Stickstoffes, der *Säurerest*, also Salz- oder Schwefelsäure *übrigbleiben*, wodurch die Pflanze unter Umständen Schaden leidet. Unter natürlichen Bedingungen wird aber das Ammoniak an organische Säuren gebunden oder, wenn vielleicht auch stets nur in geringer Menge, frei vorhanden sein. Es würde also jene Schädigung gar nicht in Frage kommen. Daß wiederholte Düngung mit schwefelsaurem Ammoniak zu schädlicher Säureanhäufung führen kann, ist hier nicht des näheren zu erörtern.

Zu erwähnen ist aber hier der Stickstoffgehalt der *Jauche*, in Form von *Harnstoff*, Harnsäure und Hippursäure. Der chemisch einfach gebaute Harnstoff unterliegt durch bestimmte Bakterienarten einer einfachen Gärung, die ihn zu Kohlensäure und Ammoniak umwandeln. Die beiden genannten Säuren sind verwickelter aufgebaut und werden durch entsprechend verwickeltere Vorgänge ebenfalls in Ammoniak übergeführt. Dasselbe geschieht natürlich auch mit dem in neuerer Zeit künstlich hergestellten Harnstoff. Dessen Gehalt an Kohlenstoff ist wohl zu gering, um *wesentlich* in Frage zu kommen. Er enthält auf 2 Atome Stickstoff nur 1 Atom Kohlenstoff, was einem Gewichtsverhältnis von 7 : 3 entspricht. Doch gibt F. Bornemann (3) an, daß eine für Düngezwecke normale Gabe von Harnstoff das Bakterienleben besonders anrege und günstig beeinflusse und zwar im Sinne einer Kohlensäurewirkung.

Rückblickend können wir den Inhalt der letzten Absätze dahin zusammenfassen, daß der Abbau aller in Frage kommenden Stickstoffverbindungen zuletzt zum Ammoniak als einfachster Verbindung führt, daß aber freilich das Ammoniak als solches im Boden nicht lange zu bestehen pflegt, weil es der Nitrifikation zu Salpeter unterliegt. Tatsächlich zeigt die Stickstoffbestimmung in normalen Böden meistens weit mehr Nitrat- als Ammoniakstickstoff an. Betont sei nochmals, daß die genannten Umsetzungen, also nicht nur die Nitrifikation, sich normal nur bei einigem Luftzutritt abspielen können.

Wir kommen zu der anderen Gruppe von Verbindungen, die nur aus *Kohlenstoff*, Wasserstoff und Sauerstoff bestehen. Es sind dies vorwiegend, doch nicht ausschließlich, die sog. „Kohlenhydrate". Wohl die Hauptmasse aller der Verwesung im Boden anheimfallenden Substanzen, d. i. hauptsächlich Pflanzensubstanz, besteht aus Zellstoff im engeren Sinne, d. h. aus Zellwandstoff oder Cellulose. Sie ist ein höheres („polymeres") Kohlenhydrat, von der allgemeinen Formel $(C_6H_{10}O_5)_n$, das bei künstlicher Hydrolyse sowohl wie auch durch die auflösende Tätigkeit der Mikroben in einfachen löslichen Zucker, Traubenzucker, Glykose oder Dextrose, $C_6H_{12}O_6$, umgewandelt wird. Die Wandung der Pflanzenzellen besteht aber wohl niemals aus reiner Cellulose. Diese ist vielmehr, namentlich bei jüngeren Zellen, vielfach mit pektinartigen Stoffen durchsetzt, eine Substanzengruppe, die den „Pentosanen" zugehört und die bei der Hydrolyse einen 5atomigen Zucker, „Pentose", $C_5H_{10}O_5$, ergeben. Aus solchen Pentosanen besteht zum Teil die Zwischen- oder Kittsubstanz der Pflanzenzellen.

Alle *verholzten* Pflanzengewebe, und solche sind dem Gewicht nach stark in der Überzahl, enthalten aber wieder eine andere Stoffgruppe, die *Lignine*, auch als *Hadromal* bezeichnet. Ihr Vorhandensein macht eben die Verholzung aus. Während Cellulose und Pentosane der „aliphatischen" Reihe der organischen Verbindungen angehören, stellen die Lignine „zyklische" Körper der „Benzolreihe" dar. Sie „durchtränken" die Zellstoffwände in einer Weise, die vielleicht dem Verhalten zwischen „gelöster Substanz" und „Lösungsmittel" in irgendwelcher Lösung entspricht. Wie innig diese Durchdringung sein muß, geht daraus hervor, daß das mikroskopische Bild verholzter Zellen sich in keiner Weise verändert zeigt, wenn entweder der Zellstoff oder die verholzenden („inkrustierenden") Substanzen herausgelöst sind. Den Ligninen nahestehend und häufig mit ihnen vergesellschaftet, teils Zellhäute durchtränkend, teils in den Zellen eingeschlossen, sind die „*Gerbstoffe*" oder *Tannine*. Stark gerbstoffhaltiges Holz, wie das der Eichen, wird nur sehr langsam zersetzt.

Diese Gruppen von Substanzen sind nun deshalb interessant, weil sie von sehr verschiedener Angreifbarkeit für die Bodenmikroben sind. Am leichtesten erliegen ihrer zersetzenden Tätigkeit die Pentosane, die vorwiegend in *frischer* Pflanzenmasse enthalten sind. In verrottetem Stalldünger sind sie nicht mehr oder kaum noch vorhanden. Schon die Darmbakterien unserer Haustiere verarbeiten einen Teil davon. Von mittlerem Grade der Zersetzbarkeit ist die eigentliche Cellulose. Auch sie wird (beim Wiederkäuer zu etwa 50%) schon im Tierkörper stark angegriffen und zwar am stärksten im Magendarmkanal typischer Pflanzenfresser. Wiederum schwerer angreifbar sind die Ligninstoffe, die noch übrig sein können, wenn Pentosane und Cellulosen schon völlig oder fast völlig abgebaut sind. So kommt es, daß Torf, Braun- und Steinkohle ganz oder größtenteils aus Ligninen (einschließlich der Gerbstoffe) bzw. aus den Produkten ihrer weiteren Umwandlung bestehen. Holz, das von „Baumschwämmen" zerfressen ist, zeigt dagegen oft die Verholzungsstoffe herausgelöst bzw. verbraucht und besteht aus „verhältnismäßig" reinem Zellstoff.

Im Feld-, Wiesen- und Waldboden spielen sich die Zersetzungsvorgänge also derart ab, daß erst die am leichtesten zersetzbaren Stoffe, und zwar ziemlich rasch, abgebaut werden, worauf die Geschwindigkeit des Abbaues allmählich nachläßt. Zum nahezu vollständigen Abbau einer normalen Stallmistdüngung gehören im allgemeinen 2—3 Jahre. Doch ist auch dann noch ein unzersetzter Rest im Boden übrig, der, von einer Düngung zur andern allmählich angesammelt, das darstellt, was der Landwirt die „*alte Kraft*" des Bodens nennt. Diese läßt sich, wenn einmal aufgebraucht (durch starke Bodenlockerung, reine Mineraldüngung und *unterlassenen Stalldüngernachschub*), nur in Jahren wieder ersetzen. Denn auch diese Bestandteile unterliegen eben mit der Zeit den Angriffen der Bakterien.

Zur Vertorfung der langsamer zersetzbaren Zellwandstoffe, wie sie in den Mooren infolge Luftabschlusses durch Wasserbedeckung geschieht, soll und darf es im Kulturboden überhaupt nicht kommen. Es wird dies durch regelmäßige Bodenbearbeitung verhindert.

Erwähnt sei noch, daß es eine weitere Gruppe allgemein verbreiteter Pflanzenstoffe gibt, die *noch schwieriger* und langsamer angegriffen werden als die verholzte Cellulose. Es sind die *Cuticula* (so heißt das sehr feine Häutchen, das besonders alle grünen Pflanzenteile überzieht) und die Wandungen der *Korkzellen*. Deren Natur besteht darin, daß die ursprüngliche Zellstoffwand mit *wachsartigen* Stoffen durchtränkt ist, wodurch sie schwer durchlässig für Wasser und Wasserdampf wird. Die Erfahrung lehrt, daß abgepflückte Blätter, auch wenn man die Wundstelle verschließt, an der Luft früher oder später welken. Dies müßte aber viel rascher geschehen, wenn gerade jenes wachsartige Häutchen nicht da wäre. Eben diese Beschaffenheit hat aber zur Folge, daß von allen Pflanzenstoffen *Cuticula* und Kork am allerlangsamsten und zwar erst in Jahren der Auflösung unterliegen.

Das letzte, noch organische Endprodukt der bakteriellen Tätigkeit an allen jenen Kohlenstoffverbindungen ist wohl stets einfacher *Zucker*. Sicher gehen Pentosane und Cellulosen schließlich in Pentosen und Hexosen auf. Schwieriger zu erklären ist die Umwandlung der (s. o.) zyklischen Verbindungen, der Lignine und Tannine.

Nun einige Worte über die Bodenmikroben als die *Ursache* aller Umsetzungen organischer Stoffe im Boden. Die eigentlichen Eiweißzerstörer sind andere Arten als die, welche die Zellwandstoffe zur Auflösung bringen und die aufgelösten verarbeiten. Von solchen kennen wir einige anaerobische Arten, die vielfach den aus den Zellwandstoffen gewonnenen Zucker zu *Buttersäure* vergären. Typische Buttersäurebakterien sind auch besonders tätig als Pektinzerstörer. Hier sei an jene Schädlinge erinnert, die keimende Erbsensamen befallen und sie, durch Auflösung der Zwischenzellwände, in eine breiige Masse verwandeln. Andere Zellstoffbakterien sind aerobisch. Die Umwandlung gibt hier keine Gärungssäuren.

Nicht alle Bakterien usw. des Bodens sind befähigt, jene Pflanzenstoffe unmittelbar anzugreifen. Vielfach ist es so, daß die einen Arten den anderen vorarbeiten. So ist der wichtigste der freilebenden *Stickstoffsammler*, der schon erwähnte Azotobacter, nicht imstande, die höheren (d. h. an sich unlöslichen) Kohlenhydrate zu verarbeiten. Andere Arten müssen sie ihm durch ihre Abbautätigkeit „vorverdauen". Azotobacter zehrt von den einfachen Zuckern, die ihm diese liefern. Man hat für solches Nacheinanderwirken verschiedener Arten das Wort „Metabiose" eingeführt.

Ähnlich verhält es sich auch mit denjenigen schimmelartigen Pilzen, die wohl im Kulturboden die verbreitetsten sind, nämlich den *Strahlenpilzen*, Actinomycesarten. Es sind Organismen, in der Feinheit ihrer Fäden von etwa 0,001 mm Dicke an Bakterien erinnernd, sonst aber zweifellos zu den *Fadenpilzen* gehörend. Eine (wenn nicht mehrere) der beschriebenen Arten ist Urheber des „Schollengeruches", der, konzentriert in der Kulturschale, einen widerwärtigen Moderduft gibt. Man erhält die feinen Mycelien dieser Pilze häufig auf Kulturplatten zusammen mit Bodenbakterien, zumal aus organisch gedüngtem Boden. Sie wachsen ausgezeichnet mit Zucker als Nährstoff. Man konnte sie aber weder auf Strohmehl noch auf Torf zu einigermaßen freudigem Wachstum bringen. Auch sie können also wohl nur den von anderen Mikroben begonnenen Abbau fortsetzen. Außer jenem nur in sehr geringen Mengen erzeugten Duftstoff geben sie kaum noch besondere „Stoffwechselprodukte" ab.

Die Bodenbakterien und -pilze üben wahrscheinlich auch eine Art mechanischer, hier also nicht abbauender Wirkung aus und zwar in Richtung auf die erwünschte „*Krümelstruktur*". Zwar kann man die Entstehung dieser im Vorlesungsversuch durch einfache Kalkbeigabe darstellen. Sie tritt dann so rasch ein, daß an eine biologische Tätigkeit gar nicht zu denken ist. Das braucht jedoch im Ackerboden nicht die *einzige* Ursache für Krümelstruktur zu sein, obwohl diese durch Kalkgehalt entschieden sehr gefördert wird. Es ist ganz gut möglich, daß schleimbildende Bakterien, die sehr häufig aus Bodenausschüttelung auf Agarplatten aufgehen, die Klümpchenbildung bewirken, wie anderseits vielleicht auch die eben genannten Strahlenpilze mit ihren äußerst feinen Fäden die Bodenteilchen zu Krümeln verbinden könnten.

Der Abbau der organischen Stoffe ist in allen Fällen eine Reihe von *biologischen* Vorgängen, wofür der Beweis unschwer zu erbringen ist. In einem Boden, den man durch starkes Erhitzen keimfrei gemacht hat und weiter keimfrei erhält, oder dessen Lebewesen man durch Gifte abgetötet hat, finden jene Umsetzungen *nicht* statt.

Gerade an solchen Böden, auf welche man Gifte hatte einwirken lassen, konnte man interessante Beobachtungen machen, so zuerst in Weinbergen, deren Boden man zur Reblausbekämpfung mit Schwefelkohlenstoff behandelt hatte. Hier, wie in den späteren Fällen, war *nur ein Teil* der Bodenorganismen abgetötet worden. Auf Kosten der vielen „Leichen" entfalteten die überlebenden Mikroben eine sehr rege Vermehrungstätigkeit, durch welche nun wieder Mengen an Nährstoffen in Freiheit gesetzt wurden. Hierdurch wurde ein besonders üppiges

Pflanzenwachstum veranlaßt, *als ob* der Boden eine reichliche Düngung mit *Stickstoff*- und anderen Nährsalzen erhalten hätte. Diese Erscheinung war so lange ein großes Rätsel, bis man jene recht einfache Erklärung fand. Denn Stickstoff ist weder in Schwefelkohlenstoff vorhanden noch in den anderen Flüssigkeiten, wie Benzol, Benzin. Alkohol, Äther usw., nach deren Anwendung man die gleichen Beobachtungen machen konnte. Vermutlich wird aber ein derartig angeregtes Bakterienleben auch auf vorhandene organische Substanz entsprechend einwirken. Auch ein im gespannten Dampf keimfrei gemachter, dann wieder mit Bakterien beimpfter Boden zeigt die gleichen Erscheinungen wie lebhaft angeregte Lebenstätigkeit, nachfolgend üppiges Pflanzenwachstum, zuweilen sogar die Erscheinungen einer *Überdüngung* mit Stickstoff.

Der Abbau der organischen Bodenbestandteile ist nun, gerade weil er rein biologischer Natur ist, weit mehr als alles rein chemische oder physikalische Geschehen von einer Reihe *äußerer Bedingungen* abhängig.

Das *Wasser* hat man für alle Lebewesen, nicht nur für die des Bodens, als „das Lebenselement" schlechthin bezeichnet, was freilich nicht so aufgefaßt werden darf, als ob es das Wasser *allein* täte. Da man „lebende Substanz" noch nicht hat rein darstellen können, so ist der Mengenanteil des Wassers an dieser nur ungefähr abzuschätzen, jedenfalls enthält sie aber weit weniger trockene Materie als Wasser. Jedes tätige Leben setzt verhältnismäßig große Wassermengen voraus. In trockenen Samen und Sporen sprechen wir von „latentem" Leben, das mehr oder weniger lange schlummern kann, bis es durch Befeuchtung wieder neu erweckt wird. Der für das Leben der Bodenmikroben notwendige Feuchtigkeitsgrad ist *keine konstante Größe*. Er ist von der „Wasserkapazität" des Bodens abhängig. Man hat daher seit langem gelernt, für allerhand biologische Versuche nicht eine absolute Wassermenge anzugeben, sondern die Wassergabe auf die Kapazität des gegebenen Bodens zu beziehen, also etwa auf 40% der absoluten Sättigungsmenge.

Nun liegt aber die Sache für die Umsetzungen im Boden nicht etwa so, daß sie um so rascher und energischer verlaufen, je mehr Wasser vorhanden ist. Vielmehr liegt stets das Optimum bei einem *mittleren* Feuchtigkeitsgrad. Abwärts von diesem geht die Bakterientätigkeit mit allen ihren Folgeerscheinungen, z. B. Kohlensäureentbindung, wegen mangelnden Wassers zurück. Nimmt aber die Durchtränkung des Bodens zu, so *läßt* jene Tätigkeit *wiederum nach*, weil nun die Bodenporen zu stark mit Wasser erfüllt sind und darum der *Luftzutritt gehemmt* wird.

Es wurde aber schon oben betont, daß Luftzutritt und Luftumlauf ungemein wichtig für das Leben im Boden sind. Dabei sind nun aber weder die Mikroben des Bodens noch die Wurzeln der Pflanzen anspruchsvoll bezüglich einer an Sauerstoff reichen und an Kohlensäure armen Atmosphäre, so wie die oberirdisch lebenden Wesen es sind. Jenen schadet es nicht, wenn die Luft ihrer Umgebung einige Prozente Kohlendioxyd und entsprechend weniger Sauerstoff enthält. Seit Jahrtausenden haben sich die Wurzeln sowohl wie auch die Bodenorganismen an diese Verhältnisse gewöhnen müssen. Das ändert aber nichts an der Tatsache, daß die Tätigkeit der Mikroben Einschränkungen erfährt, wenn Sauerstoffarmut oder Kohlensäurereichtum der Luft eine gewisse Grenze überschreiten. Nur bis sie ganz aufhört, und bis die Wurzeln um solcher Ursache willen ihren Dienst versagen, dazu braucht es viel (vgl. u.).

Es herrschen in dieser Hinsicht wegen des Zusammen- und Gegeneinanderwirkens verschiedener Ursachen recht verwickelte Verhältnisse, wie sie besonders bei der Selbsterwärmung von Heu- und Silofutter zutage treten. Ist die Masse nur locker gepreßt, so kommt wegen des reichlichen Luftzutrittes zwar

Wärmeentwicklung, aber nur geringe Wärmeanhäufung zustande. Übersteigt aber bei stärkerer Pressung die Dichtigkeit der Lagerung einen gewissen Grad, so kann wiederum wegen Ausschaltung der aerobischen Bakterientätigkeit keine stärkere Erwärmung Platz greifen. Ähnliche Verhältnisse zeigen sich auch bei der Zersetzung organischer Stoffe im Boden, nur daß hier, weil sie ja nicht so stark angehäuft sind, auch die Selbsterwärmung niemals so hohe Grade erreichen kann.

Alle Lebenstätigkeit, so auch der Abbau der organischen Stoffe im Boden, ist aber weiterhin von der *Temperatur* in hohem Maße abhängig. Genauere Zahlenangaben lassen sich auch hier nicht machen bzw. würden viel zu weit führen, weil die Verhältnisse recht verschiedenartig und auch die verschiedenen tätigen Bakterienarten auf verschiedene Wärmegrade als Bestmaß („Optimum") eingestellt sind. Die untere Grenze bakterieller Lebenstätigkeit liegt etwa bei $+ 5^0$ C; von da an abwärts findet kaum noch eine Lebensäußerung, wie Verwesung und Fäulnis statt.

Die *Erwärmung des Bodens* durch die Bakterien als Begleiterscheinung der Humuszersetzung ist nach vorigem Absatz niemals sehr bedeutend. Sie kommt namentlich kaum in Frage, solange im Boden selbst noch niedere Temperatur herrscht. Es kann aber bei steigender Außenwärme das Leben im Boden wieder beginnen, und findet dann immerhin eine gewisse Erwärmung durch die Atmung der Mikroben statt. Ist diese auch gering, so dürfen wir doch nicht vergessen, daß die Wurzeln unserer Kulturpflanzen auch für eine geringe Wärmezunahme empfänglich und dankbar sind. Da der Humus, wie schon früher betont, dank seiner dunkleren Färbung mehr Wärmestrahlen in sich aufnimmt als hellfarbiger, humusarmer Boden, und die eben geschilderte Erwärmung „von innen" dazukommt, so trägt der Humus merklich zur Warmhaltung der Wurzeln bei, zumal auch ein humusreicher Boden ein schlechterer Wärmeleiter ist.

Sehr wesentlich ist aber die Geschwindigkeit und Intensität der Zersetzungsvorgänge auch von der Mitwirkung genügender Mengen der *mineralischen Nährstoffe* oder Nährsalze abhängig (ich sehe keinen Grund ein, die Stickstoff enthaltenden Salze besonders zu benennen, sie sind so gut Mineralsalze wie die anderen auch). Es liegen schon seit langem Feststellungen darüber vor. E. Wollny (2) bringt solche (Zusammenfassung S. 140) nach eigenen und nach fremden Untersuchungen. In neuerer Zeit hat auch H. Lundegårdh (S. 190) bestätigt, daß ein (selbstverständlich humushaltiger) Boden mehr Kohlensäure abgibt, nachdem er eine Mineraldüngung einschließlich Stickstoff erhalten hat. Die Menge der in gegebener Zeit, bei sonst gleichen Außenbedingungen, entbundenen Kohlensäure hat für viele Untersuchungen ähnlicher Art den Maßstab abgegeben für das, was man oft mit *einem* Wort als „Bodentätigkeit" bezeichnet, d. i. für die zersetzende Arbeit der Bodenorganismen an der organischen Substanz des Bodens. Es ist auch, leider ohne Erfolg, versucht worden, aus dem Grade der Kohlensäureentbindung rasch ein Urteil über die Güte und Fruchtbarkeit eines Bodens zu gewinnen. Hesselink van Suchtelen hatte zu solchem Zwecke ein Verfahren ausgearbeitet, das jedoch leider die Probe auf Zuverlässigkeit nicht bestanden hat.

Sicher ist aber, daß an *reinem* Kohlenhydrat sich jene Umsetzungen nicht abspielen würden, aus dem einfachen Grunde, weil die Mikroben genau dieselben Nährsalze benötigen, um leben und wachsen (wachsen heißt hier immer: sich vermehren) zu können, wie unsere Kulturpflanzen auch. Deshalb ist ein reges Bakterienleben und eine normale Zersetzung der organischen Stoffe im Boden, immer auch ein Beweis dafür, daß es im Boden nicht an Stickstoff, Phosphor, Kali, Kalk usw. mangelt (vgl. a. G. Dönhoff).

Es scheint nicht ausgeschlossen, daß gewisse *seltnere* Grundstoffe doch auch für die Bodenorganismen von Wichtigkeit sein können. BORTELS führt aus, daß Bor, Jod, Mangan, Zink, Kupfer nicht wie bisher als „Stimulantien", sondern als den übrigen bisher bekannten Nährstoffen gleichwertig anzusehen sind, wenngleich sie in wesentlich *geringeren* Mengen im Boden vorkommen. Dagegen wirken sie in größeren Gaben geradezu giftig. H. BORTELS schreibt „die Reaktionsempfindlichkeit" von Pilzen wie von grünen Pflanzen dem Umstande zu, daß entweder notwendige Stoffe von den genannten durch basische Reaktion ausgefällt und damit unangreifbar gemacht werden, oder in saurem Nährboden zuviel von jenen, z. B. von Zink, in Lösung geht und die Wurzeln schädigt. Es ist möglich, daß H. BORTELS recht hat. Für die Mikroben des Bodens und ihre Zersetzungsarbeit wären diese Fragen noch zu untersuchen.

Von ganz besonderer Bedeutung für das Bakterienleben und für jene Umsetzungen ist unter den obengenannten Grundstoffen der *Kalk*. Man hat nicht mit Unrecht gesagt, daß „Kalk und Humus sich gegenseitig auffressen". Die Wirkung des Kalkes auf die Bakterien besteht nun nicht darin, daß er als Nährstoff unentbehrlicher wäre als die anderen, dies sind sie alle im gleichen Maße. Vielmehr ist er besonders geeignet, den Bakterien die ihnen *günstigste Bodenreaktion*, neutral bis schwach alkalisch, zu erhalten. Viele jener Bakterien erzeugen und zwar um so mehr, je erschwerter der Luftzutritt ist, in gewisser Menge Gärungssäuren, während sie selbst doch für saure Reaktion äußerst empfindlich sind. Sie würden sich selbst ihren eigenen Nährboden verderben, wenn nicht durch Kalk, d. h. kohlensauren Kalk, die freie Säure gebunden (abgestumpft) würde. Die Kalksalze der organischen Säuren dienen aber den Bakterien weiterhin zur Nahrung.

Ganz ähnlich dem Kalk verhält sich die ihm ja auch chemisch nahe verwandte *Magnesia*. Ungeeignet aber, seine Rolle zu übernehmen sind *Kali* und *Natron*. Denn deren Carbonate (Pottasche, Soda) sind in Wasser löslich und könnten leicht zu stark alkalisch, d. h. schädlich, auf die Wurzeln wirken. Die Bodenmikroben sind weniger empfindlich. Infolgedessen würde der Abbau der organischen Stoffe noch durch Gaben von kohlensaurem Kali gefördert werden, die man den Wurzeln unserer Pflanzen nicht mehr zumuten dürfte.

Nun ist das Wechselspiel zwischen Kalk und Humus folgendes: Unter dem Einfluß des Kalkes entfalten die Bakterien eine sehr lebhafte Atemtätigkeit, durch welche die organische Substanz schwindet. Sie wird durch Oxydation zu Kohlensäure umgewandelt. Die Kohlensäure aber wirkt wieder auf den Kalk, indem sie, im Bodenwasser gelöst, sich mit diesem in doppelt-kohlensauren Kalk umsetzt. Dieser aber ist in Wasser löslich (der einfach-kohlensaure nicht) und wird mit dem Sickerwasser fortgeführt. Alle Tropfsteinbildungen sind aus gelöstem doppelt-kohlensaurem Kalk entstanden. So erklärt sich die Beobachtung, daß eine Humus-(Torf-)schicht von Meterdicke nach geschehener Kalkung binnen eines Jahres bis auf den Grund aufgezehrt sein kann, und die andere, daß im Kalkgebirge Gesteinsbrocken, die in den Waldhumus gelangt sind, binnen kurzer Zeit völlig verschwinden können.

Für die Praxis einer jeglichen Art von Pflanzenbau ergibt sich aber daraus die Forderung, für *regelmäßigen Ersatz* auch des Kalkes zu sorgen. Er ist dem Pflanzenwuchs wie auch den Bodenbakterien doppelt unentbehrlich, und zwar sowohl als Nährstoff, wie auch aus dem eben angeführten Grunde, wegen der Bodenreaktion. Denn auch im Ackerboden muß ein beständiges Versickern des Kalkes infolge der bodenbürtigen Kohlensäure stattfinden. Diese bodenbürtige Kohlensäure aber vermeiden zu wollen, wäre wohl das verkehrteste, was man im Acker-, Garten- oder Waldbau unternehmen könnte.

Auf dieser Eigenschaft, das Bakterienleben mächtig anzuregen (in den ersten Wochen nach einer Kalkung steigt die Zahl der zählbaren Mikroben auf das 50- bis 100fache!), beruht aber sehr wesentlich die Bedeutung des Kalkes für unsere Böden. Fast wunderbar erscheint seine Beziehung zur Phosphorsäure. Alles, was wir hiervon in löslicher Form in den Boden bringen, setzt sich mit dem unentbehrlichen Kalk in den schwerlöslichen basisch-phosphorsauren Kalk um. Und doch bringt es wiederum der Kalk fertig, mittels der aus Humusstoffen entbundenen Kohlensäure, die schwerlöslichen Phosphate erneut löslich und den Wurzeln zugänglicher zu machen, als diese es selbst mittels ihrer eigenen Atmungs-Kohlensäure zu vermögen scheinen. Jedenfalls ist von dem vor einigen Jahren gemachten Vorschlage dringend abzuraten, nämlich die Ackerböden künstlich *sauer* zu machen. Es wäre dies gänzlich verkehrt, da dann jedes normale Bakterienleben und jede normale Humusbildung und Humuszersetzung im sauren Boden gründlich gestört wäre. Kalk und Humus zusammen müssen und können erfolgreich dahin wirken, die Phosphate aufzuschließen und zwar mit besserem Erfolge als ein angesäuerter Boden. Vielleicht kommen wir noch einmal dazu, die *künstliche* Aufschließung der (schwerlöslichen) Rohphosphate ihrer Kostspieligkeit wegen zu umgehen und die Aufschließung durch ausreichende Humusdüngung und Bodenbearbeitung zu bewerkstelligen.

Der Humus wirkt in der Richtung auf solche Aufschließung durch die bodenbürtige Kohlensäure, die schließlich das Endziel seiner Umsetzungen ist. Es war bereits von der eigenen Tätigkeit der Wurzeln die Rede, die ebenfalls ständig Atmungs-Kohlensäure abgeben und so eine entsprechende, lösende Wirkung entfalten. Sie werden aber darin wesentlich von den Bodenorganismen unterstützt. Denn die Kohlensäure, obzwar die schwächste aller Säuren, hat doch im Augenblick des Entstehens (in stat unascendi) eine sehr kräftige, lösende Wirkung auf schwerlösliche Salze. Im übrigen scheint es auf jenen „Augenblick" gar nicht so sehr anzukommen, denn es übt, vgl. z. B. E. A. MITSCHERLICH (S. 190), jedes mit Kohlensäure gesättigte Wasser ebenfalls starke lösende Wirkung aus.

Diese Aufschließung schwerlöslicher Pflanzennährstoffe durch die bodenbürtige Kohlensäure bedeutet eine ungemein wichtige Eigenschaft der organischen Stoffe im Boden, die aber immer noch nicht als die *letzte* und *höchste* Wirkung der Humuskörper angesehen werden darf.

Um *diese* Wirkung nach Gebühr zu würdigen, ist es gut, einige Leitsätze voranzustellen, die hinreichend wissenschaftlich erwiesen sind:

1. Von allen Baustoffen des Pflanzenkörpers macht, auf Trockensubstanz bezogen, der Kohlenstoff 50—54%, alle Mineralsalze (im weiteren Sinne, vgl. o.) zusammen rund 2—3% aus. Von ersteren verbraucht die Pflanze aber während ihres ganzen Lebens täglich eine gewisse Menge C zur Atmung. Der im Laufe einer Vegetationsdauer erworbene Kohlenstoff beträgt also in Wirklichkeit noch mehr. Wie hoch dieser Betrag sich stellt, ist sehr schwer zu sagen, denn wahrscheinlich ist die Atmung im Licht ausgiebiger als in den Nachtstunden. Messungen im Licht sind aber aussichtslos, weil dann die Kohlenstoffassimilation bei weitem die Atmung überwiegt. Infolgedessen geben Messungen der Atmung im Dunkeln auch kein klares Bild.

2. Die *einzige Quelle* des Kohlenstoffes ist die *Kohlensäure*, die aus der die Blätter umgebenden Luft von allen grünen Pflanzenzellen und nur im Licht assimiliert wird.

3. Der natürliche Gehalt der freien Luft an Kohlensäuregas, mit 30 : 100000, oder 0,3 l in 1 m^3, ist *nicht das Bestmaß* (Optimum) für die Pflanzen, die vielmehr *mindestens* das 10fache mit bestem Erfolge verarbeiten können.

4. Jeder Boden, außer wenn sehr ungünstige Bedingungen vorherrschen, gibt täglich und stündlich gewisse Mengen von Kohlendioxyd an die Außenluft ab.

Zunächst wäre noch zu 3. zu bemerken, daß trotz ungünstiger Arbeitsbedingungen schon recht zahlreiche Versuche vorliegen, in denen Pflanzen unter sonst gleichen Bedingungen aber nur mit wesentlich höheren, täglich erneuerten Kohlensäuregaben ernährt (vgl. H. Fischer 1), sich in jeder Beziehung viel besser entwickelten als bei normalem Gehalt der Luft mit 30 : 100000. Der Erfolg einer solchen „Begasung" zeigte sich zunächst in der körperlichen (vegetativen) Entwicklung der Pflanzen. Doppelte bis dreifache Gewichtsmasse war keine Seltenheit. Ferner erreichten die Kohlensäurepflanzen früher die Blühreife, vorausgesetzt, daß sie *vor* Erreichung des blühreifen Zustandes in den Versuch eingebracht wurden. Die Blühwilligkeit war ergiebiger, auch wohl länger vorhaltend. Erhöhter Fruchtansatz konnte wiederholt beobachtet werden, z. B. bei Versuchen in zwei Tomatenhäusern, wo in den ersten drei Wochen die Ernte ein Gewichtsverhältnis von 100 : 367 oder 1 : $3^2/_3$ zeigte. Wiederholt konnte auch bessere Widerstandsfähigkeit gegen Schädlinge wie Pilze (Mehltau, Rost), als auch gegen Insekten (Blattläuse, Erdflöhe, Thrips) beobachtet werden. [Weiteres s. bes. bei H. Fischer (1) und F. Bornemann (2, 3)]. Auch sei an die schon vor 40 Jahren von H. Vöchting gefundene Tatsache erinnert, daß gerade das junge, noch wachsende Blatt in seiner Entwicklung in hohem Grade schon von seiner eigenen Assimilationsarbeit beeinflußt wird, also für eine geeignete Kohlenstoffernährung besonders dankbar sein muß.

Zu Satz 4 geht schon aus dem zuvor Gesagten (S. 74) hervor, und wie auch noch weiter dargelegt werden soll, daß der aus dem Boden aufsteigende Kohlensäurestrom von allerhand Bedingungen abhängig ist, die der Landwirt z. T. „in der Hand hat", so daß er diese Kohlensäureentbindung nach Belieben, wenn auch nicht ins Unendliche, steigern kann. Er kann also ebenso sicher und ebenso zielbewußt wie mit Stickstoff, Phosphor, Kali, Kalk, seine Pflanzen auch „*mit Kohlensäure düngen*", nur daß er dies meistens nicht mittels einer (dann täglich zu wiederholenden) künstlichen Zuführung von (gasförmigem) Kohlendioxyd tun wird, sondern in der hier angedeuteten Weise, nämlich durch eine regelmäßige und ausreichende *humusgebende Düngung.* Diese wird bei ihrer normal verlaufenden Zersetzung eben jenen Strom ständig fließender Kohlensäure an die Bodenluft und von da an die Außenluft abgeben (s. III, 7 Kohlensäuredüngung).

Die erwähnte Beeinflussung der Kohlensäureentbindung kann nun durch folgende Dinge erreicht werden:

Angemessene *Kalkung*, die selbst von „kalkfeindlichen" Pflanzen gut vertragen wird, wenn reichlich Humus im Boden vorhanden ist. Verfasser hat dazu einen Versuch mit Flachs, Linum usitatissimum, durchgeführt, der in gekalktem Boden sehr kümmerlich gedieh, sich aber gut entwickelte, wenn die entsprechende Menge gekalkter Erde mit dem gleichen Raumteile Torfmull vermischt war. In welchem Maße der Kalk den Abbau des Humus begünstigt, wurde oben angedeutet.

Weiter muß die Boden*bearbeitung* das ihrige dazu beitragen, daß der Kohlensäurestrom nicht ins Stocken kommt. Wie sehr der Luftzutritt für den Abbau der Humuskörper notwendig ist, davon war bereits die Rede. Das *Behacken* und *Behäufeln* der Pflanzen hat einmal *den* Vorteil, daß es der Unkrautvertilgung dient, und daß hierdurch Atemluft an die Pflanzenwurzeln herangebracht wird, und zum andern den, daß die dichte Lagerung der Bodenteilchen zugunsten des Wasserhaushaltes unterbrochen wird. Hierdurch erreicht man, daß der Luftaustausch zwischen Atmosphäre und Boden erleichtert wird, daß an die Mikroorganismen Sauerstoff herantritt und dafür aus dem Boden Kohlensäure herauskommt. Letztes aber nicht so sehr, weil sie im Boden schaden könnte, sondern vielmehr deshalb, weil sie über dem Boden, an die Blätter der Pflanzen herantretend, erst als unentbehrlicher Pflanzennährstoff ihren größten Nutzen stiftet.

Sehr gefördert wird der Abbau der organischen Substanz auch durch weitgehende *Zerkleinerung* der eingebrachten Düngung. Wie sich das, auf dem Wege über die Kohlendioxydabgabe, in den *Ernten* wiederspiegelt, davon berichtet F. BORNEMANN (1) in einem sehr beachtenswerten Versuch, der auf vier Flächen von je 4 ha Größe durchgeführt wurde. Alle diese Felder waren mit den gleichen Mengen von Mineralsalzen und Stallmist gedüngt. Zwei waren nach altem Brauch gepflügt, zwei mit einer neuen Fräsmaschine bearbeitet. Je eines der beiden Ackerstücke war mit Kartoffeln und je eines mit Zuckerrüben bepflanzt. Die Kartoffeln des gefrästen Feldes brachten *nur* 18% Mehrertrag, die Rüben dagegen 81%. Zugleich war aber ihr Zuckergehalt um so viel größer, daß von der gefrästen Fläche *doppelt so viel* Zucker geerntet wurde als von der gepflügten. Diese Mehrerträge können nur durch die feinere Zerkleinerung des organischen Düngers bewirkt worden sein.

Die Erkenntnis, daß die organische Substanz des Bodens bzw. das durch ihren Abbau entstehende Kohlendioxyd solche förderliche Wirkung für den Pflanzenwuchs hat, ist schon recht alt. Bereits ALB. THAER (S. 129) hatte 1837 deutlich erkannt: „Durch die Erzeugung von kohlensaurem Gas wirkt der Humus wahrscheinlich auf die Vegetation, auch vermittelst des Bodens, besonders wenn das Kraut der Pflanzen die Oberfläche stark bedeckt, und dadurch die zu schnelle Entweichung der mit entwickeltem kohlensauren Gas angefüllten Luftschicht hindert." Der Erste, der einen höheren Kohlensäuregehalt der Luft im Boden näher nachgewiesen hat, soll vor 125 Jahren ALEXANDER V. HUMBOLDT gewesen sein (zit. nach E. REINAU 2).

Mit jener bald ein Jahrhundert alten Erkenntnis ist es nun aber recht seltsam ergangen. A. THAER wurde zunächst zum Begründer jener irrtümlichen „Humustheorie", derzufolge *auch* der Kohlenstoff des Pflanzenkörpers gerade wie Stickstoff, Phosphor, Kali, Kalk aus dem Boden, und zwar mittels der Wurzeln aufgenommen werden sollte. Das war um so seltsamer, als schon seit 1804 durch TH. DE SAUSSURE die Kohlensäureassimilation, so wie wir sie heute kennen, grundsätzlich festgestellt war, und anderseits der Ackerboden auch nicht unerschöpflich an Humusstoffen sein konnte. Trotzdem bedurfte es erst Jahrzehnte, um durch Arbeiten von JUSTUS V. LIEBIG und von JULIUS SACHS zu beweisen, daß man in reinem Quarzsand oder in reinem Wasser wurzelnde Pflanzen wachsen, blühen und Samen bilden lassen konnte, wenn nur gewisse Mengen an Stickstoff, Phosphor, Schwefel, Kali, Kalk, Magnesia und Eisen zugegen waren. Demgemäß konnte jeglicher Kohlenstoff der Pflanzen nachweislich *nur* aus der Luft stammen.

Recht seltsam ist auch die Wandlung, die sich in den Anschauungen von E. WOLLNY vollzogen hat. E. WOLLNY schreibt (1) im Jahre 1880: „Überdies ist es nicht unwahrscheinlich, daß die Kohlensäure des Bodens den Pflanzen dadurch zugänglich wird, daß sie in größeren Mengen durch Diffusion in die unteren, die Pflanzen umgebenden Luftschichten gelangt." Weiter beschreibt E. WOLLNY in seinem 1897 erschienenen Buche (2) ausführlich die chemischen und physikalischen Eigenschaften und Wirkungen des Humus, betont auch ebenso mit Nachdruck wie mit Recht, daß „die Erhaltung und Vermehrung des Humusgehaltes in der Mehrzahl der Fälle als eine der wichtigsten Aufgaben der Bodenkultur betrachtet werden muß". Jedoch wird mit keinem Wort der

Bedeutung des Humus als Kohlensäurespender, oder der Kohlensäure als Pflanzennährstoff Erwähnung getan.

Zweifellos ist ja *auch* der Gehalt des Stalldüngers an Stickstoff usw. nicht zu unterschätzen; aber das Wichtigste an ihm bleibt doch die *organische*, d. h. die *Kohlenstoff*substanz. Beachtenswert ist hierbei, daß die mineralischen Nährstoffe zunächst gebunden sind und erst sehr allmählich, d. h. mit zunehmendem Verschwinden der Kohlenstoffverbindungen, soweit abgebaut werden, daß sie nun, im Bodenwasser gelöst, von den Wurzeln aufgenommen werden können. Das *erste* Erzeugnis des vollendeten Abbaues ist aber *nicht*, wie E. Wollny (2) meinte, Ammoniak, sondern *Kohlensäure.*

Jener Gedanke der Kohlenstoffernährung der Pflanzen und zwar *mittelbar* aus dem Humus, d. h. aus der *bodenbürtigen Kohlensäure*, ist nun leider seit A. Thaer und E. Wollny (1) immer mehr in Vergessenheit geraten, aus eigentlich recht schwer verständlichem Grunde, denn es ist *niemals* eine *Tatsache* bekanntgeworden, die dagegen gesprochen hätte. Der Grund hierfür ist wohl darin zu suchen, daß man nach den unbestreitbaren Erfolgen der „künstlichen" Düngung mit Stickstoff usw. sich daran gewöhnte, die altübliche Stallmistdüngung als so selbstverständlich anzusehen, daß man ihrer kaum noch erwähnte. Ein wahrer Segen aber ist es gewesen, daß die Landwirtschaft trotz alledem den „Stallmist" weiterhin hochgeschätzt hat. Die Erfahrung hat man inzwischen des öfteren gemacht (aus naheliegenden Ursachen mehr auf leichten als auf schweren Böden), daß es sich sehr schwer rächen *muß*, wenn man die gleiche Fläche Jahr für Jahr nur mit Kunstdünger versorgt.

Gleichwohl fand der Gedanke einer besseren Kohlensäureversorgung unserer Kulturpflanzen, als er vor nun bald 30 Jahren vom Verfasser ausgesprochen wurde, bei den Männern vom Fach meist nur taube Ohren oder Widerspruch. In allen einschlägigen Lehrbüchern, so auch in der „Düngerfibel" der Dtsch. Landw.-Ges. konnte man es lesen, daß die Natur, also die freie Atmosphäre, die Pflanzen so reichlich mit Kohlensäure versorge, daß der Mensch gar nichts dazu tun könne und auch nichts zu tun brauche. Es ist allerdings eine erdrückende Zahl, die 80000 Billionen Kilogramm, auf die man den gesamten Kohlensäuregehalt des Luftozeans abschätzt. Freilich Zahlen beweisen nicht immer, und exakte Versuche sind in solchem Fall stets sicherer. Die Versuche lagen aber längst vor. E. Godlewski und U. Kreusler hatten schon 1873 bzw. 1885 gezeigt, daß bis zu 8 oder 10 Raumteilen Kohlensäure in 100 Teilen Luft mehr assimiliert wird als bei geringerer Gabe. Es waren also statt der in der freien Luft üblichen 30, ihrer 8000 bis 10000 : 100000! Schon bei U. Kreusler findet sich folgender wichtiger Nachweis. Hat nämlich ein Blatt, verglichen mit der Kontrolle, eine größere Kohlensäuremenge im ebenso größeren Luftraum zur Verfügung, so assimiliert es hiervon etwas mehr, noch bedeutend mehr aber, wenn der Luftraum der gleiche, aber die Kohlensäuregabe größer ist. Mit anderen Worten: in erster Linie ist die *verhältnismäßige Konzentration* maßgebend. *Viele Jahre* hat es dann gebraucht, daß die an abgetrennten Blättern oder kurzen Zweigen gewonnenen Erkenntnisse auch auf *ganze Pflanzen* angewandt wurden.

Zwei wichtige Tatsachen aus der allgemeinen Pflanzenbeschreibung weisen deutlich darauf hin, daß die Assimilationsorgane, d. h. die Blätter, auf die Einfangung der bodenbürtigen Kohlensäure eingestellt sind. Nahezu alle Blätter haben ihre dem Austausch mit der Außenluft, also besonders der Kohlensäuregewinnung dienenden *Spaltöffnungen* auf der *Unterseite.* Wäre allein die freie Luft ihre Kohlensäurequelle, so würde es wohl umgekehrt sein. Sehr lehrreich ist auch der äußere Aufbau der Pflanzengestalt. Manche Arten, wie Primeln, Wegebreit, haben Blätter nur in einer bodenständigen „Rosette", andere tragen zwar auch am Stengel

Blätter, aber diese sind kleiner als die grundständigen, und selbst wo der erwachsenen Pflanze Grundblätter fehlen, nimmt die Belaubung doch mindestens von der Stengelmitte nach oben hin bedeutend an Größe ab und die obersten Blätter sind immer klein. Man *sieht* also geradezu, daß die wichtigste Assimilationsarbeit in der bodennäheren Hälfte der Pflanze geleistet wird.

Hier ist auch einer von W. SCHNEIDEWIND wiederholt betonten, den (vgl. vor. S.) Satz aus A. THAER bestätigenden Feststellung zu gedenken, nämlich daß regelmäßig eine Stallmistdüngung von solchen Pflanzen, die mit *dichtem Blätterdach* den Boden bedecken, wie Kartoffeln oder Rüben, merklich *besser ausgenützt* wird, als von Getreide. Daß dies mit der besseren Ausnützung der bodenbürtigen Kohlensäure zusammenhängt, hat W. SCHNEIDEWIND selbst zugegeben. Statistisch ist auch festgestellt, daß im allgemeinen ein Kartoffelfeld die doppelte, ein Rübenacker die dreifache Menge an Kohlenhydraten erzeugt als ein Getreidefeld.

Dazu stimmen aber auch Kohlensäuremessungen, wie sie namentlich von E. REINAU (2) und von H. LUNDEGÅRDH ausgeführt worden sind. Es scheint nicht ganz leicht zu sein, die Tatsachen, die hier von Wichtigkeit sind, auch zu *finden*. Aber es ist in geeigneten Fällen und nach geeigneten Verfahren gelungen, folgendes festzustellen: Über dem normal gedüngten und mit Pflanzen bestandenen Acker ist der Kohlensäuregehalt am größten nahe am Boden. Er nimmt nach oben hin ab, und erreicht an der oberen Grenze des Pflanzenbestandes ein Mindestmaß, das weit unter den 28—30 : 100000 der freien Atmosphäre liegt. Wäre es *letztere*, die vornehmlich die Pflanzen mit Kohlensäure versorgt, so müßte diese von oben nach unten abnehmen, was zu beweisen aber noch keinem geglückt ist. Wenn es aber richtig ist, was P. HASSE und F. KIRCHMEIER betonen, daß „der Kohlensäuregehalt der freien Luft über den Feldstücken keinen Zusammenhang mit der Bodenatmung erkennen läßt", so ist doch zu berücksichtigen, daß zwischen dem Boden und der freien Luft die grünen Pflanzen eingeschaltet sind, die wohl die Kohlensäure aufgenommen haben werden. Wenn ferner O. LEMMERMANN (2) über einem organisch gedüngten Boden keine wesentlichen Mengen von Kohlensäure nachweisen konnte, so muß angenommen werden, daß diese von den Pflanzen assimiliert worden war. Daß aber in dem vorliegenden Falle der *Wind* die bodenbürtige Kohlensäure rasch entführt haben sollte, ist mindestens nicht nachgewiesen. Bei stärkerem Wind sollte man solche Bestimmungen überhaupt nicht machen.

Gegen den Einwand, der sich auf den Wind beruft, spricht aber noch eine andere Feststellung, die E. REINAU (2) in einer Sommernacht mit seinem Bestimmungsapparat auf dem Feld gemacht hat. Er fand im Pflanzenbestand in Bodennähe fast den 10fachen Betrag an Kohlensäure, also rund 300 : 100000. Bald nach Sonnenaufgang ging aber die Zahl, wegen der nun einsetzenden Assimilation, stark zurück. Man muß hierbei auch bedenken, daß der Wind *nicht nur bei Tage weht.*

Zu diesen Fragen hat E. REINAU (1) eine Theorie aufgestellt, die wohl vielfach mißverstanden worden ist. Diese „Kohlensäure-Resttheorie" besagt nämlich, daß die üblichen rund 30 : 100000 Kohlendioxyd in der freien Luft derjenige Rest seien, den die Pflanzen unter durchschnittlichen Bedingungen nicht mehr der Luft zu entziehen vermögen. Damit hat er natürlich *nicht* sagen wollen, daß nicht unter besonders günstigen Bedingungen (helles Licht und Windstille) doch eine viel weitergehende Ausnützung der atmosphärischen Kohlensäure geschehen könnte. Diese Möglichkeit war nämlich bereits früher festgestellt. Könnten aber die Blattzellen aus einer Luft mit 30 : 100000 Kohlensäure nichts mehr assimilieren, dann wären ja z. B. einzelne, auf Bergkuppen stehende Bäume gar nicht lebensfähig. Man muß also, wenn man jenen Satz richtig verstehen will, auf die *durchschnittlichen* Bedingungen den Ton legen. Meistens dürfte es der wohl fast nie ganz ruhende *Wind* sein, der die Kohlensäuremolekeln zu rasch an den Spaltöffnungen der Blätter vorüberführt. Am Grunde eines einigermaßen dichten Pflanzenbestandes ist ja der Wind freilich fast unwirksam. Da er aber bei starkem Wehen der Ausnützung der Boden-Kohlensäure ernstlich hinderlich werden kann, so sei auf den besonderen Erfolg des Behackens und Behäufelns hingewiesen. Diese Art, die Bodenoberfläche rauh zu erhalten, muß auch auf den Wind einwirken, so daß seine Kraft in Bodennähe wesentlich vermindert wird.

Es müssen hier noch in Kürze einige gegen den Gedanken der „Kohlensäuredüngung" vorgebrachten Einwände beleuchtet werden. Man hat gemeint, daß doch in fast jedem Jahre einmal eine die Pflanzenentwicklung und die Erträge herabdrückende regenlose Zeit herrsche, und daß man darum auch mittels der Kohlensäure niemals zu „Höchsterträgen" gelangen werde. Das ist ja leider richtig, und Feldberegnung kann bedauerlicherweise nicht allen Ländereien zugute kommen, wenn das Wasser ernstlich knapp wird. Aber wenn jene Tatsache etwas gegen die Kohlensäuresache beweisen soll, dann *beweist* sie genau so gut, daß dann auch Stickstoff, Phosphor, Kali, Kalk in den Monaten der Dürre nicht zur Ausnutzung und Verwertung kommen.

Sicher ist, daß ein „auf Kohlensäure", d. h. mit humusgebender Substanz gedüngter Boden mit seinem Pflanzenwuchs solche Trockenzeiten besser überstehen wird als der gleiche, aber humusarme Boden (vgl. S. 65). Aber natürlich hat auch das seine Grenzen. Innerhalb dieser Grenzen hätte der Landbau aber zwei Vorteile von dieser Maßnahme, nämlich besseren Wasserhaushalt des Bodens, und bessere Kohlenstoffernährung der Pflanzen.

Übrigens liegen Angaben, z. B. bei KISSELEW vor, wonach die mit Kohlenstoff besser ernährte Pflanze auch sparsamer in ihrem Wasserhaushalt wirtschaftet. Es wäre gut, diese Frage noch weiter zu verfolgen, als dies bisher geschehen ist. Von den Nährsalzen ist es schon länger bekannt, übrigens auch nach den chemisch-physikalischen Gesetzen der Osmose ganz gut zu begreifen, daß die mit ihnen besser versorgte Pflanze weniger Wasser verdunstet.

Auch auf die *wildwachsenden* Pflanzen ist verwiesen worden. Um ihre Kohlenstoffernährung kümmert sich kein Mensch, aber sie wachsen, blühen und fruchten doch auch. Gegen diesen Einwand lassen sich mühelos drei Gegengründe erheben: 1. werden von den Wildgewächsen keine *Höchsternten* verlangt, wie von unseren Kulturpflanzen, 2. wird von ihnen *nichts abgeerntet*, ihre Körper verwesen größtenteils am Ort und versorgen die kommende Generation wieder mit Kohlensäure, 3. düngt auch die Wildgewächse *niemand* mit *Stickstoff*, Phosphor, Kali und Kalk, noch bereitet man ihnen ein Saatbett durch Pflügen, Eggen usw.

Etwas ernsthafter klingt ein Einspruch, der sich auf das „*Gesetz vom Minimum*" beruft. Es könne nämlich die Kohlensäure darum nicht im Minimum sein, weil man in nach üblicher Weise aufgestellten Versuchsgefäßen steigende Ernten infolge verstärkter Mineraldüngung bekomme. Auch dieser Einwand ist nicht schwierig zu widerlegen. Das Gesetz vom Minimum hat in neuerer Zeit so manche Abänderung erfahren müssen, daß es bedenklich scheint, es in streng schematischer Anwendung für einen überzeugenden Beweis deduktiver Art gebrauchen zu wollen. Es liegen auch Erfahrungen vor, daß Günstigergestaltung von Wachstumsfaktoren vorteilhaft wirken kann, auch wenn andere Faktoren nicht ganz im Optimum gegeben sind. Auf diese Dinge kann hier nicht näher eingegangen werden. Sie entfernen sich zu weit von unserem Gegenstand. Zu betonen ist aber noch, daß wohl alle Versuche, auf welche sich jener Einspruch beruft, in größerer Nähe menschlicher Ansiedelungen aufgestellt waren, wodurch allein schon ein höherer Kohlensäuregehalt der Luft bedingt war. Und weiter: Versuchsgefäße füllen wohl niemals den Raum im gleichen Maße aus wie die Pflanzen draußen auf dem Acker. Wenn aber die einzelne Pflanze ein größerer Luftraum umgibt, dann steht ihr damit auch ein entsprechendes Vielfaches an Kohlendioxyd zur Verfügung.

Selbstverständlich soll nicht gesagt sein, daß das Kohlendioxyd der freien Luft gar nichts zur Kohlenstoffversorgung der Pflanzen beitrage, noch auch, daß die bodenbürtige Kohlensäure immer restlos vom Bestande ausgenützt werde. Im ganzen aber wird der Landwirt gut tun, im Dienste der Kohlenstoffernährung der Pflanzen, den hier besprochenen Fragen alle Aufmerksamkeit zu schenken. Wiederholt sind von unserer Seite folgende drei Forderungen aufgestellt worden:

1. Im Betriebe soviel als möglich organischen Dünger (Stallmist, Kompost usw.) zu erzeugen und (nicht zu lange!) anzusammeln;
2. ihn möglichst geschützt aufzubewahren, geschützt nicht nur vor Verlusten an Stickstoff, sondern auch vor solchen an Kohlenstoff;
3. bei seiner Auf- und Unterbringung darauf bedacht zu sein, wie er am besten den Pflanzen als Kohlensäurequelle zugute komme.

Die Landwirtschaft hat gut getan, trotz aller Erfolge der Mineraldüngung am „Stallmist" festzuhalten. Wenn dagegen gesagt wird, daß „ein erheblicher Teil des Stalldüngers, unbeschadet des Ertrages, durch Mineraldüngung ersetzt werden kann," so ist dabei leider, wie so oft in ähnlichen Fällen die *Frage* unbeantwortet: Wie viele Jahre darf man das fortsetzen, bis die Erträge merklich nachlassen? Hat doch sogar einst J. LIEBIG gemeint, der Landwirt täte am klügsten, seinen Stallmist zu *verbrennen* und mit der *Asche* zu düngen!

Nicht bestritten soll werden, daß *auch* Versuche zur „Kohlensäuredüngung" gemacht worden sind, bei denen *keine* Erntesteigerung herauskam. *Falsch* ist es, ein solches Ergebnis zu *verallgemeinern.* Wenn erstens die Grundtatsachen (wie sie S. 77 gegeben wurden) richtig sind, und zweitens andere unter Berücksichtigung derselben gute Erfolge erzielt haben, so kann ein mißglückter Versuch *nur dazu* führen, daß der (eigentlich zu erwartende) gute Ausgang durch irgendwelche *Begleitumstände* getrübt sei. Es würde sich dann die zwingende Forderung, im Interesse der Allgemeinheit, ergeben, eben diese störenden Bedingungen zu *erforschen,* um sie fortan zu vermeiden.

Das wird und muß aber mehr und mehr gelingen, da ja selbst von gegnerischer Seite, vgl. A. RIPPEL und O. LEMMERMANN (2), zugestanden wurde, daß 25—30 % an Mehrerträgen „vielleicht" mittels der Kohlensäure zu erzielen sein würden. Dazu ist zu bemerken, daß 1. tatsächlich schon weit höhere Mehrernten erreicht worden sind, in Ausnahmefällen selbst bis über das vierfache, das sind + 300 %, 2. wir mit den „Kunstdüngern" längst an der Grenze angelangt sind, über welche hinaus eine Steigerung nicht mehr eintritt, 3. auch die Züchtung ertragreicherer Sorten bereits so hoch getrieben ist, daß *noch höhere* Erträge, wenn überhaupt, dann nur in langjähriger Arbeit gewonnen werden können, 4. auch die Pflanzenschutzbestrebungen trotz eifrigen und vielfach erfolgreichen Arbeitens an die obigen 25 % bei weitem nicht heranreichen. Zu ergänzen wäre noch zu 3., daß alle besseren Zuchtsorten auf bestgedüngtem Boden gewachsen sind, und daß sie trotz vorzüglichster Erbfaktoren *versagen* werden, wenn ihnen im Anbau nicht *alle* Wachstumsfaktoren ausreichend geboten sind und zwar alle einschließlich der Kohlensäure. Jene Grenze aber, bis zu welcher abgestufte Mineraldüngung noch steigende Erträge zur Folge hat, ist *in allen Fällen* ohne jede Berücksichtigung der Kohlenstoffernährung festgestellt worden. Es müßten somit *alle* diese Untersuchungen *noch einmal* gemacht werden. Es ist also zur Zeit *nichts anderes bekannt,* was auch nur annähernd solche Erntesteigerungen hervorbringen könnte, als sachgemäße Berücksichtigung der Kohlensäurefrage.

Zweifellos ist diese Frage wichtig genug, daß wir uns hier noch weiter mit ihr beschäftigen müssen. Da wir gesehen haben, daß Kohlensäure dem (humushaltigen) Boden entsteigt, und da sie unbestreitbar Pflanzennährstoff ist, so interessiert jetzt die Abhängigkeit dieses „Stromes" von *Tageszeit* und *Wetter*. Wir sahen, daß es bei günstigen Bedingungen bis gegen Morgen zu einer beachtlichen Anhäufung dieses Gases in der Bodennähe kommen kann. Doch ist das Ausströmen der Kohlensäure bei Nacht erstens wegen der geringeren Wärme, zweitens eben wegen jener Anhäufung verlangsamt. Denn wenn dicht über dem Boden eine Luftschicht lagert, die fast ebensoviel Kohlensäure enthält als die Bodenluft, so ist der Antrieb zum Austausch gering. Wenn aber im Tageslicht ein fortgesetzter, oft anscheinend recht rascher Verbrauch durch die assimilierenden Blätter stattfindet, so wird jener Austausch lebhafter erfolgen. Es wird den Blättern immer neue Kohlensäure zugeführt, und hierdurch auch die Mikrobentätigkeit im Boden immer wieder neu angeregt. Der Austausch wird freilich auch dann beschleunigt, wenn der Wind über den Boden hinfegt. Es wird dann Kohlensäure nutzlos fortgeführt. Wir sahen aber schon vorhin, daß hart über bestelltem Boden und im Pflanzenbestand der Wind gar nicht so stark zur Geltung kommt.

Ist der Boden stark durchnäßt, so ist der Kohlensäurestrom gehemmt, weil einerseits (vgl. oben S. 74) in die mit Wasser erfüllten Poren der Sauerstoff der Luft nicht den Weg findet. Hierdurch wird die Atmung der Bodenmikroben herabgesetzt, anderseits bleibt in dem reichlichen Bodenwasser viel Kohlendioxyd gelöst. Dieses wird aber wieder frei und tritt aus den Bodenporen heraus, wenn das Wasser verdunstet. Erst wenn die Trockenheit *stark* zunimmt, geht auch diese Bodenatmung zurück.

Die besten Assimilationsbedingungen finden die Pflanzen bei hellem, trockenen Sommerwetter. Man darf sich dabei nicht irreführen lassen durch die Beobachtung, daß sie bei nasser Witterung „besser wachsen". Das sichtbare Wachstum ist ein Streckungsvorgang, welcher in Wasseraufnahme besteht. Assimilieren, d. h. ihren Vorrat an Bau- und Betriebsstoffen vergrößern, kann die Pflanze aber am besten, wenn (vgl. oben) der Boden reichlich Kohlendioxyd abgibt und dazu die Sonne scheint.

Wie zwischen Tag und Nacht, so haben wir auch mit den *Jahreszeiten* eine Art „Periode" der Bodenatmung zu beachten. Im Winter kann nach obigem der kalte und meist durchnäßte Boden keine Kohlensäure entwickeln. Im Frühjahr erwacht mit steigender Wärme ein immer regeres Bakterienleben, das aber schon in der wärmsten Jahreszeit, Juli bis August, merklich nachläßt und erst zum Herbste hin wieder ansteigt, um dann gegen den Winter hin wieder einzuschlafen (vgl. bei F. Löhnis 2). Es ist nötig, zur Erklärung dieser Erscheinungen die Bakteriennährstoffe, nämlich die organische Substanz mit heranzuziehen. Im Winter hat keine wesentliche Zersetzung im Boden stattfinden können. Was sich an organischer Substanz zu Herbstende im Boden befand (als Rückstände der Vegetation und als herbstliche Düngung), ist im Frühjahr auch noch vorhanden. In einigen Monaten ist aber das meiste der leicht zersetzbaren Substanzen aufgebraucht. Mehr und mehr tritt für die Mikroben Nahrungsmangel ein und *infolgedessen* ihr Rückgang, an dem die sommerliche Dürre nur in extremen Fällen die Schuld trägt. Mit fortschreitender Wachstumsperiode fangen aber die Pflanzenwurzeln an nach und nach abzusterben (sie werden jetzt weniger gebraucht, da die *Reife* ja im allgemeinen auf *Trocknung* beruht), und es mögen diese Wurzelreste zunächst den Anstoß zur Bakterienvermehrung geben. Wird dann zum Herbst Stalldung oder sonst humusgebende Substanz in den Boden gebracht, so wird das natürlich erst recht anregend im gleichen Sinne wirken, bis dann wieder abnehmende Temperatur den Abbau zum Stillstand bringt. Aus früh im Herbst untergebrachtem Dung können bei wärmerem Wetter noch beträchtliche Kohlensäuremengen ungenützt entweichen.

Nun ist die Frage zu stellen, und sie ist gestellt worden, ob nicht durch größere Menge organischer Stoffe im Boden *zu viel Kohlensäure* entbunden werden könnte, so daß davon die Wurzeln und deshalb auch die Pflanzen Schaden leiden könnten. Es scheint dies *nicht* der Fall zu sein, denn soviel Kohlensäure, als normalerweise, doch bei gesteigerten Bedingungen, die Bodenorganismen noch entwickeln können, soviel wird auch von den Pflanzenwurzeln vertragen. Es ist schon oben gesagt, daß Wurzeln wie auch Bakterien einem gewissen Kohlendioxydgehalt der Bodenluft angepaßt sind. Verfasser hat dazu mit rund 24 verschiedenartigen Pflanzen Versuche angestellt (vgl. H. FISCHER 2, 3), bei denen der Boden aus Blumenerde mit starkem Zusatz von gekalktem Torf bestand. In keinem Falle war die Entwicklung oder Tätigkeit der Wurzeln irgendwie beeinträchtigt. Im Frühjahr 1929 wurde der folgende, noch unveröffentlichte Versuch ausgeführt: 12 Blumentöpfe von je 24 cm Durchmesser wurden mit 5,5 kg einer sandigen, schwach-lehmigen Ackererde (Dahlem) beschickt. Ein Teil davon erhielt außerdem 100 g Häcksel von Roggenstroh. Dazu wurde teils keine Mineraldüngung, teils abgestufte Mengen von Kalksalpeter und Monokaliumphosphat, beide in Lösung gegeben. Die Töpfe standen im Freien. Besät wurden sie mit Weizen, schmalblättriger Lupine und Flachs. Der eigentliche Versuchsgedanke war festzustellen, ob die sog. „Festlegung" sich schädlich bemerkbar machen und ob vermehrte Nährsalzgaben etwaigem Schaden abhelfen würden. Tatsächlich waren, wie eine schon alte Erfahrung lehrt, die Pflanzen mit Stroh ohne Mineraldüngung denen ohne Stroh ein wenig unterlegen. Anderseits wuchsen aber die Pflanzen, die wie oben eine Extradüngung mit Nährsalzen bekommen hatten, ausgezeichnet. Eine Beeinträchtigung durch die Kohlensäure in der Bodenluft fand nicht statt. Gegenwärtig, Mitte April 1930, laufen zwei Versuche, in deren einem Hochmoortorf mit etwas Blumenerde, im anderen reines Roggenstrohhäcksel mit Nährsalzen wie oben und etwas Pottasche versetzt, mit mehrerlei Pflanzen besät sind. Auch hier scheint dieser Standort ganz gut zuzusagen.

Von der soeben genannten *„Festlegung"*, die ja in engster Beziehung zu den Umsetzungen der organischen Stoffe steht, wäre noch folgendes zu sagen. Wenn sich leicht zersetzbare Kohlenhydrate, wie die Pentosane des Strohes, im Boden befinden, so kann es geschehen, daß die im selben Boden wurzelnden Pflanzen sich beeinträchtigt zeigen, weil nämlich die von jenen Stoffen zehrenden und sich reichlich vermehrenden Bakterien in ihrer Leibessubstanz gewisse Pflanzennährstoffe, in erster Linie Stickstoff *festlegen*. Dieser Stickstoff, aber auch andere Nährstoffe, sind nun zunächst den Pflanzen vorenthalten, und es kann vorkommen, daß sie noch im nächsten Jahre der Saat nicht nach Wunsch zugute kommen. Mit der Zeit müssen aber doch die festgelegten Beträge an Nährsalzen den Pflanzen wieder nutzbar werden. Es ist ein noch offenes Rätsel in der bodenkundlichen Bakterienforschung, wie es nämlich zugeht, daß dieselbe Bakterienflora, vielleicht sogar (?) dieselben Arten, einmal lebenswichtige Nährstoffe den Pflanzen durch Festlegung vorenthalten, dann wieder sie ihnen in aufgeschlossener Form zur Verfügung stellen.

Jedenfalls lehrt der oben beschriebene Versuch, daß die Festlegung — wie ja eigentlich zu erwarten — ihre Grenzen hat, und daß man, um durch Festlegung bedingte Schädigung seiner Pflanzen zu vermeiden, nur etwas mehr Stickstoff usw. zu geben braucht, um den Nährsalzhunger der Bodenmikroben zu befriedigen. Sehr groß kann dieser Bedarf nicht sein. F. LÖHNIS (2) schätzt die Bakterienmasse im Boden auf 0,00001 des Gewichts, davon mag 0,000001 Trockengewicht sein, von diesem aber vielleicht wieder nur der 100. Teil Stickstoff. Um wieviel gegebenen Falles die Stickstoffgabe zu erhöhen wäre, das könnte nur ein Feldversuch entscheiden. Soviel ist sicher: *verloren* ist der festgelegte Stickstoff dem Boden *nicht*.

Die Sache ist noch von einer anderen Seite zu betrachten. Der zuletzt beschriebene Versuch, nur Strohhäcksel mit Nährlösung im Blumentopf, sollte zunächst dem Zweck dienen, im kleinen ein Bild davon zu gewinnen, wie sich die Gewinnung von Dünger (Kompost) nur aus *Stroh* abspielt, ein Verfahren, das bekanntlich seit einigen Jahren in England geübt wird (vgl. darüber E. REINAU 4). Nach den Erfahrungen des zuvor beschriebenen Versuches, Häcksel in Ackererde, will es dem Verfasser scheinen, als ob man dieses ganze Kompostierungsverfahren glatt würde umgehen können, indem man gleich mit dem nur zerkleinerten, aber unzersetzten Stroh *den Boden düngt* und der Gefahr der Festlegung durch gewisse, noch auszuprüfende Gaben von Stickstoff, Phosphor, Kali, Kalk entgegenwirkt. Wer danach verfährt, würde wesentlich an Kohlensäure sparen, denn von dieser geht ja natürlicherweise während der Kompostierung viel ungenützt in die Luft. Der Boden in jenen Töpfen hatte nach Jahresfrist eine prächtige Beschaffenheit. Daß ein Tierhalter für sein Stroh zuvor andere Verwendung haben wird, versteht sich von selbst.

Nun sei aber auch der Verwendung von *Torf* als humusgebender Substanz gebührend gedacht. Daß Torfstreu eine gute, wenn auch noch etwas teure Unterlage für die Stalltiere bietet, ist ja bekannt. Die Kosten kommen aber heraus, wenn man die hervorragende Wirkung in Betracht zieht, die ein so gewonnener Stalldung auf Pflanzenwuchs und Pflanzenerträge hat. Natürlich wäre es wohl nicht ganz so rentabel, Torf unmittelbar nur für Düngezwecke zu verwenden. Ein positiver Erfolg für den Pflanzenwuchs wäre gewiß, außer wenn etwa der Acker schon so gut bewirtschaftet ist, daß eine Vermehrung seines Humusgehaltes keine Ertragssteigerung mehr bewirken kann.

Dem Torf anzuschließen wäre die sog. „*Humuskohle*", eine erdige, für Brennzwecke wenig geeignete Braunkohle, die seit einigen Jahren zur Bodendüngung empfohlen wird. Daß die Bodenbakterien auch dieses Material werden abbauen können, ist wohl sicher, wenngleich einige Zeit nötig sein wird, bis sie sich an solch schwer zersetzbare Stoffe gewöhnt haben. Jedenfalls sind weitere Versuche nötig, und die Akten über die Humuskohle nach *einem* mißglückten Versuch keineswegs als abgeschlossen anzusehen.

Auch des *Kompostes* ist hier zu gedenken, als humusgebender Substanz zur Düngung. Die alte Vorschrift, ihn 3 Jahre lang liegenzulassen und durch Umschaufeln, durch Beigabe von Kalk u. a. seine Zersetzung zu beschleunigen, läßt ganz außer acht, daß der Kompost ja in erster Linie als Kohlensäurequelle dienen soll, und daß während der langen Lagerung viel zu viel davon *verlorengeht*. Die 3 Jahre sollen Unkrautsamen vernichten helfen. Besser ist es, wenn man Unkraut überhaupt nicht zur Samenreife kommen läßt. Mit Pilzsporen oder Ungeziefer behaftete Pflanzen gehören natürlich nicht auf den Kompost. Man sollte sie jedoch nicht verbrennen, denn das gibt auch Kohlensäureverluste, sondern sie in Gruben mit frischgebranntem und feinst gemahlenem Ätzkalk überschütten, um später auch diesen Grubeninhalt als Dünger zu verwenden. Werden noch wenig oder gar nicht zersetzte Pflanzenreste in den Boden gebracht, so schaden sie den Pflanzen nicht im mindesten. Verfasser hat jahrelang in Hunderten von Fällen bei Topfkulturen die wasserdurchlässige Schicht, welche die Gärtner mit einigen Tonscherben herzustellen pflegen, dadurch bewerkstelligt, daß er einige Zentimeter hoch getrocknete Pflanzenabfälle zu unterst brachte und die Blumenerde darauf schüttete. Es hat stets nur gute Wirkungen gehabt und niemals geschadet.

Zu allen diesen Fragen ist es freilich schwierig, ja fast unmöglich, völlig „reine" Versuche anzustellen, d. h. solche, die wirklich *nur* das Kohlendioxyd zur

Wirkung kommen lassen. So ganz werden dieser Forderung nur *die* Feststellungen gerecht, bei welchen gasförmige Kohlensäure künstlich zugeführt wurde. Sobald diese aber dem humosen Boden entsteigt, spielen ja alle die obengenannten Vorteile hinein, welche mit dem Humus unzertrennlich verbunden sind. Wenn aber z. B. gesagt wird, daß die (vgl. S. 65) verbesserte wasserhaltende Kraft allein alles gemacht habe, so wären ja alle die, denen ein Versuchsfeld zu Gebote steht, schon seit Jahren imstande gewesen, das hier entscheidende Experiment zu machen, indem man mit künstlicher Bewässerung nachhalf. Da müßte dann *jener* Vorteil des humusreicheren Bodens wegfallen.

Was die weitere Frage der „reinen" Versuche anbetrifft, so bedingt bei auch sonst normaler Ernährung der *Stickstoff* eine reichere Blattbildung und damit naturgemäß auch eine bessere Ausnützung der Kohlensäure, sei es der atmosphärischen oder bodenbürtigen. Anderseits wenn von zwei nicht ganz humusarmen Ackerstücken das eine nur mineralisch gedüngt wird, so nimmt in diesem die Bodenatmung zu, eine wiederholt gemachte Beobachtung, die durch einen mißglückten Versuch nicht wiederlegt werden kann. Es ist aber auch nicht einwandfrei, das eine Stück mit Stallmist zu düngen, und dem anderen dafür soviel an Nährsalzen zu geben, als laut Analyse der Stalldünger enthält. Denn in diesem sind die Pflanzennährstoffe gebunden und werden erst allmählich abgebaut und den Wurzeln aufnehmbar und zwar im Laufe des ersten Sommers etwa zur Hälfte, vielleicht etwas mehr, vielleicht auch weniger. Dadurch sind aber die mineralisch gedüngten Pflanzen *im Vorteil* vor den anderen, denn bekanntlich ist gerade die *junge* Saat für gelöste Mineralsalze besonders dankbar, und der im Anfang gewonnene Vorsprung pflegt für die ganze Vegetationsdauer vorzuhalten.

Eine Art von Versuchen ist aber, wenn auch nicht eigentlich als „Versuch im engeren Sinne", öfters ausgeführt worden und zwar stets mit dem gleichen einwandsfreien Ergebnis. Wenn man jahrelang immer wieder nur mineralisch düngt, dann fangen *einmal*, wenn es auch bei besseren Böden lange dauert, die Erträge an abzunehmen, und *nichts anderes* als *Humusdüngung* kann sie wieder steigern. Die Ernterückstände allein genügen für die Dauer nicht.

Zu der Anwendung organischer Düngung wäre noch folgendes nachzutragen: F. BORNEMANN (1, 2) hat wiederholt befürwortet, Stalldünger sehr oberflächlich, ja am besten (wenn auch nicht in allen Fällen) *obenauf* zu geben. Denselben in die Furchen des Kartoffelackers zu bringen, ist öfters ausgeführt worden. Nach biologischen Erwägungen sind dabei Substanzverluste kaum anzunehmen. Die Entstehung von freiem Ammoniak z. B. ist wenig wahrscheinlich. Nur wird bei langer Trockenheit die Zersetzung der an der Luft liegenden Massen verzögert werden. Solches Verfahren bringt aber noch *andere Vorzüge* mit sich. In rauher Jahreszeit wird die Saat vor Unbilden des Wetters geschützt, sodann ist der bedeckte Boden besser vor Austrocknung bewahrt und seine Bakterien bleiben in Tätigkeit. Selbstverständlich ist diese Maßnahme um so mehr zu empfehlen, wenn sie außer der Belieferung der Pflanzen mit Kohlendioxyd noch andere Vorteile bieten sollte.

Da wir an mehreren Stellen zu betonen hatten, wie notwendig *Luftzutritt* zum Boden, besonders zu seinem Humusgehalt ist, so berührt es fast sonderbar, daß gerade mit *Bodenbedeckung*, die neuerdings für gärtnerische Kulturen empfohlen wird, *gute Erfolge* erzielt worden sind (vgl. auch dazu F. BORNEMANN 3). Aufgelegte Dachpappe, nur mit den nötigen Pflanzlöchern versehen, müßte, so sollte man meinen, nur schädliche Folgen haben. Eine solche wird sie wahrscheinlich auf sehr bindigen und nassen Böden auch haben. Bei gut durchlüfteten Boden wirkt sie aber augenscheinlich nützlich. Es muß hier doch wohl noch soviel Luftumlauf als nötig im Boden stattfinden, und so auch der Gasaustausch mit der freien Luft nicht ganz behindert sein. Jedenfalls aber verhindert die Bedeckung den unmittelbaren

Wasserverlust durch Verdunstung aus dem Boden. Das erhält dann auch, außer bei zu starker Durchnässung, weiterhin das Bakterienleben im Boden. Der Austritt der bodenbürtigen Kohlensäure aus den Pflanzenlöchern kommt unmittelbarer als sonst an die Kulturpflanzen heran, denen auch infolge der Bedeckung der Wettbewerb mit Unkräutern verringert ist.

Zweier Tatsachen biologischer Natur möchte Verfasser noch Erwähnung tun, welche die Bedeutung der Bodenkohlensäure beleuchten: Es ist oft beobachtet und längst bekannt, daß Morgensonne von den Pflanzen besser ausgenützt wird als Abendsonne bei sonst gleichen Bedingungen. Das sieht recht rätselhaft aus, erklärt sich aber sehr einfach, weil die Morgensonne die Pflanzen in einer an Kohlensäure reicheren Umgebung trifft als das untergehende Tagesgestirn. Wie geht es ferner zu, daß ,,Mischsaat", also Futtergräser mit Wicken durcheinander, mehr an Pflanzenmasse ergeben als jede Art für sich in ,,Reinkultur"? Es kommt dies daher, daß 1. die Gräser den Stickstoff im Boden ganz für sich beanspruchen können, weil die Hülsenfrucht ihren Bedarf mit Hilfe der Knöllchenbakterien aus der Luft entnimmt, 2. die Gräser aber auch darum besser wachsen können, weil die sehr starke Atemtätigkeit der Knöllchenbakterien (vgl. dazu E. REINAU 2) ihnen große Mengen von Kohlensäure liefert; 3. kommt ein allgemeines biologisches Gesetz hinzu, wonach je zwei Einzelwesen einander um so weniger durch Wettbewerb schädigen, je verschiedenartiger sie sind.

Zum Schluß hätten wir noch einiges von der organischen Substanz und ihrer Zersetzung im *Waldboden* zu sagen. Hier liegen ja die Verhältnisse wesentlich anders. Es fehlt schon, verglichen mit dem Acker, die alljährliche Bodenbearbeitung. Dann sind aber fast alle unsere Waldböden *schwach sauer*, und die meisten Arten der Waldbäume sind dem *angepaßt.* Nur die Rotbuche (Fagus) und entschiedener noch die Weißbuche (Carpinus) fordern einen gewissen Kalkgehalt des Bodens. Die Anhäufung der Laub- und Nadelstreu gibt den Anstoß zur Säurebildung, der auf Urgestein, Tonschiefer oder Sandstein nicht genügend entgegengewirkt werden kann, außer (was erst in neuerer Zeit hier und da getan wurde) wenn der Waldboden gekalkt wird. Der ,,Rohhumus", d. h. die sich nur langsam zersetzende organische Substanz der Wälder, kann sich unter Umständen mehr als gut ist anhäufen. Am *langsamsten* zersetzt sich die *Nadelstreu* der Koniferen, die durch ihren antiseptisch wirkenden Harzgehalt die Mikroorganismen nur schwer aufkommen läßt (auch, wo sie auf Ackerboden gelangt, diesen nicht verbessert). Die Zersetzung der Waldstreu besorgen überhaupt viel weniger Bakterien, als meist Pilze, vielfach sog. ,,niedere", d. h. schimmelartige, aber auch ,,höhere".

Auch die Waldstreu ist durch Abgabe von *Kohlensäure* von Nutzen. Den Forstwirten ist es längst nichts Neues mehr, daß man sie nicht ungestraft dem Walde entziehen darf, so sagt z. B. A. DENGLER: ,,Die Waldstreu ist der Dünger des Waldes. Ihre Entfernung (Streunutzung) stört das Gleichgewicht in seinem Nährstoffhaushalt und schädigt ihn schwer." Nun ist es längst bekannt und oft erwiesen, daß *vor dem Laubfall* eine starke *Abwanderung* von Stickstoff- und anderen Verbindungen, nicht bloß Kohlenhydraten und Fetten, aus den Blättern in den Stamm hinein stattfindet. Demzufolge besteht das welk abfallende Blatt fast nur noch aus den leeren Blattzellen. Vielleicht würde die Zersetzung der Waldstreu rascher stattfinden, wenn sie reicher an Nährsalzen wäre als sie tatsächlich ist. Wie aber die Dinge liegen, kann sie eigentlich *nur* als Kohlensäurequelle in Betracht kommen, jedoch nur sehr wenig für die Nährsalzversorgung der Bäume. Dieser Waldhumus wird sich rascher und vorteilhafter zersetzen nach Zugabe größerer Nährsalzmengen, besonders von Kalk.

Ein Teil der den Waldboden bewohnenden Pilze lebt mit den Bäumen bzw. mit deren Wurzeln in eigenartiger ,,Symbiose". Sie umspinnen mit ihrem Fadengeflecht die feinsten Wurzelenden, die nun keine Wurzelhaare mehr bilden, sondern durch die Pilzfäden mit dem Boden in Verbindung bleiben. Über Sinn und Bedeutung dieser als „*Mykorrhiza*" oder „*Wurzelverpilzung*" bezeichneten Erscheinung sind mancherlei Meinungen aufgestellt worden. Die früher verbreitetste war die, daß die Pilze der Wurzel aufgeschlossene, *organische* Nahrung aus dem Humus zuführen. Diese Meinung hat viel für sich. Dann begründete E. STAHL ausführlich seine Theorie, nach welcher die namentlich auch in Heiden verbreiteten Mykorrhiza-Pflanzen durch die Pilze im Erwerben der *mineralischen* Nahrung unterstützt würden. Beides kann wohl nebeneinander hergehen, und dazu noch ein Drittes: Die Wurzelpilze wirken abbauend auf die Humuskörper, erzeugen aber dabei, wie im Ackerboden die Bakterien, jenen Kohlensäurestrom, von dessen Wichtigkeit hier ausführlich die Rede war. Im Wald- wie im Heideboden treten Bakterien zurück, Pilze übernehmen ihre Rolle.

III. Zusammenfassung.

Was hier hauptsächlich über die *Bedeutung der organischen Stoffe im Boden* gesagt wurde, sei hier kurz zusammengestellt:

Sie verbessern „physikalisch" den Boden, mehren die wasserhaltende Kraft in leichten und die Porosität in schweren Böden. Sie schützen die mineralischen Nährstoffe vor Auswaschung. Sie speichern einen gewissen Sauerstoffvorrat und dienen den Stickstoff sammelnden Bakterien zur Nahrung. Sie verbessern so den Stickstoffhaushalt des Bodens und fördern auch als „Humus" die Stickstoffumsetzungen wie Ammoniak- und Salpeterbildung. Sie liefern die bodenbürtige Kohlensäure, die *im Boden* auflösend auf schwerangreifbare Nährsalze wirkt und *über dem Boden* als wichtigster Pflanzennährstoff durch die Blätter assimiliert wird. Zu letzterer Frage sei zusammenhängend auf die wichtigste Literatur hingewiesen: F. BORNEMANN (1—3), H. FISCHER (1, 5), E. REINAU (1, 3), F. RIEDEL.

Literatur.

BORNEMANN, F.: (1) Kohlensäure und Pflanzenwachstum. Berlin 1920; (2) 2. Aufl. 1923; (3) Die Kohlenstoff-Ernährung der Kulturpflanzen. Berlin 1930. — BORTELS, H.: Angew. Bot. **9**, 285 (1929).

DENGLER, A.: Waldbau auf oikologischer Grundlage. Berlin 1930. — DÖNHOFF, G.: Untersuchungen über die Größe und die Bedeutung der Bodenatmung. Dissert., Halle 1927.

FISCHER, H.: (1) Pflanzenbau und Kohlensäure. Stuttgart 1921; (2) Angew. Bot. **7**, 320 (1925); (3) Ebenda **10**, 152 (1928); (4) Beitr. Biol. Pflanz. **15**, 327 (1927); (5) Leitfaden der landw. Bakterienkde. Berlin 1930.

GODLEWSKI, E.: Arb. Bot. Inst. Würzburg **1**, H. 3, 343 (1873).

HASSE, P., u. F. KIRCHMEIER: Z. Pflanzenernährg usw. A **8**, 257 (1929). — HESSELINCK VAN SUCHTELEN, F. H.: Zbl. Bakter. II **28**, 45 (1910).

KISSELEW: Beihefte Bot. Zbl. I **32**, 86 (1914). — KREUSLER, U.: Landw. Jb. **14**, 913 (1885). — LEMMERMANN, O.: (1) Mitt. dtsch. Landw.-Ges. **35**, 696 (1920); (2) Z. Pflanzenernährg usw. B **5**, 70 (1926).

LÖHNIS, F.: (1) Bodenbakterien und Bodenfruchtbarkeit. Berlin 1914; (2) Biologie des Bodens II 2 in Handb. der Landwirtschaft von AEREBOE, HANSEN, ROEMER. Berlin 1929. — LUNDEGÅRDH, H.: Der Kreislauf der Kohlensäure in der Natur. Jena 1924.

MITSCHERLICH, E. A.: Bodenkunde für Land- und Forstwirte. 4. Aufl. Berlin 1923.

REINAU, E.: (1) Kohlensäure und Pflanzen. Halle a. S. 1920; (2) Die Technik in der Landwirtschaft **5**, 95, 186 (1924); (3) Praktische Kohlensäuredüngung in Gärtnerei und Landwirtschaft. Berlin 1927; (4) Mitt. dtsch. Landw.-Ges. **44**, 1165 (1929). — RIEDEL, F.: (1) Ebenda **34**, 427, 451, 467 (1919). — RIPPEL, A.: Z. Pflanzenernährg usw. B **5**, 49 (1926).

SCHNEIDEWIND, W.: Die Ernährung der landwirtschaftlichen Kulturpflanzen. Berlin 1915. 2. Aufl. 1917. — STAHL, E.: Jb. Bot. **34**, 539 (1900).

THAER, Alb.: Grundsätze der rationellen Landwirtschaft **2**, 3. Hauptstück.

VÖCHTING, H.: Bot. Ztg **49**, 113, 129 (1891).

WOLLNY, E.: (1) Landw. Versuchsstat. **25**, 373 (1880); (2) Die Zersetzung der organischen Stoffe und die Humusbildungen. S. 293. Heidelberg 1897.

2. Fäkaldünger.

Von

Dr. F. HONCAMP

ord. Professor an der Landesuniversität und Direktor der landwirtschaftlichen Versuchsstation zu Rostock i. Meckl.

Mit 3 Abbildungen.

Man versteht nach M. HOFFMANN unter Abort- oder Abtrittsdünger, Dejekten, Exkrementen, Fäkalien, Kloaken usw. schlechthin die menschlichen Auswurfstoffe, die als unverdaute Teile der Nahrung oder als Abbauprodukte derselben zur Ausscheidung kommen. Sie bestehen aus Harn und Kot. Der Harn ist eine durch die Nieren ausgeschiedene Lösung der Stoffwechselprodukte. Menge und Konzentration desselben wird bedingt durch die aufgenommenen Flüssigkeitsmengen. Kot oder Faeces setzen sich in der Hauptsache aus unverdauten Nahrungsstoffen zusammen. Die anfallenden Faecesmengen sind bei ausschließlicher oder vorwiegender Fleischkost gering. Sie werden um so größer, je mehr cellulosehaltige, schwer verdauliche Bestandteile die aufgenommene Nahrung enthält. Der Düngerwert der Fäkalien wird bedingt durch Gehalt und Zusammensetzung der für die Pflanzenernährung wichtigen Bestandteile. Dieser ist abhängig von der Art der Aufsammlung, Aufbewahrung und Konservierung der menschlichen Auswurfstoffe (L. B. KÜHN; N. NOBIS).

I. Die Zusammensetzung von Harn und Kot.

Harn und Kot bilden zusammen die menschlichen Auswurfstoffe. E. HEIDEN gibt auf Grund zahlreicher Untersuchungen über Zusammensetzung und Mengenverhältnisse der Exkremente folgende Durchschnittswerte an:

Bestandteile	Harn %	Kot %	Zusammen %
Wasser	94,75	77,20	93,00
Trockenmasse	5,25	22,80	7,00
bestehend aus:			
a) organischer Substanz	4,20	19,40	5,70
hierin Stickstoff	1,00	1,60	1,10
b) anorganischer Substanz	1,05	3,40	1,30
hierin Kali	0,18	0,55	0,22
hierin Phosphorsäure	0,15	1,23	0,26

Prozentisch ist hiernach der Harn etwas geringwertiger als der Kot, wobei freilich nicht vergessen werden darf, daß täglich etwa 8—10mal soviel Harn als Kot ausgeschieden wird. Harn und Kot unterscheiden sich also hinsichtlich ihrer Zusammensetzung wesentlich voneinander. Ebenso sind die Umsetzungen, die Harn und Kot erleiden müssen, um als Pflanzennahrung dienen zu können, verschiedenartiger Natur. Von diesen Gesichtspunkten aus werden daher Harn und Kot in ihrer Bedeutung zunächst gesondert behandelt werden müssen.

1. Der Harn.

In erster Linie wird der Wert der Exkremente als Düngemittel durch ihren verhältnismäßig hohen Stickstoffgehalt bedingt. Dieser findet sich zu einem sehr großen Teile im Harn vor. Als Endpunkt des Eiweißstoffwechsels kommt er hier in Form von Harnstoff zur Ausscheidung. Infolgedessen ist die ausgeschiedene Stickstoffmenge wesentlich abhängig von Art und Menge des aufgenommenen Nahrungseiweißes. L. LICHTWITZ untersuchte den Harn der Mitglieder einer ganzen Familie und zwar nach Fleisch- und fleischlosen Tagen mit folgenden Ergebnissen:

	Alter	Gewicht	Harnstickstoff	
			Fleischtag	fleischloser Tag
	Jahre	kg	g	g
1. Person männlichen Geschlechts	47 1/2	75,5	12,55	10,94
2. „ „ „	8	29,0	7,02	5,11
3. „ „ „	4	21,5	3,10	5,92
4. „ „ „	2 1/2	18,5	4,81	5,10
5. Person weiblichen Geschlechts	34	78,0	9,53	8,50
6. „ „ „	6 1/2	24,0	7,08	4,64
7. „ „ „	24	42,5	11,30	8,22
8. „ „ „	29	63,5	10,89	6,48
9. „ „ „	20	55,5	11,24	7,04

Es geht hieraus deutlich der wesentliche Einfluß hervor, den die eiweißreiche Kost auf die mit dem Harn ausgeschiedene Stickstoffmenge ausgeübt hat. Hiervon machen nur die beiden, noch in ganz jugendlichem Lebensalter befindlichen Personen eine Ausnahme. Aber auch Geschlecht und Gewicht sind von Einfluß. Nach weiteren Untersuchungen von L. Lichtwitz schwankte der mittlere Wert der Stickstoffausscheidungen im Harn bei Männern zwischen 7,6—10,5, bei Frauen zwischen 7,6—8,8 und bei Kindern zwischen 4,3—7,6 g im Liter. Alter und individuelle Veranlagung scheinen demnach auch von Einfluß zu sein. In der Hauptsache wird aber die im Harn ausgeschiedene Stickstoffmenge durch Art und Menge der stickstoffhaltigen Substanz der Nahrung bedingt.

Für die Zusammensetzung eines normalen Menschenharnes bei einer den Voitschen Standardzahlen entsprechenden Kost gelten etwa folgende Werte:

Tagesmenge = 1500 cm³ mit 60 g festen Stoffen:

Organische Bestandteile	35,0 g
hiervon entfallen:	
auf Harnstoff	30,0 g
„ Harnsäure	0,7 g
„ Kreatinin	1,5 g
„ Hippursäure	0,7 g
„ andere organische Stoffe	2,1 g

Anorganische Bestandteile	25,0 g
hiervon entfallen:	
auf Chlornatrium (NaCl)	15,0 g
„ Schwefelsäure (H_2SO_4)	2,5 g
„ Phosphorsäure (P_2O_5)	2,5 g
„ Kali (K_2O)	3,3 g
„ Ammoniak (NH_3)	0,7 g
„ Magnesia (MgO) } „ Kalk (CaO) }	0,8 g
„ andere anorganische Stoffe	0,2 g

Den wesentlichsten und für die Pflanzenernährung wichtigsten Bestandteil des Harnes bilden also die Stickstoffverbindungen. Letztere bestehen überwiegend aus Harnstoff. Die übrigen Stoffe spielen der Menge nach nur eine untergeordnete Rolle. Die Zusammensetzung des Harnes ändert sich aber sehr schnell (F. Honcamp). Alle organischen Stickstoffverbindungen werden unter dem Einfluß von ammoniakbildenden Bakterien zu Ammoniak selbst abgebaut. Die Einwirkung dieser Bakterien ist auf den Harnstoff am größten, geringer auf Harnsäure, und am widerstandsfähigsten hat sich nach den bisherigen Untersuchungen Hippursäure erwiesen. Alle diese Verbindungen werden durch die Harngärung in Ammoncarbonat, organische Ammonsalze oder in freies Ammoniak übergeführt. Die Überführung in Ammoniakverbindungen erfolgt beim Harnstoff am einfachsten und fast restlos nach der Gleichung:

$$CO \cdot (NH_2)_2 + 2H_2O = (NH_4)_2CO_3 .$$

Über den Harnstoff vollzieht sich wahrscheinlich auch die Zersetzung der Harnsäure. Man kann sich diesen Prozeß folgendermaßen verlaufend denken, wobei Ammoniumcarbonat und Kohlensäure entsteht:

$$C_5H_4N_4O_3 + 8H_2O + O_3 = 4NH_4HCO_3 + CO_2 .$$

Andere Forscher neigen jedoch der Ansicht zu, daß die Zersetzung der Harnsäure zunächst nur bis zur Bildung von Harnstoff geht und zwar nach folgenden Gärungsgleichungen:

$$\text{entweder } C_5H_4N_4O_3 + 4H_2O = 2CH_4N_2O + C_3H_4O_5 \text{ (Tartronsäure)}$$

$$\text{oder } C_5H_4N_4O_3 + 2H_2O = 2CO(NH_2)_2 + 3CO_2 .$$

Von der relativ widerstandsfähigen Hippursäure nimmt man dagegen an, daß sie zunächst eine Zerlegung in Benzoesäure und Glykokoll erfährt, von denen dann erst wiederum das letztere weiter aufgespalten wird. Als Endprodukte der Hippursäuregärung wird man demnach Benzoesäure, Ammoniak und Kohlendioxyd erhalten. Der Prozeß würde etwa nach folgender Gleichung verlaufen:

$$C_6H_5CO \cdot NH \cdot CH_2COOH + H_2O = \begin{array}{c} CH_2NH_2 \\ \cdot \\ COOH \end{array} + C_6H_5 \cdot COOH .$$

In ähnlicher Weise wie bei der Hippursäure dürfte die Zersetzung der anderen organischen Stickstoffverbindungen des Harns stattfinden. So nimmt man z. B. für die Phenacetursäure an, daß sie zunächst in Phenylessigsäure und Glykokoll und letzteres dann erst sekundär in Ammoniak übergeführt wird (ausführliche Angaben und Literatur bei A. KOSSOWICZ). Gegenüber den Stickstoffverbindungen des Harns treten alle übrigen Bestandteile desselben der Bedeutung und Menge nach wesentlich zurück.

2. Der Kot.

Dieser stellt ein buntes Gemisch der verschiedenartigsten Stoffe dar. Er enthält zunächst alle unverdauten Bestandteile der aufgenommenen Nahrung, ferner Exkrete des Verdauungsapparates wie Darmepithelien, Darmschleim, Stoffwechselprodukte usw., Mikroorganismenleiber und endlich Fäulnis- und Gärungsprodukte des Darminhaltes. Menge und Zusammensetzung des Kotes sind je nach Art und Gehalt der aufgenommenen Nahrung außerordentlich verschieden. Reine oder überwiegende Fleisch- und Milchnahrung liefert nur wenig Kot. Man nimmt von diesem an, daß er fast ausschließlich aus Darmsekreten besteht. Dagegen liefert eine schwer verdauliche oder an Rohfaser (Cellulose) reiche Nahrung, wie sie für die meisten Vegetabilien zutrifft, erheblich größere Kotmengen. Diese enthalten häufig noch grobe und zahlreiche Nahrungsreste. Bei gemischter Kost scheidet der normale Mensch je nachdem die animalischen oder vegetabilischen Nahrungsstoffe überwiegen, 100—200 g Kot mit 30—45 g Trockensubstanz aus. An organischen Bestandteilen enthält der Kot bei gemischter Nahrung: Chlorphyll, Dextrin, Eiweiß, Fette, Rohfaser (Cellulose), Zucker und alle unverdauten oder nicht assimilierten Rückstände der aufgenommenen Nahrung. Als Exkrete des Verdauungsapparates sowie als Produkte des Stoffwechsels lassen sich in den Faeces nachweisen: Buttersäure, Capronsäure, Cholesterin, Essigsäure, gewisse Farbstoffe, Indol, Lecithin, Murin, Murlein, Phenol, Proteine, stickstoffhaltige Stoffwechselprodukte, Skatol u. a. Die anorganischen Kotbestandteile umfassen Erdphosphate, Kieselerde, kohlensauren Kalk, phosphorsaure Magnesia u. a. mehr.

II. Die Menge der ausgeschiedenen Exkremente.

Auf Grund von genauen Ermittlungen hat man festgestellt, daß im Durchschnitt die täglichen Entleerungen eines erwachsenen Individuums etwa 100 bis 150 g feste Stoffe und 1000—1500 g Flüssigkeit betragen. Es würde hiernach ein normaler Mensch nach oben abgerundet im Jahre etwa 50 kg Kot und und 420 kg Harn, insgesamt rund 500 kg Exkremente ausscheiden. Selbstverständlich können diese Mengen großen Schwankungen unterworfen sein. Sie verteilen sich nach Untersuchungen von WOLF und LEHMANN auf die verschiedenen Geschlechter und Lebensalter wie nebenstehend:

Geschlecht	Feste Ausscheidung kg	Flüssige Ausscheidung kg	Insgesamt kg
Mann . .	45,5	574,5	602,0
Frau . .	16,1	492,6	508,7
Knabe .	39,8	207,7	247,5
Mädchen	8,8	164,2	173,0

Die großen Schwankungen zwischen Erwachsenen und Kindern sind ohne weiteres verständlich. Aber auch bei erwachsenen Personen können in den täglichen Absonderungsmengen große Unterschiede auftreten. Es gilt dies namentlich für die Harnmenge. So wurden nach N. ZUNTZ bei Stoffwechselversuchen am ruhenden Menschen in 24 Stunden ausgeschieden:

a) 1150—2100 g Harn
b) 620—1300 g ,,
c) 1740—2815 g ,,

Zahlen, welche die durchschnittlichen Mengen von Harn und Kot der gesamten Bevölkerung zum Ausdruck bringen, gibt J. H. VOGEL (1) an. Sie betragen pro Jahr und Person:

	Harn kg	Kot kg	Insgesamt kg
Nach E. HEIDEN und A. MÜLLER	438,0	48,50	486,5
,, E. von WOLFF	422,0	48,15	470,5
,, WOLF und LEHMANN . . .	428,2	32,90	461,1
,, GÄRTNER und PETTENKOFER	428,0	34,00	462,0
,, FRANKLAND	427,0	33,00	460,0
,, PARKES	438,0	27,40	465,4

Die Werte weisen für den Harn und hinsichtlich ihrer Gesamtmenge nur unwesentliche Unterschiede auf. Diese sind bezüglich des Kotes erheblich größer. Vielleicht ist hier die Art der Kost, d. h. ob vorwiegend animalische bzw. vegetabilische, nicht ohne Einfluß gewesen. Immerhin wird man annehmen können, daß diese Zahlen wenigstens annähernde Durchschnittswerte sind. Nach E. HEIDEN stellen sich im einzelnen die Ausscheidungen einer gemischten Bevölkerung an Fäkalien pro Kopf und Tag wie folgt:

Menge:	Harn		Kot		Insgesamt	
	pro Tag g	pro Jahr kg	pro Tag g	pro Jahr kg	pro Tag g	pro Jahr kg
in natürlichem Zustande .	1200,0	438,0	133,0	48,5	1333,0	486,5
Trockensubstanz	63,0	23,0	30,3	11,0	93,3	34,0
organische Substanz . . .	50,0	18,2	25,8	9,4	75,8	27,6
hierin Stickstoff . . .	12,1	4,4	2,1	0,8	14,2	5,2
Mineralstoffe	13,0	4,8	4,5	1,6	17,5	6,4
hierin Kali	2,22	0,81	0,73	0,27	2,95	1,08
,, Kalk	0,22	0,08	0,08	0,29	0,23	0,37
,, Phosphorsäure .	1,80	0,66	1,64	0,60	3,44	1,26

Nach E. VON WOLFF enthält der Harn durchschnittlich etwa 0,50 % Chlor, was einen Kochsalzgehalt von 0,82 % entsprechen würde. Demgemäß scheidet ein erwachsener Mensch täglich allein mit dem Harn im Durchschnitt 9,8 g oder in einem Jahre 3,6 kg Kochsalz aus. Zuzüglich der in den Faeces enthaltenen Kochsalzmenge müssen demgemäß die Fäkalien als ziemlich kochsalzreich bezeichnet werden. Es bedeutet dies bis zu einem bestimmten Grade eine Wertminderung der Fäkalien als Düngestoff, da bei gewissen landwirtschaftlichen Kulturpflanzen die Qualität derselben durch Chlornatrium vermindert wird. Aus den oben angeführten Zahlen geht hervor, daß ein erwachsener Mensch im Jahresdurchschnitt durch Blase und Darm annähernd 30 kg organische Stoffe mit etwas mehr als 5 kg Stickstoff ausscheidet. Die im gleichen Zeitraum ausgeschiedenen, anorganischen Bestandteile belaufen sich auf über 6 kg, unter denen sich etwa reichlich je 1 kg Kali und Phosphorsäure befinden. Der Kalkgehalt ist meist wesentlich geringer, aber doch nicht ganz unbeträchtlich. Die angeführten Zusammenstellungen lassen ferner erkennen, daß die hauptsächlich als Pflanzennährstoffe in Frage kommenden Bestandteile der Exkremente, wie Kali und Stickstoff, aber auch Phosphorsäure, sich vorwiegend in den flüssigen Ausscheidungen, d. h. im Harn, vorfinden.

Unter praktischen Verhältnissen gelangen jedoch die menschlichen Ausscheidungen nicht restlos in die Aborte. Ein großer Teil geht beim Lagern durch Gärungen und andere Zersetzungen verloren. J. H. VOGEL (1) schätzt die ersteren Verluste auf etwa die Hälfte des gesamten Harnes und auf ein Sechstel des Kotes. Aber auch die anderen Verluste sind je nach Art der Aufbewahrung und Dauer der Lagerung sehr erheblich. So wurden nach den Feststellungen von J. H. VOGEL aus einer jährlich 2—3mal entleerten Grube statt der angenommenen 500 kg Fäkalien je Person nur 125 kg wiedergewonnen. Demgegenüber sind andere Erhebungen wesentlich günstiger ausgefallen. Es betrugen nach den statistischen Feststellungen der Stadt Chemnitz die geräumten Fäkalien pro Kopf der Einwohnerzahl im Jahre:

1896 kg	1897 kg	1898 kg	1899 kg	1900 kg	1901 kg	1902 kg	1903 kg	Im Durchschnitt kg
356	341	356	362	365	376	346	340	*355*

Diese Zahlen zeigen für die einzelnen Jahre so geringe Abweichungen, daß sie sicherlich als Werte anzusehen sind, die den tatsächlichen Verhältnissen entsprechen. Man darf also annehmen, daß bei dem hier zugrunde liegenden Grubensystem etwa ein Drittel der jährlich von den Menschen produzierten Fäkalsubstanzen verlorengeht.

Aber auch bei Berücksichtigung dieser unvermeidlichen Verluste sind die jährlich noch anfallenden Fäkalmengen außerordentlich groß. Unter Zugrundelegung einer Jahresmenge von nur 360 kg Fäkalien pro Individuum würden hiernach in einer Stadt von z. B. 300000 Einwohnern im Jahre rund 1 Mill. dz Fäkalien produziert werden, die etwa 90000 dz organische Substanz und an reinen Pflanzennährstoffen 15000 dz Stickstoff, sowie je 3000 dz Kali und Phosphorsäure enthalten. Diese reinen Nährstoffmengen würden in einer Menge von 100000 dz Chilesalpeter, von 25000 dz eines 12proz. Kainits und von 20000 dz eines 15proz. Thomasmehles vorhanden sein. Ferner hat E. DEGEN berechnet, daß von den kanalisierten Städten in Deutschland täglich 2,8 Mill. m^3 Abwässer erzeugt werden. Unter Zugrundelegung eines durchschnittlichen Gehaltes von 80 g Stickstoff (N), 60 g Kali (K_2O) und 20 g Phosphorsäure (P_2O_5) je Kubikmeter würden somit täglich 240 t Stickstoff, 180 t Kali und 60 t Phosphorsäure, oder im Laufe eines Jahres 88000 t Stickstoff, 66000 t Kali und 22000 t Phosphorsäure anfallen. Diese auf reine Nährstoffe sich beziehenden Mengen würden etwa in 440000 t schwefelsaurem Ammoniak (20% N), 127000 t Thomasmehl (17,3% P_2O_5) und 330000 t eines 20proz. Kalisalzes enthalten sein. Wenn solche Berechnungen infolge der schwankenden Zusammensetzung der Fäkalien und der Spüljauche naturgemäß auch an gewissen Unsicherheiten leiden, so geben sie doch immerhin eine annähernde Vorstellung über die Mengen an Pflanzennährstoffen, die in den Fäkalien und städtischen Abwässern enthalten sind.

In den Fäkalien, wie sie zu Düngerzwecken Verwendung finden, kommen Harn und Kot in der Regel gemischt miteinander vor. Bald nach Ausscheidung derselben treten Fäulnisprozesse und andere Zersetzungen ein. Diese werden z. T. durch die ausgeschiedenen Nahrungsreste insofern bedingt, als eiweißreiche Reste besonders leicht zu Fäulnis und anderen Zersetzungen neigen. In der Hauptsache ist jedoch die Art der Aufsammlung, Aufbewahrung und Konservierung der menschlichen Auswurfstoffe auf Zusammensetzung und Wert der Fäkalien als Düngemittel von Einfluß. Die verschiedenen Verfahren zur Gewinnung der menschlichen Absonderungen bedingen einen verschiedenen Gehalt an Pflanzennährstoffen und infolgedessen auch einen anderen Wert als Düngemittel.

III. Die verschiedenen Verfahren zur Ansammlung und Abfuhr der menschlichen Exkremente.

Die verschiedenen Sammel- und Abfuhrsysteme für die Fäkalien sollen hier nur in den Grundzügen und nur insoweit erörtert werden, als hierdurch die chemische Zusammensetzung und somit der Wert der menschlichen Auswurfstoffe für Düngezwecke berührt wird. Ausführliche Angaben über die verschiedenen Systeme finden sich bei J. H. VOGEL (1), F. FISCHER u. a. Es kommen in Frage:

1. Das Grubensystem,
2. das Kübel- bzw. Tonnensystem,
3. das Schwemmsystem (Wasserklosett).

Die beiden erstgenannten Verfahren dürften sich in der Hauptsache nur noch auf dem Lande und in kleineren Städten vorfinden (K. MITTENMAIER [2], C. MAQUET [2]). Diese Verfahren sind mit Recht durch die hygienisch weit überlegene Abschwemmung der Fäkalien durch die Kanäle verdrängt worden. Wo letzteres nicht möglich ist, wird die Reinigung der Abwässer in besonderen Klaranlagen, Hauskläranlagen usw. durchzuführen sein. Soweit hierbei Klärrückstände in größeren Mengen gewonnen werden, hat man den anfallenden Schlamm in der verschiedenartigsten Weise weiter zu verwerten oder technisch auszunutzen versucht. Eine landwirtschaftliche Verwertung derartigen Klärschlammes kann erfolgen im Sinne einer Kompostierung oder Verarbeitung zu Poudrette. Er kann gegebenenfalls auch zu Zwecken der Bodenmelioration Verwendung finden (M. RUBNER).

Zwischen den Gruben- und Tonnensystemen einerseits und dem Schwemmsystem auf der anderen Seite besteht insofern ein grundsätzlicher Unterschied, als die beiden erstgenannten Verfahren nur auf eine Sammlung und Wegschaffung der menschlichen Auswurfstoffe hinzielen. Bei der Schwemmkanalisation werden dagegen neben den Fäkalien mit Spülwasser in der Regel auch die übrigen häuslichen Abwässer und z. T. noch Regenwasser, Abwässer aus industriellen Anlagen usw. aufgenommen.

1. Das Grubensystem.

Die älteste Art der Ansammlung und Aufbewahrung der menschlichen Auswurfstoffe ist die in Abtrittsgruben, ein Verfahren, das heute auf dem Lande vielfach noch vorhanden sein dürfte. Es findet sich wahrscheinlich aber auch noch in manchen kleineren Städten vor. Das System beruht darauf, daß man die Exkremente in dichtester Nähe des Hauses in Gruben sammelt, um sie je nach Bedarf ein oder mehrere Male im Jahre durch Entleerung zu entfernen. Die einfachsten Vorrichtungen dieser Art sind die nur in das Erdreich ohne Mauerwerk eingelassenen Gruben, die man auch als Schwind-, Senk-, Sitz- oder Versitzgruben bezeichnet. Solche Gruben sind naturgemäß in der Regel nicht völlig undurchlässig, so daß die flüssigen Ausscheidungen leicht in das angrenzende Erdreich versickern können. Ein großer Teil des Harnes mit dem wertvollen Stickstoff und weiterhin aus dem Kot die löslichen Mineralstoffe gehen auf diese Weise verloren und mindern so den Wert der Fäkalien als Dünger. Zurück bleiben dann nur verhältnismäßig geringe Mengen unlöslicher Stoffe, die bei längerer Lagerung durch Gärungen und Zersetzungen an Masse verlieren und somit auch die anfallende Düngermasse wesentlich verringern. Sowohl die Versickerung der flüssigen Ausscheidungen, als auch die Zersetzung der festen Stoffe gefährden die Gesundheit von Mensch und Vieh. Dieses Verfahren der Auffangung und Sammlung muß daher in jeder Beziehung nicht nur als unhygienisch bezeichnet werden, sondern auch als ein solches, das die Rückstände als für Düngerzwecke wenig geeignet erscheinen läßt.

Die später eingeführten ausgemauerten Gruben sind z. T. nur wenig besser. Die Fäkalien greifen Asphalt, Steine und Zement an, so daß auch derartige Gruben bald nicht mehr wasserundurchlässig sind. Sie besitzen dann mehr oder weniger die gleichen Nachteile wie die ungemauerten Gruben. Für beide Arten von Gruben ist eine möglichst häufige Entleerung nicht nur aus hygienischen Rücksichten, sondern auch inbezug auf die landwirtschaftliche Verwertung der Fäkalien erforderlich. Lagern diese in den Gruben monatelang oder gar ein Jahr und noch länger, so verpesten sie durch die bei der Vergärung und Zersetzung entstehenden Gase nicht nur die Umgebung, sondern sie erleiden auch erhebliche Verluste an wertvollen Pflanzennährstoffen. So verloren nach M. GERLACH Fäkalien während der Aufbewahrung in den Sommermonaten schon innerhalb von zwei Monaten 84—92% ihres Gehaltes an Gesamtstickstoff. Auch während der kälteren Jahreszeit waren die Verluste erheblich. Es gerieten in der Zeit vom 1. November bis 20. Dezember 50% Stickstoff in Verlust. Letztere entstehen durch Verflüchtigung von Ammoniak, das sich vornehmlich aus dem Harnstoff bildet. Diese Verluste sind um so größer, je höher die Temperatur ist, je länger das Aufbewahren der Fäkalien in den Gruben dauert und je unvollkommener die Gruben nach oben abgeschlossen sind. Über die Zusammensetzung der aus Gruben stammenden Fäkalien mögen folgende Angaben unterrichten:

Nr.	Wasser %	Trockensubstanz %	Organ. Substanz %	Gesamtstickstoff %	Ammoniakstickstoff %	Anorg. Substanz %	Phosphorsäure %	Kali %
1.	94,27	5,73	4,21	0,29	—	1,52	0,16	0,27
2.	95,99	4,01	2,08	0,41	—	1,73	0,19	0,14
3.	96,19	3,81	3,03	0,35	—	0,78	0,60	0,19
4.	92,36	7,64	5,59	0,76	—	2,05	0,31	0,11
5.	90,89	9,11	6,00	0,84	—	3,11	0,32	0,21
6.	97,38	2,62	1,51	0,43	—	1,11	0,19	0,21
7.	91,33	8,67	6,21	0,44	—	1,39	0,36	0,17
8.	96,83	3,17	2,11	0,27	—	1,17	0,05	0,23
9.	92,25	7,75	—	0,07	0,06	—	0,02	0,05
10.	98,82	1,18	—	0,10	0,09	—	0,04	0,11
11.	98,86	1,14	—	0,09	0,08	—	0,03	0,11
12.	98,33	1,67	—	0,13	0,09	—	0,05	0,14
13.	97,86	2,16	—	0,15	0,11	—	0,07	0,18
14.	97,96	2,04	—	0,13	0,10	—	0,07	0,18
15.	99,01	0,99	—	0,28	0,22	—	0,04	0,13
Im Mittel	*95,89*	*4,11*	*3,84*	*0,32*	*0,11*	*1,61*	*0,17*	*0,16*

Vergleicht man diese Werte mit denen, die für die Zusammensetzung der frischen Fäkalien angegeben werden, so ergibt sich für die aus Gruben stammenden Latrinendünger ein wesentlich geringerer Gehalt an Pflanzennährstoffen. Es fällt vor allen Dingen der geringe Gehalt an leichtlöslichem und infolgedessen rasch wirksamem Stickstoff auf. Die Ursachen hierfür sind bereits oben dargelegt worden.

Um den üblen Geruch und die gesundheitsschädlichen Wirkungen sowie die Fäulnis- und Gärungsprozesse der in Gruben gesammelten und sich allmählich zersetzenden Fäkalien zu verhindern, hat man letzteren desinfizierende Mittel, wie z. B. Carbolsäure, Chlorkalk, Eisenvitriol, Gips, Kalkmilch u. a. zugesetzt. Andere Verfahren benutzen zur Desinfektion und Desodorisierung Ätzkalk, Chlormagnesium und Teer. Die angewandten Desinfektionsmittel haben teilweise, wie z. B. die Carbolsäure und andere, den Nachteil, daß sie für das Pflanzenwachstum schädlich sind. So desinfizierte Fäkalien können demnach nicht ohne weiteres zu Düngerzwecken Verwendung finden. Sie müssen entweder so stark verdünnt werden, daß sie in der betreffenden Konzentration nicht mehr schaden können, oder sie müssen längere Zeit vor der Saat auf den Acker aus- und untergebracht werden, damit sie sich im Boden umsetzen können bzw. im Laufe der Zeit in den Untergrund gewaschen werden. Wann das eine oder andere eingetreten sein wird, vermag der Landwirt nicht zu übersehen. Die Anwendung solcher mit pflanzenschädlichen Mitteln desinfizierter Fäkalien als Düngemittel kann daher nicht ohne weiteres gutgeheißen werden. Andere der genannten Zusätze, wie z. B. das Eisenvitriol, der Gips und ähnliche vermögen nicht nur eine desinfizierende und desodorisierende Wirkung auszuüben, sondern sie können sich auch mit dem flüchtigen, in den faulenden Fäkalien vorhandenen kohlensauren Ammoniak zu schwefelsaurem Ammoniak und kohlensaurem Eisenoxydul bzw. kohlensaurem Kalk u. a. umsetzen und hierdurch hinsichtlich des in den Auswurfstoffen enthaltenen Stickstoffes konservierend wirken. Auch weist A. MAYER auf den weiteren Vorteil eines Zusatzes von Eisenvitriol zum Grubeninhalt hin. Im Boden wird Eisenvitriol sehr schnell oxydiert und vermag dann als Oxydsalz die Oxydation der organischen Substanz außerordentlich zu fördern und zu beschleunigen. Der Zusatz von Ätzkalk kann wohl den Exkrementen ihren unangenehmen Geruch nehmen und ihnen eine leicht handliche und verteilbare Form geben, er hat jedoch den Nachteil, daß er durch Austreibung des Ammoniaks den Düngerwert der Fäkalien wesentlich herabsetzt. Auf die Verwendung von Torf und Torfmull als Zusatz zu den Fäkalien wird bei der Beschreibung des Tonnensystems zurückzukommen sein, da sich ein derartiger Zusatz bei diesem Verfahren der Ansammlung und Aufbewahrung der menschlichen Auswurfstoffe am ehesten eingeführt und bewährt hat. Eine Einstreu von Torfmull in die Gruben selbst kommt wohl kaum in Frage. Es kann sich nur um ein Mischen des Latrinendüngers mit Torfmull nach der Entleerung handeln. Ein Verfahren, das nur für geringere Mengen von Fäkalien oder bei Vorhandensein entsprechender maschineller Anlagen in Frage kommt und dann etwa der Einstreu von Torf in Tonnen entspricht.

Abgesehen von den hygienischen Nachteilen, bedingt das Grubensystem einen beträchtlichen Verlust an wertvollen Pflanzennährstoffen und liefert infolgedessen für die Landwirtschaft nur einen geringwertigen Dünger.

2. Das Kübel- und Tonnensystem.

Beide Systeme decken sich in der Hauptsache miteinander. Die hierbei gewonnenen Fäkalien weisen auch hinsichtlich ihrer chemischen Zusammensetzung keine großen Unterschiede untereinander auf. Gegenüber der Auffangung und Sammlung der menschlichen Auswurfstoffe in Gruben bedeutet die regelmäßige und innerhalb weniger Tage erfolgende Beseitigung der Fäkalien durch Kübel oder Tonnen einen wesentlichen Fortschritt sowohl in hygienischer Hinsicht, als auch bezüglich des Wertes als Düngemittel. Das Verfahren hat von der Verwendung offener, hölzerner Kübel bis zu geschlossenen eisernen Tonnen eine Entwicklung vom primitiven bis zum vollendeten durchgemacht (K. MITTERMAYER 1, E. LIPOWSKY, C. MAQUET 1, J. H. VOGEL 1 u. a.). Gegenüber den Gruben ist beim Tonnensystem das Versickern von Flüssigkeiten und Durchseuchung des Bodens bei sachgemäßer Handhabung nicht möglich. Es gewährleistet eine weitgehende Desinfektion und Reinhaltung. Die Fäkalien lassen sich besser gewinnen und nutzbringender in der Landwirtschaft als Düngestoff verwenden. Auf dem Lande, wo die Auffangung meist in offenen, hölzernen Kübeln geschieht, wird der Inhalt derselben, sobald sie gefüllt sind, in der Regel auf den Dung- oder Komposthaufen ausgeschüttet. Es sollte dies aber immer nur in der Weise geschehen, daß die Fäkalien sofort mit Stallmist gründlich vermischt oder zugedeckt werden. Ebenso ist der Latrinendünger sogleich mit dem Komposthaufen zu vermengen oder doch wenigstens mit Erde hinreichend zu bedecken. Werden diese Vorsichtsmaßregeln nicht befolgt, so ist mit gleichen Stickstoffverlusten und ähnlichen Zersetzungsprozessen wie bei den Gruben zu rechnen, die eine Verminderung des Düngerwertes bedeuten. Über die durchschnittliche Zusammensetzung der aus Kübeln bzw. Tonnen entstammenden Fäkalien geben die nachstehend zusammengestellten Analysenbefunde ein annäherndes Bild:

Nr.	Wasser %	Trockensubstanz %	Organ. Substanz %	Gesamtstickstoff %	Ammoniakstickstoff %	Anorg. Stoffe %	Phosphorsäure %	Kali %
1.	95,10	4,90	3,63	0,28	—	1,27	0,17	0,23
2.	92,90	7,10	5,31	0,60	—	1,46	0,23	0,20
3.	94,15	5,85	4,28	0,56	—	1,58	0,25	0,19
4.	91,60	8,40	—	0,69	—	—	0,32	—
5.	93,78	6,22	—	0,55	—	—	0,08	—
6.	92,09	7,91	—	0,49	—	—	0,20	—
7.	—	—	—	0,82	—	—	0,26	0,30
8.	—	—	—	0,80	—	—	0,30	0,34
9.	—	—	—	0,89	—	—	0,32	0,33
10.	—	—	—	0,51	—	—	0,18	0,21
11.	87,49	12,51	9,77	1,18	0,52	2,74	0,46	0,33
12.	88,77	11,23	8,71	1,08	0,52	2,52	0,32	0,37
13.	91,29	8,71	6,66	0,81	0,27	2,05	0,31	0,29
14.	95,67	4,33	3,10	0,68	0,41	1,23	0,23	0,26
15.	95,89	4,11	2,88	0,66	0,40	1,23	0,22	0,22
16.	86,58	13,42	—	1,34	0,55	—	0,38	0,40
17.	94,21	5,79	—	0,89	0,57	—	0,27	0,20
18.	90,67	9,33	—	0,68	0,20	—	0,33	0,42
19.	94,49	5,51	—	0,74	0,39	—	—	—
Im Mittel	*92,312*	*7,688*	*5,542*	*0,750*	*0,426*	*1,759*	*0,266*	*0,285*

Daß auch beim Kübel- und Tonnensystem, selbst bei einem Zusatz von 10 bis 15% der Masse an Torf, Verluste an Menge und damit natürlich auch an wichtigen Pflanzennährstoffen eintreten, haben die Erhebungen von J. H. VOGEL (1) ergeben. Er fand an Ausscheidungen je Person 0,38 kg pro Tag und 138,76 kg im Jahre. J. H. VOGEL schätzt bestenfalls die durchschnittlich pro Person und Tag bzw. Jahr beim Tonnensystem anfallenden Fäkalien auf 0,50 bzw. 180 kg. Wenn diese Zahl vielleicht auch reichlich niedrig gegriffen ist, so steht hiernach doch fest, daß es auch bei Kübel- oder Tonnensystem nicht möglich ist, alle menschlichen Auswurfstoffe restlos wiederzugewinnen und zu erhalten.

Die leicht reduzierbaren Düngewerte der in Kübeln oder Tonnen aufzufangenden Dejekte lassen sich jedoch dadurch erhöhen, daß man ihnen solche Stoffe beimischt, die konservierend wirken. Hierzu eignet sich ganz besonders Torf und Torfmull. Dieser vermag in hervorragender Weise die Zersetzungsprozesse faulender, organischer Stoffe zu verhindern oder doch jedenfalls wesentlich einzuschränken. Als Einstreu den menschlichen Auswurfstoffen beigemengt, beseitigt er den üblen Geruch derselben. Infolge seines hohen Aufsaugungsvermögens kann der Torfmull große Mengen Flüssigkeiten wie den Harn festhalten. Er vermag weiterhin durch seine Absorptionsfähigkeit für Gase das flüchtige Ammoniak zu binden. Auf die lufttrockene Masse bezogen, wobei für Torfstreu ein Feuchtigkeitsgehalt von 30%, bei Stroh- und Waldstreu ein solcher von 15% im Durchschnitt angenommen werden kann, berechnet sich nach Untersuchungen von F. Mach das Aufsaugungsvermögen von 100 Teilen:

bei Torfstreu...	auf	740—1070	Teile
„ Strohstreu .	„	315— 390	„
„ Waldstreu .	„	280 350	„

Auch die Absorptionsfähigkeit des Torfes für Gase ist eine sehr große. Das Ammoniakbindungsvermögen war nach F. Mach für Torf das zehnfache wie beim Stroh und betrug fast viermal soviel wie bei Laubstreu. Man hat geglaubt, die konservierende Eigenschaft des Torfes noch durch weitere Zusätze wie Schwefelsäure, Kainit oder Superphosphatgips erhöhen zu können. Für den letzteren trifft dies nach Untersuchungen von Th. Pfeiffer in beschränktem Umfange zu, jedoch nicht für den Kainit. Schwefelsäure wirkt in entsprechender Konzentration sowohl konservierend als auch desinfizierend. Derartiger mit Schwefelsäure durchtränkter Torfmull kann jedoch schädlich auf das Pflanzenwachstum einwirken. An Stelle der Schwefelsäure hat man auch Phosphorsäure zum Durchtränken des Torfmulls zu nehmen versucht, was den Vorteil bietet, daß die Phosphorsäure gleichzeitig ein wichtiger Pflanzennährstoff ist.

Zu den konservierenden Eigenschaften treten noch solche bodenverbessernder Natur des als Einstreu benutzten Torfes hinzu. Schwere Böden werden durchlässiger und wärmer, während die wasserhaltende Kraft des Torfes auf leichten Böden in trocknen Jahren deren Fruchtbarkeit erhöht. Diese Eigenschaften sind um so höher zu bewerten, als die Fäkalien allein ihrer ganzen Natur und Beschaffenheit nach die physikalischen Bodenverhältnisse kaum wesentlich verbessern. Torffäkalien sind also hinsichtlich ihrer Verwertung als Düngemittel höher einzuschätzen und zu bewerten als Rohfäkalien. Dagegen steht fest, daß eine Zumengung von Torfmull unter die Fäkalien eine schnelle und sichere Abtötung von Krankheitskeimen nicht bewirkt, wie man dies früher angenommen hat. Andererseits haben aber auch die umfangreichen, in Gemeinschaft mit Fränkel, Gärtner, Löffler und Stutzer ausgeführten Untersuchungen von J. H. Vogel (2) eindeutig dargelegt, daß auch die andere Anschauung von dem konservierenden Einfluß des Torfmulls auf Infektionsstoffe nicht zutrifft.

Infolge der erwähnten guten Eigenschaften des Torfes haben sich die mit Torfeinstreu versehenen Fäkalien als Düngemittel außerordentlich bewährt, wie die durchgeführten Vegetations- und Feldversuche beweisen. Nach M. Maercker betrug die Stickstoffausnutzung bei den Torffäkalien etwa 75% der Chilesalpeterwirkung, die Phosphorsäureausnutzung entsprach zu 96% der des Superphosphates. Beide in den Torffäkalien enthaltenen Pflanzennährstoffe werden demnach, gegenüber den in chemischen Kunstdüngemitteln enthaltenen, zwar nicht völlig gleich, aber doch recht gut ausgenutzt und verwertet. Felddüngungsversuche haben diese Ergebnisse bestätigt. Th. Pfeiffer verglich bei gleichen Stickstoffgaben die Wirkung von Torffäkalien mit Stallmist, wobei sich erstere als überlegen erwiesen. Es wird dies auf den relativ höheren Gehalt der Fäkalien an leicht zersetzbarem Harnstickstoff zurückgeführt. Auch KUHNERT konnte auf Grund von Felddüngungsversuchen eine ausgezeichnete Wirkung des Torffäkaldüngers feststellen, die teilweise nicht nur diejenige des Stalldüngers, sondern auch die einer vollen Kunstdüngergabe übertraf. Aber selbst wenn man auch letztere Ergebnisse als durch besondere Umstände bedingt annimmt, so bleibt doch die Tatsache bestehen, daß Torffäkalien hinsichtlich ihrer Düngerwirkung und zwar namentlich inbezug auf die in ihnen enthaltenen Pflanzennährstoffe dem Stallmist ebenbürtig sind und auch einen Vergleich mit den chemischen Kunstdüngemitteln bis zu einem gewissen Grade aushalten können. Die Torffäkalien müssen demnach als ein durchaus brauchbares und wertvolles Düngemittel angesprochen werden. Vielfach hat man auch den Kübelinhalt mit Straßenkehricht usw. vermischt und mit oder ohne weiteren Torfzusatz auf Mengedünger verarbeitet.

Der Landwirtschaft werden also beim Kübel- und Tonnensystem nicht nur mehr, sondern auch viel gehaltreichere und deshalb wertvollere Düngemassen geliefert als beim Grubensystem.

3. Die Verarbeitung der Fäkalien zu Kompost, Poudrette und anderen Düngemitteln.

Kann man beim Grubensystem die Entleerung derselben vielfach so einrichten, daß die Fäkalien sofort auf den Acker gebracht und untergepflügt werden, so ist dies bei dem Kübel- oder Tonnensystem ausgeschlossen. Es ergibt sich beim Tonnensystem also der Übelstand, daß die Fäkalien auch zu Zeiten abgefahren werden müssen, in denen sie sich unter keinen Umständen zur Düngung auf den landwirtschaftlich genutzten Flächen verwenden lassen. In diesen Zeiten müssen daher die Fäkalien magaziniert und kompostiert oder zu Poudrette verarbeitet werden. Das erstere geschieht vielfach in der einfachsten Weise. Der Eimerinhalt wird in Mischrinnen gegossen, die mit einer Lage Torfmull versehen sind. Von Zeit zu Zeit wird Torfmull nachgeschüttet und die ganze Masse mittels Hacken und Krücken möglichst innig gemischt. Vielfach wird auch neben oder ohne Torfzusatz Asche, Erde, Haus- und Straßenkehricht u. dgl. den Fäkalien in eigenen Reservoirs zugegeben und die ganze Masse durch besondere Rührwerke gründlich miteinander vermischt. Nach den Angaben von M. HOFFMANN fing man früher an einzelnen Stellen, so z. B. in Groningen in Holland, bei diesem Kompostierungsverfahren noch die abfließende Jaucheflüssigkeit in gemauerten Gruben auf, um diese gesondert zu Düngungszwecken zu verwenden. Der feste Kompostdünger ging hier hauptsächlich in die Veenkolonien, in denen nach diesem Dünger große Nachfrage herrschte.

Anderwärts hat man auch versucht, die Fäkalien auf Ammoniak zu verarbeiten. Durch Vermischen der Latrine mit der halben Menge Kalk wird der letztere abgelöscht. Nach Trennung der so behandelten Fäkalien in einen Schlamm und in eine klare Flüssigkeit, wird aus letzterer durch Destillation das Ammoniak ausgetrieben und in Schwefelsäure aufgefangen. Der verbleibende Rückstand der so behandelten Fäkalien stellt nach M. HOFFMANN eine trockne bräunliche Masse mit etwa je 0,4—0,5% Kali, Phosphorsäure und Stickstoff sowie 40—50% Kalk dar. Nach J. H. VOGEL (1) enthält der handelsfertige Scheideschlamm nach Austrocknen an der Luft noch rund 26% und bei Herstellung von Kuchen durch Filterpressen noch ca. 7% Wasser. In der Trockensubstanz wiesen diese Rückstände folgende Zusammensetzung auf (s. Tab. S. 101).

Infolge des verhältnismäßig hohen Kalkgehaltes ist das Produkt als Meliorationsmittel geeigneter denn als Düngemittel. Große Aussichten auf praktische

Verwertung dürften die auf eine Ammoniakgewinnung hinzielenden Verfahren heute nicht mehr haben.

Zeitweise hat man sich von der Poudrettierung der Latrine große Erfolge versprochen. Man hoffte durch Herstellung eines gut streubaren Düngers von unbegrenzter Haltbarkeit die menschlichen Auswurfstoffe in wirtschaftlicher Weise verwerten zu können (H. HENCKE). Die Verarbeitung der Fäkalien auf Poudrette beruht in der Hauptsache auf einer Entwässerung derselben durch künstliche Trocknung. Es sind eine ganze Anzahl Systeme hierfür konstruiert worden, so das von PODEWILS in Augsburg, das Verfahren von VENULETH und ELLENBERGER in Kiel (L. BOTE), LIERNUR u. a. m. Die Poudrettierung hat aber beim gewöhnlichen Eindampfen der Fäkalien den Nachteil, daß das vorhandene sowie das durch Zersetzung von stickstoffhaltigen Produkten entstehende Ammoniak ausgetrieben wird. Um das Entweichen des Ammoniaks mit den Wasserdämpfen zu verhindern, setzt man deshalb den Fäkalien vor dem Verdampfen Schwefelsäure zu. Es wird infolgedessen nicht nur das vorhandene Ammoniak gebunden, sondern die in organischer Form vorhandenen Pflanzennährstoffe werden hierdurch z. T. aufgeschlossen und löslich gemacht, schädliche Keime abgetötet u. dgl. m. Nach den Angaben von J. H. VOGEL (1) muß zur Vermeidung jeglichen Stickstoffverlustes bei der Herstellung von Poudrette den Auswürfen annähernd doppelt soviel Schwefelsäure zugesetzt werden, als zur schwachen Ansäuerung derselben erforderlich wäre.

	I. An der Luft getrocknet %	II. Kuchen aus Filterpressen %
Gesamt N	1,40	1,40
Organischer N	1,30	1,40
Ammoniak N	0,03	0,00
Asche	62,00	76,50
Phosphorsäure (P_2O_5)	1,90	2,00
Kalk (CaO)	34,90	36,00
Kohlensäure	27,70	28,80

Die bei der Poudrettefabrikation zu überwindenden Schwierigkeiten bestehen nicht nur in einer wirtschaftlichen Verdampfung der großen Wassermengen, sondern vor allen Dingen auch darin, das Wasser aus den halbeingedickten, breiigen Massen überhaupt zu entfernen. Letztere bilden an den Kesselwänden Krusten, die selbst einer Trocknung im Vacuum großen Widerstand entgegensetzen. Nach den Angaben von A. MAYER werden diese Schwierigkeiten beim System PODEWILS z. B. in der Weise überwunden, daß man die eingedickte Masse auf heiße, halbringförmige Platten träufeln läßt. Kurz nach dem Aufträufeln streicht über die Platten ein Messer und entfernt die getrocknete Kruste. Auf diese Weise kann mit Hilfe eines nochmaligen Erhitzens leicht ein vollkommen lufttrockner Zustand erreicht werden (BOCHMANN und AGTHE). Das Verfahren von VENULETH und ELLENBERGER (nach L. BOTE) dickt die Exkremente nach Zusatz von Schwefelsäure zunächst ein. Der Fäkalbrei kommt dann in dünner Schicht auf einen Walzentrockner. Er trocknet hier zu einem Mehl, das dann durch Messer von den Walzen abgestrichen wird.

Andere Verfahren beruhen auf ähnlichen Prinzipien. Es erübrigt sich, hierauf näher einzugehen. Alle diese Verfahren kranken daran, daß die Entwässerung der Fäkalien durch Trocknung zu teuer wird. Bei seinem verhältnismäßig geringen Gehalt an Pflanzennährstoffen steht der Preis des Produktes als Dünger in keinem entsprechenden Verhältnis zu den aufgewandten Kosten. Über den Gehalt an Pflanzennährstoffen einiger aus Fäkalien bereiteter Dungstoffe geben folgende Zahlen Aufschluß (s. Tab. S. 102).

Poudrette kann hinsichtlich ihrer chemischen Zusammensetzung erhebliche Schwankungen aufweisen. Als mittleren Durchschnitt wird man annehmen können: 7—9% Stickstoff, etwa je 2—4% Kali und Phosphorsäure und 65%

organische Substanz. Der Stickstoff dürfte zu etwa 45—55 % in Form von schwefelsaurem Ammoniak, der Rest in organischer Bindung vorhanden sein. Die hohen Verarbeitungskosten auf Poudrette sowie die Tatsache, daß die Frage „Abfuhr oder Kanalisation" immer mehr zugunsten der letzteren entschieden wird, dürfte die Verarbeitung der Fäkalien zu Poudrette außerordentlich beschränken. Jedenfalls kommt eine Verarbeitung auf Poudrette nur für unverdünnte Fäkalien in Betracht. Auf dem Lande und für kleinere Städte ist die Kompostierung der menschlichen Auswurfstoffe noch dasjenige Verfahren, da es am ehesten eine Konservierung und Verwendung derselben zu Düngezwecken ermöglicht.

	Kali (K_2O) %	Phosphorsäure (P_2O_5) %	Stickstoff (N) %
Poudrette	3,1	2,7	7,3
desgl.	4,3	3,1	9,4
Torfstreu-Kompost .	0,3	0,2	0,8

4. Das Kanalisations- oder Schwemmsystem.

Die Einführung der Wasserspülklosetts, die seit Ende des vorigen Jahrhunderts immer mehr zunimmt, läßt von vornherein ein Auffangen und Ansammeln der wasserverdünnten Fäkalien in Gruben und Tonnen als nicht geeignet erscheinen. Auch die Landwirtschaft lehnte eine direkte Abnahme derartig stark verdünnter Fäkalstoffe schon in Hinsicht auf die hohen Transportkosten ab. Ebenso stößt die Ableitung der häuslichen Abwässer zusammen mit den aus den verschiedenartigsten industriellen Anlagen stammenden Wässern in die Flüsse wegen der hierdurch bedingten großen Verunreinigung derselben in hygienischer wie wirtschaftlicher Beziehung auf große Schwierigkeiten. Alle diese Schmutzwässer können für Menschen und Tiere gesundheitsschädliche Stoffe enthalten. Die verschiedenen Industriezweige wiederum können Wasser, das an organischen und z. T. in Fäulnis und Zersetzung begriffenen Stoffen reich ist, nicht für ihre Zwecke verwenden und demgemäß nicht hiermit verunreinigten Flußläufen entnehmen. Infolgedessen findet die Art von Schwemmkanalisation immer mehr Eingang, bei der die Fäkalien nebst Abwässern in unterirdische Kanäle abgeleitet und landwirtschaftlich genutzt werden. Die anfallende Gesamtschmutzwassermenge ist nicht unerheblich. Nach A. Schmidtmann dürfte bei allgemeiner Einführung von Spülklosetts der Gesamtwasserverbrauch und dadurch die Gesamtschmutzwassermenge kaum weniger als 50 l pro Kopf und Tag betragen. C. Zahn schätzt sie für größere Städte sogar auf 100 l und noch höher ein. Die Abwassermenge ist in den Sommermonaten größer als im Winter. Aber auch innerhalb des Tages zeigen die Abwässer nach Menge und Zusammensetzung große Schwankungen. Sie sind am geringsten in der Zeit von Mitternacht bis zum frühen Morgen, am stärksten am Nachmittag und in den zeitigen Abendstunden. Die Beseitigung und Reinigung dieser Abwässermenge und, wenn möglich, eine wirtschaftliche Verwertung derselben, ist für die städtischen Verwaltungen eine der schwierigsten, aber auch wichtigsten Aufgaben (A. Rüfin, A. Müller).

Die Ableitung der Wässer geschieht in Kanälen und bietet in der Regel keine unüberwindlichen Schwierigkeiten. Die Reinigung der Abwässer kann sowohl auf chemischem wie auch auf mechanischem Wege erfolgen. Hinsichtlich der biologischen Reinigung unterscheidet man zwischen einer künstlichen und natürlichen. Hier interessiert nur die letztere und zwar mit Ausnutzung und Verwertung der Abwasserstoffe zu landwirtschaftlichen Zwecken. Für eine Ausnutzung der in den Abwässern vorhandenen wichtigen Pflanzennährstoffe kommen die Rieselfelder und nach dem Vorbilde von Eduardsfelde das Beregnungs- oder Spritzverfahren in Frage. Die Zusammensetzung der Abwässer kann naturgemäß sehr große Unterschiede aufweisen. In der Hauptsache muß

	Schwebestoffe			Gelöste Stoffe											
	anorganische mg	organische mg	Stickst. i. d. org. Stoffen mg	im Ganzen mg	organische Stoffe (Glühverlust) mg	Stickstoff in Form von organ. Stoffen mg	Stickstoff in Form von Ammoniak mg	Phosphorsäure mg	Kali mg	Kalk mg	Magnesia mg	Schwefelsäure mg	Chlor mg	Salpetersäure mg	Gesamt-Stickstoff mg
I. Städte mit Anschluß der Spülaborte an die Kanalisation.															
16 engl. Städte (Mittel aus 50 Anal.)	241,8	205,1	?	722,0	(46,9)	21,1	55,2	—	—	—	—	—	106,6	0,03	77,3
Paris { Sammler von St. Denis	221,0	—	—	—	1518,0	140,0		40,0	89,0	484,0	56,0	—	—	—	140,0
Paris { Sammler von Clichy	652,0	356,0	—	—	733,0	43,9		17,0	35,0	403,0	18,0	—	—	—	(43,0)?
Danzig	226,0	356,0	?	683,0	161,0	11,6	53,2	—	44,0	111,0	14,0	24,0	70,0	0	64,8
Berlin (Mittel aus 30 Analysen)	382,6	701,9	?	1088,2	313,2	108,8		31,6	72,9	107,5	20,8	72,6	264,6	0	108,8
Breslau (Mittel aus 72 Analysen)	204,7	200,0	?	772,8	242,7	18,0	73,8	19,6	60,4	81,8	21,2	77,6	182,8	—	97,8
Halle a. S. (Mittel aus 3 Analysen)	188,8	405,2	?	2794,4	589,7	59,1	89,1	(43,4)	180,5	232,1	—	326,8	715,0	—	182,9
Frankfurt a. M.	387,0	806,0	38,1	898,0	517,0	11,0	63,0	—	—	77,0	—	71,0	30,0	—	119,0
Im Mittel (mit Ausschluß von Paris)	*271,2*	*445,7*	*38,1*	*1161,5*	*364,7*	*24,4*	*66,9*	*25,6*	*89,5*	(121,7)	(18,7)	(114,3)	*252,3*	—	*107,4*
II. Städte ohne Anschluß der Aborte an die Kanalisation.															
16 engl. Städte (Mittel aus 50 Anal.)	178,1	213,0	?	824,0	(44,8)	19,7	44,8	—	—	—	—	—	—	—	—
Zürich (Mittel aus 4 Analysen)	36,1	91,6	14,5	480,0	182,2	18,5	8,8	8,5	89,2	—	—	—	115,4	0	64,5
München { bei Tage	49,0	31,0	—	381,0	160,0	—	—	—	—	—	—	—	22,7	(89,5)	131,3
München { bei Nacht	84,0	77,0	—	342,0	219,0	—	—	—	—	—	—	—	—	—	—
Breslau	210,8		—	729,0	333,8	2,6	24,7	—	—	—	—	—	—	—	—
Dortmund (Mittel aus 7 Analysen)	185,5	244,3	18,1	965,9	283,8	26,2	27,2	13,2	49,7	127,5	27,0	90,5	134,6	—	73,5
Essen	105,2	213,4	19,3	843,2	229,6	20,7	47,6	23,1	81,2	147,2	—	—	628,1	—	92,4
Braunschweig	447,5	635,0	54,5	857,5	390,0	92,5		42,2	29,4	122,5	32,4	89,2	213,1	—	147,0
Halle a. S. (Mittel aus 5 Analysen)	402,0	423,4	23,9	1633,0	329,0	21,3	67,8	27,6	176,0	275,2	—	354,8	209,1	—	112,9
Im Mittel (ohne München u. Zürich)	*263,7*	*345,8*	(28,9)	*975,3*	*313,1*	*16,4*	*40,5*	*24,0*	*80,0*	(150,5)	(29,7)	(89,9)	*164,1*	—	*84,6*

Aus dieser Tabelle ist ersichtlich, wie verschieden die mittlere Zusammensetzung der Kanalwässer in den einzelnen Städten ist. Es fällt auf, daß andererseits die Unterschiede zwischen den Städten mit und ohne Anschluß der Spülaborte an die Kanalisation verhältnismäßig gering sind. Sie treten eigentlich nur noch bezüglich des Stickstoffgehaltes der gelösten Stoffe einigermaßen deutlich hervor.

man dahin unterscheiden, ob die Spülaborte an die Kanalisation angeschlossen sind, oder ob eine Trennung zwischen Abort- und häuslichen Abwässern einerseits und den Regenwässern usw. anderseits stattfindet. Vorstehende Tabelle (TH. WEYL) bezieht sich auf Untersuchungen von beiden Arten Abwässer. Die Zahlen geben die in einem Liter Kanalwasser enthaltenen Mengen an.

a) Die Rieselfelder. Diese nehmen nach dem gegenwärtigen Stand der Abwässerreinigungsverfahren hinsichtlich der Leistungsfähigkeit und volkswirtschaftlichen Bedeutung unter den biologischen Verfahren die erste Stelle ein (S. HAGEN). Das Rieselsystem zielt daraufhin ab, daß die Abwässer bei dem Überrieseln in den Boden eindringen und dieser einen großen Teil der festen Bestandteile festhält. Die unlöslichen Stoffe werden ohne weiteres vom Boden festgehalten, während ein Teil der gelösten und namentlich die landwirtschaftlich wichtigen, wie Ammoniak, Kali und Phosphorsäure, durch gewisse Bestandteile des Bodens gebunden und hierdurch vor dem Auswaschen in den Untergrund zunächst geschützt werden. Von diesen Stoffen wird dann ein Teil von den Pflanzen als Nahrung verwandt. Indem auf diese Weise immer wieder ein Teil der dem Boden zugeführten Nährstoffe durch die Pflanze entzogen wird und die ständige Bearbeitung und Herrichtung der Felder für den Pflanzenbau die Verwesung und Zersetzung der organischen Stoffe fördert, wird überhaupt erst eine dauernde Berieselung ermöglicht. Um ferner eine häufigere und stärkere Berieselung der Flächeneinheit vornehmen zu können, hat man vielfach eine Vorreinigung eingeführt, welche die gröberen Stoffe und gewisse andere, wie namentlich Fette, aus den Rieselwässern entfernen soll. Ein Absetzen der in den Spüljauchen enthaltenen Pflanzennährstoffe findet in den Klärbecken nur in ganz unbedeutenden, jedenfalls nicht ins Gewicht fallenden Mengen statt. Aber auch von anderen Gesichtspunkten aus ist eine Vorreinigung in Klärbecken usw. notwendig. So muß verhindert werden, daß der frische Schlick sich auf dem Rieselfeld selbst absetzt. Er schließt nach H. RUTHS in diesem Zustande nicht nur die Luft ab, sondern verhindert auch den Wasserdurchgang und zwar jahrelang. Frischer, d. h. in unvergorenem Zustande untergepflügter Schlick wirkt schädlich auf das Pflanzenwachstum ein. Nur der vergorene Schlick zersetzt sich leicht im Boden und wirkt als Düngemittel. Für die Zusammensetzung des Schlicks gibt HERZFELD folgende Werte an:

Feuchtigkeit	41,0 %	Stickstoff	1,23 %
Organische Substanz	18,0 %	Chlor	0,01 %
Kali	0,023 %	Schwefeleisen	0,51 %
Kalk	1,05 %	Sand und unlösliche Stoffe	35,0 %
Phosphorsäure	0,50 %		

Den Schlamm oder Schlick läßt man an der Luft austrocknen und benutzt ihn dann als Düngemittel. Nach MEISSL enthielt Berliner Schlick im Mittel einer Reihe von Analysen im lufttrockenen Zustande: 0,87 % Kali (K_2O), 1,64 % Phosphorsäure (P_2O_5) und 2,86 % Stickstoff (N). Wenn der Schlamm auch nur einen verhältnismäßig geringen Gehalt an Pflanzennährstoffen aufweist, so ist er doch bei Anwendung in genügenden Mengen (30—60 m³ je Hektar) namentlich für leichtere Bodenarten ein sehr brauchbarer Dünger (J. H. VOGEL 1, K. IMHOFF). Er wirkt dann bis zu einem gewissen Grade gleichzeitig auch als Meliorationsmittel.

Da der Boden der Rieselfelder möglichst durchlässig sein soll, so eignen sich hierfür in erster Linie alle sandigen und sandig-lehmigen Bodenarten. Je größer die Durchlässigkeit des Bodens ist, desto geringer werden die für die Berieselung erforderlichen Landflächen sein. Je undurchlässiger aber der Boden und namentlich der Untergrund ist, desto mehr Aufmerksamkeit und Sorgfalt muß zwecks

Ableitung der Wässer der Drainage zugewandt werden. Im übrigen ist in allen Fällen eine Entwässerung der Böden notwendig, damit das aufgebrachte Wasser wieder rasch aus dem Boden entfernt werden kann. Die Berieselung kann in verschiedener Art erfolgen (J. König 1, C. Zahn u. a). Auf wenig durchlässigen, tonigen Böden und bei mangelnder Drainage bedient man sich im allgemeinen der Oberflächenberieselung. Sie besteht darin, die Abwässer in dünner Schicht über die schwach geneigten Felder rieseln zu lassen. Die Abwässer versickern hierbei nur zum kleineren Teil. Sie laufen in der Hauptsache oberirdisch ab oder verdunsten. Am meisten dürfte die Flächenrieselung in Anwendung sein. Ein oberirdisches Abfließen des Wassers ist hierbei nicht oder doch nur in sehr beschränktem Umfange möglich. Es muß demgemäß in den Boden versickern oder verdunsten. Nach H. Ruths verdunsten von den auf das Feld gebrachten

Abb. 14. Standrohr in Malchow bei Berlin.
(Aus Mangold: 50 Jahre Berliner Stadtgüter.)

Abwässern 35 %. Von den Pflanzen werden 15 % aufgenommen und 45 % versickern in den Boden.

Die Doppelberieselung bezweckt eine weitere Ausnutzung und Verwertung der in den gerieselten Ab- und Drainwässern enthaltenen Pflanzennährstoffen. Das gleiche Ziel sucht man häufig auch dadurch zu erreichen, daß man den Rieselfeldern Fischteiche nachschaltet, in denen außer einer Zurückhaltung der in den Rieselgruben abgeschlemmten Abwasserpilze oder Algen noch eine Ausnutzung der sich gleichfalls bildenden Wasserfauna als Fischnahrung erzielt wird (C. Zahn).

Die umfangreichsten Rieselfelder besitzt zur Zeit mit die Stadt Berlin. Über die technischen Einrichtungen dieser macht H. Ruths folgende Angaben: „Das Abwasser in den Berliner Häusern läuft mit natürlichem Gefälle durch in den Straßen liegende Kanäle zu dem tiefsten Punkt des Radialsystems, wo sich eine Pumpstation befindet. Von hier aus wird das Wasser in geschlossenen Röhren nach dem Rieselfelde gepumpt. Das Druckrohr mündet in ein offenes, 8—10 m hohes Standrohr, das auf dem höchsten Punkt des Rieselfeldes errichtet ist (Abb. 14). Von dem Standrohr geht das Druckrohr in Einzelleitungen weiter zu hochgelegenen Geländepunkten, wo Auslaßschieber mit Klärbecken zur Vorreinigung angelegt worden sind (Abb. 15 und 16). In den Klärbecken wird das Wasser durch Faschinen oder andere Staue gezwungen, langsam abzulaufen, wobei sich alle festen Stoffe als schwarzer Brei, Schlick genannt, absetzen. Von den Klärbecken läuft das Wasser in offenen Gräben nach den einzelnen Schlägen. Die gesamte Wassermenge, die z. B. im Jahre 1926 auf die Berliner Rieselfelder befördert wurde, belief sich auf 220 Mill. m^3, so daß im Durchschnitt täglich 600000 m^3 untergebracht werden mußten."

Abb. 15. Auslaßschieber in Sputendorf bei Berlin. (Nach MANGOLD.)

Was die Belastung der Rieselfelder anbetrifft, so hängt diese nicht nur von der Bodenart, sondern auch davon ab, ob und in welchem Umfange eine Vorreinigung der Abwässer stattfindet, wie stark die Konzentration bzw. Verdünnung der Fäkalwässer ist u. dgl. m. Die Belastung deutscher Rieselfelder schwankt mit Rücksicht darauf, ob vorgereinigt wird oder nicht, oder ob vorgereinigte Abwässer aufgeleitet werden usw., zwischen 35/40—90 m^3 und 130 bis 180 m^3 pro Hektar und Tag. Die dabei in Betracht kommende Anzahl von Personen bewegt sich von 250/300 bis 700 und 1200 bzw. 700, wobei Abwassermenge und Personenzahl nicht konform gehen, sondern differieren (C. ZAHN). Ebenso ist auf die Stärke der Belastung von Einfluß, ob es sich bei der Kanalisation um Misch- oder Trennsystem handelt, d. h. ob die Regenwässer für sich allein in besonderen Kanälen oder zusammen mit den häuslichen Abwässern hinweggeführt werden. Welche großen Unterschiede und Schwankungen infolgedessen sowohl hinsichtlich der Belastung der Rieselfelder als auch inbezug auf die in Betracht kommende Personenzahl eintreten, zeigen die Angaben von J. KÖNIG und H. LACOUR (2). Bei Städten ohne Vorreinigung schwankte die Belastung:

von 202 Personen oder 33 m^3 in Darmstadt (Mischsystem) und 300 Personen oder 30 m^3 Kreuzburg (Trennsystem),

bis zu 750 Personen oder 112 m^3 in Salzwedel (Mischsystem) und 951 Personen oder 90 m^3 Danzig (Trennsystem).

Sie betrug in Städten mit Vorreinigung:

von 258 Personen oder 34,5 m^3 in Berlin (Mischsystem) und 184 Personen oder 12 m^3 in Rawitsch (Trennsystem),

bis zu 2555 Personen oder 555 m^3 in Celle (Mischsystem) und 1867 Personen oder 200 m^3 in Quedlinburg (Trennsystem).

Die Belastung ist aber in den einzelnen Jahreszeiten eine sehr verschiedene. Sie ist im Sommer, wenn ein Teil der Rieselflächen bestellt ist und nicht oder nur zum geringen Teile berieselt werden kann, wesentlich größer als in den Wintermonaten, in denen mehr Landflächen für die Berieselung zur Verfügung stehen.

Abb. 16. Schlammbecken auf dem Fuchsberg, Rieselfeld Klein-Ziethen bei Berlin. (Nach MANGOLD.)

Ebenso ist die Art der angebauten Früchte von Einfluß. Grasländereien können im Sommer und im Winter wiederholt berieselt werden, jedoch nicht im Winter bei Frost. Getreide verhält sich gegenüber der Häufigkeit der Berieselung anders als Hackfrucht usw. Da aber ständig die Abwässer entfernt und verwendet werden müssen, so ist für das Vorhandensein genügender Reserveflächen Sorge zu tragen.

b) Das Eduardsfelder Spritzverfahren. Dies Verfahren war bereits um das Jahr 1842 von KENNEDY in England angegeben worden (A. SCHMIDTMANN u. a.). Es ist dann später von WULSCH und anderen wieder aufgegriffen und zuerst in Eduardsfelde (daher auch der Name Eduardsfelder Spritzverfahren) angewandt worden. Das Verfahren beruht nach M. HOFFMANN darauf, daß die Fäkalien und Küchenabwässer mit oder ohne Regenwasser, ähnlich wie beim Rieselverfahren, von der Pumpstation in eisernen Röhren nach den zu bewirtschaftenden Landflächen gedrückt werden. Hier liegt ein weitverzweigtes Rohrnetz mit sog. Wasserpfosten in Abständen von etwa 200 m. Es erfolgt dann von hier aus das Besprengen mittels beweglicher Schlauchleitungen unter einem Druck von $^1/_2$—$1^1/_2$ Atm. bei 10—15 m Wurfweite und bei Abgabe von 5—7 l in der Sekunde. Nach den Untersuchungen von M. GERLACH waren in 1 m^3 dieser Wasserfäkalien im Durchschnitt enthalten: 0,18 kg Kali (K_2O), 0,22 kg Phosphorsäure (P_2O_5) und 0,50 kg Stickstoff (N). Was die Bestellung der Felder anbetrifft, so gab M. GERLACH bei seinen Versuchen:

bei Roggen . . .	bis zu	360 cbm	Wasserfäkalien	pro	Hektar
„ Gerste . . .	„ „	360 „	„	„	„
„ Hafer	„ „	180 „	„	„	„
„ Kartoffeln . .	„ „	240 „	„	„	„
„ Futterrüben .	„ „	720 „	„	„	„

Die hierbei erzielten Ergebnisse waren nicht ungünstig. Hafer und Kartoffeln hätten wahrscheinlich höhere Gaben noch gut vertragen. WULSCH nimmt bei städtischen Abwässern von mittlerer Konzentration jährlich etwa 450 m^3 pro Hektar entsprechend 1—2 m^3 je Tag als möglich und zweckmäßig an. Bei 100 l Abwässer pro Person und Tag entspricht dies einer Belastung von 12 Einwohnern je Hektar. Wenn in den GERLACHschen Untersuchungen sich das Wertverhältnis des Stickstoffes im Chilesalpeter zu dem in den Fäkalien bei den Feldversuchen wie 100 : 40, also wenig günstig für den letzteren stellte, so dürfte dies in der Hauptsache auf Ammoniakverluste durch Verdunstung zurückzuführen sein.

Der Gehalt der hier in Frage stehenden Wasserfäkalien an Kali und Phosphorsäure zeigte gleichfalls große Schwankungen. Es wurden in 1 m^3 gefunden:

190—270 g	Kali	im Mittel	220 g Kali
90—260 g	Phosphorsäure	„ „	180 g Phosphorsäure.

M. GERLACH bewertet die Wirkung des Kalis in den Fäkalien ebenso hoch wie diejenige in den Kalisalzen und setzt diejenige der Phosphorsäure der citr.-löslichen Phosphorsäure des Thomasmehles gleich. Sechsjährige Düngungsversuche, die M. GERLACH mit Getreide und Hackfrüchten ausführte, haben zwar nicht immer zu eindeutigen Ergebnissen geführt, im allgemeinen aber die Anwendbarkeit und Brauchbarkeit der Wasserfäkalien zu Düngezwecken nach dem Eduardsfelder System ergeben. Die Ergebnisse waren durchaus zufriedenstellend. Die stärkere Düngung hat hierbei nicht allein den höchsten Ertrag, sondern auch die beste Verwertung des Fäkalienstickstoffes ergeben. Wahrscheinlich ist dieses Ergebnis mit auf die größere Wassermenge zurückzuführen. Kali und Phosphorsäure wurden außerdem noch in Form von Kunstdünger gegeben.

Dem Eduardsfelder Spritzverfahren werden gegenüber der üblichen Berieselung gewisse Vorteile nachgerühmt (H. THIESING). Sie bestehen darin, daß nach diesem Verfahren auch schwere, ebenso wie nicht drainierte Böden eher mit Fäkalien abgedüngt werden können, als bei der Berieselung. Ferner können hiernach die Wasserfäkalien auch als Kopfdünger Anwendung finden, so daß eine Besprengung je nach dem Nährstoff- und Wasserbedürfnis der einzelnen Feldfrüchte während des ganzen Jahres vorgenommen werden kann. Endlich gewährleistet das Verfahren eine möglichst vollkommene Ausnutzung der Abwasserdungstoffe. Trotz dieser Vorzüge hat dieses Spritzverfahren vorläufig keine große Anwendung und Verbreitung gefunden. Die Verregnung städtischer Abwässer, als welche das Eduardsfelder Spritzverfahren schließlich angesehen werden kann, hat aber vielleicht noch eine Zukunft. Die weitere Entwicklung wird lehren, ob und inwieweit sich städtische Abwässer auf diese Weise noch vollkommener und wirtschaftlicher verwerten lassen, als das heute durch die Berieselung der Fall ist.

Die neuzeitlichen hygienischen Forderungen bringen es mit sich, daß die Entfernung der menschlichen Auswurfstoffe in erster Linie vom Standpunkt der Gesundheitspolizei betrachtet wird, und daß infolgedessen die landwirtschaftliche Nutzung derselben, soweit sie überhaupt möglich ist, erst an zweiter Stelle kommt. Wo aber hierfür die Möglichkeit besteht, sollten die Fäkalien als wertvoller Dungstoff wieder der Landwirtschaft zugeführt werden. Man kann nicht behaupten, daß dies allgemein der Fall ist und daß überhaupt die städtischen Abwässer heute so ausgenutzt und verwertet werden, wie es ihrer Bedeutung als Dungstoffe zukommt. Nach A. KREUZ werden z. B. in Deutschland gegenwärtig die Abwässer von nur 8 Mill. Menschen durch Berieselung landwirtschaftlich genutzt. Hiervon entfallen allein auf Groß-Berlin 4,5 Mill. Die anderen 3,5 Mill. verteilen sich auf etwa 30—35 Städte. Nimmt man an, daß von den Bewohnern

Deutschlands ca. 40 Mill. in Städten wohnen, so werden nur von einem Fünftel der Bewohner die anfallenden städtischen Abwässer zu landwirtschaftlichen Zwecken verwertet, während von vier Fünftel der Städtebewohner die Auswurfstoffe usw. mehr oder weniger restlos verlorengehen. Aber selbst dort, wo die Abwässer durch Berieselung nutzbar gemacht werden, wird eine große Verschwendung mit denselben getrieben. Nach dem Urteil von M. Gerlach, J. König, Krüger u. a. reichen die Abwässer von 50 Personen aus, um 1 ha Ackerland sachgemäß abzudüngen. In Wirklichkeit ist die Belastung der Rieselfelder aber viel größer. Sie beträgt durchschnittlich 200—300 Einwohner auf den Hektar. Mit den zur Verfügung stehenden städtischen Abwässern könnte also eine mehrfach so große Fläche berieselt werden. Die bisherigen Methoden und die derzeitigen Verfahren der Verwertung städtischer Abwässer sind also nach der wirtschaftlichen Seite hin jedenfalls noch sehr verbesserungsbedürftig.

IV. Der Wert der Fäkalien als Düngemittel.

1. Der Düngerwert von Harn und Kot.

Hinsichtlich der Düngerwirkung der Fäkalien hat man zunächst zwischen der von Harn und Kot zu unterscheiden. Im ersteren sind alle Pflanzennährstoffe wie Kali, Phosphorsäure und namentlich Stickstoff, in einer leicht löslichen und für die Pflanze rasch aufnehmbaren Form vorhanden. Die oben geschilderte Vergärung des Harns und die hierdurch bedingten Stickstoffumsetzungen sind meist im Verlauf von etwa zwei Wochen soweit fortgeschritten, daß sich bereits etwa 80—90% des Gesamtstickstoffs in Form von Ammoncarbonat, organischen Ammoniaksalzen oder als freies Ammoniak vorfinden. Die Stickstoffwirkung des Harns ist daher sowohl im frischen wie im vergorenen Zustande eine gute und rasche. Demgemäß sind auch die Stickstoffverbindungen des Harns als eine vollwertige Stickstoffquelle für die Ernährung der landwirtschaftlichen Kulturpflanzen anzusprechen. Auch die Wirkung der im Harn enthaltenen Mineralstoffe, wie namentlich von Kali und Phosphorsäure, dürfte für die Versorgung der Pflanze mit diesen Stoffen eine gute sein. Die Bestandteile des Harns, soweit sie für die Pflanzenernährung in Frage kommen, sind im allgemeinen als gleichwertig mit den entsprechenden Nährstoffen in den chemischen Kunstdüngemitteln anzusprechen.

Demgegenüber liegen die Verhältnisse beim Kot hinsichtlich seiner Bedeutung als Düngemittel etwas anders. Während die Düngewirkung der flüssigen Ausscheidungen allein auf ihrem Gehalt an Pflanzennährstoffen beruhen, kann der Kot außerdem auch durch die Masse seiner organischen Substanz und deren Zersetzung im Acker verbessernd auf die physikalischen Bodenverhältnisse, wie Lockerung der Ackererde usw., einwirken. Doch sind diese Vorteile der menschlichen Auswurfstoffe gegenüber dem Stalldünger nur sehr gering zu veranschlagen. Infolgedessen beruht die Wirkung der festen Auswurfstoffe als Düngemittel in der Hauptsache auch auf ihrem Gehalt an chemischen Pflanzennährstoffen. Als solche kommen, genau wie beim Harn, Stickstoff, Kali, Kalk und Phosphorsäure in Frage. Die Zersetzung der stickstoffhaltigen Produkte des Kotes, soweit sie proteinartiger Natur sind, vollzieht sich nun in der Weise, daß diese zunächst in Amide, Aminosäuren usw. abgebaut und dann weiterhin in Ammoniak übergeführt werden. Diese Abbau- und Fäulnisprozesse verlaufen jedoch bei den Faeces meist unregelmäßig und häufig auch unvollständig, weil wahrscheinlich ein nicht ganz unerheblicher Teil der Kottrockenmasse aus teils abgestorbener, teils noch lebender Bakterienmasse und Pilzsubstanz besteht. Von dem gesamten Kotstickstoff dürfte sogar ein oft nicht unwesentlicher Anteil auf Bakterieneiweiß entfallen. Letzteres besteht aber in der Hauptsache aus den schwer angreifbaren und nur langsam zersetzbaren Nucleoproteiden. Der Rest des Kotstickstoffes ist teils auf unverdauten Eiweißstickstoff, teils auf stickstoffhaltige Stoffwechselprodukte zurückzuführen. Da sich der erstere bereits dem Abbau durch die Fermente des Magen-Darmkanales zu entziehen vermocht hat, so kann man ohne weiteres annehmen, daß das unverdaute Eiweiß auch im Boden sehr schwer zersetzbar sein wird. Wahrscheinlich handelt es sich hier um sog. Nucleine. Diese unverdauten Eiweißstoffe sind aber befähigt, anderen Mikroorganismen noch weiterhin als Stickstoffnahrung zu dienen. Es muß infolgedessen angenommen werden, daß auch selbst bei ihrer Zersetzung die Hauptmenge dieses Stickstoffes zunächst wieder von Bakterien und Pilzen assimiliert und dementsprechend von neuem als Organeiweiß festgelegt wird. Infolgedessen gehen die Zersetzungs- und Abbauprozesse, soweit sie die stickstoffhaltige Kotsubstanz proteinartiger Natur betreffen, und die letzten Endes ihren Abschluß mit einer Ammoniak- bzw. Salpeterbildung finden sollen, im allgemeinen nur sehr langsam vor sich.

Was dann weiterhin die stickstoffhaltigen Stoffwechselprodukte des Kotes anbetrifft, so handelt es sich hier um ein Gemisch, bestehend aus den vom Verdauungstractus abgesonderten Sekreten einschließlich der Galle sowie aus abgestoßenen Epithelzellen. Es kommen also vorwiegend Mucin und einige stickstoffhaltige Gallenbestandteile in Frage. Es finden sich aber unter den stickstoffhaltigen Stoffwechselprodukten auch eigentliche Eiweißstoffe sowie stickstoffhaltige Verbindungen nichteiweißartiger Natur vor. Von dem gesamten Kotstickstoff dürften etwa 25% auf stickstoffhaltige Stoffwechselprodukte entfallen. Da also die stickstoffhaltigen Stoffwechselprodukte im Gegensatz zu dem unverdauten Eiweißstickstoff und zum Bakterieneiweiß von den tierischen Fermenten gelöst werden, so ist von ihnen wohl ohne weiteres anzunehmen, daß sie einem Abbau und einer Überführung in Ammoniak wesentlich geringere Widerstände entgegensetzen dürften als die unverdauten Eiweißstoffe und das Bakterieneiweiß (F. HONCAMP). Im allgemeinen wird man jedoch nach den Untersuchungen von M. GERLACH annehmen müssen, daß der Fäkalstickstoff, d. h. der von Harn und Kot zusammen, wesentlich besser verwertet wird, als z. B. der Stallmiststickstoff. Denn während vom letzteren nach den Untersuchungen von M. MAERCKER nur 25—42% wasserlöslich sind, waren nach M. GERLACH von den stickstoffhaltigen Verbindungen der von ihm untersuchten Fäkalien bis zu 75% im Wasser löslich.

Der in den festen Auswurfstoffen enthaltene Stickstoff verteilt sich also auf unverdautes, aus der Nahrung stammendes Eiweiß (Nucleine), auf Bakterieneiweiß (Nucleoproteide) und auf stickstoffhaltige Stoffwechselprodukte. Das unverdaute Nahrungseiweiß ist sehr schwer zersetzbar, denn es geht auch bei Behandlung mit Pepsinsalzsäure und Trypsin nicht in Lösung. Das gleiche gilt auch für das Bakterieneiweiß. Infolgedessen kommen diese Stoffe nur als eine langsam fließende und daher unsichere Stickstoffquelle für die Pflanzenernährung in Betracht. Im Gegensatz zu diesen beiden werden die stickstoffhaltigen Stoffwechselprodukte ohne weiteres von denjenigen Fermenten gelöst, welche auch im tierischen Organismus den Abbau und die Zerlegung der Eiweißstoffe besorgen. Es ist aber von ihnen anzunehmen, daß ihr Stickstoff sehr bald als Nährstoff verfügbar ist.

2. Der Düngerwert der Fäkalien.

Die Fäkalien kommen in reiner und ursprünglicher Form kaum jemals als Düngemittel zur Verwendung. Als Abtritts- oder Latrinendünger sind sie meist mit anderen Abfallstoffen mehr oder weniger versetzt oder durch Ab- und

Spülwasser wesentlich verdünnt. Infolgedessen unterscheiden sich die auf verschiedene Weise gesammelten Fäkalien hinsichtlich ihres Gehaltes an Pflanzennährstoffen häufig nicht nur sehr erheblich voneinander, sondern auch von den Bestandteilen, aus denen sie sich zusammensetzen. So sind nach M. Hoffmann in 1000 kg enthalten:

	Organ. Substanz kg	Kalk (CaO) kg	Kali (K_2O) kg	Phosphorsäure (P_2O_5) kg	Stickstoff (N) kg
1. Gewöhnlicher Abtrittsdünger aus Gruben	50,0	1,0	1,5	1,6	3,6
2. Abtrittsdünger aus Torfstühlen	145,0	5,0	4,0	3,8	7,0
3. Abtrittsdünger aus Tonnen ohne Wasserspülung	55,0	1,8	2,9	2,7	6,5
4. Spüllatrine	50,0	1,0	0,25	0,2	0,5
5. Menschlicher Harn	30,0	0,1	2,0	1,7	6,0
6. Menschlicher Kot	200,0	6,2	2,5	10,9	10,0

Ähnliche Unterschiede innerhalb der verschiedenen Systeme ergaben die Untersuchungen von J. H. Vogel (1), bei denen vergleichsweise auch Poudrette mit herangezogen ist. Hiernach waren in 1000 kg enthalten:

Herkunft:	Trockenmasse kg	Gesamtstickstoff (N) kg	Ammoniakstickstoff (N) kg	Kali (K_2O) kg	Phosphorsäure (P_2O_5) kg
1. aus Gruben	36,50	3,67	1,07	1,52	1,58
2. aus Tonnen	76,90	7,50	4,26	2,85	2,66
3. aus Tonnen mit Torfzusatz	173,90	6,90	2,60	2,80	3,30
4. Poudrette	921,60	77,00	39,70	25,90	26,10

Seiner ganzen Zusammensetzung nach wird man den Latrinendünger noch am ehesten mit Jauche und Stalldung in Vergleich setzen können. Aber auch hier bestehen z. T. erhebliche Unterschiede, wie aus nachstehender Gegenüberstellung zu ersehen ist (A. Mayer 6). Es enthalten:

	Abtrittsdünger %	Jauche %	Stallmist %
Wasser	82 —97	98,2	75,0
organische Substanz	1,6—12	0,7	18,1
hierin Stickstoff	0,3— 0,9	0,15	0,53
anorganische Substanz	1 — 3	1,07	6,91
hierin Kali	0,2— 0,3	0,49	0,68
„ Phosphorsäure	0,2— 0,7	0,01	0,32

Hiernach ist der Latrinendünger in seiner gewöhnlichen durchschnittlichen Beschaffenheit wasserreicher aber ärmer an organischer Substanz als der Stallmist. Es wird dies in erster Linie durch die Einstreu bedingt, der man sich bei der Aufsaugung und Sammlung der Ausscheidungen der landwirtschaftlichen Nutztiere bedient. Hinsichtlich des Gehaltes an organischen Stoffen und an Wasser steht dagegen der Abortdünger meist der Mistjauche sehr nahe.

Die Beurteilung des Düngerwertes der Latrinendünger ist infolge der außerordentlich großen Schwankungen, welche diese je nach Gewinnung und Aufbewahrung zeigen, sehr schwierig. Sie sind durch die oben angegebenen Zahlen genügend gekennzeichnet. Noch auffälliger treten diese Unterschiede hervor, wenn es sich um Wasserspülung handelt oder nicht. Es geht dies aus Untersuchungen von M. Gerlach hervor, welcher die Fäkalien der Stadt Posen untersuchte. Er fand hierbei, daß in den Gruben ohne Wasserspülung in 1 m³ Rohfäkalien enthalten waren:

4—8 kg Gesamtstickstoff,
2—6 kg wasserlöslicher Stickstoff und
je 1—2 kg Kali und Phosphorsäure,

während sich in 1 m³ gemischter Fäkalien, also wo Wasserklosettinhalt noch hinzutrat, vorfanden:

200—1200 g Gesamtstickstoff,
150— 190 g wasserlöslicher Stickstoff,
190— 270 g Kali,
10— 140 g Phosphorsäure.

Diese Schwankungen sind noch größer bei ausschließlicher Schwemmkanalisation. Hier setzen sich die Abwässer nicht nur aus sämtlichen Fäkalien und Klosettpapier usw. zusammen, sondern ihnen fließen auch Bade-, Spül- und Waschwasser, sowie Küchenabfälle und ähnliche Stoffe zu. In den häuslichen Brauchwässern sind nach den Angaben von J. KÖNIG und J. LACONO (2) neben den sonstigen organischen Stoffen vor allem enthalten: Asche (Kali, Kalk, Phosphorsäure), Chloride (Kochsalz), Faserstoffe, Fett, Ruß und andere Stoffe mehr. Die Trockensubstanzmasse der Unratmenge beträgt nach BAUMEISTER durchschnittlich 100 g für den Kopf und Tag. Mit den Fäkalien kommen noch ca. 80 g hinzu, von denen nach M. RUBNER ungefähr die Hälfte wasserlöslich ist, und die nach J. KÖNIG (1) etwa 14 g Stickstoff, 2,9 g Kali und 3,4 g Phosphorsäure enthalten. Demgemäß unterscheiden sich die aus der Schwemmkanalisation stammenden Abwässer hinsichtlich ihres Gehaltes an Pflanzennährstoffen von denjenigen der Fäkalien. Während in den letzteren auf 100 Teile Stickstoff etwa 20—25 Teile Kali bzw. Phosphorsäure entfallen, ändert sich das Verhältnis bei den Spülwässern in der Weise, daß dieses zwar zwischen Stickstoff und Phosphorsäure das gleiche bleibt, hinsichtlich des Kalis aber nunmehr 75 Teile auf 100 Teile Stickstoff entfallen. Diese Erhöhung des Kaligehaltes wird hauptsächlich durch die Küchenabfälle, sowie durch die Spül- und Waschwässer bewirkt.

Die bisherigen Ausführungen geben einen ungefähren Überblick über den durchschnittlichen Gehalt der verschiedenen Fäkaldünger von Pflanzennährstoffen, die in erster Linie und fast ausschließlich die Düngerwirkung dieser Abfallstoffe bedingen. Die Verwendung von Fäkaldüngern aus Gruben oder Tonnen zu Düngerzwecken dürfte bei der ständig zunehmenden Einführung der Wasserspülung heute nur noch eine untergeordnete, jedenfalls mehr lokale Rolle spielen. Gegebenenfalls kommt eine Kompostierung derselben oder auch eine Verarbeitung zu Poudrette in Frage. KUHNERT hat zehnjährige Düngungsversuche mit Erd- und Rohfäkalien sowie Torffäkalien durchgeführt und diese in Vergleich mit künstlichen Düngemitteln gesetzt. Die Düngung wurde zu Hackfrüchten gegeben, aber auch die Nachwirkung bei den folgenden Früchten (Getreide, Klee usw.) festgestellt. Die Ergebnisse sind nicht immer ganz eindeutig ausgefallen, jedoch haben z. B. die Torffäkalien ebensoviel zu leisten vermocht, als eine volle Kunstdüngergabe. Am besten dürften die in den Fäkalien enthaltenen Pflanzennährstoffe von den Hackfrüchten und dem Sommerkorn ausgenutzt und verwertet werden.

In der Hauptsache wird es sich aber um die Fäkalabwässer der Schwemmkanalisation handeln, die heute in großem Maßstabe für die Düngung und zwar der Rieselfelder in Frage kommen. Ihr Düngerwert richtet sich in der Hauptsache nach ihrem Gehalt an den wichtigsten Pflanzennährstoffen Kali, Kalk, Phosphorsäure, Schwefel und Stickstoff. Letzterer ist in den Abwässern in Form von Ammoniak, Aminosäuren, Eiweißstoffen sowie Harnstoff, Hippursäure usw.

enthalten. Phosphor und Schwefel sind teils als phosphor- bzw. schwefelsaure Salze, teils in organischer Bindung in den Schwemmwässern vorhanden. Der Kalk findet sich in Form von Carbonaten, Sulfaten und Seifen vor, von denen letztere wahrscheinlich auch sehr bald und schnell in Carbonate umgesetzt werden. Die Wirkung des Stickstoffes frischer Wasserfäkalien wird man etwa zu 90% derjenigen des Salpeterstickstoffes einschätzen können. Wenn bei Feldversuchen das Wirkungsverhältnis des Fäkalstickstoffes sich z. T. als erheblich geringer erwiesen hat, so ist dies auf Stickstoffverluste durch Verdunsten usw. zurückzuführen. Kali und Phosphorsäure der Wasserfäkalien dürften hinsichtlich ihrer Wirkung derjenigen der gleichen Nährstoffe in den künstlichen Düngemitteln entsprechen. Auf Grund der bisherigen Erörterungen wird man annehmen können, daß das Verhältnis von Stickstoff zu Kali zu Phosphorsäure ($N : K_2O : P_2O_5$) etwa beträgt:

in den Fäkalien . . . . 100 : 20 : 25
in den Abwässern der Schwemmkanalisation 100 : 75 : 25

Demgegenüber ist nach J. König und J. Lacour das Verhältnis der drei Kernnährstoffe bei der Nährstoffaufnahme der Ackerfrüchte 100 : 140 : 48. Wenn man nun als gegeben ansieht, daß für 1 ha landwirtschaftlich genutzter Fläche die Abwässer von 200 Personen in Frage kommen, so ist die Menge von Pflanzennährstoffen, die hierdurch der Flächeneinheit zugeführt wird, ganz erheblich. So wurden durch städtische Abwässer im Jahr auf 1 ha bei der üblichen starken Berieselung trotz der Verdünnung der Spüljauche dem Acker zugeführt:

	Stickstoff kg	Kali kg	Phosphorsäure kg	Kalk und Magnesia kg
In Münster i. W. . . .	1200	690	200	3740
„ Breslau	2150	1570	520	3380

Die Zufuhr an Nährstoffen bewegt sich also pro Flächeneinheit innerhalb sehr weiter Grenzen. In allen Fällen werden aber von den Kernnährstoffen bei der Berieselung der Flächeneinheit wesentlich größere Mengen an Nährstoffen zugeführt, als die landwirtschaftlichen Kulturpflanzen auszunutzen und zu verwerten imstande sind. Infolgedessen gewährt die Berieselung nicht nur eine überreichliche Ernährung der Nutzpflanzen, sondern es muß bei dieser intensiven Düngung im Laufe der Jahre auch eine Anreicherung des Bodens an Humus und Nährstoffen stattfinden. Untersuchungen von Knopf auf dem mageren Sandboden des Berliner Rieselgutes Friedrichsfelde haben dies bestätigt. Sie ergaben, daß infolge einer 25jährigen Berieselung bei einer jährlichen Stauhöhe von 1 m sich zunächst eine Verarmung des Untergrundes an feintonigen Teilen nachweisen ließ. Der Gehalt der Ackerkrume an Humus, Kali und Stickstoff hatte sich dagegen ungefähr verdoppelt. Der des Untergrundes war unverändert geblieben. Die Phosphorsäure wies bis zu 1 m Tiefe eine starke Zunahme auf. An Kalk hatte die Oberkrume eine Anreicherung erfahren, während der Gehalt im Untergrund sich nicht geändert hatte. Die in der Oberkrume und in dem tieferen Untergrund vorhandenen Mengen an Eisenoxyd und Tonerde hatten eine Änderung nicht erfahren. Dagegen war im mittleren Untergrund eine starke Abnahme zu verzeichnen. Hinsichtlich des Gehaltes an Kalk, und zwar namentlich an leicht löslichem, weist jedoch J. König darauf hin, daß dieser im Rieselboden im allgemeinen eine erhebliche Verminderung dadurch erfahren kann, daß er durch die gebildete, überschüssige Kohlensäure, Salpeter- und Schwefelsäure ständig wieder mit entfernt wird. Infolgedessen erscheint eine ausreichende und regelmäßige Kalkdüngung der Rieselfelder und aller stark mit Fäkalien abgedüngter Ländereien erforderlich. Für die Richtigkeit dieser Annahme sprechen auch Untersuchungen von P. EHRENBERG. Dieser fand im Durchschnitt einer Anzahl von Proben:

	Kalk (CaO) %	Phosphorsäure (P_2O_5) %
Rieselheu ohne Kalkdüngung .	0,41	1,30
„ mit „	1,05	1,16
Naturheu	0,96	0,59

Im Rieselheu ohne Kalkung ist hiernach nicht nur der Kalkgehalt ein ungenügender, sondern hinsichtlich der tierischen Ernährung ist auch das Verhältnis von Kalk zu Phosphorsäure ein ungünstiges.

3. Die für die Abdüngung mit Fäkalien in Frage kommenden Früchte.

Inbezug auf die zweckmäßigerweise auf Rieselfeldern anzubauenden Früchte, deren Eigenschaften, Ernteerträge usw., ist auf die entsprechenden Angaben von F. FISCHER, H. GRANDKE u. a. zu verweisen. Hiernach eignen sich zum Anbau auf Rieselfeldern in erster Linie Gras, Gemüse, Hackfrüchte und Mais. Abgesehen von den Grasflächen übersteigen die Erträge an Körner- und anderen Früchten von Rieselfeldern die bei gewöhnlichem Anbau erzielten im allgemeinen nicht, jedenfalls aber nicht sehr erheblich. Dagegen können die Grasflächen bei günstiger Witterung 5—6 Schnitte liefern. Die Nutzung der Rieselflächen als Grünland scheint daher besonders empfehlenswert zu sein und auch schon aus dem Grunde, weil eine Berieselung dieser bei häufigem Schnitt im Gegensatz zu den meisten anderen landwirtschaftlichen Kulturpflanzen eigentlich während des ganzen Jahres möglich ist. Es wird namentlich die Ansaat von Knaul- und Raigras sowie von Timothee empfohlen. Im Vergleich mit Gras und Heu von Naturwiesen weist Rieselgras sowie das hieraus gewonnene Heu einen wesentlich höheren Asche- und Proteingehalt auf. Nach neueren Untersuchungen von E. MANGOLD enthält das Rieselgras 21 und mehr Prozent Rohprotein, also etwa doppelt soviel wie gutes, normales Wiesenheu. Die stickstoffhaltige Substanz bestand nach P. EHRENBERG zu einem verhältnismäßig erheblichen Teile aus Salpeterstickstoff. Im Mittel von 12 Untersuchungen wurde ein Gehalt von 0,423% ermittelt, während gewöhnliches Wiesenheu nur 0,006% Salpeterstickstoff enthielt. Ähnliche Beobachtungen hinsichtlich eines hohen Gehaltes an Nitratstickstoff hat man auch bei anderen auf Rieselfeldern angebauten Früchten, wie Rüben usw., gemacht. Die in den Feldfrüchten vorkommenden stickstoffhaltigen Verbindungen anorganischer Natur haben jedoch weder für die menschliche, noch für die tierische Ernährung Bedeutung. Der hohe Gehalt an Nitratstickstoff dürfte in erster Linie auf die intensive Stickstoffdüngung zurückzuführen sein. Hiermit ebenfalls im Zusammenhang steht der verhältnismäßig sehr hohe Kali- und Kochsalzgehalt des Rieselgrases (J. VOLHARD und P. EHRENBERG), während der Kalkgehalt ziemlich gering war. Die Verdaulichkeit des Rieselheues ist außer von J. VOLHARD auch von K. FRIEDLÄNDER untersucht und von letzterem in Vergleich mit unter möglichst gleichen Verhältnissen gewonnenem Heu gesetzt worden. Beide Untersuchungen lassen infolge der intensiven Düngung einen sehr erheblichen Gehalt des Rieselheues an Proteinstoffen von hoher Verdaulichkeit erkennen.

Von Gemüsearten und ähnlichen Früchten haben sich Bohnen, Erbsen, Sellerie, Spinat sowie alle Kohlsorten als geeignet zum Anbau auf Rieselfeldern erwiesen. Auch Rhabarber ist für eine starke Berieselung dankbar. Der Anbau dieser Feldfrüchte erfordert aber ebenso wie derjenige der Hackfrüchte eine intensive Hackkultur, da die Rieselfelder infolge der reichlichen Düngung naturgemäß sehr stark zur Verunkrautung neigen. Von den Hackfrüchten erwiesen sich Futterrüben und Pferdemöhren als sehr geeignete und lohnende Früchte für den Anbau auf Rieselfeldern. Die Kartoffel ist nur mit Auswahl anzubauen. Der meist hohe Kochsalzgehalt der Fäkalien beeinträchtigt den Stärkegehalt der Kartoffeln vielfach ungünstig. Auch hat es sich als notwendig erwiesen, möglichst alle zwei Jahre einen Wechsel im Saatgut vorzunehmen. Diese Maßnahme dürfte auch für die anderen genannten Feldfrüchte zweckmäßig sein.

Dagegen sind die meisten Getreidefrüchte gegen eine allzu starke Bewässerung ziemlich empfindlich. Als Folge der starken Stickstoffdüngung tritt ferner neben Frühreife leicht auch Lagerkorn ein. Am ehesten soll der Roggen für den Anbau geeignet sein. Mit dem Anbau von Mais zur Körnergewinnung will man dagegen gute Erfahrungen gemacht haben.

Korbweiden und Obstbäume werden mit Erfolg an den Grabenrändern und Wegen der Rieselfelder angepflanzt. Bei sachgemäßer Anlage und richtiger Sortenauswahl haben beide gute Erträge geliefert.

Im allgemeinen kann man sagen, daß sich für den Anbau auf Rieselfeldern in erster Linie solche Pflanzen eignen, die, wie der Mais, die rübenartigen Gewächse und außerdem die meisten Gemüsearten, neben einem großen Stengel auch große Blättermassen entwickeln. Dagegen sind nach den Angaben von H. Ruths alle Getreidearten und alle getreideähnlichen Pflanzen mit schmalen Blättern und schwachen Stengeln, wie z. B. auch gewisse Arznei- und Gespinstpflanzen, für den Rieselbetrieb nicht geeignet. Eine Ausnahme macht hier vielleicht der Hanf. Die geeignetste Rieselpflanze ist und bleibt aber die Familie der Gräser, namentlich soweit es sich hierbei um raschwüchsige Arten und Sorten handelt, die schon möglichst frühzeitig den ersten Schnitt liefern. Über Bekömmlichkeit und Geschmack der auf Rieselfeldern angebauten Früchte sind die Ansichten vielfach geteilt. Bei ordnungsgemäß gerieselten Feldern ist jedoch gegen die Beschaffenheit der auf diesen angebauten Feldfrüchte nichts einzuwenden. Auch eine Infektion der Feldfrüchte durch das Rieselwasser mit irgendwelchen schädlichen Bakterien oder sonstigen Keimen ist nach den Untersuchungen von Remlinger und Nourri sowie von Rozny u. a. wohl ziemlich ausgeschlossen. Man wird daher ganz allgemein zugeben müssen, daß die Rieselfelder wohl noch am ehesten eine weitgehende Ausnutzung der in den Fäkalien enthaltenen, wertvollen Pflanzennährstoffe gewährleisten.

Literatur.

Agthe: Beschreibung der gegenwärtig zur Reinigung angewandten Systeme. Riga 1886.

Baumeister: Städtisches Straßenwesen im Handbuch der Baukunde. Abt. 3, H. 5. Berlin 1890. — Bochmann s. Agthe. — Bote, L.: Das Kübelabfuhrsystem und die Verwertung der Fäkalien durch Kompostierung und Poudrettierung, H. 5 der Sammlung über „Städtereinigung und Verwertung städtischer Abfälle". Leipzig: F. Leineweber.

Degen, E.: Das Grünland. 1926. Sonderheft für die landwirtschaftliche Verwertung städtischer Abfallstoffe.

Ehrenberg, P.: Landw. Versuchsstat. **68**, 19 (1908) und **71**, 263 (1909).

Fischer, F.: Die menschlichen Abfallstoffe, ihre praktische Beseitigung und landwirtschaftliche Verwertung. Dtsch. Vjschr. öff. Gesdh.pfl. **13**, Supplement (1882).— Fränkel, s. J. H. Vogel. — Friedländer, K.: Landw. Versuchsstat. **69**, 245 (1908).

Gärtner, s. J. H. Vogel. — Gerlach, M.: Mitt. dtsch. Landw.-Ges. **22**, 169, 177 (1907). — Grandke, H.: Jb. dtsch. Landw.-Ges. **12**, 39, 42 (1897) und Die Rieselfelder von Berlin und die Spüljauche unter besonderer Berücksichtigung ihrer chemischen Beschaffenheit. Berlin: B. Grundmann.

Hagen, S.: Die Berliner Rieselfelder, ihre Einrichtung und volkswirtschaftliche Bedeutung. Berlin: S. Wunder. — Heiden, E.: Die menschlichen Exkremente und die Verwertung der städtischen Fäkalien. Hannover: P. Cohen. — Hencke, H.: Die Fäkalientrocknung sowie die Bedeutung in hygienischer, volkswirtschaftlicher und finanzieller Beziehung. Darmstadt 1892. — Herzfeld: Verwaltungsbericht des Magistrates von Berlin. — Hoffmann, M.: Latrine, Müll und Wasen. Flugschr. Nr 6 der dtsch. Landw.-Ges. u. T. Weyls Handbuch der Hygiene **2**, Abt. 4, 715 (1918). — Honcamp, F.: Zeitschrift für Pflanzenernährung und Düngung **1**, Abt. A, 308, (1922).

Imhoff, K.: Fortschr. der Abwasserreinigung, S. 53. Berlin: C. Heymann.

Knopf: Welche Veränderungen verursacht die Berieselung mit Spüljauche in der Zusammensetzung des Bodens mit besonderer Berücksichtigung des Kalkgehaltes. Berlin: Eberling. — König, J.: (1) Die Verunreinigung der Gewässer, deren schädliche Folgen usw. Berlin: Julius Springer; (2) Landw. Jb. **47**, **477** (1914). — Kossowicz, A.: Einführung in die Agrikulturmykologie I, 39. Berlin: Gebr. Bornträger. — Krenz, A.: Das Grünland, Dez. 1926. Sonderheft für die landwirtschaftliche Verwertung städtischer Abfallstoffe, S. 7. — Kühn, L.B.: Die zweckmäßige Beseitigung und Nutzbarmachung menschlicher Auswurfstoffe in mittleren und kleineren Städten sowie auf dem Lande. 1888. — Kuhnert: Mitt. dtsch. Landw.-Ges. **31**, 253 (1916).

Lacour, H. s. J. König. — Langsdorff, K. v., s. E. Heiden. — Lichtwitz, L.: Weyls Handbuch der Hygiene II, Abt. 4, 745. — Lipowsky, E.: Über Entstehung und Einführung des Heidelberger Tonnensystems. Heidelberg: G. Koester.

Mach, F.: Badisches landw. Wochenbl. **1921**, Nr 52. — Maercker, M.: Mitt. dtsch. Landw.-Ges. **12**, 203 (1897). — Mangold, E.: 50 Jahre Berliner Stadtgüter, S. 25. Berlin: A. Metzner. — Maquet, E.: (1) Abhandlungen über geruchlose Sammlung menschlicher Abfallstoffe mit Berücksichtigung des Heidelberger Tonnensystems. Heidelberg: C. Winter; (2) Abhandlungen über das Bassin- und Tonnensystem. Stuttgart: Goltz & Rühling. — Mittermaier, K.: (1) Reinigung und Entwässerung der Stadt Heidelberg. Heidelberg: Bassermann. Das Heidelberger Tonnensystem, Heft 1 der Abhandlungen über „Städtereinigung und Verwertung der städtischen Abfallstoffe". Halle a. S.: F. Leineweber; (2) Die öffentliche Gesundheitspflege in Städten und Dörfern mit besonderer Beziehung auf die Beseitigung der menschlichen Abfallstoffe. Heidelberg: Braunsche Druckerei. — Müller, A. s. E. Heiden. — Müller, A.: Die Spüljauchenrieselung. Landw. Zbl. Dtschld. Berlin 1875.

Nobis, R.: Faßliche Belehrung über die Sammlung und Verwendung der menschlichen Exkremente und tierischen Abfälle. — Nourri, s. Remelinger.

Pfeiffer, Th.: Mitt. dtsch. Landw.-Ges. **9**, 14 (1894).

Reichle, C., s. A. Schmidtmann. — Remelinger: Sanitary Record **1910**. — Rozny: 11. Jahresbericht des städtischen Laboratoriums. Moskau 1905. — Rubner, M.: Lehrbuch der Hygiene II, 7. Leipzig: S. Hirzel. — Rüfin, A.: Die Rieselwirtschaften größerer Städte und deren vorteilhafte Ausnutzung. Berlin: C. Sonntag. — Ruths, H.: 50 Jahre Berliner Stadtgüter. Berlin: A. Metzner.

Schmidtmann, A.: in Rubners Handbuch der Hygiene II, Abt. 2, 165. Leipzig: S. Hirzel. — Stutzer, A., s. J. H. Vogel.

Thiesing, A.: Mitt. dtsch. Landw.-Ges. **15**, 281 (1900). — Thumm, K., s. A. Schmidtmann.

Vogel, J. H.: (1) Die Verwertung der städtischen Abfallstoffe. Arb. dtsch. Landw.-Ges. H. 11; (2) Die keimtötende Wirkung des Torfmulls. Arb. dtsch. Landw.-Ges. H. 1. — Volhard, J.: Landw. Versuchsstat. **68**, 11 (1908).

Weyl, Th.: Handbuch der Hygiene **2**, II, 91. — Wolff, E. v.: Düngerlehre. Berlin: P. Parey. — Wulsch: Die landwirtschaftliche Verwertung der Kanalwässer nach dem Vorbilde von Eduardsfelde bei Posen. Posen: Decker & Co. u. Gesdh.ing. **1908**, Nr 35.

Zahn, O.: Weyls Handbuch der Hygiene II, Abt. 3, 285. Leipzig: S. Hirzel. — Zuntz, N.: Virchows Arch. **131**. Suppl.

3. Gründüngung.

Von

Dr. sc. nat. et phil. **Werner Wöhlbier.**

Privatdozent an der Landesuniversität und Leiter der Mitscherlich-Station an der landwirtschaftlichen Versuchsstation zu Rostock i. Meckl.

Mit 21 Abbildungen.

I. Festlegung des Begriffes und Einteilung des Stoffes.

Die Düngung des Ackerbodens durch Einackern grüner Pflanzenmassen gehört mit zu den ältesten Maßnahmen zur Förderung des Pflanzenwachstums (A. Trunz). Die Römer, Franken und späteren Völker beobachteten die guten Erfolge und empfahlen die Anwendung der Gründüngung. Sie glaubten wohl, wachsende Pflanzen könnten aus verwesendem Pflanzenmaterial leichter ihre Substanz aufbauen. Es wäre dies dann eine Ansicht, die sich bis in die neuere Zeit, also bis zu der sog. Humustheorie THAERs erhalten hätte. Wenn wir heute den Begriff Gründüngung umreißen wollen, so müssen wir verschiedene Gesichtspunkte berücksichtigen und können uns mit der durch sie hervorgerufenen Humusanreicherung des Bodens nicht allein begnügen. W. SCHNEIDEWIND (2) faßt den Begriff Gründüngung verhältnismäßig eng: „Unter Gründüngung versteht man das Einackern von grünen Pflanzen zwecks Bereicherung des Bodens mit organischer Substanz und Stickstoff.“ Ich möchte den Begriff weiterfassen, wie es auch dem Zwecke eines Handbuches mehr entsprechen dürfte und was O. NOLTE mit Gründüngung im weiteren Sinne bezeichnet: „Unterpflügen von Pflanzen im saftigen, unreifen Zustande.“ Danach würde neben Humus- und Stickstoffanreicherung noch zu berücksichtigen sein: Lockerung des Untergrundes durch Tiefwurzler, Aufschließen mineralischer Nährstoffe, Förderung der Ackergare. Hiernach wird der Kreis unserer Betrachtungen wesentlich weitergezogen, als ihn W. SCHNEIDEWIND angegeben hat. Wir müssen auch Pflanzen behandeln, die von ihm abgelehnt werden, z. B. Senf. Andererseits ist zu berücksichtigen, daß auch diese Grenzen verhältnismäßig willkürlich sind, fernerhin, daß nicht alle hier aufgezählten Pflanzen *allen* Anforderungen entsprechen, sondern oft nur einigen davon. So sind z. B. nicht alle Gründüngungspflanzen Tiefwurzler (z. B. Weißklee, Gelbklee), nicht alle zeigen ein starkes Aufschließungsvermögen für mineralische Nährstoffe usw. Aus diesen Gründen möchte ich den vorliegenden Stoff so einteilen, daß ich die einzelnen Zwecke der Gründüngung behandle und dann die Gründüngungspflanzen bespreche. Im Anschluß hieran werde ich erst auf die Ausführung der Gründüngung eingehen.

II. Der Zweck der Gründüngung.

1. Die Bedeutung des Wurzelbaues für den Wert der Gründüngung.

Die Wurzeln der Gründüngungspflanzen spielen für die Durchdringung und Lockerung des Untergrundes eine wichtige Rolle. Je nach ihrem Vermögen, das von Pflanzenart zu Pflanzenart wechselt, dringen sie mehr oder weniger tief in den Boden ein und überwinden dabei oftmals recht erhebliche Widerstände. Sie bohren gewissermaßen Kanäle in den Untergrund — ähnlich wie die Regenwürmer (HENSEN) —, die den nachfolgenden Kulturpflanzen als bequeme Wege dienen, auf denen diese ihre zarten Wurzeln in die Tiefe und in feuchtere Bodenschichten senden können. Ohne diese vorbereitenden Röhren wären die Kulturpflanzen oftmals nicht in der Lage, tiefer in den Untergrund einzudringen, sei es, daß dieser zu bindig ist (SCHUBARDT, C. FRUWIRTH 3), oder sei es, daß feste „verkittete“ Bodenschichten sich hindernd entgegenstellen (A. SCHULTZ-LUPITZ 3, H. HELLRIEGEL). Nach HENSEN wachsen die Wurzeln der Nachfrucht zwischen Rinde und Mark der toten Lupinenwurzeln mit dem Bestreben, in die Tiefe zu gelangen und die Nährstoffe der abgestorbenen Gründüngungswurzeln als bequeme Nahrungsquelle zu benutzen. In welchen Ausmaßen sich dieses für die Nachfrucht nutzbringend auswirken kann, das zeigen die eingehenden Untersuchungen von A. SCHULTZ-LUPITZ (1, 3): Die Wurzeltiefe der Kartoffeln betrug auf den Versuchsstücken ohne Gründüngung nur 40—45 cm, dagegen nach Lupinen 120 cm. Ebensolche Unterschiede zeigten sich bei Winterroggen, für den die entsprechenden Wurzeltiefen 40 cm bzw. 90—100 cm betrugen.

Ist der Boden dem Wachstum der Pflanzenwurzel günstig, also locker (von Natur oder durch Tiefwurzler gelockert), und sind sonst keine nachteiligen Einwirkungen vorhanden, dann können selbst die Getreidearten mit ihren wenig widerstandsfähigen Wurzeln in ganz beträchtliche Tiefen des Untergrundes hinabwachsen. H. HELLRIEGEL weist darauf hin, daß unter solchen Umständen es kaum möglich ist, einen Unterschied in der Wurzellänge der einzelnen Kulturpflanzen festzustellen (vgl. auch O. MIELCK). Welche Bedeutung diese Tatsache für die Sicherheit der Ernten und die Überwindung von Trockenzeiten besitzt, bedarf keiner weiteren Erörterung.

Schon frühzeitig wurde deshalb mit dem Studium der Bewurzelung begonnen. Dabei bietet die Erforschung des Wachstums der Wurzeln ziemliche Schwierigkeiten. Die teilweise sehr zarten Gebilde, die mit den festen Teilen des Bodens oft ziemlich innig verwachsen sind, zerreißen sehr leicht. SCHUBARDT grub senkrechte Wände bis über 2 m tief und spülte die Wurzeln mit einer Gartenspritze frei. Bei steinigem Boden gelingt das nicht. Hier hat sich ein Bohrzylinder bewährt (H. HELLRIEGEL). Eingehende Anleitung zu Wurzelstudien gibt H. THIEL. C. FRUWIRTH (3) teilte die Hülsenfrüchte in „drei Typen“ ein, die sich durch die Stärke ihrer Hauptwurzeln (Pfahlwurzeln), die Fähigkeit, festere Bodenschichten zu durchdringen und die Fähigkeit zur Ausbildung seitlicher Wurzeln (Wurzeln I., II. und weiterer Ordnung) unterscheiden. Die kleeartigen Gewächse fehlen allerdings in dieser Gruppierung.

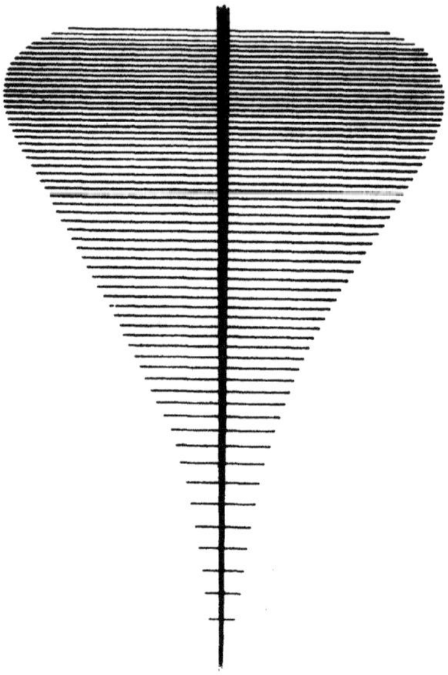
Bohne

Abb. 17. Schematische Wurzelbilder. (Aus H. HELLRIEGEL: Beiträge zu den naturwissenschaftlichen Grundlagen des Ackerbaues. Braunschweig 1883.)

1. Typus (Kennpflanze *Lupinus*). Kräftige Hauptwurzel, starkes Tiefenwachstum, spärliche Nebenwurzeln I. Ordnung. Seitliche Erstreckung gering.

2. Typus. Hauptwurzel und Tiefenwachstum etwas schwächer als der Lupinus-Typus. Nebenwurzeln I. Ordnung reichlich und frühzeitig, einige die Länge der Hauptwurzel erreichend, schief nach unten wachsend.

a) (Kennpflanze *Vicia faba*). Hauptwurzel dicker, beträchtliche seitliche Erstreckung der Nebenwurzeln.

b) (Kennpflanze *Pisum*). Hauptwurzel dünner, geringere seitliche Erstreckung der Nebenwurzeln.

3. Typus. (Kennpflanze *Phaseolus*). Hauptwurzel wie 2b, Tiefenwachstum schwach gegenüber Widerständen, Nebenwurzeln zahlreich, energisch sich verzweigend, einige die Hauptwurzel an Länge übertreffend. Seitliche Erstreckung am größten.

Während C. FRUWIRTH (3) auch die seitliche Erstreckung in den Bereich seiner Beobachtungen zieht, tut das H. HELLRIEGEL nicht. Ihm kommt es zunächst nur auf die Anordnung der Wurzeln an, nicht auf deren Lage im Boden. Dabei kommt er zu folgenden Bildern (vgl. Abb. 17—19), aus denen vor allem die Länge und Anordnung der Hauptwurzel und der Nebenwurzeln I. Ordnung hervorgeht.

Die Übersicht deckt sich mit der von C. FRUWIRTH (3) angegebenen recht gut. Genau lassen sich aber die zu Gründüngungszwecken angebauten Hülsenfrüchte nicht einordnen. Luzerne und Esparsette z. B., die etwa zum *Vicia faba*-

Typus gehören würden, besitzen ein Tiefenwachstum, welches das der Lupinen deutlich übertrifft. Die Länge der Hauptwurzeln wird bis zu 10 m angegeben (H. WERNER 1). Allerdings ist die Fähigkeit zur Überwindung von Widerständen nicht so groß wie bei der Lupine. In Tabelle 1 sind einige Zahlen über das Tiefenwachstum zusammengestellt. Es ist hier auch Luzerne, Rotklee, Esparsette mit angegeben, die gewöhnlich nicht zu den Gründüngungspflanzen gerechnet werden, wahrscheinlich, weil ihre Hauptnutzung die der Futtergewinnung ist.

Tabelle 1. Der Wurzeltiefgang einiger Gründüngungspflanzen.

Gelbe Lupine	60—232 cm	Rotklee	102—200 cm
Blaue Lupine	66—128 cm	Gelbklee	15— 35 cm
Weißklee	17,5 cm	Peluschke	30— 40 cm
Erbse	80—126 cm	Zottelwicke	30— 50 cm
Wicke	30— 90 cm	Bokharaklee	110—195 cm
Pferdebohne	30—120 cm	Luzerne	über 2 m—10 m(?)
Spanische Platterbse	60— 80 cm	Esparsette	über 2 m—10 m(?)
Serradella	66— 84 cm		

(Nach Angaben von A. SCHULTZ-LUPITZ (3), H. HELLRIEGEL, A. ORTH (2), C. FRUWIRTH (1), H. THIEL, C. v. SEELHORST (1), H. WERNER (1), JOHN u. a.)

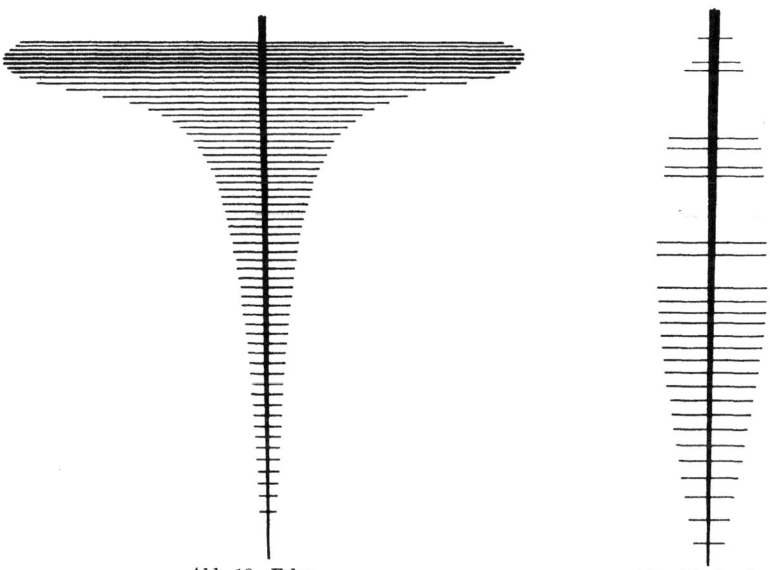

Abb. 18. Erbse. Abb. 19. Lupine.

Abb. 18 u. 19. Schematische Wurzelbilder.

(Aus H. HELLRIEGEL: Beiträge zu den naturwissenschaftlichen Grundlagen des Ackerbaues. Braunschweig 1883.)

Aus diesen Zahlen geht hervor, daß das *Tiefenwachstum* nicht nur von Art zu Art recht verschieden ist, sondern daß sich auch bei derselben Pflanzenart recht erhebliche Abweichungen finden. Diese Erscheinung ist vielfach beobachtet worden. Man suchte sie etwa folgendermaßen zu erklären: Das Wachstum der Wurzeln im Boden ist nicht allein abhängig von dem der Pflanze eigentümlichen „Bauplan", sondern in weit höherem Maße von den „äußeren Einwirkungen", die durch den Boden auf die wachsende Wurzel ausgeübt werden. Solche Einflüsse können sich hindernd oder fördernd auf die Wurzelausbildung auswirken. Gewöhnlich ist dem Tieferdringen der Wurzel Einhalt geboten durch das *Vorhandensein undurchlässiger (verkitteter) Schichten*, die aus Ton, Ortstein usw. bestehen können. Solche Bodenschichten können für viele unserer

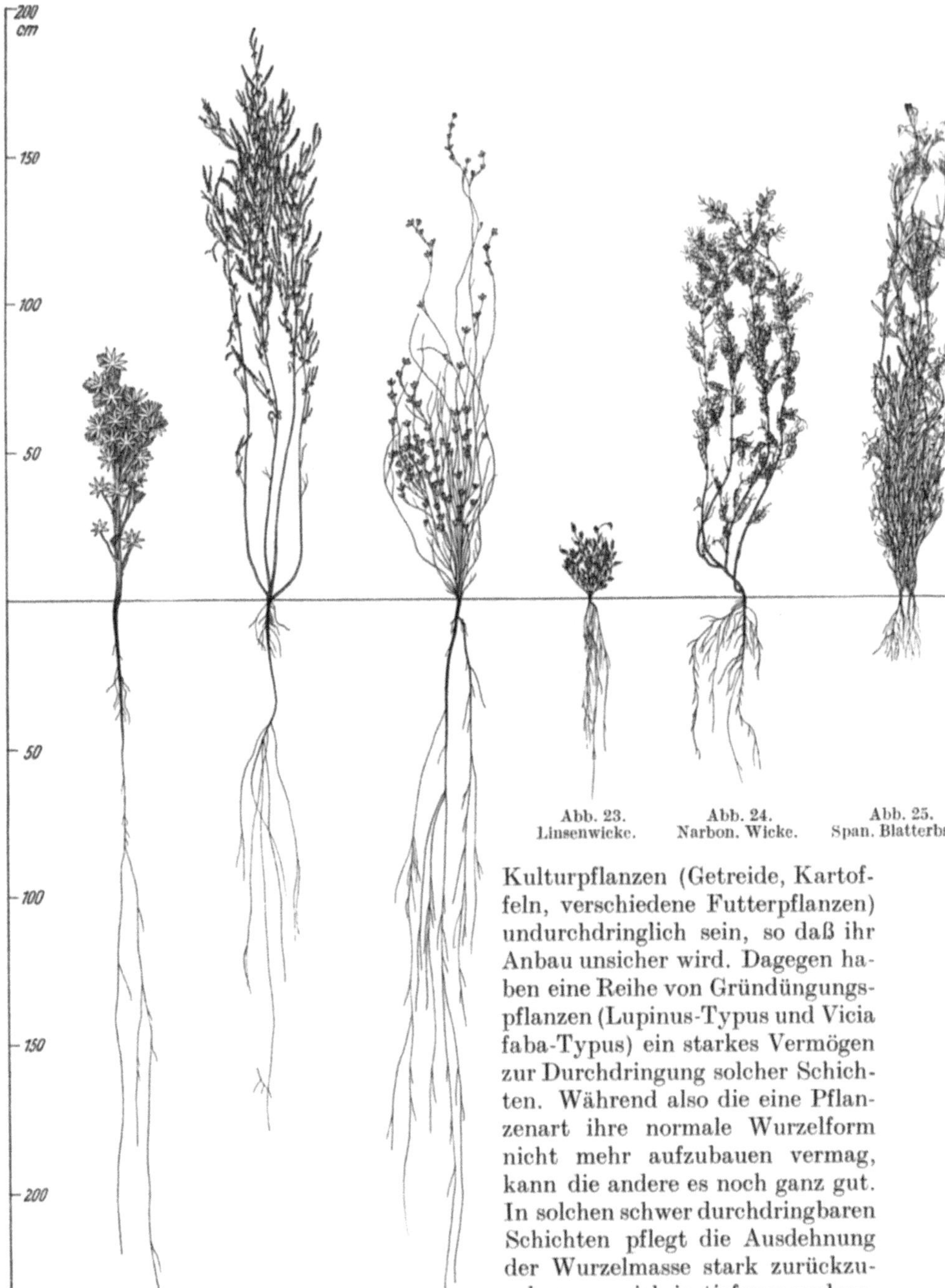

Abb. 20. Lupine. Abb. 21. Bokharaklee. Abb. 22. Sandluzerne. Abb. 23. Linsenwicke. Abb. 24. Narbon. Wicke. Abb. 25. Span. Blatterbse.

Kulturpflanzen (Getreide, Kartoffeln, verschiedene Futterpflanzen) undurchdringlich sein, so daß ihr Anbau unsicher wird. Dagegen haben eine Reihe von Gründüngungspflanzen (Lupinus-Typus und Vicia faba-Typus) ein starkes Vermögen zur Durchdringung solcher Schichten. Während also die eine Pflanzenart ihre normale Wurzelform nicht mehr aufzubauen vermag, kann die andere es noch ganz gut. In solchen schwer durchdringbaren Schichten pflegt die Ausdehnung der Wurzelmasse stark zurückzugehen, um sich in tieferen und weniger festeren wieder auszudehnen (H. Hellriegel, A. Schultz-Lupitz 3, C. v. Seelhorst 1). Sind erst eine Reihe von Kanälen hergestellt, dann können auch Pflanzen mit einem weniger starken Tiefenwachstum nach unten gelangen. Sie bilden dann allerdings auch kein normales Wurzelnetz, sondern man findet ebenfalls eine „Einschnürung“ in den festen Bodenschichten (A. SCHULTZ-LUPITZ 3). Erwähnt werden muß hier noch, daß nicht immer die Pfahlwurzler es sind, die Kanäle in den Untergrund bohren, sondern oftmals ist das Vorhandensein dieser Röhren auf die Tätigkeit von Regenwürmern usw. zurückzuführen. Die Untersuchungen von O. MIELCK zeigen, daß besonders in größeren Tiefen unter Umständen diese Art Kanäle bei weitem vorwiegen, und daß auch die Pfahlwurzler sich dieser vorhandenen Wege gern bedienen.

Dem Eindringen in die tieferen Bodenschichten kann auch die *chemische Beschaffenheit* hinderlich sein. Einer späteren Übersicht (Tabelle S. 138) ist zu entnehmen, daß Reaktion, Sand- bzw. Lehmgehalt und Feuchtigkeit des Untergrundes für die Entwicklung der Wurzeln, insbesondere solchen normalen

Abb. 26. Weißklee. Abb. 28. Bastardklee. Abb. 29. Gelbklee. Abb. 31. Wundklee.

Abb. 27. Rotklee.

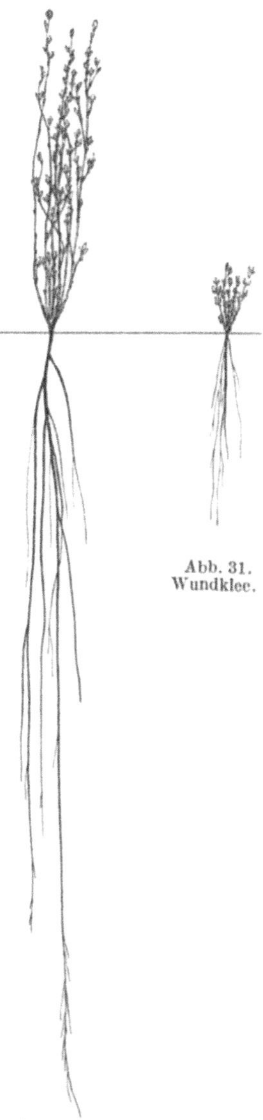

Abb. 30. Luzerne.

Baues, von Bedeutung sind. Kalkreichen Untergrund mag die Lupine nicht, sauren die Luzerne u. a. nicht. Letztere liebt Lehm im Untergrund, erstere Sand. Dem Wachstum der Wurzel wird aber sofort Einhalt getan, wenn diese auf wasserführende Schichten stoßen, also der Boden unter stauender Nässe leidet, so daß die Luft nicht mehr eindringen kann (H. WERNER 2). Gehört also das Wasser, wenn es in zu großer Menge vorhanden ist, zu den Widerständen, die dem Wachstum der Wurzel entgegentreten, so übt im allgemeinen die Feuchtigkeit in mäßigen Mengen einen Reiz aus (H. Werner 2). Die Wurzel ist bestrebt, nach den feuchteren Stellen des Bodens zu wachsen. Durch dieses Verhalten wird in trockneren Jahren, wo die Feuchtigkeit in den oberen Schichten zurückgeht, die Wurzel tiefergehen müssen als in nassen. Auch das Vorhandensein oder Fehlen von Nährstoffen wirkt auf die Ausbildung des Wurzelsystems ein, was man daran

Abb. 32. Serradella.

Abb. 33. Esparsette.

Abb. 34. Pferdebohne.

Abb. 35. Erbse.

Abb. 36. Buchweizen.

Abb. 37. Raps.

erkennen kann, daß Anhäufungen von Stalldung im Boden besonders stark mit Wurzeln durchwachsen sind. Ähnliche Erscheinungen beobachtete C. E. Millar auch bei Topfversuchen. Er hatte die Nährstoffe in verschiedene Bodenschichten gebracht. Die Wurzelentwicklung war dort am stärksten, wo die Nährstoffeinwirkung am größten war. Dagegen bildet die Pflanze bei Nährstoffmangel kaum Nebenwurzeln, sondern beschränkt sich auf die Bildung weniger schnellwachsender Wurzeln, die gewissermaßen auf die Suche nach Nährstoffen geschickt werden (Th. Roemer). Auch die Reaktion des Untergrundes ist für das Eindringen der Wurzeln von Wichtigkeit. So konnte B. Tacke (4) zeigen, daß auf Hochmoor die Wurzeln nur so weit in den Boden wachsen, wie durch basische Dünger die freie Säure beseitigt ist.

Zu erwähnen ist, daß insonderheit Lupinen und Pferdebohnen für eine ungestörte Entwicklung nicht immer der Hauptwurzel bedürfen (C. KRAUS, A. SCHULTZ-LUPITZ 2, 3). Mitunter übernimmt eine Nebenwurzel I. Ordnung die Rolle der Hauptwurzel, wenn aus irgendeinem Grunde die Entwicklung der letzteren gestört wurde.

Diese verschiedenen Umstände beeinträchtigen mehr oder weniger die Ausbildung des Wurzelnetzes im Boden. Darum muß man bei Ausgrabungen oder Auswaschungen sich immer klarmachen, daß die gefundenen Wurzelbilder durch verschiedene Einflüsse verzerrt sein können. Hieraus erklären sich auch die verschiedenen Angaben der Autoren. Je nach der Art setzen die Pflanzen den formenden Einflüssen einen verschieden starken Widerstand entgegen. So hält z. B. die Lupine an ihrer Wurzelform sehr fest, während die Ackerbohne dieselbe schon eher ändert, und die Erbse dies am leichtesten tut (H. HELLRIEGEL).

Betrachten wir mit diesen Voraussetzungen Abbildungen von Wurzeln der Gründüngungspflanzen, so finden wir recht beachtliche Unterschiede, deren Kenntnis sowohl für den Anbau wie auch den Wert der Gründüngung von weittragender Bedeutung ist. In Abb. 20—37 sind eine Reihe von Pflanzen abgebildet, die ich nach Lichtbildern und Zahlenangaben verschiedener Autoren schematisch gezeichnet habe (vgl. H. HELLRIEGEL, H. WERNER 1, A. SCHULTZ-LUPITZ 1, 2, C. FRAAS, C. FRUWIRTH 1—3 und A. ORTH 1, 2).

Von den sehr kräftig in den Untergrund wachsenden Pflanzen, wie Lupine, Luzerne, bis zu den schwachen, seicht verlaufenden Wurzeln des Weißklees, sind alle Übergänge vertreten. Daraus ersehen wir, daß zur Lockerung und Durchdringung des Untergrundes eine Reihe von Gründüngungspflanzen nicht in Frage kommen und daß andererseits wieder solche dazu zu rechnen sind, die man allgemein nicht als Gründüngungspflanzen anspricht, wie Luzerne und Esparsette (meines Erachtens mit Unrecht, wie noch in den Kapiteln über Stickstoffsammlung und Untergrundaufschließung gezeigt werden soll).

Fassen wir das über die Bedeutung der *Ausbildung des Wurzelnetzes* Gesagte zusammen, so ergibt sich:

Verschiedene Gründüngungspflanzen besitzen ein ausgesprochenes Vermögen, auch unter schwierigen Umständen (undurchlässige Bodenschichten) ihre Wurzeln in größere Tiefen des Untergrundes zu senden. Sie bewirken eine Lockerung desselben in Tiefen, die der mechanischen Bearbeitung nicht mehr zugänglich sind. Dadurch wird für die zarten Wurzeln der nachfolgenden Kulturpflanzen die Möglichkeit geschaffen, ebenfalls in tiefere Bodenschichten einzudringen. Ausgesprochene Pfahlwurzler sind: Lupine, Luzerne, Esparsette, Rotklee, Ackerbohne.

2. Die Bedeutung der Gründüngung für die Aufschließung der mineralischen Stoffe.

Die zur Gründüngung angebauten Pflanzen haben ein mehr oder weniger starkes Vermögen zur Aufschließung mineralischer Nährstoffe, von denen uns hauptsächlich Phosphorsäure und Kali interessieren. Die ältesten mir bekannten Versuche zu dieser Frage wurden von TH. DIETRICH ausgeführt. Er pflanzte auf pulverisierten Buntsandstein bzw. Basalt Lupinen, Buchweizen, Roggen usw. Er fand dabei nebenstehende Zahlen.

Von	Es wurden gelöst aus Buntsandstein	aus Basalt
3 Lupinenpflanzen	0,608 g	0,749 g
3 Erbsenpflanzen	0,481 g	0,713 g
20 Spörgelpflanzen	0,268 g	0,365 g
10 Buchweizenpflanzen	0,232 g	0,327 g
4 Wickenpflanzen	0,221 g	0,251 g
8 Weizenpflanzen	0,027 g	0,196 g
8 Roggenpflanzen	0,014 g	0,132 g

Wenn diese Versuche auch nicht ganz einwandfrei sind, so zeigen sie doch das erhebliche Aufschließungsvermögen der Lupinen, wie auch der anderen Gründüngungspflanzen. Später wurde diese Frage eingehend besonders von russischen Autoren bearbeitet (Literaturangaben bei P. Ehrenberg 3). Aus diesen und noch späteren Versuchen geht hervor, daß die Gramineen nur leicht lösliche Phosphate ausnützen können und bei Mangel daran ihr Phosphorsäurebedürfnis nicht befriedigen können. Dagegen können gerade diejenigen Pflanzen, die wir zu Gründüngungszwecken zu verwenden pflegen, Phosphorsäureverbindungen zum Aufbau verwenden, die als schwerlöslich zu bezeichnen sind. Natürlich bestehen betreffs des Aufschließungsvermögens nicht nur Unterschiede in den einzelnen Pflanzenarten, sondern auch für die einzelnen Phosphate. In der Praxis ist es schon verhältnismäßig frühzeitig aufgefallen, daß vor allem die Lupine schwerlösliche Phosphorverbindungen ausnutzen kann. Man hat beobachtet, daß eine Düngung mit Phosphorsäure gewöhnlich keinen Mehrertrag brachte. H. Werner (1) bemerkt, „daß die Lupine selbst auf phosphorsäurearmen Böden eine Düngung in dieser Hinsicht nicht mehr lohne". Ich möchte diesen Satz verbessern in: . . . an leicht löslicher Phosphorsäure armen Böden . . . Wenn gar keine Phosphorsäure vorhanden ist, wächst auch die Lupine nicht mehr.

Ein starkes Aufschließungsvermögen für schwerlösliche Phosphate besitzen Senf, Buchweizen, Lupine, Erbse und Bohne, dagegen Cerealien ein geringes. Dies ergibt sich besonders schön aus Zahlen von D. Prianischnikow, der den Ausnutzungskoeffizienten für verschiedene Phosphate bestimmte:

		Phosphorit %	Knochenmehl %	Thomasschlacke %	Lösliche P_2O_5 oder $CaHPO_4$ %
Der Koeffizient der Ausnutzung in Sandkulturen	Cerealien	0—10	40	60—70	100
	Buchweizen, Lupinen usw.	60	90	100	100

Es sei auf die zahlreichen Arbeiten über diesen Gegenstand hingewiesen, auf die hier nicht näher eingegangen werden kann (vgl. M. v. Wrangel 1—3, Th. Pfeiffer und O. Rippel, E. A. Mitscherlich 2 usw.). Danach dürfte sicher feststehen, daß je nach der Pflanzenart die verschiedenen Phosphate mehr oder weniger gut ausgenutzt werden. Die hierfür maßgebenden Gründe dürften noch nicht einwandfrei geklärt sein. Es sei nur darauf verwiesen, daß das Verhältnis von Kalk zu Phosphorsäure in der Pflanzenasche eine Rolle spielt, was sich z. B. darin äußert, daß Senf, der verhältnismäßig viel Kalk in der Asche enthält, schwer lösliche Phosphate auch bei Gegenwart von viel Ca-Ionen in der Bodenlösung gut ausnutzt. Bodenreaktion, Nährstoffverhältnis usw. verschieben noch die an sich schon bestehenden Unterschiede im Aufschließungsvermögen. So kann z. B. die Kalkfeindlichkeit der Lupine durch ausdauernde reichliche Phosphorsäuredüngung bekämpft werden (M. v. Wrangel 3, W. Johannson). Auch Eisen- und Aluminiumphosphat sind für viele der uns hier interessierenden Gründüngungspflanzen aufnehmbar. In diesem Zusammenhange darf auch auf die Arbeiten von E. Ungerer aufmerksam gemacht werden.

Zusammenfassend läßt sich über Senf, Buchweizen, Spörgel und die Leguminosen sagen, daß diese in der Lage sind, schwer lösliche Phosphate noch mit Vorteil für den Aufbau organischer Substanz zu verwenden. Befinden sich diese Phosphate in tieferen Bodenschichten, dann können sie von den tiefwurzelnden Pflanzen gelöst werden und zum Aufbau Verwendung finden. Beim Zerfall der Gründüngungspflanzen nach dem Umpflügen dienen sie der Nachfrucht als Nährstoffquelle. Wir haben also durch die Gründüngung eine Anreicherung der Ackerkrume an leicht aufnehmbarer Phosphorsäure.

Es sei auch noch auf Versuche von F. Sestini verwiesen, der feststellen konnte, daß bei Granit durch die Tätigkeit der Wurzeln die Verwitterung beschleunigt wird.

Man hat zu erforschen versucht, auf welche Eigenschaften der Gründüngungspflanzen das Aufschließungsvermögen für Mineralstoffe zurückzuführen ist. Da nur die Wurzeln hierfür in Frage kommen, widmete man ihnen zuerst das Interesse. B. Dyer untersuchte eine große Anzahl von Pflanzen auf Wurzelacidität und fand (berechnet als Citronensäure) für Leguminosen eine Wurzelacidität von 0,81—1,12. Dagegen für Gramineen nur 0,53—0,68. Demnach könnte man das Aufschließungsvermögen mit der größeren Wurzelacidität in Zusammenhang bringen. F. Czapek betont aber schon, daß nicht allein der Säuregrad maßgebend ist, sondern vor allem die ausgeschiedene Säuremenge. Er glaubt, daß eine nennenswerte Ausscheidung organischer Säuren nicht in Frage kommt, sondern daß selbst die Lösung von Eisen- und Aluminiumphosphaten sich durch das Ausscheiden größerer Mengen von Kohlensäure infolge starker Wurzelatmung (H. Werner 2) erklären läßt. Eine Reihe späterer Arbeiten beschäftigen sich noch mit dieser Frage, ohne jedoch eine Klärung herbeigeführt zu haben. Man muß auch berücksichtigen, daß wir es stets mit einem Ineinandergreifen der verschiedensten Vorgänge zu tun haben. Die Aufnahme von Kationen durch die Pflanze kann verursachen, daß die zurückbleibenden Säuren einen Aufschluß bewirken. Ferner ist die Bodenreaktion von Einfluß, wie auch Adsorptions- und Austauschreaktionen und nicht zu vergessen die gerade zur Verfügung stehende Wassermenge. Deshalb sehen wir heute über die Gründe des Aufschließungsvermögens noch nicht klar.

3. Die Bedeutung der Gründüngung für die Anreicherung des Bodens mit organischer Substanz.

Die Gewinnung von organischer Substanz wird von allen Autoren als ein Hauptzweck der Gründüngung angesehen. Die Menge an Trockensubstanz, die mit den einzelnen Pflanzen gewonnen werden kann, ist natürlich sehr schwankend und von den verschiedensten Umständen abhängig (Bodenart, Niederschläge, Wachstumszeit usw.). Es liegen eine Reihe von Untersuchungen in der Literatur vor, die naturgemäß sehr stark voneinander abweichen (vgl. A. Trunz 1, M. Maercker, A. Schultz-Lupitz 1—3, M. Hoffmann 1—3 u. a.). Von einer Zusammenstellung soll abgesehen werden, weil die Menge der Gründüngungsmasse von zuviel Zufälligkeiten bestimmt wird. Erwähnt werden mag nur, daß M. Hoffmann bei einer großen Anzahl von Lupinenversuchen Schwankungen zwischen 2085 kg/ha und 8682 kg/ha Trockensubstanz fand (bei Anbau der Lupinen als Stoppelsaat). Um möglichst gute Erträge an Trockensubstanz zu erzielen, wird es nötig sein, diejenigen Gründüngungspflanzen zum Anbau auszuwählen, die für die betreffende Bodenart, das Klima usw. am geeignetsten erscheinen. Gegebenenfalls muß man durch Feldversuche prüfen, mit welchen Pflanzen man am besten fährt (auch Gemenge kann natürlich in Frage kommen).

Dasselbe gilt auch für die Wurzelrückstände. Hierfür möchte ich jedoch eine Zusammenstellung anführen, da sie Verhältnisse zum Ausdruck bringt, die nicht so leicht nachzuprüfen sind und für die Anreicherung des Bodens mit Nährstoffen und Trockensubstanz wichtige Zahlen zeigt. Die Untersuchungen wurden von H. Werner (2) ausgeführt.

Es sind hiernach recht erhebliche Mengen Trockensubstanz, die im Boden von den Wurzeln und Stoppeln zurückbleiben. Besonders hoch sind dieselben bei Luzerne und Rotklee und machen dort ungefähr so viel aus, wie mit einer gut geratenen Gründüngung durch Lupinen gewonnen werden kann. Das ist für mich der

Stoppel- und Wurzelrückstände bis zu einer Tiefe von 26 cm in kg/ha.

	Trockensubst.	K_2O	P_2O_5	N
Luzerne	10811	41	44	153
Esparsette	6632	48	33	138
Rotklee	9976	90	84	215
Bokharaklee . . .	6390	—	—	141
Lupinen	3943	19	16	90
Serradella	3870	18	14	91
Gerste	2227	11	14	26

Grund, die Luzerne- und Kleestoppel in den Kreis der Gründüngung mit einzurechnen. In unserm Sinne ist Luzerne- und Kleestoppel einer gut geratenen Gründüngung in jeder Hinsicht gleichwertig. H. WERNER (2) setzt den Wert der Wurzelrückstände tief wurzelnder Leguminosen einer mittleren Düngung von 300 dz/ha Stallmist gleich.

Die organische Substanz der Gründüngung, also Wurzel- wie oberirdische Masse, fällt nach dem Unterpflügen der Zersetzung anheim. Die Zersetzung geht verhältnismäßig schnell vor sich, jedenfalls schneller als bei Stalldung. Nach S. A. WAKSMAN und Mitarbeitern ist die Schnelligkeit der Zersetzung von den verschiedensten Faktoren abhängig. Einmal von der Beschaffenheit der Pflanzen, dann von dem Alter derselben, ferner vom Vorhandensein anorganischer Nährstoffe, von der Natur der Mikrofauna und -flora, der Bodenreaktion, Durchlüftung usw. Besitzen die Pflanzen viel lösliche Kohlenhydrate und Cellulose und wenig Lignin, geht die Zersetzung schnell vor sich. Der Rest, der bei der Zersetzung übrigbleibt, setzt sich aus den der Zersetzung widerstehenden Pflanzenteilen wie Lignin und Cutin und den Zerfallsprodukten der Mikroflora zusammen und wird Humus genannt (vgl. auch K. MAIWALD). Es findet also bei längerer Anwendung von Gründüngung eine allmähliche Anreicherung an organischer Substanz statt, wie sehr schön aus Versuchen von F. MARTIN hervorgeht. Bei einem 18 Jahre lang auf dem Versuchsfeld der Universität Halle durchgeführten Versuch betrug der Humusgehalt auf der „Brache" 49254 kg/ha, dagegen auf dem Gründüngungsstück 52467 kg/ha. Durch die jahrelange regelmäßige Anwendung (jedes dritte Jahr) der Gründüngung hatte sich also der Humusgehalt um 3213 kg/ha vermehrt.

Die Anreicherung an Humus wirkt sich teilweise günstig für den Ackerboden aus, teilweise ungünstig. So wird durch sie die wasserfassende Kraft erhöht, die nach P. EHRENBERG und F. BAHR auf die Wirkung der klebefähigen Humuskolloide zurückzuführen ist. F. MARTIN gibt an, daß auf der „Brache" nach einem starken Regen 14,15% Wasser in der Ackerkrume enthalten waren, dagegen auf dem Gründüngungsstück 15%. Diese Zunahme an wasserhaltender Kraft ist nach P. EHRENBERG (1) auf die Humuskolloide zurückzuführen, die ja in größeren Mengen in dem Boden beim Zerfall der organischen Masse sich bilden. Je nachdem der Boden leichter oder schwerer ist und je nachdem die Gründüngung aus mehr oder weniger verholzten Pflanzen besteht (z. B. Lupine mit harten Stengeln gegenüber Serradella mit sehr zarter Pflanzenmasse), zersetzt sich die Gründüngung mehr oder weniger schnell. Diese Zersetzung ist auf die Tätigkeit der Mikroorganismen zurückzuführen. Sie nimmt nach den Untersuchungen von C. v. SEELHORST (3—8) auch im Vorwinter noch recht beträchtlichen Umfang an. P. EHRENBERG (2) weist deshalb darauf hin, daß man mit dem Umpflügen der Gründüngung warten muß, bis gegen Frosteintritt bzw. nach dem ersten Frost die Entwicklung von Bakterien möglichst gehemmt wird. Dadurch wird auch die Zeit zur Zersetzung der Gründüngungsmasse kürzer, als wenn sie im Oktober schon untergepflügt wird (O. LEMMERMANN 1, P. BAESSLER 1—5, C.

FRUWIRTH 2). Wenn es im allgemeinen richtig ist, die Gründüngung spät unterzupflügen, so verbietet sich diese Maßnahme, wenn Roggen Nachfrucht ist. Denn dieser liebt einen gut gesetzten Boden. Es darf in diesem Falle nur flach gepflügt werden, was überhaupt immer notwendig ist, um eine Auswaschung des Stickstoffs möglichst zu erschweren (vgl. C. v. SEELHORST 1, P. BAESSLER 3, P. EHRENBERG 1, W. SCHNEIDEWIND 2) und dann ein starkes Walzen mit schweren Ringelwalzen. Jedenfalls muß vor allem ein fester Schluß des Bodengefüges erreicht werden.

Gründüngung ist flach unterzupflügen, damit die Zersetzung in Aerobiose vor sich gehen kann. Pflügt man zu tief, so daß eine anaerobe Zersetzung stattfindet, dann sammelt sich sehr viel Kohlendioxyd, Wasserstoff, Methan und organische Säuren im Boden an, die nachteilige Wirkungen auf das Wachstum der Wurzeln ausüben (J. STOKLASA).

Die gebildeten Humuskolloide spielen neben der Erhöhung der wasserhaltenden Kraft des Bodens eine weitere wichtige Rolle für die Fruchtbarmachung des Bodens, die besonders auf Sandböden von Wichtigkeit ist. Es ist dies ihr Vermögen der Nährstoffabsorption. Diese Eigenschaft besitzen Sandböden nur in sehr geringem Maße, und die Anreicherung mit Humus ist hier fast die einzige wirtschaftliche Maßnahme, diese wichtige Bodeneigenschaft in größerem Umfange auszubilden.

Ein weiterer Gesichtspunkt für die günstige Wirkung der Gründüngung ist die Kohlensäurebildung. Die organische Substanz bildet bei ihrem Zerfall hauptsächlich Kohlensäure und Wasser als Endprodukt. Die Bedeutung der Kohlensäure für die Ernährung der Pflanze ist in einer großen Reihe von Arbeiten behandelt worden, auf die im einzelnen nicht eingegangen werden kann (vgl. dazu: O. LEMMERMANN 3, E. A. MITSCHERLICH 2, F. BORNEMANN, E. REINAU 1—3, H. WIESSMANN, E. J. PETERSEN, G. DÖNHOFF, H. LUNDEGARDH 1, 2 u. a.). Nach diesen Arbeiten scheint eine Erhöhung der Kohlensäurekonzentration der Luft auf den Ertrag günstig zu wirken. Auf geschlossenen Beständen ist es gut denkbar, daß bei starker Humuszersetzung, also größerer Kohlensäurebildung, auch die Konzentration der Luft an Kohlensäure sich über dem Erdboden erhöht, was für die Erhöhung des Ertrages von Bedeutung sein kann.

Untersuchungen über die Kohlensäurebildung bei Gründüngung und Stalldung sind von E. HASELHOFF durchgeführt worden:

Die Kohlensäureproduktion je Quadratmeter Oberfläche bis 25 cm Tiefe betrug in Milligramm:

	Ohne Düngung	Düngung mit			
		Stallmist	Serradella	Erbsen u. Wicken	Rotklee
Im 1. Versuchsjahr . . .	33,40	66,82	50,00	38,90	49,50
In den 3 Versuchsjahren	138,51	179,74	195,61	179,96	168,85

Auch J. STOKLASA fand eine sehr große Kohlensäurebildung bei Gründüngung gegenüber Weizenstroh. Während bei letzterem in 21 Tagen nur 14,54% des dem Boden zugeführten Kohlenstoffes in CO_2 umgewandelt wurde, betrug diese Menge bei frischem Rotklee 59,69%. Die frische grüne Materie (z. B. auch Rübenblätter) ist ein günstiges Nährmedium, vor allem, weil das Verhältnis C : N günstig ist und die Kohlenhydrate leicht angreifbar sind. Schließlich findet beim Zerfall der organischen Substanz im Boden eine Bildung von Hohlräumen und somit Lockerung statt.

Besonders wichtig ist diese Eigenschaft der Gründüngung für schwere Böden. Durch die Vermengung des bindigen Bodens mit Humussubstanzen, die schließlich teilweise zerfallen, bewirkt sie ebenso wie der Stalldung, eine Verringerung der Bindigkeit. Die dadurch bewirkte physikalische Besserung des Bodengefüges hat wieder verschiedene günstige Erscheinungen im Gefolge wie bessere Durchlüftung, leichtere Erwärmung usw., die für das Wachstum der Nachfrucht von großer Bedeutung sind.

Die Zufuhr an organischer Substanz kann aber auch nachteilig wirken, weil infolge der Kohlensäurebildung der Kalk der Ackerkrume in Bicarbonat übergeführt und hierdurch Auswaschung in den Untergrund Vorschub geleistet wird. Dieses geht sehr schön aus Analysen von F. Martin hervor:

	Kalk		p_H (KCL-Auszug)	
	Ackerkrume kg/ha	Untergrund kg/ha	Ackerkrume	Untergrund
Brache	4200	5591	6,69	6,81
Gründüngung .	3995	6226	6,64	7,08

Durch die Gründüngung hat im Laufe der 18 Jahre (bei sonst vollständig gleicher Behandlung) eine Abnahme des Kalkgehaltes in der Ackerkrume stattgefunden, dagegen eine Zunahme im Untergrund. Dasselbe kommt in den p_H-Werten zum Ausdruck. Besonders auffallend ist, daß auch der Feinerdegehalt dasselbe Verhalten zeigt die nebenstehende Tabelle:

	Feinerde	
	in der Ackerkrume	im Untergrund
Brache	35,52%	28,15%
Gründüngung .	30,50%	34,12%

Dieses Ergebnis ist außerordentlich wichtig, und es wäre wünschenswert, wenn es durch weitere Versuche nachgeprüft würde.

Wenn die organische Masse der Gründüngung zur Wirkung kommen soll, muß die Zersetzung derselben in einem Maße stattfinden, daß sie den Ansprüchen der ihr folgenden Pflanzen gerecht wird. Es muß also die Feuchtigkeit möglichst lange gehalten werden, d. h. der Zerfall der Humuskolloide darf nicht zu schnell vor sich gehen. Ferner darf auch die Kohlensäureentwicklung nicht schon in der Hauptsache beendet sein, wenn der Hauptbedarf an Kohlensäure eintritt. Aus diesen beiden Gründen ist besonders auf kalkreicheren leichten Böden eine Unterbringung erst im Frühjahr erforderlich, wenn überhaupt noch ein nennenswerter Erfolg erzielt werden soll. Auf sauren leichten Böden ist die Zersetzung langsamer, weil die Bakterientätigkeit geringer ist. Auf schweren Böden, die Kalk enthalten, ist die Zersetzung an sich schon langsamer wegen der geringeren Durchlüftung gegenüber den Sandböden. Demnach darf die Gründüngung auf solchen Böden nicht erst im Frühjahr untergepflügt werden, sondern am besten während des Vorwinters, damit ein Durchfrieren des Bodens noch möglich ist. Auf sauren schweren Böden ist der Wert einer Gründüngung überhaupt fraglich. Denn einmal wird auf solchen Böden schon die Entwicklung der Gründüngung schlecht sein, zum anderen wird ihr Nutzen dadurch in Frage gestellt, daß die Zersetzung der organischen Substanz zu langsam vor sich geht.

Zu erwähnen wäre noch, daß die Feuchtigkeit bei der Zersetzung der Gründüngung eine wichtige Rolle spielt. Ich konnte im trockenen Sommer 1929 beobachten, daß die relativ leicht zersetzliche Serradella auf reinen Sandböden sich während des Sommers nicht zersetzt hatte, sondern nach der Kartoffelernte noch gut erhalten im Acker zu finden war. Dies wird sich auf schweren Böden, wo die Zersetzung der organischen Substanz wesentlich langsamer vor sich geht, noch deutlicher bemerkbar machen.

4. Die Bedeutung der Stickstoffsammlung für den Wert der Gründüngung.

Die Leguminosen zeichnen sich vor anderen Pflanzen dadurch aus, daß sie in der Lage sind, durch ihre Knöllchenbakterien den elementaren Luftstickstoff auszunutzen. Diese Tatsache ist von H. HELLRIEGEL entdeckt und von einer großen Anzahl von Forschern eingehend bearbeitet worden. Auf die Einzelheiten kann hier nicht eingegangen werden, es folge nur kurz ein Überblick (Literaturzusammenstellung hierüber bei C. FRUWIRTH 1, O. NOLTE, H. PFEIFFER, H. VIERMANN, H. WERNER 1).

Die Knöllchenbakterien dringen in die junge Wurzel durch amyloide Membranstellen der primären Wurzelrinde ein (H. VIERMANN). Es bilden sich an den Wurzeln Knöllchen (farblose und grüne), die sich mit einer großen Menge Bakterien anfüllen. Die Bakterien selbst machen in den Knöllchen Umwandlungen durch (Stäbchen, bakteroide Formen), deren Bedeutung noch nicht feststeht. Diese Bakterien sind in der Lage, den Luftstickstoff in organische Bindung überzuführen, in welcher Form er dann der Wirtspflanze weiter zum Aufbau dienen kann. Letztere liefert ihrerseits Kohlenhydrate, so daß also eine Symbiose zwischen Bakterien und Leguminosen besteht.

Die Einwanderung der Knöllchenbakterien ist von den verschiedensten Faktoren abhängig. So spielt die Anpassung an die Wirtspflanze eine Rolle, die Virulenz der Bakterien, die Bodenreaktion (P. E. KARRAKER) usw. Vor allem ist aber nötig, daß im Boden verhältnismäßig *wenig* gebundener Stickstoff (Ammoniak, Salpetersäure) vorhanden ist. Die Leguminosen sind nämlich nicht unbedingt auf die Knöllchenbakterien angewiesen (B. HEINZE), im Gegenteil, es findet kaum eine nennenswerte Knöllchenbildung statt, wenn genügend aufnehmbarer Stickstoff im Boden vorhanden ist. Man muß also die Pflanzen stickstoffhungrig machen, was gewöhnlich durch reichliche Zufuhr von Kali und Phosphorsäure, gegebenenfalls auch durch Kalk, geschehen kann. Das Eintreten des sog. Hungerstadiums ist zu beobachten. Die Pflanzen werden allmählich blasser (hellgrüner); erst wenn die Tätigkeit der Knöllchenbakterien in größerem Umfange eingetreten ist, wird die Farbe wieder dunkler. Das Auftreten des Hungerstadiums wird dadurch hervorgerufen, daß die Stickstoffversorgung der Pflanze durch die Knöllchenbakterien nicht sofort einsetzt, sondern erst, nachdem dieselben in größerer Menge vorhanden sind. Auch soll die Stickstoffsammlung überhaupt erst nach Umwandlung in die bakteroide Form stattfinden. Allerdings wird diese Ansicht auch angefochten. Jedenfalls ist das eine sicher: Ist der Vorrat im Boden an Salpetersäure gering, der an Kali und Phosphorsäure groß, so daß die Pflanze an sich die Möglichkeit hat, große Substanzmengen aufzubauen, dann wird sich bald ein Mangel an Stickstoff einstellen. Dieses sog. Hungerstadium sucht man bei dem Anbau der Leguminosen zur Samengewinnung durch geringe Beidüngung von Salpeter schnell zu überwinden. Beim Anbau als Gründüngung sieht man aber von einer Stickstoffdüngung ab, weil man ja gerade durch die Pflanze den Stickstoff erst gewinnen will.

Auch über den Mechanismus der Stickstoffversorgung der Wirtspflanze hat man durch die Untersuchungen von F. C. GERRETSEN und Mitarbeitern einen Einblick gewonnen. Sie isolierten bei Lupinen, Klee und Serradella Bakteriophagen, die für die Knöllchenbakterien der genannten Pflanzen spezifisch zu sein scheinen. Diese Bakteriophagen, welche die Auflösung der Bakterien bewirken, konnten aus Wurzeln und Stengeln, nicht aber aus Blättern gewonnen werden und finden sich auch im Ackerboden. Wir haben uns also den Weg des Stickstoffs in dieser Symbiose folgendermaßen vorzustellen: Der Luftstickstoff wird von den Knöllchenbakterien an Kohlenhydrate gebunden, die die Wirtspflanze liefert. Daraus wird das Bakterieneiweiß gebildet. Dieses zerfällt unter der Wirksamkeit des Bakteriophagen in seine Bausteine (Aminosäuren, Peptide) und kann nun von der Wirtspflanze für ihren eigenen Aufbau verwandt werden.

Während die Leguminosen in der Lage sind, den elementaren Luftstickstoff auszunutzen, können dies die anderen Gründüngungspflanzen nicht: Buchweizen, Spörgel, Ölrettich, Raps, Rübsen und Senf. Ich möchte jedoch diese als Gründüngungspflanzen nicht gänzlich verwerfen, wie manche Autoren es tun. Denn diese schnellwachsenden Pflanzen bilden neben ihrer tiefen Bewurzelung und dem Aufschließungsvermögen für Mineralstoffe eine beträchtliche Menge organischer Substanz. Sie schützen ferner die vorhandene Salpetersäure vor dem Ausgewaschenwerden, indem sie dieselbe aufnehmen. Besonders wichtig scheint mir aber die Tatsache, daß sie im Gemenge mit Leguminosen oftmals ein sehr üppiges Wachstum zeigen. A. SCHULTZ-LUPITZ (3) hat auch hierfür Belege geliefert in folgenden Zahlen:

	Trockensubst. in kg/ha	Stickstoff in kg/ha
Gelbe Lupinen	2292,3	91,79
Ölrettich, Senf, gelbe Lupinen	1578,0	42,57
Senf, Ölrettich, Winterrübsen	778,2	15,19
Senf, Ölrettich, Buchweizen, Zottelwicke und Peluschken	2663,6	97,88

Hiernach hat das zuletzt angeführte Gemenge sowohl die größte Menge an organischer Substanz, wie an Stickstoff, geliefert. Ferner kann man in der Praxis beobachten, daß z. B. Hafer im Gemenge mit Pferdebohnen angebaut, die Anzeichen einer reichen Stickstoffernährung trägt. Man könnte dabei an eine Übertragung des Stickstoffs aus zerfallenen Teilen der Leguminosen denken. Es ist aber auch möglich, daß infolge besserer Gare (Beschattung) eine reichlichere Azotobaktertätigkeit einsetzt. Eine andere Erklärung hat G. LIEBSCHER (2) angegeben. Er fand in der Rhizosphäre nach Leguminosen oder im Gemenge mit ihnen eine Vermehrung stickstoffsammelnder Bakterien im Boden. L. HILTNER (1—3) ist es später sogar geglückt, solche in Reinkultur zu ziehen und nannte sie „Beibakterien“. Durch Düngung mit solchen Kulturen erzielte er auch bei Nichtleguminosen Ertragssteigerungen. Dagegen konnte BR. TACKE (1) auf Hochmoor eine solche Wirkung nicht feststellen. Erwähnt werden mag noch, daß durch den gemischten Anbau von Leguminosen und Nichtleguminosen schneller ein Stickstoffminimum eintreten wird, was wieder für die Bindung elementaren Stickstoffs von Vorteil ist. In allen diesen Fragen sehen wir heute noch recht wenig klar.

Baut man eine Leguminosenart zum ersten Male auf einem Schlage, dann kommt es oftmals nicht zu einer Knöllchenbildung, weil die betreffende Bakterienart nicht vorhanden ist. In diesem Falle empfiehlt sich eine Impfung, entweder des Saatgutes mit Reinkulturen oder des Ackers mit solchem Boden, der reich an Bakterien ist (A. SALFELD, L. HILTNER 1, P. KOSSOWICH). Man kann allerdings damit rechnen, daß im Laufe der Zeit die Knöllchenbakterien sich an andere Wirtspflanzen anpassen. Jedoch geht das verhältnismäßig langsam vor sich, wenn es überhaupt möglich ist. Man hat aus dieser Erscheinung gefolgert, daß es zwei besondere Gruppen von Knöllchenbakterien gibt, und zwar kalkliebende für die Pflanzen Erbse, Wicke, Luzerne, Klee usw. und kalkfeindliche für Lupinen und Serradella. Von den Herstellern des Impfmaterials werden in diesen beiden Gruppen wieder Unterarten unterschieden. Es ist aber fraglich, ob mit Recht. Wichtig für die Vornahme der Impfung ist ferner die Lebensfähigkeit der Bakterien. Man ist allgemein der Ansicht, daß dieselben 3—4 Jahre sich im Boden bei guter Virulenz erhalten. Neuere Untersuchungen von O. NOLTE und H. MÜNZBERG deuten aber darauf hin, daß wir hier noch sehr im Ungewissen sind. Sie fanden mitunter durch Impfung beachtliche Ertragssteigerung auf solchen Böden, die man eigentlich für genügend reich an Knöllchenbakterien gehalten hatte. Diese Autoren prüften auch verschiedene Impfmittel: Nitragin, Azotogen, HILTNER-Kulturen, Biogen, Radiein, und fanden mitunter eine Überlegenheit des Nitragins. Allerdings weisen sie darauf hin, daß ein endgültiges Urteil hierüber noch nicht gefällt werden kann.

Über die Mengen des durch die Gründüngung gewonnenen Stickstoffs lassen sich keine genauen Angaben machen aus denselben Gründen, wie sie bei der organischen Substanz schon besprochen worden sind. Je nach Klima, Boden, Pflanzenart, Aussaatzeit usw. wird die Menge gebildeter Pflanzenmasse recht erhebliche Verschiedenheiten zeigen. Die Zahlen, die in der Literatur angegeben sind, schwanken auch dementsprechend recht beträchtlich (vgl. u. a. P. BAESSLER 1—5, A. ORTH 1, P. WAGNER, W. SCHNEIDEWIND 1, 2, E. v. STREBEL 1, 2, M. HOFFMANN 1—3, A. SCHULTZ-LUPITZ 2, 3).

M. HOFFMANN gibt z. B. bei Lupinen als Stoppelfrucht Schwankungen an von 78—246 kg Stickstoff je Hektar, also recht erhebliche Mengen. In LUPITZ sind durch Serradella mit Lupinen 179 kg Stickstoff erzeugt worden. Diese Stickstoffmengen können oftmals für die Nachfrucht vollständig ausreichen, so daß W. SCHNEIDEWIND (3) auf Grund seiner Versuche zu der Ansicht gelangt, daß nach gut geratener Gründüngung eine Stickstoffbeidüngung zu Kartoffeln nutzlos ist, sogar eher nachteilig wirken kann (Stärkedepression). Auch der in der Wurzelmasse festgelegte Stickstoff ist recht bedeutend, was aus der Tabelle S. 126 im vorigen Abschnitt hervorgeht. H. WERNER (2) meint, daß eine gute Gründüngung einer mittleren Stalldüngergabe durchaus gleichwertig sei, was besonders im Hinblick auf den Stickstoffgewinn durchaus richtig ist.

Der Anteil der Wurzeln am Gesamtstickstoffgehalt ist verschiedentlich festgestellt worden (vgl. E. v. STREBEL 2, A. SCHULTZ-LUPITZ 3, HOTTER und Mitarbeiter, H. v. FEILITZEN, B. STEGLICH, M. HOFFMANN 1, D. MEYER, C. FRUWIRTH 1, O. MIELCK). Er beträgt nach den verschiedenen Autoren bei Stoppelfruchtbau in Prozenten des Gesamt-N:

Wicke	ca. 4—5 %	Rotklee	ca. 45 %
Spanische Platterbse	ca. 4 %	Weißklee	ca. 28 %
Serradella	ca. 2—7 %	Gelbklee	7—20 %
Erbsen	2—4 %	Bastardklee	70—75 %
Ackerbohne	ca. 8 %	Schwedenklee	20—30 %
Lupinen	5—15 %		

Die kleeartigen Gewächse haben also einen recht beträchtlichen Teil des Stickstoffs in den Wurzeln festgelegt, während bei den übrigen Leguminosen es nicht in so starkem Maße der Fall ist (vgl. auch hierzu Tabelle S. 126).

Der Stickstoff der Gründüngung ist in organischer Form gebunden. Er muß erst die Umsetzung in Ammoniak bzw. Salpetersäure durchmachen, um von den Nachfrüchten ausgenutzt werden zu können. Diese Umsetzung geht mit dem allgemeinen Zerfall der organischen Substanz vor sich, und es kann auf das dort Gesagte verwiesen werden. Zu den Stickstoffumsetzungen ist im besonderen noch einiges hinzuzufügen. Die Nitrifikation hängt von verschiedenen Umständen ab, von Temperatur, Wassergehalt, Bodendurchlüftung, Reaktion (W. WÖHLBIER), und so wird sich natürlich die Möglichkeit der Ausnutzung des Gründüngungsstoffes auch ganz verschieden gestalten. Dazu kommt noch, daß das Stickstoffbedürfnis der Nachfrucht in verschiedenen Entwicklungsstadien liegt.

E. Haselhoff weist darauf hin, daß es für die Ausnutzung des Gründüngungsstoffs nicht gleich ist, ob Zuckerrüben oder Kartoffeln folgen. Erstere haben schon im Mai einen größeren Stickstoffverbrauch, während Kartoffeln erst später größere Mengen davon benötigen. Es ist dadurch also die Möglichkeit gegeben, daß bei letzteren größere Mengen Stickstoff verlorengehen als bei der Zuckerrübe. I. Zolcinski hat festgestellt, daß die Stickstoffverluste außerordentlich schnell eintreten. Er fand bei der Zersetzung von blühender Luzerne, auch blühendem Rotklee, schon nach 10 Tagen 39,5% Gesamtstickstoffverlust, nach 100 Tagen 59,8%. Die Verluste, die bei seinen Versuchen auftraten, bestanden zu 30% aus Ammoniakstickstoff und zu 27,7% aus elementarem Stickstoff. Diese Denitrifikation nimmt nach F. Löhnis auch dann größeren Umfang an, wenn die untergepflügte Gründüngungsmasse sehr groß ist. Daraus ließe sich erklären, daß mitunter geringere Mengen Gründüngung größere Erfolge bringen als reichliche Gründüngungsmassen. Neben den bisher angeführten Verlustmöglichkeiten muß noch mit einer größeren Auswaschung von Salpetersäure durch das Drainwasser gerechnet werden, wie C. v. Seelhorst (7, 8) in seinen Versuchen nachgewiesen hat. Läßt man den Zersetzungs-, Nitrifikations- und Denitrifikationsvorgängen viel Zeit, indem man die Gründüngung zu frühzeitig unterpflügt, wodurch der Stickstoffbedarf der Nachfrucht zeitlich weit entfernt wird, so muß man mit einer schlechten Ausnutzung des Gründüngungsstickstoffs rechnen. Dieses haben die verschiedensten Versuche erwiesen (vgl. W. Schneidewind 1,3, P. Baessler 1—5, C. v. Seelhorst 1—8, M. Maercker, E. Haselhoff, A. Schultz-Lupitz 1—3, Koziczkowski). Man kann diesen Verlusten durch die Tiefe der Unterbringung der Gründüngung entgegenwirken, wie E. Haselhoff und P. Baessler (5) gezeigt haben. Bei flacher Unterbringung ist die Auswaschung nicht so schnell möglich wie bei tiefem Unterpflügen. W. Schneidewind (3) zeigt auch, daß tiefwurzelnde Pflanzen, z. B. Rüben, die in den Untergrund versinkende Salpetersäure noch zum Teil ausnutzen können.

Man hat auch verschiedentlich berechnet, wie groß die Ausnutzung des Gründüngungsstickstoffs durch die Nachfrucht ist, also wieviel Prozent in der Ernte wiedergefunden werden. Diese Zahlen geben im allgemeinen kein klares Bild, wie an einem Beispiel von E. Haselhoff gezeigt werden soll:

	Stallmist	Serradella	Erbsen u. Wicken	Rotklee
In der Düngung enthalten kg/ha N . .	79,4	65,6	145,2	110,8
Davon in der Ernte der Nachfrucht enthalten % N	28,6	43,2	26,6	29,8

Hiernach wäre der Stickstoff der Serradella bei weitem am besten ausgenutzt worden, der von dem Gemenge aus Erbsen und Wicken dagegen am schlechtesten. Vergleicht man aber die tatsächlich in der Ernte der Nachfrucht vorhandenen Mengen Stickstoff, so ist das Bild gerade umgekehrt.

In der Ernte der Nachfrucht waren enthalten kg/ha N:

Bei Stallmistdüngung	Bei Gründüngung mit		
	Serradella	Erbsen u. Wicken	Rotklee
22,7	27,3	38,6	33,0

Während man nach der ersten Übersicht geneigt sein könnte, der Serradella den Vorzug zu geben, sieht man aus letzterer, daß Serradella gerade am schlechtesten abgeschnitten hat. Dies läßt sich so erklären, daß die Relativzahlen der ersten Tabelle abhängig sind von der Menge des in der Gründüngung enthaltenen Stickstoffs. Je größer dieselbe ist, desto schlechter wird die „Ausnutzung" sein, eine Erscheinung, die ohne weiteres aus den bekannten Ertragsgesetzen zu erklären ist.

Es sei noch darauf hingewiesen, daß der Stickstoff bei der Zersetzung der organischen Substanz von Bedeutung ist, weil er zur Ernährung der cellulosespaltenden Bakterien dient. Ohne auf die näheren Einzelheiten einzugehen, will ich kurz diese Bedeutung des Stickstoffs angeben. Bei geringem Stickstoffvorrat und großen Cellulosemengen (z. B. Düngung mit Stroh) findet eine Festlegung des Stickstoffs in Bakterieneiweiß statt, was eine Verarmung an pflanzenaufnehmbarem Stickstoff zur Folge hat. Gibt man in solchen Fällen Ammonsulfat als Beidüngung, so kommt es zu gleicher Cellulosezersetzung wie bei Stalldünger (CHR. BARTHEL). Hat man aber einen Stickstoffüberschuß und verhältnismäßig leicht zersetzliche Cellulose, wie in der Gründüngung, so setzt ein außerordentlich schneller Zerfall der organischen Substanz ein, zugleich auch eine starke Stickstoffumsetzung, die sich in schon früher erwähnten Verlusten kennzeichnen (I. ZOLCINSKI). Es bestehen aber nicht nur Unterschiede in der Zersetzungsgeschwindigkeit bzw. in der Höhe der Stickstoffverluste zwischen Stallmist und Gründünger, sondern auch zwischen den verschiedenen Gründüngungspflanzen. O. LEMMERMANN (2) hat dieser Frage eine eingehendere Bearbeitung angedeihen lassen. Er fand, daß die Stickstofform, also das Verhältnis zwischen Eiweiß-N und Amid-N nicht von Einfluß auf die Auswaschbarkeit des Stickstoffs ist. Dagegen konnte er eine interessante Beziehung zum Rohfasergehalt feststellen:

	Vom 4. 12.—19. 3. löslich gewordener N in %	Gehalt an Rohfaser
Erde ohne Gründüngung .	10,52	—
„ mit Lupinen	12,88	33,80
„ „ Raps	14,14	34,57
„ „ Bohnen	16,78	30,85
„ „ Serradella . . .	23,81	20,13
„ „ Wicken	28,06	23,80

Hiernach scheinen tatsächlich bei vermehrtem Rohfasergehalt der Gründüngung geringere Stickstoffverluste aufzutreten, die sich bei diesen Versuchen auch durch höhere Erträge anzeigten. S. A. WAKSMAN und F. G. TENNEY fanden bei ihren Versuchen, daß die Zersetzung der Pflanzenmasse bzw. die Überführung des Stickstoffs in lösliche Form einmal von dem Stickstoffgehalt der Gründüngung abhängig ist, zum andern von der sonstigen Beschaffenheit des Pflanzenmaterials. Junge Pflanzen werden schneller als alte zersetzt. Beträgt der Stickstoffgehalt 1,7%, dann wird die Pflanzenmasse etwa in 4 Wochen zersetzt. Bei hoherem Stickstoffgehalt geht es schneller, bei niedrigerem verlangsamt sich die Umsetzungsgeschwindigkeit. Auch I. A. ANDERSON fand, daß Cellulose im Boden in einem Verhältnis zersetzt wird, welches mit der Zunahme des aufnehmbaren Stickstoffs so lange steigt, bis letzterer in solcher Menge vorhanden ist, daß das Maximalwachstum der Mikroorganismen gewährleistet ist. Es wäre wohl der weiteren Prüfung wert, ob man die schnelle Zersetzung und den raschen Verlust des Stickstoffs durch einfache praktische Maßnahmen etwas einschränken könnte. Es ist dabei zu denken, an ein Unterpflügen kleiner Mengen schwerer zersetzbarer Cellulose (Stroh oder minderwertigem Stalldünger) zusammen mit der Gründüngung. Hierüber hat L. HILTNER (1) bereits Versuche angestellt und teilweise günstige, teilweise aber auch ungünstige Wirkungen auf den Ertrag festgestellt. Auch die Versuche von K. STÖRMER sprechen nicht sehr für den Vorteil einer Strohbeidüngung. Dennoch halte ich die Frage noch nicht für entschieden, da mancherlei Faktoren für den Erfolg dieser Maßnahme ausschlaggebend sind: z. B. das Verhältnis Rohfaser zu Stickstoff, der Witterungsverlauf usw. Jedenfalls hat O. LEMMERMANN (2) bei Laboratoriumsversuchen gefunden, daß die Beigabe von Stroh die Auswaschung des Gründüngungsstickstoffs vermindert. Es wäre sehr zu wünschen, wenn dieser allerdings etwas verwickelten Frage noch eingehender nachgegangen würde. Denn wenn sich eine

Möglichkeit finden ließe, dieses teure Düngemittel, den Stickstoff, rentabler auszunutzen, würde das besonders für unsere ärmeren Böden von weittragender Bedeutung sein.

Aus einer großen Anzahl von Versuchen ist bekannt, daß eine Stalldüngerbeigabe zur Gründüngung die Erträge der Nachfrucht steigert. O. LEMMERMANN (1), der diese Frage eingehend bearbeitet hat, kommt zu der Überzeugung, daß diese Ertragssteigerung der Düngewirkung des Stalldüngers zu danken sei. Die Zuführung von zersetzenden Bakterien, die von anderer Seite für die Erklärung des günstigen Einflusses einer Stalldüngerbeigabe herangezogen worden ist, dürfte wohl kaum in dieser Richtung wirken. Man sollte annehmen, sie müßte bei der an sich schon leichten Zersetzbarkeit der Gründüngung eher schädlich wirken. Ich möchte im Anschluß an die vorher besprochenen Verhältnisse annehmen, daß man auch die Zuführung schwerer zersetzlicher organischer Substanz als Ursache für die ertragssteigernde Wirkung einer Stalldüngerbeigabe mit heranziehen kann.

5. Der Einfluß der Gründüngung auf die Bodengare.

Die Gründüngung besitzt auch für die Gare eine nicht zu unterschätzende Bedeutung, die eine Folge der reichlichen Beschattung ist. H. WERNER (1) hat die Blattoberfläche von einigen Pflanzen gemessen. Wenn auch die Werte je nach der Entwicklung der Pflanzen verschieden groß sein müssen, so zeigt folgende Übersicht, daß recht beachtliche Unterschiede bezüglich der Pflanzenarten bestehen.

Die Blattoberfläche auf 1 m^2 Boden beträgt bei:

Runkelrüben	1,6 m^2	Bastardklee	22,7 m^2
Raps	1,7 m^2	Rotklee	26,4 m^2
Weißklee	9,6 m^2	Serradella	34,0 m^2
Mais	11,7 m^2	Esparsette	38,4 m^2
Gerste	14,4 m^2	Luzerne	85,6 m^2
Roggen	15,6 m^2		

Die Blattfläche ist bei der Luzerne sehr groß, weshalb eine starke Beschattung stattfindet, die für die Gare sehr wichtig ist. Man kann sich hiervon leicht überzeugen, wenn man Luzernestoppel nach größeren Trockenzeiten umpflügt, wo ein Pflügen von Getreidestoppel kaum noch möglich sein wird. Die Luzernestoppel gibt dann noch eine vorzügliche Pflugfurche, deren gute Krümelstruktur für einen hohen Grad von Bodengare Zeugnis ablegt. Dasselbe läßt sich bei allen gut geratenen Gründüngungen beobachten, bei denen durch die reichliche Pflanzenmasse eine gute Beschattung erzielt wurde.

Eine andere Methode zur Messung der Beschattung auf photographischem Wege, die von TH. REMY herrührt, gibt O. MIELCK an. Er betont mit Recht, daß die Messung der Blattoberfläche noch nicht maßgebend für die Abfangung des Lichtes ist, sondern daß hierbei auch die Stellung der Blätter zur Richtung der auffallenden Strahlen von Einfluß ist. Er mißt deshalb die Lichtintensität am Erdboden unter Gründüngung mit Hilfe lichtempfindlichen Papiers. Es ergab sich folgende Anordnung: Die beste Beschattung war bei Saatwicke, dann folgten Viktoria-Erbse, Peluschke, Zottelwicke, Inkarnatklee, Wintererbse, kleine grüne Felderbse und zuletzt Pferdebohne.

Eine gut geratene Gründüngung bietet dem Boden einen sehr starken Schutz gegen Wasserverdunstung, wie E. A. MITSCHERLICH (1) durch Vegetationsversuche mit Zahlen belegen konnte. Außerdem schützt sie aber den Boden gegen aufschlagenden Regen, so daß hierdurch die Krümelstruktur des Bodens nicht zerstört wird. Dadurch wird wieder die Durchlüftung sichergestellt. Diese

Erscheinungen ergeben im Verein mit der Tätigkeit der Mikroorganismen die Bodengare. Bei gut geratener Gründüngung ist letztere meistens so, daß man auf den mittleren und leichten Böden des Durchfrierenlassens oft entraten kann, um eine genügende Gare für die Frühjahrsbestellung sicherzustellen. Bei schwereren Böden wird sich allerdings das Durchfrieren des Bodens dennoch immer empfehlen.

III. Die Gründüngungspflanzen und ihre Kulturansprüche.

Nachdem der Zweck der Gründüngung besprochen worden ist, soll nunmehr auf die Faktoren eingegangen werden, die für die Durchführung der Gründüngung grundlegend sind. Die Gründüngungspflanzen stellen an Boden, Nährstoffgehalt, Kalkgehalt, Feuchtigkeit usw. recht verschiedene Ansprüche. Man muß diese kennen, um bei der Wahl der Gründüngungspflanzen keine Fehler zu machen. Es wird sich aber oftmals nicht umgehen lassen, durch Feldversuche zu prüfen welche Pflanzen die geeignetsten sind. Folgende Pflanzen kommen für die Gründüngung in Frage:

A. Stickstoffsammelnde Pflanzen.

Weiße Lupine	(Lupinus albus L.)	Wundklee	(Anthyllis vulneraria L.)
Gelbe Lupine	(Lupinus luteus L.)	Serradella	(Ornithopus sativus Brotero.)
Rötlichblühende Lupine	(Lupinus angustifolius var. fl. roseo Brand.)	Esparsette	(Onobrychis sativa Lmk.)
Bokharaklee	(Melilotus albus Desr.)	Zottelwicke	(Vicia villosa Roth.)
Gelbklee	(Medicago lupulina L.)	Futterwicke	(Vicia sativa L.)
Luzerne	(Medicago sativa L.)	Puffbohne	(Vicia faba L.)
Sandluzerne	(Medicago sativa var. media)	Narbonnensische Wicke	(Vicia narbonensis)
Rotklee	(Trifolium pratense L.)	Peluschke	(Pisum arvense L.)
Inkarnatklee	(Trifolium incarnatum L.)	Erbse	(Pisum sativum L.)
Weißklee	(Trifolium repens L.)	Span. Platterbse	(Lathyrus clymenum)
Bastardklee	(Trifolium hybridum L.)	Linsenwicke	(Ervum monanthos L.)

B. Nichtleguminosen.

Senf	(Sinapis alba L.)	Raps	(Brassica napus L.)
Buchweizen	(Fagopyrum esculentum L.)	Rübsen	(Brassica rapa L.)
Ölrettich	(Raphanus oleiferus L.)	Spörgel	(Spergula arvensis L.)

Die Auswahl ist also ziemlich groß, weshalb sich für alle Verhältnisse geeignete Pflanzen zur Gründüngung finden. Die folgenden Zusammenstellungen sind den Angaben von H. Werner (1), W. Schneidewind (2), F. G. Stebler, C. Fruwirth (1) und Kreutz entnommen.

Zunächst über die Bodenansprüche. Für unsere schlechtesten Böden, die armen Sand- und Kiesböden, die an der Grenze der Kulturfähigkeit stehen, dürfte sich der Bokharaklee am besten eignen. Wenn er auch auf besseren Böden höhere und sicherere Erträge gibt, übertrifft er aber alle übrigen Gründüngungspflanzen an Masse auf den ärmsten Böden. Vielleicht könnte noch der Gelbklee in Frage kommen. Beide Pflanzen verlangen etwas Kalk und durchlässige Böden. Fehlt der Kalk, dann eignen sich für leichtere Böden die gelbe und blaue Lupine. Ein hoher Eisengehalt, Ortsteinschichten usw. sind ihrem Wachstum nicht abträglich, da sie infolge ihres starken Tiefenwachstums Bodenhindernisse leicht überwinden.

Wenn der Boden etwas besser ist, also humoser oder lehmiger Sand etwa, dann wird die Auswahl wesentlich größer. Es kommen außer den bisher genannten in Frage: Spörgel, Ölrettich, Inkarnatklee, Weißklee, Serradella, Peluschken, Futterwicke und Zottelwicke. Letztere gibt oft auf trockenem Sand noch ganz gute Erträge, sofern es nicht an Kalk fehlt. Sie hat aber den Nachteil, daß sie erst Mitte Mai untergepflügt werden kann. Inkarnatklee wie Weißklee wollen ihres geringen Wurzelsystems wegen einen guten Nährstoffgehalt des Bodens, wenn sie gut gedeihen sollen. Auch die Serradella ist für gute Dungkraft dankbar.

Auf sandigen Lehmböden, kräftigem Mergel, also auf besseren Böden, gedeihen am besten Puffbohne, Erbse, Wicke, Rotklee, Weißklee, Luzerne, Raps, Rübsen, Senf und Buchweizen. Sie alle stellen an den Kulturzustand und Nährstoffgehalt des Bodens höhere Ansprüche. Für feuchte Lehm- und Tonböden ist der Bastardklee die ausgesprochene Gründüngungspflanze. Er ist gegen Überflutung und Berieselung unempfindlich, verlangt nur einen guten Kalkgehalt und kräftige Düngung. Für Kalk- und Kreideböden gibt die Esparsette die beste Gründüngung. Meistens wird sie zwar dort verfüttert werden, weil sie fast die einzige Futterpflanze dieser Böden ist. Aber auch die Wurzel- und Stoppelrückstände derselben sind recht beträchtlich.

Die Beschaffenheit des Untergrundes spielt für manche Gründüngungspflanzen eine untergeordnete Rolle. Diejenigen mit kräftiger Pfahlwurzel überwinden teilweise recht erhebliche Widerstände. Nur für Luzerne und Esparsette ist der Untergrund entscheidend, während die Bedeutung der Ackerkrume zurücktritt. Ist der Untergrund nährstoffreich, lehmig, porös und wenig Widerstand bietend, dann gedeiht Luzerne, selbst wenn die Ackerkrume aus leichtem Sand besteht. Ähnlich verlangt Esparsette im Untergrund Mergel, Kalk oder Kreide. Für die nur flach wurzelnden Gründüngungspflanzen (Weißklee, Bastardklee) ist die Beschaffenheit des Untergrundes belanglos, denn sie entsenden in ihn nur wenige Wurzeln, und sagt ihnen der Untergrund nicht zu, so begnügen sie sich vollständig mit der Ackerkrume.

Die Ansprüche der Gründüngungspflanzen an den Kalkzustand des Bodens sind ebenfalls sehr verschieden. Empfindlich gegen große Mengen Kalk sind vor allem gelbe und blaue Lupine und Serradella (vgl. dazu B. SCHULTZE 1, G. KOSCHMIDER, ARNDT 1). Worauf die Kalkempfindlichkeit zurückzuführen ist, dürfte noch nicht ganz einwandfrei feststehen. M. v. WRANGELL (1—3) macht das Verhältnis von Calcium zu Phosphorsäure hierfür verantwortlich. Es kann dies aber nicht allein sein, denn wie A. SCHULTZ-LUPITZ (1) gezeigt hat, kann man die schädigende Kalkwirkung durch starke Kainitdüngung beheben (vgl. auch C. H. ARNDT). M. TRÉNEL (1, 2) ist der Überzeugung, daß die Bodenreaktion das ausschlaggebende Moment bei der Beurteilung der Kalkempfindlichkeit ist. Liegt der Säuregrad höher als p_H 4,5, dann ist eine Kalkung nötig und nützlich. Nähert sich die Reaktion aber dem Neutralpunkt, dann darf nicht mehr gekalkt werden. Die einzelnen Lupinenarten verhalten sich aber nicht gleichmäßig. Die gelbe Lupine ist am „empfindlichsten", während die blaue Lupine neutrale Reaktion noch ganz gut verträgt. Einen reichen Kalkgehalt verlangen Luzerne, Rotklee, Bastardklee, Puffbohne und Erbse. Alle übrigen sind für Kalk ebenfalls dankbar, begnügen sich aber auch mit etwas geringerem Kalkgehalt.

Stauende Nässe wirkt fast auf alle Gründüngungspflanzen nachteilig. Besonders stark tritt dies bei den tiefwurzelnden Pflanzen in Erscheinung. Denn die reichliche Feuchtigkeit verhindert eine Durchlüftung des Untergrundes und unterbindet so die Wurzelatmung. Verhältnismäßig wenig empfindlich gegen stauende Nässe ist der Weißklee, am ehesten verträgt aber Bastardklee dieselbe, so daß dieser als geeignetste Gründüngungspflanze für solche Fälle anzusehen ist.

Gegen Verunkrautung sind alle diejenigen Gründüngungspflanzen empfindlich, die eine verhältnismäßig langsame Jugendentwicklung haben, also Serradella, Esparsette, Inkarnatklee, Rotklee, Luzerne usw. Auch der gelben Lupine können Quecke und Hederich nachteilig werden. Am besten baut man solche

Gründüngungspflanzen (abgesehen von Lupine) als Untersaat an, damit die Jugendentwicklung in eine Zeit fällt, wo das Wachstum des Unkrautes durch die Überfrucht gehemmt wird. Auch der Nährstoffentzug durch die Unkräuter ist zu beachten, besonders bei denjenigen Pflanzen, die eine gute Dungkraft des Ackers verlangen.

Eine wichtige Rolle bei der Gründüngung spielt die Selbstverträglichkeit der Pflanzen, d. h. ob man dieselben mehrere Jahre hintereinander bauen kann. Absolut selbstverträglich sind Lupine und Serradella. Bei letzterer kann man sogar beobachten, daß die Erträge sich steigern, wenn sie mehrere Male kurz hintereinander gebaut wird. Verhältnismäßig selbstverträglich (Wiederholung nach 2—3 Jahren) sind Bastardklee, Weißklee, Inkarnatklee, auf reichen Böden auch Puffbohne. Von der Güte, also dem Nährstoffgehalt des Untergrundes, ist die Wiederholung des Anbaues bei Luzerne und Esparette abhängig. Ist dieser recht gut, so kann man unter Umständen schon nach 3—4 Jahren dieselben wieder anbauen.

Von Wichtigkeit für das Gelingen der Gründüngung ist die Niederschlagsmenge, oder besser die Menge des zur Verfügung stehenden Wassers. Gegenden, die weniger als 500 mm Niederschlagsmenge im Jahr haben, kommen für Gründüngung kaum noch in Betracht. Denn es darf nicht vergessen werden, daß durch die Gründüngungspflanzen eine beträchtliche Menge Wasser dem Boden entzogen und durch Transpiration an die Luft abgegeben wird (Fr. Bocksch). W. Schneidewind (2) hat durch Bestimmung des Wassergehaltes im Boden eine gute Übersicht gegeben, wie stark dem Boden Wasser durch die Gründüngung entzogen wird:

	Liegengelassene Stoppel	Umgebrochene Stoppel	Gründüngung	
			Erbsen und Bohnen	Gelbklee
15. August	14,84	14,43	13,28	14,39
30. August	13,67	13,52	10,62	12,20
6. September	11,86	14,56	8,90	10,00
14. September	9,36	11,58	6,27	6,74

Während also die Gründüngung durch die Transpiration dem Boden größere Mengen Wasser entzieht, schützt sie auf der anderen Seite die Bodenfeuchtigkeit durch ihren Bestand gegen die austrocknende Wirkung der Winde, wie wir früher gesehen haben. Reichen die im Jahre fallenden Niederschläge gerade nur noch für eine normale Ernte aus, dann kann die Gründüngung durch den erhöhten Wasserverbrauch eher schädigend als nutzbringend wirken, wenigstens bei Herbstbestellung. Natürlich spielt hierbei noch die Verteilung der Niederschläge auf die Jahreszeiten eine Rolle. Im allgemeinen dürften die Regenmengen (bzw. Schnee) des Winters ausgleichend wirken. In trockenen Jahren dagegen können Ertragsverminderungen wegen Wassermangel eintreten. M. Hoffmann (3) gibt dafür verschiedene Beispiele aus dem trockenen Jahre 1911. Desgleichen führt Schurig an, daß 1911 auf mildem humosem Lehm mit Gelbkleegründüngung 36 dz/ha Zuckerrüben geerntet wurden, auf der Nebenparzelle ohne Stallmist und Gründünger 113 dz/ha. Im Jahre 1921 ergab Gründüngung + Stalldung 240 dz/ha Rüben, dagegen Stalldung allein 323 dz/ha.

Die einzelnen Gründüngungspflanzen unterscheiden sich in ihrem Wasserbedarf voneinander. Man kann zur Kennzeichnung dieses Verhaltens den sog. Transpirationskoeffizienten heranziehen, mit welchem die Menge Wasser bezeichnet wird, die zur Erzeugung von 1 g Trockensubstanz von der Pflanze benötigt wird. Dieser Wert ist aber wieder sehr schwankend und von verschiedenen Umständen abhängig, weshalb hier nicht näher darauf eingegangen werden soll (E. A. Mitscherlich). Nur sei gesagt, daß z. B. Bokharaklee verhältnismäßig wenig Wasser benötigt, während Bastardklee und Serradella dasselbe eher benötigt, bzw. es zu einer guten Entwicklung bedarf.

Übersicht über die Bodenansprüche der Gründüngungspflanzen.

Pflanze	Bodenart		Kalk	Stauende Nässe
	Ackerkrume	Untergrund		
Lupinus albus L.	besserer Boden	Kies, Sand bis lehmiger Sand	sehr nachteilig	nachteilig
Lupinus luteus L.	leichter Sand	Kies, Sand bis lehmiger Sand	sehr nachteilig	nachteilig
Lupinus angustifolius L.	magerer Sand — sandiger Lehm	Kies, Sand bis lehmiger Sand	nicht günstig	nachteilig
Melilotus albus Desr.	schwerer u. leichter Boden	alle Böden, selbst Kieskuppen, steingerölligeHänge usw.	günstig	nachteilig
Medicago lupulina L.	alle Bodenarten	alle etwas durchlässigen Bodenarten	günstig	nachteilig
Medicago sativa L.	bei zusagendem Untergrund alle Bodenarten.	zerklüftet, porös, nährstoff- u. kalkreich	notwendig	nachteilig
Trifolium pratenseL.	lehmige Sandböden, Lehm- u. Tonböden	nicht zu undurchlässige, nährstoffreiche Böden	notwendig	nachteilig
Trifolium incarnatum L.	alle nicht zu bindigen Böden	alle nicht zu bindigen Böden	beliebt	nachteilig
Trifolium repens L.	nicht wählerisch. Gute Düngekraft aber nötig	belanglos	günstig	belanglos
Trifolium hybridum L.	feuchter Lehm- u. Tonboden, naßkalter Ton	belanglos, Mergel beliebt	notwendig	belanglos
Anthyllis vulneraria L.	warme, durchlassende, nicht ganz kulturlose Sandböden	durchlassende Böden	günstig	nachteilig
Ornithopus sativus Brotero.	Sand, lehmiger Sand, humoser Sand, sandig. Lehm, bes. in feuchten Lagen	durchlassender Boden	nachteilig	nachteilig
Onobrychis sativa Lmk.	entscheidend ist Untergrund	Mergel, Kalk, Kreide Sand. durchlüftbar	nicht Bedingung	nachteilig
Vicia villosa Roth.	alle Böden	durchlassender Boden	beliebt	nachteilig
Vicia sativa L.	alle Böden (außer sehr trockenen S.)	belanglos	günstig	nicht nachteilig
Vicia faba L.	sofern nicht zu trocken, fast auf allen Böden	nährstoffreiche durchlassende Böden	notwendig	nachteilig
Vicia Narbonensis	alle Bodenarten, außer sehr trock., humusarmen	alle Bodenarten	günstig	nachteilig
Pisum arvense L.	leichte u. schwere Böden	alle Bodenarten	günstig	nachteilig
Pisum sativum L.	nährstoffreicher, lehmiger Sand bis Lehm	trockener durchlassender Boden	günstig	nachteilig
Lathyrus clymenum	auf allen warmen, trockenen Böden	durchlässiger Boden	günstig	nachteilig
Ervum monanthosL.	alle trockenen Sand- und Lehmböden	alle Böden	nicht Bedingung, aber vorteilhaft	nachteilig

Pflanze	Bodenart		Kalk	Stauende Nässe
	Ackerkrume	Untergrund		
Sinapis alba L.	nahrungsreiche, durchlassende S.- u. Lehmböden	wie Ackerkrume	notwendig	nachteilig
Fagopyrum esculentum L.	nahrungsreiche S.- u. Lehmböden, und alle humosen Bodenarten	durchlassende Böden	nachteilig	nachteilig
Raphanus oleiferus L.	bei Nährstoffreichtum auch auf leichtere Böden	alle durchlassenden Böden	vorteilhaft	nachteilig
Brassica napus L. / Brassica rapa L.	frische, lehmige Sandböden, hum. Lehmböden, gutgedüngte Niederungsböden	durchlässiger Boden	notwendig	nachteilig
Spergula arvensis L.	humoser, lehmiger Sand	alle durchlassenden Böden	größere Mengen nachteilig	nachteilig

Besonders wichtig ist für die gute und schnelle Entwicklung der Gründüngung eine ausreichende Niederschlagsmenge nach der Ernte, welche die nun einsetzende Entwicklung der Untersaaten unterstützt bzw. ein Auflaufen der Stoppelsaat ermöglicht. Für eine befriedigende Entwicklung dürfte eine Menge von 100—200 mm Niederschlägen während der Monate August und September wünschenswert sein.

Die Nachwirkung einer Gründüngung ist auf leichten Böden gering. P. BAESSLER (5) fand mitunter im dritten Jahre noch geringe Ertragssteigerungen. Dagegen hält auf schweren Böden die Wirkung deutlich mehrere Jahre vor (G. DEHLINGER, ARNDT).

IV. Die Ausführung der Gründüngung.

Die Ausführung der Gründüngung ist auf verschiedene Weise möglich: *1. Hauptfrucht, 2. Zwischenfrucht, a) Unterfrucht, b) Stoppelfrucht, 3. Überfrucht.*

Über die technische Durchführung berichten K. v. RÜMKER und O. HEUSER.

Unter Hauptfrucht ist zu verstehen, daß man die Gründüngung unter Verzicht einer sonst möglichen Ernte durchführt. Bei Unterfrucht wird die Gründüngung in die Hauptfrucht (Getreide) eingesät. Dieselbe wird sich zunächst nur langsam entwickeln, weshalb zu dieser Art Gründüngung nur Pflanzen mit langsamer Jugendentwicklung genommen werden dürfen. Nach dem Abernten des Getreides wächst dann die Gründüngung unter günstigen Bedingungen sehr rasch und liefert selbst in Gegenden mit einem kurzen Herbst und baldigem Wintereintritt noch genügend Gründüngungsmengen. Die Stoppelsaat ist die intensivste und teuerste Art der Gründüngung (A. BIEREI) und ist nur unter günstigen Verhältnissen angebracht. Es ist dabei unbedingt erforderlich, daß die Getreidestoppel so bald als möglich umgebrochen wird und die Einsaat sofort erfolgt, denn mit fortschreitender Jahreszeit wird die Entwicklungsmöglichkeit der Gründüngung geringer, wie aus nebenstehenden Zahlen hervorgeht (C. VIBRANS 1).

	Es wurden geerntet	
	an N in kg/ha	an Trockenmasse in dz/ha
Bei Aussaat am 19. VII.	122,6	33,80
„ „ „ 20. VII.	111,8	27,40
„ „ „ 5. VIII.	79,8	18,66
„ „ „ 20. VIII.	54,2	11,64
„ „ „ 31. VIII.	31,0	6,64

Zum Stoppelfruchtbau ist auch noch der Anbau von winterfesten Pflanzen (Roggen mit Zottelwicke) zu rechnen, die ihre Hauptentwicklung erst im Frühjahr durchmachen und als Gründüngungspflanzen für Mais, Kohlrüben usw. in Frage kommen. Unter Überfrucht ist bei Gründüngung das Eindrillen von Winterung in bereits vorhandene Gründüngungspflanzen (Lupinen) zu verstehen.

1. Hauptfrucht. Als Hauptfrucht kommt die Gründüngung nur in besonderen Fällen in Frage, also etwa auf ganz leichten Böden in ungünstiger Wirtschaftslage. Der Ausfall einer ganzen Ernte verbietet gewöhnlich den Anbau der Gründüngung als Hauptfrucht, es sei denn, daß man besondere Kulturmaßnahmen beabsichtigt. Wenn man schon einen ganzen Sommer aus irgendwelchen Gründen dem Anbau von Lupinen widmen will, dann ist es ratsam, dieselben reif werden zu lassen und so wenigstens noch eine Ernte an Samenlupinen zu gewinnen. Es kann dieses besonders deshalb empfohlen werden, weil nach den Versuchen von M. Gerlach die Düngungswirkung fast gleich ist, wenn man die Lupinen grün unterpflügt, oder wenn man dieselben reif werden läßt und aberntet.

2. Zwischenfrucht. Die hauptsächlichste und am gewöhnlichsten angewandte Nutzungsart ist die als Zwischenfrucht. Die beiden Formen derselben, die Unterfrucht und Stoppelfrucht, unterscheiden sich grundsätzlich in ihrer Anwendungsart und sollen deshalb gegenübergestellt werden.

a) Unterfrucht. Die Gründüngung als Unterfrucht ist überall da geboten, wo größere Niederschläge nach der Ernte nicht mit Sicherheit zu erwarten sind.

b) Stoppelfrucht. Das Stürzen der Stoppel für die Stoppelsaat bedingt einen größeren Wasserverlust, weshalb bei mangelnden Niederschlägen die als Stoppelfrucht eingesäte Gründüngung nicht auflaufen kann. Gründüngung als Stoppelfrucht eignet sich also nur dort, wo man mit größeren Niederschlagsmengen nach der Ernte rechnen kann. Der Stoppelfruchtbau hat den Vorteil gegenüber dem Unterfruchtbau, daß durch das Stürzen der Getreidestoppeln und die anschließenden Beackerungsmaßnahmen (Eggen usw.) das Unkraut besser bekämpft wird, was für das Geraten einer Gründüngung immer wichtig ist. Bei den Untersaaten ist natürlich eine Unkrautbekämpfung nicht möglich. Oftmals findet man in Gegenden mit leichtem Boden in den Kartoffeln mehr Quecken als gut ist, weil man Serradellagründüngung angewandt hatte und folglich im Herbst die Stoppeln nicht schälen konnte, was der Ausbreitung der Quecken zustatten kam. Hier mag gleich erwähnt werden, daß man eine nicht gutgeratene Gründüngung sobald als möglich umbrechen soll, denn in lückigen Beständen wird nur einer großen Unkrautausdehnung Vorschub geleistet, wodurch mehr Schaden als Nutzen verursacht wird.

Ein weiterer bedeutsamer Unterschied zwischen Unterfruchtbau und Stoppelfruchtbau besteht in wesentlicher Verteuerung der Betriebskosten für letztere, weil die Bestellung in einer Zeit geschehen muß, wo schon die Arbeitskräfte stark in Anspruch genommen sind. Deshalb wird man in Gegenden mit weniger intensiver Wirtschaft ein Überwiegen des Unterfruchtbaues finden.

Es gibt aber noch einen anderen Grund, der den Stoppelfruchtbau verbietet oder wenigstens seinen Wert gegenüber dem Unterfruchtbau mindert. Das ist die durchschnittliche Temperatur im Herbst. L. Meyer (2) hat auf Grund seiner praktischen Erfahrungen hierauf hingewiesen. Er ist zu der Überzeugung gekommen, daß im Osten Deutschlands der Stoppelfruchtbau nicht mehr mit Vorteil durchzuführen ist, weil die durchschnittliche Temperatur der Herbstmonate zu niedrig liegt, um die Entwicklung einer befriedigenden Gründüngung bei Stoppelsaat zu erzielen. Es leuchtet ohne weiteres ein, daß mit dem Verschwinden der Hauptfrucht vom Felde sofort die Unterfrucht kräftig weiterwachsen kann, da sie ja schon eine gewisse Entwicklung hinter sich hat, und so wird dieselbe gegenüber der Stoppelfrucht immer einen Vorsprung von einigen Wochen haben. In Gegenden mit wärmerem Herbst und späterem Wintereintritt wird dieser Vorsprung zum guten Teile von der Stoppelfrucht wieder aufgeholt, aber nur in solchen Gegenden.

Legt man sich die Frage vor, ob man dem Unterfruchtbau oder dem Stoppelfruchtbau in einer Wirtschaft den Vorzug geben soll, so hat man die verschiedensten Faktoren zu berücksichtigen: Niederschläge im Jahresdurchschnitt und im Durchschnitt der Herbstmonate, Temperatur im Herbst, Eintritt des Winters, Unkrautwüchsigkeit des Bodens und nicht zuletzt betriebswirtschaftliche Momente. Sind alle diese Faktoren im günstigen Sinne vorhanden, dann ist auf jedem Fall der Stoppelfruchtbau vorzuziehen, denn er ist zweifellos die höchstentwickelte Stufe der Gründüngung.

3. Überfrucht. Eine erst in neuerer Zeit aufgetauchte Art der Gründüngung ist die als Überfrucht. Diese Art der Verwendung geht auf amerikanische Versuche zurück (C. V. Piper) und ist in Deutschland bisher nur wenig angewandt worden. Es liegen einige günstige Ergebnisse von unseren leichtesten Sandböden vor (Sobotta und Stenbut). Doch ist die Frage der Anwendungsmöglichkeit noch keineswegs allseitig geklärt. Die Durchführung gestaltet sich nach den bisherigen Erfahrungen etwa folgendermaßen (nach einer privaten Mitteilung, die ich genanntem Verfasser Sobotta danke): Anfang August werden in die geschälten Stoppeln Lupinen gedrillt mit so weiten Zwischenräumen, daß Anfang Oktober zwischen die Lupinenreihen je zwei Reihen Roggen gedrillt werden können. Vor der Roggenbestellung sind die Bodenstreifen flach aufzuziehen, damit die Unterbringung der Roggenkörner gesichert ist. Die Lupinen erreichen je nach den Umständen eine recht beachtliche Größe und bilden auf den leichten Sandböden einen guten Schutz gegen das Verwehen. Die Durchwachsung des Bodens mit Wurzeln schützt den Roggen im Winter vor dem Auffrieren. Der Schnee hält sich besser, es wird eine gute Gare schon im Herbst erzielt usw. Meines Erachtens ist auch die Stickstoffwirkung nicht zu unterschätzen, denn die Lupinen gelangen doch unter Umständen noch bis zur Blüte. Die Versuche, die mit dieser Art Gründüngung auf Parzellen ausgeführt worden sind, waren durchaus günstig, sowohl was die Körner- wie Stroherträge anlangt. Es muß allerdings darauf geachtet werden, daß der Nährstoffzustand des Bodens genügend ist. Es dürfte wünschenswert sein, wenn diese Form der Gründüngung, die scheinbar für unsere leichtesten Böden eine Rolle spielen kann, in ihrer Wirkungsweise und Anwendungsmöglichkeit weiter erforscht würde.

Die Auswahl der Gründüngungspflanzen ergibt sich nach den auf S. 138 beschriebenen Bedingungen. Es soll hier nur noch erörtert werden, ob *Reinsaat* oder *Gemengesaat* vorteilhafter sind. Es dürfte wohl der Ansicht der meisten Autoren entsprechen, daß eine Gemengesaat vorzuziehen ist. Überdenkt man die bisherigen Ausführungen, so leuchtet der Vorteil eines gemischten Anbaues verschiedener Gründüngungspflanzen ohne weiteres ein. Es ist zu empfehlen, Tiefwurzler mit Flachwurzlern zusammenzubauen. Dadurch wird eine viel bessere Ausnutzung des gesamten Bodenvolumens erzielt. Vor allem sollte man Lupinen nicht allein säen, denn sie entwickeln, wie aus den Abbildungen (S. 119) hervorgeht, besonders in der Ackerkrume ein spärliches Wurzelsystem, so daß diese nicht so ausgenutzt wird, wie es möglich wäre. Dies hat schon A. Schultz-Lupitz (3) erkannt und verschiedene Leguminosen im Gemenge mit Lupinen erfolgreich angebaut. Ein gutes Gemenge stellt Lupinen und Serradella dar. Letztere wird dabei keineswegs unterdrückt, sondern rankt stark zwischen den Lupinen durch.

Ein weiterer Vorteil der Gemengesaat ist die Mischung starkstengeliger Gründüngungspflanzen mit schwachstengeligen, weil letztere die ersteren als Stützpflanzen benutzen können. Sie entwickeln sich dann besser, als wenn sie am Boden lagern. Besonders wichtig ist dies, wenn viel Niederschläge fallen, weil dann bei den am Boden lagernden Pflanzen leicht Fäulnis eintritt.

A. Schultz-Lupitz macht auch darauf aufmerksam, daß die Gemengesaat Schutz gegen die tierischen und sonstigen Schädlinge bietet, da diese gewöhnlich auf bestimmte Pflanzen eingestellt sind und andere nicht angreifen. Hat man Schädlinge in der Gründüngung, dann werden nur bestimmte Pflanzen des Gemenges ergriffen, die dadurch entstehende Lücke im Bestande wird aber von den anderen ausgefüllt, weshalb das Auftreten von Kahlstellen bei Gemengesaat selten vorkommt. Andererseits ist bekannt, daß Reinsaaten an sich öfter von Schädlingen heimgesucht werden als Gemengesaaten.

Die Gemengesaat ist aber dort vor allem notwendig, wo der Boden stark „verschießt", d. h. wo die Beschaffenheit sowohl der Ackerkrume wie des Untergrundes stark wechselt. In solchen Fällen muß man das Gemenge so zusammenstellen, daß es den wechselnden Bodenarten Rechnung trägt. So kann man z. B. 24 kg Serradella mit 2 kg Weißklee je Hektar einsäen. Nach der Ernte ist dann vom Weißklee noch wenig zu sehen, aber in verhältnismäßig kurzer Zeit entwickelt sich dieser auf den feuchteren und bindigeren Stellen so stark, daß er die Serradella vollkommen überwuchert, während diese auf den leichteren Stellen fast völlig dominiert. Man kann bei stark wechselnden Bodenarten und wechselndem Untergrunde mit einer Gemengesaat die Sicherheit des Gelingens einer Gründüngung wesentlich erhöhen.

Das Verhältnis von Tiefwurzlern zu Flachwurzlern in der Aussaatmenge ist vor allem abhängig von den Wasserverhältnissen. Hat man mit wenig Niederschlägen zu rechnen, und ist man also gezwungen, die Feuchtigkeit des Untergrundes möglichst auszunutzen, so ist den Tiefwurzlern ein größerer Anteil einzuräumen. Dann ist dieses auch nötig, wenn man auf eine weitgehende Lockerung und Aufschließung des Untergrundes bedacht sein muß.

Die Nichtleguminosen kommen überhaupt nur für den Gemengebau in Frage. In ganz seltenen Fällen, wo es *nur* auf eine Anreicherung an organischer Substanz ankommt, kann eine Reinsaat am Platze sein. Die Nichtleguminosen dürfen aber auch im Gemenge nur einen geringeren Anteil haben, wenn der Erfolg günstig sein soll (vgl. hierzu P. Wagner, A. N. Hume, A. Bartels). Das Hauptgewicht wird auf die Leguminosen zu legen sein. Eine so zusammengesetzte Mischung wird die Vorteile der Nichtleguminosen besonders zur Geltung kommen lassen. Diese bestehen einmal darin, daß sie als Stützpflanzen dienen können, zweitens, daß sie tiefwurzelnd sind und mineralische Nährstoffe des Untergrundes ausnutzen. Drittens haben sie eine verhältnismäßig schnelle Jugendentwicklung, wodurch der Bestand sich schneller schließt. Zuletzt ist damit zu rechnen, daß diese Pflanzen größere Mengen Stickstoff festlegen, wenn sie im Gemisch mit Leguminosen angebaut werden, als wenn man sie in Reinsaat bestellt. Diese Eigenschaft ist schon besprochen worden.

Einen weiteren beachtlichen Gesichtspunkt haben M. Domontowitsch und H. Schestakow angegeben, der für die Verwendung von Buchweizen spricht. Dieser hat ein starkes Aufschließungsvermögen für schwerlösliche Phosphate. Baut man ihn mit Früchten zusammen, die diese Eigenschaft nicht besitzen, z. B. Hafer, so wird die Menge der in der Ernte enthaltenen Phosphorsäure erhöht. Es liegt die Wahrscheinlichkeit nahe, daß auch Buchweizen im Gemisch mit solchen Leguminosen, die kein ausgesprochenes Auschließungsvermögen besitzen, ähnlich günstige Ergebnisse zeitigt.

Aus allen diesen Überlegungen geht hervor, daß grundsätzlich die Gemengesaat bei Gründüngung der Reinsaat vorzuziehen ist. Wenn mitunter Versuche eine Überlegenheit der Reinsaat ergeben, so ist dies meist auf zufällig günstige Klimaeinflüsse zurückzuführen, die der in Reinsaat gebauten Gründüngung besonders günstig sind. Im Durchschnitt einer größeren Anzahl von Jahren wird aber die Gemengesaat infolge ihrer größeren Sicherheit die Oberhand behalten.

Bei der *Aussaat* hat man vor allem darauf zu achten, die Menge des Saatgutes nicht zu gering zu bemessen. Es soll doch vor allem bei der Gründüngung möglichst schnell ein geschlossener Bestand erreicht werden. O. NOLTE gibt als Anhaltspunkte folgende Aussaatmengen je Hektar an:

	Drillsaat kg	Breitsaat kg		Drillsaat kg	Breitsaat kg
Lupinen	180—250	250—300	Serradella	25—45	35—60
Erbsen, großkörnig	160—200	180—240	Schwedenklee	8—12	10—15
Erbsen, kleinkörnig	120—150	140—180	Gelbklee	16—24	20—30
Platterbsen	120—180	160—220	Inkarnatklee	18—30	30—40
Wicken	120—180	150—210	Rotklee	10—18	14—24
Pferdebohnen	180—260	220—300	Weißklee	8—12	10—15

Über die *Aussaatzeit* besonders der Kleearten als Untersaat stellte A. LIEBENAU eingehende Betrachtungen an. Grundlegend sind dabei vor allem zwei Gesichtspunkte. Einmal darf die Entwicklung nicht zu üppig werden, damit bei der Ernte der Überfrucht keine Beschädigung der jungen Pflanzen eintritt, die diese mit einer Wachstumsstockung beantworten würden. Andererseits benötigt die Saat eine gewisse Feuchtigkeit zur Keimung und ersten Entwicklung. Es ergibt sich daraus ohne weiteres, daß in trockenen Klimaten die Aussaat frühzeitig stattfinden muß, um die Winterfeuchtigkeit auszunutzen. In feuchten Klimaten dagegen ist eine spätere Aussaat notwendig, damit sich die Untersaat nicht zu üppig entwickelt.

Auf einen anderen Punkt ist noch hinzuweisen, der für die Aussaatzeit wichtig ist, nämlich der, daß die Stickstoffsammlung der Leguminosen zum größten Teile erst nach der Blüte liegt. Hierfür gibt G. LIEBSCHER (2) folgende Zahlen an:

Nach Beginn der Blüte wurde an Stickstoff festgelegt in Prozenten der Gesamt-N-Bindung:

Gelbe Lupine	67,4 %	Wicke	69,9 %
Serradella	85,5 %	Inkarnatklee	70,5 %
Erbsen	66,7 %		

Danach nimmt die Stickstoffsammlung nach der Blüte erst größeren Umfang an, was sich auch mit dem über die Bakterientätigkeit Gesagten deckt, so daß man die Gründüngung so früh säen soll, daß noch nach der Blüte eine nennenswerte Entwicklung möglich ist.

Am Schluß dieses Kapitels seien noch einige Besonderheiten erwähnt. H. CHEVALIER beschreibt einen Wasserfarn (Azolla filiculoides), in dessen Blättern N-sammelnde Bakterien leben. In Tonkin wird er besonders bei der Reiskultur zur Gründüngung verwandt, ist aber auch jetzt nach Westfrankreich gelangt. In den Tropen spielt die Stickstoffsammlung nicht die Rolle wie bei uns (A. W. R. JOACHIM). Besonders auf den leichten Böden dort, gibt die Strukturverbesserung des Bodens den Hauptausschlag, so daß man mit Leguminosen und Nichtleguminosen den gleichen Erfolg erzielt Als Nichtleguminosen-Gründünger werden auf Ceylon Tithonia diversifolia (mexikanische Sonnenblume), Cerbera

Odallani Gtn. (Apocynacee) und Croton lacciferus (Euphorbiacee) mit Erfolg angebaut (Planter Journal).

Über amerikanische Erfahrungen auf dem Gebiete der Gründüngung berichten A. J. Pieters, T. L. Lyon und H. O. Buckman, F. Löhnis (1).

V. Über Vorfrucht und Nachfrucht. Die Beidüngung.

1. Vorfrucht. Als Vorfrüchte für die Gründüngung kommen wohl hauptsächlich die Getreidearten in Frage. Unterfruchtbau ist überhaupt nur bei diesen möglich, während Stoppelfruchtbau unter Umständen auch bei anderen Früchten durchgeführt werden kann. Es wäre dabei z. B. an Frühkartoffeln in klimatisch günstigen Gegenden zu denken. Wichtig ist für den Stoppelfruchtbau vor allem, daß die Vorfrucht das Feld zeitig genug räumt und daß der Herbst lang genug ist, um eine genügende Entwicklung von Gründüngungsmasse zu ermöglichen. Will man Gründüngung als Hauptfrucht bauen, so kann jede Frucht als Vorfrucht genommen werden, da ja die Beschränkung durch die Dauer des Herbstes nicht in Frage kommt. Ausgenommen sind nur die Leguminosen, da diese Pflanzenarten meist nicht selbstverträglich sind und auch andere Arten von Leguminosen nicht als Vorfrucht lieben. Nur Lupine und Serradella sind im hohen Maße selbstverträglich. Auf dieser Eigenschaft beruht das „System Immergrün". Damit bezeichnet man die Wirtschaftsweise, in der jedes Jahr Roggen auf demselben Acker mit einer Untersaat von Serradella gebaut wird. Die Serradella entwickelt sich nach der Ernte je nach Umständen mehr oder weniger stark und muß verhältnismäßig früh umgepflügt werden, damit wieder Roggen bestellt werden kann, in den im Frühjahr wieder Serradella eingesät wird. Diese Wirtschaftsweise kommt selbstverständlich nur für die leichtesten Böden in Betracht.

2. Nachfrucht. Als Nachfrüchte eignen sich außer Leguminosen alle Früchte. Den meisten Vorteil bieten aber unbedingt die Hackfrüchte. Es ist eine allgemeine Erfahrungstatsache, daß Hackfrüchte aus Gründüngung höhere Renten liefern als Getreide. Sommerung neigt nach gutgeratener Gründüngung leicht zu Lager. Bei Winterung ist die Gefahr weniger groß, weil die Gründüngung in diesem Falle schon untergepflügt werden muß, ehe sie sich voll entwickelt hat. Will man als Nachfrucht Roggen bauen, so ist vor allem darauf zu achten, daß die Gründüngung nur flach untergebracht wird. Der Boden wird sonst nicht mehr fest genug, was für den Roggen nicht günstig ist.

3. Beidüngung. Es wäre nun noch einiges über die mineralische Beidüngung zu sagen. Es können darüber nur allgemeine Gesichtspunkte angeführt werden, denn die Düngungsvorschriften der älteren Autoren sind durch neuere Forschungen über Düngung und Bestimmung der Düngebedürftigkeit überholt. Während wir über Methoden verfügen, die uns für Getreide, Kartoffeln usw. gute Anhaltswerte für die Düngung geben, haben wir für die Gründüngungspflanzen nichts dergleichen. Die Feststellung der Beidüngung wird noch dadurch erschwert, daß die Gründüngungspflanzen zum Teil ein starkes Aufschließungsvermögen für mineralische Nährstoffe besitzen. Außerdem sind sie in der Lage, ihren Nährstoffbedarf teilweise aus recht erheblichen Tiefen des Untergrundes zu decken. Es bleibt uns vorläufig gar kein anderer Ausweg, als das Düngebedürfnis des Bodens für unsere Gründüngungspflanzen im Feldversuch zu bestimmen.

Die Mengen Phosphorsäure und Kali, die man für die Nachfrucht neben der Gründüngung verabreichen soll, können auch nicht schematisch angegeben werden. Hier ist ausschlaggebend, wieviel lösliche Nährstoffe der Boden an sich besitzt, was mit irgendeiner der modernen Untersuchungsmethoden festzustellen ist. Bei hohem Nährstoffgehalt dürfte bei gutgeratener Gründüngung eine mineralische Beidüngung nicht mehr nötig sein, wie W. SCHNEIDEWIND (3) bei seinen Versuchen in Lauchstädt bei Kartoffeln nachwies. Bei geringem Nährstoffgehalt kann man damit rechnen, daß gewisse Mengen schwerlöslicher Mineralsalze in organische Bindung übergegangen sind, die der Nachfrucht zugute kommen. In welchem Ausmaße das nun stattfindet, ist schwer zu entscheiden, da hierüber noch wenig bekannt ist. Es harren hier noch manche Fragen der Klärung.

Über die Zeit der Anwendung der mineralischen Düngung findet man in der älteren Literatur durchweg die Angaben, daß man zur Gründüngung direkt nicht Kali und Phosphorsäure geben soll, sondern möglichst schon der Vorfrucht. Als Hauptgrund wird angegeben, daß durch die Düngung die Keimfähigkeit geschädigt wird. Man darf andererseits nicht erst längere Zeit mit der Bestellung der Gründüngung warten, wenn nicht der ganze Erfolg in Frage gestellt werden soll. Will man für die Nachfrucht noch neben der Gründüngung mineralische Nährstoffe geben, so muß dieses möglichst zeitig geschehen, besonders bei Kartoffeln, da sonst leicht Ertragsschädigungen sowohl an Menge wie an Stärkegehalt eintreten. Die beste Zeit für solche Düngergaben ist ausgangs Winter.

VI. Über die Anlage von Gründüngungsversuchen.

Die ertragssteigernde Wirkung der Gründüngung ist genügend bekannt, als daß man noch Versuche anstellen müßte, die ihren Wert zeigen sollen. Wenn man trotzdem noch der Frage von Gründüngungsversuchen nähertreten will, so kann es sich nur darum handeln, die Vorgänge, die die Ertragssteigerung hervorrufen, genauer zu studieren oder die geeignetste Art der Gründüngungsdurchführung festzustellen. Solche Versuche bieten aber außerordentliche Schwierigkeiten, wenn man Wert darauf legt, alle hier mitspielenden Faktoren zu erkennen und ihren Wirkungswert zu beurteilen. Es handelt sich hier um eine Anzahl von Wirkungen und Änderungen im günstigen und ungünstigen Sinne, die sich mehr oder weniger überdecken. Andererseits hat man aber als alleiniges Merkmal für die Wirkung der Gründüngung nur den Ertrag der Nachfrucht. Verhältnismäßig einfach liegt es noch in solchen Fällen, wo man in Gefäßen eine oder die andere Frage verfolgen will. Man hat es dann besser in der Hand, die Verschiedenheit der einzelnen Faktoren auszugleichen als im Feldversuch. Freilich kann man im Gefäßversuch nur einzelne Fragen bearbeiten, wie Kohlensäureentwicklung, Stickstoffumsetzung usw. Im Feldversuch muß man den Einfluß des Untergrundes mit berücksichtigen. Leicht machen sich auch die klimatischen Einflüsse nachteilig bemerkbar.

Ein einwandfreier Gründüngungsversuch muß Rücksicht nehmen auf die verschiedensten Umstände, die für eine Ertragserhöhung oder -verminderung in Frage kommen, wenn man das Ergebnis eindeutig erklären will. Zunächst ist die mechanische wie chemische Untergrundaufschließung in ihrer Wirkung auf den Ertrag festzustellen. Dazu wird die Gründüngung einer Parzelle abgemäht und das Abgemähte auf eine gleich große Parzelle leeren Ackers gebracht. Nun werden beide Parzellen umgepflügt. Die Vergleichparzellen haben Gründüngungsmassen von annähernd gleicher Beschaffenheit. Ist auch die Menge gleich, was festzustellen wäre, dann beruht der Unterschied nur in der Durchwachsung des Untergrundes (vgl. dazu Versuche von P. BAESSLER 1—5). Zu beachten ist, daß beide Parzellen zu gleicher Zeit gepflügt werden, um den Beginn der Zersetzung von gleicher Zeit an zu haben. Eine regelmäßige Beobachtung des Wassergehaltes sowohl während des Wachstums der Gründüngung als auch der Nachfrucht im Untergrund wie in der Ackerkrume ist geboten.

Besonders notwendig ist dies, wenn die Niederschlagsmengen nicht sehr reichlich sind, da ja während des Wachstums der Gründüngung beträchtliche Wassermengen verbraucht werden. Es ist aus diesem Grunde nötig, die Größe der Versuchsparzellen nicht zu klein zu wählen. Die Größe von 10 bzw. 25 m^2, die bei anderen Feldversuchen mit bestem Erfolg zu verwenden sind, kommt hier nicht in Frage. Meines Erachtens dürfte 1 Ar die unterste Grenze darstellen, wenn man die Wasserverhältnisse, die ja für die Gründüngung grundlegend sind, mit erfassen will.

Weiterhin ist eine Parzelle ohne jede Gründüngung zu belassen, die als „ungedüngte“ zum Vergleich mit den gedüngten benötigt wird. Diese Parzellen sind genau so zu pflügen, eggen usw. wie die übrigen. Vor allem sind diese wichtig bei Versuchen über den Zeitpunkt des Unterpflügens der Gründüngung. Hierbei muß man zwei (oder entsprechend viel) ungedüngte Parzellen haben, um die Bedeutung der Lockerungsmaßnahmen zu erfassen. Es ist selbstverständlich, daß der Ertrag von Zuckerrüben höher ist, wenn man im Vorwinter die Gründüngung unterpflügt als im Frühjahr, schon aus dem Grunde, weil die Zuckerrübe an sich in Frühjahrsfurche weniger gut gedeiht. Eine Wirkung der Gründüngung ist daraus nicht zu ersehen. Man hat oft den Wert der Beackerungsmaßnahmen unberücksichtigt gelassen, was auf leichten Böden sich nicht so stark ausprägen wird als auf schwereren.

Die Feststellung der Wirkung des Stickstoffs und der organischen Substanz ist deswegen so schwer, weil sie sich kaum voneinander trennen läßt. Man wird also die ertragssteigernde Wirkung beider zusammen bestimmen müssen. Daneben sind noch verschiedene Modifikationen denkbar, z. B. die schon früher erwähnte Beidüngung von Stroh, um stärkeren Stickstoffverlust zu vermeiden usw.

Die Feststellung des Aufschließungsvermögens für Mineralstoffe dürfte sich im Freilandversuch kaum ermöglichen lassen. Hierfür eignet sich die bisher mit Erfolg bei dieser Frage durchgeführte Gefäßmethode besser. Es lassen sich, wie schon betont, eben nicht alle Fragen der Gründüngung im Feldversuch lösen, ebenso wie man im Gefäßversuch nicht auf alle Fragen Antwort finden kann.

Neben den Ertragsfeststellungen, der Kontrolle des Kohlensäuregehaltes und des Wassergehaltes des Bodens ist der Temperaturverlauf während des Herbstes, die Niederschlagsmengen, der Kalkzustand von Ackerkrume und Untergrund usw. wichtig. Selbst wenn man alle diese Umstände berücksichtigt und genau beachtet, wird man nicht immer zu einwandfreien Ergebnissen kommen. Es muß versucht werden, alle diese Verhältnisse möglichst klar zu erfassen, um mehrere Versuche verschiedener Versuchsansteller und unter verschiedenen Umständen gewonnene Ergebnisse miteinander in Einklang bringen zu können.

Es sollte mit diesen Ausführungen keineswegs eine genaue Versuchsdisposition gegeben werden, sondern nur gesagt sein, daß gerade bei Gründüngungsversuchen sehr viel zu beachten ist, wenn man zu einer befriedigenden Erklärung kommen will.

VII. Gründüngung auf Moorböden.

Die Moorböden bestehen zum größten Teile aus organischer Substanz. Man sollte deshalb annehmen, daß eine Zuführung von Stalldünger und Gründünger zwecklos wäre. B. Tacke (2) hat aber gezeigt, daß dies in manchen Fällen doch nützlich sein kann. Auf Moorböden tritt bei längerer Ackerkultur leicht das sog. Puffigwerden auf, woraufhin die Erträge deutlich zurückgehen. Letzteres ist die Folge der ungünstigen physikalischen Beschaffenheit. Günstig hat in solchen Fällen die Zufuhr von Stalldünger bzw. von Gründüngung gewirkt, aber nicht infolge der Düngewirkung, sondern weil zersetzungsfähige Masse in den Boden gebracht wurde. Dadurch wurde nicht nur die Bodenbeschaffenheit verbessert, sondern vor allen Dingen das „Verwehen“ wesentlich herabgesetzt. Günstig hat sich auch auf Moorböden das Impfen der Leguminosen mit Knöllchenbakterien ausgewirkt. Dagegen haben sich die verschiedensten Bakteriendünger, die namentlich für die Stickstoffernährung der N-zehrenden Pflanzen, der Getreidearten und Hackfrüchte Bedeutung haben, in keinem Falle bewährt (B. TACKE 1). Erwähnt werden mag noch, daß eine Stickstoffbeidüngung zu Lupinen auf Hochmoor nicht vorteilhaft war, sondern den Ertrag sogar gemindert und die Knöllchenbildung und die Stickstoffbindung geschädigt hat (B. TACKE 4).

VIII. Gründüngung in der Teichwirtschaft.

Die Gründüngung in der Teichwirtschaft ist bisher kaum über das Stadium der theoretischen Überlegungen hinaus gediehen. Es sind zwar Versuche verschiedentlich angestellt worden, die mitunter günstige Erfolge gezeitigt haben, mitunter aber auch nachteilig waren (R. DEMOLL). Man kann evtl. aus den Erfahrungen, die man mit Stalldünger gemacht hat, auf die Wirkung der Gründüngung schließen. Dabei darf aber nicht vergessen werden, daß doch recht beachtliche Unterschiede in der Wirksamkeit dieser beiden Düngemittel bestehen. Vor allem ist auch das Verhältnis Kohlenstoff zu Stickstoff bei Gründüngung enger als im Stalldung.

Einige grundlegende Fragen hat R. DEMOLL für die Wirkung bzw. die Anwendung der Gründüngung klargelegt. Eine Vermehrung der Kohlenhydrate ist in guten Teichen unnötig. Sie kann durch ihren gesteigerten Sauerstoffverbrauch bei der Zersetzung eher schädlich wirken. Auf ausgemergelten Teichen oder neuanzulegenden wird die Kohlenhydratzufuhr immer günstig sein, besonders auf leichten Böden. Dagegen wird die Stickstoffzufuhr auch in guten Teichen Vorteil bringen. Eine besondere Wirkung der Gründüngung in Teichen beruht auf der Lockerung des Bodens durch die Wurzeln. Auf verschlickten Teichböden kann dieses unter Umständen von großer Bedeutung sein. Denn durch Ackerungsmaßnahmen läßt sich eine auch nur annähernd so gute Lockerung nie erreichen. Unter diesen Gesichtspunkten dürfte vor allem denjenigen Pflanzen der Vorzug zu geben sein, die ein besonders umfangreiches und kräftiges Wurzelsystem besitzen, von denen sich Vertreter sowohl bei den Leguminosen wie Nichtleguminosen finden.

Die Frage, ob man Gründüngung in Teichen unterpflügen oder nur überstauen soll, scheint eindeutig zugunsten letzterer Maßnahme entschieden zu sein. Ausschlaggebend ist hier die Lieferung des Sauerstoffs. Bei überfluteter Gründüngung wird die Zersetzung der oberirdischen Masse nur den Sauerstoff des Wassers verbrauchen und den des Bodens nicht so in Anspruch nehmen. O. NOLTE empfiehlt auch, um diesen möglichst zu schonen, die Wasserzuführung Mitte Juli vorzunehmen, wo die Temperatur noch nicht zu hoch ist und die Zersetzung nicht zu schnell vor sich geht. Bei schnellerer Erwärmung wird eine noch frühere Überflutung nötig sein.

Sehr wichtig scheint für den Erfolg bzw. den Nichterfolg der Gründüngung die Vernichtung der Bodenfauna in den Teichen, worauf R. DEMOLL hinweist. Hierdurch können die günstigen Wirkungen der Gründüngung leicht in das Gegenteil umgekehrt werden (weitere Literatur: W. CRONHEIM, I. HEYKING, E. WALTER).

IX. Die Gründüngung im forstlichen Betriebe.

In der Forstwirtschaft sind zwei Arten von Gründüngung zu unterscheiden: erstens die Düngung der Saat- und Pflanzkämpe und zweitens die von Beständen. Die erste Art hat mit der landwirtschaftlichen Ausführung der Gründüngung sehr viel Ähnlichkeit. Sie dient dazu, die jungen Pflanzen (Kiefer, Eichen usw.) in ihrer ersten Jugendentwicklung zu fördern. Bei Saatkämpen kann die Unterbringung der Gründüngung sehr flach sein, bei Pflanzkämpen muß dieselbe tiefer in den Boden gebracht werden, damit die Würzelchen der Pflänzlinge mit dem Boden in gute Berührung kommen. In beiden Fällen ist durch Walzen für einen guten Bodenschluß zu sorgen. Läßt sich dieses schwer erreichen, weil die oberirdische Gründüngungsmasse zu üppig ist, so ist es entschieden vorzuziehen, dieselbe abzumähen und fortzuschaffen, oder über Winter erfrieren zu lassen und im Frühjahr vor dem Graben abzuharken. Erwähnt werden mag noch, daß Akazien, die ja auch zu den Leguminosen gehören, auf leichten Böden eine sehr geeignete Gründüngung abgeben, weil sie sich langsam zersetzen und so eine langanhaltende Wirkung zeigen (sie sind auch unter Umständen für landwirtschaftliche Verhältnisse zu empfehlen, L. Hiltner 1).

Eine besondere Art der Gründüngung ist die Bestandsdüngung. Der Grundgedanke hierbei ist, daß den jungen Bäumen in den ersten Jahren ihrer Entwicklung der vor allem fehlende Stickstoff zugeführt werden soll. Man erreicht dies durch Zwischensaat von Leguminosen (Lupine, Serradella, Bokharaklee usw.). Diese frieren im Winter ab und in sie wird ohne jede Ackerungsmaßnahme im nächsten Jahre wieder frisch eingesät. Einfacher ist es, in diesem Falle perennierende Lupinen anzubauen, bei denen ebenfalls eine günstige Stickstoffernährung der jungen Bäume erzielt worden ist (M. Helbig, H. Dittmar).

Literatur.

Arndt: (1) Dtsch. landw. Presse **29**, 686 (1902); (2) Gründüngung und System Schultz-Lupitz auf Lehmboden sowie verwandte Fragen. Berlin 1890. — Arndt, C. H.: Soil Sci. **21**, 1 (1926). — Anderson, I. A.: Ebenda **21**, 115 (1926).

Baessler, P.: (1) Mitt. dtsch. Landw.-Ges. **17**, 273 (1902); (2) Ebenda **19**, 209 (1904); (3) Ebenda **21**, 233 (1906); (4) Ebenda **23**, 160 (1908); (5) Ebenda **25**, 263 (1910). — Bartels, A.: J. Landw. **58**, 145 (1910). — Barthel, Chr.: Z. Pflanzenernährg usw. A **12**, 134 (1928). — Bierei, A.: Mitt. dtsch. Landw.-Ges. **30**, 346 (1915). — Bocksch, Fr.: Landw. Jb. **69**, 693 (1929). — Bornemann, F.: Mitt. dtsch. Landw.-Ges. **35**, 693 (1920). — Brandes, O.: Dtsch. landw. Presse **14**, 219 (1887).

Chevalier, A.: Z. Pflanzenernährg usw. A **12**, 208 (1928). — Cronheim, W.: Fischereiztg. Neudamm 1911. — Czapek, F.: Bot. Zbl. **66**, 235 (1896).

Dehlinger, G.: Viehlose Gründüngerwirtschaft auf schwerem Boden. Berlin 1920. — Demoll, R.: Handbuch der Binnenfischerei Mitteleuropas. Teichdüngung. Stuttgart 1925. — Dietrich, Th. zit. nach H. Werner: Jb. dtsch. Landw.-Ges. **6**, 71 (1891). — Dittmar, H.: Der Waldbau. Neudamm 1929. — Domontowitsch, M., u. Schestakow, A.: Z. Pflanzenernährg usw. A **12**, 262 (1928). — Dönhoff, G.: Kühn-Archiv **15**, 457 (1927). — Drechsler, G.: Das Wirtschaftssystem in Lupitz. Berlin 1883. — Dyer, B.: Biederm. Zbl. **23**, 799 (1894).

Eggers: Praktische Fruchtfolgen mit Berücksichtigung des Zwischenfruchtbaues. Berlin 1923. — Ehrenberg, P.: (1) Die Bodenkolloide. Dresden u. Leipzig 1922; (2) Fühlings Landw. Ztg **59**, 213 (1910); (3) Z. Pflanzenernährg usw. B **2**, 73 (1923). — Ehrenberg, P., u. F. Bahr: J. Landw. **61**, 468 (1913).

Feilitzen, H. v.: Jb. dtsch. Landw.-Ges. **24**, 91 (1909). — Fraas, C.: Das Wurzelleben der Kulturpflanzen und die Ertragssteigerung. Berlin 1872. — Fruwirth, G.: (1) Handbuch des Hülsenfruchtbaues. Berlin 1921; (2) Mitt. dtsch. Landw.-Ges. **18**, 671 (1903); (3) Wollny, E., Forschgn Geb. Agrikult.-Phys. **18**, 461 (1895).

Gerlach, M.: Landw. Ztg **41**, 85 (1921). — Gerretsen, F. C., Grijus u. Söhngen: Z. Pflanzenernährg usw. A **9**, 183 (1927). — Guradze, S.: Mitt. dtsch. Landw.-Ges. **28**, 167 (1892).

Haselhoff, E.: Fühlings Landw. Ztg **70**, 407 (1921). — Heinze, B.: Jber. Vereinigg angew. Bot. **10**, 75 (1913). — Helbig, M.: Über Düngung im forstlichen Betriebe. Neudamm 1906. — HELLRIEGEL, H.: Beiträge zu den naturwissenschaftlichen Grundlagen des Ackerbaues. Braunschweig 1883. — HENSEN, H.: Jb. dtsch. Landw.-Ges. **7**, 84 (1892). — HEUSER, O.: Zwischenfruchtbau und Gründüngung. Handbuch der Landwirtschaft. Berlin **2**, 421 (1928). — HEYKING, I.: Fischereiztg. Neudamm 1911. — HILTNER, L.: (1) Arb. dtsch. Landw.-Ges. H. 98; (2) Arb. ksl. biol. Anst. **5**, 110; (3) Landw. Ztg **30**, 319 (1910). — HOFFMANN, M.: (1) Arb. dtsch. Landw.-Ges. Berlin **1911**, H. 200; (2) Ebenda. Berlin **1921**, H. 310; (3) Ebenda. Berlin **1922**, H. 311. — HOSÄUS: Neue landw. Ztg **1**, 29 (1872). — HOTTER, HERMANN u. STUMPF: Z. landw. Versuchswes. Österr. **15**, 152 (1911). — HUME, A. N.: Dissert., Göttingen 1911.

JOACHIM, A. W. R.: Tropic. Agricult. **65**, 325 (1925) u. Z. Pflanzenernährg usw. A **12**, 124 (1928). — JOHANNSON, W.: Bot. Archiv **14**, 319 (1926). — JOHN: Fühlings neue Landw. Ztg **1869**, 272.

KARRAKER, P. E.: Soil. Sci. **24**, 103 (1927). — KOSCHMIDER, G.: Dtsch. landw. Presse **30**, 6 (1903). — KOSSOWICH, P.: Bot. Ztg **50**, 718 (1892). — KOZICZKOWSKI, v.: Jb. dtsch. Landw.-Ges. **21**, 384 (1906). — KRAUS, C.: WOLLNY, Forschgn Geb. Agrikult.-Phys. **15**, 258 (1892). — KREUTZ: Hülsenfruchtbau. Handbuch der Landwirtschaft **3**. Berlin 1928. — KREUZ: (1) WOLLNY, Forschgn Geb. Agrikult.-Phys. **17**, 55 (1894); (2) Ebenda **18**, 113 (1895); (3) Ebenda **19**, 80 (1896). — KÜHN, G.: (1) Die wirtschaftliche Bedeutung der Gründüngung. Halle 1893; (2) Z. Landw. Zentralverein Prov. Sachsen **1893**, H. 1.

LEMMERMANN, O.: (1) Arb. dtsch. Landw.-Ges. H. 297; (2) Landw. Jb. **38**, Erg.-Bd. 5, 101 (1909); (3) Mitt. dtsch. Landw.-Ges. **35**, 696 (1920). — LEMMERMANN, O., u. E. BLANCK: (1) Landw. Versuchsstat. **69**, 145 (1908); (2) Ebenda **73**, 425 (1910). — LIEBENAU, A.: Mitt. dtsch. Landw.-Ges. **25**, 274 (1910). — LIEBSCHER, G.: (1) Jber. Agrikult.-Chem. **24**, 141 (1895); (2) J. Landw. **35**, 469 (1887). — LÖHNIS, F.: (1) Soil. Sci. **22**, 253 (1926); (2) Vorlesungen über landw. Bakteriologie. Berlin 1926. — LUNDEGARDH, H.: (1) Der Kreislauf der Kohlensäure in der Natur. Jena 1924; (2) Z. Pflanzenernährg usw. **12**, 134 (1928). — LYON, T. L., u. H. O. BUCKMAN: The nature and properties of Soils. New York 1929.

MAERCKER, M.: Jb. Versuchsstat. Halle **1896**, 142 u. Landw. Jb. **28**, 617 (1899). — MAIWALD, K.: Handbuch der Bodenlehre. **7**. Berlin 1930. — MAYER, H.: Agrikult.-Chem. **2**, 1. Heidelberg 1925. — MAYER-GMELIN: Dtsch. Landw. Presse **33**, 433 (1906). — MARTIN, FR.: Kühn-Archiv **12**, 146 (1926). — MEYER, D.: Mitt. dtsch. Landw.-Ges. **26**, 358 (1911). — MEYER, L.: Gründüngung auf Lehmboden. Berlin 1920; (2) Mitt. dtsch. Landw.-Ges. **37**, 422 (1922). — MIELCK, O.: Fühlings Landw. Ztg **62**, 261 (1913). — MILLAR, C. E.: Soil. Sci. **23**, 261 (1927). — MITSCHERLICH, E. A.: (1) Der Kulturchemiker **29**, **46** (1926); (2) Landw. Versuchsstat. **81**, 496 (1913).

NATHUSIUS, S. v.: Wandtafelwerk. Berlin 1876. — NOLTE, O.: Gründüngung in Theorie und Praxis. Flugschr. dtsch. Landw.-Ges. **23**. — NOLTE, O., u. H. MÜNZBERG: Mitt. dtsch. Landw.-Ges. **45**, 150 (1930).

OPITZ: Allg. Fischereiztg **36** (1911). — ORTH, A.: (1) Jb. dtsch. Landw.-Ges. **7**, 331 (1892); (2) Wurzelherbarium. Berlin 1894.

PETERSEN, E. I.: Z. Pflanzenernährg usw. A **13**, 312 (1929). — PIETERS, A. J.: Amer. Soc. of Agron. J. **9**, 62, 109, 162 (1917). — PIPER, CH. V.: Forage Plants and their Culture. New York 1924. PLANTER JOURNAL: **6**, 50 (1927). Ref. Z. Pflanzenernährg usw. **13**, 297 (1929). — PFEIFFER, H.: Zbl. Bakter. **73**, 28 (1928). — PFEIFFER, TH., u. O. RIPPEL: J. Landw. **69**, 165 (1921). — PRIANISCHNIKOW, D.: Landw. Versuchsstat. **56**, 107 (1902) u. **65**, 23 (1907).

ROSENBERGG-LIPINSKI, A. v.: Der praktische Ackerbau inbezug auf rationelle Bodenkultur. Breslau **2**, 1862, 488. — REINAU, E.: Kohlensäure und Pflanze. Halle 1920; (2) Praktische Kohlensäuredüngung. Berlin 1927; (3) Z. angew. Chem. **39**, 495 (1926). — ROEMER, TH.: Das Superphosphat **6**, 14 (1930). — RÜMKER, K. v.: Tagesfragen aus dem modernen Ackerbau. Berlin 1922.

SALFELD, A.: Die Bodenimpfung. Bremen 1896. — SEELHORST, C. v.: (1) Arb. dtsch. Landw.-Ges. H. 241; (2) J. Landw. **50**, 91 (1902); Mitt. (3) dtsch. Landw.-Ges. **21**, 289, 295 (1906); (4) Ebenda **22**, 139 (1907); (5) Ebenda **23**, 83 (1908); (6) Ebenda **24**, 512 (1909); (7) Ebenda **25** 291 (1910); (8) Ebenda **26**, 647 (1911). — SESTINI, F.: Landw. Versuchsstat. **54**, 147 (1900). — SCHINDLER, M.: Fortschr. Landw. **1**, 729 (1926). — SCHNEIDEWIND, W.: (1) Arb. dtsch. Landw.-Ges. Berlin **1917**, H. 289; (2) Die Ernährung der landw. Kulturpflanzen S. 251. Berlin 1922; (3) Landw. Jb. **39**, 3. Erg.-Bd., 80 (1910). — SCHUBARDT: Der chemische Ackersmann **1**, 193 (1872). — SCHULTZ-LUPITZ, A.: (1) Die Kalidüngung auf leichtem Boden. Berlin 1882; (2) Jb. dtsch. Landw.-Ges. **6**, 71 (1891); (3) Zwischenfruchtbau auf leichtem Boden. Arb. dtsch. Landw.-Ges. Berlin **1895**, H. 5. — SCHURIG: Mitt. dtsch. Landw.-Ges. **37**, 189 (1922). — SCHULTZE, B.: (1) Dtsch. landw. Presse **29**, 822 (1902); (2) Wurzelatlas. 1. u. 2. Teil. Berlin 1911 u. 1914. — SOBOTTA u. STENBUT: Landw. Ztg **48**, 141, 175 u. 190 (1928). — STEBLER, F. G.: Rationeller Futterbau. Berlin 1920. — STEGLICH, B.: Jb. dtsch. Landw.-Ges. **7**, 333 (1892). — STOCKLASA, J.: Handbuch der biophysikal. u. biochem. Durchforschung des Bodens. Berlin 1926. — Störmer, K.: Fühlings landw. Ztg. **60**, 185 (1911). — Strebel, E. v.: (1) Jb. dtsch. Landw.-Ges. **7**, 334 (1892); (2) Ebenda **8**, 170 (1892).

Tacke, Br.: Das Grünland **22**, 104 (1924); (2) Ebenda **24**, 67 (1926); (3) Fühlings Landw. Ztg **69**, 58 (1920); Mitt. Ver. Förd. Moorkult. **36**, 26 (1918). — Thiel, H.: Mitt. dtsch. Landw.-Ges. **6**, 75 (1892). — Trénel, M.: Landw. Ztg **47**, 333 (1927); (2) Z. Pflanzenernährg usw. B **9**, 340 (1925). — Trunz, A.: Die Gründüngung. Berlin 1911.

Ungerer, E.: Z. Pflanzenernährg usw. **12**, 349 (1928).

Vibrans, C.: (1) Dtsch. landw. Presse **20**, 120 (1893); (2) Die Wirtschaft Lupitz und ihre Erträge. Arb. dtsch. Landw.-Ges. Berlin **1902**, H. 76. — Viermann, H.: Bot. Archiv **25**, 45 (1929).

Wagner, P.: Ber. landw. Versuchsstat. Darmstadt 1910. — Waksman, S. A.: Die Ernährung der Pflanze **25**, 535 (1929). — Waksman, S. A., u. K. R. Stevens: Soil Sci. **26**, 113 (1928). — Waksman, S. A., u. F. G. Tenney: Ebenda **24**, 317 (1927). — Walter, E.: Die Fischerei als Nebenbetrieb des Forstmannes und Landwirtes. Neudamm 1903. — Werner, H.: (1) Handbuch des Futterbaues. Berlin 1907; (2) Jb. dtsch. Landw.-Ges. **6**, 71 (1891). — Wiessmann, H.: Z. Pflanzenernährg usw. A **3**, 387 (1924). — Wöhlbier, W.: Kühn-Archiv **12**, 1 (1926). — Wrangel, M. v.: (1) Landw. Versuchsstat. **96**, 1 (1920); (2) Ebenda **96**, 209 (1920); (3) Landw. Jb. **57**, 1 (1923).

Zolcinski, J.: Z. Pflanzenernährg usw. **18**, 142 (1928).

4. Kompostdünger.

Von

Dr. Clemens Grimme

Hamburg.

Es gibt in den landwirtschaftlichen Betrieben sowohl wie auch in der Industrie eine ganze Anzahl von Abfällen jeder Art, die neben großen Mengen organischer Substanz auch einen bemerkbaren Anteil an wichtigen Pflanzennährstoffen enthalten. Wegen ihrer spezifischen Eigenschaften wie Sperrigkeit, zu hohe Feuchtigkeit, schlechte Aufnehmbarkeit der in ihnen enthaltenen Pflanzennährstoffe u. dgl. eignen sie sich nicht zur direkten Düngung. Man muß sie also auf möglichst praktische und auch billige Weise in einen Zustand versetzen, der ihre Wirksamkeit im Boden und leichte Unterbringung gewährleistet. Man erreicht dies durch das seit langem bekannte Verfahren der Kompostierung.

Der übliche Kompost ist weder hinsichtlich seiner Entstehung, noch seiner Zusammensetzung und Wirkung nach eine einheitliche Masse. Er zeigt je nach den zur Kompostbereitung verwendeten Ausgangsmaterialien, nach der Art seiner Zubereitung und nach dem Grade der Zersetzung, der „Reife", im Nährstoffgehalte und in der Wirkung seiner Nährstoffe recht große Verschiedenheiten.

Da die Herstellung eines guten Kompostes nicht leicht, auch nicht billig ist wegen des dazu nötigen großen Aufwandes an Arbeitskraft, lag es nahe, daß Wissenschaft und Technik sich auch auf die Erzeugung kompostartiger Düngemittel warf. Wir haben also bei unseren Betrachtungen zu unterscheiden zwischen „natürlichem" Kompost, der vom Landwirt im eigenen Betriebe aus selbst anfallenden oder billig zu beschaffenden Abfallstoffen gewonnen wird, und „künstlichem" Kompost, der fabrikatorisch nach oftmals ziemlich komplizierten Verfahren hergestellt und als fertiges Düngemittel in den Handel gebracht wird.

I. Natürlicher Kompost.

1. Die Materialien der Kompostbereitung. Zur Kompostbereitung kommen alle Abfälle der Wirtschaft in Frage, die anderweitig nicht verwertet und nicht direkt als Dünger oder Bodenverbesserungsmittel verwandt werden können.

Es sind vor allem pflanzliche Abfälle wie Kartoffelkraut, Kaff, Laub aller Art, Reisigabfälle, Gemüseabfälle, Unkraut, Futterabfälle und beschädigtes Futter u. a. Des weiteren kommen in Betracht die Abfälle aus eigenen Schlachtungen und nahe gelegenen Schlachthöfen wie Eingeweide, Mageninhalt, Knochen, Klauen, Hufe, Haare, Borsten, Blut und Fleischrückstände. Auch die Rückstände tierischer Schädlinge, wie Maikäfer, Raupen, Schnecken und Engerlinge, gehören auf den Komposthaufen. Aschen aller Art, wie Holz-, Steinkohlen-, Braunkohlen- und Torfasche, Bauschutt, Ruß, Chausseeschlamm, Graben-, Bach-, Fluß- und Teichaushub bilden achtbare Kompostmaterialien, desgleichen die Schlämme und Abfälle aus nahe gelegenen Fabriken, ferner Schlamm aus den Klärteichen von Zuckerfabriken, Zuckerscheideschlamm, aus Gerbereien, Spinnereien, Wollwäschereien, Brauereien, Brennereien u. a. Ebenso sind Hornspäne, Wollstaub und Lederabfälle wegen ihres hohen Stickstoffgehaltes wertvolle Zusätze zum Komposthaufen. Auch Abfälle der Tabakfabriken, der Flachsaufbereitung und Wein- und Obsttrester sollten nicht vernichtet, sondern durch Kompostierung nutzbar gemacht werden. Schließlich kommt zur Kompostbereitung noch Geflügelmist jeder Art in Frage (Analysen von Kompostmaterialien s. S. 154—157).

Vorbedingung für die Gewinnung eines guten Kompostes ist die genügende Zerkleinerung aller sperrigen Materialien, die Auswahl eines trocknen Platzes zu seiner Herstellung und die nötige Menge guter Erde.

2. Der Ort und die Technik der Kompostbereitung. W. KLEBERGER gibt eine wertvolle Zusammenstellung alles Wissens- und Beachtenswerten über den Ort und die Technik der Kompostbereitung. Hiernach werden lange, strohige Materialien, wie Maisstengel, Rapsstroh, Puffbohnenstroh u. dgl. vorerst in geeigneter Weise zerkleinert. Ist dies geschehen, so schafft man die organischen Materialien und die Erde nach einem vor Überschwemmungen und sonstigen Wasseransammlungen möglichst geschützten, trocknen Platz. Dies ist sehr wichtig, um jede Auslaugung der aufgeschlossenen Kompostmasse und dadurch Nährstoffverluste zu verhindern. Als Erde für die Herstellung des Kompostes eignet sich jede nicht saure Garten- und Ackererde. Mit Vorteil wird man aber hierzu abgetrocknete, am besten durchgefrorene Rückstände aus Schlammteichen, Straßenschlamm und Staub, Graben- und Teichaushub benutzen, denen man zwecks Neutralisation saurer Bestandteile eine kräftige Gabe von Mergel zusetzt.

Das Ansetzen des Haufens geschieht nun in folgender Weise: Zunächst streut man auf den Boden als aufsaugende Grundlage eine mindestens 15—20 cm starke Schicht Torfmull, die man mit einer ebenso starken Schicht Erde bedeckt. Hierauf kommt eine 10—15 cm starke Schicht organischer Substanz, die eventuell mit Asche überstreut wird. Handelt es sich um schwer zersetzliche organische Abfälle, so ist das Überstreuen mit einer geringen Gabe feingemahlenen Kalkes sehr empfehlenswert. Auf die organische Substanz folgt dann wiederum eine Lage Erde, Kalk oder Asche usw., bis der Haufen eine Höhe von etwa 1 m erreicht hat. Auf die oberste Lage organischer Substanz wird gewöhnlich eine Schicht Torfmull aufgelegt, um die Feuchtigkeit der oberen Schichten zu bewahren und Verdunstungsverluste möglichst herabzusetzen, schließlich folgt eine 10—15 cm starke Erdschicht. Von außen wird der Haufen mit einer etwa 10 cm starken Erdschicht gut verkleidet, um ihn innerlich gleichmäßig feucht zu erhalten. Es empfiehlt sich auch, den Komposthaufen in trockner Jahreszeit öfters mit Wasser zu besprengen. Eine Verwendung von Jauche zu diesem Zwecke ist wegen der großen Stickstoffverluste, welche diese erleidet, nicht praktisch. Zur Ausschaltung unerwünschter Lichtwirkung und zur Erzielung möglichst weitgehender Gare wird der Komposthaufen mit schnellwachsenden, viel Blattmasse liefernden Pflanzen, wie Kürbissen, Melonenkürbissen, Gurken u. a. bepflanzt.

Hiermit ist aber noch lange nicht alles getan. Würde man den richtig angesetzten Komposthaufen nun bis zur Verwendung sich selbst überlassen, so würde der erhaltene Kompost keine gleichmäßige, gut zersetzte und gut wirksame Masse darstellen. Es muß noch eine geeignete Bearbeitung des Komposthaufens folgen, um ein in jeder Beziehung einwandfreies Produkt zu erhalten. Diese Bearbeitung des Komposthaufens muß je nach der Reife, d. h. dem Grade der Zersetzung der organischen Substanz, bald in kürzeren, bald in längeren Zeitabschnitten erfolgen. Sie hat den Zweck, den Haufen zwecks Bildung einer gleichmäßigen Masse zu mischen und neu aufzuschichten. Man nennt diese Arbeit das „Umstürzen des Kompostes". Hierbei gelangen die oberen Schichten des Haufens in größere Tiefen, während die tieferen Schichten nach oben kommen. Die richtige Zeit des Umstürzens ist sehr verschieden und richtet sich nach dem verwandten Material, der Jahreszeit, der Feuchtigkeit des Haufens usw. Als Anhaltspunkt dient am besten der Grad der Zersetzung der organischen Substanz in den *oberen* Schichten. Läßt sich die Struktur derselben nur noch teilweise feststellen, so ist der Zeitpunkt für die Umstürzung gegeben.

Man verwendet wiederum als Grundlage eine Torfmullschicht. Beim Umstürzen selbst braucht man nun keine Rücksicht mehr auf einzelne Substanzschichten im Haufen zu nehmen. Verläuft die Zersetzung der tieferliegenden Schichten scheinbar zu langsam, so empfiehlt sich beim Umstürzen eine Zugabe von fein gemahlenem kohlensauren Kalk. Der Kompost wird zweckmäßig jetzt durch ein geeignetes Sieb geworfen, einmal um wertlose Verunreinigungen wie Steine, Scherben u. ä. zu entfernen, anderseits um die gröberen, noch wenig zersetzten Bestandteile von den schon besser zersetzten feineren zu trennen. Letztere mischt man beim Neuaufsetzen des Haufens gleichmäßig mit der Masse. Die gröberen Bestandteile werden im oberen Teile des Haufens aufgesetzt und, wenn nötig, mit Kalk zur schnelleren Zersetzung überstreut. Das Umstürzen des Komposthaufens ist so oft zu wiederholen, bis eine vollständig homogene Material entstanden ist, das keine Struktur der organischen Masse mehr erkennen läßt.

Auf einen Umstand muß noch hingewiesen werden: Es wird von der Praxis vielfach geklagt, der Kompost sei ein Träger von Unkrautsamen und trage sehr zur Verschlechterung der Wiesen und Weiden bei. Diese Klagen sind nur ein Beweis mangelhafter Vorsicht und schlechter Arbeitsweise bei der Kompostbereitung. Es ist klar, daß man stark mit Unkrautsamen versetzte Materialien, wie Spreu, Geflügelmist, Straßenschlamm u. a. nicht ohne geeignete Vorbehandlung auf den Komposthaufen bringen darf. Man muß vielmehr für eine vorherige Vernichtung der Keimkraft der Unkrautsamen Sorge tragen. Die oftmals vorgeschlagene Behandlung mit konzentrierter Schwefelsäure ist in landwirtschaftlichen Betrieben nicht ohne Bedenken, ganz abgesehen von der Gefahr einer Versäuerung, die dann nur durch Zusatz von erhöhten Kalkgaben behoben werden kann. Auch das Abbrühen mit kochendem Wasser ist umständlich und bietet keinerlei Gewähr für die wirkliche Vernichtung der Keimkraft. W. Kleberger empfiehlt als bestes Verfahren die Ausbreitung der unkrauthaltigen Materialien in 6—8 cm hoher Schicht. Man hält diese 14—20 Tage gut feucht, wendet sie unter dauerndem Feuchthalten um und läßt nochmals so lange lagern. Hierdurch gelangt der weitaus größte Teil der Unkrautsamen zur Keimung. Die Keime werden dann beim Einschichten in den Komposthaufen mit einem hohen Grade der Wahrscheinlichkeit vernichtet.

3. Die Bewertung des Kompostes. Die oben beschriebene Herstellungsweise des Kompostes zeigt, daß die Werbung eines guten und gleichmäßigen Materials ziemlich zeitraubend und infolge der dazu nötigen Arbeitskräfte nicht billig ist, wenn man auch die Arbeiten am Komposthaufen selbstverständlich in arbeitsschwache Zeiten verlegen wird. O. LEMMERMANN kommt deshalb zu folgendem Schlusse: „Diesem Umstande in Verbindung mit der Tatsache, daß die Arbeitskräfte unter heutigen Verhältnissen gegenüber früheren im Preise sehr gestiegen sind, die künstlichen Düngemittel sich dagegen wesentlich verbilligt haben, dürfte es zuzuschreiben sein, daß dem Kompostdünger heute nicht mehr die Beachtung geschenkt wird wie früher." Bei der Beantwortung dieser Frage muß man vor allem darauf hinweisen, daß der Kompost in allererster Beziehung ein Humusdünger ist, wenn auch die in ihm enthaltenen, echten Pflanzennährstoffe nicht bei seiner Bewertung außer Acht gelassen werden dürfen. Überall dort, wo eine Humuszufuhr zum Boden erwünscht ist, ohne daß wir in der Lage sind, die Mischung der humusbildenden Substanz mit dem Boden so vorzunehmen, daß eine gleichmäßige und gute Zersetzung derselben erfolgt, sowie dort, wo eine rasche Humuswirkung nötig ist, wird die Kompostanwendung nicht nur praktisch, sondern auch rentabel sein.

Hier kommen vor allem wertvolle Kulturpflanzen, wie Blumen, Kohl und Gemüse in Frage. Im landwirtschaftlichen Betriebe ist der Kompost der wichtigste Wiesendünger. Da der Humus das geeignetste Mittel ist die physikalischen, chemischen und biologischen Verhältnisse leichterer Sandböden, aber auch schwerer, toniger Böden zu regulieren, so kommt dem Kompostdünger auch hier eine achtbare Rolle zu. Überhaupt eignet er sich für alle tätigen Böden, auf denen sich Humus rasch zersetzt und die daher leicht hieran verarmen.

Seiner ganzen Natur nach aber kommt der Kompost vor allem als Wiesen- und Weidendünger sowie zur Überdüngung von Kohl, Rhabarber und sonstigem Gemüse während der Vegetation und für die Gärtnerei in Frage. Stehen die Ausgangsmaterialien billig ein, so ist auch heute noch die Herstellung und Verwendung von Kompost rentabel.

4. Die Wirkungen des Kompostes. Zum Schlusse noch einige Worte über die Wirkung und den Nährstoffgehalt des Kompostes. Beide hängen naturgemäß innigst mit den verwendeten Materialien zusammen. R. HEINRICH gibt als mittlere Zusammensetzung eines normalen Kompostes folgende Zahlen:

Wasser	15,80 %	Phosphorsäure (P_2O_5)	0,20 %
Organische Substanz	75,00 %	Kali (K_2O)	0,25 %
Stickstoff (N)	0,35 %	Kalk (CaO)	3,75 %

Der Stickstoff wirkt langsam und anhaltend, die Phosphorsäure ist außerordentlich wirksam, ebenso ist die Kali- und Kalkwirkung befriedigend. Der Hauptwert des Kompostes liegt jedoch in seinem hohen Humusgehalte.

II. Zusammensetzung und Nährstoffgehalt der zur Kompostbereitung in Frage kommenden Materialien.

Es würde zu weit führen, hier alle die verschiedenen Abfallstoffe aus Haus und Hof einzeln zu beschreiben. Alles Wissenswerte zeigt die Nährstofftabelle (S. 154—157). Es sei hier nur auf die oftmals als Kompostmaterialien in Frage kommenden Industrieabfälle etwas näher eingegangen.

a) Scheideschlamm. Dieser wird gewonnen beim Klären des heißen, zuckerhaltigen Rübensaftes mit Kalkmilch. Wegen seines hohen Wassergehaltes verträgt er keine hohen Transportkosten.

Tabelle 1. Nährstoffgehalt von Materialien zur Kompostbereitung.

Bezeichnung	Wasser %	Organ. Substanz %	Stickstoff (N) %	Roh-asche %	Rein-asche %	Phosphor-säure (P_2O_5) %	Kali (K_2O) %	Kalk (CaO) %
Pflanzliche, landwirtschaftliche Abfälle.								
Kraut und Blätter.								
Kartoffelkraut	76,00	21,52	0,40	2,48	—	0,16	0,83	0,78
Runkelrübenblätter	90,50	8,01	0,30	1,49	—	0,09	0,23	0,15
Möhrenkraut	82,00	15,32	0,45	2,68	—	0,11	0,49	1,21
Spargelkraut	83,20	12,70	0,55	4,10	—	0,15	0,85	1,10
Rebholz, jung	55,00	42,00	0,41	3,00	—	0,15	0,41	0,40
Stroharten.								
Buchweizen	16,00	78,75	0,80	5,25	—	0,62	2,38	0,95
Erbsen	16,00	80,00	1,38	4,00	—	0,37	0,51	1,61
Ackerbohnen	16,00	79,53	1,25	4,47	—	0,30	1,94	1,18
Futterwicken	16,00	79,57	1,40	4,43	—	0,28	0,62	1,56
Lupinen	16,00	79,95	0,99	4,05	—	0,25	1,77	0,97
Raps	16,00	79,23	0,70	4,77	—	0,26	1,01	2,00
Mohn	16,00	79,40	1,00	4,60	—	0,17	1,84	1,46
Spreu.								
Sommerweizen	14,20	74,16	0,75	11,64	—	0,30	0,50	0,42
Winterweizen	14,20	76,60	0,73	9,20	—	0,40	0,84	0,18
Hafer	14,30	78,81	0,80	6,89	—	0,14	0,45	1,25
Winterroggen	14,30	77,30	0,60	8,40	—	0,55	0,25	0,36
Gerstengrannen	14,40	74,92	0,51	11,68	—	0,24	0,94	0,40
Maiskolben (Mark)	14,50	85,04	0,24	0,46	—	0,02	0,25	0,03
Ackerbohnen	15,00	79,54	1,67	5,46	—	0,26	3,54	0,70
Lupinen	14,50	73,68	0,73	1,82	—	0,11	0,87	0,36
Rapsschoten	14,00	79,22	0,65	6,78	—	0,37	0,95	3,55
Leinkapseln	11,60	73,02	0,57	5,38	—	0,45	1,50	1,55
Leindotterkapseln	—	—	—	—	4,88	0,17	1,43	1,80
Abfälle von Handelspflanzen.								
Leinstengel,	12,00	84,97	0,62	3,03	—	0,42	0,97	0,68
„ geröstet	10,00	89,34	0,41	0,66	—	0,07	0,04	0,38
Flachsfaser	10,00	89,32	—	0,68	—	0,08	0,03	0,36
Hanfstengel	11,00	85,86	0,27	3,14	—	0,21	0,55	1,70
Tabakstengel	18,00	74,58	1,63	7,42	—	0,92	3,82	1,26
Hopfen, Dolden	—	—	—	—	7,55	1,27	2,61	1,26
„ Blätter	—	—	—	—	17,20	1,00	2,28	7,38
„ Stengel u. Ranken	—	—	—	—	4,56	0,47	1,33	1,48
„ ganze Pflanze	—	—	—	—	8,48	0,68	2,08	2,29
Streumaterialien.								
Buchenlaubstreu	15,00	81,55	1,00	4,45	—	0,24	0,23	2,12
Eichenlaubstreu	15,00	80,16	1,00	4,84	—	0,20	0,35	1,71
Laubstreu, gemischt	15,00	80,50	1,00	4,50	—	0,23	0,26	1,86
Kiefernnadelstreu	13,50	85,42	0,78	1,08	—	0,11	0,12	0,50
Lärchennadelstreu	—	—	—	—	3,99	0,15	0,18	0,87
Fichtennadelstreu	13,00	73,10	0,89	3,90	—	0,20	0,12	1,58
Weißtannennadelstreu	—	—	—	—	3,78	0,31	0,31	2,24
Nadelstreu, gemischt	13,00	84,40	0,65	2,60	—	?	0,14	1,08
Schilfrohr	18,50	77,90	—	3,60	—	0,20	0,67	0,31
Riedgras	14,50	79,40	—	6,10	—	0,48	1,93	0,37
Binsen	14,00	80,75	—	5,25	—	0,44	1,73	0,39
Heidekraut	20,00	78,50	1,00	1,50	—	0,11	0,22	0,37
Farnkraut	25,00	70,00	—	5,00	—	0,38	1,86	0,56
Moos	25,00	73,05	0,94	1,95	—	0,13	0,32	0,25
Sägespäne	—	—	1,00	—	—	0,30	0,75	3,00
Torfstreu	25,00	72,85	0,64	2,15	—	0,15	0,11	0,85

Bezeichnung	Wasser %	Organ. Substanz %	Stickstoff (N) %	Roh-asche %	Rein-asche %	Phosphor-säure (P_2O_5) %	Kali (K_2O) %	Kalk (CaO) %
Unkräuter.								
Unkraut, gemischt	88,00	9,80	0,40	2,20	—	0,14	0,29	0,47
Brennessel	83,00	14,70	0,56	2,30	13,54	0,18	0,74	0,16
Wasserpest	88,00	8,30	0,35	3,70	—	0,23	0,34	0,76
(s. auch Tabelle 2)								
Algen, Moose, Farne usw.								
Seegras, trocken	15,00	72,80	2,10	12,20	—	0,80	2,50	1,70
Seetang	13,90	30,00	1,10	56,10	—	0,30	1,50	2,10
Waldmoose:								
Hypnum tamariscinum .	16,41	77,29	1,21	6,30	—	—	—	—
„ crista catrensis	12,00	82,33	1,53	5,17	—	—	—	—
„ splendens . . .	15,00	81,23	1,11	3,77	—	—	—	—
„ triquestrum . .	16,07	78,57	1,22	5,36	—	—	—	—
„ cupressiforme .	14,28	84,32	1,12	1,40	—	—	—	—
„ rusciforme . .	18,43	78,85	1,23	2,32	—	—	—	—
„ silvestre . . .	14,20	84,43	0,84	1,37	—	—	—	—
Polytrichum commune .	16,42	81,06	0,90	2,70	—	—	—	—
Climarium dendroides .	18,70	79,29	1,43	2,01	—	—	—	—
Farnkraut, Mittelwert . .	—	—	—	—	6,49	0,49	2,48	0,74
Pilze, Mittelwert	88,00	9,30	0,30	2,70	—	0,07	0,40	0,31
Blasentang	—	—	1,84	—	—	0,61	1,39	7,77
Laminaria	—	—	4,03	—	—	0,94	5,02	8,24
Armleuchteralge	—	—	1,20	—	—	0,21	0,89	27,04
Aschen usw.								
Laubholzasche	5,00	5,00	—	90,00	—	3,50	10,00	30,00
Nadelholzasche	5,00	5,00	—	90,00	—	2,50	6,00	35,00
Ausgelaugte Holzasche . .	20,00	5,10	—	74,90	—	6,10	2,60	24,50
Steinkohlenasche	5,00	5,00	—	90,00	—	0,50	0,10	3,50
Braunkohlenasche	5,00	—	—	95,00	—	0,60	0,70	16,00
Torfasche	5,00	—	—	95,00	—	2,00	1,00	15,80
Holzruß	5,30	71,50	1,40	23,20	—	0,50	2,40	10,20
Steinkohlenruß	5,00	70,60	2,50	74,40	—	—	0,10	4,00
Ofenruß	5,00	78,20	1,80	16,80		0,40	1,20	7,00
Buchenasche	—	—	—	—	—	8,65	12,50	39,27
Weißbuchenasche	—	—	—	—	—	10,74	10,63	52,23
Eichenasche	—	—	—	—	—	3,46	8,43	75,45
Lindenasche	—	—	—	—	—	5,12	37,84	31,60
Ulmenasche	—	—	—	—	—	3,64	21,92	47,80
Birkenasche	—	—	—	—	—	3,99	8,66	36,25
Kiefernasche	—	—	—	—	—	7,24	12,98	45,29
Rottannenasche	—	—	—	—	—	5,99	11,50	44,98
Lärchenasche	—	—	—	—	—	3,06	15,24	27,00
Moor- und Torferden.								
Torfiger Moder	18,28	67,20	2,80	14,52	—	0,13	0,22	5,71
Torfmoder	10,05	83,37	2,59	6,58	—	0,01	0,09	2,36
Moorerde	8,90	63,52	2,08	27,58	—	0,29	0,21	0,67
Torferde	9,45	85,47	1,37	5,08	—	0,06	0,04	1,19
Lauberde aus Prerow . .	48,36	43,32	0,68	8,32	—	0,11	0,06	0,16
Schlämme usw.								
Grabenschlamm	—	—	0,55	—	—	0,28	0,70	7,50
Grabenaushub	5,05	18,79	—	—	—	0,45	0,40	1,25
Teichschlamm	—	—	0,30	—	—	0,20	0,40	2,70
Flußschlamm	1,50	6,24	0,11	—	—	0,27	0,57	5,31
Straßenschlamm	1,00	7,21	0,21	—	—	0,51	0,05	7,84
„ Granitschotter	—	11,66	0,43	—	—	0,69	0,12	0,81
„ Basaltschotter	10,04	1,86	0,24	—	—	0,02	0,59	2,70
Seeschlick	—	—	0,30	—	—	0,35	0,65	5,00
Klärbeckenschlamm . . .	—	—	0,75	—	—	0,55	0,10	15,00

Bezeichnung	Wasser %	Organ. Substanz %	Stickstoff (N) %	Roh-asche %	Rein-asche %	Phosphor-säure (P_2O_5) %	Kali (K_2O) %	Kalk (CaO) %
Diverses.								
Hausmüll	15,00	21,00	0,35	64,00	—	0,30	0,35	3,20
Straßenkehricht	13,50	20,00	0,45	66,50	—	0,25	0,30	9,00
Kartoffelschalen	—	—	—	6,78	—	0,23	4,88	0,65
Küchenabfälle	—	—	0,78	—	—	0,81	—	0,11
Tierische Abfälle.								
Ochsenblut	79,00	20,13	3,25	0,87	—	0,10	0,06	0,01
Schafblut	89,00	10,24	3,20	0,76	—	0,10	0,05	0,01
Schweineblut	80,00	19,30	3,00	0,70	—	0,44	0,15	0,01
Darmschleim, feucht	72,07	—	3,51	—	—	0,35	—	—
„ trocken	—	—	10,85	—	—	2,14	1,17	—
Kutteldünger	82,00	—	0,28	—	—	0,24	0,09	—
Frischer Mist von:								
Tauben	52,00	30,50	1,75	17,50	—	1,79	1,00	1,65
Hühnern	56,50	26,00	1,65	17,50	—	1,55	0,85	2,42
Enten	56,60	26,50	1,05	16,90	—	1,41	0,63	1,70
Gänsen	77,10	13,50	0,55	9,40	—	0,55	0,96	0,85
Kaninchen	—	—	0,80	—	—	0,20	0,70	0,30
Ziegen	59,90	30,50	0,40	9,60	—	0,48	1,12	0,73
Schafen	68,00	29,50	0,62	2,50	—	0,30	0,17	0,40
Maikäfer	70,60	24,60	3,50	4,80	—	0,60	0,50	0,10
Gewerbliche Abfälle.								
Traubenschalen	—	—	—	—	3,92	0,77	1,88	0,62
Traubenkämme	—	—	—	—	5,72	0,49	2,95	0,72
Traubentrester	—	—	—	—	3,67	0,46	1,72	0,40
Traubenkerne	—	—	—	—	2,55	0,79	0,78	0,63
Hopfen, ausgelaugt	—	—	—	—	3,22	0,74	0,31	0,86
Kartoffelfasern	—	—	—	—	0,72	0,18	0,12	0,35
Kartoffelschlempe	—	—	—	—	9,46	1,85	4,24	0,49
Melasseschlempe	95,00	3,70	0,32	1,30	—	0,01	0,95	0,01
Schlempekohle	6,50	9,20	—	84,30	—	1,00	32,10	3,50
Baumwollentkernungsabfälle	—	—	1,37	—	—	0,68	—	1,56
Kakaoschalen	—	—	2,94	—	—	1,49	—	2,71
Entfettete Wollabfälle	—	—	1,30	—	—	0,03	—	0,37
Wollausfaserungsrückstände	—	—	4,40	—	—	0,29	—	0,68
Scheideschlamm	43,50	15,30	0,20	51,20	—	0,50	0,10	21,60
Weinschlempe, getrocknet	—	86,64	0,40	13,36	—	1,11	5,16	1,01
Klärschlamm aus Tuchfabriken	29,60	25,46	1,70	44,94	—	1,08	—	3,84
Weinsteinrückstände	60,27	—	0,66	—	—	0,15	0,84	12,57
Weinheferückstände	—	—	1,6—3,7	—	—	0,3—0,4	1,00	37,20 (Gips)
Gerbereikalk	63,30	17,60	1,40	19,10	—	1,30	—	13,20
Gaskalk	7,00	1,80	0,40	92,20	—	—	0,20	64,50
Leimkäse, trocken	5,90	45,00	2,90	49,10	—	2,50	0,30	22,30
Leimkesselrückstände	18,75	47,95	3,89	33,30	—	1,56	—	22,28
Lederkuchen	—	—	7,75	—	—	1,62	0,08	—
Gebrauchte Knochenkohle	10,00	6,00	0,50	84,00	—	26,00	0,10	36,00
Tranabfälle	23,50	68,50	5,60	8,60	—	2,50	—	3,90
Rückstände der Blutlaugensalzfabrikation	—	11,00	1,00	89,00	—	5,50	11,50	18,00
Galalith	10,85	83,79	11,25	5,36	—	2,70	0,18	0,53
Wollstaub	10,00	56,00	5,00	34,00	—	1,40	0,30	1,50
Carbonisierstaub	—	—	2,0—3,6	—	—	—	—	—
Gewerbliche Abwässer.								
Brauerei . . . . . in 1 l	—	—	0,171 g	—	—	—	—	—
Brennerei . . . . . „ 1 l	—	—	0,036 g	—	—	0,017 g	0,037 g	0,17 g

Bezeichnung	Wasser %	Organ. Substanz %	Stickstoff (N) %	Roh-asche %	Rein-asche %	Phosphor-säure (P_2O_5) %	Kali (K_2O) %	Kalk (CaO) %
Molkerei . . . . . in 1 l	—	—	0,166 g	—	—	—	—	—
Abdeckerei . . . . „ 1 l	—	—	0,872 g	—	—	—	—	—
Lederleimfabrik . . „ 1 l	—	—	0,082 g	—	—	—	—	—
Stärkefabrik. . . . „ 1 l	—	—	bis 1,465 g	—	—	bis 0,804 g	bis 0,948 g	—
Zuckerfabrik . . . „ 1 l	—	—	bis 0,05 g	—	—	bis 0,010 g	bis 0,09 g	—
Braunkohlenschwelerei in 1 l	—	—	0,70 g	—	—	—	—	—
Schalen von Seetieren.								
Seekrebs	—	—	3,98	45,57	—	3,12	0,26	—
Krabbe	—	—	1,95	62,25	—	3,55	0,22	—
Auster	—	—	0,08	98,37	—	0,07	0,04	—
Hartmuschel	—	—	0,01	96,89	—	0,02	0,04	—
Hennenmuschel	—	—	0,02	98,22	—	0,03	0,02	—
Mießmuschel	—	—	0,28	96,88	—	0,03	0,03	—
Pferdemuschel	—	—	0,02	97,41	—	0,03	0,03	—
Kammuschel	—	—	0,002	97,59	—	0,06	0,04	—

Tabelle 2. Nährstoffgehalt verschiedener Unkräuter (nach E. Heiden).

Bezeichnung	Wasser %	Organ. Substanz %	Stick-stoff (N) %	Roh-asche %	100 Teile Reinasche enthalten: Phosphorsäure (P_2O_5) %	Kali (K_2O) %	Kalk (CaO) %
Anacharis Alsinastrum = Wasserpest	77,33	17,67	—	5,00	2,84	8,62	52,02
Arenaria media = Sauerkraut	83,48	11,02		4,60	2,67	15,21	3,03
Arenaria rubra = Sandkraut	73,85	13,59	—	2,56	8,84	33,89	7,79
Arum maculatum = Aronsstab	88,00	10,79	—	1,21	6,27	16,75	28,74
Arundo avenaria = Sandhafer	—	—	—	—	6,94	29,81	16,51
Carduus acaulis = Distel	—	—	—	—	5,36	27,40	41,44
Chelidonium glaucum = Schöllkraut	—	—	—	—	2,71	15,60	32,74
Chenopodium album = Gänsefuß	—	—	—	—	6,27	42,21	32,23
Cnicus lanceolatus = Kratzkraut	—	—	—	—	4,50	2,86	7,69
Chrysanthemum segetum = Wucherblume	76,10	12,04	0,37	1,86	8,20	30,93	19,91
Centaurea nigra = schwarze Flockenblume	70,56	—	—	—	7,50	21,34	21,09
Euphorbia amygdaloides = Wolfsmilch	—	—	—	—	5,41	33,44	15,12
Galeopsis Ladanum = Ackerhohlzahn	—	—	—	—	18,74	6,82	24,93
Herniaria glabra = Bruchkraut	—	—	—	13,72	9,74	41,26	23,43
Matricaria inodora = Mutterkraut	77,14	21,73	0,21	1,13	5,91	28,98	23,96
Mercurialis perennis = Bingelkraut	15,60	—	—	—	2,74	14,35	31,57
Nymphaea alba = Seerose	—	—	—	—	11,53	7,91	6,59
Plantago maritima = Strandwegerich	79,52	16,57	—	3,91	2,01	9,63	6,59
Ranunculus repens = Hahnenfuß	85,15	12,18	0,21	2,67	4,56	34,61	17,59
Rumex crispus = krauser Ampfer	—	—	—	—	3,24	28,11	30,65
Rumex acetosa = Sauerampfer	86,03	12,96	0,32	1,01	6,80	33,93	18,36
Senecio vernalis = Kreuzkraut	82,12	—	—	—	8,93	32,70	20,40
Senecio vulgaris = gemeines Kreuzkraut .	88,47	10,08	0,26	1,45	7,63	29,85	16,11
Senecia jacobaea = Jakobs Kreuzkraut . .	78,36	16,60	0,26	5,04	8,34	39,91	14,57
Sinapis arvensis = Ackersenf	80,45	17,54	0,58	2,01	12,18	19,72	33,71
Trapa natans = Wassernuß	—	—	—	—	—	6,06	17,65
Triticum repens = Quecke	—	—	—	—	—	10,02	5,58
Tussilago Farfara = Huflattich	86,66	11,21	0,31	2,13	—	28,24	21,10
Urtica dioica (Stengel) = Brennessel	82,06	16,28	0,34	1,66	5,38	48,91	20,08
Urtica dioica (Blätter) = Brennessel	75,65	20,01	0,92	4,34	10,30	15,16	36,40

b) Saturationsschlamm oder *Zuckerkalk* ist ebenfalls ein Abfallprodukt der Zuckerfabrikation, desgleichen die *Melasseschlempe*. Durch Glühen der letzteren erhält man die sog. *Schlempekohle*, die sich durch hohen Kalireichtum auszeichnet.

c) Weinschlempe ist die bei der Verarbeitung von Wein auf Weinsprit und Weinbrand verbleibende Schlempe. Sie setzt sich zusammen aus allen nichtflüchtigen Stoffen des Weines. Wegen ihres hohen Wassergehaltes lohnt sich eine Verarbeitung nur nach geeigneter Konzentrierung.

d) Klärschlamm von Tuchfabriken ist ein durch Absetzen und Ablagern gewonnener, ziemlich trockner Schlamm, der infolge seines hohen Gehaltes an Wollfasern ziemlich stickstoffreich ist.

e) Weinheferückstände verbleiben bei der Verarbeitung von Weinhefe auf Weinstein. Wegen des oftmals nicht unerheblichen Gehaltes an Sulfiten empfiehlt sich eine längere Lagerung unter öfterem Umstürzen oder ein Durchfrieren der Masse.

f) Gerbereiabfallkalk ist der sich aus den Äschern der Gerbereien absetzende ziemlich feuchte Kalkschlamm. Er zeichnet sich durch einen relativ hohen Nährstoffgehalt aus.

g) Seifensiederkalk fällt in den Seifenfabriken ab, in denen zur Herstellung von Seife noch Holzasche verwandt wird.

h) Gaskalk und Kalkschlamm der Ammoniakwässer. Sie fallen ab bei der Reinigung des Leuchtgases und enthalten neben viel Kalk merkliche Mengen von Stickstoff. Außerdem sind sie fast stets durch Schwefelcalcium und Rhodanverbindungen verunreinigt, so daß sie erst durch genügende Ablagerung entgiftet werden müssen.

i) Gebrauchte Knochenkohle. Sie fällt in allen den Industrien ab, in denen Knochenkohle zur Klärung von gefärbten Flüssigkeiten gebraucht wird. Naturgemäß enthält sie große Mengen phosphorsauren Kalk neben merklichen Mengen Stickstoff.

k) Leimkesselrückstände fallen bei der Tierleimfabrikation an. Sie bestehen in der Hauptsache aus Haaren, Knochen, Horn, Flechsen und ähnlichen leimliefernden Substanzen und sind meistens mit reichlichen Mengen pflanzlicher Bestandteile, wie Stroh, Holzwolle u. dgl. verunreinigt. Ihr Gehalt an Stickstoff, Phosphorsäure und Kalk ist beachtenswert hoch.

l) Lederkuchen nennt man die Preßrückstände der Ölgewinnung aus Blanchierleder, Juchtenleder und anderen fettgaren Ledern. Der in ihnen enthaltene Lederstickstoff ist im Boden sehr schwer löslich, so daß man sie trotz feiner Mahlung nicht als direktes Düngemittel verwenden kann. Für den Komposthaufen bilden sie eine erwünschte Stickstoffquelle.

Analysen vorgenannter Abfälle finden sich in vorstehenden Tabellen.

III. Künstlicher Kompost.

Wie schon eingangs erwähnt, haben Arbeitermangel und Kapitalknappheit auf dem Lande einerseits, anderseits aber auch die Erkenntnis der Industrie, daß die Landwirtschaft gar nicht imstande ist, die großen Mengen wertvoller organischer Stoffe, die bei allen möglichen technischen Vorgängen anfallen, aufzunehmen, schon seit einiger Zeit dazu geführt, daß kompostähnliche Dungstoffe technisch hergestellt und der Landwirtschaft als organische Humusdünger angeboten werden. Wenn auch gleich gesagt werden muß, daß es sich hierbei vielfach nur um Eintagsfliegen handelt, die kaum auf den Markt gelangen, so darf doch nicht von der Hand gewiesen werden, in dem Gedanken der Herstellung künstlicher Komposte einen sehr gesunden Kern zu erblicken. Werden die Produkte in einwandfreier Form, mit einem annehmbaren Gehalte an wirksamen Pflanzennährstoffen und vor allem zu einem normalen Preise auf den Markt gebracht, so ist nicht einzusehen, warum sich diese

Düngemittel nicht einführen sollten. Begünstigend wirkt hierbei die derzeitige Stalldungnot und die Humusverarmung der Böden. So sehen wir denn auch, daß gerade die relativ vieharmen Länder, wie die Vereinigten Staaten, Japan und China, in immer mehr steigenden Mengen diese künstlichen Komposte verwenden. Die Bewertung auf dem Weltmarkte ist bedeutend höher als die der künstlichen Düngemittel und entspricht einigermaßen der Bewertung des käuflichen Stalldüngers.

Als Ausgangsmaterialien für diese künstlichen Komposte dienen in der Hauptsache die Klärschlämme städtischer Kanalisationen, industrielle Schlämme und stickstoffreiche, organische Abfälle, hauptsächlich tierischen Ursprungs. Nachfolgend sollen einige Vertreter der verschiedenen Arten beschrieben werden.

1. Produkte aus Schlamm.

Nach dem Verfahren von KARL PHILIPP, Magdeburg (Deutsche Patentanmeldung P 54893 IV/16 B 275 K/28), wird Faulschlamm mit soviel Ätzkalk versetzt, daß eine lockere, zerfallende Masse entsteht, die dann durch direkte Einwirkung von heißen, Kohlensäure enthaltenden Feuerungs- oder Abgasen, insbesondere Kalkofenabgasen, getrocknet wird.

a) Emscher-Cloakano = Emscher Edelkompost ist ein zu Humuserde durchgefaulter, bakterienreicher, alter verrotteter Schlamm aus den Fäkalien häuslicher Abwässer, gewonnen aus den Kläranlagen von Gelsenkirchen.

b) Millorganit ist ein ähnliches Produkt aus den aktivierten Klärschlämmen der Abwässer der amerikanischen Stadt Milwaukee. Der ca. 98% Wasser enthaltende Schlamm wird mit Vakuumfiltern filtriert und bildet dann weiche Kuchen mit rund 80% Wasser, welche im Drehofen getrocknet und dann gemahlen werden.

c) Nitrorganic ist ein gleiches Produkt aus aktiviertem Schlamm der Stadt Passadena in Kalifornien.

ERNEST und KROULIK, Prag, haben sich ein Verfahren patentieren lassen zur „Verarbeitung dichter Schlämme aus Reinigungs-Sedementations-Anlagen auf Dünger". Hierbei werden weniger als 80% Wasser enthaltende Abfallschlämme mit porösen Stoffen, wie industriellen Aschen, Schlacken, gemahlenem Zeolith, Wiesenkalkstein, Gips, gemahlenem Spodiumabfall, Torf und gepulvertem Kalk gemischt und mit frischem, biologisch tätigen, extrahierten Material geimpft und in Haufen von 1,5—2 m bei 28—50° vergoren. Als Bakteriennahrung wird Magnesiumphosphat, Monokaliumphosphat und eventuell gerösteter Feldspat zugesetzt.

d) Almag-Dünger, der „Almag" A.-G., Elberfeld, ist hergestellt aus bis zu 18 Jahre altem Fäkalienklärschlamm unter Zusatz von höchstens 15% Torfmull.

e) „Organt"-Trocken-Volldünger der Naturdünger-Verwertungsgesellschaft-Königsberg, hergestellt nach dem Verfahren *„Stötzel"*. Klärschlamm städtischer Abwässer wird zwecks Bindung von Ammoniak mit Schwefelsäure versetzt und mit Straßenkehricht, Hausmüll oder Industrieabfallstoffen gemischt (kaltes Verfahren), oder mit ausgebrauchter Filtermasse der Kläranlagen gemengt und künstlich getrocknet (warmes Verfahren).

f) „Havag-Fäkalkompost" der Havag, Hamburgische Abfallstoffverwertungs-Aktiengesellschaft, wird hergestellt aus den Fäkalien der Tonnenabfuhr, aus den Klärrückständen der städtischen Kanalisation, aus den Abfällen der Schlachthöfe und der Gemüse-, Frucht- und Fischmärkte unter Zusatz bindender Stoffe, wie Torf, Feinmüll, Straßenkehricht usw.

2. Produkte aus Melasseschlempe und ähnlichem.

a) Verfahren von G. Wilkening, Hannover. Torfmehl wird mit Melasseschlempe von etwa 10° Bé getränkt. Diese Masse wird entweder mit Reinzucht oder einer aus zersetztem Pferdedünger bereiteten Bakterienlösung oder bereits in Gärung befindlichen Masse geimpft und nach Eintreten der Gärung so lange mit Schlempe von etwa 10—20° Bé angereichert, bis der gewünschte Stickstoffgehalt erreicht ist. Die Beendigung der Gärung wird herbeigeführt durch Trocknung allein im Trommeltrockner oder aber auch durch Zusatz von verdünnten Säuren oder hochkonzentrierter Schlempe, deren hygroskopische Bestandteile dann durch Superphosphat gebunden werden müssen. Das Produkt ist auch unter dem Namen „*Guanol*“ im Handel.

b) Verfahren von Bauer und Eisler, Wien. 100 Gewichtsteile auf 50° abgekühlter Schlempe von 30—35° Bé werden mit 250—270 Teilen Saturationsschlamm innig gemischt und die entstehende pastenförmige Masse bei 100—105° auf 7—8% Wasser getrocknet und dann gepulvert.

3. Düngemittel aus Abfällen der Theobrominfabrikation.

a) Verrottete Kakaoschalen der Firma C. H. Boehringer & Sohn, Hamburg. Bei der Gewinnung von Theobromin aus Kakaoschalen nach dem Kalkverfahren fallen große Mengen stark kalkhaltiger Rückstände an, die feucht auf Haufen gebracht werden und hier eine energische Gärung durchmachen, wodurch die Masse vollständig verrottet.

b) „Plantogen“ der Firma *C. F. Boehringer & Söhne, Mannheim-Waldhof,* hat als Ausgangsmaterial ebenfalls extrahierte Kakaoschalen, doch werden dieselben zwecks gleichmäßigerer Rottung vor Aufbringung in Haufen mit wäßrigem Pferdedüngerextrakt versetzt.

4. Düngemittel aus tierischen Abfällen.

a) Torfleimdünger. Im Abdeckereibetriebe verbleiben die sog. Leimbrühen, deren Verarbeitung auf Tierkörpermehl wegen ihres hohen Wassergehaltes kaum lohnend ist, desgleichen ist die Verarbeitung auf Leim wegen des erzielten zu dunklen Produkts nicht angängig. Diese Leimbrühen werden mit genügenden Mengen Torfmull gemischt und in geeigneter Weise getrocknet.

b) Fischguano. In der Fischerei fallen große Mengen von Fischen und Fischabfallprodukten an, die sich nicht auf Fischmehl zur Verfütterung verarbeiten lassen. Wegen ihres hohen Gehaltes an Stickstoff geben sie jedoch einen hochwertigen Dünger. Sie werden in geeigneter Weise entfettet, durch Gärung oder Behandlung mit Säure aufgeschlossen, getrocknet und gemahlen.

c) Pökellaugentorfguano. Die Pökellaugen der Fischmarinieranstalten enthalten große Mengen leichtlöslicher Stickstoffverbindungen. Durch Zusatz von Torf und ähnlichen Bindemitteln und künstliche Trocknung werden sie in streubare Form gebracht.

d) Organische Stickstoffdünger. Abfälle der Schlachthäuser, der Wolle-, Filz- und Lederindustrie, Haare, Borsten, Federn u. dgl. werden unter Zusatz von Säuren oder Alkalien unter Druck bis zur Lösung aufgeschlossen, die Lösung wird getrocknet und gemahlen und liefert einen hochprozentigen Stickstoffdünger, der, je nach dem Ausgangsmaterial und dem Aufschlußmittel, merkliche Mengen Phosphorsäure, Kali und Kalk enthält. Von Produkten dieser Kategorie seien genannt *Lützeldünger*, *Reudener Düngemehl*, *Rehmsdorfer Düngemehl* und *Nitrogenous Tankage* der amerikanischen Schlacht- und Packhäuser.

Schließlich soll noch eines Verfahrens gedacht werden, auf das in den letzten Jahren reichlich hingewiesen wurde, und das auch in der deutschen Literatur lebhaft besprochen ist, nämlich das *„Adco“-Verfahren zur Herstellung von künstlichem Stalldung* der Agricultural Development Company. Minderwertiges Stroh, Spreu, Lupinenstengel, Kartoffelkraut und andere wenig verwertbare Wirtschaftsabfälle werden mit „Adco“, einem Gemisch aus Kalkstickstoff, Rohphosphat, Kalisalz und Kalkmergel gemischt, mit Wasser durchfeuchtet, ca. 2 m hoch aufgeschichtet und unter steter Feuchthaltung ca. 3 Monate lagern gelassen. Unter anfänglicher Erwärmung geht die Masse in eine dem Stalldünger äußerlich ähnliche Masse über.

Tabelle 3. Nährstoffgehalt künstlicher Kompostdünger.

Bezeichnung	Wasser %	Organ. Substanz %	Stickstoff (N) %	Asche %	Phosphorsäure (P_2O_5) %	Kali (K_2O) %	Kalk (CaO) %
Emscher-Cloakano	24,76	28,81	0,85	46,43	0,82	0,13	
Milorganit	7,50	—	5—6	—	3—4	—	—
Nitrorganit	10,00	—	6,00	—	2,40	0,30	—
Dünger von ERNEST u. KROULIK	—	26—36	0,67—2,0	—	0,67—2,0	0,4—1,5	6,0—10,0
Organt (kaltes Verfahren)	24,72	17,51	1,31	57,77	3,37	2,05	19,82
„ (warmes Verfahren)	25,00	30,00	7,50	—	5,00	4,50	15,00
Havag-Fäkalkompost	25,00	ca. 50,0	2,00	—	2,00	2,00	5,00
Schlempedünger WILKENING	25,00	—	3,50	—	—	9,50	—
„ „ mit Superphosphat	25,00	—	3,00	—	5,00	7,50	9,00 (Gips)
Guanol	—	30,00	3,00	—	?	3,00	10,00
Schlempedünger BAUER und EISLER	7—8	26—28	2—3	64—67	0,6—1,0	3,5—5,0	29—31
Verrottete Kakaoschalen	62,00	—	0,80	—	0,33	0,52	12,06 ($CaCO_3$)
Plantogen	67,72	19,19	0,88	13,09	0,84	0,81	5,61
Torfleimdünger	8,75	85,15	8,78	5,10	1,41	1,24	1,14
„	—	—	6,5—8,0	—	1—2	1—2	6—10
Schellfischguano	8,96	61,72	9,69	29,32	4,68	11,20	—
Kabeljauguano	9,04	65,04	9,86	27,92	6,24	7,57	—
Schollenguano	13,58	54,96	8,44	31,46	3,92	5,70	—
Klieschenguano	10,23	60,90	9,79	28,87	5,33	10,39	—
Heringguano	7,46	66,36	10,40	26,20	4,50	8,00	—
Knurrhahnguano	12,76	54,67	8,94	30,57	6,36	8,97	—
Rochenguano	9,98	59,26	9,54	30,76	3,54	12,90	—
Dornhaiguano	10,42	64,79	10,11	24,79	3,03	8,61	—
Norwegischer Fischguano	10,60	55,40	9,00	36,00	13,60	0,30	15,00
Ostpreußischer Fischguano	12,00	58,00	7,20	30,30	10,00	0,20	12,50
Granatguano	17,60	49,50	8,70	33,90	3,10	1,90	11,20
Walguano	—	—	6—8	—	2—4	—	2—4
Heringslaugentorfdünger	6,54	47,95	2,60	45,51	1,33	21,27	—
Schellfischlaugentorfdünger	7,19	50,22	1,56	42,59	0,56	20,20	—
Schellfischlaugentorfdünger: angereichert	5,22	44,87	2,24	49,91	0,91	23,30	—
2 mal angereichert	7,31	39,58	2,33	53,08	1,03	25,22	—
Lützeldünger	15,00	35,00	5,00	50,00	1—2	—	40,00
Reudener Düngemehl	—	—	3,5—6,0	—	14,00	9,60	—
Rehmsdorfer Dünger	—	—	8,0—9,0	—	—	—	—

Literatur.

GAERDT u. LÖBENER: Gärtnerische Düngerlehre. Frankfurt a. O.: Trowitzsch & Sohn.
HAEFCKE, H.: Die technische Verwertung von tierischen Kadavern usw. Wien u. Leipzig: A. Hartleben. — HEIDEN, EDUARD: Lehrbuch der Düngerlehre. Hannover: Philipp Cohen. — HEINRICH, M., u. O. NOLTE: Dünger und Düngen. Berlin: Paul Parey. —

HOFFMANN, M.: Düngerfibel. Berlin: Deutsche Landwirtschaftsgesellschaft. — Latrine, Müll und Wasen. Berlin: Deutsche Landwirtschaftsgesellschaft.

KLEBERGER, WILHELM: Grundzüge der Pflanzenernährungslehre und Düngerlehre. Hannover: M. & H. Schaper. — KLING, MAX: Allerlei Düngemittel und Abfälle. Landw. Ztg **1926**, Nr 42. — KOLLER, THEODOR: Handbuch der rationellen Verwertung, Wiedergewinnung und Bearbeitung von Abfallstoffen jeder Art. Wien u. Leipzig: A. Hartleben. — KRAFFT-FRUWIRTH: Ackerbaulehre. Berlin: Paul Parey.

ORTH, A., u. M. HOFFMANN: Kalk- und Mergeldüngung. Berlin: Deutsche Landwirtschaftsgesellschaft.

SAGAWE, CARL: Taschenkalender des Deutschen Landwirts. Berlin: Carl Sagawe. — SCHÜTZE, PAUL: Die Verwertung der Küchenabfälle. Berlin-Johannistal: Selbstverlag.

TESSENOW, MARTIN: Das Abc der Düngung. Frankfurt a. O.: Trowitzsch & Sohn. — TUREK, CARL GUSTAV: Schlachtblut- und Abfallstoffverwertung. Berlin: Allgemeiner Industrieverlag.

WOLFF, EMIL: Aschenanalysen. Berlin: Wiegandt, Hempel & Parey. — WOLFF, E.: Düngerlehre. Berlin: Paul Parey.

5. Natürlicher und künstlicher Stalldünger, Jauche und Gülle.

Von

Dr. G. RUSCHMANN

Privatdozent a. d. Landwirtschaftlichen Hochschule und Leiter der Forschungsstelle für landwirtschaftliche Gärungen am Institut für Gärungsgewerbe in Berlin.

Mit 15 Abbildungen.

I. Natürlicher Stalldünger.

1. Bedeutung des Düngers.

Die Verwendung von Düngemitteln ist zur Hebung der Ernteerträge notwendig. Am unmittelbarsten kann dies Ziel durch mineralischen Dünger erreicht werden. Heute bricht sich aber immer mehr die Erkenntnis Bahn, daß organischer Dünger, vorzüglich Stalldünger, die Grundlage für die Pflege der Ackerkrume und eine rentable Ausnutzung der mineralischen Nährstoffe durch die Pflanze bildet (A. STUTZER-F. HONCAMP, W. KLEBERGER, F. LÖHNIS 1, H. KRANTZ 1, V. BERMANN, G. RUSCHMANN 1, 16). Er wirkt nicht nur chemisch, sondern auch biologisch und physikalisch auf die Beschaffenheit des Bodens ein. Man darf ihn also nicht lediglich als Träger von Nährstoffen betrachten.

Die Ackerkrume ist etwas Lebendes, das mit dem Gedeihen der höheren Pflanze in engstem Zusammenhange steht. Man hat es hier mit einer Symbiose in weiterem Sinne zu tun (R. PEROTTI, J STOKLASA 1). Die große Bedeutung der Bakterien im Ackerboden kommt in den Begriffen Brache und Gare am kürzesten zum Ausdruck. Die Organismen haben fast alle für ihre mannigfaltigen Leistungen organische Stoffe nötig. Eine besonders wichtige Rolle spielen sie in unmittelbarer Umgebung der Pflanzenwurzeln, in der Rhizosphäre (J. STOKLASA 2—5, J. STOKLASA u. G. DOERELL, G. TRUFFAUT u. N. BEZSSONOFF). Die organischen Dünger dienen also der Ernährung der lebenden Ackerkrume, der Humus- und Garebildung und somit indirekt der besseren Ernährung der höheren Pflanzen. Selbstverständlich wirken sie auch direkt durch die in ihnen enthaltenen Pflanzennährstoffe. Bevor sich die Pflanze dieselben aneignen kann, ist im allgemeinen wiederum die Tätigkeit der Mikroorganismen nötig.

2. Düngerarten.

a) Begriff des Stalldüngers. Der Stalldünger oder Stallmist besteht in der Hauptsache aus den festen und flüssigen tierischen Ausscheidungen oder Exkrementen und der Einstreu. Demgemäß kann man von Stalldünger erst dann sprechen, wenn diese Materialien vermischt worden sind. Da dieses Gemenge, solange es noch keine Umwandlungen durchgemacht hat, häufig nicht als Dünger wirkt, d. h. noch keine düngende Kraft besitzt, könnte man genau genommen erst das aus den Gärungen hervorgehende Erzeugnis als wahren Dünger bezeichnen. Wenn er dem Zwecke, die biologischen, physikalischen und chemischen Eigenschaften des Bodens zu verbessern, dienen soll, ist das nur dadurch möglich, daß seine Bestandteile durch biologische Prozesse eine genügende Vorbereitung hierzu erfahren.

b) Einteilung. Den natürlichen Stalldünger kann man sowohl nach der Stallhaltung der Tiere und den verschiedenen Tierarten als auch nach dem Gärverfahren, welchem er unterworfen wird, unterscheiden. In allen drei Fällen kommen für den Theoretiker sowie für den Praktiker wichtige Merkmale zum Ausdruck. Auf Grund neuerer wissenschaftlicher Erkenntnisse sollte man dem zuletzt genannten Gesichtspunkte die größere Bedeutung zuerkennen. Da die wertbestimmenden Eigenschaften des Stalldüngers im Hinblick auf die Tierarten, ihre Fütterungsweise, Zusammensetzung und die Stallhaltung ausführlicher bereits in einer Reihe von Lehr- und Handbüchern behandelt worden sind (A. Stutzer-F. Honcamp, W. Kleberger, W. Schneidewind 1, O. Nolte 1), möge hier der Technologie und der Bakteriologie der Stalldüngergärungen ein breiterer Raum gewährt werden. Besonderer Wert soll auf die Darstellung des Heißgärverfahrens von H. Krantz (1) gelegt werden (Gärstatt-G. m. b. H. 1, 2).

3. Stalldünger der verschiedenen Tiere.

a) Alter, Nutzung und Fütterung der Tiere. Da die flüssigen und festen Ausscheidungen der landwirtschaftlichen Nutztiere in Menge und Beschaffenheit z. T. stark voneinander abweichen, wird sich dies auch beim Stalldünger zeigen. Ferner haben Alter, Nutzung und Fütterung einen erheblichen Einfluß auf seine Zusammensetzung. Kühe, die bestimmte Anteile der in der Nahrung aufgenommenen Stoffe mit der Milch ausscheiden, liefern einen anderen Dünger als Mast- und Arbeitsochsen. Jungvieh, das größere Mengen an Stickstoff, Kalk und Phosphorsäure zum Aufbau der Körpersubstanz verbraucht, gibt ebenfalls weniger hieran im Dünger ab. Die Nährstoffe erfahren beim Hindurchgehen durch den Körper eine Umwandlung.

Große Bedeutung hat die Art der Fütterung auf die Beschaffenheit des Düngers. Je reichlicher und gehaltvoller sie ist, desto wertvoller wird der Dünger. Ein mageres Futter kann nur ein geringwertiges Produkt zur Folge haben. Durch den Stoffwechsel der Tiere gehen immer bestimmte Anteile der Nahrung verloren. Diese Abnahme beläuft sich hinsichtlich der organischen Masse für verschiedene Haustiere bei Erhaltungsfutter auf ungefähr 45% (J. Boussinggault, W. Henneberg, V. Hofmeister 1). In Versuchen der Lauchstädter Versuchswirtschaft wurde beispielsweise gemäß den Angaben von W. Schneidewind (2) bei Ochsen je 1000 kg Lebendgewicht folgende Anreicherung an Stickstoff im Dünger durch Verabreichung steigender Mengen Eiweiß festgestellt:

Nach dreimonatiger Lagerung des Düngers:

1. im Flachstall

Bei Fütterung mit	Ges.-N	Lösl. N
1,5 kg Protein	0,505	0,080
2,5 „ „	0,561	0,152

2. im Tiefstall

Bei Fütterung mit	Ges.-N	Lösl. N
1,5 kg Protein	0,627	0,154
2,5 „ „	0,743	0,281

b) Einzelne Tierarten. Der Gehalt an Wasser, organischer Masse, Stickstoff, Phosphorsäure, Kali und Kalk wechselt im frischen, unvergorenen Dünger je nach Tierart ziemlich stark. Nach O. MENTZEL und A. v. LENGERKE sind in 1000 Teilen durchschnittlich vorhanden:

Tierart	Wasser	Organ. Masse	Ges.-N	P_2O_5	K_2O	CaO
Rindvieh . . .	750	200	4,5	2,5	5,5	4,5
Pferd	713	254	5,8	2,8	5,3	3,0
Schaf	680	300	8,5	2,5	6,7	3,0
Schwein . . .	724	250	4,5	1,9	5,5	0,5

Wir erkennen hieraus, wie verschieden die einzelnen Düngersorten hinsichtlich ihres Gehaltes an Wasser und organischer Substanz sind. Diejenigen vom Pferd und Schaf sind trockener als der Dünger vom Rind. Infolge ihres höheren Luftgehaltes gehen sie leichter in Zersetzung über und erwärmen sich dabei stark. Sie stellen die sog. hitzigen Dünger dar. Die wasserreicheren und daher langsamer sich zersetzenden Schweine- und Rindviehdünger werden als kalte Dünger bezeichnet. Für die Behandlung, Aufbewahrung und Vergärung ist dieser Unterschied in dem Wassergehalt von größter Bedeutung. Aus dem Grunde hat man nach Möglichkeit für Mischung der beiden Düngergruppen zu sorgen. Man erzielt hierdurch in wünschenswerter Weise auf der einen Seite eine Verlangsamung der biologischen Prozesse, auf der anderen eine Förderung. Nur ein gleichmäßig gereifter Dünger kann seine volle Düngekraft auf dem Felde ausüben.

α) *Rindviehdünger.* Von allen Düngerarten fällt Rindviehdünger in größter Menge an. Bei 500 kg Lebendgewicht erhält man je Tier im Jahr ungefähr 150 dz frischen Dünger, der durch Rotteprozesse auf etwa 120 dz zusammenschrumpft (O. NOLTE 1), so daß im Monat mit 10 dz zu rechnen ist. Der Wert schwankt infolge der sehr ungleichen Ernährungsweise des Rindes stark. Für die genannten 120 dz wird im allgemeinen ein Raum von 15 m³ benötigt, bei Bereitung von Gärstattdünger (Edelmist) nur 12 m³ (O. Kron 1). Die langsamere Zersetzung des wasserreichen Düngers macht sich auch noch im Ackerboden bemerkbar. Er erweist sich daher als besonders geeignet für leichte Böden, deren intensive Bewirtschaftung nur mit Hilfe eines großen Viehstapels möglich ist. Voraussetzung für die spezielle Eignung ist seine gewöhnliche feuchtfeste Behandlung. Das nach H. KRANTZ systematisch heißvergorene Material stellt ein anderes Produkt dar. Bei normaler Stärke der Einstreu geht die Heißvergärung dieses Düngers ohne Hemmungen vonstatten.

β) *Pferdedünger.* Pferdedünger weist im Durchschnitt einen größeren Gehalt an wichtigen Pflanzennährstoffen, besonders an Stickstoff, auf als Rindviehdünger. Auch zeichnet er sich gegenüber dem letzteren durch eine gleichmäßigere Zusammensetzung aus, da die Fütterung der Pferde nicht denselben Schwankungen unterworfen ist, wie die der Rinder und Schweine. Der Verbrauch an Einstreu verringert sich wegen der Beschaffenheit der festen Exkremente. Die Menge des anfallenden Düngers ist auch deshalb kleiner, weil es sich bei Pferden in der Hauptsache um Arbeitstiere handelt. Nach O. NOLTE (1) sind im Jahr für 1 Tier etwa 50 dz im verrotteten Zustand zu rechnen, für die bei gewöhnlicher Düngerbereitung 6 m³, bei Herstellung von Gärstattdünger 5 m³ Raum in Anschlag gebracht werden müssen.

Die Gärung und damit die Selbsterwärmung treten im Pferdedünger schneller ein. Doch darf man aus dieser Tatsache nicht schließen, daß er sich für die Heißvergärung besser als kalter Dünger eignet. Die Gärungen lassen sich im Gegenteil in reinem Pferdedünger ohne Wasserzusatz weniger leicht regeln (G. RUSCHMANN 2—4). Der Fortgang der biologischen Prozesse hat eine Erhöhung der Verluste zur Folge, die durch das Heißgärverfahren gerade auf ein Mindestmaß herabgedrückt werden sollen. Die sofort beginnenden lebhaften Zersetzungsvorgänge im Pferdedünger machen sich auch durch den stechenden Ammoniakgeruch bemerkbar, der namentlich auf den schnellen Zerfall des mit dem Harn in ihn gelangenden Harnstoffes zurückzuführen ist. Hierdurch wird die Gefahr der Entstehung größerer Stickstoffverluste in dem hitzigen und lufthaltigen Material erhöht. Wegen der genannten Eigenschaften benutzt man den reinen Pferdedünger mit Vorliebe dazu, um schwere, kalte Böden zu intensiverer Tätigkeit anzuregen. In Gärtnereibetrieben ist er mit seiner Wärmeentwicklung für Mistbeete sehr erwünscht.

γ) *Schafdünger.* Schafdünger ist noch trockener als Pferdedünger. Er zeichnet sich durch einen besonders hohen Stickstoff- und auch höheren Kaligehalt aus. Auf Grund seiner dem Pferdedünger ähnlichen Beschaffenheit und schnellen Zersetzungsfähigkeit muß er in gleicher Weise wie jener angewendet werden. Alle hitzigen Dünger zeigen im Ackerboden eine weniger nachhaltige Wirkung. Für reinen Schafdünger wird eine solche von 2 Jahren, für Rindviehdünger von 3—4 Jahren angegeben. Gegenüber hitzigen Düngern besitzt Gärstatt- oder heißvergorener Dünger eine bessere Nachwirkung. Sie soll bei gut bereitetem Edelmist ungefähr die Hälfte der Gesamtwirkung betragen (H. Krantz 1, H. Krantz u. A. Schnabl, Lochbrunner 1, H. Glathe, K. Scheibe, J. Weigert 1)[1]. Um aus Schafdünger ohne große Verluste einen wertvollen Gärstattdünger herzustellen, ist die Zugabe von Wasser nötig. 75% Feuchtigkeit erscheint als ein guter Durchschnitt für diese Zwecke.

δ) *Schweinedünger.* Die wiederum sehr wechselnde Beschaffenheit des Schweinedüngers ist auf die Art der Fütterung zurückzuführen. Reichliche Abgabe von Harn bedingt die Verwendung reichlicher Einstreu. Infolge dieser Tatsache und des hohen Wassergehaltes der festen Ausscheidungen entsteht wie beim Rind ein kalter Dünger. Stärkere Verabreichung von festen Futtermitteln bewirkt eine Vermehrung des Nährstoffgehaltes. Da er im Durchschnitt ungefähr 72% Feuchtigkeitsgehalt besitzt, dürfte seine Heißvergärung ohne Hemmungen vonstatten gehen.

4. Bestandteile des Stalldüngers.

Der natürliche Stalldünger setzt sich meist zusammen aus:

a) den festen Ausscheidungen (Kot),
b) den flüssigen Ausscheidungen (Harn),
c) der Einstreu und
d) Wirtschaftsabfällen organischer Natur.

Letztere kommen hauptsächlich bei der Heißvergärung zur Verwendung und vergrößern die Masse des Düngers. In vielen Fällen wird dadurch sein Wert, d. h. sein Gehalt an wichtigen Pflanzennährstoffen, verbessert. Ferner kommt dem Heißgärverfahren eine gesonderte Stellung durch Aufschließen und Umwandeln sonst nicht nützlicher Bestandteile zu. Die vermehrte Versorgung des Bodens mit geeigneten organischen Stoffen wird auch seine Struktur und Biologie günstig beeinflussen. Anreicherung an Humusstoffen sowie Erzeugung der Ackergare und Hebung der „alten Kraft" des Bodens werden sowohl eine größere Gleichmäßigkeit als auch eine Erhöhung der Ernteerträge bewirken. In dieser Beziehung dürfte dem neuen Verfahren in Zukunft noch eine große Bedeutung zukommen. Man kann W. Kleberger zustimmen, wenn er sagt, „daß auch die reichste Mineralstoffdüngung, die beste Bearbeitung eines Bodens diese alte Kraft, die sicherlich zur niederen Flora des Bodens in allerengster Beziehung steht, nicht zu ersetzen vermag". Es wäre an der Zeit, aus diesem Worte in weitestem Umfange die praktischen Folgerungen zu ziehen.

[1] Normalem Hof- u. Tiefstalldünger gegenüber hat Edelmist vielfach geringere Nachwirkung.

a) Feste Ausscheidungen.

Beschaffenheit. Die festen Exkremente der verschiedenen landwirtschaftlichen Nutztiere unterscheiden sich in Menge und Beschaffenheit weitgehend voneinander und bestimmen dadurch z. T. die Behandlung des Düngers. Es ergibt sich daraus die Notwendigkeit, die Hauptmerkmale der festen Ausscheidungen einer Besprechung zu unterwerfen.

Naturgemäß müssen beim ausgewachsenen Tiere alle im Futter verabreichten Pflanzennährstoffe in irgendeiner Form wieder zum Vorschein kommen. Doch ist das prozentuale Verhältnis, in dem die wichtigsten Stoffe in den beiden Arten von Ausscheidungen vorhanden sind, bei den einzelnen Tieren sehr verschieden. Einen Überblick über diese Verhältnisse gibt folgende Tabelle. In 1000 Teilen fester Exkremente sind nach W. KLEBERGER durchschnittlich enthalten[1]:

Tierart	Wasser	Trockensubstanz	N	P_2O_5	K_2O	CaO
Rind	838	162	2,9	1,7	1,0	3,4
Pferd	757	243	4,4	3,5	3,5	1,5
Schaf	655	345	5,5	3,1	1,5	4,6
Schwein ...	820	180	6,0	4,1	2,6	0,9

Danach zeichnen sich die festen Auswurfstoffe gegenüber dem Harn (vgl. S. 167) vor allem durch ihren Reichtum an Phosphorsäure aus. Sie werden gebildet von den unverdaulichen und unverdauten Teilen der Nahrung sowie den Zellmassen der Mikroorganismen, die in großer Menge vorliegen (F. LÖHNIS 2, 3, J. BEHRENS). Die Beschaffenheit des Futters hat beträchtlichen Einfluß auf den Gehalt an wichtigen Nährstoffen, besonders an Stickstoff, in den festen und flüssigen Exkrementen. Da im Harn alle Stoffe in gelöster Form vorliegen, ist es verständlich, daß um so mehr Stickstoff und Kali in ihn übergehen, je verdaulicher die Nahrung ist. In dieser Hinsicht wird auch das Silofutter von Bedeutung für die Zusammensetzung der tierischen Ausscheidungen sein. Silagefütterung gibt im allgemeinen eine größere Menge wertvollen Düngers (L. KUCHLER, A. SCHAUMBURG). Auf diese Weise könnten durch intensiveren Stoffkreislauf wesentliche Vorteile für die einzelne Wirtschaft erzielt werden. Die Erkenntnis der Gewinnung eines wertvolleren Düngers sollte zwangsläufig eine sorgfältigere Behandlung und Aufbewahrung desselben zur Folge haben.

Der Stickstoff der festen Ausscheidungen ist im Gegensatz zu dem des Harns schwer zersetzlich. Begründet ist diese Tatsache teils dadurch, daß es sich um unverdauliche oder schwer verdauliche Reste der Nahrung handelt, teils dadurch, daß die Trockenmasse bis zu 20 und 30% aus den Zellen der stickstoffreichen Bakterien besteht. Obwohl diese großenteils abgestorben sind, unterliegen sie doch nur einer sehr langsamen Zersetzung (F. LÖHNIS 2, 3). Daher kommt der in solcher Form festgelegte Stickstoff im Boden nur sehr allmählich zur Geltung. Jedoch hängt seine Umsetzung in weitgehendem Maße von der Behandlung des Stalldüngers ab. So sind im heißvergorenen Material anscheinend gewisse, durch biologische Prozesse bedingte Kräfte tätig (Enzymreaktionen, Cytolyse, Autolyse, Bakteriophagie), die nicht nur den in Mikroorganismen, sondern auch den in anderer Weise gebundenen Stickstoff des Heißmistes zu mobilisieren vermögen (G. RUSCHMANN 1, 5—7). Eine schnellere, stärkere Nitrifikation im Boden ist die Folge davon (F. LÖHNIS 4—9, H. GLATHE, W. GOETERS, K. SCHEIBE). Dadurch erweist sich der heißvergorene Dünger (Edelmist) jedem anderen überlegen.

---

[1] Die von A. STUTZER - F. HONCAMP angegebenen Werte weichen nicht unerheblich von den hier mitgeteilten ab.

Menge. Nicht nur die Beschaffenheit, sondern auch die Menge der festen Auswurfstoffe ist einem steten Wechsel unterworfen. Neben der Verdaulichkeit muß die Schmackhaftigkeit und tägliche Ration des Futters darauf von Einfluß sein. Von den einzelnen Tieren werden je Tag nach W. KLEBERGER ausgeschieden:

Tierart	Durchschnittswerte in kg	Höchstwerte in kg	Mindestwerte in kg
Rind	20—30	45	15
Pferd	15—20	23	10
Schaf	1,5—2,5	3	0,45
Schwein ...	1,2—2,2	3	0,79

b) Flüssige Ausscheidungen.

Beschaffenheit. Die flüssigen Ausscheidungen verhalten sich biologisch und chemisch anders als die festen. Biologisch steht der Harn insofern in starkem Gegensatz zum Kot, als er ursprünglich frei oder nahezu frei von Mikroorganismen ist (F. LÖHNIS 2). Trotzdem unterliegt er nach der Ausscheidung schnell einsetzenden Gärungen, deren Urheber die Harnstoffbakterien sind. Diese verwandeln den in größerer Menge vorliegenden Harnstoff mit Hilfe eines Enzyms, der Urease, in 2 Mol. Ammoniak und 1 Mol. Kohlensäure: $CO \cdot (NH_2)_2 + H_2O = 2\,NH_3 + CO_2$. Der vergorene Harn heißt Jauche.

Über die chemische Zusammensetzung des Harns gibt die folgende Tabelle eine Übersicht, in der die Werte sich wiederum auf 1000 Teile beziehen (W. KLEBERGER):

Tierart	Wasser	Trockensubstanz	N	P_2O_5	K_2O	CaO
Rind	938	62	5,8(?)	0,0	4,9	0,1
Pferd	901	99	15,5	0,0	15,0	4,5
Schaf	872	128	19,5	0,1	22,6	1,6
Schwein ...	967	33	4,9	0,7	8,3	0,0

Bemerkenswert sind danach die sehr geringen oder fehlenden Mengen Phosphorsäure im Harn, der Kalireichtum und der wechselnde, aber z. T. beträchtliche Gehalt an Stickstoff. Diese wichtigen Pflanzennährstoffe sind alle löslich und werden daher auch besonders leicht ausgenutzt. Darauf beruht der hohe Düngewert der Jauche. Die Abhängigkeit des Nährstoffgehaltes von der Art der Fütterung wurde bereits erwähnt. Hiermit lassen sich vielleicht auch die abweichenden Werte anderer Autoren von den hier mitgeteilten erklären (O. NOLTE 1).

Wegen der leicht eintretenden N-Verluste bei der Harnstoffgärung müssen flüssige und feste Ausscheidungen nach Möglichkeit getrennt aufgefangen werden. Der Wert der Jauche wird vorwiegend durch den Gehalt an diesem wichtigen Pflanzennährstoff bedingt. Starke Infektion des Harns durch die zahlreichen Bakterien aus den Exkrementen und gleichzeitiger Luftzutritt fördert die Harnstoffgärung und die Verflüchtigung des N so stark, daß sich die Düngekraft der Jauche schnell verringert. O. MENTZEL und A. v. LENGERKE geben den Gehalt des Harns an leicht löslichem Stickstoff im Durchschnitt mit 10—15‰, dagegen den der Jauche mit 2,0—2,3‰ an. Auch bei der Heißvergärung ist die Trennung der festen und flüssigen Ausscheidungen angebracht, da die Substanzverluste im ersten Stadium der Heißvergärung aus naheliegenden Gründen höher sind als beim Tiefstall- und Hofdünger (F. LÖHNIS 4, 10, H. GLATHE, K. SCHEIBE).

Menge. Die täglich abgeschiedenen Harnmengen schwanken auch bei gleicher Versorgung der Tiere mit Tränkwasser infolge wechselnder Beschaffenheit der Futtermittel ziemlich stark. Sie müssen z. B. bei der Fütterung der Rinder mit Schlempe erheblich zunehmen. Nach W. KLEBERGER kommen für die einzelnen Tiere nebenstehende tägliche Mengen Harn in Betracht:

Tierart	Durchschnittswerte in l	Höchstwerte in l	Mindestwerte in l
Rind	10—15	25	4,0
Pferd	4—6	12	2,5
Schaf	0,6—1,0	1,5	0,5
Schwein ...	2,5—4,5	8	1,5

Rind und Schwein scheiden verhältnismäßig große Mengen aus und liefern daher auch typischen Kaltdünger. Mit der Stärke der flüssigen Ausscheidungen steht wieder die Größe der notwendig werdenden Einstreu in Beziehung. Für die Berechnung der von den einzelnen Tieren erzeugten Düngermenge bildet die Kot- und Harnabgabe die Grundlage.

c) Einstreu.

Bedeutung. Erst nach Vermengung der Einstreu mit den Ausscheidungen der Tiere kann man von Stalldünger sprechen. Doch dürfte sich der Begriff der Stalldüngerbereitung mehr auf die spätere Behandlung als auf die mechanische Mischung der Stalldüngerbestandteile beziehen. Der Grund für die Verwendung von Einstreu im Stalle ist ursprünglich der, den Tieren ein trockenes und warmes Lager zu geben und sie vor Verunreinigung durch die eigenen Exkremente nach Möglichkeit zu bewahren. Aber auch die wachsende Erkenntnis, daß die Zufuhr von geeigneten organischen Stoffen zum Boden regelmäßig und in größerer Menge notwendig ist, um seinen Fruchtbarkeitszustand zu erhöhen oder zu erhalten, läßt die Verwendung von Einstreu in reichlichem Maße und guter Beschaffenheit begründet erscheinen. Überdies können die tierischen Ausscheidungen mit Hilfe der Einstreu restloser gesammelt und leichter aus dem Stalle herausgeschafft werden. Hierzu dient die Aufsaugung des Harns durch besonders geeignete Einstreu und die gute Vermengung der wasserreichen Exkremente mit dem Streumaterial.

Dagegen trifft die Behauptung, daß die Zersetzungsvorgänge in den Exkrementen durch die Verwendung von Einstreu wesentlich verlangsamt werden, nur sehr bedingt zu. Für gewöhnlich setzen die Gärungen erst nach Zusammenkommen der drei Komponenten Kot, Harn und Einstreu kräftig ein. Jeder Luftzutritt muß die Zersetzungen beschleunigen und die dabei unvermeidlichen Verluste vergrößern. Wenn es sich also nicht gerade um Torfstreu mit seinen fäulniswidrigen Eigenschaften handelt, werden in dem lockeren, lufthaltigen Material starke Oxydationsprozesse beginnen. Sie finden ihren Ausdruck in der ungeheuren Vermehrung der Bakterien im Stalldünger und seiner erheblichen Erwärmung. Die wasserreicheren Exkremente z. B. gehen erst nach dem Aufsaugen der überschüssigen Feuchtigkeit durch die Einstreu und durch den vermehrten Luftzutritt in schnellere Zersetzung über. Der Harn soll wegen Förderung dieser aeroben Zersetzungsprozesse nicht mit dem Kot und der Einstreu in Berührung kommen.

Einstreuarten. Die in der landwirtschaftlichen Praxis angewendeten Einstreuarten erfüllen die Anforderungen, die an sie zu stellen sind, in der verschiedensten Weise. Der Streuwert hängt von den physikalischen, chemischen und biologischen Eigenschaften ab. In biologischer Hinsicht soll das Material möglichst keimarm sein, da es sonst die Stalluft, Milch und Melkgeräte mit Bakterien und Pilzsporen infiziert (BACKHAUS u. W. CRONHEIM, HARRISON, H. WEIGMANN u. G. ZIRN, F. LÖHNIS 2). Pathogene Organismen kommen auf Einstreu im allgemeinen nur vor, wenn sie verdorben und sehr keimreich ist. Es sei hier an gewisse Aktinomyzeten erinnert, die bei Rindern, Pferden usw. Aktinomykose hervorrufen (K. B. LEHMANN und R. O. NEUMANN). Torf zeichnet sich wegen seines hohen Gehaltes an Humussäuren meist durch eine sehr niedrige Keimzahl aus.

In chemischer Beziehung wird der Wert der Einstreu durch ihren Gehalt an Pflanzennährstoffen und ihre Düngekraft bestimmt. Diese beiden Eigenschaften sind einander nicht gleichzusetzen. Obwohl der Torf verhältnismäßig reich an N ist, vermag er wegen seiner schweren Zersetzlichkeit im allgemeinen doch nicht die Düngewirkung des Stallmistes zu heben. Diese Tatsache hängt aber von dem angewendeten Gärverfahren ab und von der Beschaffenheit des Bodens, für den der Dünger bestimmt ist (P. NIEMEYER).

Von großer Wichtigkeit ist die physikalische Beschaffenheit der Streumaterialien, welche die flüssigen Ausscheidungen der Tiere aufsaugen sollen. Außerdem ist ein gutes Adsorptionsvermögen erwünscht, durch das Stickstoffverbindungen und Gase, die z. T. schädlich für die Tiere sind, festgehalten werden. Durch die Bindung der stickstoffhaltigen Bestandteile, die hauptsächlich bei der Verwendung von Torf in Frage kommt, können Nährstoffverluste verringert werden.

Neuerdings ist von dem Verbande landwirtschaftlicher Versuchsstationen im Deutschen Reiche ein Punktierungsverfahren für die Bereitung von Einstreumitteln bekanntgegeben worden (F. MACH). Es kommen in Betracht:

1. für das Aufsaugevermögen . . . . bis zu 50 Punkten
2. für das Stickstoffbindungsvermögen . . . . „ „ 25 „
3. für den Nährstoffgehalt . . . . „ „ 5 „
4. für das Verhalten im Stall und auf der Düngerstätte . . . . „ „ 10 „
5. für das Verhalten im Boden . . . . „ „ 10 „

Man kann hiernach die Bedeutung der einzelnen Eigenschaften, unter denen das Aufsaugevermögen an erster Stelle steht, im großen ganzen beurteilen. Unter Punkt 4 und 5 fallen weiter Wärmeleitfähigkeit, Sperrigkeit, Verteilbarkeit beim Ausbreiten, physikalische Wirkung auf den Boden und Zersetzlichkeit darin. Außerdem muß heute besonders auf die Eignung der Einstreu für die Heißvergärung des Stalldüngers geachtet werden.

Auffallenderweise ist bei diesem Punktierungsverfahren die biologische Seite übersehen worden. Von milch- und molkereiwirtschaftlichem Standpunkt erweist sich jedoch die Verwendung einer biologisch einwandfreien Einstreu, wie überhaupt Rücksichtnahme auf stallhygienische Gesichtspunkte, von großer Bedeutung. Torf soll im Mittel etwa 1—9 Mill., Sägemehl 31 Mill. und Stroh sogar 116 Mill. Keime enthalten. Auf diese Verhältnisse haben Herkunft, Aufbewahrung und Behandlung der Materialien weitgehenden Einfluß, so daß häufig auch abweichende Zahlen angegeben werden (H. WEIGMANN). Von den in der Milch enthaltenen Keimen kamen in einem besonderen Falle 40 % aus der Streu, 30 % vom Euter, 25 % von den Flanken und 5 % aus der Vollmilch, d. h. der mit den ersten Strichen ermolkenen Milch.

Über das Aufsaugevermögen und den mittleren Gehalt an Pflanzennährstoffen der wichtigsten Einstreumaterialien gibt folgende Tabelle Aufschluß (A. STUTZER - F. HONCAMP):

Einstreuart	Aufsaugevermögen	Prozente lufttrockner Substanz			
		N	P_2O_5	K_2O	CaO
Roggenstroh	240	0,6	0,3	1,0	0,3
„ gehäckselt	265				
Torfstreu	900	0,6	0,1	0,1	0,3
Sägespäne	357	0,2	0,1	0,2	0,8
Laubstreu	233	0,8	0,3	0,3	1,5
Nadelstreu	150	0,8	0,2	0,2	1,2
Moosstreu	283	0,1	0,1	0,3	0,3

Bezüglich des Aufsaugevermögens verhalten sich also die Einstreuarten sehr verschieden. Während Torfstreu und Sägespäne in dieser Hinsicht an erster Stelle stehen, zeichnen sich Laub- und Nadelstreu durch ihren höheren Gehalt an Pflanzennährstoffen aus. Allerdings werden die in der Nadelstreu enthaltenen Nährstoffe nur sehr langsam im Boden frei. Strohstreu ist dagegen nach guter Rotte des Düngers am geeignetsten, die Struktur und Biologie des Bodens zu verbessern. Ein Streumaterial, das einigermaßen alle guten Eigenschaften in sich vereinigt, gibt es nicht. Die Benutzung der einen oder anderen Einstreu in den landwirtschaftlichen Betrieben hängt zum großen Teil von praktischen Gesichtspunkten, der Möglichkeit ihrer Beschaffung und ihrem Preise ab.

α) *Strohstreu.* Da Stroh in den meisten Wirtschaften in größeren Mengen vorhanden oder leicht und billig zu beschaffen ist, stellt es das wichtigste Streumaterial dar. Sein Aufsaugevermögen kann, wie die vorangehende Tabelle zeigt, durch Häckseln auf 20—30 cm Länge erhöht werden. Noch wichtiger ist die Verwendung von geschnittenem Stroh aus dem Grunde, weil es gleichmäßiger als Langstroh die Feuchtigkeit aufnimmt und infolgedessen auch gleichmäßiger rottet. Manche Klage über die schlechte Wirkung des Düngers ist lediglich auf die mangelhafte Vergärung der Einstreu zurückzuführen, namentlich wenn diese im Vergleich zu den Exkrementen in unverhältnismäßig großer Menge zur Anwendung kommt. Auch läßt sich mit gehäckseltem Stroh gewonnener Dünger leichter auf dem Felde breiten und gleichmäßiger im Boden verteilen, was für seine Wirkung von großer Bedeutung ist.

Sehr wesentlich für die Beurteilung des Streumaterials ist seine Zusammensetzung nach der organisch-chemischen Seite hin. Für gewöhnlich wird diese Frage ganz außer acht gelassen und nur der Gehalt an Pflanzennährstoffen aufgeführt. Doch weist das obengenannte Punktierungsverfahren bereits auf die Bedeutung dieser Eigenschaften hin, ohne sie allerdings mit dem Gärverfahren in Zusammenhang zu bringen. Das Stroh enthält von den gebräuchlichen Einstreuarten am meisten leicht vergärbare, stickstofffreie Substanzen, die auf der einen Seite, wenn sie während der Rotte des Düngers nicht abgebaut oder umgewandelt werden, schädlich im Boden wirken, auf der anderen Seite aber für die Heißvergärung unbedingt notwendig sind. Außer Stroh und vielleicht Laubstreu, die in der Praxis selten in hinreichenden Mengen zur Verfügung steht, verfügt kein anderes Material über so viel leicht oxydierbare Stoffe, welche die Selbsterhitzung des Stalldüngers jederzeit sicherstellen.

β) *Torfstreu.* Auch Torfstreu gilt als wertvolles Streumaterial. Sie wird aus den oberen Schichten der Hochmoore unter Abscheidung des feinen staubförmigen Torfmulls, der bei den Tieren leicht gesundheitliche Störungen hervorruft, gewonnen. Torfstreu saugt ungefähr das 9—11fache seines Eigengewichtes an Flüssigkeit auf. Doch weichen die Angaben darüber ziemlich stark voneinander ab. Aus tieferen Schichten der Moore stammende Torfstreu vermag weniger Feuchtigkeit festzuhalten, da ihre Zersetzung bereits zu weit fortgeschritten und die schwammige Struktur der Moose verloren gegangen ist. Bei Verwendung der Torfstreu können feste und flüssige Ausscheidungen der Tiere gemeinsam behandelt werden, wodurch an Arbeit und Kosten gespart wird.

Die fäulniswidrigen Eigenschaften dieser Streuart, die vorwiegend auf ihrem Gehalt an Humussäuren beruhen, hemmen die sonst rasch einsetzenden Zersetzungsvorgänge. Der Harn geht nach dem Aufsaugen durch die Torfstreu langsamer seines N verlustig. Auf die großen Vorzüge und hohen konservierenden Eigenschaften dieses Materials wurde vor allem von B. TACKE (1, 2) immer wieder hingewiesen (vgl. auch P. NIEMEYER). Ferner muß seine Fähigkeit, gasförmige Produkte der Gärungen chemisch und physikalisch zu binden, erwähnt werden. Wichtig ist, daß Torfstreu gerade die für die Tiere gesundheitsschädlichen Gase wie Ammoniak und Schwefelwasserstoff adsorbiert (K. SÜPFLE). Infolge der Aufnahme dieser stark riechenden Gärungsprodukte erweist sich die Luft im Stalle als rein und gesund.

Diesen zahlreichen Vorteilen der Torfstreu stehen auch gewisse Nachteile gegenüber. Vor allem wird durch ihre einseitige Anwendung die Heißvergärung in Frage gestellt, da bei der Entstehung des Torfes zuerst die leicht zersetzlichen N-freien Verbindungen, wie Pektine, Kohlenhydrate und Hemicellulosen, abgebaut werden und dann die schwerer zersetzliche Cellulose, während Lignine, Wachse und Fette übrigbleiben und zur Bildung von Humussäuren und Torfsubstanz beitragen (S. A. WAKSMAN 1—4, S. A. WAKSMAN und K. R. STEVENS, H. WEYLAND, vgl. auch J. MARCUSSON 1—3).

Ein weiterer Nachteil der Torfstreuverwendung besteht in der geringeren Menge Stalldünger. Die Jahreserzeugung eines Pferdes vermag, wie E. WOLFF angibt, von 20—24 m^3 Dünger bei Stroheinstreu auf 10—12 m^3 bei reiner Torfstreu zurückzugehen. Doch läßt sich dieser Nachteil, auch wenn es an Stroh fehlt, durch Zugabe anderer N-armer, organischer Überreste aus der Wirtschaft bis zu einem gewissen Grade ausgleichen. Durch eine gute Vermengung mit dem Jauchetorf wird eine einwandfreie, geregelte Vergärung und damit auch die bessere Ausnutzung der wertvollen N-Verbindungen des Düngers im Ackerboden gefördert. Es ist hier vor allem an die Bereitung von Heißmist im Sinne von H. KRANTZ gedacht worden. Ferner kann in den Fällen, wo der Harn ganz in Torf aufgefangen wird, dieser also sozusagen die Jauchegrube ersetzt, die Menge des anfallenden Düngers nicht zurückgehen. Da der Zweck dieser Streu wechselt, lauten auch die Angaben über ihren Verbrauch je Haupt Großvieh sehr verschieden. Während A. STUTZER-F. HONCAMP ein Verfahren angeben, bei dem auf ein Pferd ungefähr nur $2\frac{1}{2}$ kg Torfstreu täglich kommen, spricht W. KLEBERGER von 10—12 kg, die für 2—3 Tage ausreichen sollen. Diese Streuart erfüllt jedenfalls die Forderung nach einem lockeren, trockenen und warmen Lager besser als jedes andere Material.

Eine ungünstige Eigenschaft der Torfstreu ist schließlich ihre schwere Zersetzlichkeit im Boden, infolge derer der N-Gehalt schwer zur Wirkung kommt. Andererseits verbessert sie aber in leichten Böden die Menge der organischen Stoffe und den Wassergehalt. Immerhin hängt die Zersetzlichkeit der Torfstreu von dem Gärverfahren, nach dem man den Dünger behandelt, ab.

γ) Sägespäne. Obwohl Sägespäne über ein gutes Aufsaugevermögen verfügen und auch ein ziemlich trockenes und warmes Lager gewährleisten, ist ihr Streuwert doch nur als gering zu betrachten. Ihre Zersetzlichkeit im Boden läßt viel zu wünschen übrig, besonders wenn sie von harzigem Holz herrühren. Dementsprechend bringen sie auch wenig geeignete Substanzen für die systematische Heißvergärung des Stalldüngers mit. Diese Einstreu wird im allgemeinen nur in höheren Gebirgslagen oder Waldgegenden bei Mangel an anderem Material angewendet.

δ) Laub- und Nadelstreu. Andere Einstreumaterialien in waldreichen Gegenden stellen Laub- und Nadelstreu dar, deren Entnahme in den Wäldern allerdings in Widerspruch mit der rationellen Forstwirtschaft steht. Bei Entfernung der Laubmassen ist die Bildung von mildem Humus im Walde nicht denkbar. Sie liefert für das Wachstum der Pflanzen und Bäume immer wieder Nährstoffe und deutet dadurch auf den Kreislauf in der Natur hin (H. SÜCHTING, A. RÖMER u. M. KÜHNE; H. SÜCHTING, D. FEHÉR). Diesem Schaden in der Forstwirtschaft steht kein entsprechender Nutzen der Waldstreu bei der Düngerbereitung gegenüber. Besonders minderwertig ist die Nadelstreu, da sie eine sehr geringe Aufnahmefähigkeit für Flüssigkeiten besitzt, sich im Boden nur äußerst langsam zersetzt und den Tieren kein weiches und warmes Lager bietet. Sie liefert ebenso wie die Laubstreu und das Sägemehl einen schlecht zu behandelnden, leicht zerfallenden Dünger.

Die Laubstreu ist wegen ihrer biologischen Eigenschaften und ihres Feuchtigkeitsgehaltes ein geringwertiges Einstreumittel. Um sie für die flüssigen Ausscheidungen aufnahmefähiger zu machen, soll man sie nach O. NOLTE (1) durch Anhäufen einen Gärprozeß durchmachen lassen. Nach dem flachen Ausbreiten der Blätter verliert die Masse, die sich erwärmt hatte, einen beträchtlichen Teil ihrer Feuchtigkeit. Was hierdurch aber an Brauchbarkeit der Laubblätter als Einstreu gewonnen wird, geht auf der anderen Seite durch Erhöhung des Keimgehaltes und Verminderung wertvoller organischer Substanz, die besser für die Rotte des Düngers ausgenutzt würde, wieder verloren. Im übrigen zeichnet sich die Laubstreu durch einen hohen Gehalt an Pflanzennährstoffen aus.

ε) *Moosstreu.* Moosstreu wird aus den Hochmooren und Wäldern gewonnen und steht im allgemeinen dem Streutorf in seinen Eigenschaften nahe. Sie besitzt aber nicht das hohe Aufsaugevermögen wie letzterer (s. Tabelle), wodurch sich ihr Wert verringert. In Wirtschaften, wo wenig Stroh zur Verfügung steht, benutzt man Moosstreu als Unterlage und legt nur eine dünne Strohschicht darüber.

Menge. Die Stärke der Einstreu muß naturgemäß bei den einzelnen Tierarten sehr verschieden sein. Da die Streu in erster Linie ein trockenes und warmes Lager gewähren soll, richtet sich ihre Menge nach der Stärke der Harn- und Kotabgabe. Deshalb gebraucht das Rind am meisten Einstreu. Besonders reichliche Mengen sind hier nötig, um die Verunreinigung des Milchviehs durch ihre Exkremente zu verhüten. Im Durchschnitt kommt je Tag ungefähr nebenstehende Einstreustärke in Frage:

Tierart	Nach A. Stutzer-F. Honcamp je 500 kg Lebendgewicht in kg	Nach W. Kleberger pro Kopf in kg
Rind	3—4	3—4
Pferd	2—3	3—4
Schaf	2,5	0,5—1
Schwein	1,5—2	3,5—4,5

Nach W. KLEBERGER ist die Einstreu für das Schwein auffallend stark. Andererseits kommt die streulose Stallhaltung am ersten für dieses Nutztier in Betracht. Die Stärke der Einstreu schwankt ziemlich erheblich je nach den zur Verfügung stehenden Mengen. Bei knapper Anwendung derselben steigt der relative Gehalt an wertvollen Pflanzennährstoffen im Dünger, der dann mit entsprechend größerer Vorsicht zu behandeln ist. Sonst vergrößern sich im selben Maße durch falsche Gärungen die Verluste an wichtigen Bestandteilen, hauptsächlich dem N. Bei völligem Einstreumangel ist man gezwungen, zur Güllebereitung, die aber wenig rationell ist, überzugehen.

Bei Überfluß an Einstreu wird man im Hinblick auf die Bedeutung des Stalldüngers als Humuslieferanten bestrebt sein, sie in möglichst großem Umfange nutzbringend in der eigenen Wirtschaft zu verwenden. Die Folge davon ist häufig ein schlecht wirkender Dünger, da das Stroh eine ungenügende und ungleichmäßige Rotte durchgemacht hat. Unter Umständen tritt hierbei eine schädliche Buttersäuregärung ein (G. RUSCHMANN 2, 3), und zwar um so leichter, je stärker sich das Verhältnis von C : N zuungunsten des letzteren verschoben hat. Durch Zwischenschichten von Jauchetorf oder Anwendung des Heißgärverfahrens läßt sich diese fehlerhafte Gärung verhindern.

d) Organische Wirtschaftsabfälle.

Als letzter zu erwähnender Bestandteil des Stalldüngers soll zusammenfassend alles bezeichnet werden, was an pflanzlichen und tierischen Abfallstoffen in jedem Wirtschaftsbetriebe in mehr oder minder großer Menge anfällt. Hierzu rechnen Unkräuter, Fäkalien, Küchenabfälle, Dresch- und Ernterückstände, Flachs- und Hanfscheben, Gründünger und anderes mehr, was sonst ungenutzt verlorengeht. Zwar kommt für die Verwertung solcher Abfälle und Rückstände im großen ganzen nur das Heißgärverfahren in Betracht, aber gerade darum erscheint uns dieses in einem besonderen Lichte. Von der Bereitung von Fäkaldünger wird an anderer Stelle (II, 2 S. 90) die Rede sein.

Die Unterbringung der Unkräuter im Hofdünger birgt die Gefahr, daß die Samen im Ackerboden auskeimen und ihn verunkrauten. Zwar erhitzt sich der regellos hingeworfene Dünger nicht selten auf 50° C und darüber, aber stets bleibt diese Wärmebildung auf einzelne Teile des Haufens beschränkt, so daß man nicht mit der notwendigen völligen Vernichtung der Samen rechnen kann. Dies ist aber möglich bei der systematischen Heißvergärung, wie Versuche mit einer Reihe von Unkrautsämereien bewiesen haben (C. FRUHWIRTH). In derselben Weise wird ferner die große Menge von tierischen und pflanzlichen Schädlingen bei der geregelten Vergärung des Düngers vernichtet (F. LÖHNIS 11). Die Ansicht konnte durch biologische Untersuchungen gestützt werden (G. RUSCHMANN 8—10). Aus diesem Grunde ist man imstande, die mit Krankheitserregern behafteten Materialien zur Düngerbereitung mitzuverwenden, ohne daß die Gefahr einer Ausbreitung tierischer Seuchen oder pflanzlicher Krankheiten besteht (A. SCHNABL).

Die bei der Flachs- und Hanfgewinnung anfallenden grünen Scheben sind von O. GEIER mit bestem Erfolge zu einem organischen Dünger verarbeitet worden. Der nach dem Verfahren von H. KRANTZ hergestellte Dünger erwies sich als ebenso wertvoll wie Strohdünger. Daher ist zu erwägen, ob nicht die Verwendung der Scheben zur Düngerbereitung zwecks Anreicherung von Humus im Boden allgemein eingeführt werden sollte. Ähnlich könnten alle anderen Abfälle aus Hof, Haus, Garten und vom Feld zum Nutzen der Wirtschaft verwertet werden. Nach unseren bisherigen Kenntnissen ist offenbar das Heißgärverfahren besonders geeignet, den höchstmöglichen Wert aus diesen Wirtschaftsabfällen herauszuholen (Th. REMY, E. KLÜTER u. F. WEISKE). Vieles Material, das heute noch auf den Komposthaufen wandert, würde besser mit Stalldünger zusammen der Heißvergärung unterworfen werden. Diese Maßnahmen sind auch wegen ihrer Arbeitsersparnis von Vorteil.

Gründünger muß erst eine Gärung durchmachen, damit er im Boden seine höchste Düngekraft zeigt. Große Mengen frischer, d. h. nicht gerotteter organischer Massen wirken ungünstig auf die hier stattfindenden Abbauvorgänge ein. Gründünger nimmt nach F. LÖHNIS (12) durch seine Zersetzung auf dem Boden sowie durch Abfrieren im Winter geeignetere Eigenschaften an. Auch hat die reine Nachwirkung des Leguminosenanbaues manchmal bessere Ertragssteigerungen zur Folge als die gesamte Gründüngung (F. LÖHNIS 13, 14, U. CREUZBURG). Als höchste Ertragssteigerung hat F. LÖHNIS bei seinen in den Vereinigten Staaten durchgeführten Versuchen nach voller Gründüngung 100%, nach abgeernteten Leguminosen aber 200% erzielt. Demnach lohnte es sich wohl, den Gründünger trotz Mehrarbeit in einen wertvollen Grünmist zu verwandeln, der wieder auf anderen Äckern mit großem Vorteil verwendet werden kann. Verschiedentlich wurde bereits über die ausgezeichnete Wirkung eines solchen heißvergorenen Gründüngers berichtet (F. BORNEMANN 1, H. KRANTZ 2, H. KRANTZ und A. SCHNABL, A. SCHNABL). Nach F. RUOFF soll man die grünen Pflanzen nicht frisch zur Vergärung bringen, sondern erst abwelken bzw. trocknen lassen (Abb. 38).

Alle Materialien, die schon für sich einen vorzüglichen heißvergorenen Dünger ergeben, können mit ebensoviel Vorteil als Zusatzstoffe für den Stalldünger benutzt werden. In Deutschland handelt es sich bei dem Problem der Versorgung der Äcker mit organischem Dünger nicht nur um die Erzielung eines möglichst wertvollen Erzeugnisses, sondern auch um die Gewinnung einer möglichst großen Menge daran. Beiden Gesichtspunkten vermag aber das Heißgärverfahren wie keine andere Methode der Düngerbereitung gerecht zu werden, nicht zum wenigsten aus dem Grunde, weil es die Mitverwendung aller möglichen schwer wie leicht zersetzlichen Stoffe gestattet.

Die während der Heißvergärung und Reifung eintretenden Umwandlungen der organischen Masse sind so tiefgreifend und verlaufen doch unter so geringen

Abb. 38. Aus Kartoffelkraut und Bokharaklee bereiteter „Hilfsedelmist". Versuchsgut Heinrichshof der Landwirtschaftskammer für die Provinz Pommern (Stettin).

Substanzverlusten, daß die volle Ausnutzung des Gärverfahrens, auch bezüglich der Verwertung der Wirtschaftsabfälle, der Zukunft noch vorbehalten ist. Erst von diesem Gesichtspunkte aus wird man die Tragweite der neuen Erfindung für die gesamte Land- und Volkswirtschaft richtig beurteilen. Augenblicklich ist man in Deutschland nicht einmal imstande, 20% des Kulturlandes mit Stalldünger zu versorgen, während 40—50% damit versehen werden sollten (F. BORNEMANN 2, H. KRANTZ).

5. Rotte des Stalldüngers.

Alles auf Erden ist dem großen Naturgesetz des Werdens und Vergehens ausgesetzt. Besonders auffallend treten uns diese Erscheinungen bei allen organischen Stoffen entgegen. Aufbau und Abbau wechseln miteinander ab. Aufgabe der Landwirtschaftswissenschaft ist es, die hier in Betracht kommenden Vorgänge zu erforschen und Mittel zu ersinnen, mit deren Hilfe sie sicher zu beherrschen sind. Während man aber die Kenntnisse des Stoffaufbaues, d. h. der Tier- und Pflanzenproduktion, im Laufe des vorigen Jahrhunderts außerordentlich vertieft und gefördert hat, so daß die landwirtschaftliche Erzeugung erheblich gesteigert werden konnte, bestehen in unserem Wissen über die mannigfaltigen

Abbauerscheinungen noch die größten Lücken (F. LÖHNIS 15, 16). Die Abbauprozesse sind aber genau so der Beachtung wert, wie die Vorgänge bei der Tier- und Pflanzenproduktion.

Es handelt sich hier um den wichtigen Kreislauf der Stoffe, der nicht nur von großem wissenschaftlichen Interesse ist, sondern auch aufs engste mit den praktischen Belangen der Landwirtschaft im Zusammenhang steht. Ein besonders greifbares Beispiel dieser Art stellt die Stalldüngerbereitung in ihren vielerlei Formen dar. Nach sachgemäßer Behandlung und einwandfreier Rotte des Düngers besitzt der Landwirt in ihm ein gutes und unentbehrliches Mittel, seine Pflanzenproduktion auf Wiesen, Weiden und Feldern beträchtlich zu heben, wodurch ihm wiederum die Unterhaltung und Erhöhung seines Viehbestandes ermöglicht wird. Den hier gekennzeichneten Stoffkreislauf auch hinsichtlich der Abbauerscheinungen in geregelte Bahnen zu lenken und damit die bisherigen unerhört großen Verluste zu verhindern, ist eine dringende Forderung der Zeit.

a) Ursachen und Gründe.

Von dem Augenblick seiner Entstehung an, d. h. der Vermengung von Kot, Harn und Streu, ist der Stalldünger Veränderungen unterworfen, die je nach den vorliegenden Bedingungen langsamer oder schneller eintreten. Nachdem Ende des vorigen Jahrhunderts durch ROBERT KOCH, besonders mit der Bekanntgabe seines Gelatineplattenverfahrens im Jahre 1881, die wissenschaftlichen Grundlagen der modernen Bakteriologie geschaffen worden waren, lernte man sehr bald die eigentlichen Ursachen der Zersetzungen im Stalldünger kennen, die auf der Tätigkeit einer großen Anzahl von Mikroorganismen beruhen.

Keimarten. Neben typischen Fäulnisbakterien sind im Stalldünger eine Menge Organismen zugegen, die vorwiegend auf pflanzlichen Überresten vegetieren. Außerdem gibt es Formen, die je nach den augenblicklichen Verhältnissen entweder mehr die Eiweißstoffe und deren Abbauprodukte oder die leichter zersetzlichen Verbindungen pflanzlicher Herkunft angreifen. In besonders großer Zahl liegen aerobe oder fakultativ anaerobe Bakterienarten vor, während obligat anaerobe Formen weniger häufig angetroffen werden, darunter *Bac. amylobacter*, auch Buttersäurebazillus genannt, und *Bac. putrificus*, ein typischer Fäulniserreger. Obwohl die Amylobakterien im allgemeinen nur als herbivore Organismen bekannt sind, können sie sich offenbar auch am Abbau von Eiweiß oder eiweißähnlichen Stoffen beteiligen (G. RUSCHMANN 2, 3). Als aerobe Fäulniserreger fungieren gewöhnlich sporenbildende Arten der Gruppen *Bac. mesentericus-vulgatus* und *Bac. subtilis-megatherium* sowie *Bac. mycoides*, die in wechselndem Verhältnis und in verschiedenen Abarten und Varietäten meist im Dünger festzustellen sind (G. RUSCHMANN 7, W. GOETERS). *Bac. asterosporus* und unter Umständen *Bac. mesentericus* rufen die bekannte Pektingärung und somit die für die Stalldüngerrotte wichtige Mürbung des Strohes hervor (G. RUSCHMANN 11). Erst nach dieser deutlichen Lockerung des Gewebes ist die Reifung des Düngers so weit fortgeschritten, daß er als verwendungsfähig bezeichnet werden kann. Gewisse Abarten von *Bac. amylobacter* sind ebenfalls zur Pektinzersetzung befähigt (Abb. 39 u. 40).

Weiterhin sind die nicht sporenbildenden, ebenfalls an den N-Umsetzungen stark beteiligten Arten *Bact. fluorescens*, *Bact. putidum*, *Bact. pyocyaneum* und *Bact. vulgare* zu erwähnen. Sie betätigen sich auch als Fäulniserreger. Gewisse *Fluorescens*-, *Putidum*- und *Pyocyaneum*-Arten verdienen wegen ihrer denitrifizierenden Eigenschaften besondere Aufmerksamkeit. Wichtig sind ferner die *Coli-Aerogenes*-Formen, die sowohl N-haltige als auch N-freie Verbindungen abbauen und dabei große Mengen Gas bilden. Ebenfalls sind *Kokken* ziemlich häufig im Dünger, während *Streptokokken* und *Sarcinen* an Zahl meist zurücktreten. Die anaeroben Cellulosebakterien, *Bac. methanigenes* und *Bac. fermentationis cellulosae* (*fossicularum*), sind um so stärker vertreten, je besser für Luftabschluß gesorgt ist und die Gärungen bei mittleren Temperaturen verlaufen. Jedoch nimmt ihre Entwicklung längere Zeit in Anspruch. An der Erzeugung der Stalldüngergase sind sie besonders beteiligt. Obwohl Wasserstoff, der von *Bac. ferment. cell.* erzeugt wird, wenig oder gar nicht zu finden ist, mag er trotzdem entstanden sein, da er unter Umständen sofort weiter oxydiert wird (F. LÖHNIS 3). Schließlich sind noch die Myxobakterien zu erwähnen und die Erreger tierischer Krankheiten, die sich aber im Dünger nicht weiter entwickeln, sondern nur längere Zeit am Leben bleiben.

Außer dieser großen Zahl von Bakterien kommen noch eine Menge Pilze, sowohl höhere wie niedere, Strahlen-, Sproß- und Schimmelpilze im Stalldünger vor. Obwohl namentlich die Entwicklung der Schimmelpilze und noch mehr die der höheren Pilze sehr unerwünscht ist, treten sie bei schlechter Aufbewahrung des Düngers in umfangreichem Maße auf. Unter den niederen Pilzen sind *Actino-*

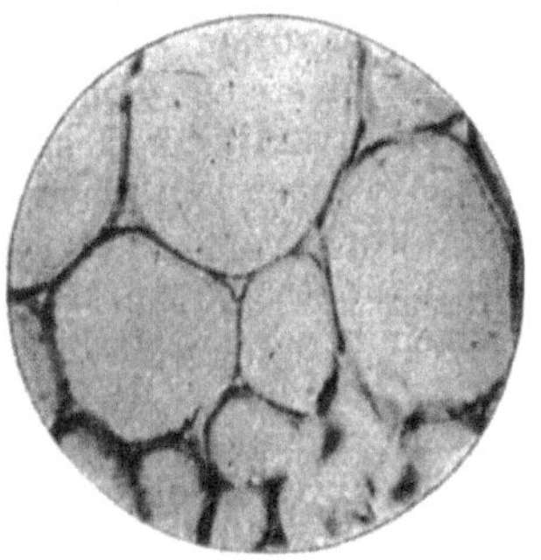

Abb. 39.

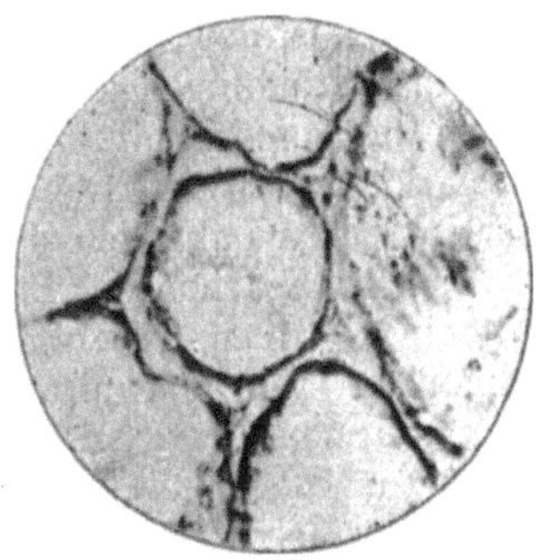

Abb. 40.

Querschnitte durch Roggenhalme, die Mürbung durch Lockerung des Grundgewebes zeigend. Abb. 39 frischer Halm. Abb. 40 Halm nach 11 monatiger Rotte mit Auflösung der Mittellamellen. Vergr. 1:1000. (Nach O. FLIEG.)

myceten, *Myxomyceten* und *Oidium*-Arten keine seltenen Bewohner des Düngers (G. RUSCHMANN 7). Schließlich können selbst *Protozoen* noch nachgewiesen werden. Weitere Angaben über die Zusammensetzung der Mikroflora im Stalldünger findet man im Handbuch der landwirtschaftlichen Bakteriologie von F. LÖHNIS (2). Selbstverständlich müssen je nach Behandlung, Vergärung, Alter und Beschaffenheit des Düngers hinsichtlich des Vorkommens und der Zahl der einzelnen Organismen große Unterschiede bestehen. Das Ziel der Stalldüngerbereitung ist, bei Vermeidung aller unnötigen Verluste ein möglichst wirkungsvolles Produkt durch die Gärungen zu gewinnen. In diesem Zusammenhange sei hier auf die floristische Beschaffenheit des aus dem Heißgärverfahren hervorgehenden Produktes hingewiesen (W. GOETERS, G. RUSCHMANN 7, 8). Die Technologie der Stalldüngerbehandlung auf biologischer Grundlage ist ein besonders wichtiger Abschnitt des Düngerproblems.

Keimzahlen. Ebenso verschieden wie die Beschaffenheit erweist sich auch die Größe der Düngerflora. Vom rein praktischen Standpunkt aus kann es nicht gleichgültig sein, wie sich diese gestaltet. Zwar kann man zwischen den Keimzahlen und den Verlusten im Dünger keinen unmittelbaren Vergleich ziehen. Aber ebenso wie an keimfrei gemachtem Material keine bemerkenswerten Veränderungen eintreten, müssen sich bei lebhafter Tätigkeit der Bakterien und Pilze steigende Verluste bemerkbar machen. Die Kohlensäureentwicklung, die als

Zeichen der Tätigkeit von Mikroorganismen angesehen werden kann, hört zwar bei ihrer völligen Abwesenheit nicht ganz auf, geht aber auf ein sehr geringes Maß zurück. S. A. SEVERIN fand bei vierwöchiger Aufbewahrung eines sterilisierten Gemisches von festen Pferdeexkrementen, Stroh und Harn 0,161 g CO_2 und nach seiner Beimpfung in derselben Zeit 9,017 g.

Neben der Einbuße an Trockensubstanz findet bei den Umsetzungen eine Wertverminderung durch Assimilation von leicht löslichem N oder eine Wertvermehrung durch Abbau schwer zersetzlicher Verbindungen statt. Selbst bei Berücksichtigung dieser Tatsache und der verschiedenen Leistungsfähigkeit der vorhandenen Keime bildet die Größe der Flora bis zu einem gewissen Grade doch ein Kriterium für die Beurteilung eines Düngers. Ein vollständiges Bild von seiner Beschaffenheit können uns natürlich nur die in gewissen Zeitabständen wiederholten Untersuchungen liefern. In Übereinstimmung mit dieser Anschauung treffen wir einen verhältnismäßig geringen Keimgehalt im Tiefstalldünger, einen sehr viel höheren im gewöhnlichen Hofdünger und einen besonders niedrigen im heißvergorenen Dünger an, der sofort nach Erreichung einer Temperatur von ungefähr 60° C stark gepreßt wird.

Indessen zeigt jede einzelne Düngerart je nach Alter, Nährstoff- und Feuchtigkeitsgehalt, Luftzutritt und Selbsterwärmung noch wesentliche Unterschiede. Eine Vermehrung der Keime ist anfänglich notwendig, um die Rotte herbeizuführen. Aus diesem Grunde erweist sich auch das Eintreten von Verlusten als unvermeidlich. In dem weiteren Verlauf der Gärungen weichen aber die Keimziffern in den verschiedenen Düngersorten weitgehend voneinander ab, so daß wir daraus gewisse Rückschlüsse auf die inneren Verhältnisse des Gärproduktes und die Bedeutung technischer Maßnahmen bei der Düngerbehandlung ziehen können.

Die Entwicklung der Flora, wie sie im großen ganzen bei verschiedener Behandlung des Düngers stattfindet, wird durch Kurvenbilder von F. LÖHNIS sehr anschaulich gemacht (s. Abb. 44, S. 204). In ähnlicher Weise werden von diesem Forscher die Beziehungen zwischen dem Verhalten der Flora und den Verlusten an Trockenmasse aufgedeckt (s. Abb. 45, S. 205). Beim Vergleich der beiden Abbildungen findet man das vorher Gesagte innerhalb natürlicher Grenzen durchaus bestätigt. Bei derartigen Feststellungen kommt es aber ebensosehr auf die Art wie auf die Zahl der Keime an. Denn in einem so komplizierten Gemisch chemischer Verbindungen und Substanzen wie dem Stalldünger laufen die verschiedenartigsten Gärungen und Zersetzungen nebeneinander her und fördern oder hemmen sich gegenseitig. So geht nach F. LÖHNIS die Größe der Verluste an N und C bei den Düngergärungen durchaus nicht parallel. Sie sind auch verschieden zu bewerten. Ähnlich liegen die Verhältnisse bei der Assimilation. Während sie z. B. beim N sehr ins Gewicht fällt, ist sie beim C ohne Bedeutung. Aus diesem Grunde ist es wünschenswert, die Rotte des Stalldüngers mit einer möglichst geringen Anzahl von Bakterien zu bewirken. Dies Ziel kann durch die Heißvergärung, bei der nur während der ersten 2—3 Tage eine Bakterienentwicklung zustande kommt, erreicht werden. Schimmelpilze oder höhere Pilze, die viel größere Mengen N als Bakterien festlegen und deshalb besonders zu fürchten sind, lassen sich nicht nachweisen. In einwandfrei heißvergorenem Dünger sind fast nur noch die sehr widerstandsfähigen Sporen einzelner Bakterienarten anwesend. Das aktive Leben ist in ihm erloschen. Die Keimzahlen eines solchen Düngers gehen bis auf 1 Million je Gramm herunter, während sie im Hofdünger bis auf 10 Milliarden und weit darüber hinaus ansteigen.

Herkunft der Keime. Die Mikroorganismen gelangen durch die einzelnen Bestandteile des Stalldüngers in genügender Anzahl in denselben. Keimfrei oder sehr arm an Keimen ist der frische Harn, dagegen bringt die Einstreu eine sehr beträchtliche Menge verschiedenster Organismen mit. Je nach ihrer Beschaffenheit wechselt die Bakterienzahl. Jede Streu enthält neben der allgemeinen noch ihre spezifische Flora. Viel zahlreicher sind aber die Bakterien, die mit den festen Ausscheidungen dem Stalldünger zugeführt werden. F. LÖHNIS (3) berechnet, daß 1 g Rinderexkremente etwa 60— 130 Milld. Bakterien enthält, von denen aber nur ein geringer Teil am Leben ist. Zweifellos schwanken diese Zahlen bei den Tieren je nach Art, Alter, Nutzung und Fütterung außerordentlich. Reichlich mit Häcksel gefütterte Pferde werden z. B. Kotballen mit verhältnismäßig niedrigen Keimzahlen geben. J. STRASBURGER findet, daß der Bakteriengehalt menschlicher Faeces, bezogen auf Trockensubstanz, zwischen 17,2 und 68,4% schwankt, wogegen ERMANN als entsprechende Werte 3,9 und 42,9% angibt.

Ebenso stark variiert die Beschaffenheit der Flora im Ausgangsmaterial. Häufig überwiegen *Bact. coli* und *Bact. aerogenes* und ihre Abarten. Die aeroben Sporenbildner *Bac. vulgatus, mesentericus, subtilis, mycoides* kommen weniger zahlreich aber doch ziemlich regelmäßig in den Exkrementen vor. Sie gelangen meist mit dem Futter in den Tierkörper und passieren in Sporenform unbeschädigt Magen und Darm der Tiere. Ähnlich liegt der Fall bei den Buttersäurebakterien, deren Zahl ebenfalls von der Art der Fütterung, z. B. der Beschaffenheit der Silage, abhängig ist (R. BURRI, J. KÜRSTEINER). Auch Pilzsporen widerstehen zum Teil den Verdauungssäften. Actinomyceten sind häufiger in Rinderexkrementen festgestellt worden und daher ziemlich regelmäßig im Stalldünger zu finden. Nach Untersuchungen von A. VOSS konnte die Darmflora von Rindern durch 13-tägige Fütterung mit frischen Zuckerrübenblättern völlig auf Milchsäurebakterien umgestellt werden.

Aus dem Gesagten geht zur Genüge hervor, daß eine ungeheure Menge von Bakterien und Pilzen schon von vornherein im Stalldünger vorhanden ist. Diese Flora unterliegt weiterhin bei den Gärungen einem starken Wechsel. Sowohl hinsichtlich der C- als auch der N-Umsetzungen besteht die Stalldüngerrotte aus einer großen Zahl von Einzelgärungen, deren verschiedene Erreger stets anwesend sind. Ihre Tätigkeit und Vermehrung setzt sofort beim Eintritt günstiger Lebensbedingungen ein.

b) Verlauf der Rotte.

Überall, wo sich bei Gegenwart von organischen Stoffen und genügenden Mengen Feuchtigkeit Bakterien, Hefen und Pilze entwickeln, werden hochmolekulare Verbindungen in immer einfachere übergeführt, bis schließlich die Endprodukte des Mineralisierungsprozesses, CO_2, H_2O, NH_3 und die Verbindungen der Mineralstoffe, erreicht worden sind. In dieser Beziehung besteht zwischen den Mikroorganismen und der höheren Tier- und Pflanzenwelt ein grundsätzlicher Unterschied. Die Aufgabe der Kleinlebewesen ist es, die gebildeten organischen Massen wieder abzubauen, um den dauernden Kreislauf der Stoffe in der Natur sicherzustellen. Die Tier- und Pflanzenproduktion gründen sich auf diese wichtige Tätigkeit der Bakterien, Hefen und Schimmelpilze.

So sehr sich aber die Stoffumsetzungen der Mikroorganismen in abbauender Richtung vollziehen, so wenig darf man ihre Fähigkeit, auch aufbauend oder synthetisierend tätig zu sein, übersehen (S. A. WAKSMAN 5—7). Diese Wirkung gewinnt unter gewissen Umständen sowohl für die Umsetzungen im Boden, als auch für die im Stalldünger große Bedeutung. Sie ist in den meisten Fällen schädlich. Die Mikroorganismen bedürfen aber zum Aufbau ihres Körpers reichlich N, der in löslicher Form für gewöhnlich nur in geringerer Menge in ihrer

Umgebung zu finden ist. Vermehren sich also die Kleinlebewesen in starker Weise, so schwindet der lösliche N. Sie wirken damit ihrer eigentlichen Aufgabe im Boden und Dünger, die Nährstoffe aus ihren komplizierten Verbindungen frei und sie für das Pflanzenwachstum wieder verfügbar zu machen, entgegen. Technische Maßnahmen der Stalldüngerbehandlung, die jene Vorgänge, die pflanzenphysiologisch Assimilation heißen, fördern, sind als falsch zu bezeichnen.

Zweck der Rotte. Die Bedeutung der Rotte besteht in erster Linie in der Zersetzung oder Umwandlung gewisser Stoffe, die mit den festen Ausscheidungen der Tiere, der Einstreu und dem Harn in den Dünger gelangen. Frischer Stall- und Gründünger, unzersetztes Stroh, unvergorener Harn und frische Kotmassen wirken im Ackerboden trotz ihres teilweise hohen Gehaltes an Pflanzennährstoffen schädlich, besonders wenn sie kurz vor der Bestellung der Felder untergebracht werden. Der ihnen innewohnende Wert kommt erst zur Geltung, wenn sie eine zweckmäßige Gärung oder Rotte durchgemacht haben.

Aus diesem Grunde läßt man Stalldünger, Stroh, Gründünger usw., die in jenem Sinne nicht genügend vorbehandelt wurden, an der Oberfläche des Bodens ausgebreitet sich zersetzen. Man verzichtet dabei auf gewisse Vorteile einer systematischen Rotte, fördert aber dadurch die Gare. Je mehr leicht zersetzliche Stoffe im Verhältnis zur Gesamtmasse unvergoren mit in den Boden gelangen, um so stärker werden dadurch die normalen Umsetzungen ungünstig beeinflußt. Anstatt Dissimilationsvorgänge überwiegen Assimilationsvorgänge. Erst nach geraumer Zeit ist das natürliche Gleichgewicht, so wie es für das beste Gedeihen der Pflanzen erforderlich erscheint, wieder hergestellt. Bei ungeregeltem Verlauf der Rotte können auch Zwischenprodukte entstehen.

Weiterhin hat die Düngerrotte noch die Bedeutung, die Aufschließung gewisser schwer zersetzlicher Verbindungen nach Möglichkeit zu fördern. Der in den festen Exkrementen vorliegende N wird entweder von dem als unverdaulich wieder ausgeschiedenen Teil der Nahrung oder der erwähnten großen Masse der im Darmtraktus zur Entwicklung gelangten Bakterienflora gebildet. In beiden Fällen handelt es sich um schwer angreifbare N-Verbindungen. Nur wenn die Tiere reichlich gefüttert werden, gewinnt auch der Anteil an N-haltiger Substanz in den Exkrementen an Bedeutung, der zwar verdaulich war, aber nicht verdaut wurde. Wenn die schwer zersetzlichen N-Verbindungen in möglichst großem Umfange für die Ernährung der Pflanzen nutzbar gemacht werden sollen, müssen sie bei der Rotte einem gewissen Abbau unterliegen. Die Methoden der Stalldüngerbehandlung wirken hinsichtlich der Zersetzung und Umwandlung sowohl der N-freien Stoffe als auch der hochmolekularen N-haltigen Verbindungen durchaus verschieden. Schließlich sollen die technischen Maßnahmen die bereits erwähnte Assimilationstätigkeit der Mikroorganismen nach Möglichkeit einschränken. Als beste Stalldüngerrotte muß sich also die erweisen, welche bei wirksamer Aufschließung der schwer angreifbaren Eiweißverbindungen und weitgehender Beseitigung der schädlichen Stoffe unter geringsten Verlusten an Trockensubstanz verläuft.

Schädliche Vorgänge bei der Rotte. Nach dem Gesagten ist die Rotte des Stalldüngers unumgänglich notwendig. Erst durch die verschiedenen Gärungen entsteht Dünger im eigentlichen Sinne. Wo aber Zersetzungen oder Abbauvorgänge an organischer Masse eintreten, müssen sich auch Verluste an Substanz bemerkbar machen, und zwar sowohl unter Luftabschluß als auch bei Luftzutritt. Sie werden sich nur der Art und Größe nach unterscheiden. Wenn M. Gerlach und K. Seidel (1) bei feucht-fester Behandlung des Stalldüngers keinen Trockensubstanzverlust feststellten, so kann das nur auf Irrtum beruhen.

Methan- und Wasserstoffgärung, anaerobe Fäulnis, Denitrifikation, Buttersäuregärung u. a. m. sind Vorgänge, die unter anaeroben Verhältnissen im Stalldünger verlaufen und für gewöhnlich mehr oder weniger große Verluste herbeiführen. Dabei werden Gase wie CO_2, CH_4, H_2, N, NH_3 und H_2S in Freiheit gesetzt. Von den einzelnen Gärungen wird in einem der folgenden Abschnitte eingehender gesprochen werden.

Obwohl Versuche bekannt geworden sind, bei denen unter streng anaeroben Laboratoriumsbedingungen der N-Gehalt von einem Kot-Harn-Gemisch nicht abgenommen hatte (B. Sjollema und J. de Ruyter de Wildt), treten bei Berücksichtigung praktischer Verhältnisse wohl stets N-Verluste auf. Da die Gärungen bei Luftzutritt wesentlich lebhafter verlaufen als bei Luftabschluß, sind unter diesen Umständen N und Gesamtverluste bedeutend größer. So verlor Kuhdünger gleicher Herkunft und Zusammensetzung bei Außentemperaturen, die zwischen —15 und +15° C schwankten, in 21 Wochen bei lockerer Lagerung 53% an organischer Masse und 34% an Stickstoff, bei fester Lagerung 20% bzw. 15% (J. Hansen und A. Günther). Selbst bei guter Pflege des Stalldüngers wird also die notwendige Rotte mit einer erheblichen Einbuße an wertvoller Substanz erkauft.

Bei der Lagerung des Düngers auf dem Hof ist ferner das Auswaschen wichtiger löslicher Bestandteile, wie N und K, durch Niederschläge von Nachteil. Je größer die Oberfläche des Haufens ist, um so mehr steigern sich die auf diesem Wege entstehenden Verluste. Ist die offene Düngerstätte so angelegt, daß die Niederschlagsmengen in die Jauchegruben fließen, wird die Jauche stark verdünnt und verliert dadurch an Wert. Gegen diese Mißstände hilft aber eine Bedeckung des Düngers oder ein überdachtes Düngerhaus. Hervorzuheben ist auch der schädliche Einfluß der assimilierenden Tätigkeit der Mikroorganismen. Da ihre Wirkungen für die Rotte notwendig sind, müssen die Organismen zu ihrem Wachstum und ihrer Vermehrung auch Nährstoffe aufnehmen, die sie dem Dünger entziehen. Bei guter Düngerpflege kann diese Tätigkeit in engen Grenzen gehalten werden, so daß sie nicht allzusehr ins Gewicht fällt. Da es sich in der Hauptsache um die Festlegung des löslichen N handelt, muß man nach Möglichkeit für getrenntes Auffangen der flüssigen und festen tierischen Ausscheidungen sorgen. Der Harn oder die Jauche gehört nicht in den Stalldünger.

Am meisten sind die Pilze wegen ihrer N-festlegenden Eigenschaft zu fürchten. Dort, wo sie sich im Dünger entwickeln, liegt stets eine unsachgemäße Behandlung vor, aus der größerer Schaden erwachsen kann. So werden z. B. bei dem Versuch von J. Hansen und A. Günther infolge lockerer Lagerung des Stalldüngers außer der Verflüchtigung von 34% Stickstoff weitere beträchtliche Mengen daran durch Festlegung für den Kreislauf verlorengegangen sein. In diesem Falle sind Bakterien, Hefen und Pilze zu starker Entwicklung gelangt und haben durch ihre lebhafte ununterbrochene Aufbau- und Abbautätigkeit den Wert des Düngers wesentlich vermindert. Normalerweise geht dieser Vorgang aber nicht über eine bestimmte Grenze hinaus.

Dauer der Rotte. Die Gärungen im Stalldünger sollten, theoretisch betrachtet, nicht länger anhalten, als bis die schädlich wirkenden Stoffe in ihm eine Umwandlung erfahren haben. Dieser Zeitpunkt ist im allgemeinen an einer genügenden Mürbung der Stroheinstreu zu erkennen. So einfach diese Regel erscheint, so schwer läßt sie sich in der Praxis befolgen, auch wenn keine wirtschaftlichen Hindernisse im Wege stünden. Denn bei unseren gewöhnlichen Methoden der Düngerbehandlung finden wir in dem länger gelagerten Material neben gut gerotteten Strohteilen ebenfalls solche, die noch ihre Zerreißfestigkeit und Zähigkeit beim Biegen und Brechen besitzen. Es fehlt die Wirkung einer gleichmäßigen guten Rotte, wie man sie von einem einwandfreien Verfahren verlangen muß. Man kann sich leicht vorstellen, daß, wenn derartige Unregelmäßigkeiten schon in gleichaltrigem Material auf engbegrenztem Raume auftreten, die Verschiedenheiten in den während längerer Zeit nacheinander anfallenden Düngermassen wesentlich größer sein müssen. Doch verwendet man alle diese verschiedenen Düngerpartien zur gleichen Zeit draußen auf dem Felde. Ein solches Verhalten widerspricht den Grundregeln der Düngerbehandlung und -verwertung.

Obwohl man weiß, daß reines ungerottetes Stroh im Boden schädlich zu wirken vermag, kümmert man sich wenig darum, ob die im Dünger enthaltene Einstreu nicht zum großen Teil dieselben Eigenschaften bewahrt hat. Alle an ein einwandfreies Verfahren zu stellenden Forderungen waren bis heute kaum zu erfüllen. Doch kommt man mit dem Heißgärverfahren von H. KRANTZ dem erstrebten Ziel einen bedeutenden Schritt näher. Bei nur 2—3 tägiger Gärung und deshalb gering bleibenden Verlusten zeichnet sich das Endprodukt nach 3—4 monatiger Lagerung wie kein anderer Dünger durch eine auffallend starke Mürbung der Einstreu aus. Letztere ist in der fast einheitlich dunkelbraun bis schwarz aussehenden Masse großenteils nicht mehr zu erkennen. Das hierdurch aufs beste charakterisierte Erzeugnis wurde aus diesem Grunde von dem Erfinder des Verfahrens mit Recht „Edelmist" genannt. Leider stellen häufig Theoretiker und Praktiker nur einen Heißmist aber keinen Edelmist her und kommen dann auch bei vergleichenden Düngungsversuchen zu keinem Erfolge.

Die starken Veränderungen an der Düngermasse vollziehen sich also bei dem Heißgärverfahren während der langen Lagerzeit, der gegenüber der eigentliche Gärprozeß kaum ins Gewicht fällt. Kein anderer Dünger nimmt zu seiner Reife 3—4 Monate in Anspruch. Gemäß F. LÖHNIS (17, 6, 10) haben Hof- und Tiefstalldünger in der Regel nach 6—8 Wochen den Zustand erreicht, in dem sie ungefähr den größten Wirkungsgrad zeigen. In den kälteren Wintermonaten braucht der Hofdünger etwa 10—12 Wochen zu seiner Reifung. Sie ist also von äußeren und inneren Bedingungen abhängig. Luftzutritt und Selbsterwärmung des Düngers, gute und gleichmäßige Anfeuchtung des Strohes, Häckseln und gutes Vermischen desselben mit den festen Exkrementen sowie andere Faktoren kürzen die Reifungsdauer ab. Fehlen diese Voraussetzungen, so wird sie verzögert. Da also die Reifungsdauer stets mehr oder weniger schwankt, kann man den Dünger selten auf dem Höhepunkt seiner Leistungsfähigkeit auf dem Felde zur Anwendung bringen. Auch wirtschaftliche Schwierigkeiten stehen dem entgegen.

Im Tiefstall- und noch mehr im Hofdünger gehen also die Gärungen ungehindert weiter und bewirken Verluste an Gesamtmasse und N. Ebenfalls hält die assimilierende Tätigkeit der Mikroorganismen an. Anders liegen die Dinge bei dem heißvergorenen oder Gärstattdünger, da er ein vorzüglich pasteurisiertes Material darstellt, auf anderem Wege zur Reifung gelangt als die gewöhnlichen Düngersorten und mit zunehmender Lagerungsdauer an Wert gewinnt. Mit dem Heißgärverfahren läßt sich daher nach Belieben Vorratswirtschaft treiben.

Gärungen. Die Rotte des Stalldüngers oder die in ihm verlaufenden Umsetzungen zerfallen in eine Menge von Einzelvorgängen, die wir mit Gärungen bezeichnen können. Wir verstehen in diesem Falle unter Gärungen alle diejenigen biologischen Prozesse, bei denen neben unwesentlichen Stoffwechselprodukten eine oder mehrere andere in besonders auffallender Menge gebildet werden (K. B. LEHMANN und K. O. NEUMANN). Man spricht also von einer Essigsäure-, Buttersäure-, Methan-, Wasserstoffgärung usw. und macht dabei keinen Unterschied zwischen den bei völligem Luftzutritt und Luftabschluß verlaufenden Vorgängen. Mitunter bezieht man sich bei der näheren Bezeichnung der Gärungen auf den umzusetzenden Stoff, wie z. B. bei der Cellulosegärung, Harnstoffgärung u. a. m. In der Biochemie hält man dagegen in der Regel die Begriffe Gärung und Atmung streng auseinander, indem man unter Gärung die anaeroben und unter Atmung die aeroben Stoffwechselvorgänge versteht.

Es ist schwierig, einen genauen Einblick in die zahllosen Umsetzungen im Stalldünger zu erhalten. Zum großen Teil sind sie erst wenig erforscht aus Gründen, die der Kompliziertheit, vielleicht auch der Unbeliebtheit des Gegenstandes entspringen. Unser Wissen steht hier im umgekehrten Verhältnis zur Bedeutung der Fragen. Ähnlich liegen die Verhältnisse auf anderen agrikulturchemischen Gebieten, so z. B. der Entstehung und Zersetzung des Humus im Boden.

α) *Zersetzung der C-Verbindungen. Art und Menge der N-freien Substanzen* sind für die Behandlung des Stalldüngers von großer Bedeutung. Die leicht zersetzlichen Verbindungen unter ihnen verleihen dem Dünger seine schädlichen Eigenschaften und müssen erst zum größten Teil beseitigt sein, ehe er seinen vollen Wert erhält. Zu diesen Verbindungen gehören verschiedene Zuckerarten, Stärke, Pentosane, Salze organischer Säuren, Pektine und Hemicellulosen, deren Begriff allerdings nicht ganz festliegt. Ihre Menge wechselt je nach der Zusammensetzung des Stalldüngers. Schon die festen Exkremente der einzelnen Tiere, so z. B. die von Pferden und Rindern, rufen Unterschiede hervor. Von größtem Einfluß ist die Art der benutzten Einstreu. Torf enthält nur wenig, Stroh dagegen viel leicht zersetzliche Verbindungen. Bei letzterem werden sie vielfach unter dem Begriff Pentosane zusammengefaßt. Aber außer Pentosanen sind, wie wir aus den eingehenden Untersuchungen von F. Ehrlich und Mitarbeitern (1—3) über die chemische Konstitution des Pektinmoleküls wissen, sicherlich auch Hexosen, verknüpft mit Tetragalakturonsäure, zu einem beträchtlichen Prozentsatz vorhanden. Die Zellwände wachsender und reifender Pflanzen bestehen aber zum großen Teil aus Pektin. Noch größere Mengen leicht zersetzlicher N-freier Substanzen, bezogen auf Trockensubstanz, bringen frische grüne Pflanzen mit ihrem parenchymatischen Gewebe in den Stalldünger.

Alle diese Stoffe bilden durch ihre Zersetzung die Grundlage für die *Selbsterwärmung des Stalldüngers.* Vorbedingung dafür sind hinreichender Luftzutritt und nicht zu schnelle Ableitung der Wärme. Nur in größeren Haufen kann sich die für die systematische Heißvergärung wichtige Temperatursteigerung mit der notwendigen Schnelligkeit bis zu dem gewünschten Grade vollziehen. Bei ungeregelter Vergärung vermag die Selbsterhitzung sogar auf 70° C und darüber zu gehen, so daß niedrige Außentemperaturen diesen Vorgang kaum abschwächen. J. Hansen und A. Günther beobachteten selbst bei —15° C im Freien in locker gelagertem Dünger eine Temperatursteigerung bis auf 60° C. Vom hygienischen Standpunkte aus hat man den sich mäßig erwärmenden Dünger als Bildungsstätte für pathogene Organismen bezeichnet (H. Miehe, A. Ambrož), ohne allerdings Beweise dafür erbringen zu können. Andererseits hat man die bei geeigneter Aufstapelung des Düngers eintretende stärkere Erhitzung dazu auszunutzen versucht, die in ihm vorkommenden Krankheitskeime abzutöten (H. Bohtz). Auf Grund der bei der systematischen Heißvergärung nach H. Krantz gesammelten Erfahrungen besteht die Möglichkeit, alle Erreger von Tierseuchen mit Sicherheit zu vernichten (A. Schnabl), soweit sie nicht Sporen bilden. Aber auch diese gehen infolge der eigenartigen Vorgänge bei der langsamen Reifung des heißvergorenen Düngers zum Teil zugrunde (G. Ruschmann 5, 8, 9). Welche Bedeutung das Heißgärverfahren für die Düngerwirtschaft zu haben vermag, wird an anderer Stelle noch zu erörtern sein.

Weiterhin werden die im Dünger verlaufenden lebhaften Oxydationsprozesse und die damit verbundene Wärmebildung für das frühe Keimen und Treiben von Sämlingen in Mistbeeten ausgenützt. Auch die Bildung von Humusstoffen wird durch die Selbsterhitzung gefördert. Besonders charakteristisch verläuft sie bei der Edelmistbereitung, bei der die Reifung unter dem Einfluß höherer Temperaturen und völligem Sauerstoffabschluß stattfindet. Sie fehlt deshalb keineswegs im Hofdünger, der bekanntlich vielfach unordentlich auf die Düngerstätte geworfen wird und sich dann stark erwärmt. So günstig die Bildung von mildem Humus bei der Stalldüngerrotte zu sein vermag, so wenig darf dieser Vorgang in einer Weise verlaufen, daß saurer, adstringierender Humus oder sogar kohlige Partien entstehen.

Aus diesem Grunde werden für das Heißgärverfahren nur Temperaturen von 55—65° C angewendet, die genügen, um völlige Pasteurisierung zu erzielen. Mit Zunehmen der Wärme wachsen im allgemeinen auch die Verluste an organischer Substanz. Zur Vernichtung der Krankheitserreger reichen auch Temperaturen von 55—65° C aus, weil sie nur sehr langsam zurückgehen und in ihrer Wirkung durch die bei der Reifung verlaufenden chemischen Reaktionen unterstützt werden. Bei den gewöhnlichen Methoden der Düngerbehandlung sind allerdings zu diesem Zwecke höhere Temperaturen nötig, durch die jedoch wieder größere Verluste eintreten.

Die *einzelnen Gärungen* verlaufen ihrer Stärke nach ungefähr entsprechend dem Grade der Zersetzlichkeit der obengenannten Stoffe. Dazu gibt F. LÖHNIS (3) eine Übersicht, in der die prozentuale Abnahme an der ursprünglich vorhandenen Menge einzelner Bestandteile verzeichnet ist:

Zucker usw.	Pektinsubstanzen	Cellulose
20–30%	15—20%	7—10%

An dem Abbau dieser Stoffe sind besondere Bakteriengruppen beteiligt. Zu ihnen rechnen verschiedene Arten, die entweder unter aeroben oder anaeroben Bedingungen ihre Umsetzungen bewirken. In anderen Fällen sind es fakultativ anaerobe Gärungserreger, die unabhängig vom Luftzutritt ihre Funktionen ausüben. Als Beispiel dafür sei *Bac. asterosporus* genannt, der die Pektinstoffe energisch angreift. Die besonders leicht zersetzlichen Verbindungen, wie Zucker, Stärke, Salze organischer Säuren usw., werden von einer großen Reihe von Bakterien und Pilzen abgebaut, dagegen müssen die für die Zersetzung der Pektinstoffe und Cellulose in Betracht kommenden Organismen mit besonderen Enzymen ausgerüstet sein. Zur Cellulosezersetzung sind mehr Pilz- als Bakterienarten befähigt.

Unter den Cellulose vergärenden Bakterien gibt es ebenfalls aerobe und anaerobe Formen, von denen im Dünger hauptsächlich die letzteren nachgewiesen wurden. Ihre Zahl kann je Gramm einige Millionen betragen, die aber im Vergleich zu den vielen Milliarden Gesamtkeimen in solchem Material nicht viel bedeuten. Für die verschiedenen hier genannten Gärungen sind naturgemäß Temperaturen, Gegenwart von freiem Sauerstoff, Feuchtigkeitsverhältnisse und Ernährungsbedingungen von großem Einfluß. Einen Einblick in diese Beziehungen gewähren Untersuchungen von B. SJOLLEMA und J. DE RUYTER DE WILDT, nach denen folgende Verluste in Prozenten an einem unter verschiedenen Bedingungen aufbewahrten Kot-Harn-Gemisch in $4^1/_2$ Monaten auftraten:

	Aerob		Anaerob	
	15° C	35° C	15° C	35° C
Organ. Substanz	—11,8	—39,4	—3,6	—34,0
Pentosane	—18,6	—62,8	—9,4	—59,6
Cellulose	0	—57,0	fast 0	Abnahme

Temperatur und Sauerstoffabschluß haben demnach weitgehende Bedeutung für die einzelnen Gärungen N-freier Substanzen. Bei 35° C sind bemerkenswerterweise die anaeroben Gärungen nicht viel schwächer verlaufen als die aeroben, wohl aber deutlich bei 15° C. Wenn nicht die Gasbildung bei der Aufbewahrung unter Luftzutritt und bei 35° C anaerobe Bedingungen geschaffen hat, müssen aerobe Cellulosevergärer in starkem Maße tätig gewesen sein.

Unter bestimmten Voraussetzungen können aus den C-Verbindungen freie organische Säuren im Dünger entstehen. Die Bildung von Buttersäure wurde bereits erwähnt. Wahrscheinlich treten ebenso andere Säuren bei den Umsetzungen auf. Die Bedingungen für derartige Gärungen sind sehr verschieden. Für die Buttersäuregärung, die am ersten anzutreffen ist, sind anaerobe Verhältnisse, ausreichende Mengen Feuchtigkeit und überwiegend N-freie Substanzen nötig. Bei starken Fäulniserscheinungen kommt es nicht zur Bildung von Buttersäure. Sie unterbindet nicht nur den Fortgang der Rotte durch die Reaktion, sondern wirkt im Ackerboden auch schädlich auf die Wurzeln und Wurzelhaare der Pflanzen ein.

Außerdem können organische Säuren durch weitgehende Eiweißzersetzung in ähnlicher Weise entstehen, wie es von der Sauerfutterbereitung her bekannt ist. Für letztere führte C. Brahm (1, 2) den Nachweis der Bildung flüchtiger Fettsäuren aus N-haltigen Bestandteilen. Diese Art Säurebildung, die als reduktive Desaminierung bezeichnet wird und wahrscheinlich über die betreffenden Oxysäuren vor sich geht, verläuft folgendermaßen (A. Rippel):

$$1.\quad \underset{\substack{\text{Glykokoll}\\\text{(Aminoessigsäure)}}}{CH_2(NH_2)\cdot COOH} + H_2O = \underset{\substack{\text{Glykolsäure}\\\text{(Oxyessigsäure)}}}{CH_2OH\cdot COOH} + NH_3$$

$$2.\quad \underset{\text{Glykolsäure}}{CH_2OH\cdot COOH} + H_2 = \underset{\text{Essigsäure}}{CH_3\cdot COOH} + H_2O$$

Die Zahl der C-Atome in den Verbindungen bleibt bei diesen Umsetzungen die gleiche. Amylobakterien wurden im Stalldünger manchmal zahlreicher in den Exkrementen als auf den strohigen Bestandteilen gefunden (G. Ruschmann 2, 3). Ob sie hier als Fäulniserreger zur Bildung von Buttersäure durch Desaminierung beigetragen haben, bleibt dahingestellt.

Ebenso ist die Bildung von Alkoholen, auch Phenolen, die sowohl im Dünger als auch in der Jauche gefunden wurden, aus verschiedenen Aminosäuren bekannt. Als Beispiel dieser oxydativen Desaminierung möge die Entstehung von Amylalkohol (Fuselöl) aus Leucin angeführt werden:

$$\underset{\text{Isoleucin}}{\left.\begin{matrix}CH_3\\C_2H_5\end{matrix}\right\rangle CH\cdot CH(NH_2)\cdot COOH} + H_2O = \underset{\text{Isoamylalkohol}}{\left.\begin{matrix}CH_3\\C_2H_5\end{matrix}\right\rangle CH\cdot CH_2OH} + CO_2 + NH_3$$

In diesem Fall wird die Zahl der C-Atome um eins verringert. Organische Säuren sowohl wie Alkohole können, solange der Stalldünger in lebhafter Gärung begriffen ist, weiter zersetzt werden, so daß ein negativer chemischer Befund keine Auskunft darüber gibt, ob sie nicht intermediär doch zur Entstehung gelangten.

Ein letzter wichtiger Punkt der Vergärung N-freier Substanzen im Stalldünger ist die *Gasbildung*. Gase entstehen in so großer Menge, daß sie den weiteren Verlauf der Gärungen erheblich beeinflussen können. Am regelmäßigsten kommt unter den verschiedenen Bedingungen CO_2 zur Entwicklung, die eines der hauptsächlichsten Stoffwechselprodukte der *Coli-Aerogenes*-Arten ist. Aber auch bei der anaeroben Pektin- und Cellulosegärung bildet sich reichlich CO_2 und CH_4. Wasserstoff, der unter den Düngergasen entweder gar nicht oder nur in geringen Mengen gefunden wird, entsteht trotzdem bei vielen Umsetzungen. Er wird bei Luftmangel von *Coli-Aerogenes*-Arten, Pektin-, Cellulose- und Buttersäurebakterien erzeugt. Wie aus den Untersuchungen von N. L. SÖHNGEN (1) hervorgeht, kann der vorher erzeugte Wasserstoff bei anderen Gärungen, so der Methangärung, wieder verbraucht werden. Ebenso ist eine direkte biologische Oxydation desselben zu H_2O möglich. CO_2 und CH_4 sind häufig zu gleichen Anteilen zugegen. Neben den genannten Gasarten treten noch H_2S, CO und N-haltige Gase auf. Zu den letzteren gehören vor allem NH_3 und elementarer N. Ferner sind hier außer H_2S und NH_3 noch andere Stoffe anzuführen, die dem Stalldünger seinen charakteristischen Geruch verleihen und auch zu den flüchtigen Verbindungen gehören. Als solche sind bekannt Indol, Skatol, Amylalkohole, Amine und Merkaptane, die beim Zerfall eiweißartiger Substanzen entstehen.

Sowohl aus den festen Exkrementen als auch der Einstreu entwickeln sich reichliche Gasmengen. Nach J. STOKLASA (6) entstanden aus 1 kg Rinder- und Pferdekot innerhalb 24 Stunden bei 18° C folgende Mengen CO_2:

	Rinderkot	Pferdekot
Aerob	1,25 g	1,95 g
Anaerob ...	0,22 g	0,17 g

Dies Ergebnis entspricht der früher erwähnten Tatsache, daß die Pferdeexkremente einen höheren Gehalt an Trockensubstanz und leicht zersetzlichen N-freien Verbindungen enthalten. Von den geprüften Einstreumitteln liefert Stroh die größten Mengen CO_2 (E. WOLLNY). Aus 5 g Stroh entwickelten sich nach H. BUHLERT in 56 Tagen bis zu 3 g CO_2 (Temp. ?). F. LÖHNIS (3) berechnet, daß 1 m^3 Stalldünger während seiner Lagerung etwa 46 kg CO_2 und 16,7 kg CH_4, das sind 47 m^3 Gas, erzeugt. Die tatsächlich durch Untersuchungen festgestellten Mengen entsprechen 10—100 m^3.

Auf Menge und Beschaffenheit der erzeugten Gase haben äußere Faktoren einen großen Einfluß. Die Tabelle auf S. 183 unten zeigt die Wirkungen der Temperatur und des Luftzutritts auf die Zersetzungsvorgänge. In einem Stalldüngerhaufen müssen sich deshalb die oberen mit Luft erfüllten Schichten anders verhalten als die tieferen. Während in jenen die Oxydationsprozesse, d. h. Atmungsvorgänge, bei denen in erster Linie CO_2 entsteht, überwiegen, herrschen in diesen typische Gärungen vor, die hauptsächlich CH_4, H_2 und N liefern. Durch beide Prozesse wird die Bildung anaerober Bedingungen gefördert und damit die Lebhaftigkeit der Zersetzungen gehemmt. Dabei vermindern sich die Verluste. Diese Wirkung der Entstehung von Gasen läßt sich bei der Stalldüngerbehandlung auch technisch ausnutzen. Jede Störung der Lagerung, jede erneute Luftzufuhr, wie sie vor allem beim Auf- und Abladen des Düngers stattfindet, muß die aeroben Zersetzungen wieder anfachen und steigende Verluste bedingen. Deshalb sollte man den Dünger nicht ausfahren, bevor man ihn nicht auf dem Felde gebrauchen, d. h. unterbringen kann (K. IVERSEN 1, 2, H. v. RATHLEF 1, J. K. JENSEN).

Viel geringer ist diese Gefahr der Wertverminderung bei Gärstatt- oder heißvergorenem Dünger, der fast frei von aktiven Keimen ist und nicht so schnell neuen Gärungen unterliegt. Erst bei seiner Verteilung im Ackerboden werden ihm die Bakterien in großen Mengen wieder zugeführt. Deshalb ist es durchaus denkbar, daß die Wirkung eines solchen Produktes in einem sehr keimarmen Boden nachläßt. Eine Berührung des Edelmistes mit der Luft vor dem Unterbringen ist auch deshalb weniger nachteilig, weil er eine dichte, fest zusammenhaltende Masse darstellt (s. Abb. 38, S. 174) und der Luft eine geringere Angriffsfläche bietet. Eine volle Ausnutzung der in diesem Dünger vorhandenen Werte ist nur denkbar, wenn man für eine gute Zerkleinerung und Verteilung des Materials im Boden sorgt. Dazu stehen heute bereits einfache Maschinen zur Verfügung (LOCHBRUNNER 2, K. BEINERT 1, H. LINDOW, A. SCHÄFER und A. STEVEN, WECKE, W. FISCHER, v. WULFFEN, R. HERRE). Es ist fehlerhaft, wenn man bei Versuchen zur Prüfung des heißvergorenen Düngers diesen Gesichtspunkt nicht genügend beachtet.

β) Zersetzung der N-Verbindungen. Mit Recht hat man der *Art und Herkunft der N-Verbindungen* sowie ihrer Umwandlung im Stalldünger besondere Aufmerksamkeit geschenkt. Beruht doch ein großer Teil der Stalldüngerwirkung im Boden auf seinem Gehalt an diesem wertvollen Pflanzennährstoff. Dabei kommt es aber mehr auf die Form, in welcher der N vorliegt, als auf die Menge an. Gemäß dem früher Gesagten enthalten die festen und flüssigen Ausscheidungen viel N, der aber nur in den letzteren leicht zersetzlich ist. Dagegen erweist sich der N in der Einstreu als verhältnismäßig gering und schwer löslich. Trotzdem zeigt die Tatsache der Selbsterhitzung von reinem angefeuchteten Stroh bis auf 70° C, daß der zur Entwicklung der Gärungserreger nötige N vorhanden ist und in einer verwertbaren Form vorliegt. Im Harn sind als N-Verbindungen hauptsächlich Harnstoff und Hippursäure, weniger Harnsäure vorhanden, während in den festen Exkrementen der N in hochmolekularen, meist schwer abbaufähigen Eiweißstoffen enthalten ist. Je nachdem, ob der Stalldünger mit mehr oder weniger Einstreu bereitet und der Harn darin aufgenommen oder getrennt aufgefangen wurde, schwankt der N-Gehalt und die Zersetzlichkeit der N-Verbindungen in ihm. Dementsprechend verschieden verhalten sich auch die einzelnen Gärungen und N-Umsetzungen im Dünger.

Selbstverständlich lassen sich die Umwandlungen der N- und C-Verbindungen in Wirklichkeit nicht so scharf trennen, wie es nach den bisherigen Ausführungen erscheinen mag. Die Vorgänge greifen ineinander über und beeinflussen sich gegenseitig. Wie bei den Gärungen des Zuckers, der Pektinstoffe und Cellulose die N-haltigen Verbindungen mit in den Stoffwechsel hineingezogen werden, so kommen für die Zersetzungsvorgänge der letzteren auch C-Verbindungen in Frage. Der Energiestoffwechsel der Mikroorganismen beschränkt sich nicht nur auf die N-freien Substanzen, obwohl diese gleichzeitig N- und C-Lieferanten zu sein vermögen. Erst recht bedarf ihr Baustoffwechsel der N-Verbindungen. Bei den zahlreichen Einzelvorgängen innerhalb der Zelle finden Abbau- und Aufbauerscheinungen nebeneinander und aufs engste miteinander verknüpft statt. Daher stehen sie auch bei der Stalldüngerrotte stets in Wechselwirkung.

Die wichtigste N-Umwandlung ist die *Ammonifikation.* Der amidartig gebundene N des Harnstoffs und der Hippursäure unterliegt, soweit der Harn in den Stalldünger mit hineingelangt, am ersten den hierin stattfindenden Umsetzungen. Hierbei entstehen reichliche Mengen NH_3, wie folgende Gleichungen anzeigen:

1. $$\underset{\text{Harnstoff}}{CO \cdot (NH_2)_2} + 2\,H_2O = \underset{\text{Ammoniumkarbonat}}{(NH_4)_2 \cdot CO_3}$$
$$(NH_4)_2 \cdot CO_3 = 2\,NH_3 + CO_2 + H_2O$$

2. $$\underset{\text{Hippursäure}}{C_6H_5CO \cdot NH \cdot CH_2 \cdot COOH} + H_2O = \underset{\text{Benzoesäure}}{C_6H_5 \cdot COOH} + \underset{\substack{\text{Glykokoll} \\ \text{(Aminoessigsäure)}}}{CH_2(NH_2) \cdot COOH}$$

Die hydrolytische Spaltung des Harnstoffs erfolgt außerordentlich leicht, die der Hippursäure etwas schwerer. Aus dem bei der Hippursäurezersetzung entstehenden Glykokoll wird wiederum NH_3 abgespalten. Die in geringen Mengen im Harn vorkommende Harnsäure unterliegt als Purinderivat, eine ringförmige Verbindung, viel langsamer dem Abbau. Doch wird hierbei ebenfalls viel NH_3 frei (A. RIPPEL):

1. $$\underset{\text{Harnsäure}}{C_5H_4N_4O_3} + O + H_2O = \underset{\text{Allantoin}}{C_4H_6N_4O_3} + CO_2$$

2. $$\underset{\text{Allantoin}}{C_4H_6N_4O_3} + 2\,H_2O = \underset{\text{Harnstoff}}{2\,CO(NH_2)_2} + \underset{\text{Glyoxylsäure}}{COH \cdot COOH}$$

Die Glyoxylsäure geht unter Sauerstoffaufnahme sofort in Oxalsäure über. Dieser Vorgang stellt ein anderes Beispiel dar, wie auch aus N-haltigen Verbindungen Säuren gebildet werden können.

Der N der festen Exkremente wird nur langsam und zu einem geringen Teil ammonifiziert (P. WAGNER 1). Sehr lehrreich in dieser Beziehung ist ein Versuch, bei dem in 6 Wochen bei 20° C vom Gesamt-N folgende Mengen in NH_3 übergeführt wurden (F. LÖHNIS 3, F. LÖHNIS und J. H. SMITH):

Kot-Stroh	Kot-Harn-Stroh
2,0—2,8%	28,4—30,0%

Der Harn-N war zu 75—80% in NH_3 umgewandelt worden. Diese schwache NH_3-Bildung aus den N-Verbindungen der festen Ausscheidungen läßt sich damit erklären, daß ungefähr die Hälfte ihres N-Gehaltes in Form von Bakterien- und Pilzsubstanz zugegen ist. Die Körper der Mikroorganismen widerstehen aber lange Zeit den Zersetzungsprozessen. Der übrige Kot-N stellt diejenigen Verbindungen dar, die von den Tieren nicht verdaut wurden und daher ebenfalls schwer zersetzlich sind. Dieser Gegensatz in dem Verhalten des N in den festen und flüssigen Ausscheidungen bildet den Grund für ihr getrenntes Auffangen und Behandeln. Eine stärkere Aufschließung der hochmolekularen schwer abbaufähigen N-Verbindungen ist bei Anwesenheit des leicht zersetzlichen Harn-N durch die üblichen Verfahren nur mit Erhöhung der N-Verluste zu erreichen. Die NH_3-Bildung im Stalldünger besitzt aber besondere Bedeutung. C. BARTHEL und Mitarbeiter (1—3) schreiben lediglich dem NH_3-Stickstoff eine Wirkung im Boden zu, womit sie allerdings Widerspruch erregten.

Auf die gesamten N-Umsetzungen haben ebenfalls Temperatur, Luftzutritt und Feuchtigkeitsgehalt weitgehenden Einfluß. Die schon im Abschnitt über den Abbau der C-Verbindungen erwähnten Untersuchungen von B. SJOLLEMA und J. DE RUYTER DE WILDT an einem $4^1/_2$ Monate aufbewahrten Kot-Harn-Gemisch lassen dies deutlich erkennen:

	Aerob		Anaerob	
	15° C	35° C	15° C	35° C
Gesamt-N . . .	—6,7%	—7,0%	0	0
Eiweiß-N . . .	—4,5%	Abnahme	Abnahme	—13,4%
Ammoniak-N	+4,6%	+1,8%	+65,0%	+15,0%

Da das Ziel einer guten Düngerpflege neben möglichst geringen N-Verlusten ein starkes Löslichmachen des N sein muß, scheint der unter anaeroben Bedingungen verlaufene Teilversuch, namentlich der bei 15° C, ein sehr günstiges Resultat ergeben zu haben.

Während die Ammonifikation, solange dabei keine erhöhten N-Verluste auftreten, einen wünschenswerten Vorgang bei der Stalldüngergärung darstellt, sollte die *Assimilation* möglichst unterdrückt werden. Sie läßt sich als rückläufiger Prozeß der Ammonifikation bezeichnen. Doch können beide unter denselben Bedingungen verlaufen. Obwohl sich die meisten Erreger der Harnstoffgärung aerob besser entwickeln als anaerob, geht die Ammoniakbildung aus den im Harn vorliegenden Verbindungen bei Luftabschluß ebenfalls kräftig vonstatten. Die Lebensbedürfnisse der zahlreichen Harnstoffbakterien gehen weit auseinander. Selbst die Harnsäure kann aerob und anaerob zersetzt werden. Dagegen verläuft die Assimilation im Dünger um so kräftiger, je stärker der Luftzutritt ist. Die Untersuchungsergebnisse von B. SJOLLEMA und J. DE RUYTER DE WILDT deuten diese Verhältnisse bereits an.

Am stärksten vermehren sich die Organismen bei Anwesenheit von Sauerstoff (s. Abb. 44, S. 204) und erzeugen dabei Wärme, die wiederum die Entwicklung der Bakterien fördert. Unter diesen Bedingungen nehmen sie den löslichen

N auf und vermindern den Wert des Stalldüngers. Bei Luftabschluß verlaufen die Gärungen wesentlich langsamer. Nach F. LÖHNIS (3) unterliegen selbst in diesem Falle noch rund 30% des Harn-N der Assimilation, während sich die Ziffer bei schlechter Aufbewahrung des Düngers auf 70% erhöhen kann. Die Folge davon ist, daß letzterer nach der Rotte weniger löslichen N bzw. NH_3 enthält als vorher. Unter diesen Umständen besteht kein Zweifel, daß der Dünger falsch behandelt wurde.

Am ersten sind Amid- und Ammoniakstickstoff der Assimilation unterworfen, also die N-Verbindungen, welche der Harn enthält. Weiterhin wird in derselben Weise der Nitrit- und Nitrat-N festgelegt. Jedoch liegen die Verhältnisse für die Nitrifikation im Dünger im allgemeinen so ungünstig, daß dieser Vorgang nicht besonders in Erscheinung tritt. Als Voraussetzung für eine kräftige Assimilationstätigkeit der Organismen müssen außer der Anwesenheit von Luft genügende Mengen leicht zersetzlicher Kohlehydrate oder anderer N-freier Substanzen vorhanden sein. Ohne ihre Gegenwart kann eine starke Entwicklung der aeroben Keime nicht stattfinden. Je mehr unverrottetes Stroh also im Dünger zugegen ist, desto leichter geht der wertvolle N durch Festlegung verloren. Darum darf man die Jauche nicht auf den Dünger geben. Durch die Verwendung von Jauchetorf zur Düngerbereitung entsteht nur geringerer Schaden, da diese Streu arm an leicht zersetzlichen C-Verbindungen ist (F. HANSEN).

Nitrit- und *Nitratbildung* haben bei den Forschungen über die N-Umwandlungen im Dünger eine große Rolle gespielt. Die Ansichten über die Möglichkeiten der Nitrifikation und ihre Bedeutung waren sehr geteilt (P. WAGNER 1, A. STUTZER 1, 2, TH. PFEIFFER 1, O. LEMMERMANN, F. LÖHNIS 2). Nach unserer heutigen Erkenntnis gehört eine stärkere Salpeterbildung im Stalldünger zu den Seltenheiten, so daß größere N-Verluste infolge Denitrifikation auch wenig zu befürchten sind. Immerhin wurden in einzelnen Fällen Salpetermengen beobachtet, die sich auf 20—30% des Gesamt-N und darüber belaufen (M. MAERCKER und Mitarbeiter 1, 2, F. HOLDEFLEISS).

Die Nitrifikation des Ammoniaks verläuft in zwei Stufen, der Nitritbildung, bewirkt durch die Nitritbakterien, *Nitrosomonas*-Arten, und der Umwandlung des Nitrits in Nitrat durch die Nitratbakterien, *Nitrobacter*-Arten. Der chemische Vorgang der Ammoniakoxydation verläuft folgendermaßen:

$$NH_3 + 3\,O = HNO_2 + H_2O$$
$$NHO_2 + O = HNO_3$$

Die Salpeterbildung geht also nur bei Anwesenheit reichlicher Mengen freien Sauerstoffs vonstatten und ist schon aus diesem Grunde im feucht-fest behandelten Stalldünger nur in den obersten, locker lagernden Schichten möglich. Dagegen wäre eine deutliche Salpeterbildung bei weniger guter Pflege des Düngers am ersten zu erwarten. Doch verhindern in diesem Falle die intensiven Gärungen und die damit verbundene Wärmeerzeugung häufig die Entwicklung der Nitrifikationsbakterien. Bei mangelnder Pflege des Hofdüngers treten nicht selten Temperaturen von 50—60° C auf. Nach den Untersuchungen von E. BOULLANGER und L. MASSOL sterben die Nitritbildner innerhalb 5 Minuten schon bei 45° C, die Nitratbildner bei 55° C ab. Auch etwas niedrigere Temperaturen werden, wenn sie längere Zeit einwirken, diese Organismen außer Tätigkeit setzen. Wenn aber die empfindlicheren Nitritbildner durch Temperaturen von 40—45° C geschädigt werden, ist oberhalb dieser Grenze keine Salpeterbildnug mehr möglich, denn die Nitratbakterien können erst nach Überführung des Ammoniaks in salpetrige Säure wirksam werden. Für die systematische Heißvergärung des Stalldüngers spielen diese Verhältnisse eine wichtige Rolle (W. GOETERS, G. RUSCHMANN 1, 2, 3).

Eine weitere Vorbedingung für die Salpeterbildung ist die Abwesenheit größerer Mengen von freiem NH_3 oder $(NH_4)_2 \cdot CO_3$, durch welche die Nitrifikationsbakterien ganz allgemein, aber besonders die Nitratbildner geschädigt werden (F. LÖHNIS 18). Aus diesem Grunde scheinen letztere trotz ihres höheren Temperaturmaximums eher aus dem sich erwärmenden Dünger zu verschwinden als die Nitritbildner mit ihrer größeren Wärmeempfindlichkeit. Gelangt der Harn mit in den Düngerhaufen, so geht in den oberen, sauerstoffreicheren Schichten die Ammonifikation schnell vor sich. Die reichlichen Mengen freien Ammoniaks hemmen also die Nitrifikationsbakterien gerade dort, wo ihre Entwicklung aus anderen Gründen am ersten zu erwarten wäre. Ist der Dünger dagegen ziemlich frei von den flüssigen Exkrementen, so kann aus Mangel an NH_3 keine stärkere Nitrifikation eintreten. Die Anwesenheit der Nitrit- und Nitratbildner ist ursprünglich im Dünger nur sehr gering. Feste und flüssige Ausscheidungen der Tiere enthalten sie nicht und die Einstreu, z. B. Stroh, in sehr bescheidenen Mengen. Dagegen reichern sie sich auf dem Boden und an den Wänden der Ställe an und infizieren Einstreumittel und Exkremente.

Die Salpetersäurebakterien haben die eigenartige Fähigkeit, ihren C-Bedarf aus CO_2 zu decken, also diese zu reduzieren und dabei NH_3 zu oxydieren. Dieser Bau- und Energiestoffwechsel bedingt, daß die Entwicklung der Organismen völlig unabhängig von der Anwesenheit organischer Substanzen ist. Sie tritt überhaupt erst in einer an löslichen organischen Verbindungen armen Umgebung ein. Deshalb stellt ein lockerer, leichter Boden einen idealen Standort für diese Bakterien dar. Offenbar ist aber auch der Gehalt des Düngers an löslichen C-Verbindungen so gering, daß dadurch ihre Tätigkeit nicht wesentlich eingeschränkt wird. Aus den Untersuchungen von B. NIKLEWSKI (1, 2) geht hervor, daß sich die Nitrifikationsbakterien leicht und kräftig im Stalldünger zu entwickeln vermögen. Im Tiefstall fehlen sie allerdings häufig oder sind nur in geringer Menge anwesend. Andererseits findet dieser Forscher, daß mitunter trotz reger Tätigkeit und Vermehrung der Organismen weder Nitrit noch Nitrat im Dünger festzustellen sind. Die Erklärung für diese Erscheinung ergibt sich daraus, daß die Verbindungen sofort nach ihrer Entstehung wieder zersetzt werden, wobei N in Freiheit gelangt.

Diese Tatsachen weisen auf die Einseitigkeit chemischer Untersuchungen hin, da in vorliegendem Falle nur die biologische Analyse Aufschluß über die Nitrifikation und die damit verbundenen N-Verluste geben kann. Häufig stimmen auch die chemischen und biologischen Reaktionen gut miteinander überein, so daß ein stärkerer Nachweis von Nitrifikationsbakterien einem höheren Gehalt an Nitrit und Nitrat im Dünger entspricht (G. RUSCHMANN 12). B. NIKLEWSKI (1) sowohl als auch G. RUSCHMANN kommen daher zu dem Resultat, daß sich der Nachweis dieser Organismen und ihrer Menge gut als Indikator für die Art der Behandlung des Düngers, die Sorgfalt seiner Aufbewahrung und bis zu einem gewissen Grade für seine Güte gebrauchen läßt. Nach dem Gesagten liegt also die Nitrifikation nur dann im Bereiche der Möglichkeit, wenn folgende vier Bedingungen erfüllt sind: 1. nicht zu hohe Temperaturen, 2. sehr geringe Mengen NH_3, 3. reichlich Luftsauerstoff und 4. wenig lösliche organische Verbindungen. Das Zusammentreffen aller dieser Punkte dürfte aber bei einer einigermaßen guten Düngerpflege nicht allzu häufig verwirklicht sein.

Die Bedeutung der Salpeterbildung im Dünger ist nur im Zusammenhang mit der *Denitrifikation* zu verstehen, d. h. dem Zerfall des Salpetersäuremoleküls unter Freiwerden von elementarem N. Eine große Anzahl von Bakterien, deren namentliche Aufführung nicht von Wichtigkeit ist, erweist sich zu dieser Zerstörung des Nitrits und Nitrats befähigt. Sie gedeihen vor allem bei vollem

Sauerstoffdruck der Atmosphäre, vermögen aber auch bei gänzlichem Luftabschluß zu existieren, indem sie den zum Atmen nötigen Sauerstoff den damit reichlich beladenen Molekülen der salpetrigen Säure oder Salpetersäure entnehmen. Sie übertragen ihn auf leicht zersetzliche C-Verbindungen und verschaffen sich dadurch die zum Leben nötige Energie. Der Vorgang wird von F. LÖHNIS (3) chemisch wie folgt dargestellt:

$$2\,KNO_3 + 2\,C \ldots = N_2O + K_2CO_3 + CO_2$$
$$2\,KNO_2 + C \ldots = N_2O + K_2CO_3$$
$$2\,N_2O + C \ldots = 2\,N_2 + CO_2\,.$$

Die Salpeterzerstörung findet demgemäß nur statt, wenn erstens Sauerstoffmangel und zweitens genügende Mengen vergärbarer C-Verbindungen vorhanden sind. Als solche wurden besonders Kohlehydrate, Salze organischer Säuren und mehrwertige Alkohole festgestellt (J. STOKLASA 7, 8, HJ. JENSEN 1—4, A. STUTZER 3—5). Dies sind jedoch die entgegengesetzten Bedingungen, welche eine Nitrifikation ermöglichen. Wenn also Salpeterbildung und Salpeterzerstörung in ein und demselben Stalldüngerhaufen eintreten sollen, können sie eigentlich nur an örtlich getrennten Stellen verlaufen, und zwar jene in den lockeren oberen, diese in den sauerstofffreien unteren Schichten. Die Oxydationsprodukte des NH_3 müssen also mit dem Regen oder Stalldüngersaft in die Tiefe geführt werden, damit sie der Zersetzung unterliegen. Wie schon gesagt, ist aber die Gefahr der N-Entbindung als Folge der Salpeterbildung im Stalldünger ziemlich gering. Dem entspricht auch der Befund einzelner Forscher, daß salpeterreiche Stalldüngersorten verhältnismäßig geringe N-Verluste aufweisen (F. HOLDEFLEISS).

Außer der bis jetzt behandelten „direkten Denitrifikation", bei der die Bakterien das Nitrit oder Nitrat zerstören, gibt es noch eine sog. „indirekte Denitrifikation" (F. LÖHNIS 2, 3). Durch diese werden jene Verbindungen unter der Einwirkung oxydationsfähiger Stoffe, deren Entstehung auf die Tätigkeit von Mikroorganismen zurückzuführen ist, reduziert. Da es sich in letzterem Falle um chemische Reaktionen handelt, an denen die Bakterien nur indirekt beteiligt sind, können diese auch keinen Nutzen aus ihnen ziehen wie bei der direkten Denitrifikation. Diese Art der Salpeterzerstörung unterscheidet sich von der direkten Denitrifikation auch dadurch, daß sie langsamer verläuft, und daß neben freiem N niedere Oxydationsstufen desselben, Stickoxyde und Stickoxydul, auftreten.

Ferner kommen neben der direkten und indirekten Denitrifikation noch *andere N-Verlustquellen* in Frage. Die Entbindung von elementarem N auf chemischem Wege ist auch in der Weise möglich, daß salpetrige Säure mit Ammoniak oder Amiden in Reaktion tritt. Als Beispiele seien folgende Fälle angeführt (F. LÖHNIS 3):

$$1.\quad \underset{\text{Harnstoff}}{CO(NH_2)_2} + \underset{\text{salpetrige Säure}}{2\,HNO_2} = 2\,N_2 + 3\,H_2O + CO_2$$

$$2.\quad NH_3 + HNO_2 = N_2 + 2\,H_2O\,.$$

Verluste an Stickstoff, die als Folge der Nitrifikation im Stalldünger auftreten, brauchen also durchaus nicht immer unmittelbar auf der Tätigkeit von Mikroorganismen zu beruhen. Allerdings sind sie indirekt in allen Fällen doch die Ursache. Die zuletzt angeführten N-Verluste dürften im Stalldünger keineswegs so bedeutungslos sein wie im Ackerboden (H. IMMENDORFF 1, vgl. auch P. EHRENBERG).

Außer der bereits besprochenen anaeroben Denitrifikation gibt es noch eine aerobe Stickstoffentbindung. Ob bei dieser Art von N-Verlusten eine unmittelbare

Oxydation organischer Substanzen in Betracht kommt oder eine Ammoniakoxydation oder vielleicht beide Vorgänge, ist bis heute noch nicht aufgeklärt worden. Auch hier stehen ziemlich bedeutende Mengen N auf dem Spiele (J. König, Th. Pfeiffer 2, P. Ehrenberg und E. Reichenbach). Aus Versuchen von Jentys (1, 2) geht hervor, daß harnfreie, frische Pferdeexkremente, die im Sauerstoffstrom sehr wenig NH_3 lieferten, innerhalb 15 Tagen 20% ihres N in elementarer Form verloren. Ebenfalls haben Versuche von P. Dehérain (1) bewiesen, daß die N-Entbindung mit 38,2% unter aeroben Bedingungen größer als unter anaeroben mit 19,2% zu sein vermag. Derselbe Forscher (2) führt ferner experimentell die Ursachen der Verluste auf direkte Tätigkeit von Mikroorganismen zurück. F. Löhnis (3) steht auf dem Standpunkt, daß die Abspaltung von freiem N im Stalldünger in der Hauptsache nur bei ungehindertem Luftzutritt stattfindet.

Die N-Verluste durch NH_3-Verdunstung vermögen zweifellos einen bedeutenden Grad zu erreichen. Trotzdem ist eine Reihe von Forschern der Ansicht, daß es sich bei guter Aufbewahrung des Düngers auf der Hofstätte in der Hauptsache nur um N-Verluste in elementarer Form handelt (P. Ehrenberg und E. Reichenbach, Th. Pfeiffer 3, Th. Pfeiffer, F. Moszeik, O. Lemmermann und C. Wällnitz). Die Höhe der Verluste durch Verflüchtigung von NH_3 hängt von der in den Dünger gelangenden Menge Harn ab. Da sich der N der festen Exkremente während der Rotte nur zu einem unbedeutenden Teile in NH_3 umwandelt, gehen in diesem Falle die Verluste daran auf ein sehr geringes Maß herunter. Heute gibt es bereits eine ganze Reihe von Wirtschaften, die über Einrichtungen für weitgehende Trennung der festen und flüssigen Ausscheidungen der Tiere verfügen.

Demgemäß werden die Möglichkeiten für eine NH_3-Verdunstung aus lagernden Düngermassen sehr weit auseinandergehen. Außerdem üben die verschiedenen Einstreuarten einen großen Einfluß auf diese Art N-Verluste aus. Während Torfstreu NH_3 physikalisch und chemisch stark bindet, erweist sich Stroh in dieser Beziehung als besonders ungünstig. Eine mittlere Stellung nimmt Sägemehl ein (Hj. v. Feilitzen). Jedenfalls haben die Autoren nicht unrecht, welche die Unterdrückung der NH_3-Verdunstung durch technische Maßnahmen als besonders wichtige Aufgabe hinstellen (H. Immendorff 2, W. Schneidewind 3, 4).

In diesem Zusammenhang ist die von P. Dehérain (1, 3) bewiesene Tatsache hervorzuheben, daß die Verflüchtigung des Ammoniaks durch Anreicherung von CO_2 stark eingedämmt werden kann. Es unterbleibt dann der Zerfall des $(NH_4)_2 \cdot CO_3$ in seine Komponenten. In einer CO_2-Atmosphäre entwichen aus einer Lösung dieses Salzes innerhalb von 5 Tagen nur 0,9% NH_3, dagegen bei Absorption von CO_2 durch NaOH innerhalb 3 Tagen 39,3% und innerhalb 8 Tagen sogar 83,1%. Ähnlich verliefen andere Versuche.

γ) Umsetzungen der Mineralstoffe. Bei den Forschungen über den Stalldünger ist den Mineralstoffen entsprechend ihrer Bedeutung weniger Aufmerksamkeit geschenkt worden. Die wichtigeren mineralischen Bestandteile sind P_2O_5 und K_2O. Während P_2O_5 hauptsächlich in den festen Ausscheidungen vorkommt, aber auch nicht in der Stroheinstreu fehlt, findet sich K_2O in größeren Mengen im Harn. Hinzu kommen noch die weniger wertvollen Pflanzennährstoffe SO_2 und CaO. Der Gehalt des Düngers an Mineralstoffen hängt von der Art der Fütterung ab. Sie müssen in denselben Mengen, in denen sie den ausgewachsenen Tieren im Futter verabreicht werden, im Kot und Harn wieder erscheinen. Ihr Gehalt im Dünger kann daher in einfacher Weise aus der Summe der in den Futtermitteln und der Einstreu enthaltenen Menge bestimmt werden. Bei den Kühen sind die in der Milch vorkommenden Mineralstoffe in Abzug zu bringen.

Nach A. Stutzer und F. Honcamp sollen in 10 dz frischen Rindviehdüngers etwa 40 kg Gesamtmineralstoffe vorhanden sein, deren Menge nach einer mehrmonatigen Lagerung auf rund 60 kg in derselben Gewichtseinheit gestiegen war. Während also die organische Substanz durch die ununterbrochen fortdauernden Gärungen starke Verluste erleidet, ist dies bei den Mineralstoffen nicht oder nur in sehr vermindertem Maße der Fall. Th. Pfeiffer (4) nimmt an, daß von den Nährstoffen im Dünger folgende Mengen erhalten bleiben:

	N	K_2O	P_2O_5
Bei bester Düngerpflege	80%	100%	100%
„ mittlerer Düngerpflege ..	60%	90%	100%
„ schlechter Düngerpflege .	40%	80%	90%

Diese geringen Verluste an Mineralstoffen können dadurch zustande kommen, daß letztere, soweit sie nicht von vornherein in löslicher Form vorliegen, durch den Abbau der organischen Substanz in Freiheit gesetzt und dann mit dem Düngersaft oder den Niederschlägen fortgeschwemmt werden. M. A. Jegoroff (1) nimmt die Bildung von flüchtigen P_2O_5-Verbindungen an. Dieser Mineralstoff muß durch die Zersetzungsvorgänge im Stalldünger frei gemacht werden. Dies lassen auch die obigen Angaben von Th. Pfeiffer erkennen. Der Gehalt des Stalldüngers an P_2O_5 ist zur Hauptsache auf die schwer zersetzlichen P-haltigen Eiweißverbindungen, die Nucleine, zurückzuführen und infolgedessen erst viel später den Verlusten auf mechanischem Wege unterworfen. Nach den Untersuchungen von O. Kellner werden die P_2O_5-Verbindungen sowohl durch die Verdauungsvorgänge als auch die Düngerrotte leichter löslich gemacht. So wurde z. B. die Löslichkeit von P_2O_5 in Fischguano durch die Verdauung von 18 % auf 55 % erhöht und durch die Gärungen im Stalldünger weiter auf 70 %.

Zweifellos beruht diese Aufschließung großenteils darauf, daß die Pflanzenzellen, in denen die nucleinhaltigen Kerne eingeschlossen liegen, mehr und mehr der Zersetzung anheim fallen. Mit diesem Einfluß der Rottevorgänge steht die weitgehende Ausnutzung von P_2O_5 im Boden in gutem Einklang (B. Schulze 1, W. Schneidewind 5). Die vorzügliche Verwertung von P_2O_5 und K_2O ist gegenüber derjenigen des N im Dünger bemerkenswert. Sie übertrifft die Wirkung von P_2O_5 im Handelsdünger und steht mit der von K_2O ungefähr auf einer Stufe (P. Wagner 2, B. Schulze 2). Trotz der Umsetzung dieser Mineralstoffe und ihrer teilweisen Überführung in eine lösliche Form sollten Verluste an ihnen bei einigermaßen guter Düngerpflege nicht eintreten. Nur Schwefel vermag sich als H_2S bei typischer Fäulnis merklich zu verflüchtigen. Diese Verbindung entsteht ziemlich regelmäßig bei der Eiweißzersetzung unter anaeroben Bedingungen und ist daher meist unter den Düngergasen zu finden. Dagegen wird der Schwefel bei ungehindertem Luftzutritt von bestimmten Organismen leicht in seine verschiedenen Oxydationsstufen schweflige Säure, Thioschwefelsäure und Schwefelsäure übergeführt.

Neben dem Freiwerden der Mineralstoffe durch den Abbau organischer Substanz ist ihre Assimilation durch Bakterien und Pilze zu erwähnen. Die Organismen haben für ihr Wachstum und ihre Vermehrung ebenso wie den N auch P_2O_5, SO_2 und K_2O nötig. Ihre Festlegung im Dünger vollzieht sich ebenfalls hauptsächlich unter aeroben Bedingungen, wenn lebhafte Gärungen längere Zeit hindurch andauern. Zwar brauchen die Organismen von diesen Mineralstoffen nur geringe Mengen. Da aber P_2O_5, K_2O und SO_2 in den festen Bestandteilen des Düngers in löslicher Form nur wenig vorkommen, wäre eine Beeinträchtigung ihrer Wirkung im Boden verständlich. Vielleicht sind mit solchen Assimilationsvorgängen die abweichenden Angaben über ihre Ausnutzung z. T. zu erklären.

Die Werte von B. SCHULZE und W. KLEBERGER unterscheiden sich z. B. in folgender Weise:

	Nach B. SCHULZE	Nach W. KLEBERGER
Ausnutzung von K_2O ...	43%	33%
Ausnutzung von P_2O_5 ..	33%	28%

Da beide Ziffern von W. KLEBERGER niedriger als die von B. SCHULZE liegen, gewinnt die Annahme, daß die von ersterem benutzten Dünger stärkere Gärungen durchgemacht haben, an Wahrscheinlichkeit.

6. Technologie des Stalldüngers.

Auf der Grundlage, die durch die Besprechung der biologischen Vorgänge im Stalldünger geschaffen ist, bauen sich die Maßnahmen zur Erzielung eines einwandfreien Gärproduktes auf. Die Möglichkeiten, die Gärungen in bestimmte Bahnen zu lenken, gewünschte Umsetzungen zu bewirken und Verluste zu mindern, sind so mannigfaltig und zahlreich, daß man mit Recht von einer Technik der Stalldüngerbereitung sprechen kann. Man muß sich über die Wirkungen der Maßnahmen im klaren sein, wenn man nicht zu falschen Resultaten über das eine oder andere Verfahren gelangen will. Leider bestehen häufig so geringe Kenntnisse über grundlegende mikrobiologische Tatsachen, ihre Tragweite und Auswirkungen, daß man zu widersprechenden Ergebnissen gekommen ist. Manche Autoren legen auch heute noch der Bearbeitung von Fragen landwirtschaftlich wichtiger Gärungen vom biologischen Standpunkte keine Bedeutung bei.

Solchen Ansichten gegenüber sei die Stellungnahme eines Forschers und Kritikers wie W. KLEBERGER wörtlich mitgeteilt: „Ein Beweis dafür, daß man in der Landwirtschaftswissenschaft und auch Agrikulturchemie der Biologie, ihren Einflüssen und Wirkungen noch viel zu wenig Aufmerksamkeit geschenkt hat, ist der, daß man einen längst als rein biologisch erkannten Vorgang, wie die Stallmistzersetzung, durch alle möglichen chemischen und sonstigen Mittel zu beeinflussen gesucht hat, nur nicht auf biologischem Wege . . .“ Diese Äußerungen verlieren sicher nicht dadurch an Wert, daß sie aus dem Munde eines Agrikulturchemikers kommen. Die Zusammenhänge zwischen den Gärungsvorgängen — mag es sich um die Stalldüngerrotte oder die Silofutterbereitung, die Gewinnung von künstlichem Stalldünger aus Stroh oder die Vergärung von Harn handeln — und den angewendeten technischen Maßnahmen sind so eng, daß man diese sinngemäß nur anzuwenden vermag, wenn man die biologischen Gesichtspunkte berücksichtigt. Daher wurden diese bei der Darstellung der Vorgänge im lagernden Stalldünger besonders hervorgehoben. Auch die im folgenden wiedergegebene Schilderung der Technik der Stalldüngerbereitung gründet sich auf biologische Tatsachen.

a) Tiefstalldünger.

Es gibt zweierlei Stalleinrichtungen, den Tiefstall und den Flachstall, von denen ersterer aus jüngerer Zeit stammt. Da Dünger und Jauche im Tiefstall selbst gesammelt werden, dieser außerdem einen Laufstall darstellt, in dem sich das Vieh frei bewegen kann, müssen die Baulichkeiten größer als beim Flachstall sein. Andererseits erspart man sich durch den Tiefstall den Bau einer besonderen Düngerstätte und Jauchegrube sowie die Anschaffung einer Jauchepumpe und eines Wagens. Auch das häufige Herausschaffen des Düngers aus dem Flachstall und die mehr Zeit in Anspruch nehmende Pflege desselben auf dem Hofe fällt hierbei fort. Die Sohle des Tiefstalles liegt ungefähr 1—1$^1/_2$ m tiefer als der übrige Stallboden. Der Stand der Tiere ist dafür bestimmt, den Dünger bis zu einem halben Jahr aufzunehmen. Wegen der entstehenden großen

Mengen Düngergase müssen gute Ventilationseinrichtungen im Stalle angebracht sein. Die Fenster dürfen nicht zu hoch liegen, damit CO_2, das spezifisch schwerer als die Luft ist, genügend abziehen kann. Der Tiefstall ist in erster Linie für Schafe, Ziegen, Jungvieh, Zug- und Mastochsen berechnet, weniger für Pferde, Milchvieh und Schweine.

Bereitung. Auf die gut zementierte Sohle des Tiefstalles kommt eine nicht zu geringe Schicht Streu, am besten Torf in einer Höhe von etwa 5—8 cm, damit die sich hier leicht ansammelnde Feuchtigkeit aufgesogen wird und eine normale Rotte stattfinden kann. Darum gebraucht man im Tiefstall größere Mengen Einstreu als im Flachstall. Das Stroh sollte stets bis auf eine Länge von 15—25 cm geschnitten werden, einmal um die Aufsaugefähigkeit zu erhöhen, das andere Mal um eine gleichmäßigere Rotte zu erzielen. Eine möglichst gute Verteilung sowohl der festen als auch der flüssigen Ausscheidungen in der Einstreu ist eine unerläßliche Forderung. Diese darf nicht im Übermaß gegeben werden, weil dann die notwendige Zersetzung ausbleibt. Somit hat man bei der Menge der Einstreu stets auf die biologischen Verhältnisse des Tiefstalldüngers Rücksicht zu nehmen.

Bedeutung. Dem Tiefstalldünger wird von seiten der Praktiker und Wissenschaftler großer Wert zugesprochen. Tatsächlich ist dies in vielen Fällen durchaus berechtigt. Da mit seiner Bereitung und Beschaffenheit auch manche Nachteile verbunden sind, gilt es, diese gegen die Vorteile abzuwägen.

α) *Düngerwirtschaftlicher Standpunkt.* Der besondere Wert des Tiefstalldüngers als Mittel zur Hebung der Ernteerträge ist bereits frühzeitig erkannt worden. Schon Albrecht Thaer äußerte sich in diesem Sinne. Die hohe Düngekraft dieses Produktes kommt z. T. dadurch zustande, daß es den gesamten Harn mit seinen wertvollen N-Verbindungen enthält, z. T. auch dadurch, daß die Gärungen in ihm unter weitgehendem Luftabschluß verlaufen. Der Dünger wird durch die Tiere, die sich auf ihm bewegen, dauernd feucht gehalten und festgetreten und durch das Liegen derselben auf ihm vor weiterem Luftzutritt bewahrt. Schließlich muß zur Förderung der anaeroben Verhältnisse auch die Tatsache beitragen, daß sich das schwere CO_2 über dem Dünger lagert und nur langsam entweicht. Die Bedeutung dieser günstigen Umstände zeigt sich in dem geringen Verlust an Trockensubstanz, vor allem an wertvollen löslichen N-Verbindungen. Die CO_2-Atmosphäre verhindert die Dissoziation des entstandenen $(NH_4)_2 \cdot CO_3$. Das Ergebnis kommt unter anderem in einem vergleichenden Versuch zum Ausdruck, der mit drei Gruppen Mastochsen derselben Rasse bei gleicher Fütterung und Einstreu während $4^1/_2$ Monaten durchgeführt wurde (M. Maercker 3). Das Resultat ist in mehrfacher Hinsicht sehr lehrreich.

	Dünger aus		
	Tiefstall	überdeckter Düngergrube	offener Düngergrube
Abgeflossene Jauche	—	18 dz	62 dz
Gewicht des gerotteten Düngers	524 dz	483 „	527 „
Trockensubstanzgehalt	146 „	145 „	116 „
Wassergehalt	378 „	338 „	441 „
N-Gehalt	407 kg	292 kg	295 kg
N in Futter und Einstreu . .	469 „	469 „	469 „
absoluter N-Verlust	62 kg	177 kg	174 kg
relativer N-Verlust	13 %	37 %	36 %

Der Wert des Tiefstalldüngers ist aus den Zahlen deutlich zu ersehen und beruht vorwiegend auf seinem hohen Gehalt an N-Verbindungen. Trotzdem sollte dieser Dünger nicht länger als nötig im Stalle liegenbleiben, sondern hinausgeschafft werden, wenn die Tiere letzteren verlassen. In einem besonderen Falle, in dem der Tiefstalldünger 4 Wochen lang nicht mehr von den Tieren begangen wurde, waren anstatt 13% N-Verluste 35% aufgetreten. Da er kein konserviertes Produkt wie der nach H. KRANTZ heißvergorene Dünger darstellt und noch eine Menge tätiger Keime enthält, nehmen die Gärungen in ihm ununterbrochen ihren Fortgang. Sie können nach vorheriger Abnahme an Stärke wieder gewinnen, wenn sich die Bedingungen wie in dem genannten Beispiel günstiger gestalten. Dagegen nimmt der Edelmist durch längere Lagerung wegen der in ihm verlaufenden, chemischen Reifungsvorgänge an Wert zu (F. LÖHNIS 6, 7). Die fehlende Konservierung ist ein Nachteil, den der Tiefstalldünger mit allen anderen Düngersorten teilt.

Obwohl der Tiefstalldünger im großen ganzen gerühmt wird, hört man auch vereinzelte Klagen über seine ungenügende oder fehlende Wirkung. In solchen Fällen hat es häufig an dem biologischen Verständnis für die technischen Maßnahmen der Düngerbereitung gefehlt. Übermäßige Mengen Stroh, zumal wenn es nicht geschnitten wird, führt leicht zu einer ungenügenden und ungleichmäßigen Rotte. Außerdem werden infolge verstärkten Luftzutritts lebhaftere Gärungen bemerkbar, die zu größeren Verlusten an leicht zersetzlichen N-Verbindungen führen. Diese sind es aber gerade, welche schädliche Wirkungen von ungerottetem Stroh auszugleichen vermögen. Man kann daher auch Resultate verstehen, nach denen Tiefstalldünger nicht die erste Stelle einnimmt (M. POPP).

β) Milchwirtschaftlicher Standpunkt. Für Milchvieh sollte der Tiefstall nicht in Anwendung kommen. Eine saubere, hygienisch einwandfreie Milch ist unter den hier vorliegenden Verhältnissen nicht zu gewinnen. In dieser Ablehnung darf man sich auch nicht durch die Möglichkeit, einen wertvolleren Dünger zu gewinnen, beirren lassen. Erstens ist diese Art Düngerbereitung durch das bessere Heißgärverfahren überholt worden, und zweitens wird wahrscheinlich in einem guten Flachstall durch Hebung des allgemeinen Gesundheitszustandes der Tiere, Abwehr von Krankheiten und Gewinnung einer fehlerfreien Milch ein größerer Nutzen erzielt werden, als durch die Erntemehrungen mit einem Tiefstalldünger. Nach Einführung des Reichsmilchgesetzes hat man mehr denn je auf die Vorschriften zur Erzeugung einer guten Konsummilch zu achten. Im Tiefstall wird die Milch infiziert und nimmt leicht den üblen Geruch der Düngergase an. Der Kuhstall soll keine Dunggrube sein.

γ) Tierhygienischer Standpunkt. Noch weniger läßt sich der Tiefstall vom tierhygienischen Standpunkt aus verteidigen. Das Rindvieh, für das allein der Tiefstall größere Verbreitung finden kann, ist der Ansteckungsgefahr vieler und schwerer Krankheiten ausgesetzt. Tuberkulose, Maul- und Klauenseuche, seuchenhafte Verkalbung, Mastitis (gelber Galt) sind nur die schlimmsten Seuchen, die hier genannt werden sollen. Durch die Einstreu, die gemeinsame Tränke und Futterstelle werden die Krankheiten nur allzu leicht von einem Tier auf das andere übertragen. 50—60% der Milchviehbestände sind in manchen Gegenden allein an Mastitis (M. SEELEMANN) erkrankt. Die Bildung großer Mengen Stalldüngergase stehen, zumal sich unter ihnen Ammoniak und Schwefelwasserstoff befinden, nicht mit den dringenden Forderungen der Stallhygiene in Einklang (K. SÜPFLE). Auch die Bekämpfung der Fliegen gestaltet sich im Flachstall leichter als im Tiefstall. Sie verschleppen nicht nur Schädlinge der Milch, sondern auch Erreger tierischer und menschlicher Krankheiten. Aus vielerlei Gründen ist also auf Tiefstalldünger im allgemeinen Verzicht zu leisten.

b) Hofdünger.

Nach allem kann nur der Flachstall den modernen Anforderungen entsprechen. Da sich in ihm keine größeren Mengen Dünger aufstapeln lassen, muß dieser häufiger aus dem Stall herausgeschafft werden. Bei Milchvieh sollte dies mindestens einmal am Tage geschehen, um die Zersetzungsvorgänge im Dünger nicht erst eintreten zu lassen. Für den häufigen Düngertransport werden in größeren Wirtschaften zweckmäßig besondere Einrichtungen geschaffen. Der Flachstall ist denkbar als Lang- oder Kurzstand. Im Kurzstall stehen die Tiere trockener und wärmer. Vor allem erleichtert diese Aufstallung die sorgfältige Trennung von Harn und Kot sowie eine sparsame Verwendung der Einstreu. Man unterscheidet bei dieser Tierhaltung die ostfriesische oder holländische und die Wolf-Schweinsburger Form, die aus der von C. Ortmann hervorgegangen ist. Die Schweinsburger Aufstallung gründet sich auf Vorschläge von F. v. Soxhlet, der hervorhebt, daß die physikalischen, chemischen und biologischen Eigenschaften der festen und flüssigen Ausscheidungen der Tiere weit voneinander abweichen und die Exkremente deshalb einzeln gesammelt und behandelt werden müssen. Sonst gehen bei den verschiedenartigen Gärungen große Werte verloren.

Die Ideen von F. v. Soxhlet wurden von verschiedenen Autoren, meist Praktikern, in die Wirklichkeit übertragen. R. Heinrich, C. Ortmann (1—5), G. Andrae und J. Vogel sowie A. Wolf bringen verschiedene technische Maßnahmen oder einfache Verfahren in Anwendung, die alle dem Zweck dienen, feste und flüssige Ausscheidungen sofort zu trennen und abzuleiten. Demgemäß stehen oder liegen die Tiere in dem vorderen Teile des Standes stets trocken, warm und sauber. Die Luft ist im Stalle wesentlich reiner, d. h. freier von Düngergasen und ärmer an Keimen. In solchem Flachstalle gehen wegen der sofortigen oder täglichen 1—2maligen Entfernung der festen und flüssigen Ausscheidungen keine oder nur geringe Zersetzungen vonstatten. Sie treten erst nach ihrem Herausschaffen auf. Infolgedessen ist in ihm gleichzeitig mit einer vorzüglichen Hygiene eine fast völlige Vermeidung von Verlusten an wertvollen Düngerbestandteilen erzielt worden.

Bereitung. Da man den Dünger aus dem Flachstall in verschiedenartigster Weise behandeln kann, gibt es große Unterschiede in den Hofdüngersorten. Je nach der aufgewendeten Mühe besitzen sie den Wert von gutem Tiefstalldünger oder aber eine solche Geringwertigkeit, die nicht mehr zu überbieten ist. Die technischen Maßnahmen zur Einschränkung der Verluste oder Einleitung geregelter Gärungen variieren auf der Düngerstätte, in Düngergruben und überdachten Düngerhäusern in mannigfaltiger Weise. Sie beziehen sich auf ein verschiedenes Mischungsverhältnis der einzelnen Bestandteile, den Zusatz chemischer Mittel, die Regelung des Feuchtigkeitsgehaltes und der Temperaturen, die Anwendung biologischer Methoden, die Bewahrung des konservierenden CO_2 und die Schutzmaßnahmen des Düngers gegen Wind, Regen und Sonnenschein. Aus diesem Grunde ist es nicht möglich, vom Hofdünger als einem immer gleichen Material zu sprechen. Da Edelmist bekanntlich häufig auf der freien Düngerstätte bereitet wird, könnte er mit demselben Recht auch als Hofdünger bezeichnet werden.

α) *Düngerstätte, Düngergrube und Düngerhaus.* Allgemein ist der Aufbewahrungsort für den Dünger um so besser, je weitgehender er denselben vor Witterungseinflüssen schützt und die Möglichkeit für gute Ableitung des Düngersaftes nach einer Grube bietet. Der Dünger soll nicht in seinem Saft liegen. Wiederholte Anfeuchtung durch Regen und Austrocknung durch Wind fördern das Eindringen der Luft, erhöhen die Verluste an Trockensubstanz und begünstigen die Assimilationsvorgänge, die Nitrifikation und Denitrifikation, wie sie im biologischen Teil erwähnt wurden. Die Grundlage für die richtige technische Behandlung des Düngers bildet bereits die Düngerstätte.

Der Hofdünger soll also vor Sonne und Wind geschützt liegen. Die Sohle der Düngerstätte muß so angelegt sein, daß der Saft nicht verlorengeht, sondern leicht in eine Grube abfließen kann. Regenwasser darf nicht hineingelangen, da es seinen Wert stark vermindern würde. Für 1 Stück Großvieh werden durchschnittlich 3 m^2 Grundfläche benötigt, wenn der Dünger nicht viel höher als $1^1/_2$ m geschichtet werden und nicht länger als 3 Monate lagern soll. Es ist ein Vorzug der behelfsmäßigen Edelmistbereitung, daß der Dünger bis zu 4 m Höhe gestapelt wird. Häufig legt man die Sohle tiefer als die Bodenoberfläche an und führt seitliche Wände auf, so daß man von einer Düngergrube sprechen

Abb. 41. Übliche Düngeraufbewahrung auf dem Hofe, wie sie nicht sein soll.

kann. In Anpassung an die örtlichen Verhältnisse kommen die verschiedensten Formen vor. Vielfach wird die Düngerstätte so angelegt, daß das Vieh vom Stalle aus leicht auf sie gelangen kann, um den Dünger festzutreten. Als besondere Formen der Düngerstätte sind bekannt geworden das Düngergaresystem von R. Aurich-Dresden und die Württembergische Dunglege des Ingenieurs K. Schempp-Stuttgart (A. Münzinger, K. Schempp, O. Bianco, O. Nolte und M. Rauterberg). Diese Einrichtungen ermöglichen die Behandlung des Düngers nach verschiedenen Gesichtspunkten.

Überdachte Düngerstätten oder Gruben findet man, obwohl sie für die Erhaltung der Werte im Dünger wesentlich beitragen, wegen der damit verbundenen Anlagekosten verhältnismäßig selten. Durch Abhaltung des Regens werden geregelte Vergärung und Verringerung der Verluste gewährleistet. Deshalb sollte man den im Freien lagernden Dünger mit Brettern, Holzdeckeln oder Dachpappe abdecken (s. Abb. 48, S. 208). Diese Mühe macht sich bezahlt. Regelrechte Düngerhäuser sind in der Praxis noch wenig anzutreffen, aber neuerdings für die Zwecke der Heißvergärung in besonderer Konstruktion aufgeführt worden. Sie werden als Gärstätten bezeichnet und kommen in den verschiedensten Ausführungen vor. Spargärstätten mit Holz- und Betonsäulen ohne Dach, Kleingärstätten und Großgärstätten wechselnder Größe mit Dach, elektrischem Aufzug und Düngertransport innerhalb des Düngerhauses sind schon an vielen Stellen in Betrieb. Als Vorteil dieser Gärstätten darf die leichte und völlige Abnehmbarkeit aller Außen- und Zwischenwände betrachtet werden, so daß das Einfüllen und Abfahren des Düngers viele Erleichterungen bietet. Erst in dem Maße, wie die verschiedenen Stapel in den einzelnen Fächern in die Höhe geführt werden, setzt man die Holzplatten, welche der Verschalung des gesamten Gärstattinhaltes dienen, aufeinander (s. Abb. 38 u. 42, S. 174 u. 202).

β) Regellose Vergärung. Die müheloseste, aber leider verbreitetste Aufbewahrung des Düngers ist das regellose Hinwerfen und Liegenlassen auf der Düngerstätte. Von Düngerbereitung kann man in diesem Falle nicht sprechen. Die Gärungen setzen unter solchen Umständen schnell ein und verlaufen sehr lebhaft. Der auf dem Hofe liegende Haufen bietet einen traurigen Anblick (Abb. 42, S. 197). Die festen Exkremente sind nicht genügend mit der Einstreu vermischt, so daß einzelne Stellen aus fast reinem Stroh, das sperrig in die Luft ragt, bestehen und andere Teile wieder im Düngersaft liegen. Die Oberfläche des Düngers wird durch die Bildung einzelner Haufen unnatürlich stark vergrößert. Dem Wind und der Luft werden große Angriffsflächen geboten.

Die Bedingungen, unter denen der Stalldünger rottet, sind derart verschieden, daß man von „wilden“ oder regellosen Gärungen sprechen kann. An einzelnen Stellen liegt er gut feucht und fest, so daß er normal aber langsam rottet. In der Hauptsache lagert er zu locker und zeigt infolgedessen starke Erhitzung, deren Folgen bereits geschildert wurden. An anderen Stellen wiederum ist der Dünger zu naß, wodurch die normale Rotte unterbunden wird. Die Oberfläche des Haufens trocknet hingegen leicht aus und läßt das Stroh unzersetzt. Nitrifikation und Denitrifikation werden im allgemeinen begünstigt. Während also der Dünger unter den genannten Umständen z. T. infolge zu weit gegangener Gärungen stark entwertet, zum anderen Teil wegen mangelnder Rotte noch schädlich für den Boden ist, hat er im ganzen wenig gute Eigenschaften angenommen. Er kann somit keine Düngewirkung zeigen. Der Schaden, der dem Landwirt entsteht, ist ein unmittelbarer und mittelbarer, da auch die aufgewendete Mühe und Arbeit in Anschlag zu bringen sind.

Bei der genannten Düngeraufbewahrung herrschen in demselben Haufen an den verschiedenen Stellen sowohl hohe als auch niedere Temperaturen. Ihre Feststellung ist eines der wichtigsten und einfachsten Mittel, um sich Klarheit über den Verlauf und die Stärke der Vorgänge im Dünger zu verschaffen. Ein Mieten- oder Stockthermometer gehört in die Hand eines Mistwarts mit der gleichen Selbstverständlichkeit, wie das Fieberthermometer in die des Arztes. Würde sich diese Ansicht, gestützt auf die Überzeugung von der großen Bedeutung solcher Beobachtungen und ihrer Auswirkungen für den einzelnen Betrieb und die gesamte Landwirtschaft voll und ganz durchsetzen, so wäre damit ein großer Fortschritt in der Stalldüngerfrage erzielt. Sehr interessant sind die Äußerungen Weckes, der auf einer Fahrt im Flugzeug von Halle nach Köln viele Hunderte von Düngerstätten, die „fast alle recht ungepflegt und liederlich aussahen“, beobachtete und seine Eindrücke dahin zusammenfaßt, daß ihm noch nie die Allgemeinwichtigkeit des Düngerproblems in Deutschland so zum Bewußtsein gekommen wäre wie auf diesem Fluge. Systematisch an der hier charakterisierten Behandlung des Düngers ist nur die Art und Weise, mit der man die Entwertung desselben fördert.

γ) Systematische Kaltvergärung. Während die Temperaturen in nachlässig aufbewahrtem Dünger große Unterschiede aufweisen, ist es der Fall in einem gut gepflegten nur innerhalb enger Grenzen. Wie im Tiefstall kann man auch auf der Düngerstätte verlustreiche Gärungen dadurch verhindern, daß man das Material feucht und fest hält. Man verringert dadurch die Möglichkeiten des Luftzutritts, so daß die Abbauvorgänge vorwiegend anaerob und wesentlich langsamer verlaufen. Je sorgfältiger die tägliche Behandlung ausfällt, um so geregelter verlaufen die Gärungen, und um so besser wird die Beschaffenheit des Erzeugnisses. Eine gleichmäßige Güte läßt sich nur erreichen, wenn man den wechselnden Eigenschaften des Ausgangsmaterials die technischen Maßnahmen anzupassen versucht. Trotzdem ist eine geringe Selbsterwärmung des Düngers nicht zu vermeiden. Obwohl die Temperaturen langsamer steigen, erheben sie sich doch leicht 15—20° C über die Außentemperatur. Aus diesem Grunde kann man bei der üblichen Feucht-Fest-Behandlung des Düngers auch in der kühleren Jahreszeit mit einer Selbsterwärmung auf 30—35° C und in der wärmeren Zeit mit einer solchen auf 40—45° C rechnen.

Wenn also von einer Kaltvergärung des Düngers gesprochen wird, ist das im allgemeinen wenig begründet (K. BEINERT 2). Trotzdem sollte man dafür sorgen, soweit wie möglich anaerobe Verhältnisse im Innern der gärenden Masse herzustellen und damit die Temperaturen niedrig zu halten. Bei Beachtung aller Vorschriften tritt tatsächlich nur eine Erwärmung um ungefähr 10° C ein. Davon hängen Wirkungsgrad und Wert des Gärproduktes wesentlich ab. Die Mittel, auf diesem Wege weiter zu kommen, sind naturgemäß sehr verschiedener Art.

In vielen großen und kleinen Wirtschaften, in denen der Dünger gepflegt wird, sorgt man für sein tägliches Ausbreiten, Einebnen und Pressen. Trockenes Material, z. B. hitziger Dünger, muß angefeuchtet werden. Den Mist verschiedener Tierarten durchschichtet man sorgfältig. Die Ungleichmäßigkeiten in der Vergärung eines kalten und hitzigen Düngers gleichen sich auf diese Weise am besten aus. Wenn es für die eine oder andere Düngerart besondere Verwendungsmöglichkeiten gibt, wird man sie für sich behandeln. Zur Anfeuchtung darf nur Wasser, nicht Jauche, wie es früher geschehen ist, benutzt werden. Diese soll so wenig wie möglich mit dem Dünger und der Luft in Berührung kommen. Daher sind gerade bei der hier beschriebenen Technik die eintretenden N-Verluste um so höher, je größer sein Gehalt an Jauche ist. Durch das starke Ausbreiten des Materials muß die an und für sich schon schnell verlaufende Harnstoffgärung eine besondere Förderung erfahren. Der Dünger kommt nur langsam in tiefere luftfreie Schichten.

Zur Abschwächung von NH_3-Verlusten dient das Ausstreuen einer dünnen Schicht Torfmull über den frischen Dünger. Der Torf nimmt den Wasserdampf auf und absorbiert dabei das NH_3. Wird er namentlich in der ersten Zeit der Anlage des Düngerhaufens häufiger dazwischen geschichtet, so ist diese Maßnahme der Aufsaugung überschüssiger Mengen Saft und einer gleichmäßigeren Rotte dienlich. Der in den Dünger gelangende Jauchetorf gibt besonders leicht seine Flüssigkeit ab. Auf keinen Fall darf diese verlorengehen. Gegebenenfalls streut man um den Haufen herum etwas Torf, der den ablaufenden Saft aufsaugt. Diese Methode der Jaucheverarbeitung bildet eine Ausnahme von der getrennten Behandlung fester und flüssiger Exkremente. Die physikalischen, chemischen und biologischen Eigenschaften der Torfstreu hemmen die Harnstoffgärung. Durch den feuchten Torf wird ferner das Austrocknen des Düngers namentlich im Sommer vermieden und die Erzielung anaerober Verhältnisse gefördert. Eine gleichmäßige Verteilung des Torfes ist stets notwendig.

Der Anfeuchtung des Düngers hat man besondere Aufmerksamkeit zu schenken, da er häufig zu trocken ist. Bei der leicht eintretenden Selbsterwärmung verliert er durch Verdunstung noch mehr Wasser. Dabei saugt er Luft ein, so daß die verlustreichen aeroben Gärungen auch in den tieferen Schichten wieder einsetzen können. Hat infolge der Trockenheit die Entwicklung der Bakterien aufgehört, so dauert immer noch das Wachstum der Pilze, die mit einem weit geringeren Feuchtigkeitsgehalt auskommen, an. Sie assimilieren die leicht löslichen N-Verbindungen. Die auf diese Weise entstehende Entwertung des Düngers vermag ebenso groß zu sein, wie die auf Bakterientätigkeit beruhende N-Entbindung. Andererseits darf die Besprengung des Düngers mit Wasser nicht zu ausgiebig erfolgen, damit nicht die löslichen N- und K-Verbindungen ausgewaschen werden. Bei der systematischen Vergärung zeigen die biologischen Vorgänge einen gleichmäßigen Verlauf, der allerdings bei dem hier geschilderten Verfahren nicht ganz einfach zu erreichen ist.

Das Festtreten des Düngers, das ebenso wichtig wie das sachgemäße Anfeuchten ist, läßt man für gewöhnlich von Kühen oder Zucht- und Jungvieh ausführen. Man treibt die Tiere möglichst jeden Tag ungefähr 1 Stunde auf den Düngerhaufen. Da es aber nicht nur auf ein starkes, sondern auch gleichmäßiges Festlagern des Düngers ankommt, erweist sich diese Methode als nicht ausreichend. Einzelne Stellen werden überhaupt nicht oder zu wenig begangen. Nur unmittelbar unter den Füßen der Tiere wird der Dünger gepreßt. Deshalb benutzt man in größeren Wirtschaften mit gutem Erfolge schwere Walzen, vor die man Ochsen spannt. Ringelwalzen zeigen eine bessere Wirkung als Glattwalzen. Am Rande muß das Festtreten trotzdem von Menschen mit den Füßen oder mit Stampfern besorgt werden. Voraussetzung für den Erfolg des Pressens ist immer eine genügende Anfeuchtung des Düngers, da sonst das sperrige Stroh die Verdrängung der Luft verhindert. Die volle Ausnutzung einer technischen Maßnahme lehrt erst eine längere praktische Erfahrung. Dies gilt vor allem für das richtige Festtreten und Anfeuchten des Düngers. Hiervon ist die Erreichung einer guten Kaltvergärung abhängig.

Um die Entfernung der Luft aus dem Dünger noch schneller und sicherer zu bewirken, gibt es ein weiteres Mittel. Es besteht in seinem *sofortigen Aufschichten bis zur vollen Höhe*, das in einzelnen Blöcken oder Streifen vorgenommen wird. Der fertige Haufen wird mit einer handbreithohen Schicht Erde abgedeckt und gegebenenfalls an den Seiten mit feuchtem Lehm verstrichen (Th. Henkel 1, 2). Diese Art der Düngerbereitung ist auch unter der Bezeichnung Kastl-Verfahren bekannt. Der Dünger gelangt schnell unter den Druck der ganzen aufgestapelten Masse und wird namentlich bei Verwendung von kurz gehäckseltem und gut angefeuchtetem Stroh sehr wirksam zusammengepreßt. Noch besser ist der Erfolg beim Aufschichten des Düngers über eine Höhe von $1^1/_2$ m hinaus. Die Gärungen verlaufen dann unter den günstigsten, anaeroben Bedingungen und können keinen Anlaß zu stärkeren Verlusten geben. Mit dieser Stalldüngerrotte kommt man bereits einer wahren Kaltvergärung sehr nahe.

Alle Maßnahmen zur Unterdrückung aerober Zersetzungsvorgänge müssen gleichzeitig der Kaltvergärung Vorschub leisten. Ein Verfahren, durch welches anscheinend in recht einfacher Weise auf biologischem Wege ein Fortschritt erzielt wurde, ist der von P. Dehérain (3) gemachte Vorschlag, das aus dem Dünger entstehende CO_2 *zur Konservierung* zu verwenden. Beim Ausfahren läßt man einen kleinen Teil des gerotteten Düngers übrig, deckt ihn ab und verwendet ihn als Unterlage für den neuen Dünger. Das in dem älteren, in lebhafter Gärung begriffenen Dünger sich bildende CO_2 stellt schnell anaerobe Bedingungen her und verhindert N-Verluste durch Herabsetzung des Dampfdruckes für das in Zerfall begriffene $(NH_4)_2 \cdot CO_3$. Diese Methode übt in einer gut verschließbaren Grube eine bessere Wirkung aus als auf der freien Düngerstätte. Die Kohlensäure soll nicht nur den neu aufgebrachten Dünger durchdringen, sondern ihn auch nach allen Seiten hin vor dem Luftzutritt schützen. Je länger sich das spezifisch schwerere CO_2 in der dichten Grube hält, um so besser verläuft die Kaltvergärung. Später sorgt der neu hinzukommende Dünger selbst für genügende Gasbildung. Man kann aber zur Erhöhung der Wirkung nach einiger Zeit noch eine Lage älteren Düngers zwischenschichten. Mit der hier beschriebenen Technik hat man auch in Deutschland recht gute Ergebnisse erzielt, wie folgende Versuche von W. SCHNEIDEWIND (6, 7, 5) zeigen:

Stalldünger	N-Gehalt des frischen Düngers	N-Verluste in % nach dreimonat. Lagerung
gewöhnliche Behandlung . . .	0,708%	30,30%
auf Unterlage von altem Dünger	0,890%	16,94%

Dies außerordentlich günstige Resultat sollte Veranlassung geben, solche oder ähnliche Maßnahmen in größerem Umfange in der Praxis anzuwenden. Auch hieraus geht wiederum der Vorzug biologischer Verfahren hervor.

Eine weitere biologische Methode bildet die von dem schwedischen Forscher C. BARTHEL (4) empfohlene Anwendung von Molken. Der frische Stalldünger wird mit ihnen übergossen, so daß milchsaure Gärung eintritt und dadurch das leicht in Verlust geratende NH_3 gebunden wird. Auf 10 dz Dünger kommen ungefähr 50—100 l Molken. Die in diesen enthaltene Futtereinheit macht sich den Angaben nach mit 0,90—1,80 RM. bezahlt (vgl. R. v. RATHLEF 2). Der so konservierte Stalldünger soll im Boden eine 30—60% höhere Wirkung als ein gewöhnlicher Dünger zeigen. Doch darf die bei der Zersetzung des Milchzuckers entstehende Säure die Reifung des Düngers nicht unterdrücken. Die in guter Verteilung dem Dünger zuzusetzende Menge Molken muß daher so bemessen sein, daß die Erhaltung des N gerade erreicht wird. Je stärker die Unterbindung der zu N-Verlusten führenden Prozesse ist, desto weniger besteht die Möglichkeit einer Selbsterwärmung. In Deutschland sind anscheinend mit diesem Verfahren noch keine Versuche angestellt worden. Eine Erschwerung für seine Durchführung in der Praxis besteht vor allem darin, daß im allgemeinen keine hinreichenden Mengen Molken zu billigem Preise zu haben sind. Es würde sich aber der Versuch lohnen, die Molken durch ein anderes zuckerhaltiges Material zu ersetzen. Jedenfalls wird auch durch dieses Verfahren die Kaltvergärung gefördert.

Durch die *Verwendung chemischer Mittel* werden gegebenenfalls die Gärungen und damit die Selbsterwärmung des Stalldüngers völlig unterdrückt. Der Zweck solcher Zusätze ist, die Tätigkeit der Mikroorganismen und die durch sie bedingten Verluste zu verhindern. Nur mit scharfen Agentien war dieses Ziel zu erreichen, schwache blieben wirkungslos. Man übersah aber, daß es falsch ist, den Dünger, der unbedingt einen Rotteprozeß durchmachen muß, einfach zu konservieren. Bereits W. SCHNEIDEWIND (8) hat die Anwendung chemischer Konservierungsmittel abgelehnt und betont, daß eine Aufbewahrung des Düngers ohne allzu große Verluste auch unter Umgehung solcher Mittel durchaus möglich ist. Jedenfalls haben die chemischen Methoden restlos versagt, und es ist nur zu bedauern, daß man es sich in früheren Zeiten unendlich viel Mühe und Geld hat kosten lassen, alle möglichen Mittel durchzuprobieren. Da sie heute kein Interesse mehr haben, werden sie hier nur kurz aufgezählt. So hat man den Dünger mit Schwefelsäure, Superphosphat, Superphosphatgips, Kainit u. a. m. und die Jauche mit Bisulfat, Schwefelsäure, Chlorcalcium, Superphosphat, Formalin, Kalisalzen usw. konservieren wollen. Ein namhafter Forscher wie W. KLEBERGER charakterisiert die heutige Stellungnahme der Wissenschaft zu dem früher sehr aktuellen Problem der chemischen Konservierung wie folgt: „Nur wer die geradezu krampfhaften Bemühungen mancher Autoren gekannt hat, diese Mittel als einzige Rettung für den Stalldünger und seinen Wert hinzustellen..., kann ermessen, welcher Alp... von der Landwirtschaft genommen worden ist." Nicht viel anders lautet die Ansicht von F. LÖHNIS (3). Es wäre an der Zeit, den Stalldüngerfragen heute mehr denn je vom biologischen Standpunkte aus näherzutreten.

c) Heißvergärung des Düngers nach H. KRANTZ.

Eine neue Art der Düngerbehandlung, die den biologischen Verhältnissen in hohem Maße gerecht wird und in dieser Arbeit bereits mehrfach Erwähnung fand, wurde von H. KRANTZ, als Heißgärverfahren bekanntgegeben und steht unter Patentschutz (H. KRANTZ 1, 2, H. KRANTZ und A. SCHNABL, O. KRON 1, 2, 3, F. RUOFF, Gärstatt-G.m.b.H. 1, 2). Bei diesem Verfahren unterliegt das Material nicht wie beim Hofdünger einer beliebigen Selbsterhitzung, die ungleichmäßig stattfindet und erst spät wieder zum Stillstand kommt, sondern erfährt eine geregelte Behandlung. Diese ist, wie aus den wissenschaftlichen Untersuchungen hervorgeht, von ganz besonderer Bedeutung und wirkt sich auch noch beim Unterbringen

Abb. 42 Spargärstatt mit Holzsäulen ohne Dach, links Edelmist, rechts Hofmist. Versuchsgut Heinrichshof der Landwirtschaftskammer für die Provinz Pommern (Stettin).

des Gärproduktes im Boden aus. Man kann also mit Recht von einer systematischen Heißvergärung sprechen, welche die Gärungsvorgänge bei richtiger Anwendung der technischen Maßnahmen in ganz bestimmte Bahnen lenkt. In dieser Regelung der Umsetzungen besteht das Wesen des Heißgärverfahrens.

Gärstätten. Der Heiß- oder Edelmist wird sowohl in größeren und kleineren Gärstätten als auch auf dem Hofe unter freiem Himmel bereitet. Die Abbildungen 42 und 43 stellen eine billigere sog. Spargärstatt, die nach Füllung der einzelnen Fächer abgedeckt wird, und eine Großgärstatt dar mit Elektroaufzug, einer Stapelhöhe von 6 m und einem Gesamtinhalt von rund 1100 m³ für ungefähr 100 Haupt Großvieh. Eine zwischen diesen beiden stehende Form ist die Kleingärstatt, welche den Dünger ebenfalls höher als in der Spargärstatt aufzuschichten gestattet. Die Abbildungen 48 u. 47 (s. S. 208 u. 207) zeigen die Edelmistbereitung auf der Düngerstätte bzw. den Haufen im Anstich.

Technik der Heißvergärung. Den frischen Stalldünger schichtet man in einzelnen Blöcken oder Streifen ungefähr 90 cm hoch auf und überläßt ihn der Gärung, bis Temperaturen von durchschnittlich 60° C erreicht sind. Je nach Außentemperatur soll dies in 2 bis höchstens 4 Tagen der Fall sein. Hierauf wird der Dünger sofort festgetreten, mit einer neuen Schicht überdeckt und in gleicher Weise zur Gärung gebracht. Der Stapel steigt hierbei schnell bis zu der gewünschten Höhe an, die bei der Edelmistbereitung auf der Düngerstätte (behelfsmäßige Heißvergärung) 3—4 m und bei der in den Gärstätten 5—6 m beträgt. Eine Abdeckung der fertigen Haufen mit Lehm oder Erde ist zur Verhinderung von Verlusten in den oberen, weniger gut gepreßten Schichten notwendig (F. LÖHNIS 19), vor allem dann, wenn die Edelmistbereitung im Freien vorgenommen wird (s. Abb. 47, S. 207). Niederschläge verhindern sonst die Selbsterhitzung. Weitere technische Einzelheiten findet man in der angeführten Literatur. Starkes Pressen, möglichst vollkommener Luftabschluß und gute Wärmebewahrung sind die wichtigsten Faktoren zur Erzielung eines einwandfreien Produktes. Manche Autoren glaubten auf die genaue Befolgung der Vorschriften verzichten zu können und haben aus diesem Grunde nachweislich keinen Edelmist erhalten. Vergleichende Düngungsversuche haben aber keinen Zweck, wenn man von falschem Grundmaterial ausgeht. Über die Anlage solcher Versuche und ihre Deutung ist vielfach diskutiert worden (vgl. dazu M. GERLACH und K. SEIDEL 1, 2, D. MEYER 1—6, H. KRANTZ 3—5, J. KÖHNLEIN 1, 2, F. LÖHNIS 5—7, 9, 20—23, M. GERLACH 1—3, P. EHRENBERG 2, K. BEINERT 3, 4, BARTLING, C. RUSCHMANN 13—15).

Abb. 43. Großgärstatt Wiesa in Sachsen.

Wirkungen der Heißvergärung. Der heißvergorene Dünger soll möglichst 4—5 Monate lagern, ehe er verwendet wird. Vorher besitzt er noch nicht die volle Reife und hohe Düngewirkung für den Boden. Andererseits hat er die Eigenschaft, nicht durch längeres Lagern an organischer Substanz und an Wert zu verlieren (F. LÖHNIS 5, 6). Sie ist besonders kennzeichnend für das Gärprodukt und kann ohne Anwendung von starken chemischen Mitteln durch keine andere Behandlung des Stalldüngers erzielt werden. Darauf beruhen zum großen Teile die guten Resultate, die mit Gärstattdünger gewonnen wurden. Auf Grund mehrjähriger Versuche bezeichnet F. LÖHNIS (17) das Wertverhältnis von Hof-, Tiefstall- und Edelmist im Durchschnitt mit 3 : 4 : 7. Natürlich bildet die Grundlage für solches Versuchsergebnis ein unter sachverständiger Aufsicht und mit biologischem Verständnis hergestellter heißvergorener Dünger (TH. REMY, E. KLÜTER und F. WEISKE).

α) *Äußere Eigenschaften.* Schon die äußeren Merkmale eines guten, einwandfrei gewonnenen Edelmistes sind so charakteristisch, daß er leicht zu unterscheiden ist von jedem anderen Gärprodukt. Er besitzt ein dunkel- bis schwarzbraunes Aussehen, eine neutrale oder nur schwach alkalische Reaktion und eine fast gleichmäßige Beschaffenheit. Bemerkenswert sind ferner seine Geruchlosigkeit und die starke Mürbung der noch vorhandenen Strohteilchen.

β) Biologische Eigenschaften. Nicht weniger weichen die biologischen Merkmale eines typischen heißvergorenen Düngers von denen irgendeines anderen ab. Obwohl bei der schnellen Erwärmung des locker aufgeschichteten Düngers anfänglich eine Vermehrung der Bakterien eintritt, macht sich bei weiterem Steigen der Temperatur sofort wieder eine deutliche Keimabnahme bemerkbar. Bei 60° C ist nur noch die obligat thermophile und thermotolerante Flora in Tätigkeit. Alle anderen Arten sterben ab oder bilden Sporen, die keine Lebensäußerungen mehr zeigen. Da die thermophile Flora aber ausgesprochen aerob ist, muß auch sie nach dem Festtreten des Düngers und der völligen Vertreibung der Luft zugrunde gehen. Anaerobe Verhältnisse stellen sich deshalb so gut und schnell ein, weil die Wasserdampfbildung das Weichwerden des sperrigen Strohes bewirkt, und die hinzukommenden Schichten den Druck im Stapel erhöhen.

Die lange im Haufen sich haltende Wärme tötet auch widerstandsfähigere Keime ab und hat starke chemische Reaktionen zur Folge. Die Wärmebewahrung ist ein Maßstab für einwandfreies Arbeiten. Je nach der Jahreszeit müssen sich selbst nach einem Vierteljahre noch Temperaturen von 35—40° C im Innern messen lassen. Ohne diese anhaltende Wärme tritt nicht die auf chemischen Umsetzungen beruhende eigenartige Reifung des Materials ein. Autoren, welche mit dem Heißgärverfahren keine günstigen Ergebnisse erzielen konnten, haben häufig auf diesen besonders wichtigen Punkt keinen Wert gelegt. Andere dagegen machen Angaben über das Verhalten der Temperaturen, welche deutlich die bei der Edelmistbereitung begangenen Fehler erkennen lassen. Die erste zur Gärung gebrachte Düngerschicht erwärmt sich wegen der Abkühlung vom Boden her zu schwach und langsam. Zur Vermeidung von Verlusten muß sie daher sofort festgetreten werden (H. GLATHE). Trotzdem hat man Edelmist in nur einer Schicht und sogar durch Vergärung von Dünger in Tontöpfen bei 70° C zu bereiten versucht.

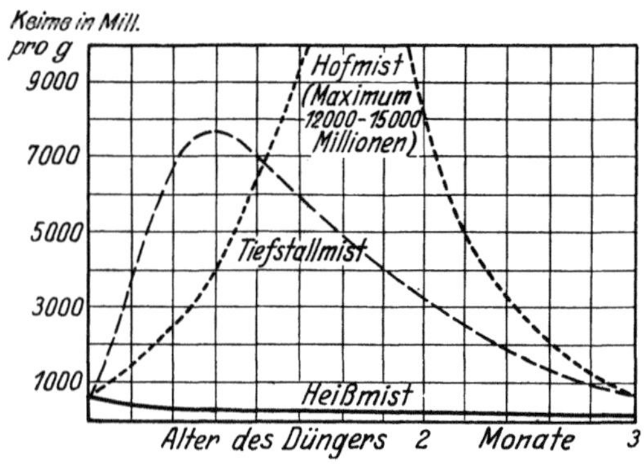

Abb. 44. Änderungen des Keimgehaltes in Millionen je Gramm in verschieden behandeltem Stalldünger. (Nach F. LÖHNIS.)

Durch die sachgemäße Heißvergärung erzielt man also ein Gärprodukt, in dem sozusagen alles aktive Leben erloschen ist, und der als lebende Keime fast nur die unschädlichen Sporen einiger Bakterien oder harmloser Pilze enthält (W. GOETERS, G. RUSCHMANN 8, 7, 13). Merkliche Verluste können selbst bei längerer Lagerung des Düngers nicht mehr eintreten. Der Praktiker hat hierdurch die Möglichkeit, in beliebiger Weise Vorratswirtschaft zu treiben, denn der Dünger ist auf Grund einer wirksamen Pasteurisierung aufs beste konserviert. Günstige Nebenwirkungen der partiellen Selbststerilisierung sind ferner die Beseitigung der Erreger gefährlicher Tierkrankheiten, so vor allem der von Maul- und Klauenseuche, der Abtötung von Fliegenlarven, Unkrautsamen sowie wahrscheinlich von vielen Pflanzenschädlingen. Von den pathogenen Mikroorganismen dürfte wohl nur der sporenbildende Milzbrandbacillus, der aber ziemlich selten im Stalldünger vorkommt, bei der systematischen Heißvergärung am Leben bleiben (H. GLATHE, F. LÖHNIS 11). Neben den übrigen Vorzügen des Verfahrens ist die hier beschriebene hygienische Bedeutung nicht zu unterschätzen.

Die biologischen Veränderungen am Stalldünger infolge seiner verschiedenen Behandlung gehen am klarsten aus den von F. LÖHNIS (10) zusammengestellten Kurven hervor (Abb. 44). Der Keimgehalt des Hofdüngers nimmt während der ersten 6 Wochen stark zu und steigt von ungefähr 1 Milliarde in 1 g auf 15 Milliarden und darüber hinaus an. Nach dieser Zeit geht er ebenso schnell und stark wieder zurück, so daß er nach etwa 3 Monaten nicht höher als zu Anfang ist. Der Tiefstalldünger läßt wegen der unmittelbaren Einwirkung der tierischen Wärme und der höheren Durchschnittstemperaturen im Stalle eine schnellere Vermehrung der Keime erkennen. Ihre Menge bleibt aber infolge des Luftmangels stets unter der des Hofdüngers und fällt langsam wieder ab. Von einer geringeren Anzahl besonders wirksamer thermophiler Bakterien werden dagegen die Gärungen beim Heißmist hervorgerufen, bis nach kurzer Zeit in ihm keine vegetativen, tätigen Keime mehr enthalten sind. In den anderen Düngersorten gehen die Abbauvorgänge, wenn auch stark verlangsamt, selbst nach 3 Monaten noch weiter. Diese Verhältnisse müssen in der Verminderung der Trockenmasse entsprechend zum Ausdruck kommen, wie es Abb. 45 zeigt. Im heißvergorenen Dünger treten Verluste im großen ganzen nur während der ersten 2—3 Wochen ein und hören von da ab wegen der wirksam gewordenen Selbststerilisierung fast völlig auf. Die Verluste im Hof- und Tiefstalldünger sind nur anfänglich geringer als die im heißvergorenen Material, da ihre Temperaturen niedriger liegen. Die starke Vermehrung der Bakterien und ihre bis zum Schluß andauernde mehr oder weniger lebhafte Tätigkeit rufen dann aber ununterbrochen Verluste hervor. Beim Tiefstalldünger bleiben sie wegen des fehlenden Sauerstoffes geringer. Mit den bisher angeführten Werten stimmen wiederum die Ertragskurven der verschieden behandelten Düngersorten in ihrem verschiedenen Alter gut überein (Abb. 46). Die Mehrerträge an Kartoffeln in Doppelzentner je Hektar beziehen sich auf Felddüngungsversuche, die während dreier Jahre in mehreren Wirtschaften durchgeführt wurden, und zeigen, daß Hof- und Tiefstalldünger ihre höchste Wirkung nach einer 6—8 wöchigen Rotte haben. Der heißvergorene Dünger ist ihnen anfänglich kaum überlegen, doch tritt seine Eigenart dann immer mehr hervor, indem seine Düngekraft dauernd zunimmt, während sich die der anderen weiter verringert, wie das bei den nicht zum Stillstand kommenden Gärungen nicht anders zu erwarten ist.

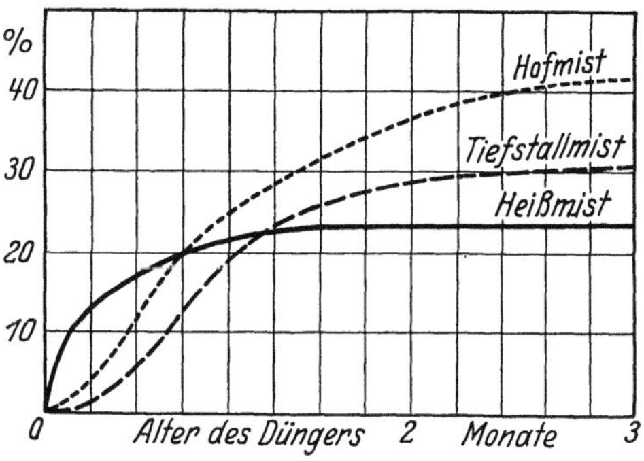

Abb. 45. Verluste an Trockenmasse in verschieden behandeltem Stalldünger. (Nach F. LÖHNIS.)

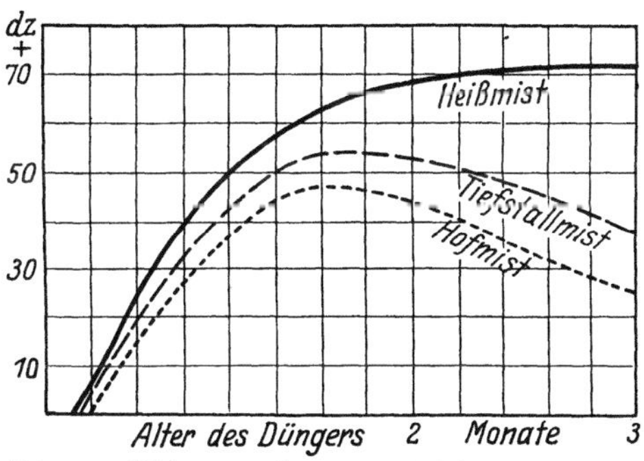

Abb. 46. Wirkungsgrad von verschieden behandeltem Stalldünger. (Nach F. LÖHNIS.)

γ) *Physikalische Eigenschaften.* In physikalischer Hinsicht zeichnet sich der heißvergorene Dünger namentlich durch seine strukturellen Eigenschaften aus. Jedes andere Material weist trotz noch so guter Rotte eine mehr oder weniger strohige Beschaffenheit auf. Unter dem Einfluß der Wärme und der ammoniakalischen Wasserdampfatmosphäre quillt die anfänglich spröde und sperrige Einstreu und zerfällt unter Verlust ihrer strukturellen Eigenschaften. Einstreu, Exkremente und andere mitverwendete tierische und pflanzliche Abfälle werden schließlich zu einem plastischen und fast einheitlich aussehenden Material, das in günstigem Gegensatz zu jedem kaltvergorenen Dünger steht. Durch seine dichte Beschaffenheit verwehrt es der Luft jeglichen Zutritt. Nach Verlust eines Teiles der Feuchtigkeit durch Abfließen des Sickersaftes oder Verdunstung ist dieser Dünger krümelig und leicht zerteilbar. Hiermit hängen große Erleichterungen bei seinem Ausbringen und Verteilen auf und in dem Acker zusammen. Während der stets strohige, schwer zu behandelnde gewöhnliche Dünger in mehr oder weniger starken Ballen in den Boden gelangt, läßt sich dies bei dem heißvergorenen Material durch einfache, maschinelle Behandlung, der die anderen Düngersorten wenig zugänglich sind, leicht verhindern. Aus der guten Verteilbarkeit erklärt sich wahrscheinlich die bessere Ausnutzung der in ihm enthaltenen Nährstoffe. Nach H. GLATHE ist der Heißmist dem Kaltmist um ungefähr das Doppelte in der N-Wirkung überlegen. F. LÖHNIS (17) hält die Ausnutzung des N im heißvergorenen Dünger für dreimal so hoch, als sonst durchschnittlich in Deutschland.

δ) *Chemische Wirkungen.* Nicht weniger bedeutungsvoll als die physikalischen Wirkungen der Heißvergärung sind die chemischen. Der Edelmist oder Gärstattdünger zeichnet sich, wie gesagt, durch gleichmäßige Mürbung und weitgehenden Zerfall seiner Einstreu aus. Trotzdem hat er wirkliche Gärungen nur 3 Tage lang durchgemacht, nach denen die strohigen Bestandteile ihre Zähigkeit und Zerreißfestigkeit noch in unvermindertem Maße besitzen. Da die weiteren Umsetzungen aus den genannten Gründen nicht mehr auf biologische Vorgänge zurückzuführen sind, müssen sie chemischen und physikalischen oder höchstens indirekt biologischen Einflüssen zugeschrieben werden. Ein äußeres Merkmal dieser bei der Reifung vor sich gehenden Umsetzungen ist außer dem Zerfall der Einstreu vor allem die wichtige Bildung von Humusstoffen. Dieser wendet man neuerdings gerade im Zusammenhange mit der Heißmistbereitung erhöhte Aufmerksamkeit zu (K. LIESCHE, W. SAUERLANDT).

Nach den bisherigen Forschungsergebnissen treten das flüchtige NH_3 und andere leicht in Verlust geratende N-Verbindungen mit den Kohlenhydraten und übrigen N-freien Substanzen des Düngers in Reaktion. Dabei wird der N offenbar nicht nur einfach adsorbiert, sondern auch chemisch gebunden. Da der Humus und seine verschiedenen Bestandteile der chemischen Untersuchung noch verhältnismäßig schwer zugänglich sind, hat man mikrobiologische Methoden zur Bestimmung seines landwirtschaftlichen Wertes angewendet und damit gute Ergebnisse erzielt (W. SAUERLANDT). Für die Humifikationsvorgänge bei der Edelmistbereitung ist die einwandfreie Selbsterhitzung, der sofortige Luftabschluß und die wirksame Wärmebewahrung von großer Tragweite. Allen Anzeichen nach haben die gebildeten Humusstoffe auf die Vorgänge im Boden, besonders die N-Bindung durch Azotobakter, einen günstigen Einfluß (K. LIESCHE). Auch nach nicht veröffentlichten Untersuchungen des Verfassers waren in einer mit Edelmist gedüngten Erde im Laboratorium nach einem Vierteljahr zehnmal soviel Organismen dieser Art zugegen, als in den mit Hof- und Tiefstalldünger versehenen Erdproben.

Der größte Nutzen der Humifizierungsvorgänge beruht aber wohl auf der genannten Festlegung des N im heißvergorenen Dünger. Typisch ist die fast völlige Geruchlosigkeit des letzteren nach seiner Reifung, während bei seiner Erwärmung NH_3 reichlich nachzuweisen ist. Demnach zerfällt die gesamte Umwandlung der Stoffe in zwei unterschiedliche Phasen, nämlich die erste biologische Phase, in der Bakterien ihre wichtige Aufgabe erfüllen, und die zweite chemische Phase, in welcher wesentlich langsamer chemische Reaktionen verlaufen (G. RUSCHMANN 1). Dabei hängt die Wirkung der bedeutungsvollen zweiten Phase lediglich von der normalen Entwicklung der ersten ab. Nur wenn diese allen Anforderungen genügt, kann das gewünschte Gärprodukt mit den Eigenschaften entstehen, die es zu dem bewährten Nährmaterial für die lebende Ackerkrume und die höheren Pflanzen machen.

Die genannten charakteristischen Eigenschaften eines guten Edelmistes sind deutlich an dem Aussehen der Anstichflächen von Düngerhaufen zu erkennen, die in den Abb. 42 (s. S. 202) und 47 wiedergegeben werden. Auf der ersten steht die strohige Beschaffenheit des Hofdüngers (auf der rechten Seite des Bildes) in scharfem Gegensatze zu der Struktur des Edelmistes. Beide Bilder zeigen die

Abb. 47. Behelfsmäßige Edelmistbereitung, Anstichfläche nach 4 monatiger Lagerung.

dichte und fast gleichmäßige Beschaffenheit des ausgereiften, heißvergorenen Düngers und lassen kaum noch etwas von der Einstreu erkennen. Die Behauptung, daß die Heißvergärung kein wesentlich anderes Produkt liefere als die übrigen Verfahren, wird hierdurch aufs beste widerlegt. Andererseits geht aus Abb. 47 hervor, daß man auf offener Düngerstätte ein ebenso vorzügliches Gärprodukt wie in der Gärstatt gewinnen kann. Nicht das teure Düngerhaus ist das Ausschlaggebende, sondern die sorgfältig angewendete Technik, mit der man an die Bereitung von Edelmist herangeht. Freilich hat man auf der Düngerstätte mit einer stärkeren, schlecht vergorenen Rindenschicht zu rechnen. Die Oberfläche kann aber zur Vermeidung größerer Verluste mit einer lehmigen Erdschicht abgedeckt werden, wie es diese Abbildung zeigt, auf dem die Erde noch mit Bohnen besät wurde. Durch das Abdecken werden vor allem die flüchtigen N-Verbindungen des heißen Düngers aufgefangen. Eine andere Art der Abdeckung ist auf Abb. 48 zu sehen. Sie ist besonders praktisch, solange der Haufen noch nicht seine endgültige Höhe erreicht hat.

ε) *Verluste.* Durch die kurze, im allgemeinen nur 2—3 Tage dauernde Gärung und die danach beginnenden Umsetzungen, die H. KRANTZ (4, 5) mit „ammoniakalischer Rotte“ bezeichnet hat, gelingt es, die Verluste bei der Heißvergärung auf niedriger Höhe zu halten (Th. Remy, E. Klüter und F. Weiske). Nach F. Löhnis sind die bei diesem Verfahren auftretenden Gesamtverluste nur $^1/_2$—$^1/_3$ mal so groß wie bei der gewöhnlichen Stalldüngerbehandlung. Sie verhielten sich in vergleichenden 3 monatigen Versuchen, die während der Sommer- und Wintermonate durchgeführt wurden, im Mittel wie folgt:

		Trockenmasse	Stickstoff
Sommer	Hofmist . . .	— 45 %	— 40 %
	Edelmist . . .	— 25 %	— 22 %
Winter	Mist, feucht-fest	— 33 %	— 20 %
	Edelmist . . .	— 23 %	— 8 %

Die Überlegenheit des heißvergorenen Düngers geht aus den umfangreichen und genauen Versuchen, die von F. Löhnis (6, 7) und seinen Schülern an dem Institut für landwirtschaftliche Bakteriologie und Bodenkunde der Universität Leipzig durchgeführt wurden, einwandfrei hervor. Die hohen Temperaturen während

Abb. 48. Behelfsmäßige Edelmistbereitung in einem Großbetrieb mit 100 Haupt Großvieh. Abdeckung der Blöcke mit Holzdeckeln.

des Sommers haben stärkere N-Verluste verursacht. Je nach Dauer des Versuches werden die Unterschiede entsprechend den früheren Angaben größer oder kleiner. Während der heißvergorene Dünger mit zunehmender Reifung immer wirksamer wird, verhält sich der feucht-fest gelagerte, ebenfalls in einer Gärstatt bereitete Dünger, gerade umgekehrt. Die Mehrerträge, die an Kartoffeln in Doppelzentner je Hektar mit diesen Düngersorten erzielt wurden, sind folgende:

Dünger aus der Gärstatt	6 Wochen alt	3 Monate alt
feucht-fest gelagert	44 dz	38 dz
nach H. Krantz heißvergoren .	51 „	67 „

Die hohe Bedeutung des Heißgärverfahrens geht aus diesen Zahlen klar hervor: Zunehmender Wert des Heißmistes und abnehmender Wert des Kaltmistes trotz pfleglichster Behandlung. Nach Darlegung der chemischen, physikalischen und biologischen Wirkungen des Verfahrens kann dies Resultat nicht überraschen.

ζ) *Sickersaft.* Besondere Beachtung verdient noch der bei der Heißvergärung des Düngers in größerer Menge entstehende Sickersaft. Seine Bildung wird zum Teil mit einer Wasserabspaltung aus der organischen Substanz erklärt (H. KRANTZ 4, G. RUSCHMANN 8). Nach O. KRON (2) und H. GLATHE beträgt die Sickersaftmenge 15—16,5% des frischen Düngers. Die Angaben über den Prozentgehalt des Saftes an Pflanzennährstoffen gehen ziemlich weit auseinander. J. WEIGERT (1, 2) stellt je Liter folgende Mengen Nährstoffe in Gramm fest und vergleicht sie mit denen der Jauche:

	Trocken-subst.	Organ. Subst.	P_2O_5	K_2O	Gesamt-Stickst.	flüchtiger Stickst.
Sickersaft	28,13	13,37	0,24	7,28	1,06	0,46
Jauche	16,26	5,07	0,10	5,82	1,45	1,31

Hiernach ist der Sickersaft der gewöhnlichen Jauche in allen Punkten bis auf den N überlegen. Dieser Tatsache entspricht die gute Düngewirkung des ersteren (H. KRANTZ und A. SCHNABL). K_2O sowohl als auch P_2O_5 sind anscheinend bis zu einem gewissen Grade im heißvergorenen Dünger beweglich und tropfen daher mit der Flüssigkeit ab, während N von ihm zurückgehalten wird. Zweifellos unterliegt aber der Sickersaft ebenso wie die Jauche hinsichtlich seines Nährstoffgehaltes großen Schwankungen (vgl. auch G. STIEHR und M. BERGOLD). H. GLATHE kommt nämlich bei seinen Untersuchungen über den Sickersaft eines Stroh- und eines Torfmistes zu anderen Ergebnissen.

Sickersaft von	P_2O_5	K_2O	Gesamt-Stickst.	NH_3-Stickst.
Strohmist	0,019%	0,096%	0,113%	0,060%
Torfmist	0,001%	0,036%	0,093%	0,059%

Hier sind die Mineralstoffe, ganz besonders K_2O, in stärkerem Maße vom Dünger zurückgehalten worden. Torfmist übt in dieser Richtung eine noch größere Wirkung aus als Strohmist. Vom Gesamtstickstoff sind nach J. WEIGERT 43,5% flüchtig, nach H. GLATHE rund 50%, so daß auch beim Ausbringen des Sickersaftes die Gefahr von N-Verlusten besteht.

Schlußbemerkung. Aus dem bisher über die Heißvergärung des Stalldüngers Gesagten geht somit hervor, daß die Aufgabe, gleichzeitig eine gute Rotte und eine weitgehende Bewahrung der Trockensubstanz zu bewirken, trotz der Gegensätzlichkeit der Forderungen wider Erwarten bis zu einem hohen Grade gelöst worden ist. Möglich war dieser Fortschritt nur durch die erstmalige volle systematische Ausnützung des Temperaturfaktors bei der Stalldüngergärung, wie es H. KRANTZ gelehrt hat. Der Erfolg beruht auf dem eigenartigen günstigen Zusammenwirken biologischer und chemischer Kräfte in den beiden aufeinanderfolgenden Phasen.

II. Jauche.

In dem vorangehenden Abschnitt ist bereits das Wichtigste über die Jauche gesagt worden. Da sie ganz anderen Gärungen unterliegt als der Stalldünger, muß sie möglichst getrennt aufgefangen werden. Der unvergorene Harn übt ebenso wie der unverrottete Dünger schädigende Wirkungen auf dem Acker aus (F. FALKE). Wenn das entstehende $(NH_4)_2 \cdot CO_3$ in größerer Menge unmittelbar mit den zarten Wurzeln der Pflanzen in Berührung kommt, tritt die bekannte Erscheinung des Verbrennens auf. Gegen die scharfen, ätzenden Eigenschaften der gärenden Jauche müssen selbst die Wände der Jauchegruben geschützt werden.

1. Harngärungen.

Die Bakterien, welche Harnstoff und Hippursäure, die wichtigsten N-Verbindungen des Harns, zersetzen, gehören zu den verschiedensten Gruppen. Es sind sowohl Sporenbildner als auch Nichtsporenbildner, Mikrokokken und Sarcinen, thermophile, mesophile und psychrophile, aerobe und anaerobe Keime (F. LÖHNIS 2, P. MIQUEL, M. BEIJERINCK, W. LEUBE 1, 2, SCHELLMANN, R. v. JACKSCH). Auch Pilze kommen als Harnstoff-, Hippursäure- und Harnsäurezersetzer in Betracht (O. SEMAL, K. SHIBATA, ST. BIEREMA). Harnstoff- und Hippursäuregärung gehen also unter verschiedensten Bedingungen vonstatten. Ihre Erreger sind in der Natur sehr verbreitet. Die von ihnen bewirkten Umsetzungen führen nicht immer zu Verlusten. Diese entstehen erst dadurch, daß NH_3, welches sich bei dem außerordentlich leichten Zerfall des $(NH_4)_2 \cdot CO_3$ bildet, in die Luft entweicht.

Die Umsetzung des $(NH_4)_2 \cdot CO_3$ selbst findet aber auch bei gutem Luftabschluß statt. Die Harnstoff- und Hippursäurebakterien sind also nur die indirekten Ursachen der Verluste. Andererseits vermag ähnlich wie beim Dünger eine über der Flüssigkeit lagernde reine CO_2-Atmosphäre solche Verluste zu verhindern. Die biologischen Vorgänge im Harn aber werden im allgemeinen durch das sich bildende CO_2 wenig beeinflußt. Sie sind einfacherer Art als im Stalldünger.

Der Gehalt des Harns an Harnstoff und Hippursäure schwankt bei den verschiedenen Tierarten und selbst bei den Individuen ein und derselben Art ziemlich stark. So verteilt sich z. B. nach V. HOFMEISTER (2) der N im Pferdeharn im Durchschnitt zu gleichen Teilen auf Harnstoff und Hippursäure, wobei letztere Schwankungen von 2,87—6,71 % unterliegt. Andere Autoren geben allerdings viel geringere Mengen an Hippursäure an. K. YOSHIMURA bezeichnet den Anteil dieser Verbindung am Gesamt-N im Kuhharn mit 10%, im Pferdeharn mit 2%. Harnsäure findet sich noch weniger im Harn, und zwar nach F. MITTELBACH im Rinderharn eine Menge von 9—45 mg je 100 cm^3, im Schweineharn von 3—33 mg und nach V. HOFMEISTER (2) im Schafharn höchstens Spuren. Noch bedeutungsloser dürften sonstige im Harn nachgewiesene N-Verbindungen wie Glykokoll-Phenylessigsäure (Phenazetursäure) und Kreatinin sein.

Für den Verlauf der Harnstoff- und Hippursäureumsetzungen ist die Zufuhr von gärfähigen Organismen zu dem ursprünglich keimfreien oder sehr keimarmen Harn wichtig. Da die flüssigen Ausscheidungen stets durch mehr oder weniger stark infizierte Jaucherinnen abgeleitet werden und Bestandteile des Kotes enthalten, sind die Vorbedingungen für das Eintreten der Harngärungen und damit der NH_3-Bildung erfüllt. Die festen Exkremente führen dem Harn aber nicht nur eine große Menge Keime sondern auch bestimmte Nährstoffe zu, die für das Wachstum jener Erreger nötig sind oder es wenigstens begünstigen. Nicht alle von ihnen können mit den im reinen Harn vorkommenden Verbindungen auskommen, so besonders nicht der kräftigste unter den Harnstoffzersetzern, *Bac. Pasteuri*. Sobald diesem jedoch Eiweiß zur Verfügung steht, setzt er den gesamten Harnstoff in ungefähr 10proz. Lösung in wenigen Tagen um (F. LÖHNIS 3). Andere Arten dagegen kommen mit Harnstoff als N- und Energiequelle gut aus, selbst wenn ihnen keine (C. STAPP) oder nur geringfügige Mengen leicht zersetzlicher C-Verbindungen zur Verfügung stehen (N. L. SÖHNGEN 2). Haben sich die Harnstoffbakterien erst einmal entwickelt, so geht der Prozeß auch ohne ihre Vermehrung ungehindert vonstatten, da das zur Spaltung des Harnstoffes dienende Enzym nach ihrem Absterben noch lange wirksam bleibt (C. OPPENHEIMER, F. FUHRMANN, R. LIESKE, S. WINOGRADSKY). Aus zweierlei Gründen muß daher nach Möglichkeit für eine reinliche Trennung der flüssigen und festen Ausscheidungen der Tiere gesorgt werden. Einmal um die Infektion des Harns zu vermeiden, zweitens um durch Entziehung von notwendigen Nährstoffen die Entwicklung der Harnstoffbakterien zu hemmen. Trotzdem sind die Umsetzungen im Harn nicht zu unterbinden. Sie verlaufen im allgemeinen sogar ziemlich schnell, wie folgende Untersuchungen an einem natürlichen Hammelharn zeigen (E. BLANCK 1):

Untersucht nach dem	NH_3-Gehalt in % des Gesamt-N	Untersucht nach dem	NH_3-Gehalt in % des Gesamt-N
1. Tage	14,70	9. Tage	59,77
2. „	17,70	11. „	67,44
3. „	23,98	16. „	80,86
4. „	32,28	25. „	86,28
5. „	41,21	54. „	86,34
7. „	52,28		

Die Harngärung geht also vom 2.—3. Tage an sehr schnell vonstatten. Dementsprechend ist die Wirkung einzelner Harnstoffbakterien erstaunlich groß. Nach P. MIQUEL vermag ein Gewichtsteil Bakterienmasse von *Urobac. Duclauxii* 4000 Teile Harnstoff umzusetzen. Eine der kräftigsten Arten, *Urobac. Pasteuri Miquel*, verwandelte bis zu 3 g Harnstoff im Liter pro Stunde.

Bei höheren Temperaturen verlaufen die Umsetzungen deutlich schneller, da sich gerade die gärkräftigen Harnstoffbacillen gegenüber den kälteliebenden Mikrokokken als wärmebedürftig erweisen (M. BEIJERINCK). Zum Teil aus diesem Grunde soll der Harn nicht mit dem Dünger, der selbst bei der Anwendung des Kaltgärverfahrens Neigung zur Selbsterwärmung zeigt, vermischt werden. Große N-Verluste sind unter diesen Umständen unvermeidlich. Während die Düngerrotte bei der Kaltvergärung durchschnittlich 8—12 Wochen gebraucht, sind die Gärungen im Harn bereits nach 2 bis höchstens 4 Wochen beendet.

Im Gegensatz zur Temperatur hat die Stärke des Luftzutritts im allgemeinen einen geringeren Einfluß auf die verschiedenen Umsetzungen im Harn. Während Harnstoff- und Harnsäurezersetzung auch bei Luftabschluß stattfinden, vollzieht sich der Abbau der Hippursäure anscheinend nur bei vollem Lufzutritt (P. DEHÉRAIN und C. DUPONT, SCHELLMANN). Andererseits wurde neuerdings ein obligat aerober, zur Harnsäuregärung befähigter Organismus, *Bac. fastidiosus*, festgestellt, der seinen C- und N-Bedarf allein aus Harnsäure deckt (L. E. DEN DOOREN DE JONG).

2. Verluste.

Die bei der Vergärung des Harns auftretenden Verluste sind in der Hauptsache besprochen worden. Bei getrenntem Auffangen und sorgfältiger Aufbewahrung des Harns können sie praktisch fast völlig verhindert werden (E. BLANCK 2, O. NOLTE 2, H. DORSEY). Merkliche N-Verluste treten nur ein, wenn die Flüssigkeit verdunsten und dabei NH_3 sich verflüchtigen kann. Die Ursache der Verluste geht auf biologische Gründe zurück und läßt sich nicht beseitigen. Die Verflüchtigung des NH_3 stellt dagegen einen physikalisch-chemischen, wohl vermeidbaren Vorgang dar. Die auf diesem Wege entstehende Entwertung in der Praxis hängt von den Stalleinrichtungen und den technischen Maßnahmen ab.

3. Technologie.

Die Mittel und Wege, um den Harn zweckmäßig aufzufangen sowie möglichst verlustlos aufzubewahren und auf den Acker zu bringen, sind fast ebenso mannigfaltig wie die, den Stalldünger zu behandeln. Doch kann man dies Ziel beim Harn wegen der größeren Gleichartigkeit der Gärungen viel leichter erreichen.

Gewinnung. Für die Sammlung der flüssigen Ausscheidungen stehen in der Hauptsache zwei Wege offen. Entweder läßt man sie durch Einstreu oder Torfmull restlos aufsaugen und verwendet das Gemisch in der schon beschriebenen Weise bei der Stalldüngerbereitung, oder man sorgt dafür, daß der Harn unter Luftabschluß und Zurückhaltung aller festen Bestandteile möglichst rasch abfließen kann. Die diesem Zwecke dienenden Stalleinrichtungen sind mancherlei Art. Es wurde auf sie im vorangehenden Abschnitt bereits hingewiesen.

Weitere Einzelheiten über die verschiedenen Jauchegewinnungsverfahren und die Bedeutung der Einrichtungen findet man außer an den schon genannten Literaturstellen bei G. ANDRAE und J. VOGEL, F. HONCAMP und E. BLANCK, M. HOFFMANN sowie W. SCHNEIDEWIND (9). Aus den Untersuchungen der beiden ersten Autoren geht u. a. hervor, daß bei der in Betracht kommenden Stalleinrichtung, d. h. im Kurzstande, sowohl eine größere Menge als auch eine N-reichere Jauche als im Langstande gewonnen wird. Dies entspricht der Tatsache, daß der Erfolg des getrennten Auffangens um so größer ist, je schneller und reiner die Jauche in der Grube gesammelt wird.

Da die genannten Jauchegewinnungsverfahren wegen der damit verbundenen Kosten für die Anlagen noch verhältnismäßig selten in der Praxis anzutreffen sind, müssen andere Einrichtungen und technische Maßnahmen an ihre Stelle treten. Tatsächlich kann man auch auf einem billigeren Wege zu guten Erfolgen gelangen. So berichtet W. KLEBERGER über die günstige Wirkung der Jaucheableitung in offenen Rinnen, die aus glasierten, säurefesten Tonrinnen fugenlos mit einem genügenden Gefälle hinter den Ständen verlegt werden. In diesen Rinnen läuft die Jauche gleichmäßig schnell durch ein Überlauf- oder Siphonrohr direkt in die Grube.

Als weitere praktische Maßnahme kommt nach demselben Autor die Aufstellung von Ölbehältern in Betracht, aus denen langsam aber ununterbrochen Rohöl tropft, das die abfließende Jauche bedeckt und dem Einfluß der Luft entzieht. Auf diese Weise wird eine sehr hochwertige Jauche gewonnen. Es besteht kaum ein Zweifel, daß die Verluste an N und Trockenmasse in den festen und flüssigen Ausscheidungen im Stalle auf ein sehr geringes Maß zurückgeschraubt werden können, wenn man für tägliches Ausmisten und sorgfältige Reinigung der Ablaufflächen und -rinnen sorgt. Unter diesen Umständen hat die NH_3-Bildung aus den leicht zersetzlichen N-Verbindungen im Harn noch kaum ihren Anfang genommen. Am ersten Tage sind die Umsetzungen im Harn noch sehr gering (F. LÖHNIS 3, O. NOLTE 1). Man entspricht hiermit auch den Forderungen der Stallhygiene, wie der geringe Keimgehalt und die Geruchlosigkeit der Stalluft sowie die Gewinnung einwandfreier Milch beweisen. Dünger und Jauche können aber, bevor sie merkliche Verluste erlitten haben, einer sachgemäßen Behandlung außerhalb des Stalles unterworfen werden.

Auch wenn die Methode von W. KLEBERGER nicht befolgt werden kann, ist durch Sauberhaltung der Stände und Jaucherinnen außerordentlich viel zu erreichen. Der Stallboden muß möglichst glatt und frei von Rissen sein, in denen die Jauche sonst versickern würde. Außerdem setzen sich in ihnen unerwünschterweise Bakterien fest. Bei einfacher Stalleinrichtung sollte wenigstens durch ein größeres Gefälle des Bodens ein rascheres Abfließen der Jauche sichergestellt werden. Besteht auch diese Einrichtung nicht, so läßt man die flüssigen Ausscheidungen durch Torfmull aufsaugen. Doch darf dieser nicht zu lange liegenbleiben, weil auch in ihm die Harnstoffgärung bald einsetzt und zu erheblichen Verlusten führt. Überdies geht die Verarbeitung des vollgesogenen Jauchetorfes auf der Düngerstätte, selbst wenn man die Bedingungen für die Kaltvergärung weitgehend erfüllt, nicht ohne Verluste vor sich (A. STUTZER - F. HONCAMP, H. SCHROEDER - STRANZ).

Vergärung und Aufbewahrung. Aus dem Stall läuft der Harn oder die Jauche durch die verdeckten oder offenen Rinnen, gegebenenfalls nach Passieren von Schlammkästen, Aufstau- und Filtriereinrichtungen, durch ein Überlaufrohr in die Grube. Das Rohr soll bis auf den Boden des Behälters reichen. Da ein Stück Großvieh im Durchschnitt etwa 3 m³ Harn im Jahr erzeugt, kann der benötigte Fassungsraum der Jauchegrube für den Fall, daß nur ein- oder zweimal im Jahre

Jauche gefahren wird, leicht berechnet werden. Doch verursacht eine solche Anlage erhebliche Ausgaben. Sohle und Wände der Gruben müssen völlig dicht halten, damit weder Jauche versickern, noch Grundwasser eindringen kann. Ebensowenig darf Regenwasser von außen zulaufen. Die Innenseiten erhalten zum Schutze einen Anstrich.

Besonders wichtig für die verlustlose Aufbewahrung der Jauche ist der völlige Luftabschluß. Am einfachsten ist die Abdeckung der Grube mit Brettern oder Bohlen. Sie müssen aus hartem Holz bestehen, da sie den zersetzenden Einflüssen der sich aus der Jauche entwickelnden Gase, hauptsächlich des NH_3, ausgesetzt sind. Damit sich dieses aber so wenig wie möglich entwickelt, überschichtet man die Jauche mit billigem Teer, Harzöl oder Petroleum. Man rechnet ungefähr mit einem halben Liter pro Quadratmeter Oberfläche (W. KLEBERGER). Weniger wirksam ist die Verwendung von Schwimmbrettern zur Abdeckung der Flüssigkeit (R. HEINRICH). Im übrigen müssen die sich entwickelnden Gase CO_2 und NH_3 sorgfältig in der Grube zurückgehalten werden. Die CO_2-Atmosphäre über der Jauche stellt ebenso wie beim Stalldünger die einfachste und natürlichste Methode der Konservierung dar. Deshalb sollen die Bohlen zum Verschließen lückenlos aneinander passen. Auch darf die Jauche nicht unnötig in Bewegung gebracht werden. Empfehlenswert ist der Verschluß mit einem Metalldeckel. Noch besser ist es, wenn die Decke der Grube bis auf eine nicht zu große Öffnung eingemauert wird.

Zur Kontrolle, ob alle getroffenen Maßnahmen von Erfolg sind, verwendet man die von J. VOGEL eingeführte Jauchespindel, die ungefähr den Gehalt an N angibt. Außer diesem Nährstoff hat noch das Kalium in der Jauche besonderes Interesse. Seine Menge darin hängt in erheblichem Maße von der Beschaffenheit des Futters ab. Die Form, in der dieser wichtige Pflanzennährstoff vorliegt, wird durch die Gärungen nicht merklich beeinflußt.

Chemische Konservierung. Auch die Jauche hat man durch Zusatz chemischer Mittel zu konservieren versucht. Doch blieb diesen Methoden ein dauernder Erfolg versagt. Benutzt wurden entweder antiseptisch wirkende Stoffe, wie Formalin, Schwermetallsalze u. a. m., welche die Bakterien größtenteils vernichteten und somit die Umsetzungen verhinderten, oder solche Stoffe, welche die bei den Gärungen entstehenden flüchtigen N-Verbindungen in eine haltbarere Form überführten. Nur mit letzteren Mitteln wurde eine einigermaßen günstige Wirkung erzielt. Zu ihnen gehören unter anderem Schwefelsäure, Na-Bisulfat und Superphosphat. Allen benutzten chemischen Konservierungsmitteln haften aber im Gebrauch mehr oder minder große Mängel an. Vor den meisten Mitteln muß der Landwirt dringend gewarnt werden. Neuerdings will man mit dem keimtötenden Präparat Servatol sehr günstige Erfolge erzielt haben (T. BAUMGÄRTEL, A. v. NOSTIZ). Nur vergißt man bei der Anwendung eines solchen Desinfizienz, daß nur gut vergorene Jauche ausgefahren werden darf (F. FALKE). Das Ziel, der Praxis ein einfaches, unschädliches, billiges und sicher wirkendes chemisches Verfahren an die Hand zu geben, ist bei der Jauche ebensowenig erreicht worden wie beim Stalldünger.

III. Gülle.

In Gegenden, wo es an der nötigen Einstreu zur normalen Düngerbereitung fehlt, ist man zu einer anderen Form der Verwertung tierischer Ausscheidungen gekommen. Man bereitet dort den sog. „flüssigen Dünger", der unter der Bezeichnung „Gülle" oder „Beschütte" geht. Sehr verbreitet ist die Gewinnung von Gülle in Süddeutschland, im Allgäu und in der Schweiz. Aber auch im Riesengebirge, Erzgebirge, in Böhmen, in den Karpathen und selbst im norddeutschen

Flachlande und in den Niederlanden ist sie nicht unbekannt. Der Güllebereitung, die eine lange geschichtliche Entwicklung durchgemacht hat (H. Thomann, E. Guggenmos), ist in neuerer Zeit wiederum größere Beachtung von praktischer und wissenschaftlicher Seite geschenkt worden. Die moderne Güllewirtschaft ist heute zum großen Teil mechanisiert.

1. Gewinnung.

Die Gülle wird aus den festen und flüssigen Ausscheidungen der Tiere und Menschen unter Zusatz von mehr oder minder großen Mengen Regen- oder Spülwasser und gegebenenfalls etwas Einstreu gewonnen. Nach M. Reiser kommen auf 1 Teil Kot und Harn ungefähr 2 Teile Wasser. Doch schwanken die Mengenverhältnisse ziemlich stark, so daß die Gülle oder Beschütte dick- oder dünnflüssiger ist. Das Gemisch wird in geräumigen Gruben, deren Wände gegen die zersetzenden und ätzenden Einflüsse besonders widerstandsfähig gemacht werden, gesammelt, aufbewahrt und vergoren. Wegen des starken Wasserzusatzes müssen die Güllebehälter ein außerordentlich großes Fassungsvermögen besitzen. Während zur Aufbewahrung der Jauche je Stück Großvieh ungefähr 3 m³ Grubeninhalt nötig sind, gebraucht man für die Gülle mindestens 5—6 m³ (M. Reiser, F. Falke). Dadurch wird die Güllebereitung, die in kleineren und größeren bäuerlichen Betrieben verbreitet ist, mit hohen Kosten belastet. Für eine Wirtschaft mit rationeller Arbeitsweise kommen noch die Auslagen für die Einrichtung zur Wasserbeschaffung, Pumpe und Transportwagen bzw. Schläuche. R. Geith berechnet die Gesamtanlagekosten bei einem Viehstapel von nur 10 Stück Großvieh im Erzgebirge mit 3900 bis 5900 RM. Aus diesem Grunde wird die Gülle häufig unverdünnt oder nur mit weniger Wasser aufbewahrt. Die Verdünnung verhindert aber das Eintreten allzu großer N-Verluste.

Abb. 49. Innengeschäl eines Alpstalles im Querschnitt. (Nach M. Reiser.)

Die Milchkühe werden im Kurzstande gehalten, die Kotmassen vom Boden möglichst häufig abgekratzt oder „abgeschorrt“ und in die hinter den Ständen verlaufenden Rinnen übergeführt. Vielfach werden die flüssigen und festen Ausscheidungen mit Wasser abgespritzt und in die Grube geschwemmt. Diese liegt entweder unter dem Stallgebäude oder außerhalb desselben. Die Fachausdrücke für die Güllebehälter heißen je nach ihrer Lage „Innen“- und „Außengeschäl“. Von der tiefsten Stelle der geneigt verlaufenden Sohle aus läßt sich ihr Inhalt ableiten (Abb. 49). Liegt das Geschäl nicht am Abhang, so daß sein Inhalt mühelos durch Rohre und Schlauchleitungen über weite Strecken hin fortgeleitet werden kann (s. Abb. 52, S. 221), so wird die Gülle mit der Hand oder einem Elektromotor in Wagen oder Fässer übergepumpt. Über die modernen Gülleanlagen berichtet J. Huber eingehend. Die Verwendung des flüssigen Düngers kommt hauptsächlich auf Weiden und Wiesen in Betracht. Die Einstreu, an der in den Wirtschaften großer Mangel herrscht, gewinnt man häufig vor Überführung der Exkremente in das Geschäl wieder, indem man sie mit reinem Wasser spült und trocknet.

2. Nährstoffgehalt.

Über den Gehalt der Gülle an Pflanzennährstoffen liegen eine Menge Mitteilungen vor. Er muß je nach der Herstellung der Gülle, vor allem nach der zugesetzten Menge Wasser stark schwanken. Deshalb haben alle Angaben über ihre Zusammensetzung nur einen bedingten Wert, wenn nichts über die Gewinnung ausgesagt ist. Nach M. REISER sind in 1 hl unter Wasserzusatz bereiteter Gülle in Kilogramm enthalten:

Trockensubstanz	Gesamt-N	NH_3-N	K_2O	P_2O_5	CaO
2,0	0,15	0,1	0,4	0,04	0,067

Der Autor betont, daß diese Werte stark schwanken können. So gibt es z. B. je nach der Beschaffenheit des verabreichten Futters sehr K_2O-reiche und -arme Güllen. Ähnlich verhält es sich mit dem Kalk. Die von W. KLEBERGER in Prozenten mitgeteilten Werte stehen mit denen von M. REISER im großen ganzen in guter Übereinstimmung:

Gesamt-N	K_2O	P_2O_5
0,2—0,3	0,4—0,5	0,03—0,05

Von diesen Angaben weichen die von P. LIECHTI und E. TRUNINGER gemachten Befunde, die sich auf unvergorene, unverdünnte Gülle beziehen, in den meisten Punkten deutlich ab. Diese Werte, welche auszugsweise von H. THOMANN wiedergegeben werden, zeigen hinsichtlich des N auch untereinander starke Schwankungen. Einige Analysen mit z. T. extremen Zahlen mögen hier wegen der belangreichen Beziehungen angeführt werden. Sie lauten in Gramm für 100 cm³ Gülle:

Gesamt-N	NH_3-N	K_2O	P_2O_5
0,33	0,28	1,94	0,02
0,41	0,38	1,73	0,03
0,31	0,28	1,66	0,02
0,46	0,44	1,56	0,01
0,73	0,67	1,72	0,01

Die mitgeteilten Zahlen bringen deutlich zum Ausdruck, daß die reife Gülle viel wertvollen, schnell wirksamen N und sehr viel K_2O, dagegen sehr wenig CaO und noch weniger P_2O_5 enthält. Der weitaus größte Teil des Gesamt-N ist in Form von NH_3 vorhanden. Während die Schwankungen im K_2O-Gehalt nach den Angaben von P. LIECHTI und E. TRUNINGER nur gering sind, erreichen die des N-Gehaltes einen um so höheren Grad. Aus dieser Tatsache sowie dem Vergleich der N-Werte mit denen von W. KLEBERGER ist zu schließen, daß die von den ersteren Autoren untersuchten Proben z. T. starke N-Verluste erlitten haben. Solche treten natürlich besonders leicht ein, wenn die Gülle unverdünnt zur Vergärung gelangt. Dieser Befund entspricht also dem früher über die Umsetzungen in der Gülle und ihre Aufbewahrung Gesagten. Die P_2O_5-Werte von P. LIECHTI und E. TRUNINGER liegen, zumal da es sich um unverwässerten Dünger handelt, im Vergleich zu denen von W. KLEBERGER sehr niedrig. Städtische Gülle ist nach M. REISER wirksamer und enthält im Gegensatz zur Rindviehgülle wesentlich mehr P_2O_5.

Besondere Beachtung verdient der geringe Trockensubstanzgehalt der vergorenen Flüssigkeit (s. obige Tab. von M. REISER). In dieser Hinsicht weicht letztere aufs stärkste von den festen Düngersorten ab. Einen sehr interessanten Vergleich über die Nährstoffwerte, die in denselben Gewichtsmengen von Gülle und Hofdünger vorhanden sind, stellt H. KRANTZ (5) an. Hierbei fällt sofort das Mißverhältnis zwischen dem Trockensubstanzgehalt der beiden Düngersorten auf. Es ergeben sich für die einzelnen Bestandteile folgende Verhältniszahlen:

	Gülle	:	Hofdünger		Gülle	:	Hofdünger
NH_3-N	0,107	:	0,15	oder wie	71,3	:	100
K_2O	0,341	:	0,7	„ „	48,7	:	100
Gesamt-N	0,15	:	0,5	„ „	30,0	:	100
P_2O_5	0,045	:	0,25	„ „	18,0	:	100
CaO	0,078	:	0,5	„ „	15,6	:	100
Trockensubstanz	2,164	:	25,0	„ „	8,7	:	100

Obwohl die einzelnen Werte und noch mehr ihr Verhältnis zueinander variieren, gibt die Übersicht doch ein anschauliches Bild von dem geringen Wert der Gülle für die Versorgung des Bodens mit humus- oder garebildenden Stoffen. Dieser Mangel muß, da er mit Entstehung von Schäden verbunden ist, auf irgendeine Weise behoben werden.

3. Vergärung.

Art, Menge und Herkunft der Keime. Über Art und Verlauf der Gärungen bestehen im einzelnen noch Unklarheiten. Man weiß z. B. noch nicht sicher, ob und bis zu welchem Grade sie unbedingt notwendig sind, damit die Gülle ihre höchste Düngekraft zeigt. Daher herrschen auch vielfach Widersprüche zwischen den wissenschaftlichen Anschauungen und den technischen Maßnahmen der Güllebereitung. Da Kot und Harn gezwungenermaßen in derselben Grube aufbewahrt werden, enthält das Gemisch, auch wenn es mit Wasser stark verdünnt wird, von vornherein eine außerordentlich große Menge verschiedenster Organismen. J. HOHL zählte in Gülle 27,3 Mill. Keime, dagegen in Kot nur 14,7 Mill. Aus dem Keimgehalt des letzteren ist zu schließen, daß die Werte in Wirklichkeit für beide Materialien noch wesentlich höher liegen. Die Bakterien kommen in größter Anzahl mit den festen Ausscheidungen in die Gülle. Ursprünglich wird also die Beschaffenheit der Mikroflora ganz von derjenigen der Faeces bestimmt und denselben großen Schwankungen unterliegen. Nähere Angaben darüber wurden im Stalldüngerabschnitt gebracht.

Art der Gärungen. Auf Grund des hohen Keimgehaltes entwickeln sich die Gärungen, sobald die Gülle in die Grube gelangt, sehr schnell. Zwar ist nur eine verhältnismäßig geringe Anzahl der Faecesorganismen in der bald stark alkalisch werdenden Flüssigkeit lebensfähig, aber diese vermehren sich dafür um so stärker. Wie in der Jauche, unterliegen auch hier zuerst die leicht zersetzlichen N-Verbindungen der Vergärung. Harnstoff-, Hippursäure- und Harnsäurebakterien sind somit in der Gülle in großer Menge vorhanden. Doch herrscht hier nicht die Einseitigkeit der Jaucheflora, da auch die Organismen in Tätigkeit treten, welche die wichtigen Umsetzungen an den festen Bestandteilen bewirken. Die zunehmende alkalische Reaktion und das freiwerdende NH_3 bedingen, daß die Gärungen immer mehr in einer Richtung verlaufen. Alle Organismen, die in dieser Beziehung empfindlich sind, werden in ihrer Tätigkeit gehemmt und zum großen Teil auch abgetötet. Gewisse Umsetzungen werden unterdrückt, andere wiederum gefördert. Auf diese Weise entwickelt sich infolge der Gärungen sehr bald eine spezifische Gülleflora, die mit der ursprünglich vorhandenen nur noch wenig zu tun hat. Untersuchungen über diese Umstellung der Flora und den Verlauf der einzelnen Gärungen liegen erst in bescheidenem Umfange vor. Eine Aufklärung wäre aber dringend erwünscht, um Art, Grad und Notwendigkeit der verschiedenen Zersetzungsvorgänge festzustellen.

Die Untersuchungen hätten sich in gleicher Weise auf die Umwandlungen der flüssigen und festen Ausscheidungen zu erstrecken. Hierbei ist zu berücksichtigen, daß die Bestandteile der festen Exkremente viel langsamer zersetzt werden. Es treten also alle Nachteile auf, die bei gemeinsamem Auffangen und Behandeln von Harn und Kot bereits früher besprochen wurden. Aber auch die festen Exkremente unterliegen mit der Zeit einem starken Abbau, wie mit ziemlicher Sicherheit aus Befunden von P. LIECHTI und W. MOSER hervorgeht. Nach ihnen sind in 1000 hl Gülle 34—83 kg Phenole und 400—500 kg Benzoesäure zugegen, die sich als ringförmige Verbindungen nur durch weitgehende Zersetzung der festen Bestandteile in der Gülle gebildet haben können. Ebenso zeugt der Gehalt der sich entwickelnden Gase an H_2S (A. GRETE) von einem weitgehenden Abbau der Eiweißstoffe, die mit den Kotmassen in die Gülle gelangen.

Auffallenderweise sind von J. HOHL in diesem flüssigen Dünger mit großer Regelmäßigkeit Nitrit- und Nitratbildner gefunden worden, die im Stalldünger auf offener Düngerstätte durchaus nicht immer anzutreffen waren. Dieser Befund widerspricht allem bisher über die Organismen und ihre Lebensbedingungen Gesagten. Der völlige Mangel an Luft, die nicht unbedeutende Menge löslicher organischer Stoffe und vor allem das reichliche Auftreten von $(NH_4)_2 \cdot CO_3$ und freiem NH_3 muß nicht nur jede Tätigkeit und Vermehrung der Nitrifikationsbakterien unterbinden, sondern sie auch allmählich vernichten. Mit Recht sagt M. REISER, daß Nitrit- und Nitratbildner in der Gülle, in die sie hineingeimpft werden, keine ihnen zusagenden Bedingungen finden. Viel wahrscheinlicher ist es, daß diese Organismen, die sich auf dem Stallboden und an den Wänden ansammeln, beim Abschwemmen und Abspritzen der Exkremente aus den Ständen und den Kot- und Jaucherinnen mit in die Grube gelangt sind und sich dort eine gewisse Zeit am Leben erhalten haben. Eine Überführung des NH_3 in Nitrit und Nitrat ist durchaus nicht erwünscht, da es in der Gülle nicht an denitrifizierenden Organismen fehlt, die jene Verbindungen unter Befreiung von elementarem N zersetzen würden.

Unter dem Einfluß der stark alkalischen Reaktion der vergorenen Flüssigkeit und des NH_3 sterben allmählich selbst die Erreger der Gärungen ab. Nach anfänglich schneller Vermehrung der Gesamtkeimzahl erreicht diese einen Höhepunkt, der ungefähr mit der lebhaftesten Gasbildung zusammenfällt. Bei Nachlassen derselben geht die Keimzahl wieder zurück. In der reifen Gülle sind nur noch die an die besonderen Verhältnisse angepaßten Organismen zugegen.

In diesem Zusammenhange mögen die Krankheitserreger von Menschen, Tieren und Pflanzen Erwähnung finden. Menschenpathogene Keime gehen infolge der ätzenden Eigenschaften der Gülle meist zugrunde. Pflanzliche Schädlinge, die seltener in die Gülle gelangen, können bei Verwendung des Düngers im Garten- und Gemüsebau übertragen werden. Wichtiger wäre es, über die Lebensdauer tierischer Krankheitserreger und Schädlinge genauer unterrichtet zu sein. Von bakteriologischem Standpunkte aus liegen triftige Gründe für die Annahme vor, daß auch sie sich bis auf Sporenbildner wie den Milzbrandbacillus nicht lange in der Gülle zu halten vermögen. Immerhin ist der Weidedurchfall der Tiere eine in Güllewirtschaften häufig beobachtete Erscheinung, deren Ursachen selten mit Sicherheit festgestellt worden sind. Während M. REISER von einem nachgeprüften Fall von Magenwurmseuche spricht, scheint F. FALKE dem hohen K-Gehalt der Gräser die Schuld geben zu wollen.

Die Unkrautsamen überstehen offenbar zum großen Teil den Aufenthalt in der alkalischen Flüssigkeit, wie aus der Gefahr der Verunkrautung der Wiesen und Weiden durch Begüllung hervorgeht. Dieser Nachteil beruht nicht allein auf der besseren Entwicklung der Unkräuter, sog. Ammoniakpflanzen, durch die Art der Düngung, sondern in hohem Maße auch auf der Zufuhr ihrer Samen.

Dauer der Gärungen. Obwohl auch heute noch manche Autoren die Gärungen in der Gülle für nicht unbedingt nötig halten, sind letztere doch offenbar zur besseren Ausnutzung der in ihr vorhandenen Werte und zur Verhinderung schädlicher Wirkungen sehr erwünscht. Die nachteiligen Eigenschaften der festen und flüssigen tierischen Ausscheidungen werden zwar durch den Wasserzusatz abgeschwächt aber nicht beseitigt. Um die Gülle verwendungsfähig zu machen, müssen ihre leicht zersetzlichen N-Verbindungen ebenso wie im Harn umgewandelt werden. Diese Vorgänge verlaufen in der Gülle wegen des anfänglichen großen Keimgehaltes schneller als in letzterem. Andererseits vollzieht sich der

Abbau der Eiweißstoffe und übrigen unlöslichen Verbindungen der festen Exkremente aus den bereits früher genannten Gründen wesentlich langsamer. Eine Umwandlung sollen aber auch diese erfahren.

In Übereinstimmung damit spricht man mit Recht von einer Reifung der Gülle (v. Hazzi, O. Nolte 1). Doch steht der Zeitpunkt, an dem sie erreicht ist, weniger fest als bei der Jauche und dem Stalldünger. Angaben darüber gründen sich mehr auf Gefühlsmomente als auf stichhaltige Feststellungen. Zum Teil liegt das an dem recht verschiedenen Verhalten der festen und flüssigen Ausscheidungen bei den Gärungen, so daß eine Entscheidung über ihr wirkliches Ende erschwert wird. Diese Tatsachen kommen auch in den Angaben von A. Grete zum Ausdruck, nach dem die NH_3-Bildung aus Harnstoff bereits nach 4—5 Tagen beendet, die eigentliche Reife aber erst nach 3—4 Wochen eingetreten sein soll. Dagegen macht v. Hazzi keinen Unterschied zwischen der Reifung der festen und flüssigen Ausscheidungen und betrachtet die Gülle dann als gereift, wenn sie

Abb. 50. Umrühren der Gülle im Außengeschäl. (Nach M. Reiser.)

beim Umrühren nicht mehr schäumt. Das dauert im Sommer ungefähr 2, im Winter 4—5 Wochen. Trotz des Mangels an genauen chemischen und biologischen Untersuchungsergebnissen stimmen die Werte der beiden Autoren einigermaßen miteinander überein.

Die Temperatur hat wie bei jeder Gärung zweifellos einen weitgehenden Einfluß auf den Verlauf der Reifungsprozesse. Er geht in der kälteren Jahreszeit im Innengeschäl schneller vonstatten als im Außengeschäl. Die Güllegruben werden daher mit Vorliebe unter den Stallboden verlegt, um die von ihm ausgehende gleichmäßige Wärme auszunutzen. Eine Beschleunigung der Gärungen ist erwünscht, da die Gruben nach Möglichkeit häufiger im Jahre entleert werden sollen. Dadurch wird ein schnellerer Umlauf der Nährstoffe in der Wirtschaft bewirkt. Dies ist ein Hauptvorteil der Güllebereitung. Im Außengeschäl müssen sich namentlich während des Winters starke Verzögerungen in den biologischen Vorgängen bemerkbar machen. Wünschenswert wäre ebenso wie bei der Jauche eine Unterteilung der Gruben, damit nicht stets eine Vermischung von gut vergorener Gülle mit einer ungereiften stattfindet. Die Anwendung eines Zweigrubensystems ist um so wichtiger, je stärker die Gärungen in der Gülle durch niedrige Temperaturen gehemmt werden. Aus diesen Gründen ist man wohl auch mit zunehmender Höhenlage der Graswirtschaften mehr zum Innengeschäl übergegangen (H. KRANTZ 5).

Vielerwärts ist es gebräuchlich, den Grubeninhalt von Zeit zu Zeit umzurühren, um die am Boden sich sammelnden festen Bestandteile aufzuwirbeln, der Masse Luft zuzuführen und damit die Gärungen zu beschleunigen (Abb. 50). Durch diese Maßnahme werden wahrscheinlich ein schnellerer Abbau und vielleicht ein teilweises Löslichwerden schwer zersetzlicher Stoffe erreicht. Doch steht auf der anderen Seite mit Sicherheit fest, daß das Durchrühren der Masse mit erheblichen Verlusten an wertvollem N verbunden ist. So häufig in alten Gebräuchen, die sich meist auf gute Beobachtung erfahrener Praktiker stützen, etwas Richtiges liegt, ist doch in diesem Falle die angewendete Technik nicht zu verteidigen. Die Nachteile sind größer als die Vorteile.

Verluste. Die nicht zu umgehende gemeinsame Behandlung von Kot und Harn in den Güllewirtschaften hat stärkere Verluste zur Folge. Anders lautende Angaben sind vorsichtig zu beurteilen, so z. B. wenn A. GRETE behauptet, daß erhebliche Stickstoffverluste bei sachgemäßer Behandlung und Verwendung der Gülle nicht stattfinden. Obwohl sich technische Maßnahmen denken lassen, durch die jener Fall tatsächlich zur Wirklichkeit zu werden vermag, dürften solche Verhältnisse in der Praxis nicht in Frage kommen.

Solange Boden und Seitenwände der Gruben dicht halten, sind Verluste bei der Güllebereitung nur durch Bildung von Gasen, die in die Luft entweichen, möglich. Diese entstehen aber in ziemlich großer Menge. Als Güllegase kommen CO_2, NH_3 und H_2S in Betracht (A. GRETE). Die beiden ersteren rühren zur Hauptsache von der Vergärung der N-haltigen Bestandteile des Harns her und treten daher schon frühzeitig auf. H_2S-Bildung kann erst langsam bei weitgehender Zersetzung der weniger leicht abbaufähigen Eiweißstoffe erfolgen. Es besteht kein Zweifel, daß unter den herrschenden stark anaeroben Bedingungen und der alkalischen Reaktion der Flüssigkeit die Fäulnisprozesse günstig verlaufen. Über die Bildung von elementarem N und CH_4 oder anderen flüchtigen Verbindungen scheint nichts bekannt zu sein. Obschon eine N-Entbindung als Folge der Bildung von Nitrit oder Nitrat nach dem Gesagten im allgemeinen nicht zu befürchten ist, braucht ein Verlust an gasförmigem N auf anderem Wege nicht völlig ausgeschlossen zu sein. Die Hauptverlustquelle, die zu starker Entwertung des flüssigen Düngers führt, bleibt die NH_3-Bildung. Sie unterliegt im großen ganzen denselben Bedingungen wie bei der Jauche und ist daher auch mit ähnlichen Mitteln zu unterdrücken.

4. Technologie der Gülle.

Soweit die technischen Maßnahmen noch nicht bei der Gewinnung und Behandlung der Gülle besprochen wurden, sollen sie hier kurz erwähnt werden. Wegen der häufigen und meist sorgfältigen Entfernung der tierischen Ausscheidungen treten im Stalle noch keine Zersetzungen ein. Trotz des Mangels an Einstreu können also in ihm durchaus einwandfreie hygienische Verhältnisse für die Tiere geschaffen werden. Auch eine Verschlechterung der Stalluft braucht nicht unbedingt einzutreten. Liegt das Geschäl aber innerhalb des Stalles, so entweichen selbst bei guter Abdeckung desselben die Gase und machen die Luft ungesund. Die Verhältnisse werden noch ungünstiger, wenn man an der alten Gewohnheit festhält, die Gülle umzurühren. Die Gärungen werden unnötig stark gefördert, so daß besonders große Mengen Gas entstehen. Vor allem zerfällt dabei das während der Gärungen gebildete $(NH_4)_2 \cdot CO_3$, das einen überwiegenden Wertbestandteil der Gülle ausmacht, in seine Komponenten und verschlechtert die Stalluft um ein Weiteres. H_2S, das nur in geringen Beimengungen vorhanden ist, und NH_3 sind direkt schädlich für die Tiere (K. SÜPFLE). CO_2 wird in den großen Mengen, in denen es bei dem weitgehenden Abbau N-haltiger und N-freier Substanzen gebildet wird, den Tieren nicht weniger nachträglich sein.

Auch der Mensch hat sich vor den Güllegasen in acht zu nehmen. Es muß immer wieder davor gewarnt werden, die Gruben oder Behälter, mögen sie nun der Aufbewahrung von Gülle oder Jauche dienen, zu betreten, wenn nicht ganz sicher feststeht, daß die Gase aus ihnen vertrieben wurden. Die mit NH_3 gemischte CO_2-Atmosphäre führt zur Betäubung, der sehr bald der Erstickungstod folgt. Daraus kann man ermessen, daß auch die Tiere Schaden an ihrer Gesundheit nehmen müssen, wenn sie dauernd in einer mit diesen Gasen angereicherten Luft stehen. Soweit es also die Umstände zulassen, d. h. die klimatischen Verhältnisse der höheren Gebirgslage den Fortgang der Gärungen nicht zu sehr behindern, sollte man die Güllegrube stets außerhalb des Stalles anlegen.

Aus den gleichen Gründen wie bei der Jauchegewinnung ist auch bei der Güllebereitung für möglichst weitgehenden Luftabschluß der Grube zu sorgen. Geschieht dies nur durch Bretter und Bohlen, so müssen sie dicht schließen. Die Grubenöffnung kann klein sein, wenn man auf das Durchrühren des Inhaltes verzichtet. Trotz der gleichmäßigeren Zersetzung des Bodensatzes infolge des Rührens scheint es nicht unbedingt notwendig zu sein. Der Vergleich mit dem Belebtschlammverfahren zur Beseitigung städtischer Abwässer und Lebensreste ist sicherlich sehr berechtigt, da auch hier den faulenden Massen zeitweilig vermittels Rührwerke Luft zugeführt wird (F. KLOPSTOCK, F. SIERP, A. KUFFERATH). Aber das Ziel der Gärungen ist bei diesen Anlagen ein völlig anderes, da es eine möglichst weitgehende Beseitigung menschlicher, tierischer und pflanzlicher Überreste bezweckt. Nur ein geringer Rest dient als Dünger (W. KLEBERGER und TH. SCHRADER).

Besser als die Abdeckung der Gruben mit Brettern und Bohlen ist eine gemauerte Decke, in der sich eine nicht zu große, fest verschließbare Öffnung befindet. Die weitgehende Zurückhaltung der Gase, vor allem der CO_2, spielt bei der Bewahrung des wertvollen, schnell wirkenden N in der Flüssigkeit eine wichtige Rolle. Durch die Spannung der über der Gülle sich ansammelnden Gase CO_2 und NH_3 kommt der weitere Zerfall des Ammoniumsalzes zum Stillstand, wie bereits im Stalldüngerabschnitt begründet wurde. Unnatürlich stark wird der NH_3-Verlust durch das Aufrühren vermehrt. Im übrigen stellt der bedeutende Wasserzusatz auch eine Art Güllekonservierung dar, denn je dünner die $(NH_4)_2 \cdot CO_3$-Lösung ist, um so weniger können sich aus ihr die Gase freimachen. Dadurch ist man imstande, die festen und flüssigen Ausscheidungen unter Vermeidung unnötiger Verluste gemeinsam zu vergären. Schließlich kann man den Abschluß der Flüssigkeit durch eine dünne Schicht Petroleum oder Rohöl erreichen. Versuche, die Gülle mit chemischen Zusatzmitteln zu konservieren, scheinen nicht durchgeführt worden zu sein. Es ist auch besser, die biologischen Vorgänge eingehender zu studieren, um auf deren Ergebnisse Methoden zu ihrer geeigneten Behandlung zu gründen.

Beim Ausbringen der Gülle entstehen naturgemäß N-Verluste. Sie lassen sich hier weniger als bei der Jauche vermeiden, da die Gülle wesentlich dickflüssiger und daher auf dem Felde nicht derselben technischen Behandlung zugänglich ist. Am größten gestalten sich die Verluste, wenn die Gülle in Behälter geschöpft und in derselben Weise ausgebracht wird (Abb. 51). In Gebirgsgegenden kann man, wenn der Wirtschaftshof zur Ausnutzung des natürlichen Gefälles hoch angelegt worden ist, durch Ablaufenlassen der Flüssigkeit die Gruben entleeren (s. Abb. 52). Die Ableitung erfolgt z. T. unterirdisch durch feste Leitungen aus gußeisernen oder gut geteerten Mannesmannröhren, die beide kaum angegriffen werden, oder durch sog. fliegende Leitungen, die zweckmäßigerweise aus nahtlosen Schläuchen bestehen (M. REISER). Unter diesen Um-

Abb. 51. Primitives Ausbringen der Gülle. (Nach M. REISER.)

ständen bleiben die N-Verluste bis zum Austreten der Gülle aus der Leitung auf ein Mindestmaß beschränkt. Diese Art des Ausbringens hat gegenüber dem

Abb. 52. Ausspritzen der Gülle am Berghang unter natürlichem Druck. (Nach M. REISER.)

teuren und umständlichen Ausfahren in Wagen große Vorteile, da die Entfernungen vom Hofe bei den zu bewältigenden Mengen Flüssigkeit wenig ins Gewicht fallen.

IV. Künstlicher Stalldünger.

1. Bedeutung.

Natürlicher Stalldünger steht der Landwirtschaft nur in beschränkten Mengen zur Verfügung. Überfluß daran herrscht selten, dagegen sehr häufig empfindlicher Mangel. Besonders wichtig ist die Beschaffung eines Ersatzes in viehlosen Wirtschaften. Die hier in Frage kommenden Verhältnisse liegen für die einzelnen europäischen und außereuropäischen Länder sehr verschieden. Während man beispielsweise in den Vereinigten Staaten von Nordamerika wegen des Reichstums an humosen Böden den Stalldünger zur Beseitigung vielfach in die Flüsse wirft, sucht man in Ungarn, das überwiegend Ackerbau und wenig Viehzucht treibt, den empfindlichen Mangel zu beseitigen. Bei dem dort herrschenden Überfluß an Stroh liegt der Gedanke nahe, dieses als humuslieferndes Material zu verwerten. Es besteht heute kein Zweifel mehr, daß sich jener Gedanke in einer für die Praxis rentablen Weise ausführen läßt.

In Deutschland ist vor allem zu berücksichtigen, daß große Flächen aus leichtem, humusarmen Boden bestehen, der nur voll ausgenutzt wird, wenn man ihm ständig organische, humusbildende Stoffe zuführt. Aber auch auf besserem Boden gehen die Ernteerträge infolge einseitiger mineralischer Düngung bald zurück. Solche Schäden zeigten sich in Deutschland nach dem Kriege in ziemlich großem Umfange, wie es unter anderem aus den im Jahre 1928 im Preußischen Landwirtschaftsministerium gepflogenen Verhandlungen über allgemeine Düngerangelegenheiten deutlich zum Ausdruck kam (Preußisches Landwirtschaftsministerium). Neuerdings betonte vor allem V. Bermann (2—4) die Notwendigkeit von organischem Dünger in der Landwirtschaft, der die wichtigen puffernden Stoffe enthält. Er sieht in der Erschöpfung dieses Düngers zukünftig eine Gefahr für die europäische Landwirtschaft mit ihren teilweise aufs äußerste ausgenützten, schwach gepufferten Böden.

In diesem Zusammenhange wurde auch verschiedentlich auf die besondere Bedeutung der Edelmistbereitung hingewiesen, durch die dem Boden große Mengen feinverteilter, kolloider Stoffe zugeführt werden (G. Ruschmann 13, 14). Bestätigt wird diese Ansicht durch die Untersuchungen von G. Stiehr und M. Bergold, die im Gärstattsickersaft reichliche Mengen P_2O_5 und organische Stoffe in feinster Suspension finden. Man kann jedenfalls mit V. Bermann und anderen Autoren darin übereinstimmen, daß eine dringliche Forderung für große Teile Deutschlands und Europas künftig in der stärkeren Beschaffung von gutem organischen Dünger besteht (G. Ruschmann 1, 6, 16).

2. Bereitung.

Um sogenannten künstlichen Stalldünger zu gewinnen, sind verschiedene Wege möglich. Auch in diesem Falle hat das Ausgangsmaterial, ganz gleich welcher Art es ist, erst einen Gärungsprozeß durchzumachen. Frische, unzersetzte Substanzen sind dem Boden wesensfremd und müssen Schädigungen in ihm hervorrufen oder die Ausnutzung der zugeführten Nährstoffe beeinträchtigen. Man sollte also durch Umwandlung der organischen Masse für Erzielung einer vollen Düngekraft sorgen. In gewissen Fällen läßt man das ungerottete Material zur Erreichung einer guten Gare an der Oberfläche ausgebreitet liegen und pflügt es erst später unter. Auch hierbei ist die voraufgehende Rotte von Vorteil. Nur in besonderen Fällen wirkt die unzersetzte organische Masse nicht schädlich im Boden.

Die beiden für die Bereitung von künstlichem Stalldünger in der Hauptsache in Frage kommenden Verfahren sind das von der englischen landw.

Versuchsstation Rothamsted ausgearbeitete, das der Gewinnung von „synthetic farmyard manure“ (synthetischem Stalldünger) oder Adco-Dünger dient, und das bereits geschilderte Heißgärverfahren von H. KRANTZ. Für die Ausnutzung des Adco-Verfahrens, das in den verschiedenen Ländern — seit einiger Zeit auch in Deutschland — durch Patentrechte geschützt ist, wurde in England eine besondere Gesellschaft, Agricultural Development Company (kurz ADCO) gegründet, deren Vertretung in Deutschland die Firma O. HEINRICH-Berlin hat. Beide Methoden verfolgen dasselbe Ziel, nämlich durch Förderung und Regelung der Rottevorgänge aus mehr oder weniger schwer zersetzlichem Pflanzenmaterial ein dem Stalldünger ähnliches Produkt zu gewinnen, das sich durch einen hohen Gehalt an Humus auszeichnet. Um dies zu erreichen, kann man sowohl anorganische als auch organische Mittel zusetzen, die den Nährstoffgehalt des Gärproduktes erhöhen und die Umsetzungen besser in Gang bringen. Obwohl die genannten Verfahren dem Zwecke der Beschaffung einer guten Pflanzennahrung dienen, sind sie auf Grund der mit ihnen erzielten Erfolge doch verschieden zu bewerten.

Ausgangsmaterial. Für die Bereitung von künstlichem Stalldünger kann im Grunde genommen alles organische Material Verwendung finden. Eine Zerkleinerung ist in gewissen Fällen nötig, damit eine gleichmäßige Rotte eintritt und eine gute Verteilung des fertigen Endproduktes im Boden möglich ist. Der Vermischung verschieden leicht zersetzlicher organischer Materialien stehen hier kaum Bedenken entgegen, da N-Verluste viel weniger als bei der Zugabe von Harn oder Jauche zum natürlichen Stalldünger zu befürchten sind. Besonders schwer abbaufähige Stoffe lassen sich auf diese Weise überhaupt erst gut verwerten. Mit größerer Vorsicht ist in den Fällen vorzugehen, wo zur Förderung der Gärungsprozesse leicht zersetzliche N-Verbindungen in mineralischer Form zugesetzt werden. Unter diesen Umständen kann der N als solcher oder als NH_3 ähnlich wie beim natürlichen Stalldünger verloren gehen.

Zur Bereitung von Adco-Dünger sind in europäischen und tropischen Ländern Weizen-, Hafer-, Gersten- und Reisstroh, Bananen-, Mais- und Zuckerrohrblätter, Abfälle und Reisig von Tee- und Kaffeesträuchern, Reisschalen, Weidenrinde, Hanfranken, verschiedene wilde Gräser, Abfälle aus Kautschukplantagen u. dgl. benutzt worden (Adco, H. RICHARDS). Bei diesem Verfahren verwendet man im Gegensatz zur Heißvergärung nach H. KRANTZ grundsätzlich bestimmte mineralische Zusätze, die den Rotteprozeß begünstigen und als Pflanzennährstoffe für den Boden in Frage kommen. Sicherlich bringt diese Maßnahme für die Vergärung nährstoffarmer Ausgangsmaterialien, so vor allem von Stroh, Vorteile mit sich. In vielen Fällen aber, wo es sich um leicht zersetzliche N-, K- und P_2O_5-reiche organische Stoffe handelt, wird ein mineralischer Zusatz nicht nur überflüssig, sondern sogar nachteilig sein. Auswaschen der Nährstoffe durch Niederschläge — man denke an die Regenzeit in den Tropen — und falsche Gärungen können Verluste auf mancherlei Weise verursachen. Der Schaden gestaltet sich um so größer, je weiter der Schwund an organischer Masse fortschreitet.

Technologie. Die Maßnahmen zur Bereitung eines gut gerotteten künstlichen Stalldüngers sind bei den beiden Verfahren, der systematischen Heißvergärung nach H. KRANTZ und dem Adco-Prozeß, grundsätzlich verschieden. Infolgedessen müssen auch die Umsetzungen, Größe und Art der Verluste an organischer Masse und die Eigenschaften des fertigen Gärproduktes verschieden ausfallen (G. RUSCHMANN 17, 18).

a) *Heißvergärung nach* H. KRANTZ. Die Technik der Heißvergärung ist bereits beschrieben worden. Das Erzeugnis, welches nach diesem Verfahren unter Ausschluß der tierischen Exkremente gewonnen wird, ist von H. Krantz mit Hilfsedelmist bezeichnet worden. Ein solches aus Kartoffelkraut hergestelltes Produkt ist z. B. auf Abb. 38 (S. 174) zu sehen, auf der auch seine große Übereinstimmung in der strukturellen Beschaffenheit mit wirklichem Edelmist zu erkennen ist. Obwohl das Problem der Bereitung von künstlichem Stalldünger im Grunde als gelöst erscheint, bestehen doch noch technische Schwierigkeiten in der gleichmäßigen und genügenden Anfeuchtung des Strohes, das in Deutschland hauptsächlich in Frage kommt (G. Ruschmann 16, 19, 20). Das Material ist sehr trocken und spröde und nimmt nur langsam Wasser auf. Sollen aber Gärung und Reifung im Haufen gleichmäßig eintreten und weiterhin verlaufen, was sich bei der Bereitung von künstlichem Stalldünger genau so wichtig wie bei der des natürlichen erweist, so müssen alle Partien ungefähr 75 % Wasser enthalten (F. Löhnis 16, 25).

Um dieses Ziel bei der geregelten Vergärung nach H. Krantz oder der gewöhnlichen Aufschichtung, wie sie auch vor Bekanntwerden des englischen Verfahrens bereits angewendet wurde, zu erreichen, haben die einzelnen Autoren verschiedene Mittel benutzt. Während man einerseits die Strohschichten und den fertig aufgeführten Haufen einfach mit Wasser besprengt, taucht man andererseits das Stroh vor dem Aufschichten in Wasser oder eine Nährstofflösung. Erstere Maßnahme erweist sich als unzureichend, die zweite dagegen als zu umständlich für die große Praxis. In einem besonderen Falle, in dem die weitgehende Mechanisierung der gesamten Arbeiten wegen Umwandlung mehrerer tausend Zentner Stroh in künstlichen Stalldünger notwendig war, wurde durch eine Vorrichtung am Ende des Gebläserohres dem austretenden Strom von Luft und gehäckseltem Stroh sofort Wasser in fein verteilter Form zugesetzt (O. Konold, Neuer). Weiterhin werden die Strohhaufen alle 2—3 Wochen angefeuchtet. Trotzdem bleiben kleinere und größere Partien zu trocken, verschimmeln und liefern kein düngerähnliches Produkt. Aus alledem geht hervor, wie schwer das Stroh, namentlich wenn es in großen Haufen aufgeschichtet liegt, Feuchtigkeit aufsaugt. Immer wieder fließt das Wasser an den Halmen ab und durch besonders lockere Stellen hindurch, ohne eine Quellung hervorzubringen. Da sich die Bakterien erst bei rund 30 % Feuchtigkeitsgehalt des Substrates vermehren, die Pilze dagegen bereits bei 12 %, kommen letztere viel früher zur Entwicklung. Bevor also die Bakterien ihre Tätigkeit aufnehmen können, ist das Stroh verschimmelt und damit ein ungeeigneter Nährboden für sie geworden. Bei allen Bestrebungen, dem Material einen günstigen Feuchtigkeitsgehalt von 70—80 % zu verleihen, muß man die Wasseraufnahme möglichst schnell eintreten lassen. Schon das Häckseln des Strohes auf eine Länge von etwa 20 cm ist förderlich. Zweckmäßig wäre es, wie gesagt, das Stroh vor seiner Verwendung zeitweilig völlig unter Wasser zu setzen.

Einen anderen sehr beachtenswerten Vorschlag, um eine sichere und gleichmäßige Verteilung der Feuchtigkeit in den Strohmassen zu erlangen, macht H. Krantz (6). Sehr kurz gehäckseltes Stroh, Spreu, Dreschrückstände, Sägemehl od. dgl. werden mit einer Nährbrühe zu einem dicken Brei von ähnlicher Konsistenz wie feste Rinderexkremente angerührt. Dieser läßt sich in derselben Weise wie Kuhfladen verwenden und mit Langstroh oder grob gehäckseltem Stroh mischen (vgl. A. Rebl). Das Material kann noch mit Nährbrühe befeuchtet werden, die aus einer Aufschwemmung menschlicher Ausscheidungen, aus städtischem Abwasser, Jauche, Gaswasser oder einer Lösung von mineralischem Dünger besteht. Die Mischung des Breies mit dem Stroh und seine weitere Anfeuchtung mit der Nährbrühe muß sorgfältig und gleichmäßig geschehen, damit sich keine trockenen Nester bilden. Bei der nun anschließenden systematischen Heißvergärung tritt eine vollkommene Durchfeuchtung des Haufens ein. Die hohen Temperaturen bringen das Wasser zum Verdampfen, das sich an den Stellen wieder verdichtet, an denen die Gärung und Wärmeentwicklung zurückgeblieben sind. Die Erhitzung fördert Quellung und Rotte des Strohes (vgl. dazu Abb. 39 u. 40, S. 176).

Aber nur bei sachgemäßer Durchführung des Verfahrens treten die großen Vorteile deutlich in Erscheinung. Wenn z. B. der russische Autor M. Jegoroff (2) bei der Edelmistbereitung feststellt, daß sie allgemein große Verluste zur Folge hat, liefert diese Tatsache nur einen erneuten Beweis für die verkehrt angewendete Technik der Heißvergärung. Gerade in Rußland hat das Heißgärverfahren bereits in weiten Kreisen Fuß gefaßt und gute Erfolge erzielt (M. Dounin). Ebensowenig dürfte die Behauptung von M. Jegoroff allgemein zutreffen, daß unzersetztes Stroh steigende Mehrerträge liefere. Da auch bei uns solche Ansichten wieder häufiger zum Ausdruck gelangen, mag betont werden, daß eine derartige Wirkung nur in Böden mit hinreichendem Stickstoffgehalt in Frage kommt (O. Flieg).

b) *Adco-Verfahren.* Gegenüber dem Heißgärverfahren gestalten sich die technischen Maßnahmen bei den übrigen Methoden, unter denen das Adco-Verfahren das bekannteste ist, wesentlich anders. Bei H. Krantz handelt es sich um geregelte Gärungen, die nach durchschnittlich 3 Tagen zur Unterbrechung kommen, bei dem hier zu besprechenden Verfahren dagegen um ungeregelte, länger andauernde biologische Prozesse. Diese unterscheiden sich nicht nur nach Art und Stärke von denen bei der Heißvergärung, sondern kommen auch nach vielen Wochen nicht zum Stillstand und führen daher zu großen Verlusten an organischer Masse. In dieser Erkenntnis liegt bereits ein gewisses Werturteil über die beiden Methoden. Über die Vor- und Nachteile der geregelten und ungeregelten Gärungen ist im Stalldüngerkapitel eingehender berichtet worden.

Bezüglich der Anfeuchtung bestehen bei der gewöhnlichen Aufschichtung, für die als Beispiel das Adco-Verfahren gewählt werden soll, dieselben Schwierigkeiten wie bei der Heißvergärung. Doch ist beim englischen Verfahren das Problem der gleichmäßigen guten Durchfeuchtung des Materials wenig günstig gelöst worden. Der Haufen wird derart aufgeführt, daß das Stroh auf breiter Grundlage in Höhe von etwa 30 cm gelagert, festgetreten und mit Wasser besprengt wird. Dann streut man auf die Oberfläche ungefähr 1 kg Pulver je Quadratmeter und feuchtet nochmals an. In derselben Weise legt man eine Schicht auf die andere, bis eine Höhe von rund 2 m erreicht ist und deckt den Haufen mit etwas Stroh ab. In wenigen Tagen, ausnahmsweise in 3—4 Wochen (!), soll nach dem Adco-Bericht die Gärung beginnen, die sich durch Steigen der Temperatur auf 40—60° C bemerkbar macht. Es ist wichtig, der Luft vollen Zutritt zu gewähren und den Haufen nicht trocken werden zu lassen. Der fertige Stapel, der an einem vor Wind geschützten Orte lagern soll, bleibt unberührt liegen. Im Verlaufe von 3—4 Monaten sinkt er um ungefähr die Hälfte zusammen.

Wie aus diesen kurzen Angaben zu erkennen ist, liegt die Hauptschwierigkeit stets im gleichmäßigen Anfeuchten des Strohes. In Deutschland durchgeführte Versuche haben dies ebenfalls bewiesen. Die große Oberfläche des Haufens, die sich vom Rande nach innen zu neigen soll, begünstigt zwar die Aufnahme des Wassers bei der natürlichen und künstlichen Beregnung, verbessert aber kaum seine ungleichmäßige, langsame Aufsaugung. Das Häckseln des Strohes auf 15—20 cm ist vorteilhaft. Trotz dieser Mängel soll nicht bezweifelt werden, daß nach längerer Zeit doch ein im großen ganzen gut gerottetes Material mit günstiger Düngewirkung entsteht. Doch wird dies Ziel durch eine große Verschwendung an organischer Substanz erkauft. Mit Hilfe der systematischen Heißvergärung ist eine größere Menge eines wahrscheinlich besseren Gärproduktes zu gewinnen. Wenn die Temperaturen durchschnittlich bis auf 50° C steigen und die Gärungen unter derartiger Wärmeentwicklung 3—4 Monate verlaufen, kann man sich von der Größe der Verluste leicht eine Vorstellung machen. Es ist daher kein Wunder, daß der Haufen so außerordentlich stark zusammenfällt, was keineswegs nur von der zunehmenden dichteren Lagerung des Materials herrührt (L. v. TELEGDY, Adco).

Das Pulver, das die Entwicklung der Bakterien gegenüber der der Pilze fördert und die Reaktion für sie dauernd günstig gestaltet, muß möglichst gleichmäßig eingestreut werden. Die gute Wirkung tritt nur ein, wenn es die richtige Zusammensetzung aufweist. Die Gefahr der Ungleichmäßigkeiten in den Gärungen beim Adco-Prozeß würde durch schlechte Verteilung des Pulvers noch vergrößert werden. Saure Reaktion bringt die Rotte entweder völlig zum Stillstand oder leitet sie in anormale Bahnen, deren Folgen sich bei der Anwendung des Gärproduktes auf dem Felde bemerkbar machen.

Gärungen. Im vorangehenden Abschnitt über die technischen Maßnahmen und ihre Bedeutung sind bereits wichtige Punkte betreffs der Umsetzungen und ihres Verlaufes erörtert worden. In erster Linie muß das Auftreten saurer Gärungen und starker Pilzentwicklung verhindert werden. Beide Fälle treten besonders leicht ein, wenn sich das zur Bearbeitung gelangende Rohmaterial als sehr N-arm erweist, wie beispielsweise das Stroh. Ist es gut durchnäßt und schlecht durchlüftet, so liegen die Bedingungen für die Buttersäuregärung besonders günstig. Sie kommt zwar bald zum Stillstand, unterbindet aber die natürlichen Rottevorgänge und Reifung der Masse.

Hinreichender Luftzutritt in Verbindung mit Ansteigen der Temperatur über 41—42° C machen diese fehlerhafte Gärung unmöglich. Die Bereitung von künstlichem Stalldünger nach dem Heißgärverfahren schließt sie daher aus. Dafür besteht bei den höheren Temperaturen noch die Möglichkeit für eine kräftige Entwicklung der Pilzflora. Auch im Stroh, das sich bis auf 70° C erhitzt hat, beobachtet man starkes Wachstum dieser Organismen besonders bei saurer Reaktion. Unterbunden wird der Fehler am besten durch gleichmäßiges Anfeuchten des Materials. In dieser Beziehung steht das Heißgärverfahren mit seinen geregelten Gärungen ebenfalls günstiger als das Adco-Verfahren da. Ebenso beruht bei letzterem die Fortdauer der Abbauvorgänge auf einer falschen Methodik.

Die beiden zuerst genannten fehlerhaften Gärungen lassen sich auch durch geeignete Zusatzmittel bekämpfen. Während H. KRANTZ vor allem auf die Ausnützung N-reicher organischer Substanzen, wie z. B. menschlicher Fäkalien, Wert legt, aus dem sich eine sehr gehaltvolle Nährbrühe herstellen läßt, und mineralische Nährlösungen nur als Ersatz für den Notfall betrachtet, geht das englische Verfahren grundsätzlich nicht von der Verwendung eines künstlichen anorganischen Präparates ab. Das auch in Deutschland unter Patentschutz stehende Verfahren gründet sich besonders auf die Benutzung des Adco-Pulvers. Der von H. KRANTZ in den Vordergrund gestellte Gebrauch organischer Massen und Abfälle, die außerordentlich große Werte enthalten, wird allgemein von vielseitigerem Nutzen sein als der anorganischer Mittel. Der Vorteil besteht unter anderem auch in der Art der Zuführung von Feuchtigkeit durch die tierischen und pflanzlichen Abfallstoffe zu den Strohmassen und in der Förderung der Humusbildung im reifenden Dünger und im Boden. Letztere wird begünstigt durch die Beschaffenheit der vorliegenden N-Verbindungen.

Nichtsdestoweniger können die Zusätze an mineralischen Verbindungen, unter denen die von N, P_2O_5 und CaO am meisten Beachtung verdienen, von großem

Nutzen bei der Vergärung des Strohes und ähnlicher Materialien sein. Nur muß die Zusammensetzung solcher Präparate richtig gewählt werden. Das Original-Adco-Pulver ist verschiedentlich analysiert worden. Nach D. MEYER (7) enthält das Präparat 9,48% N als Kalkstickstoff, 12,88% P_2O_5 als Rohphosphat und 22,07% $CaCO_3$. Gemäß einer anderen Untersuchung desselben Autors (8) setzte sich das Pulver aus 8,42% N, 9,72% P_2O_5, 2,22% K_2O und 51,76% Kalk, wovon 11,25% an CO_2 gebunden war, zusammen. Neuerdings werden von der englischen Gesellschaft sogar drei verschiedene Pulver hergestellt, die den zur Verarbeitung gelangenden Rohstoffen angepaßt sind:

1. Standard-Adco, graues Pulver, besonders für Stroh,
2. Vitic-Adco, rötliches Pulver, hauptsächlich für Unkraut und Müll und
3. Adco-Accellerator, namentlich für grünes Pflanzenmaterial.

Das zu zweit genannte Präparat soll 8,03% N, 5,32% P_2O_5, 0,1% K_2O und 16,9% $CaCO_3$ enthalten.

In Deutschland ist bei den Versuchen zur Vergärung von Stroh, Scheben od. dgl. nach dem Adco- oder dem Heißgärverfahren z. T. mit anders zusammengesetzten Beimengungen gearbeitet worden (FR. ZUCKER, O. LEMMERMANN und E. GERDUM, D. MEYER 8, F. LÖHNIS 16, 25, K. BEINERT 3, O. WALTER, E. REINAU 1, 2, 3, TH. POLLINGER, D. MEYER und P. OBST, NEUER, O. GEIER, O. FLIEG). Als anorganische oder künstliche Mittel sind Kalk-N, Harnstoff, Ammonsulfat, Salpeter, Thomasmehl, Gaswasser, fein gemahlener Kalkstein und Mergel zu nennen. Außerdem wurden als natürliche organische Stoffe menschliche Fäkalien, Klärschlamm, Wirtschafts- und Haushaltungsabfälle, Jauche u. dgl. allein oder mit Sägemehl und Torf verwendet. Gerade die Verwertung städtischer Abfälle in Verbindung mit den vielerwärts im Überfluß vorhandenen Strohmassen birgt noch außerordentlich große Möglichkeiten zur Beschaffung von Naturdünger in sich (vgl. A. REBL), die den in Mittel- und Westeuropa stark beanspruchten Böden nötig sind.

Seitdem die systematische Heißvergärung nach H. KRANTZ mit ihrer wirksamen partiellen Sterilisierung bekannt geworden ist, muß auch ein Einwurf von medizinischer Seite gegen die Benutzung derartiger Abfälle aus hygienischen Gründen als ungerechtfertigt zurückgewiesen werden. Vorurteile, die der Lösung des wichtigen Problems entgegenstehen, muß man schließlich fallen lassen. Für die Beseitigung der schädlichen Wirkungen von Fetten und fettähnlichen Bestandteilen in den Fäkalmassen, die zur Verschlämmung des Bodens beitragen, ist am ersten das Heißgärverfahren geeignet. Ferner bedarf auch die Frage, ob die Unterbringung der mineralischen Pflanzennährstoffe in dem zu vergärenden Haufen unter allen Umständen und in jeder Menge einen größeren Nutzen verspricht als ihre direkte Anwendung auf dem Acker, noch einer Klärung. Nach O. FLIEG ist nur die Erhöhung des N-Gehaltes von wesentlicher Bedeutung. Neben den bei falscher Gärführung sicher zu erwartenden größeren Verlusten werden die mineralischen Zusätze auch durch stärkere Assimilationsvorgänge während der Rotte dem Zwecke der Pflanzenernährung mehr oder weniger stark entzogen.

Die anorganischen N-Verbindungen eignen sich in sehr verschiedenem Maße zur Vergärung N-armen Materials. Sie müssen vor allem dahin wirken, die schädlichen Gärungen hintenanzuhalten. In dieser Beziehung empfiehlt sich besonders die Benutzung von Kalkstickstoff, den auch die Adco-Gesellschaft verwendet. Ebenso wie diese Verbindung unterdrückt Harnstoff das Eintreten einer sauren Gärung und fördert die Entwicklung der Bakterien gegenüber derjenigen der Pilze. Nur werden in diesem Falle bei unsachgemäßer

Gärführung leicht größere Verluste an N eintreten. Ähnlich sind andere NH_3-haltige oder schnell NH_3-abspaltende Mittel wie Jauche, Gaswasser, Ammoniumsalze usw. zu beurteilen. NH_3-Salze starker mineralischer Säuren werden, da sie das Substrat sauer machen, von schädlicher Wirkung sein. Der eingestreute Kalk vermag nicht die Entstehung der sauren Reaktion zu unterdrücken. Eine Vermischung der beiden Mittel im Dünger ist wegen der dabei eintretenden Umsetzungen nicht ratsam. Ebensowenig sind Nitrate zu empfehlen, da sie durch Denitrifikation zu starken N-Verlusten Anlaß geben können. Die übrigen Bestandteile der mineralischen Zusätze, P_2O_5 und K_2O, müssen ebenfalls nach ihrem Einfluß auf die Reaktion ausgewählt werden. Thomasmehl kann wegen seines Gehaltes an basischem Kalk nur von günstiger Wirkung sein. K_2O kommt höchstens in sehr geringen Mengen in Frage. Es wird namentlich bei dem Adco-Prozeß leicht ausgewaschen. Für gewöhnlich dürfte in den zu vergärenden Massen so viel davon zugegen sein, daß die biologischen Vorgänge nicht wesentlich durch einen Zusatz gefördert werden.

Ganz allgemein sind bei Verwendung der angeführten mineralischen Nährstoffe zwei Gesichtspunkte zu unterscheiden, erstens die Beeinflussung der Rotte und zweitens die Wirkungen im Ackerboden, die sich unter Umständen durch Umwandlung oder physikalische und chemische Anlagerung der Mineralstoffe an die organische Substanz verstärkt haben können. Die meisten Autoren, die sich mit der Bereitung von künstlichem Stalldünger aus Stroh befaßt haben, waren bestrebt, dem fertigen Gärprodukt durch Zusätze einen N-Gehalt zu verleihen, der ähnlich dem des natürlichen Düngers ist. Für gewöhnlich wurden 0,7 Teile N auf 100 Teile Stroh verwendet, eine Angabe, die schon auf die Versuche von B. HUTCHINSON und H. RICHARDS zurückgeht. Da das natürliche Erzeugnis durchschnittlich nur etwa 0,5 Teile N enthält (O. MENTZEL und O. v. LENGERKE), hat man anscheinend von vornherein mit einem geringen Verlust gerechnet. An und für sich brauchte man sich bei der Höhe der N-Gaben keine Beschränkungen aufzuerlegen, solange dadurch keine steigenden Verluste verursacht werden. Die vermehrte Anwendung von N-Verbindungen wird sogar besonders nützlich für die Humusbildung sein. Schon bei Besprechung des Heißgärverfahrens zur Gewinnung von Edelmist ist auf diesen wichtigen Punkt, der in Zusammenhang mit den höheren Temperaturen und gewissen N-Verbindungen steht, hingewiesen worden. Ähnlich liegen die Verhältnisse bei der Herstellung von Hilfsedelmist (FR. ZUCKER, F. LÖHNIS 16, 25, O. LEMMERMANN und E. GERDUM, Reichskuratorium f. T. i. d. Ldw.).

Da im Humus des Bodens ein ziemlich konstantes C-N-Verhältnis von rund 1 : 10 herrscht, wird zugeführte organische Substanz unter Verlusten an C so lange abgebaut, bis dieses Gleichgewicht erreicht ist. Je mehr N also in geeigneter Form im Gärprodukt vorhanden ist, um so früher kommt der genannte Abbau zum Stillstand und um so stärker findet die Anreicherung an Humus im Boden statt (G. RUSCHMANN 16). Es wird eine Aufgabe der Zukunft sein, die Untersuchungen nach dieser Richtung weiter auszubauen. Bei der Vergärung von Stroh, das ein N-C-Verhältnis von etwa 1 : 50 besitzt, sind die Verluste an Kohlenhydraten und kohlenhydratähnlichen Substanzen größer als bei der Rotte von natürlichem Stalldünger, dessen N-C-Verhältnis zwischen 1 : 15 bis 1 : 25 schwankt. Daher ist es zweckmäßig, dieses beim Stroh durch N-Zusatz auf ungefähr 1 : 20 zu verengern.

Eine Impfung des Rohmaterials mit Bakterien und Hefen scheint bei dem Adco-Prozeß, wie vereinzelt berichtet wurde, nicht oder nicht mehr in Frage zu kommen. Stroh und andere pflanzliche Bestandteile geraten bei richtiger Behandlung auch ohne weitere Zutaten in Gärung und erwärmen sich dabei auf

60—70° C. Bemerkenswert ist, daß bei den Versuchen über die Zersetzung von cellulosereichem Material mehrfach ein Gewinn an N festgestellt wurde, der nur durch Bakterien, die den elementaren N der Luft auszunutzen verstehen, bewirkt worden sein kann. Neben O. GEIER machten bereits B. HUTCHINSON und H. RICHARDS, die eigentlichen Urheber des Adco-Verfahrens, derartige Beobachtungen bei der Strohvergärung. Voraussetzung für die Tätigkeit der N-bindenden Bakterien ist genügender Luftzutritt bei nicht zu hohem N- und Feuchtigkeitsgehalt. Die zuletzt genannten Autoren nehmen an, daß die Organismen, die Stroh und andere pflanzliche Abfälle in eine stalldüngerähnliche Masse verwandeln, also selbst die Cellulose angreifen, überall anwesend sind und nicht erst zugesetzt zu werden brauchen.

3. Vergleich der Verfahren.

Die vorangehenden Ausführungen haben gezeigt, daß zwischen den sich in der Hauptsache gegenüberstehenden beiden Verfahren von H. KRANTZ und der englischen Gesellschaft trotz gleicher Ziele wesentliche Unterschiede bestehen. Das letztere hat größere Substanzverluste zur Folge, die sich auf ungefähr 50% der Masse belaufen. Da die Zersetzungsvorgänge ohne Unterbrechung andauern, kommen für den Adco-Prozeß ziemlich dieselben Gärungs- und Verlustkurven, wie sie von F. LÖHNIS in den Abb. 44 u. 45 (S. 204 u. 205) für den Hofdünger angegeben wurden, in Betracht. Damit hängt ein großer wirtschaftlicher Nachteil dieses Verfahrens zusammen. Bei der Leitung der Rotteprozesse ist sowohl nach weitgehender Bewahrung der Trockenmasse, die der Düngung und Humusbildung im Boden dienen soll, zu streben als auch vor allem nach der Rentabilität des Verfahrens. Diese scheint am ersten beim Adco-Prozeß in Frage gestellt zu sein.

Kann der Praktiker durch die Bereitung von künstlichem Stalldünger keinen deutlichen Reinertrag herauswirtschaften, so wird er das beste Verfahren als wertlos betrachten. Der wirtschaftliche Erfolg hängt aber von dem Wert des Rohmaterials, also hauptsächlich des Strohes, sowie von den bei der Düngerbereitung auftretenden Kosten und dem Nutzeffekt des fertigen Gärproduktes ab. Während der zuerst genannte Punkt für beide Verfahren dieselbe Rolle spielt, schneidet der Adco-Prozeß hinsichtlich der beiden übrigen wesentlich schlechter ab. Die Erzielung einer geringeren Menge Dünger wurde bereits erwähnt. In der Beschaffenheit hält der Adco-Dünger den Vergleich ebenfalls nicht aus, wenn nicht seine Unterlegenheit durch stärkere Zusätze ausgeglichen wird. Die Bildung von mildem Humus tritt aber besonders gut bei der Reifung des Hilfsedelmistes in Erscheinung.

Während H. KRANTZ die wertvollen organischen Abfallstoffe als N-Träger möglichst auszunutzen versucht, wird das Adco-Verfahren durch die Anwendung des Präparates sehr verteuert. 100 kg desselben kosten 24 RM., dürften aber, wenn man die in Deutschland geltenden Preise von N und P_2O_5 zugrunde legt, nur den Wert von 10,50 RM. betragen (D. MEYER 7). Wenn ferner nach Vorschrift (ADCO) 1 dz Pulver für die Verarbeitung von 15 dz Stroh benutzt werden, wird 1 dz des letzteren oder etwa 3—4 dz des fertigen Düngers, die aus 1 dz trockenem Stroh entstehen, mit 1,60 RM. belastet. Mit Recht werden daher die Preise des englischen Präparates als zu hoch bezeichnet (D. MEYER 7—9). Sehr bemerkenswert ist auch die Feststellung, daß selbst in England die Bereitung von künstlichem Dünger aus Stroh z. T. wieder aufgegeben wurde, weil sie sich infolge steigender Preise des letzteren nicht mehr lohnte.

Das Adco-Verfahren steht aber ebenso wie das Heißgärverfahren von H. KRANTZ unter Patentschutz, so daß das Pulver nicht nachgeahmt werden darf. Es kann in Deutschland nur von der Firma O. HEINRICH-Berlin bezogen werden. Wahrscheinlich wird man aber die in der Patentschrift geschützten schwerlöslichen N-Verbindungen durch leichtlösliche, wie etwa den technischen Harnstoff der I. G. Farbenindustrie, ersetzen können. Harnstoff eignet sich zweifellos ebenso gut für die Vergärung wie Kalkstickstoff, wird jedoch größere N-Verluste zur Folge haben. Diese können bis zum gewissen Grade durch strenge Regelung der Gärungen unterbunden werden. Auch in dieser Hinsicht verdient das Heißgärverfahren unbedingt den Vorzug.

Ein Nachteil des letzeren, namentlich für sehr große Betriebe, besteht in der mit ihm verknüpften Mehrarbeit. Doch darf hier nur die Sicherheit des Erfolges und der Reingewinn den Ausschlag geben. Nach Versuchen und Berechnungen von F. LÖHNIS (25) belaufen sich die Kosten an Arbeit für das nach dem englischen Muster durchgeführte Verfahren mit ungeregelten Gärungen auf etwa 15—20 Pf. je Zentner fertigen Stalldüngers. Sein Wert kommt dem des gewöhnlichen Hofdüngers gleich und ist auf 30—40 Pf. zu veranschlagen. Wohlgemerkt sind hierin die Kosten für die Zusätze noch nicht enthalten. Der heißvergorene Dünger kann aber nach demselben Autor mit 60—80 Pf. je Doppelzentner verwertet werden. F. LÖHNIS schließt daraus mit Recht, daß sich die Mehraufwendung an Arbeit für das sorgfältige Aufstapeln und Vergären des Strohes oder sonstigen Materials sicherlich bezahlt macht.

Wenn man in großen Wirtschaften unbedingt das einfachste Verfahren der Strohverwertung zum Zwecke der Humusbildung im Boden anwenden wollte, käme man dazu, das Stroh auf dem Felde einfach unterzupflügen. Es wurde bereits darauf hingewiesen, daß dies bei bestimmten Bodenverhältnissen ohne Schaden möglich ist. Nach O. KÖLSCH würde die Einführung des Mähdreschers, der sehr hohe Stoppeln zurückläßt, in vielen Fällen direkt zu diesem Verfahren zwingen. Allgemein kann man aber eine derartige Unterbringung von ungerottetem Stroh ohne N-Zusätze nicht gutheißen, weil es sich in Deutschland vorwiegend um leichte Böden handelt. Im übrigen ist es keine neue Entdeckung, daß man frisches Stroh ohne Verminderung der Ernteerträge in N-reiche oder schwer die Gare erlangende Böden unterbringen kann. Andererseits besteht kein Zweifel, daß dasselbe Material nach einer guten Rotte mit geringen Verlusten wesentlich höhere Mehrerträge ermöglicht. Diese Methode der Strohverwertung steht also zu der Düngerbereitung aus Stroh in demselben Verhältnis wie ein schlechtes Gärverfahren zu einem guten. Nur langjährige Untersuchungen biologischer und chemischer Art werden die Frage, in welchem Umfange und unter welchen Bedingungen man ungerottetes Stroh unterpflügen darf, klären.

V. Schluß.

Die Abhandlung über die Wirtschaftsdünger soll nicht geschlossen werden, ohne daß noch einmal darauf hingewiesen wird, wie wichtig es vom bevölkerungspolitischen, volkswirtschaftlichen und landwirtschaftlichen Standpunkte ist, alle organischen Abfälle zu sammeln und zu verwerten. Wenn dies geschähe, würde nicht immer wieder von Volkswirtschaftlern, Medizinern, Geographen und sogar Juristen von der drohenden Übervölkerung der Erde gesprochen werden können. Man soll sich über diese wichtigen Dinge nicht so leichtfertig äußern, wenn man nicht über die Möglichkeiten zur Hebung der landwirtschaftlichen Produktion eingehend unterrichtet ist. Es stellt einen krassen Widerspruch dar, wenn man auf der einen Seite die Gefahr der Übervölkerung fürchtet, auf der anderen Seite aber Mittel ersinnt, um die wertvollen organischen Überreste aufs schnellste zu zerstören. In diesen organischen Massen besitzt der Mensch Schätze, von denen sich heute nur wenige eine richtige Vorstellung machen.

Große Aufgaben wissenschaftlicher, technischer und organisatorischer Art warten der Lösung, damit jene Werte nutzbar gemacht werden können. Natur- und Ingenieurwissenschaft, Landwirtschaft, Volkswirtschaft und Medizin hätten sich in gleicher Weise an den Arbeiten zu beteiligen. Europa könnte auf diesem Gebiete noch viel von dem intelligenten Volke der Chinesen mit seiner jahrtausendalten Kultur lernen. Sie kennen die Werte, die allem Organischen, das unter Ausnutzung der Sonnenenergie und der sich immer wieder verjüngenden Kraft der Erde entsteht, innewohnen und handeln gemäß dieser Erkenntnis. Ihnen ist kein Abfall verabscheuungswert, denn sie verstehen ihn zu veredeln und mit hohem Erfolge auszunutzen (WAGNER). Die Europäer verstoßen gegen die Grundgesetze der Natur und übersehen die hier bestehenden wichtigen Zusammenhänge. H. KRANTZ (1) hat wiederholt und schonungslos auf diese Mißstände und die Notwendigkeit hingewiesen, die erwähnten hohen Ziele zu verfolgen (vgl. A. REBL). Es wird die Zeit kommen, in der man die Ansichten dieses weit in die Zukunft schauenden Mannes als richtig und wertvoll anerkennt.

Literatur.

Adco, ltd.: Harpenden (Herts) i. England, Adco synthetic farmyard manure. — AMBROŽ, A.: Zbl. Bakter. I, Ref. **48**, 257 (1911). — ANDRAE, G., u. J. VOGEL: Arb. Geb. sächs. Landw. H. 1, Verl. d. sächs. Landeskulturrat. Dresden 1916.

BACKHAUS u. W. CRONHEIM: Ber. landw. Inst. Königsberg **2**, 12 (1898). — BARTHEL, C.: (1) Fortschr. Landw. **1**, 37 (1926); (2) Zbl. Bakter. II **49**, 382 (1919); BARTHEL, C., u. N. BENGTSSON: (3) Ebenda **2**, 440 (1927); BARTHEL, C., u. S. RHODIN: (4) Dtsch. landw. Presse **39**, 583 (1912). — BARTLING: Ebenda **56**, 287 (1929). — BAUMGÄRTEL, T.: Ebenda **56**, 529 (1929). — BEHRENS, J., in LAFARS Handbuch der technischen Mykologie **3**. Jena 1904/06. — BEIJERINCK, M.: Zbl. Bakter. II **7**, 33 (1901). — BEINERT, K.: (1) Landw. Ztg **47**, 645 (1927); (2) Landw. Wschr. Prov. Sachsen **88**, 1 (1930); (3) Zuckerrübenbau **11**, 39 (1929); (4) Z. Spiritusind. **52**, 169 (1929). — BERMANN, V.: (1) Ebenda **51**, 212 (1928); (2) Ebenda **51**, 172 (1928); (3) Wochenschr. f. Brauer **45**, 21 (1928); (4) D. böhm. Bierbr. **55**, 1 (1928). — BIANCO, O.: Landw. Ztg **47**, 667 (1927). — BIEREMA, ST.: Zbl. Bakter. II **23**, 672 (1909). — BLANCK, E.: (1) Landw. Versuchsstat. **91**, 201 (1918); (2) Fühlings Landw. Ztg **66**, 265 (1917). — BOHTZ, H.: Arb.ksl. Gesdh.amt **33**, 313 (1910). — BORNEMANN, F.: (1) Mitt. dtsch. Landw.-Ges. **37**, 38 (1922); (2) Die Kohlenstoffernährung der Kulturpflanzen. Berlin: P. Parey 1930. — BOULLANGER, E., u. L. MASSOL: Ann. Inst. Pasteur **17**, 492 (1903). — BOUSSINGGAULT, J.: D. Landw. **2**, 215. — BRAHM, C.: (1) Biochem. Z. **156**, 15 (1925); (2) Ebenda **186**, 232 (1927). — BUHLERT, H.: Ber. landw. Inst. Halle **15**, 56 (1901). — BURRI, R., STAUB, W. u. J. HOHL: Schweiz. Zbl. Milchwirtsch. 1919.

CREUZBURG, U.: Landw. Jb. **68**, 75 (1928).

DEHÉRAIN, P.: (1) Ann. agron. **14**, 97 (1888), ref. Jber. Agrikult.-Chem. **31**, 282 (1888); (2) C. rend. Paris **127**, 469 (1898); (3) C. rend. Paris **126**, 1305 (1898). — DEHÉRAIN, P., u. C. DUPONT: Zbl. Agrikult.-Chem. **31**, 240 (1902). — DEN DOOREN DE JONG, L. E.: Zbl. Bakter. II **79**, 344 (1929). — DORSEY, H.: Biederm. Zbl. **56**, 520 (1927). — DOUNINE, M.: Neue Art der Düngeraufbewahrung und Gewinnung von organischem Dünger (russ.) 1930.

EHRENBERG, P.: (1) Z. Pflanzenernährg usw. B **4**, 166 (1907); (2) Ebenda **9**, 49 (1930). — EHRENBERG, P., u. E. REICHENBACH: Mitt.landw. Inst. Breslau **4**, 866 (1909). — EHRLICH, F.: (1) Z. angew. Chem. **42**, 599 (1929); EHRLICH, F., u. F. SCHUBERT: (2) Biochem. Z. **169**, 13 (1926); EHRLICH, F., u. R. v. SOMMERFELD: (3) Ebenda **168**, 263 (1926). — ERMANN: Dissert., Bonn 1902.

FALKE, F.: Mitt. dtsch. Landw.-Ges. **43**, 1170 (1928). — FEHÉR, D.: Biochem. Z. **206**, 416 (1929). — FEILITZEN, HJ. v.: Ref. Zbl. Agrikult.-Chem. **39**, 694 (1910). — FISCHER, W.: Fortschr. Landw. **4**, 72 (1929). — FLIEG, O.: Z. Pflanzenernährg usw. B **9**, 193 (1930). — FRUWIRTH, C.: Ebenda **3**, 832 (1928). — FUHRMANN, F.: Techn. Mykologie. Jena: G. Fischer 1926.

GÄRSTATT-G.m.b.H.: (1) Edelmistbereitung. München 1925; (2) Die behelfsmäßige Edelmistbereitung. 1928. — GEIER, O.: Untersuchungen über die Verwertung der Hanfscheben in landwirtschaftlichen Betrieben. Dissert., Hohenheim 1927. — GEITH, R.: Sächs. Landw. Ztg 639 (1928). — GERLACH, M.: (1) Dtsch. landw. Presse **56**, 197 (1929); (2) Ebenda **56**, 348 (1929); (3) Landw. Ztg **49**, 326 (1929). — GERLACH, M., u. SEIDEL, K.: (1) Z. Pflanzenernährg usw. B 8, 15 (1929); (2) Landw. Ztg **49**, 206 (1929). — GLATHE, H.: Die Heißvergärung des Stallmistes nach H. KRANTZ. Dissert., Leipzig 1927. Auch in Landw. Versuchsstat. **107**, 65 (1927). — GOETERS, W.: Untersuchungen über Keimgehalt und Wirkung verschieden behandelten Stalldüngers. Dissert., Leipzig 1927. Auch in Landw. Versuchsstat. **108**, 1 (1929). — Grete, A.: Landw. Jb. d. Schweiz **2**, 103 (1888). — Guggenmos, E.: Allgäuer Bauernbl. 307 (1925).

Hansen, F.: Tidsskr. Planteavl. **35**, 81 (1929). — Hansen, J., u. A. Günther,: Arb. dtsch. Landw.-Ges. H. 30 (1898). — Harrison: Rev. génér. du lait. **2**, 539 (1902/03). — Hazzi, v.: Über den Dünger. 1836. Ref. bei F. Löhnis, Handbuch der landwirtschaftlichen Bakteriologie. — Heinrich, R.: Landw. Ann. d. mecklb. patriot. Ver. **49**, 82 (1910). — Henkel, Th.: (1) Wbl. landw. Ver. Bayern. Nr. 8 u. 9 (1919); (2) Dtsch. landw. Presse **46**, 145 (1919). — Henneberg, W.: Journ. Landw. **5**, 40 (1870). — Herre, R.: Techn. Landw. **11**, 65 (1930). — Hoffmann, M.: Jauchen-ABC. Dtsch. Landw.-Ges. **1918**, Flugschr. H. 18. — Hofmeister, V.: (1) Landw. Versuchsstat. **6** u. **7** (1864/65); (2) Ebenda **8**, 103 (1866). — Hohl, J.: Landw. Jb. Schweiz **18**, 434 (1904). — Holdefleiss, F.: Untersuchungen über den Stallmist. 1889. — Honcamp, F., u. E. Blanck: Arb. dtsch. Landw.-Ges. **1916** Nr 282. — Huber, J.: Schweiz. Landw. Ztg **55**, 1337 (1927). — Hutchinson, B., u. H. Richards: Journ. of the Ministry of Agricult. **28**, Nr 5 (1921).

Immendorf, H.: (1) Mitt. dtsch. Landw.-Ges. **21**, 87 (1906); (2) Journ. Landw. **42**, 88 (1894). — Iversen, K.: (1) Z. Pflanzenernährg usw. B **7**, 457 (1928); (2) Vort Landbrug **5**, 74 (1927). — Jacksch, R. v.: Z. physik. Chem. **5**, 395 (1881). — Jegoroff, M.: (1) Ref. Z. Pflanzenernährg usw. A **8**, 252 (1927); (2) Ebenda B **9**, 140 (1930). — Jensen, Hj.: Zbl. Bakter. II **3**, 689 (1897); (2) Ebenda **5**, 716 (1899); (3) Ebenda **7**, 637 (1901); (4) Ebenda **4**, 454 (1898). — Jensen, J.K.: Landbrug **1**, 173 (1929). — Jentys: (1) Anzeig. Akad. Wissensch. Krakau. 303 (1892); (2) Ebenda 345 (1893).

Kellner, O.: Landw. Versuchsstat. **20**, 433 (1877). — Kleberger, W.: Grundzüge der Pflanzenernährungslehre und Düngerlehre II 2. Hannover: M. & H. Schaper 1927. — Kleeberger, W., u. Th. Schrader: Z. Pflanzenernährg usw. B **8**, 577 (1929). — Klopstock, F.: Zbl. Bakter. II **79**, 481 (1929). — Köhnlein, J.: (1) Landw. Ztg **47**, 638 (1927); (2) Landw. Ztg **48**, 192 (1928). — Kölsch, O.: Mitt. Dtsch. Landw.-Ges. **45**, 126 (1930). — König, J.: Wie kann der Landwirt den Stickstoffvorrat in seiner Wirtschaft erhalten und vermehren? 3. Aufl. 85 (1893). — Konold, O.: Landw. Ztg. **49**, 52 (1929). — Krantz, H.: (1) Binnenversorgung durch Bodenkraftmehrung. Augsburg-Stuttgart: B. Filser 1924; (2) Dtsch. landw. Presse **49**, 549 u. 571 (1922); (3) Ebenda **54**, 150 (1927); (4) Zbl. Bakter. II **73**, 70 (1928); (5) Schriftl. Mitt. **1929**; (6) Schriftl. Mitt. **1928**. — Krantz, H., u. A. Schnabl: Ergebnisse vergleichender vierjähriger Versuche. München: Gärstatt-G.m.b.H. 1924. — Kron, O.: (1) Techn. Landw. **5**, 11 (1923/24); (2) Eine neue Technik der Mistausnutzung. München: Gärstatt-G.m.b.H.; (3) Dtsch. landw. Presse **53**, 565 (1926). — Kuchler, L.: Die zeitgemäße Grünfutterkonservierung. Freising-München: Datterer 1926. — Kufferath, A.: Z. angew. Chem. **42**, 65 (1929). — Kürsteiner, J.: Schweiz. landw. Monatsh. **4**, 14 (1926).

Lehmann, K. B., u. R. O. Neumann: Bakt. Diagnostik. München: J. F. Lehmann 2, 1927. — Lemmermann, O.: Kritische Studien über Denitrifikationsvorgänge. Habil.-Schr. Jena 1900. — Lemmermann, O., u. E. Gerdum: Z. Pflanzenernährg usw. B **6**, 331 (1927). — Leube, W.: (1) Z. klin. Med. **3**, 233 (1881); (2) Arch. path. Anat. **100**, 540 (1885). — Liechti, P., u. W. Moser: Landw. Jb. Schweiz. **20**, 580 (1906). — Liechti, P., u. E. Truninger: Ebenda **27**, 459 (1913). — Liesche, K.: Landw. Jb. **68**, 435 (1928). — Lieske, R.: Allg. Bakterienkunde. Berlin: Borntraeger 1926. — Lindow, H.: Fortschr. Landw. **3**, 902 (1928). — Lochbrunner: (1) Landw. Jb. Bayern **17**, 101 (1927); (2) Landw. Ztg **48**, 65 (1928). — Löhnis, F.: (1) Bodenbakterien und Bodenfruchtbarkeit. Berlin: Borntraeger 1914; (2) Handbuch Landwirtschaftlicher Bakterien. Berlin: Borntraeger 1910; (3) Vorlesungen über landwirtschaftliche Bakterien. Berlin: Borntraeger 1926; (4) Landw. Ztg **47**, 61 (1927); (5) Ebenda **48**, 132 (1928); (6) Z. Spiritusind. **51**, 73 (1928); (7) Sdrck. Leipziger Oekon. Societät. Leipzig 1928; (8) Landw. Ztg. **49**, 141 (1929); (9) Ebenda **49**, 155 (1929); (10) Fortschr. Landw. **4**, 65 (1929); (11) Sdrck. Leipziger Oekon. Societät. Leipzig 1927; (12) Arb. Dtsch. Landw.-Ges. **1928**, H. 361; (13) Soil Science **22**, 355 (1926). Ref. in Z. Pflanzenernährg usw. B **7**, 498 (1928); (14) Mitt. Dtsch. Landw.-Ges. **42**, 468 (1927); (15) Fühlings Landw. Ztg **55**, 821 (1906); (16) Fortschr. Landw. **3**, 817 (1928); (17) Landw. Wschr. Landw.kammer Prov. Sachsen **31**, 158 (1929); (18) Zbl. Bakter. II **13**, 706 (1904); (19) Landw. Ztg **47**, 61 (1927); (20) Dtsch. landw. Presse **56**, 244 (1929); (21) Landw. Ztg **49**, 270 (1929); (22) Z. Pflanzenernährg usw. B **8**, 303 (1929); (23) Dtsch. landw. Presse **56**, 306 (1929); (24) Pommernbl., Landw. Wschr. Stettin **32**, 70 (1929); (25) Landw. Ztg **48**, 417 (1928). — Löhnis, F., u. J. H. Smith: Fühlings Landw. Ztg **63**, 153 (1914).

Mach, F.: Landw. Versuchsstat. **107**, 247 (1928). — Maercker, M., Steffek u. Schumann: (1) Jber. landw. Versuchsstat. Halle 1894. — Maercker, M.: (2) Landw. Jb. **27** (1898) Erg.-Bd. **2**, 74; (3) I. Ber. Vers.-Wirtsch. Lauchstädt 215 (1898). — Marcusson, J.: (1) Z. angew. Chem. **38**, 339 (1925); (2) Ebenda **40**, 48 (1927); (3) Ebenda **40**, 1233 (1927). — Mentzel, O., u. O. v. Lengerke: Landw. Kalend. I (1928). — Meyer, D.: (1) Dtsch. landw. Presse **53**, 26 (1926); (2) Landw. Ztg **46**, 556 (1926); (3) Dtsch. landw. Presse **54**, 13 (1927);

(4) Landw. Ztg 48, 179 (1928); (5) Ebenda 48, 216 (1928); (6) Dtsch. landw. Presse 56, 629 u. 643 (1929); (7) Ebenda 56, 656 (1929); (8) Z. Landw.-Kam. Nied.-Schles. 33, 1730 (1929); (9) Ebenda 34, 80 (1930). — MEYER, D., u. P. OBST: Dtsch. landw. Presse 56, 605 (1929). — MIEHE, H.: Die Selbsterhitzung des Heues. Jena: G. Fischer 1907. — MIQUEL, P.: LAFARS Handbuch der technischen Mykologie. Die Vergärung des Harnstoffes, der Harnsäure und der Hippursäure 3, 71 (1904/06). — MITTELBACH, F.: Z. phys. Chem. 12, 463 (1888). — MÜNZINGER, A.: Mitt. Dtsch. Landw.-Ges. 45, 1007 (1928).

NEUER: Dtsch. landw. Presse 56, 112 (1929). — NIEMEYER, P.: Landw. Versuchsstatt. 108, 305 (1929). — NIKLEWSKI, Br.: (1) Zbl. Bakter. II 26, 388 (1910); (2) Ebenda 75, 206 (1928). — NOLTE, O.: (1) Der Stallmist und seine Verwendung. Dtsch. Landw.-Ges. Berlin 1924; (2) Fühlings Landw. Ztg 70, 307 (1921). — NOLTE, O., u. M. RAUTERBERG: Mitt. Dtsch. Landw.-Ges. 44, 93 (1929). — NOSTITZ, A. v.: Dtsch. landw. Presse 56, 631 (1929).

OPPENHEIMER, C.: Die Fermente und ihre Wirkungen. 5. Aufl. 1 u. 2 (1925, 1926). — ORTMANN, C.: (1) Mitt. Dtsch. Landw.-Ges. 24, 227 (1909); (2) Landw. Ztg 39, 99 (1918); (3) Mitt. dtsch. Landw.-Ges. 26, 99 (1911); (4) Ebenda 29, 213 (1914); (5) Fühlings Landw. Ztg 62, 362 (1913).

PEROTTI, R.: Internat. Agrik.-wissensch. Rdsch. 2, NF. 340 (1926). — PFEIFFER, TH.: (1) Landw. Versuchsstat. 48, 243 (1897); (2) Ebenda 48, 214 u. 231 (1897); (3) Dtsch. landw. Presse 29, 421 (1902); (4) Landw. Versuchsstat. 79/80, 279 (1913). — PFEIFFER, TH., MOSZEIK, F., LEMMERMANN, O. u. C. WÄLLNITZ: Arb. Dtsch. Landw.-Ges. H. 73 (1902). — POLLINGER, TH.: Landw. Ztg 49, 385 (1929). — POPP, M.: Mitt. Dtsch. Landw.-Ges. 42, 210 (1927). — Preuß. Landw.-Minist.: Niederschr. der 74. Sitzung über allgemeine Düngerangelegenheit am 10. Februar 1928.

RATHLEF, H. v.: (1) Fortschr. Landw. 4, 411 (1929); (2) Ebenda 3, 1029 (1928). — REBL, A.: Neues Mistereiwesen nach H. KRANTZ, Diessen v. München: C. Huber 1930. — Reichskurat. Techn. Landw.: Tätigkeitsber. 1928. — REINAU, E.: (1) Mitt. Dtsch. Landw.-Ges. 44, 1165 (1929); (2) Der Tropenpfl. 32, 187 (1929); (3) Techn. Landw. 11, 87 (1930). — REISER, M.: Neuzeitliche Güllewirtschaft. Kempten-Allgäu: G. Bachschmid. — REMY, TH., KLÜTER, E. u. F. WEISKE: Mitt. Dtsch. Landw.-Ges. 41, 134 (1926). — RICHARDS, H.: The Brewers Journ. 63, 97 (1927). — RIPPEL, A.: Vorlesung über theoretische Mikrobiologie. Berlin: Julius Springer 1927. — RUOFF, F.: Neuzeitliche Behandlung und Anwendung des Stallmistes. München: Gärstatt-G.m.b.H. 1925. — RUSCHMANN, G.: (1) Erg. Agrikult.-Chem. 1, 132 (1929); (2) Beiträge zur Biochemie der Abbauvorgänge bei pflanzlichen Roh- und Abfallstoffen. Habil.-Schr. Berlin 1929; (3) Zbl. Bakter. II 75, 182 (1928); (4) Ebenda 77, 216 (1929); (5) Z. Spiritusind. 51, 258, 266, 275, 284 (1928); (6) Zuckerrübenbau 10, 111 (1928); (7) Zbl. Bakter. II 72, 193 (1927); (8) Ebenda II 70, 214 (1927); (9) Fortschr. Landw. 2, 46 (1927); (10) Z. Spiritusind. 50, 15, 24, 35 (1927); (11) Grundlagen der Röste. Bücherei der Faserforschung. Bd. 1. Leipzig: S. Hirzel 1923; (12) Zbl. Bakter. II 73, 179 (1928); (13) Fortschr. Landw. 2, 363 (1927); (14) Z. Spiritusind. 50, 189 (1927); (15) Landw. Ztg 50, 155 (1930); (16) Fortschr. Landw. 4, 81 (1929); (17) Dtsch. landw. Presse 55, 348 (1928); (18) Z. Spiritusind. 51, 187 (1928); (19) Landw. Ztg 48, 434 (1928); (20) Z. Spiritusind. 51, 308 (1928).

SAUERLANDT, W.: Wissensch. Arch. Landw. 2, 434 (1929). — SEELEMANN, M.: Dtsch. tierärztl. Wschr. 37, 417 (1929). — SEMAL, O.: Jber. Gärgsorg. 9, 205 (1898). — SEVERIN, S. A: Zbl. Bakter. II 1, 97 (1895). — SHIBATA, K.: Beitr. chem. Phys. u. Pathol. 5, 384 (1904). — SIERP, F.: Kolloidchem. Z. 47, 372 (1929). — SJOLLEMA, B., u. J. DE RUYTER DE WILDT: Versl. v. Landbouwkund. Herzoekingen d. Rykslandbouwproefstat. 7, 106 (1910). — SÖHNGEN, N. L.: (1) Ref. Bot. Zbl. 105, 371 (1907); (2) Zbl. Bakter. II 23, 91 (1909). — SOXHLET, F. v.: Wbl. landw. Ver. Bayern. Nr 47 (1897). — SÜCHTING, H.: Mitt. dtsch. Landw.-Ges. 44, 532 (1929). — SÜCHTING, H., RÖMER, A. u. M. KÜHNE: Z. Pflanzenernährg usw. A 1, 113 (1922). — SÜPFLE, K.: Mitt. dtsch. Landw.-Ges. 45, 286 (1930).

SCHÄFER, A., u. A. STEVEN: Tchn. Landw. 9, 253 (1928). — SCHAUMBURG, A.: Silobau und Silofutterbereitung. Hannover: Engelhard 1927. — SCHEIBE, K.: Untersuchungen über Abbau und Wirkung der im Stalldünger enthaltenen Stickstoff- und Kohlenstoffverbindungen. Dissert., Leipzig 1928. Auch in Landw. Versuchsstat. 108, 61 (1929). — SCHELLMANN: Über Hippursäure vergärende Bakterien. Dissert., Göttingen 1902. — SCHEMPP, K.: Techn. i. d. Landw. 8, 39 (1927). — SCHNABL, A.: Landw. Fachpr. Tschechoslowakei 3, Nr 22, 23 (1925). — SCHNEIDEWIND, W.: (1) Die Ernährung der landwirtschaftlichen Kulturpflanzen. Berlin: P. Parey 1922; (2) IV. Bericht der Versuchs-Wirtschaft Lauchstädt; (3) Journ. Landw. 45, 199 (1897); (4) Landw. Jb. 27 (1898), Ergsbd. 2, 126; (5) Ebenda 39 (1910), Ergsbd. 3, 62; (6) Ebenda 36, 588 (1907); (7) Arb. Landw.kammer Prov. Sachsen Nr 6 (1905); (8) Die Stickstoffquellen und die Stickstoffdüngung. Berlin: P. Parey 1908; (9) Arb. dtsch. Landw.-Ges. 1908, H. 146. — SCHROEDER-STRANZ, H.: Landw. Ztg 49, 348 (1929). — SCHULZE, B.: (1) Jber. dtsch. Landw.-Ges. 24, 171 (1909); (2) Arb. dtsch. Landw.-Ges. 1911, H. 198.

Stapp, C.: Zbl. Bakter. II **51**, 1 (1920). — Stiehr, G., u. M. Bergold: Z. Pflanzenernährg usw. B **7**, 216 (1928). — Stoklasa, J.: (1) Chemie der Zelle und Gewebe **12**, 22 (1924); (2) Schindlerfestschrift. Beitr. landw. Pflanzenbau 119 (1924); (3) Dtsch. landw. Presse **51**, 550 (1924); (4) Fortschr. Landw. **2**, 52 (1927); (5) Z. Pflanzenernährg usw. A **11**, 161 (1928); (6) Fühlings landw. Ztg **56**, 415 (1907); (7) Zbl. Bakter. II **4**, 817 (1898); (8) Dtsch. landw. Presse **28**, 666, 683 (1901). — Stoklasa, J., u. G. Doerell: Handbuch der biophysikalischen und biochemischen Durchforschung des Bodens. Berlin: P. Parey 1926. — Strasburger, J.: Z. klin Med. **46**, 424 (1902). — Stutzer, A.: (1) Journ. Landw. **42**, 336 (1895); (2) Die Behandlung und Anwendung des Stalldüngers **1903**; (3) Mitt. landw. Inst. Breslau **1899**, H. 1, 110; (4) Zbl. Bakter. II **7**, 81 (1901); (5) Ebenda **7**, 639 (1901). — Stutzer, A., u. F. Honcamp: Die Behandlung und Anwendung von Stalldünger und Jauche. Berlin: P. Parey 1928.

Tacke, B.: (1) Mitt. dtsch. Landw.-Ges. **45**, 160 (1930); (2) Mitt. Ver. Förderg Moorkult. **46**, 104 (1928). — Telegdy, L. v.: Z. Pflanzenernährg usw. B **9**, 180 (1930). — Thomann, H.: Mitt. dtsch. Landw.-Ges. **43**, 1189 (1928). — Truffaut, G., u. N. Bezssonoff: C. rend. Acad. Sci. **183**, 1065 (1926).

Vogel, J.: Mitt. dtsch. Landw.-Ges. **32**, 693 (1917). — Voss, A.: Milchwirtsch. Forschg **8**, 383 (1929).

Wagner, P.: (1) Landw. Versuchsstat. **48**, 357 (1897); (2) Arb. dtsch. Landw.-Ges. **1915**, H. 279. — Wagner: Mitt. dtsch. Landw.-Ges. **44**, 559 (1929). — Waksman, S. A.: (1) Internat. agrikult.-wiss. Rdsch. **2**, 811 (1926); (2) Soil science **26**, 239 (1928); (3) Ebenda **27**, 271 (1929); (4) Ebenda **27**, 389 (1929); (5) Die Naturwissensch. **15**, 689 (1927); (6) Soil science **22** (1926); (7) Proc. of the nat. acad. of sciences, U.S.A. **11**, Nr 8 (1925). — Waksman, S. A., u. K. R. Stevens: Soil science **26**, 113 (1928). — Walter, O.: Landw. Wschr. Prov. Sachsen **87**, **397** (1929). — Wecke: Fortschr. Landw. **4**, 68 (1929). — Weigert, J.: (1) Z. Pflanzenernährg usw. B **5**, 145 (1926); (2) Prakt. Blätt. Pfl.bau u. Pfl.schutz. Freising-München: Datterer **4**, 54 (1926). — Weigmann, H.: Die Pilzkunde der Milch. Berlin: P. Parey 1924. — Weigmann, H., u. G. Zirn: Zbl. Bakter. I Orig. **15**, 463 (1894). — Weyland, H.: Naturwissensch. **15**, **474** (1927). — Winogradsky, S.: Über Ureasewirkungen. 1905. — Wolff, E.: Düngerlehre, bearb. v. J. Vogel 1897. — Wollny, E.: Die Zersetzung der organischen Stoffe **1897**, 107. — Wulffen, v.: Dtsch. landw. Presse **56**, 169 (1929).

Yoshimura, K.: Jber. Gärungsorg. **7**, 219 (1896).

Zucker, Fr.: Z. Pflanzenernährg usw. B **7**, 206 (1928).

6. Die Anwendung der Naturdünger.

Von

Dr. **F. Honcamp**

ord. Professor an der Landesuniversität und Direktor der landwirtschaftlichen Versuchsstation zu Rostock i. Meckl.

Mit 5 Abbildungen.

Die natürlichen organischen Düngemittel haben seit den ältesten Zeiten bei allen ackerbautreibenden Völkern zur Hebung der Ernteerträge Verwendung gefunden. Sie sind Jahrtausende hindurch der Hauptdünger in der Landwirtschaft gewesen. Immer mehr dringt auch heute die Erkenntnis wieder durch, daß die organischen Naturdünger und insonderheit der Stalldung die Grundlage für eine hohe Bodenkultur und für eine wirtschaftliche Anwendung und Ausnutzung der chemischen Kunstdüngemittel sind. Nur durch sachgemäße, gemeinsame Verwendung von Natur- und Kunstdünger ist es bei entsprechender Bodenbearbeitung möglich, Kulturzustand und Nährstoffkapital des Ackers zu erhöhen und denselben zu Höchsterträgen zu befähigen. Eine gemeinsame Anwendung von Kunst- und Wirtschaftsdüngern ist aber auch deshalb erforderlich, weil die in letzteren enthaltenen Pflanzennährstoffe zur Erzielung von Höchsterträgen nicht ausreichen und weil auch die einzelnen Kernnährstoffe (Kali, Kalk, Phosphorsäure und Stickstoff) sich in den natürlichen Düngemitteln in einem Verhältnis vorfinden, das nicht dem Bedarf der landwirtschaftlichen Kulturpflanzen entspricht. Der Hauptwert der Natur- oder Wirtschaftsdünger ist auch weniger in ihrem hohen Gehalt an Pflanzennährstoffen zu suchen, als vielmehr darin, daß sie den Boden an organischer Substanz anreichern.

Die Naturdünger bestehen aus pflanzlichen oder tierischen Abfällen bzw. aus beiden zusammen. Werden diese in den Boden gebracht und mit diesem gründlich vermischt, so lockern sie zunächst den Boden. Sie schaffen Hohlräume, in welche die Atmosphärilien eindringen und den Boden nach den verschiedensten Richtungen hin beeinflussen können. Die physikalischen Bodenverhältnisse erfahren hierdurch eine Verbesserung. Gleichzeitig tritt eine Verwesung und Zersetzung der organischen Bestandteile der Naturdünger ein. Die in diesen enthaltenen Nährstoffe werden hierbei in eine für die Pflanze aufnehmbare Form übergeführt. Die bei der Oxydation der organischen Substanz gebildete Kohlensäure wirkt lösend auf viele Bodenbestandteile ein. Bildung und Zusammensetzung des bei der Verwesung entstehenden Humus sind von Einfluß auf die Wärme- und Wasserverhältnisse des Bodens, auf die Regulierung der Durchlüftung u. dgl. m. Durch alle diese Verhältnisse wird wiederum die Entwicklung und Vermehrung aller im Boden vorhandenen, pflanzlichen und tierischen Lebewesen gefördert, deren Tätigkeit gleichfalls von Einfluß auf die Fruchtbarkeit eines Bodens ist. Der Wert der Naturdünger liegt daher, wenn schon auch mit Unterschied, in ihrem Gehalt an organischer, d. h. an humusbildender Substanz. Schon A. v. ROSENBERG-LIPINSKY (1) hat darauf hingewiesen, daß die Ertragsfähigkeit eines Bodens nicht zum wenigsten von seinem Gehalt an organischen Bestandteilen abhängt. Der Humusgehalt eines Bodens ist daher mit für dessen Fruchtbarkeit bestimmend.

Die verschiedenen Naturdünger unterscheiden sich hinsichtlich ihres Gehaltes an humusbildenden Bestandteilen z. T. erheblich voneinander. Ihre organische Substanz weist nach Art und Zusammensetzung oft wesentliche Verschiedenheiten auf. Die Umsetzungen im Boden verlaufen bei den einzelnen Naturdüngern nicht immer in gleicher Weise. Infolgedessen ist in sehr vielen Fällen der Erfolg der organischen Naturdünger von einer sachgemäßen und zweckentsprechenden Anwendung derselben abhängig.

I. Die Anwendung von Fäkaldünger.

Der Verwendung von Latrinendünger stehen in der landwirtschaftlichen Praxis gewisse Bedenken und Schwierigkeiten entgegen. Erstere insofern, als die Fäkalien infolge ihres hohen Kochsalzgehaltes bei gewissen Früchten qualitätsvermindernd wirken. So wird z. B. der Stärkegehalt der Kartoffeln herabgedrückt, die Brennbarkeit des Tabaks verschlechtert usw. Ferner kann bei zu reichlicher oder unsachgemäßer Düngung mit Fäkalien auch Geruch und Geschmack der hiermit gedüngten Feldfrüchte und so namentlich des angebauten Gemüses und der Kartoffeln ungünstig beeinflußt werden. Weitere Schwierigkeiten macht der Transport der doch meist stark verdünnten Fäkalien und die gleichmäßige Aus- und Unterbringung derselben. Die Fäkaldünger eignen sich ganz allgemein in erster Linie zur Verwendung auf leichten Böden. Ihre Anwendung auf Humus- und Moorböden ist nicht zu empfehlen.

1. Verwendung der gewöhnlichen Fäkalien.

Was die Anwendung der Rohfäkalien anbetrifft, so werden diese vielfach in dem Zustande, wie sie aus Gruben, Tonnen oder Magazinen anfallen, in gleicher Weise wie der Stallmist auf dem Acker ausgebreitet und untergebracht. Die Rohfäkalien ohne vorherige Mischung mit Erde oder Wasser zu verwenden, so wie sie von den Städten geliefert werden, ist nach KUHNERT nicht zu empfehlen.

Die gleichmäßige Verteilung der Rohfäkalien auf dem Felde selbst ist ziemlich schwierig und erfordert solche Kosten, daß ein Vorteil gegenüber der vorherigen Mischung mit Erde oder Wasser nicht zu verzeichnen ist. Auch besteht bei der direkten Anwendung von Rohfäkalien die Gefahr der Überdüngung. Nach A. Ritter sind diese Schwierigkeiten jedoch zu überwinden, wenn am Dungwagen eine entsprechende Verteilungsvorrichtung angebracht wird. Immerhin dürfte es zweckmäßig sein, die Rohfäkalien zu strecken und zwar mit Erde, Torf oder Wasser. Im ersteren Falle wird man zur Erreichung einer guten Streubarkeit und gleichmäßigen Verteilung die Rohfäkalien mit mindestens der doppelten Menge Erde mischen. Noch zweckmäßiger ist das Mischen mit Torfstreu oder Torfmull, sofern diese nicht schon bei der Aufsaugung in Tonnen usw. Verwendung gefunden haben. Torf von guter Beschaffenheit besitzt ein hohes Aufsaugungsvermögen und vermag etwa das 8—10fache seines Eigengewichtes aufzunehmen. Er hält infolgedessen nicht nur alle Flüssigkeit fest, sondern der Torf vermag auch das sich bei der Lagerung bildende Ammoniak zu binden und evtl. auch weitere Gärungsprozesse mindestens einzuschränken. Endlich kann man die in Gruben oder Trockenstühlen angesammelte Latrine mit etwa der 3—4fachen Menge Wasser ihres Gewichtes verdünnen, gut miteinander mischen und dann in der Art wie die Jauche über das ganze Feld verteilen.

Bei der Anwendung der Fäkaldünger ist zu berücksichtigen, daß der Wert dieser als Düngemittel in der Hauptsache auf ihrem Stickstoffgehalt beruht und zwar auf demjenigen des Harns. In diesem findet sich der Stickstoff in Verbindungen vor, die, wie Harnstoff usw., gewissermaßen auf der Grenze zwischen anorganischen und organischen Verbindungen stehen und sehr leicht in das flüchtige Ammoniak übergehen. Um Ammoniakverluste beim Ausbringen der Fäkalien zu verhindern, ist daher nach ähnlichen Gesichtspunkten wie bei der Jauche zu verfahren. Demgemäß soll der Latrinendünger nicht längere Zeit auf dem Acker obenauf liegenbleiben, sondern möglichst sofort nach dem Ausbringen nicht zu flach untergepflügt werden (M. Hoffmann 3). Was die Stärke der Fäkaldüngung anbetrifft, so sind je nach dem Nährstoffbedarf der anzubauenden Feldfrucht und der Konzentration des Latrinendüngers im allgemeinen nicht mehr als 20 bis 60 m³ je Hektar anzuwenden. Bei Anwendung von Rohfäkalien, d. h. unvermischten Fäkalien, sollte man jedenfalls über höchstens 20 m³ nicht hinausgehen. Nach Untersuchungen von M. Gerlach (3) waren in 1 m³ Rohfäkalien enthalten:

	Grenzwerte	Durchschnittswerte kg
Trockensubstanz	15,50—88,50	**40,00**
Stickstoff . . .	2,90— 7,15	**5,80**
Phosphorsäure .	0,52— 4,47	**1,25**
Kali	1,21— 2,36	**2,25**
Chlor	1,82— 4,83	**3,00**

Bei einer Mischung mit der zweifachen Menge von Erde oder einer entsprechenden Verdünnung mit Wasser würde demnach 1 m³ etwa enthalten: 1,5—2,0 kg Stickstoff, ferner 0,4 kg Phosphorsäure und ca. 0,75 kg Kali. Demgemäß werden mit einer mittleren Düngung von 40 m³ je Hektar diesem an reinen Pflanzennährstoffen zugeführt: 60—80 kg Stickstoff (N), 16 kg Phosphorsäure (P_2O_5) und 30 kg Kali (K_2O). Diese Nährstoffmengen würden in 3—4 dz schwefelsaurem Ammoniak, 1 dz 16proz. Thomasmehl und $^3/_4$ dz eines 40proz. Kalisalzes enthalten sein. Das Verhältnis der drei Nährstoffe zueinander ist also ein unzweckmäßiges. Die Stickstoffgabe kann man als gut ansprechen, die Mengen für Phosphorsäure und Kali jedoch sind im allgemeinen als zu gering zu bezeichnen. Zur Herstellung eines richtigen Nährstoffverhältnisses wird also eine weitere Anwendung von Phosphorsäure in Form von Superphosphat oder Thomasmehl usw. und Kali als hochprozentiges Kalidüngesalz notwendig sein. Die erforderlichen Mengen haben sich nach den anzubauenden Pflanzenarten und dem Nährstoffvorrat des Bodens zu richten. Auch wird ferner vielfach angegeben, daß eine Beidüngung von chemischen Kunstdüngemitteln eine Qualitätsverbesserung der Früchte fördert.

Es erscheint im allgemeinen nicht angebracht, den Acker mehrere Jahre hintereinander mit Fäkalien abzudüngen. Namentlich auf schweren Lehm- und Tonböden tritt dann leicht infolge des hohen Fett- und Kochsalzgehaltes der Fäkalien eine Verschlechterung der physikalischen Bodenverhältnisse ein. Das Chlornatrium setzt sich im Boden zu kohlensaurem Natrium um, welches den Boden verkrustet. Bei solchen Böden ist besonders auf eine regelmäßige Kalkung Wert zu legen. Werden diese Vorsichtsmaßregeln nicht befolgt, so treten bei fortgesetzter Anwendung von Latrinendünger sehr leicht Ernterückschläge ein.

Was Art und Zeit der Anwendung der Fäkalien anbetrifft, so ist schon darauf hingewiesen, daß diese möglichst sofort nach dem Ausbringen und gleichmäßigem Ausbreiten flach unterzupflügen sind. Es empfiehlt sich für Rüben und rübenartige Gewächse den Fäkaldünger schon im Herbst auf die geschälte Stoppel zu bringen und unterzupflügen. Dem Winterkorn Latrinendünger kurz vor der Saat zu geben, erscheint nicht immer ratsam. Sommerkorn wird in gleicher Weise wie die Hackfrüchte mit Fäkalien abgedüngt, d. h. der Latrinendünger wird möglichst schon im vorhergehenden Herbst oder im Laufe des Winters aus- und untergebracht. Man kann zu diesen Früchten den Acker aber auch noch einige Zeit vor der Saat mit menschlichen Auswurfstoffen abdüngen. Von einer Düngung der Futtergewächse und Leguminosen wie Klee, Luzerne, Serradella sowie Bohnen, Erbsen und Wicken mit rohen, flüssigen Fäkalien, wird vielfach abgeraten. Beim Anbau von Gemüse, Rüben und Kartoffeln sind zwar mit Latrinendünger meist recht gute Erfolge erzielt worden, doch können bei unsachgemäßer und namentlich zu reichlicher Düngung mit Fäkalien Qualitätsverschlechterungen eintreten. Für die Kartoffeln gilt dies insonderheit hinsichtlich des Stärkegehaltes und für den Tabak in bezug auf seine Brennbarkeit. Doch können bei Gemüse und Kartoffeln auch noch Qualitätsverminderungen hinsichtlich des Geruches und Geschmackes eintreten. Die Anwendung des Latrinendungs als Kopfdünger kommt nur für Wiesen und Weiden im zeitigen Frühjahr in Betracht. Eine solche nach dem ersten Schnitt bewirkt leicht, daß die Tiere solches frisch mit Fäkalien gedüngte Futter nicht gern fressen. Die vielfach widersprechenden Ansichten und Erfahrungen über den Einfluß einer Fäkaldüngung auf die Qualität der Früchte sind zweifelsohne auf die verschiedenartige Anwendung dieses Düngers zurückzuführen. Bei nicht zu später Anwendung der Fäkalien auf allen leichteren und tätigeren Böden und in mäßigen Mengen wird eine Schädigung der Ernteprodukte hinsichtlich Güte und Menge im allgemeinen nicht zu befürchten sein.

Mit fortschreitender Einführung der Schwemmkanalisation werden die aus Gruben und Tonnen anfallenden Mengen von Fäkalien zur Düngung immer geringer werden. Sie dürften nur noch auf dem Lande und in der Nähe kleiner Städte Verwendung finden. Hierbei stößt die Verwendung der Fäkalien als Düngemittel insofern auf gewisse Schwierigkeiten, als die Düngung hiermit beschränkt und nur in gewissen Jahreszeiten möglich ist, während die menschlichen Auswurfstoffe ständig anfallen und entfernt werden müssen. In diesem Falle besteht allein die Möglichkeit, die außer der Düngezeit anfallenden Fäkalien zwecks Aufbewahrung und Lagerung zu magazinieren und zu kompostieren. Im allgemeinen werden die auf dem Lande in Frage kommenden Mengen von menschlichen Auswurfstoffen sich ohne weiteres, sei es zur Kompostierung, sei es im Garten, in zweckentsprechender Weise verwenden lassen. Man kann sie aber auch auf den Dunghaufen bringen und hier gleichmäßig mit dem Stalldünger mischen. Für die Verwendung von Latrinendünger aus Städten kommen in erster Linie die dicht beiliegenden, viehlosen und nutzviehschwachen Betriebe als Abnehmer in Frage. Selbstverständlich werden für diese die Fäkaldünger entsprechend ihrer Beschaffenheit und Zusammensetzung hinsichtlich der physikalischen Bodenverbesserung niemals das gleiche leisten wie der Stalldung. Dies könnte bis zu einem gewissen Grade nur bei der Kompostierung oder bei der Vermischung mit Stalldung der Fall sein. Auch vermögen die Fäkaldünger, wie oben dargelegt ist, den Bedarf der landwirtschaftlichen Kulturpflanzen an Kali und Phosphorsäure nicht voll zu decken, so daß eine gleichzeitige weitere Verwendung von kali- und phosphorsäurehaltigen Düngemitteln erforderlich ist. Auf die große Bedeutung einer ausreichenden Kalkung der regelmäßig mit Fäkalien abgedüngten Flächen ist besonders hinzuweisen.

2. Die Verwendung der Poudrette.

An und für sich ist die Poudrette ein durchaus wertvolles Düngemittel. Sie enthält alle drei Kernnährstoffe in einer z. T. leicht löslichen Form. Hinsichtlich des Gehaltes an Pflanzennährstoffen sowie der ganzen Art ihrer Beschaffenheit und Entstehung nach ist die Poudrette mit aufgeschlossenem Guano zu vergleichen. Diesem gegenüber weist sie jedoch einen geringeren Gehalt an Phosphorsäure auf. Das Verhältnis von Stickstoff zu Kali und Phosphorsäure ist aber, wie bei allen Fäkaldüngern, nicht ein solches, daß eine völlige Ausnutzung des, gegenüber den beiden anderen Nährstoffen in größerer Menge vorhandenen Stickstoffes, gewährleistet würde. Eine erfolgreiche Verwendung von Poudrette als Düngemittel hat deshalb eine Beidüngung von Kali und Phosphorsäure in Gestalt von chemischen Kunstdüngemitteln zur Voraussetzung. Auch wird, abgesehen von sehr kalkreichen Böden, eine voraufgehende Kalkung oder Mergelung des Ackers die Zersetzung der Poudrette fördern und hierdurch ihre Düngewirkung erhöhen. Zu berücksichtigen ist bei der Verwendung von Poudrette als Düngemittel ihr verhältnismäßig hoher Gehalt an Chlornatrium (Kochsalz). Poudrette enthält durchschnittlich etwa 4—5% Chlor. J. H. Vogel (1) weist darauf hin, daß mit einer Düngung von 3 dz Poudrette auf den Hektar dem Acker 12—15 kg Chlor zugeführt werden, welche Menge namentlich bei gleichzeitiger Anwendung der ebenfalls an Chlornatrium reichen Kalirohsalze eine Qualitätsverschlechterung bei chlorempfindlichen Pflanzen wie Kartoffeln, Tabak usw. hervorrufen können.

Poudrette kann auf allen Bodenarten mit Ausnahme von stark humosen Böden angewandt werden. Von den Feldfrüchten werden sich für eine Düngung mit Poudrette in erster Linie diejenigen als besonders geeignet erweisen, die auch eine Stallmistdüngung gut ausnutzen und verwerten. Es sind dies in erster Linie die Hack- und Ölfrüchte. Auch bei allen Grünlandflächen wird man die kompostähnliche Poudrette mit gutem Erfolg anwenden können. Eine Beidüngung von Kali und Phosphorsäure, namentlich von letzterer, dürfte sich wohl in allen Fällen empfehlen. Die Poudrette ist, abgesehen von Weiden und Wiesen, als Kopfdünger nicht geeignet. Sie wird am besten schon einige Zeit vor der Saat ausgestreut und eingeschält oder flach untergepflügt. Es geschieht dies am zweckmäßigsten im Herbst, kann aber auf leichteren und sehr tätigen Böden auch noch im zeitigen Frühjahr geschehen. In Düngungsversuchen von Strebel, von Lehnert und Kraus sowie nach Goethe u. a. hat sich die Poudrette als ein vorzügliches Düngemittel bewährt, das nicht nur durch seinen Gehalt an Pflanzennährstoffen wirkt, sondern auch die mechanischen Bodenverhältnisse zu verbessern vermag.

3. Die Verwendung der Wasserfäkalien.

Ältere Angaben über die Verwertung der Kanalwässer zu landwirtschaftlichen Zwecken im In- und Auslande finden sich u. a. bei F. FISCHER. Unter Wasserfäkalien sind die menschlichen Auswurfstoffe zu verstehen, die zusammen mit den häuslichen Abwässern und teilweise auch mit dem Regenwasser usw. anfallen. Diese Spüljauchen, d. h. die bei der Schwemmkanalisation in Frage kommenden Abwässer, werden zunächst nach einem oder mehreren höher gelegenen Stellen des Geländes gebracht und erfahren von hier aus eine weitere Verteilung durch Röhren. Wo eine Vorreinigung stattfindet, fließen die Abwässer erst in Klärbecken, in denen sich alle festeren Bestandteile als Schlick absetzen. Je besser die Vorreinigung ist und je klarer demgemäß das Wasser aus dem Klärbecken abläuft, desto leichter können die Schwemmwässer verteilt und auf den Feldern gereinigt werden. Auch hat die Reinigung in einem Klärbecken den Vorzug, daß die Felder ohne Nachteil mit erheblich größeren Abwässermengen berieselt werden können. Diese gelangen in offenen Gräben nach den einzelnen Rieselschlägen. Die landwirtschaftliche Verwertung der Abwässer ist jedoch je nach den vorhandenen Anlagen sehr verschieden (CHRISTMANN). Die Wässer können vielfach in den Gräben durch an geeigneten Stellen eingebaute Schleusen aufgestaut werden, damit sie auf die hergerichteten Rieselflächen überlaufen und hier versickern. Man unterscheidet Horizontalstücke, die meist mit Wasser völlig überstaut und Hangstücke, die nur überrieselt werden können. Bei einmaliger Berieselung erhalten die Flächen etwa 1000—5000 m³ Wasser je Hektar, bei mehrmaliger Berieselung dementsprechend mehr. Allgemein gültige Vorschriften über die Häufigkeit des Rieselns lassen sich nicht aufstellen. Diese hängt vielmehr von den Pflanzen ab, mit denen die einzelnen Schläge bestellt sind. H. RUTHS (1) macht hierüber folgende Angaben:

Wintergetreide . . .	1 mal	gerieselt	im Herbst
Sommergetreide . .	2 „	„	„ Winter
Kartoffeln	2 „	„	„ Winter
Rüben	4—6 „	„	„ Winter und Sommer
Gemüsearten . .	4—6 „	„	„ Frühjahr
Gräser	4—8 „	„	in jeder Jahreszeit.

Es werden hiermit den angebauten Pflanzen wesentlich größere Nährstoffmengen zugeführt als diese verwerten können. H. GRANDKE hat diejenigen Mengen an Kali (K_2O), Phosphorsäure (P_2O_5) und Stickstoff (N) berechnet, die ungefähr die verschiedenen, für den Anbau auf Rieselfeldern in Frage kommenden Feldfrüchte dem Acker entziehen. Er kommt hierbei zu nebenstehenden Werten, die selbstverständlich nur annähernde sein können:

	Kali kg	Phosphorsäure kg	Stickstoff kg
Sommerweizen .	42	22	54
Winterraps . .	30	50	76
Futterrüben . .	262	47	118
Kohl	277	67	114
Gras	260	69	214

Nimmt man mit H. GRANDKE an, daß mit 1 m³ Abwässer oder Spüljauche dem Acker 0,1 kg Stickstoff zugeführt wird, was vielleicht etwas zu hoch gegriffen ist, so würden zur Deckung des Stickstoffbedarfes der genannten Früchte je Hektar erforderlich sein:

Sommerweizen . .	540 m³	Spüljauche
Winterraps . . .	760 „	„
Futterrüben . .	1180 „	„
Kohl	1140 „	„
Gras	2140 „	„

Auch wenn man den Stickstoff in Anbetracht der Verluste durch Verdunstung usw. nur mit der Hälfte seines Wertes einsetzt, so würde trotzdem schon eine Verdoppelung völlig ausreichend sein. In Wirklichkeit werden aber zu den verschiedenen Feldfrüchten viel größere Abwässermengen gerieselt, so daß sicherlich in vielen Fällen eine Verschwendung mit Stickstoff getrieben wird.

Das Wintergetreide wird nur einmal und zwar vor der Bestellung gerieselt. Sommerkorn und Rüben werden zwar mehrmals gerieselt, aber auch nur vor der Bestellung. Dagegen können die Gemüsearten auch während der Vegetationszeit Rieselwasser erhalten. Hierzu müssen sie jedoch auf Dämmen gepflanzt und das Wasser ihnen in Gräben so zugeführt werden, daß die Pflanzen nicht mit demselben in Berührung kommen. Eine Berührung zwischen Abwasser und den Feldfrüchten ist in Hinsicht darauf zu vermeiden, daß ein Teil des Gemüses auch in rohem Zustande genossen wird. Dagegen scheint keine Gefahr zu bestehen, daß etwaige im Rieselwasser vorhandene, schädliche Keime in das innere Gewebe der Pflanzen eindringen und beim Genuß derselben Erkrankungen hervorrufen. Auf den Berliner Rieselfeldern wird deshalb das Gemüse heute auf ca. 1 m breiten und durch Furchen abgeteilten Dämmen gebaut. In diese Furchen, die durch Querfurchen untereinander verbunden sind, wird das Abwasser geleitet, so daß die Dämme von dem Rieselwasser zwar nur umspült, aber jederzeit angefeuchtet werden können. Eine Berührung des Wassers mit den Blättern ist hierbei ausgeschlossen (H. RUTHS 1). Am meisten kommt das Grünland für die Berieselung in Frage, da es öfters und sowohl im Sommer wie im Winter berieselt werden kann. Nach den auf den Berliner Rieselgütern gemachten Erfahrungen eignet sich von den verschiedenen Grasarten das italienische Raygras nordfranzösischer Abstammung am besten für die Ansamung auf Rieselflächen. Es ist jedoch nicht winterfest und muß infolgedessen fast in jedem Jahre von neuem angesät werden. Als Dauergras für Rieselländereien empfiehlt H. RUTHS je Hektar folgende Mischung:

2,0 kg italienisches Raygras	2,5 kg Knaulgras
2,0 kg englisches Raygras	0,5 kg Wiesenrispengras
1,0 kg französisches Raygras	1,0 kg Wiesenschwingel
1,5 kg Timothy.	

Das von Rieselwiesen gewonnene Gras und Heu ist meist sehr proteinreich, aber arm an Kalk, sofern die betreffenden Flächen nicht regelmäßig gekalkt werden.

Eine Kalkung der Rieselfelder ist aber auch als wichtiges Meliorationsmittel erforderlich, um den Acker in Kultur zu bringen und zu erhalten. Die in den Abwässern enthaltenen Mengen von Chlornatrium (Kochsalz) entkalken den Boden rasch. Kalk ist nach H. RUTHS überall dort vorteilhaft, wo außergewöhnlich große Mengen von Abwasser zur Berieselung kommen. Bei rechtzeitiger Anwendung ist er auch ein gutes Vorbeugungsmittel gegen die Verfettung und Verschlickung des Bodens. Der Kalk bewirkt eine rasche Oxydation und Zersetzung der durch die Abwässer in den Boden gebrachten großen Mengen an organischer Substanz. Er fördert die schnelle Umsetzung der stickstoffhaltigen Stoffe in Salpetersäure (Nitrifikation). Eine Anwendung von kali- und phosphorsäurehaltigen Düngemitteln neben der Berieselung hat man früher meist als überflüssig erachtet, da trotz des verhältnismäßig geringen Gehaltes der Abwässer an diesen beiden Pflanzennährstoffen doch bei der üblichen starken Berieselung auch hiervon genügende Mengen dem Acker zugeführt werden. In der Mehrzahl der Fälle dürfte dies auch zutreffend sein. Bei den großen Schwankungen der Abwässer an Kali und Phosphorsäure hat sich indessen diese Annahme nicht immer als ohne weiteres richtig erwiesen. Auch ist natürlich die durchschnittliche Wässerungshöhe von Einfluß. Infolgedessen hat vielfach eine Phosphorsäuredüngung in Form von Superphosphat namentlich für Ölfrüchte gute Erträge gezeitigt. Kartoffeln rieselt man neuerdings auf den Berliner Feldern überhaupt nicht mehr, sondern baut sie auf Rieselland in einer schwachen Stallmistdüngung. Man hat auf diese Weise eine wesentlich bessere Qualität erzeugt.

Eine Verteilung von städtischen Abwässern auf nicht eingeebneten Acker-, Wiesen- und Weideflächen zwecks Verwertung als Düngestoff ermöglicht das Beregnungsverfahren, das seinen Vorläufer in dem Eduardsfelder Sprengsystem hat. Es ist schon bei Beschreibung dieses Verfahrens (s. S. 107) darauf hingewiesen worden, daß sich bei diesem die Möglichkeit eröffnet, die in den Abwässern enthaltenen Pflanzennährstoffe rationeller zu verwerten, als dies bei der üblichen Berieselung möglich ist. Bei der Verregnung von Abwässern spielt die Frage der Regenhöhe eine wichtige Rolle. Nach H. v. Fehrenteil sind für 10 mm Regenhöhe 10 m^3 Wasser pro Hektar erforderlich. Nimmt man an, daß in 100 m^3 der städtischen Abwässern enthalten sind: 5—6 kg Stickstoff, 3—4,5 kg Kali und 1—1,5 kg Phosphorsäure, so würde eine Beregnung von 40—50 mm einer schwachen Kopfdüngung, eine solche von 80—90 mm einer guten Volldüngung wenigstens hinsichtlich des Stickstoffes entsprechen. Die Gaben an Kali und Phosphorsäure würden dagegen nicht immer genügen. Es hängt dies damit zusammen, daß das Verhältnis der drei Kernnährstoffe $N : P_2O_5 : K_2O$ in den Fäkalien und in den Abwässern nicht ein solches ist, wie es den Bedürfnissen der landwirtschaftlichen Kulturpflanzen entspricht. Eine Beidüngung von Kali und Phosphorsäure in Form von chemischen Kunstdüngemitteln wäre also hier erforderlich. Hinsichtlich der Kalidüngung wird man die Verwendung von Rohsalzen wegen ihres Kochsalzgehaltes schon um deswillen vermeiden, weil auch die Fäkalien einen ziemlich hohen Gehalt an Chlornatrium aufweisen. Die Kalidüngung wird hier am besten in Form der hochprozentigen Kalidüngesalze vorgenommen. Die Zufuhr von Phosphorsäure kann sowohl durch Thomasmehl als auch durch Superphosphat erfolgen.

Können alle Vorschläge für Düngungsmaßnahmen ganz allgemein nur Anhaltspunkte sein, so gilt dies hinsichtlich der Verwendung der menschlichen Auswurfstoffe im besonderen. Die Fäkalien weisen nach der Art der Sammlung, Aufbewahrung und Konservierung eine derartig verschiedene Beschaffenheit und Zusammensetzung auf, daß allgemein gültige Regeln für ihre Verwendung um so weniger aufgestellt werden können, als die Bewirtschaftung von Rieselgütern eine noch individuellere sein muß, als die von gewöhnlichen Naturländereien. In den Rieselwirtschaften handelt es sich meist um einen Überfluß an düngenden Pflanzennährstoffen, die auch in solchen Zeiten zweckentsprechende Verwendung finden müssen, in denen sonst keine Düngemaßnahmen ergriffen werden oder notwendig sind. Für die Anwendung der Abwässer als Düngemittel ist die Kenntnis ihres Gehaltes an Pflanzennährstoffen und eine dementsprechende regelmäßige Kontrolle erforderlich. Ebenso müssen die anzubauenden Feldfrüchte nach Art und Sorte zweckentsprechend gewählt und ein häufiger Sortenwechsel vorgenommen werden.

II. Die Anwendung der Gründüngung.

Die Gründüngung besteht in dem Unterpflügen eines auf dem Acker angebauten Pflanzenbestandes mit der Absicht, hierdurch eine Anreicherung des Bodens an humusbildender, organischer Substanz und an Stickstoff zu erreichen (K. v. Rümker 1). Beiden Aufgaben werden nur die sog. Gründüngungspflanzen gerecht. Unter diesen versteht man solche Pflanzen, die größere Mengen organischer Masse in kurzer Zeit erzeugen, gleichzeitig aber den Stickstoff der Luft mit Hilfe der in ihren Wurzelknöllchen lebenden Bakterien zu assimilieren vermögen (M. Hoffmann 1). Handelt es sich nur um Anreicherung eines Bodens an organischer Substanz, so läßt sich dieser Zweck auch durch Unterpflügen solcher Pflanzen oder Pflanzenteile erreichen, die große Mengen von Grünmasse liefern (z. B. Rübenkraut). Auch werden vielerorts an der Küste Tangarten, Seegras u. a. gesammelt, auf den Acker gebracht und untergepflügt. Die Gewinnung des Seetangs für diese Zwecke ist in manchen Küstengebieten gesetzlich auf bestimmte Zeiten beschränkt und nach den Verhältnissen des Grundbesitzes geregelt.

Das Wesen der eigentlichen Gründüngung besteht aber neben der Humusanreicherung des Bodens in einer gleichzeitigen Bereicherung desselben mit Stickstoff. Infolgedessen sind Raps, Senf u. a. vielfach zu Gründüngungszwecken untergepflügte Pflanzen nicht als eigentliche Gründüngungspflanzen anzusprechen. Als solche kommen nur Stickstoffsammler, wie Erbse, Lupine, Serradella usw. in Betracht. Mit Vorliebe werden von diesen wiederum solche bevorzugt, die als Tiefwurzler nicht nur eine Lockerung des Bodens bewirken, sondern auch aus dem Untergrund Nährstoffe wie Kali, Kalk und Phosphorsäure heraufholen. Die Gründüngung bereichert also den Boden nicht nur an Humus, sondern auch an wichtigen Pflanzennährstoffen. Die Einverleibung großer Mengen an organischer humusbildender Substanz erhöht die wasserhaltende Kraft des Bodens und verbessert dessen physikalische Verhältnisse. Die besondere Bedeutung der Gründüngung liegt darin, daß hierdurch auf gewissen Böden hinsichtlich der Anreicherung des Bodens an Humus und an Nährstoffen vielfach mehr erreicht werden kann als durch eine Stallmistdüngung. Über die verschiedenen Gründüngungspflanzen und die verschiedenen Formen der Gründüngung ist bereits in dem Abschnitt über Gründüngung (s. S. 135) ausführlich berichtet worden. Es bleibt deshalb hier nur noch die Gründüngung auf den verschiedenen Bodenarten und die Unterbringung der Gründüngung zu erörtern.

1. Gründüngung auf leichten Böden.

Für die leichten Sandböden hat die Gründüngung die größte Bedeutung. Anreicherung derselben an organischer Substanz und an Stickstoff erfolgt hier am besten durch solche Pflanzen, die auf diesen Böden sicher und leicht gedeihen. Je nach der Form der Gründüngung wird man demgemäß anbauen bei Untersaat: Hopfenklee, Sandluzerne, Schweden- und Wundklee, Serradella. Als Hauptfrucht und bei Stoppelsaaten kommen in erster Linie die weiße und gelbe Lupine sowie die weiße Erbse und Peluschke in Betracht. Eine Ergänzungsdüngung an Phosphorsäure und Kali ist fast immer erforderlich, sofern die Gründüngungspflanzen üppig gedeihen und neben einer reichlichen Stickstoffassimilation auch große Mengen von organischer Substanz erzeugen sollen. Werden die Gründüngungspflanzen als Untersaat oder als Stoppelsaat angebaut, so empfiehlt sich die Beidüngung von Kali und Phosphorsäure schon der Deck- bzw. Vorfrucht mitzugeben. A. Trunz empfiehlt für ärmere Böden 3—4 dz Thomasmehl oder 2—3 dz Superphosphat nebst 6—8 dz Kainit oder 2—3 dz 40proz. Kalidüngesalz je Hektar. Wo die Gründüngung als Jahresfrucht angebaut wird, gibt man ihr eine gleich starke Düngung, kann aber dann meistenteils die Kunstdüngermengen zur Nachfrucht entsprechend einschränken.

Ein gutes Gelingen der Gründüngung setzt einen möglichst unkrautfreien, vor allen Dingen queckenfreien Acker voraus. Werden die Gründüngungspflanzen als Hauptfrucht angebaut, so erfolgt die Bestellung in der für die Bestellung dieser Frucht auch sonst üblichen Weise.

a) Untersaat. Als Deckfrucht für die Untersaat, zu der man in erster Linie meist feinsamige Pflanzen wie Sandluzerne, Serradella usw. nimmt, eignet sich am besten Hafer und Roggen. Gelbklee und Schwedenklee als zweijährige Pflanzen kommen weniger in Betracht, Lupinen nur ausnahmsweise und unter besonderen Verhältnissen. Für leichte Böden ist Serradella die geeignete Gründüngungspflanze. Sie wird meist breitwürfig in Roggen eingesät und leicht angewalzt. Bei Untersaat in Sommerkorn erfolgt die Bestellung entweder zusammen mit diesem oder später breitwürfig vor dem letzten Eggenstrich. Gelbklee und Schwedenklee werden früher gesät als Serradella. Letztere entwickelt sich als einjährige Pflanze schneller als die anderen. Zu frühe Saat bedingt daher leicht eine zu üppige Entwicklung der Gründüngung und Überwuchern der Deckfrucht. Letztere darf wiederum nicht zu dicht gesät werden, weil sie sonst die Entwicklung der Gründüngungspflanzen hindert. Lupinen können nach A. TRUNZ nur breitwürfig in den schossenden oder blühenden Roggen gesät werden. Hierbei ist es freilich in hohem Maße von der Witterung abhängig, ob die Saat aufläuft. Vielfach sät man im Kleinbetrieb auch Lupinen zwischen die Kartoffelreihen, was in der Regel mit der Hand erfolgt.

b) Stoppelsaat oder Zwischenfrucht. Diese ist möglichst schnell nach der Ernte der Vorfrucht vorzunehmen. Jeder Tag, den die Saat früher in den Boden kommt, bedeutet einen großen Gewinn für die Gründüngung. Ein Versuch von C. VIBRANS mit Wicken zeigt dies in eindeutiger Weise, wie aus der nebenstehenden graphischen Darstellung ersichtlich ist und die nach P. VAGELER (1) die Ernte an Stickstoff als Funktion der Aussaatzeit veranschaulicht (rechtwinkligen Koordinaten: Aussaatsdatum = Abszisse; Stickstoff = Ordinate). Je früher hiernach die Aussaat erfolgt, desto größer ist der Gewinn an organischer Masse und an Stickstoff. Daher lohnt die Stoppelsaat auch am ehesten nach solchen Früchten, die wie Raps, Wintergerste usw. möglichst frühzeitig das Feld räumen. Die Vorfrucht wird sogleich nach dem Mähen geradlinig in weitauseinanderstehenden Stiegen aufgestellt und der dazwischenliegende Acker mit dem Kultivator, Dreischarpflug oder der Telleregge sofort auf 10—20 cm Tiefe umgebrochen, evtl. geeggt und angewalzt. Jedoch darf die Schnelligkeit der Saat nicht auf Kosten der Bestellung gehen (O. NOLTE 1). Die Saat ist entweder zu drillen oder breitwürfig zu säen. Das Ansaatquantum ist beim Zwischenfruchtbau etwa um die Hälfte stärker zu nehmen als beim gewöhnlichen Anbau als Hauptfrucht. Infolge der dichten Saaten treiben die Pflanzen schnell in die Höhe und entwickeln dann zwar weniger Blüten, aber desto mehr organische Masse. A. SCHULTZ-LUPITZ empfiehlt bei Drillsaat 200 kg gelbe und 210—220 kg blaue bzw. weiße Lupinen pro Hektar, bei Breitsaat von allen ein Drittel mehr.

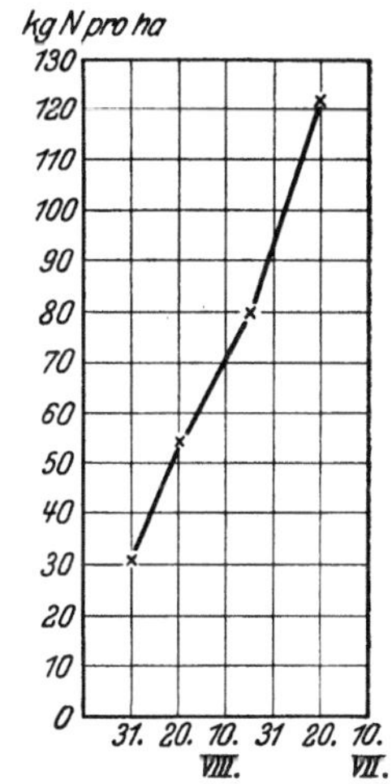

Abb. 53. N-Assimilation in Abhängigkeit von der Aussaatzeit.

Als Nachfrucht der Gründüngung auf leichten Böden kommt in allererster Linie die Kartoffel in Frage. Namentlich wenn die Gründüngung erst im Frühjahr untergepflügt wird, ist die Kartoffel diejenige Frucht, welche die Gründüngung und insonderheit den Gründüngungsstickstoff am besten verwertet. Weniger geeignet ist der Roggen. Eine Bestellung des Roggens im Herbst verlangt eine frühe Unterbringung der Gründüngungspflanzen, was um so zeitiger geschehen muß, als der Roggen einen allzu lockeren Boden nicht liebt. Infolgedessen ist die Menge der gewachsenen und untergebrachten Grünmasse geringer.

Da der Gründüngungsstickstoff langsam wirkt, kommt er der Saat im Herbst meistens noch nicht zugute, ist aber bis zum Frühjahr vielfach auf leichten und leichtesten Böden ausgewaschen.

Die Gründüngung ist für die humusarmen Sandböden mit ihrer geringen Absorptionskraft in erster Linie ein ausgezeichnetes Bodenmeliorationsmittel, das bei gleichzeitiger Stickstoffzufuhr besonders geeignet ist, diese Böden in einen entsprechend hohen Kulturzustand zu bringen.

2. Gründüngung auf besseren und schweren Böden.

Der Gründüngung auf dieser Art Böden rühmt man nach, daß sie durch ihre bodenverbessernden Eigenschaften einen Teil sowohl der Bodenbearbeitung als auch die Kalkung ersetzen kann. Demgemäß wäre hier die Gründüngung in erster Linie als Bodenmeliorationsmittel anzusehen. Es ist klar, daß für die verschiedenen Verhältnisse auf besseren Böden auch verschiedene Gründüngungspflanzen und andere Nachfrüchte in Frage kommen als auf leichten Böden (W. SCHNEIDEWIND 4). Für die besseren Böden kommt die Gründüngung wohl nur als Untersaat oder als Stoppeleinsaat in Betracht.

a) Untersaat. Als Untersaat auf schweren Böden kommen hauptsächlich die verschiedenen Klee- und Luzernearten in Frage. Von ersteren eignet sich hauptsächlich der Gelbklee (Medicago lupulina), den man in Mengen von 16 bis 24 kg je Hektar aussät. Vielfach wird ein Gemenge aus Gelb-, Schweden- und Weißklee empfohlen. Als Deckfrucht eignen sich alle Getreidearten. Die Aussaat ist eine ähnliche wie auf leichten Böden. Die Kleearten werden beim Sommergetreide entweder gleich mit diesem zusammen gedrillt oder später nach dem Auflaufen des Getreides breitwürfig eingesät. Im ersten Falle besteht die Gefahr, daß namentlich feinere Sämereien zu tief in den Boden kommen. Im letzteren Falle sät man den Klee entweder vor der Hacke aus und hackt ihn mit ein, oder aber die Aussaat erfolgt erst nach der Hacke, wobei er dann zweckmäßigerweise mit einer leichten Egge untergebracht wird. Für trockne Böden empfiehlt sich nach W. SCHNEIDEWIND (3) mehr das Eindrillen zusammen mit dem Getreide, für feuchtere Böden das Aussäen nach dem Aufgang desselben. Die Zeit der Kleeeinsaat ist nach A. LIEBENAU vom Klima abhängig zu machen. Sie soll bei feuchten und warmen klimatischen Verhältnissen spät erfolgen, damit die Deckfrucht nicht überwuchert wird. Bei trockenem und rauhem Klima dagegen ist Untersaat frühzeitig auszubringen und zwar in ein möglichst frühreifendes Getreide als Deckfrucht, damit eine üppige Entwicklung der Gründüngungspflanzen mit dichtem Bestand nach der Ernte einen hohen Ertrag von Gründüngungsmasse gewährleistet.

b) Stoppelsaat oder Zwischenfruchtbau. Die Hauptform der Gründüngung auf schweren Böden wird in den meisten Fällen der Zwischenfruchtbau sein. Als Stoppeleinsaat eignen sich in erster Linie Erbsen, Pferdebohnen und Wicken. Auch die weiße und blaue Lupine kommen in Betracht. Reinsaat ist auch hier im allgemeinen weniger empfehlenswert, vielmehr eine Mischsaat vorzuziehen. Als solche werden empfohlen Mischungen von Erbsen, Pferdebohnen und Wicken oder nur von Pferdebohnen mit Erbsen bzw. mit Wicken. Wie bei der Gründüngung auf leichten Böden, so ist auch hier die Stoppel sofort nach der Ernte der Vorfrucht umzubrechen und ein ordnungsgemäßes Saatbeet zu schaffen. Vielfach sät man aber auch Erbsen, Pferdebohnen, Wicken usw. direkt auf die Stoppel aus und schält sie mit dieser unter. Dieses Verfahren kann jedoch nur bei sehr günstiger Witterung und bei einer um etwa 50 % stärkeren Saatmenge mit Erfolg angewandt werden. Eine geeignete Vorfrucht sind Frühkartoffeln, frühreifende Sommergerstensorten, Roggen und Wintergerste. Als Nachfrucht für die Gründüngung kommen auf den besseren Böden in erster Linie die Hackfrüchte in Frage, dann Hafer, Roggen und Weizen. Inbezug auf die Düngung der Gründüngungspflanzen findet das für den Anbau auf leichten Böden Gesagte sinngemäße Anwendung.

3. Impfung des Bodens und der Samen.

Das Wesen der Gründüngung hinsichtlich der Anreicherung des Bodens mit Stickstoff beruht auf der Fähigkeit der Schmetterlingsblütler nicht nur den im Boden vorhandenen, sondern besonders auch den Stickstoff der Luft zu assimilieren und aufzuspeichern. Je weniger aufnehmbarer Stickstoff in einem Boden vorhanden ist, desto größer ist bei sonst günstigen Wachstumsbedingungen das Bestreben der Leguminosen, sich den atmosphärischen Stickstoff anzueignen und zu verwerten. Diese Fähigkeit der Papillionaceen beruht auf ihrer Fähigkeit mit gewissen stickstoffassimilierenden Bakterien in ein symbiotisches Verhältnis zu treten (H. Hellriegel und H. Wilfarth). Das Vorhandensein dieser Mikroorganismen im Boden ist also die unerläßliche Voraussetzung für die Assimilation des Luftstickstoffes durch die Leguminosen. Nach den Untersuchungen von L. Hiltner und K. Stoermer sind es zwei Formenkreise des Bacterium radicicola, nämlich Rhizobium radicicola und Rhizobium Beijerinckii, denen die Eigenschaft zukommt, in Symbiose mit den Schmetterlingsblütlern Stickstoff aus der Luft zu binden. Die stickstoffassimilierenden Pflanzen sind durch die Gestalt der Wurzelknöllchen und deren Stellung an der Wurzel charakterisiert. Fehlen die Knöllchen, so ist eine Stickstoffbindung ausgeschlossen. Es bestehen verschiedene Arten oder Rassen von Knöllchenbakterien, die der betreffenden Pflanzenart angepaßt sind. In der Regel geht die Knöllchenbildung am ehesten und besten vonstatten, wenn die der betreffenden Pflanze entsprechenden Bakterien vorhanden sind. Da dies keineswegs immer der Fall ist, so hat man die jeweils in Frage kommenden Knöllchenbakterien durch Impfung des Bodens oder der Saat künstlich zuzuführen versucht.

Von einer solchen Bodenimpfung wird man nur dann einen Erfolg erwarten können, wenn die geeigneten Existenzbedingungen für die Bakterien nicht nur überhaupt, sondern möglichst im Optimum vorhanden sind. Die Entwicklung einer jeden Mikroflora des Bodens wird durch Bearbeitung, Beschaffenheit, Benutzung und Düngung des Ackers weitgehend beeinflußt (F. Löhnis 1). Die einfachste Art der Bodenimpfung mit Knöllchenbakterien besteht nach dem Vorschlage von A. Salfeld in der Verwendung von Naturimpferde. Diese entnimmt man solchen Ackerstücken, auf denen die betreffende Leguminosenart bereits mit Erfolg seit längerer Zeit angebaut wird. Man verwendet hierzu die Erde aus der Bodenschicht, in der sich die Wurzelknöllchen der Leguminosen befinden. Ist jedoch bereits gepflügt oder schon nachher eine Nichtleguminose angebaut worden, so ist die Impferde der ganzen Ackerkrume zu entnehmen. Man rechnet 5—10 dz Impferde je Hektar. Diese ist vor starker Belichtung zu schützen und darf nicht austrocknen. Die Impferde ist möglichst bei feuchtem Wetter und bedecktem Himmel auszustreuen und baldigst einzueggen und hierdurch mit dem übrigen Boden gründlich zu mischen. Das Verfahren hat sich als durchaus brauchbar und gut erwiesen.

Demgegenüber hat sich die Anwendung von Bakterienimpfstoffen, welche die für einzelne Leguminosenarten abgestimmten Reinkulturen enthalten, weniger bewährt. Diese künstliche Impfung versagt naturgemäß in allen Fällen, bei denen der Boden die betreffende Bakterienart in genügender Menge enthält oder überhaupt schon reich an Stickstoff ist. Aber auch dort, wo diese Voraussetzungen nicht gegeben sind, ist das Impfverfahren häufig ohne Erfolg. Fast alle künstlichen Impfstoffe haben bei der Bodenimpfung eigentlich nur in Ausnahmefällen positive, in der Regel aber negative Ergebnisse geliefert. Die Ursache für dieses Versagen sieht J. VOGEL nicht zum wenigsten mit darin, daß die zugeführten Bakterien durch nicht zusagende Bodenverhältnisse oder durch schädigend wirkende Samenausscheidungsstoffe zugrunde gingen, bevor sie in die Wurzel eindringen und zur Knöllchenbildung Veranlassung geben konnten (P. VAGELER 1). Nur wenn die biologischen, chemischen und physikalischen Bedingungen im Acker günstig sind, können die einem Boden durch Impfung zugeführten Knöllchenbakterien sich entwickeln, vermehren und in die Leguminosenwurzeln eindringen. Bessere Erfolge hat man mit der direkten Impfung der Leguminosensamen zu verzeichnen gehabt. Bei Bestellung von Reinkulturen ist immer die Leguminosenart anzugeben, für welche diese bestimmt sind. Die Kulturen solcher Impfdünger werden durch kräftiges Schütteln gleichmäßig in wenig Wasser oder Magermilch verteilt und hiermit das an einem kühlen und schattigen Ort ausgebreitete Saatgut besprengt. Der Erfolg dieses Verfahrens dürfte darin liegen, daß die zugleich mit den Wirtspflanzen ausgesäten Bakterien in den sich bald entwickelnden jungen Wurzeln eine geeignete und zusagende Wirkungsstätte finden. Diese Art Impfung scheint vor allen Dingen immer dann von Erfolg begleitet zu sein, wenn eine Pflanzenart auf dem betreffenden Felde zum ersten Male angebaut wird.

4. Das Unterbringen der Gründüngung.

Aufgabe und Zweck der Gründüngung bestehen darin, durch Unterpflügen der Pflanzen dem Boden eine möglichst große Menge an organischer Substanz und an Stickstoff einzuverleiben. Tiefe und Zeit des Unterpflügens der Gründüngung sind demnach so einzustellen, daß sich bis zum Anbau der Nachfrucht die organische Substanz bereits genügend in dem Boden zersetzt hat, ohne daß bis dahin wesentliche Stickstoffverluste eintreten können. Die Fragen, ob die Gründüngung früh oder später unterzupflügen und ob sie flach oder tief unterzubringen ist, werden sich in der Hauptsache nach den Bodenverhältnissen und nach der anzubauenden Nachfrucht richten müssen.

a) Die Zeit der Unterbringung. Als allgemeiner Grundsatz hat zu gelten, daß die Gründüngung so spät als möglich, d. h. als es die Nachfrucht erlaubt, unterzubringen ist. Es gilt dies namentlich für alle leichteren und leichtesten Bodenarten. Erfolgt in diesem Falle schon die Unterbringung bei Sommerfrüchten als Nachfrucht im Herbst, so muß damit gerechnet werden, daß bis zum Frühjahr der Gründüngungsstickstoff mehr oder weniger restlos in den Untergrund ausgewaschen worden ist. Infolgedessen soll man auf allen leichten Böden die Gründüngungspflanzen im Herbst solange als möglich wachsen und auch während des Winters stehen lassen. Die Gründüngungsmasse wird dann durch Frost und Regen zermürbt und läßt sich auch leicht nach Niederwalzen unterpflügen. Ferner bewirkt die angewalzte Pflanzendecke für den Acker eine ausgezeichnete Schattengare. Andererseits darf nicht verkannt werden, daß die Gründüngungsmasse während des Winters nach den Untersuchungen von P. BAESSLER durch Auslaugung sowie durch Blatt- und Schotenabfall erhebliche Verluste an organischer Substanz und an Stickstoff erleiden kann. Diese Verluste müssen aber mit in Kauf genommen werden, da sie auf leichten Böden beim Unterpflügen im Herbst noch größer sind. Es betrifft dies namentlich die Verluste an Stickstoff, wie die Versuche von P. BAESSLER, C. v. SEELHORST (1), O. LEMMERMANN (2) u. a. in eindeutiger Weise gezeigt haben. Die nachstehende graphische Darstellung, die O. NOLTE (1) entnommen ist, veranschaulicht dies für die wichtigsten Gründüngungspflanzen.

Es geht hieraus deutlich und klar hervor, welchen Einfluß die Zeit der Unterbringung des Gründungs auf die Ernteerträge des nachfolgenden Roggens gehabt hat. Einem allzu späten Unterpflügen der Gründüngung bei Roggen als Nachfrucht steht freilich entgegen, daß durch die untergepflügte Masse bei der Verwesung Hohlräume entstehen und der Boden für den Roggen zu locker ist. Wenn daher Roggen in Gründüngung gebaut wird, so empfiehlt es sich, die Gründüngung flach unterzupflügen und durch sofortiges Anwalzen des Bodens eine möglichst schnelle Zersetzung derselben herbeizuführen. Ein tiefes Unterpflügen des Gründüngers, um auf diese Weise für den Roggen ein festeres und besser abgelagertes Saatbeet zu schaffen, ist nicht richtig. Die Zersetzung des Gründungs geht in diesem Falle zu langsam vor sich, und die Roggenwurzeln werden bei tieferem Eindringen in den Boden durch die noch unzersetzte Gründüngungsmasse in ihrer Entwicklung behindert. Zu Sommerfrüchten und namentlich zu

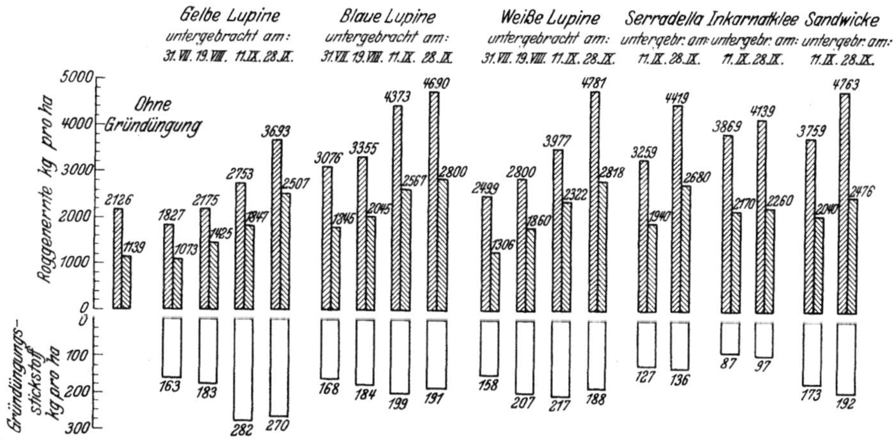

Roggenernte an: Stroh. Korn. Nach Gründüngung in Form von Lupinen, Serradella, Inkarnatklee, Sandwicke.

Abb. 54. Gründüngungsversuche, ausgeführt im Jahre 1892 in Cummerow, Kreis Regenwalde, auf leichtem durchlässigen Sandboden, von P. BAESSLER.

Untersuchungen über den Einfluß der zu verschiedenen Zeitpunkten bewirkten Unterbringung von Gründüngungen auf die Ausnutzung derselben durch die erste Nachfrucht.

Kartoffeln wird die Gründüngung grundsätzlich erst in frostfreien Perioden des Winters oder im zeitigen Frühjahr untergepflügt.

Was die Zeit der Unterbringung einer Gründüngung auf besseren Böden anbetrifft, so liegen hier die Verhältnisse etwas anders. Sofern als Nachfrucht Wintersaaten angebaut werden, ist ein zeitiges Unterpflügen im Herbst aus den schon dargelegten Gründen selbstverständlich. Aber auch zu Sommerkorn und Hackfrüchten als Nachfrucht wird man die Gründüngungspflanzen auf besseren Böden nach Möglichkeit schon im Spätherbst unterpflügen. In schweren Böden geht die Zersetzung der organischen Masse langsamer vor sich, und ebenso sind keine erheblichen Stickstoffverluste durch Auswaschen zu befürchten. Für den schweren Boden ist es auch zur Verbesserung der physikalischen Bodenverhältnisse richtiger, wenn er über den Winter in rauher Furche liegen bleibt. Nach den bisher hierüber vorliegenden Untersuchungen und Versuchen, so von P. BAESSLER, W. SCHNEIDEWIND (4) u. a. ist auf allen besseren Böden ein Unterpflügen im späten Herbst einem solchen im Frühjahr entschieden vorzuziehen.

b) Die Tiefe der Unterbringung. Diese ist abhängig zu machen von der Bodenart, von der Nachfrucht und von der Zeit der Unterbringung. Auf allen leichten Böden ist die Gründüngung im allgemeinen flach unterzupflügen und zwar nicht tiefer als etwa 10 bis höchstens 20 cm. Es muß als Grundsatz gelten, die Unterbringung um so flacher vorzunehmen, je kürzer sie vor Aussaat der Nachfrucht erfolgt. Dagegen kann im Frühjahr die Gründüngungsmasse, die sich während des Lagerns auf dem Felde im Winter z. T. schon zersetzt hat, eher etwas tiefer untergebracht werden, zumal auch die Verwesungsvorgänge im Boden während der wärmeren Jahreszeit intensiver verlaufen. Jedenfalls zeigen die grundlegenden Versuche von P. Baessler, daß flaches Unterbringen der Gründüngung höhere Erträge brachte als tieferes, wie dies auch aus nachstender graphischer Darstellung (O. Nolte (1) ersichtlich ist.

Auf schweren Böden soll das Unterbringen der Gründüngungsmasse gleichfalls nicht zu tief stattfinden, weil sich sonst die organische Masse infolge Sauer-

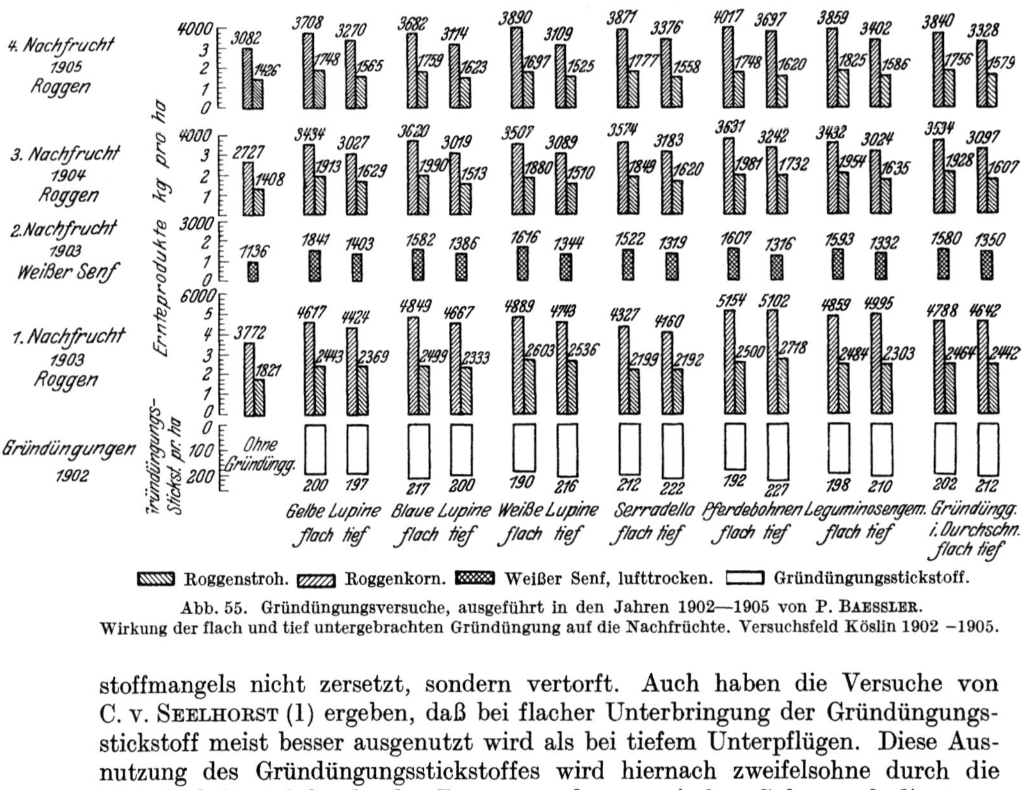

Roggenstroh. Roggenkorn. Weißer Senf, lufttrocken. Gründüngungsstickstoff.

Abb. 55. Gründüngungsversuche, ausgeführt in den Jahren 1902—1905 von P. Baessler. Wirkung der flach und tief untergebrachten Gründüngung auf die Nachfrüchte. Versuchsfeld Köslin 1902 –1905.

stoffmangels nicht zersetzt, sondern vertorft. Auch haben die Versuche von C. v. Seelhorst (1) ergeben, daß bei flacher Unterbringung der Gründüngungsstickstoff meist besser ausgenutzt wird als bei tiefem Unterpflügen. Diese Ausnutzung des Gründüngungsstickstoffes wird hiernach zweifelsohne durch die Schnelligkeit und Stärke der Zersetzung der organischen Substanz bedingt.

Als allgemeine Richtlinien für Tiefe und Zeit der Unterbringung des Gründüngers haben nach A. Trunz folgende zu gelten: „Man pflügt die Gründüngung im Herbst nur flach, etwa auf 5—6 Zoll, im Frühjahr etwas tiefer, d. h. auf etwa 7 Zoll, unter. Mit der Bestellung der Winterung wartet man, bis sich der Boden genügend gesetzt hat, oder sorge unter Benutzung von Ringelwalzen oder Untergrundpacker für genügende Geschlossenheit. Auf schweren Bodenarten pflüge man den Gründünger zu Sommerung im Herbst, auf leichteren Bodenarten im Dezember oder noch später in frostfreien Zeiten während des Winters unter, zu Kartoffeln auch im Frühjahr."

c) Die Art der Unterbringung. Hat die Gründüngungsmasse während des Winters auf dem Felde gestanden und ist sie durch den Einfluß der Atmosphärilien genügend durchgeweicht und zermürbt, so macht nach dem Anwalzen ein Unterpflügen derselben im allgemeinen keine großen Schwierigkeiten mehr. Anders liegen die Verhältnisse, wenn es sich um die Unterbringung einer üppigen, noch grünen oder frischen Gründüngung handelt. Die sperrige Masse läßt sich in der Regel nicht ohne weiteres ein- bzw. unterpflügen. Das Abmähen der Gründüngung und Einlegen in die Pflugfurche führt hier wohl zum Ziele, beansprucht aber auch wiederum besondere Arbeitsleistungen. Nach O. Nolte erreicht man den gleichen Zweck einfacher und schneller, wenn man die Pflanzen durch schwere Ketten vor dem Pflugschar herunterdrückt oder die Masse senkrecht zur nachfolgenden Pflugfurche niederwalzt und alsdann einpflügt. Ein vor der Pflugschar sich befindendes scharfes Messersech oder Radsech zerschneidet die Pflanzen und erleichtert so ganz wesentlich das Unterpflügen der abgeschnittenen Teile.

Von 100 Teilen in den Boden gebrachten Gründüngungsstickstoff sind in der Ernte der Nachfrüchte wiedergewonnen:

Wirkungsdauer einer Gründüngung.

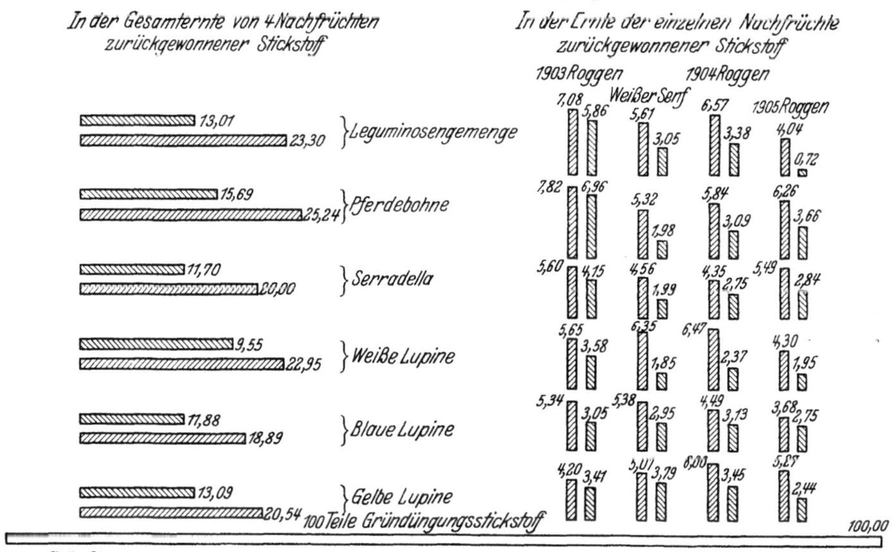

Gründüngungsstickstoff. Zurückgewonnener Stickstoff bei flachem Unterbringen der Gründüngung. Zurückgewonnener Stickstoff bei tiefem Unterbringen der Gründüngung.

Abb. 56. Gründüngungsversuche, ausgeführt in den Jahren 1902—1905 von P. Baessler. Versuchsfeld Köslin 1902—1905.

d) Beidüngung. Was die Beidüngung von künstlichen Düngemitteln zu den Gründüngungspflanzen selbst anbetrifft, so ist eine solche sowohl auf leichten wie schweren Böden fast immer erforderlich. Auf die Stärke und Zeit der Anwendung der Beidüngung usw. zu den Gründüngungspflanzen ist schon eingangs hingewiesen worden. Ob und in welchem Umfange zur Nachfrucht neben der Gründüngung noch chemische Kunstdüngemittel anzuwenden sind, ist vom Geraten der Gründüngung, vom Boden, von der anzubauenden Frucht usw. abhängig zu machen und kann nur von Fall zu Fall entschieden werden. Hier soll nur die Frage erörtert werden, ob neben der Gründüngung noch eine Stallmistgabe erforderlich ist und wie diese am zweckmäßigsten gegeben und untergebracht wird. Nach A. Schultz-Lupitz wird die Wirkung des Gründüngers durch eine gleichzeitige, schwache Stallmistdüngung verbessert. Diese Ansicht konnte O. Lemmermann (4) nicht bestätigen. Es wurde zwar durch eine Beigabe von Stalldünger der Ertrag gesteigert, doch handelte es sich hierbei nur um eine einfache Additionswirkung. Jedenfalls wurden durch alleinige Anwendung von Gründüngung und Stalldünger gleiche oder z. T. sogar noch höhere Erträge erzielt, als bei der kombinierten Anwendung. Es ist demnach nicht anzunehmen, daß der Stalldünger einen spezifisch günstigen Einfluß auf die Wirkung der Gründüngung ausübt. Eine Zudüngung von Stalldünger zur Gründüngung erscheint daher nur dann angebracht, wenn letztere schlecht geraten ist und infolgedessen mit ihr nicht genügende Mengen an organischer, humusbildender Substanz in den Boden gebracht werden können. Das Defizit Stickstoff läßt sich dagegen einfacher und leichter durch eine Beidüngung von entsprechenden Düngemitteln (Salpeter oder Ammoniak) ausgleichen. Ob eine Stickstoffdüngung auch bei gutgeratener Gründüngung erforderlich ist, hängt in erster Linie von der anzubauenden Frucht ab. Die stickstoffbedürftigen Hackfrüchte werden in der Regel einer solchen noch bedürfen. Die Stickstoffwirkung der Gründüngung ist auf allen leichten Böden nicht immer eine befriedigende. Sie wird im allgemeinen um so weniger günstig sein, je leichter der Boden ist und je frühzeitiger das Unterpflügen des Gründungs auf solchen Böden erfolgt. Doch ist sie hier in der Regel immer noch besser als die des Stallmistes. Wie außerordentlich groß diese Stickstoffverluste auf leichten Sandböden sind, zeigen die Untersuchungen von P. BAESSLER.

Hiermit in Übereinstimmung stehen die Ergebnisse von W. SCHNEIDEWIND (1). Es wurden von Kartoffeln mit der Nachfrucht Roggen nur 11,9—22,7 %, im Durchschnitt rund 18 % des Gründüngungsstickstoffes aufgenommen. Eine weitere Bestätigung finden diese Ergebnisse durch die Untersuchungen von C. v. SEELHORST (2). Hier betrug die Ausnutzung des Gründüngungsstickstoffs bei der Herbstdüngung nur 12 % und bei der Frühjahrsdüngung auch nur 24 %. Bei den Versuchen von O. LEMMERMANN (3) lieferten 0,3 dz Stickstoff:

	Rüben dz	Kartoffeln dz
In Form von Salpeter	133	26,3
„ „ „ Gründüngung . .	55	23,0
„ „ „ Stallmistdüngung .	28	12,0

Wesentlich besser ist die Ausnutzung des Gründüngungsstickstoffs auf besseren Böden. Nach den Untersuchungen von W. SCHNEIDEWIND wurde auf solchen Böden der Gründüngungsstickstoff von den Rüben mit der Nachfrucht Gerste zu rund 43 % und von den Kartoffeln mit der Nachfrucht Weizen zu rund 27 % ausgenutzt. Die schlechtere Stickstoffausnutzung auf allen leichten Böden ist auf die Verluste zurückzuführen, welche die Gründüngung auf den durchlässigen Böden erleidet. Eine erfolgreiche Anwendung des Gründunges erfordert also weitgehende Berücksichtigung der Art und der Zeit der Unterbringung. In diesem Falle ist auch die Ausnutzung des Gründüngungsstickstoffs eine wesentlich bessere. Diese belief sich nach den Ermittlungen von A. SCHULTZ-LUPITZ auf etwa 70 % und nach denen von P. WAGNER (1) auf 63 %.

Die Gründüngung ist für die Wirtschaften mit leichtem und leichtestem Boden sowie für alle viehlosen und viehschwachen Betriebe von besonderer Bedeutung. Trotz der oft geringen Stickstoffausnutzung des Gründüngers übt dieser auf Sandböden eine hervorragende Wirkung aus und erzeugt hohe Mehrerträge. Für alle Wirtschaften auf leichten Böden und für alle viehschwachen Betriebe ist sie das beste Mittel, den Acker durch Anreicherung des Bodens mit Humus in Kultur zu bringen und zu erhalten. Das Gelingen der Gründüngung ist jedoch stets in hohem Grade von der Verteilung der Niederschläge abhängig. In Gegenden, die während der Monate Juli und August meist unter Trockenheit zu leiden haben, gelingt die Gründüngung nur ausnahmsweise.

III. Die Anwendung von Jauche und Stalldünger.

„Der Stallmist stellt ein Gemenge oder Gemisch der festen und flüssigen Auswurfstoffe der landwirtschaftlichen Nutztiere mit einem Einstreumittel dar. Die Zusammensetzung des Stallmistes ist je nach der Tiergattung, von welcher er stammt, je nach der Fütterungsweise der betreffenden Tiere, je nach dem benutzten Streumaterial und endlich je nach der Behandlung, welche der Mist von seinem ersten Entstehen an auf seinem ganzen Wege bis zum Unterbringen auf dem Acker erfährt, äußerst verschieden (K. v. Rümker 2).“ Die Wirkung des Stalldungs ist eine biologische, chemische und physikalische. Durch seinen Gehalt an Pflanzennährstoffen reichert er den Boden an. In physikalischer Richtung wirkt er durch Verbesserung der Bodeneigenschaften. Seine biologische Wirkung erstreckt sich auf eine Anregung und Anreicherung der Bodenmikroorganismen.

Nach der üblichen Behandlung, welche der Stallmist in der landwirtschaftlichen Praxis erfährt, pflegt sich derselbe in zwei ungleich geartete Teile zu scheiden, die auch häufig für sich verwendet und mit verschiedenen Namen belegt werden. Auf der Dungstätte und auch schon im Stall fließt der flüssige Teil der tierischen Ausscheidungen, die von der Einstreu nicht aufgesogen werden, ab. Vielfach sind aber auch im Stall Vorrichtungen geschaffen, die von vornherein eine getrennte Auffangung und Ansammlung der festen und flüssigen Ausscheidungen ermöglichen. In beiden Fällen fließt kein reiner Harn ab, sondern derselbe ist mit Teilen des Kotes und der Einstreu mehr oder weniger vermengt. Den zurückbleibenden festen Teil der Ausscheidungen und des Einstreumateriales bezeichnet man als Stallmist im engeren Sinne, die abgelaufene Flüssigkeit als Adel, Gülle, Jauche, Pfuhl usw. (A. Mayer, Th. Henkel).

1. Die wertbestimmenden Bestandteile des Stallmistes als Düngemittel.

Hinsichtlich des Gehaltes des Stalldungs an Pflanzennährstoffen sind große Unterschiede vorhanden, die in erster Linie durch die Tiergattung sowie durch die Art der Fütterung und Konservierung des Dungs bedingt werden. Nach K. v. Rümker ist der Schafmist am stickstoffreichsten und zugleich am wasserarmsten. In beiden Punkten folgen dann Pferdemist und Schweinemist, während der Rinderdung am stickstoffärmsten, aber am wasserreichsten zu sein pflegt. Im Phosphorsäuregehalt steht der Pferdemist obenan. Es folgt dann der Schafdung, Schweinemist und Rinderdung. Hinsichtlich des Kali- und Kalkgehaltes steht der Schafmist an erster Stelle. Inbezug auf das Kali ist die Reihenfolge Schweinemist, Pferde- und Rindermist. Dagegen ist letzterer an Kalk reicher als Pferde- und Schweinemist. Hiernach sind die gemischten Exkremente des Schafes sowohl hinsichtlich des Gehaltes an organischer Substanz überhaupt, als auch bezüglich der meisten Pflanzennährstoffe die konzentriertesten. Die Verteilung der letzteren auf Harn und Kot ist gleichfalls bei den einzelnen Arten des landwirtschaftlichen Nutzviehes verschieden. So geht nach A. Mayer das Kali bei Schaf und Rind in noch größerem Verhältnis in den Harn über als beim Pferd. Auch ist der Rinderharn überhaupt relativ sehr reich an Aschenbestandteilen, und zwar reicher als der Rinderkot. Nachstehende Werte haben für eine mittlere Zusammensetzung der Exkremente Geltung (s. 1. Tab. S. 252).

Als Anhaltspunkte für die Beurteilung des Düngerwerts der Kaninchen- und Ziegenexkremente mögen nachstehende Werte dienen, die sich auf die frischen, wasserhaltigen Auswurfstoffe beziehen (E. Haselhoff) (s. 2. Tab. S. 252).

	Kot %	Harn %	Gemisch beider %	Prozente der Trockensubstanz %
Pferd:				
Wasser	75,8	90,0	77,9	
Org. und flüchtige Substanz	21	7	19	
darin Stickstoff	0,44	1,5	0,6	2,7
Gesamtasche	3,2	3	3,1	14
darin Kali	0,35	1,6	0,5	2,3
„ Phosphorsäure	0,32	0,0	0,3	1,4
Rind:				
Wasser	83,5	93,8	86,8	
Org. und flüchtige Substanz	14,6	3,2	11	
darin Stickstoff	0,29	9,6	0,4	3
Gesamtasche	1,9	3	2,2	17
darin Kali	0,10	1,3	0,60	4,6
„ Phosphorsäure	0,17	0	0,13	1,0
Schaf:				
Wasser	65,5	87,5	68	
Org. und flüchtige Substanz	31,4	8	28	
darin Stickstoff	0,6	1,9	0,9	2,8
Gesamtasche	3,1	4,5	4	13
darin Kali	0,15	2,3	1,0	3,0
„ Phosphorsäure	0,3-0,6	Spuren	0,4	1,3
Schwein:				
Wasser	79—84	97,5	82—87	
Org. Substanz	10—15	1,5-2,8	9—14	
Stickstoff	0,6-0,7	0,25 bis 0,40	0,5-0,6	
Asche	3—5	1,0-1,5	3—4	
Kali	0,3	0,7-0,8	0,5	
Phosphorsäure	0,1-0,4	0,1	0,1-0,2	

	Stickstoff %	Kali %	Kalk %	Phosphorsäure %
Kot von Kaninchen	1,10	0,13	2,72	1,21
„ „ Ziegen	1,24	1,28	1,82	2,14
Harn von Ziegen	1,90	0,16	0,59	0,12

Was den Geflügelmist anbetrifft, so liegen hinsichtlich Menge und Zusammensetzung desselben von R. ULRICH folgende Angaben vor. Es werden erzeugt je Stück Federvieh und Jahr:

Ente	8,5 kg	Huhn	5,5 kg
Gans	11,0 kg	Taube	2,5 kg

Als durchschnittliche Zusammensetzung werden für den Kot des einzelnen Geflügels folgende Zahlen angegeben:

	Ente %	Gans %	Huhn %	Taube %
Wasser	53	82	65	62
Organische Substanz	40	14	21—26	31—32
Stickstoff	0,8	0,6	0,7—1,9	1,2—2,4
Phosphate	3,5	0,9	5,0	3,0—4,2
Alkalisalze	0,4	3,1	1,2—1,6	2,0—2,2
Asche	7	4	9—14	6—7

Die Auswurfstoffe des Geflügels spielen als Düngemittel in der Landwirtschaft keine große Rolle. Sie werden hier auch nur der Vollständigkeit halber und im Vergleich mit denen des eigentlichen landwirtschaftlichen Nutzviehes angeführt.

Die Zusammensetzung des Stalldungs und sein Wert als Düngemittel wird aber nicht allein durch den Gehalt der Exkremente an organischer Substanz und an anorganischen Nährstoffen bedingt, sondern auch durch die gleichen Faktoren der als Einstreu benutzten Materialien. Als solche kommen besonders alle Arten von Stroh, dann in wesentlich geringerem Maße Laub und Plaggen in Frage. Über die Zusammensetzung dieser als Einstreumaterial dienenden Stoffe liegen von A. MAYER folgende Angaben vor:

	Getreidestroh %	Leguminosenstroh %	Laubheu %	Plaggen %
Wasser	12—21	12—22	13—15	5—8
Organische Substanz	75—83	76—83	78—81	20—25
Stickstoff	0,4—0,8	1,2—2,0	0,8—1,4	0,3—0,6
Asche	3—8	3—9	4—6	70—76
Kali	0,5—1,1	0,6—1,8	0,2—0,4	0,1
Phosphorsäure	0,2—0,3	0,3—0,4	0,2—0,3	0,1

Torfstreu, die sehr geeignet ist und vielfach Verwendung findet, enthält in völlig lufttrocknem Zustande (ca. 14—15% Feuchtigkeit) etwa 1,2% Asche, 0,64% Stickstoff, 0,08% Kali und 0,09% Phosphorsäure. Sie ist gegenüber dem Stroh wesentlich ärmer an Kali und Phosphorsäure. Für obige Einstreumaterialien, die hauptsächlich im Binnenlande Verwendung finden, stehen an den Binnenseen und an den Meeresküsten mancherlei Ersatzmittel, wie Algen, Armleuchtergewächse, Tange u. a., zur Verfügung. Diese enthalten nach R. HEINRICH (1) in 100 Teilen sandfreier Trockensubstanz:

	Stickstoff	Kali	Natron	Kalk	Magnesia	Schwefelsäure	Phosphorsäure	Chlor
1. Chaetomorpha chlorotica	2,70	8,76	1,02	2,38	1,22	3,27	0,74	3,54
2. Chara vulgaris	1,20	0,89	2,15	27,04	1,04	1,68	0,21	3,69
3. Fucus vesiculosus	1,84	1,32	4,27	7,77	2,50	5,51	0,61	5,42
4. Laminaria saccharina	1,08	5,02	1,60	8,24	3,11	10,08	0,91	1,99
5. Zostera marina	1,78	3,38	6,06	11,84	0,98	1,57	1,18	9,01

Es handelt sich hiernach zum Teil um Pflanzen, die verhältnismäßig reich an anorganischen, für die Ernährung der Pflanzen wichtigen Bestandteilen sind.

Durch die Einstreu, d. h. durch das Vermischen der tierischen Exkremente mit dem Einstreumaterial, erfährt der aus beiden resultierende Stalldung gegenüber den ursprünglichen Auswurfstoffen eine Erhöhung der Trockenmasse und besonders des Gehaltes an organischer Substanz. Die Vermehrung an Pflanzennährstoffen ist nur eine unwesentliche. Auf letzteren beruht auch der Wert des Stallmistes als Düngemittel erst in zweiter Linie. Ausschlaggebend ist vielmehr die Verbesserung der biologischen und physikalischen Verhältnisse des Bodens, die dieser durch die Einverleibung der organischen Substanz erfährt.

Der Düngerwert des Stallmistes kann nicht ohne weiteres nach Menge und Zusammensetzung der Exkremente und der Einstreu beurteilt werden. Bei längerer Ansammlung und Aufbewahrung erfährt der Stallmist eine Gewichtsabnahme, die durch Wasserverdunstung und Zersetzung der organischen Substanz bedingt ist. Hierbei bleibt die Gesamtmenge der Mineralstoffe unverändert, sofern ein Auslaugen des Mistes und ein Ablaufen bzw. Versickern der Jauche sorgfältig vermieden wird. Gelagerter und vergorener Mist ist daher reicher an Mineralstoffen, aber ärmer an organischer Substanz. Im allgemeinen kann man annehmen, daß der Stalldung vom Rindvieh in 1000 kg enthält (A. STUTZER 1):

	Organische Substanz kg	Mineral-stoff kg
Ganz frisch	210	40
Nach mehrmonatigem Lagern auf dem Hofe	170	60
Vergorener Dünger aus einem Tiefstall	200	50

Bei vollständigem Verbleiben der Mineralstoffe und des Stickstoffes im Dünger würde nach E. v. WOLFF die prozentische Zusammensetzung des Dunges bei einer Verminderung des absoluten Gewichts um ein Drittel, und wenn der prozentische Wassergehalt (75 %) keine Veränderung erleidet, sich etwa folgendermaßen gestalten:

	Frischer Mist	Mäßig vergorener Mist		Frischer Mist	Mäßig vergorener Mist
Trockenmasse	25,0	25,0	Magnesia	0,12	0,15
Mineralstoffe	3,81	4,76	Phosphorsäure	0,18	0,23
Stickstoff	0,39	0,49	Schwefelsäure	0,10	0,13
Kali	0,45	0,56	Kieselsäure	0,85	1,08
Kalk	0,49	0,61			

Für die Menge und Zusammensetzung des unter Benutzung von Stroh zur Einstreu und bei normaler Fütterung erhaltenen Stalldungs gibt E. v. WOLFF nachstehende Durchschnittszahlen an, die auch heute noch Geltung haben dürften (zit. nach E. HASELHOFF):

1. Menge.

	Pferd kg	Rindvieh kg	Schaf kg	Schwein kg
Berechnet für ein Lebendgewicht von	500	500	50	100
Je Tag in kg	25,0	40,0	2,5	5,5
Je Jahr in dz	90,0	140,0	9,0	20,0

2. Zusammensetzung.

Stallmist vom:	Wasser %	Organ. Substanz %	Stickstoff %	Kalk %	Kali %	Phosphorsäure %
Pferd	71,3	25,4	0,58	0,21	0,53	0,28
Rindvieh	77,5	20,3	0,34	0,31	0,40	0,16
Schaf	64,6	31,8	0,83	0,33	0,67	0,23
Schwein	72,4	25,0	0,45	0,08	0,60	0,19

Unter den Verhältnissen der landwirtschaftlichen Praxis wird in der Regel der Dung einer einzigen Tierart allein nicht verwandt, sondern der Dung von allen Arten des landwirtschaftlichen Nutzviehes so wie er anfällt und auf der Dungstätte entsteht. Ein solcher Stalldung hat nach H. K. MÜLLER etwa folgende Zusammensetzung:

Wasser	75,00 %	Kalk	0,49 %
Organische Substanz	21,20 %	Kali	0,45 %
Stickstoff	0,39 %	Phosphorsäure	0,18 %

Im übrigen weist der Gehalt des Stalldungs an Pflanzennährstoffen große Unterschiede auf, die in erster Linie durch die Fütterung der Nutztiere und durch die Aufbewahrung und Konservierung des Stallmistes bedingt werden (FR. HOLDE-

FLEISS). Ein eiweißreiches Futter erzeugt auch einen stickstoffreichen Dung. An Mineralbestandteilen reiche Futterstoffe, wie z. B. die Kleien, viele Ölkuchen usw., liefern einen Dung mit einem hohen Phosphorsäuregehalt, die kalireichen Hackfrüchte einen solchen mit einem größeren Gehalt an Kali usw. Auch die Art der Aufbewahrung und Konservierung des Stalldüngers beeinflußt stark den Wert des Stallmistes als Düngemittel. Tiefstalldünger ist in der Regel wertvoller als Hofdünger und von letzterem wieder solcher von überdachten Düngerstätten besser als von offenen.

So wertvoll der Gehalt des Stallmistes an den Pflanzennährstoffen Kali, Kalk, Phosphorsäure, Stickstoff usw. ist, so bedingen diese nach den heutigen Anschauungen jedoch nicht ausschlaggebend den Wert des Stallmistes als Düngemittel. Dieser beruht in erheblichem Maße auf der Verbesserung der physikalischen Bodenverhältnisse, die durch Lockerung des Bodens und durch Zersetzung der organischen Substanz im Acker bewirkt werden. Dieser günstige Einfluß auf die Beschaffenheit des Bodens kommt der organischen Substanz des Düngers nicht ohne weiteres zu. Seit alters her ist bekannt, daß frischer, unverrotteter oder nicht genügend zersetzter Stallmist und in noch höherem Grade unzersetztes Stroh auf den Acker ungünstig einwirken und das Wachstum der landwirtschaftlichen Kulturpflanzen schädigen (A. THAER, KUHLMANN). Nicht gerotteter Dung kann nur ausnahmsweise verwandt werden, wenn die Abdüngung hiermit mindestens mehrere Monate vor der Bestellung erfolgt. Nach v. HAZZI wird der Stallmist erst durch die Gärung zum Dünger, d. h. zur Pflanzennahrung. So wurde von H. WIESSMANN bei der Düngung mit altem und verrottetem Pferdemist ein Mehrertrag von 10% erzielt, während bei Verwendung von frischem Pferdemist ein Ernteausfall von 40% zu verzeichnen war. Die organische Substanz des Stalldungs führt also zu einer Verbesserung der Bodenverhältnisse und zu einer Steigerung der Ernteerträge nur dann, wenn sie vor Ausbringen und Unterpflügen genügend verrottet und zersetzt ist. Bei der Düngerrotte werden die Kohlenstoffverbindungen abgebaut und die organischen Stickstoffverbindungen in für die Pflanze aufnehmbare Formen übergeführt.

Der Stallmist wird also als Düngemittel um so wertvoller sein, je höher sein Gehalt an leicht assimilierbaren Pflanzennährstoffen ist und je besser und zweckmäßiger die Zersetzung der organischen Stoffe eingeleitet ist. Für einen normalen Ablauf der Düngerrotte sind nach F. LÖHNIS (2) in der wärmeren Jahreszeit etwa 6, in den kälteren Monaten etwa 10—12 Wochen zu rechnen. Den eigentlichen Abschluß soll jedoch die Düngerrotte erst im Acker selbst finden.

2. Die Düngerwirkung der Bestandteile des Stalldüngers.

Die Wirkung des Stalldungs wird teils durch seinen Gehalt an Kali, Phosphorsäure und Stickstoff, teils durch die organische Substanz desselben und die zahlreich in ihm vorhandenen Mikroorganismen bedingt. Bei einem in hoher Kultur befindlichen und seit längerer Zeit regelmäßig mit Stalldung abgedüngten Acker wird in erster Linie die Nährstoffwirkung des Dungs hervortreten. Ist dagegen der Ackerboden mager und arm an Humus, so ist die Wirkung des Stalldüngers hauptsächlich auf die Zufuhr von organischer Substanz und die Anregung und Lebenstätigkeit der Bodenorganismen zurückzuführen. Die Verbesserung der biologischen und physikalischen Bodenverhältnisse ist überall dort von besonderer Bedeutung und Wichtigkeit, wo es sich um mangelhafte Krümelstruktur, leicht verkrustende Böden usw. handelt und wo infolgedessen eine gute Bodengare fehlt (F. HOHCAMP 1). Die Bestandteile des Stalldungs sind Harn, Kot und Einstreu.

a) Der Kot. Die düngende Wirkung des Kotes ist eine direkte (chemische) und eine indirekte (biologische und physikalische). Die Stickstoffwirkung ist im allgemeinen nur sehr gering. Es gilt dies namentlich in Vergleich mit der des Harnes. Die Ausnutzung des Kotstickstoffes beträgt nach A. v. ROSENBERG-LIPINSKY (2) beim Pferde- und Schweinekot 6—10%, beim Rinderkot 16—20% und beim Schafkot 25—30%. M. MAERCKER (1) gibt die Wirkung des Kotstickstoffes auf 11—13% von derjenigen des Salpeters an. Versuche von A. MORGEN mit Pferde- und Rinderkot ergaben negative Resultate, dagegen wurde der Stickstoff des Schafkotes zu 56% ausgenutzt. Bei Feldversuchen von W. SCHNEIDEWIND (6) konnte eine Ausnutzung des Stickstoffes von Kuhkot innerhalb von drei Jahren nur zu 8,13%, eine solche von Pferdekot innerhalb der gleichen Zeit aber nur zu 5,51% festgestellt werden. Demgegenüber kam G. RUDORF (2) zu günstigeren Resultaten. Setzt man bei den von diesem ausgeführten Haferversuchen die durch die gleiche Stickstoffmenge in Form von Salpeter erzielte Ertragssteigerung = 100, so waren die Wirkungen des Stickstoffes in Form von Pferdekot = 17,8, von Rinderkot = 23,3 und von Schafkot = 35,8.

Hinsichtlich der chemischen Wirkung des Kotstickstoffes ergibt sich zusammenfassend, daß von der gesamten Kotstickstoffsubstanz wahrscheinlich nur ein sehr kleiner Teil fähig ist, in absehbarer Zeit der Pflanze als Stickstoffquelle zu dienen. Es ist dies darauf zurückzuführen, daß der Stickstoff im Kot in organischen und schwer zersetzbaren Verbindungen vorhanden ist. Die häufig beobachtete ungleiche Wirkung des Kotstickstoffes ist auf die Verschiedenartigkeit der stickstoffhaltigen Kotsubstanz, wie unverdautes Futtereiweiß, Bakterieneiweiß und N-haltige Stoffwechselprodukte, zurückzuführen. Wahrscheinlich wird auch ein Teil des Kotstickstoffes durch Bakterien festgelegt. Dagegen dürften die im Kot enthaltenen Mengen an Kali und Phosphorsäure von den Pflanzen besser ausgenutzt und verwertet werden. Hierfür haben die Untersuchungen von W. SCHNEIDEWIND (2) den Beweis erbracht. Setzt man den durch Phosphorsäure in Form von Superphosphat erhaltenen Mehrertrag = 100, so war der Mehrertrag erzielt:

durch Phosphorsäure	im Kuhkot .	= 66,3
„ „	im Pferdekot	= 92,9

Der hier auftretende Unterschied in der Ausnutzung der Phosphorsäure im Kuh- und Pferdekot ist wohl auf die Art der Fütterung zurückzuführen. Bei einem dürftigen und schwer verdaulichen Futter ist die Ausnutzung der Mineralstoffe durch die Pflanzen eine geringere als bei der Verabfolgung von hochwertigen Futterstoffen wie Ölkuchen usw. Für die Humusbildung im Boden sind dagegen die festen Exkremente der landwirtschaftlichen Nutztiere von Bedeutung. Die Zersetzung der organischen Bestandteile des Kotes ist in erheblichem Maße von der Art des Futters abhängig, je nachdem dasselbe aus stark verholzten und verkieselten Vegetabilien bestand oder nicht. Ebenso sind es in erster Linie die festen Exkremente des Nutzviehes, die einen bestimmenden Einfluß auf die qualitative wie quantitativeBeschaffenheit der Düngerflora ausüben (F. LÖHNIS 1).

b) Der Harn. Die drei wichtigsten Pflanzennährstoffe Kali, Phosphorsäure und Stickstoff sind im Harn sämtlich in einem leichtlöslichen Zustande vorhanden. Der Stickstoff kommt hier hauptsächlich in Form von Harnstoff und zum Teil auch als Hippursäure vor. Andere organische Stickstoffverbindungen sind nur in verschwindend geringer Menge vorhanden. Alle diese organischen Stickstoffverbindungen werden durch die Harngärung in sehr kurzer Zeit in Ammoncarbonat, organische Ammonsalze oder in freies Ammoniak übergeführt. Zahlreiche Untersuchungen, so von G. RUDORF (1), CHR. ORTMANN (1) und R. HEINRICH (2), F. HONCAMP und E. BLANCK (3), W. SCHNEIDEWIND und D. MEYER (4), A. v. BODEKER, E. BÖHME, A. PIERKARSKI, G. ANDRÄ und J. VOGEL (1) u. a., haben in eindeutiger Weise dargetan, daß die Wirkung des Stickstoffes im Harn ungefähr die gleiche wie in den stickstoffhaltigen Düngemitteln (schwefelsaures Ammoniak, Salpeter usw.) ist.

Gegenüber dem Stickstoff treten die im Harn vorhandenen anderen Pflanzennährstoffe wie Kali und Phosphorsäure zurück. Es gilt dies namentlich für die Phosphorsäure, die im Harn meist nur in sehr geringen Mengen vorkommt. Die Wirkung von Kali und Phosphorsäure im Harn dürfte derjenigen in den Kalisalzen und im Superphosphat gleichzusetzen sein. Einen Einfluß auf die physikalischen Bodenverhältnisse vermag der Harn seiner ganzen Beschaffenheit nach nicht auszuüben. Ebenso ist der Harn als solcher so gut wie keimfrei, was jedoch nicht hindert, daß die vom Dung ablaufende Jauche einen großen Gehalt von Mikroorganismen aufweisen kann.

c) Die Einstreu. Als Einstreumaterialien kommen vorwiegend die verschiedenen Stroharten in Betracht, außerdem aber Heidekraut, Laub- und Nadelstreu, Plaggen, Sägespäne usw. Über die Zusammensetzung der wichtigsten Streumaterialien sind bereits oben Angaben gemacht worden. Alle Einstreumaterialien weisen im Verhältnis zu ihrer organischen Substanz nur einen geringen Gehalt an Pflanzennährstoffen auf. Infolgedessen beruht der Düngerwert der Einstreu in der Hauptsache auf der Anreicherung des Bodens an Humus. Dagegen ist nach F. LÖHNIS der Keimgehalt fast aller zur Einstreu benutzten Materialien relativ gering. Da der Stickstoff im Stroh und den anderen Stoffen sehr schwer verdaulich ist, so folgert schon hieraus, daß er auch als Pflanzennährstoff nur in geringem Umfange Verwendung finden kann. Ebenso kommen Kali und Phosphorsäure, abgesehen von ihrer geringen Menge, erst nach Zersetzung der organischen Substanz als Nährstoffe für die Pflanze in Frage. Auf die Tatsache, daß Stroh ebenso wie nicht hinreichend gerotteter Mist für die Entwicklung der Kulturgewächse nachteilige Umsetzungen im Boden fördern kann, ist schon früher hingewiesen worden (F. LÖHNIS 1). Die schlechte Wirkung solchen Strohes wurde zuerst von M. MAERCKER (2) und G. RUDORF (2) erkannt. Die Ursache hierfür dürfte insonderheit in einer nitrifikationshemmenden Wirkung zu suchen sein. Aber auch die Bildung größerer Mengen von organischen Säuren bei der Zersetzung von frischem Stroh kann nach F. LÖHNIS, so z. B. durch Verschlechterung der Bodenkultur, die Entwicklung der angebauten Nutzpflanzen mehr oder weniger stark beeinträchtigen. Andere Forscher wie M. GERLACH (1), C. v. SEELHORST und W. FRECKMANN (3), A. STUTZER (3), TH. PFEIFFER und Mitarbeiter (2), D. PRIANISCHNIKOW und Mitarbeiter bestätigten die schädliche Wirkung des Strohes. Genannte Forscher führen dieselbe hauptsächlich auf Denitrifikationsvorgänge zurück, die durch die reichlich vorhandenen Mengen organischer Substanz namentlich bei starkem Luftmangel gefördert werden sollen.

C. v. SEELHORST konnte zeigen, daß die schädlichen Wirkungen des untergepflügten Strohes je nach Art des Bodens und Tiefe der Unterbringung ungleich waren. Da die einzelnen Streuarten sich hinsichtlich einer Förderung der Denitrifikation verschieden verhalten und diese Eignung wesentlich von ihrem Gehalt an Kohlenhydraten und Pentosanen abhängt, so stellen Stroh und ähnliche Stoffe eine gute Energiequelle für die Denitrifikanten dar, was für den meist bereits weitgehend humifizierten Torf nicht zutrifft (O. NOLTE 2). Hieraus folgt, daß vom Stallmist nur dann eine günstige Düngerwirkung zu erzielen ist, wenn nicht nur die organischen Stoffe der festen tierischen Ausscheidungen, sondern vor allen Dingen auch der Einstreu vor dem Ausbringen und Unterpflügen genügend zersetzt und verrottet sind. In hinreichend zersetztem Zustande schädigen dagegen die organischen Substanzen der Einstreumaterialien die Kulturgewächse und die Salpeterbildner nicht. Sie sind auch dann für die ammon- und nitrat-assimilierenden Bakterien nur noch eine weniger geeignete Kohlenstoffquelle.

3. Die Düngerwirkung des Stallmistes.

Unter den Verhältnissen der landwirtschaftlichen Praxis versteht man unter Stalldünger die festen Auswurfstoffe des Nutzviehes und die Einstreu zusammen mit dem größten Teil des Harns. Die Düngerwirkungen der einzelnen Bestandteile des Stallmistes addieren sich demnach in letzteren sowohl nach der positiven wie auch nach der negativen Seite hin. Die Wirkung des Stalldüngers ist eine recht mannigfaltige. Sie besteht nach F. HONCAMP (1):

In der Verwertung der darin enthaltenen Nährstoffe wie Kali, Phosphorsäure und Stickstoff durch die Pflanze und in dem Nutzen, den diese aus der durch Zersetzung der organischen Substanz gebildeten Kohlensäure zu ziehen vermag (chemische Wirkung);

in der mechanischen Einwirkung des Stallmistes auf den Boden in der Weise, daß letzterer für das Wachstum der Pflanzen geeigneter wird (physikalische Wirkung);

in der Tätigkeit der im Dung direkt vorhandenen Bakterien und ferner in jener der Bodenorganismen, für welche die organische Substanz des Stallmistes eine wertvolle Energie- und Nährstoffquelle ist (biologische Wirkung).

Der Wirkungswert des Stallmistes ist also ein mehrfacher. Während der Wert der chemischen Kunstdüngemittel allein in ihrem Gehalt an Pflanzennährstoffen beruht, vermag demnach der Stalldung außerdem noch die biologischen und physikalischen Bodenverhältnisse zu verbessern.

a) Chemische Wirkung des Stallmistes. Die Ausnutzung der im Stalldünger enthaltenen Pflanzennährstoffe bewegt sich in verhältnismäßig weiten Grenzen. Es gilt dies namentlich für den Stickstoff, der sich im Stallmist aus den leicht löslichen Stickstoffverbindungen des Harns und den schwerlöslichen des Kotes und der Einstreu zusammensetzt. Nach Untersuchungen von P. WAGNER (5) entfielen im Mittel einer größeren Anzahl von Untersuchungen auf 100 Teile Kot- und Einstreustickstoff nur 36 Teile Harnstickstoff. Übereinstimmend konnten sowohl P. WAGNER (4) als auch A. v. SIGMOND, TH. PFEIFFER (1) u. a. zeigen, daß die Wirkung des Stallmiststickstoffes bei weitem nicht diejenige des Salpeterstickstoffes erreichte. Setzte man letzteren = 100, so war die des Stickstoffes im Stallmist = 45 bzw. 46. Die Versuche von M. MAERCKER (2) ergaben gleichfalls, daß die Stickstoffwirkung nicht hoch war. Auch W. SCHNEIDEWIND (3) fand selbst unter sehr günstigen Verhältnissen nur eine Ausnutzung des Stallmiststickstoffes durch Zuckerrüben mit der Nachfrucht Gerste zu 40,9% und durch Kartoffeln mit der Nachfrucht Weizen zu 36,2%. Nach den meist in der landwirtschaftlichen Praxis obwaltenden Verhältnissen wird man kaum mit einer höheren Verwertung des Stallmiststickstoffes als 25—30% rechnen können.

Was die Wirkung von Kali und Phosphorsäure anbetrifft, so ist ersteres im Stalldünger fast ausschließlich in leichtlöslicher Form vorhanden. Das gleiche gilt auch für die Phosphorsäure, wobei freilich zu berücksichtigen ist, daß der Stalldünger bei seiner Zersetzung wahrscheinlich auch stark lösend auf die Bodenphosphorsäure einwirkt und hierdurch die Wirkung der Stallmistphosphorsäure größer erscheinen läßt. Nach den Untersuchungen von B. SCHULZE (1) gingen von 100 Teilen des im Stalldünger enthaltenen Kalis in vier Jahren 43,6 Teile in die Pflanze über. Von 100 Teilen dieses ausgenutzten Kalis nahmen die Pflanzen bei Felddüngungsversuchen im ersten Jahre 57%, im zweiten 15,5%, im dritten 12,7% und im vierten 14,8% auf. Nach P. WAGNER werden von 100 Teilen Stallmistkali durchschnittlich 80 Teile durch die Pflanze verwertet. W. SCHNEIDEWIND fand eine Ausnutzung des Kalis im Stallmist durch Zuckerrüben mit Gerste als Nachfrucht zu 47,5% und eine solche durch Kartoffeln mit der Nachfrucht Weizen zu 78,2%. Die Phosphorsäureausnutzung belief sich in den gleichen Versuchen auf 41,9 bzw. 32,7%. Nach den Untersuchungen von B. SCHULZE wurden von der Phosphorsäure des Stallmistes in vier Jahren 33,4% aufgenommen und nach zwölfjährigen Beobachtungen von P. WAGNER 30,4%. Man wird also unter den Verhältnissen der landwirtschaftlichen Praxis die Aufnahme des im Stalldung enthaltenen Kalis auf etwa 50% und die der Phosphorsäure auf 25—30% veranschlagen können.

In den erwähnten Versuchen von W. SCHNEIDEWIND (4) ist auch die Wirkung der im Stallmist enthaltenen Nährstoffe mit der einer entsprechenden Mineraldüngung in Vergleich gestellt worden. Die prozentische Nährstoffaufnahme war folgende:

	Kali	Phosphorsäure	Stickstoff
I. Zuckerrüben mit Nachfrucht Gerste:			
Stallmistdüngung	47,5	41,9	40,9
Mineraldüngung	48,7	23,2	93,5
II. Kartoffeln mit Nachfrucht Weizen:			
Stallmistdüngung	78,2	32,7	36,2
Mineraldüngung	52,7	14,6	76,9

Die Zahlen lehren eindeutig, daß der Stallmiststickstoff erheblich schlechter ausgenutzt wird als der Stickstoff der chemischen Kunstdüngemittel. Dagegen ist die Ausnutzung beim Kali mindestens die gleiche wie in den Kalidüngesalzen und die der Phosphorsäure scheinbar sogar eine bessere als in den phosphorsäurehaltigen Düngemitteln. Wenn selbstverständlich auch die Ausnutzung der im Stalldünger enthaltenen Pflanzennährstoffe nicht immer in allen Fällen die gleiche sein wird und von einer ganzen Reihe von Umständen wie Güte und Menge des angewandten Düngers, ferner von den Bodenverhältnissen, den angebauten Feldfrüchten u. a. m. abhängig ist, so dürften doch die oben angeführten Werte im allgemeinen ein zutreffendes Bild über den Wirkungswert der im Stallmist enthaltenen Pflanzennährstoffe geben.

Die bei der Zersetzung der organischen Stoffe des Stallmistes im Boden entstehende Kohlensäure kann eine direkte und eine indirekte Nährwirkung ausüben. Erstere insofern, als die Pflanzenwurzeln die Kohlensäure assimilieren und verwerten können. Durch eine Erhöhung der Kohlensäuremenge in der Bodenluft kann auch die Assimilationstätigkeit gesteigert werden. Der Einfluß der Kohlensäure im Boden ist aber auch ein indirekter, indem diese lösend auf die mineralischen Bodenbestandteile und besonders auf die im Boden vorhandenen Phosphate einwirkt. Diese Aufschließung der Bodenphosphorsäure kann nach E. HASELHOFF unter Umständen eine sehr beträchtliche sein. Es wurden nach dessen Untersuchungen aus verschiedenen Gesteinen wie Basalt, Buntsandstein, Grauwacke und Muschelkalk 9—30% der Phosphorsäure gelöst. Die Kohlensäure wirkt ferner in der Weise auf die Kalkverbindungen ein, daß diese in Lösung gehen und durch ihre ausflockende Wirkung auf die Bodenkolloide eine günstige Krümelstruktur des Bodens bewirken. Von besonderer Bedeutung ist gleichfalls der Austausch von Kohlensäure und Kieselsäure, wie überhaupt die Kohlensäure auf den im Boden vor sich gehenden Basen- und Säureaustausch von großem Einfluß ist. Die bei der Zersetzung der organischen Stallmistsubstanz auftretende Kohlensäure spielt demnach hinsichtlich der Düngerwirkung des Stalldungs eine wesentliche Rolle.

b) Physikalische und biologische Wirkungen des Stallmistes. Die bodenverbessernde Wirkung des Stallmistes beruht auf seinem Gehalt an organischer Substanz und auf dessen weiterer Zersetzung und Umbildung zu Humus im Boden. Das meist als Einstreu verwandte Stroh lagert sich zwischen den Bodenteilchen und bewirkt so eine Lockerung der ganzen Ackerkrume. Hierdurch wird gleichzeitig der Luftzutritt gefördert und den Atmosphärilien die Möglichkeit gegeben, in den Boden einzudringen und in der verschiedenartigsten Weise lösend und zersetzend auf die mineralischen und organischen Bodenbestandteile einzuwirken. Aber nicht nur das Eindringen und die Bewegung der Luft in den Boden wird auf diese Weise ermöglicht und geregelt, sondern auch die des Wassers. Der Boden kann sich gleichmäßig mit Wasser sättigen. Eine Aufstauung von Wasser wird vermieden und hierdurch das Verschlämmen des Bodens verhindert. So beobachtete E. WOLLNY beim Vermischen von Lehm bzw. Sand mit Torfstreu folgende volumprozentige Wassergehalte:

Lehm	34,35 %	Sand	11,68 %
$^3/_4$ Lehm + $^1/_4$ Torf	38,96 %	$^3/_4$ Sand + $^1/_4$ Torf	22,71 %
$^1/_2$ Lehm + $^1/_2$ Torf	39,48 %	$^1/_2$ Sand + $^1/_2$ Torf	29,78 %
$^1/_4$ Lehm + $^3/_4$ Torf	43,12 %	$^1/_4$ Sand + $^3/_4$ Torf	38,93 %

Ähnlich wie Torf, wenn auch nicht in gleich starkem Maße, wirken andere Streumaterialien und so auch das Stroh. Diese wasserhaltende Kraft des Einstreumaterials ist namentlich für die leichteren Böden von großer Bedeutung. Bei der Zersetzung der organischen Substanz wird ferner Wärme erzeugt, die dem Boden zugute kommt. Es entsteht durch den Abbau der organischen Substanz Humus, welcher der Ackerkrume die dunkle Farbe verleiht und hierdurch den ganzen Wärmehaushalt des Bodens günstig beeinflußt. Der Humus ist ein schlechter Wärmeleiter. Er gestaltet infolgedessen die Bodentemperatur gleichmäßiger. Durch die erzeugte Wärme und die bedingte Gleichmäßigkeit der Bodentemperatur wird naturgemäß das Pflanzenwachstum außerordentlich begünstigt. Der Humus wirkt ferner lockernd auf die Bodenkolloide. Er vermag Ammoniak zu absorbieren. Beim weiteren Abbau des Humus zu Kohlensäure und Wasser werden die Pflanzennährstoffe mineralisiert und in eine für die Pflanze aufnehmbare Form gebracht. Die entstehende Kohlensäure wird z. T. vom Bodenwasser aufgenommen und wirkt, wie schon erwähnt, mineralstofflösend. Aus alledem geht die große Bedeutung des Humus für die Fruchtbarkeit des Bodens hervor.

Ferner wirkt der Stallmist durch seinen hohen Gehalt an Mikroorganismen biologisch, d. h. die Lebensvorgänge im Boden beeinflussend. Nach Angaben von F. LÖHNIS (2) führt eine Düngung mit 400 dz Stallmist je Hektar dem Acker an lebenden Mikroben die gewaltige Menge von rund 500 kg zu. Diese Keimmasse zusammen mit der organischen Substanz, die mit einer solchen Stalldungmenge in den Boden gebracht wird, ist naturgemäß auf die hier ablaufenden Umsetzungen von großem Einfluß. Auch die schon im Boden vorhandenen Mikroorganismen erhalten durch eine Stallmistdüngung z. T. günstigere Ernährungs- und Entwicklungsverhältnisse, die zu einer entsprechenden Auslese führen können. Die gesamten biologischen Verhältnisse des Bodens werden also durch eine Stallmistdüngung wesentlich beeinflußt und verändert. Bakterien und Schimmelpilze sind in erster Linie an der Zersetzung der organischen Stoffe des Stalldungs und an der Humusbildung beteiligt. Für die Ertragsfähigkeit eines Ackers ist aber sein Gehalt an Humus mit ausschlaggebend. Durch die Zersetzung der organischen Substanz und den weiteren Abbau des Humus fördern die Mikroorganismen den physikalischen Zustand des Bodens, indem sie hierdurch eine poröse Struktur der Erde bewirken. Die Zerstörung der organischen Substanz bedingt gleichzeitig eine Lösung der mineralischen Stoffe aus dem Komplex der organischen Verbindungen. Mit der verstärkten Humuszersetzung geht weiterhin eine lebhafte Nitrifikation des Bodenstoffs Hand in Hand. Andererseits ermöglicht der gesteigerte Kohlenstoffumsatz eine vermehrte Bindung des elementaren Stickstoffs. Es sind also eine ganze Reihe von Vorgängen und Prozessen, die den günstigen Einfluß des Stalldungs auslösen (F. Löhnis 2).

Daß nicht nur die im Stalldünger enthaltenen Nährstoffe den Wert des Stallmistes bedingen, sondern daß hierfür auch die Nebenwirkungen desselben in biologischer wie physikalischer Beziehung in Frage kommen, ist durch eine Anzahl von Versuchen eindeutig erwiesen. W. Schneidewind (2) erbrachte den Beweis hierfür in der Weise, daß er zunächst reichlich Kali, Phosphorsäure und Stickstoff in Form von chemischen Kunstdüngemitteln dem Acker zuführte. Hiermit war der Bedarf der angebauten Pflanzen an Nährstoffen überreichlich gedeckt. Eine weitere Düngung mit Stallmist konnte infolgedessen nicht durch den Nährstoffgehalt, sondern nur durch die Nebenwirkungen des Düngers zum Ausdruck kommen. Es wurden geerntet vom Hektar:

von Zuckerrüben:	
Volle Mineraldüngung	438 dz
„ „ + Hofdünger	503 dz
„ „ + Tiefstalldünger	534 dz
von Kartoffeln:	
Volle Mineraldüngung	249 dz
„ „ + Hofdünger	306 dz
„ „ + Tiefstalldünger	312 dz

Diese Ertragssteigerungen bei der Stallmistdüngung können nur auf die mechanischen Nebenwirkungen des Dungs zurückgeführt werden, indem der Stallmist bei seiner Zersetzung den Boden lockerte und erwärmte. Die Zersetzung des Stalldungs ist aber wiederum nur mit Hilfe von Bakterien, Schimmelpilzen und anderen Organismen möglich. Infolgedessen muß der vorteilhafte Einfluß des Stalldüngers z. T. auch seiner Mikroflora zugeschrieben werden. Es haben dies unter anderem die von J. Stoklasa durchgeführten Düngungsversuche bestätigt, bei denen teils mit frischen, teils mit sterilisierten tierischen Exkrementen abgedüngt wurde. Wie die chemischen Wirkungen des Stalldüngers durch die Bodenverhältnisse und durch die angebauten Früchte beeinflußt werden und von den angewandten Mengen und nicht zum wenigsten von der Art und Aufbewahrung des Dunges abhängig sind, so wird durch die gleichen Faktoren auch die Wirksamkeit des Stallmistes in biologischer und physikalischer Hinsicht bedingt.

Durch die Stallmistdüngung wird zunächst das Nährstoffkapital des Bodens vergrößert und der Acker weiterhin in einen für das Pflanzenwachstum günstigen Zustand, die sog. Gare, gebracht. Unter Gare versteht man nach F. Löhnis den in biologischer, chemischer und physikalischer Hinsicht günstigsten Zustand des Bodens. Voraussetzung für die Erreichung der Bodengare ist neben der Verwendung eines gehaltreichen und genügend verrotteten Stalldungs dessen sachgemäße Anwendung und Unterbringung auf dem Felde.

4. Die eigentliche Anwendung des Stallmistes.

Der Wirkungswert des Stallmistes kann ein sehr verschiedener sein. Er wird nicht nur durch die bereits erwähnten Faktoren wie Art der Ansammlung, Aufbewahrung, Konservierung usw. bedingt, sondern auch durch andere Umstände wie Bodenart, Zeit der Ausbringung, Tiefe der Unterbringung u. dgl. m. Wenn der Stalldung von der Düngerstätte oder aus dem Tiefstalle abgefahren wird, so ist darauf zu achten, daß er stets möglichst senkrecht abgestochen wird. Es wird dann nicht nur der erst kurze Zeit lagernde, frische Dung zusammen mit dem verrotteten abgefahren, sondern auf diese Weise wird auch der Dung der verschiedenen landwirtschaftlichen Nutztiere gleichmäßig entfernt und miteinander vermischt (O. Nolte 2). Diese Maßnahme ist zu beachten, weil frischer Dung allein weniger gut wirkt und ferner der Mist der einzelnen Tierarten in bezug auf Zusammensetzung und Wirkung sehr große Unterschiede aufweist. Andernfalls würden die verschiedenen Teile des Feldes ganz verschiedenartigen Dünger erhalten. Das Abfahren des Stallmistes und das Breiten desselben auf dem Acker ist mit gewissen Verlusten verknüpft. Es wird hiervon namentlich der Stickstoff betroffen, der in Form von Ammoniak entweicht. Erfahrungsgemäß sind diese Verluste um so größer, je sonniger, trockener, wärmer und windiger das Wetter beim Mistfahren ist. Am besten eignet sich hierzu regnerisches und trübes, dabei aber windstilles Wetter.

a) Das Ausbringen und Unterpflügen des Stallmistes. Der Stallmist soll auf dem Felde sofort flach und gleichmäßig über die ganze zu düngende Fläche ausgebreitet werden. Das Ausbringen des Stallmistes und Liegenlassen desselben in kleinen Haufen ist wegen der hierbei entstehenden Verluste zu verwerfen. Solche Haufen bieten der Luft eine große Zugangsfläche. Infolgedessen schreitet die Zersetzung schnell vorwärts, und die hierbei entstehenden Abbauprodukte wie Ammoniak, Kohlensäure, Wasser usw. entweichen in die umgebende Luft und gehen somit verloren. Die nicht flüchtigen Bestandteile werden vom Regen und Schnee ausgewaschen und begierig von dem Boden unter dem Haufen aufgenommen. Auf diese Weise entstehen die sog. Geilstellen, die sich oft noch jahrelang hervorheben. Was von dem Haufen dann noch übrigbleibt, ist nur noch eine ausgelaugte, strohige Masse, die ihre ursprüngliche Dungkraft in der Hauptsache verloren hat. Aus den gleichen Gründen soll der Dung auch nicht längere Zeit in dünner Schicht auf dem Acker ausgebreitet liegenbleiben und der Einwirkung von Wind und Wetter ausgesetzt sein. Da in diesem Falle die Verluste noch größer zu sein pflegen als beim Liegenlassen in Haufen, so ist gebreiteter Stallmist möglichst bald unterzupflügen. Muß der Dung abgefahren werden und ist das baldige Unterpflügen desselben aus klimatischen oder wirtschaftlichen Verhältnissen nicht möglich, so ist der gesamte Dung auf einen großen Haufen zu fahren und dieser nach möglichst fester Lagerung so weit mit Erde abzudecken, daß eine direkte Berührung der äußeren Luft mit dem Dunghaufen nicht mehr stattfinden kann.

Dem sofortigen Unterpflügen des Dungs nach dem Ausbreiten desselben hat schon früher A. v. Rosenberg-Lipinsky widersprochen. Neuerdings ist auch P. v. Richthofen dafür eingetreten, den Stalldung zwar baldmöglichst auszubringen, aber erst kurz vor der Bestellung unterzupflügen. Es ist sicher, daß ein derartiges Liegenlassen auf dem Acker durch Beschattung des Bodens die Gare fördern und wesentlich die biologischen und physikalischen Bodenverhältnisse verbessern kann. Untersuchungen von A. Koch, die sich auf vier Jahre erstrecken, bestätigen diese Anschauung. Es gilt dies aber nach E. Haselhoff in der Hauptsache nur für schwere, tonige Böden mit ungünstigen physikalischen Eigenschaften, die den Zutritt der Luft zu dem Bodeninnern hindern, die Wasserbewegung im Boden stören und die Erwärmung desselben erschweren. Man muß bei dieser Art der Anwendung des Stallmistes auch mit einem Verlust des leichtlöslichen Stickstoffes und eines Teiles der organischen Substanz rechnen. Jedenfalls haben Versuche von M. Maercker und von M. Gerlach gezeigt, daß der Stallmist schon innerhalb weniger Tage erhebliche Stickstoffverluste erleidet, wenn er ausgebreitet auf dem Acker liegenbleibt. Auch wird ein Unterpflügen kurz vor der Saat nur bei Kartoffeln möglich sein. Das Verfahren ist auch nicht bei verquecktem Boden zu empfehlen. Ebenso kann das Obenaufliegenlassen des Stalldungs bis in das Frühjahr hinein insofern zu weiteren Bedenken Anlaß geben, als der Acker dann nur langsam und schlecht abtrocknet. Im allgemeinen wird man daher an der bisherigen Anwendung des Stalldüngers festhalten und denselben nach dem Ausbreiten möglichst bald unterpflügen (F. HONCAMP 2).

Die Richtigkeit und Zweckmäßigkeit des sofortigen Unterpflügens ist auch durch eine ganze Anzahl von Untersuchungen experimentell belegt worden. TH. REMY fand im Durchschnitt einer Reihe von Versuchen mit Kartoffeln, die unter teils sehr verschiedenartigen Verhältnissen zur Durchführung kamen, daß gegenüber von nicht mit Stallmist gedüngten Parzellen folgende Mehrerträge erzielt wurden:

	Stallmist sofort untergepflügt dz je Hektar	Stallmist gebreitet und im Frühjahr untergepflügt dz je Hektar
Knollen	42,6	23,3
Stärkemehl . . .	4,6	2,1

In gleichem Sinne fielen die Versuche von B. SCHULZE (2) aus. Setzt man hier die im Mittel von vier Versuchsjahren erzielte Wirkung des Stalldüngers im Herbst gebreitet und untergepflügt = 100, so wurde durch die Frühjahrsdüngung ein Ertrag von 85 erzielt. BACHMANN ließ einen Teil des Stalldungs Ende Dezember ausbreiten und sogleich unterpflügen, während der andere Teil Mitte Januar ausgebreitet und erst Ende April untergebracht wurde. Hierbei betrugen die durch die Stallmistdüngung erzeugten Mehrerträge:

	An Hafer dz je Hektar	An Kartoffeln dz je Hektar
Bei sofortigem Unterpflügen .	2,5	33,0
Bei mehr als dreimonatigem Obenaufliegenlassen	1,0	25,5

Ähnliche Ergebnisse, wenn schon auch mit geringeren Unterschieden, erzielte M. GERLACH bei Versuchen mit Zuckerrüben. Das sofortige Unterpflügen des Stallmistes bietet daher zweifelsohne die beste Gewähr für eine gute Ausnutzung und Wirkung desselben. Unter allen Umständen hat das Unterbringen des Dungs so frühzeitig vor der Bestellung zu geschehen, daß der gepflügte Boden sich noch vor der Saat hinreichend setzen kann.

Was die Tiefe der Unterbringung des Stallmistes anbetrifft, so ist diese von der Bodenart und der anzubauenden Frucht abhängig zu machen. An und für sich ist der Stallmist mit Erfolg auf allen Bodenarten anzuwenden. In erster Linie verwerten jedoch die feinerdereichen, mineralischen Böden wie Lehm und Ton, sowie auch sandiger Lehm, den Stallmist am besten. Aber auch auf Humusböden können gelegentliche Stallmistgaben gute Erfolge erzielen (B. TACKE). Die allgemeinen Richtlinien für die Tiefe der Unterbringung des Stallmistes gehen dahin, daß je schwerer und undurchlässiger der Boden ist, je schneller sich der Mist im Boden mit Rücksicht auf die anzubauende Frucht zersetzen soll, je kälter und je nasser Boden, Jahreszeit und Klima sind, desto flacher der Mist nur untergepflügt werden darf und umgekehrt (K. v. RÜMKER 2). Auf allen leichten und tätigen Böden, in denen die Durchlüftung eine gute und infolgedessen die Humuszersetzung eine intensive und schnelle ist, wird man den Stalldung tiefer unterpflügen können als auf den schweren Lehm- und Tonböden. Die Zersetzungen des Stallmistes gehen in einem trocknen Boden schneller vor sich als in einem nassen, ebenso verlaufen diese Umsetzungen in der warmen

Jahreszeit rascher als in der kälteren. Der Stalldung kann daher bei trocknen und warmen Böden tiefer untergebracht werden als bei nassen und kalten Böden. Je flacher man den Stallmist unterpflügt, desto schneller wird er sich zersetzen und desto eher werden die in ihm enthaltenen Nährstoffe für die Pflanze verfügbar. Die vielfach vertretene Ansicht, daß für die Rübe ein tieferes Unterbringen des Stallmistes empfehlenswert ist, trifft nach Versuchen von W. SCHNEIDEWIND (5) nicht zu. Es wurden 300 dz Stallmist je Hektar gegeben und derselbe einmal 12 Zoll, das andere Mal aber nur 6 Zoll untergepflügt. Der Gleichmäßigkeit halber ist in letzterem Falle der Acker auf 12 Zoll mit dem Untergrundpflug gelockert worden. Es wurden geerntet:

	Rübenernte in dz je Hektar
Stallmist auf 12 Zoll untergepflügt	447,5 dz
„ „ 6 „ „	446,6 dz

Die verschiedenartige Tiefe der Unterbringung ist hiernach auf den Ertrag an Zuckerrüben ohne Einfluß gewesen. Es werden sich also für eine zweckmäßige Unterbringung des Stalldungs nur allgemeine Richtlinien geben lassen, wobei die oben dargelegten Gesichtspunkte zu berücksichtigen sind. Immer aber wird der Mist so unterzupflügen sein, daß er im Boden verwest, aber nicht vertorft.

b) Die Stärke der Stallmistdüngung. Die Höhe der Stallmistgabe wird wiederum durch die Art des Bodens und der anzubauenden Frucht bedingt. Leichte und tätige Böden werden eine größere Stallmistgabe eher verarbeiten und schneller verbrauchen als bindige und schwere Böden. Deshalb ist es vorteilhafter und wirtschaftlicher, auf allen leichten Böden geringere Stallmistmengen anzuwenden, dafür aber öfters zu düngen. Auf schweren Böden geht die Zersetzung des Dungs langsamer vor sich und infolgedessen ist die Wirkung des Stallmistes eine anhaltendere und längere. A. v. NOSTITZ und J. WEIGERT geben als Maßstab für die Stärke einer Stallmistdüngung folgende Zahlen an:

100—250 dz	Stallmist	pro	Hektar	entsprechen	einer	schwachen Düngung
250—400 dz	„	„	„	„	„	mittleren Düngung
400—600 dz	„	„	„	„	„	starken bis sehr starken Düngung.

Die hier angegebenen starken Düngungen sind jedenfalls nicht wirtschaftlich. An Stelle dieser sollte lieber öfters abgedüngt werden. Nach den Untersuchungen von W. SCHNEIDEWIND (4) sind sogar die hohen Gaben der oben angegebenen mittelstarken Stallmistdüngung nicht zu empfehlen. W. SCHNEIDEWIND konnte durch Versuche mit Zuckerrüben und Kartoffeln, also mit solchen Pflanzen, die erfahrungsgemäß den Stallmist am besten und höchsten verwerten, den Nachweis erbringen, daß mit 200 dz Stalldünger ebenso hohe oder doch nahezu so hohe Erträge erzielt wurden wie mit 300 dz je Hektar. Es wurden nämlich ohne jede Beidüngung von Mineralstoffen vom Hektar geerntet, wie Tab. auf S. 265 zeigt.

Hiernach dürfte es sich nicht empfehlen je Hektar wesentlich mehr als 200 bis höchstens 300 dz Stalldünger zu geben, wobei die letztere Zahl für bessere, die erstere für leichte Böden Geltung hat. Selbstverständlich muß sich die Höhe der Stallmistgabe auch nach der anzubauenden Frucht richten. Da Getreide und Leguminosen den Stalldung nicht so gut verwerten wie die Hack- und Ölfrüchte, so wird man im allgemeinen den ersteren, sofern man sie überhaupt in Stalldung baut, nur schwächere, den letzteren aber die stärkeren Stallmistdüngungen geben. Für die Höhe der Stallmistgabe soll die Qualität des Dungs nicht maßgebend sein. Selbst wenn man schlechten Stalldung verwenden muß, ist im allgemeinen über die übliche Stärke nicht hinauszugehen. Die fehlenden Nährstoffmengen sind in diesem Falle zweckmäßiger durch künstliche Düngemittel auszugleichen.

	Wurzeln dz	Zucker %	Zucker dz
1. Zuckerrüben:			
Ungedüngt	335,4	18,15	60,74
200 dz Stalldünger	438,2	18,39	80,34
300 dz „	461,1	17,98	82,82
Durch 200 dz Stalldünger mehr (+) oder weniger (—)	+ 102,8	+ 0,24	+ 19,60
Durch 300 dz Stalldünger mehr (+) oder weniger (—)	+ 125,7	— 0,17	+ 22,80
2. Kartoffeln:	Knollen	Stärke	Stärke
Ungedüngt	123,8	17,13	21,19
200 dz Stalldünger	238,6	17,08	41,01
300 dz „	241,7	16,73	40,71
Durch 200 dz Stalldünger mehr (+) oder weniger (—)	+ 114,8	— 0,05	+ 19,82
Durch 300 dz Stalldünger mehr (+) oder weniger (—)	+ 117,9	— 0,40	+ 19,52

Eine nicht übermäßig starke, dafür aber häufigere Stallmistdüngung empfiehlt sich auch deshalb, weil die Wirkung derselben in der Regel nicht über vier Jahre hinausgeht. Macht sich in einem Boden vorzugsweise die biologische und physikalische Wirkung des Stalldüngers geltend, so wird man noch im dritten und auch im vierten Jahre die Nachwirkung deutlich bemerken können. Kommt dagegen in einem bereits in guter Kultur befindlichen Boden vorzugsweise die chemische Wirkung des Stalldüngers in Betracht, so macht sie sich im zweiten Jahre nur noch wenig bemerkbar, und im dritten Jahre ist eine solche meist nicht mehr vorhanden. Die umfassenden Felddüngungsversuche von B. Schulze (3) haben dies für den Stickstoff in eindeutiger Weise dargetan. In gleicher und ähnlicher Richtung liegen auch die Versuchsergebnisse von M. Maercker, W. Schneidewind u. a. für Kali und Phosphorsäure. Aber auch die Zersetzung der organischen Substanz geht im Boden unter günstigen Verhältnissen sehr schnell vor sich. E. Haselhoff verfolgte diese durch Ermittlung der Menge des gebildeten Kohlendioxyds. Er konnte hierbei feststellen, daß die Zersetzung der organischen Substanz mit dem zweiten Versuchsjahre im wesentlichen beendigt war. Selbstverständlich werden sich bei den verschiedenen Bodenarten alle diese Vorgänge nicht in gleichen Zeiträumen abspielen. Wenn möglich, sollte aber jeder Acker alle vier Jahre mit einer normalen Menge Stallmist abgedüngt werden und zwar zu den Früchten, die wie Hackfrüchte und Ölfrüchte, den Dung am besten ausnutzen und verwerten.

c) Die Beidüngung von Kunstdünger zu Stallmist. Aus den bisherigen Darlegungen geht hervor, daß der Gehalt des Stallmistes an Kali, Phosphorsäure und Stickstoff nicht ausreicht, um den Ansprüchen der heutigen, anspruchsvollen und hochgezüchteten landwirtschaftlichen Kulturpflanzen zu genügen. Auch ist das Mengenverhältnis der einzelnen Nährstoffe zueinander im Stallmist nicht ein solches, wie es dem Bedarfe der Pflanzen entspricht. Infolgedessen wird in der Mehrzahl der Fälle eine ausschließliche Düngung mit Stallmist, d, h. ohne eine gleichzeitige Anwendung von Kunstdünger, nicht ausreichen, um Höchsterträge zu erzielen. Praktische Erfahrungen und wissenschaftliche Untersuchungen haben dies bestätigt. So erntete E. Haselhoff vom Hektar in Doppelzentnern (s. Tab. S. 266).

	Stallmist	Stallmist und einfache Mineraldüngung	Stallmist und zweifache Mineraldüngung
Kartoffeln . .	210,4	256,7	308,0
Kartoffelkraut	21,5	27,6	34,0

Ähnliche Resultate wurden mit Zuckerrüben erzielt. Höchsterträge, und zwar namentlich von Hackfrüchten, sind weder durch Mineraldüngung, noch durch Stallmistdüngung allein zu erzielen, sondern nur bei gleichzeitiger Anwendung von beiden. Hierauf weisen schon die älteren Untersuchungen von M. Maercker (3) hin. Die Zweckmäßigkeit einer Beidüngung von Kunstdünger ist von W. Schneidewind (6) selbst für guten und in hoher Kultur befindlichen Boden zahlenmäßig nachgewiesen worden. Er erntete im Mittel von 19 Jahren in der Fruchtfolge Zuckerrüben, Gerste, Kartoffeln und Weizen, wobei jeweils die Hackfrüchte 200 dz Stalldung je Hektar erhalten hatten, in Doppelzentner vom Hektar:

	Rüben (Wurzeln)	Gerste (Körner)	Kartoffeln (Knollen)	Weizen (Körner)
Volldüngung	432,9	30,63	260,7	39,75
„ ohne K_2O	425,6	30,88	244,9	40,32
„ „ P_2O_5	413,0	28,79	241,3	40,05

Diese Ergebnisse lassen erkennen, daß namentlich bei Hackfrüchten und insonderheit wiederum bei der Zuckerrübe dauernd Höchsterträge nur bei einer Volldüngung, bestehend aus Stalldung und künstlichen Düngemitteln, zu erzielen sind. In diesem Falle erübrigte sich eine Kali- und Phosphorsäuredüngung zu den nachfolgenden Halmfrüchten, ohne daß ein Zurückgehen der Erträge an Körnern beobachtet werden konnte. P. Wagner (2) kam in langjährigen Versuchen zu gleichen Ergebnissen.

Von den chemischen Kunstdüngern sind es hauptsächlich die stickstoffhaltigen, deren Beidüngung zum Stallmist am deutlichsten zum Ausdruck kommt. Es gilt dies in erster Linie wiederum für die Hackfrüchte und insonderheit für die Rüben, während die Kartoffeln nach den Untersuchungen von W. Schneidewind noch am ehesten das Fehlen des Stickstoffes neben Stalldünger vertragen können. Doch stellen hinsichtlich des Stickstoffbedarfes auch hier die neueren, ertragreichen Kartoffelsorten nicht unerhebliche Ansprüche. Ebenso bedürfen die Ölfrüchte neben der Stallmistdüngung einer gleichzeitigen Zufuhr von stickstoffhaltigen Kunstdüngern. Bei den in Stallmist stehenden Leguminosen ist eine weitere Anwendung von künstlichen Stickstoffdüngern in der Regel nicht notwendig und oft auch nicht bei dem in gedüngter Brache angebauten Getreide. Daß es notwendig ist, den Kulturpflanzen innerhalb der Fruchtfolge neben Stalldung auch noch Stickstoff in Form von künstlichen Düngemitteln zuzuführen, geht deutlich aus einer von O. Lemmermann (1) aufgestellten Stickstoffbilanz hervor:

Boden	Stickstoffbilanz bei		
	reiner Mineraldüngung	reiner Stallmistdüngung	Stallmist- und Mineraldüngung
Lehm	—50,2	— 9,0	+ 5,5
milder Lehm	—14,6	+20,0	+37,1
schwerer Lehm	—46,1	—22,2	— 5,8
kalkhaltiger Lehm . .	—66,7	—38,3	—17,4
sandiger Lehm	—33,0	—11,6	+ 8,1
kiesiger Lehm	—46,4	+ 1,4	+24,4
lehmiger Ton	—76,7	—28,1	—10,2
Sand	—19,4	—12,8	+12,0
lehmiger Sand	—20,9	—15,1	+ 2,8

Hiernach war also nur bei Stallmistdüngung neben Mineraldüngung und auch hier nicht einmal in allen Fällen eine positive Stickstoffbilanz vorhanden. Diese Zahlen lassen die Notwendigkeit einer Stickstoffzufuhr neben dem Stallmist klar erkennen.

Viel weniger eindeutig tritt meist die Wirkung einer Kalibeidüngung hervor. Nach den Untersuchungen von W. SCHNEIDEWIND wird namentlich in allen viehstarken Wirtschaften, in denen mit gut konserviertem Stalldünger regelmäßig und reichlich abgedüngt werden kann, zur Stallmistdüngung in der Regel nur noch eine schwächere Kalidüngung erforderlich sein. Trotzdem empfiehlt es sich auch hier, das Kali in üblicher Menge neben dem Stalldung zu den kalibedürftigen Hackfrüchten anzuwenden. Die nachfolgenden Halmfrüchte bedürfen dann gewöhnlich einer Kalidüngung überhaupt nicht mehr. Auf den an sich kaliärmeren, leichten Böden liegen die Verhältnisse insofern etwas anders, als hier eine Beidüngung von Kali zum Stalldung deutlicher zur Wirkung kommt. Gegenüber dem Kali erweist sich eine Phosphorsäurebeidüngung neben Stallmist sehr häufig als notwendig. Es gilt dies in erster Linie für die Hack- und Ölfrüchte und zwar bei ersteren nicht nur für die Rüben, sondern auch für die Kartoffeln. Aber auch bei anderen Feldfrüchten, wie bei den Leguminosen und Getreidearten, wird sich eine Beidüngung von Phosphorsäure trotz der hohen Verwertung der Stallmistphosphorsäure als zweckmäßig erweisen, sofern der Boden nicht schon sehr reich an diesem Nährstoff ist. Man wird auch hier wieder die Phosphorsäuredüngung so auf die ganze Fruchtfolge verteilen, daß den phosphorsäurebedürftigen Pflanzen neben der Stallmistdüngung reichlich Phosphorsäure in Form von Superphosphat oder Thomasmehl usw. gegeben wird, so daß die nachfolgenden, inbezug auf die Phosphorsäure weniger anspruchsvollen Pflanzen hiervon noch genügende Mengen im Boden vorfinden bzw. mit einer schwächeren Phosphorsäuregabe auskommen.

Da also die im Stalldung enthaltenen Pflanzennährstoffe im allgemeinen nicht ausreichen, um den Bedarf der landwirtschaftlichen Nutzpflanzen vollkommen zu decken und die höchsten Erträge zu erzielen, so ist eine gleichzeitige Zufuhr von Nährstoffen in mineralischer Form erforderlich. Es gilt dies in erster Linie für Gemüse, Hackfrüchte und Ölpflanzen. In welchen Mengen und in welchen Formen dies am besten geschieht, hängt von der Düngerbedürftigkeit des Bodens und dem Nährstoffbedürfnis der Pflanzen ab.

5. Die Anwendung von Jauche und Gülle.

Unter Jauche versteht man die in Gärung befindliche, wässerige Harnflüssigkeit der Nutztiere, die durch Aufnahme bzw. Lösung organischer Substanzen und von Kot und Stroh meist dunkelbraun gefärbt ist und trübe erscheint. Demgegenüber ist der frische, tierische Harn im normalen Zustande dünnflüssig und schmutziggelb. Als Ausscheidungs- und Stoffwechselprodukt der Nieren enthält er nicht nur Stickstoffverbindungen, sondern u. a. auch phosphorsaure und kohlensaure Salze, Benzoesäure, Phenole usw. Im Gegensatz zu dem menschlichen Harn, der schwach sauer reagiert, ist der tierische Harn ebenso wie die Jauche von alkalischer Beschaffenheit (M. HOFFMANN 2). Ob und inwieweit sich Mistjauche vom eigentlichen Harn unterscheidet, zeigen die vergleichenden Untersuchungen von A. MAYER (s. Tab. S. 268).

Die Jauche unterscheidet sich hiernach vom Harn durch einen höheren Wassergehalt und dementsprechend einen geringeren Gehalt an Aschenbestandteilen. Diese Veränderungen sind auf den Zufluß von Regenwasser usw. zurückzuführen. Dagegen besteht ein wesentlicher Unterschied zwischen der von frischem und von

	Mistjauche %	Harn vom Pferd %	Harn vom Rindvieh %	Harn vom Schaf %
Wasser	97,4	90,0	93,8	87,5
Organ. und flüchtige Substanz	1,6	7,0	3,2	8,0
darin Stickstoff	0,16	1,5	0,3—0,6	1,3—2,5
Aschenbestandteile	1,0	3,0	3,0	4,5
darin Kali	0,5	1,6	1,3	2,0
„ Phosphorsäure	0,01	0	0	Spuren

verrottetem Mist ablaufenden Jauche nicht, wie Untersuchungen von A. VÖLKER gezeigt haben (E. HEIDEN):

	Jauche von frischem Mist %	Jauche von verrottetem Mist %
Wasser	98,06	98,91
Organ. und flüchtige Substanz	1,02	0,38
hiervon Humussubstanz	—	0,18
Stickstoff	0,06	0,06
hiervon Ammoniakstickstoff	0,02	0,05
Mineralstoffe	0,92	0,71
darin Kali	0,34	0,23
„ Phosphorsäure	0,05	0,01

Immerhin muß angenommen werden, daß die von verrottetem Mist ablaufende Jauche infolge Zutrittes von Regen- und Schneewasser usw. im allgemeinen weniger gehaltreich ist. Hierfür sprechen auch Untersuchungen von A. MAYER, der in Jauche der gleichen Herkunft fand:

	ungegoren %	gegoren %
Stickstoff als Ammoniak und leicht zersetzbare Amide	0,16	0,13
Organische und flüchtige Stoffe	1,59	1,22
Kali	0,75	—

Im übrigen weisen einzelne Jaucheproben sehr große Unterschiede auf. Nimmt man jedoch das Mittel von einer größeren Anzahl von Untersuchungen, so stimmen solche Durchschnittswerte überraschend miteinander überein. Es enthielten pro Liter:

Mittel von 29 Proben (A. STUTZER 2) . . . 2,3 g Stickstoff und 4,6 g Kali
„ „ 51 „ (P. WAGNER 3) . . . 2,2 g „ „ 4,6 g „

Hierbei ist zu berücksichtigen, daß die zur Untersuchung gelangten Jaucheproben aus den verschiedensten Gegenden mit landwirtschaftlich sehr unterschiedlichen Verhältnissen stammten.

Die bei getrennter Auffangung und Ansammlung der flüssigen und festen Ausscheidungen anfallende Jauche weist bei richtiger Aufbewahrung und Konservierung einen höheren Gehalt an Pflanzennährstoffen auf als gewöhnliche Mistjauche. Nach den Untersuchungen von R. HEINRICH (3) schwankte der Stickstoffgehalt solcher Jauchen je nach Fütterung usw. zwischen 0,70—1,10%. D. MEYER (2) fand einen Gehalt von 0,69—0,78% Stickstoff.

Aus den Darlegungen geht hervor, daß die Jauche eine andere Zusammensetzung als der Harn hat. Die Jauche ist daher hinsichtlich ihres Wertes und ihrer Wirkung als Düngemittel anders zu beurteilen als der frische Harn. Der Düngerwert der Jauche wird in der Hauptsache durch den Gehalt an Stickstoff und an Kali bedingt. Letzteres kann sowohl bei sachgemäßer Aufbewahrung der Jauche als auch bei verlustlosem Ausbringen derselben auf den Acker restlos erhalten bleiben. Dagegen ist der Stickstoff zum größten Teil in flüchtiger Form in der Jauche vorhanden und infolgedessen ständigen Verlusten unterworfen. Den Stickstoff mit den geringsten Verlusten in der Wirtschaft zu erhalten, ist Aufgabe der Konservierung der Jauche und einer richtigen und sachgemäßen Verwendung derselben auf dem Felde.

a) Art und Zeit der Jaucheanwendung. Eine an Stickstoff reiche Jauche kann nicht zu jeder beliebigen Zeit ausgebracht und angewandt werden. Sie wird im allgemeinen am besten von den Sommerfrüchten verwertet, wenn sie kurz vor der Saat gegeben wird. Es ist nicht richtig, im Herbst zu Wintersaaten größere Mengen von Jauche anzuwenden, weil, und zwar namentlich auf leichten Böden, bis zum Frühjahr erhebliche Stickstoffverluste eintreten. Versuche von F. HONCAMP und E. BLANCK (3) mit Roggen auf leichten Böden zeigen dies in eindeutiger Weise. Im Durchschnitt einer Reihe von Versuchen ergaben sich, bei Einsetzung des durch Salpeter erzielten Ertrages = 100, folgende Werte in Doppelzentner je Hektar:

	Stroh	Körner	Gesamtertrag	
Salpeter	43,3 = 100	23,8 = 100	67,1 = 100	Geteilte Gaben, $^1/_3$ im Herbst vor der Saat, $^2/_3$ im Frühjahr als Kopfdünger
Schwefels. Ammoniak	39,5 = 91	22,4 = 94	61,9 = 93	
Jauche	37,0 = 85	21,0 = 88	58,0 = 87	
Jauche	33,4 = 77	19,7 = 83	53,1 = 80	Ganze Gabe im Frühjahr
Jauche mit H_2SO_4 konserviert	34,3 = 79	19,3 = 81	53,6 = 80	

Hiernach sind in der Zeit vom Herbst bis zum Frühjahr nicht unerhebliche Verluste an Stickstoff eingetreten. Auch bei geteilter Stickstoffgabe wird es sich nicht empfehlen, im Herbst auf leichten Böden den Stickstoff zu Wintersaaten in Form von Jauche zu geben. Eine solche Anwendung dürfte nur auf besseren und schweren Böden in Frage kommen. Im allgemeinen wird eine mineralische Stickstoffdüngung im Herbst einer solchen in Form von Jauche vorzuziehen sein. Es ist am richtigsten, die Jauche, die nicht nur den Stickstoff, sondern auch das Kali in einer leichtlöslichen Form enthält, im Frühjahr und zu Anfang des Sommers auszubringen. Nach TREIBIG werden bei Anwendung der Jauche in dieser Zeit die höchsten Ernteerträge erzielt. Man bringt die Jauche mit dem Jauchedrill in diejenigen Bodenschichten, in denen die Wurzeln der jungen Pflanzen sich vorzugsweise verbreiten. Hackfrüchte, Kohlrüben, Raps und auch Sommergetreide verwerten die Jauche gut. Am besten wird sie von den Futterrüben ausgenutzt.

Das Ausbringen der Jauche soll bei trübem und windstillem Wetter erfolgen, weil bei solchen Witterungsverhältnissen die geringsten Stickstoffverluste eintreten. Das Aussprengen und Ausfließen der Jauche aus dem Jauchewagen muß, um Verluste durch Verflüchtigung des Stickstoffes zu verhindern, gleichmäßig in dünnem Strahl und möglichst dicht über der Oberfläche des Bodens geschehen. Hierzu hat CHR. ORTMANN einen besonderen Jaucheverteiler konstruiert, bei dem unter Anwendung des MARIOTTEschen Prinzips die aus dem hochlagernden Jauchegefäß kommende Flüssigkeit bei gleichmäßig bleibendem Druck aus einer großen Anzahl kleiner Löcher dicht über dem Erdboden herausläuft. Die zweckmäßige Anwendung der Jauche ist von CHR. ORTMANN (1) wesentlich gefördert worden. Neuerdings läßt man die Jauche überhaupt nicht mehr einfach auf den Boden auslaufen, weil hierbei immer noch Verluste an Stickstoff unvermeidlich sind. Man bringt sie vielmehr mit Hilfe sog. Jauchedrills direkt in den Boden, so daß hierbei die Jauche mit der Luft überhaupt nicht in Berührung kommt. Solche Hohlscharjaucheverteiler bestehen aus einem

Rohrsystem, durch welches die Jauche vom Fasse direkt in den Boden eingeführt wird, und zwar zwischen die Reihen der Früchte. Die Einführungsorgane sind hohle Schare. Diese ziehen Rillen in den Erdboden und zwar möglichst dicht an den Wurzeln der Pflanzen. Durch diese Art der Jaucheausbringung werden Stickstoffverluste soweit als möglich vermieden. Auch ist ein Bespritzen der Blätter hierbei ausgeschlossen.

Als allgemeine Regeln für Art und Zeit der Jaucheausbringung haben zu gelten, daß diese nur bei trübem und windstillem Wetter und am besten zu Sommerfrüchten kurz vor der Saat zu erfolgen hat. Ein Ausbringen der Jauche auf leichten Boden im Herbst oder im Laufe des Winters ist mit großen Stickstoffverlusten verknüpft. Dagegen kann nach den Untersuchungen von W. SCHNEIDEWIND (4) auf allen tiefgründigen, besseren und schwereren Böden die Jauche auch schon im Herbst bzw. Winter zur Anwendung kommen.

b) Die Unterbringung der Jauche. Die Jauche wirkt am besten und sichersten, wenn sie sofort nach dem Ausbringen gründlich mit dem Boden vermengt oder von diesem bedeckt wird. Geschieht dies nicht und überläßt man das Einsickern der Jauche auf der Ackerfläche sich selbst, so sind Stickstoffverluste unvermeidlich. Sie sind um so größer, je sonniger oder windiger das Wetter ist. Infolgedessen empfiehlt sich auch eine Anwendung der Jauche als Kopfdüngung nicht. Zahlreiche Vegetationsversuche und Felddüngungsversuche von C. BÖHME, R. HEINRICH (3), F. HONCAMP und E. BLANCK (3) u. a. haben ohne Ausnahme gezeigt, daß eine Jauchekopfdüngung immer mit erheblichen Stickstoffverlusten verknüpft ist, und daß auch durch Konservierung der Jauche mit stickstoffbindenden Mitteln diese Verluste nur bis zu einem gewissen Grade eingeschränkt werden können.

Es fragt sich, wie tief muß nun die Jauche untergebracht werden, um am sichersten zur Wirkung zu kommen. Auch diese Frage ist von den obengenannten Forschern, sowie von W. SCHNEIDEWIND und D. MEYER (4) u. a. eingehend durch Vegetations- und Felddüngungsversuche geprüft worden. F. HONCAMP und E. BLANCK gelangten in Vegetationsversuchen mit Hafer zu folgenden Ergebnissen, wobei die Wirkung der obenauf gegossenen Jauche = 100 gesetzt worden ist:

	Sofort nach der Düngung besäet	8 Tage nach dem Aus- bzw. Unterbringen der Jauche besäet
Jauche, oben aufgegossen	100	100
„ , sofort bis 5 cm tief vermengt	120	190
„ , „ „ 10 cm „ „	189	282
„ , „ „ 15 cm „ „	266	349
„ , „ „ 25 cm „ „	295	347

Die Wirkung der Jauche ist also mit der Tiefe der Unterbringung gestiegen. Ebenso hat es sich als zweckmäßig erwiesen, die Jauche etwa 8 Tage vor der Saat aus- und unterzubringen. Felddüngungsversuche haben diese Ergebnisse voll und ganz bestätigt. Mit den höheren Erträgen infolge der tieferen Unterbringung geht auch eine bessere Stickstoffausnutzung Hand in Hand. F. HONCAMP und E. BLANCK (3) fanden in Vegetationsversuchen mit Hafer nachstehende Vergleichswerte, wobei wiederum die bei der Oberflächendüngung mit schwefelsaurem Ammoniak geernteten Stickstoffmengen = 100 gesetzt worden sind.

Je tiefer also die Unterbringung war, desto besser war auch die Ausnutzung des Jauchestickstoffes.

Zur Vermeidung von Stickstoffverlusten und um eine volle Wirkung der Jauche zu erzielen, ist es notwendig, daß die Jauche nicht nur überhaupt in den

	Versuch 1 (Hafer)	Versuch 2 (Gerste)	Versuch 3 (Hafer)
Schwefelsaures Ammoniak oben aufgebracht .	100	100	100
Jauche oben aufgebracht	22	26	31
5 cm tief untergebracht	62	45	55
10 cm „ „	67	67	69
15 cm „ „	69	79	83

Boden gebracht wird, sondern daß dies auch sogleich nach dem Ausbringen auf das Feld geschieht. Je länger die Jauche obenauf liegen bleibt, desto größer sind die Verluste. Setzte man den erzielten Ernteertrag = 100, wenn die Jauche sogleich mit dem Boden vermengt wurde, so erntete R. HEINRICH (1), wenn das Vermischen der Jauche mit dem Boden erst vorgenommen worden war:

nach einem Tage	92 Teile	nach drei Tagen	43 Teile
nach zwei Tagen	70 Teile	nach vier Tagen	40 Teile

Alle diese Ergebnisse sind durch die in gleicher Richtung sich bewegenden Vegetations- und Feldversuche von D. MEYER voll bestätigt worden. Zu gleichen Resultaten haben auch die umfangreichen Untersuchungen von G. ANDRÄ und J. VOGEL (2) über Gewinnung, Behandlung und Anwendung der Jauche geführt. Selbstverständlich werden gewisse Unterschiede durch die verschiedenen Bodenarten bedingt. Auf Grund der praktischen Erfahrungen von CHR. ORTMANN ist die Jauche in besseren und mittleren Böden 8—10 cm und in leichten Böden 15 cm tief unterzubringen. Nach den Angaben von STRECKER wird die Jauche durch die Jauchedrille in schweren Böden 5—6 cm, in leichten 12 cm tief untergebracht, was den theoretischen Anforderungen hinsichtlich der Jauchenunterbringung vollkommen genügen würde.

Inbezug auf die Unterbringung der Jauche gehen also die praktischen und wissenschaftlichen Ergebnisse dahin, daß eine Anwendung der Jauche als Kopfdünger in allen Fällen unzweckmäßig ist. Ein Bedecken oder Vermischen der Jauche mit dem Boden sofort nach dem Ausbringen ist unter allen Umständen notwendig, wenn Stickstoffverluste vermieden werden und die Jauche zur vollen Wirkung kommen soll. Je leichter der Boden ist, desto tiefer muß die Unterbringung der Jauche erfolgen, und zwar bei leichten Böden in einer Tiefe zu 15—20 cm, während für alle besseren Böden ein Unterbringen auf ca. 10 cm genügt. Will man die Jauche mit dem Boden vermischen, so kommt hierfür unter praktischen Verhältnissen das Eineggen und Einkrümmern in Frage, wodurch im ersteren Falle eine Mischung mit den obersten 5 cm und beim Einkrümmern eine solche bis 10 cm stattfinden dürfte. Das Bedecken der Jauche mit Boden entspricht dem Einschälen und dem flachen Unterpflügen. Hierdurch würde die Jauche mit 9—10 bzw. beim Einpflügen mit etwa 15 cm Boden bedeckt werden.

c) Die Menge der anzuwendenden Jauche. Bei der Anwendung von Handelsdüngemitteln ist man gewohnt, eine bestimmte Menge von Stickstoff auf die Flächeneinheit zu geben. Das gleiche sollte auch bei der Jauche der Fall sein. Man muß zu diesem Zweck vorher wissen, wieviel Stickstoff die betreffende Jauche enthält. Der Stickstoffgehalt kann durch eine chemische Analyse ermittelt werden. Man kann denselben aber auch bei Benutzung einer sog. Jauchespindel (s. Abb. 57) wenigstens annähernd genau feststellen. Aus der nachstehenden Tabelle ist ferner ersichtlich, wieviel Liter Jauche von einem bestimmten

Abb. 57. Jauchespindel nach J. VOGEL.

Stickstoffgehalt angewandt werden müssen, um dem Acker eine gewisse Menge von Stickstoff zuzuführen.

Zum Düngen auf den Hektar braucht man bei einem Stickstoffgehalt der Jauche von:

Stickstoff kg	0,40%	0,45%	0,50%	0,55%	0,60%	0,65%	0,70%	0,75%	0,80%	0,85%	0,90%	0,95%	1,00 %
	Liter												
20	5 000	4 444	4 000	3 636	3 333	3 078	2 857	2 667	2 500	2353	2220	2105	2000
30	7 500	6 666	6 000	5 454	5 000	4 617	4 286	4 001	3 750	3530	3330	3158	3000
40	10 000	8 888	8 000	7 272	6 666	6 156	5 714	5 334	5 000	4706	4440	4210	4000
50	12 500	11 110	10 000	9 090	8 333	7 695	7 143	6 668	6 250	5883	5550	5263	5000
60	15 000	13 332	12 000	10 908	9 999	9 224	8 571	8 001	7 500	7059	6660	6316	6000
70	17 500	15 554	14 000	12 726	11 666	10 763	10 000	9 335	8 750	8236	7770	7369	7000
80	20 000	17 776	16 000	14 544	13 332	12 312	11 428	10 668	10 000	9412	8880	8420	8000

Um die aus dem Jauchefaß auslaufende Flüssigkeitsmenge genau einstellen und regulieren zu können, sind besondere Abmeßorgane konstruiert worden, die es ermöglichen, auf die Flächeneinheit die erforderliche Literanzahl ziemlich genau auszubringen.

d) Die Anwendung der Gülle. Jauche und Gülle sind nicht ohne weiteres dasselbe. Was man unter Jauche versteht, ist bereits im Vorhergehenden definiert worden (S. 209). Gülle dagegen ist ein Gemisch von Harn und Kot zusammen mit Wasser verrührt. REIER spricht als Gülle eine Mischung von Harn, Kot, Torfmull, kurzgehäckselter Streu oder Sägemehl und Wasser an. Letzteres ist ein wesentlicher Bestandteil der Gülle. Die Verdünnung der Gülle mit der doppelten bis dreifachen Menge Wasser hat den Zweck, die Verflüchtigung des Harnstickstoffes zu verhindern. Die Gülle unterscheidet sich von der Jauche also dadurch, daß sie außer Harn und Wasser auch noch Kot und in manchen Fällen Teile von Kleinspreu enthält. Der Kot wird absichtlich dem Harn zugefügt und zusammen mit ihm aufbewahrt (R. BEUTE). Eine ausgesprochene Güllewirtschaft findet sich eigentlich nur in Gegenden, wo es an Einstreu jeglicher Art mangelt. Sie ist ganz allgemein dadurch gekennzeichnet, daß Harn und Kot mit Wasser verrührt werden und so die Auswurfstoffe der landwirtschaftlichen Nutztiere in flüssiger Form als Düngemittel Verwendung finden.

Hinsichtlich der Verwendung der Gülle finden die für Jauche gegebenen Vorschriften sinngemäße Anwendung. Auch das Ausbringen der Gülle hat bei kühlem, windstillem Wetter und bedecktem Himmel zu erfolgen und geschieht am besten vor einem Regen. Das vielerorts beliebte oder auch wegen überfüllter Grube notwendig gewordene Güllen auf Schnee wirkt nur dann günstig, wenn die Temperatur nicht unter 0° C liegt. Es besteht sonst die Gefahr, daß die Gülle nicht in den Boden einsickern kann (E. TRUNINGER). Die Zusammensetzung der Gülle zeigt je nach der zugesetzten Wassermenge ganz erhebliche Schwankungen. Ohne Wasserzusatz bereitete Güllen (Gutsbetrieb Liebefeld-Schweiz) enthielten im Durchschnitt einer Reihe von Untersuchungen pro Liter folgende Nährstoffmengen:

Gesamtstickstoff	3,40 g	Magnesium	0,15 g
Ammoniakstickstoff	3,10 g	Chlor	2,82 g
Kali	17,23 g	Schwefelsäure	1,75 g
Phosphorsäure	0,08 g	Kohlensäure	11,56 g
Natrium	0,76 g	100 cm³ Gülle erfordern zur Neutralisation cm³-Säure	27,76
Kalk	0,15 g		

Hiernach ist die Gülle vorwiegend ein Stickstoff-Kalidünger. Die Gülle kommt in erster Linie zur Düngung von Weiden und Wiesen in Betracht. Nach den

Untersuchungen von P. LIECHTI und E. RITTER (1) geraten jedoch bei der Gülledüngung der Wiesen große Mengen von Ammoniak durch Verdunstung in Verlust. Eine Stickstoffwirkung ist deshalb nur bei Verabreichung sehr großer Güllemengen zu erwarten. Mit den üblichen Mengen werden große Kaligaben dem Boden zugeführt. Dagegen ist bei dem geringen Gehalt der Gülle an Kalk und Phosphorsäure eine gleichzeitige Zufuhr dieser Nährstoffe in Form von chemischen Kunstdüngern erforderlich. Die Gülle kann mit Erfolg auch im Ackerbau angewandt werden. Namentlich die Kartoffel verwertet Gülle gut, die hier sogar recht dick zur Verwendung kommen kann. In der Zeit, während welcher die Kartoffeln auflaufen und den Boden noch nicht decken, können sie auch dünnflüssige Gülle, gewissermaßen als Kopfdüngung, erhalten.

Für die Unterbringung der Gülle haben die gleichen Gesichtspunkte wie bei der Jauche maßgebend zu sein. Die Gülle ist sogleich nach dem Ausbringen durch Eineggen, Krümmern oder Unterpflügen mit dem Boden zu vermischen oder zu bedecken. Diese Maßnahmen lassen sich bei der Güllenanwendung auf dem Acker leicht durchführen, jedoch nicht immer ohne weiteres auf den Grünlandflächen. Hier sind infolgedessen große Stickstoffverluste nicht zu vermeiden. Es sind namentlich die Untersuchungen von P. LIECHTI und E. RITTER (2) gewesen, die gezeigt haben, daß auch bei der Gülledüngung trotz des reichlichen Wasserzusatzes unter ungünstigen Verhältnissen innerhalb weniger Tage ein Drittel und noch mehr des mit der Gülle gegebenen Ammoniakstickstoffes verlorengehen kann.

Die Naturdünger sind die Grundlage einer rationellen Düngung. Um zur vollen Auswertung und Wirkung zu kommen, müssen sie hinsichtlich ihres Gehaltes an Pflanzennährstoffen durch die chemischen Kunstdüngemittel ergänzt werden. Der Vorteil der meisten Naturdünger liegt in der Verbesserung der biologischen und physikalischen Bodenverhältnisse. Den nunmehr zu behandelnden Kunstdüngern kommt dagegen, wenn man vom Kalk absieht, in der Hauptsache nur eine reine Nährstoffwirkung zu.

Literatur.

ANDRÄ, G.: (1) Dtsch. landw. Presse **43**, 19 (1916); (2) Jb. dtsch. Landw.-Ges. **31**, 65 (1916). Arb. Geb. sächs. Landw. H. 1.

BACHMANN: Dtsch. landw. Presse **30**, 311 (1903). — BAESSLER, P.: Mitt. dtsch. Landw.-Ges. **17**, 273 (1902) u. **19**, 209 (1904). — BEUTE, R.: Die Güllewirtschaft. Arb. dtsch. Sekt. Landeskulturrates Böhmen, H. **38**. — BLANCK, E., s. F. HONCAMP (3). — BÖHME, E.: Inaug.-Dissert., Rostock 1904. — BODEKER, A. v.: Inaug.-Dissert., Leipzig 1899.

CHRISTMANN: Landwirtschaftliche Abwässerverwertung in Technik und Landwirtschaft 1924.

FEHRENTEIL, H. v.: Das Grünland. Dez. **1926**. Sonderheft für Verwertung städtischer Abfallstoffe, S. 44. — FISCHER, F.: Dtsch. Vjschr. öff. Gesdh.pfl. **13**, Suppl. (1882). — FRECKMANN, W., s. C. v. SEELHORST.

GERLACH, M.: (1) Jber. landw. Versuchsstat. Posen **1898/99, 1899/00** u. **1902/03**; (2) Ebenda **1902**; (3) Mitt. dtsch. Landw.-Ges. **22**, 169 (1907). — GRANDKE, H.: Die Rieselfelder von Berlin. Berlin: B. Grundmann.

HASELHOFF, E.: Lehrbuch der Agrikulturchemie **2**, Berlin: G. Borntraeger. — HAZZI, v.: Über den Dünger 1830. — HEIDEN, E.: Lehrbuch der Düngerlehre **2**, 98. Stuttgart: Cohen & Reich. — HEINRICH, R.: (1) Dünger und Düngen. Berlin: P. Parey; (2) Ebenda; (3) s. F. HONCAMP. — HELLRIEGEL, H.: Landw. Versuchsstat. **33**, 464 (1886), **34**, 460 (1887) u. Z. Ver. Rübenzucker-Industrie **1888**, Beilageh. 1—234. — HENKEL, TH.: Gülle und Jauche, Bedeutung und Herkunft dieser Worte. Druck. Südd. Molkereiztg Kempen-Allgäu. — HILTNER, L.: Arb. biol. Abt. ksl. Gesdh.amtes **3**, 151 (1903). — HOFFMANN, M.: (1) Düngerfibel dtsch. Landw.-Ges.; (2) Jauche-ABC. Flugschr. Nr 18 dtsch. Landw.-Ges.; (3) Latrine, Müll und Wasen, Flugschr. Nr 6 dtsch. Landw.-Ges. — HOLDEFLEISS, F.: Untersuchungen über den Stallmist. Breslau: W. Korn. — HONCAMP, F.: (1) Die Behandlung und Anwendung von Stallmist und Jauche. Berlin: P. Parey; (2) Handbuch der gesamten Landwirtschaft **5**,

133. Leipzig: M. Jänecke; (3) Über die Konservierung und Düngerwirkung des Jauchestickstoffes, Arb. dtsch. Landw.-Ges. **1916**, H. 282.

Koch, A.: J. Landw. **61**, 26 (1913). — Kraus, s. Lehnert. — Kuhlmann zit. nach E. Wolff: Die natürlichen Grundlagen des Ackerbaues **1**, 432 (1854). — Kuhnert: Mitt. dtsch. Landw.-Ges. **31**, 253 (1916).

Lehnert: Z. landw. Ver. Bayern **1886**, 531. — Lemmermann, O.: (1) Arb. dtsch. Landw.-Ges. H. **297**, 25; (2) Ebenda H. **297**, 42; (3) Ebenda H. **297**, 50; (4) Landw. Jb. **38**, Erg.-Bd. 5, 101 (1909). — Liebenau, A.: Mitt. dtsch. Landw.-Ges. **25**, 274 (1910). — Liechti, P.: (1) Landw. Jb. Schweiz, **1910**, 481 u. **1913**, 437; (2) Ebenda **1921**, Sep.-Abdr. — Löhnis, F.: (1) Handbuch der landwirtschaftlichen Bakteriologie. Berlin: Gebr. Borntraeger; (2) Vorlesungen über landwirtschaftliche Bakteriologie II A. Berlin: Gebr. Borntraeger.

Maercker, M.: (1) Jber. landw. Versuchsstat. Halle a. S. **1895**; (2) Ebenda **1896**; (3) Landw. Jb. **28**, 746 (1899). — Mayer, A.: Lehrbuch der Agrikulturchemie **2**. Heidelberg: C. Winter. — Meyer, D., (1) s. W. Schneidewind (4); (2) Ill. landw. Ztg **33**, 823 (1913); (3) Ebenda **36**, 177 (1916). — Morgen, A. i. Stutzer-Honcamp, Die Behandlung von Stallmist und Jauche. Berlin: P. Parey. — Müller, H. K.: Wolffs Düngerlehre. Berlin: P. Parey.

Nolte, O.: (1) Die Gründüngung in Theorie und Praxis. Dtsch. Landw.-Ges. Berlin; (2) Der Stallmist und seine Verwendung. Flugschr. dtsch. Landw.-Ges. H. 24. — Nostiz, A.v.: Die künstlichen Düngemittel. Stuttgart: F. Encke.

Ortmann, Chr.: (1) Dtsch. landw. Presse **33**, 377 (1906); (2) Ebenda **33**, 374 (1906) u. Mitt. dtsch. Landw.-Ges. **24**, 227 (1909).

Pfeiffer, Th.: (1) Landw. Versuchsstat. **51**, 275 (1899); (2) Mitt. landw. Inst. Univ. Breslau **4**, 715 (1909). — Pierkarski, A.: Inaug.-Dissert. Leipzig 1917. — Prianischnikow, D. N.: Annal l'Inst. agron. Moscau **15**, 98 (1909).

Remy, Th.: Dtsch. landw. Presse **30**, 34 (1903) u. Ill. landw. Ztg **22**, 1010 (1902). — Richthofen, P. v.: Mitt. dtsch. Landw.-Ges. **37**, 623, 670, 727 (1922), Hannöv. landw. Ztg **44**, 145 (1924), Dtsch. landw. Presse **52**, 37, 270 (1925). — Ritter, A.: Mitt. dtsch. Landw.-Ges. **31**, 311 (1916). — Ritter, E., s. P. Liechti (1 u. 2). — Rosenberg-Lipinsky, A. v.: (1) Der praktische Ackerbau. Breslau: Trewendt; (2) Ebenda **2**, 335 (1869). — Rümcker, K. v.: (1) Tagesfragen aus dem modernen Ackerbau, H. **3**, Die Gründüngung. Berlin: P. Parey; (2) Ebenda, Die Stallmistdüngung. — Rudorf, G.: (1) Inaug.-Dissert., Leipzig 1897; (2) Fühlings Landw. Ztg **47**, 97 (1898). — Ruths, H.: Das Grünland, Dez. 1926. Sonderheft für landwirtschaftliche Verwertung städtischer Abfallstoffe S. 26 u. 50 Jahre Berliner Stadtgüter. Berlin: A. Metzner.

Salfeld, A.: Dtsch. landw. Presse **26**, 120 (1899). — Schneidewind, W.: (1) Arb. dtsch. Landw.-Ges. H. **289**, 23; (2) IV. Bericht der Versuchswirtschaft Lauchstädt; (3) V. Bericht der Versuchswirtschaft Lauchstädt; (4) Die Ernährung der landwirtschaftlichen Kulturpflanzen. Berlin: P. Parey; (5) Die Stickstoffquellen und die Stickstoffdüngung. Berlin: P. Parey; (6) Landw. Wschr. Prov. Sachsen **1923**, 131; (7) s. Stutzer-Honcamp, Behandlung und Anwendung von Stallmist und Jauche. Berlin: P. Parey. — Schulze, B.: (1) Arb. dtsch. Landw.-Ges. H. **81**, 55; (2) Jber. Landw. Versuchsstat. Breslau **1902**; (3) Jb. dtsch. Landw.-Ges. **24**, 168 (1909) u. Mitt. dtsch. Landw.-Ges. **24**, 128 (1909). — Schultz-Lupitz, A.: Zwischenfruchtbau. Arb. dtsch. Landw.-Ges. H. **7**. — Seelhorst, C. v.: (1) Mitt. dtsch. Landw.-Ges. **26**, 645 (1911); (2) Ebenda **28**, 626 (1913) u. Arb. dtsch. Landw.-Ges. H. **241**; (3) J. Landw. **53**, 163 (1904) u. **54**, 283 (1906). — Sigmond, A. v.: Landw. Versuchsstat. **59**, 180 (1904). — Stoermer, K., s. L. Hiltner. — Stoklasa, J.: Z. landw. Versuchswes. Österr. **10**, 440 (1907). — Strecker: Ill. landw. Ztg **36**, 558 (1916). — Stutzer, A.: (1) Die Behandlung und Anwendung von Stalldünger und Jauche. Berlin: P. Parey; (2) Fühlings Landw. Ztg **55**, 338 (1906) u. Mitt. dtsch. Landw.-Ges. **19**, 123 (1907); (3) J. Landw. **55**, 81 (1907).

Tacke, Br.: Ber. Moorversuchsstat. Bremen **1918**. — Thaer, A.: Möglinsche Annalen **11**, 79 (1823). — Treibig: Ill. landw. Ztg **39**, 143 (1919). — Truninger, E.: Vortrag, gehalten in der Gesellschaft schweiz. Landwirte am 6. 3. 1925 in Zürich. — Trunz, A.: Die Gründüngung, ihre technische Durchführung und wirtschaftliche Bedeutung. Berlin: P. Parey.

Ulrich, R.: Fühlings Landw. Ztg **46**, 627 (1897).

Vageler, P.: (1) Die Bindung des atmosphärischen Stickstoffs in Natur und Technik. Braunschweig: F. Vieweg; (2) s. A. Stutzer (2). — Vibrans, C.: Dtsch. landw. Presse **20**, 120 (1893). — Vogel, J. H.: Die Verwertung der städtischen Abfallstoffe, Arb. dtsch. Landw.-Ges. H. **11**. — Vogel. J., s. G. Andrä.

Wagner, P.: (1) Arb. dtsch. Landw.-Ges. H. **80**, 20 (1903); (2) Ebenda H. **279** u. Mitt. dtsch. Landw.-Ges. **20**, 41, 52 (1915); (3) Dtsch. landw. Presse **28**, 644 (1901); (4) Die Stickstoffdüngung der landwirtschaftlichen Kulturpflanzen. Berlin: P. Parey; (5) Landw. Versuchsstat. **48**, 252 (1897). — Weigert, J., s. A. v. Nostiz. — Wiessmann, H., zit. nach E. Haselhoff, Agrikult.-Chem. **2**, 68. Berlin: Gebr. Borntraeger. — Wilfarth, H., s. H. Hellriegel. — Wolff, E. v.: Düngerlehre. Berlin: P. Parey. — Wollny, E.: Forschgn Geb. Agrikult.-Phys. **18**, 27 (1895).

III. Die Kunstdünger.

Den Naturdüngern gegenüber, die durch ihren Gehalt sowohl an anorganischen wie insonderheit an organischen Bestandteilen gekennzeichnet sind, wird die Bedeutung und der Wert der chemischen Kunstdüngemittel allein durch ihren Gehalt an Pflanzennährstoffen bedingt. Nur wenigen wie den Kalkdüngern und anderen kalkhaltigen Düngemitteln kommen auch bodenverbessernde Eigenschaften zu. Dagegen fehlt den Kunstdüngern die humusbildende, organische Substanz so gut wie vollständig. Im Vergeich zu den Wirtschaftsdüngern enthalten sie die Pflanzennährstoffe nicht nur in erheblich größerer Menge, sondern auch meist in einer leichtlöslichen und für die Pflanze rasch aufnehmbaren Form. Sie sind also im Gegensatz zu den Naturdüngern konzentrierte und raschwirkende Düngemittel, die befähigt und berufen sind, die Wirtschaftsdünger zu ergänzen und zu unterstützen. Man unterscheidet zwischen künstlichen Düngemitteln, die, wie die reinen Kali-, Kalk-, Phosphorsäure- und Stickstoff-Dünger, nur einen pflanzlichen Kernnährstoff enthalten, und solchen, die von Natur aus oder durch künstliche Herstellung bzw. Mischung zwei oder mehrere Pflanzennährstoffe aufweisen. In neuerer Zeit haben neben der Kohlensäuredüngung auch die Reiz- und Stimulationsdünger eingehende Beachtung gefunden. Die zahlreichen Arten der Kunstdünger, ihre verschiedenartige chemische Zusammensetzung und Reaktionsfähigkeit untereinander und gegen äußere Einflüsse verlangen bei der Aufbewahrung und Mischung derselben besondere Maßnahmen, sofern die künstlichen Düngemittel nicht in ihrer Verwendung und Verwertung beträchtliche Einbußen erleiden sollen. Demgemäß sind auch diese Verhältnisse hier zu berücksichtigen.

1. Kali[1].

Von

Dr. C. HERMANN und Dr. W. JACOB

Deutsches Kalisyndikat Berlin.

Mit 20 Abbildungen.

I. Die Verbreitung des Kalis auf der Erde.

Das Element Kalium spielt bei dem mineralogisch-geologischen Aufbau unserer Erdrinde eine bedeutende Rolle. In manchen Gesteinen, z. B. dem Feldspat, tritt es als Kalium-Aluminium-Silicat direkt gebirgsbildend auf. Man hat den prozentualen Anteil des Kaliums an der Gesteinsmasse der Erde auf etwa 2,5% geschätzt.

Aus seinen an sich wasserunlöslichen Verbindungen wurde es durch unaufhörliche, über ungemessene Zeiträume sich erstreckende Einwirkung der Atmosphärilien aufgeschlossen und durch die Flüsse zum großen Teil den Meeren zugeführt, die das ungeheure Reservoir für die gelösten Kalisalze bilden. Der Gehalt des Meereswassers an Kali war schon in den ersten Jahrzehnten des 19. Jahrhunderts bekannt, und etwa von 1830 ab wurden größere Mengen von Kalisalzen aus den Mutterlaugen der Seesalzgewinnung, namentlich in Südfrankreich (Salindres), hergestellt (5, 13, 26). Auch aus der Asche von Meerespflanzen, welche einen hohen Kaligehalt aufweisen (Kelp, Varec) wurde Pottasche gewonnen. Ferner war schon den alten Germanen bekannt, daß Holzasche den Pflanzenwuchs förderte. Eine weitere Quelle für die Gewinnung von Kali, die

[1] Abschnitt I—V bearbeitet von Dr. C. HERMANN, Abschnitt VI u. VII von Dr. W. JACOB.

ebenfalls auf vegetabilischem Gebiet liegt, ist die Herstellung von Pottasche und Kaliumsulfat aus den Melasserückständen der Zuckerindustrie, die bei der starken Entwicklung dieser Fabrikation immerhin nennenswerte Mengen von Kalisalzen lieferte. Auch den Wollschweiß der Schafe zog man zur Gewinnung von Pottasche heran. Aber alle diese Kaliquellen wären nicht imstande gewesen, der immer steigenden Nachfrage zu genügen, zumal sich eine Perspektive für einen ungeahnten Absatz eröffnete, nämlich die Verwendung als Düngemittel.

Es schien zunächst vollständig ausgeschlossen, Kalisalze für eine großzügige Düngung, besonders bei zu nicht zu hohen Preisen, zu beschaffen. Da wurden im Jahre 1856 die ersten mineralischen Kalilager in *Staßfurt* entdeckt und seit 1861 die Förderung bzw. die Verarbeitung von Kalisalzen für Düngezwecke aufgenommen. Die deutsche Kaliindustrie entwickelte sich außerordentlich schnell und ging bald über den engeren Bezirk von Staßfurt hinaus. Kurz nach der Jahrhundertwende wurden hochwertige Kalilager auch im Elsaß aufgeschlossen. Deutschland besaß bis zum Kriege praktisch das Weltmonopol für Kali.

Ehe wir uns eingehend mit der deutschen Kaliindustrie beschäftigen, seien noch die Kalifunde in anderen Ländern, die meist neueren Datums sind, aufgeführt. Außer den schon erwähnten Kalilagern im *Elsaß* war schon länger ein kleineres Kalivorkommen in *Galizien*, in *Kalusz* und *Stebenik*, bekannt. Hierzu trat dann das Vorkommen in *Spanien* in *Suria*. In neuester Zeit sind in *Rußland* am Ural bei *Solikamsk* an der *Kama* größere Kalivorkommen festgestellt worden. Ein eigenartiges Auftreten von Kalisalzen ist ferner noch das in der italienischen Kolonie *Erythraea* in Äquatorialafrika. Bei allen diesen Kalifunden handelt es sich um mehr oder minder ausgedehnte Lager. Bei der Besprechung der geologischen Verhältnisse werden darüber noch einige Worte zu sagen sein.

Der Vollständigkeit wegen seien noch einige andere ausländische Kaliquellen angegeben, die allerdings meist nur eine untergeordnete Bedeutung besitzen und wesentlich anderer Herkunft sind, wenn sie auch auf mineralogischen Ursprung zurückgehen. In *Californien* wird aus einem der vollständigen Austrocknung entgegengehenden Salzsee (Searles See) Kali gewonnen. Auch aus den *Aluniten*, die vulkanischen Ursprungs sind, wurden in Amerika und auch in Italien geringere Mengen von Kalisalzen hergestellt. Sind die Ausgangsmaterialien dieser beiden Gewinnungsarten direkt in der Natur vorhanden, so ist die Gewinnung von Kali aus dem Flugstaub, der bei der Zementherstellung aus den Öfen entweicht, eine sekundäre. Sie spielte während des Krieges, als die billigen deutschen Kalisalze auf dem Weltmarkt fehlten, namentlich in England eine gewisse Rolle. Wegen der höheren Gestehungskosten haben die auf diesem Wege gewonnenen Salze keinen Einfluß auf dem Kalimarkt.

II. Die deutschen Kalisalzlagerstätten.

1. Geologische Verbreitung.

Die Kalisalzlagerstätten von *Mittel-* und *Norddeutschland* gehören dem *oberen Zechstein*, das *badische* Vorkommen dagegen einer bedeutend jüngeren Formation, dem *Mitteloligocän*, an. Die *Dyas* oder *Permformation* besitzt in Deutschland eine große Ausdehnung. Sie zerfällt geologisch in zwei Teile, einen unteren, das *Rotliegende*, und einen oberen, den *Zechstein*. Letzteren gliedert man wieder in einen *unteren* und einen *oberen*. Von diesen ist der obere durch das reiche Vorkommen von Salzlagern wichtig. Er enthält die uns hier interessierenden Kalilager (Abb. 58). Während im allgemeinen auf dem oberen Zechstein die jüngeren Formationen denselben überdeckend aufgelagert sind und die Oberflächenformation bestimmen, treten drei Gebirgszüge hervor, die ost-westlich gerichtet sind. Es sind dies 1. der *Flechtinger Höhenzug*, 2. der *Harz* und 3. der *Thüringer Wald*. Auf ihnen sind im großen und ganzen die jüngeren Formationen und der Zechstein durch Erosion verschwunden. Dadurch, daß diese älteren Gebirge aus der im allgemeinen ungestörten horizontalen Ablagerung des Zechsteins hervorragen, wird eine natürliche Teilung in einzelne Becken gegeben, durch die eine charakteristische Einteilung der Kalisalzvorkommen bedingt wird.

Man kann unterscheiden: a) den *Flachlandbezirk nördlich* des *Flechtinger Höhenzuges* und die nordwestliche Verlängerung, b) das *Magdeburg-Halberstädter* Becken, c) das *Südharzgebiet* zwischen Harz und Thüringer Wald, d) das *hessisch-thüringische* Gebiet, zwischen Thüringer Wald einerseits und Rhön und Vogelsberg andererseits, e) der östlich des Gebietes zwischen Harz und Thüringer Wald gelegene *Saale-Unstrut*-Bezirk, f) das *hannoversche* Gebiet, welches man in den *nord-* und *südhannoverschen* Bezirk scheiden kann. Während alle diese Becken im allgemeinen dem *herzynischen* (nordwest-südöstlichen) Streichen der alten Gebirge folgen, hat das g) *niederrheinische* Gebiet, welches westlich diesen mitteldeutschen Gebieten vorgelagert ist, ein *rheinisches* (nordsüdliches) Streichen. Diese sieben größeren Becken können nach besonderen geologischen Unterschieden noch in kleinere zusammengehörige Bezirke unterteilt werden.

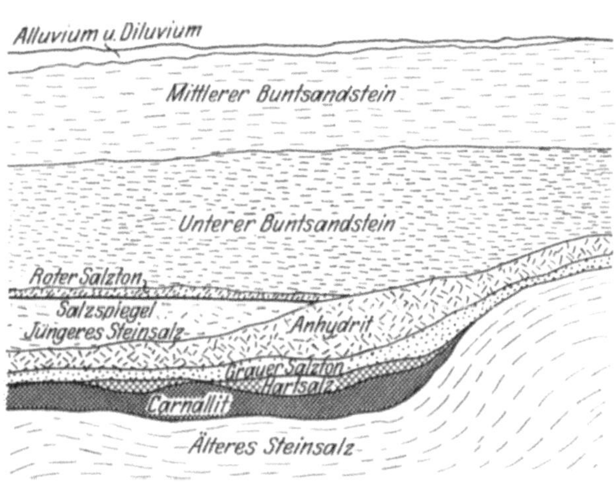

Abb. 58. Schema einer normalen Gesteinsfolge eines Kalilagers.

Im folgenden sollen die größeren Bezirke etwas näher beschrieben werden, wobei wir nicht der eben angeführten geographischen Aufzählung, sondern mehr der historischen Entwicklung folgen wollen. Von einer vollständigen Übersicht über sämtliche Kalifund- und Förderstätten muß aber wegen Raummangel abgesehen werden.

Die „Wiege der Kaliindustrie" ist das *Magdeburg-Halberstädter* Becken, da in Staßfurt das erste Kalilager aufgeschlossen wurde. Das Becken wird von dem *Staßfurt-Egelner-Roggensteinsattel*, der ebenfalls herzynisches Streichen aufweist, in zwei Teile geteilt. Auf dem südlichen Flügel liegen die ältesten Kaliwerke, *Staßfurt*, *Leopoldshall*, *Aschersleben*, *Neustaßfurt*, auf dem nördlichen, steiler einfallenden Flügel befinden sich ebenfalls verschiedene Kaliwerke (Abb. 59). Östlich von Staßfurt liegen bei *Bernburg* größere Kalilager, auf denen noch Kalibergbau getrieben wird, z. B. bauen die *Deutschen Solvay-Werke* sowie der *Wintershallkonzern* bei *Gröna* (Deutsche Kaliwerke) Kalisalze ab. In der westlichen Verlängerung liegen die Kaliwerke *Westeregeln* und weiterhin bei Halberstadt die Kaliwerke *Wilhelmshall* und *Hedwigsburg*, die inzwischen zum Erliegen gekommen sind. Der *Südharzbezirk* stellt ein ausgedehntes, zusammenhängendes Kaligebiet dar, in dem eine große Anzahl leistungsfähiger Kaliwerke, *Bleicherode*, *Sollstedt*, *Craja*, *Gebra-Lohra*, *Bernterode*, *Bischofferode*, *Volkenroda*, *Glückauf-*

Sondershausen, liegen (Abb. 60). In dem östlich davon gelegenen *Unstrut-Saale-Gebiet* ist das Kaliwerk *Roßleben* das bedeutendste. Im Saalegebiet ist nur noch *Krügershall* im Betrieb, die anderen Werke sind stillgelegt. Das *Werragebiet* stellt

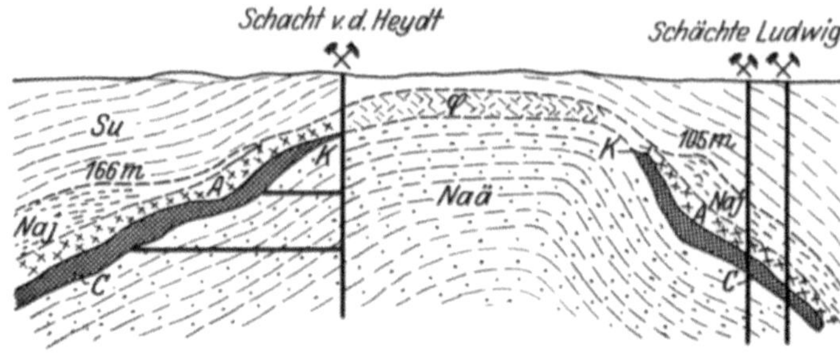

Abb. 59. Profil durch den Staßfurter Sattel. (Nach Fulda.)

A = Anhydrit
Naä = Älteres Steinsalz
K = Älteres Kalilager als Kainitgestein
C = Älteres Kalilager als Carnallitsgestein
Naj = Jüngeres Steinsalz
φ = Gipshut
Su = Unterer Buntsandstein.

einen sehr wichtigen Kalibezirk dar. Hier liegen die Kaliwerke *Kaiseroda* (Merkers), *Heiligenroda, Sachsen-Weimar, Hattorf, Wintershall, Alexandershall.* Die im *hessischen Gebiet* gelegenen Kaliwerke *Neuhof* und *Ellers* liegen zur Zeit still (Abb. 61).

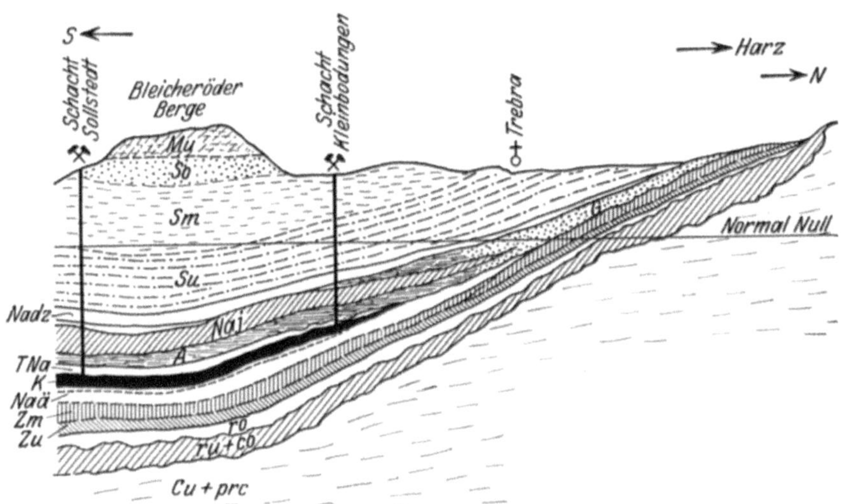

Abb. 60. Querschnitt durch das Südharzvorkommen. (Nach Everding.)

Mu = Unterer Muschelkalk
So = Oberer, *Sm* = Mittlerer, *Su* = Unterer } Buntsandstein
Nadz = Descendentes, *Naj* = Jüngeres } Steinsalz
A = Hauptanhydrit
G = Gips
TNa = Salzton
K = Kalilager
Naä = Älteres Steinsalz
Zm = Mittlerer, *Zu* = Unterer } Zechstein
ro = Oberes Rotliegendes
ru + *co* = Unt. Rotlieg. u. Obercarbon
Cu + *prc* = Culm u. Praecarbon.

Weniger bedeutend sind die Vorkommen im norddeutschen Flachland, wo auf vereinzelten Salzstöcken Kalisalze vorkommen. Sie sind, wie in *Mecklenburg*, teils durch Wassereinbrüche zum Erliegen gekommen, teils wegen Unrentabilität stillgelegt. Im *nordhannöverschen Bezirk* sind auf den einzelnen emporgepreßten Salzstöcken Kalivorkommen mit teilweise sehr hochwertigen Salzen im Betrieb, z. B. *Niedersachsen, Hugo, Bergmannssegen, Ronnenberg, Hansa-Silberberg, Sigmundshall.* Im *südhannöverschen Bezirk* sind die Vorkommen im Hildesheimer Wald (*Hildesia*) zu nennen, die nach den bedeutenden Kalilagern von *Salzdetfurth* und weiterhin

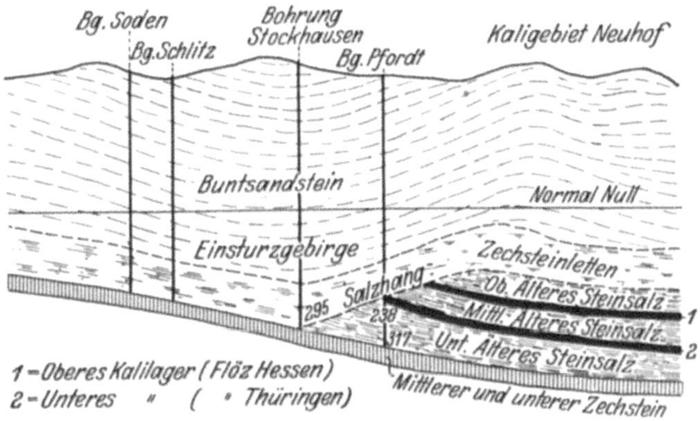

Abb. 61. Schematisches Profil durch den Salzhang des Fuldagebietes. (Nach FULDA.) 1. Oberkalilager (Flöz Hessen). 2. Unteres Kalilager (Flöz Thüringen).

Vienenburg überleiten[1]. Von den Kalilagern im *mittleren Leinetal* sind *Hindenburg* (Reyershausen) und *Wittekind* zu nennen. Bei *Alfeld* ist noch *Desdemona* im Betrieb, die anderen, meist reine Carnallitwerke, sind stillgelegt. Im *niederrheinischen Gebiet* ist zur Zeit kein Kaliwerk im Abbau befindlich. In *Baden* stehen zwei Kalischächte bei *Buggingen* in Förderung.

2. Die auf den Kalilagern vorkommenden Salzmineralien.

Zum Verständnis der in den nächsten Abschnitten öfter genannten Kalisalzmineralien soll hier eine kurze Übersicht der wichtigsten gegeben werden.

Zur Nomenklatur der Salze sei bemerkt, daß ihre Bezeichnung nicht nach einem einheitlichen System erfolgt ist, sondern sie sind teilweise nach Männern, die zur Kaliindustrie in naher Beziehung standen, teils nach ihrer Fundstätte oder nach gewissen chemischen Bestandteilen benannt worden.

a) Carnallit ($KClMgCl_2 6 H_2O$), benannt nach dem preußischen Berghauptmann v. CARNALL, war das erste aufgefundene Kalisalz. Als Massensalzgestein kommt er fast immer mit *Steinsalz* und *Kieserit* verwachsen vor. Bisweilen aber findet er sich in größeren Mengen fast chemisch rein.

b) Sylvin (KCl) benannt nach dem berühmten Arzt des Mittelalters AENEAS SYLVIUS. Er kommt selten ganz rein vor, sondern mit mehr oder weniger Steinsalz als *Sylvinit.* Bisweilen treten auch größere Beimengungen von *Anhydrit* auf. Tritt neben dem Steinsalz *Kieserit* auf, so bezeichnet man das Gestein als *Hartsalz.*

c) Kainit ($KClMgSO_4 3 H_2O$), von *καινὸ* ςgriechisch „neu", ist eine chemische Verbindung, wird aber zur Zeit in reiner Form kaum mehr abgebaut und ist in seiner Verwendung durch Sylvinit und Hartsalz ersetzt.

d) Langbeinit ($K_2SO_4 2 MgSO_4$) kommt auf vielen Werken vor, tritt aber nicht lagerbildend auf und ist von untergeordneter Bedeutung.

e) Polyhalit ($K_2SO_4 2 CaSO_4 MgSO_4 2 H_2O$), vom Griechischen *πολὺς ἅλς*, „viele Salze". Er wurde zeitweilig unter dem Namen *Krugit* abgebaut.

[1] Vienenburg ist in diesem Jahre durch Wassereinbruch zum Erliegen gekommen.

Weitere Kalimineralien sind noch:

f) Schoenit ($K_2SO_4MgSO_46H_2O$), *g) Leonit* ($K_2SO_4MgSO_44H_2O$), *h) Rinneit* ($3KClNaClFeCl_2$), *i) Glaserit* ($3K_2SO_4Na_2SO_4$).

Nicht kalihaltige Mineralien, die in großer Menge auftreten:

k) Anhydrit ($CaSO_4$), *l) Steinsalz* ($NaCl$), *m) Kieserit* ($MgSO_4H_2O$).

Seltenere nichtkalihaltige Mineralien:

n) Bischofit ($MgCl_26H_2O$), *o) Tachhydrit* ($CaCl_22MgCl_212H_2O$), *p) Astrakanit* ($Na_2SO_4MgSO_44H_2O$).

Außerdem kommen noch zahlreiche *Borsäure* enthaltende Mineralien, z. B. *Boracit*, *Ascherit*, *Pinnoit* mit teilweise sehr komplizierter Zusammensetzung vor. Auf diese, sowie die noch selteneren anderen Verbindungen einzugehen, erübrigt sich, da sie nur rein wissenschaftliches Interesse beanspruchen können.

3. Die Entstehung der Kalilager.

Mit der Entdeckung und Ausbeutung der Kali- und Steinsalzlagerstätten regte sich naturgemäß bald das wissenschaftliche Interesse an der Erklärung der Entstehung solcher gewaltigen Salzablagerungen. Durch die chemische Analyse wurde festgestellt, daß alle auf den Kalilagern vorkommenden Salze auch im Meerwasser vorhanden sind, eine Tatsache, die durch die Untersuchungen Usiglios in den südfranzösischen Seesalzsalinen (Salindres) bereits festgestellt war. Man mußte also annehmen, daß es sich bei der Bildung des Staßfurter Lagers um die festen Reste eines eingetrockneten Meeres handelte. Nun machte aber die Mächtigkeit der erbohrten Salzlager für eine Erklärung Schwierigkeiten. Bei Neustaßfurt hatte man das ältere Steinsalz in einer Mächtigkeit von 900 m durchbohrt. Welch enorme Tiefe mußte ein Meer gehabt haben, das bei seiner Verdunstung eine Salzschicht von solcher Mächtigkeit hinterlassen konnte! Da trat E. Ochsenius (24) mit seiner *Barrentheorie* auf den Plan. Er nahm an, daß das deutsche Zechsteinmeer nur die Bucht eines größeren ozeanischen Meeres bildete und mit diesem durch eine flache Barre verbunden gewesen sei. Bei dem heißen trockenen Klima, das er für diese geologische Zeitperiode annimmt, mußte das Wasser in der Bucht schneller verdunsten als im großen Meer. Über die flache Barre strömte aber immer wieder neues Meerwasser in die Bucht, so daß in dieser allmählich eine immer mehr zunehmende Konzentration des Wassers an Salzen eintrat, die soweit ging, daß die Ausscheidung der schwerlöslichen Verbindungen erfolgte. Dies waren der *schwefelsaure Kalk* (Anhydrit) und das *Steinsalz*. Bestärkt wurde E. Ochsenius in dieser Annahme durch die regelmäßige Wiederkehr (in 9—10 cm Abstand) von Anhydritschnüren im Steinsalz, die er als Jahresringe ansprach. Die leichtlöslichen Kali- und Magnesiasalze blieben, soweit sie nicht wieder in das offene Meer zurückströmten, gelöst über dem ausgeschiedenen Steinsalzlager. Eine tektonische Veränderung habe dann, durch Hebung des Bodens der Barre, die Bucht vollständig vom Meere abgeschlossen. Nun konnte auch die Ausscheidung der noch in Lösung befindlichen Kali- und Magnesia- (Mutterlaugen-) Salze erfolgen. Durch trockene, tonige und sandige Einwehungen (Salzton) wurde dann dieses Lager geschützt, so daß ein später erfolgender neuer Einbruch des Meeres nicht störend wirken konnte. Auch dieser zweite analoge Vorgang brachte eine Salzabscheidung, das sog. jüngere Steinsalz, das aber keine Kalisalzablagerung zeigt, weshalb E. Ochsenius annahm, daß die Mutterlaugen dieser Periode restlos in den Ozean zurückgeflossen seien. Nach einer zweiten Hebung der Barre sei dann der endgültige Abschluß vom Meere erfolgt, worauf sich die folgenden geologischen Schichten in der bekannten Reihenfolge abgelagert hätten.

Entgegen der Theorie von E. OCHSENIUS führte J. WALTHER die Entstehung des Zechsteinsalzlagers auf eine Wüstenbildung zurück, ähnlich wie er sie für Salzbildungen, die ja in verschiedenen Wüsten vorkommen, annimmt. Die Salzlaugen sollten durch periodische Zuflüsse aus salzhaltigen Gesteinen nach dem tiefsten Punkte einer Wüstensenke gelangt und dort zur Trockne verdunstet sein.

Inzwischen waren aber neue Kalisalzaufschlüsse an anderen Orten Deutschlands gemacht worden, die, trotzdem sie ebenfalls der Zechsteinformation angehörten, eine wesentlich andere Zusammensetzung und Mächtigkeit der Salzschichten zeigten. Es wurden an verschiedenen Orten zwei, sogar drei Kalilager übereinander aufgeschlossen. Bei dem Vorkommen an der Werra wurden zwei durchgehende Kalilager mit einem 50 m mächtigen Steinsalzmittel nachgewiesen, und während im Staßfurter Vorkommen das ältere Steinsalz in einer enormen Mächtigkeit nachgewiesen war, betrug dieselbe an der Werra nur etwa 80—90 m, am Südharz teilweise sogar nur 50—60 m. Auch das Vorkommen regelmäßiger *Hartsalz-* und *Sylvinit*lager paßte nicht in das Schema von E. OCHSENIUS. Da gaben nun die epochemachenden Untersuchungen von J. H. VAN'T HOFF über die Bildung der ozeanischen Salzablagerungen (7) ganz neue Ausblicke, auf die später noch eingehend zurückzukommen sein wird. Es entwickelte sich eine lebhafte Forschertätigkeit auf diesem Gebiete, die ihren Niederschlag in zahlreichen literarischen Veröffentlichungen fand, auf die hier nur hingewiesen werden kann (2, 3, 15). Die allgemeine Ansicht, die sich durchsetzte, war zunächst die, daß es sich bei dem zur Austrocknung gelangten Zechsteinmeer um ein räumlich sehr ausgedehntes, dabei aber verhältnismäßig flaches Meeresbecken gehandelt hat. Bei der Verdunstung wurde dieser vom Seewasser bedeckte Raum naturgemäß kleiner, die flacheren Stellen wurden vom Wasser entblößt, und die an Salzgehalt sich anreichernden Solen zogen sich nach den tiefsten Stellen des natürlich unebenen Meeresbodens zurück. Das an den flachen Hängen bereits ausgeschiedene Salz wurde durch die Atmosphärilien gelöst und floß ebenfalls den tieferen Senken zu. Hieraus erklärt sich zwanglos die mehr oder minder große Mächtigkeit der Salzablagerungen in den voneinander getrennten Becken, die wir bei der Aufzählung der regionalen Verbreitung der deutschen Kalisalze kennenlernten.

Über die Bildung der einzelnen wichtigen Salze der Kalilager sind die Ansichten auch noch sehr geteilt, zumal die Bedingungen ihrer Entstehung nach den Untersuchungen J. H. VAN'T HOFFS zum Teil an hohe Temperaturen gebunden sind. So erfolgt z. B. die Bildung des *Hartsalzes* bei einer Temperatur über 72°. Für den *Langbeinit* liegt die Bildungstemperatur oberhalb 83°. Das Vorhandensein so hoher Lufttemperaturen zur Zeit der Bildung der Kalisalze scheint wohl ausgeschlossen. R. LACHMANN und SVANTE ARRHENIUS nehmen geothermische Vorgänge an. Das Gebiet der deutschen Kalivorkommen befand sich während des Mesozoicums in einer Periode starker Senkung. Durch die Überdeckung mit den jüngeren Schichten in etwa 1750 m Mächtigkeit mußte eine Erwärmung des Kalilagers auf 72° eintreten. Durch den Druck und die Erwärmung wurden die Salze, die ja zum Teil Krystallwasser enthielten, flüssig, und neue Verbindungen konnten sich bilden. Diese Arbeiten wurden von E. JÄNECKE (10) weiter fortgesetzt und entwickelt. Eine andere Ansicht vertritt FULDA (6), indem er darauf hinweist, daß z. B. im Werragebiet kaum eine so mächtige Entwicklung der jüngeren geologischen Schichten angenommen werden könne, wie sie zur Erzeugung solch hoher Temperaturen nötig gewesen wären. Er nimmt als Erklärung für die Entstehung dieser abnorm hohen Temperaturen die Eigentümlichkeit gesättigter Salzlösungen an, unter Einwirkung der Sonnenbestrahlung sich sehr stark zu erhitzen. Es bilden sich schwimmende Salzdecken, unter denen die Laugenwärme auf über 80° steigen kann, wobei zunächst keine Verdunstung eintritt. Der Dampfdruck nimmt allmählich zu, und die Salzdecke wird gesprengt. Die Verdampfung schreitet dann weiter fort, und die bei der hohen Temperatur gebildeten neuen Salzverbindungen sinken zu Boden. Fulda kommt zu folgendem Schluß: Die Temperaturfrage ist kein Hinderungsgrund, daß die Kalisalzverbindungen, die sich nur bei hoher Temperatur bilden können, als primäre Bildungen der Zechsteinzeit entstehen konnten. Fulda hat die Bildung der verschiedenen Kalisalze nebeneinander auf Grund seiner Hypothese eingehend entwickelt (4).

Bei der Bildung der deutschen Kalilager sind aber nicht nur chemische bzw. thermochemische Vorgänge maßgebend gewesen, sondern es sind auch dynamische Vorgänge am Werk gewesen, auf welche die Veränderungen der ursprünglich horizontalen Ablagerungen der Salze zurückzuführen sind. Hierher gehören namentlich die aufsteigenden Bewegungen und das Emporgepreßtwerden der Salzlager, wie sie bei den Salzhorsten im hannoverschen Bezirk zu beobachten sind. Ein näheres Eingehen auf diese hochinteressanten Fragen verbietet der mangelnde Raum.

Kurz müssen wir noch auf das Kalivorkommen in *Baden* zurückkommen, das völlig mit dem bereits länger bekannten im Elsaß übereinstimmt. Die Lager gehören dem *Mitteloligocän* an und liegen bei 600—800 m Tiefe. Es sind gute Lager mit vorherrschendem Sylvinit, der Kieserit fehlt vollständig. Charakteristisch sind die tonigen Zwischenlagen in den Salzen. Die Vorkommen zu beiden Ufern des Rheins sind zweifellos in einem einheitlichen abgeschlossenen Becken zur Abscheidung gelangt. Zur Erklärung für den Ursprung der zur Ausscheidung gelangten Salzlösungen kann man sowohl an die Auslaugung ursprünglich salzhaltiger Gesteine denken, wie vielleicht auch an Salzlösungen, die von nicht zu weit entfernt liegenden Salzlagern stammten, die der Zechsteinzeit angehören.

Auf die Bildung der übrigen *außerdeutschen Vorkommen* einzugehen, erübrigt sich. Es sei hier nur angegeben, welchem geologischen Horizont sie zugerechnet werden müssen. Das Vorkommen in *Galizien* dem *Tertiär* und zwar dem *Miocän*, das Lager in *Spanien*, ebenfalls dem *Tertiär* angehörig, führt die Kalisalze im *Oligocän*. Das *russische* Kalisalzlager gehört, wie das mitteldeutsche Vorkommen, der *Zechsteinformation* an. Dem *Quartär* muß das eigenartige Vorkommen in *Erythräa* zugerechnet werden.

III. Die Chemie der Kalisalze.

Die Bildung der verschiedenen auf den deutschen Kalilagerstätten vorkommenden Salzverbindungen wurde durch die Untersuchungen J. H. van't Hoffs (7) aufgeklärt und durch seine Nachfolger d'Ans (1) und E. Jänecke (7) weiter fortgeführt und ergänzt. Da das Gebiet zu umfangreich ist, um eingehender behandelt zu werden, können hier nur die leitenden Gesichtspunkte angegeben werden und es muß für ein ausführliches Studium auf die angegebene Literatur verwiesen werden.

Bei Salzlösungen sind nicht die Salze als solche, sondern ihre *Ionen* in Lösung, z. B. bei einer Kochsalzlösung das Ion Na und das Ion Cl. Dampft man eine solche, nur *ein* Salz enthaltende Lösung ein, so wird ein Punkt der Konzentration eintreten, bei welchem die Ionen als solche nicht mehr in Lösung bleiben können. Es scheidet sich dann das Salz als fester Körper (Bodenkörper) aus, und die darüber stehende Lösung ist gesättigt. Diese Ausscheidung bzw. Sättigung ist abhängig von der Temperatur der Lösung. Kommt nun ein *zweites* Salz hinzu, so tritt eine Beeinflussung der Löslichkeit des ersten Salzes ein und zwar eine Erniedrigung, wenn das hinzutretende Salz ein gleiches Ion wie das erste enthält, z. B. KCl. Ist eine hinreichende Menge Chlorkalium zugefügt, so wird der Punkt eintreten, wo die Lösung auch an diesem Salz gesättigt ist. Eine weitere Menge KCl wird dann nicht mehr in Lösung gehen, sondern in fester Form zu Boden fallen. Die darüber stehende Lösung ist dann an beiden Salzen gesättigt. Dampft man nun diese gesättigte Lösung weiter ein, so werden beide Salze als Bodenkörper ausfallen und zwar in dem Mengenverhältnis, in welchem sie in der gesättigten Lösung vorhanden sind. Komplizierter wird der Vorgang, wenn *mehrere* verschiedene Salze anwesend sind. Es bilden sich beim Eindampfen neben den ursprünglichen Salzen neue Verbindungen mit anderen Sättigungsverhältnissen, die sich dann abscheiden, zum Teil auch die ursprünglichen verdrängen. Diese Verhältnisse verändern sich ebenfalls bei wechselnden Temperaturen.

Das Meereswasser enthält nun eine ganze Reihe von verschiedenen Bestandteilen, von denen die wichtigsten Na, K, Mg, Ca, Cl und SO_4 sind. Die Gegenwart von Ca-Salzen ist von sehr geringem Einfluß auf die Löslichkeit anderer Salze, weshalb J. H. VAN'T HOFF zunächst diese auch von seinen Versuchen ausschloß. Eine weitere Vereinfachung ergab sich für ihn aus der Tatsache, daß beim Eindampfen von Meereswasser das Kochsalz als das vorherrschende Salz stets als Bodenkörper vorhanden war, also in Lösung stets Sättigung an NaCl herrschen mußte. Man konnte also bei einer graphischen Darstellung der Vorgänge vom NaCl absehen. Demgemäß brauchten nur Kalium, Natrium, Magnesium und Schwefelsäure (wobei wegen der Übereinstimmung mit Mg und SO_4 Kalium und Natrium als Doppelmoleküle K_2 und Na_2 aufgeführt werden müssen) berücksichtigt werden. Sind drei dieser Bestandteile bekannt, so ist das vierte eindeutig bestimmt. J. H. VAN'T HOFF gibt in seiner Darstellung die Menge der einzelnen Salze bzw. Bestandteile an, die auf 1000 Mol. Wasser entfallen. E. JÄNECKE dagegen sieht vom Wasser ab und bezieht das Verhältnis der Mole auf das trockne Salz. Wenn bei dieser Darstellung auch nicht die Wasserlöslichkeit der Salze zu ersehen ist, so vereinfacht das Verfahren doch wesentlich das graphische Bild. Er wählt für die graphische Darstellung als Koordinatensystem ein gleichseitiges Dreieck, dessen drei Eckpunkte *A*, *B* und *C* 100 Mg, 100 K_2 und 100 SO_4 entsprechen. In dieser Abbildung kann jedes beliebige Salzgemisch dargestellt werden. Auf den Dreieck*seiten* liegen die Salze mit zwei Bestandteilen, in der *Fläche* die mit allen dreien. Diese nach E. JÄNECKE graphisch dargestellten Verbindungen kann man leicht auf die Molprozente von J. H. VAN'T HOFF umrechnen.

In *einem* Dreieckskoordinatensystem können aber natürlich nur die Salzverbindungen und ihre darstellenden Punkte — die mit einem bestimmten gleichbleibenden Buchstaben des großen Alphabets bezeichnet werden — für *eine* bestimmte Temperatur graphisch zum Ausdruck gebracht werden. Soll die Zusammensetzung der *Lösung* dargestellt werden, so muß das Wasser mit berücksichtigt werden. Seine Menge muß auf einer vierten — Raumkoordinate — aufgetragen werden. Man erhält so ein dreiseitiges Prisma, auf dessen oberer Parallelfläche die Darstellung der gesättigten Lösung erfolgt.

Mit Hilfe dieser Darstellung kann man nun die Vorgänge, die beim Eindampfen von Salzlösungen vor sich gehen, verfolgen und sich so ein Bild machen, welche Verbindungen bei den verschiedenen in den Kalilagerstätten vorkommenden Salzen sich bildeten, wobei die Lösungen, die beim Verdampfen den gleichen Bodenkörper abscheiden, als Flächenfelder dargestellt sind.

Als Beispiel einer solchen graphischen Darstellung sei hier das Krystallisationsschema des Meerwassers bei 25° und 83° — bei denen J. H. VAN'T HOFF seine Untersuchungen ausführte — in der E. JAENECKEschen Ausführungsweise abgebildet (Abb. 62a u. b).

Bei Veränderung der Temperaturen, d. h. beim Eindampfen, verändern die Felder ihre Form und Größe, da jede Salzlösung eine bestimmte Krystallisationsbahn besitzt, was leicht aus dem Vergleich der beiden Abbildungen zu ersehen ist. Analysiert man z. B. das bei einer bestimmten Temperatur ausgefallene Salz bzw. Salzgemisch und stellt seine Menge fest, so kann man aus diesen Daten die Lösung bestimmen. Hat man dagegen die Zusammensetzung einer Lösung bestimmt und die Menge und Zusammensetzung der ausgefallenen Salze festgestellt, so kann man die Temperatur genau errechnen, bei welcher die Ausscheidung des festen Salzes erfolgte. Dies ist für die Aufklärung der Bildung

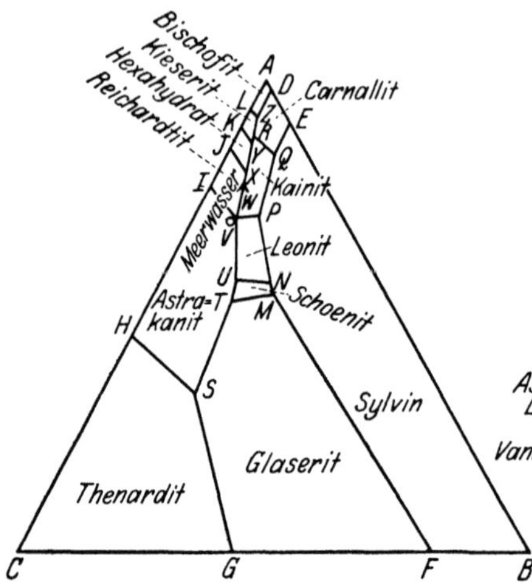

Abb. 62 a. Krystallisationsschema bei 25°. (Nach Jänecke.)

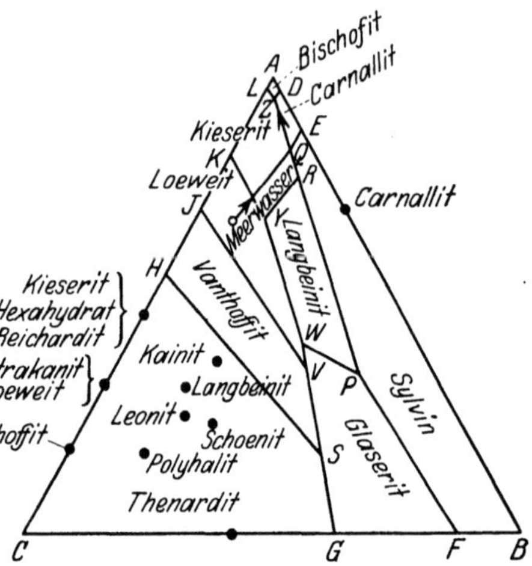

Abb. 62 b. Krystallisationsschema bei 83°. (Nach Jänecke.)

der Kalisalzlager von ausschlaggebender Bedeutung. Auf Abweichungen von den J. H. van't Hoffschen Befunden, die eintreten, wenn es sich um sog. übersättigte Lösungen handelt, kann hier nicht näher eingegangen werden, obgleich sie wohl auch bei der Bildung der Kalilager eine Rolle gespielt haben.

Haben die Untersuchungen von J. H. van't Hoff und seinen Mitarbeitern, unter denen hier der um die Kaliindustrie hochverdiente H. Precht noch besonders genannt sein soll, uns eine Erklärung für das Vorkommen der verschiedenen Salzmineralien in den Kalilagern gegeben, so waren sie es auch, auf Grund deren die bis dahin mehr oder weniger empirisch eingestellte fabrikatorische Verarbeitung der Kalisalze auf eine wissenschaftliche Grundlage gestellt wurde. Hier hat sich besonders die *Kali-Forschungs-Anstalt* ein hervorragendes Verdienst erworben. Ihre Arbeiten sind in den von ihr herausgegebenen „Mitteilungen" niedergelegt.

IV. Die Gewinnung der Kalisalze.

1. Die Aufsuchung der Kalisalze.

Die Untersuchung der festen Erdrinde auf das Vorkommen von Kalisalzen erfolgt durch Bohrungen, nachdem ein genaues Studium der geologischen Verhältnisse vorausgegangen ist. Ein an einem Eisengestänge befindlicher Stahlmeißel wird angehoben und dann wieder fallengelassen. Sein Eigengewicht zertrümmert das Gestein. Durch Drehung nach jedem Fall wird eine der Schneide des Meißels als Durchmesser eines Kreises entsprechende Höhlung geschaffen. Das zerkleinerte Gestein wird durch Spülung mit Wasser unter Druck herausgeschwemmt und untersucht. Um Nachfall der Wandungen des Bohrloches zu verhindern, wird ein nahtloses Stahlrohr in dieses eingeführt. Entsprechend dem Vorschreiten der Bohrung wird das Stahlrohr nachgesenkt und werden oben immer neue Rohre angeschraubt. Ist die Bohrung im Salz angelangt, so wird der Bohrschlamm mit einer konzentrierten Salzlösung herausgespült, damit durch das Spülwasser das Salz nicht aufgelöst wird und kleine kompakte Stücke zur Untersuchung des Salzgebirges erhalten werden.

Einen großen Fortschritt bedeutete die Diamantkronenbohrung. Auf dem unteren Kranz eines Stahlringes vom Durchmesser der beabsichtigten Bohrung sind Diamantsplitter eingekittet. Diese Diamantkrone ist an einem entsprechenden Stahlgestänge befestigt, welches in beständiger Drehung gehalten werden kann. Durch das Gewicht des Gestänges und die Drehung bohrt sich die Krone allmählich immer tiefer in das Gebirge. Innerhalb des Stahlringes bleibt nun ein fester Kern stehen, der von Zeit zu Zeit durch eine sinnreiche Einrichtung abgebrochen, mit einer Zange gefaßt und zutage gefördert werden kann. Durch Studium dieser „Bohrkerne" kann man sich leicht ein genaues Bild von den durchbohrten Schichten machen. Bei Verwendung einer konzentrierten Chlormagnesiumlösung als Spüllauge ist es möglich, selbst den leichtlöslichen Carnallit als kompakten Kern intakt zutage zu fördern, so daß man die Mächtigkeit und die Lagerung der Salze feststellen kann.

Ist das Kalilager durch verschiedene Bohrungen hinreichend aufgeschlossen und die Abbauwürdigkeit nachgewiesen, so wird zur Feststellung des Ansatzpunktes für den Schachtbau geschritten. Bei der Auswahl desselben müssen die verschiedensten Gesichtspunkte berücksichtigt werden. Nicht nur die Mächtigkeit des Lagers allein ist ausschlaggebend, sondern es müssen die örtlichen Verhältnisse der Erdoberfläche, die regionale Lage, Nähe einer größeren Bahnstrecke, sowie für den Fall, daß eine Fabrik zur Verarbeitung der Salze angelegt werden soll, die Nähe des Flusses, in welchen die evtl. entfallenden Abwässer abgeführt werden könnten, usw. in den Kreis der Betrachtungen gezogen werden. Sind alle diese Punkte geklärt, wird mit dem Abteufen des Schachtes begonnen.

2. Schachtbau.

Das Abteufen der Kalischächte ist je nach der Art des über dem Kalilager liegenden Deckgebirges mehr oder minder schwierig gewesen. Der größte Feind des Schachtbaues war die Wasserführung und die Mächtigkeit der zu durchsinkenden Schichten. Von ihr hing die Schnelligkeit der Fertigstellung eines Schachtes ab. Während bei günstigen Wasserverhältnissen, wie z. B. am Südharz, ein Schacht von 600 m Tiefe in $1^1/_2$ Jahren niedergebracht wurde, haben manche Schächte 10 Jahre und darüber bis zur Fertigstellung gebraucht.

Die Schächte haben bei günstigen Abteufverhältnissen meist einen lichten Durchmesser von etwa 5 m, unter den man nur durch den Zwang schwieriger Verhältnisse herabgeht. Bei günstigen Gebirgs- und Wasserverhältnissen wurde von Hand abgeteuft und die zusetzenden Wasser mit leistungsfähigen Pumpen zutage gefördert. Die obersten Alluvial- und Diluvialschichten werden mit einem gemauerten Senkschacht durchsunken, indem auf einem ringförmigen eisernen Schuh vom Umfang des Schachtes eine Mauer aufgebaut wird. Durch Herausfördern der Erde und des lockeren Kieses innerhalb dieser Mauer sinkt diese allmählich tiefer, bis sie auf festem Gebirge aufsetzt. Von da ab wird das Gebirge losgesprengt und in eisernen Kübeln zutage gefördert. Ist das Gebirge so wasserführend, daß nicht mehr weiter gemauert werden kann, muß der Schacht mit einem eisernen Ausbau gesichert werden. Es wird ein Stück abgeteuft, während die Wasser durch Pumpen gehalten werden, dann wird auf dem Boden ein aus einzelnen Segmenten zusammengesetzter eiserner Fuß angebracht, der zur festen Verlagerung in die Wandung des Schachtes eingelassen wird. Auf diesem Fuß werden Tübbings, d. h. gußeiserne Segmente von einem Ring von etwa 1,20 m Höhe aufgesetzt, mit dem Fuß und untereinander mit Bleidichtungen fest verschraubt, so daß ein vollständig wasserdichter Ring entsteht. Auf den oberen Flansch des Ringes wird ein zweiter, dritter usw. aufgesetzt, bis der Anschluß an den Mauerfuß erreicht ist. Sodann wird wieder ein Satz abgeteuft und wie eben beschrieben verfahren, bis das ganz wasserfreie Gebirge erreicht ist. Von da ab wird der Schacht wieder in Mauerung gesetzt.

Bei sehr wasserreichem Gebirge müssen andere Verfahren angewendet werden, um der Schwierigkeiten Herr zu werden. Auf den Werrawerken, wo der Dolomit äußerst starke Wasserzuflüsse brachte, hat man mit Erfolg das *Zementier-* oder *Versteinungsverfahren* ausgeführt. Kurz bevor man den stark wasserführenden Plattendolomit erreichte, wurden von der Sohle des Schachtes Bohrlöcher in diesen getrieben. Die Bohrlöcher waren teils schräg in die Schachtstöße, teils senkrecht nach unten gerichtet. Sie wurden sämtlich an eine gemeinsame Rohrleitung angeschlossen. Durch diese wurde von Tage ein leichtflüssiger Zementbrei unter Druck in die Bohrlöcher eingeführt. Beim Abbinden des Zementes wurden die wasserführenden Spalten abgedichtet, so daß die Fortsetzung des Abteufens wie sonst erfolgen konnte. Selbstverständlich wurden die Schächte noch durch Eiseneinbau gesichert. In manchem Gebirge sind aber größere wassergefüllte Hohlräume vorhanden, z. B. die Gipsschlotten im hannoverschen Bezirk, wo das Zementierverfahren sich nicht durchführen ließ. Hier wurde der Schacht durch *Abbohren* niedergebracht. Es beruht darauf, daß durch einen riesigen, mit Stahlzähnen ausgerüsteten Bohrer das Gestein der ganzen Schachtscheibe zertrümmert und der Steinschlamm durch besondere Einrichtungen herausgefördert wurde, bis man das trockene Salz erreichte, wobei man die Schachtstöße durch einen provisorischen Blechzylindereinbau gegen Nachfall sicherte. Sodann wurde über Tage über dem Schacht, der mit Wasser gefüllt war, eine Tübbingsäule mit auseinandernehmbarem eisernen Boden zusammengebaut und diese dann in den Schacht hineingelassen. Beim Absinken, das durch ein im Boden eingebautes und nach oben geführtes Wassersteigerohr reguliert wird, wurden oben immer neue Tübbingsringe aufgesetzt, bis die ganze wasserführende Schicht durchsunken war. Wenn die Wasser abgeschlossen waren, wurde der eiserne Boden ausgebaut, und das weitere Abteufen konnte vor sich gehen. Ein anderes Abteufverfahren, welches mit Erfolg auf einigen hannoverschen Kaliwerken ausgeführt wurde, ist das *Gefrierverfahren*. Es ist besonders da angewendet worden, wo stark wasserführender Kies und Triebsandschichten tief hinabreichen. In solchem Gebirge ist die Gefahr des Nachfalls sehr groß, es kann daher nicht versteint und nicht abgebohrt werden. Man greift zu dem Ausweg, die Wasser gefrieren zu lassen. In einem außerhalb der Peripherie der Schachtscheibe liegenden Umkreis werden eine große Anzahl von Bohrlöchern bis in das feste trockene Gebirge gestoßen und in diese je eine Stahlverrohrung eingebracht, die unten verschlossen ist. Durch ein miteinander verbundenes Rohrsystem läßt man nun in diesen Bohrungen eine auf mindestens —20^0 abgekühlte Chlormagnesiumlauge zirkulieren, bis ein kompakter Eisblock entsteht, in dem, wie im trockenen Gebirge, von Hand abgeteuft werden kann. Wenn in größeren Tiefen die zu gefrierenden Wasser salzhaltig sind, muß mit größeren Kältegraden der Gefrierflüssigkeit (bis —40^0) gearbeitet werden. Man verwendet dann als Gefrierflüssigkeit $CaCl_2$-Lauge, wohl auch Alkohol. Ist das Abteufen beendet und der den Schacht sichernde Tübbingeinbau bis in das feste Gebirge fertiggestellt, wird mit der Zirkulation der Gefrierlauge aufgehört, und man läßt den Frostkörper ganz allmählich — um das Auftreten größerer ungleichmäßiger Spannungen zu vermeiden — auftauen.

3. Förderung der Kalisalze.

Ist der Schacht gesichert und bis zum Kalilager hinabgeführt, so wird zum Förderaufschluß desselben geschritten, während inzwischen die provisorischen Fördereinrichtungen durch die definitiven Schachteinrichtungen ersetzt werden. Über Tage wird das eiserne Fördergerüst und die Fördermaschinenanlage fertiggestellt. Am Endpunkt des Schachtes wird ein sog. Füllort angelegt, von wo aus die Förderwagen mit dem Salz durch die Fördermaschine zutage gehoben werden. Von dem Füllort aus werden Förderstrecken in das Kalilager getrieben und das Lager für die Gewinnung vorgerichtet. Sind alle Lagerverhältnisse einfach, d. h. möglichst ungestört, so ist der Abbau meist nicht schwierig. Es wird Firstenbau getrieben, d. h. es wird quer zum Streichen des Lagers in einer gewissen Breite

Abb. 63. Bohrarbeit im Sylvinit mit der elektrisch angetriebenen Bohrmaschine.

und Höhe das Kalisalz losgesprengt und herausgefördert. Zwischen den einzelnen Abbauörtern bleiben sog. Sicherheitspfeiler stehen, um zu große Spannungen und das Nachstürzen der hangenden Schichten zu vermeiden. Die Breite der Firsten beträgt ca. 10 m, die Höhe je nach der Mächtigkeit des Lagers bis zu 12 m. Die Sicherheitspfeiler haben ca. 5—6 m Breite. Bei schwierigen Lagerverhältnissen, z. B. in Hannover, müssen mehrere Strecken übereinander angelegt werden, die mit Blindschächten untereinander verbunden werden. Nähere Einzelheiten sind in der Spezialliteratur (31) nachzulesen.

Die vom Kalisalz leergeförderten Firsten oder Kammern können meist längere Zeit leer stehenbleiben, da die meisten Salze, Steinsalz, Sylvinit, Hartsalz, sehr standfest und nicht hygroskopisch sind, trotzdem schreibt die Bergbehörde vor, daß sie nach einer gewissen Zeit wieder zu verfüllen sind. Dies geschieht mit den Rückständen aus der Fabrik, mit dem beim Auffahren der Förderstrecken im Steinsalz entfallenden Salze usw. — Die Verfüllung geschieht von Hand oder, wo dies angängig ist, im Spülversatzverfahren. Hierbei wird das feine Versatzmaterial von Tage mittels einer Spüllauge (Sole aus Chlormagnesium und Steinsalz) durch eine Stahlrohrtour in den leeren Abbau eingeführt. Durch den hohen Druck wird das Laugensalzgemisch mit großer Gewalt eingespritzt. Die an der tiefsten Stelle sich sammelnde Spüllauge wird aufgefangen und durch starke Pumpen wieder zutage gehoben und dient wieder zum Einspülen neuen Versatzes. Die auf diese Weise in den Abbau gebrachte Salzmasse kittet sich allmählich so fest zusammen und erhält einen so guten Anschluß an das Hangende, daß man nach längerer Zeit sogar die stehengebliebenen Sicherheitspfeiler abbauen kann. In solchen Fällen ist also ein restloser Abbau des Lagers möglich. Der Versatz von Hand kann natürlich nie so fest werden, auch ist der Anschluß an das Hangende immer schwierig und unvollkommen.

Abb. 64. Förderung der losgeschossenen Kalisalze mittels Schüttelrutsche zur Förderstrecke.

Bei der geringen Mächtigkeit der Kalilager im Werragebiet und der günstigen, fast horizontalen Lagerung wird mit der Genehmigung der Bergbehörde von einem Verfüllen der abgebauten Hohlräume abgesehen, es wird daher kein eigentlicher Firstenbau, sondern vielmehr ein breiter Streckenbau getrieben, wobei zwischen den Abbaustrecken verhältnismäßig schwache Sicherheitspfeiler stehenbleiben, die auch noch, um den Abbauverlust möglichst zu verringern, öfters querschlägig durchörtert werden. Bei ihrer verhältnismäßig geringen Höhe haben die Sicherheitspfeiler eine große Tragfähigkeit.

Die Kalisalze werden durch Sprengen — Schießarbeit — gewonnen (Abb. 63). Mit Hilfe von elektrisch betriebenen Bohrmaschinen werden in das Kalilager bis zu 2,5 m tiefe Bohrlöcher getrieben, mit Sprengpatronen besetzt und diese dann mittels Zündschnur oder durch elektrische Zündung zur Explosion gebracht. Als Sprengstoff verwendet man teils den langsam wirkenden Sprengsalpeter, teils die mehr brisanten Chloratsprengstoffe oder aber flüssige Luft. Die losgeschossenen Stücke werden der Förderstrecke durch mechanische Einrichtungen, Schrapper,

Schüttelrinnen usw. zugeführt und die Förderwagen verladen (Abb. 64). Diese Wagen — meist mit einem Fassungsraum von 6—8 dz — werden durch endlose

Abb. 65. Seilförderung. Transport der gefüllten Förderwagen zum Schacht.

Abb. 66. Füllort. Die Belade- und Entladestelle des Förderkorbes unter Tage.

Seil- oder Kettenfördereinrichtungen nach dem Füllort gebracht (Abb. 65). Auf manchen Werken werden ganze Züge durch elektrische Lokomotiven zum Schacht gefahren, um dort durch die Schachtförderung zutage gehoben zu werden (Abb. 66). Zumeist sind die Förderkörbe so eingerichtet, daß sie zwei Förderwagen hintereinander und zwei übereinander aufnehmen können, so daß mit einem Hub etwa

Abb. 67. Hängebank. Die Belade- und Entladestelle des Förderkorbes über Tage.

30 dz zutage gefördert werden. Mit dem anderen Korb gehen zugleich wieder vier leere, oder da, wo noch von Hand versetzt wird, mit Versatzmaterial gefüllte Wagen in die Tiefe. Die aus dem Schacht geförderten stückigen Kalisalze werden zur weiteren Zerkleinerung dem Mahlwerk zugeführt (Abb. 67).

V. Die Verarbeitung der Kalisalze.

1. Die Vermahlung der Rohsalze.

Um die Kalisalze verwendungsfähig zu machen, müssen sie gemahlen werden. Dabei muß unterschieden werden, ob sie direkt als Rohsalz zu Düngezwecken Verwendung finden, oder ob sie der chemischen Fabrik zur Verarbeitung auf konzentrierte Salze zugeführt werden sollen. Im ersten Falle muß ein möglichst gleichmäßiges feines Korn erzielt werden, während für die fabrikatorische Verarbeitung je nach der Art des Salzes eine feinere oder gröbere Körnung verlangt wird.

Die ersten maschinellen Einrichtungen eines Mahlwerkes bestanden meist aus einem *Klassierrost* (System Briart oder Distl-Susky), um die bis etwa faustgroßen Stücke von den größeren Blöcken zu trennen und direkt den Glockenmühlen zuzuführen, während die größeren Stücke erst einen *Steinbrecher* passieren mußten, ehe sie zu diesen gelangten (Abb. 68). In den *Glockenmühlen*, die nach dem System der Kaffeemühle konstruiert sind, wird das Mahlgut auf Nußgröße zerkleinert, während natürlich auch schon viel Feinmaterial entsteht. Aus den Glockenmühlen, die bis zu 500 dz pro Stunde leisten und von denen zwei zu einem Steinbrecher gehören, gelangt das Salz zu den Feinmahlapparaten. Um aber diese nicht unnötig zu überlasten, schaltet man zwischen ihnen und den Glockenmühlen Separationssiebe ein, um den Teil des Salzes, der die Glockenmühlen schon mit hinreichender Feinheit verlassen hat, auszuscheiden. Die Siebe sind entweder Planschüttelsiebe oder Trommelsiebe mit etwa 3 mm Maschenweite. Das Salz, welches nicht durch diese Maschen hindurchgeht, wird nun in den Feinmahlapparaten weiter zerkleinert. Zur Feinmahlung wurden in frühester Zeit Mahlsteine verwendet, wie sie in der Getreidemüllerei üblich waren. Wegen der zu geringen Leistungsfähigkeit wurden sie bald durch bessere Apparate, die *Dismembratoren* und *Dissipatoren*, ersetzt. Erstere bestehen aus einer Festscheibe, die in konzentrischen Ringen mit Stahlstiften besetzt und einer Losscheibe, welche ebenso armiert ist, die sich bei der schnellen Umdrehung, etwa 900 bis

Abb. 68. Kreiselwipper. Vorrichtung zum Entleeren der Wagen in die Mahlanlage.

1000 Touren in der Minute, zwischen den Stiften der Festscheibe bewegen. Beide Scheiben sind in einem gußeisernen Gehäuse eingebaut. Die Leistungsfähigkeit ist eine sehr gute, sie sind aber empfindlich gegen hineingelangende Eisenteile. Die *Dissipatoren* besitzen diesen Fehler nicht. An Stelle der mit Stahlstiften besetzten Scheibe ist ein ganz flacher Konus mit angegossenen Stahlzähnen getreten, der in einem ebenfalls mit Zähnen besetzten Gehäuse rotiert. Beide Apparate werden meist als *Doppeldismembratoren* bzw. *Dissipatoren* ausgebildet, indem die bewegliche Scheibe auf beiden Seiten mit Stiften bzw. Zähnen besetzt ist. Das Gehäuse ist dann dementsprechend ausgerüstet. Ein Doppeldissipator leistet bei ungefähr 15 PS Kraftverbrauch ca. 250 dz Feingut in der Stunde. Zu einer Glockenmühle gehören demnach zwei Feinmahlapparate.

Eine andere Feinmühle ist die *Gloriamühle*. Sie ist eine *Schlagkreuzmühle*. Auf einer in einem Trommelgehäuse sich bewegenden horizontalen Welle sind eine Anzahl Schlagkreuze aus Stahl angebracht, die bei der schnellen Rotation der Welle das Salz zwischen sich und die Wandung schleudern und so zertrümmern. Sie soll Stücke von Faustgröße verarbeiten und will die Arbeit der Glockenmühlen ausschalten. Leistung etwa wie beim Dissipator (Abb. 69).

In letzter Zeit haben sich als Feinmahlapparate die *Walzenstühle* gut eingeführt. Sie sind aus der modernen Getreidemüllerei übernommen mit entsprechenden Änderungen. Sie bestehen aus zwei parallel angeordneten, im entgegengesetzten Sinne um ihre Längsachsen rotierenden, geriffelten Stahlwalzen von etwa 400 mm Durchmesser und 800—1000 mm Länge. Bei etwa 20 PS Kraftbedarf leisten sie ca. 350 dz in der Stunde.

Alle in die Feinmühlen gelangenden Fremdkörper, namentlich kleine Eisenteile, sind sehr störend. Deshalb hat man zum Abfangen derselben an geeigneten Stellen starke Elektromagnete eingebaut. Trotzdem läßt es sich nicht ganz ver-

Abb. 69. „Gloria"-Mühle. (Schlagkreuzsystem.) Leistung ca. 800 dz je Stunde.

meiden, daß solche Eisenteile in die Feinmahlapparate gelangen. Da die Walzenstühle mit Bruchsicherungen ausgerüstet sind, so lassen sie diese kleinen Fremdkörper passieren, dabei öffnet sich aber die Spaltweite zwischen den Walzen, und es gelangen bei dieser Gelegenheit auch einzelne gröbere Salzkörner unter das Feinmahlgut. Hierauf ist meistens das Auftreten geringer Mengen von grobem Salz in sonst ganz gleichmäßig gemahlenem Kainit zurückzuführen. Da die Anordnung von drei Zerkleinerungsapparaten übereinander — Steinbrecher, Glockenmühlen und Feinmahlapparaten — doch umständlich ist und große Baukostenaufwendung bedingt, wurde die Ausschaltung des Steinbrechers durch die *Titanmühle* ermöglicht. Sie besteht aus einem sehr starken Gehäuse, in dem zwei parallel zueinanderliegende Wellen rotieren, auf welchen starke Schläger montiert sind, die es vermögen, auch die größten Salzblöcke zu zertrümmern. Da das Hammergehäuse unten einen Zahnrost besitzt, welcher nur Grus und Stücke bis Walnußgröße passieren läßt, so kann das Mahlgut der Titanmühle direkt in die Feinmahlapparate gehen. Die Leistung einer Titanmühle ist ca. 800 dz stündlich bei etwa 60 PS Kraftbedarf.

2. Speicherung und Verladung der gemahlenen Rohsalze.

Soll das feingemahlene Rohsalz, soweit es nicht direkt in die Eisenbahnwaggons verladen werden kann, gelagert werden, so gelangt es aus dem Mahlwerk durch geeignete Einrichtungen, Transportbänder oder Hängebahn, nach den Rohsalzspeichern. Diese sind große weite Hallen, meist in Holzkonstruktion auf starkem Steinsockel aufgebaut. Das gemahlene Salz wird von einer in der Längsrichtung aufgesetzten Laterne durch geeignete Abstreich- oder Abwurfvorrichtungen in dem Schuppen abgeworfen und lagert sich in natürlichem Böschungswinkel ab.

Soll das Salz nun zum Versand ausgespeichert werden, so sind dafür leistungsfähige Einrichtungen vorhanden. Im Fußboden des Speichers ist ein Kanal ausgehoben, in welchem ein Transportband läuft. Der Kanal ist während der Einspeicherung mit leicht abnehmbaren Holzbohlen abgedeckt. Am Ende des Bandes ist ein leistungsfähiger senkrechter Elevator angebracht. Durch auf Schienen fahrbare, mit schwenkbaren Auslegern versehene Kratzer kann das Salz, welches sich bei längerem Lagern fest zusammensetzt, losgekratzt und in den Kanal — nachdem eine entsprechende Anzahl Abdeckbretter entfernt ist — geworfen werden. Auf dem Transportband geht das Salz zum Elevator, wird von diesem gehoben und durch Transportbänder oder Schnecken zur Verladung geführt. Die Einrichtungen hierfür bestehen aus kleinen eisernen Silos, die meist außerhalb des Schuppens über der Verladerampe liegen. Aus diesen läuft das Salz entweder der Absackeinrichtung oder, da das Rohsalz meist lose verladen wird, den Waggonbeschickungsapparaten zu. Von diesen Verladeapparaten gibt es verschiedene Ausführungen. Ihre Konstruktion beruht fast durchweg auf dem System einer schwenkbaren Transportschnecke, die in den Wagen eingefahren werden kann und der das Salz aus dem Silo zuläuft. Da der Waggon auf einer Waggonwaage mit Gleisunterbrechung steht, auf der zunächst die Tara des Wagens festgestellt wird, wird dem Apparat so viel Salz zugeführt, bis das gewünschte Gewicht der Ladung erreicht ist. Durch Schwenken der Schnecke im Waggon ist es möglich, das Salzgewicht gleichmäßig auf die Achsen zu verteilen. In ca. 10 Minuten kann ein 15-t-Wagen beschickt werden.

3. Die fabrikatorische Verarbeitung der Kalisalze.

Die Gewinnung hochprozentiger Kalisalze wird in den den Bergwerken angegliederten chemischen Fabriken vorgenommen. Als Ausgangsmaterial dienen die drei Hauptsalze oder vielmehr Salzgesteine, da sie ja nicht in reiner Form zur Verarbeitung gelangen, die bereits erwähnt wurden: Der *Carnallit*, der *Sylvinit* und das *Hartsalz*.

a) Die Carnallitverarbeitung. Der Carnallit, als das zuerst bei der Entdeckung der Kalilager aufgeschlossene Kalisalz, war zu Beginn der Kalisalzverarbeitung das einzige Rohmaterial für die Fabriken. Durch die spätere Aufschließung der höherprozentigen Sylvinit- und Hartsalzlager ist die Carnallitverarbeitung sehr stark zurückgetreten, sie soll aber in Rücksicht auf die historische Reihenfolge zuerst behandelt werden. Der *Carnallit* ($KClMgCl_2 6 H_2O$) kommt meist verwachsen mit *Steinsalz* ($NaCl$) und Kieserit ($MgSO_4H_2O$) vor. Der Gehalt an Chlorkalium übersteigt in der Regel nicht 16% KCl. E. PFEIFFER gibt eine Durchschnittsanalyse von mehreren Staßfurter Carnalliten, wie umstehende Zusammenstellung zeigt.

Man unterscheidet im allgemeinen vier verschiedene Arten der Verarbeitung des Carnallits: α) das *vollkommene* Lösen, β) das *unvollkommene* Lösen, γ) das *Lösen auf Endlauge*, δ) das *kalte Zersetzen*.

15,7 % KCl		58,4 % Carnallit
21,5 % NaCl		21,5 % Steinsalz
21,3 % $MgCl_2$ (inkl. 0,2 % $MgBr_2$)		15,0 % Kieserit
0,3 % $CaCl_2$	hieraus berechnet sich	1,5 % Tachhydrit
13,0 % $MgSO_4$		1,6 % Bischofit
26,2 % H_2O		2,0 % Ton, Anhydrit
2,0 % Unlösl.		Eisenglimmer usw.
100 %		

α) *Das vollkommene Lösen.* Es beruht darauf, daß man das zerkleinerte Rohsalz mit einer geeigneten Salzlösung (Löselauge) in der Hitze behandelt, dergestalt, daß möglichst das gesamte Chlorkalium des Carnallits in Lösung geht. Beim Erkalten der Lösung scheidet sich dann als Bodenkörper ein Gemisch von Chlorkalium und Kochsalz aus, während eine Salzlösung (Mutterlauge) von einer bestimmten Zusammensetzung darüber stehenbleibt. Während man früher empirisch verfuhr, wurde, nachdem die phasentheoretischen Verhältnisse erforscht waren, die günstigste Zusammensetzung der verbleibenden Mutterlauge wissenschaftlich festgestellt. Sie entspricht dem graphischen Punkt Q der van't Hoffschen Darstellung. In diesem Punkte stoßen die Existenzfelder der Salze: Chlorkalium, Carnallit und Kieserit zusammen. Da van't Hoff diesen Punkt nur für die Temperaturen 25^0 und 83^0 errechnet hatte, während die erkaltete Mutterlauge im Fabrikbetrieb etwa 15^0 Temperatur besitzt, so wurde durch die *Kaliforschungsanstalt* die Zusammensetzung bei dieser Temperatur ermittelt. Sie beträgt 317 g $MgCl_2$, 24 g $MgSO_4$, 27,5 g KCl, 17,5 g NaCl im Liter, mit einem spezifischen Gewicht von 1,275. Davon ausgehend, mußte nun die Zusammensetzung einer Löselauge gesucht werden, die beim Erkalten der Lösung, d. h. nach dem Abscheiden des Chlorkalium-Chlornatriumgemisches diese „Idealmutterlauge" ergibt. Diese Löselauge muß folgende Zusammensetzung erhalten: 232 g $MgCl_2$, 29 g $MgSO_4$, 33 g KCl, 58 g NaCl im Liter. Spezifisches Gewicht 1,245. Wird mit direktem Dampf gelöst, so ist die Verdünnung der Lösung durch den kondensierten Dampf zu berücksichtigen. Die Löselauge muß dementsprechend konzentriert sein. Küpper berechnet hiernach eine Löselauge wie folgt: 249 g $MgCl_2$, 31 g $MgSO_4$, 35 g KCl, 68 g NaCl im Liter, mit einem spezifischen Gewicht 1,275. In der Praxis werden natürlich diese „Ideal"-Laugen nicht voll erreicht, es muß aber, um gute Verarbeitungsresultate zu erzielen, versucht werden, möglichst nahe an die theoretischen Zahlen heranzukommen.

Um das in der erkalteten Mutterlauge befindliche KCl zu gewinnen, muß das Chlormagnesium beseitigt werden. Zu diesem Zwecke dampft man die Mutterlauge ein. Beim Erkalten scheidet sich dann das Chlorkalium als ganz feiner, fast vollständig reiner „künstlicher" Carnallit aus. Der Vorgang bei der Verdampfung vollzieht sich auf der Linie *Q*—*Z* der J. H. van't Hoffschen graphischen Darstellung. Die über dem ausgeschiedenen Carnallit, der noch ganz geringe Mengen von NaCl enthält, stehende Lauge besteht aus reiner Chlormagnesiumlösung (Endlauge). In der Praxis geht man nicht ganz bis zu diesem Punkt (*L*), weil die Verdampfungskosten sich zu hoch stellen würden, sondern man stößt die Endlauge mit einem Gehalt von 10—15 g KCl im Liter ab. Je mehr der Gehalt der Mutterlauge sich dem theoretischen nähert, um so weniger Wärme wird man für die Verdampfung aufzuwenden brauchen, und um so weniger künstlichen Carnallit wird man erhalten, der ja ebenfalls wieder der weiteren Verarbeitung unterworfen werden muß. Auf eine Verarbeitung von 1000 dz Rohsalz mit etwa 60% Carnallit entfällt eine Menge von rund 50 m^3 Endlauge. Das aus dem Rohcarnallit erhaltene Chlorkalium hat ungetrocknet einen Gehalt von etwa 60% KCl, es ergibt getrocknet ein 40er Düngesalz. Das aus dem künstlichen Carnallit gewonnene Produkt ist höher im Gehalt. Der Fabrikationsverlust in einer gutgeleiteten Fabrik beträgt etwa 12—15% des im Rohsalz in den Betrieb eingeführten Chlorkaliums. Er setzt sich zusammen aus den Verlusten im Rückstand, in dem bei der Verdampfung der Mutterlauge sich ausscheidenden Kochsalz, welches immer etwas KCl enthält, und in den noch in der Endlauge befindlichen geringen Mengen.

β) Das unvollkommene Lösen. Ein anderes Verfahren ist das *unvollkommene Lösen* oder *Lösen auf hohen Schlamm.* Es bietet gegenüber dem vollkommenen Lösen gewisse Vorteile, ist aber nur bei geeigneten Rohsalzen zu verwenden. Diese dürfen nur wenige tonige Beimengungen enthalten, und der Kieserit darf nicht zu feinkörnig sein. Man verwendet eine Löselauge mit einem möglichst geringen Gehalt an Chlormagnesium, etwa 100—110 g im Liter. Sie soll den ganzen $MgCl_2$-Gehalt des Rohsalzes aufnehmen. Dagegen muß sie einen hohen Gehalt an KCl besitzen. Da sie nun den Gesamtgehalt an KCl nicht herauslösen kann, bleibt ein Teil desselben als „Zersetzungschlorkalium" in feiner Form in der Lösung suspendiert und geht mit dieser in die Klärkästen. In diesen setzt es sich mit dem Schlamm ab und reichert denselben so an, daß er calciniert auf einen Gehalt von 30—40% K_2O kommt. Der in Lösung gegangene Teil des KCl scheidet sich dann beim Abkühlen ab, und es verbleibt eine Mutterlauge von hohem Chlormagnesiumgehalt, die sich gut verdampfen läßt. Da ihre Menge nur etwa die Hälfte der beim „vollkommenen Lösen" entfallenden beträgt, so reduzieren sich die Verdampfungskosten ganz bedeutend. Die Verdampfung der Mutterlauge erfolgt in *Vakuumverdampfungsapparaten,* über deren Konstruktion in der Spezialliteratur Näheres zu finden ist.

γ) Das Lösen auf Endlauge. Die Versuche, den Verdampfungsprozeß ganz auszuschalten und den Löseprozeß des Carnallits in einem Gang zu beendigen, führten zu dem Verfahren des *Lösens auf Endlauge.* Die Versuche dazu sind schon alt, wurden aber immer wieder aufgegeben und beschränkten sich schließlich auf die Verarbeitung des beim Verdampfen gewonnenen künstlichen Carnallits. E. KAYSER hat zuerst in Wolkramshausen ein brauchbares Verfahren in die Praxis eingeführt. Er bezeichnet es als *„Heißschlämmen"*. Es beruht darauf, daß beim Lösen des Rohsalzes die Carnallitgrenze überschritten wird, so daß beim Erkalten künstlicher Carnallit auskristallisiert, da nur über diesem Salz als Bodenkörper eine praktisch chlorkaliumfreie Endlauge existieren kann. Man verfährt wie beim unvollkommenen Losen, d. h. man verwendet eine an KCl reiche, an $MgCl_2$ arme Löselauge und scheidet den größeren Teil des Chlorkaliums als Zersetzungschlorkalium ab. Die technische Schwierigkeit liegt in der Trennung dieses feinen Chlorkaliums von der schweren Lösung, da vermieden werden muß, daß zwischen dieses Chlorkalium schon künstlicher Carnallit ausfällt. Wenn dann der auskristallisierte Carnallit ebenfalls heiß zersetzt wird, kann die Menge der dabei entfallenden Mutterlauge so begrenzt werden, daß sie vollständig beim Zersetzen neuer Mengen Rohcarnallits aufgebraucht wird. A. KÜPPER (22) hat, unabhängig von dem KAYSERschen Vorgehen, das Verfahren ebenfalls durchgearbeitet mit der Abänderung, daß er den künstlichen Carnallit kalt zersetzt, wobei er den Prozeß so leitet, daß er die Hälfte des Gehalts an KCl im Rohsalz als Zersetzungschlorkalium, die andere Hälfte als künstlichen Carnallit erhält. Er will dabei ein Chlorkalium von solcher Reinheit bekommen, daß der Deckprozeß (s. d.) ausscheidet, wodurch dünne kochsalzhaltige Decklaugen vermieden werden, deren Unterbringen im Betriebe Schwierigkeiten machen würde.

δ) Das kalte Zersetzen des Carnallits. Diese Methode, die sich bei der Verarbeitung des künstlichen Carnallits seit langem bewährt hat, läßt sich nur bei verhältnismäßig wenig Rohcarnalliten verwenden, da namentlich feinkörniger Kieserit sehr störend ist. Auf einem Werk, welches einen sehr reinen Carnallit mit hohem Sylvinitgehalt besitzt, wird das kalte Zersetzen mit großem Erfolge ausgeführt, wobei der Sylvinit ungelöst zurückbleibt und für sich nach dem üblichen Sylvinitlöseverfahren behandelt wird.

Die Löseapparatur. Die ersten Einrichtungen für das Lösen des Carnallits waren gußeiserne Gefäße mit Siebboden, durch welche Dampf zu der in den Lösekessel eingelassenen Löselauge eintreten konnte. Der zerkleinerte Carnallit wurde von Hand oder mittels Elevator eingetragen. Später baute man Spitzkessel, in welchen zum Lösen direkter Dampf verwendet wurde. Die Form und der Fassungsraum der Lösekessel waren sehr verschieden. Zum Lösen des künstlichen Carnallits verwandte man Lösekessel mit Rührwerk und Dampfschlange. Alle diese Apparate hatten den Nachteil der periodischen Arbeit, da sie nach jeder Charge entleert und wieder frisch gefüllt werden mußten. Es wurden

Abb. 70. Kontinuierlich arbeitender Löseapparat.

daher schon frühzeitig Versuche gemacht, den periodischen Betrieb in einen kontinuierlichen zu verwandeln, wobei als Grundprinzip für die Apparate fast durchweg die Transportschnecke verwandt wurde (Abb. 70). Die Konstruktionen der einzelnen Löseschnecken wichen natürlich voneinander ab, und die Abmessungen derselben wuchsen mit der immer mehr steigenden Verarbeitung der Kalisalze. In einem gußeisernen Trog, der aus einzelnen Segmenten zusammengesetzt ist und eine Länge von 10—15 m besitzt, läuft eine Längswelle, auf der eine schmiedeeiserne Schnecke montiert ist. Die Schneckenflügel sind zumeist in eine Bandspirale abgeändert. Diese Transportschnecke ist noch mit besonderen Hubeinrichtungen versehen, um das Lösegut aus der Löselauge zu heben und beim Weitertransportieren wieder in dieselbe fallenzulassen. Die Löseapparate sind entweder für Gegenstrom oder Gleichstrom eingerichtet. Im ersteren Falle tritt am einen Ende des Troges die heiße Löselauge, am anderen Ende das Rohsalz ein. Die Löselauge fließt in diesem Falle dem Salz entgegen. Der Rückstand wird an der Laugeneintrittsseite durch Elevator herausgehoben. Bei den Gleichstromapparaten tritt Salz und Löselauge an derselben Seite ein, während am anderen Ende der ausgelöste Rückstand entfernt wird. Die Beheizung der Apparate während des Löseprozesses erfolgt durch eingelegte Dampfschlangen. Die Vorwärmung der Löselauge geschieht in besonderen Vorwärmern, von denen es ebenfalls die verschiedensten Konstruktionen gibt. Da ein näheres Eingehen hierauf nicht möglich ist, muß auf die Spezialliteratur verwiesen werden, z. B. (20).

b) Die Sylvinitverarbeitung. Die Verarbeitung des Silvinits ist wesentlich einfacher. Sie beruht darauf, daß das Chlorkalium in der Wärme leichter löslich ist als das Kochsalz, d. h. eine an beiden Salzen kaltgesättigte Lösung löst in der Wärme KCl aus dem Rohsalz und läßt es beim Abkühlen der Lösung auskristallisieren, während wieder eine Mutterlauge von gleicher Zusammensetzung entsteht. Man kann also theoretisch dieselbe Lauge immer wieder zum Lösen neuer Rohsalzmengen verwenden. In der Praxis ist es aber etwas anders. Da viele Sylvinite ganz geringe Beimengungen von Carnallit enthalten, so sind die Löselaugen immer etwas $MgCl_2$-haltig. Reichert sich nun der Gehalt an Chlormagnesium an, so tritt eine stärkere Löslichkeit an NaCl ein, und das beim Erkalten der Lösung auskristallisierende Produkt wird immer unreiner, d. h. kochsalzhaltiger. Der Gehalt an $MgCl_2$ in der Mutterlauge soll 50 g im Liter möglichst nicht überschreiten. Es wird dann ein sehr reines Produkt von durchschnittlich über 90% KCl erhalten. Der in den Sylviniten des Südharzgebietes enthaltene Anhydrit ist ohne Einfluß, da er ungelöst mit dem Rückstand beseitigt wird. Die Lösung erfolgt in kontinuierlichen Löseapparaten und jetzt meistens im Gleichstrom. Sollte bei diesem Verfahren der Rückstand noch etwas zu hoch im Kaligehalt bleiben, so wird er auf manchen Werken einer Nachbehandlung im Gegenstrom unterworfen, wobei man eine geringe Menge Lauge erhält, die verhältnismäßig reich an Kochsalz und arm an Kali ist, die der Löselauge für Rohsalz zugesetzt wird.

Ein anderes Verfahren ist das sog. Schwebeverfahren von A. Rathke-Banthien, wobei man die heiße Löselauge von unten durch das in großen schmiedeeisernen Bottichen befindliche Salz eintreten läßt. Man reguliert den Laugenzutritt so, daß das feingemahlene Rohsalz gerade zum Schweben kommt, also von allen Seiten der Einwirkung der Löselauge ausgesetzt ist. Die gesättigte Lösung läuft dann oben ab. Die Laugenzirkulation wird fortgesetzt, bis das Rohsalz erschöpft ist. Es ist ein Lösen im Gegenstrom, wobei das Salz in Ruhe bleibt.

Auf einigen anderen Werken läßt man das Rohsalz mit der Löselauge zusammen in die großen Bottiche einfließen und deckt dann das Salz nach Abfluß der gesättigten Lösung, die unten erfolgt, mit heißer Löselauge nach. Es ist eine Art Gleichstromverfahren.

Wenn auch bei diesen beiden Verfahren eine Rückkehr zu dem periodischen Löseverfahren eingetreten ist, so sind die damit verbundenen Vorteile doch sehr groß. Die Bottiche haben einen sehr großen Fassungsraum, so daß mit einer Charge große Rohsalzmengen verarbeitet werden. Ferner ist der Vorteil des Wegfalls einer immerhin komplizierten Apparatur, die dauernd Betriebskraft und Wartung verlangt, nicht zu unterschätzen.

c) Das Lösen der Hartsalze. Der Gehalt der *Hartsalze* an Chlorkalium ist stark wechselnd. Charakteristisch ist der meist hohe Gehalt an Kieserit ($MgSO_4$), der das Salz zu einem sehr wertvollen Rohsalz macht, da es das Hauptausgangsmaterial für die Gewinnung der schwefelsauren Salze bildet. Der Kieserit bereitet aber andererseits die Schwierigkeit bei der Verarbeitung der Hartsalze. Ist er sehr feinkörnig, so geht er, wenn der Löseprozeß nicht tunlichst beschleunigt wird, teilweise in Lösung und bildet schwerlösliche sulfathaltige Schlämme, die starke Betriebsverluste im Gefolge haben. Um die Löslichkeit des Kieserits zu vermindern, muß ein gewisser Gehalt an $MgCl_2$ in der Löselauge vorhanden sein.

Zu hoch darf man aber damit nicht gehen, da dann die Nachteile eintreten, die schon oben bei der Sylvinitverarbeitung erwähnt wurden. Ist der Kieserit grobkörnig, so ist seine Löslichkeit geringer, und man wird mit einem Gehalt von 50—60 g $MgCl_2$ im Liter auskommen können, während man bei sehr feinkörnigem Kieserit auf 90 g, ja bis 150 g im Liter gehen muß. Das bei der Hartsalzverarbeitung entfallende Chlorkalium ist an Prozentgehalt wesentlich niedriger als das bei der Sylvinitverarbeitung gewonnene. Bei gutartigem Salz hat das ungedeckte Produkt 75—80 % KCl.

Gewinnung der Sulfate. Hier soll gleich kurz die Gewinnung der sulfatischen Produkte, die für die Düngezwecke eine immer mehr steigende Wichtigkeit erlangen, besprochen werden. Zunächst die *schwefelsaure Kalimagnesia.* Der chemische Vorgang vollzieht sich theoretisch nach der Formel:

$$2\,KCl + 2\,MgSO_4 + 6\,H_2O \rightleftarrows K_2SO_4MgSO_4 6\,H_2O + MgCl_2 .$$

Wie ersichtlich, ist der Vorgang umkehrbar. In der Praxis läßt man auf hochprozentiges Chlorkalium eine Bittersalzlösung einwirken. Das Bittersalz ($MgSO_4 7\,H_2O$) wird aus dem Kieserit gewonnen, der bei der Hartsalzverarbeitung im Rückstand verbleibt. Der Rückstand wird mit kaltem Wasser behandelt, in welchem der Kieserit fast unlöslich ist, während das beigemengte Steinsalz in Lösung geht. Von den ebenfalls unlöslichen Bestandteilen: Ton, Anhydrit usw., wird der Kieserit durch Abschlämmen mechanisch getrennt. Der Kieseritschlamm wird dann in geeignete Blechformen gegossen und erhärtet darin schnell durch Wasserbindung. Dieser „Blockkieserit" wird gemahlen und in heißem Wasser gelöst. Bei genügender Konzentration kristallisiert aus der Lösung in weißen Nadeln das leichtlösliche Bittersalz. Auf Einzelheiten der technischen Durchführung des Kalimagnesiaprozesses muß hier verzichtet werden; es sei auf die eingehenden Arbeiten der Kaliforschungsanstalt über diesen Gegenstand hingewiesen (22).

Die Herstellung des *Kaliumsulfats* (K_2SO_4) geschieht fast ausschließlich über die schwefelsaure Kalimagnesia nach der Gleichung:

$$K_2SO_4MgSO_4 + 2\,KCl \rightleftarrows 2\,K_2SO_4 + MgCl_2 .$$

Bei der technischen Gewinnung trägt man entweder festes Chlorkalium in eine konzentrierte Lösung von Kalimagnesia ein, oder man verfährt umgekehrt. Die bei der Umsetzung entfallende Lauge, die ungefähr dem Punkt *M* der VAN'T HOFFschen Lösung entspricht, findet wieder Verwendung im Kalimagnesiaprozeß. Die beste Umsetzungstemperatur liegt bei 30—40° C. Die Versuche, Sulfat direkt aus Chlorkalium und Bittersalz zu gewinnen, haben noch zu keinem einwandfreien Resultat geführt.

d) Klärung der Lösungen. Die heißen Lösungen der Rohsalze müssen, ehe sie zur Kristallisation gehen, geklärt werden, um die suspendierten Schlammteile usw. abzuscheiden. Dies geschieht in der *Klärstation.* Man klärt in schmiedeeisernen hohen Gefäßen evtl. unter Zusatz von einem Klärmittel (Kalkmilch). Meist genügt ein kürzeres Stehenlassen der Lösung. Klärt die Lösung leicht, so kann man auch Apparate verwenden, bei welchen die Lösung nur durchläuft, wobei man die Geschwindigkeit stark verringert durch Vergrößerung des Ablaufquerschnittes oder durch Einbauten, an welchen die Lösung sich stößt. Da sich mit dem Schlamm etwas KCl abscheidet, so wird der Schlamm vor der definitiven Beseitigung mit etwas verdünnter Lauge ausgerührt. Diese Waschlauge wird, nachdem man sie etwas hat klären lassen, in den Lösebetrieb zurückgeführt (s. auch Lösen des Carnallits auf hohem Schlamm).

e) Kristallisieren der Lösung. Die geklärte Lösung geht nun zum Kristallisieren. Früher geschah dies allgemein in großen schmiedeeisernen Kristallisierkästen von etwa 20—30 m^3 Fassungsraum, die in luftigen Räumen aufgestellt sind, wo die Außenluft von allen Seiten Zutritt hat (Abb. 71). Die Abkühlung erfolgt je nach der Jahreszeit in 2—4 Tagen. Beim Abkühlen scheidet sich zuerst der kochsalzreiche Teil, dann das reinere Chlorkalium aus. Bei der Sylvinitverarbeitung besitzt diese zweite Abscheidung einen hohen Grad von Reinheit, so daß man sie häufig von dem kochsalzreicheren Teil trennt, um ihn auf hochprozentiges Chlorkalium für die Industrie (mindestens 98 % KCl) weiterzuverarbeiten. Nach dem Erkalten der Lösung wird die über dem ausgeschiedenen Chlorkalium stehende Mutterlauge abgelassen und geht in den Betrieb zurück. Das Entfernen des auskristallisierten Chlorkaliums aus dem Kasten muß von Hand geschehen und ist deshalb teuer, auch müssen die Kühlanlagen für eine leistungsfähige Fabrik sehr umfangreich sein und erfordern deshalb großes An-

Abb. 71. Kühlstation mit Kühlkasten.

lagekapital. Man ist infolgedessen auf den meisten Werken zur Schnellkühlung übergegangen. Die Entwicklung dieser Schnellkühlapparatur ist sehr interessant, auf eine Beschreibung der einzelnen Systeme muß aber verzichtet werden, da wohl jetzt überwiegend der *Kaminkühler*, ohne inneren Einbau, wie er von BANTHIEN vorgeschlagen wurde, in Gebrauch ist. In einem hölzernen Turm von sehr großen Ausmaßen wird ungefähr in halber Höhe die heiße Lösung durch KÖRTINGsche Düsen schräg nach oben gespritzt. Die Lösung wird hierdurch sehr fein verteilt und kühlt sich beim Herabfallen gut ab, da die kleinen Tröpfchen eine große Oberfläche für die abkühlende Luft darbieten.

Da sowohl bei der Kasten- wie bei der Turmkühlung die in der heißen Lösung aufgespeicherte Wärme verlorengeht, hat die Technik mit der *Vakuumkühlung* einen weiteren Fortschritt gemacht. Man kühlt im Vakuum ab, d. h. entfernt die Wärme aus der Lösung durch Druckverminderung. Der bei diesem Vorgang entweichende heiße Abdampf (Brüden) gibt seine Wärme ab, und diese dient zum Vorwärmen der Löselauge. Auf diese Weise werden bis zu 60 % der in der Lösung aufgespeicherten Wärme wiedergewonnen. Theoretisch könnte man noch weitergehen, es lohnt sich aber nicht, die letzten Wärmegrade im Vakuum, wegen deren Vergrößerung der Apparatur usw., zunutze zu machen; man gibt sie verloren, indem man die Nachkühlung der auf etwa 40° herabgekühlten Lösung im Kühlturm vornimmt. Bisweilen nutzt man hierzu auch noch die etwa vorhandene Kastenanlage aus.

f) Decken und Trocknen der Fabrikate. Für die Verwendung der Fabrikate als Düngesalze ist eine Anreicherung des Gehaltes an KCl nicht nötig. Nur für hochprozentige Ware, wie sie für den Export (80 % KCl) oder für die Industrie (90 % und 98 % KCl) verlangt wird, muß das Produkt noch raffiniert werden. Das geschieht im *Deckprozeß*. KCl ist im kalten Wasser schwerer löslich als NaCl. Man bringt das aus der Kühlanlage kommende kochsalzhaltige Chlorkalium in große, zylindrische Gefäße aus Schmiedeeisen und überschichtet sie mit Wasser.

Abb. 72. Trockentrommel, die zum Trocknen der fertigen Fabrikate dient.

Es tritt eine starke Temperaturerniedrigung ein, und es wird neben Chlorkalium eine verhältnismäßig größere Menge Kochsalz in Lösung gehen. Die Decklauge wird dann abgelassen und geht in den Betrieb zurück, wo sie als Löselauge Verwendung findet. Es tritt durch den Deckprozeß also eine Verringerung an Quantität, dafür aber eine Steigerung an Qualität, d. h. Chlorkaliumgehalt, ein. Die Deckgefäße sind mit mechanischen Austragseinrichtungen versehen, auch besitzen sie vielfach Absaugevorrichtung, um das Salz von den letzten Resten der Decklauge zu befreien.

Das noch feuchte Salz (ungedecktes sowohl wie gedecktes) muß getrocknet werden. Dies geschieht im *Trockner*, wobei ein Trockengrad von etwa 0,2 bis 0,5 % H_2O erreicht wird. Die Trockner sind große rotierende, schmiedeeiserne Trommeln, in welche das feuchte Salz eingeführt wird, während zugleich die Heizgase einer direkten Feuerung die Trommel durchstreichen, also in direkte Berührung mit dem Salz kommen. Die Trockentrommel ist innen mit Hub- und Transporteinrichtungen für das Salz versehen, so daß es möglichst lange mit der Hitze in Berührung bleibt und dann an dem der Feuerung entgegengesetzten

Ende der Trommel ausgetragen wird (Abb. 72). Das Trockengut passiert eine Siebtrommel, in welcher etwa zusammengebackene Stücke (Knorpel) von dem feinen Salz getrennt werden. Die Knorpel werden dann in einer kleinen Mühle besonders gemahlen und dem abgesiebten Salz wieder zugeführt.

g) Lagerung der Fabrikate und Düngesalze. Die Lagerung geschieht in großen Lagerschuppen, wie sie bereits bei der Lagerung der Rohsalze (s. d.) beschrieben wurden. Auch die Verladeeinrichtungen sind dieselben. Die hochprozentigen Fabrikate, besonders die Sulfate, werden zumeist in Säcken versandt, die mittels automatischer Waagen gefüllt und auf automatischen Nähmaschinen selbsttätig vernäht werden. Solche Lager und Versandeinrichtungen sind auf allen größeren Werken vorhanden. Für den Versand nach Übersee sind sowohl in Hamburg wie in Bremen große Verladeanlagen angelegt, die mit allen modernen

Abb. 73. Magazin mit Kratzer zum Ausspeichern der Fabrikate.

Einrichtungen für Versackung und Verladung eingerichtet sind, und an denen die größten Fracht- und Transportdampfer direkt anlegen können. Die Lagerbestände werden durch die Werke ergänzt, wobei die Salze (Rohsalze und Fabrikate) entweder per Kahn oder per Achse nach Hamburg und Bremen befördert werden.

h) Die Mischeinrichtungen. Wie bereits bei den Ausführungen über die Rohsalze erwähnt wurde, werden der Kainit und das 20er Düngesalz als reines gemahlenes Rohsalz geliefert, während 30er und 40er Salze in der Regel *Mischsalze* sind, d. h. aus Fabrikat und Rohsalz bestehen. Das 40proz. Düngesalz war früher, als fast nur Carnallit verarbeitet wurde, reines Fabrikat, jetzt aber fällt letzteres meist so hoch, daß ihm Rohsalz zugemischt werden muß, um den garantierten Gehalt von 38—42% K_2O einhalten zu können. Das Mischen geschieht auf manchen Werken so, daß dem zu trocknenden Chlorkalium eine entsprechende Menge Rohsalz zugesetzt wird und mit diesem durch den Trockenapparat geht, wobei eine gute Durchmischung erzielt wird. Außerdem gibt es noch verschiedene andere Apparate zum Mischen, die meist darauf beruhen, daß die beiden miteinander zu mischenden Salze, deren Prozentgehalt an Kali im Laboratorium vorher festgestellt wurde, in zwei nebeneinanderliegende Silos aus Eisenblech eingefüllt werden. Die Behälter besitzen unten je einen regulierbaren Auslauf. Diese Ausläufe werden nun im richtigen Verhältnis von Rohsalz zum Fabrikat eingestellt. Die herauslaufenden Salze gelangen in eine Mischschnecke, wo sie

Abb. 74. Gewerkschaft Siegfried-Gießen. (Aus der Vogelschau.)

gut durchmischt und zugleich dem mechanischen Verladeapparat zugeführt werden, der den Wagen mit der gemischten Menge beschickt. Auf manchen Werken werden die Mischsalze erst auf Lager gebracht und gelangen von da je nach Bedarf zur Verladung (Abb. 73). Wichtig ist, daß das beizumischende Rohsalz der Korngröße des Fabrikats möglichst angepaßt wird. Bei dem nach dem Schnellkühlverfahren gewonnenen, sehr feinen Chlorkalium muß daher eine Absiebung des Rohsalzes auf die geeignete Korngröße vorausgehen.

VI. Geschichtliche Entwicklung und gegenwärtige Organisation der Kaliindustrie.

Bald nachdem man den hohen wirtschaftlichen Wert der Kalisalze erkannt hatte, nahmen die beiden damaligen alleinigen Erzeuger von Kalisalzen, die fiskalischen Werke Staßfurt und Leopoldshall, eine Art loser Zusammenarbeit vor, in der Vereinbarungen getroffen waren, die dem Rohsalzgeschäft eine Entwicklung in ruhigen Bahnen gestatten sollten. Diesen Abmachungen folgte im Jahre 1876 eine Konvention der Chlorkaliumfabriken, worin sich diese zum „Chlorkalium-Preisbestimmungs-Syndikat“ zusammentaten und sich zur Innehaltung wöchentlich festzusetzender Preise verpflichteten. Die Konvention bestand nur bis zum Jahre 1879. Dann wurde im gleichen Jahre das erste formelle Kartell geschlossen, die sog. erste Carnallit-Konvention, die den Grundstock für die künftige Entwicklung der Kaliindustrie bildete. Verschiedene weitere Abmachungen wurden in den kommenden Jahren getroffen, die sich auf die Verteilung der Rohsalzanteile unter den Produzenten bezogen, bis erstmalig am 1. Januar 1884 von 20 Fabriken das Verkaufssyndikat der Chlorkaliumfabriken gegründet wurde.

Durch den preußischen Fiskus wurde dabei die Bestimmung durchgesetzt, daß dem preußischen Minister für öffentliche Arbeiten für diejenigen Erzeugnisse, die an die deutsche Landwirtschaft abgesetzt wurden, das Preisbestimmungsrecht gewährt wurde (9). Diese Bestimmung war insofern tragbar, als auch ohnehin die Preispolitik des Deutschen Kalisyndikats stets darauf ausging, die Grenzen für die Rentabilität der Kalidüngung durch Einhaltung eines niedrigen Preises möglichst zu erweitern. Die nachstehende Tabelle zeigt die fast stetig sinkende Tendenz der Kalipreise (12).

Preise der Kalisalze seit 1861 in Mark für 1 dz Salz.

	1861	1870	1890	1900	1914	1930
Carnallit	2,05	0,95	0,90	0,90	0,75	0,87
Kainit	—	1,45	1,50	1,50	1,20	1,30
Calc. Düngesalz 21,6 %	—	—	5,20	—	—	—
„ „ 27 %	—	—	6,60	—	—	—
„ „ 31,5 %	—	—	8,00	—	—	—
„ „ 37,8 %	—	—	10,00	9,30	—	—
20er Kalidüngesalz	—	—	—	3,10	2,80	3,04
30er „	—	—	—	4,75	4,30	5,39
40er „	—	—	—	6,40	6,20	7,55
80er Chlorkalium (= 50er Kalid'salz)	—	—	14,00	14,25	13,50	12,15
90proz. schwefels. Kali	—	—	16,70	16,45	16,90	15,00
Schwefels. Kalimagnesia	—	—	8,20	8,00	8,00	7,50

Von wesentlicher Bedeutung für den Absatz wurde die Einführung neuer Düngesalzmarken. Neben dem Kainit und dem Chlorkalium hatte die Landwirtschaft bis zur Zeit der Errichtung des Syndikates calcinierte Düngesalze bezogen, für welche nur Fabrikate Verwendung fanden. Da dies die Herstellung verteuerte, wurde der billigere Kainit gegenüber diesen Düngesalzen stark bevorzugt. An Stelle dieser Salze wurden nunmehr durch Beimischung von Rohsalzen billiger herzustellende Düngesalze mit 20, 30 und 40 % K_2O eingeführt. Für diese neuen Düngesalze wurde die Preisstellung so bemessen, daß die Gewichtseinheit Kali bei weiten Entfernungen sogar billiger wurde als im Kainit. Dieses Preisverhältnis führte in der Folgezeit zu einem besonders raschen Anwachsen des Kaliabsatzes namentlich in Form des 40 er Düngesalzes, zumal die sofort unternommenen Düngungsversuche zeigten, daß in dieser neuen Handelsmarke das Kali in einer für den schweren Boden besonders vorteilhaften Form geboten wurde (17).

Entwicklung des Kaliabsatzes in Form der verschiedenen Salzsorten.

Salzsorte	1000 t K_2O			
	1880	1890	1900	1929
Carnallit	0,4	2,9	4,6	0,4
Kainit-Hartsalz von 12—15 %	2,9	22,1	89,8	194,1
Kalidüngesalz von 18—22 %	0,3	0,7	0,6	19,2
„ „ 28—32 %	0,1	0,1	0,3	14,7
„ „ 38—42 %	—	—	21,6	479,2
Chlorkalium	0,4	0,7	0,2	44,1
Schwefels. Kali	—	—	0,1	1,0
Schwefels. Kalimagnesia	0,1	0,1	—	1,2

Die Gewinnung der Kalisalze hatte sich nur kurze Zeit auf den Staßfurter Mutterbezirk beschränkt. Sehr bald waren neue Anlagen hinzugekommen, welche die neu erschlossenen Kalivorkommen ausbeuteten. Über die Anzahl der Kaliwerke gibt die nachstehende Tabelle Aufschluß:

Anzahl der im Betrieb befindlichen Kaliwerke:

1861	1	1900	15	1919	198
1865	2	1910	69	1920	201
1875	3	1914	194	1922	135
1880	4	1918	210	1928	67
1890	8				

1919—1928 ohne die elsässischen Kaliwerke.

Obgleich sich die vom Kalisyndikat getroffenen Maßnahmen zur Hebung des Absatzes bewährten, wuchs doch die Zahl der Kaliwerke so rasch an, daß sie die Absatzmöglichkeiten überholte. Die Erneuerung des Syndikats machte daher im Jahre 1910 Schwierigkeiten, und einige Werke glaubten, als Außenseiter besser zu fahren. Um einer Verschleuderung des deutschen Nationalvermögens an das Ausland vorzubeugen, wurde am 25. Mai 1910 eine gesetzliche Regelung vorgenommen, die einen nahezu zwangsläufigen Zusammenschluß aller Kaliwerke bewirkte (27). Unter der Wirkung der getroffenen gesetzlichen Bestimmungen wurde zwar die Preisgestaltung für die Kalidüngemittel auch für die Ausfuhr einheitlich geregelt, die Vergeudung des Volksvermögens durch nutzlose Weitervermehrung der Kaliwerke konnte aber das Reichskaligesetz nicht verhüten. Nachteilig für die Entwicklung war daher die sich unverhältnismäßig schnell vollziehende Erweiterung der Industrie durch Entstehen neuer Schachtanlagen, der eine parallelgehende Vermehrung der Aufnahmefähigkeit des Kalimarkts nicht entsprach.

Diese Entwicklung brachte es mit sich, daß sich die Zahl der mit einer Quote ausgestatteten Schacht- und Fabrikanlagen kurz vor Kriegsausbruch auf 194 belief. Zu den zuletzt abgeteuften Schächten in der deutschen Kaliindustrie zählten die Schächte im Oberelsaß, die durch den Versailler Vertrag an Frankreich abgetreten wurden und deren weiterer Ausbau seit 1919 durch die französischen staatlichen Kaliwerke und die Mines Ste. Therèse geschieht.

Im April 1919 erfolgte eine Umgestaltung des bisherigen deutschen Reichskaligesetzes durch ein neues „Gesetz über die Regelung der Kaliwirtschaft", das unter Fortführung der 1910 eingeführten Vorschriften den Gedanken des gemeinschaftlichen Aufbaues der Kaliwirtschaft verwirklichen sollte (28). Durch dieses Gesetz wurden die Kalierzeuger zu einem Verband, dem Deutschen Kalisyndikat, zusammengeschlossen. Erwähnung verdienen noch die Verordnungen vom 23. Oktober 1921 (29) sowie vom 26. Februar 1924 (30), in denen neue Bestimmungen über das Stillegen von Schächten getroffen wurden. Diese bezweckten, die deutsche Kaliproduktion im wesentlichen auf die leistungsfähigen Werke zu beschränken und unrationell arbeitende Betriebe zur Vermeidung der Verteuerung der Kalisalze auszuschalten.

Durch diese gesetzliche Regelung war die weitere Entwicklung der deutschen Kaliindustrie vorgeschrieben, die nunmehr dahin ging, den Ausbau des Produktionsapparates auf die besten Kalivorkommen zu beschränken und diese Werke mit allen Mitteln moderner Technik auszustatten. Hand in Hand hiermit ging eine stetig wachsende Konzernbildung, indem sich kleinere Einzelwerke zu kapitalkräftigen Gesellschaften zusammenschlossen, die nun ihrerseits dahin strebten, die Quoten nichtleistungsfähiger Schachtanlagen auf die Werke mit den besten Salzen und den billigsten Arbeitsbedingungen zu übertragen. Von der in der Kriegszeit vorhandenen Anzahl von 198 selbständigen Kaliwerken war

Mitte 1926 die Anzahl der unabhängigen Kalierzeuger auf 12 gefallen. Innerhalb dieser 12 mehr oder minder großen Verbände wurde dazu übergegangen, die weniger leistungsfähigen oder wegen ihrer weniger guten Salzvorkommen nicht rentablen Werke zugunsten der besseren zu schließen. Dadurch, daß die Anteile am Absatz von ersteren auf letztere übertragen wurden, konnten die Ansprüche an die Leistungsfähigkeit einzelner Werke stark gesteigert werden, was sich in einer Verbesserung der Arbeitsmethoden und in Fortschritten im Bau der Apparatur auswirken mußte.

Auf Grund des Reichskaligesetzes untersteht die Oberleitung der gesamten Kaliwirtschaft dem Reichskalirat. Der Reichskalirat besteht aus 30 Mitgliedern. In ihm sind Kalierzeuger, die Länder, die im Kalibergbau und Fabrikationsbetriebe beschäftigten Arbeiter, das Kalisyndikat, die technischen und kaufmännischen Kaliwerksangestellten, die landwirtschaftlichen Verbraucher, der Kalihandel, die Unternehmer aus den Kreisen der kaliverarbeitenden chemischen Industrie, sowie Sachverständige für Kalibergbau, Kaliverarbeitung und Kaliforschung vertreten.

Dem Reichskalirat unterstehen die verschiedenen Kalistellen, von denen die landwirtschaftlich-technische Kalistelle für den landwirtschaftlichen Verbrauch an Kali besondere Bedeutung hat, da sie jährlich größere Mittel für wissenschaftliche Versuche über Fragen der Kalidüngung bewilligt.

Der Reichskalirat setzt nach begründeten Vorschlägen des Kalisyndikats die Verkaufspreise für inländische Abnehmer fest. Dieser Regelung unterstehen folgende Erzeugnisse des deutschen Kalibergbaus:

Preise vom 22. 12. 1929.

			RM.
1. Carnallit	mit	9 % Kali	0,87
		10 % „	0,97
		11 % „	1,06
2. Kainit-Hartsalz und Sylvinit	mit	12 % „	1,30
		13 % „	1,41
		14 % „	1,52
		15 % „	1,62
2a. Hederich-Kainit	mit	12 % „	1,80
(zur Bekämpfung von Hederich und anderen Unkräutern sowie zur		13 % „	1,91
Schneckenbekämpfung).		14 % „	2,02
		15 % „	2,12
3a. 20er Kalidüngesalze	mit	18 % „	2,74
		19 % „	2,89
		20 % „	3,04
		21 % „	3,19
		22 % „	3,34
3b. 30er Kalidüngesalze	mit	28 % „	5,03
		29 % „	5,21
		30 % „	5,39
		31 % „	5,56
		32 % „	5,74
3c. 40er Kalidüngesalze	mit	38 % „	7,17
		39 % „	7,36
		40 % „	7,55
		41 % „	7,74
		42 % „	7,93
3d. 50er Kalidüngesalz (Chlorkalium)	mit	50 % „	13,50

Jedes Zehntel Prozent Mehrgehalt bis zu 54 % K_2O wird mit 2,7 Pfg. berechnet. Auf den Warenpreis wird bis auf weiteres ein allgemeiner Verbraucherrabatt von 10 % gewährt, so daß der Preis für Kalidüngesalz mit 50 % Kali nicht RM 13,50, sondern RM 12,15 je Doppelzentner beträgt.

			RM.
4. Schwefelsaures Kali . . . . mit	48 %	Kali	15.—
(höchstens $2^1/_2$ % Chlor). Jedes Zehntelprozent Mehrgehalt bis zu 52 % K_2O wird mit 3,125 Pfg. berechnet.			
5. Schwefelsaure Kalimagnesia . . . . mit	26 %	„	7,50
(höchstens $2^1/_2$ % Chlor). Jedes Zehntelprozent Mehrgehalt bis zu 30 % K_2O wird mit 2,885 Pfg. berechnet.			

Die Preise verstehen sich für 100 kg = 1 dz lose ab Werk.

In diesen Salzen, welche nach dem Gehalte an Reinkali bewertet werden, erstreckt sich die Gehaltsgarantie nur auf den Kaligehalt. Der Gehalt an Nebenbestandteilen ist dagegen je nach Herkunft der Ware sehr verschieden, wie nachstehende Tabelle über die Zusammensetzung der hauptsächlichsten Handelsmarken zeigt (s. S. 307).

Ferner hat der Reichskalirat Bestimmungen über einen Frachtenausgleich in der Weise getroffen, daß für die Berechnung der Frachten als Ausgangsorte sog. Paritätsfrachtstationen bestimmt werden.

Das Kalisyndikat regelt den Absatz auf Grund der Beteiligungsziffern des Kalisyndikatsvertrages. Die Einfuhr von Kalisalzen und Kalierzeugnissen aus dem Ausland ist nur dem Kalisyndikat gestattet.

VII. Geschichtliche Entwicklung des Kaliverbrauchs in der Landwirtschaft.

Bereits lange vor der Zeit einer bergmännischen Gewinnung der Kalisalze wurde Kali schon für Düngezwecke benutzt. Die Form, in der das Kali in Anwendung kam, war die kalihaltige Holzasche. Schon die Römer bewerteten die Düngung mit Holzasche und Pflanzenasche sehr hoch. Die Düngung mit Holzasche ist gewöhnlich diejenige Düngungsform, die sich der primitive Landwirt zunächst zunutze macht, wie wir noch heute an den Eingeborenenkulturen der tropischen Länder sehen. Auch an der Düngewirkung von Stallmist, Jauche und Kompost hat der Kaligehalt derselben einen hervorragenden Anteil. Bernhard Palissy (13), der im 16. Jahrhundert recht beachtenswerte Theorien aufstellte zur Erklärung der Düngewirkung von Stallmist, behauptete, daß das eigentlich Wirksame des Mistes in seinem Gehalte an löslichen Salzen beruhe. Von den Anhängern dieser Salztheorie wurde besonders die Asche als Dünger geschätzt, da man annahm, daß die Salze der Asche entweder die für das Wachstum der Pflanze benötigten Nährstoffe enthielten, oder daß sie vielleicht auch die Feuchtigkeit der Luft an sich zögen und so durch Feuchthaltung des Bodens günstig wirkten. In der ersten Hälfte des 17. Jahrhunderts wurde in England Kalisalpeter als Düngemittel erwähnt. Um die Mitte des 18. Jahrhunderts verwertete man in Frankreich kalihaltiges Abfallsalz der Salinen als Düngemittel (13). Von Anfang des 19. Jahrhunderts liegen verschiedene Berichte vor, wonach Abfälle der Seifensiederei in Deutschland sich, vor allem auf Wiesen, insbesondere zur Bekämpfung von Moos, in ähnlicher Weise gut bewährt hatten wie gewöhnliche Holzasche (25). Karl Sprengel, einer der führenden deutschen Agrikulturchemiker vor J. von Liebig, erwähnt in seiner Düngerlehre (32) ausdrücklich als Kalidünger das schwefelsaure Kali, den Kalisalpeter und die Pottasche. Er hebt hervor, daß das schwefelsaure Kali besonders das Wachstum des Klees befördert. Die bei der Herstellung der Seife abfallende Lauge, welche viel Chlorkalium enthält, wird von ihm als nützlich überall dort empfohlen, wo der Boden arm an Kali und Chlor ist. Der Kalisalpeter wird nach K. Sprengel in Form der Abfälle von Salpeterfabriken verwandt. Einen großen Raum nehmen bei K. Sprengel die Ausführungen über die Verwendung der Holz- und Pflanzenasche als Kalidünger ein. Diese wurde hauptsächlich zur Düngung der Wiesen und Leguminosen verwandt.

Nach diesen Vorläufern der Kalidüngung trat ein Wendepunkt mit dem Auftreten von JUSTUS VON LIEBIG ein, der 1840 die Bedeutung der Lehre von der Pflanzenernährung für die praktische Landwirtschaft bekanntgab (16) und neben der Düngung mit Phosphorsäure hauptsächlich die Notwendigkeit der Düngung mit Kali betonte. Es war ein glücklicher Zufall, daß zur gleichen Zeit die sich mächtig entwickelnde chemische Industrie einen stürmischen Bedarf an Kali äußerte. Es führte dazu, daß man nach neuen Kaliquellen suchte und dieselben schließlich in dem Kaligehalt der mitteldeutschen Kalilager in einer solchen unendlichen Fülle erschloß, daß die Landwirtschaft durch das große Angebot an Kali ohne weiteres in die Lage gesetzt wurde, sich diesen wichtigen Pflanzennährstoff für ihre Zwecke zunutze zu machen.

Sobald man erkannt hatte, daß die ursprünglich als Abraumsalze auf die Halden geworfenen Nebensalze des Staßfurter Steinsalzbergbaus Kali enthielten, suchte man dieselben für Düngungszwecke zu benutzen. Die ersten Kalidüngungsversuche sollen die im Jahre 1856 von dem Rittergutsbesitzer TH. H. RIMPAU-Kunrau unternommenen sein. Sie fielen teilweise recht günstig aus, so daß in den folgenden Jahren die Anfragen nach Kalisalzen beim Staßfurter Salzbergwerk sich vermehrten (14). In der Literatur sind die ersten Berichte über günstige Ergebnisse von Düngungsversuchen mit Kalisalzen 1860 in den Annalen der Landwirtschaft zu finden (14). A. FRANK und ebenso H. GRÜNEBERG, die sich um die Ausnutzung der Kalisalze eifrig bemühten, setzten sich gerade für die landwirtschaftliche Verwertung derselben besonders ein. Dies geht aus dem Nachruf hervor, den R. HASENKLEVER 1894 H. GRÜNEBERG widmete (13): „Er hat durch eingehende Studien der Schriften J. VON LIEBIG, J. B. BOUSINGAULT, GEORG VILLE und J. H. GILBERT die Überzeugung gewonnen, daß für die chemische Industrie eine große und dankbare Aufgabe in der Aufsuchung und geeigneten Darbietung der mineralischen Pflanzennährstoffe vorliege."

Besonders für die Anhänger der LIEBIGschen Lehre war die Entstehung der Kaliindustrie von großer Bedeutung, da sie jetzt erst in der Lage waren, die LIEBIGsche Forderung von der Notwendigkeit des Ersatzes der drei Hauptnährstoffe Stickstoff, Phosphorsäure und Kali in die Praxis umzusetzen.

Bei den Düngungsversuchen, welche man anstellte, wurde zunächst fast ausschließlich der Carnallit, das einzige damals bekannte Rohsalz, verwandt, da

Die Zusammensetzung verschiedener Kalisalze.

Benennung der Salze	In 100 Teilen sind enthalten:								Entspr. Gehalt an Reinkali K_2O	Gar. Mindestgehalt an Kali K_2O
	Schwefels. Kali K_2SO_4	Chlorkalium KCl	Schwefels. Magnesia $MgSO_4$	Chlormagnesium $MgCl_2$	Chlornatrium NaCl	Schwefels. Kalk (Gips) $CaSO_4$	Unlöslich i. W.	Wasser		
Kainit-Hartsalz	0 — 4	19 —24	0 —32	0—8	29 —77	0,2—6	0,5—20	0,2—16	12—15	12,0
40er Kalidüngesalz . . .	0 — 9	60,1—66,4	0 —10	0—6	16 —33	0,2—6	0,2—6	0,2—6	38—42	38,0
50er Kalidüngesalz . . .	0 — 3,5	79,1—85,4	0 — 5	0—3	10 —16	0,1—4	0,2—3	0,2—2,5	50—54	50,0
Schwefelsaures Kali 90% . .	89,0—96,0	0 — 4,5	1,5 — 4,5	0—1,5	0,5—4	0,5—4	0,2—2	0,3—3,0	48—52	48,0
Schwefels. Kalimagnesia . .	48,1—55,5	0 — 3,0	25 —38	0—1,5	1,0—4	0 —6	0,2—13	4 —10	26—30	26,0

Kaliverbrauch verschiedener Länder in Tonnen K_2O (35).

Land	Landwirtsch. Nutzfläche Hektar	1913	1925	1926	1927	1928
Deutschland	29671137	536100	698800	618800	705100	776000
Österreich	18365484	20970	—	—	—	—
„	4341412	—	19200	17400	17500	23500
Holland	2269107	43478	81386	87161	89811	94039
Belgien	2425323	13183	34800	38605	42750	50000
Frankreich	42738517	33100	122300	150100	135000	177428
Spanien	34279723	7112	9798	9919	14245	12597
Italien	21646800	6354	20483	19900	12500	25000
Schweiz	2316745	3308	4627	4403	5230	5072
Luxemburg	166875	402	500	500	500	500
Finnland	3354397	2075	8178	11514	12200	12426
Schweden	6477414	—	—	—	—	—
	(Ackerland: 3800000)	19514	28737	28026	27700	30480
Norwegen	1726247	—	—	—	—	—
	(Ackerland: 700000)	3500	9560	9200	8900	9600
Großbritannien und N.-Irland	19473954	30097	40217	42070	43780	39472
Dänemark	3325960	7478	17901	21800	16160	18383
Polen	24674400	—	61119	55526	71063	71063
Tschechoslowakei	8616073	—	24800	26900	28230	33200
Ver. St. v. Amerika	141500000	233100	240400	245600	231600	311900
Canada	24110000	—	12900	14200	17600	22200
Litauen	4193740	—	1504	2560	2752	2848
Japan	7840952					
	(Ackerland: 6000000)	—	10507	16568	23123	34118
Algier (Einfuhr)	6522656	—	2790	3150	3840	3780
Ceylon	1399530	—	4050	4770	4800	4560

der Kainit, der später als Düngesalz die Hauptrolle spielte, erst 1865 entdeckt wurde. Der hohe Chlormagnesiumgehalt des Carnallits hatte aber vielfach Fehlschläge zur Folge. Ein Fortschritt war es daher, als man in den sechziger Jahren aus den Kalirohsalzen Chlorkalium und schwefelsaures Kali technisch herzustellen lernte, die ebenfalls außer für industrielle, auch für Düngezwecke in Frage kamen. Sowohl wissenschaftliche wie praktische Versuche wurden mit diesen neuen Kalisalzen in großem Umfang angestellt. Justus v. Liebig, E. Heiden, Ad. Stöckhardt und W. Knop führten damals grundlegende Arbeiten über die Wirkung von Chlorkalium, schwefelsaurem Kali und der schwefelsauren Kalimagnesia durch.

Während diese Arbeiten, welche die noch heute gültigen Grundlagen für die Anwendung der verschiedenen Kalisalze lieferten, zunächst in der breiten Praxis nicht sofort die gebührende Beachtung fanden, verdankt die landwirtschaftliche Anwendung der Kalisalze zu Düngezwecken einen außerordentlich raschen Aufschwung dem Wirken zweier namhafter praktischen Landwirte, Th. H. Rimpau-Kunrau und A. Schulz-Lupitz. Diesen gelang der Nachweis, daß die Kalidüngung ein Mittel ist, um von früher ertraglosem Sand- und Moorboden hervorragende Ernten zu gewinnen. Die Erfolge der Arbeiten von Th. H. Rimpau bildeten den Ausgang der erfolgreichen Bestrebungen zur Kultivierung der ausgedehnten deutschen Moorflächen, die nur auf der Grundlage einer starken Düngung mit Kali erfolgen konnte, wie die Arbeiten der Bremer Moorversuchsstation unter der langjährigen Leitung von Br. Tacke erwiesen haben. Da im Deutschen Reiche sehr große Moorflächen der Kultur erschlossen wurden, gab die Anregung von Th. H. Rim-

Kaliverbrauch verschiedener Länder je Hektar in Kilogramm (36).

Land	Landwirtsch. Nutzfläche Hektar	1913	1925	1926	1927	1928
Deutschland	29671137	18,07	23,55	20,86	23,75	26,15
Österreich	18365484	1,14	—	—	—	—
„	4341412	—	4,42	4,01	4,03	5,41
Holland	2269107	19,16	35,87	38,41	39,58	41,44
Belgien	2425323	5,44	14,35	15,92	17,63	20,62
Frankreich	42738517	0,77	2,86	3,51	3,16	4,15
Spanien	34279723	0,21	0,29	0,29	0,42	0,37
Italien	21646800	0,29	0,95	0,92	0,58	1,15
Schweiz	2316745	1,43	2,00	1,90	2,26	2,19
Luxemburg	166875	2,41	3,00	3,00	3,00	3,00
Finnland	3354397	0,62	2,44	3,43	3,64	3,70
Schweden	6477414 (Ackerland: 3800000)	3,01	4,44	4,33	4,28	4,71
Norwegen	1726247 (Ackerland: 700000)	2,03	5,54	5,33	5,16	5,56
Großbritannien und N.-Irland	19473954	1,55	2,07	2,16	2,25	2,03
Dänemark	3325960	2,25	5,38	6,55	4,86	5,53
Polen	24674400	—	2,48	2,25	2,88	2,88
Tschechoslowakei	8616073	—	2,88	3,12	3,28	3,85
Ver. St. v. Amerika	141500000	1,65	1,70	1,74	1,64	2,20
Canada	24110000	—	0,54	0,59	0,73	0,92
Litauen	4193740	—	0,36	0,61	0,66	0,68
Japan	7840952 (Ackerland: 6000000)	—	1,34	2,11	2,95	4,35
Algier	6522656	—	0,43	0,48	0,59	0,58
Ceylon	1399530	—	2,89	3,41	3,43	3,26

PAU den Anstoß zu einer ganz gewaltigen Steigerung der Anwendung der Kalisalze.

Ein anderer Pionier der Kalidüngung war A. SCHULZ-Lupitz, der auf einem vorher fast ertraglosen Flugsand durch Kali den Anbau von Gründüngungspflanzen ermöglichte und damit auch den Sandboden, der namentlich in Nord- und Ostdeutschland weit verbreitet ist, für die Kalidüngung gewann. Die Erfolge von A. SCHULZ-Lupitz waren so wunderbar, daß bei der Gründung der Deutschen Landwirtschafts-Gesellschaft, die im Jahre 1884 auf unermüdliches Betreiben von MAX EYTH erfolgte, der Förderung der Kalidüngung von vornherein eine besondere Rolle zugewiesen wurde.

Um diese Zeit gelang es auch der wissenschaftlichen Forschung, die Erfahrungen der Praxis erfolgreich systematisch zu ergänzen. Unter den Forschern, die sich mit Fragen der Kalidüngung befaßten, ragen besonders P. WAGNER-Darmstadt (33 u. 34) und M. MAERCKER-Halle (17, 18 u. 19) hervor. P. WAGNER ermöglichte eine Klärung der Frage nach dem Kalibedarf der Böden, indem er auf der Grundlage des Gesetzes vom Minimum eine Methode zur Durchführung von Gefäß- und Felddüngungsversuchen ausarbeitete.

Auf den schweren Bodenarten hielt man dagegen zunächst eine Kalidüngung für entbehrlich, weil man annahm, daß der hohe natürliche Kaligehalt derselben für den Bedarf der Pflanzen ausreichend sei. Bald zeigte sich aber, daß diese Annahme nicht berechtigt war. Zuerst wies M. MAERCKER nach, daß in der Versuchswirtschaft Lauchstädt, die einen tiefgründigen Lehmboden mit sehr hohem Kaligehalt besitzt, Kalisalzgaben bei jeder Art von Kulturgewächsen zum Teil recht beträchtliche Mehrerträge hervorbringen können. Durch diese Untersuchungen wurde eine neue Epoche in der landwirtschaftlichen Verwendung der Kalisalze eingeleitet, und von vielen Seiten wurde die Frage studiert, in welchem Umfange auch auf mittleren und schweren Böden eine Düngung mit Kali angebracht sei. So stellte W. SCHNEIDEWIND fest, daß auf vielen schweren Böden das Bodenkali weit weniger beweglich und den Pflanzen zugänglich ist, als man früher annahm, so daß eine Ergänzung desselben durch leichtlösliches Düngerkali sich notwendig machte. W. KRÜGER-Bernburg fand, daß die Festlegung des Kalis auf schweren Böden so weit geht, daß selbst Teile des Düngerkalis vom Boden festgelegt werden und daß eine Düngewirkung auf derartigen Böden erst eintritt, wenn man höhere Kaligaben verabreicht, die auch nach Absättigung der Adsorptionskräfte des Bodens noch genügend Mengen von leichtbeweglichem Kali für den Bedarf der Pflanze zur Verfügung lassen.

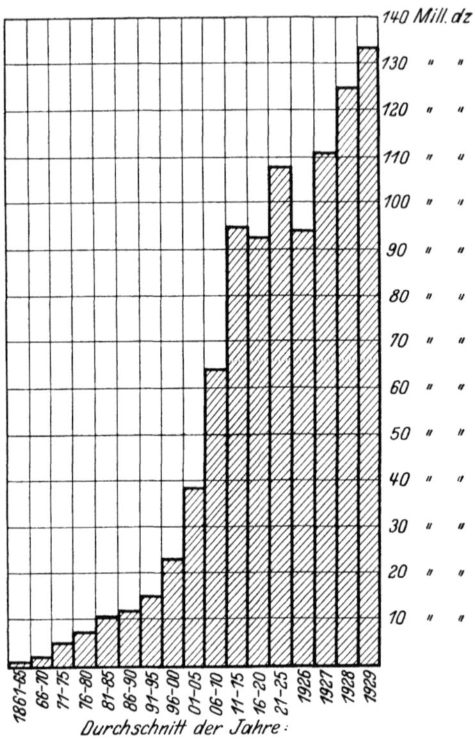

Abb. 75. Gesamtkalisalzförderung.

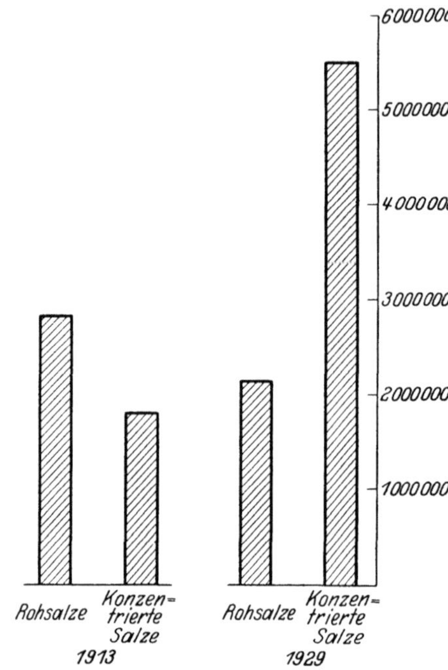

Abb. 76. Kalisalzverbrauch der deutschen Landwirtschaft in dz K_2O.

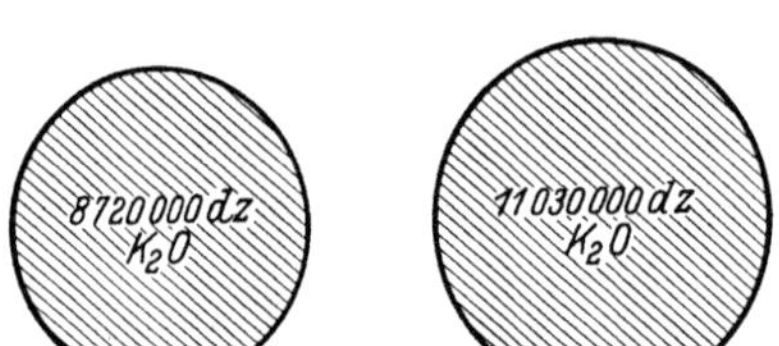

In Deutschland. Im Ausland.

Abb. 77. Kaliverbrauch 1928. (Nach Annuaire Lambert.)

Wir ergänzen unsere Ausführungen über die geschichtliche Entwicklung der landwirtschaftlichen Anwendung der Kalisalze durch einige Statistiken, welche den Einfluß der oben geschilderten Faktoren auf die Entwicklung des Kaliverbrauchs widerspiegeln. Die ständige Zunahme des Kaliverbrauchs geht hervor aus der Abb. 75, Gesamtförderung von Kalisalzen in Deutschland. Interessant ist ferner die aus Abb. 76 ersichtliche Verschiebung des Kaliverbrauchs von den Kalirohsalzen zu den hochprozentigen Kalisalzen, die wohl in der Verteuerung der Frachten und Kosten für Anfuhr und Ausstreuen begründet ist. Die große Entwicklungsfähigkeit des Kaliverbrauchs im Auslande endlich geht hervor aus dem in Abb. 77 gegebenen Vergleich des Gesamtkaliverbrauchs in Deutschland und dem Auslande, der allerdings zum Teil auf bloßen Schätzungen beruht, da über die Anwendung von Kali im Auslande nur ungenügende Unterlagen zur Verfügung stehen.

Literatur.

(1) ANS, D': Untersuchungen über die Salzsysteme ozeanischer Salzablagerungen. Kali **1915**, 148—270.

(2) BEYSCHLAG, F.-EVERDING, H.: ZurGeologie der deutschen Zechsteinsalze. Berlin 1907.

(3) ERDMANN, E.: Kali **1908**, 391.

(4) FULDA: Das chemische Gleichgewicht bei der Bildung der deutschen Kalisalzlagerstätten. Kali **1915**, 333. — (5) Das Kali. Geologie der Kalisalze **2**. Stuttgart 1928. — (6) Z. Dtsch. geolog. Gesellsch. **1924**, Monatsber. S. 7—30 u. Kali **1925**, 213.

(7) VAN'T HOFF, J. H.: Zur Bildung der ozeanischen Salzablagerungen. Braunschweig 1909. — (8) HERMANN, C.: Fortschritte der Kaliindustrie 1927. Techn. Fortschr.-Einführung in die Kaliindustrie. Halle 1925.

(9) Internationale Wirtschaftskonferenz des Völkerbundes: Veröffentlichungen des Reichsverbandes der deutschen Industrie H. **34**, 139.

(10) JÄNECKE, E.: Entstehung der deutschen Kalilager. Braunschweig 1915.

(11) Kalihandbuch 1925: Die Kuxen-Abteilung der Commerz- und Privatbank A.-G. Magdeburg S. 491—493. Wirtsch. u. Statist. **1926**, 272 u. **1929**, 699. — (12) Kaliindustrie: Offizielle Denkschrift für die Internationale Wirtschaftskonferenz des Völkerbundes, Genf 1927, Aktenzeichen CEJ 21, S. 15. — (13) KRISCHE, P.: Das Kali I. Stuttgart: Encke. — (14) Ernährung der Pflanze **1908**, 153.

(15) LACHMANN, R.: Kali **1912**, 374. — (16) LIEBIG, J.: Die Chemie in ihrer Anwendung auf Agrikultur und Physiologie. Braunschweig 1840.

(17) MAERCKER, M.: Arb. dtsch. Landw.-Ges. H. **56**, **67** u. **81**. — (18) Die Kalisalze und ihre Anwendung in der Landwirtschaft. — (19) Arb. dtsch. Landw.-Ges. H. **20** u. Vegetationsversuche mit Kalisalzen, Arb. dtsch. Landw.-Ges. H. **33**. — (20) MICHELS u. PRZIBYLLA: Die Kalirohsalze, ihre Gewinnung und Verarbeitung. Leipzig 1916. — (21) MITSCHERLICH, A. E.: Die Bestimmung des Düngerbedürfnisses des Bodens. 1924. Berlin: P. Parey. — (22) Mitt. Kaliforschungsanstalt Nr **5**, Nr **20**, 113 u. Nr **30**, 13.

(23) NEUBAUER, H.: Z. Pflanzenernährg usw. B **1929**, 219.

(24) OCHSENIUS, C.: Die Bildung der Steinsalzlager und ihrer Mutterlaugensalze. Halle a. S. 1877.

(25) PASTOR MUND: Über die natürlichen und künstlichen Verbesserungsmittel der Wiesen. Kassel. — (26) PFEIFFER, E.: Handbuch der Kaliindustrie. Braunschweig 1887.

(27) Reichsgesetzblatt: **1910**, 925. — (28) Ebenda **1919**, 413 u. 663. — (29) Ebenda **1921**, 1312. — (30) Ebenda **1924**, II, 44.

(31) SPACKELER: Kalibergbau. Halle a. S. 1925. — (32) SPRENGEL, K.: Die Lehre vom Dünger. Leipzig 1839.

(33) WAGNER, P.: Arb. dtsch. Landw.-Ges. H. **96**. — (34) Die Lehre von der zweckmäßigen Verwendung der Handelsdünger in 50 jähriger Entwicklung. Kali und Landwirtschaft **1928**. — Ernährg. d. Pflanze **1930**, 205. — (36) Ernährg. d. Pflanze **1930**, 311.

2. Kalk.

Von

Dr.-Ing. **H. URBACH**

Direktor des Vereins Deutscher Kalkwerke und des Deutschen Kalkbundes, Berlin.

Mit 11 Abbildungen.

I. Entwicklung der Kalkdüngung.

Die Kalk- und Mergeldüngung ist bereits seit dem Altertum üblich. Man kann jedoch nicht sagen, daß unsere Kenntnis davon zuverlässig sei. Die herkömmlichen Anschauungen darüber hat A. ORTH zusammengestellt. Abgesehen davon, daß diese Übersicht in wesentlichen Teilen Lücken aufweist, haben noch unveröffentlichte Untersuchungen von E. TRÜMPENER ergeben, daß die Angaben, die in der Literatur immer wieder gemacht werden, in entscheidenden Punkten unrichtig und unvollständig sind. Das gilt namentlich für das Altertum und die Zeit bis zum Dreißigjährigen Kriege. Aber auch für die neuere Zeit haben noch einige allgemein verbreitete Ansichten als irrig nachgewiesen werden können. Die wesentlichsten Ergebnisse dieser Untersuchungen seien im folgenden zusammengefaßt.

Was uns an Nachrichten aus dem Altertum überliefert ist, betrifft fast nur das Mergeln. Es hat jedoch damals nicht entfernt die Bedeutung gehabt, die man ihm aus mißverständlicher Auffassung der Quellen beizumessen gewohnt ist. Und wo es geübt wurde, ist es eine Eigentümlichkeit des feuchten Klimagebietes gewesen. Die Nachrichten über ein angebliches Mergeln in den Mittelmeerländern Italien und Griechenland sind unrichtig gedeutet worden. Wir müssen annehmen, daß das Mergeln im Altertum nur aus dem nordöstlichen Gallien und aus Britannien bekannt geworden ist. Die Angaben, die PLINIUS hierüber gemacht hat, sind indessen teils so ungenau, daß man mit ihnen nicht viel anfangen kann, teils lassen sie erkennen, daß er Gehörtes nicht richtig verstanden hat.

Übrigens handelt es sich bei den „Mergeln" des PLINIUS vereinzelt wohl um Süßwasserkalk, so daß man in diesen wenigen Fällen besser von Kalkdüngung spricht. Die Anwendung von gebranntem Kalk zum Düngen ist aus dem Altertum nicht bekannt.

Auch das Mittelalter und die folgende Zeit bis zum Dreißigjährigen Kriege kennt fast nur das Mergeln. Entgegen den spärlichen Nachrichten, die darüber gemacht zu werden pflegen, haben die Untersuchungen eine ausgedehnte Anwendung des Mergels vom Elsaß über die Eifel bis zum Niederrhein und der Maas und vom Westerwald über Westfalen, das Harzgebiet und Thüringen bis nach Mecklenburg und Rügen ergeben. Aber nicht nur räumlich, sondern auch zeitlich ist das Mergeln in Deutschland weit mehr verbreitet gewesen, als man allgemein annimmt. Nach den in Rede stehenden Untersuchungen muß es mindestens schon im 8. Jahrhundert im fränkischen Reich in erheblichem Umfang in Übung gewesen sein. Aus der ganzen Sachlage darf man überdies darauf schließen, daß die Anwendung des Mergels in eine noch frühere Zeit zurückreicht und überhaupt nie ganz aufgehört hat, wenn auch nichts hierüber überliefert ist. Das gilt auch für die nachkarolingische Zeit. Gleich zu Beginn des 13. Jahrhunderts tauchen dann wieder Nachrichten vom Mergeln auf. Sie treten uns nun fortlaufend aus den verschiedensten Gebieten Deutschlands entgegen. Das spricht vollends für einen gewissen Zusammenhang und eine verhältnismäßig stetige Entwicklung in der Anwendung des Mergels.

Auch der Dreißigjährige Krieg kann, entgegen der gewöhnlichen Ansicht, wie wir sie z. B. bei A. ORTH angegeben finden, die Entwicklung nicht unterbrochen haben. Der verhältnismäßig hohe Stand der Mergeltechnik gleich nach dem Kriege läßt erkennen, daß die Kenntnis des Mergelns unter den Kriegswirren nicht verlorengegangen sein kann und nachher nicht aufs neue hat entwickelt zu werden brauchen. Bereits um die Mitte des 17. Jahrhunderts war alles Wesentliche vom Mergel bekannt, und die Technik des Mergelns hat sich seitdem fast 300 Jahre hindurch nicht wesentlich geändert.

Auch die Bemühungen Friedrichs des Großen um das Mergeln sind wesentlich anders verlaufen und aus anderen Gründen ergebnislos geblieben, als es gewöhnlich dargestellt wird. Gegen Ende des 18. und zu Anfang des 19. Jahrhunderts wurde dann das Mergeln in Norddeutschland geradezu Modesache. Das Düngen mit gebranntem Kalk dagegen beschränkte sich dort im wesentlichen auf die Verwendung von Wiesenkalk, den man in Ziegelform strich und dann trocknete und brannte. Norddeutschland ist ja arm an Kalksteinlagern, und die geringe Entwicklung der Verkehrsmittel gestattete nicht die Versorgung mit Branntkalk auf weitere Entfernungen.

Das Düngen mit Branntkalk scheint in Deutschland erst spät aufgekommen zu sein. Nachrichten darüber liegen erst aus dem 18. Jahrhundert vor. Um

Abb. 78. Kreislauf des Kalkes. (Aufn. Verein Deutscher Kalkwerke.)

1770 wurde auch im hannoverschen Amt Lauenstein von einem Bauer in Marienau gebrannter Kalk zum Düngen seines schweren Bodens verwendet. Wie A. Orth angibt, soll die Dorfschaft 20 Jahre später von der Hannoverschen Landwirtschafts-Gesellschaft als Anerkennung für die Einführung der Kalkdüngung einen silbernen Pokal mit der Inschrift „Der Gemeinde Marienau wegen eingeführter Kalkdüngung" erhalten haben. H. Urbach hat jedoch festgestellt, daß diese Angabe auf einem Irrtum beruhen muß. Wohl erinnert man sich in Marienau noch, daß einmal eine landwirtschaftliche Auszeichnung dorthin gelangt ist. Ein Becher der angegebenen Art hat sich jedoch nicht finden lassen. Dagegen hat sich herausgestellt, daß es sich um eine Medaille handeln muß. Sie ist von der Hannoverschen Landwirtschafts-Gesellschaft einem Landwirt DAUES in Marienau verliehen worden. Einem Nachkommen dieses DAUES, der aber bereits in den neunziger Jahren des 19. Jahrhunderts gestorben ist, war bekannt, daß sein Onkel gleichen Namens ein Schriftstück über diese Kalkdüngungsmedaille besessen habe. Ungeklärt ist noch, ob es sich bei dieser Medaille um eine Auszeichnung erst aus dem 19. Jahrhundert handelt, oder ob eine Verwechslung von „Landwirtschaftskammer“ und „Landwirtschafts-Gesellschaft“ vorliegt.

Entsprechend den immer höheren Anforderungen, die an die Landwirtschaft gestellt wurden, ferner mit dem Ausbau der Düngerlehre und der Verbesserung der Verkehrsverhältnisse ging dann im 19. Jahrhundert die alte Mergeldüngung immer mehr zurück. Das Mergeln im früheren Sinne, die Anwendung des natürlichen Tonmergels, erlebte gegen Ende des vorigen und zu Anfang dieses Jahrhunderts noch einmal eine Blüte in Schleswig-Holstein, vor allem in Nordschleswig, wo es nach dänischem Vorbild in großem Umfange genossenschaftlich betrieben wurde. Hierüber hat O. F. DECKMANN ausführlich berichtet. Jetzt kann dieses Verfahren selbst in genossenschaftlicher Form nur dann noch als wirtschaftlich gelten, wenn ansehnliche Zuschüsse aus öffentlichen Mitteln zur Verfügung stehen. An seine Stelle ist die Verwendung von hochwertigem, gemahlenen Handelsmergel in Verbindung mit Gründüngung getreten. Die wichtigste Düngekalkform ist jetzt aber der Branntkalk, weil er durchschnittlich zu vier Fünftel aus der wirksamen Kalkerde (CaO) besteht und nur zu etwa ein Fünftel Ballast enthält und daher auf weitere Entfernungen verfrachtet werden kann.

Abb. 79. Verbrauch von Düngekalk. (Aufn. Verein Deutscher Kalkwerke.)

Den Bemühungen der Deutschen Landwirtschafts-Gesellschaft, über die A. ORTH ausführlich berichtet hat, war es gelungen, die Kalkdüngung im Deutschen Reich nachdrücklich zu fördern und in geregelte Bahnen zu leiten. Die gesunde Entwicklung wurde jedoch durch den Krieg jäh unterbrochen. Lange Zeit wurde der Kalk als Bodendünger zum großen Schaden unserer Landwirtschaft vernachlässigt. Heute wird jedoch die Erkenntnis, daß die Pflanzen für ihr Gedeihen einen geregelten Kalkzustand des Bodens brauchen, und daß der Kalkgehalt der Pflanzen das Gedeihen von Tier und Mensch beeinflußt, allmählich wieder Gemeingut der Landwirte (Abb. 78). Vor dem Kriege hatte die Kalkdüngung in Deutschland nach A. ALVES jährlich etwa 2 Mill. t Branntkalk, d. i. etwa ein Viertel der ganzen in Deutschland hergestellten Menge, erfordert. Außerdem wurden etwa 1,5 Mill. t kohlensaurer Kalk an die Landwirtschaft geliefert. Der tatsächliche Bedarf der Landwirtschaft ist jedoch von P. GISEVIUS im Jahre 1921 auf 7—10 Mill. t Kalkerde (CaO) berechnet worden. Von dieser Zahl ist die Landwirtschaft aber noch weit entfernt (Abb. 79). Von 1926—1929 hat sich der Absatz an die Landwirtschaft nach der Statistik des Deutschen Kalk-Bundes wie folgt gestaltet:

Branntkalk einschl. Kalkasche in 1000 t				Kohlensaurer Kalk (gemahlener Kalkstein u. Mergel) in 1000 t			
1929	1928	1927	1926	1929	1928	1927	1926
708	721	660	586	993	912	816	638

Bei den Absatzzahlen für 1929 fällt eine Verschiebung der Zahlen für die beiden Düngekalkgruppen auf. Der Rückgang im Verbrauch von Branntkalk und die Zunahme des Verbrauches von kohlensaurem Kalk ist wahrscheinlich darauf zurückzuführen, daß die Landwirtschaft der Kalkung der leichten Böden und des Grünlandes jetzt mehr Aufmerksamkeit zuwendet als früher.

Von der Erzeugung an Branntkalk ist nur etwa die Hälfte in Verkaufsvereinigungen (zur Zeit neun) zusammengefaßt. Diese sind überdies sowohl untereinander, als auch von der wirtschaftspolitischen Spitzenorganisation der deutschen Kalkindustrie, dem Deutschen Kalk-Bund G. m. b. H., unabhängig. Daraus ergibt sich, daß die deutsche Kalkindustrie nur schwach syndiziert ist[1].

II. Die Rohstoffe.

Die Düngekalke werden aus Kalkgesteinen verschiedenster Art hergestellt. Die Kalkgesteine gehören zu den Sediment- oder Absatzgesteinen, und zwar zu den Ausscheidungssedimenten, d. h. den Niederschlägen aus den Kalkverbindungen, die beim Verwittern kalkhaltiger Gesteine in Lösung gehen. Der Kalkstein ist eines der wichtigsten und verbreitetsten Gesteine und eine der stärksten Grundlagen unserer Zivilisation und Kultur. Er ist unentbehrlich für das Leben der Pflanzen, Tiere und Menschen.

Eine auffällige Eigenschaft der fast zahllosen Abarten dieser Gesteinsfamilie ist nach H. B. Kosmann die außerordentliche Mannigfaltigkeit in ihrer Zusammensetzung. Diese beruht teils auf dem verschiedenen Gefüge des Hauptbestandteils, noch mehr aber auf den Beimengungen, ihrem Zustand und der wechselnden Art ihrer Verbindung mit jenem.

Die Kalksteine bestehen in der Hauptsache aus dem Mineral *Kalkspat*, d. i. Calciumcarbonat oder kohlensaurer Kalk ($CaCO_3$). Seine Farbe geht vom reinsten Weiß über alle Töne von Grau bis zum tiefsten Schwarz. Außerdem kommen rote, gelbe und grüne Kalksteine vor. Die grauen bis schwarzen Farbtöne sind auf die Beimengung von Kohlenstoff und Kohlenwasserstoffverbindungen zurückzuführen, die bunten vorwiegend auf Eisenverbindungen. Die Mineralogie des Kalkes hat E. Trümpener beschrieben.

Petrographisch unterscheidet man nach O. Friz *körnig-krystalline* Kalksteine (Marmore im eigentlichen Sinne), die schon mit unbewaffnetem Auge als lückenloses Haufwerk von Kalkspatkrystalloiden zu erkennen sind, und *dichte* Kalksteine von erdigem bis muscheligem Bruch (besonders dichte Arten, die polierbar und durch Färbung und Zeichnung ausgezeichnet sind, werden ebenfalls „Marmor" genannt). Die meisten „dichten" Kalksteine erweisen sich jedoch im Dünnschliff unter dem Mikroskop gleichfalls als krystallin ausgebildet. *Travertine* („Kalktuffe") sind lückig-löcherige Kalksteine, und *Wiesenkalk* (Seekreide, Alm) sind lockere erdige Kalksteinmassen. Das häufigste und daher für Landwirtschaft und Industrie wichtigste Kalkgestein ist der dichte Kalkstein.

Die Kalksteine sind jedoch nicht nur petrographisch, sondern auch in Beziehung auf die *chemische Zusammensetzung* sehr verschieden. Ein namhafter Teil aller Kalksteine weist eine Beimengung von Ton auf, der beim Behandeln

[1] In Deutschland ist der Verein Deutscher Kalkwerke e. V. bestrebt, in allen praktischen und wissenschaftlichen Fragen der Kalkdüngung aufklärend zu wirken.

mit Säuren, in denen sich der kohlensaure Kalk unter lebhaftem Aufbrausen löst, als Rückstand zurückbleibt. Erreicht diese Tonbeimengung einen größeren Anteil, so spricht man das Gestein als *Mergel* an, und zwar als Kalkmergel, wenn in der Zusammensetzung des Gesteins der kohlensaure Kalk, als Tonmergel, wenn der Ton überwiegt. Eine feste Grenze für den Tongehalt, von dem ab ein Kalkstein als Mergel anzusehen ist, besteht nicht. O. Friz empfiehlt aus praktischen Gründen, solche Kalkgesteine als Mergel zu bezeichnen, die nach dem Brennen bei Behandlung mit Wasser nicht mehr vollständig zu pulverförmigem Kalkhydrat zerfallen. Dies trifft im allgemeinen auf Kalkstein von 25% Tongehalt an zu. Diese petrographische Begriffsbestimmung ist jedoch nicht zu verwechseln mit der Handelsbezeichnung. Unter *Handelsmergel* versteht man gemahlenen kohlensauren Düngekalk (Kalkstein, Kalkmergel, Wiesenkalk).

Dolomitische Kalksteine enthalten Magnesiumcarbonat. Sie kommen in allen Übergängen bis zu dem Doppelsalz $MgCO_3 \cdot CaCO_3$, dem als *Dolomit* schlechthin bezeichneten Gestein vor. Solche Normaldolomite sind allerdings selten, da meist kohlensaurer Kalk vorwiegt.

In der *Bildungsgeschichte* der Kalksteine verknüpfen sich nach O. Friz organische und anorganische Welt, da mächtige Kalksteinvorkommen auf die Tätigkeit von Meeresorganismen zurückzuführen sind. Schnecken, Muscheln, Echinodermen, Korallentiere und Foraminiferen, Algen und andere tierische und pflanzliche Lebewesen besitzen die Fähigkeit, den im Meerwasser gelösten Kalk abzuscheiden, um ihn zum Bau ihrer Schalen oder sonstiger Hartgebilde zu verwenden. Manche Kalksteine bestehen auch nahezu ausschließlich aus solchen Schalen oder den Stengelgliedern von Haarsternarten. Gewisse riffartige Kalksteinblöcke sind alte Korallenriffe, und manche Kalksteinvorkommen sind aus der Ablagerung von Myriaden von Nummuliten (den Schälchen einer großen Foraminifere) hervorgegangen. Andere Kalksteine wieder sind ganz vorwiegend aus den Resten großer Kalkalgen zusammengesetzt. Auch in Form von Muschel- und Korallensand hat sich der Kalk an diesen Absätzen beteiligt. War man bis vor kurzem der Ansicht, daß weitaus die meisten Kalksteinvorkommen organischen Ursprungs seien, so muß heute auf Grund von Beobachtungen, die hauptsächlich amerikanische Forscher gemacht haben, die Wahrscheinlichkeit zugegeben werden, daß rein chemische Fällungsvorgänge eine vielleicht noch größere Rolle bei der Bildung der Kalksteine gespielt haben.

Auch die *Dolomit*vorkommen sind zwar zum Teil auf kleinste Lebewesen zurückzuführen, da gewisse massige Dolomitvorkommen höchstwahrscheinlich ehemalige, durch die Magnesiasalze des Meerwassers umgewandelte Korallenriffe sind, auch Crinoidenhartgebilde bis zu 11% $MgCO_3$ enthalten und gewisse Algen Calcium-Magnesium-Carbonat mit 17% $MgCO_3$ abscheiden können. Viele Dolomitvorkommen aber mögen unmittelbar rein chemisch aus dem Meerwasser abgeschieden sein. Doch sind für dieses Gestein auch noch weitere Bildungsmöglichkeiten denkbar, da manche Dolomite z. B. aus magnesiacarbonathaltigen Kalksteinen durch Auslaugen von Calciumcarbonat hervorgegangen sein können, wodurch sich das schwerlösliche Calcium-Magnesium-Carbonat anreicherte. Endlich können im Laufe des geologischen Geschehens längst zum Festland gewordene Kalksteinablagerungen durch magnesiahaltige Wässer, die in ihren Spalten kreisen, in Dolomit umgewandelt worden sein.

Ganz ähnlich vollzog und vollzieht sich die Bildung der *Süßwasserkalke*, die an Bedeutung hinter den Meereskalksteinen weit zurücktreten. Auch bei diesen gibt es Vorkommen, die vollständig aus den Schälchen kleiner Schnecken oder gewisser Krebschen usw. zusammengesetzt sind. Die meisten aber entstanden durch chemischen Niederschlag aus kalkhaltigen Wässern, die einen Teil ihrer

Kohlensäure verloren haben. Mächtige Travertinlager bildeten sich so aus kalkhaltigem Quellwasser, das in seinem Lauf über Abstürze und Moosteppiche einen Teil seiner Kohlensäure an die Luft abgab, wodurch sein Kalk ausgefällt wurde und sich hauptsächlich auf diesen Pflanzenpolstern niederschlug. Da in den Höhlungen, die sich durch Verwesung der Pflanzen bilden, später kohlensaurer Kalk aus dem Wasser auskrystallisiert, werden diese Travertine mit der Zeit immer dichter. Auch aus stark sprudelnden oder der Erde heiß entspringenden Quellen und in Seen unter der Einwirkung der Sommerhitze kann sich durch Kohlensäureaushauchung unmittelbar Kalk niederschlagen.

Infolge der Art ihrer Entstehung fehlen die Kalkgesteine nach H. B. Kosmann in keiner der *geologischen Formationen* der Erde, so verschiedenartig die Gesteinsbildungen in ihnen auch sind. Kalklagerstätten finden sich im Deutschen Reich in reichem Maße, von den Alpen bis zur Küste, von der Maas bis an den Njemen. In den ältesten Schichten treten die Kalksteine als Marmor auf. Einzelne Abteilungen setzen sich überwiegend oder fast ausschließlich aus Kalkgesteinen zusammen. So sind das mittlere und das obere Devon durch den Kohlenkalk gekennzeichnet. Die mittlere Abteilung der Triasformation führt geradezu den Namen Muschelkalk. Auch die oberste Abteilung der Triasformation und die Kreideformation sind besonders reich an Kalkgesteinen. Auf *geographischem* Gebiet hat das Überwiegen massiger Kalksteinschichten den Kalkalpen ihren Namen gegeben.

Eine eingehende Übersicht über Vorkommen und Verwendung der nutzbaren Kalksteine in Deutschland geben H. B. Kosmann und O. Friz.

III. Die Fundstätten der Rohstoffe und ihre Erschließung.

So weit verbreitet auch die Ablagerungen von kohlensaurem Kalk bei uns sind, so ungleichmäßig ist doch ihre Verbreitung. In manchen Gegenden sind sie nur spärlich vertreten, in anderen prägen sie geradezu das Bild der Landschaft. Trotzdem hat sich nicht in jedem Landstrich, der reich an Kalkstein ist, eine Kalkindustrie von allgemeinerer Bedeutung entwickeln können. Das liegt daran, daß nicht jedes Vorkommen abbauwürdig ist, sei es aus wirtschaftlichen oder aus technischen Gründen oder aus beiden.

Bevor man an den Abbau eines Kalksteinlagers herangeht, muß man daher die wirtschaftlichen Verhältnissse genau untersuchen, die sehr mannigfaltig und von größter Wichtigkeit sind. Dann kommt man zu der Frage: Welche Menge abbauwürdigen Kalksteines steht unter Berücksichtigung der Wirtschaftlichkeit und technischer Möglichkeiten auf die Flächeneinheit zur Verfügung? Diese Frage kann nur nach genauer Prüfung der Lagerstätte beantwortet werden.

Da sich nicht alle Kalksteine in gleicher Weise zum Kalkbrennen eignen, und da die Lage der Kalksteinbänke häufig gestört ist, muß man sich nach Th. Klehe zunächst durch *Schürfen und Bohren* ein zuverlässiges Bild von der Beschaffenheit der Lagerstätte machen.

Unter *Schürfen* versteht man das planmäßige Ziehen von Gräben, durch die man die Lagerstätte strichweise bloßlegt, so daß man Proben nehmen kann. Das Schürfen gibt zunächst Aufschluß über die Masse des Abraumes, der über den nutzbaren Schichten liegt. Stellt sich dabei heraus, daß sie zu groß ist, so wird man die Vorarbeiten gleich abbrechen. Unter Umständen kann das Schürfen aber auch schon wertvolle Aufschlüsse geben über das Aufeinanderfolgen der einzelnen Kalksteinbänke, sei es, daß man an einem Berghang ganz oder nahezu waagerecht gelagerte Bänke anschneidet, sei es, daß man in der Ebene die Köpfe geneigter Schichten aufdeckt. Durch das Schürfen erfährt man auch, nach welcher

Seite geneigtliegende Bänke einfallen. Das ist insofern wichtig, als man ein Kalksteinlager nach Möglichkeit so anpackt, daß die Bänke nach der Angriffsseite zu einfallen. Das erleichtert nämlich das Abstürzen der gebrochenen Steine auf die Bruchsohle.

Haben die Ergebnisse des Schürfens befriedigt, so folgt das *Bohren*. Hierzu teilt man das Gelände in quadratische Abschnitte für jedes Bohrloch einen. Die Größe der Abschnitte und damit die Menge der Bohrlöcher richtet sich danach, ob die Beobachtungen, die man beim Schürfen gemacht hat, unerwünschte Überraschungen versprechen oder nicht. Die Bohrlöcher werden so tief getrieben, bis entweder die ganze Lagerstätte durchfahren oder wenigstens die Tiefe der künftigen Bruchsohle erreicht ist. Die Bohrer sind hohl, und ihre Ränder sind mit Diamanten besetzt. Sie schneiden aus dem Gestein den Bohrkern heraus, der in Stücken herausgezogen wird. Diese Stücke geben, richtig aneinandergereiht, ein getreues Abbild der ganzen Ablagerung an der Stelle des Bohrloches. Alle Bohrkerne zusammen geben ein genaues Gesamtbild der ganzen Lagerstätte.

Ist auf diese Weise die Abbauwürdigkeit der Lagerstätte festgestellt, so bleibt festzustellen, wie der Abbau in Angriff zu nehmen ist. Entweder muß der Bruch in der Tiefe angelegt werden, so daß er von vier Wänden umschlossen ist und die Steine nach oben gefördert werden müssen, oder der Bruch greift einen Berg oder eine Hochebene von der Seite an, so daß die Förderung keine Schwierigkeiten bereitet. Der zweite Fall ist häufiger. Im ersten wird der Betrieb noch durch die Wasserhaltung erschwert, soweit das Wasser nicht im Bruch versitzt.

Hat man dann noch festgestellt, von welcher Seite man am besten an die Lagerstätte herankommt, so beginnt man mit dem Abräumen. Erst wenn die abbauwürdigen Bänke genügend weit bloßgelegt sind, kann der eigentliche Abbau beginnen.

IV. Gewinnung des Kalksteins.

Die deutschen Kalksteinvorkommen werden fast ausschließlich im Tagebau (Steinbruchbetrieb) ausgebeutet. Nur selten findet der Abbau unter Tage (in bergmännischem Betrieb) statt. Die wichtigsten Abbauverfahren in den Kalksteinbrüchen sind nach TH. KLEHE der einstufige Abbau, der Strossenbau, der Bruch-

Abb. 80. Strossenbau. (Aus KLEHE, Das Kalkwerk. Berlin 1927. Aufn. Verein Deutscher Kalkwerke.)

sturzbetrieb und der Rollochbetrieb. Das erste Verfahren kommt nur für kleine Betriebe in Betracht.

Beim *Strossenbau* (Abb. 80) wird das Vorkommen terrassenförmig abgebaut, wobei jede Stufe möglichst einer Verwendungsart der Kalksteinbänke entspricht,

Abb. 81. Bruchsturzsprengung in Rüdersdorf. (Aufn. Verein Deutscher Kalkwerke.)

die ihr angehören. Dabei gibt man jeder Terrasse eine Absturzschurre bis auf die Bruchsohle, so daß die Steine ohne Beförderung von Stufe zu Stufe auf einmal hinuntergleiten. Zu diesen Schurren werden die Steine auf Loren befördert. Handelt es sich nur um zwei Terrassen, so kann man die Beförderung noch mehr vereinfachen, indem man die Schurren als Bremsberge ausbaut. Bei dieser Abbauweise ist die Gefahr des Steinschlags für die Arbeiter am geringsten.

Wird der Strossenbau in einem allseits geschlossenen Bruch betrieben, so muß der Kalkstein sämtlicher Strossen zunächst wieder wie beim gewöhnlichen Strossenbau auf die Bruchsohle hinabbefördert werden. Von dort wird er entweder mittels Seilbahn auf schiefer Ebene oder mittels Fahrstuhl nach oben geschafft. Dieses kostspielige Verfahren vermeidet man durch die Anlage einer Aufzugvorrichtung mit Fahrbühnen (fahrbaren Plattformen), die allerdings ebenfalls nicht billig ist. Auf jeden Fall ist die Förderung im allseitig geschlossenen Bruch schwierig. Dazu können sich Schwierigkeiten der Wasserhaltung gesellen. Darum entschließt man sich nur im Notfall und wenn es sich um sehr große Unternehmungen handelt, zu dieser Betriebsart.

Auf sehr große Unternehmungen beschränkt ist auch der *Bruchsturzbetrieb* (Abb. 81). Dieses Abbauverfahren, auch Pfeilerbruchbau oder Schrambetrieb genannt, ist überdies nur bei solchen Lagerstätten angebracht, in denen alle Kalksteinbänke demselben Zweck dienen, die aus ihnen gewonnenen Steine also nicht auseinandergehalten zu werden brauchen. Voraussetzung ist weiter, daß die Bänke nicht zu sehr geneigt sind und daß wenigstens der untere Teil der Lagerstätte festes Gestein ist. Das Verfahren besteht nämlich darin, daß man von der Bruchsohle aus eine größere Zahl von breiten und hohen Stollen nebeneinander senkrecht zur Wand in die Lagerstätte hinein vortreibt und durch mehrere Querstollen miteinander verbindet, so daß die Lagerstätte nur noch auf Pfeilern ruht. Diese werden dann gleichzeitig weggesprengt, so daß das überlagernde Gestein als Ganzes zu Bruche geht. Der Pfeilerbruchbau wird nur wenig angewendet. Der größte Betrieb dieser Art ist der Kalksteinbruch der Berginspektion Rüdersdorf in Kalkberge bei Berlin.

Bei sehr hohen Brüchen hat sich in einigen Gegenden der *Rollochbetrieb* eingeführt. Dabei handelt es sich um einen Trichterabbau, der voraussetzt, daß die Lagerstätte in zwei Hauptstrossen abgebaut werden kann, deren untere das Rolloch aufnimmt. Diese muß eine ähnlich gleichmäßige Zusammensetzung der Kalksteinbänke aufweisen, wie sie für den Bruchsturzbetrieb Bedingung ist. Für die obere Hauptstrosse ist das nicht nötig, falls für jede Verwendungsart der Steine ein besonderes Rolloch hergestellt wird. Das geschieht in folgender Weise: Von der Bruchsohle treibt man senkrecht zur Wand bis zum Füllort einen so breiten Stollen vor, daß zwei Kippwagen nebeneinander darin Platz haben. Oder man legt in kurzer Entfernung voneinander zwei solcher Stollen an, die sich vor dem Füllort in einer Kurve vereinigen. Von dem Füllort aus wird dann ein Schacht nach oben hin durchgebrochen, und dieser wird durch seitliches Ausbrechen ringsum zu einem trichterförmigen Rolloch erweitert, dessen Wände einigermaßen glatt abgeschrägt werden. Am unteren Ende des Rollochs wird eine durch Schieber verschließbare Schurre angebracht, durch die die Steine in Muldenkipper fallen. Nun beginnt der Abbau der oberen Hauptstrosse. Die dabei gebrochenen Steine werden in das Rolloch gestürzt.

Für den einstufigen Abbau und den Strossenbau (einschließlich des Trichterabbaus) gilt nun, daß die Kalksteinbänke selten so zerklüftet sind, daß man sie nur durch Arbeit von Hand gewinnen könnte. In diesem Fall bricht man die Bänke mit entsprechenden Werkzeugen los und zerkleinert die Blöcke auf die passende Größe. Meist muß aber *Bohren und Sprengen* der Handarbeit vorausgehen. Zunächst werden Löcher gebohrt, die den Sprengstoff aufnehmen sollen. Diese stellt man jetzt fast allgemein durch Druckluftbohrer her, die mit einem Überdruck von 4—5 Atm. arbeiten und ein Bohrloch von 1 m Tiefe in etwa 30 Minuten niederbringen, während beim Bohren von Hand hierzu ungefähr 180 Minuten nötig sind. Für sehr tiefe Bohrlöcher, wenn z. B. eine 6 m hohe Strosse auf einmal abgebaut werden soll, verwendet man den Stoßbohrer, während das gewöhnliche Bohrgerät der Hammerbohrer ist, der in der Minute 2000 bis 1500 Schläge ausführt. Der Schlagbohrer eignet sich nur für hartes und mittelhartes Gestein. Bei weichem Gestein, z. B. Mergel, wendet man besser den Schlangenbohrer an. Für die Ladung der Bohrlöcher verwendet man Sprengstoffe, welche die Massen nicht in zu kleine Stücke zertrümmern. Für das Abtun, die Zündung der Sprenglöcher, bedient man sich meist der Zündschnur. Sicherer

Abb. 82. Förderung des gelösten Gesteins durch Raupenband-Löffelbagger. (Aus KLEHE, Das Kalkwerk. Berlin 1927. Aufn. JOH. GÖRBING.)

ist jedoch die elektrische Zündung, weil sie verhütet, daß nachträglich Spätzünder losgehen.

Zur *Förderung* des gelösten Gesteins bedient man sich mehr und mehr der Bagger, und zwar der Eimerkettenbagger oder der Löffelbagger (Abb. 82). Jene eignen sich nur für weichere Kalksteinarten, diese dagegen für alle Kalksteinsorten, auch für die härtesten. Die Bagger kommen indessen nur für Großbetriebe in Betracht, ebenso die mechanische Verladeschaufel, die das gebrochene Gut vom Boden aufnimmt und in die Fördergefäße aufgibt.

V. Mahlen des Kalksteins.

Nachdem der im Bruch gewonnene Rohstein zum Kalkwerk befördert ist, was je nach den örtlichen Verhältnissen auf die verschiedenste Weise geschieht, wird er entweder auf kohlensauren Düngekalk oder auf Branntkalk verarbeitet (Abb. 83). Hierzu sind *Zerkleinerungsvorrichtungen* und *Mahlanlagen* nötig, die K. NASKE beschrieben hat.

Der *kohlensaure Düngekalk* ist gemahlener Kalkstein (Mergel). Die Rohsteine müssen, damit man sie mahlen kann, zunächst bis auf Korngrößen von 40—100 mm *vorgebrochen* werden. Das geschieht auf *Steinbrechern* (die übrigens unter Umständen schon im Steinbruch selbst aufgestellt werden). Als solche verwendet man im allgemeinen Backenbrecher und für größere Leistungen Kreiselbrecher. Wünscht man von vornherein ein feines grießiges Erzeugnis, so benutzt man *Granulatoren*, mit denen man die Steine bis herab auf eine Korngröße von etwa 10 mm zerkleinern kann. Dieses Erzeugnis ist dann noch mit feinerem Gut vermischt. Der Granulator ist ein vereinfachter Backenbrecher, bei dem die gewöhnliche kauende Bewegung mit einer reibenden zwischen den Brechbacken verbunden ist. Will man einen sehr mehlreichen Kalkgrieß gewinnen, so benutzt man *Hammermühlen.*

Das so vorgebrochene Gut wird dann auf Mühlen *feingemahlen*. Das geschieht zunächst auf der *Kugelmühle* (Abb. 84) als Vorschroter. Sie besteht nach TH. KLEHE aus einer Mahltrommel, die aus durchlöcherten Stahlguß- oder Hartgußplatten zusammengesetzt ist. Die Trommel dreht sich je nach der Bauart um Hohlzapfen oder um eine durchgehende Welle. Sie ist z. T. mit Stahlkugeln gefüllt, die durch ihre Fallwirkung den vorgebrochenen Kalkstein zu Grieß zerkleinern, wobei auch Feinmehl entsteht. Der zerkleinerte Rohkalk fällt durch die Löcher in den Wänden der Mahltrommel in eine Siebtrommel, die die Mahltrommel konzentrisch umgibt. Diese äußere Trommel ist mit Sieben aus Metall-

Abb. 83. Herstellung des Kalkes. (Aufn. Verein Deutscher Kalkwerke.)

draht bespannt, deren Maschenweite der Mahlfeinheit entspricht, die man erzielen will. Mitunter ist zwischen Mahltrommel und Siebtrommel noch eine Schutztrommel eingeschaltet, die aus gelochtem Stahlblech besteht. Sie soll gröbere Teile des Mahlgutes zurückhalten, damit sich das feine Drahtgewebe der Siebtrommel nicht zu schnell abnutzt. Die gröbsten Teile des Mahlgutes, die nicht durch die Löcher der Schutztrommel oder die Maschen der Siebtrommel gehen, fallen beim Umlaufen der Mühle in die Mahltrommel zurück, wo sie wieder unter die Wirkung der Stahlkugeln gelangen. Man kann also den ganzen Mahlgang in einem einzigen Apparat zu Ende führen und darin so fein mahlen, wie man es wünscht. Aber je feiner die Mahlung getrieben wird, desto mehr nimmt die Leistung der Mühle ab. Im übrigen hängt sie sehr von der Natur des Mahlgutes, von seiner Korngröße und von der Gleichmäßigkeit der Aufgabe ab. Gibt man zu viel auf, so laufen die Kugeln tot im Mahlgut um, anstatt darauf zu fallen und es zu zerschlagen. Außerdem verstopfen sich auch die Siebe. Gibt man dagegen zu wenig auf, so fallen die Stahlkugeln anstatt auf das Mahlgut, auf die Trommelplatten, die dadurch rasch abgenutzt werden. Auch leistet die Mühle an sich zu wenig. Darum bringt man über dem Einlauf eine selbsttätige Aufgabevorrichtung an. Der Kugelmühle kann der Kalkstein bis zu Faustgröße aufgegeben werden. Er muß aber vollkommen trocken sein, weil sich sonst die Feinsiebe schnell zusetzen.

Die Leistung der Kugelmühle läßt sich wesentlich steigern, wenn sie schneller von dem Feinmehl befreit wird, als es durch Siebe möglich ist. Das geschieht durch *Windsichter* (Abb. 84), die in folgender Art arbeiten: Das Mahlgut, das gesichtet werden soll, wird in einen Luftstrom geschleudert, der das feine Mehl mit sich führt und in einem trichterförmigen Mantel ablagert, während die gröberen Teile zu Boden sinken und der Mühle wieder zugeführt werden. Die Wirkung des Luftstromes läßt sich regeln. Verstärkung bewirkt gröbere, Abschwächung feinere Sichtung.

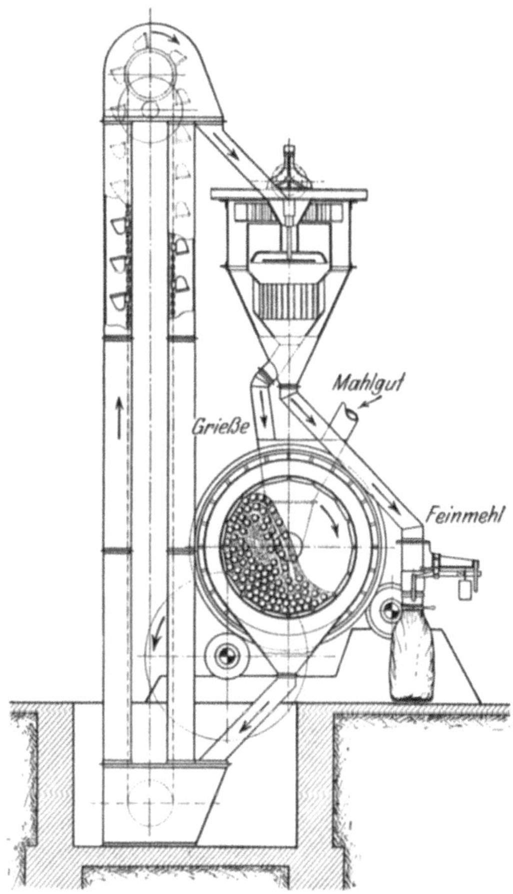

Abb. 84. Kugelmühle und Windsichter. (Aus Klehe, Das Kalkwerk. Berlin 1927. Bauart: Gebr. Pfeiffer Barbarossawerke A.-G., Kaiserslautern.)

Der Windsichter macht die Siebbespannung der Kugelmühle überflüssig. In diesem Fall dürfen aber die Mahltrommeln nicht mehr durchlocht sein. Das Mahlgut tritt dann durch verstellbare Schlitze an dem einen Ende der Mahltrommel aus. Am entgegengesetzten Ende werden die Grieße, die vom Sichter zurückkommen, der Mühle wieder zugeführt. Das frische Mahlgut tritt dagegen in der Nähe der Schlitze in die Mahltrommel ein, damit Feinmehl, das etwa darin enthalten ist, die Mühle gleich wieder verlassen kann und den Mahlvorgang nicht unnötig beschwert.

Wird der Rohstein ohne Windsichter gemahlen, so gelangt der Grieß von der Kugelmühle in die *Rohrmühle*, die ihn zu Feinmehl mahlt. Sie besteht aus einem 6—8 m langen, genau waagerecht gelagerten, eisernen Rohr, das mit einem Futter aus Silexsteinen (einer Art von Feuerstein) oder aus hartgebrannten keramischen Erzeugnissen versehen ist und sich mit 25—33 Umdrehungen in der Minute um seine Achse dreht. Das Mahlgut wird durch die Mitte der einen Stirnwand ununterbrochen gleichmäßig aufgegeben. Die Trommel wird nahezu bis zur Hälfte mit Flintsteinen (Feuersteinen) gefüllt, die das Mahlgut durch Fallwirkung und Reibung weiter zerkleinern. Je nach der Menge des Mahlgutes, das man zuführt, kann man die Mahlfeinheit innerhalb gewisser Grenzen regeln. Das Mahlgut verläßt die Trommel an der entgegengesetzten Stirnwand entweder durch eine hohle Achse oder durch Schlitze nahe am Rande der Wand. Das Feinmehl, das schon in der Kugelmühle entstanden ist, wird abgesiebt oder durch Windsichter vom Grieß getrennt und gleich mit dem Feinmehl aus der Bohrmühle vereinigt.

Für großen Absatz an gemahlenem, kohlensauren Kalk eignet sich auch die *Verbundmühle*, die gewissermaßen eine Verbindung von Kugelmühle und Rohrmühle ist. Sie besteht aus zwei Kammern, die hintereinanderliegen. Die erste Kammer ist kürzer und mit eisernen Mahlplatten gepanzert und teilweise mit Stahlkugeln gefüllt. Sie arbeitet ähnlich wie eine Kugelmühle. Die zweite ist länger und mit Silex gefüttert sowie mit Silexmahlkörpern gefüllt; sie arbeitet genau wie eine Rohrmühle.

Alle diese Mahlvorrichtungen verlangen trockenes Mahlgut. Man muß daher die grubenfeuchten Steine durch längeres Lagern in gedeckten, luftigen Schuppen vortrocknen. Muß man jedoch vom Bruch weg feuchtes Gestein verarbeiten, so schaltet man zwischen Steinbrecher und Mühle eine Trockenvorrichtung ein.

Abb. 85. Kollergang. (Bauart: Dorstener Eisengießerei u. Maschinenfabrik A.-G., Hervest-Dorsten.)

Dazu nimmt man am besten eine *Trockentrommel* aus Eisenblech, die 10—18 m lang und schwach geneigt ist und sich langsam um ihre Achse dreht. Der vorgebrochene Kalkstein wird am oberen Ende eingeworfen und bewegt sich dann abwärts den Heizgasen entgegen, die am unteren Ende der Trommel eintreten, wo die getrockneten Steine die Trommel verlassen. An Stelle dieser Trocknung im Gegenstrom wendet man bei schwertrocknenden Steinen das Trocknen im Gleichstrom an, indem man die Heizgase gleichzeitig mit dem Brechgut oben in die Trommel einführt und mit ihm hinabwandern läßt.

Der beste Ausgangsstoff für die Herstellung von gemahlenem, kohlensauren Kalk ist der *Splitt*, der beim Betrieb eines Schotterwerkes abfällt. Wenn das Kalkwerk mit einem solchen Schotterwerk verbunden ist, braucht man die Rohsteine nicht vorzubrechen.

Die vorhin beschriebenen Verfahren gelten nur für harte Kalksteine. Ganz anders verfährt man, wenn weichere Mergel zu Düngekalk vermahlen werden sollen. An manchen Orten begnügt man sich damit, die Mergel so, wie sie vom Bruch kommen, einem *Kollergang* (Abb. 85) aufzugeben, der sie grob zerdrückt und zerreibt. Diese Vorrichtung besteht aus zwei Läufersteinen, die sich wie Räder um eine waagerechte Achse drehen, und einer kreisrunden Bodenplatte, die rostartige Schlitze hat, durch die das gebrochene Gut fällt. Entweder bewegen sich die Läufersteine um eine senkrechte Achse im Kreise herum, während die Bodenplatte festliegt, oder sie stehen fest, und die Bodenplatte dreht sich unter ihnen im Kreise. Mit den Läufersteinen oder der Bodenplatte kreisen Schaber, die so eingestellt sind, daß sie das Brechgut immer wieder unter die Läufer schieben, bis es soweit zerkleinert ist, daß es durch die Schlitze fällt. Der Kollergang ist die einzige Mahlvorrichtung, die erdfeuchtes Gut verarbeiten kann.

Gemahlener, kohlensaurer Kalk wird im Boden um so schneller aufgeschlossen, je feiner er gemahlen ist. Die *Mahlfeinheit* findet jedoch ihre Grenze an den hohen Kosten der Mahlung, die für ein Erzeugnis von so geringem Wert eine allzu feine Mahlung verbieten. Weichere Kalksteine und Mergel, die leichter zerfallen, brauchen nicht so fein gemahlen zu sein wie harte und dichte Kalksteine. Das Mahlgut muß aber immer so fein sein, daß es sich mit der Düngerstreumaschine streuen läßt.

Gemahlener Kalkstein (Mergel) wird wegen seines geringen Preises selten in Säcken und fast immer in gedeckten Wagen verladen.

VI. Das Brennen des Kalksteins.

Die Düngekalkform, die am schnellsten und kräftigsten wirkt, ist der *Branntkalk*. Man gewinnt ihn durch Brennen (Glühen) des rohen Kalksteins. Das geschah früher ebenso wie das Ziegelbrennen auf ganz einfache Weise. H. Urbach (1) berichtet darüber folgendes:

Die einfachste Art des Kalkbrennens bestand darin, daß man den Kalkstein in *Gruben* auf freiem Felde brannte. Dazu grub man in trockenem Boden eine Feuerstelle und legte den ganzen Bau oben mit einem Mantel von Lehm zu. Auf diese Weise brannte noch um die Wende vom 18. zum 19. Jahrhundert jeder Bauer in Westfalen, der Holz und Kalksteine hatte, den Kalk auf seinem Hofe. Oder man grub in einen Abhang einen viereckigen Einschnitt mit abgerundeten Ecken und kleidete ihn mit Lehm oder mit feuerfesten Steinen aus. In dieser Grube baute man im untern Teil aus größeren Steinen eine Feuergasse, die oben mit Kalksteinen überwölbt wurde. Darüber wurden kleinere Kalksteine so geschichtet, daß die Flamme frei durchspielen konnte. Die vordere Wand wurde aus größeren Steinen regelmäßig angesetzt, damit der ganze Bau nicht zusammenrutschen konnte.

Ebenso unvollkommen war das Brennen in *Meilern*. Hierfür grub man eine zylindrische Grube von etwa 1 m Tiefe als Heizkanal, den man mit größeren Steinen locker überwölbte. Dann wurde der Meiler selbst abwechselnd aus Schichten von Kalkstein und Kohle aufgebaut und mit einer Lage von feuchtem Lehm bekleidet. Das Ganze wurde mit einem Mantel von großen Steinen belegt.

Etwas vollkommener war das Brennen in *Feldöfen*. Hierfür wurde in der Böschung eines Hügels aus größeren Stücken des Kalksteins, der gebrannt werden sollte, ohne Mörtel ein Schacht eingebaut und auf dem Boden ein Gewölbe für den Heizraum hergestellt. Darauf wurden die übrigen Kalksteine geschüttet, und zwar die gröbsten unten und die kleinsten oben. Unten hatte der Schacht noch einen Zugang zur Feuerung.

Das Brennen in Gruben, Meilern und Feldöfen ist nur in abgelegenen Gegenden Brauch gewesen, wo die Brennstoffe billig waren und es sich um vorübergehenden Bedarf handelte. Wo bedeutende Mengen von Kalk für einen größeren Absatz herzustellen sind und an Arbeit, Zeit und Brennstoff gespart werden muß, sind regelrechte *gemauerte Kalköfen* erforderlich. Man teilt diese Kalköfen nach H. Urbach (1) ein in *periodische* und *kontinuierliche*, d. h. in solche mit zeitweiligem, unterbrechendem und solche mit durchläufigem, ununterbrochenem Betrieb.

Bei den periodischen Kalköfen läßt man nach dem Brande den Ofen ganz oder teilweise erkalten, um den garen Kalk auszuziehen, und beschickt ihn dann von neuem mit Kalksteinen für einen weiteren Brand. Bei den kontinuierlichen Kalköfen geht das Brennen ohne Unterbrechung fort, indem man den garen Kalk in regelmäßigen Zwischenräumen aus einer, am unteren Teile des Ofens befindlichen Öffnung auszieht und zugleich eine entsprechende Menge frischer Kalksteine von oben durch die Gicht nachfüllt. Bei beiden Arten von Kalköfen unterscheidet man wieder Öfen mit kurzer oder *kleiner Flamme* und solche mit langer oder *großer Flamme*. Periodische Kalköfen mit kleiner Flamme sind die weitverbreiteten, nach ihrer Gestalt benannten Trichteröfen. Wenn der Schacht des Ofens die Gestalt eines Ellipsoids hat, heißt er Flaschenofen. Kontinuierliche Kalköfen mit kleiner Flamme in Trichterform sind die Schnelleröfen. Die bekannteste Art der kontinuierlichen Kalköfen mit großer Flamme ist der Rüders-

Abb. 86. Neuzeitlicher Kalkschachtofen. (Bauart: Wärmestelle der Kalkindustrie, Berlin.)

dorfer Ofen, der seinen Namen von dem in Rüdersdorf bei Berlin gelegenen Kalkwerk hat.

Die *Brennöfen*, die heute noch in Gebrauch sind, lassen sich nach Th. Klehe in drei Gruppen teilen: Schachtöfen, Ringöfen, Drehrohröfen. Allen ist gemeinsam der ununterbrochene Betrieb. Sind sie erst einmal in Brand gesteckt, so werden sie ohne Unterbrechung immerfort mit frischen Kalksteinen beschickt, und ohne Betriebspause wird ihnen immer wieder der gebrannte Kalk entnommen.

Unter den *Schachtöfen* gibt es solche mit Mischfeuerung, Seitenfeuerung und Gasfeuerung. Alle haben Vorteile ebensogut wie Nachteile.

Bei den Schachtöfen mit *Mischfeuerung* (Abb. 86) werden Brenngut und Brennstoff in miteinander abwechselnden Lagen im Ofenschacht übereinandergeschichtet. Nach dem Anzünden brennt der Kalkstein von unten nach oben gar. Von Zeit zu Zeit (in neuen Öfen ununterbrochen) nimmt man unten den gebrannten Kalk weg. Infolgedessen sinkt der Inhalt des Ofens nach, so daß oben an der Gicht neue Massen Brennstoff und Kalksteine nachgefüllt werden können. Bei dieser Ofenart spielt die Güte des Brennstoffs eine große Rolle, da Asche und Schlacke sich mit dem Brenngut mischen.

Die Schachtöfen mit *Seitenfeuerung* haben ganz unten außerhalb des Ofenschachtes, aber in das Mauerwerk des Ofens eingebaut, mehrere Rostfeuerungen, auf denen der Brennstoff verbrennt. Die Schlacke und ein großer Teil der Asche bleiben infolgedessen in der Feuerung zurück, und nur die heißen Verbrennungs-

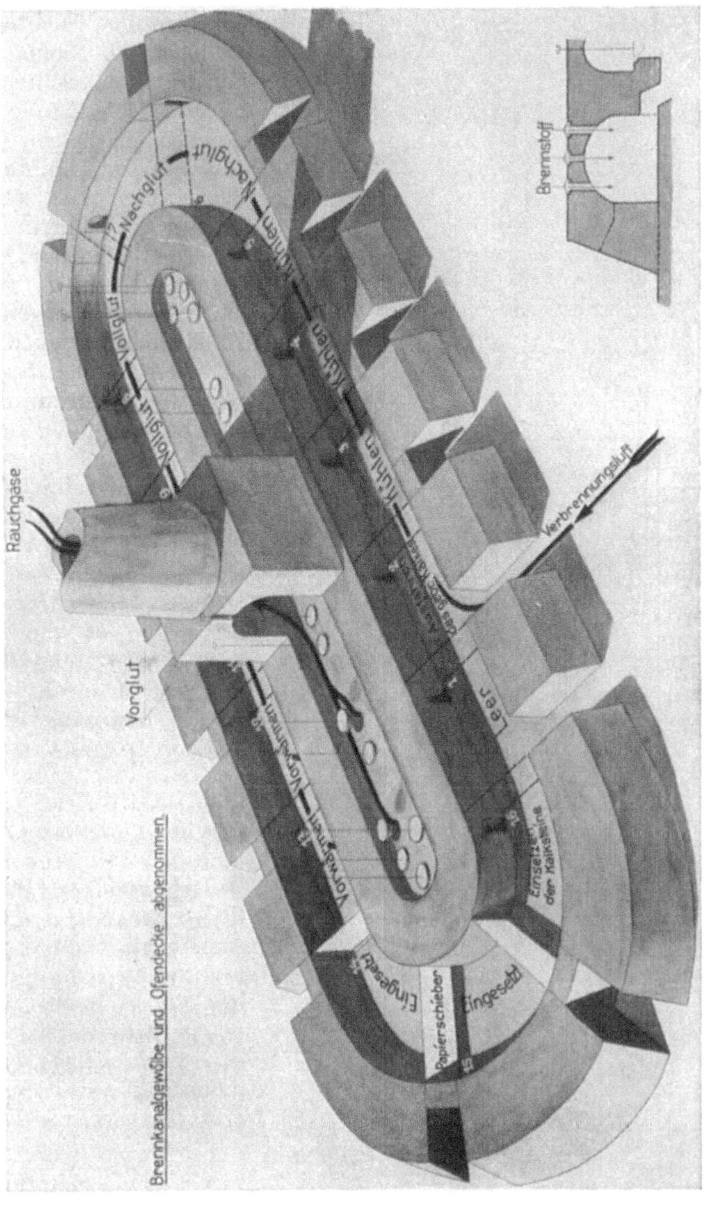

Abb. 87. Kalkringofen. Das Deckengewölbe ist abgenommen gedacht.
(Aus KLEHE, Das Kalkwerk. Berlin 1927. Aufn. Verein Deutscher Kalkwerke.)

gase und die leichte Flugasche gelangen durch einen kurzen Verbindungskanal in den Ofen und an das Brenngut.

Für die Schachtöfen mit *Gasfeuerung* werden die Brennstoffe in Generatoren vergast, die abseits der Öfen liegen. Diese Öfen dienen jedoch nur den Bedürfnissen der chemischen Industrie, die ein besonders reines Erzeugnis braucht.

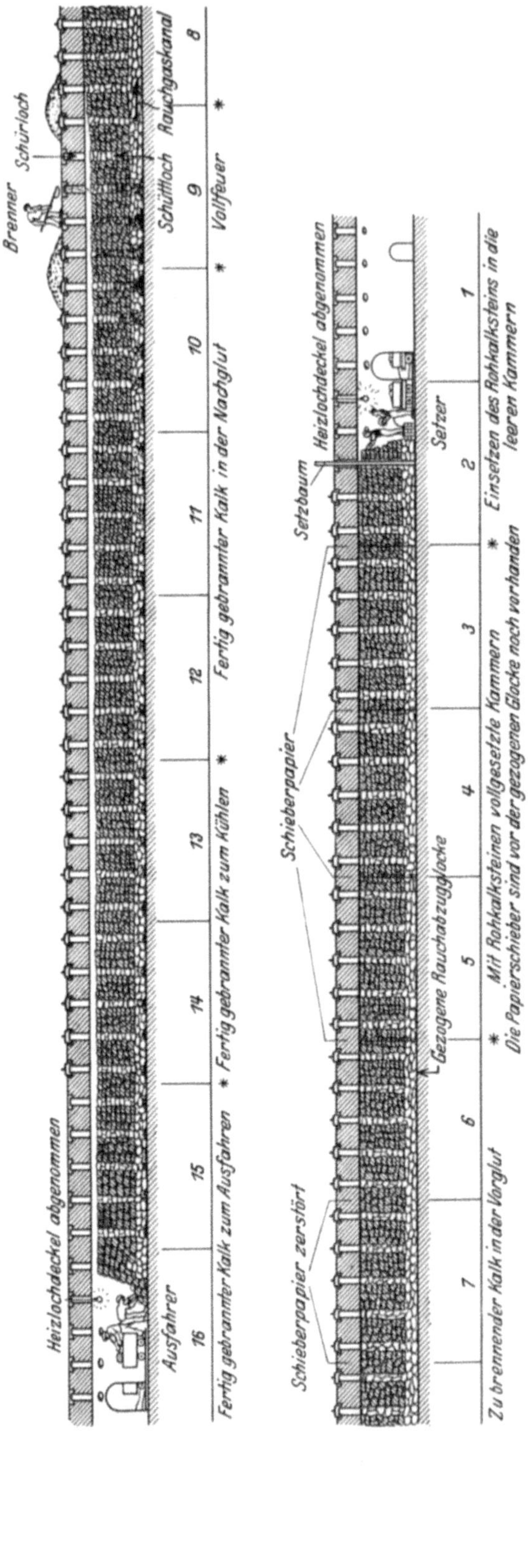

Abb. 88. Längsschnitt durch den Brennkanal eines Kalkringofens. (Aus KLEHE, Das Kalkwerk. Berlin 1927. Aufn. Verein Deutscher Kalkwerke.)

Entleert werden die Schachtöfen teils von Hand, teils selbsttätig. Bei dem ersten Verfahren ist man für das rechtzeitige und richtige Ziehen des Branntkalkes von der Tüchtigkeit und Willigkeit der Brennerleute abhängig. Vom richtigen Ziehen hängt aber der Erfolg des Kalkbrennens in hohem Grade ab. Das hat zur Einführung der Schachtöfen mit selbsttätiger Entleerung geführt.

Die *Verbrennungsluft* wird durch natürlichen oder durch künstlichen Zug zugeführt. Den künstlichen Zug bewirkt man entweder durch Absaugen der Ofengase oben an der Gicht oder besser durch Einpressen der Verbrennungsgase in den Kühlabschnitt des Ofenschachtes oder unter den Rost.

Die *Ringöfen* (Abb. 87) sind aus der Ziegelindustrie übernommen. Der Arbeitsvorgang bei ihnen ist von dem aller andern Öfen grundverschieden. Während in diesen das Brenngut in Bewegung ist und die stärkste Wärmewirkung stets in demselben Abschnitt des Ofens stattfindet, bleibt im Ringofen das Brenngut in Ruhe, während das Feuer umläuft. Der Ringofen besteht aus einem Ring aneinandergereihter Kammern. Jede besitzt eine Einkarrtür, durch die die Rohsteine eingebracht werden, und kann unmittelbar oder auf dem Umweg über beliebig viel andere Kammern mit dem Schornstein verbunden werden. Die Kammern haben eine gewölbte Decke, in der Schürlöcher sind, durch die der Brennstoff zwischen das Brenngut geschüttet wird. Die rohen Kalksteine werden von Hand nach bestimmten Regeln eingesetzt, und ohne Unterbrechung wird eine Kammer nach der andern gefüllt. Ist eine Kammer gesetzt, so wird sie durch einen Papierschieber von der folgenden Kammer abgesperrt. In derselben Richtung schreitet das Beschütten der Heizlöcher mit Brennstoff fort. Hinter dem Feuer werden die gargebrannten Kammern entleert, nachdem sie genügend abgekühlt sind. Dann werden sie aufs neue mit Rohsteinen beschickt (Abb. 88).

Durch die offenen Einkarrtüren tritt die Außenluft in den Ofen. Sie muß durch den gebrannten und in Abkühlung begriffenen Kalk ziehen. Dabei erhitzt sie sich langsam auf die Temperatur des eben gebrannten Kalkes und gelangt so an den Brennstoff, den sie vollständig verbrennt. Die Verbrennungsgase wandern dann, dem Schornsteinzug folgend, durch den noch nicht gebrannten Kalk, geben ihre Wärme zum Teil an ihn ab, wodurch sie ihn auf Brenntemperatur bringen, und ziehen schließlich vor dem Papierschieber einer der frisch gesetzten Kammern nach dem Schornstein und durch diesen ins Freie. Dabei dürfen sie nur so weit abgekühlt werden, daß der Schornstein genug Zug behält.

Die Ringöfen werden teils mit unmittelbarer Feuerung betrieben, teils mit Gasfeuerung. Man kann in ihnen auch getrocknete Soden aus Wiesenkalk (Moorkalk) brennen, die wie Ziegelformlinge in die Kammern eingesetzt werden.

Der eigentliche Ofen zum Brennen des weichen, erdigen Wiesenkalkes ist jedoch der *Drehrohrofen*. Er verursacht hohe Kosten für Anlage und Betrieb und kommt daher für die Kalkindustrie im allgemeinen nicht in Betracht. Man verwendet ihn notgedrungen nur für solche Rohstoffe, die — wie Wiesenkalk, leicht zerfallende Mergel und Steinbruchabfälle — wegen ihrer Form oder ihres hohen Wassergehaltes in anderen Öfen nicht gebrannt werden können.

Wiesenkalk ist überhaupt ein undankbarer Rohstoff. Seine Verarbeitung verursacht unverhältnismäßig große Kosten, und die Entfernung des hohen Wassergehalts ist sehr schwierig. Das wird immer unterschätzt, und man läßt sich leicht durch die Mächtigkeit und Reinheit der Lagerstätte blenden.

Der gebrannte Kalk wird durch Ausgabeln von Asche, Schlacke, Brennstoffresten, kleinen Kalkstückchen und Kalkstaub befreit. Zurück bleibt der großstückige Branntkalk, der als *Stückkalk* gehandelt wird. Kleinere Stücke sind aber ebenso gut und löschen sich leichter. Bei längerem Lagern nimmt der Stückkalk Wasser aus der Luft auf. Man muß ihn daher entsprechend geschützt lagern. Verladen wird er auf der Bahn in K-Wagen (Kalkwagen) oder in G-Wagen (gedeckter Wagen), die gewöhnlich 15 t Ladegewicht haben.

VII. Die Vorgänge beim Brennen des Kalksteins.

Das Kalkbrennen beruht nach TH. KLEHE darauf, daß das Calciumcarbonat des Kalksteins beim Erhitzen erst langsam und dann rasch in Calciumoxyd und Kohlendioxyd zerfällt. Die Temperatur, bei welcher der Zerfall beginnt, hängt von dem Druck ab, unter dem sich der kohlensaure Kalk befindet. Bei 760 mm Luftdruck beginnt die Zersetzung bei einer Temperatur von etwa 900° C. Das dabei entstehende Kohlendioxyd würde sich aber sofort wieder mit dem Calciumoxyd zu Calciumcarbonat verbinden, wenn die Temperatur unter diese Grenze sänke. Der starke Zug im Kalkofen entfernt jedoch das eben gebildete Kohlendioxyd sofort, so daß immer neue Mengen von Carbonat zersetzt werden, bis schließlich nur noch Calciumoxyd zurückbleibt, dem kein Kohlendioxyd zur Rückbildung in Carbonat mehr zur Verfügung steht.

Bei der Temperatur von 900° geht die Zersetzung indessen so langsam vor sich, daß das Brennen nicht wirtschaftlich wäre. Darum steigert man die Temperatur im Kalkofen, so daß sie an der heißesten Stelle des Ofens 1200° erreichen kann. Stellenweise kann vorübergehend sogar eine Temperatur von 1400°

herrschen. Dabei ist allerdings zu berücksichtigen, daß der Druck im Ofen infolge des Zuges und des geringeren Teildrucks der „Kohlensäure“ bedeutend geringer als 760 mm ist. Infolgedessen nimmt man an, daß unter diesen Umständen die Zersetzungstemperatur bereits bei etwa 800° liegt.

Alle Kalksteine enthalten Berg- oder Grubenfeuchtigkeit, bei Kalksteinen mittlerer Dichte 3—5%, bei sehr dichten Steinen, wie Marmor und Urgebirgskalk, 1—2%, bei weichem Gestein, besonders bei der Kreide, bedeutend mehr. Zu diesem Wassergehalt, der von den Witterungsverhältnissen wenig oder gar nicht abhängig ist, kommt Wasser, das bei der Benetzung durch Regen aufgenommen wird. Seine Menge hängt gleichfalls von der Dichte des Gesteins ab. In allen Kalköfen wird das in den Rohsteinen enthaltene Wasser durch die Verbrennungsgase verdampft und mitgerissen, bevor die Zersetzung des Brenngutes beginnt. Dieser Wasserdampf nimmt ungefähr 1600mal soviel Raum ein wie das Wasser. Durch diese Ausdehnung lockert er das Gefüge der Steine und arbeitet dadurch ihrem Zerfallen vor. Auf diese Weise wird Brennwärme gespart. Indessen geht die Lockerung oft so weit, daß die Steine springen (das sog. Schießen). Dadurch leidet der Zug im Ofen, und die Ausbeute an Stückkalk, den die Verbraucher ohne stichhaltigen Grund besonders schätzen, wird geringer.

Nur in geringen Mengen sind in der Regel die Silicatbildner, Kieselsäureanhydrid, Aluminiumoxyd (Tonerde) und Eisenoxyd, im Kalkstein enthalten. Sie stören den Brennvorgang nicht. Erst wenn sie in größeren Mengen im Stein enthalten sind, treten Erscheinungen auf, die Brennvorgang und Wärmeverbrauch günstig beeinflussen. Gelangen die genannten Verbindungen aber als Lehm oder Ton mit in den Ofen, z. B. bei Regenwetter, so entstehen Stoffe, die zwischen 1200° und 1400° schmelzen und den gebrannten Kalk minderwertig machen. Die Kalksteine müssen daher immer sauber sein. Die genannten Verbindungen sind fast stets auch wesentliche Bestandteile der Kohlenasche und können auch auf diesem Wege durch Berührung mit dem frisch gebrannten Kalk im Feuer unerwünschte Veränderungen an ihm bewirken.

Kieselkalke, d. h. Kalksteine, die viel Quarz enthalten, zerspringen häufig unter lautem Knall im Feuer. Dieses „Schießen“ wird dadurch verursacht, daß der Quarz bei einer Temperatur von etwa 570° C in eine andere Modifikation übergeht und dabei „wächst“, d. h. einen größeren Raum einnimmt.

VIII. Herstellung von gemahlenem Branntkalk.

Das früher allein üblich gewesene Verfahren, daß der Landwirt den Branntkalk in Stücken bezog und selbst ablöschte, muß man als überholt bezeichnen. Der Bezug von *gemahlenem Branntkalk* (noch besser von werkmäßig hergestelltem Löschkalk) ist vorzuziehen. Der gemahlene Kalk läßt sich stets mit der Maschine streuen und kann in trockenen Räumen, wenn er in guten Papiersäcken verpackt ist, wochenlang lagern, ohne Schaden zu leiden. Er braucht nicht abgewogen, sondern kann sackweise ausgegeben werden.

Großstückiger Branntkalk, wie er besonders aus dem Ringofen kommt, muß vor dem Mahlen zerkleinert werden. Das geschieht entweder in einem kleinen Steinbrecher oder in einer Schlagkreuzmühle oder Hammermühle. Gemahlen wird der Kalk dann am häufigsten, besonders in älteren Kalkwerken, auf der bereits beschriebenen *Kugelmühle.* Eine *Mahlanlage* für Branntkalk ist nach TH. KLEHE folgendermaßen eingerichtet:

Das Gut fällt über eine eiserne Schurre in den Steinbrecher, der so tief aufgestellt ist, daß sich der obere Rand des Brechmaules etwa 50 cm unter dem Fußboden befindet. Das vorgebrochene Gut fällt in ein Becherwerk, das in einen hölzernen oder eisernen Vorratkasten von 3—6 m^3 Inhalt entleert. Durch die Einschaltung dieses Vorratkastens gestaltet man die Bedienung der Mühle unabhängig von kurzen Unterbrechungen in der Zufuhr zum Steinbrecher. Am spitz zulaufenden, unteren Ende des Vorratkastens ist die mechanische Aufgabevorrichtung angebracht, die den Branntkalk in ununterbrochenem Strome der Mühle zuführt. Nun könnte man am Auslauf den Kalk unmittelbar in Säcke abfüllen, was häufig auch geschieht. Will man aber z. B. auch nachts mahlen, aber nur bei Tage absacken, oder fehlt es an geschütztem Platz, um die gefüllten Säcke so lange aufzubewahren, bis sie verladen werden können, so legt man ein zweites Becherwerk an, das den gemahlenen Kalk einem Packsilo zuführt. Das ist ein Behälter aus innen mit Blech beschlagenem Holzwerk, aus Eisenblech oder aus glatt verputztem Mauerwerk oder Eisenbeton, der nach unten trichterförmig zuläuft. An der Spitze des Trichters befindet sich eine durch Schieber absperrbare Öffnung, durch die das gemahlene Gut in eine kurze Schnecke fällt, die es einer selbsttätigen Sackwaage zuführt.

Das Mahlen auf der siebbespannten Kugelmühle ist einfach, hat aber den Nachteil, daß die Siebe sich rasch abnutzen und reißen. Man hat daher ein Verfahren erfunden, das die empfindlichen Siebe überflüssig macht. Das ist der ebenfalls schon beschriebene *Windsichter*. Das Zusammenarbeiten von siebloser Kugelmühle und Windsichter gestaltet sich nach Th. Klehe wie folgt:

Der gebrannte Kalk wird durch einen Steinbrecher vorgebrochen und durch ein Becherwerk in das oberste Stockwerk des Mühlengebäudes gehoben. Hier fällt das Gut zunächst auf ein Vorsieb, das aus einem länglichen, geneigt angeordneten Blechkasten besteht, in den ein starkes durchlochtes Eisenblech eingebaut ist. Die groben Teile des Gutes, die den Windsichter beschädigen könnten, werden hier ausgeschieden und fallen durch ein eisernes Rohr in die Mahltrommel, die sie an der linken Stirnwand erreichen. Der feinere Teil fällt in den Windsichter, wo ihm sofort das Feinmehl entzogen wird, so daß es überhaupt nicht in die Mühle gelangt und diese nur solches Mahlgut empfängt, das tatsächlich noch der Mahlarbeit bedarf. Die vom Windsichter ausgeschiedenen Grieße werden durch ein besonderes Rohr der rechten Stirnwand der Mühle zugeführt, um weiter vermahlen zu werden. Das aus der Mahltrommel austretende Gut fällt in dasselbe Becherwerk und geht denselben Weg wie das frisch aufgegebene Gut über das Vorsieb, den Windsichter, wo ihm das fertige Feinmehl entzogen wird, und in die Mühle zurück, bis nur noch Feinmehl übrigbleibt. Wie oft sich dieses Spiel wiederholt, hängt von der Vermahlungsfähigkeit des Gutes und der gewünschten Feinheit ab.

Die Verpackung erfolgt, wenn es von der Kundschaft nicht ausdrücklich anders verlangt wird, in Papiersäcken von 50 kg Fassung. Ein solcher Sack aus doppelter Papierlage wiegt leer 200 g und ist bei 44 cm Breite 83 cm lang. Säcke mit dreifacher Papierlage sind vorzuziehen. Jutesäcke sollten nicht mehr verwendet werden, schon wegen der Staubentwicklung. Gebrauchte Papiersäcke werden von den Kalkwerken nicht zurückgenommen.

IX. Herstellung von gemahlenem Löschkalk.

Am bequemsten und zweckmäßigsten ist jedoch die Verwendung von *gemahlenem Löschkalk* (Sackkalk genannt). Bei richtiger Herstellung gibt er am seltensten von allen Kalkerzeugnissen zu Beanstandung Anlaß. Die Herstellung geht unmittelbar von dem Ergebnis des Brennens aus und besteht aus zwei räumlich und zeitlich getrennten Vorgängen, dem *trockenen Löschen* und dem *Mahlen*. Zwischen ihnen liegt eine Zeitspanne von 2—4 Tagen. Sie genügt, um bei richtiger Wasserzugabe den Löschkalk vermahlungsfähig zu machen. Über die am meisten üblichen Verfahren macht Th. Klehe folgende Angaben:

Wir wissen, daß Calciumoxyd unter bedeutender Wärmeentwicklung mit Wasser in Kalkhydrat übergeht, wobei es zu einem unfühlbar feinen Pulver zerfällt. Dabei entstehen aus 100 Gewichtsteilen Calciumoxyd 132 Gewichtsteile Kalkhydrat, so daß dieses 24,24% Wasser enthält. Bei diesem Vorgange werden 27750 WE frei für jedes Kilogramm Calciumoxyd, das an der Reaktion teilnimmt. Ein Teil dieser Wärmemenge geht durch Strahlung verloren. Ein anderer Teil wird dadurch verbraucht, daß sich der löschende Kalk stark erhitzt (zur Erwärmung von 132 kg Kalkhydrat von 15° auf 100° C 2470 WE), der Rest durch Verdampfung eines Teiles des zugesetzten Wassers. Geht nun das *Löschen* in einem geschlossenen Gefäß vor sich, so wird der Strahlungsverlust sehr herabgesetzt. Durch den um so mehr gebildeten Wasserdampf entsteht ein hoher Dampfdruck in dem Gefäß, so daß Sicherheitsvorkehrungen zu treffen sind, um ein Zerknallen zu verhindern. Geschieht das Ablöschen nicht in geschlossenen Gefäßen, so entweicht der Wasserdampf, es tritt ein Wasserverlust ein, und man muß daher dem Branntkalk mehr Wasser zusetzen, als der theoretischen Rechnung entspricht. Dieses Mehr kann rechnerisch nur schwer erfaßt werden. Man wird mit dem geringsten Wasserzusatz auskommen, wenn der Kalk hoch und dicht gehäuft und mit einem schlechten Wärmeleiter zugedeckt wird. In einem solchen löschenden Kalkhaufen steigt anfangs die Temperatur schnell auf 100° und darüber und fällt dann wieder. Das Löschen ist beendet, wenn der Temperaturabfall beginnt. An sich ist dann der günstigste Augenblick, den gelöschten Branntkalk nach der Mühle zu bringen, da er sich noch heiß am besten mahlen läßt. Man läßt aber dem Kalk noch etwas Zeit, damit sich auch die schwerer löschbaren, teilweise verschlackten Teilchen noch ablöschen.

Von großer Wichtigkeit ist es, den Wasserzusatz richtig zu erraten. Nimmt man zu viel Wasser, so bleibt der Kalk lange feucht und kann deswegen nicht gemahlen werden. Nimmt man aber zu wenig Wasser, so bleiben ungelöschte Teile im Kalk zurück, die später in den Säcken nachlöschen und diese durch die damit verbundene Raumvermehrung zersprengen. Den richtigen Wasserzusatz ermittelt man nach den „Allgemeinen Richtlinien für Löschanweisungen" des *Vereins Deutscher Kalkwerke* wie folgt: Man bringt eine genau abgewogene Menge faustgroßer Branntkalkstücke in einen Korb und taucht diesen so lange in Wasser, bis das Auftreten von Luftblasen an der Wasseroberfläche aufhört. Dann wird der Korb rasch aus dem Wasser gehoben und der Kalk wieder ohne Korb gewogen. Die Gewichtzunahme entspricht dann mit zureichender Genauigkeit der zur Trockenlöschung erforderlichen Wassermenge, ausgedrückt in Litern.

In kleineren und mittleren Betrieben erfolgt das Trockenlöschen meistens noch von Hand. Entweder geht man dabei in derselben Weise vor wie bei der eben beschriebenen Tauchprobe, indem man den getauchten Kalk auf Haufen schüttet, oder man breitet den Kalk in ungefähr handbreit hoher Schicht auf dem Boden aus und überbraust ihn mit einer Gießkanne. Auf die erste Lage folgt in gleicher Weise die zweite usf., bis der Haufen eine Höhe erreicht hat, die von selbst dieser Behandlungsweise Einhalt tut. Zum Zusammenhalten der Löschwärme genügt es, die Oberfläche mit einer breiten Schaufel glattzuschlagen, um die Hohlräume zu schließen und dadurch Wärmeverluste zu vermeiden. Von Zeit zu Zeit überzeugt man sich durch Einstoßen einer hölzernen oder eisernen Stange von dem Zustande des löschenden Kalkes. Dringt die Stange leicht durch den Haufen bis zum Boden, wobei sich eine leichte Staubwolke bildet, so kann man das Löschen als beendet ansehen und den Kalk vermahlen.

In größeren Betrieben wird der Branntkalk maschinenmäßig gelöscht, was den Vorteil hat, daß man den so gelöschten Kalk sofort vermahlen kann und nicht erst tagelang auf Haufen liegenlassen muß, wodurch viel Platz verlorengeht. Aber auch an Arbeitslohn wird gespart und ein gleichmäßigeres Erzeugnis erreicht, weil alle maschinenmäßigen Löschvorrichtungen darauf hinauslaufen, ein inniges Vermengen von Kalk und Wasser herbeizuführen. Die besten Apparate sind die auch in Kalksandsteinfabriken üblichen Löschtrommeln, das sind 12—18 m^3 haltende Dampfgefäße. Sie sind drehbar gelagert. Ein Drehzapfen ist hohl und dient der Zuführung des Löschwassers. In der Mantelfläche befindet sich ein dampfdicht abschließbares Mannloch. Der Apparat wird mit einer abgewogenen oder abgemessenen Menge Branntkalk durch das Mannloch beschickt, das sodann zugeschraubt wird. Hierauf läßt man durch den Hohlzapfen eine abgemessene Wassermenge zutreten, schließt das Wasserventil und versetzt die Trommel in langsame Umdrehung. Dadurch werden Kalk und Wasser kräftig gemischt, das sofort einsetzende Löschen erzeugt in dem Dampfgefäß einen hohen Druck, der am Manometer beobachtet werden kann und dessen Nachlassen die Beendigung der Hydratbildung anzeigt. Ist der Druck auf 2 Atm. gesunken, so wird das Dampfablaßventil geöffnet, und der überschüssige Wasserdampf verläßt das Gefäß durch den Hohlzapfen. Die Trommel wird in einer Lage zum Stillstand gebracht, in der das Mannloch wieder seine ursprüngliche höchste Stellung einnimmt, damit der Deckel abgeschraubt werden kann. Dann wird die Trommel wieder in langsame Umdrehungen versetzt, wodurch bei jedesmaligem Tiefstande des Mannloches gelöschter Kalk in den Aufnahmetrichter eines Becherwerkes fällt, das ihn der Mahlanlage zuführt. Die Löschtrommeln lassen während des Löschens keinen Wasserdampf unnötig entweichen, verarbeiten den Kalk vorteilhaft und ergeben einen vollständig gelöschten, sofort verwendungsfähigen Kalk.

Bei der auf das Löschen folgenden *Vermahlung* des trocken gelöschten Kalkes ist in erster Linie zu beachten, daß der wirksame Teil dieses Erzeugnisses bereits in Form eines staubfeinen Pulvers vorhanden ist und es nur darauf ankommt, vielleicht noch nichtgelöschte Teile unschädlich zu machen und Begleitstoffe, wie Schlacke und Ungares, auf Mehlfeinheit zu bringen und mit dem Hydratpulver innig zu mischen. Daher wäre es zwecklos, den gelöschten Kalk, so wie er ist, einer Mühle zuzuführen, da diese durch das feine Mehl in ihrer Wirkung beeinträchtigt würde. Für kein anderes Industrieerzeugnis eignet sich demnach die oben beschriebene Verbindung von Windsichter und siebloser Kugelmühle so gut wie für den trocken gelöschten Kalk. Die Hauptarbeit fällt dabei dem Windsichter zu.

Der gemahlene Löschkalk kommt in Papiersäcken in den Handel, die in der Regel 40 kg Inhalt haben. Ein solcher Sack ist 95 cm lang und 50 cm breit und wiegt bei dreifacher Papierlage etwa 250 g.

X. Die Kalkdünger.

Als Kalkdünger kommen nach E. Niggl in den Handel:

1. *Kohlensaurer Kalk* (Kalksteinmehl, Kalkmergel);
2. *Gebrannter Kalk* (Stückkalk, gemahlener Branntkalk, Löschkalk);
3. *Mischkalk* (Mischungen von Branntkalk und kohlensaurem Kalk);
4. *Kalkhaltige gewerbliche Abfälle* (Leunakalk, Scheidekalk u. a.).

Welche Kalkdünger im einzelnen Fall zweckmäßig sind, ist nach A. Gehring auf Grund des Gehaltes, der Frachtkosten und der Wirkung zu entscheiden.

1. Kohlensaurer Kalk jeder Art, im Handel unter der Bezeichnung „Mergel" zusammengefaßt, enthält nach E. Niggl 80—90% Calciumcarbonat. Seine

Wirkung hängt von der Feinheit der Mahlung ab, da er nur in feingemahlenem Zustand rasch gelöst wird. Auch muß die Mahlung um so feiner sein, je härter der Kalkstein ist.

Die Bedeutung der Feinmahlung des kohlensauren Kalkes für seine Wirkung hat die Forschung schon seit langen Jahren betont. Hierüber sind, wie A. Gehring ausführt, auch in den letzten Jahren bedeutsame Ergebnisse beigebracht worden. Besonders auf Wiesen und Weiden, wo es nicht möglich ist, den Kalkdünger durch Bearbeiten des Bodens nachträglich gleichmäßig zu verteilen, erlangt die Feinmahlung des kohlensauren Kalkes besondere Bedeutung. Auf Moorboden sind sogar jahrelange Hemmungen des Wachstums zu beobachten, wenn er nicht ganz besonders sorgfältig mit dem Kalk gemischt worden ist. Das ist aber nur dann möglich, wenn ein Kalk von entsprechend feiner Mahlung vorliegt. Indessen erzielt man mit kohlensaurem Kalk auch auf Marschböden durchaus günstige Wirkungen. A. Gehring führt eine Reihe von Versuchen an, aus denen hervorgeht, daß der kohlensaure Kalk auf Grünland erst dann wirkte, wenn er durch ein Hundertmaschensieb ging. Dann war die Wirkung aber auch sehr deutlich. Diese Mahlung ergab schon im ersten Jahr einen alkalischen Boden, während kohlensaurer Kalk, der durch ein Sechzigmaschensieb ging, erst im zweiten Jahr eine alkalische Reaktion im Boden bewirkte und diese Wirkung erst im dritten Jahr eintrat, wenn der Kalk durch ein Zwanzigmaschensieb gegangen war. In Ohio hat man beobachtet, daß Kalkstein, der in verschiedener Siebung angewendet worden war, nach sechs Jahren im Boden noch in folgenden Mengen anzutreffen war:

Siebung	$^1/_3$—$^1/_8$	Zoll,	nachweisbare	Kalkmenge	62 %
„	$^1/_8$—$^1/_{20}$	„	„	„	24 %
„	$^1/_{20}$—$^1/_{80}$	„	„	„	17 %
„	$<^1/_{80}$	„	„	„	5 %

A. Gehring hat gezeigt, daß selbst Mahlungen, deren Verschiedenheit äußerlich kaum zu bemerken war, durchweg noch bemerkenswerte Unterschiede im Ertrage bewirkten. Die Auffassung, daß es ratsam sei, grobkörnigen Kalk anzuwenden, da man auf diese Weise dem Boden schon eine gewisse Vorratdüngung mitgeben könne, hat seinerzeit schon B. Tacke zurückgewiesen. Rein praktisch gesprochen verhalten sich gleiche Mengen feiner und grober Mahlung wie größere und kleinere Mengen von Kalk gleicher Mahlung. Demnach ist es, wie A. Gehring betont, an sich möglich, mit Kalk in feiner Mahlung zu überkalken, während man mit der gleichen Menge in grober Mahlung gerade den richtigen Zustand erreicht. Diese Versuche zeigen daher auch, wie nötig es ist, daß man das Kalkbedürfnis des Bodens durch eine genaue Untersuchung feststellt.

Bei dieser Bedeutung der Feinmahlung des kohlensauren Kalkes für seine Wirkung sind beim Einkauf die Angaben über diese Eigenschaft zu beachten. Der *Verein Deutscher Kalkwerke* hat mit dem *Verband Deutscher Landwirtschaftlicher Versuchsstationen* über die Feinheitsgrade für Mergel folgende Bestimmungen vereinbart:

a) *Mergel.* 80 % soll durch das Normenprüfsieb Nr. 8 (mit 0,75 mm lichter Maschenweite) gehen, der Rückstand durch das Normsieb Nr. 3 (lichte Maschenweite 2,0 mm).

b) *Feinmergel.* 80 % soll durch das Normsieb Nr. 20 (mit 0,3 mm lichter Maschenweite) gehen, der Rückstand durch das Normsieb Nr. 6 (lichte Maschenweite 1,0 mm).

2. Branntkalk kommt nach E. Niggl als Düngekalk in folgenden Formen in den Handel:

a) als Stückkalk, lose verladen;
b) als gemahlener Branntkalk, lose oder in Säcken verladen;
c) als Löschkalk, nur gesackt (daher stellenweise Sackkalk genannt);
d) als Kalkasche, lose verladen.

E. Niggl hebt hervor, daß der maschinenstreufähig gemahlene Branntkalk und der ebenso behandelte Löschkalk vor dem Stückkalk entschieden den Vorzug verdienen, wofür er eine Reihe von Gründen anführt:

1. Der streufertig gemahlene Kalk in Säcken kann jederzeit trocken zum Felde gebracht werden, die gleichmäßige Verteilung und die innige Vermengung des trockenen Kalkes mit dem Boden gewährleistet allein den Erfolg der Kalkung.
2. Gebrannter, gemahlener Kalk löst und verteilt sich rasch im Boden. Durch Verwendung von gemahlenem Kalk wird eine wesentliche Ersparnis erzielt.
3. Durch Verwendung von gleichmäßig gesacktem Kalk erleichtert sich die Bemessung bestimmter Mengen auf bestimmte Flächen.
4. Die Verteilung gleichmäßig gesackter Kalke aus dem Eisenbahnwagen bei gemeinsamem Bezug durch Vereine, Genossenschaften usw. ist leichter und einfacher als die Verteilung von Stückkalk.
5. Der maschinenstreufertig gemahlene Kalk ermöglicht die Verwendung der Düngerstreumaschine. Die Maschine streut Kunstdünger aller Art sowie gemahlenen Kalk mit einer Gleichmäßigkeit über Acker und Wiese, die auch von dem besten Sämann niemals erreicht wird.

Für gemahlenen Branntkalk sind keine Feinheitsbestimmungen aufgestellt. Er soll aber maschinenstreufähig sein. Gemahlener Löschkalk muß die gleiche Feinheit haben wie Feinmergel. Er geht unter der Einwirkung der Bodenkohlensäure bedeutend schneller in kohlensauren Kalk über als Branntkalk, der sich selbst ja erst in Löschkalk umwandelt. Für die Bewertung der Branntkalkformen (einschließlich Löschkalk) fällt ins Gewicht, daß ihr wirksamer Gehalt beträchtlich höher ist als beim kohlensauren Kalk, und daß sie im Bodenwasser bedeutend schneller als dieser gelöst werden. Dadurch erscheint ihre Anwendung wirtschaftlicher, da die Aufwendungen dafür schneller eine Rente bringen.

Kalkasche enthält frisch 50—60% CaO, geht aber bald zum größeren Teil in Löschkalk über. Sie hat den Nachteil, daß sie nicht mit der Maschine gestreut werden kann, da sie mit größeren Stücken ungebrannten Kalkes und Schlackenteilen durchsetzt ist.

3. Mischkalk wird in der Weise hergestellt, daß gemahlener Branntkalk und kohlensaurer Kalk in wechselndem Verhältnis zusammengemischt werden. Fast alle Kalkwerke stellen Mischkalk in den verschiedensten Mischungsverhältnissen her. Am gebräuchlichsten sind folgende Mischungen: $^1/_4$ CaO : $^3/_4$ $CaCO_3$, $^1/_3$ CaO : $^2/_3$ $CaCO_3$, $^1/_2$ CaO : $^1/_2$ $CaCO_3$. Für den Gehalt gilt, was durch die Bestimmungen für die reinen Erzeugnisse festgelegt ist. Die Kalkwerke vertreiben den Mischkalk oft unter besonderen Namen, z. B. Branntkalkmergel, präparierter Düngekalk u. ä.

Die Mischkalke sind dadurch entstanden, daß man ursprünglich dem Mergel Branntkalk zusetzte, um ihn zu trocknen, damit er sich leichter mahlen ließ. Dieses Verfahren sollte also das kostspielige Trocknen in der Trockentrommel ersetzen. Erst später hat man den besonderen Wert der Mischkalke erkannt, der darin besteht, daß er die schnelle Wirkung des Branntkalkes mit der nachhaltigeren Wirkung des kohlensauren Kalkes vereinigt und dadurch besonders für leichte Böden geeignet ist.

Eine besondere Besprechung erfordern die *magnesiahaltigen Kalkformen.* Bei ihrer Bewertung handelt es sich für die Praxis um die Frage: Wie verhält sich Magnesia (MgO) im Vergleich zu Kalk (CaO) in seinen chemischen, physikalischen und biologischen Wirkungen? A. GEHRING bringt umfangreiche Nachweise darüber bei, daß Graukalk und dolomitische Kalksteine die gleichen Wirkungen haben wie Kalke, die in der Hauptsache CaO enthalten. Demgemäß hat der *Verband Deutscher Landwirtschaftlicher Versuchsstationen* seinen Mitgliedern folgende Vorschrift zur Beurteilung von Kalkdüngemitteln gegeben: „Als wertbestimmend für die Kalkdüngemittel ist nur deren Gehalt an Kalk und Magnesia in basisch wirkender Form zu betrachten.“ Dabei wird die Basizität so ausgedrückt, als wenn nur Kalk vorhanden wäre. Dieser Beschluß ist auf der 48. Hauptversammlung in Goslar im September 1927 bestätigt worden.

Dementsprechend hat der *Verein Deutscher Kalkwerke* im Februar 1930 folgende Erklärung aufgestellt: „Jeder Kalk, soweit er nicht pflanzenschädliche Stoffe enthält, ist als Düngemittel für den deutschen Landwirt brauchbar nach Maßgabe seines Gehalts an basisch wirksamen Kalk- und Magnesiaverbindungen und unter Berücksichtigung von Preis und Fracht. Der Verein Deutscher Kalkwerke verpflichtet seine Mitglieder zur Übernahme einer Gewährleistung.“ Dabei soll ein Spielraum von 5% auf- und abwärts bleiben. Auch ist den Werken die Möglichkeit belassen, Sonderabkommen mit ihren Versuchsstationen zu treffen.

Wenn also hiernach Kalk und Magnesia in ihrer Wirkung auf den Boden gleichzusetzen sind, wenn es sich um die Verwendung magnesiahaltiger Kalkdünger handelt, so liegt, wie A. GEHRING betont, doch keine Ursache vor, die Magnesia als etwas besonders Wertvolles hinzustellen.

Für *silicatreiche Kalke* gilt, wie A. GEHRING durch eine Reihe von Angaben nachweist, daß sie nicht schädlich wirken und im übrigen verhältnismäßig die gleiche Wirksamkeit besitzen wie reiner Branntkalk.

Die *Gehaltsgewähr*, zu denen die im Verein Deutscher Kalkwerke zusammengeschlossenen Werke verpflichtet sind, setzt eine einwandfreie *Probenahme* voraus.

Für die Probenahme bei gemahlenen Kalkdüngemitteln hat der *Verein Deutscher Kalkwerke* im Januar 1928 auf Vorschlag von B. TACKE besondere Bestimmungen aufgestellt.

4. Unter den **kalkhaltigen gewerblichen Abfällen** spielen nur Leunakalk und Scheideschlamm eine erhebliche Rolle.

a) *Leunakalk* ist, wie man stets vor Augen behalten muß, kohlensaurer Kalk und als solcher zu bewerten. Er fällt in den Stickstoffabriken bei der Herstellung von schwefelsaurem Ammoniak aus Gips ab. Der Kalkschlamm wird, nachdem er durch Filtrierapparate von der Ammonsulfatlauge getrennt worden ist, getrocknet. Aber auch nach dem Trocknen enthält der Leunakalk noch 15—20% Wasser, also ebensoviel wie Löschkalk, ohne aber dessen Gehalt an wirksamem Kalk zu besitzen. Der geringe Gehalt an Stickstoff (bis 0,4%) ist gemäß einem Beschluß des Verbandes Deutscher Landwirtschaftlicher Versuchsstationen nicht besonders zu werten.

b) Der *Scheideschlamm* der Zuckerfabriken fällt bei der Reinigung des Rübensaftes von sauren Verbindungen ab. Er enthält durchschnittlich 22% Reinkalk, und zwar halb als kohlensauren Kalk und halb als Löschkalk, der sich jedoch schnell in kohlensauren Kalk umwandelt. Da er bis 40% Wasser enthält, kann er nur in der Nähe der Zuckerfabriken verwendet und nicht gleichmäßig verteilt werden. Die Gefahr der Überkalkung ist groß.

c) Der *Endlaugenkalk* war früher auch gebräuchlich. Er wurde gewonnen, indem man die Endlaugen, d. h. die chlormagnesiumreiche Ablauge bei der Chlorkalifabrikation, dazu benutzte, Branntkalk (Stückkalk) zu löschen, damit sie nicht mehr den Fischbestand der Flüsse schädigen konnte. B. TACKE hat über dieses Düngemittel, das jetzt wohl kaum noch angewendet wird, das Urteil gefällt, „daß dem Endlaugenkalk kein besonderer Wert wegen seines Gehaltes an Magnesia zugelegt werden kann. Er ist entsprechend seinem Gehalt an basisch wirksamen Stoffen höchstens ebenso zu bewerten wie gleichwertige Mengen von Kalk oder Kalkmergel. Bei einer Verwendung, bei der es, wie auf Neukulturen in Moor und Heide, auf möglichste Feinheit und Verteilungsfähigkeit im Boden ankommt, steht er auf jeden Fall hinter feingemahlenem Kalkmergel zurück. Der Preis für die Einheit wirksamer Substanz ist im Endlaugenkalk im Vergleich zu anderen Kalkdüngemitteln viel zu hoch . . . Es kann den Landwirten nur dringend abgeraten werden, Endlaugenkalk zu kaufen".

d) *Altenit.* Neuerdings wird ein ähnliches Erzeugnis unter dem Namen *Altenit* in den Handel gebracht. Es wird hergestellt, indem man Chlormagnesia (Bischoffit) mit gemahlenem Branntkalk trocken mischt. Über dieses Düngemittel urteilt K. KRANNICH wie folgt: „Als Ersatz für Kalkmergel oder gebrannten Kalk ist Altenit viel zu teuer. Nur die in basischer Form in ihm vorhandenen Mengen von Kalk und Magnesia sind bei der Bewertung als Kalkdünger bei ihm zu berücksichtigen. Diese übersteigen nur wenig die Kalkmengen von gutem Kalkmergel und bleiben hinter denen von gebranntem Kalk etwa um den vierten Teil zurück. Die Kalkzufuhr gestaltet sich durch die letzteren Kalkformen wesentlich billiger."

Auch M. HOFFMANN und O. NOLTE können die Verwendung von Endlaugenkalk und Altenit nicht empfehlen.

e) *Gips.* Der Vollständigkeit halber sei noch der *Gips* erwähnt. Gips ist schwefelsaurer Kalk. Da im Gips die starke Säure Schwefelsäure die Wirkung der schwachen Base Kalk aufhebt, ist er kein basisch wirksames Düngemittel. Eine entsäuernde Wirkung wie bei anderen Kalkformen kommt daher beim Gips nicht in Frage, und er stellt demnach keinen Ersatz für Kalk dar. A. GEHRING vertritt den Standpunkt, daß der Gips in der heute so wichtigen Frage der Kalkbedürftigkeit der Böden für unsere Verhältnisse keine Rolle spielt.

Zum Schluß sei mit einigen Worten die *Bevorratung* mit Kalkdüngern gestreift. Gegen den Bezug von kohlensaurem Kalk auf Vorrat sind nie Bedenken entstanden, weil dieser unbegrenzt haltbar ist. Bei gebranntem Kalk liegen die Dinge allerdings anders. Hier gilt es nach H. URBACH (2), die Ware vor Feuchtigkeit zu schützen, um das Zerfallen zu verhüten. Ratschläge für die Kalklagerung hat K. MANTEUFFEL gegeben. Die Kalkindustrie geht übrigens mehr und mehr dazu über, Kalkhydrat fabrikmäßig herzustellen. Diese Ware ist unbegrenzt haltbar, kann also unbedenklich auf Lager genommen werden und hat eine außerordentliche Mahlfeinheit. Sie verbürgt daher schnelle Wirksamkeit und vollständige Ausnutzung. In Süddeutschland wird der gemahlene Löschkalk schon seit Jahren als hochwertiges Düngemittel geschätzt.

XI. Kalkbenennungen.

Im Anschluß an die Beschreibung der Düngekalkformen sei auf die bedauerliche Tatsache hingewiesen, daß für die Erzeugnisse der Kalkindustrie zum Teil eine ungenaue, ja uneinheitliche und widersprechende Bezeichnungsweise gebräuchlich ist. An dieser Stelle, wo von der Handelsware die Rede ist, handelt es sich in erster Linie um den zweideutigen Begriff *Ätzkalk.* Damit bezeichnet der Handel sowohl den gebrannten Kalk — Kalkerde, CaO — als auch den gelöschten Kalk — Kalkhydrat, $Ca(OH)_2$. Diese beiden Benennungen sind eindeutig, werden jedoch häufig als zu lang empfunden. Es geht jedoch nicht an, sie beide durch „Ätzkalk" zu ersetzen, denn es handelt sich um zwei Stoffe, die chemisch und physikalisch grundverschieden sind. Überdies kann diese sachlich nicht berechtigte Zusammenfassung zweier Dinge unter einen Begriff leicht zu Mißverständnissen und Streitigkeiten führen.

Um diesen Mißständen abzuhelfen, hat der Verein Deutscher Kalkwerke im Jahre 1926 eine Umfrage veranstaltet, die sich u. a. an die deutschen Universitäten und technischen Hochschulen und an die landwirtschaftlichen Versuchsanstalten wandte. Das Ergebnis läßt sich kurz dahin zusammenfassen, daß die Bezeichnung Ätzkalk dem gelöschten Kalk zukommt und nicht dem gebrannten Kalk. Am besten ist es jedoch, diese Benennung ganz zu meiden. Als zweifelsfreien Ersatz hat die deutsche Kalkindustrie auf Grund der Umfrage für die Handelsware die Benennungen *Branntkalk* und *Löschkalk* eingeführt. Es würde der Sache dienen, wenn der Handel, die Praxis und die Forschung nur noch diese Benennungen verwendeten. Damit wird jeder Zweifel ausgeschlossen.

Die Wortbildung *Branntkalk* lehnt sich an „Branntwein" an. Sie ist kurz, sinnfällig und nur aus deutschen Wortbestandteilen zusammengesetzt, was bei der umfassenden Verwendung in der Stadt und auf dem Lande und in allen Schichten der Bevölkerung nicht zu unterschätzen ist. Sprachlich ebenso einwandfrei wäre die Bildungsweise „Brandkalk" entsprechend „Brandmal". Die große Mehrheit der Vorschläge hat sich seinerzeit für „Branntkalk" ausgesprochen, und diese Bezeichnung ist nun schon seit Jahren allein in Gebrauch. Falsch und zu verwerfen ist dagegen die Wortbildung „Brennkalk", denn es handelt sich nicht um einen Stoff, der brennen soll („Brennstoff"), sondern um einen, der gebrannt (geglüht) worden ist.

Die wissenschaftlichen Kalkbenennungen und die Handelsbezeichnungen für Kalk hat J. SCHIMPF (1, 2) eingehend erörtert.

Literatur.

ALVES, R.: Die Deutsche Kalkindustrie während des Weltkrieges. Berlin 1918.

DECKMANN, O. F.: Die Mergelgenossenschaften in Schleswig-Holstein und Jütland Kiel 1921 [1927].

FRIZ, O.: Vorkommen und Verwendung nutzbarer Kalksteine in Süddeutschland. Berlin 1925.

GEHRING, A.: Z. Pflanzenernährg B **7**, 249 (1928). — GISEVIUS, P.: Der Kalkhunger der deutschen Böden. Berlin 1921.

HOFFMANN, M.: Düngerfibel. 24. Aufl. v. O. NOLTE. Flugschr. Dtsch. Landw.-Ges. **7**. Berlin 1929.

KLEHE, TH.: Das Kalkwerk. Berlin 1927. — KOSMANN, H. B.: Die Verbreitung der nutzbaren Kalksteine im nördlichen Deutschland. Berlin 1911[1]. — KRANNICH, K.: Z. Landw.-Kammer Niederschl. **34**, 300 (1930).

MANTEUFFEL, K.: Kalklagerung. Berlin 1927.

NASKE, K.: Zerkleinerungsvorrichtungen und Mahlanlagen. 3. Aufl. Leipzig 1921. — NIGGL, E.: Bedeutung und Anwendung der Kalkdüngung. 12. Aufl. Berlin 1930.

ORTH, A.: Kalk- und Mergel-Düngung. 2. Aufl. v. M. HOFFMANN. Anleitungen für den praktischen Landwirt **5**. Berlin 1918.

SCHIMPF, J.: (1) Kalkbenennungen. Berlin 1926; (2) Handelsbezeichnungen für Kalk. Berlin 1927.

TACKE, BR.: Hann. Land- u. Forstw. Ztg **71**, 47 (1918). — TRÜMPENER, E.: Mineralogisches vom Kalk. Berlin 1927.

URBACH, H.: (1) Der Kalk in Kulturgeschichte und Sprache. Berlin 1923; (2) Landwirtschaft und Kalkindustrie. Berlin 1927.

---

[1] Für dieses Werk, das vergriffen ist, wird demnächst im Kalkverlag erscheinen: BEHR, J.: Vorkommen und Verwendung nutzbarer Kalksteine in Norddeutschland.

3. Die Phosphorsäuredünger.

Als reine Phosphorsäuredünger kommen in Betracht das Dicalciumphosphat, die Glühphosphate, die Rohphosphate, das Superphosphat und das Thomasmehl. Alle sind relative oder Spezialdüngemittel, deren Wert durch ihren Gehalt an Phosphorsäure bedingt wird. Die Form und auch die Löslichkeit, in der sich diese in den verschiedenen Phosphorsäuredüngern vorfindet, ist eine verschiedene. Die Bewertung der einzelnen Phosphorsäuredünger erfolgt daher nicht nur nach ihrem Gehalt an Phosphorsäure überhaupt, sondern auch nach der Art der Löslichkeit derselben. Demgemäß unterscheidet man zwischen Gesamt-, wasserlöslicher, citronensäure- und citratlöslicher Phosphorsäure.

a) Dicalciumphosphat.

Von

Dr. G. WICHERN

Hönningen a. Rh.

Dicalciumphosphat, auch bekannt unter der Bezeichnung Präcipitat, Futterkalk oder Leimkalk, stellt ein feines weißes Pulver dar, das im wesentlichen aus zweibasisch-phosphorsaurem Kalk ($CaHPO_4$) besteht und 36—45% P_2O_5 in citratlöslicher Form enthält. Der hohe Gehalt an Phosphorsäure in dieser den Pflanzen zugänglichen Form macht das Dicalciumphosphat zu einem wertvollen Düngemittel, seine im Vergleich zum Superphosphat und Thomasmehl umständliche Herstellung, sowie die sich bei der Fabrikation ergebenden technischen Schwierigkeiten der Verwertung der anfallenden, dünnen Chlorcalciumlaugen haben es bisher nicht zugelassen, daß das Dicalciumphosphat zu einer seinem Werte als Düngemittel entsprechenden Bedeutung gelangt ist.

Die Überführung des dreibasisch-phosphorsauren Kalkes in das zweibasische Salz ist in *einem* Fabrikationsgange nicht möglich. Man ist vielmehr genötigt, erst eine Lösung von einbasischem Salz herzustellen und diese mit geeigneten Mitteln auszufällen. Als Rohstoffe für die Lösung kommen in Frage einerseits Knochen und unter Gewinnung von hochwertiger Entfärbungskohle Knochenkohle (bereits vor 1860 in Saarau) sowie mineralische Rohphosphate (zuerst in den achtziger Jahren von W. HEILER in Vienenburg a. Harz), andrerseits verdünnte Salzsäure, schweflige Säure, Phosphorsäure, Salpetersäure und Chlorsäure oder Überchlorsäure. Für die Fällung kommen Kalkmilch, kohlensaurer Kalk, dreibasisch-phosphorsaurer Kalk und Ammoniak neben Ätznatron in Betracht.

Die Lösung des dreibasisch-phosphorsauren Kalkes geschieht auf Grund folgender Reaktionen:

$$Ca_3P_2O_8 + 4HCl = CaH_4P_2O_8 + 2CaCl_2$$
$$Ca_3P_2O_8 + 4SO_2 + 4H_2O = CaH_4P_2O_8 + 2Ca(HSO_3)_2$$
$$Ca_3P_2O_8 + 4H_3PO_4 = 3CaH_4P_2O_8$$
$$Ca_3P_2O_8 + 4HNO_3 = CaH_4P_2O_8 + 2Ca(NO_3)_2$$
$$Ca_3P_2O_8 + 4HClO_3 = CaH_4P_2O_8 + 2Ca(ClO_3)_2 .$$

Die Fällung des Dicalciumphosphates erfolgt nach folgenden Formeln:

$$CaH_4P_2O_8 + Ca(OH)_2 = 2CaHPO_4 + 2H_2O$$
$$CaH_4P_2O_8 + CaCO_3 = 2CaHPO_4 + CO_2 + H_2O$$
$$CaH_4P_2O_8 + Ca_3P_2O_8 = 4CaHPO_4$$
$$CaH_4P_2O_8 + Ca(NO_3)_2 + 2NH_3 = 2CaHPO_4 + 2NH_4NO_3 .$$

Die Herstellung des Dicalciumphosphates aus *Knochen* geschieht in engster Anlehnung an die Gelatine- und Leimfabrikation, auf deren Belange in jeder Beziehung die größte Rücksicht genommen werden muß, wenn die Rentabilität nicht leiden soll. Die Knochen können in entfettetem oder unentfettetem Zustande zur Extraktion mit Säure gebracht werden. Da sie, je nach Art und Herkunft, leichter oder schwerer durch Säure angegriffen werden, so sortiert man sie zweckmäßig, bevor man sie mehr oder weniger grob in einem Spezialbrecher zerkleinert. Durch eine weitgehende Vorzerkleinerung läßt sich der Lösungsprozeß, die ,,Maceration" erheblich abkürzen. Die Knochen werden dazu in große, runde oder ovale Holzbottiche gefüllt, von denen 4—6 zu einem System vereinigt sind und mit gutgekühlter Salzsäure von 3—4^0 Bé in der Weise ausgelaugt, daß die frischen Knochen mit einer fast gesättigten Lösung zusammengebracht werden, die nur noch wenig freie Säure enthält. Schrittweise bringt man sie dann mit immer frischerer Säure in Berührung, bis schließlich den fast ganz ausgelaugten Knochen der letzte Rest an phosphorsaurem Kalk durch ganz frische Säure entzogen wird. Die ganze Maceration erfordert viel Umsicht und Sorgfalt, die genaueste Beobachtung der Temperaturen und der Lösungen, kann es doch sonst vorkommen, daß die in dem ersten Bottich bereits stark gesättigte Lösung durch eine zu schnelle Einwirkung der frisch hinzugegebenen Knochen schon vorzeitig ganz oder teilweise ausgefällt wird und so ein nur schwer zu lösender Block von Knochen und Dicalciumphosphat entsteht.

Bei Verwendung von *mineralischen Rohphosphaten* geht die Lösung in analoger Weise vor sich. Auch hier ist in der Regel eine Mahlung nicht erforderlich, die Stärke der Salzsäure kann man in diesem Falle bis 20^0 Bé steigern. Nimmt man gemahlenes oder feinkörniges Rohphosphat, so vollzieht sich die Lösung in den mit Rührwerken ausgestatteten Bottichen außerordentlich leicht und schnell. Zweckmäßig gibt man einen geringen Überschuß an Säure.

Die fast neutral reagierende Lösung, die im wesentlichen einbasischphosphorsauren Kalk und Chlorcalcium enthält, wird geklärt, filtriert und in großen, mit Rührwerken versehenen Bottichen vorsichtig mit Kalkmilch von 15^0 Bé (= ca. 16% CaO) ausgefällt. Hierbei muß der geringste Überschuß an Kalk sorgfältig vermieden werden, da er sofort zur Bildung von dreibasischem, nicht citratlöslichem Salz führen würde. Der Endpunkt der Fällung läßt sich durch Indicatoren (Lackmus) oder Prüfung der Lösung auf Phosphorsäure mit ausreichender Genauigkeit feststellen. Einen zu großen Zusatz von Kalkmilch kann man durch eine entsprechende Zugabe von frischer Phosphatlösung wieder korrigieren, doch schützt man sich am besten vor Phosphorsäureverlusten, indem man gegen Ende der Fällung statt Kalkmilch eine Aufschwämmung von kohlensaurem Kalk (Kreide) verwendet. Genau wie Kalk und kohlensaurer Kalk läßt sich nach einem Patent der Chemischen Fabrik Heufeld dreibasisch-phosphorsaurer Kalk in Form des reaktionsfähigen Knochenmehles verwenden. Der Niederschlag von Dicalciumphosphat fällt bei richtig geleiteter Fabrikation in krystallinischer, leicht filtrierbarer Form aus.

Die Filtration und das Auswaschen des Niederschlages geschieht in Filterpressen, Nutschen oder Zentrifugen. Bei der Empfindlichkeit des Dicalciumphosphates, das sich leicht zersetzt, muß auch hier mit Vorsicht und Sachkenntnis vorgegangen werden. Nach einem Verfahren der I. G. Farbenindustrie wäscht man den Niederschlag am besten aus mit einer Lösung von Monocalciumphosphat (Superphosphat) mit einer Wasserstoffionenkonzentration von $p_H = 4$ oder darunter. Auf diese Weise läßt sich einerseits das hygroskopische Chlorcalcium vollständig entfernen, andrerseits eine Zersetzung bzw. ein Rückgang der citratlöslichen Phosphorsäure vermeiden.

Die ausgewaschenen Filterkuchen enthalten etwa 30 % Wasser und müssen vorsichtig bei möglichst niedriger Temperatur (60° C) getrocknet werden. Hierzu verwendet man Dampfdarren, Horden, Trockenkanäle oder Trockentrommeln. Die getrocknete Ware wird sogleich gemahlen und kann in Silos gelagert werden, aus denen sie über automatische Waagen in Säcke abgezogen wird.

Die Verwendung von *schwefliger Säure* für den Lösungsprozeß stößt auf keine besonderen Schwierigkeiten, zumal sich die Säure in genügender Reinheit leicht herstellen läßt. Nach eingehenden Arbeiten von W. STOLLENWERK ist für den Aufschluß ein sechsfacher Überschuß an Säure erforderlich. Man arbeitet mit oder ohne Druck nach dem Verfahren von GRILLO und SCHRÖDER, AHRENS Gelatinefabrik, Hamborn. Die Weiterverarbeitung der auf diese Weise hergestellten Lösungen sowie die Wiedergewinnung der schwefligen Säure stießen anfangs auf nicht geringe Schwierigkeiten, da das aus der Lösung durch einfaches Auskochen niedergeschlagene Dicalciumphosphat immer sehr wesentliche Mengen Calciumsulfit enthielt und dadurch wertlos wurde. Nach den von BERGMANN (D.R.P. 170631) ausgearbeiteten Verfahren läßt sich jedoch ein einwandfreies Produkt auf zwei Wegen herstellen: 1. man behandelt den durch Kochen der Lösung gewonnenen Niederschlag mit einer Lösung von Monocalciumphosphat, Phosphor- oder Salzsäure, wodurch einerseits die schweflige Säure ausgetrieben und anderseits der an sie gebundene Kalk einer Bindung an die Phosphorsäure zugeführt wird, oder 2. man versetzt die Lösung von Monocalciumphosphat und Calciumbisulfit mit einer auf andere Weise gewonnenen Monocalciumphosphatlösung und kocht:

$$CaH_4P_2O_8 + 2Ca(HSO_3)_2 + CaH_4P_2O_8 = 4CaHPO_4 + 4SO_2 + 4H_2O\,.$$

Beide Verfahren gestatten eine restlose Wiedergewinnung der schwefligen Säure, bleiben aber abhängig von anderen Verfahren, soweit sie mit Lösungen von Monocalciumphosphat oder Phosphorsäure arbeiten.

Die Verwendung von *Phosphorsäure* bei der Gewinnung von Dicalciumphosphat hat sich auf die Dauer in der Praxis nicht einbürgern können, da ihre Wiedergewinnung mit zu großen Umständen verknüpft ist. Man löst Knochen oder Phosphat in der Säure auf und fällt aus einem Teil der Lösung den Kalk des Monocalciumphosphates mit Schwefelsäure als Gips aus, wodurch man die für den nächsten Aufschluß erforderliche Phosphorsäure erhält.

Den Verfahren, Rohphosphate mit *Salpetersäure* zu lösen (Knochen kommen hierbei nicht in Frage) und die Fällung mit Kalk oder Ammoniak durchzuführen (D.R.P. 332115, 355180, 363272) kommt eine größere praktische Bedeutung zu, da sie die Gewinnung von Kalksalpeter oder Ammonnitrat als Nebenprodukt mit sich bringen, Salzen, die sich zu wertvollen Düngemitteln verarbeiten lassen.

Auf einer ganz anders gearteten Grundlage baut sich das Verfahren von PALMAER, Stockholm (D.R.P. 146060, 157150), auf. Durch Elektrolyse einer Lösung von Natriumchlorat oder Perchlorat gewinnt man an der Anode freie Säure, während an der Kathode eine Lösung von Ätznatron entsteht. Die Säure verwendet man zur Auflösung von mineralischem Rohphosphat, wozu der sonst nicht brauchbare Apatit durch seinen geringen Gehalt an kohlensaurem Kalk besonders geeignet ist. Auch hier braucht das Phosphat nur grob gebrochen zu sein. Die Lösung von Monocalciumphosphat, die in der gleichen systematischen Weise, wie oben beschrieben, herzustellen ist, wird sodann mit soviel alkalischer Kathodenflüssigkeit versetzt, daß eine Fällung von Dicalciumphosphat eintritt. Der weiße Niederschlag wird in der üblichen Weise filtriert, ausgewaschen und getrocknet. Das Endprodukt enthält 36—38 % P_2O_5, wovon 95 % citratlöslich sind. Das Filtrat wird mit dem Rest der Kathodenflüssigkeit unter gleichzeitiger Zugabe von Kohlensäure zusammengebracht, wodurch der Elektrolyt wieder regeneriert wird.

$$4HClO_3 \leftarrow (4NaClO_3 + 4H_2O) \rightarrow 4NaOH$$
$$4HClO_3 + Ca_3P_2O_8 = CaH_4P_2O_8 + 2Ca(ClO_3)_2$$
$$CaH_4P_2O_8 + 2Ca(ClO_3)_2 + 2NaOH = 2CaHPO_4 + Ca(ClO_3)_2 + 2NaClO_3 + 2H_2O$$
$$Ca(ClO_3)_2 + 2NaOH + CO_2 = 2NaClO_3 + CaCO_3 + H_2O\,.$$

Dieses interessante Verfahren kommt dort zu lohnender Anwendung, wo billige Wasserkräfte und geeignetes Rohmaterial zur Verfügung stehen (Norwegen). Bemerkenswert ist ferner, daß es ohne besondere Umstände die Gewinnung eines arsenfreien Produktes gestattet, wie es für Futterzwecke benötigt wird.

Ein anderes elektrolytisches Verfahren von Adolf Clemm, Mannheim (D.R.P. 178024), scheidet aus einer auf dem gewöhnlichen Wege hergestellten Lösung von Monocalciumphosphat und Chlorcalcium oder Chlormagnesium an der Kathode Dicalciumphosphat ab unter gleichzeitiger Gewinnung von Chlor an der Anode.

Auf die Möglichkeit, die Phosphatlösung mit Thomasmehl auszufällen (H. Schröder, D.R.P. 203758, sowie Maximilianshütte und G. Leuchs, D.R.P. 389754) und damit einen Phosphatdünger zu gewinnen, in welchem die Phosphorsäure in citrat- und citronensäurelöslicher Form enthalten ist, sei an dieser Stelle nur kurz hingewiesen, ebenso auf das Gerlachsche Verfahren, nach dem Superphosphat durch Behandlung mit Ammoniakgas in ein Düngemittel verwandelt wird, das aus Ammonphosphat und Dicalciumphosphat besteht.

Literatur.

Schucht, L.: Die Fabrikation des Superphosphates. IV. Aufl. Braunschweig: Friedr. Vieweg u. Sohn 1926.

Stollenwerk, W.: Z. angew. Chem. **40**, 553.

Ullmann, Fritz: Enzyklopädie der technischen Chemie (Seidler, L., u. H. Weitzel). II. Auflage. Berlin-Wien: Urban u. Schwarzenberg 1919.

b) Die Glühphosphate.

Von

Dr. Hans Brenek

Kali-Chemie A.-G. in Berlin.

Mit 4 Abbildungen.

Die außerordentlichen Erfolge, die die Verwendung der mit Säuren aufgeschlossenen Rohphosphate erbrachte, weckten verhältnismäßig früh den Gedanken, die Überführung der Phosphorsäure, wie sie in den Rohphosphaten vorliegt, auf anderem Wege in pflanzenaufnehmbare Formen zu bringen. Hierbei war vielfach das wirtschaftliche Moment der Einsparung der Aufschlußsäure der leitende Gedanke. Dieser Gesichtspunkt war für Länder, die, wie Deutschland, ihre Schwefelsäureproduktion nur zum geringen Teil auf eigenen Rohstoffvorkommen aufbauen und auf Einfuhr ausländischer Ausgangsstoffe angewiesen sind, besonders anreizend.

Den dahin zielenden Verfahren ist Arbeiten bei erhöhter Temperatur, Sinter- oder Schmelztemperatur, gemeinsam und alle derartigen Produkte werden heute mit dem Sammelnamen „Glühphosphate" bezeichnet. Bis in die letzte Zeit waren diese Verfahren lediglich auf zufällige, empirische Erfahrungen aufgebaut. Man kann bei Durchsicht der Patentliteratur feststellen, daß entweder der Gedanke verfolgt wurde, Rohphosphate mit basischen Zuschlägen zu erhitzen oder Kieselsäure als Säure bei hoher Temperatur zu verwenden und schließlich eine Kombination beider Gedanken.

Bei der Kompliziertheit der bei den hohen Temperaturen zwischen Kalk und Kieselsäure und den übrigen in den Rohphosphaten vorhandenen Begleitstoffen, wie Eisen und Tonerde usw., auftretenden Reaktionen ist es erklärlich, daß bis in die allerletzte Zeit kaum Wert darauf gelegt wurde, die bei den einzelnen vorgeschlagenen Prozessen erzielten Produkte auf ihre Zusammensetzung näher zu untersuchen.

Schon J. Liebig hat im Jahre 1844 versucht, Phosphorite mit Kalk zu brennen, mußte aber bei seinen Düngungsversuchen feststellen, daß dieses so erhaltene Produkt keinerlei Düngewirkung ergab.

Petermann hat mit F.P. 15237 in Vorschlag gebracht, belgische Phosphorite durch Erhitzen auf 1300°—1500° in ein hochcitratlösliches Düngemittel zu verwandeln. Die Befunde Petermanns sind dadurch zu erklären, daß er für seine Versuche Phosphate des Vorkommens bei Mons in Belgien verwandte. Diese Phosphate haben einen verhältnismäßig hohen Alkaligehalt und unter Umständen auch beträchtlichen Kieselsäuregehalt neben kohlensaurem Kalk. Auf diese Umstände sind die Teilerfolge Petermanns zurückzuführen, was aus der weiter unten beschriebenen Herstellung des Rhenania-Phosphats erklärlich ist.

In Deutschland war es Kraut-Hannover, der 1885 mit seinem D.R.P. 35533 durch Erhitzen von basischem Phosphatmehl mit Kalk, mit oder ohne Zusatz von kohlensauren Alkalien, einen Aufschluß der Rohphosphat-Phosphorsäure erzielte. In einem späteren D.R.P. 71587 will Kraut durch Glühen von Tonerdephosphaten mit Magnesia ein brauchbares Düngemittel erzielt haben.

1896 schlug H. Knoop in Dresden mit seinem D.R.P. 92759 vor, Phosphorite mit Eisen oder Magnesiasulfat auf 250° zu erhitzen, aber auch dieser Vorschlag hat keinerlei Ansätze zu einer industriellen Verwertung genommen.

Einen erstmalig für industrielle Verwertung brauchbaren Vorschlag machte Heinr. Schröder in Neindorf in seinen D.R.P. 192591 und 198587. Hiernach werden Eisen- und Tonerdephosphate mit Chlormagnesia erhitzt, wobei Eisen- und Tonerdechloride einerseits abdestillieren, während ein Tricalcium-Magnesia-Phosphat als Rückstand verbleibt. Bei Verwendung von Kalkphosphaten entsteht außer Tricalcium- und Magnesia-Phosphat, Salzsäure, die zur Herstellung von $CaO \cdot H_4 \cdot P_2O_8$ Verwendung finden sollte, das mit Kalk und dem vorher erhaltenen Magnesiaphosphat eine Mischung von Tricalcium-Magnesia-Phosphat und Dicalciumphosphat ergab.

Die auftretenden Reaktionen lassen sich wie folgt darstellen:

1. $AlPO_4 + FePO_4 + 3MgCl_2 = AlCl_3 + FeCl_3 + Mg_3P_2O_8$
2. $Ca_3P_2O_8 + 3MgCl_2 + 3H_2O = Mg_3P_2O_8 + 3CaO + 6HCl$
3. $Mg_3P_2O_8 + 3CaO + 3CaH_4P_2O_8 = Mg_3P_2O_8 + 6CaHPO_4 + 3H_2O$.

Obwohl das Produkt in seiner Düngewirkung günstig beurteilt wurde, ist seine Herstellung nicht über das Versuchsstadium heraus gekommen. Es hat dies wohl darin seine Ursache, daß erstens die Abdestillation des Eisen- und Tonerdechlorids und deren spätere Verwertung Schwierigkeiten bereiteten und andererseits die Kombination zu umständlich und deshalb unwirtschaftlich war. H. Schröder wollte weiterhin durch Verwendung von Alkalisalzen der Kaliindustrie in sein Produkt gleichzeitig einen gewissen Kaligehalt hineinbringen.

M. Popp-Oldenburg untersuchte ein mit Carnallit hergestelltes Produkt sowohl in seiner chemischen Zusammensetzung als auch in seiner Düngewirkung.

Bezüglich der chemischen Zusammensetzung wurde festgestellt, daß das Produkt

8,50 % Ges. P_2O_5 und
7,18 % in 2proz. Citronensäure lösliches P_2O_5

enthielt. Ein zweites mit Magnesiumchlorid aufgeschlossenes Erzeugnis enthielt

11,25 % Ges. P_2O_5 und
9,03 % citronensäurelösl. P_2O_5.

Als man der chemischen Zusammensetzung des Thomasmehls größere Aufmerksamkeit schenkte, versuchten W. MATHESIUS und H. BLOHME, D.R.P. 282461 gewissermaßen ein künstliches Thomasmehl dadurch herzustellen, indem sie Rohphosphate mit soviel Kalk und Kieselsäure zusammenschmolzen, daß die Verbindung $5CaO \cdot P_2O_5 \cdot SiO_2$ entstand.

Das vorgeschriebene Verfahren baute sich auf der von H. BLOHME durch Laboratoriumsversuche festgestellten Zusammensetzung der Thomasschlacke ($4CaO \cdot P_2O_5 \cdot SiO_2$) auf. Die Laboratoriumsversuche BLOHMES benötigten Temperaturen von ca. 1700^0. Auf diesen Umstand ist es wohl auch zurückzuführen, daß das Verfahren nie zur fabrikatorischen Ausnutzung gekommen ist.

Im Jahre 1897 hat schließlich der schon vorerwähnte H. KNOOP, D.R.P. 101205, in Dresden ein Verfahren vorgeschlagen, natürliche Phosphate mit Silicaten der Alkalien und alkalischen Erden auf Gelb- bis Weißglut zu erhitzen. Dieses Verfahren, das auch später auf die Wolter-Phosphatges. m. b. H. Schönebeck übertragen wurde, kann als der Vorläufer für das Wolter-Phosphatmehl bezeichnet werden.

1. Wolter-Phosphat.

Im Jahre 1902 schlug W. WOLTER ein Verfahren zur Herstellung leichtlöslicher Verbindungen von Phosphaten mit Kieselsäure vor, dadurch gekennzeichnet, daß ein Gemisch aus Rohphosphat, künstlichen Silicatverbindungen und Kalk in einen feuerflüssigen Zustand übergeführt und hierbei durch einfaches Abkühlen, indem das noch feuerflüssige Gemisch mit kaltem Wasser oder mit gekühlten Metallplatten abgeschreckt wird.

Dieses Verfahren in Kombination mit dem KNOOPschen Verfahren wurde durch die zur Ausbeutung der Verfahren gegründeten Phosphatgesellschaft m. b.H. Schönebeck a. E. übernommen. Bei der Fabrikation wurde die Herstellung des künstlichen Alkalisilicats mit dem Aufschlußprozeß in einem Vorgang vorgenommen, indem ein Gemisch von schwefelsaurem Natron, kohlensaurem Kalk, Sand und Kohle in Wannenöfen niedergeschmolzen wurde. Jedoch scheiterte für die Folge die Fabrikation an unüberwindlichen technischen Schwierigkeiten, vor allem daran, daß die Phosphatschmelze das Ofenfutter äußerst heftig angriff und kein genügend widerstandsfähiges Material für die Öfen gefunden wurde. Aus diesen Gründen heraus wurde die Fabrikation des Wolter-Phosphats bald wieder eingestellt und erst in den Kriegsjahren versuchsweise nochmals aufgenommen. Doch sind auch da keine nennenswerten Mengen hergestellt worden.

Die Zusammensetzung des Wolter-Phosphats war etwa folgende:

a)	15—17 %	citronensäurelösl.	P_2O_5,	1—2 % K_2O,	50 % CaO
b)	17 %	„	P_2O_5,	7 % K_2O	
c)	6 %	„	P_2O_5,	24 % K_2O	

2. Germania-Phosphat.

Ähnlich erging es einem aus niederprozentigen, deutschen Lahnphosphoriten hergestellten Produkt, das durch Sinterung mit Kalisalzen erhalten wurde. Es tauchte während des Krieges unter dem Namen „Germania-Phosphat“ auf und hatte nach C. Bayer ca. 8,7% Ges. P_2O_5 und 6,1% citronensäurelösliche P_2O_5. An und für sich waren die in den Handel gekommenen Mengen nur sehr gering. Das Produkt ist mit Beendigung des Krieges vollständig vom Markte verschwunden.

3. Rhenania-Phosphat.

Erst dem unter der Bezeichnung „Rhenania-Phosphat“ in den Handel gebrachten Glühphosphat gelang es, begünstigt durch die Phosphorsäurenot während des Krieges und später durch die vorgenommenen Verbesserungen sowohl des Verfahrens als des Produktes, sich eine dauernde Fabrikation und einen steigenden Absatz zu sichern.

A. Messerschmitt fand in den jungvulkanischen Gesteinen wie Leucitnephrit, Leucitophyr und Phonolith besonders geeignete Alkalisilicate, die mit Rohphosphaten, gegebenenfalls unter Zuschlag von Kalk, schon bei Sintertemperaturen Produkte ergaben, in denen die Phosphorsäure der Rohphosphate in citronensäurelösliche Form übergeführt wurde. Seine Beobachtungen wurden in den D.R.P. 274409, 274921, 277705, 283284 und 288089 niedergelegt.

Abb. 89. Fabrikationsstätte des Rhenania-Phosphats während des Weltkrieges in Obourg bei Mons (Belgien).

Im Frühjahr 1916 wurde das Verfahren von A. Messerschmitt durch die Chemische Fabrik Rhenania A.-G. Aachen, von welcher das Produkt auch seinen Namen erhielt, in einer belgischen Zementfabrik mit Unterstützung des Reichsernährungsministeriums und der deutsch-belgischen Verwaltung fabrikatorisch ausgeübt.

Das Verfahren nach A. Messerschmitt litt, wie die früher besprochenen, ebenfalls daran, daß die Zusammensetzung des Endproduktes nicht erkannt und die ganze fabrikatorische Herstellung auf jeweils empirisch zu ermittelnden Mischungen zwischen Rohphosphat und Alkalisilicat aufgebaut wurde.

So sagt A. Messerschmitt selbst: „Da die genaue Konstitution der neuen Phosphorsäureverbindung infolge ihrer Einbettung in Silicate usw. analytisch nicht feststellbar war und wissenschaftliche Grundlagen für die sich hier am Schmelzpunkt oder auch im Schmelzfluß abspielenden chemischen und physikalischen Vorgänge nicht vorhanden waren, so mußten erst rein empirisch die Grundlagen für die Zusammensetzung der Gattierungen und deren Einfluß auf den Verlauf der Prozesse ermittelt werden.

Der Prozeß erfordert Weißglut zwischen 1200 und 1300° C. Bringt man bei dieser Temperatur eine innige Mischung von Tricalciumphosphat, kohlensaurem Kalk und einem Alkalisilicat, wie z. B. Phonolith, zusammen, so stellen sich komplizierte Gleichgewichte ein zwischen den beiden feuerbeständigen Säuren, Phosphorsäure und Kieselsäure einerseits und den beiden Basen, Calciumoxyd und Alkalioxyd, anderseits, die zu einem Alkalikalkphosphat führen, etwa von der Zusammensetzung $(CaO)_2 \cdot {}^{K}_{Na}\!\!>\!O \cdot P_2O_5$. Daneben entstehen Kalksilicate und Kalktonerdesilicate."

Die Fabrikation erfolgte in der Weise, daß die Rohphosphate und der Phonolith entweder von vornherein gemeinsam in dem ermittelten Mischungsverhältnis vermahlen wurden, oder die Vermahlung getrennt und nachträglich die Mischung der beiden Rohmehle erfolgte. Die so erhaltene Mischung wurde in Drehöfen, wie sie auch bei der Zementfabrikation Verwendung finden, mit Kohlenstaubfeuerung bei Temperaturen von ca. 1300° erbrannt. Der aus dem Brennofen hervorgehende Klinker — ein Name, der aus der Zementindustrie entlehnt ist — war eine braune, homogene, geschmolzene Masse, die nach erfolgter Abkühlung auf das feinste gemahlen wurde.

Die während des Weltkrieges erzeugten Rhenania-Phosphate hatten nach Th. REMY eine Zusammensetzung von ca. 12% Ges. P_2O_5, wovon ca. 80% in 2% Citronensäure und 50% in ammoniakalischer Citratlösung nach PETERMANN löslich waren.

Trotz des vorerwähnten Mangels, der dem Verfahren von A. MESSERSCHMITT anhaftete, also daß bei jeweiliger Verwendung eines etwas anders zusammengesetzten Rohphosphates im Laboratorium empirisch die günstigste Mischung erst ermittelt werden mußte, entwickelte sich sowohl in den Kriegsjahren als auch in der Folgezeit die Fabrikation des Produktes nach dem Verfahren von A. MESSERSCHMITT. Es wurde im Jahre 1917 neben der Fabrik in Obourg (Belgien) mit einer Kapazität von jährlich 100000 t die fabrikatorische Herstellung auch in weiteren Werken aufgenommen, und zwar in den Betrieben der Lothringer Portlandzementwerke in Diesdorf bei Diedenhofen und in zwei Werken, die von der Chemischen Fabrik Rhenania A.-G. Aachen käuflich erworben wurden in Brunsbüttelkoog (Holstein), am Ausgang des Kaiser-Wilhelm-Kanals, und in Porz a. Rh.

Die fabrikatorische Herstellung in dem Werk Porz a. Rh. unterschied sich von der Fabrikationsweise in den drei übrigen Werken dadurch, daß die erhaltene Rohmischung aus Phonolith und Rohphosphat nicht in Drehöfen, sondern in auch sonst bei der Zementindustrie gebräuchlichen Schachtöfen erbrannt wurde. Zu diesem Zweck mußte das Rohmehl zu Preßlingen geformt werden und so in Backsteinform in den Schachtöfen aufgegeben werden.

Mit dem ungünstigen Kriegsabschluß gingen die Betriebsstätten in Obourg bei Mons (Belgien) und in Diesdorf bei Diedenhofen (Lothringen) verloren, und es blieben lediglich Brunsbüttelkoog und Porz a. Rh. für die Fabrikation von Rhenania-Phosphat zur Verfügung.

Zunächst konnte die Fabrikation in der bisherigen Weise nach dem Verfahren von A. MESSERSCHMITT in beiden Werken voll aufrecht erhalten und dadurch, daß nach Kriegsschluß wieder höherprozentige Auslandsphosphate zur Verfügung standen, konnte der Gehalt des Produktes auf etwa 16—17% Ges. P_2O_5 gebracht werden. Hiervon waren wieder etwa 85% citronensäurelöslich und etwa 50% citratlöslich in ammoniakalischer Citratlösung nach PETERMANN.

In den Jahren nach dem Kriegsschluß, als wieder für die Herstellung von Superphosphat die nötigen hochprozentigen Rohphosphate zur Verfügung standen, andrerseits auch wieder Thomasmehl in genügender Menge vorhanden war, begann für das Rhenania-Phosphat ein schwerer Konkurrenzkampf. Die verhältnismäßig hohen Fabrikationskosten verteuerten das an und für sich nicht sehr hochprozentige Produkt derartig, daß es mit den beiden in der Hauptsache

Abb. 90. Fliegeraufnahme des Rhenania-Phosphatwerkes Brunsbüttelkoog.

in Frage kommenden Phosphorsäuredüngern, dem Superphosphat und Thomasmehl, nicht konkurrieren konnte. Außerdem schwankte das Produkt in seiner Zusammensetzung außerordentlich, was durch die vorerwähnte empirische Er-

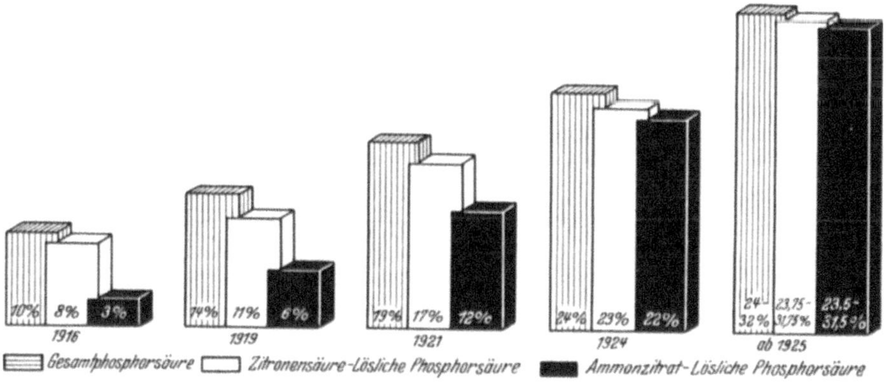

Abb. 91. Statistische Darstellung der Entwicklung der Phosphorsäureform im Rhenania-Phosphat seit Beginn der fabrikatorischen Herstellung.

mittlung der günstigsten Rohmischung, bei jeweiliger Verwendung eines neuen Rohphosphats, bedingt war. Es lag daher auf der Hand, einerseits durch Erhöhung des Prozentgehalts eine Verbilligung des Produktes zu erzielen, da auf der fabrizierten Tonne praktisch die gleichen Unkosten — abgesehen von den Rohstoffen — lagen, ganz gleich, ob ein Produkt mit 12% oder mit 30% pflanzenaufnehmbarer Phosphorsäure erzeugt wurde. Anderseits mußte, um die empirische Arbeitsweise auszuschalten, getrachtet werden, den Chemismus des Verfahrens zu erforschen.

Durch die Arbeiten von F. ROTHE und H. BRENEK gelang es festzustellen, daß der chemische Vorgang sich in der Weise abspielen muß, daß aus dem Tricalciumphosphat der Rohphosphate 1 Mol Kalk durch Kieselsäure entnommen wird, und zwar in der Weise, daß dieser Kalk in Form von Orthosilicat gebunden wird. An Stelle des entnommenen Kalkmoleküls lagert sich ein Alkalimolekül an die Phosphorsäure an, so daß das Endprodukt ein Alkalidicalciumphosphat darstellt. Gleichzeitig muß, um eine Rückbildung von Tricalciumphosphat durch den übrigen in den Rohphosphaten enthaltenen Kalk, der nicht an Phosphorsäure gebunden ist, z. B. kohlensauren Kalk, Gips, Flußspat usw., zu verhindern, diese Kalkmenge ebenfalls durch Kieselsäure in Form von Orthosilicat gebunden werden.

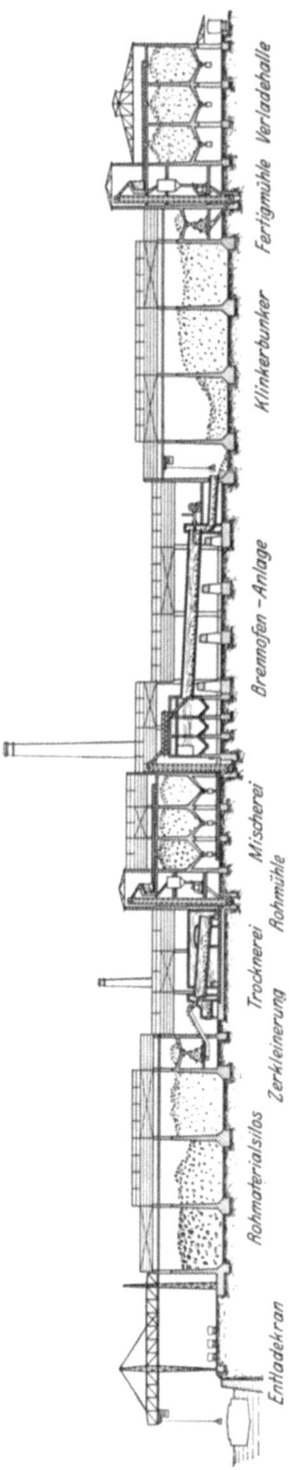

Abb. 92. Schematische Darstellung des Fabrikationsganges.

Die sich abspielenden Reaktionen sind folgende:

1. $2Ca_3P_2O_8 + SiO_2 + 2Na_2CO_3 = 2Ca_2Na_2P_2O_8 + 2CaO \cdot SiO_2 + CO_2$

2. $2CaCO_3 + SiO_2 = 2CaO \cdot SiO_2 + 2CO_2$.

Diese Erkenntnis führte dazu, daß die Verwendung von Phonolith, wie ihn A. MESSERSCHMITT vorgeschlagen hatte, aufgegeben und zur Verwendung reiner Substanzen, also reiner Kieselsäure in Form von Quarzsand und reinen Alkalisalzen, wie Na_2CO_3, Na_2SO_4, K_2SO_4 übergegangen wurde.

Die von F. ROTHE und H. BRENEK gewonnene Erkenntnis wurde in den Patenten D.R.P. 481177, 492310, 447665 niedergelegt. Gleichzeitig wurde von F. ROTHE und H. BRENEK gefunden, daß die Zerlegung der Begleitsalze, wie Gips und Flußspat, nur durchführbar war, wenn der Brennprozeß in Gegenwart von Wasserdampf vorgenommen wurde (D.R.P. 485070, 487956, 498662). Um eine Vermengung des Endproduktes mit der Kohlenasche, die bei der Kohlenstaubfeuerung des Drehofens unvermeidlich ist, zu verhindern, wodurch das Kieselsäureverhältnis in der Mischung verschoben und dadurch der Aufschluß verringert wird, wurde an Stelle der bisher verwandten Kohlenstaubfeuerung Gasfeuerung angewandt.

Bei den Arbeiten nach den vorerwähnten Verfahren wurde festgestellt, daß die Phosphorsäure im Endprodukt nicht nur praktisch vollkommen löslich in 2% Citronensäure ist, sondern daß gleichzeitig auch eine vollständige Überführung in citratlösliche Form, d. h. Löslichkeit in ammoniakalischer Citratlösung nach PETERMANN erzielt wurde. Dieser Umstand brachte es mit sich, daß von der Erzeugerin, um eine bessere Unterscheidung gegenüber anderen Produkten zu erhalten, der Verkauf der Handelsware nach „ammoncitratlöslicher

Phosphorsäure" aufgenommen wurde. Durch die Arbeitsweise nach dem neuen Verfahren gelang es weiterhin, je nach dem verwandten Rohphosphat Produkte mit 24—31 % citratlöslicher Phosphorsäure zu erhalten. Es werden z. B. aus den nordafrikanischen Phosphaten mit einem Gehalt von ca. 65 % Tricalciumphosphat Produkte mit 24—25 % ammoncitratlöslicher Phosphorsäure, aus Pebble- und Hadrock-Phosphat mit etwa 70 % Tricalciumphosphat Produkte mit 28 % ammoncitratlöslicher Phosphorsäure und aus Curaçao-Phosphat mit 82 % Tricalciumphosphat Produkte mit 31 % ammoncitratlöslicher Phosphorsäure erhalten.

Die fabrikatorische Herstellung wird heute ausschließlich in dem Werk Brunsbüttelkoog (Holstein) durchgeführt, das mit einer Kapazität von 60000 t p. a. arbeitet.

Die Fabrikation des Rhenania-Phosphats gestaltet sich jetzt äußerst einfach. Die ankommenden Rohphosphate werden mit der genau analytisch ermittelten, notwendigen Kieselsäure, in Form von Quarzsand, gemeinsam in Kugelrohrmühlen vermahlen. Das Kieselsäurephosphatgemisch wird nun ebenfalls auf Grund steter analytischer Kontrolle mit der entsprechenden Alkalisalzmenge, vorwiegend Soda als Alkaliträger, genau gemischt, so daß auf 1 Mol. P_2O_5 1 Mol. Na_2O zur Verwendung kommt. Diese Rohmischung wird dann in Drehöfen, die mit Generatorfeuerung versehen sind, bei Temperaturen von 1100—1150° erhitzt. Die Arbeitsweise nach dem neuen Verfahren von F. Rothe und H. Brenek benötigt gegenüber dem alten Messerschmittschen Verfahren eine geringere Temperatur.

Das aus den Drehöfen entfallende Material wird nach erfolgter Abkühlung in Ringmühlen fein zerkleinert und kommt als staubfeines, gut streubares Pulver von hellgrauer Farbe zum Versand.

Für die Zusammensetzung sei hier als Beispiel die Analyse eines Rhenania-Phosphats aufgeführt:

Gesamt-P_2O_5	28 %
citratlösliche P_2O_5	27,5 %
CaO	42 %
MgO	1,2 %
Na_2O	12,2 %
SiO_2	10,5 %
Restbestandteile (Fe_2O_3, Al_2O_3, K_2O usw.) ca.	6 % .

Die Produktion des Werkes Brunsbüttelkoog wird heute glatt abgesetzt. Es dürfte für die Folgezeit ein Ausbau des Werkes zur Steigerung der Produktion notwendig werden. Insbesondere wird die hochprozentige Ware mit 30—31 % ammoncitratlöslicher Phosphorsäure heute vielfach bereits nach überseeischen Gebieten exportiert.

Literatur.

Bayer, C.: Fühlings Landw. Ztg **66**, 55 (1917). — Blohme, H.: Dissert., Beiträge zur Konstitution der Thomasschlacke. 1910. Halle a. S.: W. Knapp. — Bräuer, A., u. I. d'Ans: Fortschritte in der anorganischen chemischen Industrie.

Messerschmitt, A.: Z. angew. Chem. **35**, 53f. (1922).

Popp, M.: Landw. Jb. **49**, 729f. (1916).

Remy, Th.: Landw. Jb. **49**, 686f. (1916).

c) Die Rohphosphate.

Von

Dr. G. Wichern

Hönningen a. Rh.

Mit 7 Abbildungen.

Die Grundlage der Phosphorsäure-Industrie bilden die mineralischen Rohphosphate. In mehr oder weniger erheblichen Lagerstätten finden sie sich in allen Ländern der Erde, doch kommen für die industrielle Verarbeitung nur die reichsten und hochwertigsten Phosphate in Frage. Die vielfach nicht unerheblichen Kosten der Förderung sowie die Frachten für weite Transporte über See bringen es mit sich, daß Phosphate mit einem Gehalt unter 58% dreibasisch-phosphorsaurem Kalk nicht mehr auf den internationalen Markt kommen und höchstens eine rein lokale Bedeutung besitzen. Für die Bewertung ist der Gehalt an dreibasisch-phosphorsaurem Kalk maßgeblich. Daneben kommt der Gehalt an Eisenoxyd und Tonerde in Frage, der in einer Höhe von über 3% den Abnehmer zu Abzügen im Preise berechtigt. Der an und für sich sehr hochwertige Apatit kommt wegen seines krystallinischen Charakters für eine industrielle Verarbeitung zu künstlichen Düngemitteln kaum in Betracht.

I. Die Produktion an Rohphosphaten.

Die auf der Erde zur Verfügung stehenden Mengen hochwertiger Phosphate sind außerordentlich groß, werden doch die Vorräte Nordamerikas auf 6 Millrd. Tons, die Nordafrikas sogar auf 25 Millrd. und die der Südsee auf über 100 Mill. Tons geschätzt. Andere Schätzungen gehen noch weit über diese Zahlen hinaus, so daß die Welt für unabsehbare Zeiten keinen Mangel an Phosphorsäure zu befürchten braucht.

Die genannten drei Gruppen Nordamerika, Nordafrika und Ozeanien versorgen heute die Welt mit jährlich steigenden Phosphatmengen. Im Jahre 1927 betrug die Gesamtförderung ca. 10 Mill. Tons, ohne daß dabei die größten und reichsten Lagerstätten überhaupt wesentlich in Anspruch genommen wären. Die Förderung der Phosphate, die im allgemeinen mit der Entwicklung der Industrie der phosphorsauren Düngemittel Schritt gehalten hat, hat sich aus kleinen Anfängen in den achtziger Jahren des vorigen Jahrhunderts zur größten, wirtschaftlichen Bedeutung in unsern Tagen erhoben. Nur die Kriegsjahre brachten für alle Länder — am wenigsten für Nordamerika — Rückschläge, die erst mehrere Jahre nach Friedensschluß wieder eingeholt werden konnten. In dem Maße, wie die beispiellos steigenden Förderziffern Nordafrikas und Amerikas zunahmen, sank die Bedeutung der französischen und belgischen Phosphatvorkommen, die in den letzten Jahren des vorigen Jahrhunderts noch einen wesentlichen Faktor auf dem Phosphatmarkt darstellten, immer mehr zu einer rein lokalen herab. Dagegen hat sich die Ausbeutung der Fundorte der Südsee mit dem Entstehen und Aufblühen der Superphosphatindustrie in Australien und Neuseeland in den letzten Jahren wesentlich gehoben.

Nach sorgfältigen Berechnungen werden heute etwa 79% der Gesamtförderung der Phosphate auf Superphosphat verarbeitet. Die restlichen 21% finden eine anderweitige Verwendung, und zwar in gemahlenem Zustande direkt als Düngemittel, zur Verarbeitung auf Glühphosphate (Rhenania-Phosphat u. a.), zur Herstellung von Nitrophoska und anderen phosphorsauren Salzen und vor allem in ständig steigendem Maße bei der Herstellung von Stahl nach dem Thomasprozeß.

Produktion an Phosphaten in 1000 t[1].

	Europa	Amerika U. S. A. und Curaçao	Afrika				Asien, Australien, Ozeanien	Welt
			Algier	Tunis	Marokko	Ägypten		
1905	703	1899	335	560	—	—	218	3811
1906	640	2112	334	796	—	—	242	4132
1907	581	2287	315	1069	—	—	310	4576
1908	710	2442	452	1300	—	1	573	5488
1909	627	2530	351	1224	—	1	412	5156
1910	565	2756	319	1286	—	2	562	5499
1911	539	3280	333	1447	—	6	536	6148
1912	571	3252	389	2057	—	70	574	6920
1913	583	3196	461	2170	—	104	697	7217
1914	?	2691	355	1444	—	87	?	ca. 5000
1915	?	1865	225	1384	—	?	262	ca. 4000
1916	?	2014	389	1695	—	?	235	ca. 4700
1917	?	2625	305	999	—	?	266	ca. 4600
1918	?	2530	189	819	—	?	231	ca. 4100
1919	254	2318	276	815	—	29	457	4151
1920	371	4231	456	1075	—	115	652	6901
1921	201	2518	403	1828	33	121	635	5739
1922	225	2513	489	2117	96	60	612	6113
1923	265	3141	467	2338	225	25	570	7032
1924	255	3014	681	2391	462	88	1030	7921
1925	282	3620	815	2537	692	107	1015	9070
1926	361	3368	857	2723	883	232	1105	9540
1927	286	3326	847	3041	1198	279	962	9942
1928	117	3541	851	2711	1337	177	1001	9736
1929	140	3600	900	3000	1608	?	?	10000

II. Entstehung und Vorkommen der Rohphosphate.

Die ursprüngliche Quelle für alle phosphorsäurehaltigen Gesteine ist der aus dem flüssigen Erdinnern krystallisierte, phosphorsaure Kalk, der Apatit. In fast allen Bodenschichten und Gesteinsarten in Form mikroskopischer Körnchen vorkommend, unterliegt er noch heute, genau wie vor Urzeiten, einer langsamen, aber stetigen Auflösung durch die Wässer des Bodens und der Atmosphäre. Der durch den Gehalt an Kohlensäure wesentlich geförderte Lösungsprozeß führt die Phosphorsäure zu Umsetzungen mit andern Gesteinen, wodurch im Laufe der Jahrtausende sich die heute vorliegenden Phosphate gebildet haben. Viele der bedeutendsten Lagerstätten verdanken ihre Entstehung der Mitwirkung der Tierwelt. Die Knochenreste und Exkremente vorweltlicher Lebewesen sammelten sich in einigen Gegenden zu ungeheuren Mengen an. Auch hier trat unter der Wirkung der Feuchtigkeit und Wärme eine allmähliche Zersetzung und Auflösung der stark mit Phosphorsäure durchsetzten, zuweilen guanoartigen Massen ein, und es vollzog sich der oben geschilderte Vorgang der Phosphatbildung in genau entsprechender Weise. Je nach der Natur des Untergrundes, auf den die Lösung der Phosphorsäure gesickert ist, findet man die Phosphate mit Kalkspat, Korallenkalk oder Kreide durchsetzt. Durch die Verschiedenheit ihrer Entstehungsgeschichte erklärt sich auch die Tatsache, daß man Phosphate in den verschiedensten Erdformationen antrifft.

a) Amerika. Der nordamerikanische Kontinent besitzt außerordentlich viele und reiche Phosphatvorkommen, die keinen einheitlichen Charakter tragen

[1] Die Zahlenangaben der Kriegsjahre sind ungenau. Die kleinen Produktionszahlen verschiedener Länder in den Nachkriegsjahren in der Gesamthöhe von 100000—150000 t pro Jahr sind in den Zahlen der einzelnen Erdteile nicht enthalten, sondern nur denen der Weltproduktion zugezählt. Die Zahlen für 1929 beruhen zumeist auf Schätzungen.

und den verschiedensten Formationen angehören. Die am längsten bekannten Phosphate sind die von Karolina, die 1868 entdeckt wurden, heute aber nur eine geringe wirtschaftliche Bedeutung besitzen. Bedeutender sind die Vorkommen von Tennessee und vor allem die von Florida, die zur Zeit das Rückgrat der amerikanischen Phosphatindustrie bilden. Daneben finden sich Lagerstätten in Kentucky, Alabama, Georgia und Virginia, meist von geringerer Bedeutung. Außerordentlich ausgedehnte, jedoch noch nicht genau erforschte Vorkommen weisen die Staaten des mittleren Westens auf: Montana, Idaho, Wyoming und Utah.

Abb. 93. Karte von Florida.

Die Phosphatlagerstätten *Floridas* erstrecken sich von Norden nach Süden fast über die ganze Länge der Halbinsel, von Tallahassee bis zum Caloosahatchee-River. Die sich in den nördlichen Distrikten findenden Phosphate nennt man „soft rock". Sie sind ihrer Art und Zusammensetzung nach den bekannteren „hard rock"-Phosphaten des südlichen Zipfels verwandt, sind jedoch weicher als diese und enthalten mehr Kohlensäure und weniger Kieselsäure. Diese beiden Phosphate lassen sich nicht scharf voneinander unterscheiden, da entsprechend der Lage der Fundorte von Norden nach Süden ein allmählicher Übergang der Eigenschaften des soft rocks in die des hard rocks festzustellen ist.

Typus für die Phosphate des Nord- und Süddistriktes nach Elschner (L. Schucht 3).

Norddistrikt	Süddistrikt	
0,50— 3,00 %	0,30— 2,00 %	hygr. H_2O,
0,30— 2,00 %	2,00 %	chem. geb. H_2O,
75,00—79,00 %	76,00—79,00 %	$Ca_3P_2O_8$,
0,20— 1,00 %		$(Fe, Al)PO_4$
1,50— 3,00 %	0,50— 2,30 %	Fe_2O_3. Al_2O_3,
2,00— 6,00 %	2,00 %	$CaCO_3$,
1,00 %	1,00 %	MgO,
Spuren	0,50 %	Mn als $Mn_3P_2O_8$,
0,30— 1,50 %	1,50 %	$K_2O + Na_2O$,
0,50— 1,00 %	1,50— 5,00 %	SiO_2 (chem. geb.),
4,00 %	2,00— 7,00 %	SiO_2 als Quarz,
5,00—12,00 %	5,00—15,00 %	CaF_2,
2,00 %	2,00 %	$CaSO_4$,
0,20— 1,50 %	1,00 %	organische Substanz.

Die für die Verarbeitung am besten geeigneten Phosphate finden sich in der Nähe von Dunnellon und Cordeal, nahe der Küste des Golfes von Mexiko. Diese seit 1888 bekannten Phosphate, insbesondere das hard rock, waren lange Zeit das wichtigste Rohmaterial für die deutsche Superphosphatindustrie, sind aber in ihrer Gewinnung seit 1908/09 ganz erheblich zurückgegangen, da sie durch die billigeren Pebble-Phosphate und später durch das marokkanische Phosphat fast ganz vom europäischen Markt verdrängt wurden. Die Förderung geschieht heute nur noch in zwei Minen, Dunnellon und Hernando, und beträgt etwa 150000 t im Jahre.

Das Phosphat findet sich in unregelmäßig vorkommenden Nestern von sehr wechselndem Umfange, in großen Brocken wie auch als Körnchen von der Größe eines Stecknadelkopfes. Bald tritt es zutage, bald findet es sich im Sand oder in der darunterliegenden Tonschicht tief eingebettet. Es wird zunächst mit Trockenbaggern ausgegraben und später, wenn der Grundwasserspiegel unterschritten ist, mit schwimmenden Baggermaschinen gefördert. Das gesamte Fördergut wird auf etwa Faustgröße gebrochen und durch Waschen von dem anhaftenden Sand und Ton befreit. Das Vorkommen von vielem fremden Material macht eine mehrfache Auslese von Hand auf einer großen rotierenden Scheibe notwendig. Das auf diese Weise sorgfältig aufbereitete Material wird in Trockentrommeln getrocknet und in großen Bunkern zu Lager genommen oder direkt zum Versand gebracht. Die ganze Gewinnungsweise ist durch die Eigenart und die Unregelmäßigkeit der Vorkommen ziemlich teuer, zumal es sehr schwierig ist, die Ausdehnung und die Reichhaltigkeit der einzelnen Nester vor Beginn der Förderung richtig abzuschätzen.

Abb. 94. Gewinnung von Pebble-Phosphat auf hydraulischem Wege, oberhalb der phosphatführenden Schichten ein Greiferkran zur Entfernung des Abraumes.

Das Phosphat ist von gelblich-weißer oder auch grauer Farbe und verursacht bei der Verarbeitung keinerlei Schwierigkeiten. Die Analyse eines guten Florida-hard-rock-Phosphates zeigt nach L. Schucht (4) folgende Zahlen:

0,65 % hygroskop. H_2O,	3,55 % SiO_2,
2,84 % chem. geb. H_2O,	2,06 % CO_2, entspr. 4,68 % $CaCO_3$,
35,73 % P_2O_5, entspr. 78,07 % $Ca_3P_2O_8$,	0,19 % SO_3,
49,19 % CaO,	3,88 % F,
0,24 % MgO,	0,01 % J.
1,03 % Fe_2O_3,	

Eine ungleich höhere wirtschaftliche Bedeutung als das Hardrock-Phosphat haben die *Pebble-Phosphate* Floridas gewonnen, die heute in jährlichen Mengen von ca. 2,5 Mill. Tonnen gefördert werden. Die wichtigsten Lagerstätten befinden sich im Süden Floridas, etwa 50—60 km östlich von Tampa bei Polk und in der Gegend von Hillborough sowie in dem Distrikt Desota. Die Vorkommen, die gleichfalls dem Tertiär (Pliocän) angehören, sind ähnlich wie die des Hardrock in Sand und Ton eingebettet, sind jedoch viel gleichmäßiger und daher bedeutend leichter und billiger auszubeuten. Auch hier spielt die Stärke des Abraumes eine ausschlaggebende Rolle in den Kosten für die Gewinnung, da seine Entfernung ein unbedingtes Erfordernis ist. Dank moderner Arbeitsmethoden können heute Vorkommen, die mit einer Abraumschicht von 15—18 m bedeckt sind, noch mit Gewinn ausgebeutet werden. Während die Mächtigkeit des Abraumes im Durchschnitt etwa 4,5 m beträgt, steht das Phosphat in Schichten von 1—8 m, im Durchschnitt 3,5 m an. Der Abraum wird entweder durch Dampfschaufeln oder auf hydraulischem Wege entfernt und dient in der Regel zur Auffüllung ausgebeuteter Lagerstätten unter gleichzeitiger Gewinnung von Ackerland. Nach der Entfernung des Abraumes wird das Phosphat durch Auswaschen gewonnen. Mächtige Ströme Wassers werden unter starkem Druck gegen die Phosphatbänke geschleudert und spülen die bohnen- bis nußgroßen Phosphatknollen in einen Sumpf, von dem aus sie mit reichlich Wasser versetzt zur Waschstation gepumpt werden. Hier wird das Phosphat von Ton und Sand befreit, gesiebt und aufbereitet. Um auch die feineren mit dem Ton abfließenden Bestandteile zu gewinnen, läßt man das Waschwasser über sog. Herde laufen, auf denen sich das feine Phosphat vom tauben Material trennt. Das vollständig aufbereitete Phosphat wird in Trockentrommeln mit Ölfeuerung getrocknet und ist dann zum Versand fertig. Das Pebble-Phosphat ist von grauer Farbe und enthält zuweilen versteinerte Reste von Knochen und gut erhaltene Zähne. Es kommt in verschiedenen Gehaltslagen in den Handel, in allen Abstufungen von 66—77 % $Ca_3P_2O_8$. Der bei weitem größte Teil der Förderung, vor allem aber die Sorten mit niedrigem Gehalt werden im Lande selbst verarbeitet.

Abb. 95. Trockenanlage für Phosphat in Florida.
Sechs nebeneinanderliegende mit Ölfeuerung geheizte Trockentrommeln.

Analyse (nach L. SCHUCHT 4).

0,45 % hygrosk. H_2O,	1,36 % Al_2O_3,
1,55 % chem. geb. H_2O und Glühverlust,	1,64 % CO_2,
33,07 % P_2O_5 entspr. 72,26 % $Ca_3P_2O_8$,	5,37 % CaF_2, MgO usw.
45,82 % CaO,	9,28 % SiO_2 (Unlösliches).
1,19 % Fe_2O_3,	

Die Verschiffung geht über den Hafen von Tampa nach allen europäischen Ländern mit Ausnahme von Frankreich.

Neben den Phosphaten von Florida haben die von *Tennessee* eine wirtschaftlich bemerkenswerte Bedeutung erlangt. Die Lagerstätten werden seit 1892 ausgebeutet und liefern ein hochwertiges Material, das ausschließlich im Lande selbst verarbeitet wird. Man unterscheidet „brown rock“, „blue rock“ und „white rock“, welch' letzteres jedoch nicht mehr ausgebeutet wird. Alle drei Sorten weisen wiederum verschiedene Varietäten auf. Das bei weitem wichtigste ist der „brown rock“, der ungefähr 90% der Förderung ausmacht. Die ergiebigsten Fundstätten liegen in den Bezirken von Lewis, Maury, Hickman, Giles und Mount Pleasant. Das Phosphat steht in grauen bis schokoladebraunen Schichten von durchschnittlich 2—2,5 m Mächtigkeit an und ist von wechselnden Mengen Abraum bedeckt. Ähnlich wie bei den Florida-Pebble-Minen wird der Abraum durch Dampfschaufeln oder auf hydraulischem Wege entfernt und das Phosphat ausgewaschen. Die Aufbereitung muß mit der größten Sorgfalt geschehen, da es für die Rentabilität der Gruben von der größten Bedeutung ist, daß auch die feinsten Anteile des zum Teil sandigen Phosphates gewonnen werden und nicht mit den Waschwässern verlorengehen. Die Kosten für die Gewinnung sind daher auch verhältnismäßig hoch und betragen nach WM. H. WAGGAMAN für die long to 3,95 $ gegen 3,90 $ bei Florida-hard-rock und 2,50 $ bei Florida-Pebble-Phosphat.

Analyse eines dunkelgrauen und eines rötlichen Phosphates (L. SCHUCHT 5).

Dunkelgraues		Rötliches	
0,75 %	H_2O,	1,09 %	H_2O,
3,15 %	organische Substanz,	76,66 %	$Ca_3P_2O_8$,
69,85 %	$Ca_3P_2O_8$,	3,16 %	$CaCO_3$,
6,00 %	$CaCO_3$,	3,04 %	Fe_2O_3,
1,50 %	Fe_2O_3,	0,71 %	Al_2O_3.
0,80 %	Al_2O_3,		
1,05 %	FeS_2,		
1,95 %	SiO_2,		
4,00 %	$CaSO_4$,		
7,95 %	MgO, CaF_2, Na_2O, K_2O.		

Das blaue Phosphat (blue rock) findet sich entlang des Leatherwood Creek im westlichen Teil des Bezirkes Maury und in der Nähe von Gordonsburg. Es steht in verhältnismäßig dünnen Schichten von ca. 1,2 m Mächtigkeit an und wird meist im Stollenbau gewonnen. Im Gegensatz zum brown rock bedarf es keiner Aufbereitung und meist auch keiner Trocknung. Es enthält im allgemeinen nicht mehr als 68% $Ca_3P_2O_8$, doch kommen zuweilen auch Gehalte von 78 bis 80% vor.

Die Fundorte des weißen Phosphates befinden sich beiderseits des Tennesseeflusses in den Distrikten von Perry und Decatur. Die Vorkommen, wie auch das Phosphat selbst, sind denen des Florida-hard-rock-Phosphates ähnlich. Die Unregelmäßigkeit der Fundstätten in Nestern von stark wechselnder Ergiebigkeit, die Gewinnung im Stollenbau und die umständliche Aufbereitung haben die Ausbeutung der Lager unwirtschaftlich erscheinen lassen. Seit 1908 ist daher die Förderung dieses an sich recht hochwertigen Phosphates mit 72—78% $Ca_3P_2O_8$ völlig eingestellt worden. Die gesamte Phosphatförderung Tennessees beläuft sich auf etwa 400000—500000 t jährlich.

Die Phosphatlagerstätten von *Karolina* befinden sich im Süden des Staates zwischen dem Wando-River im Charleston-County und dem Broad-River im Beauford-County. Sie wurden 1868 entdeckt und ähneln denen des Florida-Pebble-Phosphates, nur daß sie eine nur sehr geringe Mächtigkeit von ca. 30 cm aufweisen. Die günstige Lage in unmittelbarer Nähe von schiffbarem Wasser verhalf den Minen viele Jahre hindurch zu einem guten Absatz, der im Jahre 1893 die ansehnliche Höhe von über 600000 t erreichte. Mit den Jahren hat sich bei ihnen gleichfalls die übermächtige Konkurrenz der Pebble-Minen Floridas geltend gemacht, so daß die Förderung auf 1500 t im Jahre 1922 zurückging. Das Phosphat besteht aus hellgrauen bis schwarzen Stücken und Knollen mit einem Gehalt von ungefähr 61 % $Ca_3P_2O_8$.

Die Phosphatvorkommen von *Kentucky* und *Arkansas* haben bisher keine wirtschaftliche Bedeutung erlangen können, da ihr Gehalt an Phosphorsäure allzu große Schwankungen zeigt und ein zu hoher Prozentsatz an Eisenoxyd und Tonerde eine Verarbeitung zu Superphosphat von vornherein ausschließt. Es ist aber sehr wohl denkbar, daß sie später einmal auf der Grundlage einer anderen Verarbeitungsmöglichkeit, wie sie der Glühprozeß bietet, eine industrielle Verwendung finden können.

In den Staaten des mittleren Westens, *Utah*, *Idaho*, *Wyoming* und *Montana*, besitzen die Vereinigten Staaten eine außerordentlich reiche Reserve an hochwertigen Phosphaten. Angesichts der dermaleinst notwendig werdenden Düngung der Felder auch in den westlichen Staaten dürften sie später von hoher Bedeutung sein. Die Lagerstätten sind bis auf eines im Süden von Idaho noch völlig unerschlossen und zum großen Teil noch wenig durchforscht.

Abb. 96. Algier-Phosphat mit eingebettetem Haifischzahn (in zweifacher Vergrößerung).

Ein außerordentlich wertvolles, wenn auch nicht allzu großes Vorkommen eines vorzüglichen Phosphates findet sich auf der in holländischem Besitz befindlichen, westindischen Insel *Curaçao*. Das Phosphat, welches seinem Charakter und seiner Entstehung aus Korallenkalk nach den Phosphaten der Südsee nahesteht, ist von gelblicher Farbe und wird von zahlreichen braunen Bändern in unregelmäßig verlaufenden Schichten durchzogen, wodurch es vielfach ein dem Achat ähnliches Aussehen bekommt. Der besondere Wert des Phosphates liegt in dem von keinem andern erreichten hohen Gehalt an Phosphorsäure, bei gleichzeitig sehr niedrigem Gehalt an Eisenoxyd und Tonerde. Durchschnittlich enthält es nach L. SCHUCHT (6) 87,25 % $Ca_3P_2O_8$ und nur 0,80 % Fe_2O_3, Al_2O_3 bei etwa 1 % Feuchtigkeit. Nach längerer Unterbrechung ist die Förderung vor einigen Jahren in erhöhtem Maße wieder aufgenommen. Die Verschiffungen gehen vor allem nach Deutschland, Schweden, Dänemark und Polen und betragen ungefähr 100000 t im Jahre.

b) Afrika. Die nordafrikanischen Phosphatlagerstätten, die heute ungefähr den halben Weltbedarf an Phosphorsäure decken, verteilen sich auf verschiedene, weit ausgedehnte Distrikte von Marokko, Algier, Tunis und Ägypten. Geologisch gehören sie dem Senon und Eocän an. Ungeheure Mengen vorweltlicher Tiere müssen in jenen Zeiten die Lagunen Nordafrikas bevölkert haben, an deren Stelle die heutigen Phosphatlager entstanden sind. Zahlreiche Reste von Knochen, Koprolithen, Fischzähnen, Foraminiferen und Muscheln, wie sie in allen nordafrikanischen Phosphaten vorkommen, weisen ohne weiteres darauf hin. Aber auch das charakteristische Vorkommen von bituminöser oder asphaltischer Substanz, die sie fast ausnahmslos mehr oder weniger stark durchsetzt, ist zweifellos auf animalischen Ursprung zurückzuführen. Diese Beimengung verursacht bei der Verarbeitung der Phosphate das Auftreten eines eigentümlichen, widerlichen Geruches. Die meisten Phosphate sind weich, sandig oder erdig und chemisch leicht zersetzbar, wodurch sie ein wertvolles und beliebtes Rohmaterial für die Superphosphatindustrie geworden sind.

Am längsten bekannt sind die Vorkommen in *Algier* und *Tunis*, deren Produkte seit 1894 im Handel sind. Nur durch eine politische Grenze voneinander getrennt, bilden sie ein Ganzes, wenngleich bei der sehr beträchtlichen Ausdehnung der gesamten Lagerstätten sich sehr ins Auge fallende, äußere Unterschiede in den Erzeugnissen der einzelnen Minen bemerkbar machen.

Abb. 97. Gewinnung von M'Dilla-Phosphat in Tunis. Einfahrt in den Stollen.

Die bekanntesten Minen auf *algerischer* Seite liegen am Djebel-Kouif, etwa 25 km nordöstlich von Tebessa. Sie werden in großem Maßstabe von der Compagnie des Phosphates de Constantin ausgebeutet. Die Verschiffung geschieht über den mit den modernsten Mitteln ausgerüsteten Hafen von Bone. Andere weniger bedeutende Vorkommen sind erschlossen bei Bordj Rédir im Distrikt von Sétif, bei Tocqueville und M'Zaita. Die Phosphatlager von Djebel Onk und Maadids, etwa 90—100 km südlich von Tebessa, haben trotz ihrer Mächtigkeit von 30—60 m wegen Mangels an Transportmitteln noch nicht ausgebeutet werden können.

Die Minen in *Tunis* werden von der Compagnie des Phosphates et des chemins de fer de Gafsa, der größten aller phosphatgewinnenden Gesellschaften, ausgebeutet. Die wichtigsten liegen bei Metlaoni, Redyef und Moularés. Andere bedeutende Vorkommen sind die in den letzten Jahren erschlossenen von Kalaa Djerda und Meheri Zebbeus, sowie die 18 km südlich von Gafsa gelegenen von Djebel M'Dilla. Die Phosphate aus den zuletzt genannten Minen kommen in drei Gehaltsabstufungen von 58/63, 63/68 und 65/70% auf den Markt. Erwähnenswert sind schließlich noch die Vorkommen von Kalaat Senam, Kef

Rebiba, Bir el Afou und Kef Deban. Die Verschiffung geht über die 150—200 km von den Minen entfernt liegenden Häfen Sfax und Sousse, die für die allergrößte Leistungsfähigkeit eingerichtet sind. Es können allein von einer Gesellschaft leicht 6000 t pro Tag verladen werden.

Die Mächtigkeit der Lager ist in den einzelnen Minen wechselnd und beträgt in der Regel 0,5—3 m. Der Abbau geschieht sowohl im Tage- als auch im Stollenbau. Einer Aufbereitung bedürfen die Phosphate nicht. Soweit eine Trocknung erforderlich ist, geschieht sie entweder einfach an der Sonne oder in leistungsfähigen Trockentrommeln am Gewinnungsort oder in den Häfen.

Abb. 98. Phosphatverladung in Sfax (Tunis).
Das Phosphat läuft über Transportbänder aus den Lagerhäusern direkt in den Dampfer.

Analyse von Algier- und Tunis- (Gafsa-) Phosphat (nach Fritsch).

Algier-Phosphat	Tunis- (Gafsa-) Phosphat		
	58/63	63/68	65/70
6,79 %	6,44 %	7,45 %	3,69 % H_2O u. organ. Substanz
30,38 %	27,38 %	29,74 %	30,55 % P_2O_5,
= 66,82 %	= 59,77 %	= 64,93 %	= 66,69 % $Ca_3P_2O_8$,
49,53 %	45,70 %	48,58 %	49,68 % CaO,
0,32 %	0,60 %	0,64 %	0,55 % Fe_2O_3,
0,47 %	1,00 %	1,09 %	0,74 % Al_2O_3,
7,50 %	4,76 %	4,60 %	6,24 % CO_2,
= 17,05 %	= 10,81 %	= 10,45 %	= 14,18 % $CaCO_3$,
	3,40 %	2,75 %	2,46 % SO_3,
1,01 %	0,92 %	0,57 %	0,99 % MgO,
—	1,45 %	2,12 %	2,86 % F,
1,85 %	8,50 %	3,05 %	1,46 % Unlösliches
0,15 %	0,61 %	0,09 %	0,61 % K_2O,
—	—	—	1,20 % Na_2O,
—	0,10 %	0,11 %	0,074 % Cl.

Die Phosphatvorkommen in *Marokko* sind neben den algerisch-tunesischen die reichsten der Welt. Die dort lagernden Vorräte werden auf 10—15 Millrd. Tonnen geschätzt, wovon ungefähr 200 Mill. auf hochwertige Ware entfallen. Man hat bisher drei große Vorkommen festgestellt, von denen bis jetzt erst eines erschlossen ist. Dieses erstreckt sich in einer Länge von 50 km zwischen l'Oued Zem und Oum R'Bia. Das zweite von 15 km Breite und 75 km Länge beginnt am See Zima bei Tessnout, das dritte liegt im Süden von Marrakesch und zieht sich am Fuße des Atlasgebirges entlang. Das Zentrum der heutigen Förderung liegt bei Kourigha, etwa 140 km von der atlantischen Hafenstadt Casablanca entfernt. Die Ausbeutung liegt in den Händen des auf Grund eines Staatsmonopoles handelnden „Office Cherifien des Phosphates". Der größte Abnehmer für das Marokkophosphat ist das nahegelegene Spanien, dessen Superphosphatindustrie in den Jahren nach dem Kriege einen sehr beachtenswerten Aufschwung genommen hat. Neben den europäischen Ländern ist aber auch der ferne Osten, Japan, Australien und Neuseeland als Großabnehmer aufgetreten, und schließlich haben sogar die Vereinigten Staaten von Nordamerika in den letzten Jahren trotz des Reichtums im eigenen Lande Phosphate aus Marokko eingeführt.

Die Entwicklung der Phosphatförderung Marokkos, dessen seit 1912 bekannte Lagerstätten erst seit 1921 ausgebeutet werden, steht beispiellos da. Während im ersten Jahre nur ca. 8200 t zur Verladung kamen, betrug die Förderung im Jahre 1928 bereits über 1300000 t und scheint damit noch keineswegs den Höhepunkt erreicht zu haben. Diesen Aufschwung hat das Marokkophosphat neben der günstigen Lage zum europäischen Markt seiner ausgezeichneten Qualität und der hohen Gehaltslage, die es den besten amerikanischen Sorten gleichkommen läßt, zu verdanken. Das Phosphat stellt eine helle, gelbliche, sandige Masse dar, die mit zahlreichen, erbsengroßen, weißen und rötlichen Pillen durchsetzt ist. Die Gewinnung erfolgt im Stollen- und Tagebau. Die Aufbereitung beschränkt sich auf die Absiebung von taubem Material. Die Trocknung des ca. 16 % Feuchtigkeit enthaltenden Phosphates geschieht in leistungsfähigen Trockentrommeln am Gewinnungsort.

Während die riesigen Vorräte des Landes im allgemeinen im Phosphorsäuregehalt den algerisch-tunesischen Phosphaten gleichen, weist die heute auf den Markt kommende, hochwertige Ware ungefähr folgende Gehalte auf:

Analyse von Marokko-Phosphat.

1,35 % H_2O,	4,20 % F,
33,2—33,9 % P_2O_5,	0,36 % MgO,
entspr. 72,54—74,07 % $Ca_3P_2O_8$,	3,52 % CO_2,
0,60 % Fe_2O_3,	entspr. 8,0 % $CaCO_3$,
0,50 % Al_2O_3,	1,43 % SiO_2,
1,50 % SO_3,	51,55 % CaO.

Die Lagerstätten der Phosphate *Ägyptens* finden sich im Lande ziemlich verstreut. Am längsten bekannt (seit 1897) ist das Vorkommen von Esna, südlich von Luksor im Niltal. Andere Fundstätten liegen bei El Sebaia, bei den Oasen Dakla und Kharga, El Karu und El Hamana, die bekanntesten bei Safaga und El Kosseir am Roten Meere. Die Phosphate sind den übrigen afrikanischen ähnlich, scheinen aber einer früheren geologischen Periode, der Kreideformation anzugehören.

Die Ausbeutung geschieht seit 1908 durch eine englisch-ägyptische Gesellschaft in Safaga und eine italienische Gesellschaft in Kosseir. Die Ausfuhr geht hauptsächlich nach Japan und Neuseeland, ein geringer Teil nach Italien. Diese Richtung der Ausfuhr ist bedingt durch die hohen Gebühren des Suezkanales, die eine Verfrachtung nach Europa angesichts der günstiger liegenden Gruben in Marokko, Algier und Tunis nicht zulassen. Die Förderung belief sich in den letzten Jahren auf 2—300000 t.

Im Handel unterscheidet man drei Gehaltslagen mit verschieden hohen Beimengungen an Eisenoxyd und Tonerde: 60 % $Ca_3P_2O_8$ mit ca. 3 % Sesquioxyden, 64 % mit ca. 2,75 % und 70 % mit ca. 1,50 %.

c) Inselphosphate. Die dritte wichtige Gruppe der Phosphatvorkommen ist die der *Inselphosphate*, deren bedeutendste Lagerstätten sich auf den Inseln des Stillen Ozeans befinden. Da die Phosphate der südlich von Java im Indischen Ozean gelegenen Insel Christmas-Island und der nördlich von Venezuela im

Abb. 99. Aufbereitungs- und Verlade-Anlage auf der Insel Makatea (Südsee). Das Phosphat wird in Leichter geschüttet, welche es an den auf der Reede liegenden Dampfer bringen. Auf den Inseln Ocean-Island und Nauru liegen ähnliche Verhältnisse vor.

Karaibischen Meer liegenden Curaçaoinsel ihrem Charakter und ihrer Entstehung nach mit den ozeanischen viele Ähnlichkeit und Verwandtschaft zeigen, so werden sie vielfach in diese Gruppe einbezogen. Alle diese Vorkommen sind aus Korallenbänken entstanden, die aus dem Meere aufgetaucht, von Guano überlagert wurden. Durch die atmosphärischen Niederschläge wurden die Guanolager allmählich gelöst und der Korallenkalk durch Infiltration allmählich in phosphorsauren Kalk übergeführt.

Neben den reichen Lagerstätten auf den Inseln Nauru (Marschall-Gruppe), Ocean-Island (Gilbert-Gruppe), Makatea und den drei zu den Karolinen gehörigen Inseln Angaur, Pililju und Feis finden sich noch auf manchen andern Inseln Phosphate in meist zu geringer Menge oder zu minderwertiger Qualität, so daß sich bei der ohnehin schon weit vom Weltverkehr entfernten Lage eine Ausbeutung nicht lohnt.

Die bedeutendsten Vorkommen dieser Gruppe befinden sich auf den Inseln *Nauru* und *Ocean-Island*. Nauru befand sich, wie auch Angaur, Pililju und Feis, vor dem Kriege in deutschem Besitz und bedeutete für unser Vaterland einen wichtigen Aktivposten in der Handelsbilanz. Durch die Neuordnung der Welt auf Grund des Versailler Vertrages wurden diese Inseln unter die Verwaltung einer englisch-australischen Gesellschaft gestellt, welche die Förderung und den Absatz nach Australien und Neuseeland regelt. Mit dem Aufblühen der Superphosphatindustrie in diesen Ländern hat sich die Förderung auf den Inseln Nauru und Ocean-Island gegen die Vorkriegszeit fast verdoppelt.

Die Phosphatlager auf der Insel *Nauru* wurden 1900 entdeckt und seit 1906 ausgebeutet. Die fast kreisrunde Insel stellt ein Korallenatoll dar, in dessen Mitte sich ein ca. 70 m hoher, abgestumpfter Kegel von etwa 2000 ha Oberfläche erhebt. Dieser besteht vollständig aus sehr hochwertigem Phosphat. Rings um diesen Phosphatberg zieht sich ein Streifen Flachland von ca. 100 m Breite, der mit Kokospalmen besetzt ist. Die ganze Insel ist von Korallenriffen umgeben, so daß die Schiffe draußen auf der Reede vor Anker gehen müssen. Die Gewinnung des Phosphates geschieht im Tagebau. Das harte Gestein muß gebrochen werden und bedarf einer Trocknung, welche in Trockentrommeln vorgenommen wird. Die Verschiffung betrug 1925 53 Schiffe mit 239000 t.

Das Phosphat selbst besteht aus einem Gestein von meist hellbrauner Farbe, dem man seine Entstehung aus dem Korallenkalk ohne weiteres ansieht. Durch seinen hohen Gehalt an Phosphorsäure bei gleichzeitiger Anwesenheit nur sehr geringer Mengen Eisenoxyd und Tonerde stellt es ein ganz vorzügliches Rohmaterial für die Herstellung von Superphosphat dar, zumal es eine außerordentliche Reaktionsfähigkeit mit Schwefelsäure zeigt.

Analyse (nach L. SCHUCHT 7).

4,00 %	H_2O,	3,49 %	$CaCO_3$,
37,62 %	P_2O_5, entspr. 82,20 % $Ca_3P_2O_8$,	4,10 %	CaF_2,
0,56 %	Fe_2O_3, Al_2O_3,	0,22 %	SiO_2.

Das Phosphatvorkommen von *Ocean-Island* ist dem von Nauru sehr ähnlich. Auch hier erhebt sich in der Mitte der Insel ein Kegel, welcher das Phosphat in einer Mächtigkeit von ca. 20 m enthält. Die Gewinnung vollzieht sich in gleicher Weise wie auf der Insel Nauru. Die Phosphatlagerstätten, die seit 1900 ausgebeutet werden, sind recht bedeutend und werden auf 50 Mill. Tonnen geschätzt. Das Phosphat zeigt deutlich die Korallenstruktur und ist von spröder und harter Beschaffenheit. Die braunen Stücke zeigen ähnliche achatähnliche Schichtungen wie das Curaçaophosphat. Es stellt dank seiner günstigen chemischen Zusammensetzung gleichfalls eins der besten Rohmaterialien für die Superphosphatherstellung dar.

Analyse (nach L. SCHUCHT 7).

5,98 %	H_2O,	4,69 %	$CaCO_3$,
36,69 %	P_2O_5, entspr. 80,17 % $Ca_3P_2O_8$,	0,20 %	SiO_2,
0,43 %	Fe_2O_3, Al_2O_3.		

Die im französischen Besitz befindliche, zu der Tuamotu-Gruppe gehörige Insel *Makatea* (16^0 südl. Breite und 148^0 westl. Länge) hat eine Ausdehnung von 7,5 × 3,5 km. Die sich in der Mitte der Insel in 0,4—1 km Breite auf etwa 6,5 km Länge hinziehenden Phosphatlager überragen ihre Umgebung um ca. 40 m. Die dort lagernden Vorräte hochwertigen Phosphates werden auf ungefähr 10 Mill. t geschätzt. Im Gegensatz zu den meisten anderen ozeanischen Phosphaten ist es weicherdig, wie etwa das Gafsaphosphat.

Analyse.

3,24 %	chem. geb. H_2O u. organ. Substanz,	0,14 %	SO_3,
38,35 %	P_2O_5, entspr. 83,79 % $Ca_3P_2O_8$,	1,30 %	F,
51,82 %	CaO,	0,12 %	SiO_2,
0,92 %	Fe_2O_3, Al_2O_3,	1,56 %	Unbestimmtes.
2,55 %	CO_2, entspr. 5,80 % $CaCO_3$,		

Die zu der Gruppe der Karolinen gehörige Insel *Angaur* enthält gleichfalls hochwertige Phosphate, die heute von den Japanern für ihren eigenen Bedarf ausgebeutet werden. Das Vorkommen wird auf 2—3 Mill. Tonnen hochwertigen Phosphates geschätzt und wird mit jährlich 60—70000 t zur Verschiffung gebracht. Das Phosphat enthält etwa 80 % phosphorsauren Kalk.

Auf der in englischem Besitz befindlichen Insel *Christmas-Island*, etwa 190 Meilen südlich von Java, findet sich ein Phosphat mit ungefähr 80 % phosphorsaurem Kalk, 1,50% Eisenoxyd und Tonerde und bis zu 5,0% Wasser von heller, z. T. fast weißer Farbe und großer Härte. Die Förderung, die vor dem Kriege bereits eine Höhe von 2—300000 t im Jahre betragen hatte, ging in der ersten Zeit nach dem Kriege stark zurück, um erst in den letzten Jahren wieder langsam zu steigen, sie beträgt jetzt ungefähr 125000 t jährlich.

Ein Phosphatvorkommen auf der Insel *Rhasa*, welche der Lu-chu-Gruppe angehört, mag für Japan von einigem Interesse sein. Das Phosphat hat einen hohen Phosphorsäuregehalt, gleichzeitig ist allerdings der Gehalt an Eisenoxyd und Tonerde verhältnismäßig hoch.

d) Europa. Die wichtigsten Phosphatlagerstätten *Europas* befinden sich in *Frankreich*, im Departement Somme, in der Nähe von Doullens, bei Beauval und Beauquesne. Das Phosphat besteht aus einer sandigen Masse, deren Körner zumeist aus phosphorsaurem Kalk bestehen. Man findet es in trichterförmigen Ablagerungen, in die es durch kohlensäurehaltiges Wasser gespült wurde, während die den Untergrund bildende Kreide der Auflösung unterlag. Die übermächtige Konkurrenz der reichen afrikanischen Lager hat die Bedeutung dieser an sich recht wertvollen Phosphate zu einer rein lokalen herabgedrückt.

Analyse (nach L. SCHUCHT 2).

2,00%	hygrosk. H_2O,	1,40%	Fe_2O_3,
1,02%	chem. geb. H_2O,	0,70%	Al_2O_3,
35,70%	P_2O_5, entspr. 78,00% $Ca_3P_2O_8$,	0,76%	SO_3,
51,20%	CaO,	1,92%	F,
4,10%	CO_2, entspr. 9,32% $CaCO_3$,	1,20%	Unlösliches.

Andere Phosphatvorkommen finden sich in den Departements Pas de Calais, in der Umgebung von Boulogne, sowie in den Departements Nord, Ardennes, Meuse, Marne, Aisne usw. Diese sind zum Teil stark mit Kreide durchsetzt und weisen erheblich niedrigere Phosphorsäuregehalte auf.

Die *belgischen* Phosphate werden heute nur noch in ganz geringem Umfange ausgebeutet. Sie kommen als feine, mit Kreide verkittete Körnchen von grauer oder gelbbrauner Farbe vor. Die bekanntesten Lagerstätten befinden sich südlich von Mons bei Ciply, Mesvin sowie in der Gegend von Lüttich. Die Phosphate von Ciply enthalten etwa 19—26% $Ca_3P_2O_8$ neben 30—40% $CaCO_3$ und 1—2% Fe_2O_3, Al_2O_3, während die Lütticher Phosphate 25—27% $Ca_3P_2O_8$ neben 7,0% $CaCO_3$ und 2,5—3,5% Fe_2O_3, Al_2O_3 aufweisen.

Die Phosphatvorkommen *Englands* haben heute nur noch historisches Interesse, insofern als sie das erste Rohmaterial abgaben für die Herstellung von Superphosphat. Diese Phosphate, die verschiedenen geologischen Perioden entstammen, sind stark mit Resten vorweltlicher Tiere durchsetzt. Die Lagerstätten wurden in der Mitte des vorigen Jahrhunderts ausgebeutet und sind zum Teil erschöpft. Andere haben durch das Aufkommen der außereuropäischen Funde ihre Bedeutung völlig verloren. Die bekanntesten Vorkommen liegen bei Suffolk, bei Felixtown, Sutton und Walton sowie bei Bedford und bei Gault in der Nähe von Cambridge. Der Gehalt an Phosphorsäure schwankt zwischen 25 und 33%, der an Eisenoxyd und Tonerde zwischen 6 und 9%.

Deutschland ist außerordentlich arm an Phosphaten, und die wenigen Vorkommen enthalten nur minderwertiges Material. In den Kriegsjahren, in denen Deutschland von jeder ausländischen Zufuhr abgeschnitten war, wurde die Förderung in manchen Gruben wieder aufgenommen, um nach dem Friedensschluß bald wieder gänzlich eingestellt zu werden. Es sind vor allem zu erwähnen die Vorkommen an der Lahn bei Wetzlar, Limburg und Weilburg, deren stark eisenhaltige Phosphate zur Herstellung von Glühphosphaten Verwendung fanden, sowie die von Helmstedt und Zilly, nördlich des Harzes, ferner die auf dem Erzberge bei Amberg in Bayern und in Königshütte in der Oberpfalz. Außer in den Kriegsjahren hat keines jener Vorkommen jemals eine wesentliche Rolle gespielt. Während alle übrigen Phosphate Deutschlands bei hohem Eisengehalt einen nur sehr geringen Phosphorsäuregehalt zeigen, weist das Amberger Phosphat einen sehr hohen Phosphorsäuregehalt auf und nur wenig Eisenoxyd und Tonerde. Das Vorkommen ist jedoch zu geringfügig und unregelmäßig, als daß sich eine Ausbeutung im Großen lohnte.

Eine beschränkte Ausbeutung erfahren die Phosphatlagerstätten *Spaniens*, in der Provinz Estremadura bei Logrosan und Trujillo sowie in der Provinz Carceres. Das Material ist als Apatit anzusprechen und kommt daher für die Düngemittelindustrie kaum in Frage.

Eine ungleich größere Bedeutung kommt den verschiedenen Phosphatvorkommen *Rußlands* zu, dessen Vorräte von sachverständiger Seite auf 5,5 Millrd. t angegeben werden. Bisher hat man nur die kleineren Lagerstätten von Podolien und Bessarabien in geringem Maße ausgebeutet. Das Phosphat findet sich hier in Form von Pseudokoprolithen, von Kugeln von 5—6 cm und zuweilen auch größerem Durchmesser, mit glattgeschliffener Oberfläche und schwarzer Farbe. Im Innern des strahligen Gefüges findet man zuweilen einen Kern von Pyrit oder Bleiglanz.

Analyse (nach L. SCHUCHT 1).

34,35 % P_2O_5, entspr. 75,00 % $Ca_3P_2O_8$,	bis 1,30 % $Mg_3P_2O_8$,
bis 12,23 % $CaCO_3$,	bis 5,00 % Fe_2O_3, Al_2O_3,
bis 6,98 % CaF_2,	bis 1,00 % organische Substanz.
bis 1,60 % $CaSO_4$,	

Die reichhaltigsten Lagerstätten finden sich in den Gouvernements Podolsk, Kostroma, Smolensk, Kursk Woronesch Simbirsk, Tambow und von da an den bergigen Ufern der Wolga und weiter westlich davon, bis zum Niemen, auf einer Fläche von 20 Mill. Hektar. An eine Auswertung dieser riesigen Bodenschätze kann erst herangegangen werden, wenn das Land in ausreichendem Maße durch Eisenbahnen erschlossen ist. Die Phosphate sollen etwa 27,5 % P_2O_5 enthalten.

Literatur.

FRITSCH, J.: Fabrication des Engrais chimiques, H. Desforges, S. 64. Paris 1909.
SCHUCHT, L.: Die Fabrikation des Superphosphates 4, S. 32, 34, 43, 44, 45, 51, 53. Braunschweig: Vieweg & Sohn 1926.
WAGGAMAN, WM. H.: Phosphoric acid, Phosphates and Phosphatic Fertilizers by ass. by Henry W. Easterwood, The Chemikal Catalog Co. New York 1927.

d) Superphosphat.

Von

Dr. G. WICHERN

Hönningen a. Rh.

Mit 6 Abbildungen.

I. Historisches.

Die Fabrikation des Superphosphates verdankt ihre Entstehung den Anregungen *Justus v. Liebigs* (PETTENKOFER). Es ist jedoch das Verdienst englischen Unternehmungsgeistes, die wissenschaftlichen Erkenntnisse des deutschen Gelehrten zuerst in die Tat umgesetzt zu haben. Den ersten, tastenden Versuchen des Landwirtes *Fleming* in Barochan im Jahre 1841 folgten bald andere. Sie führten 1846 zu der ersten Durchführung auf industrieller Grundlage durch *Muspratt* in Liverpool. Bemerkenswert ist, daß man sich bei der Minderwertigkeit des zur Verfügung stehenden Rohmateriales (englische Koprolithen) und der mangelnden technischen Erfahrung anfangs genötigt sah, durch Beimengung stickstoffhaltiger Substanzen Mischdünger mit sehr wechselnden Gehalten herzustellen.

In Deutschland stellte zuerst der Landwirt *J. Kühn* in Groß-Kauscha bei Halle durch Zusammenmischen von Knochenmehl mit der halben Gewichtsmenge englischer Schwefelsäure ein Superphosphat her, das er durch Zusatz von Torfmull auftrocknete. Die erste fabrikmäßige Herstellung wurde von der Firma *Stackmann* & *Retschi* in Lehrte im Jahre 1855 aufgenommen. In den ersten Jahren verarbeiteten die Fabriken, die nach und nach in allen Teilen Deutschlands entstanden, zunächst Knochenmehle und Knochenkohlenabfälle aus den Zuckerfabriken, um dann allmählich auf die Verarbeitung verschiedener Guanos, englischer Koprolithen und der sehr eisenreichen Lahnphosphorite überzugehen. Mit der Erschließung der hochwertigen Phosphatlagerstätten Nordamerikas und Afrikas in den achtziger und neunziger Jahren des vorigen Jahrhunderts begann dann ein gewaltiger Aufschwung der Superphosphatindustrie, der seinen Höhepunkt in den Jahren 1907—1914 erreichte. Der Weltkrieg brachte für alle Länder, vor allem aber Deutschland, schwere Rückschläge, die erst mehrere Jahre nach dem Friedensschluß wieder eingeholt werden konnten. Nur Deutschland hat die Produktionshöhe der Vorkriegszeit bis jetzt noch nicht wieder erreichen können und sieht sich heute schutzlos der Konkurrenz seiner früheren ausländischen Abnehmer preisgegeben. Von den über 100 zählenden Superphosphatfabriken Deutschlands vor dem Kriege sind heute nur noch etwa 40 in Betrieb.

Superphosphatproduktion der wichtigsten Erzeugungsländer in 1000 t.

	Deutschland	Frankreich	Italien	Spanien	Europa	Afrika	Amerika (U. S. A.)	Asien (Japan)	Australien und Neuseeland	Weltproduktion
1905	873	1314	480	76	4107	—	1800	150	28	6085
1906	837	1320	615	88	4274	—	1950	205	49	6478
1907	1105	1632	770	167	5380	—	2000	230	70	7680
1908	1191	1849	1064	180	6222	—	2100	215	115	8652
1909	1267	1642	937	157	4773	—	2750	126	91	8740
1910	1354	1634	1050	209	5135	—	2850	300	190	9475
1911	1541	1750	945	220	6578	—	3450	400	157	10613
1912	1718	1950	1019	210	7169	—	3250	500	177	11097
1913	1819	1929	973	225	7269	—	3248	589	275	11375
1914	?	1600	925	220	?	—	3785	500	?	?
1915	1100	600	911	194	3745	—	2533	?	?	?
1916	550	350	838	315	2848	—	?	?	?	?
1917	280	243	489	211	1837	—	3300	?	?	?
1918	180	292	415	127	1670	—	3060	?	?	?
1919	96	1082	714	136	3000	—	3250	345	149	6804
1920	280	1843	627	371	4676	—	3800	508	258	9358
1921	450	1404	850	542	4752	—	3160	554	485	9139
1922	550	2133	880	461	5940	65	2529	511	458	9654
1923	433	2215	1100	609	6397	131	3055	507	474	10814
1924	550	2304	1340	696	7308	153	2948	593	625	11790
1925	692	2381	1465	723	8014	194	3489	674	972	13493
1926	696	2430	1585	829	8316	236	3446	786	937	13873
1927	751	2215	1370	950	8618	236	3356	918	988	14104
1928	750	2350	1047	1160	8330	259	4072	772	922	14834

Viele Zahlen aus der Vorkriegszeit und den Kriegsjahren beruhen auf einer Schätzung.

Die Ziffern der Weltproduktion von 1919 ab enthalten außer den Produktionszahlen der Erdteile auch die Zahlen zahlreicher kleiner Produktionsstätten, die über den Erdball verteilt und nicht unter den einzelnen Erdteilen mit verrechnet sind.

Mit einer Weltproduktion von fast 15 Mill. Tonnen ist das Superphosphat das am meisten auf der Welt hergestellte chemische Produkt.

Die Preise für 1 kg wl. P_2O_5 betrugen in Deutschland durchschnittlich Pfg.:

	1913	1914	1924	1925	1926	1927	1928	1929
Frühjahr . . .	—	$32^1/_2$	52	44	44	37	$35^1/_2$	39
Herbst	36	$32^1/_4$	44	42	41	39	36	38

II. Die chemischen und technischen Grundlagen der Fabrikation.

Die Fabrikation des Superphosphates bezweckt die Überführung der in den Rohphosphaten enthaltenen unlöslichen Phosphorsäure in die wasserlösliche Form und zwar mit Hilfe von Schwefelsäure. Die Durchführung dieses Prozesses nennt man in der Technik das „Aufschließen".

Der Träger der Phosphorsäure in den Rohphosphaten ist der dreibasisch-phosphorsaure Kalk, der durch die Behandlung mit Schwefelsäure in die wasserlösliche, einbasische Verbindung übergeführt wird. Die nach der Gleichung

$$Ca_3P_2O_8 + 2\,H_2SO_4 = CaH_4P_2O_8 + 2\,CaSO_4 \qquad (1)$$

verlaufende Reaktion geht in der Praxis niemals zu Ende, findet man doch im Superphosphat neben dem einbasisch-phosphorsauren Kalk freie Phosphorsäure, das zweibasische Salz und unzersetzten dreibasisch-phosphorsauren Kalk. Neben der oben angeführten Gleichung finden also noch folgende Reaktionen statt:

$$Ca_3P_2O_8 + 3\,H_2SO_4 = 2\,H_3PO_4 + 3\,CaSO_4 \qquad (2)$$

$$Ca_3P_2O_8 + H_2SO_4 = 2\,CaHPO_4 + CaSO_4 \qquad (3)$$

Die Reaktionen 1 und 2 sind die bei weitem wichtigsten, die Bildung von $CaHPO_4$ erfolgt in der Regel in nur sehr beschränktem Maße. Die nach der Gleichung 2 entstandene freie Phosphorsäure kann weiter auf den zwei- und dreibasisch-phosphorsauren Kalk einwirken nach den Formeln:

$$H_3PO_4 + CaHPO_4 = CaH_4P_2O_8 \qquad (4)$$

$$4\,H_3PO_4 + Ca_3P_2O_8 = 3\,CaH_4P_2O_8 \qquad (5)$$

In der Praxis bildet sich stets ein gewisser Gleichgewichtszustand zwischen den einzelnen Salzen und der freien Phosphorsäure selbst heraus. Der Techniker hat es in der Hand, diese Gleichgewichtsverhältnisse durch entsprechende Säuregaben nach seinen Wünschen zu beeinflussen und dadurch bei guter Ausbeute ein einwandfreies Produkt herzustellen.

Neben dem dreibasisch-phosphorsauren Kalk ist in den Rohphosphaten eine ganze Reihe anderer Substanzen enthalten, die alle mit Schwefelsäure reagieren und bei der Verarbeitung eine nicht unwesentliche Rolle spielen, indem sie den Aufschließprozeß in günstigem oder ungünstigem Sinne zu beeinflussen geeignet sind. Diese Nebenbestandteile sind kohlensaurer Kalk, Eisenoxyd, Tonerde, Kieselsäure und Fluorcalcium. Die daneben in geringfügigen Mengen auftretenden Magnesiumsalze reagieren und verhalten sich ganz analog den Calciumsalzen und bedürfen daher keiner besonderen Besprechung. Die nur in Spuren vorkommenden Elemente Jod und Mangan beanspruchen ein gewisses, wissenschaftliches Interesse, für die Technik sind sie ohne Belang.

Der *kohlensaure Kalk* ist in nicht zu großer Menge (5—7 %) ein sehr erwünschter, ja notwendiger Nebenbestandteil der Rohphosphate. Im allgemeinen ist er in jedem technisch zur Verarbeitung kommenden Phosphat in ausreichender Menge vorhanden. Mit Schwefelsäure zersetzt er sich leicht unter Abspaltung von Kohlensäure nach der Formel:

$$CaCO_3 + H_2SO_4 = CaSO_4 + CO_2 + H_2O\,. \qquad (6)$$

Je nachdem der kohlensaure Kalk in Form von Kreide oder Kalkspat vorliegt, verläuft die Reaktion mehr oder weniger stürmisch. Am günstigsten ist es, wenn die Entwicklung der Kohlensäure im wesentlichen erst in der Aufschließkammer vor sich geht, da sie ein Aufgehen des Superphosphatbreies während seiner Erstarrung bewirkt und das Fabrikat dadurch locker und leicht zu bearbeiten macht. Die Wirkung ist die gleiche wie die des Backpulvers beim Backen des Brotes. Eine zweite, sehr wesentliche Nebenwirkung des kohlensauren Kalkes ist die, daß durch die Reaktion mit der Schwefelsäure eine nicht unbeträchtliche Wärmeentwicklung stattfindet, die dem ganzen Aufschließprozeß in mehrfacher Hinsicht sehr zum Vorteil gereicht. Einerseits wird die Reaktion der Schwefelsäure auf den phosphorsauren Kalk sehr günstig beeinflußt, andrerseits tritt eine höhere Wasserverdampfung ein, die gleichfalls sehr erwünscht ist.

Während die Anwesenheit von kohlensaurem Kalk im Rohphosphat wesentlich zur Gewinnung eines guten Endproduktes beiträgt und nur ein zu großer Überschuß davon allein hinsichtlich des gesteigerten Säureverbrauches unwillkommen erscheint, sind die Beimengungen von *Eisenoxyd und Tonerde* auch schon in verhältnismäßig kleinen Mengen durchaus unerwünscht. Da sie leicht der Anlaß zu Verlusten werden können, so ist es im Phosphathandel allgemein üblich geworden, daß sich der Fabrikant von dem Phosphatlieferanten einen Maximalgehalt von 3% Eisenoxyd + Tonerde garantieren läßt, der nur unter Aufrechnung gegen eine entsprechende Menge Phosphorsäure überschritten werden darf.

Ob das *Eisenoxyd* als solches im Phosphat enthalten oder als $FePO_4$ an Phosphorsäure gebunden ist, läßt sich durch die Analyse nicht feststellen. Schwefelsäure wirkt auf die Verbindungen des Eisens nach folgenden Formeln ein:

$$Fe_2O_3 + 3H_2SO_4 = Fe_2(SO_4)_3 + 3H_2O\,, \tag{7}$$
$$2FePO_4 + 3H_2SO_4 = Fe_2(SO_4)_3 + 2H_3PO_4 \tag{8}$$

Hierzu kommt die wichtige, umkehrbare Reaktion:

$$FePO_4 + 2H_3PO_4 \rightleftarrows FeH_6(PO_4)_3\,. \tag{9}$$

Die Einwirkung des Eisensulfates auf den einbasisch-phosphorsauren Kalk nach der Formel:

$$Fe_2(SO_4)_3 + CaH_4P_2O_8 = 2FePO_4 + CaSO_4 + 2H_2SO_4\,. \tag{10}$$

ist jedoch umstritten (NEUMANN).

Ähnlich liegen die Verhältnisse bei der *Tonerde*. Sie kommt im Phosphat vor als Al_2O_3, $AlPO_4$ und als Silicat $Al_2(SiO_3)_3$, z. T. als rein mechanische Beimengung. Alle diese Verbindungen reagieren mit Schwefelsäure verhältnismäßig schwer:

$$Al_2O_3 + 3H_2SO_4 = Al_2(SO_4)_3 + 3H_2O\,, \tag{11}$$
$$2AlPO_4 + 3H_2SO_4 = Al_2(SO_4)_3 + 2H_3PO_4\,, \tag{12}$$
$$Al_2(SiO_3)_3 + 3H_2SO_4 = Al_2(SO_4)_3 + 3H_2SiO_3\,, \tag{13}$$
$$Al_2(SiO_3)_3 + 2H_3PO_4 = 2AlPO_4 + 3H_2SiO_3\,, \tag{14}$$
$$Al_2O_3 + 2H_3PO_4 = 2AlPO_4 + 3H_2O\,. \tag{15}$$

Kieselsäure ist in den Phosphaten z. T. als Sand in rein mechanischer Beimengung, z. T. an Calcium oder Tonerde gebunden vorhanden. Soweit Silicate in Frage kommen, werden sie von Schwefelsäure nur langsam angegriffen und zersetzt:

$$CaSiO_3 + H_2SO_4 = H_2SiO_3 + CaSO_4\,. \tag{16}$$

Der Gehalt der Phosphate an Kieselsäure in irgendwelcher Form gewinnt erst Bedeutung durch die gleichzeitige Anwesenheit des in keinem Phosphat fehlenden *Fluors* bzw. *Fluorcalciums*. Fluorcalcium setzt sich in Gegenwart von Kieselsäure oder Silicaten mit Schwefelsäure zu Fluorsilicium und schwefelsaurem Kalk um:

$$2CaF_2 + SiO_2 + 2H_2SO_4 = SiF_4 + 2CaSO_4 + 2H_2O\,, \tag{17}$$

$$2CaF_2 + CaSiO_3 + 3H_2SO_4 = SiF_4 + 3CaSO_4 + 3H_2O\,. \tag{18}$$

Ein Teil des Fluorsiliciums entweicht gasförmig und muß in einer wirksamen Kondensationsanlage mit Wasser als Kieselfluorwasserstoffsäure niedergeschlagen werden, wenn nicht eine arge Belästigung der näheren Umgebung eintreten soll:

$$3SiF_4 + 4H_2O = 2H_2SiF_6 + H_4SiO_4\,. \tag{19}$$

Das sich dabei abscheidende Kieselsäurehydrat bildet leichte, weiße Flocken, die mit Wasser zusammengebracht, einen grauen, unbequem zu handhabenden Schlamm ergeben.

Ein nicht unwesentlicher Teil des Fluorsiliciums setzt sich jedoch sofort mit dem Wasser der Reaktionsmasse zu Kieselfluorwasserstoffsäure um und verbleibt als solche oder an Kalk gebunden im Superphosphat.

Die Zersetzung des Fluorcalciums in Fluorwasserstoff und schwefelsauren Kalk nach der Formel:

$$CaF_2 + H_2SO_4 = 2HF + CaSO_4\,. \tag{20}$$

tritt in nur untergeordnetem Maße ein, da sich Fluorwasserstoff sofort mit Kieselsäure bzw. deren Salzen umsetzt:

$$6HF + SiO_2 = H_2SiF_6 + 2H_2O\,, \tag{21}$$

$$6HF + CaSiO_3 = CaF_2 + SiF_4 + 3H_2O\,. \tag{22}$$

Außerdem reagiert Fluorwasserstoff sehr leicht mit Fluorsilicium:

$$2HF + SiF_4 = H_2SiF_6\,. \tag{23}$$

Eine Austreibung von gasförmigem Fluorwasserstoff findet daher kaum statt, zumal hierzu eine verhältnismäßig große Wärme erforderlich ist. Schließt man ein Phosphat auf, das im Verhältnis zu seinem Fluorgehalt zu wenig Kieselsäure enthalt, so entweicht kein Fluorwasserstoff, es verbleibt vielmehr fast das gesamte Fluor im Superphosphat. Erst nach einer Zugabe von Sand zum Phosphatmehl entweicht Fluorsilicium.

Die bei der Fabrikation zur Verwendung kommende *Schwefelsäure* muß einen Gehalt von 50—60% SO_3 besitzen, was der Stärke der in den Bleikammern der Schwefelsäurefabriken anfallenden Säure von 49—57° Bé ungefähr entspricht. Eine höher konzentrierte Säure vermag die Phosphate nicht mehr in wünschenswerter Weise zu zersetzen. Der erhebliche in die Reaktion eingebrachte Wasserüberschuß wird zu einem beträchlichen Teil durch die Reaktionswärme verdampft, ein nicht unwesentlicher Rest bleibt jedoch im Superphosphat zurück.

Durch die Einwirkung der Schwefelsäure ergibt sich bei der Zersetzung der in den Rohphosphaten enthaltenen Calciumsalze ($Ca_3P_2O_8$, $CaCO_3$, CaF_2) als Nebenprodukt stets schwefelsaurer Kalk ($CaSO_4$). Bis vor kurzer Zeit hat man allgemein die Ansicht vertreten, daß dieser schwefelsaure Kalk neben dem einbasisch-phosphorsauren Kalk die Eigenschaft besäße, den im Superphosphat vorhandenen Wasserüberschuß auf chemischem Wege als Krystallwasser restlos zu binden und damit die Abtrocknung des Superphosphates auf dem Lager zu bewirken. Die neuesten Untersuchungen von C. Krügel und A. Retter haben aber erwiesen, daß eine chemische Bindung des Wassers nur in sehr geringem Ausmaße stattfindet, und daß die Auftrocknung des Superphosphates im wesentlichen auf physikalischer Grundlage beruht. Sowohl der einbasisch-phosphorsaure, als auch der wasserfreie schwefelsaure Kalk scheinen in der im Superphosphat vorliegenden Form sich als resorbierende Medien zu erweisen, die eine erhebliche Wassermenge neben der freien Säure aufzusaugen vermögen, ohne dabei selbst feucht zu werden. Die Analyse zeigt einwandfrei, daß ein normales Superphosphat etwa 10—12% hygroskopisches und nur 1—4% chemisch gebundenes Wasser enthält.

Eine vollständige Analyse eines Superphosphates zeigt beispielsweise folgende Gehalte:

5,39 % Konstitutions- } H_2O,	26,70 % CaO,
2,61 % Krystall- } H_2O,	31,30 % SO_3,
11,00 % hygroskopisches } H_2O,	0,75 % Al_2O_3,
18,00 % wasserlösliche P_2O_5, davon 6,00 % als freie Säure, entsprechend 8,30 % H_3PO_4,	0,48 % Fe_2O_3,
	1,10 % F,
0,41 % citratlösliche P_2O_5,	1,75 % SiO_2,
0,46 % unlösliche P_2O_5,	0,14 % MgO.

Da der Gang der Analyse die Auflösung des zu untersuchenden Superphosphates in Wasser erfordert und damit die Zerstörung der in der trockenen Substanz vorliegenden Verhältnisse mit sich bringt, da ferner die maßanalytische Bestimmung der freien Säure lediglich die in dem wäßrigen Auszuge vorhandenen freien H-Ionen feststellt, ohne auf die Natur der dazugehörigen Anionen Rückschlüsse zuzulassen, so läßt sich aus der Analyse nicht ersehen, in welcher Bindung die einzelnen Basen und Säuren in der ursprünglichen Substanz vorhanden gewesen sind. Auf Grund stöchiometrischer Rechnungen lassen sich jedoch die sauren und basischen Bestandteile in verschiedener Weise miteinander kombinieren. Bei der Fülle der sich hierbei bietenden Möglichkeiten haftet allen auf diese Weise zusammengestellten Gesamtbildern eines Superphosphates stets eine gewisse Willkür an, und niemand wird den Beweis für die Richtigkeit einer bestimmten Kombination erbringen können. Auch die Erfahrungen der Technik vermögen bei der Kompliziertheit der Verhältnisse immer nur Hinweise zu geben.

Die beiden nachstehenden auf Grundlage der oben angeführten Analyse durchgeführten Beispiele mögen die Sachlage erläutern:

Zusammensetzung eines Superphosphates:

I		II	
11,00 %	hygr. H_2O,	11,00 %	hygr. H_2O,
8,30 %	H_3PO_4,	7,36 %	H_3PO_4,
—		0,72 %	H_2SiF_6,
3,08 %	$CaH_4P_2O_8$, $2H_2O$,	—	
16,92 %	$CaH_4P_2O_8$, wasserfrei,	19,21 %	$CaH_4P_2O_8$, wasserfrei
0,68 %	$CaHPO_4$, wasserfrei	0,78 %	$CaHPO_4$, wasserfrei,
0,12 %	$CaHPO_4$, H_2O,	—	
—		0,81 %	$FeH_6(PO_4)_3$, wasserfrei,
—		0,75 %	$AlH_6(PO_4)_3$, wasserfrei,
1,00 %	$Ca_3P_2O_8$,	0,55 %	$Ca_3P_2O_8$,
—		0,45 %	$FePO_4$,
9,10 %	$CaSO_4$, $2H_2O$,	12,47 %	$CaSO_4$, $2H_2O$,
41,37 %	$CaSO_4$, wasserfrei,	40,27 %	$CaSO_4$, wasserfrei,
0,17 %	$Fe_2(SO_4)_3$, $9H_2O$,	—	
1,08 %	$Fe_2(SO_4)_3$, wasserfrei,	0,12 %	$Fe_2(SO_4)_3$, wasserfrei,
0,72 %	$Al_2(SO_4)_3$, $18H_2O$,	—	
2,13 %	$Al_2(SO_4)_3$, wasserfrei,	2,11 %	$Al_2(SO_4)_3$, wasserfrei,
0,34 %	$MgSO_4$, wasserfrei,	0,40 %	$MgSO_4$, wasserfrei,
0,12 %	$MgSO_4$, $7H_2O$,	—	
1,18 %	CaF_2,	1,10 %	CaF_2,
0,83 %	$CaSiF_6$ (in Lösung)	—	
1,48 %	SiO_2,	1,39 %	SiO_2,
—		0,11 %	$CaSiO_3$,
0,39 %	Unbestimmtes.	0,40 %	Unbestimmtes.
100,00 %		100,00 %	

Bei der technischen Verarbeitung der Phosphate ist sowohl auf ihre quantitative Zusammensetzung aus phosphorsaurem Kalk und allen Beimengungen wie der damit verbundenen Wechselwirkung der einzelnen Reaktionen gebührend Rücksicht zu nehmen. Für eine geregelte Fabrikation ist es zunächst von der größten Bedeutung, daß der Säurezusatz nach Menge und Stärke richtig bemessen wird. Da, wie wir oben zeigten, beim Aufschluß des dreibasisch-phosphorsauren Kalkes bereits eine ganze Reihe Reaktionen in Frage kommen, die durch die Anwesenheit von Eisenoxyd und Tonerde noch wesentlich kompliziert werden, so ergibt sich daraus von vornherein, daß es nicht möglich ist, die erforderliche Säuremenge rechnerisch aus der Gesamtanalyse des Phosphates genau zu ermitteln. Um eine gute Ausbeute an wasserlöslicher Phosphorsäure zu erhalten, ist es unbedingt erforderlich, daß ein gewisser, aber nicht zu hoch bemessener Überschuß an Säure zum Phosphat gegeben wird. Hierfür läßt sich ebensowenig eine feste Regel geben, wie für die zu wählende Stärke der Säure, da sich alles nach dem Charakter des zur Verarbeitung kommenden Phosphates richtet. In der Praxis ist man daher genötigt, die besten Bedingungen durch Versuche festzustellen. Man verfährt dabei so, daß man das Phosphat zunächst mit der aus der Gesamtanalyse berechneten Menge Säure von mittlerer Stärke (53—54^0 Bé) unter Zugabe von etwa 3—5 % im Betriebe aufschließt. Das sich dabei ergebende Superphosphat wird auf seine chemische Zusammensetzung, insbesondere seinen Gehalt an freier, wasserlöslicher und unlöslicher Phosphorsäure untersucht, auf seine physikalische Beschaffenheit geprüft, und die dabei gefundenen Zahlen sorgfältig ausgewertet. Von der Methode, Versuchsaufschlüsse in kleinem Maßstabe im Laboratorium unter möglichster Nachahmung der im Betriebe obwaltenden Verhältnisse zu machen, ist man gänzlich abgekommen, da sie sich als durchaus unzuverlässig erwiesen hat.

Da einer schnellen und richtigen Auswertung aller bei den Probeaufschlüssen gewonnenen Ergebnisse für die weitere Fabrikation eine wesentliche Bedeutung zukommt, so ist es von größter Wichtigkeit, den Einfluß zu kennen, welchen die einzelnen bei und nach der Fabrikation mitwirkenden Faktoren auf das Endprodukt auszuüben imstande sind. Bei den vielen gleichzeitig neben- und gegeneinanderwirkenden Einflüssen kommt hierbei der praktischen Erfahrung und Materialkenntnis des Technikers eine erhöhte Bedeutung zu.

Die wichtigsten, bei der Fabrikation in Frage kommenden Faktoren sind folgende:

1. Die Beschaffenheit des Phosphatmehles,
2. die Stärke und Reinheit der Säure,
3. die Menge der Säure,
4. die Temperatur der Säure,
5. der Einfluß der Rührdauer, der Reaktionswärme und der Ventilation;

dazu kommt noch

6. das Verhalten des Superphosphates auf dem Lager.

1. Die Beschaffenheit des Phosphatmehles. Es ist ohne weiteres einleuchtend, daß das zur Verarbeitung kommende Mehl einen gewissen Feinheitsgrad besitzen muß, damit die Reaktion mit der Schwefelsäure überhaupt eintreten und den gewünschten Verlauf nehmen kann. Theoretisch wäre es sogar ratsam, das Phosphat zur äußersten Staubfeinheit zu vermahlen. In der Praxis hat sich aber gezeigt, daß dies durchaus nicht vorteilhaft ist, sondern daß ein gewisser Prozentsatz an gröberen Bestandteilen unbedingt geboten erscheint. Einerseits mischt sich allzu staubreiches Mehl nur sehr schlecht mit Säure und schließt daher schlecht auf, andererseits trachtet man danach, die Entwicklung der Kohlensäure möglichst erst in der Aufschließkammer vor sich gehen zu lassen, damit der Superphosphatbrei gut aufgeht und ein möglichst poröses Produkt entsteht. Ist die Mahlung zu fein, so kann die ganze Kohlensäure bereits während des Verrührens des Mehles mit der Säure ausgetrieben werden, und die Masse bleibt in der Aufschließkammer tot. Das Endprodukt wird feucht und schmierig.

Leicht aufschließende Phosphate bedürfen bei weitem keiner so feinen Mahlung wie schwer und langsam aufschließende. Erstere ergeben noch zufriedenstellende Resultate bei einem Feinmehlgehalt von 60 % auf dem Normalsieb 100 der Maschinenfabrik Amandus Kahl, Hamburg (0,15 mm Maschenweite bei 0,10—0,11 mm Drahtstärke, 1600 Maschen pro Quadratzentimeter, Prüfsiebgewebe Nr. 40, DIN 1171), während die letzteren zuweilen einen Feinmehlgehalt von 90 % und darüber verlangen. Hierbei ist nun zu beachten, daß die einfache Angabe des Feinmehlgehaltes auf nur einem Siebe sehr irreführend sein kann. Es hat sich nämlich herausgestellt, daß zwei Mehle mit gleichem Feinmehlgehalt auf dem Normalsieb Nr. 100 sehr große Unterschiede in ihrem Staubgehalt aufweisen können. Diese Tatsache findet ihre Erklärung darin, daß jede Mühlenanlage bei Verwendung gleicher Siebe von jedem Phosphat ein für sie typisches, genau charakterisierbares Mehl liefert. Bei gleichem Feinmehlgehalt auf dem Prüfsiebe enthält z. B. ein Mehl, das von einem bestimmten Phosphat auf einer Griffinmühle hergestellt wurde, einen Staubgehalt von ca. 80 %, während die entsprechenden Mehle von der Kent- und Kugelmühle nur ca. 75 und 71 % Staub aufweisen (L. SCHUCHT 1). Es bedarf daher die Angabe des Feinmehlgehaltes in jedem Falle einer Ergänzung, nämlich auf welcher Mühlengattung das Mehl hergestellt wurde. Die oben angeführten Zahlen beziehen sich auf eine Kentmühle.

Eine zu grobe Mahlung ergibt bei an sich richtigem Säurezusatz ein feuchtes, schmieriges Superphosphat, das neben einem verhältnismäßig hohen Gehalt an freier Säure viel unaufgeschlossene, d. h. unlösliche Phosphorsäure enthält. Die Schwefelsäure greift das Phosphat nur an der Oberfläche an und vermag in das Innere eines Körnchens von der Größe eines Stecknadelkopfes bereits nicht mehr einzudringen, da sie sofort durch die Kohlensäureentwicklung aus dem das Phosphat in allen Teilen durchsetzenden, kohlensauren Kalk zurückgedrängt wird. Es ist daher für ein gutes Gelingen des Aufschlusses von wesentlicher Bedeutung, daß Mehl und Säure so lange wie möglich in flüssigem Zustande gut miteinander verrührt werden (s. unten).

2. Der Einfluß der Stärke der Säure läßt sich im allgemeinen dahin charakterisieren, daß dünne Säure von 49—52° Bé ein weiches, lockeres Superphosphat ergibt, was sich zuweilen schon beim Ausbringen aus der Aufschließkammer durch das leichte Zusammenbrechen des Superphosphatkuchens zu erkennen gibt. Stärkere Säure von 55—57° Bé läßt dagegen ein schwereres und dichteres Produkt entstehen. Man verwendet schwächere Säure bei feinem, staubreichem Mehl, um die Mischung von Mehl und Säure dadurch länger flüssig zu halten. Starke Säure ist am Platze bei schwer aufschließbaren Phosphaten und bei feuchtem Material, da die im Phosphat enthaltene Feuchtigkeit die Stärke der Säure entsprechend herabdrückt. Schließt man mit heißer Säure auf, so kann man mit einer niedriger spindelnden Säure arbeiten, als wenn man kalte Säure verwendet.

Die Anforderungen an die *Reinheit der Säure* sind in der Regel gering. Ein Gehalt an Arsen ist belanglos, dagegen vermeidet man nach Möglichkeit die Verwendung von eisenreicher Säure, da durch Eisenverbindungen die Löslichkeit der Phosphorsäure ungünstig beeinflußt werden kann. Vielfach finden Abfallsäuren aus andern Betrieben in der Superphosphatfabrikation vorteilhafte Verwendung. Je nach ihrer Herkunft lassen sie sich in mehr oder weniger starkem

Verschnitt mit guter Kammer- oder Gloversäure ohne Nachteil verwenden. Manche Säuren enthalten viel organische Substanz, welche die Reaktion behindert, so daß das Endprodukt unbefriedigend ausfällt. Beim Einstellen der Säure auf einen bestimmten Gehalt kann man sich bei Verwendung von Abfallsäuren nicht auf einfaches Spindeln verlassen, sondern muß den Säuregehalt titrimetrisch feststellen. Beim Durchmischen treten leicht giftige, nitrose Gase auf, wenn die zur Verwendung kommende Gloversäure nicht völlig denitriert war.

3. Die richtige Bemessung der Säuremenge ist von der größten Wichtigkeit für die ganze Fabrikation. Ein zu reichlicher Überschuß an Säure ergibt ein feuchtes und schmieriges Superphosphat, das sich nur schwer verarbeiten läßt. Es enthält neben viel freier Säure nur wenig unlösliche Phosphorsäure. Die Gehalte an wasserlöslicher und Gesamtphosphorsäure sind unter der normalen Höhe. Um ein solches Superphosphat in einen Zustand zu bringen, der eine weitere Verarbeitung zuläßt, durchsetzt man es gern mit feingemahlenem, afrikanischem Phosphat, worauf es nach einiger Zeit abtrocknet. Ein zu geringer Säurezusatz kann sich schon dadurch bemerkbar machen, daß die Mischung von Mehl und Säure bereits beim Verrühren im Mischtopf steif wird. Der Superphosphatkuchen in der Aufschließkammer wird eine harte, wenn auch poröse Masse, deren Gehalt an freier Säure zu gering, an wasserlöslicher Phosphorsäure unter normal und an unlöslicher zu hoch ist. Folgende Beispiele von L. SCHUCHT (2) mögen die Verhältnisse kennzeichnen:

	Teile		Analyse nach 2 Tagen			Physikalische Beschaffenheit
	Florida-Phosphat	Säure 53° Bé	Freie P_2O_5	Wasserl. P_2O_5	Ges. P_2O_5	
1.	100	100	5,0 %	16,9 %	18,5 %	sehr trocken und fest
2.	100	104	6,2 %	17,0 %	18,2 %	trocken
3.	100	108	7,2 %	17,1 %	17,8 %	trocken, weich, porös, krümelbar
4.	100	112	8,4 %	16,7 %	17,4 %	feucht, schmierend

Aufschluß Nr. 3 ist der beste. Ein Gehalt von 7,2% freier P_2O_5 ist bei Floridasuperphosphat als normal anzusehen. Andere Phosphate vertragen keinen so hohen Gehalt an freier Phosphorsäure, wenn die Qualität des Superphosphates nicht darunter leiden soll. A. AÏTA gibt eine allerdings wohl nicht auf alle Fälle zutreffende Regel für den Gehalt an freier Phosphorsäure im Superphosphat: „Der Gehalt an freier Säure soll in einem guten Superphosphat nicht 5—10% der gesamten wasserlöslichen Phosphorsäure überschreiten." Tatsache ist, daß der Gehalt an freier Säure für die Qualität eines Superphosphates von wesentlichster Bedeutung ist. Er bildet daher auch bei der Fabrikation eines der wichtigsten Kriterien. Über die Auswirkung zu geringer Säuregaben werden wir bei der Besprechung des Verhaltens des Superphosphates auf dem Lager noch eingehend zurückkommen.

4. Die Temperatur der Säure hält man in der Regel zwischen 15 und 30° C. In diesen Grenzen zeigen sich keine wesentlichen Unterschiede beim Aufschließen. Eine Abkühlung unter 15° C ist ohne Schwierigkeiten nur in den Wintermonaten durchführbar, wird aber in der Praxis nur sehr selten angestrebt. Dagegen erwärmen manche Werke ihre Säure auf 60—100° C, um dadurch eine energischere Einwirkung der Säure auf das Phosphat zu erreichen und eine möglichst hohe Wasserverdampfung zu erzielen. Dieses Mittel, das auch dazu beiträgt, den Phosphorsäuregehalt im Superphosphat in die Höhe zu treiben, läßt sich jedoch nicht bei allen Phosphaten mit gleich gutem Erfolg anwenden. Es besteht dabei immer die Gefahr, daß die Kohlensäure bereits vorzeitig im Rührtopf entweicht und der Superphosphatkuchen nicht genügend porös wird, wodurch die Qualität des Superphosphates sehr beeinträchtigt wird.

Durch Verwendung von sehr kalter Säure erhält man dagegen ein besonders poröses Produkt, da hier die Entbindung der Kohlensäure erst in der Aufschließkammer erfolgt.

Im allgemeinen wird man mit möglichst kühler Säure arbeiten und heiße Säure nur bei schwer aufschließbaren Phosphaten verwenden, es sei denn, daß man irgendwelche besonderen Zwecke verfolgt.

5. Der Einfluß der Rührdauer, der Reaktionswärme und der Ventilation. Um ein gutes Produkt zu erhalten, müssen Mehl und Säure in innige Berührung miteinander gebracht werden. Für den Aufschluß der Phosphorsäure ist eine möglichst lange Rührdauer daher immer von Vorteil, solange nicht dabei eine völlige Zersetzung des kohlensauren Kalkes eintritt und die bereits oben erläuterten Verhältnisse eintreten, die ein gutes Aufgehen des Superphosphatbreies verhindern (s. S. 366). Da manche Phosphate (z. B. Nauru- und Ciplyphosphat) außerordentlich leicht mit Schwefelsäure reagieren, so kommt für diese eine nur kurze Rührdauer von etwa einer halben Minute in Frage, da sonst Gefahr besteht, daß die Mischung vorzeitig in der Aufschließmaschine erstarrt. Andere Phosphate, die nicht so schnell reagieren, wie Florida hard-rock und einige afrikanische Phosphate, kann man etwa eine Minute mit Säure verrühren, während schwer aufschließbare Phosphate, wie einige Sorten Pebble- und Tennesseephosphat, eine Rührdauer von 2—3 Minuten vertragen und auch verlangen.

Genau wie die chemische Reaktionsfähigkeit ihren Einfluß auf die Rührdauer ausübt, trifft dieses in ähnlicher Weise für die Feinheit des Mehles und die Temperatur der Säure zu. Staubreiches Mehl und heiße Säure wirken beide auf eine Beschleunigung der chemischen Reaktion hin und gestatten daher eine Verkürzung der Rührdauer.

Von sehr wesentlicher Bedeutung ist ferner eine besonders hohe Wasserverdampfung aus der Reaktionsmasse. Durch eine möglichst gute Ausnutzung der Reaktionswärme und eine starke Ventilation läßt sich ein erheblicher Teil des in die Reaktion eingebrachten Wasserüberschusses zur Verdampfung bringen. Um die Reaktionswärme weitgehendst ausnutzen zu können, baut man heute nur noch Aufschließkammern mit möglichst großem Fassungsvermögen von 100—300 t und umgibt sie, sofern sie nicht aus dickem Mauerwerk bestehen, mit einer Schicht, welche die Ausstrahlung der Wärme verhindert. Die Ventilationseinrichtungen müssen so beschaffen sein, daß sie die Erzeugung eines Unterdruckes von mindestens 20 mm Wassersäule in der Aufschließkammer dauernd gewährleisten. Wesentlich dafür ist, daß sämtliche Gaskanäle einen weiten Querschnitt besitzen und sich leicht durch Ausspülen von dem sich überall ansetzenden und leicht alles verstopfenden Kieselsäureschnee reinigen lassen. Eine unzureichende Ventilation läßt das Produkt feucht und schmierig werden. Es wird einerseits der Wasserdampf nicht ausreichend entfernt, andrerseits reagiert dieser mit dem gasförmigen Fluorsilicium bereits in der Aufschließkammer unter Bildung von Kieselfluorwasserstoffsäure, die den Gehalt an freier Säure im Superphosphat erhöht und damit weiter verschlechternd auf die Qualität des Endproduktes einwirkt. Äußerlich gibt sich eine mangelhafte Ventilation auch an der Bildung von Stalaktiten aus Kieselsäure an der Kammerdecke zu erkennen. Normalerweise beträgt die gesamte „Schwindung“ aus Reaktionsmasse 9—15% der Einwage, je nach dem Gehalte des Phosphates an Kohlensäure, der Höhe der Reaktionstemperatur und dem Grade der Entlüftung beim Aufschließen.

6. Das Verhalten des Superphosphates auf dem Lager. Untersucht man ein Superphosphat, von dem man eine Probe direkt aus der heißen Aufschließkammer genommen hat, so findet man neben einem hohen Wassergehalt verhältnismäßig hohe Gehalte an freier und unlöslicher Phosphorsäure, während der

Anteil an wasserlöslicher entsprechend geringer ist. Die Analyse zeigt das Bild eines noch durchaus unfertigen, noch in der Reaktion befindlichen Produktes und vermag daher nur unsichere Anhaltspunkte für den endgültigen Ausfall der Ware zu geben. Dasselbe Superphosphat zeigt aber ganz andere, bereits viel günstigere und ausgeglichenere Verhältnisse nach Ablauf eines Tages, nachdem es zu Lager genommen ist, so daß man nunmehr in der Lage ist, die Analysenergebnisse richtig auszuwerten. Der Verlauf der einzelnen Reaktionen ist, nachdem die Ware abgekühlt und bereits etwas abgetrocknet ist, erheblich langsamer geworden und vollzieht sich nur noch in der Spanne von Tagen und Wochen, bis nach Ablauf von 3—4 Wochen ein bleibender Zustand eintritt. Man nennt diese Erscheinung den „Nachaufschluß" auf dem Lager. Bei richtig geleiteter Fabrikation ist er bei gutartigen Phosphaten oft recht erheblich, während er bei schwer aufschließenden weniger in die Erscheinung tritt.

Für die richtige Beurteilung eines frischen Superphosphates — speziell eines aus einem Probeaufschluß hervorgegangenen — ist es wichtig zu wissen, auf welchen Grad des Nachaufschlusses man rechnen kann, um danach die Höhe des Säurezusatzes richtig bemessen zu können. Selbstverständlich wird ein stark übersäuertes Superphosphat immer einen erheblichen Nachaufschluß aufweisen, doch ist dem Säurezusatz nach obenhin durch seinen starken Einfluß auf die physikalische Beschaffenheit des Produktes eine Grenze gezogen.

Weist ein Superphosphat von Anfang an einen zu geringen Gehalt an freier Säure auf, so wird der Nachaufschluß dementsprechend immer nur gering sein können. Kommt aber zu einem niedrigen Gehalt an freier Säure ein hoher Gehalt an Eisenoxyd und Tonerde hinzu, so besteht die Gefahr, daß nicht nur der Nachaufschluß ganz ausbleibt, sondern sich sogar in das Gegenteil verkehrt daß also der Gehalt an wasserlöslicher Phosphorsäure mit der Zeit nicht höher, sondern niedriger wird. Diese durchaus unerwünschte und gefürchtete Erscheinung bezeichnet man als das „*Zurückgehen*" des Superphosphates:

In dem ganz frischen Superphosphat ist der Gleichgewichtszustand zwischen freier Säure, ein-, zwei- und dreibasisch-phosphorsaurem Kalk bereits stark zuungunsten der freien Säure verschoben. Reagiert diese nach dem Zulagerbringen des Superphosphates weiter mit dem dreibasisch-phosphorsauren Kalk, so wird ihr ohnehin schon zu geringer Gehalt so weit vermindert, daß er nicht mehr ausreicht, die sehr unbeständige Verbindung $FeH_6(P_2O_4)_3$ in dem wasserlöslichen Zustand zu erhalten. Diese zerfällt daher nach der Formel:

$$FeH_6(PO_4)_3 \longrightarrow FePO_4 + 2\,H_3PO_4\,. \qquad (24 \text{ vgl. } 9)$$

Ein Drittel der an Eisen gebundenen Phosphorsäure wird dadurch wieder unlöslich und fällt damit für die Wertbemessung im Superphosphat aus. Enthält das Superphosphat verhältnismäßig viel Eisenoxyd (Fe_2O_3), das der Reaktion mit der Schwefelsäure infolge ihrer schnellen Umsetzung mit den Kalksalzen entgangen ist, so können die freie Säure und das einbasische Salz damit unter Abspaltung von hygroskopischem Wasser in Reaktion treten nach den Formeln:

$$Fe_2O_3 + 2\,H_3PO_4 = 2\,FePO_4 + 3\,H_2O\,, \qquad (25)$$

$$3\,Fe_2O_3 + 6\,CaH_4P_2O_8 = 6\,FePO_4 + 6\,CaHPO_4 + 9\,H_2O\,, \qquad (26)$$

wodurch weitere Phosphorsäure unlöslich wird. Eisensulfat $Fe_2(SO_4)_3$ scheint dagegen nach den ausführlichen Arbeiten von B. NEUMANN und K. KLEYLEIN eine schädliche Wirkung nicht mehr auszuüben, da es sich mit H_3PO_4 und $CaH_4P_2O_8$ nicht umsetzt.

Die Verbindungen der Tonerde verhalten sich analog denen des Eisens, doch sind sie in der Regel nicht so schädlich, da sie von vornherein weniger leicht chemischen Reaktionen zugänglich sind und dadurch z. T. den Wechselwirkungen mit der Phosphorsäure entzogen bleiben. Wie aus den chemischen Formeln hervorgeht, können 160 Teile Fe_2O_3, bzw. 103 Teile Al_2O_3 142 Teile P_2O_5, entsprechend 310 Teilen $Ca_3P_2O_8$ unlöslich machen.

Eine weitere Rückgangserscheinung anderen Charakters kann durch die Einwirkung der freien Phosphorsäure auf Tonerdesilicat stattfinden:

$$2H_3PO_4 + Al_2(SiO_3)_3 = 2AlPO_4 + 3H_2SiO_3 . \qquad (27)$$

Die nur langsam verlaufende Zersetzung des kieselsauren Kalkes durch freie Phosphorsäure vermag gleichfalls bei einem zu geringen Säureüberschuß letzten Endes zur Bildung von unlöslichem Salz zu führen:

$$Ca_3SiO_3 + H_3PO_4 = CaHPO_4 + H_2SiO_3 . \qquad (28)$$

Charakteristisch für ein „zurückgegangenes“ Superphosphat ist es, daß es verhältnismäßig viel unlösliche Phosphorsäure enthält und dabei trotz des Mangels an freier Säure zuweilen feucht ist.

Das Zurückgehen der Phosphorsäure wird durch verschiedene Faktoren physikalischer Natur begünstigt, so vor allem durch Wärme, starken Schlag und Druck, wobei die Dauer der Einwirkung von wesentlicher Bedeutung ist. Bei einem Superphosphat, bei dem diese Erscheinung zu befürchten ist, sorgt man daher für eine ausreichende Abkühlung, gegebenfalls durch eine Zwischenlagerung, bevor man es zu Lager nimmt. Beim Aufwerfen auf dem Lager vermeidet man den Aufschlag aus voller Höhe und läßt das Superphosphat jeweils die Böschung der Haufen hinuntergleiten. Haben die Rückgangserscheinungen einmal eingesetzt, so lassen sie sich nicht mehr aufhalten, wie auch ein Superphosphat, in dem die Phosphorsäure zurückgegangen ist, sich nicht mehr aufbessern läßt. Die einzige Möglichkeit, sich bei einem zu erwartenden Rückgang der Phosphorsäure vor Schaden zu bewahren, ist die, das Superphosphat sobald wie irgend möglich mit schwefelsaurem Ammoniak zu vermischen. Es erfolgen hierbei Umsetzungen der Eisen- und Tonerdeverbindungen, durch die eine Abspaltung von unlöslichen Verbindungen unterbunden wird (s. S. 568).

Bei den heute im Handel befindlichen Phosphaten leisten die Verkäufer eine Garantie für einen Höchstgehalt an Eisenoxyd und Tonerde von zusammen 3%. Bei einem diese Grenze nicht überschreitenden Rohphosphat ist es möglich, den Rückgang der Phosphorsäure durch eine hinreichende Übersäuerung des Superphosphates ohne Gefährdung seiner Qualität in fast jedem Falle mit Sicherheit zu vermeiden.

III. Die technische Durchführung der Fabrikation des Superphosphates

läßt sich in vier Arbeitsgänge zerlegen:

1. die Vermahlung des Rohphosphates,
2. die Behandlung des gemahlenen Rohphosphates mit Schwefelsäure,
3. die Fertigstellung des Superphosphates durch Trocknung und Siebung,
4. die Expedition des Superphosphates.

1. Die Vermahlung des Rohphosphates.

Das Rohphosphat wird, soweit es nicht schon von Natur von feinkörniger oder sandiger Struktur ist, in Brocken von etwa Faustgröße und etwas darüber angeliefert, auf jeden Fall in einer Form, in der es sich leicht mit der Schaufel handhaben läßt. Bevor sie in die Mühle gelangen, müssen alle grobstückigen Phosphate auf etwa Bohnengröße vorzerkleinert werden. Man benutzt dazu

Steinbrecher, wie solche auch in andern Betrieben allgemein gebräuchlich sind, so Backenbrecher, die das Material zwischen zwei Brechbacken aus härtestem Material gewissermaßen zerkauen, oder Kegelbrecher, die es zwischen einem exzentrisch umlaufenden Kegel und einem feststehenden Mantel zerdrücken.

Das vorgebrochene Material wird sodann in einer Mühlenanlage feingemahlen. Man unterscheidet verschiedene Typen von Mühlen: Mahlgänge, Kugelmühlen, Pendel- und Ringwalzenmühlen. Entsprechend ihrer Bauart und Arbeitsweise liefert jede Mühle ein Mehl von ganz spezifischer Eigenart und Zusammensetzung aus Fraktionen verschiedener Korngröße, woraus sich die oft recht auffallenden Unterschiede erklären, die sich bei der Verarbeitung ein und desselben Rohmateriales auf verschiedenen Werken ergeben (s. S. 370).

Die früher viel verwendeten Mahlgänge lieferten ein für den Aufschluß mit Schwefelsäure besonders geeignetes Mehl. Der hohe Kraftbedarf neben den erheblichen Aufwendungen für ein gutgeschultes Personal und häufige Reparaturen (Schärfen der Steine) bei geringer Leistung haben sie jedoch völlig aus den Fabriken verschwinden lassen. Kugelmühlen verschiedener Bauart trifft man auch heute noch in manchen Werken, doch haben auch sie leistungsfähigeren Systemen, die weniger empfindlich gegen feuchtes Material sind, mit der Zeit weichen müssen. Von den Pendelmühlen, die zeitweise in der Superphosphatindustrie eine bedeutende Rolle spielten, trifft man nur noch die allerleistungsfähigsten an. Es sind hier zu erwähnen: die Griffinmühle, die Pendelmühlen der Rheinischen Maschinenfabrik in Neuß, die Bradley- und Klark-Mühle, daneben die ohne Becherwerke und Siebe arbeitende Raymond-Mühle, die im Ausland eine beachtenswerte Verbreitung gefunden hat.

Die wichtigste Mühlengattung, die auch in Deutschland fast durchweg auf allen namhaften Werken Eingang gefunden hat, ist die Ringwalzenmühle. Neben einer ganzen Reihe Konstruktionen, von denen jede ihre besonderen Vorteile bietet, ist die bekannteste die *Maxeconmühle*, eine verbesserte Konstruktion der *Kentmühle*. Wie alle Mühlen ihrer Gattung, besitzt sie einen aufrechtstehenden Mahlring, der von drei in Bügeln hängenden Mahlwalzen in seiner Lage gehalten wird. Die oberste Walze wird durch die Transmission angetrieben und teilt ihre Bewegung durch Friktion dem Ring und den beiden andern Walzen mit. Das Mahlgut läuft in gleichmäßigem Strome zwischen einer der Walzen und dem Ring und wird durch die Zentrifugalkraft in der Höhlung des Ringes weiter an die andern Walzen mit herumgeführt. Hierbei wird es gebrochen und zerquetscht und kann dann über beide Seiten des Mahlringes hinweg aus der Mühle herausfallen. Durch die eigenartige Einspannung des Mahlringes zwischen den Walzen werden alle bei der Mahlarbeit auftretenden Stöße innerhalb der Mühle selbst aufgefangen. Die Leistung einer Maxeconmühle beträgt ungefähr 2,5—3 t hartes und 8—9 t weiches Phosphat pro Stunde bei der üblichen, für die Weiterverarbeitung erforderlichen Feinheit. Der Kraftbedarf für die Mühle allein beträgt etwa 25 PS, wozu noch ein weiterer Bedarf von 15—20 PS kommt für Sichtanlage, Becherwerk und Entstaubungsanlage, die mit der Mühle zu einem organischen Ganzen vereinigt sind.

Die Sichtanlage besteht entweder aus einem Windsichter oder aus Plansieben, die, mit einer Neigung von ca. 45^0 aufgestellt, durch ein Schüttelwerk dauernd in Bewegung erhalten werden. Die Schrägstellung bietet den Vorteil, daß man viel weitmaschigere Siebe verwenden kann als bei Trommelsieben, wie sie in Kugelmühlen eingebaut sind. Man gewinnt damit die Möglichkeit, auch etwas feuchteres Material zu verarbeiten.

Um die Fabrikationsräume von Staub frei zu halten und ihrer Verschmutzung vorzubeugen, wird an jede größere Mühlenanlage eine Entstaubungsanlage angeschlossen. Durch steil ansteigende Rohre wird mittels eines kräftigen Ventilators aus allen Teilen der Mühlenanlage der Staub angesaugt und durch Filtrierschläuche, die sich periodisch selbst reinigen, filtriert. Die vom Staube befreite Luft entweicht durch einen Schlot und führt nur die sich beim Mahlen aus dem Phosphat entwickelnden Wasserdämpfe (etwa $^1/_2$—1 % des Phosphates) mit sich. Das gemahlene Phosphat enthält immer weniger Feuchtigkeit als das unberührte Rohmaterial auf dem Lager.

2. Die Behandlung des gemahlenen Rohphosphates mit Schwefelsäure (das Aufschließen des Phosphates).

Das in den Vorratsbehältern aufgespeicherte Mehl wird durch Zubringerschnecken und Becherwerke der weiteren Verarbeitung in der sog. Aufschließerei zugeführt. Bevor man mit Säure mischt, wird es mit möglichster Genauigkeit gewogen. Man bedient sich hierzu Waagen verschiedener Konstruktion, und zwar solcher, die mit der Hand bedient werden müssen, sowie halb- und ganzautomatischer Waagen. Neben der Genauigkeit der Wägung ist es sehr wesentlich, daß der beim Einfließen des Mehles in die Waage entstehende Staub gut abgefangen wird, da sonst die ganze Apparatur in kürzester Zeit verschmutzt wird und alle Wägungen ungenau werden. Vielfach stellt man auch zwei Waagen auf, die beide gesondert mit allem Zubehör an Zuführungs- und Rücklaufschnecken ausgestattet sind, um die Möglichkeit zu haben, zwei Phosphate in beliebigem Mischungsverhältnis zueinander gleichzeitig verarbeiten zu können. Es ist diese Arbeitsweise, jedes Phosphat einzeln für sich zu vermahlen und zu verwiegen, der gemeinsamen Vermahlung und Verwiegung der Mischung vorzuziehen, da die einzelnen Phosphatsorten oft sehr große Unterschiede in ihrer äußeren Konstitution gegeneinander aufweisen und daher bei der gemeinsamen Vermahlung kein gleichmäßiges Mehl ergeben.

Die zum Aufschluß benötigte Säure wird in großen, mit einer Rührvorrichtung ausgestatteten Behältern auf die richtige Stärke eingestellt und dann mit säurefesten Zentrifugal- oder Kolbenpumpen in einen größeren Vorratsbehälter oberhalb der Aufschließerei gepumpt.

Da sich Säure mit der gleichen Genauigkeit abmessen wie wägen läßt, so verwendet man in der Regel Meßgefäße, die man am besten in dreiteiliger Ausführung zur Aufstellung bringt. Man eicht die drei nur durch den Überlauf miteinander in Verbindung stehenden Behälter auf das gleiche Volumen und läßt die dauernd gleichmäßig zufließende Säure abwechselnd in die beiden äußeren fließen. Der mittlere nimmt den Überlauf auf und wird nur entleert, wenn er vollgelaufen ist. Durch geeignete Einstellung des Zulaufes oder durch Einschaltung eines einfachen Reglers läßt sich der Zulauf leicht dem Bedarf genau anpassen. Bei der Abmessung der Säure ist auf Unterschiede in der Temperatur gebührend Rücksicht zu nehmen, da diese eine Veränderung des Volumens mit sich bringen. Man benutzt immer das gleiche Volumen Säure zum Aufschluß und verändert nach Bedarf nur das Gewicht des Mehles.

Eine vollkommen selbsttätig arbeitende Wägevorrichtung für Mehl und Säure ist von BRUHN konstruiert worden und wird von Fr. Krupp in Essen hergestellt (D.R.P. 348711). Dieser in allen Einzelheiten sehr sorgfältig durchdachte Apparat läßt sich in weitgehendem Maße allen Erfordernissen des Materiales und des Betriebes anpassen und verrichtet in zuverlässiger Weise die gesamte Arbeit in der Aufschließerei (s. Abb. 100 S. 377).

Sind Mehl und Säure richtig abgewogen bzw. abgemessen — das ist in der Regel in Portionen von 200 bis 500 kg —, so läßt man sie in möglichst gleichmäßigem Strome in die *Aufschließmaschine* einlaufen. Diese besteht aus einem runden, 1,5—2 m tiefen Topf mit starken Wänden aus siliciumhaltigem Gußeisen. Ein an einer senkrechten Welle befestigtes, kräftiges Rührwerk dient dazu, Mehl und Säure innig miteinander zu vermischen. Am Boden des Topfes befindet sich eine durch eine Klappe dicht verschließbare, runde Öffnung, durch welche die noch flüssige Mischung in die Aufschließkammer abgelassen werden kann. Soll die Aufschließmaschine für die Beschickung zweier Kammern dienen, so findet sie auf der gemeinsamen Mittelwand Aufstellung und erhält zwei entsprechend gerichtete Ausflußöffnungen (s. Abb. 100).

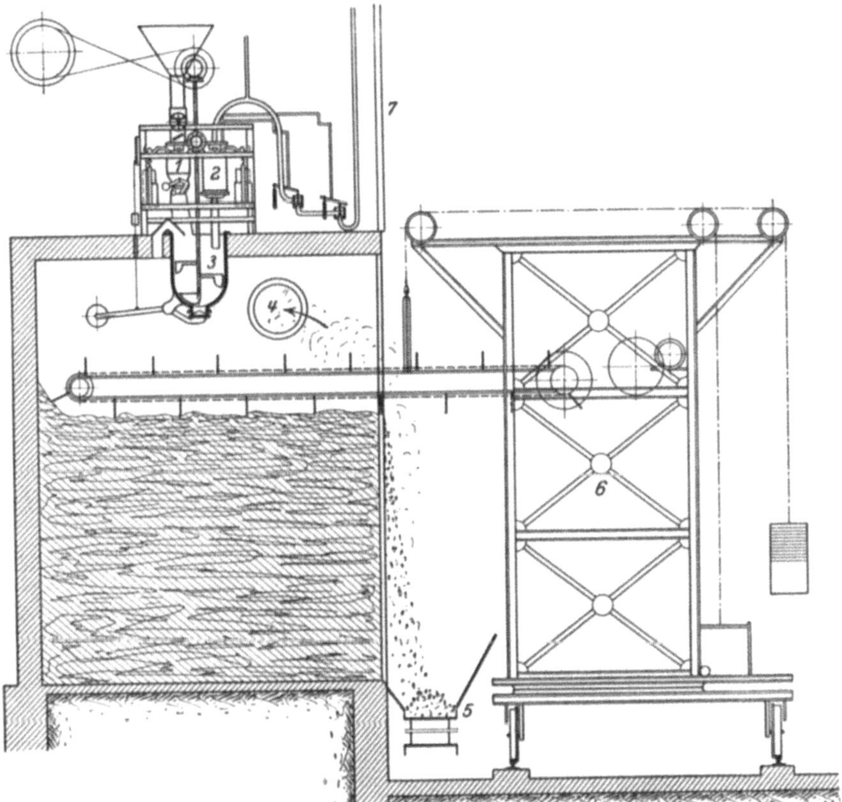

Abb. 100. Automatische Mehl- (1) und Säure-Waage (2) (Dr. BRUHN), 3 Aufschließmaschine (LORENZ), 4 Gasabzug, 5 Förderrinne, 6 Automatische Kammerentleerung (System KELLER), 7 Vorderwand der Aufschließkammer (hochgezogen).

Im Auslande benutzt man vielfach Aufschließmaschinen von flacher Form, die gleichfalls mit einem Rührwerk ausgestattet sind. Diese Bauart bietet unter anderem den Vorteil, daß sie auch während des Betriebes in allen Teilen leicht zugänglich sind. Die größten Apparate dieser Art, wie sie in den bedeutendsten Werken der Vereinigten Staaten anzutreffen sind, fassen 2000 kg Mischung, enthalten zwei Rührwerke und drehen sich außerdem während des Einmischens um ihre eigene senkrechte Achse. Mit allem Zubehör, Mehlwaage, Säuremeßkasten usw. auf eine fahrbare Plattform montiert, dienen sie dort zur Füllung einer ganzen Reihe von nebeneinanderstehenden Aufschließkammern (s. Abb. 102, S. 381).

Die *Aufschließkammern* oder Keller haben in ihrer einfachsten Form eine quadratische Grundfläche und sind aus Mauerwerk mit einer säurefesten Auskleidung aus Klinkersteinen hergestellt. In der Mitte der Decke oder der gemeinsamen Scheidewand zweier nebeneinanderstehender Kammern befindet sich die Aufschließmaschine. Eine Öffnung dicht unter der Decke dient zur Abführung der beim Aufschließen entstehenden Gase und Dämpfe. Die aus dicken Bohlen zusammengesetzte Tür ist durch starke Riegel gesichert. Solche einfachen, früher allgemein gebräuchlichen Kammern mußten mit der Hacke ausgeschlagen und das Superphosphat auf Karren herausgefahren werden. Die Arbeiter hatten dabei unter der großen Hitze in der über 100° C heißen Kammer sehr zu leiden, zumal die aus dem frischen Superphosphat entweichenden Dämpfe die Arbeit noch weiter erschwerten. Erst zu Beginn des Jahrhunderts fing man damit an, die Entleerung der Kammern zu mechanisieren, indem man zunächst mitten unter die Kammer hindurch einen Transporteur legte, der während der Füllung der Kammer sorgfältig abgedeckt war. Die Arbeiter brauchten nunmehr die Superphosphatbrocken nur noch loszuschlagen und auf das aufgedeckte Transportband fallen zu lassen. Das Aufladen auf die Karren und Hinausfahren konnte in Fortfall kommen. Wenn auch diese Art der Kammerentleerung den Arbeitern eine gewisse Erleichterung brachte, so erforderte sie doch noch einen Aufenthalt in der Kammer selbst. Merkwürdigerweise findet man heute noch dieses System der Kammerentleerung in nicht wenigen Fabriken in den Vereinigten Staaten, allerdings nur dort, wo ausschließlich Neger als Arbeitskräfte zur Verfügung stehen. Man hat hier die Aufschließkammern in die oberen Stockwerke der Gebäude verlegt, um das Superphosphat auf dem einfachsten Wege direkt aus der Kammer, ohne jede weitere Bearbeitung oder Zerkleinerung über das Transportband zu Lager nehmen zu können (vgl. D.R.P. 140841, von Lütjens und Ludewig).

Das rasche Aufblühen der Superphosphatindustrie in den ersten Jahren dieses Jahrhunderts brachte die Notwendigkeit einer völligen Mechanisierung der Kammerentleerung mit sich, da die Entleerung mit Hand immer mit einem großen Zeitaufwand verbunden war und die Benutzung großer Einheiten von vornherein ausschloß. Eine rationelle Ausnutzung der Anlagen, wie sie heute unbedingt geboten erscheint, war bei der alten Arbeitsweise ausgeschlossen. Die Umstellung auf den völlig mechanisierten Betrieb, der nun auch hygienisch einwandfrei wurde, gelang, vielfach unter Benutzung der vorhandenen Anlagen, überraschend schnell.

Von den zahlreichen Verfahren, die in sehr kurzen Zeitabständen voneinander bekannt wurden, haben sich nur verhältnismäßig wenige auf die Dauer behaupten können, diese haben aber im Laufe der Zeit eine vorzügliche technische Durcharbeitung erfahren, so daß sie heute eine große Betriebssicherheit und Leistungsfähigkeit aufweisen. Es sind dies die Verfahren von: 1. Keller, bzw. der Guano-Werke A.-G. (vorm. Ohlendorffsche und Mercksche Werke), D.R.P. 189245; 2. der A.-G. der Chemischen Produkten-Fabriken Pommernsdorf-Milch, D.R.P. 193916; 3. J. Beskow bzw. Beskow-Ekedahl, belg. Patent 214324, und 4. der Aktie-Bolaget Swenska in Malmö, D.R.P. 231688. Daneben sind erwähnenswert die von Gustav Hövermann, Hamburg und die der Rheinischen Maschinenfabrik in Neuß a. Rh. „Rema".

Im Auslande haben viel Verbreitung gefunden die Systeme von Wenk, Basel, D.R.P. 243369, Parent, Paris, Sturtevant, London u. a. m. Hierzu kommt noch die amerikanische Arbeitsweise mit Greifern.

1. Das System Keller (Guano-Werke) gestattete ohne allzu große Umänderung die Verwendung der früher gebräuchlichen, viereckigen Aufschließkammern, an denen lediglich die Vorderwand herausgebrochen und durch eine hochziehbare Tür ersetzt werden mußte. Der Entleerungsapparat besteht aus

einem Fahrgestell mit einem horizontalen Ausleger, der an einer umlaufenden Kette abwechselnd Messer und Schaufeln trägt. Die Ausräumung der Kammer geschieht von der Oberfläche aus. Während die Schaufeln das losgeschnittene Superphosphat von hinten nach vorn fördern, bewegt sich der Ausleger langsam seitwärts hin und zurück und senkt sich allmählich automatisch in dem Ausmaße, als die Entleerung der Kammer fortschreitet. Das Superphosphat fällt auf ein vor der Kammer hinlaufendes, eisernes Transportband. Die bei der Entleerung der Kammer sich entwickelnden Wasserdämpfe werden durch die Ventilationsanlage der Aufschließerei abgesogen und gelangen nicht in die Fabrikationsräume. Ein Entleerungsapparat vermag nacheinander eine ganze Reihe Kammern zu bedienen. Der Ausleger wird vor jeder Umstellung hochgezogen und zurückgeklappt. Die Leistung der Apparatur ist wesentlich von der Größe der Kammern abhängig und kann bis zu 30 t in der Stunde gesteigert werden. Dieses System gestattet die Aufstellung sehr großer Einheiten.

2. Die Aufschließkammer nach dem System „MILCH" besteht aus einem liegenden, zylindrischen Kessel aus Eisenblech, der innen mit säurefesten

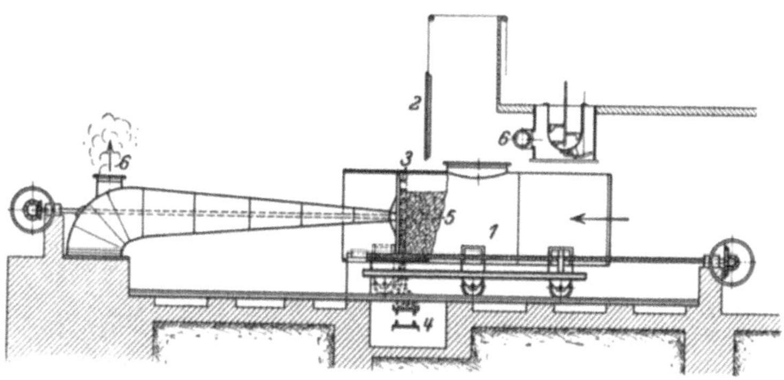

Abb. 101. Mechanische Kammerentleerung System „MILCH" (Bauart ERHARDT).
1 Fahrbare Aufschließkammer, 2 Stirnwand, 3 Ausräumer, 4 Plattentransporteur, 5 Superphosphatkuchen, 6 Gasabzug.

Steinen ausgemauert ist. Die vordere Stirnwand ist abnehmbar, so daß sie nach Fertigstellung des Aufschlusses entfernt werden kann und der Entleerungsvorrichtung — einer mit Messern besetzten Scheibe — die Möglichkeit gibt, den erstarrten Superphosphatblock zu bearbeiten. An der Unterseite des Kessels befindet sich ein durch einen doppelten Verschluß gesicherter Schlitz. Die Ausräumung der Kammer geht in der Weise vor sich, daß der gefüllte Kessel durch einen Spindelantrieb langsam gegen die rotierende Ausräumevorrichtung vorrückt, wobei das von dieser losgemachte Superphosphat durch den geöffneten Schlitz am Boden auf einen Transporteur oder auch direkt in einen Hängebahnwagen fällt. Bei der neuesten Bauart „ERHARDT" steht der Kessel frei in der Fabrik und bedarf keiner gemauerten Kammer mehr, in der er während der Füllung anfangs stehen mußte. Alle sich beim Aufschließen entwickelnden Gase und Dämpfe werden aus dem Dom des Kessels durch einen kräftigen Ventilator abgesogen, und kein Teil des Getriebes kommt mit ihnen mehr in Berührung. Da der gesamte Kessel während der Ausräumung gegen den Schneideapparat vorrückt, so ist er mit der Aufschließanlage nicht fest verbunden. Entsprechend seinem ganzen Wesen eignet sich dieses System nicht für sehr große Fassungsvermögen, man gibt den Kesseln daher auch nur einen Nutzinhalt bis zu 50 m³. Die Füllung eines Kessels von 25 m³ Inhalt benötigt ebenso wie die Entleerung

$1^1/_2$ Stunden, so daß innerhalb 5 Stunden die Produktion von ca. 25 t leicht mit allen Nebenarbeiten bewältigt werden kann (s. Abb. 101).

3. Die mechanische Kammerentleerung nach dem System Beskow erfordert Kammern von ganz besonderer Konstruktion. Da, ähnlich wie bei dem System Milch, der ganze Superphosphatblock einer Schneidevorrichtung entgegengeführt werden muß, so ist der Boden der Kammer auf Rädern aufmontiert. Die Seitenwände können durch Zurückschlagen von dem Superphosphatblock losgelöst werden, die Tür an der Stirnwand der Kammer ist als Flügeltür ausgebildet und läßt nach dem Öffnen den ganzen Block hindurchtreten. Die Hinterwand ist mit dem Boden fest verbunden. Vor der Füllung der Kammer werden die Seitenwände senkrecht gestellt, die Tür zugeschlagen und durch starke Riegel von außen gesichert und alle Fugen aufs sorgfältigste mit Lumpen, Superphosphat und Phosphatmehl abgedichtet, damit der frische Brei nicht hindurchlaufen kann. Ist die Masse erstarrt, so läßt sich der ganze Block von den Wänden an drei Seiten freilegen und mit dem Boden gegen die Schneidevorrichtung vorziehen. Diese besteht aus einer um eine senkrechte Achse drehbaren Trommel, die mit Messern und Blechen zum Forträumen des losgeschnittenen Superphosphates besetzt ist (s. Abb. 105 S. 388).

Da die Wände, Türen und der Boden der Aufschließkammer beweglich sind, so stellt man sie aus Eisenblech oder Holz her und schützt sie gegen den Angriff der Säure durch eine Auskleidung mit Beton oder mit Platten aus säurefestem Material. Neuerdings baut man auch Kammern von 100 und mehr Tonnen Inhalt ganz aus Eisenbeton.

Vielfach hat man Aufschließkammern dieser Bauart in dem oberen Stockwerk des Fabrikationsgebäudes aufgestellt, um dadurch zu erreichen, daß das Superphosphat, sobald es aus der Kammer kommt, ohne weiteren Zwischentransport in die Schabemaschine (s. unten) fallen kann.

Eine eigenartige Anwendung findet der Ausräumer des Beskow-Systems in Verbindung mit gemauerten Kammern nach der Bauart Beskow-Ekedahl. Der Grundriß der Kammer hat die eigentümliche Form einer Fischblase, und der Ausräumer wandert in den Keller hinein. Diese Anordnung, die nach einem D.R.P. 325079 von Lütjens und Ludewig technisch vervollkommnet wurde, hat den Vorzug, daß sie sehr wenig Platz in Anspruch nimmt.

4. Die mechanische Kammerentleerung nach dem System Swenska gestattet die Verwendung von gemauerten Kammern alter Bauart. Die Vorderwand wird in ihrer ganzen Ausdehnung durch eine hochziehbare Tür ersetzt, während an der Rückwand ein starker, eiserner Schild Aufstellung findet, der durch ein Schneckengetriebe von hinten gegen die Türöffnung gepreßt werden kann. Durch Ausmauerung der Seitenwände gibt man der Kammer eine nach hinten etwas spitz zulaufende Form. Wenn das auf die übliche Weise in die Kammer eingemischte Superphosphat erstarrt ist, so wird die Tür entfernt, und der Schild an der Rückseite der Kammer drückt den ganzen Superphosphatblock langsam gegen die vor der Tür befindliche Schneidevorrichtung. Ein quer vor der Kammer hinlaufender Transporteur führt das Superphosphat der weiteren Verarbeitung zu. Die etwas konische Form der Kammer gestattet eine leichte Ablösung des Superphosphatblockes von den Wänden. Die Vorwärtsbewegung des ganzen Blockes erfordert eine verhältnismäßig sehr geringe Kraft. Der ganze Vorgang der Ausbringung, der sich ohne ein Verschmieren der Ware vollzieht, erinnert in seinem Wesen an die Entleerung der Koksöfen.

Die als eine der ersten bekannt gewordene mechanische Kammerentleerung nach Hövermann wird heute kaum noch gebaut. Sie verlangt Kammern von kreisrunder Grundfläche und wird durch einen während der Füllung der Kammer unter der Decke hängenden Ausräumer betätigt, der sich unter stetiger Drehung langsam auf den Superphosphatblock herabsenkt und diesen von der Oberfläche aus abschabt.

Das System der Rheinischen Maschinenfabrik in Neuß ist dem HÖVERMANNschen in vieler Beziehung ähnlich, nur daß der Ausräumer während der Füllung der Kammer sich außerhalb dieser befindet und für mehrere Kammern benutzt werden kann. Er besteht aus einer um eine senkrechte Welle drehbaren Schneidevorrichtung, die sich in der Kammer bei der Entleerung schirmartig ausbreitet.

Die Kammerentleerung nach dem System WENK ist im Prinzip nichts anderes als eine Umkehrung des Systems MILCH. Während bei letzterem der Ausräumer fest stehenbleibt und die Aufschließkammer sich gegen diesen bewegt, ist bei

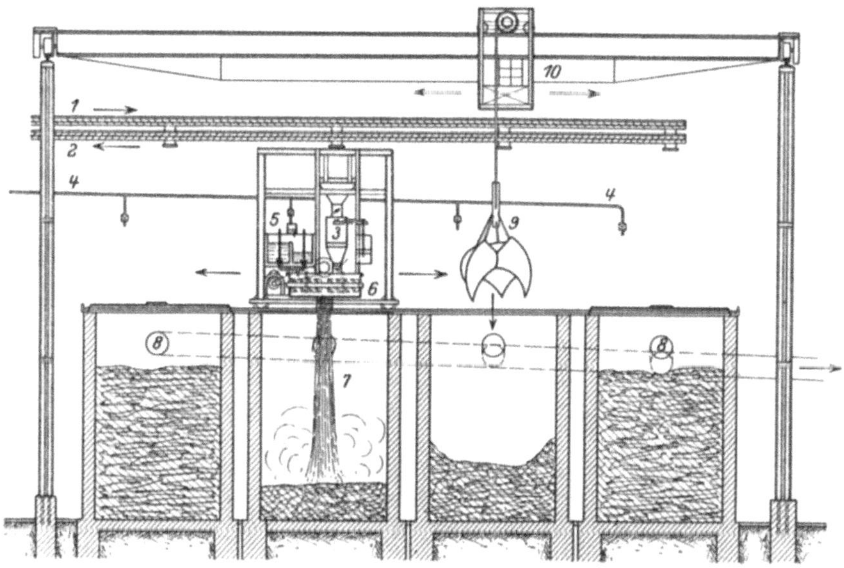

Abb. 102. Aufschließanlage nach amerikanischem System.
1 Mehlzuführungsschnecke, 2 Rücklaufschnecke, 3 Mehlwaage, 4 Säureleitung, 5 Säuremeßkasten, 6 Aufschließmaschine, 7 Aufschließkammer, 8 Gasabzug, 9 Greifer, 10 Laufkran.

dem WENKschen System die Kammer feststehend, und der Ausräumer läuft in diese hinein. Es bietet diese Anordnung den Vorteil, daß man gemauerte Kammern verwenden kann.

Die mechanischen Kammerentleerungen nach PARENT und nach POZZI arbeiten fast nach ganz demselben Prinzip und unterscheiden sich nur durch einige konstruktive Einzelheiten von der WENKschen.

Ein in England und Amerika verbreitetes System der Kammerentleerung ist das von STURTEVANT, welches dem von BESKOW in vieler Hinsicht verwandt ist. Auch hier sind die Verhältnisse insofern vertauscht, als der Ausräumer im Gegensatz zum System BESKOW sich gegen den Superphosphatblock bewegt und dieser auf einem festen Boden ruht. Die Seitenwände hängen an einem mit dem Ausräumer fest verbundenen Gerüst und lassen sich gleichfalls von dem Superphosphatblock lösen, nur daß der Drehpunkt der Wände nicht unten, sondern oben liegt. Während des Ausräumens weichen die Seitenwände mit der Decke zusammen, dem Vorschreiten des Ausräumers entsprechend, über den Superphosphatblock hinweg zurück. Die Tür an der Stirnwand wird vor dem

Ausbringen durch Hochziehen entfernt. Der Ausräumer wirft das abgeschnittene Superphosphat auf ein längs unter der Seitenwand der Kammer hinlaufendes Transportband.

Während alle oben beschriebenen Kammerentleerungssysteme Rücksicht auf eine möglichst schonende Behandlung des frischen Superphosphates nehmen, tritt diese in den Hintergrund beim *amerikanischen Greifersystem*. Die hiermit arbeitenden Fabriken haben den unbestreitbaren Vorteil, daß sie mit einem Minimum an Löhnen und Reparaturen auskommen. Sie unterscheiden sich in ihrem großzügigen, einfachen Aufbau wesentlich von den europäischen Werken, die mit einer bei weitem komplizierteren Apparatur ausgerüstet sind.

Die 100—300 t fassenden Aufschließkammern haben die Form aufrechtstehender Zylinder und werden aus Eisenbeton hergestellt. Sie finden in Serien zu vier oder sechs in einer Reihe nebeneinander Aufstellung und werden von einer scharf über ihre Oberkante hinstreichenden Plattform überfahren, welche eine vollständige Aufschließanlage mit Mehlwaage, Säuremeßkasten, Aufschließmaschine nebst Antriebsmotor trägt. Zum Aufschließen wird die Plattform so über die zu füllende Kammer gestellt, daß die Aufschließmaschine genau über die Mitte zu stehen kommt. Der Boden der Plattform bildet dann ohne weiteres den oberen Abschluß der Kammer. Mehl und Säure können aus genau passend verlegten Stutzen abgezogen werden. Ist eine Kammer gefüllt, so wird die Plattform mit der gesamten Aufschließanlage auf die nächste Kammer geschoben und die frisch gefüllte mit einer flachen Haube bedeckt, bis das Superphosphat soweit erstarrt ist, daß es ausgeräumt werden kann. Dies geschieht auf die denkbar einfachste Weise vermittels eines vierteiligen Greifers, der mit seinen spitzen Schalen von oben leicht in das frische Superphosphat einsinkt. Hat der Greifer sich geschlossen, so wird er angehoben und fährt an einem Laufkran hängend, über das Lager hin, um das Superphosphat an geeigneter Stelle abzuwerfen (s. Abb. 102 S. 381).

Diese auf jede Zerkleinerung und weitere Trocknung des Superphosphates verzichtende Arbeitsweise ist nur dann ohne Nachteil durchführbar, wenn es sich um ein mit nur geringem Säureüberschuß aufgeschlossenes Superphosphat handelt, das also von vornherein schon sehr trocken ist. Eine solche Ware kann man mit befriedigender Ausbeute nur herstellen, wenn neben der wasserlöslichen auch die citratlösliche Phosphorsäure zur Bewertung herangezogen wird. Da in den Vereinigten Staaten ein sehr erheblicher Teil des Superphosphates zu Mischdünger weiter verarbeitet wird, so fällt ein Mangel in der Qualität dort nicht so sehr ins Gewicht.

3. Die Fertigstellung des Superphosphates.

Nach Beendigung der Einmischung von Phosphatmehl und Säure läßt man dem Superphosphat ausreichend Zeit, in der Aufschließkammer zu einem festen Block zu erstarren. Bei Verwendung sehr leicht mit Säure reagierender Phosphate geht diese Erstarrung sehr schnell vor sich, so daß man bereits eine halbe Stunde nach Einbringung der letzten Mischung in die Kammer zur Entleerung schreiten kann. Im allgemeinen läßt man aber das Superphosphat mehrere Stunden oder über Nacht in der Kammer stehen, wodurch auch der Aufschluß der Phosphorsäure weiter gefördert wird.

Das frisch aus der Aufschließkammer kommende Superphosphat stellt eine poröse, brotartige Masse dar, die gegen jede physikalische Beanspruchung sehr empfindlich ist und daher äußerst schonend behandelt werden muß. Die über 100° C betragende Temperatur der Masse gestattet die kostenlose Verdampfung einer nicht unwesentlichen Menge hygroskopischen Wassers. Man erreicht diese leicht dadurch, daß man das heiße Superphosphat möglichst schnell und fein zerkleinert und den sich dabei entwickelnden Wasserdämpfen einen ausreichenden Abzug gewährt. Um den in der ganz frischen Ware meist vorhandenen Überschuß an freier Phosphorsäure etwas herabzumindern, setzt man dem Superphosphat während der Zerkleinerung 1—2 % Knochenmehl oder feinstgemahlenes Algierphosphat zu. Der Zusatz von Knochenmehl vermag noch weiter dadurch günstig auf die Qualität des Endproduktes einzuwirken, als durch ihn eine Aufsaugung des hygroskopischen Wassers stattfindet.

Die Zerkleinerung des Superphosphates unter gleichzeitiger Zugabe von Phosphat- oder Knochenmehl kann nach dem Unionverfahren von KLIPPERT in der sog. *Krümelmaschine* geschehen, einem senkrechten, sich nach unten verjüngenden, abgestumpften Hohlkegel, der innen mit einem Schlagwerk ausgestattet ist. Das oben eingebrachte Superphosphat wird in kleine Brocken zerschlagen und fällt unten auf ein Zwischenlager, von dem es nach 1—2 tägigem Lagern wieder aufgenommen wird, um in einem Desintegrator nochmals zerkleinert und dann gesiebt zu werden.

Eine noch weitgehendere Zerkleinerung findet auf der *Schabemaschine* von LORENZ und LÜTJENS (D.R.P. 306922) statt. Diese besteht aus einer mit 12—16 Messern besetzten horizontalen Scheibe, die mit 300 Touren um eine senkrechte Welle rotiert. Die Messer streichen dicht unter dem unteren Rand des in der Decke eines möglichst großen und hohen Raumes angebrachten Einlauftrichters hindurch. Die einfallenden heißen Superphosphatbrocken werden auf diese Weise unter der denkbar geringsten mechanischen Beanspruchung in feinste Krümelchen zerschnitten und gleichzeitig durch die Zentrifugalkraft zu einem feinen Regen weit ausgestreut. Der dabei entweichende heiße Wasserdampf wird durch Abzugsschlote entfernt und erzeugt einen lebhaften Luftzug.

Wenn auch die auf diese Weise erzielte Wasserverdunstung bereits ausreicht, ein gutes Produkt zu erzeugen, so läßt sich durch künstliche Zuführung heißer Luft noch eine weitere erhebliche Verbesserung der Qualität erreichen. Dieses von dem Verein für chemische und metallurgische Produktion in Außig a. E. ausgearbeitete Verfahren (D.R.P. Anm. V, 21893) (s. Abb. 105) geht von dem Gesichtspunkt aus, daß der Trockenprozeß einzig und allein in der kurzen Zeit des Hindurchfallens des Superphosphates durch eine möglichst heiße Atmosphäre vollzogen werden darf. Jede Berührung des frischen Superphosphates mit irgendwelchen erhitzten Gegenständen muß unbedingt vermieden werden. Der Raum, in dem das Superphosphat von der Schabemaschine ausgestreut wird, muß daher ziemlich weite Abmessungen besitzen, damit es nicht gegen die von dem heißen Luftstrom direkt umspülten Wände geschleudert wird. Die Temperatur des durch einen Turm unter der Schabemaschine horizontal eingeblasenen Luftstromes von 280—320° C bewirkt schon von sich aus eine Abtrocknung des Superphosphates, andrerseits verhindert sie aber auch eine Kondensation von Wasserdampf auf der Ware, welche leicht durch eine zu starke und schnelle Abkühlung des Superphosphates eintreten kann, wenn es während des Ausstreuens von zu kalter Luft durchstrichen wird.

Wenn das Superphosphat auch gegen eine Hitze von 150° C bereits sehr empfindlich ist, so vermag das kurze Hindurchstreichen durch einen Luftstrom von erheblich höherer Temperatur doch keine schädliche Einwirkung auf die Wasserlöslichkeit der Phosphorsäure auszuüben. Die Dauer der Erwärmung ist dazu zu gering, und die Temperatur des Superphosphates erreicht keine bedenkliche Höhe, zumal die Verdunstung des Wassers dem entgegenwirkt.

Das auf diese Weise angetrocknete Superphosphat wird mindestens 12 Stunden in dem Trockenraum sich selbst überlassen und dann erst nach einer Absiebung endgültig auf Lager gebracht. Durch den Trockenprozeß ist der Überschuß an hygroskopischem Wasser so weit herabgemindert, daß er leicht vom Superphosphat resorbiert wird. Bei der Zwischenlagerung findet auch die chemische Bindung eines, allerdings verhältnismäßig sehr geringen Teiles des Wassers als Krystallwasser an die verschiedenen dafür in Frage kommenden Verbindungen statt (s. S. 368). Hieraus erklärt sich die Erscheinung, daß ein auf diese Weise vorbehandeltes Superphosphat später auf dem Lager nicht wieder erhärtet und ohne weiteres zur Verladung gebracht werden kann.

Die wenigen bei der Absiebung anfallenden, gröberen Rückstände werden entweder in einem Desintegrator oder Stachelwalzwerk zerkleinert und der übrigen Ware wieder hinzugefügt oder als Dichtungsmaterial für die Fugen der Aufschließkammern verwendet.

Von der früher vielfach ausgeübten Trocknung des Superphosphates auf besonders konstruierten Darren oder in Trockentrommeln war man lange Zeit gänzlich abgekommen. Erst in den letzten Jahren greift man hierauf wieder zurück in dem Bestreben, dadurch ein qualitativ sehr hochwertiges Superphosphat herzustellen. (Vgl. GAILLARD, Barcelona, Schweizer Patent 127276 und 128744 und Chem. Industrie u. H. MEYER, Danzig, Engl. Patent 304697.)

Neben der eigentlichen Fabrikation des Superphosphates müssen die beim Aufschließen der Phosphate entweichenden Gase und Dämpfe abgefangen und unschädlich gemacht werden, wenn nicht schwere Belästigungen und Schädigungen der näheren Umgebung der Fabrik eintreten sollen. Die aus der Aufschließerei entweichenden Abgase bestehen aus Wasserdampf, Kohlensäure und Fluorsilicium. Während die beiden ersteren Bestandteile keine Belästigungen hervorrufen, sind die Fluorsiliciumgase für die Vegetation bereits in geringen Mengen gefährlich, zudem reizen sie die Schleimhäute stark und können in größerer Menge eingeatmet zu gefährlichen Erkrankungen der Lunge Anlaß geben.

Die Fabriken sind daher genötigt, die Abgase von dem schädlichen Fluorsilicium zu befreien. Dies läßt sich durch eine Waschung mit Wasser erreichen. Zu diesem Zwecke leitete man früher (manche ältere Fabriken besitzen noch solche Anlagen) die Abgase in große, gut mit Teer ausgestrichene Holztürme, in deren Decke Wasserdüsen eingesetzt waren.

In der *Kondensationsanlage* findet folgende Reaktion statt:

$$3\,SiF_4 + 4\,H_2O = 2\,H_2SiF_6 + H_4SiO_4\ .$$

Die sich neben der Kieselfluorwasserstoffsäure bildende Kieselsäure scheidet sich in Gegenwart von wenig Wasser als weiße, flockige Masse ab, die leicht alle Gaskanäle verstopft, bei einem Überschuß an Wasser bildet sich ein mehr oder weniger dicker, grauer Schlamm. Die modernen Kondensationsanlagen vermeiden die Schwierigkeiten, die sich aus der Abscheidung der Kieselsäure ergeben und gestatten neben einer weitgehenderen Auswaschung der Gase die Gewinnung einer technisch verwertbaren Kieselfluorwasserstoffsäure.

Die Absorptionsanlage von KESTNER besteht aus einem mit einem säurefesten Verputz versehenen, gemauerten Kanal, in dessen Wände mehrere Wasserzerstäuber eingebaut sind. Diese Zerstäuber oder „Zentrifugalatomisatoren" sind sternförmige, mit 1500 Umdrehungen rotierende Gebilde, welche das auf sie gespritzte Wasser zu einem feinen Nebel verstäuben. Der wesentliche Vorteil dieser Einrichtung liegt darin, daß man mit Hilfe dieser Atomisatoren auch die schlammige Kieselflußsäure verstäuben und sie dadurch immer weiter anreichern kann, bis die gewünschte Stärke erreicht ist. Am Eingang oder am Schlusse der Kammer stellt man einen kräftig wirkenden Ventilator auf, der gleichfalls mit

Wasser oder dünner Kieselflußsäure bespritzt wird. Man trägt nur Sorge dafür, daß die ganze Anlage, gegebenenfalls durch Schornsteinzug, dauernd unter Unterdruck gehalten wird. Alle mit den Gasen in Berührung kommenden Metallteile stellt man aus Kupfer her, die Membranpumpen, welche die Kieselfluorwasserstoffsäure im Umlauf halten, bekommen eine Auskleidung aus Hartgummi.

Ein anderes, gleichfalls außerordentlich wirksames System ist von Lütjens und Ludewig in Hannover erdacht. Die Absorptionskammer ist durch senkrechte Scheidewände in mehrere Abteilungen geteilt, und die Gase durchstreichen sie abwechselnd von oben nach unten und von unten nach oben. Die sich am Boden der Kammer befindenden Sammelbassins werden so weit mit Wasser gefüllt, daß die in jede Abteilung eingebauten Zerstäuberwalzen eben mit ihren unteren Schaufeln in den Flüssigkeitsspiegel eintauchen. Werden die Walzen in rasche Umdrehung versetzt, so schleudern sie die Flüssigkeit hoch und verspritzen sie in der Kammer. Da die zerstäubte Flüssigkeit immer wieder in die Bassins zurückläuft, so konzentriert sie sich immer mehr. Bei diesem System kommt die Verwendung von Pumpen gänzlich in Fortfall.

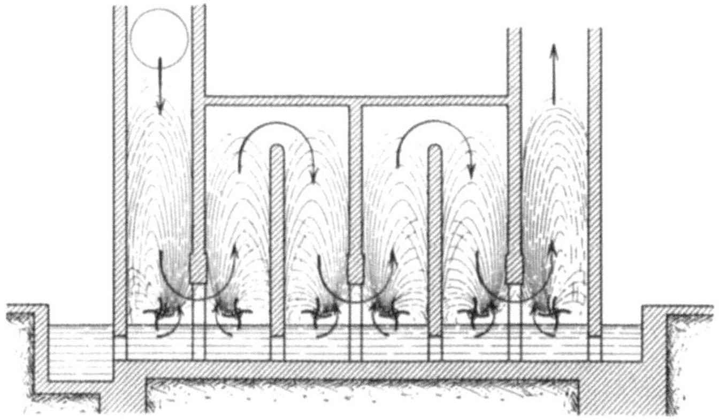

Abb. 103. Kondensationsanlage nach Lütgens und Ludewig.

Eine Absorptionsanlage von verhältnismäßig geringen Ausmaßen, aber hohem Wirkungsgrad, die ohne weiteres die Gewinnung einer Kieselfluorwasserstoffsäure von 36° Bé gestattet, ist die von Möller und Kreth (D.R.P. 472040). Der Gasstrom trifft in ihr senkrecht auf rotierende, durchlöcherte Scheiben, deren unterer Teil in die Bodenflüssigkeit eintaucht. Die sich auf den Scheiben absetzende, schlammige Kieselsäure wird beim Eintauchen in die Absorptionsflüssigkeit abgestreift und wird auf diese Weise in einer lamellenartigen, leicht filtrierbaren Form erhalten.

Die in der Absorptionsanlage anfallende Kieselfluorwasserstoffsäure, die nur in höherer Konzentration von ca. 30% als solche verkäuflich ist, läßt sich leicht zu Kieselfluornatrium weiterverarbeiten. Der Prozeß vollzieht sich sehr einfach, indem man die durch Kiesfilter geklärte Säure von etwa 10° Bé mit einer starken Lösung von Steinsalz im Überschuß versetzt. Die Umsetzung nach der Formel:

$$H_2SiF_6 + 2\,NaCl = Na_2SiF_6 + 2\,HCl$$

verläuft fast momentan und läßt sich durch Ausrühren noch weiter fördern. Das Kieselfluornatrium setzt sich als schwerer Niederschlag schnell zu Boden und wird darauf zentrifugiert, ausgewaschen, getrocknet und gemahlen.

Kieselfluornatrium findet in der Milchglas- und Emaillefabrikation als Ersatz für Kryolith Verwendung. Außerdem benutzt man es als Vertilgungsmittel für

Ungeziefer. Wegen seiner Giftigkeit ist es jedoch in der Hand des Laien bei der Ähnlichkeit mit Zucker nicht unbedenklich.

4. Die Expedition des Superphosphates.

Der Versand des Superphosphates (und der daraus hergestellten Mischungen) vollzieht sich im wesentlichen in den Monaten Februar bis April und August bis Mitte Oktober. Naturgemäß drängt er sich in den Frühjahrsmonaten am stärksten zusammen. Ist das Superphosphat nicht nach einem besonderen Verfahren als fertige, gesiebte Ware auf Lager genommen, so bedürfen die Haufen noch einer besonderen endgültigen Überarbeitung. Diese geschieht entweder in stationären oder in fahrbaren Expeditionsmaschinen.

Die stationären Maschinen finden ihre Aufstellung am Rande der Lagerschuppen, nahe an den Gleisen und nur einen beschränkten Raum an der Rampe

Abb. 104. Selbsttätig abbauende Expeditionsmaschine für Superphosphat und Mischdünger von Lanvermeyer.

für fertige Säcke frei lassend. Das Superphosphat muß mit Schubkarren oder bei weiteren Entfernungen mit selbstfahrenden Kippwagen an sie herangebracht werden. Die Maschinen sind mit Sieben und Zerkleinerungsvorrichtungen, Stachelwalzen oder Desintegratoren ausgerüstet und liefern die Ware fertig in die Säcke. Die Verwiegung auf 50, 75 oder 100 kg Inhalt geschieht ausschließlich auch in den größten Werken auf Dezimalwaagen, da sich automatische Waagen bei der Eigenart des Materials durchaus nicht bewährt haben.

Bei den fahrbaren Expeditionsmaschinen unterscheidet man zwei Typen, solche, welche die Ware selbsttätig von den Haufen abbauen, und solche, bei denen das Material mit der Hand eingeworfen werden muß. Letztere können nach Bedarf an die einzelnen Haufen herangefahren werden, sind aber in ihren Abmessungen und ihrer Leistungsfähigkeit zugunsten der Beweglichkeit beschränkt. Das öftere Vorrücken und Umstellen der Maschinen, das mit der Hand geschehen muß, erfordert mitunter viel Zeit, die für produktive Arbeit verlorengeht. Wie die stationären Maschinen sind sie mit Sieben und einer Zerkleinerungsvorrichtung ausgestattet.

Die selbsttätig abbauenden Expeditionsmaschinen haben neben einer leichteren Beweglichkeit durch Motorkraft auch eine erheblich größere Leistungsfähigkeit, da sie in den Abmessungen viel größer gehalten werden können. Sie werden in verschiedener Ausführung von mehreren Firmen des In- und Auslandes (LANVERMEYER, BURGDORF, STURTEVANT u. a.) hergestellt. Die Maschinen von LANVERMEYER besitzen an der Stirnseite vier kräftige Becherwerke, deren Becher mit scharfen Zähnen besetzt sind. Während die Maschine sich langsam in den Haufen hineinbewegt, wird das Superphosphat oder Ammoniaksuperphosphat in dünnen Schichten abgekratzt und von den Bechern über die Siebe geworfen, welche die feinen Bestandteile absieben und die gröberen Rückstände der Zerkleinerung durch ein Stachelwalzenpaar zuführen. Die fertige Ware wird aus drei auf der Rückseite der Maschine angebrachten Sackstutzen abgezogen. Diese selbsttätig abbauenden Expeditionsmaschinen machen das Sprengen der festgewordenen Haufen mit Sicherheitssprengstoffen überflüssig. Man sieht es sogar gern, wenn bei Verwendung dieser Maschinen die Haufen eine gewisse Härte und Festigkeit aufweisen, da die sich beim Abbau bildenden, senkrechten Wände dann nicht so leicht zusammenbrechen. Die Leistung der Maschinen beträgt etwa 20—24 t pro Stunde, je nach der Höhe der Haufen und der Geschwindigkeit, mit der sie in die Haufen vorrücken.

Diesen in Europa üblichen Methoden steht eine in Amerika allgemein durchgeführte, kombinierte Arbeitsweise gegenüber. Die Amerikaner bauen ihre Superphosphathaufen auf verschiedene Weise mechanisch ab und führen das losgemachte Material einer stationären Sicht- und Zerkleinerungsmaschine zu. Für den Abbau der Haufen bedienen sie sich verschiedener fahrbarer Einrichtungen von meist sehr bedeutender Leistungsfähigkeit.

Einfache Kratzmaschinen ohne jedes Beiwerk, wie z. B. die eigenartige Konstruktion von NORDENGREN, die sich an jede Form der Haufen anzupassen vermag, liefern das Superphosphat in Brocken, wie sie gerade fallen, in bereitstehende, mit Motoren ausgerüstete Wagen oder Karren. Auch benutzt man große, auf breiten Rädern fahrbare Baggerschaufeln, die mit starken Kratzern ausgerüstet sind, wie man sie bei uns zu Erdarbeiten verwendet. Alle diese Einrichtungen bewähren sich jedoch nur so lange, als die Haufen keine allzu große Höhe besitzen. Für den Abbau sehr hoher Haufen verwendet man mit großem Erfolge Greifer. An einem dicht unter der Decke des Schuppens hinlaufenden Laufkran hängend, vermögen sie jeden Punkt des Lagerschuppens zu erreichen und das erfaßte Superphosphat leicht und schnell in die an der Seitenwand des Schuppens stehenden Bunker der Expeditionsmaschinen abzuwerfen. Die gleichen Einrichtungen, die zum Entleeren der Aufschließkammern und zum Aufschütten der etwa 15 m hohen Haufen dienen, stehen somit auch für den Abbau der Haufen in der Versandzeit zur Verfügung. Für die Bedienung des Greifers ist nur ein Mann erforderlich, der Kraftbedarf beträgt etwa 100 PS, dabei beträgt die Tagesleistung 4—500 t. Bezüglich des Einflusses dieser sehr großzügigen und billigen Arbeitsweise auf die Qualität der Ware gilt dasselbe, was bei der Entleerung der Aufschließkammern durch Greifer gesagt wurde (s. S. 382).

Die Expeditionsmaschinen sind, wie bei uns, mit Becherwerken, Sieben und Desintegratoren bzw. Stachelwalzen ausgestattet. Das Superphosphat wird zunächst gesiebt und die groben Bestandteile zerkleinert. Die fertige Ware wird sodann in einen hochstehenden Bunker gebracht, der das Absacken auf einer erhöhten Plattform gestattet. Hier werden die Säcke gefüllt, verwogen und während des Transportes über ein laufendes Band von Hand oder Maschinen zugenäht. Sie gelangen dann an eine Rutsche, über die sie direkt in die bereitstehenden Waggons hinabgleiten.

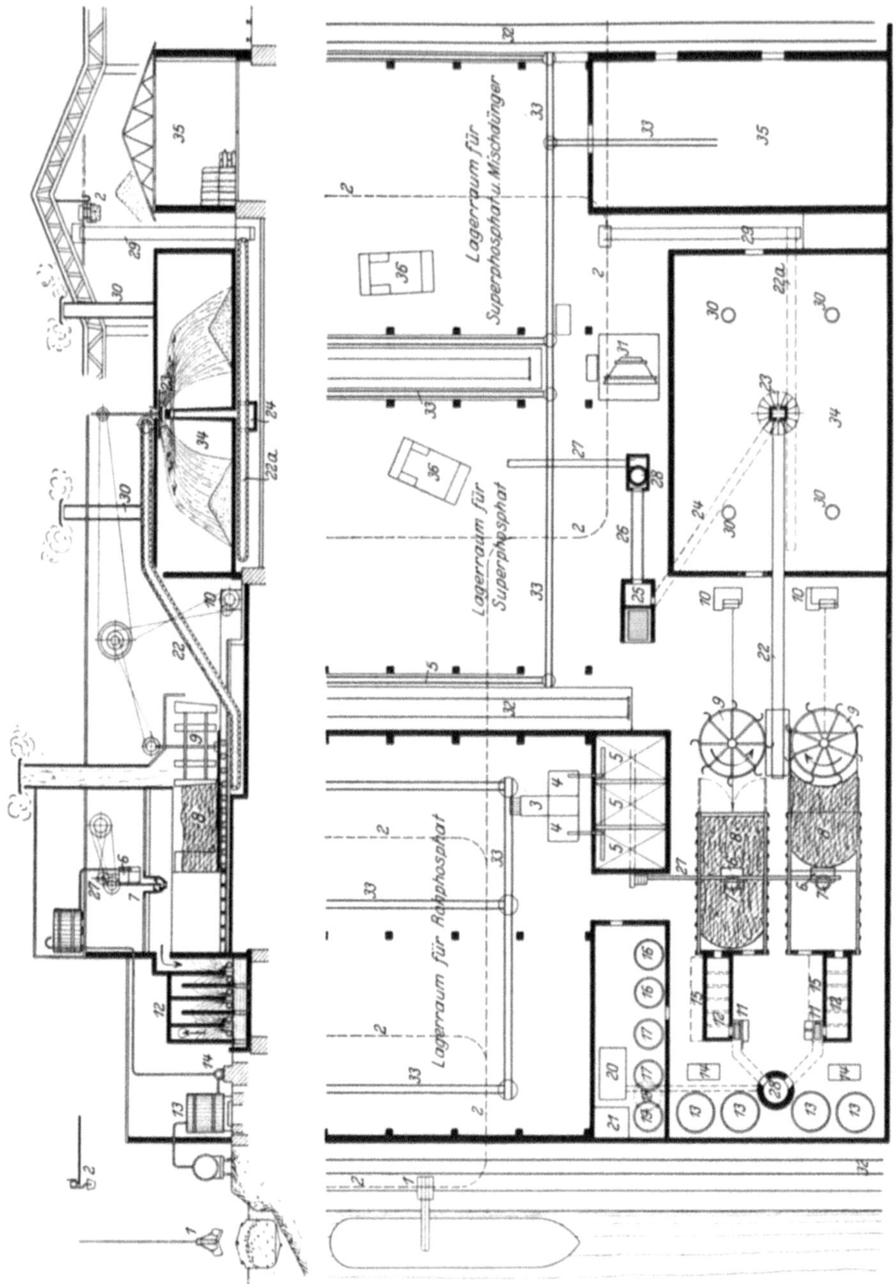

Abb. 105. Gesamtbild einer modernen Superphosphatfabrik.

1 Kran, 2 Elektrohängebahn, 3 Steinbrecher, 4 Mühlenanlage, 5 Mehlbehälter, 6 Automatische Waage, 7 Aufschließmaschine, 8 Aufschließkammer (System BESKOW), 9 Ausräumer, 10 Seilwinde, 11 Ventilator, 12 Kondensationsanlage, 13 Säurebehälter, 14 Säurepumpe, 15 Sammelbehälter für Kieselflußsäure, 16 Filter, 17 Fällbottich, 18 Salzlösebottich, 19 Klärbottich, 20 Darre für Kieselfluornatrium, 21 Salzlager, 22 und 22a Muldentransporteur, 23 Schabemaschine, 24 Kanal für Heißluft, 25 Feuerung, 26 Trockentrommel, 27 Transportschnecke, 28 Schornstein, 29 Becherwerk, 30 Entlüftung, 31 Mischanlage, 32 Vollbahngleis, 33 Feldbahngleis, 34 Trockenkammer für Superphosphat, 35 Sackmagazin, 36 Fahrbare Expeditionsmaschine.

Da in Deutschland für jede abgelieferte Ware eine bestimmte Gehaltsgarantie gewährt wird, so wird, um für die endgültige Abrechnung bei gelegentlich vorkommdenen Differenzen ausreichende Unterlagen zur Verfügung zu haben, von jeder ausgehenden Ladung durch einen unparteiischen, vereidigten Probenehmer ein Durchschnittsmuster gezogen. Die Probenahme geschieht in der Weise, daß aus dem Innern eines jeden zehnten Sackes vermittels eines Probestechers etwas von dem Inhalt entnommen wird. Das auf diese Weise angesammelte Durchschnittsmuster wird gut durchgemischt — etwa vorkommende Klumpen werden mit der Hand zerkleinert — und sofort in Gläser von ca. 300 g Inhalt gefüllt und versiegelt. In der Regel hält man drei Gläser zur Verfügung. Die Feststellung der Gehalte geschieht auf Kosten des liefernden Werkes durch eine landwirtschaftliche Versuchsstation.

Abb. 105 gibt ein Bild einer vollständigen Superphosphatanlage, welche gleichfalls für die Herstellung von Ammoniaksuperphosphat eingerichtet ist. Der gesamte Betrieb wird durch Elektromotoren angetrieben, die gut vor dem Eindringen von Staub geschützt werden müssen.

Der Bedarf an Arbeitern beläuft sich nach L. Schucht (3) für die Herstellung einer Jahresproduktion von ca. 25000 t auf 7 Mann, und zwar:

4 Mann zur Bedienung der Mühle (in 2 Schichten),
1 Mann zur Bedienung der Aufschließerei,
1 Mann für die Bedienung der Aufschließkammern,
1 Mann für die Bedienung der Elektrohängebahn.

Dazu kommen noch außer den Handwerkern (Schlosser, Elektriker usw.) die Hilfsmannschaften zum Entladen und Beladen von Waggons und Kähnen, zur Herstellung von Mischungen (s. Abschn. 5a) usw., deren Zahl jeweils dem Bedarf angepaßt werden muß und bis auf 70—80 Mann ansteigen kann.

Unerläßlich für einen geordneten Betrieb ist ein Laboratorium, in dem die Materialeingänge sowie die tägliche Produktion einer dauernden chemischen Kontrolle unterzogen werden. Ebenso unterliegen alle ausgehenden Produkte einer Nachprüfung.

Die dabei zur Anwendung kommenden Methoden sind von dem Verein Deutscher Düngerfabrikanten ausgearbeitet und in den „Methoden zur Untersuchung der Kunstdüngemittel" im Verlag von Friedr. Vieweg & Sohn herausgegeben. Vielfach sind sie in langjähriger Zusammenarbeit mit den landwirtschaftlichen Versuchsstationen Deutschlands und vielen in- und ausländischen Chemikern von Ruf zustande gekommen. Die mit diesen Methoden erzielte Genauigkeit der Analysen ist völlig ausreichend, um allen Anforderungen des Handels gerecht zu werden.

Eine Prüfung auf die Streufähigkeit des Superphosphates läßt sich neuerdings mit Hilfe eines besonders konstruierten Schüttelapparates durchführen: Feingesiebtes Superphosphat (25 g) wird in einer Porzellanschale mit einer Anzahl Glaskugeln im Gesamtgewichte von 100 g hin und her geschüttelt und dadurch einer leichten mechanischen Beeinflussung ausgesetzt. Nach Ablauf von einigen Minuten klebt das Superphosphat am Boden der Schale fest. Die hierzu erforderliche Schütteldauer ist ein Kriterium für die physikalische Beschaffenheit der Ware.

1. Doppelsuperphosphat.

Um ein sehr hochwertiges Superphosphat mit 35—45 % wasserlöslicher Phosphorsäure herzustellen, kann man Rohphosphate mit Phosphorsäure aufschließen, nach den Gleichungen:

$$Ca_3P_2O_8 + 4\,H_3PO_4 = 3\,CaH_4P_2O_8$$

und

$$CaCO_3 + 2\,H_3PO_4 = CaH_4P_2O_8 + H_2O + CO_2\,.$$

Die dazu erforderliche Phosphorsäure stellt man durch Behandeln von (meist minderwertigen) Phosphaten mit Schwefelsäure von 15—20° Bé bei gewöhnlicher

Temperatur unter Anwendung des Dorr-Verfahrens her. Die auf etwa 50° Bé eingedickte Säure wird in gleicher Weise wie Schwefelsäure zum Aufschluß benutzt. Das auf diese Weise hergestellte Doppelsuperphosphat ist feucht und bedarf noch einer Trocknung.

Heute wird Doppelsuperphosphat in Deutschland nur noch in sehr beschränktem Maße hergestellt. Durch seinen hohen Phosphorsäuregehalt ist es besonders dort am Platze, wo weite Transporte und hohe Frachten in Frage kommen.

Literatur.

Aïta, A.: Ann. Chim. appl. **10**, 45 (1918).

Fritsch, J.: Fabrication des Engrais chimiques. Paris 1909.

Krügel, O., u. A. Retter: Superphosphate. Illustr. internat. Mschr. Kunstdünger III, Heft 3, März 1930. Hamburg 26. Intsuper.

Neumann, B., u. K. Kleylein: Z. angew. Chem. **34**, 77 (1921).

Parrish, P., u. A. Ogilvie: Artificial fertilisers. London 1927. — Pettenkover, M. v.: Zum Gedächtnis des Dr. Justus von Liebig. Braunschweig 1874. J. Volhard u. G. F. Knapp, Justus von Liebig. Leipzig 1905. Ad. Kohut, Justus von Liebig. Gießen 1904.

Scheele, Th. E.: Düngemittel. Muspratt Chemie, Erg.-Bd. **2**. Braunschweig. — Schucht, L.: (1) Die Fabrikation des Superphosphates, 4. Aufl., S. 167. Braunschweig 1926; (2) Ebenda 3. Aufl., S. 93; (3) Ebenda 4. Aufl., S. 121. — Seidler, L., u. H. Weitzel: Künstliche Düngemittel in der Enzyklopädie der technischen Chemie. Berlin 1929.

Waggaman, Wm. H., u. H. W. Easterwood: Phosphoric acid, Phosphates and Phosphatic Fertilizers. New York 1927. — Weicksel, P.: Das Superphosphat auf dem Weltmarkt. Berlin 1929.

e) Thomasmehl.

Von

Dr. Arthur Wilhelmj

Verein der Thomasmehlerzeuger, Berlin.

Mit 12 Abbildungen.

Unter Thomasmehl versteht man die feingemahlene Schlacke, die bei dem Stahlprozeß nach Thomas als Nebenprodukt anfällt.

Die historische Entwicklung des Verfahrens nach Thomas ist eine selten interessante. Es wird sich lohnen, näher darauf einzugehen.

Das Bessemerverfahren, der Vorläufer des Thomasverfahrens. Um Stahl aus Roheisen herzustellen, muß bekanntlich der im Eisen enthaltene Kohlenstoff entfernt werden, daneben aber auch Silicium, Mangan, Phosphor, Schwefel usw. Das geschah viele Jahre lang in dem sog. Herdfrischverfahren. Aber dieses Verfahren hatte viele Mängel an sich, es war ungemein umständlich und bedurfte einer sehr großen Kunst der Durchführung. Trotzdem war der erzielte Stahl nicht immer gleichmäßig. Daher gab es früher ganz bestimmte Stätten der Herstellung, von denen man guten Stahl beziehen konnte. Die Kunst vererbte sich sogar teilweise vom Vater auf den Sohn.

In den fünfziger Jahren des vorigen Jahrhunderts war es dem Engländer Henry Bessemer gelungen, das alte Herdfrischverfahren umzukehren und zu verbessern. Er kam dazu durch einen Versuch, den er so anstellte, daß er durch den Deckel eines mit flüssigem Roheisen gefüllten Tiegels Luft durchblies, wobei er ein bis zu dem Boden reichendes Rohr benutzte. Er bildete das Verfahren praktisch durch, und es gelang ihm danach, die gleiche Menge Eisen, die ein Puddelofen in 24 Stunden verarbeiten konnte, nämlich rund 3 t, in wenig mehr als 20 Minuten fertigzustellen. Das war natürlich ein ganz gewaltiger Fortschritt. Aber eine Unvollkommenheit haftete dem Verfahren an. Nur phosphorsäurefreie oder daran arme Eisenerze konnten mittels des Bessemerverfahrens verarbeitet werden, wodurch sich in fast allen Ländern, besonders auch in Deutschland, große Schwierigkeiten einstellten, da Deutschland vorwiegend über phosphorsäurereiche Eisenerzlager verfügte. Auch der englischen Industrie ging es nicht besser, soweit sie nicht phosphorsäurearme Erze verarbeiten konnte. Besonders die Verarbeitung des Clevelandeisens machte bedeutende Schwierigkeiten nach dem neuen Verfahren.

Wie bei sehr vielen anderen Erfindungen, so war es auch hier ein Nichtfachmann, der die Frage der sog. Entphosphorung des Eisens löste. Es war der Engländer SIDNEY GILCHRIST THOMAS.

I. Geschichte des Thomasverfahrens.

1. Persönlichkeit des Erfinders THOMAS. THOMAS, der im Jahre 1850 in Canonbury bei London geboren war, war durch den frühen Tod seines Vaters schon in seiner Jugend gezwungen, für sich selber zu sorgen. Da er ohne Geld war und nicht studieren konnte, trotzdem es sein sehnlichster Wunsch gewesen war, wurde er Schreiber auf einem Londoner Polizeigericht. Nichtsdestoweniger beschäftigte er sich in seinen freien Stunden mit chemischen Studien und hörte sogar Vorlesungen im BIRKBECK-Institut. Nach seinen eigenen Briefen war es ein Ausspruch des dort tätigen Chemielehrers CHALONER, der ihm den Lebensweg vorzeichnete. CHALONER hatte in seinen Vorlesungen einmal gesagt, daß derjenige, dem es gelingen würde, den Phosphor beim Bessemerverfahren zu entfernen, sein Glück machen würde. Das ließ den jungen Mann nicht ruhen. Schon Ende des Jahres 1875 war sich THOMAS über die chemische Grundlage der Frage klar. Er hatte erkannt, daß der Grund der Nichtentfernung des Phosphors beim Bessemerprozeß darin zu suchen sei, daß die saure Auskleidung der Bessemerbirne eine Entphosphorung nicht gestatte, denn die auftretende Phosphorsäure müßte, wie er richtig erkannt hatte, mittels einer basischen Substanz gebunden werden.

2. Geschichte der Erfindung. Es war THOMAS, dem nur ein kleines Laboratorium zur Verfugung stand, natürlich nicht möglich, seinen Gedankengang in die Praxis überzuführen. So wandte er sich zu Beginn des Jahres 1875 an seinen Vetter PERCY CARLYLE GILCHRIST, der damals Chemiker bei den Cwm. Avon-Werken in Südwales war. Im Laufe des Sommers ging GILCHRIST zu den Blaenavon-Werken, wo er mit Eifer in seiner freien Zeit Laboratoriumsversuche unternahm, die THOMAS von London aus kritisierte. Zu Beginn des Jahres 1878 war eine Reihe von Güssen mit einem kleinen Konverter von 8 Pfd. Inhalt gelungen, wie die Analyse des Stahles ergab. Zu diesem Zeitpunkt wurde auch der Leiter des Werkes, EDWARD MARTIN, ins Vertrauen gezogen, der die Durchführung der Versuche in etwas größerem Maße ermöglichte.

Gelegentlich der Frühjahrsversammlung des Iron and Steel-Instituts machte THOMAS am Ende der Aussprache die erste kurze Mitteilung von seiner Erfindung. Sie bedeutete für die damalige Hüttenwelt etwas derartig Außergewöhnliches, daß die Versammlung mit Schweigen über das „Heureka“ aus so jugendlichem Munde hinwegging. Auch auf der im Herbst des Jahres 1878 in Paris stattfindenden Versammlung wurde die Verlesung der von THOMAS und GILCHRIST verfaßten Schrift über die Entfernung des Phosphors aus dem Eisen bis ans Ende der Versammlung verlegt und dann aus Mangel an Zeit verschoben.

Gelegentlich eines Ausfluges nach den Le Creusot-Werken lernte aber THOMAS den Generaldirektor der großen Werke von Bolckow, Vaughan & Co., E. W. RICHARDS, kennen. Dieser veranlaßte die Durchführung der Versuche in größerem Maßstabe, und am 4. April 1879 konnte das Verfahren zum ersten

Male einer kleinen Zahl führender Hüttenleute in Middlesbrough mit Erfolg vorgeführt werden.

3. Erste Thomascharge in Deutschland. Das Ereignis sprach sich herum. Auf der Frühjahrsversammlung 1879 hielt THOMAS einen Vortrag über sein Verfahren. Anschließend daran wurde es einer großen Anzahl ausländischer Teilnehmer, darunter auch dem damaligen Leiter des Hoerder Bergwerks- und Hüttenvereins, JOSEF MASSENEZ, praktisch vorgeführt. Zugleich hatte sich der damalige Direktor der Rheinischen Stahlwerke in Ruhrort zur Verhandlung mit THOMAS in London eingefunden. Am 26. April 1879 fanden die Verhandlungen zwischen THOMAS und den Vertretern der beiden deutschen Werke ihren Abschluß, und der Zufall fügte es dann, daß beide Werke am selben Tage — am 22. September 1879 — die erste Thomascharge erbliesen.

In Frankreich führte den Thomasprozeß zuerst SCHNEIDER in Le Creusot ein, in Belgien die Stahlwerke von Angleur bei Ougrée, in Österreich-Ungarn die Prager Eisenindustrie-Gesellschaft zu Kladno und die Eisenhüttengewerkschaft zu Witkowitz.

II. Die Voraussetzung des Thomasverfahrens: P-haltige Erze.

1. Deutschland. Das Thomasverfahren hat zur Voraussetzung die Verwendung von Eisenerzen mit einem Gehalt von etwa 0,6—2,5 % Phosphor. Von den in Deutschland vorkommenden Erzlagern sind die Erze des subherzynischen Bezirkes (Peine-Salzgitter) typische Vertreter der Thomaserze. Sie enthalten etwa 0,8—1,9 % Phosphor. Nach Schätzungen von BEYSCHLAG und KRUSCH betrug der hier anstehende Erzvorrat im Jahre 1917 unter in Rechnungstellung eines Abbauverlustes von 10 % 270 Mill. t. Dieses Vorkommen bildet die Grundlage der Ilseder Hütte bzw. der Peiner Walzwerke, auf denen die erste Thomascharge im September des Jahres 1882 erblasen wurde. Von den Siegerländer Erzen kommt noch der Siegerländer Spat in geringer Menge als Manganträger für die Erzeugung des Thomasroheisens in Frage.

Die Hauptgrundlage für die Entwicklung der deutschen Thomasstahlerzeugung bildeten aber die Eisenerzvorräte (Minette) des damals deutschen Lothringen, die ein Roheisen mit einem Gehalt von etwa 2 % Phosphor liefern. Nach Schätzung der schon obengenannten Sachverständigen betrug im Jahre 1917 der Vorrat in diesem Gebiet unter Berücksichtigung eines 10proz. Abbauverlustes 1777 Mill. t.

Da zur Verhüttung der nur etwa einen Gehalt von 30 % Eisen aufweisenden Minette auf 3 t Erz 1 t Koks gebraucht wurde, die auf gebrochenem Transportwege (Eisenbahn und Wasser) befördert werden mußte, waren die großen Werke Rheinlands und Westfalens mehr und mehr dazu übergegangen, neue Hochöfen und Stahlwerke in Lothringen zu errichten. Der Verlust dieses Gebietes, das zu vier Fünftel die Grundlage der Versorgung mit heimischem Thomaserz bildete, ist daher um so schmerzlicher.

Infolge der vollständigen Unterbindung der Minetteeinfuhr in den ersten Nachkriegsjahren war die deutsche Eisenindustrie gezwungen, sich nach anderen phosphorhaltigen Erzen umzusehen. In den hochphosphorhaltigen Schwedenerzen, die infolge ihres hohen Eisengehaltes eine Koksersparnis und bessere Ausnutzung der Ofeneinheiten ermöglichten, fand man einen vollwertigen Ersatz. Es hat sich herausgestellt, daß die Schwedenerze nach der Tiefe zu an Phosphorgehalt abnehmen. Trotzdem wird aber die Beschaffung geeigneten Rohmaterials für den Thomasprozeß nie Schwierigkeiten bereiten, da man dann zu den Phosphatkalken, wie sie in Frankreich, Belgien und Algier vorhanden sind, greifen kann. In den letzten Jahren ist auch wieder in nennenswerter Menge Minette aus Frankreich eingeführt worden. Endlich eignet sich das Wabana-Erz aus Neufundland mit etwa 51% Eisen und 0,9% Phosphorgehalt besonders zur Herstellung von Thomasroheisen. Im Jahre 1928 wurden von diesem Erz 830000 t eingeführt.

Das Gutachten der ,,Fachgruppe der eisenschaffenden Industrie beim Reichsverband der deutschen Industrie" (BUCHMANN, MATHESIUS) äußert sich über die Zukunft des Thomasstahlprozesses in Deutschland wie folgt:

,,Was den Thomasstahlprozeß betrifft, so bildet er, wenn auch seit Kriegsende mengenmäßig die Siemens-Martin-Stahlgewinnung größer ist, die Grundlage der deutschen Stahlerzeugung und wird sie auch wohl bleiben. Er liefert ein ausgezeichnetes Material, das sich im In- und Auslande bestens bewährt hat. Gewisse Schwankungen der Thomas- und Siemens-Martin-Stahlerzeugung werden immer vorhanden sein, da Schrott- und Roheisenverhältnisse hierbei einen Einfluß ausüben, so daß die zukünftige Entwicklung nicht vorausgesehen werden kann. Ein sehr wichtiger Gesichtspunkt für die Thomasstahlerzeugung ist auch die Thomasschlacke, die beim Thomasprozeß als Nebenerzeugung gewonnen wird und als Düngemittel für die Landwirtschaft unentbehrlich ist."

Auch die besonderen Vorteile, die sich aus der gleichzeitigen Herstellung von Stahl nach dem Thomas- und dem Siemens-Martin-Verfahren auf einem Werk ergeben, werden dem Thomasverfahren immer eine bedeutende Rolle in der deutschen Stahlerzeugung sichern.

2. Frankreich. Frankreich ist das erzreichste Land Europas, gemessen an den heute bekannten, sicheren und abbauwürdigen Lagern sogar das erzreichste der Welt. Außer den schon erwähnten, ehemals deutschen Minettegebieten verfügte Frankreich schon vorher über ein Minettegebiet um Longwy und Briey, das im Jahre 1917 auf 2645 Mill. t geschätzt wurde.

3. Belgien. Die Entfernung der belgischen Hütten von dem französischen Erzgebiet beträgt in Luftlinie etwa 150 km. Mangels eigener Erzvorkommen deckt Belgiens Eisenindustrie ihren Hauptbedarf in Frankreich.

4. Luxemburg. Die luxemburgische Eisenindustrie baut sich ausschließlich auf den einheimischen Minettelagern auf.

5. England. Von den englischen Eisenerzen sind, mit Ausnahme der Fördergebiete in Cumberland und Lancershire, die meisten Erze phosphorhaltig. Mit den in Cleveland anstehenden Erzen, die seinerzeit die am meisten geförderten Erze darstellten, wurde das Thomasverfahren zum ersten Male praktisch durchgeführt. Trotzdem hat das Thomasverfahren in England keinen nennenswerten Umfang angenommen und ist heute aus England vollkommen verschwunden. Die Begründung dieser Erscheinung ist in der geschichtlichen Entwicklung der englischen Eisenindustrie zu suchen. Ursprünglich wurde in den englischen Werken ausschließlich nach dem Puddelverfahren gearbeitet, das später von dem weit bessere Stahlqualitäten liefernden Bessemerverfahren abgelöst wurde. Hochwertiges und phosphorfreies Eisen, das zu diesem Verfahren geeignet war, lieferte Spanien. Die günstige Lage der englischen Eisenindustrie an der Küste bzw. an gut ausgebauten Kanälen begünstigte die Einfuhr dieser Erze, so daß das Thomasverfahren nicht recht Fuß fassen konnte. In den letzten Jahrzehnten hat das basische Siemens-Martin-Verfahren stärkere Verbreitung gefunden, und damit werden nun auch in steigendem Maße die einheimischen, phosphorhaltigen Erze verhüttet.

6. Schweden. Schweden ist reich an hochwertigem Eisen. Den Hauptanteil stellen die phosphorhaltigen Sorten dar. So haben die Kiruna-Erze einen Phosphorgehalt von 1,7—2%, die Gelliwara-Erze einen solchen von etwa 1%. Etwa

70% der gesamten schwedischen Erzausfuhr geht nach Deutschland. Die eigene Eisenindustrie ist wohl hauptsächlich wegen des Mangels an Kohle unbedeutend.

7. Rußland. Rußland verfügt über phosphorhaltige Erze, z. B. enthalten die auf der Halbinsel Krim vorkommenden Erze von Kertsch 0,8—1,2% Phosphor. Die Gewinnung von Thomasstahl ist geplant.

8. Polen. Polens Erzläger sind von geringem Umfange. Die ihm zugefallene Eisenindustrie Oberschlesiens war schon immer auf die Zufuhr ausländischer Erze angewiesen. Thomasstahl wird nicht mehr erzeugt.

9. Tschechoslowakei. Von den Erzvorkommen in der Tschechoslowakei konnte das Lager von Nutschitz in Böhmen wegen seines hohen Phosphorgehaltes erst seit Verwendung des Thomasverfahrens wirtschaftlich ausgewertet werden. Die Erze werden von der Prager Eisen-Industrie-Gesellschaft in Kladno und Königshof verarbeitet. Außerdem verarbeitet die Witkowitzer Eisenhütten-Gewerkschaft in- und ausländische Erze.

10. Deutsch-Österreich. Deutsch-Österreich verfügt zwar über reiche Eisenerzläger in den Alpenländern (Steiermark), doch sind die hauptsächlich aus Spateisen bestehenden Erze zum Thomasprozeß nicht geeignet.

11. Vereinigte Staaten von Amerika. Die Vereinigten Staaten von Amerika verfügen unter ihren reichen Erzvorräten auch über solche, die phosphorhaltig sind, doch ist der Phosphorgehalt meistens zu gering, so daß das Thomasverfahren sich nicht nennenswert entwickelt hat. Die in Frage kommenden Erze werden nach dem basischen Siemens-Martin-Verfahren verarbeitet.

III. Das Verfahren.

1. Wesen. Wie eingangs erwähnt, besteht das Wesen des Thomasverfahrens in der Entfernung des Phosphors aus dem Roheisen durch Bindung desselben an Kalk, nachdem mittels Durchblasen von Luft der Phosphor in Phosphorsäure verwandelt worden ist.

Das Verdienst von THOMAS war es, ein praktisch verwendbares, basisches Futter zur Auskleidung der Bessemerbirne erfunden zu haben. Außerdem gelang es ihm, den jedesmaligen Verlust der Auskleidung zu vermeiden durch Zusatz von basischen Stoffen zu Beginn des Frischprozesses.

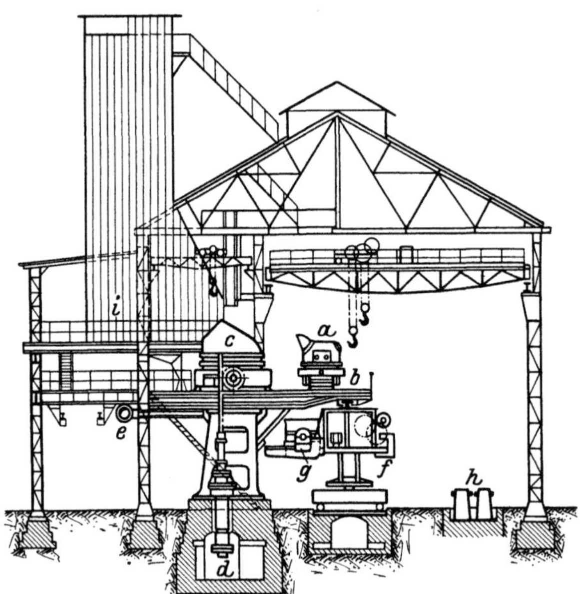

Abb. 106. Querschnitt durch ein Thomasstahlwerk.
a = Roheisenpfanne; b = Konverterbühne; c = Konverter; d = Hydraulische Kippvorrichtung; e = Windleitung; f = Gießwagen; g = Stahlpfanne; h = Gießgrube mit Kokillen; i = Kamin. (Aus Gemeinfaßliche Darstellung des Eisenhüttenwesens, Düsseldorf 1929.)

2. Technische Durchführung. Der eigentliche Thomasprozeß spielt sich in einem birnenförmigen Gefäß ab, das man Konverter, auch Thomasbirne, genannt hat. Das hier hineingegebene flüssige Roheisen wird entweder direkt dem Hochofen entnommen oder einem Schachtofen, dem Kuppelofen, in dem es vorher unter Verwendung von Koks geschmolzen wird. Das erste Verfahren ist wegen Ersparung der Umschmelzkosten billiger, wegen der beim Hochofenbetrieb immer auftretenden, unvermeidlichen Schwankungen aber schwieriger. Deshalb sammelt man heute das flüssige Eisen für das Thomasverfahren meist in dem sog. Roheisenmischer (Abb. 107).

3. Roheisenmischer. Roheisenmischer sind zumeist zylindrische Gefäße, die Roheisen in Mengen von 250—1000 t oder sogar noch darüber fassen. Der Mischer wirkt als Regler hinsichtlich der Menge und Zusammensetzung des Roheisens. Je nach dem Verhältnis zwischen Kieselsäure und Mangangehalt wirkt der Apparat auch entschwefelnd, da sich während des ruhigen Stehens des Eisens im Mischer Schwefel an Mangan bindet und in Form von Schlacke abscheidet. Bei langem Transportweg vom Hochofen zum Mischer vollzieht sich dieser Vorgang z. T. aber auch schon in der Transportpfanne. Um die Schlacke flüssig

Abb. 107. Blick in das Thomaswerk mit Roheisenmischer.

zu halten und sie nach Bedarf abkippen zu können, sind die Mischer häufig mit einer Heizung versehen. Man bedient sich zu diesem Zwecke der Heizung mit Teer, Masut oder Hochofengas. Die Bewegung des Mischers zum Ausgießen des Eisens erfolgt durch eine mit Druckwasser oder mit Elektromotor betriebenen Einrichtung. Die Mischer sind meist sog. Rollmischer. Beachtenswert ist die Anordnung eines Gegengewichtes.

4. Thomasbirne (Abb. 108). Zur Umwandlung des Roheisens in schmelzbares Eisen wird das flüssige Eisen aus dem Mischer in Pfannen zum Konverter gebracht. Es ist dies ein birnenförmiges Gefäß, das aus einem (aus Blechen zusammengesetzten) Stahlmantel besteht, der innen mit einem feuerfesten Futter aus gemahlenem Quarz oder Sandstein mit geringem Tonzusatz ausgekleidet ist. Außen in der Mitte befindet sich ein Tragring mit zwei, in einer Achse liegenden Drehzapfen. Diese ruhen in den Lagern zweier Ständer. Der eine Ständer ist hohl und dient der Zuleitung von Luft, der andere trägt ein Zahnrad für die Kippvorrichtung. In dieses greift eine senkrechtgerichtete Zahnstange, die unten in einem Kolben endigt, der in einem Wasserdruckzylinder auf- und abbewegt wird. Mittels dieser Vorrichtung kann die Birne um etwa drei Viertel eines Kreises gedreht werden. Die Birne ist so geformt, daß in liegendem Zustand das eingegossene Roheisen den Boden mit den Winddüsen zur Einführung des Gebläsewindes nicht berührt. Die verengte Mündung, Hals genannt, dient sowohl zum Einbringen des Eisens (Abb. 109), als auch der Zuschläge (Kalk), sowie zum Abguß der Schlacke und des Stahls. Durch sie entweichen auch die Verbrennungsgase, die bei der Inbetriebsetzung entstehen.

Die Fassungskraft eines Konverters betrug früher etwa 10—15 t, heute ist sie bis auf 25—30 t heraufgesetzt worden, vereinzelt ist man schon beim 45-t-Konverter angelangt. Die Zahl der überhaupt vorhandenen Thomasbirnen betrug Anfang des Jahres 1926 in Deutschland schätzungsweise etwa 60.

Wichtig für ein wirtschaftliches Verblasen ist bei den Konvertern ein richtiges Verhältnis von nutzbarem Querschnitt zum Bodenquerschnitt. So konnte Ch. Gonner-Esch berichten, daß bei einem neuen Konverter, dessen Durchmesser um 340 mm vergrößert worden war, die Blasezeit um 15% abgekürzt und der Konverterauswurf um 40—50% verringert wurde.

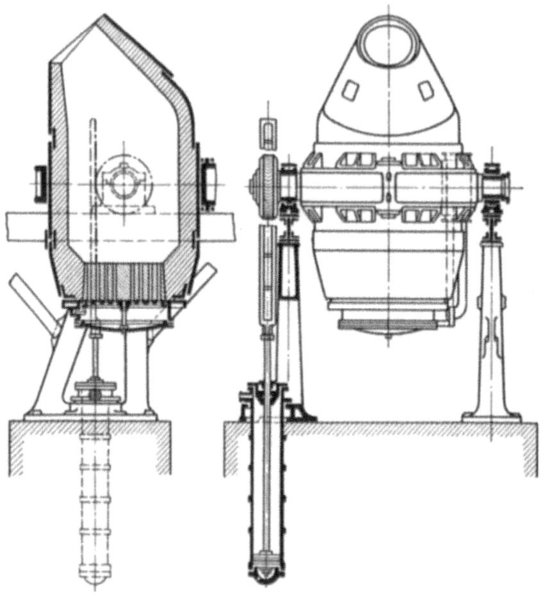

Abb. 108. Thomasbirne (Konverter). (Aus Gemeinfaßliche Darstellung des Eisenhüttenwesens, Düsseldorf 1929.)

5. Das Birnenfutter. Das Birnenfutter besteht aus einem Dolomit-Teergemisch. Dolomit, ein natürlich gewonnenes Gemenge von Calcium- und Magnesiumcarbonat, wird in mit Koks geheizten Schachtöfen bei sehr hoher Temperatur scharf gebrannt (gesintert), wodurch die darin enthaltene Kohlensäure ausgetrieben wird. Der auf diese Weise gewonnene Sinterdolomit wird auf einem Kollergang mit erhitztem, wasserfreiem Teer gemischt. Durch Verwendung von Druckwasserpressen wird die vorbereitete, basische Masse durch Druck, der bis zu 500 Atm. ansteigt, zu großen Steinen geformt, mit denen die Konverter ausgemauert werden. Auch stampft man das Dolomit-Teergemisch mit Hilfe eines in der Birne angebrachten Modelles von Hand auf. Das so zubereitete Birnenfutter hält etwa 300—400 Stahlschmelzungen aus.

6. Der Konverterboden. Besondere Aufmerksamkeit erfordert die Herstellung des Konverterbodens. Von Einfluß ist hier die Korngröße des Dolomits. Verhältnismäßig wenige grobe, zwischen vielen feinen Körnern, werden vom Eisenbad leicht herausgespült, worunter natürlich die Haltbarkeit leidet. Eine betonartige Körnung von Staub bis Hühnereigröße ist das beste. Weiterhin ist wesentlich, daß der verwendete Teer dünnflüssig, und daß der Pechgehalt des Teers nicht zu hoch ist. Er soll etwa 55—60% betragen. Die Temperatur beim Mischen von Teer und Dolomit spielt eine wichtige Rolle, ebenso die Höhe des Teerzusatzes, der etwa 8—12% der Mischung betragen soll. Die Dolomit-Teermasse wird in eine Form gefüllt und in besonderen Stampfmaschinen zusammengepreßt. Die Düsenlöcher (einige 200) für den Windeintritt in den Boden werden durch Nadeln in der Schablone freigehalten. In neuerer Zeit verwendet man an Stelle der Stampfmaschinen Rüttelformmaschinen, bei denen das Auffüllen der Form mit der Teer-Dolomitmasse durch Rütteln bewerkstelligt wird. Die Haltbarkeit der nach diesem Verfahren hergestellten Böden ist etwa 8—15% größer als jener nach dem Stampfverfahren hergestellten Böden. Außerdem bedeutet die Verwendung von Rüttelformmaschinen eine Ersparnis an Zeit und Löhnen.

Beim Brennen der so erzeugten Böden darf der Vorgang des Anheizens und der Abkühlung nicht zu schnell verlaufen, da sonst Risse entstehen können. Der Dolomit muß beim Brennprozeß zwar durchgebrannt sein, doch darf er nicht bis zur völligen Sinterung gebracht werden, sondern muß von rauher Beschaffen-

Abb. 109. Füllen des Konverters mit Roheisen.

heit sein. Amorpher Dolomit älterer Formationen eignet sich für den in Rede stehenden Zweck besser als krystalliner.

Von Einfluß auf die Haltbarkeit des Konverterbodens ist endlich noch die Beschaffenheit des Roheisens. Je dünnflüssiger es ist und je geringer der Gehalt an Silicium, desto größer ist die Haltbarkeit. Hoher Siliciumgehalt verhindert die Anwendung eines kräftigen Winddrucks wegen der dadurch bedingten Erhöhung des Konverterauswurfs, verlängert also die Blasezeit. Je länger diese dauert, um so stärker ist die mechanische Beanspruchung des Birnenfutters. Ein Konverterboden hält in ungünstigem Falle 40—50, in günstigen Fällen bis 72 und 74 Frischvorgänge (Chargen) aus.

Zur Durchführung des Verfahrens wird die Birne zurückgelegt und das flüssige Roheisen mit Hilfe einer auf einem Wagen befindlichen oder in einem Laufkran hängenden, kippbaren Pfanne eingegossen.

7. Das Roheisen. Das für den Thomasprozeß in Frage kommende Roheisen enthält an Nebenbestandteilen etwa 1,8—2,5% Phosphor (mitunter auch 3%), 0,2—0,8% Silicium, 3—3,5% Kohlenstoff, 1—2, mitunter auch 3% Mangan und etwas Schwefel. Wesentlich für einen guten Verlauf des Verfahrens ist eine ausreichende Dünnflüssigkeit des Roheisens. Bei einem physikalisch kalten, dickflüssigen Roheisen muß mit geringem Winddruck geblasen werden, um zu starken Auswurf zu vermeiden. Die Folge davon ist, daß das Eisenbad „nicht auf dem Winde tanzt", sondern „am Boden klebt", wodurch eine starke Abnutzung desselben bedingt wird.

8. Beschaffenheit des Kalkzuschlags. Vor dem Einfüllen des Roheisens wird der als Zuschlag erforderliche gebrannte Kalk in die Birne gegeben. Der verwendete Kalk muß aus metallurgischen Gründen ziemlich rein sein. Er darf z. B. nur wenig Silicium enthalten, denn Silicium verbrennt noch vor dem Phosphor zu Kieselsäure und bindet sich an Kalk. Ist zuviel Silicium vorhanden, so leidet unter Umständen die nachher entstehende Phosphorsäure an Kalkmangel. Man kann aber nicht nach Belieben größere Kalkmengen hinzugeben, da zu große Kalkmengen viel Zeit und großer Wärmemengen bedürfen, um zu schmelzen, ganz abgesehen davon, daß durch die Anwesenheit von zuviel Kalk der Wert der entstehenden Thomasschlacke gemindert wird. Ebenso darf der Kalk weder Gips noch Pyrit enthalten, da er selbst die Aufgabe hat, im Eisen noch vorhandenen Schwefel zu binden. In mechanischer Hinsicht soll der verwendete Kalk aus zwar kleinen, aber festen Stücken bestehen. Die Festigkeit ist nötig, damit im Konverter nicht zu viel feine Bestandteile abgerieben werden, die dann durch die Verbrennungsgase mit fortgerissen und in Verlust geraten würden. Die Menge des Kalkzuschlages richtet sich nach dem Silicium- und Phosphorgehalt des verwendeten Eisens und beträgt etwa 12—18% des Roheisengewichts.

Abb. 110. Konverter in Tätigkeit.

9. Der Gebläsewind. Ist die Birne mit Kalk und Eisen gefüllt, so wird das Gebläse angestellt und die Birne langsam aufgerichtet (Abb. 110). Der Gebläsewind strömt aus dem unter der Birne befindlichen Windkasten durch zahlreiche (50—200) 10—30 mm weite Durchbohrungen (Winddüsen) in den Konverter. Der Winddruck in der Birne beträgt je nach Größe derselben bzw. je nach Höhe des Roheiseneinsatzes 1,5—2 Atm. Die Druckhöhe kann nicht beliebig erhöht werden, da dann der Konverterauswurf zu groß wird. Infolge der oft verhältnismäßig hohen Einzelwiderstände in den Leitungen, besonders am Konverterzapfen und den Leitungen am Konverter selbst, muß die Druckhöhe an der Gebläsemaschine wesentlich höher sein. Sie beträgt etwa 3,5—3,6 Atm. Auch die Wandrauhigkeit der Dolomitkanäle über dem Windkasten bedingt starke Kontraktions- und Reibeverluste. Eine Verkürzung des Bodens wirkt günstig, doch wird dadurch die Gefahr, daß Blaslöcher zulaufen oder gestopft werden müssen, erhöht. Dem Ersatz des Teer-Dolomitbodens durch einen mit Wasser gekühlten Metallboden mit Düsen stehen die zu erwartenden, großen Wärmeverluste im Wege.

Nach O. Petersen hat man in neuerer Zeit auch versuchsweise den Gebläsewind mit Sauerstoff angereichert. Bei einer 30proz. Anreicherung konnte man die Blasezeit um mehr als 75% verkürzen. Außerdem kann der zum Rückkohlen des Stahles notwendige Einsatz durch einen Mehrverbrauch an Schrott verbilligt werden. Zur Zeit verbietet aber der Preis des Sauerstoffs seine wirtschaftliche Verwendung noch.

10. Der Verlauf des Prozesses in der Birne (Abb. 111). Der eingeführte Wind wirkt oxydierend auf die Bestandteile des Eisenbades. Zunächst verbrennt unter Temperaturerhöhung vor allem Silicium zu Siliciumdioxyd und bindet sich an Kalk. Dann folgt Mangan, darauf der Kohlenstoff. Zu diesem Zeitpunkt muß nach Möglichkeit durch die Windführung die Temperatur so hoch gebracht werden, daß der als Zuschlag gegebene Kalk bereits ausreichend geschmolzen und reaktionsfähig ist. Wenn jetzt die eigentliche Verbrennung des Phosphors einsetzt, so findet dabei eine starke Wärmeerhöhung statt, denn die von 1% Phosphor hervorgerufene Temperatursteigerung beträgt unter Zugrundelegung einer Temperatur des Eisenbades von 1500° etwa 120°. Diesen nur kurze Zeit dauernden Zeitabschnitt der Verbrennung des Phosphors bezeichnet man als „Nachblasen". Der vorangehende Zeitabschnitt dauert etwa 10 Minuten. Die Verbrennung des Kohlenstoffs wird äußerlich dadurch kenntlich, daß das zunächst entstehende Kohlenoxyd beim Austritt aus der Mündung sich mit dem Sauerstoff der Luft verbindet und unter Entwicklung einer langen, blendend weißen Flamme verbrennt. Das ursprünglich gurgelnde Geräusch verwandelt sich dabei in ein donnerndes Getöse, und Schlackenteile und Eisenkörner werden durch die heftig entweichenden Gase herausgeschleudert.

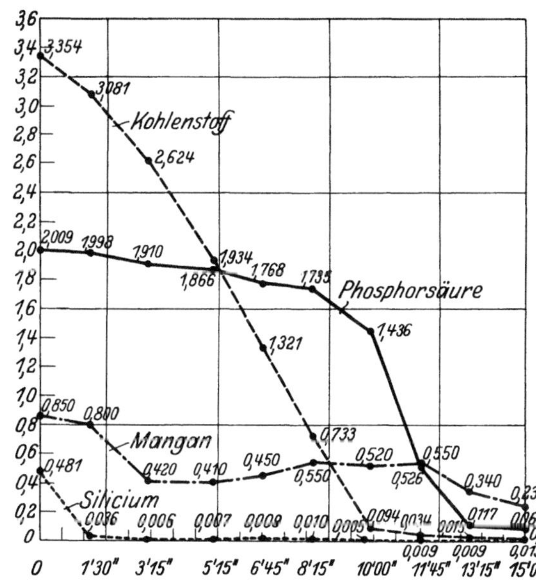

Abb. 111. Die chemischen Vorgänge in der Thomasbirne und ihr zeitlicher Verlauf.

Während des Nachblasens (der Entphosphorung) darf die Temperatur nicht zu hoch ansteigen, weil sonst die gebildete Phosphorsäure nicht so schnell von der Schlacke abgebunden wird und außerdem zu viel Eisen mit in die Schlacke übergeht. Deshalb gibt man zu diesem Zeitpunkt Schrott zum Kühlen in kleinen Mengen zu, der durch einen Schrotttrichter in den blasenden Konverter gleitet. Der Zeitpunkt, mit dem Blasen aufzuhören, ist erkenntlich an der Entwicklung brauner Eisenoxyddämpfe. Außerdem überzeugt man sich durch eine Schöpf- und Schmiedeprobe von der ausreichenden Entphosphorung.

Um die Citronensäurelöslichkeit der erzeugten Schlacke zu erhöhen, gibt man wohl auch Kieselsäure zu. In einfachster, allerdings nicht sehr vollkommener Weise kann das so geschehen, daß man beim Abgießen in den Schlackenwagen von Hand Sand zugibt. Vollkommen gelingt das am besten in der Weise, daß man etwa dann, wenn die Kohlenstoffverbrennung sich ihrem Ende zuneigt, aber noch ehe das Nachblasen und damit die Temperatursteigerung einsetzt, den Winddruck etwas mindert und durch den über dem Konverter befindlichen Kalktrichter das Silicierungsmittel in stückiger Form von etwa Faustgröße zusetzt. Das Silicierungsmittel darf dann natürlich nicht aus trockenem Sand bestehen, der mit dem Auswurf herausgelangen würde. In Frage kommen hierfür Silica- und Schamottesteine. Die Höhe des Zusatzes beträgt etwa 5 kg Kieselsäure je Tonne Roheisen.

Abb. 112. Abgießen der Thomasschlacke.

Der Abbrand, d. h. der Verlust des Roheisens durch die in die Schlacke übergehenden Bestandteile bzw. durch den Konverterauswurf beträgt etwa 11—13%.

Die obenauf schwimmende „Thomasschlacke" wird nunmehr in darunter gefahrene Schlackenwagen gegossen und abgefahren (Abb. 112).

11. Der Thomasstahl. Die Gewinnung des Thomasstahls als solchen verläuft weiterhin in der Weise, daß das im Eisen infolge der Berührung mit dem Gebläsewind entstehende Eisenoxydul, welches das Eisen rotbrüchig, d. h. spröde in der Hitze, macht, durch Zusatz von Ferromangan oder Spiegeleisen desoxydiert wird. Zugleich wird durch diese Zuschläge die gewünschte Mangan- und Kohlenstoffmenge dem Bade zugeführt. Um eine gute Durchmischung zu erzielen, gießt man das flüssige Zusatzmittel (also z. B. Spiegeleisen) zugleich mit dem Thomasstahl in die Gießpfanne. Das Vergießen des Stahls in die Gießformen (Kokillen) wird meist durch elektro-hydraulische Gießwagen besorgt. Der erzeugte Thomasstahl eignet sich in hervorragendem Maße zur Herstellung von Schienenstahl, Brücken und Eisenbahnbaumaterial, ebenso zur Erzeugung von Stab- und Profileisen sowie von Blechen.

12. Das Thomaswerk. Der Vorgang der Stahlgewinnung vollzieht sich im Thomaswerk. Seinen Standort hat es nach Möglichkeit in der Nähe des Hochofenwerks, doch gibt es auch Verhältnisse, wo Hochofenwerk und Stahlwerk durch Entfernung von einigen Kilometern getrennt sind.

Das Thomaswerk stellt eine langgestreckte Halle dar, deren äußeres Kennzeichen die über den Konvertern angeordneten Kamine sind. Die Konverter, die bei älteren Werken öfters zu dritt im Kreise angeordnet waren, stehen heute meist in einer Reihe auf einer Bühne. Im Thomaswerk hat wohl auch der Roheisenmischer seinen Stand. Der Transport des Roheisens zum Mischer geschieht dann in Pfannen auf dem Schienenwege. Auf dem gleichen Wege wird das aus dem Mischer entnommene Eisen in Pfannen auf der Konverterbühne entlang zum Konverter gebracht, oder aber die Pfanne wird durch einen Laufkran dorthin befördert. Der Kalk wird dem meist in der Nähe des Thomaswerks angeordneten Kalkspeicher entnommen und dann auf mechanischem Wege, z. B. mit Hilfe von Wagen, die durch ein Seil auf einer schiefen Ebene bewegt werden, zu den Bunkern gebracht. Die Kalkbunker sind im Thomaswerk über den Konvertern angeordnet. Von hier aus wird der Kalk in Mulden oder Pfannen abgelassen und so der Konverter beschickt, oder aber durch Trichter, die über den Konvertern angebracht sind, direkt zugeführt.

Der Abguß der flüssigen Thomasschlacke geschieht in Schlackenwagen, die auf Schienen laufen, das Abgießen des Stahls in Pfannen, die entweder von einem Laufkran oder von einem Gießwagen zur Gießgrube befördert werden. Der Gießwagen stellt einen auf Schienen laufenden Kran dar, der sich heben und senken und um seine Achse drehen läßt. Durch einen Hebel an der Stahlpfanne wird dann das Füllen der einzelnen Kokillen geregelt.

IV. Verarbeitung der Thomasschlacke.

1. Geschichtliche Entwicklung. Die Verarbeitung der Schlacke geschieht in der Weise, daß sie zu einem möglichst feinen Mehl vermahlen wird. Denn schon P. Wagner (1) veröffentlichte im Jahre 1885 Versuche, aus denen mit Sicherheit hervorging, daß die Wirkung der Thomasschlacke in hohem Maße von der Feinheit der Mahlung abhing. In neuerer Zeit wurden von H. Weiss wieder Versuche durchgeführt, aus denen sich ergab, daß der Steigerung des Feinmehlgehaltes im Thomasmehl um 1 % eine Erhöhung der Citronensäurelöslichkeit der Phosphorsäure um etwa 0,33 % entspricht.

Die Schlackenwagen mit der Thomasschlacke werden auf die Schlackenhalde gefahren. Ist sie genügend erkaltet, so wird die Schlackenhaube abgehoben und die Schlacke mit Hilfe eines Krans abgestürzt. Die weitere Verarbeitung gestaltete sich anfänglich so, daß nach $^1/_2$—1 jähriger Lagerung die infolge des Einflusses der Witterung bereits mehr oder weniger zerfallenen Schlacken, nachdem die größeren Stücke metallischen Eisens herausgelesen waren, zunächst auf sog. Kollergänge gelangten. Hier wurden sie durch zwei Walzen, die auf einer horizontalen Fläche von Gußstahl liefen, zu einem feinkörnigen Material zerdrückt. Die so zubereitete Schlacke wurde dann durch einen mit sehr harten Steinen versehenen Mühlengang geleitet. Das öftere Vorkommen von Eisenteilen im Mahlgut bedingte eine starke Abnutzung der Mühlen und führte oft Bruch derselben herbei. Durch Sieben und Einschalten von Magneten bzw. Elektromagneten versuchte man Abhilfe zu schaffen. Die Wirkung war nur unvollkommen, denn das Ausscheiden geschah nicht zuverlässig, und die oft notwendige Reinigung verzögerte den Betrieb. Daher setzte sich die Ende der achtziger Jahre aufkommende Kugelmühle rasch durch. Dies um so mehr, als sich dadurch das ungünstige Stauben, das früher mitunter zu mechanischen Verletzungen der Lunge bei den im Mühlenwerk beschäftigten Arbeitern und zu entsprechenden Krankheitserscheinungen geführt hatte, vermeiden ließ.

2. Moderne Verfahren. Heute spielt sich der Vorgang der Schlackengewinnung so ab, daß zwar die mechanische Zerkleinerung der Schlacken mit Hilfe von Handhämmern auf dem Schlackenplatz vielfach noch geblieben ist. Der wechselnde Umfang der Einschlüsse an metallischem Eisen, die bei dieser Gelegenheit entfernt werden sollen, ist der Grund dafür, daß hier die Handarbeit noch nicht durch die Maschine verdrängt wurde.

3. Kugelmühle. Die auf etwa Kopfgröße zerkleinerte Schlacke wird in Muldengefäße bzw. Kippkübel geladen und durch einen Kran in Vorratsbunker gestürzt (Abb. 113). Je nach den örtlichen Verhältnissen gleitet sie dann durch Eigengewicht

Abb. 113. Verladen der Schlacke in die Schlackenbunker.

auf Schurren oder auf Förderbändern in die Mahlanlage und zwar zunächst in die Kugelmühle, von denen die Bauarten Löhnert und Krupp die gebräuchlichsten sind. In ihrer ursprünglichen Bauart bestanden diese Mühlen aus einer sich drehenden Trommel, in der durch treppenförmig abgesetzte Platten eingefüllte Stahlkugeln dem Drehsinn der Trommel entgegengesetzt laufen mußten, wobei sie durch ihre Fall- und Reibewirkung die Schlacke zerkleinerten. Durch Löcher in den Laufplatten gelangte die zermahlene Schlacke in Siebe mit verschiedener Lochung, und von hier aus zurück in die Trommel. Nur die durch das aus Drahtgewebe bestehende Feinsieb gehenden Teile gelangten in die Entleerungsvorrichtung. Der große Verbrauch an Feinsieben sowie der Umstand, daß das beim Mahlen heiß werdende Feinmehl sich zusammenballt und nur zum Teil durch das Feinsieb geht, im übrigen aber durch Rücklaufsiebe wieder in die Trommel zurückgelangt und hier ein Polster bildet und die Leistung der Mühle herabsetzt, haben dazu geführt, daß man in den Kugelmühlen nur vorschrotet, das Feinmahlen aber in besonderen Mühlen vornimmt, die wegen ihrer Länge als Rohrmühlen bezeichnet werden.

In der Regel gehört zu vier Kugelmühlen eine Rohrmühle. Die Leistung der Rohrmühle muß dann so bemessen sein, daß sie die Schlackenmenge von drei Kugelmühlen zu verarbeiten vermag, während die vierte zum Zwecke der Reinigung und Entfernung der Eisenrückstände außer Betrieb ist. Die Abnutzung der Stahlkugeln wird dadurch ausgeglichen, daß man in bestimmten Zwischenräumen neue Kugeln einfüllt.

In der Kugelmühle wird bereits ein Feinheitsgehalt von 50—60% erreicht. Die endgültige Feinheit nach Verlassen der Rohrmühle muß mindestens 80% betragen. Das als Feinheitsmaß dienende Normalsieb Nr. 100 der Firma Amandus Kahl in Hamburg enthält 1600 Maschen je Quadratzentimeter bei einer Maschenweite von 0,15 mm.

4. Rohrmühle (Abb. 114). Die etwa 8 m langen Rohrmühlen arbeiten in der Weise, daß ihnen das Mahlgut durch einstellbare Speisevorrichtung zugeführt wird. Bei der Drehung des Rohres wandert es allmählich nach dem Auslaufende und wird dabei durch die reibende und fallende Wirkung von Stahlkugeln zerrieben und vermischt. Am Auslaufende befindet sich ein Siebgehäuse mit einem darunter angeordneten Auffangtrichter und der Mehlabzugsvorrichtung.

Abb. 114. Rohrmühle.

Neben der Zusammenstellung Kugel- und Rohrmühle gibt es noch ein Verfahren, das als sog. „Einmühlensystem" bezeichnet wird. Hier besorgt die sog. Doppelhartmühle, ähnlich wie bei den Kugelmühlen vor Aufkommen der Rohrmühlen, allein die Feinmahlung, nur wird hier das entstehende Feinmehl aus der rotierenden Trommel ausgeschieden. Es fällt in einen Sammeltrichter und gelangt durch einen Becherelevator in einen darüber angeordneten Windsichter. Dieser arbeitet in der Weise, daß durch sich drehende Teller und Platten das Mahlgut auseinandergeschleudert und durch einen Luftstrom in Grieß und Feinmehl getrennt wird. Der erstere gleitet wieder in die Mühle zurück, während das Feinmehl ausgeschieden wird. Dieses System hat den Vorzug, daß es weniger Raum und Kraft bedarf. Der Nachteil liegt in der starken Abnutzung des Windsichters und in der geringeren Betriebssicherheit. Bei beiden Betriebsarten sind alle staubentwickelnden Einrichtungen: Mühlen, Förderschnecken, Absackvorrichtung, an eine Entstaubungsanlage angeschlossen, die in der Weise arbeitet, daß ein Exhaustor den Staub in eine Staubkammer saugt, wo er sich niederschlägt.

5. Absackvorrichtung. Das Absacken, meist zu 100 kg, geschieht durch selbsttätige Waagen in die mit der Schutzmarke versehenen Säcke (Abb. 115). Die Schutzmarken der deutschen Thomasmehl erzeugenden Werke sind: „P W" mit darüber angeordneter Krone in einer Ellipse für die Erzeugnisse des Peiner Walzwerks, „Maxhütte" für die Erzeugnisse der Eisenwerkgesellschaft Maximilianshütte in Bayern. Alle anderen Thomasphosphatfabriken vertreiben ihr Thomasmehl gemeinsam unter dem Namen „Sternmarke" und dem Zeichen eines fünfzackigen Sterns).

Abb. 115. Absacken des Thomasmehls.

Die gefüllten Säcke werden zugenäht und entweder direkt verladen oder mittels mechanischer Sacktransportvorrichtung in Speichern in die Höhe gestapelt. Wenn das Stapeln in der Weise erfolgt, daß immer zwei Säcke lang, zwei Säcke quer gelegt werden, können unbedenklich 15—16 Reihen Säcke übereinander geschichtet werden.

V. Das Thomasmehl.

1. Zusammensetzung der Thomasschlacke. Die Thomasschlacke bildet eine grauschwarze, amorphe Masse, die bald fest und äußerst spröde, bald leicht zerbrechlich und porös erscheint. Ihrem Aufbau nach sind die Schlacken nach H. SCHNEIDERHÖHN vollkommen krystalline Körper ohne jedes Glas. Die mikroskopische Untersuchung von Anschliffen zeigt poröse Textur.

Die ersten Untersuchungen über den mechanischen Aufbau der Schlacke wurden 1883 veröffentlicht und zwar von G. HILGENSTOCK-Hoerde (1) und A. CARNOT-Paris. Beide fanden in der Schlacke Krystalle. G. HILGENSTOCK erkannte die Zusammensetzung der von ihm gefundenen als eine Verbindung von 4 Mol. Kalk auf 1 Mol. Phosphor, also als vierbasisch-phosphorsauren Kalk $Ca_4 \cdot P_2O_9$.

Die von A. CARNOT gefundenen Krystalle waren etwa entsprechend der Formel

$$P_2O_5,\ SiO_2 \cdot 5CaO \quad \text{oder} \quad P_2O_5 \cdot 3CaO + SiO_2 \cdot 2CaO$$

zusammengesetzt. Im folgenden Jahre, 1884, bestätigten A. v. GRODDECK und BROOCKMANN die HILGENSTOCKsche Feststellung.

1887 fanden J. E. STEAD und C. H. RIDSDALE sowie BÜCKING und LINCK gleichfalls das von G. HILGENSTOCK Tetracalciumphosphat genannte Mineral. Außerdem aber untersuchten erstere ebenfalls gefundene monokline, blau gefärbte Krystalle, deren Aufbau sie mit $4CaO \cdot P_2O_5$, $CaO \cdot SiO_2$ angaben. BÜCKING und LINCK fanden diese Krystalle als entsprechend der Formel

$$4Ca_3 \cdot P_2O_8 + 3Ca_3 \cdot SiO_5$$

zusammengesetzt. Ein drittes, apatitähnliches, hexagonal krystallisierendes Mineral entsprach in seinem Aufbau etwa der Formel

$$4Ca_3 \cdot P_2O_8 + Ca_3SiO_5 .$$

Die Annahme, daß die blauen, monoklinen Krystalle aus Tricalciumphosphat aufgebaut seien, hielt HILGENSTOCK (2) für unmöglich. Er schloß sich der Meinung von STEAD und RIDSDALE an, daß als Silicat der Thomasschlacke das Metasilicat anzusehen sei.

H. BLOME fand bei seinen 1910 veröffentlichten Versuchen, daß man im Schmelzfluß der Thomasschlacken die SiO_2 an CaO als $2CaO \cdot SiO_2$ gebunden ansehen muß. Beim Erstarren der Schmelze scheidet sich CaO aus, und es krystallisiert ein Kalksilicophosphat von der Zusammensetzung $4CaO \cdot P_2O_5$, $CaO \cdot SiO_2$ aus, wie schon von STEAD und RIDSDALE gefunden. Diese Doppelverbindung zwischen Tetracalciumphosphat und Calciummetasilicat ist der Träger der Citronensäurelöslichkeit der Thomasschlacke.

TH. DUNKEL hingegen nimmt an, daß der Kalk sich nicht aus dem Orthosilicat sondern aus dem Tetraphosphat ausscheidet, so daß die Reaktion nicht nach der Gleichung $4CaO \cdot P_2O_5 \cdot 2CaO \cdot SiO_2 = 4CaO \cdot P_2O_5 \cdot CaO \cdot SiO_2 + CaO$

verläuft, sondern nach der Gleichung

$$4CaO \cdot P_2O_5 \cdot 2CaO \cdot SiO_2 = 3CaO \cdot P_2O_5 \cdot 2CaO \cdot SiO_2 + CaO ,$$

Hiernach besteht also das Silicophosphat aus dreibasischem Phosphat und Orthosilicat.

Auch H. SCHNEIDERHÖHN fand bei seinen Untersuchungen als Hauptgemengteil das Calciumsilicophosphat $5CaO \cdot P_2O_5 \cdot SiO_2$. Er hält es für unangezeigt, Konstitutionsformeln zu gebrauchen und darüber zu streiten, ob Triphosphat + Orthosilicat oder Tetraphosphat + Metasilicat vorliege, solange über die den Silicophosphaten der Thomasschlacke zugrunde liegende Säure nichts näheres bekannt sei.

Die gleiche Meinung, daß ein Streit um die Konstitutionsformel müßig sei, vertritt auch B. OSANN, der vorschlägt, man solle einfach eine Zahl — von ihm P benannt — angeben, um damit auszudrücken, daß die Summe der Basen (Ca, Mg, FeO usw.) P% der Summe der Säuren (SiO_2, P_2O_5) beträgt.

Der Vollständigkeit halber sei noch erwähnt, daß H. SCHNEIDERHÖHN gleichfalls den von G. HILGENSTOCK als Tetracalciumphosphat erkannten Bestandteil feststellte, sowie einen dritten Gemengteil, bestehend aus zwei Gruppen, von denen eine Gruppe Magnetite bzw. Ferrite in Form undurchsichtiger Oktaeder darstellte, die andere Gruppe gelbe bis rotbraune, durchsichtige, hochlichtbrechende Körner und Oktaeder: Mischkrystalle bzw. Gemenge von Mischkrystallen aus CaO, MgO, MnO, FeO.

V. A. KROLL hatte 1911 Silicophosphate von der Zusammensetzung

$$5CaO \cdot P_2O_5 \cdot SiO_2,$$

$$11CaO \cdot 3P_2O_5 \cdot SiO_2$$

und

$$6CaO \cdot 2FeO \cdot P_2O_5 \cdot SiO_2$$

festgestellt.

Zusammenfassend läßt sich also sagen, daß Thomasschlacke neben Tetracalciumphosphat als Hauptbestandteil ein Kalksilicophosphat enthält, dessen Entstehung, Aufbau und Eigenschaften noch nicht einwandfrei geklärt sind.

Als mittlere Zusammensetzung der Thomasschlacke gibt der Verein Deutscher Eisenhüttenleute folgende an:

Phosphorsäure	16—20 %	Eisenoxydul	7—10 %
Kalk	45—55 %	Eisenoxyd	5— 6 %
Magnesia	2— 4 %	Mangan-Oxydul	5— 6 %
Kieselsäure	6— 8 %	Tonerde	1— 2 %

Schon J. G. Thomas hatte intuitiv geahnt, daß die erst so störend empfundene Phosphorsäure sich noch nutzbringend auswirken würde, wie sein Ausspruch: „Your enemy, our friend Phosphorus ..." beweist.

2. Versuche zur chemischen Aufschließung der Thomasschlacke. Der damaligen Auffassung der Wissenschaft entsprechend glaubte man, daß die Phosphorsäure im Thomasmehl erst chemisch aufgeschlossen werden müßte, um wirksam werden zu können. Schon M. Fleischer zählt in seiner 1886 erschienenen Schrift „Die Entphosphorung des Eisens ..." nicht weniger als 13 Verfahren zur Aufschließung der Thomasschlacke auf. Darunter auch solche, die vom Erfinder des Verfahrens selbst stammen. Eine umfassende Aufstellung dieser Verfahren gibt O. Kausch.

Praktische Bedeutung erlangten zwei Verfahren von C. Scheibler. Das eine Verfahren lief darauf hinaus, daß durch langsame Abkühlung der Schlacke durch Einfüllen in mit schlechten Wärmeleitern umkleidete Gefäße die Schlacke in einen eisenärmeren, phosphorsäurereichen und einen phosphorsäureärmeren, metallreichen Teil zerlegt wurde. Bei dem anderen Verfahren wurde die gemahlene Schlacke in oxydierender Flamme geröstet und mit Säuren so behandelt, daß nur die freien und die von Kiesel- und Phosphorsäure gebundenen Basen in Lösung gingen. Durch Neutralisieren mit Kalk erhielt man einen Niederschlag, der getrocknet ein weißes Pulver mit geringem Eisengehalt und nur Phosphorsäure als zwei- oder dreibasische Verbindung ergab.

3. Die mechanische Aufschließung der Thomasschlacke. In ähnlicher Weise wurde von G. Hoyermann ein präcipitiertes Eisenphosphat hergestellt und in den Handel gebracht. G. Hoyermann war es auch, der zuerst dazu überging, Thomasschlacke zu mahlen und unter der Bezeichnung „Phosphatmehl" in den Handel zu bringen. Er schloß mit den Peiner Walzwerken einen Vertrag, auf Grund dessen ihm die anfallende Schlacke zur Vermahlung abgetreten wurde.

Bis 1884 waren seine Fabriken in Peine und Nienburg a. W. die einzigen, welche „Phosphatmehl" lieferten. Die Zahl der deutschen, Thomasstahl erzeugenden Werke betrug zu diesem Zeitpunkt bereits 14. Die meisten dieser Werke erzeugen auch heute noch Thomasstahl, so der Aachener Hüttenverein Rothe Erde, die Maxhütte Rosenberg, die Gutehoffnungshütte Oberhausen, die Dortmunder Union und das Eisen- & Stahlwerk Hoesch in Dortmund.

4. Die Einführung des Thomasmehls in die Landwirtschaft. Aber auch die Landwirtschaftswissenschaft war nicht müßig gewesen. Hatte schon 1881 M. Maercker-Halle auf den Wert der Thomasschlacke als neue Phosphorsäurequelle für Düngezwecke aufmerksam gemacht, so trat J. Henneberg 1883 bereits der Meinung G. Hoyermanns bei, daß ein Mahlen der Thomasschlacke genüge, um die Phosphorsäure zur Wirksamkeit zu bringen. Weiterhin veröffentlichten M. Fleischer-Bremen und P. Wagner-Darmstadt Abhandlungen über die Thomasschlacke, in denen sie auf deren Wert hinwiesen.

Um aber recht zu erklären, was das Auf-den-Plan-treten der Thomasschlacke für die deutsche Landwirtschaft bedeutete, und um Verständnis zu gewinnen für die so überaus rasch ansteigenden Absatzzahlen, kann man nichts Besseres tun, als die Worte P. Wagners anzuführen, der sich in der Schrift „40 Jahre Thomasmehl" hierüber folgendermaßen äußert:

„Wie lagen die Verhältnisse vor 40 Jahren? Die Pflanzen auf Acker und Wiese hungerten, sie hungerten vor allem nach *Phosphorsäure.* In ganz Rheinhessen, wo heute die Esparsette, der Klee, die Luzerne, die reichsten und sichersten Erträge liefern, konnte man damals keinen Klee bauen, weil es, wie wir den Nachweis erbracht hatten, an *Phosphorsäure fehlte.* Der teuer bezahlte Stickstoff — das Kilogramm Stickstoff kostete damals doppelt so viel wie heute — und das Kali kamen nicht zur sicheren Ausnutzung, weil die Phosphorsäureernährung der Pflanzen zu gering war. Äcker und Wiesen bedurften ausnehmend starker Phosphorsäuregaben, um die Pflanzen zu sättigen. Ausnehmend starke Gaben aber konnte der Landwirt nicht anwenden, weil sie zu teuer waren. Das Kilogramm löslicher Phosphorsäure kostete 70, im Kleinhandel 80—100 Pfg., hochintensive Düngung war bei solchen Preisen ausgeschlossen, die Erträge mußten sich auf niedriger Höhe halten. Volle Sättigung des Bodens mit Phosphorsäure brachte zu wenig Gewinn.

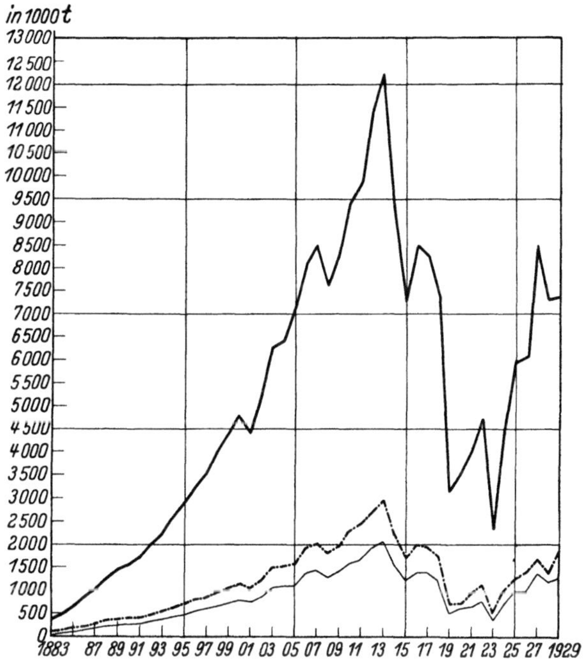

Abb. 116.
——— Erzeugung an Thomasroheisen.
·—·—· Erzeugung an Thomasschlacke.
——— Verbrauch an Kalk.

Da trat das Thomasmehl auf den Plan. Es wurde zu sehr niedrigen Preisen angeboten, das Superphosphat sank im Preise. Die Verwendung von Thomasmehl steigerte sich im Verhältnis zur schnell zunehmenden Schlackenproduktion. Der Sturz des Phosphorsäurepreises, der dauernd blieb, führte zu immer stärkerer Düngung, nicht nur zu stärkerer Düngung mit Phosphorsäure, sondern auch zur Steigerung der Verwendung von Stickstoff und Kali. Und mit der zunehmenden Gesamtdüngung hielten Ertrags- und Gewinnsteigerung gleichen Schritt. Ein gewaltiger Aufschwung in der landwirtschaftlichen Produktion ist durch die Bereicherung des Phosphorsäuremarktes und durch die Steigerung der Verwendung von Phosphorsäure entstanden. Von Jahr zu Jahr haben die Äcker und Wiesen infolge der verstärkten Phosphorsäure- und Kalidüngung immer mehr Stickstoff aus der atmosphärischen Luft, also aus billigster Quelle, gesammelt. Unsere Felder und Wiesen wurden mit immer größeren Mengen billigsten Stickstoffes bereichert, und ihre Sättigung mit Phosphorsäure hat sie fähig gemacht, immer größere Mengen von Stickstoff und Kali zu verarbeiten, die Erträge zu steigern, den Gewinn zu erhöhen, die Ertrags- und Gewinnsteigerung zu sichern."

5. Erzeugung von Thomasstahl und -mehl in Deutschland. Über die Erzeugung an Thomasstahl bzw. Thomasroheisen im deutschen Zollgebiet gibt die beigefügte Aufstellung Kenntnis (Abb. 116). Krieg und Nachwirkung haben die aufsteigende Linie der Erzeugung unterbrochen und eine rückläufige Entwicklung herbeigeführt, die mit dem Jahre der Ruhrbesetzung 1923 ihren Tiefstand erreicht. Seitdem ist die Erzeugung wieder im Ansteigen begriffen.

Daß die deutschen Werke ihre Leistungen gegenüber denen vor dem Kriege bedeutend gesteigert haben, erkennt man aus den Zahlen für die Thomasstahlerzeugung. 1913 wurden im damaligen Zollgebiet 10629697 t Thomasstahl erzeugt, auf den jetzigen Zollgebietsumfang berechnet etwa $5^1/_4$ Mill. t. Diese Zahl wurde mit 5110646 t im Jahre 1925 wieder erreicht. Seitdem ist die Steigerung der Erzeugung anhaltend geblieben, denn die entsprechenden Zahlen lauten für:

1926	5452223 t	1928	6548027 t
1927	6903656 t	1929	7394458 t

Die deutsche Stahlindustrie bemüht sich also erfolgreich, der deutschen Landwirtschaft ausreichend einheimisches Thomasmehl zu liefern.

6. Der Verbrauch an Thomasmehl. Der Absatz an Thomasmehl ist, von den durch die Wirtschaftslage bedingten Schwankungen abgesehen, etwa der Erzeugung entsprechend verlaufen. Er betrug:

a) *Deutschland.*

1882	5000 t	1921	1304000 t	
1886	130000 t	1922	1441000 t	(Ruhrgebiet-
1890	358000 t	1923	446000 t	Besetzung)
1895	700000 t	1924	1587000 t	
1900	900000 t	1925	2055000 t	
1905	1400000 t	1926	2055000 t	
1910	1800000 t	1927	2324000 t	
1913	2418000 t	1928	2467000 t	
1920	794000 t	1929	2269000 t	

Seit 1924 werden mehr als 70% des gesamten Phosphorsäurebedarfs der deutschen Landwirtschaft durch Thomasmehl gedeckt.

b) *Ausland.* Einen Überblick über den Thomasmehlverbrauch in den wichtigsten europäischen Ländern gibt die folgende Übersicht:

Thomasmehlverbrauch in 1000 t.

	1913	1924	1925	1926	1927	1928
Frankreich	415	482	639	650	620	708
Saargebiet	—	20	20	20	20	25
Luxemburg	23	20	19	23	30	30
Belgien	—	250	250	250	250	250
Holland	240	318	278	353	411	422
England	313	370	280	216	276	255
Finnland	—	9	14	20	49	47
Polen	—	63	118	134	170	274
Tschechoslowakei	—	120	125	128	135	167
Österreich	—	34	32	35	44	63
Schweiz	—	—	87	107	126	101
Italien	—	83	30	68	100	107

Frankreich hat durch die Einverleibung Elsaß-Lothringens eine erhöhte Thomasmehlerzeugung im eigenen Lande, infolgedessen auch der Verbrauch an Thomasmehl gegenüber vor dem Kriege stark zugenommen hat.

Holland, wohl das Land mit dem stärksten Kunstdüngerverbrauch auf der Flächeneinheit, zeigt gleichfalls eine stetige Zunahme der Thomasmehlverwendung.

Weiterhin erfreut sich Thomasmehl zunehmender Beliebtheit in den nach dem Kriege neu entstandenen Staaten Finnland, Polen, Tschechoslowakei, die ihrer Landwirtschaft besondere Aufmerksamkeit zuwenden. Das gleiche gilt auch für Österreich und Italien.

7. Thomasmehlpreise.

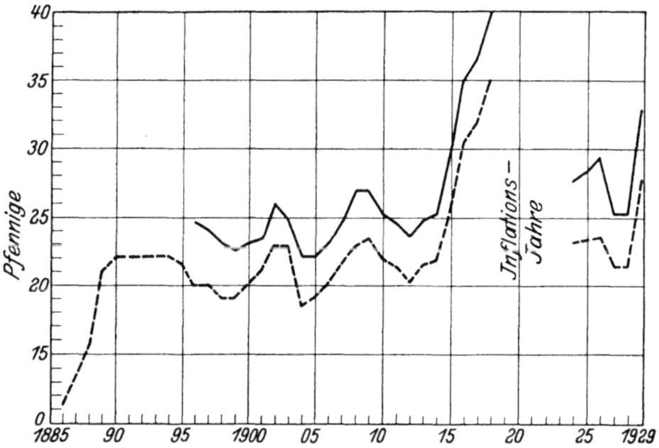

Abb. 117. Preis des Thomasmehls (Frachtgrundlage Aachen-Rothe-Erde).
Von Januar 1915 bis Oktober 1927 wurde ein Sackzuschlag erhoben.
Dieser betrug je 100 kg 1915—1917 RM. 0,40
1918 „ 3,00
1924 „ 0,55—0,75
1926—1927 „ 0,75—0,85

——— je kg/% citronensäurelösl. Phosphorsäure. — — — je kg/% Gesamtphosphorsäure.

Thomasmehlpreise (einschl. Sack).

1885	100,—	Pf. für 100 kg
1886	11,— bis 12,—	„ „ kg/% ab Werk
1887	13,— bis 14,—	„ „ „ „ „
1888	14,50 bis 17,—	„ „ „ „ „
1889 im Frühjahr	20,—	„ „ „ Par. Aachen-Rothe Erde
im Herbst	22,—	„ „ „ „ „ „ „
	29,— bis 30,50	„ „ „ „ Ostseehäfen
1890/91	22,—	„ „ „ „ Aachen-Rothe Erde
1892	22,—	„ „ „ „ „ „ „
1893/94	22,—	„ „ „ „ „ „ „
	27,— bis 30,50	„ „ „ „ Ostseehäfen
1895	21,50	„ „ „ „ Oberhausen
	27,—	„ „ „ „ Ostseehäfen
1896	20,—	„ Gesamtphosphorsäure Oberhausen
	24,— bis 25,—	„ citronensäurelösliche Phosphorsäure Oberhausen
	22,—	„ Gesamtphosphorsäure Ostseehäfen
	27,—	„ citronensäurelösliche Phosphorsäure Ostseehäfen
1897	20,—	„ Gesamtphosphorsäure Aachen-Rothe Erde
	24,—	„ citronensäurelösliche Phosphorsäure Aachen-Rothe Erde
	23,—	„ Gesamtphosphorsäure Ostseehäfen
	27,50	„ citronensäurelösliche Phosphorsäure Ostseehäfen

Thomasmehlpreise je kg/% Phosphorsäure (einschl. Sack).

	Citronensäurelösliche Phosphorsäure		Gesamtphosphorsäure	
	Aachen-Rothe Erde Diedenhofen Pf.	Ostseeparit. Pf.	Aachen-Rothe Erde Diedenhofen Pf.	Ostseeparit. Pf.
1898 1. 1. bis 30. 4	23,—	27,—	—	—
1. 5. bis 31. 12. . . .	23,—	29,—	19,—	24,—
1899	22,50	28,50	19,—	24,—
1900 2. Halbjahr	23,—	28,50	21,—	25,—
1901 1. „	23,—	29,25	20,75	25,—
2. „	23,50	29,75	21,25	25,50
1902 1. „	25,50	32,50	22,50	29,50
2. „	26,—	33,—	23,—	30,—
1903 1. „	24,25	30,—	22,50	27,—
2. „	25,25	31,—	23,—	28,—
1904 1. „	21,50	27,—	18,—	24,—
2. „	22,50	28,—	19,—	25,—
1905 1. „	21,50	27,—	18,50	24,—
2. „	22,50	28,—	19,50	25,—
1906 1. „	22,50	28,—	19,50	25,—
2. „	23,50	29,—	20,50	26,—
1907 1. „	24,—	30,—	21,—	27,—
2. „	25,—	31,—	22,—	28,—
1908 1. „	26,25	32,25	22,25	28,25
2. „	27,25	33,25	23,25	29,25
1909 1. „	26,25	32,—	22,75	29,—
2. „	27,25	33,—	23,75	30,—
1910 1. „	24,50	30,75	21,25	27,50
2. „	25,50	31,75	22,25	28,25
1911 1. „	24,—	30,25	20,75	27,—
2. „	25,—	31,25	21,75	28,—
1912 1. „	23,—	29,25	19,75	26,—
2. „	24,—	30,25	20,75	27,—
1913 1. „	24,—	30,25	20,75	27,—
2. „	25,—	31,25	21,75	28,—

Frachtgrundlage Aachen-Rothe Erde bis 25.10.1927 ohne Sack, ab 26.10.1927 mit Sack.

	Citronensäurelösliche Phosphorsäure Rpf.	Gesamt-Phosphorsäure Rpf.		Citronensäurelösliche Phosphorsäure Rpf.	Gesamt-Phosphorsäure Rpf.
1924 ab 14. Januar . .	29	24,65	1926 ab 26. April . . .	27	21,60
13. März . . .	27	23	26. Mai . . .	28	22,40
15. April . . .	25	21,25	26. Juni . . .	29	23,20
5. Mai . . .	26	22	26. Juli . . .	30	24
21. Mai . . .	27	23	1. November	23	19,50
26. Juni . . .	28	23,50	22. November	25	21,25
23. September	26	21,50	21. Dezember .	26	22
5. Dezember .	24	20,50	1927 ab 21. Januar . .	27	23
1925 ab 1. Januar . .	26	22	11. April . . .	22	18,75
27. Januar . .	27	23	26. April . . .	23	19,50
24. Februar .	28	24	26. Mai . . .	24	20,50
16. April . . .	24	20,50	26. Juni . . .	25	21,25
1. Mai . . .	25	21,25	26. Juli . . .	26	22
26. Mai . . .	26	22	26. Oktober .	23	19,50
3. Juli . . .	28	23,50	1928 ab 1. August . .	25	21,25
1. September	30	24	1. September	26,5	22,50
1926 ab 10. Januar . .	31	24,80	1. Oktober .	28	23,75
1. Februar .	32	25,60	1. November	30	25,50
21. Februar .	33	26,40	1929 ab 1. Januar . .	32	27,25
10. April . . .	25	20			

Frachtgrundlage Aachen-Rothe Erde
ab 1. 1. 1915 ohne Sack.

Ab	Citronensäurelösliche Phosphorsäure			Gesamtphosphorsäure		
	Erzeugerpreis M.	Umlage M.	Verbraucherpreis M.	Erzeugerpreis M.	Umlage M.	Verbraucherpreis M.
1. 1. 1914	—,245	—	—,245	—,2125	—	—,2125
1. 7. 1914	—,255	—	—,255	—,2225	—	—,2225
1. 1. 1915	—,285	—	—,285	—,2425	—	—,2425
15. 7. 1915	—,30	—	—,30	—,26	—	—,26
1. 1. 1916	—,33	—	—,33	—,285	—	—,285
15. 7. 1916	—,36	—	—,36	—,315	—	—,315
1917	—,36	—	—,36	—,315	—	—,315
1918	—,395	—	—,395	—,345	—	—,345
1. 1. 1919	—,56	—	—,56	—,49	—	—,49
1. 8. 1919	—,78	—,39	1,17	—,67	—,35	1,02
1. 2. 1920	4,15	—,85	5,—	3,53	—,72	4,25
1. 6. 1921	3,65	1,35	5,—	3,03	1,22	4,25
1. 1. 1922	6,75	—,75	7,50	5,75	—,75	6,50
1. 4. 1922	15,16	1,34	16,50	12,86	1,34	14,20
1. 7. 1922	16,50	2,—	18,50	14,—	1,70	15,70
1. 8. 1922	16,50	10,50	27,—	14,—	9,—	23,—
1. 10. 1922	67,90	12,10	80,—	57,70	10,30	68,—
16. 11. 1922	94,50	125,50	220,—	80,30	106,70	187,—
1. 12. 1922	245,60	119,40	365,—	208,75	101,25	310,—
1. 1. 1923	297,—	103,—	400,—	252,45	87,55	340,—
1. 2. 1923	377,85	122,15	500,—	321,20	103,80	425,—
1. 3. 1923	1291,15	108,85	1400,—	1097,45	92,55	1190,—
1. 4. 1923	971,95	128,05	1100,—	826,15	108,85	935,—
1. 5. 1923	1257,60	142,40	1400,—	1069,—	121,—	1190,—
16. 5. 1923	1527,15	152,85	1680,—	1298,10	129,90	1428,—
1. 6. 1923	1860,—	140,—	2000,—	1582,—	118,—	1700,—
15. 6. 1923	2624,—	376,—	3000,—	2231,—	319,—	2550,—
1. 7. 1923	4024,—	476,—	4500,—	3420,—	405,—	3825,—
16. 7. 1923	10150,—	3850,—	14000,—	8630,—	3370,—	12000,—
1. 8. 1923	18000,—	4000,—	22000,—	15300,—	3400,—	18700,—
16. 8. 1923	74000,—	76000,—	150000,—	63000,—	67000,—	130000,—
20. 8. 1923	143000,—	107000,—	250000,—	122000,—	91000,—	213000,—
1. 9. 1923	265000,—	135000,—	400000,—	225000,—	115000,—	340000,—
10. 9. 1923	1333000,—	1167000,—	2500000,—	1133000,—	992000,—	2125000,—
17. 9. 1923	3124000,—	3876000,—	7000000,—	2655000,—	3295000,—	5950000,—
	GPf.	GPf.	GPf.	GPf.	GPf.	GPf.
21. 9. 1923	22,5	10	32,5	19	8,5	27,5
22. 10. 1923	22,5	12	34,5	19	10,5	29,5

Literatur.

Arens: Die Thomasschlacke, ihre Analyse und Verwendung zu landwirtschaftlichen Zwecken. 1886.

Bansen u. v. Sothen: Die Windverhältnisse beim Thomasverfahren. Stahl u. Eisen **47**, 385 (1927). — Blome: Beiträge zur Konstitution der Thomasschlacke. Metallurgie **7**, 83 (1910). — Buchmann: Die Standorte der Eisen- und Stahlindustrien der Welt. 1927. — Buchmann, Mathesius u. a.: Die gegenwärtige Lage der deutschen Eisen- und Stahlindustrie. 1926. — Bücking u. Linck: Über die Zusammensetzung der Thomasschlacke. Stahl u. Eisen **7**, 245 (1887). — Burnie: Memoir and letters of Sidney Gilchrist Thomas. 1891.

Carnot, A.: C. r. Acad. Sci. Paris **97** (1883).

Diepschlag: Die Verwendung von Kalk, Dolomit und Magnesit im Eisenhüttenbetrieb. 1924. — Dunkel: Über die Zitronensäurelöslichkeit der Thomasschlacken-Phosphorsäure. Bericht 109 des Fachausschusses des Vereins Deutscher Eisenhüttenleute. 1926.

Esser: Zum heutigen Stande des basischen Windfrischverfahrens in Deutschland. Stahl u. Eisen **30**, 1315 (1910).

FLEISCHER, M.: Die Entphosphorung des Eisens durch den Thomasprozeß und ihre Bedeutung für die Landwirtschaft. 1886. — FRERICH: Die Abhängigkeit des Frischvorganges in der Thomasbirne vom Temperaturverlauf. Stahl u. Eisen 48, 1233 (1928).

GLASER: Neuere Untersuchungsverfahren zur Erkennung des Schlackenaufbaues. Stahl u. Eisen 48, 1373 (1928). — GONNER: Über den gegenwärtigen Stand des Thomasverfahrens. Ebenda 47, 1299 (1927). — GRODDECK, v., u. BROOCKMANN: Über Krystalle aus Blasenräumen der Thomasschlacke. Ebenda 4, 141 (1884).

HERMANNS: Schlackenmühlen. Ann. Gew. Bauwes. 85, 85 (1919). — HILGENSTOCK: (1) Eine neue Verbindung von P_2O_5 und CaO. Stahl u. Eisen 3, 498 (1883); (2) Ebenda 7, 557 (1887); (3) Über die Zusammensetzung der Thomasschlacke und ihre Begründung. Ebenda 6, 525 (1886). — HOLT, v.: Arbeitsverbesserung in der Thomasschlackenmühle. Ebenda 50, 2 (1930). — HOYERMANN, G.: Die Wirkung der aus Thomasschlacke hergestellten Düngemittel. Vortrag, gehalten in der Sitzung des Vereins zur Förderung des Gewerbefleißes. 1885.

JACOBS: Über das Verhalten und die Anforderungen an Stahlwerksdolomit. Stahl u. Eisen 48, 993 (1928). — JUNG: Die Eigentümlichkeiten des Thomasverfahrens des Peiner Walzwerks. Ebenda, Sonderdruck 1919.

KAUSCH: Phosphor, Phosphorsäure und Phosphate. 1929. — KROLL: Researches on the Nature of the Phosphates contained in Basic Slag derived from the Thomas-Gilchrist Dephosphorisation-Process. 1911.

OSANN: in Bericht Nr 109 des Fachausschusses des Vereins Deutscher Eisenhüttenleute, S. 14 (1926).

PASSON: Das Thomasmehl, seine Chemie und Geschichte. 1901. — PETERSEN: Über Fortschritte in den metallurgischen Hüttenbetrieben. Stahl u. Eisen 49, 789 (1929).

SCHNEIDERHÖHN: Mikroskopische Zusammensetzung und Gefüge verschieden vorbehandelter Thomasschlacken und ihre Beziehungen zur Citronensäurelöslichkeit. Stahl u. Eisen 49, 345 (1929). — SCHUCHT: Die Fabrikation des Superphosphats und Thomasphosphatmehls. 1903. — SCHULZ u. WIMMER: Die Eigenschaften von Thomas-Schienenstahl. Stahl u. Eisen 49, 385 (1929). — STEAD, u. RIDSDALE: Ebenda 7, 557 (1887). — STEINWEG: Die Konstitution des vierbasischen Kalkphosphats und seine Reduzierbarkeit durch kohlenstoffhaltiges und reines Eisen. Metallurgie 9, 28 (1912). — SÜLLWALD: Weitere Beiträge zur Kenntnis der Citronensäurelöslichkeit der Phosphorsäure der Thomasschlacke. Stahl u. Eisen 48, 547 (1928).

VEIT: Betriebswirtschaftliche Untersuchungen in einer Thomasschlackenmühle. Stahl u. Eisen 49, 333 (1929). — Verein Deutscher Eisenhüttenleute: Gemeinfaßliche Darstellung des Eisenhüttenwesens. 1929.

WAGNER, P.: (1) Chem. Industrie 8 (1885); (2) Die Thomasschlacke, ihre Bedeutung und Anwendung als Düngemittel. 1887; (3) 40 Jahre Thomasmehl. 1927. — WEISS: Beitrag zur Frage der Citronensäurelöslichkeit und Härte der Thomasschlacke. Stahl u. Eisen 48, 1403 (1928). — WEISS u. RÖLLER: Haltbarkeit von gestampften und gerüttelten Konverterböden. Ebenda 48, 1737 (1928). — WÜST u. LAVAL: Experimentelle Untersuchungen des Thomasprozesses. Metallurgie 5, 431 (1908).

Zahlennachweis des Vereins der Thomasmehlerzeuger. Statistische Angaben.

4. Die Stickstoffdünger.

Die spezifischen Stickstoffdüngemittel sind Ammoniakverbindungen oder salpetersaure Salze. Andere, wie Harnstoff und Kalkstickstoff, sind organische Stickstoffverbindungen, die jedoch, in den Boden gebracht, sehr schnell und leicht in anorganische übergehen. Seit geraumer Zeit werden bei der synthetischen Gewinnung von Stickstoffdüngern auch solche hergestellt, die mehrere Stickstofformen enthalten. Sie enthalten den Stickstoff teils in Ammoniak- und teils in Salpeterform.

a) Ammoniakdünger.

Die Ammoniakdünger sind entweder Nebenerzeugnisse der Gasfabriken und Kokereien, oder sie werden nach verschiedenen Verfahren auf synthetische Wege aus dem Stickstoff der Luft hergestellt.

α) Ammoniakdünger aus Kohle.

Von

Dr. A. Kilbinger

Deutsche Ammoniak-Verkaufs-Vereinigung G. m. b. H., Bochum.

Mit 12 Abbildungen.

1. Historisches.

Die Gewinnung von Ammoniakdüngern aus Kohle erfolgt bei der trockenen Destillation der Kohle in Gasfabriken und Kokereien. Bei diesem Prozeß werden durch Erhitzung unter Luftabschluß die gasförmigen Bestandteile von der Kohle getrennt, so daß schließlich Koks als eine graue, blasige Masse zurückbleibt, die zum größten Teil aus reinem Kohlenstoff mit mehr oder weniger großen Verunreinigungen durch Aschenbestandteile besteht. In den abdestillierten Substanzen ist neben Teer, Benzol usw. das Ammoniak enthalten.

Unsere deutschen Kohlengebiete befinden sich hauptsächlich an der Ruhr, der Saar und in Oberschlesien. Kleinere Kohlengebiete sind noch in Sachsen, um Aachen und in Niederschlesien vorhanden.

Von überragender Bedeutung ist das Ruhrgebiet. Dies ergibt sich aus nachfolgender Aufstellung der Kohleförderung im Jahre 1925:

Ruhrgebiet	104106000 t	Aachen	3543000 t
Oberschlesien	14274000 t	Sachsen	3850000 t
Saar (Preußen)	12890000 t	Niedersachsen mit Ibbenbüren	1211000 t
Niederschlesien	5560000 t	Bayern	44000 t

Bereits im Jahre 1584 wurde aus Steinkohle Koks hergestellt, und zwar auf der Grube Hohenbüchen am Harz, jedoch erst gegen Ende des 18. Jahrhunderts fand die Verkokung der Steinkohle in nennenswertem Maße Eingang. Zuerst im Saarrevier, dann in Nieder- und Oberschlesien und schließlich im Ruhrrevier wurde Koks gewonnen. Die Erzeugung im Ruhrrevier wird für das Jahr 1800 auf 100 t geschätzt und stieg bis 1830 langsam auf 6000 t.

Mit der Einführung der Eisenbahnen stieg dann die Kokserzeugung schnell, so daß im Jahre 1860 bereits 197558 t erzeugt wurden. Mit dem Erstarken der Eisenindustrie stieg die Erzeugung an Ruhrkoks rasch weiter und erreichte im Jahre 1895 8207000 t.

Bis zu diesem Zeitpunkte war die Verwertung der Nebenprodukte noch nicht wesentlich in Angriff genommen worden. Man glaubte, daß die Güte des erzeugten Kokses durch das Absaugen des Gases leiden würde und daß ferner die Beseitigung der Nebenprodukte aus dem Gas die Heizkraft des Gases zu sehr verringern könnte.

Die Nebenprodukte der Gasfabrikation und der Kokerei sind Teer, Benzol und dessen Homologen und Ammoniak. Diese Nebenprodukte wurden im wesentlichen bis dahin nur von den Gasfabriken erzeugt, da diese zur Reinigung des Gases, um es als Leuchtgas verwenden zu können, die Nebenbestandteile abscheiden mußten.

Die Nebenproduktengewinnung bei dem Kokereiprozeß gelang zuerst den Franzosen Knab und Carvès im Jahre 1856, die einen Ofen konstruierten, der die Entziehung dieser Nebenprodukte aus den Gasen ermöglichte und gleichzeitig einen brauchbaren Koks lieferte. Auf Grund dieser Erfindung entstanden eine ganze Reihe von Ofenkonstruktionen. Die ursprünglichen Bienenkorböfen, bei denen die Abgase frei in die Atmosphäre entwichen, machten immer mehr den Kammeröfen Platz, und allmählich ging man dazu über, diese Kammeröfen mit Einrichtungen zur Abscheidung der Nebenprodukte auszubauen. Noch im Jahre 1904 gab es in Deutschland 10199 Öfen ohne Nebenproduktengewinnung, bei einer Gesamtzahl von 19309 Öfen war also nur etwa die Hälfte aller Öfen auf Nebenproduktengewinnung eingerichtet. Jedoch erst vom Jahre 1895 ab kann mit einer Nebenproduktengewinnung bei der Einführung der Destillationskokerei gerechnet werden. Von diesem Zeitpunkte an datiert die Verwendung des Ammoniaks als Stickstoffdüngemittel in wesentlichem Umfange in Form von schwefelsaurem Ammoniak. Heute gibt es im Ruhrgebiet keine Koksofenanlagen mehr, bei denen eine Nebenproduktengewinnung nicht stattfindet. Nach Angaben des Bergbauvereins waren im Ruhrgebiet im Oktober 1929 18004 Koksöfen vorhanden, von denen 13808 Öfen im Betrieb waren.

Der Koks, das Hauptprodukt der Kokereien, findet seine Hauptverwendung in Hochöfen und Gießereibetrieben, ferner als Heizmaterial für Generatoren und Zentralheizungen, Dauerbrandöfen usw.

Auf die fast restlose Ausbreitung der Nebenproduktengewinnung innerhalb der letzten 30 Jahre haben verschiedene Umstände fördernd eingewirkt.

Die Entwicklung der Teerfarbenindustrie und der chemischen Industrie konnte immer steigende Mengen von Teer zur Erzeugung von Farben, Duftstoffen, Arzneimitteln und sonstigen chemischen Produkten aufnehmen. Der Teer besteht aus einem Gemenge der verschiedensten, aromatischen Kohlenwasserstoffe wie Benzolhomologen, Naphthalin, Phenolen, Anthracen, Anthracenöl, Kreosotöl, die von der chemischen Industrie auf die obengenannten Stoffe verarbeitet werden. Die außerdem noch vorhandenen etwa 30% Pech spielen heute im Teerstraßenbau und bei der Brikettherstellung eine sehr wichtige Rolle.

Die enorme Entwicklung des Kraftfahrwesens und der Verbrennungsmotoren nimmt die deutsche Benzol- und Treibölerzeugung restlos auf und ersetzt damit einen erheblichen Teil der Einfuhr an ausländischen Treibstoffen. Bis zum Ausbruch des Weltkrieges war Benzol als Motorentreibstoff noch fast unbekannt. Erst die Unterbindung der Benzineinfuhr ließ den großen Wert des einheimischen Erzeugnisses erkennen, so daß das Benzol, nachdem man seine Eigenarten schätzen gelernt hatte, heute eine sehr wichtige Rolle auf dem Autotreibstoffmarkte spielt.

Die nach Entziehung der Nebenprodukte übrigbleibenden Gase, die bisher fast nur zur Beheizung der Ofenkammern und zur Krafterzeugung in den Grubenbetrieben verwendet wurden, finden in steigendem Maße eine wertvollere Ausnutzung durch die Belieferung der Städte mit Leuchtgas mit Hilfe weitausgedehnter Fernleitungen. Wenn bisher die Gasbelieferung nur auf die engeren Gebietsteile der Kohlenbezirke beschränkt wurde, so ist man heute mit dem Ausbau gewaltiger Ferngasleitungsnetze beschäftigt, die das Gas von der Ruhr und der Saar bis Hannover, Berlin und nach Süddeutschland leiten sollen.

Während im Jahre 1913 von den Kokereien nur 161800 m^3 Leuchtgas (Gasanstalten 1913: 2 Mill. m^3) abgesetzt wurden, betrug die Menge 1926 bereits 400400000 m^3. In naheliegender Zeit schätzt man diese Menge auf 2 Millrd. m^3.

Neuerdings verwendet man diese Gase zur Erzeugung von billigem Wasserstoffgas, mit dessen Hilfe aus Luftstickstoff in den neuen Anlagen der Ruhrzechen (Ruhrchemie A.-G., Oberhausen-Holten i. W.; Gewerkschaft des Steinkohlenbergwerks Ewald, Herten i. W.; Klöcknerwerke A.-G., Rauxel i. W. und Bergwerksgesellschaft Hibernia, Herne i. W.; Bergwerks A.-G. Recklinghausen i. W. und Stickstoffwerke A.-G. Waldenburg i. Schles.) synthetische Stickstoffdüngemittel erzeugt werden. Derartige Stickstoffwerke, die das Koksofengas als Wasserstoffquelle benutzen, werden zur Zeit auch in einer großen Zahl ausländischer Staaten gebaut.

Das Ammoniak hat in der Form des schwefelsauren Ammoniaks bei der Landwirtschaft willige Aufnahme gefunden und konnte erfolgreich dem einzigen bis dahin vorhandenen Stickstoffdüngemittel, dem Chilesalpeter, gegenübertreten. Bei Kriegsausbruch war das schwefelsaure Ammoniak das einzige, aus deutscher Erzeugung zur Verfügung stehende Stickstoffdüngemittel und spielte als Sprengstofflieferant in den ersten Kriegsjahren eine sehr wichtige Rolle.

Die steigende Bedeutung der Nebenprodukte hatte zur Folge, daß die Kokereiindustrie trotz fallender Kokspreise rentabler wurde.

2. Die Ammoniakgewinnung.

a) Stickstoffgehalt der Kohle, Herkunft und Ausbeute. Das bei der Nebenproduktengewinnung anfallende Ammoniak (NH_3) entstammt den stickstoffhaltigen Substanzen der Steinkohle.

Nach F. ULLMANN (17) ist der Stickstoff in der Steinkohle offenbar in Form hochkomplizierter, organischer Stickstoffverbindungen enthalten, die beim Ent-

Abb. 118. Rekonstruktion einer Landschaft aus der Carbonzeit. (Nach Dr. KUKUK, Bergschule. Bochum.)

gasungsvorgang zerfallen und in den Endprodukten als Stickstoffbasen, Ammoniak, Cyanwasserstoff und freier Stickstoff auftreten. Sie stammen teils aus den Eiweißsubstanzen der Ursprungspflanzen, teils aus tierischen Resten, die in den Pflanzenmassen eingelagert sind (Abb. 118).

Man stellt sich allgemein die Vegetation der Steinkohlenlandschaft als Waldmoore vor. In großen, lagunenartigen Flächen entwickelte sich in der damaligen tropisch-feuchtwarmen Atmosphäre eine großartige Wildnis von Siegelbäumen, Farnbäumen, riesigen Schachtelhalmen und Bärlappgewächsen, die absterbend in dem Schlammwasser versanken und immer wieder neu entsprießend große Lager im Wasser vermodernder Pflanzensubstanz bildeten. Diese machten, von Gesteinsmaterial überdeckt, einen Umwandlungsprozeß durch, so daß aus der Holzsubstanz, dem Lignin, allmählich die Kohle wurde. So lagerten sich Schichten auf Schichten, unterbrochen von tonigem Gesteinsmaterial, den Kohleschiefern. Die kohleführenden Schichten oder Flöze haben eine mehr oder minder starke Mächtigkeit (durchschnittlich 1,2 m). Für die Bildung der Pflanzenmassen solcher Flöze müssen ungeheure

Zeiträume nötig gewesen sein, denn man hat berechnet, daß ein hundertjähriger Buchenwald bei seiner Verkohlung eine Kohlenschicht von nur 2 cm Mächtigkeit ergeben würde.

Der Stickstoffgehalt der Steinkohle schwankt je nach ihrem Alter und ihrer Herkunft zwischen 0,2 und 2,5% Stickstoff (bezogen auf sog. Reinkohle). DREHSCHMIDT ermittelte bei der Untersuchung von 68 Gaskohlen verschiedener Herkunft folgende Grenzwerte (bezogen auf Reinkohle):

Schlesische Kohle	1,02—1,94 %
Westfälische Kohle	1,42—1,85 %
Englische Kohle	1,10—1,94 %

Von diesen Stickstoffmengen werden nur relativ geringe Mengen in Form von Ammoniak gewonnen. DREHSCHMIDT fand, daß bei 1100—1200° vom Gesamtstickstoff in Ammoniak übergingen:

bei schlesischen Kohlen	11,1—20,4 %
„ westfälischen Kohlen	11,3—17,0 %
„ englischen Kohlen	11,2—25,0 %

Ein Teil des in der Kohle enthaltenen Stickstoffs entweicht als elementarer Stickstoff mit dem Abgas, und ein weiterer sehr erheblicher Teil verbleibt in dem Koks.

Nach englischen Untersuchungen über den Verbleib des Stickstoffs der Kohle wurde folgende Verteilung gefunden:

	I	II
im Koks	48,68 % N	43,31 % N
als Ammoniak	14,50 % N	15,16 % N
als Cyan	1,56 % N	1,43 % N
im Teer	— % N	2,98 % N
als freies Element bzw. Verlust	35,26 % N	37,12 % N

Durch besondere Verfahren, z. B. durch Destillation im Beisein von Wasserdampf nach dem sog. Mondgasprozeß, soll man die Ammoniakausbeute bis auf 70—80% steigern können.

Nicht jede Kohle ist für den Verkokungsprozeß geeignet. Da die Herstellung von Koks in der Hauptsache für die Eisenerzeugung erfolgt (etwa 90% der erzeugten Koksmengen dienen zur Eisenerzeugung) und für diesen Zweck ein Koks von besonderer Festigkeit gewünscht wird, kann nur eine Kohle von besonderen Eigenschaften verkokt werden.

Man unterscheidet:

	Flüchtige Stoffe %	Koks %	Qualität des Kokses
Gasflammkohle	40	60	Pulver
Gaskohle	35	65	weich
Kokskohle	26	74	fest, silberhell
Eßkohle	18	82	schlecht gebacken
Magerkohle	12	88	Pulver oder gesintert
Anthrazit	4	96	Pulver

Danach ist eigentlich nur die Kokskohle für diesen Zweck geeignet. Man hat jedoch auch die Möglichkeit, durch Mischung der darüber- und darunterliegenden Kohlen eine geeignete Kokskohle herzustellen. Die Gasflammkohle ist nach ihrer Entstehungszeit die jüngste Kohle, während der Anthrazit die älteste Kohle ist und daher den geringsten Gasgehalt hat.

Von Interesse ist die Feststellung, daß es sich bei dem schwefelsauren Ammoniak der Kokereien um den natürlichen Stickstoff handelt, der vor Millionen von Jahren von den Pflanzen der Steinkohlezeit zu deren Ernährung aufgenommen und aufgespeichert wurde, so daß wir heute beim Kokereiprozeß den Stickstoff wiedergewinnen, den Pflanzen früherer Zeiten verbraucht hatten.

b) Die Gewinnung des schwefelsauren Ammoniaks der Kokereien. Zur Verkokung wird nur die Feinkohle (Kokskohle) verwendet. Die Feinkohle fällt in der Kohlensieberei an, wo sie von den gröberen Kohlenteilen, Steinkohle und Nußkohle, getrennt wird. In der Kohlenwäsche wird die Kokskohle von den Gesteinstrümmern, den sog. „Bergen" befreit. Bei diesen Aufbereitungsverfahren trennen sich infolge ihres verschiedenen spezifischen Gewichtes im Wasser die schweren Steinmassen von der leichteren Kohle. Es wird damit erreicht, daß sie schließlich nur einen Aschengehalt von etwa 7% hat. Auch unverkäufliche Nußkohle wird unter Umständen zerkleinert und der Kokerei zugeführt.

Die Kokskohle wird dann im Kohlenturmsilo gespeichert und gelangt von da aus mit dem Beschickungswagen, der über der Koksofenbatterie läuft, in die ein-

Abb. 119. Gesamtansicht einer Steinkohlenzeche mit Kokerei (links). Zeche Robert Müser (Harpener Bergbau A. G.) bei Langendreer.

zelnen Kammern. Die Ofenkammern stehen meist zu 30 und mehr nebeneinander zu Batterien vereinigt. Sie sind aus feuerfestem Material hergestellt und an den beiden offenen Enden mit eisernen, feuerfest ausgemauerten Türen verschließbar. Meist haben diese Kammern ein Fassungsvermögen von 10—15 t, bei neueren Konstruktionen ist das Fassungsvermögen bis 20 und mehr Tonnen gesteigert. Die Beheizung der Kammern erfolgt von den Seitenwänden und der Sohle her durch Gasflammen, mit demselben Gas, das bei dem Verkokungsprozeß entsteht und aus welchem die Nebenprodukte entfernt sind. Das Gas wird nach Art der Bunsenbrenner unter Luftzufuhr verbrannt und erhitzt die in den Kammern befindliche Kohle auf Rotglut.

Je nach Art der Beheizung unterscheidet man Abhitzeöfen oder Regenerativöfen. Nach einer Garungszeit von etwa 30 Stunden — bei ganz modernen von nur 13—14 Stunden — wird der Ofen mit Hilfe von elektrisch betriebenen Koksausdrückmaschinen entleert. Der aus der Kammer ausgetretene, glühende Kokskuchen wird auseinandergezogen und durch Bespritzen mit Wasser gelöscht. Bei modernen Anlagen wird der Kokskuchen in einen eisernen, auf

Schienen laufenden Löschwagen gedrückt, der dann sofort unter eine im Kohlensilo befindliche Brause gefahren wird, welche den Koks in erheblich kürzerer Zeit ablöscht und damit die Verbrennungsverluste stark verringert.

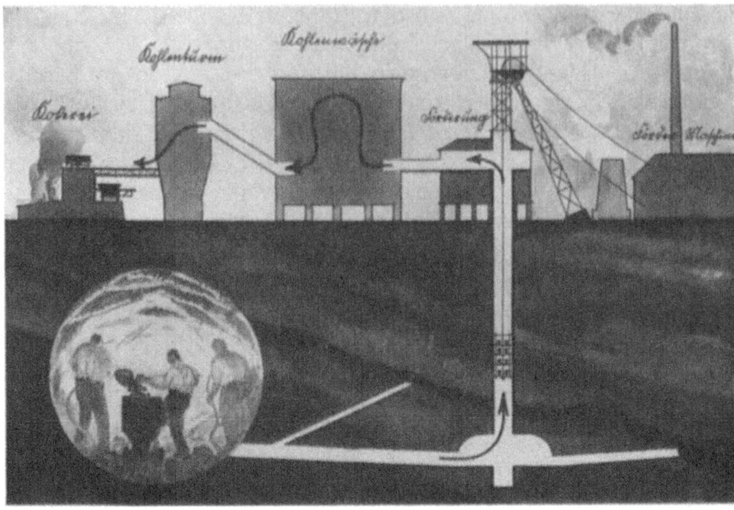

Abb. 120. Der Weg der Steinkohle vom Schacht bis zur Kokerei (schematisch).

Abb. 119 und die schematische Darstellung (Abb. 120) zeigen den Weg der Steinkohle vom Schacht bis zur Kokerei. Vom Förderschacht (rechts) gelangt die Kohle in die Separation und Wäsche, wo sie von dem Gesteinsmaterial befreit und nach Größen getrennt wird. Eine Förderanlage bringt die Kokskohle in den Kohlenturm, der gleichzeitig als Silo zur Speicherung der Kokskohle und als Löschturm ausgebildet ist. Von da aus gelangt sie in die Koksofenkammern.

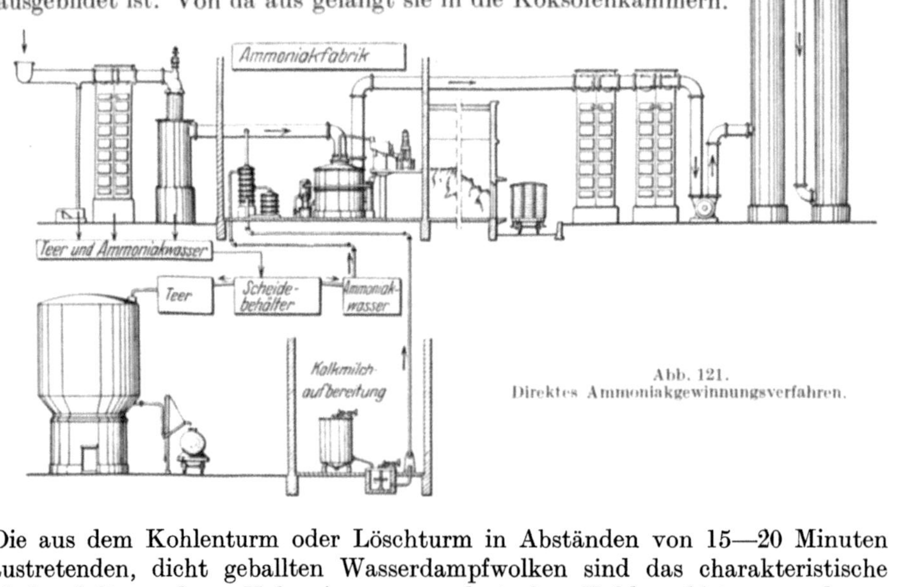

Abb. 121. Direktes Ammoniakgewinnungsverfahren.

Die aus dem Kohlenturm oder Löschturm in Abständen von 15—20 Minuten austretenden, dicht geballten Wasserdampfwolken sind das charakteristische Merkmal für moderne Kokereien unserer deutschen Kohlengebiete geworden.

Die während der trockenen Destillation entstehenden Gase werden durch Gassauger abgesaugt und durch die Druckleitung weitergedrückt. Die Gase gehen durch die Steigrohre in eine gemeinsame Vorlage von U-förmigem Quer-

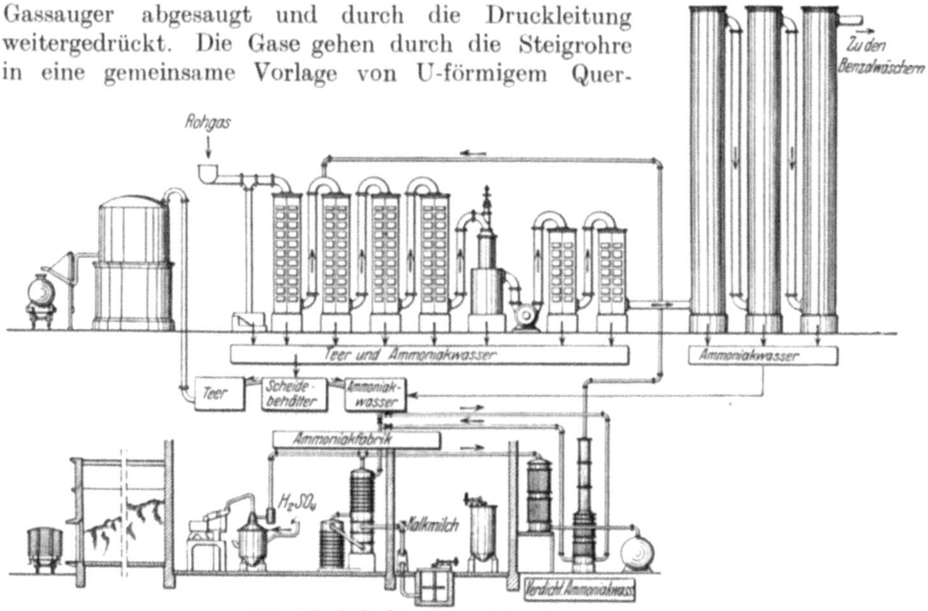

Abb. 122. Indirektes Ammoniakgewinnungsverfahren.

schnitt, wo sich bereits ein großer Teil des Teeres durch Abkühlung verdichtet.

Beim Verlassen der Vorlage enthält das etwa 220° heiße Gas noch den größeren Teil des Teeres, alles Ammoniak sowie alle Benzolkohlenwasserstoffe. Für die Gewinnung des Teeres und Ammoniaks sind zur Zeit drei verschiedene Verfahren in Anwendung, das sog. direkte, das halbdirekte und das indirekte Verfahren.

Abb. 123. Waschtürme für Trennung von Teer, Benzol und Ammoniak aus dem Koksofengas.

Das gebräuchlichste Verfahren ist heute das direkte oder Gas-Verfahren (Abb. 121), bei dem das Gas durch Waschen mit Teer von Teer befreit wird, und zwar bei einer Temperatur, bei welcher noch kein Wasserdampf niedergeschlagen und somit noch kein Ammoniak ausgeschieden wird. Dieses Gas wird dann in Sättigungskästen mit Schwefelsäure geleitet, die das Ammoniak als schwefelsaures Ammoniak bindet.

Von der Ammoniakfabrik geht nun das Gas weiter in die Benzolfabrik, wo es auf Benzol und Homologe (Xylol, Toluol) und auf Naphthalin verarbeitet wird. Um aus dem Rohbenzol einen hochwertigen Motorentreibstoff zu machen, ist eine sehr sorgfältige Reinigung notwendig (Behandlung mit Natronlauge und Schwefelsäure und fraktionierte Destillation), so daß schließlich das nach genau festgelegten Normen des Benzolverbandes hergestellte B. V.-Benzol entsteht. Durch Mischung von Benzin mit diesem Benzol entsteht dann das B. V.-Aral. Gegenüber den ausländischen Benzinen weisen das Benzol und die unter Verwendung von Benzol hergestellten Gemische besondere Vorzüge auf, deren hauptsächlichste die vollkommene Klopffreiheit und größere Wirtschaftlichkeit sind.

Abb. 124. Inneres einer Ammoniakfabrik: Abtreibkolonnen.

Bei dem indirekten oder Wasch-Verfahren (Abb. 122), dem ältesten, wird der Teer und ein Teil des Ammoniaks durch starke Abkühlung in Luft- und Wasserkühlern (Abb. 123) aus dem Gas entfernt, und zwar in Form von flüssigem Teer und Ammoniakwasser. Der Rest des Ammoniaks wird durch Waschen mit Wasser entfernt. Das Ammoniakwasser wird durch Kalkmilch zersetzt (Abb. 124) und mit Dampf behandelt, wobei Ammoniak in gasförmigem Zustande entweicht,

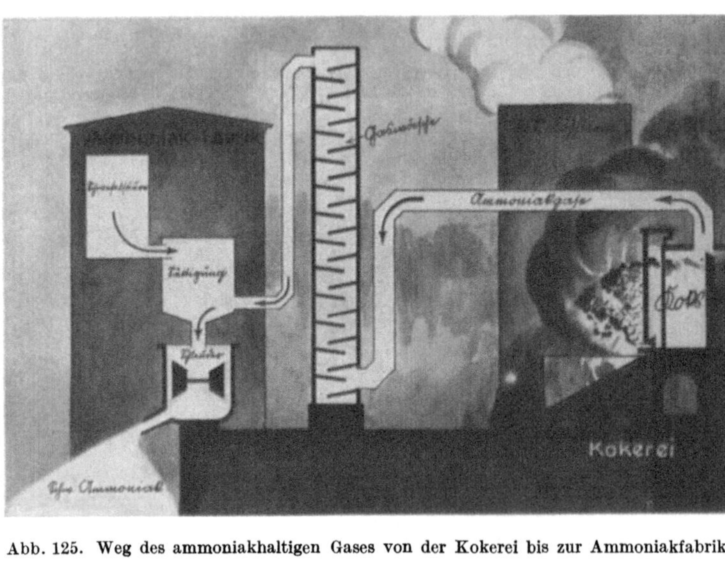

Abb. 125. Weg des ammoniakhaltigen Gases von der Kokerei bis zur Ammoniakfabrik.

das durch Rohrleitungen in Schwefelsäure eingeleitet wird. In den Sättigungskästen (Abb. 125 und 126) scheidet sich dann das schwefelsaure Ammoniak in Form von Krystallen aus.

Abb. 126. Inneres einer Ammoniakfabrik: Sättiger.

Bei dem halbdirekten (Abb. 127) Verfahren wird der Teer und ein Teil des Ammoniaks durch Waschen entfernt. Das ammoniakhaltige Gas wird, nachdem ihm das aus dem Wäscherkondensat befreite Ammoniak zugesetzt ist, durch die Schwefelsäure geleitet.

Bei dem direkten und halbdirekten Verfahren wird das Restgas weiter auf Benzol und Homologe verarbeitet, während bei dem indirekten Verfahren das benzolhaltige Gas schon vorher abgezweigt wird.

Das in den mit Schwefelsäure gefüllten Sättigungskästen entstehende schwefelsaure Ammoniak wird ausgebracht, in einer Zentrifuge getrocknet und dann von den letzten Resten freier Schwefelsäure durch Neutralisation mit Ammoniakgas oder Bespritzen mit Ammoniakwasser z. T. auch Ammoniumcarbonat befreit, so daß praktisch säurefreies Salz auf das Lager gelangt.

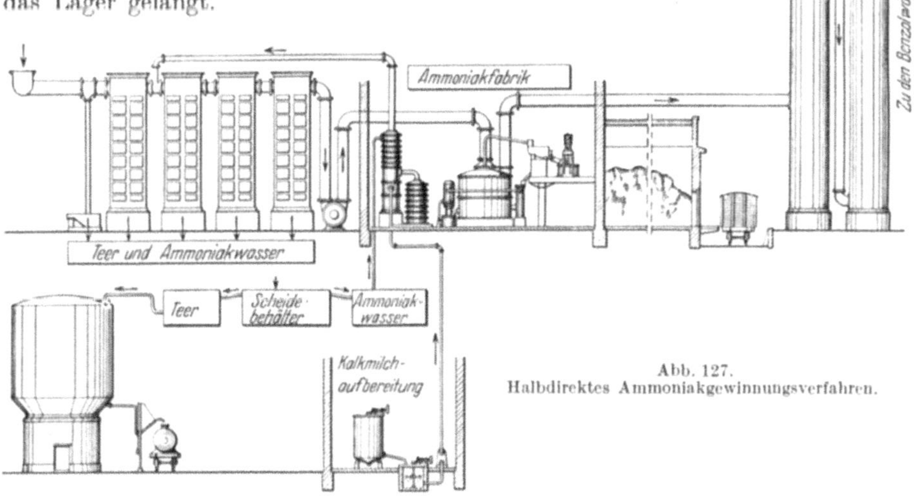

Abb. 127.
Halbdirektes Ammoniakgewinnungsverfahren.

Bei der Verkokung der Kohle werden im Mittel aus 1000 Gewichtsteilen gewonnen:

680—820	Teile	Koks
11— 14	„	schwefelsaures Ammoniak
6— 12	„	Rohbenzole
25— 35	„	Teer.

Das auf diese Weise gewonnene schwefelsaure Ammoniak enthält etwa 20,8 % Stickstoff, entsprechend einem Gehalte von rund 25,25 % NH_3, außerdem etwa 0,005—0,01 % freie Säure und 0,5—1,0 % H_2O.

c) Beschaffenheit des schwefelsauren Ammoniaks. Früher unterschied man zwischen gewöhnlicher Ware mit 25 % Ammoniak oder 20,6 % N und gedarrter und gemahlener Ware mit 25,25 % Ammoniak entsprechend 20,8 % N. Diese Unterscheidung kam später in Fortfall. Seit dem 1. Juli 1930 befinden sich jedoch wieder zwei Typen im Handel.

Bei Typ I handelt es sich um ein säurefreies Salz von heller, meist weißer Farbe, mit grober Körnung und einem Stickstoffgehalt von mindestens 20,8 % N. Typ II hat einen Stickstoffgehalt von mindestens 20,6 % N, ist mittel- bis feinkörnig und etwas dunkler gefärbt.

Die Herstellung des schwefelsauren Ammoniaks erfolgte ursprünglich in der Weise, daß man die Schwefelsäure mit dem Gaswasser direkt mischte und dann so weit eindampfte, bis das Ammoniaksalz auskrystallisierte. Dieses Verfahren hatte neben seiner Unwirtschaftlichkeit den Nachteil, daß starke Färbungen und Beimengungen von pflanzenschädigenden Rhodan- und Cyansalzen nicht verhindert werden konnten. Bei dem heute allgemeingebräuchlichen Verfahren werden diese Verbindungen schon vorher ausgeschieden, so daß solche Beimengungen ausgeschlossen sind. Die bisweilen noch auftretende Graufärbung des schwefelsauren Ammoniaks der Kohlenzechen rühren nicht von nachteilig wirkenden Beimischungen her. Es handelt sich hierbei nur um Eisenverbindungen oder geringe Teermengen. Da die Ansprüche der Landwirte an die Beschaffenheit und Streufähigkeit des schwefelsauren Ammoniaks größer geworden sind, hat man neuerdings auf vielen Kokereien durch Umbau der Sättiger mit Erfolg versucht, ein Salz von möglichst grober Körnung und heller Farbe (Typ I) zu erzeugen. Das Prinzip dieser Apparaturen besteht darin, daß die Krystalle länger in der Lauge in Schwebe gehalten werden, um ihnen genügend Zeit zum Wachsen zu geben. Dies wird erzielt durch Einblasen von Luft oder Gas in die Lauge vom Boden des Sättigers her und durch Umrühren der Lauge mit Flügelrädern. Die Krystalle sinken erst dann auf den Boden des Sättigers, wenn sie eine solche Größe und Schwere erhalten haben, daß sie den aufwärts gerichteten Strom der Lauge überwinden können.

Mit der fortschreitenden Einführung solcher Einrichtungen im Kokereibetrieb werden in Zukunft immer mehr helle und grobkörnige Salze anfallen.

Die Korngröße und Kornform des schwefelsauren Ammoniaks ist für dessen Streufähigkeit von besonderer Bedeutung, während die zum Teil auftretende Verfärbung eigentlich nur ein Schönheitsfehler ist. Feinkörniges, staubiges Salz streut sich mit der Hand wie auch mit der Maschine schlechter als grobkörniges Salz, da es leicht von dem Wind verweht wird.

Die Kornform des schwefelsauren Ammoniaks, das im rhombischen System krystallisiert, ist außerordentlich verschieden. Das Kokereiammoniak bildet, wenn es nicht gerade sehr staubfein anfällt, meist langgestreckte Nadeln. Dieses Nadelsalz ist als sog. griffige Ware in manchen Gegenden Deutschlands sehr beliebt. Bei den neueren Verfahren, bei denen das Salz langsamer krystallisiert, bilden sich hauptsächlich zeppelinförmige oder Reiskörnern ähnliche Krystalle, die ebenfalls eine sehr gute Streufähigkeit besitzen. Unter besonderen Verhältnissen entstehen auch scharfkantige, fast würfelförmige Krystalle, die in ihrer Form etwa an Krystallzucker erinnern. Auch diese Salzform ist sehr gut streufähig. Der Gehalt des schwefelsauren Ammoniaks an freier Säure ist bei allen Salztypen sehr gering und praktisch bedeutungslos. Wenn er jedoch, was sehr selten vorkommt, eine Grenze von 0,4% überschreitet, kann dies zur Folge haben, daß das Gewebe der Säcke angegriffen wird. Jedoch rührt diese Erscheinung nicht von freier Schwefelsäure her, sondern, wie neuere Untersuchungen gezeigt haben, von freier Salzsäure, die, wenn auch selten, hier und da vorkommt. Der Wassergehalt ist insbesondere bei säurefreiem Salz mit mindestens 20,8% N äußerst gering und übersteigt auch bei dem Salz von 20,6% N selten 0,5%. Da der Verkauf nach Stickstoffgehalt erfolgt, ist der Wassergehalt auch praktisch bedeutungslos.

3. Das schwefelsaure Ammoniak der Gasfabriken.

Das Prinzip der Ammoniakgewinnung in den Gasanstalten ist genau das gleiche wie in den Kokereien. Mit Rücksicht auf den Zweck der Anlagen, der darin besteht, Leuchtgas zu gewinnen, sind die Einrichtungen entsprechend anders gestaltet.

Die Destillationsräume, welche bei den Kokereien die Form von Kammern besitzen, haben hier die Form länglicher Röhren (Retorten aus feuerfestem Ton) mit erheblich geringerem Fassungsvermögen. In neuen Großanlagen geht man jedoch auch zu dem Kammersystem über. Die Erhitzung der Retorten und Kammern in den Gasanstalten erfolgt ebenfalls durch Gasfeuerung.

Das Leuchtgas wird einer sehr intensiven Reinigung unterworfen, um die Entstehung giftiger Verbrennungsprodukte beim Verbrauch im Haushalt unmöglich zu machen. Bei der Reinigung werden Teer, Benzol und Homologe und Ammoniak durch Abkühlung und Waschung entfernt, die weitere Reinigung von Schwefelwasserstoff und Cyanwasserstoff erfolgt in der Gasreinigungsmasse, welche diese Stoffe in Form von chemischen Verbindungen zurückhält.

Das Ammoniak wird in bekannter Weise an Schwefelsäure zu schwefelsaurem Ammoniak gebunden und genau so wie die Ammoniaksalze der Kokereien als Stickstoffdüngemittel abgesetzt. Ebenso werden die Nebenprodukte Teer und Benzol verwertet. Aus der verbrauchten Gasreinigungsmasse, die in ihrem ursprünglichen Zustande meist aus mehreren porösen Schichten von Raseneisenerz oder sog. Luxmasse besteht, werden wichtige chemische Verbindungen wie Berlinerblau usw. hergestellt.

Um sich von der Schwefelsäure frei zu machen, versucht man, den aus dem Schwefelwasserstoff des Rohgases stammenden Schwefel durch Röstung der Gasreinigungsmasse zu schwefliger Säure zu verbrennen, die man nach weiterer Oxydation mit dem Ammoniak vereinigt. Die in den Abgasen vorhandenen Schwefelmengen, meist Schwefelwasserstoff, würden auch rein rechnerisch genügen, um, in Schwefelsäure verwandelt, alles Ammoniak zu binden.

Nach einem neueren Verfahren von R. TERN (14), von der Thüringer Gasgesellschaft soll auf diese Weise ein Ammoniaksalz (Elektroammon) entstehen, das neben Ammoniumsulfat noch Ammoniumsulfit enthält und das sich als Düngesalz genau so bewährt haben soll wie das schwefelsaure Ammoniak.

Dieses Verfahren wird, weil es sehr billig arbeiten soll, vielleicht auch einmal für diejenigen Kokereien von Bedeutung sein, welche Ferngas erzeugen, weil dort große Mengen schwefelhaltiger Gasreinigungsmasse anfallen.

Ein ähnliches Salz, das sog. BURCKHEISERsche Salz, das neben 60% Ammonsulfat auch 40% Ammonsulfit enthält, wurde vor einigen Jahren hergestellt. Die Fabrikation ist aber, da sich die daran geknüpften Erwartungen nicht erfüllten, wieder eingestellt (16). Auch das ähnlich arbeitende WALTER FELDT-Verfahren konnte sich nicht in die Praxis einführen.

4. Die Herstellung des salzsauren Ammoniaks, des Kalkammons und des kohlensauren Ammoniaks.

Unter die aus Kokereiammoniak hergestellten Stickstoffsalze fällt auch das *salzsaure Ammoniak* (NH_4Cl), Chlorammonium oder Salmiak, mit etwa 24% Stickstoff in Form von Ammoniak gebunden an Chlor.

Es wurde früher durch direkte Vereinigung von Ammoniak mit Salzsäure hergestellt, jedoch entsteht es heute in der Hauptsache als Nebenprodukt der Sodafabriken. Bei der Umsetzung von Chlornatrium mit Kohlensäure und Ammoniak entsteht nach dem bekannten Solvayverfahren Natriumcarbonat (Soda) und Chlorammonium, die, von einander getrennt, auskrystallisiert werden.

Kalkammon D. A. V. V. ist ein Stickstoffdüngemittel, das neben 17% Ammoniakstickstoff noch etwa 30% kohlensauren Kalk enthält. Es wird gewonnen entweder durch mechanische Vermischung von gefälltem, kohlensaurem Kalk mit salzsaurem Ammoniak oder auf chemischem Wege durch Einleiten von Kohlensäure und Ammoniakgas in Calciumchloridlauge, wobei eine Umsetzung zu einem Gemisch von Chlorammonium und kohlensaurem Kalk erfolgt.

Auch *Ammoniumcarbonat* $(NH_4)_2CO_3$ und Ammoniumbicarbonat $(NH_4)HCO_3$ werden aus Zechenammoniak hergestellt, jedoch haben diese Salze wegen ihrer leichten Flüchtigkeit bisher noch keine allgemeine Anwendung als Düngesalze finden können.

5. Statistisches über Erzeugung und Preise für schwefelsaures Ammoniak der Kokereien und Gasanstalten.

a) Erzeugung. Bis zu Beginn der neunziger Jahre des vorigen Jahrhunderts war das schwefelsaure Ammoniak als Düngemittel nur in sehr geringem Umfange bekannt. Es wurde im wesentlichen nur von den Gasanstalten als Nebenprodukt erzeugt, während die große Masse der Kokereien sich noch kaum mit der Erzeugung von Nebenprodukten befaßte.

Lediglich in dem Oberschlesischen Kohlengebiet war die Nebenproduktengewinnung stärker ausgebaut, während im Westen, trotz der dort viel größeren Koksproduktion nur erst ganz wenige Kokereien zur Gewinnung der Nebenerzeugnisse übergegangen waren. Die Kokereien des Ostens erzeugten im Jahre 1895 bereits 25000 t schwefelsaures Ammoniak, während der Westen nur etwa 13—14000 t erzeugte, obwohl hier etwa zwei Drittel der in Deutschland überhaupt erzeugten Koksmenge hergestellt wurde. Wegen der hohen Kapitalinvestitionen ging man nur zögernd zu dem Bau von Nebenproduktenanlagen über. Ferner stand auch die finanziell nicht günstige Lage der Zechen und die unsichere Preisgestaltung für das schwefelsaure Ammoniak einer raschen Entwicklung hindernd im Wege.

Die Entwicklung wurde aber dadurch erheblich beschleunigt, daß damals die sog. Erbauerfirmen das finanzielle Wagnis der Umgestaltung der Öfen und der Errichtung der Nebengewinnungsanlagen auf eigenes Risiko übernahmen.

Diese Art von Verträgen, die allerdings später, als die Zechen kapitalkräftiger wurden, in Wegfall kamen, hat in den Anfangsjahren die Nebenproduktengewinnung außerordentlich gefördert und der deutschen Industrie den anderen industriellen Ländern und besonders England gegenüber einen gewaltigen Vorsprung gesichert. Im Jahre 1913 wurden bereits in Deutschland 95% aller Koksöfen mit gleichzeitiger Gewinnung der Nebenerzeugnisse betrieben. Nach Mitteilungen der Deutschen Ammoniak-Verkaufs-Vereinigung (5) hatte die Erzeugung von schwefelsaurem Ammoniak aus Kohle bis zum Jahre 1913 etwa folgende Entwicklung angenommen:

Erzeugung von schwefelsaurem Ammoniak in Deutschland in Tonnen.

Im Jahre	Deutsche Ammoniak-Verkaufs-Vereinigung (Rheinisch-Westfälisches Industriegebiet)	Badische Anilin- und Sodafabrik	Sonstiges Westdeutschland	Ostdeutschland, Oberschlesische Kokswerke und chemische Fabriken einschließlich außenstehende Werke	Gasanstalten	Erzeugung zusammen t
1895 . .	10050	—	3900	25000	12000	50950
1900 . .	53000	—	3900	34000	18000	108900
1905 . .	111200	—	10000	40000	35000	196200
1910 . .	248284	—	25000	45000	60000	378284
1911 . .	280472	—	30000	51000	67000	428472
1912 . .	335000	—	33000	45000	73000	486000
1913 . .	392000	—	23000	48000	70000	533000

Welterzeugung in Tonnen.

1895	—	1911	1180000
1900	420000	1912	1330000
1905	655000	1913	1365000
1910	1100000		

In welcher Weise sich die einzelnen Kohlengebiete und die Gasanstalten an der Gesamterzeugung Deutschlands bzw. an der Welterzeugung beteiligten, zeigt die nachstehende Abb. 128:

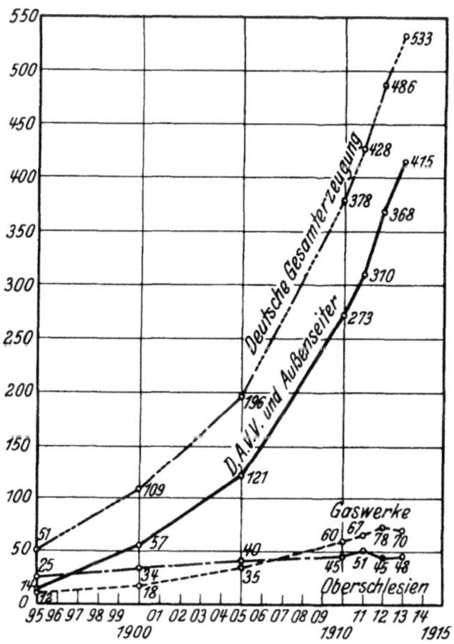

Abb. 128. Erzeugung Deutschlands an schwefels. Ammoniak aus Kohle, von 1895 bis 1913.

Eine besondere Beleuchtung erfährt die Bedeutung der zunehmenden Eigenerzeugung Deutschlands bei einem Vergleich mit der Chilesalpetermenge, welche in der deutschen Landwirtschaft bis zum Jahre 1913 verbraucht wurde:

Stickstoffverbrauch in Form von

	Schwefelsaurem Ammoniak t	Chilesalpeter t
1895 . . .	16000	50300
1900 . . .	25400	53000
1905 . . .	42400	58500
1910 . . .	71800	81300
1911 . . .	75850	70300
1912 . . .	87125	78545
1913 . . .	94915	74697

Hierbei ist angenommen worden, daß etwa ein Drittel der eingeführten Salpetermenge von der Industrie verbraucht wurde, während die industrielle Verwertung von schwefelsaurem Ammoniak mit etwa 500 t jährlich außer Betracht bleiben kann.

Obwohl seit dem Jahre 1895 in Deutschland eine erhebliche Einfuhr an schwefelsaurem Ammoniak, hauptsächlich aus England und Österreich, erfolgte, konnte die Ausfuhr des in Deutschland erzeugten schwefelsauren Ammoniaks etwa seit dem Jahre 1905 stark gesteigert werden. Wie sich die Einfuhr und Ausfuhr bis zum Jahre 1913 gestalteten, ist aus der nachfolgenden Tabelle ersichtlich:

Im Jahre	1895	1900	1905	1910	1911	1912	1913
Einfuhr . . .	29203	23104	48005	31400	24463	23098	34629
Ausfuhr . . .	1336	2431	27589	92996	74445	57268	75868

Die Ausfuhr wurde z. T. deswegen notwendig, weil es trotz stärkster Werbe- und Aufklärungstätigkeit nicht möglich war, die gesamte deutsche Erzeugung bei der einheimischen Landwirtschaft abzusetzen, außerdem aber wurde das schwefelsaure Ammoniak wegen seiner guten Wirkung zur Verwendung bei dem Anbau von Zuckerrohr, Baumwolle, Reis, Getreide, Kaffee, Bananen und Wein in den Tropen und Subtropen sehr begehrt.

Bei Ausbruch des Weltkrieges war das Ammoniak der Kokereien nach Verbrauch der noch lagernden Salpetermengen zunächst der einzige Stickstofflieferant für die Erzeugung von Sprengstoffen.

Infolge des Bedarfs der Heeresverwaltung an verdichtetem Ammoniakwasser während der Kriegsjahre wurden die der Landwirtschaft zur Verfügung stehenden Mengen an schwefelsaurem Ammoniak erheblich geringer.

Nach einem Bericht von F. MICKEL in der 75. Sitzung über allgemeine Düngerangelegenheiten im preußischen Landwirtschaftsministerium am 26. Oktober 1928 wurden von der deutschen Landwirtschaft während des Weltkrieges folgende Stickstoffmengen in Tonnen N verbraucht:

1913/14 . . .	185000 t N	1915/16 . . .	73000 t N	1917/18 . . .	92000 t N
1914/15 . . .	98000 t N	1916/17 . . .	80000 t N	1918/19 . . .	115000 t N

Demnach sank die der Landwirtschaft zur Verfügung stehende Stickstoffmenge auf weit unter die Hälfte herab.

Die Herstellung des schwefelsauren Ammoniaks in den Kriegsjahren und auch in den ersten Jahren nach dem Kriege wurde stark behindert durch die immer größer werdende Knappheit an Schwefelsäure.

So entstand als Notprodukt in diesen Jahren das Natrium-Ammonium-Sulfat mit 12—20% Stickstoff, indem man an Stelle von Schwefelsäure zur Bindung des Ammoniaks teilweise Natrium-Bisulfat verwendete. Mit Beendigung des Krieges verschwand dieses Salz jedoch bald wieder von dem Düngemittelmarkte.

Nach E. HAARMANN (9) und nach dem statistischen Jahrbuch für das Deutsche Reich betrug die Erzeugung der Kokereien an schwefelsaurem Ammoniak und anderen Ammoniakverbindungen (einschließlich verdichteten Gaswassers für Munitionserzeugung im Weltkriege) in den Jahren 1914—1927:

Erzeugung an schwefelsaurem Ammoniak und anderen Ammoniakverbindungen in Deutschland in Tonnen.

1914 . . .	412000	(+ 70000 Gasanstalten)	1922		397900	
1915 . . .	324948	(+ 13000 Gasanstalten)	1923		174700	(Ruhrbesetzung)
1916 . . .	320770	(+ 12000 Gasanstalten)	1924		327500	
1917 . . .	498100		1925		400000	
1919[1] . .	274200		1926		380400	
1920 . . .	335400		1927		458400	
1921 . . .	379700		1928 . . .	ca.	460000	

In der Veröffentlichung des Ausschusses zur Untersuchung der Erzeugungs- und Absatzbedingungen der deutschen Wirtschaft (Enquête-Ausschuß) „Die deutsche chemische Industrie 1930" werden für die Erzeugung an Nebenprodukten-Ammoniak in Deutschland folgende Mengen Tonnen N angegeben:

1900	22325	1905	40220
1901	23230	1906	51460
1902	24620	1907	56630
1903	27490	1908	61130
1904	33190	1909	66110

[1] Seit 1918 ohne Elsaß-Lothringen. Seit 1920 ohne Saargebiet. Seit 1922 ohne Ostoberschlesien.

1910	75500	1920	73900
1911	84500	1921	76500
1912	95995	1922	77600
1913	108350	1923	35800
1914	94680	1924	63000
1915	69280	1925	81600
1916	68220	1926	79850
1917	56470	1927	92000
1918	53810	1928	98000
1919	55005	1929	111000

Nach der gleichen Quelle setzt sich die Weltproduktion an Nebenprodukten-Ammoniak für das Jahr 1929 wie folgt zusammen:

Deutschland	111000	Spanien	5500
Frankreich	27000	Polen	7400
England	80000	Ver. Staaten	165000
Italien	3000	Kanada	6000
Belgien	15000	Japan	6000

b) Preisgestaltung. Der Preis des schwefelsauren Ammoniaks, der im Jahre 1894 26,50 M. für 100 kg betrug, sank zunächst im Jahre 1895 auf 18,50 und 1897 auf 15,50 M., da die Absatzmöglichkeiten noch nicht in genügendem Maße erschlossen waren.

Die sehr zielbewußte Werbe- und Aufklärungsarbeit der im Jahre 1895 gegründeten Deutschen Ammoniak-Verkaufs-Vereinigung G. m. b. H. in Bochum eröffnete jedoch diesem Düngemittel sehr bald ein großes Absatzgebiet mit dem Erfolg, daß nunmehr auch die Preise der höheren Nachfrage entsprechend anzogen. Die folgende Tabelle gibt die Verkaufspreise der Deutschen Ammoniak-Verkaufs-Vereinigung für schwefelsaures Ammoniak im Vergleich zur Hamburger Notierung für schwefelsaures Ammoniak und Chilesalpeter bis zum Jahre 1914:

Im Jahre	Durchschnittliche Verkaufspreise der D. A. V. V. ab Werk für schwefelsaures Ammoniak		Durchschnitt der Hamburger Händlerpreise für schwefelsaures Ammoniak		Durchschnitt der Hamburger Salpeterpreise von Bd. Blumenfeld, Hamburg	
	für 1000 kg schwefelsaures Ammoniak	für 1 kg N	für 1000 kg schwefelsaures Ammoniak	für 1 kg N	für 1000 kg Salpeter	für 1 kg N
	M	Pf.	M	Pf.	M.	Pf.
1896	105,40	80,71	—	—	150,00[1]	100,00
1900	215,00	104,87	234,55	114,40	162,39	108,26
1905	239,60	116,87	262,60	128,09	204,70	136,47
1910	227,05	110,75	250,95	122,40	177,59	118,39
1911	238,65	116,41	282,65	137,80	190,78	127,19
1912	254,90	124,34	294,00	143,40	215,22	143,48
1913	261,60	127,60	280,75	136,90	213,98	142,65
1914	234,82	114,54	255,35	124,50	198,33[2]	132,22

Im Weltkriege stieg der Ammoniakpreis bei dem einsetzenden, großen Mangel und der daraus folgenden Nachfrage stark an. Durch wilde Verkäufe wurde der Markt stark beunruhigt, so daß im Januar 1916 Höchstpreise festgesetzt wurden. Es entwickelten sich nunmehr folgende Preise:

1916	1,48—1,50 M.	für 1 kg N
1918	1,80—1,85 „	„ 1 „ „
im Juli 1919	2,90—2,96 „	„ 1 „ „

Am 8. Mai 1919 wurde das Stickstoff-Syndikat, Berlin, gegründet. Die Gründung ging aus von der Badischen Anilin- und Sodafabrik in Ludwigshafen, der Deutschen Ammoniak-Verkaufs-Vereinigung in Bochum, den Bayerischen

[1] November bis Dezember. [2] Januar bis Juli.

Stickstoffwerken A.-G., München und Berlin, der Wirtschaftlichen Vereinigung Deutscher Gaswerke A.-G.-Köln, und den Oberschlesischen Kokswerken und chemischen Fabriken A.-G.-Berlin. Auch der Reichsfiskus ist an dem Kapital beteiligt.

Das Stickstoff-Syndikat betreibt die Verkaufstätigkeit für die in ihm zusammengeschlossenen Erzeugergruppen.

Nach Beendigung der Inflationszeit stellte sich der Preis für das schwefelsaure Ammoniak nach dem statistischen Jahrbuch wie folgt:

Das schwefelsaure Ammoniak mit 20,6% N, lose verladen frei Empfängerstation, kostete für 1 kg N:

1913	1,3200 M.	
1924	1,1083 „	im Durchschnitt der monatlichen Preise
1925	1,0583 „	„ „ „ „ „
1926	0,9989 „	„ „ „ „ „
1927	0,9397 „	„ „ „ „ „
1928	0,9136 „	„ „ „ „ „
1929	0,8500 „	„ „ „ „ „

Nach Mitteilungen des Stickstoff-Syndikates, Berlin, stellt sich im Düngejahr 1930/31, beginnend mit dem 1. Juli 1930, der Preis für 1 kg schwefelsaures Ammoniak, lose, frei Empfängerstation:

	1930						1931					
	Juli	August	Sept.	Okt.	Nov.	Dez.	Januar	Febr.	März	April	Mai	Juni
Schwefelsaures Ammoniak, Typ I, mit einem Stickstoffgehalt von ungefähr 20,8 %, grobkörnig (bei gesackter Ware schwarzer Sackaufdruck)	0,76	0,78	0,80	0,81	0,82	0,84	0,88	0,90	0,90	0,90	0,90	0,90
Schwefelsaures Ammoniak, Typ II, mit einem Stickstoffgehalt von ungefähr 20,6 %, mittel- bis feinkörnig (bei gesackter Ware roter Sackaufdruck). Preis bis auf weiteres	0,72	0,74	0,76	0,77	0,78	0,80	0,84	0,86	0,86	0,86	0,86	0,86
Salzsaures Ammoniak mit einem Stickstoffgehalt von ungefähr 24 %	0,68	0,70	0,72	0,73	0,74	0,76	0,80	0,82	0,82	0,82	0,82	0,82
Kalkammon DAVV mit einem Stickstoffgehalt von ungefähr 17 %	0,70	0,72	0,74	0,75	0,76	0,78	0,82	0,84	0,84	0,84	0,84	0,84

Die Bewegung des Preises für 1 kg/% Stickstoff im schwefelsauren Ammoniak seit 1895 zeigt die Abb. 129.

Von Interesse ist schließlich noch der jährliche Gesamtwert der von den Kokereien erzeugten Menge an schwefelsaurem Ammoniak und anderen Ammoniakverbindungen (Statist. Jb.):

	In 1000 t	Wert in 1000 M.		In 1000 t	Wert in 1000 M
1913 . . .	456,4	116 137	1924	327,5	62 427
(1913) . . .	420,8	107 209	1925	400,0	77 829
1917 . . .	498,1	118 506	1926	380,4	69 676
(1917) . . .	465,6	109 769	1927	458,4	80 208

Im Rahmen der Gesamterzeugung der Kokereien an Koks und Nebenerzeugnissen ergibt sich folgendes, interessante Bild (Statist. Jb.):

Wert in 1000 M.

	1913	1924	1927
Wert der in den Kokereien verarbeiteten Steinkohle	539188	577173	634377
Kokserzeugung	607479	626472	666101
Teer	27126	30063	92498
Benzole	32123	52719	85054
Ammoniak	116137	62427	80208
Summe	783865	772681	923861
Anzahl der Betriebe	202	177	160

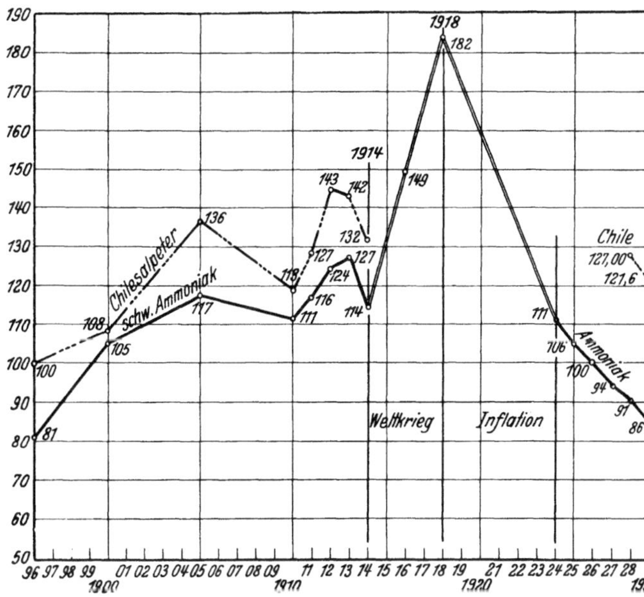

Abb. 129. Die Preise für 1 kg Stickstoff in Form von schwefelsaurem Ammoniak und Chilesalpeter, von 1896 bis 1929.

Deutlich erkennt man bei einem Vergleich dieser Zahlen die Rationalisierungsbestrebungen in den Kokereien. Die Anzahl der Kokereien verringert sich durch Zusammenlegung zu leistungsfähigen Großkokereien, und gleichzeitig damit steigt die Produktion.

Besonders fällt ins Auge die enorme Steigerung des Wertes der Teer- und Benzolproduktion im Jahre 1927 gegenüber 1913. Die Erzeugung von schwefelsaurem Ammoniak ist 1927 gegenüber 1913 mengenmäßig gleich geblieben. Durch die stetige Preissenkung für dieses Produkt ist jedoch eine Verringerung des Wertes eingetreten, die im Jahre 1927 etwa 36 Mill. M. betrug und heute bei den weiterhin gefallenen Stickstoffpreisen eine noch weit höhere Summe ausmacht.

Literatur.

(1) Ausschuß zur Untersuchung der Erzeugungs- und Absatzbedingungen der deutschen Wirtschaft: Die deutsche chemische Industrie. Berlin. E. S. Mittler & Sohn 1930.

(2) Bertelsmann: Der Stickstoff der Steinkohle. Stuttgart 1904. — (3) Lehrbuch der Leuchtgasindustrie. Stuttgart 1911. — (4) Braun, Fr. v., u. H. Dade: Arbeitsziele der deutschen Landwirtschaft nach dem Kriege. Berlin: Paul Parey 1918.

(5) Deutsche Ammoniak-Verkaufs-Vereinigung: Die Herstellung des schwefelsauren Ammoniaks. Broschüre.

(6) GLUUD, W.: Handbuch der Kokerei. 2 Bde. Halle: Wilh. Knapp 1928. — (7) GROSSMANN: Stickstoffindustrie und Weltwirtschaft. 1926. — (8) Das Ammoniak und seine Verbindungen. Halle 1908.

(9) HAARMANN, E.: Der betriebswirtschaftliche Produktionsprozeß einer Kokerei mit Einschluß der Gewinnung der Nebenprodukte. Stuttgart: C. E. Poeschel 1928. — (10) HAARMANN, O.: Über die Nebenproduktenindustrie der Steinkohle. Dresden: O. V. Böhmert 1906.

(11) LUNGE, G., u. H. KÖHLER: Steinkohlenteer und Ammoniak. Bd. 2. Ammoniak. Braunschweig: Fr. Vieweg & Sohn 1912.

(12) MUHLERT, F.: Die Industrie der Ammoniak- und Cyanverbindungen. Leipzig: Otto Spamer 1925.

(13) NOSSNER, C. u. G.: Handbuch der Stickstoff- und Superphosphatindustrie. Berlin 1927.

(14) SCHULTE, ERICH WILHELM: Die wirtschaftliche Entwicklung und Bedeutung der Nebenproduktenindustrie im niederrheinisch-westfälischen Steinkohlenbergbau. Inaug.-Dissert., Würzburg 1922.

(15) Statistisches Jahrbuch für das Deutsche Reich. Berlin: Reimer-Hobbing 1928.

(16) TERN, R.: Elektroammon. Gas- u. Wasserfach **1929**, H. 37.

(17) ULLMANN: Enzyklopädie der technischen Chemie. Abschnitte: Ammoniak, Kokerei, Leuchtgas. Berlin: Urban & Schwarzenberg 1928.

(18) WEBER, WALTER MARIA: Die Kartellpolitik der deutschen Stickstoffindustrie und ihre Beziehung zur Stickstoffwirtschaft unter besonderer Berücksichtigung der Nachkriegszeit. Ein Beitrag zum Stickstoffproblem. Inaug.-Dissert., Köln, Juni 1922.

β) Synthetische Ammoniakdünger.

Von

Dr. H. RÖTGER

Ludwigshafen a. Rh.

Mit 27 Abbildungen.

Die Entwicklung der Synthese des Ammoniaks. Die bisher besprochenen Düngesalze sind entweder reine Naturprodukte oder durch einen verhältnismäßig einfachen chemischen Prozeß, z. B. durch Aufschluß mit Schwefelsäure, gewonnen. Auch die Ammoniakverbindungen, die aus der Kohle erhalten werden, verdanken ihr Entstehen einem einfachen Destillationsverfahren. Demgegenüber erfordert die Herstellung der synthetischen Ammoniakdünger außerordentlich komplizierte Apparaturen, deren Fabrikation überhaupt erst durch den Fortschritt der Technik neuester Zeit ermöglicht wurde und darüber hinaus erst eine neue Technik ins Leben rief. Wie sich die Dinge in dem verhältnismäßig kurzen Zeitraum von noch nicht 50 Jahren gewandelt haben, dafür nur ein Beispiel. In dem 1881 erschienenen Lehrbuch der anorganischen Chemie von GRAHAM-OTTO (42) heißt es noch: „Mengt man Wasserstoffgas und Stickstoffgas in dem Verhältnis, in welchem sie in Ammoniak enthalten sind, so erfolgt keine Vereinigung durch Druck, Wärme oder durch Vermittlung von Platinschwamm.“ Und 1929 wird durch diese für unmöglich gehaltene direkte Vereinigung von Stickstoff und Wasserstoff in zahlreichen, über die ganze Welt verstreuten Anlagen über 1 Mill. t Stickstoff zu Ammoniak gebunden. Unter diesen Fabriken ist eine im Herzen Deutschlands, das Ammoniakwerk Merseburg der I. G. Farbenindustrie A.-G., die allein etwa die Hälfte dieser gesamten Produktion erzeugt und wohl mit Recht als die großartigste technische Anlage der Erde bezeichnet werden kann.

Wie war diese beispiellose Entwicklung möglich? Eine kurze Betrachtung über die Entstehungsgeschichte der Industrie des synthetischen Ammoniaks, dessen Herstellung erst die Schaffung einer großen Zahl neuer, wertvollster Düngesalze angeregt hat, wird am besten die Schwierigkeiten verständlich machen, die sich der Lösung der in Frage kommenden chemischen und technischen Probleme in den Weg stellten. Nur durch unermüdliche Arbeit, verbunden mit souveräner Beherrschung des wissenschaftlichen Rüstzeugs, konnte eine zunächst scheinbar aussichtslose Sache doch schließlich zu solchem Erfolge geführt werden. An dieser Entwicklung sind an erster Stelle deutsche Forscher beteiligt.

Worin bestehen nun die großen Schwierigkeiten, die sich einer Synthese des Ammoniaks entgegenstellen? Sie sind in erster Linie begründet in der chemischen Natur des Stickstoffs. Elementarer Stickstoff umgibt uns in unerschöpflicher Menge, bildet er doch den Hauptbestandteil der Luft, etwa 80%, das bedeutet etwa 7 Mill. t über jedem Quadratkilometer der Erdoberfläche. Aber die Pflanze verlangt den Stickstoff zu ihrem Aufbau in gebundener Form, sei es als Salpeter- (NO_3), Ammoniak- (NH_3) oder Amid- (NH_2) Stickstoff. Eine Umwandlung des elementaren Luftstickstoffs zu gebundenem Stickstoff durch direkte Anlagerung von Wasserstoff zu erzielen, galt aber noch gegen Ende des vorigen Jahrhunderts bei den meisten Forschern für aussichtslos. Zum mindesten erschien diese Reaktion nur in so geringem Ausmaße durchführbar, daß eine industrielle Gewinnung von Stickstoffverbindungen auf diesem Wege nicht in Frage kommen konnte. Und in der Tat, das Gesamtergebnis der bis dahin vorliegenden, zahlreichen Versuche konnte dieser Auffassung recht geben.

Kaum hatte A. L. LAVOISIER gegen Ende des 18. Jahrhunderts einwandfrei die Natur der Luft als einer Mischung von Sauerstoff und Stickstoff erkannt, kaum war die Konstitution des Ammoniaks als einer Verbindung von 1 Mol. Stickstoff mit 3 Mol. Wasserstoff festgestellt, als schon Versuche gemacht wurden, die Vereinigung dieser Komponenten zu erzwingen. Der braunschweigische Chemiker GG. FRIEDRICH HILDEBRANDT versuchte 1795 dadurch Ammoniak zu erzeugen, daß er eine Mischung von sorgfältig gereinigtem Stickstoff und Wasserstoff tagelang in geschlossenen Flaschen über Wasser bei gewöhnlicher Temperatur aufeinander einwirken ließ (48). Nicht lange danach glaubten die Franzosen BIOT und LAROCHE dadurch Ammoniak gewinnen zu können, daß sie Glasgefäße mit Stickstoffwasserstoffgemischen mehrere hundert Meter tief ins Meer versenkten. In beiden Fällen konnte jedoch kein Ammoniak nachgewiesen werden.

Eine ganze Reihe von Versuchen, die in den darauffolgenden Jahrzehnten angestellt wurden, führten dagegen tatsächlich zur Gewinnung geringer Ammoniakmengen. Insbesondere gelang dies bisweilen dann, wenn Stickstoff und Wasserstoff oder namentlich Wasserdampf über glühendes Eisen oder hocherhitzte Kohle geleitet wurde (37). Es bildete sich daraufhin die Ansicht, daß für den Erfolg bestimmend sei das Auftreten einer besonders reaktionsfähigen Form des Wasserstoffes im Augenblick seiner Entstehung, z. B. aus Wasserdampf. Man kam so zu der Auffassung, daß zur erfolgreichen Durchführung der Ammoniaksynthese nur die Bedingungen ausfindig zu machen sind, unter denen ein möglichst großer Anteil der Ausgangsgase in diesen eigentümlichen Zustand (status nascens) übergeht. Wir wissen heute, daß diese Anschauung, durch welche die Bearbeitung des Problems zwar immer wieder angeregt, aber der Lösung um keinen Schritt näher gebracht wurde, irrig ist. Soweit überhaupt bei diesen Bemühungen Ammoniak in nachweisbaren Mengen gewonnen wurde, ist dies auf ähnlichem Wege wie das Ammoniak im Kokereiprozeß durch die Einwirkung des hocherhitzten Wasserdampfes auf die in Kohle und Eisen stets enthaltenen geringen Mengen gebundenen Stickstoffs entstanden.

Immerhin hatten diese scheinbaren Erfolge das Gute, daß die Bemühungen um die Synthese des Ammoniaks auf alle nur erdenkliche Art fortgesetzt wurden. Als Kuriosität erwähnenswert ist die Ansicht von BOWER (28), daß Stickstoff und Wasserstoff beim Ausströmen aus gegeneinandergerichteten Düsen durch die Reibung derart aufgesplittert werden können, daß der dadurch erzielte aktivierte Zustand die Elemente zur Vereinigung zu Ammoniak befähigt.

Es würde zu weit führen, hier ausführlicher auf weitere ähnliche mehr oder weniger phantastische Versuche zur Gewinnung von Ammoniak einzugehen. Eine ausgezeichnete Übersicht gibt die historische Einleitung zu dem Kapitel „Ammoniak synthetisch" in F. ULLMANNS Enzyklopädie (73).

Als Vorläufer einer späteren, erfolgreichen Entwicklung sollen nur noch Versuche und Patentschriften von F. MAXWELL-LYTE genannt werden (53), der die Vereinigung von Stickstoff und Wasserstoff zu Ammoniak in Gegenwart fein verteilter Metalle zu erzwingen suchte. Auch hier sind die Resultate nicht eindeutig. Gewissen realen oder nur behaupteten Erfolgen stehen Befunde anderer Forscher gegenüber, die unter ähnlichen Bedingungen keinerlei Ammoniakbildung nachweisen konnten.

Der Gedanke, die Vereinigung des Stickstoffes und Wasserstoffes dadurch zu ermöglichen, daß man zum mindesten eine der beiden Komponenten in einen besonders reaktionsfähigen Zustand zu versetzen suchte, führte zwangsläufig zu Bestrebungen, die Ammoniakbildung auf indirektem Wege zu erzielen, sei es, daß man Alkali- oder Erdalkalicyanide (s. Kalkstickstoff) herstellte und diese mit Wasserdampf unter Gewinnung von Ammoniak zersetzte, sei es, daß man labile Verbindungen des Stickstoffs mit anderen Elementen zu gewinnen suchte, die durch Änderung der Versuchsbedingungen, z. B. Erhöhung der Temperatur, wieder zerfallen, wobei dann der auf diese Weise aktivierte Stickstoff Ammoniak bilden sollte. Man versuchte den Stickstoff an Titan, Silicium, Aluminium oder Eisen zu binden und die entstehenden Nitride durch Behandlung mit Wasserdampf oder auch Wasserstoff unter Gewinnung von Ammoniak zu zersetzen. Erwähnenswert ist hier ein Vorschlag von TESSIÉ DU MOTAY, der die Eigenschaft des Titans, mehrere Nitride von verschiedenem Stickstoffgehalt bilden zu können, dazu benutzen wollte, durch abwechselnde Anwendung verschieden hoher Temperaturen einmal den Stickstoff zu binden und in einer zweiten Arbeitsphase den abgespaltenen Stickstoff an Wasserstoff anzulagern (71). Auch dies Verfahren liefert keine praktischen Resultate, weil die Voraussetzungen, von denen der Erfinder ausging, nicht völlig zutreffen.

Endlich sind die Versuche zu nennen, mit Hilfe des elektrischen Funkens oder unter dem Einfluß eines elektrischen Feldes, Ammoniak aus den Elementen zu gewinnen. Zwar war auch diesen Bemühungen kein ins Auge fallenderErfolg beschieden, sie sind aber insofern hervorzuheben, als hierbei von M. BERTHELOT (26) in den siebziger Jahren zum ersten Male festgestellt wurde, daß man zu ungefähr der gleichen, allerdings sehr geringen Ammoniakkonzentration gelangt, wenn man einmal den elektrischen Funken auf das Stickstoff-Wasserstoffgemisch einwirken läßt, andererseits die elektrische Entladung durch reines Ammoniak schickt. Dieser Versuch ist deswegen bemerkenswert, weil hier zum erstenmal das Problem mit physikalisch-chemischen Vorstellungen angegriffen wurde, deren Kenntnis den Schlüssel liefern sollte für die Überwindung der Schwierigkeiten, die sich am Schluß des bisher betrachteten Zeitabschnittes unüberwindlich einer erfolgreichen Synthese des Ammoniaks aus den Elementen entgegenzustellen schienen. In der Tat rückte die hervorragende Entwicklung der jungen Wissenschaft der physikalischen Chemie durch Männer wie W. GULDBERG, LE CHATELIER, VAN'T HOFF, Wi. OSTWALD u. a. das Problem in ein ganz anderes Licht. Bisher hatte man sich auf allen möglichen, durch nichts bewiesenen Hypothesen fußend versucht, hatte auch hie und da kleine Erfolge erzielt, ohne jedoch mit Bestimmtheit aussagen zu können, worauf diese Erfolge basieren.

Die physikalische Chemie lehrt nun folgendes: Eine jede Reaktion zwischen zwei Komponenten, wie dem Wasserstoff und dem Stickstoff, führt nicht restlos zu der Bildung eines neuen Stoffes, also hier des Ammoniaks, sondern sie löst eine Gegenreaktion aus, d. h. der neu entstehende Stoff setzt sich, unter Rückbildung der Ausgangsmaterialien, wieder um. Dieses Spiel von Reaktion und Gegenreaktion führt praktisch zu einem Gleichgewichtszustand, dessen Lage durchaus abhängig ist, 1. von der *Temperatur*, bei der die ganze Reaktion sich abspielt, 2. in sehr vielen Fällen, zu denen auch die Reaktion zwischen Wasserstoff und Stickstoff gehört, vom *Druck*.

Der Versuch von M. BERTHELOT hatte gezeigt, daß bei der hohen Temperatur des elektrischen Funkens dieses Gleichgewicht mit einer empfindlichen chemischen Reaktion wenigstens noch qualitativ nachweisbar ist. Eine Antwort auf die Frage, wie die Dinge bei tieferen Temperaturen, etwa im Bereiche von 500 bis 800° liegen, war noch nicht erteilt. Zwar hatten die englischen Forscher W. RAMSAY und YOUNG in den achtziger Jahren nachgewiesen, daß die Zersetzung des Ammoniaks niemals (auch bei 800° nicht) eine vollständige ist. Die *Bildungsreaktion* untersuchten sie aber nicht. Das taten erst 20 Jahre später E. P. PERMAN und ATKINSON (64). Eine exakte Erforschung des Gleichgewichts der Reaktion $3H_2 + N_2 = 2NH_3$ bei diesen Temperaturen ist deshalb sehr schwierig, weil die Einstellung eines solchen Gleichgewichts im allgemeinen um so langsamer erfolgt, je tiefer die Temperatur ist. Es war jedoch schon lange bekannt, daß bei Gegenwart gewisser Substanzen, z. B. von Eisen, die Zersetzungsgeschwindigkeit des Ammoniaks zu Stickstoff und Wasserstoff um ein Vielfaches größer ist, als ohne die Anwesenheit solcher Stoffe. Diese Erkenntnis von der beschleunigenden Wirkung gewisser Kontaktstoffe oder „Katalysatoren" auf die Einstellungsgeschwindigkeit des Gleichgewichts wurde nun von E. F. PERMAN und ATKINSON zum Studium der Ammoniak*bildung* aus seinen Komponenten zum ersten Male systematisch angewandt. Die Forscher leiteten ein Stickstoff-Wasserstoff-Gemisch durch ein mit Eisennägeln gefülltes Glasrohr und konnten tatsächlich in dem auftretenden Gasgemisch geringe Mengen von Ammoniak nachweisen. Jetzt endlich, an der Schwelle des neuen Jahrhunderts, war somit einwandfrei festgestellt, daß auch ohne Einwirkung elektrischer Entladung, lediglich durch den Kontakt der erhitzten Gase mit gewissen geeigneten Metallen, z. B. Eisen, eine Bildung von Ammoniak möglich ist.

Der nächste Schritt, die zahlenmäßige Erfassung des Gleichgewichts, gelang dem Mann, der mit genialer Intuition ein paar Jahre später das Problem der Ammoniaksynthese auf das glänzendste lösen sollte: FRITZ HABER. Zusammen mit seinem Mitarbeiter VAN OORDT untersuchte er das Ammoniakgleichgewicht bei 1000°, indem er zunächst reines Ammoniakgas langsam über hocherhitztes Eisen leitete und den unzersetzten Ammoniakrest aus dem Gasgemisch entfernte. Das entstandene Wasserstoff-Stickstoffgemisch wurde dann bei der gleichen, hohen Temperatur durch einen zweiten Ofen geleitet, der ebenfalls mit fein verteiltem Eisen gefüllt war. Hierbei bildete sich in der Tat etwa ebensoviel Ammoniak, wie bei dem Zersetzungsversuch im Restgas zurückgeblieben war. Es war nicht viel, nur etwa $^1/_{100}$ Vol. %, aber diese Konzentration des Ammoniaks blieb auch bei längerer Versuchsdauer konstant. Dadurch war bewiesen, daß hier tatsächlich Ammoniak synthetisch gebildet wurde, da mit Hilfe des Eisenkontaktes weit mehr Ammoniak erzeugt wurde, als der Katalysator je an etwaigem gebundenen Stickstoff enthalten konnte. Die 0,01 Vol. % Ammoniak entsprechen mithin bei dieser Temperatur dem Gleichgewichtswert beim Arbeiten unter dem normalen Druck von einer Atmosphäre. Auf Grund dieses Ergebnisses ließen sich nun weitgehende Schlüsse ziehen. Zunächst ergab das von GULDBERG und

Waage aufgestellte sog. Massenwirkungsgesetz die Abhängigkeit der Konzentration des Ammoniaks vom Druck bei der von F. Haber untersuchten Temperatur von 1000°. Der mathematische Ausdruck dieses Gesetzes, angewandt auf das Ammoniakgleichgewicht, zeigt, daß mit steigendem Druck die Ammoniakkonzentration im Gleichgewichtszustand stark ansteigen muß. Man spricht hier von dem „Prinzip des kleinsten Zwanges". Danach setzt ein System — in unserem Fall das Gemisch von Wasserstoff, Stickstoff und Ammoniak — einem äußeren Zwang — hier der Druckerhöhung — einen möglichst geringen Widerstand entgegen, ähnlich wie ein elastischer Körper einer Erhöhung des Druckes durch Verkleinerung seines Volumens gewissermaßen auszuweichen sucht. Bei Gasreaktionen, die unter Verminderung des Volumens der Ausgangssubstanzen verlaufen, wirkt sich dieses „Ausweichen" dahin aus, daß die Lage des Gleichgewichts durch Steigerung des Druckes sich nach der Seite des geringsten Volumens der Reaktionsprodukte verschiebt. Das bedeutet für die Reaktion $3\,H_2 + 1\,N_2$ (4 Mol.) $= 2\,NH_3$ (2 Mol.) eine erhöhte Ammoniakmenge im Gleichgewicht bei höherem Druck.

Der von F. Haber gefundene Zahlenwert des Gleichgewichts erlaubt aber noch weitere Schlüsse. Kennt man nämlich die Wärmetönung der Reaktion, d. h. die je Einheit des entstehenden Ammoniaks entwickelte Wärmemenge, und kennt man die Änderung dieser Wärmemenge mit der Temperatur, bei der die Reaktion erfolgt, so läßt sich mit Hilfe einer von van't Hoff gefundenen Beziehung die Änderung des Gleichgewichts mit der Temperatur für jeden beliebigen Druck errechnen. Die für diese Rechnung erforderlichen Daten waren soweit vorhanden, daß F. Haber eine angenäherte Berechnung durchführen konnte. Danach mußte bei atmosphärischem Druck und etwa 300° der Ammoniakgehalt im Gleichgewicht ungefähr 9% betragen, bei 640° aber nur noch etwa 0,2 Vol.%. Dieses Ergebnis erschien F. Haber damals so wenig befriedigend, daß er zunächst weitere Versuche aufgab.

In der Tat wäre es, um eine in der Zeiteinheit einigermaßen ausreichende Ammoniakmenge aus dem Stickstoff-Wasserstoffgemisch zu erzeugen, notwendig gewesen, bei einer so niedrigen Temperatur zu arbeiten, daß die Einstellung des Gleichgewichts mit den damals bekannten Katalysatoren praktisch nicht durchführbar gewesen wäre, weil sie zu viel Zeit erfordert hätte. Noch undurchführbarer erschien bei dem damaligen Stand der Technik der Versuch, die Synthese bei höheren Temperaturen durchzuführen, wo die Einstellung des Gleichgewichts zwar genügend schnell erfolgt, aber zwecks Erhöhung der Ammoniakausbeute stark erhöhter Druck anzuwenden ist. Die Lösung des Problems erschien mithin damals aussichtsloser denn je.

Da überraschte zwei Jahre später Walter Nernst die wissenschaftliche Welt mit einer Reihe von Veröffentlichungen (57, 58), in denen er mitteilte, daß es ihm gelungen sei, mit einem elektrisch geheizten Druckofen bei 75 Atm. Druck, in Gegenwart von verschiedenen Metallen, unter anderem auch von feinverteiltem Eisen, bei 700° bis zu 0,9 Vol.% Ammoniak im Gemisch erhalten zu haben. W. Nernst erschien das Ergebnis seiner Versuche, die er lediglich zur Nachprüfung von ihm aufgestellter theoretischer Sätze durchgeführt hatte, nicht wert, vom praktischen Gesichtspunkte aus weiter verfolgt zu werden, zumal bei erneuter Durchrechnung auf Grund der von ihm gefundenen Daten die Gleichgewichtswerte erheblich ungünstiger lagen, als F. Haber seinerzeit angenommen hatte. Trotz dieser wenig ermutigenden Sachlage griff F. Haber das Problem noch einmal auf und brachte es nunmehr in Kürze zum erfolgreichen Abschluß. Man mußte sich damit abfinden, daß zur Durchführung der Katalyse Temperaturen von mindestens 500—600° erforderlich waren, Temperaturen, bei denen auch unter Anwendung von Drucken, wie sie bis dahin in der Technik noch nicht bekannt waren, nur nach wenigen Prozenten zählende Ammoniakkonzentrationen zu erzielen waren.

HABERS Gedanke war nun, diesen Nachteil der relativ geringen Ammoniakausbeute dadurch auszugleichen, daß er das Gasgemisch im Kreislauf immer wieder über den Katalysator leitete. Es war ein besonderer Glücksumstand, daß er in den damaligen Leitern der Badischen Anilin- und Soda-Fabrik (BASF) in Ludwigshafen a. Rh. verständnisvolle Förderer seiner Ideen fand. Im Jahre 1908 kam ein Abkommen mit der „Badischen" zustande, das F. HABER die nötigen Mittel für die weitere Ausgestaltung seiner Arbeiten verschaffte. Die Erfolge ließen nun nicht lange auf sich warten. Im Oktober 1908 reichte F. HABER seine erste Anmeldung auf ein technisches Verfahren zur Synthese des Ammoniaks ein (43), das bereits die wesentlichen Grundzüge der heutigen Fabrikation enthält (Abb. 130). Das Stickstoff-Wasserstoffgemisch wird durch einen Kompressor *K* komprimiert und bei *E* in den Kreislauf gedrückt. Es streicht über den in einem Ofen *O* befindlichen erhitzten Kontakt, z. B. feinverteiltes Eisen, wird in einem Wärmeaustauscher gekühlt und gibt das gebildete Ammoniak mit Hilfe von Tiefkühlung[1] oder Absorption durch Wasser in dem Abscheider *A* ab, immer unter Beibehaltung des hohen Druckes. Die Umlaufpumpe *U* drückt das ammoniakfreie Restgas wieder in den Ofen *O*, wobei der durch die Ammoniakbildung hervorgerufene Verlust an Wasserstoff und Stickstoff durch das vom Kompressor *K* herangeschaffte Frischgas ersetzt wird.

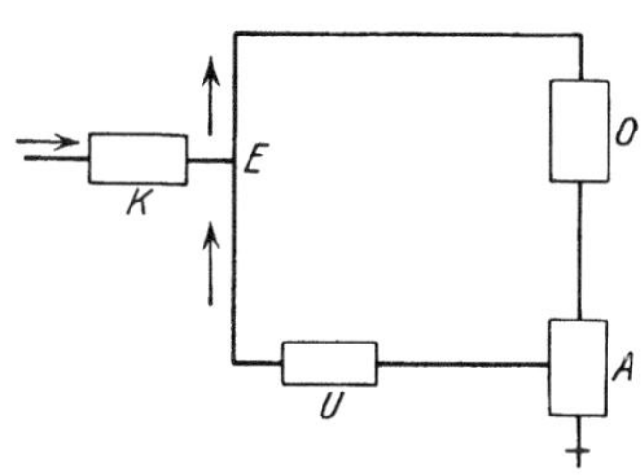

Abb. 130. Kreislaufschema nach F. HABER.

Eine weitere Verbesserung brachte das im nächsten Jahre eingereichte D.R.P. 238450, wonach unter sehr hohen Drucken, zweckmäßig 150 bis 250 Atm., gearbeitet wird. Hierbei wird die Strömungsgeschwindigkeit der Gase so hoch gewählt, daß das Gleichgewicht bei weitem nicht erreicht wird. Die in der Zeiteinheit gewonnene Ammoniakmenge ist bei dieser Arbeitsweise erheblich größer, als bei langsamerer Strömung der Gase, bei der die Gleichgewichtskonzentration annähernd erreicht wird. Gleichzeitig mit diesen Verbesserungen gelang es F. HABER, im Osmium einen besonders wirksamen Katalysator zu finden, der bei 175 Atm. und 550° bereits 8% Ammoniak lieferte. Leider ist dieses seltene Metall außerordentlich kostspielig. Es war daher ein weiterer wesentlicher Fortschritt, als F. HABER bald darauf fand, daß auch Uran, wenn es in bestimmter Weise hergestellt wird, dieselben guten katalytischen Eigenschaften aufweist. Hiermit hatte F. HABER das Verfahren so weit entwickelt, daß er mit Recht im März 1910 bei der praktischen Vorführung seines Verfahrens sagen konnte, nunmehr sei die Bahn für eine neue Industrie geöffnet.

Es ist ungemein anregend, den Fortgang dieser Arbeiten in seinen Veröffentlichungen zu lesen, die aus patentrechtlichen Gründen in zusammengefaßter Form erst 1914/15 erschienen (44, 45).

Die folgenden Jahre brachten die Übertragung der im Laboratorium gefundenen Arbeitsweise auf industriellen Maßstab. Diese Arbeiten wurden nunmehr durch die Badische Anilin- und Soda-Fabrik (B. A. S. F.) unter der Leitung von CARL BOSCH durchgeführt. Gewaltige Schwierigkeiten waren noch zu überwinden, die aber, dank der Energie BOSCHS und seiner Mitarbeiter, in hervorragender Weise bewältigt wurden. Ein wesentlicher Erfolg war zu verzeichnen,

[1] Ammoniakgas verflüssigt sich bei 20° C, wenn sein Partialdruck 8,4 Atmosphären übersteigt.

als es 1910 gelang, die Wärmeentwicklung der Reaktion[1] durch verbesserte Konstruktion der Wärmeaustauschapparate so weit auszunutzen, daß die Ammoniakbildung ohne zusätzliche Wärmeenergie in Gang gehalten werden konnte. Das Ammoniak wurde nicht mehr durch Tiefkühlung flüssig abgeschieden, sondern durch Wassereinspritzung unter Druck als 30proz. Ammoniakwasser gewonnen. Die kleine Versuchsanlage erzeugte im Sommer 1911 bereits täglich 100 kg Ammoniak. Die technischen Schwierigkeiten waren jedoch noch keineswegs überwunden. Die Stahlwandungen der Öfen wurden unter dem Einfluß der heißen Gase, besonders des Wasserstoffs, nach kurzer Zeit porös. Es bildeten sich Risse, der austretende Wasserstoff entzündete sich an der Luft, Explosionen waren an der Tagesordnung. C. BOSCH gelang es, dieser Schwierigkeit dadurch Herr zu werden, daß er die beiden Gase nicht direkt mit der drucktragenden Ofenwand in Berührung brachte, sondern die eigentliche Reaktion in einem inneren Mantelrohr sich abspielen ließ, das aus möglichst wasserstoffundurchlässigem Material bestand. Schließlich wurde das drucktragende Rohr noch mit einem Futter aus wasserstoffdurchlässigem Material versehen. Das Rohr selbst erhielt in regelmäßigen Abständen kleine Löcher, durch die geringe, nach außen diffundierende Wasserstoffmengen gefahrlos ins Freie entweichen konnten.

Hand in Hand mit diesen Arbeiten gingen außerordentlich umfangreiche Untersuchungen, welche die Beschaffung eines möglichst ergiebigen, widerstandsfähigen und dabei wohlfeilen Katalysators bezweckten. Diese Arbeiten übertrug BOSCH hauptsächlich seinem Mitarbeiter A. MITTASCH, der in unermüdlicher Arbeit durch exakte Versuche eine Reihe von hochwichtigen Beobachtungen machte, die sich im Laufe der Jahre auch auf anderen Gebieten als überaus fruchtbar erwiesen haben. C. BOSCH und A. MITTASCH sahen die wichtigste Aufgabe nicht so sehr darin, die wenigen bis dahin noch nicht untersuchten Elemente und Verbindungen auf ihre katalytische Wirksamkeit zu prüfen, ihnen war vielmehr darum zu tun, die als brauchbar erkannten Katalysatoren, in erster Linie das Eisen, durch zweckmäßige Herstellung besonders wirksam zu gestalten. Bald wurde gefunden, daß oft schon äußerst geringe Zusätze bestimmter Stoffe, z. B. von Tonerde, die man Aktivatoren nannte, die katalytische Wirksamkeit außerordentlich erhöhen (18). Weiterhin erwies sich bei diesen Arbeiten, daß eine Reihe von festen und gasförmigen Stoffen, hauptsächlich Nichtmetalle, wie Schwefel, Phosphor, Arsen, Kohlenoxyd, unter Umständen schon in minimalster Konzentration den Kontakt in kürzester Zeit vollständig unwirksam machen, „vergiften“ können (12). Es ergab sich daraus die Forderung, die zur Synthese verwendeten Ausgangsgase Wasserstoff und Stickstoff äußerst sorgfältig von solchen Verunreinigungen zu befreien. Die hier gewonnenen Erkenntnisse lieferten die Erklärung für manche widersprechenden Resultate in den Ergebnissen der älteren Literatur.

Das Verfahren war nunmehr so weit durchgearbeitet, daß die Direktion der Badischen Anilin- und Soda-Fabrik von seiner Wirtschaftlichkeit überzeugt war und den Bau einer größeren Anlage mit einer Jahreskapazität von 9000 t Ammoniak bei dem einige Kilometer rheinabwärts von Ludwigshafen gelegenen Dorfe Oppau in Angriff nahm. Im September 1913 wurde das neue Werk in Betrieb genommen und bereits nach wenigen Monaten auf das Fünffache erweitert.

Ein Jahr darauf brach der Weltkrieg aus. Die Nachfrage nach Stickstoffverbindungen bei den vom Weltmarkt abgeschnittenen Mittelmächten stieg infolge des Ausfalls des Chilesalpeters und der enormen Anforderungen für die

[1] Pro Mol Ammoniak (17 gr) werden etwa 13 Kalorien entwickelt.

Munitionsherstellung in einer Weise an, die niemand hatte voraussehen können. Um diesen Anforderungen so weit wie möglich gerecht zu werden, wurde von der B. A. S. F. mit Unterstützung der Reichsregierung 1916 im Rahmen des „Hindenburgprogramms“ im mitteldeutschen Braunkohlengebiet ein weiteres, großes Stickstoffwerk errichtet, das Ammoniakwerk Merseburg, nach dem nahen Ort gleichen Namens auch Leuna-Werk genannt. Die Arbeiten wurden so beschleunigt, daß das erste Ammoniak dort bereits im April 1917, nach noch nicht Jahresfrist, geliefert werden konnte. Die Anlage sollte ursprünglich 30000 t gebundenen Stickstoffs im Jahre erzeugen, wurde aber noch während des Baues auf 130000 t Stickstoff erweitert (38). Infolge des großen Bedarfs der Landwirtschaft an Stickstoffdünger trat auch nach Kriegsende, von kleineren Schwankungen abgesehen, keine Minderung des Absatzes ein, im Gegenteil, 1925 betrug die von den beiden Werken Oppau und Merseburg produzierte Menge bereits etwa 350000 t gebundenen Stickstoffs und stieg auch noch in den folgenden Jahren weiter rapide an (s. die Tabelle 1, S. 457).

I. Das Haber-Bosch-Verfahren.

Der erste Eindruck beim Betreten der Oppauer oder Leunaer Anlagen ist überwältigend (Abb. 131). Man erblickt ganze Straßenzüge langgestreckter Maschinen- und Lagerhallen, untereinander verbunden durch zahllose Rohrleitungen, deren Durchmesser oft mehrere Meter beträgt und die zu haushohen

Abb. 131. Ammoniakwerk Merseburg (Leunawerk).

Rieseltürmen emporführen (Abb. 132). Versuchen wir auf einem Rundgang die einzelnen Phasen der Fabrikation des synthetischen Ammoniaks zu verfolgen. Die technisch rationelle Durchführung der ersten Stufe des Prozesses, die Gewinnung der Ausgangsgase, insbesondere des Wasserstoffs, ist mindestens von gleicher Wichtigkeit wie die eigentliche Synthese. Es gibt mehrere Möglichkeiten, Wasserstoff in einer für die Ammoniaksynthese genügenden Reinheit zu erzeugen. Vorzüglich geeignet ist der durch Elektrolyse des Wassers bzw. wäßriger Lösungen erzeugte Wasserstoff, sofern der gleichzeitig entstehende Sauerstoff durch eine geeignete Zellenkonstruktion sorgfältig ferngehalten wird. Ein Nachteil dieser Darstellungsweise ist der große Energieverbrauch, da zur Erzeugung der Wasserstoffmenge, die für die Bindung von 1 kg Stickstoff zu Ammoniak erforderlich ist, etwa 14 kW/Std. benötigt werden. Der als Nebenprodukt in großen Mengen anfallende Sauerstoff findet oft keine entsprechende Verwertung. Eine andere Wasserstoffquelle bietet das Wassergas, ein im wesentlichen aus Wasserstoff und Kohlenoxyd bestehendes Gasgemisch, das beim Überleiten von überhitztem Wasserdampf über glühenden Koks entsteht. Welcher von diesen Wegen gewählt wird, ist in erster Linie eine Frage der Wirtschaftlichkeit. Die erste kleine Versuchsanlage der „Badischen" wurde mit elektrolytisch erzeugtem Wasserstoff betrieben, aber schon bei Errichtung des Oppauer Werkes war die Herstellung von Wassergas als Wasserstoffquelle vorgesehen. Elektrolytwasserstoff wäre hier, fern von ausgebauten Wasserkräften oder anderen Energiequellen, die elektrischen Strom billigst liefern, zu kostspielig gewesen. Die Gewinnung des Wasserstoffs aus dem Wassergas kann auf verschiedene Weise vorgenommen werden. Man kann das Wassergas nach dem von der Firma Linde ausgearbeiteten Verfahren so weit abkühlen, daß das Kohlenoxyd des Gasgemisches sich verflüssigt. Es sind hierzu Temperaturen von fast 200° unter Null erforderlich, die durch stufenweise Entspannung tiefgekühlter, komprimierter Gase erzielt werden. Dieses Verfahren wurde in Oppau zunächst angewandt. Es wurde dann aber bei Vergrößerung der Anlage durch ein katalytisches Verfahren ersetzt, das sich für größere Einheiten als wirtschaftlicher erwies. Nach dieser Methode wird das Wassergas zusammen mit Wasserdampf über Katalysatoren geleitet, wobei das Kohlenoxyd sich zum größten Teil mit dem Wasserdampf zu Kohlensäure und Wasserstoff umsetzt. Man gewinnt also hierbei weitere Wasserstoffmengen für die Synthese, was natürlich gegenüber dem Tiefkühlverfahren, bei dem das Kohlenoxyd nicht umgesetzt wird, ein Vorteil ist.

Abb. 132. Ammoniakwerk Merseburg: Rieseltürme für Gasreinigung.

Die Gewinnung der Ausgangsgase spielt sich in großen Zügen etwa folgendermaßen ab (Abb. 133): In einer Reihe von Generatoren, hohen schachtartigen

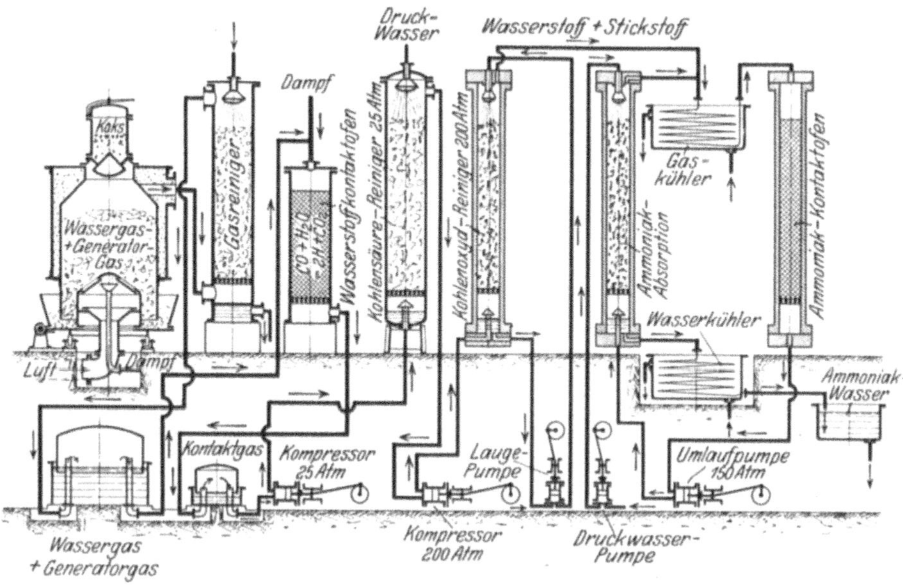

Abb. 133. Schema des Haber-Bosch-Verfahrens.

Türmen, wird Luft über erhitzten Koks geleitet, wobei Generatorgas, ein Gemisch von etwa 60% Stickstoff, 30% Kohlenoxyd, 6% Wasserstoff und 3% Kohlen-

Abb. 134. Ammoniakwerk Merseburg: Wassergasfabrikation.

säure entsteht. Die Schlacke, deren Schmelzpunkt durch Zusatz von Kalk erniedrigt ist, wird von Zeit zu Zeit flüssig abgestochen. Daneben stehen die Wassergasgeneratoren von ähnlichen Ausmaßen (Abb. 134). In diesen wird

Steinkohlenkoks mit Luft etwa 1 Minute lang heiß geblasen und in einer zweiten, etwa dreimal so langen Periode hochgespannter Wasserdampf über die glühende Masse geleitet. Man erhält hierbei ein Gas, das ungefähr 50% Wasserstoff, 40% Kohlenoxyd und je 4—6% Stickstoff und Kohlensäure enthält. Das Austreiben der Schlacke geschieht bei den Wassergasgeneratoren kontinuierlich mit Hilfe von automatisch arbeitenden Drehrosten. Das Generatorgas und das Wassergas werden nun zunächst in Türmen und rotierenden Wäschern vorgereinigt und in große Gasometer geleitet. Von hier aus gelangen die Gase, deren Geschwindigkeit zur Herstellung eines konstanten Mischungsverhältnisses genau einreguliert wird, zu den Mischapparaten. Das Mischungsverhältnis beträgt etwa 1 Teil Generatorgas auf 2 Teile Wassergas. Von der Größe der Rohrdimensionen wird man sich eine ungefähre Vorstellung machen können, wenn man bedenkt, daß der Tagesverbrauch von diesem gemischten Rohgas in Leuna ungefähr 8 Mill. m^3 beträgt, eine Gasmenge, die etwa dem Leuchtgasverbrauch Berlins für eine ganze Woche entspricht.

Im Hinblick auf die schädliche Wirkung, die bereits außerordentlich kleine Mengen von Verunreinigungen, insbesondere von Schwefelverbindungen, auf die Wirksamkeit der Kontaktmassen ausüben, wird der Reinigung des Gasgemisches eine besondere Bedeutung beigemessen. Der zur Wassergas- und Generatorgasgewinnung verwendete Koks ist schon an und für sich besonders arm an Schwefelverbindungen. Bei den ungeheuren, zur Verarbeitung gelangenden Gasmengen werden aber immer noch täglich bei der Reinigung des Rohgases von Schwefelverbindungen nach Tonnen zählende Schwefelmengen zurückgehalten. Es geschieht dies mit Hilfe von aktiver Kohle, die den größten Teil der Schwefelverbindungen adsorbiert und in einem anschließenden Regenerierverfahren einen besonders reinen Schwefel liefert (51, 61).

Das Gasgemisch ist nunmehr so weit gereinigt, daß der erste katalytische Prozeß, die Umsetzung des in ihm enthaltenen Kohlenoxyds mit Hilfe von Wasserdampf, erfolgen kann. Die Durchführung dieser Reaktion ist in bewundernswürdiger Weise durchgebildet. Obwohl die Umsetzung: $CO + H_2O = CO_2 + H_2 + 10$ Kal. eine verhältnismäßig geringe Wärmemenge entwickelt, wird doch für den ganzen Umsetzungsprozeß, mit Ausnahme von verhältnismäßig geringen Wasserdampfmengen, keinerlei zusätzliche Wärmeenergie benötigt. Es wird dies erreicht durch eine möglichst vollständige Ausnutzung der Reaktionswärme und der großen Wärmemengen, die das stark wasserdampfhaltige Gasgemisch nach dem Verlassen der Kontaktöfen besitzt, und die es in hervorragend durchkonstruierten Wärmeaustauschapparaten an das Frischgas abgibt. Die technische Durchführung des Prozesses im einzelnen darzustellen, würde hier zu weit führen. Sie ist in einer Reihe von Patenten niedergelegt (6—11), die zum größten Teil von W. WILD ausgearbeitet sind. Im Prinzip wird das mit überschüssigem Wasserdampf beladene Frischgas im Gegenstrom durch die den Kontakt verlassenden, heißen Gase so hoch vorgewärmt, daß sich die optimale Reaktionstemperatur (ca. 500^0) am Kontakt von selbst einstellt.

Der zur Verwendung gelangende Katalysator, Eisenoxydmassen mit gewissen Zusätzen, ist jahrelang brauchbar. Erwähnt werden mag noch, daß nur ein Teil der zur Umsetzung des Kohlenoxyds erforderlichen Wasserdampfmenge dem schon vorgewärmten Gemisch als Frischdampf zugesetzt zu werden braucht, da ein großer Teil des erforderlichen Dampfes im Kreislauf immer wieder verwendet wird.

Der äußere Anblick der Kontaktwasserstoffanlage ist besonders eigenartig (Abb. 135). In einer großen Halle stehen in zwei Reihen angeordnet, paarweise gekoppelt, die Kontaktöfen mit den dazugehörigen Wärmeaustauschapparaten.

Durch die sorgfältige Wärmeisolierung wirken sie sehr unförmlich. Auffallend ist die in der Anlage herrschende Stille und das fast vollständige Fehlen von Bedienungsmannschaften. Der ganze Prozeß verläuft automatisch. Das Gasgemisch, das mit über 30 % Kohlenoxydgehalt in den Kontaktprozeß eintritt, verläßt die Anlage mit nur noch 2—3 % Kohlenoxydgehalt. Dafür ist eine entsprechende Menge zusätzlichen Wasserstoffs und etwa 30 % Kohlensäure entstanden.

Abb. 135. Ammoniakwerk Merseburg: Kontaktwasserstoffanlage.

Die Beseitigung der Kohlensäure ist nun der nächste Schritt, nachdem das Gas in hohen Rieseltürmen auf die Temperatur der Außenluft heruntergekühlt worden ist. Man erreicht dies durch Herauslösen der Kohlensäure mit Wasser unter Druck. Wie allgemein bekannt ist — man denke an die Mineralwasserfabrikation — steigt die Löslichkeit der Kohlensäure mit steigendem Druck außerordentlich stark an. Diesen Umstand macht man sich hier zunutze. Das Gasgemisch wird durch große, mit Kraftgas betriebene Kompressoren in drei Stufen auf 25 Atm. Druck komprimiert und unter diesem Druck in hohen

Abb. 136. Ammoniakwerk Merseburg: Kohlensäure-Druckwasserwäsche.

Stahltürmen mit Wasser berieselt (Abb. 136). Um eine möglichst innige Vermischung des Wassers mit den Gasen zu erzielen, sind diese Türme mit regellos geschichteten „Raschig"-Ringen angefüllt. Der größte Teil der Kohlensäure

Abb. 137. Haber-Bosch-Verfahren: Kohlensäurewäsche (Druckwasserpumpen).

wird bei diesem Waschprozeß vom Rieselwasser aufgenommen, die übrigen Gase lösen sich dagegen nur in sehr geringem Maße. Das mit Kohlensäure gesättigte

Abb. 138. Haber-Bosch-Verfahren: Kohlenoxydreinigung.

Waschwasser sammelt sich am Boden der Türme und wird daraufhin kontinuierlich durch eine Peltonturbine entspannt, die direkt mit den zur Bedienung der Wasserpumpen arbeitenden Drehstrommotoren gekuppelt ist. Hierdurch werden über 50% der Kompressionsenergie wieder gewonnen (Abb. 137). Bei der Entspannung gibt das Wasser die Kohlensäure zum allergrößten Teil wieder ab, sie wird einem Gasometer zugeführt und findet u. a. bei der Herstellung des Ammonsulfates und des Harnstoffs Verwendung.

Das von Kohlensäure fast vollständig befreite Stickstoff-Wasserstoffgemisch enthält nur einige Prozent Kohlenoxyd, das als „Katalysatorgift" möglichst weitgehend aus dem Gasgemisch entfernt werden muß. Im Prinzip wird hierbei genau so verfahren wie bei der Kohlensäurewäsche, nur tritt an die Stelle des Druckwassers eine Salzlösung, und die Wäsche wird bei einem Druck von 200 Atm. ausgeführt. Die Gase werden also zunächst wieder den Kompressoren zugeleitet, in weiteren Stufen bis auf 200 Atm. komprimiert und unter diesem Druck einer nochmaligen Druckwasserwäsche unterworfen. Die hierfür verwendeten Kolonnen weisen, entsprechend dem höheren Druck, etwas geringere Ausmaße auf als die zur Kohlensäureabsorption dienenden Türme. Immerhin sind sie etwa 12 m hoch (Abb. 138) und ihre Stahlwandungen nahe an 10 cm dick. In diesen Türmen wird das Gas vom Kohlenoxyd durch Kupfersalzlauge befreit, die ebenfalls über Raschig-Ringe herabrieselt (13). Ist die Lauge mit Kohlenoxyd gesättigt, so wird sie entspannt und unter vermindertem Druck wieder so gut wie vollständig vom Kohlenoxyd befreit, um dann erneut in den Prozeß zurückzukehren. Die letzten Verunreinigungen, geringe Mengen von Kohlensäure und Kohlenoxyd, sowie Spuren von Schwefelverbindungen, werden durch Waschen des Gases mit Natronlauge entfernt (14). Das Gasgemisch ist jetzt so weit gereinigt, daß es in den eigentlichen Synthesekreislauf eintreten kann. Vorher wird es jedoch durch Zugabe einer entsprechenden Menge von reinem Stickstoff, der im Linde-Verfahren durch Verflüssigung von Luft gewonnen wird, auf das für die Synthese geeignetste genaue Verhältnis von 3 Teilen Wasserstoff zu 1 Teil Stickstoff gebracht.

Abb. 139. Haber-Bosch-Verfahren: Ammoniakofen.

Da die Bildung des Ammoniaks bei etwa 600° vor sich geht, muß das Gasgemisch vor dem Passieren des Katalysators möglichst hoch vorgewärmt werden. Der untere Teil des Ofeneinsatzes (Abb. 139) ist zu diesem Zweck als

Wärmeaustauscher ausgebildet. Die den Ofen verlassenden, heißen, ammoniakhaltigen Gase werden dort im Gegenstrom von dem unten herzutretenden, kalten Gasgemisch umspült und übertragen ihre Wärme zum allergrößten Teil auf das Frischgas. Der obere Teil des Ofens enthält den eigentlichen Kontaktraum und besteht aus mehreren, konzentrisch angeordneten Rohren (Abb. 140). Zu äußerst liegt ein starkes Mantelrohr *A* aus Stahl von 6 m Höhe und über 1 m äußerem Durchmesser, mit einem enganliegenden, dünnwandigen Futterrohr *C* aus weichem Stahl. Das starkwandige, drucktragende Rohr *A* ist in regelmäßigen Abständen mit Löchern versehen, um etwaigen geringen Mengen diffundierten Wasserstoffs den Austritt zu ermöglichen. Nach dem Innern des Ofens fortschreitend, folgt ein Stahlrohr *D*, das durch Ringe in einem Abstand von etwa 2 cm vom Futterrohr gehalten wird. Der Zwischenraum zwischen dem Futterrohr *C* und diesem Rohr *D* wird zur Erhöhung der Betriebssicherheit mit Stick-

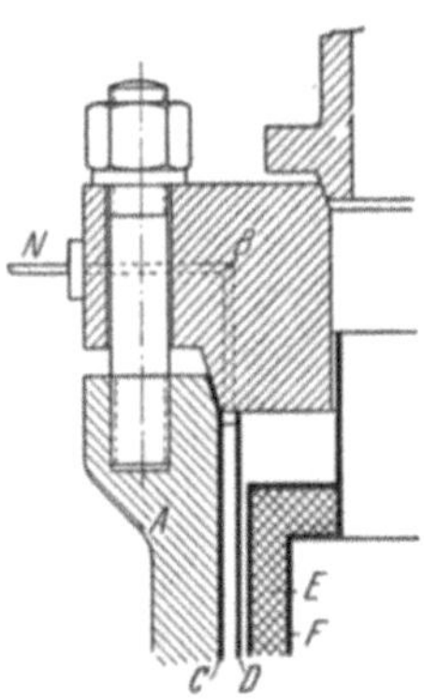

Abb. 140. Haber-Bosch-Verfahren: Schema des Kontaktrohres.

Abb. 141. Haber-Bosch-Verfahren: Ammoniakwasserbehälter.

stoff durchspült (15). Das innerste Rohr *F* ist mit einem wärmeisolierenden Mantel *E* versehen und umschließt den eigentlichen Kontaktraum. Das Mantelrohr wird auf beiden Seiten durch konisch zulaufende Deckel abgeschlossen, die unter Anwendung von hydraulischem Druck auf das Rohr aufgepreßt und mit Schrauben festgehalten werden. Der Kontakt selbst besteht nach Angaben von P. Pascal (62) aus porösem, tonerdehaltigem Eisen in Form von kleinen Körnern von 10—12 mm Durchmesser. Seine Herstellung ist Fabrikgeheimnis. Es ist jedoch anzunehmen, daß er durch Schmelzen von Eisen und Tonerde in sauerstoffhaltiger Atmosphäre gewonnen wird. Jede Ofeneinheit besitzt ein Gewicht von etwa 80 t und soll etwa 2 t Kontakt = ca. 750 l enthalten (73). Die in der Kontakt- und Zeiteinheit erhaltene Ammoniakmenge hängt ab von der Berührungsdauer bzw. Strömungsgeschwindigkeit des Gasgemisches. Im allgemeinen wird entsprechend der bereits von F. HABER vorgeschlagenen Arbeitsweise nur auf etwa 6—8% Ammoniakgehalt gearbeitet. Der Kontakt setzt vermöge seiner Struktur und Härte den hochkomprimierten Gasmassen einen kaum nennenswerten Widerstand entgegen. Beim Anfahren der Öfen wird das Gasgemisch durch elektrische Widerstandsheizung vorgewärmt. Ist der Kontakt einmal auf die Reaktionstemperatur gebracht, so hält er sich ohne zusätzliche Wärmeenergie auf dieser Temperatur.

Bei den Haber-Bosch-Anlagen wurde bisher im allgemeinen das Ammoniak nicht flüssig gewonnen, sondern in eingespritztem Wasser absorbiert. Vor dieser Absorption durchstreicht das ammoniakhaltige Gasgemisch, das immer noch unter einem Druck von 200 Atm. steht, wassergekühlte Röhren und wird dadurch auf etwa Außentemperatur abgekühlt. Die Wasserabsorption geht in Türmen vor sich, die äußerlich den Kontaktrohren sehr ähnlich sind. Das hierbei entstehende Ammoniakwasser wird in Niederdruckbehälter entspannt und z. T. als ca. 25proz. Ammoniakwasser in Kesselwagen versandt. Für die Zwecke der Weiterverarbeitung im Werke selbst passiert das wäßrige Ammoniak Destillationskolonnen, in denen es durch Erhitzen mit Dampf als Gas aus der wäßrigen Lösung ausgetrieben wird. Das Ammoniakgas wird in großen Behältern (Abb. 141) aufbewahrt. Der Abschluß erfolgt durch eine auf dem Wasser schwimmende Ölschicht, um eine Absorption des Ammoniakgases im Wasser zu verhindern.

Abb. 142. Haber-Bosch-Verfahren: Synthesebau.

Noch ein paar Worte über den äußeren Anblick der Syntheseanlage. Es ist dies eine riesige offene Eisenkonstruktion, deren größerer Teil die in Reihen angeordneten Ammoniaköfen enthält (Abb. 142). In einem zweiten Raum sind die Umlaufpumpen aufgestellt, die die Zirkulation des Kreislaufgasgemisches besorgen, ferner befinden sich dort die Pumpen, die das Druckwasser in einer Stufe auf 200 Atm. komprimieren. An der den Kontaktöfen zugekehrten Wand sind zahlreiche Registrierapparate aufgestellt zur genauen Kontrolle der für jeden Ofen wichtigen Charakteristica: Temperatur, Strömungsgeschwindigkeit der

Gase, Ammoniakgehalt des Austrittsgases usw. Auch hier überrascht die geringe Anzahl des Bedienungspersonals.

Die politischen Verhältnisse der letzten Jahrzehnte brachten es mit sich, daß der Bau von Syntheseanlagen nach dem Haber-Bosch-Verfahren im Ausland ohne übergroßes Risiko nicht durchzuführen war. Zu erwähnen ist die Errichtung einer Stickstoffabrik in Toulouse (Südfrankreich), die auf Grund eines unter dem Zwang des Versailler Diktats zwischen der B. A. S. F. und dem französischen Wiederaufbauministerium geschlossenen Vertrages erfolgte. In den allerletzten Jahren wurde in Norwegen eine größere Anlage in Betrieb genommen, die nach dem Haber-Bosch-Verfahren arbeitet. Zur Verfügung steht dort in langjährig abgeschriebenen Anlagen äußerst billige elektrische Energie. Diesen besonderen Verhältnissen entsprechend wird der Wasserstoff durch Elektrolyse des Wassers gewonnen. Turbogeneratoren erzeugen relativ niedrig gespannten Strom von sehr hoher Stromstärke, der sich auf über 30000 Einzelzellen verteilt. Diese Zellen sind mit nickelplattierten Eisenelektroden versehene Gefäße nach dem System R. PECHKRANZ (63). Zum Verständnis sei eingeschaltet, daß sich beim Durchgang des elektrischen Stromes durch wäßrige Lösungen an der negativen Elektrode, der Kathode, Wasserstoff entwickelt, während am anderen Pol, der Anode, Sauerstoff erzeugt wird, und zwar, entsprechend der Zusammensetzung des Wassers H_2O, auf 1 Volumteil Sauerstoff 2 Volumina Wasserstoff. Die Schwierigkeit einer möglichst vollständigen Trennung der wasserstofferzeugenden Kathodenflüssigkeit von der sauerstoffhaltigen Anodenflüssigkeit ohne zu große Erhöhung des inneren Widerstandes der Zelle ist von R. PECHKRANZ durch Zwischenschaltung einer dünnen perforierten Zwischenwand aus Nickelfolie gelöst. Als Badflüssigkeit dient zur Erhöhung der elektrischen Leitfähigkeit verdünnte Kalilauge. Diese Zellen erzeugen insgesamt etwa 20000 m^3 Wasserstoff in der Stunde (5). Der Stickstoff wird in Luftverflüssigungsapparaten nach LINDE durch Tiefkühlung von Luft gewonnen. Der Wasserstoff wird von geringen Mengen von Sauerstoff, neben Wasserdampf der einzigen bei diesem Gewinnungsverfahren auftretenden Verunreinigung, auf katalytischem Wege befreit. Die mit Hilfe von hochporösem Kieselsäuregel getrockneten Gase werden in einer Rohrleitung der in einiger Entfernung bei Rjukan gelegenen Ammoniakfabrik zugeleitet und dort auf 250 Atm. komprimiert, in 7 Ofeneinheiten, von denen jede ein Gewicht von 82 t hat, zu Ammoniak umgesetzt. Man arbeitet hier, wie jetzt auch teilweise in den deutschen Anlagen, direkt auf flüssiges Ammoniak, da dieses zur Kälteerzeugung für die Linde-Anlagen gebraucht wird. Fast die ganze Ammoniakproduktion wird in Kesselwagen der etwa 50 km entfernt am Meere gelegenen Oxydationsanlage Heroen zugeführt. Unter veränderten Rohstoffbedingungen ist hier der Fabrikationsgang in wesentlichen Punkten abgeändert, obwohl das Prinzip des Verfahrens in beiden Fällen sich durchaus gleichbleibt.

II. Andere Verfahren zur Ammoniaksynthese.

Es war selbstverständlich, daß angesichts der beispiellosen Entwicklung der Industrie des synthetischen Ammoniaks in Deutschland auch andere Länder, in erster Linie mit Rücksicht auf die Landesverteidigung, aber auch in klarer Erkenntnis der Wichtigkeit dieser Industrie für die Landwirtschaft, bestrebt waren, eigene Anlagen zur Gewinnung des Ammoniaks herzustellen. Erleichtert wurden diese Arbeiten insbesondere unseren Kriegsgegnern durch die widerrechtliche Aneignung der deutschen Patente und die eingehenden Besichtigungen der im besetzten Gebiet gelegenen Oppauer Anlage. Andererseits lag es im Wesen des beschriebenen Herstellungsprozesses, daß erhebliche Neuerungen hierbei nicht in Anwendung gebracht werden konnten. Insbesondere konnten nach den erschöpfenden Untersuchungen der Badischen Anilin- und Soda-Fabrik neue Katalysatoren von erheblich höherer Wirksamkeit kaum gefunden werden. Die einzige Variation von einiger Bedeutung, die Anwendung anderer Druckbereiche bei der Synthese, war sowohl nach der Seite höherer Drucke als auch für geringere Drucke in den grundlegenden Haber-Patenten bereits enthalten. Der Franzose GEORGE CLAUDE, der sich bereits auf dem Gebiete der Verflüssigung der Gase einen Namen gemacht hatte, entwickelte nach Kriegsende eine Syntheseapparatur, bei der das Ausgangsgasgemisch unter Drucken von etwa 1000 Atm. über Kontakte geleitet wurde. Diese Arbeitsweise hat auf den ersten Anblick etwas Bestechendes insofern, als bei Anwendung so hoher Drucke das Ammoniakgleichgewicht so weit auf der Seite des Ammoniaks liegt, daß schon bei einmaligem Überleiten des Gasgemisches über den Kontakt 30% Ammoniak und mehr gebildet werden können (Abb. 143). Auf diese Weise kann unter Umständen auf das Arbeiten im Kreislauf verzichtet werden. Als Ausgangsgas für die Wasserstoffgewinnung diente zunächst Wassergas, das in bekannter Weise durch Tiefkühlung von Kohlenoxyd befreit wurde. Späterhin verwendete G. CLAUDE das etwa 50% Wasserstoff enthaltende Kokereigas, das bei der Verkokung von Steinkohle in großen Mengen als bis dahin nur zu Heizzwecken verwendbares Abfallprodukt in den Steinkohlenzechen anfällt. Erst nach langjährigen Bemühungen gelang es G. CLAUDE, den Wasserstoff aus dem Kokereigas in einer zuverlässig arbeitenden Apparatur mit genügender Reinheit abzuscheiden. Neben Wasserstoff enthält das Gasgemisch noch eine Anzahl von Verbindungen, insbesondere Methan, Äthylen, Acetylen, Benzoldampfe und Kohlendioxyd, deren Entfernung erhebliche Schwierigkeiten verursacht, da sie bei der Tiefkühlung z.T. in festen Zustand übergehen und die Verflüssigungsapparatur verstopfen. G. CLAUDE wurde dieser Schwierigkeiten schließlich dadurch Herr, daß er aus dem schwachkomprimierten Kokereigas zunächst das Benzol mit Hilfe von Schweröl, dann die Kohlensäure mit Kalkwasser weitgehend entfernte (Abb. 144). Im Gastrennungsapparat erfolgt alsdann die Kondensation des größten Teils der Kohlenwasserstoffe, insbesondere des Äthylens und Methans. Eine besonders günstige Kühlwirkung versprach sich G. CLAUDE davon, daß er die Entspannungsenergie der kalten komprimierten Gase zum Antreiben eines Motors, also zur Leistung äußerer Arbeit, benutzte (2). Das für die Synthese erforderliche Stickstoff-Wasserstoffgemisch wird dadurch erzeugt, daß ein Teil des Wasserstoffs mit dem Sauerstoff der Luft verbrannt und der zurückbleibende Stickstoff dem überschüssigen Wasserstoff beigemengt wird. Das Gasgemisch, das noch ziemlich beträchtliche Mengen Kohlenoxyd enthält, wird nunmehr in mehreren Stufen auf 1000 Atm. komprimiert. Die Kompressionsarbeit ist hierbei nicht erheblich größer, als die für das Arbeiten nach HABER-BOSCH erforderliche. Sie wächst nur im logarithmischen Verhältnis zum Arbeitsdruck, d. h. bei der Erhöhung des Druckes von 200 auf 1000 Atm. ist nicht etwa die 5fache Arbeit erforderlich, sondern nur die 1,3fache. Unter diesem Druck wird das Gas durch Überleiten über einen eisenhaltigen Kontakt

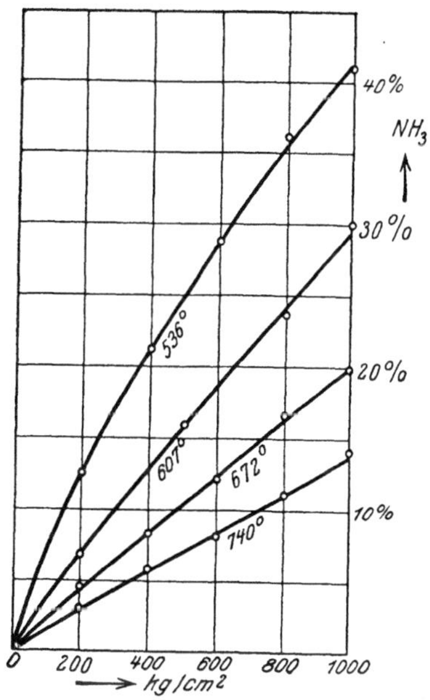

Abb. 143. Ammoniakgleichgewichte in Abhängigkeit von Druck und Temperatur.

bei etwa 400° vom Kohlenoxyd größtenteils befreit, das mit 3 Teilen Wasserstoff sich zu Methan und Wasserdampf umsetzt. Der Wasserdampf wird durch

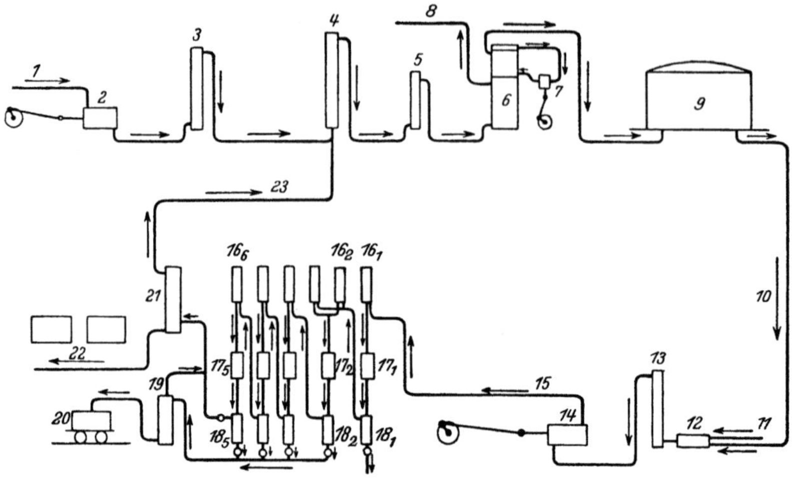

Abb. 144. Schema des Claude-Verfahrens.

1 Eintritt des Gasgemisches. 2 Kompressor. 3 Benzolwäscher. 4 Kohlensäurewäscher. 5 Trockenturm. 6 Gastrennungsapparat. 7 Expansionsapparat. 8 Gasleitung für die abgetrennten Gase zur Kokerei. 9 Wasserstoffgasometer. 10 Wasserstoffleitung. 11 Luftzutritt zu dem Brenner 12. 12 Brenner zur Gewinnung von Stickstoff aus Luft und Wasserstoff. 13 Kühler. 14 1000-Atm.-Kompressor. 15 Leitung für das Stickstoff-Wasserstoffgemisch. 16_1 Kontaktofen für die Umwandlung des Kohlenoxyds in Methan und Wasserdampf. 17_1 Kühler. 18_1 Wasserabscheider. 16_2—16_6 Katalysatorrohre. 17_2—17_5 Kühler. 18_2—18_5 Abscheider für flüssiges Ammoniak. 19 Sammelgefäß für flüssiges Ammoniak. 20 Transportgefäß für Ammoniak. 21 Wäscher für Ammoniak. 22 Leitung für Ammoniakwasser.

Kühlung kondensiert, das Methan soll in den hier auftretenden Mengen nicht schaden und wird nicht entfernt.

Die größten Schwierigkeiten bereitete anfänglich die eigentliche Synthesereaktion. Durch die starke Ammoniakbildung auf engstem Raum werden so große Wärmemengen frei, daß sie ausreichen würden, den Kontakt auf etwa 1000° zu halten, wenn für ihre Abführung nicht gesorgt wird. Diesen Temperaturen würde unter solchen Drucken natürlich kein Material standhalten, ganz abgesehen davon, daß die Ammoniakausbeute bei so hohen Temperaturen wieder erheblich absinkt. Eine ganze Reihe von Patenten im Besitz der die Erfindungen von G. CLAUDE verwertenden Société Anonyme, „L'Air Liquide", hat die Beseitigung dieser Schwierigkeit zum Gegenstand (3, 4). Nach vergeblichen Versuchen, die großen Wärmemengen mit Hilfe von Bleibädern abzuführen, erzielte G. CLAUDE schließlich dadurch ein befriedigendes Resultat, daß er das kalte Stickstoff-Wasserstoffgemisch im Gegenstrom das Katalysatorrohr umspülen ließ (Abb. 145), (Bull. Soc. belge des Ingénieurs et des Industriels 5 [1924]).

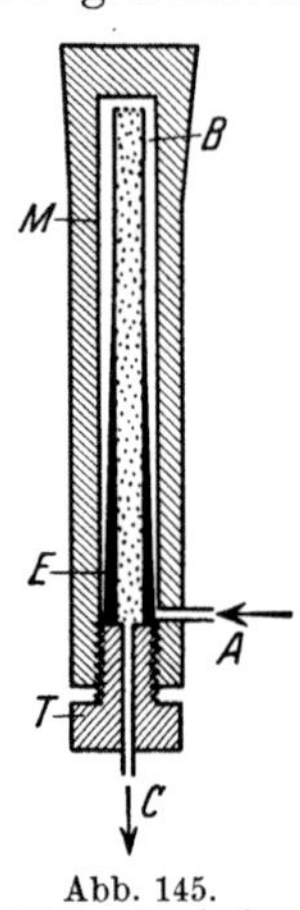

Abb. 145. Kontaktofen (nach CLAUDE).

A Gaseintritt. *B* Eintritt der Gase in den Katalysator. *C* Gasaustritt. *E* Katalysatorrohr. *M* Mantelrohr. *T* Verschlußstück.

Wenn einmal die Reaktion durch elektrisches Anheizen eingeleitet ist, genügt bei dieser Anordnung die entstehende Reaktionswärme, um das kalt zuströmende Frischgas ohne zusätzlichen Wärmeaufwand auf etwa 500° anzuwärmen. Die Kontaktrohre sind bei etwa 25 cm äußerem Durchmesser und einer Länge von 1,5 m erheblich kleiner als die im Haber-Bosch-Verfahren verwendeten. Sie bestehen aus einem äußeren dickwandigen Stahlmantel und einem konzentrisch dazu angeordneten Katalysatorrohr, dessen Wandstärke sich von der Basis zur Spitze verjüngt. Das Gasgemisch tritt in der Nähe der Rohrbasis kalt ein und erwärmt sich an der inneren Wandung so weit, daß beim Berühren mit dem Kontakt die Reaktion eingeleitet wird. Die Rohre sind leicht auswechselbar eingebaut. Fünf derartige Kontaktkammern bilden einen gemeinsamen Satz. Von diesen sind die ersten beiden parallel, die übrigen hintereinandergeschaltet, d. h. das aus dem ersten und zweiten Kontaktrohr kommende Gasgemisch wird vereinigt und passiert den dritten, vierten und fünften Ofen hintereinander. Hinter jedem Ofen wird der größte Teil des jeweils gebildeten Ammoniaks durch einfache Wasserkühlung in sog. Abstreifern in konzentrierter flüssiger Form abgeschieden. Hinter dem letzten Ofen sind ungefähr 80% des ursprünglichen Stickstoff-Wasserstoffgemisches zu Ammoniak umgesetzt. Ein Kreislauf der Gase im eigentlichen Sinn findet nicht statt, würde auch im Hinblick auf die nicht unerheblichen Mengen von Methan sehr bald zu einer übermäßigen Anreicherung dieses Bestandteils führen. Der Katalysator, Eisen mit Zusätzen, ist durchaus dem beim Haber-Bosch-Verfahren verwendeten ähnlich. Seine Lebensdauer scheint jedoch im Hinblick auf die weniger sorgfältige Reinigung des Gases und die zum mindesten lokal auftretende höhere Reaktionswärme eine wesentlich kürzere zu sein. Das Verfahren findet in einer ganzen Anzahl kleiner Anlagen von etwa 5—10 t Tagesleistung Anwendung in unmittelbarem Anschluß an die Zechen des nordfranzösischen Kohlenbeckens. Eine etwas größere Anlage ist im Ruhrgebiet vom Klöckner-Konzern auf der Zeche Viktoria in Rauxel errichtet worden. Über seine Bewährung kann vorerst Abschließendes nicht gesagt werden. Es ist nicht daran zu zweifeln, daß es der Technik gelungen ist, auch bei so hohen Drucken betriebssicher zu arbeiten, und die erhebliche Raumersparnis gegenüber den Anlagen nach HABER-BOSCH ist unbedingt ein Vorteil. Dem stehen jedoch manche recht wesentliche Nachteile gegenüber, von denen nur die wenig befriedigende Ausnutzung des teuren Wasserstoffes, der zweimal im Gang des Prozesses in erheblichem Umfang für Nebenreaktionen verbraucht wird, und der starke Materialverschleiß erwähnt werden sollen. Auch die Verzettelung in vielen kleinen Anlagen ist ein Moment, das sich zweifellos in einer Erhöhung der Gestehungskosten auswirken muß.

Die Verwertung der Kokereigase als Wasserstoffquelle für die Gewinnung des synthetischen Ammoniaks hat in letzter Zeit im Zusammenhang mit den Rationalisierungsbestrebungen des Bergbaues auch anderweitig, insbesondere im Ruhrgebiet, nennenswerte Fortschritte gemacht. Bei der seit Jahren infolge schärfster Auslandskonkurrenz äußerst gespannten wirtschaftlichen Lage der kohleschaffenden Industrie ist es nur natürlich, daß diese die riesigen, alljährlich in den Kokereien anfallenden Wasserstoffmengen, die von A. POTT (65) auf 4,5 Millrd. m^3 geschätzt werden, möglichst rationell auszunutzen sucht. Das Werk Sterkrade-Holten der Ruhrchemie A.-G. vermag aus dem Wasserstoff der Kokereigase etwa 20000 t Ammoniak im Jahr zu erzeugen. Die Wasserstoffgewinnung erfolgt hier nach einem Verfahren, das die Gesellschaft für Lindes Eismaschinen A.-G. auf Grund eines Patentes von I. BRONN (29) durchgebildet hat. Im Unterschied zu dem von G. CLAUDE entwickelten Tiefkühlungsverfahren wird bei LINDE die Gastrennung bzw. die Kälteerzeugung nur mit Hilfe innerer Expansionsarbeit der komprimierten, verflüssigten Gase durchgeführt. Das Kokereigas wird zunächst durch Filter und feste Absorptionsmittel vom Staub und Schwefelwasserstoff gereinigt, auf etwa 10 Atm. komprimiert und von der Kohlensäure, z. B. durch Druckwäsche, befreit. Durch flüssiges Ammoniak wird das Gas dann auf etwa —40° gekühlt, wobei es den größten Teil seiner Feuchtigkeit und seines Benzolgehaltes abgibt. Das vorgekühlte Gas tritt nun in den Zerlegungsapparat, in dem es mit Hilfe von Gegenstromwärmeaustauschern von Stufe zu Stufe heruntergekühlt wird. Die letzten Anteile, in der Hauptsache ein Gemisch von Kohlenoxyd und Wasserstoff, werden durch Berieselung mit flüssigem Stickstoff von Kohlenoxyd befreit. Dieser Stickstoff wird durch Luftverflüssigung in einer besonderen, nach dem gleichen Prinzip arbeitenden Apparatur gewonnen. Man erhält drei Fraktionen: 1. ein an Äthylen und Propylen reiches Gas von hohem Heizwert, 2. eine methanreiche Fraktion und 3. endlich ein Gemisch von Kohlenoxyd und Stickstoff. Der zurückbleibende Wasserstoff enthält nur noch Spuren von Kohlenoxyd. Die Verdampfung des flüssigen Stickstoffes kann so geführt werden, daß der Wasserstoff bereits mit dem für die Ammoniaksynthese erforderlichen Stickstoffgehalt gemischt aus dem Zerlegungsapparat heraustritt. Da nach einiger Zeit trotz sorgfältigster Vorreinigung der Kokereigase durch geringfügige Mengen leicht kondensierbarer Bestandteile Verstopfungen in den Kühlrohren eintreten, ist die Bereithaltung einer Reserveapparatur unbedingt erforderlich für die gleichmäßige Durchführung eines kontinuierlichen Betriebes.

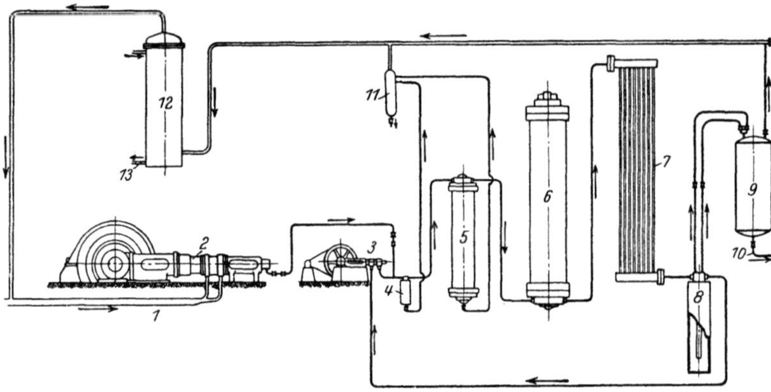

Abb. 146. Schema der Ammoniakgewinnung nach dem Casale-Verfahren. (Nach F. Ullmann: Encyklopädie der technischen Chemie 1, 2. Aufl.)

1 Eintrittsrohr für das Stickstoff-Wasserstoffgemisch. 2 Kompressor. 3 Zirkulationspumpe. 4 Ölabscheider 5 Gasreiniger. 6 Kontaktofen. 7 Wasserkühler. 8 Abstreifer für flüssiges Ammoniak. 9 Behälter für flüssiges Ammoniak. 10 Ammoniakentnahmehahn. 11 Ölabscheider. 12 Kolonne zur Wiedergewinnung von Ammoniak in Form von Ammoniakwasser. 13 Austritt von Ammoniakwasser.

Die Synthese wird in der Anlage der Ruhrchemie A.-G. nach dem Verfahren des Italieners L. Casale durchgeführt. Das Gasgemisch, das die Linde-Apparatur bereits unter erhöhtem Druck verläßt, wird in mehreren Stufen auf etwa 800 Atm. komprimiert, sorgfältig vom Kompressoröl gereinigt und dem von L. Casale konstruierten Ofen zugeführt (Abb. 146). Die Wärmeentwicklung ist bei den hier zur Verwendung gelangenden Drucken ebenfalls so hoch, daß für eine genügende Wärmeabführung Sorge getragen werden muß. Demzufolge umspülen die kalten Frischgase, ähnlich wie bei G. Claude, die drucktragende Außenwand des Ofens, wobei sie sich jedoch in Berührung mit den entgegenströmenden heißen Synthesegasen an der Außenseite des konzentrisch angeordneten inneren Kontaktrohres nur schwach vorwärmen (Abb. 147). Im Gegensatz zum Claude-Ofen treten die Gase nunmehr zunächst über einen in der Mittelachse des Ofens angebrachten Heizwiderstand (33) und erst nach dem Passieren dieser zusätzlichen Wärmequelle mit der zur Aufrechterhaltung der Reaktion erforderlichen Temperatur von etwa 500° in den Katalysatorraum. Durch diese Anordnung, die noch ergänzt wird durch eine den Katalysatorraum umgebende wärmeisolierende Schicht, gelingt es, ein so erhebliches Temperaturgefälle von innen nach außen zu erzielen, daß die Verwendung besonderer Spezialstähle für die drucktragende Wandung sich erübrigen soll (54). Als Kontakt dient auch hier Eisen mit aktivierenden Zusätzen. L. CASALE erzielt entsprechend dem hohen zur Anwendung gelangenden Druck (etwa 600 bis 800 Atm.) ebenfalls eine relativ hohe Ammoniakausbeute bei einmaligem Durchgang des Gasgemisches. Er arbeitet im Kreislauf, verzichtet aber darauf, das entstandene Ammoniak möglichst vollständig aus dem Gemisch zu entfernen. Durch diese an sich unwirtschaftliche Arbeitsweise — etwa 3—5 % Ammoniak bleiben im Kreislaufgas (32) — erreicht er eine bessere Beherrschung des Wärmeausgleiches im Katalysatorrohr. Es ist anzunehmen, daß infolge dieser Maßnahme die Casale-Anlagen betriebssicherer arbeitet, als die Claude-Anlagen. Jedenfalls würde dadurch erklärlich, daß in den letzten Jahren das Casale-Verfahren sich erheblich stärker durchgesetzt hat, als das von G. CLAUDE. 1929 waren 22 Anlagen nach L. CASALE in Betrieb, mit einer Kapazität von insgesamt etwa 900 Tagestonnen Stickstoff gegenüber 15 Claude-Anlagen mit nur 400 t Tageskapazität. Von diesen Casale-Anlagen arbeiten 9 mit Kokereigaswasserstoff, 3 mit aus Wassergas gewonnenem Wasserstoff und 10 mit Elektrolytwasserstoff (60).

Die im vorstehenden beschriebenen Verfahren weichen durch Anwendung eines gegenüber dem Haber-Bosch-Verfahren erheblich gesteigerten Arbeits-

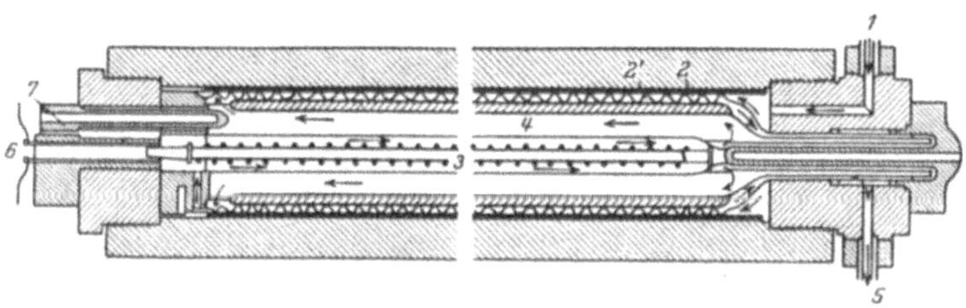

Abb. 147. Schema des Kontaktrohres. (Nach L. CASALE).

1 Eintritt des Stickstoff-Wasserstoffgemisches. 2 Wärmeaustauscher. 3 Elektrische Widerstandsheizung. 4 Katalysatorkammer. 5 Austritt des Ammoniaks. 6 Stromzuführung. 7 Temperaturmesser.

druckes in manchen Einzelheiten von dem deutschen Verfahren ab. Demgegenüber ist ein von G. FAUSER in Italien entwickeltes Verfahren, das in mehreren kleinen und mittelgroßen Anlagen in den letzten Jahren von dem Montecatini-Trust durchgeführt worden ist, von dem der „Badischen" kaum zu unterscheiden. Seine industrielle Ausgestaltung ist nur durch die Auswirkung der Beschlagnahme der deutschen Patente im feindlichen Auslande zu erklären. Die Konstruktion des Ofens weicht nur in geringen Einzelheiten von den Oppauer Öfen ab. Das Gasgemisch wird ebenfalls durch Wärmeaustauscher vorgewärmt, die unterhalb des Kontaktraumes angebracht sind. Der Arbeitsdruck, 250 Atm., ist der gleiche wie der in den norwegischen, nach dem Haber-Bosch-Verfahren arbeitenden Anlagen. Originell ist eigentlich nur bei denjenigen Fauser-Anlagen, die mit Elektrolytwasserstoff arbeiten, eine von G. FAUSER konstruierte Zelle (39). Es werden hohe Eisenblechelektroden verwendet, die jede für sich mit Asbesttuch umkleidet sind. Auf diese Weise wird ein Vermischen des Wasserstoffs mit dem Sauerstoff so weitgehend vermieden, daß bei den in Frage kommenden Strombelastungen ein Wasserstoff mit nur etwa 0,1 % Verunreinigungen erhalten werden kann. Durch eine Unterteilung der einzelnen Elektrodenbleche erzielt G. FAUSER eine besonders lebhafte Zirkulation der Lauge, die für ein gleichmäßiges Arbeiten der Zelle bei ihrer Höhe von ausschlaggebender Bedeutung ist.

Weiterhin ist im Ruhrgebiet ein Verfahren ausgearbeitet worden, das in einer Anlage der Gasverarbeitungs-Gesellschaft auf der Zeche Mont Cenis bei

Sodingen in größerem Maßstab durchgeführt wird. Das Verfahren soll mit dem verhältnismäßig niedrigen Druck von nur 100 Atm. arbeiten, wobei als besonders wirksame kontaktliefernde Substanz komplexe Eisencyanide (76) verwendet werden. Auf diese Weise sollen schon bei etwa 400° genügend große Umsetzungsgeschwindigkeiten erzielt werden. Die niedrige Temperatur ermöglicht eine so hohe Ausbeute, daß auch hier das Ammoniak flüssig abgeschieden werden kann. Im Hinblick auf die geringere Beanspruchung des Ofenmaterials durch Druck und Wärme soll gewöhnlicher Siemens-Martin-Stahl verwendet werden können. Ein befriedigendes Arbeiten unter diesen Bedingungen dürfte indessen nur möglich sein mit Hilfe von ganz besonders reinen Gasen, wie sie aus Kokereigas, der auch hier zur Verwendung gelangenden Wasserstoffquelle, wohl nur mittels eines so hervorragend durchgebildeten Tiefkühlverfahrens wie dem von LINDE erzielt werden können (Abb. 148)[1].

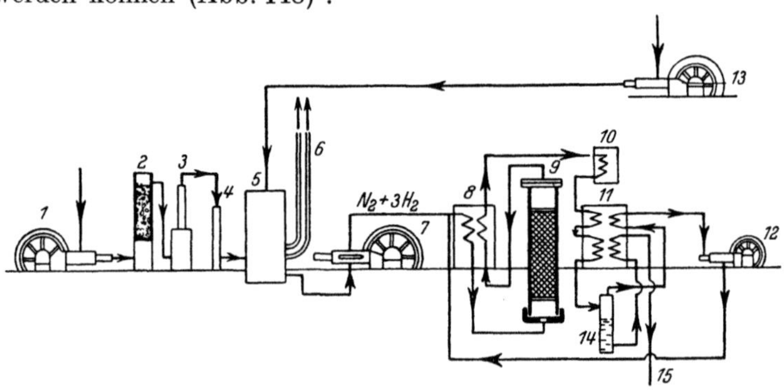

Abb. 148. Schema des Mont-Cenis-Verfahren. (Nach F. ULLMANN.)
1 Pumpe zum Ansaugen des Kokereigases. 2 Druckwasser-Kohlensäurewäscher. 3 Kohlensäurenachreiniger. 4 Vorkühler. 5 Kokereigastrennungsapparat. 6 Leitungen für Kohlenwasserstoffe (Reichgas) zur Kokerei. 7 Kompressor. 8 Wärmeaustauscher. 9 Kontaktofen. 10 Wasserkühler. 11 Gegenstromkühler. 12. Zirkulationspumpe. 13 Stickstoffkompressor. 14 Ammoniaksammelgefäß. 15 Ammoniakentnahme.

Unter ähnlich niedrigen Drucken arbeitet eine Anlage in Syrakuse im Staate New York nach dem Verfahren DE JAHN (80). Die Erzeugung und Reinigung des Stickstoff-Wasserstoffgemisches dürfte hier durchaus analog dem Verfahren der „Badischen" durchgeführt werden, mit dem einzigen Unterschiede, daß nach der Entfernung des Kohlenoxyds mit ammoniakalischer Kupferlösung das Stickstoff-Wasserstoffgemisch noch mit Natronkalk und Natriumamid getrocknet wird. Auch hier wird das Ammoniak in flüssiger Form abgeschieden, da jede Spur von Wasserdampf wegen der Empfindlichkeit des Eisenkontaktes möglichst vermieden werden muß. Ende 1929 produzierte eine in Hopewell von der Allied Chemical and Dye Corporation errichtete Anlage dieses Systems bereits 200 t Stickstoff je Tag.

Ein großes Ammoniakwerk der Imperial Chemical Industries in Billingham (England) arbeitet im wesentlichen nach dem System HABER-BOSCH.

III. Rentabilität.

Genaue und authentische Ziffern über die Gestehungskosten des synthetischen Ammoniaks bei den verschiedenen Verfahren sind nicht zu erhalten. Es hat natürlich nicht an Versuchen Außenstehender gefehlt, mehr oder weniger

[1] MITTASCH u. KUSS haben nachgewiesen, daß die katalytisch wirksame Komponente der von Mont Cenis verwendeten Kontakte metallisches Eisen ist, das sich bei der Reaktionstemperatur aus den Cyaniden bildet.

detaillierte Kostenaufstellungen zu machen. Angeregt wurden diese Berechnungen namentlich durch die sehr eingehenden Veröffentlichungen der ausländischen Fachpresse über die von den Ententekommissionen in den Oppauer Anlagen nach dem Waffenstillstand angestellten Untersuchungen (70). Wie wenig man jedoch aus den hierbei bekanntgewordenen Ziffern entnehmen kann, zeigt sich bei einer Gegenüberstellung der Resultate, zu denen die einzelnen Autoren gelangen. Man liest z. B. in einer Arbeit von R. Schönfelder (68), die sich im wesentlichen auf die Veröffentlichungen der Société des Ingénieurs de France stützt, daß die Selbstkosten eines Kilos gebundenen Stickstoffes im Ammoniak nach dem Haber-Bosch-Verfahren sich auf 30,6 Pfg. stellen, nach dem Claude-Verfahren auf 17,6 Pf., allerdings unter Zugrundelegung der 1913 gültigen Preise. Demgegenüber gibt P. Firmin bei einer nicht minder sorgfältigen Kalkulation die Gestehungskosten bei Haber-Bosch mit 46,8 Pf., bei G. Claude mit 52,2 Pf. je Kilogramm gebundenen Stickstoffes an (40). R. S. Tour (72) errechnet für eine amerikanische, nach Haber-Bosch arbeitende Anlage von 40000 t Stickstoff Jahreskapazität mit Wassergasbasis 63,5 Pf., bei Verwendung von Elektrolytwasserstoff 68 Pf. je Kilogramm Stickstoff.

Die Bedeutung solcher Berechnungen wird noch geringer dadurch, daß das Ammoniak nicht Endprodukt, sondern nur ein Zwischenprodukt bei der Fabrikation der Ammoniakverbindungen, insbesondere der Düngesalze, ist, die erst das zum Verkauf gelangende Handelsprodukt darstellen. Bei dieser weiteren Verarbeitung treten zahlreiche neue, die Wirtschaftlichkeit des Herstellungsprozesses beeinflussende Momente auf. Unter Umständen kann ein besonders günstiges Rohstoffvorkommen oder ein besonders rationell arbeitendes Herstellungsverfahren des Salzes erhöhte Ammoniakgestehungskosten im Gesamtgestehpreis der zum Verkauf gelangenden Ammoniakverbindungen wieder ausgleichen. Selbstverständlich ist derjenige Betrieb am günstigsten gestellt, bei dem alle Phasen des Prozesses unter wirtschaftlich besonders vorteilhaften Bedingungen durchgeführt werden können.

Zunächst besteht über die größere Wirtschaftlichkeit der direkten Synthese von Stickstoff und Wasserstoff gegenüber dem älteren Lichtbogenverfahren kein Zweifel. Aus dieser Erkenntnis heraus ist ja auch in jüngster Zeit die Umstellung der norwegischen Stickstoffindustrie erfolgt.

Das Lichtbogenverfahren dürfte zur Bindung einer Tonne Stickstoff an Energie mindestens 55000 kW/Std. verbrauchen, während die gleiche Leistung bei der direkten Ammoniaksynthese nach Haber-Bosch nur etwa 2 t Koks und 10 t Rohbraunkohle erfordert (77), das sind, in elektrisches Energiemaß umgerechnet, etwa 7—8000 kW/Std. Diesem geringen Kraftbedarf gegenüber hat auch das Carbidverfahren, das zum Kalkstickstoff führt, einen schweren Stand, obwohl es durch manche Verbesserungen in letzter Zeit gelungen ist, seinen Energiebedarf je Tonne Stickstoff bei 2,5 t Koksbedarf auf etwa 10000 kW/Std. herabzudrücken (31). Hier ist jedoch für eine richtige Bewertung wesentlich, daß beim Carbidverfahren sofort ein streufähiges Düngesalz erhalten wird.

Weit schwieriger ist ein Vergleich der einzelnen Verfahren zur direkten Bindung von Stickstoff und Wasserstoff unter sich. Für die Rentabilität ausschlaggebend ist eine billige Wasserstoffquelle, entfällt doch auf die Gewinnung des reinen Wasserstoffs etwa die Hälfte der gesamten Gestehungskosten des Ammoniaks (51). Eng verbunden hiermit ist die Beschaffung billiger Energie. Wir haben gesehen, daß im wesentlichen drei Methoden der Wasserstoffgewinnung in Frage kommen: Die Gewinnung aus Steinkohlenkoks über das Wassergas, die Gewinnung aus den Abgasen der Kokereien und endlich die Gewinnung durch Elektrolyse des Wassers. Das Wassergasverfahren besitzt den großen Vorzug, daß bei der Entfernung des in ihm enthaltenen Kohlenoxyds erhebliche Mengen wertvollen zusätzlichen Wasserstoffs gewonnen werden, während bei den Tiefkühlverfahren die für die Synthese unbrauchbaren Bestandteile des Kokereigases vorerst höchstens zu ihrem Heizwerte in Anrechnung gesetzt werden können. Mindestens ebenso wesentlich ist die Möglichkeit, beim Wassergasverfahren von der Steinkohle zu der Braunkohle überzugehen, die auch dem Heizwerte nach erheblich billiger ist. Hier arbeitet die I. G. Farbenindustrie daran, die Schwierigkeiten, die sich auf Grund des hohen Wassergehaltes der Braunkohle einer Verwendung dieses Rohstoffes zur Wassergasgewinnung entgegenstellten, zu beseitigen. Wenn es gelingen sollte, mit feingepulverter, getrockneter Rohbraunkohle ebenso betriebssicher Wassergas in Generatoren herzustellen wie mit Steinkohlenkoks, so würde dies für die weitere Verbesserung der Rentabilität der großen auf den Braunkohlenlagern errichteten Stickstoffwerke von weittragender Bedeutung sein (Abb. 149 und 150). P. Waller (78) gibt den Unterschied in den Selbstkosten beim Ersatz von 1 t Steinkohle durch Braunkohle mit etwa 7,50 RM. an, wobei die Frachtkosten für die Ruhrkohle bis Mitteldeutschland noch nicht berücksichtigt sind.

Abb. 149. Braunkohlentagebau bei Merseburg.

Was die Entwicklung der Wasserstoffgewinnung aus dem Kokereigas betrifft, so ist es im Interesse einer rationellen Rohstoffwirtschaft zweifellos zu begrüßen, daß dieses in riesigen Mengen anfallende, bis dahin jedoch nur wenig verwertete Abfallprodukt neuerdings in steigendem Maße als Wasserstoffquelle für die Ammoniaksynthese herangezogen wird. Auf dem üblichen Wege der Destillation lassen sich aus 1 t Kohle nur etwa 3 kg Stickstoff als Ammoniak gewinnen. Es kann für die Bergbau-Industrie unter Umständen von nicht zu unterschätzender Bedeutung sein, wenn sie bei Verwertung der Kokereigase für Synthesezwecke aus der gleichen Kohlenmenge etwa 50 kg gebundenen Stickstoff erhält.

Diese eben skizzierte Entwicklung besagt jedoch keineswegs, daß die Gewinnung des Wasserstoffs aus Wassergas etwa unwirtschaftlicher ist als die aus

Kokereigas. Hier dürften die langjährigen Erfahrungen der I. G. Farbenindustrie, die dieses Unternehmen nicht veranlaßt hat, seinen wertvollen Kohlenbesitz im Ruhrgebiet an Ort und Stelle auszunutzen, einen deutlichen Hinweis geben, bei welchem Verfahren letzten Endes der Wasserstoff sich billiger erzeugen läßt.

Elektrolytwasserstoff endlich ist nur dort rentabel, wo die elektrische Kraft außerordentlich billig zu haben ist. C. KRAUCH (51) gibt an, daß die Kilowattstunde (kW/Std.) bei den besteingerichteten, zum größten Teil abgeschriebenen Anlagen in Norwegen etwa 0,5 Pf. kostet. Bei diesem Preise wird offenbar Elektrolytwasserstoff für das Haber-Bosch-Verfahren rentabel, da die Norsk Hydro Kvaelstof Aktieselskab etwa 60000 t Ammoniak jährlich auf diesem Wege produziert. Man wird annehmen können, daß der zur Bindung von 1 kg Stickstoff erforderliche Wasserstoff in Norwegen unkomprimiert etwa 5 Pf. kostet, das

Abb. 150. Braunkohlengeneratoranlage Werk Merseburg.

bedeutet je Kubikmeter 2—3 Pf., ein Preis, der bei gewissenhafter Kalkulation des Wertes der Kokereigase beim Tiefkühlverfahren zweifellos überschritten wird[1]. Die Anlagen in Norwegen stellen jedoch unbedingt einen Sonderfall dar. In den meisten Fällen wird der elektrische Strom mindestens 1 Pf. je Kilowattstunde und darüber kosten (47).

In einigen Ländern, in erster Linie in den Vereinigten Staaten, ist das Erdgas als Wasserstoffquelle von gewisser Bedeutung. Allerdings verursacht die Gewinnung des Wasserstoffs durch thermische Spaltung des Methans, das den Hauptteil des Erdgases darstellt, in der für die Synthese erforderlichen Reinheit nicht unbeträchtliche Schwierigkeiten. Hierzu kommt die Gefahr eines plötzlichen Versiegens der Methanquellen, der man durch aufeinanderfolgende Ausbeutung der räumlich oft weit getrennten Quellen bis zu gewissem Grade begegnen könnte. Eine größere Anlage zur Gewinnung von synthetischem Ammoniak ist bisher auf Erdgasbasis noch nicht in Betrieb.

---

[1] Ph. BORCHARDT berechnet den Preis eines Kubikmeters nach dem Linde-Verfahren aus Kokereigas gewonnenen Wasserstoffs zu 3,46 Pf. (27).

Große Bedeutung verspricht ein Wasserstoffgewinnungsverfahren zu bekommen, das durch Patente des Schweden F. G. Liljenroth geschützt und von der I.G. Farbenindustrie in letzter Zeit wesentlich verbessert worden ist. Das Verfahren geht aus von Phosphor, der im elektrischen Ofen aus phosphorhaltigen Erzen gewonnen wird. Die Phosphordämpfe werden mit Wasserdampf bei etwa 600° in Gegenwart von Katalysatoren zu Phosphorsäure und Wasserstoff umgesetzt (49) (52). Bei Gegenwart von Luft kann hierbei sofort ein für die Ammoniaksynthese geeignetes Stickstoff-Wasserstoffgemisch erzeugt werden. Ein weiterer Vorteil des Verfahrens liegt darin, daß die neben dem Wasserstoff anfallende Phosphorsäure für die Fabrikation von Düngesalzen verwendet werden kann.

Die Kosten der eigentlichen Synthese des Ammoniaks mit Hilfe des reinen Stickstoff-Wasserstoffgemisches werden von C. Krauch (l. c.) mit höchstens 10% der Gesamtkosten angegeben. Es ist mithin für die Selbstkosten nur von untergeordneter Bedeutung, wenn in diesem Teil des Fabrikationsprozesses gewisse Abänderungen getroffen werden, die, wie gezeigt wurde, im wesentlichen nur die Höhe des Drucks betreffen, unter dem die Synthese durchgeführt wird. Unter diesem Gesichtspunkte wird auch die Bedeutung der Verwendung billigeren Materials für die Syntheseapparatur bei relativ niedrigen Drucken ins rechte Licht gerückt. Schon im Hinblick auf die lange Lebensdauer der aus hochwertigen Stählen bestehenden Öfen des Haber-Bosch-Verfahrens können hierbei keine wesentlichen Ersparnisse erzielt werden.

Über die dritte Phase des Prozesses, die Herstellungskosten der Düngesalze aus dem synthetischen Ammoniak, sind so gut wie gar keine Angaben bekannt geworden. Nach F. Ullmann (l. c.) entfallen im Verkaufspreis des Ammonsulfates mehr als ein Drittel auf die Kosten für Schwefelsäure, Verluste und Verarbeitungskosten bei der Sulfatgewinnung, Angaben, die durch die Berechnungen von B. Waeser (77) bestätigt werden.

IV. Wirtschaftliches, Statistik.

Das Anwachsen der Weltproduktion an synthetischem Ammoniak, verglichen mit der Produktion von Chilesalpeter, Kokereiammoniak und Kalkstickstoff, veranschaulicht Abb. 151. Man sieht daraus, daß nach Überwindung der abnormen Verhältnisse der Kriegs- und Nachkriegsjahre bis in die letzten Jahre hinein ein erheblicher Anstieg der Gesamtproduktion an Stickstoff erfolgte, wobei das Übergewicht des synthetischen Ammoniaks von Jahr zu Jahr stärker hervortritt. Während im Jahre 1913 der Anteil des synthetischen Ammoniaks an der Gesamtstickstoffproduktion nur etwa 7% betrug, war er im Jahre 1924 bereits auf 38,8% gestiegen, im Jahre 1929 auf ca. 55%. Den überragenden Anteil der deutschen Industrie an dieser Entwicklung, der erst in letzter Zeit infolge Hinzutretens einer großen Zahl von Stickstoffwerken im Auslande geschmälert wurde, veranschaulicht Tabelle 1, in der das Anwachsen der Produktion der deutschen Stickstoffwerke dem Anwachsen der Weltproduktion gegenübergestellt wird.

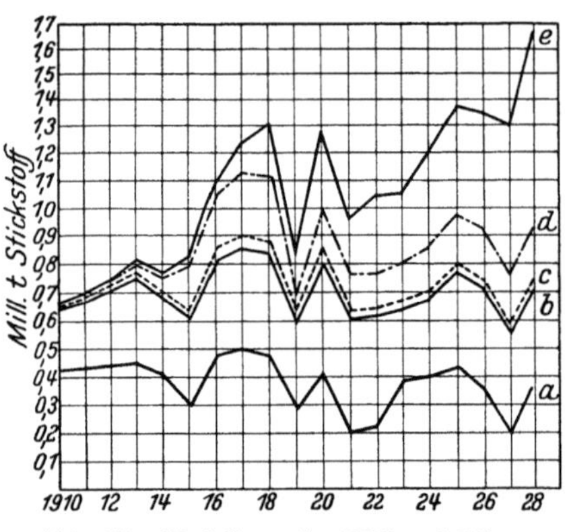

Abb. 151. Verteilung der Weltproduktion an anorganischen Stickstoffverbindungen auf die verschiedenen Gewinnungsmethoden.

a Anteil des Chilesalpeters. *a—b* Anteil des Kokerei-NH_3. *b—c* Anteil des Lichtbogenverfahrens. *c—d* Anteil des Calciumcyanamides. *d—e* Anteil des synthetischen NH_3.

Tabelle 1. Anwachsen der Produktion an synthetischem Ammoniak.

Jahr	Deutschland N t	Welt N t	Jahr	Deutschland N t	Welt N t
1913	750	750	1919	63000	63000
1914	5855	5855	1924	320000	360000
1915	12200	12200	1926	450000	520000
1916	51000	51000	1927	530000	720000
1917	75000	75000	1928	655000	ca. 900000

Bis 1927 war der einzige deutsche Produzent die I. G. Farbenindustrie A.-G. 1928 kamen ca. 15000 t N der Zeche Mont Cenis hinzu.

Tabelle 2.
Gesamtübersicht der Anlagen zur Gewinnung synthetischen Ammoniaks (Juni 1930) (vorwiegend nach amerikanischen Quellen).

Land	Anzahl der Werke	Jahreskapazität in Tonnen Stickstoff nach den Verfahren					
		Haber-Bosch	Claude	Casale	Fauser	Mont Cenis	Nitrogen Eng. Corp. u. a.
Europa:							
Belgien	4	—	13000	27000	9000	—	—
Deutschland . .	7	800000	20000	20000	2500	50000	—
England	2	170000	—	3000	—	—	—
Frankreich . . .	15	30000	27000	50000	—	—	7200
Holland	2	—	—	—	20000	10000	—
Italien	9		4500	13000	28000	—	—
Norwegen . . .	2	80000	—	—	—	—	3500
Polen	4	—	5000	—	17200	—	10500
Rußland	1	—	—	7000	—	—	—
Schweden . . .	1	—	—	—	2500	—	—
Schweiz	1	—	—	6600	—	—	—
Spanien	3	—	3500	4500	—	—	—
Tschechoslowakei	2	—	7200	—	—	—	1500
Übersee:							
Japan	6	—	10000	46000	5000	—	—
Ver. Staaten . .	5	—	40000	—	—	—	85000
Summa:	64	1080000	130200	177100	84200	60000	107700

Die Produktionskapazität der Industrie des synthetischen Ammoniaks für 1930 nach Ländern und Verfahren ist aus Tabelle 2 ersichtlich. Unter den Produzenten sind neben der I. G. Farbenindustrie und der mit ihr verbundenen Norsk Hydro Kvaelstof Aktieselskab in erster Linie die Imperial Chemical Industries (I. C. I.) mit ihrem Werke Billingham und der Montecatini-Trust in Italien zu erwähnen. In den Vereinigten Staaten ist hervorzuheben die Anlage der Atmospheric-Nitrogen-Corporation (Konzern: Allied Chemical and Dye Corporation) in Hopewell, daneben die Anlage in Belle der zum Du Pont-Konzern gehörigen Lazote Inc. Den augenblicklichen Stand der Stickstoffindustrie in Deutschland gibt Tabelle 3 wieder, in der auch die zum Verkauf gelangenden stickstoffhaltigen Düngesalze aufgeführt sind.

Es ist anzunehmen, daß nach der rapiden Entwicklung der letzten Jahre nunmehr eine gewisse Stabilisierung eintreten wird, da die jetzt in Betrieb genommenen Anlagen eine Kapazität von insgesamt etwa 1,6 Mill. t Stickstoff besitzen. Sie können zusammen mit den durch Einführung neuer rationeller Gewinnungsverfahren leistungsfähigeren Chilesalpeteranlagen bereits erheblich mehr absetzen, als die Landwirtschaft in der letzten Zeit aufgenommen hat. Dem-

Tabelle 3. Übersicht über die deutschen Anlagen zur Gewinnung von synthetischem Ammoniak.

Werk	Firma	Verfahren		Kapazität t N	Hergestellte Düngesalze
		für Ammoniak	für Wasserstoff		
Oppau	I. G. Farbenindustrie A.-G.	HABER-BOSCH	Wassergas	150000	Ammonsulfat, -chlorid, Kalksalpeter, Natronsalpeter. Harnstoff, Leunasalpeter, Leunaphos, Kaliammonsalpeter, Kalkammonsalpeter, Harnstoff-Kalksalpeter, Nitrophoska, Harnstoff - Kali - Phosphor.
Leuna	I. G. Farbenindustrie A.-G.	HABER-BOSCH	Wassergas	650000	
Piesteritz	v. Bayerische Stickstoffwerke A.-G. an I. G. Farbenind. verpachtet	FAUSER	elektrol.	2450	
Mont Cenis	Gaveg	Mont Cenis	Konkordia-Linde	25000	Montansalpeter. Ammonsulfat, Natronsalpeter.
Hibernia (Herne)	Gaveg (Preuß. Fiskus)	Mont Cenis	Konkordia-Linde	ca. 25000	
Holten-Sterkerade	Ruhrchemie A.-G.	CASALE	Konkordia-Linde	20000	
Rauxel	Kali-Industrie A.-G.	CLAUDE	Konkordia-Linde	20000	fl. Ammoniak z. Verarbeitung zu Kaliammonsalpeter, Misch- und Volldüngern.

entsprechend haben die sichtbaren Vorräte an Stickstoffdünger neuerdings erheblich zugenommen. Es war daher im Interesse einer gedeihlichen Weiterentwicklung zu begrüßen, daß die führenden Werke, die I. G. Farbenindustrie und die Imperial Chemical Industries Ltd., im Jahre 1929 mit der Chilesalpeter-Industrie ein Abkommen schlossen, wonach durch Kontingentierung der Produktion und Regelung der Stickstoffpreise der Gefahr einer Überproduktion begegnet werden soll.

Tabelle 4. Deutscher Export an Stickstoffverbindungen (in t N).

Düngejahr	Export	Düngejahr	Export
1923/24	28000	1927/28	235000
1924/25	52000	1928/29	ca. 270000
1925/26	ca. 135000	1929/30	ca. 260000

Der deutsche Verbrauch an Stickstoffverbindungen bewegte sich bisher in ständig steigender Linie. Er betrug 1920/21 212000 t, 1928/29 425000 t N, hat sich mithin innerhalb von 8 Jahren verdoppelt (35). Aber auch hier ist im Hinblick auf die kritische Lage der Landwirtschaft mit einem weiteren Ansteigen der Verbrauchszahlen in diesen Ausmaßen für die nächsten Jahre wohl kaum zu rechnen, obwohl bei einem durchschnittlichen Verbrauch von 20 kg synthetischem Stickstoff je Hektar im Jahre 1928/29 die Grenze der rentablen Ertragssteigerung noch keineswegs erreicht ist[1]. Ein erheblicher Anteil der deutschen Produktion wird exportiert (Tabelle 4). Diese Zahlen kennzeichnen die große volks-

[1] Vgl. hierzu die Ausführungen von A. HANAU u. H. PAETZMANN (46).

wirtschaftliche Bedeutung der Stickstoffindustrie. Während 1913 für etwa 160 Mill. M. Chilesalpeter eingeführt wurde, beträgt der Wert des deutschen Ausfuhrüberschusses an Stickstoffverbindungen im Jahre 1928 rund 250 Mill. M. Berücksichtigt man noch die durch den verstärkten Stickstoffverbrauch eingesparten Mengen an Auslandsgetreide, so wird man J. Bueb recht geben, wenn er die Verbesserung unserer Handelsbilanz durch die Stickstoffindustrie schon für 1926 auf fast 1 Milld. M. berechnet (30). Nicht auszudenken wären die Folgen für das niedergebrochene Deutschland nach dem Waffenstillstand gewesen, wenn die junge Stickstoffindustrie nicht in der Lage gewesen wäre, die Landwirtschaft sofort mit den dringend benötigten Düngesalzen zu versorgen. Das wesentlichste Moment für die starke Steigerung des Verbrauchs an Stickstoffdüngesalzen ist die stetige Senkung der Preise der Stickstoffprodukte (Tabelle 5). Während nahezu alle Waren, namentlich auch die für den Landwirt wichtigen Industrieprodukte, gegenüber dem Vorkriegsstand erhebliche Steigerungen im Preise aufweisen, sind die Stickstoffverbindungen, ungerechnet den gesunkenen Goldwert, auf etwa 60% ihres Vorkriegsverkaufspreises gefallen. Ermöglicht wurde dies in erster Linie durch die ständigen, technischen Verbesserungen, die seitens der I. G. Farbenindustrie A.-G. an ihren Anlagen im Laufe der Jahre durchgeführt werden konnten. Man muß wünschen, daß diese Entwicklung durch geeignete wirtschaftliche Maßnahmen, insbesondere Gewährung ausreichender langfristiger Kredite an die Landwirtschaft, sowie im Verkehr mit dem Ausland durch Zoll- und Frachtvergünstigungen in der bisherigen Linie zu beiderseitigem Nutzen für Erzeuger und Verbraucher fortgeführt werden kann. Der

Tabelle 5. Durchschnittliche Verkaufspreise von 1 kg gebundenem Stickstoff.

	1913	1924/25	1925/26	1926/27	1927/28	1928/29	1929/30	1930/31
Ammonsulfat	1,32	1,10	1,04	0,96	0,93	0,90	0,85	0,83
Natronsalpeter	—	1,30	1,30	1,25	1,23	1,23	1,15	1,15
Kalksalpeter	—	—	1,20	1,15	1,13	1,13	1,05	1,00

Tabelle 6. Syndikatspreise des Stickstoffsyndikates 1930/31.
(RM./kg N bei Bezug von mindestens 15 t frachtfrei jeder deutschen Bahnstation.)

Erzeugnisse	Ungefährer Stickstoffgehalt %	1930 Juli	1930 August	1930 Sept.	1930 Okt.	1930 Nov.	1930 Dez.	1931 Januar	1931 Februar	1931 März	1931 April	1931 Mai	1931 Juni
Schwefelsaures Ammoniak Typ I, grobkörnig . .	20,8	0,76	0,78	0,80	0,81	0,82	0,84	0,88	0,90	0,90	0,90	0,90	0,90
Schwefelsaures Ammoniak Typ II, mittel- bis feinkörnig, bis auf weiteres	20,8	0,72	0,74	0,76	0,77	0,78	0,80	0,84	0,86	0,86	0,86	0,86	0,86
Salzsaures Ammoniak . .	24,0	0,68	0,70	0,72	0,73	0,74	0,76	0,80	0,82	0,82	0,82	0,82	0,82
Kalkammon DAVV . . .	17,0	0,70	0,72	0,74	0,75	0,76	0,78	0,82	0,84	0,84	0,84	0,84	0,84
Ammonsulfatsalpeter (Leunasalpeter *BASF*) . .	26,0	0,79	0,81	0,83	0,84	0,85	0,87	0,91	0,93	0,93	0,93	0,93	0,93
Ammonsulfatsalpeter (Montansalpeter *DAVV*) bis auf weiteres	26,0	0,76	0,78	0,80	0,81	0,82	0,84	0,88	0,90	0,90	0,90	0,90	0,90
Kalkammonsalpeter I. G. .	20,5	0,83	0,85	0,87	0,88	0,89	0,91	0,94	0,95	0,95	0,95	0,95	0,95
Kaliammonsalpeter BASF	16,0	0,79	0,81	0,83	0,84	0,85	0,87	0,91	0,93	0,93	0,93	0,93	0,93
Harnstoff BASF	46,0	0,80	0,82	0,84	0,85	0,86	0,88	0,92	0,95	0,95	0,95	0,95	0,95
Kalkstickstoff bis auf weiteres	20—22,5	0,71	0,73	0,75	0,76	0,77	0,79	0,83	0,85	0,85	0,85	0,85	0,85
Kalksalpeter I. G.	15,5	0,94	0,95	0,97	0,98	0,98	1,00	1,03	1,05	1,07	1,07	1,07	1,07
Natronsalpeter	16,0	1,13	1,13	1,13	1,14	1,14	1,15	1,16	1,16	1,17	1,17	1,17	1,17

Verkauf der Düngesalze erfolgt durch die im Jahre 1919 begründete Verkaufsorganisation, das Stickstoffsyndikat, in dem mit geringen Ausnahmen die gesamte Stickstoffindustrie einschließlich der Kokerei-Ammoniakfabriken zusammengeschlossen ist. Die Preise sind nach der Jahreszeit gestaffelt, um ein Zusammendrängen der Abrufe in der Düngeperiode zu verhüten (Tabelle 6).

V. Ammonsulfat, schwefelsaures Ammoniak, $(NH_4)_2SO_4$.

Die Methoden zur Gewinnung von Ammonsulfat aus dem Ammoniak der Kokereien sind an anderer Stelle beschrieben. Hier soll nur auf diejenigen Verfahren eingegangen werden, die in der Industrie des synthetischen Ammoniaks angewendet werden. Sie lassen sich in zwei Gruppen einteilen, je nachdem, ob die zur Bildung des Ammonsulfats führenden chemischen Umsetzungen in Flüssigkeiten oder im Gasraum erfolgen. Die I. G. Farbenindustrie schlägt den erstgenannten Weg ein. Ursprünglich wurde das Salz, ähnlich wie bei den älteren in Gasanstalten und Kokereien angewendeten Verfahren, durch Neutralisation von wäßrigem Ammoniak mit verdünnter Schwefelsäure erzeugt. Die hierbei auftretende große Reaktionswärme liefert einen erheblichen Teil der für die Verdampfung des Wassers erforderlichen Energie.

Der Krieg brachte eine große Knappheit an Schwefelsäure, da der überwiegende Teil der schwefelhaltigen Erze, die bis dahin die Rohstoffe zu deren Gewinnung lieferten, aus dem Auslande eingeführt werden mußte. In dieser Zwangslage erinnerte man sich eines Verfahrens, das bereits von J. B. DUMAS in den vierziger Jahren beschrieben worden ist (36). Danach kann Ammonsulfat durch mehrfaches Überleiten von Ammoniumcarbonatlösungen über Gips erhalten werden. Da der Gips nur schwer löslich ist, werden bei dieser Methode sehr große Mengen Waschflüssigkeit verbraucht, ein Umstand, der eine Übertragung auf industriellen Maßstab unwirtschaftlich erscheinen läßt, weil für die Verdampfung der großen Flüssigkeitsmengen erhebliche Energie erforderlich ist. Die Badische Anilin- und Sodafabrik erzielte jedoch zufriedenstellende Resultate dadurch, daß die Umsetzung des feinverteilten Gipses nach der Gleichung $CaSO_4 + (NH_4)_2CO_3 = CaCO_3 + (NH_4)_2SO_4$ in der Ammoncarbonatlösung unter Rühren bis zu Ende durchgeführt wird. Der dabei entstehende Calciumcarbonatschlamm läßt sich mit Hilfe von großen Tauchsaugfiltern, wie sie in der Goldextraktion verwendet werden, gut filtrieren (16).

Das Verfahren wird in Oppau und Leuna im allergrößten Maßstabe durchgeführt. Der Hergang der Fabrikation ist etwa folgender (Abb. 152): Der Gips wird grob zerkleinert aus den der Firma gehörenden Gipsbrüchen mit der Bahn herangeschafft und in große Bunker entleert. Aus diesen werden die Gipsbrocken durch Becherwerke Kugelmühlen zugeführt, die das Gut zu staubfeinem Mehl zerkleinern. Der feingemahlene Gips wird mit den aus dem Prozeß zurückkehrenden Waschwässern zu einem Brei angerührt und in Kessel gedrückt, in denen die Umsetzung mit Ammoniumcarbonat bei etwa 55—60^0 unter kräftigem Rühren vor sich geht (Abb. 153). Die zur Umsetzung dienende Ammoniumcarbonatlösung gewinnt man durch Einleiten von Kohlensäure und Ammoniak in die größtenteils von Ammonsulfat befreiten Waschwässer. Die hierfür verwendete Kohlensäure entstammt der auf S. 441 beschriebenen Druckwasserwäsche des Rohgases, ist also ein bei der Synthese anfallendes Produkt.

Man kann aber auch die Ammoniumcarbonatlösung zunächst für sich herstellen und die fertige Lösung dem Gipsbrei zusetzen. Ein anderer Weg, der auch praktisch durchgeführt wird, besteht darin, daß man die Kohlensäure und das Ammoniak gasförmig durch getrennte Leitungen in die Umsatzkessel einleitet.

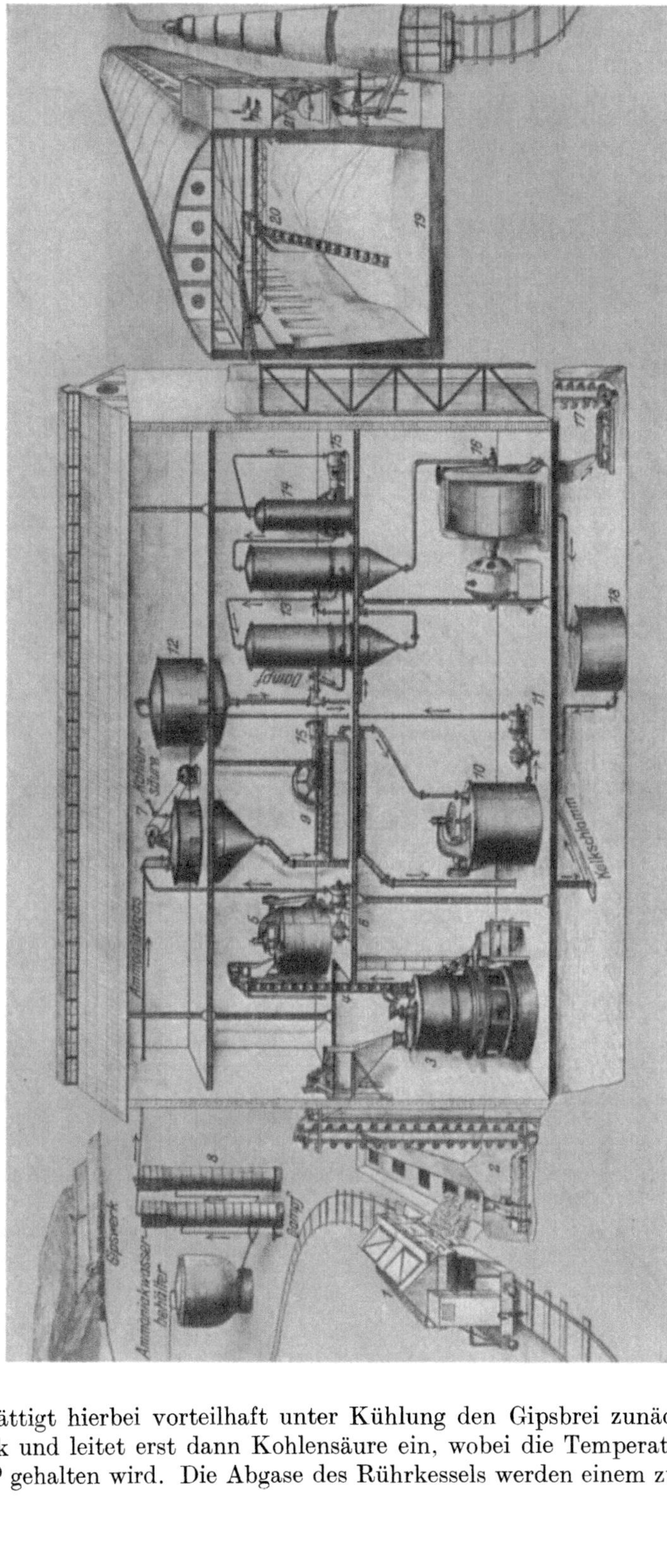

Abb. 152. Gewinnung von schwefelsaurem Ammoniak nach dem Verfahren der B. A. S. F.
1 Selbstentladewagen, 2 Transporteinrichtung, 3 Kugelmühle, 4 Becherwerk, 5 Behälter mit Rührvorrichtung, 6, 11 Pumpen, 7 Sättiger, 8 Destillierkolonne, 9 Filter, 10, 12, 18 Behälter, 13, 14, 15 Vakuumverdampferanlage, 16 Zentrifuge, 17 Transporteinrichtung, 19 Lagerhaus, 20 Bagger, 21 Mühle, 22 Sackfüllanlage.

Man sättigt hierbei vorteilhaft unter Kühlung den Gipsbrei zunächst mit Ammoniak und leitet erst dann Kohlensäure ein, wobei die Temperatur auf ca. 55 bis 60° gehalten wird. Die Abgase des Rührkessels werden einem zweiten Kessel mit gleicher Beschickung zugeleitet, dessen Temperatur man, um Ammoniakverluste zu vermeiden, nicht so stark steigen läßt (17). Nach einigen Stunden ist die

Abb. 153. Ammoniakwerk Merseburg; Sulfatfabrik: Sättiger.

Abb. 154. Werk Oppau: Ammonsulfateindampferei.

Umsetzung vollendet. Das Reaktionsgemisch gelangt nun in die Tauchfilteranlage, nämlich Bassins, in die mit Filtertuch überspannte Rahmen eintauchen. Diese Rahmen sind an eine gemeinsame Leitung angeschlossen, die unter vermindertem Druck steht. Der Calciumcarbonatschlamm setzt sich in gleichmäßiger Schicht auf dem Filtertuch ab und wird mit verhältnismäßig wenig Waschwasser ausgewaschen. Die Schlammschicht wird dann durch Erhöhen des inneren Druckes der Filterkästen abgelöst. Dieser Schlamm wird in Drehöfen getrocknet und kommt unter der Bezeichnung „Leunakalk" mit geringem Stickstoffgehalt als äußerst preiswertes Bodenverbesserungs- und Düngemittel zum Verkauf. Die filtrierte klare Lauge, eine fast gesättigte Ammonsulfatlösung, wird nunmehr einer Reihe von Duplex-Vakuumverdampfern zugeleitet (Abb. 154), großen Aggregaten, von denen je zwei zu einem System zusammenwirken. In dem ersten der beiden Verdampfer wird die konzentrierte Lauge durch Dampf erhitzt und eingedickt, ohne daß es zu einer Salzabscheidung kommt, da die Löslichkeit des Ammonsulfates bei der eintretenden starken Erwärmung erheblich ansteigt. Die hochkonzentrierte heiße Lösung wird dann in dem zweiten Verdampfer, der

Abb. 155. Ammoniakwerk Merseburg: Ammonsulfatsilo.

durch die Brüden des ersten geheizt wird, unter Anwendung eines kräftigen Vakuums soweit eingeengt, bis ein erheblicher Teil des Salzes ausgeschieden ist. Der Salzbrei wird daraufhin in Zentrifugen abgeschleudert. Diese sind so konstruiert, daß das an der Wandung angesammelte Ammonsulfat durch Messer herausgeschnitten und durch eine Rutsche entfernt wird. Das Ammonsulfat fällt auf Transportbänder, die das Salz in Drehrohröfen bringen, in denen es getrocknet wird. Dann gelangt es, wieder auf Transportbändern, ins Lagerhaus. Diese Silos sind riesige Hallen, von denen die in Leuna errichtete 250000 t Ammonsulfat fassen kann (Abb. 155). Große Bagger schaufeln hier das Salz wieder mit Hilfe von laufenden Bändern entweder direkt in Eisenbahnwagen oder in Säcke, die automatisch gefüllt, verschlossen und abgewogen werden. — Die riesigen, für die Fabrikation in Leuna erforderlichen Gipsmengen werden in den frachtgünstig in der Nähe des Harzes gelegenen Brüchen von Niedersachswerfen gewonnen. Der Gips ist dort besonders hochprozentig, so daß nur wenig Abfallprodukte in Rechnung gesetzt werden müssen.

Die Société des Produits Chimiques führt die Umsetzung des Ammoniumcarbonats mit Gips bei 70° in einer kaltgesättigten Ammonsulfatlauge durch (75).

Es liegt nahe, bei der Herstellung des Ammonsulfates anstatt von Schwefelsäure auszugehen, Schwefeldioxyd oder Röstgase auf Ammoniakwasser einwirken zu lassen. Man erhält auf diesem Wege Ammonbisulfit, das durch gelindes Erhitzen in Gegenwart von Katalysatoren (19) kontinuierlich zu Ammonsulfat umgesetzt werden kann. Auch das neutrale Ammoniumsulfit läßt sich durch Luft oder Sauerstoff leicht in Sulfat überführen, wenn in alkalischer Lösung in Gegenwart von sauerstoffübertragenden Stoffen, z. B. von Kohle oder Eisenoxyd, gearbeitet wird (20).

Unter den in der Gasphase arbeitenden Verfahren ist ein von G. FAUSER eingeführtes zu erwähnen. Hier wird 62—63 proz. Schwefelsäure durch Düsen in einen mit Ammoniakgas angefüllten Reaktionsraum eingespritzt. Die dabei auftretende Erwärmung ist so stark, daß das in der Schwefelsäure enthaltene Wasser verdampft und das Ammonsulfat in fester Form sich am Boden ansammelt, von wo es durch Transportschnecken weiterbefördert wird. Der Wasserdampf wird kondensiert und überschüssiges Ammoniak im Kreislauf in den Prozeß zurückgeführt.

Abb. 156. Ammonsulfatkrystalle (20fach vergrößert).

Das synthetische Ammonsulfat ist von reinweißer Farbe. Das im Handel befindliche Produkt enthält meist etwa 20,8—21,0% N. Es wird lose geschüttet in Waggons oder auch in Säcken verpackt geliefert. Das Salz ist ausgezeichnet lagerbeständig und zieht nur in geringem Maße die Luftfeuchtigkeit an. Diese Frage der Wasseranziehung oder Hygroskopizität spielt für die Eignung eines Salzes für Düngezwecke eine sehr große Rolle, da sie Streu- und Lagerfähigkeit weitgehend beeinflußt. Es wird das weiter unten noch eingehender erörtert. Vorerst seien nur die in diesem Zusammenhang wichtigen Daten der Löslichkeit des Ammonsulfats, des Dampfdrucks seiner gesättigten Lösung in Wasser und der Feuchtigkeitsgehalt der Luft zusammengestellt, der diesen Dampfdrucken entspricht.

Tabelle 7. Ammonsulfat, Löslichkeit und Dampfdruck der gesättigten Lösung.

Temperatur	10°	20°	30°	40°
Löslichkeit in 100 g Lösung	42,0	43,0	43,8	44,7
Dampfdruck (mm Quecksilbersäule) . .	7,29	14,22	25,22	43,32
Relative Luftfeuchtigkeit %	79,8	81	79,2	78,2

Ammonsulfat krystallisiert zu kleinen Tafeln nach dem rhombisch-bipyramidalen System (Abb. 156).

Ein Teil der Produktion wird mit Ammonnitrat bzw. Ammonphosphaten zu Mischdüngern verarbeitet (s. d.).

Über die Produktion von synthetischem Ammonsulfat unterrichtet Tabelle 8.

Tabelle 8. Herstellung von synthetischem Ammonsulfat in Deutschland (69).

Jahr	Ammonsulfat t	Jahr	Ammonsulfat t
1913	93000	1926	1120000
1923	825000	1927	1217000
1924	972000	1928	ca. 1400000
1925	1150000		

Demgegenüber betrug die deutsche Gesamtproduktion an Ammonsulfat einschließlich Kokereiammoniak 1927 ca. 1675000 t. Auf das synthetische Ammonsulfat entfällt mithin etwa 70% der Gesamtproduktion. Die Weltproduktion an NH_3-Dünger bezifferte sich für das Düngejahr 1927/28 auf ca. 870000 t N, entsprechend etwa 4,35 Mill. t Sulfat.

Tabelle 9. Ammonsulfatverbrauch der deutschen Landwirtschaft (50).

Jahr	Ammonsulfat und Ammonchlorid t	Stickstoffgehalt t	Jahr	Ammonsulfat und Ammonchlorid t	Stickstoffgehalt t
1909	275000	—	1924	880000	183000
1911	370000	—	1925	818000	172000
1921	724300	—	1926	813000	171000
1922	1237000	—	1927	844300	177500
1923	615000	—	1928	737900	155600

Tabelle 10. Nettoausfuhr Deutschlands an Ammonsulfat (Kokerei- und synth.). (Deutsche Außenhandelsstatistik.)

Jahr	Ausfuhrüberschuß t	Wert Mill. M.	Jahr	Ausfuhrüberschuß t	Wert Mill. M.
1906	1922	—	1924	103510	—
1908	25921	—	1925	344059	85,4
1910	61669	—	1926	670179[1]	155,2
1913	41241	8,75	1927	668784[1]	138,1
1922	11858	—	1928	837018[1]	161,9
1923	18880		1929	726600	134,0

Der Verbrauch der deutschen Landwirtschaft entwickelte sich zwar ebenfalls zunächst in rasch ansteigender Linie (Tabelle 9), blieb aber namentlich in den letzten Jahren nicht unerheblich hinter der Produktion zurück, von der in den letzten Jahren etwa die Hälfte exportiert wurde (Tabelle 10). Die Entwicklung des deutschen Außenhandels in Ammonsulfat führte von einem Einfuhrüberschuß von 40000 t im Jahre 1902 zu einem Ausfuhrüberschuß von 837000 t im Jahre 1928. Der Export ging in erster Linie nach den Niederlanden und Japan. Der Weltverbrauch an synthetischem Ammonsulfat verteilte sich nach einer amerikanischen Aufstellung wie folgt (Tabelle 11):

Tabelle 11 (34). Ammonsulfat-Verbrauch 1927/28.

	N short tons (907 kg)		N short tons (907 kg)
Nord-Mittel-Osteuropa	381000	Afrika außer Ägypten	2800
Südeuropa und Ägypten	74000	Amerika	157000
Asien	197000	Australien	4000

Über die Preisentwicklung s. Tabelle 5.

[1] Einschließlich Reparationslieferungen.

VI. Ammoniumchlorid, salzsaures Ammoniak (NH_4Cl).

Für die Herstellung des Ammoniumchlorids aus synthetischem Ammoniak sind prinzipiell drei verschiedene Arbeitsweisen denkbar:

1. Die direkte Vereinigung von Ammoniak und Salzsäure,
2. die Einwirkung von Ammoniak auf Chloride und
3. die Gewinnung aus Ammonsalzen durch wechselseitige Umsetzung.

Von diesen Verfahren hat das erste keine praktische Bedeutung erlangt, wohl auch in Anbetracht des Umstandes, daß die Salzsäure bereits ein relativ teures Veredlungsprodukt ist. Auch die Einwirkung von Ammoniak auf Chlorid hat sich in der Praxis nicht durchgesetzt. Zu erwähnen ist hier ein Patent der Salzwerke Heilbronn (67), wonach feuchtes Ammoniak über Alkali- oder Erdalkalichlorid bei über 150° geleitet wird.

Am vorteilhaftesten ist der an dritter Stelle genannte Weg der doppelten Umsetzung aus Ammonbicarbonat, der seitens der I. G. Farbenindustrie in Oppau in großem Maßstab durchgeführt wird. Im wesentlichen handelt es sich um die erste Stufe des altbekannten Ammoniak-Sodaprozesses, der schon seit langer Zeit bei dem Sodagewinnungsverfahren von E. SOLVAY angewendet wird. Kohlensäure, Ammoniak und Natriumchlorid setzen sich hierbei zu Natriumbicarbonat und Ammoniumchlorid nach der Gleichung

$$NH_3 + CO_2 + H_2O + NaCl = NaHCO_3 + NH_4Cl$$

um (21). In Oppau wird in großen, mit Rührwerk versehenen Umsatzkesseln konzentrierte Kochsalzlösung mit Ammoniakgas gesättigt. Nach Verlauf von etwa zwei Stunden wird in diese Lösung mehrere Stunden hindurch Kohlensäure geleitet. Das entstehende Natriumbicarbonat scheidet sich als das schwerstlösliche Salz ab und wird auf rotierenden Filtern abgesaugt, zentrifugiert und durch Erhitzen unter Abgabe von Kohlensäure und Wasser in Soda umgewandelt. Diese Soda findet Verwendung bei der Herstellung von Natriumnitrat (S. 509). Die Mutterlaugen werden erwärmt und in Mehrkörperverdampfern eingeengt, wobei sich zunächst geringe Mengen gelösten Bicarbonats in gasförmiges Kohlendioxyd und Ammoniak aufspalten. Das entweichende Gasgemisch wird dem Prozeß wieder zugeleitet. Beim Eindampfen der Lösung auf einen Gehalt von etwa 35—40% Ammonchlorid scheidet sich darauf zunächst der größte Teil des nicht umgesetzten Kochsalzes ab. Dies wird mit Saugnutschen abfiltriert und das Filtrat unter vermindertem Druck soweit abgekühlt, daß nunmehr Ammonchlorid auskrystallisiert (22). Das abfiltrierte, nicht umgesetzte Kochsalz wird erneut gelöst und in den Umsetzungsprozeß zurückgeführt. Wenn auch die in Oppau erzeugten Mengen dieses Salzes nicht verglichen werden können mit den Ausmaßen der Ammonsulfatproduktion, so besteht immerhin nach F. ULLMANN (74) in Oppau die Möglichkeit, täglich über 150 t Ammonchlorid herzustellen. Nur ein Teil des auf dem beschriebenen Wege gewonnenen rohen Ammonchlorids kommt direkt als Düngesalz zum Versand, ein wesentlicher Teil der Produktion wird durch einen besonderen Reinigungsprozeß von geringen, für die Verwendung als Düngesalz unschädlichen Beimengungen befreit und für technische Zwecke in den Handel gebracht.

Besondere Schwierigkeiten bereitete anfangs der starke Materialangriff durch die warmen Salzlösungen, die jedoch durch Verwendung von Umsetzungsapparaten und Eindampfgefäßen aus geeigneten, korrosionsfesten Metallen behoben sind.

Die Abtrennung des Natriumchlorids kann umgangen werden, wenn man der Chlornatrium und Ammonbicarbonat enthaltenden Ausgangslauge z. B. äquivalente Mengen von Alkalinitrat zusetzt (23). Eine Verallgemeinerung dieser Arbeitsweise beschreibt W. GLUUD (41).

Es ist auch vorgeschlagen worden, an Stelle des Kochsalzes das in großen Mengen in der Kaliindustrie anfallende Magnesiumchlorid zu verwenden und das entstehende Ammonchlorid durch Sublimation abzutrennen (66).

Erwähnt sei noch die Darstellung des Ammonchlorids durch Umsetzung von Ammonsulfat mit Natriumchlorid, wobei zunächst das entstehende schwerer lösliche Natriumsulfat abgeschieden wird und Ammonchlorid in der Kälte auskrystallisiert (56). Das Verfahren hat den Vorteil einer erheblich größeren Umsetzungsgeschwindigkeit, verwendet aber ein relativ teures Ausgangsprodukt und liefert ein stark verunreinigtes Salz. Auch der B. A. S. F. ist ein ähnliches Verfahren geschützt, das an Stelle von Ammonsulfat von den Komponenten, Schwefelsäure und Ammoniak, ausgeht und die Neutralisationswärme zum Erhitzen der Kochsalzlösung benutzt (24).

Das von der I. G. Farbenindustrie als Düngesalz in den Handel gebrachte Ammonchlorid ist (durch Spuren von Eisenverbindungen) schwach gelblich gefärbt und enthält außer Chlornatrium (etwa 3 %) keinerlei merkliche Verunreinigungen. Der Stickstoffgehalt des Salzes beträgt ca. 24 %. Die Löslichkeit im Wasser steigt mit zunehmender Temperatur schnell an. Während sich in 100 g Wasser bei 0^0 29,4 g Ammoniumchlorid lösen, gehen bei 20^0 bereits 37,1 g, bei 50^0 50,4 g in Lösung. Der Dampfdruck der gesättigten Lösung beträgt bei 10^0 7,3 mm = 79,5 % relative Feuchtigkeit, bei 25^0 18,1 mm = 76 % relative Feuchtigkeit (1). Das Salz krystallisiert nach dem kubischen System. Es ist beständig und wenig hygroskopisch. Seine Reaktion ist wie die des Ammonsulfats physiologisch sauer.

Von der Deutschen Ammoniak-Verkaufs-Vereinigung, Bochum, wird ein Mischsalz unter der Bezeichnung „Kalkammon D. A. V. V." in den Handel gebracht. Es wird erhalten durch Mischen von Ammonchlorid mit kohlensaurem Kalk. Das Salz enthält 17 % Stickstoff und ca. 30 % Calciumcarbonat.

Von anderen Verbindungen des Ammoniaks wäre das Ammonbicarbonat (NH_4HCO_3) seiner Zusammensetzung nach infolge des gänzlichen Fehlens schädlicher oder auch nur indifferenter Nebenbestandteile an sich als Düngesalz besonders geeignet. Es ist aber infolge seiner leichten Zersetzlichkeit bisher hierfür nicht verwendet worden. Man hat versucht, das Salz durch Zumischen anderer Düngesalze, z. B. von Ammonsulfat, oder durch möglichst vollständige Trocknung stabiler zu machen, z. B. durch Zugabe wasserbindender Substanzen, wie Natriumsulfat (25), durch Herstellung grober Krystalle (59) oder durch Überziehen der Salzkörner mit einer schützenden Hülle (79). Wesentliche Erfolge sind jedoch auf keinem dieser Wege erzielt worden.

Literatur.

(1) Adams, J. R., u. A. R. Merz: Ind. Eng. Chem. **21**, 305 (1929). — (2) L'Air Liquide: D.R.P. 398574 (1914). — (3) D.R.P. 362253 (1921). — (4) D.R.P. 404687 (1921). — (5) Aubèrt, A.: Chem. metallurg. Eng. **36**, 481 (1929).

(6) B. A. S. F.: D.R.P. 337153 (1915). — (7) D.R.P. 292615 (1912). — (8) D.R.P. 279582 (1913). — (9) D.R.P. 282849 (1913). — (10) D.R.P. 303952 (1913). — (11) D.R.P. 300032 (1914). — (12) D.R.P. 254344 (1910). — (13) D.R.P. 289694 (1914). — (14) D.R.P. 279954 (1913). — (15) D.R.P. 265295 (1912). — (16) D.R.P. 281174 (1913). — (17) D.R.P. 336767 (1917). — (18) D.R.P. 249447 (1910). — (19) D.R.P. 273306 (1912). — (20) D.R.P. 273315 (1912). — (21) D.R.P. 310112 (1915). — (22) D.R.P. 310611 (1918). — (23) D.R.P. 406201 (1923). — (24) D.R.P. 290747 (1914). — (25) D.R.P. 310055 (1918). — (26) Berthelot, M.: C. r. **82**, 1361 (1876). — (27) Borchardt, Ph.: Gas- u. Wasserfach **70**, 562 (1927). — (28) Bower: Amer. Pat. 410067 (1889). — (29) Bronn, J.: D.R.P. 301984 (1914). — (30) Bueb, J.: Chemiker-Ztg **50**, 999 (1926).

(31) Caro, N.: Chem. Industrie **50**, 181 (1927). — (32) Casale, L.: D.R.P. 374773 (1921). — (33) Casale, L., u. Lepestre: D.R.P. 374775 (1921). — (34) Chem. metallurg. Eng. **36**, 39 (1929). — (35) Commerce Rep. **1929**, Nr 42, 177.

(36) Dumas, J. B.: Handbuch der angewandten Chemie **1846**, 719.

(37) ERDMANN u. MARCHAND: Wagners J. **1856**, 83. — (38) EUCKEN, W.: Die Stickstoffversorgung der Welt. Stuttgart u. Berlin: Deutsche Verlagsanstalt 1921.

(39) FAUSER, G.: Franz. Pat. 605125 (1925) (übertragen auf MONTECANTINI). — (40) FIRMIN, P.: Ind. chim. **12**, 255, 446 (1925).

(41) GLUUD, W., u. B. LÖPMANN: Z. angew. Chem. **43**, 190 (1930). — (42) GRAHAM-OTTO: Lehrbuch der anorganischen Chemie **2**, 79. Braunschweig: F. Vieweg 1881.

(43) HABER, F.: D.R.P. 235421 (1908) (übertr. auf B. A. S. F.). — (44) Z. Elektrochem. **20**, 597 (1914). — (45) Ebenda **21**, 89, 128, 191, 206, 228, 241 (1915). — (46) HANAU, A., u. H. PAETZMANN: Vjh. Konjunkturforschg, Sonderh. 8. Berlin: Reimar Hobbing 1928. — (47) HESS, J.: Chem. Industrie **52**, 1 (1929). — (48) HILDEBRANDT: Krells Ann. **1**, 303 (1795).

(49) I. G. Farbenindustrie A.-G.: D.R.P. 431504 (1924). — (50) Industrielle Produktionsstatistik: Wirtsch. u. Statist., Sonderh. 6, 53. Berlin: Reimar Hobbing 1929.

(51) KRAUCH, C.: Stahl u. Eisen **47**, 1120 (1927).

(52) LILJENROTH, F. G.: D.R.P. 409344 (1924).

(53) MAXWELL-LYTE, F.: Engl. Pat. 4308 (1874). — (54) MIOLATI: Giorn. di Chimica Ind. **5**, 439 (1923). — (55) MITTASCH, A., u. E. KUSS: Z. Elektrochem. **34**, 159 (1928).

(56) NAUMANN, E.: D.R.P. 196260 (1907). — (57) NERNST, W.: Z. Elektrochem. **13**, 521 (1907). — (58) Z. anorg. Chem. **57**, 414 (1908).

(59) Österreichischer Verein für chemische und metallische Produktion Aussig: D.R.P. 313827 (1917).

(60) PALLEMAERTS, F. A. F.: Ind. Eng. Chem. **21**, 22 (1929). — (61) PARMELEE, H. C.: Chem. metallurg. Eng. **35**, 336 (1928). — (62) PASCAL, P.: Synthèses Industrielles, 55. Paris 1924. — (63) PECHKRANZ, R.: D.R.P. 400375 (1921). — (64) PERMAN, E. P., u. ATKINSON: Proc. roy. Soc. Lond. **74**, 110 (1904). — (65) POTT, A.: Glückauf **63**, 268 (1927).

(66) Salz-Detfurth A.-G.: D.R.P. 409264 (1919). — (67) Salzwerke Heilbronn A.-G.: D.R.P. 306354 (1916). — (68) SCHÖNFELDER, R.: Ber. Ges. Kohletechnik **1921—26**, 398. — (69) Statist. Jb. **48**, 45 (1929).

(70) Techn. moderne **1920**, 449. — (71) TESSIÉ DU MOTAY: Franz. Pat. 92346 (1871). — (72) TOUR, R. S.: Chem. metallurg. Eng. **35**, 89, 162 (1928).

(73) ULLMANN, F.: Enzyklopädie der technischen Chemie, 2. Aufl., **1**, 363. Berlin u. Wien: Urban & Schwarzenberg 1928. — (74) Enzyklopädie der technischen Chemie, 2. Aufl., **1**, 433.

(75) VIS: D.R.P. 253553 (1910) (übertragen auf Sté Ind. de Prod. Chim. Cuise-Lamotte).

(76) WAESER, B.: Chemiker-Ztg, Fortschrittsber. **1927**, 33. — (77) Metallbörse **20**, 230 (1930). — (78) WALLER, P.: Probleme der deutschen chemischen Industrie. Halberstadt: Meyer 1928. — (79) WELTER, A., u. A. WEINDEL: D.R.P. 425335 (1924). — (80) WIGGLESWORTH, H.: J. Soc. chem. Ind. **46**, 313 (1927).

Weitere Literatur.

Ausschuß zur Untersuchung der Erzeugungs- und Absatzbedingungen der deutschen Wirtschaft: Die deutsche Chemische Industrie. Berlin, Mittler 1930.

BRÄUER, A., u. J. D'ANS: Fortschritte in der anorganischen chemischen Industrie **2**, T. 1. Berlin: Julius Springer 1925.

DREWS, K.: Verdichtete und verflüssigte Gase. Halle: W. Knapp 1928.

MITTASCH, A.: Bemerkungen zur Katalyse. Ber. dtsch. chem. Ges. **59**, 13 (1926); — Einiges über Mehrstoffkatalysatoren. Z. Elektrochem. **36**, 569 (1930). — MITTASCH u. FRANKENBURGER: Geschichtliche Entwicklung und Theorie der Ammoniakkatalyse. Z. Elektrochem. **35**, 920 (1929). — MOSSNER, C. u. J.: Handbuch der internationalen Stickstoff- und Superphosphatindustrie. Berlin 1928.

b) Salpeterdünger.

Die Salpeterdünger kommen teils in der Natur fertiggebildet vor, wie der Chilesalpeter, teils werden sie nach verschiedenen Verfahren auf synthetischem Wege durch chemische Bindung des Luftstickstoffs gewonnen. Letzteres kann einmal in der Weise geschehen, daß der Luftstickstoff unter dem Einfluß des elektrischen Flammenbogens zu salpetriger Säure bzw. Salpetersäure oxydiert wird (Norgesalpeter). Im anderen Falle wird zunächst durch direkte Bindung von Stickstoff und Wasserstoff Ammoniak erzeugt und aus diesem durch katalytische Oxydation desselben Salpetersäure bzw. salpetersaure Salze gewonnen (synthetischer Natronsalpeter).

α) Chilesalpeter.

Von

Dr. Georg Leimbach

Salpeterforschungsanstalt in Chorrillos (Chile).

Mit 10 Abbildungen.

Der als Stickstoffdünger bekannte Chilesalpeter ist auf Grund seiner chemischen Zusammensetzung Natriumnitrat ($NaNO_3$).

Salpetersaures Natrium ist ein völlig neutral reagierendes Salz und krystallisiert in farblosen, durchsichtigen Rhomboedern. Die Krystalle haben Ähnlichkeit mit Würfeln, woher die Bezeichnung kubischer Salpeter stammt. Natronsalpeter hat ein spez. Gew. von 2,26, sein Schmelzpunkt liegt etwas über 300° C. Er besitzt einen kühlenden, bitterlichen Geschmack und löst sich leicht in Wasser unter starker Temperaturerniedrigung.

Salpetersaures Natrium kommt auf unserem Erdball an verschiedenen Stellen in natürlichen Lagern vor, so vor allem im nördlichen Chile, im Westen der Vereinigten Staaten (Wyoming, Utah, Nevada, Idaho und besonders Kalifornien), Columbien, Sizilien, Ägypten und Transkaspien. In abbauwürdigen Lagern wird das Nitrat jedoch nur in Chile, in den Cordilleren, gefunden.

I. Die chilenischen Salpetervorkommen.

1. Lage. Die Anden oder südamerikanischen Cordilleren, die man geographisch in drei Abschnitte einteilt, nämlich die nördlichen bis zum Äquator, die mittleren Anden bis zum Cumbrepaß und die südlichen Anden, spielten immer im Wirtschaftsleben der Völker eine wichtige Rolle als Fundstelle von Erdschätzen. Bis zu Anfang des vorigen Jahrhunderts wurden in den mittleren Anden in erster Linie Silber und Kupfer gegraben. Seitdem ist die Ausbeutung der Salpeterlager hinzugekommen.

Die mittleren Anden werden von einer Küstenkette und zwei Hauptketten mit dazwischenliegenden Hochebenen gebildet, so daß der Abfall dieses Gebirges zum Meere hin in Stufen erfolgt. Die Küstenkette der Anden steigt aus dem Stillen Ozean als eine steile Gebirgswand bis zu einer Höhe von 1200—2200 m empor, um dann in sanften Hängen, auf denen die Salpeterlager angetroffen werden, in eine Hochebene überzugehen. Der Salpeter kommt auf dem Ostrand, also dem Innenabhang der Küstencordillere, in einer Hochebene vor. Die Breite der Ebene ist ungleichmäßig, jeweils durch den Abstand der Hochcordillere von der Küste gegeben und schwankt zwischen 20 und 100 km. Die Ebene verläuft in nordsüdlicher Richtung, um sich bei Taltal in nordwestlich gerichtete Täler zu verzweigen. Das Salpetergebiet erstreckt sich zwischen dem 19. und 27. Breitengrad und längs des 70. Grades westlicher Länge von Greenwich. Die Küstenorte Taltal und Pisagua sind als südliche bzw. nördliche Begrenzungsorte der Salpeterzone zu betrachten. Die geradlinige Entfernung beider Orte beträgt rund 660 km und ist zugleich die Längsausdehnung der Salpeterzone, die wohl eine der extremsten Wüstengebiete der Welt ist. Das Salpetergebiet, gemeinhin in Chile mit Pampa bezeichnet, wird von Norden nach Süden in fünf Abschnitte zerlegt:

1. Pampa von Tarapacá. 2. Pampa von Toco. 3. Pampa von Antofagasta. 4. Pampa von Aguas Blancas. 5. Pampa von Taltal.

Im allgemeinen sind die Salpeterlagerstätten bei Iquique tiefer gelegen als bei Antofagasta und Taltal. Sie werden durchschnittlich in Höhen von etwa 1000 m angetroffen, aber auch selbst noch in Höhen von 4000 m wird Salpeter gefunden.

2. **Klima.** Die Salpeterlager sind nur durch die besonderen klimatischen Verhältnisse in den mittleren Anden bedingt. Von allen mitwirkenden Faktoren ist an erster Stelle der große Regenmangel zu nennen. Die Trockenheit Nordchiles, im besonderen der Salpeterpampa, hat hauptsächlich folgende Ursachen. An der Westküste Südamerikas entlang fließt, vom südlichen Eismeer kommend, eine kalte Meeresströmung, der Humboldtstrom. Die darüber wandernden Luftmassen können daher zur Bildung von Landregen nur ungenügende Feuchtigkeitsmengen aufnehmen. Außerdem stemmt sich allen nach der Küste gerichteten Seewinden die steile Gebirgsmauer der Küstencordillere hindernd entgegen, so daß im günstigen Falle eine unverrückbar an die Bergwand gelehnte Wolkenmauer gebildet wird, die man beim Besteigen der Küstencordillere unter sich läßt. Oben, im Bereich der Küstencordillere und besonders in der etwas über

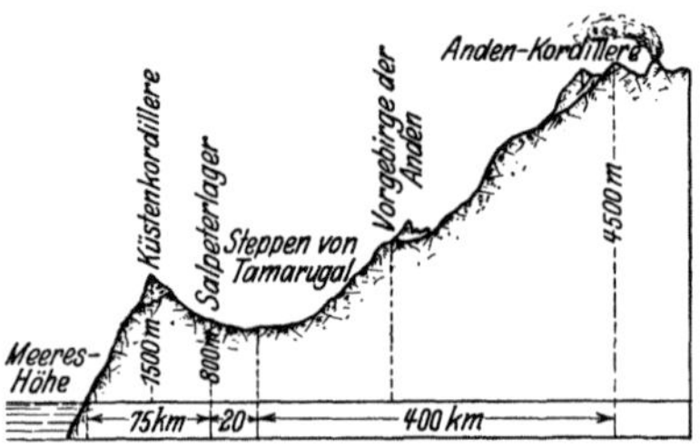

Abb. 157. Profil des Salpetergebietes in der Gegend von Tarapacá.

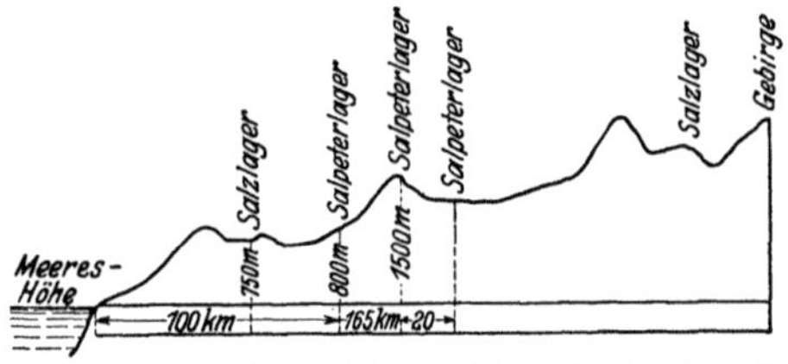

Abb. 158. Profil des Salpetergebietes in der Gegend von Antofagasta.

1000 m hoch liegenden Wanne des nordchilenischen Längstales, können weder die häufigen Nordwinde noch die stellenweise vorherrschenden Westwinde Regen bringen. Immerhin kommt es mancherorts gelegentlich zu Niederschlägen, denen außerordentlich lange Perioden der Trockenheit entgegenstehen. Erst in der Hochcordillere, deren Gipfel über 5000 m erreichen, treten regelmäßige Niederschläge auf. Dort entspringen auch die kleinen Wasserläufe, die in Richtung des Stillen Ozeans abfließen, von denen nur ein einziges Flüßchen, der Rio Loa, nach langem und verlustreichem Wege durch die Wüste das Meer erreicht. Regenmangel und Salzreichtum des Bodens veranlassen schon an der Küste den Wüstencharakter der Landschaft. So erklärt sich die erstaunliche Armut an Lebewesen und Vegetation.

Obwohl eine ganz bescheidene Kondensation von Luftfeuchtigkeit auf dem Boden der Wüste stattfindet, sei es in einigen Hochgebieten, sei es durch die als Camanchacas bekannten eigenartigen Nebelströmungen, die sich des Nachts, von der Küste aufsteigend, gelegentlich in die Wüste einschleichen, oder sei es durch den gar seltenen und spärlichen Regen, so kann eine nennenswerte Abwanderung der Salzmassen als Lösungen in die Tiefe nicht stattfinden. Das Hochplateau erstreckt sich vom Rande der heißen Zone bis in dieselbe hinein. In dieser Zone erreicht der Boden durch die tägliche Sonnenbestrahlung des stets wolkenfreien Himmels sehr hohe Wärmegrade. Des Nachts wird allerdings die aufgenommene Wärmemenge ungehindert wieder ausgestrahlt, so daß sehr hohe Temperaturunterschiede im Verlauf von 24 Stunden auftreten. Die ausdörrende Sonnenhitze ist so groß, anders ausgedrückt, die relative Feuchtigkeit der Luft besonders in der Mittagszeit so gering, daß die aus der Bodenfeuchtigkeit und den dort lagernden Salzen gebildeten, hochkonzentrierten Lösungen ihr Wasser wieder an die umgebende Luft abgeben müssen, ohne im allgemeinen versickern zu können. Infolge dieses sich ständig wiederholenden Vorganges werden sogar die Salze nach der Oberfläche gezogen, ausgeschieden und verkitten dort die herangetragenen oder entstandenen Staub-, Sand- oder Schuttmassen zu einer schützenden Haut. Unter diesen Umständen ist es verständlich, daß in der nordchilenischen Salpeterwüste nur verhältnismäßig wenig Sand auftritt. Der Wind kann daher kaum Zerstörungsarbeit leisten, da er sich nicht mit dem dazu notwendigen Schleifmaterial beladen kann. Dafür tritt jedoch neben den anderen bekannten Zertrümmerungsfaktoren der Gesteine die chemische Zersetzung durch Salze in Kraft.

3. Wasserverhältnisse. Obwohl die Oberfläche des dortigen Gebietes sehr trocken ist, stößt man in größeren Tiefen auf Grundwasser, das sogar stellenweise einen geringen Salzgehalt aufweist. Das Wasser wird unterirdisch von der Hochcordillere zugeführt, kommt sogar an wenigen Stellen, vor allem in schluchtenartigen Tälern oder auch nahe der Küste, an die Erdoberfläche, um dann oft eine dürftige Vegetation zu ermöglichen. Diese Grundwasseradern weisen mit darauf hin, daß in früheren Erdepochen die Wanne des nordchilenischen Längstales eine reichere Gliederung hatte als heute. Früher unterbrachen tiefe Täler das Landschaftsbild. Heute sind diese Täler mit Schutt- und Salzablagerungen hoch angefüllt. Stellenweise ist der Schutt lückenlos durch die Salze verkittet. Aber nur ein geringer Bruchteil dieser Schutt-Salz-Gesteine ist für die Salpetergewinnung geeignet. Das Natriumnitrat kommt im Vergleich zu den anderen Salzen, vor allem dem Kochsalz, nur in geringerer Menge vor.

II. Entdeckungsgeschichte der Salpeterlager.

Trotz der in diesen Gegenden sehr ungünstigen Lebensbedingungen für Mensch, Tier und Pflanze haben bereits die Ureinwohner dieses Teiles von Chile, die Inkas, auf wohlbezeichneten Wegen den Verkehr zwischen Küste und den wasserführenden, fruchtbareren Hochcordillerentälern durch die Einöden ausgeführt. Auch sind noch eine ganze Zahl alter Siedlungen in der Wüste bekannt, so an den Ufern des Rio Loa oder auch in den Oasen Quillagua, Calama usw. Aber dennoch war die Erforschung dieses Geländes vor der Entwicklung unserer modernen Verkehrsmittel, vor allem des Automobils, mühsam. So wurden recht spät, erst im Anfang des vorigen Jahrhunderts, die Salpeterlagerstätten entdeckt.

Die ersten Salpetersiedereien sind in der Pampa von Tarapacá entstanden. Als Entdecker des Salpeters wird ein Portugiese namens NEGREIROS genannt. Wenn auch zwischen 1810 und 1812 auf Veranlassung des in Bolivien ansässigen Deutschen THADDÄUS HAENKE Salpetersiedereien errichtet worden waren, so begann die eigentliche Salpeterepoche erst um 1830, als man den Natronsalpeter als ein vorzügliches Düngemittel erkannte und in Europa schätzen gelernt hatte. Verhältnismäßig langsam folgte die Entdeckung der weiteren Salpeterlager, derjenigen in der Atacama-Wüste Ende der 50er Jahre und derjenigen bei Taltal 1875.

III. Aufbau der Salpeterlager.

In dem Wüstengebiet der mittleren Cordilleren ist eine ganze Reihe von Salzarten abgelagert, so daß gelegentlich auch die einzelnen Salze in reinerem Zustand vorkommen. Den größten technischen Wert haben die nitrathaltigen Salzgemische. Mengenmäßig waltet das Kochsalz bei allen übrigen Salzen vor. Von den ungeheuren Mengen der Salz-Schutt-Gesteine führen im allgemeinen nur diejenigen Salpeter, welche am Innenabhang auf den sanften Hängen der Küstencordillere liegen. Die Salpeterlager hören jedoch in einer bestimmten Höhe über der Ebene wieder auf. Aber es kommen oft genug Ausnahmen vor. Besonders im Süden der Salpeterpampa bei Taltal kommt der Salpeter auch auf den Gipfeln der Erhebungen vor.

Die Lager, in denen man den Rohstoff für die Salpeterfabrikation antrifft, sind recht verschieden geartet und ungleichmäßig. Ein Vergleich mit den Kalisalzlagerstätten Europas, wo man an der Schichtenfolge die Entwicklungsgeschichte der Salzlager ablesen kann, ist unmöglich. Weiterhin haben die chilenischen Ablagerungen im Gegensatz zu den Kalisalzlagerstätten als Gerüst meist Schutthalden in wechselndem Verwitterungszustande.

Das Natriumnitrat kommt nur ausnahmsweise in reinem Zustande vor. Es tritt vergesellschaftet mit anderen löslichen und unlöslichen Stoffen auf. Der Rohstoff, aus dem man in der Salpeterindustrie das Nitrat gewinnt, trägt zum Unterschied vom unbrauchbaren Material den Sammelnamen Caliche.

Je nach der Lage des Fundortes des Caliches ist seine Zusammensetzung an löslichen und unlöslichen Stoffen sehr erheblichen Schwankungen unterworfen. Bei den löslichen Salzen überwiegt meist der Gehalt an Kochsalz denjenigen des Natriumnitrates; aber auch selbst kochsalzarmer Caliche kommt in der Pampa

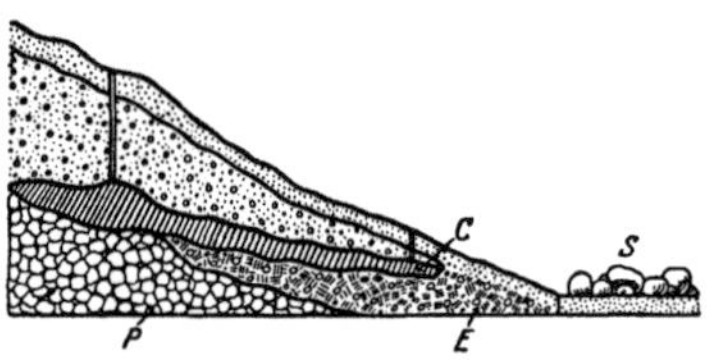

Abb. 159. Anordnung der Schichten in den Salpeterlagern.
C = Caliche (Rohsalpeterschicht). E = Coba (Tonschicht). P = Porphyre. S = Salarsalpeter.

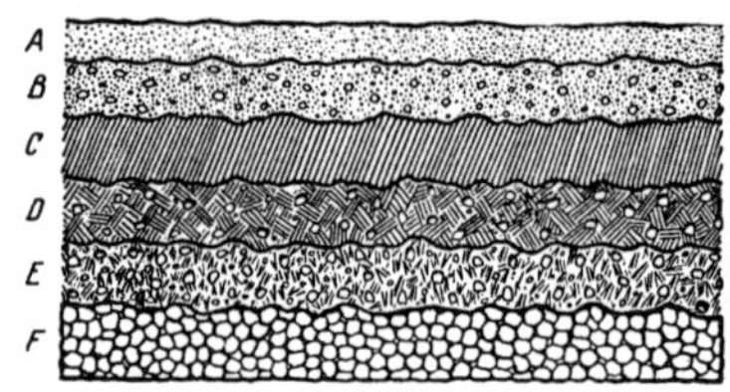

Abb. 160. Idealer Querschnitt durch die Schichten des Salpeterbodens.

von Taltal vor. In der Regel enthält der Caliche noch beträchtliche Mengen von Sulfaten und deren Doppelsalzen. Neben den Chloriden und Sulfaten sind es noch die Salze des Jodes, vor allem die Jodate, sodann die Perchlorate und Borate, die bei dem Verwertungsprozeß des Caliches beachtet werden. Die Säuren sind vor allem an Natrium, aber auch an Calcium, Kalium und Magnesium gebunden. Die unlöslichen Bestandteile des Caliches bestehen neben Sulfaten des Calciums vorwiegend aus den verschiedensten Gesteinsarten bzw. deren Verwitterungsstufen. Die unlöslichen Stoffe geben dem Caliche die ihn jeweils kennzeichnenden äußeren Eigenschaften, wie Farbe, Härte, Durchdringbarkeit von Lösungen, sowie Eignung zum Verarbeitungsprozeß durch den Gehalt an lehmigen und tonartigen Stoffen. Recht nitratreichen Rohstoff findet man im Norden der Pampa von Tarapacá in Hohlräumen des Jurakalkes an. Diese Vorkommen sind jedoch klein und schwer ausbeutbar, zumal der Caliche in Tiefen von mehr als 10 m unterirdisch gebrochen wird. Auch in der Pampa von Taltal wird gewissermaßen an der Oberfläche verwitterten Porphyrs der Küstencordillere recht nitratreicher Caliche gefunden. Das Eruptivgestein ist bis zu etwa 0,5 m Tiefe trocken verwittert. Unter einer 10—20 cm dicken, sandartigen Schicht steht ein sulfathaltiger Caliche mit teilweise mehr als 50 % Nitratgehalt an. Der Salpetergehalt der verwitterten Gesteine nimmt jedoch mit fortschreitender Tiefe immer mehr ab, um bereits bei 30—40 cm Tiefe ganz zu verschwinden.

Die größte industrielle Wichtigkeit besitzen jedoch diejenigen Calichelager, welche den Salpeter geschichtet führen. Die Nutzschicht wird von einer Deck- und Unterlagschicht umgeben. Man unterscheidet bei diesen Lagern:

Deckschichten: *A* Chuca (lose, staubartige bis sandige Schicht).
B Costra (felsenartiges Konglomerat).
Nutzschicht: *C* Caliche (Rohsalpeterschicht).
Im Liegenden: *D* Conjelo (gewissermaßen zusammengefrorene Salz- und Steinschicht).
E Coba (aus kleinen Steinchen, erdigen und sandigen Bestandteilen bestehende Schicht).

Unter der Coba befindet sich das gewachsene Gestein (*F*) (Abb. 159 u. 160).

1. Chuca. Die Chuca, als hüllende und deckende Kruste, ist allen Verwitterungsprozessen unmittelbar ausgesetzt und dabei entstanden. Im wesentlichen setzt sie sich daher aus Verwitterungsprodukten von Gesteinen zusammen. Ihre Dicke beträgt meist 20—40 cm. Oft ist sie mit einem Steinchenpanzer bedeckt. Besonders in der Pampa von Taltal und Aguas Blancas wird die Chuca von weißen Klumpen durchsetzt, die Sulfate des Calciums, Natriums und Kaliums enthalten. In der Chuca treten bereits in geringerer Menge fast alle wasserlöslichen Salze auf, die in erheblich stärkerem Maße in den tieferen Schichten vorhanden sind. Die äußere Beschaffenheit der Chuca gibt dem Praktiker meist schon Hinweise, ob an der betreffenden Stelle Caliche ansteht.

2. Costra. In der Costra sind die wasserlöslichen Salze in einer solchen Menge enthalten, daß diese das von Natur aus lockere Schuttgestein zu einer festen Masse verkittet haben. Sind bereits die wasserlöslichen Salze zu einem beachtlichen Teile Nitrate, so fällt die Costraschicht weg wie in einigen Teilen der Pampa von Tarapacá.

3. Caliche. Da mit der Bezeichnung Caliche lediglich ausgedrückt werden soll, daß es sich um den zur Salpeterfabrikation geeignetsten Rohstoff handelt, so ist es verständlich, daß die chemische Zusammensetzung außerordentlichen Schwankungen unterworfen ist. Die in der Literatur gemachten Angaben über die den Caliche bildenden Salze beruhen meist nur auf quantitativen Bestimmungen der einzelnen Ionen, die dann zu Salzen abgebunden worden sind. Das Nitrat liegt in der größten Zahl der Fälle als Natriumnitrat vor, das gleiche gilt auch vom Kochsalz, so daß die Angaben in der Literatur hierüber meist berechtigt sind. Jedoch die Abbindungsart der Sulfate usw. ist nicht immer einwandfrei. Die mineralogische Identifizierung der vorkommenden Salze mit Ausnahme von Natriumnitrat und Kochsalz ist oft zu schwierig wegen der Feinheit der vorliegenden Krystalle. Erst phasentheoretische Untersuchungen über die Salzsysteme der chilenischen Wüste können mehr Klarheit bringen, aus welchen einzelnen Salzen und Doppelsalzen jeweils der Caliche besteht. Gerade aus fabrikatorischen Gründen ist die Kenntnis von großem Nutzen, welchen Charakter von den verschiedenen Salzen und Doppelsalzen ein Calichevorkommen trägt. In welchem besonderen Mengenverhältnis die einzelnen Salzarten in dem Caliche auftreten, ist von nebensächlicherer Bedeutung, so daß im allgemeinen zu empfehlen ist, die analytischen Befunde über die Zusammensetzung eines Caliches nur in Ionenprozenten auszudrücken, wie dies bei der als Beispiel gegebenen Zusammensetzung eines Caliches aus der Pampa von Toco geschehen ist.

Gewicht %		Gewicht %	
11,87 %	NO_3	15,41 %	Na
15,21 %	Cl	0,61 %	K
6,06 %	SO_4	0,22 %	Mg
0,30 %	H_3BO_3	0,93 %	Ca
0,20 %	B_4O_7	48,06 %	Unlösliches
0,08 %	JO_3	0,65 %	H_2O
0,08 %	ClO_4		

In der Mehrzahl der Fälle besteht der Caliche etwa zur Hälfte aus unlöslichen Stoffen. Bei dem Auslösevorgang machen sich daher auch die physikalischen Eigenschaften der unlöslichen Stoffe sehr geltend, vor allem, wenn es lehmige oder tonige Erden sind.

4. Conjelo. Die unter dem Caliche liegenden Schichten haben nur geringe Bedeutung. Das Conjelo enthält noch recht reichlich wasserlösliche Stoffe, welche die Gesteinstrümmer zu einer Masse zusammenkitten, so daß sie wie zusammengefroren (conjelo) aussieht.

5. La Coba. Schließlich kommt die Coba, in der die Salze so weit abgenommen haben, daß diese Schicht locker geblieben ist.

Wenig unterscheidet sich die jetzt beschriebene Schichtung von denjenigen Vorkommen, die „Caliche de Salar" führen. Die Salare sind mächtige Salzvorkommen, die mit einem ausgetrockneten Salzsee zu vergleichen sind. In gewaltigen Ausdehnungen kommen Salare in den mittleren Cordilleren vor. Einige sind gegenwärtig noch im Zustande der Bildung. Im wesentlichen bestehen die Salare aus Kochsalz, das jedoch sehr wechselvoll von anderen Salzen begleitet sein kann. So kommt im Salar vom Pintados bei Iquique Kalium, im wesentlichen als Kalium-Natrium-Sulfat-Doppelsalz vor. Aber auch Borsäure tritt besonders in den Salaren der Hochcordillere so reichlich auf, daß dieselbe teilweise industriell ausgebeutet wird. In der Salpeterindustrie ist nun gerade der Caliche des Salar durch seinen immerhin geringen Gehalt an erdigen Stoffen recht brauchbar. Der Gehalt an Kochsalz ist dementsprechend sehr hoch.

IV. Hypothesen über die Entstehung der Salpeterlager.

Über die Entstehungsart der andinen Salzlagerstätten, insbesondere der Salpetervorkommen, sind eine ganze Reihe von Ansichten schon geäußert worden, ohne daß jedoch bis heute eine allgemein befriedigende Hypothese gefunden worden ist. Es seien die bekannteren kurz erwähnt.

1. Die Algentheorie von C. Nöllner. Lange Zeit galt die Algentheorie als die wahrscheinlichste. Nöllner nimmt an, daß das jetzige Hochland von Atacama und Tarapacá sich aus dem Stillen Ozean langsam gehoben habe. Hierbei sollen sich gewaltige Mengen von Seetang angesammelt haben, aus dem durch den bekannten biologischen Verwesungsprozeß schließlich Salpeter entstanden sei. Als besondere Stützen dieser Theorie galt neben dem Salpeter das Vorkommen von Borsäure, Jod und Seesalzen. Es sprechen die geologischen Formationen gegen diese Ansicht Nöllners.

2. Die Mikrobentheorie von A. Müntz und A. Plagemann. Die Bildung des Salpeters soll in Gegenwart von salzhaltigem Wasser aus animalischen Resten durch nitrifizierende Bakterien erfolgt sein. Da man in nahezu 4000 m Höhe bei Corocoro in Bolivien und in der Pampa von Tarapacá in über 1000 m Höhe über dem Meere Skelette von Mastodonten, Megatherien (Riesenfaultieren) und sonstigen Riesensäugetieren gefunden hat, wird angenommen, daß in diesen Teilen der Cordillere im Tertiär und Pleistozän günstige Lebensbedingungen für Tiere und Pflanzen geherrscht haben. Aus dieser Zeit sollen die organischen Reste stammen, die schließlich zu Salpeter wurden. Das Fehlen von Phosphaten in den Salpeterlagerstätten wird durch sekundäre Ablagerung erklärt, so daß das an einer primären Stätte gebildete Nitrat an seinen jetzigen Fundort durch Wasser geführt wurde.

3. Die Guano-Theorie von C. Ochsenius. Auch Ochsenius nimmt den ozeanischen Ursprung der das Nitrat begleitenden Chloride und Sulfate an. Zunächst soll sich Natriumcarbonat bei dem Eintrocknungsvorgang des Meerwassers aus stark kohlensäurehaltigen Emanationen vergangener, starker vulkanischer Tätigkeit und aus einem Teile des Kochsalzes gebildet haben. Die so entstandene Soda soll sich mit Guano, der durch Wind von den Küsteninseln angeweht wurde, schließlich in Natriumnitrat verwandelt haben. Das Fehlen von Phosphaten in den Salpeterlagern wird der Windsichtung des Guanos in die zurückgebliebene spezifisch schwerere Phosphorsäure und die verschleppten leichteren Stickstoffverbindungen zugeschrieben.

4. Die Theorie L. Darapskys. Darapsky verschiebt die Entstehung der Salzlager in die Kreidezeit, wo sich unter Solfatoren und Feuerschlünden eine einheitliche, die Wüste bedeckende Salzschicht bildete. Infolge der besonderen klimatischen Verhältnisse schrumpfte zwar der ursprüngliche Salzbestand immer mehr zusammen und rückte dem Meere zu, ist aber noch heute in den Salzlagern, wenn auch teilweise an sekundärer Lagerstätte, noch anzutreffen.

5. Die Theorie luftelektrischer Entstehung. Die bekannte, auch technisch ausgewertete Beobachtung liegt der Theorie zugrunde, daß durch luftelektrische Entladungen salpetrige Säure entsteht. Diese Säure soll sich in der Pampa mit den dort lagernden Salzmassen, unterstützt durch die Küstennebel (Camanchacas), schließlich zu Nitraten umgesetzt haben.

In den letzten Jahren tritt besonders Wetzel (1 u. 2) für die Theorie der luftelektrischen Entstehung der Nitrate ein. Er nimmt an, daß das Natriumnitrat das Produkt einer „Säureverwitterung" sei. Unter dieser Säureverwitterung versteht er das Ergebnis der Einwirkung luftentstammender Salpetersäure auf natriumhaltige Silicatmineralien des Gesteinsbodens der Wüste. Die Salpetersäure soll bei dem Niederschlagen der elektrisch geladenen Camanchacas (Nebel) auf dem Erdboden gebildet werden, also bei einer stillen elektrischen Entladung.

Bei allen erwähnten Theorien werden bekannte Prozesse über Salpeterbildung für das chilenische Vorkommen herangezogen. Jedoch bevor man die Bildungsverhältnisse der verschiedenen Salzlagerstätten kennt, die die Calichelager mengenmäßig weit überflügeln, muß eine zu einseitig auf die Salpeterbildung gerichtete Theorie unzulänglich bleiben. Auch in chemischer Richtung herrschte noch bislang ein ungenügender Einblick in den Chemismus der Salzvorkommen. Ähnlich wie bei der Theorie der ozeanischen Salzablagerung der europäischen Kalilagerstätten die phasentheoretischen Untersuchungen van't Hoffs sehr viele Klarstellungen brachten, werden die vor einigen Jahren begonnenen Untersuchungen über nitrathaltige Salzsysteme, wenn auch vielleicht in anderer Richtung wie bei der ozeanischen Salzablagerung, doch Bausteine liefern, um die Bildungsverhältnisse der andinen Salzlager tiefgründiger als bisher durch neues experimentelles Tatsachenmaterial zu erkennen.

V. Gewinnung des Caliches.

1. Geländeuntersuchung. Die ungleichmäßige Ausdehnung der Calichelagerstätten, die großen Schwankungen in der jeweiligen Dicke der Calicheschicht und der schwankende Nitratgehalt machen eine vorherige genaue Untersuchung des Geländes zur unbedingten Notwendigkeit. In einem ebenen, gleichmäßig geformten Gelände werden im allgemeinen auf Parallelen in Abständen von 100 bis 300 m Sprenglöcher so angelegt, daß jedes Loch zwischen die beiden Löcher der benachbarten Parallelen kommt. Unterscheiden sich die Calichesorten in zwei aufeinanderfolgenden Schußlöchern zu erheblich, so wird durch dazwischen neu angelegte Schußlöcher die Ausdehnung des brauchbaren Geländes festgestellt. Die Schußlöcher müssen immer bis auf die Coba vorgetrieben werden, so daß keine Calicheschicht übersehen werden kann.

Das Natriumnitrat weicht in seiner Krystallgestalt von derjenigen der begleitenden Salze ab. Hierdurch ist es besonders bei gutem Sonnenschein dem Praktiker möglich, den ungefähren Gehalt der Calichesorten an Salpeter durch bloße Inaugenscheinnahme zu schätzen. Unterstützt wird diese Untersuchungsarbeit durch die Eigenschaft des Salpeters, die Verbrennung lebhaft zu fördern. Man schlägt mit Hilfe eines besonders geformten Hammers die auf den Nitratgehalt zu untersuchenden Gesteine so an, daß die pulverförmig abspringenden Anteile auf einen schwach glimmenden Zunderdocht fallen. Dem Salpetergehalt entsprechend tritt dann ein lebhaftes Glimmen bis zur stärksten Verbrennung auf, woraus der Geübte Schlüsse auf den vorliegenden Nitratgehalt ziehen kann. Diesen orientierenden Vorprüfungen folgt die analytische Untersuchung eines Durchschnittsmusters, welche sich meistens nicht nur auf den Nitratgehalt beschränkt,

Abb. 161. Salpeterführendes Gelände und seine Untersuchung.

sondern sich auch auf die wichtigeren übrigen wasserlöslichen Salze ausdehnt. Schließlich wird das Ergebnis der Geländeuntersuchungen in besonderen Karten eingetragen.

2. Abbau der Salpeterlager. Der Abbau der Salpeterlager erfolgt im Tagebau. In gleichmäßigen Calichelagern wird der Salpeterrohstoff in langen Gräben gewonnen. Auf der einen Seite der Grabenwand steht der noch zu brechende Caliche an, während auf der anderen Seite das taube Gestein aufgeschichtet wird. Bei der Härte des Bodens muß seine Lockerung durch Sprengungen erfolgen, die sich durch alle Schichten bis auf die Coba ausdehnen. Der erhebliche Verbrauch an Sprengstoff wird im Eigenbetrieb der Fabriken durch Herstellung eines Sprengpulvers aus Natronsalpeter, Kohle und Schwefel gedeckt. Die Vorbereitungen der Sprengungen und die weitere Zerkleinerung der größeren Sprengstücke erfolgt wie in jedem Steinbruch durch Handarbeit, die vor allem durch Bohrmaschinen erleichtert wird. Von den Bohrmaschinen haben sich besonders die mit komprimierter Luft betriebenen bewährt.

Der durch die Sprengung gelockerte Boden enthält die Bestandteile sämtlicher Schichten. Die Calichestücke werden ausgesucht und möglichst von anhaftendem tauben Material gesäubert. Das so gewonnene Rohmaterial stellt sich natürlich um so billiger, je mächtiger die Calicheschicht ist.

Da bei dieser Art der Calichegewinnung eine immerhin erhebliche Handarbeit zu leisten ist, hat es an Versuchen nicht gefehlt, die Calichegewinnung weitgehender als bisher zu mechanisieren. Die Versuche sind in einem besonders geeigneten Calichevorkommen erfolgreich gewesen. Zunächst muß jedoch die Untersuchung des Geländes durch Sprenglöcher vor dem eigentlichen Abbau des Caliches viel eingehender als bisher erfolgen. Die Ausdehnung und Mächtigkeit besonders der Calicheschicht muß sehr genau bekannt sein. Auf Grund dieser Aufklärungsarbeit werden sodann die einzelnen Schichten abgebaut. Zunächst werden die Schichten über dem Caliche durch eine Sprengung gelockert und mit mächtigen Baggern zur Seite geräumt; sodann wird die Calicheschicht gesprengt. Ohne

Abb. 162. Der Abbau des Rohstoffes (Caliche) in Gruben.

weitere Ausklaubearbeit wird das gesamte Material einschließlich der mächtigen Sprengstücke mit Hilfe von auf Raupenketten laufenden, elektrisch angetriebenen Baggern in bereitstehende Bahnwagen zum Transport nach der Fabrik verladen. Es ist selbstverständlich, daß bei einer derartigen weitgehenden Mechanisierung ein etwas ärmerer Caliche anfällt, als er nach dem alten Ausklaubeverfahren erhalten wird.

3. Anfuhr des Caliches. Um die gewaltigen Mengen Rohstoff, die der nie unterbrochene Betrieb eines Salpeterwerkes benötigt, zu decken, gehört zu jeder Fabrik ein recht ausgedehntes Gelände. Alle Abbaustellen des Caliches können daher nicht in unmittelbarer Nähe der Fabrik liegen. Es ist durch das Heranbringen des Caliches eine beträchtliche Transportarbeit zu leisten. Die verschiedensten Transportmittel, selbst die modernsten, sind im Gebrauch. Früher wurden allgemein von drei Mauleseln gezogene Kippkarren verwandt. Wie überall, so muß auch hier die tierische Kraft immer mehr der Maschine weichen, aber durch die besonderen Verhältnisse doch langsamer als an anderen Orten. Der Transport mit dem Kippkarren wird nur noch stellenweise auf kürzeren Strecken ausgeführt, jedoch setzt sich hier das Lastautomobil immer mehr durch. Bei größeren Entfernungen kommt nur die Anwendung einer Bahn in Frage, die mit elektrischen, Dampf- oder Explosionsmotorlokomotiven betrieben wird.

VI. Die Salpeterfabrik.

1. Geschichtliches. Der Gewinnungsprozeß des Natriumnitrates ist seinem Wesen nach ein fraktioniert geleiteter Umkrystallisationsprozeß in wässeriger Lösung, wobei zwei ineinandergreifende Eigenschaften des Natriumnitrates ausgenutzt werden. Zunächst ist das reine Natriumnitrat in der Wärme viel löslicher als in der Kälte, weiterhin nimmt aber auch die Löslichkeit des Natriumnitrates in der Wärme viel mehr zu als die der übrigen wasserlöslichen Salze des Caliches. Infolgedessen fällt beim Abkühlen der aus dem Caliche bei erhöhter Temperatur erhaltenen gesättigten Lösungen reines Natriumnitrat an, wenn bestimmte Bedingungen innegehalten werden.

Das einfachste Grundprinzip der Fabrikationstechnik des Chilesalpeters hat bereits 1809 der deutsche Naturforscher THADDÄUS HAENKE angegeben. Die praktische Anwendung des Aufbaugedankens gibt jedoch hauptsächlich infolge der wechselvollen Art und Zusammensetzung der verarbeiteten Calichesorten auch heute noch ständig neue Probleme auf. Im Jahre 1810 fabrizierte man schon auf Grund der Angaben HAENKES Salpeter. Nachweisbar wurden 1044 t Salpeter im Jahre 1822 produziert. Die regelmäßigen statistischen Angaben über die Salpeterproduktion beginnen jedoch erst seit 1830. Die Entwicklung zur Großindustrie setzte 1852 ein. Bis zum Jahre 1880 wurde nur Caliche mit recht hohem Nitratgehalt verarbeitet. Es kamen als Gewinnungsstellen des Rohstoffes nur die Stellen in Frage, wo sich sehr hochprozentiger Salpeter abgeschieden hatte, wie z. B. in Hohlräumen oder Schluchten.

Die ersten Einrichtungen zur Verarbeitung des Caliches waren sehr einfach. Bevor der Caliche ausgelöst wurde, zerstampften ihn die Arbeiter mit großen Holzkeulen. Das Nitrat des grob zerkleinerten Materials wurde in offenen, eisernen Pfannen, Paradas genannt, die einen Durchmesser von 2 m hatten, mit Wasser oder auch bereits gebrauchter Lösung ausgezogen. Je zwei Kessel wurden von unten her durch eine gemeinsame Feuerung erhitzt. Als Heizmaterial diente englische oder chilenische Kohle. Ein Kessel konnte mit knapp einer halben Tonne Caliche beschickt werden. Die Löserückstände waren noch sehr nitratreich, 15—25 % $NaNO_3$-Gehalt. Zunächst wurde die aus dem Caliche erhaltene, heiß gesättigte Lösung geklärt, um dann in hölzernen Gefäßen die Krystallisation des Natriumnitrates stattfinden zu lassen.

Im Jahre 1853 erzielte man einen bedeutenden Fortschritt, als an Stelle der kleinen Paradas große, rechtwinklige, eiserne Kästen als Lösegefäße (Cachuchos) eingeführt wurden. Die ersten Cachuchos hatten ein Fassungsvermögen von 23 t Caliche. Später wurden die Ausmaße der Cachuchos auf 9,1 m Länge, 2,4 m Breite und 2,7 m Höhe vergrößert. Gleichzeitig mit der Einführung der Cachuchos erfolgte die Erhitzung mit Dampf von etwa drei Atmosphären. Die Zerkleinerung der Caliche durch Handarbeit wurde aufgegeben und durch mechanisch betriebene Steinbrecher ausgeführt. Die siedende, an Nitrat möglichst hochgesättigte Lösung wurde in eisernen Gefäßen geklärt, um dann diese Lösung in flachen Krystallisierkästen an der Luft abkühlen zu lassen.

Das beschriebene Verfahren wurde in der Provinz Tarapacá und in der Pampa von Taltal bis um die 80er Jahre des vorigen Jahrhunderts angewandt, während man in dem dazwischenliegenden, ehemals bolivianischen Gebiet von Antofagasta in folgender Weise arbeitete: Die Auflösung des Caliches wurde in eisernen, aufrecht stehenden Zylindern von 8—10 m Höhe und 4—5 m Durchmesser ausgeführt. Die Erhitzung erfolgte durch einströmenden Dampf. Bei den beiden kurz erwähnten Verfahren waren jedoch sowohl die Salpeter- als auch die Wärmeverluste in den Rückständen noch erheblich.

Günstigere Ergebnisse wurden in der folgenden Apparatur erreicht. In Lösekästen von 11 m Länge, 1,85 m Breite und derselben Höhe wurde eine Löselauge indirekt mittels Wasserdampf zum Kochen erhitzt. Zuerst verwandte man als Heizaggregate Dampfschlangen, seit 1879 aber vertikale Dampfröhren und leitete das entstandene Wasser wieder nach den Dampfkesseln zurück. Sobald die Löselauge, die aus Mutterlauge, Waschlauge und reinem Wasser zusammengesetzt war, die Siedetemperatur erreicht hatte, wurden auf Schienen sechs aus durchlöchertem Eisenblech hergestellte Kippwagen mit je einem Fassungsvermögen von etwa 4000 kg Caliche eingeführt. Unter jedem Wagen wurde mittels eines KÖRTINGschen Injektors Dampf und vorgewärmte Luft eingeblasen, um die

Abb. 163. Eine SHANKsche Fabrik; im Vordergrund die Stapelung des Chilesalpeters vor dem Versand.

Lösung in Bewegung zu bringen und damit auch eine schnellere und gründlichere Auslösung des Nitrates des Caliches zu erreichen. Der Löserückstand wurde zur Verminderung seines Nitratgehaltes mit Wasser nachgewaschen.

Als die Salpeterindustrie in Form von Kleinbetrieben entstand, war noch genügend Rohstoff mit mehr als 50 % Natriumnitratgehalt vorhanden. Mit dem allmählichen Abnehmen des hochprozentigen Rohstoffes mußten notwendigerweise die primitiven Verfahren immer mehr verbessert werden. Aber erst im Jahre 1878 gelang es B. SANTIAGO HUMBERSTONE, das Problem mit Erfolg zu lösen, und zwar durch Übertragung des bereits in der Sodaindustrie bekannten Laugungssystems von SHANK auf die Verhältnisse der Salpeterindustrie.

In einer Reihe von in sich verbundenen offenen Gefäßen wird der Caliche systematisch in der Form ausgelöst, daß die nitratarmen Lösungen an bereits gelaugtem Material ihren Nitratgehalt erhöhen. Von Stufe zu Stufe wird die Temperatur der Lösungen erhöht. Mit frischem Caliche wird die an Nitrat reichste Lösung hergestellt.

Das SHANKsche Laugungsprinzip ist jedoch in seiner praktischen Anwendung, Laugenführung und Apparatur außerordentlich mannigfaltiger Änderungen fähig. Die chemische und auch apparative weitere Durchbildung dieses Systems stand lange Jahre unter dem Zeichen der Stagnation, bis vor einigen Jahren auch hier lebhafte Verbesserungsbestrebungen einsetzten. Wenn auch alle bisher bekanntgewordenen, brauchbaren Löseverfahren sich der zuerst von SHANK gegebenen Anreicherungsart der Lösungen bedienen, so wird als SHANKsches Verfahren in der Salpeterindustrie ein Prozeß bezeichnet, der in einer bestimmten Apparatur ausgeführt wird.

2. Allgemeines über die heutige Salpeterfabrik. Die meisten Salpeterfabriken arbeiten auch heute noch mit der SHANKschen Apparatur. Bevor jedoch auf die näheren Einzelheiten der eigentlichen Fabrikation eingegangen wird, soll vorher zum besseren Verständnis dieser Industrie ihr jetziges äußeres Lebensbild kurz geschildert werden. Das salpeterführende Gelände ist Eigentum des chilenischen Staates. Die Ausbeutung des einzelnen Gebietes ist gegen Zahlung einer dem Werte entsprechenden Summe der privaten Wirtschaft überlassen. Bei der Wichtigkeit der Salpeterindustrie für den Haushalt der chilenischen Republik hat sich der Staat eine Kontrolle über die Industrie gesichert, welche durch eine besondere Behörde, der ,,Superintendencia de Salitre y Minas“ erfolgt. Die Salpeterindustriellen sind in einer Interessengemeinschaft der ,,Asociacion de Productores de Salitre de Chile“ zusammengeschlossen, die viel Ähnlichkeit mit dem deutschen Kalisyndikat hat.

Das Anlagekapital einer Salpeterfabrik beschränkt sich nicht nur auf den Erwerb des Geländes und den Bau der besonderen Gewinnungsanlagen für den Salpeter, sondern dehnt sich auch auf alle Einrichtungen aus, welche in einer Wüste fehlen. Die Wohnhäuser für Angestellte und Arbeiter, oft für mehrere tausend Personen, sind Eigentum des Werkes. Diese Siedlungen liegen aber nicht nur bei der Fabrik, sondern sind auch bei den etwas abseits liegenden Bruchstellen des Caliches errichtet. Schule, Kirche und Krankenhaus gehören zur Fabrik. Selbst ein Kino vermißt man heute nirgends mehr.

Eine oft schwierige Aufgabe ist die Beschaffung des Trink- und Nutzwassers. Da in der Wüste an vielen Stellen in gewissen Tiefen Grundwasser gefunden wird, ist die Beschaffung von Wasser bei einer Reihe von Salpeterfabriken erleichtert. Auch liefert der Rio Loa einigen Werken in ausgiebigster Menge Wasser, das jedoch für Genußzwecke unbrauchbar ist und in technisch vollendeten Anlagen destilliert wird. Nach einigen Küstenstädten des Salpetergebietes, wie z. B. Autofagasta, wird aus der Hochcordillere in Leitungen, welche über 100 km lang sind, Trinkwasser herangeführt. Diejenigen Salpeterwerke, welche nicht allzu weit von einer derartigen Leitung liegen, decken auch hieraus den Wasserbedarf. Fast immer erfordert aber die Wasserbeschaffung besondere Aufwendungen, sei es durch den Bau von recht langen Rohrleitungen, sehr tiefen Brunnen, Pumpstationen, Destillationsanlagen usw.

Zur Verbindung mit der nächsten Küstenstadt dienen Eisenbahnen, die vom Staat, jedoch in der Mehrzahl der Fälle von Privatgesellschaften betrieben werden. Da seit einigen Jahren von seiten des chilenischen Staates große Aufwendungen für den Ausbau von Straßen gemacht werden, setzt sich das Automobil für besondere Zwecke durch, so daß zwischen den Salpeterhäfen und Salpeterwerken ein regelmäßiger Autoomnibus- und Lastkraftwagenverkehr besteht. Durch die Verbesserungen im Verkehrswesen werden die Lebensbedingungen in diesen Einöden immer mehr erleichtert. Um so wichtiger sind gut ausgebaute Verbindungsmöglichkeiten mit dem nächsten Hafen für jede Salpeterfabrik, als die Hafenstadt die Verkehrszentrale ist. Nicht nur die Massenproduktion des Salpeters muß auf dem billigsten Wege, heute per Bahn, zum Verschiffungsort gebracht, sondern auch umgekehrt müssen alle in der Pampa benötigten Materialien, wie Bau- und Brennstoffe, Lebensmittel usw. auf Schiffen herangeführt werden, um von der Hafenstadt aus in die Salpeterpampa weiterbefördert zu werden. Infolge des zu dünn bevölkerten Nordens von Chile müssen sogar die Arbeiter in anderen Teilen des Landes angeworben werden, um dann nach der Pampa zu reisen. Was die Versorgung der Bevölkerung mit verderblichen Lebensmitteln betrifft, so erfolgt diese vom fruchtbaren Süden Chiles aus. Der Bedarf an frischem Fleisch wird auf den Salpeterwerken durch die eigenen Schlachthäuser gedeckt, denen lebendes Vieh zugeführt wird. Jede Salpeterfabrik muß eine Verkaufsstelle betreiben, in der alle Gegenstände des täglichen Bedarfes an die Angestellten und Arbeiter abgegeben werden. Eine um so größere Wichtigkeit besitzt diese Einrichtung, da in nur verhältnismäßig geringem Maße außenstehende Kleinhändler selbständige Geschäfte betreiben. Zusammenfassend betrachtet ergibt sich, daß in den Aufgabenkreis der Werksleitung fast die gesamte Sorge für alle Lebensbedürfnisse der Fabrikgemeinde fällt.

a) Zerkleinerungsanlagen. Nach diesen allgemeinen Auslassungen wenden wir uns der eigentlichen Salpeterfabrik nach Shank zu. Der vom Tagebau nach der Fabrik beförderte Caliche muß, bevor die Auslösung des Nitrates stattfindet, auf eine geeignete Bruchgröße zerkleinert werden.

Da die Lösungsgeschwindigkeit eines Stoffes um so erheblicher wird, je größer seine Oberfläche ist, wäre, vom rein theoretischen Standpunkte aus betrachtet, eine recht feine Pulverisierung des Caliches erwünscht.

Bei dem heute benutzten Rohstoff überschreitet der Nitratgehalt kaum 20%, besonders hoch ist die enthaltene Menge unlöslicher Stoffe, deren Gehalt um 50% liegt. Das Unlösliche im Caliche enthält in wechselnder Menge Stoffe mit tonigen, lehmigen Eigenschaften, so daß daraus sehr schwer zu klärende Aufschlämmungen mit Wasser oder Lösungen gebildet werden. Bei einem fein zermahlenen Caliche wird der gesamte Gehalt an tonigen Stoffen in der Lösung aufgeschlämmt. Damit wächst nicht nur die Trennungsarbeit Fest-Flüssig beim Auslöseprozeß des Caliches zur technischen Unmöglichkeit an, sondern die Verdrängung der hochgesättigten Lösungen durch Waschlösungen ist ausgeschlossen.

Bei größeren Calichestücken bleiben aber im Inneren die störenden unlöslichen Stoffe eingelagert, so daß lediglich die Oberfläche des einzelnen Calichestückes angegriffen wird. Infolgedessen müssen bei demselben Caliche um so weniger trübe Lösungen entstehen, je erheblicher seine Bruchgröße ist. Die Auslösung des Nitrates in einem Calichestück kann jedoch nur durch einen Durchdringungs- und Diffusionsvorgang erfolgen. Es muß immer neue ungesättigte Lösung zum Nitrat vordringen, ein Vorgang, der um so langsamer erfolgt, je größer das einzelne Calichestück ist. Sinngemäß gilt das gleiche für den Verdrängungsprozeß der gesättigten Lösungen beim Nachwaschen mit dünneren. In technisch brauchbaren Zeiten ist es daher bei zu großen Bruchstücken des Caliches unmöglich, genügend nitratarme Rückstände zu erhalten.

Um einen Ausgleich zwischen den im Grund genommen entgegenwirkenden beiden Hauptgesichtspunkten beim Auslösevorgang des Caliches zu schaffen, nämlich einerseits eine technisch brauchbare Lösezeit und andererseits eine möglichst klare Lösung zu erhalten, bedarf jede Calichesorte einer empirisch beim Auslöseprozeß zu ermittelnden, mittleren Bruchgröße, die jetzt unter Faustgröße liegt.

Der von der Pampa zur Fabrik beförderte Caliche wird unmittelbar in die Brecherstation ausgeladen. Nur bei einer weitgehenden Mechanisierung des Abbaues wird der Caliche vor der Zerkleinerung durch eine Siebanlage geschickt.

Die Brecheranlage besteht aus einer Reihe von Vorratsbehältern für den Caliche. An das trichterförmige Ende jedes Behälters schließt sich der Steinbrecher so an, daß infolge der Schwerkraft die Calichestücke nachrutschen können. Unter Umständen wird das Material stufenweise zerkleinert. Von den verschiedenen Zerkleinerungssystemen sind in der Mehrzahl der Fälle noch Backenbrecher in Gebrauch, die durch einen Elektromotor von 10—12 PS angetrieben werden. Neuerdings finden Kreiselbrecher Eingang. Bei dem Brechen des Caliches muß das Bestreben darauf gerichtet sein, möglichst wenig feines Material zu erhalten, da vor der Auslösung eine Trennung in feinen und groben Rohstoff stattfindet. Eine Sichtung wird im allgemeinen dadurch erreicht, daß man den zerkleinerten Caliche über ein schräg gestelltes Sieb rutschen läßt, wobei nur die groben Anteile zurückgehalten werden und die feinen durchfallen.

b) Die SHANK*sche Maschine.* Für die Auslösung in der SHANK-Maschine ist das gröbste Material am geeignetsten. Die Beförderung der Caliche nach der

Abb. 164. Zerkleinerungsanlage des Rohstoffes (Caliche).

Lösestation geschieht zwar noch durch die verschiedensten Transportmittel, jedoch in den neueren Anlagen ist das endlose Transportband in Anwendung.

Im Durchschnitt wird heute ein Material von 15—20% Natriumnitratgehalt verarbeitet. Die Auslösung des Caliches findet in rechtwinkligen, schmiedeeisernen Kästen, Cachuchos genannt, statt, die je einen Rauminhalt von rund 70 m³ haben und mit fast 100 t Caliche beladen werden. Höhe und Breite jedes Cachuchos ist gleich, die Länge beträgt das Sechsfache der Breite. Etwa 30 cm über dem Boden befindet sich wegen der Schlammgefahr ein eisernes Sieb, Crinoline genannt. Im Boden sind verschließbare Mannlöcher zum Auswerfen des Löserückstandes, als Ripio bezeichnet. Sämtliche Cachuchos ruhen auf Pfeilern einige Meter über dem Boden, der mit Schienen zum Abfahren des Ripios belegt ist. Der Transport nach den riesigen Halden erfolgt mit ähnlichen mechanischen Beförderungsmitteln, wie sie bei der Anfuhr des Caliches benutzt werden, zu denen die in diesem Falle geeignete Drahtseilbahn kommt. Über dem Siebboden jedes Cachuchos liegt eine Reihe von Heizröhren, die mit den Dampfkesseln verbunden sind. Durch Hähne ist die Dampfzufuhr zu regeln. Der kondensierte Dampf dient zum Speisen der Kesselanlage. Der von der Brecheranlage nach der Lösestation beförderte Caliche wird vielerorts auch getrennt nach Bruchgröße in Vorratsbehältern über den Cachuchos gestapelt. Die Entnahme erfolgt durch Schieber in zur Beladung der Cachuchos dienende Karren, welche über die Lösebehälter auf Gleisen laufen. Zum Beladen dienen auch endlose Transportbänder. Die Art der Beschickung der Cachuchos mit Rohstoff ist für die Auslösung von Wichtigkeit. Als Kopfladung wird oft feines Material benutzt. Für den Lösungsvorgang werden 6—9 Cachuchos zu einer Abteilung vereint. Je zwei Cachuchos können an ihrer Schmalseite durch ein Hebersystem miteinander verbunden werden. Der zweite Cachucho wird sodann auf der Gegenseite mit dem dritten Lösegefäß durch ein weiteres Hebersystem verbunden. Durch eine derartige Anordnung müssen alle Lösungen die Cachuchos in ihrer größten Längsausdehnung durchfließen. Von jedem Lösekasten aus gehen noch Leitungen für die heiß

Abb. 165. Teilansicht einer SHANKschen Löseapparatur.

gesättigte Nitratlösung (Caldo) und die Waschlösungen des Rückstandes. Außerdem führen zu jedem Cachucho 3 Rohrleitungen mit Mutterlauge, dünner Waschlösung und Frischwasser. Der Transport der Lösungen findet durch Niveauunterschiede statt und wird gelegentlich auch durch elektrisch angetriebene Zentrifugalpumpen gefördert.

Der Gang des Löseprozesses nach SHANK sei an einem Beispiele von sechs Cachuchos, die zu einer Arbeitsreihe miteinander verbunden sind, kurz erläutert.

Im Cachucho Nr. 6 sei der Auslöseprozeß beendet. Der Löserückstand tropft entweder noch von der anhaftenden Waschlauge ab oder Arbeiter räumen den noch etwas warmen Rückstand durch die Mannlöcher am Boden aus. In dieser Zeit wird Cachucho Nr. 5 mit frischem Caliche beladen. Bei der Herstellung der krystallisationswürdigen Lösung aus dem frischen Caliche wird die Endlösung (Mutterlauge) der Nitratfabrikation und Waschwässer mitverwandt. Im Cachucho Nr. 4 kocht eine Lösung, um an frischem Caliche die höchste Sättigungsstufe des Nitratgehaltes zu erreichen. Hat je nach dem Rohstoff diese Lösung bei dem Kochprozeß eine Dichte von 105—115° Twaddle erreicht, so läßt man sie ablaufen, um im Krystallisationsprozeß verwertet zu werden. Gleichzeitig mit dem Ablassen der heißen Lösung aus Gefäß 4 findet das Nachdrücken der nitrat-

Die Lösungsstufen in der SHANK-Maschine.
(Die Lösungen sind in Volumprozenten, die festen Stoffe in Gewichtsprozenten angegeben.)

Cachucho Nr.		NO_3	Cl	SO_4	H_3BO_3	B_4O_7	JO_3	ClO_4	Na	K	Mg	Ca	Unlösliches	H_2O	t^o	Spez. Gewicht
	Caliche	11,87	15,21	6,06	0,30	0,20	0,08	0,08	15,41	0,61	0,22	0,93	48,06	0,65	—	—
	Rückstand (Ripio)	2,03	15,53	5,29	0,32	0,08	0,04	0,04	12,28	0,39	0,18	0,46	50,01	13,00	—	—
6	Abgetropfte Waschlösung	6,71	16,22	4,01	0,44	0,13	0,15	0,06	13,72	0,66	0,47	—	1,49	84,03	42,2	1,266
5	Höchstges. Lös. (Caldo)	50,86	7,68	2,08	3,09	0,56	0,83	0,34	20,24	4,63	1,18	—	0,32	56,78	102,7	1,486
4	Zweite Lösungsstufe	38,35	9,95	2,66	2,93	0,52	0,78	0,23	17,78	3,35	1,17	—	0,56	63,22	101,0	1,420
3	Dritte Lösungsstufe	35,59	10,52	2,75	2,99	0,52	0,82	0,21	16,79	4,31	1,23	—	0,12	65,15	86,0	1,410
2	Vierte Lösungsstufe	27,94	12,41	3,07	2,25	0,36	0,57	0,14	16,33	3,02	1,05	—	0,19	68,67	95,0	1,360
1	Fünfte Lösungsstufe	12,77	14,96	4,47	0,92	0,17	0,27	0,07	14,55	1,28	0,73	—	—	78,81	59,0	1,290

ärmeren Lösungen aus den übrigen drei Cachuchos statt. Die Lösung im Gefäß 3 wird vor allem mit Hilfe von Niveauunterschieden nach Cachucho 4 geleitet. In der gleichen Art geschieht dies mit den Lösungen der folgenden Cachuchos, so daß die Lösung aus Nr. 2 nach 3 und die Lösung aus Nr. 1 nach 2 geleitet wird. In Cachucho Nr. 1 wird zunächst mit bereits gebrauchtem Waschwasser aufgefüllt, um zum Schluß mit Frischwasser den Rückstand nachzuwaschen und abtropfen zu lassen. Die Menge reinen Wassers, welche hierbei in den Prozeß eingeführt wird, muß sich mit dem an anderen Stellen verbrauchten Wasser decken. Durch das Nachfließen der dünneren Lösung aus Cachucho 3 vermindert sich immer mehr die Konzentration der abfließenden Lösung aus Cachucho 4. Hat die durch Spindeln verfolgte Abnahme der Dichte der Lösungen einen bestimmten Grad erreicht, so wird das Ablaufen unterbrochen. Inzwischen hat in Cachucho 5 das Kochen auf hochkonzentrierte, krystallisationswürdige Lösung seinen Anfang genommen, und die Verbindung unter den einzelnen Cachuchos wird unterbrochen. Bei diesem Auslösungsvorgang steht der Caliche recht lange unter Lösungen mit immer schwächer werdendem Nitratgehalt und zwar mindestens einen Tag.

Nebenstehende Tabelle gibt die Abstufung der einzelnen Lösungen von sechs Cachuchos bei einer Salpeterfabrik in der Pampa von Toco wieder.

c) *Krystallisationsprozeß.* Im allgemeinen sind die aus dem Lösungsprozeß austretenden Lösungen für den Kühlungsvorgang noch nicht geeignet, da sie bei der betreffenden Temperatur an Kochsalz, aber nicht an Natriumnitrat gesättigt sind und außerdem noch in schwankender Menge unlösliche, erdfarbene Stoffe mitführen, die auch das Aussehen des Salpeters beeinträchtigen. Daher unterwirft man die Lösungen einer Zwischenbehandlung in eisernen Behältern mit geneigtem Boden, worin die heiße Lösung um einige Grade abgekühlt und geklärt wird. Zur schnelleren Ausflockung der kolloidähnlichen Stoffe in den Lösungen werden oft Körper, wie Mehl, Maultiermist usw., zugesetzt.

Die klare, heiße Lösung zieht man mit Hilfe eines Hebers ab, um sie nach den Kühlkästen, eisernen, flachen, unter freiem Himmel stehenden, rechteckigen Behältern zu leiten. Dort läßt man die Lösungen einige Tage bis zu einer Woche sich an der Außentemperatur abkühlen. Die anfallende Mutterlauge wird abgezogen, und wenn sie nicht dem Jodgewinnungsprozeß unterworfen wird, unmittelbar dem Löseprozeß zugeführt.

Der in den Kühlkästen ausgeschiedene Salpeter wird zur weiteren Trocknung oft zentrifugiert oder auch an der Luft in den Kühlkästen selbst bzw. auf den daneben angebrachten geneigten Blechen getrocknet. Sodann stapelt man den Salpeter, der dann höchstens 2 % Feuchtigkeit enthält, in großen Haufen, um ihn nach Bedarf einsacken und verfrachten zu können. Als Beispiel des Verlaufes der Nitratkrystallisation dienen folgende Analysendaten einer heiß gesättigten Lösung (Caldo) und der daraus durch Nitratkrystallisation entstandenen Mutterlauge (Agua Vieja). Die Angaben erfolgen in Volumprozenten und haben Gültigkeit für ein Salpeterwerk in der Pampa von Toco.

	NO_3	Cl	SO_4	H_3BO_3	B_4O_7	JO_3	ClO_4
Caldo	52,40	6,87	2,02	3,23	0,58	0,88	0,31
Agua vieja .	36,65	8,54	2,64	4,09	0,75	1,11	0,43

	Na	K	Mg	H_2O	t^0	Spez. Gewicht
Caldo	20,14	4,82	1,20	57,53	80,0	1,501
Agua vieja .	14,21	6,30	1,56	69,02	20,9	1,453

Die beiden Lösungen wurden aus einem Caliche mit 16,3 % Natriumnitratgehalt erhalten. Betrachtet man den gesamten Prozeß für die Calichemenge von 100 kg, so wurden hieraus 42 l Caldo mit rund 700 g $NaNO_3$ im Liter aus den Lösegefäßen ausgeführt. Diese Menge ging im Klärprozeß auf 40 l krystallisationswürdige Lösung zurück. Daraus wurden 15 kg Handelssalpeter gewonnen, während 29 l Mutterlauge in den Betrieb zurückkehrten.

Abb. 166. Im Vordergrund die Behälter zum Klären der heiß gesättigten Nitratlösung, dahinter die Kühlkästen mit zum Trocknen seitlich aufgestapeltem Salpeter.

d) Zusammensetzung des Chilesalpeters. Der Chilesalpeter wird auf Grund der Westküstenmethode gehandelt. Die Feuchtigkeit des Salpeters wird durch Trocknen bei 100—110° C bestimmt. Das in Wasser Unlösliche wird bei 100° C getrocknet oder auch verascht, um dann schließlich gewogen zu werden. Der Chlorgehalt wird als Kochsalz ausgedrückt und der Sulfatgehalt als Natriumsulfat gerechnet. Die Summe der Prozentzahlen der vier Körper nennt man Refraktion. Die Differenz 100-Refraktion wird als Natriumnitratgehalt betrachtet. Das übliche Handelsprodukt hat 95 % Natriumnitratgehalt. Die einzelnen Bestandteile der Refraktion schwanken und erreichen folgende Werte:

NaCl	2 %	H_2O	2,3 %
Na_2SO_4	0,6 %	Unlösliches	0,1 %

Der Salpeter enthält außer Natrium noch etwas Kalium. Gewichtsmäßig recht gering treten Jod als Jodat (0,02 %), Borsäure und Chlorate auf.

VII. Jodgewinnung.

Die Mutterlauge der Chilesalpetergewinnung kehrt immer wieder in den Lösebetrieb zurück. Ihr Jodgehalt steigt nur allmählich auf den höchsten Wert an, der nur einige Gramm pro Liter erreicht. Aus diesem Grunde kann nur ein Teil der Mutterlauge entjodet werden. Das Jod liegt als Jodat vor und wird als festes Jod durch einen Reduktionsprozeß, in der Mehrzahl der Fälle durch Sulfite, abgeschieden. Das Rohjod wird nach gründlichem Auswaschen in der Pampa selbst durch Sublimation oder seltener durch Schmelzen gereinigt und kommt mit etwa 95,6 % Jodgehalt in den Handel. Für die Salpeterindustrie hat dieser Nebenbetrieb eine um so größere Bedeutung, als hierdurch Chile eine Art Monopolstellung auf der Welt hat.

VIII. Energieerzeugung.

Bei der Auslösung des Caliches müssen die mit dem Rohstoff in Berührung stehenden Lösungen erhitzt und muß außerdem noch Verdampfarbeit geleistet werden. Der hierzu erforderliche Wärmeaufwand wird meist in einer Kesselanlage erzeugt, deren Großwasserraumkessel niedrig gespannten Sattdampf liefern. Die Beheizung der Kessel erfolgt mit rohem Erdöl. Für die Gewinnung einer Tonne Salpeter wird durchschnittlich $^1/_7$ t Öl verbraucht. Die Angaben über die Heizölmenge sind Schwankungen unterworfen, besonders infolge der Verschiedenheit des Caliches und der Arbeitsweise auf den einzelnen Werken.

Kraft wird für die Zerkleinerungsanlagen, für den Transport des Rohmaterials und des Rückstandes, für Pumpen, Werkstätten, Licht usw. benötigt. Der Energiebedarf an Kraft ist geringer als derjenige an Wärme. Die Kraft wird fast ausschließlich als elektrische Energie erzeugt. Der größte Teil der Werke arbeitet mit einer von der Heizdampferzeugung unabhängigen Kraftanlage. Nur ganz vereinzelte Salpeterfabriken können ihren Bedarf aus natürlichen Kraftquellen decken, wie dies aus Turbinenanlagen am einzigen Wüstenfluß, dem Rio Loa, geschieht. Fast alle Werke erzeugen in einer Dieselzentrale die Kraft als elektrischen Strom.

Die Trennung der beiden Energieerzeugungsstellen von Wärme und Kraft gilt heute als unökonomisch. In der Salpeterindustrie ist jedoch die sachgemäße Kupplung von Kraft- und Wärmewirtschaft schwieriger als anderswo. Trotzdem haben sich einige neuere Werke auf eine Kupplung der beiden Energiearten eingestellt und erzeugen mit Hochdruckkesseln unter Anwendung von Abdampfmaschinen oder Anzapfturbinen elektrischen Strom. Die größte Schwierigkeit, welche der Anwendung dieses Systems entgegensteht, ist die Beschaffung von geeignetem, hauptsächlich salzarmem Wasser für die Hochdruckkessel.

Eine neuartige Kupplung zwischen Kraft und Wärme hat eine nordamerikanische Firma auf dem Salpeterwerke Maria Elena durchgeführt. Die Salpeterindustrie baut sich auf einem fraktioniert geleiteten Umkrystallisationsprozeß auf, so daß Temperaturspannen zu erzeugen sind. Diese Temperaturspannen werden bei dem alten SHANKschen Verfahren durch positive Wärmezufuhr als Dampf zum Lösungsprozeß und der dann folgenden Abkühlung der Lösungen an der Umgebung erhalten. Legt man den Bereich der Temperaturspannen tiefer, so ergibt sich die technische Möglichkeit, die Kraftwirtschaft als Ausgangsprinzip zu erheben. Damit wird eine durchgreifende Änderung im Gewinnungsprozeß des Salpeters bedingt. Im besonderen Falle ist die Krafterzeugung dem Dieselmotor zugefallen, auf dessen Arbeitsbedingungen und Ausnutzungsmöglichkeiten die Kupplung zwischen Kraft- und Wärmewirtschaft durchgeführt wurde. Wie bei dem SHANKschen Verfahren wird auch hier dem Auslöseprozeß positive Wärme zugeführt, jedoch nur als Abwärme der Dieselmotoren und daher auch in geringerer Menge. Dafür wird ein Teil der Kraft zur Erzeugung von Kälte in Eismaschinen benötigt, um die krystallisationswürdigen Lösungen genügend abkühlen zu können.

IX. Fortschritte in den Salpetergewinnungsmethoden.

Das ursprüngliche SHANKsche Verfahren und seine Apparatur sind weiter ausgebaut und ergänzt worden. Die Bestrebungen nach Verbilligung der Gestehungskosten des Salpeters sind seit einigen Jahren besonders lebhaft. Von den verschiedensten Problemen der Industrie seien nur einige herausgegriffen. An einem Sonderfall wird jeweils der Fortschritt gegenüber der alten SHANKschen Fabrik gezeigt. Sodann wird die neue Riesenfabrik Maria Elena kurz beschrieben.

1. Schlammgefahr. Ein zu feiner Rohstoff ist in der SHANK-Maschine schwierig zu verarbeiten, daher wird das feine Material stellenweise getrennt vom groben in einer besonderen Feinlöseanlage verarbeitet. Bei diesem Prozeß werden vor allem Filtrations- bzw. Trennungsanlagen benötigt. Viel Ähnlichkeit hat oft eine derartige Anlage mit Einrichtungen zur Entziehung des Nitratgehaltes der beim Löseprozeß anfallenden Schlamme.

2. Wasserverdunstung. Es erscheint vom rein wärmewirtschaftlichen Standpunkt aus betrachtet wünschenswert, keine Verdampfarbeit in offenen Lösegefäßen zu leisten. Deshalb wird in einigen Fabriken nur in besonderen Verdampfapparaturen hochgesättigte Nitratlösung erzeugt.

3. Brennstoffe. Bei der Salpeterfabrikation ist der Energieverbrauch an Wärme und Kraft sehr erheblich, so daß die Wärme- und Kraftwirtschaft lebhaft bearbeitet und ständig weiter verbessert wird. Heute erzeugt man bei den meisten Fabriken die Wärme als Dampf in Kesselhäusern, deren Großwasserraumkessel Erdölfeuerung haben. Die Kraft wird als elektrische Energie in Dieselzentralen erzeugt. Auf diesem Gebiet sind Bestrebungen im Gange, den Energieverbrauch durch Verwendung nationalen Brennstoffes, chilenischer Kohle, zu verbilligen.

4. Chemische Leitung. Die chemische Seite der Industrie muß um so mehr beachtet werden, als bei der ungünstigen Lage Chiles im Weltverkehrsnetz ein sehr hochwertiger Salpeter mit mindestens 95% Natriumnitratgehalt aus einem recht wechselnden Rohstoff hergestellt werden muß. Die alte, mehr gefühlsmäßig arbeitende Empirie wird immer mehr durch zielbewußte Mischung und Auswahl der Calichesorten zum geeignetsten Rohstoff sowie von der planmäßigen Führung und Überwachung des eigentlichen Auslöseprozesses und der sich daran anschließenden Krystallisation des Nitrates abgelöst. Diese chemisch-technische Betriebsleitung ist durch die Löslichkeitsuntersuchungen der verschiedenen Salzsysteme der Industrie erleichtert. So werden auch in der chilenischen Salzindustrie, wie es schon in der Kaliindustrie geschehen ist, die Gleichgewichtsuntersuchungen, welche besonders in den letzten Jahren in der chilenischen Zeitschrift „Caliche“ veröffentlicht worden sind, immer mehr zum unentbehrlichen Rüstzeug.

5. Oficina Maria Elena. Von den vielfachen Umgestaltungen sind in weite Kreise der Öffentlichkeit diejenigen der Guggenheimgruppe gedrungen. Dem mechanischen Vorbilde der nordamerikanischen Kupfergruben in Chile folgend, suchte man die passende Übertragung der dortigen Methoden auf die Salpeterindustrie. Dank der ungeheuren Finanzkraft nordamerikanischer Firmen konnten die Anlagen in der Oficina Maria Elena in der Pampa von Tocopilla aufs großzügigste begonnen werden. Dort arbeitet man zum Unterschiede von dem SHANKsche Verfahren bei mittleren Temperaturen von etwa 50°, indem man die Abwärme von nur kraftliefernden Dieselmotoren ausnutzt. Der benutzte Rohstoff wird nach weitgehend mechanisierten Methoden aus den Salpeterlagern abgebaut. Er hat einen Natriumnitratgehalt von 10—12% und liegt tiefer als derjenige bei der SHANK-Maschine. Zur Erzielung der notwendigen Temperaturspannen werden die Lösungen einem künstlichen Kühlprozeß bis auf etwa 5° bei der Krystallisation des Natriumnitrates unterworfen. Der hierbei anfallende Salpeter ist feinkörnig. Um ihn in geeigneter Korngröße auf den Markt zu bringen, wird er einem Granulierungsprozeß im Schmelzfluß unterworfen.

6. Zukunftsausblicke. Hat man noch vor wenigen Jahren von Befürchtungen über das weitere Schicksal der chilenischen Salpeterindustrie gehört, so sind die Bedenken inzwischen verstummt. Es liegen, wenn auch die Umgestaltungen dieser Industrie noch nicht abgeschlossen sind, doch schon untrügliche Beweise vor, daß die ungeheuren Salpetervorräte in der chilenischen Wüste noch lange Zeit ausgebeutet werden können. Die Aufwendungen an riesigen Kapitalien für ganz gewaltige neue Anlagen dürften schon äußere Hinweise sein, daß die Wüste in absehbarer Zeit noch nicht in ihren Todesschlaf zurücksinken wird. In diesem Zusammenhang ist besonders die folgende Chilesalpeterstatistik lehrreich.

X. Chilesalpeterstatistik.

Die Produktion, der Export und Verbrauch an Chilesalpeter in Tonnen pro Jahr seit 1830.

Jahr	Produktion	Export	Verbrauch	Jahr	Produktion	Export	Verbrauch
1830	—	850	—	1911/12	2510356	2495705	2436330
1840	—	10250	—	1912/13	2734721	2690649	2527588
1850	—	23000	—	1913/14	2866840	2702559	2718592
1860	—	61650	—	1914/15	1568197	1475253	1199492
1870	—	132450	—	1915/16	2654918	2543174	2311935
1880	—	225000	—	1916/17	2907630	2863478	2715716
1890	—	1035000	—	1917/18	2979121	2912968	2607282
1900	—	1435400	—	1918/19	2332564	1794326	2268761
1900/01	1402110	1476896	1453855	1919/20	1957271	2206964	1969305
1901/02	1322382	1298107	1272009	1920/21	2174099	2051512	1483784
1902/03	1437613	1338890	1442258	1921/22	890964	613638	1602380
1903/04	1457708	1496355	1533502	1922/23	1499620	2106147	2239045
1904/05	1729712	1613893	1561091	1923/24	2219453	2175608	2242845
1905/06	1751293	1669379	1684999	1924/25	2409698	2565855	2377440
1906/07	1856604	1761313	1746657	1925/26	2619520	2248968	2125472
1907/08	1943232	1882898	1803735	1926/27	1317553	1545413	1781048
1908/09	1883689	1849809	1918624	1927/28	2547582	2872730	2558288
1909/10	2440772	2328656	2382715	1928/29	3280334	2960930	2737104
1910/11	2497686	2357157	2418198				

Deutschland verbrauchte an Chilesalpeter:

Düngerjahr	Tonnen
1926/27	16410
1927/28	48360
1928/29	99010
1929/30	104511

Jahresdurchschnittspreise für 1 kg Stickstoff im Chilesalpeter loco Waggon Hamburg in den Jahren 1898 bis einschl. 1929.

1898	91,2 Pf.	1906	137,4 Pf.	1913	138,3 Pf.
1899	93,2 „	1907	137,2 „	1924	155,0 „
1900	103,36 „	1908	123,2 „	1925	152,4 „
1901	109,62 „	1909	118,0 „	1926	149,0 „
1902	112,6 „	1910	113,0 „	1927	154,0 „
1903	113,9 „	1911	121,1 „	1928	127,0 „
1904	125,6 „	1912	136,8 „	1929	124,0 „
1905	130,8 „				

Literatur.

JURISCH, KONRAD W.: Salpeter und sein Ersatz. Leipzig: Verlag Hirzel 1908. — MORTENSEN, HANS: Der Formenschatz der nordchilenischen Wüste. Berlin: Weidmannsche Buchhandlung 1927. — SEMPER, MILCHELS, JAVIER GANDARILLAS u. ORLANDO GHIGLIOTTO SALAS: La industria del Salitre en Chile. Santiago de Chile: Imprenta Barcelona 1908. — WETZEL W.: (1) Z. angew. Chem. **41**, 303 (1928); (2) Ill. Halbmschr. Natur **17**, 350 (1926).

β) Der Norgesalpeter.

Von

Professor JOHN SEBELIEN

Oslo

früher Landwirtschaftliche Hochschule in Aas (Norwegen).

Mit 12 Abbildungen.

Unter „Norgesalpeter" versteht man das Calciumsalz der synthetisch aus dem Stickstoff der Luft durch direkte Oxydation im elektrischen Lichtbogen dargestellten Salpetersäure.

1. Historische Entwicklung. Schon 1781 hatte TH. CAVENDISH (1) beobachtet, daß bei der Verbrennung von Wasserstoff in atmosphärischer Luft etwas Salpetersäure gebildet wird. Im Jahre 1784 wies J. PRIESTLEY (15) nach, daß elektrische Funken, welche die atmosphärische Luft durchschlagen, die beiden Hauptbestandteile derselben, den Sauerstoff und den Stickstoff, miteinander zu verbinden vermögen. Auch gelang es Sir HUMPHREY DAVY (2) im Jahre 1800 Stickoxyd darzustellen, indem er atmosphärische Luft durch eine elektrisch erhitzte Spirale von Platindraht leitete.

Mme LEFEBRE (9) in Paris war wohl die erste, welche die Erfindung PRIESTLEYS technisch zu verwenden versuchte, indem sie 1859 ein englisches Patent unter dem Titel „Manufacture of nitric acid" anmeldete. Eine Durchführung dieser Gedanken in einem Ausmaß, daß eine technische Industrie daraus entstehen konnte, war jedoch erst durch die mächtige Entwicklung der Elektrotechnik in der Neuzeit möglich.

Aus den vielen Vorschlägen und Patenten zur Oxydation des atmosphärischen Stickstoffs kam der Vorschlag von BRADLEY und LOVEJOY (5) zur Ausführung, indem in Amerika „*The Atmospheric Product Company*" denselben in einer 1901 bei dem Niagarafall errichteten Versuchsfabrik benutzte. Auf der Außenseite einer zylindrischen Trommel waren mehrere Reihen von radialgestellten Platinanadeln angebracht, und eine entsprechende Anzahl auf der Innenseite einer mit der inneren Trommel konzentrischen äußeren Trommelfläche den erstgenannten Nadeln gegenübergestellt. Diese Platinnadeln bildeten die Träger der elektrischen Lichtbogen, die von einer hochgespannten Stromquelle mit 8—10000 Volt Spannung geliefert wurden. Beim Rotieren der Trommel werden die Lichtbogen in die Länge gezogen, und der Strom von atmosphärischer Luft, der durch den Zwischenraum zwischen den beiden Zylinderflächen geleitet wird, erfährt eine so starke Erhitzung, daß eine teilweise Oxydation des Stickstoffes stattfindet. Obgleich diese Methode im Verhältnis zu der verwendeten Energie einen immerhin befriedigenden Ertrag von Stickoxyd lieferte, erwies sich der Apparat doch als unpraktisch. Das Verfahren war nur bis zum Jahre 1904 im Gange. Der ganze Betrieb wurde dann eingestellt.

2. Das Birkeland-Eyde-Verfahren. Es war den beiden Norwegern KRISTIAN BIRKELAND, Professor der Physik an der Norwegischen Universität zu Oslo, und dem Zivilingenieur SAM EYDE vorbehalten, die elektrische Oxydation des Luftstickstoffs zuerst in großindustriell verwendbarer Weise durchzuführen (10). KRISTIAN BIRKELAND verfolgte hierbei das Prinzip, nach dem ein elektrischer Lichtbogen, der zwischen zwei Elektroden überschlägt, von einem starken Elektromagneten seitwärts aus seiner Richtung hinausgetrieben wird, wenn die Verbindungslinie der Magnetpole senkrecht auf die Richtung des Lichtbogens geht. Wird der Lichtbogen von einem Wechselstrom erzeugt, so werden die schnell wechselnden Lichtbogen mit einer Geschwindigkeit von 100 m pro Sekunde wechselweise nach beiden Seiten hinausgeschleudert. Es entsteht eine breite, zirkelförmige Flammenscheibe (Abb. 167). Die ersten Versuche K. BIRKELANDS wurden ausgeführt mit einem diminutiven Ofen, der ungefähr die Größe hatte wie ein Band dieses Buches. Die verwandte Energie war nur 3—4 Kilowatt. Bei Benutzung von Elektroden, die aus Kupferröhren von 1,5 cm Durchmesser hergestellt waren, und die durch inwendige Wasserströmung gekühlt wurden, gelang es, die Energiemenge und damit auch den Durchmesser der Flammenscheibe zu vergrößern. Mit einer Wechselstromspannung von 5000 Volt war es möglich, Flammenscheiben von 1,8 m Durchmesser hervorzubringen. Die Öfen, in denen diese Flammen brannten, waren flache, liegende Zylinder aus Schamotte (Abb. 168), mit einem inneren, freien, zirkularen Ofenraum von 2 m Durchmesser und nur 6—8 cm Breite. Von beiden Seiten des Ofenraumes wird ein Strom von atmosphärischer Luft gegen die Flammenscheibe getrieben. Bei der hier herrschenden hohen Temperatur verbinden sich die beiden Luftbestandteile miteinander zu Stickoxyd.

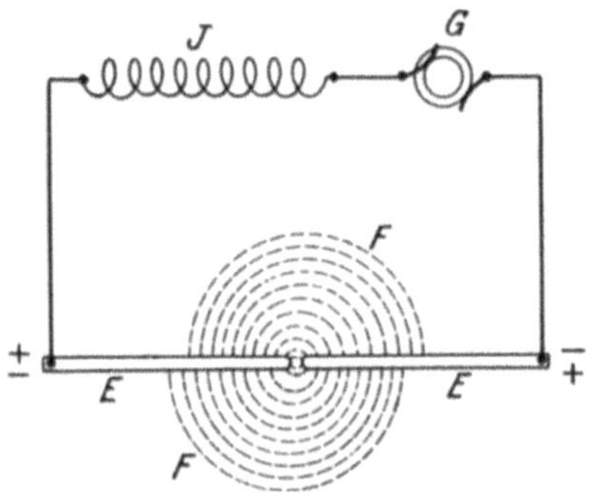

Abb. 167. Schema des BIRKELANDschen Lichtbogens.

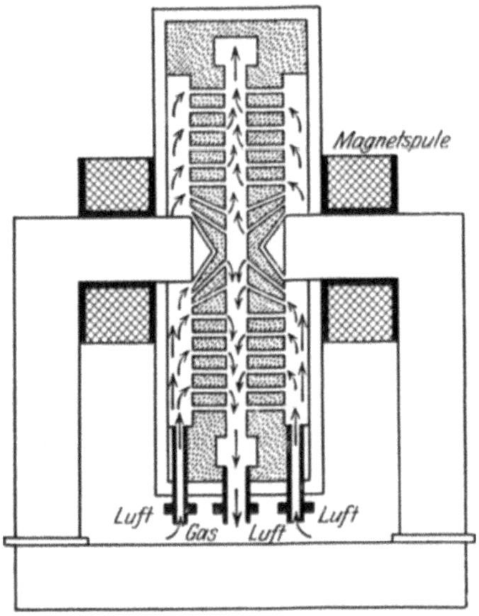

Abb. 168. BIRKELANDS Flammenofen, schematischer Durchschnitt.

Der betreffende Prozeß ist, wie schon M. BERTHELOT im Jahre 1870 nachgewiesen hat, reversibel und folgt dieser Formel:

$$N_2 + O_2 + 43200 \text{ cal} \rightleftarrows 2NO\,.$$

Die Gleichgewichtsbedingung zwischen Stickstoff, Sauerstoff und Stickoxyd ist bekanntlich durch die gewöhnliche Gleichung für die Massenwirkung ausgedrückt, d. h. wenn die Konzentration der drei Gasarten durch (N), (O) und (NO) bezeichnet wird:

$$(N) \cdot (O) = K \cdot (NO)^2,$$

wobei die Konstante K von der herrschenden Temperatur abhängig ist. Da der Gehalt der Luft an Stickstoff und Sauerstoff bekannt ist, hat W. NERNST (8) den Gehalt des Gemenges an Stickstoffoxyd bei verschiedenen Temperaturen berechnet:

1000° C = 0,10 Vol.-% NO	2500° C = 1,79 Vol.-% NO
1800° C = 0,34 Vol.-% NO	2800° C = 2,82 Vol.-% NO
2100° C = 0,79 Vol.-% NO	3000° C = 3,57 Vol.-% NO
2300° C = 1,23 Vol.-% NO	3200° C = 4,39 Vol.-% NO

Im brennenden Lichtbogen, wo eine Temperatur von über 3000° C herrscht, wird die Luft also einen Gehalt von ca. 4 Vol.-% Stickstoffoxyd enthalten. Aber wenn der Luftstrom den Ofen verläßt, hat das Gemisch nur eine Temperatur von ca. 1000° C. Die Konzentration ist dann auf ca. 1,5 Vol.-% oder 20 mg NO pro Liter Luft zurückgegangen, unter der Voraussetzung, daß der genannte

Abb. 169. Generalansicht der Anlage in Notodden 1929.

Temperaturfall schnell geschieht. Bei langsamer Abkühlung wird die Konzentration viel tiefer heruntersinken.

Nachdem die in kleinerem Maßstabe ausgeführten Laboratoriumsversuche erfolgreich beendet waren, baute K. BIRKELAND größere Öfen. Im Mai 1905 wurde die industrielle Darstellung von Salpeter nach BIRKELANDS Methode zu *Notodden* in *Telemarken* in Norwegen mit drei Öfen der eben beschriebenen Art in Betrieb gesetzt. Im Jahre 1908 wurde die Anlage derart vergrößert, daß sie 39 BIRKELANDsche Öfen umfaßte. Dieselbe ist noch jetzt (1930) in Betrieb. Die Öfen sind teils für 1000 Kilowattverbrauch, teils auch für 3000 Kilowattverbrauch gebaut. Es hat sich aber gezeigt, daß die größeren Öfen pro Kilowattjahr ca. 1% weniger Salpetersäure liefern als die kleineren, selbst wenn die Stickstoffoxydkonzentration des austretenden Luftgemenges für beide Ofengrößen dieselbe ist. Die pro Kilowattjahr erzeugte Salpetersäuremenge wächst nämlich mit der behandelten Luftmenge in weit höherem Grade als mit dem Gehalt an Stickstoffoxyd im Liter Luft.

Die Kraft für die Anlage in *Notodden* (Abb. 169), die der 1905 begründeten *Norsk Hydro-Elektriske Kvälstof Aktie-Selskap* gehört, wird vom Flusse *Tinnelven* geliefert, der von dem *Tinnsjö* abläuft und mehrere Wasserfälle bildet. Von diesen wurde *Svälgfoss* zuerst ausgebaut und von der dort belegenen Kraftstation die

Abb. 170. Die Kraftstation Lienfoß.

mittels Generatoren von je 10000 PS erzielte elektrische Energie nach *Notodden* geleitet. Später wurde auch der vom selben Flusse gebildete Wasserfall *Lienfoss* (Abb. 170) ausgebaut und die hier erzielten 20000 PS nach *Notodden* geleitet und hier zur Verwendung gebracht. Bei weiterer Regulierung und Aufdämmung wird der *Tinnsee* noch weiter 100000 PS liefern können.

Seit 1915 kam auch die von derselben Gesellschaft im *Vestfjorddal* gebaute Anlage in Betrieb. Die Fabrikation des Norgesalpeters wurde gleichzeitig ganz dorthin verlegt, während man in Notodden seit dieser Zeit ausschließlich Natriumnitrat und Ammoniumnitrat herstellte.

Die Fabrikation im Vestfjordtale wird mit Kraft vom Binnensee *Mösvann*, der im Hochgebirge 910 m über die Meereshöhe belegen ist und eine Oberfläche von 83 km^2 hat, versorgt. Der See ist aufgedämmt zu einem Bassin, das 800 Mill. m^3 Wasser faßt (Abb. 171). Das Wasser wird von hieraus durch einen Tunnel von 4 km Länge und 25 m Durchmesser durch die Felsenwand nach einem Verteilungsbassin oberhalb der Kraftstation *Rjukan I* bei *Vemork* geleitet. Es

Abb. 171. Das aufgedämmte Bassin Mösvann.

Abb. 172. Kraftstation Rjukan I bei Vemork mit Röhrenleitung.

fällt dann durch ein System von 10 parallelen Eisenröhren von 700 m Länge und 1,5 m Durchmesser von einer Höhe von 300 m in die im Tale gelegene Kraftstation hinunter (Abb. 172), wo im ganzen 140000 PS in elektrische Energie umgewandelt werden (s. die Karte, Abb. 173, über sämtliche Kraftzentralen und Fabriken der Norwegischen Gesellschaft in Telemarken).

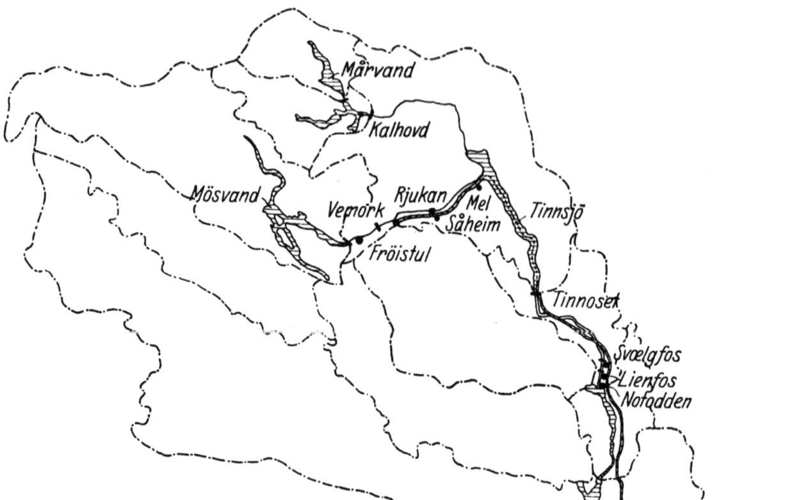

Wasserkraftzentralen.

Fröistul			
Fallhöhe	50 m		
Installierte Maschinen	24 500 kW		
Vemork		*Svælgfos*	
Fallhöhe	300 m	Fallhöhe	48 m
Installierte Maschinen	135 000 kW	Installierte Maschinen	42 000 kW
Saaheim		*Lienfos*	
Fallhöhe	275 m	Fallhöhe	17 m
Installierte Maschinen	116 000 kW	Installierte Maschinen	1 400 kW

Regulierungsanlagen.

Mösvand	
Reguliertes Niederschlaggebiet	1 475 km²
Regulierungshöhe	14,5 m
Höhe ü. M.	900 m
Magazinierte Wassermenge	768 000 000 m³
Regulierte Wassermenge im Fluß	48 m³/sek

Maarvandene		*Tinnsjö*	
Reguliertes Niederschlaggebiet	600 km²	Reguliertes Niederschlaggebiet	3558 km²
Regulierungshöhe Øvre Maarvand	8,0 m	Regulierungshöhe	4,0 m
Regulierungshöhe Nedre Maarvand	6,8 m	Höhe ü. M.	200 m
Höhe ü. M.	1100 m	Magazinierte Wassermenge	204 000 000 m³
Magazinierte Wassermenge	235 000 000 m³	Regulierte Wassermenge im Fluß	90 m³/sek.
Regulierte Wassermenge im Fluß	13 m³/sek		

Abb. 173. Karte über die der „Norsk Hydro-Elektrisk Kvælstof A/S“ angehörigen Wasserfälle und Kraftstationen in Telemark.

3. Die Verfahren von SCHÖNHERR und von PAULING. Außer den BIRKELANDschen Öfen gibt es noch eine ganze Anzahl anderer Ofenkonstruktionen zur Oxydation des atmosphärischen Stickstoffs (3). Von denselben nennen wir namentlich den Ofen von SCHÖNHERR, der während einer Reihe von Jahren in *Rjukan* gleichzeitig mit den BIRKELANDschen Öfen in Betrieb war. Im SCHÖNHERRschen Ofen (4) wird ohne Mitwirkung von Magneten ein 7 m langer Lichtbogen erzielt. Derselbe brennt ruhig in der Längsrichtung eines zylindrischen Turms zwischen zwei Elektroden, während der Luftstrom sich im Turme von unten nach aufwärts bewegt. Um die Luft so weit als möglich der Temperatur des Lichtbogens auszusetzen, wird diese am unteren Ende des Turmes durch eine Reihe von Löcher tangential ein- und in schraubenförmigen Windungen längs des axialen Lichtstranges hinaufgeführt (Abb. 174). Bei der praktischen Ausführung dieses Prinzips zeigte es sich jedoch bald, daß trotz der genannten Einrichtung ein unverhältnismäßig großer Teil des Luftstromes sich der Berührung mit dem Lichtbogen entzieht. Es erwies sich daher als zweckmäßig, auch hier den Lichtbogen einem magnetischen Felde auszusetzen, dessen Kraftlinien entweder in der Längsrichtung des Lichtbogens oder auch rechtwinkelig auf denselben gingen.

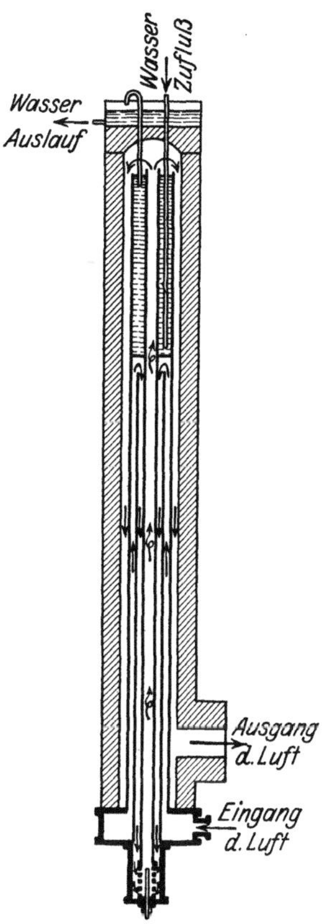

Abb. 174. SCHÖNHERRS Ofen, schematisch.

Die oxydierte Gasmischung wird aus dem Flammenofen so abgeleitet, daß ihre Hitze zur Vorwärmung der zugeführten frischen Luft benutzt wird und nunmehr erst den Ofen mit einer Temperatur von 800° C verläßt. Die Luft hat dann einen Gehalt von 2 Vol.-% oder 30 mg NO je Liter. Trotz dieser Überlegenheit gegenüber dem BIRKELANDschen Ofen gab der SCHÖNHERR-Ofen doch keine größere Ausbeute an Salpetersäure pro Kilowattjahr. Infolgedessen waren die SCHÖNHERR-Öfen in *Rjukan* in den letzten Jahren außer Gebrauch gesetzt.

Von den anderen Lichtbogenöfen nennen wir noch den von PAULING (14), der unter anderem bei *Trollhättan* in Schweden, in Innsbruck, in Norditalien und in Südfrankreich in Anwendung kam. Der elektrische Lichtbogen schlägt hier zwischen zwei hörnerartig gebogenen Eisenelektroden (Abb. 175) hinüber, wodurch sich ein fächerförmiger Flammenbogen bildet. Der Luftstrom wird an dem schmalen Ende desselben eingeleitet und strömt längs über die Flammenfläche. Trotz des guten Resultats der Stickstoffoxydation hat dieses System in der praktischen Salpetersäurefabrikation keinen dauernden Eingang finden können.

Um den Gehalt an Stickstoffoxyd zu erhohen, liegen verschiedene Vorschläge vor, so unter anderem eine mit Sauerstoff im voraus angereicherte Luft zur Oxydation zu benutzen (D.R.P. 265413 und Franz. P. 459746). Eine dauernde Verwendung haben diese Vorschläge jedoch nicht gefunden.

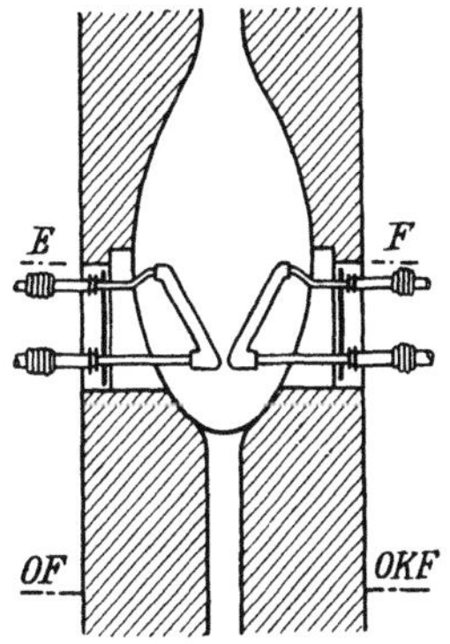

Abb. 175. Flammenofen von PAULING, schematisch.

4. Die Gewinnung des Kalksalpeters. Das oxydierte Luftgemenge, das nach der einen oder der anderen Methode gewonnen ist, muß möglichst schnell so weit abgekühlt werden, daß die Dissoziation des neugebildeten Stickstoffoxyds in umgekehrter Richtung des Bildungsprozesses, nämlich nach dem Schema

$$2NO \longrightarrow N_2 + O_2$$

gehindert wird. Sowohl beim BIRKELANDschen als auch beim SCHÖNHERR-Prozeß leitet man die Luftströmung im Verbrennungsofen so, daß die Temperatur beim Austritt aus dem Ofen schon auf 1000—800° C gesunken ist. Es ist aber immerhin noch ein bedeutender Wärmeüberschuß vorhanden, denn die weitere Oxydation des Stickstoffoxyds zu Superoxyd (N_2O_4) erfolgt erst bei weit niedrigerer Temperatur. Es wird deshalb der Wärmeüberschuß der abziehenden Ofengase zur Heizung einer Reihe von Dampfkesseln benutzt, deren eisernes Material bei der herrschenden Temperatur durch das Gasgemisch nicht angegriffen wird. Der hierdurch gewonnene Dampf genügt für alle Arten von Eindampfungen und für die Erwärmung der ganzen Fabrikanlage, so daß bei der ganzen in Frage kommenden Fabrikation überhaupt kein Verbrauch von Kohle oder anderem Feuerungsmaterial in Betracht kommt. Nachdem der Gasstrom die Kesselanlage

Abb. 176. Absorptionstürme aus Granitplatten.

passiert hat, ist dessen Temperatur auf 200—250° C gesunken. Er muß aber noch weiter bis auf 25—35° C herabgedrückt werden. Weil nun gewöhnliches Eisen bei einer so niedrigen Temperatur nicht genügend Widerstandsfähigkeit gegen das nicht ganz säurefreie Gasgemenge besitzt, benutzt man zur weiteren Abkühlung ein System von Röhrenkühlern aus Aluminium. Doch beabsichtigt man, das Aluminiummetall in diesen Apparaten künftig durch eine säurefeste Chrom-Nickel-Eisen-Legierung zu ersetzen.

Das Stickstoffoxyd ist jetzt fertig für die weitere Oxydation zu Superoxyd nach der bekannten Gleichung:

$$2\,NO + O_2 = N_2O_4\,.$$

Dieser Prozeß verläuft nun ganz spontan bei gewöhnlicher Temperatur in leeren Oxydationstürmen, die ursprünglich aus Holz oder Eisen verfertigt wurden und innen mit säurefesten Steinen ausgefüttert waren, später aber, wie die gleich unten zu besprechenden Reaktionstürme, aus Granitplatten gebaut wurden. Die weitere Überführung des Stickstoffsuperoxyds in Salpetersäure geschieht nun durch Umsetzung mit Wasser. Der Prozeß verläuft dann nach einer der zwei Gleichungen:

$$N_2O_4 + H_2O = NO_3H + NO_2H$$

oder

$$3NO_2 + H_2O = 2NO_3H + NO\,.$$

Nach der erstgenannten Gleichung geht die Reaktion namentlich bei *niedriger* Temperatur vor sich. Die so gebildete Salpetersäure wird zunächst auch noch salpetrige Säure enthalten. Insofern man diese nicht für die spezielle Nitritfabrikation besonders aufzuarbeiten beabsichtigt, wird sie im Laufe der weiteren Verarbeitung der Salpetersäure durch Einwirkung des atmosphärischen Sauerstoffs bald zum größten Teil zu Salpetersäure oxydiert werden. Nach der zweiten der obengenannten Umsetzungsgleichungen erfolgt die Reaktion hauptsächlich bei *etwas höherer*, d. h. gewöhnlicher Temperatur. Das hier gleichzeitig entstehende Stickstoffoxyd muß dann den eben beschriebenen Prozeß nochmals durchlaufen und schließlich durch Stickstoffsuperoxyd zu Salpetersäure oxydiert werden.

Bei der Ausbildung der Methode für den Großbetrieb stieß man zunächst auf große Schwierigkeiten, ein hinreichend widerstandsfähiges Material zu finden, das für den Bau von Absorptionstürmen, worin der Umsatz mit Wasser stattfindet, geeignet war. Man kam schließlich auf das norwegische Granitgestein. Aus schweren Granitplatten baute man achteckige Absorptionstürme von 23 m Höhe und 7 m Durchmesser (Abb. 176). Inwendig waren dieselben ursprünglich mit Quarzstücken, später mit Verteilungskörpern aus glasierter Schamottemasse gefüllt. Der aufsteigende Gasstrom begegnet dem über die Füllmasse niederströmenden Wasserstrom, und nach stattgefundener Reaktion fließt die neugebildete Säure in wäßriger Lösung unten ab. Durch Regulierung des Wasserstroms und Innehaltung einer passenden Temperatur kann der Prozeß so geleitet werden, daß die abfließende Säure so gut wie frei von salpetriger Säure ist. Die Säure passiert sukzessive drei nebeneinanderstehende Türme nach dem Gegenstromsystem und erreicht hiernach einen Gehalt von ca. 30% HNO_3, was für die Fabrikation von „Norgesalpeter" ausreichend ist. Doch gelingt es, durch besondere Verfahren den Gehalt auf wenigstens 98% hinaufzubringen.

Die gewonnene Salpetersäure wird nun mit Kalkstein umgesetzt (Abb. 177). Die Frage einer ökonomischen Verwendung des hierbei gleichzeitig entstehenden Kohlendioxyds zu lösen, ist bislang noch nicht gelungen. Die gewonnene Lösung von Calciumnitrat wird nunmehr mit der im Überschuß zur Verfügung stehenden Wärme eingedampft.

Im Anfang begnügte man sich, die Masse zur Krystallisation des Salzes $CaN_2O_6 + 4H_2O$ einzudampfen. Dasselbe hat einen theoretischen Gehalt von 11,8% N, 23,73% Kalk und 30,51% H_2O, ist aber so hygroskopisch, daß es für den Versand und sonstige praktische Verwendung nicht brauchbar ist.

Von den verschiedenen Verfahren zur Beseitigung dieses Übelstandes ist der Vorschlag zu nennen, der die zur Krystallisation eingedampfte Nitratlösung mit einem Überschuß von gebranntem Kalk vermengt. Der ungelöschte Teil des letzteren soll dann durch seine Hygroskopizität das Nitrat zunächst vor dem Zerfließen schützen. Doch bald wird das Calciumhydroxyd aus der Luft Kohlendioxyd anziehen. Das dadurch freigemachte Hydratwasser wird dem Nitrate zur Verfügung gestellt, und das „basischer Kalksalpeter" (11) genannte Präparat nimmt eine teigige Konsistenz an. Es wird hierdurch ganz ungeeignet zur Ausstreuung. Außerdem wird das Einmengen von überschüssigem Kalk den Stickstoffgehalt des Produkts stark herabdrücken. Die versuchsmäßig dargestellten Präparate dieser Ware enthielten nur 8—9% Stickstoff, und die Fabrikation wurde nicht fortgesetzt. Es ist überhaupt nicht in den Handel gekommen. Nichtsdestoweniger sind mitunter unangenehme Namensverwechslungen zwischen diesem Stoffe und dem gewöhnlichen „Norgesalpeter" (früher Kalksalpeter genannt) vorgekommen.

Ein schon etwas besseres Verfahren zur Erzielung eines „basischen Nitrats" ist von B. HALVORSEN und SCHLÖSING JUN. angegeben worden. Hiernach tritt das Stickstoffsuperoxyd-Gasgemenge, sowie es aus den Oxydationstürmen heraustritt, direkt mit Stücken aus gebranntem Kalk in Reaktion. Dieselbe verläuft nach der Gleichung:

$$CaO + 3NO_2 = Ca(NO_3)_2 + NO .$$

Man erhält auf diese Weise direkt ein brauchbares Präparat, den „*Schlösingsalpeter*" (12), mit einem Gehalt von ca. 14% Stickstoff und 8—10% freiem

Abb. 177. Lösung des Kalksteins in Salpetersäure.

Kalk. Man erspart hierbei die kostbaren Absorptionstürme sowie das Eindampfen der Salpeterlösung. Das bei der Reaktion zurückgebildete Stickstoffoxyd wird wieder in die Oxydationstürme hineingeleitet und zu Superoxyd oxydiert. Trotz der genannten Vorteile konnte der „Schlösingsalpeter" keine bleibende Bedeutung erlangen. Er ist kaum jemals im Großhandel erschienen.

Man gewinnt den im Handel üblichen Norgesalpeter durch Eindampfen der soweit neutralisierten Salpeterlösung, daß das auskrystallisierende Salz in seinem Krystallwasser schmilzt und die Lösung zu einer festen Masse mit einem Gehalt von ca. 13% Stickstoff (d. i. ca. 76—80% wasserfreiem Calciumnitrat entsprechend) erstarrt. Anfangs ließ man die so eingedickte Masse in Blöcken erstarren, die dann nach Abkühlung zu groben Körnern gemahlen wurden. Später wurde das Verfahren in der Weise verbessert, daß die hinreichend eingedampfte Lösung, die einen Siedepunkt von ca. 145° C besitzt, über große, inwendig gekühlte, langsam rotierende Metalltrommeln geleitet wurde. Die Salpetermasse erstarrt dann zu dünnen Blättern, die leicht abzuschaben sind und auf einer speziellen Mahlvorrichtung gekörnt werden. Um das Ausstreuen zu erleichtern und die wasseranziehende Oberfläche der Einzelkörner zu verringern, werden die feinsten pulverförmigen Anteile abgesiebt. Der fertige Norgesalpeter enthält dann nur sehr wenig Pulver von einer Körnergröße unterhalb 0,25 mm.

5. Die Eigenschaften des Kalksalpeters. Das fertige Produkt wurde früher sofort in dichten Holzfässern verpackt, die inwendig mit Papier ausgefüttert waren. Sie faßten 100 kg netto. Dieselben wurden in einer eigenen, mit der Salpeterfabrik verbundenen Emballagefabrik hergestellt. In der letzten Zeit ist doch diese Verpackung in Holzfässern eingestellt worden. Der Norgesalpeter wird heute automatisch in Mengen von je 100 kg in wasserdichte Säcke gefüllt. Letztere sind aus imprägnierter Jute verfertigt und inwendig mit einer Schicht von Kraftcellulose gefüttert. Es stellt sich dies sowohl in der Fabrikation, wie bei der Versendung billiger, auch spart man auf diese Weise sehr viel Lagerraum.

Der fertige Norgesalpeter bildet eine graue, körnige Substanz mit einem Gehalt von ca. 13 % Stickstoff. Er ist seiner Natur gemäß ziemlich hygroskopisch. Diese Eigenschaft hat er aber mit dem Chilesalpeter und anderen künstlichen Düngesalzen gemeinschaftlich, wenn auch in etwas höherem Grade. Bei der sorgfältigen Verpackung ist das Zerfließungsvermögen des Norgesalpeters aber

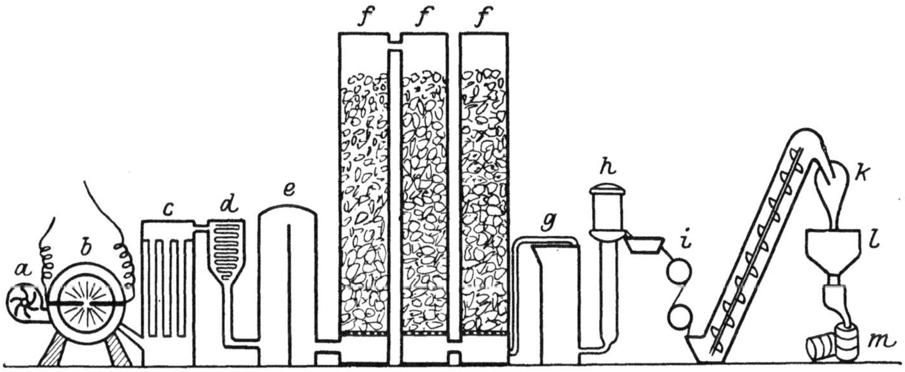

Abb. 178. Schematische Darstellung der Norgesalpeter-Fabrikation.
a = Luftzufuhr. *b* = BIRKELANDs Ofen. *c* und *d* = Kühlvorrichtung. *e* = Oxydationsturm. *f* = Absorptionstürme. *g* = Lösung des Kalksteins. *h* = Eindampfung der Salpeterlauge. *i* = Gekühlte Erstarrungstrommel. *k* und *l* = Körnung und Sieben. *m* = Verpackung.

durchaus nicht so groß, daß es der praktischen Verwendung in irgendwelcher Weise hindernd entgegensteht. Voraussetzung ist nur, daß die Ware nicht gerade während des Transportes oder der Aufbewahrung der Nässe ausgesetzt ist (18).

Um dennoch die Zerfließbarkeit des Salpeters etwas zu vermindern, wurde von E. COLLETT vorgeschlagen, den Norgesalpeter mit der äquivalenten Menge von Ammoniumsulfat zu vermengen, wobei folgende Reaktion vor sich geht:

$$Ca(NO_3)_2 + (NH_4)_2SO_4 = CaSO_4 + 2NH_4NO_3 .$$

Der hierbei entstehende Gips schützt durch seine Wasseranziehung das Produkt gegen Zerfließen, und der Stickstoffgehalt des Produkts liegt bedeutend höher als bei dem unvermengten Norgesalpeter. Selbst bei vollständiger Sättigung des Gipses mit Krystallwasser wird das Gemenge $CaSO_4 + 2H_2O + 2NH_4NO_3$ einen Gehalt von mehr als 16,7 % Stickstoff aufweisen. Obgleich sich in der Tat ergab, daß die versuchsweise dargestellten Produkte dieses „*Sulfatnitrats*“ (13) sich besser trocken hielten als der unvermengte Norgesalpeter, so hat diese Fabrikationsweise doch keinen Eingang gefunden.

Von einer Verunreinigung des Norgesalpeters mit pflanzenschädlichen Substanzen kann unter normalen Betriebsverhältnissen kaum die Rede sein. Freilich zeigten die ersten Kulturversuche, die H. G. SÖDERBAUM in Stockholm mit den allerersten Produkten von Norgesalpeter vornahm, eine deutliche Giftwirkung auf das Pflanzenwachstum, die sich auf einen Gehalt des Präparats an Blei zurückführen ließ. Die Bleirohrleitungen, durch welche die Salpeterlösung in der Fabrik geleitet worden war, wurden daraufhin sofort durch glasierte Tonröhren ersetzt. Der giftige Bleigehalt trat infolgedessen nicht mehr auf (20).

Dagegen war allerdings zu befürchten, daß die salpetrige Säure, die gleichzeitig mit der Salpetersäure bei der Umsetzung des Stickstoffsuperoxyds mit Wasser entsteht, dem Norgesalpeter einen Gehalt von *Nitrit* geben kann. Das Nitrit ist aber als ein ausgesprochenes Pflanzengift anzusehen. Sowohl M. GERLACH (6) wie O. KELLNER (7) fanden, daß das Nitrit die Keimung stark verzögert. Ich selbst konnte nachweisen, daß ganze Kulturen durch Nitritdüngung vollkommen getötet werden. Einige von BASTIAN LARSEN und HÖNNINGSTAD (22) ausgeführten norwegischen Feldversuche konnten dies ja doch nicht bestätigen. A. STUTZER (21) fand sogar, daß kleine Mengen von Nitrit einen stimulierenden Einfluß auf die Vegetation ausüben, was von H. G. SÖDERBAUM (2) bestätigt wurde. Ich selbst fand in 1907 (17) bei Gefäßversuchen teils mit Hafer, teils mit Thimothee, daß ein Gehalt bis zu 5 % Nitrit in der Salpeterdüngung keinen Schaden auf den Ernteertrag ausübte. Erst bei einem Gehalte von 8 % Nitrit oder mehr in der bei den Versuchen angewendeten ziemlich großen Salpetermenge trat eine Giftwirkung ein. W. SCHNEIDEWIND hat sich gegen eine Giftwirkung des Nitrits unter praktisch auftretenden Verhältnissen ausgesprochen (16).

Während man je Kilowattjahr nach der BIRKELANDschen Methode 110 kg Atmosphärenstickstoff an Sauerstoff zu binden vermag, läßt sich bei derselben Energieverwendung durch den HABER-Prozeß 445 kg Stickstoff an Wasserstoff binden. Diese Erkenntnis ist der Grund, daß die Fabrikation von synthetischem Salpeter in nächster Zukunft in eine neuen Phase übergehen wird.

Nach dem 1928 zwischen *Norsk Hydro-Elektrisk Kvälstof Aktieselskap* und der *Badischen Anilin- und Soda-Fabrik* abgeschlossenen Vertrag, arbeiten diese beiden Gesellschaften zusammen. Die hier besprochene Gewinnungsweise des Calciumnitrats aus Salpetersäure, die durch direkte Oxydation des Luftstickstoffs gewonnen wird, dürfte nach und nach durch andere und neuere, teilweise indirekte Methoden abgelöst werden. Namentlich beabsichtigt man den Stickstoff nach dem *Haberprozeß* an Wasserstoff zu binden und das so erzielte Ammoniak in Salpetersäure überzuführen. Dieser Wechsel des Fabrikationsverfahrens ist in den norwegischen Fabriken schon im Gange. Der nach der neueren Methode gewonnene Salpeter wird auch weiterhin den Namen „*Kalksalpeter*“ führen. Er wird in umkrystallisierter Form mit reiner weißer Farbe gewonnen. Sein Stickstoffgehalt wird durch Zusatz von etwas Ammoniumnitrat auf den Gehalt des Chilisalpeters gebracht, d. h. auf 15,5 %. Vielleicht schon binnen Jahresfrist wird die alte Norgesalpeterfabrikation nur eine interessante aber nicht weniger bedeutungsvolle historische Episode in der modernen chemischen Industrie sein.

6. Erzeugung und Verbauch von Kalksalpeter. Wir geben nachstehend in der Tabelle 1 eine statistische Übersicht über die Produktion von Norgesalpeter seit dem Beginn der großindustriellen Darstellung desselben und außerdem den Verbrauch in Norwegen selbst an. Jedes der einzelnen Berichtsjahre geht vom 1. Juli bis zum 30. Juni.

Die einheimische Darstellung von Norgesalpeter hatte für Norwegen die Bedeutung, daß die Einfuhr von Chilesalpeter nach Norwegen, die 1908 einen Höchstimport von 1616 t erreichte, bald gänzlich aufhört.

Tabelle 2 zeigt den Verbrauch von Norgesalpeter für eine Reihe von anderen Ländern. In den meisten Fällen war der Verbrauch steigend, teilweise sogar sehr stark. Deutschland, das anfangs der größte Abnehmer war, hat den Import von Norgesalpeter ganz aufgegeben, nachdem es selbst den Luftstickstoff zu Düngemitteln verarbeitet.

Tabelle 1.
Produktion von Norgesalpeter, nebst dessen Verbrauch im Inlande (Norwegen).

Jahr (1. 7.—30. 6.)	Produktion t	Verbrauch im Inlande t	Jahr (1. 7.—30. 6.)	Produktion t	Verbrauch im Inlande t
1904/1905 . . .	410	8	1917/1918 . . .	88212[1]	34571
1905/1906 . . .	731	325	1918/1919 . . .	83821[1]	29431
1906/1907 . . .	2050	216	1919/1920 . . .	147536	47138
1907/1908 . . .	9173	470	1920/1921 . . .	128814	17309
1908/1909 . . .	12616	970	1921/1922 . . .	156081	18389
1909/1910 . . .	13302	1869	1922/1923 . . .	162628	22538
1910/1911 . . .	7772	1971	1923/1924 . . .	142631[2]	20679
1911/1912 . . .	28326	3811	1924/1925 . . .	189964	23385
1912/1913 . . .	77152	5347	1925/1926 . . .	179529	21209
1913/1914 . . .	75915	6301	1926/1927 . . .	159206	20692
1914/1915 . . .	66378	9561	1927/1928 . . .	173389	23663
1915/1916 . . .	44734[1]	451	1928/1929 . . .	141654	25087
1916/1917 . . .	46777[1]	8900			

Tabelle 2. Verbrauch von Norgesalpeter in t.

	1913	1920	1925	1928
Dänemark	4500	50200	79300	62000
Ägypten	17	900	10500	10200
Finnland	3100	400	4500	4800
Frankreich	6000	9600	11300	10400
Polen	0	0	2500	6000
Schweden	0	18600	13600	15200
Deutschland . . .	90000	2600	15	2

Tabelle 3. Preis des Kiloprozentes Düngestickstoff im Norgesalpeter ab Lager.

1909 . .	1,60 Kronen je 1 kg Stickstoff		1923 . .	2,14 Kronen je 1 kg Stickstoff
1911 . .	1,11 „ „ 1 „ „		1925 . .	2,69 „ „ 1 „ „
1913 . .	1,20 „ „ 1 „ „		1927 . .	1,40 „ „ 1 „ „
1919 . .	1,74[3] „ „ 1 „ „		1930 . .	1,13 „ „ 1 „ „
1921 . .	2,97 „ „ 1 „ „			

Die Preise beziehen sich auf norwegische Kronen und stellen diejenigen dar, zu denen der Salpeter an die norwegische Landwirtschaft abgegeben wurde.

Literatur.

(1) CAVENDISH: Philosophical Transactions S. 370 (1785).

(2) DAVY: Chemical and philosophical researches concerning nitrous oxyde. London 1800. — (3) DONATH, E., u. K. FRENZEL: Die technische Ausnutzung des atmosphärischen Stickstoffes, S. 153. Leipzig und Wien 1907. — BRION, G.: Luftsalpeter. Slg. Göschen S. 95—127 (1912). — (4) D.R.P. Nr 201279. — U. S. A. Pat. Nr 1032782. — ETZ **1909**, 365 bis 368 u. 397—401. S. auch (14) PAULIN S. 112—121.

(5) Engl. Patent Nr 8230 (1901). — HABER, F.: Mitteilungen über das Verfahren von BRADLEY u. LOVEJOY. Z. Elektrochem. **1903**, 381.

(6) GERLACH, M.: Illustr. Landw. Ztg **1909**, Nr 97.

(7) KELLNER, O.: Landw. Versuchsstat. **72**, 311 (1910).

(8) NERNST, E.: Z. anorg. u. allg. Chem. **45**, 126 (1905); **49**, 213 (1906). — (9) NEUBURGER: Die Verwendung des Luftstickstoffs. Z. angew. Chem. **1905**, 1841. — (10) Norw. Pat. Nr 13240, 13280. — D.R.P. 170585, 179825, 179882, 214445. — Tekn. Ukeblad, S. 497—511. Kristiania 1905. — Elektrochemische Technik **1906**, H. 48. — Transactions of the Faraday Society. London 906. — Z. Elektrochem. **1905**, 252. — (11) Norweg.

[1] In den Jahren 1915—1918 wurde wesentlich Ammoniumnitrat produziert.
[2] Geringere Produktion infolge zeitweisen Nichtarbeitens.
[3] Der Preis war durch Staatszuschuß ermöglicht.

Pat. Nr 13770. — (12) Norweg. Pat. Nr 19145 (1906) und 18875 (1907). — (13) Norweg. Pat. Nr 16206.

(14) Pauling: Elektrische Luftverwertung, S. 62—85. Halle a. S. 1929. — (15) Priestley: Philosophical Transactions, S. 473 (1788).

(16) Schneidewind: Arbeiten der Deutschen landwirtsch. Gesellschaft, H. 127. Berlin 1912. — (17) Sebelien, John: Læen om Gjödsel I, S. 114—115. Kristiania 1916. — (18) Sebelien, John: Fröi, Nr 19, S. 93. Kristiania 1906. — Hals, S.: Norsk Landmandsblad **1906**, Nr 12, 149. — Feilitzen, Hj. v., u. Ivar Lugner: Chemiker Ztg **1911** und Fühlings Landw. Ztg **1911**, 563. — (19) Söderbaum: Meddelande no. 25 från Centralanstalten för Jordbruksförsök, S. 13. Stockholm 1810. — (20) Söderbaum: Meddelande no. 99 från kungl. lantbruksakademiens experimentalfält. Stockholm 1916. — (21) Stutzer: J. Landw. **54**, 125 (1906).

(22) 18 årsberetning fra Norges Landbrukshöiskoles akervekstforsök, S. 77—79. Kristiania 1907.

γ) Synthetische Salpeterdünger.

Von

Dr. **H. Rötger**

Ludwigshafen a. Rh.

Mit 10 Abbildungen.

1. Ammoniakoxydation. Weitaus der größte Teil der Salpeterdünger oder Nitrate wird jetzt in Deutschland durch katalytische Oxydation des Ammoniaks zu Stickoxyden und Salpetersäure gewonnen. Während die Herstellung des synthetischen Ammoniaks bei Kriegsausbruch bereits in industriellem Maßstabe von der Badischen Anilin- u. Sodafabrik in ihrem Werk Oppau durchgeführt wurde, mußten die für Landwirtschaft und Sprengstoffindustrie gleich wichtigen Nitrate fast ausschließlich aus dem Auslande eingeführt werden. Allerdings existierte bereits damals eine kleine Anlage auf der Zeche Lothringen bei Gerthe im Ruhrgebiet, die Salpetersäure durch Oxydation von Ammoniak herstellte. Sie hatte jedoch mit den größten Schwierigkeiten zu kämpfen, um gegenüber dem Norgesalpeter und dem ständig im Preise sinkenden Chilesalpeter konkurrenzfähig zu bleiben. Diese Verhältnisse kennzeichnen wohl am deutlichsten, wie völlig unvorbereitet Deutschland in den Weltkrieg eingetreten ist, und widerlegen aufs schlagendste die von unseren ehemaligen Gegnern wiederholt aufgestellten Behauptungen, daß unsere glänzend organisierte und vorbereitete chemische Industrie Deutschland in den Krieg getrieben hätte.

Die Oxydation des Ammoniaks mit Hilfe von Sauerstoff oder Luft ist bereits vor langen Jahren wissenschaftlich studiert worden. An der Luft verbrennt Ammoniak weitgehend zu Stickstoff und Wasserdampf:

$$4NH_3 + 3O_2 = 2N_2 + 6H_2O. \quad (1)$$

In Gegenwart geeigneter Katalysatoren kann jedoch unter bestimmten, begrenzten Bedingungen die Reaktion vorwiegend zur Bildung von Stickoxyd (NO) führen. Diese läßt sich etwa durch folgende Bruttoformel ausdrücken:

$$4NH_3 + 5O_2 = 4NO + 6H_2O + 216\ \text{Cal}. \quad (2)$$

F. Kuhlmann (22) beschreibt zum erstenmal ausführlicher diese Reaktion. Beim Überleiten von feuchtem Ammoniakgas und Luft über erhitzten Platinschwamm erhielt er Salpetersäure und salpetrige Säure. Die Reaktion setzte bei 300° ein und war so heftig, daß der Schwamm sich zur Rotglut erhitzte. Schönbein (35) brachte Ammoniak-Luftgemische mit Kupfer, Eisen und Platin in Berührung. Mit Platindraht und feinverteiltem Kupfer konnte er die Bildung von Nitrit schon bei gewöhnlicher Temperatur nachweisen.

Großes Interesse bestand für dieses Verfahren nicht, da, wie schon angedeutet, ein Bedürfnis nach Herstellung von Salpetersäureverbindungen auf chemischem Wege im Hinblick auf die riesigen Salpetervorräte in Chile nicht vorlag. Um die Jahrhundertwende änderte sich plötzlich das Bild, als eine Anzahl von Autoritäten, u. a. der englische Gelehrte W. CROOKES, auf die drohende Erschöpfung der Salpeterlager hinwies. Dieser Mahnruf rückte das Problem der künstlichen Gewinnung von Salpetersäure nunmehr in gleicher Weise in den Vordergrund des Interesses, wie er die Bestrebungen zur Herstellung synthetischen Ammoniaks anregte. W. OSTWALD gebührt das Verdienst, auf den Arbeiten KUHLMANNS und SCHÖNBEINS fußend, in sorgfältigen Untersuchungen die besten Bedingungen für den Prozeß ausgearbeitet zu haben. Er gibt eine ganze Reihe wirksamer Katalysatoren an, außer den Metallen der Platingruppe unter anderem auch die Oxyde des Bleis, Silbers, Eisens, Chroms und Nickels (28). Platin schien jedoch als Kontaktsubstanz besonders günstige Eigenschaften zu besitzen, insbesondere, wenn die Berührungsdauer des Gasgemisches am Katalysator sehr kurz gewählt wurde. Aus diesem Grunde leitet W. OSTWALD das Ammoniak-Luftgemisch mit großer Geschwindigkeit über Platindrähte oder perforierte Platinfolie bei Rotglut. Die Bildung von Stickstoff wird bei dieser Arbeitsweise weitgehend zurückgedrängt.

Nach diesen Vorarbeiten richtete W. OSTWALD mit E. BRAUER die erste in technischem Maßstab arbeitende Anlage auf der Zeche Lothringen in Gerthe i. W. ein, die seit 1908 in Betrieb ist und z. T. noch heute die von ihm angegebenen Ofenkonstruktionen verwendet. Das Ammoniak-Luftgemisch, das aufs sorgfältigste von Staub befreit sein muß, wird von unten durch den äußeren ringförmigen Raum zweier konzentrisch ineinandergestellter Rohre geleitet (Abb. 179) (29). Das Gasgemisch wird durch Berührung der inneren Ofenwandung vorgewärmt, streicht dann von oben durch das innere Rohr von kleinerem Durchmesser und passiert an dessen oberem Ende eine Platinspirale, deren Temperatur durch die Reaktionswärme ohne zusätzliche Heizung auf etwa 600° gehalten wird. Man erreicht unter diesen Umständen bei einmaligem Durchgang der Gase eine etwa 90—96proz. Umsetzung des Ammoniaks zu Stickoxyden. Die geringen Mengen Stickstoff, die sich im Reaktionsgemisch nachweisen lassen, entstehen z. T. durch Umsetzung von Ammoniak mit Stickoxyd. Das Verfahren ist später von A. R. FRANK und N. CARO modifiziert worden (19). Die Patentschrift beschreibt die Verwendung von Platindrahtnetzen, die als Widerstand in einen elektrischen Stromkreis eingeschaltet sind und auf diese Weise regulierbar geheizt werden können. Das Verfahren wurde in größerem Maßstab während des Krieges mit Unterstützung der Bamag (Berlin-Anhaltische Maschinenbau AG.) technisch durchgebildet. Die Öfen enthalten mehrere Platindrahtnetze übereinander und haben eine viereckige Form, die eine besonders betriebssichere Befestigung des Kontaktes gestattet. Auch hier war zunächst zusätzliche elektrische Heizung erforderlich, obwohl die Oxydationsreaktion mit außerordentlich hoher Wärmetönung verläuft (je Mol. Ammoniak über 50 Calorien!).

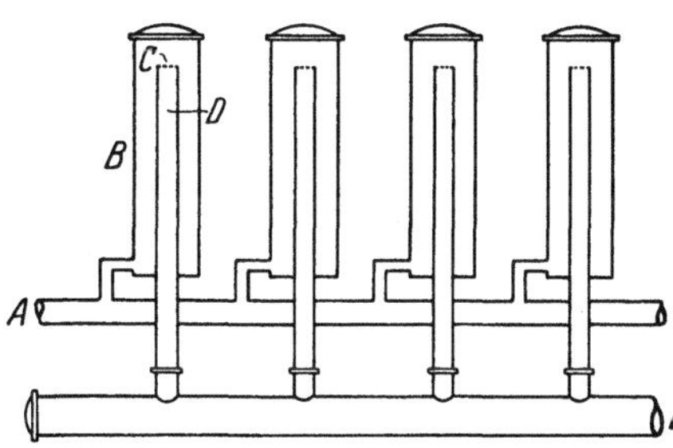

Abb. 179. Ammoniakoxydation. (Nach W. OSTWALD.)
A Eintritt des Ammoniak-Luftgemisches. *B* Äußerer Eisenmantel. *C* Platinkontakt. *D* Inneres Nickelrohr. *E* Aluminiumleitung für die nitrosen Gase. (Nach PARTINGTON.)

Ähnliche Ofentypen wurden in mehreren hundert Einheiten in der amerikanischen Stickstoffanlage in Muscle Shoals aufgestellt (17), sind dort jedoch bisher nur kurze Zeit in Betrieb gewesen.

Die kleine Anlage in Gerthe konnte natürlich den in der Kriegszeit gestellten Anforderungen bei weitem nicht genügen. Sind doch die Nitrate das tägliche Brot der Sprengstoffindustrie, und die geringen Chilesalpetervorräte — es lagerten bei Kriegsausbruch höchstens 50000 t innerhalb der deutschen Zollgrenzen — waren bald verbraucht. Die dringlichste Aufgabe war nunmehr die Schaffung einer Großfabrikation, für die glücklicherweise in der Oppauer Ammoniakanlage bereits eine Rohstoffgrundlage vorhanden war. Mißlich schien es dagegen zunächst um die anzuwendende Methode zu stehen. Platin in den für die geplante Fabrikation erforderlichen Mengen war nicht zu beschaffen. Hier kam jedoch zustatten, daß bereits vor dem Kriege von der Badischen Anilin- und Sodafabrik die Wirksamkeit anderer, leicht zugänglicher Materialien systematisch untersucht und laboratoriumsmäßig ein Verfahren ausgearbeitet worden war, das ebenso gute Resultate lieferte wie die mit Platinkontakten arbeitenden. Sehr wertvoll waren bei diesen von A. MITTASCH und CHR. BECK auf Veranlassung von C. BOSCH durchgeführten katalytischen Arbeiten die Ergebnisse der Kontaktstudien, die bei der Entwicklung der Synthese des Ammoniaks und der Wasserstoffgewinnung aus Wassergas gemacht worden waren. A. MITTASCH und CHR. BECK fanden, daß die katalytische Wirksamkeit der schon von W. OSTWALD vorgeschlagenen Metalle der Eisengruppe erheblich gesteigert wurde, wenn man ihnen Wismut oder dessen Verbindungen zusetzte (3). Mit größter Eile wurde nunmehr in Oppau die Fabrikation auf dieser Grundlage eingerichtet. Hierbei war von großem Vorteil die Reinheit des synthetischen Ammoniaks, weil sich dadurch zeitraubende Versuche über eine geeignete Vorreinigung der Gase erübrigten, die bei Verwendung von Kokereiammoniak und namentlich dem aus Kalkstickstoff gewonnenen Ammoniak unbedingt hätten angestellt werden müssen. 1915 war das Verfahren so weit durchgebildet, daß es in großem Maßstab ausgeführt werden konnte. Im wesentlichen hat sich seitdem bis heute im Fabrikationsgang nichts geändert

Das synthetische Ammoniakgas wird mit etwa der 10—12fachen Luftmenge in großen Turbogebläsen gemischt (Abb. 180, Nr. 1). Die Luft ist durch sorgfältige Filtration weitgehend von Staub befreit. Das Gemisch wird zunächst in Wärmeaustauschern durch die den Kontakt verlassenden, heißen nitrosen Gase vorgewärmt und tritt in große Ofenkammern (Abb. 181), die mit einem für die heißen Gase unangreifbaren Material, z. B. mit Kieselsäure, ausgekleidet sind (4). In diesen Kammern ist der Kontakt in verhältnismäßig dünner Schicht gleichmäßig auf Siebplatten ausgebreitet. Der Ofenraum ist so groß gehalten, daß die Wärmestrahlung der rotglühenden Kontaktschicht ausreicht, um das auf etwa 300—400° vorgewärmte Gas vor dem Berühren des Kontaktes auf etwa 500° aufzuheizen (5). Die durch Verteilungskörper über den ganzen Ofenquerschnitt gleichmäßig gehaltene (6) Gasgeschwindigkeit und die Temperatur (ca. 600°) sind so gewählt, daß etwa 95% des Ammoniaks zu Stickoxyd umgesetzt werden. Der Rest des Ammoniaks zerfällt zu Stickstoff und Wasserdampf. Die bei der Reaktion auftretende Wärme wird zur Erzeugung von Wasserdampf benutzt, wobei sich die Reaktionsgase bereits stark abkühlen.

Die zweite Phase des Prozesses spielt sich unter ganz anderen Bedingungen ab. Zunächst muß das Stickoxyd unter Aufnahme von Sauerstoff Stickstoffdioxyd bilden. Diese Reaktion ist gegenüber der ersten Stufe nur schwach exotherm:

$$2NO + O_2 = 2NO_2 + 33{,}4 \text{ Cal.} \qquad (3)$$

Das Stickstoffdioxyd seinerseits bildet mit Luftsauerstoff und Wasser nach:

$$4NO_2 + O_2 + 2H_2O = 4HNO_3 + 76 \text{ Cal.} \quad (4)$$

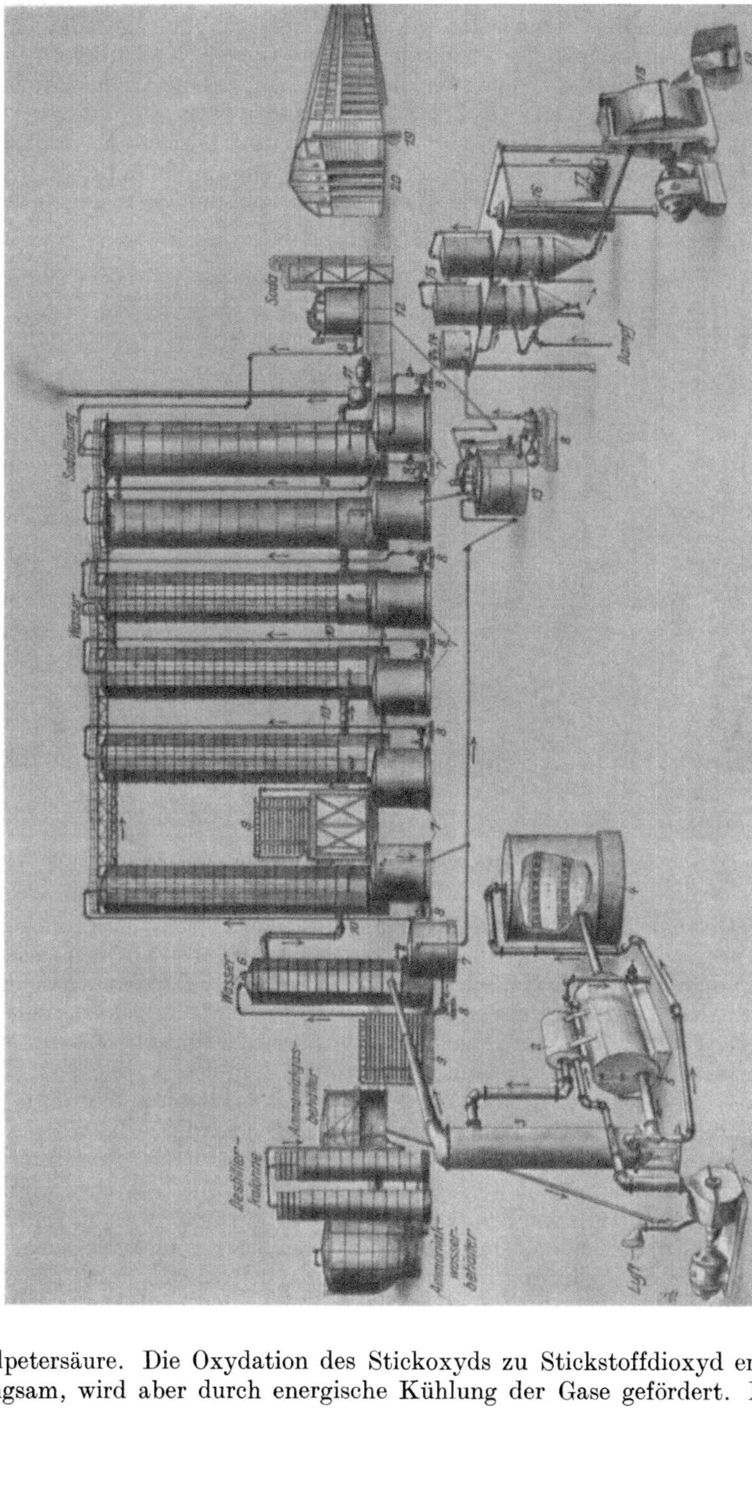

Abb. 180. Schema der Ammoniakoxydation und der Gewinnung von Natronsalpeter nach dem Verfahren der B. A. S. F.
1 Turbogebläse. 2 Vorwärmer. 3 Regenerator. 4 Kontaktofen. 5 Abwärmedampfkessel. 6 Kühlturm. 7 Ablaufgefäß. 8 Laugepumpe. 9 Kühler. 10 Absorptionstürme. 11 Gebläse. 12 Sodalösegefäß. 13 Rührgefäß. 14 Hochbehälter. 15 Verdampfer. 16 Kondensator. 17 Vakuumpumpe. 18 Zentrifuge. 19 Salztransportanlage. 20 Silo.

Salpetersäure. Die Oxydation des Stickoxyds zu Stickstoffdioxyd erfolgt sehr langsam, wird aber durch energische Kühlung der Gase gefördert. Man kann hierbei zwei Wege einschlagen. Entweder kühlt man die Gase für sich allein, wobei das nach Gleichung 2 gebildete und sich abscheidende Wasser bereits mit den Stickoxyden nach obiger Gleichung 4 Salpetersäure bildet, oder man kühlt durch Berieseln der feuchten Stickoxyde mit kalter verdünnter Salpetersäure. Zur vollständigen Oxydation der ganzen Stickoxydmenge sind in Anbetracht der Langsamkeit der Reaktion $2\,NO + O_2 = 2\,NO_2$ außerordentlich große Räume erforderlich. In Oppau besteht die Anlage aus einer Reihe 25 m hoher Türme aus säurefesten Steinen (Abb. 182). In ihnen werden die nitrosen Gase, untermischt mit Luft, von Turm zu Turm geführt und hierbei mit verdünnter Säure im Gegenstrom berieselt. Da auch die Salpetersäurebildung aus Stickstoffdioxyd, Luftsauerstoff und Wasser Wärme entwickelt, muß die in den einzelnen

Abb. 181. Werk Oppau: Ammoniak-Oxydation, Kontaktöfen.

Türmen entstehende Säure wieder in Rieselanlagen gekühlt werden, bevor sie dem nächsten Turm zugeführt wird. Die Säure, die mit den frischen nitrosen Gasen in Berührung kommt, ihnen also im ersten Turm — im Sinne der Strömungsrichtung der Gase gesehen — entgegenrieselt, ist bis auf etwa 45% Salpetersäuregehalt angereichert. Die letzten Anteile der Stickoxyde lassen sich durch Wasser nicht vollständig absorbieren. Infolgedessen werden die hinteren Türme mit Sodalösung beschickt, die bei der Herstellung des Ammoniumchlorids anfällt (s. S. 466). Die ausgenutzten Restgase werden durch Ventilatoren ins Freie befördert.

Die Verwendung von Platin als Kontaktsubstanz bei der Oxydation des Ammoniaks hat in letzter Zeit wieder Boden gewonnen. Als besonders wirksam wird neuerdings vom Du-Pont-Konzern eine Legierung von Platin und Rhodium empfohlen (30). Daneben sind eine große Anzahl neuer Kontaktkombinationen vorgeschlagen worden[1]. In den meisten Fällen handelt es sich dabei aber nur um Laboratoriumsversuche, bei denen die wichtige Frage der Lebensdauer des vorgeschlagenen Kontaktes nur selten untersucht wurde. Die Wirksamkeit des Eisen-

[1] Siehe auch die Zusammenstellung von B. WAESER (39).

Wismut-Kontaktes der Badischen Anilin- und Sodafabrik ist von B. NEUMANN und H. ROSE untersucht worden (24). Diese fanden, daß bei Zusatz von 4% Wismut zu Eisenoxyd die optimale Umsetzungstemperatur von 700° auf 550—600° sinkt, wobei die Ausbeute auf 95% ansteigt. Die Raumzeitausbeute, d. h. die in der Zeiteinheit bei gegebenem Ofenquerschnitt mit bestimmter Gasgeschwindigkeit erzielbare Stickoxydmenge, soll jedoch geringer sein als bei Verwendung von Platin.

C. TONIOLO hat vorgeschlagen (37), durch stärkeres Kühlen der nitrosen Gase, z. B. auf Temperaturen unter 0°, die Salpetersäurebildung erheblich zu beschleunigen, so daß die gleiche Leistung mit kleineren Oxydationsräumen erzielt werden kann. Aus diesen Erwägungen heraus werden die nitrosen Gase in der großen Oxydationsanlage der Davison Chemical Co. in Curtis Bay (USA.) durch Verdampfen von Ammoniak gekühlt (27). Der hierbei erzielte Vorteil dürfte

Abb. 182. Salpetersäurefabrik Oppau: Absorptionstürme.

jedoch durch den erheblichen Mehraufwand an Kühlenergie wieder zunichte gemacht werden.

Aussichtsreich erscheint gerade im Hinblick auf die Verkleinerung der Oxydationsräume die Durchführung der Reaktion bei erhöhtem Druck. Eine solche Anlage ist seit einiger Zeit im Leunawerk der I. G. Farbenindustrie in Betrieb. Auch G. FAUSER hat ein solches Verfahren durchgearbeitet (18). Auf der im Jahre 1928 abgehaltenen Internationalen Stickstoffkonferenz führte er aus, daß die Leistung des Kontaktes mit dem Druck stark ansteigt. Ein wesentlicher Vorteil des Arbeitens unter Druck sind die erheblich kleineren Räume, die zur Oxydation der Stickoxyde erforderlich sind. Wie G. FAUSER angibt, reicht bei 5 Atm. bereits der zwanzigste Teil der unter gewöhnlichem Druck erforderlichen Räume zur Erzielung des gleichen Wirkungsgrades aus. Auch die Oxydationsgeschwindigkeit soll bei erhöhtem Druck nicht unwesentlich steigen. Ein besonderer Vorteil dürfte darin liegen, daß eine stärkere Säure erzielbar ist.

Abb. 183 zeigt das Schema einer Absorptionsanlage nach G. FAUSER. Luft und Ammoniak werden bei M und N angesaugt, in A gemischt und in einem

Kompressor B auf 5 Atm. komprimiert. Das komprimierte Gasgemisch wird in C durch Filter von festen Bestandteilen befreit und gelangt in den kugelförmigen Kontaktofen D. Die dort entstandenen nitrosen Gase geben in E ihre Wärme an die Restgase ab, die aus der Absorptionsapparatur stammen. Diese werden ihrerseits im Kompressor dem frischen Gasgemisch beigemengt. Die gekühlten nitrosen Gase treten, immer unter Beibehaltung des hohen Druckes, in einen Kühler F, wo das Reaktionswasser kondensiert wird und sich in Form von verdünnter Salpetersäure in den Abstreifern I sammelt. Der noch nicht absorbierte Anteil der nitrosen Gase tritt in die Oxydationsräume H ein, in denen die Umwandlung von NO in NO_2 stattfindet. Die oxydierten Gase durchstreichen alsdann von unten nach oben die Gegenstromkolonne L, die mit der in I kondensierten, verdünnten Säure berieselt wird. Die Gegenstromkolonne ist stark gekühlt, wodurch die Absorption intensiver gestaltet wird. Eine ca. 65proz. Salpetersäure läuft am Boden der Kolonne ab. Die Kolonne P dient zur Erzeugung weiterer Salpetersäure aus den in L bei der tiefen Temperatur gelösten Stickstoffperoxydmengen. Es geschieht dies durch Erwärmen der konzentrierten Säure auf etwa 40—50° unter Beigabe von Luftsauerstoff (bei Q zugeführt). Die das Absorptionssystem verlassenden Restgase erwärmen sich in E auf etwa 300° im Wärmeaustausch mit den heißen katalysierten Gasen und geben die in ihnen enthaltene Wärme- und Kompressionsenergie in dem Entspannungsapparat S, der mit dem Kompressor gekuppelt ist, für die Kompression des Frischgases ab. Die mit der Säure in Berührung stehenden Wandungen der Anlage bestehen aus kohlenstoffarmen, chromierten Stählen.

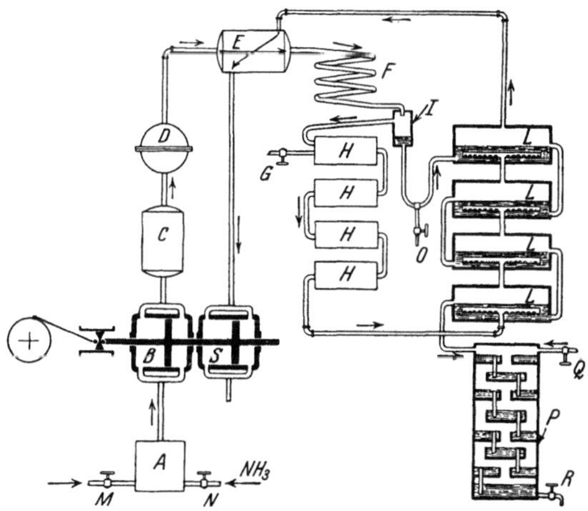

Abb. 183. Ammoniakoxydation unter Druck nach G. FAUSER. (Aus Chem. Metallurg. Engg. 35.)

Im Hinblick auf die großen, bei der Wasserstoffgewinnung durch Elektrolyse anfallenden Sauerstoffmengen liegt es nahe, die Oxydation des Ammoniaks, z. B. in Norwegen, mit Sauerstoff vorzunehmen (16). Man erhält auf diesem Wege ebenfalls eine stärkere Säure, auch bei gewöhnlichem Druck, gegenüber der Oxydation mit Luft. Ein Hindernis für die technische Ausgestaltung dieses Verfahrens liegt jedoch in der gesteigerten Explosionsgefahr.

In dem an die I. G. Farbenindustrie verpachteten Werke Piesteritz wurde zeitweise zur Oxydation Ammoniak verwendet, das durch Behandeln von Kalkstickstoff mit Wasserdampf gewonnen wurde. Hierbei ist jedoch in Anbetracht der Verunreinigungen, die das auf diesem Wege gewonnene Ammoniak aufweist (u. a. Schwefelwasserstoff, Mercaptane, Phosphorverbindungen), eine sorgfältige Vorreinigung erforderlich (14).

Um die theoretische Erforschung der bei der katalytischen Salpetersäuregewinnung aus Ammoniak in Frage kommenden Oxydationsreaktionen haben sich in erster Linie M. BODENSTEIN (15), F. RASCHIG (32) und L. ANDRUSSOW (2) verdient gemacht. Der Reaktionsmechanismus ist jedoch bisher noch nicht völlig aufgeklärt.

2. Natronsalpeter (Natriumnitrat) ($NaNO_3$). Ein Teil der durch Ammoniakoxydation erzeugten Salpetersäure wird in den Werken der I. G. Farbenindustrie AG. durch Neutralisation der Säure mit Soda auf Natriumnitrat verarbeitet. Die Fabrikation ist in Oppau gekuppelt mit der Herstellung von Natriumnitrit, einem wichtigen Zwischenprodukt der Farbstoffindustrie. Bei der Absorption der Nitrose durch alkalische Flüssigkeiten entsteht nämlich nach der Gleichung

$$2NO_2 + Na_2CO_3 = NaNO_3 + NaNO_2 + CO_2.$$

zu gleichen Teilen Natriumnitrat und Natriumnitrit. Tatsächlich wird bei dieser alkalischen Absorption der Stickoxyde weit mehr Nitrit gebildet, als nach obiger Beziehung zu erwarten ist. Denn die in den letzten Absorptionsstufen stark verdünnten Stickoxyde werden überwiegend nur zu N_2O_3 oxydiert, und dieses bildet mit Soda nach der Gleichung

$$N_2O_3 + Na_2CO_3 = 2NaNO_2 + CO_2$$

ausschließlich Nitrit.

Die Natriumnitrit und -nitrat enthaltende Lösung wird filtriert und so weit eingedampft, bis der größte Teil des Nitrits, das schwerer löslich ist als das Nitrat, abgeschieden ist und die Mutterlauge etwa die Zusammensetzung 1 Teil Nitrat auf 2 Teile Nitrit besitzt. Die Mutterlauge wird mit Salpetersäure angesäuert, wodurch das Nitrit sich unter Abgabe von Stickoxyd zersetzt und eine saure, nitritfreie Natriumnitratlösung zurückbleibt. Das Stickoxyd wird den aus der Ammoniakoxydation kommenden Frischgasen zugesetzt und wandert erneut durch die Absorptionstürme. Die saure Nitratlösung wird sodann mit Soda neutralisiert und in Duplex-Vakuumverdampfern, also unter vermindertem Drucke, bis zur beginnenden Ausfällung der Natriumnitratkrystalle eingeengt (Abb. 180, Nr. 15—17). Die hierbei entwickelten Dämpfe werden in einem Kondensator (Abb. 180, Nr. 16) niedergeschlagen. Die eingedickte Lösung wird daraufhin über Rührwerke Zentrifugen zugeleitet. Diese schleudern, ähnlich wie bei der Gewinnung des Ammonsulfates beschrieben, das Salz fast trocken ab, während die abgetrennte Mutterlauge in den Prozeß zurückkehrt. Die letzten Anteile der Feuchtigkeit werden den Salpeterkrystallen in großen, schwach angeheizten und von trockener, vorgewärmter Luft durchströmten Drehtrommeln entzogen. Das trockene Salz fällt dann auf Förderbänder und wird von diesen in das Lagerhaus transportiert.

An Stelle der Soda können an sich auch Natriumchlorid oder Natriumsulfat zur Gewinnung von Natronsalpeter aus synthetischer Säure herangezogen werden. Diesbezügliche Vorschläge (33) haben jedoch bisher keine erhebliche technische Bedeutung erlangt. Hinderlich ist namentlich beim Natriumchlorid die bei dieser Umsetzung entstehende freie Mineralsäure[1]. Außerdem verläuft die Umsetzung nicht vollständig, so daß die freie Salzsäure nicht für sich allein abdestilliert werden kann, sondern stets erhebliche Mengen der nicht umgesetzten, ebenfalls flüchtigen Salpetersäure oder ihrer Zersetzungsprodukte mit fortgeführt werden. W. Wild (7) hat vorgeschlagen, diese nitrosen Dämpfe mit Schwefelsäure aus dem Salzsäuregas herauszuwaschen und dem Prozesse wieder zuzuführen. Die Salzsäure kann zur Gewinnung von Chlorammon verwendet werden.

Die Löslichkeitserhöhung des Kochsalzes durch Ammonnitrat macht sich eine weiterhin (8) vorgeschlagene Arbeitsweise zunutze, wonach festes Chlorid auf eine Lösung von Salpetersäure und Ammonnitrat in solchen Mengenverhältnissen einwirkt, daß zwar die erhebliche, durch die Gegenwart des Ammonnitrats bewirkte Löslichkeitserhöhung des Kochsalzes ausgenutzt wird, aber nur so

---

[1] Diese entweicht nicht ohne weiteres, wie die Kohlensäure der Soda.

weit, daß die Sättigungsgrenze des durch Umsetzung entstehenden Ammonchlorids nicht überschritten wird.

Die Gewinnung von Natronsalpeter aus Magnesiumnitrat und Natriumchlorid schlägt HAMPEL vor (40). Hierbei werden aber nur 45% des Nitrats umgesetzt.

Das synthetisch gewonnene Natriumnitrat unterscheidet sich vom Chilesalpeter nur durch seine größere Reinheit und den dadurch bedingten etwas höheren Stickstoffgehalt. Während im Chilesalpeter durchschnittlich 95% $NaNO_3$ enthalten ist, steigt dieser Gehalt im synthetischen Natronsalpeter auf 99%, entsprechend etwa 16% Stickstoff in der Handelsware. Perchlorate und Jodide, über deren schädliche bzw. günstige Wirkungen im Chilesalpeter die Meinungen bis heute noch geteilt sind, fehlen dem synthetischen Produkt vollständig.

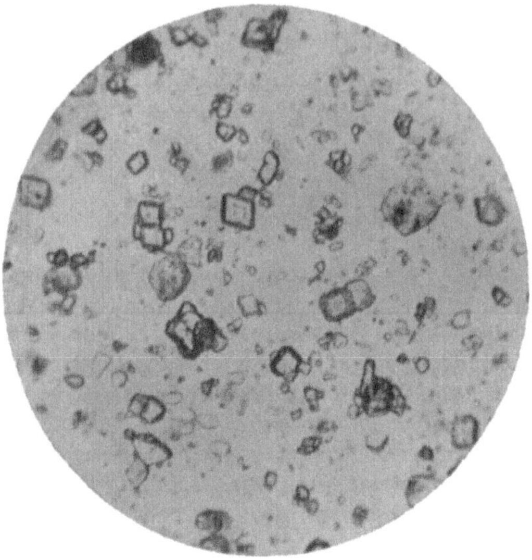
Abb. 184. Natronsalpeterkrystalle (20 fache Vergrößerung).

Natronsalpeter krystallisiert in abgestumpften Rhomboedern (Abb. 184). Der Schmelzpunkt des reinen Salzes liegt bei 313° C.

Tabelle 1. Natriumnitrat: Löslichkeit und Dampfdruck der gesättigten Lösung.

	0°	10°	20°	30°
Löslichkeit in 100 g Lösung	42,2	44,6	46,8	49,0
Dampfdruck (mm Hg)	—	7,13	13,53	23,05
Relative Feuchtigkeit (%)	—	78,0	77,1	72,4

Über die Preisentwicklung s. Tabelle 5 Seite 459.

3. Kalksalpeter (Calciumnitrat) $Ca(NO_3)_2\,x\,H_2O$. C. BOSCH hat einmal gelegentlich eines Vortrages ausgeführt, die Industrie der künstlichen Dünger dürfe der Landwirtschaft nicht beliebige neue Sorten aufdrängen, sie müsse vielmehr stets bestrebt sein, sich den Spezialwünschen ihres Kunden soweit wie möglich anzupassen. Es bestand nun auf seiten der Landwirtschaft ein unbedingtes Bedürfnis nach einem schnellwirkenden, den Boden nicht verkrustenden Düngemittel, das außerdem für die Verbesserung saurer, kalkarmer Böden den erforderlichen Kalkgehalt enthält. Neben diesen Erfordernissen mußte das Salz gut streufähig und möglichst unbegrenzt lagerfähig sein. Die Herstellung eines solchen Düngesalzes ist nach langen systematischen Bemühungen der Badischen Anilin- und Sodafabrik und ihrer Rechtsnachfolgerin, der IG. Farbenindustrie, mit dem Kalksalpeter gelungen.

Es war nicht leicht, die Fabrikation des Kalksalpeters so zu gestalten, daß man zu einem Produkt gelangte, welches allen diesen Anforderungen gerecht wurde. Reiner Kalksalpeter ist ein ungemein hygroskopisches Salz. Es zieht aus der Luft begierig Wasserdampf an, und zwar so intensiv, daß es an feuchter Luft nach kurzer Zeit zu zerfließen beginnt. Dies hängt mit der ungewöhnlich großen Löslichkeit des Salzes zusammen. Infolgedessen ist der Wasserdampfdruck der gesättigten Kalksalpeterlösung besonders niedrig. Nach den Gesetzen des chemischen Gleichgewichts wird nun aus der umgebenden Luft so lange Wasserdampf vom Salze bzw. seiner wäßrigen Lösung aufgenommen, bis die Lösung den gleichen Dampfdruck besitzt wie die Luft.

Man hat beim Calciumnitrat drei verschiedene feste Verbindungen mit Wasser (Hydrate) nachgewiesen, von denen dasjenige mit 4 Mol. Wasser bei gewöhnlicher Temperatur beständig ist (Tab. 2). Liegt ein Hydrat mit weniger Wasser vor, so wandelt es sich bei gewöhnlicher Temperatur in Luft von normalem Feuchtigkeitsgehalt allmählich in das Hydrat von 4 Mol. Wasser um, ohne dabei die Eigenschaft eines festen krystallinen Körpers einzubüßen. Ist aber der Feuchtigkeitsgehalt der Luft so hoch, daß auch bei Erreichen des geschilderten Zustandes noch weitere Wassermengen vom Salz aufgenommen werden können, so beginnt der Kalksalpeter zu erweichen und schließlich in den Zustand einer sirupösen Flüssigkeit überzugehen, die naturgemäß einer Verwendung des Salzes zu Düngezwecken sehr hinderlich ist.

Tabelle 2. Hydrate des Kalksalpeters.

	Formelgewicht	N-Gehalt %	CaO-Gehalt %	H_2O-Gehalt %	Schmelzpunkt
$Ca(NO_3)_2 \cdot 4H_2O$ . . .	236,15	11,86	23,74	30,52	—
$Ca(NO_3)_2 \cdot 3H_2O$ . . .	218,14	12,84	25,70	24,78	—
$Ca(NO_3)_2 \cdot 2H_2O$ . . .	200,12	14,00	28,02	18,00	—
$Ca(NO_3)_2$	164,09	17,07	34,17	—	$535{,}0 \mp 1$

Man hat versucht, durch Zusatz von anderen Salzen diese Hygroskopizität zu beseitigen oder wenigstens auf ein erträgliches Maß einzudämmen. So wurde vorgeschlagen, gebrannten Gips, Kalisalze, Kieselgur, Alkaliphosphate und viele andere Stoffe, oft in solchen Mengen, zuzusetzen, daß die entstehenden Verbindungen schon zu den Mischdüngern zu rechnen sind (31, 36). Alle diese Versuche haben sich in der Praxis nicht bewährt. Man ist infolgedessen dazu übergegangen, den Kalksalpeter in luftdichten Säcken zu verpacken. Unter diesen Umständen kann er sogar unbedenklich in feucht-tropische Länder verschickt werden. In dieser Verpackung erfolgt natürlich kein Zerfließen und da das trockene Salz auch nicht zusammenbackt, so gehört der sachgemäß verpackte Kalksalpeter zu den am besten lagerfähigen Düngesalzen.

Bei der Herstellung des Kalksalpeters sind grundsätzlich zwei verschiedene Wege eingeschlagen worden. Entweder läßt man nitrose Gase auf kalkhaltige Substanzen einwirken und gelangt so unmittelbar zu dem festen Salz, oder man stellt das Salz in wäßriger Lösung her. Hierbei kann man wiederum stickoxydhaltige Gasgemische in Suspensionen von Kalk oder Kalkverbindungen einleiten oder Säure mit festem Kalk in Berührung bringen. Die erste Methode hat den Nachteil, daß die schwerlöslichen Kalkverbindungen die zur Absorption der Stickoxyde dienenden Apparaturen leicht verstopfen. Man hat versucht, diesen Übelstand dadurch zu vermeiden, daß die Kalkverbindungen, insbesondere die Kalkmilch, in äußerst feiner Verteilung den Stickoxyden entgegengeführt werden (9). Ein weiterer Übelstand war der, daß hier meist nitrithaltige Produkte von ungünstiger pflanzenphysiologischer Wirkung erhalten wurden. Diese Schwierigkeit sollte nach einem anderen Patent der Badischen Anilin- und Sodafabrik (10) durch Zumischen von nitrosen Gasen beseitigt werden. Ein anderer Vorschlag (25) ging dahin, die Absorptionslauge abwechselnd mit Kalk und den nitrosen Gasen zu behandeln. Auch das Einschalten von Oxydationsräumen zwischen Absorptionsgefäßen, die in Reihen hintereinandergeschaltet werden, ist in diesem Zusammenhang vorgeschlagen worden. In diesen Räumen soll der Luftsauerstoff die Laugen zu reinem Nitrat oxydieren.

Die Technik hat sich so gut wie ausschließlich der anderen obenerwähnten Arbeitsweise zugewendet, dem Auflösen von Kalk, insbesondere kohlensaurem Kalk, durch Salpetersäure. Dieses Verfahren wurde bereits vor Jahren in Norwegen angewendet (s. Abschnitt Norgesalpeter). Neuerdings ist es von der I. G. Farbenindustrie mit Hilfe der bei der Ammoniakoxydation anfallenden etwa 45proz. Säure in größtem Maßstab durchgeführt worden (Abb. 185).

Man verwendet hier hochprozentigen Kalkstein, der zunächst in etwa faustgroße Stücke zerkleinert und in Drehtrommeln durch Waschwasser von äußerlich anhaftenden Verunreinigungen befreit wird. Die Kalkstücke wandern auf laufendem Band zu den Bunkern, die selbsttätig das zerkleinerte Gut in die Lösekammern abführen. Es sind dies Sandsteintürme, in die durch regulierbare Düsen die Salpetersäure eingespritzt wird. Zur Vermeidung des Austretens lästiger und giftiger Gase stehen diese Türme unter einem schwachen Unterdruck. Die Kalksalpeterlauge läuft am unteren Ende der Lösekammern mit einem geringen Säuregehalt ab und wird in großen Rührbottichen mit Kalkmilch neu-

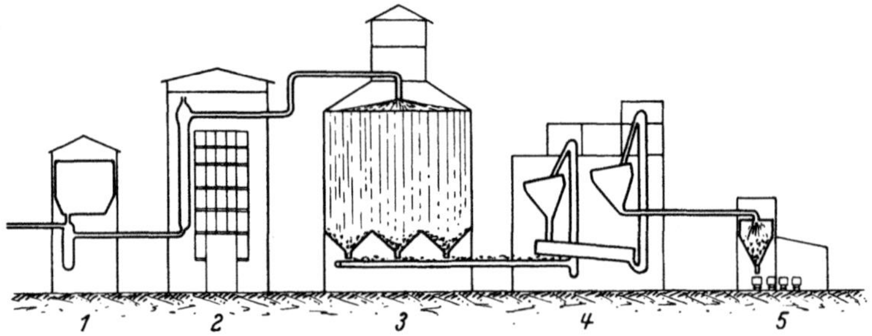

Abb. 185. Schema der Kalksalpeter-Gewinnung nach dem Verfahren der B. A. S. F.
1 Löseturm. 2 Verdampfer. 3 Spritzturm. 4 Kühlanlage. 5 Speicher.

tralisiert. Die Lösung ist infolge der auftretenden Neutralisationswärme bereits warm und wird nunmehr heiß filtriert. An Stelle des Kalksteines kann auch der bei der Ammonsulfatfabrikation anfallende Kalkschlamm zur Gewinnung des Kalksalpeters herangezogen werden, soweit er nicht auf Leunakalk verarbeitet wird.

Es folgt nun das Eindampfen der wasserklaren Flüssigkeit in hintereinandergeschalteten Mehrkörper- und Simplex-Vakuumverdampfern. Nach Beendigung dieses Prozesses ist der Kalksalpeter so weit eingedickt, daß er auf 1 Mol. wasserfreies Salz etwa 1—2 Mol. Wasser enthält. Die Lösung hat also bereits den Charakter einer Schmelze und müßte an sich beim Abkühlen das feste hydratische Salz abscheiden. Die Kalksalpeterschmelze hat jedoch die unangenehme Eigenschaft, selbst in reinem Zustande bei starker Unterkühlung, erst nach längerer Zeit fest zu werden. Man hatte deshalb früher versucht, die auf rotierenden heißen Zylindern weitgehend entwässerte Salpeterschmelze durch Auftragen auf kalte Walzen so schnell abzuschrecken, daß ein Erstarren eintritt (23). Diese Methode war jedoch durchaus unzulänglich, weil nur eine dünne, unmittelbar mit der kalten Walzenbehandlung in Berührung stehende Salzschicht erstarrte, während die Hauptmenge flüssig blieb. Auf Grund dieser Beobachtung wurde späterhin vorgeschlagen, die Schmelze zunächst stark zu unterkühlen und erst dann, evtl. unter Zumischen von pulverförmigem Kalksalpeter, in dünner Schicht auf einer Kühlfläche aufzutragen (26). Man hatte auch schon frühzeitig versucht, durch Impfen der hochkonzentrierten Laugen mit fremden Salzen die Schmelze zum Erstarren zu bringen, ohne jedoch wirklich zufriedenstellende Ergebnisse zu erzielen. Es war daher ein besonderer Erfolg,

Abb. 186. Werk Oppau: Kalksalpeter-Fabrik mit Silo.

als von der I. G. Farbenindustrie (EYER) gefunden wurde, daß ein geringer Zusatz von Ammoniumnitrat oder von solchen Stoffen, die mit Kalksalpeter

Abb. 187. Werk Oppau: Einfüllen und Verladen von Kalksalpeter.

Ammonnitrat bilden können, z. B. Harnstoff, zu der Schmelze genügte, um die Krystallisationsverzögerung so gut wie vollständig aufzuheben und den Erstarrungspunkt um etwa 50° zu erhöhen (11, 21). Man verfährt nunmehr bei der betriebsmäßigen Herstellung des Düngesalzes so, daß nach dem Verlassen der Vakuumverdampfer dem heißen Salzbrei etwa 5% Ammonnitrat in Rührkesseln zugesetzt werden, und diese heiße Mischung durch Düsen verspritzt wird. Die Masse erstarrt augenblicklich in der Luft zu einem körnigen, unmittelbar streufähigen Produkt von reinweißer Farbe. Automatisch arbeitende Kratzer schieben das Salz kontinuierlich auf Förderbänder, die es zunächst in Kühltrommeln und von dort in die eigentümlich geformten Zellen des Speichers überführen (Abb. 186). Der Versand erfolgt ausschließlich in besonders präparierten Säcken, die automatisch gefüllt und verwogen werden (Abb. 187).

Der Vollständigkeit halber erwähnt werden müssen noch einige Vorschläge zur direkten Gewinnung des festen Kalksalpeters durch Absorbieren nitroser Gase mit Hilfe von festen kalkhaltigen Substanzen, Vorschläge, die im Hinblick auf ein Vermeiden der oben geschilderten Schwierigkeiten beim Arbeiten in Lösungen etwas Bestechendes haben. So leitet A. T. Schloesing nitrose Gase bei 200—350° über gebrannten oder auch gelöschten Kalk (34). Auch hier ist der entstehende Kalksalpeter durch erhebliche Mengen von Calciumnitrit verunreinigt.

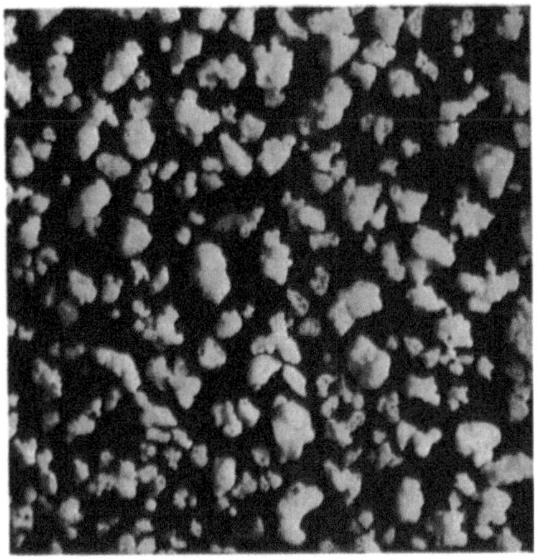
Abb. 188. Kalksalpeter, technisches Salz (natürliche Größe).

Eine Anzahl Patente der Badischen Anilin- und Sodafabrik beschreiben Verfahren zur Beseitigung dieses Übelstandes. Nach DRP. 210167 (12) wird in Gegenwart von Wasserdampf gearbeitet, nach DRP. 212868 (13) werden die Nitrite mit höheren Oxyden des Stickstoffes behandelt. Interessant ist ein Vorschlag von K. A. Hofmann, Kalksalpeter aus Kalkstickstoff zu gewinnen (20). Danach wird Kalkstickstoff, untermischt mit Kupfer, Nickel oder deren Oxyden, unter Durchleiten von Luft auf etwa 400° erhitzt. Der entstehende Kalksalpeter wird durch Auslaugen isoliert.

Der von der I. G. Farbenindustrie in den Handel gebrachte Kalksalpeter ist, sofern er sachgemäß behandelt wird, d. h. nicht längere Zeit außerhalb der Verpackung an der Luft lagert, ein gut streufähiges Produkt von etwa 4 mm Korngröße (Abb. 188). Er enthält etwa 15,5% Stickstoff und 28% Kalk, entsprechend etwa 50% kohlensaurem Kalk, und ist frei von Nitriten. Der Wassergehalt des frischen Fertigproduktes beträgt etwa 12—13%. Da das bei gewöhnlicher Temperatur beständige Tetrahydrat über 30% Wasser enthält (s. Tabelle 2), ist ein genügend großer Spielraum vorhanden, um die trockene Beschaffenheit und damit die Streufähigkeit des Produktes auch in feuchter Atmosphäre genügend lange zu wahren. Die Löslichkeit ist sehr groß: in 100 cm^3 Lösung sind bei 0° 71 g, bei 20° 88 g Calciumnitrat löslich. Das reine Salz krystallisiert als Di- und Tetrahydrat monoklin, wasserfrei krystallisiert es regulär. Der Preis des im Kalksalpeter gebundenen Stickstoffes ist seit 1924, wo das Produkt zum ersten Male auf dem Markte erschien, in Übereinstimmung mit

Tabelle 3. Kalksalpeterdampfdrucke (1).

	15°	20°	25°	30°
Dampfdruck der gesättigten Lösung (mm Hg)	7,16	9,73	12,00	14,90
Relative Feuchtigkeit in Prozenten der vollen Sättigung	55,90	53,40	50,50	46,70

der Preisentwicklung der anderen synthetischen Düngesalze ständig gesunken (Tabelle 5, Seite 459). Die Produktion ist sehr rasch gestiegen (Tabelle 4).

Tabelle 4. Kalksalpeterproduktion der I. G. Farbenindustrie A.-G. (nach F. ULLMANN [38]).

1924/25	3915 t	1926/27	248000 t
1925/26	105000 t	1927/28	407000 t

Auch in Frankreich wird seit kurzem Kalksalpeter aus synthetischem Ammoniak hergestellt und unter der Bezeichnung „Le Gaulois“ in den Handel gebracht.

Literatur.

(1) ADAMS, I. R., u. A. R. MERZ: Ind. Chem. **21**, 305 (1929). — (2) ANDRUSSOW, L.: Z. angew. Chem. **41**, 205 (1928).

(3) B. A. S. F.: D.R.P. 283824 (1914). — (4) D.R.P. 303331 (1914). — (5) D.R.P. 366366 (1915). — (6) D.R.P. 366715 (1915). — (7) D.R.P. 390791 (1921). — (8) D.R.P. 395490 (1921). — (9) D.R.P. 233967 (1909). — (10) D.R.P. 238369 (1909). — (11) D.R.P. 429477 (1924). — (12) D.R.P. 210167 (1908). — (13) D.R.P. 212868 (1908). — (14) Bayerische Stickstoffwerke A.-G.: D.R.P. 398775 (1922). — (15) BODENSTEIN, M.: Z. angew. Chem. **40**, 174 (1927).

(16) CEDERBERG, J. W.: Franz. Pat. 624708 (1926).

(17) FAIRLIE, A. M.: Chem. metallurg. Eng. **20**, 8 (1919). — (18) FAUSER, G.: Ebenda **35**, 474 (1928). — (19) FRANK, A. R., u. CARO NICODEM: D.R.P. 304269 (1914).

(20) HOFMANN, K. A.: D.R.P. 439510 (1925).

(21) I. G. Farbenind. A. G.: D.R.P. 431765 (1925).

(22) KUHLMANN, FR.: Liebigs Ann. **29**, 280 (1839).

(23) MATTER, W.: D.R.P. 114835 (1899).

(24) NEUMANN, B., u. H. ROSE: Z. angew. Chem. **33**, 53 (1920). — (25) Nitrum A.-G.: Schweiz. Pat. 80964 (1918). — (26) Norsk Hydro: D.R.P. 268828 (1912).

(27) OLIVE, T. R.: Chem. metallurg. Eng. **36**, 614 (1929). — (28) OSTWALD, W.: Franz. Pat. 317544 (1902).

(29) PARTINGTON, I. R.: The Nitrogen Industry: London: Constable & Co. 1922. — (30) Du Pont de Nemours: Amer. Pat. 1706055 (1928).

(31) QUADE, F.: D.R.P. 392952 (1922).

(32) RASCHIG, F.: Z. angew. Chem. **41**, 207 (1928). — (33) REINAU, E.: D.R.P. 299001 (1916).

(34) SCHLOESING, A. T.: Franz. Pat. 373718 (1906). — (35) SCHÖNBEIN: J. prakt. Chem. **70**, 129 (1857). — (36) SCHREIBER, G., u. M. RATHKE: D.R.P. 203085 (1908).

(37) TONIOLO, C.: Giorn. di Chimica ind. **9**, 9 (1927).

(38) ULLMANN, F.: Enzyklopädie der technischen Chemie, 2. Aufl., **3**, 51.

(39) WAESER, B.: Chemiker-Ztg **48**, 915 (1924). — (40) Wolff & Co.: D.R.P. 366969 (1922).

Weitere Literatur.

MÜLLER, C.: Deutscher Salpeter. Z. angew. Chem. **41**, 297 (1928).

c) Kalkstickstoff.

Von

Dr. SIEGFRIED TAUSS[1]

Bayerische Stickstoffwerke A.-G., Piesteritz (Elbe).

Mit 14 Abbildungen.

Der unter dem Namen *Kalkstickstoff* in den Handel gebrachte Stickstoffdünger enthält in der Hauptsache die chemische Verbindung Calciumcyanamid (NC—NCa) und geringe Teile von aus seiner Herstellungsweise herrührenden Verunreinigungen wie gebranntem Kalk (CaO), graphitischer Kohle, Oxyden von Eisen, Aluminium, Magnesium und Kieselsäure, von denen besonders der Kalk eine außerordentlich erwünschte Beimengung für die Landwirtschaft darstellt.

Durchschnittliche Zusammensetzung:

	Verfahren nach	
	FRANK-CARO	POLZENIUSS-KRAUSS
$CaCN_2$	63 % = 22 % N	60 % = 21 % N
C	13 %	13 %
CaO	20 %	18 %
$CaCl_2$	0 %	5 %

außerdem etwas Öl, $Ca(OH)_2$, SiO_2, FeSi usw.

Seine grauschwarze bis schwarze Farbe rührt von seinem Gehalt an graphitischer Kohle her.

Neuerdings wird Kalkstickstoff mit bis 25% N = 73% $CaCN_2$ erzeugt und mit 23,5% N und 69% $CaCN_2$ in den Handel gebracht.

Die Kalkstickstoffherstellung ist in Deutschland das älteste Verfahren, das im Großbetriebe Stickstoff bindet. Im Gegensatz zu allen anderen Stickstoffbindungsverfahren führt es direkt zu einem fertigen Düngemittel.

Seine Fabrikation erfolgt in zwei Stufen:

1. die Herstellung von Carbid aus Kalk und Kohle in großen elektrischen Öfen, und

2. die Azotierung des so hergestellten Calciumcarbides durch den aus der Luft entweder nach chemischer oder physikalischer Methode gewonnenen Stickstoff.

I. Geschichtliche Entwicklung der Verfahrensweise und der Industrie.

Die Versuche zur Herstellung von Cyanverbindungen aus atmosphärischem Stickstoff sind wohl die ältesten, die überhaupt unternommen wurden, um den Stickstoff der Luft nutzbar zu machen. Im allgemeinen hat man ein Gemisch aus Kohlenstoff und einer starken Base hergestellt und Stickstoff bei hoher Temperatur darübergeleitet. Für den Verlauf des Prozesses ist sehr wesentlich, welches Metall der Base zugrunde liegt. Günstig verhält sich Kalium. Natrium liefert unter gleichen Bedingungen eine geringere Ausbeute. Besonders geeignet für die Cyaniddarstellung erwies sich Barium. Es wurde das für das Verständnis des Vorgangs von besonderer Bedeutung. Barium ist weniger flüchtig und schwer zu reduzieren, bildet dagegen besonders leicht ein Carbid. N. CARO hat schon 1895 im einzelnen nachgewiesen, daß die Annahme intermediärer Carbidbildung bei dieser Stickstoffbindung sehr viel für sich hat.

Carbide konnte man früher nur im Laboratorium und mit großem Kostenaufwand erhalten. Das hat sich geändert, als im Jahre 1894 H. MOISSAN und WILLSON

[1] Den Herren H. HEIMANN, K. VOLKMANN und R. WENDLANDT, meinen Mitarbeitern im Werk Piesteritz, möchte ich für die außerordentlich liebenswürdige Unterstützung, die sie mir bei der Zusammenstellung dieser Arbeit angedeihen ließen, auch an dieser Stelle meinen herzlichsten Dank aussprechen.

unabhängig voneinander die Darstellung von Carbiden mit Hilfe elektrischer Energie zur Durchführung brachten. Die erste Carbidfabrik wurde 1895 in Spray (Nordamerika) errichtet. Die Versuche zur Ausnutzung des atmosphärischen Stickstoffs wurden auf dieser neuen Grundlage wieder aufgenommen. H. MOISSAN selbst hat entsprechende Versuche angestellt, die aber ein negatives Resultat hatten. H. MOISSAN gibt an, daß reines Calciumcarbid selbst bei 1200° C mit trockenem Stickstoff nicht reagiere.

Die Erzeugung von Kalkstickstoff beruht auf der von ADOLPH FRANK und NIKODEM CARO vor mehr als 30 Jahren (1895) festgestellten Tatsache, daß Stickstoff bei höheren Temperaturen durch die Carbide der Erdalkalien gebunden wird (D.R.P. 88363, 92587). Ihre grundlegenden Untersuchungen über die Bindung des Stickstoffs durch Carbide und Carbidbildungsgemische fallen in die Jahre 1895—1902 (D. R. P. 108971, 116087, 116088). Im Sommer 1896 errichtete die Dynamit-A.-G., vorm. Alfred Nobel & Co., Hamburg, in Billwärder eine Versuchsanlage, um unter Leitung von A. FRANK und N. CARO die Methoden zur Gewinnung von Cyaniden durch Bindung des Luftstickstoffs an Carbide zu vervollkommnen. Dabei wurde festgestellt, daß zur Azotierung jeder Carbidart eine bestimmte Temperatur eingehalten werden muß. So wurde für das Bariumcarbid eine Azotierungstemperatur von 700—800° C, für das Calciumcarbid eine solche von 1000—1100° C gefunden. Ferner wurde beobachtet, daß das Ergebnis der Stickstoffaufnahme auch von der Korngröße bzw. der Mahlfeinheit abhängig ist, in der die Rohmaterialien der Einwirkung des Stickstoffs ausgesetzt werden. Man verwandte zuerst Bariumcarbid, erhielt aber bei normaler Stickstoffaufnahme nur einen Teil des umgesetzten Carbides, z. B. 30%, als Bariumcyanid. 1898 konnte F. ROTHE als Mitarbeiter FRANK-CAROS nachweisen, daß neben Cyanid das Cyanamid entstanden war. Bei der Einwirkung von trockenem Stickstoff auf Calciumcarbid fand er im Endprodukt kein Cyanid, sondern im wesentlichen Calciumcyanamid, eine Verbindung, die zuerst von G. MEYER 1877 beschrieben wurde.

Gemeinsam mit der Siemens & Halske A.-G., der Deutschen Bank und der Deutschen Gold- und Silber-Scheideanstalt gründete ADOLPH FRANK 1899 die Cyanid-Gesellschaft, die zunächst in Frankfurt a. M. in einer Versuchsstation bei der Scheideanstalt die Arbeiten fortführte. Durch Umschmelzen der aus Bariumcarbid, später aus Calciumcarbid und Stickstoff erhaltenen Produkte mit Soda oder Chlornatrium erhielt man in der Schmelze Natriumcyanid, das ausgelaugt und zu Natriumferrocyanid verarbeitet wurde. 1900 wurde die Umwandlung von Kalkstickstoff mit überhitztem Wasserdampf zu Ammoniak durch ein Patent geschützt (ALBERT FRANK, D.R.P. 134829). Entscheidend für die weitere Entwicklung wurde ein von ALBERT FRANK 1901 zuerst ausgesprochener Vorschlag, das Calciumcyanamid als Düngemittel zu verwenden (D.R.P. 152260, 154505). Man fand, daß unter der Einwirkung der Feuchtigkeit und der Atmosphäre Kalkstickstoff im Ackerboden eine Umwandlung erfährt, bei welcher der vom Carbid aufgenommene Stickstoff über Harnstoff in kohlensaures Ammoniak übergeht. Düngungsversuche auf freiem Felde verliefen günstig. Seit dieser Zeit beschäftigte sich die Cyanid-Gesellschaft in erster Linie mit Fragen der Herstellung von Calciumcyanamid und seiner Verwendung als Düngemittel. 1901 trat die Scheideanstalt aus der Gesellschaft aus, und der Betrieb der Cyanid-Gesellschaft wurde nach Berlin verlegt. Man errichtete eine Versuchsstation bei Siemens & Halske in Martinikenfelde und schritt zur eigenen Herstellung von Carbid. 1902—1904 wurden zur Azotierung Retortenöfen aus Schamotte gebaut, in denen das von außen auf Reaktionstemperatur geheizte Carbid der Einwirkung darübergeleiteten Stickstoffs ausgesetzt wurde. So sind zum ersten Male erhebliche Mengen Kalkstickstoff hergestellt worden, und 1903 schrieb Adolph Frank (1): „Wir sind jetzt mit Hilfe der elektrischen Kraft imstande, den bisher so passiven Stickstoff der Atmosphäre zu binden, in unsere Dienste zu zwingen und ihn so der Landwirtschaft und der Technik nutzbar zu machen.“ Die erste derartige Kalkstickstoffabrik kam 1905 in Piano d'Orte (Italien) in Betrieb.

A. Frank und N. Caro haben schon im ersten Patent (1895) einen „Zusatz von Alkalien bzw. alkalischen Erden oder deren Salzen“ zum Stickstoffbindungsgemisch beansprucht (D.R.P. 88363, 95660). Zusätze setzen den Schmelzpunkt, den Dissoziationsdruck des Cyanamids und die Reaktionstemperatur herab. 1901 gelang es F. Polzeniuss, durch Zusatz von Calciumchlorid zu Calciumcarbid

Abb. 189. Bayerische Stickstoff-Werke A.-G., Piesteritz.

die Reaktionstemperatur der Stickstoffaufnahme um etwa 400° herabzusetzen. In den Händen von C. Krauss hat sich, da die Verwendung von Chloriden besonderen Patentschutz fand (D.R.P. 163320), aus dieser Anmeldung ein Verfahren entwickelt, das mit Zusatz von 10% $CaCl_2$ arbeitet. Das nach F. Polzeniuss hergestellte Produkt ist hygroskopisch. Es wurde zuerst 1905 von der Inhaberin des Polzeniussschen Patentes, der Gesellschaft für Stickstoffdünger, in der Versuchsfabrik von Westeregeln erzeugt und auf den Markt gebracht. Ein nicht hygroskopisches Produkt erhält man bei Anwendung eines Zusatzes von Flußspat (O. F. Carlson, Engl. Pat. 15445/1906; N. Caro, D.R.P. 212706) oder Kalkstickstoff (Cyanid-Gesellschaft, D.R.P. 203308).

Von größter Bedeutung für die technische Gewinnung des Calciumcyanamids wurde das in der Versuchsanlage der Cyanid-Gesellschaft seit 1903 ausgearbeitete, 1905 zum Patent angemeldete Initialzündungsverfahren (D.R.P. 227854). Die Kenntnis der exothermen Natur der Reaktion hat nach N. Caro (1) dazu geführt, daß man lernte, die freiwerdende Wärme zur Erzeugung und Aufrechterhaltung des Temperaturoptimums auszunutzen. Man erhitzte das Azotiergut nur noch an einer Stelle auf Reaktionstemperatur. Die Reaktion läuft im übrigen automatisch weiter, indem die Nachbarteile des reagierenden Carbides durch die freiwerdende Wärme immer wieder von neuem auf die Reaktionstemperatur gebracht werden. Bei geeigneter Zerkleinerung und Anordnung wird das Material weder überhitzt, noch völlig geschmolzen. Die Kenntnis von der Umkehrbarkeit der Reaktion $CaC_2 + N_2$ hat zu Konstruktionen geführt, bei denen zu hohe Temperaturen im azotierten Carbid und damit die Umkehr der Reaktion vermieden werden. Diese Verhältnisse wurden damals mehr oder weniger empirisch festgestellt. Man verwandte schließlich zur Initialzündung einen elektrisch auf Weißglut erhitzten Kohlestab, der durch einen mit Stickstoff gefüllten Kanal vom umgebenden Carbid isoliert war. Bei dieser Anordnung gelang es der technischen Kommission der Cyanid-Gesellschaft, unter Leitung von K. Janisch, eine

Abb. 190. Carbidfabrik Hart der Bayerischen Stickstoff-Werke A.-G. bei Trostberg.

brauchbare Azotierungsanlage zu konstruieren. Dieses Zündungsverfahren führte die von A. Frank und N. Caro gegründeten Fabriken sehr bald zu regelmäßigem Betrieb und großer Leistungsfähigkeit.

Die ersten Fabriken wurden an Wasserkräfte angegliedert. Billiges Carbid glaubte man nur bei billiger Wasserkraft erzeugen zu können, und die Carbidgewinnung bildet die Grundlage der Erzeugung von Kalkstickstoff. Da in Deutschland ausgebaute Wasserkräfte kaum verfügbar waren, hat man die ersten Anlagen im Auslande gebaut. In Deutschland wurde das Frank-Caro-Verfahren, abgesehen von später stillgelegten kleineren Anlagen, vor dem Kriege nur im Werk Trostberg der Bayerischen Stickstoff-Werke A.-G. ausgeübt. Diese Gesellschaft wurde 1907 auf Anregung der Deutschen Bank von der Cyanid-Gesellschaft gegründet und baute 1907/08 unter Ausnutzung der Wasserkräfte der Alz das Werk Trostberg in Bayern, das damals für eine Leistung von 30000 t Kalkstickstoff jährlich berechnet war. Die Leitung des Werkes übernahm N. Caro, der auch bei der Gründung der Gesellschaft wesentlich mitgewirkt hat. Hier wurde zum erstenmal in Frank-Caro-Azotieröfen mit Initialzündung gearbeitet. Der Stickstoff wurde bereits in einer Luftverflüssigungsanlage nach Linde gewonnen. In Kanalöfen und mit Chlorcalciumzusatz nach dem Verfahren von F. E. Polzeniuss arbeiteten vor dem Kriege die Werke Groß-Kayna und

Knapsack. Letzteres wurde für eine Jahresleistung von 20000 t Kalkstickstoff gebaut. Groß-Kayna wurde nach dem Kriege stillgelegt.

Bei Kriegsausbruch befand sich Deutschland bezüglich seiner Stickstoffversorgung in kritischer Lage. 1913 betrug Deutschlands Jahresbedarf nach Berechnungen von N. Caro (2) etwa 400000 t an gebundenem Stickstoff, und hiervon wurden etwa 300000 t durch Einfuhr gedeckt. Bei Kriegsbeginn mußte die bisherige Einfuhr durch eigene Erzeugung ersetzt werden, und außerdem war der gewaltige Bedarf des Heeres zu decken. Das amerikanische Heeresprogramm 1918/19 berechnet z. B. den Verbrauch einer Armee von 1 Mill. Mann zu 250000 t Nitratstickstoff und 60000 t Ammoniakstickstoff (nach P. Pascal). Auf Vorräte konnte man 1914 in Deutschland nicht zurückgreifen. So kam es zu einem beispiellosen Ausbau der deutschen Stickstoffindustrie, an dem die Kalkstickstoffindustrie hervorragend beteiligt war. Nach Ausbau der in Deutschland vorhandenen Werke (Abb. 189), (Trostberg auf 80000 t, Knapsack auf 110000 t Kalkstickstoff) entstanden 1915 in der kurzen Zeit von 9 Monaten, unter Leitung der Bayerischen Stickstoff-Werke A.-G., die mit Reichsmitteln gegründeten (1920 in eine Aktiengesellschaft umgewandelten) großen Werke in Piesteritz bei Wittenberg und in Chorzow in Oberschlesien. Piesteritz wurde ursprünglich für eine Jahresleistung von 150000 t, Chorzow für 110000 t Kalkstickstoff gebaut (Abb. 190). A. Frank und N. Caro, die 20 Jahre vorher zuerst die Stickstoffbindung an Carbiden feststellen konnten, sind so auch die Schöpfer einer neuen Industrie geworden, die sich in der Folgezeit weiter entwickelt hat.

II. Die Fabrikation.

1. Herstellung des Calciumcarbides.

Die Grundlage der Kalkstickstoffabrikation ist bis heute die Fabrikation von Calciumcarbid aus Kalk und Kohle im elektrischen Ofen. Die Zweiteilung des Betriebes, Carbid — Kalkstickstoff, gestattet eine Regelung des Arbeitsvorganges in dem Sinne, daß in den Zeiten, in denen größere Kraftmengen zur Verfügung stehen, Carbid gemacht und aufgestapelt wird, das für die Kalkstickstoffabrik als Reserve für diejenigen Zeiten dient, in denen die Stromzuführung nachläßt. Da die angewendeten Apparate es besonders bei der Carbidfabrikation gestatten, schwankende Strommengen aufzunehmen, so ist die Kalkstickstoffindustrie die geeignetste Industrie für die Ausnutzung schwankender Wasserkräfte. Im Werk Trostberg der Bayerischen Stickstoff-Werke können z. B. die schwankenden Kräfte der Alz und Spitzenkräfte des mittleren Inn restlos ausgenutzt werden, obwohl die Stromlieferung des Inn sich zuweilen innerhalb weniger Stunden um 200—300% nach oben und entsprechend nach unten ändert (N. Caro 3).

Stickstoff kann aus der Luft überall gewonnen werden, um das Carbid gemäß

$$CaC_2 + N_2 \rightleftarrows CaCN_2 + C$$

in Stickstoff überzuführen. Calciumcarbid ist also das maßgebende Zwischenprodukt. Im elektrischen Ofen entsteht es aus Kalk und Kohle nach folgender Gleichung:

Bildungswärme (bezogen auf Graphit) kcal	152,1		14,1	26,2	
	CaO +	$3C$ =	CaC_2 +	CO	— 111,8 kcal
Gewichte	56	36	64	28	

A. Frank und N. Caro erkannten, wie erwähnt, die Umkehrbarkeit der Carbidbildungsreaktion schon zu Beginn ihrer Untersuchungen und haben damals nachgewiesen, daß erhitztes Carbid sowohl durch Kohlenoxyd wie durch

Kohlensäure unter Wärmeabgabe vollkommen in Kalk und Kohlenstoff umgewandelt wird. Der so abgeschiedene Kohlenstoff ist graphitisch, seine Herstellung aus CaC_2 und CO durch A.P. 682472 (FRANK-CARO) geschützt. Das Gleichgewicht ist, solange es sich um das feste System handelt, für jede Temperatur durch einen bestimmten CO-Druck charakterisiert; durch Erniedrigung desselben erhält man Carbid schon bei tieferen Temperaturen. V. ROTHMUND findet für $^1/_5$ Atm. CO-Druck den Umkehrpunkt bei 1620° C; unterhalb 1620° C entsteht also bei diesem Kohlenoxyddruck kein Carbid. Im Vakuum ist Carbidbildung in Preßlingen aus CaO und C nach E. TIEDE und I. BIRNBRÄUER, sowie W. HANSEN schon um 1500° C beobachtet worden.

In der Literatur gehen die Temperaturangaben für den Umkehrpunkt etwas auseinander. Sobald Schmelzerscheinungen auftreten, ist das Gleichgewicht nicht mehr monovariant, sondern auch von der Zusammensetzung der Schmelze abhängig. Das ist früher nicht beachtet worden, und manche Unstimmigkeiten erklären sich daraus. Gerade das Gebiet höherer Temperatur ist von besonderem Interesse, da technisch stets eine Schmelze erzeugt wird. O. RUFF und E. FOERSTER haben eine eingehende Untersuchung durchgeführt. Sie stellten fest, daß Gemische von CaC_2 und CaO bei ca. 30% CaO den tiefsten Erweichungspunkt von 1630° C aufweisen, und das ist auch die Temperatur, bei der die Carbidbildung bei normalem Druck einsetzt (Abb. 191).

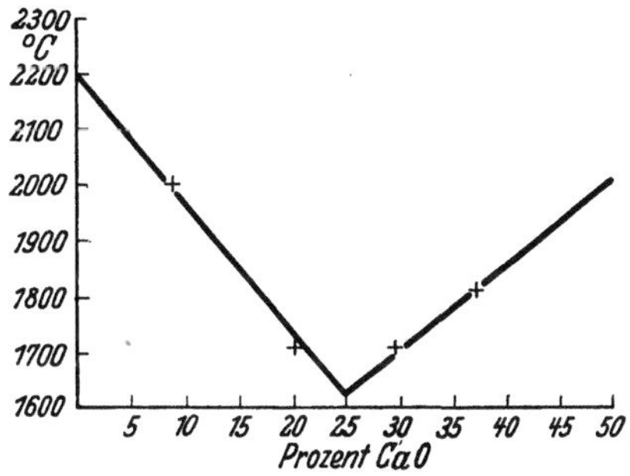

Abb. 191. Erweichungstemperatur von Gemischen aus Carbid und Kalk.

Berücksichtigt man, daß neben CaO bei dieser Untersuchung noch ca. 7% Verunreinigungen im Carbid vorlagen, so ist für ein reines Gemisch von Ca und CaO das Eutektikum bei ca. 32% CaO anzunehmen. E. SCHLUMBERGER kommt bei einer mikrophotographischen Untersuchung an zwölf verschiedenen Mischungen zwischen 94 und 44% CaC_2 in Übereinstimmung mit den Beobachtungen von O. RUFF und E. FOERSTER zu dem Ergebnis, daß bei etwa 60% CaC_2 ein eutektisches Gemisch von Calciumoxyd und Calciumcarbid vorliegt. Zwischen 94 und 77% CaC_2 beobachtet man große, primär abgeschiedene Carbidkrystalle. Unterhalb 77% läßt sich auch sekundäres Eutektikum erkennen. Primäre Kalkkrystalle erkennt man erst bei 44% CaC_2; nach E. SCHLUMBERGER vermag CaC_2 sich auch unterhalb des Eutektikums noch zu Krystallen zu sammeln, die man bis zu 44% CaC_2 herunter noch deutlich erkennen kann.

Oberhalb der Erweichungstemperaturen ist das Gleichgewicht für jede Temperatur außer vom Kohlenoxyddruck von der Zusammensetzung der Schmelze abhängig. Nach O. RUFF und E. FOERSTER beginnt die Einwirkung von Kohlenoxyd auf Calciumcarbid wenig oberhalb 1600° C. Es entstehen Calciumoxyd und Kohlenstoff. Etwas oberhalb von 1600° beginnt auch die Reaktion zwischen Kalk und Kohle, welche Carbid liefert. Mit der Bildung des flüssigen Eutektikums aus Calciumoxyd und Calciumcarbid beginnt also bei Atmosphärendruck auch die Carbidbildung. Das Gleichgewicht bei einer gegebenen Temperatur ist vom Kohlenoxyddruck abhängig, der das Verhältnis von CaC_2 zu CaO in der Schmelze bestimmt. Beträgt der Kohlenoxyddruck 1 Atm., so geht festes Calciumcarbid unterhalb des Erweichungspunktes in Calciumoxyd und Kohle über. Sobald die Schmelztemperatur überschritten wird, erreicht andererseits die Konzentration von Carbid in der Schmelze bei einem Kohlenoxyddruck von

1 Atm. sogleich große Beträge. Die Carbidbildung schreitet fort, bis ein dem Kohlenoxyd-Partialdruck und der Temperatur des Ofens entsprechendes Verhältnis von CaO zu CaC_2 in der flüssigen Schmelze eingestellt ist. Bei einer bestimmten Temperatur befindet sich in der Schmelze um so mehr CaC_2 im Gleichgewicht, je geringer der Kohlenoxyddruck des Systems gewählt wird. Bei einem bestimmten Druck wächst der CaC_2-Gehalt mit der Temperatur. Man erhält bei normalem Druck im Gleichgewicht Produkte, die nahe der Erweichungskurve liegen, also z. B. bei 2200° ein solches mit 5% CaO, bei 2000° ein solches mit 15% CaO usw. Technisch erzeugtes Carbid enthält demnach immer noch einen Betrag an CaO, der bei einer heißeren Ofenführung kleiner wird als bei einer kälteren.

Man kann die Ofentemperatur nicht beliebig hoch wählen. Bei hoher Ofentemperatur wird die Dissoziation des Calciumcarbides beträchtlich:

$$CaC_2 \rightleftarrows Ca + 2\,C.$$

Carbid von 92—94% CaC_2 und 3—5% CaO besitzt nach O. Ruff und E. Foerster einen Dissoziationsdruck von 1 mm Hg bei 1825° ± 50° C und erreicht den Dissoziationsdruck einer Atmosphäre bei 2500° ± 50° C. Der Dampf besteht im wesentlichen aus Calcium und enthält daneben merkbare Mengen unzersetzten Carbides (bei 760 mm maximal 4,5%). Die Untersuchung erfolgte in einer Atmosphäre von Argon, da Wasserstoff oberhalb etwa 2200° C zur Bildung merkbarer Mengen von C_2H_2 führt:

$$CaC_{2\,\mathrm{fl.}} + H_2 \rightleftarrows Ca_{\mathrm{Dpf.}} + C_2H_2.$$

Noch weniger eignet sich natürlich eine Atmosphäre von Stickstoff, da jede Spur Stickstoff zu Calciumcyanamid gebunden wird, das oberhalb 1200° zu zerfallen beginnt, teilweise aber auch unzersetzt verdampft, so daß bei einem Stickstoffdruck von 1 Atm. gegen 2100° C ein Sieden des Carbides erreicht zu sein scheint. In einer Atmosphäre von Kohlenoxyd, wie sie sich im Carbidofen gewöhnlich einstellt, bildet sich in der Schmelze Carbid, bis das dem Gleichgewicht entsprechende Verhältnis $\frac{CaO_{\mathrm{fl.}}}{CaC_{2\,\mathrm{fl.}}}$ erreicht ist. Bei weiterer Temperatursteigerung wird zunächst nur das Gleichgewicht in der Schmelze zugunsten des Carbides verschoben, bis oberhalb etwa 2200° C Calcium verdampft. O. Ruff und E. Foerster legen die folgenden Reaktionsmöglichkeiten zugrunde:

$$\begin{array}{lll} \text{I.} & CaO + C_{\mathrm{graph.}} \rightleftarrows Ca + CO & \\ \text{II.} & Ca \quad + 2\,C_{\mathrm{graph.}} \rightleftarrows CaC_2 & \\ \text{III.} & CaO + 3\,C \rightleftarrows CaC_2 + CO & (\text{I} + \text{II}) \\ \text{IV.} & CaO + CaC_2 \rightleftarrows 2\,Ca + 2\,CO & (\text{I} - \text{II}). \end{array}$$

Die dritte und vierte dieser Reaktionen sind lediglich Verkoppelungen der beiden ersten, und es hängt von den äußeren Bedingungen ab, welche Reaktion im Einzelfalle in den Vordergrund tritt.

Die für die Erzeugung des Carbides erforderliche hohe Wärmekonzentration läßt sich am leichtesten mit Hilfe des elektrischen Stromes erzeugen. Auch ohne elektrischen Strom kann Calciumcarbid erzeugt werden, nach W. Borchers z. B. aus Holzkohle, Kalk und Sauerstoff oder unter Zusatz von Leichtmetallen, doch haben derartige Methoden keine technische Bedeutung erlangt. Ebensowenig hat man bisher für die technische Herstellung im elektrischen Ofen das Calciumoxyd durch andere Calciumverbindungen ersetzen können. Kalkstein verbraucht mehr Kohle, erschwert die Ofenführung durch vermehrte Gasentwicklung und bedingt eine Erhöhung der Transportkosten. Da überdies bis heute das entweichende Kohlenoxyd nur unvollständig ausgenutzt wird, hat man kein Interesse an einer vermehrten Erzeugung von Ofengasen, etwa gemäß:

$$CaCO_3 + 4C = CaC_2 + 3CO.$$

Die Ofengase können zum Kalkbrennen benutzt werden, falls der Kalkstein in der Nähe gewonnen wird. Der Kalkstein soll möglichst nicht mehr als 2—3 % Verunreinigungen, der fertige Carbidkalk möglichst nicht weniger als 94—96 % CaO enthalten. Der Stein soll sich völlig durchbrennen lassen, ohne Staub zu liefern. Totbrennen schadet nicht. Die Verunreinigungen werden z. T. unter Kohleverbrauch reduziert, z. B. wird SiO_2 teils zu Si verdampft, teils als FeSi im Carbid wiedergefunden. Manche Verunreinigungen erhöhen die Zähflüssigkeit der Schmelze, was den Abstich erschwert. Phosphor und Arsen sind besonders zu meiden, da sie zur Bildung von selbstentzündlichem Phosphor- und Arsenwasserstoff bei der Acetylenbildung und Kalkstickstoffentgasung führen. Zur Herstellung von Handelscarbid ist nur Kalkstein mit höchstens 0,06 % Phosphor geeignet. Im allgemeinen entscheidet die Durchschnittsanalyse über die Brauchbarkeit eines Vorkommens.

Bei der Wahl der Kohleart ist die Preisfrage ausschlaggebend. Holzkohle ist im allgemeinen zu wertvoll und kommt in Deutschland für die Carbidfabrikation nicht in Frage, obwohl sie für den Prozeß in Anbetracht ihres geringen Aschegehaltes und ihrer geringen Leitfähigkeit sowie ihrer porösen Beschaffenheit sehr geeignet ist. Koks besitzt zwar einen verhältnismäßig hohen Aschegehalt, und seine elektrische Leitfähigkeit bedingt eine bei der Carbiderzeugung unerwünschte Energiestreuung im Ofen, ist aber in großen Mengen billig erhältlich und daher meist das gegebene Ausgangsmaterial. Durch Beigabe von Anthrazit wird die Leitfähigkeit der Beschickung abgeschwächt. Anthrazit kann auch für sich verwendet werden, wo er billig erhältlich ist.

Im allgemeinen wird ein Gemisch aus Kalk und Kohle in grobkörnigem Zustande dem Ofen zugeführt. Die in großer Menge entweichenden Reaktionsgase führen sonst staubförmige Beschickung mit sich fort und geben zu Störungen Anlaß, wenn sie nicht ungehindert abziehen konnen. Eine innige Mischung unter Verwendung stark zerkleinerter Rohstoffe ist nicht erforderlich, weil der Kalk schmilzt und unter Carbidbildung Kohle auflöst. Die Ofentemperatur liegt weit oberhalb der Temperatur beginnender Carbidbildung, und auch geschmolzenes Carbid löst Kalk und Kohle. Eine besondere Vorwärmung der trockenen Beschickung, etwa unter Ausnutzung der Ofengase oder unter Verwendung eines heißen Kalkofenproduktes, ist vielfach vorgeschlagen worden, wird aber kaum ausgeübt; z. T. erfolgt die Vorwärmung bei der Aufgabe der kalten Beschickung auf den Carbidofen natürlich von selbst.

Ein ausgehöhlter Kohleblock auf einer stromzuführenden Eisenplatte, in den von oben eine Kohleelektrode eingehängt wird, kann als Modell eines der ältesten Blocköfen angesehen werden, deren Bauart nur noch historisches Interesse besitzt. WILLSON benutzte fahrbare, mit Kohlenplatten ausgelegte Eisentiegel, BULLIER einen Ofen, dessen Bodenplatte sich zur Entleerung an einem Scharnier herunterklappen ließ. In *Gampel*, *Jajce*, *Hafslund* hatte man bis 1906 Blocköfen für 300 kW in Betrieb. Die geschmolzene Masse ließ man zu einem Block erstarren; das gewonnene Carbid war gut krystallisiert und von hohem Gehalt an CaC_2.

Ein wesentlicher Fortschritt wurde erzielt, als man dazu überging, beide Elektroden von oben einzuhängen. Die unteren Stromanschlüsse konnten bei diesen „Serienöfen" fortfallen, der Ofen größer gebaut und die Ausbeute gesteigert werden. Bei allen diesen Öfen wächst der Block von unten nach oben, indem die

Elektroden während der Blockbildung ständig höher gezogen werden. Man kann auch umgekehrt verfahren und den Block unter feststehenden Elektroden langsam fortziehen gemäß D.R.P. 98708 Bradley und D.R.P. 98974 Horvy. Auf diese Weise hat man in Amerika den Blockbetrieb kontinuierlich gestaltet, und Horvy-Serienöfen mit kontinuierlich abgezogenem Block für etwa 300 PS sind nach F. Ullmann (1) zu einer Zeit in Betrieb gewesen, als längst der Abstichbetrieb anderwärts durchgeführt war.

Selbstverständlich hat man schon anfangs versucht, flüssiges Carbid abzulassen. Da aber hochprozentiges Carbid eine zähflüssige Schmelze liefert, die schon oberhalb 2000° C wieder fest wird, so gelang dies nicht dauernd. Man konnte zum Abstichbetrieb erst zurückkehren, als man imstande war, wesentlich größere Öfen zu betreiben. Beim Abstich wird eine schwache Stelle der Ofenwand unterhalb der Elektrode mit einer Eisenstange durchstoßen und nach dem Abstich durch erstarrendes Carbid verschlossen. Es bereitete große Schwierigkeiten, das erstarrende Carbid beim nächsten Abstich wieder zu durchstoßen. Erst als man gelernt hatte, mit Hilfe einer Nebenelektrode jedesmal eine Öffnung zu erschmelzen, konnte sich das Abstichverfahren durchsetzen. Ein fahrbares Gestell oder ein an Schienen aufgehängtes Gerüst, das die ganze Ofenfront bestreichen kann, trägt eine Elektrode von z. B. 12 cm Durchmesser, die parallel zu einer Ofenelektrode angeschlossen wird. Die Abstichelektrode arbeitet mit einigen 1000 Ampère. Man kann sich auch eines besonderen Transformators bedienen, um Stromschwankungen auszuschalten und die zur Eröffnung erforderliche Brennzeit der Abstichelektrode, die einige Minuten beträgt, herabzusetzen. An der Abstichöffnung legt man das glühende Carbid frei, setzt die Elektrode an und schmilzt mit Hilfe des Lichtbogens das erstarrte Carbid so weit ein, daß nur die letzte weiche Schicht mit der Eisenstange durchstoßen werden muß. Zuweilen ist dieses Einschmelzen nicht bei jedem Abstich erforderlich. Das Carbid läuft über eine Auslaufschnauze in eiserne Kühlpfannen, für die verschiedene

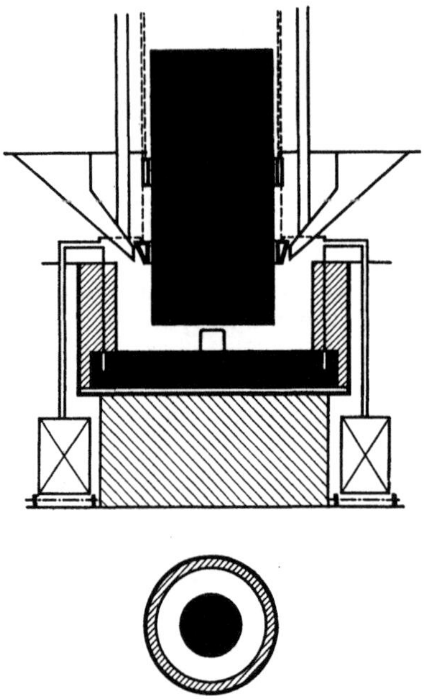

Grundriß.

Abb. 192. Einphasenofen.

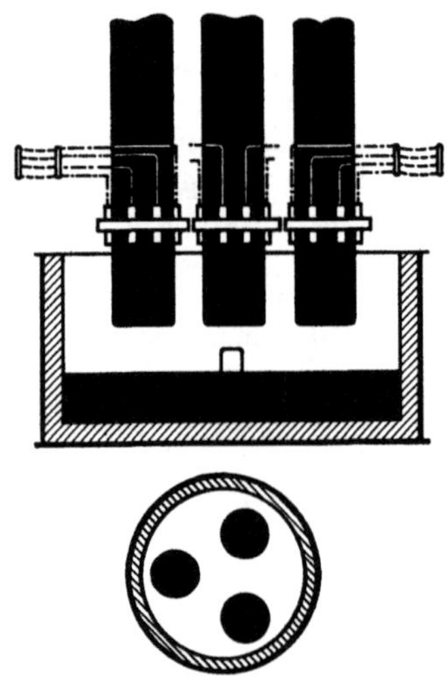

Grundriß.

Abb. 193. Drehstromofen mit Söderberg-Elektrode in symmetrischer Anordnung.

Formen in Gebrauch sind, und die zweckmäßig nahe unter der Abstichöffnung auf Gleisen laufen oder, an Schienen aufgehängt, von und zum Ofen gefahren werden. Man benutzt z. B. rechteckige, gußeiserne, zweiteilige Pfannen von 50 cm Tiefe, die ca. 500 kg Carbid aufnehmen; auch Tiegel mit eingesetztem Boden sind in Gebrauch.

Als erster hat A. HELFENSTEIN 1906 in *Jajce* das Abstichverfahren im kontinuierlichen Betrieb durchgeführt. Der offene „Helfenstein-Ofen" zu 8000 kW besteht aus einer Ofenwanne mit Seitenwänden aus Schamotte, deren Boden mit einer eingestampften Kohlemasse bedeckt ist. Von oben her sind drei Elektrodenpakete nebeneinander regulierbar eingehängt, die mit den drei Phasen belastet werden. Ein Eisenmantel mit entsprechenden Versteifungen umgibt den Ofenschacht außen. BERTHOLUS-Bellegarde erhielt in Frankreich Patent-

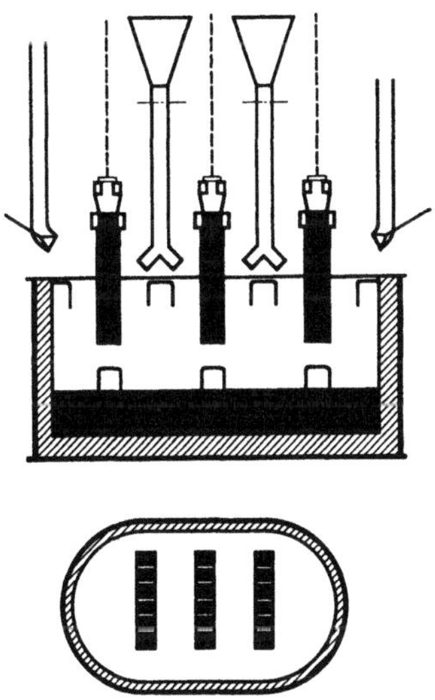

Grundriß

Abb. 194. Drehstromofen mit unsymmetrischer Anordnung auswechselbarer Elektroden.

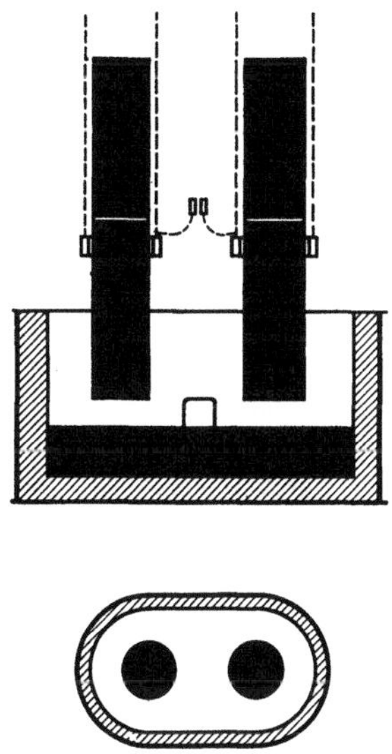

Grundriß

Abb. 195. Serienofen.

schutz für diese Anordnung. Man hat zunächst an dieser Grundform des Dreiphasenofens festgehalten; z. B. wurden 1915 die älteren Öfen in Piesteritz noch für 8000 kW Ofenbelastung gebaut. Öfen mit einer Leistung oberhalb 12000 kW sind erst in neuester Zeit entwickelt worden. Heute hat man z. B. Öfen für 18000 kW, und die Bayerischen Stickstoff-Werke A.-G. haben in Trostberg auch einen Dreiphasenofen für 27000 kW in Betrieb.

Die Vergrößerung der Einheiten bringt eine wesentliche Ersparnis an Löhnen und Energie mit sich, so daß die Erzeugung von Carbid und Kalkstickstoff nach N. CARO (4) zweckmäßig nur in sehr großem Maßstabe durchgeführt werden sollte. Der erwähnte Trostberger Ofen liefert z. B. je kW/Tag 8,5 kg eines 87 %igen Carbides, bei einer Ofenspannung oberhalb 150 Volt, und verträgt Leistungsschwankungen zwischen 16000 und 27000 kW.

Bau und Betrieb moderner Großöfen setzen selbstverständlich besondere Erfahrungen voraus. Von größter Bedeutung ist die elektrische Einrichtung. Die Transformatoren werden möglichst nahe am Ofen aufgestellt, um die Sekundärleitungen, die großen Querschnitt besitzen müssen, möglichst kurz und möglichst induktionsfrei anschließen zu können. Der Strom wird durch wassergekühlte Rohre aus Kupfer oder Aluminium zugeführt, die durch biegsame Kupferkabel mit den Elektroden verbunden werden. Neuerdings verwendet man an Stelle der ungekühlten Kabel biegsame Kupferblechpakete mit Wasserkühlung, die für die drei Phasen mit möglichst geringem Abstand nebeneinander geführt werden. Die Elektrodenfassung wird meist durch Bronzebacken mit eingegossenen Kühlrohren, unter Verwendung eines von Wasser durchflossenen Bolzens hergestellt, die Kontaktflächen müssen einwandfrei anliegen. Elektroden mit eingeschnittenem Gewinde oder Kontaktflächen mit zwischengefügten Kupfernetzen werden kaum noch verwendet. Bei Paketen, die aus mehreren Elektroden ohne Abstand zusammengesetzt sind, erhält jede Elektrode ihr eigenes Backenpaar. In einem 18000-kW-Ofen verwendet man z. B. 3 Elektrodenpakete aus je 5 oder 6 unmittelbar aneinandergereihten Elektrodenstiften von je ca. 2 m Länge und $0,5 \times 0,5$ m Querschnitt. Graphitelektroden werden nicht verwendet, obwohl sie eine hohe Querschnittsbelastung zulassen, weil in Berührung mit der Reaktionszone Belastung und Verbrauch hoch werden, andererseits bei der hohen Wärmeleitfähigkeit des Graphits den Fassungen viel Wärme zugeleitet wird. Aus Kohlestückchen, Pech, Teer und anderen Zusätzen gebrannte Elektroden werden bevorzugt, z. B. hartgebrannte, unter Verwendung körnigen und aschearmen Anthrazits hergestellte Stabelektroden, oder Söderberg-Elektroden (s. u.) aus Stampfmasse, die erst im Ofen selbst fertigbrennt. Der Elektrodenverbrauch moderner Öfen ist gering. Er kann z. B. 20 kg je Tonne Carbid und weniger betragen. Die Querschnittsbelastung der Elektroden liegt zumeist bei ca. 6 Amp./cm^2. Bei höherer Belastung werden die Elektroden zu heiß, bei 10 Amp./cm^2 glühend. An großen Öfen lassen sich auch höhere Spannungen anwenden, z. B. 160 Volt und darüber, während man früher an kleinen Öfen mit geringer Stromdichte und niedriger Spannung arbeitete. Mit wachsender Spannung muß die Stromdichte gesteigert werden, um bei großer Streuung des Lichtbogens die erforderliche Herdtemperatur aufrecht zu halten. Der Abbrand der Elektroden läßt sich durch eine z. B. mit Wasserglaszusatz hergestellte Schutzpaste oder durch einen Mantel aus dünnem Eisenblech herabsetzen. Man brennt die Elektroden auf 30—50 cm Länge herunter und muß sie dann auswechseln. Der Wechsel eines Elektrodenpaketes erfordert heute etwa 10 Minuten. Die Stümpfe werden beim Ofenbau verwendet, jedoch hat man auch versucht, sie in die neuen Elektroden einzusetzen. Wird mit Söderberg-Elektroden gearbeitet, so entfällt das Auswechseln, da diese Elektroden während des Betriebes über dem Ofen nach Bedarf verlängert werden können. Die Masse dieser Elektroden besteht aus einem bei ca. 1500^0 C durch Widerstandserhitzung vorbehandelten Anthrazit, ferner aus Koks, Teer und Pech, und wird in einen Eisenblechmantel eingefüllt oder eingestampft. Auf den Eisenmantel wird eine Verlängerung gesetzt und angeschweißt, mit Elektrodenmasse gefüllt und nach Lockerung der den Mantel umschließenden, stromzuführenden Fassung wird die Elektrode gesenkt. Die Söderberg-Elektrode, die auch bei anderen elektrothermischen Prozessen eingeführt ist, ist der Norske Aktie-Selskab for Elektrokemisk Industri, Oslo, patentiert. Mit Söderberg-Elektroden, die meist im Dreieck in den Dreiphasenofen eingehängt werden, arbeitet z. B. die Alexander Wacker G. m. b. H., München, die ein Röhrensystem in die Elektrode einbauen will, um die Teerdämpfe abzuleiten und aufzufangen gemäß D.R.P. 409029. Die Dämpfe treten sonst unter Zersetzung durch die glühende Elektrodenspitze aus, die nach F. ULLMANN (2) dabei dichter wird. Zahlreiche Vorschläge, die Elektroden mit besonderer Beschickung zu umgeben, um Abbrand und Verbrauch herabzusetzen, haben wenig praktische Bedeutung erlangt, zumal die Beschickung der großen Öfen nicht mehr von Hand erfolgt.

Die mechanische Beschickung bereitet heute keine Schwierigkeiten mehr. Es werden z. B. ausfahrbare Lademulden oder zwischen den Elektroden pendelnd aufgehängte Fallrinnen, die das Material aus einem hochgestellten Bunker auswerfen, verwendet, wobei das Material mit Hilfe eines Auslaufschiebers abwechselnd nach beiden Seiten gegeben wird. Solche Einrichtungen sind natürlich nur am offenen oder am halbbedeckten Ofen ohne weiteres brauchbar; bei einem gedeckten Ofen sind die Schwierigkeiten wesentlich größer.

Es ist bis heute noch nicht gelungen, die großen Carbidöfen vollständig abgedeckt zu betreiben, um die in der Hauptsache aus Kohlenoxyd und mehr oder weniger Wasserstoff bestehenden Abgase zu gewinnen und nebenher Ausstrahlung und Abbrand zu verhindern. In einem vollständig gedeckten Ofen könnte man bei Verwendung trockener Beschickung ziemlich reines Kohlenoxyd erhalten. Die Reaktion liefert 438 kg CO/t Reincarbid. Schon der Heizwert dieser Gasmenge ist beträchtlich, und die Ersparnisse werden noch größer, wenn eine andere Ausnutzung in Frage kommt.

Bewährt hat sich bei größten Ofeneinheiten bisher nur eine halbgedeckte Betriebsweise, bei welcher der Rand der Ofenwanne überstehend abgedeckt wird, während die Mitte durch die Beschickung selbst unvollkommen geschützt ist. Dabei können die Ofengase teilweise durch innerhalb der Mischung mündende Stutzen oder durch in der Beschickung mit Hilfe wassergekühlter Rohre abgegrenzte Hohlräume abgesaugt werden, z. B. gemäß D.R.P. 321127 und 402137 der Bayerischen Stickstoff-Werke A.-G. Selbstverständlich darf bei einer solchen Betriebsweise nicht etwa Luft durch die Beschickung hindurch eingezogen werden, und die Reinigung der gewonnenen Gase von mitgerissenem Staub ist nicht leicht durchzuführen. Besonders A. Helfenstein hat mehrere Ofenformen angegeben, die eine vollständige Abdeckung ermöglichen sollten, bei ganz großen Einheiten aber nicht ausgeführt wurden.

Das erzeugte Carbid wird meist unter jeder Elektrode für sich abgestochen. Ein zusammenhängender Sumpf ist wohl zeitweise vorhanden, denn man beobachtet häufig, daß am Abstichloch einer Elektrode auch das Carbid der übrigen ausläuft. Es ist bereits versucht worden, nur an einer Stelle abzustechen, was aber nicht bei jeder Ofenkonstruktion gelingt. Ein zentraler Abstich ist bei entsprechender Ofenform und Betriebsweise vorzuziehen.

Das Carbid bleibt in den Kühlpfannen, bis die Temperatur so weit gesunken ist, daß ein Abbrand beim Brechen oder eine Beschädigung der Brecher nicht mehr zu befürchten ist. Der Gehalt des Carbides wird am besten durch mehrere Löffelproben am Abstich kontrolliert, die auf Nußgröße gebrochen, in einem geeichten Gasometer zersetzt werden; 1 kg CaC_2 liefert 366 l trockenes Acetylen von 15^0 C. Den Durchschnittsgehalt der ganzen Produktion kontrolliert man durch Analyse des für die Kalkstickstoffproduktion gemahlenen Carbides. Man verwendet für eine Probe 20—25 g Carbidpulver und läßt dieses mit Sand gemischt in gesättigte Kochsalzlösung laufen. Die Menge entwickelten Acetylens wird in einer Flasche mit graduiertem Ansatz abgelesen und reduziert; dabei ist noch der Löslichkeit des Acetylens Rechnung zu tragen.

Im allgemeinen wird die Analyse des gemahlenen Carbides weniger ergeben als das Mittel der Abstichproben, weil während der Abkühlung Verluste durch Abbrand oder Wasseraufnahme usw. eintreten, die z. B. 1—3 % erreichen können, wenn die Abkühlung und das Brechen an der Luft erfolgen. Die Carbidmühlen müssen schon wegen der Explosionsgefahr, die eine Acetylenentwicklung mit sich bringen würde, stets mit inertem Gas gespült werden, zweckmäßig z. B. mit trockenem Stickstoff (D.R.P. 211067 der Cyanid G. m. b. H.). Verluste werden vermieden, wenn das Carbid schon vom Brechermaul bis zur Mühle in einer inerten Atmosphäre bewegt wird, was sich bei neu zu erstellenden Anlagen ohne weiteres durchführen läßt. Es ist sogar vorgeschlagen, das Carbid gleich nach dem Abstich im Stickstoffstrom zu kühlen und die Abwärme zur Dampferzeugung auszunutzen, wobei das Carbid bereits etwas Stickstoff aufnehmen würde. Auch an der Luft wird bei der Abkühlung stets etwas Stickstoff aufgenommen. Wenn weiterhin Kalkstickstoff hergestellt werden soll, so ist diese Stickstoffaufnahme kein Nachteil. Andererseits sind alle bisherigen Vorschläge, Carbid ohne vorherige Feinzerkleinerung, womöglich unter Ausnutzung des Wärmeinhaltes, beim Abstich in einer Atmosphäre von Stickstoff gleich vollständig zu azotieren, praktisch undurchführbar. Die Zahl der tatsächlich nicht verwendbaren Patente auf diesem Gebiete ist auch in letzter Zeit dauernd gewachsen, ohne diese Aufgabe der Lösung näher zu bringen.

Carbid wird in kleinen Mengen für Beleuchtungszwecke und Metallhärtung, im großen bei der autogenen Metallbearbeitung und zur Herstellung von Acetylen, Acetylenchloriden, Acetaldehyd, Essigsäure usw. verbraucht; die größte Menge erzeugt und verbraucht nach wie vor die Kalkstickstoffindustrie. Für die Azotierung hat man bisher Carbid bevorzugt, das erhebliche Mengen CaO enthielt und im CaC_2-Gehalt nicht sehr weit über das eutektische Gebiet hinausging. Solches Carbid wurde in den gebräuchlichen Azotierungsöfen am besten ausgenutzt und lieferte Kalkstickstoff mit etwa 22% N-Gehalt. Vielfach findet man auch heute die Meinung vertreten, daß hochprozentiges Carbid an sich für die Azotierung ungeeignet sei. In letzter Zeit auf Veranlassung des Verf. im Werk Piesteritz der Bayerischen Stickstoff-Werke A.-G. durchgeführte Untersuchungen haben außer allen Zweifel gesetzt, daß bei richtiger Betriebsweise sich hochprozentiges Carbid mit guten Ausbeuten verarbeiten läßt. An und für sich besitzt solches im Abstichofen aus Kalk und Kohle erschmolzenes Carbid gerade bei den höchsten, technisch erreichbaren Konzentrationen eine ausgezeichnete Azotierbarkeit, so daß eine Umstellung in dieser Richtung sehr wohl möglich erscheint. Bei diesen neuen Untersuchungen hat sich übrigens wieder gezeigt, daß die Azotierbarkeit durchaus nicht allein vom Carbidgehalt abhängig ist, sondern daß selbst bei gleichem CaC_2-Gehalt und gleichen Ausgangsmaterialien beträchtliche Unterschiede in der Eignung für die Azotierung zu beobachten sind. Dies ist eine alte und allgemein bekannte Erfahrung der Kalkstickstoffindustrie, für die man bisher trotz vieler Bemühungen keine ausreichende Erklärung finden konnte. Wir wissen heute auf Grund der erwähnten Piesteritzer Arbeiten, daß es sich tatsächlich um Unterschiede in der Beschaffenheit des Carbides handelt, die nicht von irgendwelchen, im Rahmen der Betriebsbedingungen liegenden Änderungen des Rohmaterials oder der Abkühlung hervorgerufen sind, so daß die Erfolglosigkeit aller dahingehenden Untersuchungen verständlich wird. Ausschlaggebend ist vielmehr der Zustand und die Temperatur der Carbidschmelze vor dem Erstarren. Hohe Temperatur der Schmelze begünstigt die Azotierbarkeit, und halbgares Material soll in der Schmelze nicht enthalten sein. Es bereitet keine Mühe, unter Berücksichtigung der neuen Erfahrungen, im Versuchsofen Carbid von quantitativer Azotierbarkeit aus technischen Materialien zu erschmelzen. Ein gut azotierbares Carbid erhält man auch aus technischem Carbid durch Raffination, die übrigens im Carbidofen selbst erfolgen kann. Damit ist nebenher eine Erklärung gefunden für die Tatsache, daß das zur Zeit des alten Blockbetriebes bei hohen Temperaturen erzeugte Carbid für die Azotierung besonders geeignet war. Es handelt sich um einen physikalischen Unterschied der bei verschiedener Temperatur usw. hergestellten Carbidarten, die gegenwärtig auch röntgenspektroskopisch bei der Bayerischen Stickstoff-Werke A.-G. untersucht werden. Soweit die Azotierbarkeit des Carbides in Frage steht, muß es jedenfalls heute als möglich bezeichnet werden, Kalkstickstoff von beliebig hohem Gehalt, z. B. solchen mit 25—27 % N, bei bester Ausnutzung des Carbides herzustellen.

2. Azotierung des Calciumcarbides zu Kalkstickstoff.

Das aus der Kühlhalle kommende Pfannencarbid wird durch einen Backenbrecher geschickt und dann in Mahleinrichtungen, z. B. in sog. Verbundmühlen, das sind Rohrmühlen, in denen teils Stäbe, teils Kugeln als Schlagkörper wirken, zu einem Staub von großer Feinheit gemahlen. Hierbei wird stets etwas Acetylen entwickelt, außerdem ist auch der Staub selbst, in Luft aufgewirbelt, explosiv. Deshalb stehen die Mühlen und Transportvorrichtungen unter Luftabschluß und Stickstoffspülung.

a) Zuschläge. Die Zündungstemperatur für die Stickstoffaufnahme kann durch gewisse Zuschläge wesentlich herabgesetzt und die Reaktionsgeschwindigkeit der N-Aufnahme gesteigert werden. Von F. E. POLZENIUSS (D.R.P. 163320) wurde auf den Vorschlag von A. FRANK und N. CARO (D.R.P. 88363) zurückgegriffen und das Calciumchlorid hierzu empfohlen. Es wird in absolut trockenem Zustande in einer Menge von 5—10 % des Carbidgewichtes zugemischt und senkt, wie von F. FOERSTER und H. JACOBY bestätigt, den Beginn der Azotierung auf 700—800°, doch sind die auf Carbid bezogenen Stickstoffausbeuten unbefriedigend. Das Chlorcalcium scheint unerwünschte, carbidzerstörende Nebenreaktionen zu begünstigen. Außerdem steigert es die Wasserempfindlichkeit des Produktes, und der Chlorgehalt ist vom physiologischen Standpunkt aus eine unangenehme Beigabe. Diese Nachteile treten bei dem von O. F. CARLSON (Engl. Pat. 15445/1906) und N. CARO (D.R.P. 212706) vorgeschlagenen Calciumfluorid (Flußspat) nicht auf. Der Zündpunkt liegt allerdings um 200° höher als beim Chlorid, jedoch spielt das technisch, wie aus dem Folgenden hervorgeht, keine Rolle. Das Optimum seiner Wirksamkeit entfaltet es bei einer Menge von 2—3 % des Carbidgewichtes. Der größte Teil der Weltproduktion wird mit diesem Zuschlag erzeugt.

Alle anderen Vorschläge haben praktisch keine Bedeutung erlangt. Insbesondere gilt das von den Alkalisalzen, denn sie werden erstens teilweise vom Carbid zum Alkalimetall reduziert, das dann abdestilliert und häßliche Störungen nach sich zieht, und zweitens haben sie einen unerlaubten Cyanidgehalt des Endproduktes zur Folge.

Die Erniedrigung der Temperatur des Azotierbeginns ist bei den heutigen technischen Azotiermethoden deswegen von geringer Bedeutung, weil nur eine kleine, örtlich begrenzte Carbidschicht, unter Aufwand einer verschwindend kleinen Energiemenge, auf diese Temperatur gebracht werden muß. Auch die im Laboratorium feststellbare starke Erhöhung der Azotiergeschwindigkeit kann sich technisch nur weniger auswirken. Denn die technisch erreichbaren Reaktionsgeschwindigkeiten werden nicht so von der eigentlich chemischen Reaktionswilligkeit des Carbides bedingt, als vielmehr von den mehr technischen Verhältnissen der Fortpflanzung der Zündtemperatur, der Leichtigkeit des Stickstoffzutritts sowie der Fremdgasspülung und zuvörderst von der Geschwindigkeit des Abtransportes der entwickelten Reaktionswärme. Technisch wichtig ist hingegen die Tatsache, daß der Zuschlag die Durchazotierung der letzten Carbidprozente wesentlich erleichtert.

Die Theorie der Zuschlagswirkung ist noch unvollständig. Heranzuziehen ist hier wohl die Herabsetzung der Schmelzpunkte und der Stickstoff-Dissoziationsdrucke (vgl. den chemischen Teil). Doch genügen diese Tatsachen nicht zur Deutung. Sicher kommen noch Auswirkungen auf die Struktur, wie Einbau der Zuschlagsmoleküle in das Krystallgitter und ähnliche noch unaufgeklärte Momente hinzu.

b) Der Stickstoff. Früher stand der chemisch aus der Luft isolierte Stickstoff im Wettbewerb mit physikalisch durch Luftfraktionierung nach Linde gewonnenem Stickstoff. Der Entscheid ist heute durchaus zugunsten des Linde-Stickstoffs gefallen.

Schwierig ist übrigens die Beschaffung der für das Verfahren erforderlichen Luft, so merkwürdig das auch klingt, denn die Atmosphäre in der Umgebung einer Carbidfabrik enthält stets Spuren von Acetylen. Dieses friert in den Verflüssigern, erst einmal dahin gelangt, aus und reichert sich als Schnee an. Ein Gemisch von festem Acetylen und flüssiger Luft stellt aber einen sehr wirksamen Sprengstoff dar. In Unkenntnis dieser Zusammenhänge fanden in den Anfängen der Kalkstickstoffindustrie mehrere folgenschwere Explosionen dieser Art statt. Man hilft sich jetzt dadurch, daß man die Ansaugstellen für die Luft möglichst weit vom Carbidbetrieb entfernt hinauslegt, und zwar nach mehreren Himmelsrichtungen. Für den Betrieb wird dann stets nur die windgünstig liegende Ansaugstelle eingeschaltet. Die Luft passiert zur restlosen Entstaubung ein ölbenetztes Wabenfilter. Sie wird dann auf 6—15 Atm. vorkomprimiert und mit Natronlauge kohlensäurefrei gewaschen. Anschließend wird sie durch Ammoniakkältemaschinen vorgekühlt und nach dem Linde-Prinzip verflüssigt. Bekanntlich liegen die Siedepunkte von Stickstoff bei —195,8° C, von Sauerstoff hingegen bei —183° C. Diese Differenz gestattet eine fast quantitative Trennung durch fraktionierte Destillation der flüssigen Luft. Es resultiert ein Stickstoff mit etwa 0,1 bis 0,2 % Sauerstoff; auch der abziehende Sauerstoff kann nach Bedarf weitgehend vom Stickstoff befreit werden. Der Argongehalt des Stickstoffs ist möglichst niedrig einzustellen, denn nach Ch. Pluvinage reichert sich das Argon bei der Azotierung an und verwehrt dann den Zutritt des Stickstoffs unter Umständen bis zum „Einfrieren“ des Prozesses. Die hemmende Wirkung schon geringer Konzentrationen Argon macht sich, wie von A. v. Antropoff beobachtet, ganz analog auch bei der Azotierung des metallischen Calciums zum Calciumnitrid geltend.

c) Die Ofensysteme. So einfach die Azotierung im Laboratorium zu bewirken ist, so schwierig war die Entwicklung geeigneter technischer Vorrichtungen für den Großbetrieb. Folgende Bedingungen müssen in einem Azotierofen erfüllt sein: Jedes einzelne Carbidpartikelchen muß vom Stickstoffgas leicht zu erreichen sein, was bei richtigem Mahlgrad und nicht zu großer Schüttdichte durch die Porosität des Pulvers gewährleistet ist. So könnte das Carbid den notwendigen Stickstoff ansaugen, was aber allein noch nicht genügt. Bei der Azotierung entwickelt sich stets aus den Spuren von Wasser, die z. B. als Calciumhydroxyd im Carbidpulver vorliegen, eine gewisse Menge Wasserstoff. Bei einem durchschnittlichen Feuchtigkeitsgehalt des Carbides von 0,1—0,2 % erhält man z. B. auf 1000 kg Carbid 1,2—2,5 m^3 Wasserstoff. Dieser Wasserstoff sammelt sich in den Poren der Beschickung und verwehrt den Stickstoffzutritt, oder setzt zumindest den Stickstoffpartialdruck herab. Das gilt in gleicher Weise von den 0,1 % Argon, die sich ursprünglich im Stickstoff befinden und sich am Orte der Azotierung anreichern. Diese Fremdgase müssen durch überschüssigen Stickstoff von hinreichender Strömungsgeschwindigkeit weggespült werden (Bayerische Stickstoff-Werke A.-G., D.R.P. 388184).

Weiterhin muß der Ofen wärmetechnisch richtig durchgebildet sein. Dazu gehört, daß der Zündvorgang durch ein Minimum an Energieaufwand eingeleitet werden kann, und daß die Wärmeabfuhr richtig eingestellt ist. Es werden — was man sich immer wieder vor Augen halten muß — auf 1 kg gebundenen Stickstoff

2500 Cal in Freiheit gesetzt, also auf 3 kg Stickstoff so viel wie durch Verbrennung von 1 kg Steinkohle. Staut sich diese Wärme im Innern der Beschickung, so kommt es zu Überschmelzungserscheinungen, d. h. Carbidnester werden von fertig azotiertem Kalkstickstoff umschmolzen und bleiben gänzlich der Stickstoffeinwirkung entzogen. Die Wärmeabfuhr wird teils durch Leitung, teils durch Strahlung und teils durch den zirkulierenden Stickstoffstrom bewirkt.

Das Temperaturoptimum der Azotierung liegt beim Arbeiten mit Flußspat zwischen 1100 und 1150° C, beim Arbeiten mit Chloridzusatz um einige hundert Grad niedriger. Diese Temperaturangabe gilt für die Hauptperiode der Azotierung. Zur Durchazotierung der letzten Prozente Carbid müssen die Temperaturen niedriger liegen, beim Flußspatverfahren z. B. um 1000° herum, und zwar deswegen, weil bei einem weitgehend durchazotierten Produkt die Stickstoff-Dissoziationsdrucke sehr hohe Werte annehmen (vgl. S. 541). Andererseits darf die Temperatur nicht so tief sinken, daß die Reaktionsgeschwindigkeit zu klein wird. Zudem muß noch die Zeit, während der die einzelnen Teile der Beschickung sich im Temperaturoptimum befinden, hinreichend lang sein, um die Vollständigkeit der Reaktion zu gewährleisten.

Die Berücksichtigung aller dieser Faktoren durch die richtige Dimensionierung der Beschickungsgrößen, richtig bemessene Isolierung und zweckmäßige Gasbewegung erfordert ein hohes Maß von Erfahrung. Auf die Dauer haben sich nur zwei Lösungen durchsetzen können, und zwar: das Frank-Caro- und das Polzeniuss-Krauss-Verfahren.

α) *Das Frank-Caro-Verfahren* arbeitet diskontinuierlich. Die Beheizung geschieht durch „Initialzündung“, d. h. eine beschränkte Partie des Carbides wird durch elektrische Beheizung auf Reaktionstemperatur gebracht. Sobald die Reaktion örtlich in vollem Gange ist, wird die Heizung ausgeschaltet. Durch die entwickelte Reaktionswärme pflanzt sich die Reaktion automatisch durch die ganze Beschickung fort.

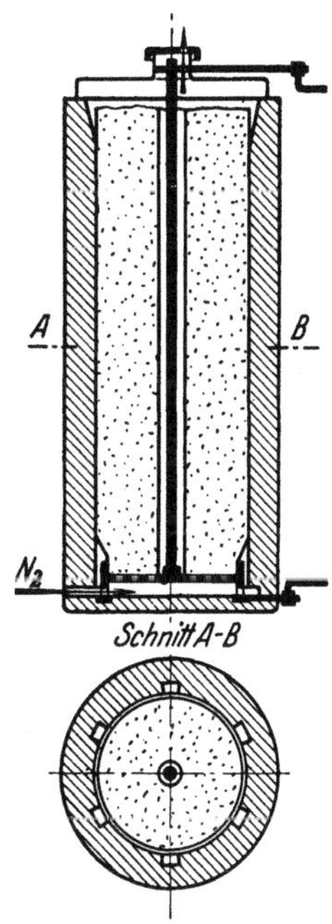

Abb. 196. Azotierofen für 1 t Kalkstickstoff. (Nach FRANK-CARO.)

Der Einzelofen besteht aus einem mit basischer Schamotte ausgefütterten Eisenzylinder, der etwa 2 m hoch ist und eine lichte Weite von 60—70 cm hat. Der Innenraum des Ofens ist nach oben etwas konisch erweitert und hat unten einen Stickstoffanschluß. Eine Verteilung des in den Ofen tretenden Stickstoffs geschieht durch Nuten, die im Mauerwerk ausgespart sind (Abb. 196).

Die Beschickung des 1-t-Ofens spielt sich wie folgt ab:

Auf einen in den Ofen einsetzbaren Boden wird ein Blechzylinder aufgesetzt, der mit Wellpappe ausgekleidet wird und axial ein etwa 5 cm weites Blechrohr eingesetzt erhält. Sodann läßt man in den Zylinder das aus den Mühlen durch Schnecken heranbeförderte, noch 100—150° heiße Carbidmehl einfließen. Eine Füllung faßt etwa 700—800 kg Carbid, entsprechend einer Produktion von 900—1000 kg Kalkstickstoff. Laufkräne heben den Boden mit Zylinder und Beschickung in den Ofen. Der Boden bleibt im Ofen stehen, während der Zylindermantel herausgezogen wird. Die Beschickung legt sich nun, nur durch die Wellpappe isoliert, an das Schamottefutter an. In das axiale Blechrohr wird ein Kohlestab eingesetzt, für den im Boden ein Kontakt aus Kohlegrieß vorbereitet war. Das Blechrohr wird nunmehr ebenfalls herausgezogen, so daß der hierdurch im Füllgut ausgesparte Kanal frei in sich stehenbleibt. Der Ofen wird mit einem Deckel verschlossen, und der Heizstab findet im Deckel seinen Gegenkontakt. Alsdann wird der Ofen mit Stickstoff durchspült und schließlich der Heizstrom eingeschaltet. Man arbeitet hierbei mit etwa 120 Volt und 100—150 Amp. Nach einer Stunde befindet sich die Wand des Heizkanals in Weißglut; die Reaktion ist in vollem Gange. Der Heizstrom kann nun ausgeschaltet werden. Für die Beschickung, die etwa 200 kg Stickstoff bindet, werden etwa 15 kW/Std. an Heizenergie aufgewandt, d. h. weniger als 0,1 kW/Std. auf 1 kg N (die höheren Angaben in der Literatur sind veraltet). — Früher wurde die Beschickung statt in der geschilderten Weise in einem gelochten eisernen Einsatzzylinder eingebracht, der während der Reaktion im Ofen verblieb. Unter dem härtenden Einfluß des Kalkstickstoffs wurde das Blech rasch spröde, infolgedessen war der Verschleiß an Einsätzen recht hoch.

Der einmal gezündete Ofen bleibt sich selbst überlassen. Man kann den Ofengang nur beeinflussen durch die Art und Weise der „Lüftung", d. h. durch Öffnen und Schließen des Stickstoffaustrittes. Es wird mit so viel Stickstoff gespült, daß der Wasserstoffgehalt des Abgases unter einer gewissen Grenze bleibt. Im ganzen verbraucht man die 2—2$^1/_2$fache theoretische Menge an Stickstoff. Es wird auf eine bessere Ausnutzung durch Hintereinanderschalten von Öfen verzichtet, weil die Anreicherung an Wasserstoff und sonstigen Fremdgasen (z. B. Argon) hemmend auf die Azotierung wirkt. Die Azotierdauer vom Einsetzen bis zum Ausfahren der fertigen Beschickung beträgt 24—28 Stunden. Die Hauptmenge des Stickstoffs ist jedoch bereits nach 10 Stunden gebunden. Die Temperaturen, die bei der Azotierung erreicht werden, liegen bei 1100 bis 1250° C. Das Ausfahren oder „Ziehen" des fertigen, zu einem festen Block zusammengesinterten Kalkstickstoffs geschieht so, daß nach Abheben des Deckels von einem Laufkran aus lange Greifhaken durch die Rillen des Mauerwerks in den Ofen heruntergelassen werden, die den Einsetzboden mitsamt dem aufsitzenden, noch dunkelrot glühenden Block fassen und dann hochziehen. Der Block wird in einen eisernen Kübel eingefahren und gelangt nach hinreichender Auskühlung in den Backenbrecher zur weiteren Verarbeitung. Der Gehalt an nicht azotiertem Restcarbid beträgt etwa 1%. Die Ausbeute erreicht in den bestgeleiteten Betrieben 92—93%.

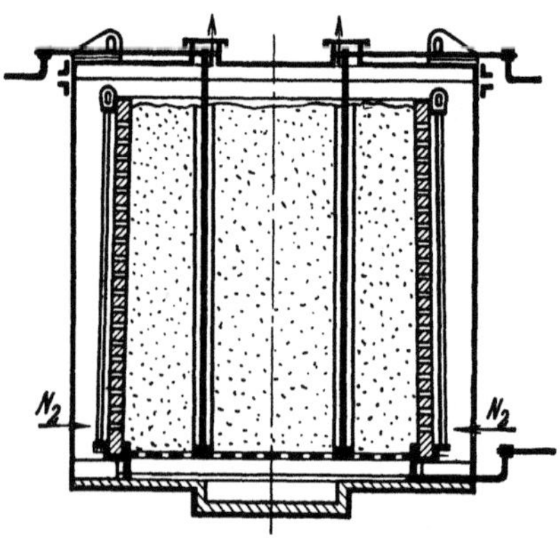

Abb. 197. Azotierofen für ca. 6 t Kalkstickstoff. (Nach FRANK-CARO.)

Zur Verringerung der großen Zahl von Ofeneinheiten (bei der Bayerischen Stickstoff-Werke A.-G. in Piesteritz z. B. 800), ist man bei Neuanlagen dazu übergegangen, das Fassungsvermögen der Öfen bis zu 8000 kg zu erhöhen (Abb. 197). In diesem Falle kommt man nicht mehr mit einem Zündkanal aus, sondern ordnet mehrere im Kreise an. Da die Azotierdauer sich der höheren Beschickung entsprechend verlängert, ist jedoch die Raumzeitausbeute bei dem großen Ofen nicht wesentlich höher als bei dem kleinen (Abb. 198).

β) Das Polzeniuss-Krauss-Verfahren. C. KRAUSS arbeitete für die von F. E. POLZENIUSS vorgeschlagene Azotierung unter Zusatz von Calciumchlorid einen halbkontinuierlich arbeitenden Ofen, den Kanalofen aus (D.R.P. 281213 und 285699). In seiner modernen Ausführungsform besitzt der Kanal einen Durchmesser von etwa 1,8 m und eine Länge von ca. 45 m. Der Prozeß spielt sich in vier Phasen ab:

1. Vorwärmen des Materials durch die abziehenden heißen Gase,
2. Einleiten der Azotierung (Zündung) durch äußere Wärmezufuhr,
3. Nachazotierung unter Wärmeabfuhr, und
4. Auskühlung.

Abb. 198. Kalkstickstoffabrik der Bayerischen Stickstoff-Werke A.-G. in Trostberg.

Demgemäß ist der Ofen in der ersten, etwa 3 m langen Zone, in der die Wärmeübertragung zwischen heißem Stickstoff und kaltem Carbid stattfindet, durch Mauerwerk gut isoliert. In der zweiten, etwa 6—7 m langen Zündzone wird das Mauerwerk von durch Generatorgas beheizten Kanälen durchzogen.

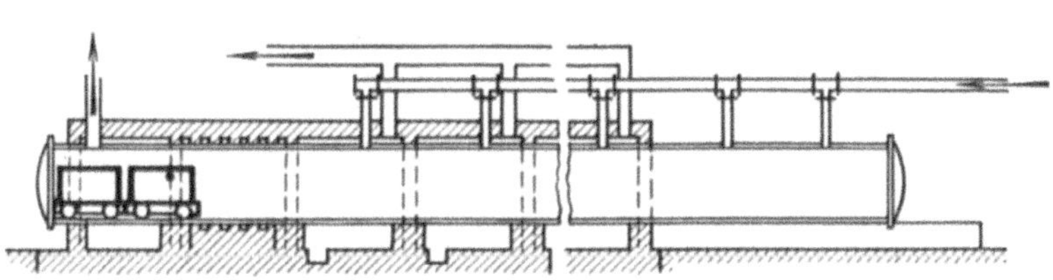

Abb. 199. Kanalofen zur Erzeugung von Kalkstickstoff. (Zeichnung nach F. ULLMANN.)

In der dritten, etwa 6—9 m langen, eigentlichen Azotierzone kreist Kühlluft durch die Kanäle des Mauerwerks nach Bedarf um das Rohr. Die vierte, etwa die halbe Ofenlänge ausmachende Kühlzone besteht aus einem einfachen Blechkanal. Die Ofensohle besteht aus Gußstücken mit eingegossener Gleisbahn. Den Abschluß des Ofens bilden beiderseitig eiserne Deckel, die an Laufschienen hängend bewegt werden können.

Der Transport des Materials durch den Ofen geschieht mit kleinen Wagen von etwa 1,30 m Breite und Länge; sie sind der Temperaturbeständigkeit wegen aus Guß gefertigt, ebenso die Radsätze. Auf diese Wagen wird eine dünne gelochte Blechplatte aufgelegt, und hierauf werden zwei gebogene Blechhälften aufgesetzt, die zusammen einen Kasten von 1,30 m Länge und Breite und 0,70 m Höhe bilden. Dieser Kasten wird mit Zeitungspapier ausgelegt und dann etwa 1500 kg Carbid-Chloridgemisch (mit 5—7% Calciumchlorid) durch Schnecken eingefüllt. Zur Einführung des Wagens in den Ofen wird dessen Tür entfernt und der Wagen durch einen Stempel in den Kanal hineingedrückt, wobei er die anderen Wagen vor sich herschiebt.

Die Zündung erfolgt bereits bei einer Temperatur von 700—800° C. Der Stickstoff wird, je nach Bedarf, durch mehrere über Reaktions- und Kühlzone verteilte Stutzen zugeführt. Die zur Vermeidung von Überschmelzungserscheinungen notwendige Abfuhr der Reaktionswärme von 2500 Cal auf 1 kg Stickstoff besorgt teilweise der kalt zutretende, überschüssige Stickstoff, z. T. aber nimmt die die Wandung umspülende Kühlluft die Wärme auf. Die gesamte Verweilzeit des Materials im Ofen beträgt 36—38 Stunden. Am Ofenausgang werden die fertigen Wagen mit Drahtseilen aus dem Ofen gewunden und das Produkt den Brechern zugeführt. Die Blöcke sind durch den Chloridzusatz porös und leicht zu zerkleinern. Der Restgehalt an Carbid ist mit weniger als 0,2% im allgemeinen geringer als beim Frank-Caro-Verfahren, obgleich bei letzterem eine wesentlich höhere Carbidausnutzung erzielt wird. Dieser scheinbare Widerspruch ist wohl dadurch zu erklären, daß einerseits der hohe Calciumchloridgehalt die Zerstörung begünstigt und andererseits der beim Öffnen der Türen in den Kanal eindringende Luftsauerstoff das Restcarbid wegbrennt. Der Kanalofen gestattet im Verein mit den zahlreich eingebauten Thermometern eine sehr differenzierte Behandlung des Materials, jedoch findet die Möglichkeit, mit willkürlich eingestellten optimalen Temperaturen zu arbeiten, eine Grenze in der schlechten Wärmeleitfähigkeit der kompakten Beschickung und dem dadurch bedingten, sehr langsamen Wärmeausgleich zwischen den Außen- und den Kernpartien des Blockes. Die Leistungsfähigkeit eines Aggregates beläuft sich auf 40—50 t in 24 Stunden.

Ähnliche Öfen, jedoch von rechteckigem Querschnitt, werden in *Marignac* (Frankreich) betrieben (vgl. G. BASSEREAU). Diese sind 40 m lang, ihre lichte Weite beträgt 1,70 m, und die Zündung geschieht durch innen eingebaute, elektrische Heizkörper. Die Gleisbahn ist von einem Kühlkanal durchzogen, um die Metallteile der Wägelchen gegen Hitze zu schützen. Die Einzelchargen betragen 1500 kg Carbid, entsprechend 1900 kg Kalkstickstoff. Ein Zusatz von Chlorid findet nicht statt. Zur Erleichterung des Stickstoffzutritts wird die Beschickung von Horizontal-Vertikal-Kanälen durchzogen. Die Wagen werden durch Schleusen ein- und ausgefahren. Der Ofen faßt gleichzeitig 25 Wagen.

Im größeren Maßstabe technisch durchgesetzt haben sich nur das Initialzündungsprinzip nach FRANK-CARO und das Kanalofenprinzip. Daneben existiert eine Unzahl von anderen Systemen, die meist nur in Patentschriften niedergelegt sind und von denen sich nur wenige einer vorübergehenden technischen Anwendung erfreuten, so z. B. der Carlson-Ofen. Es sei hier auf die einschlägige technologische Literatur verwiesen, z. B. F. ULLMANN (3).

Die auf 100—200° C heruntergekühlten Kalkstickstoffblöcke, die nach diesem oder jenem Verfahren gewonnen wurden, wandern auf die Brecher, im allgemeinen Backenbrecher. Hinterher wird das Material in Rohrmühlen fein vermahlen. Mühlen und Schnecken stehen hierbei unter Stickstoff oder Rauchgas. Das Mehl muß nun von seinem Gehalt an Restcarbid durch Behandlung mit berechneten Mengen von fein verstäubtem Wasser befreit werden. Es darf nur ein Carbidrestgehalt von 0,1% verbleiben, um gefährliche Acetylenanreicherungen auf dem Transport zu vermeiden. Diese Behandlung wird in wassergekühlten Drehtrommeln oder in langen Trögen, den sog. Hydromixern, vorgenommen. In großen Kalkstickstoffwerken werden auf diese Weise immerhin 5—10 t Carbid je Tag vernichtet. Man strebt neuerdings darnach, das hierbei entwickelte, allerdings stark verunreinigte Acetylen nutzbringender Verwendung zuzuführen.

d) Entstauben und Entätzen des Kalkstickstoffs. Nur der zur Unkraut-, z. B. Hederichbekämpfung dienende Kalkstickstoff kommt ohne weiteres nach der „Entgasung" in den Handel. Der Hauptmenge muß erst noch die unangenehme Eigenschaft des Stäubens genommen werden. Bereits 1915 hatte der preußische Landwirtschaftsminister ein Preisausschreiben für die Entstäubung von Kalkstickstoff veranstaltet. Das Ergebnis ist in dem von N. Caro verfaßten Bericht niedergelegt. Es wurden nicht weniger als 125 „Lösungen" eingereicht, so daß es heute fast keine irgendwo in der Natur und Technik anfallende Substanz gibt, die nicht schon als Quintessenz vorgeschlagen wurde.

Als immerhin beste Lösung wird heute allgemein die auf dem D.R.P. 225179 beruhende Zumischung von etwa 2—3% hochsiedendem Teeröl oder Gasöl vorgenommen.

Auch an Versuchen, die ätzende Wirkung des Kalkstickstoffs zu mildern, hat es nicht gefehlt. Die „Lösungen" basieren meist auf der irrigen Voraussetzung, daß der im Kalkstickstoff enthaltene freie Ätzkalk die Ursache des Ätzens bildet. Infolgedessen bemühen sich die Erfinder, den freien Kalk zu erfassen und in harmlosere Verbindungen: Hydroxyd, Carbonat, Salze usw., umzuwandeln und führen daher in erster Linie gasförmige, wäßrig verdünnte oder konzentrierte Säuren zu. Insbesondere bemüht man sich um die „Carbonisierung", d. h. die Umwandlung des freien Kalkes in Carbonat. Doch, abgesehen davon, daß eine solche Umwandlung mit hoher Gewichtszunahme und Depression des Stickstoffprozentgehaltes verbunden wäre, ist sie infolge der Reaktionsträgheit des „totgebrannten" Kalkes nur äußerst schwer zu bewerkstelligen. Schließlich ist auch das Calciumcyanamid selbst für die Ätzwirkung zumindest mit verantwortlich zu machen.

Weiterhin haben manche Erfinder versucht, den Kalkstickstoff durch selektives Verbrennen des darin enthaltenen freien Kohlenstoffes „weiß zu waschen" und ihn dadurch zu veredeln. Z. B. soll nach Franz. Pat. 597918 (Consortium d'études pour l'industrie de l'Azote et ses dérivés) Kohlensäure als oxydierendes Agens wirken. Nach D.R.P. 414425 (Stockholms Superfosfat Fabriks A. B.) soll mit Stickstoff auf etwa 8% O_2 gebrachte Luft bei 630—680° selektiv den freien Kohlenstoff erfassen, doch verbrennt nach beiden Verfahren tatsächlich auch viel Calciumcyanamid, so daß diese Vorschläge praktisch undurchführbar sind.

Neben diesen Bemühungen, den Kalkstickstoff durch Nachbehandlung in seiner Zusammensetzung zu verbessern — wozu eigentlich kein Anlaß vorliegt —, ringt man immer wieder um physikalische Veredlung seiner Form. In erster Linie versucht man, ihn zu körnen. Das würde eine radikale Lösung des Entstaubungsproblems bedeuten. Auch das Ausstreuen würde wesentlich erleichtert sein. Ob die Gewähr gleichmäßiger Unterbringung in den Boden als Voraussetzung zuverlässiger Wirkung bei Körnern ebenso gegeben ist wie beim Pulver, ist eine Frage für sich, die an dieser Stelle unberücksichtigt bleiben soll. Für die Erzielung gekörnten Kalkstickstoffs stehen theoretisch mehrere Wege zur Verfügung. Erstens könnte man bereits mit dem Carbid vor der Azotierung eine geeignete Formgebung vornehmen. Durch Brechen auf Korn ist das vorläufig nicht möglich, weil nur feinstgemahlenes Carbid sich gut durchazotieren läßt. Wohl aber besteht die Möglichkeit durch eine Wiederverformung des Carbidmehls zu Körnern oder leicht zu körnenden Zwischenkörpern. Für diesen Weg liegt aber noch keine fertige technische Lösung vor. Zweitens kann man die fertigen Kalkstickstoffblöcke, statt fein zu mahlen, auf Korn brechen. Das ist technisch ohne weiteres möglich, und es befindet sich derart geformtes Produkt stellenweise auch im Handel, jedoch gestatten die üblichen Zerkleinerungsvorrichtungen noch nicht, mehr als einen Bruchteil des Produktes in dieser Form zu erhalten. Die Hauptmenge fällt als Mehl an. Um den Mehlanteil einzuschränken, ist neuerdings vorgeschlagen worden, die auf Quetsch-, Schlag- oder Reibwirkung beruhenden Mühlen durch Fräsvorrichtungen zu ersetzen (Elektrochemische Gesellschaft m. b. H., Hirschfelde, D.R.P. 423710 und 345321). Der dritte Weg besteht darin, den gemahlenen Kalkstickstoff wieder zu verformen, was einmal durch Pressen zwischen Walzen geschehen kann. Preßlinge aus Kalkstickstoff lassen sich aber nur unter Zusatz von Bindemitteln herstellen. Als solche wurden vorgeschlagen: Zellpech, Zellstoffablauge, Öl, Schlick- und Faulschlammkolloide und schließlich vor allem Wasser und wäßrige Salz- und Säurelösungen. Gegen die Anwendung von Wasser und wäßrigen Lösungen ist die hierdurch bedingte Bildung des schädlichen Dicyandiamids einzuwenden. Dennoch spielt so granuliertes Material auf dem französischen Markte unter der Bezeichnung „Ensac“ eine erhebliche Rolle. Die Gewinnung wird von H. PINCASS (2) sowie von G. BASSERAU beschrieben: In der ersten Stufe wird der gemahlene Kalkstickstoff in Mischtrögen mit so viel Wasser behandelt, wie zum Entgasen des Restcarbides und zum Löschen des freien Kalkes erforderlich ist (etwa 7 %), dann überläßt man das Material für zwei Stunden dem Löschvorgang und sorgt dafür, daß die Temperatur 160^0 nicht übersteigt, aber trotzdem entweicht ein Teil des Stickstoffs als Ammoniak. Darauf wird nochmals so viel Wasser zugesetzt, daß das Material plastisch verformbar wird (weitere 10—20 %) Dem Formvorgang dient ein Walzenpaar, dessen eine Walze aus einem Hohlzylinder mit 1000 in besonderer Weise angeordneten Bohrungen besteht. Unter einem Preßdruck von 300—400 kg/cm^2 wird das Material durch diese Bohrungen in das Innere der Walze hineingepreßt und von da automatisch ausgetragen. Durch eine magnetische Sichtung muß das zu pressende Material zuvor von Eisenteilen befreit sein, um Beschädigungen der Walze zu verhüten. Diese Preßlinge mit 15—16 % N finden in Frankreich einen guten Markt. Die Hersteller behaupten, daß der Gehalt an Dicyandiamid sich in mäßigen Grenzen halte, es außerdem sogar für die Unkrautvertilgung nützlich sei und auf die Dauer doch assimiliert werde. Diese Auffassung weicht allerdings von den hierzulande gemachten Erfahrungen ab. Die französischen Hersteller sagen, das Dicyandiamid sei in das stabile Kalkskelett so eingebettet, daß es stets in Berührung mit freiem Kalk bleibe und dadurch seine Verseifung bzw. Assimilation erleichtert sei. Obgleich die Bayerischen Stickstoff-Werke A.-G. bzw. die Stickstoffwerke Spandau sich bereits 1910 ein Verfahren schützen ließen (D.R.P. 231646), das der französischen Arbeitsweise zum Vorbild diente, hat man in Deutschland bisher auf diese etwas fragwürdige Veredlungsweise verzichtet.

In der Vergangenheit, als die Bahn für den Kalkstickstoff als Dünger noch nicht so gesichert lag, hat man versucht, ihn radikal in andere Stickstofformen umzuwandeln. Die größte Bedeutung kam zeitweise — nämlich während des Weltkrieges — der Umwandlung in Ammoniak und Ammoniaksalze zu. Von heutigen Gesichtspunkten aus erscheint es unwirtschaftlich, das Fertigprodukt Kalkstickstoff in das Zwischenprodukt Ammoniak umzuwandeln. Im Gegenteil befinden sich heute Verfahren in aussichtsreicher Entwicklung, den Stickstoff des Ammoniaks als Calciumcyanamid zu binden und auf den Acker zu bringen, doch sei aus Gründen des technisch-historischen Interesses die Gewinnung des Ammoniaks aus Kalkstickstoff geschildert.

e) Zersetzung des Kalkstickstoffs zur Fabrikation von Ammoniak. In dem D.R.P. 134289 weisen A. Frank und N. Caro zum ersten Male auf die Möglichkeit hin, Kalkstickstoff mit Wasser oder Wasserdampf unter Druck nach der Gleichung

$$CaCN_2 + 3H_2O = CaCO_3 + 2NH_3$$

zu zersetzen. In Wirklichkeit liegt der Reaktionsmechanismus sehr viel verwickelter. Es bilden sich intermediär die verschiedensten Stickstofformen, die sich vom Cyanamid ableiten, doch schließlich gehen alle mehr oder weniger schnell in Ammoniak über. Obige Gleichung ist daher als Bruttoformulierung zu betrachten.

Dieser Weg, den Luftstickstoff in Ammoniak zu verwandeln, wirkte seinerzeit, mehr als fünf Jahre vor der Haber-Bosch-Synthese, als Sensation. Die Anlagen für diesen Prozeß bestanden aus einer Dampfzentrale, einem Zersetzerhaus und den Anlagen zur Weiterverarbeitung des Ammoniaks. Zur Zersetzung selbst dienten Rührwerksautoklaven von 20—30 m^3 Inhalt, die zu Batterien von 20 und mehr Aggregaten vereinigt waren. Nachdem die Autoklaven knapp bis zur Hälfte mit Wasser oder mit Waschlauge aus einem vorhergehenden Arbeitsgang gefüllt waren, wurden nach und nach aus darüber hängenden Silos etwa 5 t entgasten Kalkstickstoffs eingerührt. Meist wurde zur Beschleunigung der Reaktion noch eine gewisse Menge Soda hinzugegeben, die sich rasch in Ätznatron umwandelte. Der über der Flüssigkeit verbliebene Staub und das etwa noch entwickelte Acetylen wurden abgesaugt. Nach Verschluß des Autoklaven wurde von unten her direkter Dampf von 10—14 Atm. eingeblasen und die Reaktion dadurch eingeleitet. Kurze Zeit darauf — nach Erreichung eines Druckes von 3 Atm. — konnte die Heizung abgestellt werden und brauchte erst zum Schluß wieder geöffnet zu werden, da die hohe Exothermie zur Aufrechterhaltung der Temperatur genügte. Nachdem infolge der lebhaften Ammoniakentbindung der Druck bis auf 10—12 Atm. gestiegen war, wurden die Abblasventile geöffnet. Die abziehenden Ammoniakbrüden wurden entweder fraktioniert gekühlt und zu Ammoniakwasser kondensiert, oder gleich zur Salzbildung in Schwefel- oder Phosphorsäure eingeleitet. War das Ammoniak zur Weiterverarbeitung auf Nitrate bestimmt, so mußte es wegen der Giftempfindlichkeit der Platinverbrennungselemente zuvor von den Phosphor- und Schwefelverunreinigungen befreit werden, die ihm noch vom Carbid her anhafteten.

Nach dem Austreiben des Ammoniaks wurde die Maische auf großen Trommelfiltern oder Vakuumnutschen gefiltert. Das Filtrat und das Waschwasser wanderten in den Prozeß zurück. Der Schlammrückstand — etwa 5—8 t auf 1 t Stickstoff — kam auf die Halden, die bei größeren Anlagen recht bald zu ansehnlichen Bergen wuchsen. Wegen ihres hohen Kalk- und geringfügigen Stickstoffgehaltes (etwa 0,2—0,5% N) kam den Rückständen eine gewisse Düngewirkung zu. Sie fanden aber wegen der Transportkosten nur eine begrenzte Anwendung. Die Ammoniakausbeute betrug bei dem gesamten Prozeß bei bester Leitung des Betriebes maximal ca. 96%.

In einer umfangreichen Patentliteratur kommen die Bemühungen zum Ausdruck, den Prozeß wirtschaftlich zu gestalten. Insbesondere bemühte man sich, durch Anwendung von Salzlösungen, an Stelle des Wassers, direkt zu Ammoniaksalzen zu gelangen und dabei noch Ätzalkalien als Nebenprodukte zu gewinnen. Diese ganzen, teils sehr geistreichen Kombinationen sind durch die Entwicklung der Dinge hinfällig geworden. Es war ein Irrweg, soweit man nicht das Ammoniak für technische Zwecke benötigte, den hochwertigen und ballastfreien fertigen Dünger Kalkstickstoff in das Zwischenprodukt Ammoniak überzuführen und dieses an womöglich bodenschädliche Säuren binden zu wollen.

Als weiteres „Veredlungsverfahren" schien zeitweise die Umwandlung in Harnstoff von Bedeutung zu werden. Der Chemismus dieser Reaktion wird im nachfolgenden chemischen Teil behandelt. Die technischen Bemühungen drehen sich einmal um die Herstellung der Cyanamidlösungen, zweitens um die Hydratation des Cyanamids zum Harnstoff und drittens um die Gewinnung des festen Harnstoffes aus den verdünnten Lösungen. Bei jeder einzelnen dieser Maßnahmen liegt die Gefahr unerwünschter Nebenreaktionen, wie der Polymerisation zu Dicyandiamid oder der Verseifung zu Ammoncarbonat, nahe und läßt sich tatsächlich auch nicht ganz vermeiden. So steigen die Ausbeuten kaum je wesentlich über 80%. Dazu kommen die Vielzahl der Manipulationen und die umfangreichen Apparaturen. Nimmt man noch die hohen Eindampfkosten hinzu, so ist das Urteil über die allgemeine Wirtschaftlichkeit dieses Verfahrens gesprochen. Das um so mehr, seitdem das direkte Verfahren der Harnstoffgewinnung aus Kohlensäure und Ammoniak von der I. G. Farbenindustrie in Oppau im großen Maßstabe ausgeübt wird.

III. Die Chemie des Calciumcyanamids, des Hauptbestandteiles des Kalkstickstoffs.

Wie schon eingangs hervorgehoben, besteht der Kalkstickstoff, der auf die im vorhergehenden Abschnitt beschriebene Art gewonnen wird, in der Hauptsache aus der chemischen Verbindung Calciumcyanamid (NCNCa). Mit Rücksicht auf die große Bedeutung, die dem Kalkstickstoff nicht nur als Düngemittel, sondern in der Folgezeit vermutlich auch als Ausgangsmaterial für Veredlungsprodukte, die alle auf der Gewinnung des Calciumcyanamids und seiner Derivate beruhen, zukommt, sei hier die Chemie des Calciumcyanamids näher auseinandergesetzt.

1. Bildungsweise. Bezüglich der rein organischen Bildungsweisen des freien Cyanamids sei auf die Handbücher der organischen Chemie verwiesen. Hier seien nur die Reaktionen, abgesehen von der Azotierung des Carbides, aufgeführt, die unmittelbar zum Calciumcyanamid führen. Entdeckt wurde es 1876 von F. DRECHSEL als Rückstand des Erhitzens von Calciumcarbaminat bzw. Calciumcyanat.

$$Ca(CNO)_2 = CaCN_2 + CO_2.$$

EMICH erhielt es durch Glühen von Calciumoxyd mit Harnstoff oder Guanidin, G. MEYER durch Glühen von Calciumoxyd mit Melam und M. KAMEYAMA (1) durch Glühen von Calciumoxyd mit Dicyandiamid.

Nach D.R.P. 200986 der Badischen Anilin- und Sodafabrik entsteht es durch Erhitzen von Titanstickstoffverbindungen mit Kalk und Kohlenstoff.

Nach H. J. KRASE und J. YEE sowie KADLEC-FLECK bildet es sich beim Erhitzen von Calciumnitrid mit Kohlenstoff. Aus Calciumferrocyanid entsteht es nach H. PINCASS (1) neben Eisen und Kohlenstoff beim Erhitzen unter Luftabschluß.

Calciumcyanid, das seinerseits von H. H. FRANCK und C. FREITAG durch doppelte Umsetzung von Calciumnitrat und Ammoncyanid in flüssigem Ammoniak erhalten wurde[1], zerfällt beim Erhitzen oberhalb 400° in Calciumcyanamid

[1] Nach R. POINDEXTER (Amer. Pat. 1596120) kann man diese Umsetzung auch in konzentriertem wäßrigen Ammoniak vornehmen.

und Kohlenstoff. Ebenso erhielt es H. H. FRANCK[1] durch Erhitzen eines Gemisches von Natriumcyanid und Calciumchlorid. Aus Calciumoxyd und Cyanwasserstoff bildet es sich nach H. H. FRANCK und H. HEIMANN gemäß der Gleichung:

$$CaO + 2HCN = CaCN_2 + CO + H_2$$

und in analoger Weise aus Calciumoxyd und Dicyan gemäß

$$CaO + (CN)_2 = CaCN_2 + CO.$$

Der Cyanwasserstoff läßt sich auch durch ein Gemisch von Kohlenoxyd und Ammoniak ersetzen: D.R.P. 467479 der Stickstoffwerke Spandau (H. H. FRANCK und H. HEIMANN). Aus Calciumcarbonat entsteht bereits mit Ammoniak allein Calciumcyanamid: D.R.P. Anmeldung von N. CARO und A. R. FRANK (H. H. FRANCK).

Zusammenfassend läßt sich sagen:

Auf „kaltem" Wege ist das Calciumcyanamid bisher nicht erhältlich gewesen. Alle Bildungsweisen liegen im Temperaturbereich oberhalb 400—500°, und hier gilt folgender Satz: Treten Calcium, Kohlenstoff und chemisch gebundener Stickstoff in irgendeiner Form und bei Ausschluß anderer Elemente, mit Ausnahme von chemisch gebundenem Sauerstoff, bei Temperaturen von 500—1000° zusammen, so bildet sich das Calciumcyanamid als Endkörper. Es vertritt hier die Rolle des Calciumcarbonats in den Systemen aus Calcium, Kohlenstoff und Sauerstoff. Beide stellen somit die thermochemisch bevorzugten Kombinationen dar, nach denen die Systeme streben.

2. Reindarstellung. So vielfältig die Bildungsweisen des Calciumcyanamids sind, so eignen sich doch wenige davon zur Reindarstellung. Zum ersten Male erhielt es in reiner Form N. KAMEYAMA (1) aus Calciumoxyd und Dicyandiamid.

Nach K. YASUDA wird dieses Verfahren am besten so ausgeführt: Ein Gemisch von 70 Gewichtsteilen Dicyandiamid und 30 Gewichtsteilen Calciumoxyd wird im Stickstoffstrom 15—20 Minuten lang auf 900—920° erhitzt. Hierbei entweichen cyanwasserstoffhaltige Abgase. Es hinterbleibt ein Produkt mit etwa 99,7 % Calciumcyanamid. Sollte das Produkt noch nicht den gewünschten Gehalt besitzen, so läßt es sich durch erneute Behandlung mit Dicyandiamid weiter anreichern.

Besonders reine Präparate lassen sich nach der 1923 von H. H. FRANCK und H. HEIMANN gefundenen Methode aus Calciumoxyd und Cyanwasserstoff erzielen. Leitet man über Calciumchlorid getrockneten Cyanwasserstoff bei 400° über Calciumoxyd, so bildet sich ausschließlich Calciumcyanid, und die Reaktion bleibt bei einem Gehalt von etwa 40 % $Ca(CN)_2$ stehen. Oberhalb dieser Temperatur findet sich jedoch im Reaktionsprodukt Calciumcyanamid, und oberhalb 500° ist kein Cyanid mehr festzustellen. Man müßte also annehmen, daß sich Calciumcyanamid durch den Zerfall: $Ca(CN)_2 = CaCN_2 + C$ bildet. Tatsächlich sind jedoch die Produkte rein weiß. Der Kohlenstoff setzt sich quantitativ mit dem Reaktionswasser der ersten Reaktionsstufe

gemäß
$$CaO + 2HCN = Ca(CN)_2 + H_2O$$
$$C + H_2O = CO + H_2$$

um. So ergibt sich folgende Bruttoformulierung der Reaktion:

$$CaO + 2HCN = CaCN_2 + CO + H_2.$$

Man kann vorteilhafterweise an Stelle des gebrannten Kalkes auch Calciumcarbonat wählen und arbeitet dann bei einer Temperatur von 800—850°. Ein weiterer Kunstgriff, um besonders weiße Produkte zu gewinnen, besteht darin,

[1] Mündliche Mitteilung.

dem Cyanwasserstoffgas Ammoniak beizumischen. Die Reaktionsdauer richtet sich nach der Einwaage. Es ist vorteilhaft, nach Beendigung der Reaktion im Stickstoff- oder Wasserstoffstrom erkalten zu lassen. Die Produkte sind dann absolut frei von Cyanid und enthalten bis zu 99,8% Calciumcyanamid.

Legt man keinen Wert auf Höchstgehalt an Stickstoff, so kann man, wie oben erwähnt, den Cyanwasserstoff durch ein „Cyanwasserstoffbildungsgemisch" von Ammoniak und Kohlenoxyd ersetzen. Man geht vom Calciumoxyd oder -carbonat aus. Das Kohlenoxyd-Ammoniak-Verhältnis kann in weiten Grenzen schwanken. Zweckmäßig stellt man es auf 1 : 1 ein. Die optimale Arbeitstemperatur beträgt 730—750°. Bis zu 30% N oder etwa 90% $CaCN_2$ sind auch so leicht erreichbar.

Genügen Präparate bis zu 20% N den Anforderungen, so kann man auch auf das Kohlenoxyd verzichten und leitet dann Ammoniakgas für sich bei 700 bis 750° über Calciumcarbonat.

Wesentlich für das Arbeiten mit Ammoniak ist die Anwendung von Quarz für das Reaktionsrohr, um den thermischen Zerfall des Ammoniaks zu vermeiden, der bereits durch Porzellan katalysiert wird. Für das Cyanwasserstoffverfahren hingegen genügen Rohre aus Porzellan oder Pythagorasmasse.

Zur Zeit bemüht man sich um die großtechnische Ausbildung dieser Verfahren.

3. Eigenschaften. Das reine Calciumcyanamid ist ein weißer Körper. Die nach obigen Vorschriften erhaltenen Präparate sehen zwar amorph aus, besitzen jedoch tatsächlich, wie das Röntgenbild zeigt, krystalline Struktur. Bei dem technischen, aus Carbid gewonnenen Produkt sind häufig die glitzernden Cyanamidkryställchen deutlich sichtbar. Nach C. H. WARRENS mikroskopischen Beobachtungen kommt dem Calciumcyanamid rhomboedrische Struktur mit dem Kantenwinkel von 74° zu. Es zeichnet sich durch besonders starke Doppelbrechung aus. U. DEHLINGER bestätigte röntgenographisch den Befund von WARREN und führte die Strukturbestimmung auf Grund von Debye-Scherre-Diagrammen bis zur Festlegung der Raumgruppe $D_3 5_h$ durch. Dies ist dieselbe Raumgruppe, in der auch sonst die Substanzen mit der Formel ABC_2, z. B. C_sJCl_2, $NaNN_2$, $NaHF_2$ krystallisieren. H. H. FRANCK und M. A. BREDIG[1] kamen zu dem gleichen Ergebnis.

Der Schmelzpunkt des reinen Calciumcyanamids läßt sich aus der Arbeit von H. H. FRANCK und H. HEIMANN mit 1180—1200° extrapolieren. Die Verbrennungswärme wurde von H. H. FRANCK und F. HOCHWALD zu 163100 ± 400 cal/Mol bestimmt. Daraus ergibt sich eine Bildungswärme von 84000 ± 800 cal. Dieser Wert wird gesichert durch eine direkte Bestimmung der Wärmetönung der Reaktion $CaC_2 + N_2 = CaCN_2$, die in der gleichen Arbeit enthalten ist. Die Bestimmung wurde in der Weise durchgeführt, daß in die übliche BERTHELOTsche Bombe ein elektrisches Mikroöfchen hineingebaut und mit Carbid beschickt wurde. Statt Sauerstoff wurde in die Bombe Stickstoff gedrückt und durch eine kurze Erhitzung des Öfchens die Reaktion eingeleitet und die dann entwickelte Wärme gemessen. Die Reaktionswärme ergab sich zu 72000 ± 2000 cal. Setzt man die Bildungswärme des Calciumcarbids nach O. RUFF und B. JOSEPHY mit 14000 cal ein, so gelangt man zu einer Bildungswärme des Calciumcyanamids von 86000 ± 2000 cal. Die Umwandlungswärme Calciumcyanid ⟶ Calciumcyanamid beträgt nach H. H. FRANCK und H. BANK + 38,5 cal.

4. Thermisches Verhalten des Calciumcyanamids und das Gleichgewicht des Systems $CaCN_2$ + C. Beim Erhitzen des Calciumcyanamids im Vakuum

[1] Mündliche Mitteilung.

oder Wasserstoffstrom auf Temperaturen oberhalb 1000° unterliegt es einer irreversiblen Zersetzung nach

$$2CaCN_2 = CaC_2 + Ca + 2N_2.$$

Unter Umständen vereinigt sich hierbei das abdestillierende Calcium mit dem Stickstoff wieder zu Calciumnitrid.

In Gegenwart von freiem Kohlenstoff stellt sich hingegen das reversible Gleichgewicht der Reaktion

$$CaC_2 + N_2 \rightleftarrows CaCN_2 + C$$

ein. Ansätze zur Ermittlung dieses Gleichgewichts wurden bereits von M. LEBLANC und ESCHMANN, THOMPSON und LOMBARD und V. EHRLICH gemacht. Diese Untersuchungen wurden mit den mangelhaft definierten technischen Carbiden und Cyanamiden ausgeführt und haben nur beschränkten Wert. Hingegen stellten H. H. FRANCK und H. HEIMANN genaue Messungen mit reinen Präparaten an. Folgendes Bild ergab sich:

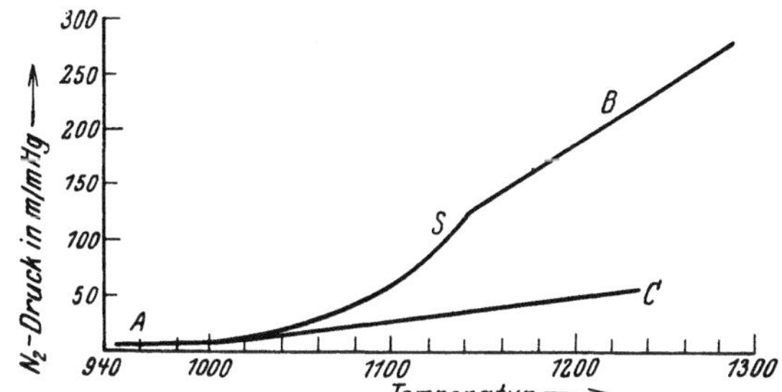

ASB = Druckkurve bei Abwesenheit von Zuschlägen.
AC = Druckkurve bei Zuschlag von 20% Flußspat.

Abb. 200. Stickstoffdissoziationsdrucke mit steigender Temperatur.

a) Die Kurve des Stickstoffdrucks, der sich im Gleichgewicht mit dem Bodenkörper einstellt, ist diskontinuierlich. Sie zeigt einen Knickpunkt, der zwischen 1145—1180° liegt. Der Knickpunkt *S* der Druckkurve deckt sich mit einem Haltepunkt in der Abkühlungskurve *E'*. Die Diskontinuität der Kurve ist daher einem Schmelzvorgang zuzuschreiben (s. Abb. 200). Der erste Teil der Kurve möge mit *A*, der zweite mit *B* bezeichnet werden.

b) Der Druck im Teil *A* ist bei mittlerem „Azotiergrad", d. h. wenn mehr als etwa 20% und weniger als etwa 85% des vorhandenen Carbides azotiert sind, nur von der Temperatur abhängig. In diesem Azotierbereich kann das System als monovariant angesehen werden. Bei niedrigem Azotiergrad sinkt der Druck unter die durch *A* gegebenen Werte und erhebt sich bei hohem Azotiergrad wesentlich darüber. Bei diesen extremen Verhältnissen tritt zu der Temperaturabhängigkeit die von der Stickstoffkonzentration des Bodenkörpers hinzu. Das System wird bivariant. Nach der Phasentheorie läßt das auf Verschwinden einer Phase schließen, in unserem Falle bedingt durch die gegenseitige Löslichkeit von Carbid und Cyanamid. Bei niedrigem Azotiergrad befindet sich alles vorhandene Cyanamid in fester Lösung mit Carbid, fehlt also als gesonderte Phase. Bei hohem Azotiergrad ist alles noch nicht umgesetzte Carbid im Cyanamid gelöst und fällt seinerseits als Phase aus. Die gegenseitige Löslichkeit ist jedoch nicht unbegrenzt. Das System zeigt daher eine Mischungslücke. Bei mittlerem

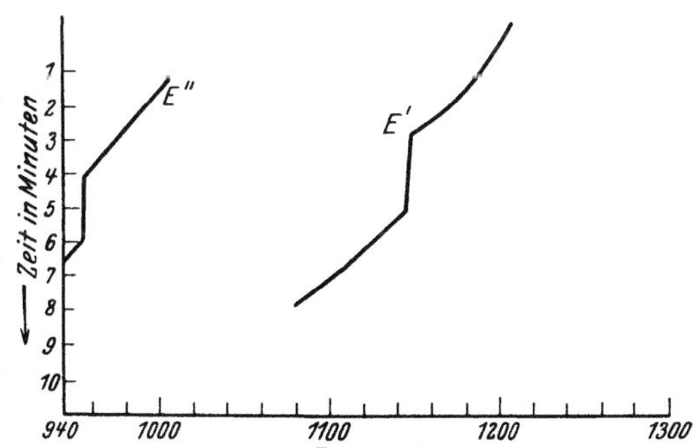

E' = Abkühlungskurve bei Abwesenheit von Zuschlägen.
E'' = Abkühlungskurve bei Zuschlag von 20% Flußspat.

Abb. 201. Abkühlungskurve.

Azotiergrad liegen beide Phasen, nämlich die an Carbid gesättigte Lösung des Cyanamids und die an Cyanamid gesättigte Lösung des Carbids nebeneinander vor. Hier herrscht daher Monovarianz des Druckes, also dessen ausschließliche Abhängigkeit von der Temperatur. Die Druckisotherme zeigt Abb. 201.

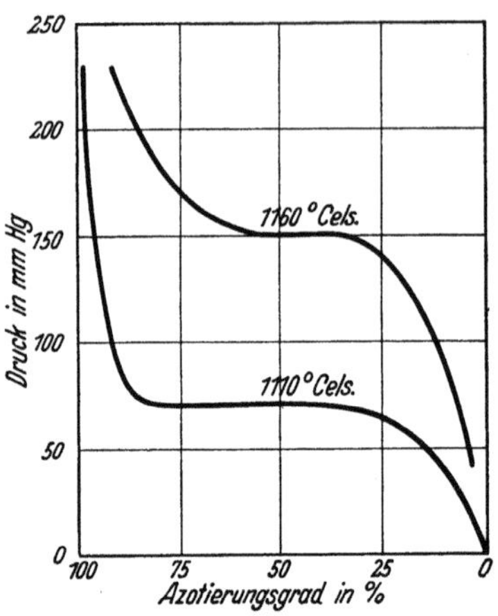

Abb. 202. Isothermen des Stickstoffdrucks in Abhängigkeit vom Azotiergrad.

c) Der Druckanstieg im Teil *B* der Kurve ist gegenüber *A* wesentlich flacher, während *A* das von sonstigen Dissoziations- und Dampfdruckkurven her gewohnte Bild einer Exponentialfunktion aufweist, stellt *B* eine lineare Funktion dar. Hierfür fehlt es noch an einer Erklärung. Die Monovarianz des Druckes ist hier auf einen wesentlich kleineren Azotierbereich beschränkt. In der Isotherme für 1160° (s. Abb. 202) kommt das durch die Kürze des horizontalen Teiles zum Ausdruck. Die Erklärung liegt in der Erhöhung der gegenseitigen Löslichkeit Carbid/Cyanamid durch den erwähnten Schmelzvorgang.

d) Zuschläge, wie sie vielfach bei der technischen Durchführung der Azotierreaktion üblich sind, z. B. Calciumchlorid oder -fluorid, wirken sich in einer wesentlichen Depression des Knickpunktes und des Stickstoffdruckes aus. Bei Calciumfluorid sinkt z. B. der Knickpunkt von 1146 auf 953° C.

Einige Stickstoffdruckwerte für den monovarianten Teil seien noch in folgender Tabelle gegeben:

Temperatur °C:	950	1000	1050	1100	1130	1146	1170	1200	1240	
Druck, mm Hg:	5	12	26	50	98	130	154	183	200	(ohne Zuschlag)
Mit 20 % CaF_2:	—	10	—	30	—	—	—	52	—	

Bei hohem Azotiergrad treten um ein Mehrfaches höhere Drucke auf.

Durch ständiges Evakuieren des abdissozierenden Stickstoffs läßt sich, z. B. bei 1100°, aus einem schwarzen Gemisch von reinem Calciumcyanamid mit der theoretischen Menge Ruß ein weißes und hochwertiges pulvriges Carbid erzielen.

5. Umsetzung des Calciumcyanamids mit Kohlenstoff zu Cyanid. Bereits N. Caro (5) hat angenommen, daß die Azotierung des Carbides zu Cyanamid über Cyanid als Zwischenstufe führt.

$$\text{a) } CaC_2 + N_2 = Ca(CN)_2,$$
$$\text{b) } Ca(CN)_2 = CaCN_2 + C.$$

Demnach wäre die Möglichkeit einer Rückverwandlung des Cyanamids in Cyanid anzunehmen. Tatsächlich läßt sich durch rasches Erhitzen eines Calciumcyanamid-Kohlenstoff-Gemisches, wie es der technische Kalkstickstoff darstellt, auf Temperaturen oberhalb des Schmelzpunktes und plötzliches Abschrecken der Schmelze auf tiefe Temperaturen eine Rückverwandlung in Cyanid vornehmen, wie bereits von W. Landis festgestellt wurde. Von H. H. Franck und Raju sowie H. H. Franck und R. Neubner wurden die Beziehungen zwischen Calciumcyanid und Cyanamid näher untersucht. Unterhalb 1000° stellt das Cyanamid die ausschließlich stabile Form dar, in die sich also das Cyanid bei hinreichender Reaktionsgeschwindigkeit quantitativ umwandelt. Das ist, nach H. H. Franck und H. Heimann bereits etwas oberhalb 400° der Fall. Oberhalb 1000° — genau konnte die Temperatur noch nicht festgelegt werden — beginnt das Existenzgebiet des Cyanids. Jedoch kann das Cyanid nur durch sehr plötzliches Abschrecken fixiert werden, sonst findet beim Durchlaufen des Temperaturgebietes unterhalb 1000° eine Rückverwandlung in Cyanamid statt.

Die Fixierung der Cyanidstufe läßt sich durch Zugabe von Natriumchlorid erleichtern. Es vollzieht sich dann die Umsetzung zu dem stabileren Natriumcyanid.

$$Ca(CN)_2 + 2\,NaCl = CaCl_2 + 2\,NaCN.$$

Dieser Prozeß wird im großen Maßstabe technisch durchgeführt.

6. Umsetzung mit Alkalicarbonat zu Cyanat. Im Temperaturgebiet von 500—600° setzt sich Calciumcyanamid mit Alkalicarbonat im Stickstoffstrom nach folgendem Schema um:

$$CaCN_2 + K_2CO_3 = CaO + 2\,KCNO$$

(vgl. D.R.P. 490247, Stickstoffwerke G. m. b. H., Spandau, H. H. FRANCK und P. MANGOLD).

7. Umsetzung des Calciumcyanamids mit Sauerstoff. Das reine Calciumcyanamid fängt schon bei 420° C an, mit konzentriertem Sauerstoff im Sinne der Gleichung:

$$CaCN_2 + \frac{3}{2}\,O_2 = CaCO_3 + N_2$$

zu reagieren (N. KAMEYAMA 2).

Technischer Kalkstickstoff verträgt wohl etwas höhere Temperaturen, ohne zu verbrennen.

Nach H. RAMSAY (D.R.P. 392455/1922) läßt sich zerstäubter Kalkstickstoff, wenn auch mit sehr schlechten Ausbeuten, zu Stickoxyd verbrennen. Nach K. A. HOFMANN und H. GALOTTI kann man Calciumcyanamid nach Imprägnierung mit geeigneten Katalysatoren, z. B. Kupfer- oder Nickelcarbonat, und Zugabe von Soda oder Natronkalk schon bei etwa 300° mit Luft zu Nitraten oxydieren. Die Reaktion ist jedoch mit großen Verlusten an elementarem Stickstoff verbunden. Sie scheint außerdem an die Anwesenheit von Feuchtigkeit gebunden zu sein. Es wäre dann anzunehmen, daß keine direkte Oxydation des Cyanamids stattfindet, sondern daß zuerst eine Verseifung zu Ammoniak erfolgt und erst dieses der Oxydation zu Nitrat unterliegt.

8. Umsetzungen des Calciumcyanamids mit Kohlenoxyd. Das Gleichgewicht der eingangs erwähnten Reaktion

$$CaO + (CN)_2 = CaCN_2 + CO$$

liegt so sehr auf der rechten Seite, daß sich rückläufig eine Abspaltung von Dicyan aus Cyanamid mit Hilfe von Kohlenoxyd, wie sie nach H. HEIMANN[1] beim Zinkcyanamid möglich ist, nicht bewerkstelligen läßt. Anders liegen die Verhältnisse bei gleichzeitiger Anwesenheit von Wasserstoff, da dann das Gleichgewicht gilt:

$$CaO + 2\,HCN \rightleftarrows CaCN_2 + CO + H_2.$$

Nach Untersuchungen von H. H. FRANCK und H. HEIMANN liegt dieses Gleichgewicht bei 800° C, bei einer Cyanwasserstoffkonzentration von 5—6 Vol. %. Durch Überleiten eines hälftigen Gemisches von Kohlenoxyd und Wasserstoff und bei Abwesenheit von zersetzend wirkendem Eisen läßt sich Cyanwasserstoff aus Cyanamid in dieser Konzentration abspalten (vgl. auch D.R.P. 417018, Stickstoffwerke G. m. b. H., Spandau).

---

[1] Unveröffentlichte Versuche.

Der oxydierende Einfluß von Kohlenoxyd macht sich nach N. KAMEYAMA (2) erst oberhalb 1020° geltend, es sei denn, daß Verunreinigungen katalytisch die Reaktion $2CO = C + CO_2$ herbeiführen und dadurch die Kohlensäure als oxydierendes Agens wirkt.

9. Umsetzung des Calciumcyanamids mit Kohlensäure. Kohlensäure in höherer Konzentration oxydiert reines Calciumcyanamid bereits bei Temperaturen oberhalb 700°. Bei technischem Kalkstickstoff liegt die Grenze der Angreifbarkeit etwas höher.

10. Umsetzung des Calciumcyanamids mit Schwefelkohlenstoff. Bei Temperaturen von 800—900° setzt sich nach H. H. FRANCK und H. HEIMANN[1] Schwefelkohlenstoff mit Calciumcyanamid im Sinne folgender Gleichung zu Calciumsulfid, freiem Schwefel und Dicyan um:

$$CaCN_2 + CS_2 = CaS + S + (CN)_2.$$

11. Umsetzung des Calciumcyanamids mit Wasserstoff. Die Angabe von W. BOBROWNICKI, daß sich Wasserstoff mit Calciumcyanamid bei 400—600° zu Ammoniak und bei 650° zu Cyanwasserstoff umsetzt, beruht auf experimentellen Irrtümern.

12. Umsetzung des Calciumcyanamids mit Chlorwasserstoff. Leitet man bei ca. 700° trockenen Chlorwasserstoff über Calciumcyanamid, so soll nach C. MONTEMARTINI und L. LOSANA folgende Reaktion eintreten:

$$CaCN_2 + 6HCl = CaCl_2 + CCl_4 + 2NH_3.$$

Das Ammoniak soll mit überschüssigem Chlorwasserstoff zu Ammonchlorid weiterreagieren. Der Umsatz soll so quantitativ sein, daß sich darauf eine Methode zur Bestimmung des Stickstoffs im Kalkstickstoff gründen läßt. Diese Angaben hielten einer Nachprüfung nicht stand. Insbesondere konnte kein Tetrachlorkohlenstoff nachgewiesen werden.

13. Umsetzung des Calciumcyanamids in wäßriger Lösung. Das Calciumcyanamid als solches ist nicht in Wasser löslich. Es zerfällt mit kaltem Wasser sofort in das „saure" Salz und Calciumhydroxyd:

$$2CaCN_2 + 2H_2O = Ca(CHN_2)_2 + Ca(OH)_2.$$

In konzentrierten wäßrigen Auszügen von Calciumcyanamid wandelt sich das „saure" Calciumcyanamid bei längerem Stehen in das basische Salz $(HO \cdot Ca)_2N \cdot CN + 6H_2O$ um. Hierbei wird Cyanamid frei

$$2[Ca(HCN_2)_2] + 2H_2O = (Ca \cdot OH)_2 \cdot CN_2 + 3H_2CN_2.$$

Das basische Salz scheidet sich infolge seiner Schwerlöslichkeit in Form schön ausgebildeter Nadeln rhombischer Struktur ab. In der Wärme führt die Einwirkung des Wassers schließlich zum Ammoniak. Die Ammoniakabspaltung beginnt bei 80—90°. Zur quantitativen Durchführung bedarf es jedoch wesentlich höherer Temperaturen — bis zu 180° —, die sich nur in Autoklaven erzielen lassen. Der Reaktionsmechanismus ist ein sehr komplizierter, da sich, anschließend an die Hydrolyse des Calciumcyanamids die verschiedensten Stoffe als Zwischen- und Nebenprodukte bilden, deren Verseifung diese hohen Temperaturen erfordert. Die Reaktion läßt sich auch als Gasreaktion, d. h. durch Einwirkung von Wasserdampf auf festes Calciumcyanamid durchführen; sie verläuft dann nach der Gleichung:

$$CaCN_2 + 3H_2O = CaCO_3 + 2NH_3 + 54 \text{ Cal.}$$

[1] Unveröffentlichte Versuche.

Diese Gleichung ist eine umkehrbare, denn schon oben wurde auf die Möglichkeit hingewiesen, durch Einwirkung von Ammoniak auf Calciumcarbonat zum Calciumcyanamid zu gelangen. Bis zu Temperaturen von 600° verläuft die Reaktion jedoch praktisch vollständig von links nach rechts.

14. Anlagerung von Kohlensäure in Gegenwart von Wasser. Beim Einwirken von Kohlensäure auf eine auf 10° C gekühlte Suspension oder einen wäßrigen Auszug von Calciumcyanamid scheidet sich zuerst das Calciumsalz der Cyancarbaminsäure oder der cyanamido-kohlensaure Kalk aus: $CaC_2O_2N_2 + 5H_2O$. Dieses Salz läßt sich nur trocknen und wasserfrei machen, wenn es zuvor absolut frei von Calciumhydroxyd gewaschen wurde, da sonst (nach H. KAPPEN) beim Trocknen Zerfall unter Bildung von Calciumcarbonat und Dicyandiamid eintritt. Im wasserfreien Zustande stellt es ein Salz von relativ guter Beständigkeit und einem theoretischen Stickstoffgehalt von 22,6% dar, an dessen Verwendung als Düngemittel schon gedacht wurde. Allerdings bleibt der Stickstoffgehalt meist erheblich, um 5—6%, hinter dem theoretischen Wert zurück, da wesentliche Mengen von Calciumcarbonat mit in den Niederschlag gehen. In wäßriger Lösung zerfällt der cyanamido-kohlensaure Kalk bereits bei 40—50° in Calciumcarbonat und freies Cyanamid.

15. Darstellung des reinen Cyanamids aus Kalkstickstoff. Nach ULPIANI erhält man wäßrige Lösungen von reinem Cyanamid, indem man 1 Teil Kalkstickstoff und 4 Teile kaltes Wasser schüttelt, in die mit Eis gekühlte Lösung Kohlendioxyd einleitet, den ausgeschiedenen krystallinischen cyanamido-kohlensauren Kalk auspreßt, mit Wasser verrührt und durch Einleiten von Kohlensäure zersetzt und filtriert; das Filtrat enthält das reine Cyanamid. Zweckmäßiger geht man jedoch in Anlehnung an das D.R.P. 343248 (Wargons Aktienbolaget und H. LIDHOLM) vor, indem man in auf 30° gehaltenes Wasser unter lebhaftem Rühren und ständigem Durchblasen von Kohlensäure Kalkstickstoff in derartig kleinen Portionen einträgt, daß die Alkalität niemals über $\frac{n}{2}$ steigt und die nächste Portion erst nachgibt, wenn durch die Kohlensäurezufuhr die neutrale oder schwachsaure Reaktion wiederhergestellt ist. Man erhält so Lösungen, die nach dem Filtrieren bis zu 25% Cyanamid enthalten; wenn man den Filterrückstand mit 50° warmem Wasser nachwäscht, gelingt es, Stickstoffausbeuten von etwa 90% zu erzielen. Es ist unzweckmäßig, durch Eindampfen zum festen Cyanamid zu gelangen, da sich selbst bei Anwendung von Vakuum Nebenreaktionen nicht ausschließen lassen. Vorteilhafter schüttelt man die wäßrige Lösung mit Äther aus und gewinnt das krystallisierte Cyanamid durch Abdampfen des Äthers.

16. Eigenschaften des reinen Cyanamids. Das Cyanamid läßt sich als solches, aber auch als Carbodiimid auffassen, also $H_2N \cdot CN$ bzw. $HN = C = NH$. In Lösungen besteht wohl Gleichgewicht zwischen beiden Formen, wobei die Amidform vorherrschend ist, wie M. GINA und R. PETRONIO durch Substitutionsreaktionen wahrscheinlich machten. Nach spektroskopischen Untersuchungen von A. FRANSSEN verschiebt sich in verdünnten Lösungen das Gleichgewicht zugunsten der Carbodiimidform.

Es krystallisiert in Nadeln. Der Flußpunkt liegt bei etwa 40—42°, und die molekulare Verbrennungswärme beträgt 171,5 Cal (bei konstantem Druck) oder 171,78 Cal (bei konstantem Volumen).

Es ist in Wasser leicht löslich. Die wäßrige Lösung stellt eine schwache Säure dar, die nach der Gleichung

$$CNNH_2 = CNNH' + H^+$$

dissoziiert. Die Konstante dieses Vorgangs beträgt nach N. KAMEYAMA (3) bei 25° $5{,}42 \cdot 10^{-11}$, die Basendissoziationskonstante des Cyanamids nach O. GRUBE und G. MOTZ bei 25° $2{,}5 \cdot 10^{-15}$.

Das Cyanamid ist an der Luft zerfließlich und hält sich nur im Exsiccator bei Kühlung im Eisschrank. Ferner löst es sich sehr leicht in Alkohol und Äther, leicht in Chloroform und Benzol, jedoch nur wenig in Schwefelkohlenstoff. Des weiteren nehmen die Krystalle nach A. COUDER energisch trockenes Ammoniak unter Wärmeentwicklung auf und zerfließen damit zu einer Lösung, analog der DIVERSschen Flüssigkeit. Aus den wäßrigen Lösungen fällt mit Silbersalzen der charakteristische hochgelbe Niederschlag Ag_2CN_2 aus, der in verdünnter Salpetersäure leichtlöslich, hingegen unlöslich in verdünnter Essigsäure ist. Bei starken Ammoniakkonzentrationen löst sich der Niederschlag ebenfalls, und zwar unter teilweiser Umwandlung des Cyanamids. Sehr charakteristisch ist auch der leuchtend rote Niederschlag mit Thallo-Salzen (Th_2CN_2). Weiterhin sind aus den wäßrigen Lösungen das gelbe Bleisalz, das schwarzbraune Kupfersalz und das weiße Zinksalz fällbar.

Das Magnesiumcyanamid ist nach H. H. FRANCK und H. HEIMANN nur aus Magnesiumoxyd und Cyanwasserstoff zu gewinnen. Es enthält in reiner Form 43,6% Stickstoff.

Bezüglich der organischen Reaktionen des freien Cyanamids sei auf die einschlägigen Handbücher verwiesen. Hier mögen nur die herausgegriffen werden, die vom agrikulturtechnischen Standpunkt von Interesse sind.

17. Polymerisation des Cyanamids. Das Cyanamid besitzt eine große Tendenz, sich zum Dicyandiamid oder Cyanguanidin zu polymerisieren.

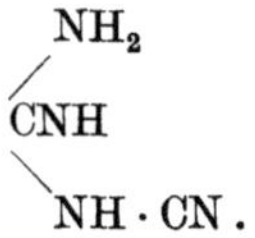

Diese Reaktion setzt bereits beim Aufbewahren der Krystalle bei Zimmertemperatur ein und wird beim Erhitzen heftig, da die Umlagerung mit einer Wärmeentwicklung von etwa 7 Cal je Mol Cyanamid verbunden ist (LEMOULT). Die Umlagerung vollzieht sich ebenfalls in wäßriger Lösung und wird durch Gegenwart schwacher Basen gefördert. Der Mechanismus dieser Umlagerung wurde durch O. GRUBE und J. KRÜGER dahin aufgeklärt, daß sie sich nach der Reaktionsgleichung

$$CNNH' + CNNH_2 = C_2N_2N_2H_3'$$

vollzieht. Es reagiert also stets ein Cyanamidion mit einem undissoziierten Molekül Cyanamid. MORELL und BURGEN sowie H. C. HETHERINGTON und J. M. BRAHAM (1) konnten die Richtigkeit dieser Auffassung dartun. Von O. GRUBE und G. MOTZ wurde gezeigt, daß zwar in schwach alkalischen Lösungen und bei mäßigen Temperaturen die Reaktion praktisch ausschließlich von links nach rechts verläuft, bei stärkerer Alkalität und Temperaturen oberhalb 50° jedoch auch eine merkliche Konzentration von Cyanamid im Gleichgewicht verbleibt. Das bei 65,5° von beiden Seiten her erreichte Gleichgewicht in Abhängigkeit vom Alkalitätsgrad geht aus nebenstehender Tabelle hervor.

n NaOH	Die Gleichgewichtslösung enthält Cyanamid Mol.	Dicyandiamid Mol.
0,746	0,0137	0,0361
2,24	0,0162	0,0349
3,33	0,0180	0,0340
6,66	0,0223	0,0318

In diesen Werten steckt noch eine gewisse Unsicherheit, die daher rührt, daß das Cyanamid durch Silbertitration, das Dicyandiamid aber nur aus der Differenz ermittelt wurde und von H. C. HETHERINGTON und J. M. BRAHAM (1) gefunden wurde, daß auch in alkalischer Lösung die Hydratation des Cyanamids zum Harnstoff im gewissen Umfange vor sich geht. Die Änderungen, die dadurch das Bild erfährt, gehen aus einer Arbeit von O. H. BUCHANAN und G. BARSKY hervor. Sie studierten die Umwandlung des Cyanamids in alkalischen Lösungen und hielten dabei durch Puffergemische die Wasserstoff-Ionen-Konzentration konstant. Sie bestätigten erneut die Annahme, daß bei der Dicyandiamidbildung jeweils ein Cyanamidion mit einem undissoziierten Molekül Cyanamid sich umsetzt; die Kinetik des Vorganges gehorcht somit den Gesetzen einer bimolekularen Reaktion. Die Geschwindigkeitskonstante ist stark von der Wasserstoff-Ionen-Konzentration abhängig; sie erreicht bei 50° C ein nach beiden Seiten steil abfallendes Maximum bei $p_H = 9{,}6$. Bis $p_H = 10$ verläuft die Polymerisation zum Dicyandiamid quantitativ. Darüber hinaus macht sich aber auch die Hydrolyse zum Harnstoff geltend, wie das H. C. HETHERINGTON und J. M. BRAHAM schon andeuteten. Oberhalb $p_H = 12$ verschwindet die Dicyandiamidbildung vollständig zugunsten der Hydrolyse zum Harnstoff. Im Gegensatz zur Polymerisation ist die Hydrolyse in diesem Gebiet unabhängig von der Alkalität der Lösung.

Die Rückverwandlung des Dicyandiamids zu Cyanamid läßt sich nach N. CARO (6) quantitativ über das Silbersalz durchführen. Wird die Fällung des Dicyandiamidsilbers einige Zeit zum Sieden erhitzt, so geht es quantitativ in das gelbe Cyanamidsilber über.

18. Darstellung des Dicyandiamids aus Kalkstickstoff. Nach H. C. HETHERINGTON und J. M. BRAHAM (2) stellt man das Dicyandiamid am besten so dar, daß man aus Kalkstickstoff durch halbstündiges Ausschütteln mit der fünffachen Menge Wasser bei 45—50° einen Auszug gewinnt. Diesen versetzt man mit soviel Schwefelsäure von 60° Bé, daß etwa die Hälfte des vorhandenen Kalkes abgesättigt ist, erhitzt dann schnell auf 75° und gibt noch soviel Schwefelsäure hinzu, wie zur Bindung des restlichen Kalkes erforderlich ist. Man hält 2 Stunden bei 75°, filtriert das ausgeschiedene Calciumsulfat ab und engt das Filtrat soweit ein, daß bei 70° die Krystallisation beginnt. Nach dem Abkühlen wird zentrifugiert und das Produkt einmal aus Wasser umkrystallisiert. Das so gewonnene Dicyandiamid weist einen Reinheitsgrad von etwa 95% auf.

19. Eigenschaften des Dicyandiamids. Dicyandiamid bildet rhombische Krystalle mit dem Flußpunkt 205°. Die Löslichkeitsverhältnisse bringt folgende Tabelle von H. C. HETHERINGTON und J. M. BRAHAM (1):

Dicyandiamid in 100 g Lösungsmittel.

°C	Wasser g	Alkohol g	Äther g	°C	Wasser g	Alkohol g	Äther g
0	1,27	0,937	0,0006	49,9	11,80	3,30	—
13	2,26	1,26	0,001	60,1	18,75	4,13	—
35	6,5	2,26	0,0026	75	33,4	—	—

Molekulare Verbrennungswärme bei konstantem Volum: 329,35 Cal und bei konstantem Druck: 328,73 Cal (LEMOULT).

Beim Erhitzen kondensiert sich Dicyandiamid unter Ammoniakabspaltung weiter zum Melamin:

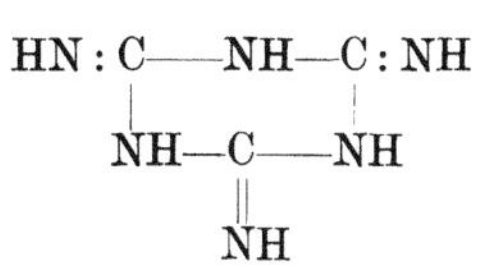

Durch Erhitzen von gelagertem technischen Kalkstickstoff in einem inerten Gasstrom auf 300° läßt sich Melamin heraussublimieren und setzt sich an den etwa 200° heißen Stellen des Reaktionsrohres in charakteristischen Täfelchen ab. In schwach alkalischer und ammoniakalischer Lösung bildet es mit Silbersalzen einen Niederschlag von $AgC_2H_3N_4$, der im Ammoniaküberschuß leicht löslich ist.

Das Dicyandiamid selbst gibt mit Säuren keine Salze. Jedoch wird es beim Kochen mit verdünnten Säuren zu dem wesentlich basischeren *Dicyandiamidin* oder Guanylharnstoff hydratisiert.

$$\begin{array}{l} \quad NH_2 \\ \diagup \\ CNH \\ \diagdown \\ \quad NH\cdot CN \end{array} + H_2O = \begin{array}{l} \quad NH_2 \\ \diagup \\ CNH \\ \diagdown \\ \quad NHCO\cdot NH_2 \end{array}$$

Aus Lösungen von Dicyandiamidinsalzen fällt mit Kupfersulfat und Natronlauge die Verbindung $Cu(C_2H_5ON_4)_2$ in rosenroten Nädelchen. Mit Nickelsalzen und Kaliumhydroxyd scheidet sich als gelber krystallinischer Niederschlag die Verbindung $Ni(C_2H_5ON_4)_2 + 2H_2O$ ab, die von H. Grossmann und B. Schück zuerst aufgefunden und zum Nachweis von Nickel vorgeschlagen wurde.

Beim Konzentrieren einer 20—25proz. Dicyandiamidin-Carbonat-Lösung erfolgt bei ständigem Einleiten von Kohlensäure nach D.R.P. 458437 (E. Merck, Erfinder H. Mayen) in 5—6 Stunden eine Umwandlung in Guanidincarbonat.

20. Umwandlung des Cyanamids in Harnstoff. Cyanamid vermag in sauren Lösungen unter Harnstoffbildung Wasser anzulagern:

$$CN\cdot NH_2 + H_2O = NH_2\cdot CO\cdot NH_2.$$

Diese an sich schon lange vor Erfindung des Kalkstickstoffs bekannte Reaktion wurde von H. Immendorf und H. Kappen zu einem technischen Verfahren durchgebildet. Insbesondere wurde von ihnen die katalytische Beschleunigung dieser Reaktion durch anorganische Kolloide, z. B. Mangandioxydhydrat, Zinndioxyd, Chromhydroxyd usw., entdeckt. Saure Reaktion der Lösung ist für die Reaktion auch zur Vermeidung von Nebenreaktionen notwendig. Die günstigste Arbeitstemperatur liegt bei 70°. Über den Mechanismus und die Kinetik dieser Reaktion liegen Arbeiten von H. Kappen, von H. C. Hetherington und J. M. Braham (1) sowie G. Grube und G. Motz vor. Nach Hetherington und Braham handelt es sich um eine Wasserstoff-Ionen-Katalyse analog der Esterhydrolyse oder der Rohrzuckerinversion. Auch in alkalischem Medium findet noch ein, wenn auch geringer Umsatz zu Harnstoff statt (s. o.). Die Geschwindigkeitskonstante ist die einer Reaktion erster Ordnung.

G. Grube und G. Motz fanden, daß das für Lösungen, die sehr verdünnt an Cyanamid und Säure sind, zutrifft. Bei höherer Säurekonzentration und kleiner Cyanamidkonzentration liegt ebenfalls eine monomolekulare Reaktion vor. Die Konstante verläuft jedoch nicht mehr proportional der Wasserstoff-Ionen-Konzentration, sondern steigt mit wachsender Säurekonzentration schneller als diese. Bei hoher Cyanamid- und geringer Säurekonzentration verliert der Vorgang den Charakter einer monomolekularen Reaktion und nimmt den einer höheren Ordnung an. Dieses Verhalten beruht auf der Salzbildung des entstandenen Harnstoffes mit der noch vorhandenen Säure.

Der Vorgang der Harnstoffbildung verdient besonderes Interesse, weil die Assimilation des Cyanamidstickstoffs im Boden vorwiegend über diese Stufe verläuft.

21. Umwandlung in Thioharnstoff. Ebenso wie das Wasser, läßt sich auch die entsprechende Schwefelverbindung, der Schwefelwasserstoff, an Cyanamid anlagern:

$$CN\cdot NH_2 + H_2S = NH_2\cdot CS\cdot NH_2.$$

Man kann die Reaktion (D.R.P. 408662, E. DE HAEN und R. UHDE) so durchführen, daß man Kalkstickstoff nach und nach in mit Schwefelwasserstoff gesättigtes Wasser einträgt. Nach H. KAPPEN (D.R.P. 260061) wird die Umsetzung zwischen Cyanamidlösungen und Schwefelwasserstoff durch Sulfide, wie Arsensulfid (As_2S_3) oder Antimonsulfid (Sb_2S_3) gefördert. Statt des Schwefelwasserstoffs selbst kann man natürlich auch Ammonsulfid oder Calciumsulfid + Kohlensäure anwenden.

22. Umwandlung des Cyanamids in Guanidin. Analog der Wasseranlagerung zum Harnstoff vermag das Cyanamid auch Ammoniak unter Bildung von Guanidin zu addieren.

$$CN \cdot NH_2 + NH_3 = NH_2 \cdot C \cdot NH \cdot NH_2 .$$

Nach ERLENMEYER erhitzt man Ammonchlorid mit Cyanamid in alkoholischer Lösung einige Zeit im Bombenrohr auf 100°. Auch in wäßrigen Lösungen läßt sich bei Anwendung höherer Temperaturen (Autoklav) der Umsatz herbeiführen. Die Reaktion wurde ausführlicher von J. S. BLAIR und J. M. BRAHAM studiert.

Als vorteilhafteste Arbeitstemperatur wird eine solche von 155° angegeben. Bei höheren Temperaturen tritt Hydrolyse zu Ammoniak und Kohlensäure ein. Es ist nur mit mäßigen Ausbeuten zu rechnen, da Nebenreaktionen, wie Ammelid- und Dicyandiamidbildung, kaum zu vermeiden sind.

Nach dem D.R.P. 490876 der I. G. Farbenindustrie erhält man Guanidinnitrat direkt aus Kalkstickstoff durch Eintragen von 10 Teilen Kalkstickstoff in 18,8 Teile geschmolzenes Ammonnitrat.

Zu den mannigfachsten substituierten Guanidinen gelangt man ohne weiteres durch Ersatz des Ammoniaks durch Aminoverbindungen (D.R.P. 462995).

Von sonstigen organischen Reaktionen des Cyanamids sei die Synthese der Eiweißbausteine Kreatin und Kreatinin, die sich stets in den Muskeln und im Blutplasma finden, erwähnt. Das Kreatin stellt ein Guanidinderivat folgender Bauart dar:

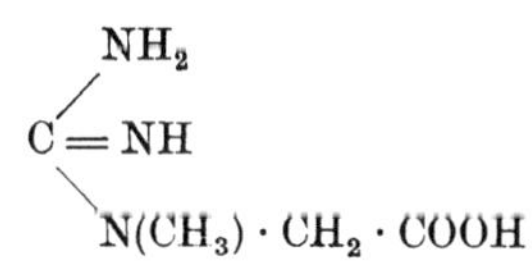

und wurde von J. VOLHARD aus Cyanamid und Sarkosin (= Methylglycin) (vgl. A. FRANK 2) gewonnen. Sein Anhydrid, das Kreatinin, erhielten E. ABDERHALDEN und H. SICKEL aus Sarkosinsäureäthylester und Cyanamid. Die gute Reaktionsfähigkeit zwischen Aminosäuren und Cyanamid ist für die Chemie der in Amerika üblichen Mischdünger von besonderer Bedeutung. Diese enthalten als Grundlage durch Schwefelsäure aufgeschlossene organische Abfälle, wie Blutmehl, Ledermehl, Tabakstaub usw. („ammoniated base"). Der weiter zugefügte Kalkstickstoff reagiert derart mit diesen Aminosäuren, daß nach kurzer Zeit weder Cyanamid noch Dicyandiamid mehr nachweisbar sind; denn es haben sich Aminosäurederivate obiger Art daraus gebildet. N. CARO (7) baute auf einer ähnlichen Reaktion, nämlich der Vereinigung von Phenylglycin mit Dialkalicyanamid, eine Synthese des Indigos auf.

R. STOLLE (D.R.P. 415855) stellte durch Einwirkung von Stickoxydul auf Cyanamid oder seine Salze bei 300—400° und Zerlegung des Reaktionsproduktes mit Säuren, Stickstoff-Wasserstoffsäure N_3H dar.

IV. Wirtschaftlicher Teil.

Das Internationale Institut für Agrikultur in Rom gibt folgende Zahlen für die Erzeugung von Kalkstickstoff an:

Kalkstickstofferzeugung (in t).

Land	1913	1925	1926	1927	1928
Deutschland . . .	48500	350000	420000	440000	—
Frankreich	12446	55000	55000	53000	50000
Italien	14982	37750	44830	38800	55000
Norwegen	22110	8000	21000	—	—
Polen	—	85754	117932	143499	154893
Jugoslawien . . .	—	42000	40000	—	—
Schweden	18352	34369	37311	24473	—
Schweiz	—	25000	27000	26000	23000
Tschechoslowakei .	—	4928	13662	22271	25152
Kanada	48000	70000	75000	80000	77000
Japan	7000	121757	140675	120405	—
Summe:	171000	835000	993000	948000	—

während die Angaben des „Annuaire Lambert“ in mehreren Fällen nicht unerheblich von den italienischen Angaben abweichen:

Erzeugung von Kalkstickstoff in den wichtigsten Ländern (in t).

Land	1913	1925	1926	1927	1928
Frankreich	12446	50000	55000	53000	55000
Deutschland . . .	48500	350000	420000	440000	465000
Italien	14982	37800	44800	38800	54900
Norwegen	22110	15200	16000	15200	17000
Schweden	18352	22000	25200	37150	28000
Schweiz	7500	12000	12000	12380	12400
Tschechoslowakei	—	6000	14000	22271	25000
Polen	—	109000	115000	132000	139000
Kanada	48000	70000	75000	80000	148000
Japan	7000	80000	85000	85000	102000[1]
Rumänien	—	11700	18000	20000	19500
Jugoslawien . . .	12000	33500	36000	30000	32000
Summe:	190890	797200	916000	965801	1097800

Der Verbrauch des Kalkstickstoffs in der deutschen Landwirtschaft liegt aber nach N. Caro etwa bei 23% der insgesamt verbrauchten Stickstoffmengen, da der in Deutschland erzeugte Kalkstickstoff fast ausschließlich von der deutschen Landwirtschaft verbraucht wird, während von den anderen Stickstoffdüngemitteln sehr große Mengen ins Ausland verkauft werden.

Die Leistungsfähigkeit der Kalkstickstoffindustrie beträgt in Deutschland etwa 120000 t N und in der Weltindustrie etwas über 400000 t N und verteilt sich auf folgende produzierende Werke:

Fabrik	Gesellschaft	In Betrieb genommen	Leistungsfähigkeit t N
Deutschland.			
Trostberg	Bayerische Stickstoff-Werke A.-G., München	1910	50000
Piesteritz	Bayerische Stickstoff-Werke A.-G.	1915	45000
Knapsack	Aktiengesellschaft für Stickstoff-Dünger, Knapsack b. Köln	1908	10000
Waldshut	Lonza-Werke, Elektrochemische Fabriken G. m. b. H., Waldshut	1916	13000

[1] Ein Teil davon dient zur Ammonsulfatherstellung.

Fabrik	Gesellschaft	In Betrieb genommen	Leistungsfähigkeit t N
Belgien.			
Langerbrugge b. Gent	Société belge d'Electrochimie	1929	4200
Frankreich.			
Brignoud (Isère)	Société d'Electrochimie de Brignoud Etablissements Kuhlmann	—	4000
Marignac (Haute-Garonne)	Compagnie d'Electricité Industrielle	—	6000
Villarodin Boruget d. Modane (Savoyen)	Société des Manufactures des Glaces et Produits Chimiques de Saint Gobain, Chauny et Cirey		2400
Bellegarde (Ain)	Société des Produits Azotés		3600
Lannemezan (Hautes Pyrénées)	Société des Produits Azotés		12000
Italien.			
Domodossola	Societa Italiana Prodotti Azotati	1920	3500
San Marcel (Piemont)	Societa Italiana Prodotti Azotati	1911	1000
Ascoli Piceno (Abruzzen)	Societa Industriale Carburo	1919	3000
Collestatte (Umbrien)	Terni, Societa per l'Industria e l'Elettricita	1910	10000
Narni (Umbrien)	Terni, Societa per l'Industria e l'Elettricita	1917	3500
Jugoslawien.			
Ruse v. Maribo	Stickstoffwerke A.-G., Ruse	1918	6000
Sebenico (Dalmatien)	S. U. F. I. D., Societa per l'utilizzazione delle Forze Idrauliche della Dalmazia	—	12000
Norwegen.			
Odda am Surfjord b. Hardanger	Odda Smeltewerk A.-S.	1910 1924	15000
Polen.			
Chorzow (Polnisch-Oberschlesien)	Panstwowa Fabryka Zwiaskow Azotowych	1917	32000
Rumänien.			
Diczöszentmarton (= Diciosanmartin)	Nitrogen Kunstdünger u. chem. Industrie A. G. Nitrogène, Soc. An. d'Engrais et de Produits Chimiques	—	7400
Schweden.			
Ljunga	Stockholms Superfosfat Fabriks Aktiebolaget	—	2000
Alby	Alby Carbidfabriks Aktiebolaget	—	3500
Schweiz.			
Gampel (Kanton Wallis)	Lonza, Elektrizitätswerke und chemische Fabriken A.-G.	1914	4000
Martigny (Kanton Wallis)	Société des Produits Azotés	—	2400
Tschechoslowakei.			
Falkenau a. d. Eger	Verein für chemische und metallurgische Produktion	1916	7000
Vereinigte Staaten.			
Niagara Falls (Ontario, Canada)	American Cyanamid Co.	1909	74000
Muscle Shoals, Ala.	United States Nitrate Plant Nr. 2 (Anfang 1919 stillgelegt)	1918	36280
Japan.			
Takafu (Präf. Fukui)	Daido Hiryo Kabushiki Kaisha	—	1000
Aomi (Präf. Niigata)	Denki Kagaku Kogyò Kabuskiki Kaisha	—	9000

Fabrik	Gesellschaft	In Betrieb genommen	Leistungsfähigkeit t N
Fushiku (Präf. Toyama)	Denki Kagaku Kogyo Kabushiki Kaisha	—	3000
Ohmuta (Präf. Fukuoda)	Denki Kagaku Kogyo Kabushiki Kaisha	—	8000
Hagaoka (Präf. Niigata)	Hokuetso Suiden K. K.	—	6500
Namorikawa	Hokuriku Denka K. K.	—	1000
Kagemori	Kanto Suidan Co. Ltd.	—	1000
Kuroi nordöstl. v. Naoeten (Präf. Niigata)	Shinetsu Chisso Hiryo	1927	6000

Außerdem ist in Hirschfelde seit einigen Jahren ein kleiner Versuchsbetrieb eröffnet, welcher nur etwa 500 t N im Jahre erzeugt.

Die Erzeugung an Kalkstickstoff und Stickstoff in den deutschen Werken betrug:

Erzeugung an Kalkstickstoff durch die Bayerischen Stickstoff-Werke.

	Werk Trostberg und Hart	Werk Piesteritz	Werk Chorzow		Werk Trostberg und Hart	Werk Piesteritz	Werk Chorzow
1912	10987000	—	—	1921	41344000	131400000	77946000
1913	19867000	—	—	1922	56304000	138135000	31080000[2]
1914	23752000	—	—	1923	61984000	115663000	—
1915	25375000	—	—	1924	67353000	152009000	—
1916	29086000	72303000	33445000	1925	147140000	189226000	—
1917	20967000	91193000	39901000	1926	173575000	136241000	—
1918	19796000	117796000	43028000	1927	195178000	154821000	—
1919	18888000	101536000	34603000	1928	177151000	186941000	—
1920	36944000[1]	115344000	79084000	1929	168559000	193475000	—

Erzeugung an Kalkstickstoff durch andere Firmen.

	Werk Lonza	Werk Knapsack		Werk Lonza	Werk Knapsack
1925	30000000	—	1928	54036000	10780930
1926	40758000	40555520	1929	47713000	38002651
1927	48104000	7735152			

Erzeugung an Stickstoff in Form von Kalkstickstoff (in kg N).

	Werk Trostberg und Hart	Werk Piesteritz	Werk Chorzow		Werk Trostberg und Hart	Werk Piesteritz	Werk Chorzow
1911	338907[3]	—	—	1921	7784547	24195933	13613310
1912	3285931	—	—	1922	10485188	25183117	—
1913	3720311	—	—	1923	11903315	22300008	—
1914	4594508	—	—	1924	13055516	29022273	—
1915	4941510	—	—	1925	28570842	37660326	—
1916	5740167	16946514	6215362	1926	34874618	28603237	—
1917	4141089	18041052	7759992	1927	40384740	33079648	—
1918	3771370	23485426	8182554	1928	37174881	39320199	—
1919	3780014	15619418	6657214	1929	36012259	41227937	—
1920	6973967	21741129	14681076				

	Werk Lonza	Werk Knapsack		Werk Lonza	Werk Knapsack
1925	—	—	1928	11671000	2202375
1926	8392000	7811235	1929	10499000	7752562
1927	9933000	1521356			

[1] Ab Februar. [2] Januar bis April. [3] Ab April.

Die gesamte deutsche Erzeugung an Kalkstickstoff-N belief sich also in den letzten Jahren auf:

1926	78681090 kg N	1928	90368455 kg N
1927	84918744 „ „	1929	95491758 „ „

Im Jahre 1929 mußten 20732 t Kalkstickstoff aus dem Auslande, und zwar aus Norwegen, Polen und Jugoslawien, eingeführt werden, da die Nachfrage der deutschen Landwirtschaft so groß war, daß die deutsche Kalkstickstoffindustrie dieselbe nicht befriedigen konnte. Es wurden an die deutsche Landwirtschaft abgegeben:

Kalkstickstoff in t.

1927	1928	1929
395835	430669	425908

Von der aus Piesteritz versandten Menge waren im Jahre 1929 etwa 10,7% ungeölter Kalkstickstoff zur Unkrautbekämpfung bestimmt.

In der folgenden Tabelle ist der Verbrauch von ungeöltem Kalkstickstoff mit dem Verbrauch von Kainit zur Hederichbekämpfung verglichen:

Absatz an ungeöltem Kalkstickstoff zur Hederichbekämpfung und Hederichkainit (Preußisches Landwirtschafts-Ministerium).

	Ungeölter Kalkstickstoff t	Hederich-kainit t		Ungeölter Kalkstickstoff t	Hederich-kainit t
Zur Ernte 1926	20000	54000	Zur Ernte 1928	43000	79000
„ „ 1927	34000	53000	„ „ 1929	52000	55000

Der Welthandel mit Kalkstickstoff steht hinter dem Handel aller anderen Stickstoffdüngemittel sehr zurück, da die Kalkstickstoffindustrie sich fast in allen Kalkstickstoff verbrauchenden Ländern selbst entwickelt hat. Deutschland führte im allgemeinen keinen Kalkstickstoff ein und nur wenig Kalkstickstoff aus, da es mit den vorhandenen Anlagen den Bedarf der Landwirtschaft decken konnte. Eine Ausnahme war nur das Düngejahr 1928/29, in dem Deutschland Kalkstickstoff einführen mußte, da, wie erwähnt, die Nachfrage der Landwirtschaft erheblich größer war als die im Lande greifbaren Bestände.

In der Tabelle der Kalkstickstoffbewegung in den wichtigsten Ländern findet sich regelmäßig eine starke Einfuhr von Kanada nach den Vereinigten Staaten,

Bewegung von Kalkstickstoff in den wichtigsten Ländern (Statistique des Engrais).

	Einfuhr in t				Ausfuhr in t			
	1913	1926	1927	1928	1913	1926	1927	1928
Frankreich	5000	8000	9902	9500	800	1000	1526	2885
Belgien	4000	26161	35101	37098	750	14	75	1
England	500	1600	800	—	—	—	—	—
Italien	—	49700	29557	21445	—	12	—	—
Deutschland	20000	—	34	81	30000	—	564	365
Polen	—	7500	8427	20865	—	1500	2377	—
Tschechoslowakei ..	—	13037	10700	6431	—	—	—	—
Holland	1580	3250	4700	4930	—	200	—	—
Norwegen	—	—	—	—	5000	11317	30230	26400
Schweden	—	—	—	—	16930	16200	9120	10200
Vereinigte Staaten .	14891	88373	108730	140000	—	—	—	—
Kanada	—	—	—	—	17173	82000	103000	121000

welche dadurch entsteht, daß die Werke der American Cyanamide Co. in Niagara Falls auf der kanadischen Seite liegen, ihre Produkte aber fast vollständig zur Weiterverarbeitung auf Ammonphos, Cyanid und Blausäure nach den Vereinigten Staaten bringen.

Im übrigen führen nur Schweden und Norwegen regelmäßig verhältnismäßig geringe Mengen Kalkstickstoff aus, welche hauptsächlich von Belgien aufgenommen werden.

Die Verkaufspreise von Kalkstickstoff werden vom Stickstoffsyndikat festgesetzt. Sie betrugen je nach den Monaten:

Düngejahr	Je kg N M.	Düngejahr	Je kg N M.	Düngejahr	Je kg N M.
1924/25 . .	0,90—1,05	1927/28 . .	0,78—0,88	1929/30 . .	0,76—0,86
1925/26 . .	0,85—1,00	1928/29 . .	0,78—0,88	1930/31 . .	0,71—0,85
1926/27 . .	0,82—0,92				

Die starke Steigerung der Stickstoffpreise im Verlauf des Düngejahres liegt darin begründet, daß die Landwirte im allgemeinen ihren Bedarf an Düngern erst unmittelbar vor der Bestellung, d. h. in den ersten 3—4 Monaten des Jahres kaufen. Somit kann diese Industrie ihr Kapital im allgemeinen nur einmal im Jahre umsetzen und hat große Unkosten für Lagerung, Zinsendienst u. dgl. Es wird nun versucht, durch billigere Preise im Sommer und Herbst den Anreiz zu frühem Bezug zu geben. Der Kalkstickstoff wird als Düngemittel z. T. schon im Herbst, und zwar vor der Bestellung der Wintersaaten, auf den Acker gebracht, wodurch sich die außerordentlich hohen Kosten für die Lagerung für den Kalkstickstoff etwas verringern.

Die Verteilung des Jahresversandes des Werkes Piesteritz der Bayerischen Stickstoff-Werke A.-G. gestaltete sich für die einzelnen Monate (Tabelle links):

Versandanteile im Jahre 1929.

Januar . . .	15,78 %
Februar . . .	20,62 %
März	10,87 %
April	8,90 %
Mai	3,43 %
Juni	0,12 %
Juli	5,21 %
August . . .	12,06 %
September .	13,48 %
Oktober . . .	1,81 %
November . .	2,02 %
Dezember . .	5,70 %
	100,00 %

Die wirtschaftliche Bedeutung des Kalkstickstoffs liegt nach N. Caro (8) neben seiner Anwendung als Dünger auch noch in der Bedeutung der Kalkstickstoffindustrie für die Elektrizitätswirtschaft. Sie gestattet nämlich, wie keine andere Verbraucherin, die Verwendung der stark schwankenden Spitzenkräfte der Stromlieferanten. So liegt nach Caro die Bedeutung von Trostberg z. T. darin, daß Trostberg die Spitzen der sehr stark schwankenden Wasserkräfte der Alz und des mittleren Inn restlos aufnimmt, obwohl die Stromzuführung von den Innwerken sich innerhalb weniger Stunden um 200—300% nach oben oder unten ändert.

Die gewaltigen elektrischen Öfen, welche 15000 und neuerdings bis zu 26000 kW aufnehmen, ertragen ohne eine Änderung der Ausbeutekoeffizienten stärkere und schwächere Belastungen und können so selbst die größten Spitzenkräfte aufnehmen. Dabei ist es nicht notwendig, daß die Kalkstickstoffabrik auf die entsprechende Höchstleistung der Carbidfabrik mit den Spitzenkräften ausgebaut ist, da sich das Carbid in geschlossenen Gefäßen lagern läßt, und der Kalkstickstoffabrik für diejenigen Zeiten als Reserve dient, in denen die Stromzuführung nachläßt. Andererseits sind aber auch die Kalkstickstofffabriken in der Nähe der Braunkohlengruben, welche ihren Strom aus Braunkohlenkraftwerken beziehen, bis zum heutigen Tage durchaus lebensfähig geblieben. Bekanntlich bezieht das Kalkstickstoffwerk in Piesteritz seinen Strom von den Elektrowerken, die Braunkohlen der Gruben Golpa und Zschornewitz verfeuern.

In einem der größten Kalkstickstoffwerke Deutschlands wurden zur Bindung von 1 kg Stickstoff folgende Rohmaterialien und Energien verbraucht:

Kalk kg	Koks kg	Elektroden kg	Linde-Stickstoff cbm	Strom kWh
3,1	1,7	0,09	2	10

An Arbeit wurden 0,06 Lohnstunden aufgewandt.

Die Rohmaterialien Kalk und Koks müssen von größter Reinheit sein, so daß die normalen Handelspreise für diese Rohmaterialien nicht in Anwendung kommen dürfen.

Für 1 kg Stickstoff wird als Zwischenprodukt 3,4 kg Rohcarbid oder 2,4 bis 2,5 kg Reincarbid benötigt.

Die Verkaufspreise des Kalkstickstoffs gelten als Preise für den Abnehmer frei jeder Bahnstation im Deutschen Reiche und verpackt in Papiersäcken. Es sind also in diesen Preisen außer den eigentlichen Gestehungskosten der Werke noch enthalten der Gewinn des Kalkstickstoffhandels, die Fracht vom Erzeugerwerk bis zur Station des Empfängers, welche im Durchschnitt je kg N allein $5^1/_2$ Pfg. beträgt und die Kosten der Verpackung einschließlich der Kosten des Papiersackes. Diese letzteren Kosten belaufen sich für den Papiersack selbst auf 3 Pfg. je kg N für Verpackung und etwa 1,2 Pfg. für das Einfüllen der Säcke und Verladen derselben, so daß also allein für Fracht und Verpackung von dem Verkaufspreis 10 Pfg. abzusetzen sind. Die Kosten für Verpackung im Papiersack mit 4,2 Pfg. werden auch dann von den Werken getragen, wenn der Kalkstickstoff in Jutesäcken oder in Trommeln bezogen wird.

Das Stickstoff-Syndikat berechnet für die Verpackung

im 75-kg-Jutesack	0,65 RM.
im 75-kg-Speziallagersack	1,00 „
in einer 100-kg-Blechtrommel	1,40 „

während die Verpackungskosten tatsächlich betragen

für einen kaschierten Jutesack	ca.	1,03 RM.
für einen Speziallagersack	„	1,20 „
für eine 100-kg-Blechtrommel	„	2,25 „

Bei der großen Bedeutung der wirtschaftlich doch kaum mehr nutzbaren Emballagen dürfte es von Interesse sein, welche Form des Verpackungsmaterials von den Abnehmern gewählt wird.

Von den Bayerischen Stickstoff-Werken A. G., Werk Piesteritz, wurden versandt:

	In Kreppapiersäcken 75 kg %	In Jutesäcken 75 kg %	In Speziallagersäcken 75 kg %	In Blechtrommeln 100 kg %
1927	16,15	64,79	1,36	17,70
1928	14,51	61,84	8,15	15,50
1929	11,07	64,24	12,39	12,30

Über die in der deutschen Kalkstickstoffindustrie investierten Kapitalien lassen sich genaue Angaben nicht machen, da die Werte durch die Goldmarkeröffnungsbilanz eine große Ungenauigkeit bekommen haben.

Die Rentabilität der Kalkstickstoffwerke war trotz der steigenden Belastung durch Steuern und soziale Aufwendungen in den letzten Jahren erfreulich.

Die verteilten Dividenden betrugen:

	B. K. W. %	B. St. W. %	Lonza-Waldshut %	Knapsack %
1925/26	6	5	7	6
1926/27	6	6	7	8
1927	6	7	7	8
1928	6	8	7	8

Dabei hatten sich, wenigstens im Jahre 1927, die Steuern, welche die Bayerischen Stickstoffwerke in ihrem Jahresbericht ausweisen, auf 1431974,12 RM. oder auf 170% des verteilten Dividendenbetrages belaufen.

Literatur.

Abderhalden, E., u. A. Sickel: Z. physiol. Chem. **175**, 68—74 (1928); Ann. Internat. Statist Agricole Rom **1928/29**, 514. — Antropoff, A. v.: Z. angew. Chem. **43**, 136 (1930).

Bassereau, G.: J. Four el. **38**, 153—156 (1929). — Blair, J. S., u. J. M. Braham: Ind. Chem. **16**, 848—852 (1924). — Bobrownicki, W.: Przemysl Chemiczny **8**, 7—14 (1924). — Borchers, W.: Z. Elektrochem. **8**, 349 (1902).

Carlson, F.: Chemiker-Ztg **30**, 1261 (1906); Z. Elektrochem. **13**, 101 (1907). — Caro, N.: (1) Vortrag vom 16. Mai 1928; als Manuskript gedruckt (2) Voss. Ztg **1919**, 2. April; (3) und (4) Vortrag vom 16. Mai 1928; (5) Z. angew. Chem. **22**, 179 (1909); (6) Ebenda **23**, 2405 (1910); (7) Ebenda **19**, 839 (1906); (8) Vortrag vom 16. Mai 1928. — Cochet, N.: Chim. et Ind. **1924**, 394—403. — Couder, A.: C. r. Acad. Sci. **180**, 926—928 (1925).

Dehlinger, U.: Z. Krystallogr. Mineral. **65**, 286 (1927). — Drechsel: J. prakt. Chem. (2) **16**, 205 (1876).

Ehrlich, V.: Z. Elektrochem. **28**, 529 (1922). — Emich: Mh. Chem. **10**, 332 (1889).

Frank, A.: (1) und (2) Z. angew. Chem. **16**, 538, 539 (1903). — Franck, H. H., u. H. Bank: Diplomarbeit H. Bank (Techn. Hochsch. Berlin), unveröffentlicht. — Franck, H. H., u. C. Freitag: Z. angew. Chem. **39**, 1430 (1926). — Franck, H. H., u. H. Heimann: Z. Elektrochem. **33**, 469 (1927). — Franck, H. H., u. F. Hochwald: Ebenda **31**, 581 (1925). — Franck, H. H., u. Sh. Raju: Diplomarbeit Raju (Techn. Hochsch. Berlin). 1929. — Foerster, F., u. H. Jacoby: Z. Elektrochem. **17**, 20 (1911). — Franssen, A.: Bull. Soc. Chim. France (4) **43**, 177—193 (1928).

Gina, M., u. Petronio, R.: J. prakt. Chem. **110**, 289—308 (1925). — Grossmann, H., u. B. Schück: Ber. **39**, 3357 (1906). — Grube, G., u. J. Krüger: Z. physik. Chem. **86**, 65 (1913). — Grube, G., u. G. Motz: Ebenda **118**, 145—160 (1925).

Hansen, W.: Z. Elektrochem. **16**, 876 (1910). — Hetherington, H. C., u. J. M. Braham: (1) J. amer. chem. Soc. **45**, 824 (1923); (2) Ind. Chem. **15**, 1060—1063 (1923). — Hofmann, K. A., u. H. Galotti: Ber. dtsch. chem. Ges. **59**, 204 (1926).

Immendorf, H., u. H. Kappen: D.R.P. 254474, 256524, 256525; Kappen, H.: Habilitationsschrift, Jena 1913.

Kadlec-Fleck: C. r. Acad. Sci. **188**, 561—563 (1929). — Kahn, R.: Metallbörse **18**, 1295, 1406, 1463 (1928). — Kameyama, N.: (1) J. Fac. Eng., Tokyo Imp. Univ. **10**, 294 (1920); (2) Ebenda **10**, 209 (1920); (3) Trans. amer. elektrochem. Soc. **40**, 131—138 (1922). — Kappen, H.: Landw. Versuchsstat. **68**, 305. — Krase, H. J., u. J. Yee: J. amer. chem. Soc. **46**, 1358 (1924).

Landis, W.: Trans. amer. elektrochem. Soc. **37**, 653 (1920); Chem. metallurg. Eng. **22**, 265 (1920). — Leblanc, M., u. Eschmann: Z. Elektrochem. **17**, 20 (1911). — Lemoult: J. Chim. physique (7) **16**, 338, 408 (1899).

Meingast, R.: Fortschrittsber. d. Chemiker-Ztg **49**, 474, 497 (1925). — Meyer, G.: J. prakt. Chem. (2) **18**, 425 (1877). — Montemartini, G., u. L. Losana: Giorn. di Chimica ind. **6**, 325, 326 (1924). — Morell u. Burgen: J. chem. Soc. Lond. **105**, 576 (1915).

Pascal, P.: Vortrag vom 30. Mai 1920 vor der Belg. chem. Ges. — Pincas, H.: (1) Chemiker-Ztg **46**, 347, 661 (1922); (2) Metallbörse **18**, 2189, 2246 (1928). — Pluvinage, Ch.: Chim. et Ind. **3**, 438 (1920). — Preußisches Landwirtschaftsministerium, Niederschrift d. 77. Sitzg üb. allg. Düngerangelegenheiten am 7. November 1929.

Rothmund, V.: Z. anorg. allg. Chem. **31**, 136 (1902). — Ruff. O., u. E. Förster: Ebenda **131**, 321, 344 (1923). — Ruff, O., u. B. Josephy: Ebenda **153**, 17 (1926).

SCHLUMBERGER, E.: Z. angew. Chem. **34**, 213 (1926). — Statist. Engrais et Produits Chim. Destinés à l'Agricult. Paris **1929**, 32.
THOMPSON, DE KAY, u. LOMBARD: Chem. metallurg. Eng. **8**, 617 (1910). — TIEDE, E., u. J. BIRNBRÄUER: Z. anorg. allg. Chem. **46**, 2229 (1913); **87**, 129 (1914).
ULLMANN, F.: (1) Enzyklopädie der technischen Chemie, 2. Aufl., **2**, 765; (2) Ebenda 2. Aufl., **2**, 770; (3) Ebenda 2. Aufl., **3**, 1ff. — ULPIANI: C. 38, II, 368; BEILSTEIN II, 76.
VOLHARD, J.: Sitzgsber. Münchn. Acad. **2**, 472 (1868).
WARREN, H. C.: Amer. J. Sci. (5) **2**, 120 (1921).
YASUDA, K.: Technol. Rep. Tôhoku **4**, 153 (1922).

d) Harnstoff [$CO(NH_2)_2$].

Von

Dr. **H. RÖTGER**

Ludwigshafen a. Rh.

Mit 2 Abbildungen.

Die künstliche Darstellung des Harnstoffes hat Wissenschaft und Technik in hervorragendem Maße beschäftigt, seitdem eine rationelle Düngewirtschaft besteht. Die Verbindung besitzt zwei Eigenschaften, die ihr als Düngemittel besondere Qualitäten verleihen. Der hohe Stickstoffgehalt, der im reinen Harnstoffkrystall bis auf 46,66 % N ansteigen kann, wird durch keinen anderen Stickstoffdünger auch nur annähernd erreicht. Dies spielt namentlich für den Transport über weite Entfernungen, insbesondere nach Übersee, eine wesentliche Rolle. Hinzu kommt, daß der Stickstoff in dem Produkt ausschließlich in Form des Amidstickstoffs enthalten ist, der sich besonders in tätigen Böden rasch in Ammoniak- und Nitratstickstoff umwandelt, soweit er nicht als solcher direkt von der Pflanze für ihren Aufbau aufgenommen wird.

Auch hier war der Weg von der erstmaligen Darstellung im Laboratorium bis zur Ausgestaltung eines wirtschaftlich arbeitenden industriellen Verfahrens weit und dornenvoll. Die Geschichte des Harnstoffes beginnt mit dem Jahre 1828, als es F. WOEHLER gelang, den Stoff durch Umlagerung von cyansaurem Ammon zu erhalten (29). Diese Entdeckung erregte seinerzeit ungeheures Aufsehen, weil hier zum erstenmal aus einer anorganischen Verbindung in der Hand des Chemikers ein organisches Produkt entstand. Es ist begreiflich, daß man bald auch eine technische Darstellung versuchte. Hierbei wurde vom Kalisalz der Cyansäure ausgegangen, das in Mischung mit Ammonsulfat aus wäßriger Lösung eingedampft wurde. Der entstandene Harnstoff wurde daraufhin mit Alkohol extrahiert. Ein anderer Weg umging diese Extraktion. Das entstehende Kaliumsulfat wurde durch Einleiten von Ammoniak niedergeschlagen und von der Harnstofflösung abgetrennt (12).

Größere Bedeutung kommt den Verfahren zu, die nach Einführung des Kalkstickstoffs aus diesem durch Wasseranlagerung Harnstoff herstellen. Während Kalkstickstoff mit Wasserdampf bei höheren Temperaturen leicht Ammoniak liefert, bildet sich bei tieferen Temperaturen in wäßriger Lösung unter geeigneten Bedingungen freies Cyanamid nach der Gleichung:

$$CaCN_2 + H_2O + CO_2 = CaCO_3 + CNNH_2.$$

Das Verfahren wird in großen Zügen etwa folgendermaßen durchgeführt: Der Kalkstickstoff wird fein gemahlen unter Kühlung mit Wasser verrührt. Hierauf wird eine Säure, zweckmäßig die rohe Kohlensäure der Ammoniak-Soda-Fabrikation, zugesetzt, bis der gesamte Kalkstickstoff in kohlensauren Kalk übergeführt ist. Hierbei ist wesentlich, daß die Alkalität des Bades so niedrig wie möglich gehalten wird, da in alkalischer Lösung das Cyanamid sich leicht in

Dicyandiamid umlagert, das seinerseits keinen Harnstoff liefert. Das freie Cyanamid geht in Lösung. Nunmehr wird vom ausgeschiedenen kohlensauren Kalk abfiltriert und die Lösung, z. B. mit Schwefelsäure, schwach angesäuert. Bei gelinder Erwärmung auf etwa 50° geht das Cyanamid durch abermalige Anlagerung von Wasser nach der Gleichung

$$CNNH_2 + H_2O = NH_2CONH_2$$

in glatter Reaktion in Harnstoff über. Die Umwandlung wird durch Zumischen geeigneter Katalysatoren stark beschleunigt. Eine Erhöhung der Säurekonzentration empfiehlt sich nicht wegen der hierbei auftretenden zu hohen Wärmeentwicklung.

Nach D.R.P. 302495 des Elektrizitätswerkes Lonza (21) wird der Kalkstickstoff zunächst mit Kohlensäure vorbehandelt. Man erzielte anfangs nur Lösungen mit einem Gehalt von wenigen Prozenten Cyanamid. Die Wargöns Aktiebolaget gewinnt jedoch auch konzentrierte Cyanamidlösungen auf ähnliche Weise durch allmähliche Zugabe von Kohlensäure und Kalkstickstoff zu Lösungen, die im Kreislauf umgepumpt werden (26) und sich auf diese Weise allmählich mit Cyanamid anreichern. Die Temperatur soll zweckmäßig 50° nicht übersteigen (28).

Zahlreich sind die Vorschläge, die Anlagerung des Wassers an das Cyanamid durch Katalysatoren zu beschleunigen. H. IMMENDORF und H. KAPPEN schlagen Mangansuperoxydhydrate (16), Zinndioxyd sowie Chromhydroxyd vor (17), H. GOLDSCHMIDT und v. VIETINGHOFF (14) die Verwendung von Adsorptionsverbindungen der Schwermetalle mit Kieselsäuregelen.

Wesentlich ist auch bei dieser Reaktion die Entfernung von Katalysatorgiften. Diese Frage behandelt unter anderem eine Patentschrift der A. G. für Stickstoffdünger (2). Danach beruht das Nachlassen der Wirksamkeit der Katalysatoren auf der Gegenwart von reduzierenden Verbindungen, z. B. von Schwefelwasserstoff, in den Kalkstickstofflösungen. Die Zerstörung und Entfernung dieser Stoffe erfolgt durch Zusatz von Oxydationsmitteln, z. B. Permanganat oder Wasserstoffperoxyd.

Auch unter Druck kann gearbeitet werden (18). Hierbei ist es möglich, höhere Temperaturen anzuwenden, im Beispiel der Patentschrift D. R. P. 267207 werden 110° angegeben, wodurch die Umsetzungsgeschwindigkeit erhöht wird. Es ist jedoch erforderlich, einen bestimmten Aciditätsgrad genau einzuhalten, um die Bildung größerer Mengen von Ammonsalzen zu vermeiden.

Die Gewinnung von Harnstoff aus Kalkstickstoff soll auch in einem Arbeitsgang mit befriedigender Ausbeute gelingen (3). Danach wird die wäßrige Aufschlemmung des Kalkstickstoffs mit Kohlensäure bis zur schwach-sauren Reaktion behandelt und nunmehr ohne Abtrennung des Kalkschlammes der Katalysator, z. B. Mangandioxyd, zugesetzt. Nach beendigter Katalyse wird filtriert und die Harnstofflösung eingedampft. Die Wirksamkeit des Katalysators bleibt freilich nur für eine Charge erhalten, ein kontinuierliches Arbeiten ist mithin nicht möglich.

Die größte technische Bedeutung hat die Darstellung des Harnstoffes aus Kohlensäure und Ammoniak über Ammoniumcarbaminat gewonnen. Sie geht zurück auf Beobachtungen von A. BASAROFF (5). 2 Mol. Ammoniak setzen sich mit 1 Mol. Kohlensäure nach der Gleichung:

$$2NH_3 + CO_2 = NH_4OCONH_2 + 38 \text{ Cal } (19)$$

zu Carbaminat um. Dieses liefert bei etwa 140—150° unter einem Druck von etwa 100—120 Atm. über 40% Harnstoff nach der Gleichung

$$NH_4OCONH_2 = NH_2CONH_2 + H_2O + 8 \text{ Cal. } (19)$$

Kurz vor dem Weltkriege wurde diese Reaktion in der Badischen Anilin- und Sodafabrik von C. BOSCH aufgegriffen und ihre technische Durchführung mit einer Anzahl von Mitarbeitern, insbesondere W. MEISER, nach Überwindung großer Schwierigkeiten realisiert (6). Man verwendet dort die bei der Drucksynthese des Ammoniaks anfallende Kohlensäure und synthetisches Ammoniak. Erhebliche Schwierigkeiten bereitete anfangs die Abführung der großen bei der Carbaminatbildung freiwerdenden Wärmemengen. Zur Erzielung hoher Ausbeuten verwendete man zunächst trockene Gase. Bald wurden jedoch die großen Vorteile erkannt, die das Arbeiten mit feuchten Gasen bot. Zwar sank hierbei die Harnstoffausbeute je Volumeinheit der Ausgangsgase, dafür ließ sich aber eine wesentlich höhere Umsetzungsgeschwindigkeit erzielen. Ein weiterer Vorteil besteht darin, daß

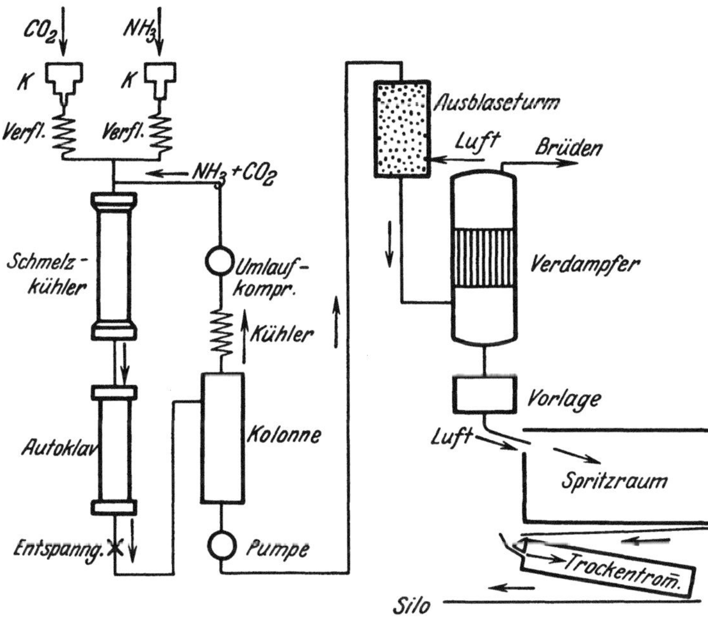

Abb. 203. Schema der Harnstoffabrikation nach dem Verfahren der B.A.S.F. *K* Kompressor; *Verfl.* Verflüssiger.

sich ein Gemisch von Carbaminat und Ammoncarbonat bildet, dessen Schmelzpunkt erheblich niedriger liegt als der des reinen Carbaminats, so daß die Weiterbewegung der Massen im kontinuierlich geführten Prozeß wesentlich erleichtert wurde (10). Die Gase werden im Verhältnis 2 Teile Ammoniak zu 1 Teil Kohlensäure gemischt und auf etwa 110 Atm. komprimiert (Abb. 203). Zusätzliche Energie ist bei der Carbaminatbildung nicht erforderlich. Die Carbaminatschmelze passiert unter Aufrechterhaltung des hohen Druckes mehrere hintereinandergeschaltete Druckgefäße (Autoclaven), in denen sich die Umsetzung zu Harnstoff bei 150—160^0 vollzieht. Die druckfesten Rohre und Apparate sind mit korrosionsfestem Material, z. B. mit Blei, ausgekleidet. Die äußere drucktragende Wandung wird vorteilhaft mit kleinen Öffnungen versehen. Eventuell auftretende Undichtigkeiten des Futters machen sich dann durch das Zischen oder den Geruch der austretenden Gase bemerkbar, während ohne diese Vorsichtsmaßnahme die äußere Wandung zunächst unbemerkt auf weite Strecken zerstört werden kann (7). Das etwa 35% Harnstoff enthaltende Reaktionsgemisch wird auf annähernd Atmosphärendruck entspannt und in Destillationskolonnen bei etwa 70° vom nicht umgesetzten, leichtflüchtigen Carbaminat befreit, das hierbei in seine Komponenten Kohlensäure und Ammoniak aufgespalten und im Kreislauf in den Prozeß zurückgeführt wird (8). Da bei dem Prozeß mit jedem Harnstoffmolekül 1 Mol. Wasser entsteht, bleibt eine wäßrige Harnstofflösung zurück. Diese wird zunächst eingedampft und dann in Gegenwart geringer Mengen von Ammoniak und von Oxydationsmitteln, z. B. Luft, Sauerstoff oder Braunstein in Rieseltürmen über Raschig-Ringe geleitet. Auf diesem Wege wird die Lösung von Verunreinigungen, insbesondere Eisensalzen, befreit (9). Es folgt eine Konzentrierung des Salzes in Einkörperverdampfern. Die heiße konzentrierte Lösung wird dann durch Düsen in Kästen verspritzt, die von warmer Luft durchströmt werden (15). Zur völligen Trocknung passiert das Salz endlich Trommeln. Man erhält auf diese Weise reinweiße Krystallaggregate von grobem Korn und vorzüglicher Streufähigkeit, während Harnstoff, sich selbst überlassen, in langen Nadeln auskrystallisiert.

Einen analogen Herstellungsgang in halbtechnischem Maßstab beschreiben H. J. KRASE, V. L. GADDY und K. C. CLARK (19).

Die Reaktion ist neuerdings von C. MATIGNON und M. FRÉJACQUES (22) eingehend untersucht worden. Danach steigt die Umsetzungsgeschwindigkeit des Carbaminats mit steigender Temperatur außerordentlich schnell an. Die Gegenwart von Katalysatoren, wie Tonerde, Kieselsäure oder Gips, soll zwar noch bei 130° die Geschwindigkeit der Gleichgewichtseinstellung beeinflussen, bei 150° jedoch ohne Wirkung sein (23).

Die Konzentration der Harnstofflösungen bereitet oft Schwierigkeiten. Beim Eindampfen von Harnstofflösungen, die aus Kalkstickstoff gewonnen sind, treten häufig erhebliche Zersetzungen auf. Diese sollen nach einem Patent der A.-G. für Stickstoffdünger durch Zusatz von schwachen Säuren oder sauren Salzen vermieden werden (4).

Die Herstellung von Harnstoff in Körnerform beschreibt auch ein Patent der G. A. Krause A.-G. (20). Danach werden hochkonzentrierte Harnstofflösungen mit Hilfe einer rasch rotierenden Scheibe als feiner Nebel versprüht und einem warmen, trocknen Luftstrom entgegengeleitet. Bei dieser Arbeitsweise soll der Harnstoff so gut wie völlig entwässert in körniger Form anfallen, ohne daß hierbei Stickstoffverluste eintreten. Der Vorschlag von A. B. WARGÖNS und H. LIDHOLM (27), Harnstofflösungen mit höchstens 10% Wassergehalt in Blöcke zu gießen und nach dem Erstarren zu der gewünschten Feinheit zu zermahlen, dürfte für die Praxis zu umständlich sein.

Erwähnenswert ist ein Vorschlag von M. CASALE (11), in die noch heißen, unter hohem Druck stehenden ammoniakhaltigen Gase direkt hinter dem Syntheseofen bei etwa 150—200° Kohlensäure einzublasen. Der entstehende Harnstoff soll zusammen mit dem Reaktionswasser als Schmelze abgezogen werden. Als Katalysatoren werden Aluminiumoxyd oder Kieselsäure empfohlen. Die technische Durchführung dürfte im Hinblick auf die relativ geringe Konzentration des Ammoniaks im Synthesegemisch schwierig sein.

Die Siemens & Halske A.-G. schlägt vor, durch Einwirkung von gasförmigem Ammoniak auf Phosgen oder dessen Komponenten, Kohlenoxyd und Chlorgas, unter Kühlen ein Gemisch von Harnstoff und Ammoniumchlorid herzustellen (25)

$$CO + Cl_2 + 4NH_3 = CO(NH_2)_2 + 2NH_4Cl.$$

Als Nebenprodukt entsteht bei dieser Reaktion Cyansäure und Cyanamid, jedoch sollen diese Verunreinigungen nicht stören.

Die Höchster Farbwerke mischen den aus Kalkstickstoff gewonnenen Harnstoff mit dem dabei anfallenden Kalkschlamm (13).

Der von der I. G. Farbenindustrie hergestellte „Harnstoff B. A. S. F." ist mit einem Stickstoffgehalt von 46% außerordentlich rein und von schneeweißer Farbe. Das Produkt besitzt ein erheblich niedrigeres Schüttgewicht als Ammonsulfat, da 70 kg Harnstoff etwa denselben Raum einnehmen wie 100 kg Ammonsulfat. Dies erleichtert die gleichmäßige Verteilung beim Ausstreuen. Die Einzelteilchen von etwa 0,2 bis 3 mm Größe haben körnige Struktur, zeigen aber unter dem Mikroskop noch deutlich die nadelförmige Ausbildung der tetragonalen Krystalle (Abb. 204).

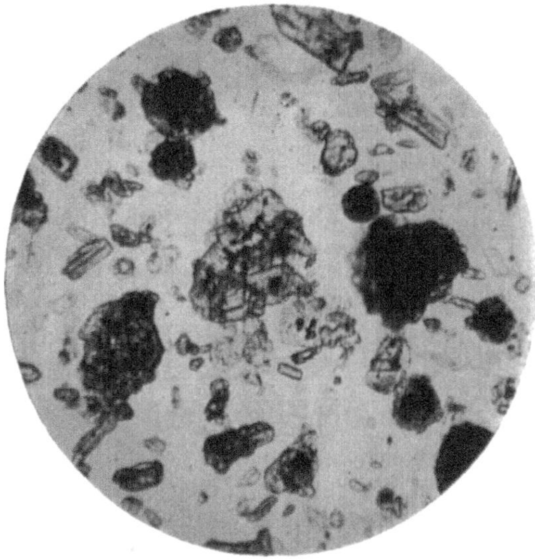

Abb. 204. Harnstoffkrystalle (20fach vergrößert).

Der Schmelzpunkt des reinen Salzes liegt bei 132,7°.

Die Löslichkeit in Wasser ist groß. Sie beträgt nach L. A. PINCK und M. A. KELLY (24):

Tabelle 1. Harnstofflöslichkeit und Dampfdruck der gesättigten Lösung.

	Temperatur			
	10°	20°	30°	40°
Löslichkeit (g Harnstoff in 100 gr Wasser) . .	84	104,7	136	165,4
Dampfdruck (mm Hg)	7,48	14,05	23,09	37,66
Relative Feuchtigkeit (%)	81,8	80,0	72,5	68,0

Die Dampfdruckwerte entstammen der schon wiederholt zitierten Arbeit von J. R. ADAMS und A. R. MERZ (1).

Der Absatz von Harnstoff hat sich sehr günstig entwickelt.

Die Preisentwicklung zeigt Tabelle 2.

Tabelle 2. Preis des Stickstoffs im Harnstoff (1 kg N).

	1925/26 M.	1926/27 M.	1927/28 M.	1928/29 M.	1929/30 M.	1930/31 M.
1 kg N . .	1,30	0,91—1,00	0,86—0,96	0,85—0,95	0,85—0,95	0,80—0,95

Seit 1926/27 wird die Stickstoffeinheit im Harnstoff in der Höhe des Ammoniakstickstoffs berechnet.

Literatur.

(1) ADAMS, J. R., u. A. R. MERZ: Ind. Eng. Chem. **21**, 305 (1929). — (2) A.-G. für Stickstoffdünger: D.R.P. 301263 (1916). — (3) D.R.P. 301262 (1916). — (4) D.R.P. 299132 (1916).

(5) BASAROFF, A.: J. prakt. Chem. **1**, 283 (1870). — (6) B. A. S. F.: D.R.P. 294793 (1914). — (7) D.R.P. 422525 (1922). — (8) D.R.P. 301279 (1916). — (9) D.R.P. 434401 (1924). — (10) BOSCH: Z. Elektrochem. **24**, 368 (1918).

(11) CASALE, M.: D.R.P. 449051 (1925).

(12) DUPRÉ, L. W.: D.R.P. 75819 (1893).

(13) Farbwerke Höchst: D.R.P. 304184 (1916).

(14) GOLDSCHMIDT, H., u. v. VIETINGHOFF: D.R.P. 426671 (1920).

(15) I. G. Farbenindustrie: D.R.P. 455587 (1926). — (16) IMMENDORF, H., u. H. KAPPEN: D.R.P. 254474 (1910). — (17) D.R.P. 256524 (1910). — (18) D.R.P. 267207 (1908).

(19) KRASE, H. J., V. L. GADDY u. K. C. CLARK: Ind. Eng. Chem. **22**, 289 (1930). — (20) G. A. Krause & Co. A.-G.: D.R.P. 299133 (1916).
(21) Lonzawerke: D.R.P. 302495 (1917).
(22) MATIGNON, C., u. M. FRÉJACQUES: Ann. Chim. **17**, 257 (1922). — (23) C. r. **174**, 455 (1922).
(24) PINK, L. A., u. M. A. KELLY: J. amer. chem. Soc. **47**, 2171 (1925).
(25) Siemens & Halske A.-G.: D.R.P. 479832 (1925).
(26) WARGÖNS, S. A. B., u. H. LIDHOLM: D.R.P. 343248 (1921). — (27) Franz. Pat. 586025 (1924). — (28) D.R.P. 354949 (1920). — (29) WOEHLER, F.: Ann. **12**, 253 (1828).

e) Düngesalze mit mehreren Stickstofformen.

Von

Dr. H. RÖTGER.

Ludwigshafen a. Rh.

Mit 2 Abbildungen

I. Düngesalze auf Ammoniak- und Nitratbasis.

Nachdem es der chemischen Industrie gelungen war, Ammoniaksalze und Nitrate auf synthetischem Wege in beliebigen Mengen herzustellen, lag es nahe, sich der Gewinnung von Verbindungen zuzuwenden, die den nachhaltig wirkenden Ammoniakstickstoff und den schnell assimilierbaren Nitratstickstoff in sich vereinen. Das Ammoniumnitrat, das an sich das Ideal einer solchen Verbindung darstellen würde, da es keinerlei Ballaststoffe enthält, besitzt leider keineswegs die für die Verwendung als Düngesalz erforderlichen Eigenschaften. Das Salz ist explosibel und an der Luft zerfließlich. Den Bemühungen der Industrie des synthetischen Stickstoffs gelang es indessen nach mühevoller, systematischer Arbeit, wesentlich unterstützt durch theoretische Untersuchungen der Wissenschaft, nicht explosible Verbindungen von guter Streufähigkeit und Lagerbeständigkeit herzustellen, in denen beide Stickstoffarten voll zur Wirkung kommen können. Da in diesen Verbindungen Ammonnitrat als Rohstoff Verwendung findet, soll hier in kurzen Zügen auf dessen Herstellung eingegangen werden.

Für die technische Gewinnung des Ammonnitrats kommt in erster Linie die Herstellung aus Ammoniakwasser und verdünnter Salpetersäure in Frage. Hierbei kann die auftretende hohe Neutralisationswärme zur Konzentrierung der Lösung verwendet werden. Im allgemeinen werden die Lösungen aus hochstehenden Vorratsgefäßen unter Ausnutzung des natürlichen Gefälles durch wassergekühlte Tongefäße geleitet, in denen langsam kleine Mengen der verdünnten Säure der Ammoniaklösung so zugesetzt werden, daß der Neutralpunkt möglichst ständig eingehalten wird. Zum Schluß hat sich eine schwach alkalische Einstellung der Flüssigkeit als vorteilhaft erwiesen. Die Lösung wird entweder geklärt oder filtriert und zur Gewinnung von festem Salz in korrosionsfesten Gefäßen eingedampft.

Eine andere Methode arbeitet in der Weise, daß entweder Ammoniakgas oder nitrose Gase in eine wäßrige Lösung der anderen Komponenten eingeleitet werden. Hierbei ist auf besonders sorgfältige Kühlung zu achten, um Zersetzungen zu vermeiden, da außer der Neutralisationswärme auch die Lösungswärme der gasförmigen Komponenten abzuführen ist. So wird nach dem Verfahren der Azogeno (21) gasförmiges Ammoniak, gegebenenfalls mit inerten Gasen, z. B. Stickstoff, verdünnt, in wäßrige Salpetersäure eingeleitet. Um zu hohe Temperatursteigerungen zu vermeiden, wird der Salpetersäure Ammonnitratlösung zugesetzt. Bei vorsichtiger Zuführung kann indessen auch das gasförmige Ammoniak oder die Salpetersäure vorher erwärmt werden, um während der Reaktion größere Wassermengen zur Verdampfung zu bringen. Die Lonza-Werke (15) leiten Stickoxyde, vermischt mit Sauerstoff, in eine gesättigte Ammonnitratlösung. Zur Beschleunigung der Salpetersäurebildung ist der Salzlösung als Katalysator eine Manganverbindung zugesetzt. Nach Maßgabe der Entstehung der Salpetersäure wird eine äquivalente Menge Ammoniak kontinuierlich zugeführt und das auskrystallisierte Ammonnitrat dauernd entfernt. Ähnlich arbeitet ein Verfahren der Synthetic Ammonia Corp. (11). Hier werden die Stickoxyde von einer Ammoniumcarbonatlösung absorbiert, bis sich in der Lösung nur noch ungefähr 0,2—0,3 % freies Ammoniak befindet. Es entsteht dabei eine Mischung von Ammonnitrat und Nitrit. Das Nitrit wird durch Salpetersäure zu Nitrat oxydiert, die dabei entstehenden Stickoxyde und die freiwerdende Kohlensäure werden in den Prozeß zurückgeführt. Die Norsk Hydro Kvaelstofaktieselskab (17) läßt die nitrosen Gase durch Alkalicarbonatlösung absorbieren. Auch hier muß das Nitrit-Nitrat-Gemisch zunächst in reines Nitrat übergeführt werden, das dann mit Chlorammon zu Ammonnitrat und Chlornatrium umgesetzt wird. Das Chlornatrium wird in der Hitze abgeschieden, beim Abkühlen krystallisiert das Ammonnitrat aus. Das abgetrennte Natriumchlorid soll mit Ammoniak und Kohlensäure nach dem Sodaprozeß erneut in Alkalibicarbonat und Chlorammon verwandelt werden, so daß frisches Alkalicarbonat nicht zugegeben zu werden braucht.

Endlich ist zu erwähnen ein Vorschlag von E. BIRKELAND (8), der die nitrosen Gase über Kalkstickstoff leitet. Es entsteht dabei ein Gemisch von Ammoniumnitrat und Calciumnitratnitrit. Da dieses Gemisch für Düngezwecke infolge seiner starken Zerfließlichkeit nicht geeignet ist, soll es durch Zusatz von Schwefelsäure und Abdestillieren der hierbei entstehenden Salpetersäure in Ammonsulfat und Gips umgewandelt werden.

Die Herstellung des Ammonnitrats durch Umsetzung von Natriumnitrat mit Ammonsalzen in Lösungen oder auch im Schmelzfluß ist ohne besondere technische Bedeutung geblieben, weil dieser Umweg wenig rationell ist und eine einigermaßen vollständige Umsetzung sich nur schwer erzielen läßt. Ein Verfahren der Elektrochemischen Werke G. m. b. H. (10), durch elektrolytische Reduktion von verdünnter Salpetersäure an Aluminiumkathoden Ammonnitrat zu erzeugen, ist im großen nicht durchgeführt worden, weil die Herstellungskosten zu hoch sind.

Die Ammonnitratlösungen werden neuerdings in Vakuumverdampfern eingeengt und zur Krystallisation gebracht. Das Abscheiden des auskrystallisierten Salzes erfolgt in der neueren Technik mit Hilfe von Drehfiltern. Dies sind rotierende Trommeln, die mit Filtertuch überzogen sind und mit Hilfe eines im Innern der Trommel wirkenden Vakuums das auskrystallisierte Ammonnitrat von der Mutterlauge trennen. Das auf der Trommel sich gleichmäßig abscheidende Salz wird durch Messer, sobald der Niederschlag eine bestimmte Dicke überschreitet, abgehoben und dem Lagerraum durch laufende Bänder zugeführt.

Ammonnitrat ist farblos und bildet rhombische, doppelbrechende Krystalle. Der Schmelzpunkt liegt bei 169,6°.

Tabelle 1.
Ammonnitrat. Löslichkeit und Dampfdruck der gesättigten Lösung (1).

	Temperatur		
	10°	20°	30°
Löslichkeit (g Salz in 100 gr Lösung)	59,1	63,9	69,9
Dampfdruck der gesättigten Lösung (mm Hg)	6,9	11,74	18,93
Relative Feuchtigkeit (%)	75,3	66,9	59,4

Die Bestrebungen, durch bestimmte Zusätze die Explosibilität und Zerfließlichkeit des Ammonnitrats zu beseitigen und das Salz auf diese Weise in die Skala der Düngeprodukte einzureihen, hatte bereits zu konkreten Vorschlägen geführt, als die synthetische Gewinnung des Salzes noch in den ersten Anfängen lag. J. PRICE (19) will Ammonnitrat aus Luft und Wasserdampf durch die Einwirkung sehr hoher Temperaturen (elektrischer Entladungen) erzeugen und das Salz durch Zumischen von Phosphaten, Sulfaten oder Carbonaten, insbesondere des Kalks, in streufähigen Zustand bringen. Dieser Zusatz soll im allgemeinen etwa 20—50% betragen. Das Verfahren ist im Hinblick auf die Tatsache, daß mit der vorgeschlagenen Gewinnungsmethode nur sehr geringe Ausbeuten an Ammonnitrat erzielt werden können, wohl nie zur praktischen Anwendung gelangt. Die allgemein gehaltenen Ausführungen dieser Patentschrift über die Wirkung der Zusätze fanden jedoch späterhin eine teilweise Bestätigung. Darüber hinaus wurde von der B.A.S.F. gefunden, daß Gemische von Ammonnitrat und Ammoniumsulfat die Zerfließlichkeit des Ammoniumnitrats nicht besitzen. Nach D.R.P. 355037 (4) kann die Mischung dieser beiden Salze unbedenklich in Gegenwart von 4% und mehr Wasser erfolgen, dessen Anwesenheit zur Umsetzung der beiden Salze erforderlich ist. Ein Zerfließen tritt hierbei nicht ein. Wird dagegen an Stelle des Ammonsulfats Ammonchlorid verwendet, so erhält man ein stark zerfließliches Gemisch. In der Beschreibung des erwähnten Patentes wird angeführt, daß man beispielsweise Ammonnitrat mit 4% Feuchtigkeitsgehalt mit der gleichen Menge Ammonsulfat von 2% Wassergehalt vermischt und dabei unmittelbar ein trockenbleibendes, leicht streubares Produkt erhält. Nach einem anderen Patent der I. G. Farbenindustrie (2) wird festes Ammonsulfat einer hochkonzentrierten, heißen Ammonnitratschmelze beigemischt. Man bekommt auch auf diesem Wege sofort ein krümeliges trocknes Produkt von ausgezeichneter Streufähigkeit. Das Mischungsverhältnis ist so zu wählen, daß sich zunächst das stabile Doppelsalz $2(NH_4NO_3) \cdot (NH_4)_2SO_4$ bilden kann, dessen Existenz bereits von F.A.H. SCHREINEMAKERS erwähnt wird (20). Darüber hinaus sorgt ein geringer Ammonsulfatüberschuß dafür, daß kein freies Ammonnitrat im Gemisch auftritt. Abb. 205 zeigt einen durchschnittenen Einzelkrystall in starker Vergrößerung. Man sieht deutlich den dunklen Ammonsulfatkern, der rings umgeben ist von Ammonsulfatsalpeter. Entsprechend dieser Zusammensetzung enthält das Düngesalz, das als Ammonsulfatsalpeter oder Leunasalpeter in steigenden Mengen ab-

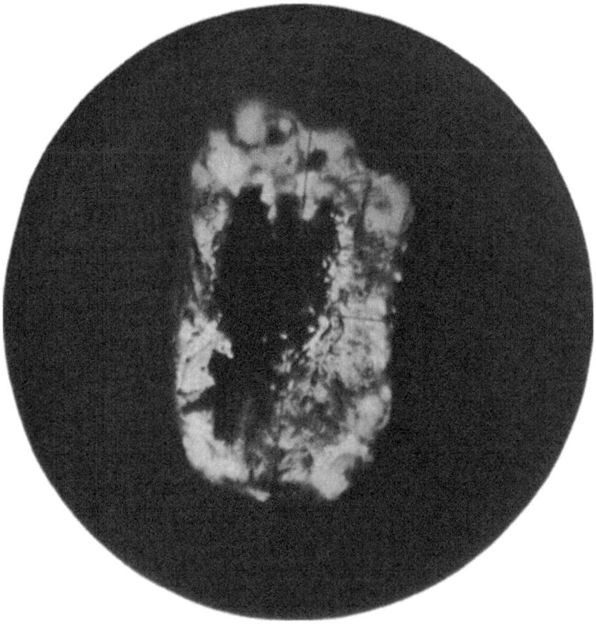

Abb. 205. Leunasalpeterkrystall (durchgeschnitten und stark vergrößert im polarisierten Licht).

gesetzt wird, den Stickstoff überwiegend als Ammoniakstickstoff (ca. 20%) neben 7% Nitratstickstoff.

In jüngster Zeit hat die Ruhrindustrie (Gaveg) als Produkt ihrer neuen Syntheseanlagen unter der Bezeichnung *Montansalpeter* ein Salz von analoger Zusammensetzung mit 26% N-Gehalt auf den Markt gebracht, das durch trockene Mischung von festem Ammonsulfat und Ammonnitrat hergestellt wird.

Der Preis des Stickstoffs im Leunasalpeter entspricht dem im Ammonsulfat. Hierbei wird der Nitratstickstoff nur zum Wert des Ammoniakstickstoffes berechnet.

Über kalihaltige Mischsalze mit zwei Stickstofformen wird weiter unten berichtet (Abschnitt 5b).

Von geringerer Bedeutung sind Verbindungen und Mischsalze des Ammonnitrats mit anderen Alkaliverbindungen. Nach D.R.P. 405387 (5) wird ein Natronsalpeter und Chlorammon enthaltendes Mischsalz dadurch erhalten, daß man Ammoniumnitrat und Chlornatrium in warmem Wasser löst und das Gemisch der Umsetzungsprodukte durch Abkühlung abscheidet. Die Umsetzung erfolgt zweckmäßig in solchen Mengenverhältnissen, daß die Lösung in der Wärme an Natriumnitrat und Chlorammon gesättigt ist. Durch Eintragen von zusätzlichem Chlorammon wird die Zusammensetzung des Produktes zugunsten des Gehaltes an Ammoniakstickstoff verschoben.

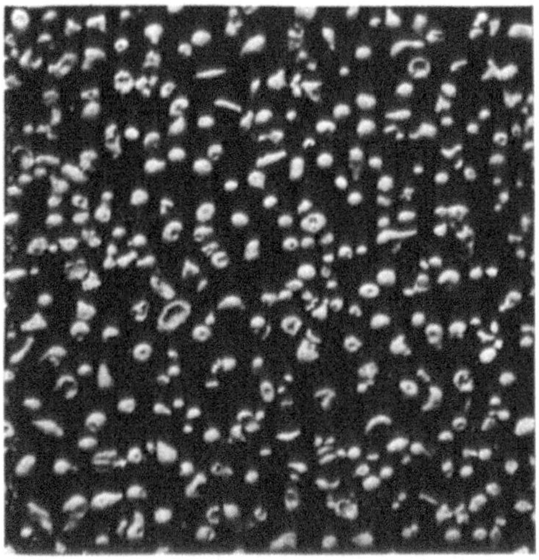
Abb. 206. Kalkammonsalpeter I. G. (natürliche Größe).

Wichtiger sind Kombinationen geworden, die auf ein kalkhaltiges Produkt hinarbeiten, das beide Stickstofformen enthält. Bei der Herstellung dieser Mischsalze sind besonders Ammoniakverluste zu vermeiden, die beim Hinzutreten der kalkhaltigen Komponenten zum Ammonnitrat, namentlich beim Arbeiten in der Wärme, leicht auftreten. Nach dem Engl. Pat. 320708 (13) erhält man ein nicht backendes Düngemittel durch Eintragen von festem Calciumcarbonat in eine Ammonnitratschmelze. Nach gleichmäßiger Mischung der Masse wird diese verspritzt und in einer Trommel gekühlt. Hierdurch verfestigt sich das Mischsalz in fein verteiltem Zustande, ohne daß eine Reaktion zwischen Calciumcarbonat und Ammonnitrat in erheblichem Umfange erfolgt. Das Salz kommt als Kalkammonsalpeter I. G. mit einem Gehalt von 20,5% Stickstoff und ca. 35% Kalk, im Inland lose und in Säcken verpackt, in den Handel. Abb. 206 zeigt die Einzelteilchen des Salzes in natürlicher Größe.

Der Verkaufspreis des Stickstoffs liegt nur um 5 Pf. über dem des Stickstoffs im Ammonsulfat (s. Tabelle 6, Seite 459). Die Imp. Chem. Industries Ltd. stellen in Billingham ähnliche Mischungen her durch einfaches Mischen von Ammonnitrat mit Calciumcarbonat. Das Produkt, „Nitrochalk", kommt in Säcken verpackt in zwei Sorten zum Versand, die stickstoffreichere Form mit 15,5% N für den Export, die ärmere mit nur 10% N für den Inlandsverbrauch (9). Ein Kalksalpeter-Ammonnitratgemisch erhält dieselbe Firma durch Behandeln von feinverteiltem Kalk mit überschüssiger Salpetersäure in

Rieseltürmen und Neutralisieren der überschüssigen Säure mit Ammoniak oder ammoniakhaltigen Gasen (14).

Die Lonza-Werke schlagen vor (16), den bei der Darstellung von Ammonsulfat aus Gips anfallenden ammonsulfathaltigen Kalkschlamm mit der äquivalenten Menge Salpetersäure zu versetzen und auf diese Weise ein Ammonium-Calciumnitratgemisch zu gewinnen. Nach dem Verfahren der Societa Azogeno (22) wird Ammonsulfat und Kalksalpeter zweckmäßig in äquimolekularen Mengen bei Gegenwart von 2 Mol. Wasser ohne Erwärmen gemischt. Man erhält so ein Erzeugnis, das weniger hygroskopisch sein soll als Kalksalpeter.

II. Düngesalze auf Harnstoffbasis.

Eine erhebliche Bedeutung kommt heute schon den Mischsalzen zu, die auf Basis Harnstoff gewonnen werden. Der hohe Stickstoffgehalt dieses Produktes läßt es für die Gewinnung von möglichst hochwertigen, ballastfreien Mischdüngern besonders geeignet erscheinen. Zu erwähnen ist zunächst ein Patent der A.-G. für Stickstoffdünger (3), wonach das salpetersaure Salz des Harnstoffes mit einem Überschuß an säurebindenden Stoffen als Düngesalz empfohlen wird. Der Österreichische Verein für Chemische und Metallurgische Produktion in Aussig schlägt vor, aus Cyanamidlösungen durch vorsichtiges Zugeben von Salpetersäure unter steter Kühlung des Reaktionsgemisches Harnstoffnitrat zu gewinnen (18). Diese Verbindung hat sich indessen nicht einführen können, weil sie zu hygroskopisch ist und auch eine gewisse Explosionsgefahr besteht.

Wichtiger ist ein in einer Reihe von Patenten niedergelegtes Verfahren der B. A. S. F., das die Herstellung des nicht explosiblen und wenig hygroskopischen Doppelsalzes Harnstoff-Kalksalpeter $Ca(NO_3)_2 \cdot 4\,CO(NH_2)_2$ zum Gegenstand hat. Das D.R.P. 295548 (6) beschreibt die Darstellung dieser Doppelverbindung durch Mischen von Kalksalpeter und Harnstoff im stöchiometrischen Verhältnis 1 : 4 und Eindampfen des entstehenden Salzbreies zur Trockne. Beim Arbeiten nach diesem Verfahren stellten sich jedoch während des Eindampfens durch Nebenreaktionen Harnstoffverluste ein. Späterhin wurden verbesserte Methoden ausgearbeitet. Nach D.R.P. 423958 (7) werden zunächst einer konzentrierten Kalksalpeterlösung solche Mengen von Harnstoff zugesetzt, daß die Bildung des Doppelsalzes eintreten kann. Die heiße Mischung wird dann durch besonders konstruierte Düsen unter Anwendung von Druckluft verspritzt. Hierbei fällt ein grobkörniges, praktisch trocknes Produkt an, das in dieser Form unmittelbar streufähig ist. Das Zusatzpatent 431766 (12) beschreibt die Gewinnung von Gemischen, die nur etwa 1 Mol. Harnstoff auf 1 Mol. Kalksalpeter enthalten und ebenfalls auf die beschriebene Weise leicht als festes Produkt erhalten werden können. In beiden Fällen kann durch geeignete Nachtrocknung, z. B. in mit heißer Luft beheizten Trommeln, der Wassergehalt des Doppelsalzes noch weiter herabgesetzt werden. Der Stickstoffgehalt des Doppelsalzes beträgt etwa 34 bis 35%, davon 28% Amidstickstoff und 6,5% Salpeterstickstoff. Dazu kommen etwa 13,5% Kalk, entsprechend 24% kohlensaurem Kalk. Natürlich können nach dieser Methode auch Gemische hergestellt werden, bei denen das Verhältnis der beiden Stickstofformen zwischen den in beiden erwähnten Patenten beschriebenen Extremen liegt. Man hat es dadurch in der Hand, das Düngesalz dem jeweiligen Verwendungszweck anpassen zu können. Das Salz ist vollkommen wasserlöslich. Bei 20^0 sind in $100\,cm^3$ der gesättigten Lösung 80 g Harnstoffkalksalpeter enthalten.

Literatur.

(1) ADAMS, J. R., u. A. R. MERZ: Ind. Chem. **21**, 305 (1929). — (2) Agfa: D.R.P. 372065 (1918). — (3) A.-G. für Stickstoffdünger: D.R.P. 308441 (1917).
(4) B. A. S. F.: D.R.P. 355037 (1919). — (5) D.R.P. 405387 (1923). — (6) D.R.P. 295548 (1915). — (7) D.R.P. 423958 (1924). — (8) BIRKELAND: Engl. Pat. 25632 (1907).
(9) Chem. Trade J. **81**, 669 (1927).
(10) Elektrochemische Werke G. m. b. H.: D.R.P. 233895 (1910).
(11) GREATHOUSE, L. H.: Engl. Pat. 221514 (1924).
(12) I. G. Farbenindustrie A.-G.: D.R.P. 431766 (1925). — (13) I. G.: Engl. Pat. 320708 (1928). — (14) I. C. I.: Engl. Pat. 310594 (1928).
(15) Lonza-Werke: Schweiz. Pat. 118962 (1925). — (16) Schweiz. Pat. 124358 (1926).
(17) Norsk Hydro: Franz. Pat. 478976 (1915).
(18) Österreichischer Verein für chemische und metallurgische Produktion Aussig: D.R.P. 285259 (1914).
(19) PRICE, J.: Engl. Pat. 5657 (1910).
(20) SCHREINEMAKERS, F. A. H., u. P. H. J. HOENEN: Chem. Weekbl. **6**,51 (1909).
(21) TONIOLO, C.: Franz. Pat. 610525 (1926). — (22) Engl. Pat. 276350 (1927).

5. Düngemittel mit mehreren Nährstoffen.

a) Die Mischdünger der Superphosphatindustrie.

Von

Dr. G. WICHERN

Hönningen a. Rh.

Mit 2 Abbildungen.

Die Herstellung von Mischdüngern aus Superphosphat durch Vermischung mit anderen, Pflanzennährstoffe enthaltenden Substanzen läßt sich auf die ersten Tage der Superphosphatfabrikation zurückführen. Während man anfangs unfreiwillig zur Herstellung von Mischdüngern schritt, da dies der einzige Weg schien, auf dem man zu einem trockenen Produkt gelangen konnte, setzte die eigentliche, regelrechte Fabrikation von Mischdüngern erst viel später ein, nachdem man schon lange gelernt hatte, auch ohne diesen Umweg ein trockenes Superphosphat herzustellen.

Im Jahre 1866 stellte man zuerst ein Ammoniaksuperphosphat her durch Zusammenmischen von schwefelsaurem Ammoniak mit Superphosphat, mit dem ausgesprochenen Ziele, auf diese Weise ein dem Peruguano ähnliches Produkt mit festen, garantierten Nährstoffgehalten zu erzeugen.

Man setzte anfangs das schwefelsaure Ammoniak den Phosphaten beim Aufschluß zu und erhielt dadurch ein erst nach 24 Stunden fest werdendes, stickstoffhaltiges Superphosphat. Da dieses Produkt nach einiger Zeit außerordentlich hart wurde und sich zudem nur schwer bearbeiten ließ, so kam man mit der Zeit von diesem Verfahren ab und ging dazu über, die trocknen Materialien, feingesiebt, miteinander zu vermischen. Auch die Zusätze von Leder-, Blut- oder Hornmehl, die man früher während des Aufschließens dem Phosphatmehl hinzufügte, und die dem Produkt eine schöne, besonders in England sehr beliebte, braune Farbe gaben, macht man heute nicht mehr, da sich auf andere Weise bessere Erzeugnisse gewinnen lassen.

Man stellt heute allgemein zunächst ein möglichst trocknes Superphosphat her und vermischt es hinterher zu Mischungen jeder Art, entsprechend den Erfordernissen der Landwirtschaft.

In Deutschland spielen heute unter den Mischdüngern die Ammoniaksuperphosphate neben den Kali-Ammoniak-Superphosphaten („Am-Sup-Ka“) die weitaus größte Rolle. Mischungen aus Superphosphat mit Kalisalzen allein oder Salpeter werden nur noch in beschränktem Umfange auf besondere Anforderung hergestellt. Im Auslande dagegen, vor allem in England und in den Vereinigten Staaten, findet man eine reiche Auswahl aller möglichen Mischungen aus Superphosphat, die neben schwefelsaurem Ammoniak und Kalisalzen alle erdenklichen organischen Beimengungen, wie Blut-, Horn-, Leder-, Baumwollsaatmehl u. a. enthalten. Die dortige Landwirtschaft verlangt eine sehr weitgehende Anpassung der Produktionsmittel an ihre Verhältnisse und bevorzugt bei dem Mangel an Stallmist gerade solche Mischungen, die viel organische Substanz enthalten, wenn auch durch diese gerade die Nährstoffgehalte der Mischung stark heruntergedrückt werden.

Das Ammoniaksuperphosphat wird in Deutschland in verschiedenen Mischungsverhältnissen hergestellt. Die gebräuchlichsten Sorten sind: 9 + 9, 7 + 9, 5 + 10, 6 + 12, 3 + 15, 8 + 12 u. a. m. Bei dieser einfachen Bezeichnung gibt die erste Zahl den Stickstoffgehalt (N), die zweite den Phosphorsäuregehalt (P_2O_5) an. Enthält die Mischung außerdem noch Kali (K_2O), so steht der Gehalt daran an dritter Stelle. Im Auslande wird der Stickstoffgehalt — gleich in welcher Form der Stickstoff in der Mischung enthalten ist — in Ammoniak (NH_3) umgerechnet angegeben, ebenso der Phosphorsäuregehalt in dreibasischphosphorsauren Kalk ($Ca_3P_2O_8$) umgerechnet. Ein amerikanischer Kartoffeldünger mit der Bezeichnung 5,5 + 14 + 8 enthält somit nur 4,55 % N, 6,41 % P_2O_5 und 8 % K_2O.

Die Vermischung von Superphosphat mit schwefelsaurem Ammoniak bringt eine Reihe bemerkenswerter chemischer Umsetzungen mit sich:

Der einbasisch-phosphorsaure Kalk setzt sich mit dem schwefelsaurem Ammoniak zu phosphorsaurem Ammon und schwefelsaurem Kalk um, nach der Gleichung:

(1) $$CaH_4P_2O_8 + (NH_4)_2SO_4 = 2NH_4H_2PO_4 + CaSO_4.$$

Der schwefelsaure Kalk verbindet sich mit einem Überschuß von Ammonsulfat zu einem Doppelsalz:

(2) $$CaSO_4 + (NH_4)_2SO_4 + H_2O = [CaSO_4, (NH_4)_2SO_4, H_2O].$$

Durch die Bildung von schwefelsaurem Kalk wird eine Bindung von hygroskopischem Wasser möglich:

(3) $$CaSO_4 + 2\,H_2O = CaSO_4, 2\,H_2O.$$

Durch diese Bildung von Gips tritt eine sehr erhebliche Erhärtung der Mischung unter gleichzeitiger Vermehrung des Volumens ein. Neben diesen wichtigsten Umsetzungen, die mit einer Wärmeentwicklung verbunden sind, reagiert das schwefelsaure Ammoniak auch mit den löslichen Eisen- und Tonerdeverbindungen der Phosphorsäure:

(4) $$2\,FeH_6(PO_4)_3 + 3(NH_4)_2SO_4 = 6NH_4H_2PO_4 + Fe_2(SO_4)_3.$$

(5) $$2\,AlH_6(PO_4)_3 + 3(NH_4)_2SO_4 = 6NH_4H_2PO_4 + Al_2(SO_4)_3.$$

Diese beiden letzten Gleichungen zeigen, wie die Vermischung des Superphosphates mit schwefelsaurem Ammoniak den schädlichen Einfluß der Eisen- und Tonerdesalze aufzuheben vermag (s. S. 374).

Die Umsetzungen mit dem schwefelsauren Ammoniak verlaufen um so schneller und vollständiger, je feiner die einzelnen Komponenten in die Mischung eingebracht werden. Da sich aber die Reaktionen zwischen trocknen Substanzen abspielen, erreichen sie erst nach zwei oder drei Wochen ihr Ende, womit dann auch die Volumzunahme, das „Treiben" der Haufen aufhört.

Ein Übermaß an freier Säure, das sowohl dem Superphosphat, als auch dem schwefelsauren Ammoniak entstammen kann, ist der Umsetzung nach der Gleichung 1 hinderlich und unterbindet die Gipsbildung, wodurch die Mischung feucht und speckig wird und sich bei der Expedition nur schlecht absieben läßt. Man setzt daher der Mischung immer 1—2 % Phosphat- oder Knochenmehl zu, wodurch die freie Säure in ausreichendem Maße neutralisiert wird. Die unlösliche Phosphorsäure des zugesetzten Mehles schließt sich dabei zum großen Teil auf. Haben sich die chemischen Umsetzungen in der Mischung einmal vollzogen, so kann die Ware zerkleinert, gesiebt und in Säcke gefüllt werden, ohne daß man eine abermalige Erhärtung zu befürchten hätte.

Zur Herstellung von Ammoniaksuperphosphat läßt sich auch unter Beobachtung gewisser Vorsichtsmaßregeln das salzsaure Ammoniak oder Chlorammonium, wie es heute als Düngemittel in den Handel gebracht wird, verwenden. Sein höherer Gehalt an Stickstoff (ca. 25 %) gestattet die Herstellung nährstoffreicherer Mischungen. Eine Umsetzung mit dem einbasisch-phosphorsauren Kalk des Superphosphates, die zur Bildung des hygroskopischen Chlorcalciums führen würde, findet nicht statt, einzig und allein vermag es mit der freien Säure zu reagieren unter Abspaltung von Salzsäure:

(6) $$NH_4Cl + H_3PO_4 = NH_4H_2PO_4 + HCl.$$

Man unterbindet diese unerwünschte Reaktion, die durch mäßige Wärme bereits stark gefördert wird und leicht der Anlaß zu der völligen Zerstörung des Sackmaterials werden kann, gleichfalls durch einen entsprechenden Zusatz von Phosphatmehl oder von Ammoniumbicarbonat nach D.R.P. 332114.

Die Mischungen von Superphosphat mit Chlorammonium erhärten auf dem Lager immer ein wenig, da das technische Salz stets etwas Ammonsulfat enthält, das sofort mit dem Monocalciumphosphat reagiert. Bei sachgemäßer Herstellung sind die mit Chlorammonium allein oder einer Mischung von Chlorammonium und Ammonsulfat hergestellten Ammoniaksuperphosphate Düngemittel von bester Qualität.

Bei einer Vermischung von Superphosphat mit schwefelsaurem Kali findet eine Umsetzung zwischen den einzelnen Salzen in nur ganz untergeordnetem Maße statt. Kommt aber schwefelsaures Ammoniak hinzu, so reagiert dieses wie oben geschildert, und die Haufen von Kali-Ammoniak-Superphosphat zeichnen sich dadurch unangenehm aus, daß sie ganz besonders hart werden. In zerkleinertem und gesiebtem Zustande stellen jedoch diese Mischungen Produkte von ganz ausgezeichneter Beschaffenheit und Streubarkeit dar.

Bei Verwendung von Chlorkalium treten die gleichen Erscheinungen auf wie bei der Herstellung der Mischungen mit Chlorammonium.

Eine besondere Sorgfalt erfordern die Mischungen von Superphosphat mit Salpeter, da zwischen diesen beiden Materialien unerwünschte Umsetzungen erfolgen können. Um diese nach Möglichkeit zu vermeiden, muß der Salpeter vor allem trocken und körnig, doch nicht fein gemahlen sein. Das Superphosphat darf nur wenig freie Säure enthalten, da sonst leicht mit einer Entwicklung von salpetrigen Dämpfen zu rechnen ist, die einerseits zu einer schweren Belästigung der Arbeiter führen kann, andererseits einen direkten Verlust an Stickstoff bedeutet. Es kommt hinzu, daß auch das Sackmaterial dadurch leicht zerstört wird und sogar durch Selbstentzündung in Brand geraten kann. Andererseits neigen diese Mischungen sehr dazu, feucht zu werden, in welchem Zustande sie äußerst schlecht zu handhaben sind.

Mischungen von Superphosphat mit Abfallstoffen, die den Stickstoff in organischer Bindung enthalten, wie Blut-, Leder- und Baumwollsaatmehl u. a., werden in Deutschland kaum noch hergestellt. Sie bilden aber das Rückgrat der sehr bedeutenden amerikanischen Mischdüngerindustrie, die sie in allen erdenklichen Zusammensetzungen, in der Regel mit einem Zusatz von Kalisalzen herstellt. Der Unterschied im spezifischen Gewichte der einzelnen Komponenten bringt es mit sich, daß solche Mischungen auch bei sorgfältigster Zusammenstellung leicht Differenzen in den Gehalten aufweisen. Andererseits gewähren sie dem Fabrikanten den großen Vorteil, daß sie auch bei gleichzeitiger Anwesenheit von Superphosphat und schwefelsaurem Ammoniak gar nicht oder nur in so geringem Maße erhärten, daß man sie direkt aus der Mischmaschine zur Verladung bringen kann, wodurch sich eine Zwischenlagerung erübrigt.

Das Verhältnis, in dem die einzelnen Rohstoffe miteinander zur Vermischung gebracht werden müssen, errechnet sich aus den für den Mischdünger vorgeschriebenen Nährstoffgehalten und den durch die Analyse festgestellten Gehalten der einzelnen Grundstoffe. Man vermeidet bei der Zusammenstellung der Mischungen nach Möglichkeit die Verwendung von totem Material, indem man durch Einrechnung zweier Sorten eines Rohstoffes von verschiedener Gehaltslage den Ausgleich zu erreichen sucht. Bei den sich dabei ergebenden vielfachen Möglichkeiten ist es lediglich Sache der Kalkulation, welchen Weg man wählen will.

Da Ammoniaksuperphosphate vor Ablauf einer Liegezeit von 2—3 Wochen nicht versandfähig sind und bei vorzeitigem Versand in den Säcken zu harten Blöcken zusammenbacken würden, so sind die Werke genötigt, um bei eiligen Abrufen während der Versandzeit für alle Fälle eingerichtet zu sein, sich eine Grundmischung hinzulegen, aus welcher sie jede andere Mischung herstellen können, ohne eine Erhärtung der Ware in den Säcken befürchten zu müssen. In einer solchen Mischung muß das Verhältnis von Stickstoff zu Phosphorsäure das gleiche sein wie im primären Ammoniumphosphat ($NH_4H_2PO_4$), und zwar $N : P_2O_5 = 1 : 5$. Es ist dann ausgeschlossen, daß bei einem Zusatz von Superphosphat oder schwefelsaurem Ammoniak irgendeine Umsetzung erfolgt, die zu einer Gipsbildung und damit zu einer Erhärtung der Masse führen könnte. In der Regel stellt man die Mischung 3 + 15 her, die auch als solche eine handelsübliche Ware ist.

Vielfach ist es auch möglich, aus zwei vorhandenen Mischungen eine dritte zusammenzustellen. Solange in beiden Mischungen ein Überschuß von Ammoniak vorhanden ist, d. h. das Verhältnis von 1 : 5 überschritten wird, ist keine erneute Erhärtung zu befürchten. So läßt sich z. B. die Mischung 7 + 9 aus 55,5 Teilen AS. 9 + 9 und 40 Teilen AS. 5 + 10 und 4,5 Teilen Sand zusammenmischen. Eine Zugabe von Superphosphat zu einer Mischung, die schwefelsaures Ammoniak im Überschuß enthält, würde dagegen sofort eine erneute Erhärtung einleiten.

Die *technische Herstellung der Mischungen* ist sehr einfach. Im Kleinbetriebe werden die einzelnen, vorher zerkleinerten und abgesiebten Rohstoffe karrenweise verwogen und auf Haufen zusammengebracht, diese werden mehrfach umgestochen und schließlich durch ein Standsieb gegeben, wodurch die Mischung erheblich gleichmäßiger wird. Zum Mischen benutzt man auch wohl kleinere, fahrbare Mischtrommeln.

Für den Großbetrieb benutzt man stationäre Mischmaschinen, die aus Becherwerken, Sieben, Desintegrator oder Stachelwalzen und einer Mischtrommel bestehen. Die Anordnung der einzelnen Teile gegeneinander ist so getroffen, daß der gesamte Mischsatz zunächst über das Sieb läuft. Die groben Rückstände werden in dem Desintegrator zerkleinert und laufen dann nochmals über das Sieb, um schließlich mit dem Feinen in der Mischtrommel wieder vereinigt zu werden. In der Trommel wird die Mischung etwa 2—3 Minuten lang durchgemischt und dann schließlich durch ein Becherwerk einer Hängebahn zugeführt, die sie auf das Lager bringt.

In Deutschland findet man Mischtrommeln von verschiedener Konstruktion mit Fassungsvermögen von $^1/_4$—3 t. Eine der bekanntesten ist die von RAPS. Diese besitzt die Form eines abgestumpften Kegels, dessen Mantel an der Innenseite mit eigenartig geformten Blechen besetzt ist. Die der Spitze zugekehrte Stirnwand hat in der Mitte eine Öffnung, die als Ein- und Auslauf dient. Durch ein Wendegetriebe kann die um ihre horizontale Achse drehbare Trommel

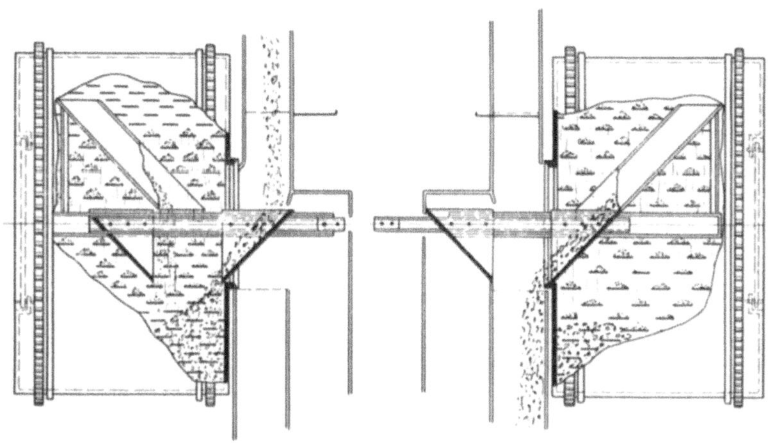

Mischtrommel während des Füllens und Mischens, während der Entleerung.

in eine Rechts- oder Linksdrehung versetzt werden, je nachdem sie gefüllt oder entleert werden soll. Während der Füllung schaffen die Bleche das Mischgut an die Rückwand der Trommel und wenden es durch die Drehung dauernd um, bei der Entleerung dagegen fördern sie es wieder an die Einlaufoffnung zurück (vgl. Abb. 208).

Querschnitt.

Abb. 207. Mischmaschine (STURTEVANT).

Eine andere Konstruktion „Mellensis“ von I. A. LANVERMEYER besteht aus einer zylindrischen Trommel, deren Mantel gleichfalls an der Innenseite mit Schaufelblechen besetzt ist. Ein- und Auslauf befinden sich auf den entgegengesetzten Stirnseiten. Während des Füllens und Durchmischens wird der Auslauf durch Hochstellen der Auslaufschurre gesperrt, so daß der Mischsatz erst nach ausreichender Durchmischung die Trommel verlassen kann.

Andere im Ausland gebräuchliche Mischtrommeln, wie der „Utility“-Mischer und die Konstruktion von STURTEVANT, arbeiten ähnlich wie die oben beschriebenen.

Die Zusammenstellung der Mischungen geschieht in den deutschen Fabriken, sofern es sich um größere Mengen handelt, im laufenden Betriebe ziemlich gleichmäßig während des ganzen Jahres, mit Ausnahme der für den Versand in Frage kommenden Wochen. Diese Arbeitsweise ist durch die Notwendigkeit geboten, die gesamten Mischungen vorerst auf Lager zu nehmen, da eine Erhärtung der

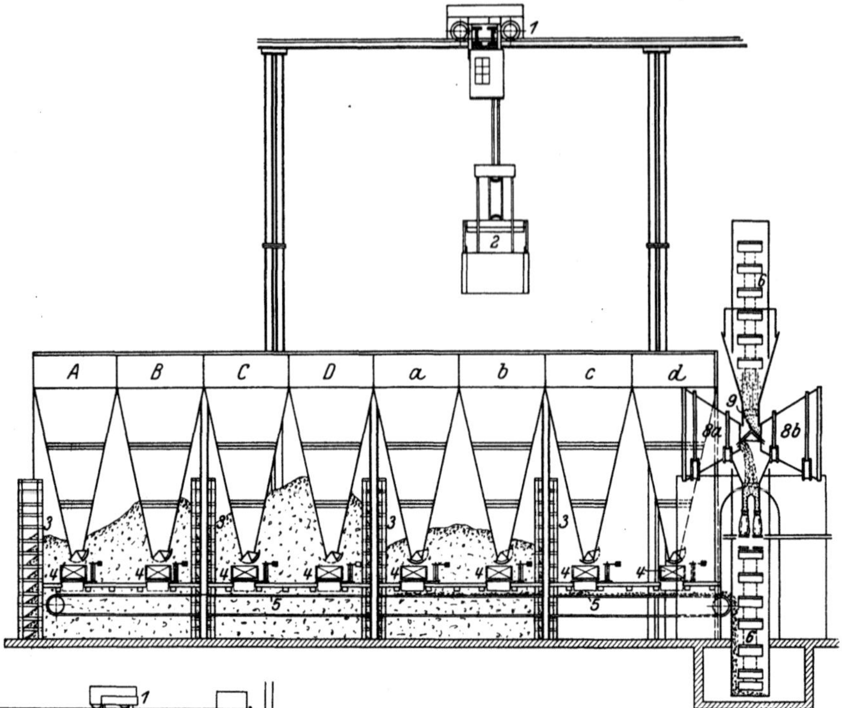

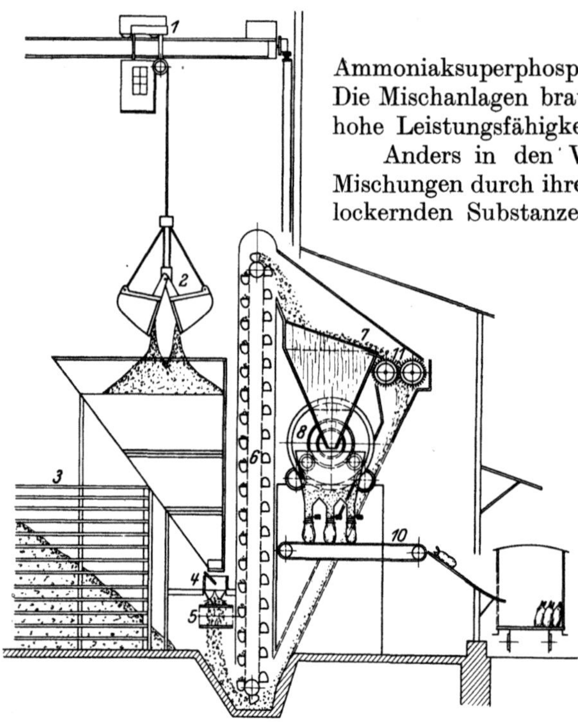

Abb. 208. Mischanlage nach amerikanischer Bauart.

Ammoniaksuperphosphate nicht zu umgehen ist. Die Mischanlagen brauchen daher keine besonders hohe Leistungsfähigkeit zu haben.

Anders in den Vereinigten Staaten, wo die Mischungen durch ihren erheblichen Gehalt an auflockernden Substanzen nicht erhärten und daher sogleich nach der Fertigstellung in Säcken zur Verladung gebracht werden können. Hieraus hat sich die Notwendigkeit ergeben, dort Mischanlagen von der größten Leistungsfähigkeit zu erstellen, die allen Anforderungen einer lebhaften Versandzeit gewachsen sind. Solche Anlagen verdienen auch schon aus dem Grunde ein besonderes Interesse, da sie ein Musterbeispiel für eine rationelle Arbeitsweise darstellen.

Die gesamte Mischanlage findet an einer Seitenwand eines Schuppens Aufstellung, der in seiner ganzen Länge von einem Laufkran *1* überfahren werden kann. Durch einen Greifer *2* werden die Rohmaterialien, welche durch hordenartige Gestelle *3* voneinander getrennt zu Lager genommen sind, in Bunker geschüttet. Die Bunker sind in 2 Serien zu je 4 (A, B, C, D und a, b, c, d) in einer Reihe aufgestellt und für je 4 Rohstoffe berechnet, so daß für jeden Rohstoff in jeder Serie ein Bunker zur Verfügung steht. Der Mischsatz wird aus einer Serie (in der Abbildung a, b, c, d) in die Wägebehälter *4* abgezogen und nach der Verwiegung durch Öffnen der Bodenklappen auf ein Transportband *5* abgelassen, das ihn über ein Becherwerk *6* und Schüttelsieb *7* in eine der beiden Mischtrommeln *8b* fördert. Die bei der Absiebung ausgesonderten gröberen Brocken werden durch ein Stachelwalzwerk *11* oder einen Desintegrator zerkleinert und durch eine Rutsche dem Becherwerk *6* wieder zugeführt und damit wieder mit dem übrigen Mischsatz vereinigt. Während eine Mischtrommel gefüllt wird, entleert sich die andere *8a*. Sind Füllung und Entleerung beendet, so wird durch Umlegen der Klappe *9* und Umkehrung der Drehrichtung der beiden Mischtrommeln umgeschaltet. Die Trommel *8b* entleert sich nun, während die Trommel *8a* die inzwischen aus der zweiten Bunkerserie (A, B, C, D) abgezogenen Rohstoffe zur Vermischung aufnehmen kann.

Die fertige Mischung fällt aus den Trommeln in einen Bunker, aus dem sie in Säcke abgezogen und sofort über ein laufendes Band *10* zur Verladung gebracht werden kann. Soll die Mischung zu Lager genommen werden, so wird sie über ein (in der Abbildung nicht enthaltenes) Transportband dem Lagerschuppen zugeführt und kann dort von dem Greiferkran abtransportiert werden.

Der Versand der Mischdünger vollzieht sich in Deutschland in genau der gleichen Weise wie der des Superphosphates, so daß auf die diesbezüglichen Ausführungen verwiesen werden kann (s. S. 386). Da die Ammoniaksuperphosphate in der Regel im Haufen sehr stark erhärten, so bevorzugt man für ihre Fertigstellung fahrbare Expeditionsmaschinen mit Einrichtung für den selbsttätigen Abbau der Haufen. Man umgeht damit den oft schwierigen und nur mit Hilfe von Sprengstoffen durchzuführenden Abbau mit Hacke und Spaten.

In den letzten Jahren sind einige Verfahren zur Herstellung von Ammoniaksuperphosphaten bekannt geworden, die nicht auf einer einfachen Zusammenmischung von Superphosphat und schwefelsaurem Ammoniak beruhen. Hier ist in erster Linie das Verfahren von M. GERLACH (1) zu nennen, nach welchem das frische Superphosphat mit Ammoniakgas behandelt wird. Es entsteht dabei Ammoniumphosphat unter gleichzeitiger Bildung von zwei- bzw. dreibasischphosphorsaurem Kalk, die wasserlösliche Phosphorsäure des Superphosphates geht dabei zum großen Teil in die citratlösliche Form zurück. Der Vorteil des Verfahrens liegt in der Ersparung der Schwefelsäure für die Bindung des Ammoniaks.

Nach einem Patent von Rhenania-Kunheim (Kali-Chemie) (2) und RÜSBERG läßt sich Rohphosphat mit gasförmiger Salzsäure zu einem wasserlöslichen, streubaren Düngemittel aufschließen, wenn man dem Phosphatmehl vorher schwefelsaures Ammoniak zumischt. Man erhält ein Produkt, welches neben einbasisch-phosphorsaurem Kalk und freier Phosphorsäure Chlorammonium enthält, da sich das primär entstehende Chlorcalcium sofort mit dem Ammoniumsulfat zu schwefelsaurem Kalk und Chlorammonium umsetzt. Das Endprodukt ist daher einer Mischung von Superphosphat mit salzsaurem Ammoniak so gut wie gleich, und es besteht auch bei ihm die Gefahr der Entwicklung von Salzsäuregas durch Einwirkung der freien Säure auf das Chlorammonium. Keines der beiden Verfahren hat bis jetzt eine praktische Bedeutung erlangen können.

Das Bestreben, den in den letzten Jahren auf den Markt gekommenen synthetischen Harnstoff zu Mischungen mit Superphosphat zu verarbeiten, stieß anfangs auf Schwierigkeiten, da die einfache Mischung ein feuchtes und damit für den Gebrauch in der landwirtschaftlichen Praxis ungeeignetes Produkt ergab. Die technische Lösung ist in verschiedenen patentierten Verfahren gefunden worden, denen jedoch immer noch gewisse Mängel anhaften. Es sind hier kurz folgende zu erwähnen. Nach D.R.P. 308659 läßt sich aus der Mischung durch Zusatz von auftrocknenden Mitteln, wie Torfmull, Asche, Kieselgur usw., ein streubares Düngemittel herstellen, ebenso durch Behandeln des Gemisches mit Ammoniakgas (D.R.P. 299855), oder anderen säurebindenden Mitteln, wie kohlensaurem Kalk oder Dicalciumphosphat (D.R.P. 299942) usw. Bei Anwendung letzterer Verfahren steht zu befürchten, daß ein Teil der wasserlöslichen Phosphorsäure in die unlösliche Form zurückgeht.

Eine weitere Möglichkeit zu einem stickstoffhaltigen Superphosphat zu gelangen, ist die, Rohphosphate mit reiner Salpetersäure oder in Mischung mit Schwefelsäure aufzuschließen. Abgesehen von den technischen Schwierigkeiten der Durchführung, kranken alle diese Verfahren daran, daß sie entweder ein nur schwer zu trocknendes und schlecht zu handhabendes Produkt ergeben, das leicht salpetrige Gase entwickelt, oder daß beim Aufschluß mehr oder weniger große Stickstoffverluste entstehen, welche die Rentabilität von vornherein in Frage stellen. Von den vielen patentierten Verfahren ist daher bis jetzt noch keines zur technischen Ausführung gekommen. Die meisten suchen die Schwierigkeiten in der Weise zu beheben, daß sie durch Zusätze von Ammoniak- oder Kalisalzen die Temperatur der Reaktion herunterdrücken. Am aussichtsreichsten scheinen die Verfahren zu sein, welche durch einen Zusatz von Harnstoff die unerwünschte Entbindung von salpetrigen Gasen im Endprodukt zu unterbinden trachten. Die wichtigsten Patente auf diesem Gebiet sind: D. R. P. 405832, 440001, 332885, 339567 und das Schweizer Pat. 129011.

Literatur.

(1) Gerlach, M.: Z. angew. Chem. **29**, 13 (1916); **31**, 91 (1918).
(2) D.R.P. 388130, 389082.

b) Düngesalze der Industrie des synthetischen Ammoniaks.

Von

Dr. **H. Rötger**

Ludwigshafen a. Rh.

Mit 2 Abbildungen.

I. Düngesalze mit zwei Nährstoffkomponenten.

Das Bestreben der jungen Industrie des synthetischen Ammoniaks, der Landwirtschaft möglichst vollwertige Düngesalze zu liefern, mußte dazu führen, auch solche Kombinationen auf den Markt zu bringen, in denen neben Stickstoff in seinen verschiedenen Formen auch die anderen für den Aufbau der Pflanze wichtigen Bestandteile, das Kali und die nicht minder wichtige Phosphorsäure, enthalten sind. Zunächst sollen diejenigen Düngesalze beschrieben werden, die neben Stickstoff nur eine dieser Komponenten enthalten. Die einfachste Kali-Stickstoff-Verbindung, das Kaliumnitrat, kommt als solches für Düngezwecke weniger in Frage, da das Verhältnis der beiden Nährstoffe in dieser Verbindung bei einem Gehalt von 14% Stickstoff und 46% Kali eine volle Ausnutzung des Kalis nur in seltenen Fällen gewährleistet. Da jedoch neuerdings diese Verbindung von der Kali-Industrie A.-G. in ihrem Werk Sondershausen unter teilweiser Verwendung des in Rauxel gewonnenen synthetischen Ammoniaks zur Herstellung von Mischsalzen herangezogen wird, soll hier kurz auf die wichtigsten Darstellungsmethoden und die Eigenschaften des Kaliumnitrats eingegangen werden.

Seit den sechziger Jahren werden große Mengen des Salzes namentlich für die Herstellung von Schießpulver durch Umsetzen von Chilesalpeter mit Kaliumchlorid aus den Staßfurter Lagern in wäßriger Lösung als sog. Konversionssalpeter gewonnen. Das bei der Umsetzung $NaNO_3 + KCl \rightarrow KNO_3 + NaCl$ entstehende schwerlösliche Natriumchlorid scheidet sich schon bei mäßigem Einengen der heißen Lösung aus, während das in der Hitze leichtlösliche Kaliumnitrat sich erst beim Erkalten der Flüssigkeit abscheidet.

Die Umsetzung des Chilesalpeters mit Kaliumsulfat ist wegen der verhältnismäßig geringen Löslichkeit dieses Salzes weniger vorteilhaft. Durch Anwendung eines Überschusses von Natriumnitrat soll jedoch auch hierbei einigermaßen reines Kaliumnitrat erzielt werden (23). Gemische von Kaliumnitrat und Natriumnitrat lassen sich erhalten durch Aufschließen von alkalihaltigem Silicatgestein mit Salpetersäure. Aber auch mit Kalk läßt sich z. B. Feldspat aufschließen und durch Behandeln der abgespaltenen Alkaliverbindungen mit Nitraten, deren Basen in alkalischer Lösung ausfallen, z. B. mit Calciumnitrat oder mit Salpetersäure, werden dann Kalinitrate erhalten. Aus diesen Gemischen läßt sich reines Kaliumnitrat durch fraktionierte Krystallisation gewinnen, das sich gegenüber dem Konversionssalpeter durch praktisch vollständige Chlorfreiheit auszeichnet (14). Unter Druck und bei erhöhter Temperatur können auch Leucit und ähnliche kalihaltige Mineralien in fein gemahlenem Zustand direkt mit Natronsalpeterlösungen zu KNO_3-haltigen Düngesalzgemischen aufgeschlossen werden (15). Endlich sei noch ein Vorschlag erwähnt, aus Kalkstickstoff durch Behandeln mit Kaliumsulfat und nachherige Verseifung mit Wasserdampf unter geringem Überdruck Ammoniak und Pottaschelösungen zu erzeugen, die nach Oxydation des Ammoniaks zu Salpetersäure durch Umsetzung Kaliumnitrat liefern (12). Die Badische Anilin- und Sodafabrik gewinnt das Salz durch Umsetzen von Ammonnitrat mit Kaliumchlorid (4).

Kaliumnitrat bildet rhombische Krystalle vom Schmelzpunkt 336°.

Tabelle 1.
Kaliumnitrat, Löslichkeit und Dampfdruck der gesättigten Lösungen.

	Temperatur			
	0°	10°	20°	30°
Löslichkeit (g KNO_3 in 100 g Lösung)	9,5	16,9	24,3	31,7
Dampfdruck (mm Hg)	—	8,87	16,21	28,84
Relative Feuchtigkeit (%)	—	97	92,3	90,5

Der naheliegende Gedanke, die bei der Umsetzung von Ammonnitrat mit Kalisalzen entstehenden Produkte nicht wie in dem obenerwähnten Patent (12) zu isolieren, sondern in inniger Mischung als Düngemittel zu verwenden, wurde von mehreren Werken der jetzt zur I. G. Farbenindustrie zusammengeschlossenen Firmen, in erster Linie von der Badischen Anilin- und Sodafabrik, weiter verfolgt. Dieser Weg bot auf einfache Weise die Möglichkeit, den Stickstoffgehalt mit dem Kaligehalt in ein für die Ernährung der Pflanze günstigeres Verhältnis zu bringen, wobei das Hinzutreten von Ammoniakstickstoff in diesen Mischdüngern als weiterer wesentlicher Vorteil gegenüber dem Kaliumnitrat zu bewerten ist. Die erste Etappe auf diesem Wege ist gekennzeichnet durch das D.R.P. 309668 (5), wonach Gemische von Kaliumchlorid und Ammonnitrat aus gemeinsamer Lösung zweckmäßig im Vakuum eingedampft werden. In D.R.P. 310601 wird im Gegensatz zu der Arbeitsweise des vorgenannten Patentes, das von annähernd gleichmolekularen Anteilen der umzusetzenden Komponenten ausgeht, ein mehr oder weniger beträchtlicher Überschuß an Chlorkalium angewendet (6). Hierdurch soll ein Mischsalz von größerer Luftbeständigkeit erzielt werden. Der Überschuß an Chlorkalium soll zweckmäßig 20% nicht übersteigen, da sonst leicht, namentlich beim Arbeiten in konzentrierter Lösung, eine vorzeitige Abscheidung des Chlorammons erfolgt. Nach dem Beispiel dieser Patentschrift wird die heiße Lösung von etwa gleichen Teilen Ammonnitrat und Kaliumchlorid unter Rühren stark gekühlt, worauf sich ein größerer Anteil fast reinen Kaliumnitrats abscheidet. Die zurückbleibende Lösung liefert dann beim Eindampfen ein gut streufähiges Mischsalz mit etwa 36% Kaliumnitrat, 55% Ammonchlorid, 9% Kaliumchlorid und 1,1% Natriumchlorid. Nach D.R.P. 350630 (7) genügen für die Umsetzung schon geringe Mengen Wasser, z. B. kann festes Kaliumchlorid mit feuchtem Ammonnitrat gemischt werden. Falls vorher getrocknetes Kaliumsalz feuchtem Ammonnitrat zugemischt wird, kann sogar auf ein nachträgliches Trocknen des Mischsalzes verzichtet werden, ja man kann sogar soweit gehen, beide Komponenten trocken zu mischen, ohne daß sich die Zerfließlichkeit des Ammonnitrats störend bemerkbar macht, da sich in feuchter Luft sofort oberflächlich nicht hygroskopische Umsetzungsprodukte bilden (8). Das Chlorkalium kann auch ganz oder teilweise durch Kaliumsulfat oder dieses enthaltende Salzgemische ersetzt werden (9).

Besondere praktische Bedeutung kommt dem von der Aktiengesellschaft für Anilinfabrikation eingeführten Verfahren zu, die mit wasserhaltigen Ammonnitratschmelzen arbeiten, in die erhitzte bzw. kalte Kalisalze eingetragen werden (1, 2). Die Farbwerke Höchst schlagen hierzu vor, die heiße konzentrierte Ammonnitratlösung nur mit einem Teil, z. B. der Hälfte, der äquivalenten Menge Chlorkalium zu versetzen (17). Diese Masse läßt sich im Gegensatz zu dem mit äquivalenten Mengen erzeugten zähflüssigen Umsetzungsprodukt leicht verspritzen. Der Rest des Chlorkaliums wird mit Hilfe einer zweiten Spritzdüse fein verteilt dem erstarrenden Gemisch beigemengt.

Es ist durch genaue Messungen, die mit verschiedenen, voneinander unabhängigen Methoden vorgenommen werden, festgestellt worden, daß zwischen 80 und 90% des Ausgangsgemisches sich zu Kalisalpeter und Ammonchlorid umgesetzt haben, und zwar größtenteils in Form von Mischkrystallen, also in besonders inniger Mischung (24). Kaliammonsalpeter mit einem Gehalt von je 8% Nitrat- und Ammoniakstickstoff und 28% Kali ist ein für kalibedürftige Pflanzen vorzüglich geeignetes Düngesalz von gelblicher bis bräunlicher Färbung. Unterm Mikroskop erkennt man deutlich im zerdrückten Einzelkorn die Mischkrystalle des Ammonchlorids und Kaliumchlorids sowie des Ammonnitrats und Kaliumnitrats neben freiem Ammonchlorid und Kaliumnitrat. Freies Ammonnitrat tritt nicht auf (Abb. 209). Die Löslichkeit entspricht annähernd derjenigen der Einzelkomponenten.

Die im Ausland bekanntgewordenen Verfahren bieten demgegenüber nichts wesentlich Neues. So arbeitet die Compagnie Nationale de Matières Colorantes des Kuhlmann-Konzerns durchaus analog D.R.P. 372065, indem in erhitzte 80proz. Ammonnitratschmelzen fein gemahlenes, erhitztes Chlorkali, Chlornatrium oder ein Gemisch dieser beiden Salze eingetragen wird.

Bemerkenswert ist ein Vorschlag der Société Chimique de la Grande Paroisse (29), wonach im Solvay-Sodaprozeß gewonnenes Ammoniumbicarbonat nicht mit Chlornatrium, sondern mit Sylvinit oder einem ähnlichen kalihaltigen Mineral umgesetzt wird. Ersetzt man in diesem Prozeß 100 kg Natriumchlorid durch 170 kg 20—22proz. Sylvinit, so erhält man aus der vom Bicarbonat befreiten Lösung durch Auskrystallisieren ein Produkt, das ca. 32% Kaliumchlorid und 58 % Ammonchlorid enthält neben nur 1,5 % Natriumchlorid. Das Zusatzpatent (30) empfiehlt, den Mutterlaugen zunächst Kohlensäure und Ammoniak zuzusetzen, um das Natriumbicarbonat unter gleichzeitiger Gewinnung von Chlorammon auszufällen und erst dann in die heiße Lösung das kalihaltige Mineral einzuführen. Falls dieses größere Mengen von Magnesium enthält, wird dieser Stoff durch weitere Zugaben von Kohlensäure und Ammoniak als unlösliches Magnesiumsalz abgeschieden. Die magnesiumfreie Lösung wird gekühlt und läßt das kali- und ammonhaltige Mischsalz auskrystallisieren. Die auf diese Weise erhältlichen Mischdünger kommen unter der Bezeichnung „Potazote" mit 12 % Stickstoff und ca. 24 % Kali in den Handel. Erwähnt werden soll noch ein Mischsalz Kalium-Ammoniumsulfat, das nach dem Franz. Pat. 519583 der Soc. des Produits Azotés (28) aus Sylvinit oder anderen Kalisalzen und Schwefelsäure durch Neutralisieren des entstehenden Bisulfates mit Ammoniak gewonnen wird.

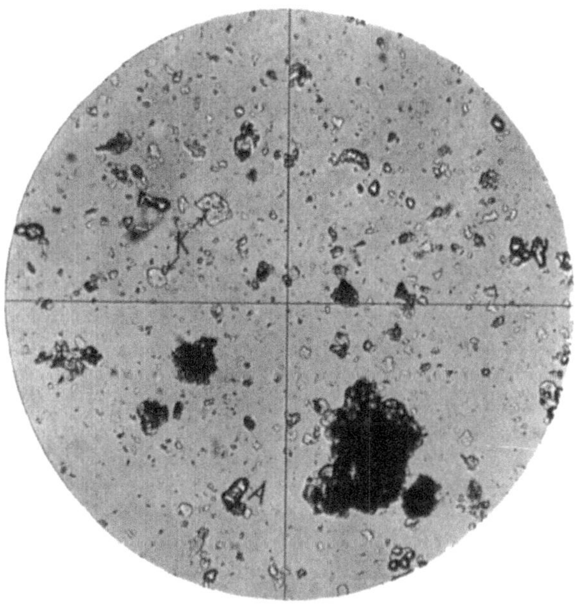

Abb. 209. Zerdrücktes Kaliammonsalpeterkorn (40fache Vergrößerung). *A* Ammonchloridkrystall. *K* Kalisalpeterkrystall.

Eine weitere Klasse von Mischdüngern enthält neben dem Stickstoff auch Phosphorsäure. Unter den Verbindungen der Phosphorsäure mit Ammoniak sind drei Salze zu unterscheiden. Je nachdem ob 1, 2 oder 3 Mole Ammoniak sich mit der Säure verbinden, entsteht das Mono-, Di- oder Triammonphosphat. Von diesen ist das erste am beständigsten, aber auch am stickstoffärmsten, während das Triammonphosphat nur mit erheblichem Ammoniaküberschuß erhalten werden kann und schon beim Stehen an der Luft in das Diammonsalz übergeht. Die I. G. Farbenindustrie hat sich besonders der Herstellung des Diammonphosphates ($(NH_4)_2HPO_4$) zugewendet.

Die Gewinnung dieses Salzes erfolgt auf zwei grundsätzlich verschiedenen Wegen. Das erste, sog. „nasse" Verfahren, geht aus von zerkleinerten Phosphaten, die mit verdünnter Phosphorsäurelösung angeteigt und mit Schwefelsäure in großen Rührbottichen aufgeschlossen werden. Der bei der Umsetzung aus dem Kalk der Phosphate entstehende Gips setzt sich infolge seiner feinen Verteilung sehr langsam ab. Man ist daher gezwungen, den phosphorsäurehaltigen Gipsbrei in großen Behältern längere Zeit in ganz langsamer Umdrehung zu halten. Nach Beendigung dieses Umsetzungs- und Klärprozesses wird der Gipsbrei abgepumpt und im Gegenstrom mit den phosphorsäurehaltigen Waschwässern gereinigt. Er gelangt schließlich zur Abtrennung der letzten Reste von Phosphorsäure auf Vakuumfilter und wird dann, mit Ammoncarbonat angeteigt, bei der Ammonsulfatfabrikation verwendet.

Die vom Gips abgetrennte Phosphorsäure wird auf etwa 40° Bé eingedickt und in verbleiten Kesseln mit Ammoniak zunächst zu Monoammonphosphat, dann durch weiteres Zufügen von Ammoniak zu Diammonphosphat umgesetzt. Die Trocknung des feuchten Diammonphosphates erfolgt in schwach beheizten Drehtrommeln.

Ein anderes Verfahren — das trockne —, ebenfalls von der I. G. Farbenindustrie in ihrem Werke Oppau ausgebildet und in Piesteritz durchgeführt, geht aus von elementarem Phosphor, der im elektrischen Ofen aus Rohphosphaten gewonnen wird. Der Phosphor wird mit Luft zu Phosphorsäure oxydiert und mit Ammoniak zu Diammonphosphat gebunden. Hierbei wird zweckmäßig von kaltgesättigten Diammonphosphatlösungen ausgegangen, in die gleichmäßig Phosphorsäure und Ammoniak unter Einhalten eines Molekularverhältnisses von 1 : 1,5—2 eingeleitet werden. Durch die frei werdende Neutralitätswärme erhitzt sich die Lösung auf 80—100°, wobei der größte Teil des mit der Phosphorsäure eingebrachten Wassers verdampft, ohne daß jedoch Ammoniakverluste eintreten oder Monophosphat abgeschieden wird. Zur Abscheidung des Diammonphosphates wird dann die Lösung abgekühlt und Ammoniak bis zur Erreichung des Verhältnisses von einem Mol Phosphorsäure zu zwei Molen Ammoniak eingeleitet.

Nach D.R.P. 433742 werden Phosphorpentoxyddämpfe im Gemisch mit Ammoniak in eine Ammonphosphatlösung eingeführt, bis die hierbei sich erwärmende Lösung gesättigt hat (20). Nach dem Abkühlen wird das auskrystallisierte Diammonphosphat abfiltriert und in die kaltgesättigte Lösung neue Mengen Phosphorpentoxyd und Ammoniak eingeführt. Bemerkenswert ist ein Vorschlag von IPATIEW (22), die Umsetzung des Phosphordampfes mit Wasserdampf und Phosphorsäure unter Druck vorzunehmen.

Das Diammonphosphat oder Diammonphos I. G. enthält 21% Ammoniakstickstoff und 53,4% Phosphorsäureanhydrid (P_2O_5). Es bildet monokline Krystalle.

Tabelle 2.
Diammonphosphat, Löslichkeit und Dampfdruck der gesättigten Lösung.

	Temperatur 10°	20°	30°
Löslichkeit (g Salz in 100 g Lösung) .	38,4	40,8	42,7
Dampfdruck (mm Hg)	—	14,6	26,4
Relative Feuchtigkeit (%)	—	83,2	82,8

Das Salz kommt als solches für Düngezwecke wegen seines ungünstigen Nährstoffverhältnisses weniger in Frage. Es wird im Verhältnis 2 : 3 mit Ammonsulfat gemischt und in dieser Mischung als Leunaphos I. G. namentlich für kalireiche Böden in großen Mengen abgesetzt.

Das Leunaphos enthält mit 20% Ammoniakstickstoff und 20% Phosphorsäure beide Nährstoffe in ungefähr gleichen Mengen. Die gesamte Phosphorsäure ist leicht assimilierbar, da etwa 18,4% wasserlöslich, der Rest citratlöslich ist. Abb. 210 zeigt das Gemisch unterm Mikroskop.

In den Vereinigten Staaten wird vorzugsweise Monoammonphosphat gewonnen, das ebenfalls zur Erhöhung des Ammoniakgehalts mit Ammonsalzen gemischt wird.

J. S. WASHBURN (32) schließt Phosphatgestein mit Schwefelsäure auf und läßt die entstehende rohe Phosphorsäure in Ammoniakwasser einfließen. Man erhält ein eisen-, aluminium- und calciumhaltiges Monoammoniumphosphat, dessen gesamte Phosphorsäure wasser- oder citratlöslich sein soll. Nach einem anderen Patent desselben Erfinders soll die Phosphorsäure in Kolonnen einem Gemisch von Ammoniakgas und Wasserdampf entgegengeschickt werden. Die entstehende

Lösung wird in Vakuumverdampfern konzentriert, worauf Monoammonphosphat in lockerer, körniger Form auskrystallisieren soll, das im allgemeinen einer besonderen Trocknung nicht mehr bedarf (33). Ein anderes Verfahren der American Cyanamid Comp. (34) führt direkt zu einer Mischung von Monoammonphosphat und Ammonsulfat dadurch, daß die rohe Phosphorsäure des Phosphataufschlusses mit bestimmten Mengen konzentrierter Schwefelsäure versetzt und darauf nach Austreiben etwa vorhandener Flußsäure mit Ammoniak neutralisiert wird.

Diese Mischdünger kommen unter der Bezeichnung ,,Ammo-Phos" in verschiedenen Mischungsverhältnissen in den Handel. Sorte I mit etwa 61 % Monoammonphosphat und 11 % Diammonphosphat, 4 % Ammonsulfat und 2,5 % Tricalciumphosphat. Sorte II mit 30 % Monoammonphosphat, 6 % Diammonphosphat, 57 % Ammonsulfat und 0,5 % Tricalciumphosphat (31). Daneben enthalten beide Sorten Beimengungen von Aluminium- und Eisenphosphaten, Gips, Sand usw.

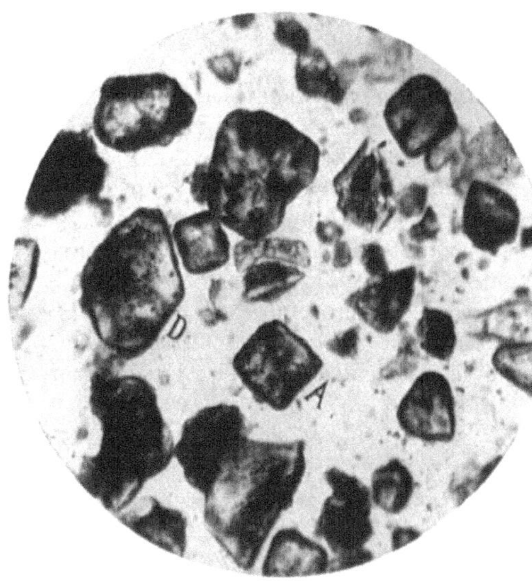

Abb. 210. Leunaphos (20fache Vergrößerung). *A* Ammonsulfat. *D* Diammonphosphat.

Es ist auch vorgeschlagen worden, rohe Tricalciumphosphate mit Ammoniak oder Ammonsalzen aufzuschließen, jedoch sind infolge ungünstiger Lage der Gleichgewichte die Ergebnisse wenig befriedigend. Vorteilhafter werden zunächst die rohen Phosphate mit Mineralsäure aufgeschlossen, die Phosphorsäure wird dann als Mono- oder Dicalciumphosphat ausgefällt und dieses mit Ammoniak oder Ammoniumcarbonat zu schwerlöslichem Calciumsalz und Ammonphosphatlösung umgesetzt (21).

Die Herstellung des Ammonphosphates auf trocknem Wege behandelt das Amer. Pat. 1194077 (27). Danach wird Ammoniakgas mit den im elektrothermischen Verfahren erhaltenen Phosphorpentoxyddämpfen gemischt und dieses Reaktionsgemisch abgekühlt. Durch Zugabe von mehr oder weniger Wasserdampf soll auf diesem Wege direkt das Meta-, Pyro- oder Orthophosphat des Ammoniums hergestellt werden können. Der entstehende Salzstaub wird auf elektrischem Wege nach COTTRELL abgeschieden.

Es ist noch in Kürze einzugehen auf die zahlreichen Vorschläge, Phosphate mit Ammonnitrat zu kombinieren, obwohl diesen Versuchen bisher noch keine besondere praktische Bedeutung zukommt. Zu unterscheiden ist die Herstellung dieser Produkte durch einfache Mischung ammoniakhaltiger und phosporsäurehaltiger Salze und, meist in neuerer Zeit entwickelt, solche Verfahren, die die ammoniak- und phosphorsäurehaltigen Verbindungen durch Umsetzung, in erster Linie aus Lösungen, gewinnen. Von der ersten Kategorie sei erwähnt eine Darstellungsweise haltbarer Ammonnitratdünger durch Beimischen von gefälltem Tricalciumphosphat (10). Entsprechend empfiehlt die Norsk Hydro in ihrem Engl. Pat. 129974 (25) ein leicht aufschließbares Phosphat in fein gemahlener Form mit Ammonnitrat im Verhältnis 1 : 2 bis 1 : 10 innig zu mischen, mit Wasser anzufeuchten und in der Hitze unter Rühren zu trocknen. Die physiologisch saure Wirkung des Ammonnitrats nach dem Ausstreuen soll hierbei den Phosphataufschluß im Boden erleichtern. In Chorzow (Polen) geht man so weit, Ammonnitrat einfach mit Rohphosphaten zu mischen. Das Produkt „Nitrofos" enthält 15% Stickstoff und 8—9% P_2O_5, davon ist jedoch nur ein geringer Teil in direkt aufnehmbarer Form (16).

Von den Verfahren, die in Lösung unter Umsetzung arbeiten, sei ein von der Norsk Hydro beschriebenes erwähnt. Danach wird durch Zugabe von Ammonsulfat zu einer salpetersauren Lösung von Calciumphosphat ein durch Umsetzung überwiegend Ammonphosphat und Ammonnitrat enthaltendes Mischsalz gewonnen (26). Die überschüssige Säure wird mit Hilfe von Ammoniak bzw. Ammoncarbonat neutralisiert. Ph. C. Hoffmann (18) geht vom Kalkstickstoff aus und behandelt ihn mit verdünnter Phosphorsäure in solchen Mengen, daß Dicalciumphosphat und Ammonphosphat entstehen, die durch Filtration getrennt werden.

Auch die unter Verwendung von Harnstoff hergestellten stickstoff- oder phosphorhaltigen Düngesalze haben sich bisher noch nicht in nennenswertem Umfang einführen können. Erwähnt sei das phosphorsaure Salz des Harnstoffes, das nach einer Patentschrift der B. A. S. F. (11) durch Eintragen von festem Harnstoff in eine warme etwa 50proz. Phosphorsäurelösung und Auskrystallisieren unter Abkühlung erhalten wird. Gemische von Harnstoff und Ammonsalzen erzeugt die Am. Cyanamid Co. aus Kalkstickstoff durch Neutralisation der zur Harnstoffbildung erforderlichen Säure (s. S. 558) mit Ammoniak und vorsichtiges Eindampfen der neutralen Lösungen (3). Die Société des Produits Azotés läßt die schwefelsaure Harnstofflösung auf Rohphosphat einwirken und erhält so ihren Mischdünger „Phosphazote" (13).

Literatur.

(1) Agfa: D.R.P. 372065 (1918). — (2) D.R.P. 375375 (1918). — (3) American Cyanamid Co.: Amer. Pat. 1614521 (1924).

(4) B. A. S. F.: D.R.P. 306334 (1916). — (5) D.R.P. 309668 (1916). — (6) D.R.P. 310601 (1916). — (7) D.R.P. 350630 (1916). — (8) D.R.P. 362990 (1917). — (9) D.R.P. 354956 (1917). — (10) D.R.P. 380242 (1919). — (11) D.R.P. 286491 (1914). — (12) Bayerische Stickstoffwerke A.-G.: D.R.P. 310661 (1916). — (13) Berr, R.: L'industrie chimique **17**, 383 (1930).

(14) Chemische Fabrik Rhenania: D.R.P. 252278 (1911). — (15) D.R.P. 300642 (1913). — (16) Chemiker-Ztg **54**, 95 (1930).

(17) Höchster Farbwerke: D.R.P. 381715 (1921). — (18) Hoffmann, Ph. C.: Amer. Pat. 1360402 (1920).

(19) I. G. Farbenindustrie A.-G.: D.R.P. 440446 (1925). — (20) D.R.P. 433742 (1925). — (21) Engl. Pat. 303455 (1927). — (22) Ipatiew, W.: Ber. dtsch. chem. Ges. **59**, 1424 (1926).

(23) Michael, J.: D.R.P. 385557 (1922). — (24) Mittasch, A.: Über Misch- und Volldünger. Z. angew. Chem. **41**, 902 (1928).

(25) Norsk Hydro: E. P. 129974 (1919). — (26) Franz. Pat. 450449 (1912).

(27) Ross, W. H., A. R. Merz u. J. N. Carothers: Amer. P. 1194077 (1916).

(28) Société des Produits Azotés: Franz. Pat. 519583 (1919). — (29) Société Chim. de la Grande-Paroisse: Franz. Pat. 572911 (1923). — (30) Franz. Pat. 29665 (1923).

(31) Ullmann, F.: Enzyklopädie der technischen Chemie **4**, 69. (II. Auflage.)

(32) Washburn, J. S.: American Cyanamid Co.: Amer. Pat. 1103115 (1914). — (33) Amer. P. 1151633 (1915). — (34) American Cyanamid Co.: Amer. Pat. 1367846 (1920).

II. Volldünger (NPK)[1].

In Vorstehendem wurde ausgeführt, wie das Bestreben der Industrie des synthetischen Ammoniaks darauf hinzielte, mit ihren Düngesalzen der Landwirtschaft die Pflanzennährstoffe in möglichst konzentrierter Form zu liefern, soweit sich dies mit den Anforderungen des Verbrauchers insbesondere hinsichtlich guter Lager- und Streufähigkeit vereinbaren läßt. Es lag durchaus in dieser Linie, wenn schon frühzeitig die Gewinnung von Mischsalzen erstrebt wurde, die neben Stickstoff sowohl Kali als auch Phosphorsäure enthalten. Der wesentliche Vorteil dieser neuartigen Düngemittel liegt darin, daß sie bis zu gewissem Grade durch die gleichzeitige Anwesenheit von Phosphorsäure, Kali und Stickstoff eine besonders vollständige Umsetzung des Stickstoffs garantieren, vor allem auf solchen Böden, wo der eine oder andere dieser Bestandteile in unzureichender Menge vorhanden ist. Bei der Herstellung dieser Mischdünger, die in Anlehnung an den im Ausland gebrauchten Ausdruck „complete fertilizer" mit Volldünger bezeichnet werden[2], konnten z. T. die bei der Gewinnung von Düngesalzen mit zwei Nährstoffkomponenten gemachten Erfahrungen verwertet werden. Durch das Hinzutreten einer dritten Komponente werden jedoch infolge der eintretenden Umsetzungen ganz neue Verhältnisse geschaffen, die meist zu wenig beständigen oder auch schwerlöslichen und von der Pflanze schlecht oder gar nicht resorbierbaren Verbindungen führen, während gerade die Herstellung solcher Mischungen erstrebt wurde, die alle drei Komponenten in gutlöslicher Form enthalten.

Erst wenn dies mit Gemischen gelang, deren Komponenten in einem solchen Verhältnis im Mischsalz vertreten waren, daß eine möglichst vollständige Ausnutzung des Stickstoffs gewährleistet wurde, und dieses Produkt endlich allen Anforderungen in bezug auf Lagerfähigkeit und Streufähigkeit genügte, konnte an die Einführung der neuen Kombination auf dem Düngemarkt gedacht werden. Man ermißt hieraus vielleicht, welche Unsumme von Arbeit seitens der Industrie des synthetischen Ammoniaks aufgewendet werden mußte, bis diese Bestrebungen von Erfolg gekrönt waren.

Einen Volldünger, der für jeden Boden, jedes Klima und jede Fruchtart das optimale Nährstoffverhältnis besitzt, gibt es naturgemäß nicht. Andererseits besteht zweifellos unter dem Gesichtspunkt der bedeutenden Ersparnis an Fracht, Arbeitslohn und Arbeitszeit nicht nur in Deutschland, sondern auch im Ausland ein unbestreitbares Bedürfnis nach solchen Mischsalzen, die es dem Landwirt ermöglichen, seinen Böden die notwendigen Nährstoffe in einem Arbeitsgang zuzuführen.

Was die Wahl eines bestimmten Nährstoffverhältnisses anbetrifft, so liefern eine gewisse Richtlinie die durch die Ernten innerhalb einer Vegetationsperiode dem Boden entzogenen Nährstoffmengen. Eingehende Untersuchungen in dieser Beziehung, die unter anderem von R. Heinrich und O. Nolte mitgeteilt werden, zeigen für die wichtigsten deutschen Nutzpflanzen das Ergebnis, daß diese durchschnittlich etwa 10 Teile Stickstoff, 5 Teile Phosphorsäure und 10—15 Teile Kali aufnehmen (2). Hierbei ist aber zu berücksichtigen, daß zahlreiche Momente mitwirken, die an sich nicht gestatten, aus diesen Verhältniszahlen bindende Schlüsse für die geeignete Mischung der drei Nährstoffkomponenten zu ziehen. Erwähnt sei nur die Zuführung einzelner Nährstoffe auf natürlichem Wege, sei es die von Stickstoff durch die Atmosphäre oder von Phosphorsäure durch den

---

[1] Vgl. hierzu A. Mittasch: Über Misch- und Volldünger. Z. angew. Chem. **41**, 902 (1928).

[2] In Wirklichkeit ist die Bezeichnung „Volldünger" nicht ganz zutreffend, da der Kalk als gleichwichtig wie Kali, Phosphorsäure und Stickstoff für die Pflanzenernährung bezeichnet werden muß. Anm. des Herausgebers.

natürlichen Aufschluß der Gesteine mit Hilfe von Bodensäuren. Im negativen Sinn wirkt demgegenüber die Auswaschung der Böden, die je nach der Größe und Heftigkeit der Niederschläge sowie unter der Einwirkung anderer klimatischer Einflüsse sehr verschieden sein kann. Nicht zu vergessen sind auch die Einflüsse der einzelnen Bodenarten, deren verschiedene Durchlässigkeit und Acidität. Alle diese Faktoren lassen sich in ihren Wirkungen auf die Düngesalze überhaupt nicht auf einen bestimmten Generalnenner bringen. Daß trotz dieser Momente, die den Gebrauch bestimmter, in fertiger Mischung vorliegender Kombinationen erschweren, ein unbedingtes Bedürfnis nach solchen hochkonzentrierten und möglichst ballastfreien Volldüngern besteht, zeigt der in kürzester Zeit stark gestiegene Absatz dieser neuen Produkte der I. G. Farbenindustrie.

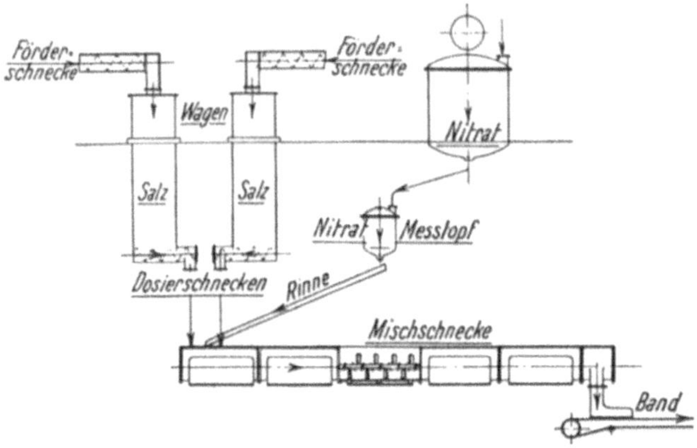

Abb. 211. Herstellung von Nitrophoska I. G.

Es ist zu vermuten, daß gerade die eben skizzierten Faktoren dem Landwirt die Anwendung von Volldüngern ratsam erscheinen lassen, weil unter diesen Umständen das Risiko eines Fehlschlages nicht vergrößert, sondern eher herabgemindert wird gegenüber einer mehr oder weniger willkürlichen „individuellen" Düngung. Man muß sich in diesem Zusammenhang vergegenwärtigen, daß bisher nur ein geringer Prozentsatz der deutschen Böden so genau untersucht ist, daß der Landwirt mit einer individuellen Düngung unter Verwendung bestimmter, nur eine oder zwei Nährstoffkomponenten enthaltender Düngesalze größere Erträge erzielt, als bei Verwendung der neuen Volldünger. Dies gilt in erhöhtem Maße vom Auslande, insbesondere den überseeischen Ländern. Selbstverständlich ist bei Böden, die notorisch einen gewissen Phosphorsäureüberschuß besitzen oder sehr kalireich sind, die Zugabe weiterer Phosphorsäure bzw. weiteren Kalis bis zu gewissem Grade nicht erforderlich (1). Hierfür stehen jedoch neuerdings bestimmte Volldüngersorten zur Verfügung, die diesen Verhältnissen dadurch Rechnung tragen, daß in ihnen die Phosphorsäure oder das Kali gegenüber dem Stickstoff in geringeren Mengen enthalten ist.

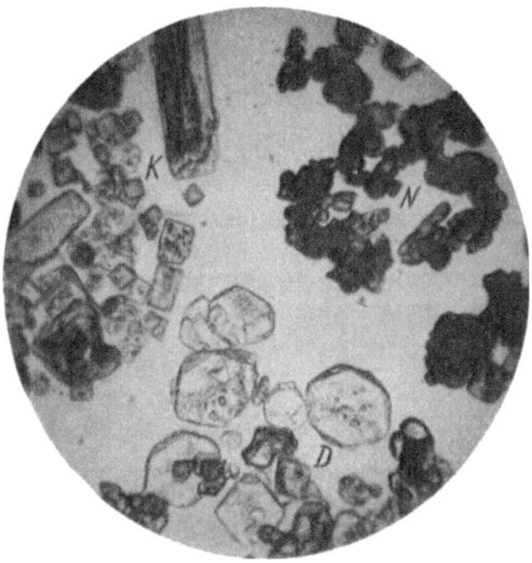

Abb. 212. Komponenten für Nitrophoska.
D Diammonphosphat
K Kaliumchlorid
N Ammonnitrat
} 20fach vergrößert.

Die Herstellung dieser Düngesalze erfolgt seitens der I. G. ebenfalls unter Verwendung von Ammonnitrat, um in erster Linie beide Stickstofformen dem Boden zuführen zu können. Die einzelnen Verfahren gehen zumeist aus von einer Ammonnitratschmelze, in die hochprozentiges Kalisalz, entweder Kaliumchlorid oder Kaliumsulfat, in Verbindung mit Diammonphos eingetragen wird (Abb. 211). Das Kalisalz und das Diammonphos werden durch Dosierschnecken mit der Ammonnitratschmelze vereinigt, worauf das breiige Gemisch unter dauerndem Rühren automatisch Kühltrommeln zugeführt wird. Hier erstarrt die Mischung zu einem krümeligen, trocknen Produkt, das durch laufende Bänder in die Silos gelangt. Zur Zeit sind folgende Sorten im Handel (Tabelle 1):

Tabelle 1. Nitrophoska-Volldünger.

Nitrophoska I. G.	Gesamtstickstoff	Ammoniakstickstoff	Nitratstickstoff	Phosphorsäure	Kali
1. Nitrophoska I. G. (Tabak)	15,5	10,9	4,6	15,5	19,5
2. Nitrophoska A (speziell für Amerika)	15	13,4	1,6	30	15
3. Nitrophoska I	17,5	11,4	6,1	13	22
4. Nitrophoska II	15	9,7	5,3	11	26,5
5. Nitrophoska III	16,5	11,5	5	16,5	21,5

Alle diese Salze stellen keine einfachen Gemische der verwendeten Ausgangsstoffe dar. Durch den Fabrikationsprozeß hat vielmehr nicht nur eine Durchmischung, sondern auch eine erhebliche Umsetzung der zugeführten Produkte stattgefunden. Die einzelnen Körner enthalten im wesentlichen Krystalle von Kaliumnitrat, Ammonchlorid und Diammonphosphat in innigster Mischung. Alle Sorten sind fast völlig wasserlöslich, sehr hochprozentig und ballastarm. Unter dem Mikroskop lassen sich infolge der engen Verkettung der Einzelbestandteile im allgemeinen nur dichte Aggregate erkennen. In Einzelfällen sieht man jedoch auch Krystalle von Diammonphos und Kaliammonsalpeter (Abb. 212 und 213). Bei Lagerung in Säcken sind sämtliche Nitrophoskasorten gut haltbar.

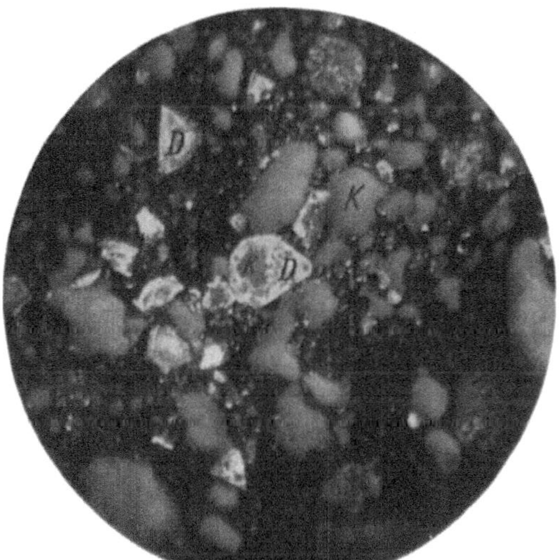

Abb. 213. Nitrophoska I. G. I.
D Diammonphosphat, *K* Kaliammonsalpeter } 38fache Vergrößerung.

Der Preis ist im Gegensatz zu den anderen vom Stickstoffsyndikat vertriebenen Düngesalzen auf 100 kg Ware abgestellt.

Preistabelle März 1930.

Nitrophoska I. G. I	26,00 RM.	100 kg Ware bei Bezug in Wagenladungen von mindestens 15 t frachtfrei jeder deutschen Bahnstation.
Nitrophoska I. G. II	24,50 „	
Nitrophoska I. G. III	26,50 „	

Nach Berechnungen von W. Simmermacher und W. Ohlmer (4) resultiert bei Verwendung von Nitrophoska, namentlich unter Berücksichtigung seines Salpetersstickstoffs sowie der Arbeitsersparnis beim Mischen und Ausstreuen, eine wesentliche Minderausgabe gegenüber der Verwendung einer an Nährstoffen gleichwertigen Menge der Einzeldünger Ammonsulfat, Superphosphat und 40er Kali[1].

Die Bedeutung dieser hochkonzentrierten Mischsalze wird neuerdings auch von den Amerikanern erkannt, die Ammonsulfat und Kaliumchlorid in Monoammonphosphatlösungen eintragen. Das Produkt trägt die Bezeichnung Ammo-Phos-Ko.

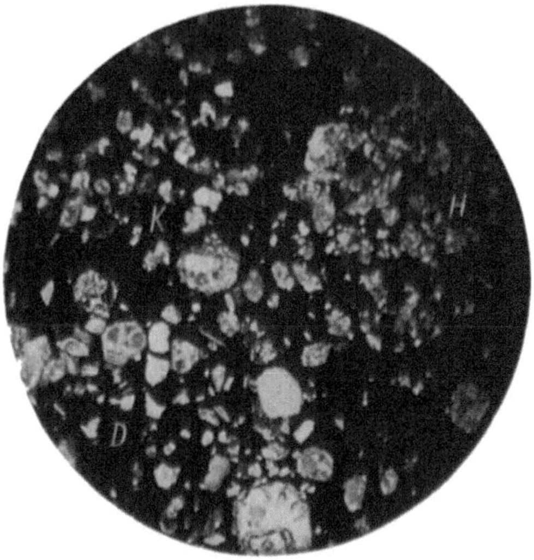

Abb. 214. Harnstoff — Kali — Phosphor. *D* Diammonphosphat. *K* Kalisalpeter. *H* Harnstoff.

Auch die Herstellung kalkhaltiger Volldünger ist seitens der I. G. Farbenindustrie A.-G. mit Erfolg versucht worden.

Endlich ist vom Farbenkonzern ein Volldünger in den Handel gebracht worden, der sich auf Harnstoff aufbaut, das sogenannte Hakaphos (Harnstoff - Kali - Phosphor B.A.S.F.). Er eignet sich besonders für tätige, in hoher Kultur befindliche Böden. Harnstoff-Kali-Phosphor ist ein vollkommen wasserlösliches, luftbeständiges und gut haltbares Mischsalz, hergestellt durch Mischen von Harnstoff, Kalisalpeter und Diammonphosphat mit geringen Mengen Natriumnitrat (3). Im Beispiel der Patentschrift werden 215 kg Kalisalpeter mit 190 kg Diammonphosphat gemischt und 70 kg Harnstoff zugefügt. Die erhaltene Mischung ist

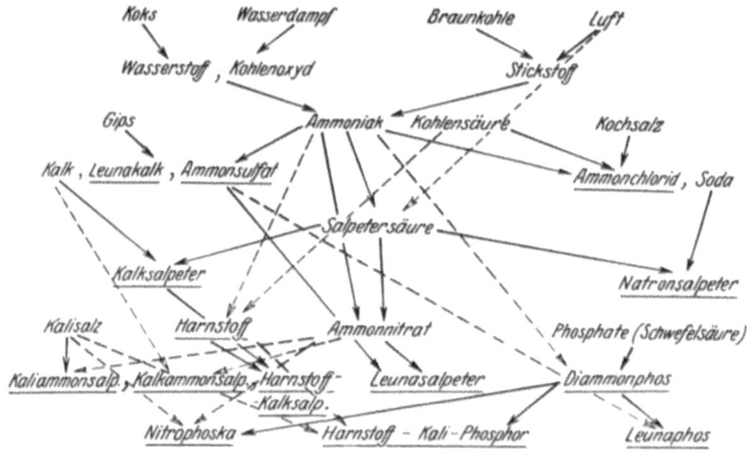

Tabelle 2. Übersicht über die Düngesalze der deutschen Stickstoffindustrie und ihre Ausgangsstoffe.

besonders hochwertig, sie enthält über 60% Nährstoffe, und zwar von jedem der drei Hauptbestandteile Kali, Phosphorsäure und Stickstoff etwa 20% (Abb. 214).

[1] Siehe hierzu auch A. Steven: Wie denkt die landwirtschaftliche Praxis über Nitrophoska? Fortschr. Landw. **5**, 161 (1930).

Das Handelsprodukt enthält 28 % Stickstoff, davon 18 % Amid-, 6 % Ammoniak-, 4 % Nitratstickstoff und je 14 % Phosphorsäure und Kali. Das Gemisch kommt in Blechpackungen zu 5 und 25 kg in den Handel. Der Preis der 5-kg-Packung beträgt im Frühjahr 1930: 7 RM., der Preis der 25-kg-Packung 19 RM.

Hiermit ist die Reihe der Düngesalze vorerst erschöpft, die von der Industrie des synthetischen Ammoniaks hergestellt werden. Tabelle 2 gibt eine Übersicht über alle Sorten und ihre genetischen Zusammenhänge.

Abgesehen von der Herstellung kalkhaltiger Volldünger dürfte für die nächste Zeit eine wesentliche Erweiterung dieser Skala nicht zu erwarten sein. In dieser Beziehung ist die Entwicklung zu einem gewissen Abschluß gelangt, und es gilt nunmehr in erster Linie, den erworbenen Besitz zu sichern. Im wesentlichen wird es hierbei darauf ankommen, durch ständige Verbesserungen in den Fabrikationsmethoden in Fortführung der bisherigen erfolgreichen, aber auch sehr mühevollen Entwicklung die Qualität der bewährten Düngersorten noch weiter zu vervollkommnen und namentlich ihre Lager- und Streufähigkeit zu erhöhen. Die Forschungsinstitute und Versuchsstationen der großen Konzerne bieten die Gewähr, daß diese Probleme mit allen Hilfsmitteln der Wissenschaft in engster Zusammenarbeit mit der Praxis ständig fortentwickelt und der Landwirtschaft die schon jetzt erprobten Düngesorten in stets verbesserter Qualität geliefert werden können.

Literatur.

(1) BÖMER, A.: Mitt. dtsch. Landw.-Ges. **42**, 224 (1927).
(2) HEINRICH-NOLTE, O.: Dünger und Düngen, 8. Aufl., S. 174. Berlin: P. Parey 1922.
(3) I. G. Farbenindustrie A.-G.: D.R.P. 452908 (1924).
(4) SIMMERMACHER, W., u. W. OHLMER: Dtsch. landw. Presse **1928**, 126.

c) Knochenmehl[1].

Von

Dr. S. PRAGER und Dipl.-Ing. W. WACHTEL

Berlin.

Mit einer Abbildung.

I. Geschichtliche Entwicklung.

Die Verwendung von Knochen zum Düngen dürfte schon seit alten Zeiten erfolgt sein. Die Chinesen mit ihrer jahrtausendalten Kultur waren sich der Bedeutung der Knochendüngung für die Bestellung ihrer Böden schon lange bewußt. Sehr spät setzte sich die Kenntnis des Düngewertes der Knochen in Europa durch. Obwohl der Berliner Chemiker A. G. MARGGRAF die Phosphorsäure in der Knochenasche entdeckte und K. W. SCHEELE und GAHN fast um die gleiche Zeit die Herstellung von Phosphor aus Knochen fanden, so war es doch ein Engländer, JAMES HUNTER, Lincolnshire, der als erster die englischen Bauern auf den Wert zerkleinerter Knochen hinwies. Es setzte alsbald in England eine lebhafte Kampagne ein, die derart zu einer steigenden Verwendung von Knochen führte, daß der Bedarf der englischen Landwirtschaft durch Einfuhr von Knochen vom Kontinent und von Amerika gedeckt werden mußte. In Deutschland waren Schlesien und Sachsen wegweisend. 1837 stellte GÜHLER die erste Knochenmühle auf, mit der durch Mahlen roher Knochen auf Koller- und Mahlscheibenmühlen ein grobsplitteriges Knochenmehl für Düngezwecke erhalten wurde. Wenige

[1] Abschnitt I—III von Dr. S. PRAGER; Abschnitt IV von Dipl.-Ing. W. WACHTEL.

Jahre später — 1840 — wies Justus von Liebig auf die erhöhte Wirksamkeit eines mit Schwefelsäure aufgeschlossenen Knochenmehles hin.

Die rohen fetthaltigen Knochen waren sehr hart, eine feine Mahlung nicht möglich und infolgedessen die Düngewirkung sehr gering. T. und M. Procter behandelten schon 1812 die Knochen mit Dampf. Andere versuchten durch Vermengen der Knochen mit gebranntem Kalk einen Zerfall der Knochen herbeizuführen, was aber zu keinem Erfolge führte. Das Dämpfen der Knochen, das eine teilweise Entfernung des Fettes und ein Porösmachen der Knochen bewirkte, wurde fabrikmäßig auf Anregung von J. B. Lawes durch J. Blackhill 1848 in England aufgenommen. Schon 1853 folgte W. Cohn-Ohlau nach, der dort den ersten Knochendämpfer aufstellte. Während Deutschland vorher ein Knochenausfuhrland war, das seinen bis dahin unverwendeten Knochenanfall nach dem fortgeschritteneren England sandte — man sammelte sogar die Knochen der in der Völkerschlacht bei Leipzig Gefallenen —, setzte alsbald eine Umwandlung ein und Deutschland mußte aus Rußland, Nordamerika und vor dem Kriege aus Südamerika (Argentinien) seinen Bedarf decken. Über die Veränderungen, die durch das Entstehen der deutschen Knochenmühlen vor sich gingen, gibt der Handelsausweis des Norddeutschen Zollvereins ein gutes Bild.

Nach England gingen:

1853	40000	Ztr. Knochen und Abfälle
1854	169957	„ „ „ „
1855	88799	„ „ „ „
1856	16533	„ „ „ „

Die Bewegung der Einfuhr nach Deutschland kennzeichnet ein Ausweis des Hamburger Hafens.

Einfuhr von Knochen.

	Vom Ausland Ztr.	Vom Binnenland Ztr.		Vom Ausland Ztr.	Vom Binnenland Ztr.
1851	9093	12149	1855	11093	22936
1852	11167	12239	1856	9169	20997
1853	6119	14977	1857	8197	24209
1854	12846	20438	1858	7656	27425

Die wissenschaftliche Erkenntnis von der Bedeutung der Phosphorsäure für den Boden durch Justus von Liebig förderte die Tendenz zur vermehrten und verbesserten Verarbeitung von Knochen zu Knochenmehl. Das Dämpfen ermöglichte zwar eine feinere Mahlung der Knochen, aber das Mehl war nur teilweise entfettet und entleimt. Die Weiterentwicklung zur vollständigen Entfettung der Knochen regte 1879 P. Seltsam in Forchheim an, indem er mit Fettlösemitteln, wie Benzin, die Knochen extrahierte. Es bahnte sich dadurch die Entstehung der heutigen Knochenleimindustrie an, deren Hauptprodukt der Leim und deren Nebenprodukte Fett und Knochenmehle wurden. Diese Knochenmehle unterschieden und unterscheiden sich vorteilhaft von den alten rohen Knochenmehlen, da sie aus entfetteten und entleimten Knochen hergestellt wurden und infolge ihrer feineren Mahlung, ihrer porösen Beschaffenheit, ihrer fast vollständigen Fettfreiheit, ihres hohen Phosphorsäuregehaltes und Stickstoffgehaltes die berechtigten Vorurteile gegen das fetthaltige rohe Knochenmehl beseitigt haben.

II. Zusammensetzung der Knochenmehle.

Begriffsbestimmung. Vom Verband der landwirtschaftlichen Versuchs- und Kontrollstationen im Deutschen Reiche ist folgende Begriffsbestimmung für Knochenmehl angenommen worden (H. C. MÜLLER):

„Als Knochenmehl soll nur dasjenige Düngemittel bezeichnet werden, das aus fabrikmäßig gereinigten Knochen ohne Zusatz von fremden stickstoff- oder phosphorhaltigen Stoffen hergestellt ist. Unter fabrikmäßiger Reinigung ist das Auslesen der Hufe, Klauen, Hörner und der Beimengungen nichttierischen Ursprungs zu verstehen."

1. Unentfettetes Rohknochenmehl. Dieses wird durch Brechen, Stampfen oder Mahlen von Rohknochen hergestellt. Es ist stark fetthaltig, krümelig, grobsplitterig und enthält 3—5% N, 15—25% P_2O_5, 25—30% CaO und 8—10% Fett. Der Fettgehalt erschwert den Angriff der Bodensäuren auf das Tricalciumphosphat des Knochenmehles. Die Düngewirkung ist daher sehr langsam. Da im rohen Knochenmehl schon Milzbrandkeime gefunden wurden, ist man von seiner Verwendung als Düngemittel ganz abgekommen, zumal es unwirtschaftlich ist, das Fett nicht anderweitig nutzbar zu machen. Fabrikmäßig wird dieses Rohknochenmehl nicht mehr hergestellt.

2. Entfettetes Rohknochenmehl. Man unterscheidet zwei Sorten dieses Mehles:

a) Wasserentfettetes Rohknochenmehl. Man stellt diese Sorte her, indem man die zerkleinerten Rohknochen in offenen Gefäßen mit heißem Wasser behandelt. Das Entfetten erleichtert die Zersetzung des Knochenmehles im Boden.

Auch dieses Rohknochenmehl wird heute für sich nur selten fabrikmäßig erzeugt, weil die Knochenleimindustrie auf restlose Gewinnung des Leimes aus den Knochen bedacht sein muß.

b) Lösemittelentfettetes Rohknochenmehl. Zu dieser Gruppe gehören die bei der Vorbereitung der Knochen für die Leimgewinnung anfallenden Scheuermehle und Brechermehle.

Scheuermehl, auch Trommel-, Putz- oder Poliermehl genannt, entsteht bei der trockenen Reinigung der durch Extraktion entfetteten Knochen durch Bewegen derselben in einer Trommel (s. Abschnitt „Herstellung von entleimtem Knochenmehl"). Es besteht aus den Knochen anhaftenden Fleisch-, Beinhaut-, Haar-, Blut- und Sehnenteilchen und feinen Knochenteilchen. Im Durchschnitt enthält es 3—5% N, 9—17% P_2O_5, 3—4% Fett. Als Düngemittel für sich allein kommt es selten in den Handel, weil es meist von den Knochenleimfabriken, ebenso wie das nachstehend beschriebene Brechermehl, mit entleimtem Knochenmehl zu Mischknochenmehlen verwendet wird, da es ja im Sinne der Begriffsbestimmung für Knochenmehl ein natürlicher Bestandteil der Knochen ist.

Brechermehl fällt beim Zerkleinern der trocken gereinigten, entfetteten, gescheuerten Knochen an. Es enthält im Durchschnitt 4—5% N, 22—24% P_2O_5, 1—1,5% Fett und dient, wie das obengenannte Scheuermehl, zur Herstellung von Mischmehlen, denn es besteht vorwiegend aus feinen, unentleimten Knochenstückchen.

3. Entleimtes Knochenmehl. Man unterscheidet teilweise und vollständig entleimtes Knochenmehl. Das unvollständig entleimte Knochenmehl heißt Autoklaven- oder gedämpftes Knochenmehl, das vollständig entleimte kurzweg entleimtes Mehl.

a) Autoklaven- oder gedämpftes Knochenmehl (s. Abschnitt „Herstellung"). Es wird fast ausschließlich in Fleischkonservenfabriken durch Behandeln frischer Knochen in geschlossenen Kesseln (sog. Autoklaven) mit Wasser unter Dampfdruck erhalten. Die Knochen werden durch diese Behandlung nur teilweise entfettet und teilweise entleimt. Das Autoklavenknochenmehl hat 2,5—3,5 % N, 26—28 % P_2O_5, 2—6 % Fett. Es ist wegen seines hohen Fettgehaltes als Düngemittel nicht zu empfehlen.

b) Entleimtes Knochenmehl. Das entleimte Knochenmehl ist heute das wichtigste Knochenmehl, das in den Knochenleimfabriken in großen Mengen anfällt. Es entsteht beim wiederholten abwechselnden Behandeln entfetteter Knochen mit Dampf und heißem Wasser, Trocknen und Mahlen der entfetteten und entleimten Knochen.

Das entleimte Knochenmehl hat eine helle, fast weiße Farbe und kommt in verschiedenen Feinheitsgraden in den Handel. In neuerer Zeit werden von der Landwirtschaft vielfach gröbere Mahlungen verlangt, obwohl diese im Boden langsamer als feine Mehle zur Wirkung kommen. Die Ursache dieser Forderung dürfte in dem starken Stauben des feinen Mehles liegen, wodurch es beim Ausstreuen durch Wind leicht vom Acker weggeweht werden kann. Man hat — anlehnend an die Versuche zur Entstaubung von Kalkstickstoff — bisher ergebnislos das Stauben des Knochenmehles zu verhindern versucht. Am besten hat sich noch ein geringer Zusatz von Schwefelsäure bewährt, die natürlich aufschließend wirkt, das Produkt aber auch krümelig und hygroskopisch macht. Solches Mehl kam unter dem Namen „Idealphosphat" in den Handel (TH. ALEXANDER und O. REITMAIR).

Entleimtes Knochenmehl hat durchschnittlich 0,7—1,2 % N, 29—34 % P_2O_5, 8—14 % Wasser und 1—2 % Fett.

L. SCHUCHT (1) gibt folgende Zusammensetzung des entleimten Mehles an:

4,14 %	H_2O	0,59 %	$Fe_2O_3 + Al_2O_3$
7,26 %	organische Substanz (0,39 % N)	2,44 %	MgO, K_2O, Na_2O
34,57 %	P_2O_5	3,50 %	CO_2
45,75 %	CaO	1,75 %	Unlösliches

Aus dieser Analyse geht nicht hervor, daß im entleimten Mehl auch Fluor als natürlicher Bestandteil der Knochen enthalten ist, denn Fluor ist wohl in apatitähnlicher Bindung durch Calcium mit Phosphorsäure verbunden. In dieser wasserunlöslichen Form bleibt es nach dem Entleimungsprozeß im entleimten Knochenmehl. Man kann nach F. HOLDEFLEISS (L. SCHUCHT 1) bis zu 0,5—0,7 % Fluor finden.

In jedem entleimten Knochenmehl kann man Kali nachweisen. Es wurde durch zahlreiche Untersuchungen im wissenschaftlichen Laboratorium der A.-G. Scheidemandel meistens bis zu 1 % K_2O gefunden und damit die obige Analyse von L. SCHUCHT bestätigt. Auch das Kalium muß in einer schwer löslichen Form vorhanden sein, weil es sonst beim Entleimungsprozeß mit seinen oft 15fachen Auslaugungen in Lösung gehen müßte.

Über die Zusammensetzung von entleimten Mehlen geben auch noch nachstehende Untersuchungen des wissenschaftlichen Laboratoriums der A.-G. Scheidemandel einigen Aufschluß.

Protein	8,31 %	7,20 %	6,60 %
Wasser	4,40 %	3,00 %	1,84 %
Fett	1,62 %	1,18 %	0,50 %
Rohfaser	3,71 %	4,60 %	4,26 %
Asche	81,96 %	83,50 %	86,80 %

Die Asche setzt sich zusammen:

$Ca_3(PO_4)_2$	68,80 %	71,92 %	74,12 %
$CaCO_3$	6,96 %	7,78 %	6,96 %
$CaSO_4$, CaF_2, K_2O, SiO_2 usw.	6,20 %	3,80 %	5,72 %

Die Phosphorsäure ist im entleimten Knochenmehl nicht ausschließlich als Tricalciumphosphat vorhanden, sondern auch als Dicalciumphosphat, denn das entleimte Mehl hat nach der PETERMANNschen Citratmethode eine beträchtliche Citratlöslichkeit, die ja einen Maßstab für das Vorhandensein von Phosphorsäure in Form von Dicalciumphosphat gibt. Das entleimte Knochenmehl ist ferner in 2proz. Citronensäure nach der Methode für die Citronensäurelöslichkeit des Thomasmehles fast vollständig löslich, was ein Beweis für die leicht aufschließbare Form der Knochenmehlphosphorsäure ist (TH. METHNER).

P_2O_5 (gesamt) %	P_2O_5 (citratlöslich) %	P_2O_5 (citronensäurelöslich) %	Citratlöslichkeit %	Citronensäurelöslichkeit %
33,28	5,68	32,72	17,0	98,3
33,60	6,38	33,16	19,0	95,7
33,44	6,03	32,44	18,0	97,0

Aus diesen Befunden ergibt sich, daß ungefähr $^1/_5$—$^1/_6$ der Gesamtphosphorsäure als Dicalciumphosphat vorhanden ist. F. ULLMANN gibt einen etwas niedrigeren Gehalt von etwa 10% Dicalciumphosphat an.

Über die Löslichkeit des entleimten Knochenmehls in sehr verdünnter Salzsäure, die oft in Amerika zur Beurteilung herangezogen wird, gibt nachstehende Tabelle Aufschluß. Die Untersuchung wird, wie bei der Citronensäurelöslichkeitsmethode, mit 5 g Mehl und 500 cm³ Salzsäure ausgeführt.

	Original	0,2 proz. HCl %	0,3 proz. HCl %	0,4 proz. HCl %	0,5 proz. HCl %
P_2O_5	35,1	31,54	34,98	34,49	35,34
CaO	46,5	40,97	46,21	46,12	46,12
In HCl unlösliche Rückstände	—	15,76	3,01	2,72	3,40

Das entleimte Knochenmehl ist also schon in 0,3proz. Salzsäure bei obigem Verhältnis von Knochenmehl zu Salzsäure fast restlos löslich, was wiederum einen Rückschluß auf die leichte Resorbierbarkeit der Knochenmehlphosphorsäure im Boden ziehen läßt.

Den Gehalt an Horn und Haaren im Knochenmehl kann man nach F. HOLDEFLEISS (1) mittels der Chloroformausschüttelungsmethode ermitteln. Man findet infolge der heutigen gründlichen Sortierung der Knochen meist nur 0,2—0,4% N mittels Chloroform als Horn oder Haare abtrennbar.

Die in der Knochenmehlfabrikation in Deutschland führende Aktiengesellschaft für chemische Produkte vormals H. Scheidemandel, Berlin, bringt hauptsächlich drei verschiedene fettfreie Knochenmehlmarken in den Handel (M. HOFFMANN):

1. entleimtes Knochenmehl „Einsa“, mit 1% Stickstoff und 30% Phosphorsäure;
2. Mischmehl „Dreia“, mit 3% Stickstoff und 21% Phosphorsäure;
3. Mischmehl „Viera“ mit 4% Stickstoff und 20% Phosphorsäure.

Marke „Einsa“ ist entleimtes Knochenmehl, die beiden anderen Marken sind Mischungen von entleimtem Mehl mit Trommel- und Brechermehl.

4. Aufgeschlossenes Knochenmehl. Darunter versteht man gedämpftes, unentleimtes Knochenmehl, das mit einer solchen Menge Schwefelsäure behandelt ist, daß nur die Hälfte des Kalkphosphats aufgeschlossen wird.

Knochenmehl-Superphosphat wird durch fast vollständigen Aufschluß von entleimtem Knochenmehl mit Schwefelsäure gewonnen. Es enthält 17—20 % wasserlösliche Phosphorsäure sowie bis etwa 1 % wasserlöslichen Stickstoff (M. HOFFMANN).

Knochenasche durch Verbrennen von Knochen oder entleimtem Knochenschrot unter Luftzutritt hergestellt, mit etwa 88 % Tricalciumphosphat, ist wegen der beim Veraschen erfolgten Sinterung des porösen Knochenmehlgerüstes und der dadurch herbeigeführten, schwereren Löslichkeit der Phosphorsäure als Düngemittel nicht gut geeignet. Die Knochenasche dient nur zur Herstellung künstlicher Düngemittel (F. ULLMANN).

III. Produktions- und Preisstatistik.

Vom Reichsverband für Knochenverwertung, „Rohag", Berlin, wurden folgende Angaben über Knochenanfall und Knochenmehlproduktion in Deutschland gemacht. Die Preise des Knochenmehls entstammen statistischen Aufzeichnungen der A.-G. Scheidemandel, Berlin.

	Knochen-anfall Waggon	Knochenmehl-Produktion Waggon	Entleimtes Knochenmehl Preis pro dz inkl. Sack M.		Knochen-anfall Waggon	Knochenmehl-Produktion Waggon	Entleimtes Knochenmehl Preis pro dz inkl. Sack M.
1913	10000	6000	7,50	1927	7200	4300	10,92
1924	6200	3700	10,66	1928	8900	5400	10,12
1925	7600	4600	10,91	1929	10100	6100	10,04
1926	7500	4500	11,41				

L. BECKMANN macht auf Grund von Mitteilungen des obigen Verbandes Angaben über Einfuhr, Ausfuhr und Verbrauch von Knochenmehl in Deutschland.

	Einfuhr t	Ausfuhr t	Verbrauch t		Einfuhr t	Ausfuhr t	Verbrauch t
1913	30845	32454	58390	1926	4700	25973	23727
1924	7054	3300	42746	1927	11728	24020	31209
1925	11544	16508	41837	1928	6516	31824	28692
				1929	9306	33589	36717

IV. Herstellung des Knochenmehls.

1. Allgemeines. Als *Knochenmehl* wird jedes Mehl bezeichnet, das durch Zerkleinern von Rohknochen, entfetteten Knochen oder entfetteten und entleimten Knochen hergestellt wird. Dabei versteht man unter *Rohknochen* die Knochen aller Art, wie sie hauptsächlich bei der Herrichtung und Verwendung der Körper von Säugetieren, besonders von Rindern, ferner von Pferden, Schafen, Ziegen und Schweinen, zur menschlichen Nahrung abfallen und dann zur industriellen Weiterverarbeitung gebracht werden, samt den Fremdkörpern, die ihnen teils von Haus aus anhaften, teils auf diesem Wege regelmäßig beigemischt werden.

Die reinen *Knochen* selbst bestehen hauptsächlich aus dem porösen Knochengewebe sowie aus darin eingeschlossenem Knochenfett und Wasser. In diesem *Knochengewebe* sind drei Stoffarten — zwei organische und eine anorganische — folgendermaßen vereint (V. v. EBNER): ein biegsames, elastisches *organisches*

Bindegewebe liegt in Form mikroskopisch feiner Fäserchen, sog. Fibrillen[1], in einer starren *Kittmasse* eingebettet, die ihrerseits aus zwei miteinander innigst vermischten Stoffen besteht, nämlich aus einem *organischen Grundstoff* und der *anorganischen Knochenerde.*

Das *organische Bindegewebe* besteht hauptsächlich aus *Kollagen,* zu deutsch Leimbildner, einem Eiweißstoff der Gruppe der Albuminoide oder Skleroproteine (R. H. BOGUE 4, O. GERNGROSS), d. i. Gerüsteiweißstoff, dessen noch nicht eindeutig festgelegte Zusammensetzung durch die von F. HOFMEISTER aufgestellte Formel $C_{102}H_{149}O_{38}N_{31}$ (L. THIELE 5) gekennzeichnet wird. Diese entspricht einem ungefähren Gehalt von 50% Kohlenstoff, 6,5% Wasserstoff, 25% Sauerstoff und 18% Stickstoff. Hierzu kommt jedoch noch rund 0,5% Schwefel (E. BERGMANN 1, R. KISSLING 1 und E. SAUER 1). Die Eigenschaft, die dem Kollagen den Namen gegeben hat, ist die, daß es sich beim Behandeln mit heißem Wasser in das chemisch ähnlich zusammengesetzte Glutin umwandelt, das mit seinen Abbaustoffen, den Gelatosen, auch Glutosen genannt, den Hauptteil des Leimes bildet[2].

Der organische *Grundstoff* der Kittmasse der Knochen ist ein eiweißartiger Stoff — vermutlich mindestens großenteils Mucin (M. DE KEGHEL 1) —, der einerseits im Gegensatz zum Kollagen durch heißes Wasser nicht beeinflußbar — somit auch nicht leimgebend — ist und andererseits von Salzsäure weitaus nicht so angegriffen wird wie die Knochenerde (V. VON EBNER), jedoch durch sehr verdünnte Alkalien, z. B. gesättigtes Kalkwasser, schon bei Zimmertemperatur gelöst wird (M. DE KEGHEL 1).

Unter *Knochenerde* wird die Gesamtheit der anorganischen Stoffe in den Knochen verstanden, die zum allergrößten Teile Calciumsalze sind. Sie enthält[3] im großen Durchschnitt auf das ganze wasser- und fettfreie Knochengewebe gerechnet[4] in runden Zahlen:

Calciumphosphat	53,0% (79,0%)	Fluorcalcium	1% (1,5%)
Calciumcarbonat	8,5% (12,8%)	Natriumsalz	1% (1,5%)
Magnesiumphosphat	2,5% (3,7%)	Manganoxyd u. and. Mineralsalze	1% (1,5%)

Vom Calciumphosphat sind etwa 90% Tricalciumphosphat $Ca_3(PO_4)_2$, 10% Dicalciumphosphat $CaHPO_4$ (A. NOSTIZ-J. WEIGERT 1, F. HOLDEFLEISS 2, W. MÖLLER-SEIDLER 1, L. SCHUCHT 2, L. THIELE 2).

Wie innig die genannten Teile des Knochengewebes einander durchsetzen, zeigen folgende Tatsachen: Legt man einen Knochen in verdünnte Salzsäure, so löst diese die Knochenerde aus und es bleiben die Bindegewebefibrillen, durch den organischen Grundstoff der Kittmasse in Form und Größe gleich dem ursprünglichen Knochen zusammengehalten, aber durchscheinend, biegsam und mit dem Messer schneidbar zurück (W. FRIEDBERG 1). Der so *enterdete* Knochen wird wissenschaftlich als *Knochenknorpel,* technisch als *Ossein* bezeichnet. Legt man hingegen einen Knochen in glühende Kohle, so verbrennen seine orga-

[1] Die Dicke einer Fibrille beträgt etwa 0,0006 mm.

[2] Außer dem aus den Knochen stammenden *Glutin* und dessen Abbaustoffen enthält Leim stets auch *Chondrin,* das aus dem Chondrogen der den Knochen anhaftenden Knorpel- und Sehnenreste entsteht und weniger klebkräftig ist. Seine chemische Zusammensetzung unterscheidet sich von jener des Glutins hauptsächlich dadurch, daß es 14,4 statt 18,3% N, 29 statt 25,8% O und keinen S enthält (V. CAMBON 1).

[3] Die Angaben verschiedener Quellen, wie z. B. E. BERGMANN (2), V. CAMBON (1), W. FRIEDBERG (14), über den Gehalt der Knochenerde weichen im einzelnen mehrfach voneinander ab, was wohl auf die Verschiedenheit der untersuchten Knochen zurückzuführen ist.

[4] Die in Klammer beigefügten Zahlen sind die Prozentzahlen nur auf Knochenerde gerechnet.

nischen Teile und es bleibt nur die Knochenerde — in dieser Form *Knochenasche*[1] genannt — wieder in Form und Größe gleich dem ursprünglichen Knochen, aber spröde, zerbrechlich und glanzlos (W. FRIEDBERG 2). In beiden Fällen enthält der Knochenrest natürlich größere Hohlräume als der ursprüngliche Knochen, von dem ja jeweils ein Teil entfernt wurde.

Das aus dieser innigen Verknüpfung bestehende *Knochengewebe* hat ein *poröses* Gefüge, d. h. es ist von zahlreichen Hohlräumen durchsetzt, deren Ausmaß sich von Hundertsteln eines Millimeters bis zur Größe der mit freiem Auge sichtbaren erstrecken. Diese Hohlräume gehören drei Systemen an. Die feinsten sind die sog. Knochenhöhlen, das sind ganz kleine Höhlen, die durch zarte Kanälchen miteinander verbunden sind. Sie enthalten in lebenden Knochen die Knochenzellen, welche die Reste der ursprünglichen Knochenbildungsmasse im tierischen Embryo sind. Etwas stärker sind die sog. HAVERSschen Kanäle, die ein zusammenhängendes Netz bilden, in welchem die feinen Blutgefäße den Knochen durchziehen. Das dritte System bilden die mit bloßem Auge sichtbaren Hohlräume, die hauptsächlich Knochenfett, Wasser und Luft enthalten. In den großen zentralen Höhlen der Röhrenknochen der Schenkel und Füße befindet sich eine besondere Fettart, das *Mark* (H. HELLER).

In jedem Knochen sind Teile, besonders die Außenteile, sehr *eng*porig, andere Teile schwammähnlich *weit*porig. Knochen, bei denen die engporigen Teile weitaus überwiegen, wie beispielsweise die Röhrenknochen der Füße, bezeichnet man als *Hart*knochen. Die engporigen Knochenteile sind reicher an Knochenerde als die weitporigen (W. FRIEDBERG 3, L. UBBELOHDE-F. GOLDSCHMIDT 1). Die Oberfläche der Knochen hängt nur an einzelnen Gelenkstellen mit Knorpeln zusammen und ist sonst überall von der weißen, seidenartig glänzenden *Beinhaut* überzogen, die sehr reich an Adern und Nerven ist. Die Adern stehen mit jenen in den HAVERSschen Kanälen der Knochen in Verbindung. Die quantitative Zusammensetzung wasser- und fettfreier, frischer Knochen ist durchschnittlich[2] in runden Zahlen:

Knochenknorpel		32 %
davon in Salzsäure unlöslich	27 %	
„ „ „ löslich	5 %	
Knochenerde		67 %
Reste der Blutgefäße, Knochenzellen u. dgl.		1 %

Im Zusammenhang mit der vorstehend geschilderten Zusammensetzung des Knochengewebes der reinen Knochen wird die Gesamtheit der *Bestandteile der Rohknochen* vom Gesichtspunkte der industriellen Weiterverarbeitung aus in folgende fünf Gruppen gegliedert:

Knochenknorpel,	Wasser,
Knochenerde,	sonstige Fremdkörper.
Knochenfett,	

Der Gehalt der Rohknochen an *Knochenfett* beträgt 7—17, im großen Durchschnitt rund 10%. Er sinkt mit der Dauer der zwischen Schlachtung und industrieller Knochenverarbeitung (V. CAMBON 1) liegenden Zeit und wird vielfach auch durch die Behandlung, welche die Knochen in dieser Zwischenzeit

[1] Die industrielle Herstellung von Knochenasche erfolgt in der Regel durch Glühen von Knochen unter Luftzutritt, denen Fett und Knochenknorpel bereits vorher zu anderweitiger industrieller Verwendung entzogen wurden. Sie gelangt meist fein gemahlen auf den Markt.

[2] MARCHAND, lt. E. BERGMANN (2). Das Knochengewebe von Vögeln enthält 75—80, jenes von Fischen und Amphibien 25—71 % Knochenerde (W. FRIEDBERG 15).

erfahren, verringert, weil Teile des Fettes sich zersetzen. Noch schwankender ist der Gehalt der Rohknochen an *Wasser*, der zwischen 10—40 % liegt. Dieses Wasser ist teils von Natur aus in den Knochen enthalten, teils gelangt es auf den mannigfaltigen Wegen hinein, die diese von der Schlachtung bis zur industriellen Knochenverarbeitung durchlaufen. Ähnlich sind die *sonstigen Fremdkörper* teils von Natur aus mit den Knochen verbunden, wie Hufe, Hörner, Haare, Knorpel, Sehnen, Fleisch, teils zufällig beigemischt, wie Hufeisen, Lumpen u. dgl.

Für die *Dünge*wirkung kommt besonders als *Phosphorsäure*-[1] und Calciumträger die Knochenerde in Betracht. Dazu kommt der *Stickstoff*, der zum größeren Teil dem Knochenknorpel, zum kleineren Teil den an Stickstoff reichen Beimengungen, wie Fleisch, Blut, Haut, Haar und Horn (FR. HOLDEFLEISS 2), entstammt.

Die angegebenen Prozentverhältnisse der Bestandteile der Rohknochen sind ganz allgemein im großen Durchschnitt für alle hier in Betracht kommenden Säugetiere gültig[2]. Im einzelnen ergeben sich natürlich gewisse Verschiedenheiten bei den verschiedenen Tiergattungen, ferner innerhalb derselben Gattung je nach Rasse, Alter und Ernährungszustand der Tiere (R. H. BOGUE 2)[3] und schließlich bei jedem Tiere nach der Verschiedenheit der einzelnen Knochen. Aber diese Unterschiede gleichen sich bei der Massenverarbeitung ziemlich aus, weshalb sich ein näheres Eingehen hierauf erübrigt und zwar um so mehr, als der Gehalt der zu verarbeitenden Rohknochen, besonders infolge der darin enthaltenen Fremdstoffe, wie Fleisch, Sehnen, Blut, wesentlich und wechselnd vom analytischen Gehalt reiner Knochen abweicht[4]. Bemerkbarer als diese in der Natur der Knochen selbst begründeten Unterschiede sind in der Regel jene, die sich aus der Aufbringung der Rohknochen ergeben.

Je nach der Art dieser Aufbringung sind die *Hauptgattungen* der *Rohknochen* folgende (E. BERGMANN 2, V. CAMBON 2, F. DAWIDOWSKY 1, M. DE KEGHEL 2, R. KISSLING 2 und L. SCHUCHT 3):

1. *Frische Knochen* von Schlachthöfen, Fleischhauern, Konserven- und Wurstfabriken enthalten mehr Wasser und mehr Knochenfett;
2. *Sammel-* oder *Küchenknochen* aus den Abfällen der Haushaltungen — also ausgekocht, daher fettärmer —, und zwar entweder *Stadt*knochen enthalten mehr Wasser und beigemischte Fremdkörper, letztere besonders in den *Müll*knochen aus den städtischen Müllabfuhren, oder *Provinz-* oder *Land*knochen, die weniger Wasser aufweisen;
3. *Abdecker-* oder *Schinderknochen* aus Abdeckereien enthalten mehr Wasser und viel anhaftende Fremdkörper;
4. Lange in der Erde gelegene, sogenannte *Erdknochen* enthalten in der Regel um so mehr Knochenerde, je älter sie sind, da Knochenfett und Knochenknorpel sich allmählich zersetzen;

---

[1] Wegen dieses Phosphatgehaltes können sowohl Knochenmehl wie auch die, durch Glühen von Knochen unter Luftzutritt entstehende Knochenasche und schließlich auch bereits verbrauchte Knochenkohle, die durch Glühen von Knochen unter Luftabschluß hergestellt wird, als Ausgangsstoffe für die Herstellung von Superphosphat verwendet werden. Die immer billiger werdenden Mineralphosphate drängen jedoch diese Verwendung allmählich zurück.

[2] So enthält beispielsweise nach F. HOLDEFLEISS (14) das fett- und wasserfreie Skelett vom Rinde: 66,35 % Knochenerde und 33,65 % Knochenknorpel, darin 5,22 % N, jenes vom Pferde: 63,81 % Knochenerde und 36,19 % Knochenknorpel, darin 5,56 % N. Bemerkt sei, daß für die Leimerzeugung der Wert der Knochen in folgender Reihe sinkt: Rind und Kalb, Schaf und Ziege, Schwein, Pferd und Esel (V. CAMBON 2).

[3] Je jünger ein Tier, um so elastischer sind seine Knochen, d. h. um so mehr Knochenknorpel und um so weniger Knochenerde enthalten sie.

[4] Sehr eingehende Einzelangaben bringt F. HOLDEFLEISS.

5. Die hohlen Knochenzapfen der Rinder, auf denen deren Hörner aufsitzen, die sogenannten *Hornschläuche*: enthalten wenig Knochenerde und sehr wenig Fett, aber viel Knochenknorpel;

6. *Drechslerabfallknochen* von Beindrechslereien und Beinknopffabriken, die die röhrenförmigen Fußknochen zu Knöpfen, Zahnbürsten u. dgl. verarbeiten: enthalten wenig Knochenfett und wenig Wasser;

7. *Indischer Schrot* heißen feingebrochene Tierknochen aus den Tropen, besonders aus Indien, die so lange im Freien gelegen haben, bis Raubtiere, Vögel und Insekten alles Fleisch davon abgefressen haben, und aus denen die Tropensonne alles Fett — bei nur ganz geringem Angriff des Knochenknorpels — zersetzt hat. Er enthält etwa 9% Wasser, 0,5% Fett, 3,5—4% Leimstickstoff, 24% P_2O_5 (F. HOLDEFLEISS 4) und wird jetzt fast nur mehr zur Erzeugung von Gelatine verwendet.

Die *Herstellung* von *Knochenmehl* kann im allgemeinen auf fünf Arten erfolgen.

Die einfachste Art besteht darin, daß man die Rohknochen ohne jede Sonderung ihrer verschiedenen Bestandteile, also so wie sie sind, zu Düngemehl zerkleinert. Das so gewonnene Knochenmehl kann als *unentfettetes Rohknochenmehl* bezeichnet werden. Es kann aber auch zunächst den Rohknochen das Knochenfett entzogen und dann erst der entfettete Knochen zu Düngemehl zerkleinert werden. Dieses Knochenmehl kann als *entfettetes Rohknochenmehl* bezeichnet werden[1]. In der Regel wird jedoch die Zerlegung der Rohknochen in ihre Bestandteile noch weitergeführt, es wird ihnen nämlich nicht nur das Knochenfett, sondern auch der Knochenknorpel durch Umformung zu Leim entzogen und nur die verbleibende Knochenerde zu Düngemehl zerkleinert. Dieses Entziehen erfolgt entweder auf einmal oder in zwei getrennten Vorgängen; im ersten Falle erhält man sog. *Autoklavenknochenmehl* oder *gedämpftes Knochenmehl*, im zweiten sog. *entleimtes Knochenmehl*.

Der Vollständigkeit wegen sei noch erwähnt, daß auch bei Herstellung von Gelatine aus Knochen ein Knochenmehl anfällt, das man als *Gelatineknochenmehl* bezeichnen könnte. Es wird beim chemischen Entziehen der Knochenerde durch Salzsäure oder schweflige Säure aus bereits fettlosen Knochen — meist indischem Schrot oder Drechslerabfallknochen — gewonnen, jedoch nicht als Dünger, sondern unter dem Namen Futterkalk oder Präcipitat als Futter verwendet, da es zum Unterschied von den anderen Knochenmehlen zur Hauptsache nicht aus Tricalciumphosphat, sondern aus dem leichter verdaulichen Dicalciumphosphat besteht.

Die Eigenschaften der verschiedenen Knochenmehlgattungen werden naturgemäß durch die Herstellungsarten beeinflußt, nach denen sie gewonnen werden. Daher sollen diese Gattungen im Zusammenhang mit ihren Herstellungsarten nachstehend geschildert werden.

Vorher sei noch kurz darauf hingewiesen, daß außer den Unterschieden hinsichtlich der chemischen Zusammensetzung, die aus Verschiedenheit der verwendeten Rohstoffe oder aus der Art der Gewinnung des Knochenmehles folgen, noch Unterschiede der *Körnung*, d. h. der durchschnittlichen Körnchengröße des Mehles — und zwar auch zwischen chemisch gleichen Mehlen — in Betracht kommen. Diese Unterschiede hängen hauptsächlich von der Art der Zerkleinerung ab. Je feiner ein Mehl ist, um so mehr staubt es, um so rascher aber erfolgt seine Zersetzung im Boden und daher seine Düngewirkung. Während feines Mehl schon im ersten Jahre eine kräftige Düngewirkung äußert,

[1] Unentfettetes und entfettetes Rohknochenmehl werden nach L. THIELE auch unter dem Namen *normales* oder *unentleimtes* Knochenmehl zusammengefaßt.

ist diese bei grobem Mehle anfangs wesentlich geringer, erstreckt sich dafür aber auf mehrere Jahre (W. FRIEDBERG 4).

1. Unentfettetes Rohknochenmehl. Wie schon bei der geschichtlichen Entwicklung des Knochenmehles dargelegt wurde, war die älteste Form, in der Knochenmehl zur Verwendung kam, jene des unentfetteten Rohknochenmehles. Dessen Herstellung erfolgt durch bloßes mechanisches Zerkleinern der gesammelten Rohknochen (F. HOLDEFLEISS 5), so wie diese anfallen. Nur wenn der Wassergehalt gar zu groß ist, muß er vor dem Zerkleinern noch etwas verringert werden, was in der Regel durch bloße Lufttrocknung, d. h. durch Liegenlassen in flachen Schichten in gegen Regen geschützten Räumen, geschieht. Dieses Trocknen soll jedoch nicht weit geführt werden, weil längeres Liegenlassen durch Bildung von Ammoniak Verlust an Stickstoff veranlaßt (F. HOLDEFLEISS 6 und L. SCHUCHT 4).

Da diese Knochen naß und fett sind, ballen sie sich beim Zerkleinern leicht zusammen. Hierdurch wird der Zerkleinerungsgrad, bis zu dem sie gemahlen werden können, beschränkt und verursacht, daß nur wenige *Mühlen*arten zu ihrem Mahlen verwendbar sind. Am meisten fanden hierfür Kollergänge oder besser Stampfen, auch Pochwerke genannt, Verwendung. Ein *Kollergang* besteht aus einem Paar Mahlsteinen auf einer gemeinsamen waagerechten Achse, die auf einem waagerechten Teller laufen. Das auf dem Teller liegende Mahlgut wird dadurch zerkleinert, daß sich entweder das Mahlsteinpaar oder der Teller um eine senkrechte Achse drehen. Eine *Stampfe* entspricht ihrem Wesen nach einem Mörser, dessen Stößel maschinell bewegt werden und dessen Boden sieb- oder rostartig gelocht ist. Die Lichtweite der Öffnungen bestimmt die Körnung des Mehles.

Im britischen Reiche — wahrscheinlich wohl nur in dessen Kolonien und Dominions — erfolgt die Herstellung unentfetteten Rohknochenmehles auch derart, daß man die Rohknochen durch einen gröberen Zahnwalzenbrecher vorbricht und dann durch einen feineren Zahnwalzenbrecher weiter zerkleinert (TH. LAMBERT 1). Die Mahlwirkung wird bei diesen Brechern durch ein Paar Walzen ausgeübt, auf deren jeder sägeartig gezahnte Ringe sitzen, die durch kleinere, aber breitere, glatte Distanzringe in gewissen Abständen voneinandergehalten werden. Die Zahnringe der einen Walze des Paares greifen in die Abstände der anderen ein.

Das unentfettete Rohknochenmehl ist splittrig und sehr grob. Überdies erschwert auch das Fett, das in ihm enthalten ist und keinen Düngewert hat, dem Wasser den Zutritt in die ausgestreuten Mehlkörner und verzögert hierdurch deren Zersetzung, also deren Düngewirkung, im Vergleich zu jenen Knochenmehlen, denen das Fett entzogen wurde (F. HOLDEFLEISS 7, L. SCHUCHT 3). Gegenüber den später geschilderten, gedämpften oder entleimten Knochenmehlen wird die Düngewirkung des Rohknochenmehles auch noch dadurch verzögert, daß darin der Knochenknorpel noch unvermindert enthalten ist, dessen Zersetzung langsamer vor sich geht, als die der Knochenerde. Bei der vorgeschilderten engen Mischung von Knochenknorpel und Knochenerde im Knochen muß aber im Boden vorerst der größte Teil des Knochenknorpels zersetzt werden, ehe die Zersetzung der Knochenerde beginnt (W. FRIEDBERG 5). Auch eignet sich dieses Mehl weniger für Streumaschinen, weil es sich infolge seiner Fettigkeit leicht zusammenballt (TH. LAMBERT 8).

2. Entfettetes Rohknochenmehl. Aus den vorerwähnten Gründen hat man die unwirtschaftliche Herstellung von unentfettetem Rohknochenmehl fast völlig aufgegeben und entzieht den Rohknochen mindestens das Fett, ehe man sie zu Düngemehl zerkleinert.

Das Entziehen des Fettes allein kann entweder durch *heißes Wasser* oder durch *Fettlösemittel* erfolgen. Mit Wasser erzielt man wohl ein helleres, reineres Fett, das bei Verarbeitung frischer Knochen auch für Speisezwecke verwendbar ist, aber das Verfahren ist weniger wirksam und ein Teil des Fettes emulgiert sich im Wasser (S. RIDEAL 1), so daß die Ausbeute an Fett nach F. DAWIDOWSKY nur 4—5% beträgt, während nach V. CAMBON etwa 4% Fett in den Knochen bleiben. Durch Fettlösemittel erhält man im Durchschnitt 8 bis 10% Knochenfett, d. h. die Knochen werden bis auf 0,5—1% entfettet (S. RIDEAL 2), jedoch werden dabei auch zahlreiche Verunreinigungen mit ausgelaugt, so daß das erhaltene Fett dunkler, aschereicher und nur für technische Zwecke verwendbar ist (W. FRIEDBERG 6).

Besonders in den angelsächsischen Staaten wird frischen Knochen das Fett auch auf dem Wege der *Trockenschmelze* entzogen[1]. Bei dieser werden die gebrochenen Knochen in waagerechten Zylindern mit Rührwerk und Dampfmantel auf etwa 110° C erwärmt, so daß der größte Teil des Fettes aus ihnen ausschmilzt, ohne daß Wasser oder Dampf die Knochen unmittelbar berühren. Das Erwärmen der nassen Knochen entwickelt natürlich Schwaden, der durch ein Gebläse abgesaugt wird, so daß im Entfettungszylinder selbst ein geringfügiger Unterdruck herrscht. Nach einiger Zeit des Ausschmelzens werden Knochen und Fett in ein Gefäß mit Siebboden entleert, worin der größte Teil des Fettes durch das Sieb abfließt. Das restliche geschmolzene Fett wird den Knochen in erwärmten Zentrifugen entzogen. Das gewonnene Fett ist hellgelb und leicht bis zu weißer Farbe bleichbar. Die entfetteten Knochen haben noch einen Gehalt von 10% Fett, was einem solchen von ungefähr 5% auf Rohknochen gerechnet entspricht.

Was die Durchführung des Entfettens betrifft, so beginnt diese — wie jede physikalische oder chemische Verarbeitung der Knochen — mit deren *Zerkleinern*, um sie eben der weiteren Behandlung zugänglicher zu machen. Der Grad des Zerkleinerns muß daher in jedem Falle einerseits mit dem Zustand der zu verarbeitenden Rohknochen, andererseits mit der beabsichtigten Behandlung weitestgehend in Einklang gebracht werden, um eben diese Behandlung dann möglichst ausgiebig zu gestalten. Welche Bedeutung der Zerkleinerungsgrad haben kann, mag nachstehendes Ergebnis von Versuchen im Institut für vegetative Physiologie der Universität Frankfurt a. M. dartun (W. FRIEDBERG 7). Gleichartige Knochen wurden z. T. bloß zerstückelt, z. T. zu Mehl zermahlen. Von jeder der beiden Arten wurde ein Teil durch bloßes Auskochen, ein anderer unter 0,5 Atm. Dampfüberdruck entfettet. Die erzielte Fettausbeute war:

beim Auskochen:	aus zerstückelten Knochen	5,35 %
	aus zermahlenen Knochen	15,86 %
beim Dämpfen:	aus zerstückelten Knochen	9,73 %
	aus zermahlenen Knochen	16,60 %

Das Entfetten mit *heißem Wasser* erfolgt im allgemeinen derart, daß man die Rohknochen — ähnlich wie nachstehend beim Entfetten mit Lösemitteln geschildert — zerkleinert, in einen offenen, mit Siebboden versehenen Kessel bringt und hier Wasser bis etwas über die Knochen zufüllt. Hierauf erwärmt man sie durch eine Dampfschlange oder besser durch einen Dampfmantel etwa 2 Stunden auf 90—95° C. Das Fett in und an den Knochen schmilzt, steigt an die Oberfläche des Wassers und wird abgeschöpft (W. FRIEDBERG 8). Da hierbei stets auch etwas Knochenknorpel in Leim überführt wird, verwendete man an manchen Stellen, um diesen Stoff nicht zu verlieren, dasselbe Wasser mehrmals,

[1] Die Apparate gleichen den Trockenschmelzapparaten für Talg (vgl. H. HELLER-L. UBBELOHDE 2).

reicherte es hierbei an Leim an und benutzte es dann zur Fütterung von Schweinen (F. Dawidowsky 2, M. de Keghel 3). Mit Rücksicht auf die erwähnte geringe Fettausbeute wird dieses Verfahren jedoch heutzutage nur mehr für das vorsichtige Entfetten frischer röhrenförmiger Fußknochen angewandt, um daraus die Drechslerknochen, auch Arbeits- oder Industrieknochen genannt, zu gewinnen.

Bei der Verarbeitung dieser Knochen in Beindrechslereien fällt neben den vorher erwähnten Drechslerabfallknochen auch noch das sog. *Drechslermehl* an, das somit ein wasserentfettetes Rohknochenmehl ist. Die marktgängige Menge ist gering. Seiner Reinheit wegen wird es meist als Futtermehl verwendet (Th. Lambert 2).

Die Herstellung von eigentlichem entfetteten Rohknochenmehl aber erfolgt hauptsächlich nach der zweiten Art, also mit *Fettlösemitteln*, und zwar meist mit Benzin oder Benzol.

Der Grundgedanke dieses Entfettens der Rohknochen mit Fettlösemitteln[1] besteht darin, daß man das Fettlösemittel verdampft und diesen Dampf die kälteren Knochen umspülen und durchdringen läßt, damit er sich an und in diesen verflüssige und hier deren Fett löse[2]; der Temperaturverlust des Lösemitteldampfes beim Verflüssigen dient zugleich dazu, das Wasser der Knochen zu verdunsten und dergestalt den Fettlösemitteln den Zutritt zum Fette zu ermöglichen, den das Wasser verhindert, weil die Fettlösemittel darin nicht löslich sind.

Die Durchführung dieses Grundgedankens erfolgt in Anlagen, deren Wesen das nachstehende schematische Bild zeigt[3].

Die Rohknochen gelangen über einen Rütteltisch *1* und einen Magneten *2* auf ein Leseband *3*; der Magnet und dann beiderseits des Bandes stehende Arbeiterinnen lesen aus den Knochen die Fremdkörper aus. Es kann auch noch die Rolle, über die das Band am Abwurfende läuft, sicherheitshalber ein Trommelmagnet sein, um zu verhüten, daß Eisen in den Brecher *4* gelange, in den die Knochen selbst vom Bandende fallen. Dieser Brecher zerkleinert die Knochen auf etwa Doppelnußgröße, damit das Lösemittel leichter in das Innere der Knochen eindringen kann. Im Ausland verwendet man als Brecher vielfach Zahnwalzenbrecher, in Deutschland meistens Messerbrecher, weil diese beim Brechen weniger Mehl erzeugen (Verein der Düngerfabrikanten 1).

Die Zahnwalzenbrecher wurden schon beim unentfetteten Rohknochenmehl geschildert. Das Wesen der *Messer*brecher kennzeichnet eine Walze, in der in spiraliger Anordnung Messer stecken, die beim Drehen der Walze zwischen den kammartig liegenden Messern einer feststehenden Platte hindurchgehen, so daß die Knochen zwischen diesen beiden Messerreihen gebrochen werden. In der Regel benutzt man Doppelbrecher, die zwei Brecher übereinander vereinen, von denen der obere ganze Knochen — selbst Schädel — erfaßt und vorzerkleinert, während der untere dann die Zerkleinerung bis etwa auf Doppelnußgröße weiterführt.

Die gebrochenen Knochen werden durch Becherwerk *5*, Kratzerförderer *6* und *8* und Schurren *7* und *9* den oberen Mannlöchern *a* der zylindrischen Ent-

---

[1] Angeregt von Deiss 1857 (L. Schucht 1), in die Praxis übertragen durch D.R.P. 10196 (1879) von F. Seltsam.

[2] Ein bloßes Baden der Knochen in flüssigem Fettlösemittel, wie dies beim Entfetten pflanzlicher Saaten geschieht, ist untunlich, denn das Fettlösemittel würde in der für das Entfetten erforderlichen Zeit auch den Knochenknorpel angreifen und dadurch einerseits einen Stickstoffverlust, andererseits eine Verunreinigung des Fettes verursachen (Th. Lambert 9).

[3] Wasser- und Dampfleitungen sind im Bilde fortgelassen, um die Lösemittelleitungen übersichtlicher hervortreten zu lassen.

fettungsgefäße *10* zugeführt, auf deren Siebboden *c* sie sich aufschichten. Ist ein Gefäß gefüllt, so wird das Mannloch *a* gasdicht verschlossen. Aus dem Lösemittelbehälter *11* läßt man dann in den Raum unter dem Siebboden *d* Lösemittel einfließen. Durch Einlassen von Dampf in die dort befindlichen Heizschlangen wird das Lösemittel zum Verdampfen gebracht[1]. Der aufsteigende Lösemitteldampf erfüllt zwei Aufgaben, er überträgt einerseits, wie erwähnt, seine Wärme auf das Wasser in den Knochen und verursacht dadurch dessen Verdunstung, also Entfernung, was eine Vorbedingung dafür ist, daß das Lösemittel zu dem herauszulösenden Fette gelange; andererseits dringt er in das Innere der Knochen ein, verflüssigt sich und löst in flüssigem Zustand das Fett an und in den Knochen. Der entwickelte Wasserdampf, gemischt mit Lösemitteldampf, strömt durch die Innenröhren des Kühlers *12*, die von Kühlwasser umflossen werden[2], so daß die Dämpfe hier verflüssigt werden. Das Flüssigkeitsgemisch fließt in den Lösemittelbehälter *11*, in dem sich beide Flüssigkeiten gemäß

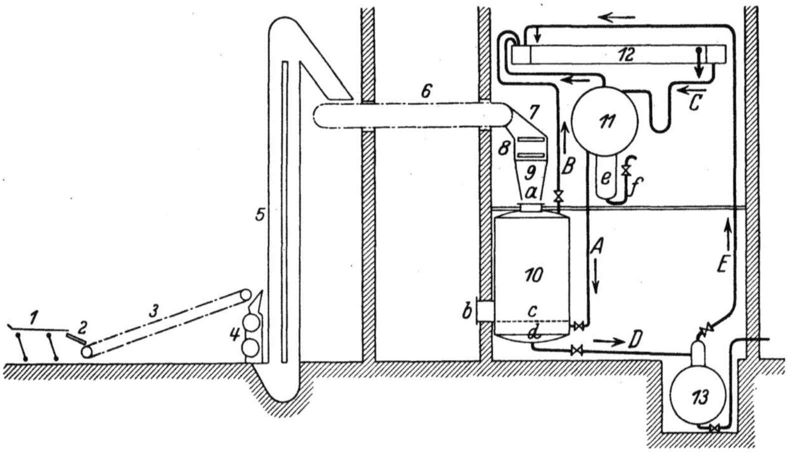

Abb. 215. Schema einer Knochenentfettung.

ihrem Einheitsgewicht voneinander sondern. Das Lösemittel ist in der Regel das leichtere und scheidet sich oben ab, während das Wasser in den Abscheider *e* hinuntersinkt; von hier aus wird es zeitweise durch *f* abgelassen. In dem Gefäß *10* sickert das flüssige Lösemittel mit dem darin gelösten Fette an den Knochen abwärts in den Raum unter dem Siebboden *c*. Sobald sich das Lösemittel hier mit Fett entsprechend angereichert hat, was in einem Flüssigkeitsstand am Entfettungsgefäß oder durch Probenahme erkannt wird, läßt man die Lösung in die Destillierblase *13* ablaufen und sodann in das Entfettungsgefäß frisches Lösemittel aus dem Behälter *11* zufließen. In der Destillierblase *13* werden aus dem Fette das Lösemittel und das beigemischte Wasser teils durch mittelbaren Dampf in Heizschlangen, teils durch unmittelbaren Dampf aus einem gelochten Rohre am Boden der Destillierblase abgetrieben. Die Dämpfe aus der Blase strömen ebenfalls in den Kühler *12* oder in einen gleichen zweiten Kühler. Dieser Entfettungsvorgang im Entfettungsgefäß wird so oft

[1] Das Verdampfen des Fettlösemittels kann, statt, wie geschildert, im unteren Teile des Entfettungsapparates selbst, auch in einem eigenen Verdampfgefäß vorgenommen werden, aus dem der Lösemitteldampf dann durch Rohrleitungen in das Entfettungsgefäß gelangt (L. Schucht 5).

[2] Zu- und Abfluß des Kühlwassers sind im Bilde durch Pfeile am Kühler 12 angedeutet. An Kühlwasser wird das 15—20fache Gewicht der Knochen benötigt (V. Cambon 3).

wiederholt, bis die abziehenden Dämpfe kein Wasser mehr enthalten, was man daran erkennt, daß Proben aus dem Lösemittel, das vom Kühler in den Lösemittelbehälter *11* abfließt, sich wasserfrei erweisen[1]. Dann führt nämlich auch das an den Knochen hinabsickernde Lösemittel kein Fett mehr mit sich. Dies wird auch dadurch angedeutet, daß die Temperatur der aus dem Entfettungsgefäß abziehenden Dämpfe die untere Siedegrenze des Lösemittels überschreitet, was an einem Thermometer im Abzugsrohr abgelesen werden kann (A. NOSTITZ-J. WEIGERT 2). Man läßt dann die fetthaltige Lösung aus dem Entfettungsgefäß *10* letztmals in die Destillierblase *13* ab. Von den Knochen im Entfettungsgefäß wird nun das anhaftende Lösemittel durch Einströmenlassen von unmittelbarem Dampfe verdampft und in den Kühler *13* abgetrieben, bis eine Probe vom Kühlerabfluß zeigt, daß hier nur mehr Wasser abläuft (L. SCHUCHT 6). Hierauf läßt man die entfetteten Knochen, deren Ausbeute durchschnittlich etwa 60% beträgt (TH. LAMBERT 3), eine Zeitlang abkühlen und entleert sie schließlich durch das untere Mannloch *b*, worauf sie zu Mehl gemahlen werden. Sie sollen nach dem Entfetten nur noch etwa 0,7% Fett und 5% Wasser enthalten (V. CAMBON 3).

Das so gewonnene Knochenfett wird hauptsächlich für die Herstellung von Seife oder Stearin und Olein verwendet.

Das geschilderte Abtreiben des Lösemittels von den Knochen durch Wasserdampf kann wohl einen Stickstoffverlust bis zu 0,5% (F. HOLDEFLEISS 8) verursachen, es bewirkt aber eine Sterilisierung der Knochen[2].

Um diesen Stickstoffverlust zu vermeiden, wird in Frankreich das Abtreiben auch bei Unterdruck mit Dampf durchgeführt, der durch einen eigenen Überhitzer auf 130—140° C überhitzt wird. Die Temperatur im Entfettungsgefäß soll hierbei 80° C nicht überschreiten und der Knochenknorpel gar nicht angegriffen werden. Die Verwendung des Unterdruckes auch für das Abtreiben des Lösemittels vom Fette in der Destillierblase durch unmittelbaren Dampf soll das Fett heller und völlig geruchlos machen, so daß es dem durch bloßes heißes Wasser gewonnenen gleichwertig wird (M. DE KEGHEL 4).

Wie schon erwähnt, erschwert das Wasser in den Knochen deren Entfetten, weil es bis zu seinem Verdunsten dem Lösemittel den Zutritt zum Fette verwehrt. Je mehr Wasser die Knochen daher enthalten, um so länger dauert das Entfetten und um so mehr Lösemittel muß hierzu verdampft werden, um so größer sind somit auch die Verluste an Lösemittel und der Bedarf an Wasserdampf (V. CAMBON 4).

Zur Einschränkung dieser Nachteile wurden in früherer Zeit die Knochen im Entfetter getrocknet. Hierzu wurde zuerst zu ihrer Erwärmung Dampf eingelassen, dann Luft hindurchgesaugt, die das verdunstende Wasser mitnahm (F. HOLDEFLEISS 9). Dieses Verfahren scheint sich in der Praxis nicht bewährt zu haben, da es allmählich fallen gelassen wurde. Auch ein älterer Vorschlag[3] dieses Trocknen durch Erwärmen bei Unterdruck vorzunehmen, konnte sich nicht einführen. Jüngst wurde zum selben Zwecke im Auslande vorgeschlagen, die gebrochenen Knochen vor dem Einbringen in den Entfetter in rotierenden Trocknungstrommeln durch einen Gegenstrom von erhitzter Luft vorzutrocknen. Nach englischem Vorschlag wird die Luft hierzu dadurch erwärmt, daß sie durch Rippenrohre, die in den Kesselfuchs eingebaut sind, strömt;

---

[1] Im Abscheider *e* kann man das allmähliche Trocknen der Knochen messend verfolgen (A. NOSTITZ-J. WEIGERT 2).

[2] Nach A. NOSTITZ-J. WEIGERT wurden in unentfettetem Rohknochenmehl beispielsweise Milzbrandkeime beobachtet.

[3] D.R.P. 19588 (1882) von HEINRICH HIRZEL.

überdies streichen Rauchgase selbst außen um die Trockentrommel (TH. LAMBERT 4). Nach französischem Vorschlag wird der aus dem Entfetter und der Fettblase aufsteigende Lösemitteldampf und Abtreibedampf hauptsächlich durch einen Luftkühler verflüssigt und die dergestalt in diesem Kühler erwärmte Luft zum Vortrocknen der Knochen in einer Trocknungstrommel verwendet[1].

Bezüglich der langsameren Düngewirkung infolge des Knochenknorpelgehaltes gilt für das entfettete Rohknochenmehl das vorhin für das unentfettete Gesagte in etwas geringerem Maße, weil bei der Entfettung gerade die äußeren Teile des Knochenknorpels in der Regel doch schon etwas angegriffen werden.

3. Autoklavenknochenmehl oder gedämpftes Knochenmehl. Bei den derzeitigen Verhältnissen am Weltmarkt macht es sich besser bezahlt, den Knochen nicht nur das Fett, sondern auch den Stickstoff, und zwar als Leim, zu entziehen, statt ihn zu Düngezwecken in den Knochen zu belassen. Daher bildet auch die vorgeschilderte Herstellung von Rohknochenmehl nur eine Ausnahme. Meist wird der weit wirtschaftlichere Weg eingeschlagen, den Knochen das Knochenfett und den Knochenknorpel zu entziehen, ehe man den Rest zu Knochenmehl verarbeitet. Dieser Vorgang hat überdies den Vorteil, daß das dadurch gewonnene Knochenmehl, wie erwähnt, mürber wird und sich daher im Boden leichter zersetzt (F. HOLDEFLEISS 10).

Das Entziehen von Knochenfett und Knochenknorpel erfolgt entweder auf einmal oder in zwei gesonderten Arbeitsgängen.

Der erste Vorgang wird dann angewandt, wenn es sich darum handelt, das Fett — beispielsweise aus frischen Knochen für Nahrungszwecke — möglichst rein und hell zu erhalten. In diesem Falle kann man es nicht mit Lösemitteln, sondern nur mit Wasser dem Knochen entziehen. Die bloße Anwendung heißen Wassers würde jedoch, wie bereits beim entfetteten Rohknochenmehl erwähnt, eine geringe, unwirtschaftliche Fettausbeute ergeben. Daher steigert man diese durch Zuhilfenahme von Dampf mit Überdruck (UBBELOHDE-GOLDSCHMIDT 2), wobei jedoch nicht zu umgehen ist, daß zugleich auch — also in *einem* Vorgange — ein großer Teil des Knochenknorpels, entsprechend dem angewandten Dampfdruck, den Knochen als Leim entzogen wird. Bei diesem sog. *Autoklavenverfahren* oder *Dämpfen* (F. DAWIDOWSKY 3, F. HOLDEFLEISS 11, W. FRIEDBERG 9) kann der Dampfüberdruck im allgemeinen zwischen 0,5 und 4 atü (F. DAWIDOWSKY 4, L. SCHUCHT 7) liegen, beträgt jedoch zweckmäßig 2,5 bis 2,7 atü, da er dann einerseits hinsichtlich Trennung der Knochenbestandteile genügend wirksam, andererseits bezüglich Farbe des gewonnenen Fettes und Qualität des Leimes günstiger ist als höherer Druck[2]. Dieses gleichzeitige Entfetten und Entleimen der Knochen durch Wasser und Dampfdruck erfolgt in stehenden zylindrischen Druckgefäßen[3] (Autoklaven) mit innerem Siebboden, ähnlich den vorerwähnten Entfettungsgefäßen, in welche die — wie beim Entfetten durch Lösemittel — ausgelesenen und gebrochenen Knochen gefüllt werden, auf eine der nachstehenden Arten:

a) Man läßt nur Dampf in solcher Menge in das Druckgefäß einströmen, daß das an den Knochen kondensierte Dampfwasser zum Lösen des gebildeten Leimes genügt, oder

[1] Franz. Pat. von V. CAMBON und CHARNAU.

[2] In Frankreich wurde früher auch versucht, nach diesem Verfahren Fett und Leim dadurch gesondert zu erhalten, daß man die Knochen im Druckgefäße zuerst mit Dampf von nur 1 atü behandelte, die gewonnene Flüssigkeit, die größtenteils Fett enthielt, abzog, sodann die Knochen mit Dampf von 2,5 atü behandelte und dadurch hauptsächlich Leimbrühe gewann (M. DE KEGHEL 8).

[3] Erfunden von DENIS-PAPIN 1681.

b) Man füllt zu den Knochen im Druckgefäß erst heißes Wasser und läßt dann den zur Erreichung des gewollten Druckes nötigen Dampf hinzuströmen, oder

c) Man sondert Druck und Auswaschen voneinander, indem man zuerst eine Zeitlang nur Dampfdruck wirken und dann erst heißes Wasser einfließen läßt.

Beim ersten Verfahren läßt man den Dampfdruck mehrere Stunden einwirken. Dadurch wird ein großer Teil des Knochenfettes ausgeschmolzen und ein beträchtlicher Teil des Knochenknorpels in Form von Leim zur Lösung in dem entstandenen Dampfwasser gebracht. Fett und Leimlösung sickern unter den Siebboden hinab, von wo aus man sie etwa jede Stunde (W. FRIEDBERG 10) ablaufen läßt. Um den eintretenden Dampf auch in Druckgefäßen größerer Abmessungen innerhalb der Knochen gleichmäßig zu verteilen und dadurch den ganzen Vorgang zu beschleunigen, empfiehlt es sich, vom Dampfeintrittsstutzen aus ein Rohr in der senkrechten Achse des Druckgefäßes bis nahe zum Siebboden zu führen, das in verschiedenen Höhen einzelne seitliche Öffnungen hat, durch die der Dampf in die Knochen austritt. Ein Eindringen von Knochen in diese Öffnungen wird dadurch verhindert, daß über jeder von ihnen eine kleine, dachförmige Blechkappe am Rohre angebracht ist (W. FRIEDBERG 12). Sobald kein Fett mehr aus dem Druckgefäß herauskommt, wird der Dampfdruck abgelassen.

Beim zweiten Verfahren kann man nach einiger Zeit Fett- und Leimlösung ablassen und den Vorgang mehrmals wiederholen, um die Ausbeute zu erhöhen.

Das dritte Verfahren besteht darin, daß man erst eine Zeitlang bloß Dampfdruck auf die Knochen wirken läßt, diesen dann abläßt, hierauf durch eine Brause von oben heißes Wasser bis zum Bedecken der Knochen einfüllt und nach einiger Zeit die Flüssigkeit ablaufen läßt. Bei diesem Verfahren bildet ein Wiederholen des Wechsels von Druck und Wasser die Regel. Es führt daher zur Vereinigung mehrerer Druckgefäße zu einer Batterie (UBBELOHDE-GOLDSCHMIDT 2), wie dies beim „entleimten Knochenmehl" näher beschrieben ist. Man kann übrigens auch dieses Verfahren einem der beiden erst geschilderten folgen lassen, um hierdurch die Ausbeute an Leim zu erhöhen. Beispielsweise läßt man nach Beendigung des vorgeschilderten ersten oder zweiten Verfahrens, nachdem kein Fett mehr abfließt, noch einmal Dampfdruck 1—$1^1/_2$ Stunden einwirken und füllt hierauf heißes Wasser in das Druckgefäß bis zum Bedecken der Knochen ein. Der Dampfdruck wandelt noch einen weiteren Teil des Knochenknorpels in Leim um, den das Wasser binnen einiger Zeit auslöst, wonach die entstandene Leimlösung abgelassen wird (F. DAWIDOWSKY 6, F. HOLDEFLEISS 15).

Nach welchem dieser drei Verfahren immer das Dämpfen durchgeführt wird, so handelt es sich schließlich stets darum, Fett- und Leimlösung voneinander zu trennen. Dies erfolgt zweckmäßig in offenen Absitzgefäßen, in denen sich dem spezifischen Gewicht gemäß das leichtere Fett als obere Schicht, die schwerere Leimlösung als untere abscheidet. Diese Scheidung kann durch stetes Erwärmen beschleunigt und gründlicher gestaltet werden, weil hierdurch die Leimlösung und das Fett dünnflüssig gehalten wird. Für dieses Erwärmen eignet sich am besten ein Absitzgefäß mit Dampfmantel (UBBELOHDE-GOLDSCHMIDT 3). Nach beendetem Abscheiden wird erst das Fett durch seitliche Ausläufe, dann die Leimlösung durch einen Auslauf im Boden des Absitzgefäßes abgezogen. Der Ablauf der Leimlösung kann auch, wie bei einer Florentiner Flasche, durch ein Rohr geführt werden, das im Inneren des Gefäßes knapp über dessen Boden beginnt und durch dessen Seitenwand entsprechend unterhalb des Flüssigkeitsspiegels im Gefäß hinausführt (W. FRIEDBERG 11).

Die gewonnene Leimlösung wird durch Eindampfen, Formen und Trocknen, wie später beim gesonderten Entziehen von Knochenfett und Knochenknorpel erwähnt, weiter verarbeitet.

Nach letztmaligem Ablassen der Flüssigkeit aus dem Druckgefäß werden die gedämpften Knochen durch das untere Mannloch entleert, und zwar entweder bloß von Hand aus oder unter Zuhilfenahme von Dampfdruck von oben, dessen Wirkung durch einen zum Entleerungsmannloch geneigten Siebboden begünstigt wird (W. FRIEDBERG 13). Diese Knochen, die durch den Entzug eines Teiles des Knochenknorpels mürber, also leichter mahlbar, geworden sind, werden an der Luft oder auf einer Plandarre[1] getrocknet und dann in Kollergängen, Kugelmühlen oder Desintegratoren gemahlen (W. FRIEDBERG 11)[2]. Zum Trocknen an der Luft müssen die Knochen flach ausgebreitet werden, damit sie rasch trocknen, bevor eine nennenswerte Fermentation eintritt, die Stickstoffverluste verursacht.

Das vorgeschilderte Dämpfen ergibt in jedem Falle eine unvollständige Ausbeute an hellem, reinem Knochenfett und an — infolge des langen Druckes — minder klebkräftigem Leime sowie das sog. Autoklaven- oder gedämpfte Knochenmehl, das in seinem Stickstoffgehalt zwischen Rohknochenmehl und entleimtem Knochenmehl steht und noch 2—6 % Fett enthält. Beim Dämpfen scheint sich auch ein Teil des kohlensauren Kalkes der Knochen zu zersetzen, dessen Calcium mit einem Teile des Dicalciumphosphates Tricalciumphosphat bildet (F. HOLDEFLEISS 16)[3]. Je mehr Knochenknorpel dem Knochen beim Dämpfen entzogen wurde, um so rascher wird das gedämpfte Knochenmehl im Boden zersetzt (F. DAWIDOWSKY 5).

4. Entleimtes Knochenmehl. Die wirtschaftlichste Ausnutzung der Rohknochen ergibt deren gesondertes Zerlegen in die drei Hauptbestandteile:

nämlich Entfetten,

dann Entleimen, d. h. Auslaugen des Knochenknorpels unter Gewinnung von Leim, so daß schließlich die Knochenerde als entleimtes Knochenmehl übrigbleibt.

Der Grundgedanke dieses Verfahrens besteht darin, daß man die Rohknochen erst, wie oben beim entfetteten Rohknochenmehl geschildert, durch ein Fettlösemittel entfettet, sie dann noch besonders reinigt und sie endlich durch abwechselnde Einwirkung von Dampfdruck und Wasser entleimt.

Die Reinigung der entfetteten Knochen endlich erfolgt als trockene Reinigung, als nasse Reinigung oder als Säurereinigung, oder es werden zwei oder selbst alle drei Reinigungsarten miteinander verknüpft.

Die *trockene* Reinigung, die wohl meist angewendet wird, besteht darin, daß man die entfetteten Knochen in gelochten Drehtrommeln[4] scheuert oder poliert, d. h. durch die Reibung aneinander und an den Trommelwänden von anhaftenden Blut-, Fleisch-, Haut-, Knorpel- und Sehnenteilchen sowie von Schmutz befreit, wobei natürlich auch bröcklige Knochenteilchen mit abgerieben werden. Eine Vorbedingung für diese Reinigung ist, daß die Knochen bis auf 5 % Wasser getrocknet sind (V. CAMBON 5), welche Trocknung, wie schon beim entfetteten Rohknochenmehl erwähnt, beim Entfetten mit Fettlösemitteln ohnehin durchgeführt wird. Das abgeriebene Mehl fällt durch die Trommellöcher und

[1] Näheres hierüber im Abschnitt „Entleimtes Knochenmehl“.

[2] Bemerkt sei, daß in Amerika die gedämpften Knochen in etwa 15 cm hohen Schichten in Sackleinewand eingeschlagen in hydraulischen Pressen ausgepreßt werden, um noch mehr Fett und Leim daraus herauszuholen (R. H. BOGUE 1).

[3] Darauf deutet auch der Umstand, daß das gedämpfte Knochenmehl nur noch 5/2 % Calciumcarbonat enthält (L. SCHUCHT 8).

[4] D.R.P. 30565 (1884) von TH. BERLINER.

bildet das sog. *Scheuer-*, *Putz-*, *Polier-* oder *Trommelmehl*, das — dem Vorgeschilderten gemäß — ein entfettetes Rohknochenmehl ist, aber nach der Art seiner Gewinnung 3—5% N, 9—17% P_2O_5, 3—4% Fett (F. HOLDEFLEISS 12) enthält. Die Ausbeute hieran beträgt etwa 4—12%, auf Rohknochen gerechnet (V. CAMBON 6, E. SAUER 2, L. THIELE 3).

Die gescheuerten Knochen können in einem feineren Messerbrecher nochmals, etwa auf Nußgröße, *nachgebrochen* werden, um ihre Entleimung zu erleichtern. In dieser Form werden sie als Schrot bezeichnet. Die Ausbeute an Schrot, auf Rohknochen berechnet, beträgt 50—60% (L. THIELE 3). Manche Fabriken sieben das beim Nachbrechen anfallende Mehl ab, das *Brechermehl* genannt wird und dem Scheuermehl ähnlich, aber höhergehaltig ist. Andere Fabriken sieben überdies auch noch den kleinkörnigen Teil ab, der unter der Bezeichnung *Knochengrieß* für Härtezwecke oder als Futtermittel Verwendung findet.

Der trockenen Reinigung oder dem Nachbrechen kann noch eine nasse Reinigung, eine Säurereinigung des Schrotes oder beide folgen.

Die *nasse* Reinigung besteht darin, daß der Schrot entweder in unbewegten Gefäßen eine Zeitlang durch stehendes oder fließendes Wasser gewaschen wird oder daß er in Drehtrommeln, sog. Waschtrommeln, bewegt, der Wirkung von entgegenströmendem kaltem oder auf 50° C erwärmtem Wasser ausgesetzt wird (R. H. BOGUE 1, R. KISSLING 3, M. DE KEGHEL 7). Das Waschwasser wird durch Absitzgruben geleitet. Die geringe Menge kleiner Knochenstückchen, die es etwa mit sich führt, setzt sich hier ab und wird nach Trocknen und Mahlen als entfettetes Rohknochenmehl verwertet (V. CAMBON 7)[1].

Zur *Säure*reinigung, auch Maceration genannt, wird der Schrot 1—2 Tage lang in Wasser gelegt, in das 0,5—1% schwefliger Säure, auf Schrot gerechnet, eingeführt wird. Dadurch sollen vor allem färbende und riechende organische Verunreinigungen zersetzt, ammoniakalische Salze neutralisiert, der Schrot ferner auch desinfiziert, etwas gebleicht und in seinem Gefüge gelockert werden, was durch Zersetzung eines Teiles des in ihm enthaltenen Calciumcarbonats erfolgt. Dieser Säurebehandlung folgt in der Regel in denselben Gefäßen, ein Auswaschen durch Wasser, also eine nasse Reinigung.

Nasse Reinigung, Säurereinigung und nochmalige nasse Reinigung können auch nacheinander in einer hölzernen Waschtrommel erfolgen, welcher Vorgang fur Klarheit und Farbe des gewonnenen Leimes besonders günstig ist (V. CAMBON 11).

Dem Reinigen des Schrotes folgt, wie erwähnt, dessen *Entleimen*. Hierzu wird der gereinigte Schrot, ähnlich wie dies beim gedämpften Knochenmehl für das eine der drei Autoklavenverfahren geschildert wurde, in senkrechten zylindrischen Druckgefäßen[2], Dampffässer oder Dämpfer genannt, mehrmals abwechselnd unter Dampfdruck gesetzt und dann der dabei gebildete Leim mit heißem Wasser ausgelaugt.

Da die Knochen schon vorher entfettet wurden, ist hier, im Gegensatz zum Autoklavenverfahren, keine Rücksichtnahme auf eine Fettgewinnung erforderlich. Der ganze Vorgang kann vielmehr einzig auf die Leimgewinnung gerichtet sein, was die Erzielung einer höheren Ausbeute und einer besseren Qualität an Leim ermöglicht. Man läßt zuerst in den mit Schrot gefüllten Dämpfer Dampf einströmen, bis ein Überdruck von 0,5—2 atü erreicht ist. Unter diesem

---

[1] Mancherorts werden nicht erst die entfetteten Knochen, sondern schon die Rohknochen nach dem Brechen gewaschen (R. H. BOGUE 1, HELLER-UBBELOHDE 3). Dadurch wird auch das gewonnene Fett reiner, jedoch die Fettausbeute etwas geringer.

[2] Es wurden auch schon Dämpfer mit Doppelmantel für Dampf oder Wasser vorgeschlagen, um das Regeln der Temperatur in ihrem Inneren zu erleichtern. Kleinere Dämpfer ergeben bessere Qualität und Ausbeute an Leim (E. SAUER 3).

Drucke läßt man den Schrot kurze Zeit stehen, damit ein Teil des Knochenknorpels in Leim überführt werde. Dann läßt man den Dampf ab und setzt den Schrot für so lange unter heißes Wasser, als dieses noch nennenswerte Mengen des gebildeten Leimes in sich löst, was 1—2 Stunden dauert. Nach dieser Zeit drückt man das Wasser mit dem darin gelösten Leime, die sog. Brühe, durch Dampf aus dem Dämpfer. Diese Aufeinanderfolge von Druck und Wasser im Dämpfer wird so oft wiederholt, bis der Schrot, abgesehen von dem beigemischten Haar- und Hornstickstoff, nur noch etwa 0,5—1 % Knochenstickstoff, auf Trockenmasse gerechnet, enthält (E. BERGMANN 3, TH. LAMBERT 5, Verein 2), der gemäß der oben angegebenen Zusammensetzung der Knochen in der Hauptsache dem nicht leimgebenden und nicht heißwasserlöslichen organischen Grundstoff der Kittmasse der Knochen angehört.

Um am Schlusse leimreichere Brühen zu erhalten und für die Gewinnung des Trockenleimes weniger Wasser verdampfen zu müssen, werden 3—6 Dämpfer miteinander zu einer Batterie verbunden. Dies geschieht in der Weise, daß das Wasser, das jeweils aus einem Dämpfer hinausgedrückt werden muß, dann in einen anderen Dämpfer der Batterie geleitet wird, wobei es sich weiter an Leim anreichert. Jedes Wasser durchläuft somit alle Dämpfer der Batterie, und zwar im Gegenstrom zu den Knochen. Das frische Wasser gelangt nämlich in jenen Dämpfer, der die schon am weitesten ausgelaugten Knochen enthält, denen es noch den letzten Teil an Leim entziehen soll; dann gelangt das Wasser nacheinander in Dämpfer mit immer weniger entleimten Knochen, wobei es selbst immer mehr Leim aufnimmt. Am Ende schließlich kommt es in den Dämpfer mit frischgefüllten Knochen, aus denen es sich natürlich infolge deren noch hohen Leimgehaltes am leichtesten weiter anreichert. Hierbei kann man auch den Dampfdruck allmählich steigern, indem man bei den frischen Knochen nur einen schwachen Dampfdruck verwendet und dann einen immer höheren, je weiter die Entleimung des Schrotes gediehen ist (E. SAUER 3). Auf diese Weise wird die weitestgehende Auslaugung der Knochen mit dem wenigsten Wasser angestrebt[1].

Ist der Schrot entleimt, so wird er aus dem Dämpfer entleert. Die 25—50 % Wasser, die er in diesem Zustand enthält, müssen durch Trocknung auf höchstens 12 % verringert werden (V. CAMBON 7, M. DE KEGHEL 5).

Die Trocknung erfolgt entweder auf Plandarren oder in Trocknungstrommeln (R. H. BOGUE 3, V. CAMBON 8, M. DE KEGHEL 6, TH. LAMBERT 6, E. SAUER 4). Bei den Plandarren liegt der Schrot auf einem Siebboden, durch den ein Gebläse erwärmte Luft hindurchdrückt. In den drehbaren Trocknungstrommeln bewegt sich der entleimte Schrot von einem Trommelende gegen das andere, während gleichzeitig ein Gebläse erwärmte Luft durch die Trommel hindurchsaugt. Das Gebläse drückt die angesaugte Luft, die natürlich Mehl aus dem Schrot mit sich führt, durch einen Zyklon, der sie von diesem Mehl befreit (V. CAMBON 9). Das Erwärmen der Luft kann sowohl bei Darren wie bei Trommeln entweder durch Dampf oder durch Rauchgase erfolgen (V. CAMBON 10).

Man kann schließlich den entleimten Schrot auch dadurch trocknen, daß man ihn unter Flugdächer lagert. Die Reste organischer Stoffe, die er noch enthält, gehen in Gärung über, wobei sich in einigen Tagen die ganze Masse auf 100° C

[1] Um wieviel weitergehend dieses Entleimen ist als jenes beim Autoklavenverfahren, zeigen beispielsweise die Gehaltangaben von W. MÖLLER-L. SEIDLER (2): für entleimtes Knochenmehl 0,5—1 % N, 30—35 % P_2O_5, für gedämpftes etwa 4 % N, 20 % P_2O_5, und von L. THIELE (4): entleimtes Knochenmehl 0,68—1,05 % N, gedämpftes Knochenmehl 1,6—1,72 % N.

und darüber erhitzt. Binnen 3—5 Wochen wird so eine genügende Trocknung erreicht. Die Nachteile dieser Selbsttrocknung bestehen darin, daß sie, zumal in der kalten Jahreszeit, sehr langwierig ist, daher viel Lagerraum erheischt, und daß durch die Gärung ein Teil des Stickstoffes als Ammoniak, andere organische Teile als sonstige Gase entweichen, was etwa 1 % Mengenverlust verursachen kann (V. CAMBON 7).

Der getrocknete Schrot wird in Kugelmühlen zu sog. *entleimtem Knochenmehl* zerkleinert. *Kugelmühlen* sind dem Wesen nach Eisentrommeln mit waagerechter Achse, die außer dem Mahlgut auch schwere Eisenkugeln enthalten, so daß bei ihrer Drehung das Mahlgut durch die Kugeln zermalmt wird.

Außer dem Teile des Calciumcarbonates der Knochen, der bei der Säurereinigung zersetzt wurde, zerfällt ein weiterer Teil davon — wie schon beim gedämpften Knochenmehl erwähnt — im Dämpfer und sein Calcium setzt sich mit einem Teile des Dicalciumphosphates zu Tricalciumphosphat um, so daß das entleimte Knochenmehl nurmehr wenige Prozente Calciumcarbonat enthält (R. SCHUCHT 8)[1].

Aus den Leimbrühen werden durch Eindampfen, Formen und Trocknen Tafeln, Perlen oder Pulver hergestellt, in welchen Hauptformen der *Knochenleim* zur Verwendung gelangt.

Dieses Verfahren bietet außer dem eingangs erwähnten Vorteil größerer Wirtschaftlichkeit auch noch — gleich dem Autoklavenverfahren — folgenden Vorteil bezüglich der Qualität des hergestellten Knochenmehles. Die den Knochen immer beigemengten Haar- und Hornteilchen werden durch den Dampfdruck hydrolysiert und dadurch nicht nur feiner mahlbar, sondern auch leichter zersetzlich, so daß ihr Stickstoff ebenso rasch zur Düngewirkung gelangt wie jener der Knochen, während nicht hydrolisierte Haare und Horn sich wesentlich schwerer zersetzen (F. HOLDEFLEISS 13).

Neben dem vorgeschilderten, allgemein gebräuchlichen Verfahren gibt es noch einige davon etwas abweichende und nur seltener benützte. So besteht ein anderes Verfahren darin, daß man die entfetteten Knochen erst in Druckgefäßen mit Dampf von 1,5 atü 3—4 Stunden behandelt und dann in offenen Gefäßen den Leim aus ihnen auskocht. Das dann erzielte Knochenmehl ähnelt seinem Gehalt nach dem Autoklavenknochenmehl (S. RIDEAL 3). Dieses ausländische Verfahren, das einen besseren Leim ergeben soll, ist — wohl der unvollständigen Leimausbeute wegen — bei uns kaum in Verwendung.

Nach einem anderen, englischen Verfahren hält man die Knochen 18 Stunden in einem Druckgefäß mit Siebboden unter Dampfüberdruck, der von 1 Atm. allmählich auf $^1/_3$ Atm. sinkt. Gleichzeitig läßt man durch die Knochen eine kleine Menge Wasser zirkulieren, das von einem Dampfinjektor durch ein zentrales Rohr aus dem Raume unter dem Siebboden bis oben über die Knochen gefördert und auf diese gesprüht wird. Die dergestalt erzielte Leimbrühe soll einen Leimgehalt von 20 % haben, was ihr ferneres Eindampfen wesentlich erleichtert (TH. LAMBERT 7). —

Bei allen einschlägigen Verfahren dieser Art fällt, wie vorstehende Schilderung zeigt, sowohl Rohknochenmehl als auch entleimtes Knochenmehl an. Da die Gehalte jedes dieser beiden Mehle für gewisse Sonderzwecke der Düngung nicht entsprechen, benützt man die Verschiedenartigkeit ihrer Zusammensetzung dazu, um daraus verschiedene *Misch*knochenmehle herzustellen, die in ihrer Zusammensetzung dann natürlich zwischen diesen beiden liegen, wie im Abschnitt „Zusammensetzung des Knochenmehles" näher ausgeführt wurde.

[1] Dem entgegen enthält indischer Schrot — also Knochen, die weder mit Säure gereinigt noch mit Hitze entleimt wurden — etwa 10 % $CaCO_3$ (E. BERGMANN 4).

Literatur.

ALEXANDER, TH., u. O. REITMAIR: Mitt. k. k. landw. Versuchsstat. Wien. Wien: K. Gerold & Söhne.

BECKMANN, L.: Die wirtschaftliche Bedeutung des Phosphors, S. 1, 2, 20. Berlin: Allgemeiner Industrie-Verlag. — BERGMANN, E.: (1) F. ULLMANNS Enzyklopädie der technischen Chemie **6**, 29. Berlin u. Wien: Urban & Schwarzenberg 1919; (2) Ebenda S. 30; (3) Ebenda S. 40; (4) Ebenda S. 35. — BOGUE, R. H.: (1) The Chemistry and Technology of Gelatine and Glue, S. 273, 300, 307. New York u. London: Mc. Graw-Hill 1922; (2) Ebenda S. 274; (3) Ebenda S. 307; (4) Ebenda S. 49.

CAMBON, V.: (1) La Fabrication des Colles et Gélatines, S. 1, 7. Paris: Dunod 1923; (2) Ebenda S. 8; (3) Ebenda S. 22; (4) Ebenda S. 23; (5) Ebenda S. 27; (6) Ebenda S. 28, 121; (7) Ebenda S. 125; (8) Ebenda S. 129; (9) Ebenda S. 132; (10) Ebenda S. 126; (11) Ebenda S. 29.

DAWIDOWSKY, F.: (1) Die Leim- und Gelatinefabrikation, 6. Aufl., S. 21. Wien u. Leipzig: Hartleben 1925; (2) Ebenda S, 53; (3) Ebenda S. 54, 59; (4) Ebenda S. 56, 67; (5) Ebenda S. 62; (6) Ebenda S. 61.

EBNER, V. v.: Sitzgsber. Wien. Akad. Wiss. **77**. Leipzig: Engelmann 1875.

FRIEDBERG, W.: (1) Die Verwertung der Knochen auf chemischem Wege, 3. Aufl., S. 11. Wien u. Leipzig: Hartleben 1921; (2) Ebenda S. 21, 249; (3) Ebenda S. 23; (4) Ebenda S. 128; (5) Ebenda S. 96; (6) Ebenda S. 79; (7) Ebenda S. 3; (8) Ebenda S. 87—89; (9) Ebenda S. 90; (10) Ebenda S. 92; (11) Ebenda S. 157, 257; (12) Ebenda S. 94; (13) Ebenda S. 93; (14) Ebenda S. 22, 248; (15) Ebenda S. 22.

GERNGROSS, O.: F. ULLMANNS Enzyklopädie der technischen Chemie, 2. Aufl. **4**, 359. Berlin u. Wien: Urban & Schwarzenberg 1929.

HEINRICH, R.: Landw. Ann. mecklenb. Patr. Ver. **1897**. — HELLER, H.: (1) UBBELOHDES Handbuch der Chemie und Technologie der Öle und Fette, 2. Aufl. **1**, 270. Leipzig: S. Hirzel 1929; (2) Ebenda S. 469; (3) Ebenda S. 484. — HOFFMANN, M.: Düngerfibel, H. 7. — HOLDEFLEISS, F.: (1) Das Knochenmehl und seine Beurteilung. Berlin: P. Parey 1890; (2) Ebenda S. 20, 88; (3) Ebenda S. 91; (4) Ebenda S. 137; (5) Ebenda S. 56; (6) Ebenda S. 62; (7) Ebenda S. 2, 90, 140; (8) Ebenda S. 60, 111; (9) Ebenda S. 59; (10) Ebenda S. 2; (11) Ebenda S. 56; (12) Ebenda S. 120; (13) Ebenda S. 91; (14) Ebenda S. 47; (15) Ebenda S. 57; (16) Ebenda S. 58.

KEGHEL, M. DE: (1) Fabrication des Colles, S. 40, 46. Paris: Gauthier-Villars 1926; (2) Ebenda S. 23; (3) Ebenda S. 94; (4) Ebenda S. 114; (5) Ebenda S. 137; (6) Ebenda S. 137; (7) Ebenda S. 80; (8) Ebenda S. 134. — KISSLING, R.: (1) Leim und Gelatine, S. 1. Stuttgart: Wissenschaftlicher Verlag 1923; (2) Ebenda S. 23; (3) Ebenda S. 40.

LAMBERT, TH., u. H. B. STOCKS: (1) Bone Products and Manures, 3. Aufl., S. 4. London: Scott, Greenwood & Son 1925; (2) Ebenda S. 37; (3) Ebenda S. 17; (4) Ebenda S. 42; (5) Ebenda S. 43; (6) Ebenda S. 64; (7) Ebenda S. 42, 48; (8) Ebenda S. 118; (9) Ebenda S. 11.

METHNER, TH.: Z. angew. Chem. **14**, 134 (1901). — MÖLLER, W., u. L. SEIDLER: (1) F. ULLMANNS Enzyklopädie der technischen Chemie **4**, 261. Berlin u. Wien: Urban & Schwarzenberg 1916; (2) Ebenda S. 262. — MÜLLER, H. C.: WOLFFS Düngerlehre, S. 154. Berlin: P. Parey.

NOLTE, O.: Dünger und Düngen, S. 93—95. Berlin: P. Parey 1922. — NOSTITZ, A. v., u. J. WEIGERT: (1) Die künstlichen Düngemittel, S. 325ff. Stuttgart: F. Encke 1928; (2) Ebenda S. 269.

RIDEAL, S., u. H. B. STOCKS: (1) Glue and Glue Testing, 3. Aufl., S. 93, London: Scott, Greenwood & Son 1926; (2) Ebenda S. 97, 98; (3) Ebenda S. 56.

SAUER, E.: (1) Leim und Gelatine in LIESEGANGS kolloidchemischer Technologie. Dresden: Th. Steinkopff 1927; (2) Ebenda S. 874; (3) Ebenda S. 873; (4) Ebenda S. 878. — SCHEIDEMANDEL, A. G.: Knochenmehlfibel. Berlin: Selbstverlag. — SCHUCHT, L.: (1) Fabrikation des Superphosphates, 3. Aufl., S. 274, 275. Braunschweig: Vieweg & Sohn 1909; (2) Ebenda S. 272; (3) Ebenda S. 271; (4) Ebenda S. 273; (5) Ebenda S. 277; (6) Ebenda S. 278; (7) Ebenda S. 273; (8) Ebenda S. 92.

THIELE, L.: (1) Leim und Gelatine, 2. Aufl. Leipzig: D. M. JÄNNECKE 1922; (2) Ebenda S. 4; (3) Ebenda S. 42; (4) Ebenda S. 53; (5) Ebenda S. 5. — THIELE, R.: Die Düngung im Garten-, Obst- und Gemüsebau, S. 86. Berlin: P. Parey.

UBBELOHDE, L., u. F. GOLDSCHMIDT: (1) Handbuch der Chemie und Technologie der Öle und Fette **2**, 700. Leipzig: S. Hirzel 1920; (2) Ebenda S. 706; (3) Ebenda S. 707. — ULLMANN, F.: Enzyklopädie der technischen Chemie **7**, 23 (1919).

Verein deutscher Düngerfabrikanten: (1) Die Fabrikation des Superphosphates, als 4. Aufl. von L. SCHUCHT, S. 267; (2) Ebenda, S. 271.

d) Die organischen Dünger natürlichen Ursprungs[1].

Von

Dr. G. Wichern und Privatdozent Dr. W. Wöhlbier

Hönningen a. Rh. Rostock i. Meckl.

Mit 7 Abbildungen.

Zu den künstlichen Düngemitteln zählen auch eine Anzahl von Produkten, die ihrer Masse nach tierischen Ursprunges sind und infolgedessen in der Hauptsache aus meist leicht zersetzbarer organischer Substanz bestehen. Als Düngemittel haben einzelne, wie z. B. der Peruguano, früher in der Landwirtschaft eine große Rolle gespielt. Die meisten dieser organischen Dünger finden heute jedoch nur noch in der Gärtnerei, zur Kompostierung und ähnlichen Zwecken Verwendung. Andere, wie Blutmehl, Fischmehl, Tierkörper- und Walmehl, erfahren jetzt infolge einer vervollkommneten und insonderheit hygienischeren Gewinnungsweise eine wirtschaftlichere Verwertung als Futtermittel. Nur in einzelnen Ländern und soweit sie infolge schlechter Beschaffenheit oder mangelnden Frischezustandes als Futtermittel nicht geeignet sind, werden sie noch zu Düngungs- und Kompostierungszwecken verwandt. Die organischen Dünger enthalten, sofern sie nicht durch Behandlung mit Säuren oder sonstwie aufgeschlossen sind, die Pflanzennährstoffe in einer schwerer löslichen und aufnehmbaren Form als die anorganischen Kunstdünger. Ihre Wirkung ist deshalb eine langsamere und unsichere, wenn schon auch anhaltendere. Die meisten der hierher gehörigen Düngemittel sind in der Hauptsache Stickstoffdünger. Einige enthalten aber auch noch mehr oder weniger große Mengen von Kali, Kalk und Phosphorsäure. Da diese Dünger nur in ähnlichen Mengen wie die anorganischen Düngemittel zur Anwendung gelangen, so kommt ihrer organischen Substanz für den Boden nicht die gleiche Bedeutung wie der in den Naturdüngern zu. Zu den organischen Düngern sind zu rechnen: Blutmehl, die verschiedenen Guanosorten, Hornmehl, Ledermehl, Tierkörpermehl und die Wollabfälle.

I. Blutmehl (Blutguano).

Die Verwertung der im Schlachthofe und ähnlichen Betrieben anfallenden Abfälle ist heute gut organisiert. Man findet überall sog. Verwertungsgenossenschaften, die für eine rentable und sachgemäße Ausnutzung der Schlachtabfälle Sorge tragen. So wird auch heute das Blut in immer größerem Umfange auf Zentralanlagen auf Blutmehl verarbeitet. Um dasselbe bis zu seiner Verarbeitung haltbar zu machen, wird es mit Toluol versetzt und dann zum Versand gebracht. Einwandfrei gesammeltes und sorgfältig getrocknetes Blut ergibt ein Blutmehl von sehr guten Eigenschaften, so daß seiner Verwendung als Futtermittel nichts im Wege steht. Durch diese Verwertungsmöglichkeit ist der Preis erheblich angestiegen, so daß ebenso wie beim Tierkörpermehl und Fischmehl die Verwendung als Düngemittel heute nur noch selten stattfindet. Die Herstellung des Blutmehles aus Blut geschieht nach folgender Methode. Zunächst wird das Blut zum Gerinnen gebracht. Dies geschieht durch Zusatz von etwas Säure und durch Behandeln mit überhitztem Dampf. Dazu wird das Blut in Bottiche gebracht, die mit einem Rührwerk versehen sind. Dann werden diese von außen mit überhitztem Dampf geheizt. Nachdem das Blut zu einem Brei geworden ist, wird es durch eine Öffnung am Boden auf eine Quetsche gebracht, von wo es in dünner Schicht auf Horden gelangt. Das Blutwasser läuft dabei ab. Der

---

[1] Den Abschnitt Guano hat Dr. Wichern, alle übrigen Dr. Wöhlbier bearbeitet.

Rest des Wassers wird dann in Darren (Plandarren) entfernt, die mit Dampf geheizt sind und durch die ein langsamer Luftstrom zur Beseitigung der Feuchtigkeit gesogen wird. Das getrocknete Blut wird dann auf Mühlen gemahlen.

Das Blut kann auch bequemer im Dampftrockner getrocknet werden. Einen solchen Apparat zeigt Abb. 216. Das Blut wird vorher ebenfalls zum Koagulieren gebracht, meist durch Zusatz von Säuren, und es scheidet sich dann das Blutwasser in größeren Mengen ab, so daß man eine geringere Menge Wasser im Trockenapparat einzudampfen braucht.

Abb. 216. Trocknungsapparat mit Dampfheizung für kontinuierlichen Betrieb. (Fa. Heinrich Schirm, Leipzig-Plagwitz.)

Das Blutmehl stellt ein dunkelbraunes Pulver dar und enthält etwa 13—15 % Stickstoff. Außerdem noch geringe Mengen Phosphorsäure (0,5—1,5 %) und $^1/_2$—1 % Kali. Da der Stickstoff fast vollständig als Eiweiß vorhanden ist, setzt er sich im Boden relativ schnell um und ist den Pflanzen verhältnismäßig leicht zugänglich.

II. Guano.

Der natürliche Guano kommt auf der Erde in verschiedenen Gegenden vor, meist auf völlig vegetationslosen und nur von Vögeln bewohnten Inseln und Landstrichen. Die weitaus wichtigsten Fundorte befinden sich auf den der peruanischen Küste vorgelagerten Inseln zwischen dem 8. und 15. Grad südlicher Breite (Chinchas, Guanape, Vejas u. a.) und auf dem Küstenstriche südlich von Iquique. Der Überlieferung nach wurde der Guano (peruanisch: Huano = Mist) bereits 200 Jahre vor Christi Geburt von den Inkas als Düngemittel verwendet. Die ältesten Aufzeichnungen über den Guano finden sich in dem 1604 erschienenen Werke „Comentarios reales“ von Garcilaso de la Vega. Lange Zeit war der Guano dann in Europa in völlige Vergessenheit geraten, bis im Jahre 1802 Alexander von Humboldt die schwer zugänglichen Inseln aufsuchte und die ersten Proben nach Europa brachte. Immerhin dauerte es noch bis 1840, bis die erste Ladung — 20 Fässer — Liverpool erreichte. Der große Anklang, den das neue Düngemittel bei der Landwirtschaft fand, führte bald zu einer gewaltigen Steigerung der Einfuhr nach Europa, die ihren Höhepunkt in den Jahren 1856 und 1870 mit 324000 bzw. 522000 t erreichte. In jenen Jahren, wo der Chilesalpeter noch zu teuer, die Gewinnung des schwefelsauren Ammoniaks und des Superphosphates noch in den Anfängen steckte, Thomasmehl und Kalisalze noch unbekannt waren, beherrschte der Peruguano den Düngemittelmarkt durch seine auch heute noch hochgeschätzten besonderen Eigenschaften vollständig und war ausschlaggebend für die Stickstoff- und Phosphorsäurepreise.

Die starke Ausbeutung der Lagerstätten brachte naturgemäß die Erschöpfung mancher Vorkommen mit sich, so die der einen Chinchas-Insel im Jahre 1867 nach 27jährigem Betriebe. Mit der allmählich fortschreitenden Erschöpfung der größten Lagerstätten und dem Aufblühen der industriellen Herstellung von schwefelsaurem Ammoniak und Superphosphat in den Absatzländern ging die Förderung des Peruguanos allmählich zurück, zumal auch die peruanische Regierung mit Rücksicht auf die Landwirtschaft ihres eigenen Landes und ihrer Staatsfinanzen sich genötigt sah, die Ausbeutung der Guanolager zu kontingentieren und, wie vor Hunderten von Jahren die Inkas getan hatten, Gesetze zum Schutze der Guanovögel zu erlassen.

Während in den Jahren von 1851—1872 nach COKER insgesamt mehr als 10 Mill. t Peruguano zur Verschiffung gekommen waren, bewegen sich heute die Verladungen in weit bescheideneren Grenzen:

Gewinnung von Peruguano in 1000 t.

1905	68	1913	73	1920	68
1906	59	1914	79	1921	63
1907	82	1915	60	1922	87
1908	49	1916	54	1923	133
1909	28	1917	81	1924	161
1910	32	1918	74	1925	147
1911	69	1919	50	1926	80
1912	72				

Die Guanolager Perus verdanken ihre Entstehung den Kadavern und Exkrementen der diese Gegenden zu Millionen bevölkernden Pelikane, Albatrosse, Kormorane, Seeraben (Guanayas) und anderen Vogelarten, unter denen die als friedliche Guanofabrikanten zumeist genannten Pinguine vielleicht die geringste Rolle spielen. Das Leben und Treiben dieser ungeheuren, von Ungeziefer starrenden, friedlich gedrängt nebeneinandernistenden Vogelscharen — auf 1 m^2 zählt man 6 Nester — mit ihren wohlorganisierten Fischzügen ist zoologisch höchst interessant. Die erstaunliche Gefräßigkeit mancher Vogelarten, die täglich ein Mehrfaches ihres Körpergewichtes an Fischen zu verzehren vermögen, läßt einerseits Rückschlüsse auf den ungeheuren Fischreichtum jener von einer kalten Strömung durchzogenen Meeresteile zu, andererseits erklärt sie auch die schnelle Anhäufung immer neuer Mengen Exkremente auf den bereits einmal abgebauten Lagerstätten.

Die ganz eigenartigen klimatischen Verhältnisse dieses absolut regenlosen Gebietes, die bei wolkenlosem Himmel von November bis Mai—Juni wehenden, alles ausdörrenden, starken Südostwinde neben den während des übrigen Jahres bei fast völliger Windstille vorherrschenden feuchten Nebeln verwandeln die Exkremente der Vögel in den wertvollen Guano und erhalten ihm als wesentlichen Bestandteil seine Stickstoffverbindungen. Dabei treten mannigfache chemische Zersetzungen und Umwandlungen ein, über deren Wesen die verschiedene Zusammensetzung der sich dabei bildenden Schichten einige Anhaltspunkte gewährt. Ältere Lagerstätten, die zuweilen eine Mächtigkeit von 60 m erreichenweisen drei charakteristische Schichtungen auf. Die oberste Schicht von gelblich, grauer Farbe enthält verhältnismäßig wenig Stickstoff und viel Phosphorsäure, die mittlere mit einem hohen Gehalt an Stickstoffverbindungen und weniger Phosphorsäure enthält den wertvollsten Guano und besitzt eine gelbe Farbe, während die unterste, braune Schicht nur geringe Mengen, oft nur Spuren, Stickstoff aufweist und 30 % und darüber an Phosphorsäure als dreibasisch-phosphorsauren Kalk enthält.

Die Entstehung dieser Schichten läßt sich auf folgende Weise erklären. Die oberste Schicht wird durch den Gischt der Meeresbrandung und durch die monatelang anhaltenden Nebel feucht gehalten, wodurch ein Teil der Stickstoff- und Phosphorsäureverbindungen gelöst und den mittleren Schichten zugeführt wird, die dadurch an wertvollen Pflanzennährstoffen angereichert werden. In der untersten Schicht findet dagegen unter gleichzeitiger Humusbildung eine chemische Zersetzung der Stickstoffverbindungen statt, die nun gasförmig nach oben entweichen und gleichfalls in der mittleren Schicht aufgehalten werden.

Infolge dieser Schichtenbildung ist die Zusammensetzung des Peruguanos sehr wechselnd, wozu noch die Verschiedenheit kommt, welche durch die Lage der einzelnen Fundorte bedingt ist. Die nachstehenden Analysen (J. FRITSCH 1) geben ein deutliches Bild einerseits von der stark wechselnden Zusammensetzung des Peruguanos, andererseits zeigen sie die vielfachen Formen, in denen der Stickstoff und die Phosphorsäure darin vorkommen:

	I %	II %	III %	IV %	V %	VI %
Ges. P_2O_5	8,70	11,40	9,00	9,25	8,65	10,30
Wasserlösliche P_2O_5 . . .	2,65	4,25	2,15	2,40	2,55	5,25
Citratlösliche P_2O_5 . . .	4,60	3,70	4,60	4,90	4,79	1,80
Ges. N	8,20	13,35	14,60	8,90	8,85	8,60
Ammoniak-N	1,95	3,05	1,85	2,40	2,65	7,20
Salpeter-N	—	0,05	—	0,10	0,10	0,05
Organ. geb. N (Harnsäure)	6,25	10,25	12,75	6,40	6,10	1,35
K_2O	2,10	3,05	2,45	1,95	2,30	4,25
Von 100 Teilen P_2O_5 sind wasser- und citratlöslich:	83,3	69,7	75,0	79,0	83,0	68,4

Die mittlere Schicht enthält vielfach Einschlüsse mit einem krystallinischen Kern, die vor allem die Stickstoffverbindungen in sehr konzentrierter Form enthalten.

Analysen von KARMRODT und PHIPSON (J. FRITSCH 2).

Oxalsaures Ammoniak	41,28 %	—
Kohlensaures Ammoniak	—	76,93 %
Harnsaures Ammoniak	4,09 %	—
Harnsaures Alkali	—	1,09 %
Stickstoffhaltige, organische Substanz . .	10,17 %	—
Kaliumphosphat	9,52 %	—
Natriumphosphat	9,08 %	—
Ammoniumphosphat	7,57 %	—
Calciumphosphat (einbasisch)	—	1,14 %
Kohlensaurer Kalk	—	9,91 %
Schwefelsaures Kali	7,49 %	Spuren
Schwefelsaurer Kalk	3,40 %	„
Magnesia und Chlor	—	„
Feuchtigkeit	7,40 %	10,93 %
	100,00	100,00

Analyse nach KRAUT (J. FRITSCH 3).

K_2SO_4	45,64 %
Na_2SO_4	13,22 %
$(NH_4)_2SO_4$	10,23 %
$(NH_4)_2C_2O_4$	9,14 %
$(NH_4)_2HPO_4$	12,09 %
$NH_4H_2PO_4$	4,78 %
Organ. Substanzen . . .	0,94 %
Unlösliches	1,90 %
H_2O	2,06 %
	100,00

In der untersten Schicht findet man ähnliche Einschlüsse, in denen jedoch die Sulfate vorherrschen (nebenstehend).

Die Gewinnung des Guanos vollzieht sich sehr einfach, indem die Masse, sofern sie nicht bei älteren, stark erhärteten Vorkommen vorerst mit Dynamit losgesprengt werden muß, einfach in Säcke geschaufelt wird. Vorher werden jedoch nach Möglichkeit alle Steine, die merkwürdigerweise auch dort im Guano vorkommen, wo natürliche Steinschüttungen ausgeschlossen sind, sorgfältig ausgelesen. Die

Säcke werden sodann in Leichter verladen und in die auf der Reede ankernden Schiffe entleert.

Die Verwendung des rohen Guanos in der Landwirtschaft brachte mancherlei Unzuträglichkeiten mit sich. Man sah sich infolgedessen bald zu einer technischen Überarbeitung genötigt. Die großen Verschiedenheiten in den Nährstoffgehalten innerhalb der einzelnen Ladungen, der oft zu hohe Wassergehalt, der ein Ausstreuen auf den Feldern sehr erschwerte, die Flüchtigkeit eines Teiles der Stickstoffverbindungen (Ammoniumcarbonat) und die Unlöslichkeit eines wesentlichen Teiles der Phosphorsäure forderten energisch Abhilfe.

Die Bearbeitung vollzieht sich heute auf folgende Weise. Der rohe Guano wird zunächst gesiebt und, soweit erforderlich, zerkleinert, wobei gleichzeitig noch ein Rest an Kieselsteinen und taubem Material ausgeschieden wird. Darauf wird er einem der Superphosphatherstellung genau entsprechenden Aufschließprozeß unterworfen, indem man ihn mit 22—25% seines Gewichtes an Schwefelsäure von 60° Bé gut verrührt und die Mischung dann in einem Superphosphatkeller erstarren läßt. Hierdurch trocknet die ganze Masse auf und gelangt nach einer abermaligen Zerkleinerung in eine für den Landwirt handliche Form. Der unlösliche dreibasisch-phosphorsaure Kalk wird in die wasserlösliche, einbasische Verbindung übergeführt, das flüchtige Ammoniumcarbonat in das beständige Ammonsulfat verwandelt. Durch Vermischen von mehreren Guanopartien mit verschiedenen Nährstoffgehalten in richtigem Verhältnis läßt sich ein gleichmäßiges Produkt herstellen. So bringen die Guano-Werke A.-G. (vorm. Ohlendorffsche und Mercksche Werke) in Hamburg als alleinige Hersteller des aufgeschlossenen Guanos in Deutschland ein Produkt in den Handel mit 6% Stickstoff, 10% Phosphorsäure und 2% Kali, dem nichts von der ursprünglichen Eigenart des Guanos abgeht, wohl aber neben den verschiedenen wertvollen Stickstoffverbindungen die Phosphorsäure in der wasserlöslichen Form enthält.

Neben den peruanischen gibt es noch eine ganze Reihe anderer Guanovorkommen, die ihre Entstehung gleichfalls diesen großen Vogelkolonien verdanken, aber fast immer haben die klimatischen Verhältnisse eine Auswaschung gerade der wertvollsten Bestandteile, der löslichen Stickstoffverbindungen, mit sich gebracht. Die Lagerstätten sind meist nicht allzu bedeutend, so daß sich eine Ausbeutung in dem Maßstabe, wie sie in Peru betrieben wurde, auch nicht annähernd irgendwo hätte ermöglichen lassen. Einer der wenigen Guanos, die, aus Vogelexkrementen entstanden, ihren Stickstoffgehalt bewahrt haben, ist der von Damaraland (nördlich der Walfischbay in Südwestafrika) mit 5 bis 7% Stickstoff und 12—14% Phosphorsäure, und der von der Insel Ichaboe, nördlich von Lüderitzbucht, mit 14,4% Stickstoff und 17,6% Phosphorsäure. (Die gleiche Insel beherbergt auch noch ein Vorkommen von Fledermausguano [s. unten]).

Fast alle anderen Guanovorkommen sind mehr oder weniger völlig vom Regen ihrer Stickstoffverbindungen beraubt. Ein Musterbeispiel dafür bietet der Guano, welcher sich auf einer Landzunge an der Bucht von Mejillones, nördlich von Antofagasta an der chilenischen Küste, findet. Die Lagerstätten sind in genau der gleichen Weise durch Anhäufung riesiger Mengen von Exkrementen von Vögeln entstanden, wie die der nicht allzu fernen peruanischen Inseln. Die Bucht von Mejillones liegt jedoch schon außerhalb der regenlosen Zone, welche fast genau mit der politischen Grenze zwischen Peru und Chile abschneidet. Infolgedessen enthält der Guano in den oberen Schichten gar keinen Stickstoff und in den unteren nur etwa 3%, dagegen 75% phosphorsauren Kalk. Völlig ihres Stickstoffgehaltes beraubte Guanos finden sich auf vielen, überall in der Welt verstreuten Inseln. Als die wichtigsten sind hier zu nennen die

Inseln des Stillen Ozeans Baker Island, Howland Island, Enderbury Island und Malden Island. Diese Guanos weisen folgende Zusammensetzung auf:

Analysen nach L. SCHUCHT.

	Baker-Guano %	Howland-Guano %	Enderbury-Guano %	Malden-Guano %
H_2O	10,21	11,59	11,67	5,48
P_2O_5	32,23	32,30	37,41	36,32
CaO	41,40	40,07	42,01	48,50
MgO	1,23	1,05	1,56	1,45
Fe_2O_3	—	—	0,17	1,45
CO_2	4,60	1,51	—	2,54
SO_3	2,43	0,48	0,60	1,11
F	0,54	0,65	0,25	0,43
NaCl	0,56	0,51	—	0,86
K_2O	—	—	—	0,46
Organ. Substanz .	6,80	11,84	6,33	2,11
Unlösliches	—	—	—	0,83

Weitere Vorkommen befinden sich unter anderen auf den Kuria-Muria-Inseln an der Südostküste Arabiens, auf den Falklandinseln und in Patagonien. Charakteristisch für alle Guanos ist ihr Gehalt an organischer Substanz und die teilweise Löslichkeit ihrer Phosphorsäure in ammoniakalischer Citratlösung.

Eine besondere Abart des Guanos bildet der Fledermausguano, welcher aus Resten von Insekten und Exkrementen von Fledermäusen besteht. Er kommt in Höhlen vor, die den Fledermäusen zum Unterschlupf dienen. Seine Gewinnung ist daher umständlich und bei der geringen Ausdehnung der einzelnen Lager nicht lohnend. Solche Vorkommen sind bekannt in Deutschland (Nassau), Frankreich, Sardinien, Algier, Westafrika (Ichaboe Island), Mexiko und vielerwärts anderswo. Die Gehalte an Pflanzennährstoffen sind sehr wechselnd. Sie schwanken zwischen 8—13% Stickstoff und 2—5% Phosphorsäure, zuweilen enthält solcher Guano auch geringe Mengen Kali.

III. Fischguano und Walmehl.

Fischguano spielt in der deutschen Landwirtschaft nur eine untergeordnete Rolle, da man heute die Abfälle der Fischverarbeitung vor allem als Futtermittel verwendet. Nur in einigen Ländern finden diese Produkte eine stärkere Verwendung als Düngemittel, nämlich dort, wo man auf den Düngewert der organischen Substanz Wert legt. Als Beispiele wären zu nennen: Norwegen, Amerika, Japan. In Amerika ist besonders ein Volldünger beliebt, der aus Abfällen der Fischkonservenfabriken hergestellt wird. Diese werden zunächst mit Schwefelsäure behandelt und danach mit Chlorkalium gemengt. Zu diesen Produkten sind auch die aus Waltieren und Robben gewonnenen zu rechnen. Der Herstellungsprozeß ist folgender. Als Ausgangsmaterial werden Fischabfälle oder kleine, sonst nicht verwertbare Fische genommen, ferner die Rückstände der bei der Ölgewinnung verarbeiteten Waltiere und Robben. Auch verdorbene Tiere werden zu Guano verarbeitet. Dieses Material wird zunächst gepreßt, um das Fett zu gewinnen. Außerdem ist ein höherer Fettgehalt auch der Düngewirkung abträglich. Danach werden die Preßrückstände getrocknet und gemahlen und gelangen dann zum Verkauf.

Nach einem anderen Verfahren wird das Rohmaterial in Apparaten, wie beim Ledermehl beschrieben, mit organischen Lösungsmitteln extrahiert, getrocknet und gemahlen. Die Trocknung geschieht in Dampftrocknungsapparaten oder mit Luft. Man unterscheidet dementsprechend dampf- oder luftgetrocknetes Fischmehl.

Man bezeichnet je nach den Herstellungsorten bzw. dem Ausgangsmaterial die gewonnenen Produkte als Norwegischer Fischguano, Stichlingsmehl und Elbheringsmehl.

Der Gehalt an Pflanzennährstoffen ist wechselnd. Er schwankt beim Fischguano zwischen 5—11 % N und 6—14 % P_2O_5. Die guten Fischmehle wurden vor dem Kriege gehandelt mit 9 % N und 9 % P_2O_5, die Heringsmehle mit 10 % N und 4 % P_2O_5.

Fischguano oder Fischmehl wurden vor dem Kriege in Mitteldeutschland in beträchtlichen Mengen zu Düngezwecken bezogen und gern gebraucht, weil der Stickstoff infolge seiner organischen Bindung auch im zweiten Jahre noch eine gute Wirkung erkennen läßt. Der Verbrauch ist aber zurückgegangen, weil die Preise für Fischmehl stark gestiegen sind, seitdem man dasselbe als Futtermittel in größerem Maßstabe benutzt. Während vor dem Kriege für Fischmehl £ 10.— je Tonne gezahlt wurden, werden heute Preise von £ 17.— bis 18.— angelegt. Dadurch ist in Deutschland die Verwendung als Düngemittel unmöglich gemacht worden. Von den Heringsmehlen gehen jetzt noch in Jahren überreichen Fanges in Norwegen ab und zu einige Tausend Tonnen nach Nordamerika in die Baumwollplantagen resp. nach Ostindien in die Baumwoll- und Teeplantagen. In Großbritannien gibt es noch einige rückständige Fabriken oder, was vielleicht richtiger ist, es gibt in einigen Großstädten noch genügende Mengen altgewordenen Fischstoffs, der eine Verarbeitung auf Futterfischmehl nicht gestattet, sondern nur eine solche auf Fischguano. Demnach gibt es in England noch ab und zu Partien Fischguano, die tatsächlich noch für Düngezwecke in Großbritannien oder dessen Kolonien Verwendung finden.

Einen anderen Artikel, der hier gleich noch mit besprochen werden soll, gibt es, der in großem Maßstabe zu Düngungszwecken Verwendung findet, das ist das Walfischmehl oder, dem Futtermittelgesetz entsprechend das Walmehl, weil es sich nicht um ein Fischmehl, sondern um ein Säugetiermehl handelt. Dieses Mehl wird von den Walfängern hauptsächlich im südlichen Eismeer gewonnen. Die Waltiere werden von eigens dazu konstruierten Schiffen (sog. Jagdbooten) mittels Harpunen gefangen. Mit Schießvorrichtungen werden diese abgeschossen und tragen ihrerseits wieder Granaten an der Spitze, welche nach dem Eindringen in den Körper des Wales explodieren und denselben so töten. Da die getöteten Tiere nicht allein schwimmen, müssen sie mit Luft aufgeblasen werden. Danach werden sie nach dem Mutterschiff der Walfangexpedition gebracht, den sog. „Kochereien“. Die Tiere werden bei ruhiger See außenbords zerlegt. Bei ungünstigem Wetter werden sie auf einer Schleifbahn auf das Schiff gezogen und dort zerteilt. Aus den Waltieren wird zunächst der Tran gewonnen. Die Knochen und das Fleisch werden dann auf Walmehl und Waltierknochenschrot verarbeitet.

Neben dieser Verarbeitung auf den großen Tankdampfern ist in neuester Zeit eine besonders vorteilhafte Methode auf den Landstationen in Anwendung gekommen. Es werden dabei die von den Nordamerikanern gebauten „Labsapparate“ verwendet. Dieses Verfahren soll sowohl für die Qualität der hergestellten Produkte als auch für die Rentabilität des Betriebes besonders vorteilhaft sein.

Je nachdem man Fleisch und Knochen zusammen verarbeitet erhält man ein Produkt von wechselnder Zusammensetzung:

Walmehl enthält etwa 9 % N und 9 % P_2O_5
Walmehl ohne Knochen 10—13 % N und 3—4 % P_2O_5
Waltierknochenschrot etwa 4 % N und 22 % P_2O_5

Die Industrie hat sich darauf eingestellt, ein annähernd gleichbleibendes Produkt herzustellen, und zwar wird gewöhnlich ein solches mit 9% N und 9% P_2O_5 angeboten. Die Preise, die vom Großhandel hierfür verlangt werden, liegen etwa bei 12,— bis 12,75 M. je 50 kg. Bei anderem Nährstoffgehalt ist der Preis entsprechend abgeändert.

In Deutschland findet das Walmehl wenig zu Düngungszwecken Verwendung. Die Hauptmengen der Weltproduktion gehen nach Nordamerika für die Düngung der Baumwollfelder sowie nach Ostasien zur Düngung der Teefelder, vielleicht auch der Reisfelder. Die Weltproduktion wird auf etwa 200000 t geschätzt. (Nach einer privaten Mitteilung von Herrn Carlos Ludewig, Hamburg.)

IV. Hornmehl.

Die hornigen Gebilde, wie Klauen, Hörner, Borsten, Federn usw., bestehen zum großen Teile aus einer eiweißartigen Substanz, dem Keratin. Der dadurch bedingte hohe N-Gehalt hat dazu geführt, diese Stoffe als Düngemittel zu verwenden. Der Aschegehalt ist nicht nennenswert, so daß zur Bewertung lediglich der Stickstoffgehalt in Frage kommt. Allerdings ist das Keratin der hornartigen Substanzen im Boden schwer zersetzbar. Um eine bessere Wirksamkeit zu erzielen, müssen die Hornsubstanzen einer Vorbehandlung unterzogen werden. Man unterscheidet dabei vier verschiedene Methoden:

1. Aufschließen mit Schwefelsäure;
2. Aufschließen durch Dämpfen;
3. Extraktionsmethode;
4. Röstprozeß.

1. Das Ausgangsmaterial wird in dazu geeigneten Apparaten mit Schwefelsäure versetzt. Abb. 217 zeigt eine Aufschließmaschine der Firma Heinrich Schirm, Leipzig. Der Trog ist aus säurefestem Material und mit einem dichtabschließenden Deckel versehen. Durch letzteren geht der Einfülltrichter für Säure und Mehl. Die eingefüllte Masse wird durch ein Rührwerk mit etwa 60 Umdrehungen in der Minute durcheinandergerührt. Nach Beendigung des Aufschlusses fällt das Mehl in daruntersteheндe Trockenkammern, wo es einem Trocknungsprozeß unterworfen wird, und danach wird es auf Schlagkreuzmühlen gemahlen.

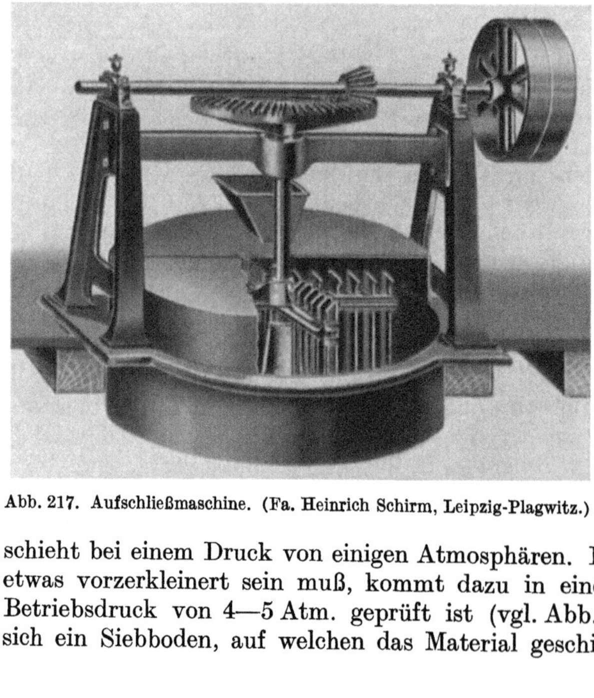

Abb. 217. Aufschließmaschine. (Fa. Heinrich Schirm, Leipzig-Plagwitz.)

2. Das Aufschließen durch Dämpfen geschieht bei einem Druck von einigen Atmosphären. Das Rohmaterial, das schon etwas vorzerkleinert sein muß, kommt dazu in einen Dämpfer, der auf einen Betriebsdruck von 4—5 Atm. geprüft ist (vgl. Abb. 218). In diesem befindet sich ein Siebboden, auf welchen das Material geschichtet wird. Durch diesen

Siebboden fließen die geringen Fettmengen ab. Die Gewinnung des Fettes ist hierbei Nebensache. Man dämpft das Horn deswegen, weil es sich dann leichter mahlen läßt und im Boden leichter zersetzt.

3. Dasselbe gilt für den Extraktionsprozeß. Dazu bringt man das Rohmaterial in Extraktionsanlagen, wie beim Ledermehl beschrieben. Es wird mit Benzin- oder Benzoldämpfen das Fett ausgezogen und zurück bleibt eine trockene, leicht mahlbare Substanz. Dieser Prozeß wird meist in den Knochenmehlfabriken mit angewendet, weil die dort befindlichen Extraktionsapparate auch gleich dazu dienen können, das Hornmehl mit herzustellen.

Abb. 218. Dämpfer. (Fa. Heinrich Schirm, Leipzig-Plagwitz.)

4. Verzichtet man auf den geringen Fettgehalt, so können die Hornabfälle auch geröstet werden. Der Vorgang ist derselbe wie beim Rösten des Ledermehles. Auch hier werden die Hornabfälle vorher zerkleinert, um eine bessere und gleichmäßigere Wirkung der Röstgase zu erzielen. Es gilt über den Röstprozeß auch hier dasselbe wie das beim Ledermehl Gesagte. Da das Verfahren sich schlecht beobachten läßt, entstehen leicht N-Verluste, die diese Arbeitsmethode als unsicher und unvorteilhaft erscheinen lassen.

Neben dem aufgeschlossenen Hornmehl, das nach einem dieser Verfahren hergestellt wird, kommt hin und wieder noch unaufgeschlossenes in den Handel. Diese sog. Hornspäne sind Abfälle, die bei der Verarbeitung von Horn und Klauen in Schnitzereien und Drehereien entstehen und ungedämpft verkauft werden. Sie stehen deshalb in der Wirkung dem gedämpften Hornmehl nach, wenigstens soweit es die Schnelligkeit der Wirkung anlangt.

Das Hornmehl hat je nach der Behandlung und dem Ausgangsmateriale eine graue bis grünlichgelbe Farbe. Der Nährstoffgehalt beträgt etwa 10—14 % N und einige Prozent Phosphorsäure (4—5 %).

Hornmehl wird oft mit Knochenmehl gemischt, um den Stickstoffgehalt des letzteren zu erhöhen. Der Nährstoffgehalt dieser Mischdünger ist natürlich vom Mischungsverhältnis abhängig.

V. Ledermehl.

Das Ledermehl gehört zu den organischen Düngemitteln, deren Stickstoff von der Pflanze am schlechtesten verwertet werden kann. Nach P. WAGNER beträgt die Wirksamkeit des Lederstickstoffs gegenüber dem des Salpeters nur ein Fünftel bis ein Zehntel. Aus diesem Grunde ist der Wert des Ledermehles als Düngemittel nur ein geringer und seine Anwendung lohnt sich nur in Ausnahmefällen. Zur Kompostierung wird es mitunter noch vorteilhaft verwandt. Die schlechte oder besser gesagt sehr langsame Wirkung des Ledermehlstickstoffs erklärt sich daraus, daß derselbe größtenteils in Form von Leim vorhanden ist, welcher ja an sich schon eine verhältnismäßig langsame Wirkung zeigt. Ferner besitzt aber Leder ein sehr inniges organisches Gefüge, so daß seine Zersetzlichkeit nur gering ist, und dann wird auch durch den Gerbprozeß der Stickstoff in sehr schwer zersetzliche Form übergeführt (A. v. NOSTITZ und J. WEIGERT).

Es bildet sich dabei eine Verbindung von Gerbsäure mit Eiweiß, die von den Bodenmikroben nur schwer zersetzt wird.

Bei der Herstellung des Ledermehles bedient man sich verschiedener Verfahren. Das einfachste ist die direkte Vermahlung geschnitzelter Lederabfälle.

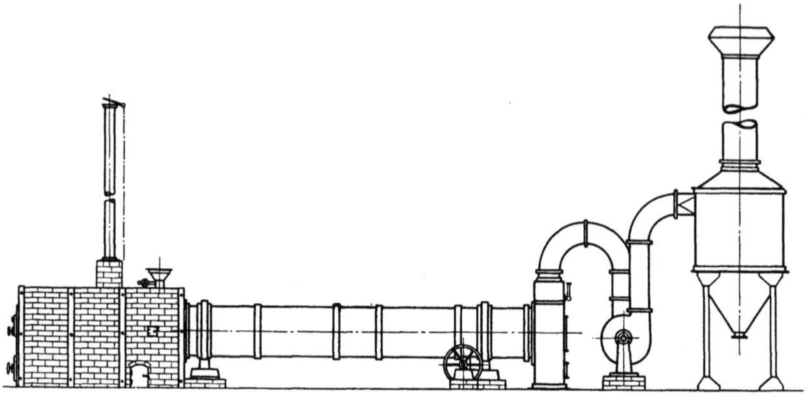

Abb. 219. Trockenapparat für direkte Feuerbeheizung und kontinuierlichen Betrieb. (Fa. Heinrich Schirm, Leipzig-Plagwitz.)

Dieses so gewonnene Produkt ist am geringsten zu bewerten, weil seine Zersetzlichkeit und somit seine Wirkung sehr gering ist. Um letztere zu erhöhen, hat man die Lederabfälle vor ihrer Vermahlung einer Vorbehandlung mit Schwefelsäure oder Benzin unterzogen oder dieselben einem Röstprozeß unterworfen.

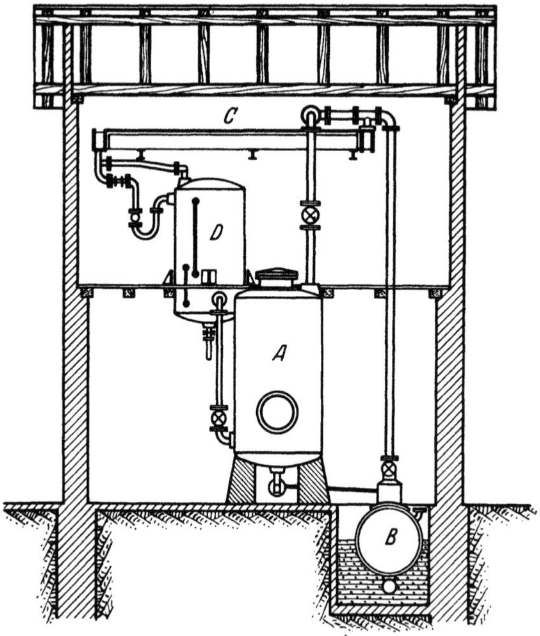

Abb. 220. Extraktionsanlage. (Nach einem Prospekt der Fa. Heinrich Schirm, Leipzig-Plagwitz.)

Das Aufschlußverfahren mit Schwefelsäure erfolgt in gleicher Weise wie beim Knochenmehl. In sog. Aufschließmaschinen werden die Lederabfälle mit Schwefelsäure behandelt. Nach Beendigung des Aufschlußprozesses wird das aufgeschlossene Material in Trockenkammern gebracht, getrocknet und gemahlen.

Ein häufiger angewandtes Verfahren ist der Röstprozeß. Dieser kommt dann in Frage, wenn auf die Gewinnung des geringen Fettgehaltes im Leder kein Wert gelegt wird. Das Ausgangsmaterial, das aus geschnitzelten Lederabfällen besteht, wird zu diesem Zweck in Feuertrockner gebracht (vgl. Abb. 219). Die zur Trocknung bzw. Röstung dienenden Gase werden in einem Ofen erzeugt. Die Temperatur derselben kann beliebig geregelt werden, indem man mittels einer besonderen Einrichtung noch Beiluft mit ihnen mischt. Die Temperatur-

regulierung ist besonders wichtig, da bei zu hohen Temperaturen leicht Stickstoffverluste eintreten. Das Röstgut wird in einen langgestreckten Zylinder fortlaufend eingefüllt und in demselben mittels einer Schnecke weiterbefördert. Dieser Zylinder ist mit dem Ofen verbunden, so daß die Heizgase unmittelbar hindurchgehen können. Das fertiggeröstete Gut wird nun gemahlen. In obiger Abbildung ist eine Schlagkreuzmühle direkt mit dem Trocknungszylinder verbunden, welche das Ledermehl gleich in Säcke befördert. Dieses Röstverfahren ist nicht so empfehlenswert wie das nächste Verfahren, weil sich der Röstprozeß schwer beobachten läßt.

Abb. 221. Brecher (Knochenbrecher.) (Fa. Heinrich Schirm, Leipzig-Plagwitz.)

Das beste Herstellungsverfahren ist die Extraktion mit Benzin, Benzol oder dem nicht feuergefährlichen Trichloräthylen. Diese Methode kommt besonders bei fettreicherem Material in Frage.

In Abb. 220 ist ein Schema einer Extraktionsanlage der Firma Heinrich Schirm, Leipzig-Plagwitz, abgebildet. In den Lösungsmittelbehälter *B* wird das Lösungsmittel gefüllt. Dieses gelangt von dort nach dem Extrakteur *A*, wo es mit einer Heizschlange verdampft wird. Die Gase des Lösungsmittels streichen nun durch die Lederabfälle, die im Gefäß *A* auf einem Durchlaßboden liegen. Die dabei entstehende Fettlösung tropft nach unten und wird von Zeit zu Zeit nach dem Fettsammler gebracht. Die überflüssigen Gase des Lösungsmittels, die auch einen Teil Wasserdampf enthalten, werden im Kondensator *C* niedergeschlagen und fließen wieder nach *B*, wo sie vom Wasser getrennt werden und den Kreislauf von neuem beginnen. Nach beendeter Extraktion wird heißer Wasserdampf durch die Lederabfälle geblasen, um alles Lösungsmittel wiederzugewinnen. Das Material verläßt den Apparat in vollständig trockenem, mahlfähigem Zustande. Die Lederabfälle kommen in Klumpen aus dem Apparat heraus und müssen zunächst auf einem Brecher (Abb. 221) vorgebrochen werden und können, nachdem sie an einem Elektromagneten vorübergegangen sind, in Schlagkreuzmühlen (Abb. 222) vermahlen werden. Danach wird das Ledermehl in einem Siebzylinder gesichtet.

Abb. 222. Schlagkreuzmühle. (Fa. Heinrich Schirm, Leipzig-Plagwitz.)

Da der Düngewert des Ledermehles gering ist, werden auch nur geringe Preise hierfür angelegt. Aus dem Grunde hat man die Lederabfälle auf Leim verarbeitet nach ähnlichem Verfahren wie bei der Knochenleimgewinnung. Der

zurückbleibende abgepreßte Rest wird Leimkäse genannt und ist mitunter getrocknet und gemahlen und als Dünger verkauft worden. Sein Wert als Düngemittel ist aber sehr gering, so daß sich die Herstellung nicht lohnt. Der Stickstoffgehalt des Ledermehles ist je nach den verschiedenen Umständen schwankend und beträgt etwa 5—10 % N.

VI. Tierkörpermehl (Kadavermehl).

Die Beseitigung gefallener Tiere fand früher lediglich durch Vergraben statt. Auf besonderen, hierfür bestimmten Plätzen, dem sog. Wasenplatz, Schindanger usw., wurden die Tiere vom Wasenmeister gehäutet und vergraben. Die erste gesetzliche Regelung der Beseitigung von Tierleichen wurde in Preußen erlassen und stammt vom 29. April 1772. Dieses Gesetz hat vor allem die Beseitigung der Tierleichen im Auge und ist besonders vom hygienischen Gesichtspunkte diktiert worden. Erst über hundert Jahre später ist man dazu übergegangen, die anfallenden Tierkadaver in größerem Umfange volkswirtschaftlich zu verwerten. Es ist besonders den Bemühungen der Deutschen Landwirtschafts-Gesellschaft zu danken, daß in der Kadaververwertung größere Fortschritte gemacht wurden. Der von ihr 1891 gegründete Sonderausschuß für Abfallstoffe hat durch seine Preisausschreiben von 1893, 1897 und 1906 versucht, die verschiedensten Kadaververwertungs- bzw. -vernichtungsapparate zu prüfen und mit Preisen zu versehen. Die Zahl der verschiedenen Systeme ist sehr groß, und als Beispiele sollen nur einige angeführt werden, ohne auf ihre Einzelheiten einzugehen: Venuleth & Ellenberger-Darmstadt, Rud. A. Hartmann-Berlin, Podewils-Fabriken-Augsburg, Dr. Otto & Co.-Hamburg, Beck & Henkel-Kassel, Niessen-Passing vor München, Schirm-Leipzig u. a. m. Die verschiedenen Systeme der einzelnen Fabriken unterscheiden sich nach Anordnung wie Größe recht beträchtlich, so daß hier nur das allgemeine Prinzip hervorgehoben werden kann.

Als Rohmaterial dienen tierische Kadaver, worunter nach dem Gesetz alle nicht zum menschlichen Genusse bestimmten oder nicht geeigneten Leichen totgeborener, gefallener oder nicht zu Schlachtzwecken getöteter Tiere zu verstehen sind. Auch die bei der Schlachtung verworfenen Teile von Tieren werden als Ausgangsmaterial benutzt. Diese Kadaver werden zunächst, sofern das nicht wegen Seuchengefahr verboten ist, abgehäutet und kommen dann in den Desinfektor. Hier werden sie mit überhitztem Wasserdampf von etwa 160° behandelt. Dabei wird das Fett flüssig und fließt ab. Desgleichen wird der Leim dem Tierkörper entzogen. Beide fließen in dazu bestimmte Sammelgefäße und werden dort mit Hilfe des verschiedenen spezifischen Gewichtes voneinandergetrennt. Das im Desinfektor zurückgebliebene Fleisch verliert dabei sein organisches Gefüge und zerfällt. Es wird dann oft gleich im Desinfektor gemahlen und getrocknet. Die Leimgallerte wird entweder allein oder zusammen mit dem Dampfrückstand getrocknet. Für den Düngewert ist besonders wichtig, daß das Fett möglichst restlos entzogen ist, anderenfalls die Wirkung geringer ist. Das Eintrocknen der Leimgallerte ist mit Schwierigkeiten verbunden, da sich dabei eine gummiartige, nicht gut pulverisierbare Masse bildet. Man hat die verschiedensten Vorschläge für eine Verbesserung der Trocknung gemacht, wie Zusatz von Sägespänen oder Torfmull. Allerdings wird durch diese Zusätze der Düngewert der Leimgallerte herabgesetzt. G. Hönnicke schlägt deshalb die Verwendung von uneingedickter Kochbrühe in Warmhäusern und Gärtnereien vor. Diese Verwendungsart hat allerdings nur lokale Bedeutung. Das uneingedickte Leimwasser enthält nach I. H. Vogel 1,2 bis 1,4 %, in völlig getrocknetem Zustande dagegen 11—12 % Stickstoff.

Als günstige Trocknungsmittel können Knochenmehl, Holzasche u. dgl. genannt werden, weil durch diese Beimengungen ein vorzüglich wirkender Dünger erhalten wird.

Die Hauptanforderungen, die heute an eine gut arbeitende Tierkörperverwertungsanlage zu stellen sind, können kurz in folgendem zusammengefaßt werden: Vollkommene Sterilisation, Vermeidung von Neuinfektion durch Trennung von Rohproduktenraum und Apparatenraum, Möglichkeit zur Verarbeitung ganzer Tierkörper, geruchlose Verarbeitung (Führung der Abgase durch die Feuerung).

Das Tierkörpermehl wird heute hauptsächlich als Futtermittel verwandt. Dabei wird auch gewöhnlich die Leimgallerte unter die Dämpfrückstände gemengt, und zwar gewöhnlich bereits vor dem Trocknen, bei manchen Verfahren erst nachträglich. Da Leim aber nicht als vollständiges Eiweiß zu bewerten ist, wird durch diese Mischung der Wert des Futtermittels vermindert. Eine zweckmäßigere Verwendung wäre entschieden als Düngemittel gegeben. I. H. Vogel hält zwar noch eine Behandlung der Leimgallerte mit Säuren für notwendig, um den Düngewert derselben zu erhöhen. Die festen Rückstände, also Fleisch und Knochen, sollten eigentlich, wenn sie auf Düngemittel verarbeitet werden, vor dem Mahlen getrennt werden, was verhältnismäßig leicht möglich ist, und die Knochen extra behandelt werden, weil die Phosphorsäure derselben schwer aufnehmbar ist (vgl. Kapitel über Knochenmehl).

VII. Wollabfälle.

Bei der Verarbeitung der Wolle gibt es an verschiedenen Produktionsstellen Abfälle, die zur weiteren Verarbeitung auf Wolle sich nicht mehr eignen. Diese müssen also einer anderen Verwertung zugeführt werden. Die Verwertung der Wollabfälle ist in Deutschland heute überall sehr gut organisiert. Es dürfte heute kaum noch vorkommen, daß dieselben auf den Schutthaufen wandern, wie es früher öfter der Fall war.

Unter Wollstaub ist kein einheitliches Produkt zu verstehen, sondern je nach den verwendeten Rohstoffen und der jeweils in Betracht kommenden Fabrikationsstufe fällt derselbe ganz verschieden aus. Vor allem ist zunächst die Länge der in ihm noch enthaltenen Wollfasern, oder besser der Bruchstücke derselben, von Wichtigkeit. Vom tatsächlichen Staub, also von 1 mm Länge und darunter, kommen noch Fasern bis zu 15 und 20 mm vor. Ist der Anteil der letzteren noch nennenswert, dann sucht man zunächst nach einer Möglichkeit, derartige Wollabfälle noch anders, also preiswerter, auszunutzen, als das mit der Verwendung als Düngemittel möglich ist. Man unterzieht gegebenenfalls die Abfälle nochmals einer Sortierung, um ein Produkt zu bekommen, das möglichst viel von den längeren Fasern enthält. Hat man solche gleich von Anfang an, dann ist natürlich eine Sortierung überflüssig. Dieses Material kann in der Wollindustrie nicht weiter verarbeitet werden, sondern wird in erster Linie in der Dachpappen- und Papierindustrie verwendet. Zu Düngezwecken wird in der Regel nur der ganz feine Wollstaub benutzt, wie er insbesondere in der Kunstwollfabrikation abfällt. Nur in den seltensten Fällen, also z. B. bei ungünstigen Frachtverhältnissen usw., dürften heute auch bessere Wollabfälle als Düngemittel Verwendung finden.

Im folgenden sei kurz ein Überblick über die Stellen der Wollwarenfabrikation gegeben, wo größere Mengen Wollstaub anfallen.

I. *Krempelei.* Als Vorbereitung für den eigentlichen Spinnprozeß werden alle Faserstoffe auf Krempelmaschinen in möglichst parallele und gleichmäßig verteilte Lagerung zueinander gebracht. Bei diesem Arbeitsprozeß wird natürlich auch ein Teil der Fasern zerrissen. Außerdem wird aber die Hauptmenge der ganz kurzen Fasern und Staub entweder als „Flug“ oder „Krempelausputz“ abgeschieden. Letzterer sammelt sich als eine durch das verwendete Spinnöl etwas zusammenklebende Masse zwischen den Häkchen der Beschläge an und wird beim Reinigen der Tambure daraus entfernt. Der Krempelausputz wird gewöhnlich an Ort und Stelle noch durch *Klopfwölfe* in längere und kürzere Fasern und Staub getrennt. Der so erhaltene langfaserige Teil des Ausputzes wird wieder als Spinngut weiterverwendet. Nur der kurze, schlechte Ausputz wird meistens an den Produktenhändler veräußert. Dieser sichtet das Material unter Umständen noch einmal, das bessere wird an die Dachpappenindustrie verkauft, das minderwertige wird für Düngezwecke verwendet.

II. In ähnlicher Weise wie in der Streichgarnindustrie fallen beim Krempelprozeß der Kammgarnindustrie, ferner auch beim *Kämmen*, größere Mengen Wollstaub an. Dieser *Kammstaub* wird meistens in gleicher Weise durch Klopfwölfe (geschlossene Trommeln mit Drahtsieben und rotierenden Wellen mit Schlagarmen oder Schlagkreuzen) nochmals in kürzere und längere Fasern getrennt, von denen natürlich nur die ersteren als Düngemittel in Frage kommen.

III. Die Hauptmenge des minderwertigen *Krempelausputzes* und des Wollstaubes stammt aber wohl aus der *Kunstwollindustrie*. Bei der Verwendung von Kunstwolle wird infolge der kurzen Faserlänge beim Krempeln natürlich ein viel größerer Ausfall an Ausputz entstehen als beim Verarbeiten reiner Schurwollen u. dgl. Hauptsächlich fällt der Wollstaub aber schon bei der eigentlichen Kunstwollfabrikation heraus. Fast alle Lumpen werden vor der Verarbeitung zur Befreiung von Staub, Fremdkörpern u. dgl. einem Klopfprozeß unterzogen. Hierfür gibt es besondere Lumpenklopfmaschinen, die in ähnlicher Weise wie die Klopfwölfe gebaut sind (umschlossene Siebtrommel mit rotierenden Schlagkreuzen oder mit Schlagbolzen besetzte Wellen unter gleichzeitiger Einwirkung eines Ventilators). Der Staub, der aus diesen Maschinen abgesaugt wird, wird in einem Staubturm gesammelt. Normalerweise rechnet man beim Klopfen von Lumpen mit 4—9% Staub, wovon zwei Drittel Wollstaub sein dürften.

IV. Eine weitere Stelle in der Kunstwollfabrikation, wo Wollstaub in größeren Mengen anfällt, ist besonders die *Lumpencarbonisation*. Baumwollhaltige Lumpen werden meistens in einer rotierenden Trommel durch heißes Salzsäuregas von den Cellulosebestandteilen befreit. Anschließend werden die Lumpen zur Entfernung der gebildeten Hydrocellulose in Schlagmaschinen behandelt, wobei auch ein großer Teil von Wollstaub abfällt. Dieses Gemisch von Wollstaub und Cellulosezersetzungsprodukten enthält natürlich noch verhältnismäßig große Mengen von Salzsäure, so daß es für Düngezwecke eigentlich nur auf kalkhaltigem Boden Verwendung finden sollte. Bei diesem Material lohnt sich ein größerer Transport nicht mehr, zumal der Wollgehalt sehr starken Schwankungen unterworfen ist, je nach Verwendung des Ausgangsmaterials. Es wird mitunter von den Wollfabriken gratis abgegeben. Es soll zeitweise sogar Schwierigkeiten machen, einen Abnehmer hierfür zu finden, da das Aufladen und Transportieren eines derart feinen, säurehaltigen Staubes natürlich kein Vergnügen ist.

Zusammenfassend läßt sich also sagen, daß von den Abfällen bei der Wollverarbeitung vor allem der bei der Kunstwollfabrikation anfallende Staub als Düngemittel in Frage kommt, da er an sich für andere Verwendungszwecke zu minderwertig ist. In vielen Fällen wird er sogar mit Rücksicht auf den lästigen Abtransport ohne jede Vergütung abgegeben (z. B. salzsäurehaltiger Carbonisierungsstaub). Für den Wollstaub, der beim Klopfen des Krempelausputzes anfällt, werden auch nur geringe Preise angelegt (100 kg etwa 0,5 RM.). Aus letzterem werden aber noch etwa zwei Drittel längere Fasern herausgeholt, die in der Pappenindustrie Verwendung finden, während das restliche Drittel als Düngemittel verkauft wird.

Erwähnenswert ist noch, daß z. B. in der Grünberger Gegend der Wollstaub als Düngemittel kaum in Frage kommt, da der Boden dort zu trocken und sandig ist. Der dort anfallende Wollstaub wird nach der Tschechoslowakei gesandt, wo er für einen leidlichen Preis noch abgesetzt werden kann.

Der Stickstoff ist in der Wolle wie im Horn als Keratin vorhanden und unterliegt nur einer verhältnismäßig langsamen Zersetzung. Diese wird durch den natürlichen Fettgehalt und das aus dem Produktionsgange stammende Öl noch herabgesetzt.

Der Stickstoffgehalt ist sehr schwankend je nach Herkunft und Verunreinigungen und bewegt sich zwischen 2—10% N. Die höheren Prozentgehalte sind aber selten. Außerdem sind noch gewisse Mengen von Phosphorsäure enthalten (0,5—1,5%) und Spuren von Kali.

Literatur.

COKER: Perus Wealth Producing Birds Nat. Geol. Mag. **37**, 537 (1920).

FRITSCH, J.: (1) Fabrication des Engrais chimiques, S. 429. Paris: H. Desforges 1909; (2) Ebenda S. 427; (3) Ebenda S. 428.

HEIDEN, E.: Lehrbuch der Düngerlehre. Stuttgart 1868. — HOFFMANN, M.: Apparate und Transportwagen zur Verwertung und Beseitigung von Tierkadavern und Schlachthauskonfiskaten. — HÖNNICKE, G.: Die Leimgallerte. Gesdh.Ing. H. **46**, 574 (1922). — Tierkörperverwertung. Berlin.

MÜHLEIS, E.: Entwicklung und Stand des Abdeckereiwesens in der Rheinprovinz. Vet.-med. Dissert., Gießen 1925.

NOSTITZ, A. v., u. J. WEIGERT: Die künstlichen Düngemittel. Stuttgart: F. Encke 1928.

SCHUCHT, L.: Die Fabrikation des Superphosphates, 4. Aufl., S. 52. Braunschweig: Fr. Vieweg & Sohn 1926.

VOGEL, J. H.: Die Verwertung der städtischen Abfallstoffe. Arb. dtsch. Landw.-Ges. Berlin H. **11** (1896).

WAGNER, P.: Die Stickstoffdüngung. Berlin: P. Parey 1892. — WILHELMS, G.: Landwirtschaftslehre **2**. Berlin 1887. — WOLFF, E. v.: Düngerlehre. Berlin: P. Parey 1897.

ULLMANN, F.: Enzyklopädie der technischen Chemie **4**, 2. Aufl., 88. Berlin u. Wien: Urban u. Schwarzenberg 1929.

6. Die Reiz- und Stimulationsdünger.

Von

Professor Dr. W. GLEISBERG

Institut für gärtnerische Botanik und Pflanzenzüchtung in Dresden-Pillnitz a. d. Elbe.

I. Umgrenzung des Begriffs.

Zu den Reiz- und Stimulationsdüngern werden zahlreiche Stoffe, besonders Salze von Aluminium und Mangan, Kupfer und Blei, Zink, Jod- und Fluorverbindungen gerechnet. Die Gruppe der Reizdünger ist umstritten, sowohl ihre Funktion in der Pflanze, als auch ihre Abgrenzung von den Nährdüngern. Daher ist es auch schwer, für die Reiz- und Stimulationsdünger eine allgemeingültige Definition zu geben. Bei jedem Versuch einer Definition ist es jedenfalls notwendig, sich des Problematischen bewußt zu bleiben.

Die zu den Reizdüngern gerechneten Stoffe sind vor allem von G. BERTRAND und seinen Mitarbeitern als katalytische Düngemittel, von O. LOEW und seinen Mitarbeitern als Stimulantien bezeichnet worden. F. CZAPEK nennt sie teils Katalysatoren, teils Reizstoffe. Diese begriffliche Trennung liegt nicht im Interesse der Klarstellung des Wirkungskomplexes der Stoffe. Wenn Katalysatoren in der OSTWALDschen Prägung als Stoffe verstanden werden, die nicht im Endprodukt der Reaktion erscheinen, so können wichtige Reizdünger, wie Mangan- und Aluminiumsalze, sicherlich nicht Katalysatoren genannt werden. Dagegen haben sie fördernde Beziehungen zu Biokatalysatoren, den Enzymen, wie z. B. G. BERTRAND (5, 6) für die Oxydationsenzyme, die Oxydasen, eine Förderung durch Mangansalze nachweist.

Als Reizstoffe in weiterem Sinne sind zahlreiche Stoffe verschiedener chemischer Bewertung bezeichnet worden, denen gemeinsam sei, daß sie in niederer Konzentration im Vegetationsbild einen Reiz- oder Stimulationseffekt ausüben, während sie in höherer Konzentration giftig, und zwar erst lähmend, dann tödlich wirken. F. CZAPEK stellte mit W. PFEFFER (3) die Wirkung der stimulierenden Giftstoffe in Parallele zu jener der Toxine, die im tierischen Organismus spezifische Gegenwirkungen in Form der Antitoxine hervorrufen, und meint, daß die stimulierenden Effekte verdünnter Giftwirkungen generelle, nicht spezifizierte Entgiftungsaktionen vorstellen. Demnach kommt er zu folgendem Schema der Reizwirkungen als Entgiftungserscheinungen:

A. Giftwirkung schwächer als Entgiftungswirkung: Stimulationseffekte;

B. Giftwirkung stärker als Entgiftungswirkung, jedoch nach Beseitigung der Giftlösung wieder Erholung eintretend: Lähmungs- und Narkoseeffekte;

C. Giftwirkung stärker als Entgiftungswirkung, nach Beseitigung der Giftlösung Absterben: Letale Effekte.

F. CZAPEK weist schon darauf hin, daß in diesem Sinne keine scharfe Trennung der Reiz- von den Nährstoffen möglich ist, da als Nährstoffe bekannte Substanzen in höherer als den normalen Anwendungskonzentrationen ebenfalls toxisch wirken können.

Die Wirkung der Reizstoffe ist nicht nur als Auslösungsreaktion aufzufassen. Es handelt sich auch wahrscheinlich nicht um eine funktionell gleichartige Wirkung aller sog. Reizstoffe im selbstregulatorischen System der Pflanzen, sondern um Wirkungskomplexe. Nebenbei bemerkt ist das, was z. B. als Reiz- und Stimulationseffekt in Erscheinung tritt, mitunter bei näherer Prüfung nicht überwiegend eine direkte, sondern eine indirekte Wirkung, z. B. auf die biologischen Vorgänge des Bodens. Vielleicht wird sich in Zukunft ein großer Teil der sog. Reizwirkungen als indirekte Wirkungen offenbaren. Für die Bewertung des Nutzeffektes des Reizdüngers wäre das natürlich gleichgültig. Diese Stoffe aber wären dann im strengen Sinne nicht mehr zu den Reizdüngern zu rechnen.

Im Begriff des Reizdüngers liegt eine Erhöhung der Lebensvorgänge, die im Verhältnis zur Gabe über dem normalen, durch die Nährdünger erzielbaren Wert liegt. Die Definition wäre nach unserer heutigen Kenntnis der Reizdünger zu eng gefaßt, wenn von dem Reiz- und Stimulationsdünger verlangt würde, daß er, ohne überhaupt in den Aufbau der Pflanzensubstanz merkbar einzutreten, den Vegetationsablauf fördert. Wie schon gesagt, treten gewisse Reizdünger sogar häufig und in mitunter großer Menge in einzelnen Pflanzenarten auf. Auch nach ihrem Auftreten in den Pflanzen ist die Grenze zwischen Reiz- und Nährdünger demnach nicht scharf zu ziehen. Wenn E. PRINGSHEIM nach Feststellungen an Pilzkulturen einen Stoff dann Nährstoff nennen will, wenn durch Verdoppelung seiner Gabe eine Ertragssteigerung um ein Drittel hervorgerufen wird, und Reizstoff dann, wenn die Steigerung nur ein Siebentel oder weniger beträgt, so muß diese Abgrenzung als willkürlich abgelehnt werden.

Die primäre Förderung durch den Reizdünger ist auch im Vegetationsablauf nicht an einer bestimmten Entwicklungsstufe zu lokalisieren und damit begrifflich zu fixieren. Sie kann in primärer Keim- und Triebbeschleunigung, in Triebverlängerung, in Vegetationsabkürzung, in gleichmäßiger oder einseitiger quantitativer Förderung der vegetativen und generativen Organe, bei Getreide z. B. praktisch ausgedrückt in Erhöhung des Stroh- und Kornertrages, liegen.

Wenn die Nährdünger als lebensnotwendige Stoffe bezeichnet werden, dürfen die Reiz- und Stimulationsdünger nicht etwa als nicht lebensnotwendige Stoffe abgegrenzt werden, denn unter ihnen sind, wie neuere Untersuchungen zeigen, Stoffe, deren Fehlen im Boden zu mitunter schweren gesundheitlichen Störungen der Pflanzen führen kann, und bei den anderen, sofern sie als Aschenbestandteile auftreten, fehlt vermutlich bisher nur der Nachweis ihrer Bedeutung für das Lebensgefüge der Pflanzen. Es wäre jedenfalls ein Trugschluß, nur die prozentisch überwiegend in der Pflanzensubstanz auftretenden Stoffe als lebensnotwendig zu bezeichnen. Mit „lebensnotwendig" ist nicht gesagt, daß die Stoffe nicht ersetzbar sind. Vielleicht ersetzen auch sie nur andere Stoffe im normalen Entwicklungsablauf.

Mit F. Czapek ist man berechtigt, die „chemischen Beziehungen der Pflanzen zur Außenwelt, ihre ganze Ernährung" als „ein außerordentlich kompliziertes System von chemischen Reizen und Reizerfolgen", d. h. diffizilen, heute noch wenig oder gar nicht klargestellten, teils außen-, teils innenbedingten Vorgängen zu betrachten, die den normalen Funktionsablauf bestimmen, deren Glieder lebensnotwendig sind.

Schon die verschiedenen Stufen der Keimung: Quellung, Vorschieben des Würzelchens, Entwicklung der Plumula, sind Reaktionen auf z. T. nur in ihren Auswirkungen erkennbare innere und äußere Reizfaktoren. Besonders der Keimungsvorgang zeigt die Reizbedingtheit, und das Wirken physikalischer und chemischer keimungsbeeinflussender Faktoren, die die Keimzeit, Keimkraft und Keimenergie umzustimmen vermögen, ist zahlenmäßig erfaßbar. Daher ist es verständlich, daß der keimungsbeeinflussenden Wirkung der Reiz- und Stimulationsdünger besondere Beachtung geschenkt wurde (W. Gleisberg 7). Das darf jedoch nicht dazu führen, die Definition der Stoffe auf ihre keimungsphysiologische Bedeutung zu beschränken und sie nur als Keimungsexcitatoren oder -acceleratoren zu werten. Jede äußere Keimungsanregung löst in dem harmonischen System des ruhenden Keimlings spezifische und unspezifische innere Reize aus, deren qualitativer und quantitativer Ablauf durch den von außen kommenden Reiz mitbestimmt ist. In vielen Fällen ist der Einzelvorgang nicht zu übersehen, sondern nur der Endeffekt: Eine irgendwie geartete Verschiebung des Wachstumsverlaufes, die sich bei günstiger Lage der Außenbedingungen und entsprechender Reaktion des pflanzlichen Chemismus in Wuchsbeschleunigung und Massenvermehrung äußern *kann*, bei ungünstiger Lage der Innen- und Außenbedingungen aber nicht äußern *muß*.

Reiz- und Stimulationsdünger sind das Pflanzenwachstum fördernde Stoffe, die in wechselnder Menge in Aschenbestandteilen festgestellt werden können, die jedoch nicht als Aufbaustoffe die Rolle der Nährdünger spielen. Ihre an bestimmte Konzentration gebundene fördernde Wirkung in dem komplizierten System chemischer Kausalreihen in der Pflanze ist nicht spezifisch. Sie ist ihrerseits abhängig von anderen Außenfaktoren und dem Zustand des Systems, auf das sie wirken.

II. Theorien der Reizstoffwirkung.

Das biologische Problem der Reizwirkung hat nicht nur für den Landwirt sondern auch für den Mediziner und für alle Zweige der Gärungstechnik Bedeutung, und daher auf diesen Gebieten zahlreiche Bearbeiter gefunden, die auch z. T. eine theoretische Erklärung des Reizphänomens suchten. Es ist nicht möglich, hier auf alle Theorien einzugehen. Nur die seien herausgegriffen, die für die bisherige und weitere Bearbeitung der Frage als Arbeitshypothesen Interesse beanspruchen.

1. Das ARNDT-SCHULZsche Gesetz. Nach Ergebnissen der Reizwirkung bei tierischen Zellen kam R. ARNDT zu einer Formel über die Wirksamkeit von Reizstoffen, die nach Untersuchung der Beeinflussung der Hefegärung vor allem durch Metallsalze von H. SCHULZ (2) für pflanzliche Zellen ergänzt wurde. Das nach diesen Ergebnissen aufgestellte sog. ARNDT-SCHULZsche biologische Gesetz der Reizwirkung lautet nach der Formulierung von F. HUEPPE: „daß jeder Körper, der in bestimmten Konzentrationen Protoplasma tötet und vernichtet, in geringen Mengen die Entwicklungsfähigkeit aufhebt, aber in noch geringeren Mengen jenseits eines Indifferenzpunktes umgekehrt als Reiz wirkt und die Lebenseigenschaften erhöht." Nachuntersuchungen der SCHULZschen Befunde durch H. ZELLER (1), R. MEIER, G. JOACHIMOGLU und A. NIETHAMMER (2) ergaben eine weitgehende Einschränkung der in dem ARNDT-SCHULZschen Gesetz enthaltenen allgemeinen Formulierung, so daß, wenn auch eine gelegentliche Reizwirkung nicht geleugnet werden kann, die Formulierung als Gesetz abgelehnt wird.

2. Die POPOFFsche Theorie der Zellstimulation. Nach M. POPOFF (1), der von Untersuchungen über künstliche Parthenogenese bei niederen Tieren ausging, heben die Mittel, die stimulierend auf die Zellfunktionen wirken, die Oxydationsprozesse der lebenden Zelle, indem sie aus den Atmungsseitenketten des lebenden Moleküls Sauerstoff an sich reißen und dadurch die Sauerstoffzirkulation im lebenden Molekül fördern. Chemische Mittel, die reduzierend auf die lebende Substanz wirken können, müssen demnach, in mäßigen Grenzen angewandt, eine stimulierende Wirkung auf die Lebensfunktion haben. In stärkerer Konzentration und bei längerer Anwendung schlägt die Wirkung durch die gesteigerte Desoxydierung des lebenden Moleküls in lähmende Wirkung um, bis die Desoxydierung irreparabel ist und Desorganisation des lebenden Moleküls, also der Tod, eintritt. Die von M. POPOFF selbst genannten Stoffe haben aber teils reduzierenden, teils oxydierenden Charakter (AS. ZLATAROFF), so daß auch diese allgemeine theoretische Erklärung des Stimulationsproblems keine Allgemeingültigkeit haben kann, wenn sie auch für manche Vorgänge, vor allem die Tatsache der Atmungsbeeinflussung durch Chemikalien, eine brauchbare Arbeitshypothese ist (s. u.).

M. POPOFF (5) ist inzwischen selbst von dieser Allgemeinauffassung abgegangen und faßt die Wirkung der Stimulantien als einen elektronenkinetischen Vorgang auf.

M. POPOFF nimmt an, daß Fermente, Hormone und Vitamine Körper sind, „deren Atome einen labilen Bau ihrer Elektronenhülle aufweisen und folglich deshalb auch chemisch sehr aktiv" und wie die Nucleoproteide des Zellkernes und die in minimalen Mengen neben der Lebenssubstanz in der Zelle enthaltenen mineralischen Bestandteile die Energiespender der Zelle sind. Ebenso hätten die chemischen Stimulationsmittel eine elektronenkinetische Wirkung. „Diese elektronenkinetische Wirkung dient dann durch Abspaltung von Elektronen aus den Atomen der lebenden Substanz, nach dem schon bei der physiologischen Wirkung der normalerweise in der Zelle und im Organismus vorhandenen energetischen Radiatoren besprochenen Mechanismus zur Hebung der chemischen Affinitäten der das lebende Molekül bildenden Atome und folglich auch zur Hebung der gesamten Zellfunktionen." Nach dieser Auffassung zerfallen die katalytischen Düngemittel „schon im Boden energetisch (Abspaltung von Elektronen aus der Atomhülle)" und tragen so „zur Stimulierung des Samens, sowohl bei der Keimung, als auch beim späteren Wachstum der Pflanze, bei. Diese Wirkung wird natürlich in hohem Maße auch von dem im Samen und später auch in der Pflanze selbst in minimalen Mengen aufgenommenen katalytischen Dünger unterstützt".

3. Der Reizeffekt durch Atmungssteigerung. Die frühere POPOFFsche Auffassung von der Oxydationssteigerung findet eine Stütze in Befunden über Atmungsbeeinflussung nach Einwirkung von Stimulantien. So ergaben Untersuchungen über den Einfluß von Mineralsalzlösungen auf die Atmung (O. L. INMAN) Atmungshemmung hoher Salzkonzentrationen, dagegen steigt die Atmungsintensität bei schwacher Giftwirkung (H. MORKOWIN). Auch bei stärkerer Giftdosis kann die Atmungskurve vor ihrem starken Abfall zunächst ansteigen (W. ZALESKI). Nach W. PALLADIN fördern schwache Gifte die Produktion von Atmungsfermenten in der gereizten Zelle. Die Steigerung der Atmung ist für die Pflanze gleichbedeutend mit einer allgemeinen Hebung der Lebensfunktionen, die so lange anhält, als der Reiz wirkt. Für einen Teil der Reizerfolge mag diese atmungsbeeinflussende Funktion der Reizdüngestoffe ein klärender Hinweis sein. Sie mag auch den mitunter stark voneinander abweichenden Effekt von Stimulantien erklären helfen. Die Atmungsvorgänge werden auch durch andere wechselnde Umweltsbedingungen mitbestimmt, bei gleichmäßiger Anwendung der Reizstoffe braucht also nicht immer der Zustand einer Reizbereitschaft vorzuliegen. O. WARBURG hat den exakten Nachweis für die Förderung der Oxydationsvorgänge in der Zelle durch Eisensalze erbracht und sagt: „Bekanntlich enthält die lebende Zelle an autoxydablen Metallen nicht nur Eisen, sondern auch Kupfer, Mangan und andere Metalle, und man kann fragen, ob wir nicht besser täten, statt ‚Eisen' ‚Schwermetall' zu schreiben. Wir tun das nicht, weil wir nicht wissen, ob Kupfer und Mangan lebensnotwendig sind, und weil die Mengen dieser Metalle im Vergleich zu ihrer Reaktionsfähigkeit zu klein sind." Wenn auch O. WARBURG zunächst die Erweiterung auf andere Schwermetalle ablehnt, so ist hier doch der weiteren Forschung ein aussichtsreicher Weg gewiesen.

4. Beeinflussung der Quellung der Plasmakolloide durch Reizstoffe und der Ionenantagonismus. Die Aufnahmefähigkeit der pflanzlichen Membranen und des Zellplasmas für Salze wird mitbestimmt durch die Permeabilität der lebenden Substanz. Alle Bedingungen, die die Permeabilität der Samenhaut ändern, beeinflussen den Keimungsvorgang. Ebenso fördern oder hemmen alle permeabilitätsändernden Einflüsse auf die Wurzel deren Aufnahmefähigkeit für Nährsalze. B. HANSTEEN-CRANNER, H. KAHO, H. LUNDEGARDH u. a. haben gezeigt, daß die Permeabilität der Zelle durch Elektrolyte beeinflußbar ist, und M. POPOFF und K. SEISOFF sowie H. KAHO (4) stellen die Frage, ob „die Stimulationsmittel die Fähigkeit haben, Quellungserscheinungen der lebenden Substanz im günstigen Sinne zu beeinflussen und umzuändern" (M. POPOFF und K. SEISOFF). M. POPOFF und K. SEISOFF kommen nach Untersuchungen mit Gelatinelösungen zu dem Schluß, „daß die Lebensstimulationserscheinungen auch im engsten Zusammenhang mit kolloidalen Umänderungen in der Zelle stehen", während H. KAHO zwar die Abhängigkeit der Reizwirkung von der Quellungsaktivität von Reizstoffen nicht für unwahrscheinlich hält, aber nach seinen Versuchen nicht für bewiesen.

Wie im Anschluß an W. J. V. OSTERHOUT, B. HANSTEEN-CRANNER, H. LUNDEGARDH und VL. MORÁVEK, W. RUHLAND und C. HOFFMANN, A. TRÖNDLE u. a. von H. KAHO (1) festgestellt wurde, „besteht zwischen der Giftwirkung der Neutralsalze und ihrer Fähigkeit, ins Plasma einzudringen, ein vollständiger Parallelismus, und zwar sind beide Prozesse additive Ionenwirkungen". Antitoxisch wirkende Salze setzen ein zu starkes Eindringen eines giftigen Salzes herab, sie wirken antagonistisch. Die Giftigkeit fällt nach H. Kaho in folgender Kationenreihe: K > Na > Mg > Ba > Ca und in der Anionenreihe: CNS > J > Br > NO_3 > Acetate > Cl > Tartrate > Citrate > SO_4 (lyotrope Reihe), d. h. „die größte Giftwirkung für Pflanzenplasma haben die Rhodanide, Jodide und Bromide, die kleinste Tartrate, Citrate und Sulfate, eine Mittelstellung nehmen Acetate und Chloride ein, doch stehen sie ihrer Wirkung nach der ersten Gruppe näher". Der Unterschied der Kationenwirkungen ist innerhalb der Gruppe der Alkalisalze nicht immer deutlich, dagegen stark zwischen den Alkali- und Erdalkalisalzen. Die entgiftende Wirkung der bivalenten Kationen der Erdalkalien gegenüber den monovalenten der Alkalien ist nur ein besonders ausgeprägter Fall der antagonistischen Ionenwirkung. Die Erdalkalien können in ihrer Wirkung durch gewisse Schwermetallsalze ersetzt werden, doch ist die Wirkung der Schwermetallsalze auf das Plasma komplizierter (W. Gleisberg 7).

Hier liegt ein Problem, dessen Klärung nicht allein für die Erkenntnis der Wirkung der Reizdünger von Bedeutung ist, sondern für das Verständnis der Düngewirkung überhaupt. Denn für antagonistische Ionenwirkungen sind unter den natürlichen Vegetationsverhältnissen im Boden die Bedingungen gegeben. Jeder Keimungsvorgang mit seinen komplizierten Quellungsvorgängen steht unter dem Einfluß der hydratisierenden und dehydratisierenden Potenzen der Bodenlösung, und es ist wahrscheinlich, daß die Stimulationsvorgänge im Keimungsstadium mit den biochemischen Bedingtheiten der Keimung schlechthin verbunden sind (W. Gleisberg 7). In Bodenlösungen dominieren entquellende Salze (Kalksalze), die die Permeabilität herabsetzen. „Sehr häufig wird durch die Einführung von ganz kleinen Mengen Salpeter in Bodenkulturen ein außerordentlich großes Gedeihen erzielt, das nicht immer dem geringen Salpeterentzug entspricht. Man gewinnt den Eindruck, daß das Salz außer der Lieferung von Stickstoff noch eine andere, wie etwa eine ‚katalytische Wirkung' auf die Lebensprozesse der Pflanze hat. Es ist nicht ausgeschlossen, daß gerade der Salpeter, als ein quellungsförderndes Salz, auch noch permeabilitätssteigernd wirkt und der Stoffaustausch dadurch gefördert wird" (H. Kaho 1).

„Da die Ionen einer Lösung im hohen Maße den Zustand der Plasmakolloide eines untergetauchten Organs beeinflussen, die Pflanze aber diesen Ionenwirkungen völlig wehrlos gegenübersteht, so müssen für ein günstiges Gedeihen in der Kulturlösung die Salzionen in solchen Kombinationen vorhanden sein, daß, abgesehen von dem Nähreffekt, der kolloide Zustand des Plasmas durch sie nur in physiologisch erträglichen Grenzen beeinflußt wird" (H. Kaho 1).

Vielleicht gibt die von Th. Porodko bei Versuchen über den Chemotropismus der Wurzeln von Lupinus albus gefundene Kationenreihe auch einen Anhaltspunkt für die ionenantagonistische Bewertung der Kationen der als Reizdünger benutzten Stoffe. Nach abnehmender, positiver chemotropischer Aktivität geordnet, ergibt sich folgende Reihe: K, Cs, Rb, Li > Na > Ca, Sr, Ba > Mg, Ni, Mn, Cd, Fe > Zn, Co, Th, Te > Al, Cu, Pb < Ag, Hg, UO_2, aus der z. B. die Stellung der in Reizdüngern bekannten Kationen Lithium, Mangan, Zink, Aluminium, Kupfer, Blei zu den Alkalien und Erdalkalien hervorgeht. Auf diesem Boden ist sicherlich nicht die Klärung der Reizdüngerfrage, aber offenbar ein wichtiger Weg zur Klärung zu suchen. Die Reizdünger beeinflussen entsprechend der Stellung ihrer Anionen und Kationen in der lyotropen Reihe nicht allein die Aufnahme der Nährstoffe, sondern umgekehrt wird auch ihre Wirkung beeinflußt durch den Ionengehalt der Bodenlösung, wie z. B. H. Lundegardh (1) für die Kupferaufnahme von Weizensamen gezeigt hat, die durch sämtliche zum Versuch benutzten Neutralsalze begünstigt wurde, und zwar in der Reihe: NO_3 > Cl > NH_4 > Ca > Na > Mg > Al.

In diesem Zusammenhange verdient auch die Beeinflussung der Reizstoffwirkung durch die H-Ionenkonzentration Erwähnung. G. A. Borowikow stellte bei seinen Untersuchungen über die stimulierende Wirkung schwacher Säurelösungen auf Helianthus-Keimlinge folgende fallende Reihe auf: Salzsäure > Schwefelsäure > Salpetersäure > Phosphorsäure, Essigsäure > Borsäure. Die quellungsfördernde und zugleich stimulierende Wirkung der H-Ionen wird durch die hemmende Potenz des Anions modifiziert. So ist verständlich, daß auch der p_H-Wert einer Bodenlösung auf die Auswirkung eines Reizdüngers, wie auch auf die des Nährdüngers Einfluß hat. Es wäre aber falsch, die Reizdüngerfrage als p_H-Frage zu behandeln, ebenso wie es falsch wäre, in den ionenantagonistischen Vorgängen und in der Wirkung der Reizstoffe auf das Plasmakolloid *die* Lösung des Reizstoffproblems zu sehen.

III. Die Grundstoffe der Reizdünger.

Die Funktion des Reizstoffes kann, wie besonders die Ausführungen über den Ionenantagonismus zeigen, nicht auf das Anion oder das Kation allein beschränkt werden, sie ist vielmehr die Komponente des Zusammenwirkens beider. Nur mit diesem Vorbehalt kann eine Übersicht über die Elemente als wirksamen Bestandteilen von Reizstoffen verstanden werden.

Sowohl Nichtmetall- wie Metallionen sind als Träger der Reizpotenz angesprochen worden.

1. Nichtmetalle.

a) Halogene: F, J.
b) Sauerstoffgruppe: S, seltene Erden.
c) Stickstoffgruppe: As.
d) Kohlenstoffgruppe: C = Abkömmlinge: CS_2, HCN, KSCN; B.

2. Metalle.

a) Leichtmetalle.

a) Alkali- und Erdalkalimetalle: Cs, Rb, Li, Mg.
b) Erdmetalle: Al.

b) Schwermetalle.

a) Eisengruppe: Mn, Cr, Zn.
b) Kupfergruppe: Cu, Pb, Hg.
c) Die radioaktiven Stoffe.

Die Darstellung muß sich auf die anorganischen Reizstoffe beschränken, da sie vor allem als Bestandteile von Reizdüngern Verwendung gefunden haben.

Zur speziellen Erörterung seien aus diesen nur wenige herausgegriffen, die für die Behandlung des Reizdüngeproblems besondere Bedeutung erlangt haben: Jod, Schwefelkohlenstoff, Magnesium, Mangan und Zink. Im übrigen sei auf die Literaturzusammenstellung verwiesen.

a) Jod. Die Joddüngungsfrage hat vor allem im Hinblick auf das Kropfproblem Bedeutung. Unter anderem haben J. Stoklasa (1, 4) und H. Schroeder in jüngster Zeit darauf hingewiesen, daß eine Kropfzunahme während und nach dem Kriege mit dem Mangel an Jod in den künstlichen Stickstoffdüngern gegenüber Chilesalpeter zusammenhängen könnte. J. Stoklasa schrieb dabei dem Jodgehalt des Chilesalpeters stimulierende Wirkung auf die Pflanze zu. Ihm gegenüber haben weder Th. v. Fellenberg, noch O. Dafert und H. Brichta, M. v. Wrangell und E. Hiltner (3—5) eine Beeinflussung des Ertrages, geschweige denn eine Ertragssteigerung durch Joddüngung feststellen können. G. KLEIN faßt daher die bisherigen Ergebnisse der Jodreizversuche dahin zusammen, daß Jod weder als Nährstoff, noch als Reizstoff in Frage käme, daß daher auch dem Chilesalpeter nicht auf Grund seines Jodgehaltes — im übrigen liegt Jod im Chilesalpeter nicht als Jodid, sondern als Jodat und Perjodat vor, deren Aufnahme durch die Pflanze erst zu erweisen wäre — steigernde Wirkung zuzuschreiben sei. E. HILTNER (4), der im Anschluß an Versuche L. HILTNERS der Pflanze das Jod nicht nur durch Düngung, sondern auch durch Bespritzung zuführte, findet zwar, „daß es durch eine Bespritzung ungleich besser als durch Düngung gelingt, Pflanzen, wenigstens Spinat, mit Jod anzureichern", kann aber auch keine Ertragssteigerung durch Jodide feststellen.

b) Schwefelkohlenstoff. Im Weinbau hatte sich Schwefelkohlenstoff als ein wichtiges Desinfektionsmittel im Kampf gegen die Reblaus erwiesen. Im Zusammenhang mit der desinfizierenden war eine wuchssteigernde Wirkung schon frühzeitig festgestellt worden. Über die desinfizierende und wuchssteigernde Wirkung von Schwefelkohlenstoff im Weinbau, die Bedeutung für die Behebung der Rebenmüdigkeit, liegt eine umfangreiche Literatur vor, als deren Ergebnis FR. MUTH, der die ältere Literatur zusammengefaßt hat (FR. MUTH 2), folgende Ursachen angibt:

1. Günstige quantitative und qualitative Beeinflussung der Mikroorganismen des Bodens;
2. Mobilisierung der Bodennährstoffe, vor allem des Stickstoffes;
3. Beseitigung von Wurzelparasiten;
4. Direkte Reizwirkung auf die Rebe, insbesondere Förderung der Entwicklung des Wurzelwerkes;
5. Erhöhung der Kohlensäureproduktion des Bodens.

„Man sieht also, daß in diesem Falle verschiedene Ursachen in der Weise zusammenwirken, daß durch die Behandlung des Bodens mit Schwefelkohlenstoff eine dauernde oder jedenfalls eine lang nachhaltende Erhöhung der Triebkraft und der Ertragsfähigkeit der Reben erzielt wird." (FR. MUTH 2.)

Die fördernde Wirkung von Schwefelkohlenstoff zeigt sich nicht nur in normalen Böden, sondern auch in Sandkulturen. Die Wirkung wird durch die Beschaffenheit des Bodens und die Witterung während und nach der Anwendung wesentlich beeinflußt. „Besonders geeignet für die erfolgreiche Schwefelkohlenstoffbehandlung im Weinbau sind die Löß- und die Lößlehmböden, sodann die Lehm- und Humusböden. Auch Schiefer- und Sandböden ergeben im allgemeinen günstige Resultate. Weniger ist dies der Fall bei Lettenböden, den strengen Tonböden sowie bei den Kiesböden. Die beiden ersteren erschweren durch ihre Struktur die gleichmäßige Verteilung des Schwefelkohlenstoffdampfes im Boden. Man sucht in der Praxis durch Anbringen von mehreren Löchern — 5 bis 6 auf 1 m^2 — sowie durch die verschiedenen Tiefen derselben diesem Mißstand nach Möglichkeit abzuhelfen. Die Kiesböden lassen den Schwefelkohlenstoff und seinen Dampf zu rasch und leicht in die Tiefe sinken, so daß seine Wirkung nicht voll zur Geltung kommt. Im allgemeinen ist eine kühle, regnerische Witterung während und nach der Behandlung günstiger für die zuverlässige Wirkung derselben, als eine heiße und trockene. Vor allem kommt es natürlich auf die Feuchtigkeitsverhältnisse des Bodens selbst an." (FR. MUTH 2.)

G. KORFF und F. OTTENSOOSER, die in ihren Untersuchungen über die Wirkung einiger Bodenbehandlungsmittel auf das Pflanzenwachstum die Ertragssteigerungen durch Schwefelkohlenstoff erneut bestätigen, finden in Anilin und Nitrobenzol zwei Stoffe, die wegen ihrer ertragssteigernden Wirkung, die z. T. über der von Schwefelkohlenstoff liegt, aber auch wegen ihrer vielleicht bei Großbezug größeren Billigkeit in Zukunft möglicherweise mit Schwefelkohlenstoff in Konkurrenz treten werden.

Schwefelkohlenstoff ist nicht nur für den Weinbau als Faktor zur Behebung der „Rebenmüdigkeit" von Bedeutung, sondern hat sich auch bei verschiedenen landwirtschaftlichen und gärtnerischen Kulturpflanzen, in letzter Zeit besonders bei Anwendung in Gewächshäusern, als wichtiger Bodenreizstoff erwiesen, der als Reizdünger in allen Zweigen der landwirtschaftlichen und gärtnerischen Kultur, auch zur Behebung der Bodenmüdigkeitserscheinungen bei Gehölzen, vor allem Obstgehölzen, größere Beachtung verdient.

c) Magnesium. Von den Alkalien und Erdalkalien sind vor allem die Salze von Rubidium, Caesium und Lithium in schwacher Konzentration Stimulantien (T. Bokorny 2, M. Nakamura 1), kommen aber praktisch kaum als Reizdünger in Frage. Durch M. Popoff angeregt, haben zahlreiche Untersuchungen die Vorbehandlung der Samen mit Magnesiumsalzlösungen oder Gemischen von Magnesium- und Mangansalzlösungen zur Stimulation geprüft, ebenso wie vorher, angeregt durch O. Loews „Kalkfaktor" (Kalk-Magnesiaverhältnis), die Magnesiadüngung propagiert wurde. In ein neues Stadium sind diese Untersuchungen getreten durch die Arbeiten A. Gehrings über den Magnesiamangel saurer Boden. A. Gehring erhielt eine um so deutlicher fördernde Wirkung von schwefelsaurer Kalimagnesia, je saurer der Boden war. „Auf ganz kalkarmen Böden erbrachte dabei die Anwendung des Mg-haltigen Düngemittels Mehrerträge bis über 200%. Etwa beim Kalksättigungsgrad 50 nach der Methode A. Gehring-Wehrmann hörte die Wirkung der Magnesia auf. Bei steigendem Kalkzustand drückte die Magnesia sogar den Mehrertrag durch die Kalidüngung wieder herab, während bei sehr hohen Kalksättigungsgraden gelegentlich wieder eine ertragssteigernde Wirkung zu erkennen war" (A. Gehring). Diese Feststellungen dürften für die sehr wechselnden Ergebnisse der Magnesiadüngung und der Magnesiumsalzreizbehandlung klärend sein. Im übrigen sind Magnesiumsalze nach der obigen Abgrenzung nicht zu den Reiz- und Stimulationsdüngern zu zählen. A. Gehring weist wie E. Hiltner bei der Mangandüngung (s. u.) darauf hin, daß die Sättigung des Bodens mit den gesamten Basen notwendige Voraussetzung für gesunde Pflanzenentwicklung ist. Er sagt, „daß vielfach die bis jetzt als Säureschäden bezeichneten Verfärbungen bei Pflanzen mit geringen Reaktionsansprüchen, wie Roggen, Hafer, als Magnesiamangelerscheinungen aufgefaßt werden müssen".

d) Mangan. Zahlreiche und ausgedehnte Untersuchungen befassen sich mit der ertragssteigernden Wirkung von Mangan. Die Versuche von O. Loew und seinen Mitarbeitern, die z. T. wesentliche Ertragssteigerungen, z. B. bei Spinat, Erbse, Gerste (T. Takeuchi), besonders aber bei Gehölzen durch Manganbeidüngung ergaben, ebenso die G. Bertrands (10), der glaubte z. B. bei Erbse, Gerste und Radies in Topfkulturen und im Feldversuch 10—20% Mehrertrag nach Mangandüngung feststellen zu können, regten zur Nachprüfung an. Die Frage der Manganwirkung ist trotzdem auch heute noch nicht als restlos geklärt zu betrachten, wenngleich in bestimmten Fällen, wie in der Behandlung der Dörrfleckenkrankheit des Hafers durch Mangan (E. Hiltner 2), schon wichtige Anhaltspunkte vorliegen.

Wo man von günstigen Wirkungen kleiner Manganmengen berichtet, wird gewöhnlich auf die schädliche Wirkung großer Gaben hingewiesen. J. Stoklasa (3) suchte der schädlichen Wirkung großer Manganmengen durch Hinzufügen leichtlöslicher Aluminiumsalze zu begegnen, die nach seiner Meinung die ungünstige Wirkung umkehrten. B. Schulze glaubte diese Angabe J. Stoklasas bestätigen zu können. Th. Pfeiffer und E. Blanck (2) wiesen dagegen überzeugend nach, daß zwar die Wirkung geringer Aluminium- neben geringen Mangansulfatmengen nicht ungünstig, wenn auch nicht einwandfrei günstig sei, aber die größerer Aluminiummengen mit Sicherheit schädlich, und P. EHRENBERG und B. SCHULTZE konnten unter Berücksichtigung der Schwankungen keine Bestätigung für eine günstige Gegenwirkung des Aluminiums finden. Eine antagonistische Wirkung im Sinne W. S. V. OSTERHOUTS scheint also hier nicht vorzuliegen.

TH. PFEIFFER und E. BLANCK (2) kommen unter Würdigung früherer Versuche anderer Autoren zu dem Schluß, daß in ihren eigenen Versuchen (1) Mangansalze eine geringe Vermehrung der Trockensubstanzproduktion erzielt haben, und daß daran wahrscheinlich überwiegend die organische Substanz beteiligt sei. Zur Höchstwirkung seien aber so bedeutende Materialmengen notwendig, daß *die wirtschaftliche Bedeutung einer Mangandüngung zweifelhaft* scheine. P. EHRENBERG und B. SCHULTZE, die besonders die Arbeiten von B. SCHULZE, aber auch die von O. FALLADA und J. K. GREISENEGGER und TH. PFEIFFER und E. BLANCK (1) einer eingehenden Kritik unterziehen und B. SCHULZES günstige Ergebnisse unter Berücksichtigung der wahrscheinlichen Schwankungen als nicht überzeugend bezeichnen, kommen auf Grund eigener Versuche zu dem Ergebnis, „daß Mangangaben unter geeigneten Bedingungen durch Basenaustausch günstig auf die Stickstofferñte wirken können" und daß diese Bedingungen offenbar auch bei den Vegetationsversuchen anderer Forscher vorgelegen hätten. Fördernde oder hemmende Wirkungen, die für eine Reizwirkung der Manganverbindungen sprächen, seien nicht sichergestellt, wenn auch gelegentliche Hinweise in Einzelergebnissen vorhanden sind. Diesen Feststellungen schließen sich E. HASELHOFF, K. FLUHRER und F. HAUN auf Grund eigener Versuche an.

E. HILTNER (2) erbrachte besonders an dem Beispiel der Dörrfleckenkrankheit des Hafers den Beweis, daß sich Manganmangel je nach den Boden- und Düngungsverhältnissen verschieden stark entwicklungshemmend auswirkt, und daß überall dort, wo durch Mangandüngung, -beizung oder -reizbespritzung eine Vegetationsförderung eintritt, eine den Gesundheitszustand der Pflanzen störende Boden- oder Düngungsanomalie vorliegen muß, die durch Mangan paralysiert wird.

L. BERNARDINI führte die Reizwirkung von Mangansalzen im Boden auf ihre besondere mobilisierende Fähigkeit gegenüber Kalk und Magnesia zurück. Nach J. J. SKINNER, M. SULLIVAN und Mitarbeitern ist Mangan kein geeigneter Dungstoff für gute, fruchtbare und für saure bzw. kalkbedürftige Böden.

A. CANDA bezeichnet bestimmte Böden als für Mangandüngung besonders geeignet und nennt unter anderem kalkreiche, feuchte, schlecht durchlüftete und kalte Böden. J. S. MCHARGUE (2) findet in sauren Böden mit $^1/_{10}$% Mangan bei Manganvermehrung Ertragsminderung, bei gleichzeitiger $CaCO_3$-Gabe Steigerung der Ernten. Die toxische Wirkung von $MnSO_4$ wird durch $CaCO_3$ aufgehoben. Leguminosen nennt J. S. MCHARGUE mit J. SKINNER empfindlicher gegen Manganmangel als andere Gewächse. E. HILTNER (5) konnte in Kalkböden die Kalkchlorose der Lupinen durch Mangansalze beheben.

Nach P. EHRENBERG und B. SCHULTZE spricht die starke Aufnahmefähigkeit des Erdbodens für Schwermetalle dafür, daß diese andere, wachstumfördernde Stoffe im Boden frei machen und die Schwermetallsalze also auf diese Weise eine indirekt fördernde Wirkung ausüben.

In Bestätigung und im Anschluß an die Untersuchungen T. KATAYAMAS, D. OLARUS und A. DE ROSCASOLANOS weist E. HILTNER darauf hin, daß eine indirekte Manganwirkung auch möglich ist, z. B. durch Begünstigung der stickstoffsammelnden Kraft der Knöllchenbakterien und durch Verstärkung der Nitrifikation des Bodens.

G. SAMUEL und C. S. PIPER bestätigen die HILTNERsche Feststellung von der Notwendigkeit von Mangan als wesentlichem Ernährungsbestandteil. Fehlen von Mangan ruft nach chlorotischen Erscheinungen Entwicklungshemmungen hervor. Hafer ist z. B. stärker manganbedürftig als Roggen. Landhafersorten scheinen ein besonders großes Manganbedürfnis zu haben. Mangankonzentration von 1 : 50 Millionen ist für Hafer und Roggen hinreichend. Bei höheren Konzentrationen steigert sich auch die Manganaufnahme. Die Aufnahme wird durch Außenfaktoren, wie z. B. Reaktion des Bodens, beeinflußt. Nach G. SAMUEL und C. S. PIPER kann kein anderes Element die Manganwirkung ersetzen. E. HILTNER konnte auch durch vermehrte Kohlensäurezufuhr die Dörrfleckenkrankheit des Hafers verhindern, und schließt, „daß die Manganwirkung hauptsächlich in einer Förderung der Assimilationstätigkeit beruht". Der Einfluß des Mangans auf Beziehungen der Kohlensäureassimilation zur Mineralstoffaufnahme führt E. HILTNER (2) zur Aufstellung des sog. Kohlensäure-Mineralstoffgesetzes. Für die Rolle des Mangans findet er folgende Formulierung: „Vorläufig muß man sich mit der Feststellung begnügen, daß durch die Wirkung des Mangans jene die Assimilationsvorgänge hemmenden Einflüsse beseitigt werden. *Auf alle Fälle können wir die Manganwirkung dahin erklären, daß sie mittelbar die Kohlensäureassimilation der Pflanze erhöht.*" Fest steht, „*daß das Mangan beim Hafer nur als Heilmittel wirkt, daß es aber in der nach dem Kohlensäure-Mineralstoffgesetz absolut gesunden Pflanze kaum eine Wirkung auszuüben vermag; wohl aber in allen jenen Fällen, wo die Pflanze an sichtbaren oder äußerlich verborgen bleibenden Ernährungsstörungen leidet. Gerade letztere können aber unter ungünstigen klimatischen Verhältnissen und bei starker künstlicher oder ungeeigneter Düngung häufig vorliegen, und dann wird die stimulierende, wachstumfördernde Wirkung einer Manganbeidüngung auch dadurch zur Geltung kommen, daß die Pflanzen unter Umständen erst fähig werden, die gebotenen Nährstoffe voll auszunützen.*"

Durch die letzten Arbeiten ist die Manganreizfrage in ein neues Stadium getreten. Restlos geklärt ist sie jedoch nicht.

e) Zink. Die Prüfung von Zinksalzen als Reizdünger ging von Stimulationsbefunden an niederen Lebewesen aus, wie überhaupt die meisten Untersuchungen über Reizstoffe an niederen Lebewesen: Bakterien, Hefe und anderen Pilzen und Algen durchgeführt wurden. J. RAULIN, M. H. RICHARDS und E. GÜNTHER erzielten unter anderem durch kleine Zn-Gaben Wuchssteigerungen bei Aspergillus niger. Ebenso fand M. JAVILLIER (4,7) und neuerdings R. A. STEINBERG nach Zusatz von Zn zum Kulturmedium eine Gewichtserhöhung. Nach H. COUPIN (2) tritt die Entwicklungsförderung bei Aspergillus niger durch Zn nur in schlecht ernährten Kulturen ein, reich ernährte dagegen werden geschwächt. Die Reizerscheinung erwies sich also als abhängig von dem Ernährungszustand. H. COUPIN (3) fand auch mit C. LEPIERRE entgegen J. BUROMSKY und M. JAVILLIER (3,8), daß Zink in Aspergilluskulturen kein unersetzbarer Ernährungsbestandteil ist, vielmehr auch in seiner Reizwirkung offenbar durch andere Metalle ersetzbar ist. Dasselbe fand W. BENECKE. Nach J. KOSINSKI wird die Atmungstätigkeit durch Zn gesteigert, nach N. ONO und A. RICHTER ist der Zuckerverbrauch im Verhältnis zur Gewichtszunahme infolge des Zinkzusatzes ökonomischer.

Die Angaben der Wirkung von Zink auf höhere Pflanzen schwanken je nach Pflanzen-, Boden-, Salzart und Konzentration. So fand J. A. VOELCKER (8) bei Weizen eine Keimverzögerung durch Zinksalze, U. VARVARO bei Bohnen Verzögerung, bei Mais Beschleunigung. Nach W. ZALESKI und A. REINHARD fördert wahrscheinlich Zinksulfat die Atmung keimender Samen vorübergehend. In Untersuchungen von R. H. TRUE und W. J. GIES über den Einfluß von Zinksulfat auf Lupinus albus trat nach Zusatz von Calciumsulfat zur Lösung des

Zinksalzes Entgiftung und sogar Wuchsförderung ein. M. KANDA stellte Reizwirkung bei Erbsen, M. JAVILLIER (2) bei Weizen, W. E. BRENCHLEY (2) bei Gerste fest. C. B. LIPMANN und P. S. BURGERS fanden eine Erhöhung der Nitrifikation im Boden durch Zinksalze.

IV. Methoden der Reizdüngung.

Reizdüngung kann durch Ausstreuen der Salze auf den Boden, durch Aufgießen von Lösungen auf die Pflanzen und Behandlung des Saatgutes mit Lösungen des Reizstoffes erfolgen.

Mit Reizdüngung durch Ausstreuen beschäftigen sich vor allem die Untersuchungen von H. AGULHON, K. ASO, G. BERTRAND (1, 3, 4, 8, 9), W. E. BRENCHLEY, P. EHRENBERG, E. HASELHOFF, E. und L. HILTNER, O. LOEW, J. S. McHARGUE, TH. PFEIFFER, J. STOKLASA, J. A. VOELCKER.

Das Aufspritzen von Reizlösungen auf die Blätter spielt eine untergeordnete Rolle und wurde unter anderem von B. FRANK und F. KRÜGER im Hinblick auf die therapeutische Behandlung von Kartoffeln und von E. HILTNER bei der Jodspritzung (221) erörtert.

Über die Reizbehandlung von Samen mit Lösungen bestimmter Konzentration und bei bestimmter Anwendungszeit haben in neuerer Zeit vor allem im Anschluß an die Arbeiten von M. POPOFF unter anderen G. BREDEMANN, G. GASSNER, P. GISEVIUS, W. GLEISBERG, E. HILTNER, A. NIETHAMMER, M. PLAUT gearbeitet. Ältere Untersuchungen über die Wirkung einer Samenvorbehandlung durch Lösungen gingen wie die von KITTLAUSS über die Einwirkung der Kupfervitriolbeize auf die Keimkraft des Saatgetreides bei verschiedener Zeitdauer und Stärke der Lösung von der desinfizierenden Wirkung dieser Lösungen aus, oder prüften, wie die von J. NESSLER, A. OPPAWSKY und W. SIGMUND u. a., bei Samen, von E. NICKLISCH bei Kartoffelknollen, den physiologischen Einfluß bestimmter Lösungen vor allem auf das Keimungsstadium. Die Samenbehandlung mit Reizstoffen in Lösungen hat ihre Parallele in der Imprägnation des Saatgutes mit konzentrierten Lösungen von Nährsalzen (SCHLEH).

Ein Spezialverfahren ist das Injizieren oder Aufgießen von Schwefelkohlenstoff als Reizstoff auf den Boden. Schwefelkohlenstoff kam ursprünglich nur zur Bodendesinfektion zur Anwendung, erwies sich aber zugleich als Stimulans mit offenbar direkter Wirkung auf die Pflanze und indirekter Wirkung über die Förderung der Aktivität der Bodenlebewesen hinweg (vgl. M. EGOROW, J. FISCHER, P. L. GAINEY, B. HEINZE, L. HILTNER und R. STÖRMER, A. KOCH, A. MAASSEN und H. BEHN, J. MORITZ und B. SCHERPE, FR. MUTH, CHR. OBERLIN, E. RIEHM, RITZEMA BOS, R. SCHERPE, F. X. SCHWAEBEL, N. SIRKER, R. STÖRMER, H. v. SUCHTELEN, E. WOLLNY und A. ZSCHOKKE).

Von den Methoden der Reizdüngung hat das Ausstreuen von Salzen bisher praktisch keine größere Bedeutung gewonnen. Das Aufspritzen von Reizlösungen mit dem ausgesprochenen Ziel der Reizung kommt praktisch auch kaum in Betracht. Die Reizwirkung als Nebenwirkung ist gelegentlich bei der Benutzung von fungiciden oder insekticiden Lösungen beobachtet worden. Die Vorbehandlung der Samen mit dem Ziel der Reizung kann wegen der vielen, noch unbekannten oder wenig bekannten Momente, die den Reizerfolg zu stören in der Lage sind, als praktische Maßnahme vorläufig nicht empfohlen werden. Wohl aber ist bei der in der Praxis üblichen Beizung der Samen mit Fungiciden die eventuelle Reizfunktion der Lösungen zu beachten, die sich nicht nur auf den Samen selbst, sondern auch auf die biologischen Vorgänge des Bodens auszuwirken vermag (vgl. A. GEHRING und G. BROTHUHN). Praktisch große Bedeutung hat allein die Schwefelkohlenstoffbehandlung des Bodens vor allem im Weinbau und neuerdings auch im Gartenbau. Bei der Kostspieligkeit dieses Verfahrens ist es nur bei hochwertigen Kulturen rentabel.

Literatur.

ADERHOLD, R.: Zur Frage der Wirkung des Kupfers auf die Pflanze. Ber. dtsch. bot. Ges. **24** (1906). — AGULHON, H.: (1) Emploi du bore comme engrais catalytique. 7th Internat. Cong. App. Chem. Sect. **7**, Agr. Chem. 1910; (2) Emploi du bore comme engrais catalytique. C. r. **150** (1910); (3) Recherches sur la présence et le rôle du bore chez les végétaux. Thèse. Paris 1910; (4) The use of Boron as a Catalytic Fertiliser. 8th Internat. Cong. App. Chem. (Wash. and N.Y.) 15. Sect. **7**, 9 (1912). — AMPOLA, G., e G. TOMMASI: I composti di arsenico in agricoltura Ann. r. Staz. Chim. Sper. Roma, 2 ser. 1911. — ARCHANGELLI, G.: Sopra l'azione dell'acido borico sul germogliamento dei semi. Proc. verb. Soc. Toscana sci. nat. Pisa, **5** (1885). — ARNDT, R.: Das biologische Grundgesetz. Biologische Studien I. Greifswald 1882. — ASO, K.: (1) On the physiological influence of manganese compounds on plants. Bul. Col. Agr. Tokyo Imp. Univ. **5** (1902); (2) On the continuous application on manganous chloride in rice culture, II. Bull. Coll. Agr. Tokyo Imp. Univ. **7** (1907); (3) Über den stimulierenden Einfluß an Natriumfluorid auf Gartengewächse. The Bull. of the Coll. of Agric. Tokyo Imp. Univ. **7** (1907). — AVERY, S., a. A. KEYSER: Copper sulphate for killing green scums. Breeders Gaz. **48** (1905).

BARTON, L. V., a. S. J. PRELEASE: Stimulation, toxicity and antagonismus of calcium nitrate and manganese chlorid as indicated by growth of wheat roots. Bull. Torrey bot. Club **1927**, 54, 559. — BATEMAN, W. G., a. L. S. WELLS: Copper in the flora of a copper-tailing region. J. amer. chem. Soc. **39** (1917). — BAUMANN, A.: Das Verhalten von Zinksalzen gegen Pflanzen und im Boden. Landw. Versuchsstat. **31** (1885). — BAUMANN, G.: Zur Frage des normalen Vorkommens der Borsäure im Weine. Ber. dtsch. chem. Ges. **21** (1888). — BECKER, A.: Über den Einfluß der Samenbehandlung mit Reizchemikalien auf die Keimung und das Wachstum. Landw. Jb. **63** (1926). — BEHN, H.: Beiträge zur Kenntnis der Wirkung von Reizstoffen auf das Pflanzenwachstum. Angew. Bot. **6** (1924), APPEL-Heft. — BELAK, A., u. E. SZÉP: Die Ionenantagonismus als rein chemisches Problem. Biochem. Z. **171** (1926). — BERLESE u. SOSTEGNI: Untersuchungen über die Wirkung der Kupfersalze auf die Vegetation des Weinstockes und auf den Boden. Rev. internat. viticult. et oenol. 1895. — BERNARDINI, L.: Funzione del manganese nella concimazione. Staz. sper. agr. Ital. **43** (1910). — BERNARD, C.: (1) Leçons sur les phénomènes de la vie commune aux végétaux. Paris 1878; (2) Leçon sur les effects des substances toxiques et medicamenteuses. Paris 1883. — BERTRAND, G.: (1) Emploi du manganèse comme engrais catalytique. 8th Internat. Cong. App. Chem. (Wash. and N.Y.) **15** (1912); (2) Extraordinaire sensibilité de l'Aspergillus niger vis-a-vis du manganèse. C. r. **154** (1912); (3) Les engrais catalytiques et la culture de la betterave. Rev. Sci. **49**, 1 (1911); (4) Les engrais complémentaires. 5th Internat. Kongr. angew. Chem. Berlin **3** (1903); (5) Nouvelles recherches sur les ferments oxydants ou oxydases Ann. Agron. **23** (1897); (6) Sur l'action oxydante des sels manganeux et sur la constitution chimique des oxydases. C. r. **124** (1897); (7) Sur la recherche et sur l'existence de l'arsenic dans l'organisme. Ann. Inst. Pasteur **14** (1902); (8) Sur l'emploi favorable du manganèse comme engrais. Compt. rend. **141** (1905); (9) Sur les engrais catalytiques. 7th Internat. Cong. App. Chem. Sect. **7**, Agr. Chem. 1910; (10) Sur l'intervention du manganèse dans les oxydations provoquées par la laccase. C. r. **124** (1897). — BERTRAND, G., u. H. AGULHON: Aluminiumsulfat als katalytischer Dünger. VIII. Internat. Kongr. angew. Chem. 1912. — BERTRAND, G., e. M. JAVILLIER: (1) Action du manganèse sur le développement de l'Aspergillus niger. Bull. Soc. chim. France, 4 sér. **11** (1912); (2) Influence du manganèse sur le développement de l'Aspergillus niger. Ct. r. **152** (1911); (3) Influence combinée du zinc et du manganèse sur le développement de l'Aspergillus niger. Compt. rend. **152** (1911). — BERTRAND, G., e. M. ROSENBLATT: (1) Sur la présence générale du manganèse dans le règne végétal. C. r. **173** (1921); (2) Sur la répartition du manganèse dans l'organisme des plantes supérieures. C. r. **173** (1921); (3) Sur les variations de la teneur en manganèse des feuilles avec l'âge. C. r. **174** (1922). — BISBY, G. R., u. A. G. TOLAAS: Copper Sulphate as a desinfectant for potatoes. Phytopathology 8 (1918). — BISHOP, W. B.: Die Verteilung von Mangan in den Pflanzen und seine Bedeutung für den Stoffwechsel. Austral. J. exper. Biol. **1928**, 5, 123. — BITTERA, N. v.: Über die stimulierende Wirkung einiger Beizmittel. Fortschr. Landw. **1**, H. 21 (1926). — BLAIR, A. W.: Borax fertiliser experiments showing striking results. New Jersey Agr. **2** (1920). — BLAIR, A. W., a. B. E. BROWN: The influence of fertilisers containing borax on the yield of potatoes and corn, Season 1920. Soil. Sci. **11** (1921). — BOKORNY, TH.: (1) Übereinstimmendes Verhalten der Metalle der Kupfergruppe (Kupfer, Quecksilber, Silber) gegen Zellen der niederen Pflanzen. Chem. Z. **29** (1905);

(2) Über den Einfluß verschiedener Substanzen auf die Keimung der Pflanzensamen. Biochem. Z. 1 (1913); (3) Zell-Stimulation durch Basen. Zellstimulat.forschgn 1 (1925). — BOLLAND, B. G. C.: Effect of copper sulphate on the germination of wheat. Agr. J. Egypt. 3 (1913). — BOROWIKOW, G. A.: Die Wirkung der salzartigen Stoffe auf die Wachstumsgeschwindigkeit des Pflanzenorganismus (russ.). Mém. de la Soc. des naturalistes de la Nouvelle Russie, 41 (1916). — BOULLANGER, E.: Etudes expérimentales sur les engrais catalytiques. Ann. Sci. Agron., 4 s. I (1912). — BRAUN, H.: (1) Stimulationsversuche. Pflanzenbau 1925, Nr 1; (2) Über den Wert der Kartoffelbeizung insbesondere über die Möglichkeit der Hypochnusbekämpfung mit Hilfe der Beizung. Fortschr. Landw. 1 (1926). — BRÉAL, E., u. E. GIUSTINIANI: Über eine neue Behandlung des Saatgutes. C. r. Acad. Sci. Paris T. 139 (1904) und J. d'Agriculture pratique 1904. — BRECKENRIDGE, J. E.: Boron in relation to the fertiliser industry. J. Ind. a. Engin. Chem. 13 (1921). — BREDEMANN, G.: (1) Saatgut-Stimulation. Landw. Ztg 46 (1926); (2) Versuche über Saatgutbehandlung mit Reizmitteln (Saatgut-Stimulierung). Pflanzenbau 1924, Nr 10; (3) Weitere Versuche über Saatgutstimulierung. Landw. Jb. 1926. — BRENCHLEY, W. E.: (1) Inorganic plant poisons and stimulants. Cambridge agricultural monographs. Cambridge 1927; (2) On the action of certain compounds of zinc, arsenic and boron on the growth of plants. Ann. Bot. 28 (1914); (3) Organic Plant Poisons. I. Hydrocyanic. Ann. Bot. 31 (1917); (4) The influence of copper sulphate and manganese sulphate upon the growth of barley. Ann. Bot. 24 (1910). — BRENCHLEY, W. E., a. H. G. THORNTON: The relation between the development structure and functioning of the nodules on Vicia faba, as influenced by the presence or absence of boron in the nutrient medium. Proc. roy. Soc. Med. B. 98 (1925). — BRENCHLEY, W. E., a. K. WARINGTON: The role of boron in the growth of plants. Ann. Bot. 1926. — BRINGMANN, GISEVUS u. STRAIB: Untersuchungen über Samen- und Pflanzenreizung. Pflanzenbau 1924, Nr 12. — BRITTLEBANK, C. C.: Effect of formalin and bluestone pickle on the germination of wheat. Journ. Dept. Agr. Vict. 11 (1913). — BRUNO, A.: La toxicité du borax pour les végétaux. Ann. Sci. Agron. 37 (1920). — BURMESTER, H.: Vergleichende Untersuchungen über den Einfluß der verschiedenen Samenbeizmethoden auf die Keimfähigkeit gebeizten Saatgutes und über ihre pilztötende Wirkung. Z. Pflanzenkrkh. 18 (1908). — BUROMSKY, J.: Die Salze Zn, Mg und Ca, K und Na und ihr Einfluß auf die Entwicklung von Aspergillus niger. Zbl. Bakter. II, 34, 54—66 (1912).

CANDA, A.: Düngung mit Mangan. Il coltivatore 67 (1921). — CHUARD, E., e. F. PORCHET: L'action des sels de cuivre sur les végétaux. Arch. Sci. Phys. et Nat. 14 (1902); 15 (1903). — CLARK, J. F.: On the toxic properties of some copper compounds, with special reference to Bordeaux mixture. Bot. Gaz. 33 (1902). — COLLINS, S. H.: The absorption of Arsenic by barley. J. Soc. Chem. Ind. 21 (1902). — CONNER, S. D.: The injurious effect of borax in fertilisers on corn. Proc. Ind. Acad. Sci. 1917. — CONNER, S. D., a. E. N. FERGUS: Borax in fertilisers. Perdue Univ. Agr. Expt. Sta. Bul. 239 (1920). — COOK, F. C.: (1) Absorption of copper from the soil by potato plants. J. Agr. Rese. 22 (1921); (2) Boron: its absortion and distribution in plants and its effect on growth. J. Agr. Research. 5 (1916). — COOK, F. C., a. J. B. WILSON: (1) Boron: its effect on crops and its distribution in plants and soil in different parts of the U.S.A. J. Agr. Rese. 13 (1918); (2) Effect of three annual applications of boron on wheat. J. Agr. Rese. 10 (1917). — COPELAND, E. B., a. L. KAHLENBERG: The influence of the presence of pure metals upon plants. Trans. Acad. Sci. Arts and Letters Wisconsin 12, Part 2 (1900). — COUPIN, H.: (1) Sur la toxicité des sels de cuivre à l'égard des végétaux supérieurs. C. r. 127 (1898); (2) Sur la nutrition du Sterigmatocystis nigra. C. r. 136 (1903); (3) Zinc et Sterigmatocystis nigra. C. r. 157 (1913). — CROCHETELLE, J.: Influence du sulfate de manganèse sur la germination. Journ. Agr. Prat. N. s. 26 (1913). — CZAPEK, F.: Biochemie der Pflanzen. 1, 3. Aufl. Jena: G. Fischer 1922. —

DAFERT, O., u. R. LERCH: Stimulationsversuche mit Magnesiumchlorid. Fortschr. Landw. 2, 1927. — DAFERT, O., u. H. BRICHTA: Hat der Jodgehalt des Chilesalpeters praktische Bedeutung für die Landwirtschaft? Fortschr. Landw. 1926. — DAUBENY, C.: (1) Memoir on the degree of selection exercised by plants, with regard to the earthy constituents presented to their absorbing surfaces. Trans. Linn. Soc. 17 (1833); (2) On the power ascribed to the roots of plants of rejecting poisonous or abnormal substances presented to them. J. chem. Soc. 14 (1862). — DEASTRICK, E. P.: The effect of manganese compounds on soils and plants. Cornell Univ. Agr. Expt. Sta. Memoir 19 (1919). — DEMOUSSY, E.: (1) Der Einfluß von Wasserstoffsuperoxyd auf die Keimung. C. r. Acad. Sci. 162 (1916); (2) La germination des grains de blé traités au sulfate de cuivre. Ann. Agron. 27 (1901). — DENNY, F. E.: The effect of small amounts of chemicals in increasing the life activities of plants. Proc. of the nat. acad. of sciences (U.S.A.) 13 (1927). — DENSCH, A.: Versuche mit Kupfersulfat (Jber. Preuß. landw. Versuchs- u. Forschungsanstalten zu Landsberg a. d. E.). Landw. Jb. 60 (1924). — DENSCH, A., u. HUNNIUS: Versuche mit Kupfersulfat. Z. Pflanzenernährg usw. A 3, 1924, Wiss. Teil. — DONY-HÉNAULT, O.: Von der Rolle der Mangansalze bei der Assimilation des Salpeterstickstoffes und bei der Bildung der Eiweißsubstanz durch die grünen Pflanzen. Ac. roy. Belg. Classe Sc. Mémoires 2 (1911).

EBERHARDT, C.: Untersuchungen über das Vorquellen der Samen. Dissert., Jena 1906 und Fühlings Landw. Ztg 56 (1907). — EGOROW: Zur Frage des Einflusses von CS_2 auf Boden und Pflanzen. Russ. J. exp. Landw. 9 (1908). — EHRENBERG, P.: Wirkungen des Zinks bei Vegetationsversuchen. Chem. Ztg. 32 (1908) u. Landw. Versuchsstat. 72 (1910). — EHRENBERG, P., u. K. SCHULTZE: Beiträge zur Klärung der „Manganfrage". J. Landw. 64 (1916). — ENGELS, O.: (1) Die physiologische Bedeutung des Jods für den pflanzlichen Organismus und die Einwirkung desselben auf den Ernteertrag beim Feld- und Gartenbau. Ein Beitrag zum Kapitel der Joddüngungsfrage. Gartenbauwissenschaft 1 (1928); (2) Ergebnisse einiger Stimulationsversuche, ausgeführt an Getreide, verschiedenen Gemüsearten und Kartoffeln. Dtsch. landw. Presse 53 (1926). —

FALLADA, O., u. J. K. GREISENEGGER: Topfversuche mit Mangan als Reizstoff für Zuckerrüben. Österr.-Ungar. Z. Zuckerind. u. Landw. 44 (1915). — FEILITZEN, H. v.: (1) Kann man auf dem freien Felde einen günstigen stimulierenden Einfluß auf die Entwicklung der Kulturpflanzen durch kleine Mengen Mangansalze wahrnehmen? J. Landw. 55 (1907); (2) Stimulationsversuche mit Chlormagnesium. Meddelande 281 från Centralanstalten för försöksväsendet pa jordbruksomradet 1925. — FELLENBERG, TH. v.: (1) Das Vorkommen, der Kreislauf und Stoffwechsel des Jods. Erg. Physiol. 25 (1926); (2) Über das Verhalten saurer und alkalischer Böden im Joddüngungsversuch. Biochem. Z. 188 (1927). — FISCHER, I.: Rebenmüdigkeit und CS_2. Geisenh. Mitt. ü. Weinb. u. Kellerw. 20 (1908). — FORBERS, R. H.: Certain effects under irrigation of copper compounds upon crops. Calif. Univ. Pups. 1 (1912). — FRANK, B., u. F. KRÜGER: (1) Über den Reiz, welchen die Behandlung mit Kupfer auf die Kartoffelpflanze hervorbringt. Ber. dtsch. bot. Ges. 12 (1894); (2) Über den direkten Einfluß der Kupfervitriolbrühe auf die Kartoffelpflanze. Arb. dtsch. Landw.-Ges. 1894, H. 2. — FRECKMANN: (1) Versuche über den Einfluß von leicht löslicher Kieselsäure auf den Ertrag und die Ausnutzung der Phosphorsäure (Jber. Preuß. landw. Versuchs- u. Forschungsanstalten zu Landsberg a. d. W.). Landw. Jb. 60 (1924); (2) Versuche über den Einfluß der Samenbehandlung mit Uspulun auf die Förderung der Keimfähigkeit und die Anfangsentwicklung verschiedener Gräser und Leguminosen (Jber. Preuß. landw. Versuchs- u. Forschungsanstalt zu Landsberg a. d. W.). Landw. Jb. 60 (1924). — FRED, E. B.: (1) Relation of carbon bisulphide to soilorganismus and plant growth. J. Agr. Res. 6, 1—19; (2) Über die Beschleunigung der Lebenstätigkeit höherer und niederer Pflanzen durch kleine Giftmengen. Dissert., Göttingen 1911. — FREYTAG, M.: (1) Die schädlichen Bestandteile des Hüttenrauches der Kupfer-, Blei- und Zink-Hütten und ihre Beseitigung. Landw. Jb. 2 (1882); (2) Über den Einfluß des Zinkoxyds und seiner Verbindungen auf die Vegetation. Mitt. Kgl. landw. Akad. Poppelsdorf 1868. — FRIESEN, G.: Der Einfluß der Samenvorbehandlung auf Wachstums- und Reizvorgänge im Keimling. Jb. wiss. Bot. 65 (1925). — FUKUTOME, T.: On the influence of manganese salts on flax. Bul. Col. Agr. Imp. Univ. Tokyo 6 (1904).

GAINEY, P. L.: The effect of toluol and CS_2 upon the microflora and faune in the soil. Miss. Bot. Garden Rep. 21 (1912), ferner Soil. Sci. 3 (1912). — GASSNER, G.: (1) Blausäurebehandlung als Stimulationsmittel im praktischen Pflanzenbau. Angew. Bot. 7 (1925); (2) Der gegenwärtige Stand der Stimulationsfrage. Vortrag, gehalten auf der Generalversammlung der Dtsch. Bot. Ges. in Stuttgart am 25. 6. 1926. Ber. dtsch. bot. Ges. 44, H. 6 (1926). — GASSNER, G., u. H. RABIEN: Untersuchungen über die Bedeutung von Beiztemperatur und Beizdauer für die Wirkung verschiedener Beizmittel. Arb. Biol. Reichsanst. Land- u. Forstw. 14 (1926). — GEIGER, M.: Beitrag zur Kenntnis der Physiologie keimender Samen. Jb. wiss. Bot. 69 (1928). — GEHRING, A., u. G. BROTHUHN: Über die Einwirkung der Beizung von Rübenknäulen auf die biologischen Vorgänge des Bodens. Zbl. Bakter. 63 (1924). — GEHRING, A.: Neuere Anschauungen über die düngende Wirkung von mangnesiumhaltigen Düngemitteln. Z. Pflanzenernährg usw. A 15 (1930). — GHEDROIZ, K.: The influence of zinc vessels in culture experiments. Selsk. Khoz. i Liesov 345 (1914). — GEORGE, W. T.: Der Einfluß von Aluminium, Mangan und Eisensalzen auf das Wachstum des Zuckerrohres und ihre Beziehung zur Unfruchtbarkeit saurer Böden. Exp. Stat. of the Hawaian Sugar Planters Assoc. Bull., Nr 49. Honululu 1925. — GISEVIUS, P.: Die Saat-Reizung und die Pflanzen-Reizung in ihrer Entwicklung. Pflanzenbau Nr 7 (1924). — GISEVIUS, P., BRINGMANN u. STRAIB: Zur Samen- und Pflanzenreizung, insbesondere mit Magnesiumsalzen. Pflanzenbau 3, Nr 5 (1926/27). — GLEISBERG, W.: (1) Beziehungen der Keimkurve zur Jugendentwicklung bei Salat. Die Gartenbauwissenschaft 1, 332 (1928); (2) Neuere Gesichtspunkte der Saatgutstimulierung. Dtsch. landw. Presse Nr 48 (1924); (3) Pflanzkartoffelstimulierung. Pflanzenbau Nr 2 (1924); (4) Pflanzkartoffelstimulierung. Zellstimulat.forschgn 1 (1924); (5) Pflanzenkartoffelstimulation (1. Forts.) Zellstimulat.forschgn 1 (1925); (6) Reifebeginn, Ertrag und Samenstimulation bei Tomaten. Zellstimulat.forschgn 1 (1924); (7) Saatgutstimulierung als keimungsphysiologisches Problem. Vortrag, gehalten in der zool.-bot. Sektion der Schles. Ges. für vaterl. Kultur in Breslau am 8. 1. 1925. Pflanzenbau 2 (1925); (8) Stimulationseffekte in vererbungstheoretischer Beleuchtung, Vorbericht.

Pflanzenbau Nr 16 (1925); (8) Stimulationsnachwirkung bei Samen. Zellstimulat.forschgn 1 (1924). — GREAVES, J. E.: Some factors influencing ammonification and nitrification in soils. I. Influence of arsenic. Zbl. Bakter. 39 (1913). — GRÉGOIRE, ACH.: Essai sur l'action de l'acide borique sur la végétation. Rapports et communications (Belges), Nr 13, 8 (1920). — GÜNTHER, E.: Beitrag zur mineralischen Nahrung der Pilze. Dissert. Erlangen 1897. — GUTHRIE, F. B., a. L. COHEN: Note en the occurrence of manganese in soil and its effect on grass. Agr. Gaz. N. S. Wales 21, 219—222 (1910). — GUTHRIE, F. B., a. R. HELMS: (1) Pot experiments to determine the limits of endurance of different farm crops to certain injurious substances. Part 1. Wheat. Agr. Gaz. N. S. Wales 14 (1903); (2) Ebenda, Part 2. Maize. Agr. Gaz. N. S. Wales, 15 (1904); (3) Ebenda, Part 3. Barley and Rice, Part 4. Rye. Agr. Gaz. N. S. Wales 16 (1905).

HALL, A. D., W. E. BRENCHLEY a. L. M. UNDERWOOD: The soil solution and the mineral constituents of the soil. Phil. Trans. Roy. Soc. 204, B. 307 (1913). — HANSTEEN-CRANNER, B.: (1) Beiträge zur Biochemie und Physiologie der Zellwand und der plasmatischen Grenzschichten. Ber. dtsch. bot. Ges. 37 (1919); (2) Über das Verhalten der Kulturpflanzen zu den Bodensalzen I u. II. Jb. wiss. Bot. 47 (1910); (3) Über das Verhalten der Kulturpflanzen zu den Bodensalzen. Pringsh. Jb. 53 (1914); (4) Zur Biochemie und Physiologie der Grenzschichten lebender Pflanzenzellen. Meldinger fra Norges landbrukshoiskole 2 (1922). — HARRISON, W. H., a. P. A. SUBRAHMANY AYYAR: Note on copper sulphate as a stimulant for the crop. Madras Agr. Dept. Yearbook 1917. — HASELHOFF, E.: (1) Über die Einwirkung von Borverbindungen auf das Pflanzenwachstum. Landw. Versuchsstat. 79 u. 80 (1913); (2) Über die schädigende Wirkung von kupfersulfat- und kupfernitrathaltigem Wasser auf Boden und Pflanzen. Landw. Jb. 21 (1892); (3) Versuche über die Einwirkung schwefeliger Säure, Zinkoxyd und Zinksulfat auf Boden und Pflanzen. Ber. Versuchsstat. Marburg 1903/04. — HASELHOFF, E., K. FLUHRER u. F. HAUN: Versuche mit Reizstoffen. Landw. Versuchsstat. 100 (1922). — HASELHOFF, E., u. G. GÖSSEL: Über die Einwirkung von schwefeliger Säure, Zinkoxyd, Zinksulfat auf Boden und Pflanzen. Z. Pflanzenkrkh. 14 (1904). — HASELHOFF, E., u. W. ELBERT: Versuche mit Reizstoffen. Landw. Versuchsstat. 106 (1927). — HASELHOFF, E., u. E. BLANCK: Lehrbuch der Agrikulturchemie. Berlin: Borntráger 1927. — HASSEBRAUK, K.: Über den Einfluß der Blausäure auf die Keimreife von Samen. Angew. Bot. 10 (1928). — HATTORI, H.: Studien über die Einwirkung des Kupfersulfates auf einige Pflanzen. J. Coll. Sci. Imp. Univ. Tokyo 15 (1901). — HEADDEN, W. P.: Occurrence of manganese in wheat. J. Agr. Res 5, (1915). — HEINRICH, M.: Die Abhängigkeit der Triebkraft vom Keimmedium und ihre Beeinflussung durch verschiedene Beizmittel. Landw. Versuchsstat. 98 (1921). — HEINZE, B.: (1) Einiges über den Schwefelkohlenstoff, dessen Wirkung auf niedere pflanzliche Organismen sowie dessen Bedeutung über die Fruchtbarkeit des Bodens. Zbl. Bakter. II 16 (1906); (2) Einige weitere Mitteilungen über den CS_2 und die CS_2-Behandlung des Bodens. Zbl. Bakter. II 18 (1907). — HEUBNER, W.: Über das Verhalten von Pflanzen nach Quecksilberbeizung von Samen. Z. physik. Chem. 60 (1928). — HEUSER, O.: Zellstimulationsversuche. Dtsch. landw. Presse 51 (1924). — HIBBARD, R. P.: The antitoxic action of chloral hydrate upon copper sulphate for Pisum sativum. Zbl. Bakter. II 38 (1913). — HÖBER, R.: Physikalische Chemie der Zelle und der Gewebe. Leipzig 1922. — HILTNER, E.: (1) Die Beizung des Saatgutes. Landw. Jb. Bayern 1927. Festschrift anläßlich des 25jährigen Bestehens der Bayrischen Landesanstalt für Pflanzenbau und Pflanzenschutz; (2) Die Dörrfleckenkrankheit des Hafers und ihre Heilung durch Mangan. Das Kohlensäure-Mineralstoff-Gesetz, ein Beitrag zur Physiologie nichtparasitärer Pflanzenkrankheiten. Landw. Jb. 60 (1924); (3) Ist eine wesentliche Jodanreicherung in Pflanzen möglich? Fortschr. Landw. 3, H. 1 (1928); (4) Jodanreicherung von Pflanzen durch Düngung und Bespritzung und Kropfproblem. Prakt. Bl. Pflanzenbau u. Pflanzenschutz 3 (1925); (5) Reizdüngung, Reizbeizung und Reizbespritzung und die Abhängigkeit ihrer Wirkung vom Gesundheitszustand der Pflanze. Prakt. Bl. Pflanzenbau u. Pflanzenschutz 2 (1924); (6) Über die Wirkung einer Beizung geschnittener Saatkartoffeln. Prakt. Bl. Pflanzenbau u. Pflanzenschutz 16 (1918). — HILTNER, L., u. STÖRMER: Studien über die Bakterienflora des Ackerbodens mit besonderer Berücksichtigung ihres Verhaltens nach einer CS_2-Behandlung und nach Brache. 1. Methode der Auszählung auf festen Nährboden. 2. Die Wirkung des CS_2 auf das Bakterienleben des Ackerbodens. 3. Bakterienuntersuchung über die Brache. Arb. biol. Abt. ksl. Gesdh.amt 3 (1903). — HILTNER, L., u. B. KORFF: Über die Wirkung verschiedener Bodenbehandlungsmittel, besonders des Mangansulfats auf das Wachstum des Hafers. Prakt. Bl. Pflanzenbau u. Pflanzenschutz 15 (1917). — HINDORF: Über den Einfluß des Chlormagnesiums und des Chlorcalciums auf die Keimung und erste Entwicklung einiger der wichtigsten Kulturpflanzen. Ber. physiol. Labor. u. Versuchsanstalt landw. Inst. Univ. Halle, H. 6 (1886). — HJALMAR V. FEILITZEN: Kann man auf dem freien Felde einen günstigen stimulierenden Einfluß auf die Entwicklung der Kulturpflanzen durch kleine Mengen Mangansalze wahrnehmen? J. Landw. 1907. — HOLLRUNG, M.: Das Kupfer als Beizmittel gegen den Steinbrand. Kühn-Arch. 9 (1925). — HOTTER, E.: (1) Über das Vorkommen des Bors im

Pflanzenreich und dessen physiologische Bedeutung. Landw. Versuchsstat. **37** (1890); (2) Über den Borsäuregehalt einiger Obstarten. Z. Nahrgsmittel Hyg. War. **9** (1895). — HUEPPE, F.: Naturwissenschaftliche Einführung in die Bakteriologie. Wiesbaden 1896. — HÜLSENBERG, H.: Kupfervitriol und kupferhaltige Beizmittel. Pflanzenbau **2** (1926).

INMAN, O. L.: J. gen. Physiol. **3** (1921). — ISSLEIB: Ein Vorschlag zur Steigerung der Ernteerträge durch Imprägnation des Saatgutes mit Nährsalzen. Dtsch. landw. Presse **51** (1924). — IVANOVA, S., u. J. PERFENTJEV: Über die Wirkung von Arsen auf die Keimfähigkeit von Samen. Sapiski po Semenowedeniju **5**, H. 3 (1927), russ. mit dtsch. Zusammenfassung.

JADIN, F., e. A. ASTRUC: (1) La présence de l'arsenic dans le règne végétal. J. Pharmacie **6** (1912); (2) La répartition du manganèse dans le règne végétal. J. Pharmacie **7** (1913); (3) L'arsenic et le manganèse dans les feuilles jeunes et agées. C. r. **156** (1913); (4) Quelques considérations sur la présence, la répartition, le rôle de l'arsenic et du manganèse dans le règne végétal. Rev. Sci. **54** (1916); (5) Relation entre la richesse en manganèse et la proportion de cendres dans les feuilles jeunes et agées. Bul. Soc. Chim. **31** (1922); Sur la présence de l'arsenic dans quelques aliments végétaux. C. r. **154** (1912). — JARIUS: Über die Einwirkung von Salzlösungen auf den Keimungsprozeß der Samen einiger einheimischer Kulturgewächse. Landw. Versuchsstat. **32** (1886). — JAVILLIER, M.: (1) Le zinc chez les plantes. Recherches sur sa présence et son rôle. Ann. Inst. Pasteur **22** (1908); (2) Le zinc chez las plantes et son emploi comme engrais complémentaire. 7th Internat. Cong. App. Chem. Sect. 7, Agr. Chem. 1910; (3) Recherches sur la substitution au zinc de diverses éléments chimiques pour la culture de l'Aspergillus niger (Sterigmatocystis nigra V. Tgh.) Ann. Inst. Pasteur **27** (1913); (4) Sur la fixation du zinc par le Sterigmatocystis nigra V. Tgh. C. r. **146** (1908); (5) Sur la substitution du zinc par divers éléments chimiques pour la culture du Sterigmatocystis nigra. C. r. **155** (1912); (6) Sur l'emploi du zinc comme engrais catalytique. 8th Internat. Cong. App. Chem. **15** (1912); (7) Sur l'influence favorable de petites doses de zinc sur la végétation de Sterigmatocystis nigra V. Tgh. C. r. **145** (1907); (8) Utilité du zinc pour la croissance de l'Aspergillus niger (Sterigmatocystis nigra V. Tgh.), cultivé en milieux profonds. C. r. **158** (1914). — JOACHIMOGLU, G.: Biochem. Z. **79** (1917); **130** (1922). — JOHNSTON, CARL S.: Bor und seine Bedeutung für das Pflanzenwachstum. J. chem. Education **5**, 1235 (1928). — JONES, J. S., a. D. E. BULLIS: Manganese in commonly grown legumes. J. Ind. a. Engin. Chem. **13** (1921). — JÖNSSON, B.: On the influence of arsenic on the germination of seeds. Kgl. Landt. Akad. Handl. **35**, 1896.

KAHO, H.: (1) Das Verhalten der Pflanzenzelle gegen Salze. Erg. Biol. **1** (1926); (2) Ein Beitrag zur Giftwirkung des Schwermetalle auf das Pflanzenplasma. Biochem. Z. **122** (1921); (3) Ein Beitrag zur Theorie der antagonistischen Ionenwirkungen der Erdalkalien auf das Pflanzenplasma. VII. Biochem. Z. **167** (1926); (4) Orientierende Versuche über die stimulierende Wirkung einiger Salze auf das Wachstum der Getreidepflanzen. Acta et Commentationes Universitatis Dorpatensis A **8**, 7. Dorpat 1925; (5) Über den Einfluß der Temperatur auf die koagulierende Wirkung einiger Alkalisalze auf das Pflanzenplasma. VIII. Biochem. Z. **167** (1926); (6) Über die Beeinflussung der Hitzekoagulation des Pflanzenplasmas durch die Salze der Erdalkalien. VI. Biochem. Z. **151**, 1924. — KANDA, M.: Studien über die Reizwirkung einiger Metallsalze auf das Wachstum höherer Pflanzen. J. Col. Sci. Imp. Univ Tokyo **19**, Art. 13 (1904). — KATAYAMA, T.: Über den Grad der stimulierenden Wirkung von Mn- und Fe-Salzen auf Gerste. The Bull. of the Coll. Agr. Tokyo, Imp. Univ. **7** (1907). — KELLEY, W. P.: (1) Manganese in some of its relations to the growth of pineapples. J. Ind. a. Engin. Chem. **1** (1909); (2) Pineapple investigations. Hawaii Sta. Rept. 1910; (3) The function and distribution of manganese in plants and soils. Hawaii. Sta. Bul. **26** (1912); (4) The function of manganese in plants. Bot. Gaz. **57** (1914); (5) The influence of manganese on the growth of pineapples Hawaii Sta. Press. Bul. **23**. — KITTLAUSZ: Über die Einwirkung der Kupfervitriol-Beize auf die Keimkraft des Saatgetreides bei verschiedener Zeitdauer und Stärke der Lösung. Fühlings landw. Ztg **48** (1899). — KLEIN, G.: Zur Frage der Joddüngung. Eine kritische Zusammenfassung. Fortschr. Landw. H. 13 (1927). — KLOPSCH: Über die Aufnahme von Zink durch die Pflanzen. Kulturtechniker **1908**. — KNOP, W.: Über die Aufnahme verschiedener Substanzen durch die Pflanze, welche nicht zu den Nährstoffen gehören. Jber. Agrikult.-Chem. **7** (1884). — KOBEL, F.: Versuche zur Stimulation von Samen und Stecklingen mit besonderer Berücksichtigung der Rebe. Landw. Jb. Schweiz 1926. — KOCH, A.: (1) Untersuchung über die Rebenmüdigkeit. Berlin: Otto Thiele 1899; (2) Untersuchungen über die Ursachen der Rebenmüdigkeit, mit besonderer Berücksichtigung der CS_2-Behandlung. Arb. dtsch. Landw.-Ges. H. 40; (3) Weitere Erfahrungen über die CS_2-Behandlung der Weinbergböden. Bericht über den 14. dtsch. Weinbau-Kongreß in Neustadt a. d. H. 1895, ferner: Weinbau u. Weinhandel 1896; (4) Zur Frage der Rebenmüdigkeit der Weinberge im Bericht über den 13. dtsch. Weinbau-Kongreß in Mainz 1894. — KÖNIG, P.: Studien über die stimulierenden und toxischen Wirkungen der verschiedenwertigen Chromverbindungen auf die Pflanzen. Inaug.-Dissert., Rostock 1910. — KONSULOFF, ST.: (1) Die Zellstimulation und ihre Erklärung. Zellstimulat.forschgn **2** (1926); (2) Ein Feldversuch zur

Stimulierung von Reis. Pflanzenbau Nr 19 (1925); (3) Stimulationsuntersuchungen an Reissamen. Zellstimulat.forschgn **3** (1928). — KOOPER u. OTTO: Untersuchungen über den Einfluß giftiger alkaloidführender Lösungen auf Boden und Pflanzen. Landw. Jb. **39** (1910). — KORFF, G., u. F. OTTENSOOSER: Über die Wirkung einiger Bodenbehandlungsmittel auf das Pflanzenwachstum. Arb. biol. Reichsanst. Land- u. Forstw. **15**, H. 1. — KOSINSKI, J.: Jb. wiss. Bot. **37** (1902).

LEHMANN, K. B.: Hygienische Studien über Kupfer. 4. Der Kupfergehalt von Pflanzen und Tieren in kupferreichen Gegenden. Arch. f. Hyg. **27** (1896). — LEIDREITER, P.: Studien über das Verhalten des Mangans im Boden zu einigen landwirtschaftlichen Kulturpflanzen (Hafer, Pferdebohne, Senf, Kartoffeln, Zucker- und Runkelrüben). Inaug.-Dissert., Rostock 1910. — LEPERCQ, M.: Le maganèse dans les organismes vivants et ses applications agricoles. Mém. Acad. Sci. Lyon, 3 s., **13** (1913). — LEPIERRE, C.: (1) Inutilité du zinc pour la culture de l'Aspergillus niger. Bull. Soc. Chim. France, 4 s., **13** (1913); (2) Inutilité du zinc pour la culture de l'Aspergillus niger. C. r. **157** (1913); (3) Remplacement du zinc par le glucinium dans la culture de l'Aspergillus niger. Compt. rend. **156** (1913); (4) Remplacement du zinc par l'uranium dans la culture d'Aspergillus niger. C. r. **156**, (1913); (5) Remplacement du zinc par le cuivre dans la culture de l'Aspergillus niger. C.r. **156**, (1913); (6) Sur la non-spécificité du zinc comme catalyseur biologique pour la culture de l'Aspergillus niger. Son remplacement par l'autres éléments. C. r. **156** (1913); (7) Zinc et Aspergillus. Les Expériences de M. COUPIN et de M. JAVILLIER. C. r. **158** (1914). — LIPMANN, C. B., a. P. S. BURGERS: The effect of copper, zinc, iron a. lead salts on ammonification and nitrification of soils Calif. Univ. v. Pubs. **1**, Nr 6 (1914). — LIPMANN, C, B., a. W. F. GERICKE: Copper and zinc as antagonistic agents to the „alkali" salts in soil. Amer. J. Bot. **5** (1918). — LIPMANN, C. B., and F. H. WILSON: Toxic inorganic salts and acids as affecting plant growth. Bot. Gaz. **55** (1913). — LOEB, J.: The toxic and antitoxic effects of ions as a function of their valency and possibly their electrical discharge. Amer. J. Physiol. **6** (1902). — LOEW, O.: (1) Bemerkung über die Giftwirkung des destillierten Wassers. Landw. Jb. **20** (1891); (2) Biologische Möglichkeiten zur Hebung des Ernteertrages II. Biol. Zbl. **45** (1925); (3) Natürliches System der Giftwirkung. München 1893; (4) On the treatment of crops by stimulating compounds. Bul. Col. Agr. Imp. Univ. Tokyo **6**, Nr 2 (1904); (5) Sind Arsenverbindungen Gift für pflanzliches Protoplasma? Pflügers Arch. **32** (1883); (6) Über die physiologischen Funktionen der Calcium- und Magnesiumsalze im Pflanzenorganismus. Flora **75**, 1892; (7) Über Reizmittel des Pflanzenwachstums und deren praktische Anwendung. Landw. Jb. **32** (1903). — LOEW, O., K. ASO u. S. SAWA: Über die Wirkung von Manganverbindungen auf Pflanzen. Flora **91** (1902). — LOEW, O., u. S. HONDA: Über den Einfluß des Mangans auf Waldbäume. Bul. Col. Agr. Imp. Univ. Toky0 **6**, Nr 2 (1904). — LOEW, O., u. S. SAWA: On the action of manganese compounds on plants. Bul. Col. Agr. Imp. Univ. Tokyo **5**, Nr 2 (1902). — LOHMANN, J.: Reizwirkungen chemischer Verbindungen auf die Keimung der Kartoffelknolle. Dissert., Breslau 1925. — LUNDEGARDH, H.: (1) Studien über die Wirkung der pflanzenpathologischen Beizmittel. Biol. Zbl. **44** (1924); (2) Über die Interferenzwirkung von Wasserstoffionen und Neutralsalzionen auf Keimung und Wachstum des Weizens. Biochem. Z. **149** (1924). — LUNDEGARDH, H., u. VL. MORÁVEK: Untersuchungen über die Salzaufnahme der Pflanzen. Biol. Zbl. **44** (1924).

MAASZEN, A., u. H. BEHN: (1) Das Verhalten der Bakterien, insbesondere der Bodenreaktion gegenüber dem CS_2 und die Beeinflussung des Pflanzenwachstums durch eine CS_2-Behandlung des Bodens. Arb. biol. Reichsanst. **12** (1924); (2) Die Widerstandsfähigkeit der Bakterien, insbesondere der Bodenbakterien dem CS_2 gegenüber. Mitt. biol. Reichsanst. H. 4; Unters. bodenbakt. Fragen H. 6 u. 8; Untersuchung über den Einfluß einer CS_2-Behandlung des Bodens auf das Pflanzenwachstum H. 10. — MAIWALD, K.: Pflanzkartoffelstimulierung. Pflanzenbau Nr 20 (1924/25). — MAQUENNE, L., e. E. DEMOUSSY: (1) Sur la distribution et la migration du cuivre dans les tissus des plantes vertes. C. r. **170** (1920); (2) Un cas d'action favorable du cuivre sur la végétation. C. r. **170** (1920.) — MARTINI, L.: Die Reizwirkung von Mangansulfat und Kupfersulfat auf die Pflanzen. Staz. sperim. agr. ital. **44** (1911). — MAZÉ, P.: Note sur les chloroses des végétaux. C. r. Biol. Soc. Paris **77** (1914). — MCCOOL, M. M.: The toxicity of manganese and the antidotal relations between this and various other cations with respect to green plants. Cornell Univ. Agr. Expt. Sta. Mem. **2** (1913). — MCGEORGE, W. T.: (1) The effect of arsenite of soda on soil. Hawaii Agr. Expt. Sta. Pres Bull. **50** (1915); (2) The influence of aluminium, manganese and iron salts upon the growth of sugar cane, and their relation to the infertility of acid island soils. Expt. Sta. Hawaiian Sugar Planters Assoc. Agr. chem. ser. Bull. **49** (1925). — MCHARGUE, J. S.: (1) Association of manganese with vitamins. J. Agr. Res. **27** (1924); (2) Die Rolle von Kupfer, Mangan und Zink in Futterpflanzen und Nahrungsmitteln. J. amer. Soc. of Agron. **17**. Geneva 1925; (3) Effect of manganese on the growth of wheat. A source of manganese for agricultural purposes. J. Ind. a. Engin. Chem. 1919; (4) Iron manganese content of certain species of seeds. J. Agr. Res. **23**, (1923); (5) The effect of different concentrations of manganese sulphate on the growth of plants in acid and neutral soils and the necessity of manganese as a plant nutrient. J. Agr. Res. **24** (1923); (6) The occurence and significance of manganese in the seed coat of various seeds. J. amer. chem. Soc. **36** (1914); (7) The role of manganese in plants. J. amer. chem. Soc. **64**, 1922. — McLean, F. T., a. B. E. Gilbert: Manganese as a cure for a chlorosis of Spinach. Sciene **61** (1925). — Meier, R.: Biochem. Z. **174** (1926).— Merkenschlager, G.: Keimungsphysiologische Probleme, Naturwissenschaft und Landwirtschaft. H. 1 (1924). Freising: Datterer. — Meyer, D.: Die schädliche Wirkung des Gipses bei Vegetationsversuchen in Zinkgefäßen. Fühlings Landw. Ztg **64** (1905). — Meyer, D.: Der Einfluß von Chlormagnesium und quecksilberhaltigen Beizmitteln auf den Pflanzenertrag. Z. Landw.kam. Schlesien 11. 10. 1924, H. 41 und Dtsch. landw. Presse 4. 10. 1924. — Miani, D.: Über die Einwirkung von Kupfer auf das Wachstum lebender Pflanzenzellen. Ber. dtsch. bot. Ges. **19**, 1901. — Micheels, H.: (1) Influence de la valence des métaux sur la toxicité de leurs sels. C. r. **143** (1906); (2) Sur les stimulants de la nutrition chez les plantes. Bul. Soc. Roy. Belg. **42**, Part. 2 (1904/05). — Miyajima, M.: On the poisonous action of copper upon various plants. Bot. Mag. Tokyo **11** (1897). — Molinari, de et O. Ligot: Le sulfate de manganèse (Essais de culture). Ann. Gembloux **18** (1908). — Montemartini, L.: L'azione eccitante del solfato di manganese e del solfato di rame sopra le piante. Staz. sper. agr. Ital. **44** (1911). — Moore, P. W.: Plant stimulation with non-essential elements. Arizona Sta. Rpt. **300** (1916). — Morel, J.: Action de l'acide borique sur la germination. C. r. **114** (1892). — Moritz, I., u. R. Scherpe: (1) Über die Bodenbehandlung mit CS_2 und ihren Einfluß auf das Pflanzenwachstum. Arb. biol. Abt. ksl. Gesdh.amt **4** (1904), Pt. 2; (2) Über die Haltbarkeit des CS_2 im Boden. Arb. biol. Abt. ksl. Gesdh.amt **4** (1904); (3) Versuch betr. die Wirkung pilz- und insektentötender Mittel auf das Gedeihen der damit behandelten Pflanzen. Arb. biol. Abt. ksl. Gesdh.amt **3** (1902). — Morkowin, N.: (1) Der Einfluß von anästhetischen und giftigen Stoffen auf die Pflanzenatmung 1901, russ.; (2) Recherches sur l'influence des anaesthétiques sur la respiration des plants. Rev. gén. Bot. T. 11 (1899); (3) Recherches sur l'influence des alcaloides sur la respiration des plantes. Rev. gén. Bot. T. 13 (1901). — Munkelt, W.: Das Verhalten der Cruciferenkeimlinge gegen Kupfersalze. Zellstimulat.forschgn **2** (1927). — Muth, Fr.: (1) Der CS_2 in seiner Wirkung auf den Boden und in seiner Anwendung im Weinbau. Mitt. dtsch. Weinbau-Vereins **4** (1909); (2) Die Wirkung des Schwefelkohlenstoffes auf die Pflanzen. Zellstimulat.forschgn **3** (1927); (3) Zur Frage der CS_2-Behandlung der Reben. Bericht, erstattet im Sonderausschuß der dtsch. Landw.-Ges. für Rebendüngung in Heilbronn. Mitt. dtsch. Landw.-Ges. **42** (1925), Stückn. 25 (Landw. Jb. Wein u. Rebe **7** [1925]). — Muth, Fr., u. G. Voigt: Versuch über die ertragssteigernde Wirkung von CS_2, Torf und Jauche. 1. Landw. Jb. **64** (1926). 2. Jber. Lehr- u. Forschungsanst. Geisenheim, Etatsjahr (1924/25).

Nagaoka, M.: On the stimulating action of manganese upon rice. Bull. Col. Agr. Tokyo Imp. Univ. (1903); **6**, (1904); **7**, (1906/08). — Nagel, W.: (1) Das Schnell-Beizverfahren. Ein Verfahren zum Beizen von Saatgut ohne nachfolgende Trocknung im Vergleich mit anderen Beizverfahren. Angew. Bot. **9**, H. 4 (1907); (2) Rhodannatrium als Mittel zur Keimförderung. Angew. Bot. **11**, 54 (1929); (3) Über die Einwirkung höherer Temperaturen während und nach einer Beize mit verschiedenen Beizmitteln. Angew. Bot. **7** (1925). — Nakamura, M.: (1) Bull. Coll. Agr. Tokyo **6**, **153** (1904); (2) Can boric acid in high dilution exert a stimulant action on plants? Bull. Col. Agr. Tokyo Imp. Univ. **509** (1903); (3) Can salts of zinc, cobalt and nickel in high dilution exert a stimulant action on agricultural plants? Bull. Col. Agr. Tokyo. Imp. Univ. **6**, 147 (1904). — Neller, J. R., a. W. J. Morse: Effects upon the growth of potatoes, corn and beans resulting from the addition of borax to the fertilisers used. Soil Sci **12** (1921). — Nessler: (1) Einfluß des Eisenvitriols und der Karbolsäure, welche dem Dünger zugesetzt werden, auf das Keimen der Samen und Wachsen der Pflanzen. Wochenbl. landw. Ver. im Großherzgt. Baden, 1876; (2) Einfluß der Stärke verschiedener Lösungen auf das Keimen der Samen und das Wachsen der jungen Pflanzen und über die Stärke der Lösung, welche bei gegebener Düngung im feuchten Boden und bei Regen entsteht. Wochenbl. landw. Ver. im Großherzgt. Baden, 1877. — Nicklisch, E.: Untersuchungen über den Einfluß einiger chemischer Agentien auf die Keimfähigkeit der Kartoffelknolle. Dissert., Erlangen 1912. — Niethammer, A.: (1) Der Einfluß von Reizchemikalien auf die Samenkeimung. Jb. wiss. Bot. **66**, H. 2 (1927); (2) Die Stimulationswirkung von Giften auf Pilze und das Arndt-Schulzsche Gesetz. Biochem. Z. **184**, H. 4/6 (1927); (3) Ein Beitrag zur Samendesinfektion. Biochem. Z. **172**, (1926); (4) Graphische Darstellung des Verlaufes der Samenkeimung unter besonderer Berücksichtigung der Stimulationswirkung des Rhodankaliums. Zellstimulat.-forschgn **3** (1927); (5) Grundlagen und praktische Ziele bei der Beeinflussung des Keimverlaufes unserer landwirtschaftlichen Kultursämereien durch chemische und physikalische Agentien. Zellstimulat.forschgn **3** (1929); (6) Grundlagen und Ziele der Stimulationsforschung. Z. Pflanzenernährg usw. A Nr 7, H. 5/6 (1926); (7) Keimungsphysiologische Studien unter Hervorhebung des Lichtkeimungsproblems. Biochem. Z. **185**, H. 1/3 (1927); (8) Physikochemische Grundlagen für Stimulationswirkungen. Zellstimulat.forschgn **3**, 4 (1930); (9)

Stimulationsprobleme im Zusammenhange mit den inneren Faktoren, die die Samenkeimung bedingen. Cohns Beitr. Biol. d. Pflanze **1928**, 16; (10) Versuche zur Deutung der stimulierenden Wirkung von Uspulun Universal beim Auflaufen des Saatgutes. Z. Pflanzenkrkh. **39**, 1929. — Nobbe, F., P. Baessler u. H. Will: Untersuchungen über die Giftwirkung des Arsens, Blei und Zink im pflanzlichen Organismus. Landw. Versuchsstat. **30** (1884). — Nobbe, F., u. L. Richter: Über die Behandlung des Bodens mit Äther, CS_2, Chloroform, Benzol, H_2O_2 und deren Wirkung auf das Wachstum der Pflanzen. Landw. Versuchsstat. **60** (1904). — Noeldechen, J.: Über die Reizwirkung von Metallsalzen auf die Keimung von Gerste. Kühn-Arch. **9** (1925). — Nottin, P.: Agrikulturchemische Untersuchungen über Mangan. VIII. Int. Kongr. angew. Chem. 1912.

Oberlin, Chr.: (1) Besondere Wirkung des CS_2 bei der Bodendesinfektion, namentlich in Hinsicht auf die vergrößerte Fruchtbarkeit derartig behandelter Böden. Weinbau u. Weinhandel **6** (1888); (2) Bodenmüdigkeit und CS_2 mit besonderer Berücksichtigung der Rebenverjüngung ohne Brache oder ohne Zwischenkultur. Mainz: Viktor von Zabern 1894; (3) Die Rebenmüdigkeit des Bodens. Weinbau u. Weinhandel **17**, 1899; (4) Rebenmüdigkeit und CS_2, ein interessanter Versuch in den Weinbergen. Weinbau u. Weinhandel **14** (1896). — Olaru, D.: Die günstige Wirkung des Mn auf die Knöllchenbakterien der Hülsenfrüchte. C. r. Acad. Sci. **160** (1915). — Ono, N.: Über die Wachstumsbeschleunigung einiger Algen und Pilze durch chemische Reize. J. Col. Agr. Tokyo Imp. Univ. **13** (1900). — Oppawsky, A.: Über die Quellung und Keimung von Samen in verschiedenen Medien. Dissert., Kiel 1913. — Osterhout, W. J. V.: (1) Extreme toxicity of sodium chloride and its prevention by other salts. J. of biol. Chem. **1** (1905); (2) On the importance of physiologically balanced solutions for plants II. Fresh water and terrestical plants. Bot. Gaz. **44** (1907); (3) On the penetration of inorganic salts into living protoplasm. Z. physik. Chem. **70** (1909); (4) On vinularity in the behavior of sodium and potassium. Bot. Gaz. **48** (1909); (5) Reversible changes in permeability produced by electrolytes. Sciense **36** (1912); (6) Schutzwirkung des Natriums für Pflanzen. Pringsh. Jb. **36** (1909); (7) Some quantitative researches on the permeability of plant cells. Plant world **16** (1913); (8) The antitoxic action of potassium on magnesium. Univ. of California publ. **2** (1906); (9) The nature of balanced solutions. Bot. Gaz. **47** (1909); (10) The permeability of living cells to salts in pure and balanced solutions. Science **34** (1911); **35** (1912). — Otto, R.: Untersuchungen über das Verhalten der Pflanzenwurzeln gegen Kupfersalzlösungen. Sorauer Z. Pflanzenkrkh. **2**, 193.

Palladin, W.: Jb. wiss. Bot. **47** (1910). — Pantanelli, E.: Über Ionenaufnahme. Jb. wiss. Bot. **56** (1915). — Peligot, E.: De l'action que l'acide borique et les borates exercent sur les végétaux. C. r. **83** (1876). — Pfeffer, W.: (1) Osmotische Untersuchungen. Leipzig 1877; (2) Pflanzenphysiologie. 1904; (3) Über Elektion organischer Nährstoffe. Jb. wiss. Bot. **28** (1895). — Pfeiffer, Th., u. E. Blanck: (1) Beitrag zur Frage über die Wirkung des Mangans auf das Pflanzenwachstum. Landw. Versuchsstat. **77** (1912); (2) Beitrag zur Frage über die Wirkung des Mangans bzw. Aluminiums auf das Pflanzenwachstum. Landw. Versuchsstat. **83** (1914). — Pfeiffer, Th., W. Simmermacher u. A. Rippel: Beitrag zur Frage über die Wirkung des Chroms bzw. Mangans auf das Pflanzenwachstum. Fühlings Landw. Ztg **67** (1918). — Picado, C.: L'arsenic-engrais catalytiques. C. r. Soc. Biol. **87** (1922). — Plaut, M.: Beiz- und Stimulationsversuche mit Zuckerrübensamen und Getreide. Z. Pflanzenkrkh. **36**, H. 11/12 (1926); (2) Beizung und Stimulation, speziell bei Zuckerrübensamen. Dtsch. Zuckerind. **1927**, Nr 13; (3) Die Wirkung von warmen Beizmitteln und Versuche zur Stimulation. Angew. Bot. **7**, H. 3 (1925). — Popoff, M.: (1) Die Samenstimulierung und ihre weltwirtschaftliche Bedeutung. Vortrag, gehalten im weltwirtschaftlichen Institut in Leipzig am 22. 11. 1924. Pflanzenbau Nr 13/14 (1924/25); — (2) Die Verlängerung der Wachstumsperiode der Pflanzen nach Samenstimulation. Zellstimulat.forschgn **1** (1925); (3) Düngung, Düngemittel und Zellstimulation. Zellstimulat.forschgn **1** (1924); (4) Ergebnisse der Feldversuche 1922/23 mit stimulierten Samen. Zellstimulat.forschgn **1** (1924); (5) Lebensprozesse und Stimulationserscheinungen. Zellstimulat.forschgn **3**, H. 4 (1930); (6) Stimulation und Landwirtschaft. Landw. Ztg **46** (1926). — Popoff, M., u. G. Paspaleff: Das Verhalten von Pflanzen aus stimulierten Samen in der zweiten Generation. Zellstimulatforschgn **1** (1925). — Popoff, M., u. K. Seisoff: Über die Steigerung der kolloidalen Quellung durch chemische Stimulationsmittel. Biochem. Z. **156** (1925). — Popp, M.: Die Manganschlacke als Düngemittel. Fühlings Landw. Ztg **65** (1916). — Porchet, F., e. E. Chuard: De l'action des sels de cuivre sur les végétaux. Bull. Murith. Soc. Valais Sci. nat. Nr 33 (1904). — Porodko, Th.: (1) Chemotropismus der Wurzeln. II. Mém. de la soc. des naturalistes de la nouvelle Russie, Odessa **41** (1916); (2) Untersuchungen über den Chemotropismus der Pflanzenwurzeln. Jb. wiss. Bot. **64** (1925); (3) Vergleichende Untersuchungen über die Tropismen. Ber. dtsch. bot. Ges. **32** (1924). — Pringsheim, E.: Z. Bot. **6**, (1914).

Quante: Die Reizwirkung von Mangan. Dtsch. landw. Presse Nr 83 (1912).

Raulin, J.: Etudes chimiques sur la végétation. Ann. des Sci. natur. **11** (1869) u. (Thèse), Paris 1870. — Reinhold, J.: Saatgutstimulationsversuche auf den Moorversuchsfeldern

Großbeeren der Lehr- und Forschungsanstalt Berlin-Dahlem. Obst- u. Gemüsebau **72**, Nr 24 (1926). — RICCIARDI, L.: Sulla diffusione dell' allumina neu vegetali. Gaz. chim. Ital. **19** (1889). — RICHARDS, H. M.: Die Beeinflussung des Wachstums einiger Pilze durch chemische Reize. Jb. wiss. Bot. **30** (1897). — RICHTER, A.: Zur Frage der chemischen Reizmittel Die Rolle des Zinks und Kupfers bei der Ernährung von Aspergillus niger. Zbl. Bakter. II, **7** (1901). — RIEHM, E.: Über die Wirkung von Tetrachlorkohlenstoff- und CS_2-Dämpfen auf die Keimfähigkeit einiger Samen. Zbl. Bakter. II **40** (1914). — RIPPEL, A.: (1) Semipermeable Zellmembranen bei Pflanzen. Ber. dtsch. bot. Ges. **36** (1918); (2) Über die durch Mangan verursachte Eisenchlorose bei grünen Pflanzen. Biochem. Z **140** (1923). — RITTER, H. v.: Über die Anwendung der CS_2 in der Landwirtschaft. Geisenh. Mitt. üb. Weinbereitung u. Kellerwirtsch. **12** (1900). — RITZEMA BOS, J.: Die Vertilgung im Boden befindlicher Schädlinge durch Einspritzen von Benzin oder CS_2. Z. Pflanzenkrkh. **42** (1898). — ROSCASOLANO, A., de GREGORIO: El manganeso como catalizador de las reacciones bioquimicas, por las cuales, el nitrogeno atmosférico por via bacteriana, es asimilado por las plantas. Rev. real. Acad. Cien. Madrid **14** (1916). — ROTBERT, W.: Das Verhalten der Pflanzen gegenüber dem Aluminium. Bot. Ztg **64** (1906) u. Naturwiss. Rdsch. **21** (1906). — ROXAS, M.: The effect of some stimulants upon rice. Philippine Agr. and Foerster **1**, Nr 5. — RUHLAND, W., u. C. HOFFMANN: (1) Beiträge zur Ultrafiltertheorie des Plasmas. Ber. sächs. Akad. Wiss. Leipzig. Mathem.-physik. Klin. **76** (1924); (2) Die Permeabilität von Beggiatoa mirabilis. Arch. wiss. Bot. **1** (1925).

SACHSER: Einwirkung des Kupfer- und Eisensulfates auf landwirtschaftliche Kulturpflanzen. Zbl. Agrikult.-Chem. **33** (1904). — SAMUEL, G., u. C. S. PIPER: Manganese as an essential element for plant growth. Ann. appl. Biol. **16** (1929). — SCHAFFNIT, E.: Zur Behandlung von Saatgut mit Reizchemikalien. Mitt. dtsch. Landw.-Ges. **1925**, Stück 42. — SCHERPE, R.: (1) Die Beeinflussung der Keimfähigkeit von Sämereien durch Behandlung mit gasförmiger Blausäure. Mitt. biol. Reichsanst. H. 18, 15. Jber. Berlin 1920; (2) Über die Bodenbehandlung mit CS_2 und ihre Einwirkung auf das Pflanzenwachstum. Bericht über die Tätigkeit der biol. Reichsanst. im Jahre 1907, 3. Jber.; (3) Über die Einwirkung des CS_2 auf die Stickstoffumsetzungen im Boden. Arb. biol. Reichsanst. **7**, Pt. 3 (1909); (4) Untersuchungen über die Dörrfleckenkrankheit des Hafers. Arb. biol. Reichsanst. **1920**. — SCHILLING, E.: Versuche über Beizung und Stimulation von Leinsaat. Faserforschung **4** (1925). — SCHIWAROFF: Neue Untersuchungsergebnisse mit Tabakstimulierung. Pflanzenbau **1925**, Nr 19. — SCHLEH: Steigerung der Ernteerträge durch Imprägnation des Saatgutes mit konzentrierten Lösungen von Nährsalzen. Fühlings Landw. Ztg **56** (1907). — SCHLUMBERGER, O.: (1) Die Kartoffel im Lichte physiologischer Forschung. Angew. Bot. **8**, H. 4. (1926); (2) Tagesfragen zur Kartoffelbeizung. Mitt. dtsch. Landw.-Ges. Stück 13 (1924). — SCHROEDER: Über die selektivpermeable Hülle des Weizenkorns. Flora, N. F. **2** (1911). — SCHROEDER, H.: Über eine mögliche Ursache der Zunahme des Kropfes während der Kriegs- und Nachkriegszeit. Angew. Bot. **7** (1925). — SCHULZ, H.: (1) Grenzen der Arzneimittelwirkung. Ärztl. Rdsch. **1902**; (2) Über Hefegifte. Pflugers Arch. **42** (1888); (3) Lehre der Heilwirkung. Arch. path. Anat. **213** (1877). — SCHULZE, B.: Beitrag zur Frage der Wirkung von Reizstoffen auf die Pflanzenentwicklung. 1. Die Wirkung von Mangandüngung auf die Zuckerrübe. 2. Die Wirkung von Radioaktien B. D. R. Landw. Versuchsstat. **87** (1915). — SCHWAEBEL, F. X.: (1) Bodendesinfektion mit CS_2, Dichloräthylen, Dichloräthan, Trichloräthylen und Tetrachloräthan. Zbl. Bakter. II **60** (1924); (2) Kupferhaltige Trockenbeizen. Z. Pflanzenkrkh. **40**, H. 3 (1930). — SCLAVEDER, H.: Über die selectiv-permeable Hülle des Weizenkornes. Flora **102** (1911). — SELAGE, M.: Untersuchungen über das Vorhandensein von Arsen in den normalen Geweben vermittelst der biologischen Methode. Z. physiol. Chem. **42**, 1904. — SENF, U.: Die Wirkungen verschiedener Steinbrandbeizmittel auf eine Energiesteigerung des Keimprozesses und der ersten Wachstumsstadien. Mit Anhang: Die Möglichkeit einer Beeinflussung dieser Vorgänge durch dampfförmige chemische Mittel. Bot. Archiv **10** (1925). — SEWERTZOFF: The effect of some antiseptics on Soil amoebae in partial sterilizised soils. Zbl. Bakter. II **65** (1925). — SHARPE, E. H.: Influence of chemical solutions upon the germination of seeds. Ann. Rep. Mass. Agr. Exp. Sta. **13** (1901). — SHULL, C. A.: Semipermeability of seed coats. Bot. Gaz. **56** (1913). — SIGMUND, W.: Über die Wirkung chemischer Agentien auf die Keimung. Landw. Versuchsstat. **47** (1896). — SILBERBERG, B.: Stimulation of storage tissues of higher plants by zinc sulphate. Bull. Torrey Bot. Club. **36** (1909). — SIMON, J.: Über die Einwirkung eines verschiedenen Kupfergehaltes im Boden auf das Wachstum der Pflanze. Landw. Versuchsstat. **71** (1909). — SIRKER, N.: Über die Anwendung von CS_2 in der Maulbeerkultur. J. Agr. Imp. Univ. Tokyo **1** (1909). — SKEEN, J. R.: The tolerance limit of seedlings for aluminium and iron and the antagonismus of calcium. Soil. Sci. **27**, 69 (1927). — SKINNER, J. J., u. F. E. ALLISON: Influence of fertilisers containing borax on the growth and fruiting on cotton. J. Agr. Research **23** (1923). — SKINNER, J. J., B. E. BROWN u. F. R. REID: The effect of borax on the growth and yield of crops. U. S. Dept. Agr. Bull. **1126** (1923). — SKINNER, J. J., M. X. SULLIVAN u. a.: The action of manganese in soil. U. S. Dept. Agr. Bull. **42** (1914). — STEINBERG, R. A.: Effect of zinc and iron compared with that of uranium and cobalt on growth of Aspergillus. Bot. Gaz. **70** (1920). — STEPHAN, J.: (1) Keimung und Wachstumsbeschleunigung bei Dicksonia antarctica. Bot. Zbl. I **1924**, Beil.; (2) Stimulationsversuche an Cannabis sativa. Faserforschung **7** (1928/29). — STEWART, G. R.: The effect of fertilisers containing borax upon the growth of sugar cane. Hawaii Planters' Rec. **27** (1923). — STEWART, J., u. E. S. SMITH: Some relations of arsenic to plant growth. Soil. Sci. **14** (1922). — STILES, W.: Permeability. New Phytologist, Reprint Nr 13, London 1924. — STILES, W., u. F. KIDD: (1) The comparative rate of absorption of various salts by plant tissue. Proc. roy. Soc. Lond. **90** (1919); (2) The influence of external concentration on the position of the equilibrium attained in the intake of salts by plant cells. Proc. roy. Soc. Lond. **90** (1919). — STÖRMER, R.: Über die Wirkung von CS_2 und ähnlichen Stoffen. Jber. Verein angew. Bot. **4** (1907); Zbl. Bakter. II **20** (1908). — STOKLASA, J.: (1) C. r. Acad. Sci. Paris **176** (1922); **178** (1924); (2) De la substitution de l'acide arsénique à l'acide phosphorique dans la nutrition de la plante. Ann. Agron. **23** (1897); (3) De l'importance physiologique du manganèse et de l'aluminium dans la cellule végétale. C. r. **152** (1911); (4) Dtsch. landw. Presse **1924** Nr **10**; (5) Katalytischer Dünger und dessen Wirkung auf die Entwicklung der Zuckerrüben. Bl. Zuckerrübenbau **1911**, Nr 11; (6) Über die physiologische Bedeutung des Arsens im Pflanzenorganismus. Z. landw. Versuchsw. Österreich **1** (1898). — STORP, F.: Über den Einfluß von kochsalz- und zinksulfathaltigem Wasser auf Boden und Pflanzen. Landw. Jb. **12**, 1883. — STRAMPELLI, N.: Azione dei diversi composti di manganese e in particolare del minerale manganesifero del Monte Argentario, usati nella concimazione delle piante. 6. Cong. internat. Chim. appl. Roma **4** (1907). — STUTZER, A.: Die Wirkung von Blei als Reizstoff für Pflanzen. J. Landw. **64** (1916). — SWINGLE, D. B., u. H. E. MORRIS: Arsenical injury through the bark of fruit trees. J. Agr. Research. **8** (1917). — SUCHTELEN, HESSELING VAN: Über die Messung der Lebenstätigkeit aerober Bakterien im Boden durch CS_2-Produktion. Einfluß des Zusatzes von CS_2 auf das bakt. Leben im Boden. Zbl. Bakter. II **28** (1910).

TACKE, B.: (1) Mitteilung über Stimulationsversuche. Bericht auf der 46. Hauptversammlung des Verbandes landwirtschaftlicher Versuchsstationen im Deutschen Reiche in Lüneburg am 10. u. 11. 9. 1925. Landw. Versuchsstat., Berlin 1925; (2) Über die schädliche Wirkung des Gipses bei Vegetationsversuchen in Zinkgefäßen. Fühlings Landw. Ztg **54** (1905). — TAKEUCHI, T.: On differences of susceptibility of plants to stimulation. J. Col. Agr. Imp. Univ. Tokyo **1** (1909). — THIEM, H.: Stimulationsversuche an Reben und Rebkernen. Zellstimulat.forschgn **2** (1927). — TOTTINGHAM, W. E., u. A. J. BECK: Antagonism between manganese and iron in the growth of wheat. Plant World **19** (1916). — TRÖNDLE, A.,: Sur la perméabilité du protoplasma vivant pour quelques sels. Arch. Sci. phys. et nat. **45** (1918). — TRUE, R. H., u. W. J. GIES: On the physiological action of some of the heavy metals in mixed solutions. Bull. Torrey Bot. Club. **30** (1903). — TRUE, R. H., u. C. S. OGLEVEE: (1) The effect of the presence of insoluble substances on the toxis actions of poisons. Sciense **19** (1904); (2) The effect of the presence of insoluble substance on the toxic action of poison. Bot. Gaz. **39** (1905).

UCHIYAMA, S.: (1) Influence of stimulating compounds upon the crops under different conditions. Bull. Cent. Agr. Expt. Stat. Japan **1**, Nr 2 (1907); (2) Über die stimulierende Wirkung von Kaliumjodiden auf Sesam und Spinat. Bull. Imp. Agr. Exp. Stat. Japan **1** (1907). — USCHDRAWEIT, H.: Stimulationsversuche. Bot. Archiv **12** (1926).

VAGELER, H.: Ein Beitrag zur Frage der Wirkung von Mangan, Eisen und Kupfer auf den Pflanzenwuchs. Landw. Versuchsstat. **88** (1916). — VARVARO, U.: L'azione del biossido di manganese e di altri composti metallici sulla germinazione dei semi. Staz. sper. Agr. Ital. **45** (1912). — VERSCHAFFELT, E.: (1) Determination of the action of poisons on plants. K. Acad. Wetensch. Amsterdam, Proc. Sect. Sci. **6** (1904); (2) Mesure de l'action des poisons sur les plantes. Arch. Néerland. Sci. Exact. Nat. Haarlem 1905. — VILLEDIEU, G. u. MME.: De la non-toxicité du cuivre pour les moisissures en général et pour le mildiou en particulier. C. r. **171** (1920). — VOELCKER, J. A.: (1) The influence of arsenic compounds upon wheat. Woburn Expt. Sta. **1919**; (2) The influence of boron compounds an wheat and barley. Woburn Expt. Sta. **1915**; (3) The influence of copper salts on wheat. Woburn Expt. Sta. **1914**; (4) The influence of iron and manganese on barley. Woburn Expt. Sta. Rpt. **1910**, 26/27; (5) The influence of manganese salts on wheat and barley. Woburn Expt. Sta. **1902**; (6) The influence of sulphate of manganese and sulphate of iron on wheat and barley. Woburn Expt. Sta. **1904**; (7) The influence of the Jodides and Oxides of manganese, potassium, sodium and lithium on wheat and barley. Woburn Expt. Sta. **1903**; (8) The influence of zinc salts on wheat. Woburn Expt. Sta. Rpt. **1910**, 26; (9) The influence of zinc salts on wheat. Woburn Expt. Sta. Rpt. **1910/12**, 27/30; (10) The influence of zinc, copper, manganese and cerium salts on wheat. Woburn Expt. Sta. Rpt. **1913**, 24/30; (11) Über den Einfluß von Mangan- und Eisensulfat, sowie von Kalium- und Natriumsilikat auf Weizen und Gerste. J. Roy. Agr. Soc. Engl. **66** (1907). — VOIGT, E.: Methoden der Schädlungsbekämpfung, Bodendesinfektion. Zbl. Bakter. II **61** (1924). — VILMORIN: Über den Einfluß der mineralischen Dünger auf das Keimen der Samen. Organ des Vereins für Rübenzucker in der ungarischen Monarchie **1870**.

WARBURG, O.: Über Eisen, den sauerstoffübertragenden Bestandteil des Atmungsferments. Biochem. Z. **152** (1924). — WARINGTON, K.: (1) The changes induced in the anatomical structure of Vicia faba by the absence of boron from the nutrient solution. Ann. Bot. **40** (1926); (2) The effect of borix acid and borax on the broad bean and certain other plants. Ann. Bot. **37** (1923). — WÖBER, A.: Über die Giftwirkung von Arsen-, Antimon- und Fluorverbindungen auf einige Kulturpflanzen. Angew. Bot. **2** (1920). — WOLF, H. S.: Absorption of water by barley seeds. Bot. Gaz. **82** (1926). — WOLKENHAUER, W.: Über den Einfluß von Reizstoffen auf das Längenwachstum der Wurzeln. Archiv **6** (1924). — WOLLNY: Untersuchung über die Beeinflussung der Fruchtbarkeit der Ackererde mittels CS_2. Vjschr. Bayr. landw. Rates **3** (1898). — WRANGELL, M. v.: Naturwissenschaften **15** (1927).

YIMENEZ, A. L.: Die Wirkung des Mangans auf das Wachstum und auf den Ertrag von Reis. Philippine Agricult. **12** (1924).

ZALESKI, W.: Zur Frage der Einwirkung von Reizstoffen auf die Pflanzenatmung (1907), (russ.) — ZALESKI, W., u. A. REINHARD: Die Wirkung der Mineralsalze auf die Atmung keimender Samen. Biochem. Z. **23** (1909). — ZELLER, H.: (1) Wirkung von Arzneimitteln und Strahlen auf Hefe. 1. Mitteilung: Versuche über die Grundlage des Arndt-Schulzschen Gesetzes. Biochem. Z. **171** (1926); (2) Wirkung von Arzneimitteln und Strahlen auf Hefe. 2. Mitteilung: Nachweis der Wirkung von Röntgenstrahlen auf Substanzen durch Hefe. Biochem. Z. **172** (1926). — ZEUSCHNER, M.: Untersuchungen über die Dicke der Schale verschiedener Weizensorten, ihren Bau und Einfluß auf die Beizempfindlichkeit. Landw. Jb. **64** (1926). — ZLATAROFF, As.: (1) Untersuchungen über die chemische Stimulation der Samenkörner. Fortschr. Landw. **1** (1926); (2) Les stimulants chimiques de la croissance chez les plantes (Faits et théorie). Bull. Soc. Chim. biol. 8 (1926). — ZNAMENSKY: (1) The influence of aluminium on xeropht and mesophyt wheat. Bull. Jard. Bot. Princ. U. S. S. R. **1927**; (2) The occurrence and distribution of manganese on plants. Kentucky Sta. Rpt. **1922**, 36/37. — ZSCHOKKE, A.: Über die Anwendung des CS_2 im Weinbau. Mitt. dtsch. Weinbau-Verein 4 (1909).

7. Kohlensäuredünger.

Von

Dr. phil. E. H. REINAU

Berlin-Lichterfelde.

Mit 11 Abbildungen.

Die Luft, der Luftwechsel, der Wind bringen all die Kohlensäure in nicht zu verbessernder Menge zu den gewaltigen Beständen von jährlich heranwachsenden Ernten der heutigen, nach wissenschaftlichen Grundsätzen arbeitenden Landwirtschaft. Dies *war* nicht nur eine Ansicht, nein sie ist es heute noch, ja selbst in wissenschaftlichen Kreisen. Sogar in der Lehre über den Gartenbau hat bis vor kaum 10 Jahren keiner, der sie weitergab, auch nur einen Augenblick daran gezweifelt, daß für die 3000—4000 Stück bzw. Pfunde Treibgurken, die in 2—3 Frühjahrsmonaten aus einem 30 m langen Gewächshause geerntet werden, aller Kohlenstoff — etwa 80 kg — aus Kohlensäure stamme, welche die Luft, die das Haus von außen umgibt, heranweht und durch die feinen Ritzen hereinläßt. Denn wo sonst sollte Luft und CO_2 in ein solches Gurkenhaus gelangen, das während der Kulturzeit peinlichst *nie gelüftet* wird? Erst 1925 hat Verf. nachgewiesen, daß diese Art Auffassung schon deshalb falsch ist, weil der Kohlensäuregehalt der Luft innerhalb solch eines Gurkenhauses anfangs 30—40 mal größer ist als in der Freiluft, und daß er auch in späteren Wochen nie geringer wie 2—4 mal so hoch als im Freien gefunden wird (28). Wir kommen noch darauf zurück, woher diese Kohlensäure wirklich stammt. Die Blätter nehmen sie aus der Umluft, ebenso wie dies bei Freilandkulturen auch heute noch nicht anders ist. Geändert hat sich nur etwas, nämlich die Ansicht darüber, woher die Kohlensäure stammt, die in der Umluft der Pflanzen ist bzw. die von den Blättern aufgenommene dort ersetzt.

Doch gehen wir zunächst von gesicherten Dingen aus, so haben wir derzeit als den einzigen unbestrittenen Kohlensäuredünger die OCO-Dunggaskohle (29). Sie wird in kleinen Briketts gehandelt und durch Verbrennen in geeigneten Öfchen zu Kohlensäure verwandelt. Aus jedem Brikett entstehen dann ca. 100 l CO_2, Kohlendioxyd. Das Rohmaterial dieser OCO-Kohlen ist sorgfältig entgaster Koks aus Holz, Torf, Kohle oder Braunkohle, und zwar derart behandelt, daß beim Verbrennen pflanzenschädliche Stoffe sich nicht entwickeln können. Glücklicherweise ist nun, wie man leicht einsieht, die OCO-Kohle

Abb. 223. Treibgurken, die zeitweise zu stark begast waren. (Aus Reinau: Praktische Kohlensäuredüngung. Berlin: Julius Springer 1927.)

nicht ein Düngemittel, vielmehr bereiten sich ca. 6000 Gärtner, die heute mehr oder weniger häufig in Gewächshäusern oder Frühbeeten im OCO-Apparate, Dunggasspender, Gaskanne, solche Kohle verbrennen, diesen Dünger nach Belieben selbst. Infolgedessen kann man die Kohlensäure dosieren, und man kann sie in immer wieder realisierbarer Weise unter gleichen oder geänderten Verhältnissen in erwünschten oder willkürlichen Mengen auf Glashauskulturen zur Anwendung bringen und alle eigenartigen Düngewirkungen der Kohlensäure damit nach Wunsch und Stärke hervorrufen und regeln.

Die allgemeinste *Düngewirkung* ist auch bei Kohlensäure größerer Massenwuchs (3, 17, 20, 23, 44). Indessen stellte es sich schon recht frühzeitig heraus, daß Blühwilligkeit eine Besonderheit der Kohlensäuredüngung ist (11). Fruchtansatz und Anlage bzw. Ausbildung der Speicherorgane wird begünstigt (4). Einzelne dieser Beobachtungen sind unter Benützung von verflüssigter Kohlensäure gemacht worden (19), wie man solche bekannterweise in Stahlbomben allenthalben antreffen kann. Diese ist schon sehr früh zu Kohlensäuredüngungsversuchen herangezogen worden, ohne daß sie deswegen zu einem gewerblich benützten Kohlensäuredünger geworden wäre. Wie beachtlich die wiederholbare Dosierbarkeit auch der Kohlensäure als Düngemittel ist, veranschaulicht Abb. 223. Diese Gurkenpflanzen sind schon recht bald, nachdem sie in neuangelegte, stark misthaltende Beete eingesetzt worden waren, aus einer zentralen Kohlensäuredüngungsanlage, bei der Verbrennungsabgase einer Heizung benützt wurden (18), mit Kohlensäure gedüngt worden. Bald zeigte sich hierbei, daß die Abstände von Blatt zu Blatt (Internodien) sich verkleinerten, bis sie schließlich nur noch halb so weit wie üblich waren — etwa vom 5.—9. Blatte auf dem Bilde. Diese Erscheinung ist in der Entwicklung der Kohlensäuredüngung schon historisch verhängnisvoll gewesen, da sie aber dem Beobachter in dem Falle des Bildes (39) bekannt war, gelang es, sie an den nämlichen Pflanzen, wie man an den späteren

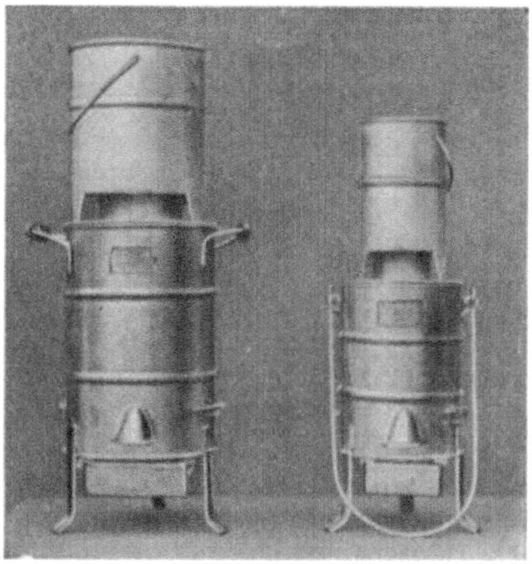

Abb. 224. OCO-Dunggaspender mit Normalsicherheitsaufsatz, um Gewächshäuser mit der danebenliegenden „OCO"-Kohle mit Kohlensäure zu düngen. (Nach REINAU.)

Abb. 225. Durch CO_2-Düngung verstärkter Massenwuchs der linksstehenden Asparaguspflanzen, der bis zu 70% des Gewichtes ausmacht. (Nach REINAU.)

Internodien sieht, dadurch abzustellen, daß die künstliche Kohlensäurebegasung unterbrochen wurde. Sofort nahmen die Internodien wieder den üblichen Abstand an. Als nämlich zu Beginn des Jahrhunderts im Kewgarden zum allerersten Male unter an sich normalen Gewächshausbedingungen ganze Pflanzen einer Kohlensäuredüngung unterworfen wurden (7), war dies vom Standpunkte der Pflanzenerzeugung ein Mißerfolg, da die Pflanzen Wuchsanomalien zeigten. Bei der anatomischen Untersuchung (10) erwiesen sich sowohl Stengel- wie Blattzellen in der

Wandung beträchtlich verdickt und verkürzt, so daß die stark verholzten Pflanzen einen teilweise sehr gedrungenen und unerwünschten Eindruck machten. Von da an haftete dem Probleme der Kohlensäuredüngung der Beigeschmack „verunstaltend" an und zudem das Vorurteil, daß sich an den üblichen Kohlensäuregehalt der Luft die Pflanzen bereits gewöhnt hatten. Tatsächlich liegen die Verhältnisse in

Abb. 226. Hortensien kommen durch CO_2-Düngung um 2—3 Wochen früher zur Blüte wie nichtgedüngte (linksstehende) Pflanzen. (Nach REINAU.)

den eben geschilderten Beobachtungen aber folgendermaßen. Beide Male hatte man den Pflanzen viel mehr Kohlensäure angeboten, als sie verarbeiten konnten. In jedem Gurkenhause hatte man nämlich mit der künstlichen CO_2-Begasung schon zu einer Zeit begonnen, zu welcher der frisch in den Beeten eingegrabene Dung noch in stärkster Tätigkeit war, angeregt durch das Lüften und Vermengen mit der Erde und durch kräftiges Angießen. Diese Beeterde ist es also, die verursacht, daß in der Luft eines solchen Gurkenhauses 30—50mal mehr Kohlensäure enthalten ist als in freier Luft. Denn 1 m^2 solcher Erdoberfläche gibt je m^2/Std. von 3 g abwärts CO_2 an die Luft ab. Zwar läßt dies ziemlich rasch nach (28), doch auch nach Monaten beträgt die sog. Bodenatmung solch reicher Erde noch immer 1—1,5 g je m^2/Std. Fügt man nun, solange die Pflanzen und somit auch die Blattflächen noch klein sind, in einem solchen Glashause künstlich Kohlensäure hinzu, so wird dies zuviel. Das Zusammenrücken der Internodien ist also eine Überdüngungserscheinung. So war es auch in Kew, denn dort setzte man die Pflanzen wochenlang während des ganzen Tages einer Luft mit 0,5 bzw. 5,5% CO_2-Gehalt aus. Soweit darf man die Kohlensäuredüngung nicht treiben, man muß vielmehr natürlicher verfahren. Man versorge die Pflanzen ein- oder zweimal täglich mit etwa 0,3% CO_2 während etwa 1—2 Stunden. Dann erhält man keine Überdüngungserscheinungen, sondern kräftigen Massen-

Abb. 227. Indem man Ananaspflanzen sowohl jung als auch bei Fruchtansatz monatelang mit CO_2 düngt, kann man im nördlichen Deutschland von gleichaltrigen Pflanzen dreimal größere Früchte erzielen als bei nicht gleichartig gedüngten Pflanzen (rechts).

wuchs, um Wochen frühere Blüte, reicheren Fruchtansatz und besseres Holz. Mit Hilfe des OCO-Verfahrens (Abb. 224) kann dies heute jeder Praktiker im Gewächshause spielend (Abb. 225—228) erzielen.

Abb.228. Die linksstehenden Kamelien wurden $^3/_4$ Jahre vor der erwünschten Blütezeit 8 Wochen lang täglich mit CO_2 gedüngt, wodurch sie derart kräftig im Holze und Knospenansatze wurden, daß sie dann fast doppelt so große und sehr ausdauernde Blüten ausbildeten. (Nach REINAU.)

Der Gärtner hat eigentlich schon immer unbewußt mit Kohlensäure gedüngt. Kaum beachtet ist eine diesbezügliche Bemerkung DEMOUSSYs von 1904, daß nämlich schon deshalb Wuchsanomalien bei Kohlensäureüberschuß nicht un-

Abb. 229. Die Pflanzen in dem Geviert innerhalb der aufs Beet gelegten Stäbchen sind nur mittels bodenbürtiger CO_2 gewachsen, da sie mit Cellophan bedeckt waren. Gewichtsmäßig ist ca. dreimal soviel Masse entstanden als bei den Pflanzen, die die CO_2 des gesamten Luftozeans zur Verfügung hatten! (Aus: Die Gartenbauwissenschaft 1930.)

bedingte Folge sein können, weil in der Luft der überall bei Gärtnern gebräuchlichen Frühbeetkästen immer etwa 0,2% CO_2 enthalten ist (8). Indessen, was tut der Gärtner namentlich bei hellem Wetter, wo die Assimilation sich beträchtlich steigert? Nachdem am frühen Morgen die Pflanzen ordentlich mit Kohlensäure versorgt worden sind, lüftet er die Fenster, um, wie er sagt, den Dunst wegzulassen, d. h. er unterbricht die starke und sonst leicht zu weitführende Kohlensäuredüngung. Nachmittags schließt er die Fenster wieder, so daß die Pflanzen nochmals Gelegenheit zu einer zweiten verstärkten CO_2-Assimilation haben. So dosiert der Gärtner die Kohlensäure gewissermaßen durch Handhabung der Ventilation. Diese ist nicht dazu da, damit von außen CO_2 in die Kästen und auch Gewächshäuser hineingeweht wird, sondern vielmehr um den Überschuß an CO_2, den im allgemeinen die hieran reichen Pflanzerden abgeben, zu verdünnen und abzuführen. Selbst für Pflanzen, die im Freien wachsen, hat Verf. den Nachweis geführt, daß mit bodenbürtiger Kohlensäure allein mehr Pflanzenmasse auf gleicher Fläche erzeugt wird, weil die freie Luft und der Wind Teile der bodenbürtigen Kohlensäure wegtragen kann (4). Auf Abb. 229 sieht man den Unterschied, wie auf demselben Beete mit einer dünnen Cellophanhaut ständig abgedeckte Pflanzen gediehen, denen nur bodenbürtige CO_2 zur Verfügung stand, während die Kontrollpflanzen vom Winde so viel CO_2 hätten herangetragen bekommen können, daß sie eigentlich viel größer hätten werden müssen. Im Gegenteil, hier trägt der Wind, wenn die Bestände nicht genügend geschlossen sind, die bodenbürtige Kohlensäure weg, so daß man umgekehrt sagen kann: Windschutz von Freilandkulturen ist auch Kohlensäuredüngung (37). Doch bleiben wir zunächst bei den mehr natürlichen Kohlensäuredüngern, wozu im Gewächshause, im Frühbeete usw. alle Arten von Dung und Kompost gehören. Hierauf wird später noch zurückzukommen sein. Wie ist es nun mit den Kohlensäuredüngern und wie mit der Kohlensäuredüngung im Freien, draußen bei der Landwirtschaft? Um für die Blätter erreichbar zu sein, muß das Nährgas Kohlensäure in der Luft um die Pflanzen sich vorübergehend aufhalten, nachdem es irgendwie dorthin gekommen ist oder gebracht wurde. Man denke es sich nicht so ganz einfach, wie draußen, wo zunächst alles dicht mit Pflanzen besetzt ist und Wind und Wetter herrschen, ein Gas wie die Kohlensäure überhaupt zwischen die Blätter zu bringen und dann dort für die Blätter festzuhalten ist. Es kommt hierbei alles auf die der Aufgabe angepaßte Technik an. Das Problem ist durchaus nicht viel schwieriger und unklarer als mit manchen Kunstdüngern. Die Wurzeln sind ja bekanntlich nicht ganz oben am Boden, sondern in einer Schicht, die bei etwa 6—10 cm Tiefe beginnt und bis 1 m Tiefe und mehr reicht. Man weiß schon seit Liebigs und der Klassiker Zeiten, also seit rund 90 Jahren, daß in der Ackerkrume chemische Stoffe anwesend sind, die z. B. jedes lösliche Kalisalz und auch lösliche Phosphate unmittelbar binden. Infolgedessen verbleiben bei der üblichen Anwendungsweise die Düngesalze und namentlich die Phosphorsäure in den Schichten der Ackerkrume. Man hat nun im Laufe der letzten 18 Jahre wiederholt den Fundamentalversuch gemacht, reines Kohlensäuregas, sei es aus Bomben (4a, 12, 24), sei es durch Zuleiten gereinigter Verbrennungsabgase (42), an wachsende, mehr oder minder große Pflanzenbestände durch Rohrleitungen und Austritt aus Öffnungen oder Düsen heranzubringen. Meist war der Sinn dieser Versuche nur, den grundsätzlichen Nachweis zu führen, daß man hierdurch Mehrerträge, also Düngewirkungen, erzielen kann. An anderer Stelle ist genauer geschildert (40), wie der Erfolg dieser Versuche um so größer war, je mehr es gelang, die Kohlensäure unmittelbar und möglichst ruhig an die Blätter heranströmen zu lassen. Man hat auf diese Weise zwischen 12 und 70 %, ja unter besonderen Verhältnissen bis 100 % Mehrerträge allein durch CO_2-Begasung im Freien festgestellt. Nachdem derartige Ermittelungen von verschiedenen Forschern, an den verschiedensten Orten, zu verschiedensten Zeiten und wiederholt gemacht worden sind, ist es eine falsche Ansicht, daß die Freilandpflanzen bei einem Gehalt von durchschnittlich nur 0,03 % Vol.-CO_2 in der Luft, in der

besten aller Kohlensäureatmosphären lebten und an diesen Gehalt in DARWINschem Sinne angepaßt seien. Daß man auch praktisch und mit Vorteil in dieser Weise Schornsteinabgase zu einem Kohlensäuredünger machen könnte. wird selbst heute noch von einer Seite aufrechterhalten (43) und mag vielleicht für hochwertigste Freilandgärtnerei auch zutreffen. Es sei deshalb mit einigen Worten auf das Wesentliche einer solchen Anlage eingegangen. Ein Röhrensystem liegt hier völlig oberirdisch, damit es leicht nach anderen Orten umgesetzt werden kann. Von der Stammleitung aus, in die von links her das gereinigte CO_2-haltige Verbrennungsabgas einströmt, zweigen sich nach Süden und Norden etwa alle 10 m seitlich gelöcherte Ausströmleitungen ab. Diese umfassen, zweimal rechtwinklig gebogen, zusammen mit der Stammleitung jeweils quadratische Bodenflächen von etwa 10×10 m, also von einem Ar. Da auch die Stamm-

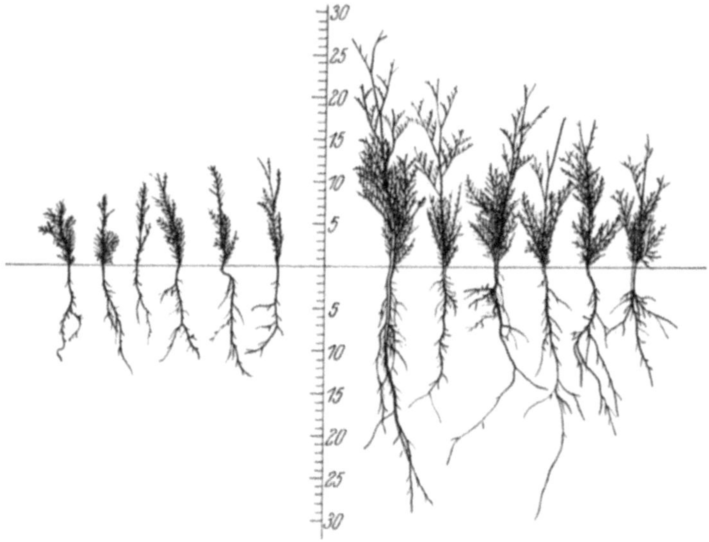

Abb. 230. Bei wertvollen jungen Forstpflanzen wird auch im Freien erfolgreich mit gasförmiger CO_2 vermittels Röhrenzuführung gedüngt. Die rechtsstehenden Thuja occ. Pflanzen sind während eines Sommers täglich je 1—3 Stunden in dieser Weise mit CO_2 gedüngt worden.

leitung hin und wieder Ausströmdüsen trägt, so ist durch diese Art der Anordnung Sorge getragen, daß, aus welcher Richtung auch der Wind wehen mag, immer von einer Rohrseite her CO_2 ins Innere dieser 100 m^2 großen Quadrate eingeführt wird. Allerdings ist infolge der Zuführung des Düngegases in die Stammleitung mittels kräftiger Ventilatoren auch bei Windstille schon dafür gesorgt, daß die Kohlensäure in den Bestand hineingetrieben wird. Selbstredend wird dieser Effekt zweifelhaft, sobald der Bestand dichter wird, und die Rohrlage, die auf querliegenden Ziegeln ruht, von den Pflanzen überwuchert ist. Immerhin konnte gelegentlich von Frühjahrsfrösten über die gesamte, derart mit Begasungsröhren umspannte Fläche hin beobachtet werden, daß einheitlich ganze Beete von jungen Fichten, die begast waren, nicht durch den Frost gelitten hatten, während weiter abliegende, unbegaste Beete stark rotspitzig geworden waren. Abb. 230 zeigt den Kohlensäuredüngungserfolg beispielsweise an Thuja occ. Er ist in ähnlichem Umfange vom Verf. auch bei jungen Rotbuchen und Fichtenpflanzen durchgehends in ganzen Beeten beobachtet worden.

Oberirdische Rohre sind für die Landwirtschaft schon beim Beregnen etwas Hemmendes und unterirdische Rohrsysteme zwecks Kohlensäuredüngung fest

zu verlegen, dürfte heute kaum spruchreif sein. Wie soll daher der Landwirt mit Kohlensäure düngen? Gibt es für ihn Kohlensäuredünger überhaupt und welche? Die Antwort ist hier höchst einfach. Alles, was die im Boden lebenden Bakterien zu einem kräftigeren Stoffwechsel und Leben veranlaßt, wird zum Kohlensäuredünger. Denn das nächste, was diese Bakterien bei günstigen Lebens- und Wachstumsbedingungen tun, ist Atmen und Kohlensäure an ihre Umgebung, die Bodenluft, abgeben. Damit ist Kohlensäure auf den gesamten Acker — selbst bei dichtestem Bestande — wenigstens irgendwie in die Nähe der Pflanzen und zudem in einer Art gebracht worden, die ein gleichförmiges Ausströmen in die freie Luft erwarten läßt, nämlich durch das feinkrümelige, feinporige Oberflächengefüge des wohlbereiteten Ackers. So unendlich feine, unzählig viele und so gleichförmig über die ganze Bodenfläche verteilte Austrittsöffnungen für die

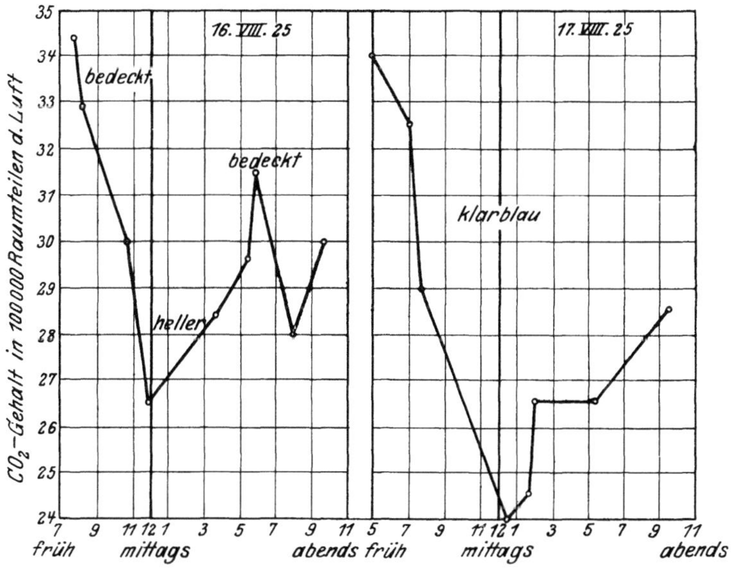

Abb. 231. Tagesverlauf des CO_2-Gehaltes der erdnahen Luftschicht in Davos; links an einem trüben Tage höhere Gehalte, dagegen rechts an strahlend-blauem Tage sehr tiefe Mittagswerte. (Nach REINAU.)

Kohlensäure und dazu noch vom tiefstmöglichen Punkte her, können in einer Rohrleitung überhaupt nicht angebracht werden. Hier heißt es jeder Spaltöffnung eines Blattes eine Bodenpore für Kohlensäure! Wenn erst der Schluß des Pflanzenbestandes da ist, den der Landwirt so sehr ersehnt und mit aller Kunst erstrebt, dann kommen erstens Wind und Bewegung, die oben über dem Felde herrschen mögen, nicht mehr bis zur Tiefe dieser Bodenporen, und zweitens wird das CO_2-Molekül, das eben eine Bodenpore verlassen hat, sofort von den Blättern assimiliert. Die Kohlensäure, die also vom Boden aufsteigt, wird so momentan vom belichteten Grün errafft, daß bald keine Spur des bodenbürtigen CO_2 mehr nachzuweisen ist. Während nämlich in unmittelbarer Nähe des Bodens der CO_2-Gehalt der Freiluft häufig nachweisbar höher ist als in der Luft, die oberhalb der Pflanzen heranweht, ist die Luft in Höhe der obersten Pflanzenspitzen sehr häufig ärmer an CO_2 als Freiluft und die in der Bodennähe. Wo sich dies beobachten läßt — und dies sind tagsüber recht viele Stunden —, wird das bodenbürtige CO_2 auf jeden Fall voll ausgenutzt. Nachts liegen die Verhältnisse weniger günstig. Indessen sammelt sich dann doch ein Teil der bodenbürtigen Kohlensäure entweder in den Pflanzenbeständen selbst oder doch in

einer erdnahen Luftschicht an, so daß unmittelbar bei Hellwerden die Pflanzen eine erste CO_2-Düngung erfahren. Andererseits setzt die Abkühlung der obersten und bakterienreichsten Bodenschichten die Temperatur des Bodens und damit die Bakterientätigkeit und die Bodenatmung auf die Hälfte bis ein Drittel gegenüber am Tage herab (9, 27, 41). Während so am frühen Morgen eine erste Kohlensäuredüngung durch erhöhte CO_2-Konzentration vor sich geht, gibt es im Laufe des Tages, besonders bei hellem Wetter, eine zweite mittags bei gelegentlich sehr erniedrigtem CO_2-Gehalte der Luft. An solchen lichtstarken Tagen und bei ausgedehnten Beständen von Zuckerrüben ist nämlich wiederholt beobachtet worden, daß der Gehalt an CO_2 in der Luftschicht bei den Blattspitzen nur 0,014—0,018 % beträgt, also nur halb soviel als normal (vgl. auch Abb. 231). An solchen Tagen wird die beträchtliche durch Bakterienatmung erzeugte Kohlensäuremenge unbedingt assimiliert und dazu noch wesentliche Mengen CO_2 aus der freien Luft. Tiefer als auf 0,012—0,014 % scheinen unsere Blattpflanzen den CO_2-Gehalt der Luft selbst bei größter Helligkeit nicht ausschöpfen zu können (34, 49). Es wird also sicherlich sehr bedeutungsvoll sein, daß die Bodenbakterien befähigt sind, keinen Mangel an CO_2 aufkommen zu lassen.

Zunächst müssen natürlich kohlenstoffhaltiges Material und Sauerstoff vorhanden sein, denn nur durch Verarbeitung beider können die Bakterien bei sonst geeigneten Lebensbedingungen CO_2 herstellen. Ganz allgemein kann man sagen, daß, je frischer alles Organische und C-haltige ist, es eine um so bessere Kohlenstoffquelle für Bakterien abgibt. Je haltbarer und älter aber die Kohlenstoffquellen sind, desto geringere Bedeutung haben sie für den Abbau durch Bakterien. Anthracit kommt kaum in Betracht, aber die verschiedenen Kohlenhydrate, Eiweiße und Fette sind die C-haltigen Pflanzen- und Tierstoffe, für deren unzählige Abarten es fast ebenso viele Bakterien und Kleinlebewesen gibt, die sie bis zu CO_2 abbauen können. Wie die folgenden vier schematischen, chemischen Gleichungen zeigen, ist Sauerstoff nicht unbedingt nötig, damit CO_2 entsteht. Viele dieser organischen Stoffe können z. B. nach Gleichung 1 und 2 abgebaut bzw. zerlegt werden:

1. $$\underset{\text{Kohlenhydrat}}{[C(H_2O)]_6} \underset{\text{gibt}}{=} \underset{\text{Äthylalkohol}}{2C_2H_5(OH)} \underset{\text{und}}{+} \underset{\text{Kohlendioxyd}}{2CO_2}$$

2. $$\underset{\text{Kohlenhydrat}}{[C(H_2O)]_6} \underset{\text{gibt}}{=} \underset{\text{Methangas}}{3CH_4} \underset{\text{und}}{+} \underset{\text{Kohlendioxydgas}}{3CO_2}$$

Hierbei wird nur ein Teil des Kohlenstoffgehaltes in CO_2 verwandelt. Von Belang ist lediglich, daß recht viel Kohlensäure entsteht, und zwar nach der Gleichung:

3. $$\underset{\text{Kohlenhydrat}}{[C(H_2O)]_6} \underset{\text{und}}{+} \underset{\text{Sauerstoff}}{6O_2} \underset{\text{gibt}}{=} \underset{\text{Wasser}}{6H_2O} \underset{\text{und}}{+} \underset{\text{Kohlendioxyd}}{6CO_2}$$

Aber hier muß Sauerstoff, also Luft, hinzutreten können, denn nur dann entsteht das Maximum von Kohlensäure. Schließlich sei, um es nicht unerwähnt zu lassen, noch ein vierter möglicher Vorgang erwähnt, der bei Luftmangel vor sich gehen kann. Hierbei bildet sich nicht Kohlensäure, sondern es entstehen gewisse, unerwünschte organische Säuren, wie Essigsäure, Buttersäure, Milchsäure usw. (s. Gleichung 4).

4. $$\underset{\text{Kohlenhydrat}}{[C(H_2O)]_6} \underset{\text{gibt}}{=} \underset{\text{Milchsäure}}{2CH_3{-}CH(OH){-}CO_2H}$$

Bei mangelndem Luftzutritt werden also die organischen Stoffe im Boden nur zum Teil zu Kohlendioxyd, zum andern Teil zu solchen Stoffen abgebaut, die den Boden für den Pflanzenwuchs verschlechtern. So dürfte der säuerliche Geruch von Topf- und Gewächshauserde die oft reichlich gewässert wird, und so die Luft nicht richtig durchläßt auf Vorgängen gemäß dem Reaktionsschema (4) beruhen. Es ist also wichtig, den Boden vor Verkrustung zu schützen, nicht etwa nur, weil sonst die Kohlensäure, die sich etwa darin bildet — und auch ohne Sauerstoffzufuhr sich bilden könnte (1, 2) — nicht austreten kann, sondern um auch die Entstehung möglichst großer Mengen von CO_2 zu gewährleisten. Man könnte es also im erweiterten Sinne eine Kohlensäuredüngung nennen, wenn man durch Drainage den Grundwasserspiegel einer stark anmoorigen Wiese so weit senkt, daß nicht ständig alle feinen und feinsten Bodenporen voll Wasser sind, sondern mehr Luft hinzu kann, um entsäuernden, bakteriellen und Kohlendioxyd entwickelnden Vorgängen Raum zu geben. Auch das Eggen oder Hacken eines verkrusteten Bodens kann zur Kohlensäuredüngung werden. Entsprechende Messungen der Bodenatmung haben dies bestätigt (41, 9). Ehe wir in aller Ausführlichkeit auf die möglichen, organischen Kohlenstoffquellen für Kohlensäurebildung im Boden eingehen, seien zunächst die allgemeinen Bedingungen in großen Zügen genannt, die erfüllt werden müssen, damit die nützlichen Bodenbakterien in Wirksamkeit treten können. Es sind dies zunächst ein gewisser Grad von Feuchtigkeit, eine gewisse Temperaturstufe und eine neutrale Reaktion des Bodens. Böden, die durch anorganische Säuren, wie sie bei übertriebener Anwendung von Kunstdüngesalzen leicht zurückbleiben, oder die durch organische Säuren sauer sind, müssen durch Zufuhr von Branntkalk, kohlensaurem Kalk oder von Mergel — alle selbstredend in feinstem Zerteilungsgrade verwendet — neutralisiert werden. Aber hiermit ist noch nicht alles getan. Auch die biogenen Salze bzw. deren Ionen, die bei der Düngung der grünen Gewächse so viel genannt werden, wie K, PO_4, NH_4 oder NO_3, und sicherlich manche andere, wie Fe, Mn, Mg usw., müssen vorhanden sein. Von den Genannten haben besonders die N-Verbindungen, soweit sie biogen bedeutungsvoll sind, in der Klärung der gesamten Fragen eine sehr verhängnisvolle Rolle gespielt (40). Schon seit 1910 lagen bestimmte Beobachtungen dafür vor (49), daß die Kohlensäureabgabe eines Bodens durch Zugabe, z. B. von Ammonsulfat, in den beim Düngen üblichen Mengen von 0,145 auf 0,846, also um das 4,5fache gesteigert wird, während eine Superphosphatgabe die Bodenatmung verdoppelte. Obgleich also wissenschaftlich festlag, daß eine solche Kunstdüngeranwendung mittelbar eine gesteigerte Kohlensäureversorgung der Luft über dem Boden und damit eine CO_2-Düngung der dort wachsenden Pflanzen im Gefolge hat, ist dieser Umstand doch in der Folge völlig übersehen worden. Als nämlich von besonders eifrigen Verteidigern der Wichtigkeit des bodenbürtigen CO_2 (6) die Ansicht vertreten und verfochten wurde, daß Stalldung, und namentlich der sog. Edelmist, ganz besonders eine Kohlensäuredüngung landwirtschaftlicher Bestände bewirke, sind Gegenversuche angestellt worden (14, 21), wobei einzelne Parzellen Dung, andere aber nur eine Stickstoffdüngung erhielten. Bei annähernder Gleichheit der Erträge war dann von den Versuchsanstellern geschlossen worden, daß der Mist also keine sonderliche Kohlensäuredüngewirkung neben der Stickstoffwirkung habe. Daß der leichtlösliche Stickstoff der Kunstdünger aber an den im Boden vorhandenen kohlenstoffhaltigen Substanzen — seien es nun Erntereste oder ältere milde Humusteile des Bodens — eine Kohlensäurebildung ausgelöst hätte, daran dachte man überhaupt nicht. Während man also glaubte, bei diesen Versuchsanstellungen nur einen Wachstumsfaktor geändert zu haben, hatte man auf ganz *verschiedene* Weise bei beiden Versuchen *sowohl* die *Stickstoff- wie die Kohlensäureernährung geändert,* so daß die aus diesen Versuchen gezogenen Schlüsse, daß Stalldung keine Kohlensäuredüngewirkung habe, unzulässig waren. Der Stallmiststickstoff, der nur etwa zu einem Zehntel in leichtlöslicher Form, in der Hauptsache aber in schwer zersetzbarer und infolgedessen erst allmählich verfügbarer Form vorhanden ist, kann überhaupt nicht mit stickstoffhaltigen Düngesalzen verglichen werden, wenigstens nicht, soweit man N-Wirkungen oder CO_2-Wirkungen erforschen will, da der Dung nur wenig leichtlösliche, anorganische Salze, dagegen verhältnismäßig viel leichtverbrennliche C-haltige Stoffe enthält. Die Kunstdüngergabe aber trifft selbst in größerer Stärke mit ihren löslichen, biogenen Molekülen auf schwerer mobilisierbare Humus- und sonstige organische Bodenstoffe. Beide Gegensätzlichkeiten *können*, aber *brauchen* einander *nicht* die Waage zu halten. Auf keinen Fall kann man aber aus einem Ernteergebnis irgendeinen Schluß ziehen, ob und wieweit N oder C am Resultate beteiligt waren. Etwas anderes sind Schlüsse auf Wirtschaftlichkeit der einen oder anderen Maßnahme, wenn man, wie das so häufig geschieht, sagt, mit Kunstdünger erreiche man dasselbe wie mit Mist — aber billiger. Doch vergißt man dabei, wie obige Zahlen und viele seither gewonnene einwandfrei belegen, daß man den Raubbau an C-haltiger Bodensubstanz dabei ganz außer Rechnung läßt. Denn selbst wenn man den Stalldung als bodenbürtigen CO_2-Lieferanten kaum gelten lassen will, so hat er noch zahlreiche andere, wichtige Wirkungen. Es sind dies die Eigenschaft des Humus als Kolloid, seine Bindefähigkeit für Ionen verschiedenster Art, wodurch der Boden gut abgepuffert und im Gleichgewichte gehalten wird, ferner seine Bedeutung für den Wasserhaushalt, die Krümelung und Durchlüftung des Bodens und schließlich die Fähigkeit, Bakterien als Nahrung zu dienen, sei es solchen, die anorganische Bodensubstanz löslich machen, sei es solchen, die, wie Azotobakter, befähigt sind, Luftstickstoff zu binden. Wenn man den Bodenkohlenstoff durch kulturelle Maßnahmen, wie verstärkte Kunstdüngergaben, in wesentlich kürzerer Zeit mobilisiert, ohne streng darauf zu achten, daß entweder in den vermehrten Ernterückständen oder in verstärkter Gründüngung oder Stallmistdüngung ein stetiger Ersatz geschaffen wird, dann müssen die Böden ausgepowert, überempfindlich und labil werden. Damit kommen wir nun zu der wichtigen Frage des Stalldunges als Kohlensäuredünger und des Mistes als Humusersatz. Im ersteren Falle kommt es mehr auf eine augenblickliche Wirkung während einer oder weniger Vegetationsperioden an. Hier soll er verhindern, daß die bodenbürtige Kohlensäure im Laufe der Jahre mengenmäßig zurückgeht. Hierbei haben wir es also auf jeden Fall mit dem Stalldung als Kohlensäuredünger zu tun, indem entweder seine ganz heftige Anfangswirkung, wie im Gartenbau (s. Einleitung), oder seine starke Wirkung im ersten Jahre der Fruchtfolge oder seine nachhaltige in den späteren, dem 2.—4. Jahre zum Ausdruck kommt. Was hierüber an exakt wissenschaftlichen Untersuchungen vorliegt, ist noch recht spärlich, weil erfahrungsgemäß fast jeder auf den C-Gehalt und die CO_2-Wirkung des Dunges viel weniger Wert legte als auf den N-Gehalt desselben. Es ist dies nicht verwunderlich, solange Topf- und Gefäßversuche an Stelle von Freilandversuchen als Kriterien und Material zur Aufhellung dieser Fragen herangezogen werden. Gelegentlich ist das Unzulängliche dieser Versuchsanstellungen auch aufgefallen, aber man hat Schlüsse gezogen (16), die gerade das Gegenteil von der Wirklichkeit trafen (33). Man wird in absehbarer Zeit in der Einordnung der Kohlensäuredüngungsfrage in das System der Wissenschaft von der Ernährung und dem Wuchse der Kultur- und Nutzpflanzen nur dann eindringen, wenn man genau unter den Umständen, wie eben solche Pflanzen wachsen, exakte Messungsreihen über ganze Vegetationsperioden durchführt. Hierfür sind Messungsreihen über die stündlichen Bodenatmungswerte, völlig gleichzeitige, tagelang andauernde Ermittlungen des CO_2-Gehaltes von mindestens drei Luftschichten in der Nähe der Pflanzen, und zwar wenige Zentimeter über dem Boden, dann oben nahe der Grenze des Grüns gegen die freie Luft und schließlich einige Zentimeter oberhalb des Pflanzenbestandes erforderlich. Verschiedene

Versuchsreihen dieser Art liegen bereits vor (9, 35, 39, 41). Sie belegen sehr häufig, daß einerseits das bodenbürtige CO_2 restlos genützt wird und nur selten teilweise verloren geht. Ferner geben sie starke Anhaltspunkte für die Richtigkeit des Satzes, daß die Bodenatmung die Fruchtbarkeit des Bodens steigert (31). Indessen kann man sich leicht vorstellen, daß nicht immer jegliches bodenbürtiges CO_2 voll als Ernteertrag in Erscheinung zu treten braucht. Man denke nur, daß man z. B. eine übergewöhnlich große Gabe von Stalldung etwa 10—15 cm in den Boden bringt, kurz ehe man Zuckerrüben im Frühjahre drillt. Wenn nun feuchtes und warmes Wetter eintritt, wird die Bodenatmung rasch eine beträchtliche Stärke annehmen, ehe vielleicht die Samen gekeimt sind oder bevor jedenfalls grüne Pflanzen das Feld decken. So könnte die erste und meiste bodenbürtige Kohlensäure sehr leicht nutzlos weggetragen werden. Oder es gibt einen anderen genau untersuchten Fall (47), der klar erkennen läßt, daß der Nutzungsfaktor bodenbürtiger Kohlensäure fällt, wenn davon mehr und mehr zur Verfügung steht. Es handelt sich hier um einen Vergleich zwischen der Düngewirkung von gewöhnlichem Stallmist und sog. heißvergorenem oder Edelmist. Zur Kontrolle waren auch ungedüngte Teilstücke vorhanden. An Früchten wurden Möhren und Kartoffeln gebaut. Im Mittel sämtlicher Bodenatmungsbestimmungen der gleichgedüngten Parzellen stieg diese bei den Kartoffeln von ca. 162 bei ungedüngt, auf 214 mit Stallmist und auf 328 mit Edelmist gedüngt an. Bei den Möhren waren die entsprechenden Werte 191, 273 und 505. Die Erträge aber verhielten sich bei den Kartoffeln nur wie 247,5 : 245 : 280, dagegen bei den Möhren wie 430 : 500 : 582. Die Ausnützung des bodenbürtigen CO_2 ist also, wenn man ungedüngt = 100 setzt, für Stallmist bei Kartoffeln 73,2 und bei Möhren 81,0 und für Edelmist bei Kartoffeln 65,5 und bei Möhren 53 %. Durch Verwendung von Edelmist ist zwar die Bodenatmung beim Anbau von Kartoffeln verdoppelt worden, bei dem von Möhren sogar um das $2^1/_2$fache gestiegen, die Ernten nahmen aber gegen ungedüngt nur um 12 % bei Kartoffeln und um 33 % bei Möhren zu. Der Heißmist ist also unstreitig eine leicht zugängliche Bakteriennahrung und ein auffallender Kohlensäuredünger und unterscheidet sich darin stark vom gewöhnlichen Stallmist. Es ist sehr wahrscheinlich, daß seine wirtschaftlichste Anwendung dann am Platze wäre, wenn er recht spät aufs Feld gebracht würde, d. h. wenn die Pflanzen schon reichen Blattwuchs zeigen oder dort, wo Pflanzen mit bereits entwickelten Blättern gesetzt werden, wie im Gemüsebau. Vielleicht ist überhaupt der geeignetste Platz für den Edelmist der Gartenbau, der sich ja von der Landwirtschaft ganz besonders durch bedeutende Mistanwendung unterscheidet. Es geschieht dies sicherlich nicht zum wenigsten deshalb, weil der Gartenbau von der Fläche bei 10facher Arbeitsintensität auch mehrfache Ernten, also beträchtlichere Mengen von Assimilaten — umgewandeltes CO_2 —, gewinnt.

Es liegt nahe, daß man auch versucht, seitdem die Frage der Kohlensäuredüngung erörtert wird, anderweitiges kohlenstoffhaltiges Material als ausgesprochenen Kohlensäuredünger heranzuziehen. Bei Guanol, einem aus Torf und Melasse durch Vergärung oder Verrottung gewonnenen Erzeugnis, ist wohl als einzigem nicht nur im Ertragsversuche, sondern auch durch Messen des abgegebenen CO_2 seine teilweise Wirkung als Kohlensäuredünger nachgewiesen worden. Da aber in diesem Erzeugnis nur sein N-Gehalt bewertet worden ist, nicht aber auch der C-Gehalt als biologische Wertsubstanz, so ist es nicht in nennenswertem Maße gehandelt worden.

Torf hat in Deutschland und auch in manchen anderen Ländern eine solche Verbreitung, daß etwas mehr Aufklärung über die Möglichkeiten seines bakteriellen, oxydativen Abbaues auf Äckern und Feldern sehr erwünscht wäre. Daß die Gärtnerei Torf als Bodenverbesserungsmittel schätzt, ist bekannt, ob dabei aber eine CO_2-Düngewirkung in Betracht kommt, steht dahin. Torf, bei gut trockenem Zustande in großen Haufen gelagert, hat sich schon gelegentlich bis zur Selbstentzündung erhitzt. Hierbei ist es freilich unsicher, ob es sich um eine Bakterienwirkung handelt. Es hat den Anschein, als ob im allgemeinen der Torf nur wenig, leicht zugängliches Energiematerial für Bakterien enthält. Infolgedessen dürfte es sehr fraglich sein, ob es je gelingen wird, ihn zu einem ausgesprochenen Kohlensäuredünger umzuformen. Ähnlich liegen die Verhältnisse wohl auch bei Braunkohle. Daß sie gewisse Mengen Energiematerial enthält, beweist das reiche Pilzwachstum in verlassenen Stollen von Braunkohlengruben. Auch hat man eine CO_2-Entwicklung daran gemessen (48). Es macht aber auch, soweit da und dort Voruntersuchungen nach der Richtung eines Kohlensäuredüngers aus Braunkohle bekannt wurden, den Eindruck, als ob selbst in feinstzerteilter Braunkohle das bakteriell zugängliche Energiematerial sehr dünn und spärlich vorhanden ist. Es gibt ein einfaches und heute leicht prüfbares Kennzeichen für ein Düngemittel, das den Anspruch erhebt, für den Boden ein Kohlensäuredünger zu sein. Man hat nur nötig, die davon bei praktischer Anwendungsweise empfohlene Menge anteilsgemäß auf einige Quadratmeter Land zu bringen, von dem ein Kontrollstück ohne diesen Zusatz bleibt. Am besten ist es, wenn man sich schon zuvor davon überzeugt hat, daß die Bodenatmung vor dem Zusatze auf dem gesamten Stücke eine annähernd gleichmäßige ist. Wenn durch den Zusatz die Bodenatmung im Mittel mehrerer Bestimmungen bei verschiedenen Feuchtigkeits- und Temperaturgraden nicht mindestens um so viel Prozent ansteigt, wie als voraussichtliche Erntesteigerung zu erwarten ist, so kann das Mittel kaum als Kohlensäuredünger bezeichnet werden. Sicherheitshalber ist auch auf eine Beimischung von leichtlöslichen, biogenen Salzen zu prüfen. Sind solche in nennenswerten Mengen vorhanden, so ist der betreffende Boden daraufhin zu untersuchen, wie er bezüglich einer CO_2-Abgabe auf entsprechende Mengen solcher biogener Salze oder des gesamten Extraktes aus den betreffenden als Kohlensäuredünger bezeichneten Präparaten reagiert. In der vegetationslosen Zeit kann sich eine Vorprüfung auch näherungsweise auf einen Atmungsversuch in Glasapparatur beschränken, indem man in sinngemäßer Übertragung obiger Ausführungen etwas guten Acker- oder Sandboden, neben einer entsprechenden Blindprobe, mit dem zu prüfenden Mittel vermischt und CO_2-freie Luft durchsaugt, in der man das hinzugekommene CO_2 dann bestimmt. Was die Düngewirkung von sog. Humusdüngern oder Kohlensäuredüngern aus Braunkohle und ähnlichem anbelangt, so geben die Veröffentlichungen darüber ein sehr widersprechendes Bild. Einheitlich ist bei allen nur, daß auf eine wirkliche CO_2-Entwicklung überhaupt nie geprüft wurde.

Sahen wir schon oben, wie Düngen mit biogenen Salzen und namentlich mit Stickstoffsalzen mittelbar Kohlensäuredüngung bewirkt, so wäre zum Schlusse noch bemerkenswerter Zusammenhänge zu gedenken, die zwischen Stickstoffgewinnung aus der Luft im Acker und der bodenbürtigen CO_2-Düngung bestehen. Liefert den Stickstoffbindern in den Knöllchen der Leguminosen diese Wirtspflanze selbst das nötige Energiematerial unmittelbar, so nehmen es die frei lebenden Stickstoffbinder, wie z. B. Azotobakter, aus den in Zersetzung befindlichen Blatt-, Ernte- und Wurzelresten oder einer zuvor gegebenen Düngung. Daß bei den Leguminosen der in den Knöllchen sich abspielende Verbrennungsvorgang von Zucker zu Kohlensäure in der Erhöhung der Bodenatmung deutlich meßbar ist, indem die Bodenatmung um 20—30 % stärker wird, solange den Knöllchen Energiematerial zugeführt wird, ist bekannt (32). Ebenso wissen wir, daß diese bodenbürtige Kohlensäure vom Laube eines dichtschließenden Leguminosenbestandes restlos assimiliert wird. Dabei fällt ins Gewicht, daß nun die stark beschatteten und untersten Blätter eines solchen Bestandes eine erhöhte CO_2-Konzentration um sich haben, so daß gemäß dem Kohlensäure-Lichtproduktgesetze diese Blätter noch assimilieren und lange am Leben bleiben können (15, 26, 36). Wenn der Bestand lückig wird, wird dieser Kreislauf der Kohlensäure gestört, und die Ergiebigkeit des Feldes läßt nach. Schattengare, Azotobakter, Stickstoffsammlung im Boden, bodenbürtige Kohlensäure, besserer Wuchs der Pflanzen, weil die Wurzeln mehr zugänglichen Stickstoff und die Blätter bessere CO_2-Konzentrationen vorfinden, erhöhen zusammen die Fruchtbarkeit des Ackers und steigern die Ernteerträge. Man glaube nicht, daß dieser Vorgang so unwesentlich sein könnte. Im Durchschnitt weisen unsere Feldfrüchte 0,6—2 % N-Gehalt neben 35—40 % C in der Trockensubstanz auf. Von dem Geernteten werden im Durchschnitt nur etwa 15 % der Wirtschaft für menschliche Ernährungszwecke entzogen, während ca. 85 % in der engeren Wirtschaft verbleiben. Es kehren also 25—30 % der geernteten Trockenmasse als C sofort wieder in den Boden

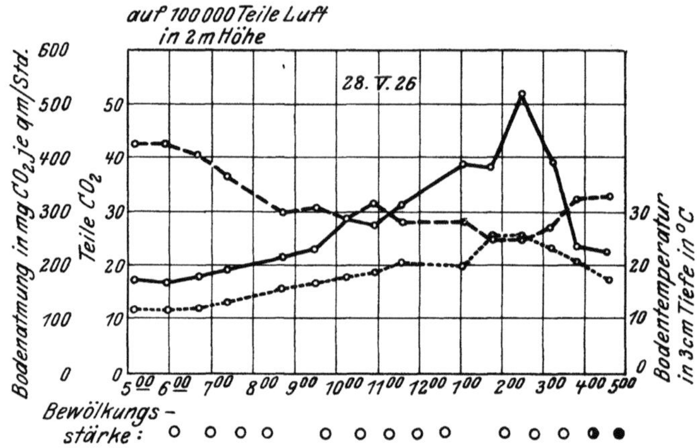

Abb. 232. Tagesverlauf der Bodenatmung (————), der Temperatur des Bodens in 5—10 cm Tiefe (......) und des CO_2-Gehaltes der freien Luft (— — —). Zwischen 2—3 Uhr ist die Bodenatmung am stärksten. (Nach v. Dönhoff.) (Aus Kühns Archiv für Landwirtschaft 1927.)

zurück. Andererseits benötigt ein Teil N zur Bindung durch azotobakterähnliche Bakterien 100 Teile C in Form von zuckerähnlichen Stoffen. Somit reichen die 25—30 % C, die regelmäßig in den Acker zurückkehren, für etwa 0,25 bis 0,3 % N-Bindung aus. Es wären dies schon 25—30 % des überhaupt nötigen Stickstoffes der Ernte. Auch kann man annehmen, daß schon während des Wachstumes Teile von den Wurzeln und von dem oberirdisch Wachsenden abgestoßen werden und als Bakteriennahrung dienen. Dies dürfte eine nicht zu rechnende Reserve ausmachen. Was aber den Kohlenstoff anbetrifft, der im Boden bei der N-Bindung verbrennt, so reicht er allein schon aus, um 66—75 % des gesamten CO_2 zu liefern, welche die neue Vegetation verbraucht. Ferner liefert der Stickstoff, der in dem Dung und den Ernterückständen enthalten war, sicherlich für die nächste Vegetation selbst schon 35—40 % N. Man sieht also, wie man auf ganz andere Weise, gewissermaßen fabrikatorisch (30), nämlich biologisch, von Böden mit Humusüberschuß — Torf- und Moorböden — den Kohlenstoff in Kohlensäuredünger überführen kann. Es ist notwendig, daß alle pflanzlichen Abfallstoffe auf Dung verarbeitet werden. Ob dies durch das Vieh oder auf mehr künstlichem Wege (Adco-Verfahren 1) geschieht, ist gleich. Auf jeden Fall führe man den Mist den weniger humosen Böden zu. Auf Moorböden darf man den Humusabbau jahrzehntelang durch Kalkung und Aufpeitschen mit Kunstdüngesalzen in starkem Maße betreiben, aber auf Mineralböden sollte man die Kohlenstoffwirtschaft viel sorgfältiger beachten, denn einem durch übermäßige Kunstdüngeranwendung verdoppelten und verdreifachten Humusabbau steht nie und nimmer eine 2—3fache Ernte als Gegengewicht gegenüber, und deshalb muß eine solche Wirtschaft bald verarmen. Durch die Beschäftigung mit den Fragen der Kohlensäuredüngung, deren Anwendungsweise und Erfolge in der Glashausgärtnerei klar und eindeutig sind, die aber bei freiwachsenden Pflanzen der Landwirtschaft verwikkelter ist, hat man neue Einblicke über den Kreislauf des Humus gewonnen. Alles spricht dafür, daß das Feld im Freien nicht der künstlichen Begasung, sondern der automatischen Kohlensäuredüngung gehört, die ausgelöst wird durch den biologischen Tages- und Jahreszyklus (Abb. 232 u. 233) der Bodenbakterien.

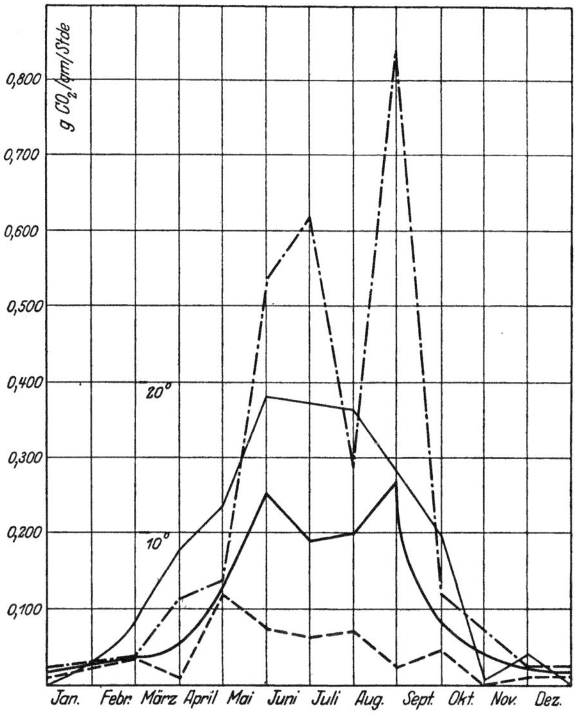

Abb. 233. Jahresverlauf der Bodenatmung und der Bodentemperatur. An Hand der Mittelwerte, die in den einzelnen Monaten gemessen waren, zusammengestellt. (Nach Reinau.)

——— Bodenatmungsmittelwert
– – – – „ minimalwert
— · — · — „ maximalwert
——— Bodentemperatur.

Literatur.

(1) Agricult. Devel. Cy. London: D.R.P. 467859 (1928). — (2) Behn, H.: Arb. biol. Reichsanst. Land- u. Forstw. Berlin-Dahlem **16**, 45 (1928). — (3) Bewley, W. F.: Ann. Rep. o. t. Exp.-Stat. Turner Hill-Cheshunt **13**, 12 (1927). — (4) Bornemann, Felix: Dtsch. landw. Presse **47**, 1 (1920). — (4a) Ebenda **47**, 3 (1920). — (5) Die Kohlenstoffernährung der Kulturpflanzen, S. 19ff. Berlin: Parey 1930. — (6) Mitt. dtsch. Landw.-Ges. **1914**, 210; Kohlensäure und Pflanzenwachstum, S. 49ff. Berlin: Parey 1920. — (7) Brown, Horace F., u. F. Escombe: Proc. roy. Soc. Lond. **70** (1902).

(8) Demoussy: C. r. Sci. Acad. Paris **1904**. — (9) Dönhoff, G.: Gustav Kühns Arch. Landw. **15**, 458 (1927).

(10) Farmer, Bredland u. P. E. Chandler: Proc. roy. Soc. Lond. **70** (1902). — (11) Fischer, Hugo: Gartenflora **61**, 298 (1912). — (12) Pflanzenbau und Kohlensäure. Stuttgart: Ulmer 1921.

(13) Gehring, A.: Fühlings Landw. Ztg **68**, 259 (1919). — (14) Gerlach, M., u. Seidel: Mitt. dtsch. Landw.-Ges. **40**, 919 (1928).

(15) Harder, Rich.: Jb. Bot. **1921**, 531. — (16) Hasse, P., u. F. Kirchmeyer: Z. Pflanzenernährg usw. A **10**, 257 (1928). — (17) Heydemann, F.: Gartenbauwiss. **1**, 100 (1928). — (18) Hörning, Franz: D.R.P. 438186.

(19) Klein, Roland u. Erich H. Reinau: Gartenwelt **18**, 214 (1914); Chemiker-Ztg **37**, 545 (1914). — (20) Koch, R.: Blumen- u. Pflanzenbau **1927**, Nr 24; Jber. Versuchs- u. Lehranst. Berufsgärtner Oldenb. Lande **3**.

(21) Lemmermann, O.: Z. Pflanzenernährg usw. B **5**, 70 (1926). — (22) Ebenda **1926**, Februar/März. — (23) Löbner, Max: Ber. gärtn. Versuchsanst. Landw.-Kammer Rheinprov. **6—8** (1924; **9** (1926). — (24) Lundegårdh, Henrik: Angew. Bot. **4**, 120 (1922). — (25) Der Kreislauf der Kohlensäure in der Natur, S. 166ff. Jena: Fischer 1924. — (26) Ebenda S. 78.

(27) MAGERS, HORST: Wiss. Arch. Landw. 2, 537 (1929).

(28) REINAU, ERICH H.: Ber. Lehr- u. Forschungsanst. Gartenbau Berlin-Dahlem 1924/25, 48; Landw. Jb. 64, Erg.-Bd. 2 (1926). — (29) D.R.P. 438646 (1926). — (30) D.R.P. 438646 (1926). — (31) Festschr. anläßl. d. 70. Geburtstages v. JUL. STOKLASA, S. 305. Berlin: Parey 1928. — (32) Fortschr. Landw. 1, 787 (1926). — (33) Ebenda 3 (1928). — (34) Gartenbauwiss. 3, 101 (1930). — (35) Gerlands Beitr. Geophysik 25, 178 (1930). — (36) Kohlensäure und Pflanzen. a. a. O. S. 7; Umschau 24, 267 (1920). — (37) Kohlensäure und Pflanzen, S. 147. Halle: Knapp 1920. — (38) Mitt. dtsch. Landw.-Ges. 44, 1165 (1929); Technik Landw. 1930 (11), Heft 4. — (39) Praktische Kohlensäuredüngung in Gärtnerei und Landwirtschaft, S. 131. Berlin: Julius Springer 1927. — (40) Ebenda S. 175. — (41) Technik Landw. 1924, 186. — (42) RIEDEL, F.: D.R.P. 315019; Mitt. dtsch. Landw.-Ges. 1920. — (43) Obst- u. Gemüsebau 74, 66 (1928). — (44) RIEMENS, J. M.: Versl. v. d. Proeftuin Z. H. Glasdistrict ov. 1927. — (45) ROEMER, TH.: Das Superphosphat, S. 14. 1930.

(46) SCHARRER, K., H. NIKLAS u. A. STROBEL: Landw. Jb. 60 (1925). — (47) SCHEIBE, K.: Untersuchungen über Abbau und Wirkung der im Stalldünger enthaltenen Stickstoff- und Kohlenstoffverbindungen. Inaug.-Dissert., Leipzig 1928. — (48) STOKLASA, Jul.: Zbl. Bakter. II 14, 723ff. — (49) SÜCHTELEN u. VAN HESSELINK: Ebenda 28, 45.

8. Aufbewahrung und Mischung der künstlichen Düngemittel.

Von

Dr. O. NOLTE

a. o. Professor an der Landwirtschaftlichen Hochschule und Geschäftsführer der D. L.-G. in Berlin.

Mit 2 Abbildungen.

I. Die Aufbewahrung der Kunstdünger.

Da sich zur Zeit der Herbst- und Frühjahrsbestellung die Abrufe an Kunstdünger zu häufen pflegen, können viele Düngerlieferungen oft nur mit großen Verzögerungen erfolgen. Es hat dies oft eine unsachgemäße, verspätete Düngung der Kulturpflanzen und somit unzureichende Wirkung der Kunstdünger zur Folge. Infolgedessen empfiehlt es sich, die Düngemittel frühzeitig abzurufen und in geeigneter Weise einzulagern, damit sie zur geeignetsten Zeit sicher vorrätig sind. Ein solches Vorgehen erscheint auch deshalb vorteilhaft, weil die Düngerfabriken bei Abnahme von Kunstdünger in den Sommermonaten in der Regel einen Preisnachlaß gewähren, der die Kosten einer Einlagerung und den Zinsverlust eines früheren Kaufes übersteigt und somit auch für den Landwirt einen Anreiz zur Entlastung der Abrufe in den Zeiten gehäufter Bezüge darstellt.

Die Einlagerung von Kunstdüngern ist aber auch notwendig, weil sie nicht in wenigen Tagen verbraucht werden, sondern die Verwendungszeit selbst ein und desselben Düngers je nach seinem Verwendungszweck, als Krumen- oder Kopfdünger, sich zeitlich über mehrere Monate erstrecken kann. So wird man die Kalkung entweder in den Spätsommer oder Winter vor die Bestellung legen, damit dieses Meliorationsmittel zwecks bester Wirkung möglichst innig mit dem Boden vermengt und verarbeitet werden kann. Der Winterung wird man die Kali- und Phosphatdüngung und gegebenenfalls einen geringen Teil der Stickstoffdüngung vor der Bestellung, den Hauptteil der Stickstoffgabe aber erst kurz vor Beginn des neuen Frühjahrwuchses verabfolgen. Die Düngung des Sommergetreides wird entsprechend seiner früheren Bestellung zu einem andern Zeitpunkt erfolgen, als die der Hackfrüchte, denen ein Teil der zugedachten Stickstoffgabe meist in mehreren Gaben erst nach ihrem Aufgang verabfolgt wird. Schließlich verbleiben auch häufig Reste von Düngemitteln von einer Bestellung zurück, die sachgemäße Verwendung erst bei der nächsten finden können.

Da eine behelfsmäßige Aufbewahrung der Düngemittel oft große Mängel zeigt, weil die Forderungen für eine sachgemäße Lagerung meist nur unvollständig und mangelhaft erfüllt werden können, ist anzuraten, nach Möglichkeit besondere Düngerschuppen zu bauen, in denen der Kunstdünger allen Anforderungen entsprechend gelagert werden kann. Wenn aus irgendwelchen Gründen ein besonderer Düngerschuppen nicht vorhanden ist, so wird man den Kunstdünger behelfsmäßig in Scheunentennen u. a. zur Verfügung stehenden Räumen lagern. Wichtig ist, daß diese Räume trocken und verschließbar sind und durch Verwendung von Brettern dafür gesorgt wird, daß ihr Mauerwerk nicht mit dem Dünger in Berührung kommt.

Den Bau des Kunstdüngerschuppens wird man zweckmäßig so einrichten, daß ein Wagen der Länge nach hindurchfahren kann, um eine Beschickung oder Entleerung desselben bequem vornehmen zu können. Der Mittelgang bietet auch Gelegenheit für das Einsacken und etwaiges Mischen der Düngemittel. Zu beiden Seiten befinden sich die Lagerplätze für die Kunstdünger, die gegeneinander durch Mauerwerk oder eine Holzwand abgegrenzt werden, um eine Vermischung der verschiedenen Dünger zu verhüten. Nach dem Mittelgange hin werden sie durch herausnehmbare Bretter abgegrenzt. Als Baumaterial werden Ziegelsteine oder Bruchsteine benutzt, die mit einer Betondecke versehen werden. Da viele Dünger das Mauerwerk angreifen und im Laufe kurzer Zeit zermürben können, wird es durch einen alljährlich zu erneuernden salz- und säurefesten Asphaltanstrich geschützt, oder durch Verschalen mit Brettern den Angriffen der Düngesalze entzogen. Auf den Schutz des Mauerwerkes durch Asphaltanstrich oder Holzbelag ist ganz besonderes Gewicht zu legen, da ein einmal angefressenes Mauerwerk durch die eingedrungenen Salze, die ständig weiter ins Innere hineinwandern, zerstört wird. Da der Druck der lagernden Kunstdünger groß ist und manche sich durch Aufnahme von Wasser oder Kohlendioxyd ausdehnen und dadurch den Druck weiter verstärken, muß man besorgt sein, von Anfang an solide zu bauen. Man fügt deshalb schon den Grundmauern starke Eisenträger ein, welche in die Wände hinaufreichen und zwischen denen das Mauerwerk in Zementmörtel aufgeführt wird, nötigenfalls unter Zuhilfenahme weiterer Eiseneinlagen. Für eine gleichmäßig gute Beleuchtung des Schuppens erweist sich Oberlicht vorteilhafter als seitliches Licht, das durch Fenster in den Wänden hineingelangt. Alle Fenster und Türen müssen dicht schließen, damit die Luftfeuchtigkeit tunlichst ferngehalten wird.

Manche Düngemittel werden zweckmäßig gesackt gelagert, andere lagern besser lose, weil sie entweder lose versandt werden, oder weil ihre Salze und Säuren die Säcke zerfressen würden. Von den Düngemitteln, welche in der Regel gesackt versandt werden, bleiben Kalkstickstoff, Thomasmehl, Kalksalpeter, Rhenaniaphosphat, Algierphosphat, Knochenmehl und gegebenenfalls auch gemahlener Branntkalk zweckmäßig bis zur Verwendung in Säcken gelagert, um eine Anziehung von Wasser und Kohlensäure möglichst hintan zu halten. Zudem werden Kalksalpeter und Kalkstickstoff in besonders behandelten dichten Säcken geliefert, die ein Anziehen von Wasser und ein Zerfließen, oder eine Volumenvergrößerung durch Aufnahme von Kohlendioxyd verhüten. Ein Platzen der Säcke findet daher auch in letzterem Falle nicht statt. Beim Einlagern dieser Düngemittel in Säcken wird man sie zweckmäßig dicht neben- und aufeinander stehend oder liegend anordnen, um den Zutritt der Luft so weitgehend als möglich zu beschränken. Wird Kalkstickstoff lose bezogen, so lagert man ihn auf Holzbrettern und deckt ihn nötigenfalls mit einer Schicht Thomasmehl, Kainit oder Säcken ab. Beim Bezug von Superphosphat in Säcken schüttet man dieses zum Lagern stets aus und wäscht die Säcke gründlich, da sie sonst vom Dünger zerfressen würden. Ein Bedecken ist unnötig, da es sich an der Luft unverändert hält. Kalisalze können in trocknen Räumen offen beliebig lange gelagert werden, ohne wesentliche Änderungen im Gehalt und in der Beschaffenheit zu erfahren. Sie werden daher auch mit Vorliebe benutzt, um empfindlichere Düngemittel abzudecken und vor Zutritt von Feuchtigkeit und anderen Bestandteilen der Luft zu schützen. Auch Leunakalk hält sich beim Aufbewahren in bedeckten Räumen unverändert, während Kalkmergel in unbedeckten Haufen, sogar im Freien etwa am Rande des abzukalkenden Feldes, gelagert werden kann. Leunakalk darf hingegen nicht im Freien aufbewahrt werden, da er durch Niederschläge breiig und schwer trockenbar wird. Branntkalk in Stücken lagert man nach Zusatz des erforderlichen Löschwassers hingegen im Freien zweckmäßig am Rande des zu kalkenden Schlages in großen, mit Erde zugedeckten Mieten, wobei Sorge zu tragen ist, daß etwa im Laufe der Aufbewahrung entstehende Risse der Deckschicht stets baldigst verschlossen werden, um ein Eindringen von Wasser und ein Breiigwerden des Kalkes zu verhüten. Beim Öffnen der Miete findet er sich als feines Pulver von Kalkhydrat vor. Andererseits kann man den Branntkalk auch auf den zu kalkenden Schlage in kleine regelmäßig verteilte Haufen bringen, in denen er unter Erdbedeckung durch Anziehung von Feuchtigkeit zerfällt, und von wo er während des Winters mit der Schaufel gleichmäßig verteilt werden kann. Wird Branntkalk in Stücken in bedeckten Räumen aufbewahrt, so schichtet man sie möglichst eng aufeinander und deckt mit Kalkasche ab, um einen vorzeitigen Zerfall durch Ablöschen möglichst zu verzögern. Ein Abdecken mit organischen Stoffen leicht brennbarer Natur, wie Stroh oder auch Säcken, ist zu vermeiden, da unter Umständen die bei der Aufnahme von Wasser entstehende Wärme die organischen Stoffe, namentlich Stroh, leicht zum Entzünden bringen kann. Alle noch nicht genannten Stickstoffdünger und Nitrophoska können unbedeckt lagern. Lediglich Leunasalpeter und Kalkammonsalpeter deckt man bei besonderer Vorsicht mit Kalisalzen ab, um etwaige Wasseranziehung und Zusammenballung hintan zu halten.

Die Säcke, in denen Düngemittel versandt werden, wäscht man nach der Entleerung möglichst bald aus, um sie vor ungünstigen Einwirkungen der Salze zu schützen. Das Waschwasser verwendet man vorteilhaft in Obstgärten und ähnlichen Anlagen. Niemals lasse man ungereinigte Säcke an irgendeiner Stelle des Hofes liegen oder schütte Düngerreste auf den Dunghaufen, weil die Gefahr von Erkrankungen oder Todesfällen beim Geflügel und anderen frei umherlaufenden Haustieren beim etwaigen Aufpicken der Salze immer sehr groß ist. Auch benutze man niemals aus gleichen Gründen ungewaschene Düngersäcke zum Einsacken von Futtergetreide.

Der Mittelgang des Düngerschuppens oder ein freier Raum im behelfsmäßigen Lagerraum bietet Gelegenheit, etwa zusammengebackene Dünger zu zerkleinern und Dünger, die zusammen ausgestreut werden sollen, zu mischen. Eine Tafel über dem Lagerplatz der einzelnen Düngemittel bietet die Möglichkeit, die Art und Menge des jeweilig lagernden Düngers aufzuschreiben.

Bei dieser Gelegenheit wäre noch die Frage zu erörtern, ob Kunstdünger während des Lagerns gegen Feuerschaden versichert werden sollen. Sofern die Düngemittel in einem eigens gebauten Kunstdüngerschuppen aufbewahrt werden, ist die Gefahr einer Schädigung durch Feuer nicht sehr groß, weil die Gelegenheit seines Entstehens im Schuppen kaum vorhanden ist, so daß unter dieser Voraussetzung eine Versicherung unnötig ist. Anders hingegen, wenn der Kunstdünger behelfsmäßig in Scheunen lagert, die Stroh, Heu und andere leicht entzündbare Stoffe enthalten. Wenn hier ein Brand entsteht, so können zwei wichtige Ursachen erhebliche Wertminderungen des Kunstdüngers verursachen, nämlich das Feuer selbst durch Zersetzung einzelner Dünger in der Gluthitze und zum andern das beim Löschen verwendete Wasser durch Durchnässen und Fortschwemmen der Düngemittel. Geringere Wertminderungen können noch durch Hineinfallen von Mauerteilen, Eisenstücken, Asche und anderen Stoffen verursacht werden, sie sind aber verhältnismäßig leicht durch Absieben oder Auslesen dieser Teile zu entfernen.

Die Zersetzungen des Düngers durch die Feuersglut sind je nach ihrer chemischen Art verschieden. Die Salpeterdünger geben bei hoher Hitze Sauerstoff ab, sintern zusammen und gehen in Nitrite über, die nur bedingten Düngerwert besitzen. Zudem ziehen sie leicht Wasser an, backen zusammen und lassen sich schlecht streuen. Fallen in die erhitzten Salpeterdünger glühende organische Stoffe hinein, so kann die Zersetzung des Salpeters so lebhaft werden, daß die glühenden Teile durch den frei werdenden Sauerstoff zu brennen anfangen und der Dünger unter Bildung von kohlensaurem Alkali oder Kalk zusammenschmilzt oder -sintert. Ammonsalze und Ammonsalpeter enthaltende Dünger können sich bei hohen Temperaturen weitgehend zersetzen, indem Wasser und flüchtige Verbindungen, wie Ammoniak, Stickstoff, Stickoxydul u. a., entstehen und in die Luft entweichen. Besonders auffallend verhält sich Kaliammonsalpeter insofern, als seine Stickstoffverbindungen durch Feuer sehr leicht zersetzt werden und unter Zusammensintern eine oft steinharte Masse von Kalisalz mit wenig Stickstoffsalzen entsteht. Erfahrungsgemäß kann auch Nitrophoska ähnliche Erscheinungen zeigen. Kalkstickstoff, Thomasmehl, Rhenaniaphosphat und Branntkalk, die bei hohen Hitzegraden erzeugt werden, erfahren in der Feuersglut keine Zersetzungen. Superphosphat hingegen erfährt schon bei relativ geringen Hitzegraden durch Wasserverlust eine Umwandlung der wasserlöslichen Phosphate in schwerer lösliches Dicalcium- und Tricalciumphosphat. Bei höherer Hitze können auch Pyrophosphate entstehen. Die Kalisalze erleiden durch Feuer kaum Veränderungen, die ihren Wert herabsetzen, es sei denn, daß sie etwas zusammensintern, was eine spätere Zerkleinerung nötig macht. Kunstdünger, die viel organische Stoffe enthalten, wie Hornmehl, Wollstaub und andere weniger gebräuchliche Düngemittel, können durch Feuer versengt, unter Umständen auch entzündet werden. In beiden Fällen wird besonders der stickstoffhaltige Anteil nachteilig betroffen.

Die ungünstige Wirkung des zum Löschen des Feuers benutzten Wassers äußert sich besonders im Durchnässen, Lösen und Fortschwemmen der Salze. Durchfeuchtete Düngemittel lassen sich durch flaches Ausbreiten an der Luft trocknen oder durch Zusatz von Torfmull, Sand und anderen aufsaugenden Stoffen wieder streufähig machen. Gelöste Düngemittel wird man in die Jauchegrube leiten oder nach ausreichender Verdünnung im Garten ausbringen. In Düngemitteln, die Branntkalk enthalten, wird dieser durch Wasser abgelöscht, wobei oft eine breiige Masse entsteht. Diese trocknet schwer und kann daher beim Streuen nicht gleichmäßig verteilt werden, zumal unter Umständen auch zementartige Verhärtungen entstehen können. Im Kalkstickstoff kann sich beim Löschen mit Wasser neben Kalkhydrat auch Dicyandiamid bilden, welches den Pflanzenwuchs schädigt. Da viele Düngesalze für die Tiere giftig sind, so sorge man für baldiges Zusammenräumen etwa beim Löschen fortgewaschener Teilen um Todesfälle bei Hühnern und anderen frei in der Wirtschaft umherlaufenden Kleintieren zu verhüten.

II. Das Mischen von Kunstdüngern.

Verschiedene Ursachen können den Landwirt veranlassen, zwei oder mehrere Kunstdünger vor dem Ausstreuen miteinander zu mischen. So kann es der Wunsch sein, infolge irgendwelcher Eigenschaften schlecht streu- oder verteilbare Düngemittel in einen griffigen Zustand und ausreichendes Volumen zu bringen, so daß nun ein bequemes und gleichmäßiges Streuen gesichert ist. So wird z. B. das lästige Stäuben des Kalkstickstoffs durch Beimischung von Thomasmehl oder Kalisalz beseitigt, die Verteilbarkeit des oft in kleinen Mengen verabfolgten hochprozentigen Harnstoffs durch Beigabe anderer Düngemittel oder auch indifferenter Stoffe, wie Sand, Torfmull u. a., verbessert oder das Schmieren eines feucht gewordenen Düngemittels durch Zusatz eines trockenen aufsaugefähigen Stoffes behoben und es wieder gut verteilbar gemacht. Sehr viel leichter und häufiger wird aber der Wunsch entstehen, durch vorheriges Mischen von Düngemitteln, die zur Abdüngung eines Schlages in kurz aufeinanderfolgenden Zeiten der arbeitsreichen Bestellung benötigt werden, die Streuarbeit und -zeit sowie auch die Streukosten zu verringern. So bietet die Bestellung fast aller Kulturpflanzen große Möglichkeiten, die Kaliphosphatdüngung in einem Gange zu erledigen. Oft kann auch die gesamte oder ein größerer oder geringerer Anteil der zu verabfolgenden Stickstoffdüngung gleichzeitig mit verabreicht werden.

Die Düngerindustrie ist diesen Bedürfnissen entgegengekommen, indem sie fertige Mischdünger mit zwei oder drei Nährstoffen liefert. Die fabrikmäßige Herstellung hat den Vorteil, daß die Mischung gleichmäßig ist und nur Düngemittel verwendet werden, die auch in der Mischung ihren Düngerwert unverändert behalten. Noch größere Gleichmäßigkeit in der Zusammensetzung wird erzielt, wenn, wie bei dem Dünger Nitrophoska, schon bei der Herstellung die basischen Nährstoffe an die sauren chemisch gebunden werden, und beim Festwerden aus der Lösung sich alle Grundstoffe nach Art eines Doppelsalzes gleichzeitig ausscheiden.

Will der Landwirt von dieser Möglichkeit, käufliche Düngergemische oder Volldünger zu verwenden, nicht Gebrauch machen, so muß er sich im Bedarfsfalle die Mischungen selbst herstellen. Dies geschieht in einfacher Weise dadurch, daß durch Arbeiter die zu vermischenden Düngemittel mehrfach durcheinander geschaufelt werden, bis die Mischung gleichmäßig scheint. Maschinen für Hand- oder Kraftbetrieb zur Ausführung solcher Mischungen sind wohl auch gebaut, indessen kaum benutzt worden. Bei ihnen erfolgt die Mischung meist in Trögen durch Rührflügel oder Schnecken in periodischem oder fortlaufendem Betriebe.

Zur Herstellung einer Düngermischung sind nicht alle Düngemittel gleich geeignet, weil zwischen einigen chemische Umsetzungen stattfinden können, die den Düngewert der Mischung mehr oder weniger vermindern. Daher muß man die chemischen Eigenschaften der Düngemittel kennen, um solche Schäden durch ungeeignete Mischung zu verhüten. So kann man allgemein sagen, daß Düngemittel mit basischen Kalk- und Magnesiaverbindungen nicht mit Ammoniak- oder verwandten Düngern gemischt werden dürfen, weil der Kalk den wertvollen Ammoniakanteil frei macht, der bald durch seinen stechenden Geruch bemerkbar wird. Daher dürfen Thomasmehl, Rhenaniaphosphat, Kalkstickstoff, Kalkmergel oder Branntkalk nicht mit Ammoniakdüngern, Ammonsalpeterdüngern und Harnstoff, Hornmehl u. a. vermengt werden. Eine Ausnahme macht die Mischung des salzsauren Ammoniaks mit kohlensaurem Kalk, weil das bei der Umsetzung entstehende Chlorcalcium etwa frei werdendes Ammoniak bindet und festhält. Auch der Kalkammonsalpeter gehört zu den Ausnahmen, weil er nach einem besonderen Verfahren hergestellt wird, das ebenfalls ein Entweichen von Ammoniak verhütet. Beide Düngemittel dürfen aber nicht mit jenen obengenannten Düngern vermengt werden, welche basischen Kalk oder Magnesia enthalten. Aus ähnlichen Gründen können viele physiologisch basischen Düngemittel nicht mit physiologisch sauren gemischt werden, doch gilt diese Regel nicht durchgängig, z. B. kann Natronsalpeter mit schwefelsaurem Ammoniak oder mit Kalisalzen unbedenklich gemischt werden, Kalksalpeter hingegen nicht, weil sich im ersteren Falle Gips und Ammonsalpeter unter teilweisem Erhärten bilden, im andern Falle durch die wechselseitige Umsetzung Chlorcalcium entsteht, das schnell Feuchtigkeit anzieht und zerfließt. Allgemein soll man überhaupt vermeiden, Kalksalpeter mit anderen Düngern zu mischen, einesteils weil er an sich leicht Wasser anzieht, weshalb er in besonders vorbereiteten Säcken versandt und hierin zweckmäßig bis unmittelbar vor seiner Verwendung aufbewahrt wird, andernteils weil manche Mischungen durch die Wechselzersetzungen die Bildung zerfließlicher Stoffe fördern, und schließlich, weil die Notwendigkeit, solche Mischungen herzustellen, kaum gegeben ist. Eine Mischung von Natronsalpeter mit Superphosphat kann gelegentlich nachteilig sein, wenn nämlich letzteres übermäßig sauer ist. Es können dann aus dem Salpeter rotbraune Stickoxyde entweichen und Verluste bedingen. Ähnliches kann auch beim Mischen eines übermäßig sauren schwefelsauren Ammoniaks, wie es gelegentlich in kleineren Gaswerken anfällt, mit Natronsalpeter stattfinden.

Physiologisch saure Düngemittel können im allgemeinen miteinander ohne Verluste gemischt werden. Die physiologisch basischen Dünger hingegen sind durchaus nicht beliebig miteinander mischbar, insbesondere dann nicht, wenn es sich um Phosphatdünger handelt, weil der Basenanteil des einen, namentlich wenn er aus Kalk oder Magnesia besteht, die Löslichkeit und Wirksamkeit der Phosphorsäure verringert. In noch stärkerem Maße aber tritt diese Wertminderung der Phosphorsäure ein, wenn Phosphate mit Düngemitteln, welche basischen Kalk enthalten, z. B. Kalkstickstoff oder Branntkalk u. a., vermengt werden. Die Ursache dieser Wertminderung ist in dem Einfluß des Kalkes auf die Löslichkeit von Phosphorsäure bzw. deren Salze zu erblicken.

Neben dem Entweichen oder Unlöslichwerden von Nährstoffen können bei ungeeigneter Mischung Wertminderungen auch noch durch Verhärten oder Zerfließen eintreten. Letzteres ist besonders beim Mischen von Kalksalpeter mit andern, namentlich chloridhaltigen Düngern der Fall. Auch Harnstoff und Superphosphat erfahren beim Mischen eine ähnliche Änderung ihrer Eigenschaften. Umgekehrt kann ein Vermischen von Düngestoffen mit basischem Kalkanteil mit Magnesium- oder Calciumchlorid enthaltenden Düngern ein Verhärten bedingen, weil sich basische Calcium- oder Magnesiumoxydchloride von oft zementartiger Härte bilden, die eine Zerkleinerung und Zerteilung der Mischung unmöglich machen. Indessen treten diese Wertminderungen erst nach etwa 36 Stunden in Erscheinung, so daß, wenn solche Mischungen möglichst innerhalb dieser Zeit verbraucht werden, Schaden verhütet wird. Hierher gehört die Mischung von Thomasmehl oder Kalkstickstoff mit Kainit, namentlich wenn letzter chloridreich ist. Ganz allgemein soll man überhaupt darnach trachten, selbst hergestellte Mischungen baldigst zu verbrauchen und nicht auf Vorrat herzustellen, um unerwarteten, erst allmählich bemerkbaren Mischungsfehlern möglichst zu entgehen.

Kalkdüngemittel soll man möglichst nicht mit andern Düngern mischen, weil die Zeit ihrer Verwendung und die Höhe der zu verabfolgenden Gabe eine wesentlich andere ist, als die der übrigen Düngemittel. Mischungen von Branntkalk und kohlensaurem Kalk zur Vereinigung einer kräftigen Wirkung mit einer anhaltenden, beziehe man als fertige Mischungen vom Werk, weil die eigene Herstellung infolge der großen zu mischenden Mengen schwierig ist, zumal keine Farbunterschiede vorhanden sind, um die Gleichmäßigkeit der Mischung zu prüfen. Ebenso mische man Volldünger oder Mischdünger mit drei Nährstoffen nicht noch mit anderen Düngern. Kann man sie in den Verhältnissen, in denen sie gehandelt werden, nicht verwenden, so sollte man sie gar nicht kaufen.

Zur schnellen Veranschaulichung der Mischungsmöglichkeiten für die verschiedenen Dünger bedient man sich meist der Düngersterne, in denen die misch-

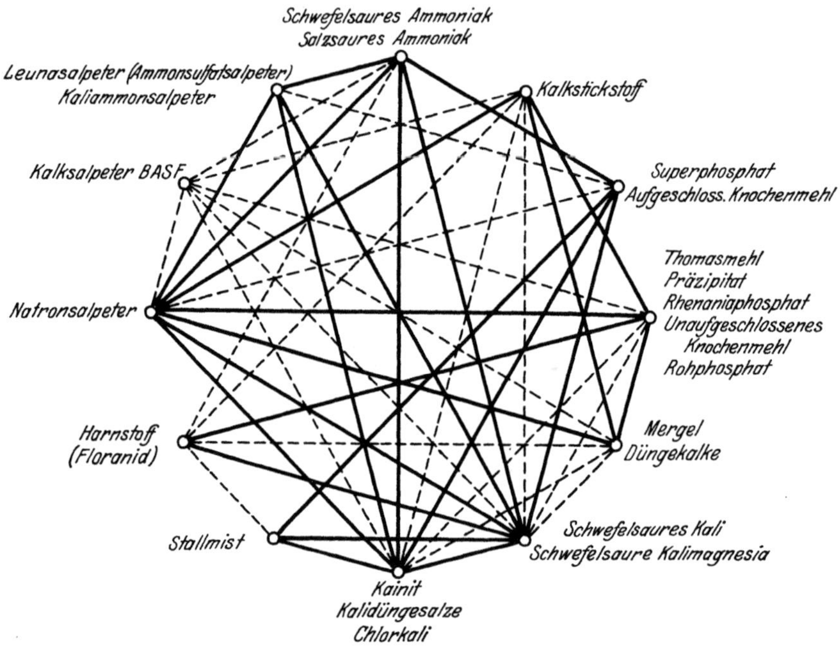

Abb. 234. Mischen von künstlichen Düngemitteln[1]. Die mit starker Linie (——) verbundenen Düngemittel dürfen jederzeit gemischt werden. Die mit durchbrochener Linie (- - - -) verbundenen Düngemittel dürfen nur unmittelbar vor dem Ausstreuen gemischt werden. Die nicht verbundenen Düngemittel dürfen nicht gemischt werden.

baren durch starke, die bedingt mischbaren durch gestrichelte Linien und die nicht mischbaren unverbunden sind. Doch werden auch andere Kennzeichen, z. T. auch farbiger Art, hierfür benutzt. In neuerer Zeit bedient man sich gern sog. Mischungstafeln, auf denen die einzelnen Düngemittel in senkrechter und waagerechter Reihenfolge verzeichnet sind und ihre Mischbarkeit oder Nichtmischbarkeit durch grüne, rote, gelbe oder andere Kennzeichen im Schnittpunkt der Senkrechten und Waagerechten der gefragten Düngemittel angezeigt wird. Diese Art der Darstellung hat vor der andern den Vorteil, daß sie durch Einfügen neuer Düngemittel beliebig vergrößert werden kann, während der Düngerstern alsdann oft einer neuen Umzeichnung bedarf (Abb. 235).

Es sei bemerkt, daß in gewissen Fällen die Meinungen über Mischbarkeit oder Nichtmischbarkeit verschiedener Dünger voneinander abweichen, zumal

---

[1] Aus Düngerfibel der DLG.

manche Bedenken oft nur theoretischer Natur sind und des praktischen Beweises entbehren, oder die Düngemittel wechselnde Nebenbestandteile haben, insofern z. B. ein Kainit sylvinitischer Natur kochsalzreich, ein eigentlicher Kainit hingegen reich an Magnesiumsulfat sein kann.

Düngemittel, welche miteinander nicht gemischt werden dürfen, wird man auch nicht ohne besondere Vorsichtsmaßnahmen kurz hintereinander streuen,

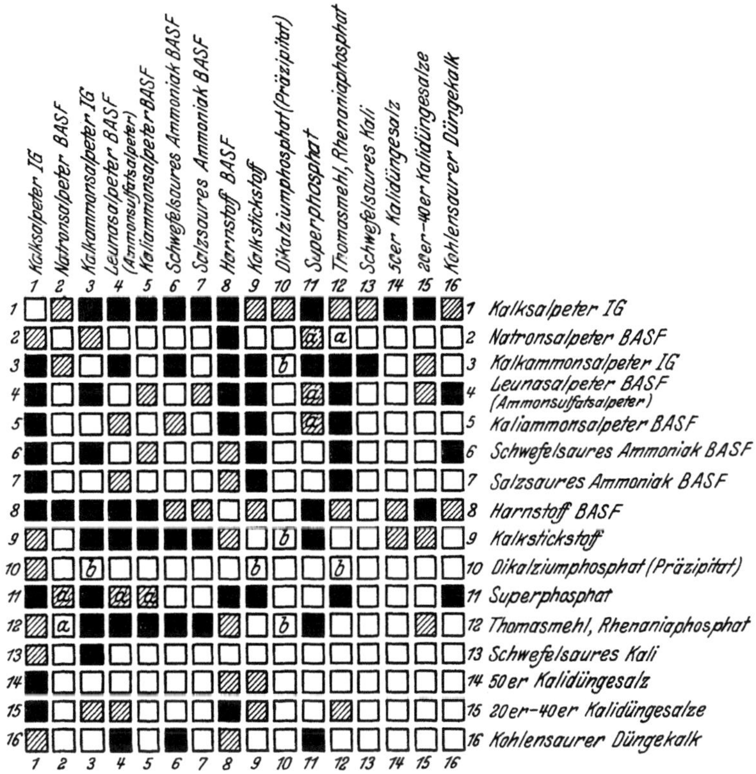

Abb. 235. Mischungstafel für Düngemittel[1]. — Man suche das eine der zu mischenden Düngemittel in der senkrechten, das andere in der waagerechten Reihe auf und verfolge beide in der durch die Lage der Schrift vorgezeichneten Richtung durch die kleinen Vierecke bis zu dem Feld, in dem die beiden Reihen aufeinanderstoßen. Die Kennzeichnung dieses Feldes gibt dann den gewünschten Aufschluß. — Es bedeutet: □ mischbar; ▨ bedingt mischbar, d. h. die Mischung ist früher oder später gewissen Veränderungen unterworfen; ■ nicht mischbar.

um Nährstoffverluste oder Wertminderungen zu verhüten. Oft muß man wenige bis mehrere Tage, unter Umständen bis zu 20 Tagen Zwischenraum, einschieben, in einfacheren Fällen wird man zum mindesten durch Eggen den ersten Dünger vorerst mit der Krume vermischen, ehe man den zweiten streut. Um gleichmäßige Verteilung der Düngermischung wie auch der Einzeldünger zu sichern, empfiehlt sich das Streuen über Kreuz, namentlich, wenn die Dünger von Hand gestreut werden.

[1] Das Schema ist der I. G. Farbenindustrie, Ludwigshafen a. Rh., gesetzlich geschützt.

IV. Die Anwendung der künstlichen Düngemittel.

Von

Dr. Ernst Bierei

Direktor des Thünen-Instituts in Rostock

Mit 3 Abbildungen.

Die künstlichen Düngemittel stellen ein landwirtschaftliches Produktionsmittel dar. Neben dem Produktionsmittel Arbeit oder, besser gesagt, neben den für die geleistete menschliche Arbeitskraft in Geld oder Naturalien gezahlten Löhnen machen die künstlichen Düngemittel den größten Anteil am gesamteu landwirtschaftlichen Betriebsaufwand auf der heutigen Entwicklungsstufe der Landwirtschaft aus.

Zwar ist dieser Anteil je nach der Betriebsgröße der Landgutswirtschaften verschieden groß. Je größer die Betriebe sind, um so größer ist der Anteil des künstlichen Düngers am Betriebsaufwande. Diese Tatsache rührt jedoch nicht von einer absolut stärkeren Verwendung des künstlichen Düngers her, sondern besteht lediglich deshalb, weil die anderen Produktionsmittel bei der kleineren Betriebsgröße verhältnismäßig viel stärker in Anspruch genommen werden müssen als in den größeren Betrieben. Erinnert sei hierbei nur an das verhältnismäßig hohe Gebäude- und Gerätekapital im Kleinbetriebe. Die Unterhaltung der Gebäude und Gerätschaften durch Maurer, Zimmerleute, Stellmacher Sattler, Schmiede u. a. m. erfordert laufend je Hektar Landes beim Kleinbetrieb höhere Aufwendungen als beim Großbetrieb. Das verhältnismäßig hohe Viehkapital im Kleinbetriebe macht auch hohe Futterkosten an eignem Futter notwendig und verursacht demzufolge auch einen höheren Aufwand an Kraftfutter je Hektar Landes, als dies beim viehschwächeren Großbetriebe zutrifft. Endlich ist auch der Arbeitsaufwand im kleinbäuerlichen Betrieb je Hektar Landes größer als beim Großbetrieb, weil im letzteren Falle die Arbeit rationeller verwendet werden kann als im ersteren Falle, wo sehr viel Zeit durch das viele Hin- und Herlaufen verlorengeht.

Alle diese Dinge belasten den kleinbäuerlichen Betrieb gar sehr und bringen es mit sich, daß, wie erwähnt, von der gleichen Summe Betriebsaufwand der künstliche Dünger einen verhältnismäßig hohen Anteil bei der größeren Besitzgröße und einen verhältnismäßig kleinen Anteil bei der kleinen Besitzgröße ausmacht. Ein paar Zahlen mögen dies deutlich machen. Angenommen, der gesamte Betriebsaufwand betrüge im landwirtschaftlichen Betriebe eines größeren Besitzes je Hektar 500 RM. Es entfallen hiervon alsdann auf den künstlichen Dünger ca. 70 RM. und 430 RM. für die anderen Produktionsmittel. Im Kleinbetriebe wird der Aufwand an künstlichem Dünger auch ca. 70 RM. je Hektar ausmachen; jedoch beträgt der Aufwand, der für die übrigen Produktionsmittel gemacht wird, nicht nur 430 RM., sondern vielleicht 500 RM., der gesamte Betriebsaufwand nicht 500 RM., sondern 600 RM. Man kann auch so sagen: Von 100 RM. Betriebsaufwand entfallen 18 RM. auf den künstlichen Dünger und 82 RM. auf die anderen Produktionsmittel beim Großbetrieb und ca. 14 RM. für den Kunstdung und 86 RM. für den übrigen Aufwand beim Kleinbetrieb. Je Hektar Landes hingegen ist kein Unterschied vorhanden.

Eine absolut stärkere künstliche Düngung ist beim Großbetrieb nicht vorhanden. Die Buchführungsergebnisse zeigen uns daher auch nur immer dann ein rechtes Bild, wenn sie nicht das Verhältnis des Aufwandes der einzelnen Produktionsmittel nachweisen, sondern wenn sie den Aufwand an künstlichem Dünger, wie an allen anderen Produktionsmitteln darlegen. Dann wird sich stets ergeben, daß die bäuerlichen Wirte keineswegs je Hektar Landes weniger Kunstdünger verwenden, als die größeren Besitzer oder Pächter. Das ist auch ganz einleuchtend, wenn man daran denkt, daß die bäuerlichen Wirte ihre Bodennutzung intensiver als der Großgrundbesitzer — im Durchschnitt gesprochen — vornehmen.

Dennoch aber schlägt der Aufwand an künstlichem Dünger beim Großbetrieb mehr zu Buche als beim Kleinbetriebe, obwohl die gleiche Menge je Hektar Landes in beiden Fällen, wie wir annehmen wollen, verwendet wurde. Der relativ größere und große Aufwand an allen anderen Produktionsmitteln neben dem künstlichen Dünger macht die Ausgaben für den künstlichen Dünger beim Kleinbetrieb weniger bedeutungsvoll als beim Großbetrieb. Diese Tatsache ist auch die Erklärung dafür, weshalb der Großgrundbesitzer bei der Anwendung der künstlichen Düngemittel viel schärfer rechnet und auch viel schärfer rechnen muß, als der bäuerliche Besitzer, dem es beim Geldaufwand gar nichts ausmacht, ob er im laufenden Düngejahre ein oder mehrere Zentner theoretisch zu viel verwendet hat. Rechnerisch fallen diese Mengen kaum ins Gewicht. Dies tun sie aber auf den großen Flächen.

Durch die künstlichen Düngemittel wollen wir unseren Boden düngen, vornehmlich das Ackerland, die Wiesen und die Weiden. Das tun wir zwar auch durch die natürliche Düngung, durch Zufuhr von Stallmist und durch die Anwendung der Gründüngung. Ehe es die künstlichen Düngemittel gab, oder ehe sie verwendet wurden, waren Stallmist und Gründünger die einzigen Mittel, mit denen gedüngt wurde. Unsere Vorfahren hatten ganz recht, wenn sie den Gründünger und den Stallmist nicht als Düngemittel, sondern schlechtweg als Dünger bezeichnen. Wir machen es heute noch genau ebenso und tun recht daran. Durch Stallmist und Gründüngung wollen wir ja dem Boden nicht nur Nährstoffe zuführen, sondern wir wollen ihn so herrichten, daß er imstande ist, Kulturpflanzen mit Erfolg zu tragen. Wir wollen ihn in den Garezustand bringen. Stallmist und Gründüngung haben also neben ihrer düngenden Wirkung auch noch eine andere, nämlich eine *Kraftwirkung*, die eben dadurch zum Ausdruck kommt, daß die Ackererde die Kraft bekommt, Kulturpflanzen tragen zu können. Der Ausspruch, der Boden befindet sich in alter Kraft, besagt ja alles. Nährstoffzufuhr und Kräftebildung sehen wir daher bei der natürlichen Düngung vereinigt. Es braucht auch gar nicht besonders betont zu werden, daß über alle Epochen der Bodenkultur hinweg die Kräftebildung durch die Düngung unvergleichlich viel wichtiger ist als die Stoffzufuhr. Von der niedrigsten Entwicklungsstufe bis auf die heutige sind die physikalischen Eigenschaften des Bodens die dauernd wichtigen und schwer zu schaffenden, während die chemischen eine untergeordnetere Bedeutung haben und auch durch bloße Zufuhr einer bestimmten Menge eines oder mehrerer Stoffe in das rechte Verhältnis gebracht werden können. Es ist auch keinem Ackerbauern eingefallen, unter Gründüngung und Stallmistverwendung sich etwas anderes vorzustellen, als seinem Boden die Kraft zu geben, Kulturgewächse tragen zu können.

Auf der niedrigsten Entwicklungsstufe der Landwirtschaft in der Periode der sog. extensiven Bodennutzung wird ja überhaupt kein Dünger aufs Feld gefahren. Denn die Mengen an Dünger, die die Weidetiere verlieren, sowie die Reste von Pflanzensubstanz und die Rückstände an Pflanzenwurzeln genügen, um dem Boden für anspruchslose Kulturpflanzen das nötige Maß von Kraft zu verleihen. Der Boden stand ja auch seiner Ausdehnung nach in solchem Umfange als „Umlage“ oder „Wechselland“ zur Verfügung, daß die notwendige Kraft auf Kosten der Zeit sich bilden konnte. Erst als die Zeiträume kleiner wurden, als dieselben Bodenflächen alljährlich bebaut werden mußten (geschichtlich ist dies der Zeitpunkt, an dem die Dreifelderwirtschaft mit Umlageland nicht mehr vorgenommen werden konnte), da wird der Gründünger verwendet und der Stallmist aufs Land gefahren. Bis zu jenem Zeitpunkte spricht man von der vorhergehenden Zeit als von einer Zeit und einer Periode der Nährstoffausbeute des Bodens. Durch Bodenbearbeitung im Verein mit den Rückständen an organischer Masse und geringen Düngermengen, die die Weidetiere lieferten, gab man dem Boden die Kraft, die er brauchte.

Dieser Periode der Nährstoffausbeute folgt eine solche der Nährstofferhaltung und Nährstoffanreicherung. In regelmäßiger Folge wird nunmehr das Ackerland alle sechs oder alle drei oder alle zwei Jahre mit Stallmist bzw. mit Gründüngung versehen. Stets hat aber der Landwirt, wenn er seinen Acker mit Gründünger und Stallmist düngt, die Vorstellung, den Garezustand seines Bodens herbeizuführen, seinem Boden also keine toten Stoffe zuzuführen, sondern ihn mit lebendigen Kräften zu versehen. Den Boden düngen, heißt also in erster Linie, ihn in den guten oder besten physikalischen Zustand zu bringen, und alsdann heißt in zweiter Linie Dünger erst: Nährstoffzufuhr. Für die natürliche Düngung, für Gründüngung und Stallmist trifft diese Behauptung ohne Einschränkung zu. Wie sieht es aber hier mit der künstlichen Düngung aus? Inwieweit bedeutet sie auch Herbeiführung des Garezustandes oder erfüllt sich ihre Aufgabe in einer alleinigen Nährstoffzufuhr?

Durch die künstliche Düngung verabreichen wir dem Boden keine organischen Substanzen, von geringen Ausnahmen, wie wir sie früher in den alten Guanosorten hatten, abgesehen. In den künstlichen Düngemitteln ist also die organische Substanz, aus der nachher die Mikroben Humus bilden, nicht vorhanden. Wir verabreichen nur Mineralstoffe. Die wenigen künstlichen Düngemittel, die organische Substanz enthalten, fallen, wie erwähnt, gegenüber den zur Verwendung kommenden rein anorganischen Düngemitteln nicht ins Gewicht. Man könnte daher zunächst meinen, als habe die künstliche Düngung allein durch ihre Mineralstoffe auch nur die einseitige Aufgabe zu erfüllen, Nährstoffe zuzuführen, sie seien als Salze gegeben oder auf chemischem Wege hergestellt. Infolgedessen kann man wohl die chemischen Bodeneigenschaften mit ihnen bessern bzw. vervollständigen, während hingegen eine allgemeine Bodenverbesserung eine Einwirkung auf die physikalischen Eigenschaften des Bodens der künstlichen Düngung nicht zukomme. Nur Stoffe und keine Kräfte würden wir zuführen. Der Name „Düngemittel" und nicht schlechtweg „Dünger" wie beim Stallmist und bei der Gründüngung, sagt uns ja auch, daß sie ein Mittel sind, im Grund und Boden ein Verhältnis der einzelnen Pflanzennährstoffe so herzustellen, wie es die Pflanzen brauchen, d. h. die dem Boden und den Pflanzen durch Stallmist und Gründüngung nicht gegebenen Nährstoffe zu ergänzen. Die rechte Nährstoffkonzentration, wie es die Pflanze zur Erzielung der besten Ernten beansprucht, soll durch das Mittel der künstlichen Düngung hergestellt werden. Hierzu sind die künstlichen Düngemittel hervorragend geeignet.

Die künstliche Düngung setzt daher in ihren Anfängen auch vorsichtig ein. Man verfährt mit dem künstlichen Dünger sehr sparsam und verwendet ihn wie ein Arzneimittel für schwache und kränkelnde Saaten. Mehr und mehr gewöhnen sich die Pflanzen und auch die Menschen an die künstliche Düngung. Durch die Pflanzenzüchtung werden aus den anspruchslosen Pflanzen mit verhältnismäßig geringen Hektarerträgen anspruchsvolle mit verhältnismäßig hohen Hektarerträgen gemacht. Das Mittel, diese neuen anspruchsvollen Pflanzen auch mit Erfolg anbauen zu können, ist der künstliche Dünger. Ohne ihn würde man heute auf den guten Böden, auch wären sie noch so gut vorbereitet, keine Weizenerträge von 36 oder 40 dz je Hektar oder 400 dz Zuckerrüben ernten. Die gestiegenen Ansprüche der hochgezüchteten Kulturpflanzen an den Nährstoffreichtum können wir durch die künstliche Düngung befriedigen. Wer anspruchsvolle Getreidesorten, von denen er hohe Erträge haben will und wer Hackfrüchte schlechtweg anbaut, muß die künstlichen Düngemittel benutzen, wie auch umgekehrt derjenige, der viel künstlichen Dünger verwenden will, dies nur dann mit vollem Erfolg tun kann, wenn er anspruchsvolle Getreidesorten anbaut und in einem großen Umfang den Hackfruchtbau vornimmt. Kurz zusammengefaßt, ist also die künstliche Düngung ein Mittel, das Nährstoffbedürfnis der Kulturpflanzen zu befriedigen und die durch die natürliche Düngung, Stallmist und Gründüngung, bereits gegebenen Nährstoffe zu ergänzen.

Diese Nährstoffergänzung ist in den Anfängen der künstlichen Düngung gering. Sie steigert sich im Laufe der weiteren Entwicklung, um auf unserer heutigen Entwicklungsstufe einen recht beträchtlichen Umfang einzunehmen. Wenn man sich eine klare Vorstellung davon machen will, wie groß dieser Umfang ist, muß man den Aufwand an künstlichem Dünger nicht in Geld ausdrücken, sondern ihm in Form des Naturalaufwandes Ausdruck verleihen. Man würde hierbei die Preise zugrunde legen, die der künstliche Dünger z. B. in den achtziger Jahren des vorigen Jahrhunderts hatte, also zu einer Zeit, als die Verwendung gering war. Es würde das Ergebnis dann so sein, daß auf der heutigen Entwicklungsstufe der Aufwand für den künstlichen Dünger ungefähr die Hälfte vom gesamten Betriebsaufwande gegenüber den achtziger Jahren des vorigen Jahrhunderts ausmachen würde, während er in der Tat heute nur ein Fünftel oder ein Sechstel vom Betriebsaufwand ausmacht. Es ist natürlich selbstverständlich, daß dann, wenn der künstliche Dünger dieselbe Preishöhe wie in den achtziger Jahren des vorigen Jahrhunderts hätte, der Aufwand an ihm ein viel bescheidener sein würde und müßte. Darauf kommt es jetzt bei dieser Betrachtung, die nur eine Vorstellung dafür geben soll, welchen Umfang die künstliche Düngung als ergänzende Nährstoffzufuhr hat, jedoch nicht an.

Hingegen ist es außerordentlich schwer, sich eine Vorstellung davon zu machen, wieviel in Prozenten diese künstliche Nährstoffzufuhr auf der heutigen Entwicklungsstufe zu derjenigen Nährstoffmenge ausmacht, die durch Stallmist und Gründüngung zugeführt bzw. durch die Bodentätigkeit gebildet wird. Über die Bodentatigkeit bzw. über die Arbeit der Mikroben im Boden besitzen wir gar keine Unterlagen. Auch über die Nährstoffzufuhr durch Stallmist und Gründüngung besitzen wir nur geringe Anhaltspunkte. Sie sind jedoch infolge der Stickstoffverluste bzw. der ganz verschiedenen Qualität des Stallmistes und der Gründüngung, auch höchst unzulänglich. Wollen wir uns trotzdem einmal eine Vorstellung davon machen, was der künstliche Dünger heute rein ernährungsphysiologisch bedeutet, so sind wir lediglich auf Schätzungen angewiesen und können auch hier nur einigermaßen richtig schätzen, wenn wir von einem konkreten Beispiel aus der Praxis ausgehen.

Ein landwirtschaftlicher Betrieb mit 50 ha Wiesen und Dauerweiden und 150 ha Ackerland produziert jährlich 15000 dz Stallmist von einer Qualität, die mindestens gut ist, jedenfalls über dem Durchschnitt steht. Durch diese Stallmistmenge wird dem Boden zugeführt:

1. An Stickstoff soviel, wie in 375 dz schwefelsaurem Ammoniak enthalten ist;
2. an Phosphorsäure soviel, wie in 250 dz Thomasmehl enthalten ist;
3. an Kali soviel, wie in 200 dz 40er Kalisalz enthalten ist.

Nach Ausweis der Bücher werden jährlich an künstlichem Dünger verwendet:

1. An Stickstoff 400 dz schwefelsaures Ammoniak (die verschiedenen Stickstoffdünger sind auf schwefelsaures Ammoniak umgerechnet);
2. an Phosphorsäure 400 dz Thomasmehl;
3. an Kali 350 dz 40er Kalisalz (Kalirohsalz und hochprozentige Kalisalze sind umgerechnet).

Die künstliche Zufuhr beträgt demnach beim Stickstoff 100% der natürlichen Zufuhr, bei der Phosphorsäure 150% und gleichfalls bei dem Kali 150% der natürlichen Zufuhr.

Es kommt bei diesen Zahlen nur darauf an, an einem tatsächlich vorhandenen Beispiel zu zeigen, welche ernährungsphysiologische Bedeutung die künstliche Düngung auf der heutigen Entwicklungsstufe hat.

Wenn solche großen Nährstoffmengen zugeführt werden, dann kann die Aufgabe dieser Nährstoffzufuhr nicht nur darin bestehen, den Nährstoffbedarf der Pflanzen zu befriedigen, sondern die Aufgabe muß weiterreichen. Diese weiterreichende Aufgabe und Bedeutung der künstlichen Düngung kann daher nur darin bestehen, daß sie nicht nur Stoffe zuführt, sondern auch, wie dies die natürliche Düngung tut, Kräfte im Boden auswirkt, die helfen müssen, den Garezustand der Ackererde herbeizuführen. Nicht die chemischen Bodeneigenschaften allein werden durch die künstliche Düngung ergänzt, verbessert und aufgefüllt durch eine reine Nährstoffzufuhr, sondern auch die physikalischen Eigenschaften des Bodens werden beeinflußt und verbessert. Hinterläßt schon ein mit kräftigen Pflanzen bestandenes Getreidefeld einen weitaus größeren Reichtum an Rückständen von Pflanzenwurzeln, als ein Getreidefeld, dessen Pflanzen hungrig nach Nährstoffen sind und im Kampfe mit dem Unkraut stets unterliegen, wieviel mehr muß dann der Hackfruchtbau durch seine Tiefwurzler dazu beitragen, Hohlräume in großer Tiefe in der Ackerkrume zu schaffen, die ihrerseits Vorbedingungen für die Kulturböden überhaupt sind? Alles dieses ist aber ohne die künstliche Düngung nicht möglich, weil kümmerliche, ohne mit einer Volldüngung versehenen Getreidepflanzen nur kümmerliche Wurzelreste hinterlassen, und weil kein Landwirt in der Lage ist, ohne künstliche Düngung auch nur im geringsten Umfange Hackfruchtbau zu treiben.

Aber nicht nur die unterirdischen Pflanzenwurzeln, die durch die künstliche Düngung gekräftigt werden, bilden als Bakteriennahrung die Bodenkultur, den garen Zustand der Ackererde, sondern auch die überirdischen Pflanzenteile haben Anteil daran. Die überirdischen Pflanzenteile tun dies durch ihre Beschattung. Es braucht kaum ein Wort darüber verloren zu werden, wie groß die Beschattung durch ein mit kümmerlichen Pflanzen bestandenes Getreidefeld ist und wie groß die Beschattung mit oder ohne Hackfruchtbau wäre. Es erübrigt sich auch vollkommen, weitere theoretische Betrachtungen über diesen Punkt anzustellen. Die lebende Natur, das Tun und Treiben der landwirtschaftlichen Praxis zeigt uns die Richtigkeit des Gesagten auf Schritt und Tritt. Es ist viel besser, Theorien möglichst zu vermeiden, da sie nur zu leicht in der Theorie selbst und auch in der Praxis Verwirrung anrichten. Der praktische Landwirt, der rationell wirtschaften will, wird verwirrt, wenn er hört, daß bei steigender Stallmistproduktion sein Kunstdüngerkonto entlastet werden müßte.

Wirtschaftet er wirklich rationell, so wird sein Kunstdüngerkonto bei steigender Stallmistproduktion nicht entlastet, sondern es wird im Gegenteil sogar vergrößert. Der Zusammenhang hierbei ist folgender:

Höhere Stallmistproduktion hat, wenn der Stallmist richtig ausgenutzt werden soll, einen größeren Hackfruchtbau zur Folge, wie auch umgekehrt der größere Hackfruchtbau wiederum die Grundlagen für eine größere Stallmistproduktion schafft. Ein größerer Umfang an Hackfrüchten macht aber einen höheren Aufwand an künstlichen Düngemitteln notwendig. Das eine ist ohne das andere nicht denkbar, und es hieße die Augen gegen die Entwicklung verschließen, wollte man rein schulmäßig diese Wechselwirkung betrachten. Ein starres System, auch wenn es noch so fein ausgeklügelt wäre, kann nimmermehr Vorgänge in der lebenden Natur erklären. Der landwirtschaftliche Betrieb ist aber ein Stück der lebenden Natur.

Es gibt für den Landwirt, dem ein solches Stück der lebenden Natur anvertraut ist, zwei Möglichkeiten, das anvertraute Stück zu verwalten. Zwei Landwirte produzieren unter sonst gleichen Verhältnissen beide mehr Stallmist, sei es durch bessere Stallmistbehandlung oder durch Steigerung der Hektarerträge ihrer Hackfrüchte. Der eine verwendet dann die größeren Stallmistmengen auf seinem Ackerlande unter völliger Beibehaltung des bisherigen Fruchtbaues. Die notwendige Folge muß selbstverständlich ein geringerer Aufwand an künstlichem Dünger sein. Das Kunstdüngerkonto muß also entlastet werden. Der andere Landwirt hingegen verwendet die größeren Stallmistmengen unter einer Änderung seiner Fruchtfolge. Er richtet ein anderes Verhältnis des Fruchtbaues auf dem Ackerlande her, indem er den Hackfruchtbau ausdehnt, denn er sagt sich, daß nach allen wissenschaftlichen Ergebnissen und praktischen Erfahrungen der Stallmist am besten ausgenutzt wird, wenn er zu Hackfrüchten gegeben wird Er wird also in keiner Weise irgendeine Entlastung seines Kunstdüngerkontos. haben, sondern vielmehr durch den größer gewordenen Umfang seines Hackfruchtbaues wird sogar ein größerer Kunstdüngeraufwand die notwendige Folge sein.

Wenn die erwähnten wissenschaftlichen Ergebnisse und die praktischen Erfahrungen, wonach die Hackfrüchte den Stallmist am besten ausnutzen, richtig sind, wenn also natürliche Bedingungen und Hackfruchtbau zwei untrennbare Dinge sind, so bedarf es kaum noch einer weiteren Darlegung darüber, daß der erste Landwirt unrationell, der zweite hingegen rationell wirtschaftet. Der erste zwängt seine Maßnahmen in ein starres System, das verwerflich ist, weil es sich den sich stets ändernden wirtschaftlichen Verhältnissen nicht anpassen kann. Der andere Landwirt hingegen trifft seine Maßnahmen nach Maßgabe der fortschreitenden wirtschaftlichen Entwicklung und ist dadurch in der Lage, auch seinerseits seinen landwirtschaftlichen Betrieb nicht in einem starren System versinken zu lassen, sondern ihn stets im Wachsen zu erhalten, ihn zeitgemäß fortzuentwickeln. Je gleichmäßiger und je langsamer diese Fortentwicklung geht, um so größere Gewähr ist dafür vorhanden, daß der Landwirt sich auf dem rechten Wege befindet. Je weniger der landwirtschaftliche Betrieb von dieser Entwicklung etwas merkt, je weniger die einzelnen Betriebszweige hier durch gegenseitig in Mitleidenschaft gezogen werden, um so mehr wird dadurch bewiesen, daß der betreffende Landwirt sich rechtzeitig den wechselnden, sich stets im Flusse befindlichen wirtschaftlichen Verhältnissen angepaßt hat.

Wie die natürliche Düngung und der Hackfruchtbau zwei untrennbare Dinge sind, so trifft dies auch für die künstliche Düngung und den Hackfruchtbau zu. Schon daraus geht hervor, daß auch die künstliche Düngung, ähnlich wie die natürliche, sich nicht nur mit der reinen Stoffzufuhr zu befassen hat, *sondern auch kräftebildend im Boden wirken muß.* Alles, was wir durch den Hackfruchtbau auf dem Gebiete der Bodenverbesserung durch Hebung des Kulturzustandes, durch das Schaffen von bester Vorfrucht für die Getreidearten, beste Vorfrucht auch für Lupinen und Serradella und Erbsen erreichen, alles das verdanken wir der Düngung, der natürlichen und der künstlichen. Das Optimum des Erfolges in der Bodenkultur durch den Hackfruchtbau wird erreicht durch die künstliche Düngung, indem sie es ist, die das kräftigste Wachstum der unter- und oberirdischen Pflanzenmasse ermöglicht. Das ist es aber, was die künstliche Düngung an sich über ihre naheliegende Aufgabe der bloßen Nährstoffzufuhr hinaushebt und ihr auch die Bedeutung, den physikalischen Zustand des Bodens zu bessern, zukommen läßt.

Daß die künstliche Düngung demgegenüber auch dazu beiträgt, den physikalischen Zustand des Bodens zu verschlechtern, darf uns nicht an der soeben aufgestellten Behauptung, die ja auch hinlänglich bewiesen ist, irre werden lassen.

Sind doch die zutagetretenden Schädigungen, wie Verkrustung der Ackerkrume u. a. m. Erscheinungen, die von der Verwendung spezifischer Düngemittel herrühren. Es dürfen Düngemittel mit solchen Eigenschaften dann auf Böden, die zur Verkrustung neigen, nicht verwendet werden. Sie können auch durch andere ersetzt werden. Vielfach sind solche Schädigungen aber auch ein Merkmal dafür, daß der Boden infolge von Kalkmangel u. a. m. schlecht durchlüftet ist. Endlich hat es der praktische Landwirt auch selbst in der Hand, einen zur Krustenbildung neigenden Acker durch besondere Sorgfalt in der Bodenbearbeitung zu behandeln. *Die künstlichen Düngemittel helfen also durch ihre Mineralstoffe d. h. durch ihre rein anorganische Natur, auch organische Substanz in der Ackererde zu bilden. Sie sind ein Mittel nicht nur das rechte Nährstoffverhältnis für die Pflanzen herzustellen, sondern sie sind auch ein Mittel, humusbildend zu wirken und damit den Landwirt in seinem Umgang mit Stoffen und Kräften wirksam zu unterstützen. Sie sind das Mittel, in beiden Fällen das Optimum des Ausnutzbaren zu erreichen, Chemie und Physik gleichermaßen dem Landbau dienstbar zu machen.* Nähere Angaben über die Menge des Verbrauches an künstlichen Düngemitteln sind in Kap. 2, Absatz 4 dieses Handbuches enthalten.

I. Voraussetzungen für eine erfolgreiche Anwendung der künstlichen Düngemittel.

Wenn die künstliche Düngung erfolgreich Verwendung finden soll, wenn sie der im vorigen Abschnitt dargelegten Aufgabe einigermaßen gerecht werden soll, so gibt es eine ganze Anzahl von Voraussetzungen, die bei der Anwendung in Betracht gezogen bzw. erfüllt werden müssen. Diese Voraussetzungen lassen sich, zunächst allgemein betrachtet, auf natürliche und wirtschaftliche Bedingungen des landwirtschaftlichen Betriebes zurückführen.

1. Die natürlichen Bedingungen.

Es hängt ganz vom Boden und Klima ab, in welcher Art und in welcher Menge die einzelnen künstlichen Düngemittel Verwendung finden müssen. Da nun aber das Pflanzenwachstum draußen in der lebenden Natur und in keinem geschlossenen Raum stattfindet, können uns über Art und Menge jeglicher künstlichen Düngung niemals die Topf- und Gefäßversuche im Laboratorium Aufschluß geben. Bekanntlich war es auch P. Wagner, der schon vor drei Jahrzehnten die landwirtschaftliche Wissenschaft aufs Feld verwies, wenn sie der landwirtschaftlichen Praxis mit Regeln und Gesetzen über Arten und Menge der künstlichen Düngung zur Hand gehen wolle.

Das Entscheidende für die Höhe des Ertrages beim Pflanzenwachstum ist derjenige Nährstoff, der in geringster Menge im Boden vorhanden ist, wie es uns J. v. Liebig gelehrt hat. Wir haben es uns in dem hinter uns liegenden Jahrhundert recht bequem gemacht, indem wir uns nur um die paar toten Stoffe, die zum Pflanzenwachstum nötig sind, gekümmert haben. Wären nur diese in die Betrachtung zu ziehen, wie gar leicht würde dann die Frage der Düngung zu beantworten sein. Auf das Pfund genau könnte draußen im Felde oder im geschlossenen Raum die optimale Grenze der Düngerzufuhr festgestellt werden. Das Experiment wäre der exakte Beweis für die Düngung, genau so, wie es im Reagenzglas die Stoffe scheidet oder kenntlich macht.

Der Landbau hat es zum weitaus kleinsten Ausmaße mit der Chemie der toten Stoffe zu tun, zum weitaus größten Ausmaße vielmehr mit der Physik und den durch Sonne, Luft und Wasser im Boden wirkenden Kräfte. Niemand, weder der wissenschaftliche, noch der praktische Landwirt hat es in der Hand, diese

Elemente zu überwachen. Er kann nicht die Zeit bestimmen, zu der es regnet oder der Boden diese oder jene Wärmegrade aufweist, er kann ebensowenig die Menge bestimmen, die an Wasser, Wärme und Luft je Hektar Landes zugeführt werde. Darum befaßt man sich mit diesen Dingen beim Versuch auch gar nicht, sondern regelt nur Art und Menge der bekannten Pflanzennährstoffe wie Stickstoff, Phosphorsäure, Kali und Kalk. Würde man die Zufuhr von Wärme, Wasser und Luft ebenso regeln können, wie die Zufuhr von Stickstoff, Phosphorsäure, Kali und Kalk, so würde der Versuch uns vollen Aufschluß über Art und Menge der jeweils vorzunehmenden künstlichen Düngung geben können. Er würde für das Pflanzenwachstum das sein, was er in der Retorte für die Chemie ist.

Darum sollen wir, wenn wir wissenschaftlich vorgehen wollen, dasjenige Material nehmen, das uns am besten und vollkommendsten Aufschluß sowohl über die toten Stoffe, als auch über die lebendigen Kräfte gibt. Das sind die aus den jahrzehntelangen Beobachtungen über die künstliche Düngung gemachten Erfahrungen. Will die Wissenschaft um der Landwirtschaft willen weiterforschen, so kann sie nur zu brauchbaren Ergebnissen, die ihr und der Landwirtschaft dienen können, kommen, wenn bei den Versuchen draußen im Lande genaue Beobachtungen über den Verlauf der Jahreswitterung angestellt werden, genau so wie es jeder Landwirt, der Erfahrungen sammelt und bestrebt ist, möglichst keine Fehler in der Verwendung der künstlichen Düngemittel zu machen, im Frühjahr, Sommer, Herbst und Winter tut.

Das Geschehen der Witterung ist bei weitem das Wesentlichste, das die Ergebnisse der künstlichen Düngung beeinflußt. Wir haben auch bereits erwähnt, wie durch eine verschiedene Fruchtfolge der Nährstoffvorrat ein sehr wechselnder ist, wie ferner durch den nie vorher genau zu bestimmenden Termin der Verabreichung des künstlichen Düngers das Ergebnis beeinflußt wird. Aber auch das Verhalten des Bodens, und zwar das Verhalten des Bodens, der dieselben Bodengemengeteile aufweist, ist inbezug auf die zugeführten Pflanzennährstoffe ein ganz verschiedenes. Denn die einzelnen Bodenarten verhalten sich nicht nur hinsichtlich des Wassers, der Luft und der Wärme recht verschieden, sondern auch hinsichtlich der Nährstoffe, Stickstoff, Phosphorsäure, Kali und Kalk.

Die Böden sind ganz ungleiche Dungstoffverwerter, je nachdem die physikalischen Eigenschaften des Bodens verschiedene sind. Die gleiche Menge von künstlichem Dünger wirkt unter sonst gleichen Verhältnissen um so besser, je besser der physikalische Zustand des Bodens ist. Es kann derselbe Lehmboden, der chemisch genau den gleichen Vorrat an Bodennährstoffen, wie ein anderer Lehmboden enthält, der auch sonst genau die gleichen Eigenschaften besitzt und dem die gleiche Menge an künstlichem Dünger bei demselben Wetter verabreicht wird, dennoch eine ganz andere Erntemasse aufweisen, je nachdem die physikalischen Eigenschaften andere waren.

Wir dürfen nie aus dem Auge verlieren, daß wir durch die künstliche Düngung ja nicht allein dem Boden oder unseren Pflanzen Nährstoffe zuführen, sondern daß wir durch die Herstellung des rechten Verhältnisses der Bodennährstoffe auch alle anderen Kräfte und Stoffe zur vollen Wirkung bringen müssen. Das ist der Zweck aller Düngung, die im Verein mit der Bodenbearbeitung den auf dem Ackerlande wachsenden Kulturpflanzen die besten Lebensbedingungen verschaffen will.

Aus all dem über die natürlichen Bedingungen Gesagten folgt, daß der Minimumfaktor, der für das Pflanzenwachstum, für die größere oder geringere Erntemasse entscheidend ist, vom Menschen zwar ermittelt, niemals aber im voraus bestimmt oder auch nur bei der Anstellung eines Versuches in diesem selbst zum Ausdruck gebracht werden kann. Immer ist es der Verlauf der Witterung, und stets sind es die physikalischen Eigenschaften des Bodens, welche die Resultate entscheiden. Diesen beiden Faktoren gegenüber sind ja die chemischen Bodeneigenschaften, ist der absolute Nährstoffvorrat der Böden überhaupt von untergeordneter Bedeutung. Weil nun aber der Mensch die beiden entscheidenden Faktoren gar nicht regulieren kann, da die Natur dies unabänderlich tut, so ist es auch ganz naturgemäß, wenn wir nicht wähnen, durch Versuchsanstellung dem praktischen Landwirt in seinem Bestreben, diese natürlichen Bedingungen jeweils bestens zu beachten, helfen zu können. Das naturgemäße Vorgehen unsererseits ist vielmehr das, mit den vorhandenen Erfahrungen im Verein mit dem Beobachten des Geschehens der Witterung Anhaltspunkte dafür zu gewinnen, wie der Landwirt den unabänderlich gegebenen natürlichen Bedingungen am besten gerecht werden kann.

2. Die wirtschaftlichen Bedingungen.

Inbezug auf die wirtschaftlichen Bedingungen liegt, wie erwähnt, die Sache bei der Verwendung des künstlichen Düngers für den rechnenden Landwirt anscheinend sehr verwickelt. Eine bloße kaufmännische Rechnung über Art und Menge in der Verwendung des künstlichen Düngers genügt nicht. Zwar muß der Landwirt auch eine solche vornehmen. Er muß aber mehr tun. Auf jeden Fall würde die kaufmännische genügen, wenn es sich bei der Verwendung des künstlichen Düngers nur um Ein- und Verkauf handeln würde. Der Landwirt kauft aber den künstlichen Dünger nicht, um ihn wieder zu verkaufen, sondern er will Erzeugnisse damit herstellen, die er alsdann verkauft. Der Landwirt muß sich überlegen, wie durch die Verwendung des künstlichen Düngers die Führung, wenn nicht gar die Organisation seines Betriebes beeinflußt wird. Es gibt also eine ganze Reihe wirtschaftlicher Erwägungen, die angestellt werden müssen, wenn man zu der Frage der künstlichen Düngung kalkulationsmäßig Stellung nehmen will.

1. Ganz genau muß der Landwirt Kalkulationen darüber anstellen, ob der künstliche Dünger als Produktionsmittel im Verhältnis zu anderen Produktionsmitteln billig oder teuer ist und ob das hierfür verausgabte Geld sich rasch oder langsam umsetzt. Das ist eine rein kaufmännische, eine geschäftliche Überlegung.

2. Darüber hinaus muß der Landwirt wissen, ob die Erzeugnisse, die er durch die Verwendung des künstlichen Düngers mehr gewinnt, im allgemeinen begehrt und gut verwertbar sind und auch im besonderen in der Preisbildung bevorzugt sind. Der Erfolg wäre nur ein halber, wenn die unter 1 erwähnten günstigen Eigenschaften des künstlichen Düngers durch eine falsche Produktion wieder dadurch aufgehoben werden würden, daß die mit seiner Hilfe gewonnenen Erzeugnisse also einen besonders niedrigen Preisstand aufweisen würden.

3. Ist das kaufmännische Ergebnis aus 1 günstig, und ist es gelungen, auch aus 2 den Einklang mit 1 herzustellen, so kann es sich dann nur noch darum handeln, den Betrieb so einzurichten und zu führen, um auch den höchstmöglichen Nutzen der günstigen Ergebnisse aus 1 und 2 in Anspruch nehmen zu können.

Es zeigt sich bei dieser Betrachtung, wie außerordentlich wichtig es ist, eine wissenschaftliche Vertiefung in die erwähnten drei Gesichtspunkte vorzunehmen. Es kann nicht angehen, daß die Fragen der Verwendung der künstlichen Düngemittel losgelöst von den betriebswirtschaftlichen Betrachtungen beantwortet werden. Vorbedingung dabei ist natürlich, daß sie vom Standpunkte der Betriebslehre aus so angestellt werden, daß sie tauglich sind. Man begegnet leider bei theoretischen Auseinandersetzungen über betriebswirtschaftliche Fragen nur allzu häufig der Meinung, als haben solche Betrachtungen es in erster und letzter Linie mit einer Zusammenstellung oder Vergleichung irgendwelcher

Größen in der Landwirtschaft zu tun. Man will dann eine möglichst große Menge von Verhältniszahlen gewinnen, kommt aber dabei gar nicht bis zum Faktor Geld, den man doch eigentlich klarstellen will. Betriebswirtschaftliche Überlegungen wollen weder Tatsachen aufzählen, noch Verhältniszahlen bringen, sondern sie wollen die Zusammenhänge zwischen Einnahmen und Ausgaben im landwirtschaftlichen Betriebe begreiflich machen. Nur auf diese Art und Weise kann der Faktor Geld in allen seinen Erscheinungen erkannt werden.

Es war J. H. v. THÜNEN, der bereits vor einem Jahrhundert auf die erwähnten Zusammenhänge hinwies und sie in den THÜNENschen Kreisen für die damalige Entwicklungsstufe kenntlich machte. Er war es, der den Unterschied zwischen der günstigen und ungünstigen wirtschaftlichen Lage der Landgüter, wenn auch nicht buchstäblich, so doch dem Sinne nach machte. Je nach der günstigen oder ungünstigen wirtschaftlichen Lage mußte die Betriebsform eine andere sein. Das ist alles unstreitig und derzeit von V. THÜNEN mit außerordentlicher Klarheit festgestellt worden. Heute — ein ganzes Jahrhundert später, ein Jahrhundert der größten Umwälzungen auf technischem und wirtschaftlichem Gebiete — besteht die günstige oder ungünstige wirtschaftliche Lage noch, sie hat nur ein anderes Gesicht. Die verschiedene Höhe der Produktenpreise, die frei Hof erzielt wurden, machte vor 100 Jahren beinahe alles aus. Heute ist dieser Einfluß infolge des entstandenen Verkehrswesens nahezu bedeutungslos. Heute müssen wir den Faktor Geld in zahlreichen, vielfältigen Erscheinungen untersuchen. Die Fortschritte der Technik haben auch dem Landwirt für seinen Landbau Mittel in die Hand gegeben, die, sinngemäß angewandt, die Produktion verbilligen. Arbeitsteilung und ausgedehnte Maschinenverwendung in der Industrie haben zur Folge gehabt, daß unter diesen industriell gewonnenen Produktionsmitteln, welche die Landwirtschaft kauft, im Laufe der Entwicklung große Preisveränderungen eintraten. Sowohl diese einzelnen Produktionsmittel an sich als auch die an ihnen wahrzunehmenden Preisveränderungen berühren den Faktor Geld im weitesten Umfange. Sie schaffen entweder eine günstige oder ungünstige wirtschaftliche Lage. Haben wir aber in jedem einzelnen Falle festgestellt, ob das betreffende Produktionsmittel eine günstige oder ungünstige wirtschaftliche Lage schafft — und dieses ist exakt festzustellen, — so bedarf es wohl kaum noch einer Darlegung darüber, daß im Falle der günstigen wirtschaftlichen Lage es wirtschaftlich richtig sein muß, ein Maximum von diesem Produktionsmittel, welches die günstige wirtschaftliche Lage schafft, zu verwenden.

Nicht die Frage, ob der künstliche Dünger rentabel ist oder nicht, gibt es für den praktischen Landwirt, sondern lediglich die Frage, ob er im Rahmen des Gesamtbetriebes, ob er im Verhältnis zu den anderen Produktionsmitteln billig oder teuer ist. Schafft er eine günstige oder ungünstige wirtschaftliche Lage, wie sieht es in diesem Zusammenhange mit dem künstlichen Dünger aus? Der künstliche Dünger ist ein Produktionsmittel wie alle anderen, für die Geld ausgegeben werden muß. Es liegt in der Hand des Landwirts, größeren oder geringeren Aufwand an dem einen oder an dem anderen Produktionsmittel zu machen. Entscheidend ist bei ihm bei der Antwort auf diese Frage der Preis, den das zur Verwendung kommende Produktionsmittel hat. Diese Preishöhe gibt uns auch gleichzeitig die Antwort auf die Frage, ob und inwieweit das Produktionsmittel eine günstige oder ungünstige wirtschaftliche Lage schafft.

Hier interessiert bei dieser Kalkulation das Produktionsmittel künstlicher Dünger. Die Indexziffern der Preise für künstliche Düngemittel, wenn 1913 = 100 gesetzt wird, sind folgende:

	Stickstoff	Phosphor	Kali
Im Februar 1930	67,1	123,9	115,6

Eine Volldüngung mit 30 kg Reinstickstoff, 30 kg Reinphosphorsäure und 80 kg Reinkali erfordert heute nur dann einen um wenige Prozent höheren Geldaufwand als 1913, wenn in der Hauptsache als Stickstoffdüngemittel 1913 der Chilesalpeter und 1930 der Natronsalpeter verwendet bzw. zum Vergleich herangezogen wird. Diente jedoch das schwefelsaure Ammoniak in der Vorkriegszeit als Düngemittel und wird es heute verwendet, so ist der Gesamtaufwand für die erwähnte Volldüngung heute geringer als 1913.

Entspricht nun eine Volldüngung von 30 kg Stickstoff, 30 kg Phosphorsäure und 80 kg Kali auch den tatsächlichen Verhältnissen. Wenn man über diesen Punkt nachdenkt und sieht, wie die Düngung im praktischen Leben verläuft, so entstehen eine Reihe schwerwiegender Bedenken. Zunächst muß festgestellt werden, daß unter dem Einfluß des billiger gewordenen Stickstoffs die Anschauungen über eine zweckmäßige Zufuhr der einzelnen Nährstoffe, also der Begriff einer Volldüngung sich geändert haben. Der Düngerausschuß der D. L. G., in dem die führende Wissenschaft und Praxis vertreten ist, nimmt ein Verhältnis der Nährstoffe an, wie es in den Nitrophoskasorten I, II und III vorhanden ist. Aber auch, abgesehen hiervon, zeigt uns der Verbrauch an künstlichem Dünger, daß heute ganz anders gedüngt wird wie in der Vorkriegszeit. Unter Zugrundelegung der Meßzahl 100 für Stickstoff verbraucht und verbrauchte die Landwirtschaft folgende Nährstoffmengen:

Düngerjahr	N	P_2O_5	K_2O	Düngerjahr	N	P_2O_5	K_2O
1928/29 . . .	100	127	182	1925/26 . . .	100	115	185
1927/28 . . .	100	130	188	1913/14 . . .	100	300	265
1926/27 . . .	100	121	179				

Da der Verbrauch an Phosphorsäure derselbe geblieben ist, der Kaliverbrauch heute gegenüber der Vorkriegszeit um reichlich 50% zugenommen hat, so hat der Stickstoffverbrauch sich mehr als verdoppelt. Diese Veränderung ist jedoch nur zum geringsten Teil auf eine absolut stärkere Stickstoffzufuhr je Hektar Landes zurückzuführen, sondern vielmehr auf zwei andere Gesichtspunkte. Einmal auf die Wandlung in den Anschauungen über die Düngung der Wiesen und Weiden und zum anderen auf die Veränderung des Fruchtbaues auf dem Ackerlande. Im ersteren Falle gibt es die einseitige Kaliphosphatdüngung der Wiesen und Weiden der Vorkriegszeit nicht mehr. Wir wissen vielmehr, daß auf Wiesen die Stickstoffdüngung sehr lohnend ist. Im anderen Falle hat der Hackfruchtbau den Hülsenfruchtbau mit Recht verdrängt und eine starke Stickstoffzufuhr notwendig gemacht.

Interessant ist eine Gegenüberstellung der Verhältniszahlen von 1914 und 1930, wie sich der Aufwand in Geld ausdrückt. Die deutsche Landwirtschaft verbrauchte unter Zugrundelegung der Meßzahl 100 für Stickstoff folgende Nährstoffmengen:

	1914	
100 kg Stickstoff	130 M.	
300 „ Phosphorsäure . . .	96 „	(100 kg = 32 M.)
265 „ Kali	45 „	(100 „ = 17 „)
Summe:	271 M.	

	1930	
100 kg Stickstoff	90 RM.	(schwefelsaures Ammoniak)
127 „ Phosphorsäure . . .	53 „	(100 kg = 42,00 RM.)
182 „ Kali	38 „	(100 „ = 20,80 „)
Summe:	181 RM.	

Bei Verwendung von Natronsalpeter an Stelle des schwefelsauren Ammoniaks erhöht sich der Aufwand von 90 auf 117 bzw. von 181 auf 208 RM.

Diese Zahlen geben uns wohl einen Überblick über den Verlauf der gesamten Umsätze des künstlichen Düngers bei einem bestimmten Verhältnis der einzelnen Nährstoffe. Irgendeine Schlußfolgerung daraus, wie eine Volldüngung heute aussieht, läßt sich jedoch nicht ziehen. Eine etwaige Schlußfolgerung würde auch der Zusammensetzung des Düngemittels Nitrophoska widersprechen. Es kommt auch in erster Linie darauf an, zu wissen, wie in einzelnen landwirtschaftlichen Betrieben die Volldüngung gehandhabt wird. Es ist durchaus lehrreich, den auf S. 669 erwähnten landwirtschaftlichen Betrieb wiederum zu betrachten, um zu sehen, in welchem Verhältnis die Nährstoffe dort zur Verwendung kommen, um weiterhin zu sehen, ob und inwieweit der Aufwand für die künstliche Düngung heute gegenüber der Vorkriegszeit größer geworden ist. Nach all dem, was über diesen Punkt gesagt worden ist, darf eine Düngung mit 30 kg Reinstickstoff, 30 kg Phosphorsäure und 80 kg Reinkali nicht als Norm angenommen werden. Im Durchschnitt der Jahre 1923—26 wurden verwendet 400 dz schwefelsaures Ammoniak, 400 dz Thomasmehl, 300 dz 40er Kalisalz. Je Hektar der landwirtschaftlich genutzten Fläche umgerechnet, wurde demnach gegeben: 40 kg Reinstickstoff, 30 kg Reinphosphorsäure und 60 kg Reinkali. Der Aufwand beträgt demnach unter der Voraussetzung der gleichen Düngergaben:

	1914	1930
40 kg Reinstickstoff	52,00 M.	45,00 RM.
30 „ Phosphorsäure . . .	10,50 „	12,40 „
60 „ Kali	9,20 „	12,00 „
	71,70 M.	69,40 RM.

In der großen landwirtschaftlichen Praxis dürften diese Zahlen dem Durchschnitt entsprechen, wenngleich die Kalizufuhr anderweitig unter denselben Bodenverhältnissen etwas höher und die Phosphorsäurezufuhr etwas niedriger ausfallen wird. Denn der erwähnte Betrieb ist mit einer Kartoffelbrennerei versehen, er behält also recht viel Kali in der eignen Wirtschaft. Der starke Hackfruchtbau und vom Getreide der verhältnismäßig große Anteil des Roggens verlangen relativ mehr Phosphorsäure, als es dem Durchschnitt entsprechen dürfte. Wir sehen aus diesen Zahlen, daß alle die Landwirte, die in der Lage sind, eine Volldüngung im obigen Verhältnis, das übrigens dem Nitrophoska sehr nahe kommt, zu verabreichen, billig düngen, und daß alle diejenigen teuer, sehr teuer düngen, die meinen, durch Einschränkung des Hackfruchtbaues u. a. m. geringeren Kunstdüngeraufwand zu haben. Setzt man den Aufwand von 1914 = 100, so beträgt er heute in dem erwähnten Falle auch nur höchstens 100, ist also nicht teurer geworden. Ja, es gibt Landwirte, die noch viel schärfer auf diesem Wege haben vorwärtsgehen können und eben ganz naturgemäß die günstige wirtschaftliche Lage, die durch die Preisrevolution auf dem Stickstoffmarkte eingetreten ist, ausgenutzt haben. Mußte man für eine Volldüngung mit künstlichem Dünger 1913 = 100 M. ausgeben, so würde sich die Ausgabe für eine Volldüngung heute auch nur auf 100 RM. belaufen. Wenn wir angesichts dieser Zahlen behaupten wollen, der künstliche Dünger schaffe eine günstige wirtschaftliche Lage, die den Landwirt nicht nur veranlassen müsse, unbedenklich künstlichen Dünger zu verwenden, sondern ihn — das ist betriebswirtschaftlich die Hauptsache — veranlassen müsse, seine Betriebsweise so zu ändern, um auch die günstige wirtschaftliche Lage ausnutzen zu können, so dürfen wir nicht unterlassen, auch zu untersuchen, ob denn in den Jahren der Vorkriegszeit der künstliche Dünger eine im Preise steigende oder sinkende Tendenz aufwies. Denn wenn wir heute oder auch späterhin zu der Wirtschaftlichkeit der Kunstdüngerverwendung Stellung nehmen wollen, so tun wir gut, von den Vorkriegsverhältnissen auszugehen. Geschieht dies aber, so müssen wir auch wissen, ob die Verwendung des künstlichen Düngers in der Vorkriegszeit rationell war. Wenn auch schon die steigende Verwendung des künstlichen Düngers in der Vorkriegszeit reichlich genug Beweise für die rationelle Verwendung desselben war, so soll das nachfolgende Bild die Preisbewegung der einzelnen Düngemittel Knochenmehl, Superphosphat, schwefelsaures Ammoniak und Kainit veranschaulichen. Setzt man für das Jahrzehnt 1860—1870 einen Preisstand von 100 für die erwähnten Düngemittel ein, so sanken die Preise bis zum Jahre 1913 beim Knochenmehl von 100 auf 53, beim Superphosphat von 100 auf 36, beim Kainit von 100 auf 75 und beim schwefelsauren Ammoniak von 100 auf 79 (Abb. 236).

Interessant ist es, daß das schwefelsaure Ammoniak im Jahre 1898 einen erheblich niedrigeren Preisstand als im Jahre 1913 aufwies. Es sank von 1880 bis 1898 von 100 auf 50 und stieg von da ab bis 1913 auf 79. Das schwefelsaure Ammoniak und mit ihm der Chilesalpeter weisen also in der Vorkriegszeit die geringste Senkung des Preises auf. Es kann vermutet werden, daß, wenn die synthetische Herstellung des Ammoniaks nicht gelungen wäre, die Preise für die Stickstoffdüngemittel weitergestiegen wären, zum mindesten hätte die deutsche Landwirtschaft für Stickstoffdüngemittel den Weltmarktpreis, also 50% mehr als in der Vorkriegszeit, heute bezahlen müssen.

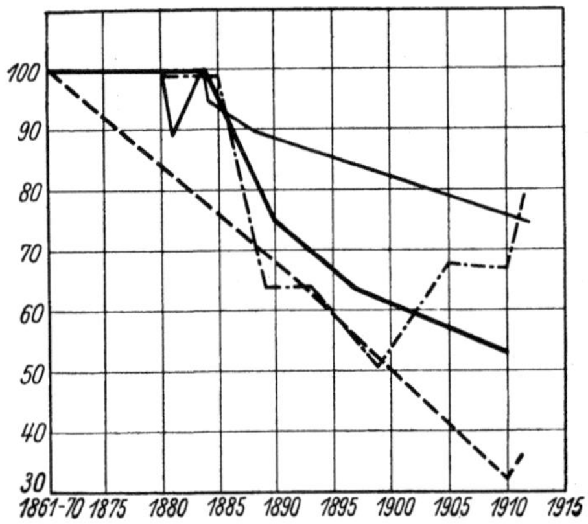

Abb. 236. Preisstand der Düngemittel.

Knochenmehl. Kainit. Superphosphat. Schwefelsaures Ammoniak.

Die Möglichkeit der Herstellung des Stickstoffs auf synthetischem Wege hat aber eine Preisrevolution für die Stickstoffdüngemittel gebracht, die ihren Einfluß auf die Inanspruchnahme der Stickstoffdüngemittel durch die Landwirtschaft in der Nachkriegszeit geltend gemacht hat. Der Verbrauch an künstlichem Stickstoff nahm zu. Er stieg von 185000 t Reinstickstoff aus dem Jahre 1913/14 auf 430000 t Reinstickstoff im Jahre 1928/29. Dieser zunehmende Verbrauch ist wohl auch der beste Beweis dafür, wie eine Verbilligung der Waren deren Umsatz steigert.

Die Preise für die künstlichen Düngemittel sanken von 1860 bzw. von 1880 bis 1913. Sie schafften eine günstige wirtschaftliche Lage, die der Landwirt durch steigende Verwendung ausnutzte. Das Produktionsmittel künstlicher Dünger war schon in der Vorkriegszeit nicht nur geeignet, die Erträge je Hektar Landes zu steigern, sondern auch die Produktion zu verbilligen. Eine Verbilligung der Produktion ist aber auf jeden Fall gleichbedeutend mit einer Steigerung der Reinerträge. Eine Verbilligung kann direkt und indirekt bei der Verwendung des künstlichen Düngers eintreten. Von einer direkten reden wir, wenn durch den Aufwand an künstlichem Dünger ein Ertragszuwachs erreicht wird, dessen Wert höher ist als die Ausgaben für den künstlichen Dünger. Derartige Nachweise, inwieweit der künstliche Dünger die Produktion auf diesem Wege verbilligt, sind reichlich vorhanden. Die Agrikulturchemie ist unermüdlich tätig, hier aufklärend zu wirken. Die indirekte Verbilligung liegt auf einem anderen Gebiete. Von ihr wird weniger oder gar nicht gesprochen. Sie ist auch keineswegs leicht zu beantworten, weil sie nicht nur eine Frage der Pflanzenernährung, sondern eine solche der Betriebsorganisation und Betriebsführung ist. Aber sie läßt sich kurz so beantworten, daß man sagt: Hat der künstliche Dünger als Produktionsmittel eine fallende Tendenz, ist er im Verhältnis zu den anderen Produktionsmitteln, die auch zum landwirtschaftlichen Betriebsaufwand gehören, verhältnismäßig billig, dann muß auf jeden Fall in seiner nicht nur wie bisher gleichen, sondern in seiner stärkeren Verwendung eine Verbilligung der Produktion liegen. Dieses Ziel ist aber nicht durch eine absolut stärkere Verwendung des künstlichen Düngers zu erreichen, weil die absolut stärkere Anwendung ja unbedingt ihre Grenzen dort hat, wo der Wert des Ertragszuwachses die höheren Kosten nicht mehr ausgleicht. Der rechnerische Erfolg bei der indirekten Verbilligung der Produktion kann demzufolge nur in einer veränderten Betriebsweise des gesamten landwirtschaftlichen Betriebes bestehen, sei es, daß eine Änderung des Kulturartenverhältnisses möglich ist, oder sei es, daß eine Änderung des Fruchtbaues auf dem Ackerlande stattfindet. Auf jeden Fall muß eine solche Veränderung darin bestehen, die Wiesen, die Weiden und das Ackerland aufnahmefähiger für den künstlichen Dünger zu machen. Nur so kann der Landwirt seine Produktion auch indirekt verbilligen. Derjenige Landwirt, dem diese indirekte Verbilligung der Produktion am meisten gelingt, der also vornehmlich sein Ackerland entsprechend der gunstigen wirtschaftlichen Lage nutzt, die der künstliche Dünger schafft, wird auch in der Lage sein, am ersten seine Reinerträge zu erhöhen.

Wenn wir nunmehr die Entwicklung nach dem Kriege ansehen, so bemerken wir eine erhebliche Zunahme in der Verwendung des künstlichenDüngers, namentlich einen erhöhten Stickstoffverbrauch. Die Preisentwicklung von 1913 bis heute ist wie nebenstehend.

Diese Übersicht gibt insofern noch ein etwas unvollständiges Bild, als für die Stickstoffdünger und das Superphosphat die Preise frei Station des Empfängers, für alle übrigen Düngemittel die Preise ab Ausgangs- bzw. Paritätsstation sich verstehen.

Düngemittel.

Ware	Börse bzw. Berichtsort	Handelsübliche Form	Notierung per 100 kg 15. 6. 1914 RM.	13. 3. 1930 RM.	17. 3. 1930 RM.	20. 3. 1930 RM.	24. 3. 1930 RM.	27. 3. 1930 RM.
Schwefelsaures Ammoniak	Berlin[1]	bei 20,8 % Stickstoff, fr. Empfst.	27,25	18,70	18,70	18,70	18,70	18,70
Leunasalpeter	„ [1]	bei 26 % Stickstoff, fr. Empfst.	—	24,20	24,20	24,20	24,20	24,20
Kalkstickstoff	„ [1]	bei 20—22,5 % Stickstoff, fr. Empfst.	21	18,05	18,05	18,05	18,05	18,05
Natronsalpeter	„ [1]	bei 16 % Stickstoff, fr. Empfst.	—	18,70	18,70	18,70	18,70	18,70
Kalksalpeter	„ [1]	bei 15,5 % Stickstoff (einschl. Spezials.) fr. Empfst.	—	16,60	16,60	16,60	16,60	16,60
Chilesalpeter	„ [1]	frei Kai-Waggon Gr. Hamburg-Bremen	ca. 18—22	19	19	19	19	19
Superphosphat	„ [1]	18 %, lose fr. Empfst. je n. Bezugsgebiet	5,76	7,20—7,74	7,20—7,74	7,20—7,74	7,20—7,74	7,20—7,74
Thomasmehl	„ [1]	bei 16 % Phosphors. (einschl. Jutes.) ab Aachen-Rothe Erde	4	5,12	5,12	5,12	5,12	5,12
Kalidüngesalz	„ [1]	bei 40 % Kali, lose (einschl. Überführungsgeb.) ab Frachtausgangsstat.	6,24	7,59	7,59	7,59	7,59	7,59

[1] Aus Mitteilungen der Deutschen Landwirtschafts-Gesellschaft, Berlin.

Infolgedessen müssen wir auch noch die Veränderung betrachten, die in den Frachtsätzen heute gegenüber der Vorkriegszeit eingetreten sind, weil ja die Frachtkosten bei allen Düngemitteln, die nicht frachtfrei geliefert werden, den Landwirt belasten. Die wirkliche Preisverbilligung bzw. Preissteigerung ergibt sich nur dann, wenn der Preis frei Empfangsstation bekannt ist. Folgende Zahlen veranschaulichen die Frachtkosten:

100 kg in geschlossenem Wagen kosten bei einer Verfrachtung von mindestens 15000 kg in einem Wagen:

Bei einer Entfernung von	Kaliroh- und Kalidüngesalze bis 42% K_2O sowie schwefelsaure Kalimagnesia		Preissteigerung	Thomasmehl		Preissteigerung bzw. Verbilligung
	1913	1930		1913	1930	
km	Pfg.	RPfg.	%	Pfg.	RPfg.	%
50	14,4	20,0	40	14,4	23,1	+60
100	23,2	30,5	30	23,2	34,7	+50
150	32,0	39,9	25	32,0	45,2	+40
200	40,8	50,4	21	40,8	56,7	+39
300	55,2	67,2	20	58,4	77,7	+33
400	66,4	83,0	25	72,8	94,5	+30
500	74,4	96,6	30	84,0	110,3	+31
600	82,4	108,2	31	95,2	123,9	+30
700	90,4	116,6	29	106,4	132,3	+24
800	98,4	122,9	25	117,6	140,7	+20
900	—	—	—	128,8	144,9	+12
1000	—	—	—	140,0	148,1	+ 6
1100	—	—	—	151,2	151,2	—
1200	—	—	—	162,4	153,3	— 5
1300	—	—	—	173,6	156,5	—10
1400	—	—	—	184,8	159,6	—13

Bei einer Entfernung km	Preissteigerung %	Bei einer Entfernung km	Preissteigerung %
50	47	250	41
100	37	300	40
150	42	350	37
200	42	400	34

Für Superphosphat und Stickstoffdünger, die frachtfrei geliefert werden, stellt sich die Preissteigerung wie nebenstehend.

Durchschnittlich beträgt die Steigerung der Frachten für Kalisalze und Thomasmehl, die bei den Düngemitteln bei der Frachtkostenberechnung uns am meisten interessieren, 30%, bei geringeren Entfernungen mehr, bei größeren weniger. Nehmen wir an, ein Landwirt in Niederschlesien bezieht Thomasmehl und Kainit. Er hat im ersteren Falle die Fracht ab Rothe Erde zu tragen, ganz gleich, von welcher Stelle er das Thomasmehl bezieht und an welchem Orte es verladen wird. Es kommt eine Entfernung von rund 700 km in Frage. Die effektive Fracht ab Rote Erde beträgt dann 188 RM. für 150 dz oder für 100 kg = 1,25 RM. Wird z. B. das Thomasmehl ab Oberhausen geliefert, so beträgt die Fracht 177 RM. Mit dem Frachtunterschiede von 11 RM. wird der Landwirt belastet. In einer Entfernung von 300 km beträgt die Fracht für 300 Ztr. 116,50 RM. oder für 100 kg 0,777 RM.

Bei den Kalisalzen beträgt die vom Landwirt zu tragende Fracht für 300 Ztr. Kainit oder Kalisalz in einem 300 km von Staßfurt entfernten Betriebe 100,80 RM. oder für 100 kg = 0,67 RM.

Das Thomasmehl kostet demnach dem von Rothe Erde 300 km entfernt wohnenden Landwirt:

1914 = 4,00 RM. + 0,58 RM. Fracht = 4,58 RM.
1930 = 5,12 „ + 0,77 „ „ = 5,90 „

Die Preissteigerung des frachtfrei gelieferten Thomasmehls beträgt demzufolge 29 %.

Das 40 er Kalisalz kostete bei einer Entfernung von 300 km:

1914 = 6,24 RM.	+ 0,55 RM.	Fracht	= 6,80 RM.
1930 = 7,59 „	+ 0,67 RM.	„	= 8,26 „

Die Steigerung beträgt für das frachtfrei gelieferte Kali 21 %.

Kehren wir noch einmal zu der Tabelle S. 679 zurück und setzen die Preise vom 15. Juni 1914 = 100, so stiegen bzw. sanken die Preise bis zum 24. März 1930

beim	schwefelsauren Ammoniak	von	100	auf	68
„	Kalkstickstoff	„	100	„	85
„	Chilesalpeter	„	100	„	95
„	Superphosphat	„	100	„	130
„	Thomasmehl	„	100	„	128
„	Kalidüngesalz	„	100	„	121

Wird beim Thomasmehl und bei den Kalisalzen die vom Landwirt zu tragende Fracht mit eingerechnet, so beträgt die Steigerung, wie vorhin erwähnt, beim Thomasmehl 29 und bei den Kalisalzen 21 %, weicht also kaum von der oben ermittelten Preissteigerung ab. Zu berücksichtigen ist hierbei noch das Folgende:

Beträgt die Steigerung der Frachtsätze beim Thomasmehl mehr als 28 %, wie dies für die näheren Entfernungen laut Tabelle S. 680 zutrifft, ist die effektive Preissteigerung des Thomasmehls gegenüber der Vorkriegszeit größer, als in dieser Tabelle, nämlich 28 %, angegeben ist. Beträgt die Steigerung der Frachtsätze weniger als 28 %, wie dies recht sehr bei den weitesten Enfernungen in die Waagschale fällt, ist die effektive Preissteigerung geringer als 28 %. Wohnt ein Landwirt 1400 km von Rothe Erde entfernt und will er Thomasmehl verwenden, so wirkt sich dies im Preise folgendermaßen aus:

Fracht	1913 = 0,1848	für	100	kg	oder	5,85 RM.	für	100	kg	frei	Station
„	1930 = 0,1596	„	100	„	„	6,71	„	„	100	„	„	„

Die wirkliche Preissteigerung beim Thomasmehl beträgt daher für die Landwirte, die 1400 km von Rothe Erde entfernt wohnen, 14 %.

Die Tabelle S. 679 gab uns eine Übersicht über die Preisentwickelung von 1914—1930. Die Goldentwertung bzw. die echte Weltmarktteuerung kommt darin nicht zum Ausdruck. Berücksichtigt man auch die echte Weltmarktteuerung und nimmt man an, die Kaufkraft der Waren wäre von 100 auf 150 gestiegen, so ergibt sich folgende Übersicht:

100	Pfd.	schwefelsaures Ammoniak	kosten	heute	soviel	wie	45	Pfd.	=	1914
100	„	Kalkstickstoff	„	„	„	„	57	„	=	1914
100	„	Chilesalpeter	„	„	„	„	63	„	=	1914
100	„	Superphosphat	„	„	„	„	87	„	=	1914
100	„	Thomasmehl	„	„	„	„	86	„	=	1914
100	„	Kalidünger	„	„	„	„	81	„	=	1914

Alle diese über die Preisentwicklung gefundenen Zahlen besagen, daß wir auf der heutigen Entwicklungsstufe in dem künstlichen Dünger ein Produktionsmittel haben, das im Verhältnis zur Vorkriegszeit unter Berücksichtigung einer Volldüngung je nach der Verwendung der Stickstoffdüngemittel wenig oder gar nicht gestiegen ist. Eine geringe Preissteigerung fällt um so weniger ins Gewicht, als der gesamte übrige Aufwand für Arbeit und Inventar insgesamt betrachtet, erheblich höher liegt. Darum schafft der künstliche Dünger heute erst recht eine günstige wirtschaftliche Lage, die der Landwirt ausnutzen muß und auch ausnutzt. Die Differenzierung in den verschiedenen Preisen der verschiedenen künstlichen Düngemittel beeinflußt auch deren Anwendung. Da wir ohne eine Volldüngung nicht auskommen können, sind wir gezwungen, neben billigen Düngemitteln auch teuere in den Kauf zu nehmen. Ob und inwieweit der Landwirt es nun ermöglichen kann, den billigen Düngemitteln den Vorzug zu geben, hängt keineswegs von ernährungsphysiologischen Gründen, sondern ganz ausschließlich von betriebswirtschaftlichen ab. Er darf nicht die Pflanzen bzw. den Boden stark mit Stickstoff düngen, sondern er muß seinen ganzen Betrieb, seine Fruchtfolge, so zuschneiden, um mehr Stickstoff als bisher verwenden zu können, dennoch aber zwischen allen zuzuführenden Nährstoffen das richtige Verhältnis zu schaffen.

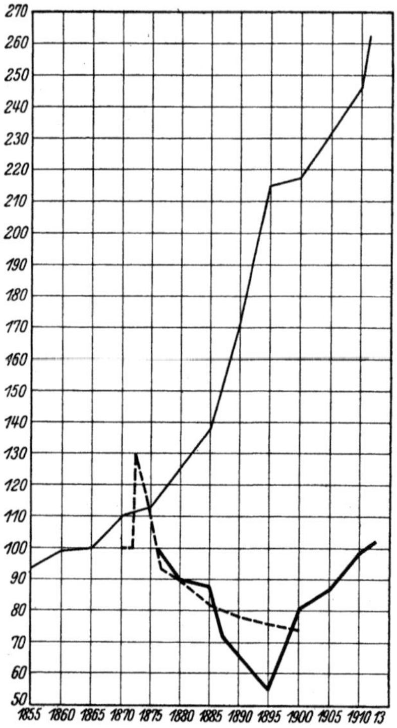

Abb. 237.

——— Barlohn der männlichen Tagelöhner in den Kreisen Recklinghausen und Gelsenkirchen.
▬▬ Ölkuchen.
– – – Dreschmaschinen.

Inwieweit das Produktionsmittel künstlicher Dünger im Verhältnis zu den anderen Teilen des landwirtschaftlichen Betriebsaufwandes billig oder teuer ist, wollen wir mit ein paar Worten noch untersuchen:

Mangels geeigneter Unterlagen sind wir nur auf eigne Erfahrungen bzw. Schätzungen angewiesen. Außer den Ausgaben für künstlichen Dünger gehören zum landwirtschaftlichen Betriebsaufwand die Ausgaben, die wir machen für Gebäude, Geräte und Maschinen, für das Kraftfutter und für die Löhne. In der Vorkriegszeit verlief die Entwicklung so, wie es die Tabelle zeigt (Abb. 237).

Es stiegen die Löhne von 1865—1913 von 100 auf 262, die Ölkuchen von 1877—1913 von 100 auf 102, die Gerätschaften bzw. Dreschmaschinen von 1877 bis 1900 von 100 auf 74.

Für Gebäude sind keine Zahlen zu ermitteln. Die Ausgaben für die Gebäude stiegen aber nicht erheblich, denn wenn auch die Maurerlöhne in die Höhe gingen, so hatten die Baumaterialien eine fallende Tendenz.

Heute hingegen sieht das Bild folgendermaßen aus:

1. Gebäude: Neubauten kosten 90% mehr als 1914 (2). Die Unterhaltung der Gebäude geht über diesen Satz erheblich hinaus aus Gründen, die hier nicht erörtert zu werden brauchen.

2. Geräte und Maschinen: Die Preise für Neuanschaffungen bewegen sich auf einer Linie, die bei ungefähr 20% über dem Preise der Vorkriegszeit liegt. Sie haben die Weltmarktebene noch nicht erreicht. Motorkraftmaschinen stellen sich verhältnismäßig noch billiger. Die Preise für Reparaturen und Ersatzteile hingegen übersteigen nicht nur die Preise der Vorkriegszeit um das Doppelte und Dreifache, sondern sogar die Weltmarktebene um das Doppelte und Dreifache.

3. Die Kraftfutterpreise schwanken mit den Getreidepreisen.

4. Die Lohnsteigerung beträgt ohne soziale Lasten rund 40%, mit sozialen Lasten rund 60% der Vorkriegszeit.

5. Eine Volldüngung mit künstlichem Dünger erfordert heute einen Aufwand, der nicht teurer als in der Vorkriegszeit ist. Von allen Produktionsmitteln ist daher der künstliche Dünger das billigste.

Außer diesen allgemeinen Ausführungen, die die Voraussetzung für eine erfolgreiche Verwendung des künstlichen Düngers sind, gibt es auch noch besondere, die erwähnt werden müssen.

3. Das günstige Wirkungsverhältnis der Faktoren.

Will man im landwirtschaftlichen Betriebe von dem gemachten Aufwand den höchstmöglichen Reinertrag erzielen, so wird man sein Ziel immer dann am besten erreichen, wenn man alle Produktionsmittel, als die einzelnen Teile des Betriebsaufwandes, in das günstigste Wirkungsverhältnis bringt. Wenn hiervon, wie mit aller Energie betont werden muß, der Erfolg keineswegs allein abhängt, weil dieser endgültig dadurch bestimmt wird, ob der Aufwand zur rechten Zeit und am rechten Orte gemacht wurde, so muß dennoch der Landwirt alles das, was ihm die Wissenschaft über das günstigste Wirkungsverhältnis der Faktoren zu sagen hat, verwenden. Auch die künstlichen Düngemittel erreichen die verhältnismäßig beste Ausnutzung nur unter verschiedenen Voraussetzungen. Die Pflanze wird die künstlichen Düngemittel immer dann am besten ausnutzen, wenn der Landwirt in der Lage ist, die Düngung den verschiedenen Fähigkeiten und Eigenschaften des Kulturbodens und der Kulturpflanzen anzupassen und alsdann dem Wachstum der Pflanzen die günstigsten Bedingungen zu verschaffen.

Eine vielseitige Inanspruchnahme des durch die künstliche Düngung zugeführten Nährstoffkapitals verbürgt den höchsten Nutzen der künstlichen Düngung. Der Anbau einer einzigen Kulturpflanze ist hierzu nicht geeignet, sondern der Anbau verschiedener Kulturpflanzen, die ganz verschiedene Eigenschaften und Fähigkeiten besitzen. Wollte man den Wirkungsgrad der durch die künstliche Düngung zugeführten Nährstoffe an ein und derselben Kulturpflanze durch mehrere Jahre hindurch zeigen, so könnte man wohl feststellen, welche Eigenschaften und Fähigkeiten die betreffende Pflanze hinsichtlich der Düngerausnutzung besitzt, nicht aber könnte umgekehrt festgestellt werden, wie durch diese oder jene Art und Menge der zugeführten Pflanzennährstoffe die Erträge gesteigert werden könnten. Die höchste Ertragssteigerung mit einer bestimmten Nährstoffzufuhr ist vorhanden, wenn bei dem Anbau der einzelnen Kulturpflanzen ihrer sich gegenseitig ergänzenden Wirkung Rechnung getragen wird. Die eine Pflanze verbraucht mehr Stickstoff, die andere mehr Kali, die eine holt ihre Nährstoffe aus dem Untergrunde, die andere nimmt sie nur aus der Ackerkrume. Es ist ganz selbstverständlich, daß diese verschiedenen Eigenschaften und Fähigkeiten der Kulturpflanzen nicht nur die wesentlichste Voraussetzung für eine erfolgreiche Anwendung der künstlichen Düngemittel sind, sondern, daß ihre richtige Nutzanwendung überhaupt jeglichen Aufwand erst lohnend macht.

Soll die Düngung erfolgreich sein, so muß der Aufwand, der für die künstlichen Düngemittel gemacht wird, unter Beachtung all der vielseitigen Gesichtspunkte, die mit Bodenbearbeitung und Pflanzenwachstum zusammenhängen-vorgenommen werden. Es muß die gesamte Bodenkultur einer zusammen, hängenden Betrachtung unterzogen werden, wenn das Optimum in der künstlichen Düngung erreicht werden soll. „Unrichtig ist es aber, den zweckmäßigsten Aufwand an Kunstdünger nur nach den Möglichkeiten des Nährstoffverbrauchs der Kulturpflanzen berechnen zu wollen, wie er bei Versuchen ermittelt ist, bei denen eine ganze Reihe von Gefahren ausgeschlossen ist. In einem Jahre leiden die Saaten des Landwirts unter Trockenheit, im zweiten erfriert sein Roggen in der Blüte, im dritten kommen Insekten, im vierten Pflanzenkrankheiten, im fünften bleiben Rüben und Kartoffeln im hartgefrorenen Boden draußen und verfaulen. In allen diesen Fällen ist ein Teil des aufgewendeten Kunstdüngers verloren, und um so mehr verloren, je mehr aufgewendet wurde" (1).

Diesem günstigen Zusammenwirken aller Wachstumsfaktoren, das den Erfolg der künstlichen Düngung verbürgt, muß auf jeden Fall mehr Beachtung geschenkt werden, als es bisher geschehen ist. Es ist mindestens ebenso wichtig, wie die Forderung, die künstliche Düngung nicht nur einseitig vorzunehmen, sondern alle Düngemittel bzw. alle Nährstoffe im rechten Verhältnis zu verwenden. Damit soll natürlich nicht gesagt sein, daß die Forderung nach einer nicht einseitigen Verwendung nebensächlich wäre. Sie ist nach wie vor auch eine grundlegende Voraussetzung für den Erfolg in der künstlichen Düngung.

In der Versuchswirtschaft Lauchstädt wurden auf stickstoff-, phosphorsäure- und kalibedürftigen Parzellen folgende Ernten je Hektar festgestellt (4):

Durchschnitt von 7 Jahren.

	Zuckerrüben dz.	Zucker dz.	Kartoffeln dz.	Stärke dz.	Weizenkörner dz.	Gerstenkörner dz.
Ungedüngt	320,8	58,52	141,0	25,54	30,55	22,56
Phosphorsäure und Kali.	339,2	63,02	198,7	34,40	31,97	24,57
Stickstoff	374,6	64,89	145,9	25,67	30,43	28,47
Stickstoff und Kali . . .	372,2	65,70	186,6	32,31	34,42	30,02
Stickstoff und Phosphorsäure	406,3	70,13	158,4	28,05	32,13	31,72
Stickstoff und Phosphorsäure und Kali	416,2	74,73	221,1	38,20	37,07	32,80

Es wurden demnach mehr erzeugt:

Zuckerrüben.

	Wurzeln dz.	Zucker dz.
Durch Phosphorsäure und Kali ohne Stickstoff	+18,4	+4,50
„ „ „ „ neben „	+41,6	+9,84
Durch Stickstoff ohne Phosphorsäure und Kali	+53,8	+ 6,37
„ „ neben „ „ „	+77,0	+11,71

Die Phosphorsäure- und Kalidüngung hatten also erst dann ihre volle Wirkung gezeigt, wenn gleichzeitig eine Stickstoffdüngung stattfand, die Stickstoffdüngung erst dann, wenn neben ihr eine Phosphorsäure- und Kalidüngung gegeben wurde.

Kartoffeln.

	Knollen dz.	Stärke dz.
Durch Phosphorsäure und Kali ohne Stickstoff	+57,7	+ 8,86
„ „ „ „ neben „	+75,2	+12,53
Durch Stickstoff ohne Phosphorsäure und Kali	+ 4,9	+ 0,13
„ „ neben „ „ „	+22,4	+ 3,80

Diese Zahlen sind insofern besonders interessant, als bei der weniger stickstoffbedürftigen Kartoffel auf dem humosen Lehmboden die Stickstoffdüngung allein so gut wie gar nicht gewirkt hatte; dagegen in hervorragender Weise die Phosphorsäure- und Kalidüngung, besonders wenn neben ihr noch eine Stickstoffdüngung erfolgte.

Weizen nach Kartoffeln.

	Körner dz.
Durch Phosphorsäure und Kali ohne Stickstoff	+1,42
„ „ „ „ neben „	+6,64
Durch Stickstoff ohne Phosphorsäure und Kali	—0,12
„ „ neben „ „ „	+5,10

Hier hatte weder die Phosphorsäure- und Kalidüngung allein, noch die Stickstoffdüngung allein eine Wirkung gezeigt. Erst bei Volldüngung, d. h. wenn Stickstoff, Phosphorsäure und Kali gleichzeitig gegeben wurden, war die erwähnte Wirkung eingetreten.

Gerste nach Zuckerrüben.

	Körner dz.
Durch Phosphorsäure und Kali ohne Stickstoff	+ 2,01
„ „ „ „ neben „	+ 4,33
Durch Stickstoff ohne Phosphorsäure und Kali	+ 5,91
„ „ neben „ „ „	+ 8,23

Auch diese Zahlen zeigen, daß erst eine volle Wirkung der Düngung vorhanden war, wenn alle drei Nährstoffe verabreicht wurden. Auffallend jedoch sind diese Zahlen insofern, als bei der weniger stickstoffbedürftigen Gerste das Stickstoffbedürfnis mehr hervortrat als bei dem stickstoffbedürftigeren Weizen. Dies hat seinen Grund darin, daß die Gerste auf die stark stickstoffzehrenden Rüben, der Weizen auf die weniger stickstoffbedürftigen Kartoffeln folgte. Es zeigen also diese Zahlen gleichzeitig, wie bei den Düngungen die Vorfrucht zu berücksichtigen ist.

4. Die Regelung der Grundwasserverhältnisse.

Eine weitere Voraussetzung für den Erfolg der künstlichen Düngung ist die Regelung der Grundwasserverhältnisse im Boden. Die Nährstoffe erleiden im Boden verschiedene Wandlungen. Sie werden durch den Boden absorbiert. Es entstehen ferner Verluste durch Sickerwässer. Die Absorption der Nährstoffe durch den Boden ist meist nur eine vorübergehende, da die vom Boden absorbierten Nährstoffe alsbald wieder löslich werden. Die Festlegung von Nährstoffen hat sogar ihre guten Seiten. Wir wissen, daß am leichtesten Phosphorsäure und in zweiter Linie Kali vom Boden festgehalten wird. Auch wissen wir, daß die durch die künstliche Düngung verabreichten Mengen von Phosphorsäure und Kali; die in dem einen Düngejahr infolge von Trockenheit oder von zu großen Gaben nicht ausgenutzt wurden, nicht verlorengehen, sondern der Pflanze im nächsten Jahre zugute kommen. Sogar für den Stickstoff, sofern er in Form von Ammoniak gegeben worden war, trifft dies für besonders trockene Jahre zu. Versuche hierüber liegen nicht vor, wohl aber Beobachtungen aus der Praxis.

Verluste an Nährstoffen, die durch Sickerwässer entstehen, sind naturgemäß am größten bei solchen Nährstoffen, die nicht absorbiert werden. Bei der Phosphorsäure sind sie außerordentlich gering. Sie betragen nach den angestellten Untersuchungen je Jahr 0—5 kg Phosphorsäure (P_2O_5) auf 1 ha. Nach den von M. GERLACH ausgeführten Untersuchungen erleidet die Phosphorsäure selbst auf leichten Sandböden, wenn diese die nötigen Mengen Kalk aufweisen, gar keine Verluste (3).

Das Kali wird auf Ton- und Lehmböden stark, auf Sandböden gering absorbiert. Die Verluste durch Sickerwässer sind daher auf Sandböden groß, auf Ton- und Lehmböden gering. „Für schweren Boden wurde z. B. von M. GERLACH ein Verlust von 7 kg Kali (K_2O), für Sandboden dagegen ein solcher von 51 kg Kali (K_2O) auf ein Jahr und Hektar, im Durchschnitt verschiedener Böden ein solcher von 29 kg Kali (K_2O) festgestellt“ (3).

Der Kalk erleidet auf allen Bodenarten große Verluste. Im Kaiser Wilhelm-Institut zu Bromberg wurde ein durchschnittlicher Verlust von 366 kg Kalk (CaO) je Jahr und Hektar ermittelt. Von Rothamsteder Untersuchungen betrugen die Verluste je nach der Düngung 250—500 kg Kalk (CaO) je Jahr und Hektar“ (3).

Beim Stickstoff liegt die Sache so, daß die Stickstoffverluste auf allen Bodenarten große sind, sobald aus dem Ammoniak die salpetersauren Salze gebildet worden sind. „Nach Ermittlungen von M. Gerlach betrugen die Stickstoffverluste bei stärkerer Düngung im Durchschnitt 56 kg Stickstoff, nach Rothamsteder Untersuchungen 30—40 kg je Jahr und Hektar.“

Mit allen diesen durch Sickerwässer entstehenden Verlusten muß der Landwirt rechnen. Sie sind auf allen Bodenarten immer dann am geringsten, wenn das Wurzelnetz der Pflanzen kräftig ist und dadurch befähigt wird, die leichtlöslichen Nährstoffe, die allein der Auswaschungsgefahr ausgesetzt sind, in reichem Maße aufzunehmen. Die beste Versicherung gegen die Schäden, die durch Sickerwässer entstehen, ist die Herrichtung einer Ackerkrume, in der die Pflanzenwurzeln bequem und behaglich sich breitmachen können. Den besten Garezustand des Ackerbodens herzustellen, ist daher die vornehmste Aufgabe und das stete Bestreben des Landwirts, woran er unermüdlich arbeitet, wenn er seinen Boden pflegt.

Treten aber Verluste durch Sickerwässer in Böden auf, die normale physikalische Bodeneigenschaften aufweisen, wieviel größer müssen die Verluste sein auf Böden, deren Garezustand nur sehr schwer erreicht werden kann oder aber, wenn er einmal erreicht worden ist, rasch wieder verlorengeht. Es ist dies der Fall, wenn durch ungeregelte Grundwasserverhältnisse infolge stauender Nässe die Bodengare in kürzester Frist vernichtet wird. Demzufolge ist die Regelung der Grundwasserverhältnisse erste Bedingung für eine erfolgreiche künstliche Düngung überhaupt. Ist ein Boden drainagebedürftig, so kann der Aufwand an künstlichem Dünger nur dann lohnend sein, wenn der Boden durch eine systematische Drainage entwässert wird. Alle Maßnahmen, die dazu dienen, den Garezustand herzustellen, sind notwendig, um die zugeführten Nährstoffe zur vollen Wirkung gelangen zu lassen. Ein solcher garer Boden, in dem die Grundwasserverhältnisse geregelt sind, ist nicht nur die beste Versicherung gegen die durch Sickerwässer entstehenden Schäden, sondern auch die allerbeste Vorsorge dafür, in trocknem Jahre das Wasser festzuhalten, damit alsdann auch der Pflanze das notwendige Wasser während ihrer Wachstumszeit zur Verfügung steht. Denn ohne die notwendige Bodenfeuchtigkeit können die Nährstoffe ebenfalls nicht den erwarteten Zweck erfüllen.

Ist der Boden gut vorbereitet, so kommt es alsdann darauf an, den künstlichen Dünger zur rechten Zeit auf den Acker zu bringen und ihn in der rechten Art und Weise auf dem Acker unterzubringen. Wie hier in beiden Fällen zu verfahren ist, müssen uns die Erfahrungen sagen, die in der Praxis gemacht worden sind. Im großen und ganzen lassen sie sich folgendermaßen angeben:

Alle künstlichen Düngemittel müssen flach untergebracht werden. Damit eine innige Mischung mit der Ackerkrume an der Oberfläche erfolgt, streut man den künstlichen Dünger im Frühjahr auf den Acker, nachdem der letztere abgeschleppt worden ist. Auf ganz leichtem Boden kann die Schleppe entbehrt werden, dort genügt die Egge. Auf dem abgeschleppten Acker wird der Dünger mit der Maschine gestreut und alsbald eingeeggt. Dieser Eggenstrich macht sich auf mittleren und schwereren Böden bestimmt bezahlt. Er gewährleistet eine viel bessere Verteilung in der Ackerkrume, als dies durch den Kultivator möglich ist. Der Kultivator folgt dann hinterher, nicht, um den künstlichen Dünger unterzugrubbern, sondern um den Boden für das Saatbett herzurichten.

Bei der Herbstbestellung muß man grundsätzlich auch so verfahren. Nur wird man sich hier anderer Instrumente bedienen. Man wird nach der Saatfurche — um den notwendigen Schluß nicht nur an der Oberfläche, sondern vor allen Dingen in den tieferen Schichten der Ackerkrume herzustellen — die Scheibenegge gehen lassen und hinter der Scheibenegge den künstlichen Dünger streuen.

Grundsätzlich sollte man im Herbst gar keinen künstlichen Dünger geben und nur in Ausnahmefällen von dieser Regel abweichen. Solche Ausnahmefälle sind: Leichter Boden, der für die Wintersaaten im Herbst Thomasmehl und Kainit bekommen muß. Den gesamten Stickstoffdünger bekommen dann die Wintersaaten als Kopfdünger. Will man auf schwerem Boden gern Kalkstickstoff zu den Wintersaaten verwenden, so kann diese Düngung nur im Herbst erfolgen. Man gibt dann noch zweckmäßigerweise auch die notwendige Menge an Phosphorsäure und Kali, mit dem Kalkstickstoff gemischt, mit. Will man jedoch keinen Kalkstickstoff verwenden, so gibt man den Wintersaaten auf schwere Böden, auf denen ja fast ausschließlich Weizen in Frage kommt, im Herbst gar keinen künstlichen Dünger, sondern verabreicht den gesamten künstlichen Dünger an Stickstoff, Phosphorsäure und Kali als Kopfdünger. Die beste Gelegenheit hierzu gibt das Düngemittel Nitrophoska, mit dem man alsdann in einem Gang die ganze künstliche Düngung verabreichen kann, sofern der Boden nicht nur bedürftig an Stickstoff, sondern auch an Phosphorsäure und Kali ist. Ein solches Verfahren ist heute besonders zweckmäßig, weil dabei der Landwirt den Vorteil hat, für mindestens 3—4 Monate die Zinsen für die Kunstdüngerausgaben zu sparen. Man kann die einzelnen Nährstoffe auch getrennt verabreichen und an Stickstoff, Phosphorsäure und Kali die entsprechenden Mengen als Kopfdünger in Form von Salpeter oder Ammoniak, von 40er Kalisalz und von Superphosphat geben.

Besondere Erwähnung verdient noch der Kalk, der ja in der Praxis stets für sich angewendet wird und ein Zusammenhang, soweit die Zeit des Ausstreuens in Frage kommt, mit den anderen Nährstoffen nicht besteht. Auf leichtem Boden verwendet man Kalkmergel und kohlensauren Kalk im Herbst. Er wird auf die Getreidestoppel gefahren und flach untergeschält. Bei dieser Methode wird man kaum eine andere Frucht als Roggen oder, soweit es die Bodenqualität erlaubt, Rüben auf das frischgekalkte Feld bringen können. Will man zu Sommergetreide kalken, dann kann auf leichtem Boden der Kalkmergel während des Winters auf das Feld (abgeerntete Kartoffelschläge) gefahren werden. Er wird dann im Frühjahr gleichfalls flach untergeschält. Namentlich in Gebieten mit kaltem Klima ist dies Verfahren besonders zu empfehlen. Will man zu Kartoffeln kalken, so kann man auch auf leichtere Bodenarten geringere Mengen Branntkalk nehmen. Geringe Gaben von 10 dz je Hektar werden dann mit der Düngerstreumaschine nach der Kartoffelbestellung aufs Feld gefahren. Durch das Behäufeln der Kartoffeln wird der Kalk genügend gemischt und erfahrungsgemäß machen sich dann die unangenehmen Erscheinungen der Schorfbildung nicht geltend. Kommt der Branntkalk oder Stückkalk oder gemahlener Kalk auf schwerem Boden in Frage, wird man analog — was die Zeit anbelangt — wie beim Kalkmergel verfahren. Da der Kalk gewöhnlich in größeren Mengen je Hektar gegeben wird, so kommt für die Unterbringung des Kalkes die Düngerstreumaschine weniger, vielmehr die Schaufel in Frage.

5. Gutes Saatgut und richtige Saatmenge.

Wenn der Landwirt eine reichliche Düngung vornimmt, einen hohen Aufwand für künstlichen Dünger macht, so haben wir bereits gesehen, wie eine solche Maßnahme auch einen hohen Aufwand an allen anderen Produktionsmitteln, soweit sie Bodenbearbeitung, Bodenpflege und Pflanzenwachstum betreffen, nach sich ziehen. Im besonderen wollen wir noch auf die Qualität und Quantität des Saatgutes hinweisen.

Der künstliche Dünger kann sich nur dann recht bezahlt machen, wenn die Pflanzen von Anfang an, besonders im Jugendstadium, freudig und kräftig sich entwickeln. Hohe Keimfähigkeit und hohe Keimenergie des Saatgutes sind die beiden Eigenschaften, die für das Wachstum in der Jugend entscheidend sind. Es sollte daher auf jeden Fall nur allerbestes Saatgut verwendet werden.

Unsere hochgezüchteten Getreide- und Kartoffelsorten bauen naturgemäß leicht ab, besonders die Kartoffeln. Das ist eine ganz erklärliche Erscheinung, denn wenn man z. B. von einer Kartoffelsorte 150 Ztr. Ertrag je Morgen verlangt und solche Erträge keineswegs mit natürlichem Dünger, sondern vielmehr mit sehr großen Mengen an künstlichem Dünger erreicht, so ist es doch sehr naheliegend, daß die individuellen Eigenschaften, sozusagen die Konstitution der betreffenden Kartoffelsorten unter solchen Überanstrengungen leiden müssen. Die Folge davon ist ein zeitiges Abbauen der Sorte.

Auch zwischen der Saatdichte und der künstlichen Düngung bestehen Zusammenhänge. Eine starke künstliche Düngung erspart Saatgut. Je stärker namentlich mit Stickstoff gedüngt wird, um so schwächer muß die Aussaatmenge berechnet werden. Je dünner man säen kann, um so kräftigere Pflanzen können erzeugt werden. Dünne Saat ist nur bei kräftiger Düngung möglich, wie auch umgekehrt eine kräftige Düngung nur bei dünner Saat vorgenommen werden kann. Hat man alle anderen Vorbedingungen für die Saatbestellung erfüllt und steht lediglich die Frage der künstlichen Düngung und der Aussaatmenge zur Entscheidung, dann wird sich der Landwirt heute stets für die dünne Saat und für die starke Düngung entscheiden müssen. 5 kg Aussaat je Morgen weniger und 10 kg schwefelsaures Ammoniak oder ein anderes Stickstoffdüngemittel mehr, ist rationeller als umgekehrt. War ein solches Verfahren schon früher richtig, als der Stickstoff erheblich teurer war als heute, wieviel mehr muß es jetzt zutreffen, wo nicht nur der Stickstoff billiger, sondern alle anderen Produktionsmittel, insbesondere der Arbeitsaufwand, teurer geworden sind.

Auch die Reihenentfernung muß bei Düngung und Saatdichte beachtet werden. Man wählt weite Drillreihen nicht allein, um bequem mit der Hackmaschine das Getreide hacken zu können, sondern man tut es besonders deshalb, um den Getreidepflanzen Gelegenheit zu einer kräftigen Bestockung zu geben. Die notwendige geringe Aussaatmenge bei starker künstlicher Düngung kann nur bei relativ großer Reihenentfernung vorgenommen werden. Daß die verschiedenen Bodenarten und der ungleich hohe Kulturzustand des Bodens bei der Wahl der Saatdichte und Saatmenge berücksichtigt werden müssen, sei der Vollständigkeit halber erwähnt.

Literatur.

(1) Aereboe, F.: Allgemeine landwirtschaftliche Betriebslehre, 6. Aufl., S. 229, 230.
(2) Küntzel: Wertschätzung landwirtschaftlicher Gebäude.
(3) Schneidewind, W.: Die Ernährung der landwirtschaftlichen Kulturpflanzen, S. 195. — (4) Ebenda S. 393.

II. Zeit und Art der Anwendung der künstlichen Düngemittel.

Die Zeit und Art der Anwendung der künstlichen Dünger wird man von folgenden Gesichtspunkten abhängig machen: 1. von der Löslichkeit der Dünger, 2. von der Umsetzung im Boden und der Bodenart, 3. von der Streufähigkeit, 4. von der Schadensgefahr für die keimende Pflanze, 5. von der Schadensgefahr für die grüne Pflanze, 6. von den evtl. schon an der Luft eintretenden Nährstoffverlusten.

Berücksichtigt man diese Punkte, so wird man im allgemeinen, wenn man die schon erwähnten Ausnahmen nicht außer Acht läßt, im Herbst möglichst keine künstlichen Dünger anwenden, dagegen im Frühjahr, bis auf einen Teil der Stickstoffgaben, die mineralische Düngung dem Boden stets vor der Saat einverleiben und zwar je nach Löslichkeit und Umsetzungsvermögen im Boden längere oder kürzere Zeit vorher. Man sollte die Düngemittel nicht wenige Tage vor der Saat oder nachher streuen, da auf die Keimung gerade chemische Substanzen störend einwirken können. Es wirken z. B. ätzende Stoffe wie Branntkalk und größere Mengen von Düngemitteln, die Chlorsalze enthalten, schädigend auf das Keimen ein. Man wird einen Dünger, der sich langsam löst oder im Boden langsam umsetzt, so früh wie möglich vor dem Zeitpunkt des Gebrauchtwerdens in den Boden bringen. Dann hat man die Gewähr, daß er sich im Boden durch die Niederschläge gut verteilt und daß er bei den Bestellarbeiten schon gründlich mit dem Boden vermengt wird. Diese feinste Verteilung birgt die beste Garantie für die hervorragende Wirkung. Bei der Zeit und Art der Anwendung von Kopfdüngung, wie z. B. mit Kalkstickstoff, Kainit, Branntkalk, muß ma nauf die Gefahr Rücksicht nehmen, die eventuell hierdurch für die grüne Pflanze eintreten kann.

Von den elf Nährstoffen, die die Pflanze zum Wachsen notwendig hat, bleibt für die Düngung, also für den Ersatz verbrauchter Substanz, nur Kalk, Stickstoff, Phosphorsäure und Kali übrig. Wir brauchen daher nur diese in den Kreis der Erörterungen hereinzuziehen.

1. Der Kalk. Der Kalk wirkt auf den Boden chemisch, physikalisch und biologisch verbessernd ein. Er ist also die Grundlage vor allem der mineralischen Düngung. Man gibt den Kalkdünger in der Regel im Laufe einer Fruchtfolge zu den kalkliebenden Pflanzen, wie Rüben, Bohnen, Erbsen, Klee, Luzerne und, wenn der Boden deutlich sauer und kalkarm ist, auch zu Kartoffeln und anderen Pflanzen. B. TACKE hebt sogar hervor, daß auch die Wiesen und Weiden bei fast allen Bodenverhältnissen kalkbedürftig sind. In den Handel kommen kohlensaurer Kalk, als Mergel oder Kalksteinmehl, Scheideschlamm und Branntkalk. Die ersteren nimmt man im allgemeinen mehr für die leichteren Böden, während der Branntkalk überwiegend auf schweren Böden angewandt wird. Nach den Untersuchungen von E. BLANCK und Mitarbeitern ist jedoch festgestellt worden, daß die Umsetzung von Calciumoxyd und Calciumcarbonat im Boden derart schnell verläuft, daß eine lang anhaltende Wirksamkeit doch nur dem Calciumcarbonat zugesprochen werden kann. F. ALTEN (1) sagt sogar, daß es nur eine rein betriebswirtschaftliche Frage ist, welche Form des Kalkes Verwendung finden soll. Bei der Anwendung aller Kalkdüngemittel muß jedoch hervorgehoben werden, daß nur feingemahlenes Material zur Anwendung gelangt und daß man auch bei der Anwendung des Branntkalkes darauf sehen muß, diesen Dünger so fein wie möglich auf den Acker zu verteilen, denn gerade der Feinheitsgrad des Kalkes spielt bei der Wirkung der Kalkdüngung die allergrößte Rolle. Deshalb muß der Stückkalk, um gestreut werden zu können, erst gelöscht werden, das nach dem Vorschlag von W. SCHNEIDEWIND (11) folgendermaßen zu geschehen hat. „Man bringt den Kalk in kleine Haufen auf das Feld, bedeckt diese Haufen mit Erde. Der Kalk nimmt allmählich Wasser auf. Bei trocknem Wetter geschieht das aber außerordentlich langsam, so daß das Ausstreuen erst nach mehreren Wochen erfolgen kann. Bei einer sofortigen Sättigung mit Wasser kann der Kalk schon am nächsten Tage gestreut werden. Der am Rande der Felder in großen Haufen lagernde und dort abgelöschte Kalk bietet gegenüber den in kleine Haufen auf das Feld gebrachten den Vorteil, daß auch er (wie die anderen Kalkdünger) mit der Maschine gestreut werden kann und dadurch meist eine bessere Verteilung erfährt als der mit dem Spaten gestreute.“ Die beste und gleichmäßigste Verteilung erreicht man ja bekanntlich mit der Düngerstreumaschine, die natürlich auf das Kalkstreuen eingerichtet sein muß. Das gilt besonders in den Fällen, wenn man mit einem Male nicht so große Mengen aufzubringen, dafür aber um so öfter die Düngung zu wiederholen beabsichtigt.

Dies Verfahren ist jedenfalls, außer auf den ganz zähen Böden, sicherlich das wirksamste und vor allen Dingen auch das sparsamste. Man verwendet hierbei zweckmäßig den von Kalkbrennereien schon feingemahlenen Kalk. Es ist vielleicht von Interesse, zu erfahren, daß auch der amerikanische Farmer gerade auf die Kalkdüngung ein besonderes Augenmerk richtet. Da in Amerika die Leutenot noch größer ist als in Deutschland, ist das Ausbringen des Kalkes für den amerikanischen Landwirt eine viel größere Arbeitsbelastung als für den deutschen. Wie das untenstehende Bild (Abb. 238) zeigt, hängt er einfach hinter den allgemein gebräuchlichen platten, niedrigen Wagen die Düngerstreumaschine und erreicht somit eine bequeme, sehr gleichmäßige und gute Verteilung des Kalkes mit den geringsten Arbeitskräften. Die Erhebungen des Landarbeitsringes Wensickendorf (9) seien mit bezug auf die Kalkdüngung erwähnt. Gemahlener Branntkalk und Kalkmergel werden in den dortigen Betrieben mit Düngerstreuern verteilt, soweit es sich um Gaben von nicht mehr als 8—10 dz je Hektar handelt.

Abb. 238. Kalkanwendung durch den amerikanischen Farmer. (Aus BLOHM: Kalkung der schweren Böden.)

Die Kalkdüngung von kohlensaurem Kalk (Mergel und Kalksteinmehl) kann, da besondere Vorsicht nicht geboten ist, je nach den vorhandenen wirtschaftlichen Verhältnissen vom Herbst bis zum Frühjahr stattfinden. Hauptsache ist, daß man den Dünger gründlich eineggen kann. Scheideschlamm wird wohl am zweckmäßigsten schon im Winter auf den Acker gebracht, damit durch die Einwirkung des Frostes eine gute Lockerung und eine bessere Verteilung im Frühjahr möglich ist.

Alle die erwähnten Maßnahmen sind ganz besonders zu beachten, wenn wir es mit sauren Böden zu tun haben. H. KAPPEN (3) betont zusammenfassend, daß wohl die gründliche Verteilung im Boden für die Wirkung des Kalkes vorteilhaft ist, daß aber gerade auf sauren Böden noch der Feinheitsgrad die Wirkung garantiert. Nur dann, wenn diese beiden Bedingungen zugleich erfüllt sind, wird der Kalk die beabsichtigte Wirkung auf den Versauerungszustand des Bodens erzielen. Wenn man ferner berücksichtigt, daß — wie AYMANS nachgewiesen hat — die Seiten- und auch die Tiefenwirkung des Kalkes im Boden äußerst gering ist, wird man von der Bedeutung der oben erwähnten Punkte überzeugt sein.

2. Der Stickstoff. Die Zahl der zur Verfügung stehenden Stickstofformen ist größer als bei allen anderen Düngemitteln. Man kann sie aber roh in die schnellwirkenden Salpeterdünger und in die langsamer wirkenden Ammoniak-Kalkstickstoffdünger teilen. Als Salpeterdünger werden vorwiegend gebraucht Natron- und Kalksalpeter sowie Chilesalpeter, und als Ammoniakdünger schwefelsaures Ammoniak. Zwischen Salpeter und Ammoniakdünger steht der Leunasalpeter, der Kaliammonsalpeter, der Kalkammonsalpeter u. a. Am langsamsten wirkt der Kalkstickstoff.

Es wird angenommen, daß die Pflanzen ihre Stickstoffnahrung vorwiegend in der Form von salpetersauren Salzen aufnehmen. Diese sind wasserlöslich und werden von dem Boden so gut wie gar nicht absorbiert. Andererseits liefern die

Salpeterarten eben durch ihre Wasserlöslichkeit den Pflanzen während der Sommervegetation nicht nur die größte Stickstoffmenge, sondern sie vermögen auch die Pflanze am schnellsten mit Stickstoff zu versorgen. Man wendet sie deshalb erst dann an, wenn die Pflanze den Stickstoff bald aufnehmen kann, also frühestens mit der Saat oder kurze Zeit später. Bei Anwendung von größeren Mengen, z. B. bei Rüben, ist es — da die Gefahr ausgewaschen zu werden besteht — angebracht, vor allem auf den durchlässigen Böden ihn in mehreren Gaben zu streuen. Hierbei muß man jedoch berücksichtigen, daß Salpeter treibt und, da das Kraut und der Halm sich recht kräftig entwickeln wird, daß bei einer zu späten Anwendung von Salpeter die Reife soweit hinausgeschoben wird, daß damit durch die verspätete Ernte der Nutzen der Düngung hinfällig werden kann. Außerdem muß man berücksichtigen, daß auch beim Getreide bei allzu starken Salpetergaben die Lagergefahr und auch die Rostgefahr besonders groß sind. Bei Zuckerrüben wird bei mehreren Salpetergaben häufig die Reihendüngerstreumaschine angewandt, die eine gewisse Ersparnis an Dünger und bessere Ausnutzung des Düngers gewährleistet. Ferner ist zu bemerken, daß der Salpeter nicht unmittelbar nach einer Düngung mit frischem, strohigen Stallmist ausgestreut werden darf, weil er dann von den salpeterzersetzenden Bakterien, die sich unter diesen Umständen stark im Boden vermehren, größtenteils zerstört wird. Dagegen dürfte der Salpeteranwendung 4—5 Wochen nach der Stallmistdüngung kaum etwas im Wege stehen. Zusammenfassend kann also über die Zeit und Art der Salpeterdüngung gesagt werden:

Der Dünger wird vorteilhaft angewandt nur im Frühjahr und hier meistens als Kopfdünger für Wintergetreide. Für das Sommergetreide und die Hackfrüchte kommt als Kopfdünger nur der Salpeter in Frage.

Auch der Leunasalpeter verlangt dieselben Voraussetzungen wie der eigentliche Salpeter. Das Düngemittel behält einige Zeit seine gute Streufähigkeit, und da von den 27% Gesamtstickstoff 19% Ammoniakstickstoff und 8% Salpeterstickstoff sind, erreicht man mit einer Gabe im Gegensatz zum Salpeter eine langanhaltende Wirkung durch die ganze Vegetationszeit. Wird Kalksalpeter mit der Hand gestreut, muß man vor allen Dingen darauf sehen, daß bei trocknem Wetter gestreut wird, da sonst durch die stark ätzende Wirkung des Kalkes die Hände und Arme der Streuer in Mitleidenschaft gezogen werden. Beim Chilesalpeter zeigt der nach der Methode GUGGENHEIM hergestellte Dünger wegen seiner Perlenform besonders gute Streufähigkeit. Der Kalksalpeter ist hygroskopisch und muß rasch ausgestreut werden.

Die Anwendung des schwefelsauren Ammoniaks geschieht am zweckmäßigsten bei der Frühjahrsbestellung zur Saat. Da das Ammoniak erst in die Salpeterform umgewandelt werden muß, hat die Pflanze während der Sommervegetation dauernd Stickstoff zur Verfügung. Im allgemeinen sollte man das schwefelsaure Ammoniak als Herbstdünger nicht anwenden. Höchstens kommt die Anwendung in Frage bei tiefgründigen, schweren Böden und besonders bei Weizen, wo dieser leicht befällt. Zu Wintergetreide wird man im allgemeinen die ganze Menge im Herbst bei der Saat nicht geben, da sonst im Laufe des Winters ein Teil in Verlust geraten kann, und zwar um so eher, je leichter der Boden ist. Will man das schwefelsaure Ammoniak als Kopfdünger zu Getreide geben, so ist es so früh wie möglich im Frühjahr anzuwenden. Bei kalkreichen Böden erleidet das schwefelsaure Ammoniak, wenn es nur oben aufgestreut und nicht gleich untergebracht wird, leicht Stickstoffverluste, die durch den Kalk des Bodens bedingt werden. Zusammengefaßt kann also über die Zeit und Art der Anwendung des schwefelsauren Ammoniaks gesagt werden, dieses möglichst nur im Frühjahr, entweder bei den Sommerhalmfrüchten zur Saat oder bei der

Winterung als Kopfdünger im zeitigsten Frühjahr zu geben. Soll das schwefelsaure Ammoniak als Vorratsgabe für den Winter bei der Herbstbestellung schon gegeben werden, so soll das aus den oben erwähnten Gründen nur in geringen Mengen geschehen.

Besonders schwierig ist das Ausstreuen des Kalkstickstoffs wegen seines starken Stäubens und seiner ätzenden Wirkung. Deshalb kann der Kalkstickstoff nur mit der Maschine ausgestreut werden. Es kommen Schutzanzüge, Hauben, Handschuhe, Brillen und Masken in den Handel, die diese Nachteile aufheben sollen. Trotz alledem ist auch die Maschinensaat mit großen Unannehmlichkeiten verknüpft. Um das Stäuben zu verhindern, hat man geölten Kalkstickstoff hergestellt, der aber mit der Hand auch noch recht schlecht ausstreubar ist. Es sind viele Vorschläge gemacht, den Kalkstickstoff mit anderen Substanzen zu vermischen, z. B. mit Eisenoxyd, mit Kalisalzen, Thomasmehl, mit Braunkohle und Sägespänen, Torfmull und feuchter Erde, die wenig oder gar keine Einführung in die praktische Landwirtschaft gefunden haben.

Infolge der Tatsache, daß wäßrige Cyanamidlösungen vom Boden so stark absorbiert werden, daß sie nicht in die für Pflanzenwurzeln unerreichbaren Tiefen versickern können, kann der Kalkstickstoff besonders auch auf schweren Böden bereits im Herbst in voller Gabe gegeben werden. Infolge seiner Umsetzungen im Boden (über Harnstoff und kohlensauren Ammoniak zu Salpeter) bildet der Kalkstickstoff eine langsame, aber dauernde Stickstoffquelle. Wie C. Ritgen (10) sagt, soll durch Kalkstickstoffdüngung ein übermäßiges Längenwachstum der Zellen vermieden werden und damit eine erhöhte Bruchfestigkeit der Stengel des Getreides entstehen. Der Kalkstickstoff muß, soll er durch seine ätzenden Eigenschaften nicht schaden, einige Zeit vor der Saat in den Boden gebracht werden, und zwar um so früher, je sandiger, trockner und roher der Boden ist. Bei günstiger Bodenbeschaffenheit 4—6 Tage vorher, bei ungünstiger Bodenbeschaffenheit 10 Tage und mehr (5). Kalkstickstoff sollte als Dünger auf den sog. Grenzböden, das sind die zu leichten und zu schweren Böden, überhaupt nicht angewandt werden. Auf schwereren Böden hat sich — noch einmal hervorgehoben — bei der Düngung des Wintergetreides schon zur Herbstbestellung ein größerer Erfolg gezeigt als bei der Kopfdüngung im Frühjahr.

Die Anwendung des Kalkstickstoffs als Kopfdünger ist im allgemeinen nicht zu empfehlen. Für Rüben, Kartoffeln, Blattpflanzen, Raps, Kohlarten und für Sommersaaten kommt eine Kopfdüngung als Breitdüngung überhaupt nicht in Frage. Statt der Breitdüngung kann jedoch eine Reihendüngung mit einer Reihendüngerstreumaschine ausgeführt werden, die den Kalkstickstoff zwischen die Pflanzenreihen streut. Hierdurch wird eine Schädigung der Pflanzen und bei einer eventuell gleich nachfolgenden Hacke werden die Stickstoffverluste durch Verflüchtigung vermieden (2). Eine Anwendung des Kalkstickstoffs als Kopfdüngung für Wiesen und Weiden empfiehlt sich nur vor Beginn des Pflanzenwachstums.

Zusammengefaßt über Zeit und Art der Anwendung des Kalkstickstoffs ist also zu bemerken: Der Kalkstickstoff sollte immer mit dem Düngerstreuer ausgebracht werden. Bei Handarbeit müssen unbedingt, um Schädigungen von Menschen und Tieren zu vermeiden, Schutzmaßnahmen getroffen werden, die ein Eindringen des Kalkstickstoffs in die Haut usw. möglichst verhindern. Die Zeit der Anwendung ist abhängig einmal von der Pflanzenart, Winterung oder Sommerung und außerdem von der Empfindlichkeit der Pflanze gegen den ätzenden Kalkstickstoff. Allgemein sollte man daran festhalten, Kalkstickstoff nie mit der Saat auszustreuen, sondern immer einige Zeit vorher. Das Sommergetreide erhält die ganze Gabe vor der Saat, die durch Grubber und Eggen untergebracht wird. Kalkstickstoff, der im Herbst tief untergebracht wurde, ergab z. B. bei Gerste eine sehr günstige Wirkung. Will man dem Wintergetreide Kalkstickstoff geben, so kommt hierfür nur der Herbst in Frage.

Harnstoff kommt wohl nur in größeren Mengen als Wiesen- und Weidendünger in Frage. Auf den Weiden wird er häufig gleich nach dem Umtreiben des Viehes ausgestreut und zwar in den meisten Fällen wohl mit der Hand. Durch diese intensive Düngung wird die Ausnutzung der Weide erhöht, und es ist möglich, den Besatz je Hektar zu vergrößern. Sonst kommt der Harnstoff noch als Gartendünger in Frage. In allen Fällen natürlich eben nur während der Sommervegetation. Er wird mehrere Tage vor dem Pflanzen in Mengen von 1—2 kg je Ar gestreut und sofort in den Boden gearbeitet. Ferner empfiehlt es sich, 2—3 mal während der Wachstumszeit eine Überbrausung der Beete mit einer Lösung von 10 g Harnstoff in 10 l Wasser auf je 2 m² vorzunehmen. H. C. Müller (4) empfiehlt diese Anwendung bei Tabak, Gemüse, Gartenblumen und Stauden. Nach Verabfolgung der Salzlösung müssen die Pflanzen mit reinem Wasser überbraust werden. Topfblumen sollten während der Hauptwachstumszeit wöchentlich einmal gegossen werden mit einer Lösung von 1 g Harnstoff auf 1 l Wasser. Erbsen und Bohnen erhalten auf 1 a 500 g Harnstoff vor der Saat. Rasen erhält im Frühjahr auf 1 a 1—1,5 kg Harnstoff, später wird er öfter überbraust mit einer Lösung von 1 g auf 1 l Wasser.

3. Phosphorsäuredünger. Durch zahlreiche Versuche ist bewiesen, daß eine Phosphorsäuredüngung auf den meisten Böden Deutschlands genau so notwendig ist, wie eine Düngung mit Stickstoff, Kali und Kalk. Der erheblich gestiegene Verbrauch an Kali- und Stickstoffdüngern zieht ganz folgerichtig auch einen gesteigerten Verbrauch an Phosphorsäuredüngern nach sich. Neben der Erhöhung der Ernten wirkt die Phosphorsäuredüngung (7) aber auch noch in ähnlicher Weise wie das Kalisalz günstig auf die Beschaffenheit der Ernten ein, indem sie besonders die Reife der Samenwurzeln oder Knollen vollkommener gestaltet.

An Phosphorsäuredüngern kommen vor allen Dingen Superphosphat, Thomasmehl, Rhenaniaphosphat und selten Knochenmehl oder Rohphosphate zur Anwendung.

Über die Zeit und Art der Anwendung des Superphosphates läßt sich allgemein folgendes sagen:

Die Phosphorsäure des Superphosphates ist wasserlöslich. Deshalb steht auch das Superphosphat hinsichtlich der Schnelligkeit des Wirkens aller Phosphorsäuredünger an der Spitze. Sie kann also direkt von den Pflanzenwurzeln aufgenommen werden. Dies geschieht aber nur zu einem kleineren Teil, da die lösliche Phosphorsäure im Boden auf Kalk, Magnesia, Eisen, Tonerdeverbindungen stößt und mit diesen eine im Wasser unlösliche Form eingeht. Es bildet sich z. B. in den Böden, die kohlensauren Kalk enthalten, in ziemlich kurzer Zeit das Dicalciumphosphat, das nun auf lange Zeit für die Pflanzen Phosphorsäurewirksamkeit behält. Nicht für alle Bodenarten eignet sich das Superphosphat am besten. Man sollte es auf leichten und schwach absorbierenden Böden nur in kleineren Mengen geben. Im allgemeinen ist das Superphosphat der ideale Dünger für schwerere Böden, und hier kann man die gesamte Menge beim Wintergetreide und Winterölfrüchten in voller Gabe im Herbst bei der Saat geben. Ist der Boden ziemlich tätig und wird recht früh gesät, so kann man auch die Hälfte zur Saat und die Hälfte im Februar/März als Kopfdünger verabfolgen und eineggen oder einhacken. Zu Sommerfrüchten auf leichten Böden gibt man das Superphosphat ganz vor der Saat. Auf schweren Böden ist es zweckmäßig, alles vor der Saat zu geben. Es ist immer angebracht, Superphosphate mit dem Düngerstreuer zu säen, da vor allen Dingen in den besseren

Bodenarten sonst auf eine gleichförmige Verteilung im gelösten Zustande, also einfach mit Hilfe des Wassers, nicht zu rechnen ist, da eine rasche Absorption der löslichen Phosphorsäure erfolgt. Man muß also auch hier durch Eineggen, durch Grubbern usw. dafür sorgen, daß dieses Düngemittel in möglichst gleichmäßiger Verteilung sich im Acker befindet. Im rauhen Klima und in bindigen, kalten Böden sind die Löslichkeitsverhältnisse der Phosphorsäure am schlechtesten. Hier wird man die Phosphorsäuredüngung immer schon möglichst rechtzeitig als Superphosphat geben, um den Pflanzen in ihrer kurzen Vegetationszeit möglichst viel Phosphorsäure zur Verfügung stellen zu können.

In der deutschen Landwirtschaft wird mehr als bisher das Thomasmehl als Phosphorsäuredünger bevorzugt. Im Thomasmehl ist die Phosphorsäure nicht wasserlöslich. P. Wagner hat bewiesen, daß die Humussäuren des Erdbodens sowie die leichten Säuren der Pflanzenwurzeln schon lösend auf die Phosphorsäure des Thomasmehls einwirken, und daß selbst kohlensäurehaltiges Wasser sie angreift, unter Bildung „von einfach saurem Calciumorthophosphat“, das bei weiterer Einwirkung kohlensäurehaltigen Wassers in zweifach saures Calciumorthophosphat übergeht und somit in die wasserlösliche Modifikation der Phosphorsäure verwandelt wird, wie wir sie in dem Superphosphat kennen (8).

Im Bodenwasser selbst löst sich die Phosphorsäure des Thomasmehls nicht, sondern sie wartet ruhig ab, bis eine Pflanzenwurzel zu ihr kommt und sie aufzehrt. Sobald sie aber mit der Pflanzenwurzel in Berührung kommt, zeigt sie derselben gegenüber kein anderes Verhalten als die Phosphorsäure des Superphosphates auch, denn die Löslichkeit im Bodenwasser ist, wie oben erwähnt, schon beim Superphosphat, wenn es einige Zeit im Boden gelagert hat, nicht höher als beim Thomasmehl. Diese Wurzelausscheidung kommt einer 2proz. Citronensäurelösung gleich. Deshalb wird das Thomasmehl auch nach citronensäurelöslicher Phosphorsäure gehandelt. Die Chemie des Thomasmehls und seine Umsetzungen im Boden gibt uns aber auch zugleich den Fingerzeig für die Zeit und Art der Anwendung.

Zu allen Getreidearten kann Thomasmehl gegeben werden. Es ist der ideale Phosphorsäuredünger vor allen Dingen für die leichteren Böden. Von der Thomasschlacke ist eine günstige Nachwirkung zu erwarten und deshalb deren Anwendung auch ganz besonders bei tiefer Bearbeitung des Bodens und beim Anbau mehrjähriger Gewächse zu empfehlen, wie auch bei allen Futterfeldern. Es kann längere oder kürzere Zeit vor der Bestellung auf den Acker gegeben werden. Um ein Stäuben zu verhindern, kann eine Vermischung meistens mit Kalisalz vorgenommen werden, wodurch die Phosphorsäure für die Pflanzen leichter aufnehmbar werden soll. Auf den Wiesen und eventuell auch auf Weiden wird es schon im Herbst gegeben, um durch die Niederschlagswasser in den Boden gespült zu werden. Im allgemeinen gilt die Regel, daß das Thomasmehl möglichst einige Zeit vor der Saat, spätestens aber bei der Bestellung in den Boden zu bringen ist. Seine Verwendung ist auf allen Böden zu allen Pflanzen und zu jeder Jahreszeit möglich. Neuerdings wird auch das Thomasmehl gebraucht als Bekämpfungsmittel gegen allerhand tierische und pflanzliche Schädlinge (s. Kap. X).

Erst im Kriege wurde das Rhenaniaphosphat als Phosphorsäuredünger hergestellt und für die Düngung gebraucht. Die Löslichkeit der Phosphorsäure ist gleich der des bekannten und bewährten Dicalciumphosphates oder Präcipitates (Citratlöslichkeit). Der hohe Gehalt an Phosphorsäure (23—31% ammoniumcitratlösliche Phosphorsäure) hat eine erhebliche Verbilligung der Fracht, Transport und Streukosten für die Einheit wirksamer Phosphorsäure zur Folge. Für die Zeit und Art der Anwendung gilt im großen und ganzen dasselbe wie für das Thomasmehl. Berücksichtigt werden muß, daß das Löslichmachen der Phosphorsäure des Rhenaniaphosphates langsamer geht als das der Phosphorsäure des Superphosphates, und schneller, als das der Phosphorsäure des Thomasmehls. Rhenaniaphosphat wird im Herbst oder im Frühjahr mit gutem Erfolge angewandt.

Die weicherdigen Rohphosphate kommen nur auf sauren Hochmoorböden in Anwendung, da deren Humussäure diese Phosphate löst. Will man mit Knochenmehl düngen, wird man es eher der länger wachsenden Winterung und dem Grünlande verabfolgen, als der Sommerung mit der kürzeren Wachstumszeit und den höheren Nährstoffansprüchen.

4. Die Kalidünger. Die Kalidünger fördern nicht nur den Ertrag, sondern bessern vielfach auch die Güte der Ernte. Als Kalidünger kommen vor allen Dingen in Frage die hochprozentigen Salze und die Kalirohsalze. Zu den Kalidüngemitteln sind zu rechnen die Kalidüngesalze, 20-, 30- und 40er, schwefelsaures Kali = K_2SO_4, schwefelsaure Kalimagnesia = $K_2SO_4MgSO_4$, Kalirohsalze, besonders Kainit, weniger Carnallit und Sylvinit. Das Kali ist in Wasser löslich. Auch wird es vom Boden festgehalten, allerdings nur unter der Voraussetzung, daß der Boden nicht allzuviel an Säure leidet.

Das Kali wirkt im allgemeinen ziemlich schnell und auch anhaltend. Alle Kalirohsalze sollten möglichst frühzeitig und längere Zeit vor der Saat in den Boden gebracht werden und zwar um so früher, je mehr Nebensalze, besonders auch Chlor, sie im Verhältnis zum Kalisalz haben.

Auf die Frage, wann die hochprozentigen Kalidüngesalze anzuwenden sind, gibt uns L. Neye (6) folgende für uns wichtige Antworten:

1. Wenn man schweren Boden mit Kali düngen will, weil das Kalidüngesalz den schweren Böden weniger leicht dicht schwemmt und verkrustet als die Kalirohsalze.

2. Wenn das Kali aus besonderen Gründen erst mit der Saat gegeben werden kann; denn das Kalidüngesalz wirkt weniger ungünstig auf die Keimung ein als die Kalirohsalze.

3. Wenn auf humusreichen, kalkarmen Bodenarten und auch auf dem Moore sehr starke Kalidüngungen gegeben werden sollen. Unter diesen Umständen bilden sich bei Anwendung von Rohsalzen größere Mengen von freien Säuren, die auf das Gedeihen der Pflanze schädlich wirken.

4. Wenn die Kalisalze aus sehr weiter Entfernung verschickt werden müssen, weil durch die größere Ersparnis der Frachtkosten von einer gewissen Grenze ab das Kalidüngesalz billiger wird, als z. B. der Kainit.

5. Wenn Kartoffeln noch kurz vor der Bestellung mit Kali gedüngt werden sollen, weil sie in diesem Falle den Stärkegehalt der Knollen nicht so herabsetzen

Und wir fügen hinzu:

6. vor allen Dingen auch aus Rücksichtnahme auf die Arbeitsersparnis, die unter den heutigen Verhältnissen ganz besonders stark ins Gewicht fällt.

Literatur.

(1) Alten, F.: Kaliforschungsanstalt: Kali und Landwirtschaft, Vorträge, gehalten auf dem 7. Kalitage **1928**.

(2) Dtsch. landw. Presse **1916**, Nr 47, 397.

(3) Kappen, H.: Die Bodenacidität. 1929.

(4) Müller, H. C.: Wolfs Düngerlehre, S. 130. 1926.

(5) Neye, L.: Ackerbaulehre, S. 119. 1925. — (6) Ebenda S. 129. — (7) Nolte, O.: Mitt. dtsch. Landw.-Ges. **1928**, Stück 10.

(8) Passon, M.: Das Thomasmehl, seine Chemie und seine Geschichte, S. 11. — (9) Peters: Arbeitsverfahren und Arbeitsleistungen in der Landwirtschaft. Arb. dtsch. Landw.-Ges. H. 368, 72.

(10) Ritgen, C.: Grundlehren der Chemie für Landwirte, S. 245. 1928/29.

(11) Schneidewind, W.: Die Ernährung der landwirtschaftlichen Kulturpflanzen, S. 388. 1924.

V. Die Düngung der landwirtschaftlichen Kulturpflanzen.

1. Die Düngung der Hackfrüchte.

Von

Dr. ERNST BIEREI
Direktor des Thünen-Institutes in Rostock.

Die großen Erträge je Hektar bedingen, daß die Hackfrüchte große Mengen pflanzlicher Nährstoffe aufnehmen müssen. Nach H. NEUBAUER entzieht eine Ernte von 240 dz Kartoffeln je Hektar: 45 kg Phosphorsäure, 210 kg Kali; eine Ernte von 300 Ztr. Zuckerrüben entzieht je Hektar: 45 kg Phosphorsäure, und 188 kg Kali. TH. REMY rechnet für 100 dz Kartoffelknollen mit zugehörigen 40 dz Kartoffellaub eine Nährstoffmenge von 44 kg Stickstoff, 94 kg Kali, 20,4 kg Phosphorsäure, 35 kg Kalk, 14,4 kg Magnesia. Für 100 dz Zuckerrüben mit dem dazugehörigen Laub und Köpfen von 75 dz rechnet er 42,5 kg Stickstoff, 62,5 kg Kali, 15,5 kg Phosphorsäure, 18,5 kg Kalk, 13,3 kg Magnesia (30).

Welche Mengen an künstlichem Dünger verabreicht werden müssen, hängt nicht allein von dem Nährstoffbedürfnis der Pflanzen ab, wie ein solches in den Nährstoffmengen ermittelt wird, die in der Ernte enthalten sind, sondern von dem Grad der Fähigkeit, sich die Nährstoffe des Bodens anzueignen oder auch, z. B. bei den Schmetterlingsblütlern hinsichtlich des Stickstoffes, sich anderweitig zu beschaffen. Nährstoffbedürfnis der Pflanzen und ihr Düngungsbedürfnis decken sich nicht.

P. WAGNER stellte in Relativzahlen folgendes Aneignungsvermögen fest. Für Kali:

Zuckerrüben	100	Roggen	57
Kartoffeln	89	Weizen	52
Erbsen	71	Gerste	43
Hafer und Rotklee	67		

TH. REMY (29) beobachtete bei der Phosphorsäure folgendes:

Kartoffeln	100	Kohlrüben	67
Mohrrüben	98	Hafer und Kopfkohl	59
Zuckerrüben	79	Gerste	54

H. NEUBAUER (24) gibt an, daß nach den bisherigen Beobachtungen folgende Ausbeuten der wurzellöslichen Nährstoffe durch die wichtigeren Nutzpflanzen anzunehmen seien. Die Ausbeute an Kali beträgt in einer Vegetationszeit durch:

Gerste	12 %	Rüben	33 %
Weizen	15 %	Hafer, Rotklee, Roggen,	
Kartoffeln	25 %	Raps, Luzerne	20 %

Die Phosphorsäureausbeutung beträgt in einer Vegetationsperiode durch:

Gerste	20 %
Durch alle anderen genannten Pflanzen	33 %

Obgleich diese Zahlen nicht mathematisch streng aufzufassen sind, sondern auf ihre Richtigkeit noch weiterhin geprüft werden müssen, gewähren sie doch immerhin einen ganz guten Überblick. Das gute Aneignungsvermögen der Hackfrüchte tritt deutlich hervor. Das ist erklärlich, denn die Aufnahme der Nährstoffe aus dem gleichen Boden hängt von der Leistungsfähigkeit der Wurzeln und von der Zeitdauer der Aufnahme ab. Die Hackfrüchte haben durchweg eine lange Wachstumszeit. Ihre Nahrungsaufnahme erstreckt sich also auf einen langen Zeitraum. Dabei ist besonders zu erwähnen, daß ein verhältnismäßig geringer Jugendbedarf vorliegt, daß der Hauptbedarf in die mittlere Entwicklungszeit der Hackfrüchte fällt und dann bis zur Reife abnimmt. Endlich ist zu erwähnen, daß diese Zeit sowie Art der Nahrungsaufnahme, die erfahrungsgemäß so große Bedeutung der organischen Düngung gerade für die Hackfrüchte erklärt. Ein wesentlicher Teil auch der schwerlöslichen Stickstoffverbindungen kann sich während des langen Zeitraumes umsetzen und den Hackfrüchten zugute kommen.

I. Die Düngung der Kartoffel.

Auf den schweren Bodenarten steht dabei der Stallmist im Vordergrunde, während auf dem leichten Boden die Gründüngung die Wirkung des Stallmistes erreicht, ja z. T. noch übertrifft.

1. Bei der **Kalkdüngung** sind folgende Punkte zu beachten: 1. die optimale Reaktion und 2. die Rücksicht auf die Schorffrage. Die Kalkdüngung wirkt vielseitig in physikalischer, biologischer und chemischer Richtung. Auf den leichten Bodenarten muß der Einfluß der Bodenreaktion an die Spitze gestellt werden, weil die Regelung der Bodenreaktion zu den Grundlagen jeder erfolgreichen Bodenkultur gehört. Die Kartoffel verträgt schwache Bodensäure, was schon seit 100 Jahren bekannt ist. Die Kenntnisse sind wesentlich vertieft. Insbesondere haben H. R. Christensen, J. Hudig, H. Kappen, O. Arrhenius, M. Trénel gezeigt, welche Wege einzuschlagen sind. M. Trénel (48) gibt für Kartoffelböden die Wasserstoffionenkonzentration 5—6 als Optimum an. Je schwerer der Boden wird, um so mehr darf die Reaktion dem Neutralpunkt zustreben, um so höher muß der Kalkgehalt des Bodens sein, damit die Kartoffel auf diesen Böden auch ihre Lebensgrundlagen, nämlich Luft und Wärme, in rechter Weise findet. Dieselbe schwachsauere Reaktion, die auf anmoorigem Sandboden der Kartoffel so zuträglich ist, wirkt ungünstig auf schwerem Boden.

Bei der Kalkdüngung der Kartoffelböden bevorzugt man die Form des kohlensauren Kalkes. Man hat beobachtet, daß die Gefahr der Schorfigkeit auf leichtem Boden am ersten immer dann vermieden wird, wenn der Kalk zur Kartoffel nach dem Pflanzen gegeben wird. In solchem Falle wird man jedoch keinen kohlensauren Kalk, sondern gemahlenen gebrannten Kalk nehmen.

Hat ein Betrieb verschiedene Bodenarten und werden dort Zuckerrüben und Kartoffeln angebaut, so kann auf die Säure- bzw. Alkaliempfindlichkeit der Pflanzen leicht Rücksicht genommen werden. J. Hudig zeigte wiederholt an diesen verschiedenen Fruchtfolgen, wie geringe Gaben von Mangansulfat einen Schutz gegen die Nachteile der alkalischen Bodenreaktion darstellen und wie durch Anwendung physiologisch saurer Kunstdünger diese Nachteile gemildert werden.

2. Bei der **Phosphorsäuredüngung** ist folgendes zu bemerken: 1. die Kartoffel hat ein verhältnismäßig gutes Aneignungsvermögen für Phosphorsäure; 2. die Phosphorsäure, die wir mit dem Stallmist geben, spielt eine große Rolle; 3. Phosphorsäure wird nicht ausgewaschen.

Die Gehaltszahlen, die wir bei der Phosphorsäure kennenlernten, stimmen zwar nicht ganz genau, weil unter dem Einfluß der Witterung, Düngung und Sorte ganz allgemein nach dem verschiedenen Zusammenspiel aller Faktoren der je Doppelzentner Knollen entfallende Gehalt bei allen Pflanzennährstoffen von dem Durchschnittssatz mehr oder weniger abweichen wird. Das verhältnismäßig große Aneignungsvermögen der Kartoffel für Phosphorsäure hat viele Stellen veranlaßt, zu untersuchen, ob bei einer starken Stallmistgabe eine Zufuhr von Phosphorsäure durch künstliche Düngung notwendig sei. Eine sehr erhebliche Zahl der Kartoffeldüngungsversuche schloß bei starker Stallmistdüngung ohne eigentlichen Erfolg einer Phosphorsäurebeigabe ab, so daß Kartoffeln in guter Stallmistdüngung im allgemeinen eine Phosphorsäuredüngung nicht lohnen. Zu günstigen Ergebnissen kommt dagegen W. Schneidewind (44). Er erzielte in Lauchstädt lohnende Mehrerträge. Eichinger (4) berichtet auch über günstige Ergebnisse, desgleichen O. Nolte. Es handelt sich hier um einen Betrieb, der nach statistischen Berechnungen mehr Phosphorsäure zu- als ausgeführt hatte. Bei den vierjährigen Versuchen von 1922—1925 brachten die Kartoffeln in Gründüngung neben Stallmist lohnende Mehrerträge durch Zugabe von 45 kg Phosphorsäure je Hektar. Nach wie vor bleibt jedoch die Frage der Düngung mit Phosphorsäure neben der Stallmistdüngung sehr umstritten. Da in der Praxis die Kartoffelböden durchschnittlich keine starken Stallmistgaben, sondern nur schwache erhalten, dürfte sehr häufig eine künstliche Düngung mit Phosphorsäure zu Kartoffeln lohnend sein.

Die Phosphorsäure wird bei richtiger Anwendung nicht ausgewaschen. Ihre Wirkung verschlechtert sich in unseren Böden durchweg nicht. Man kann eher annehmen, daß die Wirkung, die sich auf eine Reihe von Jahren erstreckt, im Laufe der Zeit noch günstiger wird. Der Landwirt hat demzufolge bei der Bemessung der Phosphorsäuregaben einen ziemlich weiten Spielraum, weil die Phosphorsäure, die die Pflanze in einer Vegetationszeit nicht braucht, nicht verlorengeht, sondern der nachfolgenden Pflanze erhalten bleibt. Man wird deshalb zweckmäßigerweise denjenigen Pflanzen eine reichliche Phosphorsäuredüngung geben, von denen man weiß, daß sie phosphorsäurebedürftig sind und daß auch bei ihnen eine anderweitige starke künstliche Düngung in Frage kommt. Hierzu gehört in erster Linie die Kartoffel. Der Praktiker wird daher immer gut tun, neben der Stallmistdüngung seinen Kartoffeln Phosphorsäure zu verabreichen. Wo im Rahmen aller Wachstumsfaktoren auf ein Erreichen hoher Kartoffelernten gerechnet werden kann, wird man zu einer Stallmistdüngung von 250—300 dz je Hektar noch eine Phosphorsäuregabe von 40—50 kg je Hektar geben können.

Ob man die Phosphorsäure in Form von Superphosphat oder Thomasmehl gibt, hängt von der Bodenart, noch mehr aber von der Bodenreaktion ab. Andere Unterschiede sind kaum noch vorhanden. Höchstens könnte man eine Besonderheit, die für den Kartoffelbau für den Frühmarkt vorliegt, erwähnen. Für solche Frühkartoffeln ist unbedingt das Superphosphat vorzuziehen, weil sie eine ganz kurze Entwicklungszeit haben.

3. Bei der **Kalidüngung** merken wir uns wiederum vorweg, daß bei den Kartoffeln zu berücksichtigen ist: 1. der Kalibedarf; 2. das geringere Aneignungsvermögen der Kartoffel gegenüber der Zuckerrübe; 3. die Chlorempfindlichkeit; 4. die Berücksichtigung der Möglichkeit von Ertragsdepressionen bei falscher Kalidüngung; 5. die gute Verwertung des Stallmistkalis durch die Kartoffel. Dem hohen Kalibedarf der Kartoffel steht ein mäßiges Aneignungsvermögen gegenüber, wenn man das letztere mit dem Kalianeignungsvermögen der Zuckerrüben vergleicht.

Das Stallmistkali ist in seiner Bedeutung sehr zu beachten, besonders dann, wenn teilweise Gründüngung oder einseitig die Gründüngung als Lieferant der organischen Substanz in Frage kommt. Die Gründüngung vermag nur die Ackerkrume auf Kosten des Untergrundes an Mineralstoffen zu bereichern. Sie liefert aber keine neuen Mineralstoffe dem Boden, wie dies der Stallmist tut. Der letztere führt in einer Gabe von 200 dz je Hektar 100 bis 120 kg reines Kali dem Boden zu. Dieses Stallmistkali wirkt nach Untersuchungen von TH. REMY (36) bei der Kartoffel hervorragend. W. SCHNEIDEWIND gibt an, daß das Stallmistkali etwa zu 60% ausgenutzt wird. Die Wirkung des Stallmistkali, wie überhaupt des gesamten Kalis, ist naturgemäß von den übrigen Wachstumsfaktoren, insbesondere von der Stickstoffernährung der Kartoffel, abhängig.

War es bei der Phosphorsäure ziemlich nebensächlich, in welcher Form sie gegeben wurde, so kann man ein gleiches von dem Kali nicht sagen. TH. REMY (32) sagt, daß die Kaliform die allergrößte Bedeutung für die Kartoffel habe. Er führt das Ergebnis von neun einjährigen Kartoffelversuchen an:

Kalisalz.

	Kainit	Düngesalz 40%	Schwefelsaures Kali	Schwefelsaure Kalimagnesia
	a) 1 kg Kali lieferte kg			
Kartoffeln	23	35	35	36
Stärke	1,0	3,9	5,6	6,0
	b) Stärkegehalt + oder —			
Prozent	—2,2	—1,3	+0,2	+0,3

Auf Grund seiner gesammelten Erfahrungen stellt TH. REMY (33) folgende Richtlinien auf:

1. Chloride pflegen den Stärkegehalt, wenn sie in großen Mengen gegeben werden, auch wohl den Ertrag der Knollen zu drücken. Der Ertrag leidet allerdings erst dann, wenn die Menge der Chloride gewisse Schwellenwerte überschreitet, während der Stärkegehalt schon bei verhältnismäßig schwacher Chloridzufuhr sinkt.

2. Kainit kommt überhaupt nicht oder nur als Lückenbüßer zu Eßkartoffeln, deren Marktwert vom Stärkegehalt unabhängig ist, in Betracht.

3. Von den hochgradigen Kalisalzen ist das 40proz. Düngesalz weitaus das billigste. Die Einheit Stärkemehrertrag wird durch die schwefelsauren Salze jedoch kaum stärker als durch 40proz. Salz belastet.

4. Wer im Hinblick auf die Verwendung der Kartoffel zu Fabrik- und Trockenzwecken auf hohen Stärkegehalt sehen muß, fährt mit den schwefelsauren Salzen am besten.

5. Die Frage der Kaliform verliert übrigens sehr an Bedeutung, wenn Stallmist einen erheblichen Anteil des Kalibedarfes der Kartoffel deckt, oder wenn aus irgendeinem anderen Grunde verhältnismäßig geringe Kalisalzgaben zur Erntesicherung ausreichen.

Für die Kaliform entscheidend ist die Zeit der Verwendung. Hat man die Möglichkeit, schon während des Winters oder im ganz zeitigen Frühjahr auf ganz leichtem Boden das Kali zu geben, so wird man trotz des schädlichen Einflusses der Chloride zum Kainit greifen. In den meisten Fällen liegt die Sache aber doch so, daß der Boden für die Kartoffelbestellung ziemlich spät, oft kurz vor der Bestellung, vorbereitet werden kann. In diesem Falle kann das Kali auch nur kurz vor der Bestellung gegeben werden. Das schwefelsaure Kali wäre in diesem Falle die rechte Form. Der Landwirt hat aber nicht die Möglichkeit, nun auch immer schwefelsaures Kali zu verwenden. In solchem Falle ist es durchaus ratsam, sofern hoher Stärkegehalt gefordert werden muß, das Kali erst einige Wochen nach der Kartoffelbestellung in Form des 40er Kalisalzes zu geben. Das ist eine praktische Erfahrung, die durch Versuche noch mehr bewiesen werden könnte. Muß auf jeden Fall großer Wert auf den Stärkegehalt der Kartoffel gelegt werden, dann ist es nicht nur zweckmäßig, sondern notwendig, schon die Vorfrucht mit der Kalimenge zu versehen, die man der nachfolgenden Kartoffel zugedacht hatte. Diese Art der Kalidüngung findet in neuerer Zeit immer mehr Anhänger unter den praktischen Landwirten.

Über gute Erfahrungen mit schwefelsauren Kaliverbindungen berichtet O. Nolte (27). Die Versuche wurden mit 40er Kalisalz und mit schwefelsaurer Kalimagnesia gemacht (Patentkali). Der bei zu später Verwendung von Rohsalzen und oft auch bei 40er Kalidüngesalz beobachtete Rückgang des Stärkegehaltes trat bei Verwendung von schwefelsauren Kaliverbindungen im allgemeinen nicht ein.

Die lohnende Menge der Kalidüngung wird sehr erheblich beeinflußt von dem nutzbaren Kaligehalt des Bodens. Von Natur aus liegen große Unterschiede vor. Etwas Einheitliches haben aber die Bodendüngungsmethoden nicht ergeben. Es wurde bereits erwähnt, daß die Menge und Güte der Stallmistdüngung beim Kali eine große Rolle spielt. Aber auch abgesehen hiervon muß die Höhe der Kalidüngung im Verhältnis zu den anderen Wachstumsfaktoren bestimmt werden. Je besser alle Wachstumsbedingungen ineinandergreifen, desto besser wird sich naturgemäß die Kalidüngung auswirken können. — Wo die Wasserfrage geregelt ist, wo gleichzeitig eine reichere Stickstoffernährung stattfindet, wird auch die Höhe der Kaligabe einen erheblichen Umfang erreichen müssen. Große Stickstoffdüngung muß eine große Kalidüngung nach sich ziehen. Eine Überdüngung mit Kali kann Ertragsdepressionen hervorrufen. Sie treten allerdings dann leichter auf, wenn die Anwendung des Kalisalzes spät erfolgt. Th. Remy fand zwar, daß früh angewandtes Kali nicht immer unbedingt überlegen war. Als allgemeine Regel muß aber gelten, eine zeitige Düngung im Frühling anzustreben, weil im Durchschnitt der Fälle die zeitige Anwendung die Vorteile hat.

Die Angabe von Mittelzahlen hat angesichts der vielen einschlägigen Faktoren, die eine Abweichung erzwingen, nur einen ganz bedingten Wert. Man verwendet zu 250—300 dz Stallmist je Hektar 60—80 kg Kali, um einen Knollenertrag von 200—250 dz zu haben. Zu einem Knollenertrag von 300 dz je Hektar werden 100 kg Kali als angemessen erachtet. Findet keine Stallmistdüngung, sondern nur Gründüngung einseitig statt, so wird man, wenn man 300 dz Knollen vom Hektar ernten will, 100—160 kg Reinkali zuführen. Besonders hohe Kaligaben werden auf Niederungsmooren lohnend verwendet, weil das Niederungsmoor infolge seines Stickstoffreichtums und seiner ausreichenden Feuchtigkeit sehr hohe Kartoffelernten zu liefern vermag.

4. Bei der **Stickstoffdüngung** ist vorweg zu berücksichtigen: 1. der Stickstoff, der durch die organische Masse zugeführt wird, ist in seiner Höhe zu beachten; 2. die Stickstoffaufnahme verläuft allmählich; 3. die Kartoffel gilt als sog. Ammoniakpflanze; 4. Geschmackseinflüsse und Einflüsse auf Saatgutwert und Haltbarkeit sind zu berücksichtigen. Ein großer Teil des Stickstoffbedarfs wird von der organischen Düngung gedeckt. Auch der bereits im Boden vor-

handene Humusvorrat übt seine besondere Wirkung aus, weil die Bearbeitung der Kartoffel die Umsetzung im Boden beschleunigt. Unter der Schattendecke werden je nach Bodenart, Bodenzustand und Klimaeinflüssen auch die stickstoffsammelnden Bodenbakterien ihre Tätigkeit mehr oder weniger reich entfalten. Je nach Vorfrucht, Bodengare, Menge und Güte der organischen Düngung, insbesondere auch der Wasserfrage, wird die Höhe der künstlichen Stickstoffdüngung eingeschätzt werden müssen. Nirgends hat man so wertvolle Beobachtungen anstellen können als bei der Stickstoffdüngung, nirgends zeigt sich der Einfluß der natürlichen Bedingungen so deutlich, als bei der Wirkung der Stickstoffdüngung. Die Kartoffel gehört zu den Pflanzen, die gut haushalten und sich den Verhältnissen anpassen können. Das darf aber nicht dazu führen, die Düngung in falscher Weise zu beschneiden. Neben einer mittleren Stallmistdüngung werden 50 kg Stickstoff als Mindestgabe zu gelten haben. Wo das Zusammenwirken aller Faktoren hohe Ernten ermöglicht, ist eine Gabe von 60—80 kg Reinstickstoff angebracht.

Als Form der Stickstoffdüngung stehen die Ammoniakverbindungen, vom salzsauren Ammoniak abgesehen, im Vordergrunde. Die Kartoffel verwertet Ammoniak besonders gut, so daß Salpeterarten keine Überlegenheit zeigen konnten. Auf Böden mit katalytischer und mikrobieller Kraft kann auch z. T. Kalkstickstoff Verwendung finden, der dann frühzeitig, am besten mit dem Kali zusammen, zu streuen ist. Die Stickstoffdünger, die Ammoniak und Salpeter gleichzeitig enthalten, sind besonders dann am Platze, wenn die organische Düngung weniger zersetzt ist, wenn sie also den Kartoffeln erst später ihre Stickstoffmengen zur Verfügung stellt und in den ersten Entwicklungsmonaten nur wenig Stickstoff liefert. Die Stickstoffdüngemittel, die Ammoniak und Salpeter gleichzeitig enthalten, eignen sich auch besonders zur Düngung nach dem Pflanzen der Kartoffeln, also als Kopfdünger.

Einen Überblick über den Verlauf der Nahrungsaufnahmen für eine Kartoffelernte von 300 dz zeigte uns Th. Remy (31) an folgenden Zahlen:

Pflanze und Ertrag	Hektarbedarf kg	Von der Gesamtmenge aufgenommen je ha kg									Dauer der Aufnahme von der Saat ab Tage
		März	April	Mai	Juni	Juli	August	Sept.	Okt.	Nov.	
Stickstoff	145	—	—	25	32	61	23	4	—	—	150
Kali	310	—	—	46	55	135	57	17	—	—	150
Phosphorsäure	67	—	—	9	13	28	12	5	—	—	150

Es zeigt sich, daß die Kartoffel eine dauernd fließende Stickstoffquelle zur Verfügung haben muß, weshalb eine Kopfdüngung mit Stickstoff hier also große Bedeutung hat. Gibt man die ganze künstliche Stickstoffdüngung in Form von schwefelsaurem Ammoniak, so kommt die Hälfte bei der Bestellung, die andere Hälfte als Kopfdünger zur Verwendung. Für die genaue Zeitbemessung der Düngergabe sind aber Reifezeit der Kartoffel, Verteilung der Jahresniederschläge und die einzuschätzende Schnelligkeit der Stickstoffwirkung in der gegebenen organischen Düngung maßgebend.

Auf einige Besonderheiten beim Frühkartoffelbau, insbesondere bei der Verwendung von vorgekeimten Frühkartoffeln, muß noch hingewiesen werden. Infolge der sehr kurzen Wachstumszeit der Frühkartoffeln findet die Nährstoffaufnahme in den Monaten Mai, Juni, teilweise auch Juli statt, also in ca. 65 Tagen. Die gesamte Düngung der Frühkartoffeln ist am erfolgreichsten, wenn die organische Düngung sehr gut zersetzt ist, der Stickstoff in der Salpeterform, die Phosphorsäure durch Superphosphat und das Kali in Form von schwefelsaurem Kali gegeben wird.

Was schließlich den Einfluß der Stickstoffdüngung auf die Qualität der Saatkartoffeln anbelangt, so ist über diese Frage viel mehr geredet worden, als gut und nützlich war. Es kann auch gar keine Rede davon sein, den Landwirten zu raten, durch mäßige Stickstoffgaben besonders wertvolles Saatgut zu erzielen. Abgesehen davon, daß mäßig mit Stickstoff gedüngter Boden gar kein besseres Saatgut hervorbringt als vollgedüngter, so ist das finanzielle Ergebnis solcher Maßnahme völlig niederschmetternd, wie dies Verfasser aus eigener Erfahrung erlebt hat. Er schließt sich daher den Anschauungen an, die namhafte Kenner des Kartoffelbaues bekanntgegeben haben.

Hölscher-Bürs (10): Mäßig mit Stickstoff gedüngte Kartoffeln werden in ihrem Werte als Saatware nicht herabgesetzt, sondern erhöht. Voraussetzung ist jedoch vollkommen gesundes Pflanzgut. Kranke Knollen werden durch eine Stickstoffdüngung aufgepeitscht, erreichen so noch die Größe von Pflanzkartoffeln, versagen dann aber im nächsten Jahre desto gründlicher. Hungerkartoffeln, d. h. Pflanzware vom hungrigen Boden, sind neben denen, die in Mieten oder Kellern zu warm gelegen haben, die schlechtesten Pflanzkartoffeln.

II. Die Düngung der Zuckerrübe.

Wie bei der Kartoffel bildet die organische Düngung die Grundlage der Rübendüngung.

1. Was die **Kalkdüngung** anbelangt, so gehört die Zuckerrübe zu derjenigen Gruppe von Pflanzen, für die eine schwachsaure Bodenreaktion nicht günstig ist. Auf sauren Böden leidet die Jugendentwicklung der Rübe ganz besonders stark, man sieht kümmerliche, kranke Rübenpflanzen mit übler Wurzelverzweigung. Für die gedeihliche Entwicklung der Zuckerrübe ist ein mindestens neutraler Boden Vorbedingung. Demzufolge ist eine Kalkdüngung überaus wichtig. Das beste Wachstum zeigen die Rüben bei 7—7,5 p_H. Die untere Grenze paßt mehr für die leichteren Rübenböden und die obere mehr für die schwereren Böden, wo bekanntlich der Kalk für die Verbesserung der Bodenstruktur eine hohe Bedeutung hat und dafür sorgt, daß man diese Böden mit Kalk leichter in die Krümelstruktur bringen und länger in der dichten Krümellage erhalten kann. Die Gefahr einer Überkalkung ist auf schwerem Boden nicht so nahegerückt, weil diese von Natur eine höhere Pufferwirkung aufweisen, die immer dann noch eine Ausweitung erfährt, wenn verhältnismäßig viel organische Düngung zugeführt wird. Die Beziehung zwischen dem Wachstum der Rüben und der Reaktion des Bodens zeigt sich in nachstehend aufgeführten Versuchen von M. Trénel (49):

Beurteilung des Wachstums nach Größe der Rüben und Durchschnittsertrag	Häufigkeit der Beobachtung bei p_H		
	unter 6,0 schwach sauer	6,0—6,9 neutral	7,0—7,9 schwach alkalisch
Gut bis sehr gut	—	47	22
Befriedigend	5	23	—
Unbefriedigend	47	2	—

In Prozenten auf die Gesamtzahl der Beobachtungen umgerechnet ergibt sich folgendes Bild:

Beurteilung	p_H 5	p_H 6	p_H 7	p_H 8
	schwach sauer	neutral		schwach alkalisch
Günstige	3%	51%	15%	
Ungünstige	30%	1%	—	

Mit zunehmender Annäherung an neutrale Reaktion nehmen die günstigen Beobachtungen überraschend schnell zu.

Jedoch kann eine stärkere alkalische Reaktion auch Wachstumsschädigungen hervorbringen. So hat W. Krüger gezeigt, daß die Herzfäule der Zuckerrüben durch alkalische Reaktion begünstigt wird. Solche Fälle von Überkalkungen sind meist auf ungenügend verteilte Scheideschlammdüngung, die aber bei guter Verteilung und rechtem Mengenmaß durchaus wertvoll ist, zurückzuführen. Die Herzfäule tritt vornehmlich in trockenen, heißen Sommern auf (50).

Auf den schweren Bodenarten erhält die Branntkalkdüngung den Vorzug, weil sie als Bodenverbesserungsmittel die deutlichste Wirkung ergibt. Der Kalk ist hier aber Bodendünger und nicht Pflanzendünger. Auf den leichten Rübenböden stehen Mergel und Leunakalk im Vordergrunde. Eine feine Mahlung des Mergels erdiger Körnung gestattet die gute Verteilung und begünstigt eine gleichmäßige Wirkung. Auf Grund von praktischen Erfahrungen hat die Branntkalkdüngung in neuerer Zeit eine wertvolle Umgestaltung erfahren. Saure Böden bzw. ungesunde Felder bringt man durch die sog. Notkalkung in den gesunden Zustand. Ist dies geschehen, so genügt im weiteren Verlauf der Jahre die Erhaltungskalkung. Sie geschieht durch Kalkgaben, die auf Grund der Bodenuntersuchung alle 3—4 Jahre vorgenommen werden. Die Zuckerrübe ist die Pflanze, bei der diese mit dem Düngerstreuer vorzunehmende Kalkung unbedingt ausgeführt werden muß. Auf schweren Rübenböden sind teilweise gute Erfolge mit der Oberflächenkalkung, wobei der Kalk erst im Frühjahr bei den Vorarbeiten für die Bestellung eingearbeitet wurde, zu verzeichnen. Um die Keimung nicht zu schädigen, ferner um Rücksicht auf die Möglichkeit des Austreibens von Ammoniak und endlich auf die Verringerung der Superphosphatwirkung zu nehmen, ist man besorgt, möglichst nicht weniger als einen Zeitraum von drei Wochen zwischen der Branntkalkgabe und dem Drilltag der Rübe zu haben. In der Praxis ist man in vielen Fällen viel näher mit der Oberflächenkalkung an den Drilltag herangegangen und hat einen Abstand von etwa drei Wochen als absolut richtig anerkannt. Offensichtliche Schäden sind dabei nicht entstanden. Zweckmäßig ist es jedoch in diesem Falle, den Kalk unterzuschälen, sofern alsbald hinterher die Rübe gedrillt werden soll.

2. Die Phosphorsäuredüngung. Eine Rübenernte von 400 dz Rüben je Hektar mit 300 dz zugehörigem Blatt und 10% Ernterückständen enthält nach Berechnung von Th. Remy 68 kg Phosphorsäure. H. Neubauer rechnet durchschnittlich mit 60 kg Phosphorsäure als Entzugszahl bei 400 dz Rüben. Bei 300 dz Rüben je Hektar würden demnach 45 kg Phosphorsäure im Mittel als Entzug gelten. Ergebnisse von Bernburger Versuchen weichen von diesen Zahlen nur unwesentlich ab.

Die junge Rübe soll reichlich leichtlösliche Phosphorsäure zur Verfügung haben. Sie soll darin „schwimmen", weil ihr Jugendwachstum dabei nach alter Erfahrung sehr gefördert wird. H. Neubauer rechnet mit einer Aufnahme von 33% des wurzellöslichen Bodenvorrates an Phosphorsäure in der Vegetationszeit. Diese Zahl wird natürlich um das genannte Mittel ganz wesentlich schwanken, je nach Bodenart, Bodenzustand und Bodenreaktion. Ehe man die Menge der Phosphorsäure, die durch die künstliche Düngung zugeführt werden soll, bestimmt, muß man sich einen Überblick über den Gehalt des Bodens an Phosphorsäure verschaffen und stets vor Augen haben, daß die Phosphorsäure der organischen Düngung von grundlegender Bedeutung ist. Die Zuckerrübe ist aber eine besonders phosphorsäureliebende Pflanze, so daß der Grundsatz, sie reichlich durch die künstliche Düngung mit Phosphorsäure zu versorgen, sehr richtig ist. Eine Anzahl unserer fortschrittlichen Betriebe gibt den Zuckerrüben eine solche Menge von Phosphorsäure, die die Nachfrucht auch noch mit versorgt. Man düngt also mehr die Fruchtfolge als die Einzelpflanze. Eine zweite Gruppe von Landwirten gibt den Zuckerrüben ebenfalls mehr an Phosphorsäure in organischer Düngung und künstlicher Düngung zusammengerechnet, als die Entzugszahlen ausmachen. Der gegebene Überschuß ist aber geringer, als bei der erwähnten ersten Gruppe von Landwirten, die ein oder zwei Nachfrüchten gar nichts an Phosphorsäure geben, falls diese Nachfrüchte nicht, wie z. B. die Gerste, ihrerseits zu den phosphorsäurebedürftigsten Pflanzen zählen. Diese Landwirte geben der Nachfrucht eine kleine Phosphorsäuregabe und bringen sie flach ein in dem Bestreben, besonders der jungen Pflanze dienlich zu sein. Die Art und Weise eines solchen Vorgehens entspricht auch dem Stande der theoretischen Kenntnisse. Da die Phosphorsäure nicht ausgewaschen wird, ist es ratsam, den besonders bedürftigen Pflanzen, wie Zuckerrüben, Futterrüben, Gerste, besonders viel Phosphorsäure zu geben und den Überschuß alsdann den Nachfrüchten abzuziehen. Der Phosphorsäureüberschuß wird im Boden nicht einmal schwerer löslich, sondern seine Wirksamkeit wäre eher noch erhöht.

Auf den schweren Böden steht Superphosphat im Vordergrunde, dem sich aber die anderen Phosphorsäuredüngemittel anreihen. Versuche von H. NIKLAS, A. STROBEL und K. SCHARRER zeigen, daß die älteren Untersuchungen über die Wirkung der verschiedenen Phosphorsäuredüngemittel überholt sind, und daß von einer unbedingten Überlegenheit des Superphosphates nicht gesprochen werden kann. Man wird im allgemeinen aber Wert darauf legen, daß der jungen Rübe wasserlösliche Phosphorsäure zur Verfügung steht.

Wo im Durchschnitt 300 dz je Hektar an Zuckerrüben geerntet werden und rund 300 dz Stallmist je Hektar zur Verfügung stehen, rechnet man 60 kg Phosphorsäure je Hektar als Mittelzahl, wenn keine genauere Kenntnis über den Gehalt des Bodens vorliegt. Bei einer solchen Düngung wird ein erheblicher Überschuß an Phosphorsäure in den Boden gebracht, der den Nachfrüchten zugute kommt, die dann mit geringen Mengen von Phosphorsäure auskommen. Der Hafer, der nach derartig gedüngten Rüben steht, kommt ganz ohne Phosphorsäuredüngung aus.

3. Die Kalidüngung. Die Zuckerrübe entzieht dem Boden bei einer Ernte von 300 dz je Hektar nach H. NEUBAUER 188 kg Kali. Je nach dem Blattanteil und dem Reichtum des Bodens an Kali wird sich diese Mittelzahl verschieben. Die Zuckerrüben stehen mehr auf Böden, die ihrerseits an der Belieferung der Pflanze mit Kali erhebliche Anteile haben können. Es liegen hier aber sehr große Unterschiede vor, so daß gerade beim Kali die Ermittlung des Nährstoffgehaltes der Böden zu wesentlichen Abänderungen in der Bemessung der Düngergabe Anlaß geben kann. Das Aneignungsvermögen der Zuckerrübe für das Kali des Bodens ist größer als das der Kartoffel. Aus diesem Grunde ist die Düngung der Zuckerrübe mit Kali nicht so scharf in den Vordergrund geschoben als die Kalidüngung der Kartoffel.

In der Form des Kalis besteht insofern ein Unterschied gegenüber der Kalidüngung der Kartoffel, als die Nebensalze für die Zuckerrüben keineswegs nachteilig wirken. Versuche von A. JACOB (12) zeigen, daß für die Düngung der

Zuckerrübe Kalirohsalze und konzentrierte Kalisalze im allgemeinen gleichwertig sind. Die günstigere Wirkung von Kalirohsalzen, über die gelegentlich berichtet wird, mag z. T. darauf beruhen, daß auf den betreffenden Böden der Magnesiagehalt der Rohsalze von Vorteil war. Als Schlußfolgerungen ergeben sich, daß eine Düngewirkung von Chlornatrium und schwefelsaurer Magnesia bei Zuckerrüben so wenig Bedeutung hat, daß man von einer Zufuhr dieser Salze als besonderer Düngemittel auf alle Fälle absehen wird. Chloride sind den Zuckerrüben nicht nachteilig. Die Rübenzüchtung hat dazu beigetragen, die Verhältnisse gegenüber den früheren Züchtungen völlig zu ändern. TH. REMY (34) sagt, daß eine Chlorüberschwemmung der Blätter eintritt, ein Befund, der grundsätzlich mit Feststellungen von M. MAERKER übereinstimmt. Er fand, daß von dem insgesamt aufgenommenen Chlor rund 93% in die Blätter der Zuckerrüben wanderten.

Bei der Auswahl, ob man Kalirohsalz oder hochprozentige Düngemittel nimmt, wird man in Betracht ziehen, ob der Boden mehr leichterer oder mehr schwererer Art ist. Auf den schweren Böden sind die hochprozentigen Kalisalze vorzuziehen, weil sie die Bodenstruktur weniger verschlechtern, als die Massen von Kalirohsalzen. Die Kosten für Fracht, Anfuhr, Ausstreuen usw. berücksichtigt man bei der Entscheidung, ob Kainit oder hochprozentiges Kalisalz für die Düngung der Zuckerrüben verwendet werden soll. Auf den leichteren Böden wird dann der Ausschlag zugunsten des Kainits fallen. Denn Natronsalze und Chloride schaden den Zuckerrüben keinesfalls. Es wurde schon erwähnt, daß der Erfolg der Rübenzüchtung es mit sich gebracht hat, daß die Chloride in den Blättern abgelagert werden und den Saft der Rübe nicht verunreinigen. Es fehlt auch nicht an Forschungsergebnissen, die den Nebensalzen kleine, günstige Wirkungen für den Ertrag beimessen.

Für die Menge der Kalidüngung ist das Bild über den Bodenreichtum als Ausgangspunkt zu nehmen. Alsdann ist neben der Höhe der Stallmistdüngung die im Rahmen der ganzen Wachstumsfaktoren anzunehmende Rübenernte zu berücksichtigen. Die Kalidüngung wird dabei so ausfallen, daß man die Düngung nicht allzu knapp bemißt, weil ein Überschuß nicht gänzlich verloren ist, und wenn er verlorengeht, dieser Verlust längst nicht so in die Waagschale fällt, wie ein durch zu knappe Kalidüngung entstandener Ernteverlust.

4. Die Stickstoffdüngung. Die Beschränkungsvorschriften, die die Zuckerfabriken den Landwirten inbezug auf die Stickstoffdüngung machten, sind seit Jahrzehnten gefallen. Vor dem Kriege hatte sich der Chilesalpeter als gegebener Rübendünger überall eingebürgert. In der Regel übliche Gaben von 60—80 kg Stickstoff je Hektar wurden, in drei Gaben geteilt, verabreicht. Es war dabei üblich, die letzte Gabe nicht nach dem 15. Juni zu geben. An Stelle der reinen Chilesalpeterdüngung wurde teilweise auch Ammoniak-Superphosphat als Grundlage bei der Bestellung gegeben, und hierzu kam dann eine Kopfdüngung in Form von Chilesalpeter. Diese Verhältnisse haben sich heute völlig geändert. Folgendes ist vorweg zu berücksichtigen: 1. Die Zuckerrübe ist eine Salpeterpflanze. 2. Der Hauptbedarf der Stickstoffaufnahme fällt in den Hochsommer. 3. Die Kunst des Rübenbaues besteht darin, gerade die junge Rübe zu treiben, trotzdem die Nährstoffaufnahme mehr dem ganzen Wachstum parallel läuft. 4. Die Rübe erfordert einen besonders großen Aufwand an menschlichen, tierischen und motorischen Arbeitskräften, deshalb ist die Stickstoffdüngung infolge der Preisverhältnisse auf jeden Fall reichlich zu bemessen. Nur so kann der übrige Aufwand möglichst wirtschaftlich ausgenutzt werden. 5. Die Risikogefahr einer starken Stickstoffdüngung ist bei der Rübe geringer als bei dem Getreide, nur muß der „schädliche" Stickstoff beachtet werden, der sich geltend macht, wenn die Stickstoffgabe übermäßig hoch bemessen wurde. 6. Die Zuckerrübe ist keine haushälterische Pflanze.

Nach Th. Remy enthält eine Rübenernte von je 100 dz Rüben mit zugehörigem Blatt 42,5 kg Stickstoff. Rechnet man 10% für Ernterückstände hinzu, so haben wir es mit einer Zahl von 46,8 kg zu tun. Eine Hektarernte von 300 dz Zuckerrüben mit Laub enthält demnach 140,4 kg Stickstoff. Zu ähnlichen Ergebnissen kommt die Versuchsstation Bernburg. Bei Umrechnung auf 1 Hektar ergibt eine Ernte von 378 dz Zuckerrüben eine Nährstoffaufnahme von 162 kg Stickstoff. Überernährung mit Stickstoff erhöht den Blattanteil und läßt die Rübe nicht ausreifen. Der Stickstoffverbrauch für den Zentner Erntemasse an Rübenwurzeln liegt dann besonders hoch, weil eben sehr viel Blatt vorhanden ist, das den Stickstoff verbraucht hat. Th. Remy rechnet, daß 400 dz Rüben mit 400 dz Laub etwa 210 kg Stickstoff, demgegenüber 400 dz Rüben mit 280 dz Laub nur rund 170 kg Stickstoff enthalten.

Über die zeitliche Verteilung der Nährstoffaufnahme gibt Th. Remy (38) folgende Zahlen an, die als Überblick dienen können: Rund 400 dz Rüben nehmen auf:

	Mai	Juni	Juli	August	Sept./Okt.	Dauer der Aufnahme	Insgesamt
	kg	kg	kg	kg	kg	Tage	kg
An Stickstoff . . .	2	47	86	20	32	159	187
„ Phosphorsäure .	1	11	27	11	18	159	68
„ Kali	2	40	125	49	59	159	275

Es zeigt sich, daß die Aufnahme der Nährstoffe bei Zuckerrüben dem Massenwachstum sich mehr anpaßt als bei Getreide, da ja bei dem Getreide anfänglich eine viel stärkere Nährstoffanreicherung stattfindet im Vergleich zu der organischen Masse, die gebildet wird.

Trotzdem ist es aber wichtig, schon die jungen Rüben tüchtig mit Kunstdüngerstickstoff zu treiben, denn die alte und die neue Kunst des Rübenbaues besteht bekanntlich darin, gerade die junge Rübe mit allen Mitteln im Wachstum zu fördern. Es muß beachtet werden, daß im Verlauf des Wachstums, wenn der Boden erst stärker warm wird, auch die organische Düngung in einem sehr hohen Maße zur Versorgung der Pflanze mit Stickstoff beiträgt. Um so mehr ist demzufolge der Kunstdüngerstickstoff dazu berufen, die Anfangsentwicklung der Rübe stark zu fördern. Beim Rübenbau dreht es sich darum, den zarten Rübenpflanzen den Kampf mit dem Unkraut zu erleichtern. Je mehr es dem Landwirt gelingt, eine besonders kräftige Entwicklung der Rüben in der Jugend herbeizuführen, um so weniger Unkosten hat er dann in Form von Arbeitsaufwand.

Der Natronsalpeter ist ein vorzüglicher Rübendünger. Er steht etwas höher im Preise als der Kalksalpeter. Es wurde schon wiederholt darauf hingewiesen, daß das Natron eine günstige Wirkung auf die Rübe haben soll. Kleine, nützliche Nebenwirkungen scheint man dem Natron nicht absprechen zu können. Doch darf dabei nicht unerwähnt bleiben, daß auch in den Kalisalzen stets etwas Nebensalze vorhanden sind. Im Zusammenhang mit den neueren Ansichten über die Bedeutung der Bodenreaktion sieht P. Wagner die Ursache der besseren Wirkung des Natronsalpeters im Vergleich zum schwefelsauren Ammoniak nicht in dessen Natrongehalt, sondern darin, daß der Natronsalpeter eine physiologisch-alkalische Reaktion hat. Eine zweite Möglichkeit einer Natronwirkung sieht Th. Pfeiffer auf physiologischem Gebiete, indem durch einen teilweisen

Ersatz des Kaliums durch Natrium in den Stengeln und Blättern Kali für die Ausbildung anderer Organe frei wird, ein Umstand, der bei Kalimangel von Vorteil sein müßte. Praktisch kann dieses aber keine beachtliche Bedeutung haben. W. KRÜGER fand, daß Natrium eine Steigerung des Zuckergehaltes nicht bewirken konnte. Auch Höchstgewichte der Rüben wurden nur bei ausreichender Kalidüngung erreicht, nicht aber, wenn ein Teil des Kaliums durch Natrium ersetzt war. Eine etwaige geringe Ertragssteigerung der mit Natron gedüngten Rüben erklärt er damit, daß das Natrium durch Erleichterung der Diffusion des Kalis in der Rübe die Kaliaufnahme gefördert habe. Auch K. v. RÜMKER und W. SCHNEIDEWIND rechnen damit, daß eine Beeinflussung des osmotischen Druckes in der Bodenlösung und auch die größere Diffusionsgeschwindigkeit der an Natron gebundenen, für die Ernährung der Pflanzen wichtigen Säuren förderlich für die Entwicklung der Zuckerrübe sein könnten.

Man hat nun, um diese Frage zu klären, direkt die Pflanzen mit Chlornatrium gedüngt. So deuten die Feldversuche von MARKWORT zwar auf eine kleine Wirkung des Kochsalzes, doch ist der Mehrertrag an Wurzeln ziemlich unsicher. Eine Reihe von Versuchen des Kalisyndikates in den Jahren 1919—1921 haben gezeigt, daß mit einer besonderen Wirkung des gerade im Kalirohsalz besonders stark enthaltenen Chlornatriums nicht gerechnet werden kann. Es war dabei gleichgültig, ob die Zuckerrübe mit Kalirohsalzen oder entsprechend konzentrierten Kalisalzen gedüngt worden war. Die Wirkung des Natrons war also auch nach diesen Versuchen so wenig sichergestellt, daß für die Düngung der Zuckerrüben mit Kalisalzen nicht der Natrongehalt im Kalisalz oder Kalirohsalz entscheidend sein konnte (13). Zusammengefaßt ergibt sich, daß man für die Düngung der Zuckerrübe dem Natrongehalt des Salpeters keine besondere Bedeutung in der Düngerwirkung beimessen darf. Es ist bekannt, daß der Natronsalpeter auf das Bodengefüge im verkrustenden Sinne einwirkt. Wird der Natronsalpeter bei der Kopfdüngung in üblicher Weise eingehackt, so spielt auch die abbindende Wirkung, selbst auf schweren Rübenböden, keine besondere Rolle.

Da der Kalksalpeter seit Jahren etwas niedriger im Preise steht als der Natronsalpeter, der Kalkanteil ohne Bezahlung geliefert wird, so hat man besonders auf Böden, die zur Verkrustung neigen, dem Kalksalpeter den Vorzug zu geben. Die wenig gute Streufähigkeit des Kalksalpeters ist inzwischen außerdem so weit gebessert worden, daß auch hierbei kaum von Nachteilen geredet werden kann. Nach den bisherigen Versuchen in Deutschland darf man Natron- und Kalksalpeter als ungefähr gleichwertig in der Wirkung ansehen. Es wird hierbei Bezug auf die Untersuchungen von MÜLLER-Waghäusel genommen (23).

Dem Chilesalpeter kann man gegenüber dem deutschen Natronsalpeter eine Überlegenheit auf Grund seines Jodgehaltes nicht zuerkennen. F. MÜNTER (22) berichtet von Ergebnissen über Versuche mit Joddüngung zu Zuckerrüben. Er kommt zu der Schlußfolgerung: Der Natronsalpeter ohne Jod zeigte dieselbe Wirkung wie der Chilesalpeter. Für den Lauchstädter Lößlehm erübrigt sich eine Jodbeidüngung bei Verwendung von Natronsalpeter zu Zuckerrüben. Versuche von M. KRAMER (3) brachten eine gleiche Wirkung der beiden Düngemittel. Chilesalpeter wirkte nur in einem von den acht Versuchen deutlich besser als Natronsalpeter. In einem Versuch war der Unterschied zugunsten des Chilesalpeters gering, während in den übrigen sechs Versuchen Natronsalpeter mehr oder weniger überlegen war.

Wenn auch die Zuckerrübe eine ausgesprochene Salpeterpflanze ist, so verlangt sie dennoch keine einseitige Salpeterstickstoffdüngung. Beliebt ist vielmehr die zusammengesetzte Stickstoffdüngung, bei der ein Teil des Stickstoffes in Form von solchen Düngemitteln, die den Stickstoff nicht als reinen Salpeter enthalten, gegeben wird. Die Preisdifferenz zwischen den einzelnen Stickstofformen fällt bei der Auswahl der Stickstoffdünger sehr in die Waagschale. Wenn ein Teil des Stickstoffes in Form des billigen Kalkstickstoffes gegeben werden soll, so ist neben einem tätigen Boden eine möglichst frühe Anwendung, die sich zwar nicht auf mehrere Wochen, jedoch mindestens auf mehrere Tage vor der Bestellung erstrecken muß, geboten. Völlig falsch wäre aber eine einseitige Kalkstickstoffdüngung, weil sie Gefahr laufen würde, in trockenen Jahren zu langsam zu wirken. Wird sie dicht vor der Bestellung gegeben, so ist außerdem mit Keimschädigungen zu rechnen. Salzsaures Ammoniak ist seines Preises wegen in die Betrachtung zu ziehen. Jedoch muß der Boden genügend kalkreich sein. Versuche von Schulze und H. Wiessmann über die Wirksamkeit der verschiedenen Stickstoffdünger zu Zuckerrüben ergaben hinsichtlich der Salpeterarten, daß in diesen Versuchen die Anwendung von Natronsalpeter am wirtschaftlichsten war. Der Chilesalpeter kam dem Natronsalpeter ziemlich gleich, während die Anwendung von Kalksalpeter und besonders diejenige von Leunasalpeter weniger gut lohnte (40).

Die Düngemittel, die Ammoniak und Salpeter enthalten, haben den Vorzug, den Salpeteranteil keinem Preisaufschlag auszusetzen. Die Anwendungszeit des Stickstoffdüngers ist so zu legen, daß die Zuckerrübe einen Teil des Düngers unter die Füße bekommt. Je geringer die Auswaschungsgefahren nach Bodenzusammensetzung, Niederschlagsverteilung und gewählter Form der Stickstoffdüngung sind, um so mehr wird man den Anteil der Düngung vor der Bestellung erhöhen. Auch bei der kombinierten Stickstoffdüngung wird man aber trotzdem einen Teil als Salpeterkopfdüngung geben. Der leichtlösliche Kunstdüngeranteil treibt die junge Rübe. Der schwerer lösliche Kunstdüngeranteil versorgt die Zuckerrübe laufend, besonders im Hochsommer, während des Höchstbedarfes. Die Salpeterkopfdüngung hat zwei Aufgaben. Sie hilft erstens die junge Rübe treiben, und die letzte Salpetergabe dient zur Sicherung des in den Hochsommer fallenden Spitzenbedarfs der Rübe, wenn die Salpetergabe nicht wesentlich nach dem 15. Juni gegeben wird. Die organische Düngung läuft in ihrer Wirkung neben der Wirkung des Kunstdüngerstickstoffes einher und deckt fortlaufend bis zum Herbst noch den Stickstoffbedarf der Zuckerrübe, wenn der Kunstdüngerstickstoff zur Neige gehen will und gehen soll. Zuletzt soll kein starker Stickstoffzufluß mehr stattfinden, weil sich sonst zuviel schädlicher Stickstoff, wie ihn Th. Remy nennt, in der Rübe anhäuft und die Zuckerausbeute erschwert. Es geht dann mehr Zucker in die Melasse. Gerade für die Rüben, die im Herbst zuerst gerodet und abgeliefert werden sollen, spielt diese Frage eine beachtenswerte Rolle. Th. Remy hat die Frage der Stickstoffwirkung nach dieser Richtung hin besonders untersucht. An acht Versuchsstellen traten zu einer reichlich bemessenen Kali- und Phosphorsäuredüngung, die unter Beachtung des vorhandenen Vorrates an wurzellöslichem Kali und wurzellöslicher Phosphorsäure festgesetzt wurde, und zu einer organischen Düngung, die als Gründüngung vorhanden war oder in Form von 250—300 dz Stallmist je Hektar gegeben wurde, noch gestaffelte Stickstoffgaben von 0, 40, 80 und 120 kg Stickstoff je Hektar in Form von Leunasalpeter hinzu. Jede Versuchsreihe umfaßte fünf Parallelparzellen. Der Gehalt an schädlichem Stickstoff wurde in sieben Fällen erhöht durch

1. 40 kg Stickstoff, 6mal im Durchschnitt, um 0,05 pro Mille
2. 80 „ „ regelmäßig im Durchschnitt um 0,13 pro Mille
3. 120 „ „ „ „ „ „ 0,25 „ „

Es zeigte sich, daß Stickstoffgaben von 1. 120 kg je Hektar sich nur in vier von sieben Fällen durch Rübenmehrerträge bezahlt machten, dabei den Zuckergehalt der Rüben durchschnittlich um 0,7%, die Saftreinheit um 1,2% herabsetzten, und den Gehalt an schädlichem Stickstoff um 0,25‰ steigerten. 2. 80 kg je Hektar sich in fünf von sieben Fällen durch Mehrerträge bezahlt machten, den Zuckergehalt um 0,4, die Saftreinheit um 0,9% herabdrückten, und den Gehalt an schädlichem Stickstoff um 0,13‰ erhöhten; 3. 40 kg je Hektar sich in fünf von sieben Fällen bezahlt machten, den Zuckergehalt so gut wie gar nicht, die Saftreinheit ganz wenig beeinträchtigten und den Gehalt an schädlichem Stickstoff nur unbedeutend erhöhten. Das Ergebnis lehrt, daß man mindestens dann, wenn die Rüben nach Zuckergehalt oder Fabrikwert bezahlt werden, mit 40 oder allerhöchstens 80 kg je Hektar durchweg den Schwellenwert in der Stickstoffdüngung der Zuckerrüben erreicht hat.

Die Versuche TH. REMYS beweisen, daß 1. mit zunehmender Stickstoffversorgung der Laubertrag nicht nur im Verhältnis zum Rübenertrag, sondern wesentlich schneller ansteigt; 2. es dabei gleichgültig ist, ob die bessere Stickstoffversorgung der Rübe auf steigende Gaben oder Ersatz von weniger- durch besserwirkende Stickstoffdünger zurückzuführen ist; 3. die Laubtrockenmasse mit der Stickstoffversorgung reicher an Roheiweiß wird; 4. an dieser Gehaltszunahme das Roheiweiß und das wirkliche Eiweiß ungefähr in demselben Verhältnis beteiligt sind (35).

Die Höhe der Stickstoffdüngung hat sich in den Rahmen der ganzen Wachstumsfaktoren einzufügen, richtet sich also in erster Linie nach der Erntehöhe, der Vorfrucht und der organischen Düngung. Wo zweijähriger Getreidebau den Zuckerrüben vorangeht, werden außer der Stallmistdüngung von 300 dz je Hektar noch Gaben von ca. 100 kg Stickstoff gerechnet. Es spielt sich in der Höhe der Stickstoffdüngung das gegenüber der Friedenszeit völlig verschobene Preisbild der landwirtschaftlichen Erzeugungsmittel wieder. Die Stickstoffzahlen je Hektar sind gegenüber der Friedenszeit sehr ausgeweitet. Wenn W. SCHNEIDEWIND (43) im allgemeinen mit einer Stickstoffdüngung zu Zuckerrüben in reiner Mineraldüngung von 80—95 kg Stickstoff je Hektar, in Stall- oder Gründüngung 50—65 kg je Hektar rechnet, so dürften solche Zahlen den praktischen Erfahrungen zuwiderlaufen. Denn schon in der Vorkriegszeit waren vielfach Gaben von 90 kg Stickstoff je Hektar die Regel.

III. Die Düngung der Runkelrübe.

Ebenso wie die Zuckerrübe ist die Futterrübe für Stallmist bzw. Gründüngung sehr dankbar. Bei der **Stickstoffdüngung** ist zu berücksichtigen, daß die mehr über der Erde stehende Futterrübe eine nicht ganz so gute Ausnutzung des Stickstoffes erreicht wie die Zuckerrübe. Höhere Stickstoffgaben sind daher bei der Futterrübe lohnend. W. SCHNEIDEWIND bemerkt, daß die Futterrübe noch eine größere Vorliebe für den Salpeter besitzt als die Zuckerrübe. Gesteigerte Stickstoffgaben erhöhen naturgemäß die Masse, erniedrigen aber den prozentualen Gehalt der Rübe an Trockensubstanz, was schon von P. WAGNER gezeigt wurde (1).

Die **Phosphorsäuredüngung** ist wie bei der Zuckerrübe anzusetzen.

Hinsichtlich der **Kalidüngung** ist zu bemerken, daß die Futterrübe eine große Vorliebe für Natron hat. Die Futterrübe ist teilweise mit Erfolg direkt mit Kochsalz gedüngt worden. Praktisch sind aber genügend Natronverbindungen in den Kalisalzen, besonders in den Kalirohsalzen, enthalten. Man wird den Kainit in den Vordergrund stellen, sofern nicht Bindigkeit des Bodens dagegen spricht und Rücksicht auf die abbindende Wirkung der Kalirohsalze genommen werden muß.

Die Ansprüche der Runkelrübe an den **Kalkgehalt** des Bodens sind ähnlich hoch, wie wir solche bei der Zuckerrübe gesehen haben. Jedoch ist die Futterrübe darin nicht völlig der Zuckerrübe gleich, sondern nimmt auch bei geringerem Kalkgehalt des Bodens nicht so schnell im Ernteertrag ab wie die Zuckerrübe.

IV. Die Düngung der Samenrüben.

Sie geschieht grundlegend mit organischer Düngung, Stallmist oder Gründüngung. Für die künstliche Düngung, insbesondere für die Stickstoffdüngung, ist zu berücksichtigen, daß die Samenrüben den Nährstoffbedarf zeitlich vorverlegen, im Vergleich zu Zucker- und Runkelrüben eine frühere Nährstoffaufnahme bewirken, und daß wegen der ohnehin späten Ernte der Samenrüben keine Verzögerung des Ausreifens eintreten darf. Nach Th. Remy benötigen Samenrüben (8) (30 dz Knäuel):

	Hektarbedarf kg	Von der Gesamtmenge aufgenommen je ha/kg					Dauer der Aufnahme von der Saat ab Tage
		April	Mai	Juni	Juli	August	
Stickstoff	108	7	16	20	32	33	150
Kali	249	16	38	50	75	70	150
Phosphorsäure	52	4	6	11	16	13	150

Eine ausreichende Phosphorsäuredüngung ist besonders hervorzuheben, weil es sich beim Rübensamenbau um Erreichung einer möglichst hohen Ernte an Rübenknäueln handelt.

V. Die Düngung der Kohlrübe.

Die Kohlrübe ist dankbar für eine organische Düngung. Während sowohl die Runkel- als auch die Zuckerrübe keineswegs haushälterisch mit dem Stickstoff umgehen, ist dies bei der Kohlrübe nicht der Fall. Sie ist im Gegenteil sehr haushälterisch veranlagt, welche Eigenschaft bei der Bemessung der künstlichen Stickstoffdüngung zu berücksichtigen ist.

Die Nährstoffaufnahme liegt infolge der mehr in den Hochsommer und Herbst verlegten Wachstumszeit der Kohlrübe zeitlich später als bei Zuckerrüben und Runkelrüben. Th. Remy (40) gibt den Verlauf der Nahrungsaufnahme für eine Kohlrübenernte von 600 dz je Hektar wie folgt an:

	Hektarbedarf kg	Von der Gesamtmenge aufgenommen je ha/kg						Dauer der Aufnahme von der Saat ab Tage
		Juni	Juli	August	Sept.	Okt.	Nov.	
Stickstoff	184	7	49	58	36	23	11	162
Kali	286	7	93	82	49	37	18	162
Phosphorsäure	99	2	28	30	19	14	7	162

2. Die Düngung der Getreidearten.

Von

Dr. Ernst Bierei

Direktor des Thünen-Instituts in Rostock.

I. Die Düngung des Roggens.

Die große Anspruchslosigkeit des Roggens beruht einmal darauf, daß er ein hervorragendes Wurzelwerk hat, mit dem er sich die Bodennährstoffe gut aneignen kann und zum anderen befähigt ist, mit den Nährstoffen hauszuhalten. Er wird deshalb auch als eine haushälterische Pflanze bezeichnet. Große Anpassungsfähigkeit an die verschiedensten Bodenverhältnisse und günstige Eigenschaften des Roggens klimatischen Einflüssen gegenüber werden dem Roggenbau immer eine große Fläche einräumen. Seine Wasseransprüche sind gering, weil er früh das Land bedeckt, die unproduktive Wasserverdunstung dadurch einschränkt, ferner frühzeitig schoßt, auf diese Weise das Winterwasser gut ausnutzt und endlich einen verhältnismäßig niedrigen Transpirationskoeffizienten hat. Große Trockenperioden, die in Deutschland noch am meisten im Juli und August eintreten, selbst wenn solche im Juni vorkommen, übersteht der Roggen am besten. Er besitzt den weiteren großen Vorteil, schon bei niedrigen Temperaturen zu wachsen, weshalb ihm der Kampf gegen das Unkraut erleichtert wird.

Eine Roggenernte von 10 dz Körnern und 20 dz Stroh entzieht rund 25 kg Stickstoff, 15 kg Phosphorsäure und 30 kg Kali. Durch den höheren Strohanteil werden diese Zahlen durchweg etwas verschoben. 10 dz Körner entziehen 14 kg Stickstoff, 8,5 kg Phosphorsäure und 6 kg Kali. 30 dz Stroh entziehen 13,5 kg Stickstoff, 7,8 kg Phosphorsäure und 30 kg Kali.

Über die Zeit der Nährstoffaufnahme geben Untersuchungen von G. Liebscher und Th. Remy (39) einen Überblick. Th. Remy gibt den monatlichen Bedarf des Roggens in folgenden Zahlen an, wobei eine Ernte von 30 dz je Hektar angenommen worden ist.

	Stickstoff kg/ha	Kali kg/ha	Phosphorsäure kg/ha		Stickstoff kg/ha	Kali kg/ha	Phosphorsäure kg/ha
März	12	19	5	August . . .	—	—	—
April	29	41	12	September . .	—	—	—
Mai	16	20	9	Oktober . . .	2	1	<1
Juni	19	9	8	November . .	3	2	<1
Juli	15	5	6				

Die in manchen Gegenden noch übliche organische Düngung zu Roggen — eine Folge von Überlieferungen — ist nicht richtig. Sie wird vom Roggen sehr schlecht ausgenutzt, weil die hauptsächlichste Stickstoffaufnahme in den Frühling fällt. Auf den leichteren Böden werden dabei erhebliche Stickstoffmengen ausgewaschen. Auch dem Roggen selbst bekommt die organische Düngung nicht gut, wenn sie zur Zeit der Roggenbestellung noch wenig zersetzt ist. Ist der Stallmist z. B. strohig und wenig verrottet, kann er außerdem erst spät eingebracht werden, oder wird die Gründüngung untergepflügt, so wird der Bodenschluß verhindert, den der Roggen so dringend braucht. Durch den Stallmist oder durch die Gründüngungsmassen entstehen jene Hohlräume, die das Auswintern des Roggens begünstigen.

1. Was die künstliche **Stickstoffdüngung** anbelangt, so sind vier Punkte hervorzuheben: 1. Der Roggen ist eine haushälterische Pflanze und paßt sich

den vorhandenen Verhältnissen gut an. 2. Nächst dem Hafer ist der Roggen besonders gut bewurzelt. 3. Im Verhältnis zu den anderen Getreidearten hat er eine lange Wachstumszeit, da er ja schon bei niedriger Temperatur wächst. 4. Die Nährstoffaufnahme fällt hauptsächlich in den Frühling. Sie liegt aber rund 14 Tage vor dem Weizen.

Die Stärke der Stickstoffdüngung hat sich nach Bodenart, Vorfrucht, Art und Zeit der letzten organischen Düngung zu richten. Entscheidend ist auf den leichtesten Bodenarten vor allen Dingen die Wasserfrage. Die Stickstoffdüngung muß auf diesen Punkt sehr stark Rücksicht nehmen, andernfalls wird bei starker Stickstoffdüngung zuerst eine üppige Entwicklung eintreten. Der Wassernachschub im Boden reicht aber nicht aus, um diese Pflanzenmassen zum rechten Auskörnen zu bringen. In trockenen Jahren kann dann sehr leicht das berüchtigte „Verscheinen" eintreten. Auf allen Böden, auf denen das Wasser die Erzeugungsfähigkeit nicht einschneidend beschränkt, richtet sich die Höhe der Stickstoffdüngung vornehmlich nach der Lagergrenze. Es ist falsch, voll an diese herangehen zu wollen, weil mangels genauer Kenntnis der Witterung die Lagergrenze eben verschoben wird. Je nach den verfügbaren Arbeitskräften im Betriebe wird man die Lagergrenze mehr oder weniger zu befürchten haben.

Für die Zeit der Stickstoffdüngung geben uns die Untersuchungen über den Verlauf der Nährstoffaufnahme wertvolle Hinweise. Die Stickstoffversorgung des Roggens im Herbst wird durch die Bodenvorräte sichergestellt. Nur auf Böden, die in dieser Hinsicht sehr schlecht bestellt sind, empfiehlt es sich, geringe Mengen, etwa 2,5 kg Stickstoff je $^1/_4$ ha, zu geben. Größere Stickstoffmengen würden auf den leichteren Böden während des Winters verlorengehen. Ein Düngungsversuch in Petkus auf leichtestem, trockenem Sandboden ergab nach Laube im Jahre 1920/21 folgendes Resultat:

Ungedüngt	2,40 Ztr.	je Morgen Roggenkörner
10 kg Stickstoff im Herbst	2,65 „	„ „ „
10 „ „ „ Frühling . . .	5,28 „	„ „ „

Es ist sehr wichtig, im Frühling die Stickstoffdüngung frühzeitig zu geben. Recht belehrend ist eine Betrachtung der Ährenbildung, deren Anlage man im frühesten Frühling schon in der Pflanze bei vorsichtigem Auftrennen erkennen kann. Über die zeitliche Gabe des Stickstoffes entscheidet neben dem Boden auch das Klima. In den östlichen Landstrichen hört das Wachstum des Roggens im Herbst sehr früh auf. Im Frühling kommt dann die Düngung gerade recht, wenn der Frost aus dem Boden verschwindet. Im westlichen Klima kommt das Wachstum des Roggens auch im Winter sehr viel weniger zum Stillstand, so daß ein größerer Teil des Stickstoffes schon früher verbraucht wird.

Die Düngemittel, die Salpeter und Ammoniak enthalten, wirken sofort und nachhaltend. Sie müssen dem Roggen im Frühling gegeben werden zu einer Zeit, ehe das Wachstum einsetzt, denn wenn das letztere einsetzt, muß der Roggen die Nährstoffe zur Verfügung haben, andernfalls leidet er gerade in diesem Stadium große Not. Bei reinen Salpetern wird eine Teilung der Stickstoffgabe nötig sein. So hat sich beispielsweise in Petkus folgende Verteilung am besten bewährt: Bei 3 dz Salpeter je Hektar fordert Laube (19) etwa 1,2 dz sofort bei Beginn der Frühjahrsvegetation. Die zweite Gabe soll im März bis Anfang April und die letzte Mitte April erfolgen. Dabei werden starke Stickstoffverluste durch Auswaschen vermieden und der Roggen hat rechtzeitig die zu seiner Entwicklung notwendigen Stickstoffmengen zur Verfügung. Auf den schweren Bodenarten und dort, wo die Niederschläge im Frühling eine Auswaschung weniger fürchten lassen, wird man die Stickstoffdüngung im Frühling in einer Gabe verabreichen, sofern man nicht reine Salpeter verwendet. Auf jeden Fall muß der Roggen den Stickstoff zur Verfügung haben, wenn er mit seinem Wachstum beginnt. In dieser Periode hat er das größte Bedürfnis nach Nährstoffaufnahme. Wird der Stickstoff erst in dieser Zeit gegeben, so ist der günstigste Augenblick verpaßt. Man soll lieber etwas Stickstoff durch Auswaschen verlieren, als den Stickstoff als Kopfdünger zu spät verabreichen. Es spielt in der Praxis gar keine Rolle, ob ein paar Pfund Stickstoff mehr oder weniger ausgewaschen werden, wohl aber ist es entscheidend, ob durch die rechtzeitige Kopfdüngung ein oder zwei Zentner an Roggen mehr geerntet werden können. Verspätete Kopfdüngung mit schwefelsaurem Ammoniak oder Leunasalpeter, im Verein mit einem trockenen Frühjahr, bringt doppelten Schaden. Ein Teil des Stickstoffes geht in die Luft, weil der trockene Boden das Ammoniak nicht absorbiert, der Roggen hat alsdann Stickstoffmangel.

2. Die **Phosphorsäuredüngung** zu Roggen wird nach Ansicht des Verfassers von der Wissenschaft zu nebensächlich behandelt. Tüchtige, erfahrene Praktiker, die den Roggenbau besonders verstanden und verstehen, wie dies ja für Gebiete, die vorwiegend Roggenanbau haben, zutrifft, gaben dem Roggen in der Vorkriegszeit 60 kg Phosphorsäure je Hektar. Gewiß muß bei einer solchen Düngung ein Teil als Vorratsdüngung gerechnet werden, so daß man heute, wo es rechnerisch nicht richtig ist, Phosphorsäure als Vorrat, wenigstens als größeren Vorrat, zu geben, mit weniger Phosphorsäure auskommen kann. Für die Höhe der Phosphorsäuredüngung kommt es ganz darauf an, welche Stelle der Roggen in der Fruchtfolge einnimmt. So gibt der Verfasser dem Kartoffelroggen 30 kg Phosphorsäure je Hektar, wobei die Vorfrucht Kartoffeln in der bei der Düngung der Kartoffeln geschilderten Art und Weise mit Phosphorsäure versehen worden ist. Derjenige Roggen hingegen, der nach Hafer steht, bekommt 60 kg Phosphorsäure je Hektar, wobei die Vorfrucht Hafer, die nach Hackfrucht steht, überhaupt keine Phosphorsäure bekam. Ob Thomasmehl oder Superphosphat verabreicht wird, ist hinsichtlich der Preisfrage ganz gleich. Die alte Erfahrung, auf leichten Bodenarten Thomasmehl zu geben, besteht nach wie vor zu vollem Recht.

3. Die **Kalidüngung** des Roggens ist bei den leichten Sandböden und den Moorböden notwendig. Auf den bindigeren Böden ist auf eine allgemeine Kaliwirkung nicht mit Sicherheit zu rechnen. Eine Reihe dieser Böden hat von Natur aus einen so hohen Kaligehalt, daß die Kalidüngung des Roggens hier ausfallen kann. Auch die Nachwirkung einer Stallmistdüngung ist für die Stärke der Kalidüngung zu Roggen in Betracht zu ziehen. Als Form des Kalis wählt man auf den Sandböden Kainit. Derselbe ist im Herbst so frühzeitig zu geben, daß damit keine Keimschädigung in Frage kommt. In solchen Fällen gibt man Kainit und Thomasmehl im Herbst vor der Bestellung. Da auf den leichtesten Roggenböden die Gefahr der Auswaschung des Kalis nicht unbeträchtlich ist, kann eine Düngung mit Kainit und Thomasmehl auch während des Winters bei trockenem Frost empfehlenswert sein. Es ist nur insofern Vorsicht nötig, als der Dünger nicht auf eine ganz dünne Schneedecke fallen darf. Diese würde schmelzen, und infolgedessen den Pflanzen einmal der notwendige Schutz entzogen werden, andererseits aber auch eine derartige Salzlake entstehen, die schädigend auf die Pflanzen einwirken würde. Doppelt schlimm ist eine solche Wirkung bei dem gefrorenen Boden. Bei trockenem Frost ohne Schneedecke ist die Kainitgabe ungefährlich. Hat die Bodenuntersuchung oder haben Felddüngungsversuche ergeben, daß eine Kaligabe auf Lehmböden zu Roggen lohnend ist, so wird man hier zu dem 40 proz. Kalisalz greifen. Eine volle Ersatzdüngung wird durchgehends auf

Lehmböden nicht nötig sein. Bei Versuchen der Deutschen Landwirtschaftsgesellschaft, über die O. Nolte (25) berichtet, ergaben sich sehr bemerkenswerte Mehrerträge. Die Wirkung des Staubkainits zur Bekämpfung von Ackersenf und Hederich im Sommergetreide ist bekannt. Th. Remy gab durch Versuche Anregung zur Kornblumenbekämpfung mittels Hederichkainits. Praktische Versuche in größerer Zahl sind in der Provinz Hannover von der Landwirtschaftskammer mit gutem Erfolg durchgeführt worden. Es zeigte sich, daß Hederichkainit zur Bekämpfung der Kornblume brauchbar ist.

4. Was die **Kalkdüngung** anbetrifft, so kommt eine solche direkt zu Roggen im allgemeinen nicht in Frage. Der Roggen verträgt eine schwachsaure Bodenreaktion. Nach Olsen lag das Reaktionsoptimum bei p_H 6,25.

Die Reaktionsbreiten (p_H) zur Erzielung guter Ernten werden angegeben von:

	O. Arrhenius	L. Hiltner	M. Trénel	C. Olsen	S. Oswald
für Roggen:	5,0—6,0	5—7	4—7	6,0—6,5	—

Je bindiger der Boden ist, um so mehr wird sich die Reaktion dem Neutralpunkt nähern müssen.

II. Die Düngung des Weizens.

Eine Ernte von 30 dz Körnern und 60 dz Stroh je Hektar entziehen dem Boden

	Stickstoff	Phosphorsäure	Kali
30 dz Körner	48 kg	25,5 kg	15 kg
60 „ Stroh	27 „	12 „	54 „

Die Nahrungsaufnahme beim Weizen hängt mit der Entwicklung der Pflanze zusammen, jedoch dergestalt, daß sie der entsprechenden Masse der Trockensubstanz ganz wesentlich vorauseilt. Die hauptsächlichste Aufnahme der Nährstoffe entfällt in den Frühling und beginnt ungefähr 14 Tage später als die des Roggens. Das Wurzelsystem des Weizens steht dem des Roggens nach. Der Weizen ist ein Kind der höheren Kultur und hat ein höheres Düngebedürfnis als der Roggen. Allerdings liegen sehr erhebliche Unterschiede bei den verschiedenen Weizensorten vor.

1. Die **Stickstoffdüngung** steht an erster Stelle. Die Stärke der Stickstoffdüngung richtet sich nach Boden und Vorfrucht unter Beachtung der letzten Stallmistdüngung. Als Besonderheit muß bei der Frage der Stickstoffdüngung die Gefahr des Rostbefalles eingeschaltet werden.

Was die Zeit der Stickstoffdüngung anbelangt, so sind im allgemeinen im Herbst nur geringe Mengen notwendig. Ist der Acker in der rechten Kultur, so ist eine Stickstoffdüngung zu jener Zeit überhaupt nicht erforderlich. Bei später Weizensaat, wie sie in Westdeutschland vielfach üblich ist, würde die Stickstoffdüngung im Herbst ohnehin zwecklos sein. Die Düngung im Frühjahr hat sich nach dem Beginn der Vegetation zu richten. Wo ein trockenes Frühjahrsklima vorherrschend ist, wird man den Stickstoff im Frühling in einer Gabe geben können, nämlich überall dort, wo man nicht reinen Salpeter verwendet, sondern Düngemittel, die Salpeter und Ammoniak enthalten. Zu spät gegebene Düngungen im Frühling wirken einseitig auf Stroh und Blatt, verringern die Widerstandsfähigkeit gegen Dürre, und geringere Körnerernten sind gewöhnlich die Folgen zu später Gaben. Menge und zeitige Verteilung der Niederschläge im Frühling sind für die Art des Stickstoffdüngers und seine zeitliche Verteilung von Wichtigkeit. Im trockenen kontinentalen Klima hat Salpeter besondere Bedeutung. Die zweite Gabe im Frühling darf dann keinesfalls zu spät auf das

Feld kommen. Maidüngungen sind im allgemeinen schädlich und bringen die Pflanzen in die Gefahr, der Dürre zu erliegen.

Hinsichtlich der Bedeutung der Vorfrucht für die Stärke der Stickstoffdüngung bringt W. SCHNEIDEWIND einen Versuch, der sich auf die Vorfrüchte Rüben und Kartoffeln erstreckt. Bei Lauchstädter Versuchen folgte Weizen einerseits auf ungedüngte Kartoffeln, andererseits auf ungedüngte Rüben. Die Ernten des ungedüngten Weizens betrugen (45):

	Körner je ha/dz	Stroh je ha/dz	In der Ernte Stickstoff je ha/kg
Vorfrucht: Rüben ungedüngt . . .	25,85	36,70	47,50
„ Kartoffeln ungedüngt . .	35,16	53,42	72,46

Es wurden beim Weizen nach Kartoffeln 9,3 dz Körner und 16,7 dz Stroh mehr gerntet als beim Weizen nach Rüben. Die aufgenommenen Stickstoffmengen zeigen, daß der Kartoffelacker dem Weizen weit mehr Stickstoff geliefert hatte als der Rübenacker. Das stimmt auch für die Beobachtungen in der großen Praxis, wo man nach Zuckerrüben zwar gute Weizenernten erzielen kann, die aber erheblich mehr Stickstoff haben müssen als Weizen nach Kartoffeln, vorausgesetzt, daß die Stallmistdüngungen bei beiden Früchten in der Stärke entsprachen.

Naturgemäß verwerten die verschiedenen Sorten die Stickstoffmengen nicht gleichwertig. Manche Sorten sind besonders gut geeignet, hohe Stickstoffmengen wirtschaftlich auszunutzen, während andere diese Fähigkeit in bedeutend geringerem Grade besitzen.

Versuche, die in dieser Richtung hin angestellt sind, hat die Bayerische Landesanstalt für Pflanzenbau und Pflanzenschutz in München durchgeführt (59).

2. Die **Phosphorsäuredüngung.** War die Vorfrucht stark mit Phosphorsäure versorgt, wie das bei der Hackfrucht sowohl durch Stallmist als auch vornehmlich bei der Zuckerrübe mittels starker Zugaben an künstlichen Phosphorsäuredüngemitteln geschieht, wird man bei dem Weizen an der Düngung mit Phosphorsäure sparen können. Da ein großer Teil des Weizens nach Rüben eine späte Bestellung erfährt, ist für den Landwirt auch gar keine Zeit, eine künstliche Düngung im Herbst vorzunehmen.

3. Bei der **Kalidüngung** kommt es hierbei sehr auf den Reichtum des Bodens an. Weizen braucht je Zentner etwas mehr Kali als Roggen, außerdem steht er im allgemeinen auf Böden, die im Durchschnitt einen gewissen Kalifonds besitzen, um aus ihm den Zuschuß für die Ernährung leisten zu können. Auf Weizenböden, die einen geringeren Kaligehalt besitzen, wird eine Kalidüngung nötig sein. Sie wird in der Höhe keine volle Ersatzdüngung sein. In der Form der Kalidüngung bestehen keine wesentlichen Unterschiede.

4. Die **Kalkdüngung.** Die Reaktionsbreiten p_H zur Erzielung guter Ernten werden angegeben:

Nach	O. ARRHENIUS	L. HILTNER	M. TRÉNEL
Winterweizen	6,3—7,6	6,8—8	6—7
Sommerweizen	6,6—7,3	—	6—7

Wir sehen, daß Weizen eine neutrale bis schwach alkalische Reaktion des Bodens zu gutem Wachstum benötigt. Die Kalkdüngung geschieht natürlich besser zu Hackfrucht. Nur im Notfall wird man zu einer direkten Kalkdüngung beim Weizen schreiten.

III. Die Düngung der Gerste.

Der Nährstoffbedarf und der zeitliche Verlauf der Nahrungsaufnahme wird für eine Hannagerste bei einem Ertrag von 30 dz Korn je Hektar von Th. Remy (37) wie folgt angegeben:

Monatsbedarf in kg/ha.

	Stickstoff	Kali	Phosphorsäure		Stickstoff	Kali	Phosphorsäure
April	6	6	2	Juni	30	28	12
Mai	32	48	19	Juli	7	5	4

Die Gerste hat ein geringes Wurzelvermögen. Sie verlangt daher leichtlösliche Nährstoffe. Die Aufnahme dieser Nährstoffe findet besonders stark am Anfang der Entwicklung statt. Vergleicht man Gerste und Hafer nach dieser Richtung miteinander, so tritt diese Erscheinung deutlich hervor. Außerdem ist zu berücksichtigen, daß die Gerste verschiedenen Verwendungszwecken dient. Je nachdem, ob Braugerste oder Futtergerste in Frage kommt, muß die Düngung sich hiernach richten.

1. Die **Stickstoffdüngung.** Infolge ihres feinen Halmes ist die Lagergefahr der Gerste groß. Braugerste soll ein gleichmäßiges Korn liefern, das einen mäßigen Eiweißgehalt, aber viel Stärke enthält. Das Korn seinerseits soll feinspelzig sein sowie eine helle Farbe und eine tadellose Keimfähigkeit besitzen. Deshalb ist ein richtiges Verhältnis des Stickstoffes zur Phosphorsäure und zum Kali stets Voraussetzung für den erfolgreichen Anbau der Braugerste. Der Stickstoff darf keineswegs in das Maximum geraten. Besonders wertvoll für den Anbau der Gerste ist die alte Bodenkraft, die es ermöglicht, mit geringen Mengen künstlichen Stickstoffes bei der Braugerste auszukommen. Nicht zuletzt aus diesem Grunde sind die Hackfrüchte die besten Vorfrüchte für die Braugerste. Ganz besonders gilt dies für die Steckrüben (Wrucken, Kohlrüben), nach denen keine Frucht so gut wächst wie die Gerste. Es ist auffällig, wie gerade im Jugendstadium der Entwicklung die Gerste, die nach Steckrüben steht, viel freudiger wächst als der Hafer, der auch nach Steckrüben stehen würde.

Es darf nicht unerwähnt bleiben, daß eine Stickstoffdüngung um so weniger nachteilig ist, je weniger die Gerste bei der Reife unter Wassermangel zu leiden hat, weil in diesem Falle der Eiweißgehalt der Gerste durch die Stickstoffdüngung nicht erhöht wird. Nach Versuchen von H. Wiessmann (55) läßt sich kein eindeutiger Einfluß der Stickstoffdüngung auf den Eiweißgehalt der Gerste mit Sicherheit nachweisen. Selten tritt das Zusammenspiel von Wasserversorgung, Stickstoff-, Kali- und Phosphordüngung für die Qualität einer Frucht so in die Erscheinung, wie hier bei der Braugerste. Weil nun aber Boden und Klima bei der Wasserversorgung der Pflanzen zusammenwirken, wird man auch die Stickstoffdüngung der Braugerste bei den tiefgründigen, milden, ausgesprochenen Gerstenböden nicht so sorgfältig zu begrenzen haben, wie bei den Böden, die die Nachteile der Jahreswitterung weniger auszugleichen vermögen.

Hinsichtlich der Art der Düngemittel steht bei den tiefgründigen Gerstenböden der Salpeterdüngung nichts im Wege. Die Ammoniakform ist an sich, da sie die Pflanzen nicht so stark treibt, sehr geeignet, besonders auf allen Bodenarten, auf denen die Gerste eine neutrale Reaktion vorfindet. Die physiologisch saure Wirkung des schwefelsauren Ammoniaks ist immer dann ungefährlich für die Gerste, wenn die Vorfrucht Rüben oder Kartoffeln, mit einer Kalkdüngung versehen wurden. Die außerordentlich große Empfindlichkeit der

Gerste für Bodensäure ist alsdann behoben. Alle Düngemittel, die Ammoniak und Salpeter enthalten, wirken schnell und nachhaltend. Hingegen hat der reine Salpeter den Vorzug, die raschwüchsige Gerste in kurzer Frist mit Stickstoff zu versorgen, andererseits aber auch den Nachteil, den Eiweißgehalt der Gerste mehr als die anderen Stickstoffdüngemittel in die Höhe zu treiben. Im allgemeinen steht die Braugerste nach Hackfrucht, und es wird sich eine höhere Stickstoffgabe als 40 kg je Hektar selten als lohnend erweisen.

Die Stickstoffdüngung der *Futtergerste* braucht sich um den Eiweißgehalt nicht zu kümmern, sondern findet lediglich ihre Begrenzung in der Lagergefahr. Bei der Wintergerste darf nicht vergessen werden, daran zu denken, daß sie im Herbst schon etwas mehr Stickstoff aufnimmt als der Winterroggen. Die Gesamtstickstoffversorgung kann bei der Wintergerste hoch sein. Vornehmlich muß sie im Frühling liegen und darauf Bedacht nehmen, daß die Nährstoffaufnahme der Bildung der entsprechenden Trockensubstanz in ausgesprochenem Maße vorauseilt.

2. Die **Phosphorsäuredüngung.** Die Gerste hat die Eigentümlichkeit, sich die Phosphorsäure schwer aneignen zu können. Eine direkte Phosphorsäuredüngung kommt daher in stärkerem Maße in Frage, auch verdient die wasserlösliche Phosphorsäure des Superphosphates hier den Vorzug. H. NEUBAUER rechnet bei der Phosphorsäureausbeute durch die Gerste in einer Vegetationszeit mit 20%, während er bei den anderen Getreidearten die Phosphorsäureausbeute der wurzellöslichen Bodenphosphorsäure mit 33% annimmt. Aus diesen beiden Zahlen folgt, daß gerade die Gerste mit Phosphorsäure reichlich versorgt werden muß, zumal diese der eiweißerhöhenden Wirkung des Stickstoffes ein Gegengewicht bietet. Als mittlere Phosphorsäuregabe können rund 60 kg je Hektar angenommen werden. Sollten Besonderheiten vorliegen, was der Fall wäre, wenn die Hackfrucht sehr stark mit Phosphorsäure versehen worden war, wird die Phosphorsäuregabe zu Gerste eine Herabsetzung erfahren können.

3. Die **Kalidüngung** steht bei der Braugerste im Vordergrunde. Von allen Getreidearten hat die Gerste das geringste Aneignungsvermögen für das Bodenkali. H. NEUBAUER gibt die Kaliausbeute in einer Vegetationszeit durch die Gerste mit 12% an, während das wurzellösliche Bodenkali durch Weizen zu 15%, durch Hafer und Roggen zu 20% ausgebeutet wird. Wenn auch diese Ausbeutekoeffizienten nicht mathematisch genau zu nehmen sind, so veranschaulichen sie doch die unterschiedliche Fähigkeit der Gerste im Vergleich zu den anderen Getreidearten. Die Qualität der Körner wird durch die Kalidüngung zweifellos erhöht. Der Stärkegehalt der Körner wird hoch und die Spelzenfarbe fällt heller aus. Auch die Standfestigkeit des Strohes wird stärker und damit die Lagergefahr verringert.

Für die Stärke der Kalidüngung ist der Bodenreichtum, die Menge, Art und Zeit der letzten Stallmistdüngung zu berücksichtigen. Hinsichtlich der Form der Kalidüngung hat sich gezeigt, daß Kainit dem hochprozentigen Kalisalz gegenüber zum mindesten gleichwertig ist. In den meisten Fällen der angestellten Versuche haben die Rohsalze sich sogar überlegen gezeigt. Die mit den Rohsalzen in den Boden kommenden Nebensalze scheinen eher nützlich als schädlich auf die Gerste zu wirken. Voraussetzung hierbei ist allerdings, daß man die Kainitgabe nicht zu nahe an den Saattermin heranbringt. Auf den bindigen Böden wird man trotzdem zum hochprozentigen Kalisalz greifen, weil es den Boden physikalisch nicht verschlechtert.

4. Die **Kalkdüngung.** Die Gerste verlangt zu gutem Wachstum eine neutrale bis schwach alkalische Reaktion des Bodens. Folgende Reaktionsbreiten in p_H-Zahlen zur Erzielung guter Ernten seien angegeben:

Nach:	O. Arrhenius	L. Hiltner	M. Trénel	C. Olsen	S. Oswald
Gerste	7—7,8	6—7	7—8	6,5—8	7—8

Eine direkte Düngung mit Kalk kommt im allgemeinen nicht in Frage, sofern diese Düngung zu den Hackfrüchten in richtiger Weise ausgeführt worden war. Da man aber zu Kartoffeln doch immerhin selten kalken kann, ist, wie im Abschnitt 1 bereits erwähnt wurde, eine Kalkung zu Gerste mit Ätzkalk, der vor der Bestellung untergeschält wird, vorzunehmen. Auf die Kalkung der Gerste ist besonderes Gewicht zu legen, weil sie gegen schwachsaure Reaktion des Bodens sehr empfindlich ist. Auch die Bevorzugung einer physiologisch-alkalischen Stickstoffdüngung gibt bei der Gerste immer dann schon einen Ausschlag, wenn die Reaktion des Bodens nicht mindestens neutral war, sondern eine ganz schwachsaure Bodenstimmung vorlag.

IV. Die Düngung des Hafers.

Der Hafer liebt niederschlagsreiche, mäßig warme Gegenden mit zeitigem Frühjahr, er fordert hohe Feuchtigkeitsmengen, aber nur mittlere Wärmemengen. Infolge seines großen Wurzelvermögens kann er sich die Nährstoffe gut aneignen. Eine Ernte von 30 dz Körnern und 40 dz Stroh entzieht dem Boden rund 84 kg Stickstoff, 42 kg Phosphorsäure und 90 kg Kali. Schon G. Liebscher gab Arbeiten über den zeitigen Verlauf der Nährstoffaufnahme heraus, aus denen man erkennt, daß schon zu Beginn der Wachstumszeit ein sehr beträchtlicher Teil der Nährstoffe aufgenommen wird und daß die Nährstoffaufnahme zur Blütezeit fast beendet ist. Allerdings ergibt sich gegenüber der Sommergerste insofern ein Unterschied, als der Hafer ihr gegenüber eine langsamere Jugendentwicklung aufweist. Die Nährstoffaufnahme ist deshalb bei der Gerste in der Jugendzeit verhältnismäßig erheblich größer als beim Hafer. Der Bedarf beim Hafer ist in den ersten 6—8 Wochen der Entwicklung nicht groß und erreicht erst dann einen plötzlichen, sehr starken Aufstieg. Die Aufnahme des Stickstoffes beginnt von der Blütezeit ab zu sinken.

Eine Stallmist- oder eine Gründüngung kommt für den Hafer dann in Frage, wenn die Hackfrüchte sowohl mit Stallmist als auch mit Gründüngung bereits versorgt sind und größere oder geringere Mengen von beiden noch übrig sind, die alsdann zu Hafer zweckmäßig Verwendung finden. Nächst den Hackfrüchten nutzt der Hafer die Gründüngung am besten aus. Er ist auch diejenige Pflanze, die neben den Hackfrüchten der Begleiter und Vertreter der intensiven Bodennutzung ist.

1. **Stickstoffdüngung.** Der Hafer ist die Frucht unter den Getreidearten, die nächst dem Weizen den verhältnismäßig billigen Stickstoff gut ausnutzen kann. Die steifhalmigen Hafersorten vertragen und lohnen hohe Gaben ganz besonders gut. Der Hafer ist zwar an sich eine haushälterische Pflanze. Es wäre aber durchaus falsch, wenn diese seine Eigenschaft den Landwirt zu einer vorzeitigen Stickstoffbeschränkung veranlassen würde. Da die Qualität des Hafers durch eine Stickstoffdüngung nicht beeinflußt wird, richtet sich die Höhe der Stickstoffdüngung nach der Lagergrenze. Praktisch spielen also Bodenart, Vorfrucht und Zeitpunkt der letzten organischen Düngung die Hauptrolle. Nicht unerwähnt darf bleiben, daß hinsichtlich der Sorten erhebliche Unterschiede in der Ausnutzung der Stickstoffdüngung vorhanden sind. Obgleich diese Tatsache in der Praxis allseitig bekannt ist, sei doch an dieser Stelle auf die Versuche hingewiesen, die O. Fürth und J. Weigert nach dieser Richtung hin angestellt haben.

Die *hohe Bedeutung der Stickstoffdüngung* veranschaulicht ein Haferdüngungsversuch in Petkus (11):

Die Volldüngung betrug 1 Ztr. schwefelsaures Ammoniak, 3 Ztr. Kainit bzw. entsprechend 40er Kalisalz, 2 Ztr. Thomasmehl bzw. Rhenaniaphosphat, 5 Ztr. Kalkmergel. Letzteren alle 4—5 Jahre. Stalldung und Gründüngung auf allen Parzellen gleichmäßig in ortsüblicher Weise.

Haferdüngungungsversuch PETKUS.

Erntejahr	Volldüngung	Volldüngung — Kalk	Volldüngung — Stickstoff	Volldüngung — Phosphorsäure	Volldüngung — Kali
1905	8,75	9,—	6,10	8,85	8,15
1912	18,60	18,30	11,65	18,15	18,20
1916	17,03	15,60	8,70	15,05	12,64
1919	12,70	14,15	7,80	14,30	13,30
1922	11.75	12.25	8,10	11,65	10,70
1925	11,07	11,34	8,16	11,19	10,82
Durchschnitt:	14,23	14,33	8,88	14,07	13,13

Der Versuch zeigt, daß 1 Ztr. schwefelsaures Ammoniak durchschnittlich etwa 5 Ztr. Haferkörner erzeugt hatte.

In der Form der Stickstoffdüngung kann man bei dem Hafer nicht so leicht Fehler machen. Er eignet sich auch die langsamer wirkenden Düngemittel recht gut an. W. SCHNEIDEWIND sagt, daß er unter den Getreidearten der beste Ammoniakverwerter sei. Wenn Kalkstickstoff verwendet werden soll, so muß er frühzeitig vor der Saat gestreut werden, denn in trockenen Sommern würde seine Ausnutzung anderenfalls ungenügend sein und der Ernteertrag darunter leiden. Eine besondere Beachtung verdienen alle Düngemittel, die den Stickstoff in Form von Ammoniak und Salpeter enthalten. Sie sind dem Hafer, der die Aufnahme der Nährstoffe nicht so in der Jugend, wie dies bei der Gerste der Fall ist, bewirkt, besonders zuträglich. Die gesamte in Aussicht genommene Stickstoffdüngung kann in solchem Falle in einer Gabe vorgenommen werden, während sie bei der Salpeterform in zwei Gaben erfolgen müßte. Weil der Salpeteranteil keinen Preisaufschlag erfährt, sind sie auch relativ billig. Sie werden kurz vor oder bei der Bestellung gegeben. Eine späte Kopfdüngung begünstigt das nachträgliche Bestocken, wodurch ein ungleiches Abreifen des Bestandes eintritt.

2. Die **Phosphorsäuredüngung.** Der Hafer besitzt die Fähigkeit, mit seinen Wurzeln die Bodenphosphorsäure weitgehend auszunutzen. Eine besondere Phosphorsäuredüngung ist in allen den Fällen nicht notwendig, in denen die Vorfrucht reichlich Phosphorsäure bekam. Es kommt eben auf die Stellung des Hafers an, die er in der Fruchtfolge einnimmt. Nach Versuchen von TH. ROEMER (41) hatte die Düngung mit Phosphorsäure in solchen Fällen Erfolg, in denen die NEUBAUER-Zahlen unter 4 mg lagen. Auf den leichteren Haferböden wird eine besondere Phosphorsäuredüngung vielfach nicht zu umgehen sein, sofern der Hafer nicht nach Hackfrucht steht. Steht der Hafer nach Hackfrucht und hat die Hackfrucht reichlich Phosphorsäure bekommen, ist für den praktischen Landwirt jede Sorge um die Phosphorsäuredüngung für den Hafer überflüssig.

3. Die **Kalidüngung.** Der Hafer nutzt das Bodenkali vorzüglich aus. Auf den meisten Haferböden wird eine besondere Kalidüngung nicht nötig sein. Sie wird in der Regel auf Sand- und Moorboden erforderlich werden, da diese Böden einen Kalizuschuß brauchen, der alsdann in Form von Kalirohsalzen gegeben wird.

Die **Kalkdüngung.** Die Reaktionsbreiten zur Erzielung guter Haferernten sind in p_H-Zahlen folgende (14):

Nach:	L. HILTNER	M. TRÉNEL	S. OSWALD
Hafer	5—8	5—6	5—6

Hafer, Roggen und Kartoffeln gedeihen noch gut bei schwachsaurer Reaktion. Das gute Gedeihen des Hafers scheint aber nicht an sauren Boden gebunden zu sein, vielmehr vermag er auch bei neutraler Reaktion Höchsterträge zu liefern, wie das die guten Ernten auf schweren Böden zeigen. Eine direkte Düngung mit Kalk ist beim Hafer nicht in Betracht zu ziehen. Sie kann sogar nachteilig wirken, wenn die Böden eine geringere Pufferungsfähigkeit besitzen. Es ist bekannt, daß der Hafer in solchem Falle nach frischer Kalkdüngung unter der Dörrfleckenkrankheit zu leiden hat.

V. Die Düngung des Maises.

Eine mittlere Maisernte entzieht dem Boden (2):

	Asche kg/ha	N kg/ha	K_2O kg/ha	P_2O_5 kg/ha
23 dz Korn (30 hl zu 77 kg) . .	28,29	36,80	8,51	13,11
30 „ Stroh	131,10	22,50	49,20	9,—
10 „ Kolbenspindeln	4,50	1,30	3,30	0,20
Zusammen:	163,89	60,60	61,01	22,31

Der Mais ist zwar eine Getreideart, doch bringt der Verlauf der Nährstoffaufnahme und der hohe Nährstoffbedarf es mit sich, daß man den Mais hinsichtlich der Düngung mehr zu den Hackfrüchten zählen kann. LIEBER (20) weist darauf hin, daß der Mais ebenso intensiv wie die Hackfrüchte gedüngt werden muß. In den Monaten Juli, August liegt die stärkste Nährstoffaufnahme.

Der Mais ist ein ausgezeichneter Verwerter des Stallmistes und der Gründüngung. Die Lagergefahr scheidet bei Mais aus. Er kann deshalb stärkste Stallmistmengen bzw. Stickstoffdüngungen vertragen. Eine besondere Düngung mit Stickstoff hängt von der Menge und Güte der dem Mais verabreichten organischen Düngung ab. Bei starker Stallmistdüngung wird sich auch die besondere Kali- und Phosphorsäuredüngung entbehrlich machen. Wo der Bodenreichtum und die organische Düngung gering eingeschätzt werden muß, ist eine besondere Düngung mit allen Nährstoffen notwendig. Kann keine organische Düngung verabreicht werden, so mag als gutes Beispiel die Düngung angeführt werden, wie sie von der Badischen Saatzuchtanstalt vorgenommen wird. Es werden etwa 70 kg Stickstoff je Hektar, 3 dz Thomasmehl und etwa $2^1/_2$ dz 40er Kalisalz gegeben. Bei der Salpeterkopfdüngung muß auf die hohe Empfindlichkeit der Maisblätter gegenüber Düngesalzen Rücksicht genommen werden. Werden die Düngesalze im Tau gegeben und tritt hinterher Verdunstung ein, so vergilben die Blatteile.

3. Die Düngung der Hülsenfrüchte.

Von

Dr. ERNST BIEREI

Direktor des Thünen-Instituts in Rostock.

Die Bohnen, Erbsen, Lupinen, Wicken und Linsen vermögen als Leguminosen den Luftstickstoff zu verwerten, weil sie in Symbiose mit stickstoffsammelnden Bakterien leben. Diese Bakterien versorgen die Wirtspflanze aber erst dann mit Stickstoff, wenn das Wachstum derselben etwas fortgeschritten ist. Infolgedessen nehmen die Hülsenfrüchte für die erste Zeit ihrer Entwicklung auch Stickstoff aus dem Boden auf. Erst wenn das sog. Hungerstadium überwunden ist, kommt der Stickstoff aus dem Boden nicht mehr in Frage. Weil die Schmetterlingsblütler die Fähigkeit haben, den Stickstoff aus der Luft zu sammeln, und zwar mehr davon zu sammeln, als sie zu ihrem Wachstum brauchen, hat die Theorie eine Stickstoffdüngung, namentlich auch eine Stallmistdüngung, zu Hülsenfrüchten als überflüssig erachtet. In der Praxis verfuhr man jedoch anders, wenigstens überall dort, wo mit Erfolg Hülsenfrüchte angebaut wurden. Man düngte nach wie vor die hauptsächlichsten Vertreter der Hülsenfrüchte, nämlich die Ackerbohnen und die Erbsen, mit Stallmist, wenn auch nur schwach. Man gab auch JULIUS KÜHN recht, der für das Gedeihen des Klees eine kräftige Stallmistdüngung der Vorfrucht für erforderlich hielt. Auch wer sichere Ernten an Lupinen und Serradella machen wollte, gab zwar keine Stallmistdüngung, sondern baute Lupinen und Serradella, die zur Samengewinnung dienen sollten, nach Kartoffeln. Die außerordentlich sicheren Ernten und befriedigenden Erträge der Lupinen und der Serradella nach Kartoffeln sind auf den Stallmist zurückzuführen, den die Vorfrucht, Kartoffeln, bekam. In allen diesen Fällen ist es nicht der Nährstoff Stickstoff, der durch den Stallmist wirkt, sondern es sind die Ansprüche, die die Schmetterlingsblütler an die biologischen Eigenschaften des Bodens stellen und die nur durch eine, wenn auch nur schwache, Stallmistdüngung befriedigt werden können.

Auf unserer heutigen Entwicklungsstufe ist der Hülsenfruchtbau zwecks Samengewinnung bis auf ein Minimum verdrängt. Die Hülsenfrüchte sind den Hackfrüchten unterlegen. Wo man sie aber noch mit Erfolg anbauen will, besteht nach wie vor die alte Forderung, ihnen eine schwache Stallmistdüngung zu geben, ihrer Ansprüche wegen, die sie an die biologischen Bodeneigenschaften stellen. Da nun aber in erster Linie die Hackfrüchte mit Stallmist versorgt werden müssen, der Stallmist seinerseits auch nur zu den Hackfrüchten ausreicht, bleibt kein Stallmist für die Hülsenfrüchte übrig. Wenn Hülsenfrüchte ohne Stallmistdüngung angebaut werden sollen, so empfiehlt es sich, die Hülsenfrüchte auf solchen Boden zu bringen, der ohne eine direkte Stallmistdüngung die erforderlichen biologischen Eigenschaften aufweist. Einen solchen liefern die Felder, die mit Hackfrüchten bestanden waren. Bohnen, Erbsen, Lupinen und Serradella werden also nach Rüben und Kartoffeln angebaut. Wenn man auf der heutigen Entwicklungsstufe Hülsenfrüchte anbaut, dann soll man ihnen auch als Vorfrucht Rüben und Kartoffeln einräumen. Die Ernte ist sicher, der Ertrag gut und die Stallmistdüngung wird gespart.

I. Die Düngung der Ackerbohne.

Wo die Ackerbohne nicht nach Hackfrüchten angebaut werden kann, muß sie mit Stallmist versorgt werden. Sie ist dann dankbar für den Stallmist wegen der günstigen physikalischen Wirkung, die dieser Dünger auf den Boden ausübt. Auf den schweren, zähen Böden tritt die günstige Wirkung des Stallmistes besonders in die Erscheinung, während der Stickstoffgehalt des Stallmistes erst in zweiter Linie Bedeutung hat.

1. **Stickstoffdüngung.** Die Ackerbohne gehört zu den anspruchsvollsten Schmetterlingsblütlern. Sie lohnt deshalb auch eine künstliche Stickstoffdüngung. Der Kunstdüngerstickstoff muß über die Hungerperiode hinweghelfen. Es genügen dazu Gaben von 10—20 kg Stickstoff pro Hektar, je nachdem, ob eine schwache Stallmistdüngung gegeben werden konnte oder nicht. Ist die Bohne ungefähr eine Handbreit hoch, wird sie durch die stickstoffsammelnden

Bakterien versorgt. Infolgedessen muß der Kunstdüngerstickstoff in leichtlöslicher Form gegeben werden, damit er die Bohne im frühesten Jugendstadium treiben kann.

2. **Kali- und Phosphorsäuredüngung.** Phosphorsäure und Kali sollen in solcher Menge vorhanden sein, daß die Pflanze „stickstoffhungrig" gemacht wird. Für die Stärke der Düngung entscheidet der Bodenreichtum und die Frage, ob Stallmistdüngung gegeben wurde. Eine Ernte von 25 dz Körnern und 40 dz Stroh entzieht dem Boden 41,8 kg Phosphorsäure und 109,9 kg Kali je Hektar. 3 dz Superphosphat und ebensoviel 40er Kalisalz sind als eine durchschnittliche Düngung anzusehen. Besonders reiche Gaben an Kali sind auf Moorboden nötig, weil auf Niederungsmoor wohl Stickstoff und Kalk vorhanden sind, nicht aber Kali und auch nur selten ausreichend Phosphorsäure. Auf Niederungsmoor zeigt sich vielfach eine günstige Wirkung der Kupfersulfatdüngung zur Ackerbohne (7).

3. **Kalkdüngung.** Da die Ackerbohne als Pflanze des schweren Bodens hohe Kalkansprüche stellt, ist die Kalkdüngung besonders wichtig. Die Ackerbohne verlangt nur dann keine Kalkdüngung, wenn die Vorfrucht gekalkt wurde.

II. Die Düngung der Erbse.

Eine Hektarernte von 20 dz Erbsen entzieht dem Acker rund 30 kg Phosphorsäure, mindestens 70 kg Kali und 60 kg Kalk. Den Verlauf der Nährstoffaufnahme gibt Th. Remy unter Zugrundelegung einer Körnerernte von 25 dz je Hektar an:

	April	Mai	Juni	Juli
Stickstoff	8	19	88	38
Kali	10	20	78	20
Phosphorsäure . .	3	5	20	5

Eine Stallmistdüngung ist bei Erbsen weniger beliebt als bei Bohnen. Für Konservenerbsen läßt man sie auf alle Fälle weg, weil sich die Erbsen dann gesunder entwickeln und weniger unter Krankheit leiden.

1. Bei der **Stickstoffdüngung** muß man berücksichtigen, daß es sich hier um eine Pflanze handelt, die durch die Knöllchenbakterien mit Stickstoff teilweise versorgt wird. Eine schwache Stickstoffdüngung ist für das sog. Hungerstadium nötig. Bei Konservenerbsen steigert man die Stickstoffdüngung etwas, weil der Preis des Erntegutes hier wesentlich höher liegt. Die Stickstoffdüngung muß auch hier eine Grenze finden wegen des sonst einseitig übertriebenen Krautwachstums. Wohl in den meisten Fällen wird sich hierbei aber eine Düngung von 30 kg Stickstoff je Hektar lohnen. Im Vordergrunde stehen Kalksalpeter und Harnstoff.

2. Die **Phosphorsäure** wird von der Erbse gut angeeignet. Als Mittelzahl rechnet man trotzdem 50—70 kg Phosphorsäure je Hektar. Die Kalidüngung wird je nach dem Bodenreichtum verschieden ausfallen. Als Mittelzahl mögen 80 kg Kali genannt sein. Die Reaktionsbreiten in p_H zur Erzielung guter Ernten werden angegeben:

Nach:	O. Arrhenius	L. Hiltner	M. Trénel
Erbsen	5,5—6,4	6—7	6—7

Es zeigt sich, daß die Erbse zu den Pflanzen gehört, die am besten wachsen, wenn die Bodenreaktion in der Nähe des Neutralpunktes liegt.

III. Die Düngung der Lupine.

Die Lupine spielt als Körnerlieferant nur eine recht geringe Rolle. Bei der Düngung der Lupinen steht das Kali im Vordergrunde. Durch die Kalidüngung erreichen wir eine stärkere Entwicklung der Lupine, wodurch sie in die Lage versetzt wird, mehr Stickstoff sammeln zu können. Die gesamte künstliche Düngung der Lupine besteht in ca. 10 dz Kainit je Hektar. Stickstoff wird der Lupine nicht gegeben und auch auf die Phosphorsäuredüngung kann man bei der Lupine verzichten. Die Wurzeln der Lupine zeichnen sich durch lebhafte Kohlensäureausscheidung aus. Auch ist die Lupine durch hohe Acidität der Wurzelausscheidungen gekennzeichnet, so daß sie sich die schwerlöslichen Nährstoffe des Bodens ganz besonders gut aneignen kann. Geringe Gaben von Phosphorsäure, ca. 10 kg je Hektar, werden nur dann angebracht sein, wenn Lupinen im Gemenge mit Getreide (Lupinenhafer) angebaut werden.

Die Hülsenfrüchte stellen im allgemeinen an den Kalkreichtum des Bodens hohe Ansprüche. Die Lupine macht eine Ausnahme, auch die Serradella. Ganz besonders ist die gelbe Lupine kalkempfindlich. F. Fruwirth, R. Heinrich, P. Ehrenberg u. a. sind auf diesem Gebiete forschend tätig gewesen. Sehr beachtenswert sind auch die Untersuchungen von F. Boas und F. Merkenschlager (21). Die blaue Lupine ist weniger kalkempfindlich als die gelbe. Trotz ihrer Kalkempfindlichkeit entzieht die Lupine dem Boden ziemlich hohe Kalkmengen. Verlangt der Boden eine Kalkung, so darf sie nicht unmittelbar zu den Lupinen vorgenommen werden. Vor allen Dingen ist auf gemergelten Böden alsdann nicht mit der Kaligabe zu sparen, und in solchem Falle muß über die Norm von 10 dz je Hektar hinausgegangen werden. Die Stickstoffsammlung der Knöllchenbakterien bewirkt, daß der Stickstoffbedarf der Lupinen durch diese Quelle gedeckt wird. Praktisch haben wir es also lediglich bei der Lupine mit einer Kalidüngung zu tun, die in Form von Kainit einer solchen von hochprozentigen Kalisalzen auf den Lupinenböden überlegen ist.

Die Ausführungen, die über die Düngung der Lupine gemacht worden sind, besitzen die gleiche Geltung für die Serradella. Ganz besonders trifft das für die Kalidüngung und deren Stärke zu.

IV. Die Düngung der schmetterlingsblütigen Futterpflanzen.

Die einzelnen Kleearten, ferner Luzerne, Esparsette, nehmen in der ersten Zeit ihrer Entwicklung Stickstoff aus dem Boden auf, solange das Hungerstadium nicht überwunden ist. Für dieses Jugendstadium finden sie die nötigen Stickstoffmengen im Boden vor, weil sie — mit vielfacher Ausnahme der Luzerne — unter einer Überfrucht angebaut werden, die die nötigen Nährstoffe im Boden hinterläßt. Hinsichtlich der Phosphorsäuredüngung ist es zweckmäßig, die Überfrucht stärker zu versorgen, mithin einen Vorrat zu geben, so daß sich eine besondere Phosphorsäuredüngung im Nutzungsjahre für die Futterpflanzen erübrigt. Auch die Kalidüngung wird man im allgemeinen bei der Überfrucht etwas verstärken. Eine künstliche Düngung der erwähnten Futterpflanzen erübrigt sich demzufolge im allgemeinen, weil ein sicheres Gedeihen der Kleearten eine gute Kultur des Bodens voraussetzt. Diese wünschenswerte Kultur wird durch eine besonders starke Düngung der Vorfrucht erreicht. Voraussetzung für das Gedeihen der Kleeart ist die rechte Bodenreaktion, weshalb der Kalk die größte Beachtung verdient.

Die Reaktionsbreiten in p_H zur Erzielung guter Ernten werden von H. Kappen wie folgt zusammengestellt:

Nach:	O. Arrhenius	L. Hiltner	M. Trénel	S. Oswald	C. Olsen
Rotklee	5,8—6,5	6—8	6—7	über 7	—
Serradella	5,4—6,5	—	—	—	—
Luzerne	7,3—8,1	6,8—8,0	7—8	über 7	6,5—7,0

Die Kalkung zu Vorfrüchten ist zu bevorzugen, damit der Kalk besser in dem Boden verteilt wird. Es sind allerdings auch direkte Mergelungen auf den Kopf möglich. In alter Zeit wurden 5 dz und mehr Gips je Hektar im Frühling des Nutzungsjahres auf den Kopf gestreut. Man hatte damals hiermit große Erfolge, die sich aber im Laufe des Jahrhunderts an den meisten Stellen verloren haben.

Die Luzerne gedeiht am besten auf den tiefgründigen, milden Lehmböden, die Kalk im Untergrund haben und sich in hoher Kultur befinden.

Die Böden mit hohem Grundwasserstand scheiden für den Anbau der Luzerne aus. Trockene Böden, die durch fortgesetzten intensiven Hackfruchtbau in hohe Kultur gebracht worden sind, eignen sich für den Luzernebau besonders. Das sind die Böden, auf denen ihrer Lockerheit und Trockenheit wegen Rotklee, Schwedenklee u. a. m. sehr unsicher gedeihen. Die Bodenansprüche der Luzerne werden heute überschätzt. Es ist nicht notwendig, daß es Lehmböden sein müssen, auf denen Luzerne gedeiht. Sandböden mit Mergel- und Lehmunterlage sind ebenso geeignet. Auf diesen Böden ist die Luzerne vielfach die sicherste Futterpflanze. Wohl wird man auf den leichteren Böden nicht auf eine sehr lange Nutzungsdauer rechnen können. Man wird die Flächen nach vier oder fünf Jahren wieder umbrechen müssen. Bei der Ansaat der Luzerne muß der Boden in Kraft sein und einen geordneten Humusgehalt besitzen. Notwendig ist eine reichliche Vorratsdüngung. Als ausgesprochene Kalkpflanze benötigt sie zunächst eine reichliche Kalkung. Weil die Luzerne den Kalk aus den tieferen Schichten nimmt, wohin er oft durch die Kalkung erst gelangen muß, so ist es notwendig, die Kalkung schon einige Jahre vor der Ansaat der Luzerne zu geben, damit in der Zwischenzeit der Kalk Gelegenheit hat, in den Untergrund zu gelangen. Verschiedentlich ist auch die Beobachtung gemacht worden, daß eine sehr starke Kalkgabe, die erst ganz kurz vor der Luzerneansaat gegeben wurde, die Keimung und Jugendentwicklung nachteilig beeinflußt hatte. Dabei handelte es sich um eine Düngung mit Branntkalk.

Eine weitere Voraussetzung für das Gelingen der Ansaat ist eine Vorratsdüngung mit Phosphorsäure und Kali. Weil die Luzernewurzeln sehr in die Tiefe gehen und den Nährstoffen nachwachsen, müssen Ackerkrume und tiefere Schichten mit Kali und Phosphorsäure versorgt werden. Lochner gibt eine Menge von 4—6 dz Thomasmehl und 4—6 dz Kalisalz je Hektar an, die der Luzerne mit auf den Weg zu geben sind. Hinsichtlich der Kalidüngung weist er noch besonders darauf hin, daß man auch hier schon zu den Vorfrüchten auf eine gewisse Anreicherung des Bodens bedacht sein soll, damit man nicht kurz vor der Ansaat so große Mengen Kalisalz zuzuführen braucht.

Die Stickstoffdüngung hat nur für junge Luzerne Bedeutung, die im ersten Jahre nicht recht vorwärtskommen will. Normale Bestände lohnen in späteren Jahren besondere Stickstoffgaben nicht, zumal dadurch die Vergrasung gefördert wird, was ganz besonders auch bei Jauche der Fall ist, die auf das Luzernefeld nicht gehört. H. Neubauer gibt als Nährstoffentzug für 100 dz Luzerne je Hektar 150 kg Kali und 64 kg Phosphorsäure an. Eine Nachdüngung mit Kali und Phosphorsäure ist vom dritten Jahre an nötig. Desgleichen auf den leichteren Luzerneböden eine Nachdüngung mit Mergel. Eine jährliche Gabe von 6—8 dz hochproz. Kalkmergel je Hektar ist als Kopfdüngung erforderlich. Bei ausgesprochenen Luzerneböden mit hohem Kalkgehalt im Untergrunde ist er überflüssig. Eine Kopfdüngung der Luzerne, sofern sie eine längere Reihe von Jahren steht, mit 40 kg Phosphorsäure in Form des Superphosphates je Hektar ist nicht zu entbehren.

Die Esparsette stellt hohe Kalkansprüche. Als stickstoffsammelnde Pflanze braucht sie nebenher Ersatz von Kali und Phosphorsäure.

4. Die Düngung der Ölfrüchte und Gespinstpflanzen.

Von

Dr. Ernst Bierei

Direktor des Thünen-Institutes in Rostock.

I. Der Raps und Rübsen.

Der Raps verlangt einen großen Vorrat an Nährstoffen, insbesondere hat er ein großes Stickstoffbedürfnis. Eine Ernte von 25 dz Körnern und 70 dz Stroh entzieht in Kilogramm (52):

	Stickstoff	Phosphorsäure	Kali	Kalk
Körner	88	42	24	10
Stroh	56	18	79	155
	144	60	103	165

Die Nährstoffaufnahme verläuft nach den Untersuchungen von Th. Remy derart, daß schon der Hauptteil der Nährstoffe im Herbst zur Aufnahme gelangt. Das gilt namentlich auch vom Stickstoff, aber auch Kali und Phosphorsäure werden vorzugsweise im Herbst aufgenommen, wenngleich bei diesen beiden der Frühjahrsbedarf auch nicht unbeträchtlich ist. Aus dieser Eigentümlichkeit des Rapses ist schon ersichtlich, daß er für eine Stallmistdüngung sehr dankbar ist. Weil der Raps ein Stickstofffresser ist und weil er ein hohes Stickstoffbedürfnis schon in dem Jugendstadium aufweist, ist eine starke Düngung mit Stickstoff notwendig. Die Höhe einer solchen Düngung richtet sich danach, ob der Raps in Brache, die Stallmist bekommen hat, gebaut wird und welchen Grad der Zersetzung die Stallmistdüngung hat. Weil ferner auch das Klima für die Entwicklung des Rapses von Bedeutung ist, spielt auch dieses für die zeitliche Verteilung der Stickstoffmengen eine große Rolle. Im allgemeinen wird man die Hälfte des Stickstoffes bei der Saat geben und die andere Hälfte im Frühling. Wo aber die alte Bodenkraft die Herbstversorgung günstiger gestaltet, wird die Stickstoffgabe im Frühling unter Abzug der Herbstgabe erhöht werden können. Das gilt besonders dort, wo der Raps in dem garen Lande der Brache und in einem milden Klima mit langem Herbst ohnehin eine sehr günstige Entwicklung bis zum Beginn der Winterszeit vorfindet.

Kali und Phosphorsäure müssen mit dem Stickstoff ins Gleichgewicht gebracht werden, damit das vegetative Wachstum durch Stickstoff nicht einseitig gefördert wird und die Körnererzeugung mit gutem Ölgehalt gedrückt wird. Besonders auf sehr stickstoffreichen Böden, wie Niederungsmoor, ist auf das Gleichgewicht der Ernährung Rücksicht zu nehmen. Nach H. Kappen wird eine nach der alkalischen Seite hin über den Neutralpunkt verschobene Reaktion (15) dem Wachstum des Rapses günstig sein. Als eine ausreichende Rapsdüngung je Hektar führt H. Wacker (53) rund 400 dz Stallmist, 40—50 kg Stickstoff, 40 kg Phosphorsäure und 100 kg Kali an. Es mag wohl sein, daß die von H. Wacker angegebene Stickstoffdüngung unter dem Eindruck der Knappheit des Stickstoffes angegeben worden ist, denn in der Praxis dürften durchweg 50 kg Reinstickstoff je Hektar die unterste Grenze bedeuten.

II. Der Lein oder Flachs.

Eine Hektarernte von 6 dz Samen und 50 dz Stengeln nebst 6 dz Spreu entzieht dem Boden mindestens 45 kg Stickstoff, 30 kg Phosphorsäure, 60 kg Kali und 50 kg Kalk. Der Verlauf der Nährstoffaufnahme geht derart vor sich, daß die Nährstoffe vorwiegend bis zur Blüte aufgenommen werden. Nur ein beachtlicher Teil der Phosphorsäure gelangt auch späterhin zur Aufnahme. Die Stallmistdüngung scheidet für den Flachs aus, weil sie leicht Lager bringt und eine grobe Faser mit geringer Ausbeute liefert. Wertvoll ist aber ein Boden mit alter Kraft, der einen gleichmäßig verteilten Nährstoffvorrat aufweist.

Bei der künstlichen Düngung ist hinsichtlich des Stickstoffes darauf zu achten, daß dieser nicht Lagergefahr hervorruft und dadurch Veranlassung zur Erzeugung einer groben Faser gibt. Bei alter Bodenkraft ist nur eine geringe Stickstoffdüngung nötig. Im Vordergrunde stehen schwefelsaures Ammoniak oder Düngemittel, die nur einen geringen Teil des Stickstoffes in Form von Salpeter enthalten. Reine Salpeterdünger kommen bei der Empfindlichkeit des Flachses gegen Alkali kaum oder erst in zweiter Linie in Frage. Die Stickstoffmenge schwankt zwischen 0—40 kg je Hektar. Neben einer mittleren Phosphorsäuredüngung tritt die Kalidüngung bei Lein stark in den Vordergrund. Das Düngerbedürfnis für Kali ist besonders groß. Die Chloride wirken günstig auf die Faser, es kann deshalb bei sehr frühem Ausstreuen im Winter auch Kainit bei den leichteren Böden verwendet werden. Eine frische Kalkung verträgt der Lein nicht. Die Faser wird rauh und brüchig, so daß eine direkte Kalkung ausscheiden muß. Versuche von W. Kleberger über die Kalkfrage zeigten, daß die ungekalkten Parzellen die besten Erträge brachten. Der Flachs braucht zwar eine gewisse Menge Kalk als Nährstoff, doch wird diese Menge meistens durch den Gehalt des Bodens gedeckt, so daß eine Zudüngung von Kalk überflüssig ist, ja sogar, wie erwähnt, schädlich wirken kann.

Bei den Kaliversuchen W. Klebergers verdiente der Kainit den Vorzug. Ammonium-Chlorid-Salze mit größerem Chlornatriumgehalt wurden vom Lein nicht nur gut vertragen, sondern lieferten sogar eine bessere Stengelqualität. Versuche von Weck (42) zeigten, daß das Kali stark erhöhend auf die Faserausbeute und damit auch auf den Faserertrag wirkte. R. Scheel folgert aus Versuchsergebnissen, daß durch hohe Kaligaben der Stroh- und Samenertrag erheblich gesteigert wird. Der Stengel wird verlängert und zeigt trotz starken Durchmessers einen hohen Faserertrag und eine sehr hohe Langfaserausbeute. Durch hohe Stickstoffgaben wird eine Stroh- und Samenvermehrung bewirkt, Stengellänge und Durchmesser werden erhöht, die Langfaserprozente nehmen ab zugunsten der Wergprozente. Bei starker Stickstoffgabe tritt Lager ein, wodurch Stroh und Fasererträge stark beeinträchtigt und die Wergprozente erhöht werden. Durch Phosphorsäuregaben wird der Samenertrag erhöht, die Stroherträge zeigen keine Steigerung, eher eine Abnahme, die Stengelqualität dagegen wird erheblich verbessert, die Faserausbeute zeigt ein mittleres Ergebnis, die Qualität (Feinheit und Festigkeit) ist sehr gut.

III. Der Hanf.

Der Hanf wird in Deutschland nur auf wenigen Hunderten von Hektaren angebaut. Auf Neubrüchen oder angeschwemmtem, humosen Sande und auf genügend entwässertem Niederungsmoorboden läßt sich mit Erfolg Hanf anbauen. Er hat ein hohes Stickstoffbedürfnis. Auf stallmistbedürftigen Böden ist er für hohe Stallmistdüngungen sehr dankbar. Neben mittlerer Phosphorsäuredüngung ist bei der Kalidüngung darauf hinzuweisen, daß die im Kainit enthaltenen Chloride nicht nachteilig sind, sondern daß sie sogar eine günstige Wirkung auf die Qualität des Bastes ausüben (54).

5. Die Düngung der Wiesen und Weiden.

Von

Dr. Ernst Bierei

Direktor des Thünen-Institutes in Rostock.

Die natürlichen Eigenschaften, die die Kulturart *Ackerland* gegenüber den Kulturarten *Wiesen* und *Weiden*, schlechthin Grünland genannt, aufweist, sind maßgebend auch bei der auf dem Grünlande vorzunehmenden Düngung. Im Laufe der Vergangenheit hat die Frage der Düngung des Grünlandes eine unterschiedliche Beantwortung erfahren. Von Einfluß hierauf war nicht allein eine Wandlung in den Anschauungen über die Stickstoffdüngung der Wiesen und Weiden, sondern auch die nebensächliche Behandlung der Wiesen zu einer Zeit, als die Kulturart Ackerland infolge des Rübenbaues überschätzt wurde. Hätte man schon zu jener Zeit, namentlich von seiten der landwirtschaftlichen Praxis, von einseitiger Betrachtung der einzelnen Betriebszweige sich ferngehalten, dann wäre höchstwahrscheinlich das Grünland schon Jahrzehnte früher mehr zu Ehren gekommen. Man hätte nach dem Kriege bei der Grünlandfrage nicht über das Ziel hinausgeschossen, und nicht vor dem Kriege nur die einseitige Kaliphosphatdüngung gepredigt. Heute weiß man, daß eine gute Grasnarbe durch fortgesetzte Düngung, insbesondere auch durch die Stickstoffdüngung, billiger zu erreichen ist als durch Neuansaat.

Wie bei den Ackerfrüchten soll die Düngung auch bei den Wiesen und Weiden die Ernteerträge steigern und nach Möglichkeit die Güte der Erntemasse erhöhen. Dabei ist es notwendig, die entzogenen Nährstoffe zuzuführen, gleichzeitig aber auf die Beeinflussung der physikalischen und biologischen Eigenschaften des Bodens durch die Düngung Rücksicht zu nehmen. Insbesondere muß der Einfluß beobachtet werden, den die Düngung auf die Zusammensetzung des Pflanzenbestandes ausübt. Das Grünland weist auf: 1. Gräser; 2. Schmetterlingsblütler; 3. Kräuter; 4. Unkräuter.

Voraussetzung für die Wirtschaftlichkeit der Stickstoffdüngung der Wiesen und Weiden ist: 1. die Wasserregulierung, 2. die Sorge für eine geordnete Bodenreaktion, 3. nur in Verbindung mit natürlichen Düngemitteln ist auf die Dauer ein Erfolg der künstlichen Düngung erreichbar, 4. weil es sich um eine Pflanzengemeinschaft handelt, muß stets beachtet werden, in welchem Sinne und nach welcher Richtung hin eine Verschiebung durch die Düngung eintritt, 5. die Kaliphosphatdüngung ist selbstverständliche Unterlage für eine wirtschaftliche Stickstoffdüngung.

Die unerläßliche Voraussetzung für das Gedeihen der Grünlandfläche ist die **Wasserregulierung.** Auf den zu nassen Wiesen sehen wir minderwertige Pflanzenbestände. Grundlegende Veränderungen im günstigen Sinne wird man an diesen Stellen nur durch Entwässerung erzielen. Eine genaue Berechnung muß ergeben, ob die Entwässerung lohnend sein wird.

Wo es an Vorflut fehlt bzw. diese erst durch größere Aufwendungen geschaffen werden muß, wird vielfach eine Verbesserung des alten Zustandes nur dann möglich sein, wenn große Flächen durch eine planmäßig angefaßte Entwässerung trockengelegt werden. Solches Vorgehen ist für ganze, ja mehrere

Dorfgemeinden nur auf gemeinsam beschrittenem Wege möglich. Auf genossenschaftlichem Wege ist nach dieser Richtung hin schon viel erreicht worden. Gar manche Gemeinden bzw. landwirtschaftliche Betriebe in Gegenden mit leichtem Boden des kontinentalen Klimas verdanken ihren wirtschaftlichen Aufstieg solchen Meliorationen. Zu nasse Wiesen lohnen keinerlei Düngung, weil der Dünger hier in des Wortes reinster Bedeutung ins Wasser geworfen wird.

I. Die Düngung der Wiesen.

1. Die Stickstoffdüngung bei Berieselungswiesen ist dort unnötig, wo ein gesundes und nährstoffreiches Wasser zugeführt werden kann. Es ist selbstverständlich, daß die Bewässerung in der richtigen Weise durchgeführt werden muß, wie sie schon schlagwortartig durch *düngende Herbstbewässerung, zerstörende Winterbewässerung, schützende Frühjahrsbewässerung, anfeuchtende Sommerbewässerung zum Ausdruck kommt.*

Wo die Wiesen übermäßig versauert sind, ist zunächst durch eine richtige Kalkdüngung dafür zu sorgen, daß die sicheren Voraussetzungen für eine erfolgreiche Stickstoffdüngung geschaffen werden. Die Kultur der Wiesen ist ganz und gar abhängig von der Wasserfrage. Zu viel oder zu wenig Wasser, beides ist gleichermaßen nachteilig. Beherrscht man aber die Wasserfrage, dann läßt sich mit der Düngung auf der Wiese alles erreichen. Durch fortgesetzte, kräftige künstliche Düngung werden vernachlässigte Wiesen wieder in Ordnung gebracht. Daß die Wirkung der künstlichen Stickstoffdüngung eine bessere ist, wenn vorher Stallmist gegeben wurde, ist unbestritten. In der Praxis jedoch verläuft der Vorgang anders. Denn man darf ja nicht denken, auf jeden Fall erst Stallmist verwenden zu müssen, um eine volle Wirkung der künstlichen Düngung zu haben. Was man unter einer vollen Wirkung der künstlichen Düngung versteht, liegt zunächst gar nicht fest. Dies ist auch gar keine ernährungsphysiologische Frage oder eine solche des Reinertrages der Wiese oder der Weide, sondern es ist eine Frage des Reinertrages des gesamten Betriebes. Eine vernachlässigte Wiese wird tüchtig künstlich gedüngt. Der Erfolg würde für den Wiesenertrag entschieden größer sein, wenn vorher eine Stallmistdüngung erfolgen könnte. Der Gesamterfolg ist aber zunächst ohne Stallmistdüngung am größten, weil ja die Wiese zu allererst den Stallmist liefern muß. Die Opfer, die der Landwirt zunächst durch den künstlichen Dünger bringen muß, weil er nicht voll zur Wirkung mangels geeigneter Bodenbeschaffenheit kommt, fallen gar nicht ins Gewicht gegenüber den Vorteilen, die überhaupt durch höhere Heuerträge entstehen. Denn sie schaffen erst die Möglichkeit, die Stallmistproduktion zu vermehren und zu verbilligen. Erst durch künstlichen Dünger hohe Heuernten, dann mehr Stallmist, dann mehr Hackfrüchte, dann mehr Vieh und endlich Stallmistdüngung der Wiesen und Weiden.

Hat man erst seinen ganzen Betrieb so weit hergerichtet, daß die beiden Kulturarten Wiese und Ackerland ineinandergreifen und daß auf dem Ackerlande die rechte Nutzung stattfindet, dann kann man das Äußerste auch auf der Wiese herausholen. Man wird dann regelmäßig natürlich und künstlich düngen. Denn es hat sich immer wieder gezeigt, daß nur in Verbindung mit natürlicher Düngung auf die Dauer der größte wirtschaftliche Erfolg der künstlichen Stickstoffdüngung erzielt werden kann. Durch Stallmist und Kompost werden die Kleinlebewesen der Bodenflora günstig beeinflußt. O. NOLTE weist darauf hin, daß bei langjährigen Versuchen vor der künstlichen Düngung über die Versuchsflächen eine schwache Stallmistgabe gestreut wurde. Diese Versuche zeigten eine höhere Wirkung der Stickstoffdüngung. Es wird daraus gefolgert, daß die Landwirte, mehr als es bisher in bescheidenem Umfange geschieht, auch der Wiese eine, wenn auch nur schwache Gabe Stallmist oder Kompost verabreichen, um die oft tote Grasnarbe zu beleben und fähig zu machen, die wichtigsten Hilfsmittel intensiver Wirtschaft bestens zu nutzen.

In ähnlicher Weise wie stauende Nässe die Leistung des Stickstoffdüngers senken kann, wird dies auch durch übermäßige Jahresniederschläge geschehen, so daß immer wieder der Wasserregulierung die Hauptbedeutung zukommt.

Weil es sich um eine Pflanzengemeinschaft auf den Wiesen handelt, muß stets beachtet werden, in welchem Sinne eine Verschiebung durch die Düngung eintritt. Seit langer Zeit ist bekannt, wie wertvoll Jauche und Gülle für das Grünland sind. Eine einseitige Verwendung derselben führt aber zu großen Mißerfolgen. Es fehlt an Kalk und Phosphorsäure, außerdem tritt eine starke Entwicklung von Unkräutern, den sog. Ammoniakpflanzen, ein, wie Wiesenkerbel, Kälberkropf u. a. mehr. Der Fehler wird nur durch die einseitige Verwendung von Jauche hervorgerufen. Ähnlich fehlerhaft würde eine übersteigerte Verwendung des Kunstdüngers Stickstoff sein. Die Kleearten nehmen auf den Stickstoffparzellen gegenüber der Kaliphosphatdüngung sehr stark ab. Auch die Zahl der ganzen Wiesenpflanzen wird durch die Stickstoffdüngung ganz erheblich verringert, insbesondere verschwinden eine ganze Reihe von Unkräutern, die jetzt von düngedankbaren Gräsern beschattet und unterdrückt werden. Allerdings kann eine Beobachtung des Pflanzenbestandes bei der Verschiebung nicht entbehrt werden, weil eine Reihe von Unkräutern zu den anspruchsvollen Wiesenpflanzen zählen, für welche die günstige, unkrautverdrängende Wirkung des Stickstoffes absolut nicht gilt. Wenn auch im allgemeinen die düngerdankbaren Gräser zu den wertvollen Arten zählen, so hat man doch beobachtet, daß auch gerade das geringwertige Honiggras in ganz unerwünschter Weise beispielsweise durch eine Ammoniakdüngung gefördert wurde. Diese Erscheinung wird gefährlich, wenn der Anfangspflanzenbestand, der durch Düngung verbessert werden soll, schon viel Honiggras aufweist (17).

Mit Rücksicht auf die Bedeutung des Pflanzenbestandes für den Erfolg der Stickstoffdüngung verhält es sich also so, daß die Ertragssteigerung auf einer Wiese, die einen gänzlich ungeeigneten Pflanzenbestand aufweist, die geringste Aussicht auf Erfolg hat, während die größte Aussicht bestehen wird auf Wiesen, die zwar vernachlässigt sind und nur einen geringen Heuertrag geben, aber eine gut zusammengesetzte Grasnarbe besitzen. Die richtige Zusammensetzung des Pflanzenbestandes ist Aufgabe der Ansaat, Wasserregulierung, Bodenreaktion, Pflegearbeit und der organischen und künstlichen Düngung. Ein mangelhafter Pflanzenbestand wird durch Düngung und Pflege eine Verbesserung erfahren. Ein vorheriger Umbruch kommt nur bei völlig minderwertigem Pflanzenbestand in Frage, auf Mineralböden eher als auf Moorböden.

Zahlreiche Wiesendüngungsversuche von P. Wagner beweisen, daß auf Wiesen mit gutem Kleeanteil eine Stickstoffdüngung unlohnend ist. Auch von W. Schneidewind (46) liegen Versuche in ähnlicher Richtung vor. W. Schneidewind kommt zu dem Schluß, daß wir unterscheiden müssen zwischen Wiesen, welche reichlich Leguminosen zu erzeugen vermögen und Wiesen, die vorzugsweise nur Gräser tragen, bei denen dann eine Stickstoffdüngung eine bessere Wirkung erzielen wird.

Die Preise für den synthetischen Stickstoff sind nach dem Kriege absolut und relativ gefallen. Damit ist die Aussicht auf die Rentabilität der Stickstoffdüngung im Vergleich zur Friedenszeit erheblich ausgeweitet. Es kommt darauf an, auch den Wert des Heues einzuschätzen, den man in den verschiedenen Wirtschaften mit ganz verschiedenen Preisen ansetzen muß. Eine Stickstoffdüngung, die mit natürlichen Düngemitteln richtig abwechselt und bei der die früher genannten Vorbedingungen für eine erfolgreiche Auswirkung gegeben sind, ist in der überwiegenden Mehrzahl der Fälle lohnend und notwendig. Sie wird dann bei dieser Anwendung auch nicht einseitig das Obergras fördern und die Untergräser unterdrücken, auch nicht die breitblätterigen Unkräuter fördern, sondern zur Hebung von Masse und Qualität des Heues beitragen.

Auch eine Verbesserung der Qualität des Heues ist nicht immer nachweisbar gewesen, doch wird man einer Stickstoffdüngung, die nicht einseitige Übersteigerung erfährt, nach den Versuchsergebnissen der letzten zehn Jahre im Durchschnitt eine auch nach dieser Richtung hin gute Wirtschaftlichkeit zusprechen müssen (6, 18, 26). Die Wirtschaftlichkeit stärkerer Stickstoffdüngungen auf Wiesen hängt nicht nur von der Steigerung der Erträge, ferner von der erzielten Verbesserung und dem vermehrten Nahrungswert des Futters ab, sondern wesentlich auch davon, wie hoch eine bestimmte Wirtschaft diese Faktoren gerade für sich einschätzen darf.

Es soll auch nicht verkannt werden, daß besonders durch starke Beachtung der natürlichen Düngung und durch geeignete Pflegemaßnahmen auf eine erhöhte Tätigkeit des Bodens einzuwirken ist, um den Wiesenpflanzen in erster Linie den natürlichen Stickstoffvorrat zugänglich zu machen, der dann nur durch die künstliche Stickstoffdüngung in den einschlägigen Fällen eine Ergänzung zu erfahren hat.

Düngungsversuche von W. Kleberger zeigten die besonderen Unterschiede in der Wirtschaftlichkeit der Stickstoffdüngung der Wiesen bei verschiedenen Voraussetzungen. Auf guten Naturwiesen mit einem normalen Verhältnis von Gräsern zu Kleearten (etwa 75 : 25) und mit nur zweischüriger Nutzung verlief der im ersten Jahre meist hohe Wirkungsgrad der Stickstoffdüngung in einer sich senkenden Kurve. Die durch den Stickstoff energisch gesteigerte Gräser-, insbesondere Obergräserentwicklung, führt eine Verdrängung der Schmetterlingsblütler und Untergräser herbei. Lückigkeit des Bestandes ist die Folge. Anders liegt es bei einseitigen Gräserbeständen. Hier ist eine Steigerung der Massenerträge sehr wohl möglich und wirtschaftlich. Ebenfalls ist die Stickstoffdüngung der Wiese nach W. Kleberger gerechtfertigt bei übernormalem Kleebesatz, weil dann die Gräser durch die Stickstoffdüngung wirksam gefördert werden und sich ein erwünschtes Verhältnis der Hauptpflanzengruppen auf diese Weise herstellen läßt. Die Wirtschaftlichkeit der Stickstoffdüngung wird aber auch dann sicherer, wenn die Nutzungsart der Wiese derjenigen der Weide genähert wird, was durch Entnahme mehrerer Schnitte möglich ist.

P. Wagner weist darauf hin, daß für die Wiesenpflanzen drei verschiedene Stickstoffquellen in Betracht kommen, die stickstoffsammelnden Knöllchenbakterien der Leguminosen, die frei im Boden lebenden stickstoffsammelnden Bakterien und die Stickstoffverbindungen, die aus dem Humus des Wiesenbodens durch Fäulnis und Verwesung entstehen. Düngt man eine Wiese mit Stickstoff, so erhält man nach P. Wagner bei normaler Wirkung der Stickstoffgabe auf je 20 kg Düngerstickstoff einen Mehrertrag von 9 dz Heu mit durchschnittlich 1,6% Stickstoff. Schneidet man die mit Stickstoff gedüngte Wiese verhältnismäßig spät, so büßen die Gräser den Vorsprung ein, den sie vor den nichtgedüngten gewonnen haben, so daß die Stickstoffgewinnung dann geringer ausfällt. Düngt man eine mit Gräsern und etwa 20% Klee bestandene Wiese mit Stickstoff, so kann es sein, daß ein Teil der Düngung von Klee aufgenommen wird und der Erfolg der Stickstoffdüngung nicht den Normalertrag von 9 dz Heu auf je 20 kg Stickstoff liefert. Düngt man dieselbe kleereiche Wiese sehr früh mit Stickstoff, so kann es sein, daß die Gräser und Kräuter sich so schnell und üppig entwickeln, daß sie den Kleebestand stark zurückdrängen. Im Endresultat ist dann zunächst kein Mehrertrag an Gesamtheu zu verzeichnen. Die Stickstoffdüngung hat also scheinbar nicht gewirkt. P. WAGNER weist darauf hin, daß die mit Stickstoff gedüngten Wiesen früher geschnitten werden müssen. Das Schneiden muß vorgenommen werden, so lange die Grassubstanz noch stickstoffreich und zart, also wenig verholzt ist. P. WAGNER betont, daß aus der Rauhfutterwiese eine Kraftfutterwiese gemacht werden muß, wie das P. WARMBOLD, F. AEREBOE, H. NEUBAUER, J. HANSEN zeigten. Aus der zweischürigen Wiese muß bei Stickstoffdüngung eine dreischürige werden oder außer zwei Schnitten muß noch Beweidung treten. Eine solche Kraftfutterwiese bringt, wenn auch die übrigen Wachstumsfaktoren günstig sind, starke Stickstoffdüngungen zu sicherer und vollkommener Ausnutzung bei hoher Wirtschaftlichkeit. Die hohe Bedeutung eines leistungsfähigen Pflanzenbestandes ist besonders betont durch den Deutschen Grünlandbund, wobei namentlich die Bestrebungen von C. v. SCHMIEDER, L. NIGGL, E. KLAPP, W. ZORN u. a. zu nennen sind.

Es muß noch ausdrücklich betont werden, daß die Nutzungsart von großem Einfluß auf die Wirtschaftlichkeit der Stickstoffdüngung ist. Je früher der erste Schnitt genommen werden kann, desto eher besteht die Möglichkeit, neben dem zweiten auch noch einen dritten Schnitt zu nehmen oder doch durch eine Nachweide zu nutzen. Auf den Wiesen ist die Häufigkeit und der Zeitpunkt des Schnittes von großer Bedeutung. Bei später Mahd verholzen nicht nur die Gräser, so daß die Verdaulichkeit und die Höhe des Eiweißgehaltes sinkt, sondern auch minderwertige Gräser und eine Anzahl Samenunkräuter lassen keimfreie Samen ausfallen. Auch fördert ein spätes Mähen im Verein mit reichlicher Feuchtigkeit die Zunahme der Kuckuckslichtnelke, des Wiesenschaumkrautes u. a. Unkräuter.

Im Gegensatz zu der Weide, bei der es auf gleichmäßige Futterversorgung ankommt, und die im ersten Frühjahr nicht so stark durch Stickstoff getrieben zu werden braucht, wird man die Stickstoffdüngung der Wiesen in zwei oder drei Gaben geben, und dabei auch besonders den ersten Frühlingsschnitt treiben. Die zweite Stickstoffgabe kommt nach dem ersten Schnitt. Wo drei Schnitte möglich sind, kann noch eine dritte Gabe angebracht sein. Als Mittelzahlen sind insgesamt 50—80 kg Stickstoff je Hektar zu nennen.

2. Die Kaliphosphatdüngung steht seit vielen Jahrzehnten bei der Wiesendüngung im Vordergrunde. Ganz besonders nützlich sind hier die Arbeiten von P. WAGNER gewesen. 1 dz Heu enthält ungefähr 0,70 kg Phosphorsäure und 1,8 kg Kali. Man hat damit für die Düngung ganz gute Anhaltspunkte. Je nach dem Bodenreichtum und nach der Auswaschungsgefahr für Kali wird man die Zahlen abändern müssen. Die Kaliphosphatdüngung gehört auch zu den natürlichen Vorbedingungen für eine erfolgreiche Stickstoffdüngung. Die Bedeutung der Phosphorsäuredüngung tritt besonders zutage, wenn man darauf hinweist, daß der Gehalt des Futters später auf die Knochenbildung bei den Tieren einen besonderen Einfluß hat. Einseitige Kaliphosphatdüngung begünstigt mehr das Wachstum der Schmetterlingsblütler. Gras liefert aber mehr Masse als die Kleearten, von denen bei der Trocknung ein erheblicher Teil der wertvollen Blätter abfällt. Stickstoffdüngung schafft gegen die bestandsverschiebende Wirkung der Kaliphosphatdüngung ein Gegengewicht in dem von uns gewünschten Ausmaße. Weicherdige Rohphosphate sind nur für Hochmoore und hochmoorartige Böden geeignet. Auf den leichteren Böden steht das Thomasmehl im Vordergrunde. Auf den schwereren Bodenarten spielt das Superphosphat eine beachtliche Rolle, wenn auch die Schnelligkeit der Wirkung bei den dauernd wachsenden Gräsern keine so große Bedeutung hat, wie das für eine Anzahl der Feldfrüchte der Fall ist. Kali wird von den Wiesenpflanzen in großer Menge verbraucht. Das runde Verhältnis von Kali zu Phosphorsäure ist wie 3 : 1. In der Form der Kalidüngung bestehen keine wesentlichen Unterschiede. Es ist mehr eine Preisfrage, welcher Form der Vorzug zu gewähren ist. Hochprozentiges Salz wird besonders bei denjenigen Flächen bevorzugt, bei denen eine mechanische Bodenverschlechterung eine geringe Rolle spielt und wo Arbeits- und Frachtverhältnisse zu seiner Verwendung auffordern.

3. Die Kalkdüngung hat besondere Bedeutung für das biologische Leben im Boden und stellt sich dabei in eine Reihe mit den Wirtschaftsdüngern, wie Stalldung, Kompost, Kartoffelkraut. Der Kalk ist eine wesentliche Grundlage für den Aufbau des Knochengerüstes wachsender Tiere. Wo er fehlt, kann nur kalkarmes Gras wachsen. Einen hohen Kalkbedarf haben unter den Grünlandpflanzen vornehmlich die Kleearten. Je jünger der Bestand genutzt wird, je früher also die Schnittzeiten liegen, um so mehr Kalk wird verbraucht. Der Kalk bindet auch die Säuren der physiologisch sauren Düngemittel und sorgt für die Wirksamkeit der ganzen Düngung. Noch viel größer sind aber die Mengen des Kalkes, die durch die natürliche Auswaschung alljährlich versickern. Der Kalk macht im Boden auch Kali und andere Mineralstoffe frei und greift kräftig in den Stickstoffhaushalt ein. Die Umsetzungen im Boden werden beschleunigt. Als Kalkdünger steht der kohlensaure Kalk im Vordergrunde. Branntkalk wird man bei besonders strengem und zähem Boden verwenden, wo sich seine Wirkung auf den physikalischen Zustand des Bodens ganz besonders zeigt. Auch Abfallkalke, wie Scheideschlamm, sind recht gut auf dem Grünland verwendbar. Ferner ist Leunakalk zu nennen. Die Höhe der Kalkdüngung muß sich nach den besonderen Einzelfällen richten. Die Grünlandpflanzen wollen eine schwachsaure bis neutrale Reaktion haben. Bei zu starker Kalkung tritt ein ungünstiger Zustand je nach Lockerung und Bodenreaktion ein, der den wertvollsten Wiesenpflanzen nicht zusagt. Die Kalkdüngung wird alle drei bis vier Jahre vorgenommen. Mittelzahlen sind 10—15 dz Branntkalk bzw. 20—30 dz Kalkmergel je Hektar. Starke Kalkdüngungen mit dazwischenliegenden längeren Zeiträumen, wie das besonders in früheren Jahrzehnten üblich war, sind nicht zu empfehlen, sondern es ist ratsam, öfters mit Kalk zu düngen und dafür geringere Gaben zu nehmen.

Die Gräser reichern sich im Herbst noch mit Nährstoffen in ihren Wurzelstöcken an, so daß sie im Frühjahr dann kräftig und früh austreiben. Nährstoffverluste sind auf dem Grünland nicht so leicht möglich, wie auf dem Ackerland, weil sich das Wachstum der Gräser nahezu auf das ganze Jahr erstreckt.

II. Die Düngung der Weiden.

Als Vorbedingungen für eine bestmögliche Ausnutzung der künstlichen Düngung sind auch bei der Weide einigermaßen geordnete Wasserverhältnisse und eine geregelte Bodenreaktion nötig. Natürliche Düngung, Pflege und Nutzung müssen mit der künstlichen Düngung zusammenwirken, um den rechten Pflanzenbestand zu schaffen bzw. zu erhalten. Ganz besonders bei der Neuansaat von Weiden ist darauf zu sehen, daß die Ansaat in sauberes, gares Land erfolgt. Die richtige Zusammenstellung der Aussaat ist von höchster Bedeutung. Die berüchtigten Hungerjahre sind vornehmlich zurückzuführen auf falsche Zusammenstellung der Saatmischung, auf ungenügende Nachdüngung in den ersten Jahren nach der Ansaat und auf mangelhafte Pflege und fehlerhafte Umtriebswirtschaft.

Als Grundlage der Düngewirtschaft muß auch auf der Weide die natürliche Düngung gelten. Stallmist und Kompost wirken besonders günstig, wenn die Anwendung im Sommer erfolgt. Der Hauptzweck, das bakterielle Leben zu fördern, Beschattung gegen die sengenden Sonnenstrahlen zu bewirken, wird durch die Düngung im Sommer erreicht. Zu dieser Zeit ist eine Anregung des Bakterienlebens durch Aufbringen einer dünnen Decke von gut verrottetem Stallmist oder von Kompost besonders wertvoll. Sie ist gleichzeitig ein Schutz gegen Wasserverdunstung. Wenn die ganze Fläche einer Koppel bedeckt wird, fressen die Tiere das Futter hinterher ganz gut. Wo mit Stallmist im Winter oder Frühjahr gedüngt wird, macht man die Erfahrung, daß der heranwachsende erste Frühjahrswuchs von den Weidetieren nicht gern genommen wird. Aus diesem Grunde werden solche stallmistgedüngten Flächen zum Mähen herangezogen. Hinterher wird dann geweidet. Anders ist es bei dem im Sommer angewendeten Stallmist und auch bei der zu dieser Zeit aufgebrachten Jauche. Es zeigt sich, daß das Weidefutter ausnahmslos schon kurz nach der Düngung aufgenommen wird. Auf die Nützlichkeit der Bedeckung der Wiesen und Weiden mit Kartoffelkraut während des Winters mag nur nebenbei hingewiesen sein. Der Schutz durch eine organische Decke ist besonders wichtig bei Gräsern, die schwach in den Winter kommen, wie dies bei manchen Neuanlagen zutrifft. Jeder natürliche Dünger wirkt nicht nur düngend, sondern er verbessert im höchsten Maße die physikalischen und biologischen Verhältnisse des Grünlandes, falls diese Düngung nicht einseitig erfolgt, wie das z. B. vor dem Kriege in Weidewirtschaften geschah, in denen als Nebenbetrieb Schweinemast üblich war. Besondere Sorgfalt ist auf die Verteilung der Fladen zu legen.

1. Die Stickstoffdüngung. Die Anwendung der *künstlichen Stickstoffdüngemittel* auf den Weiden hat in ihrem Ausmaß fortlaufend zugenommen ohne bisher in den meisten Fällen ihre wirtschaftliche Grenze erreicht zu haben. Sogar in den Marschen macht die Stickstoffdüngung der Weiden immer mehr Fortschritte. Unnötig ist eine Stickstoffdüngung auf denjenigen Weiden, die mit nährstoffreichem Wasser gedüngt werden. Nicht immer wirtschaftlich ist die Stickstoffdüngung dort, wo die Weiden eine derartig günstige Bodenzusammensetzung und Pflanzengemeinschaft besitzen, daß eine rege natürliche Stickstoffsammlung einer weiteren Stickstoffzufuhr im Kunstdünger den Erfolg abschneidet. Der Stickstoffreichtum der echten Niederungsmoore ist allgemein bekannt, so daß auch hier eine Stickstoffdüngung auf dem Grünland wohl unterbleiben kann. Von diesen wenigen Ausnahmefällen abgesehen, ist die Stickstoffdüngung der Weiden durchaus lohnend, wenn leidliche Wasserregelung, Bodenreaktion und Kaliphosphatdüngung berücksichtigt sind. Auf die Bedeutung der natürlichen Düngung ist schon hingewiesen. Als Besonderheiten auf der Weide ist auf die rechte Verbindung der Düngung und der Weidetechnik hinzuweisen.

Eine große Bedeutung hat die Anpassung der Stickstoffdüngung an das natürliche Wachstum der Gräser und an die bereits angeführte gleichmäßige Futterversorgung. Solange die Weiden im Winter grau sind und im Frühling spät treiben, wird die Stickstoffdüngung ihr Augenmerk auch auf die Förderung des Frühjahrswachstums lenken. Wo also bisher wenig Stickstoff angewendet wurde, wird man selbstverständlich ungefähr ein Drittel der Stickstoffgabe auf die Anregung des Frühlingswachstums verwenden. Zeitige Frühjahrsgabe von Düngemitteln, die einen Teil des Stickstoffs als Salpeter enthalten, wird diesem Zweck dienen. Auf schweren Tonböden hatte man gute Erfolge, wenn man schon im Herbst Kalkstickstoff gab, um das Frühjahrswachstum zu heben. Sobald durch mehrjährige gute Düngung, genauer durch richtige Weidewirtschaft, die Weiden im Boden durch Humus angereichert worden sind, und der Boden in Gare gekommen ist, derart, daß die Grasnarbe nun auch im Winter grün aussieht und im Frühjahr mit großer Kraft austreibt, wird man nunmehr die ganze Stickstoffdüngung auf die eigentliche Weidezeit verlegen und hier in geteilten Gaben geben. Allenfalls kann noch etwas Stickstoff für diejenige Koppel im Frühling verwendet werden, auf der zuerst aufgetrieben wird. Bei Verlegung in die Weidezeit erfolgt die erste Stickstoffgabe nach dem ersten Abweiden. Nach dem weiteren Abweiden wird dann fortlaufend noch eine Stickstoffgabe gegeben. Es handelt sich dann insgesamt um drei Stickstoffgaben.

Für die Sommerdüngung eignen sich vornehmlich die rasch wirkenden Stickstoffdünger. Bei großer Trockenheit wirkt Kalksalpeter sehr schnell. Als Weidedünger ist der Harnstoff beliebt, weil er nicht giftig und auch nicht verschlechternd auf die Bodenreaktion wirkt. Vielfach wird auch behauptet, daß die Tiere das Futter hinterher gern aufnehmen. Die Verlegung der Stickstoffdüngung nach dem Abweiden in den Sommer fördert gerade dann das Wachstum mehr, wenn die Weiden von Natur aus stark nachlassen würden.

Der höchste Erfolg des Stickstoffs wird bei gleichzeitiger günstiger Wasserversorgung erreicht. Als Besonderheit sei hier auf die Hilfe der Beregnung für Einzelbetriebe hingewiesen, die diese in wirtschaftlicher Weise schon in Dienst stellen können. Das ist im allgemeinen dort der Fall, wo gesundes, wertvolles Wasser leicht zu haben ist und bei Trinkmilchlieferung gerade in der futterknappen Hochsommerzeit ein höherer Milchpreis erzielt wird. Beregnung und Stickstoff gestatten dann eine erheblich bessere Futterversorgung und Ausnutzung des hohen Milchpreises. Die Erzeugung von Eiweiß auf unseren Grünlandflächen hängt in stärkstem Maße eben ab von Wasser, Wärme und Stickstoff. Die Bedeutung des Wassers haben u. a. C. v. Selhorst und W. Freckmann für das Grünland klargestellt.

Auf der Weide findet mehr ein Kreislauf der Nährstoffe statt, während bei der Wiese, der Mutter des Ackerlandes, die Nährstoffe stärker entführt werden. Wenn in einer Weideperiode auf einem Hektar 5000 l Milch erzeugt werden oder eine Lebendgewichtszunahme von 6 dz erreicht wird, so werden nach F. Falke damit dem Weideboden an Nährstoffen entführt:

	Stickstoff kg	Kali kg	Kalk kg	Phosphorsäure kg
1. in 5000 l Milch	30,00	9,50	8,00	9,00
2. in 6 dz Lebendgewicht (wachsendes Vieh)	15,18	1,08	12,84	11,52

Diesen Zahlen darf man aber keine besondere Bedeutung beimessen. Es ist ein Stickstoffüberschuß nötig, um auf den Weiden immer wieder den schnellen Nachtrieb zu erhalten. Der Stickstoff ist nötig, um zu besserer Weide zu kommen und die Nährkraft der Gräser und ihre Wuchsfreudigkeit zu steigern. Je mehr Kraft, um so weniger werden auch Geilhorste hervortreten können. Im Herbst werden sich noch Kräfte in den Wurzelstöcken ansammeln, was den Frühjahrsaustrieb fördert. Stickstoff und Pflegearbeit verhelfen im besonderen Maße zu dem dichten Rasen, den wir auf der Weide anstreben. Ein kurzes Abweiden wirkt in dieser Richtung günstig, doch darf es im trockenen Hochsommer auch nicht Übertreibung finden.

Auch W. Kleberger, der sich besonders gegen eine vorbehaltlose Stickstoffdüngung der Wiesen wendet, sagt, daß nach Ansicht wohl aller Grünlandwirte die Stickstoffdüngung der Weide eine pflanzenbau-technische Maßnahme ist, welche die Wirtschaftlichkeit des Weidebetriebes erst sicherstellt. Die stickstoffsammelnde Funktion der Schmetterlingsblütler kommt auf den Weiden nicht in dem Maße zur Auswirkung wie auf der Wiese. Die Weiden sind meist reine Bestände von Gräsern, insbesondere von Untergräsern, in denen die Schmetterlingsblütler stark zurücktreten. Außerdem werden die Gräser der Weide immer wieder jung abgefressen bei relativ hohem Eiweißgehalt. Der Einfluß der Obergräserentwicklung durch Stickstoff auf Wiesen kommt beim ständigen Kurzhalten auf der Weide nicht zur Auswirkung. Hier wirkt der Stickstoff im Gegenteil nützlich auf den Narbenschluß.

Auch in den Marschen findet die Düngung mit Stickstoff mehr Eingang. So wird über Düngungsversuche in den Nordseemarschen berichtet, wobei sich zeigte, daß das junge Grünland eine Stickstoffdüngung prozentual am besten verwertete. Die Verschiedenheit der Stickstoffverwertung durch das Grünland des hochgelegenen schweren Marschklei liegt begründet in der Beschaffenheit der verwendeten Grassaat, der Pflege, Düngung und Nutzung, genauer gesagt, in der daraus sich ergebenden Beschaffenheit der Grünlandnarbe (51).

B. TACKE bekam in der Marschversuchswirtschaft Widdelswehr bei Emden bei:

KP	ca. 5000 kg Milch je Hektar
KPN . . .	„ 6700 „ „ „ „

1 kg Stickstoff brachte 21 l Milch.

Größere Stickstoffgaben brachten bei Versuchen vielfach eine bessere Stickstoffausnutzung als Gaben, die sich nur bis auf 30 kg Stickstoff je Hektar beliefen.

M. EWALD-Kiel (5) berichtet, daß 1 kg Stickstoff brachte:

bei 30 kg Stickstoff	24,0 l Milch
„ 40 „ „	30,0 l „
„ 60 „ „	27,0 l „
„ 80 „ „	25,5 l „

Wo die Kleearten, beispielsweise Weißklee, auf Hochmoor größte Bedeutung haben, wird man die Stickstoffdüngung früher begrenzen müssen. Auf stickstoffreichem Niederungsmoor scheidet sie aus.

Auf toten Weiden mit schlechtem Grasbestand wird der Erfolg mit künstlichem Stickstoff allein gering sein, weil es auf das Zusammenspiel aller Wachstumsfaktoren ankommt, um einen Erfolg zu erzielen.

Auch bei der Weide wird ein Düngungsumlauf eingerichtet, bei dem natürliche und künstliche Dünger vertreten sind. Die künstliche Stickstoffdüngung wird in dem Jahre, in dem eine natürliche Düngung gegeben wird, gänzlich oder doch gering ausfallen. In den anderen Jahren wird man als Mittelzahlen 60 bis 100 kg Stickstoff je Hektar angeben dürfen.

2. Die Kaliphosphatdüngung kann bei den Weiden geringer ausfallen als bei den Wiesen, weil die Nährstoffe hier weniger entführt werden. Als Mittelzahl wird man 40 kg Phosphorsäure und rund 100 kg Kali je Hektar rechnen. Die genauere Kenntnis des Gehaltes der Böden vornehmlich an Kali, der besonderen Auswaschungsverhältnisse, der Nutzungsart der Weide und der Ertragsfähigkeit wird zur Abänderung dieser Zahlen zwingen. Der Chlornatriumgehalt des Kainits ist auf den Weiden im allgemeinen nicht nachteilig, falls die Böden nicht ganz besonders zur Verkrustung neigen. Die Kalkdüngung hat besonders dort stärker zu erfolgen, wo die Kalirohsalze bei der Kalidüngung bevorzugt werden, und wo auch physiologisch saure Stickstoffdünger Verwendung finden, während der Gebrauch von Düngemitteln, die als Nebenbestandteile Kalk zuführen, nur eine geringe Rolle spielt. Mit besonderem Vorteil führt man die Kalkdüngung auf dem Grünland teilweise durch Beimischung des Kalkes zum Kompost aus. F. FALKE rechnet für die Weidedüngung etwa 8—10 dz Branntkalk je Hektar in einem Umlauf von 3—4 Jahren. Der kohlensaure Kalk hat sich für die Düngung des Grünlandes als sehr geeignet erwiesen. Für schnelle Entsäuerung, vornehmlich auf bindigen Böden, ist der Branntkalk zu verwenden.

Literatur.

(1) Arb. Landw.-Ges. H. 80.

(2) BECKER: Handbuch des Getreidebaus, S. 533. 1927. — (3) BIEDERBECK, A.: Zuckerrübenbau **1928**, März, H. 3, 45.

(4) EICHINGER-PFÖRTEN: Mitt. dtsch. Landw.-Ges. **1927**, Stück 18, 484. — (5) EWALD, M. (Kiel): Landw. Wbl. Schlesw.-Holst. **1927**, Nr 14.

(6) FALKE, F.: Mitt. dtsch. Landw.-Ges. **1928**, 52. — (7) FRECKMANN, W.: Erschließung und Bewirtschaftung des Niederungsmoores, S. 92ff. 1921.

(8) Handbuch des Kartoffelbaues, (REMY. TH.) S. 119. 1928. — (9) HÖLSCHER-BÜRS: Mitt. dtsch. Landw.-Ges. **1927**, Stück 45. — (10) Ebenda **1927**, Stück 45.

(11) Landw. Ztg **1926**, Nr 9, 109.

(12) JACOB, A.: Arbeiten des deutschen Kalisyndikates. — (13) JACOB, A.: Zuckerrübenbau **1927**, H. 4, 1.

(14) KAPPEN, H.: Die Bodenacidität, S. 246. 1929. — (15) Ebenda S. 247. — (16) Ebenda S. 247. — (17) KLAPP, E.: Mitt. dtsch. Landw.-Ges. **1926**, Stück 22. — (18) KLING, M. (Kassel): Ebenda **1928**, Stück 31.

(19) LAUBE: Landw. Ztg **1925**, Nr 29, 355. — (20) LIEBER: Mitt. dtsch. Landw.-Ges. **1929**, Stück 6.

(21) MERKENSCHLAGER, F.: Mitt. dtsch. Landw.-Ges. **1928**, Stück 19, 436. — (22) MÜNTER, F.: Landw. Jb. **67**, 88, 89 (1928). — (23) MÜLLER-WAGHÄUSEL: Mitt. dtsch. Landw.-Ges. **1928**, Stück 15, 335.

(24) NEUBAUER, H.: Z. Pflanzenernährg usw. **1929**, Mai, 225. — (25) NOLTE, O.: Mitt. dtsch. Landw.-Ges. **1928**, Stück 9, 199. — (26) Ebenda **1926**, Stück 2; **1927**, Stück 23. — (27) Ebenda **1927**, Stück 27, 689.

(28) OPITZ, K.: Mitt. dtsch. Landw.-Ges. **1928**, Stück 14.

(29) REMY, TH.: Handbuch des Kartoffelbaues, S. 115. 1928. — (30) Ebenda S. 116. — (31) Ebenda S. 119. — (32) Ebenda S. 127. — (33) Ebenda S. 128. — (34) Landw. Jb. **69**, H. 3. — (35) Ebenda **68**, H. 5, 660ff. (1929). — (36) Mitt. dtsch. Landw.-Ges. **1923**, 21. — (37) Pflanzenbau **1925/26**, 23. — (38) Handbuch des Kartoffelbaues S. 119. — (39) Ebenda S. 119. — (40) Ebenda S. 119. — (41) RÖMER: Z. Pflanzenernährg usw. **1927**, H. 12, 536.

(42) SCHEEL: Landw. Jb. **68**, 489ff. (1929). — (43) SCHNEIDEWIND, W.: Ernährung der landwirtschaftlichen Kulturpflanzen, 6. Aufl., S. 413. — (44) Ebenda S. 442. — (45) Ebenda S. 465. — (46) Ebenda S. 496. — (47) SCHULZE & WIESMANN, H.: Zeitschrift f. Pflanzenernährung, Düngung und Bodenkunde.

(48) TRÉNEL, M.: Die wissenschaftlichen Grundlagen der Bodensäurefragen, S. 54. 1927. — (49) Ebenda. — (50) Landw. Ztg **1926**, Nr 14, 181. — (51) TRILLING, F., u. NORDEN: Z. Pflanzenernährg usw. **1928**, H. 5, 231.

(52) WACKER, H.: Die Ölfrüchte, S. 11, 20. 1917. — (53) Ebenda S. 11. — (54) Ebenda S. 63. — (55) WIESMANN, H.: Z. Pflanzenernährg B, **6**, 408 (1927). — (56) Wirtsch. u. Statistik **1929**, 743.

(57) Z. Pflanzenernährg B, **8**, 265 (1929).

6. Die Düngung der Gemüse.

Von

Dipl. Gartenbauinspektor NICOLAI NICOLAISEN

Leiter des Versuchsfeldes für Gemüsebau der Landwirtschaftskammer für die Provinz Sachsen zu Calbe a. d. S.

Mit 4 Abbildungen.

1. Allgemeines. Während für die meisten landwirtschaftlichen Kulturpflanzen auf Grund weitestgehender wissenschaftlicher Forschungsarbeit Näheres bekannt ist über den Bedarf an Nährstoffen und die Verteilung der Aufnahme derselben auf die verschiedensten Entwicklungsperioden, liegen im Gemüsebau die Verhältnisse wesentlich ungünstiger. Nur wenige vorbereitende Arbeiten, die aber meines Erachtens noch nicht als abgeschlossen gelten dürfen, liegen vor. Trotzdem müssen diese für die vorliegende Arbeit herangezogen werden, da sie zum mindesten gute Anhaltspunkte für die folgenden Betrachtungen geben. Es handelt sich hierbei um die Arbeiten von H. LIESEGANG, TH. REMY und F. WEISKE (1), F. WEISKE, TH. REMY und E. LIERKE, TH. REMY und F. WEISKE (2).

Es scheint eine feststehende Tatsache zu sein, daß die Gemüsepflanzen größere Ansprüche an den Nährstoffvorrat im Boden stellen, als die meisten landwirtschaftlichen Kulturpflanzen. Sie scheinen in ihrem Nährstoffverbrauch der Substanzbildung z. T. erheblich vorauszueilen (RIEGER). Diesem Umstand muß bei der praktischen Düngung Rechnung getragen werden.

Bei der Behandlung dieses Abschnittes muß von vornherein eine Trennung vorgenommen werden zwischen

1. dem Feldgemüsebau (Großbetrieb) und
2. dem Gartengemüsebau (Kleinbetrieb),

da nur im ersteren Falle, wo größere Flächen mit einer einheitlichen Kultur bestellt werden, eine individuelle Düngung möglich, während im Gartengemüsebau das nicht der Fall ist. Hier muß eine Gruppierung der Arten, die in ihren Ansprüchen ähnlich sind, vorgenommen werden. Die Bildung von drei Gruppen erscheint in der Praxis immer am geeignetsten zu sein, was wiederum die Einführung einer Dreifelderwirtschaft im Garten bedingt. Diese Einteilung geht aus der folgenden Übersicht hervor.

2. Nährstoffverbrauch der einzelnen Gemüsearten. Über den Nährstoffverbrauch der einzelnen Gemüsearten gibt auf Grund der bisherigen Feststellungen die genannte Übersicht Aufschluß. Es sind in derselben sowohl spezielle Angaben gemacht als auch Durchschnittszahlen für die Arten *einer* Gruppe angegeben. Als vierte Gruppe sind alle Gemüsearten aufgezählt, die sowohl hinsichtlich der Kultur als auch der Düngung besondere Ansprüche stellen.

Bei der Betrachtung der nachstehenden Zahlen ist auffällig, daß der Verbrauch an Phosphorsäure äußerst gering ist. Es darf aber nicht außer acht gelassen werden, daß in den gebräuchlichsten Düngemitteln von den verabfolgten Mengen nur ein verhältnismäßig geringer Prozentsatz (etwa 20) verwertet und ausgenutzt wird.

3. Einfluß der Bodenreaktion. Über den Einfluß der Bodenreaktion auf die Entwicklung von Gartengewächsen hat F. WEISKE-Bonn, folgendes festgestellt:

1. Saure Bodenreaktion (p_H-Wert ca. 5,2) schädigte alle geprüften Gartengewächse.
2. Als ganz besonders empfindlich erwiesen sich Kopfsalat und Zwiebeln, dann die Gartenbohne. Weniger stark äußerte sich bei den beiden letztgenannten Pflanzen der schädigende Einfluß auf die Laubentwicklung.
3. Starke Empfindlichkeit zeigte Endiviensalat.
4. Eine mäßige Schädigung wurde bei Erbsen, Kohlrabi, Rosenkohl und Sellerie beobachtet; sie war noch geringer bei Porree.
5. Die Tomate erwies sich als nahezu unempfindlich gegen Bodenversauerung.
6. Auch stark alkalische Bodenreaktion wirkte im allgemeinen nicht günstig auf den Ertrag der geprüften Gartengewächse.
7. Am deutlichsten tritt dies hervor bei Endiviensalat, Gartenbohne, Sellerie und Tomate.
8. Erbse und Zwiebel zeigten sich unempfindlich gegen alkalische Reaktion und wurden durch diese eher gefördert.
9. Die Versuche deuten darauf hin, daß das Optimum der Bodenreaktion für die meisten Gartengewächse in der Nähe des Neutralpunktes liegt.

Da, wie aus Vorstehendem hervorgeht, die Gemüsearten durchweg die günstigste Entwicklung in neutralem oder annähernd neutralem Boden zeigen, so ist es von größter Wichtigkeit, wiederholt Bestimmungen der Bodenreaktion und des Kalkgehaltes vorzunehmen und auf Grund der gemachten Feststellungen die erforderlichen Maßnahmen zu treffen.

Nährstoffverbrauch unserer hauptsächlichsten Gemüsearten.
(Nach H. LIESEGANG in Bonn. Landw. Jb. **67**, 663 [1928].)

Gemüseart	Entzug an reinen Nährstoffen in kg je ha bei Erzielung einer normalen Ernte			
	Stickstoff	Phosphorsäure	Kali	Kalk
1. Gruppe: I. Tracht.				
Weißkohl[1]	230 [2]	85 [2]	320 [2]	426 [2]
Rotkohl[1]	300	85	345	310
Wirsing Dauer[1]	270	70	285	300
Wirsing Früher[1]	150	45	145	165
Rosenkohl	210 (210)	61 (61)	226 (226)	170 (170)
Grünkohl[1]	115 (129)	30 (36)	100 (175)	75 (125)
Kohlrabi[1]	270	30	105	67
Blumenkohl	hierüber sind keine Angaben vorhanden			
Diese Gemüsearten entziehen dem Boden im Durchschnitt	220,71	58	218	216,14
2. Gruppe: II. Tracht.				
Schwarzwurzeln	115 (115)	42 (42)	146 (174)	56 (63)
Kohlrüben[1]	200	90	240	80
Möhren[1]	155	60	215	235
Zwiebeln	90 (90)	37 (37)	120 (120)	72 (72)
Sellerie	132 (132)	51 (51)	188 (188)	152 (152)
Der Entzug im Durchschnitt	138,4	56	181,8	119
3. Gruppe: III. Tracht.				
Buschbohnen[1]	65	20	55	80
Erbsen[1]	80	25	80	56
Der Entzug im Durchschnitt	72,5	22,5	67,5	68
4. Gruppe.				
Arten die besondere Ansprüche stellen:				
Frühkartoffeln und Stangenbohnen[1]	110	25	85	130
Gurken[1]	51	41	78	27
Tomaten	103 (104)	16 (16)	144 (140)	133 (133)
Spinat Herbsternte	95 (95)	40 (40)	195 (195)	27 (27)
Spinat Frühjahrsernte	56 (75)	27 (36)	79 (105)	22 (29)
Salat (Kopf-)	49 (49)	22 (22)	118 (118)	34 (34)
Endivie	89 (89)	22 (22)	196 (196)	46 (46)
Rhabarber[1]	163	38	450	425
Spargel	nähere Angaben im speziellen Teil			

Auch würde es von größtem Nutzen sein, wiederholt den Gehalt des Bodens an aufnehmbaren Nährstoffen, vorwiegend Kali und Phosphorsäure, durch die Vornahme einer Bodenanalyse festzustellen, zumal die genannten Nährstoffe für einen erfolgreichen Gemüsebau von sehr großer Bedeutung sind.

Es wurde bereits erwähnt, daß die erforderlichen Nährstoffe in reichlichen Mengen gegeben werden müssen, da, wie angenommen wird und zum Teil auch nachgewiesen ist, die Gemüsearten in ihrem Nährstoffverbrauch der Substanzbildung vorauseilen. Die Nährstoffe müssen bereits früh gegeben werden, um rechtzeitig den jungen Pflanzen in ausreichenden Mengen in aufnehmbarer Form zur Verfügung zu stehen.

---

[1] Entnommen: Nährstoffbedürfnis der hauptsächlichsten gärtnerischen Kulturgewächse von TH. REMY u. E. LIERKE, Graph. Kunstanstalt Walter Schmidt, Halle a. d. S., Mühlweg 49.

[2] Die neuesten Angaben von H. LIESEGANG sind zum Vergleich in Klammern angeführt.

4. Stallmist. Bei der Düngung der Gemüsearten bildet der Stallmist die Grundlage, schon aus dem Grunde, weil die meisten Gemüsearten humusreichen Boden verlangen. Der erforderliche Humusgehalt muß in den meisten Fällen künstlich erzeugt werden, wozu ziemlich hohe und öftere Stallmistgaben erforderlich sind. Einen Gemüsebau ohne Stallmist ist eigentlich undurchführbar und erfolglos, es sei denn, daß Komposterde oder andere organische Substanzen in ausreichenden Mengen dem Boden zugeführt werden. Für leichte, sandige, hitzige Böden ist Kuhdünger, für mittlere Böden Mischdünger und für schwere und schwerste Böden Pferdedünger vorzuziehen. Man kann von diesen Angaben dann abweichen, wenn es sich darum handelt, einen Boden für die Kultur einer wärmeliebenden Frucht, wie z. B. der Gurke, zu düngen. In solchen Fällen verabfolgt man auch selbst auf leichteren und mittleren Böden ziemlich große Mengen Pferdedünger.

5. Kompost. Der Kompost spielt vor allen Dingen in kleinen und mittleren Gemüsebaubetrieben eine sehr große Rolle. Es wird der Pflege der Komposthaufen sehr viel Zeit gewidmet. Hauptsächlich findet er Verwendung zur Bodenverbesserung und zum Abdecken von Saatbeeten.

Neben dem Kompost verwendet man auch den Mist bei wertvollen, einträglichen Kulturen, wie z. B. Blumenkohl, als Bodendecke nach dem Aussetzen der Pflanzen. Diese Mistdecke hält den Boden locker, feucht und unkrautfrei und führt bei jedesmaligem Gießen oder niedergehendem Regen den Pflanzen Nährstoffe zu. Offenbar trägt auch die sich dabei entwickelnde Kohlensäure wesentlich zum Gedeihen und zur Frühreife dieser Gemüse bei.

6. Jauche. Jauchengüsse begünstigen ungemein die rasche Entwicklung der starkzehrenden Gemüse. Man sollte es aber mit der Jauchedüngung nicht übertreiben. Wenn die überdüngten Gemüse auch nicht gerade nach Jauche schmecken, trotz der Ansicht mancher Vegetarier, so übt eine übermäßige Jauchedüngung, wie eine solche z. B. auf den großstädtischen Rieselfeldern zur Anwendung kommt, auf den Geschmack der Gemüse und auf ihre Bekömmlichkeit einen ungünstigen Einfluß aus. Mit Jauche überdüngte Kohlarten entwickeln beim Kochen einen üblen Geruch. Sie verursachen Blähungen und sind als Konservengemüse nicht haltbar. Auch die schlechte Überwinterungsfähigkeit vieler Wintergemüse rührt wesentlich von zu reicher Jauchedüngung her.

Man sollte es zur Regel machen, mit Jauchegüssen nicht über Mitte Juli hinauszugehen und die Jauche durch Zusatz von Superphosphat zu verbessern.

Daß man rechtzeitig vor der Ernte mit Jauchegüssen aufhören muß, ist eine selbstverständliche Forderung.

In Herrschaftsgärtnereien und Betrieben, in denen Vorurteile gegen die Verwendung der Abtrittsjauche vorhanden sind, kann mit Nährsalzlösungen gedüngt werden.

7. Düngungsmaßnahmen im Kleingemüsebau. Es wurde bereits angedeutet, daß es in kleinen Betrieben nicht gut möglich ist, die einzelnen Gemüsearten individuell zu düngen, sondern man muß hier zur Bildung von Gruppen übergehen. Diese Gruppierung wurde in der Übersicht bereits vorgenommen. Zu der *ersten Gruppe* (erste Tracht) gehören alle Kohlarten. Diese starkwachsenden Pflanzen mit der überaus großen Blattbildung stellen hohe Ansprüche an den Nährstoffgehalt des Bodens und vertragen sehr gut eine starke Stallmistgabe. Von der Höhe dieser Grunddüngung hängt es ab, ob eine Zusatzdüngung an künstlichen Düngemitteln zu erfolgen hat. In einigen Gegenden kann man allerdings die Kohlarten nicht in Boden erster Tracht bringen, weil sie zu stark von Schädlingen und Krankheiten heimgesucht werden (Kohlfliege, Hernie). In solchen Fällen wird man eine gute zweite Tracht nehmen müssen und hier entsprechend stark düngen. 400—600—800 dz/ha Stallmist sind normale Gaben für solche Betriebe.

Zu der zweiten Gruppe (zweite Tracht) gehören die Wurzel-, Knollen- und Zwiebelgewächse. Diese dürfen nicht in erste Tracht gebracht werden, da sie hier nicht die richtigen Kulturvorbedingungen finden und außerdem stark von Schädlingen (Möhren-, Zwiebelfliege usw.) heimgesucht würden.

Zu der dritten Gruppe zählt man die Hülsenfrüchte, Erbsen und Bohnen. Die Ansichten der Fachleute und Wissenschaftler darüber, ob diese Pflanzen in erste Tracht gebracht werden dürfen, gehen sehr weit auseinander. Es steht jedoch fest, daß sie auch noch in dritter Tracht bei ausreichenden Gaben an künstlichen Düngemitteln gute und sehr gute Erträge bringen. Die Stangenbohnen bilden eine Ausnahme. Sie müssen auf besseren Böden angebaut werden; man bringt sie mit Vorteil in eine gute zweite Tracht.

Die sonstigen, in den vorstehenden drei Gruppen nicht genannten Gemüsearten weichen in ihren Ansprüchen nach jeder Richtung hin so weit von den übrigen ab, daß sie hier nicht aufgezählt werden sollen. Die erforderlichen Angaben werden im speziellen Teil gemacht.

8. Spezielle Düngung. *a) Kohlgewächse.* Diese sind die anspruchsvollsten unter den Gemüsepflanzen. Zur Bildung ihrer großen Blattmassen haben sie gegenüber den meisten anderen Pflanzen verhältnismäßig wenig Zeit. Der Frühkohl, der als kräftige, pikierte Pflanze etwa Anfang bis Mitte April ausgepflanzt wird, hat bei einer Kopfernte von etwa 200 dz/ha rund 60—75 Tage zur Entwicklung. Der Spätkohl, von der Pflanzung Mitte Mai ab, hat dagegen eine Vegetationszeit von $5^1/_2$ Monaten, muß aber dafür auch eine Kopfernte von 400—600 dz/ha bringen.

Vorbedingung für eine erfolgreiche Kultur der Kohlgewächse ist die Verwendung kräftiger Pflanzen. Nicht nur, daß diese an sich gut gekräftigt sein müssen, sondern sie sollen auch mit einem gewissen Vorrat an Nährstoffen zur Verpflanzung kommen. M. Löbner empfiehlt kurz vor der Anpflanzung den Pflanzen einen Dungguß zu verabfolgen, was in vielen Betrieben mit bestem Erfolge geschieht. Die so behandelten Pflanzen sind in jeder Beziehung widerstandsfähiger.

Beim *Kopfkohl* (Weiß-, Wirsing-, Rot-) muß bei der Düngung eine grundsätzliche Trennung zwischen Früh- und Dauersorten vorgenommen werden. Bei den ersteren kommt es auf eine schnelle Entwicklung der Pflanzen und der Köpfe an, die sehr bald nach der Ernte verbraucht werden und somit keine besonderen guten Eigenschaften zum Konservieren oder Lagern aufzuweisen brauchen. Hier kann der Stickstoff ohne Schaden etwas im Vorrang sein, während es bei den Herbst- und Dauersorten auf einen festeren Aufbau der Pflanzen ankommt, da die Köpfe entweder für Konservierungszwecke (Einschneiden zur Sauerkrautherstellung) oder zum Einlagern verwendet werden. Es kommt also hier neben der ausreichenden N-Düngung ganz besonders darauf an, daß ausreichende Gaben an P_2O_5 und K_2O verabfolgt werden. J. Becker gibt ohne nähere Begründung an, daß von den Phosphorsäuredüngern Rhenaniaphosphat anzuwenden sei. Der Rotkohl hat ein besonderes Bedürfnis für hohe Kaligaben. Bei Spätweißkohl ist nach J. Becker der Bedarf am 1. November gedeckt, während bis zum 1. Juli die Aufnahme sehr gering ist.

Über den *Blumenkohl* sind Untersuchungsergebnisse nicht greifbar. J. Becker sagt, daß der Blumenkohl unter Berücksichtigung des Nährstoffbedarfes des Weißkohls wie dieser zu behandeln ist. Er erfordert besondere Sorgfalt. Damit wird gesagt, daß man den Blumenkohl in gleiche Tracht bringen kann, wie die übrigen Kohlarten. Da er große Ansprüche an die Feuchtigkeit stellt, ist entweder ein Boden mit einem günstigen Grundwasserstande zu wählen, oder es muß die Möglichkeit einer künstlichen Beregnung gegeben sein. Zu hohe einseitige N-Gaben scheinen die Qualität des Blumenkohls ungünstig zu beeinflussen. Obige Angaben werden dadurch bestätigt, daß man Blumenkohlspezialanbaugebiete nur in bevorzugten Lagen vorfindet (Erfurter Dreienbrunnenfeld).

Auch der *Rosenkohl* verhält sich ähnlich den bisher genannten Kohlarten. Bis zum 1. November sind die Nährstoffe verbraucht, von da ab findet nach J. BECKER eine Rückwanderung der Nährstoffe statt.

Blätterkohl und *Kohlrabi* werden meistens als Vor-, Nach- oder Zwischenfrüchte angebaut und müssen sich demzufolge bezüglich der Düngung den gegebenen Verhältnissen anpassen. Sie haben eine verhältnismäßig kurze Wachstumszeit. Es kommt in sehr vielen Fällen weniger auf einen hohen Ertrag an, als auf eine nochmalige Ausnutzung des Bodens.

Alle Kohlarten bevorzugen einen in guter Kultur und möglichst in erster Tracht stehenden Boden. Die erforderlichen Stallmistmengen (etwa 250—400 dz/ha) müssen tunlichst im Herbst verabfolgt und eingepflügt werden. In einigen Spezialanbaugebieten muß man von der frischen Stallmistdüngung Abstand nehmen, da der Schädlings- und Krankheitsbefall dadurch offensichtlich gefördert wird. Die in der Übersicht angegebenen Zahlen über den Nährstoffverbrauch der Kohlarten müssen je nach dem Nährstoffgehalt des Bodens abgeändert werden. Es muß noch bemerkt werden, daß im allgemeinen in der Praxis zu Kohl nicht stark genug gedüngt wird, worauf, wenigstens z. T., die nicht ausreichenden Erträge zurückzuführen sind.

b) Möhren und Karotten. Die Speisemöhre (Karotte) wird wie die meisten Wurzelgewächse auf Land in guter zweiter Tracht angebaut. Stallmistgaben sind dieser Kultur nicht förderlich. Die Eisenmadigkeit (Möhrenfliege) und mangelhaft geformte Wurzeln sind ebenfalls Begleiterscheinungen einer frischen Stallmistgabe.

Die in der Übersicht enthaltenen Zahlen zeigen, daß die Möhre nicht allzu hohe Ansprüche stellt. In der Praxis dagegen weiß man, daß höchste Erträge nur unter Mitwirkung ausreichend hoher Düngergaben erzielbar sind. Besonders stark ist das Kalibedürfnis ausgeprägt und ebenfalls auch der Kalkverbrauch. Eine reichliche Stickstoffgabe ist für eine flotte Entwicklung erforderlich. Mit Vorteil kann auch eine Stickstoffkopfdüngung bei trübem Wetter oder mit darauffolgender künstlicher Beregnung vorgenommen werden. K. REICHELT will festgestellt haben, daß eine Superphosphatdüngung die Keimung fördere. Ähnliche Beobachtungen sind auch in Calbe a. d. Saale gemacht worden.

J. BECKER gibt den Nährstoffentzug für die Sorte „Nantaiser“ bei einer Ernte von 300 dz/ha mit 95 kg N, 40 kg P_2O_5 und 150 kg K_2O an. Diese Zahlen können zur Berechnung der Düngermengen nicht herangezogen werden, da im allgemeinen ein viel höherer Ertrag erzielt werden muß. Vielleicht müssen auch noch die in unserer Übersicht angegebenen Zahlen etwas erhöht werden. Die Nährstoffe sind vor der Bestellung zu geben, damit sie den jungen Pflänzchen rechtzeitig zur Verfügung stehen.

Wenn andere Sorten als die genannte zum Anbau kommen, muß auf deren Entwicklungsdauer Rücksicht genommen werden. So wird z. B. die Sorte „Pariser Markt“ mit kleineren Mengen auskommen können, während die Sorte „Sudenburger“ höhere Gaben fordert als die vorerwähnte „Nantaiser“.

c) Die Zwiebel wird ebenfalls am besten in zweite Tracht gebracht, obwohl sie in jeder anderen Tracht, z. B. auch nach Getreide, stehen kann. Sie hat einen verhältnismäßig kleinen Nährstoffverbrauch. Trotzdem bringt sie in der Praxis zu geringe Erträge, wenn sie nicht ausreichend gedüngt wird. Stallmist darf aus ähnlichen Gründen, wie sie bei Möhren angegeben sind, zum Anbau selbst nicht verabfolgt werden. Aber auch andere Gründe, und zwar solche kulturtechnischer Art, sprechen gegen die Verwendung einer Stallmistgabe. Einer der hauptsächlichsten besteht darin, daß durch eine frische Stallmistgabe der Boden gelockert wird, während die Zwiebel durchaus einen festen Boden haben will. Eine ausreichende, nicht zu knapp bemessene Phosphorsäure- und auch Kalidüngung fördert die Reife und die Festigkeit der Zwiebel und damit auch die Haltbarkeit derselben. J. Becker gibt an, daß bei der Stickstoffdüngung schwefelsaures Ammoniak genommen werden soll, während Salpeter zu vermeiden ist. In der Praxis wird Salpeter und Leunasalpeter dem schwefelsauren Ammoniak vorgezogen, weil letzteres zu lange wirkt und starker Stickstoffgehalt des Bodens zu einer späten Zeit das Reifen der Zwiebel sehr erschwert. Das letztere wird durch die eigenen Angaben J. Beckers, wonach die Gesamtnährstoffaufnahme mit dem Monat August beendet ist, bestätigt. Bemerkenswert ist es, daß die Zwiebel sehr empfindlich gegen Bodenversauerung ist.

Leider liegen nur unvollkommene Ergebnisse von Düngungsversuchen zu Zwiebeln vor. Eigene Versuche haben gezeigt, daß jeglicher Nährstoffmangel ein Sinken der Erträge zur Folge hatte, gegenüber denjenigen bei einfachen und gesteigerten Volldüngungen. Versuche von H. Rieger hatten ähnliche Ergebnisse wie diejenigen von Th. Remy und H. Liesegang.

d) Porree oder Lauch. Nach F. Weiske ist diese Gemüseart weniger empfindlich gegen Bodensäure als die Zwiebel. Er wird wie diese vorwiegend in zweiter Tracht angebaut und erhält nach seinem Bedarf entsprechende Volldüngung. Während bei der Zwiebel infolge des frühen Abschlusses des Wachstums vor allen Dingen mit salpeterhaltigen Stickstoffdüngemitteln gedüngt wird, kann man beim Porree, der nach H. Rieger mit der Aufnahme später abschließt, schwefelsaures Ammoniak und ähnliche Düngemittel verwenden.

e) Der Sellerie stellt ziemlich hohe Ansprüche an Güte und Nährstoffgehalt des Bodens. Er wird mit Vorteil in erster Tracht gebracht, wobei zu beachten ist, daß der Stallmist in gut verrottetem Zustande im Herbst gegeben werden muß. Auch kann das Land im Laufe des Winters wiederholt gejaucht werden. Der frischen Stallmistdüngung wird nachgesagt, daß sie den Sellerierost fördere und ebenso auch das Hohlwerden der Knollen. Dazu muß gesagt werden, daß hierüber irgendwelche endgültige Versuchsergebnisse nicht vorliegen. Die diesbezüglichen Versuche der Deutschen Landwirtschafts-Gesellschaft sind noch nicht abgeschlossen. Sie scheinen aber nach dieser Richtung hin die gemachten Behauptungen zu bestätigen.

Will man zum Anbau nicht die erste Tracht nehmen, so ist eine gute zweite Tracht ebenfalls sehr brauchbar. Diese ist vor allen Dingen auf von Natur aus gutem Boden der erster Tracht vorzuziehen. Hierfür müssen natürlich die erforderlichen Nährstoffe in Form von künstlichen Düngemitteln rechtzeitig, vielleicht 3 bis 4 Wochen vor der Auspflanzung, gegeben werden. Der Bedarf und Verbrauch ist groß an allen Nährstoffen. Ganz besonders ist es das Kali, was für die Entwicklung von großer Bedeutung zu sein scheint. Ein Mangel an diesem und an Phosphorsäure wirken sich nachteilig auf die Qualität aus, während der Stickstoffmangel den Ertrag ungünstig beeinflußt. Bei günstiger Witterung kann im Laufe des Sommers eine Kopf- oder Jauchedüngung vorgenommen werden. Erstere bei trübem Wetter oder nachfolgender künstlicher Beregnung, letztere mit dem Jauchedriller.

Trotzdem der Sellerie einen hohen Bedarf und Verbrauch an Kalk hat, war bisher noch nicht festzustellen, daß kalkhaltige Düngemittel, wie Kalkstickstoff oder Thomasmehl, günstiger wirken, als die nicht kalkhaltigen.

Die Nährstoffaufnahme vollzieht sich bis Ende September. In der Praxis wird allgemein festgestellt, daß dann noch große Gewichtszunahmen stattfinden, so daß der beste Erntetermin Ende Oktober bis Anfang November ist.

f) Die übrigen Wurzelgewächse, wie Petersilienwurzel, Schwarzwurzel, Pastinak, rote Rübe usw., stehen bezüglich ihrer Ansprüche den Möhren sehr nahe. Sie werden meistens auf Land zweiter Tracht angebaut, das eine ausreichende Volldüngung an künstlichen Düngemitteln erhält. Alle Wurzelgewächse sind mehr oder minder starke Kalizehrer, was bei der Düngung zu berücksichtigen ist.

g) Erbsen (Schal- und Markerbsen zum Grünpflücken). Die Erbse ist empfindlicher gegen Bodenversauerung als viele andere Gemüsearten; der Kalkbedarf ist ziemlich hoch. Sie zeigt sich weniger empfindlich gegen eine alkalische Reaktion. Bezüglich der Nährstoffaufnahme stellt diese Gemüseart eine Ausnahme dar, und zwar insofern, als sie neben der Sammlung und Verwertung des Luftstickstoffes auch ein großes Lösungsvermögen für Kali und Phosphorsäure hat. Deshalb bringt man die Erbse meist in abtragende Tracht, obwohl sie auch einen besseren Standort gern annimmt und diesen durch höhere Erträge lohnt. Nach J. Becker erfolgt von Beginn der Blüte an die Versorgung mit Stickstoff einzig und allein durch Bakterienstickstoff. Mit Ende der Blüte ist die Stickstoff- und Kaliaufnahme beendet.

Wenn bei der Düngung der Erbsen weitestgehend auf die Möglichkeit der Verwertung des Luftstickstoffes Rücksicht genommen werden soll, so steht andererseits fest, daß in der Praxis gute Erfolge mit einer Stickstoffdüngung erzielt werden. Jedenfalls muß zu Beginn des Wachstums ein gewisser Vorrat an leichtlöslichem Stickstoff im Boden vorhanden sein. Den erforderlichen Stickstoff erst als Kopfdünger zu geben, erachte ich auf Grund meiner Beobachtungen für falsch und zwar aus den vorgenannten Gründen.

Bezüglich einer Stallmistdüngung zu Erbsen gehen die Meinungen sehr weit auseinander. Grundlegende wissenschaftliche Arbeiten hierüber sind mir nicht bekannt. Wenn Stallmist gegeben wird, so ist dies unbedingt im Herbst zu tun, damit auch vor allen Dingen eine zu starke Lockerung des Bodens nicht eintritt.

Bei den übrigen Düngemitteln muß man die Gaben dem Verbrauch entsprechend bemessen und nicht so sparsam mit der Phosphorsäure sein.

h) Die Buschbohne stellt im allgemeinen höhere Ansprüche an den Nährstoffgehalt des Bodens als die Erbse, obwohl die Nährstoffaufnahme bei ihr bedeutend geringer ist. Die stärkste Aufnahme erfolgt zur Zeit der Blüte. Tritt zu dieser Zeit ein Mangel an irgendeinem Nährstoff ein, vor allen Dingen an Stickstoff, so wird sich das auf den Ertrag sehr ungünstig auswirken. Vor allen Dingen ist zu dieser Zeit eine ausreichende Feuchtigkeit erforderlich. Ist diese nicht vorhanden, so kann sie mit großem Vorteil durch künstliche Bewässerung ersetzt werden.

Während man die Erbsen noch in letzte Tracht bringen kann, sofern für genügende Düngung gesorgt wurde, ist es vorteilhaft, der Buschbohne einen besseren Standort, vielleicht in sehr guter zweiter Tracht, zu geben. Ziemlich hohe Gaben von Phosphorsäure- und Kalidüngemitteln sind zweckmäßig. Je nach Beschaffenheit des Bodens können 4—6 dz/ha Superphosphat und 3—4 dz/ha 40er Kalisalz gegeben werden.

i) Die Stangenbohne stellt noch größere Ansprüche in bezug auf Bodengüte und Nährstoffvorräte. Im allgemeinen trifft das zu Buschbohnen Gesagte auch hier zu. Nur ist es auf keinen Fall ratsam, eine dritte oder spätere Tracht für diese Kultur zu nehmen. Eine gute zweite oder, wo der Boden nicht besonders gut ist, auch eine erste Tracht bringt gute Erfolge. Bei diesem besseren Boden können, den höheren Ansprüchen entsprechend, die vorgenannten Gaben die gleichen bleiben.

Für beide Bohnenarten sei noch erwähnt, daß eine gute Durchlüftung des Bodens durch Hacken und Häufeln von großem Vorteil für das Wachstum der Bohnenpflanzen ist.

k) Die Frühkartoffel. Wenn diese Fruchtart zum Gemüse gezählt wird, so geschieht es deshalb, weil der Anbau derselben mit Erfolg nur in intensiven Betrieben mit besonderen Einrichtungen möglich ist. Die Frühkartoffel kommt in eine gute zweite Tracht oder wird in einer ersten Tracht mit etwa 200—300 dz/ha Stallmistdüngung angebaut.

Die Entwicklungszeit der Frühkartoffel ist sehr kurz. Darauf ist bei der Düngung besondere Rücksicht zu nehmen. Die Nährstoffe müssen den vorgekeimt ausgepflanzten Knollen, die sehr schnell Wurzeln bilden und sich in kurzer Zeit zu großen Pflanzen entwickeln, sofort zur Verfügung stehen. Nach TH. REMY ist bei einer Ernte von 250 dz/ha der Nährstoffverbrauch:

125 kg N
175 „ K_2O
145 „ P_2O_5.

Diese Mengen sind auf die einzelnen Monate wie folgt verteilt:

	April kg	Mai kg	Juni kg	Juli kg
N	4	27	94	—
K_2O	12	40	123	—
P_2O_5 . . .	3	8	31	3

Daraus ist zu ersehen, daß mit Ablauf des Monats Juni, wo bei einem zünftigen Frühkartoffelbau die Ernte bereits vorgenommen werden muß, die für die Ausbildung der gesamten Ernte erforderlichen Nährstoffe aufgenommen sein müssen.

TH. REMY hat für seine Versuche folgende sog. Mastdüngung verwendet:

300 dz/ha verrotteter Stallmist   120 kg/ha P_2O_5
250 kg/ha K_2O 120 „ N.

Diese Mengen entsprechen denjenigen, die in den Frühkartoffelanbaugebieten verabfolgt werden, soweit irgendwelche einschneidenden Abweichungen in der Fruchtfolge nicht zu verzeichnen sind.

Bezüglich der zu verwendenden Düngemittelarten sind Versuche im größeren Umfange scheinbar noch nicht ausgeführt worden, mit Ausnahme eines solchen mit verschiedenen Kalidüngemitteln, der in der Versuchswirtschaft für Gemüsebau der Landwirtschaftskammer für die Provinz Sachsen in Calbe a. d. Saale im Jahre 1929 zum Abschluß gebracht wurde. Dieser Versuch, der stets in guter dritter Tracht nach 800 dz/ha Stallmist durchgeführt wurde, hatte folgendes Ergebnis:

	Düngung	1. Grabung	2. Grabung
1.	Ungedüngt	= 100	= 100
2.	Volldüngung ohne K_2O	= 133,2	= 130,5
3.	„ mit 40er Kalisalz	= 147,7	= 133,2
4.	„ „ schwefelsaurem Kali	= 128,1	= 126,5
5.	„ „ Kalimagnesia	= 124,9	= 127,1

Der Versuch war weiterhin ausgedehnt auf P_2O_5- und N-Mangelparzellen. Das Ergebnis hieraus ist wie folgt:

6.	Volldüngung ohne P_2O_5	= 126,7	= 130,4
7.	„ „ N	= 76,7	= 95,5

Die Ergebnisse in der vorstehenden Übersicht stellen Relativzahlen des absoluten Ergebnisses dar. Es geht daraus hervor, daß das 40er Kalisalz bei der Volldüngung am besten abgeschnitten hat, ferner, daß bei dem guten Kultur-

Abb. 239. Dauerdüngungsversuch zu Gurken in Calbe a. d. Saale. Im Vordergrund: Ungedüngt.

Abb. 240. Dauerdüngungsversuch zu Gurken in Calbe a. d. Saale. Im Vordergrund: Volldüngung ohne Stallmist.

zustande des Bodens, auf dem der Versuch durchgeführt wurde, ein K_2O-Mangel und ein P_2O_5-Mangel nur bei der ersten Grabung deutlich erkennbar war. Dagegen war bei beiden Grabungen der N-Mangel ein so großer, daß daraus deutlich zu ersehen ist, wie gerade dieser Nährstoff in ausreichenden Mengen den Frühkartoffeln zur Verfügung stehen muß. Bezüglich der anzuwendenden P_2O_5- und N-Arten sind Versuche eingeleitet, jedoch noch nicht zum Abschluß gebracht.

l) Die Gurke ist an besonders bevorzugte klimatische Gebiete gebunden. Sie verlangt einen sich schnell erwärmenden, im guten Kulturzustande befindlichen Boden in warmer Lage. Die großen Spezialanbaugebiete befinden sich vorwiegend in Gegenden, die diesen Bedingungen gerecht werden und regenarm sind. Der Anbau erfolgt in erster Tracht, wobei die Stallmistdüngung so stark bemessen wird, daß sie hauptsächlich zur Erwärmung des Bodens beiträgt. Gaben von 600—1000 dz/ha sind bisher üblich. Daß die vorstehenden Angaben nur bedingt richtig sind, geht aus dem Ergebnis eines umfangreichen Düngungsversuches hervor, der von der Deutschen Landwirtschafts-Gesellschaft in der Versuchswirtschaft für Gemüsebau in Calbe a.d.S. in den Jahren 1927—1929 durchgeführt wurde. Dieser Versuch wurde aufgebaut auf die Ergebnisse einiger Vorversuche, die in Calbe zum Abschluß gebracht waren. Hierbei waren in der Hauptsache die Nährstoffmangelwirkungen festgestellt worden. Es hatte sich bei diesen Vorversuchen herausgestellt, daß ein N-Mangel wohl den Ertrag, dagegen weniger die Qualität ungünstig beeinflußte, während der K_2O-Mangel und der P_2O_5-Mangel sowohl den Ertrag als auch die Qualität erheblich beeinträchtigten. In dem Hauptversuch wurde neben der Wirkung der steigenden Gaben an einzelnen Düngemitteln auch diejenige der verschiedenen stickstoffhaltigen Düngemittel festgestellt. Das Ergebnis war folgendes (N. NICOLAISEN):

Düngung	Zahlenmäßig		Gewichtsmäßige Gesamternte
	1. Qualität	2. Qualität	
1. Schwache Stallmistgabe + einfache Volldüngung	115,2	114,8	119,7
2. Schwache Stallmistgabe + Volldüngung (2 · N)	114,8	102,5	115,6
3. Schwache Stallmistgabe + Volldüngung (3 · N)	103,1	101,8	105,4
4. Schwache Stallmistgabe + Volldüngung (2 · K_2O)	113,3	102,1	110,3
5. Schwache Stallmistgabe + Volldüngung (2 · P_2O_5)	126,1	114,8	125,7
6. Schwache Stallmistgabe + Volldüngung (3 · P_2O_5)	127,7	108,2	129,7
7. Starke Stallmistgabe ohne Zusatzdüngung	129,4	116,5	132,3
8. Schwache Stallmistgabe + einfache Volldüngung (N = schwefelsaures Ammoniak)	117,8	103,7	116,6
9. Schwache Stallmistgabe + einfache Volldüngung (N = Harnstoff)	114,1	115,4	115,1
10. Schwache Stallmistgabe + einfache Volldüngung (N = Kalkstickstoff)	115,7	112,6	116,0
11. Schwache Stallmistgabe + einfache Volldüngung (N = Natronsalpeter)	116,4	119,3	117,9
12. Schwache Stallmistgabe ohne Zusatzdüngung	100,0	100,0	100,0

Für die Beurteilung der Qualität der aus diesen Düngungsversuchen hervorgegangenen Früchte wurden diese alljährlich zu Sauergurken verarbeitet und jeweils zwei Prüfungen unterzogen.

Unter Berücksichtigung des Vorstehenden und des Ergebnisses aus der Dauerwarenprüfung wurden als Schlußfolgerungen gezogen:

1. Eine *starke Stallmistgabe* (800—1000 dz/ha) kann durch eine schwächere (300 dz/ha) mit einer Zusatzdüngung an künstlichen Düngemitteln ersetzt werden. Der mit der erstgenannten Düngung erzielte Mehrertrag (im Durchschnitt rund 12%) wird ausgeglichen durch die weit geringeren Unkosten für die zweitgenannte Düngung. Irgendwelche Nachteile bezüglich der Güte der Gurken konnten nicht festgestellt werden.

Abb. 241. Dauerdüngungsversuch zu Gurken in Calbe a. d. Saale. Im Vordergrund: Volldüngung mit Stallmist.

Abb. 242. Dauerdüngungsversuch zu Gurken in Calbe a. d. Saale. Im Vordergrund: P_2O_5-Mangelparzelle.

2. Das *Fortlassen eines der wichtigsten Nährstoffe* (Kali, Phosphorsäure und Stickstoff) bei der Düngung bringt dem Anbauer und dem Einleger Nachteile. Im Durchschnitt brachte Kalimangel 2,1 % Minderertrag und verringerte die

Qualität um 12,1 %, Phosphorsäuremangel 10,1 % Minderertrag und verminderte die Qualität um 34,3 %, Stickstoffmangel 3,4 % Minderertrag und setzte die Qualität um 16,8 % herab. (Abb. 239—242).

3. Zu *hohe einseitige Stickstoffgaben* drücken unter normalen Witterungsverhältnissen (1927 und 1928) den Ertrag, vor allen Dingen aber auch die Qualität. Im Durchschnitt der drei Versuchsjahre wurde der gewichtsmäßige Ertrag um 4,1 und 14,3 %, die Qualität um 6,5 und 21 % gedrückt.

4. Die im Versuch verwendeten *verschiedenen Stickstoffdünge*mittel sind bei sachgemäßer Anwendung von annähernd gleicher Wirkung; praktische Unterschiede waren nicht feststellbar. Die größten Unterschiede betrugen 4,6 %.

5. Eine *einseitige Steigerung der Kaligaben* über eine gewisse Höhe hinaus *kann* Nachteile haben. Im Durchschnitt

— 9,4 % Ertrag und — 4 % Qualität.

6. Eine *einseitige Steigerung der Phosphorsäuregaben* wirkte sich etwas günstiger aus. Nachteile irgendwelcher Art wurden nicht festgestellt. Im Durchschnitt

+ 6 bzw. + 10 % Ertrag und — 1 bzw. + 6,3 % Qualität.

7. Die bei der Prüfung in Oberzwehren sehr günstig ausgefallene Düngung 12 (schwache Stallmistgabe ohne Zusatzdüngung) — + 6 % Qualität — kommt infolge des starken Ernteausfalles — bis 32 % — für den Anbau nicht in Frage.

Diese Betrachtungen mögen als Fingerzeig gelten für die Vornahme der Gurkendüngung.

Bemerkt sei noch, daß die Gurke einen neutralen, eher nach der alkalischen, als nach der sauren Seite hinneigenden Boden verlangt.

m) Die Tomate, als eine Pflanze der Gruppe Solanaceae, erwies sich nach den F. WEISKEschen Untersuchungen als nahezu unempfindlich gegen Bodenversauerung. Jedoch ist festgestellt, daß ein ausreichender Kalkgehalt des Bodens ertragfördernd wirkt.

Auffallend gering ist der auf S. 738 wiedergegebene Entzug der Tomate an Phosphorsäure, was eigentlich im Widerspruch steht zu anderen früchtetragenden Pflanzen, wie z. B. auch der Gurke, die erheblich höheren Verbrauch an P_2O_5 aufweisen.

Die Tomate wird vorwiegend in erste Tracht gebracht und, wo eine solche nicht zur Verfügung steht, in eine gute zweite. Grundsatz beim Tomatenanbau sollte sein: Je ärmer der Boden, um so kräftiger muß die Düngung sein. Auf bestem Boden bringt diese Gemüseart auch in zweiter und dritter Tracht gute Ernten.

Der Erfolg im Tomatenanbau ist nach den bisherigen Erfahrungen mehr von kulturtechnischen Arbeiten, wie Anzucht und Vorbehandlung der Pflanzen, rechtzeitiger Auspflanzung und Schnitt der Pflanzen, abhängig als von der Düngung. Über Düngungsversuche zu Tomaten sind Ergebnisse nicht bekannt mit Ausnahme der Arbeit F. HEYDEMANNS: Untersuchungen über den Nährstoffbedarf und den Verlauf der Nährstoffaufnahme bei der Tomate unter besonderer Berücksichtigung des Einflusses der Kohlensäurebegasung. F. HEYDEMANNS Arbeit bringt im Gegensatz zu den in der Übersicht S. 738 angegebenen Entzugsmengen für Tomaten folgende Abweichungen:

61,2	kg/ha	N	statt	103 kg
27,18	„	P_2O_5	„	16 „
166,5	„	K_2O	„	144 „

Die Nährstoffaufnahme bewegt sich in Prozenten ausgedrückt, wie folgt:

Es wurden von der Gesamtaufnahme assimiliert:

bis 22. Mai	1,50 %	N
	1,23 %	K_2O
	0,81 %	P_2O_5
bis Ende Juli	48,02 %	N
	26,65 %	K_2O
	36,52 %	P_2O_5.

Am 28. September war die Aufnahme von 100 % an allen Nährstoffen erreicht.

n) Der Spinat wird durchweg als Vor-, Nach- oder Zwischenfrucht angebaut und wird bezüglich der Düngung sich in jedem Falle nach der Hauptfrucht richten müssen. Die zu der jeweiligen Hauptfrucht zu verabreichende Düngung muß dem Nährstoffentzug des Spinates entsprechend verstärkt werden, wenn dieser als Vor- und Zwischenfrucht angebaut wird. Für den Anbau als Nachfrucht wird eine Nachdüngung bei der Bodenbearbeitung vorgenommen werden müssen.

o) Der Salat wird ebenfalls, wie der Spinat, nicht als Hauptfrucht, sondern als Nebenfrucht angebaut. Auch hier wird die Düngung, wie oben angegeben, vorgenommen werden müssen. Der Salat ist für eine wiederholte Düngung mit schwachen Nährsalzlösungen dankbar, wohingegen man von einer Jauchedüngung nach Möglichkeit Abstand nehmen sollte.

p) Der Rhabarber. Der Anbau dieser zu den ausdauernden Pflanzenarten gehörenden Gemüseart wird auf gut vorbereitetem, wenn möglich tief rigoltem, feuchtem Boden vorgenommen. Eine starke Vorratsdüngung an Stallmist ist vorteilhaft. Auch wird sich eine Abdeckung der Pflanzstellen mit einer schwachen Stallmistdecke als günstig erweisen.

Vom zweiten Jahre an muß eine jährliche Düngung durchgeführt werden von etwa 120—150 dz/ha Stallmist und

100 kg/ha	Leunasalpeter
100 „	Superphosphat
200 „	40er Kalisalz.

Diese Düngung wird nach der etwa Ende Juni beendeten Ernte vorgenommen, während im Laufe des Winters eine wiederholte Jauchedüngung angebracht erscheint.

q) Der Spargel liebt freie, sonnige Lage, einen warmen Standort und leichten, wasserdurchlassenden, aber auch nicht zu trockenen Boden. In schwerem Boden kann Spargel auch gezogen werden, aber er ist in demselben nicht genügend ertragreich, und eine Verbesserung des Bodens durch bodenlockernde Stoffe, Mist, Kompost, Torfstreu, Sand, ist zu kostspielig, so daß sie nur in den Hausgärten mit Erfolg durchzuführen ist.

Bezüglich der Bodenreaktion stellt der Spargel ganz bestimmte Ansprüche. Saure Reaktion verträgt er auf keinen Fall. Wie groß seine Vorliebe für Alkalität ist, steht noch nicht fest, jedoch ist nach vielen Reaktionsfeststellungen als sicher zu betrachten, daß der Spargel mit zunehmendem Säuregehalt im Boden sich geringer entwickelt.

Der Nährstoffbedarf der Spargelpflanzen ist ein verhältnismäßig geringer. Will man aber dicken Spargel haben, und diesen verlangen Markt wie Konservenindustrie, so muß nach allgemeiner Ansicht der Spargelzüchter auch reichlich gedüngt werden. In Braunschweig hat man umfassende Versuche mit Spargeldüngung gemacht. E. H. Meyer schreibt: „Die beste Zeit der Düngung ist der letzte Tag der Stechzeit, also die Zeit um Johanni herum. Die Plantagen sind jetzt frei. Man kann mit Gespannen, wie auch mit Karren und Tragen über sie fahren oder gehen. Das Kraut, das man nun hochschießen läßt, hat am

Wurzelstock Augen auszubilden und zu ernähren, aus denen im nächsten Frühjahr die Triebe hervorbrechen, die mit dem Messer als Spargelpfeifen gestochen werden, sobald sie 25 cm lang ausgetrieben haben. Je mehr Nahrung, und zwar sofort aufnehmbare, dem Kraut zur Verfügung steht, um so kräftiger wird es, um so dicker werden aber auch die Augen des Wurzelstocks, um so dicker die aus diesen hervorbrechenden Spargelpfeifen."

Das „alte Lied der Spargeldüngung" hat zwei Zeilen: dieses Jahr Stalldünger, nächstes Jahr Kunstdünger. Man gibt pro ha 300—400 dz verrotteten Stallmist. Der Stallmist kommt in die Wege, die zuvor tief aufgepflügt oder gegraben werden. Hier fassen ihn die Wurzeln sofort, so daß man nach 14 Tagen den Dünger mit feinen Saugwurzeln durchsponnen vorfindet. Im folgenden Jahre erhält der Spargel als Kunstdünger 1 dz (offenbar viel zu viel in Anbetracht des Nährstoffentzuges der Pflanzen!) Kalisalz (40er), 1 dz Superphosphat, 1 dz Natronsalpeter. Der Natronsalpeter ist dem schwefelsauren Ammoniak vorzuziehen. Er wirkt schneller und bringt deshalb dickere Spargel, wenn auch die geerntete Menge dieselbe bleibt. Brachten Flächen mit Volldüngung gegenüber den ungedüngten Flächen rund 6 dz im Jahre mehr, so brachte Natronsalpeterdüngung an erster Beschaffenheit 16 dz, die mit schwefelsaurem Ammoniak nur 13 dz.

Eine Kalkdüngung wird bei *Anlage* der Spargelkultur gegeben und dann nach 8 bis 10 Jahren wiederholt.

Zu einem ganz anderen Ergebnis kommt Lipschütz in seiner Schrift „Erfolgreicher Spargelbau". Er wünscht jedes dritte Jahr Stallmistdüngung und jedes dritte bis vierte Jahr Kalkdüngung in Höhe von 20—24 dz Branntkalk für schwere Böden und 24—32 dz kohlensauren Kalk für leichte Böden. Zu einer, allerdings sehr hoch angenommenen, Ernte von 80 dz Spargel je Hektar sind noch als Nebendüngung 8 dz schwefelsaures Ammoniak, 10 dz Kainit oder 340 kg Kali (40er), 300 kg Superphosphat (18proz.) und 400 kg Thomasmehl zu geben. Lipschütz berichtet, daß das schwefelsaure Ammoniak neuerdings dem Natronsalpeter vorgezogen wird, es kann auf einmal gegeben werden und erzeugt größere und früher eintretende Ernten, während die Düngung mit Natronsalpeter, die am besten nach einem mäßigen, warmen Regen gegeben wird, einem Lotteriespiel gleicht. Im allgemeinen ist Thomasmehl für leichte, Superphosphat für bessere Böden zu verwenden. Da aber der Spargel die leichtlösliche Phosphorsäure bevorzugt, ist für Sandböden die Anwendung *beider* Düngemittel anzuraten. Thomasmehl und Kalidünger werden im Herbst, Superphosphat und Stickstoffdünger, besonders beliebt als Ammoniaksuperphosphatmischung (9×9), im Juni nach beendeter Spargelernte gegeben.

Die künstlichen Düngemittel steigern den Ertrag ganz beträchtlich. In den ersten 2—3 Jahren, solange noch nicht gestochen wird, genügen geringere Mengen von einem Drittel, der Hälfte oder zwei Dritteln der für erntefähige Anlagen angegebenen Zahlen.

E.H. Meyers und Lipschützs Angaben legen mit Recht darauf Wert, die Stickstoffdüngung erst nach beendigter Ernte zu geben (siehe auch unter Rhabarber), obwohl ältere Spargelzüchter mit Vorliebe kurz vor dem Stechen und sogar während desselben Jauche zuführen; sie wirkt als Wasserlieferant und Stickstoffdünger. Ph. Hoffmann in Speyer verteidigt diese Frühjahrsdüngung. Von dem Stickstoff, der zur Bildung von Chlorophyll und sonstigen stickstoffhaltigen Bestandteilen verwendet wird, kommt so gut wie gar nichts in der Wurzel zur Ablagerung. Erst die nach dem hauptsächlichen Abschluß der Assimilation noch im Boden verfügbaren Stickstoffmengen werden vermutlich in der Wanderungsform des Eiweißes, nämlich als Amide, und in dieser Form als Reservestoffe im Wurzelwerk abgelagert. Aber um diese Zeit ist das Aufnahmevermögen der Wurzeln sehr beschränkt. Ganz anders im Frühjahr, wo das Treiben mit neuer Kraft einsetzt. Der Stickstoff wird sofort aufgenommen und mit den stickstofffreien Reservestoffen zu Asparagin, wohl auch zu Eiweiß aufgebaut, was mit einer Beschleunigung und Vermehrung der Spargelstangen gleichbedeutend ist. Die Bildung von Amiden und Eiweiß dürfte sich hier vollziehen, ohne daß die direkte Mitwirkung des Lichts in Anspruch genommen zu werden braucht. Da gejauchter Spargel nicht für Konservenzwecke geeignet ist, muß die Düngung mit schwefelsaurem Ammoniak der Jauchedüngung vorgezogen werden.

Grundlegende wissenschaftliche Vorarbeit auf dem Gebiet der Spargeldüngung ist in Bonn-Poppelsdorf geleistet worden. Über diese Arbeiten berichten Th. Remy und F. Weiske ausführlich in den Landwirtschaftlichen Jahrbüchern vom Jahre 1926. Das in diesem Bericht wiedergegebene Versuchsmaterial gibt für die weitere Versuchsanstellung wichtige Anregungen und kann auch dazu dienen, jetzt schon für die Düngung Anhaltspunkte zu geben. Es ist für die folgenden Ausführungen grundlegend.

Nach diesen Forschungsergebnissen steigt der Bedarf an den vier wichtigen Nährstoffen, Stickstoff, Phosphorsäure, Kali und Kalk, bis zum fünften Jahre, wo der Höhepunkt erreicht ist, stetig und fast gleichmäßig, im sechsten Jahre geht der Bedarf etwas zurück und hält sich bis zum zehnten Jahre. Von da ab nimmt der Nährstoffbedarf langsam ab.

Diese Feststellungen dürften für die praktische Düngung von Bedeutung sein. Bei den nach diesen Grundlagen vorzunehmenden Berechnungen der Düngermengen muß der Nährstoffzustand des Bodens vor der Düngung untersucht werden. Wenn die hierbei festgestellten Nährstoffmengen von den nachgenannten Zahlen abgezogen werden, dürfte eine einigermaßen richtige Düngung getroffen sein.

Vorausgesetzt wird, daß die im Boden vorhandenen bzw. durch eine Stallmistgabe hineingebrachten Nährstoffe für das erste Entwicklungsjahr ausreichen; dann müßten im Frühjahr je Hektar gegeben werden:

290 kg Leunasalpeter
224 „ 40er Kalisalz
500 „ Superphosphat

und so viel Kalk, daß der Neutralpunkt mindestens erreicht ist.

Die weitere Düngung wäre wie folgt zu geben je Hektar:

Jahr	Leuna-salpeter kg	Kalisalz 40 % kg	Super-phosphat kg
Frühjahr des 2. Jahres	330	300	644
Im 3. Jahre nach der Ernte	450	370	780
Im 4. Jahre	530	450	916
Von da ab bis zum 10. Jahre jährlich	470	390	806
Vom 10. Jahre bis zum Schluß der Anlage	etwas weniger als die letztgenannten Gaben		

Wenn andere als vorgenannte Düngemittel gewählt werden, müssen die Gaben entsprechend abgeändert werden.

Literatur.

J. Becker-Dillingen: Handbuch des Gemüsebaues. Berlin: P. Parey 1929.

H. Gaerdt u. Max Löbner: Gärtnerische Düngerlehre. Frankfurt a. O.: Trowitzsch & Sohn 1929.

F. Heydemann: Untersuchungen über den Nährstoffbedarf und den Verlauf der Nährstoffaufnahme bei der Tomate unter besonderer Berücksichtigung des Einflusses der Kohlensäurebegasung. Inaug.-Dissert. Berlin: Julius Springer 1928.

H. LIESEGANG: Untersuchungen über den Nährstoffverbrauch und den Verlauf der Nahrungsaufnahme verschiedener Gemüsearten. Landw. Jb. **67**, H. 5 (1928); Gartenbauwiss. **2**, H. 4 (1929).

N. NICOLAISEN: Der Einfluß der Düngung auf die Eignung der Gurken für Konservierungszwecke. Mitt. dtsch. Landw.-Ges. **45**, 656 (1930).

K. REICHELT: Versuchswirtsch. Gemüsebau Landw.kammer Prov. Hannover. — TH. REMY: Ber. üb. d. Versuchstätigkeit d. rhein. Kartoffelforschungsstelle in den Jahren 1924—1927. Bonn: Verl. Landw.kammer Rheinprov. 1928. — TH. REMY u. F. WEISKE: (1) Über den Nahrungsbedarf und den Verlauf der Nahrungsaufnahme des Spargels. Landw. Jb. **63**, H. 4 (1926); (2) Untersuchungen über den Umfang und den Verlauf der Nahrungsaufnahme verschiedener Gemüsearten. Ebenda **71**, H. 2 (1930). — TH. REMY u. E. LIERKE: Nährstoffbedürfnis der hauptsächlichsten gärtnerischen Kulturpflanzen. 15 verschiedene Tafeln. Halle a. d. S.: Walter Schmidt, Kunstanstalt, Mühlweg 49. — H. RIEGER: Verlauf der Nährstoffaufnahme und Substanzbildung bei Zwiebeln (Allium cepa) und Lauch (Allium porrum). Wiss. Arch. Landw. **2**, H. 3, 375—422.

F. WEISKE: Beobachtungen über den Einfluß der Bodenreaktion auf die Entwicklung von Gemüse. Landw. Jb. **66**, 125 (1927).

7. Die Düngung von Wein und Obst.

Von

Professor Dr. CHR. SCHÄTZLEIN

Vorstand der chemischen Abteilung der staatlichen Lehr- und Versuchsanstalt für Wein- und Obstbau in Neustadt a. d. Haardt.

Mit 4 Abbildungen.

I. Weinreben.

Die Fragen der Rebendüngung bedürfen zwar in Hinsicht mancherlei Einzelheiten noch der Klärung, aber im großen und ganzen haben die in den letzten Jahrzehnten vielerorts durchgeführten Düngungsversuche erwiesen, daß die an Standort und Bodenart im allgemeinen anspruchslose Rebe für eine reichliche Düngung ungemein dankbar ist. Heute hat die Düngung auch in diesem Zweig der Landwirtschaft als Mittel zur Steigerung des Ertrages nach Menge und Güte wegen ihrer Wirtschaftlichkeit festen Fuß gefaßt, wenn auch noch manche Winzer der Weinbergsdüngung, insbesondere der mit Kunstdünger, mißtrauisch gegenüberstehen. Dieses Mißtrauen mag teilweise dadurch genährt worden sein, daß die Rebe als Holzgewächs häufig nicht sofort im ersten Jahre auf die Düngung, mit Ausnahme von Stickstoff, anspricht, wie dies bei einjährigen Ackergewächsen der Fall ist, weshalb sie oft gleich wieder eingestellt wurde. Voraussetzung für einen Erfolg der Rebendüngung ist natürlich neben der richtigen Wahl des Düngemittels nach Art und Menge die sorgsame Durchführung aller Weinbergsarbeiten, die an sich ertrags- und gütesteigernd wirken können und die Auswirkung der Düngung sicherstellen. Es sind dies u. a. gründliche und häufige Bodenbearbeitung, Regelung der Wasserverhältnisse, genügender Humus- und Kalkgehalt des Bodens, züchterische Auswahl des Pflanzholzes nur von reichtragenden Stöcken und gewissenhaft durchgeführte neuzeitliche Schädlingsbekämpfung. Daß aber die Düngung unfruchtbare Weinstöcke fruchtbar machen könne, darf nicht von ihr erwartet werden.

1. Feststellung des Düngerbedarfs.

Die zur Erzielung einer wirtschaftlich lohnenden Höchsternte bei möglichster Qualitätssteigerung zuzuführende Düngemittelmenge wurde auf verschiedenen Wegen zu bestimmen versucht, und zwar durch Feld- und Topfdüngungsversuche, durch Ermittlung des Nährstoffentzuges aus dem Weinbergsboden, aus dem Nährstoffgehalt der Rebenblätter sowie durch chemische und biologische Bodenuntersuchungen.

a) Düngungsversuche. Die Feststellung des Düngerbedarfes eines Weinbergsbodens durch *Felddüngungsversuche* zur Rebe ist mit fast unüberwindlichen Schwierigkeiten verbunden, so daß nur in besonders günstig gelagerten Fällen auf ein eindeutiges Ergebnis gerechnet werden kann. Ganz besonders ist dies der Fall bei Rebendüngungsversuchen, die dem Vergleich der Wirkung desselben Nährstoffes in verschiedenen Formen dienen sollen.

Die erste Voraussetzung für einen einwandfreien Rebendüngungsversuch ist die unbedingte Gleichmäßigkeit der einzelnen Teilstücke. Sie dürfen keine anderen Unterschiede als die der Düngung aufweisen, d. h. sie müssen gleiche chemische und physikalische Bodenbeschaffenheit, gleiche Tiefgründigkeit und

Ungedüngt: 5400 kg Volldüngung: 9000 kg ohne Kali: 7500 kg
Traubenertrag 1907 je ha.

Abb. 243. Düngungsversuch zu blauem Burgunder von A. Stodden in Rech (gepflanzt 1893; phot. 1907).

gleiche Feuchtigkeitsverhältnisse aufweisen und sollen möglichst horizontal gelegen sein. Größere Weinbergsflächen solcher Beschaffenheit sind aber höchst selten. Die Teilstücke müssen genügend groß sein, weil die Zahl der einzelnen Pflanzen mit etwa 80—100 auf 100 m² gegenüber Ackergewächsen sehr gering ist, und weil die Rebe mit ihrem weitverzweigten Wurzelwerk den Boden bis auf einige Meter Tiefe durchzieht und damit leicht in das benachbarte Teilstück übergreift, weshalb zwischen jedem Teilstück auch ein sehr breiter Sicherheitsgürtel zu ziehen ist. Die Teilstücke müssen einheitlich mit Reben gleicher Sorte und gleichen Alters bepflanzt sein, die alle derselben Abstammung (Klonen) sind. Rebstöcke verschiedener Abstammung liefern an sich schon ungewöhnlich verschiedene Erträge.

Vor Beginn des eigentlichen Düngungsversuches müssen die Erträge der einzelnen Teilstücke *mehrere* Jahre hindurch festgestellt werden, um allenfalls vorhandene Ertragsunterschiede in Rechnung stellen zu können. Die Versuche selbst müssen unter den gleichen Düngungsmaßnahmen eine Reihe von Jahren fortgesetzt werden, weil die Erträge der Reben von so vielen Zufälligkeiten der Witterung, dem Auftreten von Schädlingen und Krankheiten, die sich nicht immer gleichmäßig auf alle zur Versuchsreihe gehörenden Teilstücke erstrecken und anderem mehr abhängen, daß in Kürze kein zuverlässiges Ergebnis zu erhalten ist. Außerdem wirkt sich die Düngung häufig nicht schon im ersten oder zweiten

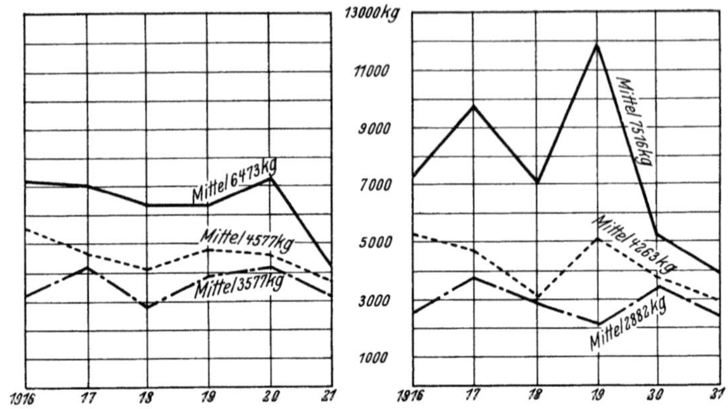

Riesling (gepflanzt 1909). Spätburgunder (gepflanzt 1910).
——— Volldüngung — — — Düngung ohne Kali .—.—. Ungedüngt

Abb. 244. Traubenertrag je Hektar.

Jahre aus. Das im Herbst fallende, an Nährstoffen reiche Reblaub muß bei Beginn des Blattfalles täglich untergebracht werden, damit nicht durch Verwehungen

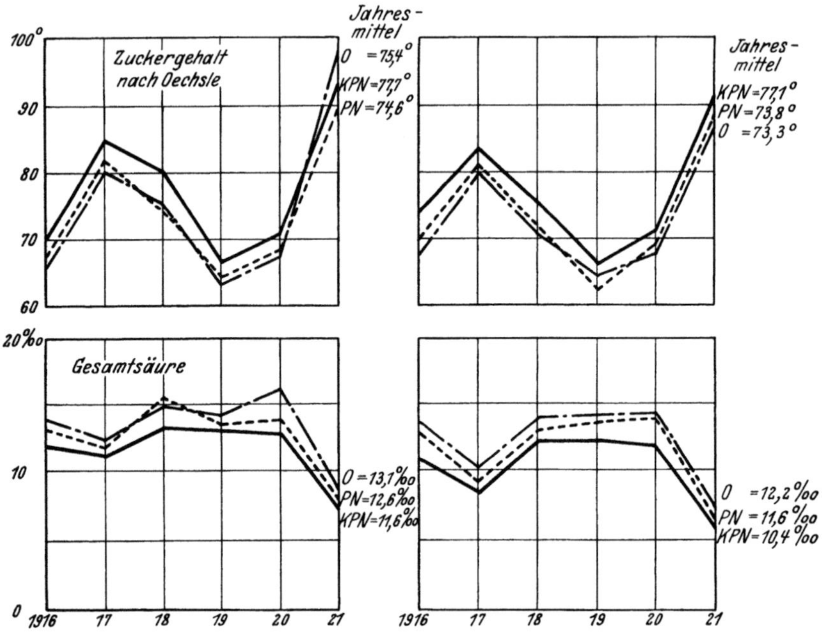

Riesling. Spätburgunder.

Abb. 245. Mostuntersuchung.

eine ungleichmäßige Bereicherung der einzelnen Teilstücke an Nährstoffen eintritt.

Die älteren Freiland-Rebendüngungsversuche sind denn auch, wie aus dem Tätigkeitsbericht der Rebendüngungskommission (K. Windisch 1) über die Jahre 1892—1901 hervorgeht, so gut wie ergebnislos verlaufen, weil die Voraussetzungen für einen Erfolg nicht gegeben waren. Neuere Düngungsversuche von O. WÜRZNER (1), K. WINDISCH (2), H. CARSTENSEN, HIRSCHEL (1), H. BRADEN, E. WANNER (1), K. PFEIFFER brachten bessere Ergebnisse, soweit es sich um den Vergleich einer Volldüngung mit ungedüngt oder Teildüngung handelt. Dabei wurde in der Mehrzahl der Versuchsreihen durch Volldüngung eine beträchtliche Ertragssteigerung mit bedeutendem Gewinn gegenüber ungedüngt erzielt (s. Abb. 243 u. 244). Einseitige Düngung setzte den Ertrag gegenüber Volldüngung bei Weglassen von Kali und Stickstoff wesentlich, bei Weglassen von Phosphorsäure weniger stark herab. Der Zuckergehalt des Mostes war bei Volldüngung höher, der Säuregehalt meist etwas niedriger als bei ungedüngt oder Teildüngung (s. Abb. 245). Hierfür sei als Beispiel ein Düngungsversuch zu Riesling in einem 1897 angelegten Weinberg in Serrig mitgeteilt, der jedes dritte Jahr und zuletzt 1905 Stallmist erhalten hatte, und der die Zusatzdüngung mit Kunstdünger ganz besonders gut verwertet hat:

Jährliche Zusatzdüngung je ha	Im Mittel der Versuchsjahre 1906—1907—1908					Fuderpreis des 1908er Weines
	Traubenertrag dz je ha	Mehrertrag gegen ungedüngt dz je ha	Gewinn nach Abzug der Düngungskosten M.	Mostgewicht Grad	Säure g i. l	M.
Ungedüngt	51	—	—	71	10,6	1090
Volldüngung	118	67	2472	86	10,6	1960
4 dz 40er Kali						
12 „ Thomasmehl						
4 „ schwefelsaures Ammoniak						
Volldüngung ohne Kali .	91	40	1428	77	11,0	1755

Die vergleichenden Düngungsversuche über die Wirkung desselben Nährstoffes in verschiedener Form fielen einmal zugunsten der einen und einmal zugunsten der anderen Form aus und sind daher nicht beweiskräftig. Hierfür ein Beispiel:

Volldüngung mit Kali als	Traubenertrag	
	Portugieser dz je ha	Weißer Burgunder dz je ha
Schwefelsaures Kali . . .	9520	4560
50er Kalisalz	8640	5200

Das Ergebnis solch vergleichender Düngungsversuche muß auch heute noch mit der gebotenen Zurückhaltung aufgenommen werden.

Etwas günstiger liegen die Verhältnisse für die Durchführung von *Topfdüngungsversuchen* insofern, als wenigstens die Ungleichheit der Bodenverhältnisse ausgeschaltet werden kann. Dafür vermag aber die Beschränkung des Wurzelwachstums der nach Ausdehnung strebenden Rebenwurzeln das Versuchsergebnis zu trüben. Zudem erwachsen für die Durchführung solcher Versuche ungewöhnlich hohe Kosten, da die Vegetationgefäße sehr groß sein müssen und jede Versuchsreihe zur Herabsetzung des mittleren Fehlers in einer weit größeren Zahl von Parallelgefäßen ausgeführt werden muß, als bei Düngungsversuchen zu einjährigen Ackergewächsen. P. WAGNER (1) hat mit Topfversuchen schöne Ergebnisse erzielen können, bei denen allerdings nur eine gute Stickstoffwirkung festgestellt wurde, während Kali- und Phosphorsäuredüngungen selbst bei starker Gabe im Gegensatz zu den Ergebnissen neuerer Untersuchungen wirkungslos blieben. Der zu den Topfversuchen verwendete Boden war allerdings sehr kali-

und verhältnismäßig phosphorsäurereich, worauf wohl das Nichtansprechen auf diese beiden Nährstoffe zurückzuführen ist.

b) Nährstoffentzug aus dem Weinbergsboden. Das klarste Bild über den Bedarf der Rebe an Nährstoffen zur Erzeugung eines hohen Ertrages an Trauben, Holz und Blättern gibt die Ermittlung der dem Weinbergsboden während einer Vegetationsperiode entzogenen Nährstoffe durch Feststellung des Ertrages und seines prozentualen Nährstoffgehaltes. Nach M. BARTH (1) werden dem Boden durch 10000 Reben auf 1 ha entzogen:

Quantitätsbau	N kg	K_2O kg	P_2O_5 kg	Qualitätsbau	N kg	K_2O kg	P_2O_5 kg
130 dz Trauben	48	54	20	65 dz Trauben	25	29	11
10 „ Rebgipfel	19	6	2	7 „ Rebgipfel	13	4	1,5
30 „ Holz	12	15	4	15 „ Holz	9	11	3
40 „ herbstdürres Laub	63	51	22	30 „ herbstdürres Laub	47	38	16,5
zusammen:	142	126	48	zusammen:	94	82	32

In E. LIERKES Tabellen ist als hoher Ertrag vom Hektar angegeben 120 dz Trauben, 50 dz Gipfel und 60 dz Holz mit einem Nährstoffgehalt von 90 kg N, 100 kg K_2O und 30 kg P_2O_5.

P. WAGNER (2) hat bei seinen Topfdüngungsversuchen in 7 Versuchsreihen mit den Rebsorten Riesling, Silvaner, Gutedel, Portugieser und Trollinger bei 3—10jähriger Versuchsdauer folgende Mittelwerte gefunden:

Ertrag vom ha	N kg	K_2O kg	P_2O_5 kg
271 dz Trauben	45,5	75,1	18,0
32 „ Holztrockensubstanz	26,1	26,8	9,1
29 „ Blatttrockensubstanz	48,7	40,5	13,2
zusammen:	120,3	142,4	40,3

Dabei waren die Unterschiede im Nährstoffbedarf der verschiedenen Rebsorten nur sehr gering.

Neuerdings hat H. LAGATU (1) eingehende Untersuchungen über den Verlauf der Nahrungsaufnahme an der Rebsorte Aramon vom Austrieb bis zur Traubenreife ausgeführt, die auch einen interessanten Einblick in den zeitlichen Verlauf der Aufnahme der einzelnen Nährstoffe bieten. Er fand als Zusammensetzung eines mittelkräftigen Weinstockes bei einem Hektarertrag von 115 hl Wein gleich etwa 150 dz Trauben folgende Werte:

Tag der Untersuchung	Pflanzenteil	Trockensubstanz g	N g	P_2O_5 g	K_2O g	CaO g	MgO g
15. April	Blätter und Holz .	7,36	0,22	0,09	0,22	0,02	—
1. Mai	Blätter und Holz .	25,6	0,70	0,21	0,43	0,30	0,06
15. Mai	Blätter	34,4	1,09	0,32	0,65	0,37	0,12
	Holz	25,98	0,40	0,20	0,56	0,17	0,11
	Summe:	60,38	1,49	0,52	1,21	0,54	0,23
1. Juni	Blätter	125,6	3,64	1,00	2,16	1,65	0,55
	Holz	104,0	0,89	0,58	2,09	0,50	0,31
	Summe:	229,6	4,53	1,58	4,25	2,15	0,86
15. Juni	Blätter	201,4	5,29	1,47	3,16	3,62	1,26
	Holz	136,3	0,99	0,57	2,26	1,16	0,42
	Trauben	27,3	0,41	0,19	0,63	0,22	0,10
	Summe:	365,0	6,69	2,23	6,05	5,00	1,78

Tag der Untersuchung	Pflanzenteil	Trockensubstanz g	N g	P_2O_5 g	K_2O g	CaO g	MgO g
1. Juli	Blätter	288,0	7,63	1,90	4,60	5,41	2,01
	Holz	210,7	1,15	0,84	3,75	2,08	0,84
	Trauben	113,3	1,58	0,71	2,67	0,63	0,29
	Summe:	612,0	10,36	3,45	11,02	8,12	3,14
15. Juli	Blätter	345,4	8,60	1,71	4,59	9,56	2,28
	Holz	309,9	1,70	1,02	3,78	3,03	1,18
	Trauben	148,5	1,67	0,74	2,64	1,00	0,30
	Summe:	803,8	11,97	3,47	11,01	13,59	3,76
1. Aug.	Blätter	438,0	10,42	1,75	4,68	14,23	3,89
	Holz	335,5	1,54	1,07	3,52	3,82	1,61
	Trauben	262,5	2,26	1,07	4,93	1,10	0,50
	Summe:	1036,0	14,22	3,89	13,13	19,15	6,00
15. Aug.	Blätter	495,7	11,00	1,78	5,30	17,29	4,56
	Holz	417,6	1,96	1,04	3,50	3,92	1,87
	Trauben	545,9	3,38	1,42	6,71	1,52	0,87
	Summe:	1459,2	16,34	4,24	15,51	22,73	7,30
1. Sept.	Blätter	499,0	11,47	1,74	5,63	17,31	5,00
	Holz	421,0	2,23	0,96	3,24	4,96	1,85
	Trauben	957,0	6,50	2,68	11,96	1,91	1,05
	Summe:	1877,0	20,20	5,38	20,83	24,18	7,90

Daraus errechnet sich bei einer Hektarbestockung von 8000 Reben eine Nährstoffaufnahme von 161,6 kg N, 166,64 kg K_2O, 43,04 kg P_2O_5, 193,44 kg CaO und 63,20 kg MgO. Bemerkenswert ist der verhältnismäßig hohe Bedarf an Magnesia, der sogar den an Phosphorsäure ganz wesentlich übersteigt.

Aus den Einzelangaben der H. LAGATUschen Untersuchung geht hervor, daß die Trauben schon von der Blüte an (15. Juni) mehr Kali als Stickstoff aufnehmen, und daß die Anreicherung ihres Kaligehaltes wesentlich rascher fortschreitet als die des Stickstoffgehaltes, so daß in den reifen Trauben nahezu doppelt soviel Kali als Stickstoff enthalten ist. Den Trauben müssen also zur Erlangung der Vollreife während der ganzen Wachstums- und Reifezeit genügende Mengen aufnahmefähiges Kali zur Verfügung gestellt werden. Stickstoff, Kalk und Magnesia werden hauptsächlich in den Blättern, die Phosphorsäure wird anfangs mehr in den Blättern, mit Beginn der Traubenreife mehr in den Trauben gespeichert. Bei Blättern und Holz ist der Höhepunkt der Nährstoffspeicherung bereits zur Zeit der Blüte erreicht.

Der Nährstoffentzug aus 1 ha Weinbergsboden durch die Rebe beträgt nach den verschiedenen Beobachtern:

	N kg	K_2O kg	P_2O_5 kg	CaO kg	MgO kg
M. BARTH (130 dz Traubenertrag)	142	126	48	—	—
M. BARTH (65 „ „)	94	82	32	—	—
H. LAGATU (150 „ „)	160	167	43	193	63
E. LIERKE (120 „ „)	90	100	30	—	—
P. WAGNER (270 „ „)	120	150	40	—	—
P. WAGNER (150 „ „)	80	100	30	—	—
Im Mittel rund:	115	120	35	193	63

Andere französische Forscher wie L. RAVAZ und A. MÜNTZ fanden hingegen ein wesentlich niedrigeres Nährstoffbedürfnis bei Reben der Charente, des Médoc, des Burgund und der Champagne. Es hängt dies aber mit dem sehr geringen Ertrag zusammen, der in den angegebenen Einzelfällen nur etwa 30—35 dz Trauben betragen hat.

c) Nährstoffgehalt der Rebenblätter und Düngerbedarf. Schon P. WAGNER (3) hat aus dem Nährstoffgehalt der Rebenblätter Aufschluß über Reichtum oder Armut des Weinbergbodens an Nährstoffen zu gewinnen versucht. Als Auswertung seiner dahingehenden Untersuchungen bei seinen umfangreichen Topfdüngungsversuchen kommt er zu dem Schlusse, daß, wenn die den reichtragenden Stöcken entnommenen herbstreifen Blätter

bei reichlicher Düngung mit K_2O und P_2O_5: 1,56% oder mehr N
„ „ „ „ N „ P_2O_5: 1,24% „ „ K_2O und
„ „ „ „ N „ K_2O : 0,43% „ „ P_2O_5

enthalten, ein Mangel an Stickstoff, Kali und Phosphorsäure nicht vorhanden ist. Die Unsicherheiten der Düngungsversuche an sich müssen aber naturgemäß als Unsicherheit für die Schlußfolgerungen zur Auswirkung kommen.

Auch H. LAGATU (2) glaubt sich auf Grund seiner oben mitgeteilten Untersuchungsergebnisse und der in Gemeinschaft mit L. MAUME ausgeführten zur Schlußfolgerung berechtigt, daß die chemische Zusammensetzung des Blattes, festgestellt durch allmonatliche Untersuchung des ersten Blattes von der Basis der fruchttragenden Rebe, tatsächlich die allgemeinen Ernährungsverhältnisse der Rebe zuverlässig wiedergibt. R. KLEMEN hat gleichartige Untersuchungen ausgeführt, die bestätigen, daß sich der Mineralstoffgehalt der Blätter während der Vegetationszeit im Sinne der Angabe von H. LAGATU bewegt. Er glaubt aber nicht, daß der Blattanalyse allgemeinere Bedeutung zu diagnostischen Zwecken zuerkannt werden kann.

d) Bodenuntersuchung. Die chemische Untersuchung des Bodens liefert keine sicheren Anhaltspunkte für die Beurteilung des Düngungsbedürfnisses der Weinberge. Die im Schrifttum bisweilen noch vertretene Anschauung, daß bei Böden mit über 0,1% Kali und Phosphorsäure eine Düngung mit diesen Nährstoffen nicht lohnend sei, trifft nicht zu, wie Düngungsversuche auf kalireichen Gesteinsböden gezeigt haben. Nur die chemische Untersuchung des Bodens auf seinen Kalkgehalt hat praktischen Nutzen.

M. KLING und O. ENGELS haben die biologisch-chemische Untersuchungsmethode nach H. NEUBAUER zur Bestimmung des Bedarfs an Kali und Phosphorsäure bei zahlreichen Weinbergsböden der Pfalz durchgeführt. Auf Grund der Untersuchungsergebnisse nehmen sie an, daß ein Weinbergsboden mindestens 50 mg wurzellösliches Kali und 15 mg wurzellösliche Phosphorsäure in 100 g Bodentrockensubstanz enthalten müsse, wenn er mit genügenden Mengen dieser Nährstoffe versorgt sein soll. Sie lassen dabei allerdings die Frage offen, ob bei einem höheren Gehalt an diesen Nährstoffen durch entsprechende Düngung nicht doch noch ein Mehrertrag erzielt werden kann. Die Untersuchungen haben aber auch gezeigt, daß der Untergrund der Weinbergsböden häufig sehr arm an diesen Nährstoffen ist, was für die Ernährung der tiefwurzelnden Rebe Bedeutung hat.

2. Bedeutung der einzelnen Nährstoffe für die Entwicklung der Rebe.

Der **Stickstoff** dient, wie aus den Topfdüngungsversuchen von P. WAGNER und den oben angeführten H. LAGATUschen Untersuchungen hervorgeht, zunächst der Blatt- und Holzerzeugung, in zweiter Linie erst der Traubenausbildung. Deshalb sinkt, wo Stickstoffhunger eintritt, zuerst der Ertrag an Trauben und dann erst der an Blättern und Holz, so daß der Stickstoff ausschlaggebend für die Ertragsmenge ist. Bei ausreichender Kali-Phosphorsäure-Ernährung bewirkt der

Stickstoff dementsprechend eine erhebliche Steigerung des Traubenertrages, wie u. a. die Ergebnisse P. WAGNERS am Riesling zeigen:

Düngung	dz Trauben vom ha	
Ungedüngt	112,5	79,0
Ohne Stickstoff . .	103,1	98,0
Volldüngung . . .	284,3	280,4

Stickstoffmangel ist an der abnehmenden Grünfärbung der Blätter und der abnehmenden Färbung der blauen Trauben zu erkennen. Einseitige Stickstoffüberdüngung ist der Rebe nachteilig. Es bilden sich mehr vegetative Organe als Trauben, und das Wachstum wird zu üppig. Infolgedessen sind die Reben viel stärker zu Krankheiten, vor allem Peronospora, geneigt, und die Trauben mehr zur Fäulnis. Auch reift das Holz ungenügend, so daß die Reben viel frostempfindlicher sind. Endlich wird der Blütenansatz ungünstig beeinflußt, die Neigung zum Durchrieseln verstärkt. Die Weine aus stickstoffüberdüngten Reben bauen sich schwer aus, sind schwer zu klären, neigen leichter zu Erkrankungen und sind geschmacklich nicht so rein und kräftig, wie die von vollgedüngten Reben.

Das **Kali** bewirkt eine kräftige, aber nicht zu üppige Belaubung des Rebstockes, die Blätter nehmen eine sattgrüne Färbung und derbe Beschaffenheit an. Damit im Zusammenhang steht eine größere Widerstandsfähigkeit gegenüber Krankheitserregern und Schädlingen. So ging z. B. bei einem Versuch von HIRSCHEL (2) zur Bekämpfung des Dickmaulrüßlers durch eine Gabe von 15 dz Kainit je Hektar der Befall an Larven und Käfern auf die Hälfte, durch 20 dz auf etwa $^1/_8$ zurück.

Die Beziehung des Kalis zum Assimilationsprozeß zeigt sich in seinem günstigen Einfluß auf die Reife der Trauben und deren Zuckergehalt, so daß mit Kalimangel Erniedrigung des Mostgewichtes und Erhöhung des Säuregehaltes einhergeht sowie in der Begünstigung der Bildung von gesundem, frühzeitig und gut ausgereiftem, engknotigem Holz als Voraussetzung für einen künftigen hohen Ertrag. Für die Wirkung der Kalidüngung auf die Erhöhung des Mostgewichtes wurde bereits oben ein Beispiel angeführt. Die Wirkung auf die Holzbildung zeigen zwei von HIRSCHEL (2) in Rebschulen zur Heranzucht von Wurzelreben ausgeführte Düngungsversuche. In beiden Versuchen waren Holztrieb und Bewurzelung bei Volldüngung am besten, bei ungedüngt am schlechtesten; Volldüngung ohne Kali stand in der Mitte. Die erhaltenen Wurzelreben erster Wahl betrugen bei ungedüngt 20 und 20%, bei Düngung ohne Kali 20 und 40%, bei Volldüngung 40 und 60%.

Ferner zeigen dies zwei Düngungsversuche von E. WANNER (2) mit der amerikanischen Unterlagsrebe Riparia × Rupestris 101[14], bei denen folgende Zahl erstklassiger Schnittreben erhalten wurde:

Ungedüngt	Düngung ohne Kali	Volldüngung mit Kali als	
		50er Kalisalz	Kaliumsulfat
53340	90300	95340	101640
86100	111300	129700	126000

Ausgesprochen nachteilige Einflüsse einer einseitigen Kaliüberdüngung sind nicht bekannt.

Die **Phosphorsäure** dient zur Eiweißbildung in den Blättern, im Holz und in den Knospen, wovon ein reicher Blütenansatz und damit gute Ertragsaussichten für das kommende Jahr abhängig sind. Sie erhöht den günstigen Einfluß auf einen gesunden Blatt- und Holzwuchs, was sich in frühem Austrieb, schneller Blattbildung, raschem Blüteverlauf und Reifebeschleunigung auswirkt.

Zusammengefaßt fördert somit der Stickstoff in der Hauptsache die Ertragsmenge, während die Güte des Erzeugnisses durch Kali und Phosphorsäure begünstigt wird. Damit in Übereinstimmung steht auch, daß der Kali- und Phosphorsäuregehalt der Gipfeltriebe und des Schnittholzes mit der Qualität zunimmt. So fand M. Barth (2) im Schnittholz geringer Rebsorten 0,4—0,5 % K_2O und 0,18—0,19 % P_2O_5, in dem besserer Sorten 0,8—0,9 % K_2O und 0,20—0,25 % P_2O_5. Ähnliche Unterschiede zeigen sich bei der gleichen Rebsorte aus Lagen verschiedener Güte und aus gleichen Lagen in verschieden guten Jahrgängen.

Kalk und Magnesia dienen in der Hauptsache der Blatt- und Holzbildung. Der von H. Lagatu festgestellte hohe Bedarf der Rebe an Magnesia und deren Bedeutung für die Assimilation als Bestandteil des Chlorophylls lassen vermuten, daß bei besonders magnesiaarmen Böden eine Düngung mit Magnesiasalzen (z. B. schwefelsaurer Kali-Magnesia) sich vorteilhaft auszuwirken vermöge. Beweisende Versuchsergebnisse darüber liegen aber noch nicht vor.

3. Wie ist der Weinberg zu düngen?

a) Menge der Nährstoffe. Oben wurde der aus den Angaben verschiedener Beobachter errechnete mittlere Nährstoffentzug aus einem Hektar Weinbergsboden angegeben zu 115 kg Stickstoff, 120 kg Kali und 35 kg Phosphorsäure.

Die in der Praxis übliche Düngung als Ersatz der entzogenen Nährstoffe ist aber wesentlich höher und beträgt nach Angaben P. Wagners im Mittel:

130 kg Stickstoff, 160 kg Kali und 100 kg Phosphorsäure,

ja steigt sogar bis auf

230 kg Stickstoff, 225 kg Kali und 170 kg Phosphorsäure.

Die Erfahrungen in der Praxis haben eben gezeigt, daß die einem Weinberg in Form natürlicher und künstlicher Düngemittel zuzuführenden Nährstoffmengen erheblich größer sein müssen, als die durch Untersuchung der Ernteerträge festgestellte Entnahme, wenn Höchsternten mit guter Qualität erzielt werden sollen. Die Rebe muß aus dem Vollen schöpfen können, denn sie vermag nur unter ganz besonders günstigen Witterungsverhältnissen die gebotenen Nährstoffe voll auszunützen. Den tiefwurzelnden Reben sind die hauptsächlich in der Oberkrume verbleibenden Nährstoffe nicht so weitgehend zugänglich wie den Ackerpflanzen und ein größerer Teil entgeht der Ausnützung. Es muß sich deshalb, besonders von Kali und Phosphorsäure, ein gewisser Vorrat aufhäufen, der durch genügend starke Düngung zu erhalten ist. Auch ist zu bedenken, daß die Düngung nicht den schlechttragenden Stöcken angepaßt sein muß, sondern den reichtragenden, damit diese keinen Mangel leiden.

Düngungen mit 100—200 kg Stickstoff, 120—220 kg Kali und 50—150 kg Phosphorsäure jährlich je Hektar werden danach als angemessen zu betrachten sein. Gültige Regeln für alle Fälle lassen sich nicht angeben. Boden-, Lage- und klimatische Verhältnisse, Rebsorte, Erziehungsart auf Quantität oder Qualität, Ertragsmenge des vorausgegangenen Erntejahres u. a. m. sind hier von ausschlaggebender Bedeutung. Nur durch Erfahrung bei sorgsamer Beobachtung der Weinberge wird sich für jeden einzelnen Fall die vorteilhafteste Art der Düngung feststellen lassen.

b) Die einzelnen Düngemittel. *α) Organische Düngemittel*: Von den organischen Weinbergsdüngern ist der *Kuhstalldünger* der gebräuchlichste. Er bildet das Rückgrat der Rebendüngung und ganz ohne ihn läßt sich Weinbau nicht betreiben. Seine günstige Wirkung beruht nicht allein auf seinem Gehalt an den wichtigsten Pflanzennährstoffen, sondern vor allem auf seinem Humusgehalt und dem Bakterienleben, wodurch die biologische und physikalische Bodenbeschaffenheit erheblich verbessert wird. Schwere Böden werden lockerer und wärmer, leichte Böden bindiger und wasserhaltender. Das Bakterienleben im

Boden und damit die Bodengare werden gefördert, die einstrahlende Wärme wird besser aufgenommen und festgehalten.

Der ertragssteigernde Einfluß des Stallmistes geht aus einem Topfdüngungsversuch von P. Wagner (4) an der Sorte Trollinger deutlich hervor, bei dem Stallmistzugabe zu den für die Stockentwicklung höchstzulässigen Salpeterstickstoffgaben noch eine erhebliche Ertragssteigerung brachte:

Kaliphosphat-Grunddüngung	Traubenertrag je Stock kg
Ohne Stallmist + 0 g Salpeter-N	0,73
„ „ + 6 „ „	3,51
Mit „ + 0 „ „	2,93
„ „ + 6 „ „	6,31

Ein Höchstertrag kann also nur unter Mitwirkung von Stallmist erzielt werden. Früher wurde das Düngungsbedürfnis der Weinbergsböden ausschließlich durch Stallmist gedeckt. Da die Weinbaubetriebe meist vieharme oder viehlose Wirtschaften sind, ist die Beschaffung der hierzu nötigen Stallmistmengen schwierig und teuer, weshalb er heute allgemein zum Teil durch künstliche Dünger ersetzt wird. Gewöhnlich wird der Stallmist dem Weinberg nur alle 3 Jahre in einer Menge von 400—600 dz je Hektar zugeführt. In den Zwischenjahren gibt man mineralische Dünger. Düngt man mit Stallmist in einem anderen Düngerwechsel, so rechnet man 150—200 dz jährlich je Hektar. Hierdurch werden dem Boden jährlich im Durchschnitt 75—100 kg Stickstoff, 80—110 kg Kali und 40—55 kg Phosphorsäure gegeben.

Der nährstoffreichere *Pferdemist* ist zur Weinbergsdüngung nur für schwere und bindige Böden zu empfehlen. Er darf aber nicht in frischem Zustande verwendet werden, sondern muß gut verrottet, besser noch kompostiert sein.

Jauche und *Latrine* sind nicht zur unmittelbaren Rebendüngung zu empfehlen, vielmehr sollen beide nur zur Kompostbereitung verwendet werden. Ausnahmsweise kann Jauche vorteilhaft sein, wenn es sich darum handelt, einzelne beschädigte (z. B. durch Hagelschlag) oder zurückgegangene Rebstöcke während des Sommers rasch zu kräftigerer Entwicklung zu bringen. Die Menge beträgt 5—6 l auf den Stock.

Von den übrigen organischen Düngern kann nur noch der *Kompost* als vollwertiger Ersatz des Stallmistes betrachtet werden, sofern er unter Verwendung reichlicher Mengen organischer Abfallstoffe hergestellt, sachgemäß und pfleglich behandelt wurde, sowie vollständig vermodert ist. Dann vermögen 200 dz Kompost etwa 100 dz Stallmist zu ersetzen.

Der aus Fleisch-, Knochen-, Horn- und Hautresten durch Aufschluß mit Schwefelsäure und Neutralisieren mit Kalk hergestellte *Lützeldünger* (Lützelguano) wird in verschiedenen Weinbaugebieten häufig und gern an Stelle von Stallmist verwendet. Wegen des Fehlens der Bakterientätigkeit kann er aber nicht als dem Stallmist gleichwertig betrachtet werden. Er wird in Mengen von 30—50 dz je Hektar empfohlen. Bei seiner Verwendung ist aber zu beachten, daß er kein Kali enthält, weshalb für eine gegenüber Stallmist entsprechend erhöhte Kalibeidüngung zu sorgen ist.

Der Lützeldünger sowie die verschiedenen anderen im Weinbau noch verwendeten organischen Dünger, wie *Wollstaub, Wollabfall, Weintrester, Weinhefe-rückstände, Torf u. a.*, die der Rebstock erfahrungsgemäß zwar gut auszunützen vermag, werden aber dennoch zweckmäßiger nicht unmittelbar als solche in den Weinberg gebracht, sondern besser zur Kompostbereitung mitverwendet. Hierdurch wird ihr Nährstoffgehalt, vor allem der Stickstoff, der Rebe leichter zugänglich gemacht. Mit Ausnahme der Weintrester sind letztere alle als reine Stickstoffdünger zu betrachten und durch entsprechende Kali- und Phosphorsäuregaben zu ergänzen. Bringt man sie ohne vorheriges Kompostieren in die Weinberge, so rechnet man von Wollstaub etwa 50 dz, von Wollabfall etwa 20 dz, von Weintrester und Weinheferückständen etwa 60 dz pro Hektar. Torf muß, wenn er als Dünger für Ertragsweinberge verwendet wird, immer vorher kompostiert werden.

Alle organischen Dünger sind im Spätherbst oder Winter in die Weinberge zu bringen. Frühjahrs- oder Sommerdüngung ist zu unterlassen. Letztere würde, besonders bei Stallmist, das vegetative Rebenwachstum erneut anregen, wodurch langknotiges, reservestoffarmes, unausgereiftes und deshalb sehr frostempfindliches Holz erhalten wird. Sie sind wie auf dem Ackerfeld breitwürfig über die ganze Bodenfläche zu verteilen und sofort leicht unterzuhacken. Das Einbringen in Gräben, die zwischen den Rebzeilen gezogen sind, ist weniger zu empfehlen. Häufig werden zudem diese Mistgräben viel zu tief ausgehoben, so daß nach dem Zuwerfen mit Erde durch den Abschluß der Luft die organischen Massen nicht verwesen, sondern vertorfen und damit deren Nährstoffe der Rebe unzugänglich bleiben.

β) Mineralische (Kunst-) Dünger: Die neben dem Stallmist nötige Kunstdüngermenge richtet sich nach der Menge des verwendeten Mistes. Bei 400 dz je Hektar alle 3 Jahre und bei einer Ausnützung der Nährstoffe durch die Rebe im ersten Jahre mit etwa 50%, im zweiten und dritten Jahre mit etwa je 25% stehen zur Verfügung im ersten Jahre 100 kg Stickstoff, 110 kg Kali und 50 kg Phosphorsäure, im zweiten und dritten Jahre je 50 kg Stickstoff, 55 kg Kali und 25 kg Phosphorsäure. Unter der Annahme eines mittleren Nährstoffentzuges von jährlich 150 kg Stickstoff, 160 kg Kali und 50 kg Phosphorsäure wäre im ersten Jahre noch Ersatzdüngung mit Stickstoff und Kali, im zweiten und dritten Jahre außerdem mit Phosphorsäure notwendig. Die jeweils erforderliche Menge der einzelnen Düngemittel errechnet sich nach der Formel: Fläche in Hektar mal Nährstoffmenge je Hektar geteilt durch prozentualen Nährstoffgehalt des Düngemittels.

An *stickstoffhaltigen* Düngemitteln kommen je nach der Höhe der Stallmistgabe folgende Mengen je Hektar in Frage: Schwefelsaures Ammoniak (20,5%) 5—7 dz, Natronsalpeter (16%) 6—9 dz, Kalksalpeter (15,5%) 6—9 dz, Leunasalpeter (26%) 4—6 dz, Kalkammonsalpeter (20,5%) 5—7 dz, Harnstoff (46%) 2—3,5 dz, Kalkstickstoff (18%) 5—8 dz. Letzterer nur für lehmige Sand -oder sandige Lehmböden in guter Kultur, nicht aber für leichte Sand- oder schwere Lettenböden.

An *kalihaltigen* Düngemitteln: Kalisalz (40%) 3—5 dz, Kalisalz (50%) 2,5—4 dz, schwefelsaures Kali (50%) 2,5—4 dz, schwefelsaure Kali-Magnesia (26%) 4—8 dz. Kainit ist für die chlorempfindliche Rebe ungeeignet.

An *phosphorsäurehaltigen* Düngemitteln: Superphosphat (18%) 2,5—5,5 dz für schwere Böden, Thomasmehl (18%) 3—6 dz, Rhenaniaphosphat (28%) 2—3 dz, die beiden letzteren für leichtere Böden und Neuanlagen.

An *Mischdüngern*: Kaliammonsalpeter (16% N, 28% K_2O) 6—9 dz, Nitrophoska I. G. I (17,5% N, 22% K_2O, 13% P_2O_5) 7—9 dz, Nitrophoska I. G. II (15% N, 26,5% K_2O, 11% P_2O_5) 8—10 dz, Nitrophoska I. G. III (16,5% N, 20% K_2O, 16,5% P_2O_5) 7,5—9,5 dz. Von den drei Nitrophoskasorten ist Nitrophoska II zur Weinbergsdüngung am geeignetsten. Für bessere kalireichere Böden kommt Nitrophoska I in Betracht, Nitrophoska III nur in Ausnahmefällen für solche Böden, die besonders arm an Phosphorsäure sind.

Von den stickstoffhaltigen Düngemitteln muß der Kalkstickstoff schon im Winter in den Boden eingebracht werden, damit bis zu Beginn der Vegetation die Umsetzung zu Ammoniakstickstoff beendet ist. Zu spät vorgenommene Düngung kann die Reben ganz erheblich schädigen. Schwefelsaures Ammoniak kann im Laufe des Winters oder auch noch im zeitigen Frühjahr in einer Gabe gestreut werden. Alle übrigen, von denen die, welche neben Ammoniakstickstoff auch Salpeterstickstoff enthalten, für die Weinbergsdüngung besonders wertvoll sind, werden vorteilhaft zur Hälfte vor Beginn der Vegetation, zur Hälfte kurz vor oder nach der Blüte, aber nicht später, gegeben und leicht untergehackt.

Kalisalze sowie Thomasmehl und Rhenaniaphosphat kann man schon im Spätherbst ausstreuen, Superphosphat hingegen erst im zeitigen Frühjahr. Alle werden möglichst tief untergebracht.

γ) Kalkdüngung: Die Kalkung der Weinberge ist in Zwischenräumen von 5—6 Jahren zu wiederholen. Selbst auf eigentlichen Kalkböden hat sich Kalkzufuhr als wirtschaftlich erwiesen. Dort, wo jedoch infolge zu hohen Kalkgehaltes des Bodens Chlorose der Rebe auftritt, ist die Kalkung zu unterlassen und der schädigenden Wirkung des zu hohen Kalkgehaltes durch Anwendung von Torf, Superphosphat und reichlicher Kalidüngung entgegenzuwirken. Für schwere Böden verwendet man Branntkalk, und zwar etwa 50 dz je Hektar, oder auch die doppelte Menge von kohlensaurem Kalk, für leichte Böden nur kohlensauren Kalk in Mengen von 50 dz je Hektar. Wo Leunakalk oder Scheideschlamm von Zuckerfabriken oder Mergel zur Verfügung stehen, können diese mit Vorteil auch für die Kalkung der Weinberge dienen. Für schwere Böden verwendet man 120 dz Leunakalk oder 200 dz Scheideschlamm, für leichte Böden 60 dz Leunakalk oder 100 dz Scheideschlamm je Hektar, Mergel je nach seinem Kalkgehalt.

Bei reichlicher Anwendung kalkhaltiger Düngemittel (Kalkstickstoff, Kalksalpeter, Kalkammonsalpeter, Thomasmehl) kann die Kalkzufuhr entsprechend vermindert werden.

δ) Erd- und Steindünger: Kali- und phosphorreicher Mergel oder leicht verwitterbarer Basalt werden mancherorts zur Verbesserung der physikalischen Beschaffenheit der Weinbergsböden mit Erfolg verwendet, so in der Pfalz Basalt, an der Mosel und im Rheingau Tonschiefer, im letzteren auch Tonmergel, in Südtirol Flußschlammablagerungen. Man pflegt diese Stoffe alle 7—8 Jahre neben der üblichen Stallmistdüngung einzubringen und den Boden 5—10 cm hoch damit zu überfahren.

c) **Düngungsanweisungen.** *α) Neuanlagen.* Bei ruhelosem Umbau eines alten Weinberges ohne Leguminosenzwischenkultur gibt man im letzten Ertragsjahr eine starke Stallmistdüngung und streut vor dem im Laufe des Winters erfolgenden Rigolen 15—20 dz Thomasmehl oder Rhenaniaphosphat, bei Kalkmangel 50 dz Kalk je Hektar gleichmäßig aus. Einige Wochen nach Setzen der Reben düngt man mit 4—5 dz 40er Kalisalz zwischen die Rebenzeilen. Bei Leguminosenzwischenkultur mit Kaliphosphatdüngung in Menge von 6—8 dz Thomasmehl und 4—5 dz Kalisalz je Hektar ist eine Stallmistdüngung nach dem Umbruch nicht erforderlich, wohl aber die oben angegebene mineralische Vorratsdüngung.

β) Rebschulen: Für Rebschulen sind möglichst nährstoffreiche, in guter Kultur befindliche Böden nötig. Wo solche nicht vorhanden sind, baut man nach O. Würzner (2) entweder im Jahre vorher Hackfrucht in starker Stallmistdüngung mit 1—2 dz Natron- oder Leunasalpeter, 4—5 dz Kalisalz und 4—5 dz Thomasmehl je Hektar oder einjährige Gründüngungspflanzen wie bei Neuanlagen. Nach dem Abernten werden 3—4 dz Kalisalz und 4—5 dz Thomasmehl oder Rhenaniaphosphat gestreut und rigolt.

γ) Ertragsweinberge: Die notwendigen Düngergaben werden, wie oben angeführt, von Fall zu Fall je nach Bodenbeschaffenheit, Rebsorte, Erziehungsart usw. verschieden sein müssen. Es sollen aber zum Schlusse einige der vielen im Schrifttum vorgeschlagenen Düngungspläne mitgeteilt werden, die als Richtschnur dienen können; alle Angaben auf 1 ha. Weinbergsdüngung mit reichlich Stallmist:

1. Jahr: Frühjahr: 4—6 dz schwefelsaures Ammoniak;
Spätjahr: 800—1000 dz Stallmist, 2—3 dz 40er Kalisalz;
2. Jahr: Spätjahr: 4—5 dz Thomasmehl, 8—12 dz Kalk;
3. Jahr: Frühjahr: 2—4 dz schwefelsaures Ammoniak;
Spätjahr: 4—6 dz Thomasmehl, 2—4 dz 40er Kalisalz;

Weinbergsdüngung nach H. FUHR:

1. Jahr: 600 dz Stallmist, 2 dz schwefelsaures Ammoniak;
2. Jahr: 2—3 dz schwefelsaures Ammoniak, 1 dz 40er Kalisalz, 2 dz Superphosphat;
3. Jahr: 3—4 dz schwefelsaures Ammoniak, 2 dz 40er Kalisalz, 4 dz Superphosphat.

Weinbergsdüngung nach M. KLING:

1. Jahr: 600—800 dz Stallmist (oder entsprechende Mengen anderer organischer Dünger), 3 dz schwefelsaures Ammoniak oder 3 dz Natronsalpeter oder 1,25 dz Harnstoff oder 3,5 dz Kaliammonsalpeter;
2. u. 3. Jahr: 4—5 dz schwefelsaures Ammoniak oder 4—5 dz Natronsalpeter oder 1,75 dz Harnstoff, 4 dz Superphosphat oder Thomasmehl oder Rhenaniaphosphat, 4 dz 40er Kalisalz oder 3,5 dz Chlorkalium.

Kalk wird man auf kalkarmen Böden alle 4—5 Jahre geben, und zwar auf schweren Böden: 50 dz Branntkalk oder 100 dz kohlensauren Kalk oder 125 dz Leunakalk oder 200 dz abgelagerten Scheideschlamm oder Mergel je nach Kalkgehalt, auf leichten Böden dagegen keinen Branntkalk, von den anderen Kalkdüngern die Hälfte wie auf schweren Böden.

Weinbergsdüngung nach K. KROEMER:

1. Jahr: 600—800 dz Stallmist, 3 dz schwefelsaures Ammoniak oder 4 dz Kaliammonsalpeter;
2. u. 3. Jahr: 4—4,5 dz schwefelsaures Ammoniak, 4 dz Chlorkalium, 8 dz Thomasmehl;
Schwefelsaures Ammoniak kann auch durch Natronsalpeter oder Kalkstickstoff ersetzt werden.

Weinbergsdüngung nach R. MEISSNER:

1. Jahr: 400—600 dz Stallmist;
2. Jahr: Keine Düngung, höchstens nach reicher Ernte eine schwache Stickstoffdüngung;
3. Jahr: 3—4 dz schwefelsaures Ammoniak, 3 dz 40er Kalisalz, 6 dz Superphosphat oder dem Nährstoffgehalt entsprechende Mengen anderer Kunstdünger;
4. Jahr: 20—25 dz Branntkalk (für 6—8 Jahre reichend).

Literatur zum Kapitel: Düngung der Weinreben.

BARTH, M. (1), nach P. WAGNER: Arb. dtsch. Landw.-Ges. **1907**, H. 124, 113; (2) nach A. v. BABO u. E. MACH: Handbuch des Weinbaues, 4. Aufl., Halbbd. **2**, 163. Berlin: P. Parey 1924. — BRADEN, H.: Jber. Prov.-Wein- u. Obstbausch. Ahrweiler **1906/07, 1907/08, 1909/12.**

CARSTENSEN: Geisenheimer Mitt. Weinbau u. Kellerw. **24**, 170 (1912).

FUHR, H., nach F. GOLDSCHMIDT: Der Wein von der Rebe bis zum Konsum, 6. Aufl., S. 129. Dtsch. Wein-Ztg Mainz **1925.**

Hirschel (1) nach O. Würzner: Die Düngung der Reben, 3. Aufl., S. 51. Berlin: P. Parey 1928; (2) Ebenda S. 60.

Klemen, R.: Das Weinland 2, 90. 1930. — Kling, M.: Wein u. Rebe **5**, 89 (1923/24). — Kling, M., u. O. Engels: Ebenda **9**, 301 (1927/28); **11**, 409 (1929/30). — Kroemer, K.: Ebenda **3**, 537 (1921/22).

Lagatu, H.: (1) Le progrès agricole et viticole **1922**, Nr 36, nach O. Würzner: Die Düngung der Reben, 3. Aufl., S. 9. Berlin: P. Parey 1928; (2) Ebenda, nach Z. angew. Chem. **42**, 257 (1929). — Lagatu, H., u. L. Maume: C. r. Acad. agricult. France **1927**, 11. April, 11. Mai; **1928**, 13. Juni, nach Z. angew. Chem. **42**, 257 (1929).

Meissner, R.: Katechismus des Weinbaues, S. 140—142. Stuttgart: E. Ulmer 1927. — Müntz, A., nach A. v. Babo u. E. Mach: Handbuch des Weinbaues, 4. Aufl., Halbbd. **2**, 164. Berlin: P. Parey 1924.

Pfeiffer, K., nach O. Würzner: Die Düngung der Reben, 3. Aufl., S. 81. Berlin: P. Parey 1928.

Ravaz, L., nach A. v. Babo u. E. Mach: Handbuch des Weinbaues, 4. Aufl., Halbbd. **2**, 163. Berlin: P. Parey 1924.

Wagner, P.: (1) Forschungen auf dem Gebiete der Weinbergsdüngung; Arb. dtsch. Landw.-Ges. **1907**, H. 124, 1; (2) Ebenda S. 115; (3) Ebenda S. 129; (4) Ebenda S. 75. — Wanner, E. (1), nach O. Würzner: Die Düngung der Reben, 3. Aufl., S. 68. Berlin: P. Parey 1928; (2) Ebenda S. 71, 74. — Windisch, K.: (1) Die Rebendüngungskommission in den Jahren 1892—1901; Arb. dtsch. Landw.-Ges. **1902**, H. 70; (2) Mitt. dtsch. Landw.-Ges. **25**, 278 (1910). — Würzner, O.: (1) Die Düngung der Reben, 3. Aufl., S. 27. Berlin: P. Parey 1928; (2) Ebenda S. 93.

II. Obstanlagen.

Die in den letzten Jahrzehnten zahlreich ausgeführten Düngungsversuche zu Obstbäumen und Obststräuchern haben gezeigt, daß diese Gewächse hohe Ansprüche an den Bodennährstoffvorrat stellen, und daß durch eine sachgemäße,

14,38 kg 25,19 kg

Jahresertrag von einem Baum im Durchschnitt von 21 Jahren

Abb. 246. Düngungsversuch zu Goldparmäne der Obstbauanstalt Oberzwehren.

reichliche Düngung die Erträge nach Menge und Güte ganz erheblich gesteigert werden können unter gleichzeitiger Förderung des Gesundheitszustandes der Gewächse und ihrer Widerstandsfähigkeit gegenüber Krankheiten und Frost. Eine Düngung kann aber nur dann zur vollen Auswirkung kommen, wenn alle übrigen Bedingungen für ein gutes Gedeihen der Pflanzen gegeben sind, wie geeigneter Boden, gründliche Bodenbearbeitung, Regelung der Wasserverhältnisse, richtige Wahl der Obstart nach Boden und Klima, sachgemäße Pflanzung und Pflege, nachdrückliche Schädlingsbekämpfung u. a. mehr.

1. Bedeutung der einzelnen Nährstoffe für das Gedeihen der Obstgewächse.

Der **Stickstoff** fördert in erster Linie die Triebkraft und das Holzwachstum und beeinflußt die Größe der Blätter und Früchte. Einseitige Stickstoffüberdüngung erzeugt lockeres, schwammiges Gewebe und wirkt reifeverzögernd auf Holz und Früchte, wodurch die Frostempfindlichkeit des Holzes, die Neigung zu Spitzendürre, Krebs und Gummifluß erhöht und die Lagerfestigkeit der Früchte herabgesetzt werden. Deshalb sollen zu starkwachsende, schlechttragende Bäume nur geringe Stickstoffmengen, reich, aber kümmerliche Früchte tragende, schwachwüchsige und junge Bäume hingegen mehr Stickstoff erhalten.

Das in großer Menge benötigte **Kali** erhöht die Festigkeit des Holzgewebes und damit die Frostwiderstandsfähigkeit und wirkt günstig auf die Größe der Früchte, ihren Geschmack und ihre Farbe. Kalimangel zeigt sich an unregelmäßig gebildeten, schwarzgrünen und braunfleckigen, gekräuselten Blättern, an frühzeitigem Abstoßen der kleinen Früchte bei normalem Austrieb der Blütenknospen und an der Bildung kleiner Früchte mit gut ausgebildeten Samen.

Die **Phosphorsäure,** deren Bedarf von allen Nährstoffen am geringsten ist, fördert die Blütenholzbildung und den Fruchtansatz, sowie die Ausbildung der Frucht, vor allem der Samen. Durch kräftige Phosphorsäuredüngung können starktriebige Sorten zur Fruchtbarkeit gezwungen werden. Phosphorsäuremangel wirkt reifeverzögernd. Die Früchte haben höheren Säuregehalt und reifen auf dem Lager schlecht nach. Leichtes Abbrechen von Zweigen und ganzen Ästen, besonders bei Aprikosen, ist ebenfalls einem Phosphorsäuremangel zuzuschreiben.

An **Kalk** stellen die Obstarten größere Ansprüche als die anderen Kulturpflanzen. Er begünstigt die Holzfestigkeit und die Qualität der Früchte. Kalkmangel verursacht bei Steinobst das Auftreten von Krebs und Gummifluß.

2. Nährstoffbedarf der Obstarten.

Die Ermittlung der wirtschaftlich-höchstlohnenden Düngermenge durch Düngungsversuche zu Obst ist fast unmöglich, da sich die bei der Weinbergsdüngung besprochenen Schwierigkeiten beim Obst in erheblich verstärktem Maße geltend machen. Sie sind noch vermehrt durch einen wesentlichen Unterschied im Anspruch der verschiedenen Obstarten und -sorten an die einzelnen Nährstoffe, der außerdem weitgehend schwankt mit dem Alter und der Größe der Bäume, mit der Erziehungsart, ob Hochstamm oder Formobst — letzteres stellt weit höhere Anforderungen an den Nährstoffvorrat des Bodens — mit der Art der Unterlage, der Pflanzweite, mit der Art der Unterkulturen, ob die Anlagen in Grasland oder auf bearbeitetem Boden stehen usw. Die bis jetzt vorliegenden Düngungsversuche sind reine Mangelversuche, bei denen die zur Verwendung gekommenen Düngermengen mehr oder weniger empirisch unter Anlehnung an den Bedarf der Ackergewächse gewählt wurden. Infolgedessen gehen die von verschiedenen Seiten als zweckdienlich angegebenen Mengen auch sehr weit auseinander.

Wie bei den Reben gibt daher die Feststellung des Nährstoffentzuges durch die verschiedenen Obstarten ein klareres Bild über deren Nährstoffbedarf. Grundlegend in dieser Hinsicht sind die Untersuchungen von B. STEGLICH (1), der nach umfassenden, langjährigen, sorgfältigen Feststellungen der mittleren Jahreserzeugung an Holz, Laub und Früchten und deren chemischer Zusammensetzung an vielen Hunderten von Bäumen verschiedener Apfel-, Birnen-, Kirschen- und Pflaumensorten in den verschiedenen Boden- und Klimalagen Deutschlands die Art und Menge der dem Boden durch die vier Obstarten entzogenen Pflanzennährstoffe ermittelt hat. Aus den in umfangreichen Tabellen niedergelegten Ergebnissen errechnet er einen jährlichen mittleren Nährstoffbedarf von

10 g Stickstoff, 15—20 g Kali, 5 g Phosphorsäure und 40 g Kalk

auf 1 m² Standortsfläche für mittlere Stammumfänge von 25—50 cm.

F .REBHOLZ gibt als jährlichen Bedarf auf 1 m² Bodenfläche, die von Wurzeln durchzogen wird,

15 g Stickstoff, 30 g Kali, 5 g Phosphorsäure und 40 g Kalk

an.

Aus diesen und anderen Untersuchungen und Versuchen geht weiter hervor, daß Steinobst und hier wieder vor allem die großfrüchtigen Edelsorten größere Ansprüche an Kali, Phosphorsäure und Kalk stellen, als das Kernobst, daß die Apfelsorten anspruchsvoller sind, als die auf Wildling veredelten Birnen, während auf Quitte veredelte Birnen in ihrem Nährstoffbedarf dem Apfel gleichkommen, und daß sich der Nährstoffbedarf veredelter Bäume in erster Linie nach der Unterlage richtet. Von Beerenobst stellen besonders die Himbeeren und Stachelbeeren einen großen Anspruch an Nährstoffe, während die Johannisbeeren weniger anspruchsvoll sind.

Nach alledem lassen sich für die Düngung der Obstanlagen allgemein gültige Regeln noch weniger aufstellen, als für die Reben. Die erforderliche Nährstoffmenge ist verschieden abzustufen, je nachdem es sich um junge, wüchsige Bäume, die erst kräftiges Holz zu bilden haben, oder um Bäume, die im Ertrag stehen, oder um Kern-, Stein- oder Beerenobst handelt.

3. Die einzelnen Düngemittel und Ausführung der Düngung.

Die Grundlage der Obstdüngung ist wie bei der Rebendüngung der *Stallmist* in einer Menge von etwa 500 dz je Hektar alle 3 Jahre. Bei geschlossenen Beständen verteilt man ihn während der Vegetationsruhe gleichmäßig auf die ganze Fläche, bei einzelstehenden Bäumen gibt man auf 1 m² der im Umfang der Baumkrone gezogenen Baumscheibe 5 kg und bringt ihn flach unter. Der Stallmist kann auch ganz oder teilweise durch guten Kompost oder durch Gründüngung ersetzt werden. Als Gründungungspflanze eignet sich besonders die Buschbohne als Unterkultur.

Jauche und *Latrine* können für sich allein nicht zur Deckung des gesamten Stickstoffbedarfs verwendet werden, weil durch die dazu nötigen großen Mengen infolge des Chlorgehaltes Schädigungen der Kulturen eintreten würden, und weil zuviel Jauche das Auftreten der Krebskrankheit fördert. Doch eignen sich diese schnellwirkenden Dünger als Zusatzdüngung in Mengen von etwa 1—1¹/₂ l je Quadratmeter zur Förderung des Wachstums jüngerer Bäume in der Zeit von Anfang Mai bis spätestens Ende Juli. Da es der Jauche an Phosphorsäure und der Latrine an Kali fehlt, gibt man nach B. STEGLICH (2) zu je 1 l Jauche 4 g Superphosphat, zu je 1 l Latrine 20 g Kainit und zu beiden je 10 g Kalk. Am besten verwendet man aber beide Stoffe zur Kompostbereitung und fördert die Wuchsfreudigkeit durch salpeterstickstoffhaltige Kunstdüngergaben im Frühsommer.

Stallmist allein zur Deckung des gesamten Nährstoffbedarfes der Obstanlagen zu verwenden, ist bei den hohen Stallmistpreisen unwirtschaftlich. Man ergänzt die oben angegebene Stallmistmenge noch durch die entsprechenden Mengen *Kunstdünger*. Als Richtschnur für die ungefähr nötigen Mengen an diesen mögen die von verschiedenen Seiten vorgeschlagenen Mengen dienen. Alle Angaben beziehen sich auf 1 m² Standortsfläche.

Ph. Hoffmann: Für Bäume mit etwa 30 cm Stammumfang 17,5 g Natronsalpeter, 8,5 g 40er Kalisalz, 15 g Superphosphat (18%) jährlich; 85 g kohlensauren Kalk alle 3 Jahre.

K. Huber: Für Steinobst 20 g, für Kernobst 30 g schwefelsaures Ammoniak, für beide 40 g 40er Kalisalz und 40 g Superphosphat.

E. Lierke: 25—40 g Natronsalpeter oder 20—30 g schwefelsaures Ammoniak, 25—40 g 40er Kalisalz oder auf leichtem Sandboden 80—120 g Kainit, 35—45 g Superphosphat oder 36—54 g Thomasmehl oder 32—48 g Knochenmehl jährlich. Bei guten Böden und regelmäßiger Stallmistdüngung die geringere, bei armen Böden und fehlender Stallmistdüngung die höhere Gabe.

J. Müller: 20—40 g schwefelsaures Ammoniak oder 30—50 g Natronsalpeter, 50 g 40er Kalisalz, 30 g Superphosphat oder 40—60 g Thomasmehl jährlich; 200—400 g Kalk alle 4 Jahre.

F. Rebholz: 15 g Stickstoff entsprechend etwa 100 g Natronsalpeter oder 75 g schwefelsaures Ammoniak, 30 g Kali entsprechend etwa 75 g 40er Kalisalz, 5 g Phosphorsäure entsprechend etwa 30 g Superphosphat, 40 g Kalk entsprechend 40 g Branntkalk oder 80 g kohlensaurem Kalk jährlich.

J. Rothmund: 30—60 g schwefelsaures Ammoniak, 40—60 g 40er Kalisalz, 100—150 g Thomasmehl jährlich; 100—300 g Branntkalk alle 2—3 Jahre.

B. Steglich (1): 10 g Stickstoff entsprechend 65 g Natronsalpeter oder 50 g schwefelsaures Ammoniak, 15—20 g Kali entsprechend 40—50 g 40er Kalisalz, 5 g Phosphorsäure entsprechend 30 g Superphosphat, 40 g Kalk jährlich.

P. Wagner (1): 20 g schwefelsaures Ammoniak, 20 g 40er Kalisalz, 40 g Superphosphat, dazu Mitte Mai und Ende Juni je 30 g Natronsalpeter jährlich.

F. Geber: Für Baumschulen 10—15 g Harnstoff, 25—35 g 40er Kalisalz, 40 g Superphosphat bzw. Thomasmehl oder 30—45 g Nitrophoska II.

Für geschlossene Obstbaumanlagen und Beerenobstpflanzungen 20—30 g Harnstoff, 25—30 g 40er Kalisalz, 40 g Superphosphat bzw. Thomasmehl oder 60—90 g Nitrophoska II.

Für einzelne junge Hochstämme oder Zwergbäume je Baum 150—250 g Harnstoff, 200—400 g 40er Kalisalz, 200—500 g Superphosphat bzw. Thomasmehl, oder 450—760 g Nitrophoska II.

Für ältere Hochstämme je Baum 350—500 g Harnstoff, 350—600 g 40er Kalisalz, 400—700 g Superphosphat bzw. Thomasmehl, oder 1100—1500 g Nitrophoska II.

Für einzelne Johannisbeer- und Stachelbeersträucher 90—120 g, für einzelne Johannisbeer- und Stachelbeerstämmchen 45—60 g Nitrophoska II.

Für Heckenpflanzungen von Himbeeren, Stachelbeeren usw. 60—90 g Nitrophoska II je laufenden Meter.

Bei einzelnen Sträuchern ist die Verwendung von Einzeldüngern, weil umständlicher, weniger empfehlenswert. Statt Harnstoff kann natürlich auch die seinem Sickstoffgehalt entsprechende Menge eines anderen stickstoffhaltigen Düngemittels verwendet werden.

Bei Anpflanzung von Gemüse- oder anderen Unterkulturen sind außerdem die für diese nötigen Nährstoffmengen zu geben.

Für junge Bäume gibt Fleischer je Baum 75 g Natronsalpeter, 250 g Kainit, 225 g Thomasmehl; P. Wagner (1) hingegen 75 g Natronsalpeter, 100 g Kainit, 100 g Thomasmehl.

Für frisch zu pflanzende Obstbäume empfiehlt P. Wagner (2), das Erdreich der Pflanzgruben mit 500 g Thomasmehl auf 1 m^3 und mit gut verrottetem Stallmist zu vermischen.

Bei der Auswahl der Düngersorte hat man auf die Bodenbeschaffenheit Rücksicht zu nehmen. Von den stickstoffhaltigen Düngemitteln sind für die Obstdüngung besonders jene wertvoll, die neben Ammoniakstickstoff auch Salpeterstickstoff enthalten (Leunasalpeter, Kalkammonsalpeter, Nitrophoska, von letzterem die Marke II), für einzelne Bäume oder Sträucher in kleineren Gärten Harnstoff oder Harnstoff-Kali-Phosphor I. G. oder Nitrophoska II, Kalkstickstoff nur für lehmige Sand- oder sandige Lehmböden in guter Kultur bei geschlossenen Pflanzungen. Als Kalidünger kommt meistens 40er Kalisalz in Frage, nur auf leichten Sandböden auch Kainit; für das verhältnismäßig chlorempfindliche Beerenobst besser schwefelsaures Kali. Von den phosphorsäurehaltigen Düngemitteln nimmt man Superphosphat für schwere, Thomasmehl und Rhenaniaphosphat für leichtere Böden und als Vorratsdüngung bei Neupflanzungen. Leichtere Böden kalkt man alle 3—4 Jahre mit kohlensaurem Kalk, Leunakalk, Scheideschlamm oder Mergel, schwere Böden alle 5—6 Jahre mit Branntkalk.

Der *Zeitpunkt* der Ausführung der Obstdüngung richtet sich nach der Art der verwendeten Düngemittel. Es gilt hier das bei der Rebendüngung (S. 760—763) Gesagte. Im allgemeinen sollte im Laufe der Vegetationszeit nach Ende Juni, spätestens Ende Juli wegen Verzögerung der Reife nicht mehr gedüngt werden.

In größeren geschlossenen Obstanlagen verteilt man die Dünger gleichmäßig auf die ganze Bodenfläche und bringt die organischen Dünger flach, die Kunstdünger tief unter. Stehen die Bäume in Grasland, so hält man die Baumscheiben, die etwas größeren Durchmesser haben sollen als die Baumkrone, grasfrei, was wegen der Bodendurchlüftung und Wasserhaltung unbedingt erforderlich ist. Den Dünger verteilt man so, daß mehr in die Kronentraufe, wo sich infolge der günstigeren Wasserverhältnisse die meisten Saugwurzeln befinden, als in die Nähe des Stammes gelangt. Oder man gibt ihn in zwei bis drei flache, um den Baum in der Nähe der Kronentraufe gezogene Gräben. In gleicher Weise düngt man einzelstehende Bäume. Die nötige Düngermenge berechnet man nach obigen Richtlinien auf die Fläche der Baumscheibe oder je Baum nach dessen Alter und Größe. Bei einzelnen Sträuchern streut man den Dünger kranzförmig in einiger Entfernung vom Wurzelhals aus.

Im allgemeinen verwendet man die Handelsdünger wie im Ackerbau in fester Form. Die zweite und dritte Stickstoffgabe mit den löslichen Stickstoffdüngern im Frühjahr oder Frühsommer kann man mit Vorteil, besonders bei einzelstehenden Bäumen und Sträuchern, auch in gelöster Form zuführen, wobei eine Konzentration von 5 g auf 1 l Wasser zweckentsprechend ist. Die Lösung verteilt man ähnlich wie die festen Dünger in zwei bis drei flache, um den Baum in der Nähe der Kronentraufe gezogene Gräben oder bei Sträuchern in einiger Entfernung vom Wurzelhals.

Literatur.

Fleischer, nach A. Janson: Der Großobstbau, 3. Aufl., S. 353. Berlin: P. Parey 1924.

Geber, Fr.: Die Düngung der Obstbäume und Sträucher, Sonderdruck, 3. Aufl.

Hoffmann, Ph.: Obstbaumdüngung, S. 35. Stuttgart: E. Ulmer 1911. — Huber, K.: Obstbaumdüngungsversuche, S. 11. Jber. Obstbauanst. Oberzwehren Landw.kammer Kassel **1902/07**.

Lierke, E.: Neuere Erfahrungen auf dem Gebiete der Obstbaumdüngung, Sonderdruck, S. 7. 1903.

Müller, J., nach R. Goethe: Obstbau; Anltg dtsch. Landw.-Ges. **1910**, Nr 40, 100.

Rebholz, F.: Anleitung zum Obstbau, 24. Aufl., S. 183. Wiesbaden: R. Bechtold 1929.

Rothmund, J.: Mehr Erfolg im Obstbau, 4. Aufl., S. 144. München: H. Hugendubel 1924.

Steglich, B.: (1) Statik des Obstbaues; Arb. dtsch. Landw.-Ges. **1907**, H. 132, 82b; (2) nach R. Goethe: Obstbau; Anltg dtsch. Landw.-Ges. **1910**, Nr 40, 101.

Wagner, P. (1), nach A. Janson: Der Großobstbau, 3. Aufl., S. 353. Berlin: P. Parey 1924; (2) nach H. Gaerdt-M. Löbner: Gärtnerische Düngerlehre, 4. Aufl., S. 113. Frankfurt a. O.: Trowitzsch & Sohn 1911.

8. Die Düngung des Hopfens.

Von

Dr.-Ing. ERNST GUSTAV DOERELL

Lehrkanzel für Landwirtschaft und Pedologie der Deutschen technischen Hochschule, Prag.

Mit 6 Abbildungen.

Die richtige Düngung des Hopfens ist ein sehr wichtiges, leider in der Literatur über Düngung ziemlich knapp behandeltes Kapitel landwirtschaftlicher Pflanzenproduktion. Hauptforderung jeder Produktion ist die Herstellung von Qualitätsware. Ganz besonders gilt dies von Handelspflanzen wie den Hopfen. Ertragssteigerung einer bestehenden Hopfenanlage ist bei Sicherung oder Förderung der Qualität nur möglich durch eine *richtige* und *zeitgerechte Ernährung*, d. h. *Düngung* der Hopfenpflanze (C. BECKENHAUPT).

1. Historisches von der Hopfendüngung. Die ältesten historischen Nachrichten über Hopfen zeigen bereits deutlich die Bedeutung, die man der Düngung im Hopfenbau beimaß. Ursprünglich war der Hopfenbau wegen der nötigen Arbeitskräfte und Beschaffung der entsprechenden Düngermengen in der Nähe von Klöstern und Städten heimisch (B. MOLITOR, F. KUNZE).

Lupulus, d. h. Wölfchen, nannte man den Hopfen wegen seines großen Nährstoffbedarfes (F. K. BREITENBACH). Alle alte Literatur betont das starke Nährstoffbedürfnis, aber auch die Abhängigkeit der Qualität des Hopfens von Boden- und Klimaverhältnissen.

Die Ansichten über die Hopfendüngung haben mit der Zeit manche Änderungen erfahren. Zeitweilig war man der Meinung, Hopfen könne gar nicht überdüngt werden. — Dann kam eine Zeit, wo man sehr viel von „Überdüngtsein der Hopfengärten" sprach, was geradezu zu einer Angst vor der Stickstoffdüngung zu Hopfen führte. FRUWIRTH schreibt hierzu. Die Versuche von DYER, P. WAGNER, TH. REMY, E. G. DOERELL u. a. haben die Scheu vor reicherer Stickstoffdüngung auf das richtige Maß zurückgeführt. Noch 1899 schreibt E. GROSS, die Anwendung der künstlichen Düngemittel zu Hopfen hat bisher noch keine große Verbreitung gefunden.

Selbst die vorzüglichen Arbeiten von TH. REMY und O. ENGLISCH beschäftigen sich vorwiegend mit der Düngewirkung von Stallmist und Kompost zu Hopfen. Erst durch die beispielgebenden Arbeiten von F. WAGNER (Weihenstephan) wird die Verwendung der Kunstdünger im Hopfenbau allgemeiner.

2. Bodenansprüche des Hopfens. Hopfen wird auf den verschiedensten Bodenarten gebaut. Dieser Umstand muß bei Beurteilung und Nachahmung von Düngungsversuchen mehr beachtet werden. Tiefgründigkeit, genügender Kalkgehalt und Humusvorrat des Bodens sind Voraussetzungen für das Gelingen der Hopfenpflanzung. Sehr günstige Hopfenböden sind milde Lehmböden, Mergelböden, Lößböden, Lehme und mäßig schwere Tonböden in geschützter und sonniger Lage. Sandböden sind bei genügender Feuchtigkeit gut brauchbar. Moorböden liefern im allgemeinen keinen Qualitätshopfen. Die wertvollsten Hopfenanlagen findet man in Gebieten mit angeschwemmten Böden, in der Nähe kleiner Flüsse, wie der Eger, Goldbach (Saaz), Isar, Rezat u. a. Hopfen liebt hügeliges Gelände.

Saaz baut seine besten Hopfen auf den angeschwemmten Schichten des Aluviums, der Kreideformation und des Rotliegenden, vorwiegend auf Lehmböden und leichteren Tonböden.

Auscha hat Aluvialböden, Basaltböden und solche der Kreideformation. *Dauba* — Lehmböden mit kalkhaltigem Untergrund; *Spalt* — größtenteils Lehm-

böden mit höherem Sandgehalt (vgl. F. MERKENSCHLAGER); *Hallertau* viel Mergelböden; *Tettnang* — Lehmmergel; *Rottenburg* — bündigen, kalkhaltigen Lehm; *Preußen* (Altmark) — Torf- und Moorsandböden; *Posen* und belgische *Campine* bauen Hopfen auch auf leichteren Böden (E. GROSS).

3. Die Hopfenwurzeln. Das Wurzelsystem der Hopfenpflanze ist ein sehr ausgebreitetes. Es reicht bei jungen Pflanzen bis auf $1^1/_2$ m, bei älteren auf 4—6 m Tiefe. Zwischen Nahrungszufuhr und Ausbildung der oberirdischen und unterirdischen Organe der Hopfenpflanze bestehen innige Beziehungen. Je besser und richtiger die Ernährung, um so günstiger ist die Produktion an Reben, Blättern und Dolden. Von der Leistung der Blätter ist wiederum die Entwicklung der Wurzeln abhängig.

Tatsächlich zeigt sich auch die Ernährung deutlich in der Wurzelausbildung (F. WAGNER 1, 2).

Interessante Versuche hierüber stellte F. WAGNER (Weihenstephan) an. Bei Volldüngung waren die Haft- und Faserwurzeln bedeutend besser ausgebildet und im Boden verbreitet, als bei den Pflanzen, die keine Kalidüngung erhalten hatten. Die Wurzeln der Volldüngungspflanzen gingen bis auf 192 cm, jene der Pflanzen, die keine Kalidüngung erhalten hatten bis auf 150 cm. Auch im zweiten Jahre zeigten sich ähnliche Unterschiede an den Wurzeln. So übertrafen z. B. die bekannten rübenförmigen Wurzelverdickungen der mit Kali gedüngten Pflanzen die ungedüngten um das $1^1/_2$fache. — Damit steigert sich aber auch die aufgespeicherte Reservenahrung für die kommende Vegetationsperiode.

Mit der Pflücke bzw. dem Laubabfall findet die Vegetationsperiode der Hopfenpflanze ihren scheinbaren Abschluß. Im Wurzelstock herrscht aber zu dieser Zeit noch sehr lebhafte Tätigkeit. Es werden die Nährstoffe der oberirdischen Organe mit dem Nährstoffstrom als Regenerationsmaterial in den Wurzelverdickungen für das nächste Jahr festgelegt.

Die Hopfenwurzel ist empfindlich gegen stauende Nässe und Verletzungen.

Vergegenwärtigen wir uns die Bodenmenge, mit der die Wurzeln einer Hopfenpflanzung von 1 ha in Berührung kommen, so ergibt das schon bei einer Tiefe von 2 m über 20 Mill. kg Boden.

Wir bringen also unsere Düngung auf eine ganz gewaltige Bodenmasse. Die Forderung, daß die Düngemittel in feinverteilter und löslicher Form zugeführt werden sollen, ist demnach ohne weiteres einleuchtend.

4. Der Nährstoffbedarf der Hopfenpflanze. Der Hopfen stellt als mehrjährige Kulturpflanze an das Vorhandensein leichtaufnehmbarer Pflanzennährstoffe große Ansprüche. Besonders in der Jugend ist eine an Stickstoff, Kali und Phosphorsäure reiche Nährstoffzufuhr unbedingt nötig.

Die Kalk- und Magnesiaaufnahme ist anfangs gering.

Kaum eine andere unserer Kulturpflanzen entwickelt sich so rasch wie der Hopfen. Zur Zeit der stärksten Entwicklung wächst der Hopfen bis zu 40 cm in 24 Stunden.

Die Hauptmenge der Nährstoffe gelangt in einer kurzen Zeitspanne von ungefähr zwei Monaten zur Aufnahme. Schon dadurch ist die Notwendigkeit des Vorhandenseins leicht aufnehmbarer Nahrung bedingt.

Hopfenland braucht, um ertragreich zu bleiben, eine bedeutend stärkere Düngung als z. B. Getreideland.

Nach E. GROSS entzieht eine mittlere Hektarernte von

	Weizen (1700 kg Körner, 4000 kg Stroh) kg	Hopfen (662 kg Zapfen, 7059 kg Stengel und Blätter) kg	Nach NOSTITZ: Hopfen (1000 kg Dolden, 3000 kg Blätter) kg
Stickstoff	53,71	193,20	90
Kali	39,70	141,57	90
Phosphorsäure	26,06	58,40	30
Kalk	13,44	303,67	130
Asche	248,12	780,77	—

Werden die Reben bei der Ernte nicht abgeschnitten, so sind die Entzugszahlen infolge der Rückwanderungsmöglichkeiten um $^1/_5$—$^1/_4$ niedriger. Bei gesunden Stöcken kann angenommen werden, daß ca. 22—25% des Stickstoff- und Phosphorsäure- und bis zu 35% des jährlichen Kalibedarfes aus Blättern und Reben zur Wurzel zurückwandern. Die genaue Höhe läßt sich wohl schwer feststellen. Sie ist nach Ausbildung des Wurzelstockes sowie nach evtl. Beschädigungen des oberirdischen Teiles sehr verschieden.

Aber auch durch den Frühjahrsschnitt wird der Nährstoffbedarf der Hopfenpflanze beeinflußt. Mit diesem Schnitt verliert der Stock ungefähr 660—700 g an Masse, die 6—7 g Stickstoff, 3,5—4 g Kali und 1,5 g Phosphorsäure enthält (HORECKY). Diese Stoffe müssen durch entsprechende Düngung ersetzt werden.

Abb. 247. Ungedüngt. Original (Verkl. 7/10).

Deshalb ist auch eine Teildüngung vor Erwachen der Vegetation, evtl. schon eine Herbst- oder Winterdüngung mit Kalkstickstoff, Kalisalzen und Superphosphat oder aber Stallmistdüngung angezeigt.

Später Hopfenschnitt wird vielfach als vorbeugendes Mittel gegen Frühjahrsfröste gebraucht. Das bedingt aber eine größere Schwächung des Stockes durch die bei diesem Schnitt verursachte Entfernung von mehr Bildungsmaterial. — Die Entwicklung der Pflanze wird hinausgeschoben. — Gegen diese Erscheinungen ist bessere Düngung, vornehmlich Phosphorsäuredüngung, deren reifebeschleunigende Wirkung bekannt ist, das beste Mittel.

Eine Hopfenpflanze mit einem Standraume von 2 m² Fläche braucht zum Ersatz an reinen Nährstoffen mindestens:

	Stickstoff g	Kali g	Phosphorsäure g	Kalk g
Nach C. FRUWIRTH .	16—18	20	6—8	30—40
Nach J. HANNAMANN	28	23	10	40

Nach den Studien von TH. REMY u. a. werden Stickstoff, Kali und Phosphorsäure am stärksten zur Zeit des Anfluges und der Zapfenentwicklung aufgenommen,

nach der Pflückreife nicht mehr. Kalk- und Magnesiaaufnahme findet auch nach dieser Zeit noch statt.

Die obenerwähnten Nährstoffbedarfzahlen werden natürlich je nach Ansprüchen und Leistungen der verschiedenen Hopfensorten Änderungen erfahren müssen. Sorten, die pro Stock jährlich durchschnittlich 80 g Hopfen liefern, müssen natürlich anders gedüngt werden als solche, die wie manche Landsorten 500 g je Stock erzeugen. Bei gleicher Düngung würde die erste entschieden überdüngt werden.

Neben der Düngung müssen aber auch alle anderen Faktoren, welche die Ertragshöhe beeinflussen können, beachtet werden.

Nur im Rahmen der Sortenleistungsfähigkeit muß der Höchstertrag erstrebt werden.

5. Das Wasser. Gegen das Übermaß an Feuchtigkeit ist der Hopfen empfindlich. In nassen Böden sinkt der Ertrag sowohl der Menge als der Güte nach ganz gewaltig. In solchen Lagen wird der Hopfen oft von Schimmel, Rußtau und Mehltau befallen, ganz besonders leidet das „Aroma" des Hopfens. Trockene Gegenden geben zwar quantitativ geringere, dafür aber gehaltreichere Ernten.

Für den Zeitpunkt der Düngung und die Wahl der Düngemittel ist aber der vorherrschende Wassergehalt von Wichtigkeit. Es kann z. B. vorkommen, daß durch zu starke Salpeterdüngung die Hopfenpflanzen so stark getrieben werden, daß anfänglich zu viel Wasser verbraucht wird und die Pflanzen später an Wassermangel leiden. Viel Wasser im Mai und Juni treibt die Pflanzen in die Höhe. Zu viel Wasser im Juli und August hat mehr Blattwuchs und geringeren Blütenansatz zur Folge. Bereits gebildete Zapfen „verlauben", Gelte, Mutterhäuptelbildung, Durchwuchs usw. können aus diesem Grunde auftreten (S. 783).

Andererseits fördert angemessene Düngung sehr die Ökonomie des Wasserverbrauches. Gutgedüngte, insbesondere richtig und zeitgerecht bereits im Herbst mit Stickstoff gedüngte Pflanzen verbrauchen zur Erzeugung eines Kilogramms Trockensubstanz weniger Wasser, als schlecht und unzweckmäßig ernährte.

Gegen Wassermangel läßt sich bis zu einem gewissen Grade durch Lockerung der Oberfläche, Vermeidung von Zwischenkulturen, Belegen des Bodens mit Stroh und Stallmist und schließlich durch künstliche Bewässerung ankämpfen. Erfolg hat man aber hiermit nur, wenn man mit dem Wässern rechtzeitig beginnt. Auch darf man nicht zu stark wässern und dann plötzlich mit der Wasserzufuhr aufhören.

I. Die Düngemittel und ihre Anwendung zu Hopfen.

1. Stallmist als Grundlage der Düngung. Wie überall in der Landwirtschaft, so soll auch im Hopfenbau der Stallmist die Grundlage der Düngung sein. Betont muß aber werden, daß wir mit Stallmist allein auf die Dauer weder der Menge noch der Güte nach die höchstmöglichen Ernten erzielen können. Dazu ist auch der beste Stallmist kein Volldünger im wahren Sinne des Nährstoffersatzes. Einseitige starke Stallmistgaben führen zu üppiger Laubbildung und ungenügendem Doldenansatz, aber auch zu dem mit Recht gefürchteten Überdüngen oder richtiger gesagt „Verdüngen" der Hopfengärten. In der Regel kann man diesem Übelstand durch entsprechende Beidüngung von Kali und Phosphorsäure abhelfen. Die besten Resultate werden immer aus einer geeigneten Verbindung von Stallmistdüngung mit Kunstdünger hervorgehen. Rindviehmist sieht man heute als den für Hopfen am besten geeigneten Mist an. Pferde- und Schafmist haben zu rasche Stickstoffwirkung.

Von Interesse sind die Ansichten der „alten Praktiker" über den Wert der Stallmistarten. Übereinstimmend wird in der alten Literatur die hervorragende

Wirkung des „*Ziegenmistes*" hervorgehoben. Ähnlich wie dies im Tabakbau der Fall ist.

Der Vergleich der Durchschnittsanalysen von Rinder- und Ziegenmist gibt dafür auch die Erklärung.

Es enthalten:

	Rindviehmist %	Ziegenmist %	Schweinemist %
Wasser	750,0	699,0	724,0
Organische Masse	200,0	305,0	250,0
Stickstoff	4,5	4,0	4,5
Phosphorsäure	2,5	**4,8**	1,9
Kali	5,5	**11,2**	5,5
Kalk	4,5	7,3	0,5
Das entspricht einem Nährstoffverhältnis von:			
$N : P_2O_5 : K_2O$	1 : 0,5 : 1,2	1 : 1,2 : 2,8	1 : 0,4 : 1,2

Ziegenmist hat ein auffallend günstiges Phosphorsäure- und Kaliverhältnis.

Stallmist wird am vorteilhaftesten im Herbst über die ganze Fläche gebreitet und untergepflügt. Besonders ist dies in trockenen Lagen zu beachten.

Die Frühjahrsdüngung mit Stallmist wird meistens als Stock- oder Zeilendüngung gegeben. Bei der Stockdüngung wird der Dünger beiläufig im Umkreise von 1 m um den Stock gebreitet. Die verwendeten Stallmistmengen sind sehr verschieden. Im Saazer Land gibt man ungefähr 6—8 kg Stallmist je Stock; Auscha bis 11 kg, Dauba 4—5 kg, andere Hopfenlagen 4—7 kg. Bei der Stallmistdüngung soll jedenfalls eine gewisse, örtlich einwandfrei erprobte Menge nicht überschritten werden. Allgemein rechnet man alle 2—3 Jahre für zwei Schock Hopfen = 120 Stöcke eine Fuhre Stallmist. Schließlich darf man nicht vergessen, daß Stallmist Geld kostet, besonders wenn er tatsächlich gekauft werden muß, wie das in Hopfenbaugebieten sehr häufig der Fall ist.

2. Die Jauche. Als Grunddünger sollte Jauche zu Hopfen nicht verwendet werden. Die Stickstoffwirkung tritt zu stark in den Vordergrund. Jauche ist bekanntlich ein sehr phosphorsäurearmer Dünger, ein Umstand, der besonders bei Hopfen ins Gewicht fällt.

10 l Jauche enthalten ungefähr 22 g Stickstoff, 46 g Kali, 1 g Phosphorsäure und 20 g Kalk. — Der Kaligehalt würde für 2 Pflanzen genügen, der Stickstoffgehalt von 10 l nur für $1^1/_2$ Pflanzen. Die Phosphorsäure endlich ist gänzlich unzureichend. Zwei Hopfenstöcke müssen bei Jauchedüngung mindestens 15—20 g Phosphorsäurezudüngung erhalten. Diese Phosphorsäuregabe ist entweder durch vorherige Düngung mit Thomasmehl, Superphosphat oder Rhenaniaphosphat zu verabfolgen, oder aber durch Zusatz von 120—150 g Superphosphat zu 10 l Jauche, das ist $1^1/_4$—$1^1/_2$ kg Superphosphat je Hektoliter.

Flüssige Dünger können jederzeit angewendet werden. Vorzüglich wirksam sind sie knapp vor der Blüte. Auch wenn der Hopfen durch Dürre, Wind, Hagelschlag oder Nachfröste gelitten hat, oder wegen Mehltaubefalls abgeblattet werden mußte, ist ein „Düngerguß" mit verdünnter Jauche (4—5 l je Stock) sehr wertvoll.

3. Latrine. Als Grunddünger kommen auch Latrine und städtische Fäkalien nicht in Betracht. Latrine enthält im Durchschnitt in 10 l 36 g Stickstoff, 15 g Kali und 16 g Phosphorsäure.

Werden 10 l für zwei Hopfenstöcke zur vollen Stickstoffwirkung verwendet, so fehlen noch 25 g Kali zur vollen Kaliwirkung (= 65 g 40er Kalisalz) für zwei Stöcke bzw. 10 l Latrine. Auch die Phosphorsäuregabe erfordert Zudüngung. Je Stock wären in solchen Fällen im Herbst oder Winter 20 g Kalk je Stock zu geben.

Am besten ist es, die Latrine zu kompostieren. — Auch Gemische von Latrine und Jauche, die sich im Nährstoffgehalt einigermaßen ergänzen, werden manchmal verwendet.

4. Komposte. Komposte werden zeitweilig als Stallmistersatz angewendet. Man gibt 15—20 kg je Stock beim Aufdecken oder beim Schnitt des Hopfens.

Hopfenlaub und Reben, die möglicherweise Krankheitskeime in sich tragen könnten, sind besser zu verbrennen. Wichtig ist es, die Asche solcher Feuer im Hopfengarten wenigstens einigermaßen gleichmäßig zu verteilen.

Wollstaub, Abfälle, Hornspäne u. dgl. gehören auf den Kompost. Für die Hornspäne (10 % Stickstoff und 5 % Phosphorsäure, beide in schwerlöslichen Formen vorhanden) wird meistens ein zu hoher Preis gezahlt. Zusatz von Kunstdünger zum Kompost erhöht dessen Düngewert ganz bedeutend.

II. Die Wirkung der Hauptnährstoffe und ihre Zufuhr durch die Düngung.

1. Kalk und Magnesia. Hopfen braucht rund zehnmal so viel Kalk als Getreide, das sind 160—300 kg Kalk je Jahr und Hektar. Für den Aufbau der Reben und Blätter ist Kalk wichtig. Auf die Hopfenqualität wirkt Kalk günstig, großer Kalküberfluß macht aber die Dolde grobgriffig. Kalkmangel zeigt sich häufig wie Kalimangel durch ein vorzeitiges Vergilben und Fleckigwerden der Blätter. Hopfen hat ein ziemlich großes Magnesiabedürfnis, rund 50 kg je Hektar und Jahr, daher sind gebrannte, gemahlene Graukalke, dolomitische Kalke, im Hopfenbau gut verwendbar.

Zur Kalkung verwendet man für leichtere Böden *Mergel*. Die Höhe der Gabe richtet sich nach dem Kalkgehalt des Mergels. *Scheideschlamm*, wenn er frachtlich günstig liegt, da er sonst zu teuer ist, wird in Gaben von 100—200 dz für leichtere und mittlere Böden verwendet. *Branntkalk* oder *gemahlener, gebrannter Kalk* ist wie überall zweckmäßiger in kleineren Gaben, aber öfter anzuwenden.

Alle 3—4 Jahre sind 10—15—20 dz Branntkalk je Hektar zu geben. Für schwere Böden 30 dz und darüber. Gaben über 60 dz je Hektar sind schon als örtlich nötige Meliorationsmaßnahmen zu beurteilen.

Graukalke wirken zwar etwas langsamer als *Weißkalke*, dafür aber nachhaltiger, weshalb sie seit langem im Wein- und Hopfenbau empfohlen werden.

Die Voraussetzungen einer guten Kalkwirkung sind allgemein bekannt und werden an anderer Stelle in diesem Werke behandelt.

2. Der Stickstoff. Hopfen ist, wie schon aus seiner schnellen Entwicklung hervorgeht, sehr stickstoffbedürftig.

Stickstoffmangel zeigt sich durch langsameres, schwaches Wachstum, Gelbwerden der Blätter, Frühreife der Dolden, vor allem aber durch das Sinken der Erträge (Abb. 247). Ebensowenig wie ein Qualitätshopfen sich bei Stickstoffmangel erzeugen läßt, kann es durch übermäßige, alleinige Stickstoffdüngung geschehen.

Stickstoffüberfluß erzeugt brauschigen, durchwachsenen, flattrigen Hopfen. Die Dolden werden grob. Besonders das Aroma, eines der wichtigsten Wertmerkmale, leidet durch einseitige Stickstoffernährung. Gerade bei der Stickstoffernährung kommt es auf eine richtige Bemessung der Düngung an.

Die Höhe der Düngung ist allgemein zu bemessen: 1. nach der Hopfensorte und ihrem Durchschnittsertrag, 2. nach der Höhe der letzten Ernte, 3. nach dem Wachstum des Hopfens (kräftig, schwach, verspätet), 4. nach den Krankheiten, Witterungsverlauf usw. Nachwirkungen der Stickstoffdüngung sind im allgemeinen nicht zu erwarten.

Über 20—25 g Reinstickstoff je Stock sollte man bei mittelertragreichen Sorten nicht hinausgehen (Th. Remy, C. Fruwirth, E. G. Doerell u. a.). Gaben von 28 g Stickstoff wirkten z. B. bei Saazer Hopfen bereits ungünstig. — Scheu vor einer genügenden Stickstoffdüngung ist aber unangebracht, sofern sie nur dem Nährstoffgehalt des Bodens angepaßt ist, d. h. daß den Pflanzen auch sonst genügend Kali und Phosphorsäure zur Verfügung steht.

Die beobachtete verschiedene Wirkung gleichgroßer Stickstoffgaben zu gleichen Sorten und Bodenverhältnissen ist meistens durch die verschiedenen Wasserverhältnisse bedingt.

In Gegenden mit geringeren Niederschlagsmengen ist deshalb eine möglichst frühzeitige Grunddüngung mit Stickstoff mehr zu beachten. Dafür kommt als Herbstdünger in erster Linie Kalkstickstoff in Betracht.

Abb. 248. Kalksalpeterdüngung (Volldüngung). Original (Verkl. 7/10).

a) Einfluß der Stickstoffdünger. Nach meinen mehrjährigen Düngungsversuchen mit nachfolgender handelsmäßiger, brautechnischer und chemischer Beurteilung der Dolden, scheint den einzelnen Stickstoffdüngern ein ganz spezifischer Einfluß auf die Doldenform, vor allem aber auf die *Farbe* und Glanz der Dolden zuzukommen..

Schwefelsaures Ammoniak erzeugt schöne Dolden mit einem warmen, bräunlichen Ton in der grünen Dolde. *Kalksalpeter* liefert auffallend helle, glattgrüne Dolden (Abb. 248).

Harnstoff erzeugt einen Hopfen von glattgrüner Farbe, mit dem beim Saazer Hopfen so beliebten „Goldton". *Kalkstickstoff* in normalen Gaben angewendet zeigte ähnliche Wirkung (Abb. 249 u. 250).

Nitrophoska I.G. III brachte schöne grüne Dolden, nur auf Böden mit geringerem Phosphorsäuregehalt konnte man an den Spitzen der Dolden Bräunung bemerken. Erscheinungen, die durch relativen Phosphorsäuremangel verursacht sind. In der Durchschnittsertragswirkung war Nitrophoska der Wirkung von Einzeldüngern gleich.

Abb. 249. Volldüngung mit 250 kg Kalkstickstoff, 200 kg Superphosphat, 150 kg 40er Kalisalz. Original (Verkl. 3/4).

Abb. 250. Volldüngung mit Kalkstickstoff (späte Düngung). Original (Verkl. 7/10).

Der Einfluß der einzelnen Düngemittel auf die Doldenfarbe ist so deutlich, daß man ohne Kenntnis der verabfolgten Düngung die verschieden gedüngten Parzellen erkennen kann (E. G. DOERELL).

Die Möglichkeit einer Beeinflussung der Farbe durch die Düngung hat sicherlich praktisches Interesse. Erwähnt sei z. B. die helle Farbe der *Kalksalpeter*-Hopfen (vgl. A. STEINBERGER).

Hinsichtlich des Einflusses der Stickstoffdüngung auf die Güte des Hopfens sei eine französische Arbeit erwähnt. Dort wird das Auftreten von „Lauchgerüchen" des Hopfens auf die Verwendung von Ammonsulfat zurückgeführt. — Zwischen dem Auftreten unangenehmer Gerüche des Hopfens und dem Gehalte an ätherlöslichen Stickstoffverbindungen besteht ein direktes Verhältnis.

Am stickstoffreichsten ist der englische Hopfen (3,2 %); es folgen belgischer, amerikanischer, südslawischer und polnischer. Den geringsten Stickstoffgehalt zeigen die böhmischen Hopfensorten (2—2,4 %).

b) Anwendung der Stickstoffdünger. Bei gutem Stande braucht 1 ha Hopfen (5000 Stöcke) jährlich an reinen Nährstoffen mindestens Kalk: 147 kg, Stickstoff: 80 kg, Kali: 91 kg, Phosphorsäure: 30 kg, Magnesia: 54 kg. Demnach wären als alleinige Stickstoffversorgung folgende Stickstoffdüngergaben angezeigt:

	Für je 1000 Pflanzen kg	Nach F. WAGNER je ha kg
Schwefelsaures Ammoniak (20,6 % N)	80	320—400
Chilesalpeter oder Natronsalpeter	100	270—300
Kalksalpeter (15,5 % N)	100	450—500
Kalkstickstoff (20 % N)	85	350—400
Kaliammonsalpeter (16 % N + 25 % Kali)	100	450—500
Kalkammonsalpeter (20,5 % N)	100	300—400
Harnstoff (46 % N)	40	200—250
Nitrophoska (16,5 % N + 16,5 % P_2O_5 + 21,5 % K_2O)	100	400—500

Harnstoff wird häufig wegen der besseren Verteilung mit Superphosphat im Verhältnis 1 : 3 gemischt, das entspricht ungefähr einem konzentrierten Ammoniaksuperphosphat.

Hopfen bevorzugt als Grunddüngung stickstoffhaltige Dünger mit langsamerer, vorhaltender Wirkung. Soll aber schwachem, verspätetem Wachstum nachgeholfen werden, dann verwendet man wohl ausschließlich Salpeterarten ($^1/_2$—1 kg je Schock). Zeitig genug gegeben ist zwischen der Wirkung langsamer wirkender Stickstofformen, z. B. Kalkstickstoff und Salpeter, praktisch kein Unterschied und die gleiche Wirkung wie mit Salpeter zu erzielen (F. WAGNER). Selbst auf Böden, wo Kalkstickstoff weniger sicher ist, auf Sandböden und humusarmen Böden, brachte er sogar bei später Anwendung (Ende April) einen Mehrertrag von 186 kg gegenüber ohne Stickstoff (F. WAGNER 2) (vgl. Abb. 250).

Weitere Beispiele über Düngewirkung und besondere Wirkung auf die Qualität des Hopfens anzuführen verbietet der verfügbare Raum, es sei auf die Literatur (F. WAGNER, C. FRUWIRTH, E. GROSS) verwiesen.

Im Jahre der Stallmistdüngung rechnet man z. B. im Saazer Gebiet pro Schock Hopfen $^3/_4$—$1^1/_2$ kg Stickstoffdünger; ohne Stallmist bis zu 4 kg im Mittel außer der Beidüngung von 2—4 kg Superphosphat oder 3—6 kg Thomasmehl und 2—3 kg 40er Kalisalz.

3. Das Kali. Hopfen ist eine stark Kali beanspruchende Pflanze. Das *Kali* fördert die Wurzelausbildung (F. WAGNER 1, 2, 6, 7), das Blattwachstum und vor allem die Qualität der Dolden. Ohne Kali wird die Qualität schlechter, die Spindel gröber, das Aroma matter. Als Beispiel für den Einfluß des Kalis auf die Qualität können die Untersuchungen von E. WOLFF dienen, die zeigten, daß die englischen Hopfen sämtlich weniger Kali in der Asche aufweisen, als die kontinentalen.

Die Hauptkaliaufnahme der Hopfenpflanze erfolgt in ziemlich kurzer Zeit. So fand TH. REMY, daß die Hopfenpflanze in der Zeit vom 20. April bis 3. Juli täglich 38 Milligramm Kali aufnahm. Vom 4. Juli bis 6. August steigerte sich die Kaliaufnahme bis zu 191 Milligramm täglich, um dann überhaupt aufzuhören. Daraus ergibt sich die Notwendigkeit, daß in dieser Zeit genügend leichtaufnehmbares Kali vorhanden sein muß. Die späteste Kaligabe muß daher vor Mitte Juli erfolgen. F. WAGNER empfiehlt, je Stock nicht unter 20 g Reinkali zu geben, das ist 60—70 g 40er Kalisalz je Stock oder 350 kg 40er Kali je Hektar.

Die Kalidüngung zu Hopfen lohnt wohl immer. Volldüngung brachte durch das Kali bei meinen Versuchen (E. G. DOERELL 6, 7) 215 kg Hopfen je Hektar mehr. E. GROSS gibt Mehrerträge allein durch Kali von 400 kg Dolden an. Eingehende Versuche liegen über Kaliwirkung von F. WAGNER (6, 7) vor. Bei seinen Versuchen (1924) traten durch die Kalidüngung Mehrerträge von 175—750 kg, im Mittel 449 kg auf.

Die wichtigsten Schlußfolgerungen F. WAGNERS aus seinen Kalidüngungsversuchen sind folgende:

1. Qualität und Farbe werden durch Kali wesentlich verbessert;

2. Kaliwirkungen zeigten sich sowohl auf leichten, als auch auf schweren Böden;

3. 140 kg Kali (= 350 kg 40proz. Kalisalz) je Hektar brachten im Mittel einen Mehrertrag von 203 kg Dolden;

4. bei der Kalidüngung mit 40proz. Düngesalz waren die Pflanzen gegen Dürre sowie gegen pflanzliche und tierische Schädlinge sehr widerstandsfähig, weniger bei Düngung ohne Kali, bei Stalldüngung und ungedüngt;

5. der in landesüblicher Weise angewendete Stallmist blieb in seiner Wirkung hinter der „Volldüngung" mit künstlichen Düngemitteln durchweg deutlich zurück;

6. die Rentabilität war die größte bei Volldüngung, ohne Kali stand sie in der Mitte, am kleinsten war sie bei der Stallmistdüngung.

Zur Kalidüngung wird man am zweckmäßigsten 40er Kalisalz, schwefelsaure Kalimagnesia (26% K_2O) oder schwefelsaures Kali (48—52% K_2O) verwenden. Die beiden letztgenannten Kalisalze sind besonders für Qualitätspflanzen sehr beliebt.

Die Kalidüngung im Hopfenbau, in Form von Holzasche gegeben, ist uralt. Schon im Jahre 1790 empfiehlt J. G. KRÜNITZ Buchenasche gegen den Mehltaubefall, also eine durchaus richtige, empirisch erkannte, vorbeugende Kalidüngung.

Interessant sind die Versuche von CTIBOR BLATNY über den Einfluß geteilter, d. h. dem jeweiligen Nährstoffbedarf besser angepaßter Düngergaben auf Ertrag und Qualität. Insbesondere eine geteilte Verabfolgung der Kalidüngung erwies sich als sehr günstig. Die Ertragsdifferenzen zwischen der gleichen Gesamtmenge 40er Kali in einer Gabe und als Teilgaben, bei gleicher Grunddüngung, betrug im Durchschnitt 95 kg Trockenhopfen. Mengen, die bestimmt beachtlich sind. Die geteilte Düngung erfordert zwar Mehrarbeit, aber man kann die Düngung dem zeitlichen Nährstoffbedarf und der Wasseraufnahme anpassen. Die erste Düngergabe wird vor Beginn der Vegetation, die zweite zur Zeit der Blüte oder zu Anfang der Doldenbildung, also zur Zeit des stärksten Bedarfes, verabfolgt.

Damit erfüllt man eigentlich nur wieder eine uralte praktische Erfahrung der Hopfenbauern, die einen Jauche- oder Guanoguß zur Zeit der Blüte forderten. Durch die Kunstdüngung hat man es nur besser in der Hand, die Dünger nach Art und Menge richtig zu wählen.

4. Die Phosphorsäure. Über den Einfluß der Phosphorsäure auf den Hopfenertrag und die Qualität der Ernten herrschen noch vielfach unrichtige Anschauungen. Hopfen braucht doppelt so viel Phosphorsäure wie eine Durchschnittsweizenernte. Fehlt die Phosphorsäure, so werden die Dolden deutlich Lupulinärmer, fleckig und braunspitzig. Die Phosphorsäure fördert die Reife und wirkt in hohem Maße frostschützend auf die Pflanzen. Da die Phosphorsäure an sich im Boden schwer beweglich ist, so muß man in der Düngung höhere Gaben anwenden, als dem jährlichen Entzuge entspräche. Im Durchschnitt sind 65—70 kg Reinphosphorsäure je Hektar und Jahr als Ersatzdüngung zu empfehlen.

Anwendung finden alle gebräuchlichen Phosphorsäuredünger. Die Wirkung von *Knochenmehlen*, die von manchem alten Hopfenbauern gern verwendet werden, ist auf kalkreichen Böden aber unsicher. Jedenfalls ist eine gleichzeitige Kalkung zu vermeiden. 400—600 kg je Hektar gelten als Normalgabe. *Thomasmehl* wird im allgemeinen in stärkeren Gaben angewendet als Superphosphat. Mit Vorliebe gibt man bei der Neuanlage von Hopfengärten 500—1000 kg Thomasmehl je Hektar, um die tieferen Schichten mit Phosphorsäure anzureichern. *Rhenaniaphosphat* gelangt in ähnlicher Stärke wie Thomasmehl zur Anwendung (M. HUBER). *Superphosphat* zeigt zu Hopfen sehr günstige Wirkungen. Besonders für bessere Böden und niederschlagsarme Gegenden wird man Superphosphat immer bevorzugen müssen, um der raschwachsenden Hopfenpflanze zur rechten Zeit leichtaufnehmbare Phosphorsäure zuzuführen. 350—400 kg Superphosphat je Hektar gelten als mittlere Gabe.

Das Phosphorsäurebedürfnis der Hopfenpflanze steigt im Laufe der Vegetationsperiode gegen den Reifezeitpunkt stark an, während es für die anderen Stoffe sinkt. Nach TH. REMY (C. FRUWIRTH) betrug die tägliche Phosphorsäureaufnahme der Hopfenpflanze in Milligramm:

20. April bis 3. Juli	4 mg
4. Juli bis 6. August	49 „
7. August bis 5. September	86 „

Es seien auch die Versuche von TH. REMY erwähnt, die Analyse der Hopfenpflanze bzw. der Hopfenblätter zur Bestimmung der Phosphorsäurebedürftigkeit der Hopfenböden heranzuziehen.

Zeigt die Analyse der Blätter, die in ungefähr 1—2 m Höhe gewachsen sind, zur Zeit des Anfluges einen Phosphorsäuregehalt in der Asche von 0,5 %, so ist der Boden nicht phosphorbedürftig.

Welchen Einfluß die Phosphorsäuredüngung (deren Wirkung man oft nicht zu „sehen" glaubt) auf den Ertrag und damit Rentabilität hat, zeigen viele Versuche (E. G. DOERELL). So brachten bei einer Grunddüngung von 30 kg Stickstoff, 40 kg Kali und Gaben von 54 kg, 108 kg bzw. 162 kg Reinphosphorsäure je Hektar Mehrerträge von 300—450—700 kg Dolden. Bei eigenen Versuchen auf sehr phosphorsäurearmen Böden brachten die Parzellen ohne Phosphorsäuredüngung nur den halben Ertrag jener der Volldüngungsstücke (E. G. DOERELL 4).

Der Grund für die häufig zu gering bemessene Phosphorsäuredüngung liegt wohl oft darin, daß bei den Angaben über den Nährstoffbedarf des Hopfens die Phosphorsäure an letzter Stelle steht. Die Düngungsbedürftigkeit ist aber nicht nur vom Bedarf der Pflanze an reinem Nährstoff, sondern insbesondere hinsichtlich der Phosphorsäure vom Nährstoffgehalt des Bodens selbst abhängig. Wie wichtig die Beachtung dieses Umstandes ist, zeigen nachstehende Analysen.

Allgemein sehen wir, wie im Weinbau, die Gärten hoher Kultur auch in besserem Phosphorsäurezustand (E. G. DOERELL 3).

Phosphorsäuremangel zeigt sich bei Hopfen auch in deutlicher Qualitätsverschlechterung. Die „*Braunspitzigkeit*" des Hopfens (Abb. 251) ist eine Folge und ein Zeichen für Phosphorsäuremangel.

Besitzart	Neubauerwerte mg	Bisherige Düngung	Theoretisch nach der Analyse nötige Superphosphatgabe je ha kg
Schulgarten	5,12—9,00	regelmäßige Superphosphatdüngung	300—100
Großbetriebe	10,61	dgl.	nur Ersatz des jährlichen Entzuges 100
„	9,18	dgl.	100
„	4,70	dgl.	400
„	0,87	bis jetzt nicht gedüngt, (erst übernommenes Feld)	900—1000
Bäuerlicher Betrieb . . .	1,40—3,80	Stallmist	700— 500
Kleinbetriebe	0—3,80	Stallmist, Latrine, Komposte	1200— 480

Abb. 251. Phosphorsäuremangelerscheinung (Braunspitzigkeit). Original (Verkl. 4/5).

In einem Hopfengarten, dessen Boden nach H. NEUBAUER keine leichtaufnehmbare Phosphorsäure ergab, zeigte sich bei genauen Düngungsversuchen überall dort, wo keine Phosphorsäure gegeben worden war, auf allen Stöcken und Dolden deutliche Braunspitzigkeit, die auf den mit Phosphorsäure gedüngten Parzellen vollkommen fehlte. Die Dolden mit Braunspitzigkeit fielen weiter durch ihr geringes spezifisches Gewicht, den geringen Lupulingehalt und ihr schwaches Aroma auf.

Die praktischen Hopfenbauer führen die Erscheinung der Braunspitzigkeit seit langem auf die „Stickstoffdüngung“ zurück. Den Zusammenhang zwischen Düngung und Braunspitzigkeit hat der praktische Blick wohl richtig erkannt, die Begründung ist nur teilweise richtig. Nicht der Stickstoff verursacht diese Qualitätsminderung, sondern der relative Mangel an leichtaufnehmbarer Phosphorsäure.

Versuche, die ich in Gärten mit gutem Phosphorsäuregehalt und bei reichlicher Phosphorsäurezudüngung mit sehr stark gesteigerten Kalkstickstoffgaben durchführte, zeigten ebenfalls, daß nur dort, wo die Phosphorsäure ins Minimum kam, Braunspitzigkeit auftrat.

Durch stärkere Stickstoffgaben werden an und für sich die Phosphorsäure und Kalivorräte des Bodens stärker für biologische Zwecke in Anspruch genommen, so daß die Gefahr eines relativen Mangels naheliegt. Dieser Mangel wird noch drohender durch die verminderte Aufnahmefähigkeit der Pflanzen, die bei stärkerem Stickstoffvorrat zu beobachten ist (W. KLEBERGER).

Das gilt in gewissem Maße natürlich auch bei Verwendung von starken Stallmistgaben, noch mehr bei Anwendung der relativ sehr phosphorsäurearmen Jauche. Auch nach Jauchedüngung wird die Braunspitzigkeit oft beobachtet.

5. Joddüngung zu Hopfen. Zum Studium dieser Frage wurden eingehende Versuche durchgeführt (E. G. Doerell (4), W. Gaus und R. Griessbach).

Dabei wurden neben einer Grunddüngung von 350 kg Chilesalpeter, 280 kg Superphosphat und 200 kg 40er Kalisalz 3,2 kg, 4,3 kg und 5,4 kg Kaliumjodid je Hektar verabfolgt.

Bei den beiden erstgenannten Jodgaben waren Ertragssteigerungen festzustellen. Die stärkste Jodgabe drückte den Ertrag unter jenen der Normaldüngung. — Die hohen Kosten einer direkten Joddüngung wären aber durch diese Ertragssteigerungen (selbst bei dem damaligen hohen Hopfenpreis) kaum hereinzubringen. — Als zweites Moment käme die Qualitätsbeeinflussung in Betracht. Hier zeigte sich nicht der erhoffte Erfolg. Durch die direkte starke Jodzufuhr litt die Qualität. Der Gehalt an Wertbestandteilen des Hopfens sinkt. — Es bildet sich Tetrajodhumulon und Hexajodlupulon. Diese Verbindungen schmecken nicht mehr bitter und lösen sich nicht im Wasser, sie drücken also den Brauwert.

6. Schwefel zu Hopfen. Eine direkte, beabsichtigte Schwefeldüngung zu Hopfen wird kaum ausgeführt. Eine indirekte erfolgt mit der Zufuhr schwefelhaltiger Düngemittel, wie Superphosphat, schwefelsaures Kali, schwefelsaures Ammoniak usw.

Es liegt die Annahme nahe, daß z. T. auch die günstige Wirkung einer „Schwefelung der Hopfenanlage“ darauf beruht, daß die Pflanze von diesen Schwefelmengen einen Teil aufzunehmen vermag. Die Rolle des Schwefels in der Hopfenpflanze wird durch die Erkenntnis verständlich, daß sich durch die Hopfenpflanze direkt „Eiweißschläuche“ hindurchziehen. Die Menge des in den Eiweißkörpern enthaltenen Schwefels ist zwar nicht groß, 0,2—2,2 %, aber für die innere Ausreifung des Eiweißes ist der Schwefel wichtig und unentbehrlich (E. Windisch). Auch sind viele Pflanzenöle, schwefelhaltige organische Verbindungen. Scharfe Öle, wie Senföl, Knoblauchöl usw., enthalten viel Schwefel. Die S. 778 erwähnten französischen Versuche über den Einfluß des schwefelsauren Ammoniaks auf den „Lauchgeruch des Hopfens“ finden vielleicht in diesen Tatsachen ihre Begründung.

III. Die richtige Ernährung (Düngung) als Pflanzenschutz bei Hopfen.

Die Bedeutung einer richtigen, harmonischen Ernährung als Schutz vor Krankheiten und Schädlingsbefall ist bekannt. Manche Düngemittel, wie Kalk und Kalkstickstoff, wirken rechtzeitig gegeben direkt als Bodendesinfektionsmittel. Ernährungsstörungen machen die Pflanzen immer anfälliger gegen Krankheiten und Feinde. Gute Ernährung in der Jugend bewirkt, daß die Pflanzen manchen Feinden schneller aus den Zähnen wachsen (Erdflöhe, Peronospora). Das durch richtige Düngung erzielte beschleunigte Wachstum der Hopfenpflanze kann ein Zerreißen des Peronosporamyceliums zur Folge haben und dadurch diese Schädiger hemmen (C. Blatny, R. Muck).

Auch gegen die Spinnmilbe (Tetranychus altheae) hat sich eine ausreichende Düngung sehr bewährt. Der stärkste Befall mit diesem Schädling erfolgt in den Sommermonaten. Schlechternährte Pflanzen haben oft eine abnormal geringe Dicke des Blattgewebes und die Milben zerstören leicht das Pallisadenparenchym. Guternährte Pflanzen haben dickere Blätter und werden aus diesem Grunde weniger geschädigt.

Auf diesen Ursachen beruhen die guten Wirkungen einer ausreichenden Kalidüngung gegen *Meltau, Rußtau* usw. (A. Hauser, P. Kulisch, P. Stuch).

Ernährungsstörungen sind es schließlich, die zum „*Verlauben Durchwuchs, Gelte*“ der Hopfendolden führen. Als Ursache muß ein ungünstiges Verhältnis des Blattapparates zu der durch die Wurzeln aufgenommenen Bodennahrung angenommen werden.

Zwischen den Laubblättern des Hopfens und den Hochblättern der Hopfendolden, die eigentlich Hemmungsbildungen von Laubblättern sind, besteht eine Korrelation derart, daß bei nicht ausreichender Funktion oder Mangel an Laubblättern sich die Hochblätter als wahre Laubblätter ausbilden. Solche Fälle treten ein bei Überernährung mit Stickstoff, zu starker Bewässerung zu Beginn der Blüte oder Beschädigungen der Hopfenrebe.

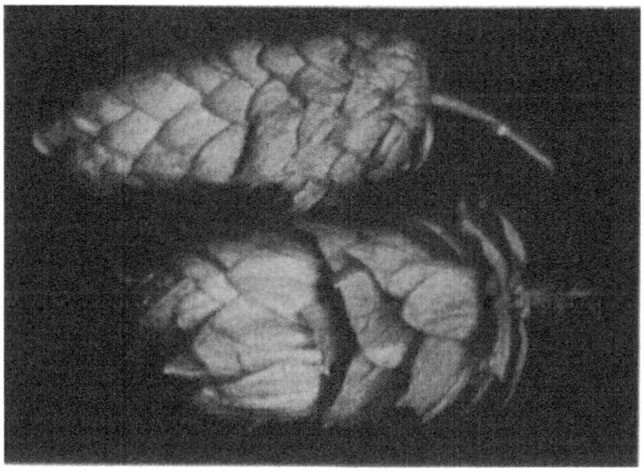

Abb. 252. Vergrößerung der Hopfendolden infolge Ernährungsstörungen (Verletzung). Verkl. 3/4.)

Abb. 252 sind Dolden eines Stockes, dessen Reben ungefähr in 50 cm Länge aufgeschlitzt waren. — Nirgends trat sonst im Garten eine derartige Erscheinung auf. Auch Hagelschlag (J. Behrens) oder fortgesetztes künstliches Entlauben der Hopfenranke kann „Brauschen Hopfen" erzeugen (E. Sorauer).

IV. Düngungspläne im Hopfenbau.

In erster Linie sind die lokalen Erfahrungen zu beachten. Jedenfalls soll man sich aber vor jeder Einseitigkeit in der Düngung hüten, sei es, daß der eine oder andere Stoff immer vernachlässigt wird, oder daß andauernd die gleichen Düngemittel verwendet werden. Leider sind auch die Angaben in der Literatur über Hopfendüngung oft zu knapp gehalten. — Die nachstehende Tabelle gibt einige Beispiele für Hopfendüngungsfolgen je Hektar.

Nach:	Olschbauer	Böhmen	Krešl	Mansfeld	A. v. Nostitz
1. Jahr	400—500 dz Stallmist	400—500 dz Stallmist	400 dz Stallmist	600 dz Stallmist jedes 2. Jahr + halbe Kunstdüngung	400—500 dz Stallmist 2. bis 3. Jahr
2. Jahr	3,8 dz Kalkstickstoff oder 3,8 dz schw. Ammoniak	1,5 dz Kalkstickstoff oder 2,8 dz schw. Ammoniak	$^1/_2$—$^3/_4$ dz Salpeter	475 kg Salpeter oder 375 kg schw. Ammoniak	1—2,5 dz Salpeter
	2,5 dz 40er Kalisalz	1,5—2 dz Kalisalz	1,25 dz Kalisalz	3,5 dz 40er Kalisalz	1,2 dz Kalisalz
	5—6 dz Thomasmehl	3—5 dz Thomasmehl	2 dz Superphosphat	3 dz Thomasmehl oder 2,5 dz Superphosphat	4 dz Thomasmehl oder Superphosphat
3. Jahr	3 dz Salpeter	2—3 dz Salpeter	wie 1. Jahr	wie 1. Jahr	wie 2. Jahr
	2,5—3 dz Kalisalz	2,5 dz 40er Kalisalz	—	—	—
	3,5 dz Superphosphat	3—5 dz Superphosphat	—	—	—
	150 dz Saturationsschlamm	—	alle 4—6 Jahre 50 dz Kalk	—	—

Allgemeine Vorschriften für die Hopfendüngung lassen sich weder für einzelne Gegenden noch für ganze Hopfenbaugebiete geben. Ausschlaggebend werden immer die örtliche Beobachtung und der *Versuch* sein.

V. Versuchsanstellung.

Versuchsparzellen sind möglichst nicht kleiner als je 20 Stock zu wählen, zweckmäßig aber auch nicht mehr als 30 Stock. Die Sorte und Leistungsfähigkeit der Stöcke der Versuchsparzellen muß gleich sein, um verläßliche Düngerwirkungen ermitteln zu können.

Die Hauptschwierigkeit bei Hopfenversuchen liegt in der richtigen Ernte. — Es müssen alle Parzellen unbedingt gleichzeitig gepflückt werden, so daß die Ernte auch zu gleicher Zeit gewogen wird. Nach dem Trocknen sind die Proben nochmals zu wägen.

Unbedingt ist darauf zu achten, daß nicht „durcheinander" gepflückt wird, denn schon mancher wertvolle Versuch ist durch den „Eifer" der Pflücker, die ja im Akkord arbeiten, vernichtet worden. Versuche mit vielen Parzellen verlangen deshalb eine genaue Ernteorganisation.

Die Düngung von Qualitätspflanzen, und dazu gehört zweifellos der Hopfen, verdient größte Aufmerksamkeit von Wissenschaft und Praxis.

Literatur.

BECKENHAUPT, C.: Qualität und Quantität im Hopfenbau. Weißenburg i. Els. — BEHRENS, JOH.: Physiologische Studien über Hopfen. Karlsruhe 1894. Allg. bot. Ztg **1894**, H. 3. München: Höfling. — BLATNY, CTIBOR: Ernährg d. Pflanze, Berlin **25**, 378—382 (1929). — BLATNY, CTIBOR, u. BAUDYŠ: Peronospora, falscher Mehltau des Hopfens. Sborn. výzk. ústavu R. C. S. Min. Landw. Prag. — Brasserie malterie, Nancy: Güte des Hopfens **17**, 251 (1927). — BREITENBACH, PHILIPP FRANZ: Das Ganze des Hopfenbaues. Erfurt: Beyer & Mariny 1803.

DYER: Lehrreiche Hopfendüngungsversuche in England. 1899. — DOERELL, E. G.: (1) Die Düngung des Hopfens. Bauernbücherei H. **21**. Hannover: Engelhardt & Co. 1927; (2) Einfluß der Phosphorsäure auf den Hopfenertrag und die Hopfenqualität. Das Superphosphat **4**, 82 (1929); (3) Erfahrungen und praktische Betrachtungen auf Grund von Phosphorsäureuntersuchungen landwirtschaftlicher Böden. Erg. Agrikulturchem. **1**, 189, 190 (1929); (4) Hopfendüngung mit besonderer Beachtung der Stickstoffwirkung auf die Qualität. Fortschr. Landw. 10, H. 1 (1927); (5) Einfluß des Kalis auf die wertbestimmenden Bestandteile des Hopfens. Ernährg d. Pflanze, Berlin XXIII, S. 69 (1927); (6) Beiträge zur Jodfrage. B. Pflanzenernährg usw. A **12**; Z. angew. Chem. **41**, 1117 (1928); (7) Arb. wiss. Inst. Brauwes. Prag.

ENGLISCH, O.: Hopfendüngung. In GÜNTZEL: Der Saazer Hopfen. Prag: Landeskulturrat, deutsche Sektion. — ENGLISCH, O., u. W. LINKE: Düngungsversuche mit steigenden Gaben. Saazer Hopfen u. Brauerztg **16**, (1927).

FRUWIRTH, C.: Hopfenbau, 3. Aufl. Thaerbibliothek **70**. Berlin: Parey.

GAUS, W., u. R. GRIESSBACH: Z. Pflanzenernährg usw. A **13**, 321 (1929). — GRESHOFF, M.: Chemische Studien über Hopfen. Nürnberg: J. L. Stich 1887. — GROSS, E.: Der Hopfen. Wien: Hitschmann 1898.

HAUSER, A.: Was tut unserem Hopfenbau not. Landbau u. Technik, Ludwigshafen **5**, (1927). — HORECKY: Nährstoffentzug der Pflanze durch den Schnitt. Dtsch. landw. Presse 31, 57 (1904). — HUBER, M., u. OSTERWAAL: Mehr Phosphorsäure dem Hopfen. Bayer. Land- u. Forstw. Nr 46 (1927).

KLEBERGER, W.: Grundzüge der Pflanzenernährungslehre **3**, T. 2, 139. — KRAUS, C.: Der Versuchsgarten des deutschen Hopfenbauvereins in Spalt. Nürnberg: J. L. Stich 1886. — KRÜNITZ, JOH. GEORG: Ökonomisch-technologische Enzyklopädie, T. 25, 2. Aufl. Berlin: Joachim Pauli 1790. — KULISCH, P.: Landw. Versuchsstat. Colmar, Hopfenversuche **2**, **3**, 35 (1901). — KUNZE, F.: Zur Geschichte des Hopfens. Allg. Brauer- u. Hopfenztg **68**, 1338, 1478—1481 (1928).

MANSFELD: Allg. Brauer- u. Hopfenztg, 1107 (1927). — MERKENSCHLAGER F.: Vom Spalter Hopfen. Tageszeitung f. Brauerei **1929**, Nr 264. — MOLITOR, BENNO: Hopfenbau und Hopfenhandel. Dissert., Heidelberg 1914. — MUCK, R.: Die Peronosporakrankheit des Hopfens. Bugra Saaz **1927**.

Nostitz, A. v., u. J. Weigert: Die künstlichen Düngemittel. Stuttgart: Enke 1928.
Remy, Th.: Jber. Versuchsanst. Brauer Berlin **1902**. — Remy, Th. u. O. Englisch: Ernährungsphysiologische Studien an der Hopfenpflanze. Bl. Gersten-, Hopfen- u. Kartoffelbau **1900/01**.
Sorauer, P.: Pflanzenkrankheiten **1**, 465. — Steinberger, A.: Einfluß der Farbe auf den Brauwert des Hopfens. Allg. Brauer- u. Hopfenztg **1924**, 218. — Stuch, P. (Weilburg): Einfluß der Düngung auf den Meltaubefall verschiedener Kulturpflanzen. Ernährg d. Pflanze **1926**, 294.
Wagner, F. (Weihenstephan): Wurzelbilder des Hopfens. Ernährg d. Pflanze, Berlin **13**, 57—69 (1917); (2) Einfluß der Kalidüngung auf die Ausbildung der ober- und unterirdischen Organe der Hopfenpflanze. Ebenda **13** (1917); (3) Kalkstickstoff und Chilesalpeter bei Hopfen. Vjschr. bayer. Landw.rates **1907**; (4) Stickstoffversuche zu Hopfen im Jahre 1920. Mitt. dtsch. Hopfenver. Nürnberg, Klaragasse 30, (1921); (5) Salpeterdüngungsversuche des deutschen Hopfenbauverbandes 1901, 1902, 1903, 1903—1905. Mitt. dtsch. Hopfenver. **17** (1908). Druck Schmitz & Buckofzer, Berlin C 54, Rosentaler Str.; (6) Vierjährige Kalidüngungsversuche des deutschen Hopfenbauvereins 1903—1906. Bernburg i. Anh.: Schwarzenberger; (7) Kalidüngungsversuche bei Hopfen. Ernährg d. Pflanze **21**, 125 (1925).

9. Die Düngung der Tabakpflanze.

Von

Dr. Paul Koenig

Direktor des Tabak-Forschungsinstituts in Forchheim bei Karlsruhe.

Mit 2 Abbildungen.

Den Anspruch der Tabakpflanze auf gute Ernährung erkannte man schon auf der Iberischen Halbinsel nach der Einführung von Tabaksamen — etwa um das Jahr 1510. Man säte Tabaksamen in den Hofgärten an, deren Böden die zum Wachstum der Tabakkeimlinge günstigen Nährverhältnisse aufwiesen. Ein so kleiner Samen, wie der Tabaksamen, enthält außer dem reichlich vorhandenen Öl (25—35%) verhältnismäßig wenig Reservestoffe, und der Keimling ist schon im frühesten Jugendalter auf Außenernährung angewiesen. Daher ist die Tabaksetzlingspflege auch so schwierig und langwierig gegenüber der von Keimlingen anderer Pflanzen, deren Samen, z. B. Bohnen, Mais oder Cerealien, von der Natur reichlich mit Reservestoffen ausgestattet sind.

Der französische Gesandte Jean Nicot (geb. 1530, also vor 400 Jahren) lernte die Tabakpflanze in den Hofgärten von Lissabon (1558) kennen. Er erbat sich Samen und zog in seinem Garten im Jahre 1559 (13) die ersten Tabaksämlinge unter gleichen Ernährungsbedingungen auf Gartenerde, wie es noch heute in den meisten Tabakorten gebräuchlich ist. Nicot war es auch, durch dessen Anregung das Tabakblatt in die Materia medica Europas eingeführt wurde. Mit der Unterstützung seiner Gönnerin (Königinmutter Caterina de Medici) fand die Tabakpflanze bald weite Verbreitung. In Deutschland war der Tabakbau durch H. Barnstein (1) bekannt geworden. Ich konnte aber bisher vier weitere deutsche Urkunden (16) nachweisen, die älter sind als die von H. Barnstein. Auf geschichtliche Besonderheiten sei indes hier nicht eingegangen, es sei nur hervorgehoben, daß die Tabakpflanze in der ersten Zeit als Zier- und Medizinpflanze galt und als Gartengewächs auch gute Ernährungsbedingungen vorfand.

I. Die Ernährung der Tabakpflanze im Keimbeet.

Seit dem Bestehen des Tabakforschungsinstituts für das Deutsche Reich in Forchheim ist der Frage der Ernährung der Tabaksetzlinge größte Aufmerksamkeit geschenkt worden. Da man sie seit alten Zeiten ohne Berücksichtigung der Ernährungsfrage in Gartenbeeten, die hernach mit Gemüsepflanzen besetzt wurden, zog, dürfte eine stärkere Beachtung dieser Frage am Platze sein. Wie es in Mistbeeten üblich ist, wird seit langem Pferdedung, am besten sog. Matratzendung, als Wärmeunterlage gegeben, darauf folgt eine Laubschicht und darüber eine Humusschicht. Es ist von Vorteil, im Frühjahr die obere Schicht der Saatbeeterde von 10 cm in einem Kartoffeldämpfer, der überall erhältlich ist, zu sterilisieren. Dadurch werden die Unkrautsamen, die Nahrung wegnehmen, auch Tabaksamen anderer Herkunft, die etwa noch vom vorigen Jahre im Boden vorhanden sind, zerstört, was bei Anwendung neuer Sorten besonders wichtig ist. Auch die Bakterien- und Pilz-Keimlingskrankheiten werden hierdurch ausgeschaltet. Hat man keinen Dämpfer zur Verfügung, so wird es gut sein, zum Boden $1^1/_2$ l Kupferkalkbrühe je Quadratmeter zu geben. Außerdem mischt man zu den oberen 10 cm Keimboden — gleichgültig ob gedämpft oder nicht — je Quadratmeter $1^1/_2$ kg Torf, 2,5 g Harnstoff, 10 g Kaliumsulfat und 5 g Superphosphat (18%) zu. Den Torf gebe man nicht trocken, sondern aufgeweicht *zur Keimbeeterde*. Mit dieser Bodenbehandlung — 3 Tage vor der Aussaat — wird man bei richtiger Wärme- und Lichtzufuhr mittels Bedeckung mit Ultra- oder Bicellafenstern gesunde und frühreife Setzlinge erzielen. Bei starker Sonnenbestrahlung ist Beschattung mit Kokosmatten oder Strohmatten oder Kalkbestreichung der Fenster anzuwenden.

Auch das *Pikieren* (Verschulen) ist hier zu erwähnen. Man sucht durch das Pikieren Pflänzlinge zu erzielen, die besonders gut im Freilande anwachsen. Die erste Verschulung hat schon H. Barnstein (1644) empfohlen. Bei dem Anbau von größeren Flächen Tabak ist ein Verschulen nicht nötig. Ich empfehle aber, gleichzeitig mit dem Feldsatz eine Anzahl Setzlinge zu verschulen, um gleichwertige Pflanzen als *Ersatz für Ausfall und Kümmerlinge* zu haben.

II. Landwirtschaftliche Anbaumethodik und Ernährung. Beeinflussung der Ernährung durch die Vorfrüchte, durch Gründüngung, durch Brache, Wasser und Luftbewegung.

Die Beeinflussung durch Vorfrüchte ist auch bei der Tabakpflanze schon frühzeitig erkannt worden. So schreibt Th. Schloesing (39) 1868 auf Grund seiner Versuche (1860—1866) vor, daß Tabak nicht nach starken Kaliverzehrern gepflanzt werden soll, also nicht nach Futterrüben, Erbsen, Klee usw. Th. Schloesing verwirft also nicht die Leguminosen als Vorfrucht zu Tabak, weil sie das Feld zu stark mit Stickstoff anreicherten, sondern weil sie dem Boden erhebliche Mengen von Kali entziehen würden. Diese Feststellung Th. Schloesings verdient mindestens der Nachprüfung.

a) Die Praxis hat ergeben, daß als *Vorfrüchte* von Tabak die *Chlorverbraucher* wie Zuckerrüben, Futterrüben, Steckrüben, Möhren, Kartoffeln oder Hanf zu verwenden sind. — Ewiger Tabakbau ist bei Rustica (Bauerntabak), z. B. im Gebiet von Marienwerder üblich.

Die in Deutschland üblichen oder zu prüfenden Fruchtfolgen sind: 1. Tabak in Stallmist — Winterung — Sommerung und Stoppelrüben — Tabak. 2. Tabak in Stallmist — Winterung (Stoppelrübensaat) — Kartoffeln in Stallmist — Sommerung (Stoppelrübensaat) — Tabak. 3. Tabak in Stallmist — Winterung (Stoppelrüben) — Kartoffeln in Stallmist, Sommerung, Klee mit Graseinsaat (70% Rotklee, 30% Gras) — Tabak in Stallmist — (ohne künstlichen Stickstoff) nach Vorschlag von F. Meisner. 4. Tabak, Kartoffeln, Winterung mit und ohne Stoppelrüben — Tabak (Pfalz). 5. Tabak — Winterung — Kartoffeln — Tabak (Pfalz). Die meisten dieser Fruchtfolgen werden auf dem Versuchsfelde des Tabak-Forschungsinstituts in Dauerversuchen nachgeprüft.

Für die Zigarettentabake geben N. PRJANISCHNIKOW-E. TAMM (36) folgende Fruchtfolgen an: 1. Tabak — Raps oder Hanf nach Stallmist —Weizen — Futterpflanzen. 2. Tabak (Stallmist) — Weizen und Steckrüben als Stoppelfrucht. 3. Tabak — Sommerweizen — Gerste — Klee — Kartoffeln. 4. Tabak nach Stallmist — Ölfrucht — Sommerfrucht mit Klee-Einsaat — Klee (1—2jährig) — Winterung — Hafer. Als Beispiel einer in den U.S.A. üblichen Fruchtfolge möge nach J. JOHNSON (22) gelten: Tabak — Mais — Tabak — Gerste — Tabak — Klee — Tabak — Klee — Timothee.

b) Auch die Düngung zur Vorfrucht spielt für den Tabak (als Nachfrucht) eine wichtige Rolle. Kräftige Phosphatdüngung zur Vorfrucht macht die Phosphorsäuredüngung zu Tabak normalerweise überflüssig. (Kali muß stets zu Tabak gegeben werden!) Mit Stickstoff angereicherte Böden sollten nur ganz geringe Stickstoffgaben zu Tabak erhalten.

c) Ernährung und Gründüngung. Die Frage der Gründüngung zu Tabak ist noch wenig geklärt. In Deutschland wird vor der Anwendung von Leguminosen gewarnt. Nach G. CAPUS (6) werden in Frankreich als Vorfrucht zu Tabak Inkarnatklee, weiße und gelbe Lupinen auf Sandböden, auch Wicken und Futtergetreide verwendet (am besten erst im zweiten Jahre nach Hafer oder Kartoffeln). Im Tabak-Forschungsinstitut sind Senf und Raps als Gründung bisher mit Nutzen auf Sandboden verwendet worden. Die verschiedenen Fruchtfolgeversuche des Tabak-Forschungsinstituts werden auch diese Frage einer weiteren Klärung entgegenführen.

d) Ernährung und Brache. Die günstige Wirkung der Brache auf den Tabak hat man bereits frühzeitig erkannt. So schreibt schon J. L. CHRIST (7) im Jahre 1781, daß man zu Tabak am nützlichsten einen solchen Boden nehmen soll, der gebracht war.

Auf Sumatra wird Tabakbau bevorzugt alle 6—8 Jahre auf demselben Felde betrieben nach einer Wildkultur von Mimosa invisa (einer den Schmetterlingsblütlern nahestehenden Pflanze). In neuerer Zeit ist die Dauer der Brache auch auf Sumatra verkürzt worden.

e) Ernährung und Wasserhaushalt. Das Wasser spielt in der Ernährung der Tabakpflanze eine ungleich größere Rolle als bei anderen Pflanzen, da reichlich Wasser ein zartes, leicht brennbares Gewebe von gutem Aroma und heller Farbe erzeugt. Der Grundwasserstand darf bei leichten Böden nicht allzutief sein (2—3 m), die Regenmenge sollte mindestens 500 mm während der Vegetationsperiode aufweisen und zeitlich gut verteilt sein. Im Regenschatten liegende Tabakbaugebiete bedürfen einer besonderen Pflege (wie häufigeres Hacken, gutes Häufeln). Beregnungsversuche des Tabak-Forschungsinstituts haben qualitativ recht gute Ergebnisse gebracht, ohne daß bis jetzt durch das Beregnen die Krankheitsanfälligkeit erhöht worden ist.

f) Ernährung und Luftbewegung. Schon der Tabaksetzling fordert Windschutz. In Tabakdörfern deuten die um die Setzlingsgärten gezogenen Mauern und Bretterzäune darauf hin, daß der Pflanzer bemüht ist, dieser wichtigen Frage Rechnung zu tragen. Auch auf dem Felde gedeiht an windgeschützten Stellen die Tabakpflanze weit besser. Die Ausnützung der Nährstoffe (einschließlich Wasser) ist bei Windschutz günstiger.

g) Ernährung und Bodenbedeckung. In neuerer Zeit wird vielfach angeregt, bei Tabakpflanzungen die Bodenbedeckung einzuführen. In den U.S.A. sind zuweilen größere Pflanzungen mit Bodenbedeckung angelegt worden. Die Bodenfeuchtigkeit wird durch Bodenbedeckung namentlich auf leichten Böden mehr zurückgehalten, womit auch eine bessere Nährstoffaufnahme begründet sein mag. Die bisherigen Ergebnisse der Versuche des Tabak-Forschungsinstituts deuten darauf hin, daß mit Papieren und Pappen unter den klimatischen Bedingungen in Deutschland weniger Erfolge zu erzielen sind als mit Torfbedeckung des Bodens (zwei Ballen je Ar erstmals).

h) Zeit der Düngung. Die Stallmistdüngung soll möglichst frühzeitig erfolgen. Besonders wenn nicht gut verrotteter Mist zur Verfügung steht, gebe man ihn schon im Herbst, mindestens aber vor Weihnachten, evtl. auch auf zweimal. Gut verrotteter Mist kann auch noch im zeitigen Frühjahr nach dem Auftauen untergebracht werden. Der Mist soll aber nie auf dem Felde liegen bleiben. Die chemischen Düngemittel gebe man etwa 5—10 Tage vor dem Setzen. Stickstoffdüngemittel in Form von Nitrat, Ammonsalz oder Harnstoff kann man im Notfalle (bei Regenwetter) auch als Kopfdüngung in sehr verdünnter Lösung zu den angewachsenen Setzlingen anwenden, doch sehe man darauf, daß an die Pflanzen selbst nichts von der Lösung kommt.

i) Ernährung und kranke Pflanzen. Kranke Pflanzen, die von Weißfleckigkeit, Kräuselkrankheit, evtl. auch von Wildfirekrankheit nicht allzusehr befallen sind, können sich wieder erholen und im Wachstum auch noch die gesunden Pflanzen einholen, wenn man sie je Pflanze mit einer Lösung von 5 g Kaliumsulfat und 1 g Harnstoff in 1 l Wasser düngt. Stark von Bakterien befallene Pflanzen werden am besten ausgesondert und verbrannt. Panaschierungen verschwinden meist bei einer Gabe von 1 g Harnstoff und 0,5 g Eisensulfat je Pflanze.

III. Ernährung durch tierische Düngemittel.

Von tierischen Düngern wird Rindviehdung in Gaben von 300—400 dz (bis 600 dz) je Hektar und zwar nach der Verrottung im Herbst oder zeitigen Frühjahr gegeben und sofort untergebracht. Es besteht eine ausgiebige alte und neue Literatur über die Wirkung der verschiedenen tierischen Dünger. So beschreibt S. HERMBSTÄDT (15) die Anwendung aller tierischen Düngemittel (Kuhmist, Schafmist, Tauben- und Hühnermist, Pferdemist usw., Jauche) zu den verschiedenen Tabaksorten. Zu empfehlen ist Kuhmist zur Feldkultur, Pferdemist zur Wärmeerzeugung in Keimbeeten.

Verrotteter Stallmist enthält nach M. FESCA (10): 0,5% N, 0,26% P_2O_5, 0,63% K_2O, 0,7% CaO, 0,18% MgO und 20% organische Substanz, d. h. 100 dz enthalten: 63 kg K_2O, 26 kg P_2O_5, 50 kg N, 70 kg CaO und 18 kg MgO. Auch C. F. ULRICHS (41) empfiehlt vor allem Rindermist, da dieser dem Rauchtabak einen angenehmen Geruch und Geschmack gebe, während Schaf-, Schweine- und Pferdemist dem Tabak „Schärfe“ und „schlechten Geruch“ verleihe. J. L. CHRIST (7) hielt (1799) einjährigen oder zweijährigen „Gassenkot“ für den besten Tabakdünger. In U.S.A. wird vielfach Stallmist in Gaben von 300—450 dz je Hektar empfohlen. In der Türkei findet noch Schafdung, jedoch selten, Anwendung. PH. HOFFMANN (17) empfiehlt für ganz leichte Böden eine Gabe von 500—600 dz Stallmist je Hektar (auch in geteilten Mengen). Zu vermeiden ist (außer zu Schnupftabak) die Düngung mit Jauche oder mit Abortdung.

Blutmehl, Hornmehl, Klauenmehl, Kadavermehl u. a. wirken bei der Kurzlebigkeit des Tabaks zu langsam und können deshalb nicht empfohlen werden. In der amerikanischen Literatur begegnen wir oft der Empfehlung der Guanodüngung (24), auch der Fischmehldüngung. Auf Sumatra verwendet man noch erhebliche Mengen von Peruguano, so 1927: 22417000 kg zur Tabakdüngung (26).

Die Ersatzmöglichkeit von Stallmist durch künstliche Düngemittel bejaht A. N. J. A. BEETZ in einer großen holländischen Arbeit (2). Auch eine ausführliche deutsche Untersuchung von F. STRÖBELE (18a, 28, 40), E. GROSS, PH. HOFFMANN, G. WIMMER und F. MACH bestätigt die Möglichkeit, daß Stallmist wenigstens z. T. durch Mineraldünger ersetzt werden kann.

k) Ernährung mit Pflanzendüngern. An erster Stelle ist die „Düngung“ mit Tabakstengeln und Wurzeln (besonders bei ewigem Tabakbau) zu erwähnen, die erhebliche Mengen von Nährstoffen enthalten und auch leicht vermodern. Gutes Zerkleinern und frühzeitiges Unterbringen ist erforderlich. Mit Vorliebe werden die Tabakstengel zur Herstellung von Humuserde verwendet, die dann den Tabaksetzlingen zugute kommt. Bei Krankheitsbefall sollen die Stengel nicht zur Tabakdüngung verwendet werden.

In den U.S.A. wird viel mit Ölkuchen, z. B. Baumwollsaatkuchenmehl, gegedüngt, wie aus verschiedenen Anweisungen, die J. B. KILLEBREW (24) u. a. geben, hervorgeht (1000 lbs Baumwollsaatmehl je acre). Der Ölkuchen wird als Mittel zur Förderung der Blattreife empfohlen. Man soll damit ein dem „Portoricotabak“ ähnliches Blatt erzielen.

IV. Die Ernährung des Tabaks durch Mineral- und chemische Düngemittel.

1. Blattsubstanz, Aschenbestandteile des Tabaks.

Die Aschenbestandteile sind mehrfach bestimmt worden, so in Deutschland durch J. NESSLER, J. BEHRENS, M. KLING, A. STUTZER u. a.

A. STUTZER fand (nach M. FESCA 10), daß in der Trockensubstanz enthalten seien: a) im Blatt: 18% Wasser, 6,6% P_2O_5, 5,09% K_2O, 5,07% CaO, 0,45% MgO und 2,44% N und b) im Stengel: 18% Wasser, 0,92% P_2O_5, 3,8% K_2O, 1,24% CaO, 0,05% MgO und 1,62% N.

J. NESSLER (32) (in Gemeinschaft mit ARNHOLF) gibt u. a. folgende Analysen an. 100 Teile Trockensubstanz enthielten: Blatt von hoher Glimmbarkeit: Asche 21,2%, Cl 0,29%, K_2O 4,4%, Na_2O 0,02%. — Blatt von geringer Glimmbarkeit: Asche 27%, Cl 1,57%, K_2O 1,6%, Na_2O 0,04%. Sumatratabak (höchste Glimmbarkeit): Asche 19,7%, Cl 0,64%, K_2O 5,1%, Na_2O 0,07%.

Vor J. NESSLER hat CHARLES T. JACKSON-Boston Analysen veröffentlicht, z. B. von Marylandtabak: 17,6% K_2O, 8,5% P_2O_5, 22,66% CaO, 8,0% MgO, 3,76—8,0% SO_3, und von Massachusetts: 7,6% P_2O_5, 25,75% CaO, 20,4% K_2O, 1,6% MgO, 1,68% Cl und 2,75% SO_3.

Nach M. KLING (25) werden durch die Tabakpflanzen einschließlich Stengel und Wurzeln dem Boden je Hektar entzogen: 56—177 kg K_2O, 12—36 kg P_2O_5, 54—162 kg CaO und 48—144 kg N. Andere Untersuchungen weisen größere Unterschiede auf.

2. Die einzelnen Düngemittel.

a) Stickstoffdünger. Die Stickstoffdüngung zu Tabak ist seit alters her üblich. Sie erfolgte früher zumeist in Form hoher Gaben von N-reichen tierischen Düngern, z. B. in Form der die Qualität des Tabaks überaus schädigenden Jauche. Die Stickstoffdüngung ist überhaupt das schwierigste Problem der Tabakdüngung. Es ist wichtig, die Form des N-Düngers, die Höhe der Gabe und die Zeit der Anwendung des N-Düngers zu beachten.

Die Höhe der N-Gabe muß nach den Erfahrungen des Tabak-Forschungsinstituts mit größter Vorsicht bemessen werden. Das Institut wendet auf armen Sandboden 20—30 kg N je Hektar (in Form von Harnstoff) an. Die Versuche zeigen, daß man diese Gabe auf 40 kg N je Hektar erhöhen kann, wenn als Ziel die Erzeugung dunkler Farben vorschwebt. Aus den Erfahrungen von F. STRÖBELE, F. MACH, G. WIMMER und PH. HOFFMANN (15b), die hierüber die wichtigste moderne Arbeit veröffentlichten, geht hervor, daß der Stallmiststickstoff durch Harnstoff (bzw. durch Handelsdünger) mindestens teilweise ersetzt werden kann. Nach F. MACH (18a, 28, 40) hat die Verringerung einer Stallmistgabe auf 125 bis 150 dz je Hektar durch Ersatz der fehlenden Nährstoffe durch Kunstdünger keinen Nachteil gezeigt. F. STRÖBELE, PH. HOFFMANN und E. GROSS (18a, 28, 40) halten den teilweisen Ersatz des Stallmistes durch Harnstoff (auf Grund ihrer Versuche 1916—1927) wegen der Verringerung des im Stallmist dargebotenen Chlors für wichtig; auch finde durch Harnstoff eine bessere Ausnützung des Kalis statt.

Abb. 253. Tabak-Ernährungsversuch 1930.
Kein N als künstliches Düngemittel. Grunddüngung Stallmist (100 Ztr. je 25 a).

Der Technische Ausschuß des „Deutschen Tabakbau-Verbandes" schreibt für die Schneidegutgebiete Gaben von 20—60 kg N je Hektar und für die Zigarrengutgebiete 40—80 kg N je Hektar vor. G. WIMMER (18a, 28, 40) will nicht mehr als 50 kg N je Hektar in Form von Harnstoff auf leichten und nicht mehr als 75 kg je Hektar auf besseren Böden zu Tabak angewendet wissen.

Neuere N-Versuche im Ausland (auf Java) hat namentlich C. COOLHAAS (9) (1929) ausgeführt. Er fand, daß Geruch und Geschmack des Tabaks bei Düngung mit Ammoniumsulfat (ergänzt durch Zusatz von Doppelsuperphosphat) besser ausfielen, als bei Anwendung von Stallmistdüngung allein. Ausführlich berichtet die Deli Proefstation über Versuche mit allen Düngemitteln. Harnstoff hat sich auf Sumatra wegen der starken Luftfeuchtigkeit und des damit verbundenen Zusammenballens des Harnstoffs weniger bewährt (9). Ein französisches modernes Tabakwerk von G. CAPUS (6) (1930) empfiehlt Chilesalpeter für leichte Böden, Ammoniumsulfat für schwere Böden. Auch Kalknitrat (200 kg) wird empfohlen. Ältere Autoren, wie TH. SCHLOESING, ferner P. WAGNER u. a., empfehlen schon, Vorsicht walten zu lassen bei der Dosierung der N-Gaben zu

Tabak, da sonst die Blätter zu mastig werden und zu dicke, unangenehm riechende und schmeckende Blätter aufweisen. Bei zu hohen N-Gaben erhält man spätreife und dunkelgrüne Blätter, die beim Trocknen dunkelbraun werden. Die Pflanzen zeigen stärkere Krankheitsanfälligkeit und ihre Blätter enthalten viel Eiweiß und stickstoffhaltige Körper nichteiweißartiger Natur.

Bemerkt werden muß noch, daß zur Gewinnung von Kau- und Schnupftabak ganz andere Verhältnisse Platz greifen. Zu diesen Tabaken soll nicht weniger als 100 kg N je Hektar gegeben werden. Der Kalkstickstoff ist in seiner Wirkungsart auf den Tabak noch wenig geprüft worden. Er muß, falls er Anwendung findet, in Gaben von 20—40 kg N je Hektar mindestens 3 Wochen vor dem Aussetzen der Tabakpflanzen auf dem Felde untergebracht werden. Auch zur Desinfektion und Düngung der Saatbeete muß Calciumcyanamid

Abb. 254. Tabak-Ernährungsversuch 1930.
1,5 g N-Düngung in Form von Harnstoff je Pflanze. Grunddüngung Stallmist (100 Ztr. je 25 a).

(5 g je Quadratmeter) 2—3 Wochen vor der Aussaat der Samen in das Keimbeet gebracht werden. Ammonchlorid ist als N-Düngemittel für Tabak unbedingt zu vermeiden.

Schließlich sei bemerkt, daß nach den Erfahrungen des Verf. blattfleckenkranken Pflanzen außer 5 g Kaliumsulfat noch 1 g Harnstoff gegeben werden kann. Durch diese Behandlung haben sich (zur Zeit eines Regens) viele vor der Knospenbildung stehende Pflanzen erholt. Ähnliche Erfahrungen hat auch K. Böning (5) gemacht.

A. R. C. Haas (14) suchte die Wirkung der Nitrate von Kalium, Natrium, Ammonium, Calcium und Magnesium auf die Tabakpflanze in Gefäßversuchen zu ergründen, ohne daß er auf diesem Wege zu wesentlichen Entscheidungen gekommen ist.

Ausschlaggebend sind jedenfalls unsere eingangs angeführten Versuchsergebnisse sowie die tiefschürfenden Arbeiten von F. Ströbele, E. Gross, Ph. Hoffmann, F. Mach und G. Wimmer (18a, 28, 40). Ph. Hoffmann (17) empfahl (etwa 1920) zuerst die Anwendung des künstlich hergestellten Harnstoffs zu Tabak, während schon G. Hermbstädt (15) im Jahre 1822, also vor der Entdeckung des künstlichen Harnstoffs durch F. Wöhler (1828), die Düngung des Tabaks mit Urin (Harnstoff) vorschlug und bemerkte, daß dadurch ein besonders zur Gewinnung von Schneidegut geeigneter Tabak zu erzielen sei.

b) Kalidüngung. Die Tabakpflanze ist ein ausgesprochener Kalifresser. Schon unsere Altvordern haben wiederholt festgestellt, daß die Düngung mit Holzasche für den Tabakbau vorteilhaft ist (41). (Buchenholzasche enthält etwa 20 % Kali, 30 % Kalk und 3,5 % P_2O_5.)

Th. Schloesing (39), der seine Untersuchungen besonders auf die Brennbarkeit der Tabake richtete, kam auf Grund der Ergebnisse seiner Versuche 1860—1866 zu der Erkenntnis, daß Kali das wichtigste Düngemittel für Tabak sei, um eine gute Brennbarkeit der Blätter zu erreichen. Dem Stickstoff spricht Th. Schloesing diese Eigenschaft ab. Bekannt sind die Feststellungen von Hammerschlag, der das kieselsaure Kali einführte, dem man im Anfang dieses Jahrhunderts besondere Wirkung zuschrieb. Über die Wirkung des Martellin (Hammerschlag) entspann sich ein erheblicher wissenschaftlicher Streit zwischen A. Stutzer und P. Wagner (29), der infolge zu hohen Preises nicht zugunsten des Martellin ausging. Martellin wird heute nicht mehr verwendet. P. Wagner (42) kam auf Grund seiner Untersuchungen zum Schluß, daß zu Tabak mit Stallmist mindestens 100 kg K_2O und zu Tabak ohne Stallmist 200 kg K_2O zugegeben werden müssen. Zu einem Ertrag von 18 dz lufttrockenen Tabaks vom Hektar sind nach P. Wagner 121 kg Kali nötig. Der Kaligehalt des Tabakblattes soll nach P. Wagner (bei Gaben von 80—100—200 kg K_2O) mindestens 6 % K_2O betragen. Eingehende Untersuchungen über die günstige Wirkung des Kalis auf Tabak hatten zuvor schon J. Nessler (32) und J. Behrens (3) angestellt.

Ph. Hoffmann (18) trat seit langem stark für die Verwendung von Kali in Form von Kaliumsulfat ein.

Wichtige Aufklärungen zur Wirkung des Kalibedarfs der Tabakpflanzen lieferten auch H. Wilfarth und G. Wimmer (43, 44). Sie fanden, daß zur Erzeugung von 60 kg Tabaktrockensubstanz 1 kg Kali notwendig sei. In der Schrift von F. Ströbele, G. Wimmer, Ph. Hoffmann und F. Mach (18a, 28, 40) untersuchte G. Wimmer die Wirkung von schwefelsaurem und kohlensaurem Kali sowie von Kalisalpeter. Diese Salze bezeichnet G. Wimmer als gleichwertig, doch sei auf leichten Böden kohlensaures Kali mit Vorsicht anzuwenden.

Von den ausländischen Arbeiten (U.S.A.) sei erwähnt, daß E. G. Moss und Mc. Murtrey (31) das Kaliumsulfat als günstigste Kalidüngung bezeichnen und seiner Anwendung auch die Widerstandsfähigkeit gegen Pflanzenkrankheiten zuschreiben. J. Johnson, Wisconsin (22) empfiehlt Gaben von 150—280 lbs je acre (oder rund 200 kg Kali je ha).

Gut durchdachte Erklärungen zur Kali-Chlorfrage gibt O. Nolte (34). Er nimmt als Ausgangspunkt seiner Untersuchungen die technischen Bonitierungen der zu den Ausstellungen der D.L.G. gesandten Tabake. O. Nolte empfiehlt u. a. auch die Wirkung einer späten Kopfdüngung mit Kali oder des Bespritzens der Blätter mit einer verdünnten Kaliumsulfatlösung zu prüfen.

Als beste Kalidüngung ist das konzentrierte Kaliumsulfat (48 %) zu empfehlen in Gaben von 100—200 kg K_2O je Hektar. Für die Bekämpfung von Blattkrankheiten kann eine Kopfdüngung von 5 g Kaliumsulfat je Pflanze empfohlen werden. Dem Keimbeet sollte man auch 10 g Kaliumsulfat je Quadratmeter beigeben. Bei starkem Kalimangel tritt die Kalimangelkrankheit auf. An den Blättern entstehen dann gelbe bis braune Flecken. Die Blätter rollen sich an den Blatträndern etwas um (23).

c) Die Phosphorsäureernährung. Der Phosphorsäuredüngung der Tabakpflanzen standen die Praktiker bis vor kurzem skeptisch gegenüber (17), da man die Phosphorsäuregaben im Stallmist als genügende P_2O_5-Gabe ansah. In der Tat ist die Frage des Bedarfs der Tabakpflanze an Phosphorsäure noch wenig geklärt, soviel steht jedoch fest, daß der Phosphorsäure bei Tabak keine so bedeutende Rolle zuzuschreiben ist wie den Kali- und Stickstoffdüngern.

Auf die Wirkung der Phosphorsäure haben schon T. JACKSON (21), J. BEHRENS (4) u. a. (30) hingewiesen. Die Versuche von Sumatra (32) haben ergeben, daß 5 g Doppelsuperphosphat (neben 4 g schwefelsaurem Ammonium und 1 g Kali) eine Verlängerung des Blattes und eine Verbesserung der Farbe bedingen. Hohe P_2O_5-Gaben machen das Blatt allerdings brüchig. Nach weiteren Erfahrungen auf Sumatra glaubt man es der Phosphorsäuredüngung zu verdanken, daß auf Sumatra keine Blattfleckenkrankheiten (Wildfire) auftreten.

Von B. KLEIN-J. BEHRENS sind in der Blattasche 2,13—2,62 % P_2O_5 gefunden worden.

J. B. LAWES (37) schrieb im Jahre 1844: Kalksuperphosphat wirkt auf die Entwicklung von Seitenwurzeln, auf die Bewurzelung überhaupt und auf die Wurzelhaare sehr günstig. Viele Nebenwurzeln werden neu gebildet. Die Phosphate sind auch dort vorteilhaft, wo Trockenperioden zu erwarten sind, wegen des Anreizes zur Bewurzelung.

Nach meiner Erfahrung fördert P_2O_5 auch die Fruchtreife des Tabaks. Man sollte es nicht versäumen, den Samenpflanzen eine besondere Gabe von 5 g Superphosphat als Kopfdüngung zu geben, sobald sie als solche ausgewählt sind. P_2O_5-Düngung wird sich ferner besonders in nassen Jahren als günstig erweisen, da sie auch die Reife des Blattes fördert (bessere Farbe) und einer evtl. zu hohen Stickstoffgabe entgegenwirkt. P_2O_5 soll aber nach G. CAPUS (6) die Brennbarkeit des Blattes herabsetzen und die Asche nicht weiß erscheinen lassen. G. CAPUS schlägt Gaben von 250—300 kg je Hektar, ja sogar von 600—800 kg je Hektar Superphosphat vor. A. W. ORTRYGANIEW (35) teilt mit, daß er mit Superphosphat höchste Ernteerträge erreicht hat.

In neuester Zeit hat auch PH. HOFFMANN (19) die Untersuchung der Wirkung von Phosphaten aufgenommen. Der „Technische Ausschuß" des Deutschen Tabakbauverbandes empfiehlt zu Versuchsanstellungen Gaben von 20—60 kg P_2O_5 je Hektar.

d) Die Kalkdüngung. Die Kalkdüngung richtet sich nach dem Reaktionszustand des Bodens. Saure Böden müssen 2—4 Wochen vor dem Satze des Tabaks eine solche Menge Kalk erhalten, daß die günstigste p_H-Zahl von 6—7 erreicht wird. Bei leichten Sandböden verwendet man gepulverten Kalkstein (Calciumcarbonat), 400—1000 kg je Hektar. Bei schweren Böden kann auch Branntkalk benutzt werden. Auch das Mergeln wird hier und da empfohlen. Es soll nach C. F. ULRICHS (41) einen milden Geschmack und angenehmen Geruch des Tabaks verursachen. Mit dem Kalkgehalt der Tabakpflanze bzw. der Blätter (in Aschenanalysen) haben sich verschiedene Forscher, z. B. J. NESSLER, J. BEHRENS, TH. SCHLOESING u. a. beschäftigt. Die deutschen Tabake enthalten in der Asche des Blattes zwischen 33,11 und 36,2 % CaO, die ausländischen zwischen 29,05 und 39,05 % CaO, also sehr reichlich. Kalkmangel zeigt sich durch eine starke Wellung und Verkrümmung der oberen Blätter. Die Blattspitzen erscheinen wie abgeschnitten (12). Diese Krankheitssymptome, die bei einem Gehalt des Blattes von unter 2 % CaO auftreten, sind durchaus verschieden von den Erscheinungen, die bei Kali- oder Magnesiummangel oder bei zu sauren Böden auftreten.

Bei Düngungsversuchen mit Kalk fanden N. H. Cohen und E. Sidenius (8) Qualitätsverbesserungen, aber dunklere Farben und anscheinend nicht so gute Brennbarkeit. Einen Versuch mit Gipsdüngung (in Verbindung mit Kali) führte A. Scarpuzza (38) aus. Gips bewirkte eine kräftigere Entwicklung der Pflanzen.

e) Magnesium, der wichtigste Bestandteil des Chlorophyllfarbstoffes, soll nach neuesten Forschungen von W. W. Garner und Mitarbeitern (12) mindestens zu 0,25 % (oder 0,4 % MgO) im Tabakblatt enthalten sein. Die oberen Blätter enthalten mehr MgO als die unteren. Magnesium vermag (nach W. Garner) das Calcium teilweise zu ersetzen, reichliches Vorhandensein von Magnesiumsalzen bei Mangel an Kalk bewirkt toxische Erscheinungen im Blatt. Aber auch der Magnesiummangel ruft typische Erkrankungen an den Tabakblättern hervor. Es tritt typischer Chlorophyllmangel ein, so daß der Assimilationsvorgang, und damit die Stärkebildung, verringert wird. Diese Erscheinung beginnt an den unteren Blättern und besonders an den Blattspitzen aufzutreten. Magnesiummangel gibt ein ganz anderes Krankheitsbild als Kalimangel. Das Blatt bleibt weich, ohne Flecken und neigt sich nicht abwärts.

Die Magnesiumaufnahme wird nach W. W. Garner durch Chlorionen wesentlich gefördert. Das ist um so interessanter, als uns bekannt ist, daß durch Chlordüngung eine stärkere Kohlenhydratbildung hervorgerufen wird. Der Magnesiagehalt in der Asche von deutschen Sorten wurde von L. Klein und J. Behrens (3) mit 4,2—6,83 % und bei ausländischen Sorten mit 3,1—5,36 % angegeben. Magnesiumdüngungsversuche werden z. Z. in Deutschland ausgeführt. Das Tabak-Forschungsinstitut hat auch Versuche mit verschiedenen Magnesiumsalzformen laufen. Eine Düngung mit Magnesium wird bei hinreichender Gabe von Stallmist oder anderen Mg-haltenden Mitteln bisher nicht als notwendig erachtet. In den U. S. A. wird der Düngung mit Baumwollsaatkuchenmehl, das etwa 0,6 % Magnesium enthält, eine günstige Magnesiumwirkung zugeschrieben (W. W. Garner 12).

f) Eisen. In den Böden und in den allgemeinen Düngemitteln ist genügend assimilierbares Eisen enthalten, so daß die Tabakpflanze zur Genüge mit diesem Nährstoff versorgt wird. Die Asche der Tabakblätter enthält 0,4—0,8 % Fe_2O_3.

g) Schwefel. Schwefel in Form von Sulfaten ist normalerweise zur Genüge, meist überreichlich im Boden und in den verabreichten Düngemitteln enthalten. Dadurch, daß der Tabak vielfach mit Kaliumsulfat gedüngt wird, kommt ein großer Überfluß von Sulfat in den Boden. Die Asche von Tabakblättern enthält 4,36—10,65 % SO_3. Eine Probe mit 10,65 % SO_3 hatte auch den höchsten Nikotingehalt (4,28 %).

h) Chlor. Über die Wirkung des Chlorions bzw. der Chloride besteht eine sehr große Literatur. Immer wieder wurde — schon durch J. Nessler (32), J. Behrens (4), Th. Schloesing (39), P. Wagner usw. — auf die Schädlichkeit einer Chlordüngung zu Tabak hingewiesen. Chlordüngung ist in jeder Form zu vermeiden, auch in Form von Jauche, Kloake, besonders auch als Kalium- oder Ammoniumchlorid. Nach P. Wagner (42) soll das Tabakblatt nicht mehr als 0,6 % Cl in der Trockensubstanz enthalten, da sonst die Brennbarkeit, die Glimmbarkeit und die Bildung einer weißen Asche herabgesetzt, aber auch der Geruch und Geschmack des Tabaks verdorben wird. Eine Chlorgabe zu Tabak ist um so mehr zu vermeiden, als der Tabak das Chlor gierig aufnimmt, also eine Vorliebe dafür hat. J. Nessler (17) gibt eine Übersicht von Analysen, aus denen hervorgeht, daß hohe Glimmbarkeit in Korrelation mit hohem Kaligehalt und niedrigem Cl-Gehalt und geringe Glimmbarkeit mit niedrigem Kaligehalt und hohem Chlorgehalt steht.

N. PRJANISCHNIKOW-E. TAMM (36) empfehlen, als Vorfrüchte „Chlorfresser" anzubauen. Mais nimmt z. B. 70 kg Cl je Hektar auf, Futterrüben entziehen dem Boden 50 kg je Hektar, Getreide dagegen nur 20 kg je Hektar.

In Deutschland traten seit langem und immer wieder PH. HOFFMANN, F. MEISNER u. a. für die Verwendung von chlorfreien Düngemitteln ein. Der Technische Ausschuß des Deutschen Tabakbauverbandes schreibt auch ausschließlich die Verwendung von Kaliumsulfat mit nicht mehr als 2% Cl vor.

T. B. HUTCHESON und T. E. COPLEY (20) erkennen dem Rest Chlor im Kaliumsulfat (unter 2%) eine günstige Wirkung zu. Die deutschen Versuche, die gegen Chlor sprechen, haben in den U.S.A. allgemeine Bestätigung und Anerkennung gefunden. Schließlich sei noch auf die Beobachtungen von O. NOLTE (34) aufmerksam gemacht, der die Bonitierungsergebnisse der Ausstellungsproben vergleicht mit dem Cl- bzw. K_2O-Gehalt. Nach O. NOLTE erfolgt die ungünstige Wirkung der Chloride durch Umsetzungen, die sie mit Kalk- und Magnesiumsalzen des Bodens eingehen, und die zur Aufnahme von Erdalkalichloriden führen, bei deren verhältnismäßig niederen Schmelztemperaturen sich Salzsäure abspaltet unter Bildung von leicht sinternden Oxychloriden. Natriumchlorid soll ähnlich wirken.

Nach L. KLEIN-J. BEHRENS (4) war früher der Chlorgehalt von Asche ausländischer Tabake (Blattsubstanz) 1,4—6,6% Cl, und (Rippen) 2,0—11,5%, ferner im ganzen Blatt (Asche) 1,6—8,2%. Die deutschen Sorten wiesen bedeutend höhere Chlorgehalte in der Asche der Blattsubstanz bis zu 22,5% Cl und bis 26,1% in den Rippen auf. Diese ungünstigen Verhältnisse haben sich jedoch infolge der Vermeidung chlorreicher Düngemittel bei den Qualitätstabaken sehr gebessert.

i) Kieselsäure. Wie erwähnt wurde vor dem Kriege die Tabakpflanze vielfach mit Martellin (kieselsaurem Kali) gedüngt. Die günstige Wirkung wurde mehr dem Kali als der Kieselsäure zugeschrieben. Immerhin ist die Frage der Wirkung der Kieselsäure im Pflanzenhaushalt durchaus noch nicht geklärt. In neuerer Zeit schreibt man der Kieselsäure einen günstigen Einfluß auf die Assimilation der Phosphorsäure (45) zu. An Kieselsäure fanden L. KLEIN-J. BEHRENS in der Asche von Tabakblättern 3 bis über 4% SiO_2.

k) Stimulantia. Die bekanntesten Reizmittel sind die *Mangan*salze, mit deren Beigabe zu Volldüngung bei anderen Pflanzen (z. B. Zuckerrüben) schon erhebliche Zunahmen von Pflanzensubstanz (bei Zuckerrüben auch von Zucker) erreicht worden sind. Bei der Düngung der Tabakpflanze sind Mangansalze, außer z. Z. in Topfversuchen im Tabak-Forschungsinstitut, noch nicht zur Anwendung gekommen. Der Verwendung von Stimulantien wird im Tabakbau voraussichtlich auch nie eine größere praktische Bedeutung zukommen. Zum erstenmal finde ich Mangan in Tabakpflanzen vermerkt bei T. JACKSON (21) (1858), der das Eisen und Mangan in der Tabakasche bestimmt hat. Einen Vorschlag zur Prüfung der Reizwirkung von Mangan bei Tabak machte 1924 PH. HOFFMANN. In diesem Zusammenhange sei auch auf die Arbeit von A. NIETHAMMER hingewiesen (33). Die stimulierende Wirkung von Bor in Form von Borsäure kam bei Versuchen des Tabak-Forschungsinstituts stark zum Ausdruck.

Schließlich sei noch daran erinnert, daß durch *Kreuzung* ein erhöhtes Wachstum der Blätter (Vergrößerung der Blattfläche, höhere Erträge) in der F_1-Generation zustande kommt, wie wir dies auf dem Versuchsfeld des Tabak-Forschungsinstituts jedes Jahr beobachten können. Eine bemerkenswerte Arbeit über diesen Vorgang „Ein Versuch, die stimulierende Wirkung des Kreuzungsaktes für die Tabakzüchtung nutzbar zu machen" veröffentlichte FRANZ FRIMMEL-Eisgrub (11).

Kolloide. Die Bodenverbesserung im Tabakbau ist die stete Sorge der Pflanzer. Die Tabakpflanze wünscht einen leichten, lockeren, nicht verkrustenden Boden. Durch Verwendung von Torfstreu zur Stallmistherstellung oder durch Ausstreuen von *Torf* als Bodenbedeckung zwischen den Pflanzen kann man viel zur physikalischen Bodenverbesserung und dabei zur besseren Auswertung der Nährstoffe, auch zur Verringerung der Bodenwasserverdunstung beitragen. Auf dem Forchheimer Sandboden haben wir gute Erfolge mit Torfbodenbedeckung erzielt.

Für sehr leichte Sandböden kommt auch eine „Düngung" mit feinem *Ton* in Frage, der außer seinem Gehalt an Nährstoffen auch auf den Wasserhaushalt solcher Böden einen günstigen Einfluß ausübt. Man denke dabei an die Verwendung von Lettenschichten in Sandgruben, die sich da und dort in der Nähe von armen Tabakäckern finden. Natürliche Tondüngung findet in manchen Flußniederungen, im Nildelta, ferner in Kleinasien (Kizilirmak) statt. Der „Matkatabak" (Baffra) in der Türkei ist für Überschwemmungston sehr dankbar.

Mischdünger sind im allgemeinen nicht zu empfehlen, namentlich wenn ihre Zusammensetzung geheim ist. Sie enthalten zumeist auch zuviel Phosphorsäure, an der im Tabakbau gespart werden kann. Dabei ist auch die Gefahr vorhanden, eine zu hohe Gabe an Stickstoff zu verabreichen und eine zu niedrig bemessene Gabe Kalisalz, das evtl. noch zuviel Chlor enthält, zu verabfolgen. Hier möge noch ein Beispiel einer in den U.S.A. üblichen Tabakdüngung (24) je acre gegeben werden: 1000 lbs Baumwollsaatmehl, 600 lbs Fischmehl, 500 lbs Kaliumsulfat (96proz.), 500 lbs Kalk und 500 lbs Gips. (Baumwollkuchen enthält 1,85 % K_2O, 6,72 % N, 0,29 % CaO, 0,72 % MgO, 2,3 % P_2O_5).

V. Versuchsanstellung.

Tabakdüngungsversuche sind — im Unterschied zu denen bei den meisten anderen Pflanzen — mehr auf Qualität als auf Mengenertrag abzustimmen. Auch der Verwendungszweck des Tabaks, ob er zu Pfeifentabak oder zu Zigarrengut verwendet wird, muß bei der Wahl der Düngerform und der Düngermenge berücksichtigt werden. Verschiedene Düngung bewirkt verschiedene Farbe, anderen Geruch und Geschmack des Tabaks usw. Alle Versuche, die nur auf Mengenerzeugung ausgehen, kann man als fast oder ganz wertlos ansehen. Den Berichten über die allgemeinen Versuchsergebnisse muß daher unbedingt eine Aufzeichnung über die Bonitierung beigegeben werden. Eine vermehrte Produktion kommt erst dann in Betracht, wenn die Qualität befriedigt hat. Die Begutachtung hat nach dem von dem Tabakausschuß der D.L.G. bearbeiteten Bonitierungsverfahren zu erfolgen. Einen praktischen Apparat zur Bestimmung der Glimmfähigkeit hat Verfasser gebaut.

Die praktische Versuchsanstellung in Deutschland ist durch die Gründung des Technischen Ausschusses des deutschen Tabakbauverbandes auf feste organisierte Grundlagen gestellt worden. Die Versuche müssen einheitlich nach den von dem Ausschuß ausgearbeiteten Vorschriften angestellt werden. Es ist dann eine gute Ausnützbarkeit der Versuche zu erwarten. Das Versuchswesen im Tabakbau ist dank der Maßnahmen der Reichsregierung (Gründung des Tabak-Forschungsinstituts und der Unterstützung des Deutschen Tabakbauverbandes und seines Technischen Ausschusses) entschieden in gutem Aufstieg begriffen. Wer die Ergebnisse der letzten Jahre im deutschen Tabakbau verfolgt hat, muß — trotz der ungünstigen Trockenheit — einen merklichen Fortschritt feststellen.

Literatur.

(1) BARNSTEIN, H.: 1644. — (2) BEETZ, A. N. J. A.: Versuche in den Jahren 1903—1924. Meded. Proefstat. v. Vorstenlandschen Tabak **1927**, Nr 59. — (3) BEHRENS, J.: Landw. Versuchsstat. **1892—1895**. — (4) BEHRENS, J., u. L. KLEIN: Ber. landw. bot. Versuchsanst. Karlsruhe **1888—1894** u. 6. Ber. **1895—1896**. — (5) BOENIG, K.: Vortrag, geh. auf d. Vers. d. Ver. d. angew. Bot., Erfurt **1930**.

(6) CAPUS, G., F. LEULLIOT u. E. FOEX: Le Tabac. Paris 1929. — (7) CHRIST, J. L.: Patriotische Nachricht zu dem einträglichen Tabakbau. Frankfurt 1799. — (8) COHEN, N. H., u. E. SIDENIUS: Bemestingsproeven met Kalk. Meded. Proefstat. **17**, 19—40 (1915). — (9) COOLHAAS, C.: Meded. Java Proefstat. v. Vorstenlandschen Tabak **1929**, Nr 66; Meded. Deli Proefstat., Ser. 2 **1928**, Nr 56 (betr. Harnstoff).

(10) FESCA, M.: Der Pflanzenbau in den Tropen und Subtropen **2**. Berlin 1907. — (11) FRIMMEL, FRANZ: Sonderdruck 1924.

(12) GARNER, W. W., MC. MURTREY, BOWLING u. MOSS: Magnesium and Calcium requirements of the Tobacco crop. J. agricult. Res. **40**, 2, 15, 1,30. — (13) GOHORI, J. G., Paris: 1572.

(14) HAAS, A. R. C.: Effect of Nitrat salts upon growth and composition of Tobacco leaves. Univ. of California. Bot. Gaz. 88, 96. — (15) HERMBSTÄDT, SIGISMUND: Gründliche Anleitung zur Kultur von Tabakpflanzen. Berlin 1822. — (16) HÖNINGER: a) HÖNINGER, N. 1582; b) MATTHIOLUS, P. A. 1586; c) SEBEZIUS, M. 1598 (Vorwort vom Jahre 1579). — (17) HOFFMANN, PH.: Neuzeitlicher Tabakbau. Etwa 1920. — (18) Derselbe: Bericht über Versuche auf dem Gebiete des Tabakbaues 1903—1906. Berlin 1910; Mitt. dtsch. Landw.-Ges. **1922**, 18. März; **1924**, 27. September, und verschiedene Aufsätze (mit KLEMM) in der Z. dtsch. Tabakbau, Kaiserslautern. — (18a) Arb. dtsch. Landw.-Ges. **1929**. — (19) Düngungsversuche zu Tabak mit Superphosphat. Dtsch. Tabakbau **14**, Nr 2, (1930). — (20) HUTSCHESON, T. B., u. T. E. COPLEY: Virginia Polytechnic Institute. Techn. Bull. Virg. Agricult. Exp. Stat. **35**, Januar (1929).

(21) JACKSON, T.: Report of the Comissioner of Patents for the year 1858. Agriculture Washington **1859**, 290—307. — (22) JOHNSON, J.: Bull. Agricult. Wisconsin, Madison **206** (1911).

(23) Kalisyndikat: Kunstmestgebruck bij Tropische Cultures. Berlin. — (24) KILLEBREW, J. B., u. H. MYRICK: Tobacco Leaf. New York 1928. — (25) KLING, M., nach A. v. BABO u. PH. HOFFMANN: Tabakbau, S. 26. Berlin 1919. — (26) KUIJPER, J.: Meded. (Deli), Ser. 2 **1928**, Nr 56. — (27) Persönlicher Brief von KUIJPER, Deli (Sumatra) an den Verfasser.

(28) MACH, F.: Arb. dtsch. Landw.-Ges. **1929**. — (29) Mitt. dtsch. Landw.-Ges. **1908**, Stück 19, 9. Mai, S. 151. — (30) Monthly Rep. Dep. Agricult. **1873**, 39; Ergebnisse der Düngungsversuche auf Java 1903—1924; ferner Boll. Technico **1929**, 1. — (31) MOSS, E. G., u. J. E. MURTREY: Fertilizer Tests with flue cured tobacco. Techn. Bull. U. S. A. Dep. Agricult. Washington **22**, Oktober (1927).

(32) NESSLER, J.: Über die Wirkung des Bodens und der Düngung auf die Verbrennlichkeit des Tabaks. Wbl. landw. Ver. Baden **1889**, Nr 16, 17. April. — (33) NIETHAMMER, A.: Grundlagen und Ziele der Stimulationsforschung. Z. Pflanzenernährg usw. A **7**, H. 5/6, 365. — (34) NOLTE, O.: Kali **1927**.

(35) ORTRYGANIER, A. W.: Das Verhältnis der Tabakpflanze zur Phosphorsäuredüngung. Krasnodar 1926. Lief. 30, 31. Ber. zentralen russ. Inst. Tabakforschg.

(36) PRJANISCHNIKOW, N., u. E. TAMM: Spezieller Pflanzenbau. Berlin: Julius Springer 1930. — (37) Proefstat. v. Vorstenlandsche Tabak, Meded. Nr 67.

(38) SCARPUZZA, A.: Boll. Technico Scafati **6**, 332 (1907). — (39) SCHLOESING, TH. (Grandeau): Le Tabac, sa culture. Paris 1868. — (40) STRÖBELE, J., E. GROSS, PH. HOFFMANN, G. WIMMER u. F. MACH: Düngung und Anbauversuche zwecks Gewinnung von deutschen Qualitätstabaken. Arb. dtsch. Landw.-Ges. Berlin **1929**.

(41) ULRICHS, C. F.: Rat und Hilfe für Ökonomen. Quedlinburg u. Leipzig 1825.

(42) WAGNER, PAUL: Versuche über Tabakdüngung. Arb. dtsch. Landw.-Ges. Berlin **1908**, H. 138. — (43) WILFARTH, H., u. G. WIMMER: Die Wirkung des Kaliums auf das Pflanzenleben. Versuche 1896—1900. Ebenda H. 68. — (44) WIMMER, G.: Ergebnisse der in den Jahren 1921—1927 in Anhalt durchgeführten Tabakversuche. Ebenda H. 370.

(45) Z. Pflanzenernährg usw. **15**, 415, 258 (1930); **17**, 1—2, 1, 48 (1930).

10. Düngungsplan und Fruchtfolge.

Eine rationelle Ernährung und Düngung der landwirtschaftlichen Kulturpflanzen ist nur bei gleichzeitiger Anwendung von Wirtschaftsdüngern und chemischen Kunstdüngemitteln möglich. Das Düngerbedürfnis der einzelnen Bodenarten und der Bedarf der verschiedenen landwirtschaftlichen Kulturpflanzen an den Nährstoffen Kali, Kalk, Phosphorsäure und Stickstoff sind sehr verschieden. Bis zur Einführung der künstlichen Düngemittel waren es fast ausschließlich Brache, Fruchtfolge und Stalldung, die, wenn auch nur empirisch, den verschiedenen Ansprüchen der einzelnen landwirtschaftlichen Kulturpflanzen an das Nährstoffkapital des Bodens Rechnung trugen. Je mehr und je mannigfacher, auch vielseitiger aber die Kunstdüngerarten sind, die heute zur Verfügung stehen, und je mehr die Möglichkeit gegeben wird, den Nährstoffvorrat des Bodens in der verschiedenartigsten Weise feststellen zu können, desto mehr muß sich die Düngung den Ansprüchen der Nutzpflanzen unter Berücksichtigung des im Boden vorhandenen Nährstoffvorrates und der übrigen Bodenverhältnisse anpassen. Infolgedessen ist bei der Auswahl der anzuwendenden Düngemittel nicht allein der Gehalt des Bodens an Pflanzennährstoffen überhaupt, sondern auch dessen Reaktionszustand usw. zu beachten.

Düngung und Fruchtfolge sind als ein untrennbares Ganzes zu betrachten, weil man schon durch Auswahl einer passenden Vorfrucht den Erfolg einer Düngung für die Nachfrucht steigern und sichern kann. „Die Fruchtfolge", so sagt A. SCHULTZ-LUPITZ, „hat die Grundlage für die Düngungsweise und für die Bestellungsweise zu bilden, um auf Grund der Ernährung und der physikalischen Verhältnisse die tunlichste Steigerung einer vollen Ernte herbeizuführen. Das seither meist eingeschlagene Verfahren, das Düngebedürfnis der einzelnen Kulturpflanzen sowie dasjenige eines Bodens für jede einzelne Pflanzengattung spezifisch festzustellen, ist für die landwirtschaftliche Praxis dahin zu erweitern, daß der gesamten Fruchtfolge ein Maßstab für die richtige Düngungsweise zugrunde gelegt wird." Hierdurch wird auch am ehesten dem eigentlichen Zweck der Fruchtfolge Rechnung getragen. „Jede Pflanze stellt hinsichtlich der Nährstoffe andere Anforderungen, als die vorhergehende Frucht und für jede Pflanze fließen andere Nährstoffquellen, als für diese, ebenso wie oft die Ernterückstände der Vorfrucht besonders geeignete Nährstoffquellen für die darauffolgenden Früchte sind" (K. VON RÜMKER). Es ist daher notwendig, den ganzen Düngungsplan auf Grund der Fruchtfolge, des Düngerbedürfnisses und Reaktionszustandes der einzelnen Bodenarten und des Nährstoffbedarfes der verschiedenen Nutzpflanzen aufzustellen.

a) Die Aufstellung des Düngeplanes.

Von

Dr. E. BIEREI

Direktor des Thünen-Institutes in Rostock.

Bei der Aufstellung der Fruchtfolge muß den natürlichen und wirtschaftlichen Gesichtspunkten Rechnung getragen werden. Unterschiede hinsichtlich Entfernung, Bodenart, Höhenlage, Überschwemmungsgefahr u. a. zwingen oftmals, die Schläge nicht zu einer einzigen Fruchtfolge zusammenzufassen. Es mag dabei auch darauf hingewiesen sein, daß die organische Düngung nicht allein durch Stallmist, Gründüngung, Jauche u. a., sondern auch durch Stoppelreste geliefert wird, was bei Tiefwurzlern besonders beachtlich ist. Die kostspielige

Anfuhr der organischen Düngung zu sehr entfernten Schlägen führt dazu, die Fruchtfolge so einzurichten, daß weniger Fuhrarbeit für organische Humusversorgung hier nötig wird, und daß sie insbesondere auch in arbeitsschwache Zeiten fällt.

Bei der Düngung ist zu beachten, daß die Nährstoffe nur eine Wachstumsbedingung darstellen. Die wirtschaftlich erreichbare Erntehöhe wird auch von den übrigen Wachstumsfaktoren mitbestimmt. Art, Form und Menge der Düngemittel muß also mit den übrigen Wachstumsfaktoren in Einklang gebracht werden. In jeder Hinsicht ist wichtig, daß die Wirtschaftlichkeit bei allen Maßnahmen des Landwirts nicht außer Acht gelassen wird. Für die künstlichen Düngemittel liegt dabei allerdings eine verhältnismäßig günstige Marktlage vor.

Der Landwirt will wissen, ob, wann und wie er düngen muß. Die im Rahmen der ganzen Faktoren wirtschaftlich erreichbare Erntehöhe hat naturgemäß ihren Nährstoffbedarf. Davon zu unterscheiden ist aber das Düngungsbedürfnis der Pflanzen, das nicht immer gleich ihrem Nährstoffbedürfnis ist, sondern daneben noch beeinflußt wird von der Fähigkeit der Pflanzen, sich die Nährstoffe im Boden anzueignen, oder sich dieselben anderweitig zu beschaffen, wie das hinsichtlich des Stickstoffs bei den Leguminosen der Fall ist. Auch die Zeit der Nährstoffaufnahme liegt bei den verschiedenen Kulturpflanzen nicht einheitlich.

Der Gehalt des Bodens an Nährstoffen und deren Löslichkeitsgrad spielt demnach für die Regelung der Düngerzufuhr eine große Rolle. Nährstoffgehalt des Bodens und Löslichkeitsgrad hängen nun nicht allein ab von der Bodenzusammensetzung, sondern auch von Klima, Witterung, Bodenbearbeitung, Vorfrucht u. a. mehr. Das erschwert den Überblick sehr.

Der Landwirt geht so vor, daß er die organische Düngung als die Grundlage der ganzen Düngung ansieht und sie sowohl nach Art und Menge als auch den zeitlichen Abständen nach den verschiedenen Böden und Pflanzen anpaßt. Die so sehr große Bedeutung der Gründüngung auf leichten Sandböden, die dann auf den schweren Böden immer mehr zurücktritt, sei ebenso hervorgehoben, wie die überragende Bedeutung des Stallmistes auf den schweren Lehm- und Tonböden für die Humusversorgung dieser Bodenarten.

Der leichte Boden als Verzehrer fordert öftere Wiederholung der organischen Düngung als der schwere Boden, bei dem dann größere Mengen zugeführt werden.

Die organischen Düngemittel werden in erster Linie den Hackfrüchten, außerdem Raps, Rübsen und Mais zugeführt. Bei Überschuß fällt der Ackerbohne, wo sie gebaut wird, eine schwache Stallmistdüngung zu, für deren physikalisch-biologische Wirkung sie dankbar ist. Von den Getreidearten ist der Mais hinsichtlich der Düngung ähnlich wie die Hackfrüchte zu bewerten. Die übrigen Getreidearten werden im allgemeinen ohne direkte organische Düngung gebaut. Bei vorhandenem Überschuß würde diese am besten noch vom Hafer gelohnt. Serradellareste nach Abweiden fallen auch dem Roggen zu. Es ist bereits darauf hingewiesen, daß die organische Düngung beim Roggen nicht empfehlenswert ist.

1. **Die Kalkdüngung** wirkt in physikalischer, chemischer und biologischer Richtung stark ein. Die Nährstoffwirkung tritt zurück. Der Kalk ist Bodendünger, nicht Pflanzendünger. Die Kalkzufuhr wird, ebenso wie die organische Düngung, nicht in jedem Jahre wiederholt. Die Forschungsergebnisse haben gezeigt, daß es ratsam ist, die Zwischenräume der Kalkdüngung im Gegensatz zu früheren Zeiten, stark zu verkürzen. Es läßt sich dann den besonderen Ansprüchen jeder Pflanze an die Bodenreaktion mehr Rechnung tragen. Die Ge-

ringfügigkeit der Kosten ermöglicht heute, daß der Landwirt vor der Kalkdüngung eine Bodenuntersuchung auf Reaktion und auf Gehalt an kohlensaurem Kalk vornehmen lassen sollte. Die zuzuführende Kalkmenge wird dann bestimmt in Anlehnung an diesen Untersuchungsbefund, aber verbunden mit der Überlegung, was Bodenzusammensetzung, Art und Menge der anderen Düngemittel, die kalkbereichernd, neutral oder kalkzehrend sind und was die hauptsächlich angebauten Früchte fordern. Der Befund kann bei der ersten Untersuchung, wenn im Betriebe bisher weniger Sorgfalt geübt wurde, zu einer sog. Notkalkung mit stärkerer oder gar doppelter Kalkung für Krume und Unterschicht, auch zu einer Kalkdüngung 2 Jahre hintereinander zwingen. Anders ist es bei geordnetem Kalkzustand. Hier genügt die Erhaltungskalkung, die im Durchschnitt alle 3 Jahre erfolgt und bei der geringe Kalkmengen benötigt werden. Auf den schweren Böden ist der Kalk nicht so sehr nur Regler der Bodenreaktion, sondern seine Einwirkung auf die physikalischen Eigenschaften des Bodens tritt hier stark hervor. Höhere Kalkmengen sind hier nötiger, als auf den leichten Böden. Auf die Bedeutung des Branntkalkes ist hinzuweisen. Von großer Bedeutung sind die Unterschiede, die die Pflanzen an die Bodenreaktion stellen. Nach H. Kappen ist die Mehrzahl unserer Kulturpflanzen zu gutem Wachstum befähigt, wenn die Bodenreaktion in der Nähe des Neutralpunktes liegt, nämlich Weizen, Rüben, Rotklee, Erbsen, Bohnen. Eine nach der alkalischen Seite hin über den Neutralpunkt verschobene Reaktion wird der Luzerne und der Gerste, dem Raps und Senf am besten bekommen. Mais, Hafer, Roggen und Kartoffeln gedeihen auch noch gut bei sauerer Reaktion. Doch wohl allein die Kartoffel ist es, die sauren Boden einem neutralen vorzieht. Mais, Hafer und Roggen erscheinen nicht an sauern Boden gebunden, vielmehr vermögen sie alle auch bei neutraler Reaktion Höchsterträge zu liefern. Ob alkalische Reaktion zwischen p_H 7 und p_H 8 diesen Pflanzen unter praktischen Anbauverhältnissen schadet, muß noch sichergestellt werden.

Die Einrichtung doppelter Fruchtfolgen ist teilweise mit beeinflußt von dem Bestreben, die Ansprüche der Pflanzen an die Bodenreaktion genauer zu befriedigen. Betriebswirtschaftlich soll die Kalkdüngung möglichst weitgehend Füllarbeit sein. Sie erfolgt in erster Linie zu Hackfrucht, Raps, Bohnen, aber nicht zu Hafer wegen der Gefahr der Dörrfleckenkrankheit, auch niemals zu Flachs. Die gleichmäßige Verteilung des Kalkes im Boden ist Vorbedingung für rechte Wirksamkeit, sie hängt nicht allein von der Unterbringung ab, sondern auch von dem ausreichenden Feinheitszustand des Kalkes.

Soweit die Bodenreaktion von der Düngung beeinflußt wird, soll die Kalkdüngung den Ausgleich schaffen, damit der Spielraum für die Auswahl der anderen Düngemittel offenbleibt. Nur in besonderen Fällen wird ein kleiner Ausgleich durch die Auswahl der anderen Düngemittel geschaffen werden müssen.

2. **Die Phosphorsäuredüngung** wird nicht in jedem Jahre jeder Kulturpflanze ganz genau zugemessen, die Ausnutzung der Handelsphosphate im ersten Jahre beträgt nur 10—15%. Die Phosphorsäure in den natürlichen Düngemitteln und in den Handelsdüngern verteilt also ihre Wirkung auf Jahre hinaus. Die Wurzellöslichkeit geht in den meisten Böden nicht schnell zurück, sondern wird eher noch günstiger. P. Wagner sagt, daß in einem Kulturboden der Prozeß des Unlöslichwerdens der Phosphorsäure fortwährend gestört wird, weil der Kulturboden diesem Prozeß einen anderen entgegenstellt. Humussäure, Kohlensäure, Einwirkung von Düngesalzen, Pflanzenwurzeln, Algen, Bakterien, Durchlüftung und Durchfeuchtung der Krume lassen die Phosphorsäure nicht zur Ruhe kommen. Je intensiver die Kultur ist, um so weniger ist die Möglichkeit gegeben,

daß die in den Boden gebrachte Phosphorsäure in kurzer Zeit und in großer Menge so schwerlöslich werde, daß man auf eine Nachwirkung bei der im Überschuß gegebenen Phosphorsäure nicht rechnen dürfte. H. NEUBAUER schätzt die Ausbeutbarkeit der wurzellöslichen Bodenphosphorsäure höher ein als die Ausnutzung der Düngerphosphorsäure. Keinesfalls ist aber die Ausbeutbarkeit der wurzellöslichen Bodenphosphorsäure niedriger als die der Handelsphosphate.

Für die praktische Düngung sucht der Landwirt sich zunächst einen Überblick über den Gehalt des Bodens zu verschaffen. Unter den Methoden mag als Beispiel auf die NEUBAUER-Analyse zurückgegriffen werden. Sie will uns Anhaltspunkte für den Gehalt der oberen Bodenschicht an wurzellöslichem Kali und an wurzellöslicher Phosphorsäure geben. Die Ausbeutbarkeit dieser wurzellöslichen Nährstoffe durch die Pflanzen schwankt nun sehr nach Pflanzenart, Bodenart, Bodenbearbeitung, Reaktion u. a. mehr. Die bisherigen Kenntnisse müssen noch vertieft und für die engeren Bezirke genauer zugeschnitten werden. So ist beispielsweise bekannt, wie absorptionsschwache Sandböden bei geringem Phosphorsäuregehalt oft keine Phosphorsäuredüngung lohnen, während Lehmböden bei einem viel höheren Gehalt an wurzellöslicher Phosphorsäure trotzdem eine besondere Phosphorsäuredüngung lohnen. Die Erkenntnisse sind aber soweit vorgeschritten, daß man die Analyse für die Bemessung der Phosphorsäure- und Kaligaben mit in Betracht ziehen muß. TH. ROEMER zeigt das besonders durch Nachprüfung der NEUBAUER-Analyse auf Grund von Felddüngungsversuchen.

Wo nach dem Befund der Analyse auf einem großen Mangel an Phosphorsäure geschlossen werden muß, wird eine Bodenanreicherung mit Phosphorsäure angestrebt werden müssen, damit die Ernte an Sicherheit gewinnt. Auf die Bedeutung einer solchen Maßnahme hat auch P. WAGNER schon früher hingewiesen. Wo umgekehrt verhältnismäßig hohe Zahlen an wurzellöslicher Bodenphosphorsäure gefunden werden, wird man mit größerer Ruhe als bisher, falls es überhaupt geschah, einen gewissen Raubbau mit Phosphorsäure treiben, bis der Bodenvorrat soweit gesunken ist, daß noch die phosphorsäurebedürftigsten Pflanzen ihre volle wirtschaftliche Erntehöhe erreichen. Von diesem Punkte an wird für die Fruchtfolge eine volle Ersatzdüngung an Phosphorsäure einsetzen. Wir haben es hier bei der Phosphorsäuredüngung mit einer modernisierten Statik zu tun. Sie ist bei Phosphorsäure von beachtlicher Bedeutung, weil die Phosphorsäure nicht ausgewaschen wird. Wir düngen hier die Fruchtfolge mehr als die Einzelpflanze mit Phosphorsäure. Die praktische Düngung spielt sich so ab, daß den phosphorsäurebedürftigsten Pflanzen mehr Phosphorsäure gegeben wird, als sie selbst entziehen. Eine Gefahr der Erntedepression durch verstärkte Phosphorsäuredüngung ist hier nicht in den Vordergrund gerückt. Auch ist schon erwähnt, daß die Phosphorsäure weder ausgewaschen noch unwirksam wird. Der Nachfrucht, die auf die besonders phosphorsäurebedürftige Pflanze folgt, gibt man dann weniger Phosphorsäure, als sie entzieht. Die Kunstdünger- und Stallmistphosphorsäure wird bei der Anrechnung zusammengefaßt. Folgt Hafer auf stark mit Phosphorsäure gedüngte Hackfrucht, so kann die Phosphorsäuredüngung ganz ausfallen, falls kein Klee untergesät wird. Wo die Phosphorsäurezahlen günstig liegen, kann auch Weizen nach Zuckerrüben, die mit Phosphorsäure gut versorgt waren, ganz ohne Phosphorsäuredüngung oder doch mit geringer Gabe auskommen. Für Roggen liegen die Verhältnisse etwas anders, während die Gerste zu den phosphorsäurebedürftigen Pflanzen zählt.

Der Landwirt wird auf einen guten Phosphorsäuregehalt des Bodens Wert legen. Er kann zwar weder vom Stallmist noch vom Ernteprodukt Analysen machen lassen. Auch die Entzugszahlen, die er für die Ernten überschlägt, sind

Mittelzahlen und stimmen nicht genau. Weil alle Unterlagen nicht mathematisch genau sind, wird man einen kleinen Sicherheitszuschlag bei der Phosphorsäure machen. Das gilt allerdings nicht für Pächter, wenn sie den Betrieb in wenigen Jahren abgeben und den Hauptteil der zuletzt zugeführten Phosphorsäure an den Nachfolger zur Ausbeutung überlassen würden.

Weitere Arbeit ist nötig, um die Neubauer-Zahlen besser für die eigenen Verhältnisse zuzuschneiden. Die Erfahrungen der Zukunft müssen noch genauer zeigen, wieweit wir mit dem Bilanzziehen bei Phosphorsäure für eine Fruchtfolge und auch bei Kali richtig arbeiten, wenn wir unter Zuhilfenahme der Bodenanalysen und der Entzugszahlen den Bodenvorrat und die Phosphorsäuredüngung der Folgejahre genauer an das Düngebedürfnis der Pflanzen anzupassen suchen und insbesondere auch an Arbeit sparen wollen, indem der Nachfrucht der phosphorsäurebedürftigsten Pflanzen gar keine Phosphorsäure gegeben wird, wo der Bodenvorrat und die verstärkte Vorjahresdüngung das zu erlauben scheint.

3. Die Kalidüngung wird der Pflanze schärfer als die Phosphorsäuredüngung zugemessen, wenn auch nicht so peinlich genau wie die Düngung mit künstlichem Stickstoff, der ja immer nur für ein und dasselbe Jahr wirkt. Das Kalibedürfnis der zu düngenden Kulturpflanze ist aber mehr zu berücksichtigen als bei der Phosphorsäure. Die durchschnittliche Ausbeutbarkeit des Kalis in der Kalidüngung wird für das erste Jahr mit etwa 60 % angenommen. Verschiedene Forscher weisen darauf hin, daß die Ausnutzung des wurzellöslichen Bodenkalis durch die Pflanzen wesentlich geringer ist als die Ausnutzung des Kalis bei der Düngung. H. Neubauer nimmt die Kaliausbeute in einer Vegetationszeit aus dem wurzellöslichen Bodenvorrat an bei Gerste mit 12 %, Weizen 15 %, Kartoffeln 25 %, Rüben 33 %, bei Hafer, Roggen, Rotklee, Raps und Luzerne mit 20 %. Diese Zahlen sind jedoch nur Übersichtszahlen. Ein Kaliüberschuß bei der Düngung wird also im Boden für die Zukunft schwerer ausnutzbar. Außerdem ist Kali im gewissen Umfang der Auswaschungsgefahr unterworfen. Ferner sind sehr starke spät gegebene oder gar nach dem Drillen gestreute Kaligaben nicht selten pflanzenschädigend und nachteilig auf die Bodenstruktur, so daß in der Gesamtwirkung eine Ertragsdepression die Folge ist. Bei rechtzeitiger Kalidüngung und bei guter, aber nicht übermäßiger Kaliversorgung kommt diese Gefahr nicht in Betracht.

Für die Düngung wird man sich durch die Analyse einen Überblick über die Hilfe des Bodens bei der Kaliversorgung der Pflanzen verschaffen. Auf der anderen Seite ist der Nährstoffbedarf der wirtschaftlich erreichbaren Erntehöhe einzuschätzen. Die Witterungsschwankungen in ihrer Bedeutung für die Erntehöhe wird man beachten. Die kalibedürftigsten Pflanzen, in erster Linie also die Hackfrüchte, werden unter Einrechnung der natürlichen Düngung stark mit Kali versorgt. In günstigen Jahren gibt es einen hohen Ernteertrag und in sonnenarmen Jahren zeigt sich die besondere Wirkung des Kalis in einer günstigen Beeinflussung der Assimilation. Wird bei den kalibedürftigsten Pflanzen mit einer gewissen guten Versorgung an Kali gearbeitet, um in jedem Falle die Erntehöhe nicht vorzeitig durch Kalimangel beschränken zu lassen, so kann man den Nachfrüchten, die keine so hohe Erntehöhe oder allgemein einen geringeren Kalidüngebedarf haben, einen entsprechenden Kaliabzug bei der Kalidüngung machen. Wo ein guter Bodenvorrat für ihre Erntehöhe nach dem Analysenbefund und unsern allgemeinen Erfahrungen vorhanden ist, wird die besondere Kalidüngung sogar bei Hafer auf kalireichen, schweren Böden ausfallen dürfen, oftmals auch bei Roggen und bei Weizen. Die Gerste dagegen zählt zu den kalibedürftigen Pflanzen.

Weichen die Ergebnisse und Forderungen der Analyse sehr stark von den bisherigen Erfahrungen oder üblichen Düngungen ab, so wird man dann, wenn man die Erträge als den Verhältnissen nach gut einschätzte, für die Düngung der Felder vorläufig den alten Weg keinesfalls ganz verlassen, sondern man wird nur etwas im Sinne der theoretischen Forderungen abweichen. Durch weitere Beobachtung und Versuche auf kleinen Stücken, die durch den Analysenbericht jetzt besonderen Antrieb erfahren haben, werden die Erkenntnisse zu vertiefen versucht, ehe man weitgehendere Folgerungen zieht.

4. Die Stickstoffdüngung wird nach praktischer Erfahrung bemessen. Der Landwirt stellt theoretische Berechnungen in festen Zahlen über Entzug durch die Pflanze, Stickstoffverluste durch Auswaschung und Stickstoffentbindung auf der einen Seite und anderseits für Stickstoffsammlung durch Bodenbakterien, freilebend oder in Symbiose mit Kulturpflanzen, Stickstoffzufuhr in Niederschlägen oder durch Bindung des Bodens nicht an. Feste Zahlen sind hier sinnlos, weil die Schätzungen für den Einzelfall zu sehr in der Luft hängen und auch die Ausnutzung des bei der Düngung zugeführten Stickstoffs gar zu sehr von den verschiedensten Verhältnissen abhängig ist. Insbesondere spielt das verschiedene Ausmaß der Bodengare hier nach jeder Richtung hin die größte Rolle.

Der praktische Landwirt beobachtet bei der Stickstoffdüngung des Getreides vornehmlich die Lagergefahr. Bei Weizen tritt auch die Frage des Rostbefalles mit in den Vordergrund und bei Gerste die Beachtung der Qualität. Weil die Witterung zu den größten Ausschlägen Anlaß gibt, kann der Landwirt sich nicht auf Rekordernten einstellen. Betriebswirtschaftliche Gesichtspunkte, wie die Arbeiterverhältnisse, zwingen ebenfalls zum Maßhalten bei der Düngung des Getreides. Auf der anderen Seite ist allerdings der Stickstoff der große Motor und weil das Preisverhältnis günstig liegt, so versucht der Landwirt die oben genannte Lagergrenze bei dem Getreide durch geeignete Maßnahmen in wirtschaftlicher Weise möglichst hinauszuschieben. Die Hauptmöglichkeiten liegen hier abgesehen von Zeit und Form der Stickstoffgabe in geeigneter Sortenwahl, Saatmenge, Reihenweite, Kaliphosphatdüngung und in richtiger Bodenbearbeitung.

Wenn der Landwirt auch nicht feste Zahlen dafür aufschreibt, so überschlägt er sich selbstverständlich doch in jedem Einzelfall, wie die Vorfrucht, die Wirkung oder Nachwirkung der Humusversorgung und das Ausmaß der Gare des Bodens einzuschätzen sind. Aus früheren Beobachtungen und Versuchen folgert er dann, wieviel er an künstlichem Stickstoff wirtschaftlich zulegen darf, um die im Rahmen aller Faktoren wirtschaftliche Erntehöhe zu erzielen. Je bessere Erfahrungen er besitzt, um so größer ist der Wahrscheinlichkeitsgrad, das Richtige nahezu oder ganz genau zu treffen.

Eine besondere Betrachtung verdient die Stickstoffdüngung des Getreides auf den leichtesten Böden. Hier spielt auf diesen Sandböden die Wasserversorgung die größte Rolle. Die Höhe der Stickstoffgabe muß damit in Einklang gebracht werden, da bei übermäßiger Stickstoffversorgung ein sog. Verscheinen eintritt.

Für die Stickstoffdüngung der Leguminosen ist das Notwendige bei Besprechung dieser Pflanzen gesagt.

Die Stickstoffdüngung der Hackfrüchte, auch die von Raps und Mais, gestaltet sich leichter als die Stickstoffdüngung der Hauptgetreidearten. Die Güte der Vorfrucht, die Humusversorgung und der ganze Bodenzustand müssen eingeschätzt werden. Demgegenüber ist der Stickstoffbedarf der Früchte abhängig von der Erntehöhe, die im Rahmen aller Faktoren wirtschaftlich erreichbar ist. Der Zuschuß in Form des künstlichen Stickstoffs ist hier aber nicht so vorsichtig wie bei den Hauptgetreidearten zu bemessen. Während die Überdüngung bei Getreide nicht nur zu dem Geldverlust für die Stickstoffdüngung führt, sondern noch zur Ernteschädigung nach Höhe und Güte und außerdem zu Verlusten für erhöhte Lohnaufwendungen bei Bergung und Drusch des Getreides, ist das hier nicht der Fall. Die Lagergefahr fällt aus, und die Verringerung nach Menge und Güte tritt erst dann beachtlich ein, wenn man ziemlich stark aus dem üblichen Erfahrungsrahmen herausfällt. Im Einzelbetrieb werden scharfe Beobachtung und Düngungsversuche eine immer genauere Einfühlung bringen müssen. Für die Berechnung der Wirtschaftlichkeit der Düngung ist dabei nicht allein der Mehrertrag von Bedeutung, sondern auch die Güte und die verkaufsfähige Menge der gewonnenen Ernte.

Wenn die benötigten Stickstoffmengen klar sind, wird man bei der Auswahl der Düngemittel berücksichtigen die spezielle Vorliebe der Pflanzen, Qualitätswirkungen, Wirkungsschnelligkeit, unterschiedliche Auswaschungsgefahr, Nebenwirkung auf den Boden, insbesondere auf Reaktion und Struktur, Preiswürdigkeit unter Beachtung der unverteuerten Lieferung teilweise schnell wirksamen Stickstoffs und von kostenlosen Nebenbestandteilen unter Beachtung der Einwirkung der Frachtkosten, unterschiedlicher Arbeitsaufwand usw. Hierher gehört auch Mischung und Mischungsmöglichkeit, mehr oder weniger günstige Lagerungsfähigkeit und Verteilung sowie Zeit der Anwendung.

Als Muster für einen Düngungsplan, wie solcher in der Wirklichkeit aussieht, mögen die nachfolgenden Ausführungen gelten. Am besten nimmt man sich hierzu ein konkretes Beispiel.

Muster 1.

Nr. des Schlages	Größe des Schlages Mrg.	Hauptfrucht: Zu bestellende bzw. bestellte Frucht	Vorfrucht	Natürliche Düngung Stallmist je Mrg.	Stallmist im ganzen Zentner	Schwefelsaures Ammoniak je Mrg.	Schwefelsaures Ammoniak im ganzen Zentner	Kalkstickstoff je Mrg.	Kalkstickstoff im ganzen Zentner	Kalksalpeter je Mrg.	Kalksalpeter im ganzen Zentner	Thomasmehl je Mrg.	Thomasmehl im ganzen Zentner	Kainit je Mrg.	Kainit im ganzen Zentner	40er Kali je Mrg.	40er Kali im ganzen Zentner	Ätzkalk je Mrg.	Ätzkalk im ganzen Zentner
A 1	30	Gerste	Rüben	—	—	0,80	24,—	—	—	—	—	1,—	30,—	—	—	1,—	30,—	10,—	300,—
A 2	30	Weizen	Gerste	4 Fuhren je 40 Ztr.	4800	1,—	30,—	—	—	—	—	2,—	60,—	—	—	1,—	30,—	—	—
A 3	25	Futterrüben	Weizen }	5 Fuhren je 40 Ztr.	6000	—	—	2,—	60,—	1,—	30,—	2,—	60,—	5,—	150,—	—	—	—	—
A 3	5	Möhren																	
B 1	100	Roggen	Hafer	—	—	1,—	100,—	—	—	—	—	2,—	200,—	—	—	1,—	100,—	—	—
B 2	100	Kartoffeln	Roggen	4 Fuhren je 40 Ztr.	16000	1,50	150,—	—	—	—	—	2,—	200,—	—	—	1,50	150,—	—	—
B 3	100	Hafer	Kartoffeln	—	—	—	—	1,20	120,—	—	—	—	—	—	—	1,—	100,—	—	—
C 1	50	Roggen	Kartoffeln	—	—	1,—	50,—	—	—	—	—	1,—	50,—	—	—	1,—	50,—	—	—
C 2	50	Kartoffeln	Roggen	dgl.	8000	1,50	75,—	—	—	—	—	2,—	100,—	—	—	1,50	75,—	—	—
C 3	50	Gemenge	Kartoffeln	—	—	1,—	50,—	—	—	—	—	1,—	50,—	—	—	1,—	50,—	—	—
C 4	50	Kartoffeln	Gemenge	dgl.	8000	1,50	75,—	—	—	—	—	2,—	100,—	—	—	1,50	75,—	—	—
Die Düngung der Wiesen u. Koppeln 200 Mrg.						—	—	1,—	200,—	—	—	1,—	200,—	2,—	400,—	—	—	—	—
							554,—		380,—		30,—		1050,—		550,—		660,—		300,—

Muster 2.

	Nr. des Schlages	Größe des Schlages Mrg.	Hauptfrucht: Zu bestellende bzw. bestellte Frucht	Vorfrucht	Natürliche Düngung: Stallmist je Mrg. Zentner	Stallmist im ganzen Zentner	Nitrophoska I je Mrg. Zentner	Nitrophoska I im ganzen Zentner	Nitrophoska II je Mrg. Zentner	Nitrophoska II im ganzen Zentner	Kaliammonsalpeter je Mrg. Zentner	Kaliammonsalpeter im ganzen Zentner	Thomasmehl je Mrg. Zentner	Thomasmehl im ganzen Zentner	Kainit je Mrg. Zentner	Kainit im ganzen Zentner	Ätzkalk je Mrg. Zentner	Ätzkalk im ganzen Zentner	Kalkmergel je Mrg. Zentner	Kalkmergel im ganzen Zentner
A	1	30	Gerste	Rüben	—	—	—	—	1,—	30,—	—	—	—	—	—	—	—	—	—	—
A	2	30	Weizen	Gerste	4 Fuhren je 40 Ztr.	4800	1,—	30,—	—	—	0,25	7,50	—	—	—	—	—	—	—	—
A	3	25	Futterrüben	Weizen	5 Fuhren je 40 Ztr.	6000	—	—	2,—	60,—	0,50	15,—	—	—	2,—	60,—	5,—	150,—	—	—
A	3	5	Möhren																	
B	1	100	Roggen	Hafer	—	—	1,20	120,—	—	—	—	—	—	—	—	—	—	—	5,—	500,—
B	2	100	Kartoffeln	Roggen	4 Fuhren je 40 Ztr.	16000	—	—	2,—	200,—	—	—	—	—	—	—	—	—	—	—
B	3	100	Hafer	Kartoffeln	—	—	—	—	—	—	1,—	100,—	—	—	—	—	—	—	—	—
C	1	50	Roggen	Kartoffeln	—	—	1,—	50,—	—	—	0,20	10,—	—	—	—	—	—	—	—	—
C	2	50	Kartoffeln	Roggen	dgl.	8000	—	—	2,—	100,—	—	—	—	—	—	—	—	—	—	—
C	3	50	Gemenge	Kartoffeln	—	—	—	—	—	—	—	—	—	—	—	—	—	—	—	—
C	4	50	Kartoffeln	Gemenge	dgl.	8000	—	—	2,—	100,—	—	—	—	—	—	—	—	—	—	—
			200 Morgen Wiesen und Weiden . . .				—	—	—	—	1,—	200,—	1,—	200,—	1,—	200,—	—	—	—	—
								200,—		490,—		332,50		200,—		260,—		150,—		500,—

Muster 3.

	Nr. des Schlages	Größe des Schlages Mrg.	Hauptfrucht: Zu bestellende bzw. bestellte Frucht	Vorfrucht	Kaliammonsalpeter je Mrg. Zentner	Kaliammonsalpeter im ganzen Zentner	Thomasmehl je Mrg. Zentner	Thomasmehl im ganzen Zentner	Kainit je Mrg. Zentner	Kainit im ganzen Zentner	Kalkammonsalpeter je Mrg. Zentner	Kalkammonsalpeter im ganzen Zentner	40er Kali je Mrg. Zentner	40er Kali im ganzen Zentner	Kalkmergel je Mrg. Zentner	Kalkmergel im ganzen Zentner
A	1	30	Gerste	Rüben	1,—	30,—	1,—	30,—	—	—	—	—	—	—	—	—
A	2	30	Weizen	Gerste	—	—	2,—	60,—	—	—	1,—	30,—	1,—	30,—	—	—
A	3	25	Futterrüben	Weizen	1,—	30,—	2,—	60,—	4,—	120,—	1,—	30,—	—	—	—	—
A	3	5	Möhren													
B	1	100	Roggen	Hafer	—	—	2,—	200,—	—	—	0,80	80,—	1,—	100,—	—	—
B	2	100	Kartoffeln	Roggen	2,—	200,—	2,—	200,—	—	—	—	—	—	—	—	—
B	3	100	Hafer	Kartoffeln	1,—	100,—	—	—	—	—	—	—	—	—	—	—
C	1	50	Roggen	Kartoffeln	—	—	1,—	50,—	—	—	0,70	0,35	1,—	50,—	—	—
C	2	50	Kartoffeln	Roggen	2,—	100,—	2,—	100,—	—	—	—	—	—	—	6,—	300,—
C	3	50	Gemenge	Kartoffeln	1,—	50,—	1,—	50,—	—	—	—	—	—	—	—	—
C	4	50	Kartoffeln	Gemenge	2,—	100,—	2,—	100,—	—	—	—	—	—	—	—	—
			200 Morgen Wiesen und Weiden		—	—	1,—	200,—	2,—	400,—	0,80	160,—	—	—	6,—	1200,—
						610,—		1050,—		520,—		300,35		180,—		1500,—

Der landwirtschaftliche Betrieb ist 800 Morgen groß, wovon 600 Morgen Acker, 100 Morgen Wiesen, 100 Morgen Koppeln darstellen.

Das Ackerland wird in drei verschiedenen Fruchtfolgen genutzt, nämlich:

Rotation A. In 3 Schlägen je 30 Morgen: 1. Weizen, 2. Rüben, 3. Gerste.

Rotation B. In 3 Schlägen je 100 Morgen: 1. Roggen, 2. Kartoffeln, 3. Hafer.

Rotation C. In 4 Schlägen je 50 Morgen: 1. Roggen, 2. Kartoffeln, 3. Gemenge, 4. Kartoffeln.

Unter Zugrundelegung dieser Fruchtfolge sah für das Wirtschaftsjahr 1925/26 die Düngung folgendermaßen aus (Muster 1):

Im einzelnen ist zu diesem Düngungsplan zu bemerken, daß der Roggen, Serradella als Untersaat erhält, die aber im Herbst von den Milchkühen oberflächlich abgeweidet wird.

Als Phosphorsäuredünger wird das Thomasmehl bevorzugt, weil erfahrungsgemäß der Kalkgehalt des Thomasmehles auf kalkarmen Böden durchaus ins Gewicht fällt.

Der Betrieb ist eine Brennereiwirtschaft, die Stallmistproduktion eine sehr große. Was die Zeit der Düngerverwendung anbelangt, so wird zur Herbstbestellung das Thomasmehl gegeben. Sämtlicher Stickstoff und sämtliches Kali als Kopfdünger im Frühjahr, bzw. für die Frühjahrssaaten vor der Bestellung. Die Wiesen erhalten ihren Dünger in einer Gabe während des Winters.

Muster 2 ist im Wirtschaftsjahr 1927/28 verwendet worden. Die natürliche Düngung, Gründüngung, wird genau so wie bei 1 gehandhabt. Im Herbst wurde überhaupt kein künstlicher Dünger angewandt, sondern dieser sämtlich erst im Frühjahr mit Ausnahme von Kainit, der im Winter gegeben wurde. Der Kaliammonsalpeter für die Wiesen wurde in zwei Gaben verabreicht.

Der Erfolg bei der Verwendung von Nitrophoska war gut und vereinfachte die ganze Düngerverwendung.

Muster Nr. 3 stellt den Düngungsplan für das Wirtschaftsjahr 1929/30 dar. Es ist eine praktische Erfahrung, daß der künstliche Dünger, der Stickstoffdünger, am besten wirkt, wenn nicht immer dieselbe Sorte verwendet wird, sondern wenn in den einzelnen Jahren mit der Sorte gewechselt wird. Demzufolge wurden für das Wirtschaftsjahr 1929/30 andere Arten verwendet. Die natürliche Düngung und die Gründüngung sind genau so wie bei 1 und 2 vorgenommen worden.

b) Die Düngung verschiedener Fruchtfolgen.

Von

Dr. F. HONCAMP

o. Professor a. d. Landesuniversität und Direktor der Landwirtschaftl. Versuchsstation zu Rostock i. Meckl.

1. Allgemeines. Voraussetzung für eine erfolgreiche Anwendung aller Düngemittel ist eine genügende Entwässerung des Bodens und ein ausreichender Kalkgehalt desselben. Die Entstehung der Bodenacidität bei Mineralböden ist in der Hauptsache auf eine weitgehende Entkalkung des Bodens zurückzuführen. Bei der Anwendung der verschiedenen Düngemittel wird man je nach dem Reaktionszustand des Bodens physiologisch saure, neutrale oder alkalische Düngemittel auszuwählen haben. Die verschiedenen Pflanzen verhalten sich unterschiedlich gegen die Bodenreaktion, wenn schon sie auch im allgemeinen einen neutralreagierenden Boden oder höchstens einen solchen von schwach saurer oder schwach alkalischer Reaktion bevorzugen. Empfindlich gegen Bodensäure sind in erster

Linie die meisten Leguminosen und Futterpflanzen, insonderheit Bohne, Erbse, Wicke, Luzerne, Klee usw. und von den Hackfrüchten besonders die Zuckerrübe. Von den Getreidefrüchten scheinen Gerste und Weizen einen sauren Boden weniger zu vertragen, als Hafer und Roggen. Am wenigsten empfindlich nach dieser Richtung hin dürften von den Körnerfrüchten Buchweizen und Mais und von den Leguminosen Lupine und Serradella sein. Die Kartoffel wird sogar als säureliebende Pflanze angesprochen (F. HONCAMP 1).

Diesen Verhältnissen ist bei der Düngung der einzelnen Kulturpflanzen Rechnung zu tragen, sofern Kalk- und Reaktionszustand des Bodens nicht normal sind. Ist der Kalkgehalt ein ungenügender, so sind in der Fruchtfolge vor allen Dingen jene Schläge zu kalken, auf denen besonders säureempfindliche Pflanzen angebaut werden sollen. Auf den anderen Schlägen wird man zunächst die Anwendung von physiologisch sauren Düngemitteln vermeiden und an deren Stelle hauptsächlich physiologisch alkalische oder doch wenigstens neutrale Dünger verwenden. Man wird also hier die Phosphorsäure in Form von Knochenmehl, Rhenaniaphosphat oder Thomasmehl und den Stickstoff als Kalksalpeter oder als Kalkstickstoff, jedenfalls aber nicht als salz- oder schwefelsaures Ammoniak usw. geben. Letztere werden neben Kainit und Superphosphat auf stark alkalischen Böden ausschließlich anzuwenden sein. Eine regelmäßige Kalkung im Verlauf einer Rotation muß heute als die Grundlage einer erfolgreichen Anwendung von Natur- und Kunstdünger angesehen werden. Der Kalk ist zu den Ackerfrüchten möglichst immer so zeitig zu geben, daß er gewissermaßen die ganze Bestellung mitmacht und auf diese Weise möglichst innig mit dem Boden vermischt wird. Die Kartoffel ist für eine Kalkung weniger dankbar. Die Lupine wird direkt als kalkfeindlich bezeichnet. Gründünger und Stalldung sind im allgemeinen in der Fruchtfolge den Früchten zu geben, welche die Naturdünger am besten ausnutzen. Es sind dies in der Hauptsache Hackfrüchte und Ölfrüchte.

2. Beispiele. Folgende Beispiele mögen zeigen, wie etwa die Düngung einer Fruchtfolge anzupassen ist (F. HONCAMP 2), wobei sich die Angaben immer auf einen Hektar beziehen:

a) Bessere und schwere Böden. I. Fruchtfolge: Sieben Schläge mit fünf Saaten. Fruchtfolge: Weizen, Hafer, Hackfrüchte, Hafer, Roggen, Klee, Weide.

1. Weizen: in mit Stalldung gedüngter Sommerbrache: im Herbst je 50 kg K_2O und P_2O_5, evtl. bei schlechtem Stand im Frühjahr als Kopfdünger 25 bis 30 kg N und mehr.

2. Hafer: 40—50 kg N, evtl. in zwei Gaben.

3. Hackfrüchte ($^1/_2$ Kartoffeln, $^1/_2$ Rüben): Beide gleichmäßig 200—300 dz Stalldung und 80 kg K_2O. Die Zuckerrüben außerdem 60—70 kg P_2O_5 und 60—80 kg N, die Kartoffeln 30—40 kg P_2O_5 und 40 kg N.

4. Hafer: 30—40 kg N.

5. Roggen mit Klee-Einsaat: im Herbst vor der Saat 60 kg P_2O_5 und 80 bis 120 kg K_2O, im Frühjahr als Kopfdünger 40 kg N.

6. Klee: nichts.

7. Weide: nichts.

Begründung: Der Weizen erhält im Herbst nur eine schwache Kali- und Phosphorsäuredüngung in Form von 40er Kalisalz und Superphosphat, weil er auf besseren Böden und in mit Stalldung gedüngter Sommerbrache steht. Vielfach wird die Kalidüngung sogar in Fortfall kommen können. Ob und in welchem Umfange sich im Frühjahr eine Stickstoffdüngung als erforderlich erweist, wird vom Stand der Saat und wie der Weizen durch den Winter gekommen ist, abhängig zu machen sein. Der Stickstoff wird in diesem Falle am zweckmäßigsten in der schnellwirkenden Salpeterform zu geben sein.

Der Hafer hat nur ein ausgesprochenes Stickstoffbedürfnis. Sein Bedarf an Kali und Phosphorsäure ist verhältnismäßig gering, auch vermag er die hiervon im Boden vorhandenen Nährstoffe gut auszunutzen. Der Stickstoff kann in Form von Ammoniak- oder Salpeterstickstoff, aber auch als Kalkstickstoff gegeben werden. Letzterer ist einige Zeit vor der Saat auszubringen und zum mindesten einzueggen. Eine Kali- und Phosphorsäuredüngung kommt nur in Frage, wenn auf Grund einer Bodenanalyse der Acker einen nur ungenügenden Gehalt an diesen Nährstoffen aufweist.

Die Hackfrüchte stehen in Stallmist, weil sie von allen landwirtschaftlichen Kulturpflanzen diesen am besten ausnutzen. Kartoffeln wie Rüben sind beide stark kalibedürftig. Für die letzteren ist die Form des Kalisalzes (Kainit, Kalidüngesalz usw.) ohne Belang. Bei den chlorempfindlichen Kartoffeln ist jedoch die Verwendung von Kainit grundsätzlich zu vermeiden. Besonders zu bevorzugen sind hier die Kalimagnesia und das schwefelsaure Kali. Den Stickstoff wird man den Kartoffeln am zweckmäßigsten in Form der Ammoniakdünger, jedoch nicht als salzsaures Ammoniak, geben, die vor dem Legen oder sogleich nach dem Legen der Kartoffeln auszustreuen und einzueggen sind. Die Rüben bevorzugen den Salpeterstickstoff, jedoch erhalten sie den Stickstoff vielfach in einer Form, die sowohl Ammoniak- als auch Salpeterstickstoff enthält. Der Stickstoffdünger kann vor dem Drillen bei frühzeitigem Ausstreuen teilweise auch in Form von Kalkstickstoff gegeben werden. Die Stickstoffdüngung der Rüben wird in der Regel auf mehrere Gaben verteilt und die späteren zweckmäßig immer vor einer Hacke gegeben. Da alle Rüben ein ausgesprochenes Bedürfnis nach leichtlöslicher und schnell assimilierbarer Phosphorsäure haben, so wird diese am besten in wasserlöslicher Form zugeführt. Hinsichtlich der Phosphorsäuredüngung zu in Stallmist stehenden Kartoffeln sind die Ansichten geteilt. Eine solche wird aber bei geringen Gaben von Stallmist oder bei schlechter Qualität desselben meist angebracht sein.

Der nachfolgende Hafer findet an Kali und Phosphorsäure von der Vorfrucht noch genügend vor. Er bedarf daher meist nur einer Stickstoffdüngung, die in Form von Ammoniak- oder Salpetersalzen bzw. auch als Kalkstickstoff erfolgen kann.

Der Roggen erhält im Herbst vor der Saat reichlich Kali und Phosphorsäure, die aber in erster Linie für den einzusäenden Klee bestimmt sind. Die Form des Kalidüngemittels ist ohne Belang, die Phosphorsäure wird in Anbetracht ihrer eigentlichen Zweckbestimmung in Form von Thomasmehl oder Rhenaniaphosphat verabfolgt. Den Stickstoff erhält der Roggen im zeitigen Frühjahr auf den Kopf in Form von Ammoniak- oder Salpeterdünger bzw. von einem Düngemittel, das beide Stickstoffarten enthält (Leunasalpeter).

Klee und Weide erhalten keine direkte Düngung, da die für sie bestimmte Kali-Phosphatdüngung bereits der Deckfrucht mitgegeben worden ist.

Soll in der angegebenen Fruchtfolge auch gekalkt werden, so würde der Kalk am zweckmäßigsten auf die Stoppel des nach Weizen folgenden Hafers auszustreuen und mit dieser unterzupflügen sein. Man würde den Kalk aber auch nach dem Abweiden des Klees ausstreuen und mit diesem unterschälen können. In diesem Falle kann der Stallmist aber nicht auf die Kleestoppel, sondern erst nach Umbruch dieser ausgebracht werden.

II. Fruchtfolge, acht Schläge mit fünf Saaten:

1. Raps in gedüngter Schwarzbrache: vor der Saat 80 kg K_2O und 35 bis 40 kg P_2O_5, im Frühjahr je nach Stand ca. 40—60 kg N.

2. Weizen im Herbst vor der Saat 40 kg K_2O und 25—35 kg P_2O_5, im zeitigen Frühjahr als Kopfdünger je nach Stand und Überwinterung 20 bis 40 kg N.

3. Hafer: 40—60 kg N entweder in ganzer Gabe vor der Saat oder $^2/_3$ vorher und $^1/_3$ als Kopfdünger.

4. Hackfrüchte ($^1/_2$ Kartoffeln, $^1/_2$ Zuckerrüben) wie im ersten Fruchtfolgebeispiel, aber nur 200 dz Stallmist.

5. Hafer mit Klee-Einsaat: 80 kg K_2O, 50—60 kg P_2O_5 und 30—40 kg N vor der Saat.

6. Klee: nichts.

7. Weide: nichts.

8. Brache: Stalldung.

Kalkung entweder auf die Stoppel des Hafers nach Weizen oder auf den abgeweideten Klee kurz vor dem Unterpflügen.

Begründung: Der Raps ist ein außerordentlich starker Düngerfresser und muß dementsprechend gut mit Nährstoffen versorgt werden. Auf sehr kalireichem Boden und bei starker Stallmistdüngung wird man die Kalidüngung einschränken oder vielleicht auch ganz unterlassen können. Dagegen erscheint eine Phosphorsäuredüngung erforderlich und zwar am besten in Form von Superphosphat. Allzu starke Stickstoffdüngungen sind beim Raps zu vermeiden, da eine Überdüngung hiermit zu ölarmen Samen führen kann. Der Stickstoff wird am zweckmäßigsten in Salpeterform verabfolgt.

Für den Weizen ist ein reichlich gedüngter und in Brache gebauter Raps eine gute Vorfrucht, so daß geringere Gaben an Kali, Phosphorsäure und Stickstoff ausreichen. Letzterer wird im zeitigen Frühjahr als Kopfdünger gegeben und zwar am besten in Salpeterform, sofern nicht Rostbefall zu befürchten ist. Die zu gebende Menge hat sich nach dem Aussehen und Stand der Saaten zu richten.

Hafer erhält nur Stickstoff aus den schon bei dem ersten Fruchtfolgebeispiel dargelegten Gründen und zwar nach Möglichkeit in ganzer Menge vor der Saat.

Für die Hackfrüchte sind Düngung und Begründung die gleichen wie im ersten Beispiel.

Hafer mit Klee-Einsaat erhält reichlich Kali und Phosphorsäure in Rücksicht auf eine ausreichende Versorgung des einzusaenden Klees. Für die Phosphorsäuredüngung wird man hier dem Thomasmehl und für die Düngung mit Kali dem Kainit den Vorzug geben. Selbstverständlich können diese Nährstoffe auch als Rhenania- oder Superphosphat bzw. als hochprozentiges Kalidüngesalz gegeben werden.

Klee und Weide erhalten keine Düngung.

Die Brache wird mit Stallmist abgedüngt und zwar mit 200 dz je Hektar.

III. Fruchtfolge (nach W. SCHNEIDEWIND 1).

1. Kartoffeln: 200 dz guten Stalldünger.

2. Weizen: im Herbst vor der Saat 40—60 kg K_2O (nur bei kalibedürftigen Böden), 30 kg und P_2O_5 20—30 kg N, im Frühjahr nichts.

3. Rüben: 200 dz Stalldünger, 80 kg K_2O, 35—40 kg P_2O_5 und je nach Qualität des Stallmistes 40—60 kg N.

4. Gerste: 50—60 kg K_2O, 35—40 kg P_2O_5 und 10—20 kg N.

Begründung: Bei in hoher Kultur befindlichen Böden reichen 200 dz Stallmist in guter Qualität aus, um nicht allzu anspruchsvolle Kartoffeln mit notwendigen Nährstoffen zu versehen.

Der Weizen gebraucht für seine Ernährung nennenswerte Mengen von Kali und eignet sich auch das Bodenkali nur ziemlich schwer an, so daß eine Kalidüngung trotz der in Stalldung stehenden Vorfrucht erforderlich ist. Das Phosphorsäurebedürfnis des Weizens ist geringer. Auch kann hier die Phosphorsäuredüngung niedriger gehalten werden, da der Weizen in zweiter Tracht steht. Der Stickstoff ist in Form einer Ammoniak- bzw. Kalkstickstoff-Herbstdüngung gegeben, weil Salpeterdüngungen im Frühjahr leicht einen Befall des Weizens verursachen.

Die Zuckerrüben erhalten eine entsprechende Volldüngung, wie sie schon im ersten Fruchtfolgebeispiel eingehend begründet worden ist.

Trotzdem die Gerste in zweiter Tracht steht, bedarf sie einer ausreichenden Zufuhr von Phosphorsäure, da sie sich die Bodenphosphorsäure nur schwer anzueignen vermag. Die Phosphorsäure wird am zweckmäßigsten in Form von Superphosphat gegeben, und nur auf solchen Böden und in solchen Lagen, wo die Gerste zu schnell reift, ist das weniger reifebeschleunigende Thomasmehl vorzuziehen. Die Kalidüngung ist verhältnismäßig reichlich zu bemessen, da die Gerste ein großes Kalibedürfnis besitzt und das Bodenkali nur schwer auszunutzen vermag. Die Stickstoffgabe ist niedrig bemessen, da eine stärkere Stickstoffdüngung die Güte der Gerste ungünstig beeinflußt. In der angeführten Fruchtfolge kann eine Kalkung bei den Kartoffeln vorgenommen werden, indem der Kalk sofort nach dem Legen der Kartoffeln ausgestreut und eingeeggt wird. Er kann aber auch auf die Weizen- oder Gerstenstoppel ausgebracht und mit dieser untergeschält werden.

b) Mittlerer Boden (lehmiger Sand- und sandiger Lehmboden).

I. Fruchtfolge. 1. Roggen: im Herbst vor der Saat je 30—40 kg P_2O_5 und K_2O, im zeitigen Frühjahr 40 kg N.

2. Futterrüben: 200—300 dz Stalldung, 50—60 kg K_2O, 30—40 kg P_2O_5 und 30—40 kg N je nach Stärke der Stallmistdüngung.

3. Hafer: 40 kg N.

4. Gemenge als Grünfutter: 25—30 kg P_2O_5, 40—60 kg K_2O und 20 kg N.

5. Wintergerste mit Lupinen als Stoppelfrucht: im Herbst vor der Saat 60—80 kg K_2O, 40—50 kg P_2O_5 und im zeitigen Frühjahr etwa 30 kg N.

6. Kartoffeln in Gründung: nichts.

Eine erforderliche Kalkung würde in der Weise auszuführen sein, daß der Kalk auf die Roggenstoppel gestreut und mit dieser untergebracht wird, oder daß er sofort nach dem Legen der Kartoffeln ausgestreut und eingeeggt wird. In Hinsicht auf die Kalkempfindlichkeit der Lupine ist eine von ihrem Anbau zeitlich möglichst entferntliegende Kalkung zu empfehlen.

Begründung: Die Kali- und Phosphorsäuredüngung erfolgt beim Roggen, da die vorhergehenden Kartoffeln überhaupt keinen Kunstdünger erhalten haben, sondern nur in Gründung angebaut worden sind. Das Kali kann sowohl als Kainit, wie auch als Kalidüngesalz gegeben werden. Die Phosphorsäuredüngung erfolgt auf den besseren Böden in Form von Superphosphat und auf den mehr sandigen als Thomasmehl.

Die Futterrüben erhalten das Kali in Form von Kainit, die Phosphorsäure in Gestalt von Superphosphat. Der Stickstoff wird am besten ganz oder wenigstens teilweise in Salpeterform gegeben. Die Stärke der Kunstdüngergaben hat sich hier der Güte und Stärke der Stallmistdüngung anzupassen.

Gemenge aus Getreide und Leguminosen erhalten alle Nährstoffe in einer leichtlöslichen und möglichst schnell wirkenden Form, doch kann die Phosphorsäure auch in Form von Thomasmehl gegeben werden.

Wintergerste wird vor der Saat in Anbetracht der hinterher als Stoppelfrucht anzubauenden Lupinen ausreichend mit Kali (Kainit) und Phosphorsäure

(Thomasmehl) gedüngt. Im zeitigen Frühjahr erhält die Wintergerste eine schwächere Stickstoffdüngung in Gestalt von schwefelsaurem Ammoniak oder Leunasalpeter.

Die nachfolgenden Kartoffeln erhalten, wenn die Gründüngung gut geraten ist, nichts. Andernfalls sind je nach Güte und Stärke der Gründüngung entsprechende Kali- und Stickstoffgaben in Form von Kalidüngesalz und schwefelsaurem Ammoniak anzuwenden. Eine Phosphorsäuredüngung wird nur erforderlich sein, wenn die Gründüngung gänzlich mißraten ist.

II. Fruchtfolge: *1. Weizen nach Klee*: im Herbst vor der Saat 50 kg Kali, 40—50 kg P_2O_5 und im zeitigen Frühjahr 30 kg Stickstoff.

2. Zuckerrüben: 200—300 dz Stalldung, 60—80 kg K_2O, 60—70 kg P_2O_5 und 50—60 kg N, je nach Güte und Stärke der Stallmistdüngung.

3. Hafer mit Klee-Einsaat: je 50—60 kg K_2O und P_2O_5 und 40 kg N.

4. Klee: nichts.

Soll gekalkt werden, so würde dies am zweckmäßigsten nach der Ernte des Weizens oder, wenn es die Verhältnisse gestatten, vor dem Anbau des Hafers zu geschehen haben.

Begründung: Da die Vorfrucht keine direkte mineralische Düngung erhalten hat, ist eine Zufuhr von Kali und Phosphorsäure in mittleren Mengen für den Weizen erforderlich, die am zweckmäßigsten in Form von Kainit und Thomasmehl gegeben werden. Hinsichtlich des Stickstoffes ist in Anbetracht des vorhergehenden Klees nur eine mittlere Gabe vorgesehen. Wo nicht die Gefahr des Rostbefalles besteht, empfiehlt sich die Stickstoffdüngung als Salpeter zu geben.

Die Zuckerrüben erhalten die üblichen Nährstoffe, deren Mengen immer von der Güte und Stärke der Stallmistdüngung abhängig zu machen sind.

Der Hafer mit Klee-Einsaat erhält in Anbetracht des einzusäenden Klees ausreichende Kali- und Phosphorsäuremengen in Form von Kainit und Thomasmehl. Die Stickstoffart ist für den Hafer ziemlich gleichgültig (Ammonsulfat, Leunasalpeter, Salpeter oder Kalkstickstoff).

Der Klee erhält nichts. Handelt es sich nicht um reinen Klee, sondern um ein Kleegrasgemisch, so kann bei ungünstiger Entwicklung der Kleepflanzen eine Stickstoffdüngung in Form von Salpeter zur Entwicklung und Kräftigung der Gräser angebracht sein.

c) Leichter Boden (Sand). *I. Fruchtfolge*: Roggen mit Serradellaeinsaat, Kartoffeln, Roggen oder Lupinen zur Samengewinnung.

1. Roggen mit Serradellaeinsaat: im Herbst vor der Saat je 50—60 kg K_2O und 30—40 kg P_2O_5, im zeitigen Frühjahr 30—40 kg Stickstoff und zwar evtl. in zwei Gaben.

2. Kartoffeln in Gründung: 80—100 dz Stalldung und 40—60 kg K_2O.

3a. Roggen im Herbst vor der Saat 30 kg P_2O_5 und im zeitigen Frühjahr 40 kg N in zwei Gaben oder

3b. Lupinen zur Samengewinnung je 30—40 kg K_2O und P_2O_5.

Begründung: Der Roggen erhält in Hinsicht auf die Serradellaeinsaat eine Volldüngung. Kali und Phosphorsäure werden im Herbst vor der Saat als Kainit bzw. Thomasmehl gegeben, während die Stickstoffdüngung im zeitigen Frühjahr in Form von Leunasalpeter erfolgt, das zum geringen Teil den raschwirkenden Salpeterstickstoff, die Hauptmenge des Stickstoffes aber in Form des etwas langsamer wirkenden Ammoniakstickstoffes enthält.

Den in Gründung stehenden Kartoffeln gibt man zweckmäßigerweise auch noch eine schwächere Stallmistgabe, deren Stärke sich nach dem Geraten der Gründüngung zu richten hat. Bei der Kalibedürftigkeit der Kartoffel dürfte sich außerdem noch eine Kalidüngung in Form eines hochprozentigen Düngesalzes empfehlen.

Unter den hier gegebenen Voraussetzungen benötigt der folgende Roggen nur eine mittlere Phosphorsäuredüngung in Form von Thomasmehl. Die Stickstoffkopfdüngung erfolgt auch hier wieder am besten in Gestalt von Leunasalpeter. Werden statt Roggen Lupinen zur Samengewinnung angebaut, so erhalten diese mit Kainit und Thomasmehl eine entsprechende Kali- und Phosphorsäuredüngung.

II. Fruchtfolge: Roggen, Kartoffeln, Roggen (nach W. SCHNEIDEWIND 2).

1. Roggen: im Herbst vor der Saat 50 kg K_2O, 30—40 kg P_2O_5 und 10 bis 20 kg N, im zeitigen Frühjahr 20—30 kg N.

2. Kartoffeln in Gründung erhalten, wenn die Gründüngung sehr gut geraten, 120 kg K_2O und 60 kg P_2O_5, wenn die Gründüngung nur mäßig geraten ist, 100—150 dz Stallmist sowie 80 kg K_2O und 40—50 kg P_2O_5 sowie 20 kg N und ferner bei vollständigem Mißraten der Gründüngung 200 dz Stallmist, 80 kg K_2O, 40—50 kg P_2O_5 und je nach Güte des Stalldungs 20—30 kg N.

3. Roggen im Herbst vor der Saat 30—40 kg P_2O_5 sowie im zeitigen Frühjahr 30—40 kg N und zwar evtl. in mehreren Gaben.

Eine Kalkzufuhr erfolgt auf allen leichten Sandböden am besten durch eine regelmäßige und reichliche Düngung mit Thomasmehl. Ist eine direkte Kalkdüngung erforderlich, so ist eine solche immer nur in kleineren Mengen, dafür aber öfters durchzuführen.

Begründung: Auf allen vorwiegend sandigen und leichten Böden empfiehlt es sich mit Ausnahme der Kartoffel, die das Kali grundsätzlich nur in Form von hochprozentigen Düngesalzen erhalten soll, das Kali als Kainit und die Phosphorsäure in Form von Thomasmehl anzuwenden. Bei der leichten Auswaschbarkeit des Salpeters ist dieser auf solchen Böden mit einer gewissen Vorsicht anzuwenden. Man wird hier den Leunasalpeter den reinen Salpeterdüngern vielfach vorziehen. Die Stärke der Kunstdüngergabe bei den in Gründung stehenden Kartoffeln ist immer von dem Geraten derselben abhängig zu machen. Hiernach hat sich auch die Beidüngung von Stallmist zu richten, die vielfach neben bzw. gleichzeitig mit der Gründüngung stark empfohlen wird.

Beispiele, wie die Düngung der Fruchtfolge anzupassen ist, können hinsichtlich der angegebenen Düngermengen und Düngerarten nur Anhaltspunkte sein. Die Verhältnisse liegen in jeder Wirtschaft verschieden und zwar nicht nur was Art und Kultur des Bodens anbetrifft, sondern vor allen Dingen auch bezüglich der wirtschaftlichen Verhältnisse. Düngungspläne und Düngungsvorschläge können daher nur allgemeine Richtlinien weisen, wie die einzelnen landwirtschaftlichen Kulturpflanzen auf Grund wissenschaftlicher Ergebnisse und praktischer Erfahrungen unter Berücksichtigung ihres Nährstoffbedürfnisses und in Hinsicht auf ihre Stellung in der Fruchtfolge etwa zu düngen sind.

Literatur.

HONCAMP, F.: (1) STEINBRÜCKS Handbuch der Landwirtschaft **5**, 4. Aufl., 134. Leipzig: D. M. Jänecke 1929; (2) Ebenda 3. Aufl., **2**, 417; Jb. Superphosphatind. **1922**, 3. Aufl. Hamburg: Verein deutscher Düngerfabrikanten.

RÜMKER, K. v.: Tagesfragen aus dem modernen Ackerbau, H. 4. Berlin: P. Parey 1911.

SCHNEIDEWIND, W.: (1) Die Ernährung der landwirtschaftlichen Kulturpflanzen, S. 497; (2) Ebenda 3. Aufl., S. 509. Berlin: P. Parey 1920.

VI. Die Düngung im Forstbetrieb.

Von

Dr. EILHARD WIEDEMANN

o. Professor a. d. Forstlichen Hochschule Eberswalde und Direktor der Preußischen Forstlichen Versuchsanstalt.

Mit 19 Abbildungen.

Die Düngung im Forstbetrieb hat ähnlich wie die Moordüngung eine Fülle von Besonderheiten. Ihre Untersuchung kann daher neben der praktischen Wirkung auf die Waldwirtschaft auch für die Lösung der allgemeinen Probleme der Düngungsfrage wertvolle Beiträge liefern.

Außer der langen Zeitdauer zwischen Saat und Ernte des Waldes tritt vor allem die Bedeutung der alljährlich vom Baume herabfallenden Nadeln und Blätter für die Nährstoffversorgung der Bäume hervor. Die Tatsache, daß von den Nährstoffen, die aus dem Boden aufgenommen sind, nur ein kleiner Teil zum Aufbau des Holzes Verwendung findet, während der größte Teil in den Blättern dem Boden zurückgegeben wird, sowie die Beobachtung, daß oft gute Waldbestände auf landwirtschaftlich unproduktivem Boden stocken, hat sogar die Frage aufgeworfen, ob die Waldbäume neben ihren eigenen Abfällen und den im Boden vorhandenen Reservestoffen noch eine besondere Zufuhr von außen benötigen.

Nach den älteren Messungen von SCHÜTZE u. a. wird der Entzug von Nährstoffen durch die Holzernte auf fast allen Böden für wenigstens 1000 oder 5000 Jahre durch die im Boden vorhandenen Nährstoffvorräte gedeckt. Andererseits wird bei ungenügender Zersetzung des Humus ein großer Teil der in den Blättern herabfallenden Nährstoffe in einer für die Wurzeln unverwertbaren Form gebunden, und die humussauren Sickerwässer entziehen dem Boden durch Auswaschung viel mehr Nährstoffe als die Holzernte. Ebenso bedeutet jede Entnahme der Waldstreu einen starken Entzug von Nährstoffen. Daher ist unter ungünstigen Bedingungen auch im Walde die Möglichkeit einer raschen, gefährlichen Bodenverarmung nicht zu leugnen.

Die exakten Versuche von H. VATER (52) über das Ausreichen der Nährstoffe zeigten, daß bei Abzug der Humusdecke das Wachstum junger Waldbäume durch Zufuhr von Nährstoffen teilweise auf das Doppelte bis Zehnfache gesteigert werden kann (Tabelle 1).

Tabelle 1. Nährstoffmangelversuche von H. VATER. Tharandter forstl. Jb. **1909**, 236.)
Wachstum der Jungpflanzen bei verschiedener Düngung, ausgedrückt in Prozenten der Leistung der vollgedüngten Flächen.

Versuch Nr.	Holzart	Vollgedüngt	Ungedüngt	Wie vollgedüngt, aber ohne				Gedüngt nur mit Kalk
				Kalk	Kali	Phosphor	Stickstoff	
1	Fichten	100	33	83	80	45	43	33
2	Fichten	100	30	97	78	78	42	36
3	Kiefern	100	45	102	89	90	69	66
4	Kiefern	100	25	87	80	78	49	42
5	Fichten	100	7	52	89	22	44	24
6	Fichten	100	31	65	88	63	46	43
7	Kiefern	100	48	82	64	73	53	49
8	Kiefern	100	25	84	99	92	37	26

In den meisten Fällen fehlt nach diesen Versuchen am stärksten der Stickstoff, an zweiter Stelle die Phosphorsäure, während Kali und Kalk eine wechselnde, meist aber geringere Bedeutung haben. Eine Übertragung dieser Ergebnisse auf Waldböden mit der Humusdecke ist allerdings wegen deren Gehaltes an Stickstoff nicht ohne weiteres möglich. Untersuchungen von A. Möller (30) u. a. weisen auch auf eine besondere Rolle der Magnesia hin.

Die ersten größeren Versuche mit forstlicher Düngung — Rasenasche usw. — wurden vor etwa 80 Jahren von Biermann angestellt. Um 1870 (4) begann die Besprechung und Verfolgung der grundsätzlichen Düngungsfragen vor allem im Pflanzgarten. Etwa 1890 wurden im nordwestdeutschen Heideaufforstungsgebiet und unter ähnlichen Verhältnissen in Westfalen, Holland und Belgien größere Düngungsversuche in Waldbeständen angelegt, deren Ergebnisse zusammen mit den Vorschlägen von Fr. Giersberg (12) zu einer sehr eingehenden Besprechung der Düngerfrage führten. 1905 schloß dann die Deutsche Landwirtschaftsgesellschaft diese Bestrebungen durch Gründung eines Sonderausschusses für forstliche Düngung zusammen, der mit reichen Mitteln ausgestattet bis heute umfassende planmäßige Düngungsversuche durchgeführt hat.

Von den Ergebnissen der Düngungsversuche ist bisher nur ein kleiner Teil veröffentlicht. Das große unveröffentlichte Material der Preußischen Forstlichen Versuchsanstalt und die Mitteilungen in den Sitzungen dieses Sonderausschusses geben mir aber die Möglichkeit, der folgenden Besprechung außer zahlreichen Versuchen im Pflanzgarten das Ergebnis von über 70 viele Jahre lang beobachteten Versuchen über Bestandesdüngung mit weit über 500 Einzelparzellen zugrunde zu legen.

Die forstliche Düngung zerfällt in zwei grundsätzlich verschiedene Gebiete, nämlich die Düngung in den Pflanzerziehungsstätten und die Düngung von Waldbeständen.

I. Die Düngung der Pflanzerziehungsstätten.

Bei der Düngung der forstlichen „Kämpe“ (Pflanzerziehungsstätten) sind die ständigen Kämpe und die Wanderkämpe zu unterscheiden. Letztere werden 3 bis höchstens 8 Jahre benutzt und dann wieder dem normalen Forstbetriebe zurückgegeben.

Die Düngung in den Großbetrieben der Pflanzenzuchtindustrie (Halstenbek usw.), die meist sehr stark mit Stallmist und anderen ähnlichen Stoffen arbeiten, wird hier nicht besprochen.

Die Düngung im Pflanzgarten, vor allem natürlich in den ständigen Anlagen, ist in den meisten Punkten der landwirtschaftlichen Düngung sehr ähnlich, so in der kurzen Zeitdauer zwischen Saat und Ernte und in der Möglichkeit einer häufigen, sorgsamen Bodenbearbeitung. Einige Besonderheiten bestehen in der Art und den Ansprüchen der erzogenen Pflanzen, in der Aufgabe, diese Pflanzen für das spätere Wachstum unter ganz anderen, meist viel ungünstigeren Bodenbedingungen vorzubereiten und in dem außerordentlich starken Entzug von fruchtbarem Oberboden, weil die Pflanzen in der Regel mit dem ganzen Wurzelsystem, oft sogar mit großen Erdballen um die Wurzeln ausgehoben werden.

Die Düngung der Pflanzgärten ist schon seit vielen Jahrzehnten üblich, vor allem die *Zufuhr von Humus* in der Form von Waldhumus, Moorerde und verrottetem Unkraut. Diese organischen Stoffe werden häufig durch Beigabe von Kalk, Mergel, Stallmist usw. noch an Nährstoffen angereichert und durch längeres Kompostieren in ihrer Zersetzung gefördert.

Daneben hat der Vor- und Zwischenbau von *Gründüngungspflanzen*, je nach der Bodenart Lupine, Saubohne usw., sehr große Erfolge gehabt, da diese Pflanzen mit ihren Wurzeln tiefere Bodenschichten aufschließen und gleichzeitig den Boden stark mit gut zersetztem Humus und mit Stickstoff anreichern. Meist wird den

Kiefer 3 jährig verschult.

1 2 3 4

	1	2	3	4
Thomasmehl	10 dz	10 dz	10 dz	—
Kainit	10 dz	10 dz	—	—
Chilesalz	—	2 × 2 dz	2 × 2 dz	—
Lupine	3 dz	—	—	—

a

Fichte 4 jährig verschult.

1 2 3 4

	1	2	3	4
Thomasmehl	10 dz	10 dz	10 dz	—
Kainit	10 dz	—	—	—
Kalisalz 40 er	—	5 dz	—	—
Chilesalz	—	2 × 2 dz	2 × 2 dz	—
Lupine	3 dz	—	—	—

b

Abb. 255 a und b. Düngungsversuch im Forstgarten. (Nach SCHALK.)

In dem Versuch mit dreijährig verschulten Kiefern bleibt die ungedüngte Fläche (4) stark zurück. Kainit (2) hat das Wachstum gegen die Fläche ohne Kainit (3) wesentlich gesteigert. Chilesalpeter (2) hat viel besser gewirkt als Düngung mit Lupine (1).

Im Versuch mit vierjährig verschulten Fichten ist das Ergebnis dasselbe: Zurückbleiben der ungedüngten Fläche 4, starke Wirkung von Kali 1, 2, Überlegenheit von Chilesalpeter (2) gegen Lupinenvoranbau (1).

In einem weiteren Versuch von SCHALK ist die geringe oder fehlende Wirkung von Kalk sehr auffällig.

Gründüngungspflanzen eine Düngung von Thomasmehl, Kainit, unter Umständen auch von Kalk beigegeben.

In den letzten Jahrzehnten versuchte man, durch planmäßige Versuche die Düngung im Pflanzgarten zu vervollkommnen, wenn auch Untersuchungen über die fehlenden Nährstoffe nicht für jeden einzelnen Pflanzgarten angestellt werden können. Den außerordentlichen Wert der gebräuchlichen Düngung mit Waldhumus zeigten vor allem die wertvollen Arbeiten von A. MÖLLER und R. ALBERT auf Sandböden (30). Hiernach ist Waldhumus selbst schlechter Form bei sorgsamer Unterbringung auch ohne Kalkzugabe den künstlichen Düngern bei weitem überlegen. Schwefelsaures Ammoniak oder Chilesalpeter waren wirkungslos oder sogar schädlich, Kalksalpeter hatte bei Verwendung mäßiger Gaben einige Wirkung.

Die Brauchbarkeit der *künstlichen Düngemittel* haben vor allem die zahlreichen Versuche von H. VATER (50ff.) und SCHÖPPACH (38) gezeigt. Hiernach ist auch im Kampboden in der Regel der Stickstoff im Minimum. Düngung mit Kali und Phosphor steigerte aber auch ohne Stickstoffdüngung das Wachstum in vielen Versuchen um 20—100%. Durch Hinzufügung von Stickstoff in geeigneter Form wurden noch wesentlich größere Wachstumssteigerungen, schwankend zwischen 20 und 400%, erzielt. Bei diesen Versuchen und ebenso bei solchen von M. HELBIG, KUHNERT u. a. haben sich die künstlichen Stickstoffdünger viel besser bewährt als in denen von A. MÖLLER. Die Unterschiede zwischen der Wirkung von Harnstoff, schwefelsaurem Ammoniak, Chilesalpeter und Leunasalpeter sind nicht erheblich. Sehr befriedigt haben auch die neuen Mischdünger von Stickstoff, Phosphor und Kali, z. B. Nitrophoska II und III. In Ergänzung der Versuche von H. VATER (Tabelle 1) gibt Abb. 255a und b einige ältere Versuche von SCHALK (37).

Die Einzelheiten der Düngung im Pflanzgarten können hier nur angedeutet werden unter Hinweis auf die Sonderliteratur (z. B. 1, 14, 24, 45). Bei der Beurteilung der verschiedenen Düngemittel spielen im Walde die Transportkosten eine entscheidende Rolle, die vor allem eine ausgiebige Verwendung von Mergel und Stallmist ausschließen. Bei der Gründüngung ist die Frage viel umstritten, ob die Lupine unmittelbar nach der Blüte untergegraben werden oder auf dem Stock verrotten soll. Von den künstlichen Düngern wird Chilesalpeter gewöhnlich als Kopfdüngung in kleinen Gaben (je Ar etwa 2 kg) gegeben, Thomasmehl und Kainit werden meist im Herbst in Gaben von 5—6 kg Thomasmehl und 2—6 kg Kainit je Ar gegeben. Im Frühjahr düngt man mit Superphosphat oder mit dem chlorfreien 40er Kalisalz (1—2 kg je Ar). Die neuen Mischdünger Nitrophoska u. a. werden meist in Gaben von 1—2 kg je Ar gegeben, Kalk entweder als Rohkalksteinmehl (10—20 kg je Ar) oder als Branntkalk. Die „Mengedünger“ werden aus den verschiedensten Stoffen, wie Lauberde, Rasenasche, Straßenkehricht, Knochenmehl usw., unter Beigabe von Mineraldünger bereitet. A. SCHWAPPACH gibt als ein gebräuchliches Rezept: 0,67 m^3 Moorerde, 0,33 m^3 Mergel, 2,5 kg 40er Kalisalz und 4,2 kg Thomasmehl je Ar.

Die Düngung im Pflanzgarten hat sehr verschiedene Ziele. Die Brauchbarkeit der einzelnen Düngerarten für die einzelnen Zwecke entspricht durchaus den landwirtschaftlichen Erfahrungen. Zur raschen Aufpeitschung unwüchsiger Stellen sind die leichtlöslichen Mittel Superphosphat und schwefelsaures Ammoniak geeignet, zur schnellen Anregung der Bodentätigkeit Branntkalk. Thomasmehl und kohlensaurer Kalk, die für dauernde Bodenbesserung besonders geeignet sind, werden wegen ihrer langsameren Wirkung meist schon im Herbst eingebracht, ebenso Kainit, dessen Aufbringung als Kopfdünger wegen seines Chlorgehaltes sehr leicht schädlich wirkt.

Die Frage, welchen Einfluß die Düngung im Kamp auf das Wachstum nach der Auspflanzung auf die freie Fläche ausübt, ist noch nicht ganz geklärt. Die spätere Verpflanzung verlangt eine möglichste Beschränkung der Düngung auf die obersten Bodenschichten, um ein leicht versetzbares flaches Wurzelsystem zu erzielen. Der Satz, daß auf arme Böden auch dürftige Pflanzen gehören, ist sicher nicht richtig; denn eine kräftige Pflanze bringt für die folgenden gefährlichsten Jahre eine Menge von Reservestoffen mit und ist infolgedessen durch die Jugendgefahren (Wildverbiß, Schütte usw.) weniger gefährdet. Andererseits sind übertriebene Hoffnungen auf eine Nachwirkung der Düngung nach den Versuchen von M. Helbig (16, 17) u. a. sowie nach den reichen Erfahrungen, die in Sachsen mit vorbildlicher Pflanzenerziehung auf ärmeren Böden gemacht wurden, nicht berechtigt. In den Versuchen von M. Helbig holten sogar die nichtgedüngten Fichten nach einigen Jahren die Fichten, die im Kamp gedüngt worden waren, wieder im Wachstum ein. In Sachsen ist eine dauernde Wirkung der sorgsamen Pflege im Pflanzgarten nur bei Anbau auf besseren Böden zu spüren, während bei Anbau auf armen Böden nach einigen Jahren besten Wachstums meist scharfe Rückschläge erfolgen (58). Die Frage, ob vielleicht die nötige Umstellung der Wurzeln und der Leitungsgänge auf die ganz anderen Wasser- und Nährstoffbedingungen der freien Fläche diesen üppig erzogenen Pflanzen besonders schwerfällt, wurde noch nicht untersucht.

Ergebnis: Die langjährigen Erfahrungen mit der Pflanzgartendüngung geben bereits sichere Anhalte. Im allgemeinen ist neben dem Ersatz der Nährstoffe der Ersatz der durch die Ernte entzogenen Mengen von Humus und gutem Oberboden besonders wichtig. Daher werden auch künftig Gründüngung und Humusdüngung die wichtigsten Düngungsmittel bleiben, während die Kunstdünger meist nur eine Ergänzung dieser Hauptdünger sein werden. Unter besonderen Umständen, z. B. zur raschen Herrichtung ungaren Bodens oder zur Anregung kümmernder Stellen wird aber auch die künstliche Düngung für sich sehr wertvolle Dienste leisten. Die Einzelheiten der Düngung müssen noch durch weitere Versuche geklärt werden.

II. Die Düngung von Waldbeständen.

Die Übertragung in den Wald stellt der Düngung ganz besondere Aufgaben. Dem Walde sind von der Landwirtschaft in der Regel alle diejenigen Standorte überlassen worden, die nach irgendeiner Richtung hin besonders ungünstig sind, und von diesen Standorten kommen meist die allerschlechtesten für die Düngung in Frage. Gehalte von Kalk und Phosphorsäure im Boden von nur 0,1 %, Humusgehalte in 20 cm Tiefe von weniger als 1 % sind in den ausgewaschenen, tertiären und diluvialen Sanden des Ostens keine Seltenheit. Außer diesem extremen Nährstoffmangel handelt es sich oft um übermäßig trockenes oder rauhes Klima, um die grobkörnigsten und durchlässigsten Sande, um verdichtete und vernäßte Staubböden, um Böden, die durch langjährige Streunutzung völlig an Humus verarmt sind oder um solche, auf denen unzersetzte Trockentorfdecken (Heidetorf, Nadeltorf) von 10—20 cm Mächtigkeit aufliegen. Jede Melioration muß daher neben dem Nährstoffmangel je nach den örtlichen Sonderverhältnissen die verschiedensten anderen Schäden bekämpfen.

Bei der Düngung spielt deshalb neben der Nährstoffzufuhr vor allem die Verbesserung der Humuszersetzung und der Wasserwirtschaft im Boden eine besondere Rolle. Daher wird außer dem Kunstdünger auch die Gründüngung, der Mitanbau von bodenpfleglichen Holzarten, die wegen der Zufuhr von wertvollem Humus ebenfalls eine Art „Düngung“ darstellen, die Zufuhr von abgestorbenen Humusstoffen aller Art und die Nutzbarmachung des vorhandenen Trockentorfes viel versucht. Oft wird auch die Düngung mit anderen Maßnahmen, Entwässerung, Bodenbearbeitung, Entnahme übermäßiger Streumengen usw. planmäßig verbunden, um von vornherein der Gefahr einer erneuten Verschlechterung des Bodens vorzubeugen.

In der Landwirtschaft kommen die organischen Dünger meist in leichtzersetzlicher Form, z. B. als Stallmist, Gründüngung usw., in den Boden. Ihre Zersetzung wird durch die alljährliche Bearbeitung noch wesentlich gefördert. Die Humusformen des Waldes sind dagegen meist sehr sauer und schlecht zersetzt. Eine gründliche Bodenbearbeitung ist mit Rücksicht auf die Kostenfrage in der Regel nur alle 100 Jahre einmal bei der Begründung des Bestandes möglich, während in der Zwischenzeit die Zersetzung nur durch kleinere Mittel angeregt werden kann.

Die lange Dauer der forstlichen Produktion zwingt streng zwischen einem „*Anfangserfolg*" auf 5—20 Jahre und einer *Dauerwirkung* zu unterscheiden. Denn selbst ein 20jähriger Erfolg gibt noch keine Sicherheit, daß dem Aufwand der Düngung überhaupt eine Steigerung des Geldertrages nach 100 Jahren entspricht, ganz abgesehen von der seitens vieler geforderten Verzinsung sämtlicher Kosten bis zu der Ernte des Bestandes.

Wie die Düngung selbst, so stößt auch der planmäßige Aufbau der Düngungsversuche im Walde bei dieser Sachlage auf unverhältnismäßig große Schwierigkeiten: Erst jetzt nach 20jähriger Arbeit kann man auf den Ergebnissen der ersten Versuche planmäßig weiterbauen, während bisher nur Tastversuche möglich waren. Bei den Aufnahmen der 20jährigen Bestände sind die Bäume 5—10 m hoch. Daher sind zur Ausschaltung individueller Einflüsse auf das Meßergebnis sehr große Parzellen nötig — wenigstens 5—10 a. Für größere Versuchsreihen ergibt sich dadurch eine solche Flächengröße, daß auf den meisten Bodenarten keine Sicherheit mehr für die Gleichheit des Bodens auf der ganzen Fläche besteht. Hierzu kommt die verschiedene Empfänglichkeit der einzelnen Holzarten für die Düngung, die Unmöglichkeit einer Übertragung der Einzelergebnisse auf andere Standorte, die Gefahr von allerlei Störungen des Versuches während der langen Versuchsdauer usw. Trotz dieser Schwierigkeiten gestattet die große Zahl der älteren Versuche schon wesentliche Einblicke, wenn auch die Ergebnisse keineswegs einheitlich und eindeutig sind.

Die Düngung der Waldbestände hat vor allem folgende *Aufgaben*:

1. Die ständige Verbesserung des Bodenzustandes in solchem Maße, daß eine *dauernde Steigerung des Wachstums* gesichert ist.

2. Die Anregung des *Jugendwachstums*, um wenigstens die Jugendgefahren schneller zu überwinden.

3. Die Bekämpfung von *Wuchsstockungen* in noch nicht geschlossenen Kulturen.

4. Die Bekämpfung der *Trockentorfbildung* usw. *in älteren Beständen* mit dem Ziel einer Zuwachssteigerung und einer Erleichterung der natürlichen Verjüngung.

Die Besprechung wird getrennt für die verschiedenen *Bestandsalter* und für die verschiedenen *Holzarten*.

Die bei den bisherigen Versuchen gebrauchten Düngermengen schwankten im allgemeinen etwa in folgenden Grenzen: Kalk (Branntkalk oder kohlensaurer Kalk) 20—80 Ztr. je Hektar, Thomasmehl und Kainit 4—16 Ztr., Lupinen 2—8 Ztr. (die übrigen künstlichen Düngemittel in entsprechenden Grenzen). Für die sonstigen verwendeten Hilfsmittel (Moorerde, Reisig, Hilfsholzarten usw.) können keine bestimmten Zahlen angegeben werden.

1. Die Düngung bei der Anlage von Kiefernkulturen.

Langjährig beobachtete Kieferndüngungsflächen sind in sehr großer Zahl auf den ärmsten Sandböden von Ostdeutschland (Mark, Lausitz, Ost- und Westpreußen) sowie in dem Heideaufforstungsgebiet von Nordwestdeutschland vorhanden. Besondere Verdienste um die Anlage und Auswertung derselben haben sich A. SCHWAPPACH und H. VATER erworben.

Gerade auf diesen trockensten und ärmsten Kiefernböden kam man schon bald zu der Anschauung, daß nicht die Zufuhr von Nährstoffen, sondern die Erhöhung der wasserhaltenden Kraft und vor allem die Erhaltung einer genügenden Humusmenge in gut zersetztem Zustand als Träger der Wasserwirtschaft und des Stickstoffes die Hauptsache sei. Daher wurden neben den verschiedensten Versuchen mit Kunstdüngern auch zahlreiche Versuche mit der Zufuhr von leicht zersetzlichem Humus aller Art, mit Gründüngung und mit humusspeichernden Hilfsholzarten gemacht.

Der Anfangserfolg der Düngung ist in vielen Fällen sehr gut, vor allem hat Voranbau der gelben Lupine (A. SCHWAPPACH 44) und jede Art der Humusaufbringung auf den Boden das Jugendwachstum sehr gefördert, ebenso in einigen Versuchen (VELEN 61) eine Kalidüngung. Einige Beispiele für diese Anfangserfolge gibt Abb. 256.

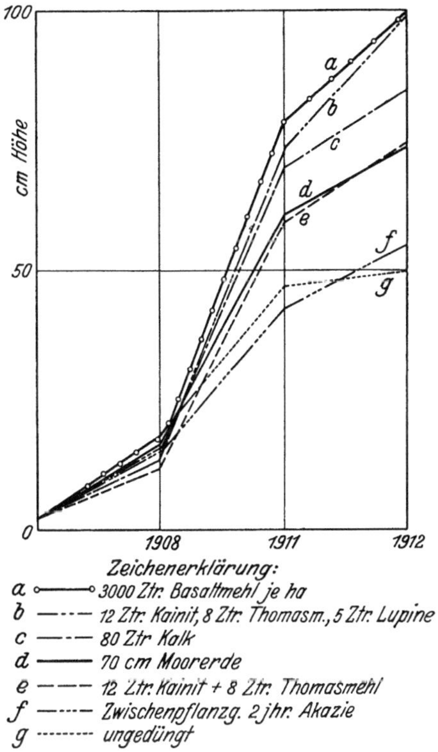

Abb. 256. Versuch Kotsemke 1. Kiefernpflanzung von 1905, Messung der Höhen 1908, 1911 und 1912. Die Höhen der Kiefern in den verschieden gedüngten Parzellen in den Jahren 1908, 1911 und 1912.

Sehr guter Erfolg der Düngung mit 3000 Zentner Basaltmehl je Hektar (*a*) sowie mit Kainit, Thomasmehl und Lupinenvoranbau (*b*), mäßiger Erfolg von Kalkdüngung (c), von Kunstdüngung ohne Lupine (*e*) und von Moorerde (*d*), kein Erfolg des Akazienanbaues.

Anschließende Versuche zeigen einen Mißerfolg der Pechkiefer, mäßigen Erfolg von Chilesalpeter sowie von Weißerlenanbau und einen sehr guten Erfolg der Aufschüttung von Getreidespreu.

Die Aufnahme zahlreicher Versuche nach 15—20jähriger Versuchsdauer brachte ein außerordentlich wechselndes Bild. In einem Teil der Versuchsflächen sind die Unterschiede zwischen den gleichbehandelten Parzellen oder sogar zwischen den verschiedenen Teilen derselben Parzelle wesentlich größer, als diejenigen zwischen den verschieden behandelten Parzellen.

Augenscheinlich sind auf vielen dieser ärmsten Sandböden allerlei Zufälligkeiten, kleine Unterschiede des Feinsandgehaltes oder des vom Vorbestand übernommenen Humusvorrates sowie Unterschiede im Befalle durch sekundäre Schäden (Schütte, Wild, Käfer und Wickler) wichtiger für die Bestandsentwicklung als der Einfluß der Düngung. Außerdem wird eine dauernde Wirkung der Düngung durch die starke Auswaschung in diesen durchlässigen Böden sehr erschwert.

In vielen anderen Flächen sind dagegen klare Gesetzmäßigkeiten zu erkennen, die vor allem durch das gleichmäßige Verhalten der gleichbehandelten Flächen (s. Abb. 258) hervortreten.

Bei den Versuchen mit *künstlichen Düngemitteln* wurde in der Regel Mischdünger verwendet. Soweit einzelne Dünger allein eingebracht wurden, haben

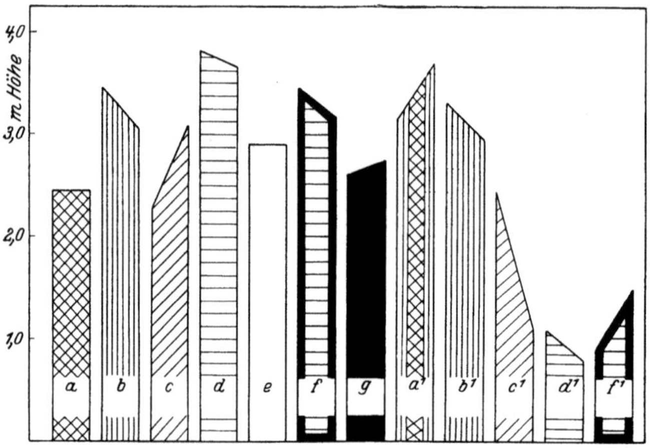

Feld: Behandlung:

Düngung:
- *a* Reisigdeckung
- *a*[1] meist Kartoffelkrautdeckung, Rest Reisigdeckung
- *b*, *b*[1] Kartoffelkrautdeckung
- *c*, *c*[1] Mischung mit Pechkiefer
- *d*, *d*[1] 800 kg Thomasmehl, 400 kg Kainit, 160 kg gelbe Lupine
- *e* ungedüngt
- *f*, *f*[1] 800 kg Thomasmehl, 400 kg Kainit, 200 kg Lupinen
- *g* 800 kg Thomasmehl, 400 kg Kainit

Abb. 257. Versuchsfläche Alt-Lipke I.

Anlage 1911/13, Aufnahme durch die Preußische forstliche Versuchsanstalt 1928. Die Mittelhöhe der Kiefern 1928 in den verschieden gedüngten Parzellen.

Um die Ungleichheiten innerhalb der einzelnen Parzellen zu kennzeichnen und bei dem Vergleich der Nachbarparzellen auszuscheiden, wurden die Randstreifen jeder Parzelle, die dicht an die anders behandelte Nachbarparzelle anschließen, getrennt aufgenommen. Von jeder Parzelle sind die Höhen der Kiefern in beiden Randstreifen wiedergegeben und durch eine gerade Linie verbunden.

Der Einfluß der ursprünglich unmerklichen Bodenunterschiede der Parzellen *c*[1], *d*[1], *f*[1] im Vergleich zu den übrigen Parzellen ist viel größer als der Einfluß der Düngung. Innerhalb des besseren Teiles *a*—*b*[1] ist ein schwacher günstiger Einfluß der Kartoffelkrautdeckung (*b*, *b*[1], *a*[1]), sowie der Kunstdüngung mit Lupinenvoranbau (*d*, *f*) zu sehen. Die Kunstdüngung allein (*g*), die 15 cm hohe Reisigpackung (*a*) und die Beimischung von Pechkiefer hat die Höhe im Vergleich zu der ungedüngten Parzelle *e* nicht gesteigert.

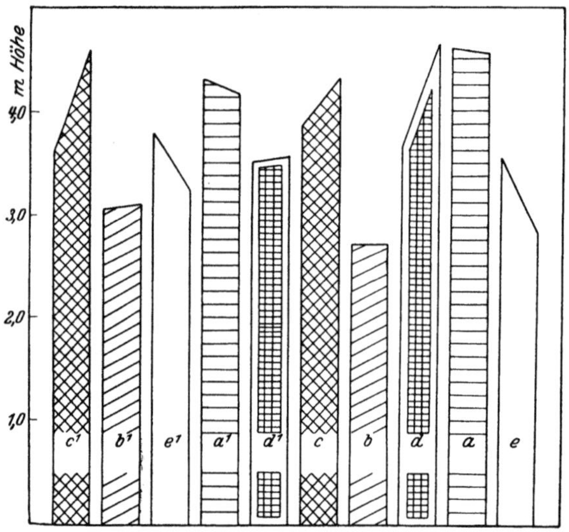

Feld: Behandlung:

Düngung:
- *a*, *a*[1] 800 kg Thomasmehl, 400 kg Kainit, 160 kg Lupine
- *b*, *b*[1] Mischung mit Pechkiefer
- *c*, *c*[1] Reisigdeckung
- *d*, *d*[1] Moorerde
- *e*, *e*[1] ungedüngt

Abb. 258. Versuch Neumannswalde I.

Kiefernpflanzung 1909, Aufnahme durch die Preußische forstliche Versuchsanstalt 1928. Mittelhöhe der Kiefern 1928 in den verschieden gedüngten Parzellen.

Zeichenbedeutung wie in der Abbildung 257.

Die gleichbehandelten Parzellen haben ein sehr gleichmäßiges Ergebnis, kein Erfolg der Pechkiefernbeimischung (*b*, *b*[1]), zweifelhafter Erfolg der Moorerdedüngung (*d*, *d*[1]), guter Erfolg noch nach 20 Jahren bei der Reisigdeckung (*c*, *c*[1]) und bei der starken Kunstdüngung mit Lupinenvoranbau (*a*, *a*[1]), im Vergleich zu den nicht gedüngten Parzellen *e* und e_1.

sich die leichtlöslichen Düngemittel, z. B. Stickstoff in Form von Guano oder Chilesalpeter nicht bewährt, ebensowenig in den meisten Fällen Kalkdüngung. Dagegen haben, wenn auch nur in einem Teil der Flächen, Kali — vor allem in den wertvollen alten Versuchen von VELEN (61, 62) — und Thomasmehl (Stadtwald Waren, 11) die Kiefer sehr gefördert. Magnesiadüngung hat sich in einigen belgischen Flächen und in Versuchen von A. MÖLLER gut bewährt. Da es in den planmäßigen Versuchen nicht mit angewendet wurde, ist mir nur eine ältere Versuchsfläche mit Magnesia (Willenberg) bekannt, die 1929 von J. LENT aufgenommen wurde. Hier haben die mit Kalimagnesia gedüngten Parzellen die doppelte Stammzahl der übrigen Flächen und eine wesentlich größere Höhe. Erst weitere (bereits eingeleitete) Versuche können zeigen, ob Magnesia infolge seiner schon früher vermuteten Einwirkung auf die Chlorophyllbildung *allgemein* als Hilfsmittel auf ärmsten Kiefernböden zu empfehlen ist.

Wesentlich sicherer als Einzeldüngungen sind *Mischdüngungen*, vor allem die Mischungen von Thomasmehl und Kainit, die meist mit einem Voranbau der gelben Lupine als Stickstoffdüngung verbunden wurden. Diese haben etwa in der Hälfte aller Fälle einen länger wirkenden deutlichen Erfolg gehabt (z. B. Abb. 258 u. 259, Steigerung der Höhe um teilweise 30%), während in anderen Flächen die Wirkung rasch verschwand. In den meisten Versuchen besteht kein Unterschied zwischen schwachen und starken Düngergaben, auch das Hinzukommen eines dritten Düngers (Kalk oder Stickstoff) hat die Wirkung nicht wesentlich gesteigert. Daher ist es wahrscheinlich, daß der Erfolg im wesent-

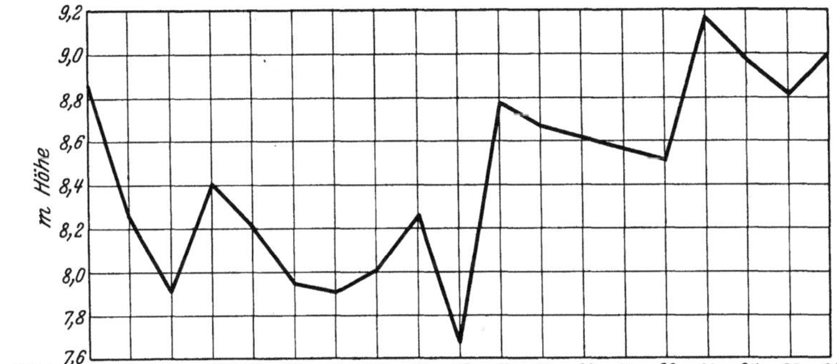

Düngung in kg je ha

Fläche	8	9	10	11	12	13	14	15	16	17	18	19	20	21	22	23	24	25	26
Thomasmehl	400	400	400	400	400	200	–	400	400	400	400	200	–	400	400	400	400	800	800
Kainit	–	400	800	800	800	800	800	400	–	800	800	800	800	400	–	800	800	800	800
Kalk	–	–	–	–	3000	3000	3000	3000	3000	1500	3000	3000	3000	3000	3000	1500	3000	3000	3000
Lupine	–	–	–	200	–	–	–	–	–	–	200	200	200	200	200	200	–	–	200
Chilesalpeter	–	–	–	–	–	–	–	–	–	–	–	–	–	–	–	–	200	–	–

Abb. 259. Versuchsfläche Rotenburg (Lüneburger Heide).
Heideaufforstung von 1902, Aufnahme durch die Preußische forstliche Versuchsanstalt 1928.

Die Parzellen 1—7, darunter die ungedüngte Vergleichsparzelle, mußten wegfallen, weil sie nicht mit einwandfreien Pflanzen angebaut sind. Der Einfluß des verschiedenen Pflanzmaterials ist größer als derjenige der Düngung. Der Boden ist sehr gleichmäßiger Heidesand mit Orterde.

Sehr auffällig ist die größere Höhe der Parzellen mit Lupinenvoranbau, z. B. die plötzliche Zunahme der Höhe in 11 und in 18—23. Chilesalpeter (24) hat die Lupine bei sonst starker Düngung voll ersetzt. Von den Parzellen ohne Lupine hat nur Parzelle 8 und die sehr stark gedüngte Parzelle 25 eine ähnliche Wuchsleistung. Die künstlichen Dünger haben keinen erheblichen Einfluß gehabt. Kalk hat überhaupt nicht gewirkt, kein Unterschied zwischen Parzelle 12—17 im Vergleich zu Parzelle 8—11. Für Kainit ließe sich sogar bei Mischung mit Thomasmehl ohne Kalk eine schädliche Wirkung herauslesen: Sinken der Höhe von Parzelle 8—10, größere Höhe in 16 ohne Kali.

Die Höhen schwanken zwischen 7, 6 und 9,2 m. Die Unterschiede sind also meist nicht von entscheidender Bedeutung.

lichen nicht auf einer unmittelbaren Wirkung des Düngers auf die Kiefer, sondern mittelbar auf einer Anregung der Humuszersetzung beruht.

In den belgischen Aufforstungsgebieten (22) und ähnlich in Holland und Westfalen (61) wurde versucht, die armen Heideböden vor der Aufforstung durch einen etwa 4—7jährigen landwirtschaftlichen Voranbau, abwechselnd von Lupine, Roggen und Kartoffel mit Beigabe von künstlichen Düngern (Kainit, Thomasmehl) anzureichern. Die nachfolgenden Kiefernkulturen sind tatsächlich in den ersten Jahren meist auffallend gut gediehen, über den Dauererfolg fehlen Nachrichten. Die Kosten waren sehr hoch, konnten aber durch den Verkauf der Stöcke, der Streu und der landwirtschaftlichen Ernte ganz oder teilweise gedeckt werden. Auf den ärmsten Sanden ist allerdings dieser landwirtschaftliche Zwischenbau — besonders in trockenen Jahren — nicht gelungen.

Auf Grund dieser Erfolge hat A. SCHWAPPACH (43) zahlreiche Versuche mit dem Voranbau von Gründüngungspflanzen, vor allem der *gelben Lupine*, gemacht. In der Regel war auch hier wie in Belgien für das Gedeihen der Lupine eine Düngung mit 8 Ztr. Thomasmehl und 6 Ztr. Kainit je Hektar nötig. Noch größere Gaben haben den Erfolg nicht erhöht. Diese Gründüngung hat in fast allen Fällen (A. SCHWAPPACH 44) das Wachstum der Kiefern in den ersten Jahren wesentlich gesteigert und zeigt sich auch heute noch in dem dichteren Stand und oft auch größerer Höhe der Kiefern (z. B. Abb. 258 u. 259). Eine nachhaltige starke Anreicherung des Bodens mit Humus und ein *entscheidender* dauernder Einfluß auf das Wachstum der Kiefer ist aber nach dem heutigen Bild der Flächen nur ausnahmsweise erzielt worden. Immerhin ist die größere Stammzahl, die Ersparung von Ausbesserungskosten und die Beschleunigung des Bestandesschlusses auf diesen ärmsten Böden ein wesentlicher Erfolg. Die Versuche, nach belgischem Muster die Kosten der Düngung durch einen einmaligen Zwischenbau von Kartoffeln oder Roggen zu decken, haben bei Roggenbau meist dahin geführt, daß das Wachstum nicht besser ist als in den nichtgedüngten Flächen. Bei Kartoffelzwischenbau ist meist das Wachstum der Kiefer noch heute gesteigert.

Versuche eines gleichzeitigen Mitanbaues von *Dauerlupine* mit der Kiefer sind auf diesen ärmsten Sandböden bisher nicht gemacht worden. Auf frischeren Böden, z. B. in Ebnath (59) und auf den Halden der Braunkohlengruben (18) hat die Dauerlupine die Kiefer übermäßig bedrängt, so daß der Schaden trotz der Besserung des Bodenzustandes den Nutzen wohl überwiegt. Teilweise ist es aber gelungen, diese Schäden durch Pflanzung der Kiefer auf erhöhte Streifen oder durch nachträgliche Einbringung der Lupine erst 2 Jahre nach der Kiefer abzuschwächen. Auch der Besenginster hat durch überstarkes Wuchern die Kiefer sehr geschädigt, den Boden allerdings gebessert.

Von den vielen *Hilfsholzarten*, die man der Kiefer zur rascheren Deckung des Bodens und zur Humusspeicherung, also mit ausgesprochenen Düngungszwecken, beigegeben hat, haben Akazie und Weißerle auf diesen ärmsten Böden meist versagt. Wo sie allerdings gedeihen, ist eine gute Einwirkung auf die Kiefer und den Bodenzustand unverkennbar. Die Bankskiefer hat das Wachstum der Kiefer nicht gefördert. Große Hoffnungen setzte man lange Zeit auf die Beimischung der Pechkiefer. Heute ist in keiner der acht aufgenommenen älteren Mischkulturen ein günstiger Einfluß der Pechkiefer zu erkennen (z. B. Abb. 257 u. 258), und selbst in der früher (A. SCHWAPPACH 1908) als Muster gerühmten Fläche in Freienwalde 128 hat heute — bis zum Alter von 47 Jahren — die Kiefer allein in der Vergleichsfläche eine größere Massenleistung als Kiefer und Pechkiefer zusammen im Mischbestand. Die Menge des Oberflächenhumus ist durch die Pechkiefer wesentlich erhöht worden, dies hat andererseits zu einer stärkeren Versauerung und Auswaschung dieser sehr armen Böden geführt. Im fränkischen Sandgebiet ist nach R. REBEL (35) die Weymouthskiefer eine sehr gute Amme der Kiefer. Auffallend ist in einigen nordwestdeutschen Flächen auch das viel bessere Gedeihen der Kiefer im Fichtenmischbestand, während im trockenen Osten diese versagt.

Von den Versuchen, den Humusgehalt und die Wasserwirtschaft des Bodens durch *Zufuhr* von *toten pflanzlichen Stoffen* zu heben, sind wohl am bekanntesten die Reisigdüngungsversuche auf großer Fläche in Lieberose. Nach den vorbildlichen Untersuchungen von J. NAUMANN (33) steigert die Packung der Kiefernkulturen mit starken Reisigmengen den Feuchtigkeitsgehalt und Humusgehalt der oberen Bodenschichten sehr erheblich (in den einzelnen Versuchen schwankend auf das $1^1/_2$—4fache) und erniedrigt gleichzeitig in heißen Zeiten die Bodentemperatur um durchschnittlich 2—4°. Durch diese Verbesserung der obersten

Bodenschichten wird die Kiefer zu einer äußerst reichen Ausbildung der obersten Seitenwurzeln veranlaßt und ihr Wachstum in den ersten Jahren sehr gefördert. Mängel des sonst vorzüglichen Verfahrens liegen außer in den hohen Kosten (je Hektar 60—100 RM.) darin, daß auf diesen „hitzigen“ Sandböden selbst starke Reisigpackungen schon in 5 bis 10 Jahren fast restlos aufgezehrt werden, und daß nach dem Verschwinden der günstigen Oberschicht die anfangs einseitig ausgebildeten oberen Wurzeln wieder rückgebildet werden müssen. Infolgedessen beginnen nach 8—10 Jahren wenigstens auf den ärmsten Böden die Kiefern wieder zu kümmern (Abb. 260).

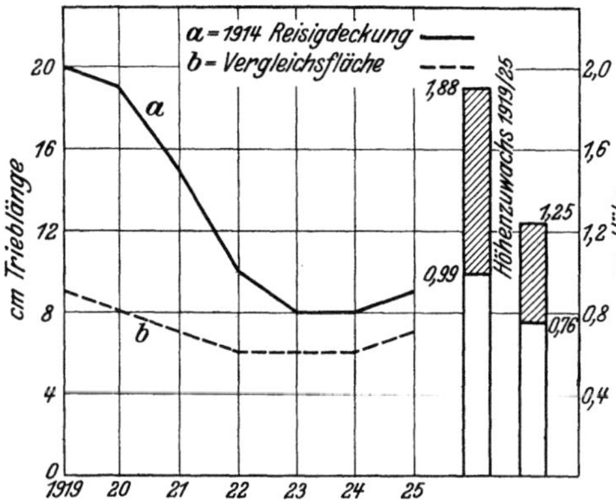

Abb. 260. Der Einfluß der Reisigdeckung auf das Höhenwachstum von Kiefernkulturen auf armen Sandböden. (Nach J. NAUMANN 1928.)

Trieblänge der Kiefern 1919—1925 (links) und Höhe der Kiefern 1919 und 1925 (rechts) in dem gedeckten und nichtgedeckten Teile der Kultur. Die Reisigdeckung in Fläche *a* ist 1914 erfolgt. 1919 war der gedeckte Teil, der früher besonders schlecht gewesen sein soll, um 23 cm Höhe überlegen. Bis 1921, also 7 Jahre nach der Deckung, sind seine Höhentriebe (linke Kurve) *a* wesentlich länger als die der nichtgedeckten Fläche *b*, seitdem hat die Wirkung der Reisigdeckung sehr nachgelassen (jetzt nur noch jährliche Überlegenheit des Höhenwachstums von 2 cm). Der bisherige Gesamterfolg nach 11 Jahren besteht in einer Überlegenheit der Höhe von 63 cm.

Vielleicht rechtfertigt aber auf diesen ärmsten Böden schon der Anfangserfolg, der Wegfall der Nachbesserungen und die Überwindung der Jugendgefahren einen erheblichen Aufwand, selbst wenn eine Rentabilität nicht zu errechnen ist.

Auf etwas besseren Böden ist die Wirkung auf Boden und Wachstum meist von längerer Dauer (Abb. 261).

Die zahlreichen Versuche von A. SCHWAPPACH mit Reisigdeckung, bei denen allerdings meist kleinere Reisigmengen als in Lieberose verwendet wurden, ergeben nach 20 Jahren nur einen mäßigen oder gar keinen Einfluß auf das Wachstum, abgesehen von der Vergrößerung der Stammzahlen (s. Abb. 257 u. 258).

Ähnlich günstige Wirkungen wie die Deckung mit Reisig hat auch solche mit anderem Material, mit Kartoffelkraut (Abb. 257), Kiefernrinde, Lupinenstroh,

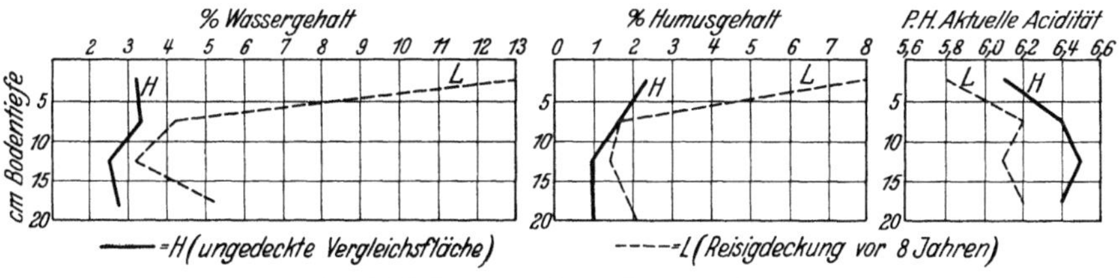

Abb. 261. Einfluß der Reisigdeckung auf den Boden nach achtjährigem Liegenlassen. Lieberose. Versuchsfläche *H* und *L*. (Nach J. NAUMANN 1928.)

Auf diesem verhältnismäßig guten, graswüchsigen Sandboden hat die Reisigdeckung auffallend lange gewirkt. Noch nach 8 Jahren starke Erhöhung des Humusgehaltes in der obersten Schicht, ebenso auch — wohl infolge von Einschlämmung während der 8 Jahre — in 20 cm Tiefe. Entsprechende erhebliche Steigerung der Bodenfeuchtigkeit in den humusreichen Schichten. Zunahme der Bodensäure als Folge des Humusreichtums. Auf noch ärmerem Boden ist diese Versäuerung besonders in den obersten Bodenschichten nach anderen Versuchen wesentlich größer.

Roggenspreu (Abb. 256), ja selbst mit Dachpappe und Ziegelsteinen, die alle als Schutz gegen Austrocknung, teilweise auch als Humusspender die Kiefer sehr günstig beeinflussen. Vorzüglich hat in Ostpreußen das Einbringen von *Moorerde* in Dünenaufforstungen gewirkt (R. ALBERT 1). Noch nach 30 Jahren waren die mit Moorerde gedüngten Kiefern fast doppelt so hoch wie die nichtgedüngte Umgebung. Später hat freilich die Wirkung aufgehört.

Auf Anregung von A. MÖLLER sind vor 20 Jahren großzügige Versuche gemacht worden, den auf den Schlagflächen vorhandenen *Kiefernhumus* in den Boden einzuarbeiten und so als Dünger für die Kultur nutzbar zu machen. Das Ergebnis (30) war je nach der Art der Unterbringung und der Menge und Zusammensetzung des Humus sehr verschieden. Die Unterbringung großer Humusmengen ohne sorgsame Zerkleinerung und Mischung mit dem Mineralboden hatte nur dann Erfolg, wenn es sich um leicht zersetzliche Humusformen handelte. Die Einbringung von sperrigem Heidekraut dagegen trocknete den Boden übermäßig aus, während schwer zersetzlicher Trockentorf im Boden oft völlig vertorfte. Eine intensive Mischung und Zerkleinerung, wie sie die Fräse und die schweren Grubber erreichen, verbessert die Zersetzung sehr, wenn die Humusmengen nicht zu groß und sperrig sind. Die große Bedeutung des Humus als Nährstoffquelle zeigte z. B. ein Versuch von H. VATER (55), in dem die Kiefern bei Belassung der Humusdecke die doppelte Höhe der Kiefern ohne Auflagehumus haben.

Ergebnis: Bei der Düngung der Kiefernkulturen auf ärmsten Sandböden hat die alleinige Zufuhr von mineralischen Nährstoffen nur unter besonderen Bedingungen befriedigende Dauererfolge erzielt, vor allem in einer Reihe von Versuchen mit Kali bzw. Magnesia. Im allgemeinen waren diejenigen Düngungen viel erfolgreicher, die unmittelbar den Humusgehalt und die Wasserwirtschaft dieser Böden verbesserten, z. B. Voranbau gelber Lupine, Reisigdeckung usw. Diese haben wenigstens das Jugendwachstum und die Überwindung der Jugendgefahren sehr gefördert. Eine *durchgreifende Dauerwirkung* ist am ehesten auf den etwas feinkörnigeren Sandböden zu erwarten, auf den allerärmsten Sandböden aber wird sie durch die allgemeine Ungunst dieser Standorte, die rasche Aufzehrung aller auf dem Boden liegenden Stoffe, die übermäßige Austrocknungsgefahr und die rasche Auswaschung aller leichtlöslichen Stoffe erschwert. Bedauerlich ist die ungenügende Wirkung der meisten langlebigen Hilfspflanzen, vor allem der Hilfsholzarten (Pechkiefer u. a.), von denen an sich am ehesten eine dauernde Humusanreicherung und Bodenverbesserung ohne übermäßige Kosten zu erwarten war.

2. Die Düngung von Fichtenkulturen.

Die Fichtendüngungsflächen — im ganzen etwa 30 Reihen mit 250 Parzellen — liegen entsprechend dem Verbreitungsgebiet der Fichte durchweg auf Standorten mit größerer Feuchtigkeit, vielfach auch auf weniger durchlässigen Böden. Hierdurch hat Wassermangel und Auswaschungsgefahr bei weitem nicht dieselbe Bedeutung wie in den Kiefernflächen. In der Regel handelt es sich vielmehr darum, in untätigen, aber an sich nicht unproduktiven Böden (teilweise landwirtschaftlich bei alljährlicher Bearbeitung von hoher Fruchtbarkeit) die *physikalischen* und *biologischen Eigenschaften* zu verbessern und hierdurch auch den Nährstoff- und Wasserhaushalt des Bodens und des Bestandes in Gang zu bringen. Die Voraussetzungen eines durchschlagenden Erfolges sind hier von vornherein wesentlich günstiger, als auf den grobkörnigen und wasserarmen Kiefernböden. In fast allen Düngungsreihen ist daher wenigstens ein Teil der gedüngten Flächen dauernd oder zeitweise den ungedüngten Vergleichsflächen deutlich überlegen. Entsprechend dieser einfacheren Aufgabe sind auch die verwendeten Mittel weniger vielseitig, teils reine Kunstdüngung, teils Dauerlupine mit oder ohne Beigabe von Kunstdüngern, nur in wenigen Fällen Reisigdeckung und andere Maßnahmen.

Bei ausschließlicher Anwendung von *Kunstdüngern* ist auch in den Fichtenkulturen Mischdüngung sicherer als Einzeldüngung. Isolierte Düngung mit Stickstoff als Guano, Chilesalpeter, schwefelsaures Ammoniak und ebenso Kalidüngung hat meist versagt. Auch Kalk hat überraschenderweise nur in wenigen Fällen gute Erfolge gehabt, meist aber wenig oder gar nicht gewirkt (z. B. Abb. 262—265).

Sehr gute Erfahrungen sind in einem größeren Teil der Versuche mit *Thomasmehl* gemacht worden, so in Owingen (25), auf den verkarsteten Kalkböden von Thüringen (28) und in den rheinischen Versuchen von E. REUSCH (36) und LUDWIG (27). Vor allem in dem berühmten Versuch von Owingen sind *alle*

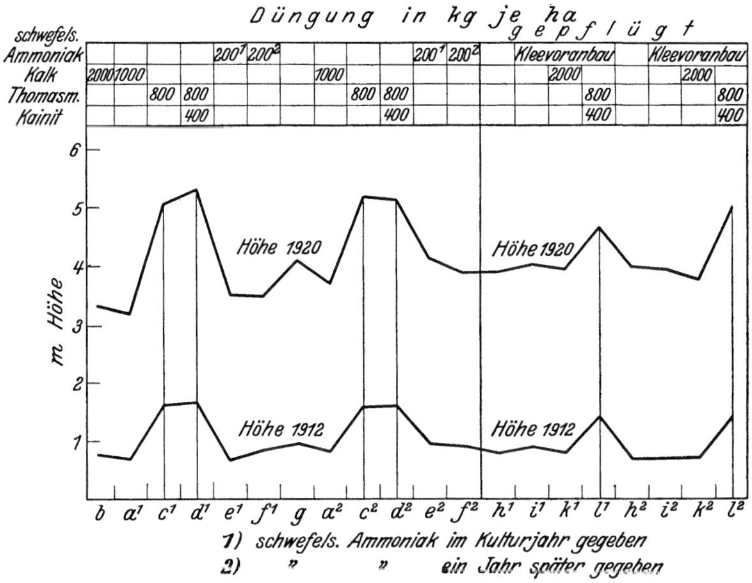

Abb. 262. Einfluß der Düngung mit Thomasmehl auf die Höhe der Fichten. Die Höhen der Fichten im Versuch von OWINGEN (Anlage 1906/07) nach der Aufnahme 1920 (Bericht J. LENT 25).

Alle Parzellen mit Thomasmehl, *c*, *d*, *l* (bezeichnet durch senkrechte Striche), sind wesentlich höher als alle übrigen Parzellen. Die nichtgedüngte Parzelle *g* ist wenigstens ebenso hoch wie die mit Kalk oder Stickstoff gedüngten Parzellen.

Auch in den gepflügten Flächen *h*—*l* hat weder der Kleeanbau (*i*) noch der Kleeanbau mit Kalkdüngung (*k*) das Wachstum gegenüber der ungedüngten Fläche (*h*) gesteigert. Die Wirkung der Thomasmehldüngung ist in diesen gepflügten Flächen schwächer als in den nichtgepflügten Flächen *a*—*g*.

In den ersten Jahren (Höhenkurve 1912) war die relative Überlegenheit der Thomasmehlparzellen noch wesentlich größer als 1920. Die mit Thomasmehl gedüngten Parzellen waren damals teilweise doppelt so hoch wie die übrigen.

mit Thomasmehl gedüngten Parzellen den nicht gedüngten bzw. mit Kalk oder Stickstoff gedüngten Parzellen noch heute erheblich überlegen. In den ersten Jahren (Aufnahme 1912) war allerdings die Überlegenheit noch größer (Abb. 262).

In anderen Flächen, vor allem in Prüm (Eifel) und in Neumünster (Abb. 268), hat dagegen Thomasmehl allein und in Mischung das Wachstum nur vorübergehend gesteigert. Die außerordentliche Bedeutung von allerlei Nebenumständen für die Düngewirkung zeigen am besten die beiden aus je 15 Parzellen bestehenden Versuche von Prüm (Eifel) (Abb. 263 u. 264).

In der einen Reihe (Abb. 264) waren 1908 im Alter von 5 Jahren fast alle mit Thomasmehl gedüngten Flächen etwa ebenso stark wie in Owingen überlegen, während heute dieser anfängliche Erfolg der Düngung sehr vermindert ist. In der anderen Reihe (Abb. 263) war in den „Vollumbruch“flächen schon 1908 keine Wirkung des Thomasmehls vorhanden, in den Flächen mit platzweiser Bodenbearbeitung anfangs eine sehr erhebliche Wirkung, die allerdings nach

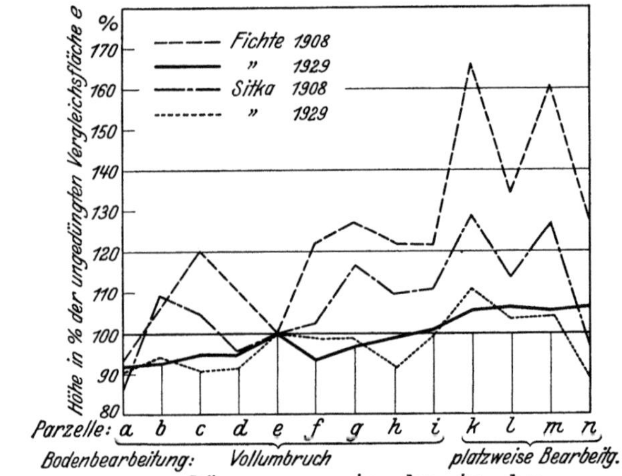

Düngung in kg je ha

	a	b	c	d	e	f	g	h	i	k	l	m	n
Düngekalk	—	3000	—	2000	—	—	3000	—	2000	—	1000	—	1000
Kainit	400	400	250	250	—	400	400	250	250	100	100	100	100
Thomasmehl	600	—	400	—	—	400	—	600	—	150	—	150	—
Superphosphat	—	500	—	300	—	—	300	—	500	—	100	—	100
Chilesalpeter	—	—	—	—	—	—	—	—	—	100	100	—	—
Lupine	200	200	200	200	—	200	200	200	200	—	—	—	—

Versuchsfläche Prüm I, angelegt 1904, Aufnahme der Preußischen forstlichen Versuchsanstalt 1929.

Die Höhe der ungedüngten Fläche *e* bei der Aufnahme 1908 bzw. 1929 ist (als Vergleich) gleich 100 gesetzt, die Höhen der gedüngten Parzellen in denselben Jahren sind in Prozent der ungedüngten Parzellen aufgetragen.

1908 war eine sehr starke Wirkung von Thomasmehl in den platzweise bearbeiteten Flächen *k* und *m* vorhanden, in den gepflügten Parzellen *a*—*i* keine regelmäßige Wirkung des Thomasmehls. Die übrigen Düngemittel, auch der Kalk haben schwächer und nicht in eindeutiger Weise gewirkt. Die Anfangswirkung war bei Fichte stärker als bei Sitkafichte.

1929 sind sowohl bei Sitkafichte wie bei Fichte die anfänglichen Höhenunterschiede fast ganz verwischt. Die Fichte ist in 7 gedüngten Parzellen niedriger, als in der nichtgedüngten Vergleichsparzelle *e*, ebenso die Sitkafichte in 8 gedüngten Parzellen.

Die absolute Höhe der Fichte schwankt 1908 zwischen 0,9 und 1,6 m, die der Sitkafichte zwischen 1,3 und 1,8 m. 1929 schwanken die Mittelhöhen der Fichten in den einzelnen Parzellen zwischen 10 und 11,6 m, also in sehr engen Grenzen, die Höhe der Sitkafichten zwischen 10 und 12,6 m. Die platzweise bearbeiteten Flächen *k*—*n* sind 1929 etwa $^1/_2$ m höher als die vollbearbeiteten Flächen.

Abb. 263. Einfluß verschiedener Mengen und Mischungen der Dünger auf das Wachstum von Fichte und Sitkafichte.

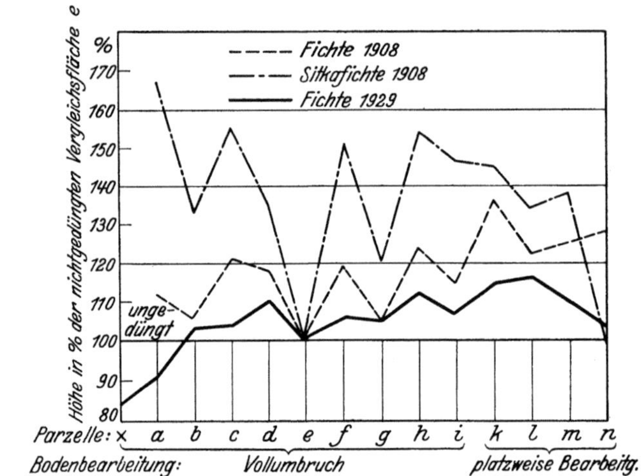

Düngung in kg je ha

	x	a	b	c	d	e	f	g	h	i	k	l	m	n
Düngekalk	—	—	3000	—	2000	—	—	3000	—	2000	—	—	—	1000
Kainit	—	400	400	250	250	—	400	400	250	250	100	100	100	100
Thomasmehl	—	600	—	400	—	—	400	—	600	—	150	—	150	—
Superphosphat	—	—	500	—	300	—	—	300	—	500	—	100	—	100
Chilesalpeter	—	—	—	—	—	—	—	—	—	—	105	105	—	—
Lupine	—	200	200	200	200	—	200	200	200	200	—	—	—	—

Versuchsfläche Prüm II, angelegt 1904, aufgenommen 1929 von der Preußischen forstlichen Versuchsanstalt. Aufnahme und Berechnung ist dieselbe wie bei Fläche Prüm I.

Das Ergebnis weicht von dem des gleichbehandelten Versuches Prüm I ab. 1908 hat besonders in den gepflügten Parzellen *a*—*i* weitaus am stärksten *Thomasmehl* gewirkt (starke Überlegenheit aller Parzellen mit Thomasmehl *a*, *c*, *f*, *h*), die übrigen Dünger, selbst starke Gaben von Kalk, viel schwächer. Auch in den Flächen mit platzweiser Bearbeitung *k*—*n* ist am besten die Wirkung von Thomasmehl. Doch ist die Fläche *l*, die keinen Kalk, aber Chilesalpeter erhalten hat, etwa ebenso gut.

Die Düngerwirkung 1908 ist in diesem Versuch bei Fichte schwächer als bei Sitkafichte.

1929 sind auch hier die Unterschiede stark ausgeglichen. Bei Weglassung der Außenparzelle *x* (umgebender Bestand) und der Parzelle *a* schwanken alle Höhen zwischen 10,2 und 11,8 m. Die Sitkafichte, die anfangs der Fichte weit überlegen war, ist inzwischen von der Fichte unterdrückt worden, und daher 1929 nicht mehr aufgenommen.

Abb. 264. Einfluß von verschiedenen Mengen und Mischungen der Dünger auf das Wachstum von Fichte und Sitkafichte.

20 Jahren fast verschwunden ist. Kalk und Superphosphat haben ähnlich wie in Owingen auch anfangs nur wenig gewirkt.

Bei den Versuchen mit *gemischten Kunstdüngern* wurden teils Phosphorsäure, Kali, Kalk und Stickstoff in verschiedener Mischung, teils auch nur zwei oder drei dieser Düngemittel angewandt. Von sechs größeren Düngungsreihen ist der Erfolg der Düngung in vier Reihen gut, in zwei dagegen ist der anfänglich starke Erfolg später verschwunden. In vier Flächen mit je 15 Parzellen — z. B. die beiden Reihen von Prüm, Abb. 263 u. 264 — sind die verschiedenen Dünger in verschiedenen Mengen erprobt worden. Hier stehen zwar die gar nicht gedüngten Parzellen anfangs oder dauernd hinter den gedüngten zurück, dagegen ist nur in einer Reihe eine Beziehung zwischen Menge des Düngers (schwankend z. B. zwischen 4 und 16 Ztr. Thomasmehl) und dem Maß des Erfolges zu sehen. Kali hat als Beidüngung zu Thomasmehl den Erfolg teilweise gefördert.

Die außerordentlichen Schwierigkeiten einer Auswertung zeigt auch ein Vergleich der Flächen von Prüm II mit den ähnlich behandelten Flächen von Brandstein. In Prüm II standen die beiden nichtgedüngten Flächen im laufenden Höhenwachstum nach 5 Jahren hinter allen 13 gedüngten Flächen zurück, nach 20 Jahren stehen sie an vierter und siebenter Stelle der 15 Flächen. In Brandstein dagegen war anfangs überhaupt keine Wirkung zu spüren, nach 20 Jahren aber hat starke Kalkdüngung die Bestandshöhe um 25 %, starke Volldüngung sogar um 70 % gesteigert.

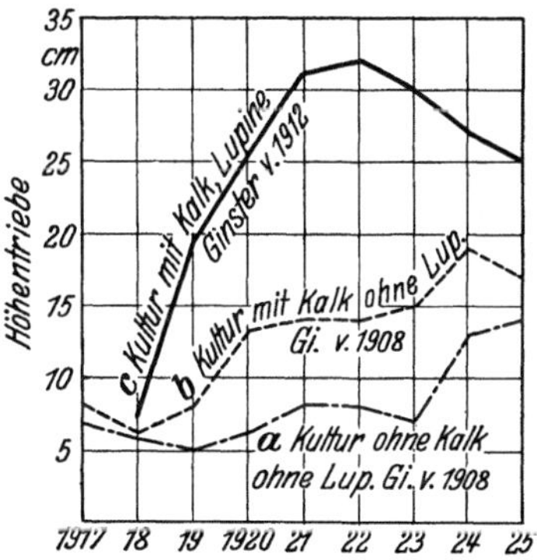

Abb. 265. Die Wirkung von Kalk allein und von Kalk mit Dauerlupine und Ginster auf das Wachstum der Fichtenkulturen.
Ebnath 21. (Nach E. WIEDEMANN 1927.) Die jährlichen Höhentriebe der Fichte 1917—25 in drei unmittelbar aneinandergrenzenden Flächen.
Die ungedüngte Kultur von 1908 (*a*) ist 1925 85 cm hoch. Ihre Höhentriebe bleiben stets unter 15 cm. Die mit 90 Zentner Kalk je Hektar gedüngte Kultur von 1908 (*b*) ist 1925 1,30 m hoch, ihre Höhentriebe stets unter 20 cm. Die mit Kalk und Lupine gedüngte Kultur von 1912 (*c*) ist 1925 2,55 m hoch, die Höhentriebe sind stets über 25 cm.

Den durchschlagendsten Erfolg verspricht unter geeigneten Standortsbedingungen nach zahlreichen übereinstimmenden Ergebnissen der Anbau der *Dauerlupine*, freilich nur dann, wenn es durch geeignete Hilfsmaßnahmen gelingt, die Lupine auch auf den meist untätigen, versauerten Böden zu gutem Gedeihen zu bringen. In vorbildlicher Weise ist dies Verfahren nach langen vergeblichen Versuchen in Ebnath (Fichtelgebirge) ausgebildet worden (9, 47, 59). Da die Lupine auch dort anfangs nicht gedieh, wurde durch Streunutzung auf den Kahlschlägen der Auflagehumus, die Quelle der Bodenversäuerung, entfernt, darauf wurden die obersten Bodenschichten durch kräftige Düngung mit Kalk und Thomasmehl entsäuert und angereichert, und dann Dauerlupine und Besenginster angesät, die den Boden rasch deckten und den entnommenen Humus durch ihre leicht zersetzlichen, stickstoffreichen Abfälle ersetzten. Besonders gut hat sich als Beidüngung zur Lupine Thomasmehl bewährt. Den hervorragenden, langdauernden Erfolg, den dies Verfahren im Vergleich zu dem Anbau ohne Düngung und zur reinen Kalkdüngung hat, zeigen die Abb. 265 u. 269 (auf S. 831).

Nach den bodenkundlichen Untersuchungen von H. SÜCHTING und mir ist noch nach 20 Jahren der Boden bis etwa 10 cm Tiefe stark mit Kalk angereichert, der Säuregrad gesunken und der Humusgehalt und die Nitrifikation außerordentlich gestiegen, lauter Anzeichen für eine weitere gute Wirkung. Allerdings beschränkt sich die Bodenbesserung vorwiegend auf die obersten 10 cm, und ebenso ist die erhoffte tiefere Bewurzelung der Fichte meist nicht erzielt worden.

Die Ursache für den erstaunlichen Erfolg liegt in dem *planmäßigen Zusammenfügen der verschiedenen Maßnahmen unter sorgfältiger Beachtung der örtlichen*

Bedingungen und Gefahren. Durch den Verkauf der Streu, der Stöcke und des Lupinensamens wird dabei der gesamte Kostenaufwand gedeckt. Ähnliche Erfolge mit der Dauerlupine sind z. B. von E. REUSCH (36) und LUDWIG (27) im Rheinland, von MATTHES in Thüringen (28) und von H. BERNHARD (58) in aufgegebenen Pflanzgärten des Erzgebirges erzielt worden. Bei einer *allgemeinen* Einführung des Verfahrens wird es darauf ankommen, die Vorarbeiten der Lupinendüngung den örtlichen Bedingungen anzupassen, da andernfalls ein Versagen der Lupine und schwere Fehlschläge nicht zu vermeiden sind.

Auch bei der Fichte wirkt die Düngung mit *Holz- und Rasenasche sowie mit Reisig* fast ebenso günstig wie bei der Kiefer. Dies zeigten die alten Versuche von BIERMANN, ebenso z. B. eine Fläche in Bärenfels, wo auf einem trockenen Hang das Reisig zusammengezogen und nach zwei Jahren verbrannt wurde (56). Diese mit Reisig gedüngten Streifen sind heute dreimal so hoch wie die Umgebung.

Ergebnis: Sämtliche Düngungsversuche in Fichtenkulturen weisen darauf hin, daß hier unter bestimmten Bedingungen auch die Zufuhr einzelner Nährstoffe, vor allem Thomasmehldüngung, einen wesentlich größeren und längeren Erfolg als bei der Kiefer verspricht, daß aber in der Regel die Herstellung eines gesunden Humuszustandes, gleichgültig auf welche Weise, die Hauptaufgabe der Bodengesundung sein muß. Zu diesem Zweck hat die Dauerlupine sich besonders bewährt.

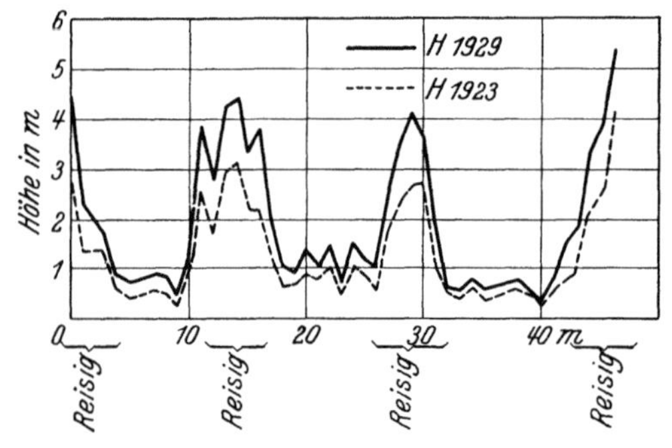

Abb. 266. Die Wirkung von verbranntem Fichtenreisig auf das Wachstum der Fichtenkulturen. Forstamt Bärenfels. (Nach WECK: Silva **1930**, 181.) Die Höhe der Fichten 1923 und 1929 in einem quer durch die Fläche laufenden Streifen. Kultur von 1907.

Auf den 15 m voneinander entfernten mit Reisig gedüngten Streifen haben heute die Fichten die dreifache Höhe der übrigen gleichaltrigen Fichtenkultur. Der Wachstumsvorsprung ist seit 1923 noch gestiegen.

Den schweren Schaden gänzlicher Humusentfernung beweist ein Versuch in Morbach. Dort wurde 1914 die Humusdecke — ähnlich dem FR. ERDMANNschen Verfahren — in 12 m breiten Streifen abgezogen und dazwischen auf Wälle aufgehäuft, die humusfreien Streifen gekalkt und mit Fichte und Weißerle bepflanzt, während in der Umgebung billige Lochpflanzung ohne Entfernung des Humus angewendet wurde. Heute sind die Fichten der Umgebung 2 m hoch und geschlossen, auf dem humusleeren Streifen der Versuchsfläche dagegen sind die Fichten nur 50 cm hoch und nur an den Rändern der Humuswälle stehen bessere Fichten.

Die Bemühungen, auf untätigem Boden den vorhandenen Humus durch kräftige Bodenbearbeitung für die Jungfichte nutzbar zu machen, haben bei hohem Kostenaufwand meist schlechteren Erfolg gehabt als die Lupinendüngung. Denn nach einer anfänglich starken Wachstumssteigerung folgte häufig ein ebenso starker Rückschlag, der durch das Ausdörren des ungeschützt der Sonne ausgesetzten Oberflächenhumus hervorgerufen wurde (58). Einen dauernden Erfolg verspricht am ehesten Übererdung des Humus oder seine gründliche Einmischung in den Mineralboden.

3. Die Düngung von Laubholzkulturen.

Die anspruchsvollen Laubhölzer — Eiche, Buche usw. — gedeihen von Natur meist auf besseren, weniger düngungsbedürftigen Böden. Daher liegen die wenigen vorhandenen Düngungsversuche meist nicht auf den natürlichen Standorten dieser Holzarten, sondern in solchen Gebieten, wo man versuchte, sie wegen ihrer bodenpfleglichen Eigenschaften — vor allem die Buche — künstlich einzubringen, z. B. auf den armen ostdeutschen Sandböden, im nordwestdeutschen Heidegebiet und auf verödeten Kalkböden.

Für das Gedeihen der Laubhölzer *auf diesen ungünstigen Standorten* spielen einzelne nachteilige Eigenschaften, z. B. übermäßige Nässe oder Trockenheit oder mangelhafte Lagerung des Bodens, Frostgefahr, oft auch sekundäre Gefahren, vor allem der Wildverbiß, eine noch größere Rolle als beim Nadelholz. Die Vermeidung dieser Gefahren, z. B. die Einzäunung der Buchenunterbaue auf armen Sandböden, der Anbau von Buche und Eiche unter Kiefernschirm im

Abb. 267. Die Wirkung von Kalkdüngung auf die Naturverjüngung der Buche. Medingen 56, Flottlehm.

In dem rechts des Grenzhügels liegenden Streifen sind 1902 und 1903 60 Zentner Düngerkalkmergel je Hektar in den Rohhumus eingehackt worden, links ungekalkte Vergleichsfläche. Die Jungbuchen in dem gedüngten Streifen sind fast doppelt so hoch und viel geschlossener als in der Vergleichsfläche und konnten wegen ihres besseren Wachstums zeitiger von dem Altholz geräumt werden.

frostgefährdeten nordwestdeutschen Heidegebiet, hat teilweise auch ohne Düngung verblüffende Erfolge auf diesen „laubholzunfähigen" Standorten gehabt.

Trotzdem kann auch die Düngung wesentliche Erfolge erzielen. So haben die langjährigen Versuche von Fr. Erdmann mit starker Kalkdüngung bei der Buche zwar zum Teil gar keinen Erfolg, teils einen anfänglichen, vorübergehenden Erfolg, zum Teil aber eine lang dauernde erhebliche Wachstumssteigerung der Buche ergeben (8).

Ebenso ist auf verdichtetem Flottsand von Medingen, wo die natürliche Verjüngung der alten Buchen nicht mehr gelang, durch kräftige Kalkdüngung der Verjüngungserfolg erstaunlich gesteigert worden (Abb. 267).

Die Jungbuchen in der gekalkten Fläche (rechts) sind wesentlich höher und vor allem viel geschlossener als in der nicht gekalkten Vergleichsfläche. In ähnlichen Versuchen in Barlohe wurde teils Bodenbearbeitung allein, teils in

Verbindung mit Kalkdüngung angewandt. Die Trockentorfzersetzung ist in beiden Flächen sehr gut. Eine Überlegenheit der gekalkten Flächen ist nicht nachzuweisen.

Auch in vernaßten Hochlagen des Schwarzwaldes (Hirsau) hat Kalkung der Pflanzlöcher ein gutes Jugendwachstum der Buche erreicht, eine tiefer greifende Wirkung in den Boden oder eine tiefe Bewurzelung der Buche konnte aber nicht erzwungen werden.

Auf verkarsteten Kalkböden hat die *Weißerle* die Aufforstung sehr erleichtert. Diese war fast die einzige Holzart, die auf diesen verödeten Böden auf der Freifläche gedieh, sie bereitete aber den Boden so vor, daß unter ihrem Schirm Eiche und Buche ohne Schwierigkeit nachgezogen werden konnten. Auf vielen stark versauerten, kalkarmen Böden verlangt die Weißerle allerdings selbst eine vorherige kräftige Düngung mit Kalk oder Thomasmehl (27). Ähnliche gute Wirkungen hat die Weißerle auch auf den rohen Halden des Lausitzer Braunkohlengebietes (18) und auf übermäßig vergrasten Laubholzböden gehabt, wo sie den dichten Grasfilz völlig beseitigte und einen vorzüglichen Mullboden schuf (39). Die Schwierigkeiten, welche die Stockausschläge der Weißerle den später eingebrachten edlen Laubhölzern machen, wurden durch gleichzeitigen Anbau und sorgsame Pflege dieser Holzarten überwunden.

Daß auch auf besseren Böden die Düngung in geeigneter Form wertvollste Dienste leisten kann, zeigen mehrere Lupinenversuche in Eichenkulturen. So fand J. Simon (46), daß die Eiche zwischen Dauerlupine eine um 60% größere Höhe als in der Vergleichsfläche hat, und daß ebenso der Stickstoff- und Humusgehalt des Bodens unter der Dauerlupine um 40—70% gestiegen ist.

Ergebnis: Die wenigen bisherigen Düngungsversuche bei Laubholz zeigen, daß gewisse Schwierigkeiten des Laubholzanbaues, wenn sie nur in Untätigkeit oder Verödung des Bodens bestehen, durch eine geeignete Düngung, z. B. mit Kalk, Dauerlupine oder auch mit Weißerle überwunden werden können. Ein Schluß auf die Möglichkeit, edle Laubhölzer auch unter anderen Schwierigkeiten, z. B. auf vernaßten Böden oder auf den trockensten Sandböden einzubürgern, kann freilich einstweilen nicht abgeleitet werden.

4. Die Empfänglichkeit der verschiedenen Holzarten für die Düngung.

Besonders aufschlußreich ist eine Reihe von Versuchen, in denen nebeneinander auf dem gleichen Boden reihen- oder parzellenweise getrennt verschiedene Holzarten angebaut und gedüngt wurden, so daß die Düngerwirkung auf die verschiedenen Holzarten unmittelbar verglichen werden kann. In sämtlichen Versuchen hat übereinstimmend *die Kiefer erstaunlich wenig auf die verschiedene Düngung reagiert*, und zwar sowohl auf Kunstdüngung wie auf Gründüngung, die Weymouthskiefer etwas stärker, während bei Fichte, Sitkafichte und Douglasie die Düngung teilweise das Wachstum erheblich steigerte. Hiernach beruht der geringe Erfolg der Kieferndüngungsversuche nicht ausschließlich auf einem Vorherrschen des Minimumfaktors Wasser, sondern auch auf einer innerlich begründeten geringen Beeinflußbarkeit der Kiefer, soweit nicht die Düngung (Reisigdeckung) den Wasserhaushalt des Bodens entscheidend ändert.

Einige Beispiele solcher Mischbestände geben die Abb. 268 u. 269, ebenso Abb. 263 u. 264.

In Neumünster 200 ist das gleichmäßige Wachstum der verschieden gedüngten Kiefernparzellen im Gegensatz zu den starken Wachstumsunterschieden der beigemischten Fichten und der Douglasienparzellen, die dieselben Düngungen erhalten haben, sehr auffallend. In der einen Fläche von Prüm (Abb. 264) hat

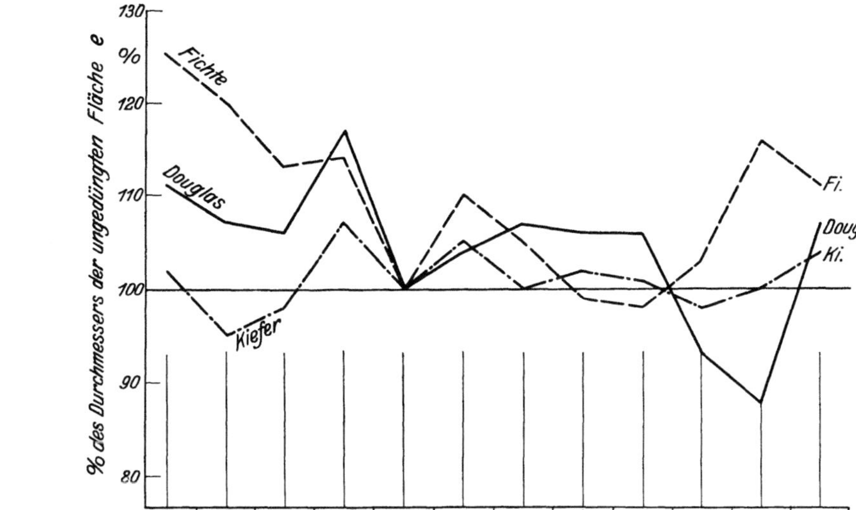

Fläche:	a	b	c	d	e	f	g	h	i	k	l	m
kg je ha Thomasmehl	800	400	400	200	—	400	200	400	—	—	800	400
Kainit	800	400	400	200	—	200	400	—	400	—	400	800
Düngekalk	3000	2000	—	2000	—	2000	2000	—	—	2000	2000	2000
Lupine	200	200	200	200	—	200	200	200	200	—	—	—
schwefels. Ammoniak	—	—	—	—	—	—	—	—	—	—	200	200

Abb. 268. Einfluß der Düngung auf das Dickenwachstum von Douglasie, Kiefer und Fichte. Neumünster 200, Heideaufforstung von 1902, Aufnahme der Preußischen forstlichen Versuchsanstalt 1929.

Nebeneinander liegen 2 Parzellenreihen: a_1, b_1 usw. mit Mischung von Douglasie und Fichte, und a_2, b_2 usw. mit Mischung von Kiefer und Fichte. Da die Fichte in Mischung mit Douglasie völlig unterdrückt ist, gibt die Zeichnung in dieser Parzellenreihe nur die Werte der Douglasie.

Der mittlere Durchmesser der ungedüngten Parzelle e (e_1 bzw. e_2) 1929 ist gleich 100 gesetzt und die entsprechenden Durchmesser der anderen Parzellen in Prozent dieser Werte ausgedrückt.

Bei der Kiefer sind die Unterschiede zwischen den verschieden gedüngten Parzellen gering und unregelmäßig. Von den 11 gedüngten Parzellen haben nur 6 einen größeren Durchmesser als die ungedüngten Flächen.

Bei der Fichte derselben Parzellen bleiben nur die beiden schwach und einseitig gedüngten Parzellen h und i hinter der ungedüngten Parzelle e zurück. Am stärksten ist die Mehrleistung der Fichte in den Volldüngungsparzellen mit besonders starker Thomasmehlgabe a und l. Das Weglassen von Kalkdüngung hat teils etwas geschadet (c im Vergleich zu b, h und i im Vergleich zu k), teils überhaupt nicht geschadet, c im Vergleich zu d.

Auch bei der Douglasie ist die Wirkung befriedigend. k und l bleiben aus unbekannten Gründen zurück.

Die absolute Leistung der Douglasie ist den anderen Holzarten weit überlegen, sie ist mit 27 Jahren 11 m hoch, Kiefer und Fichte nur 7—8 m.

Der Boden der stark gedüngten Parzellen ist noch nach 27 Jahren nur in der obersten Schicht stark entsäuert, in 10 cm Tiefe sind fast keine Unterschiede vorhanden.

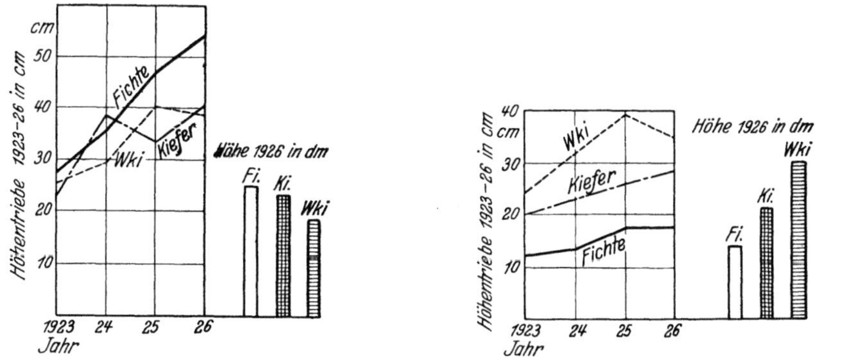

I. Kultur von 1915 mit Lupine und Ginster. II. Kultur von 1910 ohne Lupine und Ginster.

bb. 269. Das Höhenwachstum von Fichte, Kiefer und Weymouthskiefer (Wki) in Kulturen mit und ohne Dauerlupine. Ebnath 24a. (Nach E. WIEDEMANN 1927.)

In der nichtgedüngten Fläche *1* bleibt die Fichte völlig zurück, jetzige Höhe der Fichte 1,27 m, der Kiefer 1,81 m, der Weymouthskiefer 2,65 m. In der anschließenden Kultur mit gelungenem Anbau der Dauerlupine *2* dagegen ist die Fichte am höchsten. In den letzten Jahren scheint die Überlegenheit der Fichte in der gedüngten Fläche sogar noch zu steigen (Höhentriebe 1925/26).

die Düngung anfangs stärker auf die Sitkafichte als auf die Fichte, in der anderen umgekehrt stärker auf die Fichte (Abb. 263) gewirkt. In Hermeskeil (27) wurde die Fichte durch Thomasmehl und Kainit nicht beeinflußt, die Weißerle in entscheidendem Maße.

In Ebnath (Abb. 269) entwickeln sich die nicht gedüngten Flächen zu lückigen Kiefernbeständen mit kümmerndem Fichtenunterwuchs, während in den gelungenen Düngungsflächen gerade umgekehrt die Kiefer rasch von der Fichte erdrückt wird. Die Düngung solcher Mischkulturen ergibt also nicht eine gleichmäßige Steigerung des Wachstums der verschiedenen Mischholzarten, sondern ein völlig anderes Mischungsbild als in der ungedüngten Vergleichsfläche.

Daß die Regulierung des Wachstums auf diesem Wege Grenzen hat, zeigen die vergeblichen Versuche von H. Vater, in Mischkulturen von Fichte und Kiefer die Fichte durch Salpeterdüngung vorwüchsig zu machen (54).

Ähnliche Unterschiede zwischen den Holzarten wie in den Freikulturen haben auch die Versuche in Pflanzgärten festgestellt, so die ganz verschiedene Wirkung kräftiger Kalkdüngung auf Buche, Kiefer und Fichte (30).

Ergebnis: Diese Düngungsversuche in Mischkulturen zeigen das verwickelte Ineinandergreifen aller möglichen pflanzenphysiologischen und bodenkundlichen Einflüsse bei der forstlichen Düngung besonders deutlich. Praktische Folgerungen können heute natürlich nur mit Vorsicht abgeleitet werden. Voraussichtlich wird die verschiedene Empfänglichkeit der einzelnen Holzarten für die Düngung auf vielen Standorten starke Abänderungen der Wahl und Mischung der Holzarten bei gleichzeitiger Anwendung von Düngung nötig machen.

5. Die Düngung von älteren kümmernden Kulturen.

Bei den umfangreichen Versuchen, kümmernde Nadelholzkulturen, wie sie vor allem auf verheideten oder durch Streunutzung heruntergekommenen Böden nicht selten sind, zu besserem Wachstum zu bringen, wurde neben der Vertilgung der Heide, Bodenbearbeitung usw. auch die Düngung mit herangezogen. Die mit den einzelnen Düngemitteln erzielten Erfolge sind etwa dieselben wie in Neukulturen. Doch verursacht natürlich der dichte Heide- oder Beerkrautfilz dieser Flächen meist besondere Schwierigkeiten und vor allem Kosten bei der Einbringung der Düngerstoffe in den Boden.

Grundlegende Ergebnisse brachte ein Versuch von Ludwig in Hermeskeil (27), wo dicht nebeneinander verschiedene Düngung mit verschiedener Behandlung der Heidedecke (Belassen, Unterhacken, Überdecken mit Reisig usw.) verbunden wurde. Leider ist diese Fläche schon nach 8 Jahren abgebrannt. Doch zeigen schon die ersten Jahre, daß auf diesem Standort die mechanische Bekämpfung der Heide und ebenso bloße Kunstdüngung der kümmernden Fichten mit Thomasmehl und Kainit nicht genügend gewirkt hat, sondern daß eine grundsätzliche Änderung des Bodenzustandes nötig war. Hieraus erklären sich die dortigen guten Erfolge der Düngung mit Reisig oder Ginsterstroh sowie der Gründüngung mit Dauerlupine oder Weißerle. Sowohl die Lupine wie die Weißerle sind allerdings in dieser Fläche erst nach kräftiger künstlicher Düngung gediehen.

In Ebnath und auf verödetem Muschelkalk (28) hat ebenfalls die Dauerlupine ähnliche gute Erfolge in älteren Fichtenkulturen erzielt (Abb. 270).

Auf Muschelkalk ist es sogar gelungen, sie ohne künstliche Düngung nach Weghacken der Heide oder durch bloße Einsaat in die Heide, also fast kostenlos hoch zu bringen. Freilich haben sowohl die Versuche von H. Vater mit Ginster und Weißerle (55) wie die vielen von der Praxis durchgeführten ähnlichen Versuche gezeigt, daß in der Regel auf solchen lange freiliegenden verheideten Böden die Hilfspflanzen nur unter größten Schwierigkeiten gedeihen können.

In Sachsen hat die nachträgliche Einbringung von Weymouthskiefer, Kiefer oder Lärche in kümmernde Fichtenkulturen (58) recht gut gewirkt. Diese Holzarten wachsen im allgemeinen auch ohne besondere Hilfsmaßnahmen bei streifenweiser Freilegung des Bodens. Die Untersuchungen zeigten außer einer Wachstumsanregung der Fichten, daß die Fichtenwurzeln die Nadelabfälle dieser Holzarten außerordentlich gierig aufsuchen, und daß sie, den Wurzelkanälen dieser Holzarten folgend, oft auch in größere Bodentiefe gelangen. Die Fichte muß allerdings durch rechtzeitige Läuterung vor diesen rascher wüchsigen Holzarten geschützt werden.

In Lieberose hat *Reisigpackung* auch in älteren, verheideten Kulturen sehr gute Wirkungen gehabt, vgl. Abb. 270, Kurve *b* und Abb. 260.

Von den *künstlichen Düngemitteln* hat die Aufbringung von Kainit (etwa 10 Ztr. je Hektar) in stark kümmernde und von Schütte befallene Kiefernkulturen in Velen (61, 62) zu einer erstaunlichen Erholung der Kiefern geführt.

Ähnliche Erfolge hatte in einigen Flächen Düngung mit Kalimagnesia. Ebenso hat H. Vater (55) in einem Versuch, allerdings mit dem riesigen Aufwand von über 3000 RM. je Hektar, das Wachstum einer kümmernden Fichtenkultur sehr gesteigert. In den meisten übrigen Flächen hat die Anwendung von künstlichen Düngern ohne sonstige Hilfsmaßnahmen nicht befriedigt.

Zur allgemeinen erfolgreichen und wirtschaftlichen Gestaltung dieser Maßnahmen sind jedenfalls noch umfangreiche Vorversuche nötig. Am ehesten ist schon heute unter geeigneten Verhältnissen ein Erfolg von Kali- bzw. Kalimagnesiadüngung bei Kiefer und Thomasmehldüngung bei Fichte gesichert.

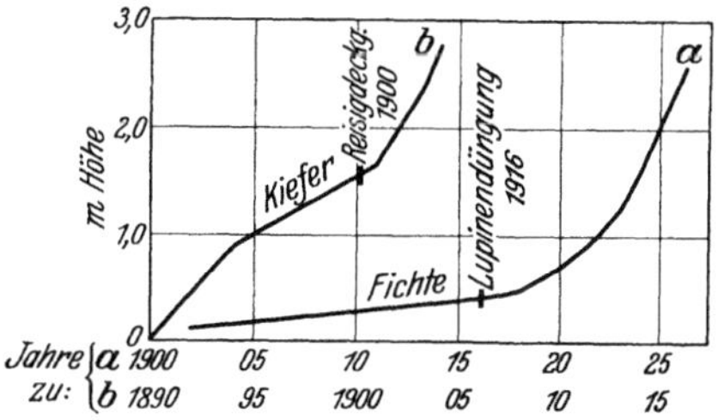

Abb. 270. Die Wirkung von Dauerlupine (*a*) bzw. von Reisigdeckung (*b*) in älteren, kümmernden Kulturen.

Die Höhen der Fichten (*a*) bzw. der Kiefern (*b*) in den einzelnen Jahren vor und nach der Düngung.

Kurve *a*. Fichtenkultur in Ebnath von 1902, wegen besonders schlechten Wachstums 1916 (senkrechter Strich) gekalkt und mit Dauerlupine angesät. Seit 1920 sehr rasche Steigerung des Wachstums.

Kurve *b*. Kiefernkultur in Lieberose von 1890 auf armem Sandboden, wegen schlechten Wachstums 1900 Reisigdeckung (senkrechter Strich), 1902 starke Wachstumssteigerung.

Die *Beseitigung der Heide* durch Düngung mit Kalk oder Thomasmehl ist in fast allen Versuchen mißlungen, ebenso eine genügende Aufschließung stärkerer Trockentorfbänke durch Kalkdüngung ohne gründliche Bearbeitung (in Ebnath vergebliche Versuche mit 120 Ztr. Kalk je Hektar).

Von den zahlreichen Versuchen, die vorhandenen, vertorften Humusbalken durch *Bearbeitung* usw. für die Fichte nutzbar zu machen, hat sich weitaus am besten eine kräftige Übererdung des Humus bewährt. Ebenso hat die Bodenfräse infolge ihrer sehr gründlichen Durchmischung von Humus und Boden die Zersetzung des Humus mindestens vorübergehend angeregt.

Ergebnis: In der Regel ist bei diesen Hilfsmaßnahmen in älteren Kulturen noch mehr wie bei den Erstanbauen eine geeignete Verbindung verschiedener Maßnahmen nötig, geeignete Bodenbearbeitung und künstliche Düngung mit darauffolgender Einbringung von Gründüngungspflanzen, da einseitige Maßnahmen meist nicht genügend lange Zeit wirken. Am aussichtsreichsten sind diese Arbeiten auf den schwereren, untätigen Böden, während auf ärmsten Sandböden bisher Dauererfolge nur ausnahmsweise, vor allem mit Kalidüngung erzielt wurden.

6. Die Düngung in älteren Beständen.

Die Düngung in älteren Beständen bezweckt, die Trockentorfbildung möglichst schon im Anfangsstadium wirksam zu bekämpfen, um schwereren Bodenschädigungen vorzubeugen. Die Folge der Bodenbesserung soll Steigerung des Zuwachses und Erleichterung der natürlichen Verjüngung sein.

Leider bringen fast alle bisherigen Versuche nicht die erhoffte Klärung. Entweder wurde der Zuwachs nicht genügend genau berechnet, um die Unterschiede gegen die nicht gedüngte Vergleichsfläche erfassen zu können, oder die Beobachtungszeit war zu kurz. Vielfach wurde auch in den gedüngten Flächen gleichzeitig zur Einbringung des Düngers der Boden bearbeitet, in der Vergleichsfläche aber nicht, so daß sich der Einfluß der Bodenbearbeitung von der des Düngers nicht mehr trennen läßt. Verwendet wurde in der Hauptsache Kalk, vor allem in Fichten- und Buchenbeständen mit stärkerem Trockentorf, und Reisigdeckung in älteren Kiefernbeständen mit verödetem Boden.

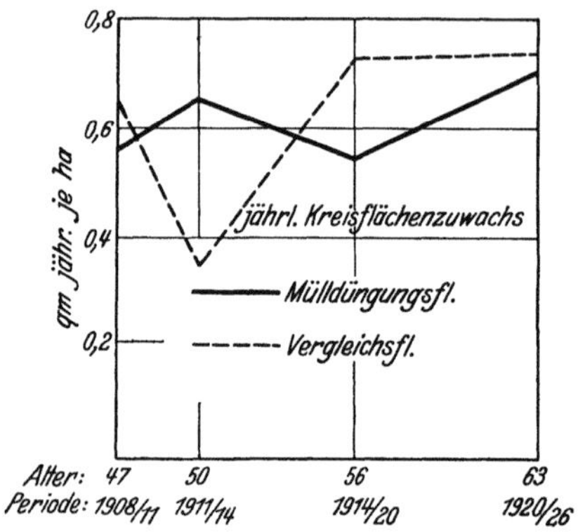

Abb. 271. Der Einfluß der Mülldüngung auf den Zuwachs.
Kreisflächenzuwachs je Hektar und Jahr in den einzelnen Zuwachsperioden von 1908 bis 1926 in der Mülldüngungsfläche Stadtwald Berlin (Kiefer 60jährig) und in der Vergleichsfläche. Aufnahmen der Preußischen forstlichen Versuchsanstalt.

Der Gesamtzuwachs 1908—28 betrug in der gedüngten Fläche 11,65 qm je Hektar, in der nicht gedüngten Fläche 12,44 qm. Als Erfolg der Düngung ist höchstens die fehlende Schädigung des Zuwachses durch das trockene Jahr 1911 (kein Sinken des Zuwachses 1911—14) zu erkennen.

Über den Einfluß der Düngung auf den Zuwachs der alten Bestände liegen nur ganz wenige Zahlen vor: In einem 20 Jahre lang sehr sorgfältig verfolgten Versuch im Stadtwald Berlin hat starke Düngung mit Müll zwar den Humuszustand erstaunlich verbessert, aber noch nach 20 Jahren den Zuwachs nicht gesteigert (Abb. 271).

Die Überrieselung von Kiefernstangenhölzern mit städtischen Abwässern (Versuche bei Berlin) hat die Kiefern großenteils zum Absterben gebracht. In einem von H. VATER angelegten Versuch mit starker Volldüngung eines älteren Fichtenbestandes scheint der Zuwachs etwas gestiegen zu sein, doch war das Material zur genauen Berechnung zu klein. Bei diesem Mangel an Unterlagen werden erst die neuen exakten Versuche die Frage klären können, ob eine Zuwachssteigerung in älteren Beständen durch Düngung zu erreichen ist.

Gewisse Schlüsse lassen sich allerdings schon heute aus dem Ergebnis der langfristigen *Streuversuchsflächen* ableiten, in denen dem Bestande lange Jahre die Humusdecke, also die wichtigste Quelle von Stickstoff und Humus, planmäßig genommen wurde. In den zahlreichen preußischen Buchenstreuversuchsflächen ist übereinstimmend bei *alljährlicher* Streuentnahme der Zuwachs auf zwei Drittel der Vergleichsfläche oder weniger gesunken, teilweise sind die Buchen sogar nach 20 Jahren abgestorben. Streurechen in größeren Zwischenräumen hat ebenfalls, wenn auch weniger, geschadet (Abb. 272).

Über den Einfluß der Düngung auf den *Bodenzustand* in älteren Beständen liegt eine große Reihe von Untersuchungen vor. Manche Trockentorfformen sind so schwer zersetzlich, daß wenigstens unter dem Schatten des Bestandes selbst *Kalk*gaben von 30 dz je Hektar keine entscheidende Zersetzung erzielten. In anderen Fällen, z. B. in den wertvollen Versuchen von HOBBELING in Neuenheerse, hat eine Kalkdüngung von 20—60 dz je Hektar den Auflagehumus wesentlich entsäuert und zur Nitrifikation gebracht, während im Mineralboden nach 4 Jahren noch keine wesentliche Veränderung zu erkennen ist. Die Versuche von Medingen und Barlohe in Buchenalthölzern sind in Abschnitt 3 besprochen.

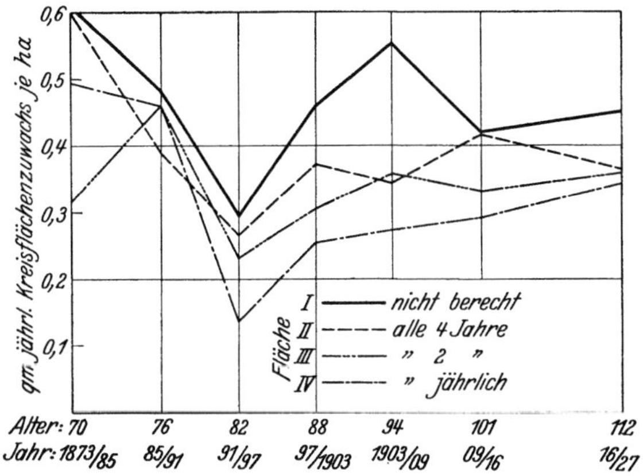

Abb. 272. Die Bedeutung der Laubstreu für das Wachstum der Buche. Der jährliche Kreisflächenzuwachs je Hektar im Durchschnitt der einzelnen Aufnahmeperioden 1873—1927 in den verschieden bedachten Streuversuchsflächen Hermeskeil 143.

Die Streunutzung hat von 1873—1914 regelmäßig stattgefunden. Die jährlich gerechte Fläche hat von 1873—1927 nur 62 %, die alle 2 Jahre berechte Fläche 79 %, die alle 4 Jahre berechte 85 % des Zuwachses der nicht berechten Fläche geleistet. Seit 1891 (18 Jahre nach Beginn des Rechens) steigt die Überlegenheit der nicht berechten Fläche wesentlich an.

Der starke Zuwachsrückgang in allen Flächen in der Periode 1891—97 erklärt sich aus der damaligen Häufung trockener Sommer.

Im älteren Kiefernbestand hat starke Reisigpackung eine erstaunlich günstige Wirkung auf Humusgehalt und Bodenfrische, wenigstens in den ersten Jahren (Abb. 273).

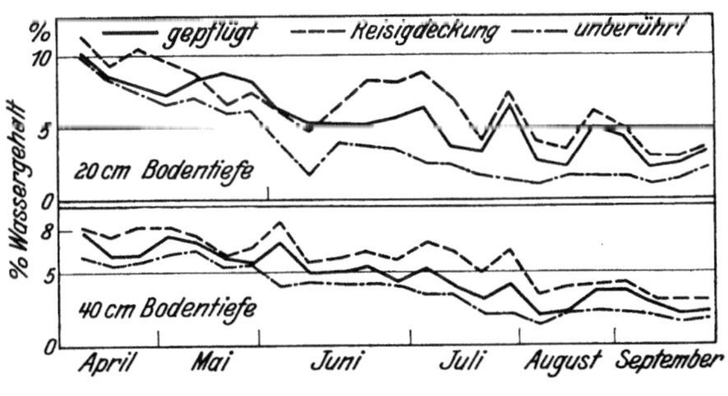

Abb. 273. Einfluß der Reisigdeckung sowie des Umpflügens des Bodens auf den Wasserhaushalt eines älteren Kiefernbestandes. Stadtwald Eberswalde. (Nach R. ALBERT 1911, 2.)

Der Wassergehalt des Bodens (Prozent) im Laufe des Jahres 1911 in 20 cm (obere Kurven) und 40 cm Bodentiefe (untere Kurven) in den 3 verschieden behandelten Parzellen.

Die Untersuchung ist in dem ersten Jahre nach der Bearbeitung erfolgt. Seit Eintritt der Junihitze sinkt der Wassergehalt in der nicht gedeckten Vergleichsfläche sowohl in 20 wie in 40 cm Bodentiefe sehr rasch, in der mit Reisig gedeckten Fläche viel langsamer, die gepflügte Fläche steht in der Mitte.

R. ALBERT (2) hat in diesem Versuch eine Steigerung der Bodenfeuchtigkeit bis 40 cm Tiefe auf das Dreifache der nichtgedeckten Fläche festgestellt. Über die Dauer dieser Wirkung ist leider nichts bekannt. Im Gegensatz zu diesen starken Reisigpackungen scheinen die geringeren Reisigmengen, wie sie die normale Durchforstung in älteren Kiefernbeständen auf den Boden wirft, den Bodenzustand nicht wesentlich zu ändern.

An Stelle der Düngung kommt in älteren Beständen eine Fülle von anderen bodenpfleglichen Maßnahmen in Frage, vor allem Bodenbearbeitung, die gänzliche oder teilweise Entfernung des übermäßigen Auflagehumus, die Erhöhung des Zutritts von Licht und Wasser zum Boden durch starke Lichtung des Bestandes und die Einbringung von bodenpfleglichen Mischholzarten.

Die Wirkung der *Mischholzarten*, die eine reiche, leicht zersetzliche Streu liefern, durch ihre tiefer eindringenden Wurzeln den Kalk aus größeren Tiefen heraufholen und ihn mit ihren abfallenden Blättern auf die Oberfläche ablagern, kann man einer Gründüngung gleichsetzen. Die Beurteilung dieser Mischholzarten ist mit dem Fortschreiten der Untersuchungen immer verwickelter geworden, denn neben der Anreicherung der oberen Bodenschichten mit nährstoffreichem Humus und der Verdrängung der lebenden Bodendecke nehmen diese Holzarten meist viel Wasser aus den oberen Schichten und sperren die Wärme vom Boden ab, so daß sich, je nach den örtlichen Bedingungen von Klima und Boden, günstige und ungünstige Wirkungen in der verschiedensten Weise übereinanderlagern.

Ergebnis: Die Frage, welche der besprochenen Düngungen bzw. welche Verbindung derselben mit anderen Maßnahmen auf den verschiedenen Standorten im alten Bestand den besten Erfolg mit geringsten Kosten verspricht, läßt sich nicht allgemein beantworten. Die bisherigen Versuche lassen ein günstiges Ergebnis und eine besondere Bedeutung von Kalkdüngung und Reisigdeckung bei der Lösung dieser wichtigen Frage erwarten.

7. Die Düngung als Mittel dauernder Bodenmelioration.

Bei der Einzelbesprechung wurde neben dem Einfluß der Düngung auf das Wachstum der verschiedenen Holzarten auch derjenige auf den Bodenzustand behandelt. Die Frage, ob und wo eine *dauernde Bodenmelioration* von der forstlichen Düngung zu erwarten ist, soll wegen ihrer entscheidenden Bedeutung für das ganze Problem hier nochmals behandelt werden. Die exakten bodenkundlichen Unterlagen sind infolge der kurzen Dauer der Versuche noch gering, außerdem stört auch hier das Ineinandergreifen von Bodenbearbeitung und Düngung bei vielen Versuchen.

Auf den *durchlässigen Kiefernsandböden* sind die Aussichten einer dauernden Bodenverbesserung vor allem bei künstlichen Düngemitteln wegen der starken Auswaschung nicht allzu groß. Die *Aufbringung* starker Humusmengen auf die Bodenoberfläche, wie sie eine Reisigpackung oder ein gelungener Lupinenvoranbau herbeiführt, ist in den ärmsten Sandböden oft schon nach 10—20 Jahren nicht mehr im Bodenprofil zu erkennen, weil wenigstens die ärmsten „hitzigen" Sande den Oberflächenhumus sehr rasch aufzehren. Wahrscheinlich ist aber auf etwas feinkörnigeren Sandböden die Möglichkeit einer dauernden Festhaltung des Humus mit ihren günstigen Folgen auf den Wasserhaushalt wesentlich größer als auf den grobkörnigsten Böden. So hat z. B. J. Naumann (33) in Lieberose in solchen besseren Sandböden noch 8 Jahre nach der Reisigdeckung eine erhebliche Erhöhung von Humusgehalt und Feuchtigkeit feststellen können, die (infolge der langsamen Einschlämmung) bis in 20 cm Tiefe reichte (vgl. Abb. 260).

Günstiger als der oben aufgebrachte Humus verhält sich der *in den Boden eingebrachte* Humus, der bisweilen noch nach 30 Jahren wirksam ist [Moorerdeversuche in Schnecken (1)]. Doch kann dieser untergebrachte Humus infolge der Absperrung von Luft und Sonne und infolge des Nährstoffmangels des umgebenden Sandes auch „vertorfen" und dann wie eine Drainage die Austrocknung der oberen Schichten steigern, ohne als Nährstoffquelle zu nützen. In einzelnen

Fällen wurde sogar die Bildung einer neuen Ausbleichzone unter dem eingebrachten Humus nachgewiesen. Die Frage, ob bei dieser Unterbringung der Humus lediglich dünn übererdet oder innig mit dem Sande durchmischt werden soll, ist noch umstritten (49). Wahrscheinlich muß die Entscheidung je nach dem Nährstoffgehalt des Sandes und der Feuchtigkeit des Bodens verschieden ausfallen.

Viel größere Aussichten für eine dauernde Bodenmelioration als auf diesen Sandböden bestehen auf vielen *schwereren Böden*, bei denen nur physikalische und biologische Mängel beseitigt werden müssen. Hierauf weist der langdauernde günstige Einfluß hin, den auf vielen solchen Böden mit genügendem Steingehalt *frühere Behandlung als Feld* auf den nachfolgenden Waldbestand ausübt. Nach den umfassenden Untersuchungen von v. D. WENSE (57) hat längere Behandlung des Bodens als Feld, unter Umständen schon ein 5—10jähriger landwirtschaftlicher Zwischenbau (K. REBEL) das Wachstum der Fichte bis ins hohe Alter, ja bis in die nächste Waldgeneration hinein auf das Doppelte oder Dreifache der benachbarten herabgewirtschafteten Waldböden gesteigert. Auch nach der bodenkundlichen Untersuchung sind diese früheren Feldböden noch nach vielen Jahrzehnten wesentlich lockerer und tragen eine Menge anspruchsvoller Pflanzen (Nitratpflanzen). Diese Besserung ist allerdings keineswegs auf allen Böden zu erwarten.

Demgemäß wird man auch von den gelungenen Versuchen mit Dauerlupine, die den Boden ebenfalls feldartig durcharbeitet (kräftige Durchwurzelung) und mit stickstoffreichem Humus anreichert, auf entsprechenden Böden ähnliche Dauererfolge erwarten können. Auf 20 Jahre hinaus ist die entscheidende Besserung der Bodenzustandes bereits bodenkundlich nachgewiesen. Auch bei erfolgreicher Düngung mit Thomasmehl (Owingen) und Kalk (Neumünster) zeigte die Untersuchung noch nach 25 Jahren günstige Veränderungen des Auflagehumus und der obersten Bodenschicht. Freilich beschränkt sich diese Bodenbesserung in der Regel — selbst bei gemeinsamer 15jähriger Wirkung von Kalk und Dauerlupine (Ebnath) — auf eine Oberschicht von 10 cm bis höchstens 20 cm Tiefe, während der Boden darunter meist dieselben Eigenschaften (Säuregrad) wie die ungedüngte Vergleichsfläche hat.

Tabelle 2. Einfluß von Dauerlupine und Kalkdüngung auf den Boden. (Ebnath **21** nach H. SÜCHTING **47**, 30 und E. WIEDEMANN **59**, 456.)

Säuregrad p_H				Kalkgehalt %		
Bodentiefe cm	Altholz	Kultur ohne Düngung	Kultur mit Düngung (Lupine und Kalk)	Bodentiefe cm	Kultur ohne Düngung	Kultur mit Düngung
0— 4	4,8	5,5	6,8			
9—12	5,1	6,4	6,3	0—20	0,028	0,056
30	5,7	6,3	6,4	20—50	0,046	0,043

Eine tiefer in den Boden gehende Wirkung ist wohl nur durch Anbau wurzelstarker Hilfsholzarten, vor allem der tiefwurzelnden Eiche und Akazie (Erfahrungen in Nordwestdeutschland), zu erzielen, ebenso unter besonderen Verhältnissen durch starke Kalkdüngung.

Die Hoffnung, durch Düngung schädliche Bodendecken, vor allem Heide und Sumpfmoose, bekämpfen zu können, hat sich trotz vorübergehender Erfolge nicht erfüllt. So hat sich in den Versuchen im Schwarzwald (20), ebenso in den mit Thomasmehl und Kainit stark gedüngten Flächen von Hermeskeil (27) und in den guten Lupinenkulturen von Ebnath (59) die Heide durchaus — in Ebnath auf den lupinenfreien Stellen — erhalten.

Ergebnis: Erst die erfolgreiche Durchführung einer *dauernden* Bodenmelioration wird auch die Aufwendung hoher *einmaliger* Kosten für Düngungsmaßnahmen auf jetzt wenig produktiven Böden rechtfertigen und dadurch das Mißverhältnis, das meist zwischen den Düngungskosten und der mehr oder weniger kurzfristigen Anregung des Wachstums besteht, beseitigen. Die bodenkundliche Untersuchung dieser Frage ist erst in den letzten Jahren in größerem Umfange eingeleitet worden. Nach dem Vorbild der alten Feldflächen kann man aber von Dauerlupine und von Kalk auf untätigen Trockentorfböden und unter Umständen von Reisigdeckung und einigen Hilfspflanzen auf armen Sandböden befriedigende Erfolge erwarten.

8. Die Kosten der Düngung.

Eine „normale" Kiefernkultur auf ärmeren Sandböden kostet etwa 150 bis 200 RM. je Hektar, die Ausbesserungen können auf 50—100 RM. je Hektar veranschlagt werden. Ein Gewinn von 5 Zuwachsjahren während der Umtriebszeit als Erfolg der Düngung bringt einen Mehrertrag von etwa 5 · 3 fm; das sind bei 8 RM. erntekostenfreiem Erlös 120 RM. je Hektar. Demgegenüber kosten einige gebräuchliche Düngungen unter Zugrundelegung heutiger Preise und einer Anfuhr von 5 km zu 0,50 RM. je Zentner von der Bahn zur Kulturstätte:

	Starke Volldüngung	Mäßige Volldüngung	Kalkung	Lupine mit Thomasmehl
Thomasmehl . . . . Ztr. je ha	16	8	—	8
Kainit . . . . „ „ „	16	8	—	—
Kalk . . . . „ „ „	60	30	60	—
Lupine . . . . „ „ „	4	2	—	4
Kosten des Düngers . . . . . RM. je ha	213	106	90	60
Kosten der Anfuhr . . . . . „ „ „	48	24	30	6
Summe ohne Kosten des Ausstreuens:	261	130	120	66

Die Reisigpackung in Lieberose kostet 50—100 RM. je Hektar, bei der Moorerdedüngung in Ostpreußen kostet allein die Anfuhr der Moorerde ebensoviel wie die übrige Kultur (1). Hierzu kommen dann noch die Ausgaben für das Ausbreiten bzw. Einhacken des Düngers, die vor allem bei Kalk und Mergel und ebenso auf verheideten oder verfilzten Böden sehr erheblich sind.

Hiernach bedeutet eine Düngung in der Regel eine Erhöhung der Kulturkosten um 30—100%. Eine Rentabilität wird sich bei Aufrechnung der Zinsen der Düngung bis zur Ernte des Bestandes nur selten errechnen lassen, aber auch bei einfacher Gegenüberstellung der Kosten und Erträge ohne Verzinsung nur dann, wenn durch die Düngung erhebliche sonstige Aufwendungen, vor allem Nachbesserungen gespart werden oder wenn erhöhte Vorerträge in den ersten Jahrzehnten anfallen oder aber, wenn durch den einmaligen Aufwand erheblicher Mittel eine *dauernde* Bodenmelioration gesichert wird.

Für die Einführung der Düngung in die große Praxis haben daher alle Maßnahmen besondere Wichtigkeit, die die Kosten ohne Minderung des Erfolges herabdrücken, z. B. die Deckung der Kosten in Ebnath durch den Verkauf der Streu und der Wurzelstöcke sowie des Lupinensamens, der Verkauf der zwischengebauten landwirtschaftlichen Früchte in Belgien, die Abgabe des groben Reisigs gegen kostenlose Ausbreitung des Feinreisigs auf den Kulturen (Okrilla) usw. Ebenso können in gemischten Betrieben von Feld- und Waldwirtschaft die Gespanne in arbeitsfreien Tagen „wertlose" Abfälle der Landwirtschaft (Kartoffelkraut, Getreidespreu usw.) oder Mergel in die Kiefernkulturen als wertvolle Düngerstoffe bringen, ohne daß besondere Kosten entstehen. Auch die Erkenntnis, daß in der Regel schon mäßige Gaben von Kunstdünger denselben Erfolg wie sehr starke Mengen haben, wird eine sparsame Bemessung und rentable Gestaltung der Düngung erleichtern.

Die größte Aussicht einer Rentabilität ist natürlich dann vorhanden, wenn der einmalige Eingriff den Zuwachs dauernd erhöht oder wenn die Düngung automatisch zu einer Dauerwirkung führt, z. B. durch Anbau der Dauerlupine oder anderer *langlebiger* Hilfspflanzen, während auf hitzigen Sandböden mit kurzer Nachwirkung der Düngung die Aussichten einer Rentabilität wesentlich geringer sind.

III. Gesamtergebnis und Folgerungen.

Nach den vorstehenden Betrachtungen ist nur die Düngung im Pflanzgarten dank der kurzen Dauer des Einzelversuchs bereits grundsätzlich geklärt. Hier bleibt der Zukunft die Aufgabe, die Düngung unter Anpassung an die verschiedenen Böden möglichst wirtschaftlich zu gestalten und zu diesem Zweck die bisherigen Ergebnisse planmäßig durch Versuche und Untersuchungen auszubauen.

Die eigentliche forstliche Düngung im Bestande ist noch mitten im Versuchsstadium. Doch gibt das 20-jährige Ergebnis der von der Deutschen Landwirtschaftsgesellschaft eingeleiteten Versuche wenigstens die Möglichkeit, an Stelle der bisherigen Tastversuche ein planmäßiges Weiterarbeiten zu setzen.

Ein Teil der bisher versuchten Düngungen kann nach den Versuchsergebnissen als unbrauchbar fallengelassen werden, einige Düngungsformen können schon heute für die Erprobung im Großbetriebe empfohlen werden, für die meisten Dünger sind noch weitere Versuche nötig. Diese müssen vor allem die Abhängigkeit des Erfolges von dem Standort erfassen, um so die zahlreichen Widersprüche zwischen den bisherigen Ergebnissen zu klären.

Schon die bisherigen Versuche zeigen den grundsätzlichen Gegensatz zwischen den ostdeutschen Sandböden und dem nordwestdeutschen Heidegebiet bzw. den Urgebirgsböden des Westens. Auf den durchlässigen Sandböden des trockenen Südostens besteht immer wieder die erfolgreichste Düngung in solchen Maßnahmen, die den Humusgehalt und die Bodenfeuchtigkeit steigern. In dem kühleren und feuchteren Nordwestdeutschland aber ist meist, selbst auf armen Heidesanden, Humus — und ebenso die Feuchtigkeit — in genügender oder sogar in übermäßiger Menge vorhanden, und ein Hauptziel der Düngung ist, die Humusmengen zur Zersetzung zu bringen und so den Waldbäumen nutzbar zu machen, oder aber diese ungünstigen Humusformen durch solche von anderer, günstigerer Form zu ersetzen.

Für *Fichten*kulturen ist die Brauchbarkeit der Dauerlupine in Verbindung mit geeigneter Kunstdüngung durchaus gesichert, ebenso bis zu gewissem Grade diejenige von Thomasmehl, unter Umständen auch von Kalk für bestimmte Standorte, deren Eigenschaften leider heute noch nicht genügend bekannt sind.

Bei der *Kiefer* hat sich der Voranbau der gelben Lupine mit Vordüngung von Thomasmehl und Kainit und ebenso die Packung mit Reisig und anderem toten Material als sehr brauchbar erwiesen, um die ersten Jugendgefahren auf humusarmen Sandböden wesentlich herabzumindern. Teilweise sind mit diesen Verfahren auch länger dauernde Zuwachssteigerungen erreicht worden. Ebenso ist unter vielen Bedingungen, wenn auch nicht überall, die Düngung mit Moorerde und anderen Humusstoffen aussichtsreich. Die reine künstliche Düngung und ebenso die Beimischung von humusspeichernden Mischhölzern hat auf diesen ärmsten Sandböden im allgemeinen nicht befriedigt. Nur Kali und ebenso

Kalimagnesia versprechen unter Umständen länger dauernde Zuwachssteigerungen.

Im älteren Bestand sind auf untätigen Trockentorfböden von Kalkdüngung, auf verhagerten Sandböden von Reisigdüngung, beide wenn möglich in Verbindung mit Bodenbearbeitung, günstige Erfolge zu erwarten.

Bei dem gegenwärtigen Stand der Untersuchungen kann die vorstehende Arbeit nicht ein fertiges Ergebnis zusammenfassen, sondern nur einen Überblick des jetzigen Standes der Untersuchung unter Hervorhebung der grundsätzlichen Fragen geben. Zweifellos wird ja die Fortsetzung der Untersuchungen noch manche überraschende Erweiterungen und Veränderungen des heutigen Bildes geben, wenn noch mehr Versuchsergebnisse auf den verschiedensten Standorten bekannt werden.

Künftig wird man durch eingehende Durcharbeitung der vorhandenen Versuche, vor allem nach der bodenkundlichen Richtung, die *Wirkung der einzelnen Faktoren,* die den Erfolg oder Mißerfolg in den verschiedenen Versuchsflächen bedingt haben, zu trennen suchen. Diese Untersuchung muß durch planmäßige Versuche mit den bisher erfolgreichen Mitteln auf verschiedenen Standorten ergänzt werden, um die standörtlichen Bedingungen und Grenzen des Erfolges festzulegen und um die Wirkung durch Verfeinerung der Verfahren oder durch Verbindung mit anderen bodenpfleglichen Maßnahmen zu erhöhen. Eine für die Einführung in die praktische Wirtschaft entscheidende Aufgabe der Zukunft ist es, die Kosten auf ein wirtschaftlich vertretbares Maß herabzudrücken und gleichzeitig die Dauer der Wirkung, vor allem auf den Boden, möglichst zu steigern.

Wenn die Untersuchung der forstlichen Düngung planmäßig von den verschiedenen Gesichtspunkten aus fortgeführt wird, so kann sie sicher nicht nur der Praxis große Dienste gerade unter den schwierigsten waldbaulichen Verhältnissen leisten, sondern sie wird auch die Kenntnis von den Grundlagen der allgemeinen Düngungslehre und ebenso von den waldbaulich-bodenkundlichen Grundlagen — z. B. von den Ansprüchen der Holzarten an die einzelnen Nährstoffe — ganz wesentlich vertiefen können.

Literatur.

(1) ALBERT, R.: Welche Erfahrungen liegen bis jetzt über den Einfluß künstlicher Düngung und Bodenbearbeitung im forstlichen Großbetrieb vor. Z. Forst- u. Jagdwes. **1905**, 139. — (2) Einfluß einer Bedeckung auf den Wasserhaushalt von Kiefernböden. Mitt. dtsch. Landw.-Ges. **27**, 59 (1912).

(3) BLOM, J.: Referat über Düngungsversuche des dänischen Waldvereins. Z. Forst- u. Jagdwes. **1928**, 177.

(4) DANCKELMANN, B.: Über Düngungsmittel im Forsthaushalt. Ebenda **1870**, 323. — (5) DENGLER, A.: Waldbau auf ökologischer Grundlage. Berlin: Julius Springer 1930.

(6) EHRENBERG, P.: Kritische Gedanken über Forstdüngungsversuche. Z. Forst- u. Jagdwes. **1911**, 174. — (7) ENGLER, A., u. GLUTZ: Gründüngungsversuche in Pflanzschulen. Mitt. schweiz. Zentralanst. forstl. Versuchswes. **1903**, 319. — (8) ERDMANN, FR.: Künstliche Düngung im Walde. Z. Forst- u. Jagdwes. **1921**, 155.

(9) FLANDER, C.: Verwendung stickstoffsammelnder Pflanzen und künstlicher Düngung im Forstbetrieb. Allg. Forst- u. Jagdztg **1913**, 267. — (10) FÜRST, H.: Die Pflanzenzucht im Walde, 4. Aufl., S. 36. Berlin: Julius Springer 1907.

(11) GEIST: Vorläufiger Bericht über die Ergebnisse von Kieferndüngungsversuchen in dem Warener Stadtforst. Z. Forst- u. Jagdwes. **1918**, 481. — (12) GIERSBERG, FR.: Künstliche Düngung im forstlichen Betriebe. Ebenda **1901**, 633. — (13) Über die Wichtigkeit des raschen Bodenschlusses. Forstw. Zbl. **1902**, 131.

(14) HELBIG, M.: Über Düngung im forstlichen Betriebe. Neudamm: J. Neumann 1906. — (15) Düngung im forstlichen Betriebe. Forstw. Zbl. **1910**, 200. — (16) Stickstoffdüngungsversuche mit 2- und 4jährigen Fichten. Ebenda **1915**, 83, 123. — (17) Stickstoff-

düngungsversuche mit 2- und 4jährigen Fichten. Ebenda **1920**, 258, 262. — (18) HEUSOHN: Praktische Kulturvorschläge für Kippen, Bruchfelder. Neudamm: Neumann 1929. — (19) HOFMANN, FR.: Bodenbearbeitung und künstliche Düngung in Forchenkrüppelbeständen des württembergischen Schwarzwaldes. Allg. Forst- u. Jagdztg **1905**, 297. — (20) Weitere Mitteilungen über die Wirkung von Düngungen in Forchenkrüppelbeständen des württembergischen Schwarzwaldes. Ebenda **1914**, 228. — (21) HORNBERGER: Über einen Fichtendüngungsversuch. Z. Forst- u. Jagdwes. **1908**, 309.

(22) JENTSCH, FR.: Bestandsdüngungen in Niederlanden und Belgien. Forstw. Zbl. **1901**, 225. — (23) JUNACK: Resultat eines forstlichen Düngungsversuches vom Jahre 1906. Z. Forst- u. Jagdwes. **1928**, 296.

(24) LANG, R.: Forstliche Standortslehre. LAUPPS Handbuch der Forstwissenschaft, 2. Aufl. 1926. — (25) LENT, J.: Der Owinger Forstdüngungsversuch. Z. Forst- u. Jagdwes. **1928**, 641. — (26) LOREY-BECK: Waldbau. LAUPPS Handbuch der Forstwissenschaft, 2. Aufl. 1926. — (27) LUDWIG: Ein Forstdüngungsversuch in einer verheideten Fichtenpflanzung. Z. Forst- u. Jagdwes. **1920**, 42.

(28) MATTHES: Über künstliche Düngung im forstlichen Betriebe. Versammlung thür. Forstwirte zu Eisenach 1900. — (29) Mitteilungen über Bau und Leben der Fichtenwurzel. Allg. Forst- u. Jagdztg **1911**, 1. — (30) MÖLLER, A., u. R. ALBERT: Über Stickstoffdüngung junger Holzpflanzen. Z. Forst- u. Jagdwes. **1916**, 463. — (31) MÜLLER, P. E.: Über zwei Mycorrhizenformen bei der Bergkiefer. 1903. — (32) MÜLLER, P. E., u. WEISS: Über die Einwirkung des Kalkes auf Buchenrohhumus. Naturwiss. Z. Forst- u. Landw. **5**, 52, 154, 185, 225 (1907).

(33) NAUMANN, J.: Reisigdeckung. Neudamm: Neumann 1928.

(34) RAMANN, E.: Die Frage der Anwendbarkeit der Düngung im forstlichen Betriebe. 1892. — (35) REBEL, K.: Heidekrankheit reiner Fohrenbestockung. Z. Forst- u. Jagdwes. **1921**, 321. — (36) REUSCH, E.: Über Düngungsversuche bei Fichtenpflanzungen in Ödlandskulturen. Verl. f. Bodenkultur 1928.

(37) SCHALK: Düngungsversuche in Forstgärten. Forstw. Zbl. **1906**, 569. — (38) SCHÖPPACH: 10jährige Erfahrungen mit der künstlichen Düngung in forstlichen Betrieben. Dtsch. Forstver. **1928**. — (39) SCHULENBURG, V. D.: Über Erfahrungen mit der Weißerle als Vorfrucht für verwilderte Waldböden. Dtsche Forstztg. **1929**. — (40) SCHULTZ: Düngung der Kiefernsaatkämpe mit Humus und Thomasschlacke zur Erziehung kräftiger einjähriger Pflanzen. Z. Forst- u. Jagdwes. **1902**, 296. — (41) SCHWAPPACH, A.: Über Mineraldüngung in Forstgärten. Ebenda **1891**, 410. — (42) Düngungsversuche. Dtsch. Forstztg **1901**. — (43) Düngungsversuche. Jb. preuß. Forst- u. Jagdgesetzgebung u. Verwaltung **1901**. — (44) Versuche über Forstdüngung und Bodenpflege. Z. Forst- u. Jagdw. **1907**, 141. — (45) Forstdüngung. Neudamm: J. Neumann 1916. — (46) SIMON: Die bodenbessernden und wachstumsfördernden Eigenschaften der blauen Dauerlupine. Dtsch. Forstwirt **1926**. — (47) SÜCHTING, H.: Die Gründüngung im Forstbetriebe. Z. Forst- u. Jagdwes. **1928**, 321. — (48) Kalk als Grundlage der Waldbodenkultur. Berlin: Kalkverlag 1929. — (49) SWART: Zur Frage der Rohhumusdüngung. Z. Forst- u. Jagdwes. **1922**, 393.

(50) VATER, H.: Anleitung zur Beschreibung von Versuchen mit Düngung von Freikulturen usw. Tharandter Forstl. Jb. **54**, 81 (1904). — (51) Düngungsversuche in Saatkämpen auf Sandsteinböden. Ebenda **55**, 116 (1905). — (52) Das Zulangen der Nährstoffe im Waldboden. Ebenda **59**, 213 (1909). — (53) Zwei forstliche Düngungsversuche. Ebenda **60**, 253 (1909). — (54) Die Tharandter Forstdüngungsversuche. Ebenda **61**, 111 (1910). — (55) VATER, H., u. SACHSSE: Forstliche Anbauversuche, insbesondere Düngungsversuche. Arb. dtsch. Landw.-Ges. H. **352** (1927).

(56) WECK: Ein Beispiel für die Wirkung der Reisigdüngung. Silva **1930**, 181. — (57) WENSE, V. D.: Fichtenwachstum auf altem Feld- und Waldboden. Z. Forst- u. Jagdwes. **1929**, 65. — (58) WIEDEMANN, E.: Fichtenwachstum und Humuszustand. Arb. biol. Reichsanst. **13** (1924). — (59) Die Leguminosendüngung in Ebnath. Forstw. Zbl. **1927**, 449, 499, 545.

(60) Vers., die 6. des internat. Verb. forstl. Versuchsanst. Allg. Forst- u. Jagdztg **1911**. — (61) Versuche mit Kunstdünger in den gräfl. Landsbergschen Forsten zu Velen und Gemen. Als Manuskript gedruckt. — (62) Programm für die Exkursion des Sonderausschusses für Forstdüngungen in dem gräfl. v. Landsbergschen Schutzbezirk Kartbuß. Als Manuskript gedruckt.

VII. Die Düngung der Moor- und Heideböden.

Von

Geheimem Regierungsrat Professor Dr. Dr. h. c. **Br. Tacke**

weiland Vorsteher der Moorversuchsstation in Bremen.

Mit 3 Abbildungen.

I. Die Moorböden.

1. Die chemische Zusammensetzung der Moorböden.

Um das Düngerbedürfnis der Moorböden beurteilen zu können, ist eine kurze Darstellung ihrer chemischen Beschaffenheit erforderlich, die sehr große Verschiedenheiten zeigt. Je nach der Zusammensetzung des Mediums, in dem die moorbildenden Gewächse gedeihen, insbesondere seinem Gehalt an wichtigen Pflanzennährstoffen, ist der Pflanzenwuchs verschieden und infolgedessen auch die Zusammensetzung der durch Vertorfung daraus entstehenden Moorformen. In ihren Ernährungsansprüchen anspruchsvollere Pflanzengemeinschaften, Sumpfkräuter, Gräser und Halbgräser, bestimmte Baumarten (Erle) bilden die an Pflanzennährstoffen reicheren (eutrophen) Niederungsmoore, anspruchslose Pflanzengesellschaften wie vorwiegend Torfmoose, heidekrautartige Gewächse u. a., die nährstoffarmen (oligotrophen) Hochmoore. Die zwischen beiden stehenden Übergangsmoore mit einem mittleren (mesotrophen) Gehalt an Pflanzennährstoffen stehen je nach den örtlichen Bedingungen für ihre Entstehung bald den Hochmooren, bald den Niederungsmooren näher. Für die Beurteilung der verschiedenen Moorbodenformen in dieser Hinsicht kommt neben dem Gehalt an Stickstoff die in der veraschten Substanz durch starke Säuren gelöste Menge an Mineralstoffen in Frage, wenigstens so lange, bis die Chemie der Humusstoffe in ihrer Entwicklung weiter vorgeschritten ist, als es heute zutrifft. Da es gelingt, auf dem bezeichneten Wege die einzelnen Moorbodenformen scharf zu kennzeichnen und auf Grund wissenschaftlicher und praktischer Erfahrung ihren Bedarf an Pflanzennährstoffen zu bestimmen, besitzt dieses Verfahren vorerst noch vor allen anderen, z. B. vor der Extraktion der nicht veraschten Moorsubstanz mit verdünnten Säuren, den Vorzug. Es ist noch folgendes besonders hervorzuheben, was den höheren Wert der gewöhnlichen Bodenanalyse für Moorboden im Vergleich zu Mineralböden betrifft. Wie noch gezeigt werden wird, sind die Moorböden sehr einseitig zusammengesetzt; sie sind an bestimmten Stoffen entweder so reich, daß eine Düngung mit diesen für gewöhnlich nicht in Frage kommt oder so arm, daß, wenn die im Boden vorhandene Menge restlos den Pflanzen zugänglich wäre, sie in kürzester Zeit völlig verbraucht sein würde. Weiterhin ist es für die Beurteilung des Nährstoffvorrats namentlich auch in dem kultivierten und durch Düngung mit Pflanzennährstoffen mehr oder weniger angereicherten Boden von großer Bedeutung, daß er in natürlichem Zustand sehr reich an Wasser und arm an festen Substanzen ist. Verlangen doch die Kulturgewächse, wenn sie üppig gedeihen sollen, eine fast vollständige Sättigung des Moorbodens mit Wasser, so daß der Anteil desselben im natürlichen Boden 85 Gewichtsprozente und mehr ausmacht. Die Zufuhr irgendwelcher Stoffe macht sich daher in der Zusammensetzung der Trockenmasse des Moorbodens viel stärker bemerkbar als in mineralischen Böden. Hierfür nur ein Beispiel. Wir nehmen an, wir düngen einen Hektar eines Mineralbodens mit 300 kg Kali je Hektar, so würde das bei einem Gewicht der obersten Bodenschicht bis 20 cm

Tiefe und 1 ha Fläche von etwa 3 Mill. kg auf den trocken gedachten Boden umgerechnet höchstens $^1/_{100}$% Kali ausmachen, eine Menge, die durchaus innerhalb der Fehlergrenze der Bodenanalyse liegt. Für Moorboden mit einem Gewicht von etwa 300000 kg Trockenmasse für denselben Bodenraum bedeutet die angegebene Kalidüngung eine Anreicherung der Bodentrockenmasse um $^1/_{10}$%, ein Betrag, der analytisch mit Sicherheit nachweisbar ist.

Nachstehende Zusammenstellung enthält die Ergebnisse der Analyse einiger kennzeichnender Moorbodenformen, berechnet zunächst auf Trockensubstanz und ferner auf die von zufälligen Bestandteilen (Sand u. dgl.) freigedachte Moorsubstanz. Bei mehr oder weniger mit Mineralstoffen angereichertem Moorboden ist diese Umrechnung erforderlich, wenn man sich bei seiner Beurteilung nicht starken Täuschungen aussetzen will. In der nachfolgenden Tabelle sind die Unterschiede in dieser Richtung nicht groß, da der Gehalt der einzelnen Proben an zufälligen Bestandteilen gering ist. Sie können aber bei sandreichen Moorböden ein Mehrfaches der für den ursprünglichen Boden ermittelten Werte erreichen und, falls sie nicht berücksichtigt werden, eine völlig falsche Einordnung des betreffenden Bodens verursachen.

Chemische Zusammensetzung der Hauptmoorbodenarten.

	In 100 Teilen trocken gedachten Moorbodens				In 100 Teilen von Unlöslichem frei gedachten trockenen Moorbodens			
	Hochmoor Sphagnumtorf		Übergangsmoor Übergangswaldtorf	Niederungsmoor Bruchwaldtorf	Hochmoor Sphagnumtorf		Übergangsmoor Übergangswaldtorf	Niederungsmoor Bruchwaldtorf
	junger %	alter %	%	%	junger %	alter %	%	%
Verbrennbare Stoffe	97,18	97,97	95,43	92,44	98,38	98,59	96,46	93,58
Stickstoff	0,67	0,95	1,48	1,88	0,68	0,96	1,50	1,90
Mineralstoffe	2,82	2,03	4,57	7,56	1,62	1,41	3,54	6,42
In Salzsäure Unlösliches	1,22	0,63	1,07	1,22	—	—	—	—
Kalk	0,36	0,24	1,79	2,83	0,36	0,24	1,81	2,86
Magnesia	0,12	0,27	0,13	0,15	0,12	0,27	0,13	0,15
Eisenoxyd + Tonerde	0,42	0,35	0,82	2,02	0,43	0,35	0,83	2,04
Manganoxydoxydul	0,01	0,02	0,05	0,09	0,01	0,02	0,05	0,09
Kali	0,10	0,07	0,05	0,04	0,10	0,07	0,05	0,04
Natron	0,18	0,11	0,08	0,08	0,18	0,11	0,08	0,08
Phosphorsäure	0,05	0,03	0,05	0,08	0,05	0,03	0,05	0,08
Schwefelsäure	0,57	0,38	0,81	1,20	0,58	0,38	0,82	1,21
Chlor	0,04	0,03	0,03	0,04	0,04	0,03	0,03	0,04

Kennzeichnend für die verschiedenen Moorbodenformen ist an erster Stelle neben dem Gehalt an Stickstoff der an Kalk, und man hat für praktische Zwecke diesen für die Einordnung der Böden als maßgebend angenommen. Alle Moorböden, deren Gehalt an Kalk in der von zufälligen Bestandteilen freigedachten Trockenmasse weniger als 0,5% beträgt, werden den Hochmooren zugerechnet, die , deren Kalkgehalt unter gleichen Bedingungen 2,5% übersteigt, den Niederungsmooren. Die in ihrem Kalkgehalt zwischen beiden Grenzen liegenden Böden zählen zu den Übergangsmooren, die je nach der Höhe des Kalkgehaltes als hochmoorartige oder niederungsmoorartige Übergangsmoore bezeichnet werden. Als durchschnittliche Werte sind aus einer sehr großen Zahl von Analysen der Moorversuchsstation in Bremen die folgenden für die drei genannten Hauptformen des Moorbodens ermittelt worden. Es enthalten (ausgenommen besonders kalk- und phosphorsäurereiche Niederungsmoore) in 100 Teilen Trockenmasse:

Hochmoore: 1,20 T. Stickstoff; 0,10 T. Phosphorsäure, 0,35 T. Kalk, 0,05 T. Kali;
Übergangsmoore: 2,00 T. Stickstoff, 0,20 T. Phosphorsäure, 1,00 T. Kalk, 0,10 T. Kali;
Niederungsmoore: 2,50 T. Stickstoff, 0,25 T. Phosphorsäure, 2,50 T. Kalk, 0,10 T. Kali.

Da aber der Zersetzungszustand, die Dichte der Lagerung der verschiedenen Moorböden, der Gehalt an Mineralstoffen stark wechselt, damit auch die in einem bestimmten Bodenraum vorhandene Menge fester Stoffe, so gewinnt man erst eine zutreffende Vorstellung von dem Kulturwert, wenn man mit Hilfe der prozentischen Zahlen für die einzelnen wichtigen Pflanzennährstoffe und des sog. Volumgewichtes, das ist das scheinbare spezifische Gewicht des Bodens, die in einem bestimmten Boden in natürlicher Lagerung vorhandene absolute Menge der einzelnen Stoffe berechnet. Die Unterschiede zwischen den verschiedenen Moorbodenarten treten dann noch viel schärfer hervor, als in der prozentischen Zusammensetzung. Nach diesen Ermittlungen sind in einer Oberflächenschicht von 1 ha Fläche bis zur Tiefe von 20 cm vorhanden im Durchschnitt:

Hochmoore: 3000 kg Stickstoff, 250 kg Phosphorsäure, 800 kg Kalk, 100 kg Kali;
Übergangsmoore: 8000 kg Stickstoff, 700 kg Phosphorsäure, 4000 kg Kalk, 200 kg Kali;
Niederungsmoore: 12000 kg Stickstoff, 1200 kg Phosphorsäure, 20000 kg Kalk, 300 kg Kali.

Es liegt auf der Hand, daß derartig große Unterschiede im Gehalt des Bodens an Pflanzennährstoffen das Bedürfnis nach Düngung stark beeinflussen.

2. Die Düngung der Moorböden.

a) Die Regelung des Kalkzustandes.

Die ausgesprochenen *Niederungsmoore* enthalten so große Mengen Kalk, daß auf absehbare Zeit eine Zufuhr von solchem nicht nötig ist. Der Kalk ist meist im Boden in Form von Kalkhumat vorhanden, jedoch findet sich daneben in vielen Niederungsmooren kohlensaurer Kalk in größeren oder geringeren Mengen. Der Gehalt an Kalk ist im allgemeinen so groß, daß die bei der Vertorfung entstehenden Humussäuren völlig oder bis auf einen bedeutungslosen Rest gebunden werden, so daß diese Moorbodenform nicht oder nur so schwach sauer reagiert, daß eine Abstumpfung der Säure durch basisch wirkenden Kalk nicht nötig ist. Zudem zerfällt bei ausreichender Entwässerung und Durchlüftung das Kalkhumat ziemlich schnell unter Bildung von Kalkkarbonat, so daß der etwa anfangs vorhandene geringe Rest freier Säuren bald nach der Kultivierung völlig verschwindet. Zwar tauchen immer wieder Behauptungen auf, daß auf Niederungsmoor eine Kalkzufuhr wirksam gewesen sei. Wenn auch nach den vorliegenden Erfahrungen durch Branntkalk, Löschkalk oder Kalkkarbonat die Zersetzung schon in Zersetzung begriffener Stoffe, wie z. B. des Torfes, befördert werden kann (E. Wollny) — auf den Zerfall unzersetzter organischer Massen wirkt der Zusatz von Kalk zunächst verzögernd — so scheint doch dieser Vorgang für unzersetzte Niederungsmoore, die nach ausreichender Entwässerung und Durchlüftung sich auch ohne Kalkzufuhr schnell humifizieren, nicht von wesentlicher Bedeutung für die Ertragsfähigkeit zu sein. Außerdem bieten die zum Beweis der Kalkwirkung auf Niederungsmoor angeführten Versuche der Kritik reichlich viele Angriffspunkte, vor allem fehlt es fast immer an einer die Beschaffenheit des Moores scharf kennzeichnenden analytischen Untersuchung. Nach Untersuchungen der Moorversuchsstation Bremen wurden im Durchschnitt einer längeren Versuchsreihe auf Niederungsmoor an Hafer, Gerste und Roggen ohne besondere Rücksichtnahme auf die einzelne Fruchtart geerntet je Hektar (Br. Tacke 2):

ohne Kalk	27,9 dz Korn und	42,4 dz Stroh
mit Kalk (12 dz/ha) . . .	27,6 „ „ „	41,2 „ „

Unter Umständen kann sogar, namentlich im ersten Jahre nach der Kalkung ein Rückschlag in den Erträgen eintreten.

Dagegen sind die *Hochmoore* an Kalk so arm, daß zur Erzielung eines den Kulturpflanzen zuträglichen Kalkzustandes und in Verbindung damit einer günstigen Bodenreaktion eine Kalkzufuhr in angemessener Stärke erforderlich ist. Der im Hochmoorboden vorhandene Kalk reicht vor allem nicht aus, wie das im kalkreichen Niederungsmoor der Fall ist, die durch die Vertorfung entstehenden freien Humussäuren, die starke physiologische und biologische Wirkungen ausüben, zu binden, so daß diese Bodenform mehr oder weniger stark sauer ist. Der Gehalt an freien Humussäuren kann, als Kohlensäure auf die trocken gedachte Masse berechnet, bis gegen 3 % ansteigen. Alle Kulturgewächse können in einem derartig sauren Boden erst gedeihen, wenn wenigstens ein großer Teil der freien Säure durch ein basisch wirkendes Mittel gebunden wird. Für praktische Zwecke kommt hierfür nur der Kalk in seinen verschiedenen Formen in Frage. Wichtig ist die richtige Bemessung der anzuwendenden Mengen, denn kaum ein Boden ist gegen zu starke Kalkzufuhr so empfindlich wie Hochmoorboden. Er antwortet darauf sofort oder nach kurzer Zeit mit einem dauernden Sinken der Erträge, und wir kennen bis jetzt keine schnell wirkenden Maßnahmen, die ungünstige Wirkung aufzuheben. Weiterhin kommt hinzu, daß der Gehalt der kalkarmen Moore an freien Säuren wechselt und die verschiedenen Kulturgewächse ein verschieden starkes Kalkbedürfnis bzw. eine verschieden starke Empfindlichkeit gegen eine saure Reaktion des Bodens besitzen. Schmetterlingsblütler verlangen zu ihrem Gedeihen auf Hochmoor eine stärkere Kalkung als Halm- und Hackfrüchte. Da in der Narbe von Wiesen und Weiden ein gewisser Anteil von Klee- und Wickenarten erwünscht ist, müssen solche stärker gekalkt werden als dauerndes Ackerland, soweit solches nicht dem Anbau von Leguminosen dient, der wenigstens für die deutsche Hochmoorkultur eine geringe Bedeutung hat. Günstig wirkt auf Grünland der Umstand, daß die ertragsdrückende Wirkung starker Kalkungen, die auf Gräser im Reinbestand sich äußert, bei einem Mischbestand von Gräsern und stickstoffsammelnden Schmetterlingsblütlern ausbleibt. Der Grund für diese Erscheinung ist wissenschaftlich noch nicht befriedigend aufgeklärt, wahrscheinlich liegt er in einer günstig wirkenden Beeinflussung der im Boden verlaufenden bakteriellen Vorgänge durch die Schmetterlingsblütler. Aber auch für Grünland besteht eine nicht allzu hoch gelegene Grenze, die bei der Kalkzufuhr nicht ohne Schaden überschritten werden darf.

Für die deutschen Hochmoore durchschnittlicher Zusammensetzung hat die wissenschaftliche Forschung und praktische Erfahrung gelehrt, daß für dauerndes Ackerland eine Kalkmenge von 20 dz CaO je Hektar angemessen ist, die aber für Gründland auf 40—45 dz je Hektar gesteigert werden muß. Die vorwiegend angebauten, auf dem Moore einheimischen Ackerfrüchte, Kartoffeln, Hafer und Roggen, unterscheiden sich nur wenig in ihrem Kalkbedarf. Neu eingeführte hochgezüchtete Spielarten scheinen ein etwas stärkeres Kalkbedürfnis zu besitzen, dem aber dadurch genügt werden kann, daß sie auf älterem, stärker angereichertem Kulturland angebaut oder daß die Reaktionszustände im Boden durch eine physiologisch alkalische oder saure Düngung geregelt werden. Der Verlust an Kalk aus der Ackerkrume ist offenbar auf dem Hochmoorboden verhältnismäßig gering, so daß durch die Nebenwirkung kalkhaltiger Phosphorsäuredüngemittel eine dauernde Anreicherung der Oberflächenschicht mit Kalk eintritt, die nach kürzerer und längerer Frist ungünstig wirkt, so daß dann auf die

Anwendung stark entkalkender, physiologisch saurer Düngemittel, wie z. B. Ammonsulfat, Bedacht genommen werden muß. Durch die vorstehend bezeichnete schwächere Kalkmenge werden die freien Säuren des Bodens etwa zur Hälfte und weniger, durch die stärkere zu etwa Zweidrittel gebunden. Die Bestimmung der freien Humussäuren erfolgt nach der Methode von Br. Tacke und Th. Arnd.

Bei den Kulturen auf mit Sand gemischtem Hochmoorboden auf abgetorftem Moor, den sog. Fehnkulturen in Holland, auf denen sehr verschiedenartige Früchte gebaut werden, zum Teil viel anspruchsvollerer Art, als es für die betriebswirtschaftlichen Verhältnisse der nicht abgetorften deutschen Hochmoore zweckmäßig ist, erstrebt man eine feinere Regelung des Kalkzustandes. Für die Bestimmung der Kalkmenge legt J. Hudig (4) den Gehalt des in seinem Sandgehalt stark wechselnden Fehnkulturbodens an Humussubstanz zugrunde. Der Neutralpunkt wird durch elektrometrische Titration ermittelt und für kalkbedürftigere Kulturgewächse der vorhandene Humus nahezu neutralisiert, für weniger kalkliebende z. B. ein Kalkzustand von — 10 geschaffen, d. h. für je 1000 kg im Fehnkulturboden vorhandenen Humus fehlen an der vollkommenen neutralen Reaktion 10 kg kohlensaurer Kalk. Die Wirkungen der verschiedenen künstlichen Düngemittel auf den Reaktionszustand des Bodens dienen auch hier zur weiteren Regelung, die natürlich nur innerhalb gewisser Grenzen möglich ist. Es müssen aber offenbar auf dem durch Sand gleichsam verdünnten Fehnkulturmoorboden ganz andere Verhältnisse in Hinsicht zweckmäßiger Kalkdüngungen herrschen als auf dem fast sandfreien Hochmoor. Würden wir dem Humus des letztgenannten die nach holländischer Art berechneten Kalkgaben zuführen, so würden diese die für reine Hochmoore erprobten Mengen weit übertreffen und für dessen Ertragsfähigkeit unheilvoll wirken. Der wissenschaftlichen Forschung erwächst hier noch eine wichtige Aufgabe. Um die Bedingungen für die Wirkung des Kalkes wie auch der künstlichen Düngemittel auf Hochmoor richtig zu verstehen, müssen wir noch auf die eigentümlichen Lagerungsverhältnisse der Bodenschichten etwas näher eingehen. In den stark sauren Hochmoorboden dringen die Wurzeln der Kulturpflanzen nur so weit ein, wie er wenigstens teilweise entsäuert ist. Die Kalkung wirkt zunächst nur auf die Oberflächenschicht von etwa 25—30 cm, die tieferen Lagen bleiben, wenn wir von einer unter Umständen angebrachten sog. Untergrundskalkung absehen, die das Wurzelbett bis auf 40 cm vertiefen kann, dauernd stark sauer. Alles, was durch die Niederschläge an löslichen Pflanzennährstoffen in diese tieferen Schichten entführt wird, ist für die Pflanzenernährung verloren, da die Wurzeln dahin nicht folgen können. Je flacher mithin das Wurzelbett, desto größer ist die Gefahr des Verlustes wertvoller Pflanzennährstoffe, wenn auch der capillare Aufstieg von Bodenlösungen in die Oberflächenschicht einen gewissen Ausgleich schaffen mag. Die nach der Kalkung eintretende starke Zersetzung der Humussubstanz verursacht einen Schwund der Ackerkrume, sie verflacht um so stärker, je stärker gekalkt wurde und damit wächst die Gefahr von Verlusten an Pflanzennährstoffen. Hierin liegt jedenfalls eine der Ursachen für die ungünstige Wirkung zu starker Kalkgaben. Durch Anschneiden der tieferen Bodenlagen bei der Bodenbearbeitung und Aufpflügen des frischen Bodens in die Ackerkrume kann der Verflachung bis zu einer gewissen Grenze entgegengewirkt werden, nur darf diese Maßnahme nicht bei gegen rohen Boden empfindlichen Früchten vorgenommen werden. Vorstehendes wird durch die nebenstehenden drei Abbildungen sehr deutlich erläutert. Abb. 274 stellt die eigentümlichen Wachstumshemmungen tiefer wurzelnder Pflanzen (Pferdemöhren) bei flacher Ackerkrume auf Hochmoor dar. Sobald sie den nichtgekalkten, stark sauren Boden unter der Oberflächenkrume berühren, weichen die Wurzeln seitlich in waagerechter Richtung ab. Abb. 275 zeigt, wie die Wurzelentwicklung bei ausreichender Stärke der entsäuerten Oberflächenschicht normal verläuft und wie die Länge der Wurzeln mit der Tiefe der entsäuerten Schicht zunimmt. Abb. 276 endlich tut dar, daß nicht der Kalk als solcher in der tieferen Schicht das Wurzelwachstum begün-

Abb. 274. Wurzelentwicklung von Pferdemöhren auf flach entsäuertem Hochmoor.

stigt, sondern nur seine entsäuernde Wirkung, wenn er in basischer Form gegeben wird. Schwefelsaurer Kalk hat keinerlei Wirkung auf die Wurzellänge gehabt.

Wichtiger noch für die Erklärung ungünstiger Wirkungen zu starker Kalkungen als die Verflachung der Oberflächenkrume ist der Umstand, daß in dem starkgekalkten und entsäuerten Boden für die Pflanzenernährung, besonders mit Stickstoff, ungünstige bakterielle Vorgänge eintreten. Nach den namentlich von TH. ARND (5) im bakteriologischen Laboratorium der Moorversuchsstation in Bremen ausgeführten umfangreichen Untersuchungen ist die auf Grund chemischer Versuche und von Gefäßversuchen ausgesprochene Vermutung völlig

a b c

Abb. 275. Wurzelentwicklung mit steigender Tiefe der entsäuerten Wurzelschicht auf Hochmoor.

	a	b	c
Gekalkt	Oberfläche 14 cm —	Oberfläche 14 cm Untergrund 4 cm	Oberfläche 14 cm Untergrund 14 cm
Tiefe der entsäuerten Wurzelschicht	14 cm	18 cm	28 cm
Durchschnittliche Länge der Wurzeln	12,9 cm	16,4 cm	25,8 cm

a b

Abb. 276. Wurzelentwicklung bei Zufuhr nicht entsäuernd wirkenden Kalks (Gips) zum Untergrund auf Hochmoor.

	a	b
Gekalkt	Oberfläche 14 cm	Oberfläche 14 cm
Gips	—	Untergrund 8 cm
Tiefe der entsäuerten Wurzelschicht	14 cm	14 cm
Durchschnittliche Länge der Wurzeln	12,6 cm	12,6 cm

bestätigt worden, daß der stark gekalkte Hochmoorboden die Entwicklung denitrifizierend wirkender Bakterien begünstigt, durch die sowohl für die Pflanzen verwertbare Stickstoffverbindungen (salpetersaure Salze) zu unbrauchbaren Formen abgebaut werden, als auch unter Umständen pflanzengiftige Stoffe (Nitrite) entstehen können.

Noch zwei Punkte bedürfen besonderer Hervorhebung, die für den Erfolg der Kalkung auf Hochmoor von besonderer Wichtigkeit sind. Erstens daß das kalkhaltige Meliorationsmittel in möglichst feiner, verteilungsfähiger Form verwendet wird, so daß es mit dem Boden in allen seinen Teilen innig und gleichmäßig gemischt werden kann und ferner, daß der Boden, soweit er durch mechanische Bearbeitung gelockert wird, in voller Tiefe mit dem Kalk gemischt wird. Nur bei feinster Verteilung kann der Kalk im Boden schnell seine entsäuernde Wirkung ausüben und manche Hochmoorkultur ist daran gescheitert, daß dieser Forderung durch Verwendung zu grobkörnigen Materials oder unzureichende Bearbeitung nicht genügt worden ist. Bei Anlage von Grünland wirkt dieser Fehler besonders verhängnisvoll, da für gewöhnlich nicht wie beim Ackerbau eine wiederholte Bodenbearbeitung und damit eine bessere Verteilung eintritt, durch die der begangene Fehler allmählich wieder beseitigt werden kann. Eine Vermischung der durch die Bodenbearbeitung gelockerten Schicht mit dem Kalk auf die volle Tiefe ist deshalb besonders wichtig, weil anderenfalls die Durchwurzelung nur in der gekalkten Schicht erfolgt, zwischen ihr und der tieferen Schicht, die für die Wasserversorgung der Oberflächenschicht bedeutungsvoll ist, der capillare Aufstieg gestört wird, so lange bis diese Schicht wieder dicht gelagert ist, was selbst bei regelrechter Anwendung schwerer Walzen eine gewisse Zeit erfordert. Gerade auch bei Grünland äußert sich dieser Fehler besonders stark.

Für die sog. *Übergangsmoore* ist die Kalkfrage unter Beachtung der entwickelten allgemeinen Grundsätze in der Art zu regeln, daß die im Boden vorhandene Menge an Kalk prozentisch wie der absoluten Menge nach und der Gehalt an freien Säuren bestimmt und danach die für die Schaffung eines der besonderen Nutzung angepaßten Kalk- und Reaktionszustandes erforderliche Menge berechnet wird. Die den ausgesprochenen Niederungsmooren näherstehenden Übergangsmoore werden im allgemeinen keiner Kalkzufuhr bedürfen, zumal die Nebenwirkung kalkhaltiger Phosphate zu berücksichtigen ist.

Was die Art der zu verwendenden Kalkdüngemittel angeht, so ist zunächst hervorzuheben, daß für die Wirksamkeit die Feinheit des Materials wichtiger ist als die geologische Herkunft. Zur Verfügung stehen im Handel gebrannter Kalk, Branntkalk (CaO) in Stücken oder gemahlen, bzw. Löschkalk (Kalkhydrat $Ca[OH]_2$) und Kalkmergel (kohlensaurer Kalk $CaCO_3$). Gebrannter Kalk in Stücken muß vor der Verwendung zu feinstem Pulver gelöscht werden. Stehen dafür nicht kundige Arbeiter zur Verfügung oder ist die Witterung ungünstig, so können dabei Schwierigkeiten auftreten, so daß man zweckmäßiger gemahlenen Branntkalk oder Löschkalk bezieht. Weitaus am meisten wird feinstgemahlener Mergel benutzt, der auch wegen seiner bequemeren Verwendung bevorzugt wird, vielleicht auch in seiner Wirkung gewisse Vorzüge hat. Es ist nach langen Verhandlungen mit der Kalkindustrie gelungen, für Mergel und Branntkalk Gewährleistungen für den Gehalt an wirksamem Kalk und die Feinheit der Mahlung zu erreichen sowie einen Entschädigungsmodus bei Mindergehalt zu vereinbaren. Was insbesondere die Körnung angeht, so soll Feinmergel wie gemahlener Branntkalk mindestens 80 % Teile enthalten, die durch Din-Sieb Nr. 20 (0,30 mm Maschenweite) hindurchgehen, der Rest soll nicht gröber sein als 1 mm (Din-Sieb 6). Schließlich ist für die Wahl der Kalkart mit Rücksicht auf den verschiedenen Gehalt der einzelnen Sorten und die Frachtkosten der Preis maßgebend, den die Einheit wirksamer Substanz (CaO) am Ort der Verwendung hat. Diese Erwägung verdient besondere Beachtung, wenn es sich um die vielfach übliche Verwendung von sog. Naturmergeln handelt, mehr oder weniger an Kalkkarbonat reiche Geschiebelehme oder um Wiesenmergel oder Seekreiden. Abgesehen von den Gestehungskosten sind vielfach die Schwierigkeiten, die naturfeuchten Massen in die unbedingt zu fordernde verteilungsfähige Form überzuführen so groß und verteuern die Anwendung so stark, daß die feingemahlenen, hochgrädigen Handelskalke den Vorzug verdienen. Ähnliche Erwägungen gelten betr. des in Nordwestdeutschland, namentlich im Küstengebiet zur Melioration vielfach benutzten Seeschlicks, der einen schwach kalkhaltigen Tonmergel darstellt.

Die Regelung des Kalks- und Reaktionszustandes der sauren Moorböden ist deshalb besonders ausführlich besprochen worden, weil sie in viel höherem Grade als auf mineralischen Böden die Grundlage für die Anwendung eines der wichtigsten Hilfsmittel der neuzeitlichen Hochmoorkultur, der künstlichen Düngemittel, bildet. Bevor man künstliche Düngemittel kannte, befriedigte man das Bedürfnis des nährstoffarmen Hochmoorbodens durch die Anwendung von Stalldünger oder Kompost. Die basische Wirkung dieser Düngemittel stumpfte den Säuregehalt des natürlichen Bodens allmählich soweit ab, daß für die vornehmlich gebauten Ackerfrüchte, Kartoffeln, Hafer, Roggen auch ohne Zugabe von Kalk ein erträglicher Reaktionszustand eintrat. Bei einem Gehalt an freien Säuren von 1,1—1,5%, berechnet als Kohlensäure auf Trockensubstanz, wie er auf lediglich mit Stalldung längere Zeit bewirtschaftetem Hochmoorackerland gefunden wird, gedeihen die genannten Früchte mit Stalldünger befriedigend. Werden jedoch ohne vorhergehende Kalkung auf solchem Boden künstliche Dünger, z. B. Kalisalze, angewendet, so wirken diese unter Umständen geradezu giftig. Die freien Humussäuren besitzen in hohem Maße die Fähigkeit der Neutralsalzzersetzung. Dadurch werden dem Boden zugeführte Chloride oder Sulfate zum Teil zersetzt, unter Bildung von Humaten und freier, stark ionisierter und physiologisch schädlicher Salzsäure oder Schwefelsäure, die durch ein basisch wirkendes Mittel, wie Kalk, in geeigneter Form gebunden werden müssen. Diese wohltätige Wirkung übt der Kalk auch dann noch aus, wenn er sich mit der im Boden vorhandenen Säure völlig in Kalkhumat umgesetzt hat, das gleichsam puffernd wirkt. Die Mißerfolge bei Verwendung künstlicher Düngemittel, die eintraten, ehe man diese Verhältnisse durchschaute, hatten dieselben fast völlig in Mißkredit gebracht, während sie nach ordnungsmäßiger Kalkung mit allerbestem Erfolg auf Hochmoor angewandt werden können.

Was die *Dauer der Wirkung* der üblichen Kalkmengen angeht, so ist dieselbe recht groß und viel länger, als der allgemeinen Meinung entspricht. Es beruht dies darauf, daß der Abgang an Kalk durch die Ernten und Sickerwässer überreichlich durch die alljährliche Zufuhr von Kalk in den benutzten Phosphatdüngern gedeckt wird, so daß eine stetige Anreicherung mit Kalk eintritt, die bereits oben erwähnt wurde und analytisch nachweisbar ist. So waren auf einem längere Zeit mit künstlichen Düngemitteln bewirtschafteten und gleichmäßig mit Kalk versehenem Hochmooracker z. B. in der Oberfläche von 0—15 cm Tiefe auf 1 ha vorhanden:

Auf den Teilstücken mit Phosphatdüngung	bis . .	6030 kg
„ „ „ ohne „	bis . .	2471 „

Bei Feldversuchen auf vor etwa 20 Jahren normal gekalktem Hochmoor hatte eine Nachkalkung zu einer kalkliebenden Frucht (Pferdebohne) keine Wirkung. Ob die seit dem Kriege immer mehr in Aufnahme gekommene Verwendung des stärker entkalkend wirkenden Ammonsulfats oder des Leunasalpeters an Stelle von Chilesalpeter überhaupt oder eine frühere Wiederholung der Kalkung erforderlich macht, kann erst auf Grund langjähriger Erfahrung entschieden werden. Die Kalkung der tieferen Schicht des Hochmoors unter der Oberfläche, die sog. *Untergrundkalkung* mittels eines abgeänderten v. FUNKEschen Untergrundpfluges hat im allgemeinen bei Ackerfrüchten im Felde nicht den Erfolg gehabt, den man von einer Vertiefung des Wurzelbettes erwarten konnte. Gewisse Nebenwirkungen scheinen die günstige Wirkung der Wurzelbettvertiefung verdeckt zu haben. Auf Wiesen wurde im Durchschnitt längerer Jahre durch Untergrundskalkung der Heuertrag jährlich um rund 4 dz je Hektar gesteigert.

Dolomitische, stark magnesiahaltige Kalke besitzen den magnesiaarmen oder -freien gegenüber keinen Vorzug, sie sind auch für Hochmoor lediglich nach ihrem Gehalt an basisch wirkenden Stoffen zu bewerten.

b) Die Düngung der Moorböden mit Phosphorsäure, Kali und Stickstoff in Form künstlicher Düngemittel.

1. Die Phosphorsäure. Die Mehrzahl aller Moorböden ist stark phosphorsäurebedürftig. Wenn auch der natürliche Vorrat der Niederungsmoore durchschnittlicher Zusammensetzung an Phosphorsäure beträchtlich höher ist als der der Hochmoore, so reicht er doch zur Erzielung befriedigender Ernten nicht aus, zumal die Phosphorsäure in den Pflanzen schwer zugänglichen Verbindungen vorhanden ist. Nur einzelne Niederungsmoore besitzen einen hohen natürlichen Vorrat an Phosphorsäure, die an Eisenoxyd bzw. Eisenoxydul gebunden ist. Letztgenannte Form findet sich in den tieferen, der Luft nicht zugänglichen Schichten in Form einer weißen, unter Umständen krystallinischen Masse, Vivianit, die durch Oxydation in eine blaue Verbindung, phosphorsaures Eisenoxyduloxyd, Blaueisenerde übergeht. Häufiger ist das Vorkommen in Form des phosphorsauren Eisenoxyds (Roterde, Limonite). Der Gehalt des Bodens kann so groß sein, daß eine Düngung mit Phosphorsäure nicht nötig ist. Die Vivianitform ist den Pflanzen leichter zugänglich als die höher oxydierte in der Roterde. Wesentlich ist auch die Art des Vorkommens im Boden, ob dieselbe als feinpulverige Masse gleichmäßig im natürlichen Boden verteilt ist oder ob die phosphorsäurereichen Eisenverbindungen als gröbere oder kleinere Knollen sich finden. Bei gleichem Gehalt an Phosphorsäure ist im letzgenannten Falle ihre Zugänglichkeit geringer als im ersten. Die Bodenanalyse gibt in Verbindung mit den Ergebnissen von Gefäß- und Feldversuchen eine genügende Handhabe zur Beurteilung des Phosphorsäurebedarfs solcher Böden. In jedem Falle empfiehlt es sich, auch bei höherem Gehalt des Bodens an Phosphorsäure auf kleinen über das Feld verteilten Teilstücken zu prüfen, ob ein Bedarf an Phosphorsäure besteht, da vielfach die Verteilung der phosphorsäurereicheren Partien eine ungleichmäßige ist.

Als Phosphorsäuredüngemittel kommen in Frage auf nichtsauren Moorböden Thomasmehl, Superphosphat, Dicalciumphosphat, Rhenaniaphosphat, auf sauren vornehmlich neben Thomasmehl gewisse Rohphosphate, vorausgesetzt, daß sie mindestens ebenso fein gemahlen sind wie Thomasmehl und von erdiger, nicht felsiger Beschaffenheit sind wie z. B. die nordafrikanischen Kalkphosphate (Algier- oder Gafsaphosphat). Der Hochmoorboden vermag auch nach ordnungsmäßiger Kalkung wegen seines Gehaltes an freier Humussäure die Phosphorsäure der Rohphosphate in lösliche Form überzuführen, was im Niederungsmoorboden oder in nicht saurem, mineralischen Boden nicht möglich ist. Daher zeigt auch feingemahlenes Knochenmehl auf Hochmoor eine befriedigende Wirksamkeit. Superphosphat ist für saure Moorböden nicht angebracht, vornehmlich deshalb nicht, weil eine Zersetzung des in ihm enthaltenen schwefelsauren Kalks unter Freiwerden giftig wirkender Schwefelsäure eintritt. Es kann jedoch in Frage kommen, ob nicht auf überstark entsäuertem und mit Kalk im Laufe der Kultur angereichertem Hochmoorboden, um nicht durch basisch wirkende Phosphate die Bodenreaktion noch ungünstiger zu gestalten, Superphosphat zweckmäßig zur Verwendung gelangt, worüber noch Versuche entscheiden müssen. Andererseits hat sich gezeigt, daß auf stark alkalischen, an kohlensaurem Kalk reichen Niederungsmooren, die nicht chemisch und physiologisch basisch wirkenden Düngemittel vorzuziehen sind, also statt Thomasmehl Superphosphat zu verwenden ist.

Was die zuzuführenden Mengen an Phosphorsäure angeht, so hat sich der auch für andere phosphorsäurearme Böden aufgestellte Grundsatz bewährt, durch Überschußdüngungen den Boden mit Phosphorsäure anzureichern, um danach sich auf schwach verstärkte Ersatzdüngungen zu beschränken. Der Gehalt der auf Moorböden erzielten Früchte an wichtigen Pflanzennährstoffen ist von dem der auf Mineralboden, bei Anwendung von Kunstdünger gewachsenen nicht so verschieden, daß bei der Ersatzdüngung mit wesentlich anderen Werten gerechnet werden müßte. Als erstmalige Düngungen mit Phosphorsäure sollten auf Moorböden durchschnittlicher Zusammensetzung in den ersten 2—3 Jahren 175—125 kg Phosphorsäure je Hektar verabfolgt werden, danach kann man sich auf den Ersatz der in der Ernte entnommenen Mengen, wenn man besonders vorsichtig sein will, unter geringer Erhöhung derselben beschränken. Für die Ersatzdüngung auf Wiesen haben die umfassenden Versuche der Moorversuchsstation in Bremen denselben Wert ermittelt, wie er für andere Böden gefunden worden ist, nämlich 6,5 kg Phosphorsäure für je 1 t Heu; für Weiden genügt bei stärkster Inanspruchnahme eine jährliche Düngung mit 30 kg Phosphorsäure je Hektar. Werden Wiesen nur einmal geschnitten und vor- oder nachgeweidet, so ist für den Heuertrag die Ersatzdüngung und für die Weidenutzung etwa die Hälfte der vollen Jahresdüngung für Weiden, rund 15 kg Phosphorsäure wieder zuzuführen. Erstmalige Düngungen mit Phosphorsäure werden zweckmäßig nicht zu spät ausgeführt. Namentlich bei Anwendung von Rohphosphaten auf Hochmoor ist das zu beachten, da deren Löslichkeit immerhin geringer ist und etwas mehr Zeit erfordert als z. B. Thomasmehl. Zur Sicherheit gibt man in dem Fall zum ersten Male auch etwa ein Fünftel mehr an Phosphorsäure als z. B. in Thomasmehl, in den folgenden Jahren ist das nicht nötig. Hat sich doch im Durchschnitt langjähriger Versuche im Felde z. B. Algierphosphat dem Thomasmehl zum mindesten gleichwertig erwiesen.

Die *Übergangsmoore* sind, je nachdem sie mehr hoch- oder niederungsmoorartige Beschaffenheit haben, bei der Phosphorsäuredüngung wie die betreffenden Bodenformen zu behandeln.

Die Nachwirkung von Phosphaten auf Moorboden jeglicher Art ist sehr kräftig und von langer Dauer, da Verluste an Phosphorsäure durch die Sickerwässer sehr gering sind. Selbst die Dränwässer aus sauren Hochmoorböden enthalten nur Spuren von Phosphorsäure.

Die Preisverhältnisse für die verschiedenen Phosphate verlangen namentlich insofern Beachtung, als die Phosphorsäure in den für Hochmoorböden geeigneten Rohphosphaten zur Zeit nur wenig mehr als die Hälfte der Phosphorsäure des Thomasmehls kostet.

2. Die Kalidüngung. Wie die oben mitgeteilten Analysen beweisen, sind fast alle Moorbodenformen arm an Kali, dessen Menge in der Ackerkrume, selbst wenn sie restlos aufnehmbar wäre, günstigstenfalls nur den Bedarf weniger

Ernten deckt. Das im Moorboden vorhandene Kali ist allerdings den Pflanzen in hohem Grade zugänglich und es können auf dem nicht mit Kali gedüngten Boden bis 50% des Gesamtkalis in einer Ernte entnommen werden. Daher können kurzfristige Versuche über die Wirkung einer Kalidüngung zu schweren Täuschungen führen. Der Bedarf wird dann nach Erschöpfung des Bodenkalis um so größer. Nur mit Ton oder Schlick angereicherte Moorböden, die naturgemäß von niederungsmoorartiger Beschaffenheit sind, besitzen einen höheren Kalivorrat, so daß unter Umständen die Düngung mit Kali, wenn auch selten, ganz unterlassen, so doch wesentlich ermäßigt werden kann.

Das Kali wird allerdings mit einer gewissen Kraft im Moorboden adsorbiert, aber schwächer als die Phosphorsäure. Eine stärkere Anreicherung des Moorbodens mit Kali ist daher nicht möglich, aber auch nicht notwendig, da das in Form leichtlöslicher Kalisalze dem Moorboden zugeführte Kali beweglich bleibt und den Pflanzenwurzeln leicht zur Verfügung steht. Auf Moorböden durchschnittlicher Zusammensetzungen sind Anfangsdüngungen mit 175—125 kg Kali angebracht, die später auf Ersatzdüngung einzuschränken sind. Betreffs der Berechnung der erforderlichen Mengen gilt das oben Gesagte. Für Heu ist mit einem Gehalt von 2% Kali in der lufttrocknen Masse zu rechnen, so daß für eine Tonne geerntetes Heu als Ersatz 20 kg Kali nötig sind. Auf Dauerweiden hat sich eine jährliche Kalidüngung mit 60 kg je Hektar als völlig ausreichend gezeigt.

Was die Form angeht, in der das Kali verwendet wird, so sind sowohl die bergmännisch gewonnenen Rohsalze als auch die fabrikmäßig hergestellten höhergrädigen Kalisalze (20—50er Kalidüngesalze, schwefelsaure Kalimagnesia mit rund 26% Kali) in Gebrauch, wenn auch zu bestimmten Früchten einzelne den Vorzug verdienen. Für chlorempfindliche Früchte, wie z. B. Kartoffeln, werden wie auch auf anderen Böden besser die hochgrädigen Salze benutzt und auch diese sind, falls sie Chlor enthalten, nicht zu spät aufzubringen. Die schwefelsaure Kalimagnesia (das Patentkali der Holländer) hat sich bei Kartoffeln auf Moorboden jeglicher Art besonders bewährt, und sowohl den Knollenertrag wie auch den Gehalt an Stärke günstig beeinflußt (Br. Tacke 4). Ob bei dem heute geltenden Preis für das Kali im 40er Düngesalz oder in der schwefelsauren Kalimagnesia die Verwendung der letztgenannten zu Kartoffeln wirtschaftlich ist, hängt außer von dem Preis und den Frachtkosten für die Einheit Kali davon ab, ob die Kartoffeln nach Gewicht oder nach ihrem Gehalt an Stärke verkauft werden. Unter Umständen kann im letztgenannten Fall die Anwendung vorteilhaft sein, während sie bei Bewertung nach Knollengewicht es nicht ist. Bei dauernder Verwendung zu Halmfrüchten auf Hochmoor stand schwefelsaure Kalimagnesia hinter Kainit oder 40er Düngesalz zurück.

Auf Moorwiesen ist nach vielen Versuchen in ganz Norddeutschland das höhergrädige (40er bzw 50er) Kalisalz im allgemeinen den Rohsalzen überlegen. Hohe Heuernten, wie sie auf ordnungsmäßig angelegten und gepflegten Moorwiesen erzielt werden (durchschnittlich 60 dz je Hektar, jedoch häufig erheblich mehr), verlangen sehr starke Ersatzdüngungen mit Kali. Geschieht dies in Form von Rohsalzen, so werden dem Boden an sich große Salzmengen zugeführt, z. B. in Form von nutzlosen Nebensalzen. Es scheint nicht ausgeschlossen, daß dadurch gerade bei Moorböden die Zersetzungsvorgänge, welche die Pflanzennährstoffe in verwertbare Form überführen, zum Nachteil der Erträge gehemmt werden. Bei Anwendung höhergrädiger Kalisalze, von denen sehr viel geringere Mengen genügen, dürfte diese Gefahr beseitigt werden. Bei hohen Ernten sollte alles oder wenigstens ein wesentlicher Teil des Kalis daher in Gestalt des konzentrierten Salzes gegeben werden.

Betreffs der *Zeit der Anwendung* der Kalisalze ist es geraten, erstmalige Düngungen nicht zu spät auszuführen, damit eine möglichst gleichmäßige Verteilung des Kalis im Moorboden eintritt. Verluste durch Auswaschen von Kali sind, solange erst dem Boden geringere Mengen zugeführt werden und er noch nicht adsorptiv mit Kali gesättigt ist, kaum in erheblichem Maße zu befürchten. Bei fortgesetzter Düngung ist es dagegen angebracht, das Kali nicht allzufrüh zu geben, um Verluste nach Möglichkeit zu verhüten, zu Sommerfrüchten und auf Wiesen und Weiden zu Ausgang des Winters. Abgesehen von den gegen späte Kalidüngung an sich empfindlichen Gewächsen ist aber im allgemeinen eine solche etwa nach dem Erwachen des Wachstums auf Grünland nicht zweckmäßig. Auf Wiesen sank z. B. der Ertrag an Heu bei verspäteter Kalidüngung mit Rohsalz im Vergleich zu rechtzeitiger bis um 6 dz je Hektar. Ist man aus irgendwelchen Gründen gezwungen, spät zu düngen, so sollten die höhergrädigen Kalisalze benutzt werden, ebenso bei etwaiger Kopfdüngung des Wintergetreides mit Kali. Auf Wiesen in guter, alter Kultur kann die Düngung mit gleichem Erfolg auch nach dem ersten Grasschnitt erfolgen. Auf bewässerten Moorwiesen wird, falls sie überhaupt einer Kalidüngung bedürfen, diese besser nach der Bewässerung als vorher gegeben, um Verluste möglichst auszuschließen.

Nicht unerwähnt darf die starke *Schutzwirknug* der Kalidüngung gegen Frost auf dem häufig durch Spätfröste gefährdeten Moorboden bleiben. Sehr oft kann man beobachten, daß bei vergleichenden Versuchen nicht mit Kali gedüngte Teilstücke völlig niedergefroren sind, während die mit Kali gedüngten nicht oder nur leicht beschädigt sind. Eine völlig befriedigende Erklärung dieser Erscheinung steht noch aus, wahrscheinlich spielen verschiedene Ursachen bei diesem verwickelten Vorgang eine Rolle. Eine Ursache dürfte darin liegen, daß die Düngung mit Kalisalzen die Oberflächenschicht feuchter erhält und dadurch deren Leitfähigkeit für Wärme aus den tieferen Schichten erhöht und damit die Gefahr einer starken Überkältung der Oberfläche und der bodennahen Luftschicht vermindert wird.

3. Die Stickstoffdüngung. Die ausgesprochenen Niederungsmoore besitzen einen so hohen natürlichen Vorrat an Stickstoff, daß für gewöhnlich eine Düngung mit solchem selbst bei sehr hohen Ernten nicht notwendig ist. Voraussetzung hierfür ist allerdings, daß durch sachgemäße Regelung der Wasserverhältnisse und die damit zusammenhängende Durchlüftung des Bodens die Bedingungen für die Umwandlung organischer Stickstoffverbindungen in aufnehmbare Pflanzennahrung geschaffen werden. Wo solches der Fall ist, ist bislang trotz einer fast dreiviertel Jahrhundert dauernden Bewirtschaftung ohne Stickstoff lediglich unter Verwendung von kali- und phosphorsäurehaltigen Kunstdüngemitteln keine wirtschaftliche Wirkung der Stickstoffdüngung beobachtet worden. Alte gutgepflegte und bewirtschaftete Sanddeckkulturen (Moordammkulturen nach W. Rimpau in Cunrau) leiden infolge überreichlicher Stickstoffernährung bei Halmfrucht noch heute nicht selten unter Lagerfrucht. Allenfalls kann zur frühzeitigen Kräftigung schlecht durch den Winter gekommener Saaten eine schwache Stickstoffdüngung auf Niederungsmoor in Frage kommen oder beim Anbau besonders anspruchsvoller Früchte auf Sanddeckkulturen, wie z. B. Zuckerrüben, damit die jungen Wurzeln durch die Sanddecke möglichst schnell das stickstoffliefernde Moor erreichen. Auch die oft behauptete Wirtschaftlichkeit einer Stickstoffdüngung auf Niederungsmoorwiesen ist im Durchschnitt zweifelhaft. Wenn infolge ungenügender Entwässerung und mangelhafter Durchlüftung des Bodens die für die Entstehung aufnehmbarer Stickstoffnahrung erforderlichen Bedingungen nicht erfüllt sind, kann eine Stickstoffdüngung eine Wirkung zeigen, die bei ordnungsmäßiger Behandlung desselben

Bodens ausbleibt. Bei manchen Versuchen, bei denen angeblich eine Stickstoffwirkung auf Niederungsmoor beobachtet worden ist, ist die Art des Bodens nicht durch eine chemische Bodenuntersuchung mit Sicherheit festgestellt worden. *Die Wirkung einer Stickstoffdüngung auf stickstoffreichem Niederungsmoor ist erst dann erwiesen, wenn bei ordnungsmäßiger Anlage und Pflege der Kultur im Durchschnitt längerer Jahre ein wirtschaftlicher Erfolg erzielt wird.*

Niederungsmoorartige, mehr oder weniger stickstoffreiche *Übergangsmoore* bedürfen im allgemeinen keiner Stickstoffzufuhr, während hochmoorartige Übergangsmoore ebensowenig wie die ausgesprochenen Hochmoore zu Halm- und Hackfrüchten einer solchen entraten können. Abgesehen von dem sehr viel geringeren Gehalt des Hochmoorbodens an Stickstoff ist derselbe offenbar auch in sehr viel schwerer zersetzlicher Form darin vorhanden, so daß für stickstoffzehrende Gewächse, Halm- und Hackfrüchte, zur Erzielung befriedigender Ernten starke Stickstoffgaben erforderlich sind. Stickstoff sammelnde Schmetterlingsblütler, wie Kleearten, Hülsenfrüchte, gedeihen auf ausreichend mit Kalk, Kali und Phosphorsäure versehenem Hochmoor auch ohne Stickstoffdüngung befriedigend, wenn die knöllchenbildenden Bakterien im Boden vorhanden sind oder sofern es nicht der Fall ist, in Form wirksamer Bodenimpferde oder fabrikmäßig hergestellter Bakterienkulturen zugeführt werden. In vielen unkultivierten Hochmooren sind die knöllchenbildenden Kleinlebewesen nicht vorhanden, in anderen in ausreichenden Mengen, wahrscheinlich durch den Kot der Schafe verbreitet, mit denen die Hochmoore, soweit sie Heide trugen, vielfach beweidet wurden. In solchen Fällen, wo eine Stickstoffdüngung auch zu Klee dessen Entwicklung zu Anfang förderte, bis die Bildung und die Wirkung der Symbiose mit den Knöllchenbakterien eintrat, ist wohl die irrige Ansicht entstanden, daß die Stickstoffdüngung die Impfung unnötig mache. Was die für deutsche Hochmoorkulturen als wirtschaftlich erprobten Mengen an Stickstoff betrifft, so können sie auf Neukulturen zu Halmfrüchten auf 40—50 kg, auf 80—90 kg zu Hackfrüchten bemessen werden, auf älterem Kulturland oder nach voraufgehender Stallmist- oder Gründüngung kann das Stickstoffquantum herabgesetzt werden. Sofern dem nicht andere Erwägungen entgegenstehen, ist im letzteren Falle die Verwendung salpeterhaltiger Stickstoffdüngemittel im Frühjahr angebracht, da die Menge dann je nach der Entwicklung der Früchte besser abgestuft werden kann, ohne daß man Gefahr läuft, daß die letzten Stickstoffgaben wegen zu später Anwendung unbefriedigend wirken.

Früher wurde fast ausschließlich auf Hochmoor Chilesalpeter als künstliches Stickstoffdüngemittel benutzt. Seitdem die verschiedenen Arten künstlich aus dem Stickstoff der Luft hergestellter Stickstoffdüngemittel auf dem Markte erschienen sind, werden fast alle mit gleichem Erfolg auf stickstoffarmem Moorboden gebraucht, vielleicht mit Ausnahme von Kalkstickstoff, der unter Umständen sogar eine giftige Wirkung auf Hochmoor ausüben kann und auch bei entsprechender Vorsicht bei der Verwendung jedenfalls in seiner Leistung hinter dem Salpeter oder Ammonsulfat ziemlich weit zurücksteht (Br. Tacke und Fr. Brüne). Jedenfalls sollte Kalkstickstoff mindestens eine Woche vor der Saat gestreut, sorgfältig mit dem Boden gemischt und seine Verwendung als Kopfdünger möglichst vermieden werden. Die vorwiegend zur Verwendung gelangenden Düngemittel, Chile- oder Natronsalpeter, schwefelsaures Ammoniak und Leuna- oder Montansalpeter, sind in ihrer Wirkung im Durchschnitt gleich. Der Preis des Stickstoffs im Natronsalpeter ist allerdings zur Zeit etwas höher. Chlorammon ist, wenn es nicht zu chlorempfindlichen Früchten verwendet wird, gleichwertig. Harnstoff scheint nach den vorliegenden Versuchen untergebracht besser zu wirken wie als Kopfdüngung. Im übrigen wird sich die Auswahl der

Stickstoffdüngemittel nach dem Kalkzustand des Bodens und ihrer physiologischen Reaktion im Boden zu richten haben.

Eine Stickstoffdüngung zu Winterfrucht auf älterem Hochmoorland im Herbst ist meistens zwecklos.

Was die *Stickstoffdüngung des Grünlands*, der Wiesen und Weiden auf Moor betrifft, so ist eine uneingeschränkte Empfehlung derselben ebenso abwegig wie für andere Bodenarten. Die Wirtschaftlichkeit ist in hohem Grade abhängig von den örtlichen Verhältnissen, der Bodenbeschaffenheit, dem Kulturzustand, der Zusammensetzung der Pflanzennarbe, der Art der Nutzung. Mit einer Stickstoffdüngung in Form von Salpeter oder schwefelsaurem Ammoniak ist auf den Wiesen der Hochmoorversuchswirtschaft im Königsmoor im Durchschnitt vieljähriger Versuche kein wirtschaftlicher Erfolg erzielt worden, wenn in einzelnen Jahren auch eine Wirkung beobachtet wurde. Ebensowenig hat sich im allgemeinen eine Stickstoffdüngung auf Hochmoorweiden bei fettzugräsenden Ochsen wirtschaftlich bewährt, nur in für den Weidewuchs besonders ungünstigen nassen und kalten Jahren, wie 1928, ist eine etwas bessere Wirkung beobachtet worden. 30 kg Stickstoff in Form von Natronsalpeter brachten eine Mehrzunahme an Lebendgewicht je Hektar von 73,3 kg. Dagegen ist nach den allerdings erst kurzfristigen Versuchen mit Milchvieh die Anwendung selbst ziemlich großer Stickstoffmengen, zum Teil als Natronsalpeter, zum Teil als schwefelsaures Ammoniak (80 kg je Hektar) selbst bei mäßigen Milchpreisen wirtschaftlicher gewesen. Der Überschuß zugunsten der Stickstoffdüngung betrug je Hektar gegen 68 RM. Besonders hervorzuheben ist der nach längerer Zeit häufig hervortretende, ungünstige Einfluß der Stickstoffdüngung auf die Zusammensetzung der Pflanzennarbe. Die hochwüchsigen Gräser werden durch eine solche besonders gefördert, die Untergräser und besonders der lichtbedürftige Weißklee, die wichtigste Kleeart für Hochmoorgrünland, durch die starke Beschattung unterdrückt, die Narbe wird mehr oder weniger stark lückig und dadurch unter Umständen eine zu Beginn eintretende Stickstoffwirkung in das Gegenteil verkehrt. Ein vergleichender Versuch ergab bei einer Hochmoorwiese im vierten Jahre bei im übrigen durchaus gleichmäßiger Behandlung und Düngung mit Kali und Phosphorsäure einen Ertrag an lufttrockenem Heu je Hektar:

ohne Stickstoffdüngung	41,8 dz
mit „	21,1 „

also einen Minderertrag je Hektar von 20,7 dz. Der Klee war auf der mit Stickstoff gedüngten Fläche fast völlig verschwunden. Die vorstehenden Darlegungen berechtigen wohl zu der Forderung, daß jeder Landwirt durch genügend langdauernde Versuche auf seiner Scholle feststellen muß, inwieweit die regelmäßige Stickstoffdüngung für ihn wirtschaftlich ist.

Was die *Zeit* angeht, zu der die *Stickstoffdüngung* zweckmäßig erfolgt, so ist schon bemerkt worden, daß eine solche im Herbst zu Winterung im allgemeinen nicht zu empfehlen ist. Im Frühjahr soll sie nicht zu weit hinausgeschoben, bei Verwendung ammoniakhaltiger Düngemittel kurz vor Erwachen des Wachstums und in ungeteilter Gabe verabfolgt werden. Bei salpeterhaltigen Düngemittel besteht, ohne Gefahr die Wirkung zu schwächen, die Möglichkeit, sie auch etwas später zu geben und damit der Vorteil, sie besser in ihrer Menge der Entwicklung der Früchte anzupassen. Jedoch ist auch hier eine späte Gabe bei Winterroggen z. B. im allgemeinen nicht nach Ende April angebracht. Wenn auch schon längst der Beweis erbracht ist, daß die Pflanzen auf Hochmoor den Stickstoff in Form von Ammoniak verwerten können und vielfach keine merkbare Nitrifikation eintritt, so scheint doch die Wirkung des Ammoniakstickstoffs bei frühzeitiger Anwendung aus noch näher zu erforschenden Gründen besser zu sein.

Bei Düngung von Viehweiden mit Stickstoff ist eine stärkere Verteilung über die Weidezeit je nach den Wuchsverhältnissen am Platze. Jedoch darf nur die Anfangsdüngung in Form von Salpeter gegeben werden, wenn nicht vor der Salpeterdüngung ein Abtrieb des Viehs für kurze Zeit erfolgt, bis der Salpeter sich gelöst hat, da anderenfalls eine Schädigung der Tiere eintreten kann. Die Anwendung von Mischdüngern verschiedener Art auf Moorboden ist nicht anzuraten, da eine zweckmäßige Bemessung der Nährstoffgaben hier noch schwieriger ist als auf Mineralboden.

4. Die Düngung der Moorböden mit natürlichen Düngemitteln, Stalldünger, Gründünger, Abfalldünger (Kompost). *Der Stalldünger* kommt im allgemeinen für *Ackerbau* auf Niederungsmoor nur in besonderen Fällen in Frage, da einmal der Stickstoff desselben auf dem stickstoffreichen Boden nicht entsprechend ausgenutzt wird und die an und für sich bestehende Gefahr für Lagerfrucht durch ihn steigt, sodann sein Gehalt an Phosphorsäure und Kali erst bei verhältnismäßig großen Mengen dem Bedürfnis des Niederungsmoorbodens genügt. Jedoch kann er für die Verbesserung der Struktur physikalisch ungünstig veränderter Niederungsmoore wertvoll sein. Bei vielen, fast allen Niederungsmooren tritt, wenn sie ohne Besandung geackert werden, je nach der Beschaffenheit, Nutzungsart und den örtlichen klimatischen Verhältnissen nach kürzerer oder längerer Zeit eine Veränderung derart ein, daß die Bodenmasse in Einzelkornstruktur (Puffigwerden) übergeht und um so weniger ertragfähig bleibt, je weiter dieser Zustand fortschreitet. Aufpflügen unveränderten Bodens aus der tieferen Schicht, längere Nutzung als Weide oder Wiese kann den Zustand bessern, vor allem aber die Verwendung gut verrotteten Stalldüngers, der dem Boden wieder Humus günstiger Beschaffenheit zuführt. Nur wird man, um Lager zu verhüten, den Stalldünger zu Hackfrucht aufbringen. Ähnlich wirkt Gründüngung und Abfalldünger (Kompost).

Neuerdings ist vielfach festgestellt worden, daß Stalldünger auf Niederungsmoorwiesen, die bei hohen Erträgen stark mit Kunstdünger, namentlich Kali, gedüngt worden sind und im Ertrage nachlassen, bei flacher Ausbreitung, abgesehen von der physikalischen Wirkung der Bedeckung, stark belebend auf die Bodengare wirken kann, und Ähnliches gilt von dem Kompost, dessen düngende Wirkung gewöhnlich stark überschätzt wird.

Im Gegensatz zum Niederungsmoor sind bei Ackerbau auf Hochmoor Höchstleistungen nur bei Verwendung von Stalldünger neben künstlichen Düngemitteln zu erreichen. In den neuzeitlichen Hochmoorwirtschaften, großen wie kleinen, steht der Futterbau, die Grünlandwirtschaft im Vordergrund und der Ackerbau wird möglichst so weit eingeschränkt, wie es das Bedürfnis der eignen Wirtschaft nach Korn und Kartoffeln zuläßt. Das im allgemeinen mit künstlichen Düngemitteln versorgte Grünland gestattet eine solche Ausdehnung der Viehhaltung, daß der gewonnene tierische Dünger für gewöhnlich für das Ackerland ausreicht, zumal wenn er durch den in den guten Hochmoorwirtschaften üblichen Gebrauch von Torfmull vor Verlusten an wertvollen Stoffen geschützt wird. So wichtig auch die künstlichen Düngemittel für die Entwicklung der neuzeitlichen Hochmoorkultur geworden sind, so hat der Stalldünger dadurch nichts an Bedeutung verloren. Volldüngungen mit 400—600 dz je Hektar gelten als normal. Für Wiesen und Weiden auf Hochmoor gilt betreffs der Anwendung von tierischen Dünger und auch von *Kompost* Ähnliches, wie es für Grünland auf Niederungsmoor dargelegt worden ist. Die Wirkung namentlich von Kompost auf gutgepflegten Hochmoorwiesen ist nach Versuchen der Moorversuchsstation allerdings hinter den üblichen Erwartungen ziemlich weit zurückgeblieben.

Für die Anreicherung des Bodens mit Stickstoff ist der Anbau von stickstoffsammelnden *Gründüngungspflanzen* von Bedeutung. Als solche stehen für Hochmoorboden Lupinen und Serradella obenan. Als bodenverbessernde Vorfrucht bei Neukulturen hat sich die Lupine, gelbe wie blaue, bewährt, die trotz der flachen auf Hochmoor ihr zur Verfügung stehenden Wurzelschicht Höchsterträge an grüner Masse und Stickstoff liefert. Voraussetzung ist ein angemessener Kalkzustand des Bodens und ausreichende Düngung mit Kali und Phosphorsäure sowie sorgfältige Impfung mit Knöllchenbakterien. Untersaat unter Getreide hat sich weniger bewährt. Ein Gemisch von Lupinen und Serradella (100 kg Lupinen und 25 kg Serradella je Hektar) an Stelle reiner Lupine bietet eine noch größere Sicherheit. Als Untersaat unter Halmfrucht ist Serradella sehr geeignet, die auf Moor jedoch nicht vor Mitte Mai (40 kg je Hektar) ausgesät werden sollte, da sie sonst zu lang wird und Schwierigkeiten bei der Getreideernte verursachen kann. Bei mangelhafter Entwicklung im Herbst ist sie unnachsichtlich umzubrechen, da andernfalls dem Acker die Gefahr der Verunkrautung, namentlich mit Moorquecke (Holcus mollis) droht, wie überhaupt der gesteigerten Anwendung der Gründüngung durch die Unkrautgefahr eine Grenze gesetzt ist. Betreffs des Unterpflügens der Gründüngung gelten die allgemeinen Regeln, ein unzweckmäßiges tiefes Unterbringen auf Hochmoor verbietet sich angesichts der eigentümlichen Bodenverhältnisse und der Unzugänglichkeit der nicht entsäuerten, tieferen Bodenschichten für die Pflanzenwurzeln von selbst. Die Wirkung und namentlich die Nachwirkung einer gutgeratenen Gründüngung auf Hochmoor ist sehr stark und äußert sich unter Umständen noch im dritten Jahr, so daß die Stickstoffdüngung der nachfolgenden Halm- oder Hackfrucht, wenn nicht fortfallen, so doch entsprechend ermäßigt werden kann.

II. Die Heideböden.

Der Begriff „Heide“ und „Heideböden“ ist in der allgemeinen Meinung nicht eindeutig. Überwiegend wird darunter ein mit Heidekräutern und verschiedenen Begleitpflanzen bestandener, an Pflanzennährstoffen äußerst armer und wegen mangelnder Feuchtigkeit wenig fruchtbarer Boden verstanden, der allenfalls in Wald umgewandelt werden kann. Diese Ansicht ist jedoch nicht zutreffend. Die Heideböden sind die Produkte der Tätigkeit des Inlandeises, dessen Gletscher ganz Norddeutschland bis zum Mittelgebirge bedeckten und die als Grundmoräne gewaltige Gesteinsmassen verfrachteten und zerrieben, um sie nach dem Abschmelzen als sandige, lehmige, vielfach mit größeren oder kleineren Geschieben durchsetzte Schichten von wechselnder Mächtigkeit zurückzulassen. Umlagerungen durch die Schmelzwässer des Inlandeises, nachher durch den Wind, haben die ursprüngliche Oberflächenbeschaffenheit stark verändert, durch die Jahrtausende dauernde Wirkung der Niederschläge ist der Boden ausgelaugt und verarmt, wenn er auch vielfach in dieser Hinsicht sehr stark unterschätzt wird. In unkultiviertem Zustand ist er überwiegend mit Heidekräutern bestanden, von denen auf trockeneren Lagen die schlichte Heide (Calluna vulgaris), auf feuchteren die Doppheide (Erica tetralix) überwiegt. Das hauptsächlichste Verbreitungsgebiet ist Nordwestdeutschland, Hannover, das nördliche Westfalen, Schleswig-Holstein, besonders in seinem zentralen Teil, dem sog. Mittelrücken und Ausläufer östlich der Elbe in Mecklenburg und bis zur Lausitz. Die sandigen Heideböden überwiegen bei weitem. Soweit die Wasserverhältnisse günstig sind, können sie mit bestem Erfolg landwirtschaftlich genutzt werden, alles übrige etwa mit Ausnahme grober Kies- und Schotterböden, muß der forstlichen Nutzung anheimfallen. Unter der Heidevegetation ist aus deren Resten eine mehr oder weniger starke Anreicherung der Oberflächenschicht mit Humusstoffen entstanden, die so groß sein kann, daß sie der Oberfläche eine anmoorige Beschaffenheit verleiht. Infolge des geringen Kalkgehaltes der Heidenbodens ist diese humose Schicht stark sauer, so daß sie in dieser Hinsicht den ausgesprochenen Hochmooren nahesteht. Die durch die sauren Humussubstanzen der Oberfläche bewirkten ungünstigen Veränderungen der tieferen Lagen, die Entstehung des stark ausgelaugten Bleisandes oder Bleichsandes und der sog. Orterde, die sich zu steinhartem Ortstein verdichten kann, auch wie diese ungünstige Bodenbeschaffenheit durch eine angemessene Bodenbearbeitung beseitigt werden muß, kann hier nicht eingehender erörtert werden. Kurz sei nur betont, daß bei dem Vorkommen verhärteter Schichten im Untergrund diese durch Tiefkultur, sofern sie in erreichbarer Tiefe liegen, gebrochen und gelockert, zweckmäßig jedoch nicht in die Bodenoberfläche aufgepflügt werden, da sie nach dem durch Verwitterung verursachten Zerfall einen wenig günstigen Boden bilden.

Was die *chemische Zusammensetzung der Heideböden* angeht, so wurde bereits bemerkt, daß sie im Durchschnitt nicht so ungünstig ist, wie vielfach angenommen wird, allerdings ziemlich stark schwankt. Im Durchschnitt sehr zahlreicher Analysen (Br. Tacke und A. Spiecker) ergaben sich folgende Werte für den Gehalt an wichtigen Pflanzennährstoffen in einer Oberflächenschicht von 0—20 cm und einer tieferen von 20—40 cm und 1 ha Fläche (die Mineralstoffe in der Asche durch Lösung mit 10% Salzsäure ermittelt):

Oberfläche

3497 kg Stickstoff, 1560 kg Kalk, 823 kg Phosphorsäure, 1070 kg Kali.

Tiefere Schicht

1400 kg Stickstoff 1480 kg Kalk, 958 kg Phosphorsäure, 964 kg Kali.

Vorstehende Zahlen zeigen sehr deutlich, daß der Gehalt des Heidebodens an Pflanzennährstoffen durchschnittlich sich nicht so weit von dem des Hochmoorbodens entfernt, als daß abweichende Maßnahmen für Kalkung und Düngung erforderlich sind. Es sollen daher im folgenden auch nur die Umstände besprochen werden, die für den Heideboden besondere Beachtung verlangen.

Für die **Kalkung**, insbesondere für die Bemessung der Menge wirksamen Kalks gilt das für den Hochmoorboden Gesagte. Gegen übermäßige Kalkung sind namentlich die sandigen humusreichen Heideböden außerordentlich empfindlich und stehen in dieser Hinsicht kaum den Hochmoorböden nach.

Für die Düngung mit **Stickstoff, Phosphorsäure und Kali** gelten im allgemeinen ebenfalls die auf Hochmoor gemachten Erfahrungen mit der Ausnahme, daß Rohphosphate auf normalgekalktem Heideboden im Durchschnitt nicht so wirksam sind wie auf Hochmoor, daher im allgemeinen die Verwendung sich hier nicht empfiehlt oder doch nur dann, wenn durch Bestimmung der Bodenacidität Gewähr für eine genügende Löslichkeit des Rohphosphats gewonnen wird. Da die praktische Brauchbarkeit dadurch aber stark erschwert wird, sieht man besser von der Verwendung ab (Br. Tacke 1).

Der **natürliche Dünger**, Stallmist, Kompost und *Gründüngung* haben für den Heideboden, namentlich auch für die Gewinnung einer befriedigenden Bodengare dieselbe große Bedeutung wie für Hochmoorboden. Auch die vorwiegend benutzten Gründüngungspflanzen, Lupinen und Serradella, sind die gleichen wie für Hochmoor. Nur betreffs der Tiefe des Unterpflügens der Gründüngung ist zu bemerken, daß es nicht auf zu große Tiefe geschieht, was ja auf Hochmoorboden bei dessen eigentümlichen Schichtungsverhältnissen ausgeschlossen ist, da dadurch die Wirkung mehr oder weniger stark geschmälert wird. Viele Versuche in der Richtung sind deshalb nicht einwandfrei, weil bei dem tieferen Unterbringen die tiefere Bodenbearbeitung im Vergleich zum flacheren Unterbringen mitwirkt. Die Moorversuchsstation hat daher schon vor Jahren größere Versuchsreihen nach folgendem Plane durchgeführt. Auf möglichst gleichmäßig mit Gründüngung bestandenen Flächen wurde auf einem Streifen die Gründüngung 10 cm tief untergebracht, sodann 25 cm tief gepflügt, so daß bei einer Bodenlockerung auf 25 cm die Gründüngungsmasse in 15 cm Tiefe lag. Auf einem zweiten Streifen wurde die Gründüngung 15 cm tief, auf einem dritten 25 cm tief untergepflügt. Die Versuche erstreckten sich über 10 Jahre auf über 30 Stellen. In 24 Fällen, in denen überhaupt eine deutliche Wirkung der Gründüngung beobachtet wurde, wurde der höchste Ertrag erzielt beim Unterbringen:

1. auf 15 cm, gelockert auf 25 cm in 7 Fällen,
2. „ 15 „ „ 10 „
3. „ 25 „ „ 7 „

Wenn auch die Art der in Gründüngung angebauten Frucht, die klimatischen und Bodenverhältnisse und andere Umstände hierbei eine Rolle spielen, scheint doch im großen Durchschnitt längerer Versuchsdauer die flachere Unterbringung den Vorzug zu haben.

Schließlich ist noch betreffs der Düngung von Bewässerungswiesen, Rieselwiesen wie regelrecht als Rückenbau ausgebauten Bewässerungswiesen, die vielfach im Heidegebiet zu finden sind, zu bemerken, daß bei ordnungsmäßiger und ausreichender Bewässerung mit dem im Gebiet zur Verfügung stehendem Wasser, das durchschnittlich nur Spuren von Phosphorsäure und etwa 5—6 mg Kali im Liter enthält, günstigstenfalls eine Kalidüngung ersetzt wird und ein voller Erfolg der Bewässerung erst dann eintritt, wenn daneben mindestens noch ausreichend mit Phosphorsäure gedüngt wird.

Literatur.

Arnd, Th.: Über schädliche Stickstoffverbindungen in Hochmoorböden als Folge der Wirkung starker Kalkgaben. 1. Teil Landw. Jb. **47**, 371 (1914); 2. Teil ebenda **49**, 191 (1916).

Ber. Arb. Moorversuchsstat. Bremen: (1) Landw. Jb. **12**, 1 (1883); (2) Ebenda **15**, 1 (1886); (3) Ebenda **20**, 373 (1891); (4) Ebenda **27**, Erg.-Bd. **4** (1898); (5) Ebenda **44**, 1 (1913); (6) Ebenda **55**, Erg.-Bd. **1** (1927).

Die neuzeitliche Moorkultur in Einzeldarstellungen. Hrsg. v. Ver. z. Förderung d. Moorkultur im Deutschen Reich. Bis jetzt erschienen H. 1 bis 3. Berlin: P. Parey 1929 u. 1930.

Fleischer, M.: Anlage und Bewirtschaftung von Moorwiesen und Weiden, 3. Aufl. Berlin: P. Parey 1921. — Freckmann, W.: Erschließung und Bewirtschaftung des Niederungsmoores. Berlin: P. Parey 1921.

Hudig, J.: Kalkzustand. Vortrag. Berlin: Verlag deutscher Kalkwerke 1924.

Tacke, Br.: (1) Auf welchen Böden kann Thomasmehl durch bestimmte Rohphosphate ersetzt werden? Hann. Land- u. forstw. Ztg **62**, 414 (1909); (2) Brauchen Niederungsmoore Kalk? Mitt. Ver. Moorkultur dtsch. Reich **44**, 128 (1926); (3) Moorkultur, 3. Aufl. Berlin: Verlag des Kalisyndikats 1930; (4) Über die Wirkung verschiedener Kalisalze. Z. Pflanzenernährg usw. B **1**, 97 (1922). — Tacke, Br., u. Arnd, Th.: Die schädliche Bodenacidität und ihre Bestimmung. Ebenda A **12**, 362 (1928). — Tacke, Br., u. Fr. Brüne: Vergleichende Düngungsversuche mit Kalkstickstoff, Stickstoffkalk, Chilesalpeter und schwefelsaurem Ammoniak auf Sand- und Hochmoorboden. Landw. Versuchsstat. **83**, 1 (1914). — Tacke, Br., u. A. Spiecker: Ergebnisse der Untersuchung einer Anzahl nordwestdeutscher Heideböden. Z. Forst- u. Jagdwes. **39**, 213 (1907).

Wollny, E.: Die Zersetzung der organischen Stoffe. Heidelberg: C. Winter 1897.

VIII. Die Düngung der Teiche.

Von

Geheimen Regierungsrat Dr. **R. DEMOLL**

o. Professor a. d. Universität München, Vorstand der Bayerischen Biologischen Versuchsanstalt für Fischerei und des Hofer Instituts in Wielenbach.

Mit 5 Abbildungen.

Durch die Düngung der Teiche soll letzten Endes der Ertrag an Fischfleisch gesteigert werden. Der Weg, auf dem diese Steigerung zu erzielen ist, geht über viele Etappen. Das Korrodieren der Pflanzen, die Beeinflussung der Bakterien und der Protozoen, steht am Anfang dieser Kette. Würmer, Insektenlarven, kleine Krebse u. a. sind Zwischenglieder, die die Ursache mit der Wirkung in mehr oder weniger verwickelter Weise verknüpfen. Ist schon der Weg, der vom Dünger zum erstrebten Endprodukt führt, viel weniger übersichtlich als bei der Ackerdüngung, viel verschlungener und etappenreicher, so treten für die Erforschung dieser Zusammenhänge dem Wissenschaftler noch besondere Schwierigkeiten entgegen bei der Versuchsanordnung. Grundbedingung für teichwirtschaftliche Düngungsversuche sind bei der Labilität des Ertrages des einzelnen Teiches eine große Anzahl gleicher Teiche, so daß jedem Einzelversuch mehrere Teiche und mehrere Kontrollteiche zur Verfügung stehen müssen. Die Größe der Teiche darf aber unter ein Mindestmaß (in Wielenbach sind die Teiche etwa $^1/_5$ ha) nicht herabgehen, da sich sonst der Raumfaktor störend bemerkbar macht. Bei der geforderten Mindestgröße der Teiche und ihrer großen Zahl bestehen Schwierigkeiten, hinsichtlich des Bodens völlig gleichartige Teiche zu gewinnen.

Die Besatzstärke ist bei gedüngten und bei den ungedüngten Kontrollteichen stets gleichzuhalten. Es ist wohl richtig, daß hierbei die Düngerwirkung nicht ganz im Zuwachs zum Ausdruck kommt, da die gehobene Fruchtbarkeit des Teiches erst durch einen gesteigerten Besatz richtig ausgewertet werden kann. Es ist aber unbedenklich, wenn die Versuchsanstalten die erzielte Düngerwirkung etwas zu gering angeben, jedenfalls ist dies besser, als wenn umgekehrt verfahren wird. Andererseits würde man jede Vergleichsbasis zerstören, wollte man im Hinblick auf die erwartete Düngerwirkung den Besatz erhöhen. Die Wielenbacher Versuche der letzten Jahre haben gelehrt, welchen enormen Einfluß die Besatzstärke auf die Ausnützung der vorhandenen Nahrung hat.

Die Produktion und ebenso die Rentabilität der Teiche wird wesentlich erhöht durch künstliche Fütterung. Als Futtermittel kommt vor allem die Lupine in Betracht. Es hat sich aber gezeigt, daß damit die Intensität der Bewirtschaftung nicht beliebig gesteigert werden kann. Der Karpfen braucht neben der Lupine einen Teil Naturfutter. Ohne diesen wird die Lupinenverdauung gering, und die Verwertung unrationell. N. ZUNTZ nennt als notwendigen Anteil $^1/_3$—$^1/_5$. Ob diese Zahlen stimmen, bleibe dahingestellt, sicher aber ist die prinzipielle Forderung nach Naturfutter richtig. Daraus erhellt aber, daß die Düngung durch die Fütterung nicht ersetzt oder überflüssig gemacht werden kann. Im Gegenteil. Vermag eine Düngung den Naturertrag eines Teiches zu verdoppeln, so ermöglicht sie damit auch die Verwendung von doppelter Menge Futtermittel bei doppeltem Besatz ohne Beeinträchtigung des Futterquotienten. Eine rationelle Teichwirtschaft ist ohne Düngung ebenso unmöglich wie ohne Fütterung.

Wenn wir uns erlauben dürfen, die Anfänge der Teichdüngungs-Wissenschaft schon als Teichdüngungslehre zu bezeichnen, so muß dies um so mehr als Wagnis bezeichnet werden, als beinahe alle Teichversuche und ebenso die entsprechenden Laboratoriums-Untersuchungen in Wielenbach bzw. an der Biologischen Versuchsanstalt in München vorgenommen wurden. Es beziehen sich demnach auch die Ergebnisse auf dieWielenbacher Teiche, vor allem auf den Wielenbacher Boden. Die Beobachtungen der letzten Jahre haben allerdings ergeben, daß das Wesentliche aller Feststellungen auch in gleicher Weise für Teiche gilt, die auf völlig anderem Boden und in anderem Klima liegen.

Bei dem zur Verfügung stehenden engen Raum kann es sich hier nur darum handeln, die allgemeinen Grundzüge zu entwickeln. Für den, der tiefer einzudringen wünscht, muß auf meine frühere ausführliche Darstellung verwiesen werden, die unter dem Titel „Teichdüngung" 1925 im Handbuch der Binnenfischerei Mitteleuropas Bd. IV erschienen ist. Seit dieser Zeit sind wesentliche Fortschritte nicht zu verzeichnen. In Wielenbach wurden in den letzten Jahren fast ausschließlich Probleme der Fütterung und der Besatzstärke behandelt (E. WALTER 5).

Bei Beginn der Versuche traten zunächst einige Fragen hervor, die vor allem anderen eine Lösung zu fordern schienen: Was ist maßgebend für die Wahl des Düngers? Die Zusammensetzung des Fisches oder die der Pflanzen, die der kleinen Tiere oder die der Bakterien? Aber bereits die ersten Resultate ließen daran zweifeln, daß die Hauptaufgabe der Düngung in der Beseitigung eines Minimums oder im Schaffen eines Gleichgewichts der verschiedenen Elemente läge. Neben der Reaktionsverbesserung schien der Haupterfolg durch Anreiz bestimmter Bakteriengruppen geschaffen zu werden. Die Wirkung des Düngers als Stimulans trat in den Vordergrund. Und damit auch die Frage, wo ist der Sitz und das Laboratorium dieser Mikroorganismen? Welche Rolle spielen in dieser Hinsicht und auch im Hinblick auf die Ertragsfähigkeit eines Teiches ganz allgemein die verschiedenen biologischen Bezirke des Teiches? Welcher Bezirk ist als erstes Glied in der ganzen Kette das ausschlaggebendste, welcher antwortet auf Düngung am schnellsten, welcher am nachhaltigsten, das Wasser, die weiche Flora oder der Boden?

Mit dieser Kardinalfrage werden wir uns zunächst zu beschäftigen haben. Wir gehen hierbei davon aus, daß Phosphor eine Ertragssteigerung bis zu 100% bewirkt und wir haben nun zu untersuchen, in welchem Bezirk des Teiches sich bezüglich der Kleinlebewelt eine Einwirkung des Phosphors feststellen läßt.

Die Organismen im freien Wasser lassen eine Einwirkung von seiten der Dünger überhaupt nicht erkennen. Eine Ausnahme macht Düngung mit organischem Stickstoff, insbesondere mit Jauche (hiervon später). Doch alle leichter oder schwerer adsorbierbaren Düngemittel versagen gegenüber dem Plankton. Gerade die stark Adsorbierbaren (Phosphor) sind aber die, welche den Teichertrag am stärksten heben. Es fehlt somit auch jeder Zusammenhang zwischen Planktonmenge und Fruchtbarkeit des Teiches (Ausnahme: Jauchedüngung). Der Grund kann hieraus schon vermutet werden. Das Plankton ist von der Quelle der Fruchtbarkeit — dem Boden — am weitesten entfernt. Wird Phosphor gelöst in einen Teich gebracht, so ist die Düngung nach 14 Tagen im Wasser nicht mehr nachweisbar. Die chemische Anlayse des Teichwassers ist daher für viele Fragen nichtssagend. Das Wasser ist somit der unwichtigste Bezirk.

Nicht viel klarer ist die Düngerwirkung auf die weiche Flora. Die stickstoffbindenden Bakterien und die nitrifizierenden, die im freien Wasser eine verschwindend geringe Rolle spielen, sind auch unter dem Aufwuchs der Pflanzenblätter in so mäßiger Menge vorhanden, daß allzu große Bedeutung ihnen nicht beigemessen werden kann (K. LANTZSCH 2, 4, G. KLEIN u. H. STEINER).

Deutlich dagegen wirkt die Düngung auf den Teichschlamm. Die Tiefe der Wirksamkeit konnte K. LANTZSCH mit 40 cm angeben. Er stellte fest:

Azotobakter im gedüngten Teich bis in	30 cm	Schlammtiefe
„ „ ungedüngten „ „ „	8—10 „	„
Bac.-Amylobakter im gedüngten Teich bis in . .	35—40 „	„
„ „ „ ungedüngten „ „ „ . .	18—20 „	„

Auffallend ist (K. LANTZSCH sowie G. KLEIN u. H. STEINER weisen darauf hin), daß vornehmlich aerophile Bakterien tief in den Schlamm eindringen. Sie geben uns sicherere Gewähr für eine starke Durchlüftung des Bodens als eine chemische Analyse des Bodenwassers, die mit unüberwindlichen Schwierigkeiten verknüpft ist. Dieser O_2-Ersatz des Bodenwassers wird wesentlich gefördert durch die lebhaften Gärungsprozesse, die sich im Boden abspielen und zu einer erstaunlich intensiven Lockerung und Durchwühlung führen und durch Phosphor gefördert werden (FR. BREEST 1, 2).

Die Schlammschicht läßt wieder einige Bezirke unterscheiden, die unter sich verschieden sind. FR. BREEST (1, 2) konnte zeigen, daß die sich über dem Schlamm befindende Wasserschicht hinsichtlich des Salz- und Kolloidgehaltes nicht dem freien Wasser, sondern viel eher schon dem Boden zuzuzählen ist. Das gleiche fanden im See G. KLEIN und H. STEINER. Diese Schicht steht mit dem Boden in regem Austausch. Die oberste Bodenschicht in der Tiefe von 2—3 cm ist durch die gehemmte Nitrifikation gekennzeichnet. Es ist eine Fäulnisschicht mit starker O_2-Zehrung. Erst unterhalb derselben findet man dann die nitrifizierenden und die stickstoffbindenden Bakterien.

Die ganze Bodenschicht aber weist einen außerordentlich hohen Kolloidgehalt und eine bedeutende Adsorptionsfähigkeit auf. Hier werden die eingebrachten Düngersalze nicht nur biologisch, sondern zunächst vor allem adsorptiv festgehalten, und zwar am stärksten Phosphor und Kali, dann Ammoniak, noch weniger Calcium und die Nitrite und Nitrate. Die biologische Festlegung im Bakterienleib (Azotobakter) ist aber hier sehr erwünscht, während dies für den Acker ein Nachteil sein kann (J. STOKLASA 2).

Ein Vergleich des Kolloidgehaltes verschiedener Böden ergibt (nach K. LANTZSCH 3, 4) folgende Stufen: Gemäß der Fähigkeit Wasserstoffsuperoxyd zu zersetzen ist das Verhältnis beim Sandboden 1—4, beim mittleren Ackerboden 7—12, beim gedüngten Teichboden 30—40; bei der Farbstoffadsorption bleibt nicht adsorbiert beim Sandboden $^1/_7$—$^1/_8$, beim Ackerboden $^1/_{40}$—$^1/_{140}$ und beim gedüngten Teichschlamm $^1/_{1000}$—$^1/_{4000}$. Die Zahlen für den ungedüngten Teichboden liegen dazwischen, und zwar denen des Ackerbodens oft näher als denen des gedüngten Teichbodens. Ebenso ergibt sich eine Stufenleiter, die vom Ackerboden über den ungedüngten Teichboden zum gedüngten führt hinsichtlich des Stickstoffgehaltes. Unter Düngung ist hier reine Phosphordüngung (ohne Stickstoff) verstanden. Phosphordüngung, Stickstoffgehalt und Kolloidgehalt des Bodens hängen zusammen.

Der hohe Kolloidgehalt bedingt seinerseits wieder die hohe Adsorptionsfähigkeit des Bodens und damit die überragende Rolle des Bodens beim Düngen. Der Boden hat nach kurzer Zeit allen Dünger an sich gerissen. So kommt dieser nun dem Bodenlaboratorium zugute. Dieses aber ist die Quelle der Fruchtbarkeit eines Teiches. Wenn man früher immer wieder versuchte, durch Düngen in kleinsten Portionen das Wasser zu düngen, so haben die Untersuchungen nun klar erkennen lassen, daß dies ein untauglicher Versuch am untauglichen Objekt war. Der Boden läßt sich den Dünger nicht vorenthalten, und dank dieser Eigenschaft wird die starke Düngerwirkung erzielt. Allerdings dann nicht, wenn der

Boden stark durchlässig ist und daher ein namhafter Wasserstrom stets vom Teich wegführt.

Wie schnell die Adsorption durch den Boden vor sich geht, lassen die Versuche von Fr. Breest (2) erkennen. In große Topfgläser wurde Teichschlamm in natürlicher Schichtung eingebracht, dann Wasser hinzugegeben. Nun wurde ein Zusatz von Chlorkalium in dem einen Glas oberflächlich in das Wasser, in dem anderen direkt über dem Boden, in dem dritten in die oberste Bodenschicht und in dem vierten Glase tief in den Boden zugegeben. Nach drei Wochen war das Chlorkalium in allen Gläsern völlig gleichartig verteilt, und zwar so, daß die Hälfte des Chlorkaliums in dem Obergrund, von der anderen Hälfte der weitaus größte Teil im Untergrund zu finden war. Nur ein kleiner Teil konnte im Wasser nachgewiesen werden. Innerhalb des Obergrundes wieder enthält die unmittelbar an das freie Wasser angrenzende Schicht das meiste Chlorion. Diese Verteilung tritt in allen Gläsern so gleichmäßig ein, daß es unmöglich war, auf Grund der Analysen (mit dem Interferometer!) noch festzustellen, welche Stelle des Glases mit dem Chlorkalium beschickt worden war.

Die fördernde Arbeit des Bodenlaboratoriums mit seinem von oben nach unten abnehmenden Kolloidgehalt und seiner oberflächlichen Faulschicht mit ausgesprochenem Sapropelcharakter, die eine Art Zollschranke für die aufgespeicherten Vorräte darstellt, kann nicht gestört werden, ohne daß sich dies in einem starken Ausfall des Ertrags bemerkbar machen würde.

Auf zwei Arten wurde im Versuch das Bodenlaboratorium ausgeschaltet bzw. gestört. Einmal durch Tiefpflügen. Die Wirkung war trotz starker Düngung nur 50% des Ertrages der nicht tiefgepflügten, in gleicher Weise gedüngten Teiche. Auch im darauffolgenden Jahr war die schädigende Wirkung noch deutlich. Andererseits zeigte eine nur oberflächliche Bodenlockerung nach keiner Richtung hin eine Wirkung. Ferner wurde das Bodenlaboratorium dadurch ausgeschaltet, daß eine kontinuierliche Lage Stallmist darüber ausgebreitet wurde. Dadurch wird es erstickt. Es zeigte sich nun, daß der Ertrag lediglich durch die Mistwirkung bestimmt wurde, und daß es gleichgültig für die Ernte blieb, ob der Boden vorher mit Phosphor gedüngt worden war oder nicht; der Boden spielte keine Rolle mehr. Anders aber wird die Wirkung, wenn der Mist nur lokal an einzelnen Stellen gehäuft wird. Dann kann sich die Arbeit des Bodens (die Phosphordüngung) und die Wirkung des Mistes addieren.

Über die Wirkung physiologisch saurer und alkalischer Dünger wird bei den einzelnen Düngemitteln einiges zu erwähnen sein, wenn auch im voraus gesagt werden kann, daß gerade auf diesem Gebiete noch wichtige Aufklärungen zu erwarten sind. E. Walter will bei den Wielenbacher Versuchen in höherem Maße in nächster Zeit diesen Fragen seine Aufmerksamkeit widmen.

I. Kalkdüngung.

Der Kalk wirkt auf den Teichschlamm in verschiedener Richtung. Ob wir seine Auswirkung in vollem Maße übersehen, scheint bei der Komplikation des Kalkkreislaufes im Wasser und Boden fraglich. An erster Stelle ist zu sagen, daß der Kalk neutrale oder alkalische Reaktion schafft. Diese aber ist Voraussetzung für die Entwicklung einer reichlicheren Nährfauna. Der reichste Teichboden liefert Mindererträge, wenn die Reaktion sauer ist. Ferner kann ein Boden mit hoher Kolloidität durch Kalk, und zwar besonders durch Branntkalk, eine krümeligere Struktur erhalten infolge Ausflockung der Kolloide durch Ca-Ion. Dazu kommt dann Pufferwirkung des Kalkes (E. Ramann), Aufschluß anderer Salze durch Massenwirkung, Binden des Eisens, Desinfektion u. a.

Eine Zufuhr von Ernährungskalk kommt wohl nie, nicht einmal bei Hochmoorboden in Frage. Kalkdüngung wird bei kalkarmem Boden nicht vorgenommen, um zu verhindern, daß Kalk als Nährstoff ins Minimum gerät, sondern um eine saure Reaktion zu verhindern.

Wenn auch das Optimum hinsichtlich der Menge bei der Kalkdüngung sehr breit ist, so muß doch auch die obere Grenze beachtet werden. Während die untere präzis gegeben und leicht erkennbar ist in einer schwachalkalischen Reaktion, wird es etwas schwieriger, eine solche Marke nach oben aufzuzeigen. In Wielenbach konnten wir das Optimum bei etwa 2500 kg je Hektar kohlensaurer Kalk feststellen. Die Wielenbacher Böden stehen auf Schotter und sind kalkreich. Der Schaden einer zu starken Kalkung liegt in der Herabsetzung der Adsorptionskraft des Bodens. Es wurde aber schon dargelegt, daß ein gewisses Maß von Adsorption die Voraussetzung für ein wirksames Arbeiten des Teichschlammes ist. Man hat also diese Fähigkeit zu berücksichtigen und zu erhalten. Andererseits darf man sie auch nicht zu hoch ansteigen lassen, sonst hat man im Boden eine Schatzkammer, die nimmt, aber nicht mehr gibt. In Wielenbach lieferte ein Moorteich trotz Düngung mit Phosphor und trotz alkalischer Reaktion mäßige Erträge. Sein Boden hatte überstarke Adsorptionskraft. Nun wurde dem Teich lediglich kohlensaurer Kalk, dieser allerdings in großen Mengen (7,5 Zentner je Hektar) zugeführt. Der Teich lieferte jetzt einen Rekordertrag mit 380 kg je Hektar, demgegenüber selbst die phosphorgedüngten Teiche mit 259 kg schon erheblich zurückblieben.

Hier hatte der Kalk die kolloidale Struktur zerschlagen und nun mußte die Schatzkammer abgeben, was sie seit Jahren an sich gerissen hatte. Damit verarmte aber auch der Boden und der Teich brachte im folgenden Jahre trotz Phosphordüngung nur $^1/_5$ des vorjährigen Ertrages (77 kg je Hektar).

Kalk soll jeweils möglichst früh, wenn angängig schon vor Bespannen der Teiche gegeben werden. Haben sich schon Mikroorganismen entwickelt, so werden diese durch den ins Wasser gegebenen Kalk leicht mit niedergeschlagen. Andererseits kann diese Eigenschaft des Kalkes auch mit Vorteil verwendet werden, wenn im Hochsommer der Teich mit Lebewesen überfüllt, der Sauerstoff knapp, und die organische Verunreinigung des Wassers groß ist und infolgedessen die Gefahr der Kiemenfäule droht.

Wird mit Branntkalk gedüngt, so hat man 10—14 Tage mit dem Einsetzen der Fische zu warten, oder falls der Teich schon besetzt ist, nicht mehr als 1 Zentner je Hektar zu geben. Zur Desinfektion ist gelöschter Kalk ($Ca(OH)_2$) am wirksamsten (Wilhelmi).

Die Wirkung des Kalkens läßt sich zahlenmäßig nicht ausdrücken. Ein völlig saurer Teich mit reichem Boden kann von völliger Unfruchtbarkeit durch Kalkung zu höchsten Erträgen gesteigert werden. Die Erhöhung der Phosphordüngewirkung durch Kombination mit Kalkdüngung ist mäßig und höchstens mit 10% zu veranschlagen. Bei Branntkalkverwendung ist sie überhaupt nicht nachweisbar. Dasselbe gilt hinsichtlich der Steigerung der Phosphornachwirkung im darauffolgenden Jahre. Vorausgesetzt ist allerdings stets eine normale, optimale Adsorptionskraft des Bodens. Ist diese dagegen zu hoch, so ergibt sich ein erheblich günstigeres Bild für den Kalk als Verstärker der Phosphorwirkung.

II. Kalidüngung.

Die Wielenbacher Kalidüngungsversuche leiden — dies muß vorausgeschickt werden — darunter, daß der Boden und das Bespannungswasser kalireich sind (1,7 mg im Boden und 1,3 mg im Wasser. H. Fischer). In ausgesprochen kaliarmen Teichen auf Sand- oder Moorboden mag es vorkommen, daß Kali sich im Minimum befindet und daß dann durch Kalizufuhr erheblichere Wirkungen erzielt werden.

Kali wird innerhalb 2—3 Wochen vom Teichschlamm adsorbiert und von diesem dann wieder in einer wohltätig regulierenden Art an das Wasser abgegeben. Diese Regulierung ist beim Kali um so bedeutungsvoller, da hier zwischen der optimalen und der schädlichen Menge keine sehr große Spanne ist. Die schnelle Adsorption läßt hier ebenso wie beim Phosphor eine häufige Düngung in kleinen Mengen völlig ungerechtfertigt erscheinen. Auch die Versuche bestätigen, daß die beste Wirkung mit einmaliger Düngung im Frühjahr erreicht wird.

In Wielenbach wurden in der Hauptsache Versuche angestellt mit 40er Kalisalz und mit Kainit. Da sich hierbei durchweg ergab, daß das 40er Kali nur eine mäßige Ertragssteigerung brachte, daß aber andererseits Kainit stärker zu wirken vermochte (bis zu 40%), so muß man daraus schließen, daß im Kainit nicht das Kali der wirksame Faktor ist, sondern daß Kainit dadurch wirkt, daß es die Reaktion beeinflußt und andere Salze, insbesondere den Phosphor mobilisiert (E. WALTER 4). Diese Vermutung wird dadurch bestärkt, daß eine Kombination von Phosphor- und Kalidüngung über eine Phosphordüngung nicht hinauszugehen vermag, daß dagegen Kainit sowohl die Phosphorwirkung als auch die Phosphornachwirkung steigert. Ebenso wie Kainit scheint die schwefelsaure Kalimagnesia zu wirken. Hier liegen nur wenige Versuche vor.

Die Kainitgaben wurden in abgestuften Mengen verabreicht. Man darf wohl annehmen, daß 500 kg je Hektar im allgemeinen angemessen sind. Doch wurden auch noch mit fünffachen Mengen Mehrerträge erzielt, wenn sie auch hinter dem Ertrag bei Verwendung von 500 kg zurückbleiben. Immerhin, eine Schädigung liegt auch bei diesen Quantitäten noch nicht vor, wohl infolge der regulierenden Wirkung des Bodens. Über die Wirkung der magnesiumhaltigen Kalisalze kann ein endgültiges Urteil noch nicht gefällt werden.

Auch bei der Düngung mit 40er Kali wurden verschiedene Mengen verwendet. Der stärkste Effekt wurde bei Teichen erzielt, die nur mit Brut besetzt waren. Etwas schwächer ist er bei Besetzung mit ein- und zweisömmerigen Fischen. Hier erreicht er einen Wert bis zu 30% gegenüber den ungedüngten Teichen. Ist diese Wirkung auch nicht sehr hoch, so muß es doch auffallen, daß in Kombination mit Phosphor auch nicht die geringste Steigerung gegenüber der reinen Phosphordüngung zu erkennen ist.

III. Phosphordüngung.

Schon in den ersten Jahren der tastenden Versuche trat die starke Wirkung der Phosphordüngung zutage. Und dabei zeigte es sich, daß der Grund nicht in Phosphorarmut des Bodens zu suchen war. Der eingebrachte Phosphor wird in stärkstem Maße vom Teichschlamm adsorbiert. Sein weiteres Schicksal ist verschieden. Zu einem namhaften Teil wird er unter dem Einfluß von kolloidgelösten Humusstoffen (E. RAMANN) gelöst, zum Teil wird er Umsetzungen in die schwerlöslichen Tricalcium- und Eisenphosphatverbindungen durchmachen. Zum Teil befindet er sich in hochdispersem Zustand in der direkt über dem Boden stehenden Wasserschicht, und ist in dieser Form für die Organismen direkt verwertbar. FR. BREEST fand in dieser Wasserschicht dreimal so hohen Phosphorgehalt als im freien Wasser. Ein großer Teil des Phosphors im Boden und in der angrenzenden Wasserschicht wird sehr schnell biologisch festgelegt. Vorausgesetzt ist hier, daß ein typischer Teichschlamm entwickelt ist. In neuen

Teichen auf sterilem Sandboden mit sehr geringer Adsorption, also in Teichen, in denen das Bodenlaboratorium noch nicht entwickelt ist, versagt die Phosphordüngung. Sie ist an die „Physiologie“ des Bodens gebunden.

In selteneren Fällen wird es sich darum handeln, durch Phosphordüngung ein Minimum zu beseitigen. Viel bedeutsamer ist die Eigenschaft des Phosphors, stickstoffsammelnde Bakterien so zu beeinflussen, daß sie den freien Stickstoff aufnehmen. Die Düngung mit Phosphor erzielt somit letzten Endes eine Anreicherung des Bodens mit Stickstoff. Und diese Anreicherung kann sehr bedeutend sein. J. STOKLASA (2) findet, „daß per 1 g Phosphorsäureanhydrid 2—2,3 g elementaren Stickstoffs von dem Azotobakter assimiliert werden“ (S. 510).

Von stickstoffassimilierenden Bakterien fand K. LANTZSCH im Wielenbacher Boden Azotobakter und Amylobakter. Im freien Wasser waren sie nicht nachweisbar, in geringen Mengen an Wasserpflanzen, reichlich dagegen im Boden der mit Phosphor gedüngten Teiche. Im Boden der ungedüngten sind sie viel spärlicher und dringen weniger in die Tiefe, nämlich nur bis zu 10 cm (Azotobakter) bzw. 20 cm (Amylobakter), bei phosphorgedüngten Teichen dagegen findet man sie noch in 30 cm bzw. 40 cm Tiefe. Eine Bestätigung dieser Untersuchungen finden wir in den Ergebnissen von G. KLEIN und H. STEINER. Sie konnten im Schlamm des Lunzer Untersees eine starke Stickstoffbindung durch stickstoffsammelnde Bakterien nachweisen.

Eine Impfung des Bodens mit Präparaten, wie Azofix, Azobakter, hat in Wielenbach versagt (WALTER 5).

Da für ein günstiges Arbeiten des Bodens außer Sauerstoff, Phosphor und Kolloiden auch Energiequellen in Form von verrottenden Pflanzen gegeben sein müssen, wurden auch Düngungsversuche mit Biohumus gemacht. Es ist dies ein Meeresschlick mit Humus und reicher Bakterien- und Pilzflora. Da eine Volldüngung der Kosten wegen für den Teichwirt nie in Frage kommen kann, wurde eine $^1/_4$-Düngung versucht, da mit dieser nach Angabe der Fabrik bereits gute Erfolge erzielt werden sollen. Die Wirkung war aber nahezu gleich Null, ebenso bei Biophosphat (E. WALTER 4).

Die Wirkung der Phosphordüngung auf die Stickstoffsammler beruht in einem Reiz, wodurch der Stoffwechsel dieser Bakterien in andere, dem Teich besonders günstige Bahnen gelenkt wird. Dabei wirkt der neu eingebrachte Phosphor im ersten und zweiten Jahr erheblich stärker, als der schon längere Jahre im Boden liegende. So hat in Wielenbach eine Mehrung des Gesamtphosphorgehaltes des Bodens um 5% (Düngung mit 150 kg Dünger je Hektar) die typische starke Wirkung der Phosphordüngung. Das alte Phosphorkapital des Bodens vermag demgegenüber allein an Wirkung kaum hervorzutreten. Hier liegen noch mancherlei Fragen ungelöst. Die Nachwirkung der Düngung im darauffolgenden Jahre lehrt, daß die Wirkung des neu hinzugefügten Phosphors immerhin über einen gewissen Zeitraum anhält. Dies wird besonders bei eisenhaltigem Boden auffallend.

Ob schließlich noch eine Wirkung der Phosphordüngung auf viel direkterem Wege (verrottende Pflanzen als Nahrung der Karpfen) vor sich geht, ist noch nicht sichergestellt.

In Wielenbach wurden alle üblichen Phosphordünger gebraucht. Die Düngung erfolgt am besten ins Wasser im März oder April. Den Fischen schadet das Einbringen des Düngers nicht. Selbst Konzentrationen, die die üblichen Mengen um das 20fache übersteigen, werden ohne jeden Schaden ertragen (E. WALTER 2).

Die Ertragssteigerung durch Phosphordüngung liegt in Wielenbach zwischen 50 und 100% (Abb. 277). Je besser der Sommer und insbesondere das Frühjahr sind, desto stärker ist die Wirkung. Die einzelnen Phosphordünger unterscheiden sich nicht wesentlich voneinander. Ist es geboten, physiologisch sauren Dünger zu verwenden, so wird man in erster Linie an Superphosphat denken. Im entgegengesetzten Falle stehen mehrere Phosphordünger zur Verfügung (Thomasmehl, Rhenaniaphosphat u. a.). Als neutrales Calciumphosphat ist Kalkpräzipitat zu nennen.

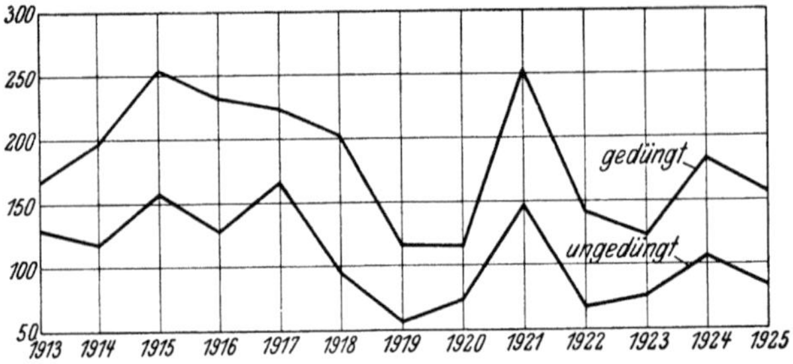

Abb. 277. Zuwachsmittel in Kilogramm je Hektar der ungedüngten (unten) und der mit Phosphat und Phosphatkali gedüngten (oben) Karpfenteiche 1913—1925.

Man hatte gewagt, den Versuchen vorgreifend zu errechnen, wieviel Phosphor einem Teich zugeführt werden dürfe, ohne das Gleichgewicht der Salze zu stören. Die Wielenbacher Ergebnisse haben keiner Berechnung Recht gegeben — die sich auch hier auf einem viel zu unsicheren Boden mit zahllosen verwickelt ineinandergreifenden Faktoren bewegte. Abb. 278—280 geben die verschiedene Ertragsleistung der Teichgruppen, die mit verschiedenen Mengen Phosphat gedüngt wurden. Es sind nur solche Jahre herausgegriffen, in denen in größerer Zahl Versuche dieser Art vorgenommen wurden. Die Zahlen geben Durchschnitte von mehreren Teichen an. Das gesamte Material ist in meiner zu Eingang erwähnten Arbeit über Teichdüngung zusammengestellt.

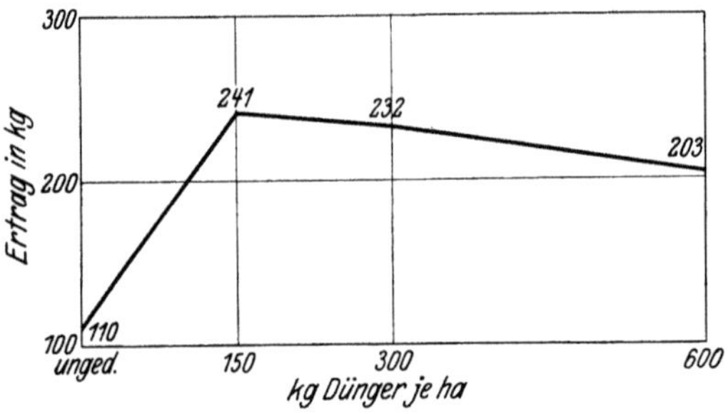

Abb. 278.
Erträge bei verschiedenen Phosphormengen (1916).

Es ist in den Kurven die Menge des Phosphordüngers in Kilogramm je Hektar auf der Abszisse und der Zuwachs in Kilogramm je Hektar auf der Ordinate angegeben. Durch gesteigerte Düngermengen läßt sich nicht beliebig eine Steigerung des Ertrages erwirken. Bei 100—150 kg je Hektar — gleichgültig ob Superphosphat, Thomasmehl oder ein anderer Dünger verwendet wird — biegt die Kurve in die Horizontale ein. Größere Mengen zu düngen ist somit

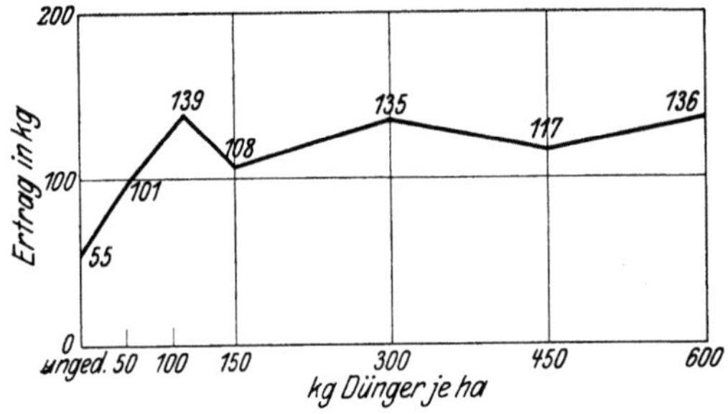

Abb. 279.
Erträge bei verschiedenen Phosphormengen (1917).

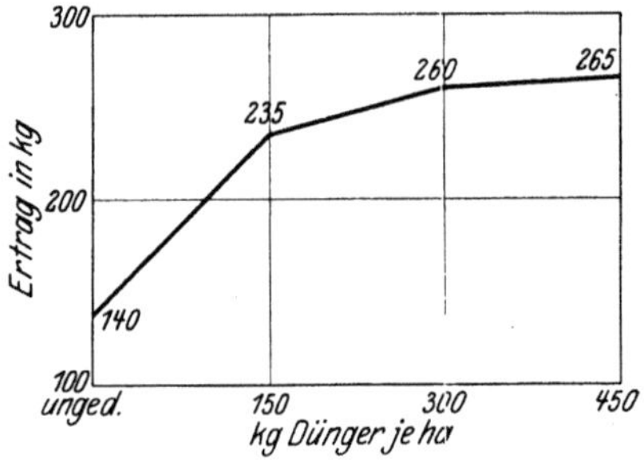

Abb. 280. Erträge bei verschiedenen Phosphormengen (1921).

unzweckmäßig. Unsere Versuche in fremden Teichen haben uns belehrt, daß diese Zahl für Teiche aller Böden gilt.

Ebenso bedeutungsvoll ist die Frage der Nachwirkung des Phosphors im darauffolgenden Jahre. Auch ganz allgemein erwies es sich als unerläßlich, die

Nachwirkung der Phosphordüngung klar einschätzen zu lernen, um die mannigfaltigen Wielenbacher Versuchsresultate richtig deuten zu können. Hier hatte sich nun eine besonders starke Abhängigkeit von der Witterung ergeben, und zwar ist es hier das Frühjahr, das den Ausschlag gibt. Die Nachwirkung kann bei ungünstigem Frühjahr so gering sein, daß nur wenig mehr (10—20%) erzielt wird, als in den dauernd ungedüngten Teichen; sie kann aber auch einer direkten Phosphorwirkung völlig gleichkommen, wie z. B. im Jahre 1919 und 1920. Hier war der Ertrag der dauernd ungedüngten Teiche 68 kg, der mit Phosphor gedüngten 110 kg und der Ertrag der Teiche mit Phosphornachwirkung aus dem vorhergehenden Jahr 108 kg. Im Jahre 1919 übertraf die Nachwirkung durch Zufall mit 121 kg noch die direkte Wirkung (114 kg). Die dauernd Ungedüngten erzielten 55 kg.

Diese starke Nachwirkung ist der einwandfreieste Beweis, daß der dem Teich zugeführte Phosphor durch den Boden und nicht durch das Wasser wirkt. Ermuntert durch diese Ergebnisse hatten wir auch versucht, durchflossene Forellenteiche zu düngen. Es ergab sich auch hier ein Mehrzuwachs von etwa 60%. Zu beachten ist hierbei, daß nach der Düngung etwa fünf Tage der Zufluß abgestellt werden muß. Nach dieser Zeit besteht keine Gefahr mehr, daß der Phosphor dem Teich durch das strömende Wasser entführt wird.

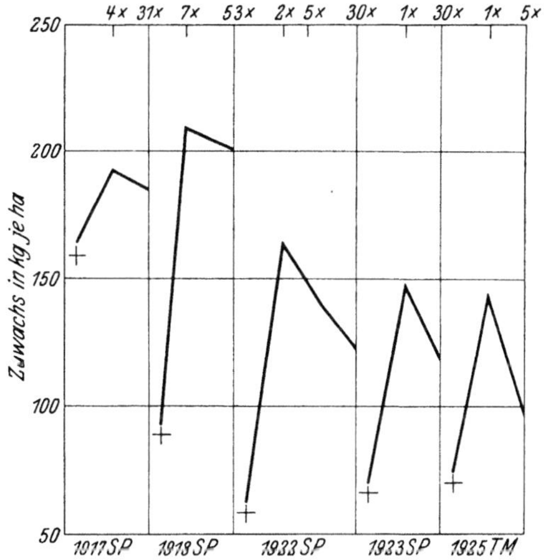

Abb. 281. Die Erträge bei verschiedener zeitlicher Verteilung gleicher Totalmengen des Phosphors (in 1—53 Portionen).
| = Ertrag von ungedüngt; *SP* = Superphosphat; *TM* = Thomasmehl.

Ebenso wie eine Steigerung der direkten Wirkung durch Phosphorgaben über 150 kg Dünger nicht mehr zu erzielen ist, ebensowenig konnte bei Düngermengen, die darüber hinausgingen, verstärkte Nachwirkung festgestellt werden. Dagegen sprechen unsere Zahlen dafür, daß mit Thomasmehl etwas höhere Nachwirkung zu erreichen ist, als mit Superphosphat, und ferner, daß selbst bei kalkreichen Düngern die Nachwirkung durch Kalken um ein geringes gehoben werden kann.

Ausgehend von der irrigen Auffassung, daß man nicht den Boden, sondern das Wasser düngen müsse, und daß die Möglichkeit, dem Boden den Dünger vorzuenthalten, bestehe, hat man lange Zeit hartnäckig daran festgehalten, den Dünger in möglichst vielen kleinen Portionen dem Teich zuzuführen. Die soeben besprochene starke Nachwirkung muß schon erwarten lassen, daß man mit einmaliger Düngung gleiche Wirkung erzielt, als mit der Verabreichung gleicher Düngergaben in vielen kleinen Mengen. Die Versuche wurden bis in die letzten Jahre wiederholt. Und immer zeigte es sich, daß die Zahl der Positionen keinen Ausschlag gibt. Ja, bei den Versuchen, die nur solche Teiche umfassen, die im Vorjahre gleichbehandelt wurden, ergibt sich sogar ein Übergewicht der einmaligen Düngung. Die beigegebene Abb. 281 zeigt die Düngerergebnisse der verschiedenen Jahrgänge, wobei jeweils der Ausgangspunkt der Kurve (mit + bezeichnet) den Ertrag der ungedüngten Teiche angibt und der weitere Verlauf der Kurve die Erträge mit Phosphordünger bei Verabreichung in einer verschiedenen Zahl von Portionen. Man sieht, daß durchweg mit Zunahme der Portion die Kurve sich neigt, mithin der Ertrag geringer wird.

Über die Kombination der Phosphordüngung mit anderen Düngemitteln ist zunächst bei Kali schon erwähnt worden, daß die Phosphorwirkung durch Kalibeigabe in keiner Weise gefördert werden kann. Anders verhält sich eine Kombination mit anorganischem Stickstoff. Doch sind auch hier die Mehrerträge so gering (am höchsten bei schwefelsaurem Ammoniak), daß eine Rentabilität nicht erzielt werden kann. Ohne Wirkung bleibt ferner organischer Stickstoffdünger insbesondere dann, wenn er flach über den Boden ausgebreitet wird. Hiervon wird unter Stickstoffdünger noch zu sprechen sein.

IV. Stickstoffdüngung.

Während in einem Teichboden die zur Verfügung stehenden Mengen Kalk, Kali, Phosphor usw., begrenzt und erschöpfbar sind, gilt dies nicht auch bedingungslos für den Stickstoff. Der Teich und insbesondere der phosphorgedüngte Teich ist Stickstoffproduzent. Obwohl er auch Stickstoff verbraucht, kann doch die Produktion den Konsum übersteigen. Hierbei müssen, wie im voraufgehenden Kapitel schon ausgeführt wurde, allerdings mancherlei Voraussetzungen erfüllt sein. Hierzu gehört vor allem das Vorhandensein eines kolloidalen Teichschlammes. Fehlt dieser, so ist die stickstofflose Stickstoffdüngung — so können wir im Hinblick auf die Wirkung die Phosphordüngung nennen — nicht am Platze. Hier kann dann die Stickstoffdüngung eintreten, und zwar nicht nur um den Ertrag zu steigern, sondern auch um den Teichboden schneller reifen und ihn zu einem typischen kolloidreichen Teichschlamm werden zu lassen. Aber auch in Teichen mit gutem Teichschlamm vermag die Stickstoffdüngung Wirkungen zu erzielen, die hoch genug sind, um sie näher zu betrachten. Freilich ist das praktische Interesse hier insofern geringer, als die Rentabilität hier meist in Frage gesetzt ist und vor allem in gar keinem Verhältnis zu der hohen Rentabilität der Phosphordüngung steht, die zwischen 200 und 2000% angegeben werden kann.

Wenn auch die salpetersauren Salze vom Boden nur in schwachem Maße, die Ammoniaksalze etwas stärker adsorbiert werden, so muß doch immerhin diese Adsorption eine bedeutsame Rolle spielen. Versuche haben nämlich gezeigt, daß das Düngen in mehreren Portionen auch hier niemals einen besseren Erfolg zeitigte, als das Düngen in nur zwei Portionen. Immerhin mag dieser Effekt hier nicht ausschließlich auf die Bodenadsorption zu setzen sein. Die Entwicklung der Denitrifikanten, deren Haupttätigkeit in den Sommer fällt — bei den nitrifizierenden Bakterien dagegen in den Winter (G. KLEIN und H. STEINER) — und, die ebenfalls vornehmlich im Schlamm zu finden sind (K. LANTZSCH 4, G. KLEIN und H. STEINER) kompliziert hier die Frage.

Die wichtigsten bakteriellen Umsetzungen im Teichschlamm seien hier kurz erwähnt:

$N — NH_2$, Bindung des freien Stickstoffes durch Stickstoffsammler zu Amidgruppen des Eiweißes. Vorausgesetzt ist alkalische Reaktion, Anwesenheit von Phosphor, Kalk und Kolloiden. Der Stickstoff wird intracellular gebunden.

$NH_3 — N_2O_3 — N_2O_5$. Maximum dieser Reaktion im Winter. Hierbei wird Energie zur Assimilation gewonnen (Ersatz für Licht). Empfindlich gegen Beimengung organischer Substanzen, daher in der obersten Schlammschicht gehemmt (K. LANTZSCH).

$N_2O_5 — N_2O_3 — NH_3$. Reduktion durch Wasserstoff in statu nascendi, wie er durch bakterielle Tätigkeit (Vergärung von Kohlehydraten) entsteht.

$N_2O_5 — N_2O_3$. Reduktion durch verschiedene Bakterien.

$N_2O_5 — NH_4$. Desamidierung über Amidgruppen?

$N_2O_5 — N_2$. Denitrifikation. Höhepunkt im Sommer (K. LANTZSCH, G. KLEIN und H. STEINER). Sobald die Sauerstoffspannung des Wassers sinkt, wird der Sauerstoff des Salpeters von den Bakterien veratmet und dadurch der Stickstoff frei. Nur wenn keine andere zusagendere Stickstoffquelle vorhanden, greifen sie auf den der Nitrite und Nitrate zurück. Es können 100 % des Stickstoffes entbunden werden (L. WALZ und SEISER). Durch Phosphor wird die Denitrifikation zurückgedrängt (J. STOKLASA 2, A. SEISER).

Eiweiß — NH_3. Durch verschiedene Bakterien mit zum Teil engbegrenztem Tätigkeitsfeld.

Der von den stickstoffbindenden Bakterien infolge Phosphordüngung aufgenommene Stickstoff kommt den höheren Organismen entweder dadurch zugute, daß sie die Bakterien selbst verzehren oder aber durch Verwendung der Abbauprodukte, die bei der Verwesung derselben entstehen.

Will man auf direktem Wege in die Stickstoffbilanz des Teiches eingreifen, so kommen von anorganischen Stickstoffdüngern die Ammoniak- und Salpeterverbindungen in Frage, von den organischen Düngern tierische Gewebe (Kutteln, Blutmehl) und Harnsäure, und ferner die stark mit Kohlenhydraten durchsetzten pflanzlichen Dünger.

Unter den *anorganischen Stickstoffdüngern* wirken die physiologisch sauren, wie schwefelsaures Ammoniak besser, unter der Voraussetzung, daß der Teichboden phosphorhaltig ist. Es wird dann der Phosphor zum Teil mobilisiert (O. LEMMERMANN 2) und wirkt dann einmal auf die stickstoffbindenden Bakterien, außerdem vermag er die Denitrifikationsvorgänge zu hemmen.

Das Düngen in vielen Portionen bringt auch hier keinen Vorteil, es wirkt sich sogar nachteilig aus. Die Durchschnittszahlen des Ertrages sind für täglich gedüngt 146 kg, für zweimal gedüngt 151 kg (zum Teil gedüngt mit Natronsalpeter, zum Teil mit Ammonsulfat); ferner (alle Teiche mit Ammonsulfat gedüngt) für 20 und mehr Portionen 107 kg, und für zwei Portionen 121 kg. Die Ungedüngten brachten in dem betreffenden Jahr einen Ertrag von 70 kg.

Die geringere Ertragsfähigkeit bei täglicher oder sehr häufiger Düngung mag damit zusammenhängen, daß mit der Zeit für die Denitrifikanten eine Übung eintritt, die sie zu schnellerer Zersetzung befähigt (A. SEISER und N. WALZ).

Am beachtenswertesten ist die Wirkung der anorganischen Stickstoffdünger in Verbindung mit Phosphor oder auch mit Phosphornachwirkung, und hier wieder stehen die physiologisch sauren Stickstoffdünger vor den alkalischen. 1922 war der Durchschnitt des Ertrages:

ungedüngt	63 kg
300 kg je ha Natronsalpeter	136 „
250 „ „ „ schwefelsaures Ammoniak	162 „
Superphosphat	147 „
„ + Natronsalpeter	170 „
„ + schwefelsaures Ammoniak	178 „

Hierzu ist zu bemerken, daß im Jahre 1922 zu allen anorganisch gedüngten Teichen noch eine Phosphornachwirkung von 1921 hinzukam. Ohne diese wären die reinen Stickstoffdüngungen erheblich zurückgeblieben. 1923 wurde im Durchschnitt erzielt:

mit 50 kg schwefelsaurem Ammoniak, ohne P-Nachwirkung	92 kg
„ 50 „ „ „ mit „	109 „
„ 250 „ „ „ „ „	143 „
„ Superphosphat	132 „
ungedüngt	70 „

Hier wird der Einfluß der Phosphornachwirkung auf die anorganische Stickstoffdüngung deutlich. Es werden höhere Erträge erzielt, als die direkte Phosphordüngung allein erreicht. Dies legt einen Düngungsturnus nahe derart, daß man in einem Jahr mit Phosphor, im darauffolgenden Jahr mit schwefelsaurem Ammoniak düngt. Doch ist dieser Frage noch weiter nachzugehen.

Bei dem *organischen Stickstoffdünger* wird man unterscheiden müssen zwischen solchem ohne und solchem mit Kohlenhydraten. Dünger ohne größere Mengen Kohlenhydrate sind: Blutmehl, Kutteln, Jauche, Harnstoff, Guano usw. In Verbindung mit Phosphor wurden nennenswerte Mehrerträge nur erzielt mit Jauche und mit Guano. Harnstoff brachte keinerlei Wirkung hervor (E. WALTER 4). Jauche steigert die Planktonproduktion und verrät hierdurch schon, daß sie nicht wie die anderen Dünger auf den Boden, sondern auf das Wasser wirkt. Für Brutteiche ist Jauchedüngung sehr wertvoll, da sie die Nahrung der Brut — das Plankton — vermehrt.

Dabei ist allerdings sehr zu beachten, daß die Jauche viel Sauerstoff in Anspruch nimmt. Um einem Sauerstoffmangel auszuweichen, hat man daher die Jauche stetig in kleinsten Mengen zuzufügen, so daß sie vom Teich fortlaufend verarbeitet werden kann — ebenso wie beim Abwasserfischteich. Mit diesem hat auch der jauchegedüngte Teich gemein, daß der Boden an Bedeutung für den Ertrag zurücktritt. Nicht nur der Sauerstoffmangel ist eine Gefahrenquelle für Jauchedüngung, es kommt hinzu, daß das Auftreten der Kiemenfäule in erster Linie durch stärkere organische Verunreinigung des Wassers begünstigt wird.

Von organischen Düngern mit namhaften Mengen Kohlenhydraten wurden eine große Zahl in Wielenbach erprobt (Stallmist, Klärschlamm, Fangstoff, Biertreber, Schilf, Humat). (Auch reine Kohlenhydrate, wie Cellulose, Sulfitlauge, Melasse und Holzschliff, kamen zur Verwendung, jedoch mit negativem Erfolg. Solche Düngung lohnt nur bei Teichen mit völlig sterilem, kohlenhydratfreiem Boden und vermag hier den Boden schneller reif werden zu lassen). Um bei diesen Düngern den Stickstoffverlust bei Zersetzung des Eiweißes zurückzuhalten, muß man Phosphor beigeben, ferner Sauerstoffmangel vermeiden und womöglich die Cellulose in so weit fortgeschrittenem Verrottungszustand darbieten, daß sie den Denitrifikanten nicht mehr als Energiequelle dienen kann. Fehlt Sauerstoff, so entstehen sehr giftige Abbauprodukte und die Denitrifikanten sind jetzt auf die Nitrate als Sauerstoffquelle angewiesen.

In dieser starken Sauerstoffzehrung liegt aber noch eine weitere Gefahr, die dieser Düngung anhaftet, wenigstens dann, wenn der Dünger nicht lokalisiert, sondern über den ganzen Boden ausgebreitet wird. Die oberste Bodenschicht benötigt jetzt schon so viel Sauerstoff, daß sie nichts mehr davon in die Tiefe läßt. Die unteren Schichten erhalten zu wenig und bilden giftige Abbauprodukte. Das wenige aber, das sie an sich reißen, gewinnen sie aus dem Boden. Nicht nur, daß dieser keinen Sauerstoff mehr erhält, es wird ihm außerdem noch der letzte Rest genommen, er erstickt. Darauf ist es zurückzuführen, daß eine Düngung mit Mist, Klärschlamm usw. Erträge bringt, die unabhängig davon sind, ob der Boden vorher mit Phosphor gedüngt wurde oder nicht. Das Bodenlaboratorium wird erstickt und ausgeschaltet und der Teich bringt das, was der Mist für sich allein zu produzieren vermag. Daraus folgt, daß eine gleichmäßige Ausbreitung der fäulnisfähigen organischen Dünger nur in Teichen in Frage kommen darf, die noch keinen typischen Teichschlamm auf dem sterilen Boden entwickelt haben. Hier beschleunigt eine organische Düngung die Bildung eines kolloidhaltigen Schlammes, und zu verderben ist bei sterilem Boden nichts.

In allen anderen Fällen wird man lokal den Dünger anhäufen, so daß relativ nur kleine Teile des Teichbodens ausgeschaltet werden. Immer aber bleibt die Gefahr der Sauerstoffzehrung, der Bildung giftiger Produkte und der Begünstigung der Kiemenfäule. Scharfe Kontrolle während der warmen Tage ist daher unerläßlich, und die Möglichkeit, sofort starken Frischwasserzustrom geben zu können, ist die Voraussetzung. Dann kann es gelingen, mit sehr starker Düngung (110 dz Stallmist je Hektar) gleiche Effekte zu erzielen wie mit 1,5 dz Thomasmehl, Rhenaniaphosphat, Superphosphat usw.

Eine Ausnahmestellung nimmt das Humat ein. Die zu verwendende Menge ist gering (bis 2,5 dz je Hektar), die Bodenbedeckung und weiter auch die Sauerstoffzehrung mäßig. Daher besteht keine Gefahr der Bodenerstickung. Immerhin ist hier auch der Effekt insofern sehr mäßig, als im Verein mit Phosphor kaum nennenswert höhere Erträge erreicht werden als mit Phosphor allein (232 kg gegen 227 kg).

Hier ist schließlich die Düngung mit dem im Teich gemähten Schilf einzureihen. Liegt auch hier eine organische Düngung vor, so wirkt sie hier doch ganz anders insofern, als das Gemähte auf dem Wasser schwimmt. Die Sauerstoffversorgung ist günstiger, und für den Boden besteht keinerlei Gefahr. Er bleibt unbeeinflußt. Diese Düngung (auch Erbsenstroh u. a. kann in den Teich gebracht werden) wirkt ähnlich einer vorsichtigen Beschickung mit Jauche. Immerhin muß auch hier die Sauerstoffzehrung und insbesondere die Gefahr der Kiemenfäule im Auge behalten werden. Um eine Massierung des gemähten Schilfes zu verhindern, wird man jeweils einzelne Schneisen senkrecht zur Windrichtung mähen.

Anders wieder wird die Wirkung, wenn es sich um kompostierte Pflanzen handelt, die sich dem Boden auflegen. In diesem Falle wurden stets Mindererträge festgestellt. Schilfkompost lieferte im Jahre 1916 kombiniert mit Phosphor dünger 207 kg, Phosphor allein 288 kg, im Jahre 1917 ebenfalls kombiniert mit Phosphor 192 kg, Phosphor allein 235 kg (Durchschnitt von zwölf mit Schilfkompost gedüngten Teichen).

V. Gründüngung.

Die Wirkung einer Gründüngung wird immer in einer Vermehrung der gärungsfähigen Kohlenhydrate und des Eiweißes in und auf dem Boden und in einer Lockerung des Bodens und Veränderung seiner physikalischen Struktur bestehen.

Die Vermehrung der Kohlenhydrate ist nur bei sterilem Boden erwünscht, bei einem typischen Teichschlamm aber mindestens überflüssig. Die Vermehrung des Eiweißes (Stickstoff) wirkt sich immer günstig aus, sofern nicht durch Sauerstoffmangel Schaden entsteht. Sehr wichtig ist die Lockerung des Bodens, die einer fortschreitenden Verschlickung entgegenarbeitet.

Inwieweit die Gründüngung günstig wirkt, und zwar günstiger als eine einfache Sömmerung, läßt sich noch nicht übersehen. Die Hauptfrage somit, ob zur dauernden Sanierung der Teichböden ab und zu Gründüngung nötig ist, oder ob das gleiche nicht schon durch Sömmerung erreicht wird, bleibt offen. Die lebhaften Gärungsvorgänge im Boden durch Zersetzung des Wurzelwerkes nach Überfluten können wohl eine stärkere Bodendurchlüftung nach Gründüngung wahrscheinlich machen. Doch fehlen hier noch Versuche.

Eine Sömmerung und ebenso eine Gründüngung können ihren sanierenden Einfluß nicht sofort bemerkbar machen, da zunächst durch die Trockenlegung während der warmen Jahreszeit sehr viel der Bodentiere des Teich zugrunde gegangen sind. Dies wird auch durch die Wielenbacher Erfahrung belegt.

In meiner zu Eingang zitierten ausführlichen Abhandlung über Teichdüngung habe ich schließlich auch noch der Düngung mit Kohlensäure Erwähnung getan, nicht weil ich selbst, sondern weil andere es für wichtig hielten. „Die Angst vor dem Kohlensäureminimum ist in der Teichdüngungslehre Mode geworden, seitdem man erkannt hat, daß der prozentuale Gehalt der Luft an Kohlensäure einen starken Einfluß auf das Wachstum der Pflanzen hat“. Diesem Satz lasse ich noch einen zweiten folgen, der mir ebenfalls heute noch vollberechtigt zu sein scheint: „Ich glaube, eine Düngung mit Kohlenhydraten in der Absicht, dem Teich Kohlensäure zuzuführen, kann nur da in Frage kommen, wo die weiche Flora spärlich entwickelt ist und trotzdem gegen Abend Mangel an Kohlensäure und Bicarbonat im Wasser nachweisbar ist.“

Dies dürfte aber nur bei abnorm gelagerten Bedingungen eintreten.

VI. Bonitierung.

Mit der Frage der Düngung scheint mir die der Bonitierung insofern verknüpft zu sein, als man meines Erachtens zu einem brauchbaren Bonitierungsprinzip bei dem Teich nur auf Grund der Kenntnis der Düngerwirkung gelangen kann. Daher seien einige Worte hierüber angefügt.

Sollen wir feststellen, was der Teich ohne jede Nachhilfe leistet, oder das, was er eventuell leisten könnte? Saure Böden tragen nicht viel und doch kann der eine reich und der andere arm sein. Dies offenbart sich erst, wenn die saure Reaktion durch Kalkung beseitigt ist. Die Alternative, ist der Teich im Urzustand zu bonitieren oder nachdem er optimal gedüngt ist, scheint mir irreführend zu sein. Ich möchte mich für einen dritten Weg entscheiden. Man bonitiert den Teich, nachdem dem Boden so lange Kalk zugeführt ist, als seine Leistungsfähigkeit steigt, d. h. praktisch so viel, bis die Reaktion mindestens neutral oder bereits alkalisch ist.

Die Düngung kann in ihrer Auswirkung nicht ganz erfaßt werden, ohne die Fragen der Fütterung und der Besatzstärke zu streifen. Die Abhängigkeit der Fütterung von der Düngung wurde schon eingangs erwähnt. Der enge Zusammenhang wird am deutlichsten veranschaulicht durch die in Wielenbach festgestellte Tatsache, daß gleiche Effekte im Zuwachs erzielt werden durch Phosphordüngung in Verbindung mit 250 kg Lupinen, wie ohne Düngung bei Fütterung von 750 kg Lupinen. Es wird somit durch die Phosphordüngung nur $^1/_3$ der Futtermenge nötig und doch gleicher Zuwachs erzielt. Die Einsparung bilden hier 500 kg Lupinen im Werte von etwa 90 M., die Mehrausgaben für den Phosphordünger etwa 12 M. Die Arbeit des einmaligen Düngerausstreuens ist wesentlich geringer und daher billiger als die der häufigen Futterausstreuung. Es ergibt sich somit bei gleichem Ertrag durch Düngung eine Einsparung von mehr als 80 M. je Hektar.

Das Ziel der Düngung ist aber letzten Endes nicht damit erreicht, daß gleicher Ertrag mit geringeren Futtermengen als bei den ungedüngten Teichen erzielt wird. Es soll die Intensität der Bewirtschaftung gesteigert und damit die Rentabilität noch weiter gehoben werden. Die Düngung gestattet einen stärkeren Besatz, ja sie fordert ihn, soll die Naturnahrung weitgehend und rationell ausgenützt werden. Die große Bedeutung der Besatzstärke auf die Ausnützung des vom Teich produzierten Futters ist erst in den letzten Jahren durch die grundlegenden Arbeiten von E. Walter (5) offenbar geworden. Kommt zu einer richtigen Düngung eine richtige Fütterung und ist ein optimaler Besatz gewählt — der nach den Wielenbacher Untersuchungen sehr viel höher liegt als man bisher vermutete — so können aus mittleren Teichen schon Erträge von 10 Zentner je Hektar gezogen werden, Erträge, wie man sie bisher nur bei gut geleiteten Abwasserfischteichen fand. Das bedeutet eine Produktionssteigerung durch die Zusammenwirkung der drei Faktoren Düngung, Fütterung und Besatz etwa um das siebenfache. Diese bisher erzielten schönen Erfolge der Teichwirtschaftlichen Versuchsanstalt in Wielenbach sind ein starker Ansporn, diese Probleme weiterzufördern.

Literatur.

Es wird hier auf das ausführliche Literaturverzeichnis in R. Demoll: Teichdüngung 1925 hingewiesen. Von den vor diesem Jahr erschienenen Arbeiten sind nur solche hier aufgeführt, die entweder in vorliegender Arbeit zitiert sind oder Zusammenfassendes geben.

Alexander, Haempel u. Neresheimer: Teichdüngungsversuche. Mitt. k. k. landw. Versuchsstat. Wien; Z. landw. Versuchswes. Österr. **1915**, H. 6.

Breest, Fr.: (1) Studien über die Phosphorsäure im Boden und im Wasser. Nr 1: Über die Nachwirkung von Phosphorsäuredüngung und gelöste Phosphorsäure im Teich. Aus der Bayer. biol. Versuchsanst. Fisch. München; Internat. Mitt. Bodenkde **11** (1921); (2) Nr 2: Über die Beziehungen zwischen Teichwasser, Teichschlamm und Teichuntergrund. Arch. Hydrobiol. **15** (1924).

Demoll, R.: Teichdüngung. Handbuch Binnenfischerei Mitteleuropas **4.** (1925). — Demoll, R., u. E. Walter: Methoden der teichwirtschaftlichen Versuchsanstellung. Handbuch der biologischen Arbeitsmethoden, Abt. 9, T. 2/II. 1929.

Fischer, Hermann: Die Entwicklung der Teichdüngung als Wissenschaft. Allg. Fischereiztg **1916.**

Klein, G., u. H. Steiner: Bakteriell-chemische Untersuchungen am Lunzer Untersee. Österr. bot. Z. **78** (1929).

Lantzsch, Kurt: (1) Bacillus amylobacter A. et Bred. und seine Beziehungen zu den Kolloiden. Zbl. Bakter. II **54**, Nr 1/2 (1921); (2) Beitrag zur Kenntnis der Fluoreszenzgruppe. Ebenda I **87**, H. 2 (1921); (3) Kurze Bemerkungen über Ackerboden- und Teichdüngung. Allg. Fischereiztg **1922**, Nr 16; (4) Der Boden der Wielenbacher Teiche (Kolloidgehalt, Bakterientätigkeit). Arch. f. Hydrobiol. **15** (1924). — Lemmermann, O.: (1) Untersuchungen über verschiedene Düngungsfragen. Arb. dtsch. Landw.-Ges. **1919**, H. 297; (2) Die ertragssteigernde Wirkung der Kieselsäure bei unzureichender Phosphorsäuredüngung. Leipzig u. Berlin 1922.

Mehring, H.: Gedanken über Teichdüngung. F. Z. **1929.**

Nordquist, H.: Über den Stand der Teichwirtschaft und die teichwirtschaftliche Versuchstätigkeit in Schweden. Fischereiztg. Neudamm **1922**, Nr 5.

Ramann, E.: „Pufferwirkungen" der sauren kohlensauren Salze und ihre Bedeutung für Waldböden. Z. Forst- u. Jagdwes. **1922.**

Schau: (1) Einiges über Teichdüngung. F. Z. **1925**; (2) Über Düngung, Produktionssteigerung und ihre Verwertung. Ebenda **1927.** — Seiser, A., u. L. Walz: Stickstoffumsatz bei der Denitrifikation. Arch. f. Hyg. **95** (1924). — Stoklasa, J.: (1) Über die Wirkung des Stallmistes. Z. landw. Versuchswes. Österr. **1907**; (2) Biochemischer Kreislauf des Phosphations. Zbl. Bakter. II **29** (1911).

Walter, E.: (1) Einführung in die Teichdüngung. Fischereiztg Neudamm **25** (1922); (2) Die Empfindlichkeit der Teichfische gegen konzentrierte Düngerlösung. F. Z. **1925**; (3) Teichwirte düngt Eure Teiche. Flugblatt d. dtsch. Landw.-Ges. F. Z. **1926**; (4) Die Versuche 1924, 1925, 1926 und 1927 in der Bayer. teichwirtschaftl. Versuchsstat. Wielenbach. Erschienen in der Fischereiztg jeweils darauffolgender Jahrgang; (5) Die Düngungs- und Fütterungsversuche in der Bayer. teichwirtschaftl. Versuchsstat. Wielenbach 1928 und 1929. Erschienen in der Fischereiztg jeweils darauffolgender Jahrgang. — Wilhelmi: Neuere Verfahren der Verwendung von Kalk bei der Bekämpfung wirtschaftlicher und gesundheitlicher Schädlinge. Vortrag, geh. Hauptvers. Ver. dtsch. Kalkwerke, 29. Juni 1921. Weimar.

Zuntz, N.: (1) Einiges über Teichdüngungsstat. Sachsenhausen-Oranienburg. Fischereiztg Neudamm **1913**; (2) Historische Entwicklung der Fragestellung unserer Teichdüngungsversuche. Z. f. Fische **20** (1919). — Zuntz, N., u. K. Knauthe: Eine neue Methode zur Bonitierung von Fischteichen. Fischereiztg Neudamm **1900.** — Zuntz, N., u. Wundsch: Die Teichdüngungsversuchsstat. Sachsenhausen-Oranienburg. Mitt. Fischereiver. Prov. Brandenburg **1915**, H. 7.

IX. Düngung, Düngemittel und Pflanzenschutz.

Von

Dr. ERNST REINMUTH

Abteilungsvorsteher a. d. Landwirtschaftlichen Versuchsstation zu Rostock i. Meckl.

Mit 4 Abbildungen.

Die Krankheiten und Schäden unserer Kulturpflanzen beruhen auf sehr verschiedenen Ursachen. Sie können durch pflanzliche Erreger, unter denen es vornehmlich höhere und niedere Pilzarten bzw. Bakterien sind, durch tierische Erreger, Virusarten oder durch sog. physiologische Ursachen bewirkt sein. In jedem Falle übt die durch die Einwirkung der speziellen Standortsverhältnisse oder durch die Erbanlagen bedingte Konstitution der Pflanze einen außerordentlichen Einfluß auf die Entstehung und Ausbreitung von Krankheiten und Schäden aus. Wie beim tierischen Organismus, so sind auch beim Zustandekommen von Pflanzenkrankheiten vor allem zwei Faktoren maßgebend: Der *Erreger* oder die eigentliche *Ursache* der Krankheit und die jeweils aus einer entsprechenden Konstitution sich ergebende Neigung zur Krankheit, die *Prädisposition.* Die bei der Bekämpfung von Krankheiten in Frage kommenden Maßnahmen müssen demgemäß sowohl die Vernichtung des Krankheitserregers (direkte Bekämpfung) als auch die Unterdrückung oder Minderung der Krankheitsdisposition (indirekte Bekämpfung) zu erzielen suchen. Die folgenden Ausführungen sollen sich einmal mit der Frage beschäftigen, welche Schäden in direktem Zusammenhang mit der Düngung selbst stehen, zum andern, welche Bedeutung den einzelnen durch die Düngung zugeführten Nährstoffen sowohl bei der indirekten als auch direkten Bekämpfung von Krankheiten unserer Kulturpflanzen zufällt.

Recht häufig wird das Auftreten von Krankheiten durch eine unzureichende oder unausgeglichene Ernährung begünstigt. Wie der tierische Organismus, so scheint auch die Pflanze durch Unterernährung gegen Krankheiten anfälliger zu werden. Aber auch eine Überernährung löst oft eine herabgesetzte Widerstandsfähigkeit aus. Im Mißverhältnis zugeführt, können die einzelnen Nährstoffe schwere Störungen im inneren Gleichgewicht der Pflanze schaffen und schließlich zu physiologischen Krankheiten oder zu erhöhter Anfälligkeit gegen parasitäre Infektionen führen. Sachgemäße Düngung bedeutet daher richtige Diät im Pflanzenschutz und somit indirekte Bekämpfungsmaßnahme (E. REINMUTH 1).

Im allgemeinen pflegen in der Praxis sich jeweils diejenigen Bekämpfungsmittel am schnellsten einzubürgern, welche bei einigermaßen guter Wirksamkeit gleichzeitig die billigsten und ungiftigsten sind. Der Hang zu den sog. „Hausmitteln" ist von jeher gerade in der Landwirtschaft oft stärker gewesen, als das unbedingte Vertrauen zu besonderen spezifisch wirkenden Präparaten. So kommt es, daß schon früh versucht worden ist, gerade die künstlichen Düngemittel auch zur unmittelbaren Bekämpfung von Krankheiten und Schädlingen heranzuziehen.

I. Der Einfluß einzelner Düngemittel auf Krankheiten und tierische Schädlinge.

1. Der Kalk.

Sehr wesentlich hinsichtlich ihrer Auswirkung auf den Gesundheitszustand und die Anfälligkeit der Pflanzen gegen Krankheiten und Schädlinge ist die Zufuhr von Kalk. Der Kalkgehalt des Bodens, der praktisch den hauptsächlichsten Ausschlag auf seinen Reaktionszustand gibt, wirkt sowohl mittelbar als auch unmittelbar auf den Gesundheitszustand der Kulturpflanze ein. Unmittelbar insofern, als ihr Wachstumsoptimum und damit zugleich ihre höchste Regenerationsfähigkeit innerhalb verhältnismäßig enger Reaktionsgrenzen liegt, mittelbar, als der Kalkgehalt des Bodens zugleich die Entwicklung von Bodenparasiten sehr weitgehend beeinflußt.

a) Ansprüche an den Kalkgehalt des Bodens. Was zunächst das Wachstumsoptimum angeht, so verhalten sich die einzelnen Kulturpflanzen hinsichtlich ihrer Ansprüche an den Kalkgehalt des Bodens bekanntlich keineswegs gleich. Die als „Kalkmangel-“ oder „Säurekrankheiten“ bezeichneten Schäden treten bei verschiedenen Pflanzenarten und Zuchtsorten demnach auch verschieden stark auf. Das gleiche gilt von denjenigen Entwicklungsstörungen, die auf einen zu hohen Kalkgehalt des Bodens zurückzuführen sind. Von unseren Getreidearten zeigt die Gerste die größte Empfindlichkeit gegenüber Kalkmangel des Bodens. Ihr folgen mit abnehmender Empfindlichkeit Weizen, Hafer und Roggen. Unter den Leguminosen steht die Luzerne durch ganz besonders hohe Kalkbedürftigkeit an erster Stelle, während die Ansprüche der übrigen Leguminosen in der Reihenfolge Rotklee, Bohne, Erbse, Serradella und Lupine immer geringer werden. Von den Hackfrüchten zeigen die Rüben die höchsten, Kartoffeln die geringsten Kalkansprüche. Schäden durch überreichliche Kalkzufuhr treten ungefähr in der umgekehrten Reihenfolge bei den aufgeführten Kulturpflanzen in die Erscheinung.

Obwohl über den Zusammenhang von Kalkgehalt bzw. Reaktion des Bodens und Pflanzenwachstum in den letzten Jahren sehr eingehende Studien gemacht und in zahlreichen Einzelfällen Grenzzahlen des Entwicklungsoptimums bestimmt worden sind, ist es heute noch keineswegs möglich, für alle Verhältnisse passende sichere Angaben über die Grenzwerte der normalen Entwicklung zu machen. Die letzteren werden durch die physikalischen Bodenverhältnisse sowie durch die klimatischen Einwirkungen sehr weitgehend beeinflußt. So kann auf einem leichten, sandigen Boden ein niedriger Kalkgehalt zu einer normalen Entwicklung des Bestandes völlig ausreichen, während der gleiche Gehalt auf einem schweren Boden evtl. bereits zu Schäden führt. Auf einem kalkreichen Boden vermag die Dörrfleckenkrankheit des Hafers je nach der herrschenden Witterung in verschieden starkem Ausmaß aufzutreten. Sie kann auf demselben Boden bei bestimmten klimatischen Verhältnissen unter Umständen ganz fehlen. Ähnlich liegen die Verhältnisse bei der Herz- und Trockenfäule der Zuckerrübe, die besonders auf stärker mit Scheideschlamm gedüngten Böden aufzutreten pflegt.

b) Kalkmangel. Neben Wachstumshemmungen können als direkt mit Kalkmangel in Beziehung stehende Krankheitserscheinungen Blattvergilbungen sowie Blattflecke besonderer Art (Gewebsnekrosen) beobachtet werden, zu denen bei den Getreidearten, ganz besonders bei der Gerste, eigenartige Wurzeldeformationen, insbesondere Wurzelverdickungen und Verkrümmungen kommen. Sehr häufig tritt bei Getreide in einem gewissen Entwicklungsstadium infolge Kalkmangels eine verstärkte Anthocyanbildung (Rotfärbung) der Blätter ein, welche Erscheinung allerdings auch im Zusammenhang mit Frostschäden beobachtet werden kann. Während beim Getreide die sehr früh einsetzende Vergilbung meist von den Blattspitzen ausgeht, äußert sich bei den übrigen blattreichen Kulturpflanzen die Kalkmangelerscheinung in einem vorzeitigen Vergilben der untersten Blätter. Dieses setzt z. B. bei der Erbse bereits auffallend früh und stark ein. Während auf den Blättern der Buschbohne braune Flecke auftreten, die über die Blattspreite verteilt sind, stellen sich an den

Blättern der Luzerne und des Rotklees charakteristische braune Randverfärbungen ein. Nach P. Graebner ergaben zahlreiche Kulturversuche in kalkfreiem Substrat zumeist das Übereinstimmende, daß sehr bald die Wurzeltätigkeit nachläßt und die Wurzelspitzen eher zur Fäulnis neigten. In allen Fällen ließ sich eine größere Menge von saurem Kaliumoxalat nachweisen, so daß das frühzeitige Absterben der Pflanzen letzten Endes auf eine innere Vergiftung zurückgeführt werden muß.

Neben diesen unmittelbaren Einwirkungen des Kalkmangels auf die Pflanze stehen die mittelbaren. Wir wissen, daß viele parasitäre Pflanzenkrankheiten in erster Linie auf sauren Feldern zu Hause sind und auf Böden, die einen genügenden Kalkgehalt aufweisen, nur ausnahmsweise in gleich starkem Ausmaße angetroffen werden. Es sei hier als Beispiel nur die wirtschaftlich oft außerordentlich einschneidende Krankheit der Wruke, des Kohls und anderer Kreuzblütler erwähnt, die man mit dem Ausdruck „Kohlhernie“ oder „Fingerkrankheit“ bezeichnet, deren Erreger (Plasmodiophora brassicae) kalkarme Böden bevorzugt. Ganz ähnlich verhalten sich die Erreger der sog. Rotfäule verschiedener Blattgewächse (Rhizoctonia violacea), der Wurzeltöter der Luzerne und des Rotklees, der Erreger der Pockenkrankheit sowie der Keimlingsfäule der Kartoffel (Rhizoctonia solani) und andere Krankheitserreger. Daß der Wurzelbrand der Rübe und die Rübenschwanzfäule beinahe ausschließlich auf mehr oder minder kalkarmen Böden auftreten, ist allgemein bekannt. Auch das stärkere Auftreten des Kleekrebses (Sklerotinia trifoliorum) ist meist mit Kalkarmut des Bodens in Beziehung zu bringen. In der Praxis weiß man, daß die auf der eigenen Unverträglichkeit beruhende „Kleemüdigkeit“ besonders rasch auf kalkarmen Böden eintritt. Auch im Zusammenhang mit der Bekämpfung der Typhulakrankheit der Gerste (Typhula graminum) ist die Beachtung der Kalkfrage besonders wichtig, da die durch Kalkarmut des Bodens geschwächten Pflanzen erfahrungsgemäß besonders leicht den Angriffen des Typhulapilzes unterliegen. Nach G. Korff tritt die durch verschiedene Pilze (Fusarium, Ophiobolus bzw. Leptosphaeria) hervorgerufene Fußkrankheit des Getreides besonders heftig bei Kalkmangel auf. Auch bei Holzgewächsen ist die nicht selten zu beobachtende starke örtliche Überhandnahme von Krankheiten und Schädlingen sehr häufig die Wirkung eines Mangels an Kalk. Als Krankheiten, für die das besonders zutrifft, nennt G. Korff den Obstbaumkrebs, die Schorf- und Moniliakrankheit, den Gummifluß sowie die Taschenkrankheit der Zwetschen.

Daß selbst bei tierischen Schädlingen der Kalkgehalt des Bodens eine Rolle spielt, ergibt sich aus den Untersuchungen von H. Blunck und F. Merkenschlager, wonach der Drahtwurm unabhängig von der Art und Wüchsigkeit des Pflanzenbestandes den sauren Boden gegenüber dem kalkreichen vorzieht. Ähnliche Verhältnisse scheinen auch bei anderen Käferlarven, Schnakenlarven und Schmetterlingsraupen (Erdraupen) vorzuliegen. Im Gegensatz zu vereinzelten anderen Anschauungen scheint indessen nach den Feststellungen des Verfassers bei der durch das Stengelälchen (Tylenchus devastatrix) hervorgerufenen Stockkrankheit des Getreides der Kalkgehalt des Bodens einen wesentlichen Einfluß auf den Befall nicht auszuüben.

Daß eine große Zahl besonders schädlicher Ackerunkräuter den kalkarmen Boden vorzieht und durch genügende Kalkzufuhr zum Verschwinden gebracht werden kann, ist hinreichend bekannt. Durch ihre Vernichtung werden zugleich alle diejenigen Pflanzenkrankheiten und Schädlinge ausgeschaltet, denen diese Unkräuter als Zwischenwirte dienen.

c) Kalküberfluß. Ähnlich wie beim Kalkmangel können auch die Folgeerscheinungen, die durch Überkalkung oder durch einen natürlichen übergroßen Kalkgehalt des Bodens ausgelöst werden, verschiedener Art sein. Sie äußern sich in Wachstumshemmungen, in der Entstehung von Bleich- oder Gelbsucht (Chlorose), die von fleckenartigem Fehlen des Blattgrünes bis zu dessen völligem Mangel führen kann. W. SCHIMPER sucht speziell im Eisenmangel die Ursache der auf Kalkböden beobachteten Entwicklungsstörungen. Tatsächlich sind bei Chlorose durch Begießen mit Eisenlösungen Heilerfolge erzielt worden (P. L. GILE und J. O. CARRERO). Nach K. MÜLLER wird insbesondere die Gelbsucht des Weinstockes durch einen überreichlichen Kalkgehalt des Bodens verursacht. Untersuchungen haben hier gezeigt, daß z. B. Boden, auf dem die Gelbsucht nicht auftrat, noch unter 2% Kalk aufwies, während die Krankheit auf einem Boden mit fast 20% Kalk sehr zahlreich anzutreffen war. Der Gehalt an Stickstoff, Kali und Phosphorsäure war dabei annähernd gleich. Ganz ähnlich steht es mit der Gelbsucht der Hülsenfrüchte, z. B. der Lupine und mit der des Leines. Haben wir hier eine gleichmäßige, über die gesamte Blattfläche sich erstreckende unzureichende Entwicklung des Blattgrüns, so äußern sich die Folgen einer übermäßig starken Kalkzufuhr beim Getreide neben allgemeinen Wachstumshemmungen in dem Auftreten von scharf umgrenzten, bleichen Blattflecken. Die bereits oben erwähnte Erscheinung, die man als Dörrfleckenkrankheit bezeichnet, kann sich, wie unter Umständen beim Hafer, sehr auffällig bemerkbar machen. Bevor die Rispen sich zeigen, treten auf den gesunden Blattspreiten ziemlich unvermittelt graugrün gefärbte Flecke auf, die schnell mit heller Farbe eintrocknen und dadurch das Blatt zum Umknicken bringen. Meistens entstehen die Flecke in der Mitte der bereits entfalteten Blätter, wobei sie sich in der Regel nicht über die ganze Breite der Blattspreite erstrecken, so daß auch nach dem Umknicken des Blattes der herunterhängende Blatteil unter Umständen noch längere Zeit am Leben bleiben kann. Je nach dem Ausmaß der Krankheit wird die Körnerbildung in verschiedenem Grade beeinträchtigt. Daß auch die Herz- und Trockenfäule der Rübe durch übergroßen Kalkgehalt hervorgerufen werden kann, wurde ebenfalls bereits erwähnt. Die Krankheit ist durch das Braunwerden und Absterben der Herzblätter bzw. des gesamten Blattschopfes sowie durch mehr oder minder ausgedehnte braun- bis bläulichgraue trockenfaule (zundrige) Stellen des Rübenkopfes charakterisiert. Oft erstrecken sich die letzteren noch über einen großen Teil des Rübenkörpers unter gleichzeitiger Bildung von Rissen bzw. schorfartigen Erscheinungen.

Nach K. KRÜGER liefert der Anbau von Kartoffeln auf Kalkboden bei niedrigen Knollen- und Stärkeerträgen Saatgut von stark geschwächtem Nachbauwert. Auch nach F. MERKENSCHLAGER (2) sind der Kartoffel starke Kalkungen im Hinblick auf ihren Pflanzgutwert abträglich.

Unter den parasitären Pflanzenkrankheiten wird insbesondere der gewöhnliche oder Aktinomycesschorf der Kartoffel durch Kalküberschuß des Bodens begünstigt. Ähnlich verhält sich die durch den Pilz Thielavia basicola verursachte Wurzelfäule des Tabaks (J. P. JONES). Im allgemeinen trifft jedoch zu, daß die meisten Fadenpilze im Gegensatz zu den bakteriellen Krankheitserregern schwach sauren, also kalkarmen Boden bevorzugen.

d) Kalk als direktes Bekämpfungsmittel. Die Anwendung des Kalkes als direktes Bekämpfungsmittel ist in der Praxis eine recht vielseitige, vielleicht die vielseitigste und häufigste unter den künstlichen Düngemitteln überhaupt. Auf die Behandlung der bereits erwähnten Krankheiten und Schäden soll hier indessen nicht näher eingegangen werden. Sie ergibt sich aus den bei der Besprechung bereits dargelegten Gesichtspunkten durch entsprechend anzuwendende Düngungsmaßnahmen. Als eigentliches Pflanzenschutzmittel wird der Kalk zumeist als feingemahlener Branntkalk mit bestem Erfolg gegen tierische Schädlinge, insbesondere gegen solche mit schleimiger Körperbeschaffenheit, angewandt, aber auch als pulverförmiger kohlensaurer Kalk sowie als Kalkmilch gegen zahlreiche Vertreter blattfressender und saugender Pflanzenfeinde gebraucht. Bei der Bekämpfung von Pilzkrankheiten ist Kalk außer als Kalkmilch vornehmlich in Verbindung oder in Mischung mit anderen Chemikalien herangezogen worden, wobei er sowohl durch seine eigene desinfizierende Eigenschaft als auch durch Neutralisation der Ätzwirkung anderer chemischer Pflanzenschutzmittel besonders wertvoll ist.

Geschichtlich bemerkenswert ist, daß zum Beizen des Saatgutes gegen Brandbefall schon vor hundert und mehr Jahren Kalkmilch verwendet worden ist. Der in manchen Gegenden noch heute übliche Ausdruck „Kälken" für das Beizen des Getreides ist hierauf zurückzuführen. Wenn zwar feststeht, daß durch eine Behandlung des brandigen Saatgutes mit Kalk ein Teil der Sporen unschädlich gemacht wird, so ist der Erfolg jedoch keineswegs durchschlagend und entspricht nicht mehr den Anforderungen der heutigen Zeit. Das gleiche dürfte für das auch jetzt noch hin und wieder übliche Verfahren des Kandierens der Rübenknäule mit pulverisiertem, kohlensauren Kalk als Schutzmittel gegen den Wurzelbrand gelten.

G. Korff und K. Böning sprechen dem Kalk eine günstige Wirkung gegen schädliche Bodenpilze zu. Wenn nach ihren Versuchen seine Wirkung zwar zur vollständigen Unterdrückung nicht ausreicht, so bildet die Kalkung immerhin eine geeignete Grundmaßnahme, auf der die Wirkung weiterer Mittel aufgebaut werden kann. Bei seinen Versuchen zur vergleichenden Prüfung chemischer Mittel gegen die Kohlhernie erzielte H. Blunck (1) durch Anwendung von Kalk (2 kg je Quadratmeter) die beste Wirkung. Die Erträge dieser Parzellen waren etwa doppelt so hoch als die der Kontrollen. 1 kg Kalk je Quadratmeter hatte geringere Wirkung geübt. Zahlreiche Kohlherniemittel des Handels enthalten Kalk als wirksamen Bestandteil. Ähnlich wie die Kohlhernie läßt sich durch reichliche Zufuhr von Kalk auch die durch verschiedene Bodenpilze hervorgerufene Schwarzbeinigkeit der jungen Gemüsepflanzen verhüten bzw. einschränken. Fraglich bleibt bei der Anwendung des Kalkes, ob die erzielten Erfolge auf die unmittelbare Vernichtung der Dauersporen der betreffenden Krankheitserreger zurückzuführen sind oder mittelbar auf die durch den Kalk bewirkte Entsäuerung des Bodens.

Wenn, wie bereits früher hervorgehoben, durch Kalküberschuß des Bodens die Kartoffel leicht schorfig wird, so kann andererseits, wie neuerdings praktische Versuche gezeigt haben, durch eine *unmittelbare* Anwendung von Branntkalk (Kopfdüngung) zu Kartoffeln eine Verringerung der Schorfigkeit erzielt werden. Die Wirkung der Kalkdüngung hängt hierbei allerdings stark von der ursprünglichen Bodenreaktion ab.

Unter den tierischen Schädlingen mit schleimiger Körperbeschaffenheit ist es besonders die Ackerschnecke, die erfolgreich mit feingemahlenem Branntkalk bzw. mit an der Luft zu feinem Pulver zerfallenem Stückkalk bekämpft werden kann. Der Kalk wird am frühen Morgen oder spät abends, am besten mittels einer Düngerstreumaschine, bei trocknem Wetter ausgestreut. Das Ausstreuen ist etwa nach einer halben Stunde zu wiederholen, um die bereits durch die erstmalige Schleimabsonderung geschwächten Tiere vollends zu vernichten. Je nach der Dichte des Pflanzenbestandes und der Feinheit des Pulvers rechnet man mit einer Kalkmenge von 3—5 dz je Hektar. Um neue Zuwanderungen von Schnecken aus der Nachbarschaft zu verhindern, umgibt man die bedrohten Grundstücke mit einem stärker bestreuten Schutzstreifen oder Graben. Auch die mit einer schleimigen Oberhaut versehenen Larven des Getreidehähnchens, die in manchen Jahren lokale Schäden verursachen, sind durch zweimaliges Bestäuben mit Kalk zu bekämpfen. Gleiches gilt für die Larven des Spargelkäfers, der Kirschblattwespe und ähnlicher Schädlinge.

Bei der Bekämpfung von tierischen Bodenschädlingen aus der Klasse der Insekten kommt der Kalk als direktes Bekämpfungsmittel in erster Linie gegen Drahtwürmer in Frage. Hierbei beruhen die günstigen Erfolge weniger auf einer direkten Abtötung der Tiere, als vielmehr darauf, daß durch die Ätzwirkung des Kalkes eine Abwanderung derselben in größere Bodentiefen erzielt wird. Neben der Ätzwirkung spielt, wie bereits erwähnt wurde, die Veränderung der Bodenreaktion eine wichtige Rolle. Nach W. TRAPPMANN kann die Wirkung des Kalkes endlich auch noch darauf beruhen, daß durch dessen Anwendung eine Lockerung und Austrocknung des Bodens erreicht und dadurch für die feuchtigkeitsliebenden Drahtwurmarten ungünstige Lebensbedingungen geschaffen werden.

Nach H. ZIMMERMANN (1) hat sich das Überdecken des Bodens mit Kalk in der Schweiz als Maßnahme zur Verhinderung der Eiablage des Maikäfers bewährt. K. ESCHERICH (1) hält für diesen Zweck eine etwa 1 cm starke Schicht gemahlenen Branntkalkes für notwendig und nimmt an, daß die zur Eiablage gezwungenen Weibchen durch Verstopfung der Stigmen an Ort und Stelle zugrunde gehen. Nach amerikanischen Beobachtungen kann in gleicher Weise der durch die Larven der Kohlfliege erzeugte Schaden durch Überstreuen der Kohlfelder mit Kalkstaub herabgesetzt werden. Zur Abwehr der namentlich den jungen Rübenpflanzen gefährlichen Erdraupen hat sich nach G. KORFF das Umstreuen der Pflanzen mit frisch hergestelltem Löschkalk bewährt. Die sich tagsüber im Boden aufhaltenden Raupen gehen nach dem erwähnten Autor, wenn sie nachts zum Blattfraß emporsteigen, beim Durchbrechen der Kalkschicht zugrunde. Gegen Kohlweißlingsraupen soll sich Kalkstaub bei wiederholter Anwendung von ca. 2 dz je Hektar wirksam erwiesen haben.

Zur Vernichtung von Rübennematoden in Abschipperde usw. hat sich nach J. KÜHN das innige Vermischen von 1 Teil Branntkalk mit 4, höchstens 6 Teilen Erde bei möglichst langer Einwirkung des Kalkes bewährt. Nach M. HOLLRUNG (1) läßt sich durch den regelmäßigen Zusatz von Kalkmilch zu dem mit Nematoden durchsetzten Wasser der Rübenwäschen in Zuckerfabriken das Rübenälchen abtöten, sofern die Alkalität des Wassers mindestens 0,03 % beträgt und der Schlamm der Teiche, welche das Waschwasser aufnehmen, 1—2 Monate lang alkalisch reagiert. Zur Säuberung nematodenverseuchter Felder dürfte indessen der Kalk praktisch nicht in Frage kommen.

Als Kalkmilch hat Branntkalk insbesondere im Obstbau gegen verschiedene tierische Schädlinge (Schildläuse, Blattwanzen, Spinnmilben usw.) sowie niedere Pflanzen (Flechten, Moose) Verwendung gefunden. Weiterhin sucht man durch einen Kalkanstrich das Entstehen von Frostplatten bei jungen Bäumen zu verhindern.

2. Der Stickstoff.

In außerordentlich starkem Ausmaße wird die Entwicklung der Pflanze sowie ihr Verhalten gegenüber Krankheitserregern und Schädlingen durch die Größe und Art der Stickstoffzufuhr bedingt.

a) Stickstoffmangel. Stickstoffmangel äußert sich in kümmerlichem Wuchs der oberirdischen Teile, in krankhafter Verlängerung der Wurzeln und in der Ausbildung kleiner, schon frühzeitig vergilbender Blätter. Hin und wieder treten bei nur ungenügend mit Stickstoff ernährten Pflanzen Anomalien im Blüh- und Befruchtungsvorgang ein, welche unter Umständen zu vollständiger Taubblütigkeit führen können. Wie bereits K. PRANTL nachweisen konnte, unterbleibt bei verschiedenen Farnprothallien bei der Anzucht in stickstofffreien Nährlösungen die Ausbildung weiblicher Geschlechtsorgane im Gegensatz zu den männlichen völlig. Sehr auffallend ist nach P. Graebner das oft völlige Fehlschlagen der weiblichen Kolben am Mais auf einem stickstoffarmen, ungedüngten Boden. Nach Angaben des genannten Autors entwickeln dort namentlich die frühreifen Sorten, außer ein paar grundständigen Blättern, einen nur wenige Dezimeter hohen, in eine armblütige, aber sonst normal entwickelte männliche Rispe endigenden Stengel. Bei ausgeprägtem Stickstoffmangel kann nicht nur die Empfängnisfähigkeit der Narbe, sondern gleichzeitig auch die Keimfähigkeit des Pollens beeinträchtigt werden, wodurch es mitunter zur Entstehung kernloser Früchte bzw. zur Ausbildung nur unvollkommen entwickelter und daher schlecht keimfähiger Samen kommt. Histologisch wirkt sich Stickstoffmangel in der Ausbildung derbwandiger Gewebe, in der Neigung zu vorzeitiger Verholzung aus. Es mag in diesem Zusammenhang die bekannte Erscheinung erwähnt werden, daß Dorngehölze, wie z. B. Crataegus, Rhamnus cathartica, Prunus spinosa u. a., bei Stickstoffmangel außerordentlich zahlreiche Dornen bilden, während sie auf stickstoffreichem Boden fast dornenlos wachsen.

b) Stickstoffüberfluß. Im Gegensatz zum Stickstoffmangel bewirkt übermäßige Stickstoffdüngung eine starke Ausbildung der Assimilationsgewebe, großer Intercellularräume, großen Saftreichtums und geringe Ausbildung von Bastzellen. Hierdurch wird zugleich eine geringere Standfestigkeit (Neigung zu Lager) sowie Anfälligkeit gegen Windbruch u. ä. bedingt. Die durch einseitig starke Stickstoffdüngung ebenfalls verursachte geringere Ausbildung der Cuticula sowie die Entstehung großer dünnwandiger Epidermiszellen stellen zugleich eine Verweichlichung der Gewebe dar und begünstigen den Schädlingsbefall (W. Trappmann).

Bei Beerensträuchern und Bäumen begünstigt die Stickstoffüberdüngung bei gleichzeitigem Vorhandensein von viel Feuchtigkeit das Auftreten von Wassersucht und Lohkrankheit. Beim Steinobst wird in ähnlicher Weise wie durch Kalkmangel der Gummifluß durch einseitige Stickstoffzufuhr, besonders durch häufige Jauchegaben, gefördert. Höhere Luftfeuchtigkeit und zugleich stärkere Stickstoffdüngung rufen oft besondere Blattkräuselungen, Blattbuckelungen sowie die Entstehung von lokalen Wucherungen (Intumescenzen) hervor. Die Neigung zu Panaschierungen (Albicatio) wird durch Stickstoffüberdüngung erhöht. Ähnlich wie bei Stickstoffmangel können auch durch überreichliche Stickstoffzufuhr Anomalien im Blühvorgang ausgelöst werden. Mitunter kann beobachtet werden, daß bereits fertig angelegte Blütenknospen nicht zum Aufblühen kommen, wenn durch eine zur unrechten Zeit gegebene Stickstoffdüngung das vegetative Wachstum plötzlich angeregt wird. Erscheinungen der Vergrünung, Verlaubung sowie Durchwachsung von Blütenständen und Blüten sind neben anderen Ursachen in den meisten Fällen ebenfalls auf Stickstoffüberschuß zurückzuführen.

Daß mit Stickstoff überdüngtes Obst an Aussehen, Geschmack und Haltbarkeit einbüßt und auch bei sonstigen wasserreichen Früchten ganz besonders die Haltbarkeit durch die Stickstoffdüngung sehr wesentlich beeinflußt wird, ist allgemein bekannt. Durch gesteigerte Stickstoffernährung wird die Atmung erhöht, was mit Substanzverlust während der Lagerung gleichbedeutend ist. Nach P. Graebner ist bei Kartoffeln neben schlechter Haltbarkeit das Buntwerden der Knollen als häufige Folge der Stickstoffüberernährung zu beobachten. Auch die Innenspaltung sowie Innenfäule der Kartoffelknolle werden durch einseitige Stickstoffdüngung begünstigt.

Nach Untersuchungen von E. Schaffnit und A. Volk (1) wird der Zuckergehalt des Zellsaftes durch die Höhe der Stickstoffdüngung erheblich beeinflußt.

Bei Stickstoffüberschuß zeigte sich jeweils der höchste, bei Stickstoffmangel der geringste Zuckergehalt. Im Gegensatz dazu war der Säuregrad bei den Stickstoffmangelpflanzen am höchsten. Durch frühere Untersuchungen von E. SCHAFFNIT ist gezeigt worden, daß unter den Kohlehydraten die Zuckerarten, insbesondere Traubenzucker, dem Wachstum parasitärer Pilze besonders förderlich sind, während Stärke einen weniger günstigen Nährboden abgibt. Die Beziehungen zwischen der Wasserstoffionenkonzentration des Zellsaftes und dem Krankheitsbefall sind indessen noch nicht restlos geklärt. Während O. KIRCHNER fand, daß beim Getreide Widerstandsfähigkeit gegen Gelbrost (Puccinia glumarum) und hohe Acidität des Zellsaftes zusammenfallen und nach AVERNA-SACCA die Resistenz des Weinstocks gegen Oidium und Peronospora mit zunehmendem Säuregehalt der Blattsäfte wächst, kamen andere Forscher zu der Ansicht, daß dem Säuregehalt des Zellsaftes eine größere Bedeutung für graduelle Befallsunterschiede nicht zukommt. Daß der Rostbefall durch eine reichliche Stickstoffversorgung der Pflanzen begünstigt wird, ist hinreichend bekannt. SPINKS fand, als er Weizenpflanzen unter den verschiedensten Ernährungsverhältnissen zog, daß die Empfänglichkeit des Weizens für Mehltau (Erysiphe graminis) durch starke Gaben von Stickstoff erhöht wird, während Mineraldünger die Anfälligkeit vermindern.

Der Stickstoff verlängert die vegetative Wachstumsperiode und setzt dadurch die Pflanze zugleich längere Zeit der Infektionsgefahr aus. Die in der Praxis häufig beobachtete Tatsache, daß die mit Stickstoff überreichlich gedüngten Kartoffeln besonders leicht der Phytophthora zum Opfer fallen (E. KÖHLER), dürfte unter anderem auf die durch Stickstoffdüngung bedingten Verschiebungen im Entwicklungsrhythmus der Pflanze zurückzuführen sein. Es sei an dieser Stelle bemerkt, daß nach N. WAWILOW in der Verlängerung bzw. Abkürzung der Infektionsperiode der hauptsächlichste Einfluß der Düngung auf die Immunität bzw. Anfälligkeit zu erblicken ist.

Unter den tierischen Schädlingen wird in erster Linie der Befall mit saugenden Insekten durch eine einseitige Stickstoffernährung begünstigt.

c) Stickstoffform. Daß auch die Art des Stickstoffdüngers eine Rolle hinsichtlich seiner Einwirkung auf den Gesundheitszustand der Pflanze spielt, haben insbesondere FR. KOTTMEIER (1, 2) und K. KRÜGER bei ihren Untersuchungen an der Kartoffel gezeigt. Danach erwies sich von den fünf untersuchten Stickstoffformen Kalkstickstoff, schwefelsaures Ammoniak, Kalksalpeter, Natronsalpeter und Harnstoff das schwefelsaure Ammoniak als die für den Nachbauwert günstigste Stickstoffform. Kalkstickstoff, kurz vor dem Pflanzen ausgestreut, machte sich außer in geringeren Erträgen zugleich in geschwächter Triebkraft des Nachbaues geltend. Kalksalpeter und Natronsalpeter zeigten auf sämtlichen geprüften Böden geringe Erträge von geringem Nachbauwert. Nach K. KRÜGER dürfte die von F. O. DIETRICH ausgesprochene Vermutung zu Recht bestehen, daß der Chilesalpeter der auslösende Faktor des mit seiner Anwendung Ende des vorigen Jahrhunderts aufgetretenen Kartoffelabbaues sei.

d) Die Stickstoffdüngung als indirekte Bekämpfungsmaßnahme. Als Maßnahme der indirekten Bekämpfung von Krankheiten und Schäden kommt die Stickstoffdüngung, insbesondere die Salpeterkopfdüngung, recht häufig als einzig wirksame Maßnahme in Betracht. Um nur ein Beispiel zu erwähnen, sei angegeben, daß sich nach den Beobachtungen von H. ZIMMERMANN (2) bei Typhulabefall rechtzeitige Kopfdüngungen mit Natronsalpeter, Chilesalpeter, Ammonsulfatsalpeter und Leunasalpeter sehr gut bewährt haben. Ausheilung erfolgte bei Anwendung der Kopfdüngung namentlich dort, wo rechtzeitig Regen fiel. Ähnlich wie bei der Typhula verhält es sich bei anderen ebenfalls obligaten parasitären Krankheitserregern sowie tierischen Schädlingen, wie z. B. Fliegenlarven, Drahtwürmern und Erdraupen. Auch bei der Stockkrankheit des Getreides (Tylenchus devastatrix) hat sich nach W. FISCHER eine Stickstoffkopfdüngung im Frühjahr oder im Herbst sehr gut bewährt.

e) Kalkstickstoff als direktes Bekämpfungsmittel. Wenn durch die erwähnte Art der Stickstoffkopfdüngung in erster Linie eine Kräftigung der Pflanze erzielt werden soll, die sich in vermehrter Bestockung, schnellerer Jugendentwicklung u. dgl. äußert, so wird bei anderweitiger Anwendung von Stickstoffdüngemitteln eine direkte Vernichtung bzw. Beeinträchtigung des Erregers selbst beabsichtigt. Bezüglich seiner Verwendungsfähigkeit steht in dieser Hinsicht wohl der Kalkstickstoff an erster Stelle. Er hat sowohl zur Bekämpfung tierischer Schädlinge als auch pflanzlicher Krankheitserreger Anwendung gefunden. Nach Untersuchungen von G. KORFF und K. BÖNING ergab sich, daß der Kalkstickstoff, solange er noch nicht völlig im Boden umgesetzt ist, bei entsprechenden Mengen sowohl auf die Pilzflora im Boden als auch auf die am Saatgut anhaftenden Keime derart ungünstig wirken kann, daß der Befall erheblich herabgesetzt, gegebenenfalls fast völlig unterdrückt wird. Durch Anwendung von $^1/_4$ kg Kalkstickstoff je 1 m^3 Boden der Aussaatbeete und gleichzeitige Behandlung des Pflanzfeldes mit 5 kg des Düngers auf 1 a vermochte J. KINDSHOVEN günstige Erfolge bei der Bekämpfung der Kohlhernie zu erzielen.

Bei der Anwendung von Kalkstickstoff zum Zwecke der Bodendesinfektion ist indessen zu beachten, daß je nach der Pflanzenart die schädliche Einwirkung des Kalkstickstoffes auf die Kulturpflanze selbst sehr verschieden ist. So wurde nach den Versuchen von G. KORFF und K. BÖNING die späte Behandlung des Bodens mit Kalkstickstoff von Erbsen noch in einer Menge vertragen, die bei Gerste und Rüben zu einer beträchtlichen Hemmung der Jugendentwicklung, bei Tomaten zur Verzögerung des Auflaufens führte.

L. HILTNER vermochte durch Einstreuen von Kalkstickstoff gleichzeitig mit der Saat den Steinbrandbefall des Weizens zu vermindern. Eine einfache Bepuderung des Saatgutes wie bei der Trockenbeize hat indessen nach anderen Versuchen keinen Erfolg gezeitigt.

Besondere Aufmerksamkeit haben in neuerer Zeit die Versuche von HERMANNES auf sich gelenkt, welcher durch Ausstäuben von 60—80 kg nicht geölten Kalkstickstoffes je Hektar bei der Gelbrostbekämpfung günstige Ergebnisse erzielt hat. Das Bestäuben der Pflanzen im taufeuchten Zustande soll bei der Behandlung eine wesentliche Vorbedingung für den Erfolg sein. Desgleichen fordert HERMANNES, daß die Behandlung so spät wie möglich — Anfang Mai — vorgenommen wird, wodurch ein mehrere Wochen anhaltender Schutz gegen den Rost erreicht werden soll. Inwieweit die Methode von HERMANNES verallgemeinert werden kann, bedarf noch näherer Untersuchung.

Unter den tierischen Schädlingen, die erfolgreich durch Kalkstickstoff bekämpft werden können, sind in erster Linie die Ackerschnecken zu nennen, die durch eine Kalkstickstoffkopfdüngung sich weitgehendst vernichten lassen. Man verabreicht zur Schneckenbekämpfung 1—1,5 dz Kalkstickstoff je Hektar, wobei die gleichen Gesichtspunkte, wie bei der Bekämpfung der Schnecken mit Branntkalk zu berücksichtigen sind. Infolge des dem Kalkstickstoff eigenartigen Geruches sollen auf frisch behandelten Flächen verschiedene Schädlinge von der Eiablage bzw. vom Fraß abgehalten werden. Zur Erdflohbekämpfung auf Freiland wird der Kalkstickstoff in einem Abstand von 5 cm vorsichtig um die Pflanzen herumgestreut. Auch gegen Drahtwürmer und Engerlinge ist die Anwendung von Kalkstickstoff oft empfohlen worden. Nach H. BLUNCK (2) wirkt der Kalkstickstoff auf Drahtwürmer mittelbar durch seinen Kalkgehalt, unmittelbar durch die bei seiner Zersetzung auftretenden giftigen Zwischenprodukte. Erfolge wurden erzielt, wenn der Dünger in Stärke von 2—3 dz je Hektar zur kritischen Fraßzeit, d. h. im Frühjahr unmittelbar vor oder bei der Saat gegeben und flach untergebracht war. Nach O. Kaufmann leistet der Kalkstickstoff wertvolle Dienste bei der Bekämpfung der durch Milben (Pediculopsis graminum) hervorgerufenen Weißährigkeit der Wiesengräser. Die Anwendung erfolgt hierbei in einer Menge von 2—3 dz je Hektar im zeitigen Frühjahr vor Erwachen der Vegetation. Die bis jetzt durchgeführten Bekämpfungsversuche haben gezeigt, daß der Kalkstickstoff wie kein anderes Stickstoffdüngemittel in der Lage ist, auch hohen Weißährigkeitsbefall auf ein erträgliches Maß herabzudrücken.

f) Ammoniaksalze als direkte Bekämpfungsmittel. Unter den übrigen Stickstoffdüngemitteln haben die Ammoniaksalze, insbesondere das schwefelsaure Ammoniak, zur Bekämpfung der im Boden lebenden Älchen (Heterodera radiciola, Tylenchus) im sog. „trocknen Ammoniakverfahren“ hin und wieder Verwendung gefunden. Letzteres besteht nach M. Hollrung (2) darin, daß schwefelsaures Ammoniak und kleine Stückchen von Branntkalk in den zu säubernden Boden eingepflügt werden. Bei der durch die Bodenfeuchtigkeit begünstigten Umsetzung wird Ammoniak frei, das bei bestimmter Konzentration schädlich auf die Älchen einwirkt. Im kleinen ging Bos in der Weise vor, daß er auf je 1 m² Bodenfläche 25 Löcher bis auf 10 cm Tiefe einstieß und $^3/_5$ Onse Kalk nebst 100 cm³ einer 10proz. Lösung von schwefelsaurem Ammoniak einfüllte. Nach Verlauf von 14 Tagen konnte die Bestellung stattfinden. Auf Java ist das nämliche Verfahren zur Säuberung des Bodens von den Keimen der Phytophthorakrankheit der Tabakspflanze sowie Bekämpfung von Wurzelverpilzungen in Aufnahme gekommen (zit. nach M. Hollrung).

3. Kali und Phosphorsäure.

Ähnlich wie die Düngung mit Stickstoff wirkt die Kali- und Phosphorsäuredüngung nicht nur auf die Art der Entwicklung, sondern auch auf die gesamte Konstitution der Pflanze ein, wenn auch die unmittelbaren Folgeerscheinungen bei Anwendung dieser Düngemittel nicht immer sofort in die Erscheinung treten.

a) Nährstoffmangel. Im Gegensatz zum Stickstoffmangel machen sich die nachteiligen Folgen einer ungenügenden Ernährung mit Kali und Phosphorsäure offensichtlich viel weniger bemerkbar. Die einwandfreie Feststellung der entsprechenden Mangelsymptome ist bei den letzteren Nährstoffen meist schwieriger. Sie können oft mit anderen physiologischen Krankheitserscheinungen verwechselt werden, makroskopisch unter Umständen sogar zu Verwechslungen mit parasitären Krankheiten führen. So zeigen die durch starken Kalimangel bei krautartigen Gewächsen hervorgerufenen Blattfleckenerscheinungen große Ähnlichkeit mit Rauchschäden. W. Krüger und G. Wimmer weisen darauf hin, daß die durch hochgradigen Kalimangel veränderten Zuckerrüben für den Uneingeweihten oft eine gewisse Ähnlichkeit mit solchen Rüben haben, welche durch Blattläuse geschädigt sind. Die beim Getreide infolge Kalimangels auf den äußeren Blättern entstehenden, mehr oder minder langgestreckten, bräunlichen Flecke sind bei oberflächlicher Beobachtung mit den Erscheinungen der Dörrfleckenkrankheit, unter Umständen sogar mit dem Anfangsstadium der Streifenkrankheit der Gerste zu verwechseln. Die beim Getreide durch Phosphorsäuremangel hervorgerufenen Erscheinungen vermögen zu Verwechslungen mit Frostschäden, bei Hafer eventuell auch zu Nematodenverdacht zu führen.

Auf die Beschreibung der an den verschiedenen Kulturpflanzen in verschiedener Form auftretenden Mangelerscheinungen kann hier nicht näher eingegangen werden. Es sei unter anderem auf die Arbeiten von W. Krüger, H. W.

WILFARTH und G. WIMMER, von E. SCHAFFNIT, E. TIEMANN und A. VOLK sowie von P. GRAEBNER und P. SORAUER verwiesen.

Während sich Phosphorsäuremangel schon sehr frühzeitig durch Beeinflussung der normalen Entwicklung, insbesondere auch durch Wachstumshemmungen sowie schlechte Bestockung auswirkt, macht sich Mangel an Kali selbst bei kaliliebenden Pflanzen weit später bemerkbar. Wenn Kalimangel nicht gar zu groß ist, wird man diesen daher anfangs längere Zeit hindurch an der Pflanze nicht feststellen können. Nach W. KRÜGER und G. WIMMER erscheinen bei der Rübe bei schwachem Kalimangel wachsende Pflanzen zuerst oft sogar kräftiger, als reich mit Kali ernährte, „weil offenbar die schwächere Konzentration der Nährlösung zu freudigerem Wachstum anregt". H. HELLRIEGEL machte schon darauf aufmerksam, daß durch Kalimangel beim Getreide die Blätter sich auf Kosten der Körner ausbilden. Bei der Zuckerrübe ändert sich bei nur schwachem Kalimangel das Verhältnis von Rübe zu Kraut zu ungunsten der Rübe. Auf der anderen Seite kann jedoch übermäßig starker Kalimangel zu einem vorzeitigen Absterben der Rübenblätter führen. In diesem Falle vertrocknet gewöhnlich eine größere Anzahl der älteren Blätter zu gleicher Zeit, denen dann die anderen mehr oder weniger schnell nachfolgen. Solche blattlosen Rüben verfallen nach den Bernburger Beobachtungen leicht der Zersetzung, so daß sie nicht selten bei der Ernte nahezu ganz aus dem Boden verschwunden sind (sog. Schwindsuchtsrüben). Beim Beginn der Zersetzung nimmt nach W. KRÜGER und G. WIMMER das Fleisch der Rübe zuerst eine gelbliche, oft hell citronenartige Färbung an und fällt dann, wenn alle Blätter bereits abgestorben sind, mehr oder weniger schnell vom Kopfe aus beginnend, einer Art Trockenfäule anheim. Auch bei anderen blattreichen Feldfrüchten kann ein vorzeitiges Absterben durch übermäßig starken Kalimangel hervorgerufen werden.

Daß sich andererseits ähnlich wie bei Phosphorsäuremangel auch bei ungenügender Kalizufuhr sehr häufig eine Verzögerung des Vegetationsablaufes, insbesondere eine Hinauszögerung der Vegetation im Herbst bemerkbar macht, ist mehrfach durch Düngungsversuche nachgewiesen worden. Aus Versuchen mit annuellen Gewächsen ist die reifebeschleunigende Wirkung des Kalis und der Phosphorsäure bekannt (E. HARSLEBEN und W. KLEBERGER). Nach E. SCHAFFNIT und A. VOLK hat die Verschiebung des Vegetationsablaufes besonders für frostempfindliche Holzgewächse praktische Bedeutung, da deren Frostresistenz in erster Linie ja durch die Reife des Holzes bedingt ist. Die im Frühjahr besonders nach rauhem Winter häufig zu beobachtende Spitzendürre verschiedener Gehölzarten ist in vielen Fällen mit Kalimangel in Verbindung gebracht worden. A. JANSON vermochte durch stärkere Kalizufuhr bei Obstbäumen Spitzendürre zu verhüten.

Die Anschauungen über die unmittelbare Beeinflussung des Zellinhaltes hinsichtlich seiner Resistenz gegen niedrige Temperaturen sind indessen zur Zeit noch nicht restlos geklärt. Theoretisch suchte man die Annahme einer spezifischen Frostschutzwirkung des Kalis mit der durch diesen Nährstoff beschleunigten und vermehrten Kohlenhydratbildung zu begründen. H. MÜLLER-THURGAU hat speziell der Zuckeranhäufung im Zellsaft eine Schutzwirkung gegen den Kältetod der Pflanzenzelle zugeschrieben. G. BOLHUIS wies bei Versuchen mit Kartoffeln nach, daß mit steigender Kalizufuhr durch die Düngung auch steigende Mengen Kali von den Zellen der Kartoffelpflanze aufgenommen werden und bringt die von ihm beobachtete geringe Frostempfindlichkeit der mit viel Kali gedüngten Versuchspflanzen mit dem höheren Kaligehalt des Zellsaftes in direkten Zusammenhang. Von H. WARTENBERG, der in seinen Versuchen über die Wirkung der Kalidüngung auf die Frostempfindlichkeit der Kartoffelpflanze, insbesondere die Verhältnisse der primären und sekundären Kälteresistenz untersuchte, wird jedoch diese Erklärung abgelehnt. Nach dem letzteren Autor sind die von G. BOLHUIS erzielten günstigen Ergebnisse der Kalidüngung in bezug auf die Frostwiderstandsfähigkeit der Kartoffel lediglich durch die Art der Versuchsanstellung (mehrmalige Kälteexposition) bedingt. Die primäre Kälteempfindlichkeit der Kartoffelpflanze, d. h. die Empfindlichkeit bei einmaliger Kälteeinwirkung, wird nach H. WARTENBERG durch Düngung mit 40er Kalisalz sogar erhöht. Mit der Erhöhung der Empfindlichkeit wird aber gleichzeitig der Schwellenwert des durch die erstmalige Kälteeinwirkung ausgelösten resistenzerhöhenden Reizes vermindert, so daß „mit einer geeigneten Versuchsanordnung ein Ergebnis erzielt werden kann, welches die Kalidüngung als Kälteschutz zu beweisen scheint". Für den praktischen Kartoffelbau hat nach H. WARTENBERG die Düngung mit 40er Kali als Schutz gegen Frostschäden keine Bedeutung. Im Gegensatz hierzu ist die frostschützende Wirkung des Kalis bei oberirdisch ausdauernden Pflanzen schon aus den weiter oben erwähnten Gründen sicher anzunehmen. Auch bei Wintergetreide scheint dem Kali als Frostschutzmittel immerhin eine praktische Bedeutung zuzukommen.

Dem Kali wurde weiterhin eine gewisse Schutzwirkung gegen Dürreschäden zugeschrieben, die in einem im Gegensatz zu den Kalimangelpflanzen im allgemeinen mehr xerophytischen Charakter der mit reichlich Kali gedüngten Pflanzen begründet sein soll. Nach B. HANSTEEN-CRANNER soll das Kali die plasmatischen Grenzschichten der Wurzelzellen in einem Zustand erhalten, welcher der fortwährenden Aufnahme von Wasser besonders günstig ist. Wieweit gleichzeitig die durch die Düngesalze selbst im Boden stärker zurückgehaltene Feuchtigkeit eine Rolle spielt, ist mit Bestimmtheit nicht anzugeben. J. RUSSELL schreibt dem Kali einen besonderen Wert bei ungünstigen Wetterverhältnissen, insbesondere bei Vegetationszeiten mit wenig Sonnenscheinstunden, zu. Nach seinen Beobachtungen in Rothamsted war bei Kartoffeln der Rückgang der Ernte, der durch Mangel an Sonnenschein verursacht wurde, bei Kalidüngung viel geringer als bei Kalimangel.

Zur Erzielung eines mechanisch leistungsfähigen Gerüstes erscheint die Vermeidung eines Mangels an Kali und Phosphorsäure besonders wichtig. Durch beide Nährstoffe wird bis zu einem gewissen Grade eine Gewebsfestigung bedingt, wie aus mehrfach durchgeführten Bruchfestigkeitsprüfungen sowie mikroskopischen Untersuchungen hervorgeht (A. JACOB, D. C. KRAUS). CH. GUFFROY fand bei Querschnitten durch die Mitte des zweiten Stengelgliedes von Weizenpflanzen, daß die in Form von Thomasmehl gegebene Phosphorsäuredüngung eine ganz auffallende Verstärkung sämtlicher Zellwandungen hervorgerufen hatte. Nach neueren Untersuchungen scheinen insbesondere die sekundär angelegten Gewebsgruppen in ihrer Ausbildung durch Kali und Phosphorsäure beeinflußt zu werden. Im Hinblick auf die Verminderung von Bruch- und Lagerschäden ist die genügende Zufuhr dieser Nährstoffe daher unbedingt notwendig. Erwähnt mag in diesem Zusammenhang werden, daß, wie J. KRAUSS bei Tomaten nachwies, durch genügende Zufuhr von Phosphorsäure auch das Aufspringen der Früchte verhindert werden kann.

Wie aus verschiedenen Beobachtungen zu schließen ist, übt die Phosphorsäureernährung einen besonderen Einfluß auf die Ausbildung der Blüten und Früchte aus. Nach E. SCHAFFNIT und A. VOLK (2) läßt Mangel an Phosphorsäure bei monöcischen Pflanzen fast keine männlichen, sondern in erster Linie weibliche Blüten zur Ausbildung kommen. Bei Chrysanthemum indicum bewirkte Phosphorsäuremangel Verringerung des Durchmessers der gesamten Blüte und der Zahl der Strahlenblüten. J. LÖSCHNIG beobachtete im Zusammenhang mit Phosphorsäuremangel eigenartige Anomalien an Griffel und Staubfäden der Aprikosenblüte. H. BARTZ führte das krankhafte Abstoßen der Pflaumen zur Zeit der Steinbildung auf Phosphorsäuremangel zurück. Es sei jedoch bemerkt, daß die letztere Erscheinung oftmals auch mit Wassermangel oder anderen Ursachen in Zusammenhang gebracht werden kann. L. LINSBAUER weist darauf hin, daß im Zusammenwirken mit der Phosphorsäure auch dem Kali ein entscheidender Einfluß auf die normale Fruchtausbildung zukommt. Nach KÖRTING scheinen Beziehungen zwischen der Weißfedrigkeit des Hafers und Kalimangel des Bodens zu bestehen. Die Krankheit wurde früher zumeist auf die schädliche Einwirkung von Blasenfüßen zurückgeführt.

Nach G. A. COWIE wird bei Obstbäumen durch Anwendung eines Düngers mit niedrigem Kali-, aber hohem Stickstoffgehalt unter Umständen Blattfallkrankheit begünstigt.

Haben die Untersuchungen von K. KRÜGER und FR. KOTTMEIER gezeigt, daß durch verschiedene Stickstoffdüngemittel der Nachbauwert bei Kartoffeln ungünstig beeinflußt werden kann, so berichtet A. DENSCH von Ertragssteigerungen bei Verwendung von Saatkartoffeln, welche reichlich mit Phosphorsäure gedüngt worden waren. Bei ungenügender Phosphorsäureernährung konnte hin und wieder das sog. „Glasigwerden" der Kartoffel sowie eine besondere Form von Fadenkeimigkeit beobachtet werden. Bei der in letzter Zeit an Kartoffelknollen öfter beobachteten Erscheinung, welche man mit dem Namen Blau- oder Grauwerden, auch Grau- oder Schwarzfleckigkeit bezeichnet, soll nach holländischen Feststellungen ein Zusammenhang mit ungenügender Kaliernährung vorliegen (OORTWIJN-BOTJES und VERHOEVEN).

b) Nährstoffüberfluß. Schäden, welche mit einer Überernährung mit Kali bzw. Phosphorsäure in Zusammenhang stehen, sind in der Praxis weit weniger bekannt als entsprechende Schäden der Stickstoffüberdüngung. Die nachteiligen Folgen einer reichlichen Kalidüngung, wie solche insbesondere bei Solanaceen, Beerensträuchern u. a. beobachtet werden können, sind unmittelbar meist nicht auf einen Überschuß an Kali, sondern auf die schädlichen Einflüsse der sog. Nebensalze (Chlornatrium, schwefelsaure Magnesia, Chlormagnesium) zurückzuführen. Bekannt ist die bei Kartoffeln infolge Verabreichung nebensalzreicher Kalidüngemittel leicht eintretende Stärkedepression. Beim Tabak wird in ähnlicher Weise Neigung zum Faulen der an der Luft schwer trocknenden Blätter sowie schlechte Glimmfähigkeit verursacht. K. LUDWIGS konnte bei Johannisbeersträuchern infolge reichlicher Zufuhr von chlorhaltigen Kalisalzen Krankheitserscheinungen feststellen, die eine gewisse Ähnlichkeit mit der durch Pseudopeziza ribis verursachten Blattfallkrankheit besaßen.

Schäden, die auf einer Überernährung mit Phosphorsäure beruhen, sind praktisch nur dort zu erwarten, wo eine wasserlösliche Phosphorsäure zur Verwendung gelangt. Durch stärkere Verabreichung von Superphosphat kann bei Hafer gelegentlich eine bereits frühzeitig in die Erscheinung tretende Weißspitzigkeit der Blätter verursacht werden. A. E. GRANTHAM und E. GROFF fanden bei einseitiger Anwendung von Phosphorsäure am Weizen die größte Zahl steriler Ährchen. Es dürfte jedoch anzunehmen sein, daß im vorliegenden Falle weniger der Phosphorsäureüberschuß, als vielmehr Mangel an Stickstoff ausschlaggebend war. Nach P. SORAUER kann sich Phosphorsäureüberschuß in einer Verkürzung des Wurzelsystems äußern, wie dies bei allen hochkonzentrierten Lösungen einzutreten pflegt. Außerdem wird, wie bereits weiter oben erwähnt, ein vorzeitiger Abschluß der Vegetation eingeleitet. Die Pflanzen kommen nicht zur vollständigen Ausnutzung ihres Laubapparates, der sehr früh zu vergilben pflegt.

c) Die Kali- und Phosphorsäuredüngung als indirekte Bekämpfungsmaßnahme. Daß sowohl durch die Kali- als auch Phosphorsäureernährung eine mehr oder minder starke Konstitutionsänderung hervorgerufen werden kann, durch welche die Pflanze in ihrer Widerstandsfähigkeit gegen parasitäre Erreger grundsätzlich beeinflußt wird, geht aus verschiedenen Beobachtungen hervor. Zwischen den drei Nährstoffen Stickstoff, Kali und Phosphorsäure scheinen hierbei sehr weitgehende Wechselwirkungen zu bestehen, die zur Zeit noch nicht restlos geklärt sind. Zwischen Stickstoff und Kali muß ein gewisser Antagonismus insofern angenommen werden, als erfahrungsgemäß die für den pflanzlichen Organismus nachteiligen Folgen einer hohen Stickstoffdüngung durch entsprechend vermehrte Zufuhr von Kali bis zu einem gewissen Grad abgeschwächt werden kann. Nach den Untersuchungen von E. SCHAFFNIT und A. VOLK (2) ergab sich, daß auch zwischen Stickstoff und Phosphorsäure eine bestimmte Wechselwirkung vorhanden ist und nach dem jeweiligen Verhältnis aller drei Nährstoffe zueinander eine verschieden hohe Anfälligkeit bzw. Widerstandsfähigkeit der betreffenden Pflanze resultiert. Nach den erwähnten Autoren ist „die bisherige Erklärung, daß hohe Kali- bzw. Phosphorsäuregaben die Resistenz, hohe Stickstoffgaben die Anfälligkeit erhöhen, dahin abzuändern, daß hohe Kali- und Phosphorsäuregaben bei gleichzeitig eintretendem Stickstoffmangel die Resistenz erhöhen, und daß Stickstoffüberschuß die Anfälligkeit erhöht, wenn nicht die Phosphorsäure ins Minimum gerät“.

J. J. JANSSEN fand bei Düngungsversuchen mit Kartoffeln, daß die an Phosphorsäuremangel leidenden Knollen mehr als die anderen durch Phytophthora infestans angegriffen wurden, und daß die Knollen der Pflanzen, die an Stickstoff- und Kalimangel gelitten hatten, mehr der Rhizoctonia solani unterworfen waren. Sowohl bei wenig als auch bei stark anfälligen Sorten tritt nach demselben Autor die Mosaikkrankheit fast immer bei den Nachzuchten der kaliarmen Pflanzen am stärksten in die Erscheinung.

Die Frage, wieweit durch die Mineralsalzernährung der Wirtspflanze die Stärke des Rostbefalles beeinflußt werden kann, ist der Gegenstand bereits zahlreicher Untersuchungen gewesen. Auf eine rosthindernde Wirkung starker Kaligaben wurde von seiten der Praxis häufig hingewiesen (H. NEUBAUER, WACHS). Die neuesten Versuchsergebnisse von K. HASSEBRAUK zeigten, daß bezüglich der Beeinflußbarkeit des Infektionstypus durch die Düngung der Grad der Anfälligkeit der jeweiligen Getreidesorte eine sehr wesentliche Rolle spielt. Während bei an sich schon schwach resistenten Sorten eine auffallend starke Verschiebung des Infektionstypus durch steigende Kalizufuhr erfolgte, trat bei total anfälligen Sorten keine oder eine nur sehr geringe Einwirkung in die Erscheinung. Ähnliches wie für den Rost gilt für den Getreidemehltau. Auch die Krautfäule der Kartoffel scheint durch stärkere Kalizufuhr eingeschränkt werden zu können. Nach J. RUSSELL zeigten sich in Rothamsted diejenigen Dauerwiesen, die wohl Stickstoff, aber kein Kali erhalten hatten, viel anfälliger gegen Angriffe von Epichloë, als die benachbarten Stücke mit Kali.

Nach O. CRÜGER tritt die Fußkrankheit des Getreides besonders stark auf denjenigen Böden auf, die an Phosphorsäuremangel leiden. Er empfiehlt daher gegen die erwähnte Krankheit unter anderem eine reichliche Düngung mit leichtlöslicher Phosphorsäure. Auch nach E. SCHAFFNIT wird die Empfänglichkeit der Getreidepflanzen für die Erreger der Fußkrankheit durch Phosphorsäuremangel erhöht.

Bei der bereits unter diesem Abschnitt (s. S. 878) erwähnten Rübenschwanzfäule scheint gleichzeitiger Phosphorsäuremangel die Krankheit besonders zu begünstigen. Nach verschiedenen Beobachtungen soll gegen die sog. Johanniskrankheit bei Erbsen, Wicken und Bohnen (Fusarium vasinfectum) u. a. starke Düngung mit Phosphorsäure (Thomasmehl) befallvermindernd gewirkt haben. Auch gegen Kleekrebs wird stärkere Düngung mit Kali und Phosphorsäure empfohlen. Die Verabreichung dieser Düngemittel soll schon im Herbst vorgenommen werden.

Gegen die Rutenkrankheit der Himbeere (Didymella applanata) empfiehlt O. v. Kirchner u. a. Zufuhr von schwefelsaurem Kali im Frühjahr. Bei der Bekämpfung des amerikanischen Stachelbeermehltaues hat sich, ähnlich wie beim Getreidemehltau, die Bevorzugung der Kaliphosphatdüngung gegenüber der Stickstoffdüngung als notwendig erwiesen. Das gleiche gilt für den Krebs an Obstbäumen sowie den Gummifluß des Steinobstes.

Daß selbst der Befall der Pflanzen mit tierischen Schädlingen durch die besprochenen Düngemittel beeinflußt werden kann, geht aus mehrfachen Beobachtungen hervor. Insbesondere scheint der Kaliernährung in diesem Zusammenhang eine besondere Bedeutung zuzukommen. Des öfteren wurde darauf hingewiesen, daß die Stärke des Blattlausbefalles recht häufig mit der Höhe der Kalidüngung im engsten Zusammenhang steht (J. J. Janssen, O. Loew, C. v. Seelhorst, A. Stutzer). Den von ihm bei reichlicher Kalizufuhr beobachteten, geringeren Blattlausbesatz erklärt O. Loew damit, daß das Kali in der Pflanze die Umwandlung des Zuckers in Stärke beschleunigt, wodurch „die Säfte der reichlich mit Kali gedüngten Pflanzen weniger süß schmecken, als die der weniger mit Kali gedüngten". Ähnliches wie für die Blattläuse gilt auch für andere Blattschädlinge. Nach K. Ludwigs leiden diejenigen Bäume unter Blutlausbefall am stärksten, welche infolge ungenügender Ernährung mit Kali geschwächt sind. Als Vorbeugungsmaßnahme gegen Befall durch Getreideblasenfüße empfiehlt H. Pape u. a. Förderung einer frühzeitigen und kräftigen Halmentwicklung durch gute Düngung insbesondere mit Kali und Phosphorsäure. Dieselben vorbeugenden Maßnahmen kommen auch zwecks Verringerung von Fritfliegenschäden in Betracht. Nach den Bernburger Feststellungen kann bei Zuckerrüben den durch Nematoden verursachten Schäden neben zweckmäßig zusammengesetzter reichlicher Gesamtdüngung insbesondere durch starke Kalidüngung wirksam entgegengearbeitet werden. Untersuchungen des Verfassers haben jedoch gezeigt, daß beim Kartoffelstamm von Heterodera Schachtii eine Beeinflussung des Befallsgrades durch die Art und Menge der Düngung nicht zu erzielen ist.

d) Kali- und Phosphorsäuredünger als direkte Bekämpfungsmittel. Als direkte Bekämpfungsmittel gegen tierische, vereinzelt auch gegen pflanzliche Schädlinge haben unter den Kalisalzen vor allem der Kainit, unter den Phosphorsäuredüngemitteln das Thomasmehl Verwendung gefunden. Auf die Verwendung des Kainits bei der Unkrautbekämpfung soll im Abschnitt „Die Verwendung von Düngemitteln zum Zwecke der Unkrautbekämpfung" näher eingegangen werden. Bekannt ist die Anwendung von Kainit gegen Drahtwürmer. Zu diesem Zwecke wird der Kainit in starken Gaben (6—8 dz je Hektar), am besten in gemahlener Form (Staubkainit) gegeben und auf guten Böden zugunsten der Düngerwirkung nach Möglichkeit im Herbst untergebracht. Auf leichten Böden kann der Kainit auch im Frühjahr einige Wochen vor der Saat gereicht werden. Getreide und Zuckerrüben vertragen diesen Dünger in geringerer Menge (ein- bis zweimal 2—3 dz je Hektar) selbst noch bei Sichtbarwerden des Drahtwurmschadens. Er wird dann mit dem Reihendüngerstreuer gegeben und anschließend untergehackt. Beim Ausbleiben von Regen ist künstliches Bewässern erforderlich. Der Kainit treibt die Larven infolge seiner Ätzwirkung in die Tiefe. Hierbei steht das 40er Kali dem Kainit in seiner Wirkung kaum nach und kann ihn daher auf schweren Böden zur Vermeidung von Verkrustung ersetzen.

Als Kopfdüngung ist zur Bekämpfung der Drahtwürmer auch eine Mischung von 80—120 kg schwefelsaurem Ammoniak (zur Kräftigung der Pflanze) und 4—6 dz Kainit (zur Ätzwirkung) je Hektar empfohlen worden.

In ähnlicher Weise wie Kalk und Kalkstickstoff ist der feingemahlene Kainit auch zur Bekämpfung der Ackerschnecke erfolgreich herangezogen worden. Man verwendet bei zweimaligem Streuen je nach der Stärke des Befalles pro Hektar jedesmal 2—3 dz Kainit. FAESLER empfiehlt das zweite Bestreuen bereits nach 5—10 Minuten vorzunehmen.

Auch bei der direkten Bekämpfung von Fliegenlarven sowie Abhaltung der Fliegen von der Eiablage sollen durch Anwendung von Kainit hin und wieder günstige Erfolge erzielt worden sein. Zwecks Abtötung der bereits in den Boden gewanderten Larven der Wickengallmücke (Dasyneura viciae) empfiehlt E. BAUDYS Anwendung größerer Mengen gemahlenen Kainits. Nach Ausstreuen des Düngers soll tüchtig geeggt werden, damit möglichst viele Larven mit dem Salz in Berührung kommen. Gegen die Kohlfliege wurde hin und wieder ein Umstreuen der gefährdeten Pflanzen mit Kalisalzen in ähnlicher Weise wie Kalk empfohlen, um durch die ätzende Wirkung die Fliegen von der Eiablage abzuhalten.

Im Obstbau hat der Kainit zur Vernichtung von Moosen und Flechten auf Bäumen zuweilen Verwendung gefunden. Die Behandlung wird vor dem Vegetationsbeginn, und zwar mit einer 10—15proz. Kainitlösung durchgeführt.

Seit langem bekannt ist die Verwendung des Thomasmehls als Mittel gegen Erdflöhe, Blattläuse, Wolläuse, vereinzelt auch gegen Raupen (Johannisbeer- und Stachelbeerspanner). Auch bei der Bekämpfung von Schnecken und Spargelhähnchen hat Thomasmehl Verwendung gefunden, wenn auch seine praktische Bedeutung in diesem Zusammenhang hinter der des Kalkes bzw. Kalis zurücksteht. Die Wirksamkeit des Thomasmehls bei der erwähnten Schädlingsbekämpfung dürfte in erster Linie auf seinem Kalkgehalt beruhen. Hinsichtlich der Anwendungsweise sind daher auch dieselben Gesichtspnnkte wie bei der Anwendung von Kalk zu berücksichtigen.

4. Die natürlichen Düngemittel.

Die Beurteilung der natürlichen Düngung in Form von Stallmist, Jauche, Fäkalien, Kompost und Gründüngung vom Standpunkte des Pflanzenschutzes kann von verschiedenen Gesichtspunkten aus erfolgen. Neben der reinen Nährstoffzufuhr, die sich insbesondere bei hohen Stallmist-, Jauche- und Fäkaliengaben unter Umständen als einseitige Stickstoffwirkung auslösen kann, spielen bei der Anwendung von natürlichen Düngemitteln u. a. die Übertragung von pflanzlichen und tierischen Krankheitserregern sowie die gesteigerte Anlockung von Schädlingen eine Rolle. Auch Unkrautsamen können durch natürliche Düngemittel in lebensfähigem Zustand übertragen werden. Daß durch Unachtsamkeit auf den Kompost geworfene kranke Pflanzenteile unter Umständen eine weitgehende Verschleppung der betreffenden Krankheit erfolgen kann, ist durch mehrfache Beispiele aus der Praxis erwiesen (Kartoffelkrebs!). In welchem Ausmaße im Stallmist speziell durch das zur Einstreu benutzte Stroh eine Übertragung der verschiedenen Krankheitserreger möglich ist, steht zur Zeit noch nicht einwandfrei fest. Maßgebend ist im Einzelfalle die Art und Dauer der Lagerung des Stallmistes sowie die Widerstandsfähigkeit des Erregers. Bei allen sklerotienbildenden Pilzen sowie solchen mit Ausbildung dickwandiger Fruchtkörper ist die Möglichkeit der Erhaltung und Verschleppung in lebensfähigem Zustand naturgemäß größer als bei solchen, die nur zartwandige Conidien bilden. Dieselben Unterschiede bestehen bei tierischen Erregern (Nematoden) je nach Vorhandensein oder Fehlen einer Cystenbildung.

Durch reichliche Stallmistzufuhr kann der Boden zugleich eine Brutstätte für pilzliche und tierische Schädlinge werden. Es ist eine allgemeine Erfahrungstatsache, daß die auf frisch mit Stallmist gedüngten Böden angebauten Gewächse meist stärker unter bestimmten Krankheiten und Schäden zu leiden haben als nichtgedüngte bzw. mit künstlichen Düngemitteln behandelte Flächen. Kohlhernie, Tomatenkrebs, Rutenkrankheit der Himbeersträucher und andere gefürchtete Pflanzenseuchen werden vor allem durch dauernde einseitige Zufuhr von Stallmist und Jauche gefördert. Durch den Geruch des organischen Düngers werden z. B. die Blumenfliege, Kohlfliege, Spargelfliege, Zwiebelfliege, verschiedene Käfer und Wanzen (Rübenblattwanze) zur Eiablage angelockt. Bei stark anfälligen Kulturen ist hierauf ganz besonders Rücksicht zu nehmen und die vorgesehene Stallmistgabe jeweils bereits zur Vorfrucht bzw. mindestens schon im Herbst zu verabreichen. Gegebenenfalls ist eine entsprechend tiefere Unterbringung des Düngers am Platze. Aus dem gleichen Grunde sind Jauchedüngungen unmittelbar vor oder während der Flugzeit von schädlichen Insekten zu vermeiden. Nach E. Molz zeigt der Abortdünger ein stark ausgesprochenes Stimulationsvermögen auf den Rübennematoden. Abortdünger vor der Rübenbestellung verabreicht, kann deshalb nach dem erwähnten Autor den Nematodenbefall stark vermehren.

Bekannt ist, daß zwischen Waldstreudüngung und vermehrtem Auftreten von Drahtwürmern Zusammenhänge bestehen. Diese Tatsache dürfte damit zu erklären sein, daß viele Schnellkäfer Waldbewohner sind und ihre Eier in Mulm unter Waldbäumen und in der Bodenstreu ablegen. Durch Verwendung von Waldstreu gelangen zugleich die Eier bzw. jungen Larven (Drahtwürmer) in den Dünger und damit bei günstigen Bedingungen in lebensfähigem Zustand auf das Feld. In der Literatur wird berichtet, daß die Verwendung von Waldstreu vor allem dort immer schädlich ist, wo der Dünger täglich aus dem Stall gebracht wurde. Wo die Streu in Tief- oder Schafställen mit einer nur ein- oder zweimaligen Entleerung im Jahre verwendet wurde, sollen keine nachteiligen Folgen beobachtet sein (K. Escherich 2, 3, S. K. Pillai, J. v. Pfetten).

Die unter Berücksichtigung pflanzenbaulicher Grundsätze durchgeführte Gründüngung übt zumeist einen günstigen Einfluß auf den Gesundheitszustand der Nachfrucht aus. So wird bei Kartoffeln nach O. Schlumberger durch voraufgegangene Gründüngung der Schorfbefall eingedämmt. Bei verschiedenen tierischen Schädlingen, welche ihre Eier in den offenen Boden abzulegen pflegen (Blumenfliege, Maikäfer u. a.) kann durch Ersatz der Schwarzbrache durch eine Grünbrache die Eiablage verhindert werden. Nach Caruso sollen Getreidefelder durch eine Gründüngung mit weißem Senf vor der Bestellung von Drahtwürmern zu reinigen sein. Bei Nematodenverseuchung übt die Art der Gründüngung einen Einfluß auf den Befall der nachgebauten Wirtspflanze aus. So wird z. B. nach Feststellung des Verfassers durch Steinkleegründüngung zu Kartoffeln der Befall durch Kartoffelnematoden vermindert. Neben regelmäßig zu verabreichender Kalkdüngung stellt die Gründüngung gleichzeitig eine wichtige Maßnahme zur Behebung von Bodensäurekrankheiten dar.

Zuletzt sei erwähnt, daß nach J. Hudig und C. Meyer durch Anwendung eines aus Hausmull, Straßenkehricht und Fäkalien bestehenden Kompostes in Holland die sog. „Urbarmachungskrankheit" verhindert werden konnte.

II. Die Verwendung von Düngemitteln zum Zwecke der Unkrautbekämpfung.

Häufige Anwendung haben verschiedene Düngemittel, so in erster Linie der Kalkstickstoff und der Kainit, bei der Bekämpfung von Unkräutern gefunden.

Auf die indirekte Einwirkung der Kalkdüngung auf die Unkrautflora des Bodens wurde bereits in diesem Abschnitt (s. S. 878) kurz hingewiesen. Gegenüber anderen bei der Unkrautbekämpfung angewandten chemischen Präparaten besitzen die erwähnten Düngemittel, trotzdem sie verhältnismäßig langsamer als jene wirken, insbesondere wegen ihrer doppelten Nutzwirkung eine besondere praktische Bedeutung. Schon aus dem letzteren Grunde stellt sich die Unkrautbekämpfung durch Düngemittel billiger. Um einer Schädigung durch Überdüngung vorzubeugen, ist es zweckmäßig, auf solchen Feldern, die erfahrungsgemäß unter Verunkrautung zu leiden haben und wo die Unkrautbekämpfung mit Düngemitteln von vornherein in Aussicht genommen ist, bei der Verabreichung der Grunddüngung hierauf Rücksicht zu nehmen. Andernfalls ist vor allem bei der Verwendung von Kalkstickstoff eine Verzögerung der Reife, unter Umständen sogar „Zwiewuchs“ die Folge.

1. Bekämpfung von Ackerunkräutern.

Wie alle chemischen Unkrautbekämpfungsmittel dürfen auch die zur Bekämpfung von Ackerunkräutern benutzten Düngemittel jeweils nur bei Halmfrüchten angewandt werden, da die Blattpflanzen, wie Rüben, Kartoffeln, Bohnen, Erbsen, Klee, Luzerne u. a., im allgemeinen eine größere Empfindlichkeit aufweisen. Die Verwendung der betreffenden Mittel zur Bekämpfung von Unkräutern in Getreide mit Klee-Einsaat ist daher niemals empfehlenswert.

Zu den Ackerunkräutern, die erfolgreich mit Kalkstickstoff bzw. Kainit bekämpft werden können, gehören alle Kreuzblütler, insbesondere Hederich und Ackersenf, weiterhin Kornblume, Kornrade, Hundskamille, Klatschmohn, Wicken, Vogelmiere, kleine Brennessel, Klappertopf u. andere. Von den grasartigen Unkräutern sind es in erster Linie solche mit zarter Epidermis und einer mehr oder minder deutlichen Behaarung der Blattspreiten, wie z. B. Windhalm und Honiggras. Im Gegensatz zu den Samenunkräutern ist eine absolute Vernichtung bei den meisten ausdauernden Unkräutern mit vegetativer Vermehrung (sog. Wurzelunkräuter) im geschlossenen Bestande durch Anwendung der erwähnten Düngemittel nicht oder nur teilweise möglich. Es gehören hierher Schachtelhalm, Quecke, Ackerminze, Sumpfziest, große Brennessel, Ackerdistel, Huflattich u. a. Zwar werden bei den zuletzt genannten Pflanzen durch das Ausstreuen der betreffenden Düngemittel mehr oder minder starke Verätzungen der Blätter und damit zugleich Entwicklungshemmungen erzielt, dieselben sind jedoch meist nicht stark genug, um eine absolute Abtötung der gesamten Pflanze zu verursachen. Durch die in den unterirdischen Sproß- bzw. Wurzelteilen festgelegten Reservestoffe werden selbst die durch die Behandlung stärker geschädigten Sprosse vor einem völligen Eingehen verschont. Eine nochmalige Schwächung durch eine spätere zweite Bestreuung verbietet die Kulturpflanze. Die Anwendung der Mittel in verhältnismäßig schwacher Dosis schließt zugleich eine nachhaltige Einwirkung auf die Wurzel und unterirdischen Sproßteile aus[1].

Bei der Bekämpfung von Ackerunkräutern durch Bestreuen mit Kalkstickstoff bzw. Kainit hängt die Wirkung außer von der benutzten Menge in erster Linie von der Feinheit des Pulvers ab. Der Kainit muß staubfein und zugleich trocken sein, wenn eine gleichmäßige Verteilung erzielt werden soll. Wird er klumpig und feucht, so ist er unbrauchbar. Als feingemahlener Kainit ist sog.

---

[1] Daß diese letztere an sich möglich ist, sehen wir an der erfolgreichen Bekämpfung von ausdauernden horstbildenden Wiesenunkräutern, wie z. B. Binsen, die durch eine hier mögliche *stärkere* Behandlung (je Quadratmeter 500—600 g Kalkstickstoff bzw. 2—2,5 kg Kainit) erfolgreich vernichtet werden können.

„Hederichkainit" oder „Staubkainit Sondermarke" im Handel, von dem bei besonders feiner Mahlung 80% durch ein $^1/_2$ mm und 50% durch ein $^1/_4$ mm Lochweitesieb gehen soll. Zur Verhütung des Klumpigwerdens kann dem Kainit 3% Kieselgur bzw. Knochenmehl beigemischt werden. Als Kalkstickstoff wird feingemahlener, nichtgeölter Kalkstickstoff verwandt, dem zwecks bequemeren und gleichmäßigeren Ausstreuens Sand, Sägemehl oder Torfmull zugegeben werden kann. Auch die Vermengung mit Kainit erleichtert das Ausstreuen des Kalkstickstoffes.

Zur Anwendung kommen je Hektar ca. 1,2—2 dz Kalkstickstoff bzw. 6—12 dz Hederichkainit. Zur gleichzeitigen Verwendung werden ca. 1 dz Kalkstickstoff und 4—8 dz Kainit gerechnet.

Die Zeit des Ausstreuens spielt hinsichtlich der Wirksamkeit eine große Rolle. Als günstigster Zeitpunkt gilt, wenn das Unkraut 2—5 Blätter entwickelt hat. Wird die Bekämpfung zu früh durchgeführt, so ist die Möglichkeit vorhanden, daß noch nachträglich Unkrautsamen auflaufen, die der Bekämpfung entgehen. Wartet man zu lange, dann erholen sich die Pflänzchen nach anfänglicher Schwächung leicht wieder. Ein nachträgliches Eineggen des Düngers ist zu vermeiden, da hierdurch tieferliegende Unkrautsamen zur Keimung angeregt werden. Bei Wintergetreide ist die Bekämpfung mit bestem Erfolg schon im Herbst vorzunehmen, wobei der Kalkstickstoff im Gegensatz zum Kainit, um Verbrennungen des Getreides zu verhüten, vorteilhafter auf die *trockenen* Pflanzen gegeben wird. Eine sichere Wirkung der Anwendung sowohl von Kalkstickstoff als auch von Kainit ist im allgemeinen beim Wintergetreide größer, da der Spielraum der Anwendungszeit weiter ist. Beim Wintergetreide bietet sich jedenfalls eher die Möglichkeit, eine die Wirkung sichernde Witterung abzuwarten als beim Sommergetreide, wo nur etwa drei Wochen für die Bekämpfung in Frage kommen. Offenes Wetter ist beim Ausstreuen der Mittel Voraussetzung. Bei ungünstigen Witterungsverhältnissen muß daher beim Wintergetreide oftmals mit der Behandlung bis zum Frühjahr (Februar/März) gewartet werden. Auch im Frühjahr wird der Kalkstickstoff bei der Winterung am besten auf das trockne Blatt gegeben, während er bei der Sommerung, insbesondere bei Hafer, der gegenüber Blattverätzungen weniger empfindlich ist, in der Regel auf die taufeuchten bzw. regenfeuchten Pflanzen gestreut wird. Da es sich gezeigt hat, daß gelegentlich auch bei Sommerweizen und Sommerroggen durch Bestreuen mit Kalkstickstoff Schäden eintreten, muß jedoch auch bei diesen Kulturpflanzen zur Vorsicht geraten werden. Im übrigen können die Blattspitzen des Getreides oft einige Tage nach dem Ausstreuen von Kalkstickstoff blaß und kränklich aussehen, ohne irgendwelchen größeren Schaden davonzutragen. Meist erholen sich die Pflanzen schnell und nehmen wieder eine kräftige grüne Farbe an.

Der Kainit wird am zweckmäßigsten stets auf das feuchte Blatt, am besten morgens auf den Tau gegeben. Um die Taufeuchtigkeit gut auszunutzen, muß in den frühesten Morgenstunden gestreut werden. Nachfolgender Sonnenschein begünstigt die Wirkung, wie das auch beim Kalkstickstoff der Fall ist, während kurz auf das Ausstreuen folgender Regen den Erfolg der Maßnahme vereiteln kann. Im Gegensatz zum Kalkstickstoff hängt die auszustreuende Kainitmenge stärker von der Art der Unkräuter sowie deren Alter ab, wobei gleichzeitig infolge einer geringeren Empfindlichkeit des Getreides die Stärke der zur Aussaat gebrachten Menge an weniger enge Grenzen gebunden ist. Nach H. Maas ist der echte Hederich (Raphanus) durch Kainit wesentlich schwieriger zu bekämpfen als der Ackersenf (Sinapis), da seine Blätter dem Salz stärkeren Widerstand leisten. F. Merkenschlager bezeichnet die Widerstandslosigkeit des Senfs gegen Stoffzufuhr durch das Blatt als Konsequenz der Gesamtkonstitution.

Auf eine möglichst zeitige Behandlung des Wintergetreides im Frühjahr kommt es insbesondere bei Anwendung von Kainit an. Je zeitiger gestreut wird, um so sicherer ist der Erfolg, und um so niedrigere Kainitmengen brauchen angewendet zu werden. Dies zeigen vor allem die Versuche zur Bekämpfung von Kornblumen von TH. REMY, K. DELILLE u. a. Das Mindergewicht der Kornblumenernte war in den betreffenden Versuchen gegen „unbestreut“ um so geringer, je später gestreut wurde, während der Mehrertrag an Roggen gegen „unbehandelt“ bei der Anwendung Ende Februar durchweg am höchsten war.

Nach K. DELILLE wirkt der Kainit bei gefrorenem Boden besonders stark, weil hierdurch der die wasserentziehende Salzwirkung aufhebende Wassernachschub aus dem Boden erschwert wird. Trotzdem ist das Ausstreuen des Kainits auf gefrorenem Boden möglichst zu vermeiden, weil dadurch leicht auch die Saaten selbst sehr stark angegriffen werden. Das gleiche gilt für den Kalkstickstoff.

Der Tod des Zellgewebes tritt bei der Anwendung von Kainit durch Plasmolyse ein. Beim Kalkstickstoff scheint nach E. KORSMO indessen die Plasmolyse kaum eine Rolle zu spielen. Der Zellinhalt wird durch die Einwirkung des Kalkstickstoffes körnig, die Blattspreite allmählich gelbgrau und früher welk als die Stielchen und Stengel.

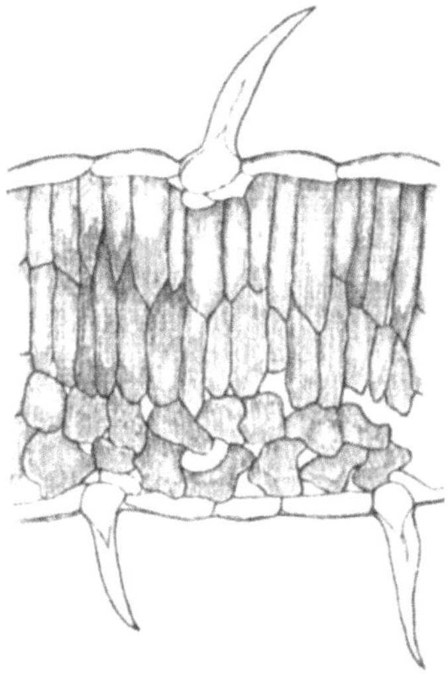

Abb. 282. Blattquerschnitt von Hederich, halb schematisch. (Originalzeichnung des Verfassers.)

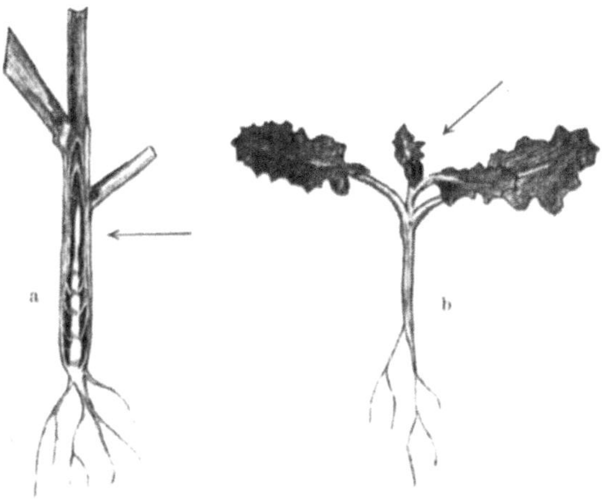

Abb. 284. a) Junge Roggenpflanze der Länge nach durchschnitten. Vegetationspunkt des Stengels durch Blattscheiden geschützt. (Schematisch nach SCHMEIL.)
b) Junge Hederichpflanze. Vegetationspunkt ungeschützt. Halb schematisch. (Originalzeichnung des Verfassers.)

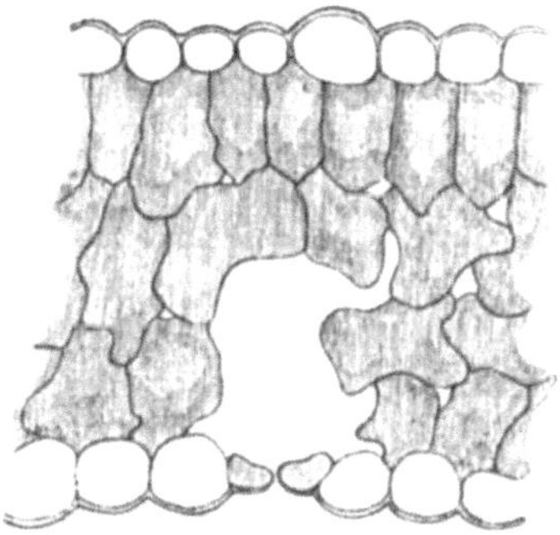

Abb. 283. Blattquerschnitt von Hafer, halb schematisch. (Originalzeichnung des Verfassers.)

Die verschieden große Empfindlichkeit der einzelnen Pflanzenarten gegen das Bestreuen mit Kalkstickstoff bzw. Kainit beruht auf verschiedenen Ursachen. Als hauptsächlichstes Schutzmittel der Pflanze gegen äußere Einwirkungen chemischer Natur ist die Stärke der Epidermis sowie die auf derselben äußerlich aufgelagerte schützende Wachsschicht anzusehen. Bei allen Gramineen sind beide besser entwickelt, als bei den meisten krautartigen Unkräutern. Der Durchmesser der Epidermis ist beim Hafer beispielsweise größer als beim Hederich

(Abb. 282 und 283). Im Durchschnitt von jedesmal drei Untersuchungen von je 20 g unversehrter Blätter fand A. STENDER bei Hafer 0,0465 g, bei Hedrich dagegen nur 0,0136 g Wachs. Die steile Blattstellung sowie das Fehlen einer stärkeren Behaarung verhindert beim Getreide im Gegensatz zu allen krautartigen Pflanzen mit behaarten Blättern von vornherein das längere Anhaften des ausgestreuten Mittels. Zuletzt spielt die Lage des Wachstumspunktes eine sehr wichtige Rolle. Dieser ist bei allen zweikeimblättrigen Unkräutern ungeschützt, während er bei den einkeimblättrigen Getreidearten von den Blattscheiden der bereits gebildeten Blätter geschützt wird (Abb. 284a und b).

Um die Anwendung des Kainits, der bisher vom Landwirt zumeist mit der Hand ausgestreut wurde, weniger stark vom Wetter abhängig zu machen, sind in den letzten Jahren besondere Maschinen aufgekommen, die mit sog. Tauspendern versehen sind (Abb. 285). Mit Hilfe dieser Tauspender ist es möglich, bei klarem Sonnenschein eine Bekämpfung der Unkräuter mit Hederichkainit durchzuführen. Tauspender können auch einzeln bezogen und an den gebräuchlichsten Düngerstreumaschinen nachträglich angebracht werden.

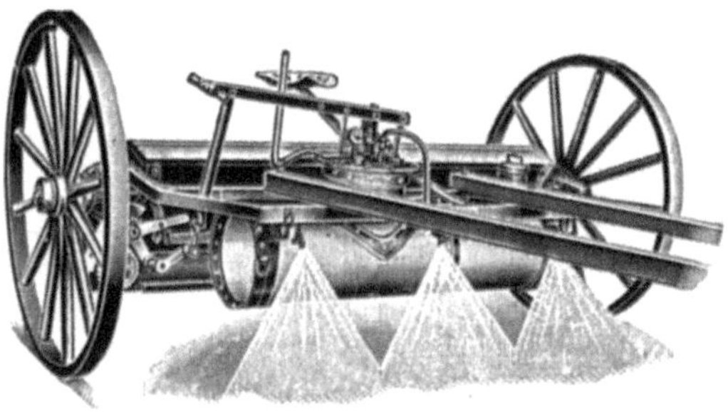

Abb. 285. Düngerstreuer mit angebautem Tauspender. Das in dem Tauspender befindliche Wasser wird durch eine vom Rade aus angetriebene Luftpumpe durch Röhren gepreßt, um dann aus den Düsen heraus in nebelartig feiner Verteilung auf die Planzen gesprengt zu werden. Herstellung und Vertrieb durch die Firma Kuxmann & Co., Maschinenfabrik, Bielefeld i. W. (Nach E. KORSMO.)

Auch zur Erzielung einer möglichst gleichmäßigen und zugleich außerordentlich feinen Verteilung des Kalkstickstoffes bzw. Hederichkainits werden zur Zeit brauchbare Maschinen hergestellt, von denen HOFFMANNs Unkrautvernichter „Radikal" erwähnt sein mag, dessen Zerstäubungseinrichtung nach H. MAAS in der Hauptsache aus einem Ventilator besteht, der sich vorn an der Mitte des Streukastens befindet und über eine Vorlegewelle vom linken Fahrrad aus mittels Ketten ein- und ausschaltbar angetrieben wird. Der Ventilator preßt die Luft durch die zahlreichen kleinen Öffnungen eines unter dem Streukasten befindlichen Rohres auf einen Blechstreifen, auf den auch gleichzeitig der Kunstdünger fällt. Dieser wird nun durch das Gebläse zu einer Staubwolke aufgewirbelt, die sich bei ruhiger Luft in feinster Verteilung auf die Pflanzen niederläßt. Auch diese Maschine kann an jeden Kunstdüngerstreuer nachträglich angebracht werden.

2. Bekämpfung von Unkräutern des Grünlandes.

Ähnlich wie gegen Ackerunkräuter wurden sowohl Kalkstickstoff als auch Kainit zur Bekämpfung von Unkräutern des Grünlandes herangezogen. Schon seit langem bekannt ist die günstige Wirkung einer Kainitkopfdüngung von Wiesen und Weiden inbezug auf eine vorübergehende Ausrottung von Moosen. Unter den höheren Unkräutern kommen für eine Bekämpfung durch Kalkstickstoff bzw. Kainit Hahnenfußarten, Spitzwegerich, Löwenzahn, Sauerampfer, Wucherblume, Borstgras, Binsen u. a. in Betracht. Die Vernichtung der horstbildenden Wiesenunkräuter gelingt meist durch Aufbringen größerer Düngermengen auf die frisch abgemähten Horsten, während bei den übrigen Unkräutern ein breitwürfiges Ausstreuen am Platze ist. Hinsichtlich der Ausstreuzeit ist zu berücksichtigen, daß die meisten Unkräuter des Grünlandes bereits zu treiben anfangen, wenn die Gräser noch nicht ergrünt sind. Wird die Bestreuung der nassen Pflanzen in diesem Stadium durchgeführt, so ist der Erfolg am günstigsten, da die Empfindlichkeit der Unkräuter am größten ist, Beschädigungen des Grasbestandes andererseits durch das Bestreuen nicht zu befürchten sind. Sind jedoch auch die Gräser bereits ergrünt, so kann insbesondere der auf die nassen Pflanzen gestreute Kalkstickstoff hemmend auf die Entwicklung derselben wirken. Deshalb empfiehlt es sich, dann mit dem Ausstreuen noch zu warten, bis der Graswuchs kräftig eingesetzt hat. Bei Anwendung von Kalkstickstoff soll in diesem Falle tunlichst nur auf die trocknen Pflanzen gestreut werden.

3. Unkrautflora und Kalkdüngung.

Zuletzt sei nochmals darauf hingewiesen, daß auch die Kalkdüngung auf die Unkrautflora einen Einfluß ausübt, da erfahrungsgemäß das Auftreten zahlreicher Unkräuter die Folge ungünstiger Bodenreaktion ist. So trifft nach EICHINGER das Hauptvorkommen folgender Unkräuter auf Böden mit beginnendem bis stark ausgeprägtem Kalkmangel zu: Ackerhoniggras (Holcus mollis), Sandstiefmütterchen (Viola tricolor-vulgaris), Hasenklee (Trifolium arvense), Ackerschimmelkraut (Filago arvensis), Saatwucherblume (Chrysanthemum segetum), Kleiner Sauerampfer (Rumex acetosella), Ackerspörgel (Spergula arvensis), Ackerknäuel (Skleranthus annuus), Hasenlattich (Hypochoeris glabra), Lämmersalat (Hyoseris minima), Hederich (Raphanus Raphanistrum).

Literatur.

BARTZ, H.: Gartenwelt **24**, 178 (1920). — BAUDYS, E.: Flugbl. **43** d. Inst. Pflanzenhyg. Brünn (1926). — BLUNCK, H.: (1) Gartenbauwiss. **1**, 154 (1928); (2) Lebensweise und Bekämpfung der Drahtwürmer. Flugbl. **76** d. Biol. Reichsanst. (1930). — BLUNCK, H., u. F. MERKENSCHLAGER: Nachr.bl. dtsch. Pflanzenschutzdienst **5**, 95 (1925). — BOLHUIS, G. G.: Landbouwkundig Tijdschr. **40** (1928). Ref. v. ST. TAUSSIG in Ernährg d. Pflanze **24**, 231 (1928).

CARUSO: Atti Accad. econ. agricult. Georgof, Firenze **83**, 86 (1905). — COWIE, G. A.: Ernährg d. Pflanze **25**, 12 (1929). — CRÜGER, O.: Angew. Bot. **11**, 1 (1929).

DELILLE, K.: Dtsch. landw. Presse **57**, 29 (1930). — DENSCH, A.: Landw. Jb. **66**, Erg.-Bd. **1**, 165 (1926). — DIETRICH, F. O.: Märkischer Landwirt **1925**, Nr 16.

EICHINGER: Die Unkrautpflanzen des kalkarmen Bodens. Berlin: Kalkverlag 1927. — ESCHERICH, K.: (1) Z. angew. Entomol. **3**, 151 (1916); (2) Anz. Schädlingskde **1**, 2 (1925); (3) Ebenda **1**, 58 (1925).

FAESLER: Die Kalisalze als Pflanzenschutzmittel, 2. Aufl. Berlin: Verlagsges. f. Ackerbau m. b. H. — FISCHER, W.: Hann. Land- u. forstw. Ztg **81**, 783 (1928).

GILE, P. L., u. J. O. CARRERO: J. agricult. Res. **20**, 33 (1920/21). — GRAEBNER, P.: Lehrbuch der nichtparasitären Pflanzenkrankheiten. Berlin 1920. — GRANTHAM, A. E., u. E. GROFF: J. agricult. Res. **6**, Nr 6 (1916). — GUFFROY, CH.: La verse des céréales. J. d'Agricult. Prat. Paris **1901**. Ref. in Dtsch. landw. Presse **28**, 85 (1901).

HANSTEEN-CRANNER, B.: Ber. dtsch. bot. Ges. **37**, 380 (1919). — HARSLEBEN, E., u. W. KLEBERGER: Zuckerrübenbau **10**, 208 (1928). — HASSEBRAUK, K.: Angew. Bot. **12**, 23 (1930). — HERMANNES: Mitt. dtsch. Landw. Ges. **42**, 779 (1927). — HILTNER, L., u. F. LANG: Ebenda **37**, 253 (1922). — HOLLRUNG, M.: (1) Jber. Versuchsstat. Pflanzenschutz Halle **20** (1891); (2) Die Mittel zur Bekämpfung der Pflanzenkrankheiten. Berlin 1923. — HUDIG, J., C. MEYER u. J. GOODYK: Z. Pflanzenernährg usw. A **8**, 14 (1926).

JACOB, A.: Fortschr. Landw. **3**, 1057 (1928). — JANSON, A.: Prakt. Ratgeber im Obst- u. Gartenbau **1905**, 342. — JANSSEN, J. J.: Ernährg d. Pflanze **25**, 198 (1929). — JONES, J. P.: J. amer. Soc. agronomy **20**, 679 (1928).

KAUFMANN, O.: Arb. biol. Reichsanst. **13**, 497, 549 (1925). — KINDSHOVEN, J.: Mitt. dtsch. Landw.-Ges. **43**, 522 (1928). — KIRCHNER, O. v.: Die Krankheiten und Beschädigungen unserer landwirtschaftlichen Kulturpflanzen. Stuttgart 1923. — KÖHLER, E.: Kartoffel **5**, 152 (1925). — KORFF, G.: Kalk als Pflanzenschutzmittel. Berlin: Kalkverlag G. m. b. H. 1929. — KORFF, G., u. K. BÖNING: Phytopathol. Z. **2**, 39 (1930). — KORSMO, E.: Unkräuter im Ackerbau der Neuzeit. Biologische und praktische Untersuchungen. Berlin 1930. —

Körting: Weißfedrigkeit an Hafer. Flugbl. D d. Hauptstelle f. Pflanzenschutz Prov. Ostpreußen (1930). — Kottmeier, F.: (1) Ertrag und Pflanzgutwert der Kartoffel unter Berücksichtigung des Einflusses verschiedener Stickstoffdüngemittel und verschiedener Bodenarten. Inaug.-Dissert., Halle 1926; (2) Kartoffel **8**, 233 (1928). — Kraus, D. C.: Landw. Jb. Bayern **5**, 274 (1915). — Krauss, J.: Obst- u. Gemüsebau **76**, 48 (1930). — Krüger, K.: Landw. Jb. **66**, 781 (1927). — Krüger, W., u. G. Wimmer: Über nicht parasitäre Krankheiten der Zuckerrübe. Mitt. Anh. Versuchsstat. Bernburg **1927**, Nr 65 (Sonderh. d. Z. Ver. dtsch. Zuckerind.). — Kühn, J.: Ber. landw. Inst. Univ. Halle **3**, 88 (1881).

Linsbauer, L.: Z. Pflanzenkrankh. **32**, 1 (1922). — Loew, O.: Ernährg d. Pflanze **20**, 25 (1925). — Löschnig, J.: Z. Garten- u. Obstbau (Wien) **1**, 27 (1920). — Ludwigs, K.: Prakt. Ratgeber im Obst- u. Gartenbau **1929**, 78.

Maas, H.: Dtsch. landw. Presse **55**, 266 (1928). — Merkenschlager, F.: (1) Sinapis, eine Kulturpflanze und ein Unkraut. Landw. Jb. Bayern **14**, Nr 6/7; (2) Arb. biol. Reichsanst. **17**, 225 (1929). — Molz, E.: Fortschr. Landw. **3**, 337 (1928). — Müller, K.: Rebschädlinge und ihre neuzeitliche Bekämpfung. Karlsruhe 1918. — Müller-Thurgau, H.: Landw. Jb. **11**, 751 (1882).

Neubauer, H.: Sächs. landw. Z. **1927**, 526.

Oortwijn-Botjes u. Verhoeven: Tijdschr. over Plantenziekten **1929**, 3; Ernährg d. Pflanze **23**, 255 (1927).

Pape, H.: Landw. Ztg. **47**, 422 (1927). — Pfetten, J. v.: Z. angew. Entomol. **11**, 35 (1925). — Pillai, S. K.: Ebenda **8**, 1 (1922). — Prantl, K.: Bot. Ztg **1881**, 753.

Reinmuth, E.: (1) Mitt. dtsch. Landw.-Ges. **43**, 105 (1928); (2) Z. Pflanzenkrankh. **39**, 241 (1929). — Remy, Th.: Die Kalidüngung im Lichte eigener Beobachtungen und Erfahrungen. Berlin 1929. — Russell, J.: Mitt. dtsch. Landw.-Ges. **43**, 286 (1928).

Schaffnit, E.: Mitt. dtsch. Landw.-Ges. **45**, 247 (1930). — Schaffnit, E., u. A. Volk: (1) Über den Einfluß der Ernährung auf die Empfänglichkeit der Pflanzen für Parasiten. Jena 1927. Forschgn Geb. Pflanzenkrankh. u. Immunität i. Pflanzenreich, H. 3; (2) Landw. Jb. **67**, 305 (1928). — Schimper, W.: Pflanzengeographie. Jena 1898. — Schlumberger, O.: Mitt. dtsch. Landw.-Ges. **42**, 200 (1927). — Seelhorst, C. v.: Z. Pflanzenkrankh. **16**, 2 (1906). — Sorauer, P.: Handbuch der Pflanzenkrankheiten **1**. Berlin 1924. — Spinks: J. agricult. Sci. **5** (1913). — Stender, A.: Untersuchungen über die Unkrautvertilgung durch Düngesalze. Inaug.-Dissert., Rostock 1902. — Stutzer, A.: J. Landw. **55**, 81 (1907).

Trappmann, W.: Schädlingsbekämpfung, Grundlagen und Methoden im Pflanzenschutz. Leipzig 1927.

Volk, A., u. E. Tiemann: Zur Anatomie verschieden ernährter Pflanzen. Forschgn Geb. Pflanzenkrankh. u. Immunität im Pflanzenreich, Berlin **1927**, H. 3.

Wachs: Mitt. dtsch. Landw.-Ges. **43**, 257 (1928). — Wartenberg, H.: Arb. biol. Reichsanst. **17**, 377 (1929). — Wawilow, N.: Z. Pflanzenkrankh. **32**, 115 (1922). — Wilfarth, H. W., u. G. Wimmer: Ebenda **13**, 82 (1903).

Zimmermann, H.: (1) Maikäferbekämpfung 1930. Rostock: Winterbergsche Druckerei 1930; (2) Nachr.bl. dtsch. Pflanzenschutzdienst **2**, 41 (1922).

Sachverzeichnis.

Zur Beachtung!

Das Vorwort ist dem zuerst erscheinenden zweiten Bande nur lose beigegeben worden, da es beim ersten Band wiederholt werden wird.

Vorwort.

Den Aufstieg, den die Landwirtschaft fast aller Länder in dem vergangenen halben Jahrhundert genommen hat, verdankt sie zunächst den wissenschaftlichen Forschungen auf dem Gebiete der pflanzlichen Ernährungslehre. Diese Erkenntnisse führten zu der Anwendung von künstlichen Düngemitteln. Beschaffung und Herstellung dieser ist eine der wichtigsten Aufgaben der chemischen Industrie. Die Landwirtschaft gehört heute mit zu den größten Verbrauchern chemischer Produkte. Die Wichtigkeit der Landwirtschaft beruht daher nicht allein in ihrer Aufgabe, Nahrungsstoffe für Mensch und Vieh zu erzeugen, sondern ihr kommt als Hauptabnehmer industrieller Erzeugnisse auch eine große, volkswirtschaftliche Bedeutung zu. Jene Behauptung, daß der Mensch seit fast einem Jahrhundert nur mit Hilfe der Wissenschaft produziert, trifft nicht zum wenigsten auf die Landwirtschaft zu. „Auch sie ist ein Gewerbe, das zu einer Kunst erst bei höchster Vollendung wird und dann der wissenschaftlichen Erkenntnis bei der Ausübung bedarf, wenn die höchste Leistung erzielt werden soll.“ Zahlreiche Forschungsanstalten und Institute sind heute in der ganzen Welt tätig, um die Kenntnisse der Ernährung und Düngung der landwirtschaftlichen Kulturpflanzen auf wissenschaftlicher Grundlage zu vertiefen und zu erweitern. Eine große Anzahl von Spezialfragen harrt noch der Aufklärung und Bearbeitung.

Ein so umfassendes Gebiet wie das der Ernährung und Düngung der Kulturpflanzen mit seinen zahlreichen biologischen, chemischen, physiologischen und landwirtschaftlich-technischen Einzelfragen kann heute nicht mehr von einem oder nur wenigen Bearbeitern ausführlich und sachlich dargestellt werden. Allein durch das Zusammenwirken einer Reihe von Mitarbeitern mit gründlichen Erfahrungen und Kenntnissen auf den einzelnen Gebieten ist es möglich gewesen, die zahlreichen, auf den verschiedenen Einzelgebieten gewonnenen Forschungsergebnisse zusammenzustellen, wenn schon auch bei der Fülle des Materials nicht jede Arbeit berücksichtigt werden konnte. Um die Gewinnung und Herstellung der chemischen Kunstdünger in streng wissenschaftlicher, gleichzeitig aber auch in einer technisch gemeinverständlichen Weise darzustellen, bedurfte es solcher Mitarbeiter, die selbst in der Technik stehen, ohne jedoch hierdurch den Zusammenhang mit der Landwirtschaft verloren zu haben.

Das vorliegende Werk soll allen, die sich mit Fragen der Ernährung und Düngung der Kulturpflanzen auf wissenschaftlichen und praktischen Grundlagen befassen, ein Handbuch und ein Nachschlagewerk sein. Demgemäß waren zunächst die Gesetze des Aufbaues und der Ernährung der Pflanze als die Grundlagen der gesamten pflanzlichen Ernährungs- und Stoffwechselphysiologie nach neuzeitlichen Gesichtspunkten zu erörtern. Der Boden konnte nicht mehr nur als Standort und Nährstoffreservoir der Pflanze abgehandelt werden, sondern es mußten eingehend die neuen bodenkundlichen Forschungen Berücksichtigung finden, die in eindeutiger Weise zeigen, wie sehr die biologischen, chemischen und physikalischen Bodenverhältnisse die Ernährung und Entwicklung der Pflanze zu beeinflussen vermögen. Ebenso waren alle Methoden, die sich mit der Feststellung des Nährstoffgehaltes und der Düngerbedürftigkeit der Böden befassen, soweit sie bislang wenigstens als brauchbar anerkannt worden sind, entsprechend ihrer heutigen großen Bedeutung für die landwirtschaftliche Praxis eingehender zu berücksichtigen, als dies bisher in den Lehrbüchern der Pflanzenernährung und Düngerlehre geschehen ist.

Von den Düngemitteln haben die Wirtschaftsdünger die umfassende Würdigung erfahren, die ihnen als der Grundlage jeder Düngung überhaupt zukommt. Einen größeren Raum als sonst üblich nimmt die Darstellung, Gewinnung und Zusammensetzung der chemischen Kunstdüngemittel ein. Es erscheint aber unbedingt notwendig, daß jeder, der sich mit der Ernährung und Düngung der Kulturpflanzen wissenschaftlich beschäftigt, auch einen genauen Einblick in die fabrikatorische Gewinnung und in die Zusammensetzung der chemischen Kunstdüngemittel hat. Umgekehrt wird auch die chemische Industrie, soweit sie sich mit der Herstellung von Düngemitteln, Beiz- und Pflanzenschutzmitteln usw. befaßt, mehr als bisher bestrebt sein müssen, sich mit den Grundlagen der Pflanzenernährungs- und Düngerlehre vertraut zu machen. Die Kenntnisse der pflanzlichen Ernährungslehre und der Düngemittelkunde führen zur praktischen Nutzanwendung, d. h. zur Düngung der landwirtschaftlichen und forstlichen Kulturpflanzen, wobei diejenige von Spezialkulturen, wie Gemüse, Hopfen, Tabak, Wein usw., heute ein besonderes Eingehen erforderlich macht. Eine gewisse Sonderstellung nimmt die Düngung der Heide- und Moorböden ein. Auch in der Teichwirtschaft und im Pflanzenschutz spielen Düngemittel und Düngung heute bereits eine wichtige Rolle. In allen Kapiteln hat die vorhandene Literatur eine weitgehende Berücksichtigung und Zusammenstellung gefunden.

Hinsichtlich der Herausgabe dieses Werkes gebührt besonderer Dank der Verlagsbuchhandlung JULIUS SPRINGER und insonderheit Herrn Dr. h. c. FERDINAND SPRINGER, der allen Wünschen in der bereitwilligsten Art entgegengekommen ist. Dank schulde ich auch allen Mitarbeitern an dem Handbuch, die durch ihre Beiträge erst eine so umfassende Darstellung aller einschlägigen Gebiete in wissenschaftlicher, technischer und landwirtschaftlicher Beziehung ermöglichten. Ferner bin ich zu besonderem Dank meinen Mitarbeitern, dem Abteilungsvorsteher Dr. PH. MALKOMESIUS und dem Privatdozenten Dr. W. WÖHLBIER sowie dem Dipl.-Ing. M. SACHSSE verpflichtet, die mich in weitgehendster Weise bei der Durchsicht der Manuskripte und Korrekturen unterstützt haben. Das Sachverzeichnis ist von Fräulein stud. L. HONCAMP angefertigt worden, der für ihre Mühe auch an dieser Stelle mein Dank ausgesprochen sei.

Verlag und Herausgeber hoffen mit dem Handbuch der Pflanzenernährung und Düngerlehre ein Werk geschaffen zu haben, das sich in erster Linie zwar an die reine Fachwissenschaft wendet, aber auch für die praktische Landwirtschaft, für die chemische Industrie und den Düngemittelgroßhandel bestimmt ist.

Rostock i. Meckl., Weihnachten 1930.

F. Honcamp.

Mitarbeiterverzeichnis zum Handbuch der Pflanzenernährung und Düngerlehre, Bd. I und II.

BIEREI, Dr. E., Thünen-Institut, Rostock i. M.
BORESCH, Professor Dr. K., Agrikulturchemische Lehrkanzel der Landwirtschaftlichen Abteilung, Tetschen-Liebwerd (C. S. R.).
BRENEK, Dr. H., Kalichemie A.-G., Berlin-Dahlem.
DEMOLL, Geheimrat Professor Dr. R., Bayerische biologische Versuchsanstalt für Fischerei, München.
DOERELL, Dr.-Ing. E. G., Lehrkanzel für Landwirtschaft und Pedologie der Deutschen technischen Hochschule, Prag VII.
DÜHRING, Dr. F., Pflanzenbau-Institut der Universität Königsberg i. Pr.
FEICHTINGER, Privatdozent Dr. E., Gr.-Enzensdorf (Niederösterreich).
FISCHER, Dr. H., Berlin-Steglitz, Martinsstr. 2 III.
GEHRING, Professor Dr. A., Landwirtschaftliche Versuchsstation, Braunschweig.
GLEISBERG, Professor Dr. W., Institut für gärtnerische Botanik und Pflanzenzüchtung, Dresden-Pillnitz a. d. Elbe.
GRIMME, Dr. C., Hamburg 26, Hammerweg 1.
HALDEN, Dr. W., Kroisbach b. Graz, Kernstockgasse 6.
HASENBÄUMER, Dr. I., Landwirtschaftliche Versuchsstation, Münster i. Westf.
HERMANN, Dr. C., Deutsches Kalisyndikat, Berlin SW 11.
HILTNER, Regierungsrat Dr. E., Bayerische Landesanstalt für Pflanzenbau, München.
HONCAMP, Professor Dr. F., Landwirtschaftliche Versuchsstation, Rostock i. M.
JACOB, Dr. W., Deutsches Kalisyndikat, Berlin SW 11.
KILBINGER, Dr. A., Deutsche Ammoniak-Verkaufs-Vereinigung G. m. b. H., Bochum,
KOENIG, Dr. P., Tabak-Forschungsinstitut, Forchheim b. Karlsruhe.
KRISCHE, Dr. P., Schriftleiter der Halbmonatsschrift „Die Ernährung der Pflanze". Deutsches Kalisyndikat, Berlin SW 11.
LEIMBACH, Dr. G., Salpeterforschungsanstalt, Chorillos (Chile).
MÖLLER-ARNOLD, Dr. E., Breslau, Reiherweg 26.
NEUBAUER, Professor Dr. H., Dresden-A., Stübelallee 2.
NICOLAISEN, N., Dipl.-Gartenbauinspektor, Versuchsfeld für Gemüsebau der Landwirtschaftskammer für die Provinz Sachsen, Calbe a. d. S.
NIKLAS, Professor Dr. H., Weihenstephan-Freising i. Bayern.
NOLTE, Professor Dr. O., Deutsche Landwirtschaftliche Gesellschaft, Berlin SW 11.
PRAGER, Dr. S., Berlin NW 7, Dorotheenstr. 35.
PRINGSHEIM, Professor Dr. H., Berlin W 62, Landgrafenstr. 5.
REINAU, Dr. phil. E. H., Berlin-Lichterfelde-Ost, Heinerdorfer Str. 26.
REINMUTH, Dr. E., Landwirtschaftliche Versuchsstation Rostock i. M.
RIPPEL, Professor Dr. A., Landwirtschaftliches Bakteriologisches Institut der Universität, Göttingen.
RÖTGER, Dr. H., I. G. Farbenindustrie, Ludwigshafen a. Rh.
RUSCHMANN, Privatdozent Dr. G., Forschungsstelle für landwirtschaftliche Gärungen am Institut für Gärungsgewerbe, Berlin N 65.
SCHÄFFNER, Dr. A., Biochemisches Institut der Deutschen Technischen Hochschule, Prag I.
SCHÄTZLEIN, Professor Dr. Chr., Chemische Abteilung der staatlichen Lehr- und Versuchsanstalt für Wein- und Obstbau, Neustadt a. d. Haardt.
SEBELIEN, Professor J., Oslo, Frederic Stangs Gate 41.
STAPP, Regierungsrat Dr. C., Biologische Reichsanstalt für Land- und Forstwirtschaft, Berlin-Dahlem.
STEINGROEVER, Dr. A., Radebeul-Oberlößnitz, Bergstr. 11.

STREMME, Professor Dr. H., Mineralogisch-Geologisches Institut der Technischen Hochschule, Danzig-Langfuhr.
TACKE, Geheimrat Professor Dr., Dr. h. c. BR., Moorversuchsstation, Bremen.
TAUSS, Dr. S., Bayerische Stickstoffwerke A.-G., Piesteritz a. d. Elbe, Post Klein-Wittenberg.
ULLRICH, Privatdozent Dr. H., Botanisches Institut, Leipzig C 1.
URBACH, Dr.-Ing. H., Verein Deutscher Kaliwerke, Berlin W 62.
WACHTEL, Dipl.-Ing. W., Berlin NW 7, Dorotheenstr. 35.
WICHERN, Dr. G., Hönningen a. Rh.
WIEDEMANN, Professor Dr. E., Preußische Forstliche Versuchsanstalt, Eberswalde.
WILHELMJ, Dr. A., Verein der Thomasmehlerzeuger, Berlin W 35.
WIESSMANN, Professor Dr. H., Landwirtschaftliche Versuchsstation, Kassel-Harleshausen.
WÖHLBIER, Privatdozent Dr. W., Mitscherlich-Station an der landwirtschaftlichen Versuchsstation, Rostock i. M.
WRANGELL, Frau Professor Dr. M. VON, Landwirtschaftliche Hochschule, Hohenheim b. Stuttgart.

GPSR Compliance

The European Union's (EU) General Product Safety Regulation (GPSR) is a set of rules that requires consumer products to be safe and our obligations to ensure this.

If you have any concerns about our products, you can contact us on ProductSafety@springernature.com

In case Publisher is established outside the EU, the EU authorized representative is:

Springer Nature Customer Service Center GmbH
Europaplatz 3
69115 Heidelberg, Germany

Batch number: 10683448

Printed by Printforce, the Netherlands